U0358577

英文版总主编　WILLIAM DAMON　RICHARD M. LERNER
中文版总主持　林崇德　李其维　董　奇

第四卷（上）应用儿童心理学
Child Psychology in Practice

英文版本卷主编
K. ANN RENNINGER　IRVING E. SIGEL

儿童心理学手册

（第六版）

HANDBOOK OF CHILD PSYCHOLOGY

(SIXTH EDITION)

华东师范大学出版社
·上海·

儿童心理学手册（第六版）　第四卷　（上）

Handbook of Child Psychology, Vol. 4: Child Psychology in Practice, 6th Edition
By William Damon, Richard M. Lerner, K. Ann Renninger, and Irving E. Sigel

上海市版权局著作权合同登记 图字:09 - 2007 - 380 号

谨以此书纪念 Paul Mussen,他的宽宏与慷慨对我们的生活产生了至深影响,并且帮助我们构建了一个活动的舞台。

英文版本卷编委

Alison H. Paris
Department of Psychology
Claremont McKenna College
Claremont, California

Scott G. Paris
Department of Psychology
University of Michigan
Ann Arbor, Michigan

Douglas R. Powell
Child Development and Family Studies
Purdue University
West Lafayette, Indiana

Gabrielle F. Principe
Department of Psychology
Ursinus College
Collegeville, Pennsylvania

Craig T. Ramey
Health Studies
Georgetown Center on Health and Education
Georgetown University
Washington, District of Columbia

Sharon Landesman Ramey
Child and Family Studies
Georgetown Center on Health and Education
Georgetown University
Washington, District of Columbia

K. Ann Renninger
Department of Educational Studies
Swarthmore College
Swarthmore, Pennsylvania

Carrie Rothstein-Fisch
Department of Educational Psychology and Counseling
California State University, Northridge
Northridge, California

Erica Scharrer
Department of Communication
University of Massachusetts
Amherst, Massachusetts

Leona Schauble
Department of Teaching and Learning
Peabody College of Vanderbilt University
Nashville, Tennessee

Robert L. Selman
Human Development and Psychology
Graduate School of Education
Harvard University
Cambridge, Massachusetts

Irving E. Sigel
Educational Testing Service
Center for Education Policy and Research
Princeton, New Jersey

Catherine E. Snow
Graduate School of Education
Harvard University
Cambridge, Massachusetts

Lalita K. Suzuki
HopeLab
Palo Alto, California

Sheree L. Toth
Mount Hope Family Center
University of Rochester
Rochester, New York

Lieven Verschaffel
Department of Educational Sciences
Center for Instructional Psychology and Technology
University of Leuven
Leuven, Belgium

Elisabeth M. Dykens
Psychology and Human Development and John F. Kennedy Center for Research on Human Development
Vanderbilt University
Nashville, Tennessee

Maurice J. Elias
Department of Psychology
Rutgers University
Piscataway, New Jersey

Patricia M. Greenfield
Department of Psychology
University of California, Los Angeles
Los Angeles, California

Christopher J. Harris
College of Education
University of Arizona
Tucson, Arizona

Robert M. Hodapp
Special Education and John F. Kennedy Center for Research on Human Development
Vanderbilt University
Nashville, Tennessee

Marilou Hyson
National Association for the Education of Young Children
Washington, District of Columbia

Jacqueline Jones
Educational Testing Service
Princeton, New Jersey

Jennifer Yusun Kang
Graduate School of Education
Harvard University
Cambridge, Massachusetts

Avigdor Klingman
Faculty of Education
University of Haifa
Haifa, Israel

Jeffrey S. Kress
William Davidson Graduate School of Jewish Education
Jewish Theological Seminary
New York, New York

Michael E. Lamb
Social and Political Sciences
Cambridge University
Cambridge, United Kingdom

Robin G. Lanzi
The Georgetown Center on Health and Education
Georgetown University
Washington, District of Columbia

Daniel K. Lapsley
Teachers College
Ball State University
Muncie, Indiana

Richard Lehrer
Department of Teaching and Learning
Peabody College of Vanderbilt University
Nashville, Tennessee

Lynn S. Liben
Department of Psychology
The Pennsylvania State University
University Park, Pennsylvania

Ronald W. Marx
School of Education
University of Arizona
Tucson, Arizona

Vonnie C. McLoyd
Department of Psychology
University of North Carolina at Chapel Hill
Chapel Hill, North Carolina

Darcia Narvaez
Department of Psychology
University of Notre Dame
Notre Dame, Indiana

英文版本卷评论者

Jay Belsky
Institute for the Study of Children, Families and Social Issues
Birkbeck University of London
London, United Kingdom

Carolyn Pape Cowan
Institute of Human Development
University of California, Berkeley
Berkeley, California

Philip A. Cowan
Department of Psychology
University of California, Berkeley
Berkeley, California

Keith A. Crnic
Clinical Psychology
Arizona State University
Tempe, Arizona

Roger Downs
Department of Geography
Penn State University
University Park, Pennsylvania

Byron Egeland
Child Development
Institute of Child Development
University of Minnesota
Minneapolis, Minnesota

Linda M. Espinosa
Learning Teaching and Curriculum
University of Missouri, Columbia
Columbia, Missouri

Douglas A. Gentile
Department of Psychology
Iowa State University
Ames, Iowa

Herbert P. Ginsburg
Department of Human Development
Teachers College
Columbia University
New York, New York

Joan E. Grusec
Department of Psychology
University of Toronto
Toronto, Ontario, Canada

Rogers Hall
Vanderbilt University
Nashville, Tennessee

James E. Johnson
Curriculum and Instruction
The Pennsylvania State University
University Park, Pennsylvania

Melanie Killen
Department of Human Development
Center for Children, Relationships, and Culture
University of Maryland
College Park, Maryland

Cynthia Lanius
The Math Forum
Drexel University
Philadelphia, Pennsylvania

Alicia Lieberman
Psychology, Academic Affairs, and Child Tratuma Research Project
University of California, San Francisco
San Francisco General Hospital
San Francisco, California

James Marcia
Department of Psychology
Simon Fraser University
Vancouver, British Columbia, Canada

Steven McGee
Learning Technologies and Assessment
Academic Affairs
Lake Shore Campus
Loyola University Chicago
Chicago, Ilinois

Katheen E. Metz
Cognition and Development
Graduate School of Education
University of California, Berkeley
Berkeley, California

Carolyn B. Morgan
Department of Psychology
University of Wisconsin, Whitewater
Whitewater, Wisconsin

Ageliki Nicolopoulou
Department of Psychology
Lehigh University
Bethlehem, Pennsylvania

Catherine Tamis-Lemonda
Department of Applied Psychology
The Steinhardt School of Education
New York University
New York, New York

Daniel A. Wagner
Department of Education
National Center on Adult Literacy/International Literacy Institute
University of Pennsylvania
Philadelphia, Pennsylvania

Aida Walqui
Teacher Professional Development Program
WestEd
San Francisco, California

Roger P. Weissberg
Department of Psychology
The Collaborative for Academic, Social, and Emotional Learning
University of Illinois at Chicago
Chicago, Illinois

Dylan Wiliam
Learning and Teaching Research Center
Educational Testing Service
Princeton, New Jersey

《儿童心理学手册》(第六版)中文翻译版编委会

翻译总主持:

林崇德
北京师范大学发展心理研究所

李其维
华东师范大学心理与认知科学学院

董　奇
北京师范大学认知神经科学与学习研究所

编委(以姓氏笔画为序):

王振宇
华东师范大学学前与特殊教育学院

王穗苹
华南师范大学教育科学学院

方晓义
北京师范大学发展心理研究所

邓赐平
华东师范大学心理与认知科学学院

卢家楣
上海师范大学心理学系

申继亮
北京师范大学发展心理研究所

白学军
天津师范大学心理与行为研究院

朱莉琪
中国科学院心理研究所

阴国恩
天津师范大学心理与行为研究院

苏彦捷
北京大学心理学系

李　红
西南大学心理学院

李庆安
北京师范大学发展心理研究所

李晓文
华东师范大学心理与认知科学学院

李晓东
深圳大学心理学系

杨丽珠
辽宁师范大学心理学系

连　榕
福建师范大学教育科学与技术学院

吴国宏
复旦大学心理学系

岑国桢
上海师范大学心理学系

邹　泓
北京师范大学发展心理研究所

张　卫
华南师范大学教育科学学院

张文新
山东师范大学心理学院

张向葵
东北师范大学心理学系

张庆林
西南大学心理学院

陈会昌
北京师范大学发展心理研究所

陈英和
北京师范大学发展心理研究所

陈国鹏
华东师范大学心理与认知科学学院

周宗奎
华中师范大学心理学院

庞丽娟
北京师范大学教育学院

胡卫平
山西师大教师教育学院

俞国良
中国人民大学心理研究所

施建农
中国科学院心理研究所

莫　雷
华南师范大学教育科学学院

陶　沙
北京师范大学认知神经科学与学习研究所

桑　标
华东师范大学心理与认知科学学院

程利国
福建师范大学教育科学与技术学院

雷　雳
中国人民大学心理研究所

第四卷　目录

第二部分　临床应用的研究进展与含义/385

第三部分　社会政策和社会行动的研究进展及其意义/733

《儿童心理学手册》(第六版)中文版序

写序难,为这约 800 万字的皇皇巨著写序似乎更难。

先说说这套中文版手册的成书由来。

把最新版本(2006 年第六版)的《儿童心理学手册》介绍给中国的学界同仁,其最初想法在该年的年底就已萌发。当时中国心理学会发展心理学专业委员会和教育心理学专业委员会在广州联合举行学术年会,我们三人均有幸受邀,忝为大会开幕式和闭幕式的报告人。尽管我们没有在各自的报告中过多谈及这一问世不久的新版《儿童心理学手册》,但在会下和会后的交谈和联系中,我们已考虑组织队伍迅速将之译成中文的可能性。巧合的是,其后不久,华东师范大学出版社教育与心理编辑室主任彭呈军同志主动就翻译出版手册之中文版一事征询我们的意见。彭呈军同志本人亦是发展心理学的专家,接受过该领域的专业训练。他深知其书的学术价值和影响力。我们并且被告知:华东师范大学出版社社长兼总编辑朱杰人教授秉承其一贯对出版高品位心理学著作的热心态度,明确表示只要经过认真而严肃的论证,一定会全力支持并尽快落实这一出版规划,并且提议由我们三人共同主持这项工作。华东师范大学出版社的积极态度,使我们深受鼓舞,同时也使我们感到责任重大。于是,在 2007 年初这一颇受中国发展心理学界同仁注目的工作正式启动。

从 2007 年初至 2009 年初,历时两个寒暑,计约 800 万字的《儿童心理学手册》中文版终于与读者见面。作为中文版的主持人,我们顿有如释重负之感,同时也颇觉兴奋和欣慰。或许,我们在不经意间竟创造了历史。因为翻译和出版手册类图书,这在中国心理学界未有前例,且其间动员、组织了国内几乎整个儿童(发展)心理学界的力量共襄此举,这更是值得铭记之事。

对任一学科而言,手册的价值是不言而喻的。众所周知,任何学术手册的语种嬗替,其困难之处也许不在于专业内容的理解、把握和准确表达,更在于其时效性的潜在要求。在尽可能短的时间内完成出版的全套作业,这多少有些冒险。须知,倘费时耗日,当我们勉力成书之际,人家又有新版问世,这岂非让我等劳作成了“明日黄花”!因此,手册价值的第一要义在于其时效性,这也是我们始终未敢懈怠的首要考虑。基于此,我们在受命之初,就确定了动员全国儿童(发展)心理学同仁协力同心,共同参与,在确保译文质量的前提下,尽可能快地推进翻译和出版进程之原则。我们之所以敢于接受这一任务，坦率言之，首先，乃是基于对目前中国儿童(发展)心理学界基本队伍的了解和信任。历经改革开放数十年，随着国内外学术交流的频繁展开，中国儿童(发展)心理学家的学术视野更加开阔，学术水平迅速提高。国内许多同行的研究也与时俱进，已具备在许多相关领域与国外同行进行交流的话语权。当然，差距犹存，但已获之成果足令我们不必妄自菲薄。《儿童心理学手册》原版的主编自认为其各章的撰稿人都是发展(儿童)心理学各领域最优秀的专家。同样我们也可以自信地说，我们中文版的译校队伍亦为国内相关领域的一时之选。任何学术著作的翻译，某种意义上其实都是一种学术对话，对话的质量就直接反映在译文的水平上。总体而言，我们对译文的质量是满意的。其次，如下条件也为我们预期可完成这项工程平添了信心：中国发展(儿童)心理学界不仅学科队伍齐整，而且具有团结协作的良好传统。改革开放早期，朱智贤、刘范、朱曼殊、李伯黍诸先生就曾经领衔组织过全国范围的合作研究项目。我们理应追随前辈，使这一传统后承有绪。去年开始至今仍在进行之中的由我们主持的《中国儿童青少年心理发育特征调查》就是另一全国协作的大项目。而此次《儿童心理学手册》中文版的问世当为中国发展(儿童)心理学界的成功合作更添新的标志！作为这一工程的主持人，我们深感于国内同仁的积极参与和热情投入！这使我们能在最短的时间内联系并确定各章的译校者，所邀同仁，无一例外地慨然应允，而且几乎全都在规定时间内完成任务。没有他们的努力，要将这四卷(中文版分 8 册)中文版《儿童心理学手册》在如此之短的时间内奉献于读者面前，那是极难想象的！在此，我们谨向参与这一工程的所有同仁表达我们真诚的谢意！

下面我们对这一新版《儿童心理学手册》本身之某些可议之处再稍作赘语。这或许对开卷阅读此书的读者有所裨益。

原手册主编之一 W. Damon 教授为手册撰写了长篇前言(1998 年第五版的前言也为其所撰)，对手册长达 75 年的演变历史作了详尽的阐述，对从 C. Murchison 以后，历经 L. Carmichael、P. Mussen，再到他们自己(W. Damon 和 R. M. Lerner)的各版手册之内容特色和主题变迁，所论周详，为我们描绘了发展(儿童)心理学自身发展的历史长卷。某种意义上，Damon 的前言本身不啻为关于发展(儿童)心理学之发展的一项元研究。如他所说，手册扮演着这一学科之“指向标、组织者和百科全书的角色”。我们建议读者，无论是专业的，还是非专业或旁专业的，抑或是发展(儿童)心理学中某一分支领域更为专门的研究者，在从手册采撷你所感兴趣的材料之前，这一前言是应该首先阅读的。

由于 Damon 出色的前言在前，这给我们撰写中文版序言增加了压力。若提出更高要求：企望在深入各章内容之后，再行跳出，站在高处对它们作一评述的话(严格来说，还必须对前几版相关内容的演变作纵向的回顾和比较)，这更为我们力所不逮，且多少有点令我们产生某种“崔灏题诗在上头”之感。

作为一名发展(儿童)心理学家应该感到庆幸，因为我们始终有薪火相传、不断更新的《儿童心理学手册》相伴随。其他领域的心理学家就未必有此好运。诚如 Damon 所言，“《儿童心理学手册》对本学科的发展起到了独特而重要的作用，其影响之大甚至连那些世界著名的学术手册也难以比拟”(见本手册“前言”)。我们很难想象,没有当年 Murchison 的首创以及随后 Carmichael 和 Mussen 的开拓进取以及当代 Damon 和 Lerner 的继承发扬,一句话,若没有这一系列的《手册》问世,当今发展(儿童)心理学的园地也许不会有今日如此繁荣的景象! Eisenberg 曾将 1970 年版《手册》(Mussen 主编)奉为“圣经”,这或许是她作为 Mussen 弟子的溢美之词,但要说历代发展(儿童)心理学家未曾受惠于这些《手册》,这就难免有罔顾事实之嫌了! 试问,当代发展(儿童)心理学的各类研究课题、数以百千计的学术著作和学位论文,哪一项或哪一篇敢于声称没有受到其直接或间接的启示和指导? 学术的滋养也许润泽于无声,但它的影响是难以否认的。它实际起到了指引新研究方向之“明灯”、形成新思想之“发生器”、提供新知识之“宝库”和孕育新理论之“摇篮”的作用(Damon 语)。

历代各版《手册》的宗旨始终为历任主编所恪守,即旨在为我们“提供一幅对知识的目前状态进行全面、准确描绘的图画——主要的系统性思考和研究——在人类发展的心理学领域内最重要的研究”(Mussen,1983 年版“前言”),以“真实地向读者奉献一部完整的儿童心理学”。传统上,《手册》的读者定位于所谓“特定的学者”,因此具有“高级教程”的特点。但自第五版之后,其“特定学者”的范围显然有明显扩大的倾向,因为“如今的学者更多倾向于在多学科的领域,如心理学、认知科学、神经生物学、历史学、语言学、社会学、人类学、教育学和精神病学等学科进行跨学科的遨游”(Damon,本版“前言”),而且这种遨游必定还伴有不同研究导向的实践工作者与之同行。

《儿童心理学手册》从“四分卷”之体例到各卷内容的主题确定,乃是从 1998 年的第五版开始成型的。第五版与 1983 年的第四版相比,有了显著的变化。正是从第五版始,几种如今几乎成为儿童(发展)心理学家们工作语言的理论模型和研究取向渐居主流地位。它们是动力系统论、毕生发展和生活过程论、认知科学和神经模型、行为遗传学方法、个体—情境交互论、动作论、文化心理学以及泛新皮亚杰学派和泛新维果茨基模式。就这些主题而言,第六版与第五版相比,似乎更多地只是表现为新材料的增加、思考层次的深入而并无方向上的重大转变。如果说从第四版到第五版是“革命”的话,那么从第五版到第六版,确切地说,应该只是某种“改良”——尽管某些方面的进步是显而易见的。在可以预见的未来,或许也未必会再产生更多新的范式。因此,我们应对 Damon 和 Lerner 对手册的历史贡献给予高度评价。

至于本版(第六版)与第五版的不同之处,Damon 和 Lerner 在其所撰第六版的“前言”中未作详列,当然读者完全可以自行判断。我们仅略述如次。

在第一卷“人类发展的理论模型”中,本版保留了 1998 年第五版 19 章中的 15 章,其撰稿人也没有变化。除删去第五版中的第 6、7、8 和 13 章外,较大的变化是增加了 3 章新的内容,即“现象学生态系统理论: 多元群体的发展”、“积极的青年发展: 理论、研究与应用”和“宗教信仰与精神信仰的毕生发展”。这一变化显然与后面我们还将提及的当代儿童(发展)心理学中“系统发展理论”逐渐取得支配地位的现状相一致。

相对而言,第二卷“认知、知觉和语言”在体例和结构上均有所变化: 第五版的 19 章先被重新组织为以阐述认知发展的神经基础以及婴儿期的知觉和动作发展为主要内容的"基础"部分以及"认知与交流"、"认知过程"、"概念理解和成就"和"展望儿童期后的发展"这四个部分,然后将相关各章分属于它们,所涉主题也略有扩大而增至22章。至于撰稿人,22章中有15章由新人担纲。

第三卷"社会、情绪和人格发展"的体例和撰稿人变动最小。两版均为16章,其中题目和撰稿人均未变化的就有12章;第2章、第3章和第15章只是题目分别从"早期社会人格的发展"改为"个人发展:社会理解、关系、道德感、自我";从"生物学与儿童"改为"生物学、文化与气质偏好";从"成功动机"改为"成就动机的发展",但3章的撰稿者仍是原班人马。唯一一章题目和撰稿人均有变化的是第16章"人际环境中的青少年发展"(第五版的题目为"家庭背景下的青春期发展")。

第三卷尽管体例和章目改变不大,但内容的重点却有新的侧重。如该卷主编Eisenberg所指出的,这种改变主要体现在对"变化过程"的重视上,即研究者普遍进行着各种"中介作用"的考察。此外,大量的调节变量也成为研究者的关注中心,对调节过程的研究和讨论更加深入,给予儿童情绪及情绪驱动的行为调节机制以及调节过程的个体差异与个体社会能力和适应的关系予以更多注意。可以说,有关自我调节的内容几乎在这一卷的各章中都有不同形式的讨论。值得指出的是,作为分卷的主编,N. Eisenberg也许是最为恪尽职责的,因为只有她为这一卷撰写了较为系统全面的"导言"。这无疑为读者对全卷各章内容的全方位的思考提供了便利。

第四卷"应用儿童心理学"在体例、撰稿人及各章安排上均有较大变化。这反映了实践的需求以及儿童(发展)心理学自身对应用基础的日益重视。该卷的主编(两版同为Renninger和Sigel)一如第五版的旧例,亦为本卷撰写了简短的前言(只是调换了两人署名的顺序)。但他们把第五版的"家庭养育"、"学校教育"、"心身健康"和"社区与文化"这四部分所涉内容重新组织成为"教育实践中的研究进展与应用"、"临床应用的研究进展与含义"和"社会政策和社会行动的研究进展及其意义"这三个方向,同时在撰稿人和各章主题上均有较大改变。内容涵盖面有所扩大,从17章扩至24章,作者多数更换为新人。除该卷主编Renninger和Sigel外,只有"发展心理病理学及预防性干预"、"人类发展的文化路径"、"儿童期贫困、反贫困政策及其实行"、"父母之外的儿童保育:情境、观念、相关方及其结果"这四章的撰稿人身份予以保留。

在罗列了上述关于第五版与第六版的异同之后,我们还想略费篇幅对这两版手册的最可关注之处表达我们的浅见。我们认为,近些年来,儿童(发展)心理学的进展突出体现在"理论"和"应用"这两个方面。

Lerner为本手册第一卷撰写的第1章"发展科学、发展系统和当代的人类发展理论"具有全手册导论的性质。它理应成为阅读全书的理论向导。

根据Lerner,当代人类发展研究最值得称道的变化是系统论思想的产生、发展并渐成主导思潮,它是我们构筑真正跨学科的儿童(发展)心理发展的研究领域的必然产物。发展系统思想正成为过去十年儿童(发展)心理学中理论变化的核心。它的跨学科的内在属性甚至使越来越多的儿童(发展)心理学家不满原有的称谓,主张以"发展科学"来取代"发展心理学"。发展系统论的界定性特征可概括为关系实在论、历史(时间)根植性、相对可塑性和发展多样性这四个主要方面(Lerner 虽列举了更多特征,但都可在上述四个方面中得到释述)。Lerner 认为,发展系统理论的框架在发展科学研究中已处于"支配地位",它甚至被提到了库恩意义上的"范式转换"的高度。

以下我们就发展系统理论的这四个方面稍作说明。

从哲学层面而言,发展系统理论的基础是一种关系实在论。关系实在论摒弃一切传统的两分概念[在儿童(发展)心理学中,它们是人们耳熟能详的"成熟与学习"、"天然与教养"、"连续与间断"、"稳定与不稳定"、"完全不变与变化"等成对范畴]。关系实在论认为:事物不是简单二元对立的,而是构成一种整合的相互依赖和彼此决定的关系。它主张应融合整个人类发展生态系统的不同组织水平(从生物学到文化学),强调这些不同水平之间的关系才是构成发展分析的基本分析单元。这一思想几乎指导着本手册各章的内容,由此产生了许多更为具体的不同的理论模型,其涵盖领域既有传统领域(如知觉和动作发展、个性、情感和社会性发展、文化与发展、认知发展等),也包括新出现的研究领域(如精神和信仰发展、多样化儿童的发展、人类的积极发展等)。

关系实在论对流行已久的"普遍性规律"的概念造成巨大冲击。传统研究者拘泥于实质源自实证主义和还原论的万物一统观,即人类行为的研究旨在确认通常与人有关的所谓普遍性规律。关系实在论则强调个别化的特异性规律。每个个体都是其自身发展的积极推动者。对个体—情境关系的强调,使"发展科学从一个似乎将时间和地点视为与科学发展规律的存在和作用无关的研究领域,转化为一个试图探求情境根植性和历时性在塑造多样化个体和群体发展轨迹中的作用的研究领域。"(本手册第一卷第 1 章)

发展的可塑性是发展系统理论的另一要点。"可塑性"又与"发展的多样性"的概念相通。因为在个体与情境构成的动态系统中,个体与情境本质上是相互塑造的。于是在人与情境之间建立起"健康的支持性的联合"就可促进所有多样性个体的积极变化。而且,与发展科学对可塑性与动态性的理论关注相适应,纵向研究方法中用以评估发展系统中个人与情境间关系变化的统计方法的新进展以及关于质性分析技术的融合使用,也为之提供了方法的支持。

可塑性不能脱离发展的历史(时间)根植性。系统随时间进程而变化,即所谓历史(时间)根植性。发展系统论主张的历史(时间)根植性认为存在贯穿毕生持续系统的变化。多组织水平的联合作用既促进系统的变化,也制约着变化本身。

具体到个体,没有一个人的个体⟷情境的关系是相同的;即便同卵双生子,他们也有着不同的关系史。"这种生物与情境随时间而出现的整合,意味着每个人均有各自发展的轨迹,它是个人所特有的。" 多样性既指个体内的变化,也指个体间的差异。发展的多样性是人类生命历程所特有的特征,且也是人类发展的重要财富,因为它界定了人类生命最优化之潜在物质基础的变异范围。它使人们利用它以实现自身积极、健康的毕生发展成为可能。

发展系统的相对可塑性意味着所有人都有发展的潜势，当这种潜势与环境发展资源整合之际，积极的发展变化就可期待。“为一个人一生的相对可塑性提供可能性的个体←→情境的关系融合系统，构成了每个人的某种基本发展势力。”这种势力是发展的真正动力之源。

系统的发展方向不一定是正面的，关键在于社会的资源提供是否及时。发展科学的最大应用价值是努力使发展最优化，即促进在主体的实际生态环境中，最好地联合内外资源去塑造他的生活历程。这就要求我们发展科学的研究者能为之设计和提供一种“能描述、解释和优化实践(使发展最优化)为一体的科学议程”。对多样化群体中个体和群体的认识，对多样化情境资源的认识以及整合的科学议程都是发展科学所必须的成分。

从发展的可塑性、时间根植性和个体—情境的动态系统观出发，就应对“个别差异(缺陷)”这一儿童(发展)心理学家最为熟知的概念加以重新审视。传统上，个别差异是从误差变异的角度来理解的，或是被理解为是由实验控制缺乏或测量不当所致，或是(更糟糕)干脆把它们理解为是某种缺陷或异常的指标。

遗憾的是，这种“缺陷”取向的思考方式的残余至今仍游弋于发展科学的外围，特别在行为遗传学、社会生物学或某些进化心理学之中。众多学者已警告我们：这些关于基因和人类发展的错误观念，普通人或许易受其迷惑，但决不能成为公共政策的核心。缺陷取向的理论基础，归根结底是遗传还原论和环境还原论。它们对公共决策影响极大，尤其是在其与缺陷模型相结合的时候。因为尽管个别差异是绝对的，但这并不意味着“一定有人属于缺陷人群，有人属于优势人群”。

假如要为遗传与环境以及其他众多二元对立的概念之纠缠不清的争论解套，要肃清堂而皇之存在的两分法思维的残余影响，那就必须重新审视传统的“交互作用”概念。交互作用只是“用自身通常被概念化的两个分离的单纯实体……以合作或竞争的或独立地(在)起作用”来描述事物(Collins et al., 2000)①。只要是立足于这样的交互作用，争论两者(如天然与教养、机体与环境)的相对贡献大小，便是毫无意义的。一言以蔽之，所有两分法的观点，特别是遗传还原论的观点，不能作为阐述人类发展的理论框架。这在神经科学大举进入心理学家视野之际，尤应警惕。

从轻易地对差异贴上“缺陷”的标签，到将之理解为“发展的多样性”，Lerner 认为这堪称是一次“真正意义上的范式转变”：对人类本质特征的认识，以及对时间、地点(情境)和个体多样性的认识的范式转变。这一转换在第五版 Damon 和 Lerner 两主编当年曾亲自担任分主编的“人类发展的理论模型”一卷中即已成形，并开启了它们在发展科学中渐趋活跃的时代。至于在第六版中，则它与处处可见的发展系统模型有关。结合两版各章(包括第六版的新章)，可得出如下结论：发展是动态的、多样的；时间和地点(情境)的差异是本质而非误差。因此，“要认识人类发展，必须认识与个体、地点(情境)和时间有关的种种变量是如何协

① Collins, W. A., Maccoby, E. E., Sternberg, L., Hetherington, E. M., Bornstein, M. H. (2000). Contemporary research on parenting: The case of nature and nurture. *American Psychologist*, 55, 218 - 232.

同塑造行为的结构和功能及其系统的和系列的变化”(参阅第一卷第4、8、11、13、14、15、16等各章以及Elder、Modell和Magnusson等人的研究)。

当然,发展的多样性并不否认存在人类发展的一般规律。只不过它同时坚持也存在“个别化的规律”,而且认为前者的概括需要经过经验的确证,而非先验的约定产物。个别化的、特异的和普遍性的规律共存;每个人和每一人群均有其独特的和共同的特征,它们都应成为发展分析的核心目标。发展系统理论也并不否定基因等的作用,而是强调“基因细胞、组织、器官、整个机体以及其他所有构成人类发展生态环境的机体外组织水平,融合为一个完全是联合起作用的、相互影响、因而是动态的系统”(Lerner, 本手册,第一卷,第1章)。动态系统的核心特征是不把系统内的变量理解为独立的因素,它所指的“相互作用”是相互决定并彼此塑造的双向关系。说“动态(力)系统”是手册中出现频率最高的词汇之一似不为过。关于发展系统取向的经典的研究,有兴趣并希望用于实证研究的读者可进一步参阅本手册有关各章及更多的相关著作。我们认为,尽管这些方法目前并未普及,但预示着未来的方向。

再说说本版《手册》在重视儿童(发展)心理学应用方面的特色。

尽管Kurt Lewin的名言“没有什么比一个好理论更实用”常被人引用,但理论毕竟不能代替实践。把儿童发展研究与实践的主张紧密联系起来,这一发展科学的应用取向已受当代发展学者的普遍重视。它既是发展系统理论所强调的可塑性、时间根植性和发展多样性的自然归属,同时也向我们呈现了发展科学的跨学科性质的时代风貌。这在本版《手册》中有充分展现。

值得指出的是,当代儿童(发展)心理学对应用的重视,并未使发展科学沦为纯实用的技术,而是将之提升到了“应用的基础研究”的层面。

自1996年由Stokes提出“应用的基础研究”概念之后,基础研究与应用不再被视为界限分明的两个方面,而成为“沟通基础研究与活生生的人和活动之间的管道”。儿童(发展)心理学家不再只关心认知与情意功能的某些割裂的方面,而是去拓展“教育或临床干预以及课本、软件、课程及媒介如何设计”等实践的专业性功能,这完全符合“任何研究须以满足社会需要”之根本要旨。“应用的基础研究”不仅要整合儿童(发展)心理学各领域的研究成果,因为它“并非只借鉴单一的理论或研究传统”;而且由于“实践的发展研究(是)建基在具体解析环境问题、关注环境一般性质及有明确实践原理的研究之上”,因而它实际还要借助于与心理学的其他领域的合作,如临床、认知、教育、神经及社会心理学。因此,应用的基础研究要求跨学科领域的合作。这提示我们,儿童(发展)心理学家应该具备更宽广的学术视野和素养。我们也许可从这最新一版的《儿童心理学手册》的第四卷中感受到这一变化,并从国外同行在这一方面的努力中获得某种启示。当然应该指出,有关应用和实践的基础研究,这是最与社会、文化等因素紧密相关连的。中国的儿童(发展)心理学家理应开创自己更符合中国国情、社情和民情的应用课题。它们是任何国外的现有研究所不可取代的,也是我们可以贡献于整个人类发展科学的大可用武之处。

最后我们想说,我们稍感遗憾的是,基于《手册》使用的时效性,我们原计划此书能在

2008年内即与读者见面的,但现在的出版时间稍稍晚于我们的预期。一项大工程,其间涉及一些难控的因素似在所难免。不过如以第五版与第六版之时隔8年为参照,它将至少还有5年的有效期。应该指出,一定意义上,凡手册所载之知识,乃是前人已知且相对凝固的知识;而学术之树常青。因此,更为重要的是我们如何从中汲取营养,孕育和构建新知。"读书仅向大脑提供知识原料,只有思考才能把所学的书本知识变成自己的东西"(洛克:《人类理解论》)。中国的儿童(发展)心理学家未来一定会以更多创造性的成果反哺于下一版的手册!我们期待着。

林崇德 李其维 董奇

2009年1月

《儿童心理学手册》(第六版)前言

WILLIAM DAMON

所有学术性的手册在其学科领域中均发挥诸多重要的作用,首要的是,它们反映了该领域最近发生的变化以及使这些变化得以产生的经典研究。在这个意义上,所有手册都反映了其编撰者在手册出版之际,他们对自己领域内最重要内容的最佳判断。但许多手册也会影响到这些领域本身的发展。学者们——尤其是年轻学者们——会把手册作为信息来源,从中得到启示,进而指导自己的研究。举凡一种手册,它在对自身领域之构成加以考察之际,同时也汇集了日后将会决定该领域之未来发展的各种思想。因此,手册不仅是一盏指明灯和一种发生器,以及大家共同接受之知识的宝库,同时也是孕育新洞见的摇篮。

本手册继承的传统

在有关人类发展的研究领域,《儿童心理学手册》起到了独特而重要的作用,其影响之大甚至连那些世界著名的学术手册也难以比拟。《儿童心理学手册》一直在为该领域几乎长达75年的发展研究继承着扮演指向标、组织者、百科全书角色的传统,这段时间可以说涵盖了发展领域绝大部分的科学工作。

Carl Murchison 于 1931 年协调整合了各方面的稿件,推出了第一本《儿童心理学手册》。我们很难想象如果没有他的工作,这一领域如今会是什么模样。无论 Murchison 本人是否认识到了这本手册的潜在价值(本身是一种有趣的思考,假定他的梦想和雄心出于自然),他开始了出版这一工程的首创工作。它不仅费时旷日,而且发展成为一种跨越许多相关领域的繁荣传统。

通观《手册》的成书历史,它收集了世界范围内有关发展的研究,并在这些研究中起到了形成的作用。我们作为发展学家,目前状况如何,我们已知道了什么以及我们将向何方向发展,对这些问题,本手册的历史会告诉我们什么呢? 至于在我们所探索的问题中,在我们所使用的方法中以及在我们为求得对人类发展的理解所引用的理论观点中,什么发生了改变,什么保持原样,手册的历史又告诉了我们什么呢? 借助提出这些问题,我们遵循着科学本身的精神,因为发展的问题可以在任何努力的水平上提出来——包括建立研究人类发展的宏大事业。为了达于对该领域所描绘的人类发展的最好理解,我们必须了解该领域本身是怎样发展的。对一个要考察其连续性和变化的领域来说，我们必须探问：对该领域本身而言，什么是其连续性，什么又是其变化？

对《手册》历史的回顾绝不是去讲述该领域为什么表现为今日现状的完整故事，而只是展现这个故事的一个基本部分。它指明那些决定了领域发展方向的选择并且它影响了这些选择的作出。基于此，本手册的历史揭示了关于这一门学科形成的大量判断和其他的人类因素。

本手册的特点

Carl Murchison 是一位主编过《心理学文档》(*The Psychological Register*)，创办并主编过多种核心心理学期刊，撰写过社会心理学、政治、犯罪心理等书籍，编辑过各种手册、心理学教科书、著名心理学家传记，甚至一本论述精神信仰的书籍(Arthur Conan Doyle 爵士与 Harry Houdini 也在此书投稿人之列)的学者/指挥者。Murchison 主编的最初版《儿童心理学手册》由一家小型的大学出版社(Clark 大学)于 1931 年出版，当时该领域本身尚处于其婴儿期。Murchison 写道：

> 实验心理学一直具有(比儿童心理学)更悠久的科学和学术地位，但目前的经费投入，纯粹实验心理学研究的投入也许要比儿童心理学领域少得多。尽管这已是明显的事实，但很多实验心理学家仍然轻视儿童心理学领域，他们认为它的研究特别适合于女性以及那些不怎么阳刚(masculinity)的男性。这种所谓保护的态度乃是基于完全忽视儿童行为领域的研究需要巨大的阳刚气概。(Murchison，1931，p. ix)

Murchison 阳刚的隐喻当然是产生于他那一时代；它对某种性别刻板印象的社会历史是一种很好的修饰。Murchison 对其所要肩负的任务及采纳的方法有先见之明。在 Murchison 为其手册撰写前言之际，发展心理学只被欧洲和少数具有前瞻眼光的美国实验室、大学所了解。然而，Murchison 预见到该领域即将会得到提升："如果目前尚不能达到，但当几乎所有有智慧的心理学家都意识到：大半心理学领域涉及一个问题，即婴儿在心理上如何变为成人时，这个时刻就不会太过遥远。"(Murchison，1931，p. x)

为撰写 1931 年初版《手册》，Murchison 走访了欧洲及美国许多儿童研究中心(或"工作站")(Iowa、Minnesota、UC. Berkeley、Columbia、Stanford、Yale、Clark)。Murchison 的欧洲伙伴包括年轻的"发生认识论"学家 Jean Piaget，Piaget 在其撰写的"儿童哲学"(Children's Philosophies)一章中，大量引用了他对 60 名 4 至 12 岁的日内瓦儿童所作的访谈。Piaget 向美国读者介绍了他对儿童最初的世界概念进行研究的具有创造性的研究程序。另一位欧洲学者 Charlotte Bühler 撰写了关于儿童的社会行为一章。有关这一主题至今仍是新鲜的，Bühler 描述了蹒跚学步儿童复杂的玩耍行为及交流模式，这一内容直到 20 世纪 70 年代末才被发展心理学家重新探究。Bühler 同时也预期对 Piaget 的批判将出现在 20 世纪 70 年代的社会语言学的鼎盛时期：

> Piaget 在其关于儿童谈话与推理的研究中，着重强调儿童的谈话更多的是以自我为中心的，而不具有社会性……3 到 7 岁的儿童伴随操作的谈话，实际上并没有太多的相互交流，而像是一种独白……[但是]儿童与家庭每个不同成员之间的特殊关系还是会在分别进行的交谈中有所区别地反映出来。(Bühler，1931，p. 138)

其他的欧洲学者包括：Anna Freud 撰写了"儿童的心理分析"一章，以及 Kurt Lewin 撰写的"儿童行为和发展的环境作用"一章。

Murchison 选择的美国学者均非常有名。Arnold Gesell 开展对双生子研究，他提出的先天论解释，至今我们仍耳熟能详。斯坦福的 Louis Terman 对"天才儿童"概念作出全面的诠释。Harold Jones 论述了出生顺序的发展效应。Mary Cover Jones 介绍了关于儿童的情绪研究。Florence Goodenough 所写一章是关于儿童绘画的内容。Dorothea McCarthy 撰写了有关"语言发展"的一章。Vernon Jones 在"儿童道德"的一章中强调其个性发展的方面，但这种说法在认知发展变革期间曾淡出人们的视野，不过在 20 世纪 90 年代末又被视为道德发展的核心内容而又重新获得人们的关注。

Murchison 的儿童心理学的思想也包含对文化差异的考查。他的《手册》向学术界推出了一位年轻的人类学家 Margaret Mead。她刚刚结束在 Samoa 和 New Guinea 的周游。在 Mead 的早期著作中，她曾写到：她的南海(South Seas)之行是想对早期"结构主义"的错误观点提出质疑，如 Piaget、Levy-Bruhl 等人所提出年幼儿童思维的"泛灵论"观点。(有趣的是，同一卷中 Piaget 所写一章大约三分之一的内容就是讲述日内瓦的儿童是如何随年龄增长而摆脱泛灵论的。)Mead 报告了一些她认为"令人惊异"的数据："在 32 000 幅(年幼"思维幼稚的"儿童所作)的图画中，不存在将动物、物质现象或无生命物体拟人化的案例。"(Mead，1931，p. 400)Mead 同时也用这些数据批评西方心理学家的自我中心主义观点，她指出泛灵主义和其他观念更可能是文化因素导致的，而非早期认知发展的本质。这些内容对于当代心理学并非是陌生的主题。Mead 还向发展领域的研究者提供了一份在不熟悉文化中进行研究的研究指南，并附以研究方法及实行这些方法的建议，如把问题翻译为当地语言形式；不要做控制实验；不要对处于懵懂年龄(knowing age)的被试进行研究(他们往往是处于对研究的无知状态)；与你所研究的儿童有更多的接触等。

尽管在 1931 年《儿童心理学手册》中，Murchison 邀请了阵容庞大的作者队伍，但他的成就感并没有使自己满足很久。仅仅 2 年后，Murchison 就推出了第二版，在这一版中他写道："在短短的 2 年多时间之后，这第一次修订就几乎不包含与原版《儿童心理学手册》有什么共同之处。这主要是因为在过去 3 年里，该领域的研究迅速扩展，部分原因也在于编者的观点发生了变化。"(Murchison，1933，p. ii)由 Murchison 所带来的传统也处于发展变化之中。

Murchison 认为有必要在第二版提出如下的警示："我们一直都未试图简化、浓缩或提出不成熟的思想。本卷是为特定的学者服务的，它要求具有强大的说服力。"(Murchison，1933，p. vii) Murchison 之所以这样说，可能是因为第一版的销量未能像教科书那样畅销；也可能他受到了有关第一版在可接受性方面的消极评价。

Murchison认为第二版与第一版极少有雷同,这有些夸大其辞。其实,大约有一半章节的内容基本是相同的,只有很少的增加和更新。(尽管Murchison仍继续使用"阳刚"的措辞,但第二版的24位作者中仍有10位是女性。)有些第一版的作者被要求撤除原来的章节而改写新的主题。例如,Goodenough撰写"心理测验"一章而非"儿童图画"的内容,Gesell在其撰写的一章中简要阐述了他的成熟论——这超越了他以前的双生子研究。

但Murchison在第二版也做了一些较大的改变。他完全摈弃Anna Frued的观点,认为心理分析在心理学的学术界已遭到疏离。Leonard Carmichael首次作为作者撰写了重要一章(它是迄今为止手册中最长的一章),内容是有关产前和围产期儿童的发展。Leonard Carmichael日后在手册的传承中起到关键作用。第二版增添了三章生物学导向的内容:一章是关于新生儿动作行为,一章是关于生命最初2年内视觉—操作功能,另一章是关于生理"欲望",例如饥饿、休息、性的内容。加之Goodenough与Gesell在其研究视角上的较大的转变,所有这些都使1933年的《手册》向生物学方向有了更多的扩展,这也与Murchison长久以来的愿望相一致:他希望这些新兴的领域使儿童心理学展现出作为硬科学(hard science)的骨架。

Leonard Carmichael在主持Wiley出版的首版《手册》时任职Tufts大学校长。从大学出版社转到历史悠久的John Wiley & Sons商业公司,这与Carmichael众所周知的雄心是一致的;的确,Carmichael的努力是想让这本书变得更有影响,使之超越Murchison当初的所有预期。此时书名(当时只有一卷)被改称为《儿童心理学指南》(*Manual of Child Psychology*),这与Carmichael的如下意图相吻合:他希望出版一本"优秀的科学指南,以期在这一领域内的各种良好的基础教科书与学术的期刊文献之间,建起一座跨越两者的桥梁"(Carmichael,1946,p. viii)。

这本《指南》在1946年出版,Carmichael抱怨"这本书的诞生艰难,代价昂贵,尤其是在战争的条件下"(Carmichael,1946,p. viii)。然而,为这项工程付出的努力是值得的。《指南》很快成为研究生训练和本领域内学术研究的"圣经"。只要研究人类发展,到处可以看到这本指南。8年后,Carmichael时任Smithsonian Institution的主任,他在1954年出版的该指南第二版的前言中写道,"第一版不仅在美国,而且在世界各地都大受欢迎,这预示着对儿童成长和发展现象的研究越来越重要"(Carmichael,1954,p. vii)。

Carmichael主编的《指南》第二版的使用周期很长:直到1970年Wiley才推出其第三版。Carmichael当时已经退休,但他仍对此书有着浓厚的兴趣。在他的坚持下,他自己的名字仍成为第三版书名的一部分;几乎令人难以想象,它被称为《Carmichael儿童心理学指南》,即使此时新任主编已经上任,作者和顾问也已更换新人。Paul Mussen接任了主编一职,再次使这项工程展现辉煌。第三版变成了二卷本,它的内容覆盖了整个社会科学并被发展心理学及其相关学科的研究广泛引用。很少有一本学术性的纲要文献会既在自己领域处于如此主导地位,又在相关学科也有如此高的知晓度。这套《指南》对研究生以及高级的学者同样是重要的资源。出版界更是将《Carmichael指南》作为标准,以致其他出版的科学手册均与之比较。

1983 年出版的第四版由 John Wiley & Sons 出版并被重新命名为《儿童心理学手册》。此时,Carmichael 已经去世。整套书扩展为四卷本,学界多称之为“Mussen 手册”。

Carmichael 为新兴的领域所选的内容

Leonard Carmichael 当年应 Wiley 出版社之约成为主持这项出版工程的主编。工程获得了商业的资助,并且版本予以扩展(1946 年与 1954 年指南)。关于从何处搜寻、选取他认为重要的内容,Carmichael 曾作如下说明:

> 作为既是《指南》的编辑又是特定章节的作者,撰写者都受惠于……广泛接受并使用先前出版的《儿童心理学手册》(修订版)的材料。(1946,p. vii)
>
> 《儿童心理学手册》和《儿童心理学手册》(修订版)的编撰都是 Carl Murchison 博士。我希望在此表达我对 Murchison 博士在推出这些手册以及在其他心理学高级著作方面所做的先驱工作的深深感激之情。《指南》在其精神和内容的很多方面都归功于他的先见和编辑才华。(1954,p. viii)

上述第一段引自 Carmichael 1946 年版的前言,第二段引自 1954 年版的前言。我们无从知晓缘何 Carmichael 直到 1954 年才表达了对 Carl Murchison 个人的赞辞。也许是粗心的打字员在 1946 年版的前言手稿中遗漏了称赞的段落,而这一遗漏当时又未引起 Carmichael 的注意。或者也许经历了 8 年的成熟发展之后, Carmichael 平添了慷慨之情。(也可能 Murchison 或其家人对此有了抱怨。)不管怎样,Carmichael 终于对他的《指南》之基础予以承认了,如果说这不是对它们的初始编辑所作承认的话。他的选择是从这些基础开始的,这为我们披露了手册的部分历史。它为我们今天作为那些为 Murchison 及 Carmichael 所主编的手册作出贡献的先驱者们的后辈,留下了巨大的智慧遗产。

尽管 Leonard Carmichael 在 1946 年版的《指南》中所采取的思路与 Murchison 1931 年版和 1933 年版的《手册》的思路大致相同,但 Carmichael 又沿此思路向前有所发展,他增加了某些部分,也增添了他自己的色彩,删除了部分 Murchison 所重视的内容。Carmichael 首先沿用 Murchison 的五章关于生物的或实验的主题,例如生理成长、科学方法、心理测量等。他加入了生物学导向的新三章,涉及婴儿期的发展、身体成长、动作和行为的成熟(Myrtal McGraw 的介绍立刻使同一卷中 Gesell 的那一章显得过时了)。随后他委托 Wayne Dennis 撰写了有关青少年发展的一章,其主要关注点是青春期的生理变化。

关于社会及文化对发展影响的主题,Carmichael 保留了 Murchison 中的五章:两章是由 Kurt Lewin 和 Harold Jones 撰写的有关环境对儿童的影响,Dorothea McCarthy 撰写有关儿童语言的一章,Vernon Jones 撰写有关儿童道德的一章(现在题名“性格发展——一种客观的研究途径”),以及 Margaret Mead 撰写的有关 “早期幼稚”儿童的一章(由于采用了一些取自世界各地具有异国文化色彩的母子照片而提高了人们的兴趣)。Carmichael 同时保留了 Murchison 另外三章的主题(情绪发展、天才儿童、性别差异),但他选择新作者来撰写它们。但是,Carmichael 删除了 Piaget 和 Bühler 所撰写的二章。

Carmichael 的 1954 年的修订版是他的第二次也是最后一次修订版,其结构和内容与 1946 年的《指南》非常接近。Carmichael 再次保留 Murchison 原版的核心,以及多名作者和章节的主题,有些同样的材料甚至可追溯到 1931 年版的《手册》。不足为奇,与 Carmichael 的个人兴趣最接近的章节得到了明显的保留。只要有可能,Carmichael 就会倾向于生物及生理学。他显然支持对心理过程的实验处理。然而,他还是保留由 Lewin、Mead、McCarthy、Terman、Harold Jone 和 Vernon Jones 等所撰写的有关社会、文化和心理分析的内容,他甚至还增添了由 Harold 与 Gladys Anderson 所撰写的有关社会发展和由 Arthur Jersild 所撰写的有关情绪发展的两章新内容。

Murchison 和 Carmichael 所主编的《指南》和《手册》至今仍是令人感兴趣的读物。这一领域内经久不衰的许多话题正源于那时: 诸如先天一后天之争;普遍主义的一般性与情境主义的特殊性的对立;个体发生期间的改变是延续性的还是间断性的;成熟、学习、动作活动、知觉、认知、语言、情绪、行为、道德以及文化的标准范畴——都通过分析而得以区分,然而,正如每一卷的所有作者都承认的,所有这些不可避免地结合在人类发展的动态整体之中。

以上这些如今并未改变,但早期版本中的很多内容难免显得有些陈旧了。那些描述儿童饮食偏好、睡眠模式、习惯消除、玩具和身体体型的大量篇幅,如今看来是有点奇怪而没有什么可圈点之处。有关儿童思维和语言的章节,其撰写年代是在现代神经科学以及大脑/行为研究带来的突破之前。有关社会和情绪发展的章节也忽视了社会的影响以及自我调节的内容,而这些方面很快就为后来的归因研究和社会心理学中的其他一些研究所揭示。某些术语,如认知神经科学、神经网络、行为遗传学、社会认知、动力系统、积极的青年期发展等,在当时定然是不为人们所知的。甚至 Mead"幼稚"儿童的论述与当代文化心理学中丰富的跨文化知识相比,也显得十分薄弱。

通观 Carmichael《手册》的各章,它们列举各种独特事实并有规范的倾向,很少用到什么理论将之联系起来。情况似乎是: 人们沉浸在一个新领域的前沿有所发现的喜悦之中,所有这些新发现的事实在其被发现的过程中及其本身都是有趣的。当然,这就使得很多材料似乎给人以奇特和任意之感。我们很难知道是什么造成了这一事实系列,应把这些事实置于何处,哪些是值得追根溯源,哪些是可以放弃的。毫不奇怪,在 Carmichael 的《指南》中呈现的一堆材料以如今的标准衡量,它们不仅是过时的,而且是糟糕而没有什么关联的。

时至 1970 年,对理解人类发展而言,理论的重要性变得不言而喻。在回顾 Carmichael 的最后一版《指南》时,Paul Mussen 写道,"1954 年版的《指南》只有一章是关于理论的,它介绍了 Lewin 的理论,目前我们看到,这一理论对发展心理学并没有产生什么持久而重要的影响"(Mussen,1970,p. x)。在随后间隔的多年中,我们似乎可以看到一种偏离标准的心理学研究的转向,这一度被认为是"荒漠之地(dust-bowl)经验主义"。

Mussen 的 1970 年版本——当时称为《Carmichael 指南》——已面目一新,几乎整体更新了它的内容。两卷中只有一章采自之前,即 Carmichael 自己新写的长文"行为的开始与早期发展”——换了一个与 Murchison 1933 年版本中不同的名字。另外,正如 Mussen 在其前言中写道,“一开始就应该清楚……目前的两卷本无论就何种意义而言,都不是先前版本的修订版;这是一本全新的《手册》”(Mussen,1970,p. x)。

事实正是如此。与 16 年前 Carmichael 的最后一版相比,Mussen 两卷本的范围、内容的多样性及理论的深度都是惊人的。该领域已有巨大发展,新的《指南》展现了很多新的、不断出现的研究成果。生物学的研究视角仍很强势,有关身体成长(physical growth)(作者 J. M. Tanner)、生理发展(physiological development)(作者 Dorothy Eichorn)的两章以及 Carmichael 修订的一章(现在写得更为精致,引用了希腊哲学和现代诗词)为之奠定了基础。另有两章可以说是生物学的姐妹篇,它们是 Eckhard Hess 所撰写的有关习性学(ethology)的一章和 Gerald McCLearn 所撰写的有关行为遗传学的一章。这些章节至少在未来 30 年内将决定儿童心理学领域内生物学研究导向的主要方向。

就理论而言,Mussen 的《手册》是将理论完全渗透在全书之中。1970 年版中多数理论阐述都是围绕着著名的“三大体系”理论而组织的:(1) Piaget 认知发展理论,(2) 心理分析理论,(3) 学习理论。Piaget 受到广泛的重视。Piaget 再次出现在《指南》中,此次他对他的整个理论进行了更全面的(某种意义而言,更准确的)阐述,这与他在 1931/1933 年对有趣的儿童言语表达的分类极少有相似之处。此外,John Flavell、David Berlyne、Martin Hoffman,以及 William Kessen、Marshall Haith 与 Philip Salapatek 所撰写的有关各章都对 Piaget 研究工作的不同侧面给予了相当的重视。此外,其他的理论视角也有所表现。Herbert 与 Ann Pick 在有关感觉的和知觉的一章中详细阐述了 Gibson 的理论,Jonas Langer 所撰写的一章是关于 Werner 的机体理论(organismic theory),David McNeill 所撰写的一章对语言发展作出了基于乔姆斯基理论的解释,以及 Robert LeVine 撰写了日后很快成为“文化理论”的早期文本。

随着对理论的日益重视,1970 年的《指南》深入探求在前面版本中几乎都被忽略的问题:寻找可以对变化的机制加以说明——用 Murchison 过去的话说就是——回答“婴儿在心理上如何变成成年人的问题”。在这过程中诸如先天与后天的相对立性这样的老话题又被再次提出,但如今涉及更为复杂的概念的和方法论的工具。

在理论建构之外,1970 年的《指南》还推出了许多新的理论以及有特色的新撰稿人:同伴相互作用(Willard Hartup)、依恋(Eleanor Maccoby 与 John Masters)、攻击行为(Seymour Feshback)、个体差异(Jerome Kagan 与 Nathan Kogan),及创造性(Michael Wallach)等。我们对所有这些领域在新世纪仍然保持着浓厚的兴趣。

如果说 1970 年的《指南》反映了当时儿童心理学领域中经历播种之后的茂盛景象的话,那么 1983 年的手册则反映了这一领域的基础所覆盖的范围已超越了先前预期的边界。新的作物已从过去被视为许多分离的区域内茁壮而出。原来像是一座法国式的花园,它有着拱形的设计和整洁的区隔,如今已转变成英式园林,它似乎不受拘束但又硕果累累。Mussen 的二卷本的《Carmichael 指南》如今成为四卷本《Mussen 手册》,其页数几乎是 1970 年版的三倍。

曾经辉煌的理论现在风光不再。Piaget 的文章虽然还在 1970 版中出现，但现在他的影响逐渐在其他各章中减弱。学习理论与心理分析理论很少再被提及。然而，早期的理论仍留下它们的印记，在新的理论中时有隐现，作者们在处理材料的概念化工作中明显地把先前的理论纳入其中。在全书中，随处可见并未回到"荒漠之地经验主义"的景象。而是代之以各种经典的和创新的思想共存的局面：习性学、神经生物学、信息加工、归因理论、文化的研究视角、沟通(communications)理论、行为遗传学、感—知觉模型、心理语言学、社会语言学、非连续性阶段理论以及连续的记忆理论，它们都占有一席之地，但没有一个居于核心地位。研究的论题范围从儿童的游戏到大脑单侧化，从儿童的家庭生活到学校、日托所的影响，以及对儿童发展的不利的危险因素等。另外《手册》还报告了试图运用发展的理论为基础来开展临床的和教育的干预。有关"干预"的内容通常在各章的最后部分，在作者们探讨与特定干预成就相关的研究时予以提及，而不是以整章篇幅专门阐释实践的问题。

经过现在的编辑团队的努力，终于使我们有了《手册》的第五、第六版(如果算上最初 Wiley 之前 Murchison 主编的两版，它们实际是第七、第八版)。对我们所做工作提出批判性的总结，我必须将之留给未来的评论家。《手册》的主编们都为自己所主编的各卷手册撰写了介绍性以及/或者概括性的报告。在此，我只想在他们所付出努力之外，增加一些有关设计意图的说明，以及对我们的儿童心理学领域从 1931 年到 2006 年发生的某些走向稍加评论。

我们编辑现在这套手册与之前 Murchison、Carmichael 与 Mussen 持有同样的目标，正如 Mussen 所写的，那就是"提供一幅对知识的目前状态进行全面的、准确的描绘图画——主要的系统性思考和研究——在人类发展的心理学领域内最重要的研究"(Mussen，1983，p. vii)。我们认为《手册》的读者应该像 Murchison 宣称的那样，定位于"特定的学者"，也应该具有像 Carmichael 所界定的"高级教程"的特点。尽管如此，我们仍期待它与前几版相比，能适应更多跨学科的读者，因为如今的学者更倾向于在多学科领域，如心理学、认知科学、神经生物学、历史学、语言学、社会学、人类学、教育学和精神病学等学科进行跨学科的遨游。我们也相信具有不同研究导向的实践者应该是在"学者"这一大范畴之内，本《手册》也是为他们服务的。为了达到这一目的，我们首次在 1998 年版中以及再次在目前的版本中，真实地向读者奉献了一部完整的儿童心理学。

除了这些非常一般性的意图，我们还使《手册》第五版和第六版的各章展现出它们各自的风貌。我们所邀请的作者均为儿童心理学领域的某个方面公认的领衔专家，尽管我们也知道，如果选择的过程完全没有时限，并且经费预算无虞的话，我们还应该邀请大批其他的学术带头人和研究者，但我们没有余地——因而也没权利——使他们加入进来了。我们邀请的每位作者都接受了这份挑战，很少有例外。唯一让我们深感遗憾的是：1998 年版的作者中有几位已经去世。我们尽可能地安排了他们的合作者来修订或更新这些章节。

我们对作者的要求非常简单：向读者传达在你所研究的儿童心理学领域内你所了解的一切。从写作伊始，作者就居于舞台中心——当然，他们也可从评论家和手册编辑那里得到很多建设性的反馈意见。没有人试图对任何一章强加某种观点或某种偏爱的研究方法，或为领域设界。作者可对所涉研究者在其研究领域中试图达到的目标以及为什么设定这样的目标，如何着手实现这一目标，依靠哪些智慧的资源，取得了哪些进展以及得到了何种的结论，表达作者自己的观点。

在我看来，实现了这一目标后，其结果就是我们可以看到更为茂盛的英式花园的景象，但或许过去10年内出现的某些花园庭式也稍许包括在内。强大的理论模型与研究取向——并不是完全统一的理论，例如三大主要理论体系——开始再次起到对领域内很多研究与实践加以组织的作用。在这些模型与研究取向中也存在很大的差异，但每一种的旗下都会聚着许多有意义的研究成果。有些成果只是最近才系统成形的，有些则是组合了或修改了那些至今仍保持活力的经典理论。

在本《手册》中，读者可以发现几种主要的模型和研究取向：动力系统论、毕生发展和生活过程论、认知科学和神经模型、行为遗传学方法、个体—情境交互论、动作论、文化心理学以及泛新Piaget学派和泛新维果茨基的模式。尽管有些模型和研究取向已孕育有时，但现在才具有自己独立的身份。研究者可以直接地运用它们，只要谨慎地接受它们所蕴含的假设，然后在特定的条件下有控制地使用它们，在实践中探索它们的内涵即可。

现在还出现另一种研究模式，即重新发现并探索那些刚刚被先前一代的研究者研究过的人类发展的核心过程。科学兴趣常表现为一种交互循环的运动(或螺旋式运动，对那些希望抓住科学发展前进的本质的研究者来说就是如此)。在我们身处之时代，发展研究的指向已不再是诸如动机与学习这类经典论述——这不是就这些论题已被完全遗忘，或在这些领域已没有好的研究在进行的意义上而言的，而是指它们已经不再是进行理论反思和争论的突出主题。有些论题受到相对忽略则是学者们有意为之，如当学者们面对心理动机是否是值得研究的"真实"现象，或"学习"是否能够或者应该首先与发展加以区分之类的问题时。而所有这些现已改变。正如本版的内容所证实的：发展的科学革命迟早会回归到为解释其所关注的核心问题——个体及社会群体历时发生的逐渐变化——所必要的概念，以及回到像学习和动机这些在这一任务中不可缺少的概念上来。本手册令人兴奋的特色之一就是它为这些经典的概念向我们展现了理论上和实证研究上的进展。

另一个近几年遇到非议的概念就是发展概念本身。有些社会批评家认为：蕴含在"发展"概念之中的"进步"观念似乎与诸如平等、文化多样性的原则不相同调。我们从这些批评中获得的真正好处是：例如，儿童心理学领域的研究可以从更适当的不同的发展路径来开展。但是，像许多批评的立场一样，它也会导致极端化。对某些人来说，探究人类发展的核心领域中的问题是值得怀疑的。成长、进步、积极的改变、成就，以及改善绩效和行为的标准，所有这些作为研究主题的合法性都受到了质疑。

就像在学习和动机中的情形一样，毫无疑问，儿童心理学领域的重心所在迟早不可避免地会回归到对发展的广泛关注上。从婴儿到成人的成长经历是一部多侧面的发展故事，它包括学习，技能和知识的获得，注意和记忆能力的提高，神经元和其他生物能力的增长，性格及个性的形成和改变，对自己与他人理解的增进和重组，情绪和行为调节的发展，与他人沟通与合作的进步，以及在本版《手册》中提及的其他成就。家长、老师以及各领域的成人会辨识并正面评价儿童的这些发展成就，尽管他们通常并不知晓如何去理解它们，更不用说如何促进它们自然地发展。

手册的作者们在各自的章节中阐释的各种科学发现需要提供这样的理解。当新闻媒体一则接着一则播报那些根据过于简单或具有普遍偏见的思考所得到的关于人类发展的所谓原因时，正确的科学理解的重要性在近年来变得益发清楚了。关于家长、基因或学校在儿童的成长和行为方面的作用，本书相关各章严谨并负责任的阐释与那些典型的新闻故事形成了强烈的对照。至于公众选择何种来源获取自己的信息，这方面似乎难以形成什么竞争。不过令人宽慰的好消息是：科学真理通常在最后会融入公众的意识。这融入之路在日后某一天也许也会成为发展研究的一个好的研究课题，特别是当这种研究能够为我们找到加速这一过程的方法的时候。同时，这一版《儿童心理学手册》的读者也可从中找到如今该领域内最可靠、最有洞见且是最前沿的科学的理论与发现。

2006年2月
Palo Alto，California
（蔡丹译，李其维审校）

参考文献

Bühler, C. (1931). The social participation of infants and toddlers. In C. Murchison (Ed.), *A handbook of child psychology*. Worcester, MA: Clark University Press.

Carmichael, L. (Ed.). (1946). *Manual of child psychology*. New York: Wiley.

Carmichael, L. (Ed.). (1954). *Manual of child psychology* (2nd ed.). New York: Wiley.

Mead, M. (1931). The primitive child. In C. Murchison (Ed.), *A handbook of child psychology*. Worcester, MA: Clark University Press.

Murchison, C. (Ed.). (1931). *A handbook of child psychology*. Worcester, MA: Clark University Press.

Murchison, C. (Ed.). (1933). *A handbook of child psychology* (2nd ed.). Worcester, MA: Clark University Press.

Mussen, P. (Ed.). (1970). *Carmichael's manual of child psychology*. New York: Wiley.

Mussen, P. (Ed.). (1983). *Handbook of child psychology*. New York: Wiley.

致谢

像《儿童心理学手册》这样如此重要的著作之诞生，总是凝结了无数人的心血。他们的名字并不一定出现在封面或书脊上。但重要的是，我们必须向150多位合作者表示感谢，是他们的学识赋予第六版《手册》以生命。他们渊博的知识、资深的专业素养、辛勤的工作，使得这一版《手册》成为发展科学中最重要的参考著作。

除了本版四卷本的作者之外，我们还有幸与 Jennifer Davison 和 Katherine Connery 两位编辑合作，他们来自 Tufts 大学的“青年发展应用研究中心”。两位“敢作敢为”的精神与令人印象深刻的能力渗透在每一卷的细节之中，这种精神和能力是无价的源泉，它使此项工程得以及时并且高质量地完成。

显然，我们同样也要强调，如果没有 John Wiley& Sons 编辑们的才干，对质量的追求与专业的素养，这版《手册》的出版不可能成为现实，它也不会成为我们所相信的：它将是一种里程碑式的著作。Wiley 的团队对《手册》付出了巨大的贡献。在对这些作出杰出贡献的所有合作同事表达感谢之际，我们要特别提到其中四位：心理学资深编辑 Patricia Rossi，高级著作出版编辑 Linda Witzling，副编辑 Isabel Pratt 及副社长兼出版人 Peggy Alexander。他们的创造性、专业素养、协调及远见卓识，对《手册》高质量传统的不懈坚持，所有这些都对现在我们手中这本《手册》的每一成功之处起到至关重要的作用。我们也要深深感谢 Publications Development Company 的 Pam Blackmon 和她的同事们所承担的巨大工作量，他们把第六版数千页的内容进行复制编排和制版。他(她)们的专业水平及精益求精的精神是极其宝贵的，这为编辑们提供了继续进行富有成效之工作的基础。

儿童发展通常发生在家庭。同样，《手册》编辑们的工作得以实现也是由于其配偶、朋友和孩子们的支持及容忍。在此我们向所有我们所爱的人表示感谢，感谢他们伴随我们走过了数年的《手册》第六版的出版历程。

许多同行对各章的手稿提出过宝贵的意见和建议，这大大提高了最终手册的质量。我们对所有这些学者的巨大贡献表示感谢。

William Damon 和 Richard M. Lerner 感谢 John Templeton 基金会对他们各自的学术努力所提供的支持。此外，Richard M. Learner 还要感谢“国家 4－H 委员会”(National 4-H

Council)的支持。Nancy Eisenberg 感谢来自以下机构的支持：国家心理健康学会(National Institute of Mental Health)，Fetzer 学会(Fetzer Institute)和博爱——利他主义、同情、服务(The Institute for Research on Unlimited Love — Altruism, Compassion, Service)研究协会(位于 Case Western Reserve 大学医学院)。K. Ann Renninger 和 Irving E. Sigel 感谢 Vanessa Ann Gorman 对《手册》第 4 卷的编辑工作的支持。K. Ann Renninger 得到 Swarthmore 学院院长办公室对此项工程的支持，在此同样也要表示深深的感谢。

最后，在 Barbara Rogoff 的鼓励下，早期部分前言的内容发表在了《人类发展》(*Human Development*，1997 年 4 月)。我们感谢 Barbara 对统筹出版工作的编辑协助。

“第四卷：应用儿童心理学”前言

K. ANN RENNINGER AND IRVING E. SIGEL

应用发展研究

我们怀着由衷的兴趣和真诚的关切，承担了此卷《儿童心理学手册》的编撰工作，以示对由应用引起的基础研究，和将会影响实践的研究的支持。应用发展研究者是沟通基础研究与活生生的人和活动之间的渠道。通过对环境中的一个人或一个群体的问题，而非关注一个人认知与情感功能的某些割裂方面的考察，应用发展研究者被赋予了探讨专业性工作，包括教育或临床干预如何进行，和/或课本、软件、课程及媒介如何设计的职责。发展研究的这种情况，引来对变化与发展潜能(与年龄有关的和/或与领域有关的)的理论与基础探讨。它还可对基本方法与发展理论进行验证。

应用发展研究者所使用的基本方法，可能包括详细描述(参与式观察、深度访谈、话语分析、微观分析)，用以生成假说，在研究过程的后期阶段，则担负着阐明和解释量化结果的职责。基本方法也可能包括控制性假设检验，运用控制组、随机取样，使用问卷调查或测验。方法选择反映了研究问题的要求。

确定研究变化、追踪发展的相关指标，还有如何测量这些指标，对于课程设置、治疗和/或社会政策目标的确立和达成，至关重要。发展的核心假设包括：(a) 变化是动态的，是需要时间的；(b) 影响变化的过程可能既包括看似朝前的趋势，亦包括向后的趋势；(c) 有必要从个体或群体，还有环境的视角对变化进行考察。

尽管应用研究并无一个给定的形式，但假若研究是协作性的，就能提供应用信息。在教育、临床以及社会政策领域的研究合作，通常至少有一方所接受的训练及所阅览过的研究文献，其他团队可能对此知之不多、兴趣欠浓，抑或对研究文献和研究过程未及深入思考过。当所有参与者共有一个清晰目标，有一种幸运发现本质，建基于新信息，深入探讨研究问题，和/或克服能力、兴趣、以往经验及信念差异而通力合作的心向，这些研究者将取得最大的成功。

由应用引起的基础研究

尽管诸如 Binet(1901)和 Murchison(1933)等心理学家通过研究提供应用信息,但也就是近些年,才不把基础研究与应用视为界限分明的两方面。事实上,运用发展研究解决实践问题的兴趣日浓,或如 Stokes(1996)所称的"由应用引起的基础研究"。对此兴趣增加,或多或少,可归因于 Stokes 对研究要根基于实践以满足社会需要的重要意义的强调。Stokes 指出,基础研究和应用研究不应相互排斥或各自为政。相反,他认为实践研究会受到以严格著称的基础研究方法的推动,若实践研究对应用引起的基础研究提供支持,那么政府就会去影响发展变化。在《巴斯德象限》[①](*Pasteur's Quadrant*)中,他以 Louis Pasteur 在疫苗和巴氏灭菌法的研制作为例证。Pasteur 既是一位科学家,又是一位人道主义者,他对认识微观生物进程和如何控制这些进程的影响都抱有浓厚的兴趣。Pasteur 探寻细菌源的兴趣,激发他在基础研究问题上不断探索。Stokes 指出,来自基础研究领域的信息,激励着 Pasteur 的研究,而后者反过来又对基础研究和实践贡献良多。

聚焦于实践中变化和发展的儿童发展研究,即属由应用引起的研究之列。如 Stokes 著作之付梓一样,《儿童心理学手册》本卷"儿童心理学与实践"第 1 版也即将付印。关注儿童心理学应用实践的 1 本通讯(《比较人类认知实验室通讯季刊》)和 3 本期刊(《应用发展科学》、《认知与教学》和《应用发展心理学杂志》)不遗余力地推动这方面的研究,大量书籍也随之涌现(如,Bransford、Brown 和 Cocking 的 1999 年版《人如何学习:大脑、心智、经验与学校》;Lerner、Jacobs 和 Wertlieb 的 2002 年版《应用发展科学手册:通过研究、政策和方案促

---

① 美国司托克斯(Stokes, 1997)教授在其《巴斯德象限:基础科学与技术创新》(*Pasteur's quadrant: basic science and technological innovation*)一书中,将科学研究划分为三个象限。"纯基础研究"处于第一个象限,也称"玻尔象限";玻尔是丹麦杰出的理论物理学家,对量子论及量子力学的建立和发展有重大贡献。"由应用引起的基础研究"处于第二象限——其范型是巴斯德那样的研究类型,故称为"巴斯德象限";"纯应用研究"在第三象限,也称爱迪生象限。各象限之间是双向互动的。司托克斯教授以大量的历史资料和现实情况说明,最重要的和最关键的是要关注巴斯德象限,即对由应用引起的基础研究的政策支持、项目投资和社会评价。

法国学者巴斯德是微生物学的创始人。他使人们彻底认清了疾病的机理及其他一些生物生理过程,并将这些认识应用于食醋、啤酒、白酒和牛奶的防腐,以及蚕蛹霉斑、牛羊炭疽、家鸡霍乱和人畜狂犬病的控制当中。在巴斯德的研究中,甜菜汁酿酒问题非常具有代表性,它体现着基础研究和应用研究的融合。巴斯德在这个问题上所作的研究工作是典型的应用研究,它成功地促进了发酵技术的发展。但是这一典型的应用研究同时也是一个杰出的基础研究。实际上,巴斯德后来的研究生涯都是以这种混合研究为特征的。他的许多研究内容,如使他开发出处理牛奶的"巴氏灭菌法"工艺的试验,或通过培养菌株使病人产生免疫力的实验,都属于这种应用与基础研究相混合的类型。巴斯德在一个世纪以前奠定的微生物学,这个学科本身既是基础研究又是应用研究。巴斯德工作于"第二次工业革命"时代,那时,基础科学与技术变革间的关系已呈现出现代的形式。在接下来的几十年中,技术越来越多地以科学研究为基础——科研问题的选择和研究方向的决定常常由社会需要引起。巴斯德象限不仅仅局限于生物学领域。在地球科学领域,认识与应用的目标也像在生命科学中那样紧密联系。地震学、海洋学和大气科学的产生部分是源于人们对地震、风暴、干旱和洪涝灾害的恐惧。全球变暖与核爆炸预测等现代特殊问题使这些学科不断得以丰富。

根据科学技术相互作用的新观点,司托克斯建立了一个令人信服的模型。并通过对"应用引起的基础研究"也即"巴斯德象限"的重要性的认识,建立起政府与科学间的新型协约关系。他的结论对科学研究和政策组织均产生较大影响,并在美国民众当中,使得对基础科学研究的现实作用颇感困惑的广大公众产生了浓厚的兴趣。

参见:西方创新理论新词典,来源:http://philosophy.cass.cn/facu/linxia/xincidian/a-g.htm。——译者注

进儿童、青少年及家庭积极发展》)。这些出版物皆强调探讨教育与临床实践,及社会政策制定相关问题的研究意义。它们还反映着这样一种信念:研究能为实践措施的变更与改善及其效能评价充分提供论证的必要资料。

与应用引起的基础研究模式相一致,政府及私人财团已开始奖掖那些颇具挑战性的(比如,学校、学校外照看、卫生保健)的应用实践研究。这类先行研究极为强调对变化或影响进行评定的重要性。可以预计,今后的研究将:包括一个评定环节;对所确定的影响予以验证;对变化予以描绘;并运用所收集的信息,以其为基础建构可用以测量影响的模型。

在这种鼓励应用研究的氛围里,受过发展研究方法训练而又不乏实践经验背景(以及/或者有可能与其他经验丰富者合作)的研究者,就会置身于这样的地位:(a) 区别变化之相关指标;(b) 选择能提供这些指标信息的方法;(c) 发展合作关系,以使即便研究者不在场,亦能继续为变化提供支撑或施加影响。这是一项创造性的工作,这将建基于已有理论模型、研究方法与结果发现——但并非直接地进行。更确切来说,理论、方法及先前的研究为共同发现所要考察的问题及应用于实践情境的方法,并列出个轻重缓急及优先次序,提供了基础,这样,不但能对变化予以评定,还可对之加以影响。

重要的是,这里所谓理论、方法和先前的研究,从其本源上来看,并不一定全是"发展性"的。虽然促使我们对变化及人的发展予以关注的发展观与实践问题有着特别的关联,但由应用引起的基础研究并非只借鉴单一的理论或研究传统。有必要将应用于实践的发展研究建基在具体解析环境问题、关注环境一般性质及有明确实践原理的研究之上。根据研究问题,探讨人的发展的研究者可能还会借鉴心理学的其他领域(临床、认知、教育、神经心理学及社会心理学),以及/或者涵盖颇广的学科,如人类学、生物学、通信工程、经济学、学习科学、语言学、数学及政治科学等。

这本手册的内容

在规划本卷内容时,我们选择了 3 个领域,以其作为研究如何提供环境实践信息的范例,这些实践往往面临挑战,并具有重要社会价值,这 3 个领域是:教育、临床实践和社会政策。我们在上述每一领域中找寻那些长期从事实践相关研究、能为运用基础研究解决实践课题的研究者提供决策建议的专家。

在本卷,我们特地邀请了有深厚实践背景的专家撰写各章,每一章都包含有对精挑细选文献的回顾,并有这些作者自己的研究方案,以为例示。对于以往研究的概括,应该说是颇具启示性的,但不能说是充分的,因为本书的目标是为由应用引起的基础研究提供支撑。同样,虽然理论模型能够在启迪实践思索方面提供信息,但它们通常并不给出应用的详细方案,以及研究该如何实施的步骤。

我们鼓励作者多用样例资料,以提供读者一个变化与发展研究的思考背景,并讨论来自实证文献的论点,以及这些文献是如何对实践有(或无)启发的。我们还提请作者在撰写时考虑以下问题:

- 提出研究问题时，有哪些研究假设在起作用？相互竞争的理论假说有哪些？
- 方法与干预手段有哪些？又建基于何处？需要哪些适应类型或重复(iteration)？
- 结果所揭示的实践原理是什么，其可推广性的依据是什么？有没有考虑到文化、个体及群体需要、性别及诸如此类需要认可的因素？应用的实施是得到授权的吗？有哪些需要解决的民族性问题？
- 在实践中，常常会做出什么样的应用决策，即便是没有研究为此提供信息？在这些情况下，有什么格式的评估标准可资利用？
- 在哪些问题上，你和/或本领域仍在埋头苦干或仍需深入探查？需要研究者探讨的实践应用，又会带来哪些开放的问题？

加入样例资料、有选择的文献回顾及决策讨论等，均旨在提升章节内容的可读性及其效用。

重要的是，这样的一卷手册被寄予厚望，希望能为每一读者带来不同意义。实际上，我们期望每一读者都能找到他或他自己最感兴趣或最觉有用的章节，而这又会因不同的读者而有差异。总之，这些章节所体现的是由应用引起的有关变化与发展的研究思想。所有章节为思考理论与方法如何激发儿童心理学应用研究提供了平台。本卷还能告诉我们，研究是如何激励有志之士们在实践领域通力合作，并作出对儿童、他们的家庭和/或照料者，及自己所共事的专家起影响作用的决策的。

（席居哲译）

第一部分　教育实践中的研究进展与应用

SECTION ONE　Research Advances and Implications for Practice in Education

第 1 章

学前儿童发展与教育

MARILOU HYSON、CAROL COPPLE 和 JACQUELINE JONES*

* 本章的作者对于 Elena Bodrova 和 Deborah Leong 就心理工具课程（the Tools of the Mind curriculum）发表的真诚而又慷慨的意见表示最衷心的感谢；对马里兰州和新泽西州的心理工具课程教师表示最衷心的感谢，他们允许我们进入课堂参观；衷心感谢评论家 Linda Espinosa，James Johnson，Martha Bronson 和 Susanne Denham，感谢他们在本章草案形成时给予的宝贵意见；衷心感谢国家早期儿童教育与教育考试服务协会（the National Association for the Education of Young Children and the Educational Testing Service）的同事们的帮助。

Linda Sims 老师班上的学生一起站在毯子上进行早晨的第一个活动。在这个早期开端项目(Head Start)[①]班级中的所有儿童都来自贫困家庭。其中 4 名儿童住在专为无家可归者提供的庇护所中，而其他几名儿童的父母参与了戒除某种物质依赖的治疗项目。两名儿童患有孤独症，3 名儿童具有语音或语言表达障碍，4 名儿童的母语并非英语。

4

首先，教师会让儿童进行一系列的"每日开始"(beginning-the-day)活动，从表面上看，这一切是为了让班级中的儿童互相熟悉。然而，根据特殊的发展理论和最新研究，这些活动对于课程和教育策略具有显著的、有目的的影响。例如，因为这是周一，儿童需要制定本周的"工作"计划。教师并非指定任务，而是引导儿童观察墙上的标签和图表并寻找自己喜欢的工作，然后将自己的名字填写在工作列表旁的相应位置。教师将会告诉没有获得工作的儿童，他们在下周会有一个特别的工作机会。

虽然选择工作和其他固定的活动所花费的时间不会超过 15 分钟，然而教师也会自然地在开始其他活动之前让幼儿进行一项体育活动——"木头人游戏"(the Freeze Game)。教师播放音乐，并让儿童随着活泼的音乐随意舞蹈。当儿童还在舞蹈时，教师在某一个位置摆出一个"木头人"造型。根据游戏规则，儿童需要记住这个"木头人"造型并像先前一样继续跳舞。当音乐停止时，他们需要模仿刚才的"木头人"造型而进行"冷冻"——此时他们的手臂是举起来的。音乐再次响起，儿童继续愉快地跳舞，他们同样需要暂时忽略"木头人"的新造型，直到音乐停止时再次停止跳舞并根据新造型进行"冷冻"。此时，Sims 女士将会摆出特殊的且更加复杂的造型(两个"木头人"一起造型，且每个都要举起手并抬起一只脚)，她说："噢！我知道这很难！"孩子们开心大笑并继续舞蹈，随后他们两两一组进行造型模仿，这需要他们付出更多的努力。

然后，儿童停下来坐在地毯上继续最后的"每日开始"活动——信息分享。很多学前班级都会提供给儿童诸如"展示与交流"之类的活动，使其能够跟班级的其他儿童进行交流。信息分享的形式则有所不同：儿童两人为一组并根据教师建议的主题进行分享信息，这次的主题是"告诉你的朋友你最喜欢什么零食"。儿童非常熟悉这一程序，他们开始分享和倾听，几乎不需要 Sims 女士的提醒。当组成两人小组后，很多儿童立刻开始分享他们的信息，而 Sims 女士则会弯下身子饶有兴趣地倾听每一组的交谈，有时她会提出一个问题或者提醒儿童应该交换发言。

这个情境，以及这一项目中的其他情境，为本章探讨关于学前教育项目的发展性理论和

---

① 是美国专门为免费寄宿班级或处境不利儿童而设立的早期教育项目。——译者注

研究提供了一个真实世界的情境。虽然学前教育的内容是儿童保育、预防与干预,以及其他相关主题的重要组成部分,然而以前的儿童心理学手册并没有专门的一章对其进行探讨。目前第 4 卷中的此章证明了学前教育是促进儿童积极的发展和学习的有力工具。显然,学前教育领域远远大于且复杂于本章所能探讨的内容。作者并没有回顾学前教育的很多方面,而是选择了一个不同的方法进行阐述,这一方法在本手册第 4 卷中的重点汇集中有所说明。

本章重点与目标

一个优秀的学前教育项目最重要的目标是促进儿童的发展。本手册中前 3 卷和第 4 卷中的部分章节对早期儿童发展与学习中的重要领域的研究进行了广泛的总结和分析。

除了大量的数据之外,一个持续性的挑战在于如何将发展性理论与研究同学前教育项目与教育决策进行有效的结合。正如本章所言,两者的关系相比其所表现出来的形态更加重要与复杂。本章中,我们通过早期发展与教育的两个基础来阐明和校验这些复杂的关系:认知要素的发展,尤其是儿童的表征思维、自我调节与计划;儿童情感能力的发展,以情感安全和情绪调控(ER)的核心领域为例。虽然其他的发展性领域也具有重要的作用,但是上述的领域是铸就人生长久成功的核心基础和关键能力。这些基本领域具有广泛的研究基础,然而有时它们在学前教育政策和实践中并未得到充分体现。连接并加强这两个基础领域的是第 3 个重点:发展适宜性的、基于课堂的评价实践,能够证明儿童的发展,并且引导教师作出决策。在此,研究为我们选择并使用评价工具提供了帮助,然而对于发展性观点的强调在学前教育评价领域是不够的。

虽然我们认为早期发展性表现以及这些领域中的大量内容是本章的亮点,然而我们仍将探讨的重点放在关于 3—6 岁儿童的研究与项目上。大量公共政策的关注点直接指向这一领域,且该领域中存在着丰富的发展性研究和教育研究。虽然本章强调学前阶段,但是其中大量的研究结果适用于年幼或年长儿童的课程与教育实践。

我们并未将对研究和实践关系的分析限定在一个抽象的层面,而是将探讨与一个特殊的案例相联系:由 Elena Bodrova 和 Deborah Leong 开发的心理工具课程(Bodrova & Leong, 1996; Leong, 2005)。选择这一课程并非认为其是唯一一种值得认可的方法,而是由于其他原因而将心理工具课程作为一个案例。首先,与本章重点相一致的是,心理工具课程受到发展性理论与研究,尤其是维果茨基理论(Vygotskian theory)和与之相联系的社会建构主义研究体系(social constructivist)的大量影响。其次,不同于其他广泛采用的课程,如高瞻(High/Scope)(Hohmann & Weikart, 2002; Schweinhart, Barnes, & Weikart, 1993)及创造性课程(Creative Curriculum)(Dodge, Colker, & Heroman, 2002),心理工具课程仍然与早期教育的实践与评价紧密相关。再次,随着这一课程在早期教育界中越来越受到认可,它自身也面临着重新定位的挑战。最后,这一课程的实质在于教师需要吸收并掌握一系列相关的、综合的教育指导的方式与策略。因为这一课程被更加广泛地使用,而并非所有的教师都会参与课程的研发;相反,一些教师可能会对于课程方法中的某些方面持有不同的看法。基于以上原因,心理工具课程一方面能够成为阐明理论与实践联系重要性与复杂性的有效例证,另一方面还能够体现儿童教育的实践。

尤其需要指出的是,我们希望本章能够促使读者对于以下内容形成广泛的认识:

- 对于发展性理论与研究已经且持续对学前教育项目所产生影响的情境形成认识;
- 对于几个在学前教育项目中处于实际优先地位的发展性研究领域的概览;
- 对于利用发展性研究设计早期教育项目时面临的机遇与挑战的认识;
- 对于开发、实施和评价学前教育项目时的复杂关系的考虑。

本章概览

本章开篇伊始即展示了当今美国学前教育课堂的情境。接下来我们探讨了发展性理论与研究在作用于学前教育项目的内容及实践过程中的功能与局限,并且预见了本章后面部分将要出现的挑战。

这一背景是基于对几个早期儿童学习与发展的本质性基础的探讨与分析之上而得出的(儿童的认知能力,其重点在于表征思维、自我调控、计划;儿童的情感能力,其重点在于安全与情绪调节),且包括连接、证明并支持这两个领域的有效性评价。此外,我们强调这些主题并非要覆盖学前教育的全部内容,而是要选择这些主题的核心内容,并为以后的分析提供关键点。通过分析,我们尤其强调教师和其他有价值的成人在积极地促进早期儿童发展与学习过程中的地位与作用。我们也将检验以往研究没有体现或不会体现的内容,即这些本质性基础将如何最好地作用于学前教育项目中的儿童能力发展。

6 我们接下来将对案例——心理工具课程进行更加深入的分析。我们将对该方法的理论基础、主要特点以及现状进行描述。其中最为主要的任务,是检验本章所呈现的发展性实例(表征思维、自我调控与计划,安全与情绪调节,发展适宜性的学前教育评价)如何在这一课程中得到具体体现。

本章最后部分探讨的重点是,将发展性理论与研究同学前教育课程、教育实践及评价相联系时,所面临的更具广泛实践性的、系统的、政策性的挑战。在这一部分的探讨中,我们再次以心理工具课程为例,认识对一个典型课程进行评价所面临的挑战;美国早期保育与教育体系的可变性与质量问题;专业发展问题;维持完整性和一致性所面临的挑战;该领域知识基础的持续性的、严重的缺陷。最后,本章对于研究与实践的联系进行概要并提出建议。

今日学前教育的情境:透过一个课堂的镜头

上面所介绍的心理工具课堂以及本章所重现的课堂情境,反映了学前教育发展的大趋势。这一情境为我们接下来对于相关发展性理论与研究的探讨提供了框架。

Linda Sims 的班级所参与的当地项目是一个持续时间不到 5 年的项目的一部分。不仅课程本身是全新的,且其每天所需要花费的时间也远远大于过去的早期开端计划一贯所需的时间: 儿童每天需要参与 6 小时,而不是 3 或 4 小时。这一变化也与早期开端计划的国际趋势相一致,且证明了干预的“剂量”应适合于产品成果(McCall, Larsen, & Ingram, 2003; S. L. Ramey, 1992)。在 Linda Sims 的早期开端计划班级所处走廊的另一头是一个 4 岁儿童的班级,该班级同样使用心理工具模式。该班级是马里兰州的先学前体系(the state prekindergarten system)的组成部分,共有 38 个州以先学前体系的方式投入资源以进行早期干预(Barnett, Hustedt, Robin, & Schulman, 2004)。

作为早期开端计划的一部分,Linda Sims 班级中的儿童多来自贫困家庭;她的学生属于数百万具有不利的教育或发展结果儿童的一部分,这些儿童因为贫困或其他不幸遭遇而处境不利(Lee & Burkham, 2002)。此外,Linda Sims 班级中的儿童所展现的多文化、多种族与多语言的特点也是当今不断增加的多样化学前受教育群体的典型(U. S. Census Bureau, 2003)。由于 Linda Sims 班级中还有部分儿童参与了残疾与个别教育项目(disabilities and individualized education programs, IEPs),她必须使自己的课程和教育实践能够适应于多样化的发展与教育需要。

无论儿童本身会带来何种困难,Linda Sims 对于班级仍具有很高期望,而这些期望并非不现实。心理工具项目的目标和预期结果是根据实践研究得出的,这些研究证明了儿童早期阶段具有迅速发展与巨大的学习潜力,这些内容都体现在 7 个主要报告中(Bowman, Donovan, & Burns, 2001; Shonkoff & Phillips, 2000; Snow, Burns, & Griffin, 1998)。Linda Sims 的班级在一个教育与政策的环境中运行,其反映出对于入学准备的大量关注及对于早期教育投资带来的潜在回报所进行的不断探讨(Lynch, 2004)。这一阶段可以体现在 1993 年由全国教育目标审查小组(the National Goals Panel)所定义的“目标一”(Goal One)中: 所有儿童,包括贫困家庭儿童,在进入学校时都应做好“学习准备”。

从这一时期开始,联邦和州的政策制定者继续将学前教育视为促进甚至极大增强儿童认知和学习能力发展的重要策略,尤其是对于早期读写能力更具显著作用。1994 年早期开端项目再版时要求该项目确保所有的儿童能够获得特殊的能力与知识,包括了解字母表的 10 个字母。尽管早期开端项目有更广的目标,并不仅限于字母知识(Zigler & Styfco, 2003),且学校的方针创造性地扩大入学准备的范围(Child Trends, 2001; Kagan, Moore, & Bredekamp, 1995; National Association for the Education of Young Chilren, 1995; Shore, 1998),一种将学习和读写能力发展放在入学准备最为重要的地位的思潮构成心理工具课程实施与评价情境中的一部分。

7

这一情境强调了发展理论和研究的潜在意义与地位,它们既对新心理工具课程具有重要的意义,又能够促使早期儿童教育取得更好结果。接下来的部分考察了儿童发展知识的功能与已使用的情况,同时也包括将儿童发展知识与学前教育相联系所带来的趋势、挑战及批评观点。

发展理论、研究与学前教育

儿童发展理论和研究与学前教育具有长期的联系。关于学前教育和早期干预潜在价值的观点以及对于课程、教育实践、评价及评价方法的关键性决策往往都基于发展的观点。

主要功能

近年,发展理论与研究对于学前教育主要具有以下功能:

- 提供发展的基本原理以证明为何学前教育和早期干预能够支持儿童获得积极发展。例如,早期经验对于关键的语言与读写能力发展的重要性(Hart & Risley, 1995)以及认知发展理论与研究中的基本原理(如, the High/Scope Piagetian-influenced curriculum; Schweinhart & Weikart, 1997)。
- 有助于认识学前教育项目与课程的特殊成果。关于社会能力发展性课程的研究,例如认识某些社会或情感能力发展在早期阶段的特殊意义(本手册,第3卷);关于读写能力的发展促进后期阅读或写作能力发展的研究,如词汇与音素识别(Snow et al., 1998)。
- 有助于阐明干预、课程模式、经验与实践对儿童发展的积极促进作用。例如,Bronfenbrenner 的社会生态学理论(Bronfenbrenner & Morris, 1998)强调家庭和社会情境的干预有利于产生积极的发展。社会建构主义理论与研究(Rogoff, 1998; Tharp & Gallimore, 1988; Wertsch, 1991)认为,干预应该强调同伴互动以及儿童与更有能力的儿童及成人进行的支架式互动(scaffolded interaction)。
- 有助于确定应该评价或追踪何种形式的发展性指标,使其能够为儿童在学前教育项目中的个体发展和项目本身的有效性提供证明。早期阶段发展与后期阶段发展具有什么关系? 同样一种行为在早期阶段和后期阶段具有什么不同的形式? 早期运动发展的顺序已经能够确定,然而却很难描述很多早期发展与学习领域的发展顺序及轨迹,诸如数学理解能力的发展。虽然还需要更多的工作(Love, 2003),然而发展理论与研究能够帮助识别后期能力的先兆以及大量积极的典型或非典型的发展方式与轨迹。

因此,从普遍意义上来说,发展理论与研究是学前教育目标制定和教育实践的资源,需要特别指出的是,它对学前教育课程也具有作用。以下将通过几个事例强调这一观点。

历史事例

关于儿童发展与学前教育结合的大量历史事例和一个评论性的分析虽然超出了本章范围,但是仍然在其他几处的描述中对其进行了说明(Chafel & Reifel, 1996; Goffin & Wilson, 2001; Mallory & New, 1994; Stott & Bowman, 1996)。然而,即使快速浏览一下这些历史事例都不难发现,不同的概念化的儿童发展理论不但能够确定学前儿童项目的内容,还能对其结果进行说明。这些历史事例还能阐明发展理论和研究作为学前教育课程的基础所具有的复杂性、挑战和作用。

发展学家以及从事公共政策及其推广的人士,对于美国学前教育的兴趣,主要在于其如何潜在的对儿童发展和学习的轨迹起到积极的促进作用,如早期开端项目(Zigler & Valentine, 1997)。学前教育具有发展性功效这一乐观观点正被重新审视,因为研究发现,其功效具有"减弱"(fade-out)的趋势(Cicirelli, 1969),而且到学龄早期阶段,很多短期效益正在消失。

8

近年,认为早期开端项目具有发展性功能的观点逐渐开始被另一种观点所取代,至少与其同时存在。对于参与早期开端项目儿童和参与其他项目儿童进行的纵向研究开始表现出长期的发展优势(Barnett, 1995)。同时,虽然仍存在争议,但是这些研究还是达成了一种共识,即儿童能够获得远远多于短期学习能力发展的一系列优势。事实上,研究指出,这些功效能够在其他的发展领域和一个不同的时间构成中得以体现。此外,参与上述研究测评项目的儿童的留级率和参与"特殊教育"(special education)的比率相对较少,而高中毕业且获得工作的人数更多,而且这些儿童中出现各种形式的反社会行为的人数较少(Nelson, Westhues, & MacLeod, 2003; C. T. Ramey et al., 2000; Reynolds, 2000; Reynolds, Ou, & Topitzes, 2004; Schweinhart et al., 2005)。

学前教育的课程模式

对学前教育效果进行的研究也会对大量课程模式所带来的相关效果进行检验。根据Goffin和Wilson的描述,儿童发展理论是一个重要的基础,而且它不仅是课程模式发展的理论基础,它还会根据对儿童学习价值的认识以及对儿童发展与学习过程的理念的变化而变化。以往的课程比较研究结果常常使人混淆。有的研究认为即使儿童的不同发展的差别反映了课程设计的目标,然而具有高度组织性的学前教育课程如果含有潜在的消极结果,则会对儿童的发展造成不利影响(Goffin & Wilson, 2001; Marcon, 1999, 2002; Schweinhart & Weikart, 1997)。然而国家研究委员会(the National Research Council)发布的报告《渴望学习:教育我们的学前儿童》(*Eager to Learn: Educating Our Preschoolers*)(Bowman et al., 2001)却有不同的看法,它们质疑是否有证据证明任何一个课程都具有一个明确的发展和教育优势。

重构的问题:当前早期干预与课程比较研究的新动向

许多研究者认为关于一些问题的争论已经结束了,或者至少获得了一些有意义的改变,这些问题诸如早期干预是否有效?学前教育的质量是否重要?哪一个课程是最好的?(Guralnick, 1997)现在这些问题变得更加复杂和有趣:一个普通的学前教育课程或一个特殊的学前教育课程如何作用于儿童发展?学前教育或是一个特殊的课程模式会在儿童发展的哪个方面起作用?这些作用是什么、对谁产生并在什么条件下发生(这里的条件既包括儿童本身的特点,又包括项目、课程及教师的特点)?有哪些环境因素会促进或阻碍儿童实现发展或教育的目标？近期关于早期干预促使儿童思维的概念结构发展的研究就反映了这种复杂性(如,C. T. Ramey & Ramey, 1998)。

很难解释清楚何谓能够产生积极效果的学前教育项目,以及什么形式的课程及教育实践,且结合什么形式的其他家庭和儿童的支持,能够在发展和学习的关键领域获得最大的利益。这些问题已成为近期几个由联邦政府发起且提供资金支持的大型评价研究项目的关注点,这些项目采用设计精细严密的研究来考察早期教育课程与干预方法中的复杂问题。

例如,一个由8个研究中心组成的团队——该团队成立于2003年,且其为早期儿童联合研究组行动(the Interagency Early Childhood Research Initiative)的一个成员,他们的目标在于解答一个具有挑战性的问题：什么形式的早期儿童项目、项目构成的结合以及长幼、同伴互动能够有效或无效地促进早期学习与发展,且这些促进作用对哪些儿童产生效果,在何种情况下发生？项目包括：对于一个改进的早期开端课程进行评价,该课程既强调基于表现的读写能力发展,又强调社会与情感能力发展；一个比较研究,该研究比较了同一种干预方式下的不同操作方法如何减少儿童的行为问题且促进入学准备,该研究通过教师专业发展的途径,充当教师的助手并访问心理健康专家而进行。早期开端质量研究中心联盟(the Head Start Quality Research Center Consortium)正在支持对8个干预计划进行的改进、测评与提炼,以促进儿童的读写能力、社会—情感能力及其他入学准备领域的发展。最后,另一个研究项目由美国教育部(U. S. Department of Education)的教育科学协会(Institute of Education Sciences)委托,该项目对于现有的课程进行评价,其关注点在于何种课程在什么样的条件下能够发挥更多或更少的作用以促进积极的认知、学习及社会性发展。

9

复杂性与警告

学前教育发展过程中的案例以及近期的新动向都表明了对于发展的关注在很大范围内决定了学前教育项目的形式、趋向以及评价。然而,大量对于在学前教育阶段使用儿童发展知识的关注与警告亦随之出现。

首先,儿童发展知识并非影响学前教育的唯一资源。教育家们频繁强调课程和项目的发展由资源决定而非由儿童发展理论与研究决定(Goffin & Wilson, 2001; Stott & Bowman, 1996; Zimiles, 2000)。例如,发展研究并非总是能够就教育学方法如何最大程度地产生积极的效果提出明确的指导,且对于发展能力的关注并非总能与在"以知识为中心的环境"(knowledge-centered environment)中促进贫困家庭的儿童获得学业成功相联系(Bransford, Brown, & Cocking, 2000)。此外,学前教育领域的概念重构主义运动(the reconceptualist movement),同更大范围的教育领域中的其他批评观点一样,已经对这一领域以儿童发展知识为基础的信念提出了挑战,它们声称过去普遍的发展研究没有坚持考虑文化、性别及其他大量资源的变化,且这种对狭隘理论观点的强迫接受长期导致了功能与管理的失衡(Bloch, 1992; Kessler & Swadener, 1992; Mallory & New, 1994)。其他的观点指出,实践者的认识以及实践的"颠倒"(bottom-up)理论常常在强调"由上至下"(top-down)方式的理论与实践中被忽视(Williams, 1996)。这些批评的观点非常重要,因为它们为本章关于发展观点的讨论提供了背景。

另一种批评产生于以往的经验，这一批评主要认为儿童发展研究与发展理论存在被误解或被误用。上世纪60年代关于早期开端项目所具有的潜在功效的早期乐观主义观点，一部分来源于Zigler所定义的那一时期的天赋环境(the naive environment)(Zigler & Styfco, 2004)。因为发展的观点在不断地充实，关于发展的认识也越来越复杂和具体，然而对于所谓的前沿大脑研究的误用也引发了另外的批评(Bailey, Bruer, Symons, & Lichtman, 2001)。另一个事例是成熟理论(maturationist theory)对于入学准备与入学年龄的持久影响(Gesell & Ilg, 1943)，尽管有观点认为这一理论缺乏研究支持(Graue & DePerna, 2000)。

高质量学前教育的一些发展性要素

前面对有关学前教育的发展理论与研究的历史、功能以及局限所进行的回顾将有助于建构以下的讨论。正如我们所知道的，这些研究具有一个明显的趋势，即关注两个有意义的发展领域，这也是许多学前教育课程的焦点所在，本章的案例——心理工具课程也不例外。这两个领域为：(1) 认知能力，主要以表征思维、自我调节与计划为例；(2) 情感能力，主要以情感安全和情绪调控为例。这些分析都基于对高质量学前教育与评价实践需求的探讨，从而确保有效的教育实践及适宜的效果。

如本章接下来的一部分所述，这些要素之间存在大量的共同点。如前所述，虽然认知和情感能力并非学前教育领域唯一重要的内容，但是两者对于儿童的发展都非常关键。对于发展心理学和一些有前景的学前教育形式的理论探讨与实践研究的增强也促进了认知与情感能力的发展。当然，两者也都曾在一定时期内受到忽略。在不同的时期内，公共政策、优先权竞争和其他的因素都限制了在这些至关重要领域中进行基于研究的教育实践。虽然其他的发展领域也同样有意义，如语言、社会性以及身体发展，认知和情感能力的范围及能力具有极大的潜力去积极地影响学前教育的发展方向，其途径不仅有助于这些特殊领域的发展，且能作用于发展与学习的其他方面。

10

我们也应该强调，虽然在回顾与探讨的过程中我们将两者分开进行，但是从概念或神经生物学的水平层面来说，认知与情感能力具有紧密的联系(Blair, 2002)。接下来的部分，我们将使用同样的案例强调在早期教育阶段认知与情绪维度如何相互影响与紧密联系。例如，儿童的情感安全如何影响其认知表征，如何在情绪调节过程中使用计划能力，成人与幼儿的互动在促进儿童的情感能力的同时如何作用于其认知能力。

如果这些早期学习要素建立的知识基础对于课程与教育实践具有积极的影响，进而影响参与早期教育项目儿童的发展，评价则应该是另一个重要的要素与工具。因此，我们将探讨有效的学前教育评价面临的多样的挑战，如为课程的实行与教育实践提供信息，并帮助评价课程的有效性。

本章这一部分的一个重要的主题在于学前教育教师的主要作用，包括引导儿童的认知与情感发展并收集、解释、使用儿童发展的评价信息。学前教育领域存在并将继续存在分歧的观点，即教师是否应该使用直接指导、练习、示范或其他的方式以促进儿童的发展与学习，而不是通过创设探究与游戏的环境与条件来提供更多的间接支持与帮助。本章的作者通过研究与进行有效的实践来认识教师支持早期儿童发展与学习的教育目标、支架(scaffolding)及教师间的合作(如，Bowman et al., 2001; Bransford et al., 2000; Edwards, Gandini, & Forman, 1998; Rogoff, Goodman, Turkanis, & Bartlett, 2001)。

促进早期认知发展

一名观察者看到，在心理工具课堂上，4岁的Monique请老师给她一些纸以便她能够画房子，这些房子是她和朋友Ashid共同用积木搭建的。"我需要纸，这样我们才能记下我们做了什么。"她对老师说。"我应该画这些么?" Monique指着积木建筑的一部分问道。"哦，是的。我来画这部分。"Ashid回答。接着，她们开始一起画这个"建筑"。第二天，她们完成了绘画并且凑在一起讨论应该如何重建她们的房子。

如今，很多专家和政策制定者主张学前教育项目的重点应该放在读写能力和数学能力方面，只有这样儿童才能在学校学习和以后的学习中获得成功。这些能力非常重要，它们也应该被称为学前教育的"冰山之巅"(the tip of the iceberg)，非常重要，但是需要依靠其他关键能力的发展，而这些能力应该在3—6岁时培养。大量的研究者和教育者指出基本能力都是获得学校成功的关键，这些能力不单指阅读、数学等学科学习能力，还包括可能促进学生发展的能力，如注意力、问题解决能力及元认知能力。在这些基本的认知能力中，我们重点关注三项：表征思维、自我调节和计划。

接下来的这一部分将概括地回顾这些领域的理论与研究。此外，还将描述大量以表征能力、自我调节和计划为主题的教育方法。其中包括Montessori(1949/1967)、高瞻项目(High/Scope)(Hohmann & Weikart, 2002)、Reggio Emilia(Edwards et al., 1998)、布鲁克林学前教育项目(the Brookline Early Education Project)(M. B. Bronson, Pierson, & Tivnan, 1985)、培养年轻的思考者(Educating the Young Thinker)(Copple, Sigel, & Saunders, 1984)以及最新的心理工具项目(Bodrova & Leong, 2003a, 2003b)。

11

表征思维

在儿童发展的同时，他们开始迷恋假装游戏，他们在其中进行语言的吸收与表达，并且假装表征出并不存在的物体和事件。因此发展心理学家假设这些过程中存在紧密的联系。Piaget认为儿童之所以获得这些新的发展，因其具有共同的因素，即他所指的符号的(或象征的)功能，且他认为这是儿童个体通过与物质和社会世界进行互动的过程中发展起来的。Vygotsky尤其强调社会情境的作用，他认为一个物体、词语及姿势是在社会情境中成为儿童的符号的。例如，Vygotsky(1981, pp. 160—161)写道：

最初，指示性的姿势(用手指)是一种完全不成功的指向某个物体的抓握运动并且

> 出现了一个向前的动作。儿童努力地去抓握一个遥远的物体。儿童的双手伸向物体、停止并在半空中摇晃……这时,妈妈过来并且帮助了该儿童,此时妈妈将这个动作赋予了指示的含义,情况发生了关键性的变化。这种指示性的姿势内化为儿童的动作。

换句话说,这种姿势具有了表征的意义。

无论对于表征的产生这一问题持有何种观点,非常明显的是,出生第二年是关键性的转折点。已成形的心像(mental image)让儿童能够参与并记住当时并不存在的事物、人物及事件,这就是心理表征(mentally represent)(Bruner, 1966, 1983; Piaget, 1926/1955, 1952; Vygotsky, 1962, 1930—1935/1978)。在这一时期,儿童开始反思他们的动作和知觉,并且形成事物之间的符号关系。

表征思维的萌芽

在2岁末期甚至更早,我们能够在儿童重现一件事件的过程中看到心理表征,这就是延迟模仿(deferred imitation)(Piaget, 1962)。在这一时期,儿童也表现出更高的客体永久性(object permanence)水平。此时,儿童能够有系统性地寻找一个藏在看不见的位置中的物体(Piaget, 1952; Uzgiris & Hunt, 1975)。除了系统研究所证明的之外,我们还能够在日常儿童生活中看到客体永久性。例如,2岁末期的儿童发现他们只需要偶尔看一眼自己的母亲是否在自己身边,而更小的儿童则不行(W. C. Bronson, 1973)。这一切都表明,儿童在18—24个月之间出现了表征思维的转折点。这一思维的进步在儿童的象征游戏和假装游戏中都非常明显。

假装游戏中的表征

在较长时间以前,学前教育界已经认识到假装游戏有助于儿童更加健康,并能促进其情感、社会性、认知及模仿能力的发展(Bergen, 1988; Johnson, Christie, & Wardle, 2005; Russ, 1994; D. G. Singer & Singer, 1990; Smilansky & Shefatya, 1990)。有大量的研究成果证明这些功能,本章的重点是游戏的认知功能。因为探讨的重点是认知与游戏,Vygotsky的研究可谓起到了重要的推动作用。

Vygotsky认为,游戏的重要性一部分是因为儿童能够通过物体和动作的表征功能而学习使用这些物体和动作,由此儿童更加能够表征地思考。此外,Vygotsky(1966/1977)认为戏剧游戏的情境及其所拥有的角色与规则体系——谁应该做什么以及在游戏情境中允许参与者做什么——对于促进自我调节能力的发展具有独特的作用。儿童渴望一直参与游戏促使他们组织并参与某一团体,且遵守对于游戏者和游戏情境的规定。正如Vygotsky的合作者Daniel Elkonin(1977,1978)所认为的那样,动机在儿童戏剧游戏影响其发展的四个基本途径中处于第一位,在这个能够极大吸引注意力的游戏情境中,儿童第一次能够控制住自己最直接的需要与冲动。

其次,从Vygotsky的观点来看,戏剧游戏促进了认知建构与观点表达(Elkonin, 1977, 1978; Vygotsky, 1966/1977)。其论据在于选择的假装角色——在一段时间内成为另外一个人——帮助儿童转换到另一种思维角度然后又回到他自己的思维角度。此外,对于其他游戏者观点的重视是设定多个游戏角色与商议游戏关系的关键。Vygotsky 与 Elkonin 也看到了在对于同样一个物体创造出不同的假设功能时发生的认知建构。之后,儿童将在学校中运用这些能力来认识他人的观点,并将老师和其他同伴的观点看作跟自己的观点同样重要。在很多时候,认同多种观点的能力变得不再表面化而是更加内化,这也促进了反思与元认知能力的发展(Elkonin, 1977,1978)。这些反思与元认知能力的逐渐发展,包括儿童对于自己心理活动和其他个体心理活动的认知,已经成为"心理理论"(theory of mind)研究的论据(Bialystok & Senman, 2004; Chandler, 1988; Dunn, 1988)。

12

在已有研究成果中可见的游戏的第三大功能在于其能够促进心理表征,这对于思维水平向更高层次发展至关重要。在假装游戏中,儿童开始将物体的作用同它们的物质形式区分开来。最开始,儿童只能在假装游戏中使用真实物体的复制品。如果这种形式的游戏得以维持,儿童则开始使用替代的物品,这些物品同真实的物品并非很相似,但是能够代表真实物品的功能,如在制作一碗虚拟的汤时可将一支铅笔看作勺子(Copple, Cocking, & Matthews, 1984; Pulaski, 1973)。最后,有经验的游戏者在游戏时能够随意支配物体,他们常常会使用姿势与语言来架起想象与现实的桥梁,如"现在,我正在搬动一个很沉的盒子"(Bornstein, Haynes, Legler, O'Reilly, & Painter, 1997; Corrigan, 1987; Fenson, 1984)。维果茨基理论认为,使用替代物品的经验使儿童摆脱了行为的限制(感知运动思维),进入了操作思维阶段。因为同特定的活动与具体物体相分离,儿童开始能够用语词甚至是其他的表征与符号来表现自己的观念与抽象的事物(Piaget, 1962; Vygotsky, 1962)。

最后,在 Elkonin 的思维框架中游戏的功能还包括促进儿童行为中"审慎思维"(deliberateness)和自我调节能力的发展。为了能够一直参与游戏,儿童需要遵守游戏的规则,并且持续地监督同伴以确保每一位参与者都遵守规则(Bodrova & Leong, 2003a)。在早期的游戏中,这种自我调节体现在儿童的身体活动与语言调整中,如当模仿大象的时候需要重重地走路;当扮演警卫的时候则需要保持不动;而当假装成一个婴儿时则需要用频率较高的、婴儿似的语言说话。虽然这些并非证明象征游戏需在学前教育阶段占据中心地位的仅有原因,但是它们对于证明我们大部分的相关探讨非常合理。Vygotsky 和其他的建构主义心理学家认为,游戏是儿童适应即将在学校内外所经历的学习需要、社会互动与良好行为的关键。

对表征思维的影响

假装游戏对于儿童数量及表征水平经验的影响可以从不同的社会经济及家庭背景儿童的差异中体现出来(Freyberg, 1973; Fromberg, 1992; Sigel & Mcbane, 1967; Smilansky, 1968)。研究结果也表明,从成人那里获得的直接支持的训练和形式能够提高儿童在戏剧表演中使用表征和假装的能力(Freyberg, 1973; E. Saltz & Brodie, 1982; Smilansky, 1968)。虽然很难观察到不同的心理表征,然而具有某种早期教育经历能够增加儿童使用心理表征的能力与方式。在下面的建议中可以体现这一点。

在学前教育项目中发展表征能力

有两个项目以强调儿童的表征及表征思维著称,其中一个是较为早期的项目,而另一个正在进行：Irving Sigel 的培养年轻的思考者项目(Copple, Sigel, et al., 1984; Sigel, 2000)及 Reggio Emilia 的教育方法(Edwards et al., 1998; Malaguzzi, 1998)。

在 1975 年，Irving Sigel 与同伴 Ruth Saunders 和 Carol Copple 一起在新泽西的普林斯顿启动了培养年轻的思考者项目。该项目基于 Sigel 关于表征能力及所谓的"距离"(distancing)经验重要性的研究：这些研究考察了儿童在认识物体、动作或事件时的认知需求，这些物体、动作或事件在所处时间或空间方面不同于当前状态。该项目的教师认为，积极地进行心理建构与表征能够促进儿童的表征能力发展，因此，教师们频繁地让儿童进行设想、预言、回忆或经验重组。例如，儿童会详细设想大量的工作，以便改造他们的操场、在学前班中组织一个"家庭之夜"或探索一个科学问题。教师会积极地提问以鼓励儿童的元认知思维，这些问题包括"我们怎么才能记住自己的计划"。

随机分配到使用这些策略的班级中的儿童，在大量的测试中的表现都不同于控制班级的儿童，相比之下，材料、教师培训、家长参与及其他因素影响了儿童的发展(Sigel, 2000)。此外，实验室中关于家长的研究为这种策略能够影响儿童表征能力提供了进一步的证明，该研究指导家长教会孩子某个任务(如，McGillicuddy-DeLisi, Sigel, & Johnson, 1979)。在这种教育情境中，家长对于距离策略的使用与儿童的认知能力具有显著的联系。

13

30 年来，意大利瑞吉欧城的教育者、家长和社会团体成员共同致力于发展一个优质的早期保育与教育公共体系。大批的早期教育专家研究了瑞吉欧项目的内涵以促进美国学前教育理论与实践的发展及改进(如，Edwards et al., 1998)。虽然瑞吉欧教育项目高度强调角色游戏对儿童发展的作用，然而它们因其方案的复杂性、长期性著称，这也使得儿童和教师能够在很长一段时间内投入项目。在方案开始时，教师会让儿童思考他们自己对于探究活动的主题或问题具有怎样的了解或认识，且他们希望能够从方案中学习和实现什么。Malaguzzi(1998)认为这些从一开始就进行的预期和假设对于组织和完善项目工作至关重要。

在项目接下来的时间内，教师会进行观察，对儿童的讨论进行录音和记录、拍照以展示活动的过程，此外，教师还会使用一些其他的方式记录正在进行的活动。对于儿童的思考和观点的记录——儿童小组通过不断地重现——能够帮助儿童记住有意义的观点并形成新的想法。参与并使用这些记录也能扩展儿童对于表征方式的理解，包括采用多种媒体的语言或视觉表征——瑞吉欧认为这就是"儿童的一百种语言"(Edwards et al., 1998)。在瑞吉欧项目中，图画表征被认为是一种比语言更加简明清楚的交流工具，且这也是一种帮助儿童明晰并扩展思维的具有极大价值的方式。儿童在合作完成某项任务时会非常广泛地运用到图画中，他们认为图画表征与模型或其他具体形式的表征同样有效(Malaguzzi, 1998)。因为儿童试图通过图画的方式同别人进行交流，因此在作图之前他们通常会停止一段时间以进一步明确自己的观点。

虽然系统的研究，如比较控制组与实验组的不同，并非瑞吉欧项目的传统与重点内容，然而项目的一些效果是显而易见的。当看到儿童的作品、对话和活动过程的记录时，人们都会不断地惊叹于这项工作的精致与严密。

自我调节

与后面要探讨的情绪调节相关但又不一样，自我调节是认知能力的一个重要的维度，其对于儿童的发展与学习具有广泛的影响。自我调节并非一种简单的或单一的结构。我们可以通过多种方式对其进行认识与研究，包括自我指导、自我学习调节、自我控制及冲动控制(M. B. Bronson, 2000)。虽然探讨这些方式的差异及如何将其应用于教育实践超出了本章的内容范围，然而当在解释发展目标的含义时我们需要清楚地明白其间的差异，并且知道哪种方式在什么样的条件下且针对什么年龄阶段的儿童，能够支持教育实践(Blair, 2002; M. B. Bronson, 2000)。

学前教育专家(如 Bredekamp, 1978; Hymes, 1995; Montessori, 1949/1967)坚持认为儿童自我调节的发展是学前阶段的基本教育目标。研究将自我调节与注意力(Barkley, 1997; Holtz & Lehman, 1995)、自我指导思维及问题解决(Brown & Deloache, 1978; Deloache & Brown, 1987)、计划与元认知(Flavell, 1978; Wellman, Fabricius, & Sophian, 1985)相联系。可以假定的是，通过将学校所需要的行为与能力相联系，学龄儿童的自我调节能力能够预测他们的学业成就(Blair, 2002; Ladd, Birch, & Buhs, 1999; Normandeau & Guay, 1998; Zimmerman, Bonner, & Kovach, 1996; Zimmerman & Schunk, 1989)。

14

过了学前期以后，儿童的被动反应(reactive)变少，能够更多地进行自我调节和深度思考。伴随着发展的进行，他们能够更好地控制自己的行为与注意力(Barkly, 1997; Holtz & Lehman, 1995; Mischel, 1983)。他们变得更加能够进行自我指导思维、计划以及问题解决(Berg, Strough, Calderone, Meegan, & Sansone, 1997; Brown & Deloache, 1978; Deloache & Brown, 1987; Rogoff, Gauvain, & Gardner, 1987)。

在学前阶段，促使自我调节产生的一个主要的原因在于儿童参与假装游戏。Erik Erikson(1950)研究了儿童如何在游戏中控制他们的情绪与社会行为。在游戏中，他们用语言表达内心的感受并假装成一个外部世界的环境。因此，Erikson 的观点认为，如果儿童缺乏足够的游戏机会或因为外部的要求而脱离了现有的发展阶段，那么他们的自我调节能力相对于其他的儿童则较差。

Elias 和 Berk(2002)研究了 Erikson、Vygotsky 及其他一些研究者曾探讨过的游戏与自我调节的关系。通过观察儿童戏剧游戏的复杂性以及儿童在清洁活动和圆圈活动中运用自我调节的情况，他们发现儿童花费在成熟的戏剧游戏中的时间同他们在清洁活动中的自我调节存在积极的关系。

理论家同时也强调语言在行为和思想的内部控制中所处的地位。Vygotsky(1962, 1930—1935/1978)认为语言是发展理解与自我调节能力最为基本的方式，且有大量的研究支持这一观点(Berk, 1992; Fuson, 1979, Luria, 1961)。儿童不断重复他们从别人那里获得的不同形式的指导和指示语并且对自己进行出声指导(如，“把这些红色的放在这儿”；“这一块不适合”)。Vygotsky 认为(1962, 1930—1935/1978)，正是在这一时期，自我言语内化成为思想。

储存与重获意象的能力也是通过使用语言、让儿童在不同的情境中运用已有经验的过程中得到扩展。此外，不断增长的心理表征能力使儿童能够在做出行为之前制定计划；而他们的行为也更具目的性与目标指导性的特点(Friedman & Scholnick, 1997; Friedman, Scholnick, & Cocking, 1987; Wellman et al., 1985)。

自我调节的影响因素

Zimmerman和他的同事(如, Schunk & Zimmerman, 1997; Zimmerman, 1989; Zimmerman, Bandura, & Martinez-Pons, 1992)持有一种社会认知观点，他们认为家长在儿童获得自我调节能力的过程中起着间接和直接的作用。通过路径分析(Martinez-Pons, 1996)与培养研究方法(Zimmerman & Kitsantas, 1999, 2001)，他们证明了自我调节模型中的因果影响，如父母在儿童的小学到高中阶段的影响作用。研究者指出这一模型与鼓励自我调节是一些儿童正在经验的"潜课程"的一部分。他们提供以学校为基础的干预，如一种在高中阶段进行的干预(Zimmerman et al., 1996)。

在学前教育项目中发展自我调节

学前教育专家认为，对于自我调节的关注应该远远早于中学之前进行。除了大量的研究成果都强调应在学前教育阶段促进儿童的自我控制和自我调节外(参见"促进早期情感发展"中的部分内容)，还有两个学前教育方法对这一领域进行了特别的关注。

蒙台梭利教育法(1949/1967)强调让儿童成为独立的学习者。发展的里程碑，如断奶、行走和说话，都是使儿童增强自控与自我调节的关键事件。大量的活动适合不同年龄段和发展水平的幼儿，以促使他们达到蒙台梭利的教育目标：个别工作、进步与独立。通过鼓励儿童从早期阶段便开始作出决定，蒙台梭利项目致力于培养能够自我调节的问题解决者并使他们能够更好地作出决定并管理自己的时间。Kendall(1992)对蒙台梭利学校和传统的公立学校中学生的自控行为进行了考察，其研究结果发现：相比传统学校，蒙台梭利学校的学生具有较高的自我调节、独立性及主动性水平。

同样，自我调节是基于维果茨基理论的心理工具项目的中心目标，本章将以此为案例进行说明，并具体介绍心理工具项目中促进儿童自我调节能力发展的方法。

计划

15

可以将计划定义为将行为进行有意组织并指向某一目标(Prevost, Bronson, & Casey, 1995)。在日常生活中，成人和儿童都会做出计划，而年幼儿童的计划相对于年长儿童的计划来说，是更为简单且频率较低(如, Benson, 1994, 1997; Hudson, Shapiro, & Sosa, 1995)。因为计划是儿童完成学业任务、管理时间及创造与调整策略以实现目标的重要因素，因此计划能力与学业成就具有紧密联系也就不足为奇了(Naglieri & Das, 1987)。

计划与相关要素的发展

计划的早期萌芽出现在感知运动阶段，此时婴儿和年幼的学步期儿童开始改变他们的行为以获得有趣的结果(Lewis, 1983; Piaget, 1952)。例如，当一个婴儿将一个rattle(一种通过晃动能够发出声音的玩具)抓在手上并晃动手臂听到了声音，他会开始更加激烈地摆动他的手臂以创造出更大的声音。

在2岁时,儿童的行为变得更加具有目的性。导致这一现象产生的其中一部分原因是由于儿童心理表征能力的发展。正如Haith(1997)所认为的那样,计划依赖于个体能力的发展而发展,这些能力既包括心理表征能力,又包括有选择性地进行行为控制的能力。因为对事件的表征是进行计划的必要条件,因此这里呈现有关事件回忆与表征的研究也非常有必要。Bauer及他的同事的研究(Bauer & Hertsgaard, 1993; Bauer & Mandler 1989,1990,1992)发现儿童能够重建一个模式化的行为体系,因此表明儿童具有在心理表征事件的程序的能力。

进一步研究证明儿童关于熟悉事件的知识既具有组织化又具有概括性(Hudson & Shapiro, 1991; Nelson, 1986; Slackman, Hudson, & Fivush, 1986)。当问到儿童一个熟悉的活动的流程,如去杂货店购物,他们就会从知识库中提取这一过程中经常发生的事件并概括化地举例说明。如,Hudson, Sosa和Shapiro(1997, p. 77)引用了一名3岁儿童回答的有关杂货店的问题:"我们是去买一些吃的东西。我们拿了一个购物车或购物篮来装东西。当我们买完东西之后,我们就把东西放进汽车然后回家。"这里最有价值的部分在于儿童进行了概括而非描述具体的事件:他知道有大量的东西需要购买,且使用购物车或购物篮能够盛放物品,并且知道在离开之前应该付钱。你是否发现儿童具有大量的此种形式的事件知识,这即是Nelson所说的"概括化的事件表征"(generalized event representations),而这也是儿童进行计划时有意义的资源。即使是学前期的儿童都明显具有大量有关熟悉事件程序及步骤的知识,他们能够将其运用于计划中(Hudson, Shapiro, et al., 1995)。

计划的影响因素

能否通过有目的的干预增加上述知识或提高儿童获取这种知识的能力,目前尚未形成共识,至少在控制性的研究中并未得到证明。一些学前教育方法(包括高瞻项目与心理工具项目)强调计划与反思的经验并经常让儿童表征过去的经验并计划未来的行为。我们将在"在学前教育项目中发展计划能力"中了解其中一些内容。

语言在儿童计划能力发展中具有作用。Vygotsky(1966/1977,1930—1935/1978)认为儿童的私人语言,亦称作自我中心语言或自我语言,在思维发展中具有非常重要的作用。儿童在问题解决情境中使用自我语言调节自己的行为并将其作为一种工具在实施之前对结果进行计划(Berk & Winsler, 1995)。此外,当儿童将语词用于计划和反思时,他们的语言更具有"去情境性"(decontextualized),即并非关注当前的事件(Dickinson & Smith, 1994),而去情境性语言的使用对于学校中的阅读及其他学习任务至关重要。换句话说,早期教育情境中计划与反思的综合经验是促进去情境性语言发展及在学习情境中使用的有效方式。

学前儿童的计划性具有较大差异。Casey及其同事(Casey, Bronson, Tivnan, Riley, & Spenciner)的研究发现一些4岁和5岁的儿童面对多种任务时非常具有组织性与系统性,相反,其他一些智商相同的儿童则较少在事先进行计划。

大量的研究者发现了影响儿童计划过程及计划使用的客观因素。已有研究证明,儿童计划经验的多样性及家庭的长远规划具有显著的影响(如, Benson, 1997; Hudson, Sosa et al., 1997; Rogoff, 1990)。Jacqueline Goodnow(1987)研究了在不同的社会情境中计划如

16

何改变。Cocking 和 Copple(1987)通过研究儿童在制定计划并将其绘制成图画过程中的对话时发现,儿童会注意他们同伴的计划或观点,并反思他们自己的计划。Ellis 和 Siegler (1997)研究了导致儿童计划成功或失败的条件,且很多研究都引用了这些研究成果。这一研究包含了大量的任务,如 20 个问题、河内塔任务(在河内塔任务中被试需要将套在一根柱子上且大小呈递增趋势的圆环移动到另外一根柱子上,且大小顺序不变)及其他包含多种动作或选择或能够采用多种方法解决的问题。

在学前教育项目中发展计划能力

儿童在教育和保育情境中形成的计划的经验存在很大的差异。一般来讲,计划能力的发展并非一个项目的外显的目标,但是即使一些普通的老师也会在教育实践中支持儿童进行提前思考并明晰当前程序。例如,大多数学前教育的老师经常遵守日常活动安排表,且常常通过类似下面的语言让儿童关注事件的程序:“我们在从操场回到教室后会有一定时间让大家完成自己的积木建筑。”除了这些经常性的学前教育经验,已有大量的教育方法将增进儿童的计划与反思能力作为主要的教育目标。以下将简要介绍其中的一部分。

布鲁克林学前教育项目(BEEP)开始于 1972 年,是美国第一个全面基于学校情境进行的早期干预项目。这一项目中包含让学前儿童采用多种方式进行日常计划的内容。在每一天开始的时候,儿童与教师进行讨论并决定这一天内他们要做的事情。儿童会使用计划板表现自己活动的内容及程序。每一天结束的时候,他们就会聚集起来同老师一起回顾并评价计划的执行情况:他们做了什么且结果如何。通常,他们会用形象的事例呈现自己的活动,有时这种呈现能够体现活动的流程。项目评价显示,BEEP 的儿童在管理能力、社会技能及时间使用的观察测量中表现得尤其出色(M. B. Bronson et al., 1985; Tivnan, 1988)。一个后续研究显示,当 BEEP 儿童成长为青年人时则更能体现出项目参与者与非参与者之间存在的长期差异。BEEP 参与者,尤其是居住在城市内的参与者,同对比组相比,显著具有更高的收入、更长的受教育年限、更高的就业率以及大学入学率、更高的健康等级,且行为问题出现的频率较低(Palfrey, Bronson, Erickson-Warfield, Hauser-Cram, & Sirin, 2002)。

由 David Weikart 及其同事(Weikart, Rogers, Adcock, & McClelland, 1971)于 1962 年研发的高瞻学前教育课程是在美国国内和其他许多国家广泛使用的一种早期教育方案。该课程方法主要以发展与学习的建构主义理论为基础,尤其是皮亚杰理论(Hohmann & Weikart, 2002)。皮亚杰学派的影响体现在课程目标中,该目标强调语言、经验、表征及分类、数量及其他在皮亚杰理论中所突出体现的认知能力的发展。一个坚实的研究系统,包括参与者加入高瞻项目中的 Perry 学前教育计划后对其进行的长达 35 年的追踪研究及数据收集(Schweinhart & Weikart, 1997; Schweinhart et al., 2005),表明了项目对于参与者的认知、社会性及现实生活具有积极作用,其对于真实生活的影响主要包括降低犯罪率与失业率。

计划—执行—回顾(plan-do-review)程序是高瞻计划的一大特点(Hohmann & Weikart, 2002)。儿童拥有 5—10 分钟的小组时间就自己所希望做的事情制定计划:想去的地方、想用的材料及合作伙伴。接下来，儿童将会有一个45—60分钟的工作时间去执行该计划，随后儿童将会有另一个小组时间同老师及他们的同伴回顾并分享他们进行了哪些活动并且学到了什么。当儿童年龄更大或更有经验从事计划与反思时，计划与回顾的时间都将延长且包含更加详细的内容。虽然在高瞻项目中并没有包含特殊的测验用于考察计划能力，然而研究(Epstein, 2003)发现，高瞻项目的儿童在语言、读写、社会技能及所有发展领域的测验中得分都显著高于控制组儿童。

17 心理工具课程同样致力于帮助儿童获得大量的计划与反思经验，尤其是他们对于游戏的日常计划以及在接下来的时间里对游戏经验的回顾与反思。

小结

对于三个与儿童发展及教育相关的认知要素的回顾——表征、自我调节及计划——还远未达到详尽。认知能力的许多其他维度与上述要素紧密相关且具有重要的教育价值，如儿童的社会认知发展、心理理论及语言能力。远远超出本章讨论范围的大量研究对这些维度和其他有关儿童发展与教育相关的领域进行了有意义的探索。

同样，在接下来的一部分中将在情感能力的众多维度中选取两个特殊的方面进行探讨。首先，我们将呈现一个有关情感安全的案例，然后将探讨积极的成人—儿童关系，因为这种关系是儿童在受教育过程中获益的基础。同上面讨论的自我调节相关但有所区别的情绪调节也是这一部分的重点内容，因为它能够长期作用于儿童积极的发展与学习。

促进早期情感发展

这是一名观察者9月在一个心理工具项目的班级所见到的。在小组活动时间，一名叫做Shana的儿童徘徊在教室四周并注视着架子上的物品。当其他的儿童开始游戏时，Shana仍然继续徘徊且没有进行任何活动。当走到沙桌时，那儿有一些儿童正在一起玩耍，这时Shana看了看老师，然后从另一个孩子的手中抢过了铲子。一场带有攻击性的抢夺开始了，另一个孩子扬起拳头，威胁着要打Shana。当老师赶过来时，Shana掉转头想要跑掉，这时她踢到并撞翻了家具。老师把Shana扶了起来，并对她很温和地说了些什么。当观察者次年4月再次回到这个班级时，看到了一个男孩和一个女孩正在一起搭建积木。"小心点，"男孩说道："我不想你把它撞翻了。去拿上你的东西吧，我们这就去度假。"这个小女孩站起来并且小心翼翼地从积木旁边走过去。接下来的40分钟，他们一起进行了一个有趣的关于旅行的假想游戏。这个女孩就是Shana，正是她在9月份表现出了无规则、破坏性及让人苦恼的行为。

情感发展是学前教育时期反复强调的重点，也是该领域传统的核心(Bredekamp & Copple, 1997; M. C. Hyson, 2003)。在过去几十年中，研究发展的学者已经取得了大量有关幼儿情感发展的研究成果，而这些内容在Saarni、Camras和Campos所撰写的章节中有所回顾(本手册，卷3，第5章)。无论对此领域的关注如何，对于情绪情感的研究并没有显著影响到学前教育领域的研究者、实践者及政策制订者。有几个原因造成了上述结果。直到近期，有关情感发展的理论与研究才开始出现在心理学界的学术刊物及会议中。尽管有很多政策制订者和实践者正在这些杂志上发表研究成果以缩小差距（如 Denham，1998；Hyson，2003a；Kauffman Early Education Exchange，2002；Peth-Pierce，2000；Raver，2002），然而这一领域也存在着负面的发展趋势。在一个高度关注学业内容标准及高水平能力测试的氛围里，研究者发现大量的学前教育项目正在忽视而非强调儿童的情感发展。

为了反映和预示这种趋势，国家研究委员会在发表的名为《邻近的神经细胞：儿童发展科学》（*Neurons to Neighborhoods: The Science of Early Childhood Development*）（Shonkoff & Phillips，2000，pp. 387—388）的报告中告诫道：

> 对于儿童读写及计算能力的关注应该致力于改变儿童的知识基础，并且依赖于儿童的情感、调节及社会性的发展而发展，且应该采用有效的策略培养：（1）在学习情境中的好奇心、自我引导及坚持性；（2）同伴之间的合作能力、同情心及冲突解决能力；（3）由于感受到被信任或被爱护而增加动机的能力。

接下来的一部分将对情感发展的领域及成分进行定义，并对情感能力的两个特殊的维度进行描述。

情感发展的领域与构成

18

目前，情感发展被看作一个特殊的领域而非将其包含在社会经济的大背景中，有大量的理论与研究基础关注这一领域，且无论从概念还是经验的角度讲，该领域都与社会性及其他早期发展与学习领域具有紧密的联系。

情感发展具有多种构成成分。情感安全的形成，无论其被认为处于附属或其他地位，都应该是最重要的情感发展基础。Denham（1998）将早期情感能力的构成成分组成了三个领域：情感表达（包括使用动作传达情感信息、示范情感投入、适当地展示复杂的情感、感受到某种情感然而却表现出另一种情感）；情感理解（辨别自我的情感体验、识别他人的情感状态、使用情感语言）；情绪调节（应对不愉快的情绪与引起不良情绪的情境；控制强烈的情绪体验，如激动；为了取得期望的结果而策略性地夸大对于某种感受的表达）。

为了更好地体现本章的目标，我们仅选择两个构成成分进行相对深入的分析：情感安全与情绪调节。这两者彼此紧密相连且与之前探讨的表征思维、自我调节及计划亦具有联系，它们同样是儿童在学前教育项目中获得发展与学习成效的基础。

情感安全

对于儿童发展领域中的情感安全目前尚无唯一界定，然而这一构成成分是研究者持续关注的重点。Erikson（1950，1959）认为，建立“基本的信任”是婴儿期取得的第一个成就，个体在人生的不同阶段会以不同的方式重复使用这一技能。Bowlby（1969/1982）以及其后的

Ainsworth(Ainsworth, Blehar, Waters, & Wall, 1978)认为,任何一个个体都需要在成人和儿童之间建立依恋。根据依恋理论(attachment theroy),"情感安全假说"(Davies & Cummings, 1998; Davies, Harold, Goeke-Morey, & Cummings, 2002)认为儿童的适应行为受到家庭中或家庭外持续的情感安全的潜在影响。

为什么情感安全在儿童的发展与学习中非常重要?

从本质上来讲,"关系决定了自我调节、社会能力、道德、情感和情绪调节、学习和认知以及各种各样基本发展成分的发展"(Shonkoff & Phillips, 2000, p. 265)。儿童同母亲、父亲、家庭看护者、幼儿园老师和其他人建立起的一种持续的、温暖的、互动性及养育性的关系就是一种情感安全,而不同的文化及传统则影响了对于这种安全的体验与表达(如, Miller & Goodnow, 1995)。

在母婴依恋的研究中,有大量的研究结果证明情感安全关系的重要性(Ainsworth et al., 1978; Cassidy & Shaver, 1999; Thompson, 1999)。安全依恋或是更加广泛而积极的情感关系具有大量的短期或长期的作用。例如,安全依恋关系能够缓解由于紧张而产生的荷尔蒙分泌(Gunnar, Brodersen, Nachmias, Buss, & Rigatuso, 1996),并且保护儿童免遭危险。综合性研究表明安全型依恋能够使儿童更加善于接受成人的亲社会行为与指导,且安全型依恋儿童较少会出现行为问题(Shonkoff & Phillips, 2000)。

情感安全倾向于普遍化,即使在幼儿时期,儿童也能建立有关"自己成为父母后应该如何对待子女的社会生活"的表征或"心理工作模型"(Main, Kaplan, & Cassidy, 1985)。因此,儿童建立与他人安全关系的能力或使用这些关系作为进一步探索与学习的基础的能力在极大程度上受到他们早期安全人际关系的影响(Thompsom, 1999)。

婴儿、学步期儿童及学前期儿童的情感安全发展

依恋理论的观点认为,虽然存在文化的多样性,然而儿童与重要成人之间亲密关系的发展却会经历一定的过程(Ainsworth, 1973; Bowlby, 1969/1982)。在出生后的 3 或 4 个月,婴儿会逐渐让自己适应所处环境中的成人且开始向他们发出信号,但是这一阶段的婴儿并未将某个成人看作是"依恋对象"。在接下来的几个月中,婴儿开始表现出某种形式的偏好,其对象往往是自己的母亲,但也可能是其他人,偏好对象的选择取决于其参与照料的情况。在 8 个月左右,儿童出现了明显的依恋关系的信号,当母亲或其他婴儿所喜欢的人离开时,婴儿就会变得非常紧张并且不断寻找这个成人的身影,尤其当婴儿感到十分不安与害怕时。随着时间的过去,对于一般的 3 或 4 岁儿童来说,这种关系发展成为 Bowlby 所谓的"目标调整的伙伴关系"(goal corrected partnership),在这种关系中儿童能够忍受分离并将依恋对象作为自己探索及摆脱危险的安全基础。依恋关系的长期目标与组织原则在于并非保持身体的亲近而是让儿童体验到"安全的感觉"(Sroufe & Waters, 1977)——这是一种重要的观点,由此将安全人际关系扩展到家庭环境之外。

19

学前教育项目中的情感安全:特点、影响因素与效果

3 到 6 岁的儿童常常对一个或多个主要的照料者形成依恋,且他们能够保持对这些照料者的表征,即使照料者并不在身边。纵观现有研究,有几个研究已经考察了早期阶段积极、安全的师幼关系的特点、影响因素及效果。这些研究的假设是,并非儿童父母的成人也能成为儿童的依恋对象(Hows, 1999,2000)。这些关系并非完全复制了父母与子女之间的血缘关系。由于这些关系建立的时间不同,因此其发展的过程也存在差异。然而这些关系却同早期发展与学习具有相似的特点与作用(Howes, 1999; Howes & Hamilton, 1992)。很多儿童明显表现出希望更加接近自己所喜欢的老师,他们将这些老师作为自己探索环境的支柱,当受伤或情绪低落时他们会寻求身体的亲近从而获得安慰。更进一步,就像亲子依恋一样,可以使用一定的标准将这些关系划分为安全型或不安全型——同样,由于文化差异的存在,成人—儿童关系的表现形式也各异。

学前教育项目中情感的支持性关系与环境。当幼儿同他们的老师建立起支持性的、情感的安全关系时会是怎样的表现? Howes(1999; Howes & Rotchie, 2002)的研究表明,有70%的儿童不能够和他们的老师建立起安全型的依恋关系,例如,可见依恋类型问卷(the Attachment Styles Questionnaire)的调查结果。很多教师与儿童的交往缺乏温情与互动性,而温情与互动性正是促进依恋关系形成的基础。例如,Hyson、Hirsh-Pasek 和 Rescorla (1990)通过研究 90 名中班幼儿及他们的家庭后发现,仅有三分之一的幼儿园老师会花费一定的时间讨论情感问题。大样本的儿童保育研究(如, Cost, Quality, and Child Outcomes Study Team, 1995; National Institute of Child Health and Human Development Early Child Care Research Network, 2000)发现了教师在对待儿童的过程中大量存在诸如情感缺乏、疏离,甚至更严重的问题。

教师—儿童关系与儿童发展。持续、安全的支持性教师—儿童关系的缺乏在最近受到一定程度的重视,得益于研究发现与教师之间形成积极关系能够在短期和长期内促进儿童的行为、社会性及认知、学习的发展。

研究表明,当儿童能够感觉到与教师之间形成了一种情感的安全时,则他们能够更加积极地探索环境并能获得更多的学习机会(Birch & Ladd, 1997; Howes & Smith, 1995; Pianta, 1999)。学前教育阶段与这一观点相一致的研究结果可见国家研究委员会(the National Research Council)的报告《渴望学习:教育我们的幼儿》(*Eager to Learn: Educating Our Preschoolers*),其中指出在学习情境中的情感温暖与积极的方法能够促使儿童产生更多的建构性行为(Bowman et al., 2001)。例如,Howes 及其同事(Howes, 2000; Howes & Smith, 1995)发现,当儿童与他们的保育老师形成更多的安全型依恋时,他们则有能力同成人进行更多的互动,同别的幼儿进行游戏时显得更加成熟,且愿意参与更多的复杂的认知活动。

其他的研究者发现了教师—儿童关系对于学校适应及学业成就的重要作用(Birch & Ladd, 1997; Hamre & Pianta, 2001; Pianta, 1999; Pianta, La Paro, Payne, Cox, & Bradley, 2002; Pianta, Nimetz, & Bennett, 1997)。例如,与幼儿园教师关系较为亲密的儿童与关系较为疏远的儿童相比,其能够更好地适应学校生活。有些学前儿童被预测将留级或接受特殊教育——而有些儿童则不会出现这样的结果——后者就是跟幼儿园老师建立了特别的积极关系的儿童(Pianta, Steinberg, & Pollins, 1995)。 20

两个纵向研究表明了早期积极的教师—儿童关系所具有的预测能力。一个对儿童从学前班追踪到八年级的纵向研究发现：如果儿童在学前期同他们的老师形成的是一种消极的关系(冲突或疏离)，则这些儿童在入学后会面临更多的社会与学业困难(Hamre & Pianta, 2001)。另一个纵向研究(Stipek & Greene, 2001)表明，学前班和一年级的老师在与班级儿童进行互动时所表现出来的友爱、温暖的水平及与之相对的"冲突"关系能够预测儿童对于学校的情感及其学业成就水平。

除了社会与学业功能外，儿童与教师的关系能够在一定程度上对有困难的家庭关系进行补偿。一些研究(Howes & Smith, 1995; Mitchell-Copeland, Denham, & Demulder, 1997)发现，即使父母与儿童之间的依恋关系是非安全型的，师幼之间安全的依恋关系仍能够促进积极的发展。例如，Howes 和 Ritchie(2002)发现，与父母之间建立的是非安全型依恋关系的儿童，如果与老师建立的是安全型依恋，则其能够在社会性和认知方面得到一定的补偿。

情感安全与教师的性格、课程以及教育实践相关。什么条件会增加或减少教师同幼儿建立安全型关系的可能性？大量研究考察了教师在进行情感回馈、创设支持性的课堂环境及关系等方面的受教育和受培训水平的影响。总体来讲，教师所受到的正规教育与专业培训与其同儿童建立更加温暖的关系和互动呈相关(Arnett, 1989; Howes, 1997)，虽然目前研究者尚未探明导致这种相关产生的根本原因。

此外，还有一些研究考察了对于特殊的学前教育课程或教育体系的重视程度同教师与儿童建立温暖、积极的情感关系可能性的联系。例如，Hyson 等人(1990)的研究包含了对于学前教育班级的观察，观察的内容主要包括班级的情感氛围以及课程和教育实践的其他特点。研究结果发现教师控制程度较高且更多采用灌输式教育方法的课堂，教师所表现出的友好和温暖程度较低。

在一系列的相关研究中，Stipek 及其同事(Stipek, Daniels, Galluzzo, & Milburn, 1992; Stipek et al., 1998; Stipek, Feiler, Daniels, & Milburn, 1995)的研究对一些班级进行了考察，这些班级更多强调基本技能的结构及教师的直接指导，而不是强调儿童的选择和自主性。这些研究包括了对于教师的接受性/温暖程度及班级的情感氛围。Stipek 及其同事同样发现：同更多以儿童为中心的课堂相比，强调个体成功与失败的高说教式、以基本技能为导向的教育方法，与教师的低温暖程度和培养性以及教师对儿童个体需要的低关注性相关。

无论上述研究的结果如何，我们也不能说最好的支持情感性安全的教师—儿童关系的教育学方法是具有很强的儿童中心特点。大量近期的发展趋势模糊了教师指导与儿童中心的学前教育课程与教育实践之间的界限。由于受到多方面因素的影响，大量的学前教育课程不能纯粹地被分为儿童中心或教师指导，这些影响因素包括：维果茨基理论及其他建构主义观点；对于早期语言、读写能力以及数学发展的研究；幼儿园与学前班教育课程标准的产生与发展；国际组织对于早期教育的重新定位(Bredekamp & Copple, 1997; Neuman, Copple, & Bredekamp, 2000)以及更好地将广泛的文化差异运用到学前教育领域的方法。这些方法，就像本章所述的心理工具课程一样，更加强调教师通过搭建支架、反思以及表征等方式对儿童认知与学习能力发展进行积极促进(Mayer, 2004)，且将这些方式植入教师的一手经验中并与儿童的兴趣及亲密的师生关系、丰富的社会互动及游戏等紧密相连。

21

然而，目前并没有就这些课程的情感氛围和动机效果所进行的系统研究。以上论述都是基于学前教育研究项目的成果，包括课程比较及有效性研究，其在一定程度上能够说明一些问题。

情绪调节

除了情感安全之外，早期情感能力的另一个关键方面即情绪调节能力的发展。如前所述，情绪调节能力与心理工具课程中所强调的、更加倾向于认知的自我调节能力既有联系，又有区别。Kopp(1989,2002)认为 ER(情绪调节)是指“调节剧烈的情绪反应，如愤怒、恐惧、高兴、悲伤及其他情绪。有效的 ER 意味着一个反应具有情境适宜性，它能够增强而非危害生物个体的行为，且导致相关的社会及认知活动的产生”(2002, p. 11)。

情绪调节包含了大量至关重要的能力与方法(Denham, 1998; Dunn & Brown, 1991; Saarni, 1999)。具有这些能力的儿童需要持续：

- 随时关注自身的情绪反应；
- 阻止自己表现出在强烈的积极或消极情绪驱动下产生的不适宜行为；
- 当受到强烈的情绪冲击时让自己平静、转移注意力或缓和；
- 使用各式各样的且灵活的应对策略以改变其情绪的强度；
- 调整感情、想法与行为以实现重要目标；
- 利用情绪进行注意力的聚集与维持；
- 利用情绪影响他人；
- 遵循自己所处文化的标准以决定情绪表达的方式及时机。

为什么情绪调节对于儿童的发展及学习至关重要?

如情感安全一样，越来越多的人认为情绪调节对于所有儿童，尤其是具有消极的发展与教育危险的儿童来说，是学前阶段最重要的成效。早期开端项目中一开始具有情绪调节困难的儿童在学校中的调节能力也较差，包括遵守规则、遵守限制、同其他儿童相处、获得学习能力以及培养对于学习的积极态度(Eisenberg et al. , 2001; Shields et al. , 2001)。早期的情绪调节问题，尤其是调节消极情绪的能力，不断地被发现能够预测今后在学校中的社会情绪及学业困难(Raver, 2002)。在三四岁时常常发泄愤怒或其他消极情绪的儿童在进入幼儿园后其社会性能力较差(Denham et al. , 2003)；同样，不能维持“需要通过努力进行的控制”的儿童在后来也不能与同伴之间建立良好的关系(Kochanska, Murray, & Harlan, 2000)。有严重情绪调节障碍的儿童会远离其他的儿童、教师及学习机会。因此，普遍的观点认为对于情绪调节的关注应该是学前教育及早期干预项目的重点与目标。

婴儿、学步期儿童及学前儿童情绪调节能力的发展

任何年龄的儿童在进入学前教育项目后即开始发展情绪调节能力。以下的观点受Kopp(1989)关于儿童悲伤调节的发展性课程分析的影响。同时,这些观点还受到其他研究的影响,如Denham(1998); Fox(1994); Saarni、Camras、Campos及Witherington(本手册,第3卷,第5章); Shonkoff及Phillips(2000);及Thompson(1994)。

根据Kopp(1989)的分析,早期的情绪调节开始于生命的第一年,其表现为婴儿帮助自己避免不适刺激的反应行为。哭泣的婴儿学会吮吸自己的拇指以及使用其他的策略控制他们的悲伤,同时他们仍然会依赖成人帮助或支持他们的情绪调节。在生命的第二年及以后,学步期儿童所发展的认知能力(如预期及计划)也被用来服务于情绪调节,它们也能够更清楚地表现学前儿童的需要。语言能力的发展也成为沟通、表达及情绪调节的工具。当然,因为学步期儿童和年幼的学龄期儿童仍然在独立控制强烈的积极或消极情绪时存在困难,因此他们也需要成人大量的帮助。

当儿童进入学前班的最后一年时,他们中的大多数人会增加对于自己及他人情绪调节的自我反思。当面对悲伤的情境时,儿童能够使用更多认知导向的应对策略(Denham, 1998)。学前儿童能够更多地转移自己的情绪并使用符号思维反映情境的意义,且他们能够在多种观点中考虑情绪性的鼓励情境(Saarni, 1999)。

在探讨情绪调节的早期发展性课程时需要提及几个观察研究。首先,它强调认知与情感发展的紧密关系,本章中将反复提到这种关系。其次,它主要聚焦于儿童对消极情绪的调节,尤其是悲伤。积极情绪的调节也同样重要,然而关于这方面的研究较少。在教育情境中,儿童调节激动的情绪或将自己的兴趣指向某个方向的能力是一个非常重要的任务。最后,大多数关于儿童发展轨迹的研究都没有包括根据文化和语言分组的儿童,且鲜有研究在家庭之外考察情绪调节能力的发展。

学前教育项目中的情绪调节: 特点、影响因素及结果

大部分关于情绪调节的研究都关注了其对于发展的预测作用及影响。然而,这些研究很少是在学前教育项目中进行。在家庭情境中的研究所发现的一些因素也许与学前教育情境中的课程及教育实践相关。

情绪调节与安全型依恋。大量的研究发现,安全的母—婴依恋能够预测儿童具有更好的控制悲伤和调节消极情绪的能力。Saarni(1999)推测出这种关系的机制为: 也许安全型依恋的儿童能够通过成人的支持与情绪分享探索大量的情绪体验。

与教师或其他非家庭成员的照料者之间的安全型依恋对于儿童的情绪调节是否具有同样作用? 不断有研究正在证明这一观点。与教师之间形成安全型依恋的学前儿童更少会出现情绪调节问题,如不能调节愤怒的情绪表现(DeMulder, Denham, Schmidt, & Mitchell, 2000)。此外,早期开端项目中教师报告,与教师之间形成低冲突、温暖型关系的儿童,在教师看来更具有情绪调控性且较少表现出愤怒(Shields et al. , 2001)。

语言与认知能力对情绪调节的影响。Vygotsky(1930—1935/1978)和其他研究者(Kopp, 1989)强调儿童的语言能力能够支持他们的情绪调节的能力与行为,同时,语言能力还能够促进儿童与同伴之间形成积极的关系。与同伴相比语言能力欠缺的儿童也同样具有情绪调节困难的问题(Greenberg, Kusché, & Speltz, 1991)。

照料者的协助与榜样作用促进情绪调节。Thompson(1994)强调照料者在帮助年幼儿童调整其情绪唤醒、直接安抚婴儿及帮助他们学会安抚自己情绪中的重要作用。此外,Eisenberg 和 Fabes(1992)及其他研究者的研究也发现成人的榜样作用也是非常重要的影响因素。在这些研究中,成人谨慎地表达愤怒和建设性地处理令人愤怒的事件能够让儿童在面对同伴的攻击时更好地调节自己的反应。

成人也能够通过与儿童探讨情绪(Dunn & Brown, 1991; Kopp, 1989)、为儿童提供情绪体验时的语言与符号等促进儿童的情绪调节;而儿童也将在调节自己的情绪表达时使用这些符号并将其内化。此外,成人对于儿童消极情绪表达的不同反应方式与儿童如何表达及调节情绪相关。例如,如果母亲对儿童们说他们将会因为消极的情绪表现而受惩罚,则儿童在感到悲伤时不会寻求父母的帮助(Eisenberg & Fabes, 1998)。

23

虽然对于这方面的研究并没有系统化、广泛化与持久化,然而其在学前教育项目中仍然在持续进行。正如 Shields 及其同事(2001)所指出的那样,我们对教师对于儿童情感能力的日常影响仍然知之甚少,这里所指的情感能力也包括情绪调节。

假装游戏提供情绪调节的机会。与在自我调节能力发展中一样,假装游戏同样能够作用于情绪调节。在一些关于假装游戏与情绪调节的一个研究中,Galyer 和 Evans(2001)发现父母报告在假装游戏中,尤其是与成人游戏时表现优秀的儿童能够在悲伤的实验情境中更好地进行情绪控制,同时父母认为这些儿童具有更好的情感能力。如果被复制到其他研究中,则这些研究的发现可运用到学前教育项目中。

学前教育项目的质量、课程及教育实践的其他特征。现在我们能够理解学前阶段及以后的挑衅行为、攻击及其他行为困难是情绪调节的基本问题(Raver, 2002)。从积极的方面看,几个高质量的早期长期干预项目的结果能够减少由情绪调节滋生的反社会性行为(Campbell, Ramey, Pungello, Sparling, & Miller-Johnson, 2002; Reynolds, Temple, Robertson, & Mann, 2001; Schweinhart & Weikart, 1997)。目前尚不清楚项目中的哪些因素作用于这些长期的结果,然而 McCall 及其同事(2003, p. 269)称"确立亲密的、有意义的、温暖的、保护性的、稳定的家长—儿童、照料者—儿童及儿童—儿童之间的关系似乎是一个有作用的因素"。因此,可以说高质量的学前教育项目有潜力作为保护性因素促进情绪调节能力的发展,尤其对于生活在贫困或其他不利条件中的儿童更为重要。

特别关注课程与教育实践会发现,幼儿园和学前班中一些高说教式的、成人支配的课程与儿童的压力行为或难以控制的紧张或挫败情绪相关。相比以儿童为中心的课堂环境,在更多"发展不适宜"或教师支配的课堂中能够观察到更多的较高程度的压力行为——咬指甲、口吃等(Burts, Durland, Charleworth, DeWolf, & Fleege, 1998)——和较高程度的紧张(Hirsh-Pasek, Hyson, & Rescorla, 1990)。然而正如本章关于情感安全和学前教育课程的论述中所说,越来越多的课程将儿童的选择及游戏性活动同教师的指导与"结构"结合,这也使得对于课程方法的划分相比以前更加复杂。

通过学校干预提高情感能力

本部分的研究将呈现一个有关儿童情感能力重要性的典型案例,包括他们的情感安全和情绪调节能力。高质量的学前教育在课程中包括了“聚焦情感”的方法并为该能力的发展提供了基础(M. C. Hyson, 2003)。一些以实践为导向的期刊(Howes & Ritchie, 2002; M. C. Hyson, 2003)也为教师提供了关于如何创造促进安全和支持性关系形成条件的建议。此外,正如 Denham 和 Burton(2003), Raver(2002), Raver 和 Knitzer(2002)所指出的那样,已经设计了大量的专门性干预项目针对情感能力的不同方面。这些干预的对象也许是全班儿童,也许是具有某种困难的特殊案例。

情感安全的主题在很多干预项目中非常明显。例如,Pianta(1999; Hamre & Pianta, 2001)及其他研究者(Greenspan & Weider, 1998)开始进行一些特殊的干预以帮助教师建立与儿童之间的积极关系,尤其是具有发展障碍和教育困难的儿童。其他干预则更多聚焦于建立儿童对于情绪的理解和调节(如, Denham & Burton, 1996; Kusche & Greenberg, 2001; Webster-Stratton, Reid, & Hammond, 2001)。

24

无论这些干预是面对全体还是具有特定的目标,也无论这些干预聚焦于建立情感安全或增强调节能力,对于有关情感的干预的有效性进行回顾有助于得出一些显著的结论(Raver, 2002; Raver & Knitzer, 2002)。为了保证有效性,在执行促进情感能力的干预方案时需具有高度的精确性。且对于具有严重情绪困难的儿童来说,在进行干预时应该更加注意使用技巧和程度。对于这些儿童来说,一个有效的方法便是将普遍干预(即面向班级中的所有儿童进行干预)同个别干预相结合,并寻求与家庭的合作。

小结

一个具有说服力的研究体系证明了情感能力是早期儿童获得积极发展与学习的基本要素。情感安全与情绪调节两个维度彼此相互联系并产生影响,且与本章所探讨的认知要素相联系。虽然结果主要依赖于对家庭的研究,然而研究也开始考察能够促进儿童的情感发展和预防未来困难的教育实践与教育项目的特点。

为了获取这些研究及表征能力、自我调节和计划能力研究的成果,实践者也在寻求一种发展性的、基于研究的方法以评价儿童在这些及其他另外的领域中的进步与需求。本章接下来的部分将探讨这一问题。

实施有效的评价

心理工具课上,两个男孩正在图书角玩。4 岁的 Josh 在他的朋友 Chris 把每个儿童的名字逐个抄写在每一张纸上后,用一个小兔印章装饰这些纸。Chris 抄写得非常仔细与缓慢。当装饰完 Chris 给他的最后一张纸后,Josh 就没有什么事情做了。他开始在 Chris 正在写的纸上盖印章,就在这时他将印章盖在了 Chris 的手上。Chris 向上看而 Josh 则在举着印章准备“袭击”Chris 的手臂。“这是你的计划么?”Chris 问 Josh, 这里所指的计划是儿童每天早上都会进行的游戏计划。Josh 停了下来并拿着印章在纸上面绕圈。“噢,我想盖印章,这才是我的计划。”“但是我还没写完。”Chris 抗议道。Josh 回答:“好吧。我……嗯。”(思考接下来的选择)令人振奋的是,Chris 提出了建议:“你为什么不把它们叠起来然后把它们放在这儿?”(他指着纸旁的信封)“好的!”Josh 说。“然后我要重新盖上印章。”他还是折叠这些纸并且看着纸的另一面说:“瞧,我还没有在这边盖上印章。”然后他开始在纸的另外一面盖上印章。他们相视而笑又一起开始工作。

本章前面的部分回顾并探讨了我们所了解的有关儿童发展与学习的认知及情绪要素:表征、计划、自我调节、情感安全及情绪调节。虽然本章强调客观探讨学前教育项目,甚至指出其局限所在,然而我们仍然还未提出一个不同的且重要的问题:如何在这些或其他领域中评价儿童的进步?对于教师、政策制定者和研究发展的学者来说,设计与回答这一问题的方法都有所不同。本节主要关注基于课堂的评价,同时也将其放置在一个广阔的情境中。

对于早期学习兴趣的强调以及对于教育项目的责任及考核要求的不断增加,都将早期儿童的评价与测量放到了一个核心的地位。教师、学校管理者、家长及政策制定者始终关注儿童的发展以及教育项目的有效性。以心理工具课程为例,本节从文中节选了一些主要的、促进儿童发展的适宜的评价方法,并探讨了教师的主要作用以及这种形式的评价所面临的挑战。

评价的定义

在《教育与心理测量标准》(*the Standards for Educational and Psychological*)中[美国教育研究协会(American Educational Research Association, AERA)、美国心理学会(American Psychological Association)及教育评价国家委员会(National Council on Measurement in Education), 1999, p. 172]将评价定义为“任何使用测验或其他资源系统地获取信息,且用于推测人、物体以及项目的特点”。这一定义由三个核心的成分组成:(1) 参与系统的(有目的的)过程;(2) 收集学习的信息(证据);(3) 对评价的结果进行推论(概括化)。

25

对年幼儿童的学习进行鉴定、收集及评价以作出决策的有目的的、持续性的过程是所有有效的教育干预,包括本章所探讨的干预的构成成分。本部分的讨论以下面三个方面的评价为主要框架。

目的性:目标内容

作为评价过程系统的一部分,Shepard、Kagan 和 Wurtz(1998)所定义的儿童评价的主要目标被广泛接受,即:

- 用于支持学习。
- 用于识别特殊的需要。
- 用于评价项目及反映趋势。
- 用于提高项目的成效。

在研究开始时,阐明一个评价过程的目标是一个类似明确研究问题的过程。为什么要进行评价决定了评价的内容、形式及在评价过程中所需收集的信息的数量。目标也能够影响结果的形式(AERA et al., 1999; Bowman et al., 2001; J. Jones, 2004; Millman & Greene, 1989)。例如,通过评价为父母提供的有关他们4岁孩子与同伴游戏能力的信息,同对于一小群儿童的假装游戏进行研究的研究结果将大相径庭。评价和研究都很重要,然而它们的任务、样本大小、报告形式以及含义都有所不同。本章所呈现的心理工具课情境所体现的评价的主要目标在于促进儿童的学习。从这些情境中可知,教师通过对儿童的观察、向儿童提问并与儿童交流,收集大量的"真实和个别"的有关特殊儿童或一个群体儿童学习的信息并决定使用何种策略以促进儿童的学习。

幼儿评价的挑战

研究者承认在对幼儿进行评价时会面临一系列的挑战(Bowman et al., 2001; Dyer, 1973; Kagan, Scott-Little, & Clifford, 2003; Love, 2003; Shepard, 1994)。如本章前一部分和本手册中的其他部分所述,儿童的认知与情感能力的很多方面会限制对其本身进行正确地评价。学前阶段是一个迅速与持续发展的阶段,其本质会引起显著的评价挑战。无论是在个体内部还是在个体间,儿童的发展都是极易变化的,这也会对所有测验的可靠性和记分说明的有效性造成消极的影响(Messick, 1987,1989; Powell & Sigel, 1991; Salvia & Ysseldyke, 2004; Shepard et al., 1998)。儿童的认知、语言以及生理发展水平会影响他们按照教育者的要求进行知识表现的水平。例如,教师和家长一般会通过观察和录音来了解从出生到3岁儿童的语言及身体发展情况。当儿童长到3—4岁,他们的语言和身体技能已经发展到一定程度,此时他们能够进行谈话和绘画,则教师和家长会收集他们的语言记录及绘画、作品的样例。到了5岁,儿童能够参与正式或非正式的发展适宜性的测量(Shepard et al., 1998)。因此,很多测验方法对年长的儿童更为适宜,而对于年幼的儿童则不一定有效。正如Salvia和Ysseldyke所指出的"婴儿和幼儿并非是掌握了成人的能力和行为的缩小的成人"(p. 663)。

此外,确定测量幼儿学习的哪个方面以及采用哪种工具是一个具有挑战性的工作。国家研究委员会的早期儿童研究综合报告(National Research Council and Institute of Medicine, 2000, pp. 82—83)中指出:

> 心理学领域的发展测量(如,词汇、数量推理、言语记忆、手眼协调、自我调节)存在很多问题。对于所评价结构的界定所存在的质疑还在持续增加。这一情况的出现,部分是因为往往没有自然的测量单位(如,在测量高度时没有东西能和使用英寸相比)。结果,需要创造并对测量单位进行定位,这样测量的误差也就更大了。

26

无论在对幼儿进行评价时存在何种方法学的复杂性和困难,为了促进儿童积极的发展与学习,学前教育的教师应该在自己的课堂中进行各种形式的评价活动。

基于课堂的评价

学前教育评价专家认为学前教育评价的核心目标在于促进幼儿的教育(Bowman et al., 2001; Shepard et al., 1998)。尤其是,本章的目标在于更好地了解儿童的认知与情感发展从而设计更多有效的课程与教育策略。对于 K—12 年级基于课堂的评价(也称可信的或格式化评价)的教育研究报告也能够支持这一目标(Black & Wiliam, 1988; Phye, 1997; Stiggins, 2001,2002)。这些评价实践直接与教育项目相联系并使用教师的观察笔记、儿童语言记录以及儿童作品作为部分的学习证明并引导教育指导。研究认为,针对教师教育实践的评价同样能够提高学生的成绩(Black, Harrison, Lee, Marshall, & Wiliam, 2003; Black & Wiliam, 1988)。然而,使用适宜的基于课堂的评价策略更加有利于教师形成探索儿童学习的态度与状态,并获得更多的有关评价的设计、使用及解释的理解(Calfee & Masuda, 1997; Chittenden, Salinger, & Bussis, 2001; Stiggins, 1999)。

证据

前面所定义的评价的第二个成分(AERA et al. , 1999)是收集儿童学习的证据。在日常情境中,教师需要提供环境以支持及促进班级每一个儿童的发展。当被询问时,很多老师都会准备回答如下问题:"Johnny 是否提高了遵守计划的能力?"或"Maria 是否找到了更好的策略来应对她的挫败感?"是的,因为没有充足的且具较高质量的幼儿学习证据,教师将会出现大量的不同且可能得出儿童已有经验及潜力的错误结论。

早期教育的文献也包含了对于基于课堂的儿童学习的证据的使用。很多早期教育评价专家认为证据的类型与儿童的课堂经验紧密相关,更多地与儿童的发展水平相联系,与课堂实践具有直接的关系且能够成为教育/学习过程的一部分(McAfee & Leong, 1997; Meisels, Liaw, Dorfman, & Nelson, 1995; Mindes, 2003; Puckett & Black, 2000)。

在学前教育评价方法中,教师不是测试结果的被动接受者,他必须积极地创设发展适宜性的心理与学习目标;为儿童创造机会证明其学到了什么;对儿童的作品进行收集、描述和分析;提供儿童学习的证据(Blythe, Allen, & Powell, 1999; Calfee & Masuda, 1997; Carini, 2000; J. Jones & Courtney, 2003; Martin, 1999)。

观察

早期教育的文献中呈现了大量的事例,以证明教师对于儿童发展的观察、记录以及深入了解对成就高质量的学前教育项目至关重要(Dyer, 1973; Genishi, 1992, 1993, 1997; Jablon, Dombro, & Dichtelmiller, 1999)。持续细致的观察能够让教师看到儿童的行为及作品并听到儿童的语言。这些是证据中的核心资源,它们能够引发对于儿童如何发展以及什么样的教育策略更具支持性的推论。当然,仅是观察并不足够。这些文献还描述了儿童发展的详细记述的历史,包括深入的个案研究,它描述了儿童的学习风格、兴趣以及知识表征的模式(Avidon, Hebron, & Kahn, 2000; Chittenden et al. , 2001; Gruber & Voneche, 1977; Piaget, 1926/1955)。相比一次性的测验,这种系统观察能够更加有效地评价本章所强调的能力,如表征、计划以及情绪调节。

在文献中还能够清楚地看到仔细观察与记录策略的发展需要一些努力和实践(Allen, 1998; Garbarino & Stott, 1989; Genishi, 1997; Helm, Beneke, & Steinheimer, 1998; J. Jones, 2003)。系统观察是一个高度结构的过程,其以课堂实践为基础并反映出儿童的学习

27

目标。教师需要为儿童提供机会与课堂情境，以便儿童的学习能够显著化，即证明自己已经知道什么且能够做什么。

作为证据的测验

迄今为止，我们的探讨都聚焦于课堂的证据的使用。获取儿童学习证据更加正式的形式是测验，其在《教育与心理测量标准》(*Standards for Educational and Psychological Testing*, AERA et al., 1999, p.183)中被定义为“一种进行评价的策略或过程，在其中，获取被评价者在特定领域的行为样本，随后对其进行评价并采用一个标准化的过程进行记分”。测验是评价的一个特殊形式，它可以在一个单独的时期进行，也可以在多种时段中进行，可以作为整个评价过程中的一部分。当要求全部或某个儿童在相同的条件下完成相同的任务并使用相同的红字记分，则标准化测验开始了。目前，就测验是否应该直接与教师的课程相联系，是否与儿童的发展水平相一致，是否能够敏感地反映文化与语言的差异，这些问题尚且存在很多争议。然而，当儿童测验的目标是作为整个项目有效性评价的一部分时，则一个具有良好结构且选择的适宜的儿童样本的评价能够提供有关一个群体，特别是一个特殊儿童的重要信息。正如前面部分所强调的，挑战在于年幼儿童缺乏认知能力、语言能力、社会性情绪及身体资源，从而不能在测验中进行适当的反映。当儿童身处困难的环境、残疾或使用同测验语言不一样的语言时，测验的困难将会更加复杂。

技术健全的评价证据

基于课堂的证据能够提供特别丰富的有关儿童发展与学习的情境。这些情境能够为教师提供直接与课程及教育实践决策相联系的信息。然而，这一评价形式还没有那些负责这一项目的政策制定者制定统一的标准(Stiggins, 2001)。关于标准化、规范参照的评价及基于课堂的评价中存在的争议主要来源于教育研究者和早期教育者所持有的不同观点：究竟是哪种评价能够证明儿童的学习。虽然教育评价的文献多关注具有良好标准的随机大规模的实验设计，然而一些儿童发展的主要理论却源于对几个儿童详细的观察研究(Gruber & Voneche, 1977; Piaget, 1926/1955; Wertsch, 1985)。此外，很多评价专家对于教师判断的客观性及其对评价设计和使用的理解表现出一定程度的乐观(Plake & Impara, 1997; Stiggins, 1999,2001)。

在传统的大规模评价过程和基于课堂评价的差异中建立联系需要一定的过程。教育研究者正在考察对测验框架进行的重新概念化以证明课堂本质的复杂性和动态性(Brookhart, 2003; Moss, 2003; Smith, 2003)。为阐明挑战传统理论的课堂评价的三个方面——课堂评价的情境独立性、与教育指导不可分离的关系以及同时产生的格式化与累积性功能，Brookhart 指出：

> 无论是传统的还是现代的大规模评价的理论都认为情境是一个无关变量，其目标在于通过情境进行概括。相反，对于课堂评价来说，项目和任务依赖于且存在于教育环境之中。又如，在大规模的评价中，项目和任务往往以独立的形式进行呈现，而在课堂评价中，它们则通过学生的课堂体验而相互联系。再如，大规模评价的理论往往需要大

量的样本量从而进行推论。相比之下，课堂评价的规模较小且常常针对课堂中的一小群儿童或个别儿童进行。(p. 5)

在儿童发展与教育评价领域创造新的范例将是一个挑战，需要进行更多的努力。两个领域中的专业人员都能够从评价中获利，因为两种形式的评价都具有价值且依赖于评价的目标。建构基于可信和有用证据的评价体系能够增强我们对于儿童学习与发展的了解，且扩展我们对于项目有效性的认识。

28

推论

评价定义的第三个方面(AERA et al., 1999)是对于评价结果的总结、概括及推论。评价的目标以及推论的形式应该清晰地阐明并指导评价设计的过程(AERA et al., 1999; Millman & Greene, 1989)。然而，对评价结果进行解释往往并非一个简单的任务。已有研究发现，教师并不能够完全设计出健全的课堂评价并对评价的结果进行适宜地解释(Plake & Impara, 1997; Stiggins, 1999)。

档案袋评价模式

图 1.1 所示为一个基于课堂评价的五步档案袋/评价模型框架，该框架包括了确定学习目标到收集与评价证据。这一模型形成了一个圆圈，在其中，教师(包括学前教育教师)确定学习目标、收集证据、描述并分析证据、根据学习目标对结果进行推论并将信息运用于进一步的计划中。

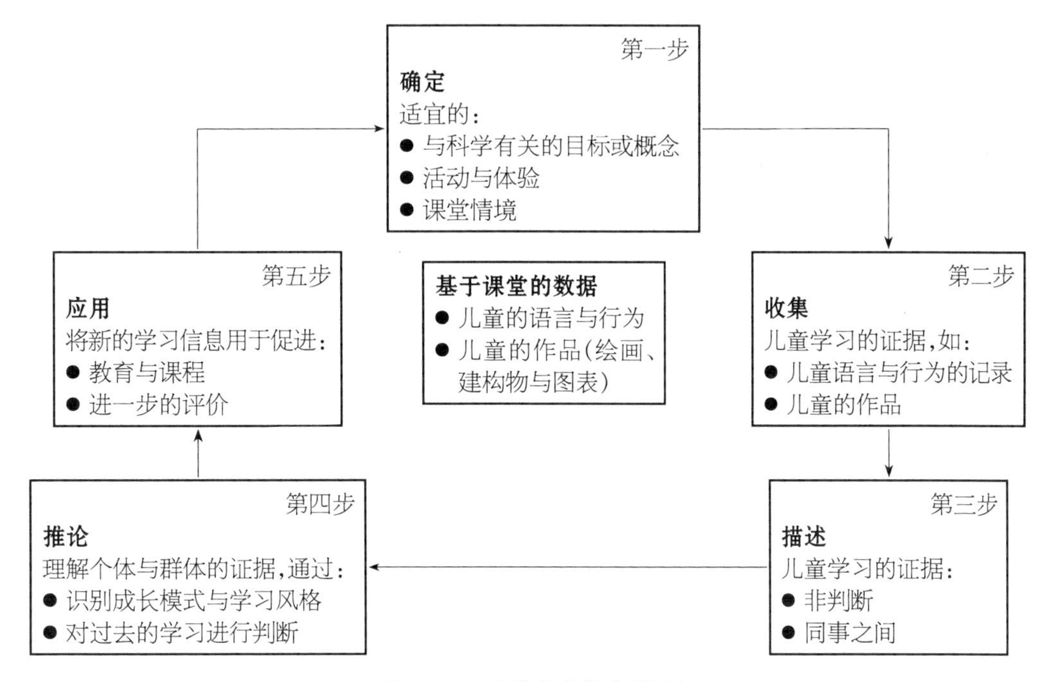

图 1.1 五步骤档案袋/评价环

确定

设计评价促进儿童学习的第一步在于确定学习目标。虽然对于适宜的学习目标由什么组成还存在一定的争议,然而有意义的评价体系需要有一致的有关儿童发展与课堂创设的主要目标,其中应该明显地体现学习的证据。例如,目标是否是增加儿童的安全感且使其与教师之间的关系更加密切?

收集

在高质量的学前教育课堂的每日生活中存在着大量关于儿童发展与学习的证据,包括儿童的绘画、作品及儿童语言与行为的记录。教师需要有目的地对这些证据进行收集而非简单地堆积资料,且应记录其中发生的儿童学习。以发展安全关系为例,儿童的绘画能否提供情报? 通过对儿童与教师之间消极的行为进行系统观察来收集证据是否有效?

描述

仅对学习的证据进行收集并不能使其转化为教育信息。通过使用一定的策略,如Carini(1993)研究结果中所指出的策略,对儿童的工作进行详细的分析,能够为我们了解儿童的思维及情绪反应打开一扇窗。儿童对于一个特殊问题的反应的精确度能够为教师对于儿童如何开始理解一种现象的研究提供背景。在本章中,例如,教师如何分析儿童为游戏活动所制定的图式或书面的计划?

推论/评价

在对儿童的工作进行仔细的研究与描述之后,教师回归到学习目标上以评价哪些数据反映了儿童的进步。接着要思考,为什么只有一些儿童能够在学年的这个时间点将教师看作一个安全的基石? 是否需要更加关注与情绪相关的目标?

29

应用

有关儿童如何学习的信息能够为进一步的教育计划提供支持。还有哪些其他的教育策略能够支持儿童的发展? 此时,新的问题出现了,这些问题需要教师再次行动起来并继续这个圆环的循环。当教师关注表征、计划、自我调节、情感安全、情绪调节和其他幼儿能力发展的核心方面时,对于评价信息的应用能够引导教师的教育决策。

课堂之外:研究者指南

虽然本部分关注的重点在于教师对儿童进行的基于课堂的评价,然而接下来将探讨的内容对于研究发展的学者及教育研究者来说也非常有趣。他们的研究同样有助于创造更多有效的学习机会。一个学前教育研究的综合报告(National Research Council and Institute of Medicine, 2000, p. 84)认为定量的发展性研究设计的核心成分包括:

- 对于结果变量或儿童发展框架的清晰定义。
- 对于一定的年龄范围具有持续意义的测量单位或范围(如,用英尺测量高度或用词语数量考察儿童的词语表达能力)。
- 一个可以通过跨年龄的、通用的刻度进行测量的结果,即使用等值的、具有年龄适宜性的评价形式中的任何一种都能够得出相同的、有意义的结果。

- 个体在过去发生的变化的统计学模型……
- 一个纵向研究，该研究的设计是为确保解决当前问题提供一个统计精确度标准。在设计时还包含恒定的研究周期、观察的频率以及样本量。

无论早期教育的经验如何，致力于早期教育项目研究的研究者需要熟知儿童所参与的项目的目标与理念。项目目标、课程及教育实践、教师与儿童之间的互动、现有体系中的其他评价以及有关儿童的文化背景及语言的知识都构成了主要的情境。通过了解这一情境，研究者能够进行更多有效的研究并在分析中引入更多重要的变量。

项目研发者团队与研究团队之间所建立的彼此尊重与互赢的关系也至关重要(Frede & Barnett, 2001)。从伦理和实践的角度来说，早期教育项目所产生的价值也是研究的结果。为了获得最大的价值，研究者应该将评价与现有项目的结构相联系。当研究需要通过个体的直接评价过程实现时，研究者同教师的合作则非常重要，只有这样才能够尽量避免干扰并确保研究所考察到的是儿童的最佳表现。对于辅助性或动态的评价程序的介绍(Campione & Brown, 1987; Tzuriel, 2001)，如心理工具课程所强调的，值得特别关注。

小结

关于评价存在着很多问题。在同一时间内，教师在尝试设计更好地教学，管理者在确定某一课程对于不同群体儿童的有效性，而政策制定者则在确定有效的和具有竞争力的项目。因此，学前儿童评价的挑战在于如何创设一个方法健全的、具有发展适宜性的，且能够满足不同主体要求的评价策略体系(J. Jones, 2003; Kagan et al. , 2003)。对本章所探讨的早期发展与学习的维度进行评价，确实能够回答不同主体的问题，同时保持幼儿个性并在第一时间内作出教育决策。

案例：心理工具

在游戏时间里，Roy 走进了戏剧游戏区域并穿上了一件男士的夹克，他的朋友 Vanessa 配合了他的活动，Vanessa 自己穿着一条很大的魔幻裙子和高跟鞋，并拎着一个钱包。他们在戏剧游戏区域静静地走了几分钟，把碗碟橱打开了又关上。看到这些以后，教师认为这是一种不成熟的游戏：她看不见任何的游戏情节，也听不到谈话。教师走近了一些并听到，“看这儿，” Roy 说道，这时他打开了碗碟橱，Vanessa 倾斜身体朝里看并点头。最后，他们坐下并拿了一张纸和一支铅笔。教师很好奇，问：“你们俩在做什么?”Roy 回答：“她正在看位置。她在做记号。”

30

教师仔细想了想，她想起来 Roy 的家庭并没有固定的住所，他的父母在上一周刚刚找到一个新的住处。在戏剧游戏中，Roy 扮演了公寓管理者展示公寓的情境，而他的朋友 Vanessa 在签署租赁合同。

在本部分，我们将对案例——心理工具课程进行更加详细的分析。在介绍一些历史背景及主要特点之后，我们将考察这一课程方法同本章所探讨的认知、情绪及评价研究之间的关系。

背景

基于维果茨基的理论，心理工具课程强调儿童读写能力的自我调节、认知及元认知基础的发展。项目的研发者与指导者 Elena Bodrova 和 Deborah Leong (Bodrova & Leong, 2001)于 1992 年开始合作，这时 Bodrova 刚从俄罗斯来到美国，因此，心理工具课程是一个较新的项目。项目启动之后，约有 4 000 名儿童参与到了上百个心理工具课程的班级中。如本章前面部分所介绍的，Linda Sim 班上的儿童具有典型性，因为该班级所有的儿童都属于处境不利。一些儿童无家可归，一些儿童的家庭成员具有某种物质依赖，而且几乎所有的儿童都来自贫困家庭。其中一些儿童具有发展障碍和特殊需求。近年，超过半数项目儿童的母语并非英语。

同其他综合性项目一样，智力课堂包含了大量的活动、常规、互动以及环境特点以在所有领域促进儿童的学习与发展。此外，心理工具课程具有自己与众不同的特点，其中一些特点我们并未在此进行探讨。根据本章的目标，我们更多地关注了与本章重点直接相关的项目特点：项目对于假装游戏和游戏计划的深入关注，以及促进自我调节及情绪调节的活动。我们同样会考察项目中促进发展儿童情感安全的方法。最后，我们对心理工具的评价方法进行一定观察。贯穿始终的基调是前文所探讨的研究如何为这一特殊教育模式的课程和教育实践提供支持与创造挑战。

游戏与游戏计划

Vygotsky(1930—1935/1978)认为，假装游戏是儿童发展的首要活动，因为这一活动能够促进儿童最高水平的发展。毋庸置疑，假装游戏或戏剧游戏将在以维果茨基理论为基础的项目中占据核心位置，如心理工具课程。戏剧游戏是大多数的日常活动的内容。在 40—50 分钟的自由选择时间内，儿童能够选择在设计好的戏剧游戏区或其他区域中活动，如积木区，在这一区域中存在大量的假装游戏的内容。虽然在其他的项目中教师会给予儿童时间和机会参与假装游戏，然而事实上几乎没有任何活动或显著的策略能够积极地促进成熟的戏剧游戏的形成。一个明显的案例即为高瞻课程(Epstein, 2003)。美国其他很多课程(如, Davidson, 1996)都基于游戏—训练的研究，其目的在于发展增强儿童游戏复杂性与象征性水平的策略(R. Saltz & Saltz, 1986; Smilansky, 1968; Smilansky & Shefatya, 1990)。

当参与学前教育项目之后，很多儿童能够持续进行丰富的、互动的戏剧游戏。然而，在一些情境中，尤其是针对处境不利儿童的教育情境，儿童可能具有较少的戏剧游戏经验与能力(Smilansky, 1968; Smilansky & Shefatya, 1990)。由于这些原因，心理工具课程的教师常常使用多种维果茨基理论或研究成果所包含的策略为儿童更高水平的游戏创设环境并提供帮助，他们认为这些游戏是幼儿发展与学习的核心要素。

31

环境创设

为了帮助儿童获得充分想象的条件，心理工具课程的教师进行了一系列的工作以确保儿童拥有一个主题的“仓库”——医院、杂货店、餐馆、图书馆，并对其进行命名——以鼓励儿童进行假装游戏并在参与过程中获得有关角色及活动的充足知识。同时,教师还会使用田野旅行、参观者指南、录像和书籍等方式。事实上,为儿童提供此类经验以促进其假装游戏及项目任务进行的方式非常普遍(Bredekamp & Copple, 1997; Davidson, 1996; Katz & Chard, 2000)。心理工具课程教师的行为反映出了他们特殊的、理论指导下的儿童游戏目标。例如,当一个班级参观消防队时,教师将邀请消防员向儿童介绍他们的身份、工作内容以及在工作中的所见所闻。在一个这样的参观活动中,一个消防队员向儿童展示了他们如何休息和生活,另一个消防队员则介绍如何使用水管救火。当儿童参观完毕回到班级中时,他们会创造自己的游戏道具。他们会使用纸板做成水管的形状,并且假装在煮饭的时候失火,这些都是他们在参观的过程中所学习到的内容。正如教师所希望的那样,一次参观让幼儿在未来几天内都会积极地进行有关消防队的游戏。

心理工具课程的教师还能够策略地使用道具以激发儿童的兴趣并使他们的游戏维持在一个假想的情境中。一些学前教育项目在戏剧游戏区储存了大量真实的道具。相反,心理工具课程综合使用了真实的和结果开放型道具,如儿童在参观完消防队后当作水管的纸管。在项目的早期,教师发现很多心理工具课程的儿童如不使用真实的道具则不能进行游戏,他们不能偏离每种物体的实际用途。教师则开始帮助儿童减少对于真实道具的依赖并协助他们使用更多的抽象物体。在游戏中,儿童形成了采用不同的方法使用普通物体的策略:一个木制的积木可以被用作婴儿、船、洋娃娃的椅子。通过这种活动并辅以教师的现场示范和鼓励,儿童开始在游戏中使用简单的物体代表他们所需要的东西。

同样,此处所叙述的促进游戏的活动并非心理工具课程所独有。早期教育专家常常呼吁应该综合使用结果开放式道具及真实道具(如, Bredekamp & Copple, 1997; Dacidson, 1996; Dodge, & Heroman, 2002),且很多学前教育项目与干预也在积极地促进成熟的戏剧游戏的形成(Hohmann & Weikart, 2002; Nevile & Bachor, 2002; Smilansky & Shafatya, 1990)。游戏情境之外的教师发起的促进儿童表征能力的活动在其他学前教育项目中并不常见,然而它们无处不在。心理工具课程中与游戏相关的最为显著的要素是游戏计划的方法。

心理工具课程的游戏计划

每一天,教师都会要求儿童对他们的区域时间活动进行计划,并询问他或她这一天将要做什么。在学年中,这种讨论逐渐变得更加具体,远远多于“今天你会去哪里玩?”之类的问题,且教师会给儿童不同程度的选择。对于戏剧游戏,教师会鼓励儿童讨论游戏中的角色(他们将扮演哪个角色)、游戏的情节(游戏如何进行,如到杂货店购物或野餐)以及游戏如何开展。

学年初期,教师需要进行大量的促进活动。很多儿童只会简单地说出他们想要活动的区域的名字。更为重要的目标在于使幼儿能够不需要教师的促进就能更详细地进行计划且儿童之间就能够一起讨论计划。几个月之后,教师发现儿童能够自发地、更频繁且充分地讨论游戏,这种讨论既存在于游戏之前又存在于游戏之中。

在项目中,计划的另一个核心方面即是让儿童将自己的计划通过书面的方式表达出来。

当教师仅仅尝试单纯的口头计划时,教师和儿童都会常常忘记计划。书面的计划是关于儿童希望做的事情的切实记录,儿童、教师及其他儿童都能够对其进行商讨。一开始,教师可以写下儿童关于计划的口述内容,这也是发展读写能力及计划能力的一个重要步骤。

维果茨基理论认为,书面的计划可以被看作"仲裁者"(mediator),其能够增强游戏的自我调节功能。在创造、讨论及修订计划的过程中,儿童学会在游戏中控制自己的行为,教师也报告这种趋势在游戏情境之外的其他情境中也会出现。此外,创造游戏计划能够使教师不用干预和打断就能对游戏产生影响,而儿童游戏的研究者认为这一点非常重要(E. Jones & Reynolds, 1992; Rogers & Sawyers, 1988)。相反,教师能够在事先就如何尝试新的角色、在游戏情节中增加新的手法或设计丢失道具的替代品等内容给儿童提供建议。

32

同计划一样,心理工具课程的教师鼓励儿童对游戏进行回顾与反思。这并非是强调反思的唯一方法;作为课程"计划—行动—反思"程序的一部分,高瞻项目的教师同样鼓励儿童对他们在活动区中的活动进行反思。不同点在于心理工具的教师会等到第二天来引发儿童进行重构并对游戏的情节进行评论。在项目的早期阶段,教师观察到如果在游戏一结束立即询问儿童他们的计划发生了什么改变("你完成了你所说的计划中的内容么?"),则会让儿童感到他们不应该或不被允许改变计划。一天后,教师发现儿童能够更加自由地讨论在前一个游戏时段发生了什么。每一种方法——同一天或第二天反思——也许各具优势,这种差异目前还没有研究数据能够证明。

对游戏进行提前思考并反思能够让儿童产生出更成熟、更具互动性的游戏(Bofrova & Leong, 2003b)。这些研究结果认为这种形式的游戏有助于语言能力、问题解决能力以及自我调节能力的发展,且使儿童能够欣赏其他儿童的游戏活动(E. Saltz & Brodie, 1982; Smilansky & Shefatya, 1990)。在学年中,心理工具课程的儿童从参与非常有限的戏剧游戏到更加频繁地参与戏剧游戏活动,且游戏的水平更为复杂和成熟。其中一些过程也许源于儿童8—9个月的发展,然而研究发现,如果不通过干预,则游戏的原始水平较低的儿童不能取得显著的进步(Smilansky & Shefatya, 1990)。

让观察者感到震惊的是儿童从秋季到冬季再到春季的同伴冲突的显著减少。当使用几个月的计划之后,教师发现游戏开始之前潜在的问题就被清除了,因此同伴冲突大大减少。因为同伴冲突反映出情绪调节及其他诸如社会观点采择等能力的问题,其改变将在理论上有利于儿童自身的发展及班级环境的优化。

其他培养自我调节和情绪调节的经验

心理工具课程的游戏计划过程能够促进计划及表征能力的发展(通过写或画表示将要从事的活动)。该课程的其他方面促进了自我调节及情绪调节等与之紧密相连的目标的实现。

从维果茨基理论的传统来看,心理工具课程的主要目标在于自我调节能力的发展。正如Kopp(1982,1989,2002)和其他研究者所指出的,自我调节的重点在于儿童调节自己的行为使其与社会及文化的标准相一致,包括依从和努力控制(Kochanska et al., 2000)。另一方面，情绪调节强调儿童调整及指导情绪体验及表达的能力，包括重要的目标而非对消极情绪的限制。显而易见，无论是从概念上还是在心理工具课程中所处的位置，两者都具有紧密的联系。

具有较多不幸经历的儿童在进入学前班后，其自我调节与情绪调节的能力较差(Raver, 2002)。心理工具课程的教师确认这一现象在他们的学生中普遍存在。根据课程研发者(Bodrova & Leong, 1996)的观点，有关调节的问题应该被置于高度重要的位置，尤其是在学前教育阶段。与项目的理论基础相一致，Bodrova 和 Leong 常常就自我调节而非情绪调节的内容进行探讨，他们认为只有当儿童能够展示一定的生理和自我调节水平时(及由此产生的情绪调节、情绪整合及思维)，他们才能够从课堂学习机会中获益。虽然这些观点已经在维果茨基理论中有所涉及，然而它们也与前述的有关自我和情绪调节的研究结果相一致。

心理工具课程与众不同的特点主要在于其促进自我调节和情绪调节能力。本章开始时呈现的“木头人游戏”就是一个典型案例。这一游戏帮助儿童进行身体的自我调节。在这一游戏中，当儿童跳舞时他们会看到教师摆出“木头人”造型，然后他们继续跳舞直到音乐停止，此时他们就开始模仿刚才看到的造型。另一个案例被课程研发者称为“同伴阅读”(Buddy Reading)。两个儿童坐成一组，一起选择书籍并且阅读。为了帮助儿童进行轮流的任务，每组儿童都会得到一组纸做的嘴唇和耳朵。拿到耳朵的儿童是听众，而拿到嘴唇的儿童就是谈话者，当他们交换道具时，角色也就互换了。

很多心理工具课程的儿童进入学前班时语言能力较差或母语非英语。就像其他许多学前教育干预项目一样，促进语言能力的发展是重中之重。课程对于语言的关注，包括鼓励儿童使用自我语言来引导自己的行为，能够帮助处境不利儿童在挫败或潜在冲突的情境中调节自己的情绪反应。

安全人际关系的影响因素

维果茨基理论通常被认为是具有较强认知性的。因此，相比其他如以埃里克森理论为基础的项目，心理工具课程似乎对于情绪及促进儿童情感发展强调得较少。Bodrova 及 Leong(2003b)指出维果茨基理论也会促进情感发展，虽然相比认知领域来说其详细程度较低而且一些新维果茨基理论进一步发展了关于这些情绪的观点。这些陈述受到了心理工具课程中有关情感发展观点的影响。

除了维果茨基理论的关注点，心理工具课程的研发者还将其他的观点同教师—儿童关系的重要性相联系(如，Hamre & Pianta, 2001)。随着课程的广泛使用，课程研发者报告教师不易或不愿意同儿童建立起安全性的关系，尤其是行为在不断改变的儿童。由于这些原因的存在，课程研发者在以下两个前提下进行工作：其一，研发者尝试建立教师对于创建安全性关系重要性及技术的理解；其二，研发者致力于帮助儿童提高自我调节能力，因此让经验相对缺乏的教师更加容易对班级中的儿童形成积极的情感。通过使用本手册(Leong, 2005)进行培训，为教师提供如何利用日常机会建立情绪性交流并创造与儿童之间的安全性关系，尤其是在学年初。

如本章前面所述，一些先进的研究开始重视在儿童中心的课程模式中建立起情感安全和温暖的教师—儿童关系。与更广阔的发展趋势和介绍相一致(如，Bowman, Donovan, & Burns, 2001; Bredekamp & Copple, 1997)，心理工具课程并非能被明确地划分到某一种类，其既强调聚焦于读写和认知发展的所谓的学习能力的发展，又非常强调假装游戏和社会活动。虽然并没有对心理工具课程中的师生关系进行系统的研究，然而对教师和课程研发者的观察和研究表明其中普遍存在着亲密的关系。一旦参与课程，儿童——包括与他人的关系较为消极的儿童——在课堂中都会表现得平静与独立，他们会依靠教师并将教师作为自己进行探索和问题解决活动的支柱。

这些连接的形式的作用在于使以年为周期的课程具有连续性且使学年中的课程具有不断变化发展的优势。在其他大量的学前教育项目中，在学年初就事先安排好时间具有很多优势，包括建立安全性的教师—儿童关系(Leong, 2005)。在日常时间表中也同样重视在假装游戏和活动中(如分享阅读)进行同伴合作与交流。教师几乎不需要将精力放在管理整个班级中，也不需要在班级中采用仲裁。没有这些限制，教师能够更好地在个别的水平上对儿童进行了解且采用即时培养的方式进行反馈。此外，经常性的“支架”性互动作为维果茨基课程的核心成分，它同样能够为关系的建立创设条件。同认知功能一样，对于一个情绪性的功能中，教师支持性的协助能够让儿童获得所期待的结果，并进一步加强师生关系。

34

心理工具的评价观点

评价在心理工具课程中处于重要的位置。作为学前教育评价的组成部分(National Association for the Education of Young Children & National Association of Early Childhood Specialist in State Department of Education, 2003; Shepard et al., 1998)，在这些项目中评价的主要目标是帮助教师作出支持儿童学习的日常教育决策。尤其是，在心理工具课堂中，持续性的测验的功能不仅仅在于让教师了解儿童的能力处于何种水平，还在于让教师了解如何促进儿童向着学习的更高水平发展。

一般来讲，项目的目标和教师使用的基于课程的评价之间存在着结合。例如，教师使用检核表记录儿童游戏计划能力的发展及假装游戏的成熟度——心理工具课程的发展性框架中也非常强调这一方面。心理工具课程关注在有意游戏中儿童自我调节能力的显著发展(Bodrova & Leong, 1996)。心理工具课程的教师需要创设条件使儿童能够在其中相互交流，同时，教师还要对儿童的互动过程进行细致的观察。教师需要持续地观察并倾听儿童的谈话、绘画、建构以及活动。

课程每日的实施也需要以教师的评价作为指引，因为教师会参与课程并观察儿童的表现。只有通过观察，教师才能确定儿童在什么时候需要帮助(支架)以获得更高水平的发展。例如，基于这些评价，教师通过外部中介的方式提供支持，如制作更多的假装游戏所需要的道具，并逐步减少这类帮助以促进儿童在认知及行为上的独立。这种支架的价值，其中一些已经能看到，在于对传统的评价方式形成冲击：

帮助与引导儿童在整个教育过程或教育过程中的某个环节中得到评价，有助于减少观察的非独立性和主观性，因此有助于提高评价的信度和效度。然而，建构主义的一个观点认为，学习发生的同时，即发展的临界点(Vygotsky, 1978)形成了个体能够独立实现的和在评价中体现的能力之间的差距(Brookhart, 2003, p.7)。

更加特别的是，心理工具课程所遵循的维果茨基理论的框架中包含了评价的概念和实施。在心理工具课程和其他受维果茨基理论影响的项目中，评价方法被界定为"动态评价"(Tzuriel, 2001)。具有动态评价观点的教师常常对儿童的学习进行推动，而非在每个单元末收集一些累积性的信息(Feuerstein, 1979)。教师的作用在于一开始确定儿童独立的发展水平：儿童能够独自完成什么？且教师还应该确定儿童为了获得主要的能力与知识需要得到什么帮助，并为儿童提供这些帮助。例如，如果教师观察到儿童在制定游戏计划时需要帮助，则她可以采用以下几种支持性的策略：

- 口头语言——教师要求儿童用语言表达计划；
- 社会互动——教师对于潜在问题的预测会影响游戏中最初的互动；
- 表征、绘画/符号、思维——教师要求儿童以书面的方式表现自己的想法；
- 记忆——在绘画结束后，教师要求儿童重复计划；
- 读写——教师示范如何将口头的信息书写出来。

这些评价方法的专业发展内涵非常充实。使用心理工具课程的教师必须了解人类发展的普遍规律并特别关注儿童学习与发展的规律。教师需要掌握一系列的支持性程序，并具备为特殊的儿童或儿童发展的特殊时期选择适宜的促进策略的能力。很明显，这种形式的评价需要有能力的教师，因此，教师的专业发展是心理工具课程的核心成分。

心理工具项目中的评价反映出执行全面的且持续性的评价所面临的困难。它也强调了一个特殊课程中的测验与在联邦或州际要求下进行的更大范围的测验之间的复杂关系。因为强调自我调节，心理工具课程产生了很多有关在课程评价中使用直接考察自我调节能力的标准化测验的有趣的问题。虽然现在已经存在了一些测验(McCabe, Hernandez, Lara, & Brooks-Gunn, 2000; McCabe, Rebello-Britto, Hernandez, & Brooks-Gunn, 2004)，然而仍然需要大量的工作以开发技术健全的、具有文化与语言敏感性的、能自我调节的直接测量，通过这种方法能够对项目进行概括。

35

对实践的挑战

迄今为止，本章通过选择一定的案例阐述了儿童发展研究与学前教育项目之间的一般关系。本章也提供了一定的证据强调了学前教育领域中认知与情感能力的一些特殊方面，且介绍了一个系统的、发展适宜的方法以评价儿童在这些领域或其他领域中的进步。当我们在对心理工具课程的成分进行分析时也要依据这些发展的要素。

然而，实施一个复杂的、基于发展课程的过程，如心理工具课程，其存在着更多的挑战。

本章的这一部分回归到一个更大的美国学前教育情境，强调通过一定的方式解决复杂的社会、政策以及实践问题，其不仅仅需要通过课程，还要通过高质量的学前教育才能实现。

对测量的挑战

到目前为止，心理工具课程已经在一些情境中得到了实施，且项目的研发者也意识到了项目在执行和培训过程中存在的一些疏漏(Bodrova & Leong, 1996)。很明显，研发者希望看到项目能够更加广泛地被使用，因此也需要投入更多的努力。

在这些年里，早期干预研究已经发现了将有前景的典型项目扩大化所面临的困难。一个反复强调的观点是，在典型项目中发现的早期教育干预所存在的最积极的长期影响，往往与一个主要的研究中心相联系，如 Perry 学前项目(the Perry Preschool Project, Schweinhart et al., 1993)以及 Abecedarian 项目(Abecedarian Project, Campbell et al., 2002)。这些项目和其他的典型项目都是在教育情境中实施的传统项目，其包含了课程研发者大量的工作以及具有较高培训质量的、敬业的教育者和持续的评价。其中也有一些特例，如芝加哥家长—儿童项目(Chicago Parent-Child Project, Reynolds, 2000)，大规模项目，如早期开端项目，虽然也有明显的效果，但几乎没有令人吃惊的影响。通过测量发现，一些特殊的课程模式具有积极的效果(高瞻课程、创造性课程)，然而这也取决于它们对于书面材料、教师培训材料以及培训者培训、评价工具和其他的支持性材料的发展与修订。

心理工具课程也开始面临这些挑战。它的培训手册仍在发展过程中，其培训也仅由项目的研发者及其他几位项目参与者所组织进行。虽然课程为教师和儿童都提供了很多支持，然而当教师在仔细观察并评价其与处于最近发展区儿童个体的互动时，并没有完全照原样实施课程，此时需要有较高水平的理论与教育学观点进行支撑。如果假设由教师进行课程的引进与管理，则任何课程方法都需经过测验方能采用(Ryan, 2004)。

具有讽刺意味的是，能够给儿童带来最大利益的项目特点，如心理工具课程的灵活的、个别化的干预，很难迅速且简单地被更大范围的教师和管理者所认可。在当今限制时间和资源的思潮下，学区和管理机构常常倾向于选择在大范围里不需要很多努力且易于操作的课程，而不顾课程本身所具备的发展性优势，如心理工具课程。

36

早期保育与教育中的质量问题

进一步说，在复杂且不断的变化的美国早期保育与教育环境中，对任何课程进行测评相比与之相似的 K—12 年级的公共教育体系来说，更加困难。理想的情况则是将一个有前景的课程在广泛的情境中进行应用，包括早期开端课堂、国家先学前计划以及不属于早期开端和国家先学前计划的基于社会的儿童保育项目。然而，这些情境在标准制定以及标准应用方面存在着大量的差异，如教师资质、师生比以及班级规模等。例如，儿童保育项目遵循各州的认证标准，而不同州的这一标准差异较大，且该标准主要强调健康和安全的需求。国家基金支持的先学前计划获得公立学校的支持，相比本国的其他儿童保育项目，其对于教师的资质要求更高。早期开端项目基于一系列的成就标准(U. S. Department of Health and

Human Services, 1997)，相比之下，大部分的儿童保育中心对教师资质的要求更高，该项目拥有固定的监控体系，并具有从公立学校到社会机构再到大学的支持性机构。

这些差异不仅给项目执行的管理带来了挑战，且更加强调项目的质量。如果将一个课程，如心理工具课程放在一个已经具有较高质量的项目中，则会容易许多。事实上，在多样化和资金不足的早期儿童保育与教育情境中，质量的变化广泛存在(Lombardi, 2003)，如果对儿童的发展没有损害，则还是会得到普通的评价(Cost, Quality, and Child Outcomes Study Team, 1995)。

对教师专业发展的挑战

根据这些观点，一个不协调且资金不足的系统很难维持一个受到良好教育且具有积极动机的团队以执行一个基于发展的且具有认知挑战性的课程。研究结果一致认为学前教育教师的教育与培训对于项目的质量至关重要，且能够预测教师—儿童关系的类型并与儿童的发展紧密相连(Barnett, 2003; Tout, Zaslow, & Berry, in press)。心理工具课程主要由有经验且敬业的教师负责实施，Linda Sims就是其中一位，她拥有硕士学位并具有国家报告和专业标准所要求的儿童教育能力(Bowman et al., 2001; M. Hyson, 2003)。当对课程进行评价时，培训者可能会面对一些受到较少教育且动机不强的项目参与者。

即使是对于高质量的师资来说，一个持续的挑战在于设计并实施有效的专业发展。心理工具课程的研发者发现且研究也证明，除了常规的一次性工作坊外，还需要更多的方式以促进教师的专业发展(Bransford et al., 2000; National Staff Development Council, 2001)。目前，项目研发者会在学期初依靠多种形式的工作坊，并结合常规观察、反馈以及培训者的指导。同从教多年且使用过不同教育方法的教师一起工作无疑是一种挑战。此外，因为项目希望能够拥有更多的使用者，因此当前所使用的集中的、个别化的培训方式将会受到更加严密的审查，或它需要更多培训者对其进行修改并实施，以减少课程的核心理念被削弱或被破坏的危险。

对于专业发展内容的选择也是该领域所面临的一个挑战。由于受到时间和资源的限制，什么是最值得了解并强调的内容？心理工具课程的培训手册清楚地强调了维果茨基理论及其相关的理论的价值，同时还关注了在课堂中实施各种各样的特殊活动及评价体系的合理性与技术。培训并不能够涉及早期教育项目的所有方面；为了扩大范围，心理工具课程还会依赖其他的专业发展体系(如，早期开端项目中适宜的培训方式)以获取一些重要的内容。有观点认为一些内容会在大项目中被忽略，例如已有研究的一个经常关注的主题(Raver, 2002; Shonkoff & Phillips, 2000)是缺乏高质量的教师专业发展，且其内容应该涉及教师如何在课堂中处理有关情绪的问题并应对儿童的挑战性行为。

对维持完整性与一致性的挑战

虽然研究至今没有提供证据以证明哪个单一的课程模式具有显著的优越性(Bowman, et al., 2001; Goffin & Wilson, 2001)，然而具有良好计划性和连贯性的课程已出现，该课

37

程由高素质的教师实施且能够为儿童的发展带来变化。一个困难的问题在于最理想的连续的或与理论一致的课程应该是怎样的。心理工具课程就是一个当今在学前教育领域实施的且在理论指引下的课程。

保持这种连贯性是一种挑战且课程可能会被替换。在一个概念的水平上,目前仍然不清楚是否能在维果茨基或后维果茨基理论中找到所有的答案。例如,项目研发者努力使用后维果茨基理论以指导他们的情感发展方法,因为维果茨基理论基础可能较少关注跟目前研究相关的早期情感发展。同样,近期发展心理学关于计划、表征及自我调节的研究也能进一步增强课程的重点。

此外,如本章前面部分所述,对于将儿童发展的理论与研究用于学前教育课程与教育实践的重要基础尚存在一定的异议(如, Stott & Bowman, 1996; Zimiles, 2000)。学前教育的概念重构者和其他研究者指出,多种资源能够提供学前教育的知识与观点,包括教师的洞察力(Ryan, 2004; Williams, 1996)。

应该谨慎地采用以上这些建议。一个依据多样的观点和多种理论、研究者及实践者收集证据的、丰富的研究,是否会将课程引入分散的折中主义方向? 维持更加"纯正"的维果茨基理论观点也许会失去有关课程目标的重要证据和观点,然而从另一方面看,对分歧的观点和相关研究进行广泛的结合也会降低课程的完整性和聚焦。

对证据及责任的期望

公众、政策制定者、项目研发者等都希望获得清晰、可信的证据,以证明公共项目投资对幼儿发展的影响。国家报告及政府要求都提高了对于学前教育教师的期望。如今的教师需要在语言、读写、数学及其他领域实施更有效且具挑战性的课程,并且使用更加复杂的评价以考察儿童的学习(Bowman et al., 2001)。使用发展适宜性的方法也是一个持续的挑战。

如今,每一个州都有 K—12 年级的标准,且规定了在各个领域中儿童需要学习并能够学习的内容(Align to Achieve, 2004),且最近的研究(Scott-Little, Kagan, & Frelow, 2005)发现多于 40 个州已有或正在开发针对幼儿园年龄以下儿童的"早期学习标准"。因为心理工具课程和其他课程已经被开发且实施,则它们不可能存在于真空中。这些标准和期望——它们与课程重点或存在或不存在理论与实践的联系——必须得到重视。在一些案例中,这些结合或许非常平稳;然而在另外一些案例中,对于多种"主体"的期望也许相互矛盾并难以调和。

心理工具课程的教师 Linda Sims 及其他教师也在更大的实践情境中进行教学以期发现证据: 在这种情况下,对课程研发者和评价者的期望(评价正在进行且结果并未公布);对州际的早期学习标准和评价体系的期望;此外,因为 Linda Sims 的课堂是早期开端项目的一部分,则其常规活动及评价都受到早期开端计划的项目成就标准(Head Start's Program Performance Standards)和儿童发展框架(Child Outcome Framework)的引导。Linda Sims 需要负责实施一个全新且具有争议的早期开端国家报告体系(Head Start National

Reporting System),该体系旨在每年对儿童进行两次语言、读写及数学知识的标准化测验(Administration for Children and Families, 2003; Raver & Zigler, 2004)。所有这些期望都应该同其他目标及优先的内容一样受到重视。心理工具课程的研发者在对这些挑战进行评论时指出大部分与早期开端、州际及其他有用的体系相联系的评价与其课程的发展性假设和目标并不一致。

对研究缺陷的挑战

无论前文所探讨的研究多具意义,在实施学前教育课程,如心理工具课程时所面临的挑战在于缺乏在关键领域的大量的发展与教育研究。虽然在本章始终强调需要更多的研究,但仍可以在此对目前已有研究的案例进行总结。

38

优先研究的内容包括:

- 在儿童保育及其他的家庭之外的情境中对特殊的认知及情感能力发展进行研究;
- 对于文化和语言在儿童认知和情感发展中的重要性,以及更加有效地促进具有不同的语言及文化的儿童发展策略的进一步研究;
- 有关学前教育课程中的哪些方面及在何种条件下和采用何种资源能够更好地促进儿童发展的深入研究;
- 有关什么样的课程特点及教育实践能够更好地支持教师与儿童之间温暖、安全人际关系的深入研究;
- 关于被有目的的结合且通过促进儿童的游戏、社会互动以及探究而作用于教育的课程的特点及效果的研究;
- 对促进教师参与学前教育课程及教育实践的开发及实施的条件的研究;
- 对于假装游戏在儿童自我及情绪调节发展中作用的进一步研究;
- 关于有效的、基于课堂的或形式化的评价的核心成分的研究;
- 考虑到语言和文化差异且能直接考察儿童的社会性情绪和语言发展的评价的设计及验证的研究;
- 在基于课堂的评价情境中建构有效性和真实性的研究。

为了推动研究向前发展,更多的交流和合作是关键——在不同领域的研究者(如认知和情感发展)之间或在研究者、学前教育项目及政策专家和教师之间,因为他们知道最需要解决什么样的研究问题。

当然,课程研究及其他早期干预研究的新动向很有前景,就像在课程赛跑中的胜利者或失败者一样不断寻求对于复杂的模式和效果的更加精确的理解。当研究向前发展时,有几个特点将增加其价值。首先,作为发展所强调的生态学观点,幼儿参与到多种情境中所花费的时间远远长于他们在任何一个学前教育项目中所花费的时间。需要在情境中研究学前教育的潜在价值,包括儿童在家庭、邻里、非正式或正式的儿童保育情境中所产生互动经验的类型和质量。这些经验会影响并受到正式的教育项目的影响。其次,对于开发和实施学前教育新方法的过程的深入研究,如心理工具课程,能够有助于将儿童发展的知识同课堂、交流及参与相联系。最后,如果发展研究者自身实现专业发展,包括具备进行与项目及政策相关的研究的能力,以及使用清晰、客观的方式同政策制定者交流研究结果的能力等,则儿童也会获得更好的发展。

总结与结论

在本章中,我们考察了学前教育项目及儿童发展研究之间的复杂关系,并以新的且正在进行的心理工具课程为例。在对与学前教育相关的发展理论和研究的作用与限制进行总括后,本章关注了两个与教育相关的领域:认知要素的发展,尤其是儿童的表征性思维、自我调节与计划;情感能力的发展,特别是情感安全和情绪调节。我们回顾了有关幼儿发展与学习评价的原则与研究,强调基于课堂的评价以支持教师持续地作出教育决策。在本章的最后一部分我们关注了在将发展理论与研究同早期教育课程及教育实践相联系时所面临的实践的、系统的与政策的挑战,包括评量典型项目的挑战;美国早期保育与教育体系中的易变性及质量问题;实现专业发展的问题;维持整体性和一致性的挑战;对于证据及作用的期望;研究缺陷的挑战。

39

不考虑这些挑战和研究缺陷,本章所探讨的研究对于实践具有明确的指示作用。在其他的重点中,它引导研究项目朝着以下方向发展:

- 更加重视教师,因为是他们计划并实施课程;
- 关注发展的全景,将最有可能通过长期、积极的方式影响今后的发展与学习的能力放在优先位置;
- 关注早期阶段有特殊作用的学习模式,如假装游戏和其他形式的表征;
- 将教师—儿童关系放在优先地位;
- 将评价看作一个持续的过程,由知识丰富且感兴趣的教师引入,并帮助他们促进班级中每一个儿童的发展与学习;
- 创造专业发展的形式及其他资源以促进教师的课程实施、教育实践及儿童学习评价的能力。

没有遵循这些发展方向或本章中的其他相关观点所带来的后果是可怕的,尤其对于处境不利儿童的发展及学习困难。正如一些研究所指出的,缺乏计划能力、自我调节与情绪调节能力发展不充分,缺乏面对学习挑战时的积极性和坚持性,以及没有与教师形成安全的保育性关系,都会增加儿童在进入幼儿园或小学后所面临的困难。

这里所探讨的挑战应该受到高度的重视。不断有研究证明了通过学前教育能够潜在地促进儿童积极的发展,与此同时,在儿童保育、早期开端、先学前及其他项目中出现了越来越多发展不利的儿童。如果进行合作,则学前教育者和研究者能够识别最具发展前景的课程及评价实践以服务于所有儿童,此外还能够设计有效的方式,以促进教育实践同专业人士实施的项目相联系。

(夏婧、魏勇刚、庞丽娟译)

参考文献

Administration for Children and Families. (2003). *Implementation of the Head Start national reporting system on child outcomes*. Available from http: //www. headstartinfo. org/publications/im03/im03_07. htm.

Ainsworth, M. D. S. (1973). The development of infant-mother attachment. In B. M. Caldwell & H. N. Ricciuti (Eds.), *Review of child development research* (Vol. 3, pp. 1 - 94). Chicago: University of Chicago Press.

Ainsworth, M. D. S., Blehar, M. C., Waters, E., & Wall, S. (1978). *Patterns of attachment*. Hillsdale, NJ: Erlbaum.

Align to Achieve. (2004). *The standards database*. Watertown, MA: Author. Available from www. aligntoachieve. org/AchievePhaseII/basic-search. cfm.

Allen, D. (Ed.). (1998). *Assessing student learning: From grading to understanding — The series on school reform*. New York: Teachers College Press.

American Educational Research Association, American Psychological Association, & National Council on Measurement in Education. (1999). *Standards for educational and psychological testing*. Washington, DC: American Educational Research Association.

Arnett, J. (1989). Caregivers in day-care centers: Does training matter? *Journal of Applied Developmental Psychology*, *10*(4), 541 - 552.

Avidon, E., Hebron, M., & Kahn, K. (2000). Gabriel. In M. Himley & P. F. Carini (Eds.), *From another angle: Children's strengths and school standards* (pp. 23 - 55). New York: Teachers College Press.

Bailey, D. B., Bruer, J. T., Symons, F. J., & Lichtman, J. W. (Eds.). (2001). *Critical thinking about critical periods*. Baltimore: Paul H. Brookes.

Barkley, R. A. (1997). Behavioral inhibition, sustained attention, and executive functions: Constructing a unifying theory of ADHD. *Psychological Bulletin*, *121*, 65 - 94.

Barnett, W. S. (1995). Long-term effects of early childhood programs on cognitive and school outcomes. *Future of Children*, *5*(3), 25 - 50.

Barnett, W. S. (2003). *Preschool policy matters: Vol. 2. Better teachers, better preschools — Student achievement linked to teacher qualifications*. New Brunswick, NJ: National Institute for Early Education Research.

Barnett, W. S., Hustedt, J. T., Robin, K. B., & Schulman, K. L. (2004). *The state of preschool: 2004 state preschool yearbook*. New Brunswick, NJ: National Institute for Early Education Research.

Bauer, P., & Mandler, J. M. (1989). One thing follows another: Effects of temporal structure on 1- to 2-year-olds' recall of events. *Developmental Psychology*, *25*(2), 197 - 206.

Bauer, P. J., & Hertsgaard, L. A. (1993). Increasing steps in recall of events: Factors facilitating immediate and long-term memory in 13.5- and 16.5-month-old children. *Child Development*, *64*, 1204 - 1223.

Bauer, P. J., & Mandler, J. M. (1990). Remembering what happened next: Very young children's recall of event sequences. In R. Fivush & J. Hudson (Eds.), *Knowing and remembering in young children* (pp. 9 - 29). New York: Cambridge University Press.

Bauer, P. J., & Mandler, J. (1992). Putting the horse before the cart: The use of temporal order in recall of events by 1-year-old children. *Developmental Psychology*, *28*(3), 441 - 452.

Benson, J. B. (1994). The origins of future orientation in the everyday lives of infants and toddlers. In M. M. Haith, J. B. Benson, R. R. Roberts, & B. Pennington (Eds.), *The development of future-oriented processes* (pp. 375 - 407). Chicago: University of Chicago Press.

Benson, J. B. (1997). The development of planning: It's about time. In S. Friedman & E. Skolnick (Eds.), *The developmental psychology of planning* (pp. 43 - 75). Hillsdale, NJ: Erlbaum.

Berg, C. A., Strough, J., Calderone, K. S., Meegan, S., & Sansone, C. (1997). Planning to prevent problems from occurring. In S. L. Friedman & E. K. Scholnick (Eds.), *Why, how, and when do we plan? The developmental psychology of planning* (pp. 209 - 236). Hillsdale, NJ: Erlbaum.

Bergen, D. (1988). *Play as a medium for learning and development*. Portsmouth, NH: Heinemann.

Berk, L. E. (1992). Children's private speech: An overview of theory and the status of research. In R. M. Diaz & L. E. Berk (Eds.), *Private speech: From social interaction to self-regulation* (pp. 17 - 53). Hillsdale, NJ: Erlbaum.

Berk, L. E., & Winsler, A. (1995). *Scaffolding children's learning: Vygotsky and early childhood education*. Washington, DC: National Association for the Education of Young Children.

Bialystok, E., & Senman, L. (2004). Executive processes in appearance-reality tasks: The role of inhibition of attention and symbolic representation. *Child Development*, *75*(2), 562 - 579.

Birch, S. H., & Ladd, G. W. (1997). The teacher-child relationship and children's early school adjustment. *Journal of School Psychology*, *35*, 61 - 79.

Black, P., Harrison, C., Lee, C., Marshall, B., & Wiliam, D. (2003). *Assessment for learning: Putting it into practice*. London: Open University Press.

Black, P., & Wiliam, D. (1988). Inside the black box: Raising standards through classroom assessment. *Phi Delta Kappan*, *80*(2), 139 - 148.

Blair, C. (2002). School readiness: Integrating cognition and emotion in a neurobiological conceptualization of children's functioning at school entry. *American Psychologist*, *57*(2), 111 - 127.

Bloch, M. (1992). Critical perspectives on the historical relationship between child development and early childhood education research. In S. A. Kessler & B. B. Swadener (Eds.), *Reconceptualizing the early childhood curriculum: Beginning the dialogue* (pp. 3 - 20). New York: Teachers College Press.

Blythe, T., Allen, D., & Powell, B. S. (1999). Critical considerations: Description, interpretation, evaluation, and context. In T. Blythe, D. Allen, & B. S. Powell (Eds.), *Looking together at student work: A companion guide to assessing student work* (pp. 21 - 25). New York: Teachers College Press.

Bodrova, E., & Leong, D. (1996). *Tools of the Mind: The Vygotskian approach to early childhood education*. Englewood Cliffs, NJ: Merrill/Prentice-Hall.

Bodrova, E., & Leong, D. J. (2001) "About the authors," in *Tools of the mind: A Case Study of Implementing the Vygotskian Approach in American Early Childhood and Primary Classrooms* [Monograph]. Switzerland: International Bureau of Education, UNESCO. Available from http: //www. ibe. unesco. org/International/Publications/INNODATAMonograph/inno07. pdf.

Bodrova, E., & Leong, D. J. (2003a). Chopsticks and counting chips: Do play and foundational skills need to compete for the teacher's attention in an early childhood classroom? *Young Children*, *58*(3), 10 - 17.

Bodrova, E., & Leong, D. J. (2003b). Learning and development of preschool children: The Vygotskian perspective. In A. Kozulin, V. Ageyev, S. Miller, & B. Gindis (Eds.), *Vygotsky's theory of education in cultural context* (pp. 156 - 176). New York: Cambridge University Press.

Bornstein, M. H., Haynes, O. M., Legler, J. M., O'Reilly, A. W., & Painter, K. M. (1997). Symbolic play in childhood: Interpersonal and environmental context and stability. *Infant Behavior and Development*, *20*, 197 - 207.

Bowlby, J. (1982). *Attachment and loss: Vol. 1. Attachment*. New York: Basic Books. (Original work published 1969)

Bowman, B. T. (2004). The future of Head Start. In E. Zigler & S. J. Styfco (Eds.), *The Head Start debates* (pp. 533 - 544). Baltimore: Paul H. Brookes.

Bowman, B. T., Donovan, M. S., & Burns, M. S. (Eds.). (2001). *Eager to learn: Educating our preschoolers*. Washington, DC: National Academy Press.

Bransford, J., Brown, A. L., & Cocking, R. R. (Eds.). (2000). *How people learn: Brain, mind, experience, and school* (Expanded ed.). Washington, DC: National Academy Press.

Bredekamp, S. (Ed.). (1987). *Developmentally appropriate practice in early childhood programs serving children from birth through age 8* (Expanded ed.). Washington, DC: National Association for the Education of Young Children.

Bredekamp, S., & Copple, C. (1997). *Developmentally appropriate practice in early childhood programs* (Rev. ed.). Washington, DC: National Association for the Education of Young Children.

Bronfenbrenner, U., & Morris, P. A. (1998). The ecology of developmental processes. In W. Damon (Editor-in-Chief) & Richard M. Lerner (Vol. Ed.), *Handbook of child psychology: Vol. 1. Theoretical issues* (5th ed., pp. 993 - 1028). New York: Wiley.

Bronson, M. B. (2000). Recognizing and supporting the development of self-regulation in young children. *Young Children*, *55*(2), 32 - 37.

Bronson, M. B., Pierson, D. E., & Tivnan, T. (1985). The effects of early education on children's competence in elementary school. In L. H. Aiken & B. H. Kehrer (Eds.), *Evaluation studies review annual* (Vol. 10, pp. 243 - 256). Beverly Hills, CA: Sage.

Bronson, W. C. (1974). Mother-toddler interaction: A perspective on studying the development of competence. *Merrill-Palmer Quarterly*, *20*(4), 275 - 301.

Brookhart, S. M. (2003). Developing measurement theory for classroom assessment purposes and uses. *Educational Measurement: Issues and Practice*, *22*(4), 5 - 12.

Brown, A. L., & DeLoache, J. S. (1978). Skills, plans and selfregulation. In R. Siegler (Ed.), *Children's thinking: What develops?* (pp. 3 - 35). Hillsdale, NJ: Erlbaum.

Bruner, J. S. (1966). *Toward a theory of instruction*. Cambridge, MA: Belknap Press of Harvard University.

Bruner, J. S. (1983). *Child's talk: Learning to use language*. New York: Norton.

Burts, D. C., Durland, M. A., Charlesworth, R., DeWolf, M., & Fleege, P. O. (1998). Stress behaviors and activity type participation of preschoolers in more and less developmentally appropriate classrooms: SES and gender differences. *Journal of Research in Childhood Education*, *12*(2), 176 - 196.

Calfee, R. C., & Masuda, W. V. (1997). Classroom assessment as inquiry. In G. D. Phye (Ed.), *Handbook of classroom assessment: Learning, adjustment, and achievement* (pp. 69 - 102). San Diego: Academic Press.

Campbell, F. A., Ramey, C. T., Pungello, E. P., Sparling, J., & MillerJohnson, S. (2002). Early childhood education: Young adult outcomes from the Abecedarian Project. *Applied Developmental Science*, *6*, 42 - 57.

Campione, J. C., & Brown, A. L. (1987). Linking dynamic assessment with school achievement. In C. S. Lidz (Ed.), *Dynamic assessment: An interactional approach to evaluating learning potential* (pp. 82 - 115). New York: Guilford Press.

Carini, P. F. (1993). *The descriptive review of the child: A revision*. Prospect Center, North Bennington, VT.

Carini, P. F. (2000). Prospect's descriptive process. In M. Himley & P. F. Carini (Eds.), *From another angle: Children's strengths and school standards* (pp. 8 - 19). New York: Teachers College Press.

Casey, M. B., Bronson, M. B., Tivnan, T., Riley, E., & Spenciner, L. (1991). Differentiating preschoolers' sequential planning ability from general intelligence: A study of organization, systematic responding, and efficiency in young children. *Journal of Applied Developmental Psychology*, *12*, 19 - 32.

Cassidy, J., & Shaver, P. R. (Eds.). (1999). *Handbook of attachment theory and research*. New York: Guilford Press.

Chafel, J. A., & Reifel, S. (Eds.). (1996). *Advances in early education and day care: Vol. 8. Theory and practice in early childhood teaching*. Greenwich, CT: JAI Press.

Chandler, M. (1988). Doubt and developing theories of mind. In J. W. Astington, P. L. Harris, & D. R. Olson (Eds.), *Developing theories of mind* (pp. 387 - 413). Cambridge, England: Cambridge University Press.

Child Trends. (2001). *Research brief — School readiness: Helping communities get children ready for school and schools ready for children*. Washington, DC: Author.

Chittenden, E., Salinger, T., & Bussis, W. A. (2001). *Inquiry into meaning: An investigation of learning to read* (Rev. ed.). New York: Teachers College Press.

Cicirelli, V. G. (1969). *The impact of Head Start: An evaluation of the effects of Head Start on children's cognitive and affective development*. Washington, DC: Westinghouse Learning Corporation. (Report No. PB 184 328, presented to the Office of Economic Opportunity)

Cocking, R. R., & Copple, C. (1987). Social influences on representational awareness, plans for representing and plans as representation. In S. L. Friedman, E. K. Scholnick, & R. R. Cocking (Eds.), *Blueprints for thinking: The role of planning in cognitive development* (pp. 428 - 465). Cambridge, England: Cambridge University Press.

Copple, C., Sigel, I. E., & Saunders, R. (1984). *Educating the young thinker: Classroom strategies for cognitive growth*. Hillsdale, NJ: Erlbaum.

Copple, C. E., Cocking, R. R., & Matthews, W. S. (1984). Objects, symbols, and substitutes: The nature of the cognitive activity during symbolic play. In T. D. Yawkey & A. D. Pellegrini (Eds.), *Child's play: Developmental and applied* (pp. 105 - 124). Hillsdale, NJ: Erlbaum.

Corrigan, R. (1987). A developmental sequence of actor-object pretend play in young children. *Merrill-Palmer Quarterly*, *33*, 87 - 106.

Cost, Quality, and Child Outcomes Study Team. (1995). *Cost, quality, and child outcomes in child care centers* [Technical report]. Denver, CO: University of Colorado, Center for Research in Economics and Social Policy, Department of Economics.

Davidson, J. I. (1996). *Emergent literacy and dramatic play in early education*. Albany, NY: Delmar.

Davies, P. T., & Cummings, E. M. (1998). Exploring children's emotional security as a mediator of the link between marital relations and child adjustment. *Child Development*, *69*, 124 - 139.

Davies, P. T., Harold, G. T., Goeke-Morey, M. C., & Cummings, E. M. (2002). Children's emotional security and interparental conflict. *Monographs of the Society for Research in Child Development*, *67*, 1 - 129.

DeLoache, J. S., & Brown, A. L. (1987). The emergence of plans and strategies. In H. Weinreich-Haste & J. Bruner (Eds.), *Making sense: A child's construction of the world* (pp. 108 - 130). London: Methuen.

DeMulder, E. K., Denham, S., Schmidt, M., & Mitchell, J. (2000). Q-sort assessment of attachment security during the preschool years: Links from home to school. *Developmental Psychology*, *36*, 274 - 282.

Denham, S. (1998). *Emotional development in young children*. New York: Guilford Press.

Denham, S., & Burton, R. (1996). A social-emotional intervention for at-risk 4-year-olds. *Journal of School Psychology*, *34*, 225 - 246.

Denham, S. A., Blair, K. A., DeMulder, E., Levitas, J., Sawyer, K., Auerbach-Major, S., et al. (2003). Preschool emotional competence: Pathway to social competence? *ChildDevelopment*, *74*(1), 238 - 256.

Denham, S. A., & Burton, R. (2003). *Social and emotional prevention and intervention programming for preschoolers*. New York: Kluwer/Plenum Press.

Dickinson, D. K., & Smith, M. W. (1994). Long-term effects of preschool teachers' book reading on low-income children's vocabulary and story comprehension. *Reading Research Quarterly*, *29*(2), 105 - 122.

Dodge, D. T., Colker, L., & Heroman, C. (2002). *The creative curriculum for early childhood* (4th ed.). Washington, DC: Teaching Strategies.

Dunn, J. (1988). *The beginnings of social understanding*. Cambridge, MA: Harvard University Press.

Dunn, J., & Brown, J. (1991). Relationships, talk about feelings, and the development of affect regulation in early childhood. In J. Garber & K. A. Dodge (Eds.), *The development of emotion regulation and dysregulation* (pp. 89 - 108). New York: Cambridge University Press.

Dyer, H. S. (1973). Testing little children: Some old problems in new settings. *Childhood Education*, *49*(7), 362 - 367.

Edwards, C. P., Gandini, L., & Forman, G. E. (Eds.). (1998). *The hundred languages of children: The Reggio Emilia approach — Advanced reflections* (2nd ed.). Greenwich, CT: Ablex.

Eisenberg, N., Cumberland, A., Spinrad, T. L., Fabes, R. A., Shepard, S. A., Reiser, M., et al. (2001). The relations of regulation and emotionality to children's externalizing and internalizing problem behavior. *Child Development*, *72*(4), 1112 - 1134.

Eisenberg, N., & Fabes, R. (1992). Emotion regulation and the development of social competence. In M. S. Clark (Ed.), *Review of personality and social psychology: Vol. 14. Emotion and social behavior* (pp. 119 - 150). Newbury Park, CA: Sage.

Eisenberg, N., & Fabes, R. (1998). Prosocial development. In W. Damon (Editor-in-Chief) & N. Eisenberg (Ed.), *Handbook of child psychology: Vol. 3. Social, emotional, and personality development* (5th ed., pp. 701 - 778). New York: Wiley.

Elias, C., & Berk, L. E. (2002). Self-regulation in young children: Is there a role for sociodramatic play? *Early Childhood Research Quarterly*, *17*, 216 - 238.

Elkonin, D. (1977). Toward the problem of stages in the mental development of the child. In M. Cole (Ed.), *Soviet developmental psychology* (pp. 538 - 563). Armonk, NY: M. E. Sharpe. (Original work published 1971)

Elkonin, D. (1978). *Psychologija igry* [The psychology of play]. Moscow: Pedagogika.

Ellis, S. A., & Siegler, R. S. (1997). Planning as a strategy choice: Why don't children plan when they should? In S. Friedman & E. Scholnick (Eds.), *Why, how, and when do we plan? The developmental psychology of planning* (pp. 183 - 208). Hillsdale, NJ: Erlbaum.

Epstein, A. S. (2003). How planning and reflection develop young children's thinking skills. *Young Children*, *58*(4), 28 - 36.

Erikson, E. H. (1950). *Childhood and society*. New York: Norton.

Erikson, E. H. (1959). *Identity and the life cycle*. New York: Norton.

Fenson, L. (1984). Developmental trends for action and speech in pretend play. In I. Bretherton (Ed.), *Symbolic play: The development of social understanding* (pp. 249 - 270). Orlando, FL: Academic Press.

Feuerstein, R. (1979). *Dynamic assessment of retarded performance: The learning potential assessment device, theory, instrument, and techniques*. Baltimore: University Park Press.

Flavell, J. H. (1987). Speculations about the nature and development of metacognition. In F. E. Weinert & R. H. Kluwe (Eds.), *Metacognition, motivation, and understanding* (pp. 21 - 64). Hillsdale, NJ: Erlbaum.

Fox, N. (Ed.). (1994). The development of emotion regulation: Biological and behavioral considerations. *Monographs of the Society for Research in Child Development*, *59*(2/3, Serial No. 240), 228 - 249.

Frede, E. C., & Barnett, W. S. (2001). And so we plough along: The nature and nurture of partnerships for inquiry. *Early Childhood Research Quarterly*, *16*(1), 3 - 17.

Freyberg, J. T. (1973). Increasing the imaginative play of urban disadvantaged kindergarten children through systematic training. In J. L. Singer (Ed.), *The child's world of make-believe* (pp. 129 - 154). New York: Academic Press.

Friedman, S. L., Scholnick, E. K. (Eds.). (1997). *The developmental psychology of planning: Why, how, and when do we plan?* Mahwah, NJ: Erlbaum.

Friedman, S. L., Scholnick, E. K., & Cocking, R. R. (Eds.). (1987). *Blueprints for thinking: The role of planning in cognitive development*. Cambridge, England: Cambridge University Press.

Fromberg, D. P. (1992). A review of research on play. In C. Seefeldt (Ed.), *The early childhood curriculum: A review of current research* (2nd ed., pp. 42 - 84). New York: Teachers College Press.

Fuson, K. C. (1979). The development of self-regulating aspects of speech: A review. In G. Zivin (Ed.), *The development of selfregulation through private speech* (pp. 135 - 217). New York: Wiley.

Galyer, K. T., & Evans, I. M. (2001). Pretend play and the development of emotion regulation in preschool children. *Early Child Development and Care*, *166*, 93 - 108.

Garbarino, J., & Stott, F. M. (1989). *What children can tell us: Eliciting, interpreting, and evaluating information from children*. San Francisco: Jossey-Bass.

Genishi, C. (Ed.). (1992). *Ways of assessing children and curriculum*. New York: Teachers College Press.

Genishi, C. (1993). Assessing young children's language and literacy: Tests and their alternatives. In B. Spodek & O. N. Saracho (Eds.), *Language and literacy in early childhood education* (pp. 60 - 81). New York: Teachers College Press.

Genishi, C. (1997). Assessing against the grain: A conceptual framework for alternative assessment. In L. Goodwin (Ed.), *Assessment for equity and inclusion* (pp. 35 - 50). London: Routledge.

Gesell, A., & Ilg, F. L. (1943). *Infant and child in the culture of today*. New York: Harper & Row.

Goffin, S. G., & Wilson, C. (2001). *Curriculum models and early childhood education: Appraising the relationship* (2nd ed.). Upper Saddle River, NJ: Merrill/Prentice-Hall.

Goodnow, J. J. (1987). Social aspects of planning. In S. L. Friedman, E. K. Scholnick, & R. R. Cocking (Eds.), *Blueprints for thinking: The role of planning in cognitive development* (pp. 179 - 201). Cambridge, England: Cambridge University Press.

Graue, M. E., & DiPerna, J. (2000). Redshirting and early retention: Who gets the "gift of time" and what are its outcomes? *American Educational Research Journal*, *37*(2), 509 - 534.

Greenberg, M. T., Kusché, C. A., & Speltz, M. (1991). Emotional regulation, self-control, and psychopathology: The role of relationships in early childhood. In D. Cicchetti & S. Toth (Eds.), *Rochester Symposium on Developmental Psychopathology* (pp. 21 - 55). Hillsdale, NJ: Erlbaum.

Greenspan, S. I., & Weider, S. (1998). *The child with special needs: Encouraging intellectual and emotional growth*. Reading, MA: Addison-Wesley.

Gruber, H. E., & Voneche, J. J. (Eds.). (1977). *The essential Piaget: An interpretive reference and guide*. New York: Basic Books.

Gunnar, M., Brodersen, L., Nachmias, M., Buss, K., & Rigatuso, R. (1996). Stress reactivity and attachment security. *Developmental Psychobiology*, *29*, 191 - 204.

Guralnick, M. J. (Ed.). (1997). *The effectiveness of early intervention*. Baltimore: Paul H. Brookes.

Haith, M. M. (1997). The development of future thinking as essential for the emergence of skill in planning. In S. Friedman & E. Scholnick (Eds.), *Why, how and when do we plan? The developmental psychology of planning* (pp. 25 - 42). Hillsdale, NJ: Erlbaum.

Hamre, B. K., & Pianta, R. C. (2001). Early teacher-child relationships and the trajectory of children's school outcomes through eighth grade. *Child Development*, *72*, 625 - 638.

Hart, B., & Risley, T. R. (1995). *Meaningful differences in the everyday experience of young American children*. Baltimore: Paul H. Brookes.

Helm, J., Beneke, S., & Steinheimer, K. (1998). *Windows on learning: Documenting young children's work*. New York: Teachers College Press. (ERIC/EECE No. PS 026 639)

Hirsh-Pasek, K., Hyson, M. C., & Rescorla, L. (1990). Academic environments in early childhood: Do they pressure or challenge young children? *Early Education and Development*, *1*, 401 - 423.

Hohmann, M., & Weikart, D. P. (2002). *Educating young children: Active learning practices for preschool and child care programs* (2nd ed.). Ypsilanti, MI: High/Scope.

Holtz, B. A., & Lehman, E. B. (1995). Development of children's knowledge and use of strategies for self-control in a resistance-todistraction task. *Merrill-Palmer Quarterly*, *41*, 361 - 380.

Howes C. (1997). Children's experiences in center-based child care as a function of teacher background and adult: child ratio. *MerrillPalmer Quarterly*, *43*(3), 404 - 425.

Howes, C. (1999). Attachment relationships in the context of multiple caregivers. In J. Cassidy & P. R. Shaver (Eds.), *Handbook of attachment theory and research* (pp. 671 - 687). New York: Guilford Press.

Howes, C. (2000). Social-emotional classroom climate in child care, child-teacher relationships and children's second grade peer relations. *Social Development*, *9*(2), 191 - 204.

Howes, C., & Hamilton, C. E. (1992). Children's relationships with child care teachers: Stability and concordance with parental attachments. *Child Development*, *63*(4), 867 - 878.

Howes, C., & Ritchie, S. (2002). *A matter of trust: Connecting teachers and learners in the early childhood classroom*. New York: Teachers College Press.

Howes, C., & Smith, E. (1995). Relations among child care quality, teacher behavior, children's play activities, emotional security, and cognitive activity in child care. *Early Childhood Research Quarterly*, *10*, 381 - 404.

Hudson, J., & Shapiro, L. (1991). From knowing to telling: The development of children's scripts, stories, and personal narratives. In A. McCabe & C. Peterson (Eds.), *Developing narrative structure* (pp. 89 - 136). Hillsdale, NJ: Erlbaum.

Hudson, J. A., Sosa, B. B., & Shapiro, L. R. (1997). Scripts and plans: The development of preschool children's event knowledge and event planning. In S. L. Friedman & E. K. Scholnick (Eds.), *The developmental psychology of planning: Why, how, and when do we plan*. Mahwah, NJ: Erlbaum.

Hymes, J. L. (1955). *Behavior and misbehavior: A teacher's guide to action*. Englewood Cliffs, NJ: Prentice-Hall.

Hyson, M. C. (Ed.). (2003). *Preparing early childhood professionals: National Association for the Education of Young Children's standards for programs*. Washington, DC: National Association for the Education of Young Children.

Hyson, M. C. (2003), *The emotional development of young children: Building an emotion-centered curriculum*. New York: Teachers College Press.

Hyson, M. C., Hirsh-Pasek, K., & Rescorla, L. (1990). The Classroom Practices Inventory: An observation instrument based on National Association for the Education of Young Children's guidelines for developmentally appropriate practices for 4- and 5-year-old children. *Early Childhood Research Quarterly*, *5*, 475 - 494.

Jablon, J. R., Dombro, A. L., & Dichtelmiller, M. L. (1999). *The power of observation*. Washington, DC: Teaching Strategies.

Johnson, J. E., Christie, J. F., & Wardle, F. (2005). *Play, development, and early education*. Boston: Pearson.

Jones, E., & Reynolds, G. (1992). *The play's the thing: Teachers' roles in children's play*. New York: Teachers College Press.

Jones, J. (2003). *Early literacy assessment systems: Essential elements*. Princeton, NJ: Educational Testing Service, Policy Information Center.

Jones, J. (2004). Framing the assessment discussion. *Young Children*, *59*(1), 14 - 18.

Jones, J., & Courtney, R. (2003). Documenting early science learning. In D. Koralek & L. J. Colker (Eds.), *Spotlight on young children and science* (pp. 27 - 32). Washington, DC: National Association for the Education of Young Children.

Kagan, S. L., Moore, E., & Bredekamp, S. (Eds.). (1995). *Reconsidering children's early development and learning: Toward common views and vocabulary*. Washington, DC: National Education Goals Panel.

Kagan, S. L., Scott-Little, C., & Clifford, R. M. (2003). Assessing young children: What policymakers need to know. In C. Scott-Little, S. L. Kagan, & R. M. Clifford (Eds.), *Assessing the state of state assessments: Perspectives on assessing young children* (pp. 5 - 11). Greensboro, NC: SERVE.

Katz, L. G., & Cesarone, B. (Eds.). (1994). *Reflections on the Reggio Emilia approach*. Urbana, I L: ERIC Clearinghouse on Elementary and Early

Childhood Education. (ERIC Document Reproduction No. ED375 986)

Katz, L. G., & Chard, S. C. (2000). *Engaging children's minds: The project approach* (2nd ed.). Norwood, NJ: Ablex.

Kauffman Early Education Exchange. (2002). *Set for success: Building a strong foundation for school readiness based on the socialemotional development of young children*. Kansas City, MO: Ewing Marion Kauffman Foundation.

Kendall, S. (1992). *The development of autonomy in children: An examination of the Montessori educational model*. Unpublished doctoral dissertation, Walden University, Minneapolis, MN.

Kessler, S., & Swadener, B. B. (1992). *Reconceptualizing the early childhood curriculum: Beginning the dialogue*. New York: Teachers College Press.

Kochanska, G., Murray, K. T., & Harlan, E. (2000). Effortful control in early childhood: Continuity and change, antecedents, and implications for social development. *Developmental Psychology*, *36*, 220 - 232.

Kopp, C. B. (1982). The antecedents of self-regulation: A developmental perspective. *Developmental Psychology*, *18*, 199 - 214.

Kopp, C. B. (1989). Regulation of distress and negative emotions: A developmental view. *Developmental Psychology*, *25*, 343 - 354.

Kopp, C. B. (2002). School readiness and regulatory processes. In C. Raver (Ed.), Emotions matter: Making the case for the role of young children's emotional development for early school readiness. *SRCD Social Policy Report*, *16*(3), 11. Ann Arbor, MI: Society for Research in Child Development.

Kusche, C. A., & Greenberg, M. T. (2001). PATHS in your classroom: Promoting emotional literacy and alleviating emotional distress. In J. Cohen (Ed.), *Social emotional learning and the elementary school child: A guide for educators* (pp. 140 - 161). New York: Teachers College Press.

Ladd, G. W., Birch, S. H., & Buhs, E. S. (1999). Children's social and scholastic lives in kindergarten: Related spheres of influence? *Child Development*, *70*(6), 1373 - 1400.

Lee, V. E., & Burkham, D. T. (2002). *Inequality at the starting gate: Social background differences in achievement as children begin school*. Washington, DC: Economic Policy Institute.

Leong, D. J. (2005). *Tools of the Mind preschool curriculum research manual* (3rd ed.). Denver, CO: Center for Improving Early Learning, Metropolitan State College of Denver.

Lewis, M. (Ed.). (1983). *Origins of intelligence: Infancy and early childhood*. New York: Plenum Press.

Lombardi, J. (2003). *Time to care: Redesigning child care to promote education, support families, and build communities*. Philadelphia: Temple University Press.

Love, J. M. (2003). Instrumentation for state readiness assessment: Issues in measuring children's early development and learning. In C. Scott-Little, S. L. Kagan, & R. M. Clifford (Eds.), *Assessing the state of state assessments: Perspectives on assessing young children* (pp. 43 - 55). Greensboro, NC: SERVE.

Luria, A. R. (1961). *The role of speech in the regulation of normal and abnormal behavior*. New York: Liveright.

Lynch, R. G. (2004). *Exceptional returns: Economic, fiscal, and social benefits of investment in early childhood development*. Washington, DC: Author.

Main, M., Kaplan, N., & Cassidy, J. (1985). Security in infancy, childhood, and adulthood: A move to the level of representation. In I. Bretherton & E. Waters (Eds.), Growing points in attachment theory and research (pp. 66 - 104). *Monographs of the Society for Research in Child Development*, *50*(1 - 2, Serial No. 209).

Malaguzzi, L. (1998). History, ideas, and basic philosophy. In C. Edwards, L. Gandini, & G. Forman (Eds.), *The hundred languages of children: The Reggio Emilia approach — Advanced reflections* (2nd ed., pp. 49 -97). Norwood, NJ: Ablex.

Mallory, B., & New, R. (Eds.). (1994). *Diversity and developmentally appropriate practices: Challenges for early childhood education*. New York: Teachers College Press.

Marcon, R. (2002). Moving up the grades: Relationship between preschool model and later school success. *Early Childhood Research and Practice*, *4*(1). Available from http: //ecrp. uiuc. edu/v4nl/marcon. html.

Marcon, R. A. (1999). Differential impact of preschool models on development and early learning of inner-city children: A threecohort study. *Developmental Psychology*, *35*(2), 358 - 375.

Martin, S. (1999). *Take a look: Observation and portfolio assessment in early childhood* (2nd ed.). Reading, MA: Addison-Wesley.

Martinez-Pons, M. (1996). Test of a model of parental inducement of academic self-regulation. *Journal of Experimental Education*, *64*, 213 - 227.

Mayer, R. E. (2004). Should there be a three-strikes rule against pure discovery learning? The case for guided methods of instruction. *American Psychologist*, *59*(1), 14 - 19.

McAfee, O., & Leong, D. (1997). *Assessing and guiding young children's development and learning* (2nd ed.). Boston: Allyn & Bacon.

McCabe, L. A., Hernandez, M., Lara, S. L., & Brooks-Gunn, J. (2000). Assessing preschoolers' self-regulation in homes and classrooms: Lessons from the field. *Behavioral Disorders*, *26*, 42 - 52.

McCabe, L. A., Rebello-Britto, P., Hernandez, M., & Brooks-Gunn, J. (2004). Games children play: Observing young children's selfregulation across laboratory, home, and school settings. In R. DelCarmen-Wiggins & A. Carter (Eds.), *Handbook of infant, toddler, and preschool mental health assessment* (pp. 491 - 521). New York: Oxford University Press.

McCall, R. B., Larsen, L., & Ingram, A. (2003). The science and policies of early childhood education and family services. In A. J. Reynolds, M. C. Wang, & H. J. Walberg (Eds.), *Early childhood programs for a new century* (pp. 255 - 298). Washington, DC: CWLA Press.

McGillicuddy-DeLisi, A. V., Sigel, I., & Johnson, J. E. (1979). The family as a system of mutual influences: Parent beliefs, distancing behaviors, and children's representational thinking. In M. Lewis & L. Rosenblum (Eds.), *The child and its family: Genesis of behavior* (pp. 91 - 106). New York: Plenum Press.

Meisels, S. J., Liaw, F., Dorfman, A., & Nelson, R. F. (1995). The work sampling system: Reliability and validity of a performance assessment for young children. *Early Childhood Research Quarterly*, *10*(3), 277 - 296.

Messick, S. (1987). *Assessment in the schools: Purposes and consequences*. Princeton, NJ: Educational Testing Service.

Messick, S. (1988). Assessment in the schools: Purposes and consequences. In P. W. Jackson (Ed.), *Contributing to educational change: Perspectives on research and practice* (pp. 107 - 125). Berkeley, CA: McCutchan.

Messick, S. (1989). Validity. In R. L. Linn (Ed.), *Educational measurement* (3rd ed., pp. 13 - 103). New York: American Council on Education/Macmillan.

Miller, P. J., & Goodnow, J. J. (1995). Cultural practices: Toward an integration of culture and development. *New Directions for Child Development*, *67*, 5 - 16.

Millman, J., & Greene, J. (1989). The specification and development of tests of achievement and ability. In R. L. Linn (Ed.), *Educational measurement* (3rd ed., pp. 335 - 366). New York: American Council on Education.

Mindes, G. (2003). *Assessing young children* (2nd ed.). Pearson Education, Inc.

Mischel, H. M., & Mischel, W. (1983). The development of children's knowledge of self-control strategies. *Child Development*, *54*, 603 - 619.

Mitchell-Copeland, J., Denham, S. A., & DeMulder, E. K. (1997). Qsort assessment of child-teacher attachment relationships and social competence in the preschool. *Early Education and Development*, *8*(1), 27 - 39.

Montessori, M. (1967). *The absorbent mind*. New York: Holt, Rinehart and Winston. (Original work published 1949)

Moss, P. A. (2003). Reconceptualizing validity for classroom assessment. *Educational Measurement: Issues and Practice*, *22*(4), 13 - 25.

Naglieri, J. A., & Das, J. P. (1987). Construct and criterion related validity of planning, simultaneous and successive cognitive processing tasks. *Journal of Psychoeducational Assessment*, *4*, 353 - 363.

National Association for the Education of Young Children. (1995). *Position statement on school readiness* (Rev. ed.). Available from http: // www. naeyc. org/resources/position_statements/psredy98. htm.

National Association for the Education of Young Children and National Association of Early Childhood Specialists in State Departments of Education. (2003, November). *Joint position-statement, early childhood curriculum, assessment, and program evaluation: Building an effective, accountable system in programs for children birth through age 8*. Available from http: //www. naeyc. org/resources/position-statements/pscape. asp.

National Education Goals Panel. (1993). *The national education goals report: Vol. 1. The national report*. Washington, DC: U. S. Government Printing Office.

National Institute of Child Health and Human Development Early Child Care Research Network. (2000). Characteristics and quality of child care for toddlers and preschoolers. *Applied Developmental Science*, *4*, 116 - 135.

National Research Council and Institute of Medicine. (2000). *From neurons to neighborhoods: The science of early childhood development*. Washington, DC: National Academy Press.

National Staff Development Council. (2001). *NSDC's standards for staff development* (Revised). Oxford, OH: Author.

Nelson, G., Westhues, A., & MacLeod, J. (2003). A meta-analysis of longitudinal research on preschool prevention programs for children. *Prevention and Treatment*, *6* (31). Copyright 2003 by the American Psychological Association. Available from http: //journals. apa. org/prevention/volume6/pre0060031 a. html.

Nelson, K. (1986). *Event knowledge: Structure and function in development*. Hillsdale, NJ: Erlbaum.

Nevile, M., & Bachor, D. G. (2002). A script-based symbolic play intervention for children with developmental delay. *Developmental Disabilities Bulletin*, *30*(2), 140 - 172.

New, R. S. (1998). Theory and praxis in Reggio Emilia: They know what they are doing, and why. In C. Edwards, L. Gandini, & G. Forman (Eds.), *The hundred languages of children: The Reggio Emilia approach — Advanced reflections* (2nd ed., pp. 261 - 284). Greenwich, CT: Ablex.

Normandeau, S., & Guay, F. (1998). Preschool behavior and firstgrade school achievement: The mediational role of cognitive selfcontrol. *Journal of Educational Psychology*, *90*(1), 111 - 121.

Palfrey, J., Bronson, M. B., Erickson-Warfield, M., Hauser-Cram, P., & Sirin, S. R. (2002). *BEEPers come of age: The Brookline Early Education Project follow-up study — Final report to the Robert Wood Johnson Foundation*. Chestnut Hill, MA: Boston College.

Peth-Pierce, R. (2000). *A good beginning: Sending America's children to school with the social and emotional competence they need to succeed* [Monograph: Child Mental Health Foundations and Agencies Network]. Bethesda, MD: National Institute of Mental Health, Office of Communications and Public Liaison.

Phye, G. D. (1997). Classroom assessment: A multidimensional perspective. In G. D. Phye (Ed.), *Handbook of classroom assessment: Learning, adjustment, and achievement* (pp. 33 - 51). San Diego: Academic Press.

Piaget, J. (1952). *The origins of intelligence in children*. New York: International Universities Press.

Piaget, J. (1955). *The language and thought of the child*. New York: Meridian Books. (Original work published 1926)

Piaget, J. (1962). *Play, dreams and imitation in childhood*. New York: Norton. (Original work published 1945)

Pianta, R. (1999). *Enhancing relationships between children and teachers*. Washington, DC: American Psychological Association.

Pianta, R., La Paro, K., Payne, C., Cox, M. J., & Bradley, R. (2002). The relation of kindergarten classroom environment to teacher, family, and school characteristics and child outcomes. *Elementary School Journal*, *102*, 225 - 238.

Pianta, R. C., Nimetz, S. L., & Bennett, E. (1997). Mother-child relationships, teacher-child relationships, and school outcomes in preschool and kindergarten. *Early Childhood Research Quarterly*, *12*, 263 - 280.

Pianta, R. C., Steinberg, M., & Rollins, K. (1995). The first 2 years of school: Teacher-child relationships and reflections in children's classroom adjustment. *Development and Psychopathology*, *7*, 297 - 312.

Plake, B. S., & Impara, J. C. (1997). Teacher assessment literacy: What do teachers know about assessment? In G. D. Phye (Ed.), *Handbook of classroom assessment: Learning, adjustment, and achievement* (pp. 53 - 68). San Diego: Academic Press.

Powell, D. R., & Sigel, I. E. (1991). Searches for validity in evaluating young children and early childhood programs. In B. Spodek & O. N. Saracho (Eds.), *Yearbook in early childhood education: Vol. 2. Issues in early childhood curriculm* (pp. 190 - 212). New York: Teachers College Press.

Prevost, R., Bronson, M. B., & Casey, M. B. (1995). Planning processes in preschool children. *Journal of Applied Developmental Psychology*, *16*, 505 - 527.

Puckett, M. B., & Black, J. K. (2000). *Authentic assessment of the young child* (2nd ed.). Englewood Cliffs, NJ: Merrill.

Pulaski, M. A. (1973). Toys and imaginative play. In J. L. Singer (Ed.), *The child's world of make-believe* (pp. 73 - 103). New York: Academic Press.

Ramey, C. T., Campbell, F. A., Burchinal, M., Skinner, J. L., Gardner, D. M., & Ramey, S. L. (2000). Persistent effects on early childhood education on high-risk children and their mothers. *Applied Developmental Science*, *4*, 2 - 14.

Ramey, C. T., & Ramey, S. L. (1998). Early intervention and early experience. *American Psychologist*, *53*, 109 - 120.

Ramey, S. L., & Ramey, C. T. (1992). Early educational intervention with disadvantaged children: To what effect? *Applied and Preventive Psychology*, *1*, 131 - 140.

Raver, C. (2002). *Emotions matter: Making the case for the role of young children's emotional development for early school readiness — Social policy report*. Ann Arbor, MI: Society for Research in Child Development. Available from http: //www. srcd. org/sprl6 - 3. pdf.

Raver, C., & Knitzer, J. (2002). *Ready to enter: What research tells policymakers about strategies to promote social and emotional school readiness among 3- and 4-year-old children*. New York: National Center for Children in Poverty, Columbia University Mailman School of Public Health.

Raver, C., & Zigler, E. F. (2004). Another step back? Assessing readiness in Head Start (Public policy viewpoint). *Young Children*, *59* (1), 58 - 63.

Reynolds, A. J. (2000). *Success in early intervention: The Chicago Child-Parent Centers*. Lincoln: University of Nebraska Press.

Reynolds, A. J., Ou, S., & Topitzes, J. D. (2004). Paths of effects of early childhood intervention on educational attainment and delinquency: A confirmatory analysis of the Chicago Child-Parent Centers. *Child Development*, *75*(5), 1299 - 1238.

Reynolds, A. J., Temple, J. A., Robertson, D. L., & Mann, E. A. (2001). Long-term effects of an early childhood intervention on educational achievement and juvenile arrest: A 15-year follow-up of low-income children in public schools. *Journal of the American Medical Association*, *285* (18), 2339 - 2346.

Rogers, C., & Sawyers, J. (1988). *Play in the lives of children*. Washington, DC: National Association for the Education of Young Children.

Rogoff, B. (1990). *Apprenticeship in thinking: Cognitive development in social context*. New York: Oxford University Press.

Rogoff, B. (1998). Cognition as a collaborative process. In W. Damon (Editor-in-chief) & D. Kuhn & R. S. Siegler (Vol. Eds.), *Handbook of child psychology: Vol. 2. Cognition, perception and language* (5th ed., pp. 679 - 744). New York: Wiley.

Rogoff, B., Gauvain, M., & Gardner, W. (1987). Children's adjustment of plans to circumstances. In S. Freidman, E. Scholnick, & R. Cocking (Eds.), *Blueprints for thinking* (pp. 303 - 320). Cambridge, England: Cambridge University Press.

Rogoff, B., Goodman Turkanis, C., & Bartlett, L. (Eds.) (2001). *Learning together: Children and adults in a school community*. New York: Oxford University Press.

Russ, S. W. (1994). *Affect and creativity: The role of affect and play in the creative process*. Hillsdale, NJ: Erlbaum.

Ryan, S. (2004). Message in a model: Teachers' responses to a courtordered mandate for curriculum reform. *Educational Policy*, *18* (5), 661 - 685.

Saarni, C. (1999). *The development of emotional competence*. New York: Guilford Press.

Saltz, E., & Brodie, J. (1982). Pretend-play training in childhood: A review and critique. *Contributions to Human Development*, *6*, 97 - 113.

Saltz, R., & Saltz, E. (1986). Pretend play training and its outcomes. In G. Fein & M. Rivkin (Eds.), *The young child at play: Vol. 4. Reviews of research* (pp. 155 - 173). Washington, DC: National Association for the Education of Young Children.

Salvia, J., & Ysseldyke, J. E. (2004). *Assessment in special and inclusive education*. Boston: Houghton Mifflin.

Schunk, D. H., & Zimmerman, B. J. (1997). Social origins of selfregulatory competence. *Educational Psychologist*, *32*, 195 - 208.

Schweinhart, L. J., Montie, J., Xiang, Z., Barnett, W. S., Belfield, C. R., & Nores, M. (2005). Lifetime effects: The High/Scope Perry Preschool study through age 40. *Monographs of the High/Scope Educational Research Foundation*, *14*. Ypsilanti, MI: High/Scope Press.

Schweinhart, L. J., & Weikart, D. P. (1997). The High/Scope Preschool Curriculum Comparison Study through age 23. *Early Childhood Research Quarterly*, *12*(2), 117 - 143.

Scott-Little, C., Kagan, S. L., & Frelow, V. (2005). *Inside the content: The depth and breadth of early learning standards*. University of North Carolina at Greensboro: SERVE Center for Continuous Improvement.

Shepard, L., Kagan, S. L., & Wurtz, E. (Eds.). (1998). *Principles and recommendations for early childhood assessments*. Washington, DC: National Education Goals Panel.

Shepard, L. A. (1994). The challenges of assessing young children appropriately. *Phi Delta Kappan*, *75*(6), 206 - 212.

Shields, A., Dickstein, S., Seifer, R., Guisti, L., Dodge-Magee, K. D., & Spritz, B. (2001). Emotional competence and early school adjustment: A study of preschoolers at risk. *Early Education and Development*, *12* (1), 73 - 96.

Shonkoff, J. P., & Phillips, D. A. (Eds.). (2000). *From neurons to neighborhoods: The science of early childhood development*. Washington, DC: National Academy Press.

Shore, R. (1998). *Ready schools: A report of the Goal 1 Ready Schools Resource Group*. Washington, DC: National Education Goals Panel. Available from www. negp. gov/reports/readysch. pdf.

Sigel, I. E. (2000). Educating the young thinker model from research to practice: A case study of program development, or the place of theory and research in the development of educational programs. In J. L. Roopnarine & J. E. Johnson (Eds.), *Approaches to early childhood education* (3rd ed., pp. 315 - 340). Columbus, OH: Merrill/Macmillan.

Sigel, I. E., & McBane, B. (1967). Cognitive competence and level of symbolization among 5-year-old children. In J. Hellmuth (Ed.), *The disadvantaged child* (Vol. 1, pp. 433 - 453). New York: Brunner/Mazel.

Singer, D. G., & Singer, J. L. (1990). *The house of make-believe: Children's play and the developing imagination*. Cambridge, MA: Harvard University Press.

Slackman, E., Hudson, J. A., & Fivush, R. (1986). Actors, actions, links and goals: The structure of children's event representations. In K. Nelson (Ed.), *Event knowledge: Structure and function in development* (pp. 47 - 70). Hillsdale, NJ: Erlbaum.

Smilansky, S. (1968). *The effects of sociodramatic play on disadvantaged preschool children*. New York: Wiley.

Smilansky, S., & Shefatya, L. (1990). *Facilitating play: A medium for promoting cognitive, socio-emotional, and academic development in young children*. Gaithersburg, MD: Psychological and Educational Publications.

Smith, J. (2003). Reconsidering reliability in classroom assessment and grading. *Educational Measurement: Issues and Practice*, *22*(4), 26 - 33.

Snow, C. E., Burns, M. S., & Griffin, P. (Eds.). (1998). *Preventing reading difficulties in young children*. Washington, DC: National Academy Press.

Sroufe, L. A., & E. Waters. (1977). Attachment as an organizational construct. *Child Development*, *48*, 1184 - 1199.

Stiggins, R. J. (1999). Evaluating classroom assessment training in teacher education programs. *Educational Measurement: Issues and Practice*, *18*(1), 23 - 27.

Stiggins, R. J. (2001). The unfulfilled promise of classroom assessment. *Educational Measurement: Issues and Practice*, *20*(3), 5 - 15.

Stiggins, R. J. (2002, March 13). Assessment for learning. *Education Week*, *21*, 30, 32 - 33.

Stipek, D., Daniels, D., Galluzzo, D., & Milburn, S. (1992). Characterizing early childhood education programs for poor and middleclass children. *Early Childhood Research Quarterly*, *7*, 1 - 19.

Stipek, D., Feiler, R., Byler, P., Ryan, R., Milburn, S., & Salmon, J. M. (1998). Good beginnings: What difference does the program make in preparing children for school? *Journal of Applied Developmental Psychology*, *19*(1), 41 - 66.

Stipek, D., Feiler, R., Daniels, D., & Milburn, S. (1995). Effects of different instructional approaches on young children's achievement and motivation. *Child Development*, *66*, 209 - 233.

Stipek, D. J., & Greene, J. K. (2001). Achievement motivation in early childhood: Cause for concern or celebration? In S. L. Golbeck (Ed.), *Psychological perspectives on early childhood education* (pp. 64 - 91). Mahwah, NJ: Erlbaum.

Stott, F., & Bowman, B. (1996). Child development knowledge: A slippery base for practice. *Early Childhood Research Quarterly*, *11*(1), 169 - 183.

Tharp, R. G., & Gallimore, R. (1988). *Rousing minds to life: Teaching, learning, and schooling in social context*. Cambridge: Cambridge University Press.

Thompson, R. (1994). Emotion regulation: A theme in search of a definition. *Monographs of the Society for Research in Child Development*, *59* (2 - 3, Serial No. 240), 25 - 52.

Thompson, R. (1999). Early attachment and later development. In J. Cassidy & P. R. Shaver (Eds.), *Handbook of attachment theory and research* (pp. 265 - 286). New York: Guilford Press.

Tivnan, T. (1988). Lessons from the evaluation of the Brookline Early Education Project. In H. E. Weiss & F. H. Jacobs (Eds.), *Evaluating early childhood demonstration programs* (pp. 221 - 238). Hawthorne, NY: Aldine.

Tout, K., Zaslow, M., & Berry, D. (in press). What is known about the linkages between education and training and the quality of early childhood care and education environments. In M. Zaslow & I. Martinez-Beck (Eds.), *Early childhood professional development and children's successful transition to elementary school*. Baltimore: Paul H. Brookes.

Tzuriel, D. (2001). *Dynamic assessment of young children*. New York: Kluwer Academic/Plenum Press.

U.S. Census Bureau. (2003, Spring). *Child care arrangements for preschoolers by family characteristics and employment status of mother: Survey of income and program participation*. Washington, DC: Author.

U.S. Department of Health and Human Services. (1997). *Program performance standards for the operation of Head Start programs by grantee and delegate agencies* (45 CFR Part 1304, Federal Register, 61, 57186 - 57227). Washington, DC: U.S. Government Printing Office.

Uzgiris, I. C., & Hunt, J. M. (1975). *Assessment in infancy: Ordinal scales of psychological development*. Urbana: University of Illinois Press.

Vygotsky, L. S. (1962). *Thoughtandlanguage*. Cambridge, MA: MITPress.

Vygotsky, L. S. (1977). Play and its role in the mental development of the child. In M. Cole (Ed.), *Soviet developmental psychology* (pp. 76 - 99). Armonk, NY: M. E. Sharpe. (Original work published 1966)

Vygotsky, L. S. (1978). *Mind in society: The development of higher psychological processes*. Cambridge, MA: Harvard University Press. (Original work published 1930 - 1935)

Vygotsky, L. S. (1981). The development of higher forms of attention in childhood. In J. V. Wertsch (Ed.), *The concept of activity in Soviet psychology* (pp. 189 - 240). Armonk, NY: M. E. Sharpe.

Webster-Stratton, C., Reid, M. J., & Hammond, M. (2001). Preventing conduct problems, promoting social competence: A parent and teacher training partnership in Head Start. *Journal of Child Clinical Psychology*, *30*, 283 - 302.

Weikart, D. P., Rogers, L., Adcock, C., & McClelland, D. (1971). *The cognitively oriented curriculum: A framework for preschool teachers*. Urbana: University of Illinois.

Wellman, H. M., Fabricius, W. V., & Sophian, C. (1985). The early development of planning. In H. M. Wellman (Ed.), *Children's searching: The development of search skill and spatial representation* (pp. 123 - 149). Hillsdale, NJ: Erlbaum.

Wertsch, J. V. (1985). *Vygotsky and the social formation of mind*. Cambridge, MA: Harvard University Press.

Wertsch, J. V. (1991). *Voices of the mind: A sociocultural approach to mediated action*. Cambridge, MA: Harvard University Press.

Williams, L. R. (1996). Does practice lead theory? Teachers' constructs about teaching — Bottom-up perspectives. In J. A. Chafel & S. Reifel (Eds.), *Advances in early education and day care: Vol. 8. Theory and practice in early childhood teaching* (pp. 153 - 184). Greenwich, CT: JAI Press.

Zigler, E., & Styfco, S. J. (2003). The federal commitment to preschool education: Lessons from and for Head Start. In A. J. Reynolds, M. C. Wang, & H. J. Walberg (Eds.), *Early childhood programs for a new century* (pp. 3 - 33). Washington, DC: Child Welfare League of America Press.

Zigler, E., & Styfco, S. (Eds.) (2004). *The Head Start debates*. Baltimore: Paul H. Brookes.

Zigler, E., & Valentine, J. (1997). *Project Head Start: A legacy of the war on poverty*. Alexandria, VA: National Head Start Association.

Zimiles, H. (2000). On reassessing the relevance of the child development knowledge base to education. *Human Development*, *43* (4/5), 235 - 245.

Zimmerman, B. J. (1989). A social cognitive view of self-regulated academic learning. *Journal of Educational Psychology*, *81*, 329 - 339.

Zimmerman, B. J., Bandura, A., & Martinez-Pons, M. (1992). Selfmotivation for academic attainment: The role of self-efficacy beliefs and personal goal setting. *American Educational Research Journal*, *29*, 663 - 676.

Zimmerman, B. J., Bonner, S., & Kovach, R. (1996). *Developing selfregulated learners: Beyond achievement to self-efficacy*. Washington, DC: American Psychological Association.

Zimmerman, B. J., & Kitsantas, A. (1999). Acquiring writing revision skill: Shifting from process to outcome self-regulatory goals. *Journal of Educational Psychology*, *91*, 1 - 10.

Zimmerman, B. J., & Kitsantas, A. (2001). *Acquiring writing revision proficiency through observation and emulation*. Manuscript submitted for publication.

Zimmerman, B. J., & Schunk, D. H. (1989). *Self-regulated learning and academic achievement*. New York: Springer-Verlag.

第 2 章

早期阅读评估

SCOTT G. PARIS 和 ALISON H. PARIS

长久以来，儿童心理和儿童教育在研究方法、理论发展，以及如何实际地改进儿童生活这几方面一直都互相促进。例如，教育心理学家研究学校情境下的学习与动机、课程与教学以及评估和干预已有 100 多年的历史(S. Paris & Cunningham, 1996; Renninger, 1998)。领域之间的相互合作增进了教师的职业发展，也增加了父母和儿童照料者的知识。互相促进效果最明显的领域恐怕要数阅读教育，这一领域的发展性研究直接为教师的实践和教育政策的制定提供了信息。在 21 世纪初，教育家和政策制定者越来越依赖于科学研究和得到证据支持的实践经验，来说明到底是什么因素在课堂的阅读指导和阅读评估中起作用。与学业成就测试和教育绩效相关的国家及地方政策也都是根据发展性研究的结果来制定的，而这些政策都已对儿童阅读的指导方法产生重大影响。

本章所讨论的是与阅读初学者的指导和评估相关的发展性问题。我们不仅回顾了有关不同阅读技能的发展和协调的主流观点，还陈述了对阅读初学者而言，不同概念和技能接受评估的重要性。我们认为很多早期阅读评估混淆了阅读技能发展的不同途径，我们也阐述了阅读技能间令人困惑的相互关系会如何误导人们，使人们认为其中的一些阅读技能在早期阅读中比另一些更重要。总之，本章将结合儿童阅读发展的概念、方法、实践三方面来说明应用心理学的观点在教育问题上的价值。接下来，我们首先以一位一年级学生的阅读评估个案为例进行阐述。

个案实例：Robert——一个一年级的学生

每个学年初，在一年级任教的Jones老师都会尝试评估她班上每位学生的阅读技能，但对每一儿童的这种评估通常需要将近6到8周的时间。现在是10月份，她有很多机会测试Robert，并且观察他在小组辅导中的表现。她使用政府推行的阅读评估量表来记录Robert日常所接触的文字信息，以及他在字母知识、印刷物概念(concept of print)、语音意识、口头阅读各方面的表现。他能正确辨认出18个大写字母，但是辨认小写字母的困难较大。给他一本书，他知道如何拿书、翻书，还会从左到右地浏览。他认得学龄前儿童读物中的一些单词，但是不懂标点符号的功能，所以他不知道在句子末尾应该停顿。遇到不认识的单词他会猜，朗读时他的语调没什么变化。

49

由于Robert在标点符号以及辨别单词方面都存在问题，在印刷物概念这项测试上，Jones给他打了一个低分。Jones注意到Robert在口头阅读测试中每分钟只能正确地读出22个单词，担心他不懂得字母跟发音的对应关系，于是又对他的语音加工技能进行了几项测试。结果发现，尽管在老师给出的8个单词中，Robert能够给出与其中6个单词押韵的词汇，但在将单词分解成单个音(如，d-o-g)以及将独立的音组合成单词(如，t-a-p)时他则遇到很多困难，因此对他的语音意识，Jones也打了个较低的分数。

通过对Robert的评估和观察，Jones还发现他需要经常猜词，对阅读提不起劲来。在政府推行的阅读评估量表中唯一用于评估理解的是听力任务，Jones发现，对Robert来说，复述故事和根据文章回答问题都是有困难的，在字母跟发音建立对应关系上的困难似乎也妨碍了他的解码过程。因此，Jones认为Robert需要额外辅导，并将他归到阅读水平最低的一组。她建议Robert的父母帮助Robert学习字母以及发音，还给Robert安排了一位专门的辅导老师每天反复训练他的语音加工技能，例如，学习辨认居于首位的辅音、分辨长短元音、切分组合单词中的音。与此同时，每个星期Jones都有几次跟Robert一对一地反复诵读同一篇文章，以提高他口头阅读的流畅度。

类似Robert的情况在一年级的学生中十分有代表性，这也许是学校的生源有一半来自社会经济状况(socioeconomic status, SES)低下和存在教育问题的家庭所致(S. Paris & Hoffman, 2004)。Jones的报告里值得肯定的地方主要在于这种早期的评估是由教师来执行的，并且这种评估也结合了正式的测试和非正式的观察，并据之明确地提出了帮助Robert的指导性意见。然而，尽管如此，该评估也仍然存在一些问题，主要表现在对某些技能评估的“忽略”上。由于Robert所能阅读的文章并不多，对他理解能力和词汇技能的评估就没有像其他技能的评估那么全面,结果导致补救教学的重点只集中在一些最基本技能的训练上,而忽略了对词语和课文理解策略的训练。然而,事实上,Jones 会跟那些最优秀的学生讨论不同文章类型(如记叙文与说明文)的区别,也会将读和写的技能结合起来训练他们。由于对 Robert 理解文章内容的动机和兴趣并未得到评估,因而对他的阅读训练绝大部分集中于对单词准确快速地诵读,而不是对文章内容的思考或欣赏。Jones 认为只有当 Robert 的解码技能得到提高,才有可能对他的理解和写作进行评估与指导,因此优先对他最薄弱的环节进行训练。如果要让 Robert 的解码能力在短短 90 分钟的语言教程内赶上其他同学,必然导致他在学习听、说、写这三种技能上的时间不够。很多类似 Robert 的读者最终都通过反复的技能训练来习得阅读,而这条途径跟优秀阅读学习者所接受的课程却有着本质上的差异(Allington, 1983)。

教育者通常都需要面临着类似的选择,即到底是将阅读指导的重心放在解码技能上,还是将更广泛的文字技能也纳入进来,类似的选择事实上反映了两种阅读指导方法的对立分化,即基本技能和语言整体性之间的"大分歧"(Chall, 1967),这种分歧同时也被认为是课文理解中自上而下和自下而上加工观的对立,尽管 Stanovich (1980)曾经指出这两种加工在阅读中是互补的。Adams、Treiman 和 Pressley (1998)曾经就这种争议及其在 20 世纪 90 年代消失的原因写了一篇全面而深入的综述。他们的结论如下:

> 可重复性的与类似的证据均表明,对早期阅读成功有着重要贡献的变量可以追溯到两个因素——对字母的熟悉程度和语音意识——而其他我们直觉上感觉相当重要的因素,在测量中却被发现对阅读成功仅有微弱、易变的作用(p. 310)。

这一结论得到包括《阅读困难预防》(*The Prevention of Reading Difficulties*)(Snow, Burns, & Griffin, 1998)和全美阅读研究小组(National Reading Panel, 2000)在内的许多研究报告的广泛支持。 50

研究证据对教育实践已经造成了极其有力而深远的影响,这极大地受益于一项旨在提高教育绩效的联邦法律,即"不让一个儿童掉队法案"(No Child Left Behind Act, 2002)的颁布。目前三年级到八年级的学生每年都必须接受学业成就评估,尤其是阅读方面的评估;近年来有关学前阶段到三年级儿童也必须接受年度评估的呼声也越来越大。进度评估的重心在于早期解码技能以及像字母知识这类的前期技能,因为研究已表明这些因素会影响晚些时候的阅读水平。与此同时,阅读成就评估在低年级的使用中日益频繁,显得越来越重要,在阅读指导方面也越来越重视所评估的基本技能。可见,强调评估和阅读指导的联邦政策已在全美范围内得到落实。根据基本解码技能对阅读初学者具有重要作用这一方面的研究证据,早期阅读实践和政策都作出了巨大的转变。在本章,我们将重新审视和解读这些政策背后的依据,并为相关研究提供另外一种解释。为了理解当今阅读教育实践和政策的基石,我们首先介绍普遍被接受的阅读发展观,接着批判性地评价支持这一观点的研究证据。

阅读发展的成分观

阅读的评价取决于对所评价技能的基本理论假设和方法假设。很多阅读发展理论把熟练的阅读看作是多种加工成分的组合及其协同的自动的作用(Adams, 1990; Stanovich, 2000)。这些加工成分包括各种各样的知识和技能,其中有些是专门针对印刷物的。这些知识和技能通常在儿童阶段便发展成为协调娴熟的阅读技能。例如,Rathvon(2004)罗列了10个可以用于预测阅读习得或诊断阅读问题的成分:语音加工、字母快速命名、字形加工、口语、印刷物意识(Print awareness)、单词概念、字母知识、单个词语阅读、语境下文章的诵读、阅读理解以及书面语言。全美阅读研究小组(2000)则确定了一个更短的成分列表,包括了早期阅读的五个最基本的成分:字母顺序规则、语音意识、口头阅读流畅性、词汇以及理解。"不让一个儿童掉队法案"的"阅读先行"(Reading First)部分将全美阅读研究小组所确定的五个最基本成分作为K—3(幼儿园到三年级)阅读指导和评价的基础。研究人员和教育家普遍认为习得和整合这些成分对阅读发展起决定性作用。

奇怪的是,有关习得过程中各种技能的比较研究并没有考虑到基本技能之间的区别,而基本技能之间在发展上的差别却会对阅读评价造成极大的影响(S. Paris, 2005)。让我们看看技能间的一些差别:首先,五项基本技能可能因待学知识范围的不同而产生差异。比如说,英语中的字母知识就仅限于26个字母的名称与发音,这比阅读理解的范围窄多了。范围窄的技能就可能会比范围广的学得早、学得快。其次,不同技能学习所花的时间大相径庭。例如,印刷物基本概念的形成只需几年,而积累词汇却要花上一辈子。同样,学会拼写规则比学会书面写作手法所花的时间要少得多。不同技能的习得和自动化使用的发展途径是非常不同的。第三,有些技能的掌握水平具有普遍性,即任何有读写能力的人所知道的信息是相同的,如字母知识。但是,像词汇这类技能的掌握却因人而异,不同人所掌握的单词不同,数目也不同。具有普遍掌握性的技能在新手间没有太大变异(地板效应),在专家们之间也没有差异(天花板效应),但在学习过程中却有很大差异。相反,理解和词汇这类持续发展的技能却在不同个体、不同年龄段之间表现出比较稳定的差异模式,同时,这类非受限技能在初学者和熟练者之间的差异也相当明显。第四,技能的组合模型把每一项技能都看作是独立的,忽略了它们之间的顺序或相互依赖关系。而事实上,51 阅读词的时候,字形和语音加工都是必需的,很难将两者的作用分离开来。同样,阅读理解需要视觉、认知、语言等许多技能的共同作用。有些技能必须达到一定水平后另一些技能才能运作。例如,当口头阅读的准确率小于课文中单词量的90%时,理解能力就会严重下降。为什么会出现这个问题?因为在比较各种技能的预测强度时,研究者们通常使用的是多元统计分析,如回归分析、多层线性模型(hierarchical linear model, HLM),而这些分析方法都没有考虑到技能之间的相互依赖以及它们之间不同的时间起点、变化幅度以及持续时间。

很明显,用于发展性数据的分析方法没有将各种阅读技能从概念上加以区别,比如有关阅读成就的横向和纵向研究中就存在这一问题(参见 Lonigan, Burgess, & Anthony, 2000; Morris, Bloodgood, Lomax, & Perney, 2003; Scarborough, 1998)。研究人员经常评估各种阅读技能,并使用数据来计算技能之间的相关关系,通过因素分析来确定技能之间是否紧密相关,利用回归分析来探讨哪些技能会对因变量有预测作用。相关分析还通常用于推测阅读成分之间是否存在紧密的相关以及哪种技能可以有效地预测未来的阅读情况。例如,Snow 等著的书中(1998, p. 110)有一章名为“阅读成败的预测因素”(Predictors of Success and Failure in Reading),列出了从很多研究中总结出来的阅读成分与入学考试困难之间的相关关系,其中字母识别的皮尔逊相关系数为 0.53,印刷物概念(concept of print)的为 0.49,语音意识的为 0.42,接受性词汇的为 0.33。因此,这些成分都被归为入学阅读困难的预测因素、相关因素,也许甚至是诱发因素。这些结论,以及被用于确定阅读成分效度的研究方法,在官方认可的有关阅读的报告中被视为一种有力的科学证据(如, Adams, 1990; Adams et al. , 1998; National Reading Panel, 2000; Snow et al. , 1998)。

虽然关于早期阅读技能发展,以及字母知识和语音意识在阅读过程中的重要性已有很多证据,我们认为从另一个角度对这些科学证据进行解释也值得考虑。在本章我们采用的是归纳的逻辑。我们首先从产生阅读的各种成分及其在习得过程中的发展差异入手来考虑这一问题。有些成分,如字母知识,所有熟练的阅读者都能完全掌握。这类技能的学习速度可能会因人而异,但呈渐近分布,也就是,不同读者最后所具有的知识,对所有人来说都是相同的。这类技能的发展曲线是 S 形的,即一开始习得速度比较慢,接下来速度加快,到后期接近专家水准时速度再次慢下来。最重要的是,所有读者对字母知识学习的终点都是一致的,即学会 26 个字母的名称和发音。我们假设各种解码技能,包括基本的语音意识在内,其发展轨迹都是相似的,但其轨迹却与那些受限性较弱的、能持续发展的技能,比如词汇知识有所不同,后者并不会有相同渐近线。发展轨迹的不同是因为技能之间在本质、学习进程以及技能的渐近状态在普遍性上的差异所导致。技能之间发展轨迹的差异已被忽视 100 多年了,而其对研究、实践以及政策制定却有着深远的意义。阅读技能发展方面的争论还可以扩展到其他技能,如算术,类似技能也受制于精通度和相似的渐近发展曲线。因此,从阅读评估中获得的经验教训也可以运用于其他发展性技能的心理教育学评估。

有很多潜在的观点可以代替阅读发展的成分观。并不是所有理论都假设技能在许多维度间存在着相似性,也不需要假设技能发展都是线性的。例如,Fischer 和 Bidell(1998)所描述的动态系统理论(dynamic systems theories)就使用了比阶段或传统的学习机制更新的途径来解释变异性和统一性。他们认为很多发展特征都不是线性的,逻辑性增长——正如我们所提出的一些受限阅读技能的 S 形发展曲线——是十分常见的。然而,他们的方法并不能解释普遍掌握的、受限的技能,也不能解释为何参数数据分析(parametric data analysis)适用于此类技能。所以,我们在此章中不打算把他们的方法跟我们对受限阅读技能的解释进行统合。

字母知识的评估

一旦儿童开始接触印刷物，他们就会学习如何去辨别字母名称以及与之对应的发音，也就是通常所说的字母顺序规则、字母知识或者字形字音知识。通过训练，识别和生成字母及其发音的速度都会有所提高。最容易学会的字母通常是排在字母表前面的或者是在小孩的名字中出现的字母。而最容易学会发音的通常是那些字母发音与其名称相一致的字母，而且这类字母一般是出现在单词词首而不是词尾(McBride-Chang, 1999)。学习字母命名往往早于并且能促进形音匹配的学习，因为后者包括了音素识别(Stahl & Murray, 1994)。因此，尽管字母命名知识似乎不会直接影响单字阅读技能(Rathvon, 2004, p. 122)，但是确实能够增进语音意识。这样就能够解释为什么仅通过教儿童字母名称和训练儿童字母命名速度不能提高他们的阅读技能(Fugate, 1997)，然而，字母形音匹配的学习却会对语音意识、解码技能和单词识别有直接的促进作用(Treiman, 2000)。

字母知识是 Snow 等人(1998)和全美阅读报告所认可的五个最基本的阅读成分之一，所以很多早期阅读评估都将这一项技能包括在内。例如，以下量表中都包含字母知识这一项技能，得克萨斯初级阅读能力调查表(TPRI, Texas Primary Reading Inventory, 2002)、弗吉尼亚语音意识能力筛查(PALS, Virginia Phonological Awareness Literacy Screening, 2002)、密歇根读写能力测验(MLPP, Michigan Literacy Process Profile, 2002)和伊利诺斯早期读写能力速查(ISEL, Illinois Snapshots of Early Literacy, 2003)。Rathvon(2004)列出了 26 种方法来评估字母知识和字母命名流畅度，很明显，字母知识非常普遍和经常地使用于早期阅读评估中。字母知识可以通过很多任务来评估，如字母识别、字母命名、快速自动命名、拼写和语音意识。测试方式可以是背诵、识别、再认或生成。Rathvon 发现再认和回忆是最常用的方法，但是方式不同会导致评估的敏感度不同。例如字母是以大写、小写还是连体的形式呈现，诸如此类的因素都会影响评估效果。一般来说，当字母是以大写的方式呈现时，更容易解码。但很少有评估会将 26 个字母都包括在内，不同评估中单字母音素、双字母音素、双元音的数目也不一样。一般情况下，典型音素常被作为评估对象，如首位辅音、常用的长元音和短元音。因为单个字母或音节的生成速度跟阅读能力没有关系，所以只有少数评估中包括字母知识流畅度测试，通常是计算一分钟内儿童读出的字母或音节的数目(Stanovich, Cunningham, & West, 1981)。Rathvon 说，奇怪的是没有标准来衡量字母命名以及字母形音匹配的流畅程度，缺乏标准可能是造成较少评估字母命名和字母发音的原因之一。

人们更多地采用字母知识的评估是因为它与随后的阅读技能紧密相关。幼儿园阶段对字母名称的熟悉程度是有效预测一年级甚至以后阅读成绩的指标之一(Scanlon & Vellutino, 1996; Share, Jorm, Maclean, & Matthews, 1984; Stevenson & Newman, 1986)。虽然很少证据表明字母发音知识有很强的预测作用，但是幼儿园阶段的对字母发音知识的评估确实能预测一年级的单词识别能力和四年级的小组阅读状况(Badian,

McAnulty, Duffy, & Als, 1990; Byrne & Fielding-Barnsley, 1993)。Lonigan 等人(2000, p. 597)写道:"入学初的字母知识(即知道字母名称以及它们的发音)是预测短期及长期阅读成功与否最有效的因素之一。"因此,字母知识相对容易评估,而且很多证据证明它能够预测随后的阅读成就。

然而也正因为如此,早期字母知识与随后阅读成就之间的关系被误解和简单化了。虽然研究者并没有明确说明它们之间是因果关系,但是这经常诱导人们将幼儿园阶段的教学以及对后进儿童的补救重心都放在字母命名和发音的学习上。Robert 的例子就说明了这一点,他是一年级的后进阅读生,他的老师总是强调要将单词快速准确地读出声。这种情况会导致三个后果:其一,入学前阅读经验较少的儿童很容易被归为需要特殊辅导一类,而他们通常是来自社会经济水平低下、母语为非英语的家庭;其二,提供给这些学生的课程都仅强调单一的技能,如字母识别,而不是综合的读写技能;其三,缺乏综合的读写技能训练经验不仅不利于后进学生的学习,还会打击他们学习的积极性。在阅读方面遇到瓶颈的初学者通常比同龄人阅读的文章少而且他们的阅读重心也不在文章的意义上,这就导致儿童之间的差距越来越大 (Stanovich, 2000)。如果人们将字母知识评估看作预测不同发展轨迹的因素,而不仅仅是预测某些具体技能缺陷的因素,那么儿童遭受上述危险的几率就会降低。造成字母知识学习速度慢的原因有很多,如在家里较少接触书本或印刷物,或缺乏成人指导和教育,但外界的干预以及对字母名称和发音的指导都能够调和这些因素。

53

相关的不稳定性

虽然很多研究表明幼儿园入学初的字母知识评估能有效预测随后的阅读能力,但是若测试发生在幼儿园较晚的阶段或一年级,这种相关关系的强度就会降低。对同一儿童学习字母命名与发音的纵向研究结果也支持这种不断变弱的相关关系。McBride-Chang (1999) 收集了在四个时间点内儿童对字母知识掌握程度的数据,并且求出其与单词辨别和语音意识测试纵向成绩的相关。在第一个时间点,字母知识的平均值为 12.4($SD=8.8$)。在第四个时间点,该变量失去 60%的变异,平均值变为 24.5($SD=3.4$),任务的完成出现天花板效应。字母知识跟其他变量间的相关性所表现出的天花板效应是持续且显著的。字母知识与猜词测试的 r 值由时间点一的 0.54 下降到时间点四的 0.23。类似地,字母知识和音素省略的相关系数 r 值由 0.51 下降到 0.18。同样的下降模式也出现在字母知识和所有其他预测因素的相关关系中。

在其他纵向研究中,变量之间的相关关系也明显呈现类似的下降趋势。Hecht、Burgess、Torgesen、Wagner 和 Rashotte (2000)使用了一系列 Wagner 以前研究中的数据来分析社会经济水平(SES)对儿童从幼儿园到四年级这段时间内阅读技能的影响(1997)。在 20 种测试中用了三种任务来评估印刷物知识。印刷物概念包括 13 项来自 Clay 印刷物概念任务 (Clay's Concepts About Print task)(1997),字母命名任务要求儿童给 26 个大写字母命名,字母发音任务要求儿童为呈现在卡片上的字母给出发音。197 个幼儿园早期阶段的儿童完成上述任务,其数据跟来自一、二、三、四年级入学初的其他变量是相关联的。

三个印刷物知识任务与其他 17 个变量之间的相关系数 r 值的范围是 0.24—0.60，显著性水平与以往的研究相同。研究者使用了一个以因素分析为基础的评估模型，还设定了一个由三个任务共同组成的潜在因素。此因素跟其他潜在因素高相关。例如，二、三、四年级学生的印刷物知识与阅读理解的相关系数 r 值分别为 0.74、0.60、0.53。这些相关关系都是很显著的，但是值得注意的是它们都随年龄增长而减弱。多层线性模型被用于确定每个因素在纵向预测中起多大作用。研究者发现幼儿园阶段的印刷物知识得分对阅读理解分数的影响最明显，其中在二、三、四年级中的所占比值分别为 33%、16%和 9%，呈现减弱趋势。值得一提的是所有其他变量均能解释阅读理解能力在不同年龄间的巨大差异，以随着年级的升高而降低的趋势，但是变化范围仅限于 2%—19%。

对字母知识相关性的重新分析

很多研究者都阐述了字母知识与阅读成就的相关关系会随年龄的增长而减弱(如，Adams, 1990; Johnston, Anderson, & Holligan, 1996; Muter & Diethelm, 2001; Muter, Hulme, Snowling, & Taylor, 1998)。字母知识的发展轨迹是造成相关关系减弱的纵向因素之一。让我们再想想描述字母命名的曲线。其一，字母命名的学习轨迹，即从仅知道几个字母到完全正确地给字母命名，这一过程较为快速且短暂(大概是一到两年)，而且通常发生在 5 到 6 岁。其二，这一技能的终点，即掌握英文字母表里的 26 个字母，对任何人都是一样的。这种快速的掌握过程具有普遍性，即 100%掌握(或几乎完全掌握)，这是精通学习的重要特点。其三，发展轨迹的形状并非线性的而是 S 形的(对个体而言)，因为与该项技能长时间地板效应和天花板效应相比，快速学习的时段很短而且提速很快。综上所述，字母命名知识的发展与其他变量的相关关系随个人对该项技能掌握的状态以及数据在 S 形曲线上位置的变化而变化。当数据中地板效应和天花板效应都显著时，数据的偏态就会削弱相关关系；而只有当数据落在习得曲线中间时，差异才会显著，才可能出现正态分布。所以，阅读成就跟字母命名这类技能相关程度的高低取决于样本的特征、知识掌握程度以及评估的时间。

54

这里很明显存在三个问题。首先，所选择的那些儿童通常是在字母知识评估中没有表现出地板或天花板效应的。研究者清楚数据必须避免地板和天花板效应，所以他们在评估字母知识时都很小心地选择了 5—6 岁的儿童，这些儿童都只是知道部分而不是全部的字母名称。虽然这种取样方法的使用很普遍，并且得出的相关模型也具有重复性，但是此结果仅仅限于知道部分字母的儿童。所观察到的高相关也完全依赖于观察对象对字母知识相对熟练的掌握。两个变量之间的相关关系不是稳定的，而是短暂而特殊的。如果观察对象中存在大量对字母知识了解非常少或非常多的儿童，那么数据会出现地板或天花板效应。这就使得不同评估方法之间的差异变小，不同变量之间的相关程度减弱。事实上，当数据出现天花板效应时，字母知识(或其他任何变量)对阅读理解的预测能力将为零。Hecht 等人(2000)通过评估刚进入幼儿园的儿童使天花板效应最小化。在他们的数据里，印刷物概念的平均值为 11.4(最大值=18; SD=4.1)，字母命名的平均值为 21.2(最大值=26; SD=7.5)，字母发音的平均值为 10.4(最大值=36; SD=10.4)。很明显，研究人员避免了天花板效应，儿童之间差异显著，但这种差异并不能反映出个体变异的稳定性。这两个特征导致数据出现了显著的正相关。相反，McBride-Chang(1999)的纵向样本出现了天花板效应，因而样本所得到的相关度减弱。

在数据解释方面的第二个问题是印刷物知识和阅读理解之间可能关系的暂时性。字母命名和印刷物知识的预测能力仅限于一年甚至更短的一个时期，即儿童掌握大约半数字母时，或至少在阅读评估分数接近中等水平的时候。无论从统计角度还是认知角度来看，这些相关关系都是暂时的、不稳定的，而高相关只出现在一个很短的时期内。因此，如果 Jones 在 Robert 就读一年级的那个 10 月份的前或后一年评估他，字母知识的评估结果很可能就会出现地板或天花板效应，也就不能预测随后的阅读理解能力。

Walsh、Price 和 Gillingham(1998)将上述的短暂相关问题描述为回报递减(diminishing returns)。他们通过多水平阅读能力调查表(multilevel reading inventory)和盖麦二氏阅读测验(Gates-MacGinitie Reading Test)检验了幼儿园阶段字母命名的准确率和命名速度与二年级阅读发展之间的纵向关系。字母命名的准确率从幼儿园阶段的 67%上升到二年级的 100%。由于地板效应，幼儿园阶段的字母知识与随后阅读成就的相关关系为零；而由于天花板效应，二年级的数据对阅读能力的预测也毫无意义。研究者发现幼儿园阶段的字母命名速度对阅读发展和阅读理解有很强的预测能力，但是二年级的字母命名速度却没有这种预测能力。数据的预测能力跟年级之间的交互作用表明字母命名的重要性是短暂的。他们假设字母命名有一个速度上限，一旦超过了这个上限，再提高速度所带来的好处是极小的。回报递减假设反映了：(a) 对技能的掌握；(b) 在很小的年龄段内；(c) 能达到渐近水平的非线性增长；(d) 几乎没有变异剩余给其他变量。递减回报和暂时性效应假设似乎描述了印刷物概念、字母命名和字母形音匹配这些变量的情况。

暂时性关系的存在会导致什么问题呢？其一，由于很少将字母知识和随后阅读成就的关系解释为暂时有效性(transitory qualification)，政策制定者以及其他人往往错误地认为字母形音匹配或字母知识在任何年龄阶段、任何技能水平都跟阅读成就相关。这就导致政策过于强调字母命名和字母形音匹配知识在早期阅读评估和教学中的重要性。其二，综合的实验证据表明，在早期和中期阶段干预技能学习可以加快对字母名称和发音的学习，但并不总能增加其他技能如单词识别和理解的能力。例如，Foorman、Fletcher、Francis、Schatschneider 和 Metha (1998)认为在帮助后进儿童发展语音意识和语音技能时，直接的语音教学法(explicit teaching of phonics)比间接的语音教学法(embedded phonics)和整体语言教学法(whole-language program)更有效。但是，在阅读理解中并没有发现明显的组间差异。

55

人们根据直接指导可以提高字母知识水平的实验证据，并从易增技能(enabling skills)和阅读理解的相关关系中得出错误推论，进而认为字母技能在任何年龄阶段、任何技术水平都能够影响、促进或加快阅读理解和阅读成就。这种因果推论看似很好却没有根据。直接的语音教学法充其量只能提高字母知识水平和单词识别能力，而这通常只是来自针对字母技能发展得最差的儿童进行教学所发现的结果。单词识别能力高可能会促进这部分儿童的阅读理解,但是两者之间并没有充分或因果联系。显著的暂时性关联使人们将过多的精力和时间放在字母技能评估上。而如果评估目标集中在易增技能的掌握上,教学面就变得狭窄而教学绩效的通用标准就会降到非常基本而又不利于增进知识的水平上。儿童掌握5个、10个或20个字母名称及发音的年龄或时间不及教会他们如何快速有效地掌握这些知识的年龄或时间重要。

第三个解释性问题是印刷物知识跟儿童身上的其他特征及其发展的关系,印刷物知识很可能仅仅是其他关系的一种代表。这就是多重线性存在的问题,即结合了所有多元纵向研究(multivariate longitudinal studies)的结果,但是这点在解释阅读理解研究中的典型相关时却经常被忽略。例如,Hecht等人(2000)注意到控制字母知识评估分数时,SES的作用被削弱30%—50%。他们得出以下结论:"阅读技能发展过程中,SES变异基本上是由幼儿园入学阶段的印刷物知识水平导致的。"(p. 119)从这些结果中,他们继而又得出以下结论:

> 从当前结果得出的实践性启发是,在幼儿园入学阶段对儿童的评估中,应该将各种与阅读相关的技能的测试方法都包括在内,在评估来自较低社会阶层的儿童以及那些可能在随后阅读中遇到问题的儿童时尤应如此……此外,研究结果表明入学前和幼儿园阶段对儿童印刷物知识、语音意识和/或技能获得速度(rate of access skill)进行强化训练有利于降低来自较低社会经济水平家庭儿童随后阅读失败的几率(p. 122)。

我们认为这是将代理变量看作因果变量所导致的误解,由此制定的教学政策也是根据不足的。在Hecht等人(2000)的数据中,研究者发现SES的组合分数(composite score)与字母知识的相关r值为0.41,而当他们控制字母知识对SES的效应时,SES的效应也减弱。由此他们推断幼儿园阶段的字母知识会影响三、四年级的阅读成绩。但是,一种似乎更合理的解释是,将幼儿园阶段字母知识的分数解读为对其他因素(可能跟SES有关),如父母帮助子女阅读学习因素的评估。在印刷物概念、字母命名和字母发音各项中取得高分的幼儿园小孩,很可能比分数低的小孩获得更多的社会支持,拥有更多阅读、学习和教育的机会。这一点从字母知识分数跟SES的高相关中可以预测到,如果将其他可获得的数据考虑在内,如父母受教育程度、父母花在儿童身上的时间和家里儿童读物的质量,这种结果可能会更加明显。因此幼儿园阶段对字母知识的认识很可能并不会影响三、四年级儿童的阅读理解能力。而家庭环境、SES以及其他与亲子关系有关的持续变量更可能促成高年级良好的阅读理解能力,尤其当这些因素在随后几年仍然起作用时更是如此。因此,在家里跟父母的接触交流,而不是单独教字母名称,是培养成功读者的方法。

对相关关系简单化的解释很好理解,但是这些相互关系很容易就会被精细复杂的统计分析所掩盖。例如,研究者可以通过收集不同任务的数据来减小地板和天花板效应。Hecht等(2000)的数据就是将字母命名的高偏态数据和印刷物概念及字母发音的低偏态数据组合起来。如果组合分数来自因素分析、多层线性模型或项目反应理论(item response theory),那么结果可能是虚假的正态分布,这种分布受某种测验成绩的影响要大于另外一种。例如,

56

组合分数可能会掩盖某些技能的地板和天花板效应或者错误地认为所有次要技能在组合分数中都很重要。当研究者将高受限变量和低受限变量的数据结合在一起时这个问题就更加严重。

当数据被改变以使分布正常化,或样本容量太大而导致其中包含可能出现地板和天花板效应的样本,或偏态数据被分组,以产生离散数据等情况下,上面所谈到的问题将会更为凸显。例如,在"幼儿早期的纵向追踪——来自1998—1999年度幼儿园班级的研究"(Early Childhood Longitudinal Study — Kindergarten Class of 1998—1999)中就将早期阅读评估的结果与上述这些操作混淆起来,而集结变量(aggregated variables)则掩盖了成分知识和技能之间的发展性差异(U. S. Department of Education, 2000)。在集结数据中这些问题很少被注意到,而基于发展性代理(developmental proxy)的解释也极少被提及。很明显,缺乏对字母名称和发音的了解会暂时阻碍阅读发展,但是学习字母名称和发音只是成功阅读的必要而非充分条件。SES和早期读写经历的持续性效应会让儿童在幼儿园阶段表现出薄弱的字母知识,如果这些效应持续下去将会成为他们成功阅读的障碍。

某些儿童学习字母名称和发音以及通过练习最终达到流畅程度所需时间要比另外一些儿童短。那些学习知识速度较快的儿童可能在一两年后会成为较好的阅读者,但解释这两者的关系时必须谨慎。相反的观点同样存在:(a) 只有在幼儿园早期评估字母知识,或当学前读写经验所导致的差异最大时,字母知识和随后的阅读成就之间的相关程度才高;(b) 直接教授字母名称并不能提高阅读技能;(c) 任何小孩最终都能学会所有字母,因此字母命名知识并不是一个持续的个体差异,也不是阅读成就的稳定预测因素。

字母命名的发展轨迹清晰地描绘了一种范围相对小、且最终都能普遍掌握的技能的起点、速度和终点。字母发音知识的发展轨迹可能会跟字母命名轨迹平行,但由于字母发音的数量较大也比较复杂,所以它的发展可能也是开始时间较晚、持续时间较长、学习速度和终止时间跟字母命名不一致。两者的发展轨迹都是受限的,但是受限程度不一样。这些影响因素包括知识的固定容量、知识掌握的普遍性(因而对我们每个人来说,学习的最终状态是一样的),以及这些因素在数据分布上造成的结果。只有当被试样本处在相关知识只有部分掌握的情况下,数据分布才会出现变异、接近正态分布。除了在某些特殊案例之外,无论从经验还是从概念角度来看,数据都不是正态分布的。同样的影响因素也适用于其他语言(非英语)的阅读学习,但是任何语言中的字母或符号的数量都将决定所要掌握的知识容量,并且影响学习的速度。

值得注意的是,尽管有些研究者发现像字母知识这类能被迅速且完全掌握的阅读技能中潜在的问题(Adams, 1990; Stanovich, 2000),但是还没有人给不同发展轨迹、不同数据分析以及不同数据解释之间的相互关系提供合理的原因。有趣的是,Adams等人(1998)意识到除字母知识和语音意识这两个变量之外,其他变量的重要性假说里也存在类似问题。他们对Scarborough和Dobrich(1994)的"父母变量"研究进行了整理,结果发现有些变量不是线性的,有些变量有影响阈限,还有些则代表其他成绩,"这里的关键不仅在准确性,也在于该领域所依赖的线性数据模型的合适性"(Adams et al., 1998, p. 211)。我们认为此观点也适用于字母知识和语音意识评估中的变量。

其他早期阅读技能的评估

很多技能先于或伴随早期阅读的发展，所以很难确定它们之间的顺序和关系。我们将阐述三种经常被评估的技能，还会说明每种技能的发展是如何受其他因素的影响的。

印刷物概念

57 早期阅读知识和技能的评估可能会表现出与字母命名类似的发展轨迹。印刷物知识或印刷物概念是指初学阅读者所要学的一小部分知识。譬如 Clay(1972)给 5 岁儿童呈现一本小书并让他们说出书的正面、阅读的方向、反向文本的错误以及标点符号的功能。24 个项目涵盖了印刷物功能和惯例的各种知识。Rathvon(2004)总结了印刷物知识评估中的七个典型概念：印刷文字与图画所传递的意思；印刷方向性；词音匹配；字母、词、句子之间的间隔；字母和词的顺序；标点符号。Clay(1979)将印刷物知识融入一整套早期阅读评价量表中，并将其称为观察测查，她告诫人们应防止单独使用这种评估作为评价阅读准备水平或进步的工具。尽管如此，印刷物概念评估仍被当做研究工具使用，而且在得克萨斯初级阅读能力调查表(TPRI)、弗吉尼亚语音意识文字筛查(PALS)和密歇根读写能力测验(MLPP)中都被作为一项单独的技能进行评估。所评估的概念数目不尽相同，少至四五个，多达 24 个，而且概念难度也有很大差别。大多数 5 岁儿童能够辨别出书的正面、从左到右的阅读方向，但是甚至 7 岁的儿童都会对标点符号的功能感到困惑。因此，测试的相对难度取决于项目的数量以及所测概念的难度。

像字母命名一样，印刷物知识也是能被儿童普遍掌握的知识中的一小部分，理论和经验上，它们也会受相同因素的影响。来自全世界的数据显示，5 岁之前学习英语的儿童只知道一小部分基本的印刷物概念，但到 6 岁时他们就掌握了除标点符号外的绝大部分印刷物概念(参见 Clay, 1979)。习得阶段非常快速且所有儿童都达到相同的水平，所以差异在 5 岁之前和 7 岁之后都是很小的。因此，只有在快速的习得阶段差异才明显，分布才接近正态，这一阶段并非是偶然出现的，它是印刷物概念习得的普遍年龄，同时也被认为是最具有诊断性的时期。从发展轨迹和共同渐近曲线中可以看出以下几个问题。

第一，印刷物概念所评估的是同阅读的专门知识一起习得的一些具体的规则和习惯。精通一门语言的所有读者都将学习同样的概念。这些概念并不是突然出现的、普遍发展的概念，因而与皮亚杰的守恒概念有所不同；它们是语言的特定规则，依赖受教育经验多于成熟。因此，可以向儿童直接教授这些概念。第二，其知识体系比较小，如果提供丰富的文字资料环境，且置于情境中进行教导，那么儿童的学习速度相对较快。第三，给出掌握程度的计算标准似乎并不合适，因为这样会暗示知识是正态分布的，而事实并非如此。例如，Clay(1979)用九级记分制(stanine group)提供标准化分数来计算儿童能掌握几个概念。伊利诺斯早期读写能力速查(ISEL)的技术手册也提供了年龄标准。虽然提供习得速度的参考标准具有一定的价值，但值得注意的是几乎所有七八岁的小孩都已掌握了全部的印刷物概念，所以儿童之间的重要差异不在于最终掌握的知识，而在于他们的掌握速度。因此，标准所代表的只是一个特定样本的平均数，这些标准会因国家、社区以及 SES 的不同而不同。

在儿童身上，印刷物知识的特点有助于阐释理论研究的结果。Rathvon(2004)的综述表明儿童印刷物概念评估可能会跟其他早期阅读评估相关，但是当回归分析中包括字母命名和语音意识评估时，它们的预测能力就非常微弱。这可能是变量多层线性的特点所导致的。字母命名和语音意识的教学年龄跟印刷物概念是差不多的，这些技能来自同种阅读经验，因此三个变量之间的两两相关消除了它们之间独特的差异。Lonigan 等(2000)认为，印刷物知识反映了跟印刷物的接触经验和读写经验。这就意味着在印刷物概念测试中得高分的儿童虽然领先于同龄儿童，但他们出色的印刷物知识水平只是暂时的，只代表了他们先前特殊的读写经验，而并不是稳定的个体差异。预测能力微弱的第二个原因是简单的印刷物概念和复杂的解码、阅读技能之间缺乏联系。印刷物知识容易评估，而且可诊断出特定的弱点，但是它并不能预测未来的阅读成就，也可能跟熟练阅读所需的其他认知技能没有关系。鉴于上述问题，印刷物概念可能仅在入学的前两年对教学有指导价值。

然而，要特别注意儿童的词概念，因为将一个字形单元识别成一个词所需要的概念并不简单。当孩子能用手指出他所读出的单词时，他们就懂得了字母和词之间存在一定的相似性，同时也注意到了字母以及词语之间的差异性。他们甚至能运用理解能力和韵律去识别哪个单词跟哪个口头发音相匹配。因此，理解一个词语单元与匹配字形和字音的能力之间的界限是模糊的。有些研究者认为对词概念的理解能促进音素分割 (Morris, 1992)，但是其他研究者认为音素分割能促进单词识别。两者是相关的，因而很难判断其作用方向。而两者还受其他一些因素的影响。

58

字形加工

儿童的字形加工包括了对印刷文字符号的意识和加工。对字形的了解包括大小写字母、印刷体草体、符号、数字以及标点符号的意义。这些字形加工技能是跟语音意识、印刷物概念以及单词概念的发展融合在一起的。字形加工使得读者能够建立文字符号的视觉表征，同时它也是拼写技能发展的关键(Share & Stanovich, 1995)。但是，字形加工的构想效度仍有争议。Vellutino、Scanlon 和 Chen(1994)认为除印刷物的视觉表征外还有很多任务可以评估拼写技能。Cunningham、Perry 和 Stanovich(2001)比较了六种字形加工的评估方法，发现它们之间并没有良好的集中趋势，反而呈现出一种变化的相关关系。在字形加工问题上，以下三个特点表现得非常明显：第一，字形加工所需的知识体系是有限的而且相对较小；第二，熟练阅读者掌握相同的知识，所以发展轨迹应该像字母命名那样从地板效应到天花板效应；第三，字形加工评估可能反映了几种在不同年龄段对字形加工起不同作用的技能成分。

字形加工并未得到规律的评估，这可能是因为很多评估都需要用电脑向每个被试单独呈现刺激并且记录反应时。解释该方面数据的标准常模也很少，所用的任务很容易受到猜测的影响。例如,一个经常使用的评估方法是让儿童在两个发音相像的词语中作出选择,如"nail"和"nale"。另外一种方法,即同音异义词任务,让学生选择一个单词,如"哪个是数字——ate 还是 eight?"。尽管存在这些问题,但是有证据表明字形加工差异有助于确定失读症的类型(Castles & Coltheart, 1993)。

字形加工比字母知识出现晚,跟认字同时出现,但是其发展轨迹很难确定,因为这取决于所用的评估方法。字形加工和其他变量混在一起,如拼写、语音意识、与印刷物接触的经验。尽管它似乎超出这些技能而能独特地解释阅读成就中的一些变异(Cunningham & Stanovich, 1990),但有一点很明显,字形加工随年龄增长会变得更加重要,因为在岁数较大的小孩身上字形加工技能与阅读成就之间的相关关系加强了(Badian, 1995; Juel, Griffith, & Gough, 1986)。

字形加工是单词识别和熟练阅读不可或缺的因素,但是很难将它分离出来进行评估。首先,字母组合形式(letter pattern)这一知识体系很大,所以评估的相对难度取决于所选择的刺激。比如,区分带"ai"音与长"a"音的同音词就比辨别不规则的"ough"发音容易。一方面,初学阅读者需要掌握的高频字母组合形式的数量很小,这些形式一旦被他们习得就会促进语音意识、拼写以及相关技能的发展,反之也成立。5 岁儿童对这些字母形式的掌握程度可能会很低,而 7 岁儿童却很高,因而此技能的发展轨迹可能跟字母知识一样,都是受其他因素影响的。另一方面,年龄较大的读者分辨复杂程度高的字形也有难度,所以该技能不会达到天花板效应,习得时间会较长,学习速度也比较慢。由此可知,学习轨迹是由特定任务和刺激决定的。其次,字形加工评估方法除了反映字形加工,也可能跟反应速度、印刷物接触经验、猜测、语音意识等对变异有贡献的因素(Swanson & Alexander, 1997)。因此,评估结果的正态分布很可能是来自上述那些差异的混淆而不只是字形加工导致的。

59

语音加工

理解口语和书面语的发音包括语音意识、语音记忆和语音命名,通常都是通过音的命名速度来评估的。这些重要环节的发展早于印刷物接触,随后与字母知识、字形技能和其他阅读成分一起继续发展。Stanovich(1991, p. 78)写道:"确定语音加工在早期阅读习得中所扮演的角色是过去十年中影响较为深远的科学事件之一。"语音加工过程曾被认为是阅读发展的促进因素甚至被认为是阅读发展的产生原因。有阅读障碍和失读症的儿童通常伴随有语音加工缺陷(Share & Stanovich, 1995)。

语音意识是指有意识地知觉和控制口头单词的发音。它是过去 25 年内,被研究得最多的阅读技巧之一,同时也是全美阅读研究小组(2000)认可的五个早期阅读成分之一。语音意识通常通过押韵、音素分割、独立音素组合等任务来评估,也是 TPRI、PALS、MLPP 和 ISEL 的核心特征。一般来说,儿童先知道韵律,其次是语音分割,之后才是音素组合。大量研究表明儿童的语音意识和阅读成就联系紧密(Adam et al. , 1998),但是关于语音意识与阅读发展两者可能存在因果关系的结论却仍有争议。在一篇语音意识的综述中,Castles 和 Colheart(2004)发现无论在纵向研究还是培训研究里都没有关于语音意识先于并引起阅读发展和语音发展的可靠证据。他们认为比起因果关系的观点来,更可能的解释是"一旦儿童习得阅读技能和拼写技能,他们就会改变操作语音意识任务的策略,还会结合字形技巧或用它来代替语音技能以完成任务"(p. 102)。这一解释表明技能之间是紧密联系的,而字形技能则是语音意识和阅读发展相关关系的中介。

关于语音意识影响阅读发展这一观点主要来自两种支持性的证据：预测效度和培训研究。先考虑一下相关关系如何被用于预测效度的确立。Bradley 和 Bryant(1983)在一项具有标志性意义的纵向研究中指出,语音意识和随后的阅读成就之间存在因果关系。他们以还不会阅读的四五岁儿童为测量对象,运用特殊词识别任务(oddity task)测试儿童对韵尾和韵头的了解程度,以此评估他们的语音意识。例如,让小孩在"pin, win, sit, fin"这组单词中选出一个奇异的或与众不同的词。他们发现的是语音意识的完成情况可以预测 3 年后的阅读发展和拼写技能发展,即使控制了记忆和智力的影响后,结果还是如此。很多有影响力的报告也指出类似的强相关关系,隐含着语音意识对阅读发展具有因果作用的观点(Adams, 1998; National Reading Panel, 2000; Snow et al. , 1998)。

但是,另一些研究者并没有发现韵律意识和阅读成就之间具有强相关关系(Hulme et al. , 2002; Stuart, 1995)。Rathvon(2004)认为由于天花板效应,幼儿园阶段韵律任务的完成情况不如音素意识测量结果的预测能力强。Casthes 和 Colheart(2004)认为儿童对韵律匹配这类任务,例如上面谈过的特殊词识别任务,快速而正确的回答可能是缘于儿童注意到单词结尾发音不同,这就将音素意识和韵律意识混淆起来了。他们也发现特殊词识别任务的信度很低,并得出如下结论:"没有典型案例能证明韵律意识能单独在阅读和拼写习得的预测中起重要作用。"(p. 90)

可以通过验证韵律意识的发展轨迹来解释这些发现,而此解释也适用于语音意识的其他评估。首先,韵律意识涉及潜在的一系列音素,但是在实际操作中,很多评估只集中在对于 4 岁儿童不太了解而对于 6 岁儿童已掌握的一小部分典型关系上。用于评估韵律意识的任务不仅与刚出现的音素意识混合在一起,还在部分样本中呈现偏态分布,只是在那些任务完成情况中等的特殊个体上呈正态分布。因此,任务的难度和分数的分布取决于测试中所选的项目。其二,用于建立预测效度的相关关系强度取决于样本对知识的相对掌握程度,而且对于那些任务完成结果出现地板效应或天花板效应的儿童来说,其强度有所削弱。例如,Willson 和 Rupley(1997)发现音素意识在低年级中对阅读理解有很强的预测能力,但是到三年级时,背景知识和策略知识则更为重要。其三,信度低可能是因为韵律的习得速度很快,甚至在测试过程中儿童都可以不断学习,所以小孩在第二次的测试中分数可能会提高。其四,很难单独评估韵律意识,因为它和其他语音技能、字形技能是同时发展的。因此,将变异排除或比较剩余变异的回归技术会与多重线性相混淆。

所有这些问题意味着评估中出现的项目和参加评估的儿童相对的语音意识程度决定了分布形状、数据的偏度以及变量之间的相关强度。问题的关键在于没有随机抽取有代表性的项目和被试,因为并不是所有的项目难度都是相等的,也并非所有儿童所表现出来的技能都能呈现正态分布。因此,事实上被评估的技能、韵律意识或语音意识,并不是正态分布的独立阅读成分。其更准确的定义是一套逐渐被掌握和使用的知识,对其掌握的程度可以被评估,同时可确定它被使用的熟练度或准确率都是一条趋近于100%的渐近线。掌握程度和使用熟练度的标准都可以计算出来,但重要的是必须注意到标准会随被测查的个体与印刷物接触的经验、各种书本经验以及直接教导的不同而不同,所以该标准的评价侧重文字环境的特征多于个人能力。

现在让我们探讨一下来自训练研究中关于语音意识对阅读发展情况起因果作用的证据。Bus 和 van Ijzendoorn(1999)对语音意识研究进行了元分析,他们发现训练能够大幅度地增强语音意识和提高阅读技能(评估任务为单词识别和猜词)。训练与语音意识的相关系数 r 值为 0.33,与阅读技能的相关为 0.34,即结果差异中的 12%能够由语音训练解释。结果的评估方法跟训练非常类似;语音意识结果的平均训练时间为 8 个月,字母阅读和单词阅读结果的时间为 18 个月。Bus 和 van Ijzendoorn 得出以下结论:“关于训练的研究说明了语音意识在阅读学习中起到诱因的作用,语音培训确实能提高语音技能和阅读技能。”

这个结论未免夸张,因为训练研究包括了字母形音匹配,还有其他阅读技能,而不仅仅是语音意识。跟幼儿园以及低年级儿童相比,训练对入学前儿童效果更好;短期效果比长期效果明显;而有阅读障碍的儿童从中受益并不比正常儿童大。作者注意到天花板效应和语音意识的正常发展可能是训练对年龄较大的儿童的影响不断减弱这一现象的内在原因之一。语音意识训练似乎有利于掌握该知识最少的人,而如果能同时持续训练字母知识、语音技能和字形技能等,那么效果会更加明显。但是,Bus 和 van Ijzendoorn(1999, p. 143)注意到语音意识只能解释差异的 12%,并断定“语音意识是阅读学习的重要但不是充分条件”。

Castles 和 Coltheart(2004)用更为严格的标准检验了语音意识在阅读学习中所起的诱因作用。他们总结了一些研究,这些研究都符合以下几个条件:(a) 只训练语音意识;(b) 除了语音意识以外,也促进了其他与阅读相关的加工;(c) 与阅读相关的技能朝着积极的方向发展;(d) 语音意识的增强仅发生在先前并没有通过训练而提高阅读或拼写技能的儿童身上。符合这些严格标准的研究非常少。Castles 和 Coltheart 推论“没有任何一个研究最终确定语音意识训练有助于阅读或拼写习得”(p. 101)。他们的综述重点谈论了一些发现,这些发现都能通过分析技能发展的轨迹来解释。第一,训练的对象包含了很多种完全不同的语音技能。有些技能,如尾韵和首位辅音,很早就学习了,而其他技能,如音素分割和组合,学习时间较晚。训练刚刚开始出现的技能要比尚未出现或几乎完全掌握的技能收获要大。换句话说,训练发生在最近发展区内会获得最大进步,所以训练与学习水平的匹配程度会决定补救措施的有效性。如果语音意识训练的好处只是暂时的,而且仅仅对那些掌握了一点点语音意识的小孩有用的话,那么它对随后阅读的影响力不可能太大。

61

第二,语音技能的多重线性使得语音技能很难被单独加以训练而不涉及任何其他相关技能。例如,在训练小孩识别音位结构模式(onset-rime patterns)的时候,如“c-at”,同时也提供了字母命名、字母形音匹配以及字形特征方面的信息。Castles 和 Coltheart (2004)指出每项技能单独发展的时段是非常短的。并且,技能之间的相互依赖性,如知道特定的字母形音匹配,可能会比笼统的语音意识评估更好地预测特定的拼写和阅读成就。也就是说,技能的先后发展顺序可能具体到字母、音节和音素,因而对不同语音技能的笼统评估可能会掩盖发展关系。第三,训练可能会对相关技能产生扩散效应。即便训练条件被描述为非常集中,它们仍然能对相关技能产生实践意义或反馈作用。有些研究没有评估训练对其他阅读和非阅读技能上所产生的迁移,所以效应的特定性不能确定,并且远远小于训练导致的霍桑效应。第四,训练效果最明显的是当把不同技能联系起来进行训练的时候,例如结合语音和字形技能 (Hatcher, Hulme, & Ellis, 1994),或者把技能外显的元认知指导 (Cunnigham, 1990)包括在内时。

总之,语音意识研究表明小孩学习阅读的同时也习得了各种相关技能,要分离、评估或训练单独一项技能都是很困难的。语音意识确实可能以字形加工技能为媒介,或者跟它同时发展。这就使得确定语音意识和阅读发展之间的直接因果关系非常困难。给语音意识的重要性提供最坚实基础的两个发现是:后进读者在语音意识评估任务中表现不佳;多重或混合语音技能等的训练能够促进想提高的技能。因而,语音技能是随后阅读能力的必要而非充分条件。

阅读技能的限制性

为阐述方便起见,我们将影响阅读发展评价的因素归为三类:概念性的、发展性的和方法性的。不同阅读技能之间受限的种类和程度不尽相同。一般而言,字母知识、语音以及印刷物概念受限程度最高;音素意识和口头阅读流畅度受限程度较低;词汇的理解受限程度最低。连续体中的两个极端很好地说明了受限技能和非受限技能之间的差异,但即使是微小的限制都会阻碍对阅读技能的分析。

概念的限制

阅读技能,就像其他心理结构一样,需要被加以定义和操作化,以用于确立对这种结构的解释以及一致性的测量方法。构想效度是通过对它的定义和评价方法加以确定的。这一结构的基本限制之一是"范围",由它的适用领域、要素的数量或知识的容量决定。例如,学习英文字母表里 26 个字母的名称和发音就是两个很明显的例子。范围小的技能学得较快,所以掌握的轨迹比较陡峭,习得时间也比较短。印刷物知识的基本概念也是如此(Clay, 1979),它们都是概念的限制,只有数量相对比较少的概念需要掌握。

早期阅读技能和阅读概念的第二种概念的限制是"重要性",通过样本的集中性或典型性来衡量。关于儿童对早期印刷物概念的掌握程度,评价的很多内容都跟阅读初学者所要知道的一小部分关键且重要的文本特征有关。由于早期评估使用了一些所有熟练读者都掌握了的典型刺激,因而会表现出天花板效应。低频字母发音,如"x",以及难懂的印刷物概念,如单引号,都处在某项技能的概念范围内,但是它们极少出现在早期阅读评估中,因为它们在阅读学习中没有掌握其他技能和概念重要。

62

早期阅读技能中的第三个概念的限制是影响范围,包括领域范围和时间范围。受字母学习和印刷物概念学习影响的伴随技能跟字形—音素关系的解码技能直接联系在一起。相反,词汇发展在很多方面都影响(和受影响于)语言、认知和沟通熟练程度。影响范围在受限程度高的技能中不但较小,而且影响的时间范围也局限于受限技能习得速度快的那段时间内。因此,像字母知识这样的受限技能跟儿童早期解码联系最紧密,而词汇类那样的非受限技能则在发展全程中与较大范围的学术技能联系最紧密。

受限范围、重要性以及影响范围在语音意识这一结构中也非常明显,尽管这三者都比在字母知识上更广且习得时间较长。很多早期阅读评估包括了音素识别、分割、组合和韵律匹配等任务,但用于测试中的音素通常是重要且基本的。这些音素来自口语和文本中的高频词,通常熟悉性较高而且使用范围较广。因此,像"cat"和"sit"这样的单词经常出现在早期语音意识评估中,因为音位结构模式是儿童所要掌握的重点。由于很多语音意识评估都局限于一小部分核心样本规则的评价,可以认为它们也是一种受限技能(如, Adams & Treadway, 2000; TPRI, 2000)。虽然存在着许多独特的语音规则而且其容量远大于26,但正是这些规则的受限范围、重要性和影响范围使得七八岁的儿童能够学会语音意识的基本特征,并且解读他们在初读文本中遇到的几乎所有单词。

语音加工比语音意识复杂,因为受限技能和非受限技能可能共同作用。因此,语音加工评估可能混淆了对受限技能和非受限技能的评估。例如,Wagner, Torgesen 和 Rashotte (1999)的语音意识综合测验(CTOPP, Comprehensive Test of Phonological Processing)是以三个相关技能的相互作用为基础的,按照作者所说的,语音意识、语音记忆和快速命名之间的相关程度随发展而降低。受限技能观点为解释 CTOPP 提供了一个有用的框架,因为语音记忆和快速命名是儿童之间的个体差异变量,会随时间而持续变化,但语音意识是仅在一段时间内会变化的受限技能。语音意识被掌握以后,其变化比起语音记忆和快速命名都要小,所以非独立技能之间的相关关系一定会因为统计原因而减弱。剩余的是记忆和快速命名的基本信息加工能力的个体差异,而不是阅读的某些特定技能。

CTOPP 有13个子测试,7个适用于5到6岁儿童,10个适用于7到24岁的人。其实年龄大的儿童跟年龄小的儿童接受的子测试除了发音匹配之外,基本上都相同,因为所评估的能力在儿童7岁时就基本被掌握了。该量表还包括四项较难的子测试,分别是非词组合、非词分割、颜色命名和物体命名。子测试的分数用于确立语音意识、语音记忆和快速命名三种组合分数,而组合分数则用于确定个体成绩的标准化年龄。同时也被用于确定一致性和预测性效度。CTOPP 评估了包括受发展性和方法性限制的不同技能组合,因此数据在解释上与个体加工速度和记忆的个体差异之间的联系要比与语音意识的联系更紧密。

CTOPP 手册中的表 C.1 测验揭示了5到15岁小孩在子测试中成绩发展速度的巨大变化。例如,发音匹配在8岁3个月时掌握程度是100%;词语组合在8到9岁时是87%;非词组合在8到9岁时是80%;音素反转(phoneme reversal)到9岁时掌握程度是70%。单词分割的地板效应非常明显,因为单词分割数目少于9的儿童都会获得一样的低分。数目从0增长到9的相应年龄段是0—5岁到7—9岁,而分割单词分数从原始的9分上升到12分发生在 7—9 岁到 9—14 岁两个年龄段之间。很明显,子测试成绩的增长并不是线性或均匀的;个体在子测试中所表现出来的地板和天花板效应很明显。因此,从子测试中得出来的组合分数反映了不同技能在不同年龄的熟练程度。以数字记忆的得分情况为例,原始分数量表 0—14 分相对应的年龄段是 0—5 岁和 9—14 岁,但是转化为与年龄相对应的分数则表明在 6 岁之前儿童就能达到 0—10 分的成绩,而接下来 9 年里只有 4 分的增长空间。忽略非线性增长、不同技能所受的限制以及技能之间不同的发展轨迹会削弱 CTOPP 中组合分数的结构效度。

63

这里所描述的 CTOPP 的情况可以显示发展轨迹的差异和评估中达到的渐近线。对其他早期阅读评估方法,类似的批评也同样适用,如基本读写能力动态评价指标(Dynamic Indicators of Basic Literacy Skills, DIBELS),TPRI 和 PALS,因为它们都包括了对受限技能的评估,如字母知识、印刷物概念和音素意识。值得注意的是,这些早期技能评估都报告了典型的皮尔逊相关以表明跟其他评估的关系,进而确定一致性与预测效度。然而,从初学到专家水准的心理测量数据都不可避免会产生偏态,而变量分布的情况又会影响相关关系。这也是必须重新考虑技能之间差异的重要原因之所在。

发展的限制

阅读技能发展轨迹的限制有四种。第一种是不平衡学习(unequal learning),因为有些字母、概念以及音素的学习速度比较快且习得比较全面。这是导致不同技能之间非线性学习方差不齐的固定因素。例如,字母 x 和 q 比 m 和 s 学得晚而且慢,辅音—元音—辅音类单词的音素韵律一般比复杂形式的要简单。当字母知识和语音意识这类技能被看作统一技能(uniform skills)时,尤其是当评估时假设随机抽取的是对等要素,则概念或规则样例的不平衡学习就会构成问题。

第二个发展的限制是学习的持续时间(learning duration)。有些阅读技能,如字母学习,只需几年,但其他技能,如词汇,所需时间却较长。无论是在儿童阶段学习还是成年后学习,不可否认的是某些技能的学习速度比另一些快,掌握程度也更高。这种时间限制在终生发展的非受限技能上表现并不明显。能被完全掌握的技能在纵向习得进程中一定会出现地板和天花板效应,因为受限技能的发展是从无到完全掌握再到自动化。即便某些阅读技能可能不是完全掌握,随着习得速度减慢或到达最高点它们也表现出一种个别化的渐近趋势。譬如,个人阅读速度到中学阶段会稳定下来,但阅读速度会因人而异。

第三个发展的限制是掌握的普遍性(universal mastery)。有些阅读技能和概念反映了人们所能掌握的普遍信息。所有熟练英文读者都掌握了 26 个字母以及相应的音素。同样,任何有能力的读者具有完全相同或几乎完全相同的关于印刷物、音素韵律、单词分割和组合方式的概念。在评估这些阅读技能时,会出现相同的 y 轴截距或渐近线。这是受限技能的一个重要特征,因为当受限技能到达渐近线时,个体差异会变得最小甚至为零。用普遍受限和低程度受限的变量,如身高的增长和词汇的增长,做对照:在成年后两者都可能趋近极值,或者至少变化速度会减慢,但是渐近线会出现个体差异,y 轴上截距的差异呈正态分布。

可以普遍掌握的技能情况则与此不同，这类技能的发展在 y 轴上截距相同，且不存在持续的个体差异。因此，在普遍掌握技能的习得过程(指开始时间、速度或持续时间)中出现的差异是非常小的，相比之下，这些技能在一生中大部分时间都是相似的。相比之下，非受限技能发展则不受时间限制，并可能在一生中表现出持续的个体差异。这个关键的特点对各种统计分析以及技能的解释都有启示。

由于各种技能的 S 形发展曲线在开始年龄和增长的持续时间方面差异甚大，所以发展轨迹分析更加复杂。让我们看看 CTOPP 中的子测试。标准数据表明，在 7—8 岁之间发音匹配、词语组合以及音素反转学得最快，而非词分割和元音省略却掌握较慢。当运用统计技术将其结合为组合分数时，不同发展曲线之间的根本差异就被掩盖了。这些数据可能已将因变量的常态提高了，但却降低了效度。很明显，伍德科克-约翰逊阅读测试(Woodcock-Johnson reading test)的设计者注意到字母命名中出现的微弱天花板效应，所以他们创造了字母命名和单词识别的组合分数，以避开极端数据，解决了正态问题但是却混淆了所评估的对象。

64

很多研究表明受限技能的掌握可能会混淆数据的分析和解释。例如，Morris 等(2003)报告了幼儿园和一年级儿童阅读技能间关系的纵向研究。他们使用了线性结构方程模型来评估刚出现的技能之间的关系，但是他们没有考虑到存在于数据中的概念和方法的限制。例如，他们报告中的表 2.3 清楚地反映了在他们研究的 2、3、4 时段，儿童的字母知识和早期辅音意识就都达到了最高水平，而在 1、2、3 时段儿童的单词识别和音素分割则都处于最低水平。但是，他们还是用了传统的统计方法进行分析，该方法假设数据是正态分布的。从纵向分析中，他们得出以下结论：七项阅读技能的习得发展顺序是，字母知识、早期辅音意识、文本中词的概念、首尾辅音拼写、音素分割、单词识别、上下文阅读能力。

最后两项属于非受限技能，可能会比其他五项受限技能发展时间更长而且速度更慢。仅仅根据每种技能逐渐增长的知识容量以及对早期出现的技能评估上的限制，作者认为是可以预测习得顺序的。该研究的作者认为词语概念(即当有人给儿童读故事时，他们会用手指出单词)是音素意识的先决条件，应该在早期教育中给予强调。这种观点，即“词语概念的知识容量比音素意识小，习得速度比音素意识快，而且它是掌握其他随后出现的技能的必要而非充分条件”，在狭义范围内可能会成立。虽然按经验来分辨新出现的发展技能这一形式是重要的，但是如果能将各种技能发展的概念特点分别加以考虑，那么解释会更加准确和完整。

第四个阅读技能的发展性限制是相互依存性。有些先决条件可能对一项技能的习得是必要的，所以该项技能就会受到与其他技能间关系的限制。例如，很多技能跟包含在读写技能里的语言接受能力、分辨能力、产生能力是相互联系的。这些技能可能就是读写发展的先决条件。值得注意的是，辅音音素识别先于元音音素，也可能是组合技能和分割技能的前提条件。一般说来，文本理解依赖于单词解码；而单词解码是理解文本的必要而非充分条件。很多受限阅读技能都取决于认知和语言的发展，而且都在儿童阶段的同一时期习得。语言和读写技能同时性的并行发展导致了研究中这些变量的多重线性，这就使得要在快速发展期内将相互联系的技能分离出来特别困难。相互依存性还会使相关分析失效。

很多技能是以另外一些技能为前提条件的，但是研究者在分析阅读技能时却把它们当做是独立的(如 Fuchs, Fuchs, Hosp, & Jenkins, 2001)。因此，理论上习得阶段必要的伴随技能之间存在着正相关，但是当两种技能都被完全掌握且两者所存在的变异都最小的时候，这种关系就会消失。技能之间这种暂时性的相关模型以及随后相关关系的消失是发展性相互依存对技能限制所造成的结果。受限技能观点将暂时性的相关模型解释为儿童对受限技能的掌握所导致的逻辑性、概念性以及先验性的结果，这些受限技能是儿童掌握其他技能的先决条件。

值得注意的是当一项技能使另一项技能得以发展时，相互依存性有可能是不对称的。因此，如果 B 取决于 A，那么缺乏技能 A 可能跟缺乏技能 B 有关系，但是精通 A 并不代表精通 B(即 A 是 B 的必要非充分条件)。这种不对称关系在阅读初学者身上非常明显，口头阅读缺乏流畅性与阅读理解能力薄弱有关系，但是熟练阅读者阅读的流畅度并不一定跟阅读理解能力相关(S. Paris, Carpenter, A. Paris, & Hamilton, 2005)。更一般的解释是，相同读者新掌握的或初学的技能比高度熟练的技能差异大，而且跟其他阅读技能的相互依存关系更明显。因此，正相关只在部分掌握的技能上非常明显，而在完全掌握了的技能上完全不明显。这种不对称关系的启发之一是正相关可能只是在技能初学者、后进阅读者，或有技能缺陷的读者身上观察到，因为缺乏字母知识和音素意识与缺乏有效的单词识别能力、流畅性，以及理解能力有关。所以，建立在技能薄弱的后进阅读者基础之上的阅读技能模型可能过度强调了缺失的相互依存技能之间的不对称关系。弱的基本技能和低阅读成就之间的正相关，正如基本技能是熟练阅读发展的必要非充分条件所预期的那样，其对阅读理论和实践的普遍指导意义是，就那些已掌握了基本技能的年长读者而言，针对他们身上的阅读技能发展的特点，以往建立在后进读者不熟练阅读加工之上的模型，可能做出的只是一种片面而错误的描述。

65

方法的限制

有些限制是由收集数据的方法导致的。方法限制的常见例子包括只测试了范围狭窄的题目、任务的内部一致性低以及测试任务太难或太易，从而导致数据产生偏态，尽管这种数据在概念上并不一定是偏态的。技能之间的相互依存性给方法的限制提供了一个更有说服力的例子，因为一项技能的使用可能决定于另一项技能的最低或某一临界水平。可以考虑一下两个阅读技能阈限的例子：口头阅读准确性和口头阅读速度。两者都是受限技能，但在传统研究中被当做非受限技能。准确性受概念限制，因为熟练阅读的单词识别准确率并不会形成一个中点位于 50%的分布。事实上，100%的准确率是技能发展的目标，也是更受青睐的水平，所以评估方法就受到概念的限制。准确率作为一个研究变量同样受到限制，因为教育家和研究者认为单词识别准确率达 95%是理解文章的必要条件(Lipson & Wixson, 2003)。这就表明准确率给阅读理解设了一个阈限，而且跟其他阅读技能相比，单词识别是变异有限的高偏态技能。

阅读速度受到言语生成速度和词语自动识别速度的限制，但是事实上受限程度要比准确率小。很多儿童的诵读速度跟他们的译码速度相当，极少儿童每分钟正确阅读的单词数目少于 40—50 个(words correct per minute, wcpm)。一年级儿童到秋季的平均口头阅读速度是 53 wcpm，而五年级儿童到秋季在第 50 个百分点的速度为 105 wcpm(Hasbrouck & Tindal, 1982)。在各个连续的年级，儿童阅读的平均增长速度为 13 个/分钟。因此，阅读速度范围受到年级内和年级间的限制，每年适度增长。到中学阶段，儿童的阅读速度接近成年水平，大约是 150—200 wcpm。阅读速度太快或太慢都会使理解水平下降，所以口头阅读速度受限于讲话速度、专业水平以及儿童对一边解码一边理解文本的尝试。当然，文本的复杂度、词汇的熟悉度、听众、阅读目的也会影响阅读速度。阅读准确率和速度随年龄和所受指导的增加而提高，但是阅读速度和准确率也轻微受到概念的、发展的和先验的限制。

准确率高的口头阅读者，其流畅性和理解能力之间的相关关系开始时只会有很小的变异(从数据来看)，所以能预期到的最极端的也就是中度相关。由于不对称相互依存性的存在，以及准确率低于 90%就会妨碍阅读理解，因此理解能力很可能出现地板效应。尽管低的流畅性分数在理解能力分数上只能造成很小的变异，但是当评估的是同一篇文章时，两者不可避免地会产生共变，因为缺乏流畅度一定会导致缺乏理解能力；换句话说，如果单词都读错，那么就不可能理解文章。口头阅读准确率低时，评价准确率和理解能力之间的关系是没有任何意义的，因为这种关系总会呈现明显且虚假的正相关。事实上，连文章中的单词都不认识的儿童读不懂文章，那是不足为奇的。因此，解码能力处于低水平时，变量之间的非独立性的确会混淆并夸大正相关关系，而它也可能使口头阅读准确率的相关分析失去效用。

66

那么，为什么有些研究发现了口头阅读流畅度和理解能力之间呈现中度正相关关系呢(Kuhn & Stahl, 2003)？有时研究包括了口头阅读准确率低于 90%那部分读者的数据，所以数据也就包括了那些不会解码或理解的读者个案。准确率低于 90%时，分数变异非常大，并且由于读者两个分数都非常低，就会造成正相关关系。就算大多数读者的准确率都高于 90%，而优秀读者之间的流畅度分数差异极小，但流畅度与理解能力的相关关系仍然会受到变异最大的少数几个读者的过度影响，即出现统计意义上的极值。口头阅读准确率低于 90%的读者可能存在各种各样的阅读问题，包括准备知识不足、词汇量小、不熟悉标准英语、不熟悉文章风格和测试形式、动机方面的障碍如自我效能低和自我设限策略(S. Paris & A. Paris, 2001)。因此，口头阅读准确率会受到很多不同经验和技能的影响，口头阅读流畅度分数则可能仅仅是影响阅读发展的各种因素的一个代表性测量。

有些研究者试图在不同任务中对流畅度和理解能力分数求相关，以避免技能之间的相互依存性问题。例如，口头阅读流畅度可以通过一篇文章测试出来，而理解能力则可以通过标准化阅读测试评估出来。这种做法似乎也存在问题，因为两个认知过程之间的关系是在几篇而非两篇文章之间更为重要。通过独立的文章来评估技能，也就是把不同技能当做是相互独立的能力。由一个阅读任务得出来的流畅度分数和由另一个阅读任务得出来的理解力分数，两者之间关系一般呈正相关。然而对这一结果的解释仍然有争议。支持者认为，两种技能存在着正向的关系，因为两者之间有正相关，但是对独立文章的分析反映的不是认知过程而是被试之间的相关关系。在其中一项技能中得分低的被试可能在另一项技能中得分也低，但由于不对称性的存在，流畅的阅读者却不一定是优秀的阅读理解者。然而代理效应(proxy effect)也可能从中起到作用，因为流畅度高的阅读者可能比流畅度低的阅读者的智力技能更好，读写经验也更丰富。因此，显著的、简单的正相关混合了技能之间的相互依存性，以及技能之间的不对称关系，并且影响了流畅度和理解能力的多种因素的多重线性。

对研究和政策制定的影响

本章重点讨论的是阅读中各成分在基本概念和发展上的差异对研究方法、数据分析以及各阅读技能之间关系的解释所造成的影响。技能间的不同被看作是识别不同技能发展轨迹如何呈现出不同斜率、截距、学习持续的时间和影响范围的限制因素。当数据呈现的偏态分布是由地板或天花板效应所导致时，这种限制效应表现得最明显。而天花板和地板效应可能是由于被试选择、任务难度或学习的不同熟练度(初学/专家水平)导致的。偏态数据并不会在通常呈现正态分布的数据中出现，所以不应该通过样本选择、数据转换，或数据合并来修正它们。当儿童习得技能或技能水平提高时，都会产生偏态数据，正态数据只是出现在大多数样本儿童都部分掌握某知识的那一小段时间内。

在阅读成分模型中，随着技能之间变得互相促进，应该将它们看作是相互依存而且相互关联的。例如，当儿童通过识别和结合音位结构模式(如 d-og 或 b-all)来学习分割和组合音素时，他们也会运用字母名称和发音知识、字形加工、音素意识、词汇知识以及先前完成类似任务的经验来分词和组词。估计阅读发展的数据会出现多种成分技能的多重线性，而这就会混淆对不同技能相关关系的解释，包括共时相关和准则—关联相关。例如，在一项具有标志性意义的一年级阅读评估项目中，Bond 和 Dykstra(1967)分析了来自小学生、学校和社区的数据以确定各种变量跟一年级学生的阅读和拼写成绩是如何相关的。小学生评估包括一系列受限技能(如语音识别、字母命名)和非受限技能(如智力测试、单词命名)，所有技能都用同样的相关分析方法和方差分析方法进行分析。以数据的多重线性为例，通过六种阅读指标计算了 13 个测量方法之间的相关关系(见 Bond & Dykstra, 1967 表 2—7)，r 值范围为 0.16—0.84，其中大多数的 r 值处在 0.3 到 0.6 之间。在各种小学生阅读和学习评估以及斯坦福段落大意测验(Stanford Paragraph Meaning Test)中都发现了类似的相关关系。 67

Bond 和 Dykstra 的研究是首次以检验支持低年级阅读教学方法的证据为目的的大规模研究尝试之一。近期的研究，诸如全美阅读小组(2000)，其目的跟 Bond 和 Dykstra 的研究差不多，此外还增加了另一个目的，即制定全美阅读评价与教学政策。虽然我们肯定这些尝试的初衷，但是由于阅读技能之间具有很大和很重要的发展性差异，所以用在受限阅读技能上的方法和分析需要进行重新评价。接下来我们将对类似问题在指导政策制定上的部分意义进行分析。

阅读的五大成分

Adams 等(1998)、Snow 等(1998)以及全美阅读研究小组(2000)的阅读研究和实证方法给联邦法律提供了基础。报告的一个显著结果是导致了在评估和教学中对阅读五大成分的强调。这对全美阅读材料的选取和教学实践产生了巨大的影响。虽然很多心理学家和教育学家都对科学研究所起作用的不断增大非常热心,但是其他人却担心研究中的证据是不全面的和有争议的。对教育政策的反对并没有动摇到该政策背后的科学根基,因而它们被解释为质疑的是那些未被证实的研究方法的可解释度。而技能受限观点则对研究方法、数据分析、阅读成分观的科学根基提出了挑战。

不同阅读限制的研究表明五大阅读成分的发展轨迹和范围差异很大。毫无疑问,字母知识和语音意识都很重要,也是熟练阅读必要的前提条件,但是几年内就可以将它们掌握,通常是在 4—8 岁之间,也就是当儿童获得直接教导以及技能实践的时候。在快速习得阶段,关联学习(relative learning)的差异与很多其他发展成就之间具有相关关系(共时和准则关联相关),因为跟其他差异相比,它们提供了教育的支持性环境指标以及更好的相对成就指标。字母知识和语音意识通常在其他阅读技能达到熟练之前就达到较高的掌握水平,因此不对称水平会降低纵向相关程度。这会导致其在与随后阅读成就的关系中产生不稳定、变化的相关关系。

口头阅读流畅度是一个普遍的教学目标和评价目的,因为读得又快又准而且有声调的儿童本身已经能将多种技能融入自动的词汇识别中。流畅阅读是建立在多种技能之上的,而且是自动化技能的指标,但同时它又受到几个方面的限制。发展轨迹表明存在着一个结结巴巴的单词阅读时期,在一年级时阅读速度通常少于 50 wcpm, 而自动解码能力从低年级一直不断提高直到青少年阶段达到 150—200 wcpm, 接近极端值,其与口头阅读的相关关系也相应地随着轨迹而变化,在阅读学习早期和晚期相关关系明显较低。流畅度的短暂效果可用受限技能掌握进程来解释。

口头阅读流畅度同时也受它跟阅读理解相互依存关系的限制,因为如果读者对文章中10%以上的单词不认识,那么他们很难读懂该篇文章。以往研究将流畅度和理解能力看作相互独立的技能来进行分析(Fuchs & Fuchs, 1999),但是技能受限观认为口头阅读流畅度要达到一定阈限,理解才能发生。不过,流畅度阈限是阅读理解必要而非充分的条件,因为很多读者,尤其是三四年级以后的读者,能流畅地识别单词但是却不能理解文章(S. Paris et al.,2005)。当评估阅读初学者或用不同文章评估时,口头阅读流畅度和阅读理解能力之间的相关关系最强。在这两种情况下,差异都可以归结到流畅度低的读者身上,因为不流畅阅读导致阅读失败的概率要高于流畅阅读促成的阅读成功的概率。

在我们看来,阅读的五大成分可以解释为三项重要的基础技能和两大关键阅读成分。虽然本章中我们没有详细研究词汇和阅读理解,但是两者都在印刷物相关技能之前开始发展,而且是终生持续发展。两者规模都很大,影响范围也很广,而且都能促成阅读过程中的意义建构。与儿童间受限技能变化的差异相比,个体词汇差异和理解能力差异是持续而稳定的。两者在阅读学习的任何阶段都值得指导和评估,因为它们都是贯穿于阅读的基本认知技能和语言技能，也是教育的根本。

对受限技能评估的重新分析

技能受限观的另一个启发在于需要对传统的阅读研究和评估结果进行重新分析，因为从以前数据中得出的结论不一定是正确的。在此，我们将总结本章中提到的部分问题。其中一个问题是被试的选择。如果阅读成分和评估方法之间的显著相关取决于被试学习的相对程度，那么应该将这种相关解释为变化的而不是持续的。这同样适用于来自那些相关关系随技能掌握程度的升高而减弱的不稳定技能的横向和纵向数据。第二个问题是偏态数据。研究者们应该报告数据的偏度和峰度。他们不应该运用统计方法来将概念上非正态分布的数据转换为正态分布的数据。第三个问题是不应该对技能评估所得的原始分数进行合成，因为这样会混淆不同发展轨迹而且会产生出虚假的正态数据。第四个问题是，研究者们必须使用非参数统计方法来分析非线性、发展轨迹不对称的技能。

重新分析数据是为了避免对阅读技能之间关系的错误分析。阅读成分中一直存在两大误区：第一，假设阅读成就和受限技能如字母知识、印刷物概念、语音意识之间的相关关系是稳定而持续的。其实并不是这样，上述假设忽略了相关关系是随受限技能的不断掌握而变化、减弱，是不稳定的这一事实。第二个问题是从受限技能和随后阅读成就持续的相关关系中推出不严密的因果关系。虽然有些研究者很小心地将受限技能和阅读成就解释为随后阅读成就的一个指标，而不是原因，但是实验范式通常都没有包括对其他环境变量影响效应的排除，如父母的帮助和读写经验。受限技能很可能受到代理效应的影响，因为诸如特定印刷物知识和技能的早期快速学习反映的是社会和环境因素而不是稳定持续的个体差异。例如，Scanlon 和 Vellutino(1996)报告的字母识别和阅读成就的相关 r 值为 0.56，但是他们也发现数字识别和阅读成就的相关系数 r 值为 0.59(引自 Snow 等，1998)。因此，字母知识相对其他技能的早期优势可能只不过代表了有利于各种技能学习和成就的优良环境。所以将预测性相关解释为对特定技能训练的要求很可能是错误的。

信度与效度

传统阅读技能评估方法通过相关来考查信度和效度，但是我们已经说明了以非线性发展轨迹——尤其是那些具有普遍相似的渐近线的轨迹——为基础的相关关系会随测试的不同而产生变化的模式。在 4—7 岁之间的三个时间点对相同儿童进行评估，如果字母知识和阅读成就间的关系分别是低相关、高相关、无相关，那么怎么能说字母知识是有效评估呢？相关关系在中间那个时间点很强，就认为它在那个点是有效的，这种观点不符合效度的科学界定，因为这种关系是变化的。我们相信所有受限技能的评估结果会随技能掌握程度的提高和阅读成就产生不稳定的相关关系，因此所有关于受限技能的效标关联效度都值得怀疑。传统研究发现受限技能和随后阅读成就之间有显著的相关关系，但是那些相关关系是由特定儿童样本和刺激项目所产生的无偏态数据决定的。那些特殊个案在不同年龄、不同技能水平的儿童身上没有可重复性。

69

相关关系的混乱之处还在于技能的复杂性。与回答关于文章意思的多项选择题相比，字母知识以及相关技能，如字母快速命名，是独立而离散的。受限技能比非受限技能更为独立但没那么混乱。跟复杂技能，如词汇和理解相比，独立技能较为容易评估和量化。低难度的评估会产生较高的信度和效度。像理解能力这类非受限技能的重测信度就比较低，因为第一次阅读时的学习会对第二次阅读产生影响。非受限技能间的相关关系所确立的一致性和预测性效度也较离散技能低，原因如下：(a) 阅读理解是由多元素构成的技能；(b) 文章和问题在熟悉度和难度方面会相差很大；(c) 阅读理解取决于动机和阅读策略；(d) 离散技能的项目比复杂技能的一致性和相似度更高(Carpenter & Paris, 2005)。从分词、组词，或给不同单词押韵这些任务的相似性比读不同文章回答问题的相似性更大这一结果可以证明刚刚谈过的这一点。因此，如果仅仅比较相关的强度，那么测量信度和效度的传统心理测量指标可能会偏向于某些技能的测查。

对不同技能干预所产生的效果

受限技能比非受限技能容易教，部分是因为前者知识容量比较小，比较独立。例如，教会一个 5 岁儿童 10 个字母的名称会对字母知识测试产生很大影响，但是教会同一个儿童 10 个新单词一般不会对综合词汇评估产生任何影响。当然，在习得先行知识和技能后的学习快速发展阶段进行干预是最有效的。因为知识范围比较小、发展窗口比较窄、学习速度比较快，所以受限技能受到的影响会比非受限技能大。

受限技能受到的影响在短时间内比较明显，但是这种影响会随时间而减弱，因为儿童最终都会掌握这些技能。字母知识、印刷物概念以及绝大部分语音意识都是如此。干预受限技能通常会产生特定的效果，对相关度低的知识有较小的迁移作用。相反，如果干预作用于非受限技能，如词汇和理解，那么干预作用的持续时间会长一点，效果也会在较大范围内扩散，因为这类技能比较复杂而且与其他技能相互联系。

对教育实践的意义

让我们再回到一年级老师 Jones 的例子来探讨一下她所在地区有关阅读教学和评估的政策。她那个地区用的是斯坦福成就测试第九版(Stanford Achievement Test, SAT - 9)来评估三—八年级的学生。他们在四、七、十年级也用国家制定的阅读水平测试。像其他 K—三年级老师一样，Jones 用国家承认的那套早期阅读测验，包括字母知识、音素意识、印刷物概念、口头阅读流畅度，来评价学生的情况。她参加了非正式的阅读能力测验研讨会，且想使用这些测验，但是却没有足够时间来逐个测试学生(每个学生大约需要 20—30 分钟)。Jones 所在那个地区的阅读能力评估协调员意识到了这个问题，并建议所有 K—三年级老师使用 DIBELS (Dynamic Indicators of Basic Literacy Skills)(Good & Kaminski, 2002)。DIBELS 的优点在于只需评价 1 分钟的口语阅读情况，对字母知识和音素意识的其他评估也非常快速。DIBELS 使记分、数据录入以及根据结果给教学提出指导都非常简单。使用数据来鉴别后进读者、用现有数据追踪每个班级和每所学校的年度进步,以及 DIBELS 在全国范围内的广泛使用,这些都给上级主管者留下了深刻印象。Jones 学会了每年使用 DIBELS 三次进行评估,对后进读者的评估频率则更高,她还将评估中收集到的数据向家长和地区报告。不过她对自己花在评估学生阅读上的时间很不满意,希望能有更好的阅读评估方法,但是她也感觉到自己被授权去证明学生的成长,并且调整她的评价方法和教学实践。

这一案例揭示了低年级教师的典型困惑。一方面,他们必须提高阅读评估的频率和数量;另一方面,还须提高外在指导的数量和强度,通常每天早上 60—90 分钟。主要问题是没有足够的时间来进行评价和辅导,也有很多老师抱怨缺乏材料、资源、专业支援,以致难以应付各种各样的学生群体。很多一年级的班级里有 25 个甚至更多的学生,其中可能包括有学习问题,如注意力缺陷/多动障碍(ADHD)的学生,以及母语为非英语的学生。有特别需要的学生通常要参加课间或课后的专门补习班,因此 Jones 也尝试集合专职辅导人员、家庭教师和父母来协助对每个学生的指导。应该说 Jones 是个出色的老师,但她也仍然为没有足够的时间辅导那些最需要帮助的学生而烦恼。

70

诊断性教学

教育评估应该和教学联系在一起,这样才能有效诊断问题所在,进而作出直接干预。但是,如果阅读困难被诊断为是对受限技能的不完全掌握时,教育人员就很有可能只对表面现象而不是问题本质作出补救。这点在 Jones 的例子中体现得特别明显,同时也可以从 DIBELS 中得到证明(Good & Kaminski, 2002)。DIBELS 是教育绩效和预防措施系统的其中一部分,通过提供早期阅读评估方法来预测阅读的成功或困难(Good, Simmons, & Kame'enui, 2001)。该方法的价值主要基于所声称的 DIBELS 在评估阅读发展和确认那些可能有阅读困难的儿童中具有预测效度。Good 等人解释道:"这些研究的评估假设流畅度(由准确率和速度反映出来)渗透到阅读加工的各个水平,而且早期基本技能的流畅度可用于预测随后阅读技能的水平。"(p. 264)原版 DIBELS 对早期阅读的评估涵盖了五大概念中的三个: 字母形音匹配知识、语音意识、流畅度。这三项都是受限技能,相关的支持证据也都有不足之处。前面所谈及的对字母形音匹配知识、语音意识、口头阅读流畅度的批判降低了 DIBELS 效度。

阅读速度由口头阅读流畅度来衡量,而这会受到很多因素的限制,包括: (a) 言语生成速度;(b) 自动解码和单词识别;(c) 发展因素,如发音器官的运动控制;(d) 社会因素,如焦虑。很明显,这些变量也会跟年龄和环境相互作用。由于以上原因,小孩比成人说话速度慢,诵读速度也比较慢。阅读速度是受限技能,因为一年级阅读初学者的阅读速度很少低于 20 wcpm, 而即使是非常熟练的五年级阅读者中也极少有速度超过 180 wcpm 的(Hasbrouck & Tindal, 1982)。一到五年级的平均阅读速度以 10—20 wcpm 的速度增长。也就是说,阅读速度随年龄和专业技能的增长而增长,个体阅读速度的增长是缓慢的,不同人的阅读速度到达不同渐近线。

儿童阅读速度的大多数差异都是由自动解码技能的差异造成的,所以解码技能的提高可能是阅读速度提高的主要原因。假如这一观点是正确的,则速度是单词自动识别的一个表现。这一解释是有道理的,但自动化只是阅读速度的潜在原因之一。自动解码和阅读速度这两个因素在解释个体和小组阅读水平的差异时被合并了,因为在儿童之间作比较时,能快速的阅读大致跟良好的阅读能力相关。

其中一个问题是将个体纵向发展的情况跟该个体在某一时间点的发展水平混淆了。个人阅读速度随技能的提高而加快,也就是说快速阅读是良好阅读能力的一个标志,因为随着年龄增长,单词辨认、自动解码等的速度都会加快,并且都能促进阅读速度的提高。但是,这并不表明同一个人的阅读速度快就能更好地理解一篇文章。相反,当读者的阅读速度较慢且有策略地重复和核查理解情况时,理解的效果要更好。这一点是显而易见的:与快速朗读相比,慢速默读时,读者能在阅读过程以及检查理解情况时使用更多的策略。而出声诵读则会妨碍读者策略的使用,同时还会减慢速度。因此,阅读速度快并不代表理解得透彻。当同时评估以不同速度阅读一篇文章的效果时,较快的阅读速度并不代表被试有更高的阅读水平。

71

第二个问题已经很明显:阅读速度是阅读发展变化的一种代表性测量,因为它能评估被试之间的差异(或被试内的纵向差异)。阅读速度为 150 wcpm 的儿童跟阅读速度仅有 50 wcpm的儿童之间的差异有很多方面,包括年龄、自动化程度、词汇、阅读经验。用于确立口头阅读流畅度的预测效度的那些研究,使用了被试间的数据来证明阅读速度跟阅读成就的其他衡量指标是相关的。例如,Good 和 Jefferson(1998)在八个不同研究中发现流畅度评估和随后的阅读成就评估相关,皮尔逊相关系数在 0.52—0.91 之间。这些相关关系表明在第一次测试中阅读速度慢的儿童在成就测试中得分也较低,而阅读速度快的儿童得分较高。方法上的错误在于认为流畅度分数和阅读成就分数是对儿童的“能力评估”,这种评估既独立于所阅读的文章(因为阅读速度和理解是通过不同任务来评估的),也独立于其他共时的经验。逻辑上的错误在于断定阅读速度快则理解能力强,表现为成就测试的分数较高。Fleisher, Jenkins, & Pany(1979—1980)也指出通过训练加快后进读者的解码速度并不能提高他们的理解能力。上述错误性的推理在 Good 等人(2001)的预防模型中体现得淋漓尽致,该模型认为指导学生提高阅读速度会使他们成为更好的读者。这是以相关证据为基础的错误推理,它导致了预防阅读困难的指导出现了错误而且具有危害性。

数据分析的错误是双重的。第一,研究者核查了阅读速度及其结果之间的简单相关关系,在分析数据时他们忽略了其他潜在的、影响阅读技能发展的因素。这就导致高的预测效度仅仅是代表性测量或不对称相关所致,因为并没有实验证据支持提高阅读速度可以促进阅读理解这种观点。在专门研究阅读速度时,研究者忽略了导致被试间阅读速度差异的潜在原因,如自动化程度和经验。第二,研究者用被试间数据得出被试内结论,这是很不合理的。流畅度评估可体现出儿童之间阅读水平的差异,但这并不是说加快个人的阅读速度能够提高其阅读水平。设立 DIBELS 的教育家和学校心理学家所提倡的预防模型是建立在对简单相关关系的错误推论和对被试间数据的错误解释基础之上的。快速阅读确实是阅读技能娴熟的一个结果,但并没有证据表明它是阅读技能提高的原因。

这是不是说口头阅读流畅度评价就是无效评估呢？不是，它有利于诊断有阅读问题的儿童，但流畅度就像体温计一样是用来诊断疾病的。阅读速度慢、准确率低的儿童可能是后进读者，可能有很多种类的问题导致了他们的阅读困难，但是加快阅读速度并不是治疗的处方或治愈手段。但有趣的是阅读速度慢的读者有可能从提高自动解码技能的训练中受益，如果目标仅仅是提高阅读速度，那么流畅度练习和训练可能会有用(Rasinski & Hoffman, 2003)。但是，流畅、准确的口头阅读并不会自动促成良好的阅读理解。如果只教小孩提高阅读速度，那么有些可能会理解得好，但更多的则只是快速认出单词却理解不到位。这种教育目的是不恰当的。因此，阅读速度，像其他受限技能一样，可能也只是熟练阅读的必要而非充分条件。

结论

儿童阅读评估在美国教育中有着悠久的历史，现在仍然是提高教学水平的基础。儿童阅读评估对儿童和学生的影响是非常大的，但是很少人分析隐藏在评估中的发展变量。我们在早期阅读评估的分析中阐述了不同技能的发展轨迹是如何与被普遍接受的阅读发展成分观相矛盾。非线性增长、掌握普遍性、各技能之间的相互依存性都可能会使早期阅读评估比较混乱，并导致对评估数据的错误分析。

72

我们认为早期阅读技能，像字母知识、印刷物概念、字形加工、语音意识、口头阅读流畅度等，在发展过程中都是受限的，而且受限方式不同于词汇和理解。限制可分为概念上的限制、发展上的限制和方法上的限制，它们都能影响技能的发展轨迹。因此，有些阅读技能学得比较快，有些掌握得较完全，有些在不同年龄段相互依存。忽略发展轨迹差异的数据分析过度强调了显著相关的变化模式以及从干预中所得到的短暂改善。这些相关关系可能会被解释为因果关系，而技能指导就成为规定性的干预或补救方案。这些做法的错误在于忽略了评估的代理效应以及数据的多重线性，因而导致将阅读评估和指导间的关系过分简单化。我们认为对早期阅读技能不同发展轨迹的考虑需要对来自纵向阅读研究以及早期阅读评估的数据进行重新分析(S. Paris, 2005)。

受限技能的观点对教育实践和政策制定也有启发作用。老师为大量而频繁的阅读评估而烦恼，尤其是这占据了他们用于辅导学生的时间。在幼儿园到三年级这一时期反复评估基本技能会导致过分强调基本技能，而忽略了阅读理解、词汇以及其他读写技能。若仅仅因为阅读初学者的字母知识、韵律、阅读速度比较容易评估就把它们当做课程的中心是不正确的。简单化评估和简单化指导相结合时，短期的结果可能是分数和基本技能都得到了提高，但对深度理解文章这一技能以及其他讨论、分析、书写文章所需的技能在幼儿园到三年级这一阶段的课程中都被忽略了。学生可能会觉得阅读很枯燥，缺乏阅读动力。如果评估体现不出老师的教学努力以及学生的学习成果，老师也会很烦恼。这两种风险都是不必要的，可以通过评估更多技能以及成果来避免。词汇和理解评估是非常重要的，但其他评估如听力、口语、观察、写作也很重要，因为它们能评价学生对不同类型、不同风格文章的思考和反馈。

教育政策制定者不应该受制于儿童早期基本技能评估方面的简单数据和错误观点。评估和教学的发展性观点比较复杂，但是丰富的阅读评估可能会创造更优的阅读教学。

（王穗苹译）

参考文献

Adams, M. J. (1990). *Beginning to read: Thinking and learning about print*. Cambridge, MA: MIT Press.

Adams, M. J., & Treadway, J. (2000). *The fox in the box*. Monterey, CA: CTB/McGraw-Hill.

Adams, M. J., Treiman, R., & Pressley, M. (1998). Reading, writing, and literacy. In W. Damon (Editor-in-Chief) & I. E. Sigel & K. A. Renninger (Vol. Eds.), *Handbook of child psychology : Vol. 4. Child psychology in practice* (5th ed., pp. 275 - 355). New York: Wiley.

Allington, R. L. (1983). The reading instruction provided readers of differing abilities. *Elementary School Journal*, *83*, 549 - 559.

Badian, N. A. (1995). Predicting reading ability over the long-term: The changing roles of letter naming, phonological awareness, and orthographic processing. *Annals of Dyslexia*, *45*, 79 - 96.

Badian, N. A., McAnulty, G. B., Duffy, F. H., & Ala, H. (1990). Prediction of dyslexia in kindergarten boys. *Annals of Dyslexia*, *40*, 152 - 169.

Bond, G., & Dykstra, R. (1967). The cooperative research program in first-grade reading instruction. *Reading Research Quarterly*, *2*(4), 5 - 142.

Bradley, L., & Bryant, P. E. (1983). Categorizing sounds and learning to read: A causal connection. *Nature*, *301*(5899), 419 - 421.

Bus, A. G., & van Ijzendoorn, M. H. (1999). Phonological awareness and early reading: A meta-analysis of experimental training studies. *Journal of Educational Psychology*, *91*(3), 403 - 414.

Byrne, B., & Fielding-Barnsley, R. (1993). Evaluation of a program to teach phonemic awareness to young children: A 2- and 3-year follow-up and a new preschool trial. *Journal of Educational Psychology*, *87*, 488 - 503.

Carpenter, R. D., & Paris, S. G. (2005). Issues of validity and reliability in early reading assessments. In S. G. Paris & S. A. Stahl (Eds.), Children's reading comprehension and assessment (pp. 279 - 304). Mahwah, NJ: Erlbaum.

Castles, A., & Coltheart, M. (1993). Varieties of developmental dyslexia. *Cognition*, *47*, 149 - 180.

Castles, A., & Coltheart, M. (2004). Is there a causal link from phonological awareness to success in learning to read? *Cognition*, *91*, 77 - 111.

Chall, J. S. (1967). *Learning to read: The great debate*. New York: McGraw-Hill.

Clay, M. M. (1972). *Sand: The concepts about print test*. Auckland, New Zealand: Heinemann Educational Books.

Clay, M. M. (1979). *An observation survey of early literacy achievement*. Portsmouth, NH: Heinemann.

Cunningham, A. E. (1990). Explicit versus implicit instruction in phonemic awareness. *Journal of Experimental Child Psychology*, *50*, 429 - 444.

Cunningham, A. E., Perry, K. E., & Stanovich, K. E. (2001). Converging evidence for the concept of orthographic processing. *Reading and Writing*, *14*, 549 - 568.

Cunningham, A. E., & Stanovich, K. E. (1990). Assessing print exposure and orthographic processing skill in children: A quick measure of reading experience. *Journal of Educational Psychology*, *82*, 733 - 740.

Fischer, K. W., & Bidell, T. R. (1998). Dynamic development of psychological structures in action and thought. In W. Damon (Editorin-Chief) & R. Lerner (Vol. Ed.), *Handbook of child psychology: Vol. 1. Theoretical models of human development* (5th ed., pp. 467 - 561). New York: Wiley.

Fleisher, L. S., Jenkins, J. R., & Pany, D. (1979 - 1980). Effects on poor readers' comprehension of training in rapid decoding. *Reading Research Quarterly*, *15*, 30 - 48.

Foorman, B. R., Fletcher, J. M., Francis, D. J., Schatschneider, C., & Mehta, P. (1998). The role of instruction in learning to read: Preventing reading failure in at-risk children. *Journal of Educational Psychology*, *90*(1), 37 - 55.

Fuchs, L. S., & Fuchs, D. (1999). Monitoring student progress toward the development of reading competence: A review of three forms of classroom-based assessment. *School Psychology Review*, *28*, 659 - 671.

Fuchs, L. S., Fuchs, D., Hosp, M. K., & Jenkins, J. R. (2001). Oral reading fluency as an indicator of reading competence: A theoretical, empirical, and historical analysis. *Scientific Studies of Reading*, *5*(3), 241 - 258.

Fugate, M. H. (1997). Letter training and its effect on the development of beginning reading skills. *School Psychology Quarterly*, *12*, 170 - 192.

Good, R. H., & Jefferson, G. (1998). Contemporary perspectives on curriculum-based measurement validity. In M. R. Shinn (Ed.), *Advanced applications of curriculum-based measurement* (pp. 61 - 88). New York: Guilford Press.

Good, R. H., & Kaminski, R. A. (Eds.). (2002). *Dynamic indicators of basic early literacy skills* (6th ed.). Eugene, OR: Institute for the Development of Educational Achievement.

Good, R. H., Simmons, D. C., & Kame'enui, E. J. (2001). The importance and decision-making utility of a continuum of fluency-based indicators of foundational reading skills for third-grade high-stakes outcomes. *Scientific Studies of Reading*, *5*(3), 257 - 288.

Hasbrouck, J. E., & Tindal, G. (1992). Curriculum-based oral reading fluency norms for students in grades 2 through 5. *Teaching Exceptional Children*, *24*(3), 41 - 44.

Hatcher, J., Hulme, C., & Ellis, A. W. (1994). Ameliorating early reading failure by integrating the teaching of reading and phonological skills: The phonological linkage hypothesis. *Child Development*, *65*, 41 - 57.

Hecht, S. A., Burgess, S. R., Torgesen, J. K., Wagner, R. K., & Rashotte, C. A. (2000). Explaining social class differences in growth of reading skills from beginning kindergarten through fourth-grade: The role of phonological awareness, rate of access, and print knowledge. *Reading and Writing: An Interdisciplinary Journal*, *12*, 99 - 127.

Hulme, C., Hatcher, P. J., Nation, K., Brown, A., Adams, J., & Stuart, G. (2002). Phoneme awareness is a better predictor of early reading skill than onset-rime awareness. *Journal of Experimental Child Psychology*, 82, 2 - 28.

Illinois Snapshots of Early Literacy. (2004). Springfield, IL: State Board of Education.

Johnston, R. S., Anderson, M., & Holligan, C. (1996). Knowledge of the alphabet and explicit awareness of phonemes in pre-readers: The nature of the relation. *Reading and Writing: An Interdisciplinary Journal*, *8*, 217 - 234.

Juel, C., Griffith, P. L., & Gough, P. B. (1986). Acquisition of literacy: A longitudinal study of children in first and second grade. *Journal of Educational Psychology*, *78*, 243 - 255.

Kuhn, M. R., & Stahl, S. A. (2003). Fluency: A review of developmental and remedial practices. *Journal of Educational Psychology*, *95*(1), 3 - 21.

Lipson, M. Y., & Wixson, K. K. (2003). *Assessment and instruction of reading and writing difficulty*. Boston: Allyn & Bacon.

Lonigan, C. J., Burgess, S. R., & Anthony, J. L. (2000). Development of emergent literacy and early reading skills in preschool children: Evidence from a latent-variable longitudinal study. *Developmental Psychology*, *36*(5), 596 - 613.

McBride-Chang, C. (1999). The ABCs of the ABCs: The development of letter-name and letter-sound knowledge. *Merrill-Palmer Quarterly*, *45*(2), 285 - 308

Michigan Literacy Progress Profile. (2003). Lansing, MI: Department of Education.

Morris, D. (1992). Concept of word: A pivotal understanding in the learning-to-read process. In S. Templeton & D. Bear (Eds.), *Development of orthographic knowledge and the foundations of literacy: A memorial festschrift for Edmund H. Henderson* (pp. 53 - 77). Hillsdale, NJ: Erlbaum.

Morris, D., Bloodgood, J. W., Lomax, R. G., & Perney, J. (2003). Developmental steps in learning to read: A longitudinal study in kindergarten and first grade. *Reading Research Quarterly*, *38*(3), 302 - 328.

Muter, V., & Diethelm, K. (2001). The contribution of phonological skills and letter knowledge to early reading development in a multilingual population. *Language Learning*, *51*(2), 187–219.

Muter, V., Hulme, C., Snowling, M., & Taylor, S. (1998). Segmentation, not rhyming, predicts early progress in learning to read. *Journal of Experimental Child Psychology*, *71*, 3–27.

National Reading Panel. (2000). *Teaching children to read: An evidence-based assessment of the scientific research literature on reading and its implications for reading instruction — Reports of the subgroups*. Bethesda, MD: National Institute of Child Health and Human Development.

No Child Left Behind Act of 2001, Pub. L. No. 107–110, 115 Stat. 1425 (2002).

Paris, A. H., & Paris, S. G. (2003). Assessing narrative comprehension in young children. *Reading Research Quarterly*, *38* (1), 36–76.

Paris, S. G. (2005). Re-interpreting the development of reading skills. *Reading Research Quarterly*, *40*(2), 184–202.

Paris, S. G., Carpenter, R. D., Paris, A. H., & Hamilton, E. E. (2005). Spurious and genuine correlates of children's reading comprehension (pp. 131–160). In S. Paris & S. Stahl (Eds.), *New directions in assessment of reading comprehension*. Mahwah, NJ: Erlbaum.

Paris, S. G., & Cunningham, A. (1996). Children becoming students. In D. Berliner & R. Calfee (Eds.) *Handbook of educational psychology* (pp. 117–147). New York: Macmillan.

Paris, S. G., & Hoffman, J. V. (2004). Early reading assessments an kindergarten through third grade: Findings from the Center for the Improvement of Early Reading Achievement. *Elementary School Journal*, *105*(2), 199–217.

Paris, S. G., & Paris, A. H. (2001). Classroom applications of research on self-regulated learning. *Educational Psychologist*, *36* (2), 89–101.

Phonological Awareness Literacy Screening. (2003). Richmond, VA: Department of Education.

Rasinski, T. V., & Hoffman, J. V. (2003). Theory and research into practice: Oral reading in the school literacy curriculum. *Reading Research Quarterly*, *38*(4), 510–523.

Rathvon, N. (2004). *Early reading assessment: A practitioner's handbook*. New York: Guilford Press.

Renninger, K. A. (1998). Developmental psychology and instruction: Issues from and for practice. In W. Damon (Editor-in-Chief) & I. E. Sigel & K. A. Renninger (Vol. Eds.), *Handbook of child psychology: Vol. 4. Child psychology in practice* (5th ed., pp. 211–274). New York: Wiley.

Scanlon, D. M., & Vellutino, F. R. (1996). Prerequisite skills, early instruction, and success in first-grade reading: Selected results from a longitudinal study. *Mental Retardation and Developmental Disabilities Research Reviews*, *2*, 54–63.

Scarborough, H. S. (1998). Predicting the future achievement of second graders with reading disabilities: Contributions of phonemic awareness, verbal memory, rapid naming, and IQ. *Annals of Dyslexia*, *48*, 115–136.

Scarborough, H. S., & Dobrich, W. (1994). On the efficacy of reading to preschoolers. *Developmental Review*, *14*, 245–302.

Share, D. L., Jorm, A. F., Maclean, R., & Matthews, R. (1984). Sources of individual differences in reading acquisition. *Journal of Educational Psychology*, *76*(6), 1309–1324.

Share, D. L., & Stanovich, K. E. (1995). Cognitive processes in early reading development: Accommodating individual differences into a model of acquisition. *Issues in Education*, *1*, 1–57.

Snow, C. E., Burns, M. S., & Griffin, P. (1998). *Preventing reading difficulties in young children*. Washington, DC: National Academy Press.

Stahl, S. A., & Murray, B. A. (1994). Defining phonological awareness and its relationship to early reading. *Journal of Educational Psychology*, *86*, 221–234.

Stanovich, K. E. (1980). Toward an interactive-compensatory model of individual differences in the development of reading fluency. *Reading Research Quarterly*, *16*, 32–71.

Stanovich, K. E. (1991). Changing models of reading and reading acquisition. In L. Rieben & C. Perfetti (Eds.), *Learning to read: Basic research and its implications* (pp. 19–32). Hillsdale, NJ: Erlbaum.

Stanovich, K. E. (2000). *Progress in understanding reading: Scientific foundations and new frontiers*. New York: Guilford Press.

Stanovich, K. E., Cunningham, A. E., & West, R. F. (1981). A longitudinal study of the development of automatic recognition skills in first graders. *Journal of Reading Behavior*, *13*, 57–74.

Stevenson, H. W., & Newman, R. S. (1986). Long-term prediction of achievement and attitudes in mathematics and reading. *Child Development*, *57*, 646–659.

Stuart, M. (1995). Prediction and qualitative assessment of 5- and 6-year old children's reading: A longitudinal study. *British Journal of Educational Psychology*, *65*, 287–296.

Swanson, H., & Alexander, J. (1997). Cognitive processes as predictors of word recognition and reading comprehension in learning-disabled and skilled readers: Revisiting the specificity hypothesis. *Journal of Educational Psychology*, *89*(1), 128–158.

Texas Primary Reading Inventory. (2002). Austin: Texas Education Agency.

Treiman, R. (2000). The foundations of literacy. *Current Directions in Psychological Science*, *9*, 89–92.

U. S. Department of Education, National Center for Education Statistics. (2000). *Early Childhood Longitudinal Study: Kindergarten Class of 1998–1999*. Washington, DC: Author.

Vellutino, F. R., Scanlon, D. M., & Chen, R. (1994). The increasingly inextricable relationship between orthographic and phonological coding in learning to read: Some reservations about current methods of operationalizing orthographic coding. In V. W. Berninger (Ed.), *The varieties of orthographic knowledge: Pt. 2. Relationships to phonology, reading, and writing* (pp. 47–111). Dordrecht, The Netherlands: Kluwer Academic.

Wagner, R. K., Torgesen, J. K., & Rashotte, C. A. (1999). *Comprehensive test of phonological processing*. Austin, TX: ProEd.

Wagner, R. K., Torgesen, J. K., Rashotte, C. A., Hecht, S. A., Barker, T. A., Burgess, S. R., et al. (1997). Changing relations between phonological processing abilities and word-level reading as children develop from beginning to skilled readers: A 5-year longitudinal study. *Developmental Psychology*, *33*(3), 468–479.

Walsh, D. J., Price, G. G., & Gillingham, M. G. (1988). The critical but transitory importance of letter naming. *Reading Research Quarterly*, *23*(1), 108–122.

Willson, V. L., & Rupley, W. H. (1997). A structural equation model for reading comprehension based on background, phonemic, and strategy knowledge. *Scientific Studies of Reading*, *1*(1), 45–63.

第3章

双语人、双文字人和双文化人的塑造

CATHERINE E. SNOW 和 JENNIFER YUSUN KANG

语言与文化差异的问题，充斥着当代社会的各个角落。第二次世界大战之后的特征在于，人类个体和群体的迁移，规模空前并与日俱增，人们离开自己熟悉的语言与文化环境，而踏入陌生的语言与文化环境之中（Zhou, 2001）。无论对于移民者本人而言，还是对于寄居地的社会而言，移民都构成了一个严峻的挑战。移民们必须学会适应新的环境，必须学会新的语言，必须学会新的日常生活规则，也许还得学会新的工作，还得学会新的学校技能。移民定居点的当地人也必须学会同新住户的有效互动——在商场服务于他们、雇佣他们、与他们工作，并充当他们的教师——否则，与他们的经济交往、伦理交往、社会交往和人际交往，都得统统避免，否则可能就会失败。

乍一想，这些机能与互动的挑战，对于成人而言，也许是最大的。成人们通常都已经掌握了一门语言和一种文化，因此，在学习新知识的同时，他们还得压抑旧知识。人们普遍认为，成人学习新语言和新文化所能达到的水平，是极其有限的，并且，他们自己也持这种自我挫败的信念。实际上，虽然关于成人学习第二语言能力的悲观主义是缺乏根据的(参见 Marinova-Todd, Marshall, & Snow, 2000)，但是，移民流利地讲第二语言的机会，通常具有极大的局限性。例如，据报告认为，除了来自牙买加、印度和菲律宾的移民以外，大多数客居美国的移民都"讲不好英语"(U. S. Bureau of Census, 1993)，当前，在斯堪的纳维亚和荷兰，存在着一种反对移民的政治浪潮，这不仅反映了这些国家因宗教、道德规范和文化承诺而发生的冲突，而且反映了这些国家的成人移民学不好当地语言的严峻现实。试以荷兰为例，针对移民而出台的"有责任同化"的政策，将经济补偿同语言课程的参加活动相挂钩(参见 Verhallen, Janssen, Jas, Snoeken, & Top, 1996)。但是，因为他们参加这些课程的水平和成就不能令人满意，所以，对于他们的经济支持受到了限制(http: //www.inburgernet/beleid/bel155. html，2005 年 2 月 1 日提取)。 76

我们没有轻视成人移民在适应新环境过程中所面临的种种困难。不过，本章拟集中分析儿童青少年移民所遭遇的挑战，此外，还将分析移入国的教师以及其他成人社工，他们肩负着促进这些移民走向成功的重任。成人之所以要决定移民的基本原因，就是为了孩子未来的机遇，就是为了使孩子得到良好的教育环境(C. Suárez-Orozco & Suárez-Orozco, 2001)。因此，评价父母迁居新环境的决策对于儿童的影响，描述最有望实现父母抱负的条件，具有极大的实践意义。

儿童移民学业成就的数据，反映了他们适应新语言和新文化时所面临的挑战。语言少数群体儿童所体验到的学业困难程度，显著地高于说当地语的儿童。从美国(Lloyd, Tienda, & Zajacova, 2002)到荷兰(Tesser, Merens, van Praag, Iedema, 1999; Verhoeven, 1994)，从英国(Runnymede Trust, 1998)到日本(DeVos & Wetherall, 1983; Y. Lee, 1991; Shimihara, 1991)，都能够找到此种困难的文献报告。要准确地界定这些学业困难的原因，则并非易事。对目标语言的控制，学习读写的困难，陌生学业体系的一般性挑战，歧视的结果，或者应对陌生文化时的情绪和动机的挑战，都可能是其中的原因。然而，不论是什么社会，倘若想避免与文化及语言背景密切相关的持续的社会经济差异，就必须找到移民及语言少数群体儿童、青少年学业成就之所以差的基本原因。

此外，阐明语言与文化少数群体在移入国文化的学校、工作场所和其他机构中的功能，有助于澄清语言发展与文化学习的基本问题，而这些不仅是移民或者少数群体成员的问题，而且是全人类的问题。

其中的许多应用研究领域的问题——如何最有效地帮助移民应对社会和教育适应的挑战等——对于基础研究领域，能够提供一些令人兴奋的启示，兹择其中的一些问题如下：

儿童是如何学会成功地扮演其文化群体角色的？
在文化学习中，父母、同伴、制度环境和学业环境，具有什么样的作用？
语言知识与文化知识是如何紧密地联系在一起的？
是否可以"会讲本地话"而不必"做本地人"呢？
要在移入国学校取得优异的学习成绩，就必须同化于移入国的文化之中吗？

要成为一个完整的双语人、双文化人和双文字人，是否存在一定的制约因素？如果回答是肯定的，那么，这些都是哪些制约因素呢？这些制约因素可以推论于哪些人群呢？

无论从婴幼儿期第一次学习的角度，还是从后婴幼儿期第二次学习的角度，针对上述问题的回答，都有助于了解儿童发展、语言习得、读写发展和文化学习的一些基本原理。此外，针对上述问题的回答，也极大地有益于美国和世界其他发达国家的有关的教育者，他们肩负着教育日渐增多的儿童移民和移民儿童之群体的成长和发展的重任。

我们拟将读写学习作为本章讨论的重点，这主要基于两个原因：第一，读写学习本身就是一个重要的问题；第二，读写是其他许多学习领域的试金石，即最终共同的途径。我们认为，读写发展决定于多种因素；如果缺乏很高的语言水平，如果缺乏丰富的知识，如果缺乏移入国文化的交际规则，那么，中小学阶段很高的读写水平都是不可想象的。因此，通过重点讨论读写发展，既可以讨论一般的学习者所面临的挑战，又可以讨论特殊的语言少数群体学习者所遭遇的挑战。我们拟聚焦于一个所谓"第二语言/第二文化学习者"(L2/C2)的群体：或许是由于刚刚抵达一个新的环境，或许是由于故乡的语言和文化不同于学校及其更大的社会，儿童青少年面临着学习第二语言和第二文化的要求。不过，在讨论具体的问题，即植根于实践的理解和支持第二语言/第二文化学习者的挑战时，也准备讨论读写获得和挑战的一般情况，即家庭与学校之间不存在显著的语言文化差异的单语儿童所面临的挑战。

77

就读写问题儿童与有关的学业问题儿童的人数比例而言，第二语言/第二文化学习者的群体固然高于普通群体(August & Hakuta, 1997; National Center for Education Statistics, 2003)，不过，值得重视的是，在语言少数群体和移民群体内部，也存在极大的学业结果差异，而这有助于澄清儿童所必需的语言、读写和文化技能的一些获得机制。Ogbu (1992)认为，这些差异可以归因于导致移民的各种变量：自主移民者，为了改善孩子的学习而迁入新环境者，对于因移民而导致的压力具有更强的忍耐力，对于社会流动具有更高的抱负，对于孩子的成功更为乐观，结果是，他们的孩子在学业上也更为成功。Ogbu 关于这个话题的观点，已经产生了极大的影响，但是，与数据并非完全吻合。试以墨西哥移民为例，他们都是自主移民者，他们都具有改善其孩子教育机会的强烈动机(C. Suárez-Orozco & Suárez-Orozco, 2001)，但是，他们孩子的学业成绩，远远地低于非移民群体或者其他移民群体。有人一直认为，亚洲移民们随身带来的高度重视教育的特质，可以解释其普遍良好的学业成绩，但是，这种解释忽视了亚洲人口内部的差异(S. Lee, 1996)，并没有澄清向儿童传递文化价值观的机制。此外，正如 Ogbu 所说，亚洲移民在受歧视的环境中，学业成绩相当糟糕。因此，如果说，文化能够解释韩国移民在美国高水平的学业成绩，那么，文化为何保护不了迁居日本的韩国家庭的儿童呢？在那里，韩国人的学业成绩是相对糟糕的。

移民群体之间与移民群体内的这些差异说明，对于环境和发展的认识，具有重要的意义。要了解儿童学业成绩的制约因素，无论对于一般儿童，还是对于第二语言/第二文化学习者的特殊儿童，都有必要拓展研究视野，以便将发展过程的信息，与影响这些发展过程的地域及社会条件的信息，有机地整合为一体。换句话说，这些问题的回答，决不能纯粹地依赖于发展心理学家或教育心理学家的思维模式；要满意地回答这些问题，必须借助于人口学、社会学、人类学、社会语言学、心理语言学和经济学的综合眼光。

个案实例：孩提时代学习第二语言

在此，我们将分析和讨论两个家庭的案例，这两个家庭展示了移民和第二语言学习的复杂性。

Lopez 一家

Rosario 是一名 5 岁的女孩，其母语是西班牙语，刚开始上幼儿园。最近，Rosario 的父母从墨西哥瓦哈卡(Oaxaca)移民到美国奥斯汀(Austin)。她的母亲把她送到一个全英语的课堂，旨在选择一个最有利于 Rosario 学习英语的教育项目。Rosario 一家的成人们，几乎不会讲英语，所以，他们在家里都讲西班牙语。Rosario 在幼儿园格外费劲，原因不外乎两点：第一，她听不懂多少英语；第二，从阅读到玩字谜，从数字与字母的认读到书写，她的许多同学都有比她丰富得多的经历。一年级时，Rosario 属于阅读水平最差的一个小组，因此，一位阅读专家对其进行了一对一的辅导；非常凑巧，这位阅读专家是一位双语人，因此，在拼写英语和阅读单词的过程中，在解释特殊的难题时，不时地回复到西班牙语。5 年过后，亦即四年级时的 Rosario，已经成为一名好学生，热爱并能够流利地阅读英语，而且喜欢上学。此时，她能讲一口流利的英语，不带口音，语法大部分正确。在家里，她与其父母交流时，依然采用西班牙语，可是，与其弟弟妹妹交流时，则日渐改用英语。她尚未学会阅读西班牙文，目前，当她以西班牙语同其父母谈论与学校学习有关的话题时，甚至会碰到一些困难；她缺乏足以讨论数学、科学或者社会研究的西班牙语词汇。因此，她的西班牙语会话偏重于同家庭生活有关的事情上；如果她完成家庭作业时碰到困难，或者需要解释在学校听到的内容时，她会求教于她的老师，而不是求教于她的父母。Rosario 成为一位中学生之后，她宁可讲英语，也不讲西班牙语；她父母以西班牙语跟她说话，而她则常常以英语作答，有时，她甚至听不懂她父母的会话，例如，当她的父母在讨论墨西哥的政治变化和医疗程序等话题时，都是如此。 78

Jackson 一家

6 岁的 Ashley 和 10 岁的姐姐 Brittany，与其他家人一道说英语，迁到了墨西哥的克雷塔罗(Querétaro)，他们的母亲在这里的一个神经生物学研究所供职。母亲渴望将其两个女儿塑造成双语人，于是，两个女儿被送到了单位附近的一所学校上学，在这里，只有她俩会讲英语。Ashley 已经在南本德(South Bend)上完了幼儿园，并且，她的英语阅读能力已经达到小学二年级后期的水平。Brittany 能够流利地阅读小学六年级初期水平的英文材料，她硬要在全家携带的行李中插入几十本图书。起初，Ashley 和 Brittany 都感到，她们那讲西班牙语的课堂环境令人生畏;尤其是,一到上学时间,Ashley就要哭闹一阵子,在克雷塔罗的头几个月里,她有些抑郁。上了4个月的学之后,她才开始自发地说出西班牙语。此外,她也能够非常成功地参与一年级课堂的读写教学活动;这些活动大多包括如下内容:在作业本上填空,看着黑板抄写句子,集体大声朗读。最初,Brittany深感茫然,这是因为,在课堂上,老师讲得很多,而她又听不懂。不过,几个月过后,她学会的西班牙语,足以让她结交一些临时的朋友;她开始依靠同桌Maricarmen,帮她慢慢重复老师讲的内容,或者解释如何做作业。此外,家教辅导她几次之后,她就学会了阅读西班牙文,并且,她很快就能够无碍地理解课本以及书面作业的指导语。Brittany甚至能够帮助Ashley完成家庭作业。在圣诞休假期间,母亲要求两个女儿,必须花一些时间阅读英文图书,以确保她们的英文阅读技能没有后退。一到学年结束,Ashley和Brittany就被送到美国缅因州,与爷爷奶奶共度6个星期,这种模式一直贯穿了她们的整个小学阶段。假日里,Brittany都随身携带着西班牙文图书阅读,但是,她们也会愉快地阅读借自当地公共图书馆的英文图书。小学毕业时,Ashley和Brittany都变成了完整的双语人,她们既能用英语,也能用西班牙语,甚至两种语言混用,与其父母讨论她们在学校学到的东西。她们的母亲注意到,她们的西班牙文读写技能稍微强于其英文读写技能,因此,决定让她们上一所私立的双语中学,从而确保她们未来的读写技能可以达到美国大学录取和成功的要求。

语言学习个案总结

显然,Rosario、Ashley和Brittany都曾面临一样的挑战:主要通过学校而学习一门新的语言。然而,她们的结果却大不一样:Rosario最终的第二语言口语水平高于第一语言,而且只学会了教学语言的读写技能。而Ashley和Brittany则最终都变成了双语人和双文字人,当然,随着环境的变化,英语和西班牙语的主次地位也会来回变动。Rosario最终讲不了流利的西班牙语,其父母会感到有些惊讶,可是,他们又不知道如何干预,使Rosario也能够流利地讲西班牙语。Ashley和Brittany的父母已经提早料到,她们的英语技能可能会退步,所以,加大了投入力度,以确保英语水平的进步,为此,每年夏天,都将Ashley和Brittany送到一个讲英语的环境之中,为她们购买英文图书,为她们选择双语中学。

这三个儿童的案例体现了第二语言文字获得研究的九点结论:

- 儿童期的第二语言习得,可能产生威胁性和困难性,从而导致暂时的情绪问题,需要花费若干年的时间。
- 受第二语言的影响,第一语言有丧失或者退步的风险。
- 如果父母是双语人或者接受过采用第一语言的高等教育,那么,儿童的第一语言可能会持续地发展。
- 与社会地位较低的语言相比,社会地位较高的语言,或者与教学和读写有关的语言,一般说来,都不容易磨损。

- 第一语言的读写技能可以支持第二语言的获得。
- 如果某人已经具备了第一语言的读写技能，那么，此人就更容易学会第二语言的阅读技能。 79
- 对于第一语言和第二语言的高水平的口语技能，读写技能都可以发挥重要的作用。
- 大儿童的学习速度通常快于小儿童，这也许是由于他们的读写技能发展水平更高的缘故。
- 读写技能的迁移可以支持第二语言的读写，可是，即使在亲属关系非常近的语言之间，这种迁移也不会自动发生。

这些个体语言学习的案例，揭示了第二语言/第二文化学习的某种特征。但是，要全面地了解有关的问题，也必须兼顾涉及政策的案例。

个案实例：美国的双语教育

在美国创建第一个双语教育项目 40 年之后，研究者们依旧不能坦诚地回答一个看似简单的问题："双语教育奏效吗?"迄今为止，比较英语学习者的双语教育与英语单语教育的实验研究，依旧处于空白状态。在 Ron Unz 的鼓动下，加利福尼亚州、亚利桑那州、马萨诸塞州和科罗拉多州，都举行了关于禁止双语教育的公民投票表决。这种表决再度引发了双语教育是否有效的争论。对于这种争论，研究数据仅能提供极其有限的信息。双语教育的支持者们，则借助于匹配却未必妥当的比较组，提供了双语教育能够奏效的数据(Willig, 1985)。不过，这类数据在特定的政治环境中是缺乏说服力的，这是因为，在这种环境中，反对者能够找出英语读写技能都明显不足的双语教育的毕业生。不再迷恋于双语教育的人们打出了一条标语，"为了儿童的英语"，而这条标语却是高度奏效的。此外，诚实的研究者们必须承认，良好的英语单语教学，也能够使英语学习者掌握充分的读写技能(如 Lesaux & Siegel, 2003)。学习结果更为重要的决定因素，与其说是教学的语言，倒不如说是教学的质量。将极大地减少双语教育机会的公民表决，在加利福尼亚州、亚利桑那州和马萨诸塞州，都得到了通过。但是，该表决在科罗拉多州并没有得到通过，究其主要原因在于，坚定而富有的双语教育支持者提供了资助。此外，虽然有些州还继续支持和进行双语教育，但是，"不让一个孩子掉队"的法案规定：从三年级起，所有的儿童都应该接受阅读能力和数学能力的测试，并且英语学习者的测试得分应该分开报告。受该项目的影响，所有的地方都将注意的焦点，转移到了英文读写成绩上。由于受到政治的压力，同时，也由于其最初的承诺——要根除语言少数群体儿童的学业缺陷——没有明显地兑现，所以，有些校区和有些州进行了减少或者废除双语教育的决策。有些数据表明，双语教育对于学业结果确实具有中等程度的贡献，但是，这种信息的力量，并不足以对抗由 Unz 发起的政治运动，并不足以对抗因"不让一个孩子掉队"法案而加剧的压力，并不足以对抗日趋丧失的公信力——地方教育者对于儿童教育的决策能力，越来越受到公众的怀疑。

早在 Unz 将双语教育诉诸投票表决之前(Meyer & Fienberg, 1992)，作为评审双语教育的国家研究小组(National Research Council)就曾经指出，评价研究的结果表明，要反对或者赞成各种针对语言少数群体儿童而制定的教育处理，其信息都是不充分的。一方面，各种打着双语教育旗号的项目之间的差异程度，同双语教育项目与英语单语教育项目之间的差异程度，没有什么两样。另一方面，项目结果更为重要的决定因素，与其说是项目的类型，倒不如说是项目的质量。我们所要真正了解的是，什么样的政策，在什么样的社会环境下，对于什么样的儿童，配以什么样的教育资源，才是奏效的。因此，我们应当分析一个有效的机制，从而为教育处理的设计奠定一个有效的基础，进而使这种处理适用于其他群体的儿童，适用于其他的社会环境，适用于配以其他教育资源的条件。

换句话说，我们不赞同传统的应用研究传送模型："理论[双语教育开发和利用学习者'共同的潜力'，并使学习者利用迁移作用(Cummins, 1991)]→应用(设计程序)→评价(比较该程序与其他程序的异同)"的工作路径。因此，我们提出了一个相反的模型，如图 3.1 所示。

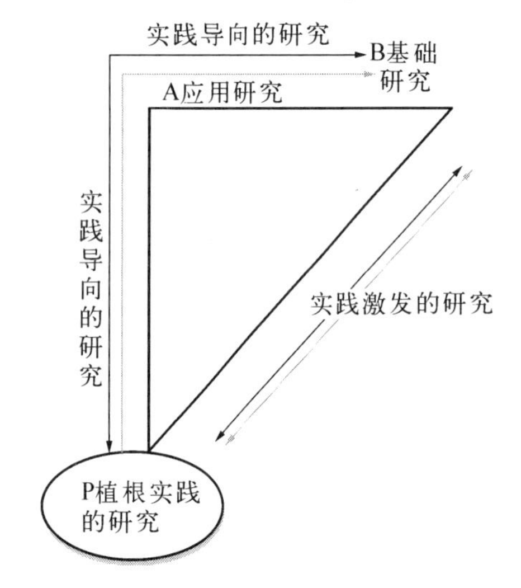

图 3.1 基于实践的研究三角。根据本手册本卷第 10 章的有关内容而改编的，其作者是 Selman 和 Dray。

显然，图 3.1 的模型采用了如下的工作路径：实践(细致地刻画可能有助于某类处于风险中的儿童获得良好结果的程序)到分析(概括出这些程序的共同点)到理论(在实践中，针对程序之间的差异与第二语言/第二文化儿童的学习成绩之间的关系，而提出的若干假设)到检验(通过传统的实验方法严密地检验有关的假设)。

本章具有两个密切相关的目标：第一，我们强调，第二语言/第二文化学习者教育发展的各种影响因素之间相互作用的复杂性，特别是，读写成绩与学业语言技能之间的复杂关系；第二，我们主张，在该领域和其他类似以复杂性和多学科性为特征的领域中，应该以植根实践的研究和实践激发的研究取代传统的传送模型研究。其中，第一个目标指出应该从多学科的角度，思考第二语言/第二文化的学习；第二个目标指向 Selman 和 Dray 的观点(本手册本卷第 10 章)：他们提出了风险条件下社会发展的研究模型，他们的研究领域，与我们的研究领域一样，也具有挑战性。

在具体地讨论语言少数群体儿童的情形之前，我们拟概述读写发展的一般挑战，以及读写技能对于中学诸学科学习的媒介作用或者阻碍作用。然后，更深入地综述第二语言/第二文化儿童的读写发展，并力求解释此类儿童总体上较差的学业成绩。最后，我们拟概述现有的针对第二语言/第二文化学习者的教育处理，并突出若干在学前机构和小学环境中对这些学习者已经实施的具体程序和干预项目。

实证文献综述

在本部分中，我们拟简要地总结关于读写发展的大量研究，从早期儿童的读写基础，到中学生阶段复杂文本的理解，都属于这些研究的内容。

读写发展：一般个案

要刻画早期读写发展的默认过程也好，要描述小学低年级儿童阅读学习成功的影响因素也罢，均可以参照许多可靠的研究文献。直接牵涉到阅读理解的过程，以及阅读理解要获得成功的条件，尽管研究文献还不够完整，但已经能够有力地揭示了。在此，我们先总结这些研究，然后，以此为背景，进一步分析第二语言/第二文化学习者读写发展的基本特征。

1998年，国家研究小组曾经发布过一份题为《预防低龄儿童的阅读困难》(*preventing reading difficulties in young children*)的报告(Snow, Burns, & Griffin, 1998)。该报告总结了读写技能发展的研究，并将这些研究归纳为三类问题：(1) 什么是出生到8岁儿童读写发展的正常过程？(2) 何种群体因素和个体因素与读写发展的困难最为密切相关？(3) 任何学习者都需要获得的熟练阅读，具有何种特征？该报告的结果与结论，兹概述如下。

早期儿童的读写发展

要回答读写发展的问题，就必须将读写置于语言与认知发展的大背景之中。换句话说，在国家研究小组看来，早在入学之前，读写的发展就已经开始了。特别是，在学前期，还没等正式的读写教学开始之前，在游戏过程中、在交流过程中、在问题解决过程中、在日常的行为环境中，儿童们只要会采用处于萌芽状态的能力，那么，他们就会采用读写技能。与学前儿童读写有关的游戏、交流和认知活动，包括许多形式，其中的每一种形式都提供了学习字母和语音的机会，都提供了学习读写功能的机会，都提供了学习与读写实践有关的文化规则的机会，都提供了发展恰当情感的机会。

81

试举一例。这是一个典型的讲英语的欧裔美籍儿童，其父母属于受过高等教育的中产阶级。也许，在她1周岁之前，大人就已经让她摆弄图书，就已经让她将视线移到书中的图片上；从她跨入2岁的那一刻起，一到午睡时间或者晚上睡觉时间，父母就对着她阅读；2周岁的时候，她也许已经体验了累计500多小时的亲子阅读活动(parent-child book-reading activity; Stahl, van Kleeck, & Bauer, 2003)；这样，3岁的时候，她就能够根据封面指认出几十本图书，给她读她所喜欢的图书时，她能够预见有关的词语甚至句子，能够叫出书中几百幅图片的名称，向她讲述书中的故事时，她能够预见故事的情节及其原因。父母在做饭的时候，这个孩子也许在摆弄着“冰箱字母”(refrigerator letters)，在用蜡笔涂鸦，或者在用纸笔模仿大人写字；在与其父或其母观看和讨论《芝麻街》(*sesame street*)，或者在独自阅读一些简单而熟悉的图书。因此，3岁时，她就会写字，或者用磁铁字母拼装自己的名字，她就能够辨认和命名大多数大小写字母，她就开始注意到并“读出”印刷品上的符号和标签，她就知道她父母读的是书中的文字而不是图画，也许，她已经开始萌生了拼写真词的念头。当她3

岁的时候，也许她已经听过几十首不同的儿歌，而且，每首儿歌都已经唱了几百次，也许能够完整地背诵 Dr. Seuss 的一些作品，能够叫出某类事物(水果、动物、朋友)中的项目，能够识别出与 cat、dog、lick 相押韵的单词，或者甚至能够选出匹配于首音的词(匹配于 big 和 bad，然而不匹配于 moo)。

这个孩子上幼儿园时，词汇量已经在 8 000 到 12 000 个单词之间，能够辨认和命名所有字母，语音意识达到了一定的水平，能够分离出简单词的开头和末尾音素，非常急于学会阅读的方法。她的幼儿园老师采用了半结构化的直拼法(phonics approach)。这是一所位于郊区的中产阶级的幼儿园，里面的所有孩子都已经认识字母名称，因此，老师就教字母发音，最先教授的是/m/、/n/、/l/、/b/、/p/和/d/，外加 4 个短元音。老师对这些孩子进行强化训练，材料是一簇简短的单词，其间的字母发音关系很好练习，例如：

map, lap, nap

men, pen, Ben, den

lip, dip, nip

mop, lop, bop, pop

此外，老师还挑选了几本图书，作为大声朗读的材料[例如，Dr. Seuss 的《跟着流行音乐跳》(*hop on pop*)，Nikola-Lisa 的《就这样与你同在》(*bein' with you this way*)]。这些图书都涉及前述的单词，这样，老师就可以帮助孩子们成功地阅读图书语境中的前述单词。

当所有的儿童都熟练地掌握这些特征时，老师会进一步教授另外一些字母的发音关系，外加短元音/u/，这样，老师就可以扩充词表的单词种类(分别采用 cap、hen、sip 和 hop)，能够增添新的词表(pup、cup 和 sup，以及 man、can 和 fan)，可以让孩子们既注意单词开头的变化，又注视单词末尾的变化(map、mad、mat 和 man，以及 sip、sit、sin 和 sis)。与此同时，老师每天至少花 45 分钟的时间给孩子们读书，引导或者支持孩子们讨论其中的内容，在该过程中，老师教授新词汇，教授许多常识。老师还让孩子们参与科学观察项目，在该过程中，孩子们一边观看和研究树叶、花蕾、花朵、幼虫、蛹、昆虫和班级蚂蚁地里蚂蚁的行为，必须一边记录(采用画写结合的方式)。

有了这种良好的开端，我们的这些孩子已经为阅读做好了充分的准备，到一二年级时，她可以进一步非常轻松地学会拼写复杂的单词，阅读较长的单词，到三年级时，她能够独立地、流利地、热情地阅读章回图书，并且，能够准确地理解书中的内容。

当然，其他来自高素质的中产阶级的完全正常的儿童，可能在许多方面都不同于前述的个案。有些孩子可能存在轻微的学习障碍，所以，他们较难注意到单词中的个别音素，较难记忆字母与发音之间的对应关系，或者较难序列地注意单词的字母构成。这类孩子需要花更多的时间学习和练习这些东西。有些孩子也许是成长于双语或者英语单语家庭，因此，他们刚上幼儿园时，他们的词汇量会小得多。这些孩子应该一边学习阅读，一边学习英语单词。有些孩子也许非常好动，或者注意广度较小，因此，他们无暇或者无意阅读。由于他们几乎没有不经意学习的机会，所以，可能需要对他们进行更多外显的传统的读写教学。

82

风险因素

在此，我们勾画了一个儿童发展的基本轮廓，她无特殊困难地学会了阅读。她不属于更有可能导致阅读失败的任何人群：生活贫困的儿童、身体欠佳或营养不良的儿童、非洲裔美国人、拉丁裔的儿童、讲第二语言的人、父母读写技能不高的儿童、家庭读写资源欠缺的儿童。此外，她也不存在更有可能导致阅读问题的个体因素：语言迟滞、听力损失、无心智迟钝等认知问题，父母既非失读症患者，也非学习不良者。

种族、民族和语言少数群体的儿童，属于阅读困难的风险人群，这引出了一系列的问题：这些风险人群的读写发展轨迹有何相似之处？拉丁裔的儿童处于风险状态的主要原因，是由于其英语技能有限，还是由于其家庭贫困；是由于其父母受教育程度低，还是由于其家庭与学校的文化不匹配？第一代与随后几代拉丁裔人群的风险性是否相同？西班牙语单语、英西双语与英语单语的拉丁裔人群的风险性是否相同？讲西班牙语的拉丁裔人群与讲其他语言然而社会构成则相似的移民群体的风险性是否相同？拉丁裔与第二语言和贫困的风险性之间，是否存在必然的联系？尽管其中的大多数问题都找不到明确的答案，不过，在“学习第二语言/第二文化儿童的读写发展”部分，能够找到一些线索。

熟练阅读

如果说，熟练阅读是读写发展的目标成分，那么，熟练阅读具有哪些特征呢？采用眼动实时跟踪等技术的研究表明，熟练地阅读时，会高度地依赖于字形，会注视和加工页面上几乎所有单词的大多数字母。要注意如此多的细节，熟练阅读似乎必须进行得极为快速，然而，熟练阅读时，高频的字母集会得到非常高效的加工，因为它们常见且常被转化为语音形式。所以，-ation 和-itude 等字母集都可以作为加工单位。尽管阅读时意识不到这种自动的组块和快速的加工过程，这种过程是不言自明的，因为阅读 Ghazi Ajil al-Yawar、Tblisi 或 diyethyl-m-toluamide 等包含陌生字母集的单词时，会碰到一定的困难。熟练阅读的这个层面，可以叫做自动性。

字母集向语音形式的转化，是熟练阅读的又一个特征。初学阅读或者不擅阅读时，似乎都必须念出单词的语音，而阅读熟练时，则似乎可以直接由字形过渡到字意。然而，实际上，研究结果非常清楚地表明，阅读熟练时，字义的提取经过了字音的中介。提取字音的过程，是一个自动的过程，因而是一个非常无意识的过程；但是，不去提取字形的语音的做法是一种低水平的阅读策略，并且，一般地说难以奏效。可以说，我们每个人都会不时地经历这种不去提取字形的语音的过程，例如，我们在记忆俄国小说主人公名字的时候，往往只依靠其首个字母或者首个音节，就属于这种情况。

熟练阅读的字形依赖性和语音加工性说明，语境对于单词的再认，只有微弱的影响。例如，仅仅知道阅读内容是一篇关于汽化器的研究报告，并无助于阅读 valve、displacement 或 revolutions 等单词。当然，知道阅读内容是一篇关于汽化器的研究报告，有助于理解涉及 valve 等词的文本，也有助于产生一些正确的认识：此处的 valve，应该是一种机械装置，而不应该是一种生物结构；此处的 revolutions，应该涉及齿轮的转动，而不应该涉及被压迫者的起义。所以，语境信息对于理解是非常重要的，但是，对于单词的阅读本身，则只有极其微弱的影响。因此，良好的阅读教学，重点在帮助儿童们切实地阅读字形，从而切实地阅读单词，而不是让儿童按照语境猜测单词的读法。

与此同时，良好的阅读教学也要确保儿童意识到，光会阅读单词是不够的。理解是一个主动的过程，该过程可以借助各种策略。例如，阅读页面的标题或者章节的标题，从而判断文本的内容，停下来思索阅读该文本的原因，提出一些问题，并设想由该文本可能得出的答案，时不时地暂停一下，总结已经读过的内容，对于不理解的词句加以留心，然后，停下来领会它们。自己没有发现这些策略的儿童，可以由教师传授，教师可以进行一些示范，在阅读和理解的过程中，让儿童们懂得如何使用这些策略。

83

学会理解

毫无疑问，阅读教学的目标就是理解。一篇名为《预防低龄儿童的阅读困难》的报告强调，儿童需要开发语言技能和知识存储的机会，因为这些能力对于成功的理解是非常关键的(Snow et al., 1998)。不过，该报告只涉及8岁以下的儿童，因此，并未详细地探讨阅读理解所面临的许多挑战，许多儿童只有到了中学阶段才会面临这些挑战，只有在中学阶段，他们才需要阅读更具挑战性的文本。

1999年，美国教育部部长助理要求兰德公司的“阅读研究小组”(RAND Reading Study Group, RRSG)(下文简称“研究小组”)制定一份阅读研究工作的议事日程。研究小组在其《为理解而阅读》(*reading for understanding*)的报告中提出：在读写领域中，阅读理解应该成为联邦政府未来资助的重点(RRSG, 2002; Sweet & Snow, 2003)。在制定该研究议事日程的过程中，研究小组总结了前人针对阅读理解而进行的一系列研究，并从这些研究文献中得出了一些结论，这些结论涉及一系列有关的问题：任何儿童要达到较高的阅读理解水平，会遭遇哪些挑战？语言少数群体儿童要达到较高的阅读理解水平，又会遭遇哪些特殊的挑战？

按照兰德报告的分析，阅读理解的成败，决定于社会文化环境中读者、文本和阅读活动等因素的相互作用，如图3.2所示。在图3.2中，影响理解成功的读者因素涉及如下几个变量：低层次的阅读过程(单词认读、流畅性)、高层次的阅读过程(各种理解策略)、知识广度(句法、话语和词汇等语言学知识，以及相关的内容知识)、动机和兴趣广度。文本的因素涉及如下几个变量：主题、语言的复杂性程度和话语的组织。活动的因素涉及如下几个变量：阅读目的的制定、与阅读有关的注意和建构过程，以及阅读对读者的影响(如知识的增加、参与性)。

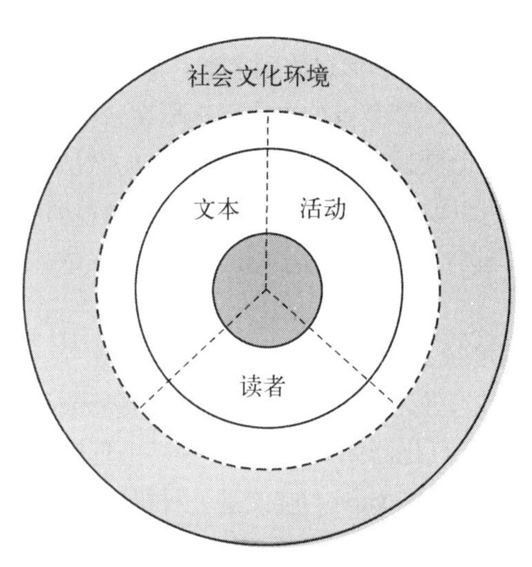

图3.2 阅读理解思索框架

在图3.2中，最重要的部分当推虚线所涵盖的变量：文本特征与读者能力的交接点、读者能力与活动的交接点、活动与文本特征的交接点。如果一份文本写得非常糟糕,或者对于文本涉及的主题缺乏相应的背景知识,那么,不管什么人,都会很难理解这份文本。同样的活动,一部分读者会觉得容易,而另一部分读者则会觉得困难;同样的活动,采用某种文本会变得容易理解,而采用另一种文本则会变得难以理解。例如,为了抓到要点而进行的快速阅读活动,或者为了理解和挑战作者的论点而进行的阅读活动,或者为了欣赏作者的风格而进行的阅读活动,都会因人因文而异。照此说来,教学的挑战,就是向儿童们提供他们能够理解并且可以激发他们持续阅读的文本,就是向儿童们提供能够增长其理解技能、词汇和世界知识的富有挑战性的文本。

对于第二语言的读者而言,这其中的每一个变量都有可能构成其阅读理解的特殊挑战。第一,较之单语读者或者第一语言读者,在预测阅读理解的若干变量中,第二语言读者都有可能处于劣势;无论是词汇知识、句法结构知识,还是话语结构知识,都会因语言而异。第二,文本的组织和文本所假定的世界知识,都会因语言和文化而异,因此,这些变量的挑战,对于第二语言读者来说要大于第一语言读者。第三,阅读任务与特定文化和特定学校环境的相异性程度越大,学习者的陌生感甚至困惑感就越强。例如,假定某个学生从一个注重为记忆而阅读的教育环境,转到一个注重为质疑或者比较不同观点而阅读的教育环境,那么,这个学生就面临着新的学习。如果某个学生从前只阅读过故事文本,那么,现在要阅读承载事实的科学文本,挑战就会应运而生。如果某个学生从前只阅读过可信的文本,如学生布置的历史与科学图书,那么,现在要阅读可信度不断变化的各种各样的因特网文本,就会遭遇新鲜而不熟悉的问题。

84

学习第二语言/第二文化儿童的读写发展

本部分转而回顾和分析第二语言/第二文化学习者读写发展的研究资料。先简要地总结第一种资料:第二语言/第二文化儿童属于低学业成绩的风险人群,他们低学业成绩的风险性涉及他们面临的其他危险(健康、贫困、家庭关系或者情绪障碍等)。随后,进一步分析回顾和分析第二种资料:第二语言/第二文化学习者的读写发展,其第一语言知识(有时,涉及第一语言的读写知识)是否影响其第二语言的读写发展,是否影响其学业成绩,是否影响其学校适应。本部分拟探讨的主要问题是,第二语言学习者之间的个体差异,对于其学习成绩具有怎样的影响?然后,拟分析社会环境和教学环境的影响,从而考察促进和制约语言少数群体儿童的各种条件。

第二语言/第二文化学习者的学业结果:一类风险人群

只要分析《国家教育进步评估:阅读评估》(*National Assessment of Educational Progress: Reading Assessments*)[National Center for Education Statistics (NCES), 2003],就不难发现:一般地说,第二语言/第二文化学习者的学业成绩,远远差于讲英语单语者。《国家教育进步评估:阅读评估》(下文简称《教育评估》)的有关数据,是按照民族而不是按照语言水平分解的,因此,根据《教育评估》的数据,无法简单地分析低水平英语对于低水平学业成绩的影响程度,而文化差异因素的影响程度,则更容易分析。不过,州研究的数据,既按语言水平分解,又按民族来源分解。只要分析这些数据,就不难发现,这两个因素对于低水平的学业成绩,既有独立的影响,又有联合的影响。此外,当两个因素同时发生影响时,会加大学业成绩进一步下降的可能性。通观《教育评估》的研究结果,不难发现,英语语言学习者、语言少数群体儿童和拉丁裔儿童的阅读技能的平均成绩,都低于英语单语学习者、单语学习者和同龄的北美白人。这些效应该如何解释呢?

当然,第二语言/第二文化学习者的教育风险性,与他们在另外一些方面的风险性,可能存在不可分割的联系:贫困、身体欠佳、家庭分离的体验和情绪挑战等(M. Suárez-Orozco & Páez, 2002)。此外,大量的研究表明,有些移民群体所从事的家庭实践,不大可能让 5 岁的孩子为美国幼儿园的要求做好准备。只要分析 NCES(1995)中涉及身世定群研究(birth cohort study)的数据,就可以发现,较之同等教育程度的北美白人母亲,拉丁裔母亲不大可能对着其孩子读书,不大可能预备读写材料,不大可能购置儿童读物。此外,针对家庭读写实践(无论以第一语言还是以第二语言)与语言少数群体学生的第二语言读写及学业成绩关系的研究发现,某些家庭读写因素的存在,对于移民和英语学习儿童,具有积极的影响,而这些因素的缺乏,则会产生消极的影响。例如,据 Pucci 和 Ulanoff (1998)报告,某人的阅读能力越强,其家中的图书数量往往也越大。还有,Leseman 和 de Jong (1998)发现,在荷兰,土耳其语及苏里南语儿童,均属语言少数群体儿童,其 7 岁时的阅读理解和单词解码技能,极大地决定于其 4 岁时的词汇量,4 岁时的词汇量,又明显地受制于家里讲荷兰语(第二语言)的程度。此外,他们还发现,社会经济地位和种族成分,极大地影响着家庭的读写实践,家庭的读写实践,会影响到学校的读写成绩。

85 在一定程度上,家庭读写实践对于儿童第一语言获得的影响,会成为家庭读写实践影响读写结果的中介。Walter 和 Gunderson (1985)表明,曾经听过汉语(第一语言)故事的中国移民儿童,能够获得很高的英语阅读成绩,未曾体验到汉语故事对于英语阅读的消极影响。不过,这些研究都缺乏控制组,因此,听过中文故事是否会直接影响英语阅读技能,很高的阅读成绩是否决定于另外一些因素,这些均不得而知。至少,第一语言的经验是不会损害儿童的学习成绩的,这一点值得注意。与此相似,据 Nguyen、Shin 和 Krashen(2001)报告,越南学生的越南语能力,与其英语读写能力之间,没有什么关系;越南语的口语能力和家中频繁地讲越南语,都不会损害英语口语能力的发展。这就是说,对于这种人群而言,家里讲第一语言,对于英语口语和读写的发展,既没有积极的作用,也没有消极的作用。与其相似,Rosenthal、Baker 和 Ginsburg (1983)发现,对于讲西班牙语的语言少数群体儿童的低等学业成绩,社会经济地位和种族的解释率,大于家庭语言的解释率。他们还发现,美籍西班牙儿童的西班牙语背景,与其低等的在校阅读成绩存在极强的相关。但是,这种语言背景的效应,对整个学年学习的影响相对小一些,而对先前存在的学业水平的影响则要大得多。换句话说,在家讲西班牙语的儿童,刚起步时,其英语读写测验成绩会比较低,但是,他们的进步决不会逊色于英语单语儿童。因此,长远地看,在家讲第一语言,并不会对以第二语言授课的学业成绩产生消极的影响。实际上,如果这种孩子想在未来的年级中达到预期的水平,那么,他们的进步必须快于英语单语的同班同学。

家庭语言对于第二语言阅读的影响,虽然不太确定,但是,若干的研究已经发现,家中讲英语的百分率,与语言少数群体学生的英语阅读技能具有很高的相关(Abedi, Lord, & Plummer, 1997; Beech & Keys, 1997; Connor, 1983; Kennedy & Park, 1994; Umbel, Pearson, Fernandez, & Oller, 1992)。Beech 和 Keys 发现,排除非言语智力的影响,在家喜欢讲第一语言的亚洲儿童,其英语词汇的发展具有明显的落后性,不过,这种偏好对于英语阅读的影响则是弱小的。Beech 和 Keys 的这种意外发现,即词汇对于阅读发展的弱小影响,该如何解释呢? 也许,这是由于单语控制组的社会经济地位不高;人们认为,社会经济地位不高的儿童,像语言少数群体儿童一样,濒临读写发展低下的危险,词汇知识的发展尤其如此。据 Abedi 等人报告,在家总讲第一语言的学生,能够完成的测试项目,少于在家只讲英语的学生。Umbel 等人也发现,在家既讲英语又讲西班牙语的美籍西班牙儿童,英语词汇测验的得分,高于在家只讲西班牙语的对等儿童。这些结果与 Rosenthal 等人(1983)的研究结果是相互矛盾的。Rosenthal 等人(1983)发现,在家讲第一语言不会长期地损害随后的学业成绩。这意味着,要考察家庭语言与第二语言读写发展的真正关系,应当采用纵向研究的方法。上学之前主要讲第一语言的七八岁的儿童,要接触和学会新的语言,自然需要一些时间。因此,我们关注的重点,应该是这些儿童大量地接触了第二语言及其读写之后的第二语言读写技能,而不是其低年级阶段似乎低下的成绩。Beech 和 Keys、Umbel 等人以及 Abedi 等人的研究,都没有控制第二语言学习者的居住年限或者受第二语言教育的年限,因此,不应该贸然地认为,在家讲第一语言会伤害后来的学业成绩。

有趣的是,Kennedy 和 Parke(1994)发现,家庭语言对于他们研究的两个少数民族的儿童,具有不同的影响: 对于美籍墨西哥裔学生来说,能够很好地预测其学业成绩的,是他们的社会经济地位,而不是其家庭语言;可是,对于美籍亚裔学生而言,家庭语言能够很好地预测其标准化测验的阅读成绩——在家讲英语的美籍亚裔学生,成绩显著地优于在家只讲第一语言的对等学生。这种差异可以由多种变量解释: 两个群体的第一语言在主流社会中的相对地位、第一语言和第二语言结构的异同点、居住年限等。同样,Fernandez 和 Nielsen(1986)发现,美籍西班牙裔双语学生的第一语言(西班牙语)水平越高,其学业成绩越好,而讲西班牙语的频率对于学业成绩具有消极的影响,这种结果是有点矛盾的。也许,这些结果反映了一种事实: 第一语言/第一文化与第二语言/第二文化之间在语言与文化特征方面的相似性,能够促进讲西班牙语的语言少数群体儿童的第二语言成绩。这样,儿童的第一语言水平越高,就越能理解第二语言与第一语言之间的联系,就越能将第一语言的知识迁移到第二语言相关知识的学习之中,相反,经常只讲第一语言,也许是在反映,他们不愿意或者没有能力用好第二语言。

86

这个结果有点类似于 Rosowsky(2001)的结果。Rosowsky 发现,讲迈普尔—旁遮普语(Mirpuri-Punjabi)的穆斯林儿童,将第一文化的读写实践迁移到了第二语言的读写技能。尽管讲迈普尔—旁遮普语的儿童不能运用第一语言的知识解决第二语言的任务,因为其第一语言与第二语言的结构缺乏相似性。但是,他们的英语解码水平,毫不逊色于英语单语儿童,究其原因,可能在于其第一文化,该文化强调,必须准确地阅读《古兰经》。不过,同样是这群孩子,阅读理解能力则远远落后于对等的单语儿童,阅读理解比解码要求更多的第二文化知识。

家庭语言对于第二语言的读写发展,究竟是具有积极作用还是消极作用? 文献表明,关于这个问题,存在极大的分歧。因此,还不能明确地推论家庭与学校之间连续性与断续性的影响,也就是说,关于家里讲第一语言对于不同语言少数群体儿童读写和学业成绩影响的问题,尚需深入而长期的研究。不过,上述研究也有一个非常一致的结论: 无论是针对第一语言读写发展的家庭支持的数量和质量,还是针对第二语言读写发展的家庭支持的数量和质量,都会极大影响第二语言的读写成绩(Leseman & de Jong, 1998; Pucci & Ulanoff, 1998; Walters & Gunderson, 1985),如果家里第一语言和第二语言都讲,那么,家里讲第一语言并不会妨碍第二语言的读写发展(Abedi et al., 1997; Beech & Keys, 1997)。因此,重要的是,学校读写教学,既要支持也要补充语言少数群体学生的家庭读写经验。

从第一语言到第二语言之可能的迁移效应: 与语言差异有关的课堂挑战的证据

家庭语言对语言少数群体学生读写和学业成绩,具有积极和消极的影响,这说明,第一语言对于第二语言的读写发展,正负迁移作用都可能兼而有之。这种迁移作用,可能会因读写领域的不同而有所不同,因此,重要的是,应当考察每种成分技能对于读写成绩的影响。与每个读写领域相关的文献综述,只分析那些涉及语言少数群体学生在第二语言环境中学习目标语言的实证研究,而不分析那些涉及外语环境的研究。

语音意识

关于初学单语阅读的研究表明,语音意识水平越高,最初的阅读和拼写成绩也越好(Adams, 1990; Bradley & Bryant, 1983)。可是,倘若有一群双语儿童,其第一语言的语音意识已经达到某种水平,然而,其第二语言的语音意识则完全空白,那么,语音意识与阅读拼写之间的那种关系,是否还生效呢? 这个问题依然是个谜。一般地说,双语儿童的语音意识成绩,似乎优于英语单语儿童(Oller, Cobo-Lewis, & Eilers, 1998)。此外,当第一语言与第二语言的正字法和语音特征相似的时候,那么,对于双语儿童来说,不仅存在两种语言之间语音意识的迁移,而且,他们第一语言的元语言意识和语音意识,能够显著地解释其第二语言的读写技能,例如,拼写、单词再认、假词阅读和阅读理解等技能(Cisero & Royer, 1995; Comeau, Cormier, Grandmaison, & Lacroix, 1999; Durgunolu, Nagy, & Hancin-Bhatt, 1993; Gottardo, Yan, Siegel, & Wade-Woolley, 2001; Oller et al., 1998; Smith & Martin, 1997)。例如,Durgunolu 等人,对讲西班牙语并参加美国过渡双语教育计划的一年级学生,进行了西班牙语和英语两种语言语音意识任务及单词再认技能的测试。该研究表明,西班牙语的语音意识与西班牙语的单词再认密切相关;该研究还表明,儿童的西班牙语语音意识测验成绩越高,其英语语音意识测验成绩也往往越高,更为重要的是,其英语单词及假词阅读测验成绩也往往越高。这就是说,儿童第一语言的语音意识,能够显著地预测其第一语言和第二语言的早期读写成绩。与此相似,Comeau 等人以讲英语并参加法语浸入式教学班的一年级、三年级和五年级儿童为被试的研究发现,在语音意识和单词解码技能上,都存在语言之间的迁移。

87

然而,这种能够预测第二语言早期读写技能的语音意识的迁移,或许具有一定的限制条件:第一语言和第二语言的语音特征与正字法特征具有相似点。如前文所述,Oller 等人(1998)的研究表明,英西双语儿童的语音意识成绩,似乎优于英语单语儿童。实际上,与 Oller 等人(1998)的研究不同,Jackson、Holm 和 Dodd(1988)发现,英语单语儿童与粤英双语儿童之间,在语音意识技能上,没有差异,可是,在阅读、拼写和音素信息操作技能上,前者均优于后者。他们也发现,双语儿童的语音意识模式,因语音而异,与其第一语言的音素和音节结构有关。其结果进一步说明,会讲双语本身或许不是加强语音意识的充分条件。这些矛盾的结果,或许与两种语言在正字法特征上的差异有关,这两种语言分别属于拼音文字与词素音节文字系统。在一项类似的研究中,Liow 和 Poon(1998)考察了三组中国多语儿童的语音意识。结果表明,第二语言(英语)的语音意识与第一语言的正字法深度有关,中国儿童的声调意识也许无助于其英语读写的发展。不过,这两个研究均未测查双语儿童的第一语言,因此,针对双语儿童的第一语言语音意识是否会迁移的问题,还不能作出结论。然而,Gottardo 等人(2001)选择英语作为第二语言的中国学生被试,采用韵脚识别测验,测查了其第一语言的语音意识,结果表明,儿童第一语言的语音意识,不仅与其第二语言的语音意识有关,而且与其第二语言的读写技能有关。这个结果与有关研究的结果是一致的。这里的"有关研究"具有两大特征:第一,被试的第一语言采用拼音文字;第二,被试属于学习第二语言的儿童。该结果非常重要,因为它"指向一种潜在的过程,该过程并不因儿童第一语言的语音而异,而与儿童的一切语音反省能力有关,对于这一切语音,儿童接触的数量极其有限"(p. 539)。语音意识要求人们反省和操纵口语的特征。Gottardo 等人的研究结果说明,儿童反省和操纵特定语言的结构特征的能力,可以应用于第二语言,不管第二语言的类型与第一语言相异与否。

跟单语儿童的情形一样,不管语言少数群体儿童的第一语言背景如何,第二语言的语音意识与其他读写技能之间,依然存在明显的正相关。如果第一语言与第二语言的语音和正字法的特征具有相似点,那么,儿童们发展或者建构的第一语言的语音意识,可能会有助于其第二语言的读写发展。不过,如果第一语言与第二语言之间的差异非常大,那么,该怎样帮助语言少数群体儿童呢?这个问题依然是个谜。有研究发现,讲西班牙语的儿童,其英语和西班牙语的语音意识获得,都遵循着同样的顺序(Cisero & Royer, 1995),可是,如果儿童第一语言与第二语言的类型极为不同,情况又会怎样呢?要阐明双语儿童的语音意识、其他语言技能和课堂实践的发展,有必要选择不同的语言少数群体儿童,进行更多的研究。

单词阅读与拼写

根据语音意识与阅读关系的研究结果,并不难推知,对于语言少数群体儿童来说,单词阅读通常不会构成一种不可战胜的挑战。例如,Lesaux 和 Siegel(2003)证明说,英语单语项目的第二语言学生,当他们落后时,如果能够为其提供系统的教学与恰当的干预措施,那么,到二年级学期末的时候,他们第二语言单词的读写水平,已经接近当地人。

关于语言少数群体儿童拼写发展的大多数研究,是以讲西班牙语而在美国学习英语的人为被试,并且发现了与第一语言和第二语言的差异有关的各种挑战。例如,有的研究选择低年级并讲西班牙语的语言少数群体学生为被试,结果发现,当他们拼写第二语言的新词或者假词时,会受第一语言的拼写规则所支配,并且,他们会将第一语言的拼写系统应用于第二语言的拼写任务(Ferroli & Shanahan, 1993; Nathenson-Mejía, 1989)。例如,在 Ferroli 等人的研究中,讲西班牙语的二年级和三年级学生所犯的拼写错误,可以归结为,拼写系统中的清音和浊音遭到合并,因为跟英语不同,西班牙语并不注重清音与浊音的系统差异。这样,有人将"drink"误拼为"trink",这是受西班牙语影响并可预测的错误拼写。与此相似,有人以高年级的语言少数群体学生为被试的研究也发现,第一语言的影响是英语拼写错误的主导原因(Cronnell, 1985),同时,这些儿童所犯的与第一语言相关且可预测的错误,显著地多于英语单语儿童(Fashola, Drum, Mayer, & Kang, 1996)。此外,有人发现,不太成功的学生所犯的受第一语言影响的拼写错误,显著地多于更为成功的学生,这说明,第二语言的水平对于拼写成绩,具有重要的影响(Zutell & Allen, 1988)。

88

采用第一语言为非西班牙语的语言少数群体儿童为被试的研究,并非很多。然而,Wang 和 Geva(2003)的研究则是以讲汉语的语言少数群体学生为被试,该研究发现了相似的结果:第一语言会迁移到第二语言的拼写上。此外,他们既能识别第一语言正字法系统的影响,也能识别第一语言学习的影响。在 Wang 和 Geva 的研究中,以英语为第二语言的中国学生拼写真实生词的水平,接近对等的英语单语儿童。不过,这些中国学生拼写假词的水平,则显著地差于英语单语儿童。而且,从真词拼写与假词拼写成绩之间的差距来看,这些中国儿童的差距远远大于英语单语儿童。对于这些结果的解释为,这些中国儿童在拼写时依赖于非语音的路径,该路径是他们进行第一语言的书写活动时所采用和练习的策略。这样,拼写陌生词时,他们遭遇了音形对应的困难,在其第一语言中,他们不会遭遇这种困难,这是因为,汉字的正字法具有词素音节的特征,因此,在拼写时,采用整词加工的取向。由于同样的原因,如果视觉地呈现在正字法上合法或非法、可发音或不可发音的字母串时,这些中国儿童的拼写成绩,优于英语单语儿童。这就是说,以英语为第二语言的中国儿童,习惯于整词地加工视觉的字母串,对于要求视觉地加工字母串的特定任务而言,存在因第一语言而异的正迁移。

在帮助具有第一语言背景的语言少数群体儿童时,不管其第一语言与第二语言相似与否,教师们都应该意识到可能受第一语言影响的错误模式,都应该意识到对第一语言和第二语言的语音及拼写系统的熟悉程度。不过,来自各种各样第一语言背景的第二语言学生,其第一语言的拼写策略,究竟具有何种不同的影响呢?要回答这个问题,必须进行有关的控制研究,控制因第一语言而异的拼写策略,唯有如此,才能多重地比较以英语为第二语言的各个群体,这些群体之间,第二语言的水平相似,但是,其第一语言的正字法,则有别或者相似于英语的正字法。

词汇

众所周知,词汇知识直接关系到儿童第一语言的阅读理解能力(Freebody & Anderson, 1983; Stanovich, 1986),那么,语言少数群体学生的第二语言词汇发展,与第一语言背景和读写技能之间,又是一种什么关系呢? 关于这个问题的研究,尚不多见。不管对于第一语言的学生来说,还是对于第二语言的学生来说,词汇都是读写技能的一个关键领域,这是因为,一般地讲,词汇、阅读理解和学业成绩之间,都存在互利互惠的关系: 词汇知识有助于阅读理解,良好的阅读理解能力则有助于新词汇的自然习得。

围绕第二语言学习者的词汇知识与其阅读理解能力关系的研究,仅有不多的几个,不过,这些研究结果与围绕第一语言学习者的研究结果是一致的。例如,Nagy、Garciá、Durgunoglu 和 Hancin-Bhatt(1993)不仅发现,第二语言的词汇知识与第二语言的阅读分数之间存在正相关,而且发现,西英双语高年级学生的第一语言词汇知识,对于第二语言的阅读具有迁移作用。此外,他们还发现,这种迁移作用依赖于一定的条件: 学生在阅读第二语言的句子时,能够识别出第一语言和第二语言的同源词。这个特别的结果,对于语言少数群体学生的读写教学,具有重要的启迪意义,当然,这里有一个前提: 他们的第一语言和第二语言之间,在词法和句法特征上,具有一些相似点。实际上,Carlo 等人(2004)揭示,同源词教学,对于讲西班牙语的英语学习者的英语阅读理解结果,具有积极的作用。不过,这种词汇教学必须考虑到第二语言学习者的第二语言水平,这是因为,在第二语言的阅读背景中,要猜测陌生词的意义,第二语言的水平必须达到某种程度(Hancin-Bhatt & Nagy, 1994; Nagy, McClure, & Mir, 1997)。具体地说,我们知道,讲西班牙语的英语学习者识别同源词的能力,会随着年龄的增长而增长,这是因为,随着年龄的增长,他们关于英语和西班牙语派生词后缀之间关系的知识,也会随之而变得更为具体。因此,同源词的教学,必须考虑英语学习者对第一语言与第二语言的结构关系的理解水平。

然而,与其他读写领域的情形一样,在假定第一语言词汇知识对于第二语言读写技能的正迁移作用时,我们必须留意语言少数群体学生的第一语言背景。例如,Verhoeven(1994)发现,对于讲土耳其语而在荷兰学习荷兰语的学生来说,第一语言的词汇知识对于第二语言的读写技能,完全缺乏预测作用。因此,针对第一语言词汇与第二语言读写技能发展的关系,有待更多进一步的研究,并且,选作研究被试的语言少数群体学生,其第一语言的词法和句法,应当区别于第二语言。反过来,对于来自不同语言背景的第二语言学习者的词汇教学来说,这些研究可以提供有用的指南。在 Carlo 等人(2004)的研究中,针对讲西班牙语的英语学习者而进行的词汇教学(同源词教学),之所以能够取得成功,有一个重要的原因: 该教学依靠了第一语言与第二语言之间的相互依存关系。然而,什么样的教学,能够使来自越南等国家的第二语言学习者受益呢? 为了推进这类儿童第二语言的词汇发展,针对第一语言和第二语言的关系,教师需要了解何种知识呢? 探讨这些问题的研究,不仅有助于这类儿童阅读理解能力的发展,而且有助于其学业能力的提高。

89

阅读理解

关于语言少数群体学生的阅读理解研究表明,第一语言的口语和读写技能,既有可能成为第二语言阅读理解的资源,也有可能成为其中的障碍,这取决于年龄、第一语言的水平和背景。

针对第一语言读写技能与第二语言阅读理解关系而进行的研究,迄今为止,研究的焦点是讲西班牙语的英语学习者。其中,大部分研究都一致认为,这些语言少数群体儿童的读写技能,可以迁移到第二语言的阅读理解中(Calero-Breckheimer & Goetz, 1993; Langer, Bartolome, Vasquez, & Lucas, 1990; Reese, Garnier, Gallimore, & Goldenberg, 2000; Royer & Carlo, 1991)。例如,Calero-Breckheimer 和 Goetz 的研究表明,三四年级的美籍西班牙裔学生,能够成功地迁移两种语言的阅读策略,从而对英语的阅读理解产生积极的作用。与此相似,Royer 和 Carlo 发现,能够最佳地预测六年级末英语阅读成绩的,莫过于上一年的西班牙语(第一语言)阅读成绩。此外,Jiménez、Garciá 和 Pearson (1996)发现,擅长阅读的拉丁裔儿童依赖于各种各样的策略,包括迁移信息和提取各种语言的同源词汇等,相反,不太擅长阅读的那些儿童,不管涉及哪种语言,都不太会有效地解决阅读理解的困难。

不过,只要更细心地考察讲西班牙语的语言少数群体学生的背景变量,包括社会经济背景、移民地位和家庭语言,那么,这种迁移的现象就会复杂得多。Buriel 和 Cardoza (1988)的研究表明,西班牙语的口语水平和读写技能,对于阅读和其他学业成绩变量的预测作用,只限于语言少数群体的第三代儿童,并不能推论到其第一、二代儿童。总的说来,从第一代依次过渡到第三代时,西班牙语的读写技能与包括阅读在内的学业成绩的关系,呈逐步加强的趋势。再具体一点说,第三代学生的第一语言读写技能越强,那么,他们的第二语言阅读测验的分数也越高。不过,横跨三代比较时,第一语言的口语水平,与第二语言的口语和读写技能之间,只有微弱的相关,这进一步说明,第一语言的发展并不会阻碍第二语言的学业成绩。然而,横跨三代比较时,第一语言读写技能对于第二语言阅读的不同影响,引出了一个重要的问题:如果说,第一语言与第二语言阅读技能的正迁移,只发生于第三代语言少数群体学生,亦即接触第二语言口语和读写可能最多的那一代人,亦即在第二环境中花时间最长的那一代人,那么,实现这种正迁移的必要条件,究竟是第二语言的某种水平,还是第二语言的某种输入?要获得更加完整的信息,就必须进行大规模的以第二语言学习者为对象的研究,其中的第二语言学习者应该是来自某个少数民族的不同语言文化背景。

此外,关于第一语言向第二语言迁移的问题,迄今为止,大多数研究均局限于美籍西班牙裔学生,而其第一语言的规则和特性,也许独特地影响着英语阅读理解,因此,在将来的研究中,应该扩大第一语言学生的背景范围。Connor (1983)考察了来自 21 种第一语言背景的二年级到十二年级的学生,结果发现,在家讲英语的百分率和家庭的社会经济地位,对于英语阅读技能,具有积极的影响。从某种意义上说,该结果与 Nguyen 等人(2001)的结果是相互矛盾的。Nguyen 等人(2001)发现,标准化测验的英语阅读成绩与在家讲第一语言的情况之间,是没有关系的。在该研究中,被试为讲越南语的英语学习者,而在家讲第一语言的情况,也属于被试的自陈报告。Nguyen 等人没有考察儿童在家讲英语与英语读写之间的关系，所以，该研究既不能支持也不能否定 Connor 的研究结果，尽管他们的确表明，在家讲第一语言不会阻碍第二语言的读写发展。此外，据 Lasisi、Falodun 和 Onyehalu(1988)的报告，七年级的尼日尔学生，阅读在文化上熟悉的句子时，比阅读在文化上陌生的句子时，成绩更好一些。这意味着，文本中的文化价值对于语言少数群体学生的英语阅读成绩，具有重要的影响。不过，语言少数群体学生的语言背景，对于其英语阅读能力所构成的挑战和益处，有待更多的研究，才能加以认识。

此外，在进行任何读写教学之前，都应该先考虑两个变量：第一，读写教学的顺序(半浸法对全浸法)；第二，语言少数群体学生的第一语言和第二语言水平。Verhoeven(1994)认为，第一语言与第二语言单词解码和阅读理解能力的迁移，可以是双向的，这取决于教学的顺序。在荷兰，有些儿童能够讲土耳其语和荷兰语两种语言，倘若将他们安排到过渡的双语班级，那么，他们先前获得的第一语言的阅读理解能力，可以预测其荷兰语的阅读理解能力；与此相似，接受过第二语言全浸法训练的土荷双语儿童，表现出逆向迁移的迹象。Verhoeven 的这些结果，对于促进第二语言学生的学业成绩，具有重要的政策意义和教育意义。

总而言之，现有的文献强调四点：首先，第一语言的读写技能有益于第二语言的阅读理解；其次，懂得第一语言的何种策略与知识在迁移到第二语言的阅读上的重要性；再次，承认与促进语言少数群体学生第一语言读写技能的重要性；最后，教导语言少数群体学生有效地运用其资源而帮助其第二语言的阅读理解。

写作

虽然许多研究者探讨了语言少数群体成人的写作，但是，语言少数群体儿童的写作发展，并没有得到多少关注。Lanauze 和 Snow(1989)考察了四、五年级且讲西班牙语的语言少数群体学生的写作技能，但这类研究屈指可数。他们发现，第一语言和英语评定均佳的儿童，以及英语评定差而第一语言(西班牙语)评定佳的儿童，在英语和西班牙语写作的评分上，都优于两种语言评定均差的儿童。英语评定差而西班牙语评定佳的儿童，在英语写作的复杂性、精巧性和语义内容上，绝不亚于两种语言评定均佳的儿童。简而言之，“在第二语言获得的早期，能否利用第一语言相关技能的决定因素之一，就是人们掌握第一语言的程度”(p. 338)。与此相似，Nathenson-Mejía (1989)以一位讲西班牙语的三年级学生为被试，进行了个案研究，结果表明，口语和书面语之间，是一种相互依赖的关系，这种关系有益于语言少数群体学生。这些结果表明，第一语言的读写发展，对于第二语言的读写和学业技能，具有潜在的促进作用。显然，写作是第二语言读写研究的一个领域，应当给予更多的关注与研究，特别是，要获得高水平的学业成绩，要在更高的年级和高等教育中取得成功，写作都是一项必要的技能。

从第一文化到第二语言/第二文化之可能的迁移效应：与文化差异有关的学校或课堂挑战的证据

相对来说，第二语言/第二文化学习者的文化背景对于其英语读写发展和学业成绩的影响，只得到很少的关注。迄今为止，涉及文化对于读写发展影响的文献，可以大致分为三种类型：(1) 对第一文化的熟悉性与第二文化及读写发展的关系；(2) 家庭与学校的话语差异及其对第二语言读写发展的影响；(3) 其他文化因素(如社会经济地位与教育抱负等)与读写发展及学业成绩的关系。

第二文化的知识

涉及家庭与学校的文化差异对第二语言/第二文化学习者的学业成绩和读写发展的影响的研究，具有两种截然不同的结果。一种研究发现，第一文化与学业成绩无关；另一种研究发现，对第二文化越熟悉，学业结果越佳。

García-Vázquez(1995)发现，讲西班牙语的语言少数群体学生的文化适应与其阅读理解技能的分数之间，并没有显著的关系，这意味着，要获得高水平的英语读写成绩，未必要适应于主流文化。与此相似，Abu-Rabia(1995)发现，在英语水平高于阿拉伯语水平的阿拉伯学生中，是否熟悉阅读材料涉及的文化，不会影响阅读理解的结果。

91

尽管如此，许多研究都表明，是否熟悉主流文化，的确会影响到语言少数群体儿童的阅读理解成绩(Abu-Rabia, 1998; Droop & Verhoeven, 1998; Hannon & McNally, 1986; Jiménez, 1997; Kenner, 1999; Rosowsky, 2001)。据 Abu-Rabia 报告，不管文本属于什么语言，只要内容涉及阿拉伯文化，那么，阿拉伯学生都能够得到更好的理解成绩。Droop 和 Verhoeven 发现，在荷兰，对于土耳其语和摩洛哥语的语言少数群体儿童而言，文化熟悉性对于阅读理解和阅读效率，都具有积极的作用。然而，Rosowsky 则发现，语言少数群体儿童，由于不熟悉文本的文化意义，所以，其阅读理解成绩远远地落后了，尽管他们解码文本的能力强于英语单语儿童。

通观现存的有关研究，文化适应并非总是影响第二语言/第二文化学习者的读写成绩，对于第二语言处于高水平的那些儿童，尤其如此，然而，缺乏主流语言和主流文化的知识，对于学业成绩和读写技能，常常具有消极的影响。因此，在学校读写教学中，应当支持第一文化在教育中的连续性，对于文化上陌生的话题，应当明确地讲授文本的含义。

话语模式

聚焦话语模式的研究表明，当学校与家庭的互动模式相似时，语言少数群体儿童可以受益于学校的互动模式(Au & Mason, 1981; Ballenger, 2000; Hudicourt-Barnes, 2003; Huerta-Macias & Quintero, 1992; Wilkinson, Milosky, & Genishi, 1986)。Au 和 Mason 的研究表明，当夏威夷土著儿童的课堂教学互动与其家庭的互动一致时，那么，包括其阅读活动在内的学业活动，都会得到促进。与此相似，Huerta-Macias 和 Quintero 报告说，如果语言少数群体学生曾经在家中进行过语码转换活动，那么，学校的语码转换，对于其双语读写发展，就会产生积极的作用。Wilkinson 等人也发现，美籍西班牙裔学生的阅读成绩，与其适应学校的互动模式之间呈正相关。总之，研究表明，语言少数群体学生对其第一文化的认同和敏感，有助于其第二语言的读写发展。

其他文化变量

虽然许多研究都已经考察了父母、家庭、家庭文化和社区对于第二语言读写发展和学业成绩的影响，但是，其明确的关系或影响，则无人研究过。其中的大多数研究，都没有能够报告显著的关系(Buriel & Cardoza, 1988; Duran & Weffer, 1992; Goldenberg, Reese & Gallimore, 1992)。例如，Duran 和 Weffer 发现，父母的教育价值观，对于美籍墨西哥裔九年级学生的阅读成绩与十二年级学生的学业成绩，都没有直接的影响，不过，父母的教育价值观的确积极地影响着孩子在学校的行为。家庭的教育价值观会影响学生参加数学或科学强化课堂的意愿，这种课堂能够显著地提高相关的学业成绩。与此相似，Goldenberg 等人也发现，家庭读写实践，与讲西班牙语的语言少数群体儿童读写成绩之间关系的密切程度，不如学校所采用的读写材料，此外，其父母的预期，会因孩子学业成绩的变化而变化，不过，反过来则不能成立。Monzó 和 Rueda(2001)表明，家庭的读写实践和读写资源，与儿童的阅读动机之间呈正相关，不过，该研究的样本太小($N=5$)，因此，难以作出一般的结论。

Kennedy 和 Park(1994)报告说，对于美籍西班牙裔的学生来说，如果控制了社会经济地位，那么，家中讲英语与学校阅读成绩之间的显著相关就会消失，这意味着，对于这个特定的语言少数群体儿童而言，社会经济地位对于英语阅读成绩的影响，大于第二语言的使用效应。不过，关于社会经济地位对于读写的影响，特别是对于语言少数群体儿童学业成绩的影响，几乎是一片空白，当然，根据其他一些以讲英语的儿童为被试的研究，可以假设这种显著的影响(Cook, 1991; Stubbs, 1980)。

小结

我们的文献综述，均围绕第二语言/第二文化学习者在读写关键成分上的成绩。这些文献表明，第一语言/第一文化与第二语言/第二文化之间，是一种复杂的关系，随着第一语言的文化特征和语言特征的不同，随着父母和孩子对第一语言熟练程度的不同，随着父母和孩子的第二语言及其读写发展水平的不同，随着第一语言的社会地位的不同，随着居住年限的不同，随着移民和社会经济地位的不同，这些关系都会发生变化。此外，随着第二语言学习者的第一语言和第二语言水平的不同，随着两种语言之间异同程度的差异，随着家庭语言和家庭读写实践的不同，第一语言与第二语言之间，在读写技能的各项子成分上，都会呈现出不同的关系。不过，一般地说，这些文献能够就以下五点达成共识：

92

(1) 第一语言与第一文化的知识和技能，并不是第二语言学习者在第二语言读写技能上或者学业成绩上表现不佳的主要原因。在大多数情况下，第一语言与第一文化的知识和技能，对于第二语言的读写发展，具有积极的影响，即使第二语言与第一语言之间在分类上不同时也是如此。

(2) 保持和使用第一语言，并不会妨碍第二语言及其读写的发展。

(3) 在很多情况下，第二语言学习者会将第一语言的知识与技能运用于第二语言/第二文化的任务之中，当然，有时候，需要教给他们有效地迁移第一语言知识的方法。

(4) 在第二语言的读写发展和学业成绩上，第二语言学习者会受益于第一语言/第一文化的敏感性教学。

(5) 学业的成功未必需要完全的文化适应，不过，第二文化的知识的确会导致阅读理解和学业成绩的差异。

本文献综述涉及从第一语言/第一文化的读写技能向第二语言读写发展的迁移。总的说来，这些文献表明，第一语言及其读写技能与第二语言读写成绩之间，既有积极的关系，也有消极的关系。大多数研究表明，除了拼写之外，第一语言的口语和读写技能与第二语言的同等技能之间呈正相关，当然，这种正相关，尽管与迁移的解释相一致，也很难构成有力的支持证据。也许，第一语言技能更强的学习者，恰巧更为聪明，因此，第二语言的技能也学得更快。

最为重要的是，我们仅仅找到了若干线索，而这些线索又毗邻着若干条件：最可能发生迁移的条件、最可能发生正迁移的条件、最可能具有构词能力的条件。此外，我们知道，许多迁移的机会被遗漏了。例如，讲西班牙语的英语学习者，并不会意识到同源词的价值，除非教会他们运用同源词(Nagy et al. , 1993)，即使在这种时候，如果学生的西班牙语读写技能是有限的，那么，在给出单词意义线索的前提下，他们也识别不了许多潜在的同源词。Jiménez(1997)报告说，在他的研究中，有若干被试，母语为西班牙语，不善于英语阅读，他们声称，英语的阅读非常不同于西班牙语的阅读；然而，另外一组被试，人数也不多，母语为西班牙语，可是善于英语阅读，他们则说，他们在两种语言中，均采用了许多同样的策略，显然，他们是自己发现了迁移的价值。迁移是如何发生作用的？迁移又是何时发生作用的？第一语言与第二语言的差异，以及第一语言与第二语言正字法的差异，与迁移有何关系？年龄、教学方法、社区的社会语言学因素，以及其他的因素，对于迁移的可能性和效用，具有何种影响？关于这些问题，均有待更多的研究。随着这种知识基础的增多，针对鼓励语言少数群体儿童继续发展其第一语言及其读写知识的价值，针对第一语言及其读写知识对于第二语言读写技能成功发展的影响，我们都可以提出更有说服力的论点。

为第二语言/第二文化学习者而设计的项目

在美国和北欧，无论是移民，还是移民学生不佳的学业成绩，都由来已久，然而，令人感到惊讶与不幸的是，关于支持这些儿童最好地发展项目的关键成分，迄今为止，依旧缺乏不容置疑的证据。不过，有充分的证据表明，某些教学特征，对于有关项目的有效性，具有关键的作用。在本部分，针对指向学前儿童和小学生的有效项目的品质的证据，进行简要的综述，并指出那些需要更多证据的领域，此外，还刻画其中的某些项目，这些项目既能体现有效性的特征，又能体现广泛而一致地实施那些特征会遭遇的困难。

学前儿童项目

为学习第二语言/第二文化的学前儿童而设计的项目，都应该整合各种机会：这些儿童与成人照看者或教育者发展温暖关系的机会、丰富的语言互动机会、各种参与读写活动的机

93

会，以及借助观察、谈话、讨论和读书活动而获得关于物理世界和社会世界的知识、概念和理论的机会。当然，准确地说，这些特征的特点在于，对于任何一个儿童来说，它们都是良好的学前教育的体现；大量的证据表明，这些特征，对于确保某些儿童取得良好的结果，具有特别重要的意义。在此，“某些儿童”是指学业成绩不良的高危儿童，包括那些只能有限地控制其将要就读学校的语言和文化的儿童。

关于针对第二语言/第二文化学习者而设计的学前项目的语言使用问题，尚缺乏直接的证据。有人可能认为，如果某个环境并不使用儿童所知道的唯一语言，那么，这个环境不大会具备良好项目的关键特点，例如，与成人的温暖关系，接触概念、理论和新知识，以及参与丰富的语言活动与读写活动等。有人则可能提出，幼儿能够快速地学会在幼儿园遭遇的第二语言，从而足以和敏感型的成人建构温暖的关系，因此，通过学校语言而获得丰富的语言技能的任务，最好早一点而不是晚一点开始。

个案举例

美国早期开端(Head Start)项目，服务于数目庞大且与日俱增的英语学习者人群。早期开端的项目，都遵循一套固定的核心标准，不过，项目的具体设计则因地而异。围绕早期开端，针对儿童英语教学项目的责任，存在一些分歧。有些早期开端的管理者和职员解释说，项目的责任是，进行儿童英语教学，帮助儿童做好入学的准备。另一些人则认为，项目的主要责任是，为孩子们提供社会和学业技能，使其进入以英语为媒介的课堂时，可以减轻英语获得的难度。

对小学移民儿童进行全英语教学的项目，是一项历史性的改变。这种改变，对于早期开端项目的设计具有一定的影响，增加了向学前儿童提供英语技能的压力，减少了与第一语言及其读写技能的支持相联系的价值。不过，早期开端项目必须遵循的标准之一，就是配备会讲儿童母语的成人；对于英语学习者来说，那位成人，有时候是课堂教师，更多的是教学助手，偶尔也可能是办公室或厨房的工人，而非教学人员。

1996 年，新英格兰早期开端质量研究中心* 的语言多元性课题组的成员，在波士顿附近的一个镇——我们称之为维特海姆镇，开始了一个大型的早期开端项目的工作。维特海姆早期开端项目所服务的人群，将近 40%的人讲西班牙语，该项目所涉及的每个课堂都大致有这样的比例。大多数课堂，除了配备一个讲英语的领头教师，还配备一个讲西班牙语的助手或者助教。维特海姆的公立学校都有一个兴旺的双语教育项目，因此，我们以为，促进早期开端儿童的西班牙语技能，通过西班牙语的语言活动而促进其读写技能，都是值得充分考虑的方法。所以，我们向维特海姆早期开端项目主任提议，为了服务于讲西班牙语和双语的儿童，应该建立以西班牙语为媒介的课堂。对于这类课堂的教师，我们提供了职业发展以及其他形式的支持，此外，我们还采集了儿童成绩的数据，以供该项目之用。

最初，维特海姆项目主任对该提议抱以热情的态度，不过，经过反省之后，他指出了三大

* 该课题组成员包括 Consuelo Aceves、Lilia Bartolomé、Catherine Snow 和 Patton Tabors。David Dickinson 是该中心的主任。

困难：首先，在他的职员中，有资格成为领头教师的，只有一位能够流利地讲西班牙语；其次，他感到，在该项目中，如果4岁的儿童没有机会学习英语，那么，父母是会反对的；再次，他注意到，最令人沮丧的是后勤的困难，这是因为，在很大程度上，班车的路线决定着课堂的家庭作业。同一辆班车上，可能混杂着讲英语和讲西班牙语的儿童，而不是纯粹讲某种语言的儿童。

尽管存在这些困难，最终还是组建并研究了一个课堂，在该课堂中，两位讲西班牙语的教师编制和实施了一个针对一组3岁儿童的课程设计。该课堂的两位教师是Ana和Luisa，Ana此前是一位以英语为媒介的早期开端教师，是一位土生的双语人，其英语读写技能强于其西班牙语；Luisa是一位西班牙语主导的双语人，此前，在波多黎各充当早期开端的教师，在维特海姆早期开端课堂中，则充当助教。Ana和Luisa的常规职业发展，由Aceves(2003)实施，她也系统地研究该班儿童的语言使用和进步情况。

94

有四种数据可以进一步说明该课堂语言干预的成功：由Aceves和Bartolomé进行的教师访谈、由Aceves进行的课堂实践观察、由Aceves采集的儿童语言成绩数据，以及由Bronson和Fetter(1998)采集的儿童社会与任务掌握技能观察数据。在访谈中，Ana和Luisa均报告说，在她们那个以西班牙语为媒介的课堂中，课程的复杂性和精巧性，都远远大于头几年，在头几年里，她们是以英语为媒介而教授语言混杂的班级。在观察中，语言运用的复杂性，学生的参与程度，以及教程的话题的复杂性，都是显著的。其课堂的特点，在于其课程单位(例如，深海的生命)。这种课程单位，在4岁的学前课堂，抑或在幼儿园，学生都可能会遭遇到。这种课程单位，与常规取向的课堂，与语言简化而极不正式的课堂，都有很大的不同。据Tabors(1997)描述，语言简化而极不正式的课堂，是对主要由第二语言/第二文化学习者构成的班级的教学法反应。语言测试揭示，Ana和Luisa的学生，过一年之后，在西班牙语词汇上，取得了出乎意外的进步，在英语词汇上，也取得了进步。不过，英语作为其第二语言，他们每天正式接触的时间仅限于30分钟。最后，Bronson和Fetter对同一个早期开端项目的两组儿童进行了比较，一组是这些讲西班牙语的3岁儿童，一组是讲西班牙语然而以英语为媒介的课堂的儿童，结果发现，前者的社会能力强于后者，前者的任务掌握得分也高于后者。

总之，成人被试的经历和测试的数据都有力地说明，母语型学前教学能够有效地促进有关儿童的总体发展，不过，并没有文献表明，这种教学会阻碍有关儿童的英语发展。对于这个讲西班牙语的3岁儿童的课堂，Ana和Luisa已经教了两个年头，听说过第一个年头经历的那些家长，对她们抱以极大的兴趣。在第二年里，她们变成了同事们的顾问，这是因为，在该项目内部，人们普遍承认，她们的教学工作与课堂组织都非常有效。由于这些成功，人们也许会期望，在维特海姆早期开端项目中，该榜样应该成为一个长期的选择，应该推广到更多的课堂之中。

不幸的是，这两种情况都没有出现。Ana和Luisa的创新是狭窄而有限的，两年之后，在以英语为媒介的课堂中，她们的教学都落后了。原因很简单，她们既没有得到维特海姆早期开端管理人员的充分支持，也没有充分的数据表明，该项目具有继续存在下去的价值。而语言多元性课题的结题则意味着，哈佛对于有关干预所提供的支持和资源，不能指望像此前那样多了。像很多的教育实验一样，该项目始终没能成为实践的标准。

在维特海姆，西班牙语课堂的故事被重复了许多遍。Wagenaar(1993)在荷兰的研究，也属于类似的情形。为了摩洛哥裔儿童的利益，该研究开展了一个以摩洛哥阿拉伯语授课的学前项目。在荷兰，居住着数目庞大的土耳其裔和摩洛哥裔儿童，他们学业成绩的特征，与讲西班牙语的美国儿童极其相似。这些儿童往往居住于相对同质的移民区。在荷兰，他们所上的学校，被称为“黑人学校”，意在强调，在这些学校，荷兰族儿童的数量不多。在他们的家庭中，父母都倾向于保持其祖先的语言；大多数儿童的母亲都只会讲一种语言，并且，他们的第一语言或者荷兰语的读写技能都是有限的。

Wagenaar(1993)研究的项目，开始于 3 岁的儿童，一般地讲，这是荷兰公立学前机构的入学年龄。该项目以摩洛哥阿拉伯语进行，并欢迎母亲们抽时间到课堂观察或者参与有关的活动，这些活动的目的，是培养孩子们参与课堂的技能，同时，培养他们基本的计算能力、读写能力和世界知识。

同维特海姆的母语项目一样，参与的家庭和教师都认为，阿姆斯特丹项目是非常成功的。较之那些参与传统荷兰语项目的摩洛哥裔儿童，这些儿童在阿拉伯语技能上，得到了很大的收获。此外，同维特海姆项目一样，他们的荷兰语并没有显示出多大的缺失，当然，他们的荷兰语测试成绩，的确低于荷兰语单语儿童。

还是跟维特海姆项目一样，阿姆斯特丹项目也只持续了两年。最初，阿姆斯特丹项目的初衷是，当这些儿童该上小学时，该项目能够发展成一个成熟的双语项目。但该项目也难以克服长期因素的挑战，主要包括三个因素：(1) 找不到人数足够的摩洛哥阿拉伯语和荷兰语都流利的合格教师；(2) 该项目涉及一小群讲柏柏尔语的摩洛哥裔儿童，该项目既难以排斥他们，也难以充分地服务他们，对于他们而言，该项目的设计是糟糕的；(3) 在荷兰，人们对于摩洛哥阿拉伯语的价值评定是低下的，实际上，甚至在摩洛哥，阿拉伯语作为教学语言的作用也有所降低。在摩洛哥，最初教授读写的语言正是标准阿拉伯语，而法语则是高一级学校的用语。

Wagenaar(1993)研究的摩洛哥阿拉伯语学前教育等项目的数量，没有得到扩充和维持，因此，针对非本地语的学习者，荷兰教育者放弃了采用母语教学的企图，转而开发了加强荷兰语训练的学前项目。在这种项目中，得到深入研究的有三个：(1) 名称为“HIPPY”的项目，这是荷兰人改编于以色列人的家庭本位的项目；(2) 名称为“Kaleidoskoop”的项目，这是荷兰人改编于 Highscope 的中心本位的项目；(3) 名称为“Piramide”的项目，这也是一个中心本位的项目。这三个项目的特征在于，对于孩子们入学前拥有的语言与文化知识，尽量不予特别的注意。这些项目操作于一个简单的目标语言—目标文化模型：存在若干技能与能力，即儿童上学时要获得成功就需要具备的技能与能力，由于其家庭不会自然地提供这些技能与能力，这些项目旨在教授这些技能与能力。中心本位的项目鼓励父母的参与，其原因之一在于，人们认为，这是母亲们获得荷兰语言及文化知识的一条途径，否则，她们可能会被隔离在荷兰主流社会之外。评价研究表明，在荷兰，“HIPPY”项目并没有显著的效果

(Eldering & Vedder, 1993),然而,参与“Kaleidoskoop”和“Piramide” 等两个中心本位项目的儿童,均从中受益(Schonewille, Kloprogge, & van der Leji, 2000; Veen, Roeleveld, & Leseman, 2000)。

迁居荷兰的移民和印第安人都具有一个共同的观念:应该学习荷兰的规范,他们自己的语言都不适合学校教育。有些讲帕皮阿门托语的移民,是从荷属西印度群岛迁居荷兰的,针对这些移民的亲子互动关系,Kook(1994)和 Muysken、Kook 和 Vedder(1996)都进行了描述。这些研究者注意到,即使那些荷兰语非常有限的母亲,每当呈现数字、图形和颜色等“学业”内容时,她们也会转换成荷兰语。Afkir(2002)研究了一些低收入的摩洛哥母亲与其幼儿的互动关系。该研究也发现,每当涉及学业内容时,母亲们也会由摩洛哥阿拉伯语转换成法语;这些母亲的法语技能也同样是极其有限的。实际上,在多元文化/多元语言的环境中,具有一种普遍的观念:某些语言比另一些语言更有价值,更适合于正式的任务、读写和学业实践;决策者、公众(Ron Unz 成功地通过了限制双语教育的公民投票表决,就说明了这一点)、许多教育者,甚至几乎没有受过教育、几乎没有掌握权力语言的家长,都具有这种观念,只是没有得到很好的表达而已。对于语言价值的这种共识,如果追究其细节,那么,就会令人费解。帕皮阿门托语及海地克里奥尔语等克里奥尔语,以其为母语的人极为稀少,其读写传统又相对简单,因此,容易让位于荷兰语和英语等标准的国语,这应当是不足为怪的。但是,有着高级文化和悠久文字的阿拉伯语,世界上使用人口占第四位的阿拉伯语,在学校的价值,为什么低于法语或者荷兰语呢?讲荷兰语的人不超过 2 500 万人,其中,几乎所有的人都会很好地讲另一种欧洲语言。然而,在法国也好,在荷兰也罢,阿拉伯语都几乎没有什么地位,因此,对于那些国家的北非移民而言,到底是该学好第二语言,还是将其第一语言或者文字保持于一个高水平的层次?这种选择潜伏着一种严重的后果。

小学项目

对于小学项目来说,不管从理论上说,还是从实践的智慧上讲,都可以认为,整合于母语的项目有利于特定的人群:那些阅读困难的高风险儿童,以及那些尚未习得母语读写技能的儿童。幼儿阅读困难预防委员会(The Committee on the Prevention of Reading Difficulties in Young Children; Snow et al. ,1998)特别建议,应该对这个群体进行母语读写教学;与此同时,他们也建议,读写教学应该推迟到儿童获得一些英语口语和很强的读写萌动技能之后。

96

由幼儿阅读困难预防委员会所提出的观点强调,读写结果是母语教学的基本目标。换言之,这个观点假定,读写基础的教学,应该最大限度地伴随着意义的理解,借助第一语言读写技能向第二语言迁移的教学效率,高于直接教学第二语言技能的效率。由前文可知,同时,也得到了该委员会的认同,这种建议并没有得到评价数据的有力支持。不过,针对英语单语与双语项目(例如,Willig, 1985)而进行的学术性更强、政治上中立的元分析,一般都表明,双语教育既无多大的积极效应,也无消极效应。

过渡型双语项目

某些语言学习者到了入学年龄,该进入以主流语言教学的课堂,那么,采用何种途径可以帮助他们降低学习难度呢？所谓过渡型双语项目,就是为了回答这个问题而设计的若干项目。在形式上,这些项目不同于各种各样保持型双语项目。保持型双语项目的目的,是支持母语口语和读写技能的发展,而其结果是可以培养真正的双语人。不过,实际上,过渡型项目和保持型项目的课堂活动,可以没有根本的差异。这两种双语项目最大的共同点在于,由单个双语教师负责以第一语言和第二语言进行教学,两者针对第一语言和第二语言数量的安排,都遵循某些大体正规的指导原则。有些项目是按照教师而区分语言的,两位教师配合地教授两个班,一位教师讲英语,一位教师讲另一门语言。不过,这种项目非常稀少。有些项目是按照学科而区分语言的,例如,以英语教授数学、艺术和音乐,而以第一语言教授阅读、社会研究和科学。有些项目则规定,将两种语言用于所有学科,例如,先以母语呈现新材料,然后,以英语再教授一遍,从而提供相关的英语词汇。可以主要以英语进行教学,并以母语重复和强化有些儿童感觉困难的功课,这两个过程交替进行。有时候,先以第一语言教读写,然后,再以英语教读写,不过,在很多时候,同时以两种语言教读写,当然,这是在同一时日的不同时段进行的。有些项目甚至规定,教师的每一句话,都必须用英语和儿童的母语各说一遍,几乎可以确信,这种方法会使学生忽视教师的一半话语。

双向型双语项目

有些研究者(例如,Christian, 1994)提出了更加新千年(more millennial)的观点：双语教育既有助于减小第二语言/第二文化学习者的风险,也有助于推进双语现象。例如,保持型项目的目的,不仅是教授英语,以及尽快地将学生转移到主流课堂,而且是以母语和英语教授读写、语言艺术和内容,从而产生高水平的双语人。双向型双语(也叫双向型全浸法)项目,代表着让第二语言学习者保持第一语言技能的一种独特方法。在该项目中,第二语言/第二文化学习者和英语单语学生学习于同一个课堂,其中,一半内容以英语教学,另一半内容则以另一种语言教学。

双向型项目要使所有学生都获得成功,就得满足一定的条件。关于这些条件的证据与日俱增(Cazabon, Lambert, & Hall, 1998; Howard, Christian, & Genesee, 2004)。这种项目的主要挑战,不是少数语言群体的学生,而是讲英语者获得另外一种语言。要让讲英语者花时间和精力学习第二语言,必须创造一些条件。然而,这些条件是不容易创造的(这是英语地位高的又一个表现)。在这种项目中,要使另外一种语言保持活力,会遭遇许多障碍。这都是一些什么障碍呢？从课堂内的效应,到学校、街区和全国性政策的结果,都统统包括于其中。要克服这些困难,在这四个组织层次上,都必须确保发生相应的变化。

有一项研究选取了一所双向型双语学校的四、五年级课堂为考察对象(Carrigo, 2000),结果表明,许多课堂层次的环境,都使用英语,有些甚至当初被安排为西班牙语时间的一部分教学日,也照样如此。当一群母语为英语的人在一起工作时,他们不大会讲西班牙语,甚至其工作涉及西班牙文本时,也照样不讲西班牙语;教师们与这种群体互动时,通常会顺应这种群体的语言选择。倘若学生群体中既有母语为英语的人，也有母语为西班牙语的人，那么，同伴和教师都强烈地倾向于讲英语。这反映了两个事实：(1) 讲西班牙语者的英语水平，高于讲英语者的西班牙语水平；(2) 在学生们看来，英语的地位更高。只有当某个小组的成员均由讲西班牙语者构成时，该小组才会以西班牙语工作，该小组的教师才会以西班牙语谈话。在这种互动中，尽管讲西班牙语的学生已经能够理解非常复杂的西班牙语，但是，这种现象不会经常发生，而母语为英语者几乎没有机会参与复杂的西班牙语的讨论。

97

有另一所双向型学校，我们称之为"克莱门特"。该校校长承认，她的学校也存在类似的问题：对于高年级学生使用西班牙语，这本是预定计划，不过，教师们严重地偏离了该计划，他们几乎百分之百地回到了英语。教师们报告说，班里的许多儿童，都根本理解不了西班牙语，不过，每个儿童都能够理解英语。对于一个从幼儿园起就系统地提供了西班牙语和英语教学的学校来说，得到这样的结果，该怎样解释呢？究其原因，主要有三大因素：(1) 克莱门特曾是一所"人人成功"的学校。"人人成功"项目要求，每天进行 90 分钟的读写活动，并且以英语授课。因此，必须等到一天中最密集的教学结束之后，才有可能进行西班牙语和英语各占一半的教学活动。(2) 克莱门特学校，以及该校所隶属的街区，都面临一种巨大的压力：他们必须充分提高该校在全州性的指令性考试上的成绩。主管要求，在克莱门特等所有学校，亦即面临不能充分提高成绩之危险的学校，三年级以上的班级，都必须采用课堂考试准备材料。在 1 到 4 月份期间，考试准备活动，每天都至少要占据 90 分钟时间，而这些活动又都是以英语完成的。(3) 克莱门特周围，是一个高度混居的城镇，居民不纯粹是拉丁裔或讲西班牙语的人。在克莱门特，每一个学年、每一个学期，都有新生注册，他们的父母之所以选择克莱门特，不是为了寻找一个双向型项目，而是为了方便。这些讲英语单语的儿童，到三、四年级时，就跟不上以西班牙语授课的教学。这三大因素都导致了一种情形：克莱门特只是在提供一个名义上的双向型项目而已。从幼儿园到小学二年级，该项目也许有 30% 的西班牙语，到三年级以后，也许只有 15% 的西班牙语。这就难怪，许多讲英语的儿童，没有学会多少西班牙语，而讲西班牙语的儿童，在课堂内外的互动中，不久也会选择默认的语言——英语。

要更好地坚持双向型原则，受哪些因素的制约呢？

第一，设计项目时，必须认识和承认一个社会语言学现实：人们对英语价值的评定，高于其他语言。倘若能使人们无法避免另一种语言，那么，这个现实就会被抵消，而项目也会更加成功。倘若规定，学前项目必须完全以另一种语言讲授，那么，他们就能够做到这一点。对于讲另一种语言的人而言，这种项目具有强化的功能，对于讲英语的人来说，这种项目可以作为第二语言的全浸环境。他们可以采用所谓"90 比 10"或者"80 比 20"的设计。在这种设计中，幼儿教学极大地倾斜于另一种语言，而到三年级时，则逐步过渡到"50 比 50"的语言平衡运用的设计。有些项目发现，只要借助课后活动或者暑期学校活动，让他们积极地参与单语活动，禁止在这些环境中使用英语，那么，他们学习和使用另一种语言的行为，就会受到强化。

第二，应该抵制那种顺应于某种语言的水平较低者的自然倾向。通过双向型项目，英语单语者上完幼儿园或者进入小学一年级之后，在英语学习中，不致犯新的错误；通过双向型项目,在第二语言中没有取得预期进步的学生,可以转到别的项目。双向型项目需要一些额外的资源,以便向父母提供第二语言课程,其中,对移民父母,以英语授课,而对英语单语父母,则以另一种语言授课。如果父母们讲不了其孩子用以学习的那两种语言,那么,他们又怎能帮助孩子完成家庭作业呢?

第三,街区和社区可以通过多种形式,承认双语结果的价值。这里,试列举三种形式:(1) 不仅以另一种语言,而且以英语,对儿童进行施测,并报告儿童的测验分数;(2) 规定中学毕业时,学生的另一种语言水平必须达到某种等级;(3) 使双向型项目具有一定的吸引力,而不是作为补救的措施。

在英语主导型教学中支持第二语言/第二文化学习者

我们认为,学生们能够迁移获得于第一语言/第一文化的知识,使其在第二语言/第二文化的学习中,能力更强、效率更高。不过,我们所呈现的证据表明,迁移既非自动产生,也非不可避免。第一语言—第二语言与第一文化—第二文化之间的关系,第二语言/第二文化学习的具体任务,学习者元认知能力的程度,以及教师的技能,都会或多或少地影响到迁移的效果。许多学生简直认识不到或者利用不了他们已经拥有的知识,去解决第二语言/第二文化学习中的问题。当然,确保学生从已经掌握的知识迁移到新功能领域的具体问题,在教育中,是普遍存在的。但是,对于第二语言/第二文化学习者来说,这个问题是特别关键的,这是因为,他们必须学习的东西多于单语学生,并且,必须以较少的时间,追赶上单语学生的水平。要帮助第二语言/第二文化学习者在学业成绩上赶上或者超过其单语同学,就必须想方设法地帮助他们,使他们通过迁移而将第一语言/第一文化的知识转化为资本。

98

词汇改进工程(Vocabulary Improvement Project, VIP)即是这类尝试之一。这是一个词汇干预方案,其对象是讲西班牙语而学习英语的四、五年级学生,其目的是丰富他们在学业中的英语(第二语言)词汇,其手段是帮助他们利用第一语言的词汇和语言知识,并促进第一语言/第二语言之间的迁移(August, Carlo, Lively, McLaughlin, & Snow, 2005; Carlo et al., 2004; Lively, August, Carlo, & Snow, 2003)。有关研究表明,词汇知识是预测学生阅读理解成绩的关键指标之一。而词汇改进工程的初衷,就是配合这种研究;此外,词汇知识对于理解中度复杂的文本,可以提供充分的保证,而这创造了学习生词的机会(Fukkink & de Glopper, 1998)。词汇改进工程的重点在于,教给儿童学习单词和生词的策略。此外,对那些策略的指导,涉及各种词汇知识,主要包括四个方面:(1) 词法(前缀,频繁地出现的拉丁和希腊词根);(2) 认识单词的多种意义;(3) 想到语义联系(如上位词、反义词和近义词等);(4) 界定意义所必需的元语言知识(Lively et al.,2003)。这就是说,词汇改进工程不仅教授单词,而且教授单词的相关知识,这样,既培养了儿童们独立地推导词义的技能,又培养了儿童们对于单词的好奇心。此外,词汇改进工程鼓励讲西班牙语而学习英语的人,运用第一语言知识,从而改进词汇知识和课文理解。教授运用同源词,先以西班牙语预习课文,然后,再引入英语,这些均在鼓励的方法之列。

词汇改进工程的干预共计15周,每周引入10至12个目标词,每周共计30至45分钟时间,而每周用4天时间完成学习。结果发现,该工程对于儿童阅读理解、单词知识和生词元语言分析的成绩，都产生了改进的效果(Carlo et al. ,2004; Dressler, 2000)。无论是英语学习者，还是讲英语单语者，都有所改进，不过，英语学习者的改进速度并没有更大；换句话说，这种课程是有效的，不过，这种课程对于英语学习者与其单语同学之间差距的弥补，至少在短时期内，是没有什么贡献的。

词汇改进工程的工作，对于应用研究、基础研究与实践之间的相互关系，提供了有益的经验(见 Selman & Dray, 本手册本卷第 10 章)。我们认为，在该工程中，我们与教师共同地设计课程。我们举行过两次为期 3 天的会议，在会议上，与会的研究者和教师分享了来自研究文献和课堂实践的见解，提出了促进词汇发展的最佳途径。这些会议是令人振奋的，然而，并没有形成可用的课程。大多数与会的教师都具有代表性，因为他们已经高度重视其班级的词汇发展，他们所建议的技术[让学生查词典；采用西班牙语音位系统而重复英语单词，从而记忆其拼写；采用单词墙壁(word walls)]，既没有创新性，也缺乏充分的有效性。至少，研究小组从实践中寻求灵感的方法，已经失败，因此，他们又回到了传统的传递模型：我们先回顾关于词汇获得的基础研究和应用研究；然后，在此基础上，设计课程；之后，详细地观察该课程的实施过程；进而，以采用该课程的教师为对象，采集有关的信息，发现该课程的缺陷；最后，修订课程设计，为第二年的进一步研究做好准备。

在研究实施情况时，我们回到了植根实践的研究，我们从中得到了一个重要的经验：该课程对于教师的知识，具有很高的要求。若干教师应该需要相当的专业发展，唯有如此，他们才可能足以理解语言学与第二语言获得，才谈得上忠实地实施该课程(White, 2000)。例如，要教好与促进同源词运用有关的课文，就必须具备某些与拉丁语、西班牙语或者另外一种罗曼语语言有关的知识，然而，许多教师都不具备这种知识。设计课文之前，我们以为，对于英语的词法结构，教师们已经有所了解。实际上，我们也以为，对于课文中单词的发音和用法，教师们事先已经知道。倘若教师们要优化词汇改进工程所设计的学习，那么，英语知识、语言学知识和跨语言知识，都是不可或缺的知识。必须提供良好的教师手册，同时，必须提供设计良好的课程，唯有如此，才能给教师们，特别是形形色色的课堂的教师们，提供有价值的机会，使他们准确地理解英语学习者所经历的语言学和元语言学的挑战。

99

对于讲西班牙语的英语学习者而言，该干预成功地促进了第一语言与第二语言之间的正迁移，对于讲英语的单语者而言，该干预成功地支持了词汇和阅读理解，然而，在引入该干预的任何一个课堂里，该干预都没有作为完整的教学项目而延续。针对四、五和六年级的英语学习者，该干预设计和出版了相应的课程(Lively et al. , 2003)；当然，关于该课程的有效性，则有待一个大规模的评估行动。

另一种课程是由知识搜索中心(Chèche Konnen Center)所设计的。该课程的目的，是促进英语学习者的学业成绩，其手段是让学生们敏感于其语言和文化背景。而知识搜索中心的任务，则是对讲海地克里奥尔语而学习英语的高年级小学生和初中生进行科学教学。先前的研究得出了一个结论：海地儿童既不善于语言，也不善于科学课(如 O. Lee & Fradd, 1996)。在海地，Bay Odyans(也称为“闲谈”或“科学讨论”)，在本质上，是一种口语的文化，是一种普遍的实践。基于这种认识，知识搜索中心的研究小组鼓励科学课采用这种讨论，支持使用学生的第一语言——海地克里奥尔语,将学生现有的知识与科学教学整合在一起。这样,由于该项目鼓励使用第一语言,所以,双语教育得到了支持,由于该项目涉及第一文化的讨论实践,所以,对于第一文化的敏感性得到了训练。该研究小组发现,被提供以熟悉的文化环境的海地学生,在学习行为和科学知识上,表现出了类似于主流学生的成长(Ballenger, 2000; Hudicourt-Barnes, 2003)。关于这个针对海地移民的科学教学方法,有待更加严密、规模更大的评估行动。

无论就为学习所营造的环境而言,还是就所采用的评估程序而论,知识搜索项目教授海地儿童的方法,都不同于传统的方法。O. Lee和Fradd(1996)在研究中采用了传统的测验,而知识搜索的课堂,则采用了植根于讨论的测验。因此,在学业内容领域中,若要采用英语学习者的第一语言和第一文化,那么,在课程设计中,不仅应该填充教师的专业发展,而且应该填充语言—文化敏感性的测量,以评估英语学习者学习的成长和发展。

结论

我们先勾画了所有学习者学会读写时所要面临的挑战,然后,又详细地证明:阅读学习,对于第二语言/第二文化学习者而言,是一种特殊的挑战。我们的分析始终贯穿着两个主题:(1)无论对于某个社会的新来者而言,还是对于当地人而言,这些挑战都具有复杂性。当地人要负责新来者的教学,要与新来者共事,要与新来者交往,两者之间需要相互学习彼此的语言、文字、讨论模式,以及由文化所规定的运作方式。我们认为,第二语言/第二文化学习者,要在学校和工作场所取得成功,就必须先在学业上、语言上和读写技能上都赶上单语者,为此,需要能够促进迁移的教育程序,进而言之,应该利用学习者所随身携带的第一语言/第一文化知识。(2)针对语言少数群体的第二语言学习和教育的领域,具有复杂性和多面性。在这类领域中,不仅有必要采用传统的基础研究和应用研究,而且有必要采用植根于实践的研究和实践激发的研究。对于各种各样的第二语言学习者群体来说,要确保语言和读写的获得,应该采用什么样的教育处理呢?理解这个问题最快的途径在于,研究成功的实践,建筑由成功的实践者所积累的智慧,系统地整理其中可检验并可公开的智慧。

(李庆安译)

参考文献

Abedi, J., Lord, C., & Plummer, J. (1997). *Final report of language background as a variable in NAEP mathematics performance* (CSE Technical Report No. 429). Los Angeles: University of California, National Center for Research on Evaluation, Standards and Student Testing.

Abu-Rabia, S. (1995). Attitudes and cultural background and their relationship to English in a multicultural social context: The case of male and female Arab immigrants in Canada. *Educational Psychology*, *15*(3), 323-336.

Abu-Rabia, S. (1998). Attitudes and culture in second language learning among Israeli-Arab students. *Curriculum and Teaching*, *13*(1), 13-30.

Aceves, C. (2003). *Dímelo en Español: The characteristics of teacherchild oral language interactions in a Spanish-language preschool classroom*. Unpublished doctoral dissertation, Harvard Graduate School of Education, Cambridge, MA.

Adams, M. J. (1990). *Beginning to read: Thinking and learning about print*. Cambridge, MA: MIT Press.

Afkir, M. (2002). *Language and literacy in Moroccan mother-child interaction*. Unpublished doctoral dissertation, Mohammed V University, Rabat, Morocco.

Au, K. H. P., & Mason, J. M. (1981). Social organizational factors in learning to read: The balance of rights hypothesis. *Reading Research Quarterly*, *17*(1), 115-152.

August, D., Carlo, M., Lively, T., McLaughlin, B., & Snow, C. (2005). Promoting the vocabulary growth of English learners. In T. Young & N. Hadaway (Eds.), *Building literacy: Supporting English learners in all classrooms* (pp. 96-112). Newark, DE: International Reading Association.

August, D., & Hakuta, K. (1997). *Improving schooling for languageminority children: A research agenda*. Washington, DC: National

Academies Press.

Ballenger, C. (2000). Bilingual in two senses. In Z. Beykont (Ed.), *Lifting every voice: Pedagogy and the politics of bilingualism* (pp. 95 - 112). Cambridge, MA: Harvard Education Publishing Group.

Beech, J. R., & Keys, A. (1997). Reading, vocabulary and language preference in 7- to 8-year-old bilingual Asian children. *British Journal of Educational Psychology*, *67*(4), 405 - 414.

Bradley, L., & Bryant, P. E. (1983). Categorizing sounds and learning to read: A causal connection. *Nature*, *301*, 419 - 421.

Bronson, M. B., & Fetter, A. L. (1998, July). *Fall to spring changes in the social and mastery skills of Head Start children*. Paper presented at the fourth National Head Start Research Conference, Washington, DC.

Buriel, R., & Cardoza, D. (1988). Sociocultural correlates of achievement among three generations of Mexican American high school seniors. *American Educational Research Journal*, *25*(2), 177 - 192.

Calero-Breckheimer, A., & Goetz, E. T. (1993). Reading strategies of biliterate children for English and Spanish texts. *Reading Psychology*, *14*(3), 177 - 204.

Carlo, M. S., August, D., McLaughlin, B., Snow, C. E., Dressler, C., Lippman, D. N., et al. (2004). Closing the gap: Addressing the vocabulary needs of English-language learners in bilingual and mainstream classrooms. *Reading Research Quarterly*, *39*, 188 - 215.

Carrigo, D. L. (2000). *Just how much English are they using? Teacher and student language distribution patterns, between Spanish and English, in upper-grade, two-way immersion Spanish classes*. Unpublished doctoral dissertation, Harvard University, Cambridge, MA.

Cazabon, M., Lambert, W. E., & Hall, G. (1998). *Becoming bilingual in the Amigos two-way immersion program*. Santa Cruz, CA: National Center for Research on Education, Diversity and Excellence.

Christian, D. (1994). *Two-way bilingual education: Students learning through two languages* (Educational Practice Report: 12). Santa Cruz, CA: National Center for Research on Cultural Diversity and Second Language Learning.

Cisero, C. A., & Royer, J. M. (1995). The development and crosslanguage transfer of phonological awareness. *Contemporary Educational Psychology*, *20*, 275 - 303.

Comeau, L., Cormier, P., Grandmaison, E., & Lacroix, D. (1999). A longitudinal study of phonological processing skills in children learning to read in a second language. *Journal of Educational Psychology*, *91*(1), 29 - 43.

Connor, U. (1983). Predictors of second-language reading performance. *Journal of Multilingual and Multicultural Development*, *4*(4), 271 - 288.

Cook, D. C. (1991). A developmental approach to writing. *Reading Improvement*, *28*, 300 - 304.

Cronnell, B. (1985). Language influences in the English writing of third- and sixth-grade Mexican-American students. *Journal of Educational Research*, *78*(3), 168 - 173.

Cummins, J. (1991). Interdependence of first and second language proficiency in bilingual children. In E. Bialystok (Ed.), *Language processing in bilingual children* (pp. 70 - 89). Cambridge, England: Cambridge University Press.

DeVos, G., & Wetherall, W. (1983). *Japan's minorities*. London: Minorities Rights Group.

Dressler, C. (2000). *The word-inferencing strategies of bilingual and monolingual fifth graders: A case study approach*. Unpublished qualifying paper, Harvard Graduate School of Education, Cambridge, MA.

Droop, M., & Verhoeven, L. T. (1998). Background knowledge, linguistic complexity, and second-language reading comprehension. *Journal of Literacy Research*, *30*(2), 253 - 271.

Duran, B. J., & Weffer, R. E. (1992). Immigrants' aspirations, high school process, and academic outcomes. *American Educational Research Journal*, *29*(1), 163 - 181.

Durgunoğlu, A. Y., Nagy, W. E., & Hancin-Bhatt, B. J. (1993). Crosslanguage transfer of phonological awareness. *Journal of Educational Psychology*, *85*(3), 453 - 465.

Eldering, L., & Vedder, P. (1993). Culture sensitive home intervention: The Dutch HIPPY experiment. In L. Eldering & P. Leseman (Eds.), *Early intervention and culture* (pp. 231 - 252). The Netherlands: UNESCO.

Fashola, O. S., Drum, P. A., Mayer, R. E., & Kang, S. J. (1996). A cognitive theory of orthographic transitioning: Predictable errors in how Spanish-speaking children spell English words. *American Educational Research Journal*, *33*(4), 825 - 843.

Fernandez, R. M., & Nielsen, F. (1986). Bilingualism and Hispanic scholastic achievement: Some baseline results. *Social Science Research*, *15*(1), 43 - 70.

Ferroli, L., & Shanahan, T. (1993). Voicing in Spanish to English knowledge transfer. *Yearbook of the National Reading Conference*, *42*, 413 - 418.

Freebody, P., & Anderson, R. (1983). Effects of vocabulary difficulty, text cohesion, and schema availability on reading comprehension. *Reading Research Quarterly*, *18*(3), 277 - 294.

Fukkink, R. G., & de Glopper, K. (1998). Effects of instruction in deriving word meaning from context: A meta-analysis. *Review of Educational Research*, *68*, 450 - 469.

García-Vázquez, E. (1995). Acculturation and academics: Effects of acculturation on reading achievement among Mexican-American students. *Bilingual Research Journal*, *19*(2), 304 - 315.

Goldenberg, C., Reese, L., & Gallimore, R. (1992). Effects of literacy materials from school on Latino children's home experiences and early reading achievement. *American Journal of Education*, *100*(4), 497 - 536.

Gottardo, A., Yan, B., Siegel, L. S., & Wade-Woolley, L. (2001). Factors related to English reading performance in children with Chinese as a first language: More evidence of cross-language transfer of phonological processing. *Journal of Educational Psychology*, *93*(3), 530 - 542.

Hancin-Bhatt, B., & Nagy, W. E. (1994). Lexical transfer and second language morphological development. *Applied Psycholinguistics*, *15*(3), 289 - 310.

Hannon, P., & McNally, J. (1986). Children's understanding and cultural factors in reading test performance. *Educational Review*, *38*(3), 237 - 246.

Howard, E. R., Christian, D., & Genesee, F. (2004). *The development of bilingualism and biliteracy from grades 3 to 5: A summary of findings from the CAL/CREDE Study of two-way immersion education* (Research Report 13). Santa Cruz, CA: Center for Research on Education, Diversity and Excellence.

Hudicourt-Barnes, J. (2003). The use of argumentation in Haitian Creole science classrooms. *Harvard Education Review*, *73*, 73 - 93.

Huerta-Macias, A., & Quintero, E. (1992). Code-switching, bilingualism, and biliteracy: A case study. *Bilingual Research Journal*, *16*(3/4), 69 - 90.

Jackson, N., Holm, A., & Dodd, B. (1998). Phonological awareness and spelling abilities of Cantonese-English bilingual children. *Asia Pacific Journal of Speech, Language, and Hearing*, *3*(2), 79 - 96.

Jiménez, R. T. (1997). The strategic reading abilities and potential of five low-literacy Latina/o readers in middle school. *Reading Research Quarterly*, *32*(3), 224 - 243.

Jiménez, R. T., García, G. E., & Pearson, D. P. (1996). The reading strategies of bilingual Latina/o students who are successful English readers: Opportunities and obstacles. *Reading Research Quarterly*, *31*(1), 90 - 112.

Kennedy, E., & Park, H. S. (1994). Home language as a predictor of academic achievement: A comparative study of Mexican- and Asian-American youth. *Journal of Research and Development in Education*, *27*(3), 188 - 194.

Kenner, C. (1999). Children's understandings of text in a multilingual nursery. *Language and Education*, *13*(1), 1 - 16.

Kook, H. (1994). Leren lezen en schrijven in een tweetalige context: Antilliaanse en Arubaanse kinderen in Nederland [Learning to read and write in a bilingual context: Antillean and Aruban children in the Netherlands]. Unpublished doctoral dissertation, University of Amsterdam.

Lanauze, M., & Snow, C. E. (1989). The relation between first- and second-language writing skills: Evidence from Puerto Rican elementary school children in bilingual programs. *Linguistics and Education*, *4*, 323 - 339.

Langer, J. A., Bartolome, L., Vasquez, O., & Lucas, T. (1990). Meaning construction in school literacy tasks: A study of bilingual students. *American Educational Research Journal*, *27*(3), 427 - 471.

Lasisi, M. J., Falodun, S., & Onyehalu, A. S. (1988). The comprehension of first and second-language prose. *Journal of Research in Reading*, *11*(1), 26 - 35.

Lee, O., & Fradd, S. (1996). Interactional patterns of linguistically diverse students and teachers: Insights for promoting science learning. *Linguistics and Education*, *8*, 269 - 297.

Lee, S. (1996). *Unraveling the "model minority" stereotype: Listening to Asian American youth*. New York: Teachers College Press.

Lee, Y. (1991). Koreans in Japan and the United States. In M. A. Gibson & J. U. Ogbu (Eds.), *Minority status and schooling: A comparative study of immigrants and involuntary minorities* (pp. 139 - 165). New York: Garland.

Lesaux, N., & Siegel, L. (2003). The development of reading in children who speak English as a second language. *Developmental Psychology*, *39*, 1005 - 1019.

Leseman, P. P. M., & de Jong, P. F. (1998). Home literacy: Opportunity, instruction, cooperation, and social-emotional quality predicting early reading achievement. *Reading Research Quarterly*, *33*(3), 294 - 318.

Liow, S. J. R., & Poon, K. K. L. (1998). Phonological awareness in multilingual Chinese children. *Applied Psycholinguistics*, *19*(3), 339 - 362.

Lively, T., August, D., Carlo, M., & Snow, C. (2003). *Vocabulary improvement program for English language learners and their classmates*. Baltimore: Paul H. Brookes.

Lloyd, K. M., Tienda, M., & Zajacova, A. (2002). Trends in educational achievement of minority students since Brown v. Board of Education. In T. Ready, C. Edley Jr., & C. E. Snow (Eds.), *Achieving high educational standards for all: Conference summary* (pp. 149 - 182). Washington, DC: National Academy Press.

Marinova-Todd, S. H., Marshall, D. B., & Snow, C. E. (2000). Three misconceptions about age and L2 learning. *TESOL Quarterly*, *34*, 9 - 34.

Meyer, M., & Fienberg, S. (1992). *Assessing evaluation studies: The case of bilingual education strategies*. Washington, DC: National Academy Press.

Monzó, L., & Rueda, R. (2001). *Constructing achievement orientations toward literacy: An analysis of sociocultural activity in Latino home and community contexts* (CIERA Report No. 1 - 011). Ann Arbor, MI: Center for the Improvement of Early Reading Achievement.

Muysken, P., Kook, H., & Vedder, P. (1996). Papiamento/Dutch codeswitching in bilingual parent-child reading. *Applied Psycholinguistics*, *17*, 485 - 505.

Nagy, W. E., García, G. E., Durgunolu, A. Y., & Hancin-Bhatt, B. (1993). Spanish-English bilingual students' use of cognates in English reading. *Journal of Reading Behavior*, *25*(3), 241 - 259.

Nagy, W. E., McClure, E. F., & Mir, M. (1997). Linguistic transfer and the use of context by Spanish-English bilinguals. *Applied Psycholinguistics*, *18*(4), 431 - 452.

Nathenson-Mejía, S. (1989). Writing in a second language: Negotiating meaning through invented spelling. *Language Arts*, *66*(5), 516 - 526.

National Center for Education Statistics. (1995). *Approaching kindergarten: A look at preschoolers in the United States — Statistical analysis report*. Washington, DC: U. S. Department of Education, Office of Educational Research and Improvement.

National Center for Educaton Statistics. (2003). *National assessment of educational progress: Reading assessments*. Washington, DC: U. S. Department of Education, Institute of Education Sciences.

Nguyen, A., Shin, F., & Krashen, S. (2001). Development of the first language is not a barrier to second-language acquisition: Evidence from Vietnamese immigrants to the United States. *International Journal of Bilingual Education and Bilingualism*, *4*(3), 159 - 164.

Ogbu, J. (1992). Understanding cultural differences and school learning. *Education Libraries*, *16*, 7 - 11.

Oller, D. K., Cobo-Lewis, A. B., & Eilers, R. E. (1998). Phonological translation in bilingual and monolingual children. *Applied Psycholinguistics*, *19*(2), 259 - 278.

Pucci, S. L., & Ulanoff, S. H. (1998). What predicts second language reading success? A study of home and school variables. *ITL: Review of Applied Linguistics*, *121*, 122, 1 - 18.

RAND Reading Study Group. (2002). *Reading for understanding*. Santa Monica, CA: RAND.

Reese, L., Garnier, H., Gallimore, R., & Goldenberg, C. (2000). Longitudinal analysis of the antecedents of emergent Spanish literacy and middle-school English reading achievement of Spanish-speaking students. *American Educational Research Journal*, *37*(3), 633 - 662.

Rosenthal, A. S., Baker, K., & Ginsburg, A. (1983). The effect of language background on achievement level and learning among elementary school students. *Sociology of Education*, *56*(4), 157 - 169.

Rosowsky, A. (2001). Decoding as a cultural practice and its effects on the reading process of bilingual pupils. *Language and Education*, *15*(1), 56 - 70.

Royer, J. M., & Carlo, M. S. (1991). Assessing the language acquisition progress of limited English proficient students: Problems and a new alternative. *Applied Measurement in Education*, *4*(2), 85 - 113.

Runnymede Trust. (1998). *Race policy in education* (Briefing paper no. 1). Retrieved February 10, 2005, from http://www.runnymedetrust.org/publications/briefingPapers.html.

Schonewille, B., Kloprogge, J. J. J., & van der Leij, A. (2000). *Kaleidoskoop en piramide: Samenvattende eindrapportage* [Kaleidoskoop and piramide: Summary final report]. (Evaluatie Begeleidingscommissie projecten voor-en vroegschoolse educatie — EBC.) Utrecht, The Netherlands: Sardes.

Shimahara, A. (1991). Social mobility and education: Burakumin in Japan. In M. A. Gibson & J. U. Ogbu (Eds.), *Minority status and schooling: A comparative study of immigrants and involuntary minorities* (pp. 327 - 356). New York: Garland.

Smith, S. J., & Martin, D. (1997). Investigating literacy and preliteracy skills in Panjabi/English schoolchildren. *Educational Review*, *49*(2), 181 - 197.

Snow, C. E., Burns, S., & Griffin, P. (Eds.). (1998). *Preventing reading difficulties in young children*. Washington, DC: National Academy Press.

Stahl, S., van Kleeck, A., & Bauer, E. (2003). *On reading books to children: Parents and teachers*. Mahwah, NJ: Erlbaum.

Stanovich, K. E. (1986). Matthew effects in reading: Some consequences of individual differences in the acquisition of literacy. *Reading Research Quarterly*, *21*(4), 360 - 407.

Stubbs, M. (1980). *Language and literacy: The sociolinguistics of reading and writing*. Boston: Routledge & Kegan Paul.

Suárez-Orozco, C., & Suárez-Orozco, M. M. (2001). *Children of immigration*. Cambridge, MA: Harvard University Press.

Suárez-Orozco, M., & Páez, M. M. (2002). *Latinos: Remaking America*. Berkeley: University of California Press.

Sweet, A. P., & Snow, C. E. (Eds.). (2003). *Rethinking reading comprehension: Solving problems in the teaching of literacy*. New York: Guilford Press.

Tabors, P. O. (1997). *One child, two languages: A guide for preschool educators of children learning English as a second language*. Baltimore: Paul H. Brookes.

Tesser, P. T. M., Merens, J. G. F., van Praag, C. S., & Iedema, J. (1999). *Rapportage minderheden: Positie in het onderwijs en op de arbeidsmarkt* [Minorities report: Position in education and the labor market]. Den Haag, The Netherlands: Sociaal Cultureel Planbureau.

Umbel, V. M., Pearson, B. Z., Fernandez, M. C., & Oller, D. K. (1992). Measuring bilingual children's receptive vocabularies. *Child Development*, *63*(4), 1012 - 1020.

U. S. Bureau of the Census. (1993). *1990 census of the population: The foreign born population in the United States*. Washington, DC: U. S. Government Printing Office.

Veen, A., Roeleveld, J., & Leseman, P. (2000). *Evaluatie van Kaleidoskoop en Piramide, Eindrapportage* [Evaluation of Kaleidoskoop and Piramide, final report]. Amsterdam: SCOKohnstamm Instituut.

Verhallen, S., Janssen, K., Jas, R., Snoeken, H., & Top, W (1996). *Taalstages op de werkvloer* [Language practica at work]. Amsterdam: Instituut voor Taalonderzoek en Taalonderwijs Anderstaligen, Universiteit van Amsterdam.

Verhoeven, L. T. (1994). Transfer in bilingual development: The linguistic interdependence hypothesis revisited. *Language Learning*, *44*(3), 381 - 415.

Wagenaar, E. (1993). Tweetaligheid en het aanvangsonderwijs: Een onderzoek naar de effecten van tweetalig kleuteronderwijs op de schoolloopbaan van Marokkaanse kinderen [Bilingualism in preschool: A study of the effect of bilingual 3-year-old classrooms on the school trajectories of Moroccan children]. Unpublished master's thesis, University of Amsterdam.

Walters, K., & Gunderson, L. (1985). Effects of parent volunteers reading first language (L1) books to ESL students. *Reading Teacher*, *39*(1), 66 - 69.

Wang, M., & Geva, E. (2003). Spelling performance of Chinese ESL children: Lexical and visual-orthographic processes. *Applied Psycholinguistics*, *24*(1), 1 - 25.

White, C. E. (2000). *Implementation of a vocabulary curriculum designed for second-language-learners: Knowledge base and strategies used by monolingual and bilingual teachers*. Unpublished qualifying paper, Harvard Graduate School of Education, Cambridge, MA.

Wilkinson, L. C., Milosky, L. M., & Genishi, C. (1986). Second language learners' use of requests and responses in elementary classrooms. *Topics in Language Disorders*, *6*(2), 57 - 70.

Willig, A. C. (1985). A meta-analysis of selected studies on the effectiveness of bilingual education. *Review of Educational Research*, *55*(3), 269 - 318.

Zhou, M. (2001). Contemporary immigration and the dynamics of race and ethnicity. In N. Smelser, W. J. Wilson, & F. Mitchell (Eds.), *America becoming: Vol. 1. Racial trends and their consequences* (pp. 200 - 242). Washington, DC: National Academies Press.

Zutell, J., & Allen, V. (1988). The English spelling strategies of Spanish-speaking bilingual children. *TESOL Quarterly*, *22*(2), 333 - 340.

第4章

数学思维与学习

ERIK DE CORTE和LIEVEN VERSCHAFFEL

不可否认，数学教育是教学心理学和发展心理学学科定位中最典型的范例。正如Kilpatrick(1992，也见Ginsburg, Klein, & Starkey, 1998)所说，数学教育和心理学从过去的数世纪开始就已经紧密相连了，但是在那个时代的大部分时间里，双方是互补的而不是合作的关系。一方面，心理学家把数学当做一个领域来研究并检验认知与学习的理论争议；另一方面，数学教育家经常借用和有选择地使用心理学中的概念和技术。甚至，有时候他们相互批评。例如，Freudenthal(1991)批评心理学研究忽视了数学和数学教育作为一个领域的具体性质。另外，像Davis(1989)和Wheeler(1989)，指责心理学家将数学教育的当前目标与实践看作是既定的且无争议的。然而，随着心理学的认知运动和相互交流论坛的创立及影响越来越大(比如1976年建立的数学教育心理学的国际组织)，特别是自20世纪70年代以来，两个学科之间渐渐呈现出了相互合作、相互促进的关系。现在，数学学习和教学领域已经成为一个成熟的跨学科研究和学习的领域，在更好地理解数学知识、技能、信念和态度的获得与发展过程时，也关注如何设计有效的数学教与学环境。

过去的几十年中，发展心理学和认知心理学之间呈现出融合的趋势。从心理学历史看，在很长的一段时间里，这两个心理学分支坚持不同的，甚至相冲突的范式。发展心理学家认为，发展是必要的先决条件，有时甚至是教育、学习的最终目标，而认知心理学家则认为，认知的发展不是先决条件而是教育的结果(De Corte & Weinert, 1996)。20 世纪 80 年代，发展、学习、数学的概念已经出现了整合趋势及相互渗透影响的局面，原来极端的见解受到了冲击。正如 De Corte & Weinert 所说：

104

首先，发展与学习之间的关系及教学与学习之间关系的令人信服的理论和经验依据都是非常复杂的。成熟的准备、内隐学习和自我组织过程能够自发地将新信息与已获得的知识整合在一起，这意味着认知的发展需要的比外显学习过程的总和还要多。另外，要学的比要教的更多。这些外显学习重要性的限制并不意味着学校学习和特殊训练对认知的发展就不重要，正相反，认知的发展在很大程度上在于多领域中技能的获得。

作为这些趋势的结果，发展心理学和教学心理学的界限，甚至心理学和数学教育研究的分支之间的界限也变得越来越模糊。因此，在本章，我们不是打算搞清楚在那些不同领域的调查研究之间的区别或者对其进行分类，而是数学思维与学习的关系。

虽然现在可得到大量关于数学学习与教学的研究，但是考虑到篇幅有限，我们在这儿不能全面地介绍所有的文献。尽管学校数学包括算数、三角、测量、几何，以及数据处理和概率，但我们只关注算数，这个关注点反映了目前心理学研究和教育研究的优势所在，也是我们自己的研究兴趣。在我们学算术与教算术的讨论中，我们特别强调整数算术和文字问题的解决，主题集中于过去十年颁布的改革文件[比如国家数学教师委员会(NCTM),2000]，因为它们对获得基本的数学能力极为重要。考虑到年龄范围，我们的评论也是有选择地集中于小学生，当然也兼顾了中学低年级的学生。

最后，我们涉及了 Ginsburg、Klein 等人(1998)在本手册以前的版本中关于儿童数学思维发展的精彩论断。例如，我们不考虑这一领域的历史，因为在那些章节已经作了简明的概述。有些没有在这被讨论的问题作为补充资料，读者可以参考，如 Donlan 1998 年编的《数学能力的发展》;国家研究协会发布的报告(NRC;2001a): Kilpatrick、Swafford 和 Findell 编的《加起来: 帮助儿童学习数学》;Baroody 和 Dowker 2003 年编的《数学概念和能力的发展: 构建合适的专长》; Bishop、Clements、Keitel、Kilpatrick 和 Leung 2003 年编的《数学教育国际手册(第二版)》;Lester 编著、即将出版的《数学教学和学习的研究手册(第二版)》。尽管我们只是选择性地讨论数学的某些内容和某个年龄段，大部分焦点依然是西方社会的数学思维，但我们希望我们的讨论是国际性的。

作为回顾数学思维与数学学习发展的文献的框架，也为了解读和讨论基于研究的指导与干预，我们用一个由四部分构成且相互联系的有效设计数学教与学模型来解释(De

Corte, Verschaffel, & Masui, 2004)：

1. 能力：框架的这一部分分析和描述了数学能力或者数学熟练程度。它回答的问题是，要获取数学能力必须要学习什么？

2. 学习：这部分聚焦于有成效的数学学习和发展过程上。它要解决的问题是，什么样的学习/发展过程能够促进学生获取能力？

3. 干预：框架的这部分详细描述了有效数学教与学环境的设计原则和准则。它回答的问题是，能引起和保持学生需要的学习和发展过程的合适的教学方法和环境是什么？

105

4. 评价：模型的这部分监控和提高数学学与教评价的形成和方法。它要解决的问题是，评价学生数学能力组成成分的掌握和熟练程度，以及评价时需要什么工具？

在研究文献的系统讨论中，区分能力、学习、干预和评价模型(CLIA)中的四部分是十分必要的。在学校课程发展、设计学习环境和课堂练习的实践中，模型的各部分相互交叉。例如，强调概念的理解作为能力的一部分而非获取规则的过程，对学生应该参与什么学习活动具有重要意义，也对教学干预他们参加哪些活动有重要意义。显而易见，数学上评价概念的理解与检查学生能否完成常规程序需要不同的问题和任务。在这章中 CLIA 模型中各成分之间的相互关系将变得更清楚。

数学能力的组成成分

综观过去 15 年到 20 年的文献(见 Baroody & Dowker, 2003; De Corte, Greer, & Verschaffel, 1996; NCTM, 1989, 2000; NRC, 2001a; Schoenfeld, 1985, 1992)，他们认为，儿童有否数学能力可以作为获得了一种数学倾向的指标。

> 数学学习扩展到超越学习概念、过程和它们的应用，它还包括对数学形成一种倾向以及把数学看成是分析情境的一个有效方法。倾向不仅是指态度，而且是指积极地思考和行动的倾向性。学生的数学倾向体现在他们解决问题时的方式——是否具有信心、愿望去探索多种可能，是否坚定不移和满怀兴趣——以及他们反思自己思维的倾向(NCTM, 1989, p. 230)。

建立和掌握这样的一个倾向需要认知、情感和意志参与并需要以下五个要素相互协调：

1. 一个组织良好而又能灵活使用的具体领域的知识库，包括事实、符号、算法、概念和法则，这些要素组合成为数学，并使数学成为一门学科。

2. 启发式的方法，即搜索解题策略，虽不一定能找到答案，但因为引入了系统策略，可以明显地增加找到正确解题策略的可能性。启发式解题的例子包括把问题分解为多个小目标和对问题作图解。

3. 元认知，包括对个人认知机能的理解(元认知知识，例如，相信个人的认知潜能可以通过学习和努力而形成和提高)和有关个人动机及情绪的知识可以用来提升意志力(例如当面对一个复杂的数学任务或问题时意识到自己对失败的恐惧)。

4. 自我调节能力,包括与个体认知过程的自我调节有关的技能(元认知技能或认知的自我调节,例如计划和监控个体解题过程)和调节个体意志过程/活动的技能(元意志技能或元意志的自我调节,例如保持对解答某一问题的注意力和动机)。

5. 对自己数学学习和问题解决持有积极的信念(自我效能信念),对数学活动发生的社会环境和对数学、学习数学以及问题解决持有积极信念。

以往的研究表明,学生学会的知识和技能常常在解题时忘记或不会使用(Cognition and Technology Group at Vanderbilt, 1997),建立一个熟练的学习和思维的倾向应该能够帮助学生克服这个现象。Whitehead 在 1929 年称之为"嵌入的知识",要克服这个惯性,需要以整合的方式获得和掌握各种知识、技能和信念,以此形成有意养成的倾向。Perkins(1995)认为,这种倾向有两个关键因素,对在什么情况下应该使用已获得的知识和技能的敏感度和倾向。Perkins 认为,这两个因素都由个体信念所决定。例如,个体关于什么构成数学背景的信念和认为什么是有趣的或重要的观念对于个体敏感的情境和是否参与其中有很大的影响。

106

数学能力观与 NRC(2001a)报告中所说的数学熟练观是吻合的,该报告把熟练定义为五个不可分割的概念:概念的理解、计算流畅性、策略能力、灵活推理和有效的倾向。概念的理解和计算流畅性是一个有组织、容易使用的指定领域知识体系里的两个最重要的方面。概念的理解指的是"理解数学概念、运算和关系",而计算的流畅性是"灵活地、准确地、有效地和适当地完成计算过程"(p. 5)。策略能力被定义为"用公式阐述、表达和解答数学问题的能力"(p. 5),这当然意味着启发式战略也包含认知的自我调节方面。灵活推理被视为"逻辑思维、思考、解释和辩解的能力"(p. 5),尤其包括认知的自我调节技能(p. 118)。最后,有效的倾向被认为是"把数学看作实用的、有用的和值得做的习惯性倾向,与一个人的勤奋信念和效能信念有关"(p. 5),熟练度的这个组成部分与先前所说的积极态度相吻合,但也关系到对数学的敏感度和倾向。

在 NRC(2001a)报告中,数学熟练程度的概念化是非常符合 CLIA 架构中能力部分的阐述。两个观点都体现了 Hatano(1982, 1988;见 Baroody, 2003)称作的适应的专门技术,即,在很多熟悉的或不熟悉的场合能灵活地和创造性地应用有意义的掌握的知识和能力。不过,目前在 NRC 的报告中,在熟练能力的定义中,没有或至少没有明确地包括或表达能力分析的一些方面,即元知识尤其是意志力的自我调节能力,这对集中精力于一个任务并坚持到底完成它是必不可少的(Corno 等, 2002)。数学能力的两个观点都强有力地支持的主要一点是不同的,但部分交织在一起,需要综合地获得。事实上,前面五部分的相互依存是报告的主旨:"学习不是一个完全有或完全没有的现象,在学习进行的过程中,数学熟练能力的每个方面应该与其他方面同步发展,这样的发展需要时间。"(NRC, 2001a, p. 133)

从发展的角度看,这一观点具有非常重要的含义。实际上,它意味着数学教育开始的时候,就必须关注儿童能力的不同组成部分同样有被整合的需要。在这点上,我们赞同 NRC(2001a, p. 133)报告中下面的观点:"幼儿园前到八年级的老师面对的最有挑战性的工作之一是看到儿童在每个方面都取得进步而不是一个或两个方面。”

在这一章的后半部分,通过回顾一些近期阐述儿童发展的文献,我们聚焦于能力的几个组成部分。由此,我们需要考虑到熟练能力的各个不同部分的相互依赖:数字认知、个位数计算和多位数算术,它们构成小学数学课程里的具体领域知识;在词语问题解决中,除具体的领域知识外,启发式策略和自我调节技能,甚至于信念,都会相互影响,并发挥了重要作用;还有与数学相关的信念,这是一个直到最近才得到研究者关注的主题。先前版本的手册中相关的这些章节大多没有关注儿童数学思维的发展(Ginsburg, Klein et al. ,1998),当时的焦点是婴幼儿及学龄前儿童的发展。

107

数字认知

过去几十年里,不同国家公布的数学教育的改革文件,都强调基础数学课程应该注重数字概念和数字能力的发展(如,Australian Education Council, 1990; Cockcroft, 1982; NCTM, 1989)。在改革文件中最典型的一个方面就是强调在小学低年级开展数字认知(如NCTM, 1989)。这一点也不奇怪,因为它代表目前把学习数学作为一种有意义的活动的观点。

McIntosh、Reys 和 Reys(1992, p. 3)这样描述数字认知:

> 数字认知是指一个人对数字和运算的总体理解,伴随以灵活的方式使用这种理解来作出数学判断和形成运用数字和运算策略的能力和倾向。它反映一种使用数字和量化方法作为交流、处理和诠释信息的手段的倾向和能力。与之相应的是衍生出数字。因为它不仅是有用的,而且是对数学存在固有规律性的预期。

更深入的讨论和分析已经产生了数字认知的基本成分的列表(McIntosh 等, 1992; Sowder, 1992), 并对表现出(缺乏)数字认知的学生进行了描述(Reys & Yang, 1998),以及从心理学的角度对数字认知深入的理论分析(Greeno, 1991a)。

在对基本数字认知普遍认同的成分的阐明、组织及相互关联性建构的尝试中,由McIntosh 等人(1992)提出的模型是最全面最具影响力的。在他们的模型中,他们把数字认知起关键作用的领域分为三个:数字概念、数字运算以及数字和运算的应用。

1. 第一部分,“数字的知识和技能”,包括子技能如数字排序的认知能力(“按照某种给定的标准,在一行有空格的数列中标示出一个数字”),数字的多种表示形式(3/4=0.75),数字相对值和绝对值认知(“你已经生活了多于还是少于 1 000 天?”),以及一个基准系统(认识到两个两位数的和小于 200)。

2. 第二部分,叫做“运算的知识和技能”,包括理解运算的结果(知道相乘并不总是使数字变大),了解数学的特性(比如交换性、结合性、分配性和应用这些特性进行心算过程的直观性),并且了解运算之间的关系(加法与减法、乘法与除法之间的相反关系)来解决像 11－9=____这样的问题,使用间接的加法,或者使用乘法 8×____=480 来解决除法问题 480/8。

3. 第三部分,"把数字和运算的知识和技能运用到计算情境中",包括一些子技能,如理解问题情境和必要的计算之间的关系的能力(比如"如果 Skip 花 $2.88 买苹果, $2.38 买香蕉, $3.76 买橘子,Skip 总共花 $10 能买这些水果吗?"能够快速而自信地解决这个问题,将三种数量估算而不是准确计算),对一个既定问题存在多种策略的认识,利用有效的转换或方法的倾向性[解决(375+375+375+375+375)/5,不是先将五个数字加起来再除以 5],复查数据和结果的倾向性(有自然检查问题答案的倾向)。

一些研究者已经将儿童遇到的数字认知不同方面的问题归纳汇总。比如,Reys and Yang(1998)调查了台湾六年级和八年级学生的计算成绩和数字认知能力之间的关系。按照这里提到的理论框架,访谈了 17 名学生的数字认知不同方面的知识。学生在数字认知上的总体成绩比在需要书面计算的相似问题上的成绩要差。有迹象表明,数字认知的可识别部分,比如基准的使用被台湾学生很自然地运用到决策之中。

108

Greeno(1991a; Sowder, 1992)根据他的认知情境观对发展数字认知作了下面的隐喻:他把它描述成一个环境,在这个环境中为了知道、理解和推断全部情况需要在不同地方收集资源。"在这个领域在这个观点下,学习与在环境中学习寻找资源并利用那里的资源有效地指导一个人的活动的道理是相似的。"(p. 45)

由于具备对必要资源的了解,已形成数字认知的人在这个环境中可行动自如,教学变成了"指出环境中具备哪些资源,从什么地方可获得这些资源,获得的捷径以及值得访问什么样的有趣的场所"(p. 48)。

考虑到学生都是以这种方式获得数字认知概念的,根据 Greeno(1991a),Reys 和 Yang (1998, p. 227)以及其他许多人的论证,数字认知的发展"不是学生有或没有的一个有限的实体,而是学生随着经验和知识的积累,发展和成熟的一个过程"。这一发展发生在以每天每一节的数学课为基础的数学活动的整个范围内,而不是在指定的或特别设计的活动范围内发生(Greeno, 1991a; Reys & Yang, 1998)。

根据很多作者的论述,估算与数字认知(或计算能力)有密切的联系。比如 Van 关于估算的专题论文是这样开头的:"估算是计算能力的基础之一,它是一种出色的计算方式,以这种方式展现出来的计算能力是显而易见的一种数学能力。"估算除了广泛存在于儿童和成人的日常生活外,估算也因为它与数学能力的其他概念、步骤、策略和态度方面相关且是其组成部分而显示出其重要性(Siegler & Booth,出版中; Sowder, 1992; Van den Heuvel-Panhuizen, 2001)。在 Sowder 对直到 20 世纪 90 年代早期文献的回顾中,她区分了估算的三种形式:计算估算(用心算对所需要计算的原始数据的大致估计);测量估算(估计长度或房间面积);数字估算(估计一个空间中的数量单位,比如剧院中的人数)。在近期的文献中,Siegler 和 Booth 确认了第四种估算,数字线估算(把数字转换成数字线上的位置,比如 0—100 或者 1—1 000 的数字线),所有这些估算的种类,在早一些的或最近的研究工作中都表明,儿童与成人都能够使用多种估算策略,并且这些策略的种类、效率、复杂性和适用性随着年龄和经验而增加。因此说,估算是一个整合了数学倾向所有方面的领域。

前面的讨论清楚地表明,数字认知倾向的自然属性,不仅包括能力方面,而且包括倾向性和敏感性;这说明数字认知仍然是一个模糊的概念并且它与算术能力的其他方面的关系需要进一步澄清。就像在 NCTM(1989, p. 39)的《学校数学课程和评价标准》中陈述的那样,数字认知是"从数字的各种含义中得到的对数字的直觉"。当今,在数学教育中,普遍承认了这种直觉的重要性。虽然如此,但很难定义,甚至更难在研究上进行操作。最近出现了大量的或多或少相关的术语,比如"数学计算"和"数学读写能力",也很少有确切的界定。事实上,在我们遇到的很多事件中,数字认知被定义得如此广泛以至于包括问题解决,而且即便不包括所有,也包含了构成数学倾向大部分的其他能力(McIntosh, 1992)。虽然我们承认数字认知在课程改革中的力量,我们还是有一些怀疑,它对科学研究的用途,除非能更清楚一致地明确表达它的特殊意义。

个位数计算

毋庸置疑,个位数加减法是在数字认知和学校数学中最经常被调查的领域。这一领域的很多工作是依据认知/理性,尤其是信息加工的观点完成的。很多过去的和最近的研究对儿童口算个位数加法(比如 3+4=____)进行了详尽的描述:从最初使用具体的实体查数策略、经过几种更高级的,利用某一算术原理来缩短和简化计算的查数策略(比如不使用实体查数,从第一个开始查数,从最大的一个开始,以及事实导出策略),到"了解事实"的最终状态(详见 Baroody & Tiilikainen, 2003; Fuson, 1992; NRC, 2001a; Thompson, 1999)。

109

虽然这一发展顺序在某种程度上定义得不是很清楚,但已有研究者描述了类似减法的水平 (Thompson, 1999)。

这些研究及另外一些研究表明,在这一发展过程中任何一个给定的时间内,相同的年龄段在相同的题目上,儿童个体是如何运用各种不同的加法策略的(详见 Siegler, 1998)。即使年长的学生和成人在"使用已知条件"上也不总是表现出高级的发展水平,但是仍然证明即使对于简单加法问题也会存在很多不同的解题过程(Siegler, 1998)。

已经达到这种发展过程最终阶段的算术事实表明,组织是数字认知研究中的特殊领域(详见 Ashcraft, 1995; Dehaene, 1993)。这类研究的大部分研究对象是成人而非小学生。大多数模型认为,在"丰富的事实检索数据"中,算数事实比如 2+3=5 被记住并从储存的关联网络或词汇表中提取(Ashcraft, 1995)。普遍认为,众所周知的"问题大小效应"(比如解决个位数加法问题所需的时间随着运算数值增大而稍微增加)以及"等值效应"(比如对等值的反应时间,如 2+2 随运算数值变大而保持不变或只增加一点)反映了记忆检索的持续时间和困难程度。根据 Ashcraft 的论述(1995; Ashcraft & Christy, 1995),两种效应真实地反映出算术事实被个体需要和练习的频率。然而普遍认为,不是所有熟练者都是以分开且独立的单位来心理表征他们的个位算数知识。他们关于简单加法的一部分知识看上去按规则储存(比如 N+0=N)而不是孤立的算式(比如,1+0=1,2+0=2)。一个相关的假设认为,不是所有的问题都能被表征。比如,对于每一对问题(比如 3+5 和 5+3),在记忆网络中可能只有一个表征单元。

众所周知,从查数到提取数的发展过程对所有的儿童来说并不是平稳发展的。许多研究者针对有数学学习困难或有学习问题儿童的个位数算术进行了研究。他们研究表明，有学习障碍的(learning-disabled)学生和其他有数学学习困难的学生使用的步骤与这里描述的程序一样。更确切地说，他们只是比其他人掌握得慢(NRC, 2001a; Torbeyns, Verschaffel, & Ghesquiere, 2005)。特别是算术事实的掌握的最后一步对他们来说似乎非常困难，对于这些孩子中的一部分来说，这些提取困难反映了一个长期持续的，也许是终生的缺陷而不仅仅是一种暂时的发展延迟(Geary, 2003)。

还有一些调查研究通过发现哪种知识的发展在先，来弄清陈述性知识和程序性知识之间的关系。至于上面提到的个位数加减法，这个问题集中在儿童对特定数学原则的理解，特别是交换性原则，基于这些数学原则(详见 Baroody, Wilkins, & Tiilikainen, 2003; Rittle-Johnson & Siegler, 1998)，他们掌握了一些更有效的查数策略的进步之间的关系(比如从较大数开始查的策略，还有最小数策略)。这一研究指出，陈述性知识和程序性知识是呈正相关的，但是大多数儿童在他们产生程序之前已经理解了交换性的概念。后面的发现似乎更受欢迎，至少对个位数加法领域是这样，“概念第一”居“能力第一”观点之上。虽然如此，鉴于过去几十年关于陈述性知识和程序性知识之间的关系的争论，一直由这两大阵营的支持者支配，现在大多数研究者坚持更中立的观点。他们设想，一方面，陈述性知识和程序性知识之间的关系比两种对立观点所说的更加同时并且有重叠；另一方面，这一关系的本质或许会因不同的数学(子)领域而不同(Baroody, 2003; Rittle-Johnson & Siegler, 1998)。

虽然关于儿童个位数的乘除策略的研究比个位数加减的研究少，但是这一领域的研究正在逐渐增多(Anghileri, 1999; Butterworth, Marschesini, & Girelli, 2003; LeFevre, Smith-Chant, Hisco-ck, Daley, & Morris, 2003; Lemaire & Siegler, 1995; Mulligan & Mitchelmore, 1997; Steffe & Cobb, 1998)。总而言之，对于个位数加减法的研究表明，儿童从具体查数策略(材料、手指或纸张)，通过相关添加的计算(重复相加和加倍)、形式转换(比如乘以 9 变成乘以 10－1)和提取事实策略(比如以 7×7＝49 提取 7×8)进步到一个获得的乘积。虽然如此，乘除法比起加减法名称和不同类别的表示之间缺少连贯性。对乘除法这两种运算的研究表明，使用策略的多样性和灵活性是人们作简单数字复合运算的基本特点，年长儿童和成人都是如此(LeFevre 等，2003)。在这里，关于乘法事实存储的组织和机能的确切特点的研究是明确的，更确切地说，(部分)熟练者的乘法表在什么程度上按规则存储(0×N＝0，1×N＝N, 10×N＝N0，等等)，而不是加强特定的数学表达和正确答案之间结合的联系。基于最近关于三年级和五年级学生解决较大运算数放在第一位(7×3＝____)或者第二位(3×7＝____)乘法问题的一个研究，Butterworth(2003, p. 201)等人总结如下：

110

> 儿童学习乘法也许并不是被动地、简单地在表达式和答案之间建立关联作为练习的结果。更确切地说，记忆中的组合可能以一种规则的方式被重组，这种方式考虑到了对运算的进一步理解，包括交换性规则和其他乘法的特性。

Baroody(1993)对在掌握乘法基本事实知识的学习中相关知识的作用，特别是在学习包括 2(2×6,2×11,2×50……)的乘法组合时关于数字叠加知识的作用研究分析后,得到了类似的结论。

从信息加工的角度来看,在个位数算术中使用多样的策略以及将这种发展模型化,其中最大胆最有影响力的尝试当属 Siegler 及其同事开发的,在简单加法领域中策略选择和策略变化的计算机模型的各个版本。我们简要地描述策略选择和发现模拟(Strategy Choice and Discovery Simulation)(SCADS)的最新版本(SCADS; Shrager & Siegler, 1998; 也见 Siegler, 2001; Torbeyns, Arnaud, Lemaire, & Verschaffel, 2004)。SCADS 的核心是一个关于问题和策略信息的数据库,它在策略的选择过程中起关键作用。第一种信息类型,是关于问题的信息,由问题—回答关联的列表组成,也就是说,个别问题和对这些问题潜在的回答之间的联系,这些联系的强度是不同的。第二种信息类型包括数据库中每一个策略整体的、特征的、具体问题的、独特的可利用的数据。无论何时呈现给 SCADS 一个问题,该模型会根据它们反映的信息量和它们最近生成的频率来权衡这些数据。对每一种策略权衡功效和独特性的数据为逐步回归分析提供了输入信息,回归分析计算了不同策略对问题的预测度。预测强度最高的策略被选择的可能性也最大。如果最早选择的策略不适用,下一个稍小预测强度的策略就会被选中,这一过程直到选中一个符合模型标准的策略为止。SCADS 的一个重要的进步(与以前的模型相比),是它发现了新的策略并且学习它们。它通过把每个策略表征为算术符号的一个模块序列(而不仅仅是一个单元),并且通过保持策略执行的工作记忆痕迹来实现上面的优点(而不仅仅是记录速度和准确性)。基于行为多余顺序的探测以及执行算术符号更有效顺序的确认,元认知系统运用策略的表征和记忆痕迹来表达新的策略。SCADS 评价这些建议的策略与"目标概述"的一致性,目标概述表明了在简单加法领域合乎逻辑的策略必须满足标准。如果建议的策略违反了目标概述中详述的概念限制,它就被舍弃了。如果建议的策略符合概念的限制(通过的策略),SCADS 就会把它加入策略项目之中。这样,新发现的策略就改变了模型的数据库,因而影响未来的策略选择。根据 SCADS 的开发者所说,它的个位数加法以及一个加数超过 20 的加法与他们在研究中观察到的儿童策略选择和发现的现象具有高度的一致性(Shrager & Siegler, 1998; Siegler & Jenkins, 1989;也见 Siegler, 2001)。

111

简单加法已经测试过了 Siegler 的策略选择模型,并且乘法测试也做过了,虽然该模型的范围很小。Siegler 和 Lemaire(1997)对法国二年级学生个位数乘法能力的获得进行了纵向研究。当学生学习乘法时,一年中记录了三次速度、准确率和策略数据。数据显示速度和准确性的提高,反映出伴随学习策略变化的四个不同方面:新策略的使用、较频繁地使用有效策略、有效地执行每个策略,以及更灵活地选择可利用的策略。他们认为这些发现支持了大量的 SCADS 模型的预测。

一般来说,信息加工范式最强有力的证明是 Siegler(2001)的模型,并且它已经影响并且仍在影响着个位数算术领域的很多研究。然而,这一模型还是遭到了一些批评。首先,虽然 SCADS 模型包含了很多的策略,但是它直接应用的领域很受限制。将来的模型需要包含更多更广的策略,比如 10 的分解策略[如,8+7=(8+2)+(7−2)=15)或者等分策略(如,6+

7＝(6＋6)＋1＝13; Torbeyns 等,2005],还需要从个位数加法延伸到多位数加法。模型也很有必要详细地阐述其他算术符号。根据一些学者的说法(比如 Cowan, 2003),这可能只需要多花点时间;另外一些人对计算模型应用范围的容易程度表示出很大的怀疑,如 SCADS 能否有意义地拓宽到相关领域(Baroody & Tiilikainen, 2003)。然而更重要的是,其他更新的理论观点对模型的批评。从建构主义到社会学习理论框架以及从广泛的数据出发,Baroody 和 Tiilikainen 针对 Siegler 的早期加法模型及其假设进行了批判。他们质疑 SCADS 的运算只是关于儿童加法策略的发展和灵活性的几个关键偶然的现象。举个例子,Baroody 和 Tiilikainen 研究指出,即使那些明显已经构建了目标概述的儿童有时也使用没有遵照目标概述中详述的有效的加法策略,而 SCADS 从不执行非法策略。对该模型的另一个重要的批评是谈及算术能力的发展时,模型几乎没有或者没有考虑社会和教学的背景。儿童使用某些策略的频率、效率和灵活性的确依赖于教学的性质。根据教学,我们在小学数学课本中增加了算术的事实的频率(Ashcraft & Christy, 1995),特定项目呈现的次数,或者儿童对特定项目接受积极反馈或消极反馈的次数。举个例子,一些研究者(Hatano, 1982; Kuriyama & Yoshida, 1995)针对日本儿童使用的加法解决方法的发展路径进行了研究,结果表明,日本儿童比美国儿童运算得快,他们是从查数方法直接到提取事实和已知事实方法,没有经过清楚的更加有效的查数策略的识别阶段。有趣的是,在利用数据检索或把 10 作为标准在他们的事实提取策略开始计算总和之前,许多日本儿童用数字 5 作为中间标准来思考数字及其加减法。根据这些作者的说法,日本儿童的这些发展特点与许多文化以及教学的支持和练习密切相关,比如在一般的早期算术教学以及特定的珠算教学中,强调使用 5 的组合。相类似地,在佛兰芒语儿童的课堂上,Torbeyns 等人(2005)发现儿童在 10 以上求和运算中频繁、有效及灵活地使用等分策略。也就是说,解决几乎一等分数字(almost-tie)总和比如 7＋8＝____,用(7＋7)＋1＝____,而不使用拆解 10 的策略: (7＋3)＋5＝____。在他们的课堂上,使用了一系列新的教科书,书中强调谨慎地、灵活地使用多种解决策略而不是把拆解成 10 的策略看成是总和超过 10 的题唯一的解决方法。

112

Baroody 和 Tiilikainen(2003)对 SCADS 进行了批判,并提出他们的"基于图式观"是一个更有价值的选择,Bisanz(2003)对此评论道: 虽然 SCADS 如何工作是非常清楚的,但是没有详细描述它提到的"概念的、程序的及事实的知识网络"。他总结说:"当解释数据时,一个不具体说明的模型(如 Baroody 的模型)总是比一个具体说明的模型更有优势,因为后者被它的细节限制了。"(p. 442)尽管 Baroody 和 Tiilikainend 的模型与 SCADS 相比缺乏详细说明,但它指出在个位数算术发展过程中,不同种类知识之间复杂的相互关系(陈述性知识和程序性知识),以及更广阔的社会文化和教学背景起到的关键作用。

总之,过去十年的已有研究表明,要获得熟练的个位数计算能力只靠死记硬背是远远不够的。整个数字算术领域说明: (a) 算术能力的不同部分(策略、原则和数字事实)是如何相互作用的;(b) 儿童如何开始理解运算的含义以及他们如何逐渐获得更加有效的方法;(c) 他们如何根据包含的数字在不同的策略中灵活选择(NRC, 2001a)。研究者在描述这些现象时已经取得了相当大的进步,而且现在出现了与获得的实验数据某些程度上吻合的复杂的计算机模型。但是尽管如此,在这个领域我们还远远没有透彻理解专门知识(Cowan,2003)。最重要的研究之一就是这些不同部分是如何相互作用,以及一个组成部分何时及如何促进另一个部分的发展的。Siegler 和其他研究者谈到(Siegler, 2001; Torbeyns 等,2004),在这一观点上更深入的研究需要运用所谓的微观发生法,其中包括在儿童整个学习过程中重复测量的事实知识、陈述性知识和程序性知识。

Siegler 的计算机模拟模型解决了算术反应的练习和巩固量之外的另一个悬而未决的问题——关于文化和教学因素的影响的争议。值得注意的是,许多可使用的计算机模型都假设存在一种通用的分类法或计算策略的发展顺序,这些都是基本的,与教学及更广泛的文化环境无关。这是有道理的,当策略发展开始时,它的一些元素受一般因素制约,比如数学固有的结构和在儿童前期没有展开的某些认知能力,而不是教学和文化背景。虽然如此,其他的发展方面较少受制约,而且很多依赖儿童早期在家里或学校里的数学经历,比如很快超越基于查数的方法的资源——文化支持和练习,或者鼓励及表扬灵活性的课堂氛围及文化的熏陶。

多位数计算

虽然已有的理论和研究让我们对儿童如何学会小数字的加减法有了很好的理解,但是在多位数算术领域关于概念和策略的区分及他们是如何随时间发展的研究却很少。

过去的十年里,很多国家的大量研究记载了在心算的加减法中儿童及成人不使用学校教的正式的书面运算法则,却使用非正式策略的频次及变化的特点(Beishuizen, 1999; Carpenter, Franke, Jacobs, Fennema, & Empson, 1998; Cooper, Heirdsfield, & Irons, 1996; Jones, Thornton, & Putt, 1994; Reys, Reys, Nohda, &Emori, 1995; Thompson, 1999; Verschaffel, 1997)。例如,美国学者 Carpenter 等人(1998)进行了一个纵向研究,调查了从一年级到三年级儿童的多位数加减法的发展与他们理解多位数概念之间的关系。他们与学生针对各种各样的任务进行了五次个别访谈,包括直接的、结果未知的加减法词语问题,最先的三次访谈是关于两位数的,最后的两次是关于三位数的。在相同的访谈中,儿童被个别安排了五项任务,测试他们 10 以内的数概念的知识,还有一项任务他们不得不应用一项特别的发现策略来解决另外一个问题以及两项不熟悉的问题(缺少加数),这些需要计算的灵活性。特别需要指出的是,班级所有学生的指导老师参加了三年干预的学习,目的是为了帮助他们根据改革的原则理解和建立儿童的数学思维。这一干预的重点是儿童的直觉数学观念是如何成为正式的概念和程序的发展基础的。老师们了解儿童是如何使用 10 以内的材料来解决问题以及儿童经常构建的多样的发现策略。研究者将策略分为以下几种:

113

- 以 1 为单位的模型或计数;
- 以 10 为单位的模型;
- 合并—单位策略(也称为分解或拆解策略),在这里以 100,以 10,以不同数字为单位是分开的并且分别处理的(比如,46+47 由 40+40=80 并且 6+7=13 得出,答案是

80＋13＝93)。

- 顺序策略或跳跃策略，在这里第二个数字的不同值加起来或者加上第一个没有拆分的数字(比如，46＋47 根据 46＋40＝86，86＋7＝93)。
- 补偿策略或变化策略，在这里调整数字以简化计算[比如，46＋47＝(45＋45)＋1＋2＝93]。
- 其他产生的心算策略。
- 运算法则[也包括错误运算法则(buggy algorithm)]，在这里根据心算是找不到答案的，但是可以应用学过的位数运算法则。

研究表明，在有利的情况下，儿童能够产生心算策略解决加减法问题。而且，那些开始就用运算法则的儿童比那些使用标准运算法则之前或同时使用心算策略的学生更频繁地使用错误运算法则。后者比前者表现出更好的 10 以内的数字概念，他们能更成功地把自己的知识扩展到新的情境中。最后，研究数据还表明在加法中三种基本的心算策略的形成没有明显的顺序(顺续、组合和补偿)；大多数学生三种策略都使用，它们出现的顺序是混乱的。对于减法来说，最常用顺序策略，但也使用一些补偿策略。

Fuson 等人(1997)及 Hiebert、Wearne (1996) 的研究都发现，学生的多位数加减法心算策略发展与学生概念知识的发展密切相关。这两个研究，均在非传统的改革的教室中发现了这一结论。后一个研究的作者从一年级到四年级追踪学生。他们通过要求学生识别十位数上的数字来评估学生的概念理解，要求他们用具体的材料来代表一个数字的每个位数上的值，以此来区分多位数的具体表示。程序性知识通过描述两位数加法和减法问题来评估，该问题也可用标准运算法则解决或者用产生的步骤。测验中使用的数字大小随儿童年龄增长而变化。评估阶段后，概念理解水平高的学生在程序测量中得分较高，这成为陈述性知识和程序性知识之间紧密关系的第二种支持，Hiebert 和 Wearne 发现早期的概念理解不仅能预测当前的程序技能，也能预测未来的程序能力。

一些研究者的研究表明，儿童也能产生多位数乘除法策略，并且能够描述他们使用的一些策略。然而，对乘除法策略产生的描述取得的进步比多位数加减法小得多。接下来我们分析总结了 Ambrose、Baek 和 Carpenter(2003)对儿童产生多位数乘除法依赖的概念和技能的研究。我们强调产生这些策略不是平白无故发生的，而是在允许甚至刺激儿童去建构、详细描述和精炼他们自己的头脑策略的教育改革环境中产生的，不是强迫他们沿着一个统一的、标准化的头脑算术或书面算术的轨道。英国的 Anghileri(1999)和 Thompson(1999)针对根据英国国家数字策略的原则教育的儿童开展的研究和由荷兰的 Treffers(1987)和 Van Putten、Van Den Brom-Snijders 和 Beishuizen(2005)根据实际数学教育的原则教育的儿童开展的研究得到了相似的结论。

114

Ambrose 等人(2003)把儿童对于乘法问题的心算策略分成四类：直接模型化、完成数字策略、拆分数字策略和补偿策略。使用直接模型化策略的儿童，用具体操纵物或绘画将每一组模型化，在这些直接模型化策略中，最基本的策略包括使用个别筹码来直接代表问题(与使用一位数完全一致)。当儿童形成了 10 以内的数学基础知识时，他们开始使用以 10

为基础的材料而不是把每个筹码直接模型化来解决问题。第二种,完成数字策略,根据更有效的技术作相加和加倍来描述策略。最基本的一个策略是简单地重复相加。另外还包括加倍、复合加倍以及以其他因素建构。运用拆分数字策略的儿童将被乘数或乘数分解成两个或多个数字,并将容易计算的部分相乘。这一步骤允许儿童降低问题的复杂性,并且运用他们已知的乘法知识。一个数字被拆分成非10倍数的策略,或者分成10的倍数的策略,或者两个数字都被拆成10的倍数的策略是有区别的。最后,运用补偿策略的儿童根据数字组合的特点调整被乘数和乘数或者其中一个来简化计算。如果需要,儿童会作相应的调整。Ambrose等人提出了类似的除法策略的分类。许多儿童在学习中形成了他们的多位数心算策略,从直接模型化到完成数字策略的发展顺序,来拆分数字变成非10倍数和10倍数。另外,儿童解决多位数乘法问题的策略随他们的陈述性知识而变化,比如加法、单位、以10分组的数以及四种基本运算的特性。

我们对这些研究的分析表明,这些研究者是如何调查儿童陈述性知识和程序性知识的发展的。调查者依据Fuson建构的模型分析陈述性知识(1992;也可参考Fuson等,1997)。这一框架被称为UDSSI三位一体模型,在这一模型里区分了五个概念的结构名称(单一的、十进制的、连续的、分离的、整合的)。每个概念都包含数字、书面数字记号和数量的三位一体关系。每种关系与另外两种相联系。根据模型,儿童从语言的多位概念开始,此时的概念中数量没有被分组表示,数字的词和记号两种形式没有被区分成两部分。举个例子,有15个炸面圈,没有把1和“15”中的“10”联系起来,数量也没有在意义上分成10个面包圈和5个面包圈。在最复杂的概念中,在连续的十位数和分离的十位数概念的三部分(如数字语言、记号和数量)中,每一部分中的十位和个位之间建立连续的一分离的十位数整合概念及在两者之间建立互相转换的关系。这一整合的概念允许儿童在解决问题时灵活应用两位数。

Fuson等人(1997)承认这一发展模型在一些方面还存在缺陷。首先,根据使用的语言可以看出在发展中有质和量的差异。欧洲数字需要10的概念,书面数字记号需要将10和1的概念分离。对于词和记号的更深入的了解,欧洲儿童需要建构UDSSI的所有的五个多位数概念。但是中国儿童能更容易地按规则使用十位数并对它命名,因为他们有数字语言为基础。① 第二,儿童在不同的时间学习一个给定数字(或一组数字)的六种相互关系,也许不能构建最终的99以下所有数字的三位一体关系,因为第一个三位一体关系之前的一种概念已经被另一种概念解释了。第三,不是所有的儿童都建构所有的概念;这些建构依赖于儿童个体在教室和校外经历的概念支持。在这方面,需要注意Fuson的框架除了指出这五个概念结构之外还包括第六个,不充分的概念,称为“连接个位数概念”,它指出应把多位数解释成个位数之间的连接,而不是数字在不同位置的意思。Fuson(1992, p.263)指出,使用个位数之间的连接成多位数的意义可能源于教室的经验“没有充分支持儿童对多位意义的建构,

115

① 如15,中国儿童由于有“十五”这样的数字语言来辅助他们理解“15”中的“1”代表的是10,而非1,而国外的儿童没有这样的数字语言基础。——译者注

确实要求儿童以程序的、规则指向的形式加减多位数，和确实期望学校数学活动不要求儿童去思考或评价含义”。

最后，具有多于一个多位数概念的儿童，在不同情况下可以使用不同的概念或者在一个情境中组合三位一体的不同部分。举例来说，即使在那些已经具备有意义概念的儿童中，纵向呈现一个加法或减法问题代替了横向呈现的形式，可能会引导他们使用连接单个位数的概念结构，所以儿童的多组概念并没有符合统一的、阶段式的模型(Fuson 等，1997)。

我们现在来分析这一理论框架的一些评论。首先，以经验为基础的模型的最新版本在某种程度上是不具体的。它仍不清楚哪些方面的发展受有成效的学习环境的特殊性影响，哪些方面的发展更多地不受教学控制的一般因素影响。第二，Fuson 等人(1997)的模型只强调当儿童开始探索和操作多位数字的时候，儿童对数字和数字关系的理解的一个方面(Fuson, 1992; Jones 等，1994; Treffers, 2001)，即他们以 10 为基础的结构。Fuson(1992)指出除了这种数字的“收集基础”解释，还有一种“查数基础”的解释。Treffers 指出这两种解释分别是“数字结构的”和“安置的”代表。他把“安置”定义为“把所有的数字放在一个有固定的起点和结束点的空数字线上的能力”(p. 104)。同样地，Treffer 的“安置”解释表明与 Dehaene (Dehaene & Cohen, 1995)的理论是一致的，该理论设想了一个模拟的量级编码(一种心理数字线)作为数字的主要语义表征，即关于数字在人类思想(和头脑)中如何代表自身。虽然一些在多位数算术领域工作的数学教育者在他们的实验课程、课本和指导材料中(见 Beishuizen, 1999; Selter, 1998; Treffers, 2001)把查数基础或者安置解释置于一个重要的地位，我们还没有发现任何一个研究以一种广泛的、系统的方式描述儿童的数字概念知识和多位数字发展的其他方面的关系。

总体来说，尽管 20 世纪 70 年代和 80 年代的研究集中在儿童解决相对小的整数数学问题上，但研究者们后来更加关注多位数计算的问题。有别于儿童心算策略的，除了解决儿童常规学习的书面计算的标准运算法则取得进步外，在鉴别和描述儿童用来计算多位数的不同概念和策略上也取得了重大的进展。儿童多位数运算步骤有别于心算的三种主要策略：

1. 数字在查数行中主要被看作目标的策略，运算沿着查数行移动：进一步(＋)、后退(－)、重复进一步(×)、重复后退(÷)。

2. 随着小数结构，数字主要被看作目标的策略，以这一结构为基础，对数字进行分开和加工的操作。

3. 以算术特性为基础的策略，数字被看作能够用各种方式建构的目标，在选择合适的结构并且应用合适的算术特性后进行运算(见 Buys, 2001)。

每一种基本方式都能在不同的水平上执行，包括内在化、缩写、抽象和格式化。另外，每一种都能在四种算术运算中发现。 116

这些过去十年来关于多位数心算研究的描述指出，多位数算术专门知识的基本特点是可产生一些心算步骤以及灵活使用不同的策略(也见 Hatano, 2003)。已有的研究揭示出，分离利用以 10 为基础概念的发展及其他数字补充的概念化发展作多位数算术的学习步骤是不可能的。Rittle-Johnson & Siegler(1998)发现了在多位数算术的陈述性知识和程序性知识之间紧密关系的实验结果。同时，他们指出一些研究结果(Resnick & Omanson, 1987)表明，在传统的教学中，只强调练习过程，不强调练习与理解陈述性知识之间的联系，导致陈述性知识和程序性知识的发展的联系非常松散。最后，研究提出了多位数算术“倾向的本质”。尽管这很消极，但还是真实地记录了传统上教给儿童以模式化的固定的方式应用标准运算法则的倾向。即使在心算更合适的情况下，比如 24 000/6 000＝____或者 4 002－3 998＝____(Buys, 2001; Treffers, 1987,2001)，而当偏离了标准运算规则的通常模式时，由于他们缺乏自信，他们不敢轻易行动和冒险(Thompson, 1999)。

词语问题解决

随着信息加工理论的应用，在 20 世纪 80 年代和 90 年代初期涌现出很多解决一步加减法以及乘除法问题的认知过程的研究(详见 Fuson, 1992; Greer, 1992; Verschaffel & De Corte, 1997)。这一工作大大地促进了儿童词语问题的解决过程发展的理解。例如，实际生活中加减法的情境包含三种数量，关于它们的根本语义的结构达成了很多共识：变化、组合和比较情境。变化的问题指动态的情境，某些事件改变了数量。(比如，Joe 有 3 个弹子，Tom 又给了他 5 个，Joe 现在有几个弹子?)组合的问题指静止的情境，有两部分或被分开或结合成一个整体。(比如，Joe 和 Tom 一共有 8 个弹子，Joe 有 3 个，Tom 有几个?)比较问题指两个数量相比较，找出其中的差别。(比如，Joe 有 8 个弹子，Tom 有 5 个，Tom 比 Joe 多几个?)在每一类中，通过确认未知量，就能找出更深层的差别；另外，变化和组合问题分别根据变化的方向(加或减)或者关系(增多或减少)可以细分。

词语问题研究使用了不同的技术，比如书面测验、个别面试、计算机模拟和眼动记录，描述了儿童在不同问题类型中的表现，他们使用解题策略的差异以及他们错误的本质和原因(比如，Verschaffel & De Corte, 1993)。例如，在很多研究中他们验证了词语问题种类的心理重要性。在 5 至 8 岁儿童的许多研究中发现，可用相同算术运算解决的，但又不属于相同语义种类的词语问题难度水平大不相同；这表明对于可解决的问题来说，掌握不同语义问题结构知识的重要性。从发展观来看，这一研究说明大多数进入小学的儿童能解决最简单的一步问题(比如，结果未知的变化问题，或全部未知的组合问题)，能根据模型的关系和描述的事实使用解决策略。后来，儿童的熟练程度在两个重要的方向上逐渐发展和增加。第一，非正式的、外部的和复杂的策略逐渐被较正式的、缩短的和内部化的以及更加有效的策略所替代。第二，尽管最初儿童对直接反映每种问题类型有不同的解决方法的问题情境，但他们形成了应用于具有相似内在数学结构的课堂问题的一般方法。因此，只是在后期的发展中，儿童表现出在问题解决的模型中分步骤的问题解决行为：(a) 表征问题情境；(b) 决定解决步骤；(c) 执行解决步骤。因为在早期发展水平他们不能根据那些步骤继续，但是使用了直接将情境模型化的解决方法，儿童这时不需先写出相应的数字句就能正确地解决问题，甚至没有按要求写出这样的数字句(De Corte & Verschaffel, 1985)就不让人惊奇了(Fuson, 1992)。

117

从信息加工的观点来看，乘除法词语问题的研究没有发现类似于加减法的理论框架，却找到了重要的相关结果(Verschaffel & De Corte, 1997)。在回顾以前研究的基础上,Greer (1992)建议对代表乘除法情境的不同语义类型进行分类。与加减法的发展结果一样,许多儿童在得到任何指导之前,能够解决包括小数的一步乘除法问题。而且,他们使用大量的反映行为或描述的问题情境之间关系的非正式策略。同时,儿童逐渐使用更有效的、更正式的和内在化的策略。已有研究发现了加减法的区别,而乘法的思维发展却较为缓慢(Anghileri, 2001; Clark & Kamii, 1996)。

总之,20 世纪 80 年代和 90 年代初,有关词语问题解决的更广泛的研究包含四个主要的运算,导致在解决这样的问题时,需要确定熟练程度不同部分的知识。这表明语义结构内含的相加和相乘的问题情境的特殊概念知识的重要作用,以及解决这样的问题存在多种策略。在追踪大量获得问题解决能力的发展过程中取得了很大的进步:从一个非正式的、具体的和费时费力的过程水平开始,他们逐渐获得了更加正式、抽象和有效的策略。尽管如此,仍然还有一些争议需要进一步调查。第一,以前的研究集中在相加和相乘概念发展的早期和中期,需要扩大到更加发达的发展水平包括扩展到正整数领域(Greer, 1992; Vergnaud, 1988)。第二,Greer 在 1992 年提出,尽管过去分别研究加法和乘法两个概念领域,将来的工作应该清晰地指向两种知识的整合。

第三,在信息加工传统的研究中,大部分都在解释为什么使用这种方法来研究词语问题解决,这要追溯到过去十年的背景。如 Fuson 在 1992 年讨论的那样,大部分的这类研究只使用了限制在学校范围内的词语问题。实际上,传统的研究者严重局限了问题的范围,采用的问题简单、可模式化,其中与语境相关的题目包含所有必要的数据并可明确地、毫无疑问地回答,他们用这些数字执行一个或多个算术运算的问题。这些限制对理论主张和实验结果的推广提出了质疑(比如语义基准的重要性),如何解决更多现实的、上下文含义丰富的和更加复杂的学校内外的情境问题(Verschaffel & De Corte, 1997)。因此,那些强调在问题解决中社会和文化环境重要性的研究者们,开始从事针对解开儿童环境嵌进问题更可信的解决方案和策略的调查。

这一进展众所周知的例子是 Nunes、Schliemann 和 Carraher(1993)在巴西的街头数学和学校数学的研究(也见 Saxe, 1991)。在一项研究中,Nunes 等人观察到年轻的街头小贩(9 到 15 岁)在买卖的问题解决中表现得很好(比如卖椰子),但是在学校同样的数学任务中表现欠佳。另外,他们发现在街头的买卖情境中,儿童解决问题使用非正式的推理和计算过程与正式的、学校描述的、他们用来解决课本问题的步骤很不相同。这些发现戏剧性地表明,在学校和现实生活中儿童的经历和观念之间的差距。考虑到儿童的非正式知识,在数学教学中缩短这一差距是必要的。

118

解决数学问题研究的另一条线是 Polya 的工作,他在 1945 年发表了问题解决的说明性模型,包含下列步骤:理解问题;设计解决计划;执行计划;检查解决方案。在这些步骤的每一步中,Polya 区分了很多应用于问题的启发式方法,例如"画一个图表"和"你知道一个相关的问题吗"。在认知研究的信息加工早期,使用形成的人工智能的概念,Newell 和 Simon (1972)发展了众所周知的一般问题解决——一种计算机程序,应用类似于 Polya 的启发式策略的一般策略,比如用稳定端分析来解决各种各样的人工的难题(比如密码)。但是研究一次又一次地表明儿童和学生的词语问题的解决过程不完全符合 Polya 的模型。在这方面,在学生的问题解决中观察到的两个重要的现象是意义中止以及缺少解决问题的策略。我们接下来简要地回顾一下关于两个现象的研究。

在儿童的问题解决中意义中止的一个众所周知的和引人入胜的图表是由法国研究者于 1980 年发表的(Institut de Recherche sur 1'Enseignement des Mathématiques de Grenoble, 1980;相关主题详见 Verschaffel, Greer, & De Corte, 2000)。他们向一组一二年级的学生提出下面荒谬的问题:"有 26 只绵羊和 10 只山羊在一艘船上。问船长多大年龄?"结果是大多数儿童的答案(36)明显地没有意识到对问题意义的认识。类似的结果也在德国(Radatz, 1983)和瑞士(Reusser, 1986)的问题中得到。在美国也发现了这种现象。常常引用的例子来自 1983 年第三次美国国内教育项目评价中一个 13 岁孩子的例子(Carpenter, Lindquist, Matthews, & Silver, 1983):"一辆军车能够运载 36 名士兵。如果要运送 1 128 名士兵到训练场地,需要多少辆车?"虽然 70%的学生正确地完成除法 1 128 除以 36,得到商 31 和余数 12,只有 23%给出 32 作为答案,19%给出 31,另外 29%回答 31 余 12。在所有这些例子中,看上去当学生解决数学词语问题时,受与现实生活知识不相关的观念影响,并且使他们产生了非现实数学模型和问题解决。

在大致相同的测试情况下,使用相同的或类似的词语问题,这一现象在 20 世纪 90 年代 9 至 14 岁的学生中被广泛地研究和重复测验。开始在一些欧洲国家(比利时、德国、北爱尔兰和瑞士),后来在世界的其他地方也展开了类似的研究(日本、委内瑞拉;详见 Verschaffel 等人,2000)。在基本的研究中(Verschaffel, De Corte, & Lasure, 1994),用 10 对问题的纸笔测验测试 75 名五年级学生(10 至 11 岁的男女生)。每对问题包括一个标准问题,即,使用已给出的数字,直接运用一个或多个算术运算就能够解决问题(比如,"Steve 买了 5 块每块 2 米长的木板,这些木板能截出 1 米长的木板多少块?")。一个平行的问题是:数学模型的假设是有疑问的,至少由问题引起一个人考虑情境的现实性(比如,"Steve 买了 4 块每块长 2.5 米的木板,这些木板能截出 1 米长的木板多少块?")。令人担忧的是,只有很少学生根据被激活的现实知识对这些问题作出了现实的回答或评论(回答这些 2.5 米长的木板时,用 8 代替了 10)。事实上,只有 17%的学生对这些问题的回答具有现实性,或者给出了现实性回答,或者非现实的回答但伴随着现实的评论(比如针对木板问题,一些学生给出答案 10,但是增加了 Steve 应该粘合剩下的 4 块 0.5 米长的木板,每两块粘在一起)。这些研究在全球非常相似地发现,当儿童在教室里解决词语问题时,他们的观念与真实世界的知识是不相关的,这是一个非常重要的研究结果。另外,还有我们中心进行的研究(De Corte, Verschaffel, Lasure, Borghart, & Yoshida, 1999)以及其他欧洲研究者的研究(见 Greer & Verschaffel, 1997),都表明在词语问题解决中关于真实世界的这一误解是很强的而且很难改变的。

119

几年数学教育的结果如何变成了儿童否定他们现实知识的同谋?逐渐地,研究者们开始认识到这一明显的"无意识行为"不应被认为是儿童的"认知缺失",应该被解释成不同种类的意义,称作"词语问题游戏"的策略决定(De Corte & Verschaffel, 1985)。如同Schoenfeld(1991, p. 340)所表述的那样:

> 这样的行为是最深层的意义寻求。在学校情境中,这样的行为代表了一整套导致赞扬的行为的组合,最小限度的冲突,符合社会的要求。什么能比那样更明智呢?

学生的策略和观念很大程度上从他们的感知觉和老师的讲授而来(Brousseau, 1997),或者从社会数学标准(Yackel & Cobb, 1996)发展而来,这决定了他们在数学课上如何表现、如何思考,以及如何与老师沟通。这种对文化的适应看上去主要由目前指导活动的两个方面引起:既定的(传统的)词语问题的性质以及老师是如何认为和看待这些问题的方式。Verschaffel、De Corte和Borghart(1997)的研究支持了后一个因素。他们的研究方法是:首先,询问小学预备教师他们自己如何解决一系列的问题;第二步,针对相同的题目,评估富有想象力的学生的实际或非实际的答案。结果表明,这些将来的老师虽然比学生少一些极端,但是和学生具有同样的由意义延缓产生的倾向性。

研究也发现学生在词语问题的解决活动中缺乏熟练的策略。当面临一个问题的时候,他们没有自然地使用有价值的启发式策略(比如分析问题、针对问题绘图表、分解问题),也没有对问题建构一个好的心理表征作为一种能更好地理解问题的手段。举个例子,在De Bock、Verschaffel和Janssens(1998)的研究中,120名12至13岁七年级的学生参加了一项12个项目的测验,包含类似飞机图形的放大物,其中6个是合乎比例的,另外6个是不合比例的,就像下面例子描述的那样:

- 相称项目:农民Gus需要大约4天沿着边长100米的正方形牧场挖一条沟,他需要多少天才能挖一个边长为300米的正方形牧场呢?
- 不相称项目:农民Carl需要大约8小时给一块边长200米的正方形地施肥,给一块边长600米的地施肥需要多长时间?

与预测一致,相称项目解决得非常好(90%以上正确),不相称项目的表现却非常差(只有大约2%正确)。关于答案正确性的调查表明,只有2%的学生解决不相称问题的同时画图;换句话说,大多数12至13岁学生没有倾向于使用合适的启发式的"对问题画图"的策略。当再一次测验的时候,甚至鼓励他们画图或者向他们展示画好的图,情况也没有得到大的改善。为了更加深入地分析思考过程,针对12至13岁、15至16岁学生使用个别面谈的方式进行了后续研究,研究证实了相称或线性推理的误用及其对变化的阻抗(De Bock, Van Dooren, Janssens, & Verschaffel, 2002)。

其他很多学者,甚至使用年龄更大的被试也报告了相似的结果,揭示了启发式策略的使用不足,尤其是能力差的问题解决者更是如此(例如,De Corte & Somers, 1982; Hegarty, Mayer, & Monk, 1995; Van Essen, 1991)。如同在NRC(2001a)中讨论的那样,能力差的问题解决者经常依赖非常肤浅的方法解决问题。举个例子,当给出问题"在ARCO,汽油每加仑1.13元,这一价格比Chevron便宜5%。在Chevron,5加仑汽油多少钱?"他们强调数

120

字和关键词“便宜”,这导致了错误的算术运算,在这里运用减法。相反,成功的问题解决者在谨慎分析描述的问题情境的基础上建立了问题的心理表征,强调已知量和未知量以及它们之间的关系。

没有运用启发式策略并不是学生(特别是能力较差的学生)在问题解决过程中的唯一缺点。也许更重要的是在问题解决过程中缺乏元认知活动。事实上,研究者已经很清楚地表明认知的自我调节能力的使用——比如设计解决方案的过程,监控这一过程,评估结果,以及反映解决策略——是熟练者数学问题解决的主要特点(例如,Schoenfeld, 1985,1992)。在美国大量的研究已经证实,成功的问题解决者比不成功者更经常运用自我调节技能(见 Carr & Biddlecomb, 1998; Garofalo & Lester, 1985; Silver, Branca, & Adams, 1980),在世界的其他地方也是如此。例如,在荷兰,Nelissen(1987)发现小学生中,好的问题解决者自我调节和反省要好于差的问题解决者;Overtoom(1991)记录了有天赋的和普通的中小学生之间的差别。De Corte 和 Somers(1982)观察到一组六年级佛兰德语学生在词语问题测验中的不佳表现的原因,是严重缺乏对问题解决的计划和监控。众所周知,在 Krutetskii (1976)的研究中,他观察了小学生和中学生在词语问题解决中关于元认知行为的不同能力水平之间的差异。总之,大量的事实表明,认知自我调节是数学学习和问题解决的能力的一个重要组成成分,但这也是学生经常缺乏的,特别是问题解决能力差的学生。

Krutetskii(1976)的研究表明,由小学生和中学生之间的区别引出了在元认知认识和能力方面是否存在发展差异的问题。然而,Carr 和 Biddlecomb(1998, p. 73)基于对大量研究的分析,推断年幼儿童和年长儿童一样(直到中学)不能成功地监控和评估他们的问题解决能力:

> 数学上的元认知研究与其他领域的元认知研究相似,儿童能够从具体的策略知识和元认知意识中获益。虽然如此,数学上的元认知研究表明,在儿童期甚至是童年后期的儿童并没有经常使用认知上的监控和评估。

这为将来的研究提出了一个挑战:为什么数学与其他领域在这方面有差异呢?元认知发展的大量文献(Kuhn, 1999, 2000)提出,儿童在三四岁形成元认知意识,从那时起,认知机能的行为控制逐渐通过多种发展的转变获得(Zelazo & Frye, 1998)。发展不是在单一的转变上实现,而是“必须需要转变的同时应用足够的或多或少的策略,另外禁止低级的策略与获取高级策略同样重要”(Kuhn, 2000, p. 179;也见 Siegler, 1996)。

考虑到认知自我调节技能的本质和发展在不同的领域存在一般性的论断似乎很有道理(Kuhn, 2000),这种元认知发展观,为将来与数学相关的自我调节能力发展的研究呈现了一个有趣的理论框架,特别是因为提高元认知意识和能力是数学熟练程度的一个主要成分,而熟练程度是一个重要的发展和教育目标。

前期的讨论表明,过去的 20 年在儿童的词语问题解决中,对数学倾向主要成分的作用和发展的理解,已经取得了实质性的进步。这些主要成分包括具体领域的知识(概念的理解以及计算的熟练)、启发式策略和自我调节能力。虽然已有研究指出不同成分的内部特性，但未来研究的挑战在于详细弄清在数学的问题解决中，能力的获得和发展组成部分之间的相互作用。

数学相关的信念

121

根据20年的研究，研究者普遍认为学生持有的数学和数学教育的信念对他们的数学学习方式和行为有重要的影响(Leder, Pehkonen, & Törner, 2002; Muis, 2004)。NCTM的《学校数学课程和评估标准》在1989年重复了这一观点："这些信念对学生的能力自评，参与数学任务的意愿和他们最终的数学倾向都产生了很大的影响。"(p. 233)

为了获得数学倾向，学生对数学领域及数学教育形成积极的信念是十分重要的。这包含了"有成效的倾向"成分，它是2001年NRC(2001a, p. 131)的报告中数学熟练程度的五个部分之一："有成效的倾向是指领会数学感觉的倾向性，认为它既有用又值得花时间学习，相信在学习数学上持续地努力会取得好结果，把自己看作是有力的数学学习者和数学实践者。"虽然如此，已有的研究表明，当今的数学课堂的情况还远未达到这一理想目标。一个研究要求不同年龄的学生画一幅数学家正在工作的图解。Picker和Berry(2000)的研究中，几个国家(美国、英国、芬兰、瑞典和罗马尼亚)的476名12至13岁儿童被要求画这样一幅画并进行书面评论。所有国家研究的主要结论是，学生所画图的要点是一点也不缺乏力量的，学生把数学家描绘成独裁的或有威胁的。根据作者的说法，在研究中出现的数学家占统治地位的图画与Rock和Shaw(2000)在一个类似的调查中，调查范围从幼儿园到八年级，所获得的图画一致。这一研究非常合理，学生的画能反映出他们的观念，所以很明显学生们认为这一领域不吸引人也没有趣。

根据文献分析，De Corte、Op't Eynde和Verschaffel(2002; 见Op't Eynde, De Corte, & Verschaffel, 2002)把学生的观念分成三种：关于数学学习和问题解决的自我信念(如关于数学的自我效能概念)；有关社会情境的信念(如数学教室中的社会标准)；关于数学、数学学习和问题解决的信念。至于最后一种类型，研究表明可能作为目前教育的结果，较大年龄范围和不同能力的学生持有的数学信念是天真的、不正确的，或者是两者兼有，这对学生的数学活动和解决数学任务和问题有很大的消极和抑制的影响(Muis, 2004; Schoenfeld, 1992; Spangler, 1992)。从某种角度来看，解决词语问题时的意义中止也是这些现象的一个解释。换句话说，可获取的数据与Picker和Berry(2000)以及Rock和Shaw的研究中出现的情况一致。根据Greeno的研究(1991a)，大多数学生从他们的课堂经验中得知，数学知识不是由学习者，或者个体或者在小组中建构的，而是以固定的形式接受知识。Lampert(1990)表述了相似的常见的数学观点的特征如下：数学就是确定而快速地给出正确答案；做数学题应符合老师描述的原则；精通数学意味着当老师提问时，能够回忆和使用正确的规则；权威的老师认可的数学问题答案就是正确的。她还提出那些观念应该通过在数学课堂上多年的看、听和练习来获得。Boaler和Greeno(2000)的一个案例研究，也表明中学生的问题观念或多或少地来自实际的课程和课堂练习及文化。

Schoenfeld(1988)在一篇文章中以研究结果证明了学生被这样的观念折磨,文章的题目很奇怪:《当好的讲授导致坏的结果:"好的讲授"数学课程的灾难》。Schoenfeld 对一个 20 名学生的十年级班级的几何课做了一年的深入的研究,同时定期收集其他 11 个班的数据(总共 210 名学生),包括观察,与教师和学生面谈,以及关于学生对数学属性的理解进行问卷调查。学生在典型成就测量中得分很高,并且以一种通常被认为是好的教学方式教授学生数学。尽管如此,作为学习者的学生对数学及他们自己持令人虚弱无力的信念,诸如"所有的数学问题都能在短短的几分钟内解决"以及"学生是别人的数学的被动用户"。很明显,这样的错误信念无益于学生以认真及坚持不懈的方式解决新的和挑战性的任务。当学生做词语问题解决时,他们在很大程度上需要为缺乏意义寻求负责,在学生中还发现了其他奇怪的信念是,"数学问题有且只有一个正确答案"以及"数学学习与实际生活几乎或根本没有关系"(见 Schoenfeld, 1992)。

122

关于自我信念的研究表明,自我效能信念可预测大学生的数学问题解决成绩(Pajares & Miller, 1994)。然而,这似乎是对这些观念的本质和复杂性上逐步发展结果的反映。例如,Kloosterman 和 Cougan(1994)的研究,以一至六年级的 62 名学生为样本,发现学生的自信信念和对数学的喜欢在小学一二年级与他们的成就水平是相互独立的,但是到了小学结束的时候,这些信念与成绩相关,除了低自信的学生外,低成就者也开始不喜欢数学。Wigfield 等人(1997)也发现在小学低年级,儿童把数学看得很重要并且认为他们自己有能力掌握它(也可参见 NRC, 2001a)。但是到了小学高年级,他们的能力信念降低了。Middleton 和 Spanias(1999)指出,到了初中,学生关于数学的信念变得更有影响力;不幸的是,很多学生开始形成与数学相关的更消极的自我信念(也见 Muis, 2004; Wigfield 等人, 1997)。

如同我们已经强调的,一些研究已经讨论了不同年龄学生持有的与数学相关的消极信念是由目前的教育活动导致的。虽然观察和一些案例研究也指出了这一点,但是要确认这一假设还需要更深入的研究。因此,继续研究的主要挑战是系统化地研究学生的信念与教育干预之间的相互影响,其重点在于设计出一种干预措施,使有成效的倾向的获得更容易。这种研究应同时以更加细致的方式追踪学生数学相关信念的发展。事实上,因为事例是针对一般认识论的信念(比如关于认识和知识的信念;见 Hofer & Pintrich, 2002),所以需要更好地了解基于研究的数学相关信念的本质和发展过程的知识,以及那些导致学生信念变化的情境因素(见 Muis, 2004)。

小结

前面选择的回顾数学能力组成部分的研究表明,在过去的几十年中,在了解其本质和发展的主要方面和教育的相关方面取得了实质性的进步。讨论也说明了数学熟练程度的不同组成部分的相关性,例如,计算能力的陈述性知识和程序性知识的相互联系;不同领域知识、启发式策略、自我调节能力和问题解决信念的整合;数字知觉的复杂性等。

虽然如此,通过对数学倾向主要成分的分析,我们很清楚,一个重要的未解决的问题要求考虑对更多的围绕数学能力发展的理论框架进行后续研究。例如,一个关于几个成分发展的重要和仍未解决的问题,如基本的陈述性和程序性知识结构,它们多大程度上需要生物学的准备,通用的图式有哪些,它们在什么样的情境中获得,情境是不是相融合的(见 Resnick, 1996)。概念结构是否主要对第一或第二倾向影响有重要的教学含义:它抑制或者促进教学干预的灵敏度。需要进一步研究的一个相关课题是对数学能力的不同成分之间的相互作用进行更加细致的拆分研究。将来的研究必须强调对数学其他分领域能力的发展进行更细致的研究,例如有理数、负数、比例推理、代数、测量和几何。下面是从 NRC(2001a)报告《加起来:帮助儿童学习数学》中引用的对这方面的描述性陈述:

123

> 另外,对学生如何熟练使用有理数的理解不及对学生如何使用整数的理解那样透彻。(p. 231)
>
> 与整数甚至非有理数的研究相比,学生如何理解负数和在运算中提高熟练程度的研究非常少。(p. 244)

学习数学:获得能力的组成部分

CLIA 模型的学习部分应该给我们提供对学习和发展的过程基于实证主义的描述和理解,这样能使学生获得想要的数学倾向和能力的组成成分变得容易些。过去几十年的研究已经在这一方面取得了进步,并且认为数学学习是在学习者团体中基于现实的模型对意义理解和机能的、积极的、累积的建构(见 De Corte 等, 1996; Fennema & Romberg, 1999; Nunes & Bryant, 1997; Steffe, Nesher, Cobb, Goldin, & Greer, 1997)。这一概念暗示出有成效的数学学习必须是一种自我调节的、情境的和合作的活动。

学习被看作是知识和能力积累的建构

如今在教育心理学家尤其是数学教育者当中,学习是积累的和建构的活动已成为公认的观点,而且该观点有实质的实证支持(比如, NRC, 2000; Simons, Van der Linden, & Duffy, 2000; Steffe & Gale, 1995)。在建构主义学习中重要的是,在已有知识的基础上获得知识和技能的过程,以及与环境的相互作用过程,在这些学习过程中学习者都要全心地、努力地参与。需要建构的是学习数学的过程,而不是数学内容(Greer, 1996)。Nunes 等人(1993)与巴西街头卖货人的谈话研究对此有很好的解释。在一个案例中,面谈者扮演顾客,从一个 12 岁卖主那里买 10 个椰子,每个 35 克鲁赛罗。面谈者先问:"我要 10 个,多少钱?"之后有一个停顿,然后卖主如下回复:"3 个 105;加上另外 3 个是 210。(停顿)我需要另外 4 个。那就是……(停顿)315……我想是 350"。(p. 19)这种麻烦但精确的计算过程,就是由街头卖主自己发明的。事实上,巴西三年级学生学习任何数字乘以 10 就是在那个数字后面合适的地方加个 0。

在我们的研究中,观察到一年级学生对一步加减法问题使用了大量的解决策略

(Verschaffel & De Corte, 1993)。其中许多策略都不是在学校明确教授的,而是由学生自己发现的。例如,为了解决困难的变化问题,如:"Peter 有一些苹果,他给了 Ann 5 个,现在 Peter 有 7 个苹果。Peter 开始有几个苹果?"一些儿童成功地应用了试误策略: 他们估计开始的数量,用减去 5 是否剩 7 来检查他们的猜想;如果不是,他们再猜测,再检查。

但是学习的建构性也以消极的方式存在于许多学习者的各种领域,包括数学学习中获得错误概念和有缺陷的过程。对后一种错误的发现,众所周知的解释是通常所说的错误算法,也就是说,儿童在多位数算术过程中所犯的系统的步骤错误,例如,忽略位置在每一列中用大数减小数,如下:

$$\begin{array}{r} 543 \\ -175 \\ \hline 432 \end{array}$$

基于任务分析及计算机模拟的使用表明,这样的错误可被认为是儿童面对僵局时的建构,情况已超出了目前的控制步骤(VanLehn, 1990)。

124

一个很容易被证明的错误概念是——相乘会增加。例如,在研究中,不同年龄的学生(从 12 到 13 岁直到实习老师)均明显表现出这一错误观念,被称为乘数效应: 当给出任务,乘数小于 1,选择运算来解决乘法问题,大约 50%的实习老师和大约 70%的 12—13 岁学生作出了错误的选择(大部分用除法代替了乘法;Greer, 1988;也见 De Corte, Verschaffel, & Van Coillie, 1988; Greer, 1992)。发展观中显著的是,乘数效应在很大的年龄范围内的持久存在。如同 Hatano(1996, p. 201)所讨论的那样:"程序性错误和错误概念被当作获得知识的建构本质最有力的证据,因为学生所需要的知识被教会是不太可能的。"

尽管证据显示学生会建构他们的知识,但即使在基于信息传递模型的学习环境下,现在我们的建构主义学习理论仍然阐述不具体。Fischbein 在 1990 年的提议在今天仍具意义,他认为对学习的探讨作为数学教育的心理模型需要建构主义更具体的定义(p. 12)。例如,目前的建构主义学家没有为教一学环境的设计提出清楚和详细的指导(Greer, 1996; 见 Davis, Maher, & Noddings, 1990)。这一立场与最近 Cobb、Confrey、diSessa、Lehrer 和 Schauble(2003)的著述一致: 教育的总体定位,比如建构主义,常常无法为有组织的教学提供指导。作者如下表述:

> 发现的表征对数学学习和科学学习有好处的观点,也许有一些优点,但是它既不能详细说明这些表现在什么情况下有用,也无法说明学习过程包含哪些以及以什么方式支持它们(p. 11)。

实际上,强调学习是一个积极的过程并不意味着,学生知识的建构不能由老师、同伴和教育媒介通过适当的干预来支持和指导(见 Grouws & Cebulla, 2000)。因此,有成效的学习需要伴随好的讲授仍然是正确的。另外,如同最近的《超越建构主义》(Lesh & Doerr,

2003)书中陈述的那样，在数学教育中有不同的指导目的，并且不是所有种类的知识都必须由学习者自主发现和建构的。

因此，目前技术的陈述要求持续的理论和实证主义的研究，更深入地理解和更细致地分析建构主义学习过程的本质，这有益于获取有用的知识、(元)认知策略和执行能力与作用，以及在引出这样的学习过程和使这样的学习过程更容易的教学角色和本质成分。

学习是不断的自我调节

如果学习的过程，而不是学习的结果，是建构主义关注的焦点，这就暗示着建构主义学习观必然是自我调节的。事实上，自我调节是指“个体在他们自己的学习过程中，是元认知的，有动机的和行为的积极参与者”(Zimmerman, 1994, p. 3)。由认知、动机及情绪整合的调节描述的是行为控制的一种形式(De Corte, Verschaffel, & Op't Eynde, 2000; 也见Boekaerts, 1997)。研究表明，学校里的自我调节的学习者能够管理和监控他们自己获取知识和能力的过程；也就是说，他们在自我效能感的基础上，考虑到要达到有价值的学业目标，需要掌握和应用自我调节学习和问题解决策略(Zimmerman, 1989)。熟练的自我调节能够使学习者适应新的学习任务并追求能胜任的学习目标。同时通过提供他们自己的反馈和成绩评估的方式，以及通过保持他们的注意力和动机，使学习者在学习和解决问题的同时也监控正在进行的学习和问题解决过程，这也使他们更容易作出决策。在不同的领域包括数学领域都发现，学生自我调节的水平与学习成绩密切相关(Zimmerman & Risemberg, 1997)。例如，Nelissen(1997)指出了自我调节对数学学习的重要性，特别应该通过反省活动来学习。在学习过程中，学生必须不断地决定下一步应该做什么，比如，回忆公式或定理，从不同的角度重新考虑问题情境或调整它，或者对预期的结果作估计。另外，通过多种手段评估在获得、理解及应用新知识能力，以及学习任务中个人的动机和注意力水平上取得的进步来监控学习过程是必要的。

125

虽然如此，当我们报告词语问题解决时，许多学生，特别是学习较差的学生，不能掌握适当的和有效的认知自我调节能力，来使他们的新知识和能力的学习更容易，进而推动他们成功地解决数学问题。在某些方面，这不令人惊奇。事实上，观察当前的数学课堂的教学活动，经常给人这样的印象，适当地调整学生的学习和问题解决被认为是老师的一项任务。前面提到如此会诱导这样的观念，即数学学习就是从老师那里接受固定的知识，做数学题就是按照老师描述的规则来做。同时，如前所述，学生经常会形成不适当的自我调节的学习活动，导致他们产生有缺陷的算法步骤或错误概念。

从较积极的角度看，文献表明学习的自我调节可通过适当的指导而提高(见 Schunk, 1998; Zimmerman, 2000)。我们将在干预部分再次讨论这个问题。

学习是处于情境中且相互合作的

学习和认知是情境活动的观点出现于 20 世纪 80 年代后期，主要是针对当时占统治地位的学习和思维的认知观——学习和思维是一个高度个体和发生在头脑中的纯粹的智力过程且形成压缩的心理表征(J. S. Brown, Collins, & Duguid, 1989)。这种认知观与 Sfard (1998)提出的学习应通过获得知识、技能等来丰富个体的收获的隐喻是一致的。相比之下,情境观更强调参与隐喻:它强调学习主要是通过与社会及文化背景的相互作用,尤其是通过参与文化活动及背景中进行的(Greeno & the Middle School Mathematics through Applications Project Group, 1998; Lave & Wenger, 1991;也见 Bruner, 1996; Greeno, Collins, & Resnick, 1996; Sfard, 1998)。如今数学教育领域中普遍认同这一学习和认知的情境概念。巴西街头售货者在他的生意的现实环境中发明的计算过程是对这一观点很好的诠释。它也是儿童和成人的特别群体的一系列人种数学学习的非正规计算过程和问题解决策略的成果,他们参与日常的文化实践比如买卖、裁缝、编织、木工工作、零售、包装、烹调等(Nunes, 1992; 详见 De Corte 等, 1996)。

虽然情境学习的本质已经被特别归类于日常情境的应用之中,很明显,情境学习也应用于学校学习中。比如,在 Nunes 等(1993)研究中,年轻的街头售卖者非常成功地运用非正规的发明策略和步骤卖出了椰子,但是不能很好地解决学校课本上的同类问题。他们尝试应用在数学课上学到的正式步骤,但是没有取得很大的成功。数学思维和学习的社会和文化情境重要性的另一个证明是当学生在学校解决词语问题时的意义暂缓研究(Lave, 1992)。

学习的情境观激发和支持了更加可靠的和现实主义的数学教育运动,虽然以前曾有一些数学教育者已经介绍和发展了这样的数学教与学的方法。这一观点最典型的例子就是 Freudenthal 和他的合作者发展并完善了这一理论,于 20 世纪 70 年代在荷兰发表了"现实的数学教育"(见 Streefland, 1991; Treffers, 1987)。

教育前景的特殊重要性在于,学习和认知的情境观中明显对学习中合作的重要性作出了贡献。事实上,因为它强调了学习的社会性和与人分享的特点,情境观暗示了学习的合作性。这意味着有效的学习不是纯粹的单独活动,本质上是一个有分工的工作,即,学习努力的活动分配给学生个体在学习环境中的可运用的合作者以及技术资源和工具。在过去,数学教育者广泛使用这一观点。比如,Wood、Cobb 和 Yackel(1991; 见 Cobb & Bauersfeld, 1995)认为数学学习实质上是社会相互作用,即通过相互作用、谈判和合作的过程建构个体的知识。

126

毫无疑问,已有的研究为认知、社会和学习的情感成果上的合作学习的积极效果提供了充足的证据支持(见 Good, Mulryan, & McCaslin, 1992; Mevarech & Light, 1992; Salomon, 1993a)。在认知领域,相互作用、合作和信息传递的重要性尤其依赖于他们需要明确的见解、策略和问题解决方法。这不仅支持概念的理解,也鼓励启发式策略和元认知能力的获取。因此,鼓励更多的社会交互作用和数学课堂上的参与,这种转变表明,从传统盛行的强调个别学习的观点中转移出来是值得的,如 Hamm 和 Perry(2002)的研究中所展示的那样。在六个一年级的课堂上,研究课堂讨论过程和与人分享的结构,他们发现六个教师中的五个不给学生任何权力,不创设学生参与的数学讨论和分析的课堂环境;剩下的那一个老师让学生组成数学小组并承担一定的责任,老师还是主要强调她自己是数学权威的来源而不是课堂小组本身。但是我们也要避免走到另一个极端。实际上,强调合作学习、交互学习和参与学习的重要性,并不是否认学生能够独自学习新知识,如 Salomon(1993b)谈到,在有成效学习的过程中,合作和个体认知应相互作用(见 Salomon & Perkins, 1998; Sfard, 1998)。

小结

前面的讨论表明,最新的研究以充足的证据支持了这样的观点,即有成效的数学学习是一个建构的、逐渐自我调节的、基于情境的、建构知识和获取技能的过程,包括大量的相互作用、讨论及合作。因此,不言而喻的,我们应该把这些学习概念的基本特性作为设计课程、课本、学习环境和评价工具的主要准则,如同本章前面部分定义的那样,目的是鼓励学生获取数学倾向。

尽管过去的调查得出了积极全面的结果,仍有许多观点和问题有待于未来进一步研究。我们强调,需要进一步阐明建构主义学习过程的本质以及在这样的过程中指导性干预的作用。后续研究也应该针对追踪学生自我调节能力的发展和说明在何种指导情况下,学生是如何成为自我调节意识增强的学习者的。同样地,需要深入理解小组合作学习是如何影响不同年龄学生的学习和思维的,小组中不同个体的作用及小组活动工作过程中的必要性。

设计有效的数学学习环境

前面的章节说明了数学教育的根本目标、形成数学倾向和学习过程的主要特点,这些特点能使这种倾向的不同组成部分的获得更容易。所有这些让我们意识到与 CLIA 模型各部分相关的重要且具有挑战性的问题。这个有效的数学学习环境怎样才能被设计出,并进而用来诱导学生主动学习呢? 并且如何才能使他们积极进取,掌握这个数学倾向呢?

在过去的 15 年里,数学教育领域的学者主要利用干预学习已经解决了这个问题,例如建构主义研究(Becker & Selter, 1996)、设计实验(Cobb 等, 2003)或基于设计的研究(Sandoval & Bell, 2004b)。Becker 和 Selter 把建构主义研究定义为"研究应该为教育应该成为什么或可能成为什么,又如何使之更加适当地实施提供建议……(它是)集中于为教学提供基于理论基础的及实证研究测验过的实用的建议的发展"(p. 525)。根据 Cobb 等人的观点: 127

> 设计实验时必须既考虑到学习的"工程学"的特殊形式,又要考虑到在支持这些形式所定义的背景中系统地研究这些形式。这个设计的背景一定要测试和修订,这些连续的修正所扮演的角色与实验中系统的变化很类似(p. 9)。

很有必要强调的是这一研究的目的是为了促进建立关于从教学中学习的理论,除此之外,对于课堂的改进和革新也有巨大的作用(Cobb 等, 2003; De Corte, 2000)。在这方面,Sandoval 和 Bell(2004a, pp. 199—200)把基于设计的研究描述为基于教育特殊设计的教与学的理论框架的实验室研究。从理论角度来说，主要工作是要开发和验证设计有力的数学教育环境所需要的一连串指导性原则。

由于篇幅限制，我们只能从庞大的现有的或正在进行的项目中拿出一小部分来讨论(例如，见 Becker & Selter, 1996)，我们主要关注小学的教育并选择一些与早期建构主义者关于学习讨论的观点相一致的例子。特别是，在某些细节方面对这两项研究进行了再次评论：在较高年级的解决数学问题的学习环境(Verschaffel 等，1999)和在小学较低年级中的一个课堂教育试验项目，其目的是为了更好地发展社会与社会数学准则(Cobb, 2000; Yackel & Cobb, 1996)。除了年级不同和地理上横跨大西洋东西两侧外，这两个实例在另外两方面也不相同。我们涉及的研究主要是词语问题的解决，然而 Cobb 和他的同事的研究主要是关于整数心算的问题；这是数学能力的两个不同方面。除此之外，有趣的是这两项研究相互对比和弥补了对方的方法论。前者是相对比较容易控制的研究，主要关注老师在进行干涉时的不同表现，当然不提供相关的步骤，这样能产生不同的结果。Cobb 的研究更具有纵向特点，更加关注数学课堂中教与学的进行过程。

小学高年级学生数学问题解决的学习环境

与这个领域研究者对数学教育的目的和本质的反思同步，许多国家都积极改革，创新课堂教育(见 NCTM, 1989,2000)。这是比利时佛兰德地区的一个案例。从 1998 至 1999 学年，开始实行小学教育的新标准 (Ministerie van de Vlaamse Gemeenschap, 1997)。对于数学教育来说，这些标准体现了一种重大的转变，这种转变不再完全强调教学步骤和算法的教学和实践定义的数学能力，而是强调数学推理和解决问题技巧的重要性、对现实形式和问题的作用，以及培养对数学的积极态度和信念。为了执行新的标准，佛兰德教育部门委托我们实施这个现行计划，目的是为了设计与评估这个有力的学习环境。这个学习环境，能够引导小学高年级的学生在学习某种数学能力时具有建设性的学习过程(详见 Verschaffel 等，1999)。

考虑到前面章节谈到的研究，设计学习环境的五个主要指导方针来自我们对数学倾向(CLIA 模型的第一个组成部分)和建设性学习过程特点(CLIA 模型的第二个组成部分)的理解。

1. 学习环境应该可以在所有的学生中发起并支持积极的、具有建设性的学习过程，在较积极的学习者中有同样的效果并且不依赖社会经济地位和种族差异。然而，学习是一种积极的过程的观点并不意味着学生对知识的建构不能由适当的干涉去指导和调节。事实上，高效的学习与好的教育有着密切的关系这一论断是千真万确的。换句话说，一方面，一个有力的学习环境被描述为能很好地平衡发现和个人发展之间的关系，另一方面，系统的指示与指导往往能考虑到不同个体在能力、需求和能动性等方面的不同。

128

2. 学习环境应该有利于培养学生自我调节策略的发展。这就意味着通过系统地指导干预来获得知识和技巧的外部调节应该逐渐地移开，这样就能使学生们越来越自主地学习。

3. 由于环境和协作对高效学习的重要性，学习环境应该把学生的建构性学习过程嵌入到现实的情境中，这种情境能够通过社会的相互作用给分散的学习者分别提供大量的机会，也有利于学生们在以后把他们学到的知识与技能应用到任务和问题的表现。

4. 由于特定领域的知识、启发式的方法、元知识、自我调节技能和信念在有能力的学习、思考和解决问题中扮演一个补充性的角色，所以学习环境应该创造机会去掌握嵌入在数学内容中的学习、思考技巧。

5. 强大的学习环境应该创建一种教室氛围和文化，这样能鼓励学生去解释和思考他们的学习和解决问题的策略。其实，培养自我调节技能需要学生了解策略，并且相信这些是有价值、有用的。最终，掌握和控制对这些本领的运用(Dembo&Faton, 1997)。

构建学习环境的目的

我们构建学习环境的目的是双重的。首要目的在于获得解决数学应用问题的自我调节策略的全面认知。这包括五个阶段，并涉及八种启发式策略，这组策略尤其对前两个阶段有效。获得自我调节策略包括：(a) 意识到正确解题过程的不同阶段(意识训练)；(b) 能够在不同的解题阶段检查和预估解题行为(自我调节训练)；(c) 掌握八种启发式策略(启发式策略训练)。认知自我调节策略的五个阶段与 Schoenfeld(1985)以及 Lester、Garofalo 和 Kroll(1989)提出的模型类似。

表 4.1 学习环境中有效解决问题的模型

步骤 1：建立内心的问题描述	推测和检查
启发式策略：画一张图	寻找一种模式
列一张清单、一个方案或一张表格	简化数字
区分有关数据和无关数据	步骤 3：进行必要的计算
运用你现实生活的知识	步骤 4：分析结果并阐述答案
步骤 2：确定如何解决问题	步骤 5：评价解决方案
启发式策略：画一张流程图	

学习环境的第二个目标在于获得一种关于数学学习和解决问题的正确信念和积极态度(如“数学问题可能不止一种正确答案”；“解决数学难题需要付出努力，耗费的时间不仅仅是几分钟”)。

学习环境的主要特征和结构

我们以相互协调的方式将五点设计原则应用到学习环境中。这使得干预有如下三个基本特征：

1. 一系列各式各样复杂的、逼真的、具有挑战的词语问题。这些问题不同于传统教科书上的问题，问题设计细致，以便引出设定的解决问题的启发方法和自我调节技能的运用。下面的例子说明了这类问题：

学校旅游问题*

教师告诉孩子们一个去参观荷兰著名的游乐园 Efteing 公园的学校旅游计划。但是这 129

* 这个问题没有以它原来的版式出现，因为需要很多篇幅。此外把佛兰德语翻译成英语有点不方便。

次旅游的费用很高,可能会改变计划去另一个游乐园。

每个四人小组都收到了一个印有不同游乐园门票价格的小册子,上面不同的门票价格是根据一年中季节的不同、参观者年龄的不同和参观人数的不同(个人、家庭、团体)确定的。

另外,每个小组收到了一份巴士公司发给学校领导传真的复印件。传真提供了不同大小的巴士到 Efteling 游乐园一天的价格。

小组的首要任务是确定每个孩子最多花费 12.5 欧元到 Efteling 游乐园是否有可能实现。当发现这件事不可能实现后,小组接到了第二个任务:他们必须搞清楚每个孩子最多花费 12.5 欧元可以参观哪个游乐园。

2. 一系列的基于各种活动和互动教育方法的课程计划。教师首先模拟元认知策略的每个新的组成部分:一堂课总是先由小组解决问题或个人解决问题,随后整个班级都参与讨论。在这些活动中,教师的作用是鼓励和帮助孩子们参加与思考认知的和元认知的各种关于数学问题解决模式的活动。当学生们解决问题的能力增强并有更强的责任心去自学和解决问题时,这种鼓励和帮助要逐渐减少。换句话说,当学生具备了更强的自我调节学习能力和解决问题能力时,外部调节要淡出。

3. 干预的目的明确指向建立新的社会和社会数学规范。所创造的课堂气氛有利于开发学生关于数学和数学学习、数学教学的正确理念,有利于学生学习自我调节。社会规范是概括性的规范,它适用于任何学科任何领域,比如关系到老师和学生在课堂上的作用(例如,在经过对不同的方案的赞成或反对的讨论之后,不只是教师,全班都将决定哪个学生的解决方案是最佳的);另一方面,社会数学规范在学生的学习活动中是明确的,比如考虑什么是最佳的数学题,什么是最佳的解题步骤,或者什么是最佳的回答(例如,有时候对问题的粗算比精确数字答案更好;Yackel & Cobb, 1996)。

学习环境由 20 节课组成,课程由研究组在正式教师的协作下设计而成,这些教师负责上课。每周两节课,干预活动持续三个多月。课程可划分为三个主要部分:

1. 介绍学习环境的内容和组成,思考常规任务和实际问题的不同(1 节课)。

2. 系统地获取五阶段调节问题解决策略和启发策略(15 节课)。

3. 在包括更复杂的应用题的课堂上,学会以自发的、综合的、灵活的方式,使用适当的问题解决模式,课程中包含了更为复杂的应用题(4 节课)。学校旅游问题就是一节课中的一个例子。

教师的支持和发展

由于教师要讲授这些课程,他们要为教学环境的实现提前做准备。目前采用的教师发展模式,通过强调社会背景的建立,反映了我们关于学生学习的观点,在这种社会背景下,教师和研究者通过不断的讨论和思考学习环境的基本规则、学习材料的发展以及教师的教学实践(De Corte, 2000)。此外,鉴于数学的教与学过程很复杂,不能预先设定,教学要经过教师的思考和决定间接实现,教师发展和支持的焦点,不是让教师按既定的方法工作,而是要为他们做准备工作和提供器材装备,使其作出正确的决定(也见 Carpenter & Fennema, 1992; Yackel & Cobb, 1996)。出于这样的考虑,这些教师接受了下列辅助材料,以加强对学习环境可信而有力度的执行过程：(a) 一份概括性的教学指导，包括对教学环境的目标、内容和组成的详尽描述；(b) 一份包含10项指导方针的清单，清单包括教师在个体或小组学习前、中、后应当采取何种行动，完成每项指导方针的练习举例(见表4.2)；(c) 一份每节课的教学细节指导，包括整节课的教学计划，以及对教师预测会出现的正确和错误答案、解答方法的干预和举例进行提示；(d) 为学生准备必要的实物材料。

130

过程和假设

通过"前测—后测—保持"的实验设计对学习环境的效果进行了评估。从比利时的东、西佛兰德省(Flanders)挑选了四个五年级实验班(11岁)和七个可比较的对照班进行了研究。七个对照班在能力和社会经济地位上与四个实验班相当，在四个月的时间里，他们接受了相同的词语问题解决的课程。教师对各个班级的访谈和所使用的教科书的分析让我们对对照班所发生的情况有了大概的认识。这表明，目前在佛兰德斯(Flemish)小学的教学实践中这种词语问题解决的教学方法是具有代表性的(见 De Corte & Verschaffel, 1989)。

表4.2 个体和小组学习前、中、后的教师指导方针概要

学习前、学习中	学习后
学习前 1. 联系新内容(启发、解题步骤)和以前学到的知识。 2. 指出新任务的好的方向。 学习中 3. 观察小组的工作并在需要帮助的时候给出适当的提示。 4. 促进发言和思考。 5. 激发所有小组成员积极地思考和合作(特别是较差的学生)。	学习后 6. 演示同一道题的不同解答方法。 7. 避免强加给学生答案和解答方法。 8. 注意运用问题解决模式中的启发方法和元认知技巧作为讨论的基础。 9. 激发尽可能多的学生参与并促成全班讨论。 10. 阐述群体动力学的积极的和消极的方面。

实验班和对照班都接受了三个前测：标准化成就测验 (SAT)评估五年级学生的全面数学知识和技巧、词语问题测验(WPT)包含10个非常规的词语问题、信心和态度调查问卷(BAQ)注重评估学生解决词语问题的(对教和学的)信心和态度。此外，研究者还仔细地检查了学生的WPT答卷中的每一个问题，以此来找出学生在词语解决策略中应用的隐含的一个或多个启发式策略。除了这些集体前测外，还要求实验班每班三对具有同等能力的学生在一次结构式访谈中解决五个非常规应用题。这些结对的解题过程被制成了录像带并通过自制的评估大纲，分析学生的认知自我调节活动的强度和质量。

在干预的结束阶段，所有的实验班和对照班进行了同样形式的后测(SAT、WPT和BAQ)，再次仔细检查了所有学生的答卷是否运用了启发式方法，并且，再次要求先前的几对实验班学生参加结构式访谈，访谈的内容包括和上次形式相同的五个非常规词语问题。三个月后，在所有的实验班和对照班内又进行了一次保持测验(形式和前测、后测时进行的全体WPT测验相同)。为评估实验班教师对学习环境的执行情况，一个包含四节典型教学课的样本在每个实验班里均被制成录像带，然后用作"执行过程写照"在今后为每个实验班教师进行分析。

一个主要的假设是，因为获得了自我调节的问题解决策略，实验班的学生在WPT测验上的表现会显著好于对照班的学生，伴随运用启发式策略的明显增多。此外可以预见，自我调节学习行为的频率和质量在结对的学生中将明显增加。

结果

131 在这里，我们总结了干预研究的主要结果。虽然在前测的WPT测验中，实验班和对照班的学生没有明显的差别，但在后测时前者的能力明显强于后者，并且在保持测试中支持实验组的差异仍然存在。但应当承认，实验班的学生在后测和保持测验中的整体素质并没有预期的那么高(例如，实验班学生在测验中只得出了50%的正确答案)。在实验班中，学生解决数学问题的信心和态度明显改善，但在对照班中，学生从前测到后测的BAQ测验的结果并没有发生变化。虽然在前测的SAT测验中实验班和对照班并无差别，但在后测中前者却表现出了明显的不同，这证明了干预教育这个体系的作用。对学生的WPT答卷进行的定性分析显示，从前测到后测再到保持测试，学生对学习环境所阐述和讨论的启发式策略的应用显著增多；在对照班，三次测试中学生对启发式策略的运用没有什么不同。与这一结果一致，学生解决问题过程的录像带表明，实验班的两人组——当然不是全部——运用学习环境下阐述的元认知技巧的强度和质量有了实质性的提高。两个研究结果都显示了学生解决问题过程中的自我调节能力的显著提高。虽然有迹象表明，较强能力和中等能力的学生比较低能力的学生从干预教育中获益更多，但统计分析也同时表明，实验班三种能力的群体都取得了明显的积极效果。这是非常重要的结果，因为这说明通过恰当的干预教育，能力差的学生也能提高认知的自我调节技能。最后，没有在四个实验班上都观察到这些学习环境的积极效果；实际上，在四个实验班当中的一个班，大部分的过程和结果只有极小的改变或者根本没有改变。教学录像带的分析表明，四个实验班的教师对学习环境主要方面的实现有相当大的差异。四个实验班中的三个班在教师执行方面和学生学习收获之间有较好的配合。

用技术的成分强化学习环境

前面研究的结果鼓励我们在后续的调查中，结合与社会建构主义者数学学习和教师的专业发展相关的理论观点和原则，运用理论和研究的第二条，聚焦于计算机支持的合作知识和能力建构的(元)认知方面(De Corte, Vershaffel, Lowyck, Dhert, & Vandeput, 2002)。现有的实验结果表明，计算机辅助学习(CSCL)是很好的促进学习和指导的手段(Lehtinen, Hakkarainen, Lipponen, Rahikainen, & Muukkonen, 1999)，我们利用CSCL部分强化了学习环境。我们选择知识讨论会(Knowledge Forum, KF)，一种建立和存储记录的软件工具，用于共享记录和交换对记录的看法，以及为学生获取详细的认知运算和特殊概念建立教学支架(Scardamalia & Bereiter, 1998)。如前面的研究一样，学生分成小组解决问题；然后，学生们可以在进行全班讨论之前，通过KF交换答案，对其他人的答案发表评论。在学习的最后阶段，小组成员在通过KF交流过程中自己也提出问题；每个小组至少要解决一个由其他小组提出的问题，并将答案发给其他小组以供讨论。

学习环境应用于佛兰德斯小学的两个五年级和两个六年级班级，时间超过17周(每周2节课)。虽然这次研究不像前面的那次研究操作得那样好(例如，没有对照组)，但研究结果指向了相同的方向，这表明，在小学高年级，建立高效的计算机辅助学习体系来教授和学习解决数学问题是有可能的。特别重要的是，教师非常热衷于介入和参加这样的调查研究。他们肯定了作为一种学习辅助工具解决数学问题的方法——KF的使用，例如，教师们发现了在他们的学生中观察到的几个积极变化，如解决词语问题时更细心更谨慎。在干预的后期，学生认为，和传统的教学方法相比，他们更喜欢这种解决词语问题的方法。许多学生表示学到了新东西，包括信息技术和解决数学问题的方法。

132

小结

结合干预研究，采用一系列细致的词语问题设计、(用技术的成分强化的)各种活动和干预教学手段、新的社会和社会数学课堂规范，建立了学习环境。它的目标在于发展学生解决数学问题谨慎的和自我调节的学习方法。在数学倾向的组成部分方面，学习环境有选择地集中于解决数学问题的启发式策略、认知的自我调节技能和内隐的积极信念方面的问题。正如预测的那样，结果表明干预在学生解题、运用启发式方法和自我调节能力的表现上有明显的积极效果。而且，在最初的研究中，尽管涉及范围较小，学习环境对学生数学学习的信心也有积极的影响。由于干预的时间非常短，所以最后的结果也在意料之中；实际上，学生的信心和态度并不是朝夕之间可以改变的。不管怎样，最近Mason和Scrivani(2004)在意大利进行的一项设计学习环境以培养学生信心的研究，取得了和我们相似的结果。

尽管这些研究取得了积极的成果，但对其继续研究也存在一些批判(详见Verschaffel等，1999)。首先，由于采用准实验设计，学习环境的复杂性和实验样本范围较小，不可能确定干预活动的不同部分所产生的积极效果的相对重要性；实际上，实验效果产生的原因是学习环境的设计、内容、执行等方面的综合作用。从方法论的观点来看，教学实验通常被认为是有缺点的，它缺少随机性和对照(见Levin & O'Donnell, 1999)。为击败这些批评，建立更强有力的理论结构，你可以进行随机的课堂测验研究(见Levin & O'Donnell, 1999)，包括根据各个部分起到的作用和产生的效果的不同，对多种综合学习环境进行系统的对比。然而，正如Slavin(2002, p. 17)提到的那样：“一个人应该明白干预的随机性实验用于全部课堂教学是非常困难的，而且成本极高，有时候这是不可能的。”

此外，可能需要解释为什么一些学习环境的设计和执行没有收到明显的效果，对这点需要进一步作调查。首先，要重新解释恰当的解决问题的模型的各个部分，以便学生能够更好地理解和接受，同时要仔细考虑解题过程的周期性。第二，学习环境的第三个重要方面，在这次研究中没有非常系统、有效地通过介绍新的社会和社会数学规范建立新型的课堂氛围。另外，干预的周期较短可以解释对学生的态度和信心明显影响不足的原因。第三，关于指导技术，一个需要深入阐述的问题是，如何通过任务引导的方式，组织和辅导以小组为单位的学习，可以使所有的学生——包括胆小和能力低的学生——都参与其中并共同学习。

最后，虽然取得了可喜成果，但我们也应当意识到，我们在几个方面仍偏离了预期的大范围执行数学教学理念下的教育实践。第一，干预只被限定在数学课程的一个部分，即解决词语问题方面；为了不断的教学改革，整个数学课程，甚至整个学校的课程都应采取社会建构主义者对学习环境观的模式（也见 Cognition and Technology Group at Vanderbilt, 1996）。第二，研究表明，实践我们项目中设计的学习环境，其要求是非常严格的，并且要求教师的作用发生极大的改变。教师不是像在一般的教育实践那样，如果不是唯一的，也是主要的、唯一的信息来源，而是成为知识建构团体中一个"具有特权"的成员。他建立智力激发的氛围、学习和解决问题的模式、提出引起思考的问题、通过辅导和指导向学生提供支持，培养学生自学的能力和责任。在教育实践上广泛扩大这种数学教学观点是个不小的挑战。实际上，这不仅仅是采取一套新指导技术的问题，而是要求教师的信念、态度和内心思想面貌都要有根本的深刻的变化，因此，这需要强化职业改革，以及与任课的数学教师之间的合作（也见 Cognition and Technology Group at Vanderbilt, 1997; Gearhart 等，1999）。

133

形成社会和社会数学的标准

在前面的部分，我们评论了在干预学习中，不能很好地完成学习环境的一个特征，即新的社会和社会数学标准的建立。这是有道理的，学习环境的这一缺陷被认为，在学生的数学相关信念的很大范围内起到了不好的影响。Cobb 及其同事（Cobb, 2000; Cobb, Gravemeijer, Yackel, McClain, & Whitenack, 1997; Cobb, Yackel, & Wood, 1989; McClain & Cobb, 2001; Yackel & Cobb, 1996），在过去 15 年的研究集中于指导设计小学低年级学生的实验，其目的是明确能提高学生数学相关信念的社会和社会数学标准。

Cobb 研究的理论观点被称作新兴的观点，认为"数学学习既是一个个体积极建构的过程，也是文化适应的过程"（Cobb 等，1997, p. 152）。当我们强调个体也强调学习的社会方面时，这一观点与我们的社会建构主义的观点非常接近。

Cobb(2000)所用的方法论是课堂教学实验法，是建构主义教学实验水平的延伸，即研究者本身以教师的身份与学生进行一对一的互动或者在小组内互动。课堂教学实验设计实验的目的是，把学生的数学学习变成与教师合作的可选择的学习环境。这样的设计能揭示出"课堂上教师和学生之间的互动这一改革的影响"（p. 333）。

社会和社会数学标准，以及他们相互关联影响时的观念

在前面的章节中提到的，社会标准和社会数学标准之间的区别很不明显，可以用一些例子来阐述清楚。学生解释他们的解决策略和步骤的期望是社会标准，但是能够认识到什么可以看作一个可接受的数学解释就是一个社会数学的标准。相类似地，当讨论一个问题时，一个人能找到不同于已经存在的方法是一种社会标准；知道并了解什么构成了数学的差异是社会数学标准（见后面讨论）。更概括地说，社会标准应用于任何学校课程的领域；从某些意义上来说，社会数学标准只限于涉及学生的数学活动与讨论的规范方面的特殊领域（Yackel & Cobb, 1996）。

Cobb 提出的下面的解释框架的关键部分就是社会和社会数学标准，用来分析课堂的微观文化。根据 Cobb 及其同事的研究，这个框架代表了对这个新兴观点自身的反省。社会学的观点提到互动的和合作的课堂活动;心理学的观点集中于学生的个体行为在课堂合作过程中以及影响合作行为观念:关于自己是一个学习者的观念;关于教师的作用以及他的合作学习者的观念;关于与社会标准相关的数学活动的总的环境的观念;以及与社会数学标准相关的数学观念和价值。如表4.3所示,框架的社会成分还包含了第三个方面,即课堂数学练习,它是指建立于课堂小组的被认为是合作的数学练习的分享部分。Cobb(2000, p. 324;也见Cobb等,1997)给出了下面的例子:

表4.3 一个分析课堂上个体和集体活动的解释框架

134

社会观点	心理学观点
课堂社会标准	关于我们自身的作用、他人的作用、数学活动的整个性质的观念
社会数学标准	特殊的数学观念和价值
课堂数学练习	数学概念和活动

来源: From "Mathematizing and Symbolizing: The Emergence of Chains of Signification in One First-Grade Classroom"(pp. 151 - 233), by P. Cobb, K. Gravemeijer, E. Yackel, K. McClain, and J. Whitenack, in *Situated Cognition: Social, Semiotic, and Psychological Perspectives*, D. Kirshner and J. Whitson(Eds.), 1997, Mahwah, NJ: Erlbaum. 经许可使用。

在我和我的同事工作的二年级课堂上,在学年开始的时候,学生建立了数学练习中各种各样的解决方法包括查数,一些学生也能形成包括十位和个位的概念产生的解决方案。尽管如此,当他们做题的时候,他们被迫解释和判断对单词和数字的理解。在学年的后期,建立在这样的解释的基础上的解决方案被认为来自课堂。用这样的方式解释单词和数字的活动已经变成了一种建立好了的数学练习而不再从判断的需要出发。从学生的观点来看,数字仅仅是由十位和个位组成的——这是一个数学真理。

就像在表4.3专栏中"心理学观点"所展示的,数学的解释、概念、个别学生的活动都被认为是课堂练习的心理上的相关;他们的关系也被认为是相互的。

研究方法

过去试图帮助和支持教师从根本上改变他们的数学教学实践,在小学低年级(一、二、三年级)课堂上开展的很多教学实验都使用了解释框架。这意味着研究者需要参加实验中所有的课程。同时这也意味着参加的教师要成为研究和发展团队的成员。实验持续时间从几个星期到整个学年不等。

通过实验,我们收集了不同种类的数据。两架照相机记录课程的录像资料,一架主要集中在教师身上,有时当个别学生解释原因和问题解决方案时也记录;另一架则在学生参与到数学任务的讨论时作记录。另外的数据来源是复制学生的书面作业、与每天的课程有关的笔记、每天和每周的计划以及研究者和教师的情况汇报会的报告,包括与学生单独访谈的录像。这一方法过去常常用来分析那些数据,与B. G. Glaser和Strauss(1967)应用于人种论研究的不变的比较方法相类似。针对先前的分析衍生的猜测,它包括数据的循环比较:从观看一堂课的录像资料产生的观点，通过猜测和驳斥的过程进行归档和分类，最终结果的可靠度可以通过最早的数据录像来检验(McClain & Cobb, 2001; 详见 Cobb & Whitenack, 1996)。

解释性的结果

参与教与学调查任务的教师们经常进行课堂教学实验。教学的任务和问题，包括教学政策，由教师通过合作和参考来准备和计划。很大程度上根据我们的干预学习来应用教学策略：由教师引导整个班级问题的讨论；伴随着整个班级讨论的小组合作，在小组讨论中，学生们详细解释、争论，对判断他们的策略和解决方案的正确性进行详细阐述。

后面叙述的社会标准发展的说明来自二年级课堂的学习。在学年初，教师很快意识到学生没有达到他的期望，即在整堂课上轻松地解释他们如何处理及解决问题和任务。显然，这一期望与他们在前一学年所获得的观念相违背，在一年级，正确的解决方法和正确答案的唯一来源都是来自教师。为了解决这些相矛盾的期望，教师开始使用一种叫做课堂社会标准的再谈判的程序。其结果是，公开地考虑、讨论与整个课堂讨论相关的不同的社会标准，这样通过课堂上的互动而实现社会建构。当出现了冲突的理解和解决方法时，就举例解释和调整解决方法，试着理解他人的解释，表达是否同意，并且质疑可供选择的解决方法(Cobb et al., 1989)。在讨论过程中，它们对于课堂社会标准的社会建构的作用开始于学生的观念的发展和变化，以及在课堂上以及数学环境中他们的作用，教师和他们的学生的共同作用的观念。因此，这些观念都与课堂社会标准的心理内容相关。

Cobb 和他的同事最先通过详细阐述课堂活动的社会观来关注一般的社会标准，在 20 世纪 90 年代中期，随着越来越多对渗透了课堂讨论的具体领域标准的关注，这一标准逐渐被完善。也就是说，教学课堂上的活动和互动的标准是具体的(Yackel & Cobb, 1996; 也见 Voigt, 1995)。这样的社会数学标准的范例设计说明什么是不同的数学解决方法；什么是一种复杂的解决方法；什么是一种具有洞察力的方法；什么是一种简练的方法；什么是一种有效率的方法以及什么是一种可以接受的方法。

数学的不同标准和它的重要性第一次得到课堂上的需要导向的确认。在课堂上，教师通常要求学生对一项任务提出不同的解决方案并且拒绝一些非数学差别的互动。这是很明显的，学生不能回答数学上的差别是什么，但是在互动过程中，随着他们的建议有些被采纳，有一些被拒绝，学生就能明白什么是数学上的差别。教师要求学生提出不同的问题解决方案，学生在与教师的互动中懂得了什么是数学差异的含义，并且在课堂上建构和定义数学差异标准。这表明，作为社会标准的特例，社会数学标准的产生和建构也源于学生和老师之间的互动。

下面的章节中二年级的一堂课显示了一位教师是如何开始数学差异解决方案的互动发展的(Yackel & Cobb, 1996, pp. 462—463)：

将算式 16＋14＋8＝____当做一种心算活动提问。

Lemont：我从 16 和 14 中各拿出一个 10，加起来就是 20，加上 6 加上 4 等于另一个 10，就是 30 加上剩下的 8 就是 38。

教师：对。哪个同学有不同的做法吗？

Ella：16 加上 14 等于 30，再加上 8 就是 38。

教师：好的。Jose？有什么不同的做法？

Jose：我从 16 和 14 中各拿出一个 10，加起来就是 20，加上 6 加上 4 就是 30，然后加上 8，就是 38。

教师：好的。这和……的做法很接近。（看其他同学）有不同的吗？好的。

这里，教师对 Jose 的回答说明他已经明了不同方法的含义，虽然如此，因为他没有对学生详细说明 Jose 的解决方案为什么与其他同学已有的答案相接近，学生们继续他们各自的解释。下面的两个学生的解决方案更有创意，而且没有被老师质疑。

Rodney：我从 16 中拿出 1，放到 14 上，这样 15 加 15 就是 30，再加上 8 就是 38。

教师：太好了！38。对。还有*不同的*做法吗？

Tonya：我用 8 加上 4 得 12，再加 10 得 22，加上另外一个 10，得 32，最终得 38。

教师：好！Dennis，有*不同的*方法吗？Dennis？

通过这样的互动，通过学生们观察到教师接受他们用不同的方法分解和再组合数字的解决方法，而拒绝回应或多或少重复已有的方案，逐步地理解了数学提高发展水平的不同方法的含义。这一章节很清楚地显示出，数学活动的标准如何开始以及在课堂讲述中如何展开。与那些数学标准的建立紧密相关的是：学生与教学相关信念和使得他们在做数学题时逐步变得更加具有自我调节的品质。 136

最初关于社会数学标准的研究采用摘录以前研究的片段的方式（Yackel & Cobb，1996），通过事后分析，描绘出数学活动中合乎标准的方面是如何出现的。在最近的一项课堂教学实验中，在教师和研究小组的合作中，为了积极主动地促进特定的社会数学标准的建立，应用了更多易于理解的方案，这样能同时提升学生与数学相关的信念。另外，这一研究通过课堂讲述，集中追踪到从一个社会数学标准出现到另一个社会数学标准出现的过程。

根据一个学年前 4 个月的课程录像数据，McClain 和 Cobb（2001）的研究显示一年级的教师应该怎样来唤起和维持学生在课堂水平上的社会数学标准的发展及学生个体与数学相关信念的发展，这与当前改革中倡导的数学倾向一致。儿童们的一个任务就是让他们指出，面前的投影仪上有多少个回形针，比如说有 5 个或者 7 个。这样做的目的是引起学生对任务的推理，并且让学生能从开始用查数来找到答案，发展到在给回形针分组基础上运用更复杂的策略。结果表明，在课堂上数学的差异标准是如何通过对任务的讨论和互动形成的，但是这种差异标准后来逐渐发展成复杂方案标准的再协商。事实上，将回形针分组的解决方案不仅是不同的,而且比查数更加复杂。同样地,从数学不同方法的标准显示出查数的方法是一种容易、简单而有效解决问题的方式:一些被接受的不同的解决方案也是容易而有效的,但是其他的解决方案不是这样。采用以前的研究中同样的方式,学生关于数学和数学学习的个人观念会随着社会数学标准的出现而相应地受影响,这归功于他们数学倾向的获得。

小结

Cobb 及其同事与教师合作,作为组织课堂教学实验首要的研究策略,并且使用这里讨论的详细的框架对课程录像(课堂笔记和面谈数据进行补充)进行有价值的分析,他们的研究表明,在小学低年级课堂上社会和社会数学标准通过教师和学生之间的互动如何出现、逐步形成及深入发展的过程,以及为了给学生和教师提供学习机会,这些标准又是如何调节后续的课堂内容的。除了这个理论导向,这一研究还有一个主要的实用的目标,即在与教师密切合作的过程中,根据目前改革的要求,理解和设计课堂学习环境。

根据 Cobb(2000, p. 327)的论述,概括的方法论是最重要的,但是传统观念却忽略了特殊案例的具体特点,像命题总结的那样:"相反,在明确解释另一个案例会对这个案例产生相关之后,理论分析形成了。这样,概括的具体内容是一种保留个案具体特点的解释方式。"

Cobb(2000)承认,在课堂水平上的关注问题和消除争议的课堂教学实验不是适合所有研究问题的万能之计。因为研究的焦点是整个教室的学习者,所以这类实验不太适合调查和描述个别学生的数学学习和思维发展。同样的原因,课堂教学实验也不适合应用于与其相关的更广阔的学校和社会的环境中,后者更多采用不同的方法,比如人种论的方法。

考虑到 Cobb(2000)提出的第一个局限及可利用的研究,事实上这项工作在框架解释的心理前景上似乎缺少操作性。针对新的社会和社会数学标准的建立相关的看法,大部分研究者认为与学生个体发展相关的数学观念应该嵌入课堂教学中。尽管如此,在实验报告中,那些观念并不完全具有操作性和评价性,虽然也许并不难做到。

137

正如关于以前的干预学习的评述中提到的,课堂教学实验的第二个局限涉及与数学教育未来的改革一致的实践的争议。两个干预项目仍然以不同的方式支持这样的观点,即创立和提供能使学生更易于获得重要能力的主要成分和学习过程是可能的。如本章开篇描述的那样。

在另外的项目中,以相似的规则为基础,已经设计出创新的教学干预了。我们在这里只举两个众所周知的例子,它们普遍出现在大西洋两岸。在被称作 Jasper 的项目中,小学高年级数学题解决的学习基于含义和质疑的环境(Cognition and Technology Group at Vanderbilt, 1997, 2000)。虽然就高年级水平和数学焦点来说,这个项目看起来像我们的干预研究,但是在几个方面有很大不同:第一,数学问题解决的集中传授已经被研究得很细致了,且这项研究进行了很长一段时间;第二,它包含了一个强有力的技术成分,使用多媒体技术来展现问题;第三,已经在更大范围内针对集中教学的实施进行了努力。

前面提到过的第二个例子是现实的数学教育(RME),20 世纪 70 年代由 Freudenthal 创立,在荷兰发展。构成数学教学发展基础的是 Freudenthal 的教导现象学,它反对学生先获得正式的数学系统的传统观念。根据 Freudenthal 的观点,这与数学积聚及发展的方式相反,也就是说,在真实世界里从现象的学习开始。我们请读者参考 Treffers(1987), Streefland(1991)和 Gravemeijer(1994)关于 RME 的基本概念的更详细的论述,以及设计实验的例子,这些观念已经成功地在学校基础课程中实施和被多方面验证。在这里提及一件有趣的事,在以 RME 为基础的 100 以内心算的为期一年的干预研究中,Menne(2001)发现不仅二年级学生在学期末比学期初达到了一个或更多的精通水平,而且学习困难的学生,即主要是那些没有荷兰语基础的学生,也明显进步了。

评价:监控学与教的工具

CLIA 模型的评价部分是关于设计、建构和工具的使用,来决定强有力的学习环境是如何使学生容易地获取数学倾向的不同方面。这暗示那些工具应该按照前面讨论过的数学教学的最终目标和数学学习的本质的观点进行排列。

数学学习的评价既可以是内部的也可以是外部的。内部评价是由教师在课堂上组织的,正式的或较不正式的;外部评价是从外面而来的大规模评价,由地区、州、国家甚至国际水平应用标准化测验或调查进行组织(NRC, 2001a; Silver & Kenney, 1995)。如同在 NRC(2001b)中讨论的,为达到三个目的而开展了课堂评价和大规模评价:帮助学与教、测量每个学生的成绩和评估学校计划。学者们的观点各不相同,Webb(1992)区分了评定数学的下列目的:给老师提供学生应该知道什么和能够做什么的证据;调查学生知道什么、做什么和相信什么是重要的;通知教育系统中的决策者;整体上监控教育系统的职能。关于课堂评价,我们认为在 CLIA 框架中,主要目的是使用针对学习的评价,也就是说它给学生和教师提供有用的信息,来鼓励和优化更深入的学习(Shepard, 2000;也见 Shepard, 2001)。Sloane 和 Kelly(2003)对照学习评价或者形成的评价,提出使用学习评价的目标是决定学生能够得到什么和他们是否达到了一定的成绩和熟练水平。一个最近经常被讨论的关于 2001 年的"不让一个儿童落后法案"(No Child Left Behind Act,简称 NCLB)的话题(见 the special issue of *Theory into Practice* edited by Clarke & Gregory in 2003),他们把这个描述成高风险测验。在强调课堂评价之前,我们大规模评价,但大多数不是必然的,采用了高风险测验的方式。

138

数学学习的大规模评价

在教育中,美国比欧洲更经常使用标准化测验。"不让一个儿童落后法案"和相关的有责任的需求已经提升了这一行为,并且强化了高风险测验的有效性和可取性(比如,见 Amrein & Berliner, 2002; Clarke & Gregory, 2003)。特别是自从 20 世纪 90 年代开始,对传统的测验进行了批判(Kulm, 1990; Lesh & Lamon, 1992; Madaus, West, Harmon, Lomax, & Viator, 1992; Romberg, 1995; Shepard, 2001)。虽然各种研究已经提高了潜在的理论和成绩评价技术,但 R. Glaser 和 Silver (1994, p. 401)认为:"不过,目前这一工作的大部分还在实验之中,目前国内教育系统成绩评价中最普遍使用的练习在过去 50 年内几乎没有什么变化。”

如前所述，对广泛使用的标准化测验的分析表明，数学能力的新观点和那些测验所涵盖的内容之间不匹配。由于多种选择模式过多地使用，测验集中于评价记忆的事实、死记硬背的知识和低水平的操作能力。它们不能充分地促进学生产生问题解决能力、模式化复杂情境能力、沟通数学观念能力、数学活动和数学倾向的其他更高等级的相关信息和有用的信息。相关的批评指出，针对学生数学学习成绩的倾向测试定位片面，且忽略了那些成绩取得的过程(De Corte 等，1996; Masters & Mislevy, 1993; Silver & Kenney, 1995)。

这一陈述的一个重要结果是评价经常对课程的执行、课堂气氛、指导练习、有负面的影响，且产生了 WYTIWYG 原则(测验你什么，你就得到什么，What You Test Is What You Get)(Bell, Burkhardt, & Swan, 1992)。事实上，测验给学生和教师传递了一个暗示的信息，即只有事实、标准程序和低水平技巧在数学教育中是重要的和有价值的。结果导致教师倾向于“教测验”，即他们以对理解、推理和问题解决的教学为代价，调整和减少他们的指导来给予测验所要求的低水平知识和能力的讲授。

大多数传统的评价工具的另一个主要的缺点是它们与教学相脱节。事实上，因为他们的静态和结果定位的性质，大多数的成绩测量不能提供学生对基本概念的理解、他们的想法和问题解决过程的反馈。因此，它们不能针对学生和教师的进一步学习和指导提供相关的和有用的信息(De Corte et al. ,1996; Glaser & Silver, 1994; NRC, 2001b; Shepard, 2001; Snow & Mandi-nach, 1991)。在这方面，Chudowsky 和 Pellegrino(2003, p. 75)质疑大规模的评价是否既能测量又能支持学生的学习，他们提出：

> 我们提出大规模评价能够并且应该做更多的工作来支持学习的主张。但是为了达到这一点，教育领导者需要重新思考一些目前在美国运作大规模评价的基本的假设、价值和信念。支持变化的知识基础是有用的但是必须被驾驭。

事实上，除了以前对传统标准化成绩测验固有的批评外，主要争论的一点是他们对高风险测验结果的解释，也就是，他们为了收集学生成绩的数据进行了基础的强制管理，决定包括学生毕业、教师的酬劳以及学校和学区的鉴定资格等。根据“不让一个儿童落后法案”，这一法案的目标是所有学生在阅读和数学方面进步。尽管如此，更重要的是让人怀疑目前的测验项目是否能真正地鼓励和提高教与学的效果。在 Amrein 和 Berliner(2002)包括 18 个州的研究中，没有任何有力的证据显示出学生学习的提高，也没有达到那些州的高风险测验项目的预期成果。而且，有很多相反结果的报告，比如，中途退学比率的增加，对少数和特殊教育学生的负面影响，教师和学生在测验中的欺骗，教师离开工作岗位等。此外，在破坏了学习更广泛知识的情况下，学生只会学习测验需要的知识。

139

正如 Cudowsky 和 Pellegrino(2003)提出，因为大规模评价能真正地鼓励和提高学生的学习，我们就必须改变当前测验的基本原理，限制目前高风险测验项目的练习(Amrein & Berliner, 2002; NRC, 2001b)。作为例子，我们可以看看目前在比利时的佛兰德地区的发展大规模测验的一个可以选择的方法(详见 Janssen, De Corte, Verschaffel, Knoors, & Colémont, 2002)。

前文中,我们介绍了我们中心的一个研究,在研究中我们设计了一个数学问题解决的学习环境,按照佛兰德基础教育的新标准,实验从 1998 学年开始持续到 1999 学年。在后来的项目中,受佛兰德教育部门委托,我们发展了整个数学课程新标准的国家评价工具。工具被用在学生小学毕业时对课程标准的达标情况作第一手的、大规模的评价。评价目标不是评估学生个体或学校作为高风险决策的基础,而是获得整体数学成绩的陈述。评价工具包括 24 个测量等级,每个等级代表一组标准和包含关于数字、测量和几何的所有数学课程。

项目反应理论被应用在该测量的建构上。使用分层的样本设计,一个相当有代表性的样本,来自 184 所学校的 5 763 个六年级学生(12 岁)参与了调查。考虑到评价目的,没有必要获得所有学生个别的成绩,人口样本方法能够被使用"在哪个方面不同的学生承担大规模评价的不同部分,然后合并结果来获得学生整体的成绩"(Chudowsky & Pellegrino, 2003, p. 80)。这一方法也考虑到涵盖整个课程标准的宽度。特别需要指出的是,该工具包含 10 本册子,每本包括 40 个项目属于 24 个测量等级中的两个或三个;册子在某种程度上是变化的,每本册子中的测量等级代表不同的数学内容(比如,第 2 册中的项目与百分数和问题解决有关)。每本册子包含 500 多个六年级样本。四个不同的项目公式被使用:简答(67%),包括一些子问题的简答(14%),多项选择答案(11%)以及结果和过程问题(8%)。特别通过询问动机或对答案的解释来考察最后一种较高级的能力。图 4.1 显示四个项目格式的每一个的例子。

在 24 个等级的每一个等级上估计三种表现的学生比例:不充分的、充分的和熟练掌握的。这个评价的结果可简要陈述如下。陈述性知识和那些包含低等级数学程序的知识掌握得最好。关于更加复杂的程序(比如,计算百分数,计算周长、面积、体积)和那些包含高级思维能力的知识(问题解决,估算和近似值)掌握得不太好。后一种发现不那么让人吃惊,因为那些与标准有关的等级在佛兰德斯的数学课程中是相对新的。一个有趣的现象是,没有观察到性别差异的表现。

未来佛兰德教育部门的目标是定期进行这样的大规模数学教学的评价。因为目前正在实施评价,所以现在讨论评价对数学教与学的影响还为时过早。虽然如此,潜在的影响是显而易见的。实际上,因为评价包含了整个课程,它的研究结果对于进一步讨论所有教育相关人士(政策决策者、教师、管理者和教育顾问、父母、学生)对标准的反应是个很好的起点。也由于这种评价方法的宽度,揭示了那些没有被充分掌握的标准。在这样做的过程中,评价通过鉴别课程教与学中那些需要特别关注的方面,给从业者(课程设计者、教师、顾问)提供了相关的反馈;研究者也能集中干预在前面章节中讨论的学生能力的薄弱环节。第三个评价和课程安排的优势是,避免了时常听到的对测验的教与学的抱怨,特别是在结果公布后能提供适当的咨询和跟踪关注。另外,因为教育部门不需要使用教师和学校个体的评价结果,并且因为不公布学生、班级和学校的分数,就避免了高风险测验的结果。

141

140

a. 简答格式

Ann 买了一件价值 4 500 BF 的衣服，花费了 3 600 BF。价格打了几折？

____%

b. 几个小问题的简答格式

将下面的数字放入表格中：

250　3 564　816　2 845　1 991　1 702

注：一些数字可能不适合放入表格，或者可能适合放入几个专栏中。

被 2 整除	**被 3 整除**	**被 5 整除**	**被 9 整除**	**被 10 整除**

c. 多项选择格式

这些图中的 3 个由同一情境组成；

一幅图不属于这里；

把这幅图下面的圆圈涂上颜色。

d. 结果和过程问题

Chantal 想买一双虎牌运动鞋，在报纸上看到广告：

家庭鞋中心 每天底价 虎牌运动鞋 只售 1 200 BF	**Van Dierens 鞋店** 只这个星期 廉价出售虎牌运动鞋 1 100 BF

Chantal 去家庭鞋中心走路就到了，去 Van Dierens 鞋店需要坐公共汽车，单程车费 80 BF。

如果 Chantal 希望尽量少花钱，她应该到哪家店买鞋？

答案：____

解释原因。

答案：____

图 4.1　每个项目格式的举例

课堂评价

虽然大规模评价和外部评价具有相关性和重要性，但是它们还需要内部课堂测验的补充。大规模测验是一种价值求和的方式：它们在对包含或多或少广泛的学科领域的课程部分相对长时间的指导之后，才来测量成绩。对学习的评价是很明显的，也就是说，帮助和支持课堂学习，需要格式化：教师在指导的过程中，需要不断地收集学生对知识、技能的理解和掌握的评价信息，把评价信息作为进一步指导和支持学习的基础，如果需要，对个别学生或学生小组提供及时正确的帮助和指导。这样的格式化的评价也提供给学生自己信息的反馈，并作为他们管理和规划个人学习的基础(见 NRC, 2001b; Shepard, 2001)。鉴于外部评价对大规模监控数学教学是有用和重要的，课堂评价考虑到班级整体以及学生个体的强项和弱项，课堂评价试图提供每天的信息来提高学生的学习成绩。

考虑到要完成课堂评价在鼓励和支持学习方面预期的作用，课堂评价工具应按学习目标或标准来安排，与大规模测验类似。因为课堂评价更多地集中在对一个特定学习小组的学习和指导(小组也可能是学生个体)，它应该提供关于学生的概念理解和思维过程以及问题解决策略甚至比大规模测验更多的信息。这为教师指导进一步的学习和教学，尤其是调整教学来适应学习者的需要，提供了最好的依据(De Corte 等，1996; R. Glaser & Silver, 1994; Shepard, 2001)。

在我们的研究中，一个非常简单的例子能阐明这一诊断信息的重要性。在儿童数字加减法的解决过程的研究中(De Corte & Verschaffel, 1981)，一道题____ －12＝7，主要得出两个错误答案 18 和 5。两个答案都是错的，但是解答过程是完全不同的：第一个错误答案是由于在执行算术运算时的技术错误；第二个错误是对等号理解上的偏差。通过追踪儿童的解题过程和思路，我们能够测查出他们的理解水平，而这一信息对设计个别学生的辅导计划是必要的。

另一个鉴别学生推理能力的例子来自著名的 QUASAR 项目(Quantitative Understanding: Amplifying Student Achievement and Reasoning 数量的理解：提高学生的成绩和推理能力)。图 4.2 所示的开放式问题就提供给中学生这样的问题(Silver & Kenney, 1995)。“Yvonne 一周坐 8 次公共汽车，花费 8 美元。购买周票要多花费 1 美元。”课堂上教师认为这是一个简单的问题，期望得到“否”的答案。但是让人吃惊的是，相当一部分学生的答案是“是”，在传统测验中认为这一回答是错误的。然而，那些儿童的解释是车票会有一个好的折扣，因为 Yvonne 能在周末的其他旅行中使用，或者用于其他家庭成员。这清楚地表明，要了解学生适当的入门知识和理解能力，不仅要看他们的答案，而且要看他们的思维和推理的过程。

下表列出了不同公共汽车的车费
繁忙公共汽车公司车费

单程	1 美元
周票	9 美元

Yvonne 想知道她是否需要购买周票。
周一、周三、周五她乘坐公汽往返公司。
周二和周四，她乘公汽去公司但是搭同事的车回家。
Yvonne 应该买周票吗？

解释你的理由：

图 4.2 QUASAR 项目的题目

来源：From "Source of Assessment Information for Instructional Guidance in Mathematics" (pp. 38 - 86), by E. A. Silver and P. A. Kenney, in *Reform in School Mathematics and Authentic Assessment*, T. A. Romberg (Ed.), 1995, Albany, NY: State University of New York Press. 经许可使用。

142

前面的讨论显示使用评价来帮助指导，需要两方面结合，如同NRC预想的那样(1989, p. 69；也见NRC, 2001b; Shepard, 2001; Snow & Mandinach, 1991)："评价应该是完整教学的一部分。它是一个机制，是教师了解学生的数学思维和学生能完成哪些内容的手段。"依照这一观点，Shavelson和Baxter(1992, p. 82)已经直接指出："一个好的评价产生好的教学活动，一个好的教学活动产生好的评价。"

我们可以将这一观点放到学习者身上，一个好的评价体系能够产生好的学习行为，一个好的学习行为会产生好的评价。考虑到CLIA模型中的学习概念，这也暗示着评价应该包含给学习者分配有意义的任务，提供自我调节和合作的机会——除了个体外——来接近任务和问题的解决(见Shavelson & Baxter, 1992)。符合建构主义者的学习观，在学生自我调节的学习中，增加的熟练程度会逐渐导致学生需要自我评价他们的数学学习的能力。当然，从这个观点来看，应该让学生清楚标准和期望(见Shepard, 2001)。

为了收集学生的表现和进步的数据，一个方法是教师使用大量的技术：非正规问题、课堂作业和家庭作业、访谈和正式的工具，比如课堂测验、学习潜能测验和进步图。由Piaget(1952)首创的访谈是当儿童在解决数学问题时，洞察他们的思维和推理过程的非常有效的技术。由于它容易作出反应和得到开放的答案(Ginsburg, Klein等, 1998)，为分析思维过程提供了可能。要更确切地对正规课堂评价的临床法工具的实践一定位作介绍，我们建议读者参考Ginsburg、Jacobs和Lopez(1998)所著的教师手册。

另一个方法是针对头脑结构和认知过程的诊断，被称作学习潜能测验。Vygotsky(1978)提出最近发展区(ZPD)的一个概念。学习潜能测验的目的是对提供儿童学习能力的ZPD进行诊断的评价(见A. L. Brown, Campione, Webber, & McGilly, 1992; Hamers, Ruijssen-aars, & Sijtsma, 1992)。这样的测验包含三个步骤：前测、学习阶段和后测。前测评价儿童面对目标问题的入门能力。在学习阶段，经常采用个别访谈的方式，测试者管理仔细设计的任务的这种顺序，代表着增加的困难水平/转换水平的连续统一体；儿童在解决连续任务时需要帮助的数量被作为衡量学习效率的指标。最后，实施后测来衡量在这一过程中学习的数量。这样，学习潜能测验提供了一个很好的指导和评价相结合的例子。

从发展观来看，对课堂评价非常有用的工具，应该是以理论为基础的，是一幅进步图，它描绘了在给定领域发展和获取知识及能力的典型次序。我们以Griffin和Case(1997；见NRC, 2001b)发展的数字和知识测验(Number and Knowledge Test)为例来介绍。这个测验最早被用来测试作者关于儿童对于整数的中心概念结构常态发展理论的工具。在这点上，他们区分了四个阶段：

1. 初始的查数和数量知识：4岁能查一组数并且具有一些数量的知识，当物品排成一列时，让他们回答多或少的问题。但是他们不能正确回答这样的问题，比如"4和5哪个多"。

2. 心算数列策略：6岁左右，儿童能够回答后面那种类型的问题(不用借助物品)，表明那两个早期的结构被整合成头脑中的数列，Griffin和Case认为这是一种中心概念结构。

143

3. 双重查数结构：到了8岁，儿童一旦懂得了如何心算，他们不停地形成多位数列的描述，比如 2 倍、5 倍、10 倍、100 倍地查数。

4. 理解全部系统：到了 10 岁，儿童需要对整个数字系统和以 10 为基础的数字系统的整体理解。

虽然数字知识测验最初被用作一种研究工具，但在北美已经越来越多地被用作一种诊断评价工具，用来帮助算术教学。为了更好地研究 4 岁儿童对数字的理解，已对测验进行了修订。修订版本见图 4.3(Griffin, 2003, 2004)。

这个数字知识测验对儿童采用口头的和个别进行的方式。测验直到儿童不能回答一定数量的问题，不能进入下一个水平测验的时候停止。这样测验能得到儿童理解数字的发展方面非常丰富的数据，前面提到的它内在的理论基础使它作为一种评价工具更有效。虽然教师最初会经常抗拒这样个别的口头测验，但大部分教师在发现它非常有用价值之后都会改变态度。他们报告说，测验揭示了他们以前不知道的儿童不同的思维方式。因此，教师更加积极地听取学生的想法，他们发现这样做的结果对支持和鼓励学生的学习是非常有帮助的。

小结

在过去 15 年中，理论的研究和实证主义研究让评价的作用发生了重大的变化，与建构主义学者的学习观一致。NRC(2001b, p. 4)总结这些作用如下：

> 评价，特别是那些在课堂指导情境下的评价，应该把注意力放在把学生的思维方式呈现给老师和他们自己上，这样老师能够选择指导策略来支持未来学习的合适的过程……评价最重要的作用之一是，在教与学的过程中向学生提供及时的和有益的反馈，以使他们的技巧的实施和随后的学习是有效的和有效率的。

学习和教学领域的研究者，也包括测验和心理测验学的专家，已经开始努力设计和建构创新的评价手段与建立新的理论和程序，也致力于基于研究对评价和教学进行明确的整合，(Frederiksen, Miseley, & Bejar, 1993; Lesh & Lamon, 1992; NRC, 2001b; Romberg, 1995; Shepard, 2001)。

虽然如此，我们只进行了第一步，因此我们还需要进行更广泛的长期的研究(见 Snow & Mandinach, 1991)。对评价新观点的执行首先需要打破在教育行为评估中普遍的传统观点。我们需要说服政策制定者、实践者和公众，目前的高风险测验的教育观以及评估对学习有好处的观点是无效的甚至是有害的。这很关键，因为大规模评价在通常的标准测验方案中传播并且影响课堂评价。如同 Amrein 和 Berliner(2002)讨论的那样，如果高风险测验不能达到预期的结果或者产生了意料之外的负面结果，那么现在就应该更加全面地商讨高风险测验政策并且努力地改变它们。

一个未来研究的主要的挑战是把心理测验学理论与目前有成效的学习和有效率的教学结合起来。在这点上，最近已经取得了一些进展，像 NRC(2001b)的报告《了解学生们知道什么：教育评价的科学和设计》描述的那样。但是要建构可选择的新的教育评价方法还有许多工作要做。另外一个研究的重要的争论是发展以计算机为基础的评价系统。由于计算机可以表征多种任务和难题的可能性，考虑到学习者以前的知识和能力，计算机有适应测验和提供反馈的潜能，以及储存和处理数据的能力，计算机在实现挑战性的工作和实施评价方式来帮助和支持学习和指导上是非常有用的。

144

数字知识测验

水平 0(4 岁)：答对超过 3 个，进入水平 1	
1	你能告诉我有多少个土豆条吗？(在儿童面前将 3 个土豆条摆成一行)
2a	(摆上两堆土豆条，分别是 5 个和 2 个，同样颜色)哪一堆更多一些？
2b	(摆上两堆土豆条，分别是 3 个和 7 个，同样颜色)哪一堆更多一些？
3a	这次我要问你哪堆少一些。(摆上两堆土豆条，分别是 2 个和 6 个，同样颜色)哪一堆更少一些？
3b	(摆上两堆土豆条，分别是 8 个和 3 个，同样颜色)哪一堆更少一些？
4	我将给你们看一些土豆条。(在一排中放上 3 个红色和 4 个黄色的，如下：RYRYRYY)只查黄色的土豆条并告诉我数量。
5	从上一个问题中挑出所有的土豆条。然后说：这里是另一些土豆条。(摆上混合的 7 个黄色的和 8 个红色的土豆条)只查出红色的土豆条并告诉我数量。
水平 1(6 岁)：答对超过 5 个，进入水平 2	
1	如果你有 4 块巧克力，别人又给了你 3 块，你一共有几块？
2	在 7 后面是什么数字？
3	在 7 后面的两个是什么数字？
4a	5 和 4 哪个大？
4b	7 和 9 哪个大？
5a	这次，我将问你哪个数字更小。8 和 6 哪个小？
5b	5 和 7 哪个小？
6a	哪个数字更接近 5，是 6 还是 2？(问完问题后给儿童看排列)
6b	哪个数字更接近 7，是 4 还是 9？(问完问题后给儿童看排列)
7	2+4 等于多少？(用手指算可以)
8	8−6 等于多少？(用手指算可以)
9a	(给儿童看排列——8 5 2 6——让儿童指出并说出每个数字)当你查数的时候，这些数字中你最先说哪个数？
9b	当你查数的时候，这些数字中你最后说哪个数？
水平 2(8 岁)：答对超过 5 个进入水平 3	
1	在 49 后面第 5 个数是什么？
2	在 60 之前的第 4 个数是什么？
3a	69 和 71 哪个大？
3b	32 和 28 哪个大？
4a	这次我要问你哪个数字更小。27 和 32 哪个小？
4b	51 和 39 哪个小？
5a	哪个数字更接近 21，是 25 还是 18？(问完问题后给儿童看排列)
5b	哪个数字更接近 28，是 31 还是 24？(问完问题后给儿童看排列)
6	在 2 和 6 之间有几个数字？(接受 3 或者 4)
7	在 7 和 9 之间有几个数字？(接受 1 或者 2)
8	(看卡片 12，54)12−54 等于多少？
9	(看卡片 47，21)47 减去 21 等于多少？

水平 3(10 岁):	
1	99 后面第 10 个数是什么?
2	999 后面第 9 个数是什么?
3a	哪个差数更大,是 9 与 6 之间还是 8 与 3 之间?
3b	哪个差数更大,是 6 与 2 之间还是 8 与 5 之间?
4a	哪个差数更小,是 99 与 92 之间还是 25 与 11 之间?
4b	哪个差数更小,是 48 与 36 之间还是 84 与 73 之间?
5	(看卡片"13,39")13+39 等于多少?
6	(看卡片"36,18")36−18 等于多少?
7	301 减去 7 等于多少?

图 4.3 数字知识测验

来源: Form "The Devement of Math Competence in the Preschool and Early School Years: Cognitive Foundations and Instruction Strategies" (pp. 1 - 32), by S. Griffin, in Mathematical Cognition, J. M. Royer (Ed.), 2003, Greenwich, CT: Information Age Publishing. 经许可使用。

结论

145

本章使用 CLIA 框架作为组织工具,选择性地回顾了关于数学的发展、学习和指导的研究,由于它在数学课堂练习的改革和提高上的应用,它是很有前途的。如同《学校数学的规则和标准》(NCTM, 2000)中改革条例所证明的,该框架符合新的数学教育目标和本质的国际观点。本章按照教育水平(集中在小学)和数学内容(整数和词语问题解决)选择性地回顾了一些研究。另外,本章强调了西方的数学教育研究。

这一回顾展示了与 CLIA 模型相关联的四个组成部分中的每一个,过去的几十年里我们已经很好地发展了以经验为主的知识。对数学倾向组成成分的理解已日益深入,学习的本质和发展过程应该促使学生更容易获得能力,学习环境的特性能有效地开始和引起那些过程,评价工具的种类适合帮助监控和支持教与学。

一个重要的问题是这一扩大的知识基础(详见 Grouws & Cebulla, 2000)能否有效地连接长期的理论/研究与实践之间的空白,能否为提高数学教学作贡献。在这里回顾和提出了有用的干预研究以及其他的研究(比如,Becker & Selter, 1996; Clements & Sarama, 2004; Lesh & Doerr, 2003),让我们对以上问题的解决更加乐观。事实上,不断增多成功的案例使混乱的结果得以澄清,表明在特定的情况下,基于研究精心设计的学习环境能让学生获得与当前数学教育目标一致的学习结果,如获得数学倾向。根据研究分析和回顾,也考虑到最近对学校内外创新学习情境进行的研究(比如,NRC, 2000; Schauble & Glaser, 1996),一些主要的设计数学学习环境的相关规则如下:

- 以学习者为中心的环境,也就是说,以学习者以前的知识和相关的数学观念为基础,通过环境帮助学生构建新的知识和能力。
- 关注基本概念的理解和数字感觉,以及与程序性知识相关的概念。

- 在解决问题时,学习新的数学概念和能力。
- 活跃的和日益增多的自我调节,反馈学习,从诱发儿童自己的创造和贡献开始。
- 任务和问题的使用对学生是有意义的,当他们需要掌握特定水平的时候,引导他们产生自己的任务和问题。
- 交互式和合作教学方法的使用,特别是小组学习和全班讨论产生课堂学习环境。
- 学习、指导和评价的结合提供了多种反馈的机会,产生相关的信息来提高教师的指导和学生的学习。
- 注意评价中的个体差异,承认并支持多样性。

基于我们的发现,在世界范围内的改革文件及在课程、课本中,也在教育专业人员的作品和实践中,即可观察到这些基于已有研究的观点,基于已有的这些研究我们更加乐观。尽管如此,乐观主义是由未来研究和发展的两个具有挑战性的问题来调节的,这里限于篇幅,我们就不详细描述了。第一个问题,在干预部分提到过,涉及数学教与学新观点的广泛提高,以及由此衍生的学习环境的设计原则。第二个相关的和同等重要的问题是关于改革的学习环境的可持续性。两个问题的解决办法需要很大的财力支持,是教育政策的问题。考虑到一个主要的答案存在于教师专业发展之前和之中,这一观点出色的事例是"认知的指导项目"(Carpenter & Fennema, 1992; Carpenter, Fennema, & Franke, 1994; 详见 Ginsburg, Klein 等, 1998)。按照可持续性,一个主要的情形是满足教师的需要,支持反馈和反映教师的实践(Cognition and Technology Group at Vanderbilt, 1997)。课程学习项目中详细阐述了日本在职数学教师培训中使用的核心方式(Lewis, 2002),这是一条对专业的持续发展和支持很有希望的途径。

(崔海容译,张向葵、高丽校)

146

参考文献

Ambrose, R., Baek, J.-M., & Carpenter, T. P. (2003). Children's invention of multidigit multiplication and division algorithms. In A. J. Baroody & A. Dowker (Eds.), *The development of arithmetic concepts and skills* (pp. 305 - 336). Mahwah, NJ: Erlbaum.

Amrein, A. L., & Berliner, D. C. (2002). High-stakes testing, uncertainty, and student learning. *Educational Policy Analysis Archives*, *10* (18). Available from http://epaa.asu.edu/epaa/v10n18.

Anghileri, J. (1999). Issues in teaching multiplication and division. In I. Thompson (Ed.), *Issues in teaching numeracy in primary schools* (pp. 184 - 194). Buckingham, England: Open University Press.

Anghileri, J. (2001). Development of division strategies for year 5 pupils in 10 English schools. *British Educational Research Journal*, *27*, 85 - 103.

Ashcraft, M. H. (1995). Cognitive psychology and simple arithmetic: A review and summary of new directions. *Mathematical Cognition*, *1*, 3 - 34.

Ashcraft, M. H., & Christy, K. S. (1995). The frequency of arithmetic facts in elementary texts: Addition and multiplication in grades 1 through 6. *Journal for Research in Mathematics Education*, *26*, 396 - 421.

Australian Education Council. (1990). *A national statement on mathematics for Australian schools*. Melbourne: Curriculum Corporation for Australian Education Council.

Baroody, A. J. (1993). Early multiplication performance and the role of relational knowledge in mastering combinations involving "two." *Learning and Instruction*, *3*, 93 - 112.

Baroody, A. J. (2003). The development of adaptive expertise and flexibility: The integration of conceptual and procedural knowledge. In A. J. Baroody & A. Dowker (Eds.), *The development of arithmetic concepts and skills: Constructing adaptive expertise* (pp. 1 - 33). Mahwah, NJ: Erlbaum.

Baroody, A. J., & Dowker, A. (Eds.). (2003). *The development of arithmetic concepts and skills: Constructing adaptive expertise*. Mahwah, NJ: Erlbaum.

Baroody, A. J., & Tiilikainen, S. H. (2003). Two perspectives on addition development. In A. J. Baroody & A. Dowker (Eds.), *The development of arithmetic concepts and skills* (pp. 75 - 126). Mahwah, NJ: Erlbaum.

Baroody, A. J., Wilkins, J. L. M., & Tiilikainen, S. M. (2003). The development of children's understanding of additive commutativity: From protoquantitative concept to general concept. In A. J. Baroody & A. Dowker (Eds.), *The development of arithmetic concepts and skills* (pp. 127 - 160). Mahwah, NJ: Erlbaum.

Becker, J. P., & Selter, C. (1996). Elementary school practices. In A. Bishop, K. Clements, C. Keitel, J. Kilpatrick, & C. Laborde (Eds.), *International handbook of mathematics education* (Pt. 1, pp. 511 - 564). Dordrecht, the Netherlands: Kluwer Academic.

Beishuizen, M. (1999). The empty number line as a new model. In I. Thompson (Ed.), *Issues in teaching numeracy in primary schools* (pp. 157 - 168). Buckingham, England: Open University Press.

Bell, A., Burkhardt, H., & Swan, M. (1992). Balanced assessment of mathematical performance. In R. Lesh & S. J. Lamon (Eds.), *Assessment of authentic performance in school mathematics* (pp. 119 - 144). Washington, DC: American Association for the Advancement of Science.

Bisanz, J. (2003). Arithmetical development: Commentary on chapters

1 through 8 and reflections on directions. In A. J. Baroody & A. Dowker (Eds.), *The development of arithmetic concepts and skills* (pp. 435 - 452). Mahwah, NJ: Erlbaum.

Bishop, A. J., Clements, M. A., Keitel, C., Kilpatrick, J., & Leung, F. S. K. (Eds.). (2003). *Springer international handbooks of education: Vol. 10. Second international handbook of mathematics education*. Dordrecht, the Netherlands: Kluwer Press.

Boaler, J., & Greeno, J. G. (2000). Identity, agency, and knowing in mathematical worlds. In J. Boaler (Ed.), *Multiple perspectives on mathematics teaching and learning* (pp. 171 - 200). Stamford, CT: Ablex.

Boekaerts, M. (1997). Self-regulated learning: A new concept embraced by researchers, policy makers, educators, teachers, and students. *Learning and Instruction*, *7*, 161 - 186.

Brousseau, G. (1997). *Theory of didactical situations in mathematics* (N. Balacheff, M. Cooper, R. Sutherland, & V. Warfield, Eds. & Trans.). Dordrecht, the Netherlands: Kluwer Press.

Brown, A. L., Campione, J. C., Webber, L. S., & McGilly, K. (1992). Interactive learning environments: A new look at assessment and instruction. In B. R. Gifford & M. C. O'Connor (Eds.), *Changing assessments: Alternative views of aptitude, achievement, and instruction* (pp. 121 - 211). Boston: Kluwer Press.

Brown, J. S., Collins, A., & Duguid, P. (1989). Situated cognition and the culture of learning. *Educational Researcher*, *18*(1), 32 - 42.

Bruner, J. (1996). *The culture of education*. Cambridge, MA: Harvard University Press.

Butterworth, B., Marschesini, N., & Girelli, L. (2003). Basic multiplication combinations: Passive storage or dynamic reorganisation? In A. J. Baroody & A. Dowker (Eds.), *The development of arithmetic concepts and skills* (pp. 161 - 188). Mahwah, NJ: Erlbaum.

Buys, K. (2001). Mental arithmetic. In M. Van den heuvel (Ed.), *Children learn mathematics* (pp. 121 - 146). Utrecht, the Netherlands: Freudenthal Institute, University of Utrecht.

Carpenter, T. P., & Fennema, E. (1992). Cognitively guided instruction: Building on the knowledge of students and teachers. *International Journal of Educational Research*, *17*, 457 - 470.

Carpenter, T. P., Fennema, E., & Franke, M. L. (1994). *Children thinking about whole numbers*. Madison: Wisconsin Center for Education Research.

Carpenter, T. P., Franke, M. L., Jacobs, V., Fennema, E., & Empson, S. B. (1998). A longitudinal study of intervention and understanding in children's multidigit addition and subtraction. *Journal for Research in Mathematics Education*, *29*, 3 - 30.

Carpenter, T. P., Lindquist, M. M., Matthews, W., & Silver, E. A. (1983). Results of the third NAEP mathematics assessment: Secondary school. *Mathematics Teacher*, *76*, 652 - 659.

Carr, M., & BiddleComb, B. (1998). Metacognition in mathematics from a constructivist perspective. In D. J. Hacker, J. Dunlosky, & A. C. Graesser (Eds.), *Metacognition in educational theory and practice* (pp. 69 - 91). Mahwah, NJ: Erlbaum.

Chudowsky, N., & Pellegrino, J. W. (2003). Large-scale assessments that support learning: What will it take? *Theory into Practice*, *42*, 75 - 83.

Clark, F. B., & Kamii, C. (1996). Identification of multiplicative thinking in children in grades 1 through 5. *Journal for Research in Mathematics Education*, *27*, 41 - 51.

Clarke, M., & Gregory, K. (Eds.). (2003). The impact of high-stakes testing [Special issue]. *Theory into Practice*, *42*(1).

Clements, D., & Sarama, J. (Eds.). (2004). Hypothetical learning trajectories [Special issue]. *Mathematical Thinking and Learning*, *6*, 81 - 260.

Cobb, P. (2000). Conducting teaching experiments in collaboration with teachers. In A. E. Kelly & R. A. Lesh (Eds.), *Handbook of research design in mathematics and science education* (pp. 307 - 333). Mahwah, NJ: Erlbaum.

Cobb, P., & Bauersfeld, H. (Eds.). (1995). *The emergence of mathematical meaning: Interactions in classroom cultures*. Hillsdale, NJ: Erlbaum.

Cobb, P., Confrey, J., diSessa, A., Lehrer, R., & Schauble, L. (2003). Design experiments in educational research. *Educational Researcher*, *32*(1), 9 - 13.

Cobb, P., Gravemeijer, K., Yackel, E., McClain, K., & Whitenack, J. (1997). Mathematizing and symbolizing: The emergence of chains of signification in one first-grade classroom. In D. Kirshner & J. Whitson (Eds.), *Situated cognition: Social, semiotic, and psychological perspectives* (pp. 151 - 233). Mahwah, NJ: Erlbaum.

Cobb, P., & Whitenack, J. (1996). A method for conducting longitudinal analysis of classroom videorecordings and transcripts. *Educational Studies in Mathematics*, *30*, 213 - 228.

Cobb, P., Yackel, E., & Wood, T. (1989). Young children's emotional acts while doing mathematical problem solving. In D. B. McLeod & V. M. Adams (Eds.), *Affect and mathematical problem solving: A new perspective* (pp. 117 - 148). New York: Springer-Verlag.

Cockcroft, W. H. (1982). *Mathematics counts: A report of the Committee of Inquiry into the Teaching of Mathematics in Schools*. London: Her Majesty's Stationery Office.

Cognition and Technology Group at Vanderbilt. (1996). Looking at technology in context: A framework for understanding technology and education research. In D. C. Berliner & R. C. Calfee (Eds.), *Handbook of educational psychology* (pp. 807 - 840). New York: Macmillan.

Cognition and Technology Group at Vanderbilt. (1997). *The Jasper Project: Lessons in curriculum, instruction, assessment, and professional development*. Mahwah, NJ: Erlbaum.

Cognition and Technology Group at Vanderbilt. (2000). Adventures in anchored instruction: Lessons from beyond the ivory tower. In R. Glaser (Ed.), *Advances in instructional psychology: Vol. 5. Educational design and cognitive science* (pp. 35 - 99). Mahwah, NJ: Erlbaum.

Cooper, T. J., Heirdsfield, A. M., & Irons, C. J. (1996, July). *Years 2 and 3 children's mental addition and subtraction strategies for 2 and 3-digit word problems and algorithmic exercises*. Paper presented at Topic Group 1 at ICME - 8, Sevilla, Spain.

Corno, L., Cronbach, L. J., Kupermintz, H., Lohman, D. F., Mandinach, E., Porteus, A. W., et al. (2002). *Remaking the concept of aptitude: Extending the legacy of Richard E. Snow*. Mahwah, NJ: Erlbaum.

Cowan, R. (2003). Does it all add up? Changes in children's knowledge of addition combinations, strategies and principles. In A. J. Baroody & A. Dowker (Eds.), *The development of arithmetic concepts and skills* (pp. 35 - 74). Mahwah, NJ: Erlbaum.

Davis, R. B. (1989). Three ways of improving cognitive studies in algebra. In S. Wagner & C. Kieran (Eds.), *Research issues in the learning and teaching of algebra* (pp. 115 - 119). Hillsdale, NJ: Erlbaum.

Davis, R. B., Maher, C. A., & Noddings, N. (1990). Suggestions for the improvement of mathematics education. In R. B. Davis, C. A. Maher, & N. Noddings (Eds.), *Constructivist views on the teaching and learning of mathematics* (*Journal for Research in Mathematics Education*, Monograph No. 4, pp. 187 - 191). Reston, VA: National Council of Teachers of Mathematics.

De Bock, D., Van Dooren, W., Janssens, D., & Verschaffel, L. (2002). Improper use of linear reasoning: An in-depth study of the nature and the irresistibility of secondary school students' errors. *Educational Studies in Mathematics*, *50*, 311 - 334.

De Bock, D., Verschaffel, L., & Janssens, D. (1998). The predominance of the linear model in secondary school students' solutions of word problems involving length and area of simple plane figures. *Educational Studies in Mathematics*, *35*, 65 - 83.

De Corte, E. (2000). Marrying theory building and the improvement of school practice: A permanent challenge for instructional psychology. *Learning and Instruction*, *10*, 249 - 266.

De Corte, E., Greer, B., & Verschaffel, L. (1996). Mathematics teaching and learning. In D. C. Berliner & R. C. Calfee (Eds.), *Handbook of educational psychology* (pp. 491 - 549). New York: Macmillan.

De Corte, E., Op 't Eynde, P., & Verschaffel, L. (2002). Knowing what to believe: The relevance of mathematical beliefs for mathematics education. In B. K. Hofer & P. R. Pintrich (Eds.), *Personal epistemology: The psychology of beliefs about knowledge and knowing* (pp. 297 - 320). Mahwah, NJ: Erlbaum.

De Corte, E., & Somers, R. (1982). Estimating the outcome of a task as a heuristic strategy in arithmetic problem solving: A teaching experiment with sixth-graders. *Human Learning*, *1*, 105 - 121.

De Corte, E., & Verschaffel, L. (1981). Children's solution processes in elementary arithmetic problems: Analyses and improvement. *Journal of Educational Psychology*, *73*, 765 - 779.

De Corte, E., & Verschaffel, L. (1985, October). Writing number sentences to represent addition and subtraction word problems. In S. Damarin & M. Shelton (Eds.), *Proceedings of the seventh annual meeting of the North American chapter of the International Group for the Psychology of Mathematics Education* (pp. 50 - 56). Columbus: Ohio State University, Department of Psychology.

De Corte, E., & Verschaffel, L. (1989). Teaching word problems in the primary school: What research has to say to the teacher. In B. Greer & G. Mulhern (Eds.), *New developments in teaching mathematics* (pp. 85 - 106). London: Routledge.

De Corte, E., Verschaffel, L., Lasure, S., Borghart, I., & Yoshida, H. (1999). Real-world knowledge and mathematical problem solving in upper primary school children. In J. Bliss, R. Säljö, & P. Light (Eds.), *Learning sites: Social and technological contexts for learning* (pp. 61 - 79). Oxford: Elsevier Science.

De Corte, E., Verschaffel, L., Lowyck, J., Dhert, S., & Vandeput, L. (2002). Collaborative learning in mathematics: Problem solving and problem posing supported by "Knowledge Forum." In D. Passey & M. Kendall (Eds.), *TelE-LEARNING: The challenge for the third millennium* (pp. 53 - 59). Boston: Kluwer Academic.

De Corte, E., Verschaffel, L., & Masui, C. (2004). The CLIA-model: A framework for designing powerful learning environments for thinking and problem solving. *European Journal of Psychology of Education*, *19*, 365 - 384.

De Corte, E., Verschaffel, L., & Op 't Eynde, P. (2000). Selfregulation: A characteristic and a goal of mathematics education. In M. Boekaerts, P. R. Pintrich, & M. Zeidner (Eds.), *Handbook of self-regulation* (pp. 687 - 726). San Diego: Academic Press.

De Corte, E., Verschaffel, L., & Van Coillie, V. (1988). Influence of number size, problem structure, and response mode on children's solutions of multiplication word problems. *Journal of Mathematicai Behavior*, *7*, 197 - 216.

De Corte, E., & Weinert, F. E. (1996). Introduction. In E. De Corte & F. E. Weinert (Eds.), *International encyclopedia of developmental and instructional psychology* (pp. xix - xxviii). Oxford: Elsevier Science.

Dehaene, S. (1993). Varieties of numerical abilities. In S. Dehaene (Ed.), *Numerical cognition* (pp. 1 - 42). Cambridge, MA: Blackwell.

Dehaene, S., & Cohen, L. (1995). Towards an anatomical and functional model of number processing. *Mathematical Cognition*, *1*, 83 - 120.

Dembo, M. H., & Eaton, M. J. (1997). School learning and motivation. In G. D. Phye (Ed.), *Handbook of academic learning: Construction of knowledge* (pp. 65 - 103). San Diego: Academic Press.

Donlan, C. (1998). *The development of mathematical skills*. Hove, England: Psychology Press.

Fennema, E., & Romberg, T. A. (Eds.). (1999). *Mathematics classrooms that promote thinking*. Mahwah, NJ: Erlbaum.

Fischbein, E. (1990). Introduction. In P. Nesher & J. Kilpatrick (Eds.), *Mathematics and cognition: A research synthesis by the International Group for the Psychology of Mathematics Education* (ICMI Study Series) (pp. 1 - 13). Cambridge, England: Cambridge University Press.

Frederiksen, N. (1990). Introduction. In N. Frederiksen, R. Glaser, A. Lesgold, & M. G. Shafto (Eds.), *Diagnostic monitoring of skill and knowledge acquisition* (pp. ix - xvii). Hillsdale, NJ: Erlbaum.

Frederiksen, N., Mislevy, R. J., & Bejar, I. I. (1993). *Test theory for a new generation of tests*. Hillsdale, NJ: Erlbaum.

Freudenthal, H. (1983). *Didactical phenomenology of mathematical structures*. Dordrecht, the Netherlands: Reidel.

Freudenthal, H. (1991). *Revisiting mathematics education*. Dordrecht, the Netherlands: Kluwer Academic.

Fuson, K. C. (1992). Research on whole number addition and subtraction. In D. A. Grouws (Ed.), *Handbook of research on mathematics teaching and learning* (pp. 243 - 275). New York: Macmillan.

Fuson, K. C., Wearne, D., Hiebert, J. C., Murray, H. G., Human, P. G., Olivier, A. I., et al. (1997). Children's conceptual structures for multidigit numbers and methods of multidigit addition and subtraction. *Journal for Research in Mathematics Education*, *28*, 130 - 162.

Garofalo, J., & Lester, F. K., Jr. (1985). Metacognition, cognitive monitoring and mathematical performance. *Journal for Research in Mathematics Education*, *16*, 163 - 176.

Gearhart, M., Saxe, G. B., Seltzer, M., Schlackman, J., Carter Ching, C., Nasir, H., et al. (1999). When can educational reforms make a difference? Opportunities to learn fractions in elementary school classrooms. *Journal for Research in Mathematics Education*, *30*, 286 - 315.

Geary, D. C. (2003). Arithmetical development: Commentary on chapters 9 through 15 and future directions. In A. J. Baroody & A. Dowker (Eds.), *The development of arithmetic concepts and skills* (pp. 453 - 464). Mahwah, NJ: Erlbaum.

Ginsburg, H. P., Jacobs, S. F., & Lopez, L. S. (1998). *The teacher's guide to flexible interviewing in the classroom: Learning what children know about math*. Boston: Allyn & Bacon.

Ginsburg, H. P., Klein, A., & Starkey, P. (1998). The development of children's mathematical thinking: Connecting research with practice. In W. Damon (Editor-in-Chief) & I. E. Sigel & K. A. Renninger (Vol. Eds.), *Handbook of child psychology: Vol. 4. Child psychology in practice* (5th ed., pp. 401 - 476). New York: Wiley.

Glaser, B. G., & Strauss, A. L. (1967). *The discovery of grounded theory: Strategies for qualitative research*. New York: Aldine.

Glaser, R., & Silver, E. (1994). Assessment, testing, and instruction: Retrospect and prospect. In L. Darling-Hammond (Ed.), *Review of research in education* (Vol. 20, pp. 393 - 419). Washington, DC: American Educational Research Association.

Good, T. L., Mulryan, C., & McCaslin, M. (1992). Grouping for instruction in mathematics: A call for programmatic research on small-group processes. In D. A. Grouws (Ed.), *Handbook of research on mathematics teaching and learning* (pp. 165 - 196). New York: Macmillan.

Gravemeijer, K. (1994). *Developing realistic mathematics education*. Utrecht, the Netherlands: Freudenthal Institute, University of Utrecht.

Greeno, J. G. (1991a). Number sense as situated knowing in a conceptual domain. *Journal for Research in Mathematics Education*, *22*, 170 - 218.

Greeno, J. G. (1991b). A view of mathematical problem solving in school. In M. U. Smith (Ed.), *Toward a unified theory of problem solving: Views from the content domains* (pp. 69 - 98). Hillsdale, NJ: Erlbaum.

Greeno, J. G., Collins, A. M., & Resnick, L. B. (1996). Cognition and learning. In D. C. Berliner & R. C. Calfee (Eds.), *Handbook of educational psychology* (pp. 15 - 46). New York: Macmillan.

Greeno, J. G., & the Middle School Mathematics through Applications Project Group. (1998). The situativity of knowing, learning, and research. *American Psychologist*, *53*, 5 - 26.

Greer, B. (1988). Nonconservation of multiplication and division: Analysis of a symptom. *Journal of Mathematical Behavior*, *7*, 281 - 298.

Greer, B. (1992). Multiplication and division asmodels of situations. In D. A. Grouws (Ed.), *Handbook of research on mathematics teaching and learning* (pp. 276 - 295). New York: Macmillan.

Greer, B. (1996). Theories of mathematics education: The role of cognitive analysis. In L. P. Steffe, P. Nesher, P. Cobb, G. A. Goldin, & B. Greer (Eds.), *Theories of mathematical learning* (pp. 179 - 196). Mahwah, NJ: Erlbaum.

Greer, B., & Verschaffel, L. (Eds.). (1997). Modelling reality in mathematics classrooms [Special issue]. *Learning and Instruction*, *7*, 293 - 397.

Griffin, S. (2003). The development of math competence in the preschool and early school years: Cognitive foundations and instructional strategies. In J. M. Royer (Ed.), *Mathematical cognition* (pp. 1 - 32). Greenwich, CT: Information Age Publishing.

Griffin, S. (2004). Fostering the development of whole-number sense: Teaching mathematics in the primary school. In M. S. Donovan & J. D. Bransford (National Research Council Board on Behavioral and Social Sciences and Education) (Eds.), *How students learn: History, mathematics, and science* (pp. 257 - 308). Washington, DC: National Academy Press.

Griffin, S., & Case, R. (1997). Re-thinking the primary school math curriculum: An approach based on cognitive science. *Issues in Education*, *3* (1), 1 - 49.

Grouws, D. A., & Cebulla, K. J. (2000). *Improving student achievement in mathematics* (Educational Practices Series, No. 4). Geneva, Switzerland: International Academy of Education and International Bureau of Education.

Hamers, J. H. M., Ruijssenaars, A. J. J. M., & Sijtsma, K. (1992). *Learning potential assessment: Theoretical, methodological and practical issues*. Amsterdam: Swets & Zeitlinger.

Hamm, J. V., & Perry, M. (2002). Learning mathematics in firstgrade classrooms: On whose authority? *Journal of Educational Psychology*, *94*, 126 - 137.

Hatano, G. (1982). Cognitive consequences of practice in culture specific procedural skills. *Quarterly Newsletter of the Laboratory of Comparative Human Cognition*, *4*, 15 - 18.

Hatano, G. (1988). Social and motivational bases for mathematical understanding. In G. B. Saxe & M. Gearhart (Eds.), *Children's mathematics* (pp. 55 - 70). San Francisco: Jossey-Bass.

Hatano, G. (1996). A conception of knowledge acquisition and its implications for mathematics education. In L. P. Steffe, P. Nesher, P. Cobb, G. A. Goldin, & B. Greer (Eds.), *Theories of mathematical learning* (pp. 197 - 217). Mahwah, NJ: Erlbaum.

Hatano, G. (2003). Foreword. In A. J. Baroody & A. Dowker (Eds.), *The development of arithmetic concepts and skills* (pp. xi - xiv). Mahwah, NJ: Erlbaum.

Hegarty, M., Mayer, R. E., & Monk, C. A. (1995). Comprehension of arithmetic word problems: A comparison of successful and unsuccessful problem solvers. *Journal of Educational Psychology*, *87*, 18 - 32.

Hiebert, J., & Wearne, D. (1996). Instruction, understanding, and skill in multidigit addition and subtraction. *Cognition and Instruction*, *14*, 251-284.

Hofer, B. K., & Pintrich, P. R. (Eds.). (2002). *Personal epistemology: The psychology of beliefs about knowledge and knowing*. Mahwah, NJ: Erlbaum.

Institut de Recherche sur l'Enseignement des Mathématiques de Grenoble. (1980). Quel est l' âge du capitaine? *Bulletin de l' Association des Professeurs de Mathématique de l'Enseignement Public*, *323*, 235-243.

Janssen, R., De Corte, E., Verschaffel, L., Knoors, E., & Colémont, A. (2002). National assessment of new standards for mathematics in elementary education in Flanders. *Educational Research and Evaluation*, *8*, 197-225.

Jones, G., Thornton, C. A., & Putt, I. J. (1994). A model for nurturing and assessing multidigit number sense among first grade children. *Educational Studies in Mathematics*, *27*, 117-143.

Kilpatrick, J. (1992). A history of research in mathematics education. In P. Kloosterman & M. C. Cougan (Eds.), Students' beliefs about learning school mathematics. *Elementary School Journal*, *94*, 375-388.

Kloosterman, P., & Cougan, M. C. (1994). Students' beliefs about learning school mathematics. *Elementary School Journal*, *94*, 375-388.

Krutetskii, V. A. (1976). *The psychology of mathematical abilities in school children*. Chicago: University of Chicago Press.

Kuhn, D. (1999). Metacognitive development. In L. Balter & C. Tamis-LeMonda (Eds.), *Child psychology: A handbook of contemporary issues* (pp. 259-286). Philadelphia: Psychology Press.

Kuhn, D. (2000). Metacognitive development. *Current Issues in Psychological Science*, *9*, 178-181.

Kulm, G. (Ed.). (1990). *Assessing higher order thinking in mathematics*. Washington, DC: American Association for the Advancement of Science.

Kuriyama, K., & Yoshida, H. (1995). Representational structure of numbers in mental addition. *Japanese Journal of Educational Psychology*, *43*, 402-410.

Lampert, M. (1990). When the problem is not the question and the solution is not the answer: Mathematical knowing and teaching. *American Educational Research Journal*, *27*, 29-63.

Lave, J. (1992). Word problems: A microcosm of theories of learning. In P. Light & G. Butterworth (Eds.), *Context and cognition: Ways of learning and knowing* (pp. 74-92). New York: Harvester Wheatsheaf.

Lave, J., & Wenger, E. (1991). *Situated learning: Legitimate peripheral participation*. Cambridge, England: Cambridge University Press.

Leder, G. C., Pehkonen, E., & Törner, G. (Eds.). (2002). *Beliefs: A hidden variable in mathematics education?* Dordrecht, the Netherlands: Kluwer Academic.

LeFevre, J.-A., Smith-Chant, B. L., Hiscock, K., Daley, K. E., & Morris, J. (2003). Young adults' strategic choices in simple arithmetic: Implications for the development of mathematical representations. In A. J. Baroody & A. Dowker (Eds.), *The development of arithmetic concepts and skills* (pp. 203-228). Mahwah, NJ: Erlbaum.

Lehtinen, E., Hakkarainen, K., Lipponen, L., Rahikainen, M., & Muuhkonen, H. (1999). *Computer-supported collaborative learning: A review* (The J. H. G. I. Giesbers Reports on Education, Number 10). Nijmegen, the Netherlands: University of Nijmegen, Department of Educational Sciences.

Lemaire, P., & Siegler, R. S. (1995). Four aspects of strategic change: Contributions to children's learning of multiplication. *Journal for Experimental Psychology: General*, *124*, 83-97.

Lesh, R., & Doerr, H. M. (Eds.). (2003). *Beyond constructivism: Models and modeling perspectives on mathematical problem solving, learning and teaching*. Mahwah, NJ: Erlbaum.

Lesh, R., & Lamon, S. J. (Eds.). (1992). *Assessment of authentic performance in school mathematics*. Washington, DC: American Association for the Advancement of Science.

Lester, F. K., Jr. (in press). *Second handbook of research on mathematics teaching and learning* (2nd ed.). Greenwich, CT: Information Age Publishing.

Lester, F. K., Jr., Garofalo, J., & Kroll, D. L. (1989). *The role of metacognition in mathematical problem solving: A study of two grade seven classes*. (Final report to the National Science Foundation of NSF project MDR 85-50346). Bloomington: Mathematics Education Development Center, Indiana University.

Levin, J. R., & O'Donnell, A. M. (1999). What to do about educational research's credibility gap? *Issues in Education: Contributions from Educational Psychology*, *5*, 177-229.

Lewis, C. C. (2002). *Lesson study: A handbook of teacher-led instructional change*. Philadelphia: Research for Better Schools.

Madaus, G. F., West, M. M., Harmon, M. C., Lomax, R. G., & Viator, K. A. (1992). *The influence of testing on teaching math and science in grades 4 through 12*. Chestnut Hill, MA: Center for the Study of Testing, Evaluation, and Educational Policy, Boston College.

Mason, L., & Scrivani, L. (2004). Developing students' mathematical beliefs: An intervention study. *Learning and Instruction*, *14*, 153-176.

Masters, G. H., & Mislevy, R. J. (1993). New views of student learning: Implications for educational measurement. In N. Frederiksen, R. J. Mislevy, & I. I. Bejar (Eds.), *Test theory for a new generation of tests* (pp. 219-242). Hillsdale, NJ: Erlbaum.

McClain, K., & Cobb, P. (2001). An analysis of development of sociomathematical norms in one first-grade classroom. *Journal for Research in Mathematics Education*, *32*, 236-266.

McIntosh, A., Reys, B. J., & Reys, R. E. (1992). A proposed framework for examining basic number sense. *For the Learning of Mathematics*, *12*(3), 2-8.

Menne, J. J. M. (2001). *Met sprongen vooruit. Een productief oefenprogramma voor zwakke rekenaars in het getallengebied tot 100: Een onderwijsexperiment* [A productive training program for mathematically weak children in the number domain up to 100: A teaching experiment]. Utrecht, the Netherlands: CD-Beta Press.

Mevarech, Z. R., & Light, P. H. (Eds.). (1992). Cooperative learning with computers [Special issue]. *Learning and Instruction*, *2*, 155-285.

Middleton, J. A., & Spanias, P. H. (1999). Motivation for achievement in mathematics: Findings, generalizations, and criticisms of the research. *Journal for Research in Mathematics Education*, *30*, 65-88.

Ministerie van de Vlaamse Gemeenschap [Ministry of the Flemish Community]. (1997). *Gewoon basisonderwijs. Ontwikkelings doelen en eindtermen: Besluit van mei '97 en decreet van juli '97* [Educational standards for the elementary school]. Brussels, Belgium: Departement Onderwijs, Centrum voor'Informatie en Documentatie.

Muis, K. R. (2004). Personal epistemology and mathematics: A critical review and synthesis of research. *Review of Educational Research*, *74*, 317-377.

Mulligan, J., & Mitchelmore, M. (1997). Young children's intuitive models of multiplication and division. *Journal for Research in Mathematics Education*, *28*, 309-330.

National Council of Teachers of Mathematics. (1989). *Curriculum and evaluation standards for school mathematics*. Reston, VA: National Council of Teachers of Mathematics.

National Council of Teachers of Mathematics. (2000). *Principles and standards for school mathematics*. Reston, VA: National Council of Teachers of Mathematics.

National Research Council. (1989). *Everybody counts*. Washington, D C: National Academy of Sciences.

National Research Council. (2000). *How people learn: Brain, mind, experience, and school* (J. D. Bransford, A. L. Brown, & R. R. Cocking, Eds., Committee on Developments in the Science of Learning and Committee on Learning Research and Educational Practice). Washington, DC: National Academy Press.

National Research Council. (2001a). *Adding it up: Helping children learn mathematics* (J. Kilpatrick, J. Swafford, & B. Findell, Eds., Mathematics Learning Study Committee, Center for Education, Division of Behavioral and Social Sciences and Education). Washington, DC: National Academy Press.

National Research Council. (2001b). *Knowing what students know: The science and design of educational assessment* (Committee on the Foundations of Assessment, J. Pellegrino, N. Chudowsky, & R. Glaser, Eds., Board on Testing and Assessment, Center for Education, Division of Behavioral and Social Sciences and Education). Washington, DC: National Academy Press.

Nelissen, J. M. C. (1987). *Kinderen leren wiskunde: Een studie over constructie en reflectie in het basisonderwijs* [Children learning mathematics: A study on construction and reflection in elementary school children]. Gorinchem, the Netherlands: Uitgeverij De Ruiter.

Newell, A., & Simon, H. (1972). *Human problem solving*. Englewood Cliffs, NJ: Prentice-Hall.

Nunes, T. (1992). Ethnomathematics and everyday cognition. In D. A. Grouws (Ed.), *Handbook of research on mathematics teaching and learning* (pp. 557-574). New York: Macmillan.

Nunes, T., & Bryant, P. (Eds.). (1997). *Learning and teaching mathematics: An international perspective*. Hove, England: Psychology Press.

Nunes, T., Schliemann, A. D., & Carraher, D. W. (1993). *Street mathematics and school mathematics*. Cambridge, England: Cambridge University Press.

Op 't Eynde, P., De Corte, E., & Verschaffel, L. (2002). Framing students' mathematics-related beliefs. In G. C. Leder, E. Pehkonen, & G. Törner (Eds.), *Beliefs: A hidden variable in mathematics education*? (pp. 13 - 37). Dordrecht, the Netherlands: Kluwer Academic.

Overtoom, R. (1991). *Informatieverwerking door hoogbegaafde leerlingen bij het oplossen van wiskundeproblemen* [Information processing by gifted students in solving mathematical problems]. De Lier, the Netherlands: Academisch Boeken Centrum.

Pajares, F., & Miller, M. D. (1994). Role of self-efficacy and selfconcept beliefs in mathematical problem solving: A path analysis. *Journal of Educational Psychology*, *86*, 193 - 203.

Perkins, D. N. (1995). *Outsmarting IQ: The emerging science of learnable intelligence*. New York: Free Press.

Piaget, J. (1952). *The child's conception of number*. New York: Norton.

Picker, S. H., & Berry, J. S. (2000). Investigating pupils' images of mathematicians. *Educational Studies in Mathematics*, *43*, 65 - 94.

Polya, G. (1945). *How to solve it*. Princeton, NJ: Princeton University Press.

Radatz, H. (1983). Untersuchungen zum lösen eingekleideter aufgaben. *Zeitschrift für Mathematik-Didaktik*, *4*, 205 - 217.

Resnick, L. B. (1996). Situated learning. In E. De Corte & F. E. Weinert (Eds.), *International encyclopedia of developmental and instructional psychology* (pp. 341 - 347). Oxford: Elsevier Science.

Resnick, L. B., & Omanson, S. F. (1987). Learning to understand arithmetic. In R. Glaser (Ed.), *Advances in instructional psychology* (Vol. 3, pp. 41 - 95). Hillsdale, NJ: Erlbaum.

Reusser, K. (1986). Problem solving beyond the logic of things: Contextual effects on understanding and solving word problems. *Instructional Science*, *17*, 309 - 338.

Reys, R. E., Reys, B. J., Nohda, N., & Emori, H. (1995). Mental computation performance and strategy use of Japanese students in grades 2, 4, 6, and 8. *Journal for Research in Mathematics Education*, *26*, 304 - 326.

Reys, R. E., & Yang, D.-C. (1998). Relationship between computational performance and number sense among sixth and eighthgrade students in Taiwan. *Journal for Research in Mathematics Education*, *29*, 225 - 237.

Rittle-Johnson, B., & Siegler, R. S. (1998). The relation between conceptual and procedural knowledge in learning mathematics: A review. In C. Donlan (Ed.), *The development of mathematical skills* (pp. 75 - 110). East Sussex, England: Psychology Press.

Rock, D., & Shaw, J. M. (2000). Exploring children's thinking about mathematicians and their work. *Teaching Children Mathematics*, *6*, 550 - 555.

Romberg, T. A. (Ed.). (1995). *Reform in school mathematics and authentic assessment*. Albany: State University of New York Press.

Salomon, G. (Ed.). (1993a). *Distributed cognition: Psychological and educational considerations*. Cambridge, England: Cambridge University Press.

Salomon, G. (1993b). No distribution without individual's cognition: A dynamic interactional view. In G. Salomon (Ed.), *Distributed cognition: Psychological and educational considerations* (pp. 111 - 138). Cambridge, England: Cambridge University Press.

Salomon, G., & Perkins, D. N. (1998). Individual and social aspects of learning. In P. D. Pearson & A. Iran-Nejad (Eds.), *Review of research in education* (Vol. 23, pp. 1 - 24). Washington, DC: American Educational Research Association.

Sandoval, W. A., & Bell, P. (2004a). Design-based research methods for studying learning in context: Introduction. *Educational Psychologist*, *39*, 199 - 201.

Sandoval, W. A., & Bell, P. (Eds.). (2004b). Design-based research methods for studying learning in context [Special issue]. *Educational Psychologist*, *39*(4).

Saxe, G. B. (1991). *Culture and cognitive development: Studies in mathematics understanding*. Hillsdale, NJ: Erlbaum.

Scardamalia, M., & Bereiter, C. (1998). *Web knowledge forum: User guide*. Santa Cruz, CA: Learning in Motion.

Schauble, L., & Glaser, B. (Eds.). (1996). *Innovations in learning: New environments for education*. Mahwah, NJ: Erlbaum.

Schoenfeld, A. H. (1985). *Mathematical problem solving*. New York: Academic Press.

Schoenfeld, A. H. (1988). When good teaching leads to bad results: The disasters of "well-taught" mathematics courses. *Educational Psychologist*, *23*, 145 - 166.

Schoenfeld, A. H. (1991). On mathematics as sense-making: An informal attack on the unfortunate divorce of formal and informal mathematics. In J. F. Voss, D. N. Perkins, & J. W. Segal (Eds.), *Informal reasoning and education* (pp. 311 - 343). Hillsdale, NJ: Erlbaum.

Schoenfeld, A. H. (1992). Learning to think mathematically: Problem solving, metacognition, and sense-making in mathematics. In D. A. Grouws (Ed.), *Handbook of research on mathematics teaching and learning* (pp. 334 - 370). New York: Macmillan.

Schunk, D. H. (1998). Teaching elementary students to self-regulate practice of mathematical skills with modeling. In D. H. Schunk & B. J. Zimmerman (Eds.), *Self-regulated learning: From teaching to self-reflective practice* (pp. 137 - 159). New York: Guilford Press.

Selter, C. (1998). Building on children's mathematics: A teaching experiment in grade 3. *Educational Studies in Mathematics*, *36*, 1 - 27.

Sfard, A. (1998). On two metaphors for learning and the dangers of choosing just one. *Educational Researcher*, *27*(2), 4 - 13.

Shavelson, R. J., & Baxter, G. P. (1992). Linking assessment with instruction. In F. K. Oser, A. Dick, & J. L. Patry (Eds.), *Effective and responsible teaching: The new synthesis* (pp. 80 - 90). San Francisco: Jossey-Bass.

Shepard, L. A. (2000). The role of assessment in a learning culture. *Educational Researcher*, *29*(7), 4 - 14.

Shepard, L. A. (2001). The role of classroom assessment in teaching and learning. In V. Richardson (Ed.), *Handbook of research on teaching* (4th ed, pp. 1066 - 1101). Washington, DC: American Educational Research Association.

Shrager, J., & Siegler, R. S. (1998). SCADS: A model of children's strategy choices and strategy discoveries. *Psychological Sciences*, *9*, 405 - 410.

Siegler, R. (1996). *Emerging minds: The process of change in children's thinking*. New York: Oxford University Press.

Siegler, R. S. (1998). *Children's thinking*. Upper Saddle River, NJ: Prentice-Hall.

Siegler, R. S. (2001). Children's discoveries and brain-damaged patients' rediscoveries. In J. L. McClelland & R. S. Siegler (Eds.), *Mechanisms of cognitive development: Behavioral and neural perspectives* (pp. 33 - 63). Mahwah, NJ: Erlbaum.

Siegler, R. S., & Booth, J. L. (in press). Development of numerical estimation: A review. In J. I. D. Campbell (Ed.), *Handbook of mathematical cognition*. New York: Psychology Press.

Siegler, R. S., & Jenkins, E. A. (1989). *How children discover new strategies*. Hillsdale, NJ: Erlbaum.

Siegler, R. S., & Lemaire, P. (1997). Older and younger adults' strategy choices in multiplication: Testing predictions of ASCM using the choice/no-choice method. *Journal of Experimental Psychology: General*, *126*, 71 - 92.

Silver, E. A., Branca, N., & Adams, V. (1980). Metacognition: The missing link in problem solving. In R. Karplus (Ed.), *Proceedings of the fourth International Congress of Mathematical Education* (pp. 429 - 433). Boston: Birkhäuser.

Silver, E. A., & Kenney, P. A. (1995). Sources of assessment information for instructional guidance in mathematics. In T. A. Romberg (Ed.), *Reform in school mathematics and authentic assessment* (pp. 38 - 86). Albany: State University of New York Press.

Simons, R. J., Van der Linden, J., & Duffy, T. (2000). *New learning*. Dordrecht, the Netherlands: Kluwer Academic.

Slavin, R. E. (2002). Evidence-based education policies: Transforming educational practice and research. *Educational Researcher*, *31*(7), 15 - 21.

Sloane, F. C., & Kelly, A. E. (2003). Issues in high-stakes testing programs. *Theory into Practice*, *42*, 12 - 17.

Snow, R. E., & Mandinach, E. B. (1991). *Integrating assessment and instruction: A research and development agenda*. Princeton, NJ: Educational Testing Service.

Sowder, J. (1992). Estimation and number sense. In D. A. Grouws (Ed.), *Handbook of research on mathematics teaching and learning: A project of the National Council of Teachers of Mathematics* (pp. 371 - 389). New York: Macmillan.

Spangler, D. A. (1992). Assessing students' beliefs about mathematics. *Arithmetic Teacher*, *40*, 148 - 152.

Steffe, L. P., & Cobb, P. (1998). Multiplicative and divison schemes. *Focus on Learning Problems in Mathematics*, *20*(1), 45 - 61.

Steffe, L. P., & Gale, J. (Eds.). (1995). *Constructivism in education*. Hillsdale, NJ: Erlbaum.

Steffe, L. P., Nesher, P., Cobb, P., Goldin, G. A., & Greer, B. (Eds.). (1996). *Theories of mathematical learning*. Mahwah, NJ: Erlbaum.

Streefland, L. (Ed.). (1991). *Realistic mathematics education in primary school: On the occasion of the opening of the Freudenthal Institute*. Utrecht, the Netherlands: Freudenthal Institute, University of Utrecht.

Thompson, I, (1999). Getting your head around mental calculation. In I. Thompson (Ed.), *Issues in teaching numeracy in primary schools* (pp. 145 - 156). Buckingham, England: Open University Press.

Torbeyns, J., Arnaud, L., Lemaire, P., & Verschaffel, L. (2004). Cognitive change as strategic change. In A. Demetriou & A. Raftopoulos (Eds.), *Emergence and transformation in the mind: Modeling and measuring cognitive change* (pp. 186 - 216). Cambridge, England: Cambridge University Press.

Torbeyns, J., Verschaffel, L., & Ghesquiere, P. (2005). Simple addition strategies in a first-grade class with multiple-strategy instruction. *Cognition and Instruction*, *23*, 1 - 21.

Treffers, A. (1987). *Three dimensions: A model of goal and theory description in mathematics education — The Wiskobas Project*. Dordrecht, the Netherlands: Reidel.

Treffers, A. (2001). Numbers and number relationships. In M. Van den Heuvel-Panhuizen (Ed.), *Children learn mathematics* (pp. 101 - 120). Utrecht, the Netherlands: Freudenthal Institute, University of Utrecht.

Van den Heuvel-Panhuizen, M. (2001). Estimation. In M. Van den Heuvel-Panhuizen (Ed.), *Children learn mathematics* (pp. 173 - 202). Utrecht, the Netherlands: Freudenthal Institute, University of Utrecht.

Van Essen, G. (1991). *Heuristics and arithmetic word problems*. Unpublished doctoral dissertation, Amsterdam, the Netherlands: University of Amsterdam.

VanLehn, K. (1990). *Mind bugs: The origins of procedural misconceptions*. Cambridge, MA: MIT Press.

Van Putten, C. M., Van den Brom-Snijders, P. A., & Beishuizen, M. (2005). Progressive mathematization of long division strategies in Dutch primary schools. *Journal for Research in Mathematics Education*, *36*, 44 - 73.

Vergnaud, G. (1988). Multiplicative structures. In J. Hiebert & M. Behr (Eds.), *Number concepts and operations in the middle grades* (Vol. 2, pp. 141 - 161). Hillsdale, NJ: Erlbaum.

Verschaffel, L. (1997). Young children's strategy choices for solving elementary arithmetic word problems: The role of task and context variables. In M. Beishuizen, K. Gravemeijer, & E. Van Lieshout (Eds.), *The role of contexts and models in the development of mathematical strategies and procedures* (pp. 113 - 126). Utrecht, the Netherlands: Center for Science and Mathematics Education, Freudenthal Institute, University of Utrecht.

Verschaffel, L., & De Corte, E. (1993). A decade of research on word problem solving in Leuven: Theoretical, methodological, and practical outcomes. *Educational Psychology Review*, *5*, 239 - 256.

Verschaffel, L., & De Corte, E. (1997). Word problems: A vehicle for promoting authentic mathematical understanding and problem solving in the primary school. In T. Nnnes & P. Bryant (Eds.), *Learning and teaching mathematics: An international perspective* (pp. 69 - 97). Hove, England: Psychology Press.

Verschaffel, L., De Corte, E., & Borghart, I. (1997). Pre-service teachers' conceptions and beliefs about the role of real-world knowledge in mathematical modelling of school word problems. *Learning and Instruction*, *7*, 330 - 359.

Verschaffel, L., De Corte, E., & Lasure, S. (1994). Realistic considerations in mathematical modelling of school arithmetic word problems. *Learning and Instruction*, *4*, 273 - 294.

Verschaffel, L., De Corte, E., Lasure, S., Van Vaerenbergh, G., Bogaerts, H., & Ratinckx, E. (1999). Learning to solve mathematical application problems: A design experiment with fifth graders. *Mathematical Thinking and Learning*, *1*, 195 - 229.

Verschaffel, L., Greer, B., De Corte, E. (2000). *Making sense of word problems*. Lisse, the Netherlands: Swets & Zeitlinger.

Voigt, J. (1995). Thematic patterns of interaction and sociomathematical norms. In P. Cobb & H. Bauersfeld (Eds.), *The emergence of mathematical meaning: Interactions in classroom culture* (pp. 163 - 201). Hillsdale, NJ: Erlbaum.

Vygotsky, L. S. (1978). *Mind in society: The development of higher psychological processes*. Cambridge, MA: Harvard University Press.

Webb, N. L. (1992). Assessment of students' knowledge of mathematics: Steps toward a theory. In D. A. Grouws (Ed.), *Handbook of research on mathematics teaching and learning* (pp. 661 - 683). New York: Macmillan.

Wheeler, D. (1989). Contexts for research on the teaching and learning of algebra. In S. Wagner & C. Kieran (Eds.), *Research issues in the learning and teaching of algebra* (pp. 278 - 287). Hillsdale, NJ: Erlbaum.

Whitehead, A. N. (1929). *The aims of education*. New York: Macmillan.

Wigfield, A., Eccles, J. S., Yoon, K. S., Harold, R. D., Arbreton, A. J. A., Freedman-Doan, C., et al. (1997). Change in children's competence beliefs and subjective task values across the elementary school years: A 3-year study. *Journal of Educational Psychology*, *89*, 451 - 469.

Wood, T., Cobb, P., & Yackel, E. (1991). Change in teaching mathematics: *A case study*. *American Educational Research Journal*, *28*, 587 - 616.

Yackel, E., & Cobb, P. (1996). Sociomathematical norms, argumentation, and autonomy in mathematics. *Journal for Research in Mathematics Education*, *27*, 458 - 477.

Zelazo, P., & Frye, D. (1998). Cognitive complexity and control: Pt. 2. The development of executive function in childhood. *Current Directions in Psychological Science*, *7*, 121 - 125.

Zimmerman, B. J. (1989). A social cognitive view of self-regulated academic learning. *Journal of Educational Psychology*, *81*, 329 - 339.

Zimmerman, B. J. (1994). Dimensions of academic self-regulation. A conceptual framework for education. In D. H. Schunk & B. J. Zimmerman (Eds.), *Self-regulation of learning and performance: Issues and educational implications* (pp. 3 - 21). Hillsdale, NJ: Erlbaum.

Zimmerman, B. J. (2000). Attaining self-regulation. A social cognitive perspective. In M. Boekaerts, P. R. Pintrich, & M. Zeidner (Eds.), *Handbook of self-regulation* (pp. 13 - 39). San Diego: Academic Press.

Zimmerman, B. J., & Risemberg, R. (1997). Self-regulatory dimensions of academic learning and motivation. In G. D. Phye (Ed.), *Handbook of academic learning: Construction of knowledge* (pp. 105 - 125). San Diego: Academic Press.

第 5 章

科学思维和科学素养

RICHARD LEHRER 和 LEONA SCHAUBLE*

尽管有关科学推理发展的研究有着悠久的历史，但是目前的这些研究对于科学教育的影响是有限的，且一直缺乏富有建设性的建议。正如 Metz(1995)指出的那样，如果说有关科学推理的研究为人们理解科学教育提供了任何具有发展蓝图性质的指导的话，那最具有影响力的工作还是首推 Piaget 的研究，尽管目前有研究证据表明 Piaget 的一些解释是不正确的。而且，即便现在，许多有关儿童与科学的观点仍然来自许多没有被检验过的结论，譬如儿童不能做什么，或者更糟糕的是，认为儿童存在许多缺陷。虽然这些观点已经被大量的研究证据所驳倒，但是它们就像不受欢迎的亲戚，通过教材、科学标准和教育者的信念仍然继续存在，发挥着它们对教育的影响。这种有关儿童不能学习什么的假设，以特别高的频率经常出现在对科学教育研究或者特别主题的研究所采用方法的“发展适应性”(development

* 作者的顺序是按姓氏的字母进行排列的；两位作者的贡献是相同的。我们非常感谢 Steven McGee 和 Kathleen Metz，他们校阅了手稿并提出了极为有用的建议。

appropriateness)的评价中。例如，Metz描述了这些信念假设对科学标准的全国性讨论的影响，并且令人信服地指出，这些标准严重低估了年幼儿童学习科学、做科学(do science)的能力。

在《儿童心理学手册》的以前版本中，Strauss(1998)指出了为什么最好的发展心理学总是不能导致最好的科学教育的若干原因。他指出，主要原因之一是，发展心理学和科学教育在内容、关注点、潜在假设和研究方法等方面，相同的部分很少。可是，自从他的那章内容出版以后，这两个领域交叉研究迅速增加。科学教育者逐渐产生了对学习和发展的兴趣，并成为这个方面的专家。与此同时，一些研究发展问题的学者也开始以严肃和尽责的态度从事教育事业。例如，正如我们在以后的章节中描述的那样，目前有大量的研究计划，不仅从事科学思维的深入研究，而且也参与到教育情境中改变科学思维发展的进程中来。许多新的研究计划强调在学校课堂情境下协调科学学习的研究与设计的关系。这与科学思维研究的基础假设是一致的。因为如果想让我们所研究的感兴趣的科学思维形式发展得更好，我们首先必须让这些思维形式表现出来(外显化)。因此，有关科学推理发展的研究，越来越与寻找促进和支持它发展的有效途径的干预研究交织在一起。

154

这种研究方法应用的典型模式是首先需要设计并进行教学，然后在一个相对长(理想的情况下，需要几年)的时间段里研究学生的学习效果。长时间段的学习过程是必须的，因为研究者感兴趣的思维形式，在几个月甚至是一年内都不会显现。这项研究的重点并不是描述思维"自然发生"的形式，无论这些形式是什么；相反这样的研究强调的是对那些在长时间段里支持学生推理和知识发展的有效途径的系统检验。此外，许多这样的研究项目也包括对那些参与相关教学，或者在促进和抑制教育潜能的学校机构中的教师的专业发展的研究。由于这些课题多从纵向的角度进行研究，他们就有机会对发展的解释提供更为严格的检验。这一点是对持续几天或几周的相关研究的一种超越，因为短时间的研究很难捕捉到感兴趣的思维形式(正如我们将讨论的那样)。此外，这些研究计划均是在发展以文化和符号工具的形式出现和持续发展的条件下对发展的检验。正如我们将要解释的那样，当前该领域正试图识别诸如言语、任务、论证形式和工具等发展机制需要在多大的程度上被整合进理论与实验的解释中。

这种研究学生发展与学习的一般方法，被称作"设计实验"(design experiments)或"设计研究"(design studies)。这种方法通常将干预和调查有机地整合在一起。目前这种方法的优点与不足正在探索和争论之中(Brown, 1992; Cobb, Confrey, diSessa, Lehrer, & Schauble, 2003; Shavelson & Towne, 2002; Sloane & Gorard, 2003)。但是，这些对话与争论只局限于教育研究领域内，而不是在发展领域。我们对设计研究的兴趣在于它们能够阐明发展的起源和途径。而这个问题也正是我们将在本章的第二部分中进一步讨论的。在那一部分，我们将通过综述科学思维发展的现状来纵览当代设计研究的总体状况。

尽管在发展心理学和科学教育交叉部分出现了这种新的研究方法，但是我们也绝不能乐观地认为，心理学和科学教育领域在儿童学习问题的目标和结论的问题上已经达成共识。这种差异的存在主要有两个原因。第一，不仅仅是在这两个领域之间，就是在各个领域内部，长期以来关于科学学习与科学理解的含义均存在分歧。这种分歧的产生部分是由于在我们的社会中，人们对教育的一般目的缺乏一致性的理解。特别是对于科学学习的理解，人们对科学的本质还存在不同看法，这使得人们在调查研究中对现象特性的认识很少能够达成共识。第二，发展心理学内部，在发展的本质和心理机制方面，以及发展研究怎样才能更好地服务于教育事业或是教育事业怎样才能更有利于发展研究等问题上，也存在着长期的争论。争论仍在继续，而如何更好地研究发展的观点影响了人们对学习应该被如何促进的看法。

例如，一些学者强调那些被认为主要是发展中的个体所具有的内在属性的机制，特别强调那些对于人类物种来说具有一般性，因此在不同情境和文化中表现相对一致的发展形式。另外一些学者则认为心理学过于注重在个体机体水平上对假定的内部心理过程、特质，或是抑制操作为基础的发展进行解释。这些学者认为心理学应该对发展进行充分评估，需要考虑它得以维持和形成的本地情境和过去的背景。从这种观点可以看出，我们应该把研究的重点放在与人们日常所参与的活动相联系的结构、目标和价值上；人们在学习过程中遇到的各种任务和问题；他们的前知识的内容和结构；他们学习的历史；作为个体世界一部分的文化期待、工具和行为模式；塑造当前活动的社会和历史情境。当然，在发展心理学领域内，基于个体心理属性的解释与基于物理、社会环境的解释之间的争论一直是古老而现代的问题，因为这样的分歧似乎随着该领域的发展将继续重新塑造它本身。

155

总之，有关科学素养和科学学习的不同观点，至少部分来自于对如下两个问题的不同回答。第一个问题是，当儿童学习科学时什么得到了发展？第二个问题是，什么是发展？进步的取得，依赖于对这些棘手问题的不同回答意义的检验与解释。因此，本章以考虑科学本质的不同形象为起点，因为这些形象或者显性地或者隐性地指导着发展研究的实践。这一章的第二部分回顾了一些熟悉的领域——科学推理发展的研究——但是对这些主题的考虑是在其假定的科学形象的背景下以及在发展被教育有意地干预的研究过程中进行的。这一部分考察了科学思维与发展的假设，因为这些假设激发了人们对发展的长期调查研究。同时，第二部分也总结了传统方法和设计方法如何推动和促进我们对学习和发展的理解。

课堂设计研究强调科学本质的某些不同观点，并且作为一种新的研究范式，基于对长时间内促进发展方式的不同看法(bets)，已经成为一种新的教育设计形式。这种新的研究方法对于发展心理学家和科学教育者理解学习和发展来说，是很重要的。它给科学教育者进一步理解科学本质与教育意义之间的争论提供了实证的基础。就发展心理学家而言，它或许重塑了我们对认知发展轨迹的期望以及能够塑造或者改变这些轨迹的影响。

正如我们将要阐述的，课堂设计研究面临着许多实验室研究不会遇到的挑战。比如说，从长期的观点来看学习和发展就必须重新考虑有关学科的问题。从历史的角度讲，对于什么知识或者技能值得教和学的决定，不仅取决于人们对学习和发展的知识的理解，同时也取决于现实的政治与传统。通常这些决定不仅受组织结构的影响，而且也受到学制的限制。学科的课程形式是根据历史传统制定下来的，因此重新设计可能是非常困难的。当一门学科的教学方式被渗透在教科书、课程标准、测验以及职前教师的教育和家长与公众的预期中的时候，这个学科的教学方式就会逐渐地被认可并成为一种标准。正如当前的“数学革命”(math wars)的范例性材料所显示的那样，从历史的角度讲，有关科学学习(或者历史学习或者数学学习)本质的观点，根深蒂固，很难改变(Dow, 1991)。然而，正如我们将要展示的，发展视角加上有关学习的纵向研究将对学校学科地位不可动摇的观点提出本质性的质疑。严格地说，从发展意义上进行思维可能会大大改变人们有关学习什么以及怎么学习的问题的全貌。

本章的第三部分，也是最后一部分，作者以自已长达十年的设计调查研究为范例详细地阐述了解决这些问题的方式。尽管原则上讲，本章中的每一个范例都是为了分析这些问题服务的，但是这一部分我们讨论的问题要求展现设计研究的研究程序、潜在的功能以及一些只有研究项目中的人才能触及的信息。这些通常因为属于“工具”(implementation)或“后方操作”(logistical)的原因而被省略的信息，通常很少见诸报刊或其他公众展示，但是在设计研究中它们应被考虑作为行动研究的一部分，而不应该作为枝节问题被省略。最后一部分的目的在于显示这种调查形式如何要求研究者发现新的方式来解决研究所涉及的诸如表征、概括和重复等问题。而这些问题在实验室研究的情境下采用相同的方法总是很难解决的(尽管严密观察的实验室研究与设计研究有许多相似之处，尤其是在一些新的研究领域中；例如，Gooding, 1990)。

最后不得不提的是，本章讨论的问题与许多研究领域相关，包括科学教育、科学的社会性研究、符号语言学、科学史学与哲学，以及学习与发展的认知模式等。为了避免离题太远，本章主要阐述将发展方法引入科学学习与科学推理过程中的课堂研究。相关领域的研究只有当它与本章的论述直接相关时才会介绍。 156

科学的形象

科学本质的形象为发展的研究奠定了基础，它为研究者指明了发展研究的内容以及用于研究的适宜方法。

我们总结了得到广泛研究支持的三种科学形象(或取向)，它们分别是：逻辑推理取向的科学、理论转变取向的科学和实践取向的科学。在本章的这一部分，我将首先简单介绍每种科学取向的观点，然后通过与实验的观点作比较，来进一步使用范例性研究详细论述三种取向的不同观点。因为，实验不仅是科学实践的核心，而且也是科学实践的根本认知形式。

逻辑推理取向的科学

逻辑推理取向的科学强调科学推理的领域一般性，它的研究领域跨越地质学、粒子物理学等多个学科，它的内容涉及形式逻辑、启发式思维(heuristics)和策略。这个形象突出表现在早期的三个研究计划中，极大地影响了研究者对科学思维界定的方式。这些研究计划包括 Inhelder 和 Piaget(1958)关于形式运算的早期研究；Bruner、Goodnow 和 Austin(1956)有关概念发展的研究；Wason (1960,1968)旨在显示人们趋向避免接受与他们的前理论相冲突证据的四卡任务(four-card task)研究。逻辑推理取向的科学形象在当代研究中仍然很有影响力(Case & Griffin, 1990)。学会科学地思维被认为是一个旨在获得协调理论与证据的策略(D. Kuhn, 1989)、掌握反事实的推理 (Leslie, 1987)、辨别支持(或不支持)确定结论的证据模型(Fay & Klahr, 1996)和理解实验设计的逻辑性的问题(Chen & Klahr, 1999; Tschirgi, 1980)。对研究和教育来说,这些启发式策略和能力是一个重要目标,因为这些方法具有广泛的应用性,并且至少在一定程度上反映了领域的一般性与迁移性(D. Kuhn, Garcia-Mila, Zohar, & Andersen, 1995)。

这一取向的研究具有的一般特征是研究者常常试图排除知识内容对任务操作的影响。他们采取的策略通常是使用那些儿童不可能有相关知识的新颖任务或者使用那些内容简单的任务。比如,在一项问题解决策略的研究中,D. kuhn 和 Phelps(1982)让儿童观察清澈的、没有标签的化学溶液混合物,尝试找出当加入一种混合液体后,是哪种混合物会变成粉红色。人们认为这种促进或者妨碍儿童解决问题的方法不可能唤醒参与者已有的知识,因为青春期前的儿童对化学溶液并不了解。此外,人们用试管上按字母排列的标签来区分化学物质,这些物质都是难以区分的透明液体,每次实验后变换标签,经过一段时间,参与者不可能积累有关化学物质的知识。事实上,研究者对儿童怎样思考化学溶液并不感兴趣,他们这样做是因为想弄清楚儿童提出证据和解释证据策略的种类,以及儿童在解决多变量诱发性问题时所运用的策略,尤其想知道通过重复实验,儿童从观察物质材料的变化中得到反馈后,这些策略是如何发展的。

但是这一领域的研究仍然存在一些争议,例如这些推理形式是否应被视为难以获得的专业知识的一部分;这些思维形式是否随着发展的进程逐渐地出现,而对于某些个体来说绝不会出现(D. Kuhn 等,1995);或者从另一个角度讲,这些推理形式是否被认为正好与所有类型的思维形式是相同的问题解决的策略(Klahr, 2000)。在另一个案例中,发展研究者的任务是找出起因,变化模式和在多种情境尤其是科学问题中被认为是有用的技巧和策略变化的潜在心理机制(也许还包括日常思维)。

理论转变取向的科学

理论转变取向的科学从科学哲学的研究演变而来,常常把个别的概念转变历程与科学发展的趋势相比较(特别是 T. S. Kuhn (1962)确定的科学的阶段(常态科学和革命性科学)相比较)。其他科学家中,Carey(1985b)和 Koslowski(1996)认为学科知识一般是以新事实(比如 Kuhn 的常态科学)和知识逐渐增长的方式进行发展的,有时一个观点被另一个观点所取代。在关键的结合点上甚至可能出现大量的理论观点被重新建构的情形(比如 Kuhn 的科学革命)。在这种情况下,人们重组了整个概念网络和他们之间的关系(Chi, 1992)。不仅新概念进入该领域,已有概念的意义也可能发生改变,因为他们的理论结构发生了根本性变化。比如,力和燃烧这两个概念的含义。力在亚里士多德和牛顿理论中不是同一个概念。然而,我们不能认为,相信燃烧理论的科学家或持有亚里士多德关于力和运动观点的人是没有逻辑的,缺乏或违背推理的重要原则。相反,我们认为早期科学家是依靠他们的知识和理

157

论进行推理的。关于宇宙运行方式的不同假设，各种各样的结论和推论看起来是符合逻辑的，甚至逻辑性还是很明显的。

如果个体科学推理的发展和科学知识发展史一致的话，那么这个发展过程最好被认为是概念或理论转变的过程，而不是对一般领域中的逻辑、启发式思维或者策略的掌握。事实上，一些传统的研究表明，儿童和成人在推理的重要方式上本身并没有区别（如 Carey, 1985a; Samarapungavan, 1992）。

例如，Carey(1985a)认为儿童的逻辑，至少是学前时期发展的逻辑没有什么动力或者结构。她划时代的研究驳斥了 Piaget(1962)早期关于青春期前儿童"有魔力的"或"泛灵论的"思维的论断，Carey(1985b)阐述了这种明显的泛灵论思想并不是由于儿童失败的推理引起的，但反映出他们关于区分生命有机体和无生命的物体的属性的理论。她的研究结果表明，儿童缺少成人具有的生物学基础知识，更重要的是，儿童把掌握的知识组成概念系统（如理论），而这些系统一般反映不出成人拥有知识的全面结构或种类。比如，让孩子们就"没有生命"的物体举例，他们的回答表明他们混淆了许多表面特征，而成人则认为这些特征在区分有无生命时是无明显差别的。儿童在举"没有生命"的例子时提到了过去活着但现在死了的（比如被车压死的猫），或者灭绝了的（恐龙），或者是美术作品描绘和想象出来的（一个动物画像而不是一只"真"动物）有机体。在诸如此类回答（和许多其他精巧的实验）的基础上，Carey 认为，如果认为儿童在判断事物是活还是死亡时他（她）依靠的是像大多数成人一样的概念系统，这样的说法可能是错误的。Carey 指出，没有证据表明儿童的思考是不可思议的或者不合逻辑的。确切地讲，在他们对世界的概念性理解中，其判断是很有意义的。因此从这个意义上讲，发展转变不是对思维过程的掌握，也不是一种新的逻辑形式或抽象思维，而是随着时间的推移，人们积累了有关像"活着的"这类术语意义的知识，不断收集一手和二手关于有机物及其特性的知识。知识系统的这些转变不断累积，当达到一个关键水平时，为了适应这些不一致，概念系统就会被重新建构。

事实上，至少在儿童入学时，所有相关的逻辑技能被认为已经都具备了（现在人们正在积极调查，是否部分知识是先天具有的，幼儿早期就已经学会这些知识或受到先天条件的制约）。甚至在内容倾向的研究中，参与者也试图通过给他们遇到的问题和任务赋予意义的方式来掌握知识。在科学逻辑传统中，研究者一般认为，排除以前知识的影响，而直接关注知识和其他因素是怎样影响学习者的推理策略和方法是不可能的（D. E. Penner & Klahr, 1996; Schauble, 1990, 1996）。从理论转变的角度看，推理策略和方法是理论发展的工具。理论是知识的保证尤其是发展的重要目标，比如，包括一种新理论是否矛盾，是否和以前的理论保证一致，是否能够对现有的和潜在的证据进行解释等（Posner, Strike, Hewson, & Gertzog, 1982）。 158

实践取向的科学

实践取向的科学是由科学研究活动构成的一个形象，它强调科学活动的观察研究，包括短期的（如特定实验室的活动研究或者一个具体的研究课题）和历史的（如实验笔记研究、出版物研究和目击者叙述研究)两种类型的活动。实践取向的科学认为理论发展和推理是整个活动的组成部分,包括参与者的网络和机构(Latour, 1999);读与写的专门方法(Bazerman, 1988);使现象易理解、可视化和可传递的表征的发展(Gooding, 1989;Latour, 1990);因为没有一个理论在任何时候都能够详细阐明工具和量具足够多的细节来指导实践,所以还要努力控制事物的偶然性。工具、量具和理论的组合不是完全有原则的(如Pickering, 1995)。科学的另外两种形象结合在一起组成了三角形的一角,另外两角包括实物过程(制作工具和观察的其他背景,甚至还涉及机械装置)和用于描述实物程序是怎样提供自然可视化功能的模型(Pickering, 1989)。

传统研究对科学的描述表明,科学包含了从实验到比较研究的各种形式的实践。比如,几个世纪以前发展研究的一个传统是,实验物理倾向于把实验当做辩证的一个主要形式(Sibum, 2004)。诸如此类的例子大家可参看 Shapin 和 Schaffer(1985)关于知识争论的描述,这些争论是在17世纪由 Boyle 的实验方法引起的,还可参看 Bazerman(1988)描述的牛顿在实验报告起源中的作用。相比之下,甚至是当代的进化研究也依赖这种比较的方法。例如,Van Valkenburgh、Wang 和 Damuth(2004)通过观察在五千万年前北美食肉动物的化石验证了自然选择原则。他们也用比较法就个体选择对食肉动物灭绝率的影响作出预测,然后与现存的化石进行比较。

科学的社会学研究陈述的实践活动的每一组成部分对研究的整体成功都是重要的。试想一下抽象的表征(书写的表征)这个例子。Latour(1990)提出科学抽象的表征系统具有这样一些性质,这些性质可以使它们在服务于科学探讨时,能更好地适应易流动的认知和社会资源。这些性质包括:(a) 抽象的表征基于原义的易流动性和不变性,这样会促使除掉时空上的障碍并且"固定"转变,使它成为一个反应的对象;(b) 抽象的表征的可测量性和重塑性,这些性质保证了抽象的表征的经济性,但保存了表征现象元素间的关系结构;(c) 抽象的表征重组和叠加的潜力,产生结构和模式的操作不可能是可视的或者甚至是可构想的;(d) 对权限的控制,因为抽象的表征的"流通"(circulate)贯穿一个研究课题的始终,它取代了现象,更维持了激发创造力原始事件的索引(Latour, 1999,72页)。Lynch(1990)更进一步指出,抽象的表征不仅维持了改变,而且也加工改变:抽象的表征既减少又增加了信息。

抽象的表征是认知发展的基础。Gooding (1989)研究了磁场中由铁屑组成的图案怎样转变成力的显著的几何曲线。这种新的展示技术有助于形成描述电磁现象的新语言,"同时也加强了它们所体现的科学价值"(186页)。同样,Kaiser(2000,76—77页)认为在粒子物理学中延续使用 Feynman 图,是由于这些图案在气泡室中与抽象的表征的路线共享可视化的要素,这与诉诸现实主义是相通的:"图案能用无声的方式唤起真粒子的散布和传播,为那些淹没在气泡室照片中的物理学家提供了'现实主义'的联想。"

实践取向的科学强调复杂而多样的科学本质。那么,发展实践取向的科学必须包括逻辑和理论(Dunbar, 1993,1998);谈论现象的方式;参加社区实践(Gee & Green, 1998; Lemke, 1990;Warren & Rosebery, 1996);发明和调适展示技术,有时也叫表征能力(diSessa, 2002,2004;Goodwin, 1994;Greeno & Hall, 1997;Roth & McGinn, 1998);了解

159

控制领域内偶发事件的知识，包括在没有告知时如何建立变量（Ford, 2004; Lehrer, Carpenter, Schauble, & Putz, 2000）；和正确评价不同科学领域中使用的各种方法。因为根据定义，实践取向的科学要包括参加这些实践的机会，通过用这种形象指导的发展研究在创设支持参与实践的环境来追踪长期的发展变化。正如 Warren 和 Rosebery(1996)总结的那样：

> 从这点看，科学学习不可能只是降至对科学事实的吸收，科学过程技能的掌握，一个心理模型的修订或是错误概念(misconceptions)的纠正。更确切地讲，科学学习的概念化是我们理解世界具体方法中的一部分，有利于我们概念化，评价和表征这个世界(104 页)。

对科学形象的重新思考：什么是实验？

对实验的比较分析可能有利于增强科学形象之间的对比。逻辑推理取向的科学认为，实验是由单一理论基础——变量控制——主导构成的一种推理形式。实验就是控制，控制什么发展(what develops)就是对这个逻辑的正确评价。在变量的可能操作空间上，实验是有效的。理论转变取向的科学遵循不同的步骤，它把实验当做理论的一次"关键测试"。栅格理论(grid theory)指导下的关键测试的改变，是因为它们有产生异常现象的潜力，因此会激发概念转变。实践取向的科学把实验看作解决明显矛盾的一个方法(Latour, 1999)。实验事实是靠工具、材料、精巧的装置得来的，永远不可能被认为只是简单的自然观察(Galison & Assmus, 1989)。因为理论总有其实践的一面，它们是建立在调解活动的基础之上的(比如，表征、设备、仪器说明，以及其他参与者间的相互作用和实验设计)。然而，经常参加实践的人并没有意识到这种实践活动。由于最初让参与者以特殊方式进行观察，实验的成果被认为是占支配地位的，实践活动的依据也开始变得显而易见，而实验事实与它们最初的环境相去甚远(Gooding, 1989, 1990; Shapin & Schaffer, 1985; Sibum, 2004)。因此，从实践取向的科学角度看，实验是复杂而又具有一定结构的。

科学的形象对教育和发展的启示

正如我们所提到的，对于发展变化的恰当解释，逻辑推理取向的科学和理论转变取向的科学一直争论不休。这两种观点在各种形式的证据中寻找各自的论据。此外，它们还倾向于和有关科学教育最佳目标的不同观点相联系。有趣的是，科学教育一方面长期驳斥科学知识和理论的相对重要性，另一方面，又与科学思维形成鲜明的对比。一般而言，学校科学往往重视被 Dush(1990)称为"最终形式科学"(final form science)的学习，也就是最终产品：概念、事实和理论。然而，传达这种"结论修辞学"(rhetoric of conclusions)(Schwab, 1962)的教科书解释不了知识是如何产生的。作为最终形式科学的教学事实、概念和理论可能会使学生不了解知识的产生，还可能会扭曲科学知识的本质，将知识错误地传达是不可变且无可争辩的信息。20 世纪 60 年代教育者开始讨论教育的重点应该是"科学过程技能"，如观察力、预测力、测量能力和推理能力,这部分是出于改革传统教学方法的需要。事实上,最有影响力的苏联国家科学基础课程(post-Sputnik National Science Foundation curricula)之一就是以《科学: 过程法》命名的(American Association for the Advancement of Science, 1964)。然而,很快我们就发现一般领域过程的学习很容易和学习教科书一样变得形式化和缺乏意义。此外,这些技能的应用似乎与具体情况、任务和内容密切相关。即使在有利条件下,他们也很难在一个领域内获得这些技能并把它们迁移到其他领域中,也许正是这些原因,"过程技能"方法在科学教育研究中失宠了(尽管它们依然诉诸课程设计者和学校教师,或经常出现在商务课程和学校标准文献中)。

160

科学教育者认同帮助学生理解科学认知过程的重要性,尽管他们在就如何做这件事情上很难达成一致。例如,美国国家科学标准强调根据学生的知识水平和专长,给他们提供做科学研究的机会。事实上,探究是美国国家科学教育标准的一个主题(Minstrell & van Zee, 2000;National Research Council, 1996)。提及探究(而不是推理或过程技能)的目的是为了传达这样的信息,科学知识和科学思维是教育密不可分的目标(Bransford, Vye, Kinzer, & Risko, 1990),两者在教育中是要联合开发的。在发展和追求以科学知识为重点的科学研究的背景中,学生可以学习探究技能和科学内容。然而,由于关于这些技能是什么还没有达成共识,那么这些技能迁移到其他领域至什么程度或者技能掌握得如何(事实上也包括是否掌握)的评价问题有待于进一步讨论(见,D. Kuhn, Black, Keselman, & Kaplan, 2000 有关这些问题的讨论)。

正如教育领域中强调对科学探究的整合代替过程与内容二分论观点的尝试一样,这一研究领域也逐渐承认科学包括独特的思维方式和概念结构。比如在教育研究领域中,人们越来越意识到这是对科学推理的重要补充。研究者正在调查它们是如何共同发展的,同时正在建立和检测将科学的这两个方面协调起来的标准模式。

例如,Klahr 和 Dunbar 的双重搜寻空间模式(Scientific Discocery in Dual Spaces model)将科学推理看作是通过两个问题空间整合的探索过程: 假设空间和证据空间。在这一模式中,不论是通过限制潜在步骤或是开辟新的可能性,每个问题空间的步骤都会影响另一空间的潜在步骤。正如我们介绍的很多关于问题解决的一般研究,科学推理者会在脑海中出现一个问题的心理表征("问题空间"),他们解决问题的方法是通过一套可能性的启发式的搜索塑造出来的。双重搜寻空间模式的目标包括产生可能导向假设公式的观察,找到符合或不符合已有假设的证据,或者在多个竞争假设中作出决定。所以,这个模式综合了假设(假设他们原有的观点、概念或理论)、产生和评价证据的策略,以及在科学推理过程中对空间搜寻相互影响的描述。除了这种建模方法外,研究者(Klahr, 2000;D. Kuhn, Amsel, & O'Loughlin, 1998;D. E. Penner & Klahr, 1996;Schauble, 1990,1996)进行了经验性的观察研究,系统地检测了学生先前的观点对学习策略和启发法的影响,这些策略的目的是为了产生和评价证据(或者相反地,不同的策略对参与者的理论转变的影响)。

然而,不管研究者是否认为"发展什么"是个科学概念,科学推理或者二者兼有,一个与这些观点共同的假设就是我们的目标是要找出科学最重要的方面或本质,因此研究者调查科学的发展以及教育者知道将会教什么的问题。然而,也许没有这样的核心要点。可能科学目标不是鉴别出它最重要的方面或本质,而是它的多变性。实践的科学形象表明科学贯穿了多个认识论和实践论。也许关于发展最重要的不是个体内部的典型变化,而是要理解个体是怎样开始并参与到各种科学研究的活动中去的。从教育的角度看,这个案例的目的是考虑哪种形式的实践能给教育带来最大的影响,然后了解如何帮助学生参加科学实践。我们最初的注意力不应放在研究发展知识或个人的逻辑上,而是要刻画认知发生系统的作用,尤其要重视促进和协调思考的一系列符号和其他工具。

什么是发展?

在本章的前面部分,有关教育的焦点问题与有关发展的本质和方法联系紧密。当然,这就是我们前一章介绍的"什么是发展"的问题。纵观历史,从它成为一个独立领域开始,发展心理学就倾向基于对个体的内部心理特征进行解释。这似乎偏向于寻找某种生物本质作为发展的最终解释,从 Gesell 关于该领域最早的成熟记录到今天强调识别先天知识和遗传条件,一直都是这样。在实践中很难将发展心理学概念化,因为它不是以成熟和目的论为基础的。事实上,有些研究者认为,定义一个发展现象,那么该现象就应有一种普遍的性质,至少在某种程度上受生物因素的控制。除了一些特例外,发展心理学已在很大程度上将环境、文化、历史和教育看作是噪音,或者至少看作是影响发展过程的因素。如何将这些因素与发展研究领域有效地联系起来,还需要我们进一步探索。

161

另一方面,可以将发展看作是同促进发展的方法不可分割的,因此,"在什么条件下?"这一问题被认为是发展必须给予充分解释和回答的问题。这种观点对学者和实践者来说都是有用的,他们不仅描述与解释发展而且还要促进发展,在某些情况下,甚至以具体方式改变了发展的过程。总之,主流发展心理学一直停滞不前,是因为存在很多概念化发展和环境的棘手问题。按理说发展心理学在某种程度上不该避开文化和背景这个难题而去过分关注儿童,而且是年龄越来越小的儿童。

从心理学角度进行的科学推理研究主要是根据不同年龄个体进行的横断研究(极少情况下将接受教育数量作为独立变量)。极少有研究方法能在短期内探究一群个体的发展轨迹,通过分析复杂的数据来证明发展的发生及其模式(D. Kuhn, 1989;D. Kuhn et al., 1988;D. Kuhn & Phelps, 1982)。然而有一个例外(Bullock & Ziegler, 1999),从心理学的角度,我们知道关于科学推理的纵向研究没有超过持续几周的时间。事实上,横断研究(Klahr, Fay, & Dunhar, 1993;D. Kuhn et al.,1995)表明,我们发现在有关技能或是启发法的一般研究中,不同年龄组有更多的重叠而不是分离,教育至少与观察不同年龄个体所暗含的意思同等重要。

尽管是由心理学研究指导的,本章第二部分介绍的大量工作的特色仍然是强调教育和其他构成思维的符号的作用。从这个角度看,科学继承了一套宽广而折中的调节心理机能的方法,而这些心理机能被列入复杂而多样的目的网,在转变的过程中被社会追求,被文明而发达的工具和符号学证明和塑造。这样看来,关于科学没有一个心理的“本质”。相反,科学被认为是一种复杂的人类实践。实践这个术语用在这里不是指行为的外部组织,而是指开始并根植于目标且已渗透了人类意图的活动模式。“发展什么”是参与这些科学实践的能力。持这一观点的研究者不否认科学思维继承了逻辑学、认识论和理论转变的思想。然而,他们争论的最基本的内容是这些心理机能是如何建构的,在社会背景和调解方法中是怎样视情况而定和表达的。此外,科学推理不能只是知道如何设计实验,理解证据模式和建立一个关于某领域的持续而连贯的知识基础也很重要。每一机能基本上都依赖于其他机能,因此,将它作为一系列独立能力或技能的研究可能会曲解整个计划。

162

这种研究观点倾向于重视变异的来源和形式,而不是寻求认知的一般形式。通过关注为科学思维提供意义的调解特征,或者是从教育的角度看,可以鼓动和促进发展变化的设计特征时,变化性是可理解(和产生)的。这些特征可能包括学习的历史、教学和其他辅助形式,所有水平和种类的文化期望,任务和工具,各种各样的写作和评论,抽象的表征和符号系统,循环的活动结构。这些课题的概念化既不是作为内部心理资源,也不是外部环境刺激,确切地讲,人们仅用表面的事例来理解它们(如,它们拥有实物表达),但充满了由人们讨论出的意义。

本章不讨论心理和实践这两个观点哪个更正确。但是对于教育来说,实践观点的一个优点在于它的要素是转变的主要潜在工具。我们不能直接操纵一个人的心理能力变化。教育包括理解和使用工具、任务、辩论标准和能够满足预期的课堂实践(Lehrer & Schauble, 2000c)。所以对于关心教育的学者和实践者来说,弄明白这些和其他设计特征是怎样促进认知发展的,是一个很有用的目标。

无论我们个人对发展的看法如何,有关最适合学校科学的科学特征问题仍存在许多的疑问。接下来的内容我们主要描述当前课堂研究的状况。在这些研究中,研究人员同教师和学校组织部门的其他人员一起合作,创造有利于学生参加长期科学实践的条件。每个计划都源自以前的发展研究,所以我们把这些先例运用于当前的设计研究中。综上所述,设计研究强调科学实践的不同观点,因此教育设计以各种科学实践的不同猜想为基础,从而促进发展。理解这些猜想含义的办法就是用事例充实设计并指导有关学生思维发展的纵向研究。有关使科学推理概念化(至少为了教育目的)的最好方法的争论不会停止,除非猜想可以兑现,并且产生的结果可以进行比较。每种方法可能既有优点又有缺点,在任何设计活动中,这些都需要进行权衡和评价。

课堂设计研究和发展

在这一部分我们阐述了现行的课堂研究,学者们正致力于协调两个相关事项的工作。首先,他们试图通过培养科学思维发展的方式来改善教育实践。我们将要看到,这里举例说明的每项研究都阐明了“发展什么”的不同意义。因此,对于科学思维来说,重要的早期观点或最初的东西具有易变性,同时支持和研究的东西也具有可变性。其次,随着教育转变实验的实施和日益完善,研究者们开始关注参与研究的学生的认知和发展的其他形式。与此相关的一个重要目的就是要理解用于促进发展的各种方法(Cobb et al.,2003),从而反映出人们普遍把发展看作一种文化支撑的事业,而不是自然发生的现象的观念。

当然,已有数百个课堂研究试图促进学生科学推理和知识的发展。本章不准备回顾所有的课堂研究,甚至是与学生科学思维及知识发展相关的一切内容。事实上,我们重点介绍几个案例,举例描述了科学课堂设计研究,以及学者试图改变发展研究的全景。我们挑选典型例子时遵循以下的标准:

> 首先,这些研究关注的重点是发展变化。在某些情况下,这就意味着教育干预是建立在认知发展文献中的知识基础之上的。在其他情况下,课题可能不是由发展研究直接推动产生的,但在概念上与目前发展研究的结果一致,我们一般通过对已有发展知识的挑战,为理解发展作出新的贡献。这些挑战经常针对以往文献中没有涉及的思维形式和知识体系。作为一个整体,这些研究关注于鉴定思维形式的早期根源或预兆的价值,同时也关注纪实性地描述推理目标形式的转变过程。除了按照自己的主张描述了每个课堂研究外,我们还简要概括了发展心理学的相关研究,它们阐明了各研究间的相互关系。
>
> 除了重视儿童思维的发展外,这些研究对学校科学领域还持有发展的观点。每项研究都体现了这样一个观点,那就是所教内容怎样才能有利于发展学生的科学素养。观点的转变是个长期的过程,它看上去超出某一具体技能或概念的学习。一般情形下,兴趣通过多年的教学才能获得,而不是在一节课或一个单元内就能得到。这里所描述的工作都对什么是科学教育中的“重要思想”(big ideas)作了精细的思考。我们将会看到,在这一方面这项工作的大多数研究日程仍然远远落后于有关概念形成的研究。
>
> 这里呈现的每项研究都非常重视教育的作用。也就是说,教育事业被认为是具有内在价值的研究领域。因此,学校不仅为研究提供了被试,同时为了研究一些心理机制,教育也承担了设计研究的任务。研究经常在学生素质和资源都占优势的学校中开展。所有的研究课题都必须利用学校的实际条件,都必须面对研究的持续性这个棘手的问题。

163

我们的目的不是列举所有符合这些标准的研究,但是可以通过研究者构想科学与发展的交叉点的方式,来举例阐明它们的多样性和宽广性。

本部分提到的研究者并不都认为自己是在进行设计研究,但是他们的研究都体现了设计研究的特征。人们通过设计研究,对设计学习环境和研究教与学之间的转移的尝试性工作进行协调。他们的研究一般采用了多种方法,从传统实验或准实验(quasi-experiment)到描述法或人物志研究。这种方法的区别特征不在于它使用了某一具体的方法,而是教学和设计这两个互补方面之间紧密而循环的作用。研究者在以往研究和对领域理论进行分析的基础之上,部署和创造了一个范围各异的有关学习环境的设计。同时,作为合并设计研究的结果,他们还指导了一个精细而系统的有关学习的研究计划。随着研究的实施,会产生需要修正设计的研究结果。有时候这些改变微不足道,有时候是彻底的改变。反过来,这些改变又会产生一些新的研究问题。

事实上,设计研究方法的假设是,作为探究活动重要目标的多种形式的学习,只有在呈现它们产生的条件时才能得到研究。因此,这些学习形式尤其适用于对发展形式进行的研究,而这些发展形式的出现则需要持久的教育活动。正如我们提到的,每项设计研究都不同程度地强调实践,它对维持更长时间的研究发挥着重要作用。通常情况下,这些"最佳猜想"(best bets)来源于由三种科学形象之一或更多指导的发展方法。尽管在实践中,所有长期研究都受多方面的影响。

促进科学推理发展的课堂设计

Inhelder 和 Piaget(1958)宣称只有在形式运算阶段的开始,大约是青春初期,儿童才能理解科学实验的逻辑性。像其他许多儿童认知能力存在缺陷的假设一样,这一说法被后来的研究所证实。由 D. kuhn 和她的助手(1988,1995;Schauble, 1990,1996)进行的微观发生法的研究发现,青春前期的儿童在没有成人指导下解决多变量的问题时,只有少数人最初能够创造出有效的科学推理策略或启发程序。然而,当给儿童更多机会进行微观发生法设计的重复试验时(D. kuhn & Phelps, 1982),大多数儿童开始较多地使用更有效的策略来设计和解释实验(D. kuhn et al., 1995;D. kuhn, Schauble, & Garcia-Mila, 1992;Schauble, 1996)。这些策略包括研究与变量相关的所有组合及其水平,控制无关变量,对基于证据的质量和数量作出恰当的推断。其实,许多参与者在开始时不仅是为了掌握和巩固而开始使用新策略,他们都会在任何合适的时候经常使用这些新策略。早期有缺陷的策略最终被抛弃,参与者甚至运用新策略去解决不熟悉的问题,而这些问题不具有最初学习背景的表面特征(D. kuhn 等,1992)。

164

事实上,这些启发式的思维的起点早在学前期就已经出现了。在结构严谨的一系列研究中,Sodian、Zaitchik 和 Carey(1991)证明了学前儿童能思考一个假说的两种备选检验,并确实能够分辨哪些检验方法可以解决实际问题。但这只有在简单情况下他们才能做到这一点:可供选择的方法不完全被肯定或者也没有受到以前观点的强烈挑战;选择方案和变量的数量是固定的;儿童只需评价两种选择而不需要他们单独提出自己的实验设计。然而,这些研究确实表明了儿童至少基本上能将与这些观点有关的证据与他们的观点区别开来。

通过教学促进对实验设计的理解

基于早期有关儿童能理解实验设计的逻辑性的发现(Tschirgi, 1980),Chen 和 Klahr(1999)认为,儿童科学教育的核心是变量控制逻辑性的掌握。他们建议应该教授儿童忽略或推迟阅读具体内容而把精力集中放在结构关系上,这正是在 Chen 和 Klahr 教育研究中训练儿童的内容。在一项研究中,研究者在多变量情境下进行了两个配对实验作为一次因果"测试",学生通过对该实验的信息进行判断来学习评价实验设计。每个实验包括几个潜在的独立自变量(处于不同水平)和一个因变量(也有几个不同水平)。学生知道比较的关键是作出一个判断，看看其中的一个独立变量是否与结果之间有因果关系。

例如，在一种情境中，学生被告知他们的任务是评定实验的功能，以此来判断哪些因素影响了小球从斜面上滚下时所行驶的距离。实验包括了两个既可陡又可缓的斜面，球开始滚落的点在斜面的不同位置。斜面上安装有可翻转的插入物，可产生粗糙或平滑的面。测试球采用高尔夫球和塑料体网球两种。儿童观察这两类球体的配对布局，并回答是否每个比较实验都与权威的结论一致。

向儿童演示的实验中有各种形式的无效测试。比如，两种斜面的组织结构可能在多个方面不同，我们不可能判断出其中的一个变量是不是因变量。在这种情况下，一个儿童可能观察到一个高尔夫球沿着粗糙表面的陡斜面滚下，而对比情况可能是一个塑料体网球沿着光滑表面的平缓的面滚下来。如果在这两种情况下得出了一个不同的结果，我们不可能知道是什么原因，因为同时有几个变量都不一样。我们让 7—10 岁的儿童参与到这种令人困惑的比较研究中和其他控制无关变量的对照研究中。在每项研究中，我们询问儿童这个测验是个"好的测验"还是"坏的测验"。在训练条件下，我们在每次实验后给儿童提供详细的反馈；研究者同时解释为什么这个测验是有缺点的或是完美的。Chen 和 Klahr(1999)认为这样不仅能够提高儿童判定实验信息和作出推断的能力，而且年龄稍大一点的儿童能够将学到的策略运用于新的情况中，即使隔了 7 个月也能做到。Klahr 和 Nigam(2004)指出一周后儿童能用学到的这些策略公正地评价科学海报上的内容。

Chen 和 Klahr(1999)设计的研究紧紧围绕变量控制的逻辑性来进行。如果研究任务与任何科学主题无关，即使使用了类科学(science-like)的材料(斜面、弹簧和下落物体)，逻辑性也会完全一样。因此，这类研究对推理科学来说是很好的例子。

165

探索推理发展路径的研究实践

像 Chen 和 Klahr(1999)一样，Kathleen Metz(2004)强调在科学探究时发展策略和技能的重要性。然而，在 Metz 的课堂研究中，她认为追求一般领域中的推理形式不能以牺牲具体领域中的概念性知识为代价。相反，儿童有多次机会可以反复计划、执行和修改相关研究计划，来不断发展其与重要生物观点的相关，如行为和适应等相关的概念结构。在这个意义上，儿童的实践与科学家的实践是相似的。

近十年来，为了尽可能地发展儿童进行独立探究的能力，Metz 一直在进行课堂设计研究。在她的研究中，一个重要的假设就是在维持原始目标计划完整性的情境中，儿童的知识和技能能够得到很好的促进。所以，她认为研究方法和策略不应该作为技能教给学生，而应作为儿童解决真实问题的工具，这样他们就有机会获得重要的内容知识。

在 Metz 的研究中，儿童通常在一年或更长的时间内只深入学一门学科。Metz(2004)认为学生应该深入地学习少数几个领域的内容，而不应该涉及广泛多样的话题，但对每个话题知之甚少。毕竟，如果一个人对一个领域一无所知，他就不能在这个领域内进行探究，所以，对探究活动来说，宽泛而没有深度的课程，就不是一门好的课程。在一定程度上，内容知识的发展和科学推理的发展应该是相互促进的。

探究活动的成败取决于学生是否能够提出大量的问题，能否获得一套研究这些问题的合适方法，以及为答案所提供的证据（和反证据）的种类和质量。与这种观点保持一致，Metz的参与者一次只研究一个科学领域——比如动物行为学、鸟类学、植物学，或者生态学——在以后的时间内，儿童会在多种情境中反复遇到所研究领域的核心观点。我们应该认真地构建最初的研究，随后由儿童独立计划和实行探究，渐渐让他们担负起对科学工作的进展和评价的责任。

例如在介绍动物行为时，二年级和四、五年级的学生在教师的指导下先观察放在教室中间的一只啮齿目动物。事实上，每位学生观察的是同一只动物，但他们必然会选择不同的行为进行描述，而且从不同的角度来解释行为，或者他们不能用同一种形式记录这些行为。这些现象的出现激起了我们是否需要用标准方法进行观察的争论，也使我们认识到在一些情况下（比如大声地说话），人的观察能改变被观察有机体的行为。儿童一般把注意力和心思都放在了动物身上，引发人们对观察和推断之间的区别进行讨论，这一区别被 Metz 认为是随后研究的基础。儿童以小组为单位记录并展示他们的数据，不同数据的呈现引发了我们对不同的数据表征怎样传达不同信息的讨论。

在进行完最初的观察之后，把学生重新配对分组，然后分别给每组学生一个对象进行研究，这次是一个或多个蟋蟀。用来观察的蟋蟀种类不同，同一种类的个体也互不相同（雌雄、年龄等），针对这些变量和被观察动物的行为（比如鸣叫、打架或吃东西）之间的关系，要求学生提出一些问题。在这些研究领域中，我们详细介绍了多种控制和研究方法（比如，时间抽样技术广泛应用于动物行为的研究中）。为了奠定探究所需的知识基础，学生还采用阅读材料、录像带和其他媒体的形式来补充他们的直接观察所获得的知识。研究小组独立地提出一些关于蟋蟀的问题，然后将全班同学的问题放在一起，按不同的维度进行分类，包括这些问题是否经得住实验探究的检验（“你能收集有关这个问题的数据吗？”）。在一些案例中，学生能清楚地说明日常思维形式和科学思维形式的不同。例如，学生总结道，在科学中他们的意见可能不总是一致的，但是如果持不同意见的人能给出恰当的理由，还是可以接受的。学生学会了识别和标记他们不断增加的知识中的不确定性。

166

有关蟋蟀的最初研究是由全班同学共同观察的，然后两人一组再进行观察。教师帮助学生记录问题并将其分类，对观察进行总结并制作一个可以展示可能研究的问题类别和能支持这样做的适当方法的表格。在随后的研究中，逐渐让学生独立操作整个研究过程。最后，利用以前评价潜在问题时提出的启发程序的清单，再加上班级成员在研究问题时产生的具体领域内方法的清单，每个小组设计和进行自己的研究。每个小组的研究结果以海报的形式呈现，包括各自的研究问题、研究方法和研究结果。

列举探究活动例子中的顺序，同一般烹饪练习时需要认真地操作每一步骤形成了鲜明的对比，同时也与需要遵循预先设定研究计划的科学活动和成套工具形成了对比。Metz 课堂中的学生有更多的自由（虽然不是无限的）选择他们要提的问题，这就说明课程设计者最基本的任务就是辨别出能够使学生提出各种问题的研究领域，而且这些问题必须使学生的观点与一个或多个重要的科学观点形成直接的冲突。Metz 研究中的一项主要任务是找出具有这些特征的领域。Metz 的研究方法也和 Chen、Klahr 和 D. Kuhn(1989)所提倡的方法不同,她认为探究任务的内容和表面特征是次要的,重要的是反复进行实践,对不同的但具有一种共同的潜在结构的表面特征的问题作出逻辑判断。

Metz(2000)识别了教学中儿童知识的五个不同的方面,包括儿童在研究领域方面的概念性知识、对经验探究的理解、具体领域的方法论知识、对数据的表征和分析,以及工具的运用。我们仔细研究了儿童的探究过程,同儿童研究小组进行访谈后,提出了有关儿童达到这些目标的信息。研究结果是由二年级的一个班和四、五年级混合的一个班报告的,这些学生来自农村公立小学,他们都参加了动物行为研究的第一次重复实验。

尽管其中一个二年级小组开始时选择了一个不恰当的研究方法,但是 10 个二年级小组和 14 个四、五年级的小组在形成了一个研究问题之后又提出了一个该问题的研究方法。大多数二年级的学生和大约一半四、五年级组的学生都是在全班同学的启发下,鉴别出一个好问题。有趣的是,大约一半高年级组的学生提出了有关社会行为的问题,而低年级学生没有一个人提出该类问题。大多数低年级学生通过比较不同条件下蟋蟀的行为,对影响蟋蟀行为的变量进行了研究。总之,研究表明儿童有能力控制他们的研究,甚至能够提出控制无关变量的好建议,以往的文献也给出了儿童解决问题时的自发表现,而这个问题的解决需要他们产生或评价一个包含控制因素的对比研究(Chen & Klahr, 1999;D. Kuhn 等,1988)。

教学之后,我们分别对每组学生进行了访谈,内容主要涉及他们问题的概念化过程和研究方法、研究结果,以及他们是否能想出办法来提高研究结果的信度。此外,我们还询问每组学生是否能想办法改进研究。Metz(2004)在对访谈的分析中,特别注意了儿童是如何将研究中的不确定来源以及他们解决这些不确定性的尝试策略进行概念化的。一些低年级的儿童简单地认为探究的重点是要得到一个想要的结果,但这里不确定的因素是儿童的要求怎样使他们的操作“起作用”,这种观点在以前关于青春期前儿童的研究中已多次出现(参看,Schauble, 1990;Tschirgi, 1980)。大约 25%的儿童强调在他们数据中出现了不确定性,这些不确定性是由于他们的测量工具或实验错误的不严密而引起的。大约 15%的儿童(两个年级的学生比率大约相等)描述了他们对数据趋势概括的不确定性。对造成这种不确定性的最经常的解释是研究的实验条件是有限的,或者是由于蟋蟀的可变性使得儿童不能确定在一些蟋蟀身上获得的结果是否能运用到其他蟋蟀上。将近 40%的二年级学生和 25%的四、五年级学生不知道他们的理论是否能充分解释他们观察到的数据中的趋势。最普遍的不确定性最终被归结于数据中趋势的确定(多于 40%的二年级学生和 85%的四、五年级学生这样认为)。在大多数(并非所有的)情况下,儿童能提出至少一个策略来解决这些不确定性。

167

总之,参与者似乎从以下几个方面理解了知识不确定性的本质:不确定性以各种方式进入数据产生的过程;他们了解研究的不确定性是由他们指导的研究及其内在的缺点所造成的;世界和科学知识之间的关系一般不是简单明了的,而是充满了复杂和解释。Metz (2004, p. 282)得出结论:“至少到了二年级的水平,初级科学课程中解除和分解这两个概念的存在似乎是由于课程传统的作用,而不是发展所必需的。”

围绕自我指导研究而组织起来的教学,需要维持研究技能和概念性知识发展之间的平衡,但要找到这一平衡点又绝非易事。在实践中,教师需擅长协调两者之间的紧张关系,要防止一方面已进入中心阶段而另一方面又有淡入背景的趋势。Metz 建议,作为平衡对方法论的关注和强调丰富知识基础发展的一种方式,应该在连贯的知识领域内从事后续研究。因为儿童的知识是日积月累的,他们有多次机会对研究进行指导和解释,这不仅使他们熟悉了一套方法论的技能,还给他们提供了在复杂和有限的研究领域中获得专业知识的机会。

总之,Metz 促进科学推理发展的方法有方法论的倾向,就是把科学家通常使用的研究方法教给学生,并在以后知识丰富的研究背景中使用研究方法。她以科学团体的具体例子说明科学实践研究各个的方面问题。问题的提出和调查都具有自我指导和共同协作的性质。在这些研究中,我们对儿童在探究过程中发展起来的概念本质知之甚少。但我们很清楚,儿童的研究方法同科学家的方法很相似。然而他们对蟋蟀进化的理解能够促进他们对生物科学更宽泛概念结构的理解吗?如果能,那是怎样实现的?在作为理论发展的科学指导下的研究已经详细地阐述了这些问题。

支持理论转变的课堂设计

我们比较了两个研究课题,虽然两者都是以理论转变为中心的,但是在对“发展什么”的起源和分析上有着不同的认识。第一,目的性概念转变(intentional conceptual change),它属于科学教育的范畴,受“科学是一个概念转变的过程”这一观点的影响。第二,通往科学之路(pathways to science),顾名思义,它来源于儿童关于自然理论的最新研究,试图利用这些研究找出适合儿童发展的教育。

目的性概念转变

几十年来,Gertrude Hennessey 修女一直是威斯康星州一所规模较小的教会学校中唯一的科学教师,教授一到七年级的课程。这样的背景使得她有机会在小学所有年级的教学中思考学生科学推理能力的目标和发展轨迹。幸运的是,她用自己的教育背景和智慧,并结合这个机会从事有关发展的长期研究(她同时拥有生物和科学教育学士学位)。Hennessey 不仅有计划地安排教学课程并逐日教给学生,还详细记录了有关学生学习的情况,定期指导个体、小团体的访谈和未改造过的课堂。她要探索一个用于科学教育的结构化方法,这种方法能够使学生的思维可视化,进而达到可观察的目的。她不时地与大学的教育心理学家和科学教育研究者们合作,对学生的学习进行横向的和纵向的研究(如,Beeth & Hewson, 1999;Smith, Maclin, Houghton, & Hennessey, 2000)。

168

Hennessey(2002)起初把科学教育看作概念转变。不过,在探求科学的这一特征时,她最初运用的是科学教育领域中的知识而不是心理学知识。她尤其受到了 Posner 和他的合作者以及后来由 Hewson 和 Hewson(1992)加以修订的观点的影响。他们从事概念转变模型(CCM, conceptual change model)的研究,用以解释学生关于世界的心理表征怎样从最初的、朴素的观念转变为大家习以为常的科学解释。CCM 把概念转变描述成这样一个过程:

一个概念被另一个概念取代、修改或者完全被抛弃。对概念转变模式的批评基于这样一个假设，一个概念处于相对综合的状态(status)，对于特定的学习者来说，当一个可供选择的概念处于思考中时，是维持还是转变这个概念。状态涉及如何评价这个概念的问题，它有一系列统一的标准。个体怎样应用这些标准，依赖于他(她)先前的知识、动机或者新概念与可能被取代概念之间的利害关系，以及本体论和知识论的保证。具体来说，有关状态的评价标准包括，学习者对概念的理解性(怎样理解它?)，合理性(可信吗?)，有效性(对处理生活事件或者是激发新的研究有怎样的帮助?)的评价。第四个方面是概念的一致性，即一个新概念怎样适合或不适合相关知识已有的概念网络，它虽然不直接包含在状态中，但它对于一个概念是保留抑或是改变发挥着非常大的作用。Hewson 和 Hewson 曾用“概念生态圈”(conceptual ecology)来比喻概念系统像生物界的生态系统一样复杂，概念生态圈这个隐喻强调了相互依赖的重要性。如果不改变与其关系密切的其他概念，要转变学生对一个概念的理解则是十分困难或者是不可能的。依据 Hewson 和 Hewson 的观点，每个概念都在概念生态圈内占据一个特定位置(niche)，为了生存它们可能在某个特定位置内相互竞争。除非个体对一个概念特别不满意，他才有可能抛弃或是改变它。因此，在一个案例中，帮助学生清楚地表达自己已有的信念，帮助他们意识到这些信念的不一致性或者不充分性，对于希望帮助学生在可接受的科学理论方向上取得概念进步的教师们来说，这是一个合理的策略。

Hennessey 的教学方法是从教育的最低年级开始，就清楚地教给学生概念转变模型中的评价标准。她讲授的重点不在于学习每个标准在脱离现实的情境中的意思，而是在特定的情境中如何应用这些标准，这些情境包括针对科学现象建构自己的解释时，在面对班级其他成员相互竞争的解释需要作出决定时。

Hennessey 特别重视学生元认知的培养。因此，她强调科学推理是人为的概念转变。让学生意识到他们自己的理论，并且清楚地评价同龄人提出的概念，这是她为学生制定的根本目标。不过，需要注意的是，它与常规的自我管制和自我评价形成了鲜明对比，Hennessey 的课堂关注的是元认知更专门范围的意义，它与科学认识论中的 CCM 紧密结合。Hennessey 坚持认为，她对促进元认知理解的兴趣，不仅仅是对认为内容和学科之间是可以转换的学生来说，它是基本的、通用的目标。恰当地讲，探求学生的元认知是为了帮助学生完成具体领域中概念的转变。此外，从本质上讲，元认知发展和概念转变最初均不被当做是最终目标，但是两者都被认为是帮助学生在科学领域中达到用深刻的、具有领域特殊性的观点从事研究这一基本目标的方式。

Hennessey 的教学经常以学生对自然界的直接经验为基础，因此她如此强调科学认识论，也就不太出乎人们的意料了。学生们经常通过直接探索一个精心挑选的现象开始一单元的学习，给出学生先前的观念和假定，激发学生的好奇心(再次说明，理论转变中强调特例)。学生们一般是在实验室或者野外开始研究与现象有关的内容，记录他们在探索过程中出现的问题。就像 Metz(2004)设计的工作一样，他们开始计划和实施研究方案，从而回答遇到的问题。与课本中或网络上的“研究”相比，用物理材料所做的研究可能会更多一些。在这些研究过程中，鼓励学生用多种形式(曲线图、图解、示意图)来表达他们的观点，比较他

169

们与其他学生提出的观点之间的异同。这里首先强调的是阐明自己的观点，然后评价与证据相反的、与他人持有理论相互竞争的理论，评价和修正那些用于解释正在进行的研究中出现的异常现象的观点。

总之，Hennessey的课题中所描绘的科学就是逐步发展和建构起来的关于自然世界的恰当的理论问题。此外，"发展什么"的问题不仅仅是一个科学理论，同样重要的还有学生抵制、适应或是取代这些理论的批判性标准。尽管Hennessey在她发表的文章中并没有在更深的层次上讨论发展问题，但是她已清楚地认识到元认知发展的一般过程。在每一年级，她都期望学生能够在更早的年级掌握技能，构建日益成熟的用于表达和评价他们自己和周围同学的理论的能力。对于一年级的学生来说，她的目标是适度的，她主要关注帮助学生成为阐述自己观点并为其提供理由的能手。她希望四年级的学生在评价他们逐渐形成的观念时，能够理解和运用概念的理解性、合理性、有效性和一致性这四个标准。对六年级的学生来说，他们仍然关注其他人尤其是同龄人的观点，并一直思考这些竞争性的解释是否符合已被证明的模式。

在Hennessey指导下学习了六年的六年级学生，接受了由Cary及其同事(Carey, Evans, Honda, Jay, & Unger, 1989)先前开发的测量工具的测试，用于测定他们对科学本质的理解。在这项研究中，与他们作比较的是一个人口统计资料相似的但是更多接受传统教育的群体。设计"科学本质的访谈"(The Nature of Science Interview)(Carey等，1989)的目的是对学生在有关科学知识的概念理解中的回答进行粗略的分类。水平1的观点与Carey和Smith(1993)称之为知识确定论(knowledge unproblematic epistemology)的内容相一致，它主要反映了知识是确定的，毫无疑问是正确的这种观念。知道什么是正确的是一件相对简单的事情：一个人仅仅需要去看(或被告知)。水平2的回答反映出对科学家关注解释和测试的理解，但是仍然认为知识是真实的、确定的和可辨别的。相反，水平3的回答则明确地说明了知识是暂时的、可变的，而且只是在一定的解释框架内才是有意义的。

在以前发表的研究中，研究者提到了马萨诸塞州公立学校的学生，根据参加访谈学生的回答，所有七年级的学生都被归入水平1。与此形成鲜明对比的是，Hennessey班至少83%的同学的回答被归入水平2。比较Hennessey的学生与对照班的其他学生的异同，Smith和她的合作者发现了四组问题。首先，当问及科学目标这个问题时，经过目的性概念转变的学生的回答是科学家潜心于理解和发展科学观点。对比之下，对照班的学生只是简单地提到做事情和收集信息。两个班级的不同还体现在对科学家提出问题类型的回答上。Hennessey班的学生更多地把问题描述为有关解释和理论的，然而对照班的大多数学生对程序(怎样做事情)或者问题的看法，Smith等人(2000)将其归结为"新闻特性"(journalistic)(确定是谁、干什么、在哪里、什么时候)。当询问实验的本质和目的时，Hennessey班的学生可能强调检测一个特定的观点或者是提及实验在理论发展中扮演的重要角色；对照班的学生则认为实验是考察事情或者是寻找问题答案(毫无疑义)的一种方法。最后，当问到学生什么原因使得科学家改变观点时，多数经过目的性概念转变的学生回答，当科学家提出一个更好的解释时他们才会改变自己的观点，或者从另一个角度指出改变是对复杂迹象的回应。

相对应的，传统教学下绝大多数学生提供的回答是，科学家在经过一个简单的观察或实验后，他们决定保持或抛弃一个观点。对照班只有三分之一的学生自发地意识到改变一个科学观点需要大量的工作或是认真思考。

大体上，Hennessey 班的学生没有达到水平 3 中复杂的观点，它主要包括假设实验的逻辑，承认理论框架需要形成发展假说的一致性原理。然而，从科学本质的访谈中得出的结果表明，Hennessey 班大多数学生已经达到了对科学认识论理解的程度，这对他们这个年级来说是不寻常的事情。事实上，Smith 等人(2000)的报告显示，他们发现这些六年级学生的回答类似或者已经超过了一般十一年级学生的水平。

170

尽管 Hennessey 没有明确提到，但在她的目的性概念转变计划和用来评估理论的儿童标准的发展研究之间，存在一些关系密切的概念结(conceptual ties)。Samarapungavan(1992)研究了一年级、三年级和五年级学生用于判断科学合理性的标准，在实验中，她让学生观察一个现象，然后在两个解释中选出能更好地解释他们的观察现象的一个。这两个解释均是从表面特征上构思的，但是这与她称之为“元概念的标准”(metaconceptual criteria)形成了对比。这些标准看起来与 Hennessey 强调的标准十分类似，包括下列方面：解释的范围(理论能够解释多少观察数据)，非特异性(non-ad hocness)(理论是否简单或者它是否包含许多附加的不可测定的假设)，与经验证据的一致性和逻辑一致性(内部一致性，没有相互矛盾的断言)。在 Samarapungavan 的样本中，她发现当他们必须在相互竞争的理论中选择一个与自己先前观念一致的理论时，即使是最小的学生也更喜欢满足以上标准的理论。就是一年级的学生也更喜欢在经验和逻辑上一致的理论。这些学生也更喜欢那些能够解释更广观察范围的理论。另一方面，当一个解释力强的理论与其先前经验相矛盾时，他们很少能够接受它。最难理解的一个标准被 Samarapungavan 称之为特异性(ad hocness)。年仅 11 岁的学生也会拒绝那些在特殊的条件下阐述的理论或者是附属的假设不能被直接检验的理论。

在这些结果的解释中，Samarapungavan 提醒大家，她认为这些标准仅仅是一个启发式的论据，而不是对竞争性解释作一个确定性的评价。她还认为，这些标准中的任何一个都可能被一个更重要的标准所取代，也就是说，无论是从内容还是意义上来说，正在思考的新观点需要与已存在的具有合理置信度(Hennessey 的概念一致性标准)的科学观点相一致。因此，和 Hennessey 一样，Samarapungavan 也优先考虑了一个概念与其他相关知识之间的适合性，或者，正如 Hewson 和 Hewson(1992)所描述的，一个概念在什么位置以什么方式植入个体的“概念生态圈”中。

Samarapungavan(1992)也曾指出理解的重要性，尽管儿童可能会在简单的迫选任务中运用这些标准，但是这并不意味着他们已经掌握了或者意识到了这些标准的存在。在她的研究中，学生仅仅是在两个选项中作出选择，他们也绝不会被问到诸如“你是怎样形成自己的解释的”这样的问题。在一些案例中，学生的选择符合一个标准，但是他们在为自己的这种偏爱辩护时，没有明确地提到这个标准。Samarapungavan 指出儿童只是内隐地拥有这些标准。因此，她建议培养这些标准的意识并学会系统地运用它们，这对在科学教育中凸显

“元概念特征”是有帮助的。

现在我们把注意力转向一个与发展研究和教育课题联系更为直接的案例。在这个案例中,发展研究中一个主要趋势直接影响了教育干预研究。课题的开发者之一是领导了儿童概念和理论起源研究的著名发展学家,这一点不令人惊讶。接下来我们将简短地描述一下幼儿通向科学的道路,这是发展学家和教育者合作的结果。

科学思维的早期发展

在美国,Piaget 的创造性成果广泛流传不久,就有学者开始进一步研究他的发现和结论,尤其是他关于婴儿、儿童与成人确实有着不同逻辑形式的论断。Piaget 的理论认为当个体与物体、空间、时间和原因的规则性作斗争时,个体必须精心地构建这些逻辑,而这些规则(Piaget 的观点)必须建构于我们关于世界的经验和进化概念系统的体验之上。当个体通过他或她的行动来适应世界的结构时,这些概念和更为复杂的知识形式便得以不断发展。

这些论断引发了一连串的更精确地确定婴幼儿和儿童认知资源的研究兴趣。Gelman 和 Baillargeon(1983)总结了有关 Piaget 概念的发展研究,并得出证据与论点不一致的结论,即在儿童推理的过程中,有一个主要的、领域一般性的转变。Gelman 和 Baillargeon 对这个研究作了进一步的解释,认为认知能力的本质和发展都具有领域特殊性。此外,伴随着一些具体领域概念的出现,概念健全性和规则性的呈现,可能更好地说明发展是由遗传决定的,是由心理机制支配的。他们谈道:“现代儿童心理学研究的一个教训是,在说明发展是怎样进行的这个问题时,不再忽略至少构成我们知识体系基础的结构有一部分是天生的可能性。”(见第 220 页)

171

婴幼儿在接触世界时可能在特定领域具有结构完好的知识,或者至少可能为学习它们预先做好了准备,这样的观点受到了个体生态学领域相关工作的影响。对于任何一种动物来说,一些事情总是很容易学会,而另一些则很困难。例如,Gallistel、Brown、Carey、Gelman 和 Keil(1991)指出,鸽子在学习用啄钥匙的方式得到食物时相对容易些,但是在学习用啄钥匙的方式来避免电击时则比较困难。相比之下,它们更容易学会用拍打翅膀的方式避免电击。跟鸽子一样,人类在特定的学习形式中似乎也表现出这种遗传倾向。经常引用的一个例子就是绝大多数的婴幼儿在学习自己的母语时相对比较轻松。此外,婴儿是按照一个显而易见的顺序学习语言的;语言成分出现的顺序和时间在不同文化和不同儿童之间具有一致性。

婴儿不仅相对容易地学习特定的事情,而且他们似乎在出生时已经拥有了相对复杂的知识形式。Piaget 认为在生命最初的一个月内婴幼儿关于物体的知识发展得很慢,与 Piaget 不同的是,大多数当代发展学家现在都相信,婴儿关于物体的概念与成人的很相似。回顾 Piaget 的研究,他认为婴幼儿最初不能整合来自不同感觉通道的信息,所以一个弹性球出现后,只有弹跳时才能获得它的声音,抓紧它时才能感觉它的方式,而可能不会知觉到这个单一的、完整无缺的物体的相关方面。然而,最近的研究表明,婴幼儿在出生时已经为加工这个充满了三维物体的世界做好了准备,而且他们对这些物体的知觉是没有感觉道区分的(也就是说,来自不同感觉道的知识是在一个共同的心理表征中加以整合的:儿童知觉物体，协调视觉、听觉和触觉的关系）。儿童关于世界的心理表征从一开始就是相关联的，丰富而又复杂的心理表征支持着关于物体外表、运动和质量的各种推论和预言。

根据这些线索得出的早期结论，再结合获得语言能力前儿童的认知研究中新技术的发明和应用，有关儿童和婴幼儿认知能力的研究日益增多，取得了迅猛的发展。研究者提出了有关婴幼儿能力的令人吃惊的新知识，这些知识是以前所不能预料的。例如，甚至婴儿在他们生命的第一年，似乎就知道两个物体不可能同时出现在一个地方(Baillargeon, 1987)。在展示中，他们能够意识到这样一个因果关系，一个物体看起来偶然遇见并推走了另一个物体(Leslie, 1984)。当观察一个物体之后把它藏起来时，他们甚至知道这个物体并没有消失(Baillargeon & Graber, 1988)。另一方面，他们很明显地不希望没有支撑的物体跌下来(Baillargeon & Hanko-Summers, 1990; Hood, Carey, & Prasada, 2000)。从这个意义上讲，这样的争端并没有结束：婴儿的这些知识是与生俱来的(如果是，是哪种类型的知识?)，还是由以其他事物为代价而天生对特定事情的易接受性发展的结果，抑或是产生于一般的学习心理机制，又或是源于约束条件下的操作?

物体和运动的有关知识为预言和期望提供支持，这些知识描述了对知觉者来说将具有重要意义的各种事实和证据，为形成的各种推断提供了约束条件。此外，儿童有关物体的知识不仅仅是简单地罗列或收集各种观点，他们在按照相关概念的内在结构组成的网络中组织这些知识。有关物体的知识也参与到更宽广的知识结构中，例如儿童发展起来的关于本体论分类知识的连贯系统(Gopnik & Meltzoff, 1997; Keil, 1992)。因为关于物体(和特定的其他基础领域)的知识似乎是以结构化的形式出现的，所以一些研究者认为，至少是在特定的领域中，把婴幼儿的知识称之为早期“理论”是合适的，这些理论对过去的经验起着组织加工的作用，并用于产生新的知识。这些所谓理论的理论家们强调婴儿的心理表征是结构化的、抽象的和复杂的。因此，尽管婴儿的理论内容与成人不同，但是这两个群体的理论有着重要的可定义的共有特性。此外，当经验巩固了这些理论或者需要使它们精细化或适应时，理论可能被修正(Gopnik & Meltzoff, 1997)。当然，可修正性也被归结为成人科学家理论的重要特征。有关这些心理结构是如何类似于理论以及假定早期的知识以怎样的形式共享这些类理论(theory like)特性的争论仍在继续。经常提到的事实包括儿童关于自然物体的“理论”以及它们之间的关系，生物和有生命的事物，和人类内心世界的本质、数量或质量。 172

目前在认知发展领域，相当多的研究活动都在试图识别并刻画这些“核心理论”的特性，理解他们的性质、起源以及发展的心理机制。儿童在其生命早期产生并发展了心理理论，其在具体领域中的结果受到科学教育者的关注，现在，他们把注意力集中到朴素理论的影响上，而这些影响仅仅出现在以后的生命历程中。科学教育中关于“迷思概念”的文献引导着高中或大学中的学生，数百例研究已经充分证明，即使是在受过高水平的科学教育之后，学生们仍然经常墨守自己有关世界运转的朴素的前科学概念。在许多情况下，这些前科学概念与学生已经“掌握”的科学的含义是不一致的。

越来越多的以儿童理论起源为基础的研究表明，探求和挖掘儿童关于世界的学前理论和概念与在学校科学教育中讲解的理论之间的潜在联系，可能会很有价值。这些研究多是以年长的学生不能进一步地理解所学的科学理论为背景进行考虑的。

学前儿童的认识科学之路

这种考虑反映在“幼儿通向科学的道路”这一为入园前的儿童所设计的课题中(Gelman & Brenneman, 2004)。在这项课题中,教学主要是围绕诸如生物变化这样的核心概念开展的,这是儿童朴素理论的中心,也是一种潜力,可以为学生在科学教育中获得重要的学科知识提供稳固的基础。教学的目的是取得概念性知识的发展——不是孤立的定义,而是概念系统,它们与核心理论研究中描述的丰富的、相互联结的知识结构相联系。教学还包括对沟通的关注,包括语言和其他描述形式,如写、画、作图和制表等。鼓励学生学习和使用诸如观察、预测和检查等精确的词汇,这样使得他们获取这些知识的过程更加可视化,从而可以更加开放地进行检验和自我评价。

在这个课题中,设计儿童科学任务首先利用了儿童关于世界的最初理论,然后加以扩展。Gelman 和 Brenneman(2004)描述的一个例子中涉及一系列关于一个人知道什么和他是怎样知道之间不同的研究,这个不同被“心理理论”研究确定为是困难的(不仅仅是对于低年级的儿童)。教师以五种感觉为话题开始讨论,主要讨论通过每一种感觉可以学到关于苹果的什么内容。鼓励学生记录他们的观察并最终预测观察不到的事情(如苹果内部的情况或者种子的数量)。然后让儿童切开苹果来检测他们的预测并进行新的观察。一般来说,人们总是在学习科学概念的背景中学习怎样“讨论科学”(talk science)(Lemke, 1990)和做科学实验的。儿童通过科学研究发展他们的概念性知识,人们并不认为科学程序和工具是脱离实际的技能,而是把它们当做学习更多领域知识时顺手拈来的方法。

人们通过重访一个领域内的核心概念,经由多种活动和各种相互的关系,始终强调加强纵深的概念性连接。由于学生已有的相关知识可以提高学习能力,所以课程中的话题和概念特意构建在儿童已有的相关知识之上,如被理论工作者确定的关于生物和物理属性的核心理论。儿童早期直觉的所有主题为教育提供了潜在的出发点,一些概念是由教师从这些出发点发展而来的,包括转变(生物的、化学的、物理的)、物体和生物体的内部和外部、形式和功能之间的相互关系以及系统和相互作用等(Gelman & Brenneman, 2004)。每个案例中的目标就是利用儿童通过提供额外的例证、详尽的细节和挑战儿童初始心理图式的反例证的方式,在这些早期直觉之上建立有关主题的观点。

173

这个课题的优势包括课堂工作具有创新精神,并且与坚固的研究基础有着很好的连接。在许多教育干预研究中,我们都会注意到这一点,即应在少数内容领域内建构深奥知识的重要原则,而不是广泛地进行取样。要识别儿童已有的知识,而不是抛弃或者无视正确的常规解释。与此同时,利用儿童的直觉知识但又不局限于此。在所有的案例中,这一点都是建立在 Gelman 和 Brenneman 称之为“学习通道”(learning path)的观点之上的。他们特别强调为儿童明确地标记进行评价的思维形式,帮助他们强调这些思维与日常各种思维的不同,并提供专门的词汇协助学生达到这个目标。

尽管这个课题有许多长处,但是它的长期效果很难预知。也许是由于要保证教育与现有的研究紧密地连接在一起,课题的发展轨迹稍微受到了限制,这使得它很难扩展到一年级以外的水平(尽管 Gelman 曾在科学课题中包括了高年级学生,与一般方法有一些相似性;见,如 Gelman, Romo, & Francis, 2002)。进一步的批评还在于首先概念化观点,然后根据经验测试这个方法的核心命题:少数核心观点怎样扩展详尽的细节才能在长期内得到好的结果,使学生对他们所学知识进行挑战的科学观点有更深的理解。简而言之,进一步的学习道路的特征是什么?对早期理论和后来的学习之间的连接进行概念上的分析后加以指导,可能会提供首批线索,但是检验这些观点又需要纵向研究。从这一点上讲,我们对人们在理论上构想这些关系怎样发展或者它们怎样持续地支持数年的教育研究知之甚少。理解这些重要的问题可能需要把这个课题的研究扩展到小学阶段,或许还要超出小学阶段的范围。

促进科学实践参与的课堂设计

我们先前提到,所有关于发展的长期研究都有使学生在实践中初步了解知识的义务。在这一部分,我们回顾了一个定位于超越基本原理的研究课题,尽管每个课题也都来源于在理论变化的形象或者头脑中推理/启发的技巧指导下的发展研究。我们对比了一个具有奠基地位的研究工作——构建学习者共同体(Fostering Communities of Learners, FCL)(Brown & Campione, 1994,1996),这项研究明显是模拟科学团体中的工作来设计教学的。在其他地方,后期的研究最初都把赌注押在了支持学生努力参加创造和修改自然模式的实践上。

科学教育发展中的里程碑:构建学习者共同体

构建学习者共同体计划(FCL)是科学教育中首批尝试贯彻和执行长期发展观点的计划之一,它是在 20 世纪八九十年代由 Ann L. Brown 和 Joseph Campione 经过 15 年的潜心研究提出来的。尽管其渗透在教育领域要比在发展领域中好些,但是这项计划还是作为教育方法和指导发展研究的方式发挥着它的作用。这项工作在多个方面都是先驱,本章中讨论的所有长期计划都受其影响,尽管它们对目的和方法各持己见。

在 FCL 中, Brown 和 Campione (1994, 1996) 试图识别和检验"发展通道"(developmental corridors)的问题,即学生的知识从直觉到的观点到理解具体研究领域中深奥理论的一般发展途径(像 Gelman 和 Brenneman 的学习道路一样,2004)。学生的能力和先前知识、讲授和鼓励学生的方式、所学学科内容和结构之间的相互作用等决定了这些通道的具体表现和方向性。这些通路被表达成是推测教学的发展轨迹(以形成的结果为基础不断地修改)和学生变化的一般模式。科学形象是社会共同体的一部分,在这里各种理论得以发展并接受标准的检验。这一共同体的场景不是孤立的:它包括按原文作出的解释和领域内专家的相互影响,还包括示范课。在科学学习中,FCL 是第一个在科学的内容领域中特别重视学生理论学习的权威性课题。

Brown 在发展心理学领域的早期工作在 FCL 设计过程中发挥了重大的作用。甚至,早在 1978 年,Brown 就已经预言了一个关于 FCL 的重要假设: 174

> 在评估一个儿童的能力时,假如我们是在自然环境中考虑它们,得到的结果有时会

发生显著性的变化。因此，假如我们承担了测查4岁儿童认知能力的任务，如果仅在实验室环境中观察他们将会得出一个失真的结果(Brown & DeLoache，1978，第27页)。

FCL的思想与Brown早期重视在自发思维的前提下研究认知功能是完全一致的。Brown(1992)设想学校是一个可以研究学习和发展相互作用的地方。如Vygotsky指出(Brown & Reeves，1987)，发展和学习是以密切而复杂的方式相互联系着的，这个观点与认为发展先于学习并限制学习的一般假设形成了对比。在期望和支持儿童聪明的环境中儿童会变得更聪明，理解儿童的发展就依赖于在这种环境下进行的研究。这些假设使得Brown走出实验室，利用一些条件来培养发展，进而有机会观察和理解它们。尽管这绝不是第一个研究设计，但是由于Brown在发展心理学界的显赫地位，使得FCL成为这个领域中第一个被学者们广泛了解的计划。

Brown在20世纪70年代关于记忆发展的研究也影响着FCL的实施。她对元认知和自我调节的特殊兴趣，预示着在FCL中将充满元认知这个主题，她的研究也深受这个主题的影响。在FCL课堂中最重要的目标是，不断地反复考虑学生在他们自己学习中有关进步和评价的责任，以及帮助他们构建能够管理这个责任的工具。追求这个目标需要采用多种具体的方式，而且它是一个能够激发从课堂活动结构到赞成和支持论述形式这一过程中所有事情的优秀主题。多数的班级学习发生在由学生自己组织和指导的小规模的研究群体中。是学生而不是教师来决定谁以及以怎样的顺序参加课堂讨论。学生之间相互讨论、说服和挑战。教师在教学的富有成效的方向上依次指导主题的选择和学生工作，帮助学生建立起为同班学生和其他多种形式的听众负责任的意识(学生们均有责任去安排陈述、为幼儿准备讲授材料，为同班同学准备报告，与来自课堂外的专家进行沟通)。评价课堂工作的标准应该是一致发展的、大家共享的，如果可能的话，还应该是显而易见的。

FCL课堂中循环的活动结构是互惠教学(reciprocal teaching)，这是一个由Brown和Anne Marie Palincsar(Palincsar & Brown，1984)合作开发的阅读理解的课题。互惠教学是另一种把自我调节放在学生学习中心位置的方法，在这个案例中，学生学习是为了理解呈现的原文中的信息。互惠教学中的学生可以获得、练习并最终掌握这种专家更多自发运用的阅读策略。学生们首先学会模仿由教师提供的策略，最终在别人的帮助下开始接管自己的重要任务。例如，可能要求阅读者提供一个总结，问一个可以澄清事实的问题，或者在所给信息的基础上作出一个结论。当学生变得更专业时，教师逐步把这些功能的责任转让给学生团体的领导者。最终，学生们在小团体内一起阅读，团体成员商定出一个意义来。关于互惠教学的研究真实地记录了学生，甚至是阅读困难的学生，在阅读理解过程中都会有深刻而持久的收获。

FCL的教师十分依靠互惠教学来实施FCL课堂的中心活动，即Brown和Campione(1996)归纳的“研究—分享—成绩”(research-share-perform)循环中关于研究的指导和分享。操纵这些课堂的研究最初涉及阅读、分析和汇编多种形式的文章(手写的、电子版的或是音像的)。儿童研究结果的产生一般也通过书面或讨论的形式呈现，它们可能是海报、大众出版物、书面报告或者是面向幼儿的讲授材料。FCL 特别强调的阅读、分析、整合和准备书面信息，与 Brown 早期的用互惠教学研究阅读理解的工作是一致的，与强调渗透于 FCL 中的元认知和自我调节的思想也是一致的。

一般来讲，一个研究的周期始于教师向学生介绍重要的学科主题(如生物适应)。首先课题组要认同这些主题，课题组成员还包括领域内的专家，目的是为了对重要学科的观点有更深理解，并提供富有成效的支持，更有效地聚焦学生小组的研究。以“开始事件”(如引人注目的故事或影像引出话题)激发学生的问题和兴趣。然后召集学生在班内讨论，以引发一系列关于故事、影像的问题或者课堂参观者给他们提出一些问题。教师用一个标准对问题进行分类和管理，保证课题小组确定的重要主题在随后研究的问题中具有代表性。学生小组将选定一个问题进行“研究”。通常，一个支配性的主题如“食物网和食物链”将被分给不同的学生，这样，每个研究小组的成员都在这个问题的某一部分上成为专家。在 Brown 和 Campione(1996)介绍的例子中，学生们研究食物网时，每个专门的研究小组分别研究光合作用、能量交换、竞争、消费者和分解作用。在另一个班内，同样的问题以另一种方式进行细分，每个小组在不同类型的生态系统中研究食物网：雨林、草地、海洋、湿地或者沙漠。

175

在这些研究的整个过程中，教师鼓励学生在他们自己感兴趣的领域内发展专业知识，准确地说，是让部分学生成为班级的专家，他们的知识已经超过了大部分成人所拥有的。例如，一个学生可能熟悉计算机专业知识，另一个了解绘画方面的知识，而第三个人的个人知识可能与某一个相关主题的事情有关，如一个患有镰刀状红细胞疾病的儿童在班级研究中可提供与身体相关的生物知识。FCL 中明确地鼓励使用这种 Brown 和 Campione(1996)称之为“专攻”(majoring)的现象。一般课堂教学的目的是让所有的学生几乎在相同的时间里了解相同的事情，与此形成对比的是，FCL 课堂的教师鼓励学生个体之间掌握知识的差异性和群体之间知识分布的差异性。

在一段时期内(一般是几周甚至是几个月)，学生在他们的研究小组中工作，来识别和参考各种课文和电子资源，帮助他们找到有关问题的答案。有时，研究小组将会从每个次主题的专业小组中抽取一个“专家”，形成一个“组合”(jigsaw)团体。在这个组合团体中，儿童相互讲授他们自己领域内的专业知识，并试图协调他们有异议的知识，形成一个对此问题的一个更为整合的观点。经常性地策划一个终极的“间接事件”(consequential event)(比如一个表演、构想任务——如“构想动物的未来”——报告，或者原因调查)来激发这项综合性工作的动机。有时候，外来的专家(科学家、动物饲养专业人员)将会参观课堂并指导一节“基准课”(benchmark lesson)。在这节课内，他们会给学生介绍学科中的新概念或者从学科角度为思维建构模式。在讨论环节，召集学生在全班内开始讨论，对有关他们在间接事件之前的进步进行初步反馈，这样，如果得到批准的话，他们就可以开始正确的行动或者附加的研究。在班级讨论中，学生所有的主张都将公开并接受任何团体成员的合理挑战。学生很容易学会出示证据和查阅至少一个可以证实的资源来支持一个备受争议的主张，这是教师期望学生具备的能力。因此，课堂准则包括这样的观点，就是争议是为了在不同解释中作出选择，而收集资料是为了支持这些争议。

对 Brown 和 Campione(1996)和他们的合作者来说,要在指导研究的过程中设计出一个恰当的方法是一个重大挑战。发展研究者具有相当多的访谈和前后检测概念性知识的经验,但是在扩展时期内学生所掌握知识内容的深度形态的发展出现了相当大的差异,这些设计并不经常按照这些差异来进行分组。此外,科学概念结构是教育的目标,FCL 计划有一系列更宽泛的学习目标。例如,研究者构建一种方法来追踪研究学生阅读、理解和整合原文信息能力的变化轨迹。他们试图论证课堂表现中一般不易评定的日益增加的逻辑,如儿童在他们团体和整个课堂讨论中所表现出的科学推理能力。在这个案例中,他们把由学生提出和探索的课堂讨论形式进行分类,来观察类推、原因解释的运用频率和水平,以及证据、争议和预言的使用情况。

176

除了初创 FCL 课题和指导有关学生认知发展的研究外,Brown 和 Campione(1996)也曾关注在一系列设计准则中获取课题的精神,这样可以解释正在维持执行的心理机制,因此可以为在新的地方实施这个课题提供指导。Brown 在互惠教学中的经验,部分地激发了她对于原则解释的关注。她注意到互惠教学和训练课题的其他策略的缺点在于可能存在这样的危险,就是教师和学生可能会逐字地强调学习的过程,而忽视了激发他们的潜在目标。Brown 和 Campione 指出,“不坚持第一个原则,他们就会停止为原来设计的培养‘思维’的功能服务,倾向于采纳、适应和形式化的程序”(第 291 页)。在互惠教学的案例中 Brown 和 Campione 观察到,在它广泛传播的过程中,教师过度强调了表面的程序,如总结或提问,而不是围绕帮助学生学会阅读理解这个根本的目标来展开。有时,这些策略甚至会在阅读原文这个背景之外进行练习,介绍时也是作为一种仪式而不是沉思的策略,好像是干预的空壳在相互交流,而其胚芽已经被剥离出去了。

也许是这些早期的经验,Brown 和 Campione 在 20 世纪 90 年代期间不断地努力压缩和提炼设计的原则,在某种程度上帮助业内人士理解 FCL 在实践中的真实状况和遵从学习理论时具体事项的活动系统是怎样工作的,这些原则就是用上述方式来激发 FCL 的干预的。例如,他们 1996 年版的章节就描述了六个主要标题下的 37 个原则:系统和周期(对 FCL 利用过程中周期性活动的描述)、元认知环境、讨论、深奥的内容知识、专门技术的分布、教学和评估,以及团体特征等。伴随着一些变化和适应,这些特征的一大部分都在从事 FCL 的过程中得以保存。

FCL 是一个持久的课堂计划,特别是考虑到科学学习,它试图识别儿童日益积累的科学“重要观点”,尝试理解这些观点可能形成的过程,以提供适当形式的教学辅助。尽管它具有高的水准和强的影响,但是有关 FCL 的两个问题仍然没有解决。第一个关注点是作为描述和传播新教育课题的原则的效用性问题。我们不怀疑原则可能帮助阅读者理解干预细节中的主要成分,但是我们的问题是在新的地点它们支撑干预研究中复制和适应过程的充分性。至今,人们对在教学实践中促成和维持改变的充分而必要的知识内容和形式了解甚少。在进行思维实验的学校中,它们试图利用在 FCL 和其他两个以课堂为基础的成功研究计划中所学的知识,但是没有出现参与者所预想的结果和持久性(Lamon 等,1996)。这项工作的参与者发现,包括 Brown 和 Campione, 这些原则对于那些自发产生它们的人来说具有重要的意义，但是，对于那些与首次产生这些原则的人没有相同经验背景的局外人而言，各种解释显然是开放性的。在事实背后，原则看起来像是常识，但是作为规定要做什么的手段时，它们不能很好地限定设计者的选择。例如，尽管一个人可能赞成把实践当做是在学生之间鼓励分享话题和一般知识的意见（FCL 的一个原则），不幸的是，他们接受这些原则，却没有指导关于怎样遵循或怎样知道目标已经达到令人满意的程度。

有关 FCL 的第二个主要问题是，在科学教育中如此强调阅读和整合文本信息是不是一个好的观点。当然，阅读是构建科学知识的一个很重要的方式，但有争议的是，学生还必须在自然世界中获取直接经验。具有讽刺意味的是，FCL 活动结构和目标的领域一般性——Brown 和 Campione 认为这是一个强项——但可能从一个特殊的学科角度来看就成了一个弱项。FCL 课堂的活动和目标被平等地充分应用于历史或者文献的学习。不过，人们可能会感到疑惑，科学学习对于达到评价它的认识论的效果是不是充分的。人们也可能合理地认为学生应该通过实验研究来获得一些经验。事实上，Palincsar 和 Magnussun(2001)随后提出了一个方法，混合了直接或一手的研究与他们称之为“二手研究”的文本教学。在他们的教育方法中，年轻的学生首先阅读经过认真组合而明确载有科学家思想的刊物。科学家们将在文中介绍他是怎样把一个科学问题概念化的，怎样应用图表或其他表现图案来解释数据，或者另外将她的思想可视化，从而使幼儿在自己的研究中用物理材料加以模仿。

177

基于模型推理的发展

科学哲学家指出科学的核心任务是产生和检测模型(Giere, 1988; Hesse, 1974)。事实上，Giere 认为科学解释和日常解释的所有不同就在于前者是由在科学中发展而来的模型构建起来的：“如果不能更直接地通过检测科学模型的性质和它们是怎么发展的来进行学习的话，人们就很少能学会科学的东西。”(第 105 页)

直到最近，在学校的科学教育中，有关建模(modeling)的实践至多处于边缘的地位。甚至在流行模型的学科如物理中，学生有关模型的活动一般也局限于运用科学家先前提出的模型去解决书本上的问题或者是去分析一个实验室中的情形。在校园内，“模型”通常是一个标志建模结果的名词，而不是一个用于描述科学实践的动词。学生们倾向于解释和运用模型而不是去建构和检测模型。不过，近年来，新兴计算机工具的潜能给科学家、数学家和教育者留下了深刻的印象，这使得他们对学校内的学生提出了建模的建议。尽管数学和科学教育中有关建模的许多研究相对集中地关注一个具体学科群知识的获得，但是这也激起了对基于模型推理的早期起源和随后发展状况的更广泛的兴趣——一种用于 Hestenes (1992)提到的“建模游戏”(the modeling game)的更全面的能力和倾向。在下面的章节中，我们描述了两种以课堂为基础，用于寻求培养学生产生和测试科学现象模型能力的课题，一个是在中学水平，另一个是在小学教育中。这些课题的目的是帮助学生沿着两个轨迹同时发展。首先，学生发展对研究领域中具体科学观点进行概念性理解的能力。确切地说，学生学会理解精确的模型并最终获得在多种情境中应用这个模型的全部技能。然后经过更长时间之后，他们把焦点放在了对建模——科学中的一个重要认识论——的理解上。

简单地说，通过建模我们谈到了解释和检验表征，它作为相似物服务于真实世界的系统。这些表征有多种形式，包括物理模型、计算机程序、数学方程，或者是命题。在表征世界中，用从理论上表征重要物体和关系来解释模型中的物体和关系。对学生而言，一个重要的障碍就在于理解模型不是复制品；它们是经过审慎思考的简化物。错误是所有模型的一部分，并且一个模型的精确性取决于它当前应用的目的。我们描述了两种教学课题，它们在被认为是中心问题的模型上有着不同的取向，所以我们在介绍完例子之后，才开始进一步讨论模型的性质。

因果模型：对结果的理解。因果关系也许是能够用模型描述的最普遍、最全面的一种结构关系类型。科学中因果模型无处不在，因此，理解各种类型因果模型的重要性和学习困难的原因是显而易见的(White, 1993)。20 世纪 80 年代发表的有关因果推理发展的大量文献表明，甚至学前儿童在运用环境中的多种线索，从一系列候选者中鉴别出一个事件的原因时也是熟练的。这些线索包括时间的相近性、空间的相近性、候选原因和结果之间一致的共变性，以及机制，即是否有一个可以解释 A 引起 B 的仿真机制(Leslie, 1984；Shultz, 1982)。

近年来，Gopnik 和她的同事(Gopnik & Sobel, 2000；Gopnik, Sobel, Schulz, & Glymour, 2001)指导了一系列有关 2 岁儿童的研究，试图识别幼儿是怎样学会新的因果关系以及这些知识体系是某一具体领域内的还是跨领域的，如生物或者物理体系。他们的研究策略就是在儿童学习以前不曾遇到或教过的因果关系时对其进行实时的观察。在一系列的研究中，研究者给学生介绍一个名为"blicket[①] 探测器"(blicket detector)的机器，触动并且只有"blickets"放在上面时，它才会自动播放音乐。给参与者呈现几种小的木块，然后告诉他们其中有一个或多个 blickets。要求儿童通过观察放置的模式和发生的结果，并根据观察结果得出结论，或者，在另一些研究中，通过直接把每个木块放在 blicket 检测器进行检验的方式，让儿童从木块中识别出 blickets。经过研究内的和研究间的试验，发现儿童遵守的证据模式开始变得相当复杂，最终会包括多重原因和或然性的关系。大部分案例中，尽管幼儿在启动 blicket 探测器时附加了两个原因的试验中没有学前儿童表现得好，但是甚至 2 岁的儿童通过观察偶然性的模式就能够得出有关因果关系的正确结论。儿童的表现证明了他们是以多种形式进行推理的，这表明他们对原因进行了深入的推理，而不仅仅是对其关联加以简单的判断。这些形式包括以观察为基础的因果结论和辩护，以早期知识为基础对新异事件的预测，以及所需结果产生的直接成果。此外，儿童似乎在不同的知识领域内运用相似类型的因果学习原则。

178

Gopnik 和她的同事(2001)推测，像这些以数据驱动的规范性知识程序应该与先天的具体领域内的因果图式结合起来运用，后者在先前关于"理论的理论"(theory theory)部分已经描述过了。她指出这两种形式的因果推理都非常重要，并且在儿童知识发展的过程中扮演着相互补充的角色。先天的理论决定着儿童可能专注于什么特征，而数据驱动的程序将对其进行操作。反过来看，正式的因果学习机制通过修订或扩展初始理论的方式，为学习新的在核心理论之外的信息提供了一个方法，同时也是一种途径(Gopnik 等，2001)。这两种

---

① Blicket 是一个虚构的词，常用于有关人脑对非言语信息反应的认知心理学研究中。——译者注

类型的知识在测定学习的过程中都非常重要。

一些有关幼儿的研究(Bullock, Gelman, & Baillargeon, 1982; Gopnik 等, 2001; Shultz, 1982)强调儿童在复杂因果情境中的推理能力。不过,有关发展的文献也告诉我们另外一些很难与这些结果相符的事实。发展心理学中经常出现这样的情形,有关儿童早期能力的研究与在类似情境中成人所表现出来的推理错误和偏见的研究放在一起共同接受考验。在这种情况下,有关发展的文献似乎得出了这样的结论,幼儿能够理解一些成人不理解的因果关系。例如,D. Kuhn 和她的助手指导的研究(D. Kuhn, 1989;Kuhn 等,1988,1992,1995)表明,成人在多变量因果关系推理的情境中经常会出现典型性错误。事实上,他们出现了许多与儿童相像的错误:设计一些无效的实验、错误或不充分地解释证据、回避挑战他们已有理论的证据、不能系统地探求可能性空间、接受对数据进行的选择性解释,或者依靠证据而不纯粹是事例。

倡导理解因果关系计划的 Perkins 和 Grotzer(2000)指出,许多学生在学习科学概念时遇到困难的根源在于学生和科学家思考原因和结果的方式不同。他们认为,非科学家掌握的是少数过分简单化的能够包容一切新信息的因果结构(Chi 发表过类似的观点,1992)。为支撑我们在世界中的行动和解释,这些简单的因果结构在大部分时间内做着充分而完美的工作,这些关系在幼儿看来是容易掌握的。然而,当科学事例中涉及罕见的因果关系形式时,这些结构就可能令人误解了。与新手相反,科学家持有一系列范围宽广的、复杂性差别大的因果结构。Perkins 和 Grotzer 试图识别能够解释这个复杂性的特征,并在允许评估任何一个具体因果模型难点的分类学中对这些特征进行总结。

分类学中描述了因果结构四个方面的内容:机制(mechanism)、交互作用模式(interaction pattern)、或然性(probability)和中介(agency)。每个方面都在复杂性的不同水平(含蓄地说还有学习的困难度)之间变化。Perkins 和 Grotzer(2000)指出在分类学层次上,通过在这四个维度上给模型定位或解释假定的难度水平,任何模型或是解释都能够被识别。例如,如果考虑把现象归结为模型机制的水平,一个模型可能有很大的变化。简单模型的构建依赖于浅显的总结或者是对事件进行描述性的解释。较复杂模型的构建可能诉诸相似的映射或是潜在的机制,包括在描述的潜在水平上解释一些情形的特性、实体和规则。同样地,简单的交互作用模式包括通过推、拉、支持、反对等直接的方式,使一个事物对另一事物发生作用。这个水平中的实体似乎与 diSessa(1993)提到的作为现象学本原的简单图式很相似,也就是说,自发产生的处于抽象中间水平的图式支撑着对自然事件的解释。根据 diSessa 的观点,这些解释似乎是不言而喻的,且不需要经过辩护;相反,人们简单地把一件事情"认可"为属于一个种类或是其他。在更为复杂的水平,学生可能接受间接的原因、交互的因果关系、反馈回路,或者有约束机制的系统。或然性这个维度详细说明了一个具体解释是宿命论的或者是要诉诸机遇、混乱的系统,或固有的不确定性。最后一个维度是从中介的角度来考虑的:模型是否假定了一个核心动因就是因果关系的参与者,或者考虑了其他更复杂的可能性,如附加的原因、较长的因果链、自组织系统,或涌现的特性?从研究中的这一点看,人们应该认为分类学的结论大概是假定的,复杂性的形成主要是通过理性分析而不是

179

经验性的测试。此外，分类学似乎仅能获得复杂性的次序(order)而不是程度；没有证据表明，困难水平会增加从每个维度复杂性水平的最低级到最高级可测量的步骤。同样，我们不清楚怎样累积这些维度，才能对一个模型的整体复杂性进行判断。此时，分类学的作用似乎最好是启发式的，而且作者并没有对他们是否思考过拥有测量属性这个问题进行评论。

随着 Perkins 和 Grotzer(2000)对模型和模型解释的分析，他们也对被其称为通向更好模型的认识步骤(epistemological moves)进行了分析。这是一些有关建模的认知行为，他们发现鼓励学生进行建模活动是有价值的。它们包括探求一个没有缺陷或丢失局部的模型，通过积极地寻求反证或对比事例让模型处于一个危险状态来考验模型，探测无效的证据，接受面对不同形式的反证而修订或取代模型的合理标准。这些认识步骤与前面提到过的概念转变模型描述的转变理论中的标准是相似的。推测起来，获得和应用这些认识步骤增加了学生在适当的时机理解和运用最恰当的因果图式的可能性。

最初的研究结果表明，参与一个强调科学主题的潜在因果结构的活动和参与直接讨论这些因果关系的学生，在测量其对上述主题的概念性理解时，他们的表现要好于那些在类似的学习单元中没有强调因果关系的学生(Grotzer, 2000；Perkins & Grotzer, 2000)。不过，这个课题的目标远远超过了仅在每个学科领域中提高学生概念理解的能力。特别是，它的目标还包括教会学生把从一个主题中学到的因果结构(如密度)在适当的时候能够迁移到其他主题中(如压强)，引入新的因果结构使得在理解新的材料时能够提供坚实的基础。有关这一点的研究(Grotzer, 2003)表明，当两个任务中的因果结构是同构(isomorphic)时，这种从一个主题到另一个主题的迁移就会受到限制。不过，当两个主题中的因果结构不是同构的时候，研究者并没有发现自发迁移存在的证据。换句话说，目前为止还没有证据表明，学生获得了从众多候选者中搜索一个恰当的因果模型，然后尝试用它去理解新事件的一般能力倾向。Grotzer(2003)观测了跟 diSessa(1993)的现象学本原类似的具体情形中的默认概念(default concept)，发现它们似乎干预了恰当因果关系中的迁移现象。这些研究正在增强元认知方面的教学，并努力认清是不是对自然和因果模型的应用有着更为明晰的思考，可能会对提高科学背景中因果结构的迁移有所帮助。

因果模型中一个引人注意的特征就是它们同时拥有领域一般性和领域特殊性两个方面的特性。领域一般性起源于因果关系体现出的一般结构，而领域特殊性就是因果关系在具体领域或情境中所表现出的结构(Gopnik et al. ,2001)。因为这个综合化的特性，建模的方法至少拥有避免二分法的过程/内容或句法/实质的潜能，而二分法有时可能会使科学教育(和科学推理的心理解释)遭受灾难性的打击。Perkins 和 Grotzer(2000)指出因果模型的方法可能被描述为上—下(top-down)建模方法。经过合理的分析，研究者首先试图详尽地描述各种因果模型的全貌，明确地选择研究的内容范围，这是因为他们举例说明了一个或更多因果推理的目标形式。我们不是太清楚关于概念发展的思考是否操纵了领域主题的选择，是否超出了为获得、迁移或对比因果模型提供机会的责任。因此，在这个计划中，科学概念性知识的发展在单位内而不是领域间可能更受关注。学生经过数年的教育之后，把获得全套的因果图式作为一个教育目标，这在任何具体领域的概念性基础知识的发展中都占据优

180

先的位置。

当然,科学家在建构、测试和修改模型时,他们也在为连贯的内容领域内的知识基础作同样的贡献。我们描述属于自己的课堂研究计划的目标是针对在校学生开展建模活动。它结合了 Perkins 和 Grotzer(2000)强调精炼一整套结构分析工具和 Gelman、Brenneman(2004)和 Metz(2004)等研究者偏爱的强调连贯的领域内概念发展的思想。

为自然建构模型

科学中建构的各种模型在学科内和学科间的差异变化是广泛的。不过,科学的讨论和实践是通过努力地创造、修改和争论模型这种方式实施管理的。我们(Lehrer & Schauble, 2005)在中小学中就有关学生科学教育观点的含义进行了调查研究。我们最初的兴趣不仅关注学生对模型本身的理解,而且还更仔细地关注学生对建模的理解。为了提供一个能够研究基于模型推理的发展环境,教师们共同工作,用各种方式系统构建幼儿表征世界各个方面的兴趣和能力——通过语言、制图、物理模型、地图和球体,获得规律性和模式的规则——并且提供促进教育的有效形式,建构儿童的初始模型,试图帮助他们更快地达到熟练掌握科学的目标。早期对表征形式尤其是目的和用途的强调,源自于提出这些资源的丰富的发展研究(如,Karmiloff-Smith, 1992)和指出了它们在模型建构过程中扮演重要角色的科学的社会研究(如,Latour, 1999)。我们对这些可以帮助儿童对自然现象[如生长或结构和功能之间的关系进行"数字化"(mathematize)(Kline, 1980)]的表征形式尤其感兴趣。通过数字化,我们对有关量化或形象化(或两者都是)现象的科学实践的解释成几何倍数地增加。赋予数学特权就意味着在对小学儿童讲授数学时,除了算术,还包括空间和几何、方法和数据/不确定性(如,Lehrer & Chazan, 1998;Lehrer & Schauble, 2002)。调整这个教育事项的研究强调弄清基于模型推理的早期起源和后期发展。第二个待议事项是关注学生数学和科学中的概念性发展的目标形式。

有关发展的文献举例说明了甚至是学前儿童也能够把一件物品当做是其他物品的表征,且有无数种途径。这个表征能力为建模知识的发展提供了基础。例如,在儿童入学之前,他们就能对图片、测量模型和录像表征的质量作出一些正确评价(DeLoache, 2004; DeLoache, Pierroutsakos, & Uttal, 2003; Troseth, 2003; Troseth & DeLoache, 1998; Troseth, Pierroutsakos, & DeLoache, 2004)。在扮演游戏中,儿童把物体看作是其他物体的替身(木块是茶杯的替身,香蕉是电话机的替身),但是他们仍然知道物体并没有真正改变其原有的身份、特性或功能(Leslie, 1987)。在学校中,他们随后将利用对计算器运用理解的相似性,来对抗用于解决早期涉及分组和分离的简单数学问题的"直接建模"(direct modeling)。

然而重要的是,这些早期使用符号的能力并没有占据科学建模知识的所有重要方面。尽管儿童知道一个模型和它的关系项之间的不同,但是他们并没有自发地思考分离模型和模型化了的世界这个问题。因此,他们经常表现出复制过于精确模型的偏好,因为他们倾向于抵制遗漏信息的符号描述,即使是一些对当前理论目标并不重要的信息(Grosslight, Unger, Jay, & Smith, 1991;Lehrer & Schauble, 2000b)。例如,当儿童用纸条来表征植物的高度时，可能坚持要把纸条染成绿色（像植物的茎），并分别用花朵装饰它们（Lehrer & Schauble, 2002）。学生不可能自发地考虑一个表征的精确性和错误的问题，或者模型与作为当前目标的模型化了的世界之间的背离所隐含的意义（尽管他们确信把这些直觉作为起点是有帮助的；见 Masnick & Klahr, 2003；Petrosino, Lehrer, & Schauble, 2003）。为了确定一种方式能够表征这个世界的一个或多个方面，他们可能不会接受可供选择事物的可能性。事实上，在评价可供选择的假定的过程中，寻找和评估竞争模型是争论的一种形式，尽管这种争论一般不会自发地出现（Driver, Leach, Millar, & Scott, 1996；Grosslight 等，1991）。

除了这些一般的象征能力外，具体表征形式和标志的发展也是有能力进入 Hestenes (1992)提到的"建模游戏"中的一个关键部分。表征工具如图表、表格、计算机程序和数学表达式等不只是传达思想，它们还塑造思想（Olson, 1994），因此，学习抽象的表征和标记中的词汇以及对他们的设计质量进行批判性的理解被认为是本质部分。帮助学生发展他们的元表征能力（diSessa, Hammer, Sherin, & Kolpakowski, 1991），这是教育及相关研究的核心目标。

人们把数学放在了特别重要的位置上，把它作为描述世界和提供意义资源的工具（Lehrer, Schauble, Strom, & Pligge, 2001；E. Penner & Lehrer, 2000）。科学教育者经常延迟科学观点的数字化，因为他们相信学生首先应该对现象掩盖下的科学进行定性的分析，过早地关注数学的描述可能会促使人们重视计算而不是理解。不过，他们假定学生没有学习数学，经验和研究表明事实并不是这样。如果有好的教育，即使是年龄小的学生也能对概括甚至是证据的认识论基础进行有意义的思考（Lampert, 2001；Lehrer 等，1998；Lehrer & Lesh, 2003）。当儿童研究数学的形成和形式、方法和数据时，经常会思考这些认识论的问题。因此，为这些数学新观点开发和测试合适的解决方案是这个课题的重要部分（如，Lehrer & Chazan, 1998；Lehrer, Jacobson, Kemeny, & Strom, 1999；Lehrer & Romberg, 1996；Lehrer & Schauble, 2000c, 2005）。如果他们缺乏这些数学资源，就不可能用任何有意义的数据形式对学生的推测进行解释，如果这些解释经过专门的训练，这些数据就有了需要鉴赏的数学品质。目标是中肯地培养学生的数学理解力，它将充分地支撑对自然世界的描述和系统化——这是建模的中心。

在科学课堂中，我们试图围绕渐增的重要核心主题，如生长和多样性、行为、结构和功能，来确定教育的方向，就像美国国家科学标准描述中的一样（National Research Council, 1996）。部分地选择这些主题作为他们科学学科的中心，而且能够在逐步对自然进行数字化的过程中挖掘学生的潜力（如，Kline, 1980）。重要概念如多样化和结构从举例说明它们的模型中汲取了力量，所以兑现完成国家标准中略述的"重要观点"的诺言，学生必须遵照模型实现他们的想法。此外，不仅仅只是构建模型，人们还必须调动这些模型——也就是说，使其工作——在全社会中支持有关物理世界性质的现实争论（Bazerman, 1988；Latour & Woolgar, 1979；Pickering, 1995）。要使在校学生达到这些目标，就意味着要确定能够与儿童发展很好地结合起来的建模形式。

我们推断，在儿童教育中，用与目标体系（也就是，描述或解释现象）类似的、容易探测到的模型开始教学是明智的，因为相似性可以帮助儿童获得和保持模型与它们的关系项之间的映射(mapping)(Brown, 1990; Lehrer & Schauble, 2000c)。例如，从五金店中拿出各种材料给一年级的学生，要求他们设计一个可以"像你们的肘一样工作"的装置，他们最初的模型是仿照知觉到的显著特征来设计的(Grosslight 等，1991)。大部分儿童坚持用泡沫球来模拟他们肘关节处的"肿块"，用粘起来的冰棒模拟手指(D. E. Penner, Giles, Lehrer, & Schauble, 1997)。然而，在模型的多次修订中，起初关注"形状相似"时损失了重要的信息，最终他们开始关注"功能相似"：目标体系中成分之间的关系和功能，在这个案例中，就是抑制肘运动的条件。三年级的学生在更为复杂的肘模型中开始用数学的方法探求负荷的位置和腱的联结点，这与在儿童建模活动中强调数学的思想是一致的(D. E. Penner, Lehrer, & Schauble, 1998)。

182

建模活动是学科争论的一种形式，就是让学生和优秀的教学助手们一起，学会参与到长期的实践中。Lehrer 和 Schauble(2005)认为，获得论点的学科形式需要重视学生核心概念和认识结构的长期发展，而不是在短期教育过程中获取有价值的东西。应该以长远的目光看待决定教什么这个问题，持有这种观点的人把学习看作是这样一个历史的过程：当前知识是建立在几周、几个月甚至是几年前所达到的知识水平基础之上的。因此，人们把研究的重点放在识别和凭经验测试那些为幼儿提供简单入门的科学主题上，与此同时，在较早的年级中为学生提供充分的概念性挑战。鉴别数学和科学模型以及发挥核心作用的概念，然后与教师们一起在跨年级教学中研究这些观点的潜力，这是设计研究事项中的一个重要部分。

举一个关于生长和变化的例子。让低年级的学生描述在不同的条件(土或者水中)种植花茎的生长状况，并在生长周期的不同时期用纸带描绘植物茎的高度(Lehrer, Carpenter, et al., 2000)。描述高度时需要学生的思维经历这样一个转换，就是从把植物当成一个完整无缺的整体到作为一系列特征的组合，其中高度是最显著的一个。进行表征和比较高度时需要设计出测量的标准，并对数学方法有一个稳固的理解，这种理解在研究中是系统地发展的。事实上，不考虑"科学家"的年级，只记录他们怎样测量特征及对相关观点的理解是有价值的。当学生提出一个植物比其他植物的生长速度快多少这样的问题时，他们的关注点已经从比较最终的高度到一天天地记录纸带长度的连续变化。这些问题依赖于比较差异的算术能力，这是一种他们已经掌握的数学形式。他们记录到，石蒜科孤挺花植物在生命初期生长得比较迅速然后速度变慢，然而，水仙花却在开始生长得特别慢，然后开始"疯长"。

在三年级，学生们研究了不同条件下威斯康星州速长植物(Wisconsin Fast Plants™)的生长变化(威斯康星州速长植物，又称芸苔，大约 40 天内可以结束它完整的生命周期，在群体研究或需要在一个学期内比较快速生长的群体植物的其他课堂研究中使用它是非常合适的)。他们绘制了记录植物生长变化的压缩的轮廓图，整理体现植物高度和花冠的"宽度"之间关系的曲线图，获得植物体积变化的三维棱柱和圆柱体。这些多样化的表征提出了一些关于植物的新问题，学生们想知道植物根和幼芽的生长速度是"相同的"还是"不同的"。他们得出这样的结论，在植物生命周期的相同时段，其生长比率是不同的，但是生长的一般形状(S-shaped增加曲线)(S-shaped logistic curves)是相似的。学生们想知道为什么植物不同部分的生长有着相同的形式;什么时候生长最快,什么时候生长最慢;并且植物什么特征的改变可能解释这种现象。教师在帮助学生比较和评价这些问题时,展示和对比不同类型的表征结果时,提出以证据为基础的主张时,都扮演着重要的角色。尽管在这里要提供有关教师专业发展和教师实践变化的详细资料是不可能的,但这是观察学生学习的必要条件(此课题这个方面的更多信息是由 Lehrer & Schauble 提供的,2000c, 2005)。

五年级学生比较植物的种群和推论植物测量分布的特征,考察是不是生长因素,如肥料和日光的数量影响了植物的变量,如高度和生产能力(也就是种子的数量和种子荚果)(Lehrer & Schauble, 2004)。在整个研究过程中学生关注分布的特征如典型性和分散状况,创造和探索这些统计变量的不同表征形式。以学生测量的在某一天植物生长的高度为基础的抽样实验,为讨论一般植物的高度及其在不同样本容量和不同样本宽度下的可变性提供了依据。儿童学会读取不同分布的形状,并把它们作为生长过程的标志。例如,用一个左分界(left wall)分布来解释和表征植物生命周期的早期,就像一个儿童解释的那样,"你不可能得到比零毫米还短的长度"。

183

正如这些例子所描述的,每个年级儿童的表征技能均被系统地延伸,使得他们以新的方式扩充有关生长和变化的知识成为可能。反过来,随着知识的增长,儿童关于什么值得进一步研究的思考也发生了改变。

Lehrer 和 Schauble(2000c, 2003,2005)报告了他们观察整个小学阶段儿童对建模的理解所特有的转变结果,从早期重视文本的描述形式到后来日益增多的符号化和算术化的强有力的表征。表征和数学资源的多样性附带并产生了概念转变。当儿童提出并运用新的数学方法刻画生长的特征时,他们就会以更动态的方式来理解生物转变。例如,一旦学生理解了数学比率和可变比率,他们就开始想象增长是一个变化的组合比率,而不是一个简单的线性增长。这些概念和抽象的表征中的转换似乎是彼此相互支持的,他们开拓了新的研究路线。儿童想知道植物的生长是否与动物的一样,皮氏培养皿中的酵母和细菌的生长模式是否与单细胞植物的一样。这些概念发展的形式需要这样一个背景,教师系统地维持一系列限定的、依次建立在学校全年级先前概念基础之上的核心观点。

人们引导知识研究用于研究各种数学和科学模型的发展与应用。其中一个策略就是在研究的具体单元中指导有关学生思维的精细研究。这些研究的目的在于认识到学生是否及怎样产生新的模型,鉴别出学生理解身边数学和科学概念的可变性,证明学生怎样把在一个背景中所学的数学概念适当地应用于一个新情形。例如,在一个研究中,学生通过在几何学中研究相似长方形家族的性质,来探求数学中的比率问题(Lehrer & Schauble, 2001)。后来在研究材料性质的时候,他们自发地想知道材料是否也可能归为某一个家族,还提及由泡沫聚苯乙烯、木头、特氟纶和黄铜制成的物体,其体积和重量之间是否可能存在一个常数比。继续关注这个问题导致了一个与模型同等重要的有关图表和线性关系性质的延伸研究(重量与体积形成的图表看起来几乎是成比例的,但是许多点并没有直接在一条直线上)。Lehrer 和 Schauble 指导了许多在数学(如,数据模型、分类、分布、相似)和科学(如,生长、多样性、运动、密度)教学背景中有关基于模型的推理的课堂研究。各种出版物都提及了这些工作的详细情况(Horvath & Lehrer, 1998;Lehrer, Carpenter, et al., 2000;Lehrer & Schauble, 2005;Lehrer & Schauble, & Petrosino, 2001;Lehrer, Schauble, Strom, et al., 2001;D. E. Penner et al., 1997, 1998)。这些研究的绝大部分是具有代表性的;他们不是关注同一年级一个班级内或是班级间的学生,就是在同一时间段内着重对比不同年级之间学生的表现。

除了这些年级内和年级间的研究之外,纵向研究也用于证实学生在接受数年教育的过程中对数学的理解是不是系统地增长,如果增长的话,是如何增长的。因为数学是用于建模的主要工具。学生在低年级学习数学形式时没有接受一般性地讲授或用现行标准化的评定工具进行测量,所以课题小组编制了评定学生成就的一系列标准化测验,这个测验要用三小时的时间且能够进行团体施测。这个工具有两种版本,一个是针对小学低年级学生,另一个则是针对小学高年级学生的。尽管每年都会有一个核心的项目集面向所有学生,但是各个版本都要修改。国家教育发展评估委员会公布的个别项目被用于测试学生达到国家成就水平的程度。Lehrer 和 Schauble(2005)详细地论述了他们的研究结果,发现从一年级到五年级每个年级中学生的学习都得到了改进(影响大小在 0.43 到 0.72 之间)。增加的平均分数表明学生的理解取得了实质性的增长,而且这种增长是普遍性的(也就是说,没有局限于所选阶段的学生)。此外,在国家基准课题的测试上,较早年级的学生比国家样本中更高年级的学生做得还要好。 184

当然,这里已有许多东西值得我们学习。一个问题就是数学和科学之间的关系。我们一般首先向学生介绍数学知识,这就使得他们有机会在这些数学结构用于自然建模之前探索和理解它们。令人担心的是,假如我们仅向学生介绍他们为特殊系统建构模型时所需的数学,那么关于数学的其他更多知识都会丢失(如,它的一般系统的特性)。然而,这个方法明显与课程方法是对立的,后者强调数学和科学的统一。一个相关问题就是学生怎样看待每个学科内的认识论。例如,在一些课堂研究中,我们记录了儿童描述的关于概括归纳的数学化认知(如通过定义加以概括)和科学化认知(如通过模型进行概括)之间明显的区别(Lehrer & Schauble)。我们还不是太了解随着时间的流逝这些认识论是怎样逐渐展现的。

小结:课堂设计研究

在这一部分,我们回顾了七个课堂研究的扩展课题,研究者在他们所设置的促进其研究目的的背景中研究学生的思维发展。尽管这些绝不仅仅是在课堂中进行的有关科学思维的发展研究,但是他们确实描绘出了有关科学素养应该需要什么的图景范围。每个图景要么与认知发展的相关研究一致,要么直接由它们指导。大部分学者也都明确地表达了他们对学习和发展之间关系的看法。

在这一章中,我们认为对于“发展什么”和“什么是发展”这个问题新的回答,在以课堂为基础的发展研究中的合适位置已经被提出了。接下来我们要把这些研究作为一个群体,简短地总结一下它们的内容,并指出这两个问题的潜在答案。

考虑到他们对科学和科学素养的看法，回顾的这部分研究都承认科学的复杂性和可变性。与有关学习和思维的一般研究相比，强调发展什么这个问题就很有必要具有更宽广的视角，前者趋向重视具体技能或概念。当然，寻求仅发生在数年教育环境中发展的特色和理解时，这种宽广的关注点还是必须的。在这里采用更宽广的视角，可能有利于思考更为传统的关于科学思维研究的含义，它们更关注教育目标。例如，人们认为Chen和Klahr(1999)控制可变策略的研究，与Metz(2004)帮助引导学生自我启动和自我关注的探究的事项是并列的。这两个研究有一个共同关注点，就是帮助儿童理解研究的逻辑和方法，但是他们在课堂中应该"发生什么"这个问题上并没有得出相同的结论。事实上，科学教育中未解决的问题之一就是在以下问题上没有达成一致：是应该首先明确地教给儿童引导探究的策略和程序，然后再学习应用它们，还是应该让儿童在应用的背景中学习这些策略和方法，使他们能够位于大量的、连贯一致的探究程序中。当儿童是学习困难的学生(struggling students)或者是来自一个很少接触有价值的思维形式的学校中时，这个问题就有其独特的一面。Lee和Fradd(1996)认为，在这种情形中首要的是教给学生探究的程序和策略，这样他们在科学教育中就不再处于不利地位。相反，Warren和Rosebery(1996)强调日常思维和科学思维之间的联系，似乎所有的儿童都掌握了这一点，甚至包括那些母语可能不是英语和生长环境不是英国和欧洲地区的儿童。按照他们的观点，对学习敏感的儿童能够具有探究的熟练形式，似乎有证据已经证实了这些主张。然而，争论似乎比现实中更为明显。需要明确和清楚科学中有价值的争论和证据的形式，这一点已被广泛接受，并且有充分的证据表明这个需要对那些学习困难的儿童来说是没有限制的。把Chen和Klahr与Metz的观点进行对比的原因不是为了表明一个与心理学研究和其他课堂研究相联系的结论。在许多案例中为了证明一个更为普遍的论点，采用了教育观点所需的宽广视角，这就形成了一个什么是价值的重新组合，所以设计研究者不能完全沉浸于整理一个地点的干预结果，这些干预往往是个别的，更为彻底的干预是在心理学实验室中的研究。

185

不管人们是否认为，突出科学构建知识或理论，指导研究或产生和测试模型的作用对教育的目的更为有利，可能最好的做法就是把有关科学和科学素养的观点看作是部分地重叠而不是相互排斥。有关研究或课堂活动主题的选择，可能会引发稍微不同的问题与责任。更不用说，理论转变、质询和理论建模活动是相互增强的。因此，任何一个结构完好的计划可能都会关注这些目标，尽管花费在每个目标上的时间比例或相对重视程度可能会有所不同。同样，教师的专业发展方向可能不同，这或许就导致了教师的实践和学生的学习有着明显不同的结果。在这一点上，我们的知识是一个空白。

这些指导性的观点包括两个方面的内容，一个是规范性(学生应该学什么?)，另一个是经验性(发展一般是怎样展现出来的?)。我们应该站在长远发展的立场上，去提出一些关于教育者应该达到的长期目标是什么，以及有关引导学生从他们现有概念资源出发达到这些目标的教育途径的问题。有关教育途径的论点应该被认为是需要经验测试的理性分析。我们不可能预先知道在给定其正确类型的教育支持后学生的认知可能会怎样发展，部分原因在于我们预先不知道哪种类型的教育是最佳的，而且仅了解他们在一般(或缺乏)教育条件下经常性的表现方式，所以造成几乎一直都歪曲了关于学生能力的原始论点的结果(Brown & Campione, 1996)。

这一章回顾的大部分研究反映了学生做科学研究时表现出仅学习最终形式科学概念的偏好。这个偏好不是由于知识一旦被学生重新使用，它会无端变得更好这样一个朴素的信念，而在于有责任为学生提供接触最强有力形式之一的认识论文化的机会。我们也许会承认，所有学生应该学会撰写一定水平的文章，甚至少数一些人可能将来最终会成为专职作家。同样，所有的学生应该体验到做科学研究的感受，这些机会不应该局限于那些将来可能以科学或技术为职业的学生。

不过，强调科学研究并不是暗示没有人关心学生是否学到了任何科学知识。我们所回顾的研究计划中无一例外都强调进行科学研究的目的是为了建构丰富而复杂的知识基础。这也是这些研究计划经过对科学主题进行广泛取样，在限定的内容范围内评价长期研究的原因。聚焦于一个领域，能够为一个学生提供评价他们关于学术领域的理论变化而提出标准的基础，还提供了能够使探究富有成效和意义所必需的知识基础。然而，并不是所有研究者都对在学生的教育过程中应怎样积累有关科学内容的知识有一个明确的认识，或者甚至对有这样一个认识是否很重要也不是太了解。一些研究者(如，Metz 和 Gelman)希望学生随后更深入地研究领域内的知识，但是每一次他们都没有提到更多关于学生在结束初等教育时应该接触到怎样的领域空间的问题。Lehrer 和 Schauble 正在探寻有关科学和数学的主题，比如生长、结构和功能，以及连接横跨学校教育探究的行为。这些主题可以为挑选研究的具体话题提供标准。不过，Lehrer 和 Schauble(2005)认为，有必要以经验为主来测试有关允许年龄小或是未成熟学生轻松进入主题的猜想，与此同时，为那些更有见识的学生提供具有充分挑战性的课程。Hennessey、Grotzer 和 Perkins 似乎主要关注概念转变的一般领域内的因果图式和标准。选择领域知识是为了列举学生需要了解的各种因果图式的范例或者是凸显理论转变标准的潜能。

这些研究者都不同程度地把教育的重点放在了一个或其他形式的元认知上。也就是说，元认知的解释在每个课题之间都稍微有变化，而目前所涉及的认知过程可能有一些或没有共同点。Brown 和 Campione 通常鼓励学生为他们自己的学习负责，Metz 也认同这个目标并以更为重要的方式用于学生计划和指导经验性的研究。正如我们所看到的，Hennessey 希望学生能够理解具体的评价标准，并把它们应用于自己以及同学的理论。这是一个有关元认知的观点，它看起来与 Grotzer 和 Perkins 明确表达出的看法联系更密切。Grotzer 和 Perkins 希望学生能够注意并描述潜在于各种表面特征内容范围下的因果结构。Lehrer 和 Schauble 在不同程度上把元认知看作是学会使用形式多变的且允许一个人逐字地领会思想的表征，和运用这些表征服务于有关自然系统性质的争论。

186

人们在数据表征和其他形式表征的重要性问题上已经达成了共识。这些研究者中的大部分都认可学生创造表征可变性的利用价值。不断产生、评论和修改表征，能够帮助学生正确地评价他们用于沟通的抽象的表征的应用和目标，重视他们解释中所必需的设计的协调与平衡。在传统的课堂中，通常给学生讲授绘图、制表、画地图等诸如此类的、不考虑上下文联系的常规形式的工具。可能也会给他们各种问题进行实践，但是这些仅仅被认为是服务于最初目标，即学习怎样以传统形式建构和运用抽象的表征的背景。相反，我们回顾的课题中共有的主题是把有关表征的形式与教育及其应用的背景相连接。当学生遇到一个问题，而工具的使用将有助于他们解决这个问题时，其他工具——从科学仪器到直尺——也可以介绍给学生。

有关发展本质的观点强调从儿童早期的直觉和理论到他们在科学学科中接受传统理论教育的连续性。与科学教育中"迷思概念"文献的区别在于，它趋向于把学生概念和专家概念加以比较，这些研究者了解到早期的理论构建对教育来说是一种资源而不是障碍。对他们来说，关注能够优化发展的学习背景的特征是描述发展一个必不可少的部分，尽管他们对这些特征进行的分类稍微有些差异。Brown 和 Campione 的 39 条原则，可能是试图在课堂背景中把解释发展变化的特征描述得最详尽的一个。纵观这六个课题计划，从呈现给学生的任务类型(这部分所有的研究者)到不断从事的活动类型，课堂准则和体现课堂谈话特色的各类证据和论点，它们都表现出一系列特征。

我们已经简要地描述了围绕科学思维的发展而组织的七种课堂设计研究。每个研究都是以科学思维和科学素养中"发展什么"这一特殊的视角为基础的，并且至少都提供了关于这个课题学习潜能的原始数据。不过，这些课题最终没有一个能够提供足够广泛的纵向研究的基础，或者维持足够长的时间，以便对一个课题而不是其他课题所追求的长期教育效果作一个清晰的对比。关于一个参与了这些课题之一的学生经过一段长时间之后能有什么变化这个问题，我们依然知之甚少。这个学生会发展出什么能力或倾向，他会掌握什么形式的在其他课题中不能掌握的实践，这一点我们也无法预料。从设计的角度来看，仅仅拥有纵向比较的数据可能找不出哪个方法是最好的，就如赢得一场赛马比赛所蕴含的简单道理一样，要更好地了解每个课题表示优势和劣势的特有的侧面图，就必须使教育方向的选择能够通过更清晰的价值连接来体现。这些课题中的一部分是不是为培养一个有文化的一般公民提供了平稳的过渡，而其他课题则为科学的专业实践提供了更好的道路？在儿童教育范围内一贯成功地提供基础工具的方面，是不是有一些课题比其他课题要做得好些？每个方法强调什么？它趋向于迁移到怎样的背景中去？

现在我们了解一些在这些方法指导下怎样开展教育活动的相关事宜及其操作的程序，但是我们很少知道或根本不知道它在未来的若干年后将会是怎样结束的。这一章的最后一部分，我们试图了解从事建立和维持允许获得这类比较数据的条件需要做哪些工作。在讨论课堂设计研究实施所遇到的挑战中，我们会继续从事这个问题的研究。

设计研究实施中存在的问题：为何我们不能进展更快些？

187

为什么以系统的、科学的方式指导这种可以了解有关科学素养的教育决定，纵向的、运用比较法的工作这么困难？当人们发展和改进由发展理论和研究指导的教育课题，以维护和推进教育的完整性为方式来维系这些课题时，以及在具有高度易变性和政治敏感性的组织制度中评价学习时,都会遇到概念(conceptual)和逻辑(logistical)这两方面的挑战。我们不从总体上讨论这些实施问题,而是通过自己的工作视角来观察它们。如前所述,人们很少公开讨论与这些事情有关的信息。因此,在这里,我们讲述自己的经历,相信这更有普遍意义。

挑战1:课堂研究的设计与优化

虽然以前和现在的研究对确定儿童学习开始的可能阶段方面会有所帮助,但是有关学习的研究在一定程度上制约了教学设计。开发和完善一项能够长期培养发展的教学设计需要相当数量的概念性和经验性工作。教学所关注的目标越广泛,就需要越多的概念性和经验性工作来实现、测试和修改教学设计中的要素。人们需要仔细思考什么是必须逐日做的,而不是根据少数关键原理,或者甚至是从对学生学习假定的预期发展轨迹中明显而轻松地得出结论。例如,我们打算支持儿童基于模型推理的发展,就要探寻这种思维形式构建的早期根源,要系统地提供数学方法、表征工具和适当的课堂规范,这些决定使得我们感到每天必须思考如何完成这些目标。如果这些方法是错误的,但假设原理是正确的,那么对结果也不会造成太大的影响。

教学设计的实例通常需要对初始的计划和假定进行修改。在有人试图帮助学生完善学习形式之前,他们倾向于坚持一种相对简单易懂的学习形式,或者相反,他们很容易形成一种看起来在第一时间内不可能考虑到的思维形式。在教学的关键阶段,能够预言最可能显露出的教育可能性的近景,并能通过这个近景预言接下来或是另一种途径的结果是必要的(Lehrer & Schauble, 2001)。当要探求关键随机变量时,得到这种知识经常需要在不同年级、多种场合下重复"相同的"课程安排。跨年级研究能够帮助我们更好地理解什么是发展和发展可能通过的途径这两个问题。

例如,我们特意采用一个前面描述过的有关数据分类的研究来阐明发展的关注点(Lehrer & Schauble, 2000b),在这项研究中,儿童通过发展自己的心理模型来预测一系列自画像中艺术家的年龄。研究在一年级、四年级和五年级中进行。一年级学生很容易通过假定的艺术家级别对画像进行分类,在识别特征时,他们能够区别幼儿所画人像("恐龙式"的头发,没有脚)和五年级学生所画人像("大量的细节",都有五个手指)的特征。然而,他们的分类系统仅仅是次要地描述他们通过表面审案而作出的决定。很明显,他们并没有用清单中所列的特征去预测一系列新的画像。因此,对于一年级的学生来说,清单根本就没有为建模服务。而四年级的学生能提出模型并用它们去支持预测,但是学生在得出更喜欢的不包括无关细节的模型之前,他们多次尝试运用这个模型并完成随后的修订。这些四年级的学生坚持认为不包括所有可辨认信息的画像模型可能比包括了所有信息的模型更可取。五年级的学生不仅省去了不能从他们的模型中预言的特征;他们甚至提出了可以评估这些特征预测力的定量的方法("五年级学生所绘的画像脸部有睫毛的数量可能是穿着有鞋带的鞋的两倍";"四年级学生三分之二的画像可能有睫毛")。

就可行性来说,我们重复教育的先后顺序为的是更多地理解什么是可重复的,什么是变化的，以及发展一般是沿着怎样的路线。我们的目的就是对什么组成了干预这个问题有一个清晰的认识。也就是说，什么是产生想要结果的本质要素，什么是外围的要素？特征的什么变化促成相似的结果，什么形式的变化根本地改变了结果的特性？在判定维持干预的完整性范围内，什么是每个关键特征可变性许可的渠道？我们相信，如果不理解这些问题，对试图“按比例增加”——更多时间被称为“scaled”的教育干预研究中遇到的诸多困难进行解释的理解就是模糊的。为此，我们通过研究针对不同的教师和学生怎样安排课程的次序这个问题，来寻求理解普遍的(和生成的)学习道路。我们尝试着在不同地区之间、同一地区的不同学校之间，和参与的学校中进行年级内和跨年级的研究。我们的一部分工作是在美国中西部，亚利桑那州的菲尼克斯市区和郊区学校以及田纳西州的纳什维尔地区的学校中普遍开展的。然而，在开始相当数量的实验之前应该了解，重现一个需要持续数年的教育干预是十分缓慢的过程。在帮助教师使其专业发展达到保证干预研究可信赖地进行的过程中，至少会遇到一些挑战。前面我们讨论过，认为教师能够清晰明了地处理一个课题的看法，是导致各种根本性转变的一个引子。

188

挑战 2：研究计划的实施、维持及其完整性

到目前为止，我们一直讨论概念性挑战是否涉及了确定教育课题的限定性特征。同等重要的还有严峻的逻辑挑战，解决挑战的每一点都需要智力上的支持。这些解决方法需要花费研究人员的时间和资源，并且我们接受的训练不能保证我们可以解释这类问题。实施过程中的第一个挑战是在我们自组织环境——大学中安排和维护课程的难度。

研究生教育提出了挑战。我们必须帮助研究生内化学习，并且对持续发展的研究作出有效的贡献，而不是详细地向他们讲解内容和一般程序。学校总是不断地培训各种各样的新人(教师和学生)，不论来之前或者工作之后的水平如何，都要不断促进他们能力的发展。针对不同层次的参加者，我们需要不断重新评估他们作出的贡献和在整体研究中的作用。研究的这些特征有时很难教导学生更好地适应社会生活。

课堂设计研究需要跨学科小组和多种才能，这种才能是个人所不具有的。我们发现与其他学科合作是有帮助的，包括在职教师和学校管理人员，当然还包括生物学家、数学家和心理测量学家。人们在延续时期确定和协调多重参与者和各种专业知识，这一目标并不能总是和大学职称委员会的期望、资源和资金机构循环，或者大学对现有学科的忠诚很好地结合起来。除教育研究人员外，我们还要扮演多个角色，包括教育者、专业发展提供者和社区活动家。

有时，担任这些角色需要处理偶发事件，我们在原则上不知道它们事先要出现。例如，我们在一个校区要进行十年的课题研究，但却不知道之前已有人在该区进行了十年的研究。教师、管理人员和父母将早期的工作看作是校区的一部分。这引起了无数的争论，在争论中逐渐建立了信任，因此利益共享者，特别是教师，认为研究对他们和他们的孩子没什么影响。从某些角度看，有些事情可能是被看作不入流的，甚至是怪诞的。例如，一位母亲担心教学编程语言的屏幕图像可能是她的宗教信仰禁止的崇拜形式。研究者没有这样的担心，但是他们必须解释人们担心的问题。以前研究的结果提高了教师的领导能力，因此教师为他们已经开始的变化做好了准备。这些准备是我们描述研究所必须的基础；没有它们，我们不可能在 3 年的时间内使学生取得很大的进步。因此，这段历史证明了与研究计划实行的相关性，但当报告目前的设计研究时，它也提出了历史中的哪些方面应该被判定为相关的问题。

当然，在从事研究的组织中，学校是令人沮丧的一个，尤其是当它们处于一个教育转型期时。在今天具有政治化气候下的教育尤其是这样。大多数地区的领导关系是不稳定的，学校对各种竞争性的政治压力表现得很脆弱，而且他们的目标和活动受到公众的争论。在工作中，我们已经和一系列突发事件作斗争，包括一位合作主管的辞职，教育委员会政治联盟的变换，一位领队教师孩子的重病，以及教员间的内部分歧(例如，通过是否追求迂回法，教师和一个或多个年级，或者是年龄参差不齐的班级的学生一起毕业等)。我们相信其他课堂研究人员也有相似的情况。学校合理的议程经常无意中使他们违背研究的目标。在一个研究场所，我们在巩固一个有着同样思想(like-minded)的教师交叉年级组方面取得了很大进步，他们一起工作了多年，一直在研究学生学习方面的专业发展。多年来，该小组形成了强大的团队联盟并且积累了有关学生思维发展的技术性知识，达到了我们共同的核心目标，即提出了促进数学和科学教育的系统而连贯的方法。然而，这是该州发展最迅速的地区之一，随着该地区人口不断膨胀，就需要建立一所新的小学。令我们和教师沮丧的是，行政人员向新校区调动一些教师来拓展改革。虽然管理者的目的是高尚的，希望这些新的教学方式得到更广泛的传播，但结果却破坏了交叉年级团体，使我们不能纵向追踪正在进行实验指导的年级中的学生。即使这种基本的变动没有发生，具有美国特色的教师和学生的流动性也使我们很难持续进行纵向研究。

189

在过去几年内，我们发现教育的政治性对包括系统能力建构的任何议程尤其具有破坏作用。在教育角色和形式上缺乏共识使得教师很难处理分歧，分歧包括标准、测试、课程、分级、学生归类，以及教育的其他一切方面。一年两次的教育委员会选举或者一位新管理人员的到来，使得该区教育的努力焦点突然转变，这并不罕见。现在一般对教师和学生进行强制性的实验，但国家和州的实验却远远落后于课程改革。因此，以提高先前所教和所学知识为目的的研究与发展在广泛认可的方法中未能显现。在这种情况下，把焦点继续放在影响教育改革上是很困难的。

有时逻辑和概念性困难交织在一起，例如，决定教育计划是否能够实施的问题。即使有区领导的授权或支持，学校所有的变动也是参差不齐的，在任何一点上这些都是未完成的。有些教师积极响应，成为支持计划的主力军，而其他一些人却在徘徊。一些人对计划的热情很高，但永远只限于表面理解；一些人却采取主动或被动的方式进行抵制。实施的不均衡给研究带来很多问题，特别是设计包括考虑和不考虑参与者的学校或课堂之间的比较。"参与多少"和"怎样参与"才能使教师成为一名参与者？

总之，研究人员不仅必须解释概念和测量问题，因为它们涉及了改变和研究学习长期发展的问题。另外，他们必须培养并保持同研究对象的关系，通常通过提供专业发展的方式来促进教与学的方法(在教师实践中生成的专业发展是一个困难而重要的目标，整个文化基础都服务于该目标。见 Grossman, 1990;Palincsar, Magnussun, Marano, Ford, & Brown, 1998)。研究人员必须帮助研究场所处理变动问题,但这一过程并不总是顺利的,对有些人来说可能会混淆角色和身份。为延续研究而提供一个实验平台本身就是一项全职工作。投入这项事业的努力表明远离实验场所而花费一年时间来专心分析数据是不可行的。一个人不能向依靠他支持的学校挥手告别,向教师和学生承诺当休假结束或撰写完时就会回来。190 虽然变化可能会逐渐自动保持,但我们不可能预测这种情况什么时候发生,因为学校组织和限制条件是强有力的力量,这种力量连续操作能把教学推回到它们更传统的形式上。正如 Spillane(2000)和其他人说的那样,教育改革通常被学校已有的知识模式和习惯同化,结果歪曲了教学改革而毫无成效。

挑战 3: 学习的评估

在这些课堂研究中,协调好有关个体转变的精细研究(fine-grained study)和学生群体成就的普遍测量(coarser-grained measure)是很有必要的。精细研究更需要关注有关科学思维发展的知识,不论重点是科学思维还是强调理论和学生自我研究能力的转变,还是参加建模的实践,研究者都认为科学思维是科学素养的核心。正如上文提到的,横跨若干年的发展研究存在一个重大的测量问题,这是因为在一开始,很少有可信的证据能够表明,在教育中系统地培养思维时它是怎样发展的。因此,当一个人试图寻找所期望的基准转变时,他不清楚这个基准转变是什么。有关学生成就的普遍研究必须同时考虑学生在进步、毕业和大学导致的评估中的成绩,这是教育者和家长们所关注的,与此同时,还必须对具体设计的目标特别敏感。

在研究中,我们发现发展、修订和重新调整成绩测量的方法,占据了心理测量学的相当一部分。首先,没有一种测量方法能够测出我们希望研究的思维形式的长期发展(如,学生的表征能力、空间视觉能力、解释数据的能力、统计推理能力)。因此,我们提出和/或借鉴以自己研究和他人先前研究为基础的课题,以及有关学生学习的可能形式和速度的最初猜测。当预期具体的基准变化是合理的时候,我们不能总是事先对它有一个精确的预言。正如教育设计所阐述的,我们经常对测量结果进行标准化,但当把年年收集的数据之间进行转换时就会出现一些问题。另一个数据收集的问题是伴随着学生的流动产生的,这是纵向研究的弊端。在我们的样本中,能够参加持续两年的课堂研究的学生占相当的比例,而那些参加持续三年研究的学生中,有很大比例会流失。

怎样确定对比是公平的,这是设计的一个问题。对教师的影响和学生群体的差异进行解释是困难的,而且这种困难在教育研究中是确定的,如我们以前所描述的,它们的确是促成理解设计中变异的复杂因素的罪魁祸首。而且这些困难不仅是逻辑方面的;它们还是概念上的。我们不赞成那些没有专门控制某种因素的群体实验,此外,我们不可能说服对照班的教师每年抽出 3 个小时的时间,用一些他们从没有接触过的数学形式去测试学生。针对那些照常授课的实验班,我们应该建立一个假想的对手,假如一个领域内将追求一个合作的评定策略,我们认为可以学到更多。具体地讲,我们希望在不久的将来,在几个关键的设计研究中可以从不同的角度对比学生的思维发展。总的策略是将会提出和运用一组得到普遍认可的内容,来评定参加各种研究课题的学生的学习。因为每个研究课题使得研究者能够识别一些特征,这些特征在理论上被认为是干预的核心。这样的结果,如果与一般的实验研究和传统教学之间进行对比的话,可能会提供更多的信息资料。推测起来,这些结果表明了与可确认的教学方法相关的优缺点的不同模式。就我们来说,为了更好地理解不同设计的发展任务,这一类型的对比是一个潜在的强有力的策略。例如,我们可能发现,一些方法可能在短期内产生显著的结果,但是其他方法可能在长时间内产生和维持有价值的结果方面有更好的表现。

挑战 4: 偶然性的解释

尽管研究设计为教育探究提供了新的机遇,但是其研究目的、范围和解释形式与更为传统的研究相比,有着很大的不同。与一些其他学科中的进化生物学家和从业者一样(Rudolph & Stewart, 1998),研究必须致力于解释教育与学习之间的长期关系,这就需要他们解释偶然现象和历史现象。因为课堂学习有这样的特点,所以研究的一个重要目标就是识别和解释设计中需要解释的偶然性——换句话说,假如设计是用具体例子来说明的,那么学习和转变的模式出现的概率就会很大。这些偶然性必须从一些特征中梳理出来,在解释的结构中人们并没有广泛解释这些特征(Lehrer & Schauble, 2001)。

191

研究者表达这个问题的一种方法是,共同采用学习轨迹(learning trajectory)或路径的方式产生一系列的推测。这些推测形成了一个假定的次序或通道,它可能描绘了我们有关学生如何进步的推测,这些进步是沿着从非专家到专家的思维形式的路径进行的。而这个次序是推测的,因为研究设计一般用于研究未调查过或调查不足的内容。为此,一个人不能自信地认为发展的轨迹会像预期的那样呈现。尽管研究涉及很宽的范围,极少有细节出现,但是一个学习轨迹的研究很少和认知心理学中有关教育任务的分析一样。它的目的是在那些目前很少有研究指导教学和学习的领域中,对教育进行全方位的指导。因此,一个学习轨迹包含了一个人关于发展可能是怎样产生的这个问题的最好的猜测(它指导了研究、儿童思维的一般知识,以及相关领域核心观点的重新概念化)。当然,因为以假定的学习轨迹为基础的教育是用实例来展示的,所以在现实中发展的轨迹必须加以修订,以与学生在课堂中所学的内容相匹配。

尽管这个简短的描述抓住了设计研究的一般目的和基本过程,但是当过于刻板地进行类推时,还是会存在一些危险。"发展通道"和"学习轨迹"的隐喻并没有把偶然性和可变性放在最显著的位置上,而它们对我们的理解能力来说是很重要的。当一个人认为"通道"是从一个具体的起点到众所周知的目标的途径时,而这个途径又是不变的、受限制的,他会想起什么。认为发展是一个途径的观点,能够支持从一个地方到其他地方变化的意义,但是它不能获得学生的思维和成绩变化的类型,而学生的思维和成绩经常作为转变的一个基本心理机制发挥作用。基于这个原因,把发展想象为一个涉及由以下因素决定(部分地)的、相互作用的生态学: 学习机会和任务限制、符号工具(如,工具,铭刻系统)、循环的活动结构、教师或其他社区成员补充、选择，以及增强参与者贡献的方式(见 Lehrer, Strom, & Confrey, 2002)。

从这个角度看，通道或轨迹是针对相互作用预期空间的具体实现的回顾性说明。有关教学的设计必须鼓励关注偶然性和多变性，或者其他削减发展潜力的风险，而这种发展则是按照许可的路径进行的。面对这些复杂性，教育者能为学生选择途径，运用教学辅助来减少与预先确定的路线的偏离。或者，一个人可能在学生的思维中培养和鼓励可变性，然后利用它涌现出的部分机会。在某个案例中，设计的问题在于制造情形和可能产生变化形式的任务，而这些变化具有丰富的教学潜力。当然，我们需要一个整体的远景，在这个远景中教育处于领先的地位，但是它可能是有弹性的，通过对下一步应该最好利用课堂中涌现出的偶然性的哪些方面进行评估，这个远景在任何一点上都是可以更改的。这种方法对利用学生的认知资源和成绩来说是很好的，但是我们必须承认，它使得对概念性转变的解释更加困难。假如一个人能够重新看待可变性，把它当做是对发展有利的事情，而不是错误或噪音(Siegler, 1996)，那么证明和解释偶然性就成为研究工作中的本质部分。

为了方便处理，我们经常忽视这些偶然性。事实上，我们设计了许多研究以支持我们这样做。但是解释学习就需要解释基于历史的现象。学生是带着已有的知识来到课堂的，由此，教师的讲授就必须建立在这些已有的知识之上。假如他们成功了，这些已有的知识便与我们时常称之为“发展”的这类持久的倾向和能力结合在一起。有效的学习并不是简单的积累；相反，后来的学习是对已有知识的改造。对发展的理解就意味着对这些已有知识的理解，不仅包括它们的形成过程，还包括形成的原因。事实上，学习者的内部心理特征是重要的心理机制，但是，要理解科学思维和科学素养是怎样形成的，也必须对教育和其他形式的辅助进行解释。如果一个人不理解促进发展的手段，他就不能理解发展的这些形式。从这个意义上讲，对发展的解释也就是对它历史的解释。Gopnik 和 Metlzoff(1997)解释道:

192

> 就像达尔文生物学一样，这里呈现的观点表明，认知心理学中的解释经常是历史性和偶然性的。假如想知道我们拥有某个特定类型概念结构的原因，我们一般不会把结构还原为一系列特定的初始原则。确切地说，我们必须追溯从先天的理论到目前掌握的理论的历史路线。从这个角度看，所有的认知科学都将是发展的(第 218 页)。

承认偶然性是重要的第一步。形成有关历史的正确模型是一项持久的挑战。

(胡卫平、孙艳平译，胡卫平审校)

参考文献

American Association for the Advancement of Science (1964). *Science: A process approach*. Annapolis Junction, MD: Author.

Baillargeon, R. (1987). Young infants' reasoning about the physical and spatial characteristics of a hidden object. *Cognitive Development*, *2*(4), 179-200.

Baillargeon, R., & Graber, M. (1988). Evidence of location memory in 8-month-old infants in a nonsearch AB task. *Developmental Psychology*, *24*(4), 502-511.

Baillargeon, R., & Hanko-Summers, S. (1990). Is the top object adequately supported by the bottom object? Young infants' understanding of support relations. *Cognitive Development*, *5*(1), 29-54.

Bazerman, C. (1988). *Shaping written knowledge: The genre and activity of the experimental article in science*. Madison: University of Wisconsin Press.

Beeth, M. E., & Hewson, P. W. (1999). Learning goals in an

exemplary science teacher's practice: Cognitive and social factors in teaching for conceptual change. *Science Education*, *83*, 738 - 760.

Bransford, J. D., Vye, N., Kinzer, C., & Risko, V. (1990). Teaching thinking and content knowledge: Toward an integrated approach. In B. F. Jomes & L. Idol (Eds.), *Symbolizing, communicating, and mathematizing: Perspectives on discourse, tools, and instructional design* (pp. 275 - 324). Mahwah, NJ: Erlbaum.

Brown, A. L. (1990). Domain-specific principles affect learning and transfer in children. *Cognitive Science*, *14*(1), 107 - 133.

Brown, A. L. (1992). Design experiments: Theoretical and methodological challenges in evaluating complex interventions in classroom settings. *Journal of the Learning Sciences*, *2*, 141 - 178.

Brown, A. L., & Campione, J. C. (1994). Guided discovery in a community of learners. In K. McGilly (Ed.), *Classroom lessons: Integrating cognitive theory and classroom practice* (pp. 229 - 270). Cambridge, MA: MIT Press.

Brown, A. L., & Campione, J. (1996). Psychological theory and the design of innovative learning environments: On procedures, principles, and systems. In L. Schauble & R. Glaser (Eds.), *Innovations in learning: New environments for education* (pp. 289 - 326). Hillsdale, NJ: Erlbaum.

Brown, A. L., & DeLoache, J. (1978). Skills, plans, and selfregulation. In R. S. Siegler (Ed.), *Children's thinking: What develops?* (pp. 3 - 36). Hillsdale, NJ: Erlbaum.

Brown, A. L., & Reeves, R. (1987). Bandwidths of competence: The role of supportive contexts in learning and development. In L. Liben (Ed.), *Development and learning: Conflict or congruence?* (pp. 173 - 221). Hillsdale, NJ: Erlbaum.

Bruner, J. S., Goodnow, J. J., & Austin, G. A. (1956). *A study of thinking*. New York: Wiley.

Bullock, M., Gelman, R., & Baillargeon, R. (1982). The development of causal reasoning. In W. J. Friedman (Ed.), *The developmental psychology of time* (pp. 209 - 254). New York: Academic Press.

Bullock, M., & Ziegler, A. (1999). Scientific reasoning: Developmental and individual differences. In F. E. Weinert & W. Schneider (Eds.), *Individual development from 3 to 12: Findings from the Munich longitudinal study* (pp. 38 - 54). Cambridge, England: Cambridge University Press.

Carey, S. (1985a). Are children fundamentally different kinds of thinkers than adults? In S. Chipman, J. Segal, & R. Glaser (Eds.), *Thinking and learning skills* (Vol. 2, pp. 485 - 518). Hillsdale, NJ: Erlbaum.

Carey, S. (1985b). *Conceptual change in childhood*. Cambridge, MA: MIT Press.

Carey, S., Evans, R., Honda, M., Jay, E., & Unger, C. (1989). An experiment is when you try it and see if it works: A study of grade 7 students' understanding of the construction of scientific knowledge. *International Journal of Science Education*, *11*, 514 - 529.

Carey, S., & Smith, C. (1993). On understanding the nature of scientific knowledge. *Educational Psychologist*, *28*, 235 - 251.

Case, R., & Griffin, S. (1990). Child cognitive development: The role of central conceptual structures in the development of scientific and social thought. In E. A. Hauert (Ed.), *Developmental psychology: Cognitive, perceptuo-motor, and neurological perspectives* (pp. 193 - 230). Amsterdam, The Netherlands: Elsevier.

Chen, Z., & Klahr, D. (1999). All other things being equal: Acquisition and transfer of the control of variables strategy. *Child Development*, *70*(5), 1098 - 1120.

Chi, M. T. (1992). Conceptual change within and across ontological categories: Examples from learning and discovery in science. In R. Giere (Ed.), *Cognitive models of science: Minnesota studies in the philosophy of science* (pp. 129 - 186). Minneapolis: University of Minnesota Press.

Cobb, P., Confrey, J., diSessa, A., Lehrer, R., & Schauble, L. (2003). Design experiments in education. *Educational Researcher*, *32*(1), 9 - 13.

DeLoache, J. S. (2004). Becoming symbol-minded. *Trends in Cognitive Sciences*, *8*(2), 66 - 70.

DeLoache, J. S., Pierroutsakos, S. L., & Uttal, D. H. (2003). The origins of pictorial competence. *Current Directions in Psychological Science*, *12*(4), 114 - 118.

diSessa, A. A. (1993). Toward an epistemology of physics. *Cognition and Instruction*, *10*(2/3), 105 - 225.

diSessa, A. A. (2002). Students' criteria for representational adequacy. In K. Gravemeijer, R. Lehrer, B. van Oers, & L. Verschaffel (Eds.), *Symbolizing, modeling and tool use in mathematics education* (pp. 105 - 129). Dordrecht, The Netherlands: Kluwer Press.

diSessa, A. A. (2004). Metarepresentation: Native competence and targets for instruction. *Cognition and Instruction*, *22*, 293 - 331.

diSessa, A., Hammer, D., Sherin, B., & Kolpakowski, T. (1991). Inventing graphing: Meta-representational expertise in children. *Journal of Mathematicat Behavior*, *10*, 117 - 160.

Dow, P. B. (1991). *Schoolhouse politics: Lessons from the Sputnik era*. Cambridge, MA: Harvard University Press.

Driver, R., Leach, J., Millar, R., & Scott, P. (1996). *Young people's images of science*. Buckingham, England: Open University Press.

Dunbar, K. (1993). Scientific reasoning strategies for concept discovery in a complex domain. *Cognitive Science*, *17*(3), 397 - 434.

Dunbar, K. (1998). How scientists really reason: Scientific reasoning in real-world laboratories. In R. J. Sternberg & J. F. Davidson (Eds.), *The nature of insight* (pp. 265 - 395). Cambridge, MA: MIT Press.

Duschl, R. A. (1990). *Restructuring science education: The importance of theories and their developments*. New York: Teachers College Press.

Fay, A., & Klahr, D. (1996). Knowing about guessing and guessing about knowing: Preschoolers' understanding of indeterminacy. *Child Development*, *67*, 689 - 716.

Ford, M. J. (2004), *The game, the pieces, and the players: Coherent dimensions of transfer from alternative instructional portrayals of experimentation*. Manuscript submitted for publication.

Galison, P., & Assmus, A. (1989). Artificial clouds, real particles. In D. Gooding, T. Pinch, & S. Schaffer (Eds.), *The uses of experiment: Studies on the natural sciences* (pp. 225 - 274). Cambridge, England: Cambridge University Press.

Gallistel, C. R., Brown, A. L., Carey, S., Gelman, R, & Keil, F. C. (1991). Lessons from animal learning for the study of cognitive development. In S. Carey & R. Gelman (Eds.), *The epigenesis of mind* (pp. 3 - 36). Hillsdale, NJ: Erlbaum.

Gee, J. P., & Green, J. (1998). Discourse analysis, learning, and social practice: A methodological study. *Review of Research in Education*, *23*, 119 - 169.

Gelman, R., & Baillargeon, R. (1983). A review of some Piagetian concepts. In J. H. Flavell & E. M. Markman (Eds.), *Cognitive development* (pp. 167 - 230). New York: Wiley.

Gelman, R., & Brenneman, K. (2004). Science learning pathways for young children. *Early Childhood Research Quarterly*, *19*(1), 150 - 158.

Gelman, R., Romo, L., & Francis, W. S. (2002). Notebooks as windows on learning: The case of a science-into-ESL program. In N. Granott & J. Parziale (Eds.), *Microdevelopment: Transition processes in development and learning* (pp. 269 - 293). Cambridge, England: Cambridge University Press.

Giere, R. N. (1988). *Explaining science: A cognitive approach*. Chicago: University of Chicago Press.

Gooding, D. (1989). "Magnetic curves" and the magnetic field: Experimentation and representation in the history of a theory. In D. Gooding, T. Pinch, & S. Schaffer (Eds.), *The uses of experiment: Studies on the natural sciences* (pp. 183 - 223). Cambridge, England: Cambridge University Press.

Gooding, D. (1990). *Experiment and the making of meaning*. Dordrecht, The Netherlands: Kluwer Press.

Goodwin, C. (1994). Professional vision. *American Anthropologist*, *96*(3), 606 - 633.

Gopnik, A., & Meltzoff, A. N. (1997). *Words, thoughts, and theories*. Cambridge, MA: MIT Press.

Gopnik, A., & Sobel, D. M. (2000). Detecting blickets: How young children use information about novel causal powers in categorization and induction. *Child Development*, *71*(5), 1205 - 1222.

Gopnik, A., Sobel, D. M., Schulz, L. E., & Glymour, C. (2001). Causal learning mechanisms in very young children: Two-, three-, and four-year-olds infer causal relations from patterns of variation and covariation. *Developmental Psychology*, *37*(5), 620 - 629.

Greeno, J., & Hall, R. (1997, January). Practicing representation: Learning with and about representational forms. *Phi Delta Kappan*, 361 - 367.

Grosslight, L., Unger, C., Jay, E., & Smith, C. (1991). Understanding models and their use in science: Conceptions of middle and high school students and experts. *Journal of Research in Science Teaching*, *28*, 799 - 822.

Grossman, P. (1990). *The making of a teacher: Teacher knowledge and teacher education*. New York: Teachers College Press.

Grotzer, T. A. (2000, April). *How conceptual leaps in understanding the nature of causality can limit learning: An example from electrical concepts*. Paper presented at the annual meeting of the American Educational Research Association, New Orleans, LA.

Grotzer, T. A. (2003, March). *Transferring structural knowledge about the nature of causality: An empirical test of three levels of transfer*. Paper presented at the annual meeting of the National Association of Research in Science Teaching, Philadelphia, PA.

Hennessey, M. G. (2002). Metacognitive aspects of students' reflective discourse: Implications for intentional conceptual change teaching and learning. In G. M. Sinatra & P. R. Pintrich (Eds.), *Intentional conceptual change* (pp. 103 - 132). Mahwah, NJ: Erlbaum.

Hesse, M. B. (1974). *The structure of scientific inference*. Berkeley: University of California Press.

Hestenes, D. (1992). Modeling games in the Newtonian world. *American Journal of Physics*, *60*(8), 732 - 748.

Hewson, P. W., & Hewson, M. G. (1992). The status of students' conceptions. In R. Duit, F. Goldburg, & H. Niedderer (Eds.), *Research in physics learning: Theoretical issues and empirical studies* (pp. 59 - 73). Kiel, Germany: University of Kiel, Institute for Science Education.

Hood, B., Carey, S., & Prasada, S. (2000). Predicting the outcomes of physical events: Two-year-olds fail to reveal knowledge of solidity and support. *Child Development*, *71*(6), 1540 - 1554.

Horvath, J., & Lehrer, R. (1998). A model-based perspective on the development of children's understanding of chance and uncertainty. In S. P. Lajoie (Ed.), *Reflections on statistics: Learning, teaching, and assessment in grades K to 12* (pp. 121 - 148). Mahwah, NJ: Erlbaum.

Inhelder, B., & Piaget, J. (1958). *The growth of logical thinking from childhood to adolescence*. New York: Basic Books.

Kaiser, D. (2000). Stick-figure realism: Conventions, reification, and the persistence of Feynman diagrams, 1948 - 1964. *Representations*, *70*, 49 - 86.

Karmiloff-Smith, A. (1992). *Beyond modularity: A developmental perspective on cognitive science*. Cambridge, MA: MIT Press.

Keil, F. C. (1992). The origins of an autonomous biology. In M. R. Gunnan & M. Maratsos (Eds.), *Minnesota Symposia on Child Psychology: Modularity and constraints on language and cognition* (pp. 103 - 137). Hillsdale, NJ: Erlbaum.

Klahr, D. (2000). *Exploring science: The cognition and development of discovery processes*. Cambridge, MA: MIT Press.

Klahr, D., & Dunbar, K. (1988). Dual search space during scientific reasoning. *Cognitive Science*, *12*, 1 - 55.

Klahr, D., Fay, A. L., & Dunbar, K. (1993). Heuristics for scientific experimentation: A developmental study. *Cognitive Psychology*, *25*(1), 111 - 146.

Klahr, D., & Nigam, M. (2004). The equivalence of learning paths in early science instruction. *Psychological Science*, *15*(10), 661 - 667.

Kline, M. (1980). *Mathematics: The loss of certainty*. Oxford: Oxford University Press.

Koslowski, B. (1996). *Theory and evidence: The development of scientific reasoning*. Cambridge, MA: MIT Press.

Kuhn, D. (1989). Children and adults as intuitive scientists. *Psychological Review*, 96(4), 674 - 689.

Kuhn, D., Amsel, E. D.. & O'Loughlin, M. (1988). *The development of scientific thinking skills*. New York: Academic Press.

Kuhn, D., Black, J., Keselman, A., & Kaplan, D. (2000). The development of cognitive skills to support inquiry learning. *Cognition and Instruction*, *18*(4), 495 - 523.

Kuhn, D., Garcia-Mila, M., Zohar, A., & Andersen, C. (1995). Strategies of knowledge acquisition. *Monographs of the Society for Research in Child Development*, *60*(4, Serial No. 245), 1 - 128.

Kuhn, D., & Phelps, E. (1982). The development of problem solving strategies. In H. Reese (Ed.), *Advances in child development and behavior* (Vol. 17, pp. 1 - 44). New York: Academic Press.

Kuhn, D., Schauble, L., & Garcia-Mila, M. (1992). Cross-domain development of scientific reasoning. *Cognition and Instruction*, *9*(4), 285 - 327.

Kuhn, T. S. (1962). *The structure of scientific revolutions*. Chicago: University of Chicago Press.

Lamon, M., Secules, T., Petrosino, A. J., Hackett, R., Bransford, J. D., & Goldman, S. R. (1996). Schools for Thought: Overview of the project and lessons learned from one of the sites. In L. Schauble & R. Glaser (Eds.), *Innovations in learning: New environments for education* (pp. 243 - 288). Mahwah, NJ: Erlbaum.

Lampert, M. (2001). *Teaching problems and the problems of teaching*. New Haven: Yale University Press.

Latour, B. (1990). Drawing things together. In M. Lynch & S. Woolgar (Eds.), *Representation in scientific practice* (pp. 19 - 68). Cambridge, MA: MIT Press.

Latour, B. (1999). *Pandora's hope: Essays on the reality of science studies*. London: Cambridge University Press.

Latour, B., & Woolgar, S. (1979). *Laboratory life: The construction of scientific facts*. Princeton, NJ: Princeton University Press.

Lee, O., & Fradd, S. H. (1996). Literacy skills in science learning among linguistically diverse students. *Science Education*, *80*(6), 651 - 671.

Lehrer, R., Carpenter, S., Schauble. L., & Putz, A. (2000). Designing classrooms that support inquiry. In J. Minstrell & E. van Zee (Eds.), *Inquiring into inquiry learning and teaching in science* (pp. 80 - 99). Washington, DC: American Association for the Advancement of Science.

Lehrer, R., & Chazan, D. (Eds.). (1998). *Designing learning environments for developing understanding of geometry and space*. Mahwah, NJ: Erlbaum.

Lehrer, R., Jacobson, C., Kemeny, V., & Strom, D. (1999). Building on children's intuitions to develop mathematical understanding of space. In E. Fennema & T. A. Romberg (Eds.), *Mathematics classrooms that promote understanding* (pp. 63 - 87). Mahwah, NJ: Erlbaum.

Lehrer, R., Jacobson, C., Thoyre, G., Kemeny, V., Danneker, D., Horvath, J., et al. (1998). Developing understanding of space and geometry in the primary grades. In R. Lehrer & D. Chazan (Eds.), *Designing learning environments for developing understanding of geometry and space* (pp. 169 - 200). Mahwah, NJ: Erlbaum.

Lehrer, R., & Lesh, R. (2003). Matbematical learning. In W. Reynolds & G. Miller (Eds.), *Handbook of psychology: Vol. 7. Educational psychology* (pp. 357 - 391). Hoboken, NJ: Wiley.

Lehrer, R., & Romberg, T. (1996). Exploring children's data modeling. *Cognition and Instruction*, *14*(1), 69 - 108.

Lehrer, R., & Schauble, L. (2000a). The development of modelbased reasoning. *Journal of Applied Developmental Psychology*, *21*(1), 39 - 48.

Lehrer, R., & Schauble, L. (2000b). Inventing data structures for representational purposes: Elementary grade students' classification models. *Mathematical Thinking and Learning*, *2*(1/2), 51 - 74.

Lehrer, R., & Schauble, L. (2000c). Modeling in mathematics and science. In R. Glaser (Ed.), *Advances in instructional psychology: Vol. 5. Educational design and cognitive science* (pp. 101 - 159). Mahwah, NJ: Erlbaum.

Lehrer, R., & Schauble, L. (2001, April). *Accounting for contingency in design experiments*. Paper presented at the annual meeting of the American Educational Research Association, Seattle, WA.

Lehrer, R., & Schauble, L. (2002). Symbolic communication in mathematics and science: Co-constituting inscription and thought. In E. D. Amsel & J. Byrnes (Eds.), *The development of symbolic communication* (pp. 167 - 192). Mahwah, NJ: Erlbaum.

Lehrer, R., & Schauble, L. (2003). Origins and evolution of modelbased reasoning in mathematics and science. In R. Lesh & H. M. Doerr (Eds.), *Beyond constructivism: A models and modeling perspective on mathematics problem-solving, learning, and teaching* (pp. 59 - 70). Mahwah, NJ: Erlbaum.

Lehrer, R., & Schauble, L. (2004). Modeling natural variation through distribution. *American Educational Research Journal*, *41*(3), 635 - 679.

Lehrer, R., & Schauble, L. (2005). Developing modeling and argument in the elementary grades. In T. Romberg & T. P. Carpenter (Eds.), *Understanding mathematics and science matters* (pp. 29 - 53). Mahwah, NJ: Erlbaum.

Lehrer, R., Schauble, L., Carpenter, S., & Penner, D. E. (2000). The inter-related development of inscriptions and conceptual understanding. In P. Cobb, E. Yackel, & K. McClain (Eds.), *Symbolizing and communicating in mathematics classrooms: Perspectives on discourse, tools, and instructional design* (pp. 325 - 360). Mahwah, NJ: Erlbaum.

Lehrer, R., Schauble, L., & Petrosino, A. J. (2001). Reconsidering the role of experiment in science education. In K. Crowley, C. D. Schunn, & T. Okada (Eds.), *Designing for science: Implications from everyday, classroom, and professional settings* (pp. 251 - 278). Mahwah, NJ: Erlbaum.

Lehrer, R., Schauble, L., Strom, D., & Pligge, M. (2001). Similarity of form and substance: Modeling material kind. In S. M. Carver & D. Klahr (Eds.), *Cognition and instruction: Twenty-five years of progress* (pp. 39 - 74). Mahwah, NJ: Erlbaum.

Lehrer, R., Strom, D., & Confrey, J. (2002). Grounding metaphors and inscriptional resonance: Children's emerging understanding of mathematical similarity. *Cognition and Instruction*, *20*, 359 - 398.

Lemke, J. L. (1990). *Talking science: Language, learning and values*. Norwood, NJ: Ablex.

Leslie, A. M. (1984). Spatiotemporal continuity and the perception of causality in infants. *Perception*, *13*, 287 - 305.

Leslie, A. M. (1987). Pretense and representation: The origins of "theory of mind." *Psychological Review*, *94*(4), 412 - 426.

Lynch, M. (1990). The externalized retina: Selection and mathematization in the visual documentation of objects in the life sciences. In M. Lynch & S. Woolgar (Eds.), *Representation in scientific practice* (pp. 153 - 186). Cambridge, MA: MIT Press.

Masnick, A. M., & Klahr, D. (2003). Error matters: An initial exploration of elementary school children's understanding of experimental error. *Journal of Cognition and Development*, *4*(1), 67 - 98.

Metz, K. E. (1995). Re-assessment of developmental assumptions in children's science instruction. *Review of Educational Research*, *65*(2), 93 - 127.

Metz, K. E. (2000). Young children's inquiry in biology: Building the knowledge bases to empower independent inquiry. In J. Minstrell & E. H. van Zee (Eds.), *Inquiring into inquiry learning and teaching in science* (pp. 371 - 404). Washington, DC: American Association for the Advancement of Science.

Metz, K. E. (2004). Children's understanding of scientific inquiry: Their conceptualization of uncertainty in investigations of their own design. *Cognition and Instruction*, *22*(2), 219 - 290.

Minstrell, J., & van Zee, E. (Eds.). (2000). *Inquiring into inquiry teaching and learning in science*. Washington, DC: American Association for the Advancement of Science.

National Research Council (1996). *National science education standards*. Washington, DC: National Academy Press.

Olson, D. R. (1994). *The world on paper: The conceptual and cognitive implications of writing and reading*. New York: Cambridge University Press.

Palincsar, A. S., & Brown, A. L. (1984). Reciprocal teaching of comprehension-fostering and monitoring activities. *Cognition and Instruction*, *1*(2), 117 - 175.

Palincsar, A. S., & Magnussun, S. (2001). The interplay of first-hand and second-hand investigations to model and support the development of scientific knowledge and reasoning. In D. Klahr & S. Carver (Eds.), *Cognition and instruction: Twenty-five years of progress* (pp. 151 - 193). Mahwah, NJ: Erlbaum.

Palincsar, A. S., Magnussun, S. J., Marano, N., Ford, D., & Brown, N. (1998). Designing a community of practice: Principles and practices of the GIsML community. *Teaching and Teacher Education*, *14*, 5 - 19.

Penner, D. E., Giles, N. D., Lehrer, R., & Schauble, L. (1997). Building functional models: Designing an elbow. *Journal of Research in Science Teaching*, *34*(2), 125 - 143.

Penner, D. E., & Klahr, D. (1996). The interaction of domain-specific knowledge and domain-general discovery strategies: A study with sinking objects. *Child Development*, *67*, 2709 - 2727.

Penner, D. E., Lehrer, R., & Schauble, L. (1998). From physical models to biomechanics: A design-based modeling approach. *Journal of the Learning Sciences*, *7*(3/4), 429 - 449.

Penner, E., & Lehrer, R. (2000). The shape of fairness. *Teaching Children Mathematics*, *7*(4), 210 - 214.

Perkins, D. N., & Grotzer, T. A. (2000, April). *Models and moves: Focusing on dimensions of causal complexity to achieve deeper scientific understanding*. Paper presented at the annual conference of the American Educational Research Association, New Orleans, LA.

Petrosino, A. J., Lehrer, R., & Schauble, L. (2003). Structuring error and experimental variation as distribution in the fourth grade. *Mathematical Thinking and Learning*, *5*(2/3), 131 - 156.

Piaget, J. (1962). *Play, dreams and imitation in childhood*. New York: Norton.

Pickering, A. (1989). Living in the material world: On realism and experimental practice. In D. Gooding, T. Pinch, & S. Schaffer (Eds.), *The uses of experiment: Studies' on the natural sciences* (pp. 275 - 297). Cambridge, England: Cambridge University Press.

Pickering, A. (1995). *The mangle of practice: Time, agency, and science*. Chicago: University of Chicago Press.

Posner, G. J., Strike, K. A., Hewson, P. W., & Gertzog, W. A. (1982). Accommodation of a scientific conception: Towards a theory of conceptual change. *Science Education*, *66*(2), 211 - 227.

Roth, W., & McGinn, M. K. (1998). Inscriptions: Toward a theory of representing as social practice. *Review of Educational Research*, *68*(1), 35 - 59.

Rudolph, J. L., & Stewart, J. H. (1998). Evolution and the nature of science: On the historical discord and its implications for education. *Journal of Research in Science Teaching*, *35*(10), 1069 - 1089.

Samarapungavan, A. (1992). Children's judgments in theory-choice tasks: Scientific rationality in childhood. *Cognition*, *45*(1), 1 - 32.

Schauble, L. (1990). Belief revision in children: The role of prior knowledge and strategies for generating evidence. *Journal of Experimental Child Psychology*, *49*(1), 31 - 57.

Schauble, L. (1996). The development of scientific reasoning in knowledge-rich contexts. *Developmental Psychology*, *32*(1), 102 - 119.

Schwab, J. (1962). The teaching of science as enquiry. In J. Schwab & P. Brandwein (Eds.), *The teaching of science* (pp. 1 - 103). Cambridge, MA: Harvard University Press.

Shapin, S., & Schaffer, S. (1985). *Leviathan and the air pump*. Princeton, NJ: Princeton University Press.

Shavelson, R. J., & Towne, L. (Eds.). (2002). *Scientific research in education*. Washington, DC: National Research Council.

Shultz, T. R. (1982). Casual reasoning in the social and nonsocial realms. *Canadian Journal of Behavioral Scienee*, *14*, 307 - 322.

Sibum, H. O. (2004). What kind of science is experimental physics? *Science*, *306*(5693), 60 - 61.

Siegler, R. S. (1996). *Emerging minds: The process of change in children's thinking*. New York: Oxford University Press.

Sloane, F., & Gorard, S. (2003). Exploring modeling aspects of design experiments. *Educational Researcher*, *32*(1), 29 - 31.

Smith, C. L., Maclin, D., Houghton, C., & Hennessey, M. G. (2000). Sixth grade students' epistemologies of science: Experiences on epistemological development. *Cognition and Instruction*, *18*(3), 349 - 422.

Sodian, B., Zaitchik, D., & Carey, S. (1991). Young children's differentiation of hypothetical beliefs from evidence. *Child Development*, *62*, 753 - 766.

Spillane, J. (2000). Cognition and policy implementation: District policymakers and the reform of mathematics education. *Cognition and Instruction*, *18*, 141 - 179.

Strauss, S. (1998). Cognitive development and science education: Toward a middle level model. In W. Damon, I. Sigel, & K. A. Renninger (Eds.), *Handbook of child psychology* (Voh. 4, pp. 357 - 399). New York: Wiley.

Troseth, G. L. (2003). Getting a clear picture: Young children's understanding of a televised image. *Developmental Science*, *6*(3), 247 - 253.

Troseth, G. L., & DeLoache, J. S. (1998). The medium can obscure the message: Young children's understanding of video. *Child Development*, *69*, 950 - 965.

Troseth, G. L., Pierroutsakos, S. L., & DeLoache, J. S. (2004). From the innocent to the intelligent eye: The early development of pictorial competence. In R. Kail (Ed.), *Advances in child development and behavior* (Vol. 32, pp. 1 - 35). New York: Academic Press.

Tschirgi, J. E. (1980). Sensible reasoning: A hypothesis about hypotheses. *Child Development*, *51*, 1 - 10.

Van Valkenburgh, B., Wang, X., & Damuth, J. (2004). Cope's rule, hypercarnivory, and extinction in North American canids. *Science*, *306*(5693), 101 - 104.

Warren, B., & Rosebery, A. S. (1996). This question is just too, too easy! Students' perspectives on accountability in science. In L. Schauble & R. Glaser (Eds.), *Innovations in learning: New environments for education* (pp. 97 - 126). Mahwah, NJ: Erlbaum.

Wason, P. C. (1960). On the failure to eliminate hypotheses in a conceptual task. *Quarterly Journal of Experimental Psychology*, *12*(4), 129 - 140.

Wason, P. C. (1968). Reasoning about a rule. *Quarterly Journal of Experimental Psychology*, *20*, 273 - 281.

White, B. Y. (1993). Intermediate causal models: A missing link for successful science education. *Cognition and Instruction*, *10*(1), 1 - 100.

第 6 章

空间思维教育

LYNN S. LIBEN

言语，作为手册的媒介，因而也是本章的媒介，它的局限之一就是它的线性本质。这种线性特质，只允许行文以一个段落展开。但是我却想同时展开三个段落，进而使每个段落

“吸引”不同的读者来阅读接下来本章的内容。这显然是无法办到的。因此,我将首先安排一个段落,旨在吸引那些对认知发展的一般性研究感兴趣,同时对空间思维特别是空间表征感兴趣的学者。安排的第二个段落,旨在吸引那些从事发展性研究的学者,尽管他们未必对空间思维本身感兴趣,但是他们对理论与实践的相互作用具有浓厚的兴趣,而且可能他们自己也在为设计一些相关领域的应用研究或干预计划而犯愁。然而,对一个领域中理论联系实践的经验的学习,将有助于识别在另一个领域中存在的机遇和挑战,同时很可能为自己所面临的问题的解决带来灵感和体会。最后,也就是安排的第三个段落,旨在吸引那些从事儿童教育的人员,包括那些从事教育经验的计划、选择和贯彻的工作人员,或者那些在教育的岗位上肩负培养将来从事这项事业接班人的工作人员。这是一个广泛的群体,包括正式教育系统的职员(例如,教师、学校行政人员)和非正式教育系统的职员(例如,博物馆的专家、青少年团体的领导)、开发和发布教育资料的工作者(例如,课程编写专家、教材的出版人员、电视节目制作者、软件设计师)、在高等教育机构工作的教师(例如,课程与教学方面的教授)、制订教育大政方针的官员(例如,学校董事会的成员、政治领导),以及那些将会直接影响一至两名儿童成长的相关人员(例如,家长)。

198

本章内容主要针对三类受众。引言之后,在“空间思维的概念界定”部分,我将提供空间思维的一些范例,旨在阐明空间思维的普遍性和重要性。随后,我将给出空间及空间思维结构的较为正式的定义,并对与之相关的学科、概念、任务、环境进行阐释。

因为在很大程度上,我所举的范例非常可信,读者可能会得出这样的结论:空间思维的确非常重要而又无处不在,但是也仅此而已,以至于让人觉得空间思维的教育似乎没有必要。这里我将用类似 Moliere 的名著《贵人迷》的故事来进一步澄清这个问题。在这个故事中,Monsieur Jourdain 惊奇地发现在一生中他的口头表达如同散文一般平凡。这里表达的关键思想是如果某一种技能被习惯于随意地使用,那么它就易被视为是理所当然的事。平实地表达的确无处不在而且也很重要,甚至一些学前儿童也能够熟练地使用它。然而,这些事实始终没有使我们在教育课程中放弃对语言的重视。相反,我们的学校对英语语言进行了全方位的教学,例如阅读理解的技能、书面语写作的技能、名著美学与传统的鉴赏课程,以及练习如何设计和进行辩论。此外,我们的非正式教育系统也被设计用来培养儿童的语言技能,比如我们通过电视节目、计算机软件或游戏向儿童传授阅读的基础知识,或者比如在一些公共服务活动中,鼓励父母阅读,而让儿童倾听。在所有教育水平上,学生和机构的表现均通过言语功能的测量而被评估。

如果他停下来考虑一下空间思维在心理世界、物理世界、社会世界中存在的普遍程度,Monsieur Jourdain 可能会同样震惊。然而,正如语言一样,空间思维无所不在的事实并不能被用来暗示空间思维能够被毫不费力地、自动地掌握,同样也不能忽略进行空间教育的必要性。在“空间思维及其发展的个体差异与群体差异”部分中,我将引用来自发展心理学的研究成果来说明专业水平的空间思维并没有被所有个体与群体所普遍地获得,并对这些差异作出解释的理论作简要评述。

基于空间思维存在个体和群体差异这一事实,在“空间干预的案例:当差异被视为缺陷”部分，我提出了这些差异是否会影响教育目标实现的问题。在列举了许多空间表现确实很重要之后，为了揭示空间能力可以通过干预而被促进的事实，我使用来自实验室和课堂教学的数据进行了阐释。

在“地理学与地图教育在空间思维发展中的作用”部分中，我考虑了在现实世界的教育中，促进空间思维发展的各种途径。首先，我评述了为什么放弃一种似乎可行的途径：将空间教育作为一门独立的课程加入当前学校课程中。接着，我转向讨论另一种途径，即将空间教育整合到已有课程中。理想的情况下，整合的途径将涉及在不同的学校课程中促进空间思维的发展。在本章中，我仅以一门学校课程——地理学——作为案例阐释其在培养空间思维中的作用。我认为，地理学是空间教育的良好媒介，因为该学科将对空间模型和过程的解释作为核心。此外，我认为，在地理学中，地图教育对于培养空间思维来说是一个非常有价值的切入点。为了解释作为空间思维工具的地图的功能，我提供了一个有关地图原理、挑战、功能和多样性的袖珍型指南。

我对于地图的关注，出于如下几种动机。首先，制作地图、理解地图和使用地图所涉及的许多能力，被认为与在许多科学领域的观察和表征任务中的要求类似(例如，区别轮廓与地貌；即使在面临最近的嵌套参照框架时使用远侧参照框架；心理旋转对象或者范例；测定横截面)。第二，地图无处不在。地图不仅在地理学中，而且在许多别的学校学科、职业和日常生活活动中，都是一种核心工具。第三，许多证据表明，如果没有指导，儿童和成人均无法使用地图所提供的全部表征和空间意义。第四，也是更为个人化原因，就是地图教育早已经成为我自己应用发展研究的中心课题。特别是，有两项正在进行的合作研究与此相关。一项是与地理学家 Roger Downs 长达 20 年的合作研究。我们的项目内容包括，为小学儿童设计和教学一个有关地理与地图制作的课程单元(Liben & Downs, 1986)，为一个儿童电视工作室(Children's Television Workshop)的动画节目《芝麻街》(*Sesame Street*)中地理学课程的设计提供咨询和建议(Liben & Downs, 1994, 2001)，并与美国国家地理协会(National Geographic Society)合作一起研究男、女儿童在“全国地理学知识竞赛”(National Geographic Bee)中表现的显著差异(Liben, 2002a)。另一项是与海洋地质学家 Kim Kastens 的合作研究。我们的交流始于她接受国家科学基金(National Science Foundation)的资助开发课程以教授小学儿童阅读和使用地图的研究[*Where Are We?* (*WAW?*); Kastens, 2000]。当时，我也是这个项目的顾问。我们的交流促成了后来许多的合作研究项目，项目内容包括调查儿童在地图使用中的空间思维，评估 *WAW?* 课程的有效性和探讨地质学领域的大学生在学习地质学技能时三维空间思维能力的发展情况(Kastens, Ishikawa, & Liben, 2004; Kastens & Liben, 2004; Liben, Kastens, & Stevenson, 2002)。

在这些合作研究项目中，我们探讨许多与地图理解有关的发展性问题与教育问题。具体来说，在“地图理解的发展”部分，我刻画了地图理解的发展过程的特征；在“地图教育：范例性材料和活动”部分，我对教育干预进行了讨论。在本章的最后部分，“结论与问题”中，我对与本章开篇所提到的三类受众相关的问题与启示进行了概括和总结。

199

空间思维的概念界定

因为空间弥漫在我们的周围，并且我们通常自动地使用空间象征和空间表征，所以我们通常没有注意或者分析这些概念，更不用提用术语给这些概念下一个清晰的定义。因此，在这一部分，我重点论述空间思维进入人类生活的各种方式，对关键的术语进行定义，并且提供一种接近空间思维的发展性视角。

现实世界中空间思维存在的广泛性

我们的日常生活到处都充斥着与空间相关的行动、知觉和表征。当在夜间醒来，我们知道到什么位置去按电灯开关；当我们走向浴室时，我们在记忆中所储存的卧室的表征允许我们避免碰伤脚趾；我们知道打开哪个橱柜门来找自己的牙膏或者梳子；去什么地方找衣服；去什么地方找橙汁。当我们读晨报时，我们可能会看到管制期间东海岸(The East Coast)的一些航空图片，或者一个战场的地图，或者一项报道最近政治民意测验结果的柱状图，或者一张暴风雨系统的卫星图片。当开车去上班时，我们依靠一张储存在我们记忆中的城市认知地图来进行导航，绕过交通堵塞而行。当到达办公室时，我们开始研究那些显示我们正在开发中的数码照相机产品的相关价格、收入和利润的柱状图；我们研究用来显示制造相机的工厂空间分布的地图；我们比较这些相机所拍照片的分辨率。我们的小学儿童在指定的地方等校车；他们注意到司机为了绕开正在建设中的工地而走了另一条路线；一旦到达学校，他们便学着在线条之间涂鸦，并按照确定的方向书写字母而形成词。在生物课上，我们的高中学生从对青蛙的解剖中来研究各种器官所在位置，并将其画在实验笔记上，标出相应的名称；在化学课上，通过使用三维模型，他们学习氢原子与氧原子结合的方式；在地球科学中，通过网络检索，他们可以找到最近发生的地震的相关信息，使用鼠标点击计算机屏幕上相应的位置，浏览层级结构化、模块化的网站地图；在社会研究中，通过使用地理信息系统[Geographic Information System, GIS]，他们探究收入水平与选举模式的关系。放学后，他们沿着正确的方向骑车去同学家；到达后，他们玩视频游戏，接着，从来自城堡房屋的一系列互不相关的高处观察，它们对对手的位置进行推断。简而言之，在人类生活的家里、工作中、学校里和游戏中，空间思维无处不在。 200

空间思维的定义

尽管，我们大家都基本同意，前面给出的这些范例涉及了空间思维的许多方面，但是就如何定义空间和空间思维的结构或组成成分，学术界却仍然存在一些争议。也就是说，不像得到普遍研究的语言符号领域具有完善的成分分类系统(如语音、句法和语义)和本领域的形式化规则(语法)，空间和空间思维的概念结构仍然没有一套得到普遍公认的成分分类系统和通用的形式化规则。至少在人类发展领域的研究领域中，现状如此。所以，诸如“什么是空间?”和“什么是空间思维?”这样的基本问题的答案是复杂而又具有争议的，同时也超越了本章篇幅的论述能力之所及。因此,这里所提供的简单回答只能为在本章后面所论述的主题提供一些基础性的铺垫。而对于上面两个问题更为详细的回答可参考一些学者早期关于空间、空间认知和空间表征的回顾和综述(Cassirer, 1950; R. Cohen, 1985; Eliot, 1987; Gattis, 2001; Jammer, 1954; Liben, 1981, 2002b; Liben, Patterson, & Newcombe, 1981; Newcombe & Huttenlocher, 2000; O'Keefe & Nadel, 1978; Olson & Bialystok, 1983; Piaget & Inhelder, 1956)。

空间

给空间下概念是很困难的。早期,当对一个概念的意义捉摸不定或者不知其所指范围时,人们会求助词典定义或百科全书对其进行阐释。今天,人们更可能求助 Internet 搜索来解决这样的问题。使用"空间概念"(space definition)作为关键词在谷歌(Google)搜索引擎中进行搜索,在结果中我们会发现搜索到的第一个条目就是以"互联网上的空间定义"命名的网页,其中包括来自(并可以进行链接)数学领域(物质存在的三维领域的无限延伸)、天文学领域(太阳系、恒星和星系存在区域的扩展)、影视领域(故事空间、行为发生的现场……拍摄现场和在场景中从视觉和听觉上表征的现场)、音乐领域(在音乐五线谱中升调与降调之间区域)、时间领域(两个时间点间的间隔……例如,10 分钟的空间)、排版领域(在书写或印刷中,分开相继的两个词的空格字符)、运动学领域(身体移动的范围)等等。

然而,在前面提到的那些或者别的有关空间的定义中,我们不难看到前人关于绝对空间与相对空间的概念化而强烈争论的影子。前者,也就是绝对空间的观点,是将空间定义为一个不变的框架,而不管它所包含内容的广度、位置和被观察的视角。例如,笛卡儿坐标(Cartesian coordinate)中的点就提供了这样一种绝对空间的框架。而后者,也就是相对空间的观点,则将空间定义为物体之间关系的一种表达。例如,单词之间的空间,只有在涉及两个出现的先后关系时才会出现。绝对空间的概念与 Plato 和 Clarke 的哲学观点和 Newton 的物理学理论相关。而相对空间的概念则与 Leibniz 和 Kant 的哲学观点和 Einstein 的物理学理论相关。

值得庆幸的是,正如物理学能够通过将光既看成波又看成粒子(尽管从经典物理学角度讲,两种模型是不相容的)而获得后来研究的巨大的进步一样,发展科学也能够通过探究人们获得、完善、使用和有意识地反思绝对空间与相对空间概念的方式而获得进步。研究绝对空间概念的一个发展性问题的范例就是要求儿童回答,他们是如何逐渐掌握并使用这些能为潜在的位置和距离提供框架的抽象、均匀的坐标系统的(Piaget, Inhelder, & Szeminska, 1960; Somerville & Bryant, 1985)。研究相对空间概念的一个发展性问题的范例就是要求儿童回答,他们何时又是通过怎样的方式逐渐地理解诸如"上方"和"之间"这样的关系拓扑空间概念的(topological spacial concept, Piager & Inhelder, 1956;Quinn, 2003)。

另一方面,上面的范例性概念也体现了关于空间形而上学本质的各种不同视角。一些定义表明,空间是一种物理实体(比如,个体活动和生存的星际空间和环境)、一种认知结构(例如,为了表征一些空间或非空间性的内容而被创造的形式空间模型)、一种隐喻性的建构

(例如,将时间看作空间而产生了"时空"的概念),或一种存在实体(例如,通过五线谱①上画线而形成的空间)。随后,O'Keefe 和 Nadel (1978, pp. 6—7)进一步分析了这些与空间相关的相异概念,将空间分为两类,即心理空间和物理空间。前者,即心理空间是指"源于心理且依赖心理的存在而存在的任何空间";后者,即物理空间,是指"源于外部世界且独立于心理的存在而存在的所有空间"。正如许多行为科学家(物理学家和地质学家除外)一样,我们大概更感兴趣于前者而不是后者。的确,这也是 O'Keefe 和 Nadel 的立场。

然而,我们对心理空间的关注并不意味着我们将否定物理空间的价值。首先,尽管正如理论所论述的那样(见 Liben, 2005, in press; Overton & Müller, 2002),物理世界的属性设定了人类行为与认知的条件和环境,但是人类行为的属性同样对物理世界具有反作用,进而又影响了人类的行为与认知。其次,在许多重要的方面,心理空间与物理世界密切相关,因为物理空间是许多人类认知形成的关键媒介。例如,心理空间始于对世界的认知表征,进而帮助人们解决空间推理问题(见 Stevens & Coupe, 1978)或在物理空间中进行导航(Allen, 2004; Downs & Stea, 1973, 1977; Garling & Evens, 1991; Golledge, 1999; Kitchin & Blades, 2002)。第三,一些学者认为物理空间的特征决定(全部或者部分地)心理空间的特征。比如,Lynch (1960) 观察发现,(爱斯基摩人中的)阿留申人(Aleuts),他们依靠水路旅行,因此对周围环境中水的细节特征很敏感,而对陆地的特征则显得很迟钝。简而言之,我们对心理空间的关注并不意味着物理空间是不重要的。相反,正是物理空间充当了人类思维的媒介。当然,这也是我们在"空间思维教育"部分的论述焦点。接下来,我将引导大家从空间的定义转向空间思维的定义。

空间思维

尽管许多作者在他们有关空间认知的著作中,通常仅对空间的意义进行言简意赅的阐述,而且在给空间认知或空间思维下定义时也往往非常谨慎。但是,正如前面所提到的那样,目前仍然没有一个获得所有甚至绝大多数专家认可的概念。本章中我选择的空间思维的概念来自美国国家研究委员会[National Research Council (NRC), 2005]最近发表的一份有关"空间性思维"的报告。我之所以选择这个概念有如下几个原因:首先,这个定义是相关文献中内涵最宽泛的概念之一。因为,这个定义是由一个代表行为科学(例如,心理学、教育学、人类发展)和将空间思维作为核心的物理科学(例如,地质学、物理学、天文学、地理学)的科学家委员会提出的。其次,因为这个定义基于早期已有的不同相异概念与定义,被认为与已有定义相兼容,又得到了委员会专家的一致同意。最后,因为这个 NRC 专门委员会的宗旨在于解决相关的教育问题[这一点在报告的题目《学会从空间的意义上进行思维:将 GIS 作为 K-12 课程的支持系统》(*Learning to Think Spatially: GIS as a Support System in the K-12 Curriculum*)中显而易见],因此,该定义非常适合本章所关注的教育主题。

具体来说,在 NRC 的报告中指出了空间思维的如下三个成分:

---

① 用来表示一系列音调高低的五条水平线及其所夹的四个隔离空间。——译者注

> 空间思维应该包括如下三个成分：(1) 空间成分。它的内容包括，不同度量或者测量单位之间的换算(例如，千米与英里之间的换算)、计算距离的不同方法(例如，英里、旅行时间、旅行开销)、坐标系(例如，笛卡儿坐标系与极坐标系)，不同空间的本质[例如，空间的维度(两维与三维)]。(2) 表征成分。它的内容包括，不同视角之间的关系(例如，平面地图与远景透视地图)、不同投射产生的结果(例如，墨卡托地图投射与等面积地图投射)、绘制设计的基本原则(例如，在地图阅读过程中易辨性、视觉对比和地貌—地表组织的功能)。(3) 推理成分。它的内容包括，理解最短距离的不同思维方式(例如，在一个长方形的街区，乌鸦飞行的最短距离与人在街道之间穿行所走过的最短距离)、外推(extrapolate)与内推(interpolate)的能力(例如，在地图上对未来的发展进行功能关系的投影或者通过观察地图上等高线来估计山坡的陡度)，以及决策(例如，基于广播中的交通报道绕道而行)(pp. 12—13)。

从本质上说，第一种和第三种成分之间的区别类似于认知心理学上陈述性知识(知道做什么，即明确各种体系和空间模型)和程序性知识(知道怎么做，即明确怎样操纵和加工空间信息)间的区别。第二种成分代表空间领域，它强调空间图表征在空间思维中所起的中心作用(见 Liben, 1999, 2001, 2005; Tversky, 2001)。

202

空间思维的毕生发展

许多发展心理学家对生命进程中人类理解空间概念、解释或创造外部空间表征和建构、操作、储存空间形象的方式感兴趣。相关研究中被试的年龄跨度从幼年(见 Kellman & Arterberry, 1998)到童年(见 Liben, 2002b)，一直扩展到成年和老年(见 Kirasic, Allen, Dobson, & Binder, 1996)。空间行为在不同的年龄阶段(包括幼年、童年和成年)的表现存在差异，这一点已被广泛认可。然而，对于这种与年龄相关的空间思维行为的差异是存在空间表征与思维方式上质的差异，还是只存在空间认知技能与结构上的量的不同(例如，加工速度的变化，见 Kail, 1991)的问题目前仍存在很大的争议。

毫无疑问，强烈支持空间发展量变观的理论是由 Piaget 和 Inhelder 在他们的《儿童的空间概念》(*the Child's Conception of Space*)中提出的。《儿童的空间概念》在 1984 年首先出版了法语版(书名为 *La Representation de l'Espace chez l'Enfant*)，随后在 1956 年它的英文版才问世(Piaget & Inhelder, 1956)，本章文献参考了该版本。按照 Piaget 和 Inhelder 的观点，儿童是通过与物理世界和社会世界的相互作用而逐渐建构他们的空间结构。因此，这种空间概念自我调节建构(self-regulatory construction)的观点也是 Piaget 所描述的一般性发展过程在空间领域中的一个范例。在 Piaget 所描述的一般性发展过程中，新生儿被认为从生物学的意义上赋予了很少的行为技能(例如，吮吸反射)和指向一般状态或终点(平衡)的认知加工能力(同化与顺应)。而环境被认为具有非常重要的作用，因为他们为儿童练习和扩展这些行为技能提供了机会与挑战。在将这种一般性发展过程理论应用于解释空间发展问题的过程中，Piaget(1954)指出，婴儿是从物理的或者感知运动的意义上逐渐与空间世界相互作用,最终获得对它的理解(例如,儿童逐渐采用自己的方式理解了物体的恒常性;学会物体在空间的相对位置而调整手的抓握运动);随后,在感知运动阶段(sensorimotor period)的末期,儿童才逐渐从表征的意义上与周围的世界相互作用,进而获得对它的理解(例如,通过心理表象解决两个物体之间关系的问题)。

一旦具有表征思维,儿童便首先形成拓扑空间概念(topological spacial concepts),随后依次形成投影空间概念(projective spacial concepts)和欧几里得空间概念(Euclidean spacial concepts)(Piaget & Inhelder, 1956)。Piaget 所讨论的拓扑空间概念可以被描述为"橡皮条"(rubber sheet)空间概念,因为即使在拉伸的过程中长度的属性将会被扭曲,然而诸如"在……旁边"(next to)、"在……之上"(on)、"在……的边界上"(on the border of)以及"在……之间"(between)这些拓扑空间概念所表达的空间关系却始终不变。例如,当学前儿童只是建构了拓扑空间概念时,他们能够对封闭图形和开放图形进行区别(例如,圆与 U 形图),而对尺度上具有差异的两个图形无法进行区分(例如,等边四边形与不等边四边形或等角四边形与不等角四边形)。

投影空间概念就是"观察点"(point of view)空间概念。也就是说投影空间概念受特定观察位置(vantage point)的影响。可能用于测量观察位置对物体外形影响最著名的儿童的理解工具是经典的"三山任务"(three mountains task)。在这个任务中,儿童被呈现给一个放在桌子上的三座山模型(纸型模型),要求儿童指出(例如,通过从几幅图片中选择一幅),对于坐在桌子周围不同位置(例如,桌子对面)的人来讲,三座山看起来是什么样子的。研究者感兴趣的是儿童是否能够理解别人的视角与他自身的不同(即能够克服自我中心主义);如果能够区别自我视角与他人视角,儿童是否能够识别相关视角的空间特征。例如,一些问题的提出年幼的儿童是否能够理解,对他来讲可以看到的小山(因为从他的观察位置,小山在大山的正前方),而对于坐在他对面的成人来讲是完全无法看到的;或者儿童是否能够理解,在他看来蓝颜色的山在黄颜色的山左侧,而在对面的成人看来,蓝颜色的山却在黄颜色的山右侧。此外,理解观察点的功能对在绘画中使用投影几何原则(例如,在文艺复兴艺术中绘画,见 Hagen, 1986)或对投向物体的光线所形成影的形状进行预测(Merriwether & Liben, 1997; Piaget & Inhelder, 1956)也具有特别重要的价值。 203

最后,欧几里得空间概念也可被称为"抽象的空间系统"概念,因为这些概念提供了位置与客体在抽象而稳定的系统中被表征的结构。该系统的经典范例,也就是在 Piaget 有关空间的实验研究中(Piaget & Inhelder, 1956;Piaget et al., 1960)发挥重要作用的笛卡儿坐标系。笛卡儿坐标系由原点和横轴与纵轴组成的坐标方格构成。它能够对距离和角进行稳定的测量。尽管成熟的空间系统是类似欧几里得空间这样的典型,但是如果将成熟解释为从普遍的意义上理解和运用空间系统的能力可能更为有用(Liben, 2003)。首先,这种更具体的解释与被 Piaget 认为属于形式运算思维的假说—演绎推理相一致。其次,这种更灵活的特征描述能够为那些采用非欧几里得空间模型(non-Euclidean spacial models)概念化的现象提供密切的连接。例如,当为宇宙空间建模时,罗巴切夫斯基空间的双曲线几何(hyperbolic geometry of Lobachevskian space)可能更有价值;但是当为地球空间建模时,黎曼空间的球面几何(spherical geometry of Riemannian space)可能更有价值。

的确,Piaget 后来对他自己关于空间思维发展的观点进行了修正,并对拓扑空间概念、投影空间概念和欧几里得空间概念的内涵、外延以及它们之间的关系重新进行了论述(Piaget & Garcia, 1989)。此外,其他一些学者提出了空间思维发展的领域特殊性发展序列,而不是领域一般性发展序列。例如,那些研究婴儿与学步儿的学者们(Acredolo, 1981)观察发现,空间行为经历了一种基于自我中心编码(在这个阶段,儿童自己的身体体验为空间中位置的组织提供参照框架)到去中心化编码(在这个阶段,外部客体或者外部框架被用来对位置进行编码)的发展性转变。从概念意义上讲,这种发展性转变类似于 Piaget 对于特定观察位置(投影空间概念)的发展性理解的描述,尽管这种变化的发生远早于 Piaget 原先工作的描述。

另一个空间发展模型是由 Siegel 和 White(1975,也可参见 Siegel, Kirasic, & Kail, 1978)提出的有关环境知识的发展序列。他们认为儿童首先掌握的是地标性知识,然后是路径性知识,最后发展出有关环境的整合性的构型或者测量性知识。这三个阶段与 Piaget 和 Inhelder(1956)提出的发展序列相似。其中,地标性知识的使用类似于拓扑概念的使用(例如,知道学校在超市的旁边);路径性知识类似于投影空间概念的使用(例如,知道从家去上学时,应在交通灯的路口向右拐,而回家时则应在相同的路口向左拐);测量性知识的使用类似于欧几里得空间概念的使用(例如,通过长度与角度的测量来定义地方或者道路的位置)。

尽管这些相异的理论刻画儿童空间发展序列的方式有所不同,但他们都保留了 Piaget 提出的质性发展变化的基本观点。更为激进的理论明确指出,质性发展变化的成分很小或者完全不存在。与质性发展变化观点相反,Hagen(1986)提出另一个解释空间发展的理论。他主要关注在表征艺术的绘画中不同文化所使用的几何学。正如前面提到的那样,Piaget 和 Inhelder(1956)将个体在绘画中使用投影几何的能力看作是儿童已经建构了投影空间概念的反映。因此,根据 Piaget 的观点,仅仅建构了拓扑概念的年幼儿童应该无法理解观察位置的差异,因而也就无法创造或者理解使用投影几何的图示表征(例如,文艺复兴时期艺术中逐渐消失的点)。相对地,Hagen 认为是不同的文化,而不是个体发育成熟的不同水平,影响了空间被表征的方式。按照这种观点,被 Piaget 研究的西方文化中成熟个体在他们的空间—图示表征中擅长使用投影几何,是因为在日常生活中他们经常接触这种表征。因此,接触使用不同几何的空间—图示表征的个体发展将遵循不同的表征发展途径。与这种观点一致,Hagen(1985)提供了相关的证据,用来表明在表征艺术中(例如,亚洲艺术中的透视几何;西北印第安艺术中的正交投影或度量几何)使用其他几何工具的文化中的个体并没有表现出如瑞士儿童那样的在投影几何中的发展性提高。

204

在当前的研究中,Newcombe 和 Huttenlocher(2000)明确地提出了他们介于先天论和皮亚杰理论之间的新理论。先天论者认为儿童高水平的空间能力是新生儿就有的;而皮亚杰理论则假设空间能力的发展经历了从婴儿期到童年期显著的质性发展变化。他们还特别引用了他们观察的结果发现婴儿能区分空间上特别的位置,这对两种理论都提出了挑战。也就是说,他们的研究数据既不支持先天论者关于 1 岁前的婴儿敏感于空间度量的观点,也不支持皮亚杰理论关于直到童年中期才能理解空间度量的命题。在别的文章中,我曾指出他们的观点比他们声明的更多的与 Piaget 的观点一致(Liben, 2003)。但是无论他们的理论立场怎样,从前面提到的和这里没有讨论的相关证据(见 R. Cohen, 1985; Kitchin & Blades, 2002; Liben, 2002b)不难看出,有关空间发展的各种理论均不同程度地反映了空间思维能力质性发展的本质。

尽管,空间思维能力的发展是否存在质性转变的问题在学术界仍有争议,但是在空间任务上与年龄相关的表现差异的事实已得到专家的广泛认可。从教育的角度讲,进行教学干预有效地激发儿童已有的空间能力倾向和空间应用能力是非常必要的。在此,我们来回顾一下 NRC 关于《学会空间性思维》的报告。该报告指出三个非常重要的目标:(1) 培养一代具有空间性思维习惯的学生;(2) 培养一代能够采用非正式的方式实践空间思维的学生;(3) 培养一代能够将批判性立场应用于空间思维的学生(2005, pp. 3—4)。这些目标意味着,我们应该探索促进儿童空间思维应用的途径,而不是探索在空间思维中建构儿童能力的途径。

空间思维及其发展的个体差异与群体差异

正如前面的讨论中所提到的那样,对于发展心理学家,转变的发生对于所有儿童来讲似乎是普遍性的。发展研究计划旨在,一方面试图描述不同群体水平与年龄相关的发展差异;另一方面则试图识别和解释不同个体在发展速度或到达终点的差异。在这一部分,我将讨论空间思维研究中的两个方面的问题,即群体差异与个体差异。

理论视角:空间思维及其发展的普遍性

根据儿童发展的"大理论"(grand theories),与年龄相关的心理发展具有普遍性。譬如,Piaget(1970)理论和进化心理学(Geary & Bjorklund, 2000)的观点均明确地指出了发展的普遍模式。但是,也有一些理论提出了在具体社会情境中的发展模式(Vygotsky, 1978)。例如,社会生态学的理论家主要考察,在特定的文化中,成人如何将本文化的知识与技能传递给自己的后代。他们认为,这种文化传递的运行机制在不同的环境下是相似的,尽管它在不同文化中的表现形式存在差异(例如,在远古时期,通过让儿童做学徒而教会他们编织技能;或在现代的教育环境中,教儿童使用像词或图表这样的抽象表征; Bruner, 1964; Gauvain, 1993; Rogoff, 1993)。

有关空间发展主题的许多描述都倾向于表明,发展机制和发展结果具有普遍性。因为,基于共同的生物遗传(例如,人类具有像能看到可见光而不是红外线的某种感知能力)和环境遗传(例如,尽管地形不同,但人类周遭的环境的重力场为人类提供上下方位的坐标),我们有理由预期,人类的空间发展遵循相似的路径和结果。的确,与该观点一致,在过去 50 年间出版的两本有关空间发展的专业著作(Newcombe & Huttenlocher, 2000; Piaget & Inhelder, 1956)却对我们正在讨论的特定年龄群体的差异和发展成就的变异问题只字未

205

提。当然,这并不意味着这些学者没有注意到存在的差异。的确,许多皮亚杰学派和新皮亚杰学派的著作对于促进在自然和教育条件下的发展的机制进行了具体论述(Inhelder, Sinclair, & Bovet, 1974)。相似地,Newcombe(1982)的工作从另一个方面明确研究了在空间行为上的性别差异。然而,和许多发展心理学著作一样,这些著作关注的只是某些特定儿童的发展。这种情况也出现在许多认知心理学著作中,它们关注的只是某些特定人群的特征(大多数情况下都以英语文化背景的大学生为例)。

在人类发展的领域中,发展通常被认为遵循着特定的轨迹,最终将获得唯一的结果。但是,发展心理学中的"毕生发展"观却是个例外。"毕生发展"这个词的使用,部分地在于强调青春期并不意味着发展结束的观点。与毕生发展方法的本质一致,大量研究人员对超越童年和青春期的人类发展阶段空间发展的问题进行了研究(Willis & Schaie, 1986)。非常值得一提的是,对于发展的普遍性问题,采用毕生发展方法的研究人员不仅关注发展进程中个体之间的共性和规律,而且对个体之间的差异问题也进行了广泛研究(Baltes, Staudinger, & Lindenberger, 1999)。尽管有一些研究人员采用毕生发展心理学的理论和方法来研究相关的问题,但是在实践中却很少有人关注他们在空间发展领域所做的跨越生命过程许多部分的研究成果,而这些成果,对于教育者(即从进入幼儿园之前到十二年级的教育工作者)来说最有意义。这种理论与实践之间漏洞的出现可能源于这样的假设:在婴儿与童年期,最主要的影响源是生物成熟过程和与年龄相关的社会化经验;而生物成熟过程和与年龄相关的社会化经验在不同的情境下的表现是相同的(Baltes, 1987)。因此,致力研究发展中历史事件和非常规事件影响效应的毕生发展学家倾向于关注生命历程的后半部分,而不是早期阶段。但是,原则上,毕生发展方法也可以用来研究人类早期与情境因素相关的空间发展问题。事实上,这种方法也可以对过去实证研究的成果进行重新解释(见 Liben, 1991a)。然而,并不是仅毕生发展一种方法就导致了人们开始关注除年龄外与空间表现的不同水平相关的其他因素。这也是我们接下来要论述的内容。

现实视角:空间思维及其发展的多样性

正当绝大多数空间发展理论对跨越历史年代、个体、种族和民族文化的普遍性进行论证的时候,同时也有一股力量开始对这种普遍性观点提出了挑战。在这一部分,我们将讨论对普遍性观点提出挑战的一些研究。我将首先讨论与个体差异问题相关的研究,接着讨论与群体差异相关的研究。

个体差异

正如前面所论述的那样,发展方面的理论倾向于关注认知功能的普遍性规律,即使他们对认知功能的具体细节上存在争议。譬如,一些学者提出认知功能存在与年龄相关的质性差异,而另外的一些学者则认为认知功能只存在与情境相关的差异。与此相反,心理学的第二个传统,即心理测量则主要研究个体间差异。心理测量学家或者差异心理学家的工作源于这样的假设,即人类个体在所有的身体的和行为的特征上均存在差异(例如,身高、体重、肌肉块、记忆广度、判断推理)。因而,在空间思维领域也存在个体差异。

206

在一个有关空间功能研究中心理测量方法使用情况的综述中，Eliot(1987)指出，将心理测量方法用于研究空间功能的传统研究工作大致经历了三个主要阶段。第一阶段，大约在20世纪的前30年，主要是采用心理测量的方法来论证与一般智力截然不同的特殊空间因素的存在。由于受社会化达尔文主义和优生学的影响，该领域的研究者广泛使用心理测验。这种趋势与优化人口基因库质量的运动密切相关。因此，例如早期测验被用来识别诸如谁应该被允许进入美国、哪位学生应接受职业教育而非学院教育、谁应该被送入收容机构、谁的申请应被接受而被招入军队并负责某一岗位等。

采用言语的形式，早期智力功能测验识别了一般智力的一些维度。但是，在有些条件下言语测验显得无能为力(例如，许多移民并不懂英语，还有聋哑儿童)，在这种背景下，非言语表现的测验便应运而生。这些测验要求被试完成各种感觉运动任务或绘画任务，例如纸笔迷宫任务和完形建构任务等。事实上，这些领域中的这些技能是否应该被考虑为"智力"，仍然存在许多争议。一些学者，以 Terman(1921，曾被引用在 Eliot, 1987，p. 43)为代表，消极地认为"一个人的智力与其抽象思维能力成正比"。然而，另一些学者，以 Wechsler(1950，曾被引用在 Eliot, 1987，p. 43)为代表，则赞同"存在几种不同的智力，即抽象智力(使用符号进行工作的能力)、社会智力(处理人事关系的能力)和实践智力(操作物体对象的能力)"。在心理测量运动中，后一种解释获得了更多的支持。因此智力评价包括了更加广泛的任务，而且对参加测验的被试样本的反应模式的分析显示了包括空间因素在内的一系列因素的存在(Thurstone, 1938)。

第一阶段的工作证明空间因素作为智力独立领域的存在，第二阶段的工作，也就是在接下来的25年里，主要关注识别在更加宽泛的空间领域中的各种成分亚技能，并试图理解这些成分亚技能之间的关系。多年来，不同研究者已经识别出不同因素(例如，对空间模式编码和储存的能力)，但是没有一组因素得到所有研究者的认可。的确，Eliot (1987, p. 55)认为，空间因素的各种不同描述正在让许多研究者感到沮丧，因为这些描述让人觉得空间能力的结构很模糊且各种因素之间的关系自相矛盾。尽管人们悲观地认为，不存在唯一的且被广泛认可的用于刻画空间亚技能的方式，但是这一阶段的工作却产生了许多用于界定空间能力结构的具有内部一致性的不同模型(这些模型的详细描述见 Eliot, 1987)。

Eliot(1987)指出第三阶段始于20世纪60年代初期，该阶段研究工作重心转向识别影响各种空间任务表现的变异源。自1987年 Eliot 的综述出版以来，尽管人们开始逐渐重视空间思维的神经科学基础及相关研究成果(Shelton & Gabrieli, 2004)，但是许多工作依然沿着第三阶段的研究主线而展开。

总之，传统的心理测量工作已经将空间领域作为一种智力功能成分识别出来，用来显示个体之间的差异。但是，在离开个体差异这个主题之前，我们必须指出，关注个体空间变量表现的集中趋势与关注个体间差异同样重要。许多发展研究者已经注意到在某一年龄段中(即使在人口学意义上相似的样本中)，儿童在空间任务上的表现存在显著差异。一些学者研究了儿童表现的变异与理论上对前提概念掌握差异之间的关系(Liben & Downs, 1993)。还有一些学者试图识别潜藏于观察分布之下的亚群体(潜在等级)，并因此提出了人们使用不同策略解决手头问题的假设(Thomas & Lohaus, 1993; Thomas & Turner, 1991)。当潜在的群体在一些重要的个体变量上存在差异时(例如,被划分进入各种等级的不同男女比例,Thomas & Lohaus, 1993),个体差异方法就被混合在接下来要讨论的群体差异方法之中。

群体差异

任何时刻,个体间的变异可能代表他们之间在与生俱来的某一方面(这里,指空间能力)所存在的差异。或者,这些变异可以代表,在接受测验时,沿着发展方向个体发展程度的差异。在任何情况下,一旦证明个体之间存在差异,紧接着关键的问题将是如何对这些差异进行解释。寻找解释组内变异的因素的一种手段就是探讨组间差异。如果在空间表现上,存在系统差异的组间,同时在生物因素或经验因素上也存在差异,那么这些因素将成为解释他们与空间表象关系的最好变异源之一。理想的情况下,除了检验在所识别的因素中的变异是否与在特定群体中空间表现的变异存在系统性的相关之外,研究者还要研究这些因素的实验操作(假设这些操作是可能的而且是合乎道德的)是否将影响空间表现。尽管有关操作因素显著影响空间表现的研究发现不足以证明操作因素能够解释自然发展进程中的差异表现,但是这却表明,操作因素能够影响空间成就,因此它具有潜在的教育价值。

导致空间表现具有群体差异的第一组因素与文化相关。也就是说,群体的空间表现与他们生活和发展的生态的属性密切相关。在大量潜在的文化变量中,语言是表达文化差异显而易见的方式,而且语言表征和使用空间的方式影响空间思维。例如,不同的口头语言倾向于以不同的方式指向绝对或相对的参照框架(Levinson, 2003),并以不同的方式表征空间特征(见 Choi & Bowerman, 1991)。譬如,与听觉—口头模式语言(例如,英语口语)不同,视觉—姿势模式语言(例如,美国手语,见 Emmorey, Kosslyn, & Bellugi, 1993)运用外显的空间。这些不同的语言学环境将导致不同的空间思维。另一个生态学的对比变量涉及地域及穿越地域的导航。因此,譬如,生活环境中是否有木匠师傅,道路的布局是否具有规则,是否采用海洋或者陆地导航等,这些均是与文化相关的因素(见 Berry, 1966, 1971; Cole & Scribner, 1974; Liben, 1981; Norman, 1980)。另一个文化变量涉及我们前面所提到表征艺术的几何传统。不同的艺术几何环境可能反过来影响个体所形成的有关空间几何概念和心理表征的类型(见 Hagen, 1986)。

导致空间表现具有群体差异的第二组因素与特殊群体有关。这里的特殊群体指的是那些生活在非典型状态下的个体,他们不具有正常的"自然经验"。而在某种意义上,这种"自然经验"的缺失是无法通过对人类的控制和操作实现的。例如,比如说,正常视力儿童与盲童空间表现的比较,可以澄清视力对空间思维的作用(Landau, Spelke, & Gleitman, 1984; Millar, 1994; Morrongiello, Timney, Humphrey, Anderson, & Skory, 1995)。对患有威廉姆斯综合征儿童的研究将有助于阐明注意过程或执行过程对完成思维任务的作用(Hoffman, Landau, & Pagani, 2003),对早期脑损伤儿童的研究可以揭示空间发展的神经基础(Stiles, Bates, Thal, Trauner, & Reilly, 2002), 对诸如脑瘫和童年期关节炎等运动神经损伤儿童的研究,可以揭示独立性自我探索的功能(Foreman, Orencas, Nicholas, Morton, & Gell, 1989)。

导致空间表现具有群体差异的第二组因素,也是发展领域的文献中最引人入胜的变量,即被试性别。该变量之所以吸引如此广泛的关注可能源于性别差异不能从推理的意义上进行预测。性别差异的不可预测本质已经使它成为有待解决的智力难题,得到研究者的广泛关注(Vasta & Liben, 1996)。另外就是实践方面的原因。在某些情况下,我们比较容易获得良好匹配的男女性别的抽样(例如,从同一小学或者大学进行抽样),也容易得到充足的样本容量;而在另一些情况下(例如,跨文化或者特殊群体)识别充足而匹配良好的样本则比较困难。第三个原因是因为我们已经识别了大量区别男女性别的因素,而这些因素能够为不同空间表现提供现成的解释。

208

西方文化中儿童与成人的研究揭示了许多在空间任务上与性别相关的差异。观察数据显示,性别优势倾向于男性,因为男性的表现通常落在 J. Cohen(1977)所称的中等和大尺度影响范围之间(Linn & Petersen, 1985; McGee, 1979; Voyer, Voyer, & Bryden, 1995)。尽管一些早期关于空间技能具有性别差异的报告显示,性别差异直到青少年期才会出现(Maccoby & Jacklin, 1974),但是最近的一些研究却表明至少某些差别在早些时候就出现了。例如,Johnson 和 Meade(1987)报告说,到 10 岁时男性就在一系列的空间任务上表现出优势,S. C. Levine、Hutten locher、Taylor 和 Langrock (1999) 报告说在 4 岁半时,男性便在空间转换和空间旋转任务上领先。

在一篇有关空间技能性别差异的经典研究报告中,Linn 和 Petersen (1985)使用元分析方法识别了空间技能的三种成分。第一种成分,是空间知觉。它指的是,相对周遭环境,甚至在周围环境提供矛盾线索时,能够识别自己所处位置的能力(例如,重力的垂直取向)。第二种成分即心理旋转,指的是当物体或对象在两维或三维空间中运动时,个体对这些物体对象的操作能力和想象能力。第三种成分,即空间可视化,是指为完成多级空间任务而将言语策略和视觉策略结合使用的能力。在前两种成分中已经发现了非常显著的性别差异,但是在第三种成分中仍没有发现有关性别差异的一致性模型。

一些研究计划试图识别表征性别差异的空间技能类别。此外,也有一些有关性别差异研究计划主要关注特殊性的空间任务。其中水平线任务(water-level task)受到了人们的广泛关注。该任务最初由 Piaget 和 Inhelder(1956)设计,目的是为了研究儿童使用笛卡儿坐标系来概念化空间的能力发展。具体来说,Piaget 和 Inhelder 认为,儿童表征物理世界中恒定的水平线与垂线的能力(例如,水流的水平取向、铅垂线的垂直取向),将依赖于儿童事先建构的垂直与水平概念结构。为了验证这个观点,他们要求儿童在提供冲突性(非平行的或非正交的)参照框架的刺激条件下,指出水流和铅垂线的位置指向。该任务和数据的原始结果表明,儿童到 9 岁或者 10 岁时就能够掌握这种理解。因此,当发现许多成人对完成该任务有困难而且女性的劣势非常明显时,许多研究者感到非常惊讶 (Liben, 1978; Rebelsky, 1964;Thomas, Jamison, & Hummel, 1973)。

对空间思维的个体差异与群体差异的解释

迄今为止,本章的这一部分所呈现的资料均表明,在空间任务上的表现存在个体与群体的差异。这些差异可能反映了被试在空间成就发展过程中不同进展速度、不同的发展终点、空间过程必须的非空间成分技能(例如,工作记忆)的不同使用方式,或者在特定测验环境中能力发挥程度的不同(例如,测验焦虑产生的结果)。为了理解观测数据中存在的差异,研究者对来自生物和社会领域的一系列因素进行了广泛研究。

为了进一步对个体差异与性别差异进行解释,在生物学领域,研究者对大量机制进行了研究(见 Liben, Susman, et al. ,2002)。遗传对空间技能的影响已经成为目前特别关注的领域。从个体差异的角度讲,研究者已经发现空间想象能力与空间指向能力在儿童和青少年中具有很高的遗传性(Bratko, 1996; Plomin & Vandenberg, 1980)。从群体(性别)差异角度来看,研究者指出具有良好空间技能个体身上的 X 联结隐性基因(X-linked recessive gene)可以作为男性高成就表现的一种解释(Bock & Kolakowski, 1973; Thomas, 1983; Thomas & Kail, 1991; Vandenberg & Kuse, 1979)。此外,荷尔蒙效应也被考虑作为在空间技能上个体与性别差异的一种解释。例如,研究者已经探讨了荷尔蒙循环的波动水平(例如,青春期、循环或者外因导致的荷尔蒙变化)与空间表现之间的关系(见 Kimura, 1999; Liben, Susman, et al. , 2002)。对于胎儿期的荷尔蒙水平对空间成就的影响的研究已经获得了更为一致的支持证据。以动物为对象的实验研究已经显示了控制胎儿期的荷尔蒙水平的直接效果(见 Kimura, 1999; Liben, Susman, et al. , 2002),同时以人类为被试的相关研究表明,胎儿期处于雄性激素环境下的个体与他们后天的空间能力相关。例如,与他们不受影响的姐妹相比,胎儿期处于高水平雄性激素环境下患有先天肾上腺肥大疾病的女孩,后天将表现出较高的空间技能(Hampson, Rovet, & Altmann, 1998; Resnick, Berenbaum, Gottesman, & Bouchard, 1986)。

209

鉴于生物学意义上的干预不易操作,因此对于个体与群体差异其他类型的解释,例如社会与环境领域的解释,吸引了教育专家的广泛兴趣。有关经验与空间成就关系的大多数研究属于性别差异的研究。大量数据表明,男孩和女孩在社会化的过程中参与了不同类型的游戏、娱乐活动和教育经验。而这些活动都是与空间技能的发展密切相关的(Etaugh, 1983; Serbin & Connor, 1979; Sherman, 1967)。相关数据显示,经验的选择与空间能力在性别内部和性别之间均存在显著相关 (Newcombe, Bandura, & Taylor, 1983; Signorella, Jamison, & Krupa, 1989; Voyer, Nolan, & Voyer, 2000)。但是,对这种结果的解释可能是起初具有高级空间技能的儿童选择参与了上面提到的那些活动,也有可能是具有良好初始技能的儿童从相似机会中受益更多(见 Casey, 1996; Casey, Brabeck, & Nuttall, 1995)。

迄今为止,仅有几个研究试图考察那些与性别类型无关的经验在对空间成就差异的解释中所发挥的作用。范例性的研究显示,父母将他们 5 岁儿童的注意力引向图画书的空间—绘图特征的频率与儿童在空间—绘图任务上的成就相关(Szechter & Liben, 2004)。因此,当前研究表明,某些类型的经验的确促进了儿童空间能力的发展,尽管仍然需要相当多的研究来区分哪些效果与来自生物性别的经验有关,哪些效果与来自社会性别的经验有关。从教育的角度讲,最令人感兴趣的是,那些在相关研究中与高级空间表现相关的经验(例如,使用空间玩具的不同难度层次的游戏)能否被用来作为教育干预而促进空间技能的发展。

空间干预的案例:当差异被视为缺陷

在这一部分,我将转向讨论空间技能的干预问题,首先我会考虑干预的可行性,然后考虑干预的有效性。

为什么空间表现可能具有重要意义?

前面综述的研究已经表明,在任何年龄段,儿童在特定的空间任务上均具有不同的表现。从教育角度讲,问题的关键是弄清这些表现出的差异是否具有非常重要的价值。譬如,以水平任务为例,当大多数儿童的表现良好时,我们是否应该关注那些在该任务上表现较差的同龄个体?我们是否应该关注女性群体比男性群体在该任务上较差的表现?尽管该任务最初设计是针对年幼儿童,且 Piaget 最初对儿童在该任务上表现的描述也指出,解决该任务所需的能力到童年中期或者后期将被儿童普遍地掌握,但是我们是否应该关注那些直到成人期仍然无法解决这个任务的相当数量的个体?

这些空间表现的差异之所以受到特别关注,至少有三个潜在的原因。首先,当在某一特定任务上的表现直接影响每个学生接受教育和进入某一职业的机会时,这种差异就显得具有特别的意义。其实我们很容易理解具体测验表现对一个个体的影响。例如,小学儿童在斯坦福—比奈智力测验(Stanford-Binet Test of Intelligence)中的智力得分通常被用来作为进入某一天才项目或者进入某一具有吸引力的学校的录取条件;高中生在诸如学业能力倾向测验(Scholastic Aptitude Test, SAT)等全国测验中的得分通常被用来作为名牌大学录取的条件或者被用作奖学金资格的条件。毫无疑问,在许多具体测验上的表现对某个学生是否能够获得受教育的机会发挥关键性的作用。如果"水平线任务"(或者某一其他类型的空间测验)被用于这种类型的教育决策,他们的测验表现对每个学生来说的确至关重要。

210

第二,当将个体在特定任务上的表现,整合进教育制度的内容时,它将对制度的评价方式以及教育制度的运行方式产生强大的影响。例如,教师、学校以及学区的评价通常是通过考察他们的学生在全国的阅读与数学标准测验中的成绩而进行的。如果某些单位,它们的学生被评价为成绩不合格或者没有达到合格的评价水平,那么这些单位将接受各种行政制裁。如果学生在空间测验上的表现被加入到评价制度中有关英语与数学的成绩中,那么,从教育的意义上讲,个体在特定空间任务上的表现将是至关重要的。

第三,从概念的意义上讲这一点是最重要的。之所以说个体在某一特定空间任务上的表现具有非常重要的教育意义,是因为它揭示了儿童对那些即将并正在影响他们学习与生活的认知工具的掌握情况。我们从对英语测验的关注上便可见一斑。比如,儿童在某一阅读理解测验中的成绩被认为是重要的,这并不是因为它能够评估个体是否理解了测验中所使用的某一篇具体的文章,而是因为它可以作为个体言语素养的一个预测来源。本质上说,教育机构和社会都认为言语素养对个体未来形成社会角色，诸如学生(例如，从教科书中学习)、工人(例如，阅读设备手册，阅读和书写备忘录等)、高素质的公民(例如，搭配菜谱、计算粉刷房子所需要的涂料)等具有决定性意义。如果空间素养被认为与言语素养一样，对教育、职业和生活任务具有举足轻重的作用，那么个体在评估空间素养相关测验部分的表现也将被认为具有重要教育意义。

空间表现的确重要吗?

在前面的部分，我论述了在一些条件下，某些空间任务的评估具有重要的教育意义。但是，这些条件是否支持空间评估呢?

第一种条件即个体在特定空间任务上的表现是否将直接影响其受教育机会或者就业机会。一般情况下，在空间任务上的表现不会用作学业计划的选拔标准。也就是说，大多数入学选拔委员会在作决定时参照申请人在言语评估和数量评估上的成绩，而通常甚至不会要求申请人提交来自显性空间评估的数据。这就可以解释我们从某一学校群体中(例如，一所选拔严格的学校)选取的研究样本在像水平线任务这样的空间评估中成绩分布跨度较大的原因(Sholl & Liben, 1995)。但是，也有一些专业项目将空间评估作为其申请人选拔标准的一部分。例如，牙医学校要求申请者参加美国牙医协会的入学测验，而该测验就包含一个用来评估视觉空间技能的知觉能力测验。对于较年轻的学生来说，将空间测验作为选拔标准的一部分是很特别的。例如，Johns Hopkins 大学的"天才青年中心"(Center for Talented Youth, CTY)在选拔中就包含了空间测验评估以使申请人有资格进入 CTY 的特殊项目进行学习。有趣的是与我们通常的断言一致，空间评估并没有被普遍地使用，而空间测验也只是在 CTY 中被开发和施测。这种仅供内部使用的选拔方式与采用言语和数学评估的选拔方式形成了鲜明的对比。对于言语和数学评估，申请人只需要提交任何一项来自全国或者州内测验(例如，SAT、加利福尼亚成就测验、不同能力倾向测验、独立学校入学考试、衣阿华基本技能测验)的成绩。因此，尽管设计用来评估言语和数学技能的测验的成绩得到了更广泛的使用，但是已有大量证据表明，空间测验的确影响了一些人升学和就业的机会。

211

对于空间测验分数具有重大教育意义的第二个原因，我看到，目前学生的空间表现从来没有被用来评估教育者或者教育机构的功效。在本章的最后一部分，我将从教育政策的角度来讨论这个问题。

最后，如果个体在某一特定的空间任务上表现不佳，可能意味着他缺乏某种对于实现有价值的教育目标来说非常必需且有用的认知工具。用来回答这个问题的实证研究不具有一致性，因为在很大程度上空间测验的使用是不充分的(正如在第一种条件的讨论中指出的那样)。但是，仍然有数据表明空间测验的表现与专业成功之间相关。正如 Shea、Lubinski 和 Benbow(2001)所概括的那样:

> 擅长空间能力一直都被认为与一些对认知要求较高的教育课程和职业的成功密切相关。它们包括建筑学、工程学、物理、化学、医学外科，还有诸如工匠、某些工业职位

（模具检查员、设计员、模型检测员）、调查员、测绘员、制图员等行当(p. 604)。

当然，这也是为何将空间测验作为进入某一领域的评估指标的原因。

目前，仍然缺乏充分的证据证明，空间测验的表现与更为普遍的教育成分的成功之间相关。源于对性别差异的解释兴趣，人们通常在数学中来检验空间能力与标准教育课程之间的关系。例如，一个研究项目指出空间能力在数学学习中的作用(Casey, 1996)，心理旋转的得分可以预测 SAT 考试数学测验部分测量的数学能力。综合这些数据与其他研究范式中得到的结果，Casey 指出具有这样的相关，不仅仅是因为数学思维具有明显的空间性(譬如，几何学)，而且也有可能是因为有效的空间旋转技能作为一种更为一般性的素养促进个体使用空间策略来加工信息，这些策略可能有助于并不具有空间特征的数学推理(例如，使用空间表征来解决代数问题及传递推理任务)。这种解释已经被来自对中学生的研究发现所支持(见 Casey, Nuttall, & Pezaris, 2001)，同时也得到了数学问题解决策略相关研究的支持(例如，Johnson, 1985; Pattison & Grieve, 1984)。

另一个与空间能力相关的教育领域是科学。最显著的关系并不是来自对空间测验表现与科学成就的相关研究，而是来自对科学发现的自传体解释。最富盛名的是 Kekule(1965)将他对苯环的发现归因于梦见一条由原子组成的大蛇咬住了它的尾巴，Ainstan 声称“他很少用言语思考”，他的视觉形象不得不被艰难地转化成我们传统使用的文字和数学术语，Feynman 是用“Feynman 简图”而不是用公式来研究量子动力学的(Ferguson, 1992, p. 45)。采用一种完全不同的时空观，Wegener(1915/1966)注意到非洲和南美海岸线之间的对应关系，以致他发展出大陆曾经一体的理论(古代超大陆[①])。

这些从科学史角度的描述，表明空间思维对科学发现很重要，但是这并不意味着空间技能就有助于促进学生对现有的科学课程的掌握。对科学教育感兴趣的许多学者假定，空间思维与科学学业成就之间应该相关(Mathewson, 1999)，而且许多研究者在某些学科领域对这种关系进行了实证检验。例如，在化学领域，Bodner 及其同事(Bodner & McMillen, 1986; Carter, LaRussa, & Bodner, 1987)报告了各种空间评估表现与成功解决化学问题之间存在显著的相关。但是，有趣的是，变量之间的相关不仅表现在空间分析性的化学问题解决中，而且也表现在那些表面看来并不需要空间推理的化学问题解决中。这种对高级空间技能与化学问题解决的良好表现之间相关性的一种可能解释就是空间评估触及了学生一般性的智力水平。也有可能是，具有良好空间技能的学生更可能创造出代表非空间问题的空间一绘图表征(图解)，因此能更加有效地组织信息(Wu & Shah, 2004)。更多的研究需要逐步检验更为具体的假设，譬如解决特定的科学问题需要哪些空间技能，然后接下来就是直接关注这些更具体的关系问题的研究。 212

在前面描述的研究中，所指的策略就是从分析的意义上识别出潜藏在科学概念学习背

① 泛古陆假定的古代超大陆，包括三叠纪时期前的地球所有的大陆。当大陆漂移开始时，泛古陆分裂为劳拉西亚和冈瓦两块古陆。——译者注

后的空间技能,然后来检验空间技能与学习之间的关系。第二个策略就是对所识别的空间技能进行教学,然后研究是否在科学学习中存在连续性的提高。发现干预的积极效应不仅能够为所识别的空间技能与科学或数学成就的相关假设提供汇聚性证据,此外,也将为旨在促进空间技能的干预的使用提供支持。在下一部分,我将开始论述这个问题。

空间思维可以被提高吗?

在教育体系内大力宣传关注空间教育以及识别通过何种途径提供空间教育之前,我们首先需要回答的问题是能否获得证据证明空间技能可以被有目的的干预所影响。在这一方面,有两个方面的工作鼓舞人心。首先是来自心理学研究文献的证据。这方面的工作主要关注在多大程度上干预能够影响能力的发展,以及是否通过训练可以克服在空间表现上的性别差异。另一方面的证据主要来自职业教育和学科教育的研究文献,其中的工作主要关注旨在提高学生教育成绩而设计的课程的开发与评价问题。

在心理学传统中范例性的工作是来自实验室的研究。这些研究表明:通过训练,传统空间测验的表现能够得到提高。例如,Kail 和 Park(1990)在心理旋转任务中给儿童和成人(11 至 20 岁)提供广泛的练习与反馈,结果发现心理旋转的速度显著提高。但是,这种提高仅限于在训练中使用完全相同的刺激条件。Sim 和 Mayer(2002)在使用计算机游戏 Tetris 所做的研究中报告了相似的结果。在游戏中,物体不断地向下落,在其到达屏幕底部之前,玩家必须旋转物体的外形,改变其形状使其与出口巧妙地吻合,这样才能得分。对 Tetris 游戏已经熟练的学生在心理旋转的任务中的表现要优于没有玩过这种游戏的学生,但是这种优势仅限于旋转任务中物体形状与游戏中物体形状相似的情况。在水平线任务的训练中也报告了类似的发现:相对于控制组而言,获得训练和反馈的被试表现得到提高。但是,这种优势主要表现在与训练使用的相似情境中(即在同一角度位置上相同形状的容器)。这些发现表明:很可能在水平线和瓶侧之间存在特定角度关系,这种特定关系的知觉是在训练中习得的,而不是对一般性的恒定水平轴的表征(Liben, 1991b)。另一方面,一些训练研究显示,接受过心理旋转游戏或者水平线任务练习的学生,在使用不同刺激的纸笔测验中表现出正效应(positive effect)。(De Lisi & Wolford, 2002; Okagaki & Frensch, 1994; Vasta, Knott, & Gaze, 1996)。Baenninger 和 Newcombe(1989)用元分析技术概括分析了一系列的训练研究,旨在探究空间表现上的性别差异能否因训练而受到影响。从性别角度讲,特别有趣的发现是,训练后性别差异依然存在。但是,从空间教育角度讲,让人感兴趣的是研究表明:训练可以显著影响空间表现,且这一结论在男性与女性中均具有相当的普遍性。

在专业教育中范例性的工作来自工程学领域的研究。例如,在心理旋转测验中表现相对较低的学生,在进入工程绘图的必修课程学习之前,被要求学习一门旨在培训 3—D 视觉化技能的课程(Sorby & Baartmans, 1996, 2000)。结果发现,该课程的参与者在后来标准化测验(例如,不同能力倾向测验中的空间关系测验)中有着更好的表现,且保持了较高的延迟效应。已有很多的空间训练计划成为科学教育的组成部分。例如,Pallrand 和 Seeber

213 (1984)为那些选修大学物理课程的大学生提供户外景色绘画练习、几何与几何转换教学,以及其他一些旨在让学生关注不同位置存在视觉差异的课程。教学干预每周一次,每次一个多小时,持续约两个半月。干预非常成功。结果发现,干预组学生的视觉技能和物理成绩高于控制组的学生。在化学课中,也已证明干预具有积极影响。例如,给予视觉技能的训练会使学生在要求使用 3—D 模型的测验问题中有更好的表现(Small & Martin, 1983),对与化学相关的几种视觉思维进行训练会提高学生的考试成绩(Tuckey, Selvaratnam, & Bradley, 1991)。然而,这些教育干预并没有在提高学生成绩方面获得更加普遍性的、一致的成功。例如,工程系的学生,通过使用工程绘图课程中的软件提高了自己在空间任务上的表现,但他们不可能一直处于这种情境下(Devon, Engel, & Turner, 1998)。从空间训练中受益的化学系的学生并没有将所获得的能力迁移到新的情境中去(Tuckey & Selvaratnam, 1993)。尽管我们仍然无法确切地知道促使干预获得成功所需要的条件,但是正反两方面的实验结果都表明教育干预可能是有效的。

空间表现应该被提高吗?

已有证据表明空间思维不仅对于产生科学发现是重要的,而且对掌握常规教育的数学与科学课程也很重要。因而,空间教育的建立具有重要意义。此外,随着先进技术不断地提供与职业、教育、日常生活相关信息的复杂空间绘图显示,空间教育可能变得越来越重要。研究表明,空间技能的提高除有助于提高认知成就外,它也有助于提升学生的学习动机。Casey 和他的同行(Casey, Nuttall, & Pezaris, 1997, 2001)做过此类相关研究,他们考察了空间能力对女生数学学习态度的影响。Casey 等人(1997)发现,十年级的女生对数学学习的态度受他们在空间旋转任务中得分的影响。因为学习态度会极大地影响学生是否决定参加更高级的数学课程以及他们是否被激励将空间思维应用于掌握数学内容(Jacobs & Eccles, 1992),因此加强空间技能具有积极效果,更不用说它对掌握数学与科学内容的促进作用。

概括地说,通过对上面问题的论述,我们容易得出这样的结论,将空间思维教育整合进入学校课程具有重要的价值。的确,尽管空间思维在广泛的教育活动、职业活动以及日常活动中无所不在,然而令人困惑的是空间教育并未占据教育的中心位置。有人可能假设这种忽略恰是本章引言中所讨论的空间思维无所不在的一种反映。让我们回到 Moliere 有关 Monsieur Jourdain 的故事,Monsieur Jourdain 对他一生都在讲平凡的句子的发现感到震惊,但对他一生都在空间性地思考的发现却不以为意。然而,我们很多的教育课程非常明显地重视言语技能而不是空间技能。有人假设言语技能与空间技能在教育系统中的平衡应与男生/女生对言语/空间教育的不同需求有关。有趣的是,观察发现,许多教育团体为传统上男生表现较差的言语领域提供了广泛的教育和补偿性项目,而对传统上女生表现较差的空间领域中却没有任何教育和援助计划。出现这种差异有许多潜在的因素,从机遇到职业机会对不同性别个体开放程度的政治信仰,再到有关言语与空间能力的生物学基础的观点,还有对于环境输入不同感知能力的观点。但是,不管这些因素中的哪种因素(如果有的话)发挥作用,创造了强调言语教育而不是空间教育的教育环境,现在都是该开始考虑平衡的问题了。在本章剩余的部分中,我将讨论在学校情境下培养空间思维的途径。

地理学与地图教育在空间思维发展中的地位

214

到目前为止,本章已经讨论了空间思维无所不在的普遍性特征以及它对实现一系列教育目标的重要性,而且在回顾已有研究的基础上指出让儿童完全靠自己的能力发展空间概念,并在空间技能的发展和使用中变得流畅的这种做法是很危险的。也就是说,心理测量学的研究以及认知心理学家和认知发展心理学家的工作表明,并不是所有个体在空间思维的陈述性技能、程序性技能和表征性技能三个方面均表现优秀,在允许学生识别并执行潜在有用的空间策略的元认知技能上的表现也是如此。与此同时,来自干预研究的数据表明,某种经验对于推进空间表现可能是有效的。这并不意味着干预将把所有的儿童带入相同的技能水平(然而,英语与数学的充分教学将导致儿童在阅读、写作、计算,或者数学推理等方面具有同样高深的水平)。但是,这的确意味着促进空间思维是可能的,而且空间教育的作用也应该在学校中得以发挥。

学校背景下的空间思维教育

即使人们已经理解了空间思维的重要性,接受了空间思维能够通过干预而被促进的实证性结论,在学校环境中空间思维应如何被教的实际问题仍然存在。贯彻空间教育有两条潜在的途径。

第一条途径是像对待言语技能与数学技能的教育一样来对待空间技能的教育。也就是说,在其领域内设置具体的课程,制定具体的成绩评估方式来进行教学。这条途径可能被拒绝的原因有二:其一是概念性依据;其二是实践性依据。反对该途径的概念性依据是指我们当前还没有对空间领域的概念和技能进行分析以支持开发一套发展性的系列课程(例如,见前言部分有关语言与空间的形式主义问题的讨论)。反对该途径的实践性论据是因为独立的空间课程的执行是强制性的。显而易见,教学时间的压力已经使教师喘不过气来,再加一门新的核心课程可能是行不通的。

第二条途径,也是较为现实的途径,是将空间教育整合进已有的学科教学中。理想的情况下,这种整合过程将涉及在一系列的学科中突出空间教育的地位。科学与数学课程为这种整合提供了直观的范例。例如,我们可以直观地对比化学分子的两维模型与三维模型,可以提供练习帮助学生建立直观模型旋转与内部储存形象的心理旋转之间的联系,或许可以探究同一分子的不同模型意味着何种不同的意义。但是,甚至那些表面并不具有空间特征的学科也能够提供相关的机会。例如,在讨论文学的时候,空间表征可能被用来为故事情节的线索与交叉点建模。

但是,甚至第二条途径也受实践的制约,因为像我们一样的大多数美国教师都是20世纪培养出来的,他们自己不可能接受专门的空间教育。因此,他们可能很难识别进行空间思维与空间表征教学的机会。一种更为现实的方法是识别一门或几门与空间思维促进和研究显著相关的学校科目,并使这些科目作为一种工具来提供旨在发展空间思维的教学。选择这样一门课程需要多方面的考虑:它应该是任何儿童受教育内容的重要组成部分;它应该在不同的年级中被教学;它应该将早先提出的空间思维的三个方面(即陈述性技能、程序性技能和表征性技能)作为其核心。我认为满足这些条件的科目就是地理学。在接下来的部分中,我将论述地理教育是培养空间思维的重要且可行的途径。地图教育作为地理教育的核心成分是培养空间思维的特别有价值的媒介。

地理学与地理教育

在美国建国以后一段时期内,地理学被看作是教育必不可少的组成部分。一个公民只有受过地理学的教育才会被视为接受了良好的教育。这一点可以在 John Adams 1778 年写给 Abigail Adams 的信中得到论证:

> 地理学,作为知识的一个分支,无论在日常生活还是在军事生活中,对每一个个体来说,不仅非常有用,而且绝对必要。而且对于商人也是同样必要的……美国是我们的祖国,因此,了解一些美国地理的知识对我们及我们的孩子们来说是极为重要的(见 Downs, 2004, p. 184)。

215

然而从那时起,地理学作为学校课程的中心地位却开始下降。确实,在很长一段时间内,在美国的课堂里地理学并没有被系统地传授。之后到了 20 世纪 80 年代,媒体对美国公民对地理知识的令人震惊的无知现状进行了曝光。一则报道举例指出,北达拉斯有 20%的 12 岁孩子将世界地图上的巴西误认为是美国;在北卡罗来纳大学仅有 1/3 的受测者知道塞纳河在法国(*U. S. News & World Report*, March 25,1985)。这样的报道导致美国国会提出了"地理意识周" (Geography Awareness Week)的倡议,美国国家地理协会成立了每年一次的"国家地理知识比赛"(National Geography Bee)来推动全民地理知识普及的热潮(见 Liben, 2002a)。但是,从正式教育的观点看,地理学重新作为学校课程的重要标志,是它被纳入联邦立法,并规定作为 K-12 年级的教育目标。具体地说是在《目标 2000: 美国教育法案》[*Goals 2000: Educate America Act* (Public Law 103-227, March 31,1994)]的第三个目标中罗列的学生必须掌握的一系列科目就包括地理学。

基于《目标 2000》的要求,各个学科的领导人联合相关咨询支持部门齐心协力开发了全国标准。设计的标准对《目标 2000》所要求的儿童在学校教育中应该掌握的知识和技能进一步细化。鉴于许多读者可能认为地理学标准只是对大量地点位置以及产品事实信息的罗列(例如巴黎是法国的首都,奶酪是威斯康星州的主要产品),《生活的地理学: 国家地理学标准 1994》(*Geography for Life: National Geography Standards 1994*; Geography Standards Project, 1994)的作者这样给地理学下定义:"地理学不是少数人知道的信息的汇编。"为了反对将地理学视为"孤立事实的死记硬背"的观点,作者这样定义地理学:

> 研究人类存在的空间问题……作为整合性的学科,在对人、地点和环境的研究中它将世界上人的维度与物质的维度联合进行分析。它的主要内容包括地球的表面以及其形成的过程;人与环境的关系和人与地方的关系(p. 18)。

大量有关地理学的本质和功能的范例见《国家地理学标准》。

一旦人们知道地理学不仅仅是地点位置时，很显然，他们就会理解对地理学的无知不仅仅是大量位置事实识别的失败。大量证据表明儿童（甚至许多成人）缺乏位置事实的知识，许多人对抽象的地理学思维一无所知，结果导致作出了许多从地理学意义上讲并不明智的决定。例如，工业生产方面的决定没有考虑可能的全球影响，而将生产的污染物排入大气和水；建造新的住宅区没有充分考虑基础设施的要求；没有一点地形或当地居民利用地形的知识就作出军事或政治决定。重新审视对地理学的无知所带来的代价，从某种程度上可以使人们更加重视我们公立学校的地理学教育（Downs, 2005）。

在本章中，地理教育之所以特别重要，是因为它为儿童提供了一个学习空间思维的平台："地理思维就是空间思维。地理学是有关空间模式和过程的解释，因此这门课程本质上是一门要求并培养空间思维的课程"（Liben & Downs, 2001, p. 223）。此外，地理空间思维不仅以抽象的思想和概念的方式存在，也不仅用术语和数字来记录和交流，而且可以通过地图来进行记录和交流。

地图与地图教育

在这一部分，我将对地图和地图教育的重要性进行分析，不仅因为它是理解地理学的一种支持媒介，而且也因为它为各门别的学科、智力过程以及教育目标提供了一种非常重要的表征。考虑到绝大多数读者是地理学被忽视的教育时代的产物，我将对地图的原则与功能作简单介绍。只有当人们认识到地图功能与形式的多样性时，他们才能够理解地图教育在空间思维教育中的作用。

216

作为表征工具的地图　地图作为地理思维的最重要的工具，因而也是地理教育的重要的工具。它在地理教育中的核心作用在《国家地理标准》（*National Geography Standards*; Geography Education Standards Project, 1994）中可见一斑。其中，第一条标准明确指出，学生应该知道"如何使用地图和其他地理学表征工具，如何使用技术来获得、加工和报告来自空间视角的信息"（p. 61）。像所有的其他的标准一样，这个一般性的标准接着被转化为儿童在不同年龄应该掌握的知识与技能的清单。例如，标准规定："到四年级为止，学生应该知道并能够理解诸如地图、地球仪、图表、图像、航空图片、卫星图片等地理表征的特征与功能。"（p. 106）标准还识别出了用来显示儿童已经获得规定技能与知识时所表现出的可观察行为的类型。在第一条标准中还指出，到四年级为止，学生应该能够"对航空图片或者卫星图片进行解释以对物理特征和人的特征进行定位与识别，观察各种地图，能够识别并描述它们的基本元素……能够设计一张显示自己选择的信息的地图"（p. 106）。但是地图的作用并不仅限于这一条标准的描述。在《为生活的地理学》列出的 18 条标准中，有 13 条明确提到与空间分布有关的地图与其他类型的表征。在剩下的五条标准中，有三条也隐隐涉及地图表征，另外的两条则明显与地图表征相关（Liben & Downs, 2001）。

即使在没有地理课时，大部分人也熟悉地图。在美国，地图会出现在购物商场的信息公布栏、报纸、旅游指南、公园和公共汽车里，用来指示某些特殊的地方。从这种普遍性的角度讲，儿童和成人熟悉某些地图及其功能的现象就不足为奇了。例如，当要求学前儿童回答

"地图是什么?"(Liben & Yekel, 1996, p. 2786)时,半数以上的儿童将地图解释为位置信息的资料库(例如,"物品放在哪里"以及"不同国家特征的东西"),或者解释为导航工具(例如,"使用它可以到达许多地方"以及"迷路之后帮你到达某处,比如到达家里"),或者将地图既解释为位置信息的资料库,又解释为导航工具(例如,"你见到的关于整个世界的事物。通过它你能知道应该去哪里。如果迷路了,看看地图就能知道怎么走了")。当问到大学生类似的问题时(Liben & Downs, 2001),回答几乎是相似的,他们也只是关注地图的资料库功能和导航功能(而不是接下来要讨论的地图的其他功能)。相似地,儿童和成人都非常容易地把地图作为一种图示表征。但是对于儿童来讲,地图的范畴主要局限于一些具有典型特征的地图(例如,挂在教室墙上的所在州的公路地图和政治地图)。成人对地图范畴则有较宽泛的理解,但仍有许多成人拒绝承认一些方位的图示表征就是地图,而绘图专家却将这些也作为地图范畴看待(Downs, Liben, & Daggs, 1988)。因此,对广义的地图及其功能进行讨论是极为重要的。

地图的定义和原则 正如《国家地理标准》以否定的方式开始给地理学下定义一样,以否定的方式给地图下定义也是很有帮助的。地图并不仅仅是某种独立现实的缩影:"地图是对现实的概括化、简约化、符号化的空间表征,而这种表征是通过对来自地球(或任何天体)的球形表面的信息采用一些系统的方式转换而成。"(Liben & Downs, 1989, p. 180)所有地图均符合三条基本原则(Liben, 2001):

1. 双重性原则:地图具有双重存在——它是某物,且又代表某物。
2. 空间性原则:地图具有空间本质——它不仅代表某物,且又代表与空间相关的某物。
3. 目的性原则:地图具有目的性——它不仅是地图本身,而且是为了某种目的的存在。

双重性原则 双重性原则适用于任何具体的物理空间表征(或空间产品;见 Liben, 1981,2005)。任何用来代表其他事物的物体都具有两种存在意义:一种是它本身的存在,另一种是代表指示物表征或符号的存在。人们正是基于这样的假设来识别表征和符号的(Goodman, 1976; Potter, 1979)。双重性原则意味着一些地图属性包含有指示物的表征意义。例如,我们来考察一张存放在汽车驾驶室小储藏箱里的宾夕法尼亚的公路交通地图。 217
这张地图的许多属性具有它所代表的环境指示物的表征意义。线条代表道路;线条的弯曲代表道路的弯曲;不同颜色的线条代表不同种类的道路。道路符号的前两个属性,即它们的线性符号以及他们指向某些方向的弯曲,是基于指示物的特征而形成的。也就是说,表征和指示物均是线性的、弯曲的。道路符号的第三个属性——颜色,却是任意的。线条的颜色并不代表公路路面本身的颜色;相反,他们只是被用来代表不同类型的道路(例如,征税道路、双行路线等)。地图绘制者对颜色的选择可能完全是随意性的,或者基于行业惯例,或者基于审美判断,或者基于隐喻,或者只是因为从感觉上容易辨别(见 Brewer, 1997; Brewer, MacEachren, Pickle, & Herrmann, 1997)。使用者必须参照地图图例才能对每种颜色的线条所具有的指示性意义作出解释。

但是,并非所有的表征属性都具有指示性的意义。例如,地图存在于平面的纸上并不意味着宾夕法尼亚州是平的,地图的折叠也并不代表宾夕法尼亚州地形的折叠,道路线条的宽度并不代表真实道路的宽度。这样的选择只是易于理解罢了。例如,如果有人想用国家地理协会(National Geographic Society, 1998)出版的《美国道路地图册》(*Road Atlas of the United States*)上提供的比例尺来阅读道路标志,那真实的道路就有5英里宽。在这些范例中,平面性、折叠性,以及线条宽度都是地图的偶然性特征。而对指示物和表征之间的关系,或者对标志物与地图之间表征对应的解释(见 Liben & Downs, 1989)才是地图理解的必要组成部分。在没有理解表征对应关系的情况下,地图使用者将会从表征中得到不完整或不正确的意义。这一点在本章后面部分会用较长的篇幅进行讨论。

空间性原则 其实,在对双重性原则进行讨论的范例中就包含了地图的空间属性。例如,道路符号被认为是线性的,路线上的地点和弯曲类比于真实道路上的地点与拐弯部分。与线性符号相比,"点"符号可以更恰当地来表征具体的位置(例如,高速公路出口),而"面积"符号则更适合用来表征区域(例如,全国森林面积分布)。然而符号的类型不仅仅是由指示物的类型来决定的,它也反映了地图的比例尺。例如,在一张小比例尺的世界地图上,芝加哥是由一个点符号来表征的,但是在一张大比例尺的伊利诺斯州地图上,它将由面积符号来表征。因此,指示物与符号的这些空间属性(见 Muehrcke & Muehrcke, 1998)引出了在所有地图中强调空间位置的空间性原则。在经典的绘图教科书中,对空间位置的强调是显而易见的,"所有地图均有作为交流空间关系与空间形式的工具的基本功能"(Robinson, Sale, Morrison, & Muehrcke, 1984, p. 4);对空间意义的强调在字典对地图的定义中也可见一斑:"地图是一种表征,通常呈现在平面上;根据某些表征惯例,它能够以他们本来的形式、大小和关系来显示地球某一区域或天空某一部分的特征"(Flexner & Hauck, 1997, p. 1173)。

任何地图的空间特征均可以参照,如图6.1所示"绘图眼"(cartographic eye)的三个维度(Downs, 1981)或者"地图绘制者优势点"(mapmaker's vantage point)的三个维度(Muehrcke & Muehrcke, 1998)来描述。他们分别是观察距离(viewing distance)、观察角度(viewing angle)及观察方位(viewing azimuth)。因此,正如存在表征对应来决定指示物的哪些方面被描述在地图上,以及应该用哪种符号形式来对指示物进行描述一样,也存在一种几何对应,来决定指示物的空间属性以何种方式被地图的空间属性所表征。像表征对应的解释一样,几何对应的解释也是理解地图的关键。

218

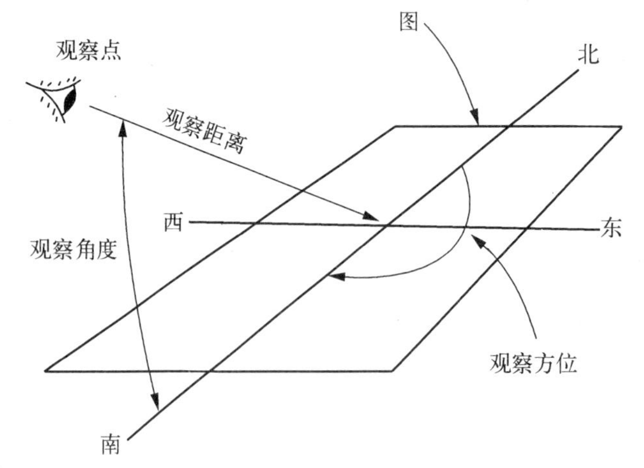

图6.1 具有观察距离、观察角度和观察方位三个维度的绘图眼

资料来源:"Maps and Mappings as Metaphors for Spatial Representation"(pp. 143 - 166), by R. M. Downs, in *Spatial Representation and Behavior across the Life Span: Theory and Application*, L. S. Liben, A. H. Patterson and N. Newcombe (Eds.), 1981, New York: Academic Press. 获准使用。

绘图眼的第一个维度——观察距离,是指观察者与指示物空间之间的距离。观察距离转换成了地图的比例尺。在特定表征空间(即地图纸的大小)上制作显示任何指示物空间(即被描述的区域)的地图就确定了地图的比例尺(按照绘图学的术语即表征分数)。例如,要在一张 8.5×11 英寸大小的纸上绘制整个芝加哥的地图,这样的话大致的比例应该是 1 ∶ 12 000。另外,也可用来绘制一间房子的地图,这时大致的比例大约为 1 ∶ 20。绘图眼的第二个维度——观察角度,是指沿垂直维度指示物空间被描述的方向。最普遍的观察角度是 90 度(垂直向下),产生了所谓的正交视角、俯视、最低点视角或者垂直视角,这样会做出诸如贴在旅馆门上用来指示安全出口位置的平面观察地图。倾斜视角(例如,30 度或 45 度)用倾斜的角度来描述指示物空间,这样的地图常见于城市的历史地图,有时也用于当前的旅游地图。倾斜地图使地标(例如,建筑物)更易识别,并且描绘了重要的地形(例如,旧金山地区陡峭的小山)。图 6.2 显示了平面地图与倾斜地图的范例。最后,绘图眼的第三个维度——观察方位,指的是指示物空间被描述的方向,习惯上用偏离北方的角度来表示。图 6.3 显示了来自两个不同观察方位的同一地区的倾斜地图。

图 6.2 Penn State 校园的圆形平面地图(左方图片)和方形的倾斜地图(右方图片)

当给小尺寸或中等尺寸区域(例如房间、建筑物、社区、城市)绘制地图时,指示物空间与纸质空间之间的关系保持不变,因为在小距离范围内,人们通常可以忽略地球的弯曲(至少适用于使用平行视角的地图,而不适用于中心视角地图;见 Muehrcke & Muehrcke, 1998)。可是,当给较大的区域(例如州、国家或洲)绘制地图时,地球的弯曲就变得相对重要了。这时候就需要用几何途径将球状地球的弯曲表面投射到地图的平面上。用于投影三维球体(例如圆柱、圆锥)的表面类型,以及投影中心的位置(例如赤道与北极),两者在决定表征的外表方面都起着重要的作用。无论何时,将三维的空间投影在两维表面上时,指示物空间的属性(面积、方向、距离或形状)至少有一项必须被歪曲。理解这一点是非常重要的。因此,对于投影问题不存在唯一正确的解决办法。地图的制作使用何种投影方式要由地图的使用目的来决定。这样就引出了第三条原则。

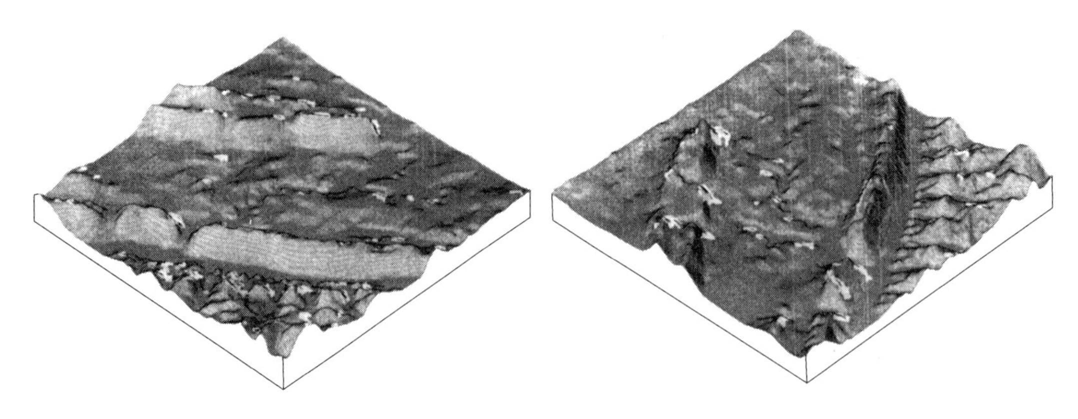

图 6.3 两个倾斜视角的表征

在两个图片中，观察角度均为 30 度。左图表征的观察方位①为从北(0 度)起顺时针 315 度；右图表征的观察方位为从北起顺时针 45 度。

目的性原则 在前两种原则讨论过程中给出了许多范例。从那些范例中我们容易推断，任何地图的内容(即被描述的指示物的内容)和表征方式(即用来描述所选内容的表征属性与几何属性)均有无数种选择。内容和形式的多样性从另一个侧面表达了我们前面提到的一般性观点，即地图不只是唯一由外部现实决定的缩微模型。地图的目的影响地图制作所采用的形式。例如，对于旨在显示主要政治区域以及这些区域中重要的地理特征(例如，用于识别区域边界的河流、港口、山脉的位置)的地图用较小比例尺(即描述一个较大的空间)来表现就比较合理。而制作一张帮助人们在同一区域进行自驾旅行的地图则应选用较大的比例尺。因为，前者会忽略道路；后者会详细显示道路。尽管是否忽略或包括某些信息(例如，道路)反映的是实际问题(例如，在给定尺寸地图上符号所占的空间)，更为重要的是它也反映了制图人强调某些观点和关系的意图。

观察如图 6.4 所示的两幅世界地图。第一幅地图使用的是最常见的墨卡托投影；第二

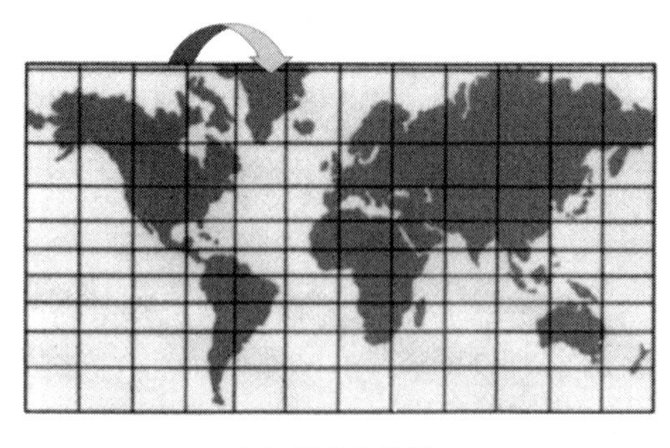

(a) 墨卡托投影

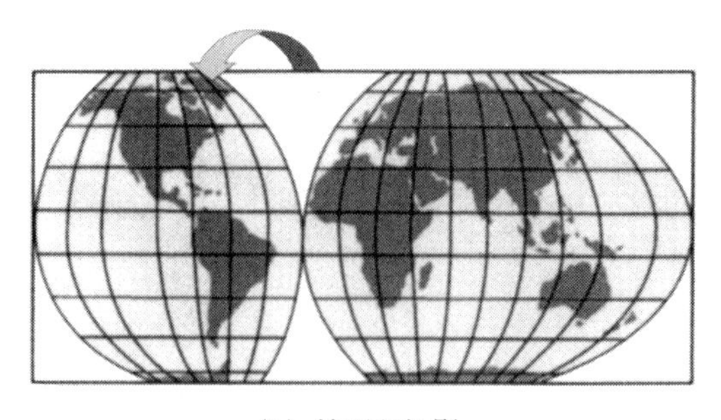

(b) 等面积投影

图 6.4 在墨卡托投影下的世界地图(a)和在中断的扁平极面四次等面积投影下的世界地图(b)。图中箭头指向格陵兰岛

① 又名方位角，方位：从某一参考方向测量的地平线的角距离，通常是指从地平线北端到通过天体和地平线相交的垂直的圆周上的某一点，一般顺时针测量。有时以南部的点作为参考方向，以 360°为标准作顺时针测量。——译者注

幅使用的则是等面积投影。两者都歪曲了真实世界的空间特征，因为它们必须将三维的扁平的球体投影到两维的纸上。但是选择哪种歪曲投影的方式则与地图的目的相关。墨卡托投影歪曲了面积但保留了方向，等面积投影则正好相反。前者的精确程度并不逊于后者，但是它主要用于海洋导航。另一个例子，我们来看如图 6.5 所示的欧洲地图。它显示了西欧易受来自东边的军事行动攻击特征。它提供了一个现实世界的画面。但是这张地图不同于我们大多数人平常所看到的北在上、垂直视角的欧洲地图。 220

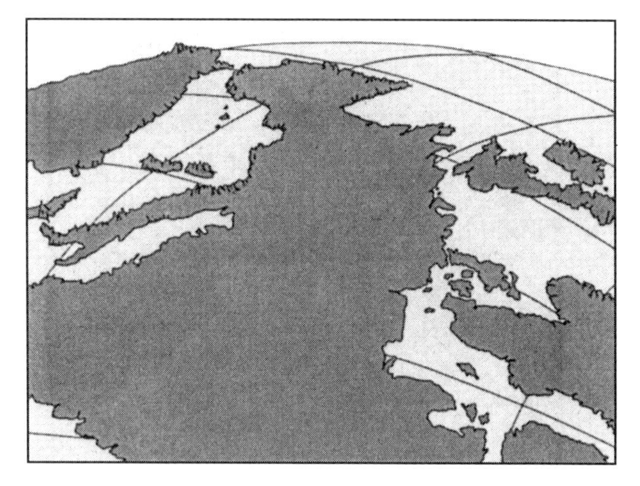

图 6.5 从东进行观察所看到的倾斜视角的欧洲地图

资料来源："Thinking through Maps"(p. 53), by L. S. Liben, in *Spatial Schemas and Abstract Thought*, M. Gattis (Ed.), 2001, Cambridge, MA: MIT Press. 获准使用。

地图的功能 如果将地图教育作为实现空间教育目标的一种途径，那么从地理学的角度对地图的功能进行概括是非常有用的。在此期间，我将向大家介绍几种我们不常见的地图范例。下面列出的地图功能选自 Muehrcke(1986, p. 14)的一本基础地图绘制教材。它们包括：

1. 记录并储存信息；
2. 作为运算辅助工具；
3. 作为移动辅助工具；
4. 概括复杂的、庞大的数据；
5. 探索数据(分析、预报、预测趋势)；
6. 将看不到的内容可视化；
7. 激发思想。

正如前面提到的那样，儿童与成人都更熟悉地图的信息库功能(功能 1)和导航功能(功能 3)以及意义上的运算功能(功能 2)。前三种功能的正确使用依赖于人们对前面讨论过的表征对应与几何对应的理解。认识这一点是重要的，因为，如果地图使用者不理解指示物空间与基于不同投影结果的图纸(或者计算机屏幕)空间之间的关系，他们就会在对指示物空间进行推断时或者计算空间距离时犯错误。有证据表明这样的错误推断经常发生。例如，许多成人认为格陵兰岛(Greenland)面积比巴西的面积大(Nelson, 1994)，可能就是因为他们对面积歪曲的认知造成的。因为，墨卡托投影对面积进行了歪曲，而等面积投影则可以避免这种现象的发生(见图6.4)。在另一个例子中，福特总统因为在去日本途中(花纳税人的钱)在阿拉斯加停下来作竞选演讲而受到批评。但是，当路线被显示为一个大环形时，将作演讲作为燃料补给和有效休息的一部分来解释就可以接受了(见图6.6)。

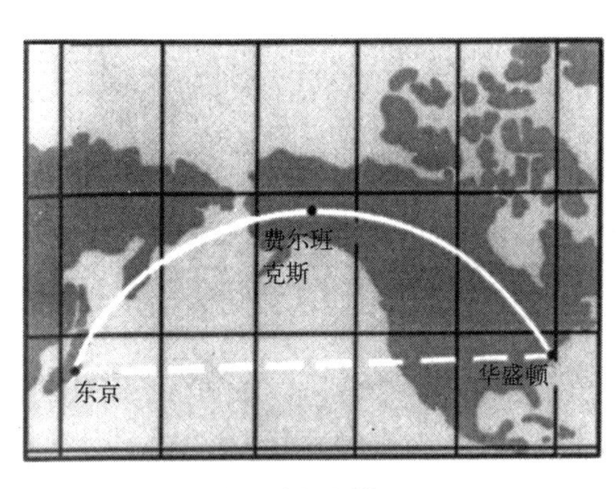

(a) 墨卡托投影

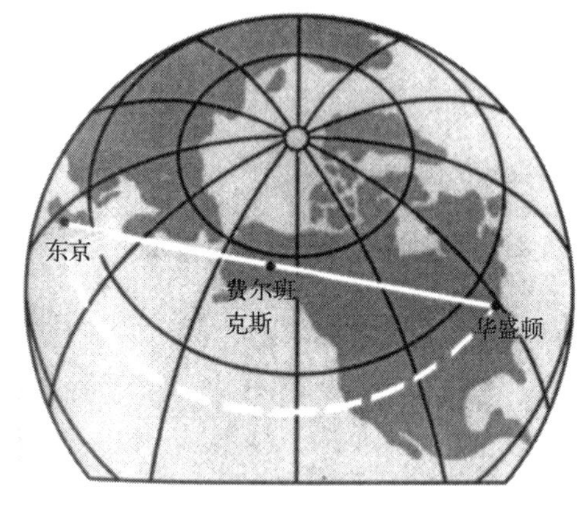

(b) 垂直线投影

图6.6 使用墨卡托投影法(a)和垂直线投影法(b)对福特总统从华盛顿，中转费尔班克斯到日本的东京所经路径的不同描述

摘自 *Map Use: Reading, Analysis, and Interpretation* (4th ed., p. 10), by P. Muehrcke and J. O. Muehrcke, 1998, Madison, WI: JP Publications. 获准使用来自"Thinking through Maps"(p. 72), by L. S. Liben, in *Spatial Schemas and Abstract Thought*, M. Gattis (Ed.), 2001, Cambridge, MA: MIT press.

Muehrcke(1986)所列出的地图的其他功能(功能4至7)，很少在儿童与成人对地图功能问题的反应中或在心理学家对地图功能理解的调查中体现出来。但是，在地理学以及以地图为工具的其他学科(例如，人类学、生态学、城市规划、军事科学、农业、气象学、人口统计学、罪犯学、流行病学、历史、地理学、天文学、环境科学、海洋地理科学、政治科学)中，它们均是地图的主要功能。例如，图6.7所示的主题地图。其中显示了在过去长达20年的时段里，不同国家的男性与女性群体中癌症患者的比例。表格无法获得这种对问题的表征模式。这种模式提出了一系列的问题，其中一些问题可以通过在同一张地图上叠加其他数据而得到答案。例如，生活方式、就业模式、空间地理特征、水或食物的供给源与这种患病模式是否具有共变性？居住在内华达州西北地区的男女生活方式哪些特征有助于揭示患疾病的根源？地图也许可以用来揭示随着时间的推移事件的变化模式，它们反过来又可以揭示变化的机制。长期对地震发生位置的测量与预测可以用来提出构造板块边界存在的假设。绘制疾病的变化性分布地图有助于提出并已被用于提出感染路线假说(见 MacEachren, 1995)。

221

总之，地图是极为重要的。不仅因为地图能储存地理位置信息，而且因为地图能揭示模式并帮助提出和验证假说。此外，地图提供了空间思维的良好模型。这些模型可被应用于广阔的教育与职业任务，而且对解决日常生活中遇到的真实世界的任务也非常有用(见

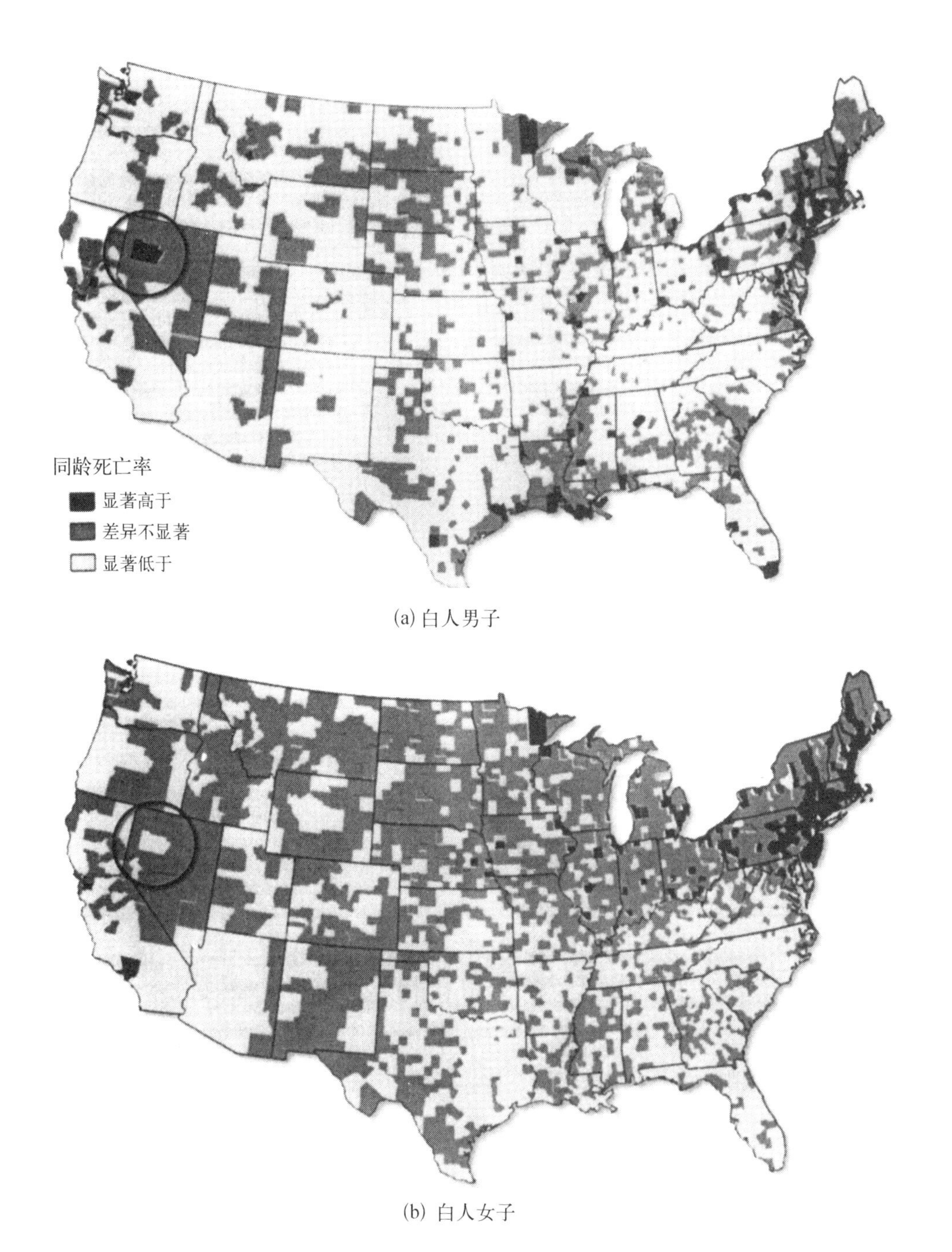

(a) 白人男子

(b) 白人女子

图 6.7 一份显示 1950 年到 1969 年间,以县为区域单位癌症死亡率的示例性主题地图

摘自 *Map Use: Reading, Analysis, and Interpretation* (4th ed., p. 10), by P. Muehrcke and J. O. Muehrcke, 1998, Madison, WI: JP Publications. 获准使用来自"Thinking through Maps"(p. 73), by L. S. Liben, in *Spatial Schemas and Abstract Thought*, M. Gattis (Ed.), 2001, Cambridge, MA: MIT press.

Liben, Kastens, et al., 2002)。

小结

本章该部分的标题,即“地理学与地图教育在空间思维发展中的地位”包含两层意思。首先,它暗示了地理学和地图教育在培养(即创造)空间思维发展方面的地位(即角色)。地理学,作为一门描述与解释现象的空间属性的学科,必然涉及和促进空间思维。此外,作为地理学主要工具的地图,它本质上具有空间性。地图会迫使使用者理解很多叙述性的空间知识(例如,测量)、空间代表物(例如某一地图的象征性意义)、程序性空间技能(例如,利用思维旋转来补偿与其所代表空间不一致的地图)。地图对于学生理解广泛的陈述性空间知识(例如,测量)、空间表征(特定地图的符号意义),以及程序性空间技能(例如,用心理旋转来补偿与所表征的地点布局不对应的地图)等提出了挑战。另外,学校开设许多其他科目(例如,化学、历史、数学)需要学生的空间思维,也对他们的空间思维提出了挑战,充分发挥了直观空间表征与心理空间表征功能,但是这些科目与空间思维的关系只是隐性的。因此,一般意义上的地理教育,以及特殊意义上的地图教育,可能在培养空间思维者的过程中扮演着重要的角色。

其次,本部分标题的第二层意思在于揭示,地理与地图教育应在发展空间思维的大背景下来展开。也就是说,学习地理学和地图的过程促进了学生的空间思维,因而学生也作为具有空间思维素质的学习者来学习相关的材料。儿童自身的认知属性影响材料被教学和加工的方式。特别重要的是,这些认知属性会作为正常认知发展过程的一部分不断发展。在下一部分中,我将转向讨论在儿童地图的发展性理解中,这两层意义是如何交织的。

223

地图理解的发展

到目前为止,我已经定义了空间思维的概念,对其重要性进行了论证,综述了一些经验性的工作和实证研究的数据。这些经验性的研究工作显示,当使个体或者组织(或者小组)在他们自然的生态系统中发展时,个体之间与组织之间的空间思维技巧均表现出差异。此外,我详细论述了,为什么从一般意义上地理学教育为培养空间思维提供了良好的媒介,以及特别意义上的地图教育在这一过程中的功能。由于以往研究发现,绝大多数的读者并没有接受过地理学和绘图法方面的广泛训练,甚至许多没有接受过这方面训练的成人,对地图及其功能的观点和知识有着一些局限,我提供了一个简短的指南,旨在扩展阅读者对地图外观的多样性及其功能的多样性的理解。在这一章的这一部分,我将更加详细地论述地图理解所承担的教育功能,同时综述来自我们关于儿童地图发展性理解的研究发现。

图6.8显示了一种组织地图理解的各个成分和地图教育的方法。在这个模型中有两个关键联结,它们分别在图中用箭头来描述。左边的箭头将指示物与地图联结起来。地图教育涉及教学指示物与表征物之间的联结,也就是我们早先讨论过的表征对应物(什么被画成了地图)和几何对应物(空间内容)之间的联结。它们两者是密切相关的。例如,一张地图描述了一个地区的地貌,那么这张地图包含有确定的指示内容(譬如,有关陆地的海拔和湖泊的形状与

位置的信息)及其空间信息(譬如,海平面以上的高度,多少面积被湖泊覆盖)。在某种意义上来说,许多标记是非空间性的(不同的高度或者海拔被用不同的颜色,或者阴影线,或者起伏形状,或者用具有海拔标签的等高线来显示;湖泊可以用蓝色来显示),但是,许多标记也有空间属性。这些空间属性是由指示空间的空间属性(例如,用于显示高度的颜色的布置依赖于陆地被勾画的方式,蓝色的面积部分依赖于这个湖泊的大小)和各种类型的地形学判断(对于各种高地和湖泊所用的颜色的面积也依赖于所使用的投影的比例与类型)来构成的。

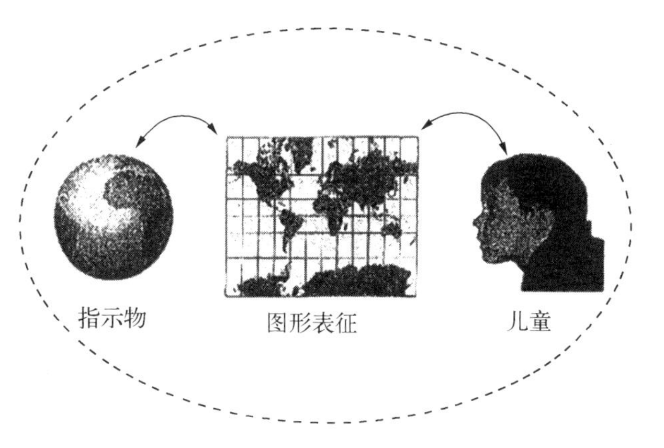

图 6.8 地图理解与地图教育的要素

右边的箭头联结了地图使用者和地图,两种地图使用联结关系是相关的。首先,使用者的属性(素质)影响地图被加工的方式,这种观点是更为一般性知识建构观的实例。这种观点认为,意义是通过刺激物(这里指地图)属性与人的属性(这里指儿童的空间概念)相互作用而形成的。当被应用于空间—绘图表征的领域,例如地图,这种建构过程的许多细节可以被如图 6.9 所示的嵌套模型进行概念化描述。

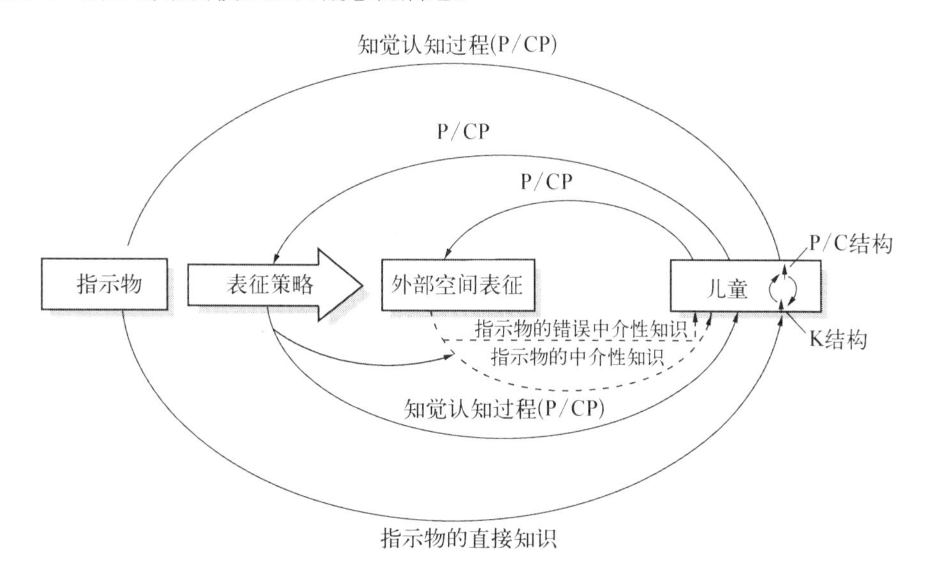

224

图 6.9 理解外部空间表征的嵌套模型

摘自"Developing an Understanding of External Spatial Representations"(pp. 297 - 321), by L. S. Liben, in *Development of Mental Representation: Theories and Applications*, I. E. Sigel(Ed.),1999, Mahwah, NJ: Erlbaum. 获准使用。

嵌套模型的三个方面是关键。首先,不同的知觉和认知过程(例如投射空间概念)被儿童使用,从指示物本身进行学习(例如,通过在校园的走动来获得有关建筑物位置的知识),

从表征物进行学习(例如,从一张校园的地图中或者照片中来提取意义),同时勇于学习关于创造表征的策略(例如,学习照相和绘图的各种技术)。第二,作为与这三种类型的刺激(指示物、表征物和表征策略)交互作用的结果,儿童获得了具体的(或者专业化的)陈述性知识和程序性知识(例如,有关校园本身的信息、理解呈现在地图上的两个界标之间的距离、制作地图的技术)。这些相互作用可能也有助于促进儿童更具普遍性知识的发展。第三,在允许儿童使用表征物去建构指示物知识的过程中,表征策略的理解起着非常重要的作用。伴随着儿童对表征过程的理解(例如,墨卡托圆柱投影法的工作机制),儿童便可以使用表征物来获得有关指示物的知识。因此,儿童便获得了指示物的中介知识(例如,学习有关格陵兰岛和巴西相对应的陆地大小)。但是,如果儿童对相关的表征策略一无所知的话,他们可能推断出错误的信息,或者获得我已经提到过的指示物的错误中介知识(例如,认为格陵兰岛比巴西的面积要大)。

地图使用者与地图之间的第二个相关联结是在地图上所描述的人与空间的空间关系。这种联系是相对的,只要地图使用者处于描述的空间之内。图 6.10 展示这样的一种情境。一个人在一座房子里,而且这座房子里有一张关于这座房子的地图。地图显示了人在"地图上"的位置。这个地图被表示为"自我—地图关系"(即使这张图没有被从物理的意义上表示出来,这样的一个关系依然存在)。除了自我—地图关系外,也存在"自我—空间关系"。在图 6.10 中,这种关系通过一张在房子里的人的图画来显示。事实上,这也是一种表征。一种真实的"人—空间关系"是指,当你读这一章时,相对于房子、小镇、乡村、州、地区、国家、洲、星球、太阳系和宇宙来说,你所处的位置。此外,只要有一张空间地图存在,就会也存在一种"地图—空间关系"。不论观看的人是谁,它都会将地图与空间联系起来。在图 6.10 所显示的特例中,地图—空间关系是不相关联的。也就是说,地图和房子并不是指向同一个方向。为了将地图安排成与房子一致,地图需要作出由标注的箭头所指示方向的旋转。

225

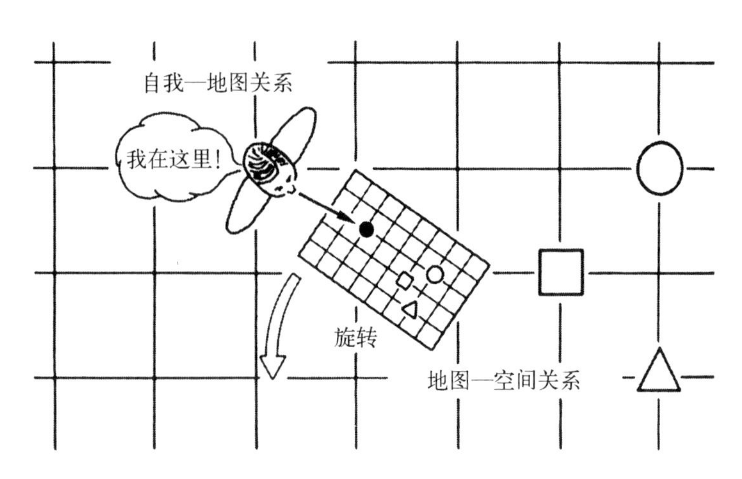

图 6.10 地图—空间—自我关系模型

在对使用者对地图、空间和人的关系的理解的要求程度上,不同的地图任务存在差别。在许多的地图使用中,一个人可能在地图空间本身的关系任务中表现得很成功。例如,对于一张美国地图，有人可能被问到是否芝加哥或者亚特兰大离纽约城更近一些。这个问题不需要求助于地图上的城市与真实城市之间的关系，就可以被正确地回答。另外的一些地图使用者被要求仅仅注意地图—空间关系。例如，如果有一张房子的地图，一个人可能被要求将房子与地图对应起来。如果地图和房子的布局正如图 6. 10 所显示的那样的话，一个人将需要按照图中的旋转箭头指示的方向对地图进行旋转以使得其与房子建立一致性的对应关系。在这两个问题中，都没有必要说出在房子里或者地图中的人的位置。但是，其他的一些地图使用者，要求注意自我—地图关系。例如，给一张校园的地图，一个人可能被要求，从当前的位置走到一个在地图上有星星标志的建筑物。为了成功完成这个任务，有必要首先找出这个人当前的位置和地图上目标建筑物的位置，并在地图上计划一条路线，接着将地图空间与真实空间联系起来，同时当一个人在执行这个路线时，不停地更新自己所处的位置。

在接下来的两个小部分里，我将介绍我们有关儿童对不同种类的地图—空间—人的关系的发展性理解研究的发现(Downs & Liben, 1991,1993; Downs et al. , 1988; Liben & Downs, 1986,1989,1991,1994)。有一些数据来自专门的研究，在这些研究中，为了收集研究数据，需要在设计的不同阶段安排儿童接受访谈和测验。但是，大多数的数据是在正规的课堂里，在教授儿童有关地图的知识的过程中收集的。我们曾担任过一个长度为 5 周时间的地图课程的地图教学的老师，参与这个课程的 265 名儿童分别来自 11 个幼儿园和小学一、二年级。此外，在征得家长允许的情况下，我们也对这些儿童(约占样本总体的 75%)进行了个体评估(例如，一些有关标准的和皮亚杰式的空间能力与空间概念的测量)。课程的一部分(与相关的数据收集有关)以较小的单元(时间的跨度为从一两天到一两周)对小学低年级的学生和初中学生进行了教学干预。

因此，课堂授课同时充当了两个目的。一个目的，是将学生引入一个广阔的有关地图和地图功能的领域，给予他们解释和运用地图的经验与体验。第二个目的，是为了收集用来帮助我们刻画儿童的地图发展性理解的特征的数据。这种双重的目标，对于每一个目标完成来讲都有必要作出一些让步。例如，有时，教学法的要求使得我们按照一个固定的序列安排活动，尽管研究设计要求本应该遵守活动呈现顺序的平衡；有时，研究设计要求我们让儿童单独进行操作，尽管出于教学的考虑，我们应该安排儿童进行合作性的操作。来自这一研究计划的许多发现，已经为下一步教育干预的设计提供了理论的支持，包括教育课程反思到课程的扩展和评价。我们研究发现的重点将会在这一部分剩下的内容中进行陈述。在下一个部分中，我们将给出来自我们的和别的一些教育干预课程的范例与描述。

表征性地图理解的发展

正如以前指出的那样，地图理解的一个关键方面是解释地图的指示物的内容。从前面我们关于地图的二元性法则的讨论中，我们容易推断出主要的挑战来自：(a) 区别表征的哪些属性是象征性的，哪些属性是次要的；(b) 避免假想象征物的属性不可避免地反映了指示物的属性；(c) 避免假想指示物的属性在象征物的属性中是显而易见的。此外，为了理解意义是无法通过从表征物的属性向指示物属性的推断而确定，地图的使用者也需要做到；(d) 理解参考地图的关键词来获得有关象征物属性的相关意义。

有两个水平的表征性意义需要理解(Liben & Downs, 1989)。第一个水平是整体性，指的是从整体的角度理解指示物的意义。也就是说，从摩尔的水平上理解表征的意义。至少，对于熟悉的地图模式，甚至非常年幼的儿童一般也表现出对地图或者别的地方表征的指示物意义的整体性的理解。例如，在访谈的过程中，当学前儿童(3 到 6 岁)被问到宾夕法尼亚的 Rand McNally 大道指的是什么时，事实上所有的儿童都说出一些类型的地方指示物。他们犹豫不决地指出的位置是正在识别中的特定的地方。在一个事例中，一个儿童说地图显示了非洲公园，另一个儿童则非常宽泛地说，它显示的是"加利福尼亚、加拿大、西部和北海岸"(Downs et al. , 1988)。因为学前儿童他们缺乏阅读技巧，他们无法将它识别为宾夕法尼亚是不足为奇的。但是，这一事例更多地告诉我们，他们显然愿意对地图可能描述的内容作出一些假设。但是，整体性的理解也依赖于儿童对地图形式的熟悉。一张成人很容易解释而儿童不太熟悉的华盛顿市(市区的街道被描述为白色的、蓝色的背景)的旅游地图，对于学前儿童来讲，或者是完全错误地被解释，或者从总体的水平上被误解(例如，它被识别为"笼子"或者"太空船")。

第二个水平是局部性，指的是对地图的各个成分和局部的指示物意义的理解。尽管有些儿童在从整体的水平上解释地图的意义时是成功的，但是在解释单个的局部时却出现了许多错误。我们对儿童的访谈(Liben & Downs, 2001)结果显示，学前儿童通常基于象征物的表象来推断意义，尽管当基于他们已经识别的地图的整体意义而言这种解释是不可能的情况下。例如，学前儿童已经能正确地将公路地图的环境指示物识别为一个地方(即使是加利福尼亚而不是宾夕法尼亚)，但他们依然会把用来表示居民区的黄色的符号解释为"鸡蛋"或者"爆竹"，显然，因为有污点的黄色区域看起来像鸡蛋或者爆竹。这种类型的错误表明，儿童认为符号代表了一个指示物的图标关系，而没有使用指示性的背景来制约相似物的解释。甚至当儿童正确地解释了指示性的类别，他们倾向于将象征物的属性过分扩展到指示物本身。事例性的证据如，一条红线用来代表一条路，这意味着那条路本身的确是红的。相似的假设包括儿童象征性的产品。来自我们课堂研究的发现是：当要求做一张他们教室的地图时，一二年级的学生几乎总是产生图标性的象征物(Liben & Downs, 1994)。此外，他们明显地拒绝建议他们使用的抽象的图例，就好像当他们被建议使用星号表示文件柜时，他们会嘲笑我们，因为"文件柜并不像星星" (Liben & Downs, 1989)。

儿童对形象性信念的强大影响的更为系统性的证据是来自这样的一个研究。该研究让五六岁的儿童观看两个有关人往地图上摆放标志物的录像带(Myers & Liben, 2005)。一个录像带显示的是一个人往地图上摆放绿点，伴随着传递象征性和功能性意图的动作和评论。这个人评论说，她的目的是"使用这个"，她明显地将在房子里的位置与地图上的位置联系起来。在开始摆放每一个点之前，她向上看，好像观察在房子里的某人，接着评论有关房子的位置与点的位置之间的关系，例如，"啊哈……我看到她在房子的那边藏了另一个，这意

226

味着我应该在我的纸上的这个位置画一个绿点”。第二个录像,显示了一个人将红色的点摆放在同样的地图上,但是伴随的动作和评论所传达的是审美学的意图。例如,她对她选择红色的笔的评论是因为红色是她最喜欢的颜色,并提到她的意图让她更加漂亮,并解释她的计划然后把它挂在墙上。此外,当她决定把点放在什么位置时,她仅仅看象征物本身。

看完两个录像之后,儿童被问及关于录像中人物角色的意图,接着问他们两张图画中的哪一张可以用来帮助他们找到藏起来的救火车。几乎所有的儿童,包括那些能够正确地解释人物角色的审美的和象征性意图的儿童,均错误地选择了带有红点的图画,这表明,他们被这些点的颜色与救火车的颜色的匹配误导了。

这些数据,还有在其他地方所报道的发现(Liben & Downs, 1989,1991,1994)表明,关于地图表征意义的全方位解释继续对儿童至少小学低年级儿童构成了挑战。不仅对于那些被创造出来主要展示和记录位置信息的地图(像在前面工作中所描述的公路地图和房子地图),而且对于那些被创造出来旨在定位别的类型信息的地图(例如,类似图 6.7 显示的主题地图)而言,这均是事实。例如,在一个从幼儿园到三年级儿童有关主题地图(Newman & Liben, 1996)的理解的研究中,儿童在解释几种地图中的人口密度的图形化表征物时仍然存在困难。

227

地图的表征意义对这些年龄儿童的理解能力提出了挑战。而从比例—模型任务和相关的象征性任务中(Deloache, 1987; Troseth, 2003),我们又获得了人们所熟知的发现:儿童到 3 岁时便可以理解“象征”的关系。乍看起来,这两种结论很矛盾。但是,后者的许多任务,对儿童对象征物的理解的要求是非常小的,因为通常对于每个独特的对应物就会存在一个独特的象征物。但是当表征任务中包含了同一个象征物的多种示例或者非图标化的示例时,儿童的表现是相当糟糕的(见 Blades & Spencer, 1994; Liben & Yekel, 1996)。在这种情况下,儿童可能需要依靠空间的理解来鉴别哪两个或者更多的同样的象征物可以代表或者表示一个特定的指示物。在下一部分,我们将更加清楚地来关注儿童对地图的空间意义的理解。

空间性地图理解的发展

在地图理解中第二个方面的挑战,来自我们前面讨论过的绘图眼中(见图 6.1)所显示的地图的空间属性。在表征领域同样也如此,因为许多有关空间领域的实验数据也显示儿童的理解与混淆构成了一个混合体。

观察距离

第一个方面——观察距离,它涉及地图所具有的各种各样的刻度的、比例的和度量的属性。一般而言,尽管儿童能够理解,像地图这样的小东西可以表示大的事物,如房子或者城镇等这样一般性的概念。但是儿童的理解是相当脆弱的。首先,年幼儿童有时很难理解,象征物尺寸与它们的指示物尺寸的不一致性。例如,在我们前面描述的使用宾夕法尼亚的公路地图所做的研究中,我们发现,大量学前儿童因为象征物尺寸的原因无法解释特定的象征物的意义。其中,一个示例显示,一个儿童否认地图上的公路线表示的是公路,因为那些“公路线不够胖以便使两辆小汽车一起行驶”(Liben & Downs, 2001)。给另一个儿童呈现一份本地区的塑料地貌地图,他拒绝承认:突起的部分代表山脉。他认为,如果是山脉,那“它们不够高”。

第二,在完成对比例性测量具有敏感的地图任务时,学前与小学低年级的儿童均有困难。甚至在允许相当宽泛的错误范围内完成,儿童的表现也是如此。我们研究中有一个范例,在一个任务中(Liben & Downs, 1991),首先给一、二年级儿童呈现一幅芝加哥城的航空图片(见图 6.11)。当对地图的拍摄方式以及它如何可以帮助我们制作一张城市地图的话题讨论结束之后,每个儿童被要求以那张航空图片为基础画一张城市的概貌图。然后,发给每一位儿童一张芝加哥的一个区域的黑白地图。给儿童时间找出航空图片的哪些部分被描述在地图上。接着,发给儿童一张透明纸放在图片的上方(透明纸与航空图片一样大小)。透明纸上包含有,一个与地图上所显示的区域对应的长方形方框,还有八个用于标志位置的数字圆圈。要求儿童将带有数字的标签张贴在地图对应图片上圈定位置的地方。结果如图 6.11 所示。很明显,二年级儿童的表现优于一年级儿童。但是,更有趣的是在不同位置上成功的不同水平。尽管,对于数据的解释存在许多可能的假设,但是,有一种可能解释是有关可以用于特定项目的空间线索的类型。当儿童能够使用拓扑或者地标线索时(例如,防浪堤的弯曲),他们的表现是非常优秀的。然而当要求他们在两张具有不同比例尺的表征图上,根据比例距离判断位置时,他们的表现就比较差了。

228

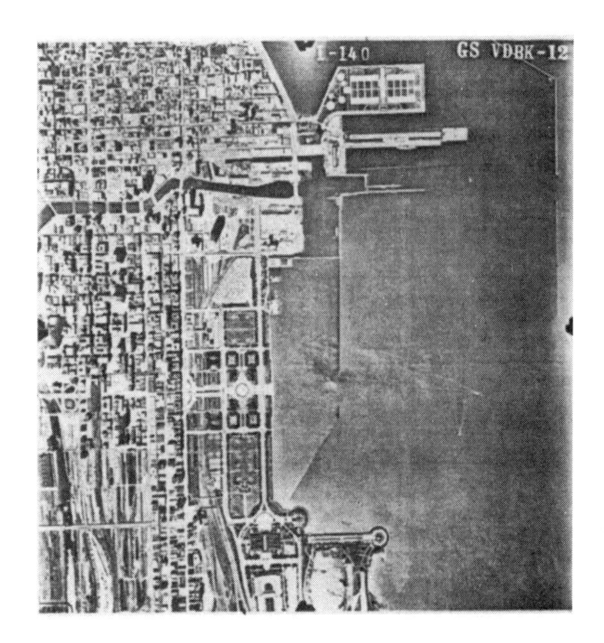

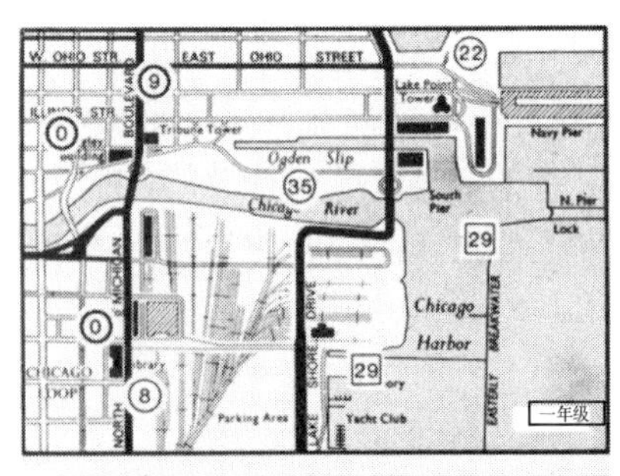

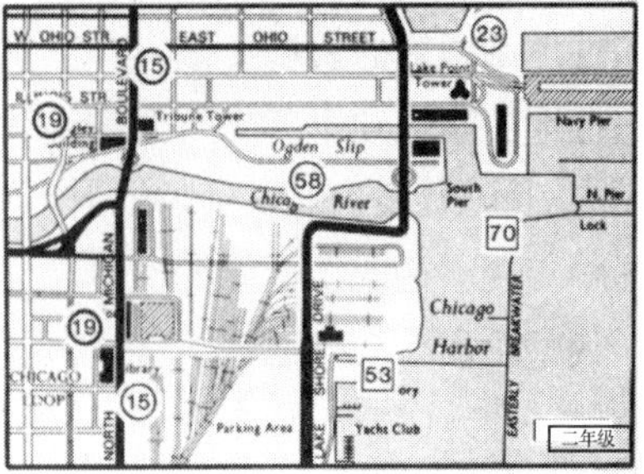

图 6.11 左图为芝加哥城市的航空图片,在图片上许多位置被标注了出来。右边的地图显示了在各个位置上儿童正确反应的百分数

儿童理解现实空间与它的表征之间的比例关系是特别困难的,这一观点在别的一些研究中也获得了一致的论证。例如,在一个研究中,要求 6—12 岁的儿童选择恰当尺寸的象征

物来代表地图上的建筑物,只有那些年龄大的儿童选择了与比例尺一致的象征物(Towler & Nelson, 1968)。在一个任务中,要求儿童放大地图到现实空间的比例(Uttal, 1996),4—6岁的儿童首先学会了在一张房子地图上放玩具象征物的位置。一旦儿童学会了标准位置,就要求按照相应的位置在房子里摆放真实的玩具。"比例是一个挑战"的观点再一次被证明。研究发现,一般情况下,儿童对复制玩具之间布局的任务完成得很好,但是在刻画与房子尺寸空间对应的布局的任务中,通常表现就比较差了(例如,将所有玩具都放在一个角落里)。

观察角度

绘图眼的第二个方面——观察角度,它在理解优势点的变化如何影响绘图表征中,对儿童的能力提出了挑战。此外,也有几种类型的数据显示,对于儿童来讲,不熟悉的观察角度对儿童解释地图提出了挑战。在解释平面地图(以头顶上方为视角)上的象征物时,许多证据表明儿童的错误是出于本能。例如,学前教室的平面图上的一个双向水槽的头顶视角被解释为是一扇门(Liben & Yekel, 1996),如果我们假设儿童把图片看作是从正前方视角的门板,这样的解释也是合理的。在使用航空图片的研究中也获得了相似的发现。例如当小学儿童把网球场看作是门(Spencer, Harrison, & Darvizeh, 1980),把平行排列的铁路机车看作是书架(Liben & Downs, 2001)。另一类证据表明,儿童在解释那些用于描述来自不熟悉的优势点的指示物的表征时也有困难,因为他们在用不同视角制作的地图任务上的表现存在差异。学前儿童在将标签粘贴在与他们的视角经验密切相关的班级倾斜地图上,用来显示物体位置的任务中,表现得更为精确,而要求在一张用他们以前没有体验过的方式制作的有关房子的平面地图上完成相同的位置对应任务时,他们的表现则要差一些(Liben & Yekel, 1996)。

第三种类型的证据来自产生性的任务。在这些任务中,要求儿童从俯视的视角来创作地图。示例数据来自一、二年级的儿童。要求他们画一张他们学校建筑物的俯视图(好像一只小鸟飞在上方,直直朝下看)。画图任务结束后,要求儿童从六个供选择的地图中选出他认为是他们学校俯视图的那张。儿童的图画最后分类记分为平视(眼睛水平)图、俯视图、平视与俯视混合图,或者不可计分(因为一个长方形可以是一个长方形建筑物的没有窗户的一边或者是房顶)的项目四类。图6.12显示了两个抽样数据,其中一个是普通建筑的平视图,除了它们均是建筑物这个事实,这个建筑物与学校没有关系。第二个范例是一个平面图。该图除了省略了学校一侧扩大的面积外,所画的平面图更精确。有趣的是,这两个例子来自同一个班级,这说明正如我们这一章前面讨论过的一样,在年龄和人口学层面上,个体之间具有很大的差异。尽管如此,总体来说,在这个任务中,二年级儿童整体上比一年级儿童的表现优秀。从一年级到二年级,平视图出现的频率在降低(从32%到8%),而平面图出现的频率有所增加(从27%到44%),混合视角图(每个均为8%)和不可计分(从34%到40%)的图的出现频率变化不大。在选择任务中所用的选择项目都显示在图6.12中。从选择项目的被试分布中,我们容易发现,正如我们期望的那样,两个年级在选择任务上的表现均优于产生式的创作任务上的表现,而且成绩随着年龄提高。

229

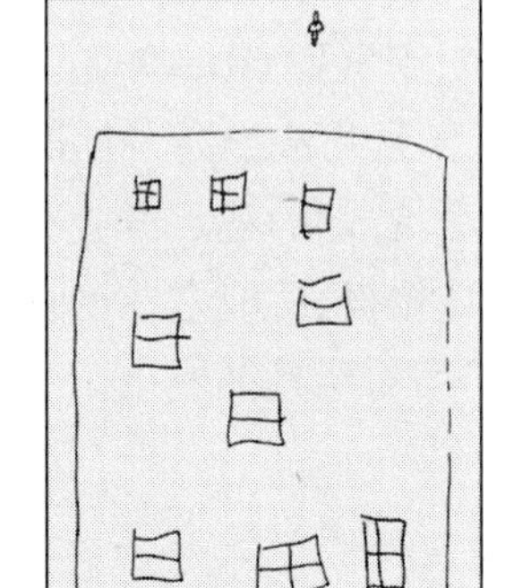
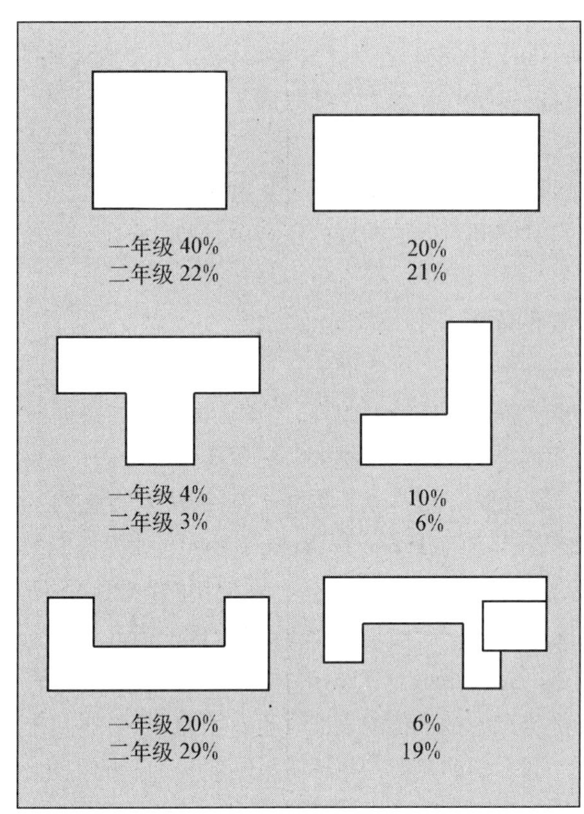

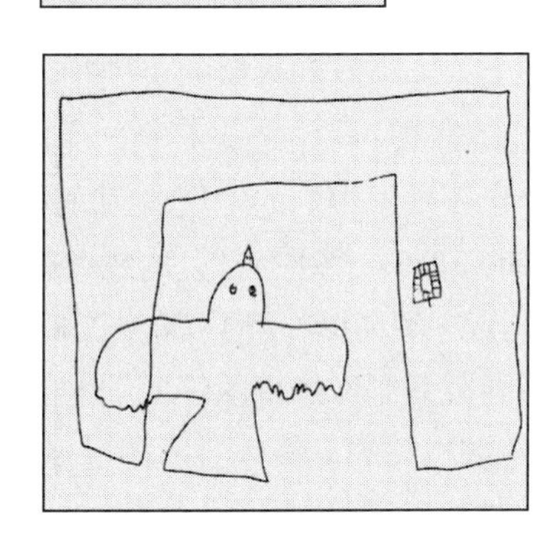

图 6.12 左边的部分显示了当要求画出他们学校的鸟瞰图时两位一年级儿童的反应。右边的部分显示了当要求选择一张学校的俯视图时儿童选项的分布。右图的下面显示了正确反应的百分数。

观察方位角

第三个纬度——观察方位角,它指的是从哪个方向描述指示物空间的问题。在这个领域的一种类型的挑战来源于,需要学生理解地图的方向和它所表征的空间之间的关系,特别是当二者不对应布局时。现实生活中许多找路任务或者导航任务都产生了这种要求。例如,当一个人使用一个地图去导航,因为有一系列的转弯,地图与空间之间的关系就在不断地变化着。在这种情况下,地图使用者必须从心理上对这种不对应布局进行补偿(例如,通过心理地图的旋转)或者进行物理上的补偿(例如,在每一次物理方向发生改变时转动地图以使地图与空间不断地回到对应的布局)。在许多情况下,不能从物理的意义上对地图进行移动(例如,当"你在这儿"地图,出于与空间布局的对应被挂在墙上;见 M. Levine, Marchon, & Hanley, 1984)。在这种情况下,使用者必须从心理上进行适应。

230

为了研究儿童对布局不对应地图所提出的挑战的反应能力,我们设计了一个研究(Liben & Downs, 1993)。参加研究的儿童来自幼儿园、一年级、二年级和五、六年级混合的班级。给他们呈现一张教室的地图,并要求用有颜色的箭头标出位置和方向。具体程序是这样的,一个成人走在教室的一系列不同的地方,并指向正前方,要求儿童将红色的箭头放在他们的地图上来显示那个成人所处的位置和他所指的方向。完成这个与教室布局对应的地图任务之后,发给儿童第二张地图。但是,这一次地图放在儿童的课桌上,以至于地图与教室的布局对应成 180 度角。儿童被要求重新做一次刚才的任务,但是这一次地图被反转了。要求儿童让地图处于原来放置的位置,同时老师可以看见有一个有色的点以确认地图依然在所期望的方向。随着任务的进展,给予儿童周期性的提醒,例如"记住、认真思考、任务有点困难、因为你的地图是反转的"等。

图 6.13 下方的柱状图是对儿童在摆放和指向箭头任务中的准确性分数的一个概括。正如图中显示的那样,儿童的能力随着年龄的增加在不断地提高,当地图的布局与空间布局

231

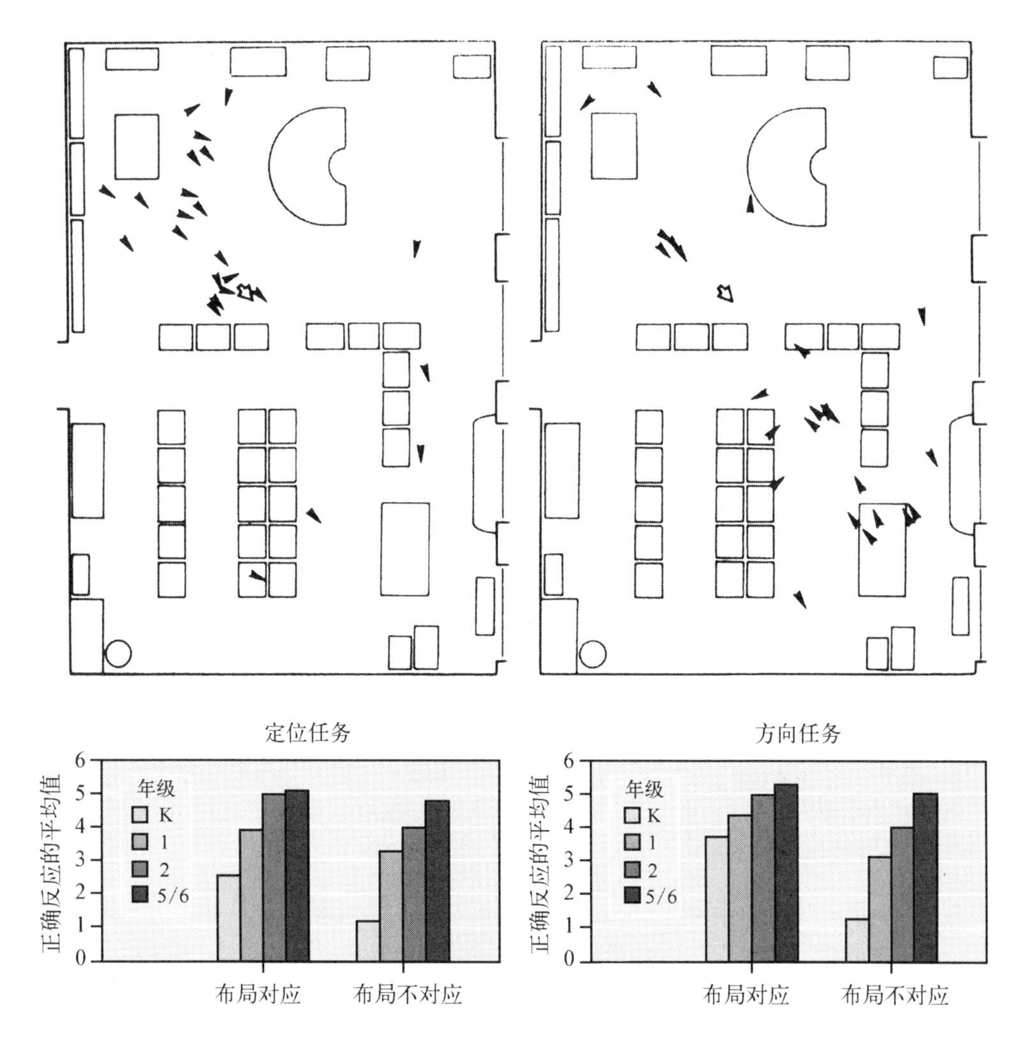

图 6.13 下方的柱状图显示了在布局对应与不对应两种条件下,不同年级的儿童在教师一人定位任务和方向任务上正确反应的平均值。上面的地图显示了在布局对应(左部)与布局不对应(右部)两种不同条件下,一个一年级班级的儿童对一个项目的所有反应的叠加。

摘自"Understanding Person-Space-Map Relations: Cartographic and Developmental Perspectives," by L. S. Liben and R. M. Downs, 1993, *Developmental Psychology*, 29, pp. 739 - 752. 获准使用。

一致时，儿童达到高水平能力的时间要早于布局不对应的情况。也正如图 6.13 中所显示的那样，你可以看到在一年级的一个班级里，在布局对应与布局不对应两种条件下，对同一位置的所有反应分布。箭头的分布表明，在布局不对应的条件下，许多儿童无法对地图 180 度的旋转进行补偿，相对于正确的结果他们在定位上出现了大量的错误。当我们考察儿童在六个项目中每个任务的箭头指向时，这一印象又一次被支持(详见 Liben & Downs, 1993)。在幼儿园的儿童中，甚至在诱发最好成绩表现的单个项目中，典型的错误是一个 180 度错误的箭头。如果儿童无法对地图的旋转进行心理补偿，这个错误的出现是毋庸置疑的。尽管到一年级为止，对最简单项目的典型反应是正确的，但典型错误仍然是 180 度的问题。到二年级为止，典型反应是正确的，但伴随着对于一些项目，仍然存在一些 180 度错误的不成比例的表现。到五六年级时，真正唯一出现的错误就是精确性的误差，同时 180 度的错误也不出现了(错误的出现只占每个项目的 3%)。正如在其他任务中一样，儿童空间思维的发展在这里也表现出了非常明显的个体差异，甚至同一个年龄段的个体差异也很明显。表 6.1 给出了不同年级儿童在不同分数上的百分数分布。最值得一提的是，一些(尽管很少)幼儿园的儿童表现得非常好，或者说几乎达到完美的程度。尽管，一些(同样尽管很少)二年级儿童在某一个项目上是错误时，幼儿园的儿童的表现仍然很完美。

表 6.1　不同年级和不同布局对应条件下，在教室个人定位任务中不同分值所对应的儿童的百分数分布

	正确反应的数目						
	0	1	2	3	4	5	6
布局对应							
幼儿园	22	11	14	13	22	16	2
一年级	4	9	7	15	22	25	18
二年级	0	3	3	7	9	36	42
五/六年级	0	0	3	3	6	61	27
布局不对应							
幼儿园	41	29	10	10	6	3	2
一年级	9	11	16	18	16	19	12
二年级	1	9	15	10	12	39	14
五/六年级	0	0	0	3	30	52	15

资料来源：摘自“Understanding Person-Space-Map Relations: Cartographic and Developmental Perspectives,”by L. S. Liben and R. M. Downs, 1993, Developmental Psychology, 29, p. 739 - 752.

相似的任务也被用来检验涉及不同观察方位的问题解决能力的发展。例如，在一个有一年级和二年级学生一起参加的研究中(Liben & Downs, 1986)，呈现一张他们学校的倾斜的航空图片，要求他们将箭头标签贴在他们学校社区的一张平面图上，来显示图片被拍照的方位。接着，向被试呈现倾斜视角的图画(图 6.3)并要求将箭头标签贴在同一地区的轮廓地图上，来显示这些图片的优势观察点。在有高中生参与的研究中(Liben, Carlson,

Szechter, & Marrara, 1999; 见 Liben, 2001),给被试呈现一个带有方向的箭头,该箭头指向环境表征(一个平面图或者倾斜的航空图片)上的一个地方。然后,要求他们在同一环境(具有不同的刻度比例和视角)的第二个表征上放一个箭头,以使箭头指向于来自同样的一般方向的同一环境位置。来自这些各种各样任务的数据汇成这样的结论:理解和协调不同表征条件下的观察方位对儿童来讲是有挑战性的,甚至对高龄段的儿童也是如此,而且在所考察的所有年龄中都存在显著的个体差异。

232

在一些任务中,个体必须识别他们自己在一张地图上的方位,在空间上将他们自己所处的位置与别的位置建立联系(例如,以前讨论过的自我—地图—空间关系)。在这些任务中,我们获得了与前面一致的结论。实例来自一个有关大学生的研究。在大学生活的第一学期开始前,他们在校园里接受了测试(见 Liben, 2005; Liben, Kastens, et al., 2002)。学生们被带到一些地方。在头五个地方,给他们呈现一张校园地图(对发给游客的校园地图稍微进行了修改,然后张贴在校园的不同地方),要求他们将一个箭头标签贴在地图上来显示他们的位置和正在面朝的方向。在接下来的五个位置上,发给被试一张地图,在地图上有一个被标出来的建筑物,要求被试将旋转箭头指向那个建筑物(从被试的位置来看,建筑物并不在当前的视野里)。

图 6.14(左边)显示了对一个项目的位置反应的复合图。在反应的分布中,值得一提的是,一方面,他们中如此多的被试的反应是错误的;另一方面,如果要求一个人仅在基本的水平上解释指示物的象征意义时,他们中许多人是不可能完成的。例如,在本例中所使用的项目里,被试被定位于一个庭院式的建筑物的角落里,以至于被试的左边和正前方都是墙。在

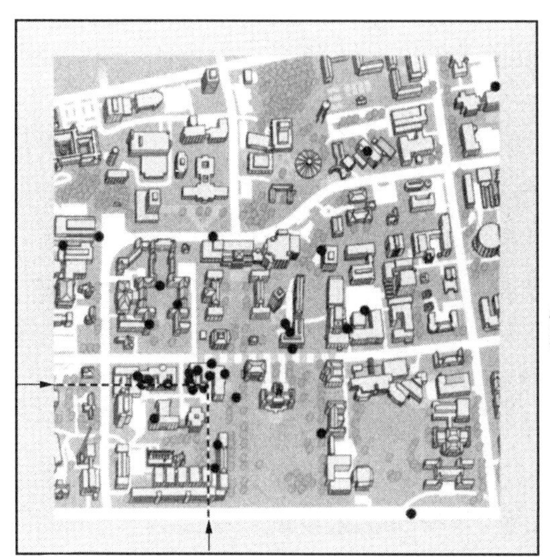

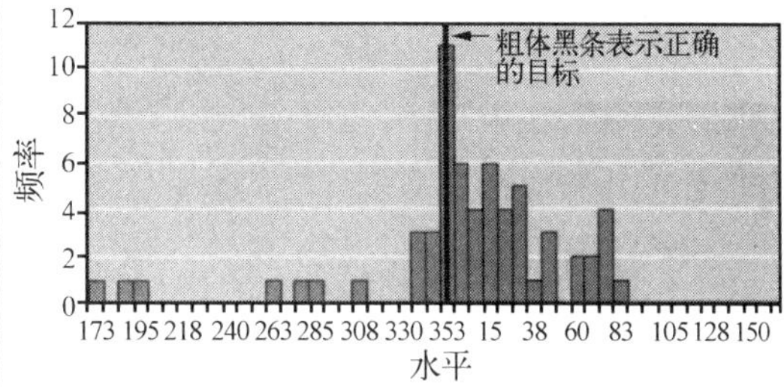

图 6.14 上图显示了,当要求标出他们在一张校园地图(左图)上的当前位置(在图中两个箭头交叉点)时,大学生被试标签位置的叠加。右边的柱状图显示了,在可动箭头任务的一个项目中,指示方向的分布。

摘自"Real-World Knowledge through Real-World Maps: A Developmental Guide for Navigating the Educational Terrain," by L. S. Liben, K. A. Kastens, and L. M. Stevenson, 2002, *Developmental Review*, 22, pp. 267 - 322. 获准使用。

右边和正后方也有别的建筑物。然而在图中却显而易见地表明,许多被试将标签放在了没有庭院式右角且附近没有别的房屋的建筑物附近。方向数据显示了与位置数据同样类型的变异。正如图 6.14(右边)显示了来自一个旋转项目的数据。与在儿童中观察到的模式相同,一些大学生在位置和方向任务上都能完成得非常完美,但是另外的一些人却在每一个项目上犯错很多。

地图使用者的属性

在前面讨论过的与个体的地图理解相关的研究中,特定地图的使用者(在图 6.8 中被用向右的箭头描述)的属性是隐性的。在整个讨论过程中已经被显性地使用的一组变量便是生理年龄(或者学校年级),但是,从发展的角度看,年龄作为一个标识,对于理解相关的认知发展的不同层次水平的状况是比较恰当的。许多研究者已经涉及了与地图理解相关的假设认知概念的评估。我们感兴趣的是,是否这些评估可以比年龄能从根本上更好地预测地图成绩,或者能够为给定年龄群体中观察到的成绩的差异提供更加宽泛的解释。例如,在我们的工作中,我们通过使用经典的皮亚杰任务已经评估了儿童的拓扑学、投射和欧几里得几何的概念(见 Liben & Downs, 1993)。我们已经论证了这样的观点,在群体水平上,对于通过使用地标特征来解决的地图任务,儿童应该有相对早的成功表现,因为从理论上讲这些任务的完成要求较早地发展出拓扑学理解。相比之下,相对迟的发展的成就应表现在这样的任务上:第一,要求理解观察视角和方位的任务;第二,要求理解刻度或者比例关系的任务。因为从理论上讲这些任务的完成都要求发展较高级的投射和欧几里得概念的理解(Piaget & Inhelder, 1956)。在个体水平上的数据应该表明,在一个给定的年龄群体中,那些在一些要求理解观察视角、方位角和刻度的任务上表现得特别优秀的儿童,应该是那些对空间概念的理解特别深刻的儿童。

233

从团体的意义上讲,实验数据与假设联系是相当一致的。例如,在能够提供拓扑线索的地标定位任务中,儿童的表现优于在要求几何理解的房子、社区或者城市等相同区域的定位任务中的表现(Liben & Downs, 1993)。从个体的意义上讲,实验数据与假设联系也具有相当的一致性。也就是说,儿童在地图任务中的表现与在皮亚杰的空间任务上的表现之间存在显著的相关。甚至从统计学的意义上排除了一个更为一般性的空间能力测验的得分之后,这种关系依然存在。但是,相关只是中等程度的。尽管那些在地图任务上表现良好的儿童在皮亚杰任务上的表现也很优秀(反之亦然),但是仍然有一些儿童的表现与这一模式不一致。当然,用于评估空间概念的任务并不完善,许多被试可能在不同程度上被激发使用了他们已有的概念来解决给定的地图任务。因此,进一步的研究需要进一步探讨一般空间任务的表现与在地图任务表现之间的关系,同时也需要发现在解决地图任务中所使用的各种现时加工策略(moment-by-moment processing strategies)的研究方法。

小结

这一章的这一部分我们讨论的所有研究都会得出这样的一个结论:表征对应物与几何

对应物的理解随着年龄的增加不断提高。但是也有相当丰富的数据表明,个体之间的差异非常显著,一些儿童表现得出奇的好,而一些成人又表现得特别的差。要识别导致产生这些个体差异和年龄差异的影响因素还需进一步的研究。尽管我们还远没有理解,使地图理解变得困难的所有成分,以及为什么这些成分对一些个体来说特别困难,但是,我们不能等到这些问题都获得了解决再来进行地图教育。对于前面部分论述的"空间思维可以被提高吗?"这一问题,已经有了相当的证据表明,教学干预对空间思维的发展具有积极的影响。

地图教育:范例性材料与活动

在本章的这一部分,我们将开始讨论在促进学生地图使用和理解能力方面采用的各种干预。

识别地图教育的时间与地点

根据前面有关地图理解的论述,可以宽泛地概括出这样的结论:在群体的水平上,不同年龄的儿童有着他们对地图的不同概念和知识。在非常年幼的年龄段(在学前),儿童通常具有一些关于地图概念及其功能的理解。但是,他们的概念和相关的能力技巧是有限的。他们倾向于假设地图与其指示物之间有许多共同的属性,而他们这种假设又与他们对表征性的内容(例如,错误地认为,红线代表红色公路)和空间内容(例如,错误地认为,线条没有办法代表公路,因为它们不够宽以使得两辆汽车同时行驶在上面)之间交织在一起。在较大的年龄段(小学期间),儿童逐渐认识到空间表征可以在一般性与具体性之间发生转化(例如,他们学校的一般表征与具体表征之间的转变,见图6.12),他们也逐渐理解了改变视角的结果(见图6.12)。他们越来越容易理解观察方位的概念(如他们在处理布局不一致的地图时所表现出来的能力,见图6.13)。

尽管在较大年龄段(小学高年级和中学阶段),儿童通常在许多对年幼儿童造成挑战的任务中表现得很好(见图6.13),但是,有证据显示,甚至许多成人在理解和使用地图上仍然存在非常重要的局限。当处于真实的情境(不是实验室)下,使用真实的地图(不是简化了的地图),通常许多成人也对于他们当前的位置和表征在地图上的目标位置(物理上,超出视觉观察范围)的方向感到困惑(见图6.14)。此外,许多证据表明,不仅许多大学生在参与研究的过程中对地图的理解表现得很困惑,而且也存在许多重要的来自日常的生活的范例。例如,一个伐木工因为错误地将一块林地树木进行了砍伐而被告上法庭,他为自己辩护道:"地图显示的方式对我来说是没有帮助的,因为它本应该转到另一边"("双重回报",Pair Awarded, 1989)。在一个案例中一位荷兰旅游者在一个事故中被杀死了。在一次意外中,她和她的丈夫迷路了,最后在迈阿密的一个犯罪分子猖獗的贫民区停下来问方向……当她的丈夫手里拿着地图走出他们租赁的汽车时,一位男子透过汽车的窗户对他开了枪(Skipp & Faiola, 1996)。不仅许多成人在使用地图进行导航时有困难,而且在环境政策专业攻读硕士学位的许多学生也会犯错,他们在解释用于描述未来天气各种降雨量概率的气候预报

234

地图时也犯很严重的错误(Ishikawa, Barnston, Kastens, Louchouarn, & Ropelewski, 2005)。

一些证据表明,至少在成人中的一些困惑可能源于早期教育中不完备、困惑的或者误导的教育,因此在学前开展地图教育是非常有价值的。在这种情境下,指出这样的事实是非常重要的。学前儿童对地图的一些方面的困惑并不意味着地图教育在早期是不合适的。而在理论上,例如 Piaget 认为,学前儿童缺乏相关的投影概念和欧几里得概念并不意味着,教学应该推迟,直到这些儿童获得了这些概念(Blaut, 1997a, 1997b)。相反,这意味着设计在发展意义上合适的课程,同时考虑这些发展过程中不同轨迹是非常重要的(见 Downs & Liben, 1997; Liben & Downs, 1997, 2001)。

我参加的地理学教育和地图教育的经验包括博物馆展示、电视节目、学术竞赛和课程设计等各个方面的工作。接下来,我将从我的教育实践中摘录一些范例来展示发展理论与教育实践之间有效的交互作用方式。

在更加宽泛的框架中理解地图的意义

在讨论我们设计的用来促进儿童地图理解的任何教育干预之前,记住我们这一章是探讨有关空间思维的核心内容的这一事实是非常重要的。我已经论述过,空间思维是引导人们与周围世界相互作用以及研究世界的非常重要的和有价值的思维方法。这里的世界不仅包括地理学和地质学所研究的从地球上的大陆到海洋这个意义上的世界,也包括诸如化学、经济学领域所研究的从所有物质组成的物理学到行为系统意义上的世界。同时,我认为地图是一种进行空间思维的最重要的工具。因此,从更加一般的意义上讲,教育儿童理解和使用地图是教育儿童成为更好的空间思维者的一个途径。因此,重申地图的重要性并不是在于它提供了所表征的图式的地点位置的能力属性,而在于它能够对那些从某种意义上无法看到、无法知晓、非现实或者不可捉摸的指示物进行表征和操作,这是图式表征的创造和使用。因此,地图能够被嵌入的一个比较宽泛的框架就是空间思维的框架。

但是,对于地图来讲,这里也存在第二个比较宽泛的框架,这个框架便是关于如何将地图内在的信息(例如,在一个地图上三个城市之间的距离和角度关系)与比较宽泛的世界建立联系。为了在空间上进行操作(从物理上或者心理上),有一个参照的框架是很关键的。因为,磁铁技术和磁针技术允许我们识别地球上任何一个地方的磁铁的北极,而北极是地理方位和地图建立联系的重要的基点。北方无处不在(例如,在语言中、在绘图中、在天气指南中、在导航中),因此它变成了地图教育的关键概念。特别重要的是,在发展心理学领域的理论和实验工作都达成了这样的共识:北极概念的教学是一个难点。上面这些因素均是我在下面的教育实践中关注的话题。首先我将描述在别的研究者的教育材料中,北极的概念是如何被理解和解释的方式,然后,描述我们在课堂教学中进行北极概念的教学时所采用的方式,最后对“我们在哪里?”(Where Are We?)课程(Kastens, 2000)中北极概念的教学方法进行评论。因为我目前也在使用这个课程开展研究。

传统课程的特征

235

在提及北极的概念时，考虑像地图和外部世界在地图课程中被联系起来的方式这样的更为一般性的问题是非常重要的。通常，课程材料倾向于关注世界本质意义上的地图，而不是关注地图上所表征的事物和外部现实(Liben, Kastens, et al., 2002)。当我们真正提到地图—现实关系时，这里的现实在范围上是非常有限的。例如，许多地图课程通常以要求儿童创作他们的家或者教室的地图作为教学的开端，使用这些地图来向学生传授有关诸如比例等地图元素的重要性。但是，它们很少提到图式化空间和指示物的一些较大的框架之间的关系。例如，与地区性的地标相关的教室地图取向、与距离性的物理特征(例如，一条山脉)相关的教室地图取向，或者与磁性北极相关的教室地图取向。许多的地图创作练习要求儿童在没有任何地球的指示物框架基础上，创作假想陆地的地图。当要求儿童使用地图来"导航"时，这一练习完全是表征化的。例如，可能给儿童呈现一张工作表。在工作表中显示了城市的许多街区，还有一些象征性的贴有标签的建筑物如学校、教堂和城墙等。要求儿童画出，比如，从Shally的房子到她的学校需要走的路线。在没有有关地图与任何指示物—现实连接的基础上这些任务也可以被解决。

概括传统地图材料的一种方式就是使用一种分类框架。这种框架是根据儿童的空间位置表征发展的研究方法发展起来的(Liben, 1997a)。在所有方法中有两种方法，即产生式方法和理解式方法，要求儿童将表征与现实建立联系：前者是通过从现实中提取信息，然后将它应用于(或者创造出)一个表征，而后者是通过从表征中提取信息然后将它应用于真实的空间。在许多表征对应方法(representational correspondence methods)中，要求儿童将两种或者更多种的表征建立联系，而这一任务并不真正要求儿童将任何一个表征与现实之间建立联结；联结只发生在两个表征之间。在许多元表征方法(metarepresentational methods)中，要求儿童反思表征或者成分的目的，或者可能讨论有关表征—指示物的连接，但是这些都是在抽象的意义上进行操作的。两年期间，我们采用这个分类系统分析了来自纽约城的银行街书店里获得的地图教学材料(Kastens & Liben, 2004)。凡是要求儿童进行纸笔操作练习和销售给小学年龄段儿童的所有材料都被包括在了分析中。有趣的是，与研究文献刻画的方式对应(见 Liben, Kastens, et al., 2002)，这些教育材料对表征本身表现出了过分的强调。而产生式和理解式的练习却很少见。

尽管对图式空间与较大的环境框架之间联结的关注很少，但是仍然存在相当多的课程在教育材料中关注北极的概念。但是，不幸的是，这种关注通常被误导。例如，在一本书名为《如何读懂高速公路地图》(*How to Read a Highway Map*)(Rhodes, 1970, 第46页)中，明确地告诉读者，"北方总是在地图的上部"。在一个名为"在教室里指引自己"课程中(Orienting Ourselves in the Classroom)，Rushdoony (1988, 第1.2课，第6页) 指导教师在黑板上"挂一张图片显示四个主要的方向"。图片中对每个方向，包括上部的北方，用一个大十字来进行标注。教师被要求这样来教学，"存在四个主要的方向——北、南、东和西。使全班一起大声朗读这些代表方向的词语。然后将马尼拉胶带粘在四面墙上(每个墙上粘一块——你课桌后面的墙为北方)"。要求每位使用这个课程的教师在北边墙壁的前面有一个课桌,这很明显是不可能的。而在另一个例子里,在学生练习本上(Carratello & Carratello, 1990, 第8页),在标有“你知道你的方向吗?”(Do You Know Your Directions?)的一页这样解释道:“方向将很容易让我们知道我们所处何方以及我们将去何地。”在这一页里有一张图片,图片上有一个小男孩背对我们,面朝书页的顶部。在他的头顶写着“北方在顶部”,在他的右手的下方写着“东方在右边”,在他的脚上写着“南方在底部”,在他的左手的下边写着“西方在左边”。

总而言之,许多在学校里使用的用于地图教学的材料在设计时都很少将儿童和地图与指示物的外部框架之间建立联结。此外,这不仅仅是遗漏的错误。因为给出的许多范例显示,也存在制作过程的错误。像这些课程问题也是造成儿童在尝试理解一个既定的像地磁北极这样的外部指示物的概念遇到挑战和困难的主要原因。

一种用于“北”概念教学的激励教学法

我们的地图教育方法(Liben & Downs, 1986)是跨学科取向的,我们试图将来自发展心理学和地理学的观点进行整合。为了将儿童带入一个宽泛的地图形式与功能的领域,我们进行了不同形式的教学,在这个过程中,我们包含了一些对重要的四个方向的教学内容。我们意识到,至少在我们实验所选取的一、二年级的班级里的一些儿童过去已经接受过我们前面描述的有关北方概念的各种误导性信息。在这种背景下,我们首先通过要学生闭上他们的眼睛,然后指出北方作为教学的开始。正如我们预料的那样,通常的反应包括指向正前方和指向空中上方。

236

当他们睁开眼睛,孩子们对同伴们的各种不同的反应非常吃惊。接着,我们讨论磁场北极的概念,拿出了一个指南针。基于有关儿童自我中心主义发展研究的知识和认知过程中行为的重要性的考虑,我们每次邀请一名学生来到教室的前面,以便于儿童可以看到指针和它所指向的北方(实验中的教室里在儿童的左肩方向)。尽管大多数的儿童似乎准备相信,他们原先关于北方是正前方或者正上方的观点是错误的,但是其中的一些儿童的确很难放弃他们原来的观点。在二年级的一个班级里,儿童表面上看起来很沮丧,最后从凳子上跳起来,走到墙的附近,把墙上的地图取下来给大家看,来表明他的确是对的,北方是指向天花板的那个方向。在每个班级中,像这样的错误都给我们提供了一个讨论在地图里的方向与现实世界里的方向的关系的机会。在这个过程中,我们包含了北方并不是在页面的顶部这样信息的地图材料。

为了找到北方,儿童需要使用他们身体外的指示物(例如,太阳、指南针)。在向儿童传递这个信息方面我们认为是很成功的。在原先的有关北方的课程结束后的几周,在一次野外旅行中我们检验了我们的感想。儿童被公交车带到了一个游乐中心,聚集在一个大的建筑物里完成一些非常规的地图作业。这一次,我们仍然要求儿童闭上他们的眼睛,然后指出北方在哪里。我们当时期望,儿童或者要求一个指南针,或者会说他们无法确定。但结果却相反,使我们失望的是,绝大多数的学生只是非常确定地指向他们的左肩所在的方向。我们成功地做的所有的事情只是用另一个以身体为中心的信念(北方在左肩的方向)代替原先固有的身体为中心的信念(北方在正前方或者正上方)。因此,尽管我们成功地预测了儿童课程中存在的困惑,但是我们在克服这些困惑的过程中显得无能为力。

“我们在哪里?”课程克服“北”的错误概念的尝试

最后的例子是从针对二到四年级儿童的“我们在哪里?”(WAW?)课程中抽取出来的。这个课程两个主要的前提假设是:第一,建立现实与地图的连接是理解地图的核心;第二,在为儿童提供广泛的现实—地图经验方面存在实践上的困难。因此,“WAW?”课程的关键特征就是设计计算机软件来提供模拟的现实—地图经验。

具体来说,正如在图6.15中显示的一个“WAW?”软件屏幕一样,这个软件同时显示了一个公园的两种表征。一种是平面地图,而另一种是一个彩色录像的嵌入窗口,显示了步行穿过公园时所记录的眼睛观察到的风景。使用者通过点击呈现在窗口面板上三个箭头中的一个来控制视频。点击向前的箭头,视频剪辑开始播放当一个人在路径上径直朝前走时所看到的风景。当点击左右箭头时,视频将显示,如果一个人向左右转时分别能看到的风景。

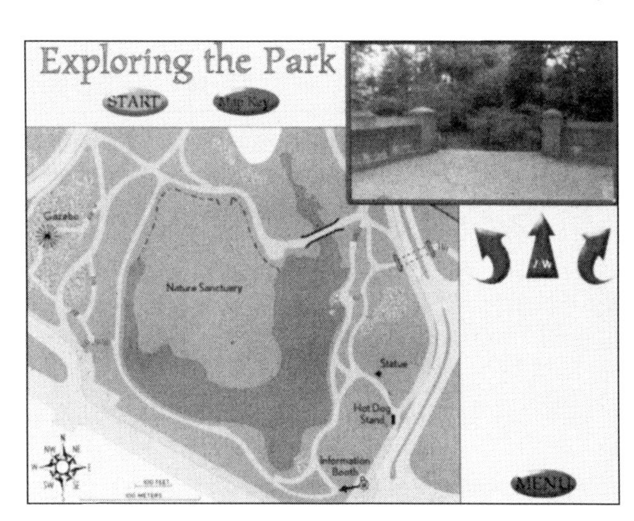

图6.15 在“探索公园”模式下“我们在哪里?”课程的一个注释性的屏幕

资料来源: *Where Are We?* by K. A. Kastens, 2000, Watertown, MA: Tom Snyder Productions. 获准使用来自“Real-World Knowledge through Real-World Maps: A Developmental Guide for Navigating the Educational Terrain,” by L. S. Liben, K. A. Kastens, and L. M. Stevenson, 2002, *Developmental Review*, 22, pp. 267 - 322.

237

软件的运行模式有四种。第一种模式,“探索公园”(Exploring the Park)部分将儿童引向软件、视频录像风景和地图。通过点击其中的一个箭头,使用者便可以看到好像在公园里行走和转弯一样的录像资料,同时,也可以看到一个红色的点和一个带有方向的箭头标志在地图上移动。因为现实与表征的比例关系,因此在视频录像中的一个较长的移动才对应于地图上红点的一个很短的距离。红点和箭头方向的清晰显示仅仅在引入模式中被不断地使用。在第二个模式,“我们在那里吗?”(Are We There Yet?)部分中,使用者被给出了起点和方向(用红点和箭头来显示),并要求通过箭头点击穿越空间进行移动来到达指定的目标位置。在“迷路!”(Lost!)部分,使用者被丢在了公园里的一个不确定的位置,任务是通过在公园里移动(利用箭头点击)发现自己的位置。当使用者相信他们已经在地图上对自己进行了定位,他们就可以在假设的位置上进行点击,然后会收到一个信息,例如“对不起,请重新尝试”、“你在附近”或者“你找到了”! 最后,在“加入地图”(Add to the Map)部分使用箭头点击来穿过(视频)公园，去寻找不在地图上却存在于真实的(视频录像)世界里的某一对象(例如，路灯柱)。通过鼠标，使用者可以将象征物拉到地图上来显示所选择物体的位置。这个模型旨在将通常在许多职业中使用的野外地图任务与学术地图(例如，当一个生态学家在一个地图上记录植被数据的分布)之间进行对照。

表 6.2 给出了在“WAW?”课程中所包含的课堂教学的一系列主题。对于当前人们对北方主题的关注中特别有趣的是标题为“罗盘”(The Compass Rose)的第九课(pp. 66—73)，它由两个部分组成。这一节课的许多方面都是直接针对在我们的前面讨论过的研究中识别出的以身体为中心的错误理解而设计的。对于这一节课有三个主要的目标，他们分别是“在一个指南针的帮助下教会学生使用罗盘”、“使学生能够区分作为地区的北部的概念和作为一个方向的北方的概念之间的差异”和“向学生展示如何使用北/南/东/西这样的概念，而不是像右/左这样的概念”。

表 6.2　在“我们在哪里?”课程中包括的教学主题清单

1. 探索地图。学生考察各种各样的纸制地图并讨论地图的用途。
2. 从俯视角度绘制地图。学生们绘制一张关于他们桌子上物体的简易地图。
3. 地图标志。在 WAW? 课程的招贴地图上，学生们使用钥匙来识别地图上的物体，并想象一个人站在一个特别的位置上将看到什么。
4. 介绍软件。通过使用“探索公园”模式，学生们学习软件的工作原理。
5. 地标。通过“我们在那里吗?”模式的引导性使用，介绍地标在地图阅读和导航过程中的价值。
6. 追踪你的位置。在“你在那里吗?”模式下学生们追踪他们的路径，并练习回到他们的出发点。
7. 计划一条路径。学生计划一条到达目的地的路径，预期他们在路上将看到什么。使用“探索公园”模式，学生们检验他们的预测并验证它们的计划。
8. 地图比例。通过比较人在 WAW 视频中旅行的距离和点在地图上前行的距离，学生们看到了地图与它代表的风景之间尺寸(比例)的差异。他们使用地图比例来估计在 WAW 画面中和别的地图上的尺寸和距离。
9. 罗盘。在教室里学生们使用罗盘，并在计算机地图上找出某人面对或者移动的方向。
10. 在地图上添加新信息。许多学生发现一些特征在录像视频中有，但是在地图上没有被显示出来。找出这些特征应出现在地图上的哪些位置，并添加恰当的标志。本课通过地质学家、生态学家、建筑师、城市计划者和许多使用地图作为组织空间信息的工具的人的视角来对地图的使用进行建模。
11. 迷路了！应用地图标志、地标和指南针，学生们对他们周围的地貌进行观察，并推断他们在地图上的位置。本课虚拟了一种情境。在这种情境下，走路的人或者骑摩托车的人发现他们迷路了，从他们的后备箱里取出地图，使用他们周围地表的视觉线索找出他们在地图上的位置。
12. 总结。比较地图与真实世界。通过完成一个表格，学生们显示了他们对地图与真实世界的相似性与差异的理解。

资料来源：概括自 *Where Are We?* by K. A. Kastens, 2000, Watertown, MA: Tom Snyder Productions.

考察一些推荐的具体活动，我们可以获得有关这一课程更加丰富的信息。不像我们前面描述过的传统课程资料中通常被发现的有关北的概念的教学方法，“WAW?”课程中的许多教学主题的具体目标在于将儿童知觉的空间和表征与指示物的外部框架之间建立联系。例如，为了论证北方在什么地方，讨论了指南针或者太阳的运动路径的使用之后，要求教师使儿童“将一个较大的纸罗盘放在地板上，寻找真实的北方和罗盘的 N 极的对应与匹配。将指南针放置在罗盘的顶部来检查北方是否对应”。接着标有四个主要方向的标签被贴出来，

但是不像前面描述过的作业本一样，北方并没有自动地在房子的前方被确定下来，而相反是通过指南针确定在北边的墙上。 238

因为对发展性研究与理论启示的重要性的考虑，在这一节课里，许多活动是专门为帮助儿童对身体方向指示物（例如，左或者右）和外部空间指示物（北）的鉴别而设计的。因此，这一方法与前面描述的传统课程内容形成了鲜明的对比。因为，在传统的课程中，许多活动和材料都将身体指示物与空间指示物进行了合并（例如，错误地教儿童用右手来识别东的方位）而不是区分。在"WAW?"课程中，许多的活动指导儿童移动一个人物雕像以使儿童对方向和地区进行区别（例如，学会一个人可能面朝东北，而他的身体却是在州的东南方），对左/右和主要的方位进行区别。如果一些学生在使用人物雕像进行这些区别时有困难，教师则将对他们进行针对通常错误概念的附加练习。这些附加练习的设计建立在良好的发展性理论基础上，因为它们要求儿童使用具有选择性的参照系统在真实的空间中移动。例如，要求儿童分成两列，彼此面对面站着，然后每一个人被要求向左转。因此，两列最终都面朝相反的方向。接着，学生被要求转回他们原来的位置以至于两列又面对面。接着要求儿童面朝东。现在所有的学生都面朝同一个方向。比如这样的一些活动旨在使儿童逐渐理解自我身体中心框架与指示物的外部稳定框架之间的差异。

在"罗盘"这一节的第二个部分，包括使用"WAW?"软件来为儿童提供，随着一个人步行穿过公园的过程中指南针的指针不断变化的信息。但是，地图仍然在同一个方位。因此在使用非对应性地图方面对儿童进行了练习。因为，早先综述的研究中显示，对于这个年龄段的儿童而言，这一任务是比较困难的。简而言之，"WAW?"课程的理论基础与我们过去的整合研究和教学干预中（Liben & Downs, 1986）所设计的课堂教学活动的理论基础是相似的。但是，"WAW?"课程更具有可持续性，因此可能比我们自己对北的概念进行教学的尝试更加有效。但是，这些有效性的证据必须等待进一步得到评估。当前我们正致力于这一方面的工作（例如，Kastens & Liben, 2004）。

小结

在这一部分，我已经描述和讨论了大量具体的课堂教学材料和活动。它们在某些方面与帮助学生理解表征与现实之间的关系密切相关。我关注于指示物的框架，是因为在追踪空间表征或者空间中的物体表征时，在某些方面依赖于不断地指向指示物的框架。对通常我们使用的地图教育的考察表明，许多的材料和课程完全忽略了表征与现实之间的联系。至少一些材料以非常严重的误导的方式提到了两者之间的联系。作为我们在教授北的概念时不成功的尝试，甚至我们意识到了儿童可能的错误概念，并且甚至基于发展和绘图学的原理建构了课程，但这些并不能确保我们教育的成功。"WAW?"课程已经根据早期研究的结果调整得更丰富了，但是是否足够还有待评价数据的检验（见 Liben, Kastens, et al., 2002）。但是，正如这一章的下一部分中讨论的那样，我们已经得到了大量的一般性的结论。

结论与问题

在这一章里，我们首先论述了，在教育、职业和日常活动的宽泛的领域里，空间思维起着非常重要的作用。我们综述的数据表明：空间思维在群体之间(例如，按照年龄和性别所定义的那些群体)以及群体内部(例如，个体差异)都表现出显著的差异，而且这些差异与儿童在一般或者特殊性的课程上的差异表现相联系。我描述的研究表明，干预可能促进空间表现和相关的教育成果。熟练的空间思维是重要的，但是并不自动地或者普遍地发展成为高水平的空间思维能力，因此我们考虑使用教育的途径来促进空间思维的发展。因为实践和概念的原因，推荐的方法(与推荐的报告一致，学会从空间的角度思维；NRC，2005)是将空间教育融入我们在学校里已有的学科教学中。我认为地理课是进行融合的一个潜在的目标，因为它将空间推理作为它的学科中心的地位，同时因为它也包括了一些关于地图的课程(那是空间思维原型范例)。但是，在当前的配置中，地图课程通常只是被用来帮助儿童使用地图获得具体的事实性信息(例如，找出国家的首都，识别出哪个城市在哪条河的附近，在新闻中找出许多国家的位置)。地图教育有潜力提供更多的信息。前面描述过的无数的地图形式与功能表明地图采用的不同的表现形式，同时也可能因此有利于一般性的空间能力和表征技能。我综述的这些研究结果说明，地图理解能力开始发展，并且我们已经从以北为基础的地理教学所设计的教育课程中获得了抽样。

239

在这一部分的最后，我将重新审视在开篇中的那一段，在那一段中，我指出本章的材料与三类受众有关。第一类，传统的认知发展心理学家，他们的主要兴趣在于对空间认知发展的基础研究。第二类，应用发展心理学家，他们期望将他们在学术实验室里的工作移到真实世界里儿童的生活中。第三类，那些为儿童设计和提供教育经验的教育工作者。我指出对话每一类受众相关的一些关键要点，最后对日益变化的技术环境下我们需要面对的机遇与挑战。

对空间认知发展研究学者的启示

对于这些读者，他们的主要兴趣在于研究空间认知的发展，从这一章里得到的重点收获主要是关于变化的存在及其意义。首先，这里所评论的工作强调个体之间的变异性。当一个人从抽象的角度来描述儿童时，很轻易地会将主要的关注点放在不同年龄群体儿童之间的共同特征以及不同年龄群体之间的差异和区别。但是，当一个人带着这种抽象的描述走进真实的课堂面对试图掌握真实课程的具体的儿童时，最重要的是儿童之间的变异性而不是差异性。研究数据不仅显示了不同成绩水平的变异性，而且也显示了通常潜藏在成绩下面的认知策略的变异性。儿童在通过发展里程碑时速度的个体差异或者他们最终达到的终点为我们理解儿童发展的过程提供了可能的窗口。也就是说，对不同发展速度和结果(例如，不同的父母亲的行为，不同的玩具游戏)的本质相关性的详细观察可能说明在空间发展上发生的微观转变的原因，并且，在可能的情况下，这些相关的因素都可以通过实验被操纵以检验它们对后来的空间思维的影响。因此,从整个章节中描述的工作,我们得出一个结论,那就是,在空间思维的发展方面存在着随着年龄的发展不断进步的趋势,同时在空间思维的发展方面也存在个体差异和群体差异,这些差异需要进一步的观察和实验研究。这些研究将超越在空间思维方面年龄相关差异的描述。

第二,在这一章里所评论的工作强调在不同任务上儿童表现的变异。对于主要在学术领域中工作的发展心理学家来说是一个诱惑,因为他们认为最重要(或者可能甚至是唯一)的关于认知功能方面的问题就是那些有关指向一些认知技能出现的问题。例如,从这个角度讲,发现年幼婴儿对有关物体位置的信息进行编码的方式是特别重要的,因为这些发现看来将对 Piaget 的关于米制概念在儿童中期或者晚期才会出现的命题提出质疑。但是,当发展心理学家将视野转向实验室外,转向各种各样我们在这一章前面的部分中讨论的教育的、职业的和日常的任务时,他们遇到了迷人的、非常重要的有关认知能力、任务要求,以及与促进或者阻碍儿童成功的环境背景相互作用等一系列问题。正如,我们一开始首先研究一种潜在的能力在上面条件下出现一样,研究在上面条件下这些潜在的能力被激发和应用同样是非常有趣的。从更一般的意义上讲,这种结论是一种提示,它暗示着,也许不将发展现象二元化(即认为儿童有或者没有某一种能力)是比较好的(见 Liben, 1997b; Overton, 1998)。

对应用发展心理学家的启示

对于那些将主要兴趣放在将发展心理学的理论工作应用于教育世界的读者来讲,从这一章中能够获得的信息主要是关于概念的交流与操作,以及恰当评估的相关问题。也就是说,尽管在认知发展研究的发现与诸多教育目标之间具有许多重要的连接点,但是,搭建理论与应用的桥梁,并知道何时来这样做便可以成功通常是困难的。一个我们前面描述过的非常重要的范例就是我们在尝试教给儿童北的概念的过程中的失败(Liben & Downs, 2001)。尽管我们从理论上理解儿童潜在地过分依赖他们以身体为中心的参照框架,我们提供了课堂教学使儿童用一个错误的信念(北方在左肩的位置)代替了前面另一个错误的信念(北方一定在头顶上)。

240

这个范例的另一个启示便是包括监控教学和交流成功的评估的重要性。在前面的例子中,假设我们没有在野外旅行的一个全新的背景下对儿童的北的概念进行评价,我们无法知道仍然存在的错误的理解。要求学生在新情境下采用新的方式,来应用他们的知识的评估是非常关键的。而不要要求学生在事实上用同样的方式和只能在它原先的背景中重复信息。在空间思维领域中这种警示的经典范例来自 Vosnaidou 和 Brewer (1992)的研究。他们发现,小学生在回答有关地球的问题时非常熟练。因此,当问及地球的形状时,几乎所有的儿童都能够用口头言语正确地说出地球是圆的或者是球形的,并且能够画出一个圆的形状。当问及新颖的问题(例如,如果一个人一直走,走下去,将会发生什么),答案显示,许多儿童事实上是依据他们错误的心理模型来工作的(例如,是一个烤饼模型而不是球状模型)。

当期望课程促进一些一般性的理解或者能力的时候,评估所触及的内容不应是机械学习或者做一些简单的迁移,这是特别重要的。例如,在培养空间思维者重要目标的背景下,关于北的概念的课程不仅在于教主要的方向本身,而且也应教会学生在面对不断变化的指示物时,也能使用稳定的远处参照框架。因此,教学成功的评价必须超越测验儿童是否知道在特定的条件下(或者不正确的假设)当他们面向北方时,西在他们的左边,东在他们的右边。

当在帮助学生从理论向实践的转化时,我们碰到了沟通的困难,同时我们也遇到了监控理解的需要,不仅当我们在直接教儿童时,而且当我们尽力向别的专家传递他们为设计教育材料而需要的信息时。一个范例来自我们前面提到的一个课题。在那个课题中我们(Liben & Downs, 1994, 2001)与儿童电视工作室(Children's Television Workshop)进行了磋商,当他们计划将地理学引入《芝麻街》[①](*Sesame Street*)时。根据我们的认识,年幼儿童可能在理解以不熟悉的优势点描述指示物的表征时有困难,因此我们要从真实的视角去显示物体或者街景而不是从儿童眼睛的视角去考虑。我们期望我们的建议被转化成从平视(child's-eye view)、俯视(bird's-eye views)和仰视(worm's-eye views)的角度中的同一物体或者街景的视频剪辑。

我们的俯视视角的建议被灵活地使用了。例如,在一个剪辑中,学校的操场被依次从儿童平视的角度,接着从一棵树的顶端视角,接着又从远处的一只水鸟的视角展示了当走向操场时看到的事物。操场上的事物(例如,棒球环形跑道)被显示的同时被转换成了定位在一张地图上的平面地图标志。而我们从毛毛虫视角进行仰视的建议的贯彻不是很成功。我们特别惊讶地发现,一个与毛毛虫相关的地理学视频剪辑,当他们的进展被叙述时(例如,"他们快到达芝加哥了!""他们正在穿越洛基山脉!"),显示了两只毛毛虫在横跨美国进行赛跑(通过在一张小比例的美国地图上爬行)。这段视频不仅没有为儿童提供从不同的优势点观察同一指示物的机会,而且它将指示物的空间与符号和表征的空间与符号混合在了一起。例如,毛毛虫只是爬过一片纸而没有提到它们是否沿着马路爬过湖泊等等。同时,在地图上移动和穿越指示村落的旅行之间的清晰的比例关系被粗糙地误导了。这个范例又一次提醒我们,继续监控理论学家所期望的信息的理解是重要的,无论这些信息是直接指向学生还是指向于那些设计材料用来教育学生的专家。

241

对教育者的启示

对于那些将主要兴趣放在教育儿童的事业的读者来说,无论这种兴趣是直接的(例如,教师或者父母),或者是间接的(教育学院的教员以及学校董事会的成员),本章的核心信息在于说明,空间思维是重要的,它无处不在;儿童在自然的家庭或者学校环境下没有发展完善的空间思维能力,因此明确的空间教育是必要的。尽管相关的研究基础受到某种限制,但是这些可用的数据都支持这样的结论:在促进至少一些空间技巧的发展方面,教育干预可能是成功的,而且这些提高对于至少一些广泛的教育目标的实现来说也具有积极的效果。

---

① 美国儿童最喜欢的动画科教节目。——译者注

正如前面引用的 Pallrand 和 Seeber(1984)的研究显示的那样,具有不同类型空间经验的大学生(例如,画室外风景、几何学的教学),在视觉能力测验和物理学测验中得分较高,同时 Casey 等人(1997, 2001)的研究也表明,空间思维能力与数学动机和成就之间具有显著的关系。

但是,对于教育者的听众来讲,仍然有许多极端重要的问题没有被回答,而且必须在未来的工作中被提到。一组问题是教育学意义上的。第一,从教学的角度,存在如何贯彻我们推荐的将空间教育融合在现有的学校课程中的实践问题。列出空间概念和能力的目录(见 NRC,2005)可能是必要的,识别出与不同年龄水平相关的独立课程,在这些可能将空间教育融合其中的课程中选择概念,然后设计具体的材料和活动,这样可能同时有利于空间思维的促进,也有利于传授具体学科课程的内容。

毫无疑问,列出这些步骤比贯彻执行容易。再次,从我们自己的研究角度向大家说明这一点。在一个研究中(Liben & Szechter, 2002),我们假设通过数字图片的教学,可能会促进儿童对优势点的理解。我们的推理是,数字图片可能将儿童不断地暴露于观察位置上会出现表征的变化。对于实验条件,要求成人研究助手带着每个儿童(8 到 10 岁)在校园里走,同时儿童对他们选择的风景进行拍照。要求成人以强调优势点作用的方式指导儿童的拍照经验。但是,前期测验表明,研究助手发现他们设计以自然体验的方式来达到预期目的是相当困难的。因此,对于研究本身,我们替换了原来的方法。在新的方法中拍照要求被写下来(例如,要求每个儿童拍一张狮子雕像的照片,并只允许狮子的两个爪子中的一个出现在图像中)。与当前讨论相关的是,成人的观察未必发现,识别空间教育的机会是容易的。

支持同样结论的另一方面的证据来自另一个研究(Szechter & Liben, 2004)。在这个研究中,发给父母亲一本图画书。图画书是基于空间挑战性的概念(每一页不断地从初始的风景上移开)设计而成的。当要求把书读给他们学前的孩子时,一些父母亲尝试用多样的和创造性的方式,解释图书的空间假设。但是,另外的一些父母亲则完全忽略了场景移动的空间挑战,相反只是对书中所描述的每个事物进行命名。两个研究的范例表明,许多成人发现、识别和使用潜在的机会来促进儿童的空间思维是困难的,可能这样的困难也被课堂里的教师遇到过。理想情况下,专业化的发展可能有助于培养这些技能,但是在课程的开发和发展上,至少都需要包括在教学具体课程内容方面有能力的专家与发展空间认知方面有能力的专家的参与合作。

除了需要识别出在具体课程中进行空间思维教学的具体的机会,未来的工作必须解决别的一般性的教育学问题。一个问题是有关教师是否应该将他们班级的空间成分外显化。例如,儿童使用那些从许多不同观察距离、观察角度和观察方位显示的同一指示物空间的地图,是否是足够的,或者对于儿童来讲,学习元认知形式主义(例如,在图 6.1 中所示的测绘视角)并使用它们来分析每一张地图是否必要。另一个问题是教师是否应该在不同的领域中渗透空间教学。例如,教师是否应该促进儿童在每个不同的课程领域(例如,在艺术、地理学和生物学中)使用空间思维,还是应该指导儿童看到一般性的跨学科(例如,强调在不同学科中坐标轴的使用)的空间操作和空间表征。 242

除了有关如何贯彻课程建议的问题外，也还存在关于如何评估这些计划执行的有效性的问题。本章的核心观点是，整合的空间教育将促进空间思维能力的发展，并且反过来也有助于在学校、职业和生活情境下的更加宽泛的范围中问题解决的成功。因此，评估必须涉及结果的两种分类。例如，第一，通过考察儿童在空间技能的标准测验(例如，解决心理旋转任务或者连接两维与三维的表征)上的成绩来进行评估。第二，通过考察儿童在教育情境、日常情境或者职业情境下解决新颖问题的能力来进行评估(例如，在一个地质学课程里解释矿物晶体的结构，同一个生产者的图纸中判断储量，或者阅读一份建筑学的图纸)。

在离开评估主题之前，认识到空间评价不仅作为课程评估的方法是关键的，而且也是领域重要性的标志。这种陈述反映了一句常用的守则"我们评价我们看重的东西，我们也看重我们评价的东西"。在以"不让一个儿童落后"(No Child Left Behind, NCLB)立法定义的当前教育时代，这种现状特别清楚。决定评价的内容也就是决定要向儿童进行教学的内容。因为儿童在英语、数学评价中的成绩已经成为不仅是判断儿童的，也是判断教师、学校和学区的标准。用在英语和数学科目上的课堂时间已经增加了，同时用于别的科目(例如，社会研究、语言和艺术)上的时间被减少了(例如，见 Goldsmith, 2003)。最近的 NCLB 评估中加入对科学课程的评估，这就可能为空间思维的教育提供前所未有的机遇(见 NRC, 2005)。

很显然，在 NCLB 计划的实施中注入具体的空间目标，对本章中提出的教育学问题和评价问题的回答，发展、贯彻和维持空间教育计划本身，都需要非常重要的人力资源和经济资本的支持。需要这些资源的真正原因也同样很清楚：我们只需要加入 Monsieur Jourdain，来一起思考在日常生活中我们如何思考。空间思维，就像言语思维和数学思维一样，是我们智力世界的核心，而且它也应该成为我们教育世界的核心。

在变化的环境中涌现的问题

在本章快结束的时候，指出这一点是非常重要的：就如同随着时间的推移每个儿童在发生变化一样，他们周围的环境也在发生变化。在表征化的环境中，变化发生得尤其迅速。尽管长期以来，许多社会都具有像地图和图表等这样的空间—绘图表征(Harvey, 1980; Tversky, 2001)，然而，也只有在最近的几十年里，我们才具有了建构和旋转图像的表征技术[例如，计算机辅助设计(computer assisted design, CAD)软件]，才能够在多个地球参照数据库中来整合数据(例如，地理信息系统)；对人体的内部器官和工作机制进行显影(例如，计算机辅助的 X 线断层摄影扫描术)；在地球表面上以米为误差进行定位(例如，全球定位系统)；对迅速增长的技术的一个亚类进行命名。的确，21 世纪已经被认为是"空间世纪"(The Spatial Century)(Gould, 1999)。

这些变化提出了有关发展与教育的许多有趣的问题。在一些方面，许多技术对使用者的空间能力提出了新的要求(例如，一张大脑横截面的图片要求医生理解横截面在什么位置与病人的头匹配)，但是，在另外的一些方面，技术可能对空间能力的要求降低了(例如，一个汽车导航系统指导驾驶员是否应该向左转或者向右转，甚至不需要了解如图 6.10 所示的自我—地图—空间关系)。因此，正如人们已经从他们长时记忆的拼写功能中解脱出来一样，转向Word加工程序，从乘法表中解脱出来，转向计算器，可能人们将会从心理旋转中解脱出来，转向CAD程序，从寻找路径中解脱出来，转向他们汽车里的导航系统。为了发现哪些新的技术训练了儿童的空间思维，从而培养了儿童的空间思维能力，哪些新的技术剥夺了儿童的空间思维，从而降低了儿童的空间思维能力，我们还有大量的研究有待进行。本研究要揭示的是，尽管目前我们占有最多的工具，但是一个确定的技术可以被有益地使用，也可以被糟糕地使用。而对教育工作者的挑战是，要发现到达前者而不是后者的途径。尽管我们无法预测新技术将把我们引向何方以及将对人类的认知产生怎样的影响，但是我们可以负责地预测，这些技术都要求使用者具有流畅的空间思维和言语思维能力。发展心理学的传统必须与教育的传统结合，来培养出能够从容应对我们这个不断变化的世界所提出的挑战和机遇的空间思维者。 243

（胡卫平、张淳俊译，胡卫平审校）

参考文献

Acredolo, L. P. (1981). Small-and large-scale spatial concepts in infancy and childhood. In L. S. Liben, A. H. Patterson, & N. Newcombe (Eds.), *Spatial representation and behavior across the life span: Theory and application* (pp. 63–81). New York: Academic Press.

Allen, G. L. (Ed.). (2004). *Human spatial memory*. Mahwah, NJ: Erlbaum.

Baenninger, M., & Newcombe, N. (1989). The role of experience in spatial test performance: A meta-anatysis. *Sex Roles*, *20*, 327–344.

Baltes, P. B. (1987). Theoretical propositions of life-span developmental psychology: On the dynamics between growth and decline. *Developmental Psychology*, *23*, 611–626.

Baltes, P. B., Staudinger, U. M., & Lindenberger, U. (1999). Lifespan psychology: Theory and application to intellectual functioning. *Annual Review of Psychology*, *50*, 471–507.

Berry, J. W. (1966). Temne and Eskimo perceptual skills. *International Journal of Psychology*, *1*(3), 207–229.

Berry, J. W. (1971). Ecological and cultural factors in spatial perceptual development. *Canadian Journal of Behavioral Science*, *3*(4), 324–336.

Blades, M., & Spencer, C. (1994). The development of children's ability to use spatial representations. In H. W. Reese (Ed.), *Advances in child development and behavior* (Vol. 25, pp. 157–199). New York: Academic Press.

Blaut, J. M. (1997a). Children can. *Annals of the Association of American Geographers*, *87*, 152–158.

Blaut, J. M. (1997b). Piagetian pessimism and the mapping abilities of young children: A rejoinder to Liben and Downs. *Annals of the Association of American Geographers*, *87*, 168–177.

Bock, R. D., & Kolakowski, D. (1973). Further evidence of sex-linked major gene influence on human spatial visualizing ability. *American Journal of Human Genetics*, *25*, 1–14.

Bodner, G. M., & McMillen, T. L. B. (1986). Cognitive restructuring as an early stage in problem solving. *Journal of Research in Science Teaching*, *23*, 727–737.

Bratko, D. (1996). Twin study of verbal and spatial abilities. *Personality and Individual Differences*, *21*, 621–624.

Brewer, C. A. (1997). Spectral schemes: Controversial color use on maps. *Cartography and Geographic Information Systems*, *24*, 203–220.

Brewer, C. A., MacEachren, A. M., Pickle, L. W., & Herrmann, D. J. (1997). Mapping mortality: Evaluating color schemes for choropleth maps. *Annals of the Association of American Geographers*, *87*, 411–438.

Bruner, J. S. (1964). The course of cognitive growth. *American Psychologist*, *19*, 1–15.

Carratello, J., & Carratello, P. (1990). *Beginning map skills*. Westminster, CA: Author.

Carter, C. S., LaRussa, M. A., & Bodner, G. M. (1987). A study of two measures of spatial ability as predictors of success in different levels of general chemistry. *Journal of Research in Science Teaching*, *24*, 645–657.

Casey, M. B. (1996). Understanding individual differences in spatial ability within females: A nature/nurture interactionist framework. *Developmental Review*, *16*, 240–261.

Casey, M. B., Brabeck, M. M., & Nuttall, R. L. (1995). As the twig is bent: The biology and socialization of gender roles in women. *Brain and Cognition*, *27*, 237–246.

Casey, M. B., Nuttall, R. L., & Pezaris, E. (1997). Mediators of gender differences in mathematics college entrance test scores: A comparison of spatial skills with internalized beliefs and anxieties. *Developmental Psychology*, *33*, 669–680.

Casey, M. B., Nuttall, R. L., & Pezaris, E. (2001). Spatial-mechanical reasoning skills versus mathematics self-confidence as mediators of gender differences on mathematics subtests using crossnational gender-based items. *Journal of Research in Mathematics Education*, *32*, 28–57.

Cassirer, E. (1950). *The problem of knowledge*. New Haven, CT: Yale University Press.

Choi, S., & Bowerman, M. (1991). Learning to express motion events in English and Korean: The influence of language-specific lexication patterns. *Cognition*, *41*, 83–121.

Cohen, J. (1977). *Statistical power analysis for the behavioral sciences*. San Diego: Academic Press.

Cohen, R. (Ed.). (1985). *The development of spatial cognition*. Hillsdale, NJ: Erlbaum.

Cole, M., & Scribner, S. (1974). *Culture and thought*. New York: Wiley.

De Lisi, R., & Wolford, J. L. (2002). Improving children's mental rotation accuracy with computer game playing. *Journal of Genetic Psychology*, *163*, 272–282.

DeLoache, J. S. (1987). Rapid change in the symbolic functioning of very young children. *Science*, *238*, 1556–1557.

Devon, R., Engel, R., & Turner, G. (1998). The effects of spatial visualization skill training on gender and retention in engineering. *Journal of Women and Minorities in Science and Engineering*, *4*, 371–380.

Downs, R. M. (1981). Maps and mappings as metaphors for spatial representation. In L. S. Liben, A. H. Patterson, & N. Newcombe (Eds.), *Spatial representation and behavior across the life span: Theory and application* (pp. 143–166). New York: Academic Press.

Downs, R. M. (2004). From globes to GIS: The paradoxical role of tools in school geography. In S. D. Brunn, S. I. Cutter, & J. W. Harrington (Eds.), *Geography and technology* (pp. 179–199). Dordrecht, the Netherlands: Kluwer Academic Publishers.

Downs, R. M. (2005, January). *Geography and the "No Child Left Behind" legislation*. Paper presented at the Penn State Geography Coffee Hour, University Park, PA.

Downs, R. M., & Liben, L. S. (1991). The development of expertise in geography: A cognitive-developmental approach to geographic education. *Annals of the Association of American Geographers*, *81*, 304–327.

Downs, R. M., & Liben, L. S. (1993). Mediating the environment:

Communicating, appropriating, and developing graphic representations of place. In R. H. Wozniak & K. Fischer (Eds.), *Development in context: Acting and thinking in specific environments* (pp. 155 - 181). Hillsdale, NJ: Erlbaum.

Downs, R. M., & Liben, L. S. (1997). The final summation: The defense rests. *Annals of the Association of American Geographers*, *87*, 178 - 180.

Downs, R. M., Liben, L. S., & Daggs, D. G. (1988). On education and geographers: The role of cognitive developmental theory in geographic education. *Annals of the Association of American Geographers*, *78*, 680 - 700.

Downs, R. M., & Stea, D. (Eds.). (1973). *Image and environment*. Chicago: Aldine.

Downs, R. M., & Stea, D. (1977). *Maps in minds*. New York: Harper & Row.

Eliot, J. (1987). *Models of psychological space: Psychometric, developmental, and experimental approaches*. New York: Springer-Verlag.

Emmorey, K., Kosslyn, S., & Bellugi, U. (1993). Visual imagery and visual-spatial language: Enhanced imagery abilities in deaf and hearing ASL signers. *Cognition*, *46*, 139 - 181.

Etaugh, C. (1983). The influence of environmental factors on sex differences in children's play. In M. B. Liss (Ed.), *Social and cognitive skills: Sex roles and children's play* (pp. 1 - 19). New York: Academic Press.

Ferguson, E. S. (1992). *Engineering and the mind's eye*. Cambridge, MA: MIT Press.

Flexner, S. B., & Hauck, L. C. (Eds.). (1997). *Random House unabridged dictionary*. New York: Random House.

Foreman, N. P., Orencas, C., Nicholas, E., Morton, P., & Gell, M. (1989). Spatial awareness in 7 - to 11 - year-old physically handicapped children in mainstream schools. *European Journal of Special Needs Education*, *4*, 171 - 179.

Garling, T., & Evans, G. W. (Ed.). (1991). *Environment, cognition, and action*. New York: Oxford University Press.

Gattis, M. (Ed.). (2001). *Spatial schemas and abstract thought*. Cambridge, MA: MIT Press.

Gauvain, M. (1993). The development of spatial thinking in everyday activity. *Developmental Review*, *13*, 92 - 121.

Geary, D. C., & Bjorklund, D. F. (2000). Evolutionary developmental psychology. *Child Development*, *7*, 57 - 65.

Geography Education Standards Project. (1994). *Geography for life: National geography standards 1994*. Washington, DC: National Geographic Research and Exploration.

Goldsmith, S. S. (2003). The liberal arts and school improvement. *Journal of Education*, *184*, 25 - 36.

Golledge, R. G. (Ed.). (1999). *Wayfinding behavior: Cognitive mapping and other spatial processes*. Baltimore: Johns Hopkins University Press.

Goodman, N. (1976). *Languages of art: An approach to a theory of symbols*. Indianapolis, IN: Hackett.

Gould, P. (1999). *Becoming a geographer*. Syracuse, NY: Syracuse University Press.

Hagen, M. A. (1985). There is no development in art. In H. H. Freeman & M. V. Cox (Eds.), *Visual order* (pp. 59 - 77). Cambridge, England: Cambridge University Press.

Hagen, M. A. (1986). *Varieties of realism: Geometries of representational art*. New York: Cambridge University Press.

Hampson, E., Rovet, J. F., & Altmann, D. (1998). Spatial reasoning in children with congenital adrenal hyperptasia due to 21 - hydroxylase deficiency. *Developmental Neuropsychology*, *14*, 299 - 320.

Harrison, R. E. (1994). *Look at the world: The Fortune atlas for world strategy*. New York: Knopf.

Harvey, P. D. A. (1980). *The history of topographical maps: Symbols, pictures and surveys*. London: Thames & Hudson.

Hoffman, J. E., Landau, B., & Pagani, B. (2003). Spatial breakdown in spatial construction: Evidence from eye fixations in children with Williams syndrome. *Cognitive Psychology*, *46*, 260 - 301.

Inhelder, B., Sinclair, M., & Bovet, M. (1974). *Learning and the development of cognition*. Cambridge, MA: Harvard University Press.

Ishikawa, T., Barnston, A. G., Kastens, K. A., Louchouarn, P., & Ropelewski, C. F. (2005). Climate forecast maps as a communication and decision-support tool: An empirical test with prospective policy makers. *Cartography and Geographic Information Science*, *32*, 3 - 16.

Jacobs, J. E., & Eccles, J. S. (1992). The impact of mothers' genderrole stereotypic beliefs on mothers' and children's ability perceptions. *Journal of Personality and Social Psychology*, *63*, 932 - 944.

Jammer, M. (1954). *Concepts of space*. Cambridge, MA: Harvard University Press.

Johnson, E. S. (1985). Sex differences in problem solving. *Journal of Educational Psychology*, *76*, 1359 - 1371.

Johnson, E. S., & Meade, A. C. (1987). Developmental patterns of spatial ability: An early sex difference. *Child Development*, *58*, 725 - 740.

Kail, R. V. (1991). Developmental change in speed of processing during childhood and adolescence. *Psychological Bulletin*, *109*, 490 - 501.

Kail, R. V., & Park, Y.-S. (1990). Impact of practice on speed of mental rotation. *Journal of Experimental Child Psychology*, *49*, 227 - 244.

Kastens, K. A. (2000). *Where are we?* Watertown, MA: Tom Snyder Productions.

Kastens, K. A., Ishikawa, T., & Liben, L. S. (2004, October). *How do people learn to envision three-dimensional geological structures from field observations?* Poster presented at the Research on Learning and Education PIs meeting, National Science Foundation, Washington, DC.

Kastens, K. A., & Liben, L. S. (2004, May). *Where are we? Understanding and improving how children translate from a map to the represented space and vice versa*. Poster presentation at the Instructional Materials Development PIs meeting, National Science Foundation, Washington, DC.

Kekule, F. A. (1965). Studies on aromatic compounds. *Annals of Chemistry*, 137, 129 - 196.

Kellman, P. J., & Arterberry, M. E. (1998). *The cradle of knowledge: Development of perception in infancy*. Cambridge, MA: MIT Press.

Kimura, D. (1999). *Sex and cognition*. Cambridge, MA: MIT Press.

Kirasic, K. C., Allen, G. L., Dobson, S. H., & Binder, K. S. (1996). Aging, cognitive resources, and declarative learning. *Psychology of Aging*, *11*, 658 - 670.

Kitchin, R., & Blades, M. (2002). *The cognition of geographic space*. London: Tauris.

Landau, B., Spelke, E., & Gleitman, H. (1984). Spatial knowledge in a young blind child. *Cognition*, *16*, 225 - 260.

Levine, M., Marchon, I., & Hanley, G. (1984). The placement and misplacement of you-are-here maps. *Environment and Behavior*, *16*, 139 - 158.

Levine, S. C., Huttenlocher, J., Taylor, A., & Langrock, A. (1999). Early sex differences in spatial skill. *Developmental Psychology*, *35*, 940 - 949.

Levinson, S. C. (2003). *Space in language and cognition*. Cambridge, England: Cambridge University Press.

Lihen, L. S. (1978). Performance on Piagetian spatial tasks as a function of sex, field dependence, and training. *Merrill-Palmer Quarterly*, *24*, 97 - 110.

Liben, L. S. (1981). Spatial representation and behavior: Multiple perspectives. In L. S. Liben, A. H. Patterson, & N. Newcombe (Eds.), *Spatial representation and behavior across the life span: Theory and application* (pp. 3 - 36). New York: Academic Press.

Liben, L. S. (1991a). Environmental cognition through direct and representational experiences: A life-span perspective. in T. Garling & G. W. Evans (Eds.), *Environment, cognition, and action* (pp. 245 - 276). New York: Oxford University Press.

Liben, L. S. (1991b). The Piagetian water-level task: Looking beneath the surface. In R. Vasta (Ed.), *Annals of child development* (Vol. 8, pp. 81 - 143). London: Jessica Kingsley.

Liben, L. S. (1997a). Children's understanding of spatial representations of place: Mapping the methodological landscape. In N. Foreman & R. Gillett (Eds.), *A handbook of spatial research paradigms and methodologies* (pp. 41 - 83). East Sussex, England: Psychology Press, Taylor & Francis Group.

Liben, L. S. (1997b, Fall). Standing on the shoulders of giants or collapsing on the backs of straw men? *Developmental Psychologist*, 2 - 14.

Liben, L. S. (1999). Developing an understanding of external spatial representations. In I. E. Sigel (Ed.), *Development of mental representation: Theories and applications* (pp. 297 - 321). Mahwah, NJ: Erlbaum.

Liben, L. S. (2001). Thinking through maps. In M. Gattis (Ed.), *Spatial schemas and abstract thought* (pp. 44 - 77). Cambridge, MA: MIT Press.

Liben, L. S. (2002a). The drama of sex differences in academic achievement: And the show goes on. *Issues in Education*, *8*, 65 - 75.

Liben, L. S. (2002b). Spatial development in children: Where are we now? In U. Goswami (Ed.), *Blackwell handbook of childhood cognitive development* (pp. 326 - 348). Oxford: Blackwell.

Liben, L. S. (2003). Extending space: Exploring the expanding territory of spatial development. *Human Development*, *46*, 61 - 68.

Liben, L. S. (2005). The role of action in understanding and using environmental place representations. In J. Rieser, J. Lockman, & C. Nelson (Eds.), *Minnesota Symposia on Child Development* (pp. 323 - 361). Mahwah, NJ: Erlbaum.

Liben, L. S. (in press). Representational development and the embodied mind's eye. In W. F. Overton & U. Müller (Eds.), *Body in mind, mind in body: Developmental perspectives on embodiment and consciousness*. Mahwah, NJ: Erlbaum.

Liben, L. S., Carlson, R. A., Szechter, L. E., & Marrara, M. T. (1999, August). *Understanding geographic images*. Paper/poster presented at the 107th annual convention of the American Psychological Association, Boston, MA.

Liben, L. S., & Downs, R. M. (1986). *Children's production and comprehension of maps: Increasing graphic literacy*. Final Report to National Institute of Education (No. G-83 - 0025).

Liben, L. S., & Downs, R. M. (1989). Understanding maps as symbols: The development of map concepts in children. In H. W. Reese (Ed.), *Advances in child development and behavior* (Vol. 22, pp. 145 - 201). New York: Academic Press.

Liben, L. S., & Downs, R. M. (1991). The role of graphic representations in understanding the world. In R. M. Downs, L. S. Liben, & D. S. Palermo (Eds.), *Visions of aesthetics, the environment, and development: The legacy of Joachim Wohlwill* (pp. 139 - 180). Hillsdale, NJ: Erlbaum.

Liben, L. S., & Downs, R. M. (1993). Understanding person-spacemap relations: Cartographic and developmental perspectives. *Developmental Psychology*, *29*, 739 - 752.

Liben, L. S., & Downs, R. M. (1994). Fostering geographic literacy from early childhood: The contributions of interdisciplinary research. *Journal of Applied Developmental Psychology*, *15*, 549 - 569.

Liben, L. S., & Downs, R. M. (1997). Canism and can'tianism: A straw child. *Annals of the Association of American Geographers*, *87*, 159 - 167.

Liben, L. S., & Downs, R. M. (2001). Geography for young children: Maps as tools for learning environments. In S. L. Golbeck (Ed.), *Psychological perspectives on early childhood education* (pp. 220 - 252). Mahwah, NJ: Erlbaum.

Liben, L. S., Kastens, K. A., & Stevenson, L. M. (2002). Realworld knowledge through real-world maps: A developmental guide for navigating the educational terrain. *Developmental Review*, *22*, 267 - 322.

Liben, L. S., Patterson, A. H., & Newcombe, N. (Eds.). (1981). *Spatial representation and behavior across the life span: Theory and application*. New York: Academic Press.

Liben, L. S., Susman, E. J., Finkelstein, J. W., Chinchilli, V. M., Kunselman, S. J., Schwab, J., et al. (2002). The effects of sex steroids on spatial performance: A review and an experimental clinical investigation. *Developmental Psychology*, *38*, 236 - 253.

Liben, L. S., & Szechter, L. S. (2002). A social science of the arts: An emerging organizational initiative and an illustrative investigation of photography. *Qualitative Sociology*, *25*, 385 - 408.

Liben, L. S., & Yekel, C. A. (1996). Preschoolers' understanding of plan and oblique maps: The role of geometric and representational correspondence. *Child Development*, *67*, 2780 - 2796.

Linn, M. C., & Petersen, A. C. (1985). Emergence and characterization of sex differences in spatial ability: A meta-analysis. *Child Development*, *56*, 1479 - 1498.

Lynch, K. (1960). *The image of the city*. Cambridge, MA: MIT Press.

Maccoby, E. E., & Jacklin, C. N. (1974). *The psychology of sex differences*. Stanford: Stanford University Press.

MacEachren, A. M. (1995). *How maps work*. New York: Guilford Press.

Mathewson, J. H. (1999). Visual-spatial thinking: An aspect of science overlooked by educators. *Science Education*, *83*, 33 - 54.

McGee, M. (1979). Human spatial abilities: Psychometric studies and environmental, genetic, hormonal, and neurological influences. *Psychological Bulletin*, *86*, 889 - 918.

Merriwether, A. M., & Liben, L. S. (1997). Adults' failures on Euclidean and projective spatial tasks: Implications for characterizing spatial cognition. *Journal of Adult Development*, *4*, 57 - 69.

Millar, S. (1994). *Understanding and representing space*. Oxford: Clarendon Press.

Morrongiello, B. A., Timney, B., Humphrey, G. K., Anderson, S., & Skory, C. (1995). Spatial knowledge in blind and sighted children. *Journal of Experimental Child Psychology*, *59*, 211 - 233.

Muehrcke, P., & Muehrcke, J. O. (1998). *Map use: Reading, analysis, and interpretation* (4th ed.). Madison, WI: JP Publications.

Muehrcke, P. C. (1986). *Map use* (2nd ed.). Madison, WI: JP Publications.

Myers, L. J., & Liben, L. S. (2005, April). *Can you find it? Children's understanding of symbol-creators' intentions in graphic representations*. Poster presented at the Society for Research in Child Development, Atlanta, GA.

National Geographic Society. (1998). *Road atlas of the United States*. Washington, DC: Author.

National Research Council. (2005). *Learning to think spatially: GIS as a support system in the K-12 curriculum*. Washington, DC: National Academy Press.

Nelson, B. D. (1994, April). *Location and size geographic misperceptions: A survey of junior high through undergraduate college students*. Paper presented at the annual meeting of the Association of American Geographers, San Francisco.

Newcombe, N. (1982). Sex-related differences in spatial ability. In M. Potegal (Ed.), *Spatial abilities: Developmental and physiological foundations* (pp. 223 - 243). New York: Academic Press.

Newcombe, N., Bandura, M. M., & Taylor, D. G. (1983). Sex differences in spatial ability and spatial activities. *Sex Roles*, *9*, 377 - 386.

Newcombe, N., & Huttenlocher, J. (2000). *Making space*. Cambridge, MA: MIT Press.

Newman, A. K., & Liben, L. S. (1996, August). *Elementary school children's understanding of thematic maps: The concept of areal density*. Paper presented at the American Psychological Association, Toronto, Canada.

Norman, D. K. (1980). A comparison of children's spatial reasoning: Rural Appalachia, suburban, and urban New England. *Child Development*, *51*, 288 - 291.

Okagaki, L., & Frensch, P. A. (1994). Effects of video game playing on measures of spatial performance: Gender effects in late adolescence. *Journal of Applied Developmental Psychology*, *15*, 33 - 58.

O'Keefe, J., & Nadel, L. (1978). *The hippocampus as a cognitive map*. Oxford: Oxford University Press.

Olson, D. R., & Bialystok, E. (1983). *Spatial cognition: The structure and development of mental representations of spatial relations*. Hillsdale, NJ: Erlbaum.

Overton, W. F. (1998). Developmental psychology: Philosophy, concepts, and methodology. In W. Damon (Series Ed.) & R. M. Lerner (Vol. Ed.), *Handbook of child psychology: Vol. 1. Theoretical models of human development* (5th ed., pp. 107 - 188). New York: Wiley.

Overton, W. F., & Müller, U. (2002, June). *The embodied mind and consciousness*. Introduction to the 32nd annual meetings of the Jean Piaget Society, Philadelphia, PA.

Pair awarded $ 51,000 for trees felled in error. (1989, March 29). *Los Angeles Times* [Southland Edition: National Desk], p. 14.

Pallrand, G., & Seeber, F. (1984). Spatial ability and achievement in introductory physics. *Journal of Research in Science Teaching*, *21*(5), 507 - 516.

Pattison, P., & Grieve, N. (1984). Do spatial skills contribute to sex differences in different types of mathematical problems? *Journal of Educational Psychology*, *76*, 678 - 689.

Piaget, J. (1954). *The construction of reality in the child*. New York: Ballantine Books.

Piaget, J. (1970). Piaget's theory. In P. Mussen (Ed.), *Carmichael's manual of child psychology* (pp. 703 - 732). New York: Wiley.

Piaget, J., & Garcia, R. (1989). *Psychogenesis and the history of science*. New York: Cohunbia University Press.

Piaget, J., & Inhelder, B. (1956). *The child's conception of space*. New York: Norton.

Piaget, J., Inhelder, B., & Szeminska, A. (1960). *The child's conception of geometry*. New York: Basic Books.

Plomin, R., & Vandenberg, S. G. (1980). An analysis of Koch's (1966) primary mental abilities test data for 5 - to 7 - year-old twins. *Behavior Genetics*, *10*, 409 - 412.

Potter, M. C. (1979). Mundane symbolism: The relations among objects, names, and ideas. In N. R. Smith & M. B. Franklin (Eds.), *Symbolic functioning in childhood* (pp. 41 - 65). Hillsdale, NJ: Erlbaum.

Quinn, P. C. (2003). Concepts are not just for objects: Categorization of spatial relation information by infants. In D. H. Rakison & L. M. Oakes (Eds.), *Early category and concept development* (pp. 50 - 76). New York: Oxford University Press.

Rebelsky, F. (1964). Adult perception of the horizontal. *Perceptual and Motor Skills*, *19*, 371 - 374.

Resnick, S. M., Berenbaum, S. A., Gottesman, I. I., & Bouchard,

T. J. (1986). Early hormonal influences on cognitive functioning in congenital adrenal hyperplasia. *Developmental Psychology*, *22*, 191 - 198.

Rhodes, D. (1970). *How to read a highway map*. Los Angeles: Elk Grove Press.

Robinson, A. H., Sale, R. D., Morrison, J. L., & Muehrcke, P. C. (1984). *Elements of cartography*. New York: Wiley.

Rogoff, B. (1993). Children's guided participation and participatory appropriation in sociocultural activity. In R. H. Wozniak & K. Fischer (Eds.), *Development in context: Acting and thinking in specific environments* (pp. 121 - 153). Hillsdale, NJ: Erlbaum.

Rushdoony, H. A. (1988). *Exploring our world with maps*. New York: McGraw-Hill.

Serbin, L. A., & Connor, J. M. (1979). Sex-typing of children's play preferences and patterns of cognitive performance. *Journal of Genetic Psychology*, *134*, 315 - 316.

Shea, D. L., Lubinski, D., & Benbow, C. P. (2001). Importance of assessing spatial ability in intellectually talented young adolescents: A 20 - year longitudinal study. *Journal of Educational Psychology*, *93*, 604 - 614.

Shelton, A. L., & Gabrieli, J. D. E. (2004). Neural correlates of individual differences in spatial learning strategies. *Neuropsychology*, *18*, 442 - 449.

Sherman, J. (1967). Problem of sex differences in space perception and aspects of intellectual functioning. *Psychological Review*, *74*, 290 - 299.

Sholl, M. J., & Liben, L. S. (1995). Illusory tilt and Euclidean schemes as factors in performance on the water-level task. *Journal of Experimental Psychology: Learning, Memory, and Cognition*, *21*, 1624 - 1638.

Siegel, A. W., Kirasic, K., & Kail, R. (1978). Stalking the elusive cognitive map: Children's representations of geographic space. In I. Altman & J. Wohlwill (Eds.), *Human behavior and the environment: Advances in theory and research: Vol. 3. Children and the environment* (pp. 223 - 258). New York: Plenum Press.

Siegel, A. W., & White, S. H. (1975). The development of spatial representations of large-scale environments. In H. W. Reese (Ed.), *Advances in child development and behavior* (Vol. 10, pp. 9 - 55). New York: Academic Press.

Signorella, M. L., Jamison, W., & Krupa, M. H. (1989). Predicting spatial performance from gender stereotyping in activity preferences and in self-concept. *Developmental Psychology*, *25*, 89 - 95.

Sims, V. K., & Mayer, R. E. (2002). Domain specificity of spatial expertise: The case of video game players. *Applied Cognitive Psychology*, *16*, 97 - 115.

Skipp, C., & Faiola, A. (1996, February 24). Dutch woman slain in Miami armed robbery. *Washington Post* [Final ed.], p. A3.

Small, M. Y., & Martin, M. E. (1983). Research in college science teaching: Spatial visualization training improves performance in organic chemistry. *Journal of College Science Teaching*, *13*, 41 - 43.

Somerville, S. C., & Bryant, P. E. (1985). Young children's use of spatial coordinates. *Child Development*, *56*, 604 - 613.

Sorby, S. A., & Baartmans, B. J. (1996). A course for the development of 3 - D spatial visualization skills. *Engineering Design Graphics Journal*, *60*, 13 - 20.

Sorby, S. A., & Baartmans, B. J. (2000). The development and assessment of a course for enhancing the 3 - D spatial visualization skills of first year engineering students. *Journal of Engineering Education*, *89*, 301 - 307.

Spencer, C., Harrison, N., & Darvizeh, Z. (1980). The development of iconic mapping ability in young children. *International Journal of Early Childhood*, *12*, 57 - 64.

Stevens, A., & Coupe, P. (1978). Distortion in judged spatial relations. *Cognitive Psychology*, *10*, 422 - 437.

Stiles, J., Bates, E. A., Thal, D., Trauner, D. A., & Reilly, J. (2002). Linguistic and spatial cognitive development in children with pre-and perinatal focal brain injury: A 10 - year overview from the San Diego longitudinal project. In M. H. Johnson, Y. Munakata, & R. O. Gilmore (Eds.), *Brain development and cognition: A reader* (2nd ed., pp. 272 - 291). Malden, MA: Blackwell.

Szechter, L. E., & Liben, L. S. (2004). Parental guidance in preschoolers' understanding of spatial-graphic representations. *Child Development*, *75*(3), 869 - 885.

Thomas, H. (1983). Familial correlational analyses, sex differences, and the X-linked gene hypothesis. *Psychological Bulletin*, *93*, 427 - 440.

Thomas, H., Jamison, W., & Hummel, D. D. (1973). Observation is insufficient for discovering that the surface of still water is invariably horizontal. *Science*, *181*, 173 - 174.

Thomas, H., & Kail, R. (1991). Sex differences in speed of mental rotation and the X-linked genetic hypothesis. *Intelligence*, *15*, 17 - 32.

Thomas, H., & Lohaus, A. (1993). Modeling growth and individual differences in spatial tasks. *Monographs of the Soeiety for Research in Child Development*, *58*(9, Serial No. 237).

Thomas, H., & Turner, G. F. W. (1991). Individual differences and development in water-level task performance. *Journal of Experimental Child Psychology*, *51*, 171 - 194.

Thurstone, L. L. (1938). Primary mental abilities. *Psychometric Monographs*, *1*.

Towler, J. O., & Nelson, L. D. (1968). The elementary school child's concept of scale. *Journal of Geography*, *67*, 24 - 28.

Troseth, G. L. (2003). Getting a clear picture: Young children's understanding of a televised image. *Developmental Science*, *6*, 247 - 253.

Tuckey, H., & Selvaratnam, M. (1993). Studies involving threedimensional visualization skills in chemistry: A review. *Studies in Science Education*, *21*, 99 - 121.

Tuckey, H., Selvaratnam, M., & Bradley, J. (1991). Identification and rectification of student difficulties concerning three-dimensional structures, rotation, and reflection. *Journal of Chemical Education*, *68*, 460 - 464.

Tversky, B. (2001). Spatial schemas in depictions. In M. Gattis (Ed.), *Spatial schemas and abstract thought* (pp. 79 - 112). Cambridge, MA: MIT Press.

U. S. Department of Education, Office of Elementary and Secondary Education. (2002). *No child left behind*. Washington, DC: Author.

Uttal, D. H. (1996). Angles and distances: Children's and adults' reconstructions and scaling of spatial configurations. *Child Development*, *67*, 2763 - 2779.

Vandenberg, S. G., & Kuse, A. R. (1979). Spatial ability: A critical review of the sex-linked major gene hypothesis. In M. A. Wittig & A. C. Petersen (Eds.), *Sex-related differences in cognitive functioning* (pp. 67 - 95). New York: Academic Press.

Vasta, R., Knott, J., & Gaze, C. (1996). Can spatial training erase the gender differences on the water-level task? *Psychology of Women Quarterly*, *20*, 549 - 567.

Vasta, R., & Liben, L. S. (1996). The water-level task: An intriguing puzzle. *Current Directions in Psyehologieal Science*, *5*, 171 - 177.

Vosnaidou, S., & Brewer, W. F. (1992). Mental models of the earth: A study of conceptual change in childhood. *Cognitive Psychology*, *24*, 535 - 585.

Voyer, D., Nolan, C., & Voyer, S. (2000). The relation between experience and spatial performance in men and women. *Sex Roles*, *43*, 891 - 915.

Voyer, D., Voyer, S., & Bryden, M. P. (1995). Magnitude of sex differences in spatial abilities: A meta-analysis and consideration of critical variables. *Psychological Bulletin*, *117*, 250 - 270.

Vygotsky, L. S. (1978). *Mind in society*. Cambridge, MA: Harvard University Press.

Wegener, A. (1966). *The origin of continents and oceans*. Mineola, NY: Dover. (Original work published 1915)

Willis, S. L., & Schaie, K. W. (1986). Training the elderly on the ability factors of spatial orientation and inductive reasoning. *Psychology of Aging*, *1*, 239 - 247.

Wu, H.-K., & Shah, P. (2004). Exploring visuospatial thinking in chemistry learning. *Science Education*, *88*, 465 - 492.

第 7 章

品德教育

DANIEL K. LAPSLEY 和 DARCIA NARVAEZ*

品德教育既普遍又有争议。在这一章，我们用心理学方法理解它的核心观念。我们评论了德行的哲学概念并得出结论，品德教育不能从相应的以特定道德理论为基础的研究方

* 我们要感谢以下的朋友的帮助，他们阅读了本章以前出版的版本，并且提出了宝贵的建议：Jack Benninga，Jerell Cassady，Kathryn Fletcher，Lisa Huffman，Jim Leming，Tom Lickona，Kristie Speirs Neumeister，Sharon Paulson，Ben Spiecker，Jan Steutel，Larry Walker，and Marilyn Watson.

法中区别出来。我们评论了几个教育问题，例如品德教育的研究方法；这一领域国外概念的含义；用过程界定德育好还是用结果界定好；通过直接教学法还是间接教学法可以最好地实施德育；以及这一领域中有历史性的争论。我们还谈到品德教育要求品德心理学的健全模型，并探讨了几个有希望的新方法。然后论述了德育的六个常用方法。综合道德教育作为案例用来说明理论上的、课程的和执行的问题。我们总结了在研究和实践中对执行具有挑战性的问题。我们认为品德教育面临许多挑战，首要的是要在青少年积极发展的背景下明确德育的方向。完美的道德不是精心准备就能实现的，精心准备的道德行为也不是道德楷模应有的表现。

培养儿童品德是社会化的基本目标之一。大多数父母对孩子的期待自然包括孩子重要道德品质的发展。多数父母想把孩子培养成一种拥有令人满意和值得赞许的特质的人，这些人的个性中包含鲜明的道德原则。而且，其他的社会化中的重要人物和组织也具有这样的目标。道德品质的发展是正规教育的一个传统目标。它是青少年组织、俱乐部和运动队存在的正当理由，它是说教和宗教劝诫的目标，它出现在总统的演说中，它也是作家、教育家、课程专家和文化评论者们共同关注的问题。在过去几十年中，有关品德及其在私人和公共生活中的作用的文章出版数量急剧增长。在学校和家庭中教授美德的课程也是如此。在这个目标的背后有许多重要的基本原理在起作用，同时也有致力于德育的专业会议的影响，这些会议以重要的信仰、活力和激情为标志。2003 年发行的一本新刊物《品德教育研究杂志》(*Journal of Research in Character Education*)，把这个问题导入了学术探索的范围。

249

但是，所有就培养儿童道德品质必要性达成的明显共识和所有对此目标的专业关注，二者所面对的一个明显事实是，德育是美国社会里一个有争议的领域。的确，有关德育的问题已经被一些盲目拥护的对抗力量拆分得四分五裂，这种较量起到代称的作用，用来替代说明是否背叛某一意识形态和政治信仰。一个人同意还是反对德育运动可能标志着他是自由党还是保守党，标志着他在教育方面趋向传统还是进步，标志着他认为德育是培养优秀的活动还是履行义务的活动，标志着他认为德育与社会化中的重要人物有关还是与法案有关，标志着他是信奉 Aristotle 道德论、古典哲学还是支持 Kant 的道德论和“启蒙计划”(Enlightenment Project)。

这种意识形态上的分歧表现为教学中有关教学方法的争论，例如，一个人是拥护直接的教学方法还是间接的教学方法。它还表现为一个人怎样看待相关的基本问题，例如，我们道德价值观的来源或我们道德主张的认识论地位。它还表现为在民主的政策下，我们对教育目标和目的的理解以及对道德生活组成的理解：这意味着要做一个讲道德的人，拥有美德，过着有利于个人生存的好生活。它也体现在各种文学作品、观念以及引人注目的暗喻中。

当然，从一种大的、基本的、深入的感知角度来分析这个观念，存在某种特定的价值观。它对于界定争议的问题和辨别他们的优缺点是有用的。但 Dewey(1938)警告我们用“不是就是”的词汇分析教育问题是愚蠢的。他认为，仅是回应竞争对手观点的做法是危险的，这意味着一个人的观点不经意的被对手所控制。他写道：“一项新运动总是存在危险的，在回击一些可能替代的目标和方法时，它可能消极地发展其原理学说而不是积极地和建设性地发展”(p. 20)，结果是不能提出“有关现实需要、问题和可能性的综合建设性概论”(p. 8)。

在这一章，我们希望用一种避免以回应竞争对手的方式来回顾有关品德教育的文献。当然，有必要说明该领域的重要争议。然而，幸运的是，近几年已经出现一些资料试图弥合观念的分歧(例如，Benninga, 1991a, 1991b; Berkowitz & Oser, 1985; Goodman & Lesnick, 2001; Nucci, 1989; Ryan & Lickona, 1992)，或者至少公正地面对它。用Dewey的话来说，我们的研究是通过这个媒介提供“有关现实需要、问题和可能性的综合建设性概论”。

我们并不用完全中立的方法来完成任务。我们自己的观点是品德教育会从心理科学其他领域的发展中获益(Lapsley & Narvaez, 2005)。的确，品德在当代心理学中是一个几乎没有理论意义的概念，尽管它来源于古代对道德论的反省。品德教育的一个方法就是在当代的认知、发展科学的文献中，在动机、社会认知和人格的研究资料中寻找有关道德功能的深刻的心理学式的启示。这些领域的研究者很少把人格的道德维度及其形成当作自己的研究范围。但我们认为，当吸纳了发展、认知和人格研究先进理论的鲜活的品德心理学出现的时候，我们就能开始详细理解有效的品德教育的要求。而且，有效的品德教育要与构成教育实践知识基础的教育心理学相结合。简言之，品德教育必须与对心理机制的运行的深刻理解相结合，要与对教和学的深刻理解相结合(Lapsley & Power, 2005; Narvaez, 2005a)。 250

在下一部分，我们提出重要的基本问题来建立我们的评论背景。第一，我们试图理解界定性格的各种方法。第二，我们探讨了理论、哲学和教育的不同角度对于品德问题的各种立场观点之间的差异及可能存在的对立。第三，我们试图把这个讨论放入历史背景。我们会看到，关于品德教育的许多争辩都是恒久的。第四，我们论述了当前有关品德心理学的研究，这些研究能够作为整个品德心理学的基础。然后，我们介绍了几种有前景的品德教育策略，描述了一个道德教育的综合方法，讨论了品德教育中常见的各种问题，展望了这一领域的前景。

品德是怎样界定的？

品德(character)一词源自希腊，意思是“作标记”，就像雕刻中的标记。一个人的品德是一个一致的、可预测的、不能消灭的标志。它象征着行为上持久不变的气质倾向。它是指扎根于人格深处的某些东西，也指整合行为、态度和价值观的组织原则。已有大量资料尝试给品德下更加准确的定义。它是“主体主动的倾向和兴趣”使一个人“对某一确定目标持开放的、准备的、热情的态度，而对其他目标持淡漠的、冷酷的、忽视的态度”(Dewey & Tufts, 1910, p. 256)。它由一组特质和习惯组成，“用相对稳固的方式规范我们的行为”(Nicgorski & Ellrod, 1992, p. 143)。它是指有规律显示的好的品质(Wynne & Ryan, 1997)。品德是一个人承担社会生活责任和解决困境的常用方法，是个体对世界的一种反应，这种反应体现为对他人痛苦的情绪反应、亲社会行为技能的习得、对社会惯例的知识和个人价值观的建构(Hay, Castle, Stimson, & Davies, 1995, p. 24)。它包括自我控制和同情的能力(Etzioni, 1993;1996)。如 Baumrind(1999, p. 3)所说，它允许道德行为者“计划其行动和执行其计划，检查和作出选择，为有利于他人避开某种行动，通过采用与性格一致的习惯、态度和行为准则构建其生活”。

正如我们所看到的，定义品德并不是用一个简单的词汇就能解决的问题。但是，人们可以把习惯、特质、美德作为解释道德品德(moral character)最传统的三个基本概念。这些概念是相互依赖又彼此暗含的。这种观点认为，品德是某种叫做美德的人格特质的表现形式，这种美德使人采用习惯化的行为方式。在心理学的历史中，习惯和特质承载着深厚的语义学意义，在德育中的应用使它们概念的清晰度复杂化了。但是，美德是一个源自伦理学的观念，在心理科学中几乎没有一点吸引力，除非译成“习惯”和“特质”这样的术语，以便用有争议的概念润饰自己。

习惯问题

按照传统的观点，习惯是一种以特定方式对特定情境做出反应的特质。在社会化过程中重复某种行为或一系列行为的过程可以发展这种特质。但不仅正确的行为要形成习惯，它们也是习惯的结果。具有好品德的人举止得当，不做其他的尝试(W. J. Bennett, 1980)，他们的正确行为不是深思熟虑的结果，“他们表现得当是由于习惯的力量”(Ryan & Lickona, 1992, p. 20)。习惯有时被用作美德和罪恶的同义词，在性格的定义中性格被认为是好的习惯和美德或坏的习惯和美德的合成物(Ryan & Bohlin, 1999, p. 9)，习惯也被看作是性格的性情特点(或“特质”)。

品德教育者对道德生活中习惯的作用的呼吁有着重要的来源。在《尼各马可伦理学》

251

(*Nicomachean Ethics*)的第二版中，Aristotle(350/1985)提出了美德的本性和定义。他主张道德品质不是人类本性的一部分，是由于习惯而养成的。按照这种解释，我们通过实践获得美德，我们通过合乎道德的行动达到美德的要求。一个人不做好事就别指望成为好人。这不像在艺术或工艺方面技能的获得，正如“个体通过建筑成为建筑者，通过弹竖琴成为竖琴弹奏者，那么同样，我们通过正义的行为培养正义品质，温和的行为培养温和品质，勇敢的行为培养勇敢品质”所述的那样(1. 1103b)。

按照 Steutel 和 Spiecker 的观点(2004; Narvaez & Lapsley, 2005)，Aristotle 的习惯观念可以理解为在道德教师的指导和管理下进行有规律的连贯的实践学习活动。尽管对于技能和美德的关系还存有争议，但这与技能的培养是很相似的(Peters, 1981; Ryle, 1972)。来源于 Aristotle 习惯观念的那些习惯是在理性基础上对待某种事物的固定的稳定的特质，是自动的，没有深思熟虑的选择、沉思或计划(Steutel & Spiecker, 2004)。在我们看来，有一种理解 Aristotle 的习惯的方法，这种方法完全与当代社会认知和认知科学的模型相容，包括自动性的要求(Lapsley & Narvaez, 2004)。例如，Aristotle 的习惯可以参考专长和技能的发展来理解，该观念赞同我们后面讨论的综合道德教育方法(Narvaez, 2005a)。

然而，保留习惯的术语会付出代价。在目前的背景下唤起习惯观念，出现在头脑中的不是经典的道德理论而是一串行为学习理论，其核心认识论假设已长期被质疑。它与一种认识论有关，这个认识论认为能动的发展仅存在于环境中，而与儿童的活动无关。它与一种机械的世界观相关联，即机械地被动地解释一个人的发展，通过外在的他人控制来规范一个人的言行。它表明学习发生在外界，在那里学习就是习得条件反射的全部技能——各种不同等级的习惯，几乎没有注意到儿童自己在认知调节的建构行动中，改变学习环境的主动性。

因此，对习惯的纯粹的行为解释被当代的发展科学模型证明是错误的，该模型强调正在发育的儿童的认知建构活动，这些儿童一生都与变化的生态环境进行主动互动。所以，当用习惯观念解释道德品质，就与公认的发展过程和建构主义者的教育实践产生分歧(Kohn, 1997)。尽管引用习惯看起来像忠诚于经典文献中对品德的理解，但它也给教育者和研究者带来更多的麻烦，这些人聚集在德育事业的目标下，用巨大的热情回击行为主义者的教条(Nucci, 2001)。在我们看来这是不幸的，因为 Aristotle 的习惯与行为理论的习惯毫不相干。Aristotle 的习惯观念也与用同样术语表述的学习行为规律毫不相干。Aristotle 的观点对于我们今天对品德及其形成的理解有重要价值，尽管，如果从心理学角度对它进行充分理解，要把它译成当代发展和认知科学的模式。

特质问题

特质的表述方式也面临一种术语的挑战。品德的倾向性特点就是带有一系列称为美德的人格特质，这种观点是根深蒂固的，也是有争议的。在某种意义上，关于特质术语的表述，有些东西是完全显而易见的，至少通用的说法是这样。人类个性可以由一些重要的连续性的特点标志出来。我们需要达成对一些事件的确定的认知解释和判断，以一致的预测性的方式体验确定的行为情绪反应，这些倾向性的模式我们就命名为特质。我们用特质术语来辨别出一些个性倾向性，作为描述个体差异的基础。而且，我们对特质差异的不同评价提供了人们道德评估的基础。一些个体差异表现，成为表扬和鼓励的依据，我们把它们称为美德；其他表现则是责难和警告的依据，我们把它们叫做不道德行为。

这种典型的特质观点伴随着另外两个假设。一个假设认为特质意味着稳定的行为模式，具有清晰的跨情境一致性。另一个假设认为特质是人内在的道德品质和不道德品质的结合体。这两个假设都是悬而未决的。前者遵从对品德特质的传统解释，认为，特质倾向是"有规律显示"。它们与我们人格中的持续性方面密切联系在一起，这些要素已经刻在"我的内在本质"上(Ryan & Bohlin, 1999, p. 10)，命令我们以品德的典型方式对情境进行回应。Ryan 和 Bohlin 的关于品德的例子是有教育性的： 252

> 例如，当我们在路上发现钱包时，如果我们有诚实的美德，我们会倾向于追踪失主然后把它归还。如果我们拥有不诚实的坏习惯或不道德行为，我们的解决方法很明显：我们把它捡起来，左右看看。然后走进监狱的纪录名单或徘徊在法律边缘。(p. 9)

这个例子解释了我们认可的观点：特质是习惯；一些好的习惯拥有“美德”的荣誉称号，其他坏习惯称为“恶习”；拥有的习惯清晰地确定了行为的可预测性的方向。的确，对特质中的气质理解似乎是人类人格通俗理论的一部分，可能会转译成品德教育的直接目标：务必使儿童的人格中具有成为美德的可示范的特质，务必使儿童拥有好的习惯。

但是，认为道德品质是个体内部特质（甚至作为“习惯”）的结合的说法让许多研究者都感到吃惊。事实上在人格研究里，特质方法运用的并不成功。这是因为特质行为的跨情境普遍性和一致性还没有被经验证明，对于环境变化如何影响特质的问题，特质模型也没有作出更多的解释。正如Mischel(1968, p. 177)说的那样，“个体的行为比稳定特质理论假设中的行为显示出更少的跨情境一致性，激活情境越是不同，同一个体产生相似或一致的反应就越少”。

这非常接近于Hartshorne和May(1928—1930)以三个版本出版的《品德的本性研究》中得出的结论。Hartshorne和May(1929)用一种“简洁而又具爆发性的陈述”(Chapman, 1977, p. 59)，把结论表述为：

> 诚实或不诚实的一致性是他所处情境的一种功能，只要(1) 这些情境有共同的要素，(2) 在这些情境中，他已经学会了诚实或不诚实，(3) 他已经意识到他们的诚实或不诚实的含义或结果。(p. 379)

这些研究表明，儿童的诚实美德不是一种持续性的习惯，不可磨灭地镌刻在儿童的核心品质上；不诚实同样也不是一种持久不变的不道德行为。不能以特质、性情或习惯为依据把儿童分成不同的行为类型。在这些研究中，与品德相联系的特质显示了很少的跨情境稳定性，却是明显的情境变化型，准确地说这也是后来人格研究者研究其他特质的结果。

Hartshorne和May(1928—1930)的悲观结论已被描述为品德教育目标的“机体炸药”(Leming, 1997, p. 34)或“死亡炸药”(Power, Higgins & Kohlberg, 1989a, p. 127)。的确，他们经常被认知发展传统的拥护者所引用作为品德方法虚弱的证据（例如，Kohlberg, 1987）。当然，伴随着Mischel(1990, 1999)的分析，这些研究似乎已经怀疑品德特质理论的基本假设。因此，人格研究中特质的假意失败，促使美德在道德心理学中成为对许多研究者没有吸引力的课题(Lapsley & Narvaez, 2004)。

但是，人们不应该从特质情境易变性的证据中得出错误的结论。值得怀疑的不是人格显示出的重要的特质一致性这个事实，而是有悖于常理的观点，认为拥有的特质总是胜过人们所处的环境的说法。跨情境易变性的现实不是人格特质方法的失败，它只是已接受的特质观点的失败。人格的确存在一致性，人格一致性不能被简单地解释为仅仅是跨时间和空间的行为稳定性(Cervone & Shoda, 1999)。相反，一致性体现在特质、兴趣、潜能方面，个体的学习、发展方面，个体与社会化中的重要人物和变化的环境的能动相互作用中。人的可变性和情境的可变性以复杂的方式相互作用，二者在行为上彼此牵涉。即使在人与情境的

253

相互交错中，也可以找到一致性行为的标志(Mischel, 2005; Mischel & Shoda, 1995; Mischel, Shoda, & Mendoza-Denton, 2002; Shoda, Mischel, & Wright, 1994)。

人与情境有着分不开的联系，这是发展的情境论(Lerner, 1991)和人格社会认知方法(Cervone & Shoda, 1999; Mischel, 1999)的经验教训，活跃的品德心理学将与这些范例有许多共同之处。确实，近来的研究已经证明这种观点是正确的。例如，Kochanska的研究显示，在童年早期，良知和内化的发展要求在家长的社会化风格和儿童气质性情之间具有一定的拟合度(Kochanska, 1993, 1997; Kochanska & Thompson, 1997)。在一项研究中，有气质性焦虑的学步儿童(年龄2到3岁)当被适度地施与身体训诫的压制时，显示出强烈的内化痕迹，而那些没有气质性焦虑的孩子从母子彼此合作的、积极的、敏感的相互作用中获益(Kochanska, 1995)，该模式表现出两年后的纵向稳定性(Kochanska, 1997)。其他的研究，如在安全依恋中反应的那样，亲子关系的质量本身就能调节家长策略与道德内化的关系(Kochanska, Aksan, Knaack, & Rhines, 2004)，研究还说明维护权威可以产生有关道德行为与道德认知的异质结果(Kochanska, Aksan, & Nichols, 2003)。同样地，Eisenberg及其同事的研究显示，尽管"利他主义人格"的表现被个体同情心差异所调节(Eisenberg et al., 1999)，被社会环境的特征所调节(Carlo, Eisenberg, Troyer, Switzer, & Speer, 1991)，亲社会的人格特质出现在童年早期，并且持续一段时间(Eisenberg et al., 2002)。最后，Mischel及其同事(Shoda, Mischel, & Wright, 1994; Wright & Mischel, 1987)的研究显示，事实上，儿童特质性的侵犯行为不是跨情境有规律的表现，而是攻击性儿童对某种情境的典型表现，例如，要求展示他们能力的环境。在这些例子中，特质一致性的表现要求情境的具体明确。

第二种假设是特质合在一起形成一个人内在的整体的一致性。在这种观点看来，各种各样紧密联系的品德与实践统一为一体。一个人能三思而后行才能充分展示勇气；一个人节制才能正直；任何一个美德都不能脱离其它美德而单独存在。品德一体性的主张源于经典的研究资料，至少在许多关于公共生活中品德的作用的讨论中隐藏着这个观点。Carr (1991, p. 266)指出，品德的一体性观点简直就是认为"如果品德中的一个品质是一种真诚的美德，那么与其他任何真实的美德在逻辑上都是一致的"，并且美德"形成一个整体，因为它们处于在人类事件中与真理直接相关的状态"。美德的一体性在逻辑上是可能的，它是道德生活的理想期待。

但是，用伦理学(Carr, 2003; Kent, 1999; MacIntyre, 1981)和心理学的理论来解释品德的一体性还有疑虑。人们不是十分关注各种美德一体性是否具有逻辑可能性，而关注一体性问题是否符合心理学现实主义的最低标准，即存在我们这种生物的可能性(O. Flanagan, 1991)。毕竟有一种可能，在人类发展中出现意外灾难时，并不是所有的好品质都具有适应性，否则一种好的生活需要所有的人性美德。更确切地说，我们成了限制运用某些领域品质的专家，这是我们成长经历、我们的选择、我们选择的环境的独特结果。我们的选择指导了适合我们信念和期待的某些特质的发展，同时，不选择、不发展、不关注我们行为的其他成分。结果，某种美德盲点可能就是在生活中培养其他美德的代价。这甚至说明我们之所以形成了某种品德是因为我们其他品德没有得到发展。

美德问题

254

“品德教育宣言”(Ryan & Bohlin, 1999, p.190)声称品德教育“就是关于发展美德——好的习惯和特质,这能使学生成为负责任的且成熟的成年人”。我们已经看到习惯和特质观念的吸引力不完全符合他们在既定的当代心理学中的地位。探讨美德困难重重。美德的一个问题就是怎样详细回答它究竟涉及什么。怎样“描写”一种特定的美德?在具体情境中某些美德应该怎样去表现?Aristotle 著名的论断是美德位于过度与缺失中间。美德指向激情、欲望和行动的中间物,“在合适的时间,指向合适的对象,针对合适的人,带有合适的动机,用合适的方法去感觉它们,既是中间的又是最好的,这就是美德的特征”(1985,1.1106b)。当然,存在一种复杂的状况,一些行为和情绪没有中间状态,同时品德的许多状态没有名称,“现在这些状态多数也没有名称,但就像其他情况一样,我们必须试着自己创造出名称”(1.1108a)。Kupperman(1999)指出 Aristotle 这方面的主要观点就像许多人认为的那样,不是中庸,而是对个体情况的判断和灵活反应。有道德的人不会刻板地遵循习惯或规则,而会使行为适合特殊的环境。

Noddings(2002)注意到美德内容的详细说明通常源自某人的宗教信仰或哲学。以 Lickona(1991a, p.364)的观点为例,品德教育必须要对一些问题表明立场:青少年手淫、使用避孕套或从事性行为,“学生所做的明显错误的”所有行为。他写道,“事实是,未婚青少年的性行为对他们和对社会都是有害的。年轻人正确的道德价值观是要避免这样的行为。”(p.364)虽然这使美德的内容十分清楚,并很可能是正确的,但它没有完全解决这个问题,并且人们怀疑不同的出发点可能得出“明显错误的”和“对社会有害的”极其不同的推断。

在其他时期,根据道德对美德详细说明不是完全显而易见的。例如,对于道德特点的解释,教师认为教师的道德观是通过细小的行为表现出来,如“呈现计划好的、热情的教学”,不狭隘,不说闲话,收家庭作业和测验答题纸并迅速返还给学生,从水龙头口去除小块的口香糖,为老师同僚计划一个令人惊讶的生日晚会或给努力的学生做额外补习(Wynne & Ryan, 1997,p.123)。好学生的品德同样反映在小的行为上:成为数学小组的一员,做家庭教师,打扫教室,加入运动队,担任助理或班长。人们不应该轻视值得赞许的行为或否认小的友善行为的价值以及做好事的行为,但目前的现实是要么明确说明道德品质的内容(在被责任和义务激发的而不是美德激发的行为范围内),要么就把它与那些陈腔滥调联系在一起,以致美德与简单的受他人尊敬的行为没有区别。

品德教育的多数方法强调在道德生活中实际推理的重要性(例如,Lickona, 1991a; Ryan & Bohlin, 1999)。知道什么是好的表现、判断情境、获得怎样运用或使用道德规则的启示是实践智慧。在 Aristotle(350/1985,1.1107a)美德的定义中美德的重要性是很明显的:“它是一种状态涉及对与我们相关的中间位置的选择,它借助于推理进行界定,并采用人们实践智慧决定的方式。”而且,Aristotle 似乎承认美德的适当展现需要对情境复杂性的敏锐关注,“要知道真实的情况,明白和理解与道德相关的东西,要对情况的迫切的要求做出决定”(Sherman, 1999, p. 38)。或者,如 Aristotle 所说的,“在一个没什么东西可觉察的环境下,任一行为出现后都是容易被界定的,但既然这些有道德的和恶意的行为环境是特别的,那对它们的判断就要依靠知觉”(1. 1109b, 附加强调)。

所以,如果美德是习惯,那么它们必须是某一种习惯。这种美德专有的习惯是一种重要的能力,它包括学会怎样识别、作出区分、判断情况的特殊性、作出深思熟虑的选择(但有时是自动的)(Rorty, 1988)。他们是认知心理学家用图式、原型、编码的概念对一些特质进行的解释,这些概念的可利用性和活力激活了某种能力,允许个体以适当的形式对环境作出反应(同时这些概念功能性的准备状态能使行为接近自动反应)。

与美德的运作有关的情境明确要求品德教育的目标是,通过学习何时和怎样激活在既定的具体情境中需要的那种美德,透过情境的不确定性,帮助孩子对情境进行分类(Noddings, 2002)。当然,具体情境要求我们做什么,比如说,表现诚实可能正好与同情的要求相冲突。这意味着任何对美德的解释都离不开发展的环境主义观点,这种观点认为,人和环境以复杂的方式相互渗透不能彼此分开。在品德发展的过程中,一个人必须知道美德练习要求情境确定性;它要选择特定情境需要的特质,并且在既定的情境要求下确定特质表现的先后顺序。美德的运作与特质的运作没有什么不同,因为品德的一致性,其特质性特征,是在人与环境的相互作用中发现的(Mischel, 2005)。

255

哲学因素

品德是努力寻求心理学解释的一个基本的道德概念。因此,本质上,品德既是人格的道德维度又是教育的对象,需要进行深入的哲学思考。在这一部分,我们提出两个基本问题。第一,我们阐述了德育在对道德相对论的反应中起到的作用。第二,我们讨论了通过信奉与 Aristotle 和伦理传统有关的道德理论,品德教育是否能与其他的教育目标区别开来。

美德袋与基本原则

有人怀疑在道德教育的理论中存在深刻的矛盾,开始思考在具体情境中美德如何与“情境伦理学”和道德相对论区分开。这是自从 Kohlberg 嘲弄地把德育描述为“美德袋”以后,德育就不得不为避开此评论付出代价。对于 Kohlberg 和认知发展传统来说,道德发展的研究提供心理学资料,借此可以击败道德相对论。在回应道德相对主义者——他们认为道德角度是不可比拟的, Kohlberg(1969, p. 352)认为 Piaget 的“认知阶段学说”为评估道德判断的适当性提供了发展标准。个人的道德判断能力接近由最后一个道德推理阶段所代表的道德理想,这在心理学和伦理学上都是有充分依据的(Kohlberg, 1971, 1973)。而且,在最高阶段的公正的推理使一系列操作成为可能,这样对道德困境的一致性看法产生了。然后,通过推动公正推论达到更高的发展阶段,从而战胜了道德相对论(Lapsley, 2005)。

但 Kohlberg 的研究没有给特质、美德或品德留下空间,有两个原因。第一,如果美德被界定为品德中的特质,那么就没有合理的方法谈论它们。毕竟,Hartshorne和May(1928—1930)的研究显示出特质的心理学的真实性不能由经验来证实(也可参见Puka, 2004,对美德真实性的尖刻怀疑),或者道德行为特质的一致性也不能依赖文献来证实。第二,也许更多的因为这一点,特质的表达方式没有提供什么最想要的,它只是以心理学为依据击败道德相对论的一种方法。对于Kohlberg而言,对支持和赞同特质的任何收集都是武断的。它必须从"美德袋"里进行抽样,直到产生一个适合于每个人的美德清单。而且,更糟糕的是,在Kohlberg的研究中,道德品质术语的含义与独特的团体有关,正如Kohlberg和Mayer(1972)说明的,一个人的正直就是另一个人眼里的倔强;一个人在表达真实感受方面诚实,另一个人可能认为对他人的感受感觉迟钝。并不令人惊讶的是,品德教育运动一律否认其为道德相对论提供便利的主张。的确,正如我们即刻会看到的那样,由德育倡导者支持的教育历史重建把"青少年不良行为"归罪于美国文化及教育的其他趋势推动的道德相对论,对于道德相对论来讲,品德教育是补救措施。

如果继续情境确定性的问题,那么就要采用这样的形式——提出"谁的价值观"要在学校里教授的问题。这对于许多品德教育者来说并不是没有疑问的,因为,这种形式认为存在着普遍适用的一致同意的客观的价值观,认为那些学校应该有信心提出它们(Lickona, 1991a)。例如,一个人可能借助自然法则理论"用所有一致认可的合理术语来定义道德"(p. 141)。一个人可能要区分我们都认可的核心价值观(例如,尊敬、责任、诚实、正义、富有同情心)和某些团体特有的附加的价值观,前者可能因为他们达到了特定的客观标准(例如,Kant的绝对责任或Kohlberg的可逆性Piaget式标准),后者诸如,Amish, 可能除承认核心价值观之外,还要拥护信仰、朴素和谦虚(Davidson, 2005)。虽然不同团体的"普遍的道德价值观"清单不同,但存在一个"核心的价值观",并且"在内容上出现很大的重叠"(Ryan & Bohlin, 1999, p. 50)。

256

但是,这个争论已经离题太远了。无法摆脱的道德相对论,它像是一个妖怪困扰道德心理学和教育几十年了,它转移了对认知发展和品德教育模式的注意力,并扭曲了二者的发展。它阻止了认知发展传统思考人格和自我在道德推理中的作用,因为这些变量不能确保推理的自主性和判断的普及性(Lapsley, 1996; Walker, 2002; Walker & Hennig, 1998)。他把品德教育的注意力转移到担心道德客观性和道德基本原则上来,转移到有必要像阶段理论家那样像是显示出严格反对道德相对论上来。然而,道德主张到底是普遍适用的还是大相径庭的,是伦理哲学用客观道德事实告诉我们的道德信条,还是不恰当地运用经验工具武装自己的心理学研究提出的错误观点(Blasi, 1990)。在我们看来,试图用经验资料解决哲学问题是一个大错误,它导致了受哲学制约和限制的狭隘、片面的研究。

Carr(1991)认为在德育里对道德基本原则的极大关注使许多事物都迷失了方向。在他看来,我们不应始于原理然后推论到实践;相反,原理来源于我们社会生活实践和经验。换句话说,原理是实践支持的,而不是原理支持实践。实践是"易犯错误的人通过考虑哪种行为会促成好事和坏事,有益的和有害的……然后尝试去理解品德关系的结果"(p. 4)。一个人可以否认基本道德原则的稳定性,却肯定"在人与人之间的关系和行为的粗鲁与混乱中"

(p. 4)发现对与错、好与坏、美与丑的标准。这样,美德不再是基本公理或首要原理;它们不是

> 任何可能的情境都适用的稳定而可靠的原理,而是一般的行为模式或倾向,要求合理地、谨慎地适应特有的变化着的情境,在一些情境中,甚至可能为优先权彼此竞争。(p. 5)

虽然不同的团体可能用不同的方法诠释美德的内涵(例如,勇气、富有同情心),但考虑到共有的生物和社会本性的承受力,"很难设想某个人类团体不需要承认这些品质,或认为它们几乎没有什么价值"(p. 6)(也可参见 Nussbaum, 1988)。

在 Carr(1991)对美德及基础原则的解释里,有人赞同他早期的观点,认为,通常美德和特质不能总是胜过个体所处的环境;美德必须是情境确定性的和环境导向的;美德是社会性的复杂的特质;理想的各种美德,它们的意义和表达方式应深深植根于实践、民俗、团体期待——没有任何一个观点是在给道德相对论提供便利(要不然道德相对论问题就是谈论的另一种不同话题)。正如我们后面会看到的,这种观点也认为,道德教育不能脱离教育情境简化为仅与学生品德有关,也就是说,不能离开教室与学校的文化、气氛、结构、功能(Berkowitz & Bier, 2005)。人与环境紧密联系,不能分开。

如果 Carr 的观点是正确的,美德就是来源于社会实践的特质性的标准,这意味着可以"在人与人之间的关系和行为的粗鲁与混乱中" (p. 4)发现美德,那么解决是否存在核心价值观及其相互重叠的问题就是判断这些特质性标准是否以普通人认为的品质的方式表现出来。也就是说,指定的核心价值观不是来自某个所谓的客观立场、来自自然规律或永恒的观点,一个人可能从个人的立场观点出发。

近来已有一些从经验角度提出该问题的尝试。Lapsley 和 Lasky(1999)提供了证据,好品德概念被组织为一个认知原型,该原型对觉察记忆和信息加工有重要影响。在这项研究中,与原型相关最高的十种特质是诚实、值得信赖、真诚、慈爱、可信任、忠诚、信任、友好、尊敬和富有同情心。 257

同样地,Walker(2004;Walker & Pitts, 1998)致力于一个"有道德的人"的原型结构的自然主义研究,并确认了在人们对道德成熟的理解中共同具有的组块或主题。例如,一个组块是一组"原则式的理想主义"对持有的价值观的支持,另一组块包括"正直"的主题,其他组块确认可靠的忠诚、富有同情心——值得信赖和自信作用的主题。随后的研究探讨了正义、勇敢和关心的原型结构(Walker & Hennig, 2004)。尽管这些属性与原型式的好品质有些不同,就像每个人期待不同的目标一样,但是对于品德和道德心理学而言,还是可以发现一些共同的被经验所证实的核心特质属性。

品德与美德伦理学

通常认为,Kohlberg 的解决道德教育的认知发展方法是与 Kant 相关的伦理学理论的

例子，但是，品德教育关注以 Aristotle 美德伦理学为代表的不同的伦理观点。的确，Steutel 和 Carr(1999;Carr & Steutel, 1999;Steutel, 1997)认为，如果品德教育与其他的道德教育有所区别的话，就像 Kohlberg 的观点，它必须建立在对美德伦理学的坚定支持上，而不是其他的伦理理论。如果把品德教育真正托付给美德伦理学，那品德教育又包含什么内容呢?

G. Watson(1990)提出一种有用的伦理理论三分法：要求标准的伦理理论(在这里首要的道德因素影响对义务与职责的理性判断和行为的道德评价)，结果标准的伦理理论(功利主义的各种形式)，以及美德标准的伦理理论。通过主张基本道德事实与品德有关，对社会化中的重要他人及其特质的判断优先于对义务、责任、效用的判断，以及关于责任和赞许行为的道义判断来源于对品质及其附加成分的赞同，美德标准伦理理论与其他理论相区别。他写道："对于美德伦理标准而言，怎样是最好的、正确的、最合适的举止，是以最好的人这个角度来解释的。"(p. 451)。

因此，一种美德标准伦理理论有两个特点：(1) 它要求对品德、行为者的判断进行基本解释，同时指出儿童茁壮成长要求什么；(2) 它包括一种理论，"怎样最好地、正确地或合适地表现自己"要按照对优秀的人的理解进行判断。令人惊讶的是，没有一个特点在品德教育中产生了回响。在品德教育的多数解释中，一个人培养美德主要是为了更好地履行义务和职责(要求的伦理标准)，或者为了阻止青少年不良行为的上升趋势(品德功利主义或结果伦理标准)。尽管人们认为美德就像道义学理论那样提供了行为的实际指导(Hursthouse, 2003)，但是在大部分对品德教育的解释中，对美德的看法与源自道义因素的行为规范相等：尊重他人、履行对自己和他人的义务、服从于自然规律。品德教育的目标是要帮助儿童"知道什么是好"，这意味着必须了解"道德责任和道德理想的跨文化的合成物"(Ryan & Bohlin, 1999, p. 7)。道德教育者的目标是否有活力不是通过教育者来评价，而是要用行动来评价，因为，就像 Wynne 和 Hess(1992, p. 31)说的那样，"品质就是行为举止"，同时"学校道德教育效果"最好的检验就是学生每天的行为举止，是通过行动和言语表现出来的(Wynne, 1991, p. 145)。

那么，看来似乎品德教育与认知发展的道德教育在道德理论基础上不能区别开来，因为，道德理论给它们生命。因为全部求助于美德，所以道德教育看起来包含了要求标准的伦理理论，就像道德阶段论那样，但不是美德标准的伦理理论。对于二者，最重要的道德事实是有关义务、普遍原则、责任的事实。二者最重要的评价目标也仍然是行为和举止，它决定了去做好事，而不是成为哪一类人。事实上，尽管品德教育在去主体化和功利主义方面与美德伦理完全不同，减弱了人们对美德伦理在道德心理学和道德教育中开辟新领域的期望，但这不是一个根本性问题。(Campbell & Christopher, 1996; Campbell, Christopher, & Bickhard, 2002; Punzo, 1996)。

258

教育因素

如果品德教育用已被证实的道德理论术语不能与其他的方法相区分，那么可能在其他地方会发现它的独特性，也就是说，通过教育实践的术语，或通过建构自己教育任务的方式与其他的相区别。提出道德教育依据的方式似乎非常奇特，它们是不满的行为(Lapsley & Power, 2005)和社会的警钟(Arthur, 2003)。

说明道德教育必要性的具有代表性的第一步是，要回顾以儿童和青少年为典型的社会疾病的长长清单，用文献证明青少年反常行为增长的趋势。Brooks 和 Goble(1997, p. 6)指出了青少年犯罪、暴力、毒品成瘾和“其他无需负责任的行为形式”。Wynne 和 Hess(1992; Wynne & Ryan, 1997)考察了以下统计资料：杀人、自杀、未婚生育、婚前性行为、非法使用毒品、过失犯罪和犯罪率以及学习成绩的下滑。Lickona(1991a)关注暴力与野蛮行为、偷窃、欺骗、无礼、同伴间的残酷行为、偏执、恶意的言语、自我中心以及使用非法物质的增加。

把这些趋势编制成目录后，就要试图理解它们的根源。Lickona(1991a)的解释是具有代表性的。像同类的其他作者一样，他把注意力放在导致文化衰落的根源上，最后他把这归因于美国教育方面的主要变化。在儿童团体的早期，可以通过劝告训练的方式有意教授一些品德，比如，通过教师榜样，也可以通过《圣经》中或 McGuffey 教材中的美德榜样去教导孩子。但最终这种“过时的品德教育”在削弱学校传统道德教育信心的力量强迫下，不得不放弃了。

例如，受 Darwin 的理论的影响人们认识到，一致的道德感受性是否也可以从道德基本原则中灭绝，并认为，它们是可变的可以进化的东西。Einstein 的相对论鼓励了一种道德角度理论，即对道德主张的看法与特定的角度有关。Hartshorne 和 May(1928—1930)的研究强调情境在道德行为中的作用。逻辑实证哲学广泛提倡鼓励这种观点，认为可以感知的事物是那些经得起检验的公开的可证实的经验例证(如“事实”)。但其他的一切(“价值观”)被认为是主观的、个人的，简直是无意义的(例如，参见 Ayer, 1952)。

那么，根据 Lickona(1991a)的观点，这四种趋势迫使品德教育作罢。他写道，“当社会中多数人开始认为道德规范也是变迁的(Darwin)，是相对于个体而言的(Einstein)，是随情境变化的(Hartshorne & May)，实质上是私有的(逻辑实证哲学)，公立学校就放弃了他们曾经作为道德教育者的中心作用了”(p. 8)。

这种历史的重建及其他与此类似的事物，被称为“文化衰退主义”观点(Nash, 1997)。也许明显的原因是，它看到了在忽视和放弃有意识的德育与青少年不良行为、不道德行为增长之间的关系。这个理由仅是我们将要讨论的三个问题的序幕。第一个问题，关注品德教育的独特性是否可以在试图提出某类问题或以某种方式提出某类问题的基础上被确认，同时关注是否任何可感知的对问题行为的干涉都可以看作是德育的例子。第二个问题，可以通过采用直接或间接的教育方法来识别道德教育吗？我们将会看到这种争论在一些情境中得到最好的理解，在大量的历史情境中、在教学实践中、在自由教育的理想里。第三个问题，从某种意义上说，在教育历史上文化衰退主义自身是一个循环的运动，那么我们如何理解在过去几十年中它的复活呢？一项品德教育的史料调查显示，在快速变化的时期里存在着对品德教育关注的循环圈，品德教育活动在没有证明自己独特模式的情况下就失败了。

广义的品德教育

259 当借助于干扰社会趋势阻止青春期危险行为流行的方式为德育提出依据时,存在一种暗示,试图降低这些趋势或改善危险行为发生率的任何方案,可能在品德教育广阔的保护伞下适当地减少了。成绩不好、欺骗、辍学、性行为、生孩子、使用毒品、打架、犯罪、违法、企图自杀、表现无礼、欺凌弱小——如果这些是贫乏的道德品质的标志,那么鼓励学校的持久性、预防青少年怀孕、劝阻毒品和酒精的使用、改进社会技能和解决社会问题的能力、增加社会情感问题的恢复能力以及同类目的的其他活动可能就是道德教育的干预措施。这种全面的品德教育观点是有根据的。在对 350 个蓝色丝带学校德育实践的研究中,Murphy(1998)报告了实践的广泛范围,包括自我尊重项目、通常的辅导咨询、毒品教育、公民的职责和权利、训诫和冲突管理。但是,只有 11%的学校明确把这些活动称为"品德教育"。

同样,Berkowitz 和 Bier(2004b)在评论德育的工作时确认了 12 种受欢迎的和 18 种有希望的教育实践活动。这些实践覆盖了很大目标范围,包括问题解决、健康教育、移情作用、社会技能和社会能力训练、冲突解决、建造和平、生存技能培训、发展特长和积极的青少年发展。虽然 Berkowitz 和 Bier(2004a)总结了这些项目,但他们注意到这些活动的大多数都没有用道德教育术语来界定它们的目的和目标。几乎没有用任何内心的美德、品质和道德规范的观点来设计这些活动,也不把它们当作是品德教育的例子。但是,品德教育要求这些项目成功,因为其方法、结果和依据与品德教育活动期望的相类似。他们写道,"毕竟它们是以所有学校为基础设计出的致力于促进青少年积极发展的教育活动"(p. 5)。

按照这些标准,很难想象什么不是品德教育或者说什么在其范围以外。如果品德教育就是所有的这些东西,如果品德教育的成功依赖于设计好的干预或预防活动的成功,那么品德教育作为一种特殊教育目标或教学法的独特性及其独特的课程和计划性特征,似乎都会消失不见了。

看来自相矛盾的是,用来证明品德教育存在理由的方式事实上却导致了它作为独特的教育目标的消失。如果这些理由是建立在阻止青少年不良行为流行趋势的基础之上,那么我们就要寻找品德教育在减少青少年不良行为方面的成功的例子。那么德育又变成了对青少年危险行为有积极干预结果的活动。它成为一个心理学的干预、促进和预防活动的目录,这些活动的目标是借助于完全不同的理论文献建构起来的,这些资料与道德规范、美德、品德毫不相干。而且,几乎没有理由诉诸品德教育或使用道德评价的语言,来理解危险行为的流行或思考怎样最好地预防或改善在危险中的暴露或促进学生的恢复和适应。

那么,以概括的观点看待这个问题就是并没有提出任何品德教育特有的东西。但是,也许独特性的问题源自教育上所有好做法的事实,诸如,社会情绪学习、青少年积极发展、减少危险行为、学业成就、品德教育,源自指向主动的青少年发展的社会情绪学习、危险降低、心理复原力、学术成就,这些活动由一组共同的学校实践有效驱动。就像问题行为是相互联系的,可以通过危险因素的部分信息进行预测的那样,积极的亲社会的行为也是这样,它们彼此联系,并与一些共同的发展因素和教育实践有关。的确,Berkowitz 和 Bier(2004b)认为"积极的青少年发展"是一个包含了所有教育活动目标的术语,并认为这些目标仅是通常所说的“好教育”的一部分。这个策略的不利之处在于德育似乎丢掉了其独特的关注点。但是教育实施者在教育上的明确性补偿了品德教育独特性的丢失。实践者的问题并不是要知道哪个教育活动起作用,也不是对教育活动和课程正确命名,而是要精通最好的适用于所有教育目标的教育实践(参见 Howard, Dryden, & Johnson, 1999)。

但是,品德教育的一个有利的理由几乎不需要特意对青少年不良行为的流行趋势做什么。这个理由是指这样一个简单事实,道德因素是学校和教室生活内在固有的,教学和学习活动本身就是承载价值观的活动,道德目标是教育的本质(Bryk, 1988;Goodlad, 1992;D. T. Hansen, 1993;Strike, 1996)。这个理由的提出是参照了学校的发展性目标,参照学校在反复训练技能中的作用,这些技能是做一个民主公民和全身心地参与集体生活所必需的。价值观的内在性和品德教育的必然性的争论常出现在品德教育者的任务简介中,但是大部分是因为反对教导的代价,而不是因为事实本身。然而内在性和必然性的问题似乎用所有资源——捍卫学生道德形成的有目的的明显的活动,把品德教育武装起来。而且,从这一立足点提出有利的理由是积极的。它涉及发展的目的,涉及对茁壮成长是什么意思的理解,涉及在民主社会中好好生活需要的技能、特质、优秀品质。与传统争论的观点——认为道德教育只是消极地阻止活动——相比,它把品德教育看作是对青少年不良行为的一种预防或文化防御。

260

直接方法与间接方法

在早期文章中,Dewey(1908)界定了这场争论。他认为,“当通过教育考虑道德发展的整个领域时,它可以作为基础,比较而言这场争论对直接教育方法的影响较少”(p. 4,在起源上强调)。相反,在“通过学校生活的所有组织单位、工具和物资来发展的品德和间接的、重要的道德教育的更大领域”(p. 4),存在着相当大的影响。间接教育的更大领域在学校里再生产出具有象征意义的社会生活情况,而这在校外是没有的。“准备社会生活的唯一方法就是要参加社会生活”(p. 15)。

而且,只有当学校本身成为一个“象征性的初级社会”时,这种道德教育才有可能(Dewey, 1908, p. 15)。的确,对于 Dewey 而言,除了参与社会生活以外,学校没有道德目标。学校生活的规则必须指向更广泛的、它自身以外的东西,否则教育只能成为一种没有意义的培训技能的“体操训练”,且没有道德意义,因为它脱离了更大的目标。缺乏这些目标,道德教育是病态的、形式上的。当它警世错误的做法,却没有培养主动帮助时,当它强调遵守学校专制的、惯例的却缺乏内在必要性的规范时,它就是病态的。当它强调作为“学校义务”而不是“生活责任”的习惯管理目录时,道德培训就是形式上的。在某种程度上学校的工作脱离了社会生活,坚持这些道德品质“或多或少是空洞的,因为与它们相关的目标不是它们自己必须的”(p. 17)。Dewey 感兴趣的道德习惯与他对社会福利的兴趣有关,与他对觉察社会生活秩序和进步所必须事物的兴趣有关,与他对实际行动所必需的技能的兴趣有关。“如果学校要让生活在其中的学生感觉是有生气的”,那么所有学校的习惯必须与这些相关(p. 17)。

Dewey(1908)批判了劝诫、教诲和训练的传统教学法。那些教学法没有培养一种社会精神;它强调个人的动机、竞争、相对的成功,缺少社会的对照;它鼓励被动地吸收,强调为现在准备而不是为遥远的将来准备。它把道德教育简化为只教美德或灌输关于它们的某种态度。相反,所需要的教育方法是把学校科目与社会兴趣相连,培养儿童识别、参与和理解社会情境的能力,使用“主动建构能力”的方法发展智慧,把学校组织成真诚的团体,选择的课程资料能给予儿童世界要求的意识。只有按照这些原则筹备学校才可以说满足了道德要求。

261

Dewey 道德教育的观点是一些称为“进步的”或“间接的”方法,因为它避免对传统的教诲和道德认知的直接传播教学法的依赖。相反,间接方法强调通过参与民主实践、合作小组、社会互动和道德讨论,儿童积极建构道德内涵(例如,DeVries & Zan, 1994)。

相比之下,教育的直接方法与传统的品德教育有关系(Benninga, 1991b; Solomon, Watson, & Battistich, 2001)。Ryan(1989, p. 15)争辩,“与认知发展传统相比,品德发展是直接的,同时教师发挥着更主动的作用”。支持这个伟大传统的人把教育冲突看作是一种成人向儿童的传达(Wynne & Ryan, 1997)。对于传统品德教育而言,道德观是准备好的,好品质要服从先前存在的样子。间接的建构主义的方法——放弃德育教师的作用支持学校里双方同意下建立的民主实践,这是值得怀疑的。这些实践是反传统的,因为,他们似乎是允许学生参与“关于价值观问题的相对主义的讨论”,但是,在讨论的过程中可能产生一些涉及对国家忠诚的顺从和约束的可替代的观点(p. 35)。这些实践活动似乎是让儿童决定重要的价值观是什么,同时天真地认为当给予儿童自我定向的机会时他们会选择好。Wynne 写道(1991, p. 142,附加强调),“通过负责的成年人教授学生基本的道德规范和普遍接受的惯例应该重新考虑,同时也会受到青少年支持者的反对,这是明智的吗? 有必要每一代人都尝试独立创造社会吗?”

模仿与革新

关于品德教育的直接和间接方法的争论已有一个相当长的历史,适当考虑过后,它为实践者指明了一条中间的路。Jackson(1986)获得了大量的历史资料,并对模仿的和创新的教育传统作了有用的区分。这两个传统已有几个世纪之久,它们描述了有关教与学本性的复杂的世界观。这两个传统在各自拥护者争论的交叉点上,不是简单地因为它们对教学组成成分持有不同的看法,而是因为它们各自包含不同的“生活方式”(根据 Wittgenstein, 1968 的思想),这个事实是需要认真思考的。

模仿的传统包含一种教与学的传播模型。这种模型认为知识是可分开的(它可以被保存),可传递的(它首先属于在它被传播以前的某人),可再生的(使其能够传播)。同理,知识是传递给学习者,而不是被学习者发现。它可以被判断为正确或错误、对或不对。模仿传统中的教师是指导性的,是坚固知识体系中的某方面专家,也是方法论的专家。学生的新手,没有老师教授的知识,因而是传递的对象。“用更精辟的术语讲,这个传统的标语一定是,‘老师知道的也是学生要知道的’”(Jackson, 1986, p. 119)。

相比之下，创新的传统是一个质的转变，因为一个人的内在基础是在一个人的品德、特质组合中，在一个人心理学组成成分的其他方面里。在这个传统中教师的目标是要：

> 导致学生的变化（也可能老师自身的变化）使他们成为更好的人，不是简单地获得更多的知识或技能，而是更好地接近于人类能成为的那样——更有道德，并努力推动道德的发展（Jackson，1986，p. 127）。

创新的教师试图引起这些变化不是固执己见地转述基本课本，不是通过教导的方式，而是通过讨论、辩论和示范的方法。换句话说，试图通过哲学手段影响学生。如 Jackson 所说，“只有用理性的工具来武装创新的教师才能获得成就，没有其他的方法”（p. 127）。

演说的传统与哲学的传统

回顾以往，我们不仅可以从教学传统（模仿和创新）层面建构间接品德教育和直接品德教育的差异，还可以从文科教育的历史层面建构它们之间的差异。正如 Kimball（1986）所说，从古至今，文科教育的历史就是他称之为“哲学的”和“演说的”这两个不同传统之间的斗争。而且，这两个传统中价值观的冲突已经导致了教育改革的重复循环，如，首先是一种传统的价值观念占优势地位，然后是另一种占优势。 262

Socrates、Plato 和 Aristotle 公开支持“哲学”传统。他们主张人类最高级的美德就是追求知识和真理；由于真理晦涩难懂并且还具有许多不确定性，所以一个人必须培养哲学性情、开放思想，进行公正地判断和批判性地推理。在这种传统中，思考和勤奋的探索是自由的，它们是教育的目标和意图。

Isocrates 和 Cicero 公开支持“演说”传统。演说的传统致力于在公众面前表达从经典书籍和传统中所获得的知识，当一个人具有修辞学和古典书籍中所描述的那种睿智时，这个人便成了道德高尚的平民演说者。如果说哲学传统把真理和美德看作是晦涩难懂而又不确定的，还不能了解的，还不能掌握的，只有凭借思辨推理的批判性识别才能被理解，那么演说的传统就把真理和美德置于重要的书籍和以往的传统中。如果说哲学传统把追求真理看作是一种发现行为，那么演说的传统就把追求真理看作是一种恢复行为。如果哲学传统打算赋予个体面对不确定的未来的能力，那么演说的传统就打算赋予个体面对确定的过去事实的能力。

Featherstone（1986）指出哲学传统的优点就在于它强调追求真理过程中理性的自由运用，但是作为一种教育原理，它薄弱的一面就在于它不知道教授什么内容。哲学传统促使个人像哲学家那样去寻求真理，但却不能明确说明真理是什么样的。它在教学方法上是强而有力的，而在教学内容上是苍白无力的。而在这一点上演说的传统就具有优势，演说的传统的教育切入点就是掌握传统书籍中的内容。在演说的传统中，教育的任务是传授真理，而不是帮助学生寻求真理（Featherstone，1986）。它在教学内容上是强而有力的，而在教学方法是苍白无力的。

那么,看起来当今关于直接教学方法和间接教学方法之间的争论反映出更加深刻和持久的冲突,这些冲突要么是关于教学中模仿的作用和创新的作用之间的冲突,要么是关于教育界中雄心勃勃的演说者和思想者的相对价值观之间的冲突。然而,我们也可以清楚地看到现代的直接品德教育对它的起源、目的和传统表现出一种基本的困惑。例如,尽管直接的品德教育试图改变学生品德中价值观的倾向,而它却是在进行模仿性的教学而非创新性的教学。另外,尽管直接的品德教育频繁地借鉴诸如 Socrates、Plato 和 Aristotle 的经典思想,显而易见的是,事实上品德教育的直接方法并不是对哲学传统的继承,而是对演说的传统的继承。确实,品德教育的直接方法主要是模仿的和演说的,而品德教育的间接方法主要是创新的和哲学的。

当然,在这场争论中我们不难看到一些折中方法。模仿教学和创新教学有同时进行的情况。我们既需要演说者也需要思想者。最好的教师就是教学内容和教学知识方面的专家(Shulman, 1987; Wilson, Shulman, & Richert, 1987),因此能够根据不同的教学内容采用不同的教学方法。最好的品德教育的方法可以灵活地使具有探索、讨论、识别特点的理性的方法和针对原文、传统的演说的方法相平衡。直接教学方法和间接教学方法都在课程中找到了一个相应的位置(Benninga, 1991b)。Lickona (1991a, 1991b, 1992, 1997; Lickona & Davidson, 2004)整合德育方法就是一个范例。尽管这种方法倾向于演说的传统,把不令人满意的各种行为作为自己立论的依据,但这种方法还有一些符合建构主义学习本质和革新教学法需要的重要的受欢迎的价值。它除了直接提倡某些价值观念之外,也运用一些间接策略,其中包含合作性学习、冲突解决、民主课堂过程、道德讨论和反思,以及在学校内建立一种道德社区的必要。

历史经验和教训

我们很早就注意到,人们对美国历史进行"文化衰退主义"的解读作为品德教育的依据。并且传统主义者和革新主义者之间的争论、品德教育直接方法与品德教育间接方法的提倡者之间的争论,都表明了当前关于教学性质(模仿与创新)和自由教育性质(演说与哲学)的最根本的冲突,这种冲突有着相当长久的历史根源。但是品德教育本身的历史又是怎样的呢? Chapman(1977)的观察总结出一个共同的主题,他写道:"令人不可思议的是,人们对品德的关注看起来已经和快速社会变革的次数联系在一起了。"(p. 65)

263

例如,McClellan(1999)在他的关于道德教育的具有影响力的著作中表明,19 世纪引领了一场道德教育的改革,而这场改革是由大量的社会巨变和城市化、人口流动以及移民问题导致的旧秩序崩溃所引发的。"当控制和有秩序的变革景象让位于变动和机遇的景象时,社会秩序的传统根源——稳定的社会阶层结构、文化服从和政治服从模式、广泛的亲属网和社会关系网——变薄弱了"(p. 15)。人们对此的反应就是力图通过新型的儿童故事书和教科书中遍及的格言和道德课程促进共同道德规范的早期教育。典型的主题包括美国的优越性、热爱祖国、父母的责任、诚实、节约的重要性,以及努力工作积累财富。

在 20 世纪初期,现代化的需求进一步把整个社会分化成几个主要而又互不相连的部分：家庭、工作单位、市场、教堂和娱乐场所，这几部分具有明显不同的价值体系。这就要求学校把学生培养成“在社会秩序分化的不同的领域扮演不同的角色”(McClellan, 1999, p. 47)。学校成了具有多种教学目的的教学场所，道德教育只是其中的一种。

品德教育者之间存在的一种观念就是现代化对传统价值观提出了重大的挑战，无论是在学校里还是在 20 世纪初期激增的各种各样的青少年俱乐部和组织机构中，老师只有通过对具体美德和品质强而有力的教学才能使这些传统价值观被人们掌握。行为规范被广泛传播，人们期望教师用这些规范作为教学主题。像现在一样，人们把这些主题展现在班级的板报上和每月的规则中。公民的行为和举止被看作品德发展的标志。道德教育自身被看作是动机问题，而不是道德推理。问题是怎样使道德行为习惯化，而不是传授如何做出合乎伦理的道德决断，一个世纪后这种观念再度盛行起来。

就像我们所看到的，发展中的非传统主义并不重视教授学生具体的美德，因为这种具体的美德不适合帮助儿童适应不断变化的社会秩序，它也不强调采用没有效果的直接教学方法。相反，与强调个人美德和行为的传统相对照，它强调人们对变化中的社会需求的伦理敏感性、道德判断的能力和道德教育的民众政治目的。因此，与其集中注意于传统主题，发展中的非传统主义更愿意鼓励民主的道德决断、批判性的思索和科学的探索，因为这些方式更能使学生承担起他们在现代社会中的责任，这些就是当前关于品德教育的争论之处。

确实，Cunningham(2005)指出了现在普遍流行的品德教育与 20 世纪初期品德教育运动之间的共同之处。他注意到现代的许多品德教育的支持者都热衷于回顾伟大的传统，而当传统的品德教育被人们广泛地传播、采纳并实施时，他们可能会吃惊地发现他们所寻求的教育“传统”对当代人的教育效果并不显著。20 世纪的前几十年间和后几十年间同样存在着对社会解体的广泛的焦虑：两个历史时期都对企业领导者、政治家、年轻人的令人担忧的道德品质状况敲响了警钟；两个历史时期都见证了文化的衰败、传统价值观的遗弃和根本原则的舍弃；两个历史时期都目睹了品德教育团体、压力群体和职业团体的形成；两个历史时期都看到了州议会颁布的批准学校开展品德教育的法案；两个历史时期都看到了经验学习和服务学习的需求；两个历史时期都看到了人们急切需求的不同美德的传播，品德教育直接方法和间接方法之间的争论以及学校中强制性教学和民主实践的适合位置。而且，教育者与研究者之间的分歧，品德教育者对他们所支持的课程的极度信任态度与研究者对这些课程效果所持的怀疑态度之间的分歧，也有很长的历史了(参见 Leming, 1997)。另外，Cunningham 认为，虽然 20 世纪传统的品德教育的“回升”明显发生在巨大的社会动荡与快速的社会变迁的历史时期，但是当对社会凝聚力和现代化动荡力量产生的广泛焦虑和民族认同感遭到挑战时，如果再没有一种合适的品德心理学指导课程发展和教学实践，那么传统品德教育的“回落”也是不可避免的。他写道：“除非心理学能够提供一种更好的人类发展模式，否则品德就要持续接受偶然发生的流行趋势的种种态度，并且正规的公立学校教育将持续遭到削弱。”(p. 197)

264

那么，我们回到这章的中心要旨这个话题，那就是在品德心理学的动力模式中，我们必须找到哪怕最低程度适用于品德教育的概念性基础知识(Cunningham, 2005；Lapsley &

Power, 2005)。众所周知,尽管我们不能改变人们的意识形态,但是我们认为当心理学文献上的争论停止时,各方都一致赞同的品德教育的框架体系即将产生。在下一节中,我们介绍了一些品德心理学中相对较新的研究方法,这些方法提供了定义人格道德维度的新方式。

品德心理学研究的新方法

基本上有两种界定品德的方法。一种方法认为个体的道德同一性是自我认同某种道德信仰或道德观念立场的结果。另一种方法是以认知心理学和人格心理学的文献资料为依据来界定品德概念。我们依次简要地介绍每一种方法。

同一性、典范与道德自我

定义品德概念的一种方法就是采用道德同一性的观点。根据 Hart(2005)所言,道德同一性包括自我意识、自我整合感和连续性、支持行动计划和坚持某人的道德目标。而且,Hart 认为人格中的稳定成分和家庭、邻里的特征都制约着道德同一性。道德同一性是个人因素和情境因素的共同作用的产物。确实,青少年同一性受外在因素影响,这种"道德运气"(moral luck)因素可能是青少年认同的某种义务。然而道德同一性的发展具有可塑性。道德同一性在人的一生中都可以改变,尤其是当一个人有机会进行道德行为时。这种可能性强调了给年轻人提供机会参加社会服务和学习服务的重要性,这是我们后面将要谈到的话题。

Blasi(1984,1985,1995)对道德同一性的解释与 Hart(2005)的解释具有一些相似之处。根据 Blasi 所言,具有道德同一性的人,他的自我是围绕道德信仰建构起来的。当一个人的道德认同在他的自我理解中具有核心性、重要性和必要性意义时,这个人就具备了道德同一性。这样就形成了一种对道德具有内部倾向、情感倾向和动机倾向的人格。尽管如此,Blasi(1984)坚持认为对道德人格的任何解释都应该建立在理性是道德生活核心的这种假设的基础上。具备了某一道德同一性,就为他所做的同一性界定的道德行为提供了很好的道德解释。

当然,并不是每个人都完全根据道德理性来建构他的自我概念。一些个体根据道德范畴建构与自我相关的信息,而另外一些个体却并不这样做。一些人把道德观念渗入到自己的角色和身份的核心成分里,而另一些人几乎不考虑道德观念,而是采用其他的价值观和信仰来建构自我概念(Walker, Pitts, Hennig, & Matsuba, 1995)。而且,那些采用道德术语建构自我的个体,由于各自对某种道德观念的喜好不同,他们建构方式也不一样。这样看来,道德同一性是具有个体差异的一个维度;道德同一性是道德人格的基础(Blasi, 1995)。当道德信仰对一个人的自我理解至关重要时,并且这个人按照自己所认同的道德行为方式生活时,这个人就具有了道德同一性。确实,一个人的行为和他的自我同一性不相符时,他就把自我置于危险的境地。一个人如果没有按照他自我理解中的必要、重要和核心成分行动时,他就有失去自我的危险和可能会致使道德人格的动机缺失(Bergman, 2002; Blasi,

1999；Hardy & Carlo，2005)。

目前，Blasi(2005)提出利用词汇研究品德的方法。根据这种观点，在大量的美德中，像诚实、慷慨、谦虚等这些低层次的美德不能很恰当地描述品德，而三种高层次的美德能更恰当地描述品德，这三种高层次的美德分别为意志力(自我控制)、完善和道德期待。

265

作为自我控制的意志力是策略性技能和元认知技能的工具箱，它可以促使一个人分析问题、设定目标、集中注意力、延迟满足、避免分散精力和抵抗诱惑。这些美德对于我们解决在追求长远目标中所遇到的阻碍是必需的。各种各样的完善美德使我们把行为整合为自我感觉，并培养出责任感和同一性。当我们在追求我们的道德期待过程中，迫使自己自我控制、努力和果断时，当我们在遵从道德准则，而没有感到它是一种需要和义务时，当我们对行为结果进行解释时，我们感到整合性是一种责任感。当一个人根据道德范畴来建构自身的意义时，整合性就是一种认同感。在这种情况下，实践着自己的一贯的道德信仰的人意识不到这是一种选择，而违背自己核心道德原则的人会感到不可思议的自我背叛。

但是自我控制和完善并没有内在的道德意义。除非这两种美德与道德期望相关联，否则它们就不具有道德层面上的意义。它们需要期望和趋向某一德行的意愿。道德期望这一术语是Blasi(2005)的理论系统所独有的。"道德期望"的概念与其紧密相关的道德动机的概念相比，他更喜欢道德期望这个表达方式。这里有三个原因，首先，这种表达意味着一种与品德的传统概念相联系的情感强度，而这可以指引一个人的生活。其次，道德期望明显是个人所具有的，它要优于其他心理学解释，因为，其他的心理学解释把动机看成是非个人的调整系统或是自我控制的控制论模型。第三，期望的概念和Frankfurt(1988)的意志的概念以及他的一级期望和二级期望的概念是一致的。一个人必定有期望(一级)，但是他也可以知觉这些期望，调整这些期望并具备另一些期望(二级)。当一个人期望实施行动并开始进行有效行动时，这个人就具有一级期望的意向。此时这个人就把他的冲动转化成了心理感知到的一种意向。这种意向对自身进行调整，把一级冲动转化成了自己能够接受或拒绝的一种观念，在此基础上，如果德行因素的主导作用是合适的，道德自我就形成了。

Blasi的对道德自我同一性的研究与一系列道德典范的研究是有联系的。Colly和Damon(1992)访谈了23个模范人物，他们在公民权利、公民自由权、贫穷和信仰自由等领域都有卓越的道德信仰。虽然每个榜样的独特信仰都是他们对所面临的独特情境的一种适应，但这些榜样具有一个最重要的共同特征，他们的道德目标是与其个人目标紧密联系在一起的，包含对道德信仰的自我认同。他们的道德目标是他们的自我理解和同一性的核心，在某种程度上，他们的道德抉择不是负担，而是达成个人目标的一种方法。这些榜样还具有的共同性格特点就是他们都有明确而又清晰的是非观，他们都能认清自己的责任，他们都能乐观地看待事物的转变。

Hart和他的同事(Hart, Atkins, & Ford, 1998; Hart & Fegley, 1995; Hart, Yates, Fegley, & Wilson, 1995)的研究也证实了同样的主题。他们研究了一些城市中心区的青少年，这些青少年已经被社区机构认定为具有杰出的道德表现。与匹配组的青少年相比，这些道德榜样在他们的自我描述和理想自我的描述及父母对他们现实自我的评价中，常常涉及道德目标和道德特质;他们通过对自我内部各要素的有条理的认识,明确表达了成熟的自我理解;他们意识到自我从过去到未来的连续性。而且他们也显示出了先进的道德理性,信念和同一性更成熟,具有宜人性的倾向(Matsuba & Walker, 2004)。

在一系列独立的研究中,Aquino 和 Reed(2002)设计出了一种工具用来测量道德同一性对一个人的自我概念的重要程度。根据 Blasi(1984,1985)的观点,他们假设道德同一性的内容不同,道德同一性中的各种道德品质能在多大程度上用来建构一个人自我理解的核心成分也有差异。他们确定了一个讲道德的人所应具有的九种道德品质(体贴、同情、公正、友好、慷慨、助人、努力、诚实、善良),当个体在评价这些特质对自己的重要性时,用这些道德品质作为"突出的诱发刺激物"激活个体的道德同一性。因素分析结果揭示了两种因素:象征因素(反映一个人的公众行为表现的道德特质)和内化因素(反映一个人建构自我概念的核心道德特质)。

266

Aquino 和 Reed(2002)的研究表明,这两种因素都可以预测一种自发的道德自我概念和自我主动报告的自我概念的出现,但是内化因素显示出与实际助人行为和道德推理更强的联系。后来的研究(Aquino & Reed, 2003)表明道德同一性高度内化的个体报告更强烈的道德责任感,这种道德责任感促使他们去帮助他人并与他们分享资源,促使他们感觉到帮助他人的价值意义,并在实际助人行为中表现出对他人的优先选择。因此,道德同一性内化的个体更可能扩大他们的道德活动范围去接纳群体外成员。而且人们认为道德同一性可以调节异常组织规范与异常行为之间的关系。如果在自我系统中,道德同一性比其他同一性更重要,那么内化的道德同一性可能会阻止人们对组织文化内的异常规范做出回应(R. J. Bennett, Aquino, Reed, & Thau, in press)。虽然作者考察的是企业组织中的员工行为,但是没有理由把同一性调节假说仅限定在这种情境下。

尽管人们还不能清楚地解释品德教育的内涵,但对道德同一性的研究和对杰出道德榜样特点的研究是品德心理学的一个有希望的研究途径。Blasi 的理论暗含着品德教育应该鼓励儿童和青少年发展适当的道德期望,形成自我控制和完善的美德。但是这怎么可能呢?儿童怎样发展自我控制和完善的美德呢?早期儿童良知发展的研究提供了一些有趣线索。例如,Kochanska 和他的同事(Kochanska, 2002; Kochanska et al., 2004; Kochanska, Aksan, & Koenig, 1995)提出了一个以亲子依恋关系质量为开端的道德发生两阶段模型。儿童与抚养者之间安全的彼此积极反应的互动关系具有分享和积极情感体验的特点,这种关系促使儿童乐于接受抚养者的影响,渴望遵从父母的主张、标准和要求。就儿童而言,这种关系鼓励儿童全身心地、自愿地、自我调节地、坚定地服从抚养者的规范、价值观和期望,从而进一步促进了道德内化以及良知的出现。那么这个模型就从安全的依恋关系转移到了道德内化上。而且,儿童对类似父母的社会化的代理机构的热烈的、自愿的、坚定的服从经历,也影响儿童的自我表征:

从小就对父母忠诚顺从的儿童可能会逐渐根据父母的价值观和行为规范来审视自己。这样的道德自我可以作为自己将来道德行为的调节器,更广泛地说,可以作为自己早期道德的调节器(kochanska，2002,p.340)。

确实,儿童更可能按照是否与自我的内部工作模型相一致的标准来判断和调节行为。

儿童早期良知出现的模型认为儿童全身心地考虑道德因素和适当道德期待的培养来源于儿童与社会化中的培养者的积极情感联系及早期儿童人际关系的质量。自我控制、完善和道德期望三者的起源密切相关。早期安全依恋史中出现的道德自我同一性激活了这种根源。如果这是正确的,这种模型强调了作为亲社会道德发展基础的学校联系(Catalano, Haggerty, Oesterle, Fleming, & Hawkins, 2004; Libby, 2004; Maddox & Prinz, 2003),关心气氛的学校集体(Payne, Gottfredson, & Gottfredson, 2003; Solomon, Watson, Battistich, Schaps, & Delucchi, 1992),以及对教师依恋的重要性(M. Watson, 2003)。例如,Payne等人的研究显示,那些具有让学生体会到关怀性气氛的学校组织,学生与学校的联系更密切,学生的道德目标和道德规范更趋向于内化,学生的不良行为也越少。同样地,西雅图社会发展项目(Seattle Social Development Project)也证实了它的理论主张,那就是学校依恋和学校投入之间的强烈联系和一些清晰的行为标准促使学生做出符合标准的行为(Hawkins, Catalano, Kosterman, Abbott, & Hill, 1999; Hawkins, Guo, Hill, Battin-Pearson, &Abbott, 2001)。来自儿童发展项目(Child Developmental Project, 简称CDP)的证据显示,小学儿童的集体感促使其遵从班级中最显著的价值观(Solomon, Watson, Battistich, Schaps, & Delucchi, 1996)。另外,高中学生对学校中道德氛围的感知可促进其亲社会行为并抑制其不良行为(Brugman et al. ,2003;Power, Higgins, & Kohlbberg, 1989)。这些发现与Kochanska的早期良知发展模型十分相似:安全型依恋可以促进坚定的顺从,而坚定的顺从又促进了道德规范和标准的内化。因此,看来在儿童和青少年时期,无论是在家中还是在学校里,社会化的心理机制表现出连续性。

267

道德典范研究具有的另一种品德教育目标就是去促进在典范身上观察到的亲社会行为,这可以取代把品德教育看作是防范危险活动的理解。个体怎样把他的个人目标和他的道德目标联系在一起?怎样把真实的自我与道德描述联系在一起呢?Coby和Damon(1995)提出了一种社会影响机制来解决这个问题。他们认为在把个人目标转化为重要的道德行为过程中,社会影响起着决定性的作用。社会影响促进道德发展;社会影响提供了重新评估个人当前能力的情境,引导了个体怎样更好地发展自己的能力;社会影响也提供了成功发展个人能力所需的策略。"持续热衷于道德关怀、社会关系网以及目标转化的个体,他的一生是积极进步的一生。"(p.344)其他的一些机制包括参与自愿组织的活动(C. Flanagan, 2004; Hart et al. ,1998),学校依恋以及一般的服务学习机会(Waterman, 1997;Youniss, Mclellan, Su, & Yates, 1999; Youniss, Mclellan, & Yates, 1997; Youniss, & Yates, 1997)。

这些机制可能不仅提供了把个人目标转化为道德目标的途径,也为青少年提供了感受道德榜样其他人格特征的机会。例如,更清楚地认识道德关怀的意义;发展能够促进社会福利的个人责任感;发展一种乐观态度以及通过努力实现目标;与众不同的效能感。关于社区服务和服务学习我们有更多的话要说。但是如果这些机制对道德同一性的形成起决定性的作用(Hart, 2005),那么品德教育的问题就是怎样更好地转变学校文化,让学校成为这样的地方,学校的种种关系都关注道德问题,学生的学校依恋是受到鼓励的,学校提供广泛的义务活动机会,通过这些活动可以预测学生与集体之间的亲社会联系。

人格心理学模型

建构道德人格模型的一种策略就是求助于人格心理学的理论源泉、构念理论和一些机制。然而,人格心理学还不是一个统一的领域。就 Cervone(1991)的观点来说,依据对人格基本单位的不同划分可以把人格心理学分成两个学科分支。一种学科分支支持特质的构想,这种学科分支根据个体间的差异来理解人格结构,这种个体间的差异被自上而下抽象地描述为潜在的变量类型,像大五人格理论。另一种学科分支主张认知—情感机制或社会认知单元理论,并且自下而上地把个体内部过程理解为人格结构(Cervone, 2005)。近来人们试图应用这两种人格心理学的观点来理解道德人格。

例如,Walker 和他的同事根据大五人格特质维度考察了道德榜样的人格结构。在一项研究中(Walker & Hennig, 2004, Study 2),他们从人际关系及五因素模型的角度对道德榜样的原型进行了描述。这些人的原型被描述为良好的抚养与优良基因的适度混合,并且都具有责任心和开放性。一项早期的研究(Walker & Pitts, 1998)报告了特质维度与三种类型的道德榜样之间的关系。勇敢型道德榜样与外倾性特质高度相关;关怀型道德榜样与宜人性特质高度相关;而公正型道德榜样是责任心、情绪稳定性和经验的开放性这三种人格特质的合成物。Hart(2005)报告出关怀型道德榜样与大五人格维度中三个特质(开放性、宜人性和公正严谨性)的相关关系。而 Matsuba 和 Walker(2004)的研究显示,在道德榜样中青少年的人格结构中具有宜人性特质。

268

与特质分类法相比,我们也试图从人格心理学的第二个学科分支——社会认知理论的视角来理解道德人格(Lapsley & Narvaez, 2004; Narvaez & Lapsley, 2004)。社会认知理论把注意集中于认知—情感机制(编码、图式、原型、其他的认知结构),这种认知—情感机制不仅影响社会知觉,还能创建和维持个体差异模式。如果一些图式处于准备状态容易被激活(长期可利用),那么这些图式把我们的注意力选择性地导向我们的某些经验,而同时破坏了我们的另一些经验。这种选择性的构念系统使一个人倾向选择与他的社会知觉相协调的,与生活任务、目标和情境相关的图式。与任务、目标及情境一致的图式的重复选择可以引导和维持稳定的特质倾向,也可以产生熟练化的行为常规,在这种生活情境下这种行为常规提供一个"有准备的、有时自动生成的行动计划"(Cantor, 1990, p. 738)。据 Cantor 所言,这样会使一个人成为依据长期的、可利用的图式来划分社会经验领域的"真正专家",并使图式作为性情的载体发挥作用。

同样地,我们认为根据社会信息加工中道德图式的可利用性,能够理解道德人格(Narvaez & Lapsley, 2005)。对于一个讲道德的人、一个具有道德人格或道德同一性的人来讲,道德图式也是长期稳定可利用的。这种长期的可利用的特点使得个体对某个道德问题优先感知、易于区分,而且使个体在选择适当行为时表现出不同的才能。例如,近年来的研究显示道德长期稳固性是个体差异的一个维度,它影响着个体自发的特质性的推理和阅读故事中产生的评价性道德推理的种类(Narvaez, Lapsley, Hagele, & Lasky, in press)。而且这些可及性构念可以通过情境启动和长期性实现,情境启动和长期性以另一种方式共同影响着社会知觉(Bargh, Bond, Lombardi, & Tota, 1986)。这支持了社会认知的观点,气质一致性将会在人(长期性)与情境(情境启动)的交互作用中出现,稳定的行为特征将会出现在情境变化的模式中,而不是跨情境一致性的模式中(Mischel, 2005; Shoda & Mischel, 2000)。

用社会认知方法研究道德品德具有许多益处。它为道德同一性提供了一种解释。Blasi(2005)称,当一个人的道德观念是自我理解中核心的、必要的和重要的成分的时候,这个人就具有道德同一性。我们可以补充说,对自我理解具有核心性、必要性和重要性的道德观念也可以长期被人们用来评估社会情境。社会认知方法至少可以解释道德榜样的一种特征。就像 Colby 和 Damon(1992)的研究所显示的那样,表现出超常道德行为的个体很少报告出自己长时间的道德决断过程。相反,他们只知道自己应该做什么,似乎是自动的,并不需要长期艰难的认知决策过程。道德典范也体验到了这种道德清晰性或感受到了这种信念——自认为判断是适当的,公平的和正确的。这正是长期可及性构念激活潜意识的结果:长期可及性构念促使他们在决策方面产生强烈的确定感和信念(Bargh, 1989; Narvaez & Lapsley, 2005)。而且图式激活的自动化程度有助于解释与 Aristotle 的关于品德习惯的传统理解的一些不言自明的内隐的特点。不同的是,道德理论中的道德习惯是一些社会认知图式,而社会认知图式的长期可及性特点促使其自动激活。

品德的社会认知理论所遇到的一个挑战就是如何具体解释道德长期性的发展。确实,我们对社会认知选择的偏好反映了一个策略性的估计:社会认知发展理论将更有可能促进品德的整合发展模型的形成,而不是促进分类发展模型的形成(Narvaez et al., in press)。一种推理认为品德的发展是建立在一般事件表征、行动蓝本和描述早期人格发展的情节记忆的基础上(Kochanska & Thompson, 1997; Lapsley & Narvaez, 2004; Thompson, 1998)。事件表征已被称作为"认知发展的基本模块"(Nelson & Gruenndel, 1981, p. 131),同时我们认为事件表征也是品德发展的基础。事件表征是社会常规怎样运行和一个人对社会经验存有什么期待的工作模型。照料者可以帮助儿童以类似脚本的方式回顾、组建以及强化记忆,在儿童与这些照料者的对话中原型知识结构得到了逐步稳定的详细阐述(Fivush, Kuebli, & Chubb, 1992)。但是,对道德心理具有性格学意义的关键转折点是这些早期社会认知单元是怎样从情节记忆转变成自传性记忆的。自传性记忆也是一种通过人际互动对话的方式来表述的社会建构理论。父母询问的语句("当你推你姐姐/妹妹时发生了什么事?""她为什么哭了?""接下来你将要做什么?")帮助儿童把事件组织成个体相关的自传性记忆,作为自我叙事的要素,这些自传性记忆提供了熟练的、日常的、习惯化的、自动的行动指导蓝本("我和她一起分享";"我说我很抱歉")。这些询问式语句也包括一些道德归因,从而使理想自我和"应该"自我成为儿童自传性叙述的一部分。按照这样的方式,父

269

母帮助儿童确认他们经验中的道德特征并促进长期可利用的社会认知图式的形成(Lapsley & Navaez, 2004)。而且就像Kochanska(2002)的模型显示的那样,有充足的理由认为发展过程既受亲子关系性质变化的影响,也受亲子关系适宜性变化的影响。

这种解释的含义和Kochanska(2002)有关良知发生的研究的含义都表明品德教育最初并不是作为一种正式的课程在学校中出现的,而是孕育于家庭生活和早期社会化经历中。在下一部分,我们将着手研究以学校和社会为基础的一些对于品德教育有重要意义的教育活动。

品德教育的方法

在这部分我们回顾了一些以学校或社会为基础的效果显著的品德教育方法。以品德教育为目标的教育活动种类繁多,而且品德教育也存在多种形式。我们的目的不是回顾所有的品德教育活动,而是要说明一般意义的品德教育活动。我们回顾的这些可能是品德教育联盟(Character Education Partnership, 简称CEP)的十一项有效品德教育原则(Lickona, Schaps, & Lewis, 2003)中采用的一个例子或多个例子。我们首先探讨这些品德教育原则。

品德教育的十一项有效原则

品德教育联盟是组织与个人之间的一种联合,它致力于帮助学校开展德育活动。许多学区都采用了以品德教育联盟的原则为指导的德育方法。第一个原则主张良好的品德是建立在诸如体贴、诚实、公正、负责和尊重等核心伦理价值观的基础上。学区采用的这些核心价值观(有时也称为特质或美德)是经过广泛集体商讨的。更为普遍的是,一些核心价值观通常是由国家机构所认可的,诸如六个"顶级"品德(可信赖、尊重、负责、公正、体贴、公民应有的行为,Aspen Declaration & Character Counts movement)。关键的问题是,为进行品德教育所选用的价值观应该是普遍有效的,有助于推进公认美德,维护人的尊严,有益于个人的幸福感,处理是非问题,促进民主实践。

相应地,这些教育活动应该能够整合认知元素、情感元素和行为元素来教授核心价值观(第二项原则),可以以一种有意识的、积极的、广泛的方式使学校全体人员参与到品德教育中来 (第三项原则)。尤为重要的是,学校应是一个关心人的集体(第四项原则),并给学生提供大量机会来参与像服务学习和社区服务这样的德育活动(第五项原则)。有效的品德教育不能忽视严格的、具有挑战性的学业课程(第六项原则)。它可以通过采取一些手段来培养正确做事的内部动机,这些手段包括营造一种信任和尊重的氛围;促进一种自主感;凭借对话、班级会议和民主决策建立共享的规范(第七项原则)。另外,学校员工也应该奉行指导学生的核心价值观(第八项原则)。就品德教育的根基来说,它必须具有为品德教育的实施提供长期支持的共享的教育领导机制(第九项原则);它必须能够促使家庭和社会成员参与进来(第十项原则);品德教育必须具有不断发展的审核评价程序(第十一项原则)。

这一系列鲜明原则为开展有目的的、有计划的、全面的德育活动提供了有效的指导信息。这些原则坚持主张德育的目标应该是清楚的、合理的(例如,第三项原则),在此基础上,不能扩大德育的内容。否则缺乏明确性和目的性的考虑将会产生一些阻碍和干扰道德发展的活动。这些原则支持一些被验证的最好的教育技巧和策略,其中包括合作学习、民主课堂和教学与学习的构造主义方法。这些原则认为实践活动能够培养学生的自主性、内部动机、调动参与集体的积极性(Beland, 2003c)。确实,品德教育联盟的这些原则看起来像进步教育的蓝图,并且通过坚持间接方法来解决品德教育直接方法和间接方法之间的历史争论。

但是这些原则也有不尽如人意之处。第一项原则坚持认为,核心价值观应该是基础性的、客观正确的、普遍适用的,是人类尊严所固有的以及对民主实践至关重要的,但它没有提及人们对价值观来源和选择的疑虑。品德教育应该以客观实用的核心价值观为基础,这种观点容易使人误入歧途并分散了人们的注意力。之所以说这种主张使人误入歧途,是因为它认为原则是实践的根源,而不是说实践是原则的根源(参见 Carr, 1991)。之所以说它分散人们的注意力是因为它迫使教师抵制学校中本身固有的、明确的、有目的的塑造儿童道德的方式。

而且,第一项原则暗示了品德教育的一个前提。例如,第一项原则认为核心价值观应该是有根据的、客观正确的以及普遍适用的,这本身就是认识论和伦理学之间最具有争议的一件事情,并且它还用道德相对主义来解决这个问题,然而道德相对主义除了用武断的观点以外难以说清的问题。

但是品德教育的必要性、必须性和理想效果并不取决于这场争论的结果。确实,如果这样的话,品德教育就是重蹈教育失误的覆辙,即认知发展的传统也用在心理学上。就像Kohlberg(1981,1983)试图应用阶段理论来提供心理学资源反驳道德相对主义那样,品德教育联盟的第一项原则也试图反驳教育相对主义。

尽管这些原则要求把德育灌输到各种课程中和学校生活的各个方面,并且尽管《十一项原则资料手册》(*Eleven Principles Sourcebook*; Beland, 2003c)鼓励采用与最好的教学实践相结合的各种各样的教学策略,但是我们发现,当前的德育能做到第一项原则的不多,除非德育降低成只教授一些价值观和特质概念的教育活动。当教师忙于教授核心价值观的词汇的意义时(把一个人怎样实践这些词汇所表示的意义的问题抛在一边),坚持这些原则所要求的广泛的学校改革和学校实践活动被人们忽视了。德育的重要工作不是学习核心价值观词汇,而是要在其他原则的指导下从事具有发展性和教育性的实践活动。

尽管第一项原则的价值在于要求教育者明确学校教育的道德内涵。但是我们认为,如果品德教育联盟出台的第一项原则明确提出了以美德为中心的教育方法,而这种教育方法首要关注学生茁壮成长的问题,而不是像 Kantian 那样首要关注普遍性和客观性方面的问题,那么事情将会好得多。作为第一项原则不应该用"价值观"的认识论的立场来假扮自己,尽管这些价值观是有根据的、普遍的、客观有效的,而应该对其余原则支持的教育实践行为给出清晰表述。换言之,德育目标并不是使儿童反对道德相对主义,而是要使儿童具备自由民主社会中现代公民所需要的道德品质与技能。 271

一种概念性框架

我们认为有一种方法给德育提供了更好的依据，这种方法与人们对伦理基础问题方面的态度几乎无关。发展性的体系方向能够适当地预期德育的概念性框架。发展系统的德育研究方法把注意力集中在深层次的而又具重叠性的影响系统上，这种影响系统存在于多层次水平之间。事实上，特质一致性是个人因素和情境因素共同作用的产物，在生活各个过程中都处于动态的相互作用。就像 Masten (2003, p. 172)说的那样："人类学习、发展和精神病理的动态多样系统模型正在改变科学、实践和一些政策，与健康、成功、儿童或成人公民想要的幸福都息息相关。"如果一种值得信赖的德育想要充分理解变化、可塑性、防范、适应能力和促使学生茁壮成长的可能性及适当条件——使人们过上更加有意义的生活，那它必须看起来像是动态的多系统的发展模型，并植根于当前的科学理论和经验的框架系统中。

而且，一种发展系统的观点已经提出了一些关于青少年发展研究的具体方法。例如 Lerner 和他的同事(Lerner, Dowling, & Anderson, 2003; Lerner, Fisher, & Weinberg, 2000)把"健康发展"(thriving)作为理解积极的人与情境关系在人类发展中作用的基础。他们写道："超越个体存在的整合的道德同一性感和民众认同感以及社会责任感，使发展良好的青少年成为促进自身健康发展和社会其他人发展的重要因素。"(Lerner et al., 2003, p. 172)确实，健康发展与品德教育目的相同，就像发展背景论中诸如发展优势、调节性、积极的青少年发展的概念一样。而且发展背景论不仅提供了理解人格特质("品德")的根据，还提供了繁荣发展的视角(例如，健康和积极发展)。这些发展性观念已经承担了使一些构念概念化的重担，而这些构想对于品德教育的广义概念是至关重要的，并且，与当前品德教育联盟对于基础核心价值观的强调相比，它可以作为品德教育的首要原则。

品德教育的实施

Lickona(1991a, 1991b, 1997, 2004)提出了品德教育的一种整合性方法，这种整合性方法与品德教育联盟的原则高度一致。除了提倡教师教授核心价值观外，他也提倡教师使用多种多样的策略，因为这些策略分别与小学(Lickona, 1992)和中学最佳的教学实践活动(Lickona & Davidson, 2004)相协调。所以品德两个方面的差异产生了：绩效品德和道德品德。绩效品德倾向于精通作业并具有勤奋、坚毅、积极的态度、努力工作这样的特质。绩效品德是发展学生才干、技能和能力所需要的。相应地，道德品德倾向于具有诚实、体贴、公正、尊重和合作这样的特质。道德品德是一个伦理方面的指南针。它指引着学生绩效品德的追求和表现。如果绩效品德有可能让人们过上一种有成就的生活，那么道德品德就让人们过上合乎伦理标准的生活。有效的品德教育应该同时致力于这两种品德。

Lickona 和 Davidson(2004)最近提出了学校有效发展道德品德和绩效品德的七项原则：

1. 把绩效品德的发展作为学校的使命和特色的基石。

2. 创建一个教职员工、学生和家长都参与的道德学习集体，使大家一起承担促进学校品德教育的任务。

3. 鼓励专业的教职人员形成一个专业的道德学习团体，以此来培养合作精神并为促进道德教学及学生发展相互支持。

4. 使包括课程、训练以及课外活动在内的所有学校实践活动与培养良好的绩效品德和道德品德的目标相同。

5. 应用评价性数据监控品德发展所取得的进步，指导教育实践方面的决策。 272

6. 把道德素材与课程结合在一起以促进终生的学习和职业选择。

7. 通过强调体贴、负责、共享的规则及偿还义务的重要性，把课堂训练和学校课程看成是支持道德学习团体的机会。

这种框架系统的一个优点就是它敦促学校从道德方面理解它们的教育任务。它的另一个优点就是它的许多教学策略都来自发展心理学和教育心理学的研究资料。例如，它促进了鼓励调控动机、元认知教学和合作学习的教学实践活动。它支持使学生积极投入学习的建构主义的策略。它提倡与道德教育紧密结合的策略(例如，讨论两难问题、公正团体)。确实，许多被提倡的实践活动都试图把家庭与学校联系起来，影响校园文化，吸引社会相关人士的参与，以及充分利用发展系统定向支持的学生的独特发展需求。

关怀性的学校集体

品德教育联盟中有效实施品德教育的第四项原则声明："有效的品德教育应使学校成为一个关心人的集体。"(Beland, 2003a, p. 1)。对此人们已达成共识，那就是有效的品德教育必须努力在课堂上和学校里形成"关心人的集体" 氛围(Battistich, Solomon, Watson, & Schaps, 1997; Berkowitz & Bier, 2005)。鼓励具有社会、情感联系的学校氛围和促进积极的人际交往体验的学校氛围都可以在最低程度上为品德的形成提供必要的基础(Schaps, Battistich, & Solomon, 1997)。正像 Berkowitz(2002, pp. 58—59)所说的那样："对于品德教育来说，关系是至关重要的。所以，品德教育必须把注意力集中于学校中各种关系的质量上。"

例如，有研究显示，早期师生关系的质量对学生学习成绩和社交效果都有显著影响，这种影响一直持续到八年级(Hamre & Pianta, 2001)。另外，对学生自治组织有强烈认同的在校学生有较少的不良行为(Bryk & Driscoll, 1988)，较低的吸毒率和犯罪率(Battistich & Hom, 1997)。学生对学校的依恋或学生与学校的关系也促进了学校的教学效果(Goodenow, 1993)，抵御了学生的违法行为和减少了师生的相互伤害(Gottfredson & Gottfredson, 1985)。在一项对从全国 254 个高校抽取的具有代表性样本的研究中，Payne 等人(2003)发现了自治组织和学生对学校依恋程度之间的关系。具有自治组织特征的学校有这样一些特点：学生、管理人员、老师之间有相互支持的关系，有对共同目标和规范的信仰，有一种合作感。在具有自治组织特征的学校中，学生倾向于报告出对学校的依恋(对老师或学校有一种情感性的联系和一种归属感)，相信规则和规范的合理性以及积极评价学业成绩。另外，学生与学校的情感关系与学生较低水平的不良行为有关。Payne 等人主张通过"促进学校成员之间的关系、鼓励成员之间的合作和共享以及对共同目标和规范的一致意见，学校能够提高学生对学校的依恋、学生的教育投入以及学生对学校规则和规范的信任"(p. 173)，从而可以减少不良行为、犯罪行为和退学行为。

华盛顿大学的社会发展研究小组(Social Development Research Group, SSDP)和发展中心(Oakland, CA)的儿童发展项目这两个研究团队已经为品德教育实施者提供了他们感兴趣的一系列学术成果,并提出了有关学生对学校的依恋和关怀型学校作用的独特重要的证据。

这个小组于1981年在8所西雅图的公立小学开展了西雅图社会发展项目(Seattle Social Development Project, SSDP)。这个项目首先对一年级学生实施干预计划,而到1985年时这个项目的实施对象已经扩大到18所小学的所有五年级学生,同时包括他们的老师和父母。这个项目对参与者的纵向评估贯穿于他们的整个青春期,在他们毕业后,这样的评估每三年进行一次,一直持续到27岁为止。西雅图社会发展项目的指导模型是假设行为是在社会环境中习得的社会发展模型。在某种程度上,一个人在社会小组规范之中进行了社会化:(a)一个人看到积极参与的机会,(b)他真正参与进来,(c)他具备了参与和互动的技能,(d)他认识到这样做是有益的。当一个人的社会化进展良好时,依恋和信仰的社会联结就形成了。相应地,这种社会联结使儿童适应他所依恋的社会群体的规范与期望,同时适应这个群体所认可的价值观。"一种假设认为个人的行为是亲社会的还是反社会的,这取决于个人所依恋的群体和组织的主导行为、规范和价值观"(Catalano, Haggerty, et al., 2004, p. 251)。

273

西雅图社会发展项目的一些干预措施针对学龄儿童在社会化中的三个重要人物:父母、老师和同伴。教师在积极的课堂管理、激发学生学习动机的互动教学和合作性学习方面接受了培训,发展以儿童的社会、情感技能为目标的干预措施,包括人际认知的问题解决技能和拒绝技巧。对父母的培训是以行为管理、如何给予学生支持以及降低他们的吸毒风险技能为目标的。

研究显示,教师应用在培训中学到的技能可以成功促进儿童的学校依恋和学业成绩(Abbott et al., 1998)。另外,西雅图社会发展项目做出了长期的努力来减少青少年的许多健康—风险行为(例如,暴力犯罪、嗜酒、性交、拥有许多性伙伴、怀孕和不良的学校行为)和促进他们的学校联系(Hawkins, Catalano, Kosterman, Abbott, & Hill, 1999; Hawkins, Guo, Hill, Battin-Pearson, & Abbott, 2001)。例如,具有学校联系的十二年级学生以及学校联结不断增长的七至十二年级的学生在十二年级时有较少的喝酒、吸烟、抽大麻以及吸毒的行为。具有学校联系的五六年级学生在中学时做出轻微犯罪行为和严重犯罪行为可能性很小。具有较低学校依恋感和责任感的学生参加帮派团伙的可能性是具有较高的学校联结感学生的二倍。另外,学生对学校的联系也可以提高他的学习成绩。例如,七年级至十二年级学生的学校联系的增长与学生在十二年级时表现出来的较高的平均成绩和低水平的不良行为有关。具有更强的学校联系的八年级学生在十年级时辍学的可能性较小(参见 Catalano, Berglund, Ryan, Lonczak, & Hawkins, 2004)。

因此西雅图社会发展项目中的多层次的干预计划对学生的学校联系方面和品德教育家历来所关注的种种问题行为方面都有显著影响,这些品德教育家所关注的问题行为有药物滥用、犯罪、结帮成伙、暴力、学业成绩以及性活动。但是这是品德教育吗?这取决于品德教育是以过程来界定的还是以结果来界定的。西雅图社会发展项目已经为清晰定义品德教育提供了一些经验。尽管西雅图社会发展项目的“过程”是由社会发展模型的理论观点为指导的,而不是由美德、道德或品德的理论观点所指导的。然而,如果品德教育本身就是一种处理或一种干预,那么它必须像西雅图社会发展项目一样有成功的干预计划:它必须有清晰的理论指导;它必须是全方位的;它必须是多元的;它必须在儿童早期发展中开展并一直持续下去。

发展研究中心

发展研究中心(The Developmental Studies Center, DSC)在说明儿童的集体感所起的重要作用上具有特殊的影响力,儿童的集体感可以促进与品德教育相关的一系列良好行为的产生,其中包括利他行为、合作行为、助人行为、关心他人、亲社会冲突的解决、信任和尊重教师(Solomon, Watson, Delucchi, Schaps, & Battistich, 1988; M. Watson, Battistich, & Solomon, 1997)。发展研究中心的研究项目假定儿童对归属感、自主性和才能具有基本的需要,儿童的学校卷入程度取决于他们的需要是否得到了充分的满足(Battistich et al., 1997)。进一步的假设认为“作为学校团体的一员,当儿童的需要被满足时,他们可能与学校建立情感的、认知的联系并完全顺从于学校。因此他们倾向于认同学校的目标和价值观并表现出与此相一致的行为”(Schaps et al., 1997, p. 127)。

在1982年,发展研究中心在洛杉矶郊区的三所中学中开展了儿童发展项目来验证这些核心假设。老师首先在幼儿园中实施了这个项目,他们逐年增加一个年级,一直到1989年止。该项目评估一直追踪这群儿童从幼儿园到小学六年级,当这些儿童升入八年级时,该项目又做了两年的追踪评估。这项评估的老师和学生来自三个人口统计变量相同的学校。 274

儿童发展项目的主要目的就是通过创建一个关心人的学校集体来促进亲社会行为的发展(Battistich et al., 1997)。一些活动可以促进集体感,如在共同学习目标上的合作;帮助他人和接受他人的帮助;对自己和他人的经历进行讨论并反思。因为这些经历与一些亲社会价值观相关,如公正、社会责任和正义;训练社会能力,通过参与班级生活决策和承担对此的责任来发展自主性。另外,儿童发展项目鼓励采用一种课堂管理的方法,这种方法重视归纳和发展性训练(M. Watson, 2003)。

因此,儿童发展项目为儿童提供了大量与他人合作实现共同目标的机会,帮助别人和接受别人的帮助,讨论并反思亲社会价值观,发展与训练亲社会技能,通过民主的课堂氛围发挥自主性。

儿童发展项目实施结果的研究表明,与作为控制组的学校相比,参加儿童发展项目的学生在许多目标领域中获得了显著的受益。在课堂观察、个人访问和学生问卷中,参与该项目的学生在课堂上表现出更明显的亲社会行为(Solomon et al., 1998)、更民主的价值观和更多的人际理解(Solomon, Watson, Schaps, Battistich, & Solomon, 1990)、更多社会化的问题解决技能和冲突解决技能(Battistich, Solomon, Watson, Solomon, & Schaps, 1989)。开展儿童发展项目学校的学生更可能把学校视为一个集体,并遵循课堂上任何显著的规范和价值观。例如,在强调教师管理和学生顺从的课堂上,学生根据他律性、奖赏和惩罚的原则进行有关亲社会困境问题的推理。相比较而言,在强调学生参与、自主性、民主的道德决断和人际关怀的课堂上,学生在亲社会的推理过程中更重视自主性和其他导向的道德推理(Solomon et al., 1992, 1996)。当参与该项目的学生和没有参与该项目的学生进入同一所中学时,在他们升入八年级时参与该项目的学生在冲突解决技能、自尊、自信和声誉方面获得了老师更高的评价(Solomon, Watson, & Battistich, 2002)。

受儿童发展项目明确影响的一种最重要的人格变量就是学生的集体感,他们的集体感可以通过学校和班级组织得到发展(Watson et al., 1997)。例如,那些召开班级会议、运用合作性学习策略、讨论亲社会价值观的教师更有可能培养学生的集体感。那些提供学生跨年级交往的机会,布置的家庭作业可以把学校与家庭联系,组织全校参与活动的学校也促进了集体感。学生的集体感和自我报告的对他人的关心、冲突解决技能、利他行为、亲社会内部动机、对老师的信任和尊重、乐于帮助别人、积极的人际交往行为以及对学习的投入都有正相关(Battistich, Solomon, Watson, & Schaps, 1996; M. Watson, Battistich, & Solomon, 1997)。

其他方法

同样,其他研究方法也把注意力集中于如何在学校里和课堂上建立一种集体感。例如,《别嘲笑我》这样的课程试图使儿童敏锐地感受到遭到同伴的嘲笑、排斥和欺辱的儿童所承受的痛苦,并帮助这些儿童把他们的学校和班级改造成一种具有尊重氛围的"无蔑视地区"。最近,一种应用校内准实验方法学技术的具有实效的研究表明:与控制组的儿童相比,参与该项目的儿童(四五年级的学生)报告他们增加了归属感、改善了他们之间的相互关系、增强了尊重别人的期望和减少了欺负别人的行为(Mucherah, Lapsley, Miels, & Horton, 2004)。

同样,创造性解决冲突项目(Resolving Conflicts Creatively Program, RCCP)试图通过强调冲突解决技能和积极的交往技能创建一种温暖的学校、课堂氛围(Lantieri & Patti, 1996)。这种课程培养了一系列致力于解决冲突、合作、体贴、欣赏差异和反对偏见、负责的道德决断和表达适当情感的技能。这种课程强调了成人传授这些技能的重要性,因为学生在多种情况下都可能应用到这些技能。学生学会表达出有关他们情感的"我"的信息,积极地倾听别人,调节同伴之间的冲突以及适应各种不同的文化。在哥伦比亚大学,国家贫困儿童发展中心对创造性解决冲突项目进行了评估(Aber, Brown, & Heinrich, 1999; Aber, Pedersen, Brown, Jones, & Gershoff, 2003)研究表明每年平均参加25节这种课程的二至六年级学生比较少参加这项课程的学生在敌对性归因、攻击性幻想方面有显著的低增长率,而在运用问题解决策略方面有较高的增长率。具有高暴露倾向的学生在这两年的学习中也显示出了学业成就的进步。

275

服务学习和社区服务

众所周知,班级活动包括平等合作、问题解决、做出决定三个方面。这些课堂活动的目的是培养学生作为一名合格公民所必须具备的技能和素质。因此,它们是品德教育重要的组成部分。品德教育的第五条有效原则强烈要求学校要为学生提供道德活动的机会(Beland, 2003c)。在某种意义上,民主课堂活动包括一些重要道德课程,涉及公正游戏、谦恭、公民友好关系和合作。学生学习在共同作决定时,如何保持道德性交流沟通。学生学习处理问题、解决冲突、建立共同规范、权衡各个角度的协商能力(Guttman, 1978)和其他实际公民必备的重要技能(Power et al. ,1989 a)。把本教室中培养学生民主特质和集体主义的方法与在服务学习和社区服务中把学生与更大的集体联结起来的方式结合起来。

Tolman 认为(2003):

> 服务学习被认为是为他人"做好事"的行为——如打扫居民区、帮助年龄小的孩子学习、花时间陪伴社区老年人——这些行为都是学习经历、社区发展和社会进步的重要基础(p. 6)。

在某种程度上,服务学习活动与社区服务两者不同,它把服务活动与明确界定的学习目标和理论课程联系起来(Pritchard, 2002)。这两种活动体现了美国教育普遍存在的弥漫性特征。一项由国家教育统计中心组织的全国性范围的调查发现,64%的公立学校包括87%的公立高中已经让学生参加了社区服务活动。三分之一的服务学习活动已经作为学校的课程的一部分,这些课程的典型特点是要求学生加强同学校、社区之间的关系(Skinner & Chapman, 1999)。

人类发展的生态学观点支持加强家庭、学校和社区之间关系的要求。对于儿童来说有适应性的优势,他们生活在以密切联系的各种关系为标志的生态环境中(Bronfenbrenner, 1979)。Warter 和 Grossman(2002)也是借助于发展的语境论来为服务学习及其实施过程的集体事例提供辩护的理由。Yates 和 Youniss(1996b;Youniss & Yates, 1997)相似的服务学习发展观点在很大程度受到 Erikson 同一性概念的(1968)影响。根据这样的观点,我们可以把服务学习机会看作是为青少年提供了解决同一性问题的情境。对于 Erikson 而言,同一性的发展要求,青少年的个性特征、辨别力、理想和他们对社区认可之间进行心理上的相互作用,这些社区对青少年的选择赋予意义。的确,在很大程度上,青少年的同一性是一个人的个性特征,可以肯定的是,像人格的其他特质一样,一致性表现在与环境、文化和情境的能动互动中。按照这种说法,同一性是和人与环境交互作用共同存在的,人与环境互动是发展系统方法的一个特点。

研究已证实这些成果对品德教育的重要意义。服务学习的经历和参加义务团体能够增强个体社会归属感、道德和政治责任感、一般的道德政治意识(Youniss et al. , 1997)。实际上,参与过服务活动的青少年经常报告个人价值观和价值取向的变化,公民意识和社会责任感的增加,学生学习成绩、评价等级的提高(Markus, Howard, & King, 1993;Pancer & Pratt, 1999; Pratt, Hunsberger, Pancer, & Alisat, 2003; Scales, Blyth, Berkas, & Kielsmeier, 2000)。他们报告自己更加信任和更积极看待集体中的其他人(Hilles & Kahle, 1985)。两个联盟资助的国家服务学习活动的全国评估结果中也有类似的结论

(Serve America, Learn and Serve)。例如,Melchior 和 Bailis(2002)认为服务学习对青少年形成公民态度有积极影响。除此之外,参加服务学习活动的学生,他们的旷课率有所下降,未成年少女怀孕也有下降趋势。许多参与这项活动的高中生表现出更多的学校参与、更好的数学和自然学科成绩、较低的学业失败率。参与项目的中学生能够做更多的家庭作业,他们在社会学习中取得更好评价等级,与普通学生比较,他们较少地参与严重的违法违纪活动。

而且,服务学习和社区服务对政治社会化、公民道德认同的形成都是至关重要的(C. Flanagan, 2004; Yates & Youniss, 1999 a)。在一项研究中,Yates 和 Youniss(1996a)对黑人教区高中三年级学生的反思性叙事进行研究,这些学生在一个为无家可归者提供免费的食堂工作,作为他们服务学习活动的一部分。在整个一年中,研究者发现,这些学生逐渐把他们的服务赋予更重要的意义,有了更高的超越。开始,参与者以自己原有刻板印象来看待无家可归者,后来他们有很大的转变,逐渐从无家可归者的角度思考无家的后果,或者把他们的境况与自己相比较,最后他们能从社会公平的角度或用适当的政治术语思考无家可归的现象。然后,通过一年的服务学习活动——在食堂里为无家可归者服务,激发了参与者对公平、责任、政治性参与的深入思考。

除了促进公民的道德认同之外,有研究证明对服务活动和自愿组织的参与也可以增强成人以后的公民参与(Youniss et al., 1997)。实际上,C. Flanagan(2004, p. 725)已提出以社区为基础的组织成员关系和课外活动为学生提供了一种所谓的"情境感",在这里,青少年"发展了对政治的情感"。她写道"对政治的情感和对社区活动的参与,在逻辑上,二者是学生对关系看法的延伸,这种看法来自他们所参与的以社区为基础的组织活动"(p. 725)。

那么,服务学习和社区学习就是学校品德教育的重要组成部分(Hart, 2005)。其依据是,服务可以转变公民道德认同,预测成人以后的公民参与(Youniss & Yates, 1999)而且这两方面都是品德教育的基本目标。当然,这要看服务学习是怎样实施的。一般来说,有效的服务学习活动应包括为学生创造有重要意义的反思机会作为经历的一部分。重要的要素还包括,把学生匹配到他感兴趣的项目里,坚持他们对结果的解释,在选择目标时给他们自主权(Stukas, Clary, & Snyder; Warter & Grossman, 2002)。有研究表明,服务学习在高中的效果要好于初中,这些积极结果都体现在与服务学习体验直接相关的领域(Melchior & Bailis, 2002)。

积极的青少年发展

我们很早就注意到,发展系统方法可以作为品德教育的概念框架,因为它不对核心价值观进行认识论方面的思考(Lerner et al., 2003)。发展系统方法是积极青少年发展观的基础,这种青少年积极发展观是在青少年危险和缺陷性行为模式中偶然发现的。的确,青少年会面对各种危险和障碍,但是研究者一致认为减少学生在危险面前的暴露,帮助学生克服缺点,对学生的问题进行干预,这些都不能为青少年做充分准备,青少年要具备将要适应成人社会的能力。发展的宗旨是"无问题并非是对青少年发展所做的最好准备"。一定要使儿童和青少年具备一些能力,这些能力允许他们积极发展,具备适应能力和进取心及对社会作出贡献(Larson, 2000)。这就要求有计划地努力帮助学生发展如Lerner(2001,2002)所提出的"积极青少年发展中的5个C":能力、自信心、品德、关怀意识和同情心、与社会组织的联系。

研究机构对发展的有利条件的研究就是一个与此相关的例子(Benson, Scales, Leffert, & Roehlkepartain, 1999)。发展的有利条件是发展系统中起到积极作用的部分。通过研究,已经得到40个有利条件,其中20个是外部情境的,20个是个人内部的。研究者又把外部有利条件分为四种类型:1至6是支持方面的;7至10是授权方面的;11至16是范围和期望方面的;17至20是有效利用时间方面的。他们与个体积极发展体验有关,这些感受是青少年和成人在家庭、学校和社区中网络建立的关系的结果。类似地,内部有利条件也分为四种类型:21至25是学习投入的;26至31是对积极价值观方面的;32至36是社会能力方面的;37至40是同一性方面的。他们涉及学生在教育和发展过程中产生的内在技能、性格和兴趣等内容。

277

在许多方面,发展的有利条件的方法构成品德教育清晰表述的概念性框架,不需要对核心价值观进行认识论的争辩。实际上,全部的内在有利条件都是品德教育的常见目标,如积极价值指标(关爱、平等和社会公正、正义感、诚实、责任感);社会能力指标(决策、人际交往能力、文化能力、防御技能和解决冲突能力);同一性指标(个人能力、自尊心、目标感、积极态度)。同样,外在的有利条件对于品德教育的任一综合方法都是至关重要的,范围覆盖了所有对青少年积极发展具有支持作用的资源(家庭的支持、邻里和学校的关爱、家长对学校活动的参与等),各种对青少年授权的方式(相互支持的认识、服务学习),提供适当的范围和期望情境(成人角色模式、积极的同伴影响、高期望),建设性地使用时间(创造性活动、青少年的活动、参加宗教团体、远离同伴的影响把时间用在家庭上)。

而且,在有效品德教育的所有原则里,(Beland, 2003c)除第一个原则外,都明显地包括了这40个发展的有利条件。而原则10特别引起研究者的关注,因为它强调:"有效的品德教育把家庭和社会成员作为合作伙伴共同努力培养学生品德"(Beland, 2003b)。研究机构也认为,成功的青少年发展也要靠社区努力去建构有利于学生发展的有利条件。然而,在有利于支持青少年积极发展的有利条件方面,社区之间是有差异的(Benson et al., 1999)。

一项研究对有利条件的效用进行评估。研究者调查了在1996—1997年期间,从全美的213座城市及城镇中选取了99 000名调查对象,这些调查对象都是来自6—12年级阶段的学生(Benson, Leffert, Scales, & Blyth, 1998)。在这个样本中,62%的青少年最多感受到一半与积极青少年发展有联系的有利条件。有利条件的样本平均数为18。样本中最富有和最不富有的社区在三个指标上有差异(这三个指标支持更富有的社区),这样的结果表明,学生平均体验到的有利条件不到一半,即使是富有的社区也需要完善基础设施。从积极青少年发展和品德教育的角度来看,体验最少的三个有利条件是关爱型学校、把青少年看作一种资源以及社区对青少年的重视(Scales, 1999)。

1998年,Benson等人研究了具备较少有利条件的青少年(只满足0到10项指标)与拥有较多有利条件的青少年(满足31到40项指标)他们在参与危险行为的百分数方面存在显著差异，结果是，前者比后者更易酗酒，比例为 53%：3%；两者吸烟人数的比例为 45%：1%；在去年一年中非法使用药物人数上，前者人数比后者人数至少多3倍，比例为 45%：1%；有过性行为的人数前者是后者的三倍多，比例为 42%：1%；报告经常有抑郁倾向和自杀企图的比例为 40%：4%；报告至少参与3次反社会行为事件的两者之间的比例为 52%：1%；至少参与3次暴力行为的比例为 61%：6%；报告有学习问题的两者比例为 43%：2%；两者在酒后驾驶上，人数比例为 42%：4%；参与赌博的人数比例为 34%：6%。结论无疑是，拥有较少有利条件的青少年倾向于参与更多的危险行为，拥有较多有利条件的青少年则相反(同样参见 2004 年 Oman 等人的研究)。而且，那些易受伤害的脆弱的青少年，他们身上有更多的冒险和缺陷性因素(例如经受身体伤害、暴力行为、无监督的学生)，他们从有利条件中受益也最多(Scales, 1999)。

Benson 等人的研究还表明有利条件的水平与积极成长因素紧密相关 (Benson, Leffert, Scales, & Blyth, 1998)。研究报告显示，拥有高价值的有利条件的青少年与低价值有利条件的青少年相比，在课业中得到更多的 A 等成绩(二者比例为 53%：7%)；对文化多样性有更高的评价(二者比例为 87%：34%)；一周内至少花费 1 小时帮助邻居(96%：69%)；在过去一年里至少一次担任组织或团体领导者(87%：48%)；没有危险行为(43%：6%)；延迟满足(积攒钱，而非立即花费)(72%：27%)；克服逆境及遇到挫折不放弃(86%：57%)。尽管并不是每个例子都像与危险行为比较那样显著，但这些数据表明，拥有较低价值的有利条件的青少年也就有更少的积极发展因素，反之亦然。

278

这些研究数据都说明了有效品德教育第 10 条原则的重要性。该原则要求社区作基本的变动。社区必须要有意识地转变成为青少年发展提供有利条件的社区，必须加强基础设施建设支持青少年的积极发展。研究机构提出了具备有利条件社区的一些核心原则。一个社区的所有社会化系统之间必须广泛地合作。社区的首要精神是综合，它应该完善 40 个有利条件，而不是其中的个别集合。它应该推动全民参与，而不仅仅是传统领导者，而是社区里居住的所有居民。它应该把青少年作为成人的合作伙伴。

许多青少年参加了以社区为基础的青少年活动，这些活动旨在促进青少年积极发展。Roth 和 Brooks-Gunn(2003)对 71 个青少年服务组织进行调查，判断为青少年健康发展而设计的活动的特征。调查结果与青少年发展理论相一致，即 77%的活动表示他们主要目的是为了培养学生能力，其中 54%也表明有预防目的。但是，当我们具体地问到所设计的项目是否对危险行为有干预作用时，就会明显地发现所有项目都具有干预作用。例如 63%的项目对药物滥用进行干预，73%的项目对暴力行为采取了干预，76%的项目对辍学行为给予了干预，59%的项目对不良行为实施了干预。有意思的是，并不是每个青少年发展项目都明显地用道德发展词汇描述能力培养和防范工作。

另一种研究方法是，青少年自己报告在有组织的青少年活动中的学习活动。在另一项研究中(D. M. Hanson, Larson, & Dworkin, 2003)，来自中等规模的种族多样的 450 名青少年学生对青少年阅历调查问卷(Youth Experience Survey, YES)做了反馈，这个问卷要求参与者报告出他们在一些领域的体验感受(同一性，主动性，基本、情感、认知的身体的技能，团队合作和社交技能，人际交往关系，与成人的关系和消极体验)。在这些情境中的学习活动与学科课程情境和同伴情境中的学习相比较。与同伴情境和课堂学习情境相比，有组织的青少年活动是较好的情境，有助于学生学习主动性技能(目标设定、问题解决、努力、时间管理)，探讨同一性和一些观点看法、学习管理愤怒、焦虑、压力。而且青少年报告了在有组织的青少年活动中学到了团队工作、社交技能、领导技能。在组织的各种活动中存在着有趣的学习差异。例如，以忠诚为基础的社区服务和职业活动促进了青少年的同一性、亲社会规则的发展，加强了与社区的联系，而参加体育活动却与个人发展目标(自我认知、身体技能、情绪管理)密切联系，而不是团队合作、亲社会技能、积极的同伴互动。可能体育活动的竞争本性不利于人际能力的发展(参见 Shield & Bredemeier, 2005)。

两种评论要对青少年发展活动的有效性进行判断。Roth、Brooks-Gunn、Murray 和 Foster(1998)对 15 项活动进行调查评估，这种调查方法遵循方法论中的严格标准。六项活动通过关注能力和创设有利条件达到了青少年积极发展框架的目标。通过加强能力培养和创设有利条件，六项活动被认为是对集体的问题行为进行预防。三个防范活动是传授避免危险行为(支持培训、同伴支持、计划未来)的技能，具有最少的青少年理想发展的象征意义。总之，15 项活动都具有有效性，尽管这种效果存在一定的差异。例如，越综合性的活动越可能有好的成果。活动的有效性也与成人与青少年关怀型关系的持续性有关，同时也与青少年自己参与到计划活动的程度和性质有关。

Catalano、Berglund 等人(2004)确认了 25 项活动。这些活动或多或少印证了积极青少年发展的观念(个体约束能力，调节能力，社会情绪的、认知的、行为的、道德的能力，自我效能，自我决断，灵性，同一性，对未来的信念，认可积极行为，亲社会规则，亲社会参与)，在多层次的社会领域中(许多观念也可能在单一领域里)，参与者对来自一般群体或处于危险行为的人群(但非治疗人群)的研究提出了一个或更多青少年发展框架。例如这些发展框架包括：调整能力、社会情感、认知能力、行为和道德能力、自我效能、自我决断力、精神性、同一性、亲社会规范和参与亲社会活动的框架。这些研究符合了方法论的标准。对活动特征的分析，表明有效的活动会在最低限度下表达五个积极青少年发展的观念。能力、自我效能和亲社会规范在这 25 项活动中都得到提倡；参与亲社会活动的机会，对积极行为的认可和自我约束力体现在 75%的活动中；积极同一性、自我决策力、对未来的信念、调节能力和灵性也表现在 50%的项目中。有效的活动能够同时预测个体积极的和消极的发展结果，它包括结构化的课程，要求学生参与社会活动时间不少于九个月，同时采取措施保证准确的执行。

279

社会情绪学习

我们以前认为，关注青少年积极发展的发展系统方法是品德教育的重要概念框架。同样的论据也适合于社会情绪学习(Social Emotional Learning, SEL)。社会情绪学习发展合作组织(The Collaborative to Advance Social and Emotional Learning, CASEL)已提出发展个体重要能力的统一框架，它包括加强个体的优势和对个体问题实施干预(Graczyk et al., 2000; Payton et al., 2000; Weissberg & Greenberg, 1998)。它对能力和防御的关注使自已纳入到积极青少年发展的框架中(Catalano, Hawkins, Berglund, Pollard, & Arthur, 2002),由于它长期以来都以学校实施为立场,使得它对品德教育尤其具有吸引力 (CASEL, 2003;Elias, Zins, Graczyk, & Weissberg, 2003;Elias et al. , 1997)。事实上,CASEL 坚持认为有效的社会情绪学习应有一个附着指导说明的、较好设计和组织的课程计划。这些课程计划是一系列条理清楚的课程,覆盖各个年级,并且父母和社区也会参与这个课程的计划、执行和更新。(Weissberg & O'Brien, 2004)。

社会情绪学习发展合作组织认为社会情绪学习能力是对自我和他人的意识(对情感意识管理、合理的自我评价、立场观点);自我管理(情绪的自我调节、设定目标、面对阻碍所表现出的毅力);负责任的决策(分辨问题、区分社会规范、对信息精确性和重要性的评价、评价解决方法、对决定负责)和一些处理关系的技能(合作、意味深长的沟通、谈判磋商、拒绝、寻求帮助、冲突解决技能),所有这些能力都是品德教育的常见目标。

大量的研究奠定了基础,使得这些能力与有效的适应能力结合起来,防止危险行为发生。例如,早期提出来的儿童发展项目和西雅图社会发展项目的依据就是对以学校为基础的社会情绪学习(Greenberg et al. ,2003;Weissberg & O'Brien, 2004)。同样地,大量文献资料也显示提倡社会情绪学习能力的活动能有效禁止一些问题行为(Durlak & Wells, 1997;D. B. Wilson, Gottfredson, & Najaka, 2001),药物滥用(Tobler et al. , 2000),暴力行为(Greenberg & Kusche, 1998;Greenberg, Kusche, Cook, & Quamma, 1995)。社会情绪学习也是学业成绩的一个预测指标(Elias et al. ,2003)。例如,一项研究就显示了对八年级学生学业成绩最好的预测不是其三年级时的学业成绩,而是学生社交能力指标(Caprara, Barbanelli, Pastorelli, Bandura, & Zimbardo, 2000)。

关键的问题是社会情绪学习发展合作组织已经开始注意到项目实施过程和持久性。正如 Elias 等人(2003,p. 308)指出的"尽管广泛提倡对班级管理和教学采用以实证为基础的方法,因为,这样可以把课业学习和社会情绪学习结合起来,但是这些方法的成功依靠它植根其中的多样系统"。接下来我们要探讨实施过程中的问题。

品德教育和高等教育

品德教育不能截止于高中。实际上,发展系统观对品德的看法可以让我们一生都在期待能动变化的机会。相比较而言,对高校学生的品德发展的计划性研究资料较少,但是目前已有人努力探讨大学生活经历对大学生道德形成的影响(如,Colby, Ehrlich, Beaumont, & Stephens, 2003;Mentkowski & Associates, 2000)。例如,一项调查确定了 134 所学院和大学作为品德教育的模范机构(Schwartz & Templeton, 1997; Sweeney, 1997)。这些高校强调培养道德推理技能与社区联系的经验,和心灵的成长,同时提倡没有毒品的环境。他们也重视创设品德教育的有利条件,开展品德教育活动。

280

强调道德推理技能的前提是对高校特点的探索,这将会推动对更高阶段的复杂事物进行道德思考。大学生活的经历导致了许多公认的变化,其中之一就是道德推理的质量和复杂性的增强(Pascarella & Terenzini, 1991),这种增长显示了学院对 "关于他人利益权力的价值观和态度”的教化效果(Pascarella & Terenzini, 2005, p. 348)。大学环境鼓励学生提问、探究、对经验的开放和争论,这都促进了道德推理的发展(如,Rest & Narvaez, 1991; Rogers, 2002)。然而,目前的大学环境局限于培养野心家,而且重要的探究已经没有价值了,这个联系也慢慢减弱了(McNeel, 1994)。

实际上,在把道德和公民教育作为学校重要教育活动上,高校之间是有差异的。Colby等人(2003)发现美国多数高校并不把道德和公民意识发展放在重点地位。研究者写到“多数大学都放弃了许多课内外促进品德和公民意识发展的机会,这让我们一再震惊”(p. 277)。在他们的研究中,有12所高校把品德和公民意识的教育纳入到他们的教育活动中, Colby等人认为:(a) 应当宣扬道德和公民意识成熟的重要维度;(b) 确定这些维度能够利用的空间;(c) 教育主题应充分围绕有关道德和公民教育的内容。

对于成熟的道德和公民意识的维度,Colby(2003)等人分了三类:一是理解力(如道德和公民的概念、民主原则的知识、专业知识);二是动机(如个体的期待和同情心、成为合格公民的渴望、政治效能感、作为自我理解成分的公民责任感);三是技能(如沟通技能、合作能力、形成统一意见的能力以及妥协的能力)。这些维度体现在课内外活动中,也应表现在整个校园的文化中。例如,课程就为促进道德和公民意识的成熟提供大量机会。道德和公民意识的理解力,动机和技能共同促进学业学习(Markus et al. ,1993)。全面的教育学策略包括服务学习、计划学习、场地安排、基地实习经验、合作性的工作、鼓励学生参与更广泛的社区活动,这种教学策略对道德学习有重要意义(Brandenberger, 2005)。有关道德和公民的问题可以在核心价值观以及在专业课作业中得以解决,也可以成为能力发展的目标。

最后,在高校中综合的有意识的促进品德和公民意识发展的活动,表现为三个方面:集体关系、道德和公民美德、社会公平(“系统化社会责任”)。Colby等人的研究(2003, p. 284),指出“如果没有充分考虑到这三个主题,那么道德和公民的教育就是不全面的”。与集体关系的感觉,可以培养忠诚和责任感,在此可以体会到合作的好处和责任,能体验和练习公民感。同样,高校也是培养民主公民所具有的特有美德的地方。尽管对这些特质有各种各样的看法,但是已有共识:至少需要谨慎的品质(Guttman, 1987),它能以容忍、尊重和宽容的方式继续公开交流。Nash(1997)也特别提到,民主品质本质上是一种具有道德意义的“交流的美德”。因为,在民主社会里民主品质可以帮助个体好好生活。民主公民必须以宽容、公平的态度参加公众的交流,尊重彼此的观点差异,尊重礼仪规范。民主社会里的公民参与行为要宽宏大度地倾听、妥协,在事实证据的基础上达成共识、坚守结论、见证民主过程的有效性,即使在结果与自己愿望相反的情况下也要这样(Knight Higher Education Collaborative, 2000)。民主作风的公民必须对谨慎的品质有信心和希望,并且要以不危及公民友谊、相互尊重、共同目标的方式进行针对性的讨论。因此,高等教育的一个重要的道德责任就是培养“用公众的道德语言对话的能力”(Strike, 1996, p. 889),并且要提供这样的场合,在学术讨论和智慧探索的情境下,这些美德可以频繁地出现,并得以有效地练习。

第三个主题即提倡一些课内外活动,这些活动允许大学生承担“系统的社会责任”:在民主进程中发挥积极作用,对社会政治感兴趣,从社会公平和作为一个公民的自身责任的角 281

度来看待集体生活。在如何提高这三个方面上,各高校存在差异,但重要的是学院和大学已经把道德和公民意识的成熟看作是他们教育任务中一些清晰的、特意发展的、综合的任务。

品德教育和职业教育

Bebeau(2002,p. 271)认为“职业实践主要是一个道德事业”。事实上,道德发展是各种各样职业学校关心的事,包括商业、法律、医药、牙医、护理、教育。随着职业学校数量的逐渐增加,越来越多的职业学校更频繁把道德教育列入自己的教学范围。

Rest 和 Narvaez(1994a)指出,在职业教育活动中能够提高学生道德推理能力的具体方法。首先,根据杜威提倡的直接经验和积极地问题解决观点,最有效的一种培养方法就是精心准备的心理课程、理解学业理论、直接学习经验,并通过反思把直接经验与理论相结合(Sprinthall, 1994)。从整合的经验中发展而来的个人观念体系,不仅是成熟而且是可恢复的。研究已证实促进道德推理发展的最普遍的成功的教学方法就是让学生讨论其所在领域的道德两难问题和案例(如,Hartwell, 1995)。学生要熟练地解决道德问题和使用职业道德观念(Bebeau & Thoma, 1999),他们需要发展一些技能,如,角色能力扮演,对有效和无效争论的逻辑分析能力,此时讨论道德两难问题尤其有效(McNeel, 1994;Penn, 1990)。但是,很少有实践经验的课程如电影基础课、习作课能产生积极的效果(Bebeau, 1994,2002;Self, Baldwin, & Olivarez, 1993)。

多数综合性项目超越了对道德推理的单一关注,转移到道德作用的其他方面,如四因素模型(Rest, 1983)。例如,明尼苏达大学的项目是帮助护理学和牙医学的学生,形成四种道德因素:道德敏感性、道德动机、道德行为和道德判断(Bebeau, 1994;Duckett, 1994)。最近,Bebeau(2002)已经表示个体发展职业道德同一感的重要性。研究者表示“职业同一性的概念化框架不是最初自我认知的那部分内容,它在职业教育过程中常常经过反复不断地修改和调整”(p. 286)。道德典范的研究是一个有用的方法,可以提供职业道德同一性形成的具体模型(Rule & Bebeau, 2005)。此项研究给初学者以启示:一个讲道德的职业者会是什么样子的,在典型的和非典型的情境中如何表现自己,同时提供在开始阶段的角色模式。

案例研究:综合道德教育

综合道德教育(Intergrative Ethical Education, IEE),是一种概念构架,它试图把对发展理论的理解和心理科学融合到品德教育中(Narvaez, 2005a;Narvaez, Bock, & Endicott, 2003)。综合道德教育是多重意义的综合。它以认知科学相关专业知识的文献资料和新手成为专家最佳训练机制的角度试图理解品德及其发展。综合道德教育坚守古典的资源,如它把古希腊词语中 eudaemonia(人类繁荣)、arete(美德)、phronesis(实践知识)和 techne(专业技能)概念和发展及认知科学相结合。它通过主张综合教育的目标就是发展重要的能力来把自己与积极的青少年发展联系起来,这些能力有利于建设性地适应未来成人的需要,但是这些能力被看作是技能组合,我们要通过学习和练习改变专业知识。假设发展专业技能最好的环境是与教师形成关怀性的关系,在这里可以通过教导性训练和“自主指导”的方式学习技能。在描述的品德基本技能中,综合道德教育整合了发展心理学、干预科学、积极心理学的成果来解决品德教育问题。在提出最佳教学方法上,综合道德教育通过整合当代在学习和认知领域的研究成果提出了品德教育的方法。

在这一部分,我们概括出整合道德教育的主要特征。整合道德教育可以预测关爱的班级环境的重要性,但是我们仅强调此模型中的三种成分:作为专业知识技能发展的品德,和培养专业技能一样培养学生品德,以及自我调控对发展和保持品德的重要作用。 282

作为专业知识发展的品德

人类的学习越来越被界定为初学者习得更多的研究领域里的专业知识的活动(Ericsson & Smith, 1991;R. Sternberg, 1998)。领域的专家和新手之间不同之处在于,专家具有大量的、丰富的、有组织的概念或图式网,包括陈述性、程序性和条件性知识。和新手不同,专家知道要获取哪些知识,运用什么方法步骤,以及怎样、何时利用这些知识。专家知识不仅是指专业技能,而且还包括多种能力,对典范认知的敏感性、对练习和实践证明有效的经验进行反复深刻的理解(Hursthouse, 1999,2003;Spiecker, 1999)。

在《理想国》中,柏拉图把美德描述为一种技能(希腊文 techne),或“知道怎么样”,这是某些专业领域中专家(如画家,作家和政治家)的特点。类似地,讲道德的人也“知道怎么样”,也就是说,道德技能也能被磨炼成一种较高的道德专业知识。道德专业知识不仅指个体行为、敏感性、取向,而且还包括个体情感、动机和内驱力。道德专业知识不只是一个人做了什么,而是他喜欢做什么(Urmson, 1988)。它是特性、技能和能力的复合体,使个体表现出道德行为,使个体持续追求对他有利的生活。

Rest(1983;Narvaez & Rest, 1995)证实了激发道德行为的四个不同心理过程:道德敏感性、道德判断、道德动机和道德行为。四个过程模型综合看待道德典范,道德典范是指能够表现出敏锐的知觉、采取一定的立场观点、推理技能、道德动机和完成道德行为的技能(Bebeau, Rest, & Narvaez, 1999; Narvaez, 2005a; Narvaez, Bock, Endicott, & Lies, 2004)。每个心理过程是通过一系列的技能表现出来的(Narvaez et al., 2004;Narvaez et al., 2003)。例如,具有道德敏感性技能的专家能够更快、更准确地理解情境的道德暗示,并且作出合适的反应。由于深入地理解了可能出现的结果,他们较擅长提出可使用的解决方法。具有道德判断的专家则在解决复杂问题上表现出熟练性,迅速地看出问题结构以及在问题解决过程中,提出可能出现的推理图式。他们的信息加工能力是复杂的,但却很有效。作为道德动机方面的专家,能按照道德同一性的信条,保持其道德优先性。道德行为方面的专家能自我调节、做出必要的道德行为。

培养品德专家的教学法

综合道德教育强调有效教学法的两个关键特征:第一,它必须是建构主义的;其次,它必须注意同时在两个方面培养专家技能,如意识、表面理解力以及直觉和内隐理解力两方面。综合道德教育采用认知调节观点,认为学习依赖于学生的认知活动;当个体新获得的信息依据以前的知识进行转化时,学习活动就产生了;教师通过让学生参与到认知活动过程中来,使学习变得容易,这样也促进了学生对自我监控的理解(L. M. Anderson, 1989)。它假定学习者是意义、能力和技能的构造者,同时认为在学习和他人相处的过程中,个体建构自己的概念框架——陈述性、程序性和条件性的概念框架。在这些技能广泛地用于多种情境时,个体就具备了大量的内隐知识和自动无意识思维的特点(Hassin, Uleman, & Bargh, 2005;Hogarth, 2001)。

实现这些教学目标的教育模型被叫做见习生训练。见习生训练模型包括直接和间接教学、模拟和创新,同时强调内容和过程,承载有意识思维和知觉思维。在见习生训练中,指导者提供具有熟练技能的范例和模型,他们给出使用这种方式而非其他方式解决问题的理论上的解释。同时,把见习生融入具有稳定性的组织环境——培养他们适宜的直觉(Hogarth, 2001)。

道德专业技能教学要求进行见习生训练和在多种环境中拓展实践活动。综合道德教育提供教学方针帮助学生在所要学习的每个道德内容中,不断地从一名新手成为该领域的专家。要做到这一点,学生必须体验一种专家训练教育方法,它能培养敏锐性并促进学生对他所学习的每个技能的深刻理解。教师根据以下四个水平设计课程,来帮助学生发展知识。1995年,Marshall提出的四个水平分别为:在水平1(L1)——"关注例子和机会"上,教师把学生的注意力吸引到大的环境中,帮助他们学习认知的基本模式。在水平2(L2)——"关注事实和技能"上,教师把学生的注意力吸引到所在专业领域的知识细节和典型模范上,以便构建更多复杂的概念。在水平3(L3)——"实际做法"上,教师提供机会让学生尝试有关该领域的技能和想法,以便学生能够建构程序性的认识,用于理解技能是如何与本领域的问题解决联系起来以及如何最好地运用技能去解决问题。最后,在水平4(L4)——"整合知识和做法"上,学生常常系统性地整合和应用许多背景和情境知识。

283

持续性的自我调节

在品德发展中的自我调节作用是被长期关注的焦点。Aristotle强调美德是伴随着延伸的实践、努力,以及父母、教师和辅导者的教导而发展的,直到儿童可以自我维护美德为止(Urmson, 1998)。最近的研究表明大多数的成功者,都能在必要的时候改变策略。因此,自我调节需要复杂的元认知。根据社会认知理论观点,自我调节是个人、行为和环境因素三者之间不断循环反复的、变化的相互作用,涉及三个阶段:审慎思考、执行操作或意志力的控制和自我反省(Zimmerman, 2000)。

综合道德教育赋予自我调节两个水平:教师水平和学生水平。因为学校改革是持续性的,所以教育者必须在进行品德教育中,具有自我调节的取向。这就意味着,采用系统化、目标化的手段构建一种富有爱心的学校集体;促进学校集体所有成员的教学技能和道德技能发展,包括教师、管理者以及综合学习社区的其他工作成员。

对于学生发展和保持道德技能来说,他们必须增强自己元认知理解力和自我监控技能以及提高对道德和学业发展的自我调节能力。要对学生进行自我效能感和自我调节能力的训练(Zimmerman, Bonner, & Kovach, 2002)。在综合道德教育模型中,教师不断地把学生的注意力转移到已内化入班级生活和学习里的道德问题(Narvaez, 2005b)。给学生提供指导和方法,使得学生回答他们生活中的核心问题:我将成为怎样的人?正如 McKinnon (1999,p. 42)指出的,个体必须"为构建一种品德做些必要的工作"。综合道德学习模型帮助个体发展道德行为技能,而且要求他们积极地参与对问题做出决定,这些决定都是与他们构建的品德有关。为了发展道德专业知识,一个人必须自我指导,必须为建构自己的品德付出努力。道德专业知识必须进行整体性训练,作为一种专业知识要在最初阶段就进行辅导,然后才能逐渐地进行自我指导。

综合道德教育实施:社区意见和品德教育项目

社区意见和品德教育项目(the Community Voices and Character Education Project, CVCE),是综合道德教育概念框架的早期原型。1998 年至 2000 年在明尼苏达州,CVCE 是由国家基金项目实施* 的一个项目。它是明尼苏达教育部(在那时候又称为儿童、家庭和学习关系研究部)、明尼苏达大学和全国的教育者共同合作努力的结果。CVCE 项目的重点是,为中学阶段的品德教育建构和提供基本的研究框架,同时也为怎样把道德发展纳入到分科教学中提供指导。共同创造出课堂活动的纲领和其他的支持性文献资料,如教师设计的课程计划。

考虑到授权模式及明尼苏达当地历史和法律上对课程设置控制的重视,CVCE 项目采用"共同道德"的方法(Beauchamp & Childress, 1994),把原有的自上而下的研究原则改为适合当地环境的自下而上的研究原则,形成了独特的干预方式。从上到下的优点在于:培养一种有助于品德发展的关爱环境,用新手成为专家的方法来解决道德技能教学问题,在学生练习道德技能时发展学生自我调节的技能,以及把家长和社群成员纳入对学生品德的培养工作中。学校团体和他们的领导者要在为品德教育设置的局部目标的指导下工作,采取具体的措施把道德技能教育与社区联系起来。正如 Elias 等人(2003)所指出的,所有实施的项目都是有局限性的,因为他们必须适应于当地的环境。研究者指出"通常认为以事实为基础的不同项目可以相加并有效地发挥作用"(p. 310)。通过开展全校性的项目、顾问课程以及把学业教学融入各个学科中,每个团体都发展了自己培养学生品德的独特方法。一些团体已把现存的品德干预(如名人调查)放入他们的 CVCE 干预项目中。实际上,综合道德教育框架为整合、拓展和加强现存的品德教育项目提供了一种全面的方法。

284

对社区意见和品德教育项目的评估

在最后一年的评估中,八所试点学校中的五所学校和一所非试点学校为评估提供了整

* 美国教育办公室,教育研究与教育发展,研究批号为:#R215V980001。关于 CVCE 材料的 CD 副本可以与明尼苏达教育部联系,或与圣马丽亚大学道德教育中心联系,地址是印第安纳州圣马丽亚 46556 号,154 支持性教育研究机构;E-mail:cee@nd.edu 网址:http://cee.nd.edu

套的前测后测的数据。在评估中，研究者评估了项目所强调的几个相关方面(实施有关更细节的讨论，参考C. Anderson, Narvaez, Bock, Endicott & Lies, 2004)。

项目的重要目的就是提出中学阶段的品德教育的概念化框架，同时提供活动教材指导教师团队如何把品德技能发展与分科教学结合起来。来自其他伙伴学校的参与项目的老师和不参与项目的老师，都认为概念框架具有价值。多数人对活动教材的反馈结果是"容易"、"不过如此"。

我们也评估了项目执行过程的质量。各地区在实施项目的数量和程度上各不相同。在项目实施设计、领导层、领导层和核心成员的稳定性、对教师的要求等方面都存在差异，这些差异导致在实施项目的深度和质量上的不同以及受影响的学生数目不同。五所试点学校中的两所，执行了模型的所有内容。在这些学校中，所有老师在咨询课、学科教学、全校性的活动中都涉及道德技能的教授。在这两所学校中，学生的前测后测数据有很大的差异。而其他的学校仅仅在部分教师中用有限的方式提出大量的技能。另一些方法要求学校全面参与(如儿童发展项目)项目，学生的经验在各个老师之间保持一致。这些方法中作为一个指示性的实验项目重视当地对项目的控制，而CVCE则不这样。

大量评估说明了CVCE对学生和学校环境的影响效果。使用了四种学生评定环境的测量方法：全体教职员的宽容性、学生宽容性、对环境觉察和学校依恋感的自我报告以及学生对同伴道德行为的觉察四个方面。针对四个方面中的每一方面都用通常使用的一种或多种方法进行测量。在道德敏感方面，我们使用儿童发展项目中关心他人程度的测量量表。在道德判断方面，我们使用国际道德判断量表来测定。在道德动机方面，我们需要对公民行为、社群亲密关系和道德同一性进行测量。在道德行为方面，我们对道德自信和亲社会责任进行评估。

对学生调查的反馈方式是与未参与项目的一所学校学生进行对比，我们从这所学校中抽取125人作为样本，各学校的道德发展测评结果被混合在一起。大多数测量结果显示，像预料中的那样，比较组没有显著的进步。与控制组学生相比，参与项目的学生对偏执有更强的敏感性。全部执行项目的学校强调道德敏感性。当和比较组进行比较的时候，全面实施项目的学校的学生在道德敏感性上，有了明显的提高。在MANOVA统计分析中，学校环境作为学校组(分三组：全部实施项目的学校、部分实施项目的学校以及比较组)的协变量。研究表明，在环境方面，道德技能教育对公民行为和社群亲密关系的影响是中等水平，而对道德同一性的影响较小。在学校组方面，对他人的关心、社群亲密关系和道德同一性上影响较小。这些研究表明，道德技能教学的主要效果，受环境调节。

285

由于学生的前测和后测数据差异显著，因此研究结果也存在三个疑点：首先，三所学校领导层的改变在某一个或更多的方面影响了他们对测验评估活动的管理，以至于现存的前测和后测数据只有其中的五组是有效的。第二，假设要用大量的时间证明项目的干预效果，那么，在一年内发现前测和后测的显著差异是值得怀疑的。第三，项目中的一个优点——当地控制和具有当地特色——这意味着对所有地区结果进行比较是不可能的，每个地方的推行情况不能与其他地方的情况进行严格比较。由于各地有其各自的执行特点，因此导致可供测试的数据变得很少。

CVCE 项目的特征与可复制性的问题相关。通常认为，可复制性是指一个地方推行的成功情况可以在其他学校重复。这一定义假定现在正在推行的情况是跨情境一致的。这与 CVCE 项目采用的方法不同。CVCE 强调当地的控制和它概念框架的适应性。可复制性并不是指完全相同的情况，而是指步骤和模型特征的一致。根据教师创设的每个实际课题的课程计划，CVCE 评估者作出评定，认为教师能够把品德技能发展结合到标准化的学业课程教学中。根据教师创设的课程计划、当地组织和当地指导性报告，几乎不需要什么监督，教育者就能执行项目模型。

项目模型的重要特征是，在很大程度上，多数学校能够采用该项目。多数组织认为品德是从四个过程中获得的一系列道德技能。根据教师对课程的设计，大多数的地方使用新手成为专家的方法来教授品德技能。至少，大部分地方都以一种或几种方式把社区纳入计划和推行过程中，尽管其结果是混合在一起的。由于大学人类课题委员会不允许对参与项目的学生进行访谈，所以究竟是如何取得了访谈许可还不清楚。

所学课程

综合道德教育模式为品德培养提供概念框架，这一框架指导教育者考虑学生所必备的品德内容，提供教师培养学生品德的方法。在 CVCE 项目中，综合道德教育实施受当地的控制，最大的灵活性在于，准许项目为满足当地的需要做些调整，为解决课程设计者没有预计到的问题做些调整。但是，实际上，CVCE 项目并没有为教师提供脚本，这能使教师及时修改课程，融入与学生道德技能发展有关的问题。通过最少的培训，教师团体能够构建出多层次的知识单元和课程。对于教师自己所修改的课程，他们能够不断地使用它。这是一个优点。然而，有时修改课程可能是品德教育中令人气馁的第一步，特别对没有经验的教师而言更是如此。因此，持续一年以课程(当前所试行的课程)为脚本、以咨询辅导为目标的课程培训，可以促使教师更熟悉概念框架，指导教师应用这个概念框架开展班级活动。项目灵活性大和受到当地控制，为测量可复制性的活动效果造成了困难。完全参照脚本的方法将会对可复制性项目效果作出更清晰的评估。

实施的问题

我们对综合道德教育案例的研究表明，成功的品德教育干预方法还存在许多的疑问。在这部分，我们总结了在许多品德教育文献资料和我们的实践中出现的一些长期存在的问题。

一个长期存在的问题是实施计划的精确程度(Laud & Berkowitz, 1999)。在 CVCE 项目中，实施项目的质量和一些异质的研究结果有关。实施的广泛(更多班级和教师的参与)和深入(更多频次和中心)的学校更成功，这被其他品德发展活动所证实(参见 Solomon et al., 2002)。Elias 等人(2003)强调说，干预措施很少能像计划中的那样被传承下来，尽管各种试验都是以方法论的严格精确为标志。即使项目按照设定的方式执行和传授，我们也很难能保证学生像计划的那样接受该项目。正如 Elias 等人所说,"如果孩子们漫不经心地参与项目,班级嘈杂,教学材料与学生的发展水平不相符,那么教师的'传授'就不能预测学生技能的习得和运用情况"(pp. 309—310)。因此,除了实施项目过程的准确性之外,我们还要注意到那些对学生接受干预措施的其他影响因素(Berkowitz & Bier, 2004a)。

在对社会情绪干预的执行情况和稳定性分析中,Elias 等人(2003)特别指出与品德教育相关的阻碍因素。例如,实施项目的信度受到教师和项目的指导者变更的影响。教育者的作用和特征能支持和削弱项目执行的准确程度。并非所有人都能同样满意,执行水平的变化和内隐的知识就无法传给新的工作人员。像作者所说,对于一个新的活动来讲,"提出、传达、管理和坚持"并不是一回事(p. 314)。找出指导者作用的不同和支持新员工对保证持续性有重要意义。实际上,"成功似乎与不断发展和更新的精神是分不开的,但不是对现在的情况的过度偏离"(p. 314)。除此之外,实际上,尽管每个品德教育的方法都要求家庭和社区要进行广泛的、积极的合作,但是却低估了形式、有效运用和保持这些关系的困难。

Elias 等人(2003)总结一些因素,与项目的成功和持续实施有关。这些项目是:(a) 项目的协调者,要有比较完善的准备,组委会对项目的实施进行监督;(b) 项目包含的个体要有一种项目组织者的感觉;(c) 有持续的正式与非正式的训练;(d) 具有多样的、吸引人的教学材料以体现各地区和各学校的发展目标;(e) 选拔主要教育领导者和对他们一致性的支持。Elias 等人也表示实用的理论指导观点是具有重要意义的。研究者写道,"当地的生态环境不会支持无限多样的可能性"(p. 314)。换句话说,需要在项目计划、目标、对象与它的以持续性进步为宗旨的灵活执行之间进行匹配。

考虑到当地的学校环境,复杂组织中所存在的特有的障碍和机会,我们把学校的文化氛围看作是进行品德教育的活动场所。学校中存在对专业学习集体的培养,这对于学校持续的改革起到重要作用(Fullan, 1999,2000)。例如,在提高学生学习成绩和改善学校氛围上取得成功的学校,拥有这样的员工,他们发展职业学习团体,借助评价促进学生工作,改变实践以完善成果(Newmann & Wehlage, 1995;Pankake & Moller, 2003)。职业学习团体有自己独特的特征。他们花时间来发展与学习有关的共同远景和互助价值观,同时他们提出规范以改进实践。领导者和教师、管理者之间的关系是民主的共享的关系。学校的全体教职员工共同探寻和分享知识、技能和改善实践的策略。学校结构创设了一种合作、信任、积极和关爱的环境。教师把自己的课堂开放出来,以便进行反馈,听取他人对自己提高学生成绩的意见,获得促进个体和团体成长的建议。我们相信这些相似的实践活动对持续投入到取得学业成绩和道德学习的活动都是至关重要的,欢迎参看一个校长的高中道德教育的报告中提到的对学习集体的看法(Lickona & Davidson, 2004)。

我们认为,如果品德教育被认为是主要干预项目的例子,那么品德教育应该具备所有完善设计的干预活动的特征。它应具有全面性、多层次性,并在生态环境的不同水平上表现多重评价的结果,能够在低年级实施且持续进行。现在我们很容易注意到,一次性和短期的干预项目没有持续的效果。而且,当特质的一致性被置于人与环境的相互作用中,那些没有注意到班级和学校的气氛和文化的道德教育也就没有什么希望了。而有效的品德教育要像改变学生的行为那样普遍认为要改变学校的文化环境。

Payton 等人(2000)提出社会情绪学习项目的性质有些具体的特征。这些项目包括(a) 陈述概念框架,以便指导项目和学习目标的选择;(b) 为教师提供专业发展的教学方法,促进他们在所有的规定学业课程中有效地实施项目;(c) 包括组织完备的、用户喜欢的课程计划,这些课程具有清晰的目标、学习活动、评估工具。而且我们认为有效的项目能加强全校范围内的合作,加强学校、家庭和学校社区的合作关系。

287

许多有意义的研究资料是关于成绩好的学校的特征。具有高学业成绩的学校是有秩序的、安全的,他们尊重学生并为学生提供道德和个人支持,同时期待他们取得成就(Sebring, 1996)。成功的学校有很强的集体主义感和能达到较高的学业标准(具有严格规范和对成绩的高期望值;Bryk, Lee, & Holland, 1993)。有趣的是,有利于学业成绩的特征和有利于学生亲社会发展的特征相重合。促进亲社会发展的学校具有一种关爱的环境,这种环境养成集体的归属感和能力(M. Watson et al. , 1997)。换句话说,并不存在两套最好的教学实践方法,即学习成绩的教学方法和品德教育的教学方法。两个目标制定出同样的剧本。在这个意义上,有效的品德教育实际上就是一种好的学业教育。例如,最近对天主教区的学校使用结构均等的教学模型进行教学的研究显示,环境对品德发展有直接的影响。同样,品德发展调节环境对学业动机的影响,比环境对动机的直接影响要大(Mullen, Turner, & Narvaez, 2005)。

当然,这表明有效的道德教育最终还是要落实到教师在课堂中的表现。通常教师备课计划不能体现品德教育被明确教授的程度。而且众所周知,在教学内容和教学方法上有丰富经验的教师比那些无经验的新教师更能有效地管理班级(Berliner, 1994a, 1994b; Shulman, 1987;Sternberg & Horvath, 1995)。但是如果在实习教师的培训过程中,缺少或限制对道德内容知识和教学法详细的指导性的关注,那么不能乐观地认为教师的专业知识水平满足了推行品德教育的需要。

另一方面,Carr(1991)争论道,如果教师在实施道德教育上失败了,那么这不是因为他们缺乏课程理论知识和教法的技能。实际上,他认为我们把实习教师放在了教育活动中,"教育或掌握适合传递中立价值观的知识和信息的教学技能或策略,是没什么大作用的"(p. 11)。教师的失败是因为内在价值观的问题,他们并没有以职业的形式系统地传授他们的专业知识。相反地,"教师和教育者在这一问题上形成一种心照不宣的共识"(p. 10)。Carr 认为教师教育项目不要求"对人类生活和经验的道德品质的敏感反应,对价值观的本质问题和教育家角色的道德方面内容的敏感反应",结果导致教师思想上的空虚,这使教师处于随波逐流的状态;也使他们没有弄清楚与教育、教学和学习有关的基本价值问题的必要性和内在性。理性的反思也指出应教授实习教师如何提高道德在日常学习生活中的重要性。当考虑到培养实习教师的教室道德的必要性和内在性时,教师的教育者从 Jackson、Boostrom、Hansen 的《学校的道德生活》(*The Moral Life of School*, 1993)一书找到了方向。例如 1993 年 Jackson 等人指出坚持道德班级模型的教师有强烈的道德品德,同时也期待他们的学生也有这样的品德。这些教师指出课程材料的道德方面并根据这些特点选择材料。而且,在这些班级中,道德讨论是班级发展取向的重要部分,也是课外活动的发展取向。在任何情况下,教师的教育者需要实施与道德品质发展相关的最佳的实践任务,这是 William 和 Schaps(1999)所提出的任务。

拓展问题和未来发展方向

我们讨论认为品德教育要对特质的一致性和发展做合理的心理学的理解,同时合理的一个教育方法是教育转移到对有效的教学和学习活动的理解上。我们提出以发展系统的角度看待品德教育的概念框架,同时回顾几种青少年发展的有希望的干预项目,如,以学校和社区为基础的干预项目。

但是,品德教育也存在一个长期性争论的问题,即是否应把这些项目完全看成品德教育的实际例子。我们对作为过程的品德教育与作为结果的品德教育进行区分比较。比较结果和我们清晰的回顾一样,传统品德教育证明了其作为教育的过程的特点,而这种结果并没有与以往的结果有什么不同。实际上,当拥护者指向所发挥作用的品德教育项目时,这些项目是被完全不同的理论所推动的,而非道德、美德和品德。发挥作用的项目与积极青少年发展或社会情绪学习相关。然而包括发展精神病理学和预防科学的发展科学,已经提供了理解危险行为、调节性、适应力的概念框架,这几乎不需要品德语言。另一方面,如果品德不被看作是一种过程,而是看成一系列结果,那么当然,对自己发展的干预结果的看法也没有什么不恰当的。例如,在这种情况下,发展科学和青少年发展以及社会情绪的观点都推动了干预活动,提供的结论涉及对品德的某种理解,涉及对青少年如何准备成年期的生活和机遇的启示。

288

可是,我们不想放弃品德教育是一种独特的教育干预方式的观点。尽管青少年发展和社会情绪学习的相关文献提供了有关适应力、积极成长和调节性的引人注目的观点,尽管道德教育者试图把这些文献看作是他们自己的,我们认为如果没有详细说明的自我、同一性和团体的道德维度,成功的成人的愿望是不全面的。繁荣、兴旺和积极发展的象征主要是指生活的好这个观点。但是,生活的好只是其中的一部分。我们必须不仅生活的好,并且要让生活有益于人们生存。对于有利于人们生存的生活方式的理解是一个道德问题;它有全面的道德维度,不只是避免危险行为和获得社会情绪能力。

的确,对人有利的生活要求个体能避免明显的冒险行为,所以品德教育中包括了预防科学作为一种抵制危险行为和疾病的预防方法。同时还要培养能力去迎接成年期的挑战。因此品德教育包括在不同形式的青少年积极发展项目,还有它的口号,“没有问题并不意味准备充分”。但是,充分准备不是道德强调的内容。我们认为,品德教育的目标是在最低程度上为青年人的成年生活做出充分准备,但是不应该为满足青少年舒适生活做出的充分准备;它的目标还表现在帮助学生处理有利于发展生活的道德方面问题。

品德教育的问题是:怎样在道德改革、心理社会干预和青少年项目实施中保持自己独特的看法。积极青少年项目发展的方法也是品德教育所提出的具体例子,在我们看来,品德教育的标志是有明确的概念框架，它包括发展系统观，同时表述了一种所谓积极发展的道德观点。实际上，道德观点是美德道德标准，它表述了道德作用的积极概念，道德可以作为一种深刻的理性的共同成就，通过我们活跃的道德理想表达我们自我认同的本质。

另一个挑战是，我们可以利用心理学的资源形成道德作用、自我同一性和特质一致性的可支持性的观点。通过心理学的方法我们做出了许多建议。在我们看来，在专业知识方面，人格的社会认知理论和认知科学的文献资料，为理解人格的道德维度提供可利用的框架，即使其他的资料也同样提供了支持，我们也反复重申我们的观点，充分的品德教育将需要品德心理学上大量强有力的模型，这些模型以深入的整合的、多层次的心理学框架为标志。

而且，发展系统观拓展了我们对品德和品德教育的研究视角。例如存在一种趋势，即把品德教育看成是学校中的一种正式的课程。但是，就像我们看见的那样，自发的品德和良心的出现都在童年早期，早期家庭生活里发展的、能动的社会化模式无疑是一种品德教育，这让许多不同时代的研究者感兴趣。而且发展系统观点使我们能探讨品德心理学贯穿一生的能动变化，这种变化发生在个体生活的多方面，其范围已经超越了家庭和学校，还包括休闲活动和同伴关系。或许，从生活历程的角度看待品德，则要求考虑更多的其他概念，如才智(Staudinger & Pasupathi, 2003; R. J. Sternberg, 1998)，目标(Damon, Menon, & Bronk, 2003)，个人目标(Emmons, 2002)，精神和超越(Seligman & Csikszentmihalyi, 2000)，生态学意义的公民(Clayton & Opotow, 2003)和品德优势特点(Peterson & Seligman, 2004)，来充分说明与特质一致性和人性积极发展有关的各个阶段的复杂性。

289

（张野译，杨丽珠审校）

参考文献

Abbott, R. D., O'Donnell, J., Hawkins, J. D., Hill, K. G., Kosterman, R., & Catalano, R. F. (1998). Changing teaching practices to promote achievement and bonding to school. *American Journal of Orthopsychiatry*, *68*, 542 - 552.

Aber, J. L., Brown, J. L., & Henrich, C. C. (1999). *Teaching conflict resolution: An effective school-based approach to violence prevention*. New York: National Center for Children in Poverty.

Aber, J. L., Pedersen, S., Brown, J. L., Jones, S. M., & Gershoff, E. T. (2003). *Changing children's trajectories of development: Two-year evidence for the effectiveness of a school-based approach to violence prevention*. New York: National Center for Children in Poverty.

Anderson, C., Narvaez, D., Bock, T., Endicott, L., & Lies, J. (2003). *Minnesota Community Voices and Character Education: Final evaluation report*. Roseville: Minnesota Department of Education.

Anderson, L. M. (1989). Learners and learning. In M. C. Reynolds (Ed.), *Knowledge base for the beginning teacher* (pp. 85 - 99). Oxford: Pergamon Press.

Aquino, K., & Reed, A., II. (2002). The self-importance of moral identity. *Journal of Personality and Social Psychology*, *83*, 1423 - 1440.

Aristotle. (1985). *Nicomachean ethics* (T. Irwin, Trans.). Indianapolis, IN: Hackett. (Original work written 350)

Arthur, J. (2003). *Education with character: The moral economy of schooling*. London: Routledge Falmer.

Atkins, R., Hart, D., & Donnelly, T. M. (2004). Moral identity development and school attachment. In D. K. Lapsley & D. Narvaez (Eds.), *Moral development, self and identity* (pp. 65 - 82). Mahwah, NJ: Erlbaum.

Ayer, A. J. (1952). *Language, truth and logic*. New York: Dover.

Bargh, J. A. (1989). Conditional automaticity: Varieties of automatic influence in social perception and cognition. In J. S. Uleman & J. A. Bargh (Eds.), *Unintended thought* (pp. 3 - 51). New York: Guilford Press.

Bargh, J. A., Bond, R. N., Lombardi, W. J., & Tota, M. E. (1986). The additive nature of chronic and temporal sources of construct accessibility. *Journal of Personality and Social Psychology*, *50*, 869 - 878.

Battistich, V., & Hom, A. (1997). The relationship between students' sense of their school as a community and their involvement in problem behavior. *American Journal of Public Health*, *87*, 1997 - 2001.

Battistich, V., Solomon, D., Watson, M., & Schaps, E. (1996). *Enhancing students' engagement, participation, and democratic values and attitudes*. Ann Arbor, MI: Society for the Psychological Study of Social Issues.

Battistich, V., Solomon, D., Watson, M., & Schaps, E. (1997). Caring school communities. *Educational Psychologist*, *32*, 137 - 151.

Battistich, V., Solomon, D., Watson, M., Solomon, J., & Schaps, E. (1989). Effects of an elementary school program to enhance prosocial behavior on children's social problem-solving skills and strategies. *Journal of Applied Developmental Psychology*, *10*, 147 - 169.

Baumrind, D. (1999). Reflection on character and competence. In A. Colby, J. James, & D. Hart (Eds.), *Competence and character through life* (pp. 1 - 30). Chicago: University of Chicago Press.

Beauchamp, T. L., & Childress, J. F. (1994). *Principles of biomedical ethics* (4th ed.). New York: Oxford University Press.

Bebeau, M., Rest, J. R., & Narvaez, D. (1999). Beyond the promise: A framework for research in moral education. *Educational Researcher*, *28* (4), 18 - 26.

Bebeau, M. J. (1994). Influencing the moral dimensions of dental practice. In J. Rest & D. Narvaez (Eds.), *Moral development in the professions* (pp. 121 - 146). Hillsdale, NJ: Erlbaum.

Bebeau, M. J. (2002). The defining issues test and the four component model: Contributions to professional education. *Journal of Moral Education*, *31*, 271 - 295.

Bebeau, M. J., & Thoma, S. J. (1999). Intermediate concepts and the connection to moral education. *Educational Psychology Review*, *11*(4), 343 -

360.

Beland, K. (2003a). Creating a caring school community: Vol. 4. A guide to Principle 4 of the eleven principles of effective character education. In K. Beland (Series Ed.), *Eleven principles sourcebook: How to achieve quality character education in K-12 schools*. Washington, DC: Character Education Partnership.

Beland, K. (2003b). Engaging families and community members: Vol. 10. A guide to Principle 10 of the eleven principles of effective character education. In K. Beland (Series Ed.), *Eleven principles sourcebook: How to achieve quality character education in K-12 schools*. Washington, DC: Character Education Partnership.

Beland, K. (Series Ed.). (2003c). *Eleven principles sourcebook: How to achieve quality character education in K-12 schools*. Washington, DC: Character Education Partnership.

Bennett, R. J., Aquino, K., Reed, A., Ⅱ., & Thau, S. (in press). Morality, moral self-identity and employee deviance. In S. Fox & P. Spector (Eds.), *Differing perspectives on counter-productive behavior in organizations*. Washington, DC: American Psychological Association.

Bennett, W. J. (1980). The teacher, the curriculum and values education development. In M. L. McBee (Ed.), *New directions for higher education: Rethinking college responsibilities for values* (pp. 27 - 34). San Francisco: Jossey-Bass.

Benninga, J. (Ed.). (1991a). *Moral, character and civic education in the elementary school*. New York: Teachers College Press.

Benninga, J. (1991b). Synthesis and evaluation in moral and character education. In J. Benninga (Ed.), *Moral, character and civic education in the elementary school* (pp. 265 - 276). New York: Teachers College Press.

Benson, P. L., Leffert, N., Scales, P. C., & Blyth, D. A. (1998). Beyond the "village" rhetoric: Creating healthy communities for children and adolescents. *Applied Developmental Science*, *2*, 138 - 159.

Benson, P. L., Scales, P. C., Leffert, N., & Roehlkepartain, E. C. (1999). *A fragile foundation: The state of developmental assets among American youth*. Minneapolis, MN: Search Institute.

Bergman, R. (2002). Why be moral? A conceptual model from a developmental psychology. *Human Development*, *45*, 104 - 124.

Berkowitz, M. (2002). The science of character education. In W. Damon (Ed.), *Bringing in a new era in character education* (pp. 43 - 63). Stanford, CA: Hoover Institution Press.

Berkowitz, M., & Bier, M. (2004a). Research-based character education. *Annals of the American Academy of Political and Social Science*, *391*, 72 - 85.

Berkowitz, M., & Bier, M. (2004b). *What works in character education: A research-driven guide for educators*. Washington, DC: Character Education Partnership.

Berkowitz, M., & Bier, M. (2005). The interpersonal roots of character education. In D. K. Lapsley & F. C. Power (Eds.), *Character psychology and character education*. Notre Dame, IN: University of Notre Dame Press.

Berkowitz, M. W., & Oser, F. (Eds.). (1985). *Moral education: Theory and application*. Hillsdale, NJ: Erlbaum.

Berliner, D. C. (1994a). Expertise: The wonder of exemplary performances. In J. N. Mangieri & C. C. Block (Eds.), *Creating powerful thinking in teachers and students* (pp. 161 - 186). Forth Worth, TX: Holt, Rinehart and Winston.

Berliner, D. C. (1994b). Teacher expertise. In B. Moon & A. S. Mayes (Eds.), *Teaching and learning in the secondary school*. London: Routledge/Open University.

Blasi, A. (1984). Moral identity: Its role in moral functioning. In W. M. Kurtines & J. J. Gewirtz (Eds.), *Morality, moral behavior and moral development* (pp. 128 - 139). New York: Wiley.

Blasi, A. (1985). The moral personality: Reflections for social science and education. In M. W. Berkowitz & F. Oser (Eds.), *Moral education: Theory and application* (pp. 433 - 443). New York: Wiley.

Blasi, A. (1990). How should psychologists define morality? Or the negative side effects of philosophy's influence on psychology. In T. Wren (Ed.), *The moral domain: Essays on the ongoing discussion between philosophy and the social sciences* (pp. 38 - 70). Cambridge, MA: MIT Press.

Blasi, A. (1995). Moral understanding and the moral personality: The process of moral integration. In W. Kurtines & J. L. Gewirtz (Eds.), *Moral development: An introduction* (pp. 229 - 253). Boston: Allyn & Bacon.

Blasi, A. (1999). Emotions and moral motivation. *Journal for the Theory of Social Behavior*, *29*, 1 - 19.

Blasi, A. (2005). Moral character: A psychological approach. In D. K. Lapsley & F. C. Power (Eds.), *Character psychology and character education* (pp. 67 - 100). Notre Dame, IN: University of Notre Dame Press.

Brandenberger, J. (2005). College, character and social responsibility: Moral learning through experience. In D. K. Lapsley & F. C. Power (Eds.), *Character psychology and character education* (pp. 305 - 334). Notre Dame, IN: University of Notre Dame Press.

Bronfenbrenner, U. (1979). *The ecology of human development*. Cambridge, MA: Harvard University Press.

Brooks, B. D., & Goble, F. G. (1997). *The ease for character education: The role of the school in teaching values and virtues*. Northridge, CA: Studio 4 Productions.

Brugman, D., Podolskij, A. J., Heymans, P. G., Boom, J., Karabanova, O., & Idobaeva, O. (2003). Perception of moral atmosphere in school and norm transgressive behavior in adolescents: An intervention study. *International Journal of Behavioral Development*, *27*, 289 - 300.

Bryk, A. S. (1988). Musings on the moral life of schools. *American Journal of Education*, *96*(2), 256 - 290.

Bryk, A. S., & Driscoll, M. (1988). *The school as community: Shaping forces and consequences for students and teachers*. Madison: University of Wisconsin, National Center for Effective Secondary Schools.

Bryk, A. S., Lee, V. E., & Holland, P. B. (1993). *Catholic schools and the common good*. Cambridge, MA: Harvard University Press.

Campbell, R. L., & Christopher, J. C. (1996). Moral development theory: A critique of its Kantian presuppositions. *Developmental Review*, *16*, 1 - 47.

Campbell, R. L., Christopher, J. C., & Bickhard, M. H. (2002). Self and values: An interactionist foundation for moral development. *Theory and Psychology*, *12*, 795 - 823.

Caprara, G. V., Barbanelli, C., Pastorelli, C., Bandura, A., & Zimbardo, P. G. (2000). Prosocial foundations of children's academic achievement. *Psychological Science*, *11*, 302 - 306.

Carlo, G., Eisenberg, N., Troyer, D., Switzer, G., & Speer, A. L. (1991). The altruistic personality: In what contexts is it apparent? *Journal of Personality and Social Psychology*, *61*, 450 - 458.

Carr, D. (1991). *Educating the virtues: An essay on the philosophical psychology of moral development and education*. London: Routledge.

Carr, D. (2003). Character and moral choice in the cultivation of virtue. *Philosophy*, *78*, 219 - 232.

Carr, D., & Steutel, J. (Eds.). (1999). *Virtue ethics and moral education*. London: Routledge.

Catalano, R. F., Berglund, M. L., Ryan, J. A. M., Lonczak, S., & Hawkins, J. D. (2004). Positive youth development in the United States: Research findings on evaluations of positive youth development programs. *Annals of the American Academy of Political and Social Science*, *591*, 98 - 124.

Catalano, R. F., Haggerty, K. P., Oesterle, S., Fleming, C. B., & Hawkins, J. D. (2004). The importance of bonding to school for healthy development: Findings from the Social Development Research Group. *Journal of School Health*, *74*(7), 252 - 261.

Catalano, R. F., Hawkins, J. D., Berglund, M. L., Pollard, J. A., & Arthur, M. W. (2002). Prevention science and positive youth development: Competitive or cooperative frameworks. *Journal of Adolescent Health*, *31*, 230 - 239.

Cervone, D. (1991). The two disciplines of personality psychology. *Psychological Science*, *2*, 371 - 377.

Cervone, D. (2005). Personality architecture: Within-person structures and processes. *Annual Review of Psychology*, *56*, 423 - 452.

Cervone, D., & Shoda, Y. (1999). Social-cognitive theories and the coherence of personality. In D. Cervone & Y. Shoda (Eds.), *The coherence of personality: Social-cognitive bases of consistency, variability and organization* (pp. 3 - 36). New York: Guilford Press.

Chapman, W. E. (1977). *Roots of character education: An exploration of the American heritage from the decade of the 1920s*. New York: Character Research Press.

Clayton, S., & Opotow, S. (Eds.). (2003). *Identity and the natural environment*. Cambridge, MA: MIT Press.

Colby, A., & Damon, W. (1992). *Some do care: Contemporary lives of moral commitment*. New York: Free Press.

Colby, A., & Damon, W. (1995). The development of extraordinary moral commitment. In M. Killen & D. Hart (Eds.), *Morality in everyday life: Developmental perspectives* (pp. 342 - 370). Cambridge, England: Cambridge University Press.

Colby, A., Ehrlich, T., Beaumont, E., & Stephens, J. (2003). *Educating citizens: Preparing America's undergraduates for lives of moral and civic responsibility*. San Francisco: Jossey-Bass.

Collaborative for Academic, Social, and Emotional Learning (CASEL). (2003). *Safe and sound: An educational leader's guide to evidence-based social and emotional learning programs*. Chicago: Author.

Cunningham, C. A. (2005). A certain and reasoned art: The rise and fall of character education in America. In D. K. Lapsley & F. C. Power (Ed.), *Character psychology and character education* (pp. 166 - 200). Notre Dame, IN: University of Notre Dame Press.

Damon, W., Menon, J., & Bronk, C. K. (2003). The development of purpose during adolescence. *Applied Developmental Science*, *7*, 119 - 128.

Davidson, M. (2005). Harness the sun, channel the wind: The promise and pitfalls of character education in the 21st century. In D. K. Lapsley & F. C. Power (Eds.), *Character psychology and character education* (pp. 218 - 244). Notre Dame, IN: University of Notre Dame Press.

DeVries, R., & Zan, B. (1994). *Moral classrooms, moral children: Creating a constructivist atmosphere in early education*. New York: Teachers College Press.

Dewey, J. (1908). *Moral principles in education*. Boston: Houghton Mifflin.

Dewey, J. (1938). *Experience and education*. New York: Macmillan.

Dewey, J., & Tufts, J. H. (1910), *Ethics*. New York: Henry Holt.

Duckett, L. (1994). Ethical education for nursing practice. In J. Rest & D. Narvaez (Eds.), *Moral development in the professions* (pp. 51 - 69). Mahwah, NJ: Erlbaum.

Durlak, J. A., & Wells, A. M. (1997). Primary prevention mental health programs for children and adolescents: A meta-analytic review. *American Journal of Community Psychology*, *25*, 115 - 152.

Eisenberg, N., Guthrie, D. K., Cumberland, A., Murphy, B. C., Shepard, S. A., Zhou, Q., et al. (2002). Prosocial development in early adulthood: A longitudinal study. *Journal of Personality and Social Psychology*, *82*, 993 - 1006.

Eisenberg, N., Guthrie, D. K., Murphy, B. C., Shepard, S. A., Cumberland, A., & Carlo, G. (1999). Consistency and development of prosocial dispositions: A longitudinal study. *Child Development*, *70*, 1360 - 1372.

Elias, M. J., Zins, J. E., Graczyk, P. A., & Weissberg, R. P. (2003). Implementation, sustainability, and scaling up of socialemotional and academic innovations in public schools. *School Psychology Review*, *32*, 303 - 319.

Elias, M. J., Zins, J. E., Weissberg, R. P., Greenberg, M. T., Haynes, N. M., Kessler, R., et al. (1997). *Promoting social and emotional learning: Guidelines for educators*. Alexandria, VA: Association for Supervision and Curriculum Development.

Emmons, R. A. (2002). Personal goals, life meaning, and virtue: Wellsprings of a positive life. In C. L. Keyes & J. Haidt (Eds.), *Flourishing: Positive psychology and the life well lived* (pp. 105 - 128). Washington, DC: American Psychological Association.

Ericsson, K. A., & Smith, J. (1991). *Toward a general theory of expertise*. Cambridge, England: Cambridge University Press.

Erikson, E. H. (1968). *Identity: Youth and crisis*. New York: Norton.

Etzioni, A. (1993). *The spirit of community: The reinvention of American society*. New York: Simon & Schuster.

Etzioni, A. (1996). *The new golden rule*. New York: Basic Books.

Featherstone, J. A. (1986). Foreword. In B. A. Kimball. *Orators and philosophers: A history of the idea of liberal education* (pp. ix - xiv). New York: Teachers College Press.

Fivush, R., Kuebli, J., & Chubb, P. A. (1992). The structure of event representations: A developmental analysis. *Child Development*, *63*, 188 - 201.

Flanagan, C. (2004). Volunteerism, leadership, political socialization and civic engagement. In R. Lerner & L. Steinberg (Eds.), *Handbook of adolescent psychology* (2nd ed., pp. 721 - 746). New York: Wiley.

Flanagan, O. (1991). *The varieties of moral personality: Ethics and psychological realism*. Cambridge, MA: Harvard University Press.

Frankfurt, H. G. (1988). *The importance of what we care about*. New York: Cambridge University Press.

Fullan, M. (1999). *Change forces: The sequel*. London: Falmer Press.

Fullan, M. (2000). The return of large-scale reform. *Journal of Educational Change*, *1*, 1 - 23.

Goodenow, C. (1993). The psychological sense of school membership among adolescents: Scale development and educational correlates. *Psychology in the Schools*, *30*, 79 - 90.

Goodlad, J. (1992). The moral dimensions of schooling and teacher education. *Journal of Moral Education*, *21*(2), 87 - 98.

Goodman, J. F., & Lesnick, H. (2001). *The moral stake in education: Contested premises and practices*. New York: Longman.

Gottfredson, G., & Gottfredson, D. (1985). *Victimization in schools*. New York: Plenum Press.

Graczyk, P. A., Matjasko, J. L., Weissberg, R. P., Greenberg, M. T., Elias, M. J., & Zins, J. E. (2000). The role of the Collaborative to Advance Social and Emotional Learning (CASEL) in supporting the implementation of quality school-based prevention programs. *Journal of Educational and Psychological Consultation*, *11*, 3 - 6.

Greenberg, M. T., & Kusche, C. A. (1998). *Promoting alternative thinking strategies: Blueprint for violence prevention* (Book 10). Boulder: University of Colorado, Institute for the Behavioral Sciences.

Greenberg, M. T., Kusche, C. A., Cook, E. T., & Quamma, J. P. (1995). Promoting emotional competence in school-aged children: The effects of the PATHS curriculum. *Development and Psychopathology*, *7*, 117 - 136.

Greenberg, M. T., Weissberg, R. P., O'Brien, M. U., Zins, J. E., Fredericks, L., Resnick, H., et al. (2003). Enhancing schoolbased prevention and youth development through coordinated social, emotional and academic learning. *American Psychologist*, *58*, 466 - 474.

Guttman, A. (1987). *Democratic education*. Princeton, NJ: Princeton University Press.

Hamre, B. K., & Pianta, R. C. (2001). Early teacher-child relationships and the trajectory of children's school outcomes through eighth grade. *Child Development*, *72*, 625 - 638.

Hansen, D. T. (1993). From role to person: The moral layeredness of classroom teaching. *American Educational Research Journal*, *30*, 651 - 674.

Hanson, D. M., Larson, R. W., & Dworkin, J. B. (2003). What adolescents learn in organized youth activities: A survey of self reported developmental experiences. *Journal of Research on Adolescence*, *13*, 25 - 55.

Hardy, S., & Carlo, G. (2005). Moral identity theory and research: An update with directions for the future. *Human Development*, *48*, 232 - 256.

Hart, D. (2005). The development of moral identity. *Nebraska Symposium on Motivation*, *51*, 165 - 196.

Hart, D., Atkins, R., & Ford, D. (1998). Urban America as a context for the development of moral identity. *Journal of Social Issues*, *54*, 513 - 530.

Hart, D., & Fegley, S. (1995). Prosocial behavior and caring in adolescence: Relations to self-understanding and social judgment. *Child Development*, *66*, 1346 - 1359.

Hart, D., Yates, M., Fegley, S., & Wilson, G. (1995). Moral commitment in inner-city adolescents. In M. Killen & D. Hart (Eds.), *Morality in everyday life: Developmental perspectives* (pp. 317 - 341). New York: Cambridge University Press.

Hartshorne, H., & May, M. A. (1928). *Studies in the nature of character: Vol. 1. Studies in deceit*. New York: Macmillan.

Hartshorne, H., & May, M. A. (1929). *Studies in the nature of character: Vol. 2. Studies in self-control*. New York: Macmillan.

Hartshorne, H., & May, M. A. (1930). *Studies in the nature of character: Vol. 3. Studies in the organization of character*. New York: Macmillan.

Hartwell, S. (1990). Moral development, ethical conduct and clinical education. *New York Law School Review*, *107*, 505 - 539.

Hassin, R. R., Uleman, J. S., & Bargh, J. A. (Eds.). (2005). *The new unconscious*. New York: Oxford University Press.

Hawkins, D. J., Catalano, R. F., Kosterman, R., Abbott, R., & Hill, K. G. (1999). Preventing adolescent health-risk behavior by strengthening protection during childhood. *Archives of Pediatrics and Adolescent Medicine*, *153*, 226 - 234.

Hawkins, D. J., Guo, J., Hill, G., Battin-Pearson, S., & Abbott, R. D. (2001). Long-term effects of the Seattle Social Development intervention on school bonding trajectories. *Applied Developmental Science*, *5*, 225 - 236.

Hay, D. F., Castle, J., Stimson, C. A., & Davies, L. (1995). The social construction of character in toddlerhood. In M. Killen & D. Hart (Eds.), *Morality in everyday life: Developmental perspectives* (pp. 23 - 51). Cambridge, England: Cambridge University Press.

Hilles, W. S., & Kahle, L. R. (1985). Social contract and social integration in adolescent development. *Journal of Personality and Social Psychology*, *49*, 1114 - 1121.

Hogarth, R. M. (2001). *Educating intuition*. Chicago: University of Chicago Press.

Howard, S., Dryden, J., & Johnson, B. (1999). Childhood resilience: Review and critique of literature. *Oxford Review of Education*, *25* (3), 307 - 323.

Hursthouse, R. (1999). *On virtue ethics*. Oxford: Oxford University Press.

Hursthouse, R. (2003). Normative virtue ethics. In S. Darwall (Ed.), *Virtue ethics* (pp. 184 - 202). Oxford: Blackwell.

Jackson, P. W. (1986). *The practice of teaching*. New York: Teachers College Press.

Jackson, P. W., Boostrom, R. E., & Hansen, D. T. (1993). *The moral life of schools*. San Francisco: Jossey-Bass.

Kent, B. (1999). Moral growth and the unity of the virtues. In D. Carr & J. Steutel (Eds.), *Virtue ethics and moral education* (pp. 109 - 124). London: Routledge.

Kimball, B. A. (1986). *Orators and philosophers: A history of the idea of liberal education*. New York: Teachers College Press.

Knight Higher Education Collaborative. (2000). Disputed territories. *Policy Perspectives*, *9*(4), 1 - 8.

Kochanska, G. (1993). Toward a synthesis of parental socialization and child temperament in early development of conscience. *Child Development*, *64*, 325 - 347.

Kochanska, G. (1995). Children's temperament, mothers' discipline and security of attachment: Multiple pathways to emerging internalization. *Child Development*, *66*, 597 - 615.

Kochanska, G. (1997). Multiple pathways to conscience for children with different temperaments: From toddlerhood to age 5. *Developmental Psychology*, *33*, 228 - 240.

Kochanska, G. (2002). Committed compliance, moral self, and internalization: A mediational model. *Developmental Psychology*, *38*, 339 - 351.

Kochanska, G., Aksan, N., Knaack, A., & Rhines, H. M. (2004). Maternal parenting and children's conscience: Early security as moderator. *Child Development*, *75*, 1229 - 1242.

Kochanska, G., Aksan, N., & Koenig, A. L. (1995). A longitudinal study of the roots of preschoolers' conscience: Committed compliance and emerging internalization. *Child Development*, *66*(6), 1752 - 1769.

Kochanska, G., Aksan, N., & Nichols, K. E. (2003). Maternal power assertion in discipline and moral discourse contexts: Commonalities, differences and implications for children's moral conduct and cognition. *Developmental Psychology*, *39*, 949 - 963.

Kochanska, G., & Thompson, R. (1997). The emergence and development of conscience in toddlerhood and early childhood. In J. E. Grusec & L. Kuczynski (Eds.), *Parenting and children's internalization of values* (pp. 53 - 77). New York: Wiley.

Kohlberg, L. (1969). Stage and sequence: The cognitivedevelopmental approach to socialization. In D. Goslin (Ed.), *Handbook of socialization theory and research* (pp. 347 - 480). Chicago: Rand McNally.

Kohlberg, L. (1971). From is to ought: How to commit the naturalistic fallacy and get away with it in the study of moral development. In T. Mischel (Ed.), *Cognitive development and epistemology* (pp. 151 - 284). New York: Academic Press.

Kohlberg, L. (1973). The claim to moral adequacy of the highest stage of moral development. *Journal of Philosophy*, *70*, 630 - 646.

Kohlberg, L. (1987). The development of moral judgment and moral action. In L. Kohlberg (Ed.), *Child psychology and childhood education* (pp. 259 - 328). New York: Longman.

Kohlberg, L., & Mayer, R. (1972). Development as the aim of education. *Harvard Educational Review*, 42, 449 - 496.

Kohn, A. (1997, February). How not to teach values: A critical look at character education. *Phi Delta Kappan*, 429 - 439.

Kupperman, J. (1999). Virtues, character, and moral dispositions. In D. Carr & J. Steutel (Eds.), *Virtue ethics and moral education* (pp. 199 - 209). London: Routledge.

Lantieri, L., & Patti, J. (1996). *Waging peace in our schools*. New York: Beacon Press.

Lapsley, D. K. (1996). *Moral psychology*. Boulder, CO: Westview Press.

Lapsley, D. K. (2005). Moral stage theory. In M. Killen & J. Smetana (Eds.), *Handbook of moral development* (pp. 37 - 66). Mahwah, NJ: Erlbaum.

Lapsley, D. K., & Lasky, B. (1999). Prototypic moral character. *Identity*, *1*, 345 - 363.

Lapsley, D. K., & Narvaez, D. (2004). A social cognitive approach to the moral personality. In D. K. Lapsley & D. Narvaez (Eds.), *Moral development, self and identity: Essays in honor of Augusto Blasi* (pp. 191 - 214). Mahwah, NJ: Erlbaum.

Lapsley, D. K., & Narvaez, D. (2005). Moral psychology at the crossroads. In D. K. Lapsley & F. C. Power (Eds.), *Character psychology and character education* (pp. 18 - 35). Notre Dame, IN: University of Notre Dame Press.

Lapsley, D. K., & Power, F. C. (Eds.). (2005). *Character psychology and character education*. Notre Dame, IN: University of Notre Dame Press.

Larson, R. W. (2000). Toward a psychology of positive youth development. *American Psychologist*, *55*, 170 - 183.

Laud, L., & Berkowitz, M. (1999). Challenges in evaluating character education programs. *Journal of Research in Education*, *9*, 66 - 72.

Leming, J. S. (1997). Research and practice in character education: A historical perspective. In A. Molnar (Ed.), *The construction of children's character: Ninety-sixth yearbook of the National Society for the Study of Education* (pp. 11 - 44). Chicago: National Society for the Study of Education and the University of Chicago Press.

Lerner, R. M. (1991). Changing organism-context relations as the basic process of development: A developmental contextual perspective. *Developmental Psychology*, *27*, 27 - 32.

Lerner, R. M. (2001). Promoting promotion in the development of prevention science. *Applied Developmental Science*, *5*, 254 - 257.

Lerner, R. M. (2002). *Adolescence: Development, diversity, context and application*. Upper Saddle River, NJ: Prentice-Hall.

Lerner, R. M., Dowling, E. M., & Anderson, P. M. (2003). Positive youth development: Thriving as a basis of personhood and civil society. *Applied Developmental Science*, *7*, 172 - 180.

Lerner, R. M., Fisher, C, B., & Weinberg, R. A. (2000). Toward a science for and of the people: Promoting civil society through the application of developmental science. *Child Development*, *71*, 11 - 20.

Libby, H. P. (2004). Measuring student relationship to school: Attachment, bonding, connectedness and engagement. *Journal of School Health*, *74*, 274 - 283.

Lickona, T. (1991a). *Educating for character: How our schools can teach respect and responsibility*. New York: Bantam.

Lickona, T. (1991b). An integrated approach to character development in elementary schools. In J. Benninga (Ed.), *Moral, character and civic education in the elementary school* (pp. 67 - 83). New York: Teachers College Press.

Lickona, T. (1992). Character development in the elementary school classroom. In K. Ryan & T. Lickona (Eds.), *Character development in schools and beyond* (2nd ed., pp. 141 - 162). Washington, DC: Council for Research in Values and Education.

Lickona, T. (1997), Educating for character: A comprehensive approach. In A. Molnar (Ed,), *The construction of children's character* (pp. 45 - 62), Chicago: University of Chicago Press.

Lickona, T. (2004). *Character matters*. New York: Touchstone.

Lickona, T., & Davidson, M. (2004). *Smart and good high schools: Developing excellence and ethics for success in school, work and beyond*. Cortland, NY: Center for the 4th and 5th Rs (Respect and Responsibility).

Lickona, T., Schaps, E., & Lewis, C. (2003). *The eleven principles of effective character education*. Washington, DC: Character Education Partnership.

MacIntrye, A. (1981). *After virtue*. Notre Dame, IN: University of Notre Dame Press.

Maddox, S. J., & Prinz, R. J. (2003). School bonding in children and adolescents: Conceptualization, assessment and associated variables. *Clinical Child and Family Psychology Review*, *6*, 31 - 49.

Markus, G. B., Howard, J. P. F., & King, D. C. (1993). Integrating community service and classroom instruction enhances learning: Results from an experiment. *Educational Evaluation and Policy Analysis*, *15*, 410 - 419.

Marshall, S. P. (1995). *Schemas in problem solving*. Cambridge, England: Cambridge University Press.

Masten, A. S. (2003). Commentary: Developmental psychopathology as a unifying context for mental health and education models, research and practice in schools. *School Psychology Review*, *32*, 169 - 173.

Matsuba, K., & Walker, L. (2004). Extraordinary moral commitment: Young adults working for social organizations. *Journal of Personality*, *72*, 413 - 436.

McClellan, B. W. (1999). *Moral education in America: Schools and the shaping of character from colonial times to the present*. New York: Teachers College Press.

McKinnon, C. (1999). *Character, virtue theories, and the vices*. Toronto, Canada: Broadview Press.

McNeel, S. (1994). College teaching and student moral development. In J. R. Rest & D. Narvaez (Eds.), *Moral development in the professions: Psychology and applied ethics* (pp. 27 - 50). Hillsdale, NJ: Erlbaum.

Melchior, A. L., & Bailis, L. N. (2002). Impact of service-learning on civic attitudes and behaviors of middle and high school youth: Findings from three national evaluations. In A. Furco & S. H. Billig (Eds.), *Service learning: Essence of the pedagogy* (pp. 201 - 222). Greenwich, CT: Information Age Publishing.

Mentkowski, M., & Associates. (2000). *Learning that lasts: Integrating learning, development, and performance in college and beyond*. San Francisco: Jossey-Bass.

Mischel, W. (1968). *Personality and assessment*. New York: Wiley.
Mischel, W. (1990). Personality dispositions revisited and revised: A view after 3 decades. In L. Pervin (Ed.), *Handbook of personality: Theory and research* (pp. 111 - 134), New York: Guilford Press.
Mischel, W. (1999). Personality coherence and dispositions in a cognitive-affective personality system (CAP) approach. In D. Cervone & Y. Shoda (Eds.), *The coherence of personality: Social cognitive bases of consistency, variability and organization* (pp. 37 - 60). New York: Guilford Press.
Mischel, W. (2005). Toward an integrative science of the person. *Annual Review of Psychology*, *55*, 55 - 122.
Mischel, W., & Shoda, Y. (1995). A cognitive-affective system theory of personality: Reconceptualizing situations, dispositions, dynamics and invariance in personality structure. *Psychological Review*, *102*, 246 - 268.
Mischel, W., Shoda, Y., & Mendoza-Denton, R. (2002). Situationbehavior profile as a locus of consistency in personality. *Current Directions in Psychological Science*, *11*, 50 - 55.
Mucherah, W., Lapsley, D. K., Miels, J., & Horton, M. (2004). An intervention to improve socio-moral climate in elementary school classrooms: An evaluation of Don't Laugh at Me. *Journal of Research on Character Education*, *2*, 45 - 58.
Mullen, G., Turner, J., & Narvaez, D. (2005, April). *Student perceptions of climate influence character and motivation*. Paper presented at the annual meeting of the American Education Research Association, Montreal, Canada.
Murphy, M. M. (1998). *Character education in America's Blue Ribbon schools: Best practices for meeting the challenge*. Lancaster, PA: Technomic.
Narvaez, D, (2005a). Integrative ethical education. In M. Killen & J. Smetana (Eds.), *Handbook of moral development* (pp. 703 - 733). Mahwah, NJ: Erlbaum.
Narvaez, D. (2005b). The neo-Kohlbergian tradition and beyond: Schemas, expertise and character. In C. Pope-Edwards & G. Carlo (Eds.), *Nebraska Symposium Conference papers* (Vol. 51, pp. 119 - 163). Lincoln: University of Nebraska Press.
Narvaez, D., Bock, T., & Endicott, L. (2003). Who should I become? Citizenship, goodness, human flourishing, and ethical expertise. In W. Veugelers & F. K. Oser (Eds.), *Teaching in moral and democratic education* (pp. 43 - 63). Bern, Switzerland: Peter Lang.
Narvaez, D., Bock, T., Endicott, L., & Lies, J. (2004). Minnesota's community voices and character education project. *Journal of Research in Character Education*, *2*, 89 - 112.
Narvaez, D., & Lapsley, D. K. (2005). The psychological foundation of moral expertise. In D. K. Lapsley & F. C. Power (Eds.), *Character psychology and character education* (pp. 140 - 165). Notre Dame, IN: University of Notre Dame Press.
Narvaez, D., Lapsley, D. K., Hagele, S., & Lasky, B. (in press). Moral chronicity and social information processing: Tests of a social cognitive approach to the moral personality. *Journal of Research in Personality*.
Narvaez, D., & Rest, J. (1995). The four components of acting morally. In W. Kurtines & J. Gewirtz (Eds.), *Moral behavior and moral development: An introduction* (pp. 385 - 400). New York: McGraw-Hill.
Nash, T. (1997). *Answering the virtueerats: A moral conversation on character education*. New York: Teachers College Press.
Nelson, K., & Gruendel, J. (1981). Generalized event representations: Basic building blocks of cognitive development. In M. Lamb & A. Brown (Eds.), *Advances in developmental psychology* (pp. 131 - 158). Hillsdale, NJ: Erlbaum.
Newmann, F., & Wehlage, G. (1995). *Successful school restructuring*. Madison: University of Wisconsin, Center on Organization and Restructuring of Schools.
Nicgorski, W., & Ellrod, F. E., Ⅲ. (1992). Moral character. In G. F. McLean & F. E. Ellrod (Eds.), *Philosophical foundations for moral education and character development: Act and agent* (pp. 142 - 162). Washington, DC: Council for Research in Values and Philosophy.
Noddings, N. (2002). *Educating moral people*. New York: Teachers College Press.
Nucci, L. P. (Ed.). (1989). *Moral development and character education: A dialogue*. Berkeley, CA: McCutcheon.
Nucci, L. (2001). *Education in the moral domain*. Cambridge, England: Cambridge University Press.
Nussbaum, M. (1988). Non-relative virtues: An Aristotelian approach. *Midwest Studies in Philosophy*, *13*, 32 - 53.
Oman, R. F., Vesely, S., Aspy, C. B., McLeroy, K. R., Rodine, S., & Marshall, L. (2004). The potential protective effect of youth assets on adolescent alcohol and drug use. *American Journal of Public Health*, *94*, 1425 - 1430.
Pancer, S. M., & Pratt, M. W. (1999). Social and family determinants of community service involvement in Canadian youth. In M. Yates & J. Youniss (Eds.), *Community service and civic engagement in youth: International perspectives* (pp. 32 - 55). Cambridge, England: Cambridge University Press.
Pankake, A. M., & Moller, G. (2003). Overview of professional learning communities. In J. B. Huffman & K. K. Hipp (Eds.), *Reculturing schools as professional learning communities* (pp. 3 - 14). Lanham, MD: Scarecrow Press.
Pascarella, E. T., & Terenzini, P. (1991). *How college affects students: Findings and insights from 20 years of research*. San Francisco: Jossey-Bass.
Pascarella, E. T., & Terenzini, P. (2005). *How college affects students: Vol. 2. A third decade of research*. San Francisco: Jossey-Bass.
Payne, A. A., Gottfredson, D. C., & Gottfredson, G. D. (2003). Schools as communities: The relationship among communal school organization, student bonding and school disorder. *Criminology*, *41* (3), 749 - 776.
Payton, J. W., Wardlaw, D. M., Graczyk, P. A., Bloodworth, M. R., Tompsett, C. J., & Weissberg, R. P. (2000). Social and emotional learning: A framework for promoting mental health and reducing risk behavior in children and youth. *Journal of School Health*, *70*, 179 - 185.
Penn, W. (1990). Teaching ethics — A direct approach. *Journal of Moral Education*, *19*(2), 124 - 138.
Peters, R. S. (1981). *Moral development and moral education*. London: Allen & Unwin.
Peterson, C., & Seligman, M. (2004). *Character strengths and virtues: A classification and handbook*. Washington, DC: American Psychological Association.
Power, F. C., Higgins, A., & Kohlberg, L. (1989a). The habit of the common life: Building character through democratic community schools. In L. Nucci (Ed.), *Moral development and character education: A dialogue* (pp. 125 - 143). Berkeley, CA: McCutchan.
Power, F. C., Higgins A., & Kohlberg, L. (1989b). *Lawrence Kohlberg's approach to moral education*. New York: Columbia University Press.
Pratt, M. W., Hunsberger, B., Pancer, M., & Alisat, S. (2003). A longitudinal analysis of personal values socialization: Correlates of moral self-ideal in late adolescence. *Social Development*, *12*, 563 - 585.
Pritchard, 1. (2002). Community service and service-learning in America: The state of the art. In A. Furco & S. H. Billig (Eds.), *Service learning: The essence of the pedagogy* (pp. 3 - 20). Greenwich, CT: Information Age Press.
Puka, B. (2004). Altruism and character. In D. Lapsley & D. Narvaez (Eds.), *Moral development, self and identity: Essays in honor of Augusto Blasi* (pp. 163 - 190). Mahwah, NJ: Erlbaum.
Punzo, V. A. (1996). After Kohlberg: Virtue ethics and the recovery of the moral self. *Philosophical Psychology*, *9*, 7 - 23.
Reed, A., Ⅱ., & Aquino, K. (2003). Moral identity and the expanding circle of moral regard towards outgroups. *Journal of Personality and Social Psychology*, *84*, 1270 - 1286.
Rest, J. (1983). Morality. In P. H. Mussen (Series Ed.), J. Flavell & E. Markman (Vol. Eds.), *Handbook of child psychology: Vol. 3. Cognitive development* (4th ed., pp. 556 - 629). New York: Wiley.
Rest, J., & Narvaez, D. (1991). The college experience and moral development. In W. Kurtines & J. Gewirtz (Eds.), *Handbook of moral behavior and development* (pp. 229 - 245). Hillsdale, NJ: Erlbaum.
Rest, J., & Narvaez, D. (1994). *Moral development in the professions*. Mahwah, NJ: Erlbaum.
Rogers, G. (2002). Rethinking moral growth in college and beyond. *Journal of Moral Education*, *31*, 325 - 338.
Rorty, A. O. (1988). Virtues and their vicissitudes. *Midwest Studies in Philosophy*, *13*, 136 - 148.
Roth, J., Brooks-Gunn, J., Murray, L., & Foster, W. (1998). Promoting healthy adolescents: Synthesis of youth development program evaluations. *Journal of Research on Adolescence*, *8*, 423 - 459.
Roth, J. L., & Brooks-Gunn, J. (2003). What exactly is a youth development program? Answers from research and practice. *Applied Developmental Science*, *7*, 94 - 111.
Rule, J. T., & Bebeau, M. J. (2005). *Dentists who care: Inspiring stories of professional commitment*. Chicago: Quintessence.
Ryan, K. (1989). In defense of character education. In L. P. Nucci (Ed.), *Moral development and character education: A dialogue* (pp. 3 - 18). Berkeley, CA: McCutcheon.
Ryan, K., & Bohlin, K. E. (1999). *Building character in schools:*

Practical ways to bring moral instruction to life. San Francisco: Jossey-Bass.

Ryan, K., & Lickona, T. (Eds.). (1992). *Character development in schools and beyond*. Washington, DC: Council for Research in Values and Philosophy.

Ryle, G. (1972). Can virtue be taught? In R. F. Dearden, P. H. Hirst, & R. S. Peters (Eds.), *Education and the development of reason* (pp. 434 - 447). London: Routledge & Kegan Paul.

Scales, P. C. (1999). Reducing risks and building developmental assets: Essential actions for promoting adolescent health. *Journal of School Health*, *69*, 113 - 119.

Scales, P. C., Blyth, D. A., Berkas, T. H., & Kielsmeier, J. C. (2000). The effects of service learning on middle school students' social responsibility and academic success. *Journal of Early Adolescence*, *20*, 332 - 358.

Scales, P. C., & Leffert, N. (1999). *Developmental assets: A synthesis of the scientific research on adolescent development*. Minneapolis, MN: Search Institute.

Schaps, E., Battistich, V., & Solomon, D. (1997). School as a caring community: A key to character education. In A. Molnar (Ed.), *The construction of children's character: Pt. 2. Ninety-sixth yearbook of the National Society for the Study of Education* (pp. 127 - 139). Chicago: University of Chicago Press.

Schwartz, A. J., & Templeton, J. M., Jr. (1997). The Templeton honor roll. *Educational Record*, *78*, 95 - 99.

Sebring, P. B. (1996). (Ed.). *Charting school reform in Chicago: The students speak*. Chicago: Consortium on Chicago School Research. Self, D., Baldwin, D. C., Jr., & Olivarez, M. (1993). Teaching medical ethics to first year students by using film discussion to develop their moral reasoning. *Academic Medicine*, *68*(5), 383 - 385.

Seligman, M. E. P., & Csikszentmihalyi, M. (2000). Positive psychology: An introduction. *American Psychologist*, *55*, 5 - 14.

Sherman, N. (1999). Character development and Aristotelian virtue. In D. Carr & J. Steutel (Eds.), *Virtue ethics and moral education* (pp. 35 - 48). London: Routledge.

Shields, D. L., & Bredemeier, B. L. (2005). Can sports build character? In D. K. Lapsley & F. C. Power (Eds.), *Character psychology and character education* (pp. 121 - 139). Notre Dame, IN: University of Notre Dame Press.

Shoda, Y., Mischel, W., & Wright, J. (1994). Interindividual stability in the organization and patterning of behavior: Incorporating psychological situations into the idiographic analysis of personality. *Journal of Personality and Social Psychology*, *67*, 674 - 688.

Shulman, L. S. (1987). Knowledge and teaching: Foundations of the new reform. *Harvard Educational Review*, *57*, 1 - 22.

Skinner, D., & Chapman, C. (1999). *Service learning and community service in K-12 public schools* (Publication No. 1999043). Washington, DC: National Center for Educational Statistics.

Solomon, D., Watson, M., & Battistich, V. (2002). Teaching and schooling effects on moral/prosocial development. In V. Richardson (Ed.), *Handbook of research on teaching* (pp. 566 - 603). Washington, DC: American Educational Research Association.

Solomon, D., Watson, M., Battistich, V., Schaps, E., & Delucchl, K. (1992). Creating a caring community: Educational practices that promote children's prosocial development. In F. K. Oser, A. Dick, & J.-L. Patry (Eds.), *Effective and responsible teaching: The new synthesis* (pp. 383 - 396). San Francisco: Jossey-Bass.

Solomon, D., Watson, M., Battistich, V., Schaps, E., & Delucchi, K. (1996). Creating classrooms that students experience as communities. *American Journal of Community Psychology*, *24*, 719 - 748.

Solomon, D., Watson, M., Delucchi, K., Schaps, E., & Battistich, V. (1988). Enhancing children's prosocial behavior in the classroom. *American Educational Research Journal*, *25*, 527 - 554.

Solomon, D., Watson, Schaps, E., Battistich, V., & Solomon, J. (1990). Cooperative learning as part of a comprehensive program designed to promote prosocial development. In S. Sharan (Ed.), *Cooperative learning: Theory and research* (pp. 231 - 260). New York: Praeger.

Spiecker, B. (1999). Habituation and training in early moral upbringing. In D. Carr & J. Steutel (Eds.), *Virtue ethics and moral education* (pp. 210 - 223). London: Routledge.

Sprinthall, N. (1994). Counseling and social role taking: Promoting moral and ego development. In J. R. Rest & D. Narvaez (Eds.), *Moral development in the professions: Psychology and applied ethics* (pp. 85 - 100). Hillsdale, NJ: Erlbaum.

Staudinger, U. M., & Pasupathi, M. (2003). Correlates of wisdomrelated performance in adolescence and adulthood: Age-graded differences in "paths" toward desirable development. *Journal of Research on Adolescence*, *13*, 239 - 268.

Sternberg, R. (1998, April). Abilities and expertise. *Educational Researcher*, 10 - 37.

Sternberg, R. J. (1998). A balance theory of wisdom. *Review of General Psychology*, *2*, 347 - 365.

Sternberg, R. J., & Horvath, J. A. (1995). A prototype view of expert teaching. *Educational Researcher*, *24*, 9 - 17.

Steutel, J. (1997). The virtue approach to moral education: Some conceptual clarifications. *Journal of the Philosophy of Education*, *31*, 395 - 407.

Steutel, J., & Carr, D. (1999). Virtue ethics and the virtue approach to moral education. In D. Carr & J. Steutel (Eds.), *Virtue ethics and moral education* (pp. 3 - 17). London: Routledge.

Steutel, J., & Spiecker, B. (2004). Cultivating sentimental dispositions through Aristotelian habituation. *Journal of the Philosophy of Education*, *38* (4), 531 - 549.

Strike, K. (1996). The moral responsibilities of educators. In J. Sikula, T. Buttery, & E. Grifton (Eds.), *Handbook of research on teacher education* (2nd ed., pp. 869 - 882). New York: Macmillan.

Stukas, A. A., Clary, G. E., & Snyder, M. (1999). Service learning: Who benefits and why? *Social Policy Report: Society for Research in Child Development*, *13*, 1 - 19.

Sweeney, C. (1997). *Honor roll for character-building colleges: 1997 - 1998*. Radnor, PA: John Templeton Foundation.

Thompson, R. A. (1998). Early sociopersonality development. In W. Damon (Editor-in-Chief) & N. Eisenberg (Vol. Ed.), *Handbook of child psychology: Vol. 3. Social, emotional and personality development* (pp. 25 - 104). New York: Wiley.

Tobler, N. S., Roona, M. R., Ochshorn, P., Marshall, D. G., Streke, A. V., & Stackpole, K. M. (2000). School-based adolescent drug prevention programs: 1998 meta-analysis. *Journal of Primary Prevention*, *20* (4), 275 - 335.

Tolman, J. (2003). *Providing opportunities for moral action: A guide to Principle 5 of the eleven principles of effective character education*. Washington, DC: Character Education Partnership.

Urmson, J. O. (1988). *Aristotle's ethics*. Oxford: Blackwell.

Walker, L. J. (2002). Moral exemplarity. In W. Damon (Ed.), *Bringing in a new era in character education* (pp. 65 - 83). Stanford, CA: Hoover Institution Press.

Walker, L. J. (2004). Gus in the gap: Bridging the judgment-action gap in moral functioning. In D. K. Lapsley & D. Narvaez (Eds.), *Moral development, self and identity* (pp. 1 - 20). Mahwah, NJ: Erlbaum.

Walker, L. J., & Hennig, K. H. (1998). Moral functioning in the broader context of personality. In S. Hala (Ed.), *The development of social cognition* (pp. 297 - 327). East Sussex, England: Psychology Press.

Walker, L. J., & Hennig, K. H. (2004). Differing conceptions of moral exemplarity: Just, brave and caring. *Journal of Personality and Social Psychology*, *86*, 629 - 647.

Walker, L. J., & Pitts, R. C. (1998). Naturalistic conceptions of moral maturity. *Developmental Psychology*, *34*, 403 - 419.

Walker, L. J., Pitts, R. C., Hennig, K. H., & Matsuba, M. K. (1995). Reasoning about morality and real-life moral problems. In M. Killen & D. Hart (Eds.), *Morality in everyday life: Developmental perspectives* (pp. 371 - 408). Cambridge, England: Cambridge University Press.

Warter, E. H., & Grossman, J. M. (2002). An application of developmental contextualism to service learning. In A. Furco & S. H. Billig (Eds.), *Service learning: The essence of pedagogy* (pp. 83 - 102). Greenwich, CT: Information Age Publishing.

Waterman, A. J. (Ed.). (1997). *Service learning: Applications from the research*. Mahwah, NJ: Erlbaum.

Watson, G. (1990). The primacy of character. In O. J. Flanagan & A. Rorty (Eds.), *Identity, character and morality* (pp. 449 - 470). Cambridge, MA: MIT Press.

Watson, M. (with L. Ecken). (2003). *Learning to trust: Transforming difficult elementary classrooms through developmental discipline*. San Francisco: Jossey-Bass.

Watson, M., Battistich, V., & Solomon, D. (1997). Enhancing students' social and ethical development in schools: An intervention program and its effects. *International Journal of Educational Research*, *27*, 571 - 586.

Weissberg, R. P., & Greenberg, M. T. (1998). Social and community competence-enhancement and prevention programs. In W. Damon (Editor-in-Chief) & I. E. Sigel & A. K. Renniger (Vol. Eds.), *Handbook of child psychology: Vol. 5. Child psychology in practice* (5th ed., pp. 877 - 954). New York: Wiley.

Weissberg, R. P., & O'Brien, M. U. (2004). What works in schoolbased social and emotional learning programs for positive youth development. *Annals of the American Academy of Political and Social Science*, *591*, 86 - 97.

Welsh, W., Greene, J., & Jenkins, P. (Eds.). (1999). School disorder: The influence of individual, institutional and community factors. *Criminology*, *37*, 73 - 115.

Williams, M. M., & Schaps, E. (1999). *Character education: The foundation for teacher education*. Washington, DC: Character Education Partnership.

Wilson, D. B., Gottfredson, D. C., & Najaka, S. S. (2001). Schoolbased prevention of problem behaviors: A meta-analysis. *Journal of Quantitative Psychology*, *17*, 171 - 247.

Wilson, S. M., Shulman, L. S., & Richert, A. E. (1987). "150 different ways" of knowing: Representations of knowledge in teaching. In J. Calderhead (Ed.), *Exploring teachers' thinking* (pp. 104 - 124). London: Cassell Education Limited.

Wittgenstein, L. (1968). *Philosophical investigations* (3rd ed.). New York: Macmillan.

Wright, J. C., & Mischel, W. (1987). A conditional approach to dispositional constructs: The local predictability of social behavior. *Journal of Personality and Social Psychology*, *53*, 1159 - 1177.

Wynne, E. A. (1991). Character and academics in the elementary school. In J. Benninga (Ed.), *Moral, character and civic education in the elementary school* (pp. 139 - 155). New York: Teachers College Press.

Wynne, E. A., & Hess, M. (1992). Trends in American youth character development. In K. Ryan & T. Lickona (Eds.), *Character development in schools and beyond* (pp. 29 - 48). Washington, DC: Council for Research in Values and Philosophy.

Wynne, E. A., & Ryan, K. (1997). *Reclaiming our schools: Teaching character, academics and discipline* (2nd ed.). Upper Saddle River, NJ: Merrill.

Yates, M., & Youniss, J. (1996a). Community service and politicalmoral identity in adolescence. *Journal of Research on Adolescence*, *6*, 271 - 284.

Yates, M., & Youniss, J. (1996b). A developmental perspective on community service in adolescence. *Social Development*, *5*, 85 - 111.

Yates, M., & Youniss, J. (Eds.). (1999). *Roots of civic identity: International perspectives on community service and activism in youth*. Cambridge, England: Cambridge University Press.

Youniss, J., McLellan, J. A., Su, Y., & Yates, M. (1999). The role of community service in identity development: Normative, unconventional and deviant orientations. *Journal of Adolescent Research*, *14*, 248 - 261.

Youniss, J., McLellan, J. A., & Yates, M. (1997). What we know about engendering civic identity. *American Behavioral Scientist*, *40*, 620 - 631.

Youniss, J., & Yates, M. (1997). *Community service and social responsibility in youth*. Chicago: University of Chicago Press.

Youniss, J., & Yates, M. (1999). Youth service and moral-civic identity: A case for everyday morality. *Educational Psychology Review*, *11* (4), 361 - 376.

Zimmerman, B. J. (2000). Attaining self-regulation: A socialcognitive perspective. In M. Boekaerts, P. R. Pintrich, & M. Zeidner (Eds.), *Handbook of self-regulation* (pp. 13 - 39). San Diego: Academic Press.

Zimmerman, B. J., Bonner, S., & Kovach, R. (1996). *Developing Self-Regulated Learners: Beyond Achievement to Self-Efficacy*. Washington, DC: American Psychological Association.

第 8 章

学习环境

PHYLLIS C. BLUMENFELD、RONALD W. MARX 和 CHRISTOPHER J. HARRIS

一般情况下，教育学、建筑学和心理学等众多领域都使用"学习环境"(learning environments)这一术语。尽管各学科对其定义有所不同，但大部分研究者都承认，学习环境应包括学习者、学习情境以及学习任务的内容。随着学习理论的发展，教育学中学习环境这一概念使用得更加普遍(Bransford, Brown, & Cocking, 2000; De Corte, Verschaffel, Entwistle, & van Merriënboer, 2003; Jonassen & Land, 2000; Schauble & Glaser, 1996)。新近的理论强调学习者通过积极建构来理解学习的结果。

第一类学习环境是基于认知心理学的，主要帮助学生成功地完成任务，以及参与到特定的思维过程中。信息加工理论系统地研究了学习者怎样记忆信息，建立新信息与原有知识的联系，来构建组织概念的图式和形成理解。图式的宽度和深度决定了学习者是否能够将概念应用到新问题中。这种类型的学习环境通常源自专家—新手思维差异的研究，并且经常使用专家特有的策略和思维过程来为学生提供辅导和帮助。

第二类学习环境是基于社会情境和实践思想的，主要关注在那些情境中所使用的活动、技能和交流。Dewey(1938)和 Vygotsky(1978)曾讨论过这些思想，最近这些思想又被采用维果茨基理论方法的美国研究者们所关注。沿着这个路线发展出来的环境包括：那些在学科中使用的典型任务；由更博学的人所提供的教学平台；支持学习的工具运用；参与学科范围内具有代表性的实践过程中逐渐形成的学习共同体(learning communities)。这些学习环境的一个常见目标是产生主动的或者具有适应性的学习者(例如，Bereiter & Scardamalia，1989)。

学习环境能否成功地实现目标，取决于学习者的知识经验、教师的知识、任务的设计以及逐渐形成的学习共同体的性质。以探究(inquiry)为例，探究是许多主题化学习环境的一项重要学习活动。为了促进理解，教师们帮助学生提出问题，确定回答这些问题所需的信息或实验，收集并解释信息，然后得出结论。这种类型的活动和那些传统教育方法中的活动是不同的。它将教师的角色从信息的传递者转变为平台的搭建者。也就是说，它要求教师们为活动搭建平台，以便学生们懂得如何对活动进行思考，并获得怎样开展活动的程序性知识。它还要求教师们帮助学生进行合作并形成共同体，帮助学生进行冒险尝试并认识到有些问题是没有一个标准答案的。

298

在这一章，我们描述了反映信息加工的学习环境以及社会认知取向的学习环境。我们从选择标准开始对学习环境进行讨论。在第一部分，我们首先提出了一个统一的方案来描述程序的特性，然后依照此方案对几种学习环境进行描述，目的是为了阐明学习环境所涵盖的范围、特性上的相似性和差异以及它们所强调的重点。第二部分提出了怎样设计、执行和改进学习环境。我们突出了这个过程中理论与实践的相互作用。第三部分讨论了学习环境接受调整时所出现和所需要考虑的问题。学习环境通常是在少数课堂的经验基础上得到发展和修正的。所以，一旦更多的教师、儿童和背景参与其中，一些衍生的问题便会产生。这些问题会影响到学习环境是否需要重新设计，以及它们能否取得成功。第四部分总结前面学习过的关于学习环境设计、实施和调整的内容，而且还为日后的工作提供了一些建议。

选择标准

四个标准指导着我们对学习环境选择的讨论。我们的讨论主要集中在有理论基础的课堂学习环境上，同时也包括了一些用在课外程序中的环境。我们对程序的搜索并不是没有遗漏的。我们的列表包含了一系列程序，用以描述学习环境所需的特性，以及为促进理论发展和实证研究提供例证。这四个标准*是：

---

* 一个应用广泛但不适合这些标准的学习环境是JASON项目。虽然这一广泛传播的程序利用了受欢迎的主题，为学生和教师创造了大量材料，并且包含一些技术，但是它的设计却不是明确地基于某一学习理论。其他受欢迎的程序的设计目的是为学生提供模拟体验，例如模拟联合国(a model United Nations)，模拟美洲国家组织(Organization of American States)的一个会议，或者是在模拟法庭(Moot Court)上对一个案件进行辩论。这些是我们所认为的基础程序，它们可以为学习环境中所包含的内容提供有用的例证。尽管这些学习环境通常很受欢迎并且能在许多背景中使用，但它们的设计并没有联系特定的教育标准，在应用范围上也较为有限(即使它们考虑了重要的主题)，而且不是明确地基于某一学习或环境的理论。还有，尽管它们提供了有价值的学习经验，但它们在学习结果评估的类型和精确性上却差别很大。

1. 明确的学业学习目标。许多学习环境设计的目的是让学生参与到有趣的活动中，但是在学业学习目标上却含糊不清。我们所讨论的学习环境，其主题学习目标已经过具体的确认和评估。在考虑学习环境的设计、执行和调整时，这些可能是最有帮助的，同时它们也最有可能符合其他标准的要求。
2. 挑战性的范围。在这里我们指的是设计一个学习环境来对学习材料进行广泛或深入的处理。教育中的许多学习环境都与全国的主题标准或者专业机构建议的框架相一致。因此，根据全国标准或者框架设计的程序是首选。
3. 高度明确和成熟的材料。根据 D. K. Cohen 和 Ball(1999)对新方法的描述，我们所讨论的是那些高度明确和成熟的学习环境。高度明确的程序具有清晰的理论背景、基于研究和理论的设计原则和实施的指导方针。高度成熟的程序具有供教师和学生使用的材料，例如学生练习册和读物、测验、教师手册，以及用以说明预期规定的职业发展材料。程序可以高度明确但无法高度成熟，因此我们有很多机会根据当时的情境调整程序，然而同时我们也冒着严重偏离理论原则的危险。同样，材料一般都是高度成熟的，但往往只有很少的理论说明，就像教师和学生们普遍使用的教科书。
4. 已发表的研究。研究程序的报告及成果是必不可少的。不包括回顾性研究的学习环境可能是受欢迎的，但是却不大可能带来理论或实践上的启发，而这种启发对于通过熟悉理论、设计原则或执行建议来增进知识是必不可少的。

299

表 8.1 列举了符合我们选择标准的学习环境。这个有目的的取样旨在阐明符合标准的大量程序。我们根据这些程序是否具有一个学科内容中心、知识构建重点，或者一个课外学习中心，将它们集中到了一起。每个程序都附有一个简要的说明和一个网站链接。我们在这里提到的大部分程序都会作为例子，贯穿于本章余下的部分中。

300

表 8.1　所选择的学习环境

类　别	学　习　环　境	描　　述	网　　站
学科化程序：数学	认知指导者 (Anderson, Corbett, Koedinger, & Pelletier, 1995; Corbett, Koedinger, & Hadley, 2001)	适合于高中数学课堂的智能软件环境	http://www.carnegielearning.com
	连接数学项目 (Lappan, Fey, Fitzgerald, Friel, & Pillips, 2002, 2006)	以问题为中心的初中数学程序	http://www.mth.msu.edu/cmp
	Jasper (Cognition and Techndogy Group at Vanderbilyt,1992,1997)	基于视频的初中数学程序	http://peabody.vanderbilt.edu/projects/funded/jasper/Jasperhome.html

续 表

类 别	学 习 环 境	描 述	网 站
学科化程序：科学	生物学导向的探究学习环境 (BGuILE; Resier et al., 2001)	适合于初中和高中生物的技术注入式探究	http: //www. letus. org/bguile
	GenScope™/BioLogica™ (Horwitz & Christie, 2000; Hickey, Kindfield, Horwitz, & Christie, 2003)	适合于初中和高中的计算机化遗传学程序	http: //www. concord. org/biologica
	支持多元读写能力的指导探究 (GIsML; Magnusson & Palincsar, 1995; Palincsar & Magnusson, 2001)	适合于小学生的指导探究科学程序	http: //www. soe. umich. edu/gisml
	作为全球科学家的儿童/生物儿童 (Huber, Songer, & Lee, 2003; Songer, 1996, 出版中; Songer, Lee, & Kam, 2002)	适合于小学高年级和初中学生的技术化探究科学程序	http: //www. biokids. umich. edu
	设计学习 (LBD; Kolodner, Camp, et al., 2003; Kolodner, Gray & Fasse, 2003)	以设计为基础的初中科学程序	http: //www. cc. gatech. edu/edutech/projects/lbdview. html
	项目化科学 (PBS; Marx, Blumenfeld, Krajcik, & Soloway, 1997; Singer, Marx, Krajcik, & Chambers, 2000)	适合于初中生的关注日常经验的科学探究课程	http: //www. hi-ce. org
	思考者工具 (White, 1993; White & Frederiksen, 1998, 2000)	适合于初中科学的科学探究和模拟的软件与课程	http: //thinkertools. soe. berkeley. edu
	网络化整合科学环境 (WISE; Linn, Clark, & Slotta, 2003; Slotta, 2004)	适合于五到十二年级的在线科学探究学习环境	http: //wise. Berkeley. edu
	培养首创精神的地理数据/世界观察者 (GEODE; Edelson, 2001; Edelson, Gordin, & Pea, 1999)	适合于初中和高中的探究式环境科学程序	http: //www. worldwatcher. northwestern. edu
学科化程序：文学	语音技术支持的读写创新 (LISTEN; Mostow & Aist, 2001; Mostow & Beck, 出版中)	适合于小学生的计算机化阅读指导者	http: //www. cs. cmu. edu/~listen
学科化程序：社会科学	基于问题的经济学 (Maxwell & Bellisimo, 2003; Maxwell, Bellisimo, & Mergendoller, 2001)	适合于高中经济学的问题化学习	http: //www. bie. org/index. php

续 表

类 别	学 习 环 境	描 述	网 站
知识构建程序	计算机支持的主动学习环境/知识论坛TM (CSILE; Bereiter & Scardamalia, 2003; Scardamalia, Bereiter, & Lamon, 1994)	适合于主动学习和知识构建的计算机化环境	http://www.knowledgeforum.com
	培养学习者共同体 (A. L. Brown & Campione, 1994, 1996, 1998)	支持元认知学习培养的指导探究程序	
	思考学校 (Lamon et al., 1996)	适合于五一八年级的强调理解学习的全天指导探究程序	
课外活动程序	第五维 (Cole, 1995, 1996; K. Brown & Cole, 2000, 2002)	适合于小学和初中儿童的教育和游戏混合活动体系	http://129.171.53.1/blantonw/5dClhse/clearingh1.html
	儿童在计算机俱乐部中学习 (KLICK; Zhao, Mishra, & Girod, 2000; Girod, Martineau, & Zhao, 2004)	适合于初中生的技术化课外学习环境	http://www.klick.org/kids/klubhouses

学习环境的特性和描述

这个部分描述了根据四个标准选择出来的学习环境。这些程序在学生的年龄、主题和目标上有所不同。许多新近开发出来的学习环境包含诸如个人计算机或网络化交流工具这样的技术。这些学习环境要么将技术作为一个重要中心,要么就将技术作为一个重要的成分。我们从那些具有强大的理论和研究基础的程序中进行取样,因为它们是扩展非课堂学习环境的有力方式。

学习环境的特性

表8.2呈现了分析学习环境特性的框架。我们利用这些特性描述了三种代表信息加工和社会认知理论的学习环境。最后,我们辨别和比较了几种被广泛使用的学习环境的特性并以图表加以呈现。我们的目的是说明学习环境设计中的共性和多样性。对本部分程序的描述,将围绕学习的信息加工观而设计的环境与围绕社会认知观而设计的环境进行了比较。

描述学习环境有多种不同的方法。例如,最初由Jenkins(1979)开发,然后由A. L. Brown及其同事(A. L. Brown, Bransford, Ferrara, & Campione, 1983)修改的四面体

模型(a tetrahedral model),提出了分析学习环境各个方面的框架。由 A. L. Brown 等人修改的 Jenkins 模型确定了在一个学习环境中相互作用的四个要素:(1) 学习活动;(2) 学习者的个性特性;(3) 学习内容的类型;(4) 学习环境的最后结果或目标。这些要素是相互依赖的,任一要素的改变都会影响到其他要素的作用。另一个最近由 Paavola、Lipponen 和 Hakkarainen(2004)开发的框架,分析了作为学习环境基础的学习模型。在这个方法中,他们通过关注知识生成的过程来探究学习环境是怎样被组织起来的。与之完全不同的是,De Kock、Sleegers 和 Voeten(2004)在分析学习环境时,关注学习目标、教师和学习者的角色,以及学习者之间的关系。他们认为这些学习环境的基本方面影响了学生的表现和学习。他们提出,学习环境的这三个方面可以为一般教育学习环境的设计和评价提供分类方案。《人们怎样学习》(*How People Learn*)(Bransford, Brown, & Cocking, 2000)中推荐的框架提供了四个一组的设计特性,可以用来分析学习环境的质量。这个框架考虑到了学习环境在多大程度上以知识、学习者、评估和团体为中心。

我们的框架试图为学习环境的特性提供更多的细节,因为这些特性在设计和评价学习环境时都需要重点考虑。我们可以通过目标、用于达成目标的任务类型和教学材料、教师的角色,以及学习如何被评估,来描述学习环境。技术也可以是一个重要特性。学习环境包含了不同类型的社会组织或者它们的联合体。在学习环境的设计中,这些特性被认为是相互依赖的,它们通过共同作用影响结果。每个特性的目标和实例都源自学习的基本理论观点。

目标

学习环境的目标可以是学业的、社会性的、元认知的和发展的。特定的学习环境可能包括所有的四种目标或者只是其中一两个。最近设计的课堂化学习环境的学业目标,倾向于关注专业机构推荐的标准化框架。美国科学研究委员会(National Research Council, NRC, 1996)和美国科学发展协会(American Association for the Advancement of Science, 1993)公布了科学标准;美国数学教师理事会(National Council of Teachers of Mathematics, 1989, 1991, 2000)为数学教学制定了标准。同样地,美国学校历史中心(National Center for History in the Schools, 1996)和美国社会科理事会(National Council for the Social Studies, 1994)也提出了历史学标准。尽管专业机构倡导的标准可能与"不让一个孩子掉队"(No Child Left Behind)的联邦法案相一致,但是这些专业标准仅仅是指导方针,与高水平的评估没有特定的联系。虽然它们可能与州或者地方教育权威所采用的标准一致,但是它们却并没有被地方学校所在的地区或州所批准。学业目标不仅关注特定主题内容的学习,而且还承担关于学科实践和准则的学习,如证据由什么构成、结论是怎样得出的、观点如何进行交流、知识如何增进等。例如,学生对科学本质的学习可能包括:科学怎样发展、探究的功能和设计,以及可以接受的解释方法。

301

302

表 8.2　考察学习环境特性的框架

目　标	任　务	教学材料	社会组织	教　师	技　术	评　估
学业的	内容	理论的明确度	结构	职责	工具	类型
标准	主题知识	设计原则	活动结构:	主题选择	基于网络的	测验
理论框架	探究		—个人	任务设计	交流	档案袋
学科内容	问题解决	实施的细节	—小组	评估	学习工具	表现评估
	跨学科	前提	—全班		软件:	作品
社会的和人际的	顺序	实施的明确度	角色:	中心性	—非定制的	
社会性的	详细说明的程度		—教师	实施的立场	—定制的	对象
动机的	技能获得	资源	—学生	指导学生的水平		内容知识
交流的	知识获得	教师材料			中心性	技能
	真实性	学生材料	实践的团体	能力	核心成分	学科性质
心理习惯	现实世界		专业化实践	主题知识	渗透性的	
学科化	学生的兴趣		讨论	课程知识		
主动学习者	基于学科的		知识构建	学生的知识	功能	
	情境化			教育学的专门知识	课程整合	
发展的	参与任务的结构:		课堂外	技术的专门知识	个人的/合作的	
认知的	—基于学科的		团体参与		平台	
社会性的	—基于社会的		请教专家			
	作品		家庭参与			
	认知复杂性					
	目的:					
	—代表学习					
	—驱动学习					

目标也可以是社会性的,例如学会合作的人际关系目标。动机目标要求改善态度和提升兴趣,从而提高学生学习的期望以及努力学习的意愿。沟通目标源自学科中知识的认识框架。它们关注学科实践中语言的精确性和运用。比如,在历史学科中,学生用一种合乎历史观点的方式呈现信息,像历史学家一样使用术语进行论证和解释。这些交流能力可以作为课堂讨论的部分目标或者嵌入报告、模型、视觉表现等作品之中。

第三种类型的目标提出要加强思维和推理的倾向:心理习惯,例如持久性和提出问题以支持自我导向或者自我调节学习(Costa & Kallick, 2000)。有些心理习惯与学科中的能力相联系,有些则是更综合的而且被认为是成为终身主动学习者所必备的。它们可以是元认知的,例如提高学生在学习和使用自我调节策略上的熟练程度。自我调节策略包括计划、进程监控,以及在保持专注的同时对必要的步骤进行修改。有时心理习惯的目标旨在培养具有适应性和主动性的学习者,这样的学习者能够确定自己需要学习什么,在决定如何完成目标时表现得细心而高效,并且熟练地使用策略以服务于他们的目标(Bereiter & Scardamalia, 1989, 2003)。

303

第四种类型的目标是发展性的。大多数学习环境的设计并不是针对所有年龄段的学生。它们通常只关注一个年龄组的主题教学，如小学高年级、初中或者高中的学生。学习环境试图根据学生的知识水平以及他们在专家思维、问题解决和学科化实践方面的表现来促进学生的发展。为此，他们所借鉴的研究有：学科领域内的学习、学生的错误观念，以及信息加工和学习策略使用的发展差异。这种学习环境的一个例子是为初中生设计的、以问题为中心的数学学习程序——连接数学。这个程序不仅反映了当前这个学科领域内教学和学习的研究，而且还反映了全国数学标准(Lappan & Phillips, 1998; Lappan, Fey, Fitzgerald, Friel, & Phillips, 2002)。

学习环境的开发者们并不十分明确地将社会性发展作为设计原则的一部分。不过，大部分设计都具有 Eccles 和 Midgley(1989)所描述的课堂化、与年龄段相适应的特性。大多数特性强调互相合作，解决有意义的问题，积极的学习，以及为学生提供各种职责和选择。

任务

任务是指学生学习主题内容和实践的对象。任务包括内容、学习材料的复杂水平，以及关于如何成功完成任务的开放性。学习环境通常把概念和程序上的复杂程度作为任务的特性。它们要求学生在记忆和组织材料时使用学习策略，以及在安排活动进程和评价结果时使用元认知策略。它们经常要求学生解决问题或者设计作品，而且这些任务通常没有明确的解题思路，有些甚至没有标准答案。例如，在科学程序——设计学习(Learning by Design)(LBD; Kolodner, Camp, et al., 2003)中，学生通过设计和建造微型交通工具及其推进系统来学习力和运动。一个学习环境中的任务集可以包括一个学科或者几个学科领域的结合，例如数学和科学或者是历史和语言艺术。它们可能要求学生们通过做实验、在社区中开展调查，或者通过图书馆或网络化搜索查阅原始的或二手的资料，来参与到为了回答问题而进行的研究中去。

在一个学习环境中，任务和主题顺序的变化可以从非常明确到非常开放。前者可以作为程序的部分，强调明确具体的学业内容或技能的习得。例如，技能获得模型通常是有顺序和分等级的，其设计目的是让学习者的专门技能发展到更高水平。美国科学发展协会(2001)出版了从低年级到高年级学生需掌握的科学概念和加工能力的特殊线形图，符合其标准的科学程序便以此为基础。同样地，智能软件程序如卡耐基学习的几何指导者(Carnegie Learning's Geometry Tutor)是循序渐进的，所以学生可以逐渐学会解决更难的问题。另一方面，内容、课程或经验的顺序可能不像有些学习环境中规定的那么严格。相反，学生可以在不同的时间研究不同的主题，例如在一个在线学习环境中从事不同项目的研究，更具体的例子是网络化整合科学环境(Web-based Integrated Science Environment)(WISE; Linn, Davis, & Bell, 2004)。

任务可以在真实性的程度上有所不同。Newmann 和 Wehlage(1993)把真实任务定义为那些在学科范围内发现的，需要信息转换并且在课堂外有意义的任务。任务能够反映学生在现实世界中的经历，如他们所在社区的空气质量，或者它们可以让没有直接经验的学生们参与到有潜在兴趣的主题中去，如太空旅游或恐龙。它们设计的目的还可以是反映一个学科中专业人员的工作。例如,学生可能会对20世纪前半期人口迁移到北方城市的原因形成历史观的解释,或者他们可能会模仿工程师进行设计,这些设计是解决如何使住宅更好地隔热或如何建造高楼等问题的。

304

所要学习的内容和技能可以嵌入到难题或疑问之中。例如,在设计学习中,学生需要解决设计和建造问题,这些涉及通过建构工作装置或模型来解释科学概念。在项目化科学课堂中,学生需要回答像"好朋友是怎样使我感到恶心的?"这样的问题。同样地,数学问题解决能力被嵌入到一个叫 Jasper 的人物的复杂冒险系列影碟中(Cognition and Technology Group at Vanderbilt, 1997)。我们可以设计能够反映学科概念的任务,例如探究力和运动的原理或者遗传学。

学生们的作品通常反映出他们的学习过程。他们创造的过程促成了知识的建构,例如,学生们在创造模型时,需要决定这个模型应该包含什么,要说明的关系是什么,以及如何去解释他们已经完成的东西和模型所展示的内容。在有些程序中,创造出作品是推动学习的重要因素。在设计学习中,学生在解决问题的过程中经历设计的整个周期,对设计的修改应该能反映出对学习过的基本概念更为深刻的理解。像创造模型和设计作品,可以被认为是开放的或者是非预先确定的。相反,有的作品,比如一个数学问题的证明方案就被认为是封闭的,尽管在形成方案的过程中可能有很多种途径。

教学材料

学习环境的设计者所提供的材料是根据理论的明确性、作为规定的细节,以及提供给教师和学生的资源来分类的。本章所包含的程序在理论上基于明确的原则,这些原则源自认知或社会认知的观点。虽然这些程序是高度明确的,但是它们在成熟度上却各不相同。更为确切地说,它们包含了一系列例子、材料和资源来帮助教师和学生将理论付诸实践。

我们所讨论的绝大多数程序都是相当成熟的,它们通常还包含职业发展。然而,在所提供的材料中,程序的根本原则与实施建议之间联系的明确性存在差异。为了让程序容易使用,它们还根据教师和学生的类型提供不同的材料。有些程序为规则和评价提供带有建议的课程指南,这些指南与活动和教育材料的基本原理,均有助于教师的理解和学生的学习。其他程序虽然提供建议,但在如何采用这些建议上却缺乏实例,例如为学生学习提供平台或构建学习共同体的策略。当学生通过信息或数据收集进行探究时,还有一些程序可为学生提供阅读材料、需要解决的问题以及供学生遵从的建议。有些程序还提供软件来帮助建构知识。当材料还不够成熟,且教师在学习环境的组织中扮演重要角色时,教师需要具备广泛而深入的专业技能,以成功地实现学习环境设计者的预期目标。这一点将在教师部分得到充分论述。

社会组织

一个实践共同体描述一种情境,人们在该情境中参与学习的整个过程,产生了共同的准则、实践和知识的框架(Lave & Wenger, 1991; Wenger, 1998)。随着时间的流逝,他们对目的和共有的见解达成共识。这些共同体可以有一个或者几个中心。这些见解可以涉及专业训练,如怎样提出并解决问题。伴随解决方案的过程有诸如怎样收集证据、确定什么证据是有价值的，以及怎样解释证据或者怎样证明解决方案是合理的。讨论作为成员在学科中进行交流的一种方式，是在学习环境中经常被强调的一个方面。在讨论时，学生使用该学科领域的语言来报告结果并进行解释。讨论强调了日常用语及书面语与学科主题领域内较为正式的用语及书面语之间的差别。语言、社会交互模式和辩论塑造了意义的构建，并帮助学生理解学科中的知识是怎样被构建和检验的(A. L. Brown, Metz, & Campione, 1996; Rogoff, 1995)。例如，在由 Palincsar 和 Magnusson(2001; Magnusson & Palincsar, 1995)开发出来的一种科学教学方法——支持多重读写能力的指导探究(Guided Inquiry supporting Multiple Literacies, GIsML)中，学习环境就是围绕共同体概念设计出来的。GIsML 教学的一个宗旨是，科学课堂应该是反映科学文化中关键要素的共同体。在 GIsML 课堂上，教师和学生们参与到学习的整个过程之中，并在其中产生关于科学观念和实践的共有理解。科学学习要社会化，从而成为科学实践，例如使用谈论、倾听、阅读和写作这样的讨论工具。因此，对建构科学理解来说，语言被认为是重要和必需的。

305

有些学习环境在组织学科实践和讨论时不够正式。它们强调主动学习是通过发展群体知识培养起来的。共同体通过提问、信息收集、辩论、批评和综合，可以发展出关于某一主题的群体知识。例如，在 A. L. Brown 和 Campione 设计的培养学习共同体(fostering communities of learners)中，学生们选择一个感兴趣的主题，形成互相合作的小组，并且与已经收集到其他信息的同伴分享信息。他们一起综合信息，一起应用原理解决问题或探究更难的问题。计算机支持的主动学习环境(computer-supported intentional learning environments, CSILE; Scardamalia & Bereiter, 1991)促进了类似的交互作用。这种环境通过信息搜索和以知识构建为目的的共享，提供了一个支持合作探究的共同体空间。全班学生系统地研究一个共同的主题，并且把信息以及对信息的评论公开在多媒体共同体知识空间上。

学习环境通常以各种方式与课堂外的共同体相联系。有些学习环境鼓励共同体的参与，例如利用“知识的基金”(funds of knowledge)(Moll, Amanti, Neff, & Gonzalez, 1992)获取与学生背景相联系的技能、知识和经验，并借此对学科主题进行探究。有些学习环境试图利用普遍持有的观念以及将这些观念与学科中的专家可能怎样研究和解释一个现象进行对比，来连接学校内外的讨论和知晓的方式(Lee, 2002; Moje, Collazo, Carrillo, & Marx, 2001)。学生们在调查社区和为社区中的观众呈现结果时，我们鼓励共同体的参与，例如当地的兴趣小组和在网络公布的其他班级或学校的学生。技术化学习环境，如“作为全球科学家的儿童”(Kids as Global Scientists, Songer, 1996)和 WISE，常常通过远程通信将学生和研究生或者科学家们相连；学生们共享数据，对发现的结果或解释进行提问，或者获得针对他们作品的反馈。学生们经常通过学校站点与其他学生合作，一起收集、共享和解释数据。

教师

学习环境中教师的职责随着主题选择、任务设计和评估而变化。有些程序有固定的主题和教学顺序，然而在其他程序中，教师却可以从指定的一个目录中选择主题和规定他们自己的顺序。有些程序则是上述两者的结合。例如，在 GIsML 中，教师利用启发法来设计自己提出主题的方法。启发法将指导探究科学的教学概念化为一连串的研究周期,该周期包括参与、调查和报告。教师在组织教学的过程中扮演重要角色,他们指导学生以适当的步骤完成研究周期,并且确保学生获得科学知识、发展推理能力。WISE 提供了一个探究项目库,其中的材料包括已开发的课程计划。WISE 的教师可以使用项目作为独立的科学单元或者将它们整合到现有的课程中去。

将任务设计完全交给教师的程序即使有,也很少。有些程序面世时附有智能指导软件,这些软件提供了特有的分级任务并且能指导学生学习,例如认知指导者(Cognitive Tutors)(Aleven & Koedinger, 2002)和计算机化阅读环境——语音技术支持的读写能力创新(literacy innovation that speech technology enables, LISTEN; Mostow & Aist, 2001; Mostow & Beck, 出版中)。其他的程序,例如项目化科学(Project Based Science, PBS),为教师提供了广泛的材料,其中包括所提出的任务,但该程序认为教师将调整这些任务以适应特定的环境。其中的关键是教师所作的适应性调整要与学习环境设计的根本原则一致。

所有的程序都包括对学生理解水平的评估。不同的程序鼓励教师使用课堂化评估来促进教学的程度是不同的。有些程序包括前测和后测。个别程序还鼓励教师创造他们自己的评估方法。例如,他们可能会为学生提供指导,帮助他们用多媒体来展示自己的案例学习。许多程序还鼓励作品评估并且为如何评估提供说明。其他一些程序则包含了过程评估来确定学生是否能进入到更高层次的学习活动中去。例如,在课外程序第五维(fifth dimension; K. Brown & Cole, 2002; Cole, 1995)中,儿童在进入活动的下一水平前必须达到任务卡片上规定的得分。大部分活动使用有教育意义的软件和电脑游戏,通过一系列内容领域来强调问题解决和读写能力,这些领域包括数学、语言艺术、社会研究、科学、技术和美术。为获得第五维项目中作为专家评定的一种证明,任务卡片会伴随着每个活动并且帮助儿童开始、明确预期的成绩以及提供信息。同样,除非学生在解决当前水平的数学问题上达到了一定的熟练程度,否则他们在认知指导者项目中将无法前进。

306

教师的角色相当多样。在有些学习环境里,教师在组织学习环境以帮助学生达到目标时处于中心地位。例如,教师为学生学习、发现难点和评估理解水平搭建平台,这种教学努力是 WISE 运行的一个重要因素。在连接数学(Connected Mathematics)项目中,教师近距离地与学生一同学习,帮助他们搞清楚所学问题的意义。作为对比,认知指导者项目和 LISTEN 项目则较少重视对学生理解的指导,因为它们的技术提供了一个高水平的指导并且对学生的学习有重要影响。

教师在主题选择和设计上的责任越大,推动学习环境运作所需具备的技能也就越多。主题知识涉及关键概念的理解、概念间的联系、学科实践和学科的性质。有些学习环境,如认知指导者项目,是在对学习进行仔细分析的基础上建立的,所以教师无需像 CSILE 或培养学习者共同体项目所要求的那样,对主题有深入的了解。在像 CSILE 那样的知识构建项目中,教师们必须能够基于自身的专门知识来选择主题、理解关键概念以及评估理解水平。

课程知识涉及如何设计任务并安排其顺序。有些程序,例如 WISE,就是被设计出来对课程进行补充的,因此教师必须确定,怎样使网络化探究以最好的方式合并到现有的课程结构中去,这样做在某种意义上增强了现有的课程结构。其他程序,如PBS,被设计用来替换课程里的现有单元;教师需要明确学习环境提供了什么、新单元的好处以及确定作为替换的新单元是否适合课程的其他方面。

学生的知识涉及教师利用学生先前的知识和技能、经验、动机的能力,这些是内容表征和对学生的理解作出诊断的基础。至于能力的其他方面,教师们对于内容表征越重要——提供实例、活动、评估——他们必须具备的关于学生的知识也就越多。

教育学的专门知识涉及不同类型教学框架的知识:讨论、小组学习,或者演示以及如何执行。在学习环境中,鉴于程序设计的基本前提,教学也同样包括如何制定这些指导框架以及支持学生以合理的方法学习。例如,在连接数学中,教师需能支持团体问题解决;在GIsML中,教师需要积极地指导学生经历一个探究的周期;在WISE中,教师需要为学生的网络搜索搭建平台;在CSILE中,教师必须根据知识建构过程如何被知识论坛所概念化,来理解和执行知识构建的过程,同时创建一个学习者的共同体。

技术的专门知识在有些学习环境中是必需的,它包括如何使用和维护技术(发现并维修故障)以及如何使用技术作为学生的学习工具。虽然在程序中教师不是首要的,而且在使用技术作为学习工具时也只需要较少的专门知识,但那些采用高度结构化技术的程序仍然要求教师成为一个熟练的故障解决者。其他的技术化程序,如WISE、"作为全球科学家的儿童"、BGuILE和GEODE,需要大量的专业知识,来帮助学生利用该技术的优势,支持思维活动。

技术

学习环境利用多种技术来满足一系列目标。许多创新学习环境中的参与者积极地进行信息收集,例如在因特网上搜索、通过电子邮件或者即时消息共享信息,利用模拟的方法为进一步的学习生成信息、利用数据建模来帮助同化信息,以及利用诸如可视化软件之类的信息表现工具。例如,思考者工具(ThinkerTools)软件(White, 1993)模拟了力和运动相互作用的现象,学生可通过与该模拟交互作用,来学习物理学的基本原理。在线学习环境和学习空间,如WISE和CSILE,提供定制的软件工具来支持学生的知识构建和知识整合。设计这些类型的环境的目的通常是促进合作。CSILE提供了一个共有的数据库和网络化通信工具;WISE提供了界面,以支持围绕和凭借技术所进行的合作。其他的计算机化环境是为个别作业而设计的。认知指导者软件在个别化基础上,将问题分配给学生,监控学生的解题步骤,并提供反馈和提示。LISTEN软件在计算机屏幕上呈现故事,并且在儿童大声朗读时提供个别帮助。

307

计算机化环境,例如认知指导者和LISTEN,把技术作为学习环境的核心。尽管其他成分也许可以增强这些程序中的技术,但是技术仍是教学的主要传递系统。例如,在认知指导者中,团体的问题解决任务和讨论旨在支持或增强教学软件所确定的学习。尽管有些计算机化环境可能包括所有的内容,但是其他的环境,如CSILE和WISE,却通过为个体或团体研究过程搭建平台来帮助组织学习。还有一些程序可能使用大量的技术,但是这些都不是环境的关键成分。在连接数学、LBD和项目化科学程序中，技术工具的目的是在环境范围内影响学习。例如，在项目化科学程序中，技术用来为学生创作学习作品时提供支持，如使用掌上电脑来创作概念图。

评估

大部分学习环境包括或者推荐了几种类型的评估来评价参与者的学习，尽管有些类型的评估相比其他类型更为重要。个体和团体的作品、学生的报告和演示以及前测和后测是多数程序的特性。在有些程序中，作品的设计和评价是主要的。例如，在一个 LBD 物理科学单元中，学生设计和建造微型交通工具。学生们在经历设计的过程，如设计、建造以及测试能够在各种表面行驶的微型交通工具时，会在设计和重新设计的周期间往返(Kolodner, Camp, et al. , 2003)。

学科化程序关注下列对象的全部或部分：知识内容、推理能力以及学科的性质。那些更为全面的程序可能会包括内容评估以及学习的倾向性，例如提出问题和寻找信息来回答这些问题的主动性。有些程序还根据学生的兴趣、效能感以及学习策略的使用来评估他们的动机。

程序描述

我们通过对三个程序的描述，来说明设计者在强调和例证特性时存在的差异。该描述讨论了学习环境的核心特性。因此，一个单独的程序描述并不讨论所有的特性，即使这些特性在程序中都有可能起作用。例如，许多程序都要求学生们在讨论观点或做调查时进行合作。然而，有些程序设计却很明确地要求培养合作，如知识论坛程序(Knowledge Forum)和"作为全球科学家的儿童"。同样地，有些程序要求创造出作品，以作品作为评价学生学习的一个重要成分，其他的一些程序则依据更为传统的评估方法，即使学生确实创作了如报告这样的作品。

项目化科学

项目化学习是从 Dewey 开始流行的一个方法。早在 20 世纪 80 年代，TERC(www.terc.edu)就开发了一个结合电子通信新技术的主题课程。它提出了关于环境主题的问题，如空气质量和垃圾降解，学生们做实验、收集数据，并且与其他地方的合作者共享结果。

最近，密歇根大学和底特律公立学校已经通力合作，目的是设计出以社会建构原则为基础的项目化学习环境。这个项目持续 6 到 8 周，并且是初中科学课程中不可缺少的一部分。项目内容的选择既要符合由美国科学发展协会(1993)和 NRC(1996)提出的全国科学标准，也要符合地区和州的科学目标，它们与全国标准是相一致的。

项目化科学的基本成分是：(a) 使用了一个包括科学内容和活动的"驱动"(driving)问题；(b) 产生一系列解决问题的作品，或者产品；(c) 允许学生参与到真实的调查研究之中；(d) 涉及学生和教师之间的合作；(e) 通过使用学习技术来支持知识建构(更详细描述，参见 Krajcik & Blumenfeld，出版中；Singer, Marx, Krajcik, & Chambers, 2000)。

308

目标。标准强调了学生研究日常世界的需要。我们认为参与探究不仅有助于学生们学习科学的内容和过程，同时还可以体验科学家们置身其中的学术框架。学生的理解源自学生们设计研究、收集和分析数据、记录这个过程，以及根据实验目的和他们自己的方法来评价结果的需要。批判思维和问题解决在学生解释数据、考虑矛盾，以及讨论、争辩矛盾存在的可能原因时是必需的，其中的矛盾既指他们的假设和结果之间的不一致，也指他们的结果与他人结果之间的不一致。这些机会还有助于学生理解科学的性质，例如问题是如何产生的，以及如何进行研究、哪些可以作为有价值的证据、科学家如何解释和报告结果、科学中的概念如何发展等。

强调科学语言、讨论和写作风格与其他内容领域的专业讨论和日常交谈之间的区别，有助于提高学生运用科学形式进行交流的能力。学生们有机会采用口头或者书面的形式来解释他们关于科学现象的想法。为了研究与学生生活相关的问题，我们认为探究的过程不仅有助于学生对科学及科学的价值形成自己的态度，还影响到学生是否选择更多的科学课程的决定。

任务。引导性问题适用于组织科学内容和任务。项目中的样例问题包括“我所在社区的空气质量怎么样?”(化学)；“好朋友能使我感到恶心吗?”(生物学)；“为什么我骑车时一定要戴头盔?”(物理学)。学生们在寻找引导性问题的解决办法时，会对关键的科学概念形成有意义的理解。

好问题不仅与现实世界有密切的联系，而且还反映了学生生活的重要方面。被选择出来的问题应该有科学价值，包含丰富的、反映标准的科学内容，并且可以让学生们在教室中进行设计和研究，以回答这些问题。问题必须足够广泛，使学生能凭着自身的兴趣提出一些小问题并进行研究。尽管这些项目只强调了科学的一个领域，但是学生在回答问题时可能会使用来自不同领域的概念。他们在计算结果、用图表呈现数据以及撰写报告时也要运用数学和读写能力。

项目可以在年级水平内部排序。在学年初期，该学习环境就提供了支持科学过程和技术使用的一个更高水平的平台。例如，最初的项目可能会包含基础课程，以此来帮助学生学会通过提出论点、引用支持性的论据，以及将论据与支持论点的结论联系起来作出解释。当学生在参与探究和使用学习工具上变得越来越熟练时，支持便会逐渐减少。项目也在年级水平间排序。初中每年引导性问题所包含的内容均为由全国、州或者当地的年级标准所确定。然而，教师在使用项目时也可能并不顾及顺序，因为顺序可能需要建立在环境、校历和个别学校政策的基础之上。

除了引导性问题要具有现实性之外，PBS 还采用多种方式使学习与现实结合起来。学生通过在附近进行观察和收集数据，来体验现象，例如测量附近溪水的质量或者在附近散步时收集空气污染指数。这些活动利用学生先前的知识和经验，作为贯穿于整个课题的主要事件。例如，教师使用一个引导性问题板，板上呈现了从这些活动中收集到的数据；随着项目的推进，他们会添加与回答先导性问题有关的信息。

学生们创作代表他们学习成果的作品或者产品。作品反映了与解决引导性问题有关的知识和见解的自然发生状态。作品不仅具有认知上的复杂性，而且相对自由。例如，学生们在创建模型时，必须决定模型中包含的变量、变量间的关系，以及如何对他们的选择进行解释。学生们绘制概念图来说明关键结构间的关系。他们为演示做准备，共同体的成员与其他的教师和班级都会出席他们的演示。他们通过写书来与年龄较小的学生共享引导性问题的解决办法。因为作品是具体的、明确的(例如，一个物理模型、报告、录像带或者计算机程序)，所以学生们可以共享这些作品并对此进行批判性的讨论。这不仅允许其他人(学生、教师、父母和共同体的成员)提供反馈，而且还允许学习者进行反思，扩充他们新获取的知识以及修改他们的作品。作品的创作和共享使得从事项目化科学更像从事现实科学，而且反映了科学家的工作。

309

技术。PBS 广泛使用了与课程相整合的学习工具(Krajcik, Blumenfeld, Marx, & Soloway, 2000)。这些工具的使用是为了支持课程的学习目标，而不是为了在构建课程时利用科技成果。

在运用来自学习者中心软件设计的概念时(Quintana et al., 2004; Soloway, Guzdial, & Hay, 1994)，每个工具的设计，都要考虑新手学习者独有的特征。这样的工具专门设计了支持性程序，可以帮助学生完成他们平常无法完成的探究任务。例如，Model-It 不仅通过一种学习者熟悉的方式呈现信息，以此来说明学习者中心的设计原则，而且还引导学习者认识更专业化的或者符号化的表征(Jackson, Krajcik, & Soloway, 2000)。学生们选择变量，指出它们之间的关系，然后检测他们建构的模型。同样地，学生们使用 Artemis 参与到网络搜索中。Artemis 是一种工具，其设计目的是帮助学生清楚地了解他们发现了什么以及什么是有用的。图书馆选择网络内容，来帮助中学生找到更多与其项目相关以及适合他们阅读理解水平的材料。为了改善访问，近来的技术涵盖了掌上电脑，这样，所有的学生便可以频繁且及时地获得他们自己的技术工具。这些需要与教室中的台式计算机和计算机实验室配合起来使用。掌上电脑的软件允许学生选取表征、分享作品、保存信息和写下解释。

为了帮助解释，学习工具拓展了学生能够调查的问题范围，能够收集的数据和信息类型，以及能够呈现的数据表现类型。这些工具被用于多个课程项目而且持续使用多年，所以学生们逐渐习惯了这些工具并且可以从重复使用中获益(Krajcik et al., 2000; Wu, Krajcik, & Soloway, 2001)。学生们可以独自学习，也可以通过合作一起学习。由于计算机数目有限，所以学生们在使用台式计算机学习时，通常要进行合作。而对于普遍存在的个别作业，一般使用掌上电脑，因为较之台式机花费较少，所以更为流行。

教师。教师在 PBS 的实施中扮演了重要的角色。因为教师必须采用与根本原则相一致的方式调整项目，以适合他们的环境，所以教师必须具备大量的课程知识。关于内容以及学生怎样学习的知识对于教师而言是必不可少的，因为教师要提供关于科学内容和过程的重要基础课程，来为学生的探究做准备。教师还必须熟悉技术并且能够利用其潜力作为学生学习的工具。所有的这些要求支持了学生的学习。因而，在学期伊始，教师便为学生搭建了大量的平台。他们通过制作关于标准的列表来规范学生的思维和建构任务，这个列表可以帮助学生评价其选择的研究问题是否有价值，以及是否可行，他们还将图表发给学生以帮助他们对收集来的数据进行整理和分析。之后，教师会认为学生能够在帮助较少的情况下完成学习程序或者创作作品。

评估。个别化项目学习的评估基于以下几个方面的结合，这几个方面分别是学生作品、项目特定的前后测分数以及针对一部分学生样本的内容访谈。测验既包含了封闭的问题，也包含了开放性的问题，并且这些问题是按照认知难度从低到高排列的。也就是说，要求学生对有关事实的问题以及他们将知识应用到一个新情境的特定情节作出反应(Marx et al., 2004)。全州范围内的测验分数，被用来决定参加 PBS 课程的学生，如何与那些接受其他地区支持的标准化科学教学的学生进行比较(Geier et al., 2004)。

除对学生的学习进行测量外，一系列感知和动机结构也需接受评估。我们将结合调查和访谈考察学生对课堂环境的知觉(例如，问题的现实性、合作的机会以及教师对理解的迫切要求)及其对科学技术的态度、学习动机和自我调节(例如，使用学习和元认知策略)的影响(Blumenfeld, Soloway, Krajcik, & Marx, 2004)。

教学材料。如 D. K. Cohen 和 Ball(1999)所述，我们为 PBS 设计的课程和材料是高度明确(理论原则和方法被明确定义)和成熟的(适合于教师和学习者的材料既可以获得又可以使用)。由科学教育专家、科学家和课堂中的教师共同开发的材料，在项目中连同阅读片断、讲义和工作表一起，涵盖了关于每一课的大量信息。另外，教师的教育性材料关注内容和内容表征、关于学生理解的潜在问题，以及避免产生潜在实施问题的管理建议(Davis & Krajcik, 2005; Schneider & Krajcik, 2002)。

310

职业发展适用于帮助教师制定课程。教育技术支持教师现在的发展。暑期学院(summer institute)、星期六以及傍晚的工作会议(Saturday and late afternoon working session)利用了有关学生学习成果的数据、内容和教育学内容的关注点，以及教师在执行过程中的难点(Fishman, Marx, Best, & Tal, 2003)。技术同样被用来为教师提供支持以及帮助他们负起教学职责。一个被称为网上知识网络(knowledge networks on the web)(KNOW; www.umich.soe.know.edu)的网络化教师支持系统被设计出来，用于分发课程材料、阐明课程的规定、共享教师关于规定问题的评论，以及展示学生学习的例子。职业发展的领导者可以访问 KNOW，对他人设计的规定产生疑问的个别教师也可以访问 KNOW。

网络化整合科学环境

虚拟学习共同体的一个例子是网络化整合科学环境(web-based integrated science environment)(WISE; http://wise.Berkeley.edu)。WISE 是一个受网络资源支持的、适合初级和高级中学的在线环境，它让学生参与到合作的探究项目中去(Cuthbert, Clark, & Linn, 2002; Linn, Davis, & Bell, 2004; Linn & Slotta, 2000)。

技术。WISE 利用网络化技术和课堂教师，来确保学生参与到围绕现象所做的持续性的研究中，并以此作为一种加深学生科学理解的方法。其特性包括基于浏览器的学生界面、教师的课程计划，以及一个探究项目的在线程序库。学生界面加入了一个查询图，为学生研究一个主题提供指导。这个图提供了一种指导水平，通过显示学生在学习时需要遵循的步骤，来确保其在一个项目上进行独立学习。这个软件同样包含了一个电子指导工具,或者是一个原型,来提供暗示并提醒学生注意该活动的意图。其他用户化设计的软件工具帮助学生使用因特网来收集和批评证据、做笔记、设计方法,以及参加同伴和科学家的在线讨论。

任务。WISE 项目的范围从几天到几周,并且使学生参与到研究科学现象、设计问题的解决方案、批判性地讨论科学概念,以及现实世界的科学论战中去(Linn, Clark, & Slotta, 2003; Slotta, 2004)。典型的项目是让学生参与到不同的活动中去,如研究青蛙畸形的性质和成因、设计一座适合沙漠生活的房子,以及针对如何在世界范围内控制疟疾的不同观点展开辩论。

目标。程序的学业目标包括发展学生对于标准化科学内容(NRC, 1996)的概念理解,以及提升科学、语言和技术文化能力(Linn & Slotta, 2000)。社会性和人际间的目标关注与提升学生在学习中的自主权、帮助学生向同伴学习,以及培养对科学的积极态度。

社会组织。WISE 科学教学强调在一个科学定向的课堂共同体中进行知识构建(Linn, Clark, & Slotta, 2003)。学生们主要进行合作学习,但在小组内进行独立学习。网络化通信工具确保学生可以与同伴和科学家相联系,一起共享数据、讨论和辩论观点以及报告结论。当这些小组进行一个 WISE 项目时,课堂教师与他们交互作用,在需要时指导和帮助学生。学生和教师拥有一个共同的目标,那就是理解科学概念和实践的意义。

311

教学材料。WISE 学习环境为学生提供了一个在线学习空间,学生可以通过构成探究项目的一系列活动,在这个空间里进行单独或合作学习。这个学习空间是一个基于浏览器的界面,它帮助学生借助提示,来执行活动的步骤,例如用弹出窗口提醒学生、提供暗示,以及增加探究主题证据的页面。课堂动手活动和探究进一步支持了在线研究。例如,在一个被称为"太空植物"(Plants in Space)的项目中,学生使用 WISE 界面和因特网资源来研究植物的生命周期,并且考察在地球上种植和在太空种植的不同条件(Williams & Linn, 2002)。他们在教室中共同创建了一个小小的溶液培养园,对其中的植物进行研究,以此来分析植物生长的相关因素,然后运用他们的分析来考察太空站环境中植物生长的重要因素。这个项目让学生参与到关于植物生长因素如土壤、水、空气和光的网络讨论中去;参与有同伴和科学家的在线讨论;以及评论额外的证据来确定在太空站环境中特定植物生长的可能性。学生们每天观察自己的园子和附近的园子里植物的生长和发育情况,设计和实施关于植物的研究,然后报告对于太空植物种植的建议。WISE 界面不仅为学生提供植物的信息,而且还提供太空站条件下的额外证据,来帮助学生提出问题和指导植物种植方法的研究。WISE 软件帮助学生分析数据,记录证据,然后利用证据来对问题作出反应,并推测哪种植物将会是太空站环境的首选。

WISE 项目设计的目的是引起学生的兴趣和好奇心、与现实世界的科学主题建立联系,以及帮助学生发展科学探究的能力。项目是由具有广泛合作关系的参与者共同创造的,这些参与者们来自科研机构、专业组织、博物馆、学校和大学。例如,"太空植物"项目的合作伙伴们包括科学家、课堂教师、科学教育研究者和技术专家(Williams & Linn, 2002)。WISE 伙伴们一起设计出一个试验项目,观察它在课堂中的运行情况,然后根据课堂试验结果对项目进行调整。这些设计团队遵循从支持性知识整合学习理论中得出的设计原则(Linn, Davis, & Eylon, 2004)。这个观点表明:项目支持学习者将新的想法、观点与他们正在研究的科学现象的观点相联系时,内聚理解将得以最佳的促进。WISE设计团队采用支持性知识整合观来创造以学科为中心的活动,以及支持学生在WISE项目中进行探究的技术特性。除此之外,WISE还提供了一个在线创作环境来确保设计团队创造和调整不同的课程项目,这些项目与WISE设计原则和相关的科学标准是一致的(Linn, Clark, & Slotta, 2003)。WISE合作伙伴们已经设计和调整了50多个探究项目的在线程序库(Shear, Bell, & Linn, 2004)。

教师。WISE为课堂教师提供的在线支持包括附有课程计划的一个探究项目课程库、学习目标的描述、学生先前观念的可能信息、评估,以及全国科学标准的链接。教师的学习空间提供平台来帮助教师们设计和运行WISE项目。支持教师的技术特性包括评分工具、课堂监控工具、格式化的测评工具,以及确保教师能够调整项目的用户化工具。项目对于教师来说要灵活且有适应性,以便教师可以很容易地把它们加入现有的科学课程中。这种灵活性确保教师能够选择一个项目作为大学习单元中的一个部分,或者用一个项目作为一个独立的科学单元。因而,教师的功能是从WISE在线程序库中选择相关的项目,然后对其作出调整以适合当地课堂的使用。教师的功能也是促进学生完成项目。教师与学生小组相互作用,帮助他们解释从网络上收集到的信息和材料,并且帮助他们将自身的经验和科学概念联系起来(Slotta, 2004)。

评估。为了评估内容的学习,教师有权使用在线的多项选择和短文主题测验。WISE也为学生提供创作作品和演示的机会,以此来评估科学内容和探究技能。 312

认知指导者

匹兹堡高级认知指导中心的研究者开发出来的计算机化学习环境,叫作认知指导者(cognitive tutors),它适用于高中数学课堂(Aleven & Koedinger, 2002; Anderson, Corbett, Koedinger, & Pelletier, 1995; Corbett, Koedinger, & Hadley, 2001)。认知指导者程序把课堂教学与为学生的数学学习提供个别支持的智能指导软件结合在一起。这个程序是一个完整的课程,它由课堂学习活动、学生课本材料和指导软件三部分组成。

目标。认知指导者课程与全国数学教师理事会(2000)强调的数学教学和课程标准是一致的。这个程序的目标包括:发展学生数学问题解决能力,加深程序性和概念性的知识,以此作为提高学生数学成绩的一种手段。

任务。认知指导软件将问题单独分配给学生,监控学生的解题步骤,并提供反馈和提示。例如,几何学认知指导者,为学生呈现涉及角度、面积和毕达哥拉斯定理等概念的几何学问题(Aleven & Koedinger, 2002)。这个指导者通过显示错误消息,来对学生的错误作出反应,提供几何术语表和随选提示,并且记录学生对所学的每项技能的掌握情况。指导者是一个完整的、被称做认知指导者几何学的全年几何课程中的一部分。除了几何学,适合于高中代数和综合数学课程的认知指导者软件和课程也已经被开发出来了。

由指导者呈现的任务是与现实情境相关联的问题。例如，代数学指导者强调通过解决诸如估计一辆汽车租借的费用、计划铲雪的收益、组织为学校的年鉴卖广告这样的问题来培养学生的代数思维(Corbett, McLaughlin, Scarpinatto, & Hadley, 2000)。问题包括多种数学概念和技能，并提供了广泛的技能训练。指导者提供了一个问题解决空间，这个空间由问题集、窗口中的工作表，以及确保学生获得成功解决方法的反馈所组成(Corbett et al., 2000)。

教学材料。认知指导者的设计所依据的原则是从认知的适应特性(ACT-R)理论发展出来，它提出复杂的认知源于信息的陈述性知识和关于如何使用信息以执行各种认知任务的程序性知识之间的相互作用(Anderson, 1993, 1996; Anderson & Schunn, 2000)。ACT-R的一个基本假设是：程序性知识只能通过“做”来学习。因而，指导者软件设计的目的是在大量问题解决情境中提供技能训练，通过这种方法让学生获取和巩固他们的程序性知识(Anderson, 1993)。

软件附带着教学材料，它帮助协调整个班级教学和强调现实生活情境的合作性问题解决活动。材料包括基于问题的学生课本和由任务、测验、教学建议，以及课堂管理技术构成的教师手册。课本和课堂活动的目的是对比和扩展软件中强调的概念发展。

技术。指导者软件经特别的设计，其目的是监控个别学生的问题解决。认知指导者能够监控学生问题解决的操作过程和记录对所学的每项技能的掌握情况。为此，每个认知指导者都使用一个认知模型来表征不同能力水平的学生所具有的技能和策略(Corbett, Koedinger, & Hadley, 2001)。指导者使用模型来分析单个学生问题解决时的操作表现。当一个学生犯了错误而无法产生正确行动时，指导者便建议其应该采用什么行动。指导者在提高数学技能方面提供了合适的练习，直到学生达到掌握的成绩水平为止。一旦一个学生在指导者课程的特定部分中达到了掌握的成绩水平，指导者便停止呈现新问题。通过这种方法，学生的学习时间就花在提高必备技能上，以成功地解决问题。

313

由于指导者旨在学生遇到困难时为其提供建议，因此指导者诊断学生错误和提供有用反馈的能力极为重要。为了有效地诊断和给出反馈，指导者要求认知模型需以准确的任务分析为基础。在设计指导者时，对每个任务都作出一个分析，用以开发代表完成每个任务所需能力的认知模型。这样一种分析的优点是，解决一个问题所涉及的认知过程被完整地绘制出来。于是，我们在某种程度上可以确信，指导者能够使错误在一组错误类型上找到对应，并且能够利用先前的知识和通过问题空间追踪学生的解题路径，以此给予学生细心的支持。例如，当一个错误出现时，指导者首先显示一个错误消息，然后提供随选提示，在问题的每一步上都有多种水平的提示，来确保解决问题的途径是正确的。看到简洁的错误消息后，学生们可以在没有帮助的情况下改正错误。多种提示水平允许学生在帮助最少的情况下取得成功。问题经过选择和设计，用以反映现实世界的情境和训练特定的技能。学科里的多种表征物(表格、图表、符号表达式)被构建到了软件之中。

教师。认知指导者课程使个别化指导者的使用与课堂教学、合作问题解决训练结合为一个整体。学生们花费约40%的课堂时间,来独自解决指导者布置的问题,剩余的时间都花在合作问题解决的活动和整个班级的教学上(Aleven & Koedinger, 2002)。教师的功能是促进问题解决活动和班级讨论,以及为在指导者环境中学习的学生提供帮助。为了获得成功,教师需要具备主题知识,熟悉指导者软件,且乐于促进合作问题解决。

评估。评估是构成认知指导者课程中必不可少的一部分。认知指导者软件包含对学生数学能力的逐步评估,并且为每个学生都提供一个技能报告,以确定其数学技能水平和取得的进步。教师的材料中也有评估工具,工具中包含了前测和最终测验、教学进行过程中的小测验(提供答案),以及给课堂演示评分的说明。我们同样鼓励教师在在线教师共同体中创造和共享他们自己的评估方法,包括小测验和考试。

程序比较

表8.3根据学习环境的特性比较了六种程序。这个表描述并比较了几种广泛使用的学习环境。我们的目的是阐释学习环境设计中的共性和多样性。表8.3中的词条使用了我们从程序的各自的描述中得出的术语。在有些例子中,程序虽描述了相似的特性,但是却使用了不同的术语。

表8.3 程序比较

314

程序	目标			
	学业的	社会性和人际的	心理习惯	发展的
连接数学 (Lappan et al., 2002; Lappan & Phillips, 1998; Reys et al., 2003)	数学知识、理解和能力;与全国标准相一致的数学内容和加工目标	互相支持的学习	成为独立的学习者;学科的思维方式	
CSILE/知识论坛TM (Bereiter & Scardamalia, 2003; Scardamalia, 2004; Scardamalia, Bereiter, & Lamon, 1994)	知识建构能力;深刻理解不同的学术领域	人际交往技能	终身学习的心理习惯;主动的学习者	
第五维 (Cole, 1995; K. Brown & Cole, 2000, 2002; Callego & Cole, 2000)	通过游戏学习:认知成果包括计算机读写能力、理解力和问题解决技能	建立儿童和年轻成人之间的关系	开发日常实践的自主权、知识和能力	促进儿童的认知和社会性发展
GenScopeTM/BioLogicaTM (Horwitz & Christie, 2000; Hickey, Kindfield, Horwitz, & Christie, 1999, 2003; Hickey, Wolfe, & Kindfield, 2000; Horwitz, Neumann, & Schwartz, 1996)	运用遗传学的基本概念来思考和解决该领域的问题		获得职业科学家的心理习惯	

续 表

程 序	目 标			
	学业的	社会性和人际的	心理习惯	发展的
GIsML (Hapgood, Magnusson, & Palincsar, 2004; Magnusson & Palincsar, 1995; Palincsar & Magnusson, 2001; Palincsar, Magnusson, Collins, & Cutter, 2001)	科学内容的理解;科学的推理	在学习者共同体中学习	适应科学共同体	
作为全球科学家的儿童/生物儿童 (Huber, Songer, & Lee, 2003; Mistler-Jackson & Songer, 2000; Songer, 1996, 出版中; Songer, Lee, & Kam, 2002)	标准化科学内容的概念理解;科学推理能力的纵向发展;技术能力	对科学的积极的具有动力的信念	发展对科学性质的理解	

程 序	任 务				
	内 容	顺 序	真实性	情境化	作 品
连接数学	数学问题解决的活动	按固定的顺序发展理解和技能	现实世界的、纯数学的,以及古怪的情形	问题中心的:嵌入到问题中的数学概念	代表学习
CSILE/知识论坛™	产生和改善观点的知识构建的学习空间	开放的顺序:支持多元课程领域	与课堂共同体的兴趣紧密相连	学生和/或教师的自选择探究	影响共同体的知识
第五维	问题解决和交流活动	儿童按照自己的速度通过一个迷津活动	儿童选择挑战的活动和水平	社会定向的	阐述任务是如何被完成的
GenScope™/BioLogica™	遗传学问题解决活动	呈现问题和指导学习的交互式软件	与学生的兴趣紧密相连;以领域为中心的	领域框定的:关注遗传学的任务	代表学生的心理模型
GIsML	探究科学研究	教师指导的研究周期	现实世界的科学;直接和间接的研究	在一个科学化共同体中产生知识	反映内容知识和推理技能
作为全球科学家的儿童/生物儿童	以探究为中心的活动	按固定的顺序支持探究准备和促进科学学习	现实世界的;基于学科的	围绕科学主题的交互式探究	展示内容和探究知识获得

315

续 表

程序	教学材料		
	理论的明确程度	实施的细目	资源
连接数学	揭示认知科学研究：学生从数学的直接经验中发展理解	完整的中学课程；实施的完全指导	教师遵循一个参考手册；学生使用单元书本
CSILE/知识论坛™	知识构建的原理	在线知识构建的课程、资源、讨论和教师指南	教师和学生使用的一个在线学习空间；学生在学习空间中的平台和资源
第五维	从文化—历史活动理论发展出来的设计原则；明确的站点设计原则	站点设计和管理的全面执行方针；程序设计的核心原则	适应性强的模型：团体和大学联合起来运行每个站点，并开发了一个基于核心原则的独特程序
GenScope™/BioLogica™	示范型教学和学习框架；学习者需要对生物现象的心理模型进行建构、详述和修改	网络化实验室活动的在线示范阐明了教师和学生的作用；活动可以补充或者代替教师的课程	教师指南和学生工作表；软件为参与研究的学生提供提示
GIsML	社会文化理论：学习产生于社会和文化世界中的个体活动和社会互动	教师通过职业发展学习GIsML教学的原则；提供的小组活动	支持使用学生课本材料的教师指南
作为全球科学家的儿童/生物儿童	作为理论框架的建构主义学习理论和学习的周期观：为促进探究准备提供了明确的设计指导	帮助教师设计和实施一堂课的可下载课程：包括活动描述、利用数字资源的信息、有注解的学生工作表	由教师指南和学生工作表组成的课程黏合剂；掌上电脑软件；学生和教师的在线数据库

程序	社会组织		
	结构	实践团体	课堂外
连接数学	多重排列：个人、成对、小组和全班	数学思考、推理和交流的方式	有效的连接：有效的实时通信和活动
CSILE/知识论坛™	在一个多媒体团体空间中的合作知识学习	知识构建的实践和讨论	团体参与的数据库在线网络
第五维	儿童与成人指导者配对作为合作参与者	在一个好玩的活动系统中的社会性和讨论实践	凭借通信技术的跨站点活动
GenScope™/BioLogica™	成对或者个别的学生参与活动	科学化团体的实践；关注科学探究和推理	
GIsML	学生们在教师的指导和支持下一同学习	科学团体的文化要素：科学的价值观、惯例、标准、信仰	

316

续　表

程　　序	社　会　组　织		
	结　　构	实践团体	课　堂　外
作为全球科学家的儿童/生物儿童	学生与作为指导者和促进者的教师们一起合作学习	在一个学习共同体中探究知识的发展：科学探究推理、交流	与其他学校站点的同伴和专家的在线讨论和数据共享；学生们利用因特网资源

程　　序	教　　　师		
	职　　责	中　心　性	能　　力
连接数学	实施课程单元；布置家庭作业；评估学生的学习	在实施中处于主要地位；近距离地与学生一同学习来搞清楚数学的意义	促进以问题为中心的课程；教育学的专门知识
CSILE/知识论坛™	为学生的知识构建做准备；设定预期；开始探究	允许学生定向的探究；为知识构建过程中的学生提供平台	理解知识构建的过程；技术的专门知识
第五维	大学阶段的成人伴随学生从头到尾经历每个活动	成人和儿童灵活地共享教师和学习者的角色；成人指导对学生取得进步和玩得开心差不多是必不可少的	调节围绕任务进行交互作用的质量的能力；保持作为一个能干的同伴的角色
GenScope™/BioLogica™	协调班级与计算机活动；评估学生的进展	监控计算机活动中的学生；开展辅助的活动；为需要帮助的学生提供个别帮助	课程规划；将计算机活动整合到课堂活动中；技术的专门知识
GIsML	确定最初的探究；指导和调整学生与材料、想法和同班同学的相互作用	在调节学生相互作用中起到重要作用：指导学生经历探究周期	了解科学内容、科学性质和科学实践；支持学生的知识构建
作为全球科学家的儿童/生物儿童	为课堂使用修改程序；指导探究活动；评估学生的学习	学习的关键促进者：指导学生在调查和研究时经历探究阶段	实施课程以支持学生的能力；科学内容和技术知识

程　　序	技　　　术		
	工　　具	中　心　性	功　　能
连接数学	能制作图表的计算器；可选择的计算机和第三方的商业软件	学生有规律地使用计算器；计算机软件教育活动是可选择的	计算器作为问题解决的工具被整合到课程中
CSILE/知识论坛™	电子化的团体工作空间：公共数据库和网络化通信工具	用来记笔记，搜索、组织和共享信息的工作空间	为个体或小组研究过程提供平台

续 表

程 序	技 术		
	工 具	中 心 性	功 能
第五维	计算机和第三方的商业化教育软件	计算机软件和电信活动是普遍的	游戏和学习交织在一起的计算机中介活动
GenScope™/BioLogica™	由为系统研究遗传学而设计的工具组成的计算机化软件学习环境	技术支持的科学学习：组织和指导学习活动	为个别学生的研究工作提供一系列活动和平台
GIsML	技术,如过去用于杠杆作用学习的计算机和软件	利用技术优势使概念通过视觉呈现给学生	帮助发展概念理解
作为全球科学家的儿童/生物儿童	网络化数据库,掌上电脑技术,以及适合交互式探究的因特网	在探究活动中利用技术工具和资源	为学生的探究过程搭建平台：技术被用来收集和组织数据、分析数据、与同伴和专家交流,以及形成报告和演示

317

程 序	测 评	
	类 型	对 象
连接数学	纸笔测试和单元测验;自我评估;项目	数学概念和能力;数学的品质;学习习惯
CSILE/知识论坛™	个体和团体研究工作的材料包;报告、多媒体演示和示范	在不同学业领域中理解的深度和思维方式
第五维	儿童完成每个活动之后的任务卡片;在日志中记录进展	监控学生们的活动进展
GenScope™/BioLogica™	学生们研究的电子档案	遗传学过程和机制的建模和解释
GIsML	学生的报告和演示;科学笔记簿中的书面回答	科学概念的理解;科学的推理和解释
作为全球科学家的儿童/生物儿童	个体和小组形成的作品和演示	科学内容知识和科学探究能力

概要

本部分所描述的环境均具有学业目标,有理论基础,应用范围广泛,并且有已发表的关于其效果的研究。这些描述说明：虽然程序有相似的特性,但它们各自在怎样将理论转化为实践方面却是不同的。其中一个不同之处就在于程序的特性对一个特定的学习环境来说是很重要的。例如,技术是许多程序的核心;但在其他一些程序中它可能是次要的或者根本就没有出现。另一个不同之处在于,在使用以问题、项目或设计为基础的单元时,内容可能会受到强调。内容可能会与学生的日常生活相联系,或者与科学家、数学家或其他专家遇到的那些问题相联系。

目标通常关注内容的理解和一个学科的进展。专业知识的发展是大部分学习环境所共有的目标,并且有些程序强调把主动学习作为一个目标。尽管程序特性与基于小学高年级和初中学生发展需要的教学建议相一致,但仍然缺乏与年龄相关的学习目标。高度顺序化学习环境的基础通常是强调个性化知识建构的信息加工理论。为了指导知识发展,这些学习环境依赖专家和新手思维的详细模型。其他环境强调学习的社会性方面和关注学习共同体的发展。

尽管在不同的程序中教师的角色各不相同,但任何一个学习环境的成功都离不开教师。在有些程序中,教学的大部分负担被技术工具或者因特网上的材料所分担。而在其他的一些程序中,教师则承担着指导的主要功能,因此他们对作出教学选择负有相当大的责任。这些选择有:要完成什么问题或主题;怎样去表现内容;怎样使学习环境的材料在某种意义上适应与之相一致的基础假设,并适合特定的环境。为了实现目标,这些类型的环境要求教师具有大量关于内容和教育学,以及指导设计的知识。

所有程序都利用作品来反映学生的理解。学生们通过作品的创作和修改来形成和应用概念。然而,程序开发者们也受到来自投资机构和学校系统的压力,因此,他们要证明其开发的程序在更为传统、得到广泛理解的方法上的效果。大部分程序使用课程特定的测验和高水平的标准化测验上的成绩作为学业成就提高的证明。

我们使用的标准缩小了所描述程序的范围,尽管只有这么有限的样本,但是它们在如何设计特性上仍有很大的差异。我们的描述框架区分了每个特性中的具体方面,因此有利于提供大量关于总体程序设计的细节。研究者、设计者和从业者们都可以利用这些详细信息,来权衡关于开发学习环境的想法与关于每个特征中自己感兴趣的方面的想法。于是,开发者们便可以重新审核这些程序,来研究技术以对这些方面作出例示,同时修改以适合他们的目标。

318

学习环境的设计和执行:理论和实践的相互影响

本部分,我们描述了如何利用理论来设计学习环境、怎样收集实施结果和学生成果上的数据来修改设计,以及这个周期是如何有助于熟悉理论和实践的。我们从考察设计原则在指导开发过程中所起的作用开始。然后,我们通过展示许多学习环境中常见的执行困难如何在反复的执行、评价和修改过程中得到解决,来阐明这个过程。最后,我们讨论了有关设计研究价值的争论,这些争论在学习环境领域中被广泛使用。

设计原则

学习环境的设计和构建是一个重复的过程。正如前一部分所阐述的,大部分程序都使用理论作为设计的基础。开发者收集实施结果和成果上的数据,并且修改没有按照预期运作的特性。就像 Ann L. Brown(1992)在她关于设计实验的开创性论文中所提出的,实施结果和理论要互相渗透。因此,设计者通常并不把新方法作为固定的实体。通过反复修改来使特性按照预期运作,他们为理论怎样应用到实践中以及在什么情况下应用提供了有价值的信息。这个信息被用来产生创造新学习环境的设计原则。

设计原则在理论和实践的鸿沟间搭建了一座桥梁。它们解释了程序的理论基础,并且旨在促进教学序列和活动的发展。设计原则最初的表达通常是试探性的,且通过重复设计过程,原则得到回顾和加强。它们是程序开发者们关注的中心,因为它们通过描绘环境的设计原则和描述使它们在不同情境中按照预期运作的教学实践,来为设计过程提供指导。在更具体的水平上进行理论分析是重要的,因为其结果为组织教学提供直接的指导。Burkhardt 和 Schoenfeld(2003)主张,这类方法在解决棘手的教育问题上取得进展是有必要的。这样,重复的工作可以在理论和课堂实践间形成更强的联系。

设计原则可以有不同的形态和形式。有些是非常概括的;有些是促成顺序和活动的启发式教学法;还有一些规定了显著特性以及它们如何转化为实例。一个例子就是 Edelson(2001)的学以致用(learning-for-use)框架,这个框架借鉴了认知科学原则。它旨在帮助课程设计者将内容和过程学习整合到他们自己的程序设计中。Edelson 及其同事(2001; Edelson, Salierno, Matese, Pitts, & Sherin, 2002)正在将这个模型应用到技术支持的科学学习环境设计中。他的框架清楚地说明了四个设计原则: (1) 学习包括知识结构的建构和修改;(2) 知识建构是一个目标定向的过程;(3) 知识建构和使用的情境决定了将来应用该知识的可能性;(4) 知识在应用前必须以一种可用的形式建构。注意,这些原则详细到能够清楚地说明每个设计决策。

在 GIsML 中,一个更具体的启发式教学被用在指导探究的设计和执行上(Magnusson & Palincsar, 1995)。这个启发式教学基于对教学的概念化,是一个包含参与、调查和报告的一连串周期。这种启发式教学,源自一种社会文化观点,旨在反映科学知识成果是怎样在专业化科学共同体中自然产生的。由于科学共同体中的探究也包括对现象的直接考察和他人工作的间接考察,所以探索也强调实践的文化真实性。同样地,LBD 的设计原则为学生在设计和建构活动情境中怎样学习科学内容和实践提供指导。LBD 的认知建构主义框架在帮助学习者组织和获取知识时,强调规则和程序的作用,这样学习者就能应用知识并使之与新情境建立联系(Kolodner, Gray, et al., 2003)。

另一个例子是 Wiggins 和 McTighe(1998)的追溯设计框架,其目的是创造出与标准相一致的有效课程。它从一定标准的学习成果开始,这个标准明确了学生应该知道以及能够做的内容。它包含了设计的三个阶段: 确认期望的结果、决定可接受的证据、计划学习过程和教学。设计过程基于一个宽泛的理论,该理论是在 Dewey(1933),Bloom(1956),Gardner(1991)以及其他人的启发下形成的。 319

这些原则还没有详细到能够清楚地说明每个设计决策。它们是不够具体的中观命题,因此一个设计者的特定原则实例不能很容易地融入一个不同的环境中。事实上,许多程序源自相似的设计原则,即使它们的设计原则并没有得到明确的陈述。然而,极少有研究者通过比较程序中相同原则的实例,来了解哪个原则在什么条件下是最有效的。同样,他们也极少在一个程序或几个程序中比较例证设计原则的不同方式(Collins, Joseph, & Bielaczyc, 2004)。Cobb、Confrey、diSessa、Lehrer和Schauble(2003)主张,研究者们可以通过报告最初的设计和进行回顾分析,来互相帮助,以避免犯错,并据此解释怎样将经验渗透到最终的设计中。一个例子是Quintana等人(2004)所作的尝试,他们试图为技术平台创造共同的设计原则,该技术平台是对他人工作的综合。另一个例子是Puntambekar和Hubscher(2005)最近的一篇论文,这篇论文回顾和批评了当前设计中平台的状况。现在需要的是能够作为设计原则框架一部分的综合性交叉程序。当程序设计者们试图在可能唤起其自身努力的每个领域内寻找原则时,前一部分提出的框架对他们来说可以证明是有用的。

设计的重复周期

我们提供了自己和他人工作中的例子,来说明设计和执行怎样通过相互作用改进理论。相互作用使人对建构有一个更为成熟的、有根据的和细致入微的理解,能产生一系列建构的例子及其与情境的交互作用,并能向教师和学生解释其价值。收集的数据通常包括课堂的现场笔记、教师报告,以及包含技术使用的教学互动的视频记录。另外,学习评价包括作品的检查、学生的表现、测验分数和访谈的回答。

我们讨论将学习工具的情境化和设计,作为检验和修改设计的例子。我们同样强调教师和学生面对持续的挑战的结果,这些挑战也影响修改并且产生更为明确的设计原则。

情境化

理论上,由于学习的情境性原则,因此使得情境化对设计学习环境来说非常重要。情境化通过使内容变得具体和有意义而将学生的学习置于其中。它对主题概念和技能进行组织,帮助学生利用先前的知识,为讨论提供一个标准而又连续的参考要点,并激发学习。有些程序在实现情境时追求真实性。根据Newmann和Whelage(1993)的定义,真实性涉及对学习者有价值、有意义的任务,支持主动的知识建构,并反映学科实践。

Bransford及其小组(Cognition and Technology Group at Vanderbilt, 1997)将锚定式情境教学融入一个叫做《Jasper Woodbury冒险记》的系列影碟中,以此来实现情境化。这个影碟由一系列视频化探险故事组成,这些故事提出了适合五到八年级学生解决的问题,如开发和评估一个为学生跑步项目筹集资金的商业计划。解决问题需要的所有信息都被嵌入在视频冒险故事之中。问题的产生和排列顺序基于一个被称为理想问题解决者(the IDEAL problem solver)的模型(Bransford & Stein, 1993)。这个影碟强调的重点是发展学生的数学问题解决、推理和沟通技能。

其他程序,如设计学习(LBD),围绕学生需要构建和检验的具体事物,利用日常作品的设计来组织教学。LBD是科学学习的一种方法,它通过让六到八年级的学生参与到具有挑战性的设计和建构任务中来学习科学(Kolodner, Camp, et al., 2003)。这些挑战性的任务主要是设计和建构。例如,学生们通过设计、建造和检测微型交通工具来学习力和运动;通过设计人造肺和建造局部工作模型来学习人体的呼吸系统;通过设计和建造一个模拟腐蚀管理系统来学习腐蚀。

320

项目化科学是围绕着一个与学生日常生活相关的引导性问题而组织起来的。例如，学生们通过系统地研究力和运动的概念来回答这样的问题："为什么我在骑车时应该戴头盔?"另外，锚定式事件诸如一个关于头部受伤或者示威的影片，在学生们学习更多正在研究的现象时，被用来阐明较大的观点并作为讨论的焦点贯穿整个单元。只要行得通，学生们也直接体验这些现象，例如进行"空气散步"(air walk)来检查他们附近污染的迹象。

情境化提出了将理论转化为实践的问题。例如，用来对 PBS 单元进行挑选的情境化的引导性问题在有效性上存在差异。学生们认为有些问题比其他问题更具现实性。他们认为那些关注生态学的问题，例如"我们社区的空气质量怎么样?"要比关注物理科学的问题，例如"我们怎样才能建造大物体?"与现实的相关性更高。

我们在使用引导性问题和锚定事件时，要注意教学实践中的问题。因为教师们更熟悉单个的活动和课程，所以他们在使用引导性问题组织和综合教学时会存在差异。虽然有些教师试图利用学生经验来将概念情境化，但是却无法在那些经验与概念之间建立清晰的联系。相反，为了促进参与，他们鼓励学生长时间地讨论经常转移的共有经验，并且很少帮助学生们理解那些经验是怎样与观点相联系的。此外，由于当地环境、法规或资源的限制，有些教师在帮助学生体验现象方面存在困难。例如，有些校长不允许参观当地的河流，而且有些学校并不是位于离河流较近的地方。

作为这些体验的结果，我们对不同的引导性问题进行实验、改变情境化活动、开发新的专业发展材料，以及修改我们的课程材料。例如，我们为班级开发了引导性问题的布告栏，供学生们张贴他们在完成每个主要调查、活动和作品之后学到了什么，并以此来表明这些调查、活动和作品是怎样为回答问题作出贡献的。我们通过呈现教师参观一条河流的视频和通过存储在光盘上的虚拟野外旅行设计，为体验现象提供选择。这个过程教会我们怎样使情境化更加有效，怎样帮助教师利用情境化，以及怎样提供可能的选择来帮助教师调整教学，以适合于他们自己的学生和背景(更多细节，参见 Krajcik & Blumenfeld, 出版中)。

我们的情境化经验与其他团体的那些经验是相似的。例如，Jasper 影碟的设计者们需要对视频和故事的使用进行反复的修改，使得它们对于学生来说具有意义，并且使包含其中的数学问题清晰化，而不是被太多无关的细节所遮蔽。Holbrook 和 Kolodner 发现，尽管 LBD 中具有挑战性的设计任务旨在为学习科学概念和实践提供情境，但教师仍然不能将教学情境化。相反，他们通常先教授科学，然后再引入有挑战性的设计任务。当学生和教师只关注建构工作模型，忽视其与基本科学概念之间的联系时，设计活动通常更像工艺活动(Kolodner, Camp, et al., 2003)。为使 LBD 在中学科学课堂中更好地运行，须经过重新设计，在这个重新设计过程中，设计者们与教师协商并开发了一个为期三周的、被称为发射台单元的介绍性单元，这个介绍性单元由旨在介绍科学、设计以及合作实践的一系列简短的挑战性设计任务组成(Holbrook & Kolodner, 2000)。为了实现其目标，发射台单元强调进行独立于科学内容的科学研究和设计的标准。这个原则强调首先建立一个课堂文化，为学生在常规 LBD 单元设计活动中学习科学做更好的准备，而不是在介绍科学和设计过程的同时让学生学习科学内容。当使用设计来情境化学习时，发射台单元同样简化了教师教学的复杂性，因此他们能够很容易地过渡到新的教学实践要求中去(Kolodner, Camp, et al., 2003)。

技术

最近设计出来的大部分学习环境都依赖技术。事实上,为学习提供支持性作用的技术工具的运用已经成为这些学习环境的一个标记。设计者们经常发现,开发可以在课堂情境中使用的软件需要多重研究过程。例如,在设计工作早期,认知指导者的设计者们发现,软件要求计算机的计算能力要强于学校中普通的计算机。他们也发现计算机界面会令学生感到迷惑,而且指导者有时还会对学生问题解决的尝试给出不适当的反馈(Anderson, Boyle, Corbett, & Lewis, 1990)。执行和评估周期的不断改进允许设计者对挑战作出回应。开发者填补了学校计算机和指导者软件之间的鸿沟,改善了界面和指导者的认知模型,并且将认知指导者转化为一个完整的数学课程(Corbett et al., 2001; Koedinger & Anderson, 1998)。

321

设计的一个相关挑战是怎样使技术易于使用。对学生和教师来说,学习新软件和使用新技术的成本通常很高。学生对新技术的初次使用会让教师把注意力都放在管理技术上,阻碍了教师在技术使用期间为支持学生的学习而与学生进行有效的互动。为了解决这个问题,WISE 的设计者们开发了一个职业发展的指导模型(Slotta, 2004)。有经验的 WISE 教师与新手教师在同一场所中工作,在这个场所里,WISE 专家教师的视频被拿出来讨论,同时这个场所还提供社会支持,如同伴网络和亲密的指导关系。此外,因为许多软件只适合于应用到特定的学习环境中,所以包含在软件任一片断中的所有特性和供给都可能无法在其他程序中被轻易地使用。

另一个挑战是创造以学习者为中心的程序,以便其支架的水平能够适合学生的专业水准(Quintana et al., 2004; Soloway, Guzdial, & Hay, 1994)。另外,设计者们需要确定是什么构成了促进学生思考的实际平台。每个学习环境都在最大限度上使用特殊设计的软件为新手的学习提供支持。学习环境在宏观层次上是根据组织和功能性(笔记本、制图板)提供个别化支持,而在微观层次上则是通过提示提供个别化支持。有些学习工具促进探究,例如那些要求学生作出预测或者提供数据库和方法以记录所收集的信息;其他一些工具通过共有的视觉呈现物、公共的笔记本或者小组数据库帮助合作;还有些工具帮助解释和建模。每个程序都倾向于以独特的方式设计平台,这意味着学生每次遇到新软件时,必须学会对不同的支持源作出反应。设计者将大量的注意投入怎样以不同的方式设计平台,并且有兴趣去确认更为普遍的设计特性来帮助学生(Puntambekar & Hubscher, 2005; Quintana et al., 2004)。

项目化科学使用了不同的软件工具。学生们使用 Model-It 来轻松地建造、检测和评价定性的动力模型。学生们可以把他们发现的函数关系引入 DataViz 中。学生们通过记录想法以及创造对象和要素来设计他们的模型。其次,他们利用性质上和数量上的表征在要素间建立链接。他们还提供了每个关系的图解。为了清楚地呈现数据,Model-It 提供了图表来分析要素值。学生们在检测模型时,可以改变要素值并且可以立即看到效果。

对于学习者中心设计而言,加入学习支持或平台,以处理学习者和专业人员之间的差异是非常重要的。通过指导目标和过程的选择，平台确保了学习者达成目标或者完成一些任务，如果没有这样的平台，完成这些任务可能会很困难。降低复杂性是平台设计的一个普遍原则。软件包含三种类型的平台(Jackson et al., 2000)。支持性平台指导学习者在探究阶段内完成步骤。例如，在建构一个模型时，学生得到提醒，在建构和测试前先制定一个包含变量的计划。反思型平台支持了学生的元认知活动。例如，它们得到提示，在评估整个模型前先检测个别关系或一系列关系。软件的功能支持检测和调试，允许学生决定哪些关系可以运行，哪些可能需要修改。内在平台支持不同专业知识水平的使用者；它使新手学习者可以利用最简单的功能，并且允许学习者在其能力增长时能使用更高级的特性。

Wallace 及其同事(Wallace, Kupperman, Krajcik, & Soloway, 2000)通过观察学生怎样在因特网上搜索和使用信息，来了解如何支持学生们使用在线资源。他们发现许多学生在搜索时，其行为表现并不像那些旨在增加或构建知识的主动学习者。相反，学生们把搜寻信息的任务单纯地理解为获得正确答案或大量要点。而且，学生们对问题的背景知识通常是有限的。结果，除了那些在问题中使用过的关键词，他们很难产生其他的关键词。学生无法想出同义词，可能也是由于对关键词的重要性缺乏正确评价或者对技术如何运作缺乏理解。

322

另外，Wallace 等人(2000)还报告了学生没有有效的方法来监控自己已经完成的部分。如果搜索持续一段时间的话，就不知道自己搜索到哪里了，他们还经常重复之前搜索过的内容或者无法利用已经收集到的信息。而且，他们在阅读和评价大量在线材料时几乎没有策略。或许这是因为学生们已经习惯于在课本或者其他的参考资源(如百科全书和字典)中查寻简短回答，这样做既无需技巧的参与，也不会有人批评他们所找到的信息。

这些发现指出，学生们如果想在一些领域中进行有效的搜索，那么就必须获得支持。这些发现还表明，数字信息资源使用的一个主要挑战是提供允许学生将信息搜寻嵌入一个持续过程中的工具。这种工具所必须支持的，既有学生寻找事实信息这类简单答案的搜索，也有当学习者试图理解一个多侧面问题时对信息的复杂探究。

设计者们根据对学生的课堂观察创造了“artemis”，用以帮助学生通过因特网获取和使用数字信息(Wallace et al., 1998)。“artemis”允许学生在单独的计算机环境中完成复合任务。这样做可以避免学习变得支离破碎，并且还允许学生返回到之前停止的部分。这个学习空间保存了搜索记录并且包含了现行文献的链接，它帮助学生保持在一段时间内的信息搜索过程。一个特性——问题文件夹，帮助学生考虑和组织其根据询问所找到的信息。它们也帮助学生注意到他们可能有效追求的其他问题和信息是什么。学生们可以将他们认为有趣的项目的链接保存在问题文件夹中，并且可以新建反映不同搜索领域或改进初始问题的多重文件夹。文件夹允许灵活地保存链接，并且可以在多个学期中使用，因此学生们可以利用他们之前保存的内容。学生可以添加或者删除项目或者评估他们每一时期所发现的内容。同样，过去结果窗口保留了一个学生搜索的清单，因此他们能够看到自己先前如何进行搜索和已经发现了什么。当观测结果显示学生们忘了提交的问题，并且因此重复同样的问题时，这个特性就发挥作用了。它同样允许学生们检索自己所发现的内容以及回顾他们在一段时间内的进展。

广泛的主题特性包含了一系列按照领域组织起来的主题。主题呈现了一个术语等级，它可以作为产生疑问的第一步而被浏览或搜索。它旨在帮助学生产生关键词和利用先前的知识，同时也为他们正在研究的内容领域提供有关结构的观点，以及为他们的搜索提供可选择的和有效的方法。

与“Artemis”相链接的是密歇根大学数字图书馆，这个图书馆包含了适合中学生的大量相关站点(参见 http://umdl. soe. umich. edu)。其目的是减少学生们在进行因特网搜索时经常碰到的挫折问题，例如获得大量不相关的要点。教师和学生同样有能力来批评、评论和推荐站点。阅读他人的建议和附属的解释以及提供他们自己的批评，可以帮助学生学会评价信息和站点以及增强动机。

当开发者们试图创造有理论基础的，能在课堂中运行的学习工具时，设计的改变与上面描述过的那些软件程序一样，可以适应其他的开发者。

教师和学生

大部分学习环境的开发者发现，他们的新方法为教师和学生的实施提出了可预期的挑战。像一些关于情境化和技术的例子阐明的那样，设计者的预期程序经常显著地区别于那些在课堂中真实开展的程序。在执行的早期，情况几乎总是这样。

因而，学习环境设计的一个重大挑战是预期难点和创造新方法，以便教师和学生参与到

323

教学和学习的新模式之中。设计者们需要考虑清楚，在现实世界的教学环境中，一个学习环境是如何被实施和保持的。为了适应一系列课堂问题，需要对这个过程作出修改。在 PBS 执行早期，我们发现教师在尝试不熟悉的教学策略或新的安排时，结果通常要比预想的差；教师没有在课堂规定的时间内解决引导性问题，作品还没有完成就被放下，而且讨论也没有促进关键概念的建构(Marx, Blumenfeld, Krajcik, & Soloway, 1997; Singer, Marx, Krajcik, Chambers, 2000)。我们知道，时间在课堂上是很珍贵的，教师们努力完成课程的各个方面、处理规定的要求(如测试和测试准备)，以及加入新的课程要求(例如了解毒品和品德教育)。因为时间非常宝贵，所以教师经常减少促进讨论、反思和修改的活动，这些活动对知识建构而言都是必须的。有些教师为了节省时间，把作品开发进行程序化和简化，而不是帮助学生开发、分享和修改他们的作品。其他的教师未能把课堂时间用于探究过程的一个重要成分——学生比较研究的结果以及考虑各种结果的意义是什么。

教师的另一个困难是管理在不同问题或活动上学习的小组。当学生难以进行自我调节和继续完成任务时，这个挑战将会增强。在技术参与和计算机访问受限时，问题会被放大，所以教师必须组织和协调学习时间。

建构一个学习者共同体同样是有问题的。为了促进合作和创造合适的标准，教师必须有效地帮助学生学会合作学习，尊重、分享、讨论和批评他人的观点。这个交互作用模式需要花费时间来发展和执行。同样，它可能无法产生“正确的”答案，这令许多教师都感到头痛。当面对管理复杂的合作学习的挑战时，教师通常简化这些交互作用并且为儿童提供答案。

有时，教师也难以为学生提供经验支持，使学生能够对学习负责。他们经常给予学生太多的自主性，而没有充分地模拟思维过程、建构情境或者提供反馈。当学生不确定要研究什么问题以及怎样设计一个研究以回答这些问题时，教师只是简单地给学生一个问题和一个实验，而不是让他们开发和批评他们自己的设计，作为学习科学过程的一种途径。Mergendoller 及同事(Mergendoller, Markham, Ravitz, & Larmer, in press)详细讨论了在开展问题化学习课程时，什么类型的平台是必不可少的。他们强调平台是管理和学生学习的关键。

这些问题引导着我们的 PBS 小组改变最初的设计，以便我们的材料为教师和学生提供更大的支持并且能够在不同的课堂背景中有效地使用。例如，当小组的学习非常费力时，我们便会缩短项目和关注本质内容、简化作品，以及为完成任务提供其他选择(Krajcik & Blumenfeld, 出版中)。我们同样将教师的教育材料放在课程材料包中，这个教育材料中包含的信息有：管理、内容，以及学生在学习这些内容时可能会遇到的困难。我们的材料包括适应的观点和设计的基本原则，以便教师能以某种方式对它们进行调整，使其与构成目标之基础的基本原则相一致(Davis & Krajcik, 2005; Schneider, Krajcik, & Blumenfeld, 2005)。

在职业发展期间，我们使用观察到的东西作为讨论的基础。在这时，学校职员、教师和大学研究者们合力对过程的重要部分作出修改。通常，研究者们首先确定一个问题，然后教师们从事解决问题的策略研究或者对问题作出修改。例如，我们研究提出探究的方法，以便学生的早期经验被高度结构化，得到支持，并且变得不太复杂。教师们经常抱怨活动无法开展或者技术设计令人迷惑。我们研究引入模拟技术的方法，来将学习管理软件的问题与学习模型是什么的问题相分离。我们也研究策略为教师和学生创造说明和场景，在此场景中，学生对比自己和科学家分别向家长所作的有关调查结果的解释，进而帮助学生理解科学的解释。我们强调科学的语言、证据的使用和解释数据的方法。我们也尝试将职业发展与学生和教师的学习相联系(Fishman et al., 2003)。

学生。意义重大的设计挑战旨在促进学生的参与、思考和动机。这里描述的学习环境在很大程度上偏离了学生们比较熟悉的那种课堂经验。这些学习环境需要更多的参与、更多的个人学习责任、更多的自我管理，以及更多的自我调节(Blumenfeld et al., 1991; Blumenfeld, Kempler, & Krajcik, in press)。建构主义要求激发学生提问、参加讨论、参与持续的探究，以及创作和修改作品。不是所有的学生都愿意参与这个水平的学习的，Scardamalia 和 Bereiter(1991)报告说参与计算机支持的主动学习环境(CSILE)的人数是不均衡的。当学生建构一个班级数据库时，能力较低、较不果断的学生看起来有些像是行动的“局外人”。 324

Linn(1992)报告了学生通常不尊重彼此(例如，会拒绝共用键盘和共享信息)，而且在她的计算机作为学习助手(computer as learning partner)的环境中，小组会发展出与性别刻板印象相一致的地位等级和规范。她发现很难实现高质量的合作：不太有支配性的学生倾向于同意有支配性的学生，且学生只是报告多种观点而不是试着理解不同观点的价值和达成共同理解。学生不能有效合作的一个可能原因是他们可能不知道怎么去合作。Palincsar、Anderson 和 David(1993)通过设计一个帮助学生学习科学讨论的程序,作为一种提高对话质量和促进学生学习的方法,解决了这个问题。

个别程序实施问题的报告证明了引起思考的挑战。Linn(1992)注意到,使用计算机作为学习助手环境的学生体验到了困难,这些困难来自实验室实验、日常生活经验以及他们没有学习过的新材料。学生在学习中,倾向于不断地使用他们的直觉观念而不是使用主题所需的科学原理来对问题进行反应。同样,有证据表明通过网络合作的学生在参加真实会话时需要帮助(Linn & Songer, 1988)。如前所述,Wallace 等人(2000)发现,尽管学生在进行网络搜索时有任务在身,但是搜索常常不能反映出学生对主题的参与。Scardamalia 和 Bereiter(1991)也报告了,学生们很难提出能使他们深入地研究一个主题的问题。他们建议,学生的学习方法可以被描述为一个"学校工作模块"(schoolwork module),在这样的模块中,学生不是探究材料,以提出有意义的问题和增进知识,他们的目标是寻找正确答案和完成任务。结果,他们开发出帮助学生评价问题的方法并且在 CSILE 中插入提示,CSILE 是一个促进交互作用的团体知识构建软件工具(Scardamalia & Bereiter, 1991)。

初中生在 PBS 中第一次使用探究的经验描述反映了其他研究者的报告(Krajcik et al., 1998)。学生们倾向于快速选择探究问题,而不考虑它们的价值。他们并不去思索哪些数据对解决这些问题是必需的,而且在数据收集时通常缺乏系统性。只有当教师在学习中向学生询问所需研究的问题与争论之间联系的根本原因时,学生们才开始积极地讨论。

参与和思考的问题与动机紧密相连。新学习环境的一个根本目标是帮助学生通过探究、讨论、收集、综合、分析和解释信息,承担起学习的责任并且做自己学习的主人。为了让这些有利环境富有成效,学生们必须投入大量的智力努力并且持续搜索问题的答案和难题的解决办法。

然而,学生是否会被激发去这样做还不能确定。一方面,有理由假定学生会对以建构主义为基础的学习环境作出积极反应。影响动机的教学因素包括:富有挑战性的学习、主动学习的机会、强调被认为是有价值的且具有个人或者现实世界相关性的主题、选择和决策的准备、合作的运用、加入多种教育技术,以及技术的使用(Fredricks, Blumenfeld, & Paris, 2004; Guthrie & Wigfield, 2000)。同样,Hickey(1997)指出,当学生参与并成为实践共同体中的成员时,以建构主义为基础的课程促进的实践可以将动机中个人差异的影响减到最少。事实上,加入了这些特性的标准化程序促进了积极的态度形成(Hickey, Moore, & 325 Pellegrino, 2001; Kahle, Meece, & Scantlebury, 2000)。参与 PBS 阻止了科学兴趣的衰退,这种衰退在初中的几年期间是很容易发现的(Blumenfeld, Soloway, Krajcik, & Marx, 2004)。Mistler-Jackson 和 Songer(2000)对六年级学生的个案研究表明,他们的技术化探究程序促进了高水平的动机和满意度。

然而,个别研究的结果表明,学生的反应并不都是积极的。个体差异影响了学生在学习环境中处理任务的方式。Meyer、Turner 和 Spencer(1997)发现,五六年级的学生在动机、策略运用和参与上的差异取决于他们追求或回避挑战的倾向。他们建议教师要营造一种重视任务而不是能力的氛围，在这个氛围中，错误被看作是学习的良机，寻求帮助被看作是有适应性的，并且合作解决问题和利用他人的专门知识是规范。

Veermans 和 Jarvela(2004)指出了四年级学生在知识论坛(CSILE)学习环境上表现出来的个体差异。他们发现，报告较高学习目标的学生表现出更多的自我调节。这些学生忽略步骤而关注探究任务的关键思想。因此，教师通过为探究学习的内容而不是步骤提供支持来作出回应。相反，学习目标较低、想要逃避学习或者看起来聪明而实际上并没有理解材料的学生们，在掌握内容上面临更多的挑战。

Renninger 及其同事(Hidi, Renninger, & Krapp, 2004; Renninger & Hidi, 2002)已经指出对学生个体的动机感兴趣的重要性。学生们可能参与得更深入，并且从那些他们认为有个人意义的活动中获益。当他们学习自己感兴趣的内容时，更可能被激发和进行自我调节。被激发的学生更有可能组织信息并将它与先前的知识相联系，从而促进内容的更深理解。Krajcik 等人(1998)以及 Patrick 和 Middleton(2002)指出，学生在探究科学项目期间行为上的不一致，取决于学生个体对项目问题的兴趣以及探究任务能否提供足够的情境兴趣来维持学生的参与。情境兴趣能够“抓住”学生。作出选择、与他人一起学习，以及使用技术的机会能够触发一个短期的、可能无法“保持”一段时间的反应。情境兴趣最终可能导致对被研究的材料的内在兴趣。然而，如果对理解的投入没有出现，那么保持情境兴趣的方法就需要被加入到学习环境中，以便学生更有可能探究这些观点(Renninger, 2000)。

LBD 特性的修改说明了对教师和学生问题的反应。Kolodner、Camp 等人(2003)最初发现，他们的教学程序在初中的科学课堂运行时不够具体。所以 LBD 的设计者们作了许多修改来帮助教师和学生。他们从最初关注设计转而追求迭代设计的方法，这个方法强调在提炼和发展理解中重复的作用(Kolodner, Camp, et al., 2003)。他们通过有序的活动完成了这个过程，以确保指导学生通过测试和建构的多重考验。设计者们还加入了被叫做仪式的核心活动，学生和教师在通过 LBD 周期进步时，会多次参与其中(Kolodner, Gray, et al., 2003)。核心活动的重复意味着帮助学生们熟悉科学和设计的实践。设计者们作出的额外改变包括添加一个学生课本，提供可选择的软件来帮助学生设计活动，并且将被称为日记的设计工作表整合到设计周期中(Kolodner, Camp, et al., 2003; Putambekar & Kolodner, 2005)。

当完成重复设计和研究过程时，LBD 的设计者们汲取了其他方法的长处，如培养学习者共同体的优点(fostering communities of learners; A. L. Brown & Campione, 1994)，来更好地支持合作(Kolodner, Camp, et al., 2003)。通过揭示其他程序的设计原则，他们能够使自己的方法更加完善。范德比特大学认知与技术小组(Cognition and Technology Group at Vanderbilt; Barron et al., 1998)也已经报告了相似的问题和可供选择的解决办法。

设计研究的价值

关于学习环境的研究将几个相关领域并入到了传统方法中。这个工作是高度跨学科的，利用研究团队来阐明心理学、计算机科学、教育学以及认知科学。通常，团队包括来自数

326 学、科学或者社会科学方面的学科专家。在过去的一二十年,关于学习科学的交叉领域已经出现,这里讨论的许多设计者和研究者都属于其中。一种新的期刊——《学习科学杂志》(*Journal of the Learning Sciences*)已经出版,且学习科学国际协会(International Society of the Learning Sciences)(www. isls. org)也已被组织起来。此外,教育期刊[特别是《教育研究者》(*Educational Researcher*)]已经出版了关于学习环境研究认识论优缺点的一个真实而又鼓舞人心的争论。这个争论影响了教育研究在更广范围里的讨论,甚至影响了教育学院的结构和功能(Burkhardt & Schoenfeld, 2003)。NRC 出版了一本书介绍一个委员会的成果,该委员会是 NRC 组建的,目的是为争论作出贡献(Shavelson & Towne, 2002)。而且最近在美国教育部形成的教育科学机构(Institute for Educational Sciences in the U. S. Department of Education),已经通过了它的研究资金标准(www. ed. gov/about/offices/list/ies/index. html)和"信息中心交流站做什么"(What Works Clearinghouse)标准——评价和报告支持改革的教学研究的一种网络化服务(www. whatworks. ed. gov)。

这个争论的主要论点关注许多根本问题。关于设计(包括学习环境)的研究的文章,指出其与传统的、以变量为中心的研究的差异(参见,例如《教育研究者》的主题讨论,2003 年第 1 期第 32 册,关于教育研究中设计的功能和《学习科学杂志》特刊,2004 年第 1 期第 13 册,基于设计的研究)。争论的一个要点关注学习环境的整体性质。有人(Blumenfeld, Fishman, Krajcik, Marx, & Soloway, 2000)主张,我们假定所有的特征(参见表 8.2)都一起运行,因此,当对学习环境进行研究时,很难分解各种特性的作用。当学习环境在系统改组程序中是关键要素时,这是一个普遍问题(Fishman et al., 2003)。通过分解要素,例如在一个因子实验设计中,有些变量的值可能会减少。我们也许能为学习环境设计足够大的、有几个因子的实验,但是这种实验可能是无法操纵的。

当分解实验研究连同其他问题一起,对设计实验的观念(A. L. Brown, 1992; Collins, 1992)以及最近的设计研究起作用时(Kelly, 2003),失去学习环境本质属性的问题便会产生。设计研究比起自然科学来,更类似于工程学,或者可能是建筑学。Simon(1996)区分了自然科学和人工的科学,或者设计科学。后者包括如工程学、计算机科学和医学。当应用于学习研究时,正如在有关学习环境的研究中一样,设计研究解决了四个挑战(Collins et al., 2004): 创造处理情境化学习的理论;在真实情境而不是在纯实验室情境中研究学习现象;采用一个更广的学习测量的范围;将研究发现与形成性评估相联系。在解决这些问题中,Collins 等人指出,设计研究也有其自身的挑战: 处理真实背景的复杂性和控制这种情境化的难度;大量混合着定性和定量研究方法的数据;比较从不同类型设计中出现的结果。

设计实验的一个假设是干预是整体的,它作为一个整体在运作。要素不是垂直相交的,系统中一个要素的改变会影响到所有要素。因此,我们无法分解程序,程序中的要素不像常规实验设计中的每个要素一样是独立变量。结果,我们通常不会试图分离变量以检测他们对教学程序所产生的独立或交互的影响,作为为实践提出建议的基础。此外,可能无法比较不同程序的特性,因为它们强调理论的不同方面并且有不同的设计意图。相反,研究的策略是修改基于评价的个别程序以及追踪特性的改变是否会影响到学生的学习。这个想法是为了获得对整个程序而言可靠而又可重复的结果,以便它最终能够利用最小限度的支持而被广泛使用。所以,很难获得每个程序特性效果的足够信息,以便混合—匹配策略能够使用该策略,即选择和联合每个基于实证研究结果的程序的有效部分。同样,由于建构主义理论是以一种并不产生明确行为指示的方式形成的,所以特性的标准化不太可能出现。更确切地说,它鼓励调整和修改基于设计原则的程序特性,作为一种方法来制定源自理论的原则。然而,有趣的是,最近有人尝试将这些努力的各个方面整合到一个叫做思考学校(schools for thought)的学习环境中(Lamon et al., 1996)。

327

做得好的设计研究能够提供的结果是更情境化的,在现实背景中对学习有更详细的描述,并且在学生参与学习环境时,呈现结果范围内有细微差别的和复杂的例子。但是一直有相当多的批评指出,设计研究没有对学习环境的效果与其他教育方法的效果进行比较,或者没有使用控制组。最近出现了一些对问题化学习环境效果的评论(例如,Gjibels, Dochy, Bossche, & Segers, 2005; Hmelo-silver, 2004)。

Cook 和 Payne(2002)与其他人共同提倡使用更多的实验方法,包括将被试随机分配到不同条件中,来进行教育中与政策相关的研究。近来由 Shavelson 和 Towne(2002)主编的关于教育中的科学研究 NRC 手册提出了相似的观点。争论的关键点在于从设计研究中得出推论的有效性。对学习环境进行比较时,如果没有进行随机化和使用控制组,那么研究的内在效度会大幅度降低,从而削弱因果推论的有效性。

借助于分析单元和一次干预可能需要的时间长度,是有可能在现实背景中进行随机化实验的(参见 Clark 等人早期的一个例子,1979)。但是会出现实质性的障碍。例如,为了让教师们学会如何在城市的初中课堂中进行探究,我们尽量让他们参与到长期的职业发展中。对有些教师来说,精通复杂的课程和教学模型需要花很多年(Geier, 2005)。许多研究者(例如,Hawley & Valli, 1999)主张,教师支持系统应该用于帮助教师掌握复杂的教学。根据这些主张,我们已经与教师们合作,并且和他们在底特律共同创造了这么一个教师支持系统。结果,教师们表现得像专业人员一样:他们互相讨论,分享想法和疑问,并且互相支持,以克服困难。此外,由于他们在一个地区范围的系统改革程序情境中工作,所以他们的合作得到了地方官员们的大力支持,因为这些地方官员们鼓励教师们彼此共享其实践经验。由于对有些教师来说精通教学需要花大约三年的时间,获得专业能力甚至需要更久的时间,所以在地方官员的心目中,让教师彼此隔离是不可能的而且是有害的。结果,由于教师们共享其实践,该背景下的实验确实会导致处理组之间实践的混合,从而混淆了处理和削弱了因果推论。

在控制组的定义和规定方面,同样存在明显的问题。例如,如果设计者以认真的态度整合技术以及利用新技术的提供物,那么比较拥有技术与没有技术的教学单元和比较完全不同的教学单元是等价的。此外,如果这个技术有特有的提供物,事实上,可能没有方法创造真正可以比较的、没有技术的控制组。例如,如果不利用计算机的处理能力,可能就没有方法使学生对复杂系统的模拟进行操控。

同样有人提倡使用更多的混合方法研究设计(Johnson & Onwuegbuzie, 2004),来评价被应用于学习环境研究的社会和教育改革的成果。诚然,Collins 及其同事(2004)使用了从民族文化观察法(ethnography)到定量评估学习的一系列方法,来着手设计研究。混合方法研究的优点包括:更广泛的数据能被用于理解真实实施的学习环境;学习环境对学生的影响;有机会用一种方法的长处来弥补另一种方法的不足。这些不足包括时间和金钱的大量耗费以及对更广泛的专业能力的需求,因而混合方法研究需要一个研究者团队而不是只有一个研究者的参与。方法纯化论者可能也会反对混合的认识论体系。

学习环境的调整

一旦学习环境已经在少量环境中被测试过,那么下一个挑战就是在更广的环境中测试它们的可用性。学习环境的设计源自学习、发展和动机方面的研究。最初的执行将来自这个工作的启发性见解与最好的实践结合在一起。如同我们较早讨论过的,最初的执行产生了新的信息,这些信息是关于设计的理论根据和使设计得以运作的教师实践。通常在最初的开发中,概念的证据是显而易见的,调整并不是一个关键问题。

328

学习环境的调整涉及另一水平的努力,并且利用了组织和政策研究中的结果。这项工作使我们清楚地认识到,学习环境据以调整的情境如何影响到制定和成功。因此,最初起作用的设计可能需要根据新场所进行修改。结果,当包含更多场所的新一轮执行出现时,我们需要发展出能满足调整需求的设计原则。

为了讨论调整中的情境问题,我们介绍了改进可用性的想法、使用技术的学习环境的调整难题,以及调整中领导功能的研究。其中,很多问题并不是学习环境的调整所特有的。因为学习环境包含多重特征,所以它们具有特殊的复杂性;各种特性会一起产生作用,并且如果一个特性为了适应不同环境而发生改变的话,其他特性也必须相应地作出改变。

调整的类型

一类调整涉及不同环境中使用者数量的增长。从事新方法的传播在这里是恰当的。关于传播有两个主要的观点。Rogers(2003)和他的小组从固定新方法的角度审视传播,分析了组织怎样采纳和使用新方法。Van de Ven 与其同事(Van de Ven, Polley, Garud, & Venkataraman, 1999)分析了当新方法成为组织从事其工作的方法的一部分时,它们是怎样被调整的。在这个观点中,缺乏延展性而无法成为地方组织文化的一部分的新方法是不会成功的。当然,这产生了问题,即一个新方法在变成旧方法前具有多大的可变性。A. L. Brown 和 Campione(1996)将这个问题视为有关重大改变的问题。

调整影响了对理论和实践的进一步检验,当新方法接触大量不同的课程时,适应是必需的。有根据的适应能够教给我们更多关于特性的实例以及使它们运作的实践。我们需要调整学习环境的特性来适应学校的环境和资源、教师的能力差异以及学生的背景知识。调整的一个标准法则是这样的:为了让新方法保持效率,制定者必须亲自执行。

一般来说,当程序要接受调整时,它们最先被“早期采用者”(early adopters)所试用。这些教师是风险接受者，他们热心于尝试新事物，并且关注新程序能够提供什么。在调整的第二个阶段，很可能需要更多的适应，且更多的适应可能会成为“致命的”类型。也就是说，调整可以要求教师改变新方法来匹配他们过去所习惯的或者他们的环境所允许的方法。当学习环境区别于“教育的基本法则”时，这个改变最有可能发生(Tyack & Cuban, 1995)。教育的基本法则不仅反映了日常的课堂教学，包括正式课程和教学活动，而且还反映了课堂内和学校间相互作用的节奏和趋势。它还包括不被承认的但却具有高度实践性的假设和管理校内职责和日常事务的规范。诸如学习环境这样的新方法，有可能挑战教育的基本法则并且使人们在遵循该方法时遭受更大的压力，因为学习环境需要大量的知识、能力以及教师职责的实质性改变。当学习环境设备齐全，并且教师在执行中是作为管理者而不是关键人物时，由适应导致的重大改变问题可能会被减少。

第二类调整涉及一个系统内部使用者数量的增长。当调整在一个系统内部进行时，数量增加的问题是一样的，但是另外的问题会出现。两种类型之间的一个重要差异是，在前一种类型的调整中，由情境提出的问题解决方法可能是特殊的。系统调整中问题的解决办法涉及处理地区和国家的政策和管理。当系统内的使用者数量增长时，便很难产生独特的解决办法，而是需要具有系统性的解决办法。例如，当一个教师需要更多的计算机时，校长可能会购买一些新的或者是向另一个部门或技术实验室借一些。而当这个学校或系统中的许多教师都遇到同样的问题时，这种借用或者移置资源的方法就行不通了。同样地，当一个或两个教师为了让学生实施调查而需要延长课堂时间时，他们可能会和同事交换课时。而当许多教师都需要额外的时间时，系统调整就可能需要新的或者灵活的时间安排。

329

对新方法的需求和校园文化、能力以及政策之间的差距将影响到系统调整的成功程度。如果一个学习环境要求在实践上作出较大的改变，那么教师研究小组就会为策略的信息交换提供机会并为实验提供支持。然而，如果文化并不支持冒险，或者政策使得研究小组会议和正常的时间计划难以安排，那么这样的改变便缺乏可能性。同样，如果地区和国家测验所强调的内容明显地区别于学习环境的内容和学习目标，那么管理人员和教师就不太可能支持新方法或者帮助它取得成功。Gomez 及其同事(Gomez, Fishman, & Pea, 1998)提出使用“试验床”(test bed)研究来了解一个环境是否具备足够的条件来实施新方法。对以社会福利和共同体为基础的程序的研究表明，只有当参与者在从事新方法时具备足够的资源(个人的、金钱的、社会的)，干预才可以进行。例如，资源问题开始出现在像第五维这样的课外程序中，因为每个站点通常都有自己的投资结构以及对预算和场地的责任。有时由于资源问题，即使一个成功的程序也只可能持续一小段时间。

适应

除了关于环境如何影响新方法成功与否的知识之外，调整所必需的对新环境的适应也提供了有价值的信息，这些信息是关于学习环境具体性能的设计、理论和实践。适应和调整的需要提出了关于延展性和理论根据的问题。也就是说，我们能够以什么方式对一个学习环境的关键特征实施，但同时对于其理论基础而言又能保持其真实性？

文化与适应。适应性和根据之间紧张关系的一个例子是教学的明确程度。其中，Lee

(2002)、Moje及其同事(2001)，以及Ladson-Billings(1995)讨论道，对来自不同文化的儿童讲授科学时，首先要明确其需要。明确性是指清晰地阐明一个人在科学研究中如何沟通、思考和进步，与此同时，处理学生解释现象或者使用证据的文化习惯。系统地研究尊重儿童文化背景和为与建构主义学习环境假设相一致的学习提供支持的显性教学方法，能够帮助识别适应在什么时候是"致命的"和违背根据的。

通过调整来使学习环境明确，能够使思考过程变得非常明晰，例如对比科学家的谈话和学生与朋友的交谈，或者对比科学中有价值的证据和与你母亲的谈话中有价值的证据(Moje et al., 2004)。适应可能会导致更为直接的教学。在一个假定儿童应该参与到探究中来学习内容的学习环境中，当教师告诉学生要问的问题或者要遵循的程序时，阐明科学的过程可能缩短儿童对什么是好的问题或者什么是合理的、可行的设计的探索过程。教师们注意到，当学生们探究现象或解决问题时，他们将产生错误的答案或者错误的观念，对此，教师们会明确地作出回应。然而，帮助学生构建来自其探究的理解可能需要显性教学，尤其是当学生们记录结果、解释发现或者得出结论上缺乏经验或者不熟练时。定义问题是为了冲击两种适应之间的平衡，前一种适应创造出更多的显性教学以支持思考，后一种适应则舍弃探究，从事无需深入思考的直接教学。前者能够保留学习环境的目标，来实现全国科学教育标准；后者则让步于教育的基本法则。

社会组织的特性也需要适应学生的文化背景。学习环境承担着建立话语共同体的任务，学生在该共同体中辩论、批评彼此的作品，或者探究问题的备选答案，这样的学习环境需要适应学生的背景，该背景限制了成人的提问、限制了争论或者形成一个正确答案的倾向。这样的参与形式与学生在家中的情况完全不同，它们也会引起问题，尤其是对于年纪较小的学生(Phillips, 1972)。另外，当学习环境依赖小组学习并且根据地区进行调整时，适应是必需的，据以调整的地区中的学生来自具有不同社会地位的背景。小组学习的大量实例已经被开发出来，用来处理非少数种族学生或者富有学生在小组中的统治问题(E. G. Cohen, Lotan, Scarloss, & Arellano, 1999)。

330

学生的文化背景和学校背景同样影响到引导性问题和锚定物是否有意义以及是否吸引人。这个问题的解决扩展了我们对理论与实践的理解。有可以跨群体起作用的情境吗？其他的不起作用吗？它们的特征是什么？此外，尽管探究的前提是让学生系统地研究他们感兴趣的问题，可一旦学习环境经过调整且需要得到发展，以适合许多不同的背景以及特殊的学习要求时，大量能够被使用的问题就会受到约束。

创造高度成熟且适应性强的材料的压力说明了调整中的一个主要张力。教师可能并不准备在不同的课堂或每年根据学生的兴趣改变主题。教师和管理者在考虑先导性问题时同样会犹豫不决，学生一开始对符合全国、州或者地区标准的内容并不感兴趣。当项目是课程的补充时，教师对学生兴趣的接受性比当项目是传送由国家和当地课程框架规定的材料的主要途径时，更为可行。此外，即使教师这么做有足够的动机和知识，持续的变化也限制了学习的好处，这个好处是让教师参与到相同课程材料的多重制定中(Geier et al., 2004)。我们和其他人找到的一个解决办法是让学生在一个围绕引导性问题发展出来的情境中提出感兴趣的问题。课程材料给出了学生可能会提出的各类问题以及教师如何继续下去的建议。这个解决办法保持了关键观点的一致,同时对学生又有输入。

技术与适应。使用技术的学习环境在调整时也将面临适应性的压力。一个问题涉及界面。学习环境可以传播到正在使用其他技术的环境中。如果这个界面与那些已经使用的界面有显著的不同,那么教师和学生将会有额外负担,这些负担包括学习新东西,以及用一种他们完全不熟悉的方法进行操作。在相同或者不同的新方法中,使用多种不同应用程序会遇到困难,并且有时抵制使用需要重新设计技术,该技术在某种程度上仍然支持原始设计预期的学习。

技术的另一个问题是易得性。如果学习环境要求个体或者小组频繁使用技术,那么易得性和机器的数量就变得重要起来。在技术有限或者访问受限时,适应是必需的。结果,我们可能需要可供选择的学习支持形式,或者我们必须发现获得技术益处的不同方法。例如,掌上电脑比台式电脑便宜得多,但它们缺乏台式机的某些性能和内容。在有些情况中,通过一个掌上电脑程序来进行访问,可能是以损害性能为代价。于是,一个学习环境的设计者便需要确定以性能为代价来获取访问的便利是否值得。针对有些活动,如文字处理或者在野外收集科学数据,相对于收益,付出这样的代价是值得的。然而对于另一些活动,例如模拟复杂系统,如果使用性能不足的设备,技术的提供物可能就会丢失(Fishman, Marx, Blumenfeld, Krajcik, & Soloway, 2004)。

有关学习环境调整的研究

另一类有关学习环境调整方面的研究,包括考察新技术是如何被改进的、这些改进是否有依据,以及新技术的运行情况。研究者们要考察实施结果和学生的学习成果来比较教师所实施的不同的教学实例。数据可以通过观察资料、学生测验和访谈来取得。伴随着发展阶段的设计工作,我们将讨论基于学生学习成果和现场数据收集的反复修改的作用。

另一类研究考察如何改进新方法,使其适用于政策、资源、群体和能力不断变化着的系统(例如,Lee & Luykx, 2005)。这里需要关注现有条件和新方法要求之间的差距。这类研究表明了当这种差距很大时,新方法是宽泛的,因此需要大量的改变才能使其运行(例如,改变课程中的一个重要部分)。研究者们还需要考察,为应对新方法的需要,政策是怎样被修改的,系统是怎样提高能力的(Fishman et al., 2004; McLaughlin, 1990)。

331

第三类研究涉及在完全随机化实验或准实验研究中,对学习环境的结果与其他新方法或者控制组间的结果进行比较。关于这种方法的争论是基于了解新程序的附加价值以及进行因果推论的需要。当我们讨论到研究这一部分时,会有很多争论,这些争论是关于实验设计是否有可能在学校和学校所在地区的背景中运作。例如,选择和控制合适的对照组,以便研究者们能真正控制可能影响结果的全部参数,就是个难题。

新方法用于真实的学校情境时,并不是固定不变的。控制组中的教师们在听到有趣的新方法后,往往会把其要素引进到他们自己的课堂中。结果,他们的班级就不再是控制组了。例如,我们曾经对怎样帮助城市学生在 PBS 课程中学习时成功地作出科学解释感兴趣,

PBS 课程是我们通过城市学校学习技术中心，与底特律公立学校的教师们共同设计出来的(LeTUS; Marx et al., 2004)。我们设计了三个组别的准实验研究来检测我们的教学方法。设计这个研究的目的是对非 LeTUS 课堂、使用解释教学的 LeTUS 课堂和没有使用解释教学的 LeTUS 课堂进行比较。在更大的 LeTUS 改革举措中，有些曾经实施过解释教学的教师，碰巧也是用于培训其他 LeTUS 教师的职业发展程序中的同伴领导者。我们无法得知，他们将解释教学加入他们的职业发展活动中，从而改变了其中一个对照组的性质。其他不应该实施解释策略的 LeTUS 教师们在职业发展期间也受到了他们的影响。教师们的行动专业有效；他们有理由认为，自己在课堂中正在做的事情对于其他地区的课堂也是有用的，因此他们便将解释教学介绍给了自己的同事。

随机化实验的批评者也认为，大部分学校中已有的大量新方法，也使进行无污染的比较成为空谈。例如，在科学领域中新方法的效果可能会受到新的阅读或者数学程序的影响，这些程序改善了学生的技巧和能力，使其能从科学学习环境中获益。在目前正推行的美国公共教育提供的高水平环境中，想保住工作的校长会因为其中一个部门，比如科学部，正在进行学习环境的实验，而不去处理大家都知道的成绩问题。如果校长知道学校中存在阅读问题，那么他或她就会针对那个问题引入资源。如果校长成功了，阅读问题开始得以解决，这就可能会影响到在科学部的学习环境中学习的学生。最有可能的是，进行学习环境研究的研究者们甚至不知道学校阅读程序的变化。他们会无视学校中其他活动对有效性的威胁，继续进行其关于程序价值的推论。

职业发展

调整同样需要通过职业发展，来帮助教师以一种有根据的方式制定新方法，并且意识到学习环境的主动目标。对设计者而言，在调整过程中的一个重要问题是，教师们要花多少时间才能熟练地在学习环境中执行新方法。按照我们的经验，从教学的说教模式转变为构造主义理论方法的最初尝试，会使教师再一次成为新手。当他们尝试不熟悉的教学策略或者实践或活动知识有限的新安排时，结果往往是出乎意料的。例如教师们用完了时间，留下没有完成的活动，不回应或者不征求学生的意见或者问题。而且，处理一个特性时不可避免地会伴随着其他特性的问题。也就是说，教师们不仅在处理 PBS 的个别特性上存在困难，而且在协调这些特性时也存在困难(Marx et al., 1997)。

教师们在 PBS 项目中工作一年结束后，他们每个人的实践都代表实施的一个侧面，相对于其他特性，某些特性以一种与新方法潜在的假设更为一致的方式被转化为实例。总的说来，教师的进步不是直线型的，他们往往会徘徊在新旧观念和实践之间。一般来说，正如 Shulman(1987)所提出的，发展是"辩证的"。教师在面临问题时前进或后退，并且试图解决理解教学新方法所带来的挑战。事实上，教师们掌握 PBS 的基本概念并成为新方法的熟练执行者大约要花 3 年的时间。

332

显然，促进学生建构和理解的改变过程是艰难的。找到帮助教师的方法对我们来说很重要，因为这些方法能够让教师乐意尝试新方法并坚持下去。在教师们合作、实施和反思时提供支持是耗时的，需要付出大量时间与金钱。职业发展同样也是耗时的，需要付出大量时间与金钱。典型的实践要求所有的参与者都出现在同一场所中。调整提供了挑战,因为教师可能出现在许多不同的地方而且需要不同类型的帮助。利用新技术的潜能是一种有前途的方法,它使职业发展更为有效(Fishman et al., 2004; Hunter, 1992; Lampert & Ball, 1990; Roup, Gal, Drayton, & Pfister, 1992)。

虚拟学习环境正被设计出来,并成为一种有助于教师职业发展的工具。网络化学习环境是一种发展共同体的方式,它帮助教师理解假设,获得关于内容和教育学的新知识,讨论和解决问题,以及观看有助于执行新方法的教学策略的视频。相互作用的技术使得阐明新的教学上的可能性、提高对干预的潜在假设的理解、示范为满足它们而制定新方法和新策略的挑战,以及阐释与新方法相一致的大量实践成为可能。它也能够推广借助于电子通信的视频会议的益处。

在线共同体的一个例子是数学论坛,该论坛由一群人组成,他们使用计算机和因特网来交流和构建有关数学、数学教学与学习的知识(Renninger & Shumar, 2002; www.mathforum.org)。数学论坛支持着一个围绕资源交换的关系网络,这些资源为教师、学生、研究者、父母,以及其他对数学和数学教育感兴趣的人提供支持。这个在线共同体包括数学论坛的全体职员,他们的主要职能是提供促进讨论的交互式服务、支持资源的创造和共享,以及鼓励在问题提出和问题解决上进行合作(Renninger & Shumar, 2002)。该共同体的服务包括:为教师和学生提供网络化讨论区和专家咨询服务;为三到十二年级学生提供交互式项目和数学挑战;提供与数学相关的网络资源;提供一个在线数学图书馆;提供一个区域,使教师可以在其中交换数学单元和课程,这些单元和课程适用于所有的年级水平,从学前到大学。

数学论坛的交互性质成为共同体构建的基础并维持了对共同体的参与。参与者在一个开放的共同体中围绕着服务和资源相互作用,这个开放的共同体不仅促进了数学论坛的全体职员与参与者之间的交流,而且还促进了参与者之间的交流。数学论坛被用来鼓励学习者的参与,并且使参与者有机会提出问题、得到适合他们需要的支持,以及为站点作出贡献,数学论坛就是用这些方法维持网站的。例如,学生被鼓励在线和一位数学论坛的"导师"一起学习,这个导师在学生问题解决的结果上提供个别反馈。教师被鼓励和其他教育家们一起参与在线讨论、直接向一个数学论坛的成员提出有关数学和数学教学的问题,并且为论坛贡献他们自己的想法。数学论坛站点并不明确指导教师们应该做什么;相反地,站点为教师们探索和利用他们自己的职业需要提供可用的服务和资源。

另一个例子是由 Fishman 及其同事(Fishman, 2003)开发出来的网上知识网络(KNOW)。与数学论坛相比,这个工具是有特定课程的,它设计的目的是在教师们实施 PBS 时提供支持。它包含了教师们实施课程的片断、教师们对他们所做的和所可能改变的事情的评论,以及关于内容、管理和学生学习的信息。另外,教师们能够把问题发送给最近实施过相同课程的其他教师或者是资历较深的职员。KNOW 被开发出来后,它能够作为教师调整其他学习环境的平台。也就是说,开发者们可以为自己的新方法定制录像带剪辑、评论和信息。

结论

本章的信息涉及了设计、研究和政策。我们讨论了这些经过评价的材料是怎样对这些领域将来的工作产生帮助的。

333

设计

在关于学习环境的后续研究中，三个重要的设计问题需要解决。这些问题包括：需要更加清楚地明确学习环境的特性设计，适合于不同学科范围和群体的环境设计，以及创建便于使用的设计。

特性

尽管有效设计学习环境的所有要素都是富有挑战性的，但是有三个特性阐明了难点。首先，技术是许多学习环境的重要部分，然而如果在时间和努力方面，学习使用技术的代价很高时，教师就不太可能有效地帮助学生利用技术作为学习工具。技术要便于教师和学生使用，否则他们不会认识到技术的益处。此外，将来的工作应该放在怎样设计鼓励学生进行深层次认知活动的技术上。因为有足够的技术工具可供使用，所以现在到了巩固知识和创造设计原则的时候了。关于什么是必需的，一个例子是近来人们努力研究如何构建一般平台。《学习科学杂志》最近出版了一期专门讨论平台的特刊，加强了我们对复杂学习环境中平台效果的进一步理解(Davis & Miyake, 2004)。我们所知道的就是这些原则必须解决教师和学生的需要。

解决基础设施问题对技术设计来说是关键的。如果技术要按照预期运作，那么访问、维护和支持的问题都需要得到处理。当课堂中没有充足的技术可用时，当教师没有必需的软件时，或者当计算机配置不完全且不经常维护时，就难以有效地利用教学时间。当不同学科领域的不同班级在工作日使用电脑时，依靠教师们来完成这些任务是行不通的。关注这些问题甚至比调整新方法还重要。

设计的另一挑战是如何有效地走出教室并引入共同体。设计者们已经尝试为引入共同体创造条件，这些条件包括与专家或者其他学生以电子通信进行交流，与共同体的小组一起工作，以及利用共同体的知识。这些策略中的每一个都有需要解决的问题。我们还没有找到方法，来充分利用共同体构建效果，并以此来丰富学生的学习经验。

设计者的评估、教师使用的评估，以及政策制定者的评估需要得到进一步的发展。设计者们用来评价学习环境有效性的评估方法从作品打分、使用后测或者获得分数，到利用政策制定者们也感兴趣的标准化测验。在这些类型的评估中，每一种与学习环境目标一致的程序都是不同的。关于学习目标是否实现的评估和使用与程序目标不一致的、政策导向的评估(例如，美国的州或者全国标准化测验)之间的矛盾是一个古老而又持久的问题。此外，传统的评估形式通常并不处理学习环境的其他重要目标，例如更好地理解学科性质或者发展对学习的新倾向。更复杂的是，为设计者和政策制定者们提供信息的评估，对教师们来说不是非常有用的,他们需要对日常课堂学习环境中开展的学习进行判断。课堂评估应该包含一系列作品:模型、报告、演示、视觉代表物,以及问题的解决方案。设计者们需要将这些,连同教师的得分说明一起构建到他们的程序中,以便每一个作品都与学习环境的目标紧紧相连。此外,在设计适合课堂使用的、可行且节约时间和资源的真实评估上存在持续的挑战。

学科领域和群体

这个领域必须处理的另一系列问题是开发跨学科领域和跨学习者群体的设计原则。强有力的学习环境存在于所有的学科领域中,其他的学习环境正在被检验和优化。设计覆盖一系列重要主题内容和能力的新环境,是一种不间断的需求。持续的发展将允许这个领域处理这样一些问题,这些问题是关于设计原则是否普遍或者是否根据学科而变化。回答这些问题的一个方法是将用于创造一个学科内现有环境的设计原则,应用到不同学科领域中。

我们同样需要创造能够处理不同年龄学习者的学习环境。一个目标应该是确立考虑到发展需要、兴趣和能力的设计原则。关注发展的文献为设计者们作出有根据的推测,提供了关于如何为不同年龄学生制定环境的大量信息。为了确定设计的什么特定成分是重要的,以便环境适合不同年龄的学习者,这些信息需要用于实践并且为实验所检验。

334

一个相关的要点是处理多样性和个体差异问题的需要。设计者往往对不同类型的学习者是如何对他们的程序作出反应并从中获益,以及起作用的设计原则是什么了解甚少。尽管有些一般性的方针指出在教学和处理共同体特征中要重视学生的文化,但是在学习环境的设计中,却很少考虑为满足不同学习者群体的需要而作出相应的改变。随着我们课堂中多样性的增长,开发和检验设计原则以支持来自不同背景的学生是必要的。同样地,我们需要分析学习环境是怎样被创造或者被调整以适应学习者特殊需要的。有证据表明,这样的环境有助于处理多样性的问题,因为它们提供了大量教育技术、活动、技术工具,以及学生参与的不同方式。有些学习环境强调学生以不同的方式,通过创造作品来阐明知识,例如模型、设计、视觉呈现物和口头表现。这个变化允许学生们使用利用了它们长处的特性。

可用性

我们需要考虑怎样为不同的情境设计学习环境,以此来确定设计原则如何能反映条件的变化。这个变化可能包括资源的可获得性,例如技术和设备、时间安排,以及学校提供的团体的性质。差异可能影响到如何使学习以最佳的方式被情境化、什么是可以利用的共同体知识,以及哪些支持资源是可以获得的。

为了使学习环境可用,我们需要预见可预测的实施挑战。为了让学习环境起作用,设计者需要对课堂和学校的现实有深入的了解。除了一些与情境相联系的独特环境,所有的学习环境都产生了共同的挑战。然而,设计原则并不总是清楚在面临这些挑战时应如何调整。最近在设计和修改环节与教师群体一起工作的趋势是向着正确方向迈出的一步。合作使教师技术知识可以结合进来,这些知识是关于什么能力对教师和学生,以及帮助识别实施时的潜在困难是必需的。这样的合作丰富了设计并且使设计在真实课堂使用中更为可行。它们需要仔细和长期的合作,来产生有优化潜能的强有力的学习环境。

设计学习环境的另一问题是怎样建立适应性。设计群体报告说，由于时间压力和对内容范围的担忧，教师们并不总会作出合理有效的调整。多数教师可能放弃或减少建构理解的机会，这种理解的建构是学习环境的特点。设计者们可能会考虑调整原则和关于判定的例子，这些实施忠于新方法的意图并且很清楚为什么是这种情况。教师的在线环境在处理这个问题时，是一个特别有用的方式。设计者的一个重要压力是如何使设计在没有严重偏离学习环境设计的基本原则时，对许多可能产生的问题作出反应。本质上说，在创造固定的模型或者创造具有适应性但又明确和成熟到可以将致命的突变降到最小的模型时，设计者们面临一个平衡举措或者权衡的问题。

关于实施的问题也同样要求为教师，而不仅仅是学生，创造学习环境。关注教师对学习的理解，使他们的修改与学习环境的根本前提相一致是很关键的。学习环境在教师角色的中心性上是变化的。当教师的中心性增加时，如何设计职业发展来构建教师能力的问题变得尤为关键。最近的努力指向一些有前途的方法，但是我们没有根据需要被融入的关键特性对它们进行比较，并且也没有强有力的实证文献支持教师职业发展的有效性。当使用学习环境的教师数量增加时，设计者也必须考虑怎样构建系统的容量，以便增加的教师知识和能力可以被用来帮助其他人。

335

研究

一个需要考虑的关键问题是，关于学习环境的研究和发展性的共同体已经成熟到能够使我们这里讨论过的学习环境设计的效能作出较强的因果推论吗？我们认为，这里有足够多的学习环境达到了很高的复杂度和成熟度，这些学习环境已经过反复修改，其效能也得到了验证，因此当与其他类型的教学相比较时，我们可以开始做更多的因果研究来评价其影响。为了比较不同的设计以及为该领域作出关于效应的因果归因提供证据，实施更全面和系统的研究是可能的，也是必要的。这个发展方向中的一个步骤可能是阐明表 8.2 中呈现的分析学习环境的框架和表 8.3 中呈现的程序比较。

为了让这样的一个程序研究对开发者和政策制定者而言具有价值，我们同样需要确定一系列因变量，这些因变量与设计者的意图一致并且按照重要的成果得以校准，例如州或者全国的标准。有些程序强调内容知识，有些程序强调能力，有些程序强调学习的倾向，还有一些程序强调学科的性质。因为不同程序的预期结果是不同的，所以我们很难对学习环境进行比较，也难以清楚地规定对照组。

为了确定参与学习环境的长久的好处，纵向研究是必需的。随着时间的流逝，在知识、社会性和经济利益上都积累些了什么？学生们留在学校中并获得高中文凭，或者继续在他们已经参与类似程序的学科中选择课程，哪种更可能获得更高的成就？学习的能力和倾向会迁移到学习的其他领域并且继续提高学习环境的参与程度吗？此外，与参与学习环境相联系的益处被公平地分配到不同类型的学生了吗？或者学生的背景特性和参与之间是否有交互作用？

有充分的证据表明，学习环境向教师提出了巨大的教学挑战（Windschitl，2002）。尽管职业发展采取了好几种方法，但是大家仍然普遍同意，这些努力应该关注学习环境的实施，而不是改进一般的教学能力或态度。教师们在处理学习环境教育学特性的内容和细节上需要得到帮助，例如管理多重活动、构建合作化团体、利用技术作为一个学习工具，以及评估学生的理解。

很少有人知道教师是如何随着时间改变的，以及支持或者阻碍教师学习和教学能力的因素是什么。有些证据表明，教师大约需要三年的时间才能学会在教学中有效使用学习环境。然而，研究并没有系统地确定教师是否在继续改进，在他们的学习道路中是否存在个体差异，以及新方法和教学技能能否迁移到这样一种教学中，即对于该教学而言，经理论设计和开发的学习环境是无法获得的。

学习环境研究团体需要对这些应该继续下去的学习环境研究达成一致意见。《学习科学杂志》(Barab, 2004)和《教育研究者》(Kelly, 2003)最近出版的特刊开始着手处理观点的差别和建立系统的方法原则，这个原则能够为设计和确定学习环境的有效性创造产生一个更严格的方法。

最后，我们在这里描述的关于学习环境的大部分研究和进展，都基于一个潜在的学习理论。设计者们已经学习了大量如何将理论转化为实践的知识。他们在概念和情境方面为理论提供依据，从而丰富了理论。他们展示了学习者、目标、背景和教学的模型是如何共同运作，以及每一个需要是如何被处理的。现在到了该为学习理论考虑设计的意义的时候了。从这些经验中发展出来的设计原则可以被称为中观理论。也就是说，它们是一些关于在创造学习环境时需要考虑什么的陈述。我们同样需要关于结果是如何肯定或者否定潜在学习理论的重要分析和评论。

这些环境为跨学科的研究提供了情境。它们将学习、动机、发展、主题，以及文化与交流结合在了一起。将来自每个领域的见解综合起来，可被用于改善设计原则，因为每个领域都有关于它自己主题的明确假设和关于其他主题的潜在假设。利用每个领域的知识和优点能使设计变得更加有力和明确。不同的专业知识能够被用于改善设计。例如，学习理论家们通常认为，在活动中激发兴趣和增加参与会导致更强的认知活动。动机研究者们发现，这样的情境性兴趣并不会必然地使学生愿意付出努力，去使用各种策略，这些策略对于建构内容的深层理解而言是必要的。同样地，动机研究者们很少注意主题教学。当综合来自这两个领域的见解时，有可能形成更好的理解和理论到实践的转化。

336

政策

毫无疑问，学习环境设计者的一个主要目标是让学习环境为学习者所用。刚刚描述过的理论和研究当然也有很多问题，但最终，这个工作的目标是改善学习和其他有价值的教学目标。学校和其他机构关注存在于一个社会和政治的母体中的儿童，在这个母体中公共和私有的政策会产生重要影响。为了成功地达成他们耗费了大量智力努力的目标，设计者和他们的同事必须关注政策环境。为了影响政策，学习环境的设计者们需要注意调整问题。他们必须指出，程序可以在许多场所中运行，并且能够在参与者数量增长时保持有效。这就要求在设计中实现适应性、可变性、持续性和可完成性。单单一个好的设计不能确保这些特性，还需要政策制定者们的支持。在调整中产生的问题的重要性将取决于决策者处于建筑、地区或者国家级别的哪个位置。

针对适应性，设计者们不得不考虑当地情况。最初的设计可能与环境高度适应。为了进行调整，设计者需要确立方法来修正设计的各个方面，以适应多种环境。正如我们所讨论的，在这些环境中，由学生带入学校的语言和文化、个体需要以及年龄都是不同的。它们可能包含不同的团体价值，不同的政治表达，以及不同的国家、地区或者建筑政策。它们可能包含不同的课程目标或者不同的高水平评估。

政策制定者们可以通过一系列行动——从教师政策的补充和保持，到基础设施和操作的资源分配决定以及处理课堂实施的持续性职业发展，对学习环境实施的质量产生巨大影响。政策对于支持程序的适应性以便它们能够对设计的基本原则保持真实是关键的。基于当地情况的适应性程序，包含了一个地区或学校中易变的课堂情境。在标准化氛围渐浓的情况下，在标准化测验上取得较高分数的目标是主导，因此程序的继续存在可能会受到挑战。在非常现实的意义上，我们所讨论的关于学习环境的文献构成了新方法的资源——寻求终极价值标准的新观念——它存在于一个脆弱的生态系统中，一方面是研究和新生事物，另一方面则是杂乱无章的联邦、州和当地政策。

新方法并不是静态的。一个新方法在适应新环境时，需要时间来维持和成熟。因此，在决定继续努力时过早地使用总结性评价会高估或低估其影响。为确保有效，学校中学习环境的实施，在时间上要求有稳定的人员。最近的证据表明：教师们实施学习环境的时间越长，他们对学生学习的影响也就越大。由于教师行业里人员更替率非常高，而且处于职业早期的教师因为个人原因，或者由于不完善的甚至是恶劣的工作条件而参与到其他职业中，导致人员流失达到高百分比，所以这种类型的稳定性非常难实现。

为维持学习环境，设计者们需要确保它们与地区、州和全国标准的目标和学科框架相一致。决策者们根据他们所采用的学习环境的需要来关注政策的调整。这种调整需要出现在管理的多重水平上，从建筑水平的空间、时间和资源到高水平的对教师职业发展、资源配置和目标的关注。

337 如果不与学习目标和支持新方法的相应政策与实践结合起来，学习环境的目标不可能得以实现。调整使诸如提高成绩这样的结果成为可能。调整应该关注学校能力的构成因素，例如教师的能力、在建筑和地区水平上需要的知识以及达到这些要求的领导能力。此外，判断目标是否实现取决于选择与课程目标和政策需要相一致的评估。学习环境被认为成功与否，可能会在使用的标准上有所不同，如内容领域测验上获得的分数、标准化测验的原始分数或者在高水平评估上的通过率。但是关于调整的政策需要与在高水平评估上有高通过率的政策环境一致，并且会对其产生影响。需要完成联邦法规规定的年度进展的学校领导者，忽视了高水平评估的风险。如果运用到学校中的学习环境不能对联邦政策的真实命令作出反应的话，那么行政官员们就不太可能支持他们的决议。学校中的根本问题可能是：学习环境提高还是降低了教师提高测试成绩的能力？对于设计者而言，挑战是在处理其他重要目标的同时实现这些目标。

结论

在过去的10到15年间,许多令人激动的学习环境被设计出来并在校内外实施。这些环境代表了学习的新途径。有些环境关注基于信息加工理论的个体化学习,促进了更专业的表现和思维方式。任务需求的分析和专家的思考是这些环境的基础。其他一些环境则强调学习的情境性和社会性。更多学识渊博的个体,例如教师,为学习者的体验搭建平台,以便他们可以完成无法独立完成的任务。上述两种方法都使用工具来促进学习。

这些学习环境的结果是,学生们以新方法进行学习,解决有意义的问题、与他人一起学习、使用技术、创作作品。他们获得了知识和技能、学科实践的正确评价,以及新的学习倾向。设计、实施和调整这些类型的学习环境对于所有参与者——研究者、教师和学生,都是困难的。在这一章中,我们突出前提和问题,并且指出我们已经学到的以及仍然需要知道的是什么。最重要的是,我们认为处理它们的这些挑战和方法激活了理论和实践。诚然,实施这些环境具有挑战性,然而挑战不应该威胁到我们对这些环境的使用。我们描述的这些环境代表了有雄心的教育学和对有雄心的结果的争取。当我们考虑到创造未来的学习者、工作者和公民时,我们同样需要考虑下一代的学校是什么样的。这些类型的环境提供的保证是创造有适应性的学习者、有效信息的使用者、合作的工作者,以及懂得不同学科知识如何产生的公民。针对所有的挑战,设计精良的学习环境为达成这些目标提供了重要保证。

注:本文是作者们在国家自然科学基金资助下完成的(授予编号ESI-0101780, ESI-0227557和REC-0106959)。文中所有表达的观点均由作者们负责,并不必然地反映国家自然科学基金会的观点。

(俞国良、曾盼盼、钱虎译)

参考文献

Aleven, V., & Koedinger, K. R. (2002). An effective metacognitive strategy: Learning by doing and explaining with a computer-based cognitive tutor. *Cognitive Science*, *26*(2), 147-179.

American Association for the Advancement of Science. (1993). *Benchmarks for science literacy*. New York: Oxford University Press.

American Association for the Advancement of Science. (2001). *Atlas of science literacy*. Washington, DC: Author.

Anderson, J. R. (1993). *Rules of the mind*. Hillsdale, NJ: Erlbaum.

Anderson, J. R. (1996). ACT: A simple theory of complex cognition. *American Psychologist*, *51*(4), 355-365.

Anderson, J. R., Boyle, C. F., Corbett, A., & Lewis, M. W. (1990). Cognitive modeling and intelligent tutoring. *Artificial Intelligence*, *42*, 7-49.

Anderson, J. R., Corbett, A. T., Koedinger, K., & Pelletier, R. (1995). Cognitive Tutors: Lessons learned. *Journal of the Learning Sciences*, *4*, 167-207.

Anderson, J. R., & Schunn, C. D. (2000). Implications of the ACT-R learning theory: No magic bullets. In R. Glaser (Ed.), *Advances in instructional psychology: Vol. 5. Educational design and cognitive science* (pp. 1-33). Mahwah, NJ: Erlbaum.

Barab, S. (Ed.). (2004). Design-based research: Clarifying the terms [Special issue]. *Journal of the Learning Sciences*, *13*(1).

Barron, B. J. S., Schwartz, D. L., Vye, N. J., Moore, A., Petrosino, A., Zech, L., Bransford, J. D., & The Cognition and Technology Group at Vanderbilt. (1998). Doing with understanding: Lessons from research on problem and project-based learning. *Journal of the Learning Sciences*, *7*(3/4), 271-311.

Bereiter, C., & Scardamalia, M. (1989). Intentional learning as a goal of instruction. In L. B. Resnick (Ed.), *Knowing, learning, and instruction: Essays in honor of Robert Glaser* (pp. 361-392). Hillsdale, NJ: Erlbaum.

Bereiter, C., & Scardamalia, M. (2003). Learning to work creatively with knowledge. In E. D. Corte, L. Verschaffel, N. Entwistle, & J. V. Merrienboer (Eds.), *Powerful learning environments: Unravelling basic components and dimensions* (pp. 55-68). Oxford: Pergamon Press.

Bloom, B. S. (Ed.), Engelhart, M. D., Furst, E. J., Hill, W. H., & Krathwohl, D. R. (1956). *The taxonomy of educational objectives: Handbook I: Cognitive domain*. New York: David McKay.

Blumenfeld, P. C., Fishman, B. J., Krajcik, J., Marx, R. W., & Soloway, E. (2000). Creating usable innovations in systemic reform: Scaling up technology-embedded project-based science in urban schools. *Educational Psychologist*, *35*, 149-164.

Blumenfeld, P. C., Kempler, T., & Krajcik, J. S. (in press). Motivation and engagement in learning enviromnents. In R. K. Sawyer (Ed.), *Cambridge handbook of the learning sciences*. Cambridge, UK: Cambridge University Press.

Blumenfeld, P. C., Soloway, E., Krajcik, J., & Marx, R. W. (2004). Technologies to enable inquiry: The influences on student learning and motivation. Final Report: Spencer Foundation.

Blumenfeld, P. C., Soloway, E., Marx, R. W., Krajcik, J. S., Guzdial, M., & Palincsar, A. (1991). Motivating project-based learning: Sustaining the doing, supporting the learning. *Educational Psychologist*, *26*, 369 - 398.

Bransford, J., Brown, A. L., & Cocking, R. R. (Eds.). (2000). *How people learn: Brain, mind, experience, and school* (Expanded ed.). Washington, DC: National Academy Press.

Bransford, J. D., & Stein, B. S. (1993). *The IDEAL problem solver* (2nd ed.). New York: Freeman.

Brown, A. L. (1992). Design experiments: Theoretical and methodological challenges in creating complex interventions in classroom settings. *Journal of the Learning Sciences*, *2*, 141 - 178.

Brown, A. L., Bransford, J. D., Ferrara, R. A., & Campione, J. C. (1983). Learning, remembering, and understanding. In P. H. Mussen (Ed.), *Handbook of child psychology* (4th ed., Vol. 3, pp. 77 - 166). New York: Wiley.

Brown, A. L., & Campione, J. C. (1994). Guided discovery in a community of learners. In K. McGilly (Ed.), *Classroom lessons: Integrating cognitive theory and classroom practice* (pp. 229 - 270). Cambridge, MA: MIT Press.

Brown, A. L., & Campione, J. C. (1996). Psychological theory and the design of innovative learning environments: On procedures, principles, and systems. In L. Schauble & R. Glaser (Eds.), *Innovations in learning: New environments for education* (pp. 289 - 325). Mahwah, NJ: Erlbaum.

Brown, A. L., & Campione, J. C. (1998). Designing a community of young learners: Theoretical and practical lessons. In N. M. Lambert & B. L. McCombs (Eds.), *How students learn: Reforming schools through learner-centered education* (pp. 153 - 186). Washington, DC: American Psychological Association.

Brown, A. L., Metz, K. E., & Campione, J. C. (1996). Social interaction and individual understanding in a community of learners: The influence of Piaget and Vygotsky. In A. Tryphon & J. Voneche (Eds.), *Piaget-Vygotsky: The social genesis of thought* (pp. 145 - 171). East Sussex, UK: Psychology Press.

Brown, K., & Cole, M. (2000). Socially-shared cognition: System design and the organization of collaborative research. In D. H. Jonassen & S. M. Land (Eds.), *Theoretical foundations of learning environments* (pp. 197 - 214). Mahwah, NJ: Erlbaum.

Brown, K., & Cole, M. (2002). Cultural historical activity theory and the expansion of opportunities for learning after school. In G. Wells & G. Claxton (Eds.), *Learning for life in the twenty-first century: Sociocultural perspectives on the future of education* (pp. 225 - 238). Oxford: Blackwell.

Burkhardt, H., & Schoenfeld, A. (2003). Improving educational research: Toward a more useful, more influential, and better-funded enterprise. *Educational Researcher*, *32*(9), 3 - 14.

Clark, C. M., Gage, N., Marx, R., Peterson, P., Stayrook, N., & Winne, P. (1979). A factorial experiment on teacher structuring, soliciting, and reacting. *Journal of Educational Psychology*, *71*(4), 534 - 552.

Cobb, P., Confrey, J., diSessa, A., Lehrer, R., & Schauble, L. (2003). Design experiments in educational research. *Educational Researcher*, *32*(1), 9 - 13.

Cognition and Technology Group at Vanderbilt. (1992). The Jasper series as an example of anchored instruction: Theory, program description, and assessment data. *Educational Psychologist*, *27*, 291 - 315.

Cognition and Technology Group at Vanderbilt. (1997). *The Jasper project: Lessons in curriculum, instruction, assessment, and professional development*. Mahwah, NJ: Erlbaum.

Cohen, D. K., & Ball, D. L. (1999). *Instruction, capacity, and improvement* (CPRE Research Report Series, No. RR-43). Philadelphia: University of Pennsylvania, Consortium for Policy Research in Education.

Cohen, E. G., Lotan, R. A., Scarloss, B. A., & Arellano, A. R. (1999). Complex instruction: Equity in cooperative learning classrooms. *Theory into Practice*, *38*(2), 80 - 86.

Cole, M. (1995). Socio-cultural-historical psychology: Some general remarks and a proposal for a new kind of cultural-genetic methodology. In J. Wertsch, D. R. Pablo, & A. Alvarez (Eds.), *Sociocultural studies of mind* (pp. 187 - 214). New York: Cambridge University Press.

Cole, M. (1996). *Cultural psychology: A once and future discipline*. Cambridge, MA: Harvard University Press.

Collins, A. (1992). Toward a design science of education. In E. Scanlon & T. O'Shea (Eds.), *New directions in educational technology* (pp. 15 - 22). New York: Springer-Verlag.

Collins, A., Joseph, D., & Bialaczyc, K. (2004). Design research: Theoretical and methodological issues. *Journal of the Learning Sciences*, *13* (1), 15 - 42.

Cook, T. D., & Payne, M. R. (2002). Objecting to the objections to using random assignment in educational research. In F. Mosteller & R. F. Boruch (Eds.), *Evidence matters: Randomized trials in education research* (pp. 150 - 178). Washington, DC: Brookings Institution.

Corbett, A. T., Koedinger, K. R., & Hadley, W. (2001). Cognitive Tutors: From the research classroom to all classrooms. In P. S. Goodman (Ed.), *Technology enhanced learning: Opportunities for change* (pp. 235 - 263). Mahwah, NJ: Erlbaum.

Corbett, A. T., McLaughlin, M. S., Scarpinatto, K. C., & Hadley, W. S. (2000). Analyzing and generating mathematical models: An Algebra II Cognitive Tutor design study. In G. Gauthier, C. Frasson, & K. VanLehn (Eds.), *Intelligent tutoring systems: Proceedings of the Fifth International Conference, ITS 2000* (pp. 314 - 323). New York: Springer.

Costa, A., & Kallick, B. (Eds.). (2000). *Discovering and exploring habits of mind*. Alexandria, VA: Association for Supervision and Curriculum Development.

Cuthbert, A. J., Clark, D. B., & Linn, M. C. (2002). WISE learning communities: Design considerations. In K. A. Renninger & W. Shumar (Eds.), *Building virtual communities: Learning and change in cyberspace* (pp. 215 - 248). Cambridge, England: Cambridge University Press.

Davis, E. A., & Krajcik, J. S. (2005). Designing educative curriculum materials to promote teacher learning. *Educational Researcher*, *34* (3), 3 - 14.

Davis, E. A., & Miyake, N. (Eds.). (2004). Scaffolding [Special issue]. *Journal of the Learning Sciences*, *13*(3).

De Corte, E., Verschaffel, L., Entwistle, N., & van Merriënboer, J. (Eds.). (2003). *Powerful learning environments: Unravelling basic components and dimensions*. Oxford: Pergamon.

De Kock, A., Sleegers, P., & Voeten, M. J. M. (2004). New learning and the classification of learning environments in secondary education. *Review of Educational Research*, *74*(2), 141 - 170.

Dewey, J. (1933). *How we think: A restatement of the relation of reflective thinking to the educative process*. Boston: Henry Holt.

Dewey, J. (1938). *Experience and education*. New York: Collier Macmillan.

Eccles, J. S., & Midgley, C. (1989). Stage-environment fit: Developmentally appropriate classrooms for young adolescents. In C. Ames & R. Ames (Eds.), *Research on motivation in education: Goals and cognitions* (pp. 13 - 44). New York: Academic Press.

Edelson, D. C. (2001). Learning-for-Use: A framework for the design of technology-supported inquiry activities. *Journal of Research in Science Teaching*, *38*(3), 355 - 385.

Edelson, D. C., Gordin, D. N., & Pea, R. D. (1999). Addressing the challenges of inquiry-based learning through technology and curriculum design. *Journal of the Learning Sciences*, *8*(3/4), 391 - 450.

Edelson, D. C., Salierno, C., Matese, G., Pitts, V., & Sherin, B. (2002, March). *Learning-for-Use in earth science: Kids as climate modelers*. Paper presented at the annual meeting of the National Association for Research in Science Teaching, New Orleans, LA.

Fishman, B. (2003). Linking on-line video and curriculum to leverage community knowledge. In J. Brophy (Ed.), *Advances in research on teaching: Using video in teacher education* (Vol. 10, pp. 201 - 234). New York: Elsevier.

Fishman, B., Marx, R. W., Best, S., & Tal, R. T. (2003). Linking teacher and student learning to improve professional development in systemic reform. *Teaching and Teacher Education*, *19*(6), 643 - 658.

Fishman, B., Marx, R. W., Blumenfeld, P. C., Krajcik, J. S., & Soloway, E. (2004). Creating a framework for research on systemic technology innovations. *Journal of the Learning Sciences*, *13*(1), 43 - 76.

Fredricks, J. A., Blumenfeld, P. C., & Paris, A. H. (2004). School engagement: Potential of the concept, state of the evidence. *Review of Educational Research*, *74*(1), 59 - 109.

Gallego, M. A., & Cole, M. (2000). Success is not enough: Challenges to sustaining new forms of educational activity. *Computers in Human Behavior*, *16*, 271 - 286.

Gardner, H. (1991). *The unschooled mind: How children think and how schools should teach*. New York: Basic Books.

Geier, R. (2005). *A longitudinal study of individual teachers' impact on urban student achievement in standards-based science curricula*. Unpublished doctoral dissertation. University of Michigan, Ann Arbor.

Geier, R., Blumenfeld, P. C., Marx, R. W., Krajcik, J. S., Fishman, B., & Soloway, E. (2004). Standardized test outcomes of urban students participating in standards and project based science curricula. In Y. Kafai, W. Sandoval, N. Enyedy, A. Nixon, & F. Herrera (Eds.), *Proceedings of the Sixth International Conference of the Learning Sciences* (pp. 310 - 317). Mahwah, NJ: Erlbaum.

Gijhels, D., Dochy, F., Bossche, P., & Segers, M. (2005). Effects of problem-based learning: A meta-analysis from the angle of assessment. *Review of Educational Research*, *75*(1), 27 - 61.

Girod, M. Martineau, J., & Zhao, Y. (2004). After-school computer clubhouses and at-risk teens. *American Secondary Education*, *32*(3), 63 - 76.

Gomez, L., Fishman, B., & Pea, R. (1998). The CoVis Project: Building a large scale science education testbed. *Interactive Learning Environments*, *6*(1/2), 59 - 92.

Guthrie, J. T., & Wigfield, A. (2000). Engagement and motivation in reading. In M. L. Kamil, & P. B. Mosenthal (Eds.), *Handbook of reading research* (Vol. 3, pp. 403 - 422). Mahwah, NJ: Erlbaum.

Hapgood, S., Magnusson, S. J., & Palincsar, A. S. (2004). Teacher, text, and experience: A case of young children's scientific inquiry. *Journal of the Learning Sciences*, *13*(4), 455 - 505.

Hawley, W., & Valli, L. (1999). The essentials of effective professional development: A new consensus. In L. Darking-Hammnd & G. Sykes (Eds.), *Teaching as the learning profession: Handbook of policy and practice* (pp. 127 - 150). San Francisco: Jossey-Bass.

Hickey, D. T. (1997). Motivation and contemporary socioconstructivist instructional perspectives. *Educational Psychologist*, *32*(3), 175 - 193.

Hickey, D. T., Kindfield, A. C. H., Horwitz, P., & Christie, M. A. (1999). Advancing educational theory by enhancing practice in a technology-supported genetics learning environment. *Journal of Education*, *181*(2), 25 - 55.

Hickey, D. T., Kindfield, A. C, H., Horwitz, P., & Christie, M. A. (2003). Integrating curriculum, instruction, assessment, and evaluation in a technology-supported genetics learning environment. *American Educational Research Journal*, *40*(2), 495 - 538.

Hickey, D. T., Moore, A. L., & Pellegrino, J. W. (2001). The motivational and academic consequences of two innovative mathematics environments: Do curricular innovations and reforms make a difference? *American Educational Research Journal*, *38*, 611 - 652.

Hidi, S., Renninger, K. A., & Krapp, A. (2004). Interest, a motivational variable that combines affective and cognitive functioning. In R. Sternberg (Ed.), *Motivation, emotion, and cognition: Perspectives on intellectual development and functioning* (pp. 89 - 115). Mahwah, NJ: Erlbaum.

Hmelo-Silver, C. (2004). Problem-based learning: What and how do students learn? *Educational Psychology Review*, *16*(3), 235 - 266.

Holbrook, J., & Kolodner, J. L. (2000). Scaffolding the development of an inquiry-based (science) classroom. In B. Fishman & S. O'Connor-Divelbiss (Eds.), *Proceedings of the Fourth International Conference of the Learning Sciences* (pp. 221 - 227). Mahwah, NJ: Erlbaum.

Horwitz, P., & Christie, M. A. (2000). Computer-based manipulatives for teaching scientific reasoning: An example. In M. J. Jacobson & R. B. Kozma (Eds.), *Innovations in science and mathematics education: Advanced designs for technologies of learning* (pp. 163 - 191). Mahwah, NJ: Erlbaum.

Horwitz, P., Neumann, E., & Schwartz, J. (1996). Teaching science at multiple space time scales. *Communications of the ACM*, *39*(8), 100 - 103.

Huber, A. E., Songer, N. B., & Lee, S.-Y. (2003, March). *BioKIDS: A curricular approach to teaching biodiversity through inquiry in technology-rich environments*. Paper presented at the annual meeting of the National Association of Research in Science Teaching, Philadelphia, PA.

Hunter, B. (1992). Linking for learning: Computer-and-communications network support for nationwide innovation in education. *Journal of Science Education and Technology*, *1*, 23 - 34.

Jackson, S., Krajcik, J. S., & Soloway, E. (2000). Model-it: A design retrospective. In M. Jacobson & R. Kozma (Eds.), *Advanced designs for the technologies of learning: Innovations in science and mathematics education* (pp. 77 - 116). Hillsdale, NJ: Erlbaum.

Jenkins, J. J. (1979). Four points to remember: A tetrahedral model of memory experiments. In L. S. Cermak & F. I. M. Craik (Eds.), *Levels of processing in human memory* (pp. 429 - 446). Hillsdale, NJ: Erlbaum.

Johnson, R. B., & Onwuegbuzie, A. J. (2004). Mixed methods research: A research paradigm whose time has come. *Educational Researcher*, *33*(7), 14 - 26.

Jonassen, D. H., & Land, S. (Eds.). (2000). *Theoretical foundations of learning environments*. Mahwah, NJ: Erlbaum.

Kahle, J. B., Meece, J., & Scantlebury, K. (2000). Urban African-American middle school science students: Does standards-based teaching make a difference? *Journal of Research in Science Teaching*, *37*(9), 1019 - 1041.

Kelly, A. E. (Ed.). (2003). The role of design in educational research [Special issue]. *Educational Researcher*, *32*(1).

Koedinger, K. R., & Anderson, J. R. (1998). Illustrating principled design: The early evolution of a cognitive tutor for algebra symbolization. *Interactive Learning Environments*, *5*, 161 - 179.

Kolodner, J. L., Camp, P. J., Crismond, D., Fasse, B. B., Gray, J. T., Holbrook, J., et al. (2003). Problem-based learning meets case-based reasoning in the middle-school science classroom: Putting learning-by-design into practice. *Journal of the Learning Sciences*, *12*(4), 495 - 548.

Kolodner, J. L., Gray, J. T., & Fasse, B. B. (2003). Promoting transfer through case-based reasoning: Rituals and practices in learning by design classrooms. *Cognitive Science Quarterly*, *3*(2), 119 - 170.

Krajcik, J., & Blumenfeld, P. (in press). Project-based science: Promoting active learning. In K. Sawyer (Ed.), *Cambridge handbook of the learning sciences*. Cambridge, UK: Cambridge University Press.

Krajcik, J. S., Blumenfeld, P. C., Marx, R. W., Bass, K. M., Fredricks, J., & Soloway, E. (1998). Inquiry in project-based science classrooms: Initial attempts by middle school students. *Journal of the Learning Sciences*, *7*(3/4), 313 - 350.

Krajcik, J. S., Blumenfeld, P. C., Marx, R. W., & Soloway, E. (2000). Instructional, curricular, and technological supports for inquiry in science classrooms. In J. Minstrell & E. H. V. Zee (Eds.), *Inquiring into inquiry learning and teaching in science* (pp. 283 - 315). Washington, DC: American Association for the Advancement of Science.

Ladson-Billings, G. (1995). Toward a theory of culturally relevant pedagogy. *American Educational Research Journal*, *32*(3), 465 - 491.

Lamon, M., Secules, T., Petrosino, A. J., Hackett, R., Bransford, J. D., & Goldman, S. R. (1996). Schools for Thought: Overview of the project and lessons learned from one of the sites. In L. Schauble & R. Glaser (Eds.), *Innovations in learning: New environments for education* (pp. 243 - 288). Mahwah, NJ: Erlbaum.

Lampert, M., & Ball, D. L. (1990). *Using hypermedia technology to support a new pedagogy of teacher education* (Issue paper 90 - 95). East Lansing, MI: National Center for Research on Teacher Education, Michigan State University.

Lappan, G., Fey, J. T., Fitzgerald, W. M., Friel, S. N., & Phillips, E. D. (2002). *Getting to know connected mathematics: An implementation guide*. Glenview, IL: Prentice Hall.

Lappan, G., Fey, J. T., Fitzgerald, W. M., Friel, S. N., & Phillips, E. D. (2006). *Implementing and teaching connected mathematics 2*. Boston, MA: Prentice Hall.

Lappan, G., & Phillips, E. (1998). Teaching and learning in the Connected Mathematics project. In L. Leutzinger (Ed.), *Mathematics in the middle* (pp. 83 - 92). Reston, VA: National Council of Teachers of Mathematics.

Lave, J., & Wenger, E. (1991). *Situated learning: Legitimate peripheral participation*. New York: Cambridge University Press.

Lee, O. (2002). Science inquiry for elementary students from diverse backgrounds. In W. Secada (Ed.), *Review of research in education* (Vol. 26, pp. 23 - 69). Washington, DC: American Educational Research Association.

Lee, O., & Luykx, A. (2005). Dilemmas in scaling up innovations in science instruction with nonmainstream elementary students. *American Educational Research Journal*, *42*(5), 411 - 438.

Linn, M. C. (1992). The computer as learning partner: Can computer tools teach science? In K. Sheingold, L. G. Roberts, & S. M. Malcom (Eds.), *This year in school science 1991: Technology for teaching and learning* (pp. 31 - 69). Washington, DC: American Association for the Advancement of Science.

Linn, M. C., Clark, D., & Slotta, J. D. (2003). WISE design for knowledge integration. *Science Education*, *87*(4), 517 - 538.

Linn, M. C., Davis, E. A., & Bell, P. (Eds.). (2004). *Internet environments for science education*. Mahwah, NJ: Erlbaum.

Linn, M. C., Davis, E. A., & Eylon, B. S. (2004). The scaffolded knowledge integration framework for instruction. In M. C. Linn, E. A. Davis, & P. Bell (Eds.), *Internet environments for science education* (pp. 47 - 72). Mahwah, NJ: Erlbaum.

Linn, M. C., & Slotta, J. D. (2000). WISE science. *Educational Leadership*, *58*(2), 29 - 32.

Linn, M. C., & Songer, N. B. (1988, April). *Curriculum reformulation: Incorporating technology into science instruction*. Paper presented at the American Educational Research Association Annual Meeting, New Orleans, LA.

Magnusson, S. J., & Palincsar, A. S. (1995). Learning environments as a site of science education reform. *Theory into Practice*, *34*, 43 - 50.

Marx, R. W., Blumenfeld, P., Krajcik, J., Fishman, B., Soloway, E., Geier, R., et al. (2004). Inquiry-based science in the middle grades: Assessment of learning in urban systemic reform. *Journal of Research in Science Teaching*, *41*(10), 1063 - 1080.

Marx, R. W., Blumenfeld, P., Krajcik, J., & Soloway, E. (1997). Enacting project-based science. *Elementary School Journal*, *97* (4), 341 - 358.

Maxwell, N., & Bellisimo, Y. (2003). *Problem Based Economics Overview*. Novato, CA: Buck Institute for Education.

Maxwell, N., Bellisimo, Y., & Mergendoller, J. (2001). Problem based learning: Modifying the medical model for teaching high school economics. *The Social Studies*, *92*(2), 73 - 78.

McGilly, K. (Ed.). (1994). *Classroom lessons: Integrating cognitive theory and classroom practice*. Cambridge, MA: MIT Press.

McLaughlin, M. W. (1990). The Rand change agent study revisited: Macro perspectives and micro realities. *Educational Researcher*, *19*, 11 - 16.

Mergendoller, J. R., Markham, T., Ravitz, J., & Larmer, J. (in press). Pervasive management of project based learning: Teachers as guides and facilitators. In C. M. Evertson & C. S. Weinstein (Eds.), *Handbook of classroom management: Research, practice, and contemporary issues*. Mahwah, NJ: Erlbaum.

Meyer, D. K., Turner, J. C., & Spencer, C. A. (1997). Challenge in a mathematics classroom: Students' motivation and strategies in project-based learning. *Elementary School Journal*, *97*(5), 501 - 521.

Mistler-Jackson, M., & Songer, N. B. (2000). Student motivation and Internet technology: Are students empowered to learn science? *Journal of Research in Science Teaching*, *37*(5), 459 - 479.

Moje, E., Collazo, T., Carrillo, R., & Marx, R. W. (2001). "Maestro, what is 'quality'?": Language, literacy, and discourse in project-based science. *Journal of Research in Science Teaching*, *38*, 469 - 498.

Moje, E. B., Peek-Brown, D., Sutherland, L. M., Marx, R. W., Blumenfeld, P., & Krajcik, J. (2004). Explaining explanations: Developing scientific literacy in middle-school project-based science reforms. In D. Strickland & D. E. Alvermann (Eds.), *Bridging the gap: Improving literacy learning for preadolescent and adolescent learners in grades 4 - 12* (pp. 227 - 251). New York: Carnegie Corporation.

Moll, L. C., Amanti, C., Neff, D., & Gonzalez, N. (1992). Funds of knowledge for teaching: Using a qualitative approach to connect homes and classrooms. *Theory into Practice*, *31*, 132 - 141.

Mostow, J., & Aist, G. (2001). Evaluating tutors that listen: An overview of Project LISTEN. In K. Forbus & P. Feltovich (Eds.), *Smart machines in education* (pp. 169 - 233). Menlo Park, CA: MIT/AAAI Press.

Mostow, J., & Beck, J. E. (in press). When the rubber meets the road: Lessons from the in-school adventures of an automated reading tutor that listens. In B. L. Schneider (Ed.), *Conceptualizing scaleup: Multidisciplinary perspectives*.

National Center for History in the Schools. (1996). *National standards for history*. Los Angeles: University of California, Los Angeles, National Center for History in the Schools.

National Council for the Social Studies. (1994). *Curriculum standards for social studies: Expectations of excellence*. Silver Spring, MD: Author.

National Council of Teachers of Mathematics. (1989). *Curriculum and evaluation standards for school mathematics*. Reston, VA: Author.

National Council of Teachers of Mathematics. (1991). *Professional standards for teaching mathematics*. Reston, VA: Author.

National Council of Teachers of Mathematics. (2000). *Principles and standards for school mathematics*. Reston, VA: Author.

National Research Council. (1996). *National science education standards*. Washington, DC: National Academy Press.

Newmann, F., & Wehlage, G. (1993). Five standards of authentic instruction. *Educational Leadership*, *50*, 8 - 12.

Paavola, S., Lipponen, L., & Hakkarainen, K. (2004). Models of innovative knowledge communities and three metaphors of learning. *Review of Educational Research*, *74*(4), 557 - 576.

Palincsar, A. S., Anderson, C. W., & David, Y. M. (1993). Pursuing scientific literacy in the middle grades through collaborative problem solving. *Elementary School Journal*, *93*, 643 - 658.

Palincsar, A. S., & Magnusson, S. J. (2001). The interplay of first-hand and second-hand investigations to model and support the development of scientific knowledge and reasoning. In S. Carver & D. Klahr (Eds.), *Cognition and instruction: Twenty-five years of progress* (pp. 151 - 193). Mahwah, NJ: Erlbaum.

Palincsar, A. S., Magnusson, S. J., Collins, K. M., & Cutter, J. (2001). Making science accessible to all: Results of a design experiment in inclusive classrooms. *Learning Disability Quarterly*, *24*, 15 - 32.

Patrick, H., & Middleton, M. J. (2002). Turning the kaleidoscope: What we see when self-regulated learning is viewed with a qualitative lens. *Educational Psychologist*, *37*(1), 27 - 39.

Phillips, S. U. (1972). Participant structures on communicative competence: Warm Springs children in community and classroom. In C. Cazden, V. John, & D. Hymes (Eds.), *Functions of language in the classroom* (pp. 370 - 394). New York: Teachers College Press.

Puntambekar, S., & Hubscher, R. (2005). Tools for scaffolding students in a complex learning environment: What have we gained and what have we missed? *Educational Psychologist*, *40*(1), 1 - 12.

Puntambekar, S., & Kolodner, J. L. (2005). Toward implementing distributed scaffolding: Helping students learn science from design. *Journal of Research in Science Teaching*, *42*(2), 185 - 217.

Quintana, C., Reiser, B. J., Davis, E. A., Krajcik, J., Fretz, E., Duncan, R., et al. (2004). A scaffolding design framework for software to support science inquiry. *Journal of the Learning Sciences*, *13*(3), 337 - 386.

Reiser, B., Tabak, I., Sandoval, W. A., Smith, B. K., Steinmuller, F., & Leone, A. J. (2001). BGuILE: Strategic and conceptual scaffolds for scientific inquiry in biology classrooms. In S. M. Carver & D. Klahr (Eds.), *Cognition and instruction: Twenty-five years of progress* (pp. 263 - 305). Mahwah, NJ: Erlbaum.

Renninger, K. A. (2000). Individual interest and its implications for understanding intrinsic motivation. In C. Sansone & J. M. Harackiewicz (Eds.), *Intrinsic and extrinsic motivation: The search for optimal motivation and performance* (pp. 373 - 404). New York: Academic Press.

Renninger, K. A., & Hidi, S. (2002). Student interest and achievement: Developmental issues raised by a case study. In S. Hidi (Ed.), *Development of achievement motivation* (pp. 173 - 195). San Diego: Academic Press.

Renninger, K. A., & Shumar, W. (2002). Community building with and for teachers in The Math Forum. In K. A. Renninger & W. Shumar (Eds.), *Building virtual communities: Learning and change in cyberspace* (pp. 60 - 95). New York: Cambridge University Press.

Reys, R., Reys, B., Lapan, R., Holliday, G., & Wasman, D. (2003). Assessing the impact of standards-based middle grades mathematics curriculum materials on student achievement. *Journal for Research in Mathematics Education*, *34*(1), 74 - 95.

Rogers, E. M. (2003). *Diffusion of innovations* (5th ed.). New York: Free Press.

Rogoff, B. (1995). Observing sociocultural activity on three planes: Participatory appropriation, guided participation, and apprenticeship. In J. Wertsch, P. Del Rio, & A. Alvarez (Eds.), *Sociocultural studies of mind* (pp. 139 - 164). Cambridge, England: Cambridge University Press.

Roup, R. R., Gal, S., Drayton, B., & Pfister, M. (Eds.). (1992). *LabNet: Toward a community of practice*. Hillsdale, NJ: Erlbaum.

Scardamalia, M. (2004). CSILE/Knowledge Forum. In A. Kovalchick & K. Dawson (Eds.), *Education and technology: An encyclopedia* (pp. 183 - 192). Santa Barbara, CA: ABC-CLIO.

Scardamalia, M., & Bereiter, C. (1991). Higher levels of agency for children in knowledge-building: A challenge for the design of new knowledge media. *Journal of the Learning Sciences*, *1*(1), 37 - 68.

Scardamalia, M., & Bereiter, C. (1994). Computer support for knowledge-building communities. *Journal of the Learning Sciences*, *3* (3), 265 - 283.

Scardamalia, M., Bereiter, C., & Lamon, M. (1994). The CSILE project: Trying to bring the classroom into World 3. In K. McGilly (Ed.), *Classroom lessons: Integrating cognitive theory and classroom practice* (pp. 201 - 228). Cambridge, MA: MIT Press.

Schauble, L., & Glaser, R. (Eds.). (1996). *Innovations in learning: New environments for education*. Mahwah, NJ: Erlbaum.

Schneider, R. M., & Krajcik, J. (2002). Supporting science teacher learning: The role of educative curriculum materials. *Journal of Science Teacher Education*, *13*(3), 221 - 245.

Schneider, R, M., Krajcik, J., & Blumenfeld, P. (2005). Enacting reform-based science materials: The range of teacher enactments in reform classrooms. *Journal of Research in Science Teaching*, *42*(3), 283 - 312.

Shavelson, R. J., & Towne, L. (Eds.). (2002). *Scientific research in education*. Washington, DC: National Academy Press.

Shear, L., Bell, P., & Linn, M. C. (2004). Partnership models: The case of the deformed frogs, In M. C. Linn, E. A. Davis, & P. Bell (Eds.), *Internet environments for science education* (pp. 289 - 311). Mahwah, NJ: Erlbaum.

Shulman, L. S. (1987). Knowledge and teaching: Foundations of the new reform. *Harvard Educational Review*, 57(1), 1 - 22.

Simon, H. A. (1996). *The sciences of the artificial*. Cambridge, MA: MIT Press.

Singer, J., Marx, R. W., Krajcik, J., & Chambers, J. C. (2000). Constructing extended inquiry projects: Curriculum materials for science education reform. *Educational Psychologist*, *35*(3), 165 - 178.

Slotta, J. D. (2004). The Web-based Inquiry Science Environment (WISE): Scaffolding knowledge integration in the science classroom. In M. C. Linn, E. A. Davis, & P. Bell (Eds.), *Internet environments for science education* (pp.203 - 231). Mahwah, NJ: Erlbaum.

Soloway, E., Guzdial, M., & Hay, K. H. (1994). Learner-centered design: The challenge for HCI in the 21st century. *Interactions*, *1* (2), 36 - 48.

Songer, N. B. (1996). Exploring learning opportunities in coordinated network-enhanced classrooms: A case of kids as global scientists. *Journal of the Learning Sciences*, *5*(4), 297 - 327.

Songer, N. B. (in press). BioKIDS: An animated conversation on the development of curricular activity structures for inquiry science. In R. K. Sawyer (Ed.), *Cambridge handbook of the learning sciences*. Cambridge, UK: Cambridge University Press.

Songer, N. B., Lee, H. S., & Kam, R. (2002). Technology-rich inquiry science in urban classrooms: What are the barriers to inquiry pedagogy? *Journal of Research in Science Teaching*, *39*(2), 128 - 150.

Tyack, D., & Cuban, L. (1995). *Tinkering toward Utopia: A century of public school reform*. Cambridge, MA: Harvard University Press.

Van de Ven, A. H., Polley, D. E., Garud, R., & Venkataraman, S. (1999). *The innovation journey*. New York: Oxford University Press.

Veermans, M., & Jarvela, S. (2004). Generalized achievement goals and situational coping in inquiry learning. *Instructional Science*, *32*, 269 - 291.

Vygotsky, L. S. (1978). *Mind in society: The development of higher psychological processes*. Cambridge, MA: Harvard University Press.

Wallace, R. M., Kupperman, J., Krajcik, J., & Soloway, E. (2000). Science on the Web: Students online in a sixth-grade classroom. *Journal of the Learning Sciences*, *9*(1), 75 - 104.

Wallace, R. M., Soloway, E,, Krajcik, J., Bos, N., Hoffman, J., Hunter, H. E., et al. (1998). Artemis: Learner-centered design of an information seeking environment for K - 12 education. In C. M. Karat, A. Lund, J. Coutaz, & J. Karat (Eds.), *Human Factors in Computing Systems* (Computer Human Interaction 1998 Conference Proceedings, pp.195 - 202). New York: ACM Press.

Wenger, E. (1998). *Communities of practice: Learning, meaning, and identity*. Cambridge, England: Cambridge University Press.

White, B. Y. (1993). ThinkerTools: Causal models, conceptual change, and science education. *Cognition and Instruction*, *10*, 1 - 100.

White, B. Y., & Frederiksen, J. R. (1998). Inquiry, modeling, and metacognition: Making science accessible to all students. *Cognition and Instruction*, *16*(1), 3 - 118.

White, B. Y., & Frederiksen, J. R. (2000). Metacognitive facilitation: An approach to making scientific inquiry accessible to all. In J. Minstrell & E. V. Zee (Eds.), *Inquiring into inquiry learning and teaching in science* (pp.331 - 370). Washington, DC: American Association for the Advancement of Science.

Wiggins, G., & McTighe, J. (1998). *Understanding by design*. Alexandria, VA: Association for Supervision and Curriculum Development.

Williams, M., & Linn, M. C. (2002). WISE inquiry in fifth-grade biology. *Research in Science Education*, *32*(4), 415 - 436.

Windschitl, M. (2002). Framing constructivism in practice as the negotiation of dilemmas: An analysis of the conceptual, pedagogical, cultural, and political challenges facing teachers. *Review of Educational Research*, *72* (2), 131 - 175.

Wu, H.-K., Krajcik, J., & Soloway, E. (2001). Promoting conceptual understanding of chemical representations: Students' use of a visualization tool in the classroom. *Journal of Research in Science Teaching*, *38*, 821 - 842.

Zhao, Y., Mishra, P., & Girod, M. (2000). A clubhouse is a clubhouse is a clubhouse. *Computers in Human Behavior*, *16*, 287 - 300.

第二部分　临床应用的研究进展与含义

SECTION TWO　Research Advances and Implications for Clinical Applications

第 9 章

自我调节和努力的投入

MONIQUE BOEKAERTS

案　例

Thalia是个聪明的女孩，在她妹妹出生时她只有2岁，但已掌握了大量词汇，她表达自己的想法也得心应手。父母对她的言语能力赞不绝口，但说到训练她上厕所的问题，Thalia却总是表现得不配合，难以令人满意。她妹妹出生那天，Thalia正坐在厨房里等着看她最喜欢的电视节目，这时奶奶说："Thalia，你现在是个大姑娘了，如果让我帮你拿掉Pampers①，我会很高兴的。我相信穿着湿漉漉的Pampers走路，你也一定感觉很难受吧。"Thalia只是说她怕坐在马桶上。几分钟后，电话响了，奶奶告诉她，妹妹出生了，她们必须马上去医院，而Thalia却大发脾气，说她并不想要妹妹，也不想去医院，只想看她的电视节目。

在去医院的路上，Thalia一声不吭。她意识到，从现在起，她的妹妹将是她最大的对手，这种预感在进入医院后得到了证实，大家所有的注意力都放在Jenny身上。Thalia几次尝试着想要引起父母注意，都没有成功，最后只得选择了放弃，默默地走开了。奶奶在洗手间找到她，问她为什么离开房间。Thalia的回答是："我讨厌Jenny。"她不愿意回到房间，而且哭了起来："我不知道该怎么办。"奶奶明白了，把她搂在怀里说："我来告诉你该怎么做，你跟着我一起回去，然后让你爸爸把你抱起来仔细看看Jenny。接着用你爸爸喜欢的样子逗他，告诉他你很爱他。怎么样？"Thalia还在生闷气，但还是照着奶奶的话做了。果然，爸爸拥抱了她，"Thalia，你是我的大宝贝。"

回家的路上，Thalia沉默了一会儿——突然宣布，"奶奶，我现在已经是个大女孩儿了，只有宝宝才会用Pampers。你能教我上厕所吗？我知道这很难，但我会尽力的。奶奶，我们能马上行动吗？"

回到家，奶奶开始引导Thalia完成一系列如厕训练活动，虽然这看起来对于每一个已经帮助过孩子使用厕所的人都非常熟悉，然而，每次训练都有着关键性的不同。奶奶首先解释说，她已经教过很多孩子用厕所了，所有孩子都有信心能够自己完成。接着，她说明了儿童使用坐便器要与大人方向不同，因为他们需要一个固定的把手支撑，比如说卫生纸固定器。同时，她们完成了一系列动作。"首先，你要观察哪个坐向最好，什么可以用来支撑。Thalia，你能告诉我吗？是的，卫生纸固定器是很好的选择。接着脱下你的裤子，当你抓住卫生纸固定器后，弯下身子坐到坐便器上。完成之后，把自己拉起来，用一些纸擦干净。最后，冲马桶，拉上裤子。"Thalia一边有序地做动作，一边用自己的语言重复着。接着，她自己完成了一整套连续的动作，而这时奶奶正假装在打扫卫生间。

当奶奶听到Thalia自言自语地说"牢牢抓住卫生纸固定器作为支撑"时，她笑了。她记起有个老师以前讲过，幼儿正是通过个人语言的方式来发展他们的思想、情感和动作内部控制的，而Vygotsky首先阐明了这一道理。然后她听到Thalia尖叫一声，发现她半悬于墙壁和坐便器间。奶奶帮着她找回平衡，Thalia说："奶奶，我想撕一些卫生纸，但失去平衡了。

① 帮宝适，一种一次性尿布的品牌。——译者注

我还是不能一个人完成,但我今后会再试。”

在接下来的几天里,奶奶通过给予适当的反馈和情绪支持强化了训练过程。Thalia 在行动中作出反应,同时提了一些问题,例如,“奶奶,如果没有卫生纸固定器去握将会怎么样?如果坐便器太高了怎么办? 我们能不能在另一个卫生间练习呀?”在她母亲和妹妹出院回家时, Thalia 已经很熟练地使用厕所了,完全不用依靠成人给予引导。

Thalia 的故事为本章的内容提供了一个活生生的现实场景。我之所以选取这则真实的故事,是因为 2 岁的儿童可以利用自我调节策略完成她自己的目标,这给我留下了深刻的印象。Thalia 在医院的情境形成了心理表征,她观察到父母的注意力都集中于 Jenny 身上,忽视了她。她把父母的行为解释为爱 Jenny 超过了爱她的信号。她想要做些什么来改变这一情况,以便对她有利,但她觉得很无助。

Thalia 确立了一个目标,并意识到她没有行动的计划来达成这个目标。因此, Thalia 让我们相信她正搜索她的记忆,寻求一种过去使用过并适合于当前情境下的策略。Winne 与 Perry(2000)把这种知识类型称为“条件性知识”(conditional knowledge),或者说是把条件和认知操作相联系的条件因果链(if-then chains)。这种“条件性知识”是产生新的认知或行为产物所必需的。

为什么把自我调节作为一个重要的建构过程? 另外,读者在这则点评中得到什么启示? 在纵向课堂的研究中,我与同事一起考查了高中生完成数学功课过程中的学习习惯,以及他们知觉自己努力程度的情境线索。在研究了这两点在完成数学功课中的相对作用后我们发现(例如,Boekaerts, 2002c),努力的强度可以由学生的学习风格进行预测(如,他们在一个领域内所偏好的学习策略的类型),他们的意志风格(比如,他们是否运用意志策略来促进主动性、坚韧性以及从沉思中摆脱出来),及他们对真实作业任务的评估。我们的研究结果表明: 在控制学习习惯之后,为数学功课作出多大努力的自我调节,主要取决于学生对任务性质的知觉以及他们的现象体验(phenomenological experience)。我们发现,对任务的困难知觉能预示学生将产生消极的努力投入,而一旦认识到任务的价值就会有积极的预测。我觉得这些结果以及类似的研究都能清楚地反映学生动机和努力自我调节的原因,并且这些结果对设计新的研究、促进课堂中的自我调节都是重要的。

347

本章第一部分,我分析了一个模糊的问题: 关于非专业人员与研究人员对自我调节的作用。我主要提出一些最新的与动机和努力自我调节有关的概念及实证研究,阐述为何我们只有通过了解驱动和引导行为,使之朝向有价值的目标,远离非预期目标,才能领会儿童或青少年在课堂中的投入和坚持性。同时,我主张以自我调节的视角去审视投入和不投入(engagement and disengagement)的模式。我从最近研究中提取了一些实例,其中也包括我自己的研究,用这些实例说明我们如何将关于动机和投入的自我调节理论转变成研究设计,并加以实践(干预的指导原理),以及实践是如何回归于理论的。最后部分,我提出一些研究和实践的原理,同时也指出一些尚未解决的问题。

课堂中的自我调节

围绕自我调节这一概念的探讨已有很长一段时间。早在1978年,Vygotsky就认为年幼的儿童能够调节他们的自我学习,可以完成周密的计划,参与并负责驱动与引导自己的行动。在过去20年里,教育心理学系统地探索了儿童和青少年使用自我调节策略的各种方式,在学习过程中,自我调节策略作为内部控制手段使个体产生思想和行动。有大量研究揭示,自我调节的各个层面都与成就之间存在重要的联系,并且彼此关系复杂。那么自我调节是什么?研究者广泛研究了自我调节的哪些方面?

最新自我调节的理论认为,个体功能的来源既不是静态人格特质(例如,顽强或尽责),也不是源自约束与丰富的环境,而是定位在自我调节的跨情节模式中。Boekaets、Maes与Karoly(2005)把自我调节定义为多水平、多成分的过程,以情感、认知、动作和环境特征为对象进行调节,服务于个人的目标。如此定义自我调节,那么自我调节的核心过程是建立目标及其相关内容,制定行动计划,目标努力和目标修复(Austin & Vancouver, 1996)。在课堂中,最突出的目标是学生需建立、计划学习和成就目标,并为之努力与修正。

浏览课堂中自我调节的相关文献,可以发现教育心理学家提出了若干课堂自我调节的模型(可参见Boekaerts & Corno, 2005;Boekaerts, Pintrich, & Zeidner, 2000;Perry, 2002;Schunk & Zimmerman, 1998;Winne, 1995的综述)。每个模型所强调的自我调节都具有微小差异,然而基本假设是共同的。所有的研究者都认为学生能驱动并引导自己的学习过程,他们会主动地、建构地参与意义产生过程,同时使他们的思想、情感和动作适应于驱动和引导的学习过程。

除了这个共识,大多数从事课堂中自我调节研究的教育心理学家都开始对自我调节怀有特别的关注,重点关注学生在课堂中追求的学习和成就目标。因此,通过有意地关注自我调节的认知方面,把范围缩小至学生自我调节的能力上,这种自我调节的认知对于驱动和引导学习过程来说是必要并充分的。清晰而有计划地关注学习过程本身的自我调节,其优势在于这些自我调节模型坚实地扎根于能力发展的领域特殊性理论。

如今在不同科目内容领域中,学生成功使用的调节策略资料已经可以获得,例如关于孩子如何成为课文阅读加工的能手(Pressley, 1995),作文高手(Scardamalia & Bereiter, 1985),在科学和数学领域的问题解决高手(De Corte, Verschaffel, & Op't Eynde, 2000)。关注学习过程调节的自我调节模型的基本假设大多认为只有在自我调节的条件下,学生才能驱动并引导自身学习。这些条件是什么呢?主要关注学习过程的教育心理学家们对此给出一个答案:学生需具备大量认知和学习策略,并意识到这些策略,还要具有情境知识以使策略发挥作用(Hattie, Biggs, & Purdie, 1996)。把学生的动作作为兴趣点的研究者有不同的答案,他们认为学生需具备大量动机和意志策略,同时意识到这些策略并具备使这些策略起作用的情境知识(Boekaerts & Corno, 2005; Paris & Paris, 2001; Wolters & Rosenthal, 2000)。接下来的两部分,我将简要回顾并阐释这些互补观点的研究。

348

自我调节是元认知监控的

Winne(1996,p. 327)把自我调节学习定义为“学习者所借以在任务中调节认知策略的元认知监控行为”。Winne 与 Hadwin(1998)进一步论述自我调节学习包括四个相互依赖并反复的阶段：定义任务、设定与计划目标、指定计划，以及当期望的目标或结果没有达到时改变个人的方法与策略。Winne 的研究延续了 Flavell(1979)的传统，Flavell 对认知与元认知(关于认知的认知)作出了明确的区分。20 世纪 70 年代和 80 年代，两位发展心理学家的研究具有较大影响，Flavell(1979)和 Brown(1978)研究了学生在一段时期的能力发展。两位理论家都重视元认知结构，并界定为学生对认知过程的知识(例如，学习技能、认知和学习策略)以及他们对储存信息的知识基础的自我意识，知道哪个认知策略对达到特定学习目标是有用的。从此，大量研究都表明连贯的元认知知识基础和使用该知识基础的能力反映在个体的学习和调节过程中，这是学习调节所必要的先决条件(P. A. Alexander, 2003; Pressley, 1995; Winne, 1995)。通过对三个独立的学习技能的干预进行元分析，得出一个结论(Haller, Child, & Walberg, 1998; Hattie et al., 1996; Rosenshine, Meister, & Chapman, 1996)，即促进高级的元认知意识是有效学习技能训练的关键。

尽管在这一部分所提的研究并非都归类在“元认知”标题的文献中，但这些学者都假设，元认知知识的自我意识和利用可以指导学习(例如，监控难度水平、知识感)，并形成任务分析的基础，同时判断任务需要。因此，个体自我调节学习最好的界定是一种执行过程，有效利用元认知知识并设计元认知策略的组合，学生通过这些策略导向手头的任务，计划并执行行动以及修正无效的策略(De Corte et al., 2000; Pressley, 1995)。

全世界儿童都从这些观点及运用中获利。人们通常要求老师及学校咨询师了解如何针对认知和元认知策略的发展去设计干预课程，从而在日常课堂活动中形成自我调节学习的先决条件。例如，De Corte 等针对小学生开发了数学认知与元认知策略的干预，学会使用这些策略的学生与接受传统教学的学生相比，表现出更好的问题解决能力。不同年龄群体及不同学校被试的结果同样如此(参阅 Boekaerts & Corno, 2005)。此外，不同自我调节策略处理的实例正被尝试写进课本，并在布置作业，以及在设计新的教学方法以改善儿童的认知与元认知策略时加以利用。有个很好的例子是 Palincsar 与 Brown(1984)设计的非常成功的交互教学课程，在该课程中，教师对理解和整合策略进行示范，如分析课文、提问、归类、概括、解释并预测。

自我调节是自发的，同时受到情感控制

对于“自我调节发生的条件是什么”这一问题，现在让我们转向对该问题提供了不同答案的那些研究者。动机研究者认为，很多学生具有使用他们元认知知识及(元)认知策略去指导他们自己的学习的能力，但当在新的领域中学习时，他们缺乏动机和意志来运用这些知识。

349

课堂的环境是复杂的，生物的、发展的、情境的和个体的差异都制约或支持学生的自我调节(Pintrich, 2000)。为何学生感到无需投入时间与精力去选择在特定学习情境下最合适的认知与学习策略，这里可能有很多原因。技能并不能自动产生意愿。因此，在实际情况发

生时，学生对学习条件及可利用的动机和意志策略的评估应该引起重视，以便可获得有关自我调节过程更深入的观点。（如，Boekaerts, 1997, 2002a；Corno, 2001；Pintrich, 2000；Randi & Corno, 2000；Rheinberg, Vollmeyer, & Rollett, 2000；Volet, 1997；Wigfield, Eccles, & Rodriguez, 1998；Zimmerman, 2000）

学生如何选择他们所要从事的任务与活动？他们何时会增加认知及行为的投入？为什么学生在目标追求过程中会降低努力？为什么他们会更频繁地放弃某些学习活动而不是其他活动？这些相关的问题对研究者、教师以及任何一位涉及学生学习的人来说都很重要。教育心理学中充斥着课堂动机行为的术语，包括学校的、智力的、情绪的、行为的和认知的参与(engagement)和努力（管理、分配、调节），以及坚持。大量文献对每一个结构都有强调。回顾这些文献让人感到充实，但我并不想复制前人精妙的研究，譬如 Corno 与 Mandinach (2004)以及 Fredricks、Blumenfeld 与 Paris(2004)所作的研究。相反，我想关注那些界定尚缺乏一致性的内容，包括动机、兴趣以及努力调节。在我看来，我们难以理解儿童和青少年在课堂中参与及非参与模式，除非我们去了解他们如何驱动并引导自己的行为朝向有价值的目标，远离非预期的目标，特别在他们面对困难、阻碍和障碍的时候。Boekaerts 与 Corno (2005)指出，在如今，自我调节策略的现象有各种不同种类，包括不同类型的自我调节模式，伴随不同目的、不同学习轨迹以及不同干预的易感性。我们所需的是一个可理解的理论，在该理论中，自我调节作为一个系统的建构而被概念化，并且，明确界定、操作化及整合自我调节所服务的不同目的。

自我调节的不同效果：自上而下、自下而上和意志驱动的自我调节

这一部分，我将阐释自我调节的不同目的如何在我的双过程自我调节模型(dual processing self-regulation model)中加以概念化的（参见 Boekaerts, 1993；Boekaerts & Niemivirta, 2000）。

自上而下或高位目标驱动的自我调节

开始之前，我简要介绍一下我最近构想出来的自我调节的双过程模型。该模型在 1992 年首次提出，并在后来几年中进行了修改和延伸，因为自我调节的理论建构在发展，并且实证研究清楚地反映了模型中所描述的现象。我与我的合作者提出的自我调节双过程理论运用了社会心理学的观点(Kuhl, 1985；Leven-thal, 1980)，描述了学生在课堂情境中争取的两种优先目标，即在他们可获得的资源下达到目标（例如，扩展他们的领域特殊性知识基础，改善认知策略的使用，提高能力），在合理的范围内保持舒适（例如，感到安全、可靠、愉快、满足）。学生试图在这两种优先目标中保持平衡，借助所谓掌控(mastery)或成长路径(growth pathway)进行跨越分配（例如，争取掌控目标；参见图 9.1 的虚线）以及舒适路径(well-being pathway)（例如，争取安全；参见图 9.1 的实线）。

研究者认为学生在参与学习活动时运用了三种信息来源，从而对情境中的任务形成心

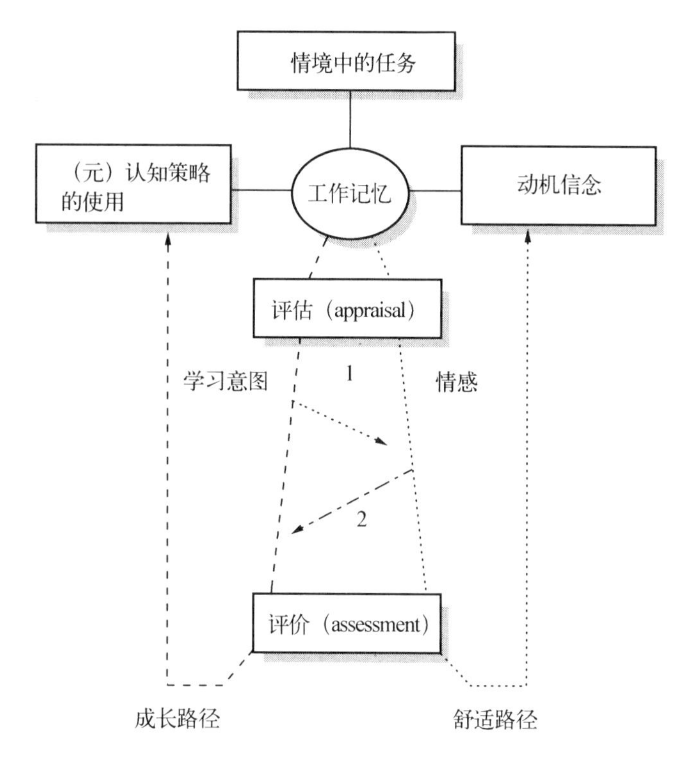

图 9.1 自我调节双过程模型描述自我调节的不同目的：自上而下自我调节(- - -)，自下而上自我调节(……)，以及意志驱动自我调节(—·—)①

350

理表征并对之进行评估：(1) 对任务以及任务所处的生理、社会和教学情境的当前知觉；(2) 激活领域特殊性知识和与任务相关的(元)认知策略；(3) 动机信念，包括领域特殊性能力、兴趣以及努力信念。任务及自我评估处于模型的中心地位。当学习机会及所伴随的任务、活动与重要的个人目标相一致，或者学生成功地将学习任务与目标系统的核心指导原则相匹配，研究者认为他们以成长路径开始活动。在后一种情况下，他们接受了学习目标，意味着他们形成学习意图，以成长路径开始活动。因此，良好的任务评估导致自我驱动的自我调节，意味着学生从上到下驱动并指导能量的流动。自上而下的自我调节意味着学生自己的价值、兴趣，及处于目标层级的最顶端高位目标在驱动目标的追求。在这一点上，学生的学习意图完全准备就绪，并且在学习过程中起到积极作用(他们在学习的路上已经开始，不用回头了；参阅后面对解释的讨论)。

自下而上或线索驱动的自我调节

正如 Kuhl 与 Fuhrman(1998)所指出的，良好的意图并不一定会投入使用并导致完成目标。在学习目标途中会遇到很多障碍，学生需要采取特定的自我调节策略克服这些障碍。

① 原文图 9.1 遗漏数字“2”的标号。——译者注

例如,环境线索可能向学生发出学习环境并非安全的信号。从这一点来说,学生将开始探索环境以便获取更多的线索或者离开此情境,而不是把注意力和精力投入到学习任务本身。换句话说,当儿童或青少年侦察到线索所发出的威胁心理舒适感的信号,他们会把注意力重新指向威胁,因此,注意力和加工容量偏离学习任务。图 9.1 中的点实线、标号 1 都反映了这种从成长路径到舒适路径的注意中心的转变。这种情况下,学生参与自我评估而不是任务评估,即针对情境带来不同问题进行评估,例如: 会不会对我有什么伤害或者让我丢脸? 我这样做会显得傻吗? 或这件事做起来很酷吗? 我的观点是,在相对早期,特定环境线索和儿童安全目标之间已经建立了联系,激活这种联系会引发消极的情绪,体验到骚乱、不安或情感系统的矛盾(也可参考 Covington, 2004;Pekrun, Goetz, Titz, & Perry, 2002)。

这里的要点是特定环境线索的知觉(情境中的任务)可能会造成与学生目前学习意图不匹配,并引发线索驱动或自下而上的自我调节以避免威胁、伤害或损失。因此,非适宜任务评估促使学生驱动和引导自下而上的能量流动;环境中的线索与他们引发的预期的消极后果驱使学生追求目标(goal pursuit)。Boekaerts(1999)以及 Boekaerts 与 Corno(2005)描述这种自我调节类型的目的是参与维持或恢复舒适系统均衡的活动。有些研究者把这种类型的自我调节称为"应对"(Boekaerts, 1993, 1999;Frydenberg, 1999)。研究者区分了三种基本的应对类型: 情绪指向型应对(例如哭、闹、自我责备、否认、分心、回避、延迟),问题指向型应对(例如,寻找信息、积极的有指导性的行为、寻求社会支持、细心的问题解决),以及对情境的重估(对应激源作出新的心理表征)。应激研究者强调不同应对策略的使用依赖于学生对情境的评估以及他们是否可以意识到那些可利用的、在特定情境下恢复舒适感的应对策略。注意,这个定义确认了元认知的关键性,或者条件性知识对有效应对的作用,尽管元认知的术语在这一领域的研究是迥然不同的。这也说明,教育心理学家并没有从应对的研究中借取任何观点。然而,儿童与青少年处理障碍、挫折、失败和崩溃具有不同方式,应对的研究者认为这些方式的区别是与课堂中自我调节过程高度相关的。

351

意志驱动的自我调节

相应地,Boekaerts 与同事(Boekaerts, 1993, 1999;Boekaerts & Corno, 2005)将这两个领域的构想与研究发现相结合,认为当环境线索引发情绪并转移至舒适路径时,学生会运用两类自我调节策略。从这一点来说,学生运用调节策略探索对自己舒适产生威胁、损失或伤害的程度,以求尽快将舒适感恢复到合理水平。然而,在学习目标达成过程中,他们也会运用调节策略来调节障碍与挫折。因此,自我调节的双过程模型假设,在障碍出现时,学生有两种选择。他们可能迫切地强调舒适体系的重要差异。换句话说,当环境线索引发了舒适路径的活动,他们可能会改变他们活动的路径而朝向目标成长。这种变更在图 9.1 中可以看到: 标记 2 表示从舒适路径转到成长路径。

与自上而下自我调节相比,前一种以个体认知、情感和动作为目标的方法被看作是自下而上的自我调节(这里比较的是价值驱动及兴趣驱动自我调节和线索驱动及情绪驱动的自我调节)。后者的方法以个体的认知、情感和动作为对象,又被命名为意志驱动自我调节,由于这涉及学生投入保持的努力,或恢复的努力,尽管碰到障碍仍令沿着成长路径(这里对照的是价值驱动及兴趣驱动自我调节,对应于意志驱动自我调节)。也许,像列车系统轨道的转换那样将意志策略概念化是有帮助的。当将情感系统中所有的灯都变红时,学生可以继续学习活动:他们通过暂时阻隔或削弱舒适路径的活动而保持成长路径。

重要的是,学生在成长路径中通过动机策略,将价值和兴趣注入任务或活动。下面部分,我将对强调这些观点的理论、模型和研究发现进行简要的回顾。

动机的自我调节

Thalia 的案例说明,自然环境下的自我调节实质上是非常重要的,并且受到情感的控制。发生于自然情境中的学习经验通常是自我启动或自动发生的。自然环境的另一特征在于:学习是累积性的,并位于社会情境之中。Thalia 的例子说明,一个特定事件(她妹妹的出生)和她对该事件的解释,激发了她自我调节行动以便去产生一种技能,在激发产生之前,她认为该技能是困难的、多余的。是什么可以解释她获取新技能的动机并不顾挫折而坚持呢?

双过程自我调节模型的一个假设是,良好的任务评估导致价值驱动或兴趣驱动自我调节,表明学习过程中所消耗的能量流来自学生高级目标,基于他们的价值观、需要和兴趣。换句话讲,学习获得是自上而下获取动力与驱动。不少理论家对两种目标驱动行为作了明确的区分,一种目标驱动行为的意义和价值来自自身,另一种目标驱动行为中,个体追求的目标是由他人估价,或是由于他们不能回避这些目标,或者由于他们准备接受这些目标(Kuhl & Fuhrman, 1998,他们把这种自我调节类型标签为"自我控制",以对照于真正的"自我调节"类型)。很明显,在现实生活的课堂情境下个体追求的很多目标都是介于自己真正重视的目标与强加的目标之间。然而,自我调节与自我控制的区别很重要,因为有新出现的证据表明,驱动和引导个体的行为朝向这两种不同目标类型的自我调节过程是明显不同的(如,Grolnick & Ryan, 1987;Kehr, Bless, & Rosenstiel, 1999;Kuhl, & Fuhrman, 1998;Reeve, 2002;R. M. Ryan & Deci, 2002)。我在后面的讨论中将再次探讨这种观点,但首先我将讨论动机自我调节的两种主要形式,分别为体验需要的满足以及对任务或活动附加价值。

352

自上而下的自我调节:体验需要的满足

Deci 与 Ryan(1985)及 R. M. Ryan 与 Deci(2002)将人们动机的起源分为三种基本心理需要:对胜任的需要、对自主的需要以及对社会关系的需要。完成这些基本心理需要的预期构成内在动机与自主自我调节的基础。这些研究者预测并发现,当学习条件支持个人基本心理需要时,他或她将体验需要的满足,并表现出主动的、建构的参与和积极情绪。相反,当学习条件挫败了某一个基本心理需求时,个体将预期消极的后果并体验到消极的情绪。Thalia 感觉到社会关系的需要。她想与父母联系并保持亲密的纽带,这是在她妹妹出生之前的关系。为了拥有他们的关注与爱，她想通过表现她能自己独立使用厕所来引起父母关注。对他们积极反映的预期产生了胜任力的需要；她想掌握一个之前并不重视的技能。她也感到自主的需要；她想要练习新技能——并不是因为她父母认为她不应该弄湿裤子，而是因为她判定这项技能对自己很重要。

这个例子说明，很小的儿童就能在心理上表征一个棘手并紧迫的需要。同时也表明，完成一套特定的需要集合，环境对其激发非常重要。借助她奶奶的存在，她可以通过创造一系列成功的学习经验，设定有效自我调节发展的场景，以此来协助她聚焦于自己的需要(例如，“奶奶，如果没有卫生纸固定架让我去握住，那将会怎样？我们能在其他地方练习吗？”)。

我主要的观点是，当给予儿童追求目标的机会，他们自己发现这些目标是与个人相关的，并要求他们通过选择自身任务活动，主动地、积极地参与，同时作出自己的决策来发展他们自我调节技能时，可以创造自我调节发展的最佳条件。大量研究已经表明，三种基本心理需要的满足，促进所有年龄个体的舒适感和积极功能，反之，这些需求的挫败会产生不幸感(Kasser & Ryan, 1993, 1996；A. M. Ryan, 2000)。因此，有关儿童的基本心理需要满足的信息，将给研究者、教师及学校咨询师提供基础，去了解环境的哪些方面有利于儿童主动参与，哪些方面阻碍了参与和努力。

课堂情境中心理需要的实现

有很多原因说明为什么促进自我调节的学习活动在课堂情境下比自然环境下更难实现。教师通常给他们的学生设定特定课程的学习目标，并且设立一些连续的学习情节让学生参与(强制的、诱导的阅读)，从而表现出目标导向行为。不幸的是，大多数教师提供的学习机会并没有让学生自动产生需要感，这意味着并没有从本质上激发学生去获取新的技能，而且他们的行为将不被自主的自我调节所指导。

Ryan 与 Deci(2002)认为自主的需要在自我调节过程中充当主要角色，他们描述了自我调节连续体(continuum)中的不同的动机类型。在连续体最左端是控制行为调节，当儿童感到被迫达到目标时发生(如，“如果我不做作业，我父母会感到心烦”)。自主的自我调节位于连续体的另一个极端，当个体感到心理的需要并自己选择目标时发生(如，“我要解决这个问题，因为我想找出这个策略不起作用的原因”)。有丰富的证据说明，当个体感到他们的目标是自身的——或者是因为他们内在地享受活动或者因为它符合他们的价值或更高级别的目标——他们会花更多时间，倾入更多关注，更深层地加工信息(Grolnick & Ryan, 1987)，体验这种不断的变化(Csikzentmihalyi, 1990)，并且坚持更长时间(R. M. Ryan & Connell, 1989)。相反，当个体感到被动完成目标——可能是由于他们认为外在偶发性是他们行为(内部调节)的原因，或者由于如果他们没有完成目标会感到罪恶或焦虑(融合性调节)——他们对这些结果打分较低。Lemos(2002)有证据表明，照着别人的目标行动的压力阻碍目标个体化，并导致过度控制、僵硬的行为或由某人的本能冲动所控制的行为失控(如攻击性行为)。

353

与 Ryan 和 Deci(2002)的理论假设一致，研究者和教师希望学生通过自主学习或控制目标自上而下引导行为，然而他们忽略了大多数学生在课堂上不得不完成的学习目标都不是自我选择的,并且这一目标可能挫败学生对自主的需求。有力的证据支持小学生自主性需要的假设。那些在老师支持他们自主性需求(即老师提供选择并创造决策的机会)的教室里学习的儿童,会更有策略地学习,而且当他们遇到困难时坚持得更久(Nolen, 2003;Perry, 1998;J. C. Turner, 1995)。然而,在初中并没有发现这样明显的效果(Midgley & Feldlaufer, 1987)Eccles 等(1993)对这个结果的解释是,初中的老师控制性强同时过多强调规则和规定。有趣的是,Kendall(1992)把传统学校的学生与 Montessori 学校相比较, Montessori 学校的主要特征之一就是,通过选择他们认为有价值的任务或活动,给学生追求自己目标的机会。Montessori 学校的儿童表现出更高水平的主动性、自主性和自我调节。因此,仔细审视指导性方法如何与学生自主的需要相互作用是很重要的。

Nolen(2003)最近的课堂研究表明,自主性假设在现实的课堂交互作用中具有较大的说服力。她对二、三年级学生的写作与阅读课中的心理状态加以研究,发现这些心理状态依赖于教师在设置这些课堂中的技能。Nolen 描述了在有些课堂中,教师如何将写作任务布置成为创造性自我表达与分享观点的机遇。在那些课堂中,学生把写作练习当作游戏。学生选择用以描述课堂活动的词汇表明,他们在行动中充分感受到了意志的作用,他们会把课堂环境看作是自主的环境。这些措辞有“你可以写你自己的生活”、“你可以编自己的故事”。这些措辞与另一组课堂中记录的措辞形成对比,另一组课堂中教师对话题与写作任务的风格实行更多的控制,所布置的写作任务主要出于评估的目的。这样课堂中的学生认为,提高写作技能是学校的工作,“我们必须抄写所有的单词”及“你应该写下你自己的想法”。Nolen 认为阅读与写作兴趣的发展受学生阅读与写作活动的特点的影响:可作为学校中要做的一项工作,或者作为一种分享观点和娱乐的方式。感到被迫或被控制并不能只归于环境,注意到这点很重要。它也可能是一种心理状态,当面对一个情境时,由思考运用在该情境中的外部规则与限制所引发(R. M. Ryan, 1982)。

自上而下的自我调节:附属价值及体验兴趣

前面讨论的重点在于学生的心理需要,以及需要的满足如何激起自上而下的自我调节。在这一部分,我想阐述的是,能量也可能来自学生的价值与兴趣。

将积极价值赋予任务与活动

Hickey 与 McCaslin(2001)认为,当把学习看作是内在的意义形成时,就会非常自然地产生参与学习的过程。这些理论学家主张,学习的参与是在经验、学习和理解情境如何与学习过程互动之前的一种功能。如果学生没有合理的预期,不清楚他们的学习任务和情境,那么就很少会产生任何学习。这些假设基于期望价值理论,该理论假定,只有在个体认为任务和活动具有价值并且将其看作是可以操作时,才能激发他们去参与这些任务和活动。

Eccles 与她的同事(Eccles, 1987;Eccles & Wigfield, 2000;Wigfield & Eccles, 1992)提出并验证了与学生在成就情境中作出的选择有关的期望价值模型。该模型的基本假设之一是认为所有的选择都有代价:如果你选择解决这个问题,阅读一篇课文,或者参加一个实践课程,这通常就意味着你要排除另外的选择。因此,学生赋予每个选择的相对价值以及他

354

们对任务成功可能性的感知是决策过程中的关键要素。Eccles 与她的合作者认为有四种任务价值成分：内在价值(做该任务时我有多享受)、效用价值(该任务是否有助于达到现在或将来目标)、成就价值(做好任务对我来说有多重要),以及代价(做该任务我将丢弃或放弃什么)。

Eccles 与同事同时也研究了学生的胜任力信念如何影响他们赋予任务或活动的价值,反之亦然。根据 Bandura(1997)的自我效能理论，Eccles 与 Wigfield(2002)报告,改变学生的胜任力信念持续一个学期,可预测他们的价值成分的改变,而不是其他方面。Wigfield(1994)提出了一个有趣的发展趋势,即年幼儿童的价值观与胜任力信念似乎开始时相对独立,但是,一段时期后,他们可能将更多价值赋予成就任务之中,这些任务他们能成功完成,将更少的价值赋予他们觉得困难的任务上。事实上，Wigfield 等(1998)表明,有时在某种意义上,价值和与能力相关的信念之间具有积极联系,因而使个体保持良好的自我感受。相应地,Eccles 与 Wigfield 假定,当个体成功完成一项任务,体验到积极情感时,这些情感将附加于活动之中,并在今后的类似情况中再次引发。同样,个体不能很好完成任务或活动之后的消极情感也可能会在以后的活动中被附加。

值得注意的是,Eccles 与她的同事所提出的几个价值结构是在各个不同分类之中的研究。例如,有大量关于工具性的研究,类似于效用价值(如,Husman & Lens, 1999)。内在价值在不同主题之下都得到研究,最明确的是内在动机和兴趣的主题(Hidi & Harackiewicz, 2001;Krapp & Lewalter, 2001;Renninger, 1990)。值得进一步注意的是:自我效能与期望信念早已被看作是自我调节的关键,在各个年龄段的学生中,自我效能对兴趣及投入的获利效应已经被很好记录了(Bandura, 1997;Pintrich, 2000;Zimmerman, 2000)。

体验到兴趣

Sansone 与 Harackiewicz(1996)两位理论家关注内在动机,他们同样把期望和目标价值过程看作是模型的关键成分,并赋予这些结构以特定的意义。同时,他们也承认结果驱动动机具有两个方面(期望和价值),效用是两方面的乘积(学生需要通过两方面来有效调节动机)。Sansone 与 Harackiewicz 有力地论证了明确区分目标结果(purpose goals)和目的结果(target goals)是非常重要的。目标结果为执行任务和活动提供原因(我要试图达到什么以及为什么)。例如,Thalia 想要学会使用厕所让父母留下印象。目的结果提供了更为具体的指引,在某一个特定时刻需要采取的步骤。Thalia 想要知道什么东西可以用来支撑以防失去平衡。换句话说，Thalia 从有关她活动目标的被激活的知识中得到动机,意识到她需要通过具体的脚本(行为序列)保持动机的活动。

Sansone 与 Harackiewicz(1996)提出,达成目标的动机也源自活动本身。与大量关于兴趣的文献相符(Ainley, Hidi, & Berndorff, 2002;Krapp, 2003),他们描述了内在兴趣的积极现象体验(phenomenological experience)。当学生在认知与情感上融入任务,并且表现高度的任务卷入感时,他们会喜欢任务。Sansone 与 Harackiewicz 预计并发现,个体朝着目标的学习时的现象体验,与根据目的与任务目标的起始动机相比,对他们积极参与活动的意愿,具有更大影响。将这些观点运用到 Thalia 的案例中,意味着结果驱动动机是使 Thalia

进行如厕训练活动必要及充分的，但过程驱动动机维持一段时间的活动所必需的。如果Thalia在目标追求过程中没有疑问的情感体验，她就会对训练过程感觉良好，并期望花费时间和努力来达到目标。

355

在面对学业学习目标时，学生现象体验的重要性，特别是他们在促进和维持教育情境的绩效中浮现出的兴趣（emergent interest），这些已成为兴趣研究者调查的对象。例如，Ainley等人（2002）指出，任务的性质可能对学生现象体验与他们任务的参与具有主要的影响。他们报告的一些研究表明了浮现出的兴趣有助于学生持续的投入。这些研究者发现，给予学生两种学习活动的选择（如，解决哪个问题，阅读哪个主题或写什么主题的文章），激活了所储存的关于学习活动类型信息。教师对学习活动简单的描述可以引发学生的兴趣，而学生对这一主题活动所报告的兴趣水平，可以预测他们对活动的选择以及最初的参与。不幸的是，当学生不再对任务感觉良好时，也就是说，学习经验没有达到他们的兴趣期待时，他们就会终止活动。

兴趣研究者同时也指出，学生不会对研究领域或课程产生兴趣，除非让他们参与到学习情境，并引起他们的兴趣。兴趣理论（Hidi & Harackiewicz, 2001；Krapp, 2003；Renninger, 1998, 2000）对情境兴趣和个人兴趣二者作出了区分。前者是在个人与（潜在）兴趣对象二者具体的交互作用过程中发展的，而后一种兴趣形式指的是参与到与兴趣对象相互作用中的相对稳定的倾向。Krapp概括出对象、主题或活动如何让人们从一个有趣的情境事件发展到长久的个人兴趣。他将在情境兴趣下的个人兴趣增长描述为是一个多阶段过程，并认为注意和好奇心是发展长久兴趣的必要先决条件。学习者必须长期保持注意力，以进行试验与探索；在将最初的注意力给了兴趣对象之后，保持前进的动力，这对于使情境兴趣发展到产生深度学习的稳定兴趣阶段，是非常必要的。学习领域内发展良好的兴趣反映在高度差异化的知识领域和与其他相关领域的诸多联系中。

将价值与兴趣转变为学习意图

研究者和教师希望学生对广泛的话题、课程、教学策略和学习环境有兴趣。他们认识到，当学生在领域内已经发展出个人兴趣时，这确保了他们表现出获得新知识和扩大他们在该领域中能力的高度准备状态。然而，学生并非对学校的所有学科表现出长久的兴趣，这就使教师有必要支持学生的意义产生、价值产生，以及兴趣产生的过程。

一往无前（cross the rubicon）

Heckhausen与Kuhl（1985）认为，为了达到学习目标，学生在领域内的动机必须转变为积极的和富有建构性的参与具体学习活动中的意图。这些研究者同时也认为，行动的意图——甚至那些自我意图——可能在之后会被抛弃，因为个体没有投入足够的努力维持他们的意图，并保护这些意图不受竞争倾向的影响。换句话说，学生可能已经建立了目标，并将之转变为目标设定阶段中行动的意图，但在目标奋斗阶段放弃了目标。Heckhausen与Kuhl所提出的卢比肯河模型，之后也得到Gollwitzer（1990, 1999）的修正，它描述了目标设定与目标奋斗阶段之间的联系是联接河道两侧的通路，代表着约定（commitment）。目标设定过程在约定之前。这些过程指的是个体将动机阶段转变为意图而行动的意识和前意识的尝试。在目标设定阶段，学生对目标、关注、期待以及承诺自己要履行的参与类型进行决断。他们可能在开始设定目标之前提出一些"什么、如何以及为什么"的问题，例如，"对我而言有什么在内？我怎么能把任务变得更有趣？这个技能为什么重要呢？"有证据表明，在进行学习活动时，当(a)他们认为活动有价值；(b)他们体验积极的经验状态，特别是愉快、刺激，胜任感及活动兴趣；还有(c)环境条件吸引他们的兴趣，对于即将完成的活动或任务来说，保持了足够长的时间，在上述几种情况下的学生会更容易让自己履行学习目标。

356 **动机调节策略**。有些研究者已经把动机调节策略描述为：学生自发使用或可学会使用的用来提高他们在目标设定阶段动机的策略。Sansone与合作者(如Sansone & Smith, 2000)阐述了各种学生可以通过动机调节策略有目的地增强兴趣，并在从事相对无趣但重要的活动时保持兴趣的方法。有一种动机策略称为**自我结果(self-consequating)**。这种动机策略指学生由于投入或缺乏投入而试图预料外部结果(Purdie & Hattie, 1996)。我们的合作课程(Partnership Program)的老师提出一个学生运用自我结果策略的例子。她的一个学生说，"我喜欢用我自己的词汇解释段落，以此作为一种记忆的策略，但你偏好写下你自己的问题理解并作出回答。我猜你将核对我们是否根据你的方法学习，所以我最好开始运用这种理解问题的技术。"证据表明，我们在不同年龄及不同文化的儿童中都发现有运用自我结果动机策略的学生。

第二种动机策略类型在文献中所描写的是环境控制(Xu, 2004)。这种动机策略指学生以某种对于完成任务来说更简便的、不被打扰的方式安排环境的技能(如，做作业之前关掉电视)。第三种动机调节策略类型是增加兴趣或价值(Boekaerts, 2002b; Sansone & Harackiewicz, 1996)。这指学生把所要完成的任务变得更愉快或情境上更有趣的能力。例如，学生在做功课时改变座位位置，在做数学作业时面向着门，在做语言作业时面对着带有学校旅行去英国时所拍英国地图的照片。

目标驱动过程。当学生抵达河的另一侧，他们的学习意图变得坚固，大脑的意志状态开始发挥作用。Gollwitzer(1999)把这个状态称为执行心理设定。当开始朝着目标过程奋斗时，关注的是执行目标的最佳方式，这意味着学生在动作中安排所必需的学习策略，他们要准备运用意志策略，以保护意图使其免受动作倾向的竞争。我将在本章的下一部分再回到学生在目标奋斗阶段所运用的意志策略。

小结

根据对动机自我调节文献的回顾，所能得到的主要结论是：学生基于他们感觉到的需要、价值以及长期的兴趣，自我调节他们自动化学习的动机；他们的自我调节是由他们较高级的目标所启动。相反，没有将价值赋予行动或对话题不感兴趣的学生，他们没有被激发起来去参与到学习活动中。这些学生有两种主要选择。第一种选择是有意把自己的认知、感受及行动看作目标，并把价值注入目前的学习任务。我简要描述了学生使用动机策略将价值注入学习任务之中，而且我所指的是他们在完成相对无趣但重要的活动时所使用的提高兴趣的策略。第二种选择是他们以与他们的价值、兴趣和需要相一致的方式改变学习情境。例如，他们可以询问老师他们是否可以重新设定作文，或者论文，将话题转变到他们更有兴趣的相关问题上。这两种选择都是非启动决策,因此就学生而言可能需要意识努力。

Bargh 与 Gollwitzer(1994)对有周密计划的自我调节努力和个体几乎没有思考和努力的自我调节作了明确的区分。譬如他们提出,完成一项学得很好的技能或本身有趣的活动,活动的开始及保持的过程都是在较低意识觉醒水平上发生的。在下一部分,我将关注意识努力在学习过程中的作用,强调自我调节的意志类型。

努力的自我调节

确实很稀奇,我们并没有综合性的努力调节理论可用在课堂中实施指导干预,尽管建立了良好的价值结构用以理解学生行为,并对可能产生的问题进行实践运用。努力的研究并不盛行,原因可能起源于少许几个因素。没有证据表明努力是一个认知结构,也没有常用的单位去衡量努力的缺失,而且我们的自我调节学习模型对努力研究的发展并不完善,因为只有在实时情况下,努力本身才得以揭示。

357

什么是努力?

要提出的第一个问题就是什么是努力。它是一种认知结构,或是一系列学习任务特性导致结果的涌现吗? 如果是后者,那出现努力的特性又是什么? 譬如,学生会只估计花在任务上的时间,还是他们也会考虑目前产生(不)正确反应的数量? 学生如何概念化不努力和努力的成就,他们所认为的努力工作是什么? 到目前而言,这些问题大多都有待解决。在我看来,研究者尚未采用潜在的努力去建立理论并加以实践。

与努力结构相关的定义、操作化及评估工具上还有不少问题。努力的定义多种多样,但都不能完整清楚说明文献中所采用的结构是如何不同,譬如(情绪的、认知的、行为类型的)参与、努力投入、努力分配、坚持(persistence)及坚定不移(perseverance),都与自我调节相关。举例来说, Fredricks 等(2004)在参阅学校投入的文献后,把努力定义为行为参与的一个方面。很显然,努力的定义应该与参与有关,但它的特性要以此方式操作化才能对更大的自我调节系统具有解释力。

发展心理学家 Bloom 与他的同事(如 Bloom & Beckwith, 1989; Bloom & Turner, 2001)认为,从发展的观点来看,参与和努力不同。他们解释道:参与提供动机(能量),对发展和努力具有指导作用,确保过程顺利进行。已经致力于学习活动的儿童可能——有意或无意地——通过对活动投入更多能量或时间来增加或减少参与的水平。投入多少能量的决策指努力的强度,投入多少时间的决策指努力的持续周期(坚持性)。Bloom 与 Turner 进一步解释,参与和努力是两种对立的原则,两者之间存在必要的张力。与 Kuhn(1977)提出的理论产生论相吻合,这些研究者们假设,一个领域内的发展的变化不仅是量化或累积的。例如,儿童并不能通过增加单词和句子,变得精通于理解或表达言语信息。

Bloom 与 Turner(2001)表明,很小的儿童(13 至 24 个月)就想谈论他们感兴趣的事。然而,学步期儿童通常发现他们并不能适应新经历,因为他们的言语技能尚未成熟。正因如此,他们采取情绪表达使他们的信息被人理解,比如用手指、叫喊、打击和哭闹。这些研究者表明语言获得的发展变化是在一系列过程中努力投入的结果,逐步完成一系列新的(使用句法)和老的(例如,儿童已可以表达哪个单词句及情绪表达)之间的张力过程。Bloom 的理论也可以解释 Thalia 的行为。她明白在短时间内获得独自上厕所的技能非常困难,但她已经准备好经历一系列压力来完成目标。Bloom 与 Turner(2001)的解释也能延伸包含在正规的学习情境下学习新技能的情形之中,对之我将在接下来的讨论中阐述。

在教育心理学中,研究者已经采用了多维的努力观。例如,Weinert、Schrader 与 Helmke(1989)区分了定性的努力和定量的努力, Salomon 与 Perkins(1989)区分了有意努力和无意努力。Weinert 等人区分了花费时间(数量上的努力)以及认知策略运用类型(性质上的努力),发现这些不同类型的努力对 10—12 岁学生的数学成绩有不同的影响。他们发现数学能力排名较高的学生(测量的是前测的成绩,或者研究之前数学能力的自我概念)花较高定性上的努力,这又反过来对他们 2 年后所测的数学成就具有积极作用。相反,在研究开始所测得较低数学能力排名的学生,他们使用更多定量上的努力,导致更多的焦虑,这反过来引起较低的数学成就。值得重视的是,所有的学生都付出了努力,但并非所有类型的努力都能产生学习的效果。

358

运用了什么评估工具?

第二个问题涉及用以测量定量和定性努力的评估工具的效度。研究者试图通过各种心理努力和加工负荷的指标测量量化的努力。有些研究者测量的是用以解决一个问题所需的反应数目和过程,其他研究者测量的是学生花在任务上的时间,还有些研究者利用生理测验评估所从事的心理活动(可参阅 Eisenberger, 1992 的评论)。Kahnman(1973)认为,在某一时刻点上投入的全部能量是有限的。相应地,有研究者提出以双任务或多任务的表现,相对于单任务表现而言,它们增加了加工负荷。在这个意义上,同时发生的这些活动要求注意,并接入了同一个资源库中,彼此竞争加工容量并可能相互干扰(Bloom & Turner, 2001; Case, 1992)。这解释了为什么低成就、缺乏知识或技能较少的学生通常体验到困难经历,并报告在任务中需要投入更高的努力水平。我随后会再回到这个话题。

我们用来测量学生在课堂中投入努力的工具有多可靠?大多数研究者使用自我报告工具。自由回答的自我报告测验让被试用自己的语言表示他们在某项任务、家庭作业或备考过程中的努力程度。研究者通过对反应的内容分析,量化了在统一的任务中学生所报告的努力水平。然而,有一问题使测量变得复杂,那就是研究所运用的叙述是学生以非特定的方式所报告的努力,因此难以比较他们报告的努力。设想一位老师或研究者在解释两名学生的叙述时的困惑:Sarah 说,"我花了整个周末准备考试,我彻底筋疲力尽。我真的需要休息。"Howard 说,"周末我学习非常努力,尽我全力理解所有的材料。"从这些学生报告中判断,他们每个人都投入了大量时间在备考上,但这些陈述一定说明了投入的努力量是高的吗?

Likert 式的自陈式问卷可能会给人留下这样的印象,即努力的评估问题很少。问卷包含一系列项目,要求被试反省努力的支出,随后在 4、5 或 7 级 Likert 量表上指出哪一个努力水平最适合他们投入在任务或活动中的能量知觉(如,"我投入没多少努力、一些努力、大量的努力和极大的努力")。大多数量表中提供的选择项都非常整齐,便于使用,并且很少心理测量式提问。然而,人们必须询问对每个被试而言选项的确切意思是什么。“没多少努力”意味着什么？是否真的比“一些努力”要少？在“一些努力”和“大量努力”之间的距离有多远？学生是否意识到他们投入努力的量？他们用来与他人交流努力投入水平的测度标准是什么？Kruger、Wirtz、Van Boven 与 Altermatt(2004)发现个体使用努力启发式来判断成绩的多少。学生似乎相信(所谓的)投入更多时间到他们的行为中,产出就会更好。这些研究者也发现学生知觉的努力对“品质”判断的影响,当结果不确定性越高时,影响就越大。

进一步使问题变得复杂的是：努力投入并不是线性过程。例如,Howard 与 Sarah 可能为自己设定了非常普通的学习目标,并在星期六早上相当自动化地分配了努力,但他们可能会进一步具体化目标,并会随着在周末的执行对努力的水平加以修正。Sarah 的叙述让我们知道,最初,她通过合理的努力得到一个“B”,她为此感到满意。考虑到学习材料所需的时间,反馈表明 Sarah 如果更尽力一些,同时做完所有布置的练习,她能轻松得到一个“A”。适宜的时间反馈促发了新的期望水平,致使 Sarah 增加一些努力,这些努力本来可能不会自然地投入。相反，Howard 开始就有“A”的期待,星期六学习相当刻苦,但到星期天灰心了,因为他意识到几乎不可能在星期一上午前看完所有的学习材料并做完所有的练习。

我认为,这些学生也许开始时就有一个具体的想法,他们将要投入多大的努力,根据某些任务或学习过程的特性,他们会改变努力的紧张度和过程。换句话说,在目标奋斗过程中很难捕获努力调节的动态量。我们所需要的测量工具是能够记录一段时间努力水平的变化。为此,我们需要建立一个特别的测度标准(Austin & Vancouver, 1996),学生可用来记录和报告他们在备考、目标追求、课程等不同阶段努力水平的变化。特别的测量可以在不同时间、学科问题上对个体内部进行比较,但不同个体间的比较仍有问题。今后对努力的研究应该强调努力自我调节的两个动态方面：努力最初是如何分配的,以及在目标奋斗阶段它是如何维持的。

359

目前关于学生努力的知识

在这一部分,我将概述目前学生努力的观念,并了解这些观点如何影响着努力的提高或降低。

学生的努力理论

发展心理学家已考察了学生努力的理论。例如,Dweck(2003)从她的纵向研究中得出结论：为了主动地、建构地参与到领域中并克服障碍,儿童需要具有一个连贯的信念网络,它是一个意义体系,他们可以对出现的新思想加以整合并将之注入动机价值中。越来越多的知识体系都认可这一观点。在学校教育的前几年,儿童似乎是根据孤立的知识片段去解释学习任务和活动的。不少研究者(如 Dweck, 1991, 1998;Nicholls, 1984;Paris, Byrnes & Alison, 2001)表明年幼儿童对什么是出色的学习,为达到出色需要做什么等都有不完整的观念。他们并不能区分能力和努力,认为只要付出努力,每个人都会表现良好。

Paris 等人(2001)阐明,儿童努力理论会在童年中期之后逐渐发展;他们摆脱不现实的观念,即坚持、良好学习习惯和优良品行就足以导致学业成功,而不考虑能力。到了 10 岁,儿童已经发展出关于自己能力的观念,并且开始理解能力是可以预测结果的内部品质(Stipek & Daniels, 1990)。同时,他们也开始意识到投入努力并不能弥补低能力。Dweck 与她的同事提供了一个有趣的发现:在上学后的头几年,儿童可能会意识到他们在任务中表现不好,而且一定比他们的同伴做得差。然而,这种消极的观念既不会降低兴趣,也不会导致回避行为,但在年长儿童中则会出现(Butler, 1992)。Dweck(2003)认为,为什么消极的经历不会系统地影响这一年龄群体的行为,其原因是他们出现的关于能力和努力的观念还没有整合到连贯的价值体系中,这样,也就不能获得一致的动机价值。

Dweck 与其同事(如 Cain & Dweck, 1995)也作出如下解释,在 10 至 12 岁,儿童似乎可以理解反映智力的渐进观或实体论的智力理论。一系列很好确立的研究将两个智力理论连接到目标的导向;智力的渐进观始终如一地连接到任务导向,而实体观连接到成绩导向(Pintrich, 2003)。Blackwell、Dweck 与 Trzesniewski(2002)发现,大约进入中年级(12 至 13 岁),儿童关于能力和努力的观点并入到围绕他们的智力理论的动机信念网络,开始展现出对他们所要达到目标和他们的学业行为的影响。Dweck(2003)根据对初中新生的纵向研究,概括出学生如何围绕他们的智力理论建立他们的动机意义系统的:那些围绕智力的渐进观已建立他们自己的意义系统的儿童关注的是进步和成就。他们把努力看作进步的工具,以及卷入和承担的标志。即使当他们的成就(仍然)较差时,或当老师对他们的表现给予消极的反馈时,这些儿童毫无问题会承认,他们投入了努力。他们把错误和挫折解释为一种符号,即需要更多时间(过程)和经历(强度)以提高成就;因此,在困难面前会坚持不懈,制定策略,并且必要时会寻求帮助(J. C. Turner & Meyer, 1999)。

努力的自我调节需要条件性知识

在我们自己的一项研究中(Boekaerts, Otten & Voeten, 2003),我们发现,学生所激活的努力和持有的能力信念会让他们放弃在一些领域里的自我控制,以便在其他领域更好地控制自己。我们询问初中新生,他们为三门常规课程——历史、数学及语文阅读期末考试备考的时间分别是多少,同时,也考察了他们对考试结果的归因过程。研究发现,学生很少采用“努力”解释在校所学科目的不及格,但他们把努力作为解释历史科目成功的主要因素(平均准备时间=120 分钟),结合数学的难度水平(平均准备时间=60 分钟),但一点也不涉及语文阅读(平均准备时间=10 分钟)。基于这些结果, Boekaerts 等人认为,学生愿意投入时间和努力获得新技能的意愿,很大程度上是由关于学科事件特定的任务需求,以及关于他们感知到满足这些需求的能力预先编码信息决定的。这一知识类似于我之前所探讨的元认知知识,同时也是在一个领域内为努力的自我调节所需的基本知识。

360

目前关于努力和坚持的研究逐渐明了,条件性知识(conditional knowledge)可以最好预测学生努力的自我调节。Kuhl 与 Kraska(1989)表示,小学生所具有的关于他们在追求目标过程中可能遇到障碍的知识,以及他们有效解决这些障碍方式的知识,可有效地预测他们努力的强度。类似地，Efklides、Papadaki、Papantoniou及Kiosseoglou(1999)报告，缺乏解释特定领域中失败的元认知知识的中学生，他们不能判断是否有必要投入更多的努力。这些研究者表示，按自己困难感受作出行动的学生，可更有效调节他们的行为。换句话说，了解有关不同任务需要什么努力，什么时候需要，这是学生对努力进行自我调节的条件。学生也需要意识到这些策略能有效提高或降低努力，并且他们也需要知道这些策略在什么样的情境中起作用的知识。在需要时有提高努力并在遇到分心和障碍时仍然保持努力的倾向就是指学生的意志力。意志是自我调节最关键的因素之一，它是我们下一部分的主题。

促进服务于学习目标的获得的意志策略

学习环境中的线索如何与学生感到需要提高和降低他们积极参与之间的相互作用，许多研究都已加以考察(如Connell, 1990; Skinner & Belmont, 1993)；有些研究者明确地关注于指导策略与任务特征如何促进或抑制参与及坚持。很明显的是，许多常见的教育实践实际上降低了学生对学业的内在兴趣(Corno & Randi, 1999; McCombs & Pope, 1994)。降低学生，尤其是差生感受到意义的教育行为涉及：过多关注评价和成绩、对学生进行标准的和相对的等级划分、引发学生间的竞争、公布学习成绩、留级(retention)，以及开除。Hickey与McCaslin(2001)认为，当内在的意义障碍消除并激活内在意义(sense making)时，学习的参与度会提高。多年来，研究形成让教师促进课堂中内在意义与坚持的建议。在我进一步探讨这些建议之前，我将尝试回答什么是意志策略的问题。

意志力的发展

意志策略是自我管理的部分，它们指的是坚持(persistence)、持之以恒(perseverance)、全力工作(buckling down to work)。Corno(1994)把这种策略定义为学生的一种倾向，它使他们保持对目标的关注和努力，即使有潜在的障碍存在。学生在课堂中何时需要意志策略呢？很多学生在着手完成任务或做家庭作业时体验到困难。他们也可能在完成任务时遇到障碍，比如遇到障碍或者受到竞争目标的干扰(如打电话、电视节目开始播出，或者街上的噪音)。Corno报告，那些好习惯可以帮助抵达目标，特别是当艰难任务必须被完成时，但意志薄弱的学生在执行她所谓的“好学习习惯”时体验到困难。她认为这些学生会从好的行为习惯的指导中获益。她列举了一些好的行为习惯，包括如何设定目标和子目标，如何将目标以优先顺序排列，如何组织自己的学习，如何制定一个时间表，如何坚持该时间表，如何决定各种任务所需的时间，以及如何监控时间消耗。

361

是否存在学生需要有意志策略的具体情境？Boekaerts(2002a)及Corno(2001)简述了一系列假设的情境，在这些情境中学生需要控制他们的学习环境。例如，在教室里有大量噪音的情境，或学生想要学习另一个任务或与他人一同学习的情境。还有一些情境，在这些情境里，学生表现出高度焦虑、生气、愤怒或挫折的情况，这些阻碍或许会干扰他们采取行动的意图。的确，有些学习情境可能是枯燥、乏味的，要求大量意志力付出以确保对任务的关注。还有一些学习情境相当复杂、费力，学生可能意识到他们将要遇到很多障碍，并且必须投入大量的努力才能完成任务。我将在稍后部分回到有关感受困难的现象体验的讨论。

也有大量的学习情境使学生所保持的正确意图面临问题,因为竞争的目标引起了他们的兴趣或关注。Hijzen、Boekaerts 与 Vedder(2004)描绘了如下的社会学习情境,在这种情境下,该群体中的学生表现出各种类型的低努力,譬如喜欢与同伴聊天而非一同学习、抄袭其他同学的功课、逃避会议,这些学生往往在遵循学习安排方面不太让人放心(参阅 Dowson & McInerney, 2001;Wentzel, 1991a, 1991b)。

教育心理学家和教师都提出一个类似的问题,那就是意志策略是否可以通过训练培养?Kuhl 与他的同事(Kuhl, 1985, 2000;Kuhl & Fuhrman, 1998;Kuhl & Kraska, 1989)使教育心理学家相信,它们是可以训练的。事实上,意志策略从童年早期就开始发展直至青春期。对于儿童来说,发展这些策略所需要的是逐渐提高对自己功能的认识,包括他们的认知、动机和情感功能。Kuhl 与 Kraska 阐明,社会化的实践会影响家庭、同伴群体和学校中的意志策略的发展。Xu(2004)强调,家长和教师支持、积极训练对儿童意志力发展的重要性。在学生发展他们的意志力时,教师该如何协助呢? Kuhl 与他的同事(参见 Kuhl, 2000)提出,训练意志策略的最佳方式是用"交互作用的合作关系",这包括配对个体共同学习,并对彼此在自我调节方面的努力做出积极的反应,重点应关注那些需要必要的努力才能解决其问题的目标。不少教育心理学家(Boekaerts, 1997, 1999;Boekaerts & Simons, 1995;Corno, 1994, 2001, 2004;Lemos, 2002;Perry, 1998;Xu, 2004;Xu & Corno, 1999)为教师提出了提高学生的意志策略的指导准则。我们给教师和家长的建议是: 设计一个意志策略,并与学生探讨它的有效性。在下一部分,我将进一步探讨促进努力的自我调节的情境因素。

阻碍或促进努力的自我调节的情境因素

Vygotsky(1978)阐述了成人是如何通过协助年幼儿童形成获得行动计划的心理图像以帮助儿童获取内部意义的(参见我所提出 Thalia 的例子)。Zimmerman(1998, 2000)报告了家长、同伴及教师模拟自我调节技能,并鼓励各年龄儿童模仿这些行为所能起到的积极效果。Zimmerman、Bandura 与 Martinez-Pons(1992)详细描述了当家长希望孩子获得一项新能力时,他们如何作为外显的和内隐的角色模型起作用。有充足的证据表明,观察学习对儿童和青少年的学习具有积极的作用,同时当任务被证明是困难时,也对他们的坚持性具有积极的作用。我们观察到,那些坚持进行困难任务的青少年,同伴榜样的作用让他们表现出自我效能的提高,对类似的任务坚持得更久,并改善了他们的问题解决技能(Martinez-Pons, 1996;Schunk & Zimmerman, 1998)。

学生需要获得环境线索

越来越多的研究者建议,教师与他们的学生在学习层面(work floor)上相互作用,让学生去监控他们的行为,并反省他们在学习时自我调节努力的尝试。Boekaerts(2002b)、Boekaerts 与 Simons(1995)认为教师所能给予学生的是关于建立有关努力强度和过程的条件性知识的监控指导,以及当任务变得枯燥艰难时,使维持努力变得有效的监控指导,它们对于完成不同类型的任务是非常必要的。这样的监控指导以及对所采用的意志策略的记录，将使学生意识到适宜的意志策略的情境，并知道自己是否必须维持努力或停止努力的环境线索。思考下面的内容： 362

案　例

Anne Marie 16 岁，她想当一名语言教师。她充分意识到：要掌握一门外语并达到母语水平需要花费努力。她在自我调节方面的尝试使母亲获知，她乐于付出所有努力，以达到习得一门语言的目标。例如，当她母亲问她还有多久可以完成功课，她回答："我要继续练习，直到我毫无错误地读这篇法语课文。首先，我将挑出所有困难的单词，并加以练习。然后，我将把它们在文中标注出来，这样我在朗读的时候就可以一下子看到了。"

这个例子表明，Anna Marie 给自己设定了一个目的和目标对象。这些目的让她根据自己之前特别制定的脚本，收集并更新相关的线索。Oettingen、Honig 及 Gollwitzer(2000)与 Corno(2004)表示，当这些脚本建立了牢固的地位，迫使学生在行动中采用，这样就很容易在使用时激活，因此能作为条件性知识起作用。

应对分心的脚本

Corno(1994)强调环境线索，尤其是分心(distracters)，在诱发意志策略使用中的关键作用。她建议教师让学生总结在学习中可能遇到的一系列分心物，根据哪里、何时会出现进行归类。她进一步建议教师调查学生如何应对这些分心物，比较他们采用的意志策略，并让学生估计他们能否很好解决。这个过程让教师对全班学生所标记的"有效"和"无效"意志策略进行探讨，并让学生解释为什么他们认为这些策略在应对具体分心上是(无)有效的。例如，Anne Marie 告诉全班，她在图书馆成功应对了一个分心物。她说："在图书馆，其他学生催促我抓紧时间好腾出电脑，这给我带来了压力，我意识到难以找到论文所需的资源材料，这时我告诉他们，如果他们继续不断打扰我，我只能让他们等得更久。他们采纳了我的提示并出去喝咖啡了。"当角色扮演这些策略时，学生们甚至可能有效地模仿应对这些分心物的方式。作为 Anne Marie 陈述的后续影响，他们可能是让学生知道不要威逼他们的同伴的有效的操作方式。

在我自己对学生职业教育的干预课程中，我发现那些让学生定期记录下有效的意志策略的老师，创造了一个学生乐于探讨自己在课堂中功能的课堂环境。有一个教师甚至让学生把有效的意志策略写在海报上，用看得到的线索进行阐释。装饰精美的海报被贴在教室的墙上，学生乐于继续增添新的意志策略。教师不定时地请学生对海报进行探讨，指出一个或多个使他们自己在情境中顺利度过的意志策略。这样，老师运用海报上展示的信息，训练了学生建立起他们在具体情境中有效的意志策略类型的条件性知识。一段时间后，学生把海报称为"Tommy"，当有人表示在困难情境中不知道该怎么做时，他们就会自然地推荐同伴"问问 Tommy"。

情境因素与自我调节如何相互作用?

目前为不同年龄的学生设置了不少干预项目,并已报告了可喜的成就。我并不想探讨这些进行中的干预项目。有兴趣的读者可参阅 Boekaerts 与 Corno(2005),以及在《教师学院记录中的特殊问题》(*a special issue of Teacher College Record*)中关于意志策略的特刊。这里我想提醒读者关注另一群研究者,他们开始运用广泛的记录技术详细研究(a) 不同年龄群体的学生真正用来完成他们学习目标的自我调节策略,以及(b) 情境因素与学生自我调节的尝试如何相互作用(如,Perry & Vandekamp, 2000;Stipek et al., 1998;J. C. Turner & Meyer, 1999)。这群研究者使用的记录技术包括观察、访谈、刺激回忆、记录学生学习时的动机策略、自我报告、心理事件的痕迹与过程,以及记日记。

363

课堂环境的方方面面似乎都有助于自我调节技能的出现,譬如儿童必须完成的任务类型,他们是否具有选择,提供指导的类型,学生与老师互动的质量,以及所运用任务和评估程序的类型。Perry 与她同事(Perry, 1998; Perry, Vandekamp, Mercer, & Nordby, 2002)的一项相关研究表明,对二、三年级的学生来说,如果老师运用活动进行中的(ongoing)评估,激励他们取得进步而不对他们自我效能感产生威胁,这样学生就会建构性地参与到复杂的写作活动中。所有与训练他们自我调节技能老师一起学习的学生都表现出高自我调节,他们试图独立并灵活地管理写作过程的各个方面。这些学生以产生式的方式监控他们的写作过程,并对行为进行自我评估。有趣的是,当这些学生遇到障碍时,他们会向同伴及老师搜寻社会支持,显然,甚至在这些课堂中低成就的学生,也对学习表现出了高度自我效能感,并且不回避挑战性的任务。

而传统教育体系中的二、三年级学生则表现出不同的行为:他们回避挑战性的任务,并且依赖教师的反馈和评估。事实上,这些学生表现出不同形式的自下而上的自我调节,包括隐瞒他们的工作,降低努力,避免不同的外部调节类型,并且拖沓行事。我们从这些以及促进学生意志策略的有效方式的相关研究中学到了什么?在这些研究中使用的各种不同记录技巧,让研究者查明哪些指导技巧可促进内部意义的产生和自上而下的自我调节,与此相比,哪些指导性技术激发了不同类型的自下而上自我调节,阻止了努力的自我调节。这些信息具有理论上和实践上的重要性,可被用来设计干预项目,帮助教师促进学生中的动机和努力的自我调节。

在前面几页,我集中探讨了当学生遇到使他们的注意偏离当前任务的分心物时,他们所需要的意志策略。我同时也探讨了一些教师可能使用的,帮助学生认真学习的技术。还有另一种要求努力的自我调节的情境类型,即学生在通向目标时遇到障碍的学习情境。这些情境为下面所关注的焦点。

解释感到困难的现象体验

为什么有些学生能成功克服障碍和困难,确保学业目标的达成,而有些学生却不能?也许学生意志控制最大的障碍之一是:当他们在通向目标过程中遇到障碍时,不能轻松地获得意志策略。这些学生需要外部调节,需要大量的辅助支架来完成任务,主要由于他们并不清楚如何应对“感到困难”的现象体验。在追求目标过程中体验到困难的感受可能意味着一些问题。它可能只是意味着学生遇到有些他们并没有预期到的障碍，他们需要寻找避开障碍的方法；也可能暗含他们认识到自己没有迅速避开障碍的认知和元认知策略，这种认识引起了担心、低期待及自我怀疑（也可参见 Covington, 2004）。我的观点是，在目标途中的障碍及所伴随的困难行动感受对某些学生起信号的作用，即暂时需要更多的努力去自我调节学习过程（也可参见 Zimmerman, 2000）。对另一些学生，困难的感受可能引起消极情绪，因此迫使学生去改变他们的任务的评价，和涉及任务的自我的评价。

我在其他文献中（如 Boekaerts, 1999）也提出当学生遇到障碍时想要提高努力的强度和时程，他们就有机会仍处于成长路径上。相反，当遇到障碍挫折时那些体验到消极情绪的学生则可能有过早得出结论的倾向，他们不能主动地从舒适路径调整到成长路径，因为他们的现象体验抑制他们以有效的方式处理障碍。他们可能暂时、可能永久地不参与活动，想要迅速关注即时的、紧迫的需要以恢复他们的幸福感。这些学生可能随后回到任务上，但以更小的方式（如，按比例缩小）对完成任务或活动所需的努力重新定义，在图 9.1 可以看到，那条连接成长路径和舒适路径的虚线（标志 1），跟学生返回成长路径（标志 2）的那条线是相连的。

364

很清楚，当学生遇到障碍、挫折、失败、策略无效的体验时，洞察他们的认知和情感，对于帮助他们自我调节目前的努力是必要的。当个体在追求目标过程中体验到困难的感受时，一些研究者对此时确实发生的情形进行描述（如 P. A. Alexander, Graham, & Harris, 1998; Carver & Scheier, 1981, 1998, 2000; Efklides et al., 1999; Winne, 1995）。这些解释粗略地可分为情感控制观点以及元认知导向观点。我将依次探讨。

困难体验：低自信及怀疑

两位社会心理学家 Carver 与 Scheier(1981)提出理论：努力既可反映目标的存在，也能反映个体相对于标准来说如何去做的意识。例如，Anne Marie 告诉她母亲，她会继续练习直到她能毫无瑕疵地朗读课文。因此，她为自己设立了一个高标准，表明她具有清晰的目标与期望，同时具有达到目标的现成脚本。正如之前所探讨的，期望对动机具有深刻影响，无论资源是什么。个体产生对学习行动结果的期望，这些期望（自信或怀疑）影响着他们准备投入的努力。较之过去的成功经验，那些以前在类似领域里体验过的挫折，可能会时常干扰努力过程。这个评价可能更大程度依赖他们先前与活动相关的学习史，依赖他们关于为什么这些障碍会出现的知识，也依赖他们克服困难所可能需要的额外资源的预期。

Carver 与 Scheier(1998)表明大学生只要恰当地预期成功的结构，他们就会投入并不断加强努力。如果怀疑感非常强烈，那个体会倾向于放弃进一步的努力，甚至放弃目标本身。不参与的形式可能有明显或隐藏的回避行为。明显的回避行为例子是各种类型的放弃，如逃避情境、旷课、重新设定自己的行为。隐藏的回避行为，比如做白日梦、痴心妄想、否认目标的重要性。注意：我之前把这些标记为情绪导向性的应对，或自下而上的自我调节的例子。

Wrosch、Scheier、Carver 与 Schultz(2003)的观点是：不参与让个体放弃的不仅是努力，而且还有对不可能达到的目标的投入。他们表明不参与对舒适感是有益的，而且如果人们参与到其他有意义的活动中，它也是最具适应性的。Carver 与 Scheier(1998)描绘的"量力而行的退步"(scaling back)现象和 Howard 所举的例子，都是部分不参与的一种形式。当量力而行的退步产生时，学生事实上已放弃了最初的目标(如，得到一个 A)同时以一个更能掌控的目标代替。"量力而行的退步"是一种以有意义方式在情境中保持的方式，即使相比最初的计划，这种方式也是要求更少。"量力而行的退步"学生知觉到对重要目标的进步，体验到积极情感和自信，这是达到努力的两大要素。

这里有个有趣的问题：是什么让个体认为投入更多努力(坚持)也是无效的，此时他们需要降低努力、拖沓或放弃？不少研究者谈到了一个时间点，在这个点上个体认为努力是毫无收获的，并停止尝试。他们把这种努力投入和放弃之间的中断概念化为在困难水平上知觉到的转移(如 Efklides et al., 1999)，或作为知觉到的控制丧失(Schwarzer, Jerusalem, & Stiksrud, 1984)。根据他们自己的研究观点，Carver 与 Scheier(2000)重新把中断的时间点概念化理解为中断的区域。这个区域标志着任务的范围，在这个范围内，任务要求与个体表现的极限是接近的。在这个区域里，在观察到的参与努力类型上有更多的形式。Carver 与 Scheier 假定人们可能从两种不同的方向进入这个区域，导致不同的预测。个体一开始很自信，但在他们通向目标的途中会遇到很多障碍，他们会继续投入努力，即使是在情境线索暗示越来越少，自信基础也越来越少的情况下。相反，当个体从低自信的方向进入中断的区域，但知觉到环境线索表示出与第一种情况相反的情况，这样的个体甚至当情境线索暗示越来越多的自信基础时，仍然会投入很少的努力。值得注意的是，Thalia 是从高自信方向进入到中断区域，她会持续投入努力，甚至当她遇到障碍时(如，当她失去平衡时)。

365

困难体验：繁重的加工需要

学生在有困难感受时体验到了什么，Winne(1995)对此提出了元认知导向的观点。他解释道，在某一领域还是新手的学生比有能力的学习者相对错误更多，主要因为新获得的知识尚未程序化。例如在数学中，当学生在单词问题中侦察关键词有困难时，他们会退而研究数字，以及数学题究竟要他们运用什么类型的运算等问题。通常对这些学生的要求是他们必须监控防止发生错误的线索。然而，与新的领域相关的监控过程也许还未自动化，这意味着监控过程会大大耗费学生有限的注意资源及工作记忆容量。两位社会心理学家 Kanfer 与 Ackerman(1989)，巧妙地阐明执行程序化的技能与执行以陈述性编码的方式串联在一起的命题的复杂通路相比，只需较少认知资源。他们解释道，一旦从陈述性知识到程序性技能的转变已经发生(这在他们的实验中大约在第七次尝试后完成)个体就能将他们的认知资源从学习过程本身(如程序化新的技能)转变到学习过程的调节。

这些以及类似的实验表明，新手的表现被增加的加工要求所干扰，仅仅是因为新手有一个零碎的、整合不良的知识领域，还不能自动引领执行多个子进程。P. A. Alexander 等人

(1998)对该问题有清楚的阐释。他们描述在领域中专家发展的多重阶段,并报告不同类型及不同教育水平的学生经历三个连续的技能发展阶段:顺应、竞争及专家/精通。在顺应阶段,个体有很大局限,领域知识相当零散,他们主要运用肤浅的信息加工。在竞争阶段,学生的领域知识变得更为连贯,而且他们开始建立有关在任务执行中可能发生障碍的知识,以及关于各种应对障碍方式的知识(元认知或条件性知识)。在精通阶段,个体对领域表现出个人兴趣,获得丰富的原则性知识基础,在这种基础中储存了大量完善的(元)认知策略,同时也储存了关于情境的元认知知识,在这些情境中,这些策略是有效的。目前已有大量关于专家如何在领域内,通过选择、合并及协调认知和元认知策略,用他们口头和书面目标的功能方式以及知觉到情境线索、自我调节所获得的新知识的信息(如 P. A. Alexander, 2003; Pressley, 1995)。Zimmerman(1998)列举了不同学科中的专家(即学生、作家、运动员、音乐家)在执著于个人领域中时的意志策略。Cziksentmihalyi(1990)描绘了精通学习者全神贯注倾力参与任务的状态。正像专家一样,精通学习者体验到顺畅的感觉,其特点是伴有积极的情感,且完全沉迷于其中的感受。这种长期的不受时间影响的体验或许可以解释为什么专家学习者有毫不费力的行为回忆(如,尽管有高品质的深层加工,但他们仍会报告低努力)。

与这些专家相反,新手虽然结果不佳,但依然可能有努力工作的回忆。Alexander、Graham 与 Harris(1998)将竭尽努力的加工者(effortful processors)描绘为在开始几年的学校学习中表现非常好的学生,部分原因是由于他们以目标为导向,准备着付出较高策略水平的努力去追求让人理解并值得称赞的表现,即使他们对遇到的话题了解的知识有限,或者遇到了障碍,他们同样会付出较高水平的努力。只要老师能提供大量的支架,这些学生就能意识到他们需要将很多努力投入到学业中,也愿意这么做。然而,努力加工者似乎在建立丰富和连贯的知识基础方面存在困难,只有在这个基础中,关于领域的陈述性、程序性及条件知识能很好整合。他们也缺乏监控他们努力投入的标准。这就提出了下面的问题:什么时候,以及为什么学生愿意在学业中投入努力?

366

促进学生将努力投入到学业中的意愿

在前三部分,我已经对有关动机、兴趣和努力的自我调节的一些文献进行了回顾。从这些回顾中,可以很明显地看出,学生的努力理论,尤其他们具有的关于可能在任务、活动中出现的分心物和障碍的类型的知识,以及如何应对这些分心物和障碍的知识,这些对学习和自我调节过程的进步来说是至关重要的。根据文献中提供的观点,我形成了自己的课堂中努力自我调节的操作定义。它指的是,个体根据自己的动机意义体系,以及对要求与能力之比的知觉,在面对一个学习目标的成就时,能持续一段时间地保持心理强度以及身体能量。根据我的思考方式,努力的自我调节指学生:

- 意识到在他们当前的目标状态和期望的目标状态之间存在差异
- 愿意承担一系列压力以达到期望的结果

- 愿意接受有分心物和障碍打断他们的行动计划
- 愿意对分心和策略失败进行思考，并且对知觉到障碍和由它们引发的情绪的可能处理方式进行思考
- 愿意从他们的那些策略的全部技能中作出选择，确保在当前情境中能力发展方面的进步

这些操作定义说明了当前对努力的自我调节的认识。它让研究者和教师可集中于努力的自我调节的具体方面。接下来，我提供一个我自己研究项目中的实例，说明我们在前面部分所提的一些问题。我所报告的研究说明，想要测量和解释课堂中的努力有多难。我想要表明，关于努力的自我调节的理论是如何运用于实践，同时实践又如何反作用于理论的。

课堂中的加工要求有多费力？

Payne 及同事(Payne, Bettman, Coupey & Johnson, 1992)给决策过程中所包含的努力下定义，认为这是一种需要得到正确决定的心理操作，包括阅读、分析及作比较。决策者必须投入的努力被看作是“代价”，他或她反应的准确性被看作是决策过程的“利益”。这些研究者主张个体灵活调整过程模型以期在决策过程中利益最大化和代价最小化。代价—利益权衡可以解释决策文献中的很多结果，同时也可以为压力研究、工业心理学及教育心理学寻找到一些研究途径(如，Eisenberger, 1992)。

在教育心理学中，有些研究者试图对心理运算以及不同学习任务中所涉及的加工负荷下定义并操作化。例如，Entwistle(1988)将课文加工策略分为两种主要类型：表面水平加工和深度加工。他表示如果学生在课文中主导的信息加工方式是阅读、跳过不熟悉单词，再阅读，并且记忆，那么这些学生就是运用浅度加工模式；而学生如果通过结构化信息阅读，并且辩证地将文中表达的思想和观点与自己的经历相关联来补充、丰富这些加工活动，则他们使用了深度加工模式。Entwistle 假定深度加工比表面水平加工需要更多心理努力。

在我们的一项研究中，我们借用了 Payne 与他同事的代价—利益建构的思想，以及 Entwistle 与他同事对表面水平和深度水平加工所做的区分。我们为自己设定的问题是：学生是否能灵活地调整他们的加工策略，以便在学习过程中使利益最大化、代价最小化？接下来我将简述这项研究，并说明在这些已有的结果之上得出的可用于实践的竞争性结论。

运用深层加工策略的训练

367

在为期 6 个月的训练项目中，教师向职业学校学生(15 至 18 岁)解释了深层加工策略对课文理解的帮助，训练他们通过结构化信息阅读，辩证地将文中表达的思想和观点与自身经历相联来扩大加工活动(参阅 Boekaerts & Minnaert, 2003; Rozendaal, Minnaert, & Boekaerts, 2003)。我们的假设是：在这种训练项目之后，学习动机高的学生将更多报告深层加工策略，较少使用表层加工策略；动机较低的学生将持续运用表面水平策略。此外，我

们还预测焦虑(以行为及考试焦虑进行操作化)能提高表面水平加工的运用,降低深层水平加工。我们证实了焦虑假设,而动机与两种加工水平都有正向联系。我们也从这些数据中发现,表面及深层水平加工并不像某些文献中所认为的那样,是连续体的两端,而是两种独特的加工模式。对与学生、教师访谈收集来的数据加以分析后我们发现,有些学生运用两种加工模式,有些只依赖一个主导模式,而且仍然有人两种加工模式都很弱。从这个意义的数据分析中,我们回顾了初级阶段并提出: 除非学生能轻易获得两种加工模式,否则他们就不能灵活地选择认知策略;也就是说,他们必须要选择自己运用的策略。

类似地,Rozendaal 等人(2003)将收集的有限数据区分为四组: 主要运用表层加工的学生(SLP; 10%),深层加工的学生(DLP; 20%),既运用 DLP 又运用 SLP 的学生(50%),以及两者都不用的学生(10%)。接下来,我们便能估计每一组学生的动机、焦虑,以及两种加工模式之间的关系。我们发现动机和焦虑对每一组加工模式都有不同的效应。动机较强的学生倾向利用他们偏好的加工模式,而焦虑则与运用深层策略有相反关系。这是否意味着: 当焦虑的学生知觉到学习任务(环境)可以唤起焦虑时,他们把更多自信放在他们优先选择的加工策略上,或者可以说,他们倾向于避开使用"要求更高"的深层加工策略? 通过对学生与教师的观察并访问,表明焦虑、缺乏自信在加工模式的选择中具有关键作用。然而,学生在一段时期训练后回归到表层加工,这种现象也可有其他的解释。事实上,不少理论观点在这一问题上都有一些说法,接下来我将简述一些关于学生努力自我调节可验证的假设。

对预期的利益愿意付出代价吗?

在我们研究的所有学生中,无论他们运用的是深层还是表层加工策略,还是两者的结合运用,他们都对努力进行了自我调节,运用他们自己的努力理论。认识到这一点很重要。为了给项目中的教师如何训练学生努力的自我调节提供建议,有必要了解潜在的机制,尤其是那些没有始终如一地使用新策略的群体中的潜在机制。当代理论学家对努力增减的潜在机制是如何阐释的?

愿意担负一系列压力

发展心理学家 Carol Dweck(2003)对这个问题有清晰的阐述。她与同事让 3 岁半至 5 岁的儿童不断地去选择问题,这些问题是儿童以前已经解决的或是新的。37%的儿童选择重做他们已经成功解决的问题。他们给研究者的主要理由是,他们喜欢做这些难题。相反,选择做新的难题的儿童说,他们想看看自己是否能做更难的。有趣的是,相比选择继续做他们已完成难题的儿童,选择做新的难题的儿童对他们自己以及难题解决技能持有更少的消极观点,而且差异是显著的。很容易想象,对于这些儿童来说,熟悉的活动产生较少不确定感和较低代价的印象。

与 Bloom 和 Turner(2001)语言获得发展变化的模型一致,我认为选择熟悉难题的儿童在旧的(如,他们已经能解决的难题)和新的之间,不会投入努力去体验、担负一系列压力。根据 Dweck 和 Bloom 的结论,我认为获得深层加工策略的驱动力导致了必要的压力,这种压力存在于学生目前参与的经历(如运用表层加工)和他们知觉努力之间,这些努力是掌握策略,同时是对深层加工策略感到舒适所必要的。只有部分学生会在学习时产生必要的压力,他们往往能意识到老师让他们协调尚不能自己协调,但与任务相关的经历。换句话说,进一步研究可以验证假设:只有学生真正相信,对课文加工采取深层加工策略,而不能用已有熟悉的策略(如表层加工策略)以达到相同的结果,同时,他们准备为掌握新的技能承担一系列压力,并容忍其中产生的焦虑(即耗费代价),这样的话,学生才会愿意投入学习的努力。

双层加工自我调节模型详细描述了消极情绪(譬如焦虑)在自我调节过程中的角色。虚弱的思想改变任务及自我评价,伴随着消极的情感对任务和活动产生内部情境。我前面已有解释,将消极情感灌输到任务评估中,改变了学生对任务的知觉,引发自下而上的自我调节,可能会阻碍或削弱所有类型的意志控制,致使他们仍处在成长路上。Kuhl(2000)描述了在遇到障碍时倾向于体验到消极情感的个体,他们典型的处理方式是,长时缠绕于预期的困难中。他们的加工容量,被施用于诸如这样的问题上:“如果我没能及时读完课文会怎么样?”或者“如果有太多我不认识的单词会怎么样?”从而导致过度消耗。Boekaerts 与 Corno(2005)主张,学生将这些怀疑阻断,并将引发他们的消极情绪阻断(如把这些灯变红)的技能将有助于他们从舒适路径更改到成长路径。

“不自信感”状态替换成“自信感”状态

对在职业学校中我们所观察到现象的第二种解释与 Carver 与 Scheier(1998)所提出的关于任务的“自信感”的现象体验有关。这些研究者回忆,观察到的努力在中断的区域中其模式具有巨大的变异,即在这些任务范围中,任务要求接近个体表现的极限。坚持表层加工的学生,无论他们得到什么训练,他们都可能从低自信一端进入这一区域。这暗示他们将会继续运用很少努力,甚至当他们知觉到环境线索表明任务并非很难时依然如此。Carver 与 Scheier(1998)提出的“量力而行的退步”现象也可以在此应用。如果用一个更为可控的目标(如使用更为熟悉的表层策略)同时进行替换,依靠表层加工的学生可能已经放弃了最初的目标(如使用深层加工策略处理课文)。

正如之前所论断的,“量力而行的退步”是一种让人以有意义的方式继续停留在情境中的方式,即使是以一种比原先计划更小的方法。一直使用熟悉的表层策略的学生,知觉到朝向重要目标的进步并体验到积极的情感和自信,这是两个动机自我调节的重要因素。在他们看来,到达这个积极现象状态可能比教师所提到的所谓的加工利益具有更大的利益。

新手主要依赖表层加工以扩展他们领域的知识

对观察到的现象的第三种解释是:学生认为任务太费力。正如之前所说的,有不同的信息流出现在学生的工作记忆中。一方面,会有关于他们正在进行的学习过程性质和输出的信息。例如,学生可能认为,“我不理解我在读什么。这个新标题是什么意思?”另一方面,也有关于正在进行的学习过程的自我调节的不同方面的信息,包括关于监控过程的信息(如,“有这么多新单词,我不知道我是否需要查辞典,还是继续读下去,看看能否不请教辞典就通过上下文获得意思”,或者“我们要将内容与个人经历联系起来。但我对课文一无所知”)。还有关于工作记忆中动机的自我调节的信息(如,“我觉得这篇课文对我来说太难读了,也很无聊,我不想继续下去了。为什么我要做这个呢?”)。

在读课文时,所有这些为何、在哪、怎样、何时等问题都会消耗学生有限的加工容量。他们在加工课文、命名、阅读、再阅读、跳过生词、复述以及记忆过程中,对过载信息作出反应,跳回到他们通常的做法。P. A. Alexander 等人(1998)关于专家发展的阶段模型预测:只有那些在胜任或精通阶段的学生才会始终如一地使用深层加工策略。这些研究者表明,那些仍处在适应阶段(acclimation stage)的学生,依赖于表层加工策略而非深层加工策略去扩展他们的知识基础,这样知识会更加连贯。我们研究样本中大多重新回到 SLP 的学生本可能存在局限,对所读的课文内容只有零散的知识,在这种情况下,深层策略优于表面策略。这种背景知识的缺乏可能将他们归为新手的类别,半自动化地归类预示着他们利用 SLP 而不是 DLP(P. A. Alexander et al., 1998)。换句话说,考虑到他们目前的能力水平,我们对这些学生的期待是没有保证的。我将再提出另一个对课堂低努力的解释,前面也曾提到过,我将之称为由于冲突目标的努力最小化。

由于目标冲突而努力最小化

Corno(2004)解释,长时间在不利课堂条件下学习的学生可能会表现出不利于学习的学习习惯。我之前把这现象称为由于知觉到不合标准的学习条件而产生的低努力。我用 Nolen(2003)最近的研究作为这个原则的解释。我认为有必要区分由于不合标准的条件导致的努力降低和由于冲突目标导致的努力降低。我喜欢以"努力最小化"表示后一现象。

之前提到过,现在学生在头脑中远远不止是功课、测验和考试的想法。教师布置的任务需要同其他任务竞争有限的资源,譬如运动、跳舞、和朋友外出、上网。准备并参与学校规定的活动被学生安排在满满当当的日程之中,他们要为学校布置的任务投入所需的努力。值得注意的是,西方教师抱怨学生对学业投入太少努力,学生抱怨教师没发现他们过重的课业负担。为什么有这些冲突观点呢? 我认为,教师是根据家庭作业任务对学校内和学校外的未来成就的功用性(instrumentality)来评估家庭作业任务的利益和代价的。换句话说,教师和研究者的长期观点,通常与学生短期的观点形成鲜明对照。

Leiden(Du Bois-Reymond & Metselaar, 2001)实施的一项研究,描述了"精明的学生"(calculating student)现象。这些研究者发现学生想要从目前的体系中获得最多(证书),同时也想付出最少的努力,以获得"愉快的"学校时光。如果他们算计良好的话,他们可以两者兼顾。他们意识到,如果他们错误地估计了他们必须投入的资源(注意、时间及努力),他们必须为之付出代价。在这一重要问题上,他们的同伴群体,甚至父母会向他们提供信息,给予帮助、支持。一方面,学生生活在不能对之产生影响、没有享受自由的学校体系中,另一方面,他们又可以在课后得到解放。为了保持这两者平衡,他们通过使用现代媒体(手机、电子邮件、传真及互联网)来分配资源,用他们的社会网络来分享学业负担,彼此减少在功课中的消耗和测验与考试准备中的时间。他们同样也会交换在与某些老师商谈时,对这些老师能起效的重要策略信息。Du Bois-Reymond 和 Metselaar(2001)强调,现代学生意识到他们个人及社会资产(如,他们的社会地位、他们父母的影响、他们的能力和能量、他们赚钱支付他们消费需要的技能),同时,他们会与老师协商有关完成功课、通过考试需要投入多大的努力(参加 Boekaerts, 2003a 的进一步探讨)。

这里，我们描述的工作风格是否是由于非理想条件(suboptimal conditions)而导致的努力下降的例子呢？如果是这样的话，它是否依赖于相同的基本原则呢？我并不认为如此。我推测在精明学生中观察到的努力下降并非由于缺乏价值观及任务的兴趣，或是知觉到较高的能力—要求比率，而是这类努力调节依靠通过同伴群体的影响而影响学生行为的社会因素(Rydell Altermatt & Pomerantz, 2003)。Elliott与Hufton(2002)捍卫了这个观点，社会的改变对学生在工作量和工作负担上的知觉有着强有力的影响。例如，当在学校中，学生通过兼职工作偿付消费品需求变得普及时，学生对努力工作的概念可能会发生改变(Steinberg & Sanford, 1991)。

370

小结

我在这部分想要解释的是，基于我们的研究结果，可以为实践提出不同的结论。由于与课文加工相关的心理负荷结构的概念化不清晰，学生努力的自我调节评估也并不充分，同时完全忽视了在一个领域中能力发展的不同阶段，我们难以识别出在我们的一些研究中，在一段训练时期后观察到的部分学生回到表层加工策略的潜在机制。然而我们知道，现代的理论家都对此现象有大量的说法。关于学生为什么不去利用新获得的加工策略，目前我们有了更好的看法。一个原因是，他们判断这些策略是“有帮助的”，但由于使用策略代价过高而得不偿失。另一个原因是，他们并不希望付出额外的代价。我们跟教师、同行共同努力得出的研究结果，使我们能将努力在自我调节体系中的位置形成概念化，并且提出新的假设。

努力在自我调节过程中的位置在哪里？

之前我已在我的双过程模型中作出了解释，区分了两个平行路径。自上而下加工激活了成长路径中的活动，而自下而上过程激活的是舒适路径中的活动。在之前的探讨中我提出了几点看法：容易获得意志策略的学生以及准备使用意志策略的学生可能停留在掌握路径，可能会主动从舒适路径转换到成长路径。在这一点上我认为，控制努力水平变化的背后机制与意志驱动自我调节相符。更具体而言，我将意志策略概念化为成长路径到舒适路径之间的转变途径。是否有证据表明学生有意识或无意识的决定增减学习过程中的努力处在自我调节系统的意志策略水平上？

学生的报告证实了使用意志策略停留在成长路径或偏离舒适路径会付出代价的。学生会认为意志驱动自我调节来支持自上而下自我调节是需要努力的。类似地，他们报告，情绪的恢复和重新将注意力定位于学习任务上也同样需要努力。J. E. Turner与Schallert(2001)提出解释，那些处在舒适路径中的学生，如果他们将目标(重新)评估为工具性的，并利用意志策略避免反复念及(失败后的)羞耻和管理资源，那么他们会转到成长路径。在Baumeister与其同事所报告的社会心理学的最近研究中，也有初步的证据。Baumeister(2003)解释，使用意志力抵抗诱惑或控制情绪的反应是以他们需要储存的能量为代价的。他们让被试完成事实上是无法解决的几何难题，然后测量参与者花在难题上的时间。然而，在难题开始之前，这些没有吃饭的被试，受到刚烘焙的饼干和巧克力的诱惑。研究者告诉其中一半被试，要抵抗诱惑，可以吃替代使用的萝卜。有趣的是，那些抵抗食品诱惑的被试与那些没有受到诱惑的被试，或者被允许食用糖果的被试相比，倾向于更快地放弃难题。抵抗诱惑需要努力，似乎与坚持在任务上所需的努力相互作用。在第二个实验中出现类似模式，要求个体聚焦于他们的情绪反应，让他们观看一部令人心烦的电影，要求他们情绪既不要压制，也不必放大。Baumeister 与 Eppes(2005)发现，那些必须聚焦于他们的情绪控制的被试，与那些不必控制情绪的被试相比，在相继的手柄挤压任务中更倾向于放弃。这些研究者认为，抵抗诱惑或控制情绪所需的自我调节策略，会干扰主动参与及对任务的坚持(即，努力的自我调节)，除非所消耗的能量已经恢复。

很明显，这些结果需要被带到课堂中。研究者需探究当学生从情绪中恢复过来，并发现他们很难将注意重新定向于学习过程时，他们使用的是什么意志策略。

动机及努力自我调节的文化差异

371

在 20 世纪七八十年代，投入任务的努力被认为类似于任务的参与，并以学生用于任务的时间来测量(如，Fischer & Berliner, 1985)。研究者发现学生参与课堂中功课学习的时间的差异巨大。在与任务无关的时间上消耗越多的学生，与积极参与完成练习的学生相比，他们在标准化测验中得分显著更低。在 20 世纪 70 年代及 80 年代早期，学生在一般课堂中大约以 70%的时间注意于他们必须了解的内容。这个发现就使得一个数学的跨文化研究结果成为头条新闻(如 Stevenson, Lee, & Stigler, 1986)，它揭示亚洲学生比美国学生表现出更高的学业成就。对日本、中国台湾和美国学生的课堂行为进行比较，并对其老师、家长进行访谈，Stevenson 与同事发现，美国五年级学校生活时间中有 65%用于学习活动，而亚洲学生有 90%。亚洲教师似乎管理课堂也不同，导致需要更多时间投入于任务。此外，亚洲父母和教师对学习和努力的态度也不同于西方；他们希望的是学习倾向，并会不断告诉学生努力和坚持是学习过程必须且充分的要素。一批卓越的跨文化心理学研究者澄清了东西方存在的动机实践的分歧。Markus 与 Kitayama(1991)、Kitayama 与 Markus(1999)对相关文献进行综述，表明在西方国家，描绘学生动机信念的关键词是自我效能、自尊，并将成功与失败归于能力，不鼓励自我批评并贬低软弱。我在别处解释过(Boekaerts, 1998, 2003b)，这种学习和成就的概念化，暗示西方学生聚焦他们能力，而且只有他们觉得成功是十拿九稳的时，他们才被激发出来投入努力。相反，亚洲学生具有固定的社会角色，并尽可能完美地完成角色任务。适应学校的情境，并提高他们的学习和社会技能，是他们的责任。亚洲学生动机信念所描绘的关键词被归为努力、履行自己的角色期待，以及自我约束。

最近大量跨国与跨文化研究(R. Alexander, 2000；Elliott & Hufton, 2002；Larson & Verma, 1999)阐释了那些影响学生任务参与、努力和艰苦工作知觉的文化及社会影响。例如，R. Alexander 报告学生课堂参与在不同国家是不尽相同的，学生对权威和自主本质的理解会很大程度影响到他们的学习参与。他强调，学生的学习参与很低的国家，学生被允许更多行动的自由。Beaton 等(1996)的研究再次证实了亚洲学生(这里的学生来自韩国和日本),尽管数学和科学的排名在国际比较研究中的成绩排名很高,但相比德国学生,他们对能力的自我概念相对较低,然而,他们持有坚定的信念,即完成这些学科领域的学习努力是必要和充分的。

Elliott 与 Hufton(2002)也报告在努力信念方面与上述研究结果一致的跨文化差异。他们发现西方的学生(这里的学生来自美国和英国),和俄罗斯的学生(来自彼得堡)相比,更强调努力对学业成功的工具性作用(instrumentality),但似乎对"努力工作"的含义有不同的理解。当询问他们的工作习惯时,西方学生描述的生活方法并不强调他们"努力"学习这一部分。在学业标准和成就、学业要求和工作速度等方面,彼得堡的学生倾向于(在社会、经济和国家教育体系产生巨变之前)比其他两个西方国家更高。俄罗斯的学生充分意识到努力(强度)和坚持(过程)是生存于严厉教育体系下所必要的,他们也会作出相应的表现。有趣的是,Elliott 和 Hufton 观察到俄罗斯青少年成长状况在巨变之后发生很大改变。他们目前对自由和权威的理解也与之前有所不同。他们像西方伙伴一样,在研究中表现出对物质获取更大的偏爱。类似西方同伴,俄罗斯的青少年目前面对多重目标和多种环境障碍,他们必须作出很多选择,他们的决策似乎对学校努力投入具有各种影响(也可参考 R. Alexander, 2000;结果之前提到)。

372

这里必须要提"谨慎"一词。很多跨国比较都局限于不同文化在社会化过程期间重视,使用非常表面的人格特征对照的描述,这些人格特征在不同国家具有不同的价值观。儿童和青少年日常功能表现的重要方面没有得到平衡。在我看来,学生动机和努力的自我调节只有我们在概念化的框架下才得以理解,这种框架将儿童和青少年的行为投注到他们触发和引起的操纵和指导他们行为的自我调节过程方面。

未来研究与应用的方针

这一部分我将对当今所知的关于学生的动机和努力的自我调节的一套可以指导未来研究与实践的原则作一概括。我同时也会指出我们在理解动机和努力自我调节中存在的一些不足。

研究与实践的原则

根据之前回顾的文献,我形成了以下 10 条原则,这些原则可以指导教师训练学生,以加强他们的自我调节:

1. **掌握:** 努力的投入通向掌握。
2. **补偿:** 努力可能补偿能力低下。
3. **熟悉:** 熟悉的任务比不熟悉或复杂的任务具有更少不确定性,消耗较少努力,不熟悉和复杂任务可能会产生感到困难的现象状态。
4. **要求—能力比率的知觉:** 如果知觉到的能力超过了任务需求,那努力就不必要了。

5. **兴趣：** 有意义的，并且享受任务会产生推进动机和努力的现象状态。

6. **代价—利益比：** 如果学生的利益知觉超过代价知觉，他们就会准备投入努力。

7. **流动(flow)：** 所有非常吸引人的任务参与都不需要刻意的努力。

8. **自信和怀疑：** 当任务要求接近于个体表现的水平时，自信会提高努力，怀疑则相反。

9. **调节：** 当不能调节新的经历时，学生需要理解有必要承担一系列的压力。

10. **意志策略：** 努力的自我调节要求学生意识到完成目标需要意志策略，他们可以轻易获得这些策略，并且愿意加以使用。

这10条原则是从最近不同研究主题中总结的结果。这些信息有什么意义？这些原理可操作吗？好消息是：这10条原则一同为教师及教育实践者预测学生动机和努力的自我调节，探索如何创造一种促进学生投入努力的学习环境。结合这10条原则，可以预料学生在以下情况会投入较少努力：学生想掩饰低能力；回避接受一系列压力去调节新的经历；选择他们已经熟悉的活动参与；怀疑他们的能力；没有意识到或不能轻易获得意志策略；预期高代价和低收益；活动没有价值；或感到要求—能力比率并非最佳。

很有必要洞察影响学生动机和努力自我调节的变量，这可以指导研究者建立干预课程，指导咨询师建议教师利用更有效的指导措施，并且让教师真实地训练课堂中的学生。

坏消息是，这10条原则由于出自不同的研究，很难整合到一个连贯的框架下。有些原则表现出如果—那么的规则类型，“如果任务中利益知觉超过代价知觉，那么学生将投入努力”。这些原则描述了努力的前提。还有一些原则描述了学生关于努力的工具化信念(如，努力是达到掌握的工具)，这些原则讲述了努力的结果。第10条原则说明了努力背后的机制。

换句话说，10条原则概括了我们目前关于努力的前提、努力的结果以及机制本身的认识。很不幸的是，接下来关于学生是否意识到这些原则并认可它们，是否以连贯的方式将之联系到具体情境，或者它们是否作为有关努力投入的零散观点存在于个体的意义系统中，我们几乎一无所知。此外，还需要加以了解的是关于学生在不同情境领域下的动机和努力自我调节的性别和文化差异，等等。

373

本领域内仍在争论的问题

本章伊始，我就指出自我调节的概念已经受到越来越多的关注，因为它代表了一种系统方法(system approach)。系统方法让研究者同时关注为学生目的服务的认知、情感、行动的努力，以及学生获得环境线索的能力，这些线索协助他们进行自我调节过程。在一个综合性框架下研究自我调节的各个方面，为研究、干预和课堂实践提供了有价值的指导。系统方法能将独立的研究结合于实践。把领域内容独立研究结果加以整合可提出更丰富的描述，借以说明学生参与的自我调节过程，同时还能提出精妙的框架，用以审视目前的知识，并识别理解中的缺陷。

尽管目前已经有大量信息针对学生如何在课堂中进行学习的调节，但资料上依然存在一些缺陷。事实上很奇怪，我们没有得到很多关于自我调节性别差异的资料，也几乎没有关于自我调节发展的信息。我在本章回顾的内容表明,"自我调节"——尤其是动机和努力的自我调节——是值得进一步探索的。未来的研究应该强调如下一些问题:动机和努力的自我调节是如何随着时间流逝而发展的?儿童是如何建立起他们参与和努力的理论的?怎样的情境类型最有益于(或妨碍于)动机和努力的自我调节发展?动机和努力的自我调节的差异如何影响学校成就?要回答这些及类似的问题,需要进一步建立干预课程,帮助教师和学校抵消在小学之后明显的内在动机表现下降的情况。我的结论是,自我调节建构的潜在价值尚未被认识,特别是自我调节的发展,以及影响这些发展的因素。

(蔡丹译,李其维审校)

参考文献

Ainley, M., Hidi, S., & Berndorff, D. (2002). Interest, learning, and the psychological processes that mediate their relationship. *Journal of Educational Psychology*, *94*(3), 545 - 561.

Alexander, P. A. (2003, August). *Expertise and academic development: A new perspective on a classic theme*. Paper presented at the 10th biennial conference of the European Association for Research on Learning and Instruction, Padua, Italy.

Alexander, P. A., Graham, S., & Harris, K. R. (1998). A perspective on strategy research: Progress and prospect. *Educational Psychology Review*, *10*(2), 129 - 153.

Alexander, R. (2000). *Culture and pedagogy: International comparisons in primary education*. Oxford: Blackwell.

Austin, J. T., & Vancouver, J. B. (1996). Goal constructs in psychology: Structure, process, and content. *Psychological Bulletin*, *120*(3), 338 - 375.

Bandura, A. (1997). *Self-efficacy: The exercise of control*. New York: Freeman.

Bargh, J. A., & Gollwitzer, P. M. (1994). Environmental control of goal-directed action: Automatic and strategic contingencies between situations and behavior. In W. Spaulding (Ed.), *Nebraska Symposium on Motivation: Vol. 41. Integrative views of motivation, cognition, and emotion* (pp. 71 - 124). Lincoln: University of Nebraska Press.

Baumeister, R. F. (2003). Ego depletion and self-regulation failure: A resource model of self-control. *Alcoholism: Clinical and Experimental Research*, *27*(2), 281 - 284.

Baumeister, R. F., & Eppes, F. (2005). *The cultural animal: Human nature, meaning, and social life*. Oxford: Oxford University Press.

Beaton, A. E., Mullis, I. V., Martin, M. O., Gonzales, E. J., Kelly, D. L., & Smith, T. A. (1996). *Mathematics achievement in the middle school years: IEA's Third International Mathematics and Science Study*. Boston: Center for the Study of Testing.

Blackwell, L. S., Dweck, C. S., & Trzesniewski, K. (2002). *Theories of intelligence and the adolescence transition: A longitudinal study and an intervention*. Manuscript submitted for publication.

Bloom, L., & Beckwith, R. (1989). Talking with feeling: Integrating affective and linguistic expression in early language development. *Cognition and Emotion*, *3*, 313 - 342.

Bloom, L., & Turner, E. (2001). The intentionality model and language acquisition. *Monograph of the Society for Research in Child Development*, *66*(4).

Boekaerts, M. (1993). Being concerned with well being and with learning. *Educational Psychologist*, *32*(3), 137 - 151.

Boekaerts, M. (1997). Self-regulated learning: A new concept embraced by researchers, policy makers, educators, teachers, and students. *Learning and Instruction*, *7*(2), 11 - 186.

Boekaerts, M. (1998). Do culturally rooted self-construals affect students' conceptualization of control over learning? *Educational Psychologist*, *33*(2/3), 87 - 108.

Boekaerts, M. (1999). Coping in context: Goal frustration and goal ambivalence in relation to academic and interpersonal goals. In E. Frydenberg (Ed.), *Learning to cope: Developing as a person in complex societies* (pp. 15 - 197). Oxford: Oxford University Press.

Boekaerts, M. (2002a). Bringing about change in the classroom: Strengths and weaknesses of the self regulated learning approach. *Learning and Instruction*, *12*(6), 589 - 604.

Boekaerts, M. (2002b). Motivation to learn. In H. Walberg (Ed.), *Educational practices series* (pp. 1 - 27). International Academy of Education-International Bureau of Education (United Nations Educational, Scientific and Cultural Organization). Geneva, Switzerland: World Health Organization.

Boekaerts, M. (2002c). The On-line Motivation Questionnaire: A self-report instrument to assess students' context sensitivity. In P. R. Pintrich & M. L. Maehr (Eds.), *Advances in motivation and achievement: Vol. 12. New directions in measures and methods* (pp. 77 - 120). New York: JAI Press.

Boekaerts, M. (2003a). Adolescence in Dutch culture: A self-regulation perspective. In F. Pajares & T. Urdan (Eds.), *Adolescence and education: Vol. 3. International perspectives on adolescence* (pp. 101 - 124). Greenwich, CT: Information Age Publishing.

Boekaerts, M. (2003b). How do students from different cultures motivate themselves for academic learning? In F. Salili & R. Hoosain (Eds.), *Research on multicultural education and international perspectives: Vol. 3. Teaching, learning and motivation in a multicultural context* (pp. 13 - 31). Greenwich C. T: Information Age Publishing.

Boekaerts, M., & Corno, L. (2005). Self-regulation in the classroom: A perspective on assessment and intervention. *Applied Psychology: An International Review*, *54*, 199 - 231.

Boekaerts, M., Maes, S., & Karoly, P. (2005). Self-regulation across domains of applied psychology: Is there an emerging consensus? *Applied Psychology: An International Review*, *54*, 267 - 299.

Boekaerts, M., & Minnaert, A. (2003). Measuring behavioral change processes during an ongoing innovation project: Scope and limits. In E. De Corte, L. Verschaffel, N. Entwistle, & J. Merrienboer (Eds.), *Powerful learning environments* (pp. 71 - 87). New York: Pergamon Press.

Boekaerts, M., & Niemivirta, M. (2000). Self-regulated learning: Finding a balance between learning goals and ego-protective goals. In M. Boekaerts, P. R. Pintrich, & M. Zeidner (Eds.), *Handbook of self-regulation* (pp. 417 - 451). San Diego: Academic Press.

Boekaerts, M., Otten, R., & Voeten, M. (2003). Exam performance: Are students' causal ascriptions school-subject specific? *Anxiety, Stress and Coping*, *16*(3), 331 - 342.

Boekaerts, M., Pintrich, P. R., & Zeidner, M. (2000). Self-regulation: An introductory overview. In M. Boekaerts, P. R. Pintrich, & M. Zeidner (Eds.), *Handbook of self-regulation* (pp. 1 - 9). San Diego: Academic Press.

Boekaerts, M., & Simons, P. R. J. (1995). *Leren en Instructie: Psychologie van de leerling en het leerproces* [Learning and instruction: The psychology of the student and the learning process] (2nd rev. ed.). Assen, The Netherlands: Royal Van Gorcum.

Brown, A. (1978). Knowing when, where, and how to remember: A problem of metacognition. In R. Glaser (Ed.), *Advances in instructional psychology* (pp. 77 - 165). Hillsdale, NJ: Erlbaum.

Butler, R. (1992). What young people want to know when: Effects of mastery and ability goals on interest in different kinds of social comparison. *Journal of Personality and Social Psychology*, *62*, 934 - 943.

Cain, K. M., & Dweck, C. S. (1995). The development of children's achievement motivation patterns and conceptions of intelligence. *Merrill-Palmer Quarterly*, *41*, 25 - 52.

Carver, C. S., & Scheier, M. E. (1981). *Attention and self-regulation:*

A control theory approach to human behavior. New York: Springer Verlag.

Carver, C. S., & Scheier, M. E. (1998). *On the self-regulation of behavior*. New York: Cambridge University Press.

Carver, C. S., &Scheier, M. E. (2000). On the structure of behavioral self-regulation. In M. Boekaerts, P. Pintrich, & M. Zeidner (Eds.), *Handbook of self-regulation* (pp. 42 - 85). San Diego: Academic Press.

Case, R. (1992). *The mind's staircase*. Hillsdale, NJ: Erlbaum.

Connell, J. P. (1990). Context, self, and action: A motivational analysis of system processes across the life-span. In D. Cicchetti (Ed.), *The self in transition: Infancy to childhood* (pp. 61 - 97). Chicago: University of Chicago Press.

Corno, L. (1994). Student volition and education: Outcomes, influences, and practices. In B. J. Zimmerman & D. H. Schunk (Eds.), *Self-regulation of learning and performance* (pp. 229 - 254). Hillsdale, NJ: Erlbaum.

Corno, L. (2001). Volitional aspects of self-regulated learning. In B. J. Zimmerman & D. Schunk (Eds.), *Self-regulated learning and academic achievement: Theoretical perspectives* (pp. 191 - 126). Mahwah, NJ: Erlbaum.

Corno, L. (2004). Work habits and work styles: The psychology of volition in education. *Teachers College Record*, *106*, 1669 - 1694.

Corno, L., &Mandinach, E. B. (2004). What we have learned about student engagement in the last 20 years. In D. M. McInerny & S. van Etten (Eds.), *Big theories revisited* (pp. 299 - 328). Greenwich, CT: Information Age Publishing.

Corno, L., & Randi, J. (1999). A design theory for classroom instruction in self-regulated learning. In C. M. Reigluth (Ed.), *Instructional design theories and models* (pp. 293 - 318). Mahwah, NJ: Erlbaum.

Covington, M. V. (2004). Self-worth theory: Goes to college. In D. M. McInerny&S. van Etten (Eds.), *Big theories revisited* (pp. 91 - 114). Greenwich, CT: Information Age Publishing.

Csikszentmihalyi, M. (1990). *Flow: The psychology of optimal experience*. New York: Harper & Row.

Deci, E. L., & Ryan, R. M. (1985). *Intrinsic motivation and self-determination in human behavior*. New York: Plenum Press.

De Corte, E., Verschaffel, L., & Op't Eynde, P. (2000). Self-regulation: A characteristic and a goal of mathematics education. In P. Pintrich, M. Boekaerts, & M. Zeidner (Eds.), *Self-regulation: Theory, research, and applications* (pp. 687 - 726). Mahwah, NJ: Erlbaum.

Dowson, M., & McInerney, M. (2001). Psychological parameters of students' social and work avoidance goals: A qualitative investigation. *Journal of Educational Psychology*, *93*(1), 35 - 42.

Du Bois-Reymond, M., & Metselaar, J. (2001). Contemporary youth and risk taking behavior. In I. Sagel-Grande (Ed.), *In the best interest of the child: Conflict resolution for and by children and juveniles* (pp. 49 - 62). Amsterdam: Rozenberg.

Dweck, C. S. (1991). Self-theories and goals: Their role in motivation, personality, and development. In R. A. Dienstbier (Ed.), *Nebraska Symposium on Motivation, 1990: Vol. 38. Perspectives on motivation* (pp. 199 - 235). Lincoln: University of Nebraska Press.

Dweck, C. S. (1998). The development of early self-conceptions: Their relevance for motivational processes. In J. Heckhausen & C. S. Dweck (Eds.), *Motivation and self-regulation across the life span* (pp. 257 - 280). Cambridge, England: Cambridge University Press.

Dweck, C. S. (2003). Ability conceptions, motivation, and development [Monograph]. *British Journal of Educational Psychology*, 2, 13 -28.

Eccles, J. S. (1987). Gender roles and women's achievement-related decisions. *Psychology of Women Quarterly*, *11*, 135 - 172.

Eccles, J. S., Midgley, C., Wigfield, A., Buchanan, C. M., Reuman, D., Flanagan, C., et al. (1993). Development during adolescence. *American Psychologist*, *48*, 90 - 101.

Eccles, J. S., &Wigfield, A. (2002). Motivational beliefs, values, and goals. *Annual Review of Psychology*, *53*, 109 - 132.

Efklides, A., Papadaki, M., Papantoniou, G., & Kiosseoglou, G. (1999). Individual differences in school mathematics performance and feelings of difficulty. *European Journal of Psychology of Education*, *14* (4), 461 - 476.

Eisenberger, R. (1992). Learned industriousness. *Psychological Review*, *99*, 248 - 267.

Elliot, J., & Hufton, N. (2002). Achievement motivation in real contexts [Monograph]. *British Journal of Educational Psychology*, *2*, 155 - 172.

Entwistle, N. (1988). Motivational approaches in students' approaches to learning. In R. R. Schmeck (Ed.), *Learning strategies and learning styles* (pp. 21 - 51). New York: Plenum Press.

Fischer, C. W., & Berliner, D. C. (Eds.). (1985). *Perspectives on instructional time*. New York: Longmans.

Flavell, J. (1979). Metacognition and cognitive monitoring: A new area of cognitive-development inquiry. *American Psychologist*, *34*, 906 - 911.

Fredricks, J. A., Blumenfeld, P. C., & Paris, A. H. (2004). School engagement: Potential of the concept, state of the evidence. *Review of Educational Research*, *74*(1), 59 - 109.

Frydenberg, E. (1999). *Learning to cope: Developing as a person in complex societies*. Oxford: Oxford University Press.

Gollwitzer, P. M. (1990). Action phases and mind-sets. In E. T. Higgins & R. M. Sorrentino (Eds.), *Handbook of motivation and cognition: Vol. 2. Foundations of social behavior* (pp. 53 - 92). New York: Guilford Press.

Gollwitzer, P. M. (1999). Implementation intentions: Strong effects of simple plans. *American Psychologist*, *54*, 493 - 503.

Grolnick, W., & Ryan, R. M. (1987). Autonomy in children's learning: An experimental and individual difference investigation. *Journal of Personality and Social Psychology*, *52*, 890 - 898.

Haller, E. P., Child, D. A., & Walberg, H. J. (1988). Can comprehension be taught? A quantitative synthesis of "metacognitive" studies. *Educational Researcher*, *17*(9), 5 - 8.

Hattie, J., Biggs, J., & Purdie, N. (1996). Effects of learning skills interventions on student learning: A metta-analysis. *Review of Educational Research*, *66*, 99 - 136.

Heckhausen, H., & Kuhl, J. (1985). From wishes to action: The deadends and short-cuts on the long way to action. In M. Frese & J. Sabini (Eds.), *Goal-directed behavior: The concept of actions in psychology* (pp. 134 - 160). Hillsdale, NJ: Erlbaum.

Hickey, D. T., & McCaslin, M. (2001). A comparative, sociocultural analysis of context and motivation. In S. Volet & S. Järvelä (Eds.), *Motivation in learning contexts: Theoretical advances and methodological implications* (pp. 33 - 55). Amsterdam: Elsevier.

Hidi, S., & Harackiewicz, J. M. (2001). Motivating the academically unmotivated: A critical issue for the 21st century. *Review of Educational Research*, *70*, 151 - 179.

Hijzen, D., Boekaerts, M., & Vedder, P. (2004, September/October). *The relationship between students' goal preferences and the quality of cooperative learning*. Paper presented at the sixth WATM conference, Lisbon, Portugal.

Husman, J., & Lens, W. (1999). The role of the future in student motivation. *Educational Psychologist*, *34*, 113 - 125.

Kahnman, D. (1973). *Attention and effort*. Englewood Cliffs, NJ: Prentice-Hall.

Kanfer, R., & Ackerman, P. L. (1989). Motivation and cognitive abilities: An integrative aptitude-treatment approach to skill acquisition [Monograph]. *Journal of Applied Psychology*, *4*, 657 - 690.

Kasser, T., & Ryan, R. M. (1993). A dark side of the American dream: Correlates of financial success as a central life aspiration. *Journal of Personality and Social Psychology*, *65*, 410 - 422.

Kasser, T., & Ryan, R. M. (1996). Further examining the American dream: Well-being correlates of intrinsic and extrinsic goals. *Personality and Social Psychology Bulletin*, *22*, 281 - 288.

Kehr, H. M., Bless, P., & Von Rosenstiel, L. (1999). Self-regulation, self-control and management training transfer. *International Journal of Educational Research*, *31*, 487 - 493.

Kendall, S. (1992). *The development of autonomy in children: An examination of the Montessori educational model*. Unpublished doctoral dissertation, Walden University, Minneapolis, MN.

Kitayama, S., & Markus, H. (1999). Yin and yang of the Japanese self: The cultural psychology of personality coherence. In D. Cervone & Y. Shoda (Eds.), *The coherence of personality* (pp. 242 - 302). New York: Guilford Press.

Krapp, A. (2003). Interest and human development: An educational-psychological perspective. *British Journal of Educational Psychology*, *2*, 57 - 84.

Krapp, A., & Lewalter, D. (2001). Development of interest and interest-based motivational orientation: A longitudinal study in vocational school and work settings. In S. Volet & S. Järvelä (Eds.), *Motivation in learning contexts: Vol. 11. Theoretical and methodological implications* (pp. 209 - 232). New York: Pergamon.

Kruger, J., Wirtz, D., Van Boven, L., &Altermatt, T. W. (2004). The effort heuristic. *Journal of Experimental Social Psychology*, *40*, 91 - 98.

Kuhl, J. (1985). Volitional mediators of cognition-behavior consistency: Self-regulatory processes and action versus state orientation. In J. Kuhl & J. Beckman (Eds.), *Action control: From cognition to behavior* (pp. 101 - 128).

New York: Springer Verlag.
Kuhl, J. (2000). A functional design approach to motivation and self-regulation: The dynamics of personality systems and interactions. In M. Boekaerts, P. Pintrich, & M. Zeidner (Eds.), *Handbook of self-regulation* (pp.111 - 163). San Diego: Academic Press.
Kuhl, J., & Fuhrman, A. (1998). Decomposing self-regulation and self-control: The volitional components checklist. In J. Heckhausen & C. Dweck (Eds.), *Life span perspectives on motivation and control* (pp. 15 - 49). Mahwah, NJ: Erlbaum.
Kuhl, J., & Kraska, K. (1989). Self-regulation and metamotivation: Computational mechanisms, development, and assessment. In R. Kanfer, P. I. Acherman, & R. Cudeck (Eds.), *Minnesota Symposia on Individual Differences: Abilities, motivation, and methodology* (pp. 343 - 368). Hillsdale, NJ: Erlbaum.
Kuhn, T. (1977). *The essential tension*. Chicago: University of Chicago Press.
Larson, R. W., & Verma, S. (1999). How children and adolescents spend time across the world: Work, play, and developmental opportunities. *Psychological Bulletin*, *125*, 701 - 736.
Lemos, M. S. (2002). Social and emotional processes in the classroom setting: A goal approach. *Anxiety, Stress and Coping*, *15*(4), 383 - 400.
Leventhal, H. (1980). Towards a comprehensive theory of emotion. In L. Berkowitz (Ed.), *Advances in experimental social psychology* (Vol.3, pp. 140 - 208). New York: Academic Press.
Markus, H., & Kitayama, S. (1991). Culture and the self: Implications for cognition, emotion, and motivation. *Psychological Review*, *98*, 224 - 253.
Martinez-Pons, M. (1996). Test of a model of parental inducement of academic self-regulation. *Journal of Experimental Education*, *64*, 213 - 227.
McCombs, B. L., & Pope, J. E. (1994). *Motivating hard to reach students*. Washington, DC: American Psychological Association.
Midgley, C., & Feldlaufer, H. (1987). Students' and teachers' decision-making fit before and after the transition to junior high school. *Journal of Early Adolescence*, *7*, 225 - 241.
Nicholls, J. G. (1984). Achievement motivation: Conceptions of ability, subjective experience, task choice, and performance. *Psychological Review*, *91*, 328 - 346.
Nolen, S. (2003, August). *The development of motivation to read and write in young children*. Paper presented at the 10th biannual conference of the European Association of Learning and Instruction, Padua, Italy.
Oettingen, G., Honig, G., & Gollwitzer, P. H. (2000). Effective self-regulation of goal attainment. *International Journal of Educational Research*, *33*, 705 - 732.
Palincsar, A. S., & Brown, A. L. (1984). Reciprocal teaching of comprehension-fostering and monitoring activities. *Cognition and Instruction*, *1*, 117 - 175.
Paris, S. G., Byrnes, J. P., & Alison, H. P. (2001). Constructing theories, identified cognitions, and actions of self-regulated learners. In B. J. Zimmerman & D. H. Schunk (Eds.), *Self-regulated learning and academic achievement* (pp.253 - 288). Mahwah, NJ: Erlbaum.
Paris, S. G., & Paris, A. H. (2001). Classroom applications of research on self-regulated learning. *Educational Psychologist*, *36*, 89 - 101.
Payne, J. W., Bettman, J. R., Coupey, E., & Johnson, E. J. (1992). A constructive processing view of decision making: Multiple strategies in judgment and choice. *Acta Psychologica*, *80*, 107 - 141.
Pekrun, R., Goetz, T., Titz, W., & Perry, R. P. (2002). Academic emotions in students' self-regulated learning and achievement: A program of quantitative and qualitative research. *Educational Psychologist*, *37*(2), 91 - 105.
Perry, N. E. (1998). Young children's self-regulated learning and contexts that support it. *Journal of Educational Psychology*, *90*, 715 - 729.
Perry, N. E. (2002). Using qualitative methods to enrich understandings of self-regulated learning [Special issue]. *Educational Psychologist*, 37.
Perry, N. E., & Vandekamp, K. O. (2000). Creating classroom contexts that support young children's development of self-regulated learning. *International Journal of Educational Research*, *33*, 821 - 842.
Perry, N. E., Vandekamp, K. O., Mercer, L. K., & Nordby, C. J. (2002). Investigating teacher-student interactions that foster self-regulated learning. *Educational Psychologist*, *37*(1), 5 - 15.
Pintrich, P. R. (2000). The role of goal orientation in self-regulated learning. In M. Boekaerts, P. R. Pintrich, & M. Zeidner (Eds.), *Handbook of self-regulation* (pp.452 - 502). San Diego: Academic Press.
Pintrich, P. R. (2003). A motivational science perspective on the role of student motivation in learning and teaching contexts. *Journal of Educational Psychology*, *95*, 667 - 686.
Pressley, M. (1995). More about the development of self-regulation: Complex, long-term, and thoroughly social. *Educational Psychologist*, *30*(4), 207 - 212.
Purdie, N., & Hattie, J. (1996). Cultural differences in the use of strategies for self-regulated learning. *American Educational Research Journal*, *33*, 845 - 871.
Randi, J., & Corno, L. (2000). Teacher innovations in self-regulated learning. In M. Boekaerts, P. R. Pintrich, & M. Zeidner (Eds.), *Handbook of self-regulation* (pp.651 - 685). San Diego: Academic Press.
Reeve, J. (2002). Self-determination theory applied to educational settings. In E. L. Deci & R. M. Ryan (Eds.), *Handbook of self-determination research* (pp. 183 - 203). Rochester, NY: University of Rochester Press.
Renninger, A. (1990). Children's play interests: Representation and activity. In R. Fivush & J. Hudson (Eds.), *Emory Symposia in Cognition, Knowing and Remembering in Young Children*. New York: Cambridge University Press.
Renninger, A. (1998). The roles of individual interest and gender in learning: An overview of research on preschool and elementary school-aged children/students. In L. Hoffmann, A. Krapp, A. K. Renninger, & J. Baumert (Eds.), *Interest and learning: Proceedings of the Seeon conference on interest and gender* (pp. 105 - 175). Kiel, Germany: University of Kiel, Institute for Science Education.
Renninger, K. A. (2000). How might the development of individual interest contribute to the conceptualization of intrinsic motivation? In C. Sansone & J. M. Harackiewicz (Eds.), *Intrinsic and extrinsic motivation: The search for optimal motivation and performance*. New York: Academic Press.
Rheinberg, F., Vollmeyer, R., & Rollett, W. (2000). Motivation and action in self-regulated learning. In M. Boekaerts, P. R. Pintrich, & M. Zeidner (Eds.), *Handbook of self-regulation* (pp. 503 - 531). San Diego: Academic Press.
Rosenshine, B., Meister, C., & Chapman, S. (1996). Teaching students to generate questions: A review of the intervention studies. *Review of Educational Research*, *66*, 181 - 221.
Rozendaal, J. S., Minnaert, A., & Boekaerts, M. (2003). Motivation and self-regulated learning in secondary vocational education. *Learning and Individual Differences*, *13*(4), 273 - 289.
Ryan, A. M. (2000). Peer groups as a context for the socialization of adolescents' motivation, engagement, and achievement in school. *Educational Psychologist*, *35*, 101 - 111.
Ryan, R. M. (1982). Control and information in the interpersonal sphere: An extension of cognitive evaluation theory. *Journal of Personality and Social Psychology*, *43*, 450 - 461.
Ryan, R. M., & Connell, J. P. (1989). Perceived locus of causality and internalization: Examining reasons for acting in two domains. *Journal of Personality and Social Psychology*, *57*, 749 - 761.
Ryan, R. M., & Deci, E. L. (2002). An overview of self-determination theory: An organistic-dialectical perspective. In E. L. Deci & R. M. Ryan (Eds.), *Handbook of self-determination research* (pp.3 - 34). Rochester, NY: University of Rochester Press.
Rydell Altermatt, E., & Pomerantz, E. M. (2003). The development of competence relations and motivational beliefs. *Journal of Educational Psychology*, *95*(1), 111 - 123.
Salomon, G., & Perkins, D. N. (1989). Rocky roads to transfer: Rethinking mechanisms of a neglected phenomenon. *Educational Psychologist*, *24*, 113 - 142.
Sansone, C., & Harackiewicz, J. M. (1996). "I don't feel like it": The function of interest in self-regulation. In L. L. Martin & A. Tesser (Eds.), *Striving and feeling: Interactions among goals, affect, and self-regulation* (pp. 203 - 228). Mahwah, NJ: Erlbaum.
Sansone, C., & Smith, J. L. (2000). The "how" of goal pursuit: Interest and self-regulation. *Psychological Inquiry: An International Journal of Peer Commentary and Review*, *11*(4), 306 - 309.
Scardamalia, M., & Bereiter, C. (1985). Fostering the development of self-regulation in children's knowledge processing. In S. F. Chipman, J. W. Segal, & R. Glaser (Eds.), *Thinking and learning skills: Vol. 2. Research and open questions* (pp.65 - 80). Hillsdale, NJ: Erlbaum.
Schunk, D., & Zimmerman, B. J. (1998). *Self-regulated learning: From teaching to self-reflective practice*. New York: Guilford Press.
Schwarzer, R., Jerusalem, M., & Stiksrud, A. (1984). The developmental relationship between test anxiety and helplessness. In H. M. Van der Ploeg, R. Schwarzer, & C. D. Spielberger (Eds.), *Advances in test anxiety research* (Vol.3., pp.265 - 399). Lisse, The Netherlands: Swets & Zeitlinger.
Skinner, E. A., & Belmont, M. J. (1993). Motivation in the

classroom: Reciprocal effect of teacher behavior and student engagement across the school year. *Journal of Educational Psychology*, *85*, 571 - 581.

Steinberg, L., & Sanford, M. I. (1991). Negative correlates of parttime employment during replication and elaboration. *Developmental Psychology*, *27*(2), 304 - 313.

Stevenson, H. W., Lee, S-Y., & Stigler, J. W. (1986). Mathematics achievement of Chinese, Japanese, and American children. *Science*, *231*, 693 - 699.

Stipek, D., Salmon, J. H., Givvin, K. B., Kazemi, E., Saxe, G., & MacGyvers, V. L. (1998). The value (and convergence) of practices suggested by motivation research and promoted by mathematics education reformers. *Journal for Research in Mathematics Education*, *29*, 465 - 488.

Stipek, D. J., & Daniels, D. (1990). Children's use of dispositional attributions in predicting the performance and behavior of classmates. *Journal of Applied Developmental Psychology*, *11*, 13 - 28.

Turner, J. C. (1995). The influence of classroom contexts on young children's motivation for literacy. *Reading Research Quarterly*, *30*, 410 - 441.

Turner, J. C., & Meyer, D. K. (1999). Integrating classroom context into motivation theory and research: Rationale, methods, and implications. In T. C. Urdan (Ed.), *Advances in motivation and achievement: Vol. 11. The role of context* (pp. 87 - 122). Green-wich, CT: JAI Press.

Turner, J. E., & Schallert, D. L. (2001). Expectancy-value relationships of shame reactions and shame resiliency. *Journal of Educational Psychology*, *93*(2), 320 - 329.

Volet, S. E. (1997). Cognitive and affective variables in academic learning: The significance of direction and effort in students' goals. *Learning and Instruction*, *7*(3), 235 - 254.

Vygotsky, L. (1978). *Mind in society: The development of higher mental process*. Cambridge, MA: Harvard University Press.

Weinert, F. E., Schrader, F. W., & Helmke, A. (1989). Quality of instruction and achievement outcomes. *International Journal of Educational Psychology*, *13*, 895 - 912.

Wentzel, K. R. (1991a). Social and academic goals at school: Moti vation and achievement in context. In M. L. Maehr & P. R. Pintrich (Eds.), *Advances in motivation and achievement: Vol. 7. Goals and self-regulatory processes* (pp. 185 - 212). Greenwich, CT: JAI Press.

Wentzel, K. R. (1991b). Social competence at school: Relation between social responsibility and academic achievement. *Review of Edueational Research*, *61*, 1 - 2.

Wigfield, A. (1994). Expectancy-value theory of achievement motivation: A developmental perspective. *Educational Psychology Review*, *6*, 49 - 78.

Wigfield, A., & Eccles, J. (1992). The development of achievement task values: A theoretical analysis. *Developmental Review*, *12*, 265 - 310.

Wigfield, A., Eccles, J. S., & Rodriguez, D. (1998). The development of children's motivation in school contexts. *Review of Research in Education*, *23*, 73 - 118.

Winne, P. H. (1995). Inherent details in self-regulated learning. *Educational Psychologist*, *30*, 173 - 187.

Winne, P. H. (1996). A metacognitive view of individual differences in self-regulated learning. *Learning and Individual Differences*, *8*, 327 - 353.

Winne, P. H., & Hadwin, A. F. (1998). Studying as self-regulated learning. In D. Hacker, J. Dunlosky, & A. C. Graesser (Eds.), *Metacognition in educational theory and practice* (pp. 277 - 304). Hillsdale, NJ: Erlbaum.

Winne, P. H., & Perry, N. E. (2000). Measuring self-regulated learning. In M. Boekaerts, P. R. Pintrich, & M. Zeidner (Eds.), *Handbook of self-regulation* (pp. 531 - 566). San Diego: Academic Press.

Wolters, C. A., & Rosenthal, H. (2000). The relation between students' motivational beliefs and their use of motivational regulation strategies. *International Journal of Educational Research*, *33*, 801 - 820.

Wrosch, C., Scheier, M. F., Carver, C. S., & Schultz, R. (2003). The importance of goal disengagement in adaptive self-regulation: When giving up is beneficial. *Self-and-Identity*, *2*(1), 1 - 20.

Xu, J. (2004). Family help and homework management in urban and rural secondary schools. *Teachers College Record*, *106*(9), 1786 - 1805.

Xu, J., & Corno, L. (1999). Case studies of families doing third-grade homework. *Teachers College Record*, *100*, 402 - 436.

Zimmerman, B. J. (1998). Academic studying and the development of personal skill: A self-regulatory perspective. *Educational Psychologist*, *33*, 73 -86.

Zimmerman, B. J. (2000). Attaining self-regulation: A social cognitive perspective. In M. Boekaerts, P. R. Pintrich, & M. Zeidner (Eds.), *Handbook of self-regulation* (pp. 13 - 40). San Diego: Academic Press.

Zimmerman, B. J., Bandura, A., & Martinez-Pons, M. (1992). Self-motivation for academfic attainment: The role of self-efficacy beliefs and personal goal setting. *American Educational Research Journal*, *29*, 663 - 676.

第 10 章

危机与预防

ROBERT L. SELMAN 和 AMY J. DRAY

在过去的 30 年间，很多出版物都倡导要将研究应用于实践，以推动儿童青少年社会性的良性发展。并且很多研究者还开发了各种预防和干预方案以减少可能造成消极生活体验的危险因素的影响，并创造能够让儿童健康、社会福利和学业能力得到更好发展的社会环境和力量。美国精神卫生研究院(National Institute of Mental Health)1977 年的一篇报告(Klein & Goldstein, 1977)，1988 年出版的重达 14 盎司的干预类读物(Price, Cowen,

Lorion, & RamosMcKay, 1988),医学院1994年发表的一篇报告(Mrazek & Haggerty, 1994),以及2004年《美国心理学家》杂志组织的一个专题——"儿童青少年的预防"(Weissberg, Kumpfer, & Seligman, 2003),所有这些都是我们在预防工作领域进展的历史见证。它们表明不管是研究还是社会舆论都在朝着这样一个方向发展——儿童的心理健康和社会情绪能力方面的预防和干预越来越受到关注和重视。这些文献都特别强调处境不利儿童的话题,并详述了干预方案的效果,因此可以让我们更深刻地理解如何最好地帮助儿童及其家庭。

相比而言,我们并不打算再写一篇有关预防障碍或促进能力和幸福感方面业已得到检验的方案综述。近来任何一篇公开发表的优质综述都能指导实践者、政策制定者,或者研究者如何进行儿童青少年发展领域所谓的干预科学或者经过研究检验认可的实践活动(Catalano, Berglund, Ryan, Lonczak, & Hawkins, 2002; Greenberg, Domitrovich, & Bumbarger, 2001; Nation et al., 2003; Wandersman & Florin, 2003)。

379

本章主要论述如何将儿童心理学领域中的社会性发展研究应用到学校环境,以及如何将研究和理论应用到实践中去。本章的第一部分将引入波士顿一所城区公立学校所面临的挑战作为开头。该学校想要选择一种既能促进孩子们良性的社会性发展,又能减少诸如学业失败、品行障碍、抑郁,以及人际关系困难等消极方面的干预方案。在讲述该学校的故事时,我们重点关注实践者所面临的挑战,因为他们不仅要将理论和研究应用到有助于社会性和情绪能力发展的日常实践中去,而且还要面临使这些应用达到学术标准的巨大压力。以该案例为背景,我们集中探讨两个关键问题:学校老师和管理者最感兴趣于社会性发展的哪些方面?研究和理论怎样运用于日常实践中?

我们简述和呈现了一些可用于学校的预防/干预方案,并讨论了学校在选择这些方案时的利弊问题。第一部分会向读者介绍一个"困境中的小学"的案例,而不是发展研究中通常研究的被试或儿童临床心理学中的一般病人。这个故事会谈到在实际的应用场景中实施基于研究的实践会遇到的挑战和困难,以及研究可以通过哪些方式满足,或者通过哪些方式无法满足一个城区学校的日常实践需要。

本章的后半部分以介绍学校的一个班级开始。以我们从事的社会性发展领域作为一个背景,我们将描述在学校情境进行理论建构和开展研究所遇到的问题和挑战。这个案例说明我们在学校情境开展的研究不仅仅只是应用先前的研究成果,而且也可以向我们提供新的知识。第二部分的分析不仅考虑到社会性发展作为一个学科可以给学校提供些什么,还会告诉大家在学校做研究如何为发展心理学学科的理论基础作出贡献。除了简单地评价基于研究的实践外,我们还将讨论"基于实践的研究"过程。

最后,本章还将整合这两个案例来阐释我们如何采取一种新的途径去思考理论、实践和研究之间的关系,而不再是我们过去坚信的在学术甚至实践领域更普遍的方式。从学术的角度出发,我们认为研究者和实践者都有些过度看重,甚至理想化了理论和研究对实践的影响,却并不怎么欣赏或认同实践对研究和理论的影响。尽管我们已经听得太多理论应与实践相结合的话,但我们相信在学术领域仍有一个根深蒂固的观念认为科学依据与实际应用之间存在单向的、直线影响关系。研究发现的知识可以指导实践和政策：寻求作出明智决定的政客，或者为我们提供基金以继续工作的基金会，或者学校的教育家，会有意或无意地向那些为孩子寻求帮助的父母灌输这个原则。作为研究者，我们被人当作“专家”，而且我们自己常常也会让自己陷入这样的想法中。

在本章的最后一个部分，我们提供了多种方法来重新检验这一观点。通过所举的学校和在校儿童两个案例，我们示范了如何以及为何要开始重新评估我们对于应用性研究的定义。我们以社会性发展学科为基础——我们所谓的专业领域，以此展示我们如何尝试去填补研究者对于儿童发展的科学知识与实践者对于儿童青少年发展的实验和临床知识这两者之间的鸿沟。

两个案例都来源于我们过去几年在波士顿公立学校实施研究和运用预防方案中的实际经验。这个学校以及学校管理者、老师、校职工和学生构成了我们真正的观察群体和情境。我们希望尽可能真实地将他们的情况呈现给大家。

过去十年的预防研究

380 从 20 世纪 80 年代以来，干预和预防已经成为儿童心理学的主要关注点。正如医学健康专家聚焦于减少患心脏病的危险一样，干预和预防方案对于减少如今儿童青少年所面临的复杂的心理健康威胁则至关重要(Mrazek & Haggerty, 1994)。发展和儿童临床心理学的研究已经成为很多已开发方案的根基。在这些学科中，已经确定了大量可能将儿童置于精神病态和消极生活处境的因素。这些因素包括从生理的、认知的、神经的问题，到跟家庭成员或同伴的关系问题，再到类似贫穷和种族歧视等社会和环境的因素(Cicchetti & Toth, 1998; Coie, Lochman, Terry, & Hyman, 1992; Dryfoos, 1990, 1997; Luthar & Zigler, 1992)。同时，研究还确定了可以减轻这些危险并促进健康发展的保护性因素，比如跟成人和同伴之间积极的人际关系、群体感、学校成就(Benson, Scales, Leffert, & Roehlkepartain, 1999; Catalano et al., 2003; Luthar, Cicchetti, & Becker, 2000; Roberts, Brown, Johnson, & Reinke, 2002; Scales et al., 2001)。

1994 年，美国医学会(Institute of Medicine, IOM)的心理疾病预防委员会设立了严格的预防研究标准。尽管很多心理疾病的诊断和治疗都有很大进展，然而儿童和成人问题的预防却远远落后(Mrazek & Haggerty, 1994)。虽然已开发出很多致力于减少心理障碍危险的方案，但是还未出台清晰的方针来指导它们的发展或评估。IOM 创立了预防干预研究环(如图 10.1)，作为研究者用系统而科学的方式提高儿童和家庭的心理健康水平时需要遵从的一个线路图(road map)。它的一个主要重点就是确保方案的结果是经过临床试验和科学评估的。太多的方案都只是在简单地把研究作为支持他们潜在原则和干预的工具，而不是进一步运用研究结果去检验自己的干预是否真正有效(Wandersman & Florin, 2003)。

IOM 环的第一步就是确定问题，并回顾关于该问题流行情况的研究。建议方案开发者应该调查一下社区对于该问题的整体关注水平，以及它在更广泛的社会中的代价，并建立起

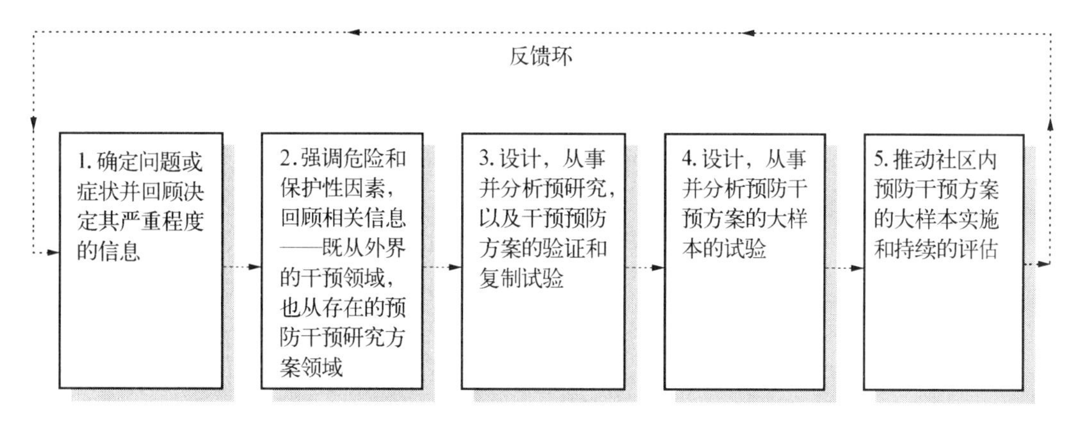

图 10.1 预防干预的医学模型

受感染最严重的社区成员之间的联系(Mrazek & Haggerty, 1994)。

为了阐述这一步骤在现实中如何实现,我们引入第一个案例:在马萨诸塞州波士顿的吉尔墨(Gilmore)学校的老师、学生和校职工。这一案例中的学校和人群都是真实存在的,只是出于保护隐私,我们将名字进行了更改。从案例入手,我们可以切身去感受一个可能面临各种消极后果[包括精神病态(学生)和学校失败(集体问题)]危险的群体是怎样的。

> 并不是每件值得做的事情都可以在我们的生命中实现,因此,我们需要信心。
>
> ——Reinhold Niebuhr

案例 1:学校出现了心理健康问题,可以治疗吗?

381

吉尔墨学校坐落于波士顿市。该学校有 250 名注册学生,其中 84%是黑人或非裔美国人,约 10%是拉美/西班牙裔,3%是白人,1.5%是亚裔,还有 2%是其他族裔或混血族裔。这样的人种分布结果反映了美国人口普查以及波士顿市政府和波士顿公立学校系统地域分布的情况(Auerbach, 2001)。

2002/2003 学年对于吉尔墨学校是尤其艰难的一年。跟很多其他在国家和联邦命令下挣扎的学校一样,吉尔墨学校未达到国家的审查标准,并被标注为"表现欠佳学校",因为该学校在马萨诸塞州全面测评系统(Massachusetts Comprehensive Assessment System, MCAS)中没有达到"年度进步标准"。在"不让一个孩子掉队法案"(2002)中,将优先资助跟学业成绩联系起来,超过 5 年没有达到"年度进步标准"的学校就会被评为"矫正行动目标学校"(Boston Public Schools, 2003)。MCAS 是全美范围内的学生测评先驱;自从 1999 年施行以来,吉尔墨学生的语文(英语)和数学成绩都很差。由于没有明显的进步,来自马萨诸塞州教育部的一个团队就来到这里对学校功能进行定期评估。他们的到来使这里的老师和学生都感到不安和压力。

此外,波士顿市在该学年又经历了重大的财政危机,数百万美元在教育预算中被砍掉。

财政危机大大削减了学校资源,并且可能直接导致学校的裁员从而削弱了教师们工作的安全感,增加了教师的压力。因此,在2002/2003学年,吉尔墨学校遭受了预算缩减导致的经济资源匮乏的同时,还要经历压力所致的教师人力资源减少。这所学校已经"营养失调了"。

如果想帮助学生成功地实现学业进步,学校需要聚焦于语文课(literacy)。要培训所有的教师学会将评估跟教学联系起来,使用读者与作者工作坊模型(Reader's and Writer's Workshop models)来改进学生的阅读和写作技能(Boston Plan for Excellence, 2004)。另外,学校还提供了大量其他的教学资源:头号阅读(Title I Reading)、阅读复习(Reading Recovery)(Clay, 1993)、一间资料室、语文/数学助教、三年级升四年级的过渡服务,二至五年级学生的MCAS技能训练课程。2002/2003学年吉尔墨学校遇到的最大挑战就是如何提升教师的士气以及如何帮助学生成功实现学业进步并提高在MCAS上的分数。关键是,州教育部已经给吉尔墨学校下了最后通牒:要么进步(提高最低学业成就标准的学生通过率),要么离开(学校关闭,同时学校的教师也会失业,因为州指导方针表明只要学校进入了这个"缓刑期",学校的教师就不再受到联邦的保护)。

Martinez先生过去4年一直担任吉尔墨学校的校长。在他任职期间, Martinez跟波士顿的商业领导合作以创造学生在校和课外的学业培训方案的财政资助。他对待社会性发展和心理健康相关问题的态度是根据与班级、家庭和整个学校氛围都提供支持的方案建立合作关系。Martinez作为校长的部分责任就是确保计划和干预能够适合学校的需要。他任职后的第一件事就是削减外界干预的数目,因为他感到学校已经深受"靶子"之苦。他现在相信适当的方案必须有说服力和相关性:一个心理健康机构提供了康复(pull-out)咨询作为学校兼职咨询师的补充;一所大学的合作机构还让他们的研究生到学校以班级或更小的团体为单位进行社会技能小组培训;当地的一个合作机构还每个月派志愿者过来对学生进行学习交流并提供很大的财政支持;临近郊区的一个宗教组织每周还会来学校给目标学生进行文化课辅导;此外美国学生联合会(Americorps)还会提供类似的数学辅导。

此外, Martinez还引进了一个课外方案,三分之一的学生可以接受这一服务。尽管Martinez也意识到在学校做服务的某些组织之间存在竞争以获得他的关注,但他相信每个组织都在为学校服务的过程中起到了举足轻重的作用,所以不太情愿对合作者名单有进一步的裁减。然而,他所面临的挑战就是如何对这些服务方案进行更好的协调,以实现整体大于部分之和的结果。不管他的这一目标成功与否,他至少很清楚每一项方案都是以技能的提升和发展为目的的。他的首选评估方式就是问这样一个问题:学生的能力得到真正的提高了吗?

382

这是一个处于极度亚健康状态的学校,面临着在接下来的12—24个月内就会消失的高危处境,然而如果只是想到学校进行一个短暂的视察访问,或者去调查现有证据,可能根本连问题的原因都无法诊断出来,更别说意识到它的不稳定形势。而且,自从员工和校长跟州检查人员整个暑假都在一起致力于发展一个学校改革计划以来,员工的士气明显已经有了提高。从秋季学期开始,所有跟吉尔墨学校相关的人员都尝试着遵循学校的改革计划。

我们还可以看到,吉尔墨学校有很多关心他们的朋友:外界社会和心理健康代理机构、专门投资教学和辅导的公司组织、当地商界和公司提供的各种基金作为财政支持以帮助吉尔墨学校的学生有更好的学校表现。这么多努力和尝试都是为了吉尔墨学校能够在春季学期的再次检查中达标,而且我们会重新看到吉尔墨学校的健康和生命力。

我们在吉尔墨学校的角色

作为吉尔墨学校5年的朋友,我们是一个地方大学的合作者。我们是从研究、教学/培训和教育这几个角度出发去关注学生和学校的社会性发展。吉尔墨学校在过去5年一直都是我们的实验学校和研究基地。危机预防方案组的硕士生都已通过了个体和班级水平的心理预防培训。博士生主要接受了人类发展和文化心理学领域研究能力的训练。

就像很多在学术领域表达对儿童发展感兴趣的专家一样,在我们的案例中作为一个研究导向的教育学研究生院,我们呆在吉尔墨学校的一个主要原因在于,几年前我们获得了一项私人基金,需要将所谓的"基于实践的研究"或"基于研究的实践"引入到吉尔墨学校以及其他一些波士顿的公立学校。我们实践工作的重点就是推进儿童的社会性发展,这也是吉尔墨学校校长和全体教职工认为他们的学生所需要的,只是单凭他们自己的力量还难以实现这一教学改革目标。因此,我们带着有足够基金支持的服务计划来到这里,当然很受欢迎。然而,我们的计划要进展顺利需要不断地改进我们的社会性发展计划的传达过程,以及对学校和学生需要的理解。

我们的专长

我们在心理干预(治疗、预防、教育/促进)领域已经工作了30年(Selman, 1980, 2003; Selman, Watts, & Schultz, 1997)。尽管我们已经跟很多至少擅长一个领域的儿童发展专家合作过,但是我们开发的方案大多数基于基础和应用发展心理学,当然也受到临床和教育心理学以及儿童精神病学的一些影响(Beardslee, 2002; Beardslee & Gladstone, 2001)。

虽然在过去5年里我们跟吉尔墨学校有着很多不同的联系,但在本案例中我们却扮演着"学校医生"的角色,作为"外来"专家,针对学校出现的问题作出诊断并呈递处方报告。我们的角色可能在传统的发展心理学研究者眼里是与众不同的,但是在应用发展心理学领域,类似的学校计划变得越来越普遍(Aber, Brown, & Jones, 2003; Adalbjarnardottir, 1993)。

问题的症状

我们接下来跟大家分享一下"症状",这是校长以及教师、同学都关注的学校氛围问题,包括:制度方针、习惯、结构、风气、内部社会,以及社区循环是否对教育持支持态度。每个人的故事都是根据我们的访谈结果合成的,访谈内容包括课堂和部分学生的情况以及我们所访谈对象如何认识自己在学校系统的角色。接下来我们会跟大家分享四种可应用于学校的干预和治疗方案的相关信息。

383

我们选择这四个方案主要出于以下几方面的考虑:第一,学业、社会和情绪学习协作会

(CASEL, 2004)已认可其科学价值。CASEL 这样描述他们的使命:"通过促进基于证据的社会、情绪和学业学习之间的协调来提高学生在学校和生活中的成就,是对学龄前一直到中学教育期间的必要组成部分。"CASEL 整合了最新实证数据和理论发展并提供领导力量以推进社会和情绪学习研究与实践的进展。第二,这四个方案通过不同的途径反映了普适于学校的方案。例如,有的方案其干预导向主要是预防心理障碍或减少社会性和情绪方面的危机;另外一些方案则聚焦于提升社交能力和胜任力。有的干预是基于班级的,而有的方案是针对整个学校的,还有一些方案针对学校、家庭和社区多方进行的。少数方案是在大学里开发的,而且有自己独立的研究单位,而其他一些方案则在应用场景中产生,并且会邀请外界的评论家来进行结果研究从而保证他们的方案有据可依。

这四种方法都是多学科融合的,经过结果评估的,并且在不同程度上都是既有研究又有证据作为基础的。每个方案或干预都会有成本,因此我们需要考虑我们自己的干预计划中的成本问题。本案例的主要目的在于阐释可用于类似吉尔墨学校这样处于困境的学校的服务、预防、干预和治疗。

综合每个人的观点: 老师、学生和管理者分别最关注社会关系中的哪些问题?

我们挑选了六位重点人物来进行分析: 两名学生(Robert 和 Reanna),两名教师(Ms. Li 和 Ms. McCarthy),一位学校适应咨询师(Ms. Curtis)和校长(Mr. Martinez)。*

Robert

在紧闭的校长室门外靠右并排放着三把面向墙壁的椅子, Robert 就坐在其中一把椅子上。他把脚放在旁边的椅子上,蜷着身子把胸贴到膝盖上发呆,但当他的目光碰到坐在走廊正对面办公室里学校书记的目光时又重新思索起来。学校里有些小孩很喜欢书记 Thompson 女士,会经常在美术课上画她的肖像并带给她看,当经过她的办公室门口时还会跟她打招呼。然而 Robert 跟 Thompson 的所有交往经历都是不友好的。年初的时候,当他被送到她的办公室时,他一直低着头。只有当她在训斥过程中要求他看着自己的眼睛时,他才会强迫自己去迎接她的目光。今天从他出现在门口的那一刻开始他就一直配合着 Thompson 的凝视和反复的咆哮,然后统统抛诸脑后。他对这个程序已经习以为常,并且每次都选择坐到最喜欢的那个靠窗边的椅子。

今天, Robert 因为在音乐课上捣乱被送到办公室。事情起因于同学们正在排队进音乐教室上课, Jamil 从后面推了他。教室外面一团混乱,很多同学包括 Robert 都被堵在门外还没进得去,这时由于 Jamil 话太多而且总是控制不了自己的手到处乱动惹恼了 Robert。Robert 虽然尚可忍耐 Jamil 的话多,但却难以容忍他在那里推推搡搡。于是今天 Robert 就比往常稍微用劲地反推了 Jamil 一下,因为上周 Jamil 导致全班都被强制禁止课间休息的事情已经让 Robert 很不爽了。上周五, Robert 所在的四年级班的一群男孩包括 Jamil 在操场上跟别人打了一架。结果 McCarthy 女士决定两周内全班都不能有课间休息。Robert 和班

---

* 我们要感谢 Miranda Lutyens,以前参与危机和预防方案的一个 EdM 学生,感谢她协助我们撰写这些学校故事。

上的很多同学都在抱怨这个不公平的惩罚，但 McCarthy 女士的意见很坚决，没有人可以动摇她。学生必须慎重考虑欺负行为的严重后果。Robert 不理解为什么老师把常规的休闲搏斗称为“欺负行为”，除非是因为 Jamil 参加了搏斗，她想保护他。或许如果 Jamil 没有参与到推搡事件中，McCarthy 女士就不会惩罚全班。Jamil 作为老师的宠儿，在 Robert 心目中的地位又低了一等。

384

取消课间休息对于 Robert 来讲是一个巨大的打击。除了不能在外面奔跑带来身体上的挫败感之外，Robert 感到近来自己在操场上获得的成就感也渐渐减少。回到几周前，Robert 开始在操场上跟一些五年级的男生踢球——在四、五年级共享午饭后的休闲时间——而且他也逐渐获得了他们的尊重。他们甚至让他踢了两次四分位，而且少数五年级的男生还能叫出他的名字，在教学楼里碰到他还会跟他打招呼。然而课间休息被剥夺了，几天之后 Robert 就发现高年级男生对他的关注也日趋消退了。现在，Robert 坐在红色椅子上，一想到课外时间被夺走他就变得很生气。他双手抓着椅子的扶手，在椅子上生气地来回晃动，但是当他抬起头却看见 Thompson 女士一直监视着他。

Reanna

20 分钟后，Reanna 背着书包，抱着外套，来到书记的办公室。Thompson 女士微笑着欢迎这个新学生的到来。“你好，甜心！”Reanna 冲她笑了一下就从 Thompson 女士的桌子后面挤过去坐到窗边的一个小桌旁边，然后拿出一本书就开始默读。Reanna 是学校里少数几个真正喜欢“放弃一切来阅读”(Drop Everything and Read, DEAR)的学生之一，每天放学最后 15 分钟的内容都是这个活动。她并不能确定她的老师 Li 女士是否喜欢 DEAR，因为 Li 女士很少要求自己的学生参加这一计划活动。或者有可能 Reanna 的老师已经没有能力和精力来组织在每天的最后时刻让 24 个小孩一起进行默读，尤其是她还要帮助个别学生辅导未完成的家庭作业，准备测验，以及其他一些班级需要做的事情。

Reanna 当选为周四公车广播员之后没多久，她就问 Li 女士自己可不可以单独提前 15 分钟到办公室完成 DEAR。Reanna 已经厌倦了班上其他女孩对她勤奋习惯的公然嘲笑，也厌倦了她们的窃窃私语和异样眼光，于是她选择了逃避。她欣然接受任何一个可以在教室之外的地方打发时间的机会——这是 Li 女士给办公室反映的信息，她还会到护士那里看她的哮喘问题，美国大学生联合会的学生 John 还会每周给她辅导数学。不出意外，Li 女士同意 Reanna 每个周四都去 Thompson 女士那里度过她的 DEAR 时间。Reanna 感觉到 Li 女士理解并同情自己的处境，她也很感谢 Li 女士帮助她逃避不利的教室环境。她不确定她的老师还能为她做些什么，也不清楚自己希望老师采取什么进一步的措施。现在，至少在书记办公室的周四下午是最好的防卫。

Reanna 期盼着每个周四下午的到来。她很高兴能够得到 Thompson 的关注，也很喜欢这个安静的地方，远离楼上那个喧嚣的教室。Reanna 最最喜欢的还是当公车广播员。听到自己的声音传播到校园的走廊里，看到在自己的指挥下同学们匆匆忙忙的身影，Reanna 感到无比的开心。无论教室里的女孩谈论她什么，当她已经安全地离开她们并且自己的声音压过她们的声音时，这些谈论对她已经没有任何意义。她也很喜欢现在的位置带来的责任感。如果没有她准确的广播,同学们可能会陷入困境,整个学校会处于一团混乱之中。学校里所有的成人都会谈到“责任”,这个词已经深入到她在校学习期间对每件事情的态度和看法,并且常常跟“尊重”联系起来。不过在当选为公车广播员之前, Reanna 并未真正找到多少体现责任的机会。即使已经是一个五年级的学生,她并不感觉自己像一个领导。只有当自己的声音指导着低年级的学生以及同伴出校门然后到达公车站,在这个过程中她才真正感觉到自己的确是学校里有责任感的一员。

跟那些被她指导上公车的同学不一样的是,Reanna 从来都是步行上学。但是明年她就得乘公车去当地一个离家 1 英里远的中学上学了。尽管 Reanna 很憧憬即将需要行进一段路程才能到学校的景象,但她还是有一些紧张。学校和邻居中传播的很多故事都是围绕中学公车上发生的惊恐事件。一个七年级的朋友就曾经被两个八年级学生逼迫抽烟才能在自己家的车站下车, Reanna 还听到过更糟糕的传言,比如在公车上其他小孩怂恿下的被迫性交行为。她很想知道明年如何保护自己,而且如果知道她的朋友比自己住得离学校更远的话会非常欣慰。当她早上上车以及放学下车的时候她的朋友们都在车上。Reanna 对于中学最大的希望就是拥有很大一群朋友并且不会再有自己这一年来遇到的烦恼。保持一个不引人注目的形象是她最想要的。

385

Li 女士

当 Reanna 的声音消失在五年级教室时, Li 女士就催促教室里所剩无几的学生记得带回即将进行的实地考察旅行的签名许可单。安排在下午的数学教学专业发展工作坊已被取消了,尽管 Li 女士知道她应该留下来并展开新的学生工作——近期的一个针对如何证明学业达标的委任活动——但她还是决定回家了。今天其实不如往常累,但她感觉这周应该结束了。可能今天是更具挑战性的,因为资料室的老师生病请假了,这就意味着这一整天 Li 女士都得跟班上这帮孩子呆在一起。她迫切地期望不再为班上那六个困难学生而烦恼。当班上的学生全勤时, Li 女士感到自己很难完整地干好每一件事情。而且她感觉到这种情况也开始反映在学生工作中。

Li 女士以前是做管理咨询工作的,但那个领域虽然很具有专业上的挑战性,但成就感很低,于是转作教师,现在已经第二年。作为热衷都市生活的女性, Li 女士把城市教育看作一个允许地位平等的领域: 她会致力于积极的社会改变工作,同时,反过来她的工作也会很有意义和动力。

尽管 Li 女士觉得现在的挫折感没有第一年工作那么强了,但仍然感觉到自己的教育硕士文凭并没有为实际教学做好充足的准备。在教师培训中学到的理论提倡建构主义,学生中心的方式,但她在自己的日常教学经验中发现这样的理论并不能完全满足实际的需求。她爱这些学生,也承认这些学生中很多都愿意去学习。而且,她相信自己的所有学生在学业和社会性发展上都是有潜力的。然而一些总是破坏班级环境的行为,让其他学生都厌倦了这种不断的打扰,很快也就丧失了动机和兴趣。结果, Li 女士感觉到自己都没有能力去发掘学生的力量,更别说帮助学生认识并欣赏自己的潜力了。她最大的恐惧就是,当她已经疲惫或绝望到极点时,她也不得不求助于学校里其他老师采用的策略或手段。办公楼里其他同事一直采用的方式就是分散注意力。不过 Li 女士至今仍然拒绝采取三年级老师的策略,那些老师会时刻把手机放在手边,不管任何时候只要学生一表现出行为问题就假装给家里打电话。Li 女士选择发扬班级里的积极感受,而不是恐惧和不信任感。她看见自己的学生中仍有欺负行为发生,会采取劝阻而不是效仿该行为的方式。如果她自己都把恐吓作为行为管理的一种策略的话,她又怎样阻止学生中的恐吓行为呢?

Li 女士并不是完全不了解校长和整个学校系统的态度:成绩必须是放在第一位的。但是她越是努力去鼓励学生的理论知识学习,她越是感觉到自己需要花更多精力在社会和情绪学习上才能成功。她坚守这一哲学信念——教师作为学生社会和道德意识发展的促进者跟作为学业指导者的角色同样重要。不过他的信念也就只能是信念罢了。当她真正面对教室里的挑战时,她又感到自己无法找到一种方式让每个人都获益。

Li 女士很清楚班上哪些女生在嘲弄和窃窃私语。她选择到小学而不是中学教书的部分原因就在于她不想去处理那个年龄段女孩的同伴关系问题。现在,她作为一个五年级的老师,她认识到女孩互相攻击的伎俩在小学也是存在的。Li 女士跟学校咨询师讨论了这个问题,咨询师就会花少许午餐时间来跟这些最严重的攻击者谈话,但是结果难以预料。Li 女士知道解决班级里的一些社会问题是她的责任,但是她不知道采取怎样的方法才可以达到持续的效果。取而代之的是,她会寻找机会去拆散这些作恶的女孩,而当这一尝试也失败时,她就会努力去安慰受害者。Li 女士至今仍然记得自己上学的时候被卑鄙的女孩取笑的日子。她知道尽管现在给这种行为冠以了新的名词"关系攻击",但像类似 Reanna 的感受跟她曾经的经历是没有什么两样的。 386

McCarthy 女士

又到了 McCarthy 女士每天关掉教室窗户的时候,同时也是她光顾员工休息室的自动售货机买薯片的时候。她很讨厌看见学生吃那么多垃圾食品,每当放学教室清空后自己都需要喝点小酒。今年她的班级就像是一个噩梦,她的学生之间互相打斗和欺负的行为时有发生,学生毫不尊重她和其他老师,还会有偷窃、骂粗话等行为。当然 McCarthy 女士这一年也不是盲目地度过的。三年级的老师们曾经警告过她关于这个班:该群体随着年级的增长,他们的行为越来越恶化,直到这种恶劣的行为成为一种常态。预期到这种状态将来可能臭名远扬, McCarthy 女士向校长 Martinez 先生表达了自己的担心,甚至还谈到是否在学校系统内流传这件事。McCarthy 女士开始向校长倾诉她的痛苦,表达了她教学 21 年以来从来没有碰到过如此糟糕的班级。这位老教师还担心,如果学生的个体和集体行为没有得到系统的解决,这样的班级怎样才能顺利完成学业呢。毫无疑问,校长认为 McCarthy 女士的这一担心对他来说是一个直接的打击,他反驳道,学生支持服务队在处理这个特殊班级的极端挑战时已经付出了努力。然而,跟很多其他同事一样, McCarthy 女士认为学生支持服务组织性和效果都不好。大多数服务都采用"头痛医头、脚痛医脚"的方式应对个体的学生问题,而不是采取宏观水平的行为管理方式来处理 McCarthy 女士班级中出现的问题。

教书 20 余年,McCarthy 女士看到了学生中的慢性行为功能障碍的普遍趋势。她知道最近的经济滑坡可能加剧了很多学生的贫困体验。她还意识到文化迁移对青少年生活的影响,从媒体中的性和暴力,到创造性游戏、运动以及跟家人共度有效时间的减少。然而当这些敏锐而且实际的社会现实问题都混在一起时,就渐渐形成了 McCarthy 在班级里日常经验的背景。

不管原因是什么,捣乱行为始终是捣乱行为。她发现针对行为管理的专业培训的增多已经从侧面反映了行为问题上升的趋势,然而她发现没有一个培训方案是特别有效的。

结果, McCarthy 女士就开始求助于集体惩罚,比如最近因为某些学生在操场上打架就禁止所有学生的课外活动。她相信同伴压力可能会给学生带来威胁。而禁止所有学生的课外活动可能将会导致少数学生去劝阻其他人不要再重演类似的行为。McCarthy 女士对学生在操场和走廊上的不良行为尤其不满。可能前一分钟她还感觉到班里的些许进步,因为学生用敬语跟她说话,还会很礼貌地问是否有人看到自己丢失的东西,而不是大喊道:"谁偷了我的________?"然而,下一分钟她的学生就会在走廊里对其他老师大喊大叫或者在操场上打闹了。甚至孩子们在课堂上都知道如何对他人表现出礼貌的行为,但他们只要不在 McCarthy 的眼皮底下,就会将这样的想法抛诸脑后了。

Curtis 女士

Curtis 女士一边收拾着撒落一地的玩具卡车和泰迪熊,一边环顾四周以确保自己没有遗漏其他任何东西在资料室老师的房间里。由于她的同事今天没来上班,她才能够使用这间阳光充足又宽敞的房间。她是学校的一位调节咨询师,很害怕回到教学楼北边办公区里的那个小房间。她每周都要在那个小房间坐班三天,尽她最大的努力去处理各种学生问题,从类似于抑郁的退缩行为,到更难以诊断的慢性攻击,因为某些学生之所以表现出这种攻击,只是对感知到的威胁的直接反应,而另外一些同学表现出这种行为则是他们试图操控自己的社交关系的一种方式。目前来讲,她一般会定期安排跟某些学生单独见面,让他们在上课时间出来 30—45 分钟,对他们进行咨询。如果可能的话,她还会带领一些团体咨询,比如午餐小组和社会技能小组。她咨询的大部分学生都是男孩,而且大多数来这里的原因都是跟攻击行为有关。

387

Curtis 女士是一名经过专业培训的临床社工,而且有跟家庭一起工作的背景和经历。她是由单亲妈妈抚养长大的非裔美国人,她相信她带到工作中的能量之一就是她能够在理解家庭并在学校里跟家长建立联系时考虑到文化因素。不幸的是,她在跟这些家庭建立联系时却遇到了困难。很多家庭明确地表示自己不愿意出现在学校。有一个男孩的母亲曾经四次爽约。尽管每次 Curtis 都会在电话里友好地提醒她。由于没有征得家长的同意,她就不能展开对学生的工作,因此她感觉就像是自己的双手被捆住了一样。

相对之下,她发现自己很想把双臂环绕在那些对于孩子的咨询很感兴趣的家庭身上。有个母亲并没有得到通知,但有天早上来到了学校想跟学校咨询师聊聊。庆幸的是,那天正好是 Curtis 当班,她跟这位母亲谈了 1 小时才结束。这位母亲跟她分享了自己对四年级儿子 Robert 的担忧,因为 Robert 的父亲五年之内已经第二次被送进监狱。母亲看到儿子身上的暴力倾向一天天在增长,越来越担心他会在学校表现出这样的行为。事实上, McCarthy 女士已多次在学生支持服务会议上提到过这个学生,但 Curtis 惊讶的是

McCarthy 女士从未跟他母亲联系过。除了分享这一事实之外，Curtis 还将谈话聚焦于母亲对儿子的评价上。母亲解释，她每天下午 6 点才能下班，所以每天只有 2 个小时可以跟儿子在一起交流。儿子的姥姥每天下午都会到她家帮忙照顾儿子，姥姥允许他到他们所住小区的社区中心去玩并在那里完成家庭作业，直到 5 点钟中心关门。然而，最近一周之内他被中心赶出来 3 次，因为他在中心有推搡行为甚至动手打其他小孩。母亲担心这将成为儿子的一种行为模式。

坐在一旁倾听的 Curtis 女士此时心情很复杂。一方面，她很不耐烦听到这么多关于这个男孩的细节；另一方面，家长能跟她分享这么多关于自己孩子的细节，她又感到很兴奋。由于不了解学生的家庭生活，Curtis 时常感觉自己在咨询中像是盲人指路。

尽管 Curtis 看到学生每来咨询一次都会有所进步，但学校老师反馈回来的报告仍然是不乐观的。行为协议和其他关于奖励积极行为的方法对于问题稍严重一些的学生来讲，都是收效甚微的。就像她深信她所做的学生服务工作的价值一样，她也清楚地知道最重要的还是学生最终能够很好地适应班上的社会性和情绪要求。Curtis 偶尔会花些时间到学生所在班级里去观察他们的行为以及跟其他同学和老师之间的互动。她观察到了这些问题孩子所在班级的环境如何加剧了他们的问题：同学之间互相奚落侮辱、老师对学生任意呵斥、欺凌弱小的行为被忽略。她不再惊讶于频繁爆发的打斗事件了，不管是在教室还是在操场上发生的。她认识到自己确实需要帮助这些学生掌握具体的技能以抵抗找别人麻烦的冲动，而且她知道这样的技能还必须在班级环境中不断强化。然而她现在看不到太多的希望。

Mr. Martinez

Robert 在校长室外面的红椅子上已经呆了很长时间了。这时 Martinez 先生从校长办公室出来了，紧跟着他的是刚到市里的其他四所小学交流回来的教导主任(literacy coach)。他们在办公室开了足足两个小时的会，讨论了他们对学校语文(ELA)教学的共同担忧。四年级的 MCAS 结果一周前已经公布了，并不理想：ELA 的通过率比去年还降低了 20%。在这样一个只有 250 名学生的小型学校，一个班的分数就会影响到整个学校的水平。去年四年级学生已经有严重的行为问题了，但他更担心今年这个四年级。McCarthy 女士向他报告了班上的长期行为问题。自从当上校长职位这四年以来，Martinez 先生跟这位在教师团队中享有一定威信的老教师之间的讨论，最终总会回到一个核心话题：学校支持服务。校长和老师都知道这些服务应该创造一个更好的学校氛围。尽管 Martinez 先生相信学校迟早会出现整体性的进步，但是 McCarthy 女士至少在班级水平上几乎没看到进步的苗头。

关于班级和学校氛围的问题让 Martinez 先生非常恼火。在改进教学与提高测验分数的持续压力下，他认识到当行为管理仍然是老师们最担心(抱怨)的问题时，他们的一切教学目标都是不切实际的。学生支持服务近期做的一项行政区调研结果显示，小学学校教师认为“关爱和支持性的学校环境”是减少学生学习障碍最有效的途径。Martinez 先生毫不怀疑老师们会同意这一研究结果。然而跟学生支持服务的调查列出的其他活动(如“早午餐计划”、“健康教育”、“社区链接”)不同的是，“关爱和支持性的学校环境”看起来实在太模糊而且难以评估。尽管校长很想把学校氛围作为学校整体改革计划的重要组成部分，但他相信完成

388

这一计划唯一的途径就是通过实现更多即时的、具体的目标，比如文化课水平的提高以及出勤率的提高。当他不能确保氛围的改善可以带来学业成绩可测量的持续进步时，他不会把学校氛围建设放在优先位置。Martinez 先生跟教导主任道别回到办公室后，脑子里仔细地分析了这些困难，不过只花了几分钟的时间。因为还有很多电话等着回复，还有很多报告需要撰写。现在关于学校环境最重要的就是，有一个安静的地方可以让 Martinez 先生平静地工作。

治疗与预防的方法

对于吉尔墨学校来说，现在有一个好消息，就是适用于学校的方案越来越多。在 20 世纪 80 年代，美国心理学会(APA)投放了一大批工作力量去探寻已有的干预方案并对之进行评价。那个时期，并未发现太多高质量的方案，但如今已经有很多建立在研究基础之上的预防方案可用了(Weissberg et al., 2003)。大多数方案都是遵从 IOM 报告中清晰列出的理论框架，预防是包括治疗和康复在内的心理健康和障碍治疗系列的一部分(Mrazek & Haggerty, 1994)。这一框架已经成功应用于减少儿童和家庭问题的青少年发展方案中(Dryfoos, 1990, 1997; Weissberg et al., 2003)。

在 IOM 预防干预研究环中，第一步就是确定问题或障碍所在，并查阅相关信息。对于吉尔墨学校来讲，想要提供“最好的实践”的研究者，或实践者需要做的第一步就是获取相关障碍的流行病学信息。在这个案例中，作为跟吉尔墨学校一起工作的“专家”，我们认为学校的问题(或障碍)主要集中在社交能力(social competence)和社交技巧(social skills)。其他学科(比如社会学或经济学)的研究者，可能又会从不同的角度来思考和诊断问题。基于吉尔墨学校的教师和工作人员提供给我们的信息，我们认为整个学校都陷入了人际关系疾病中：老师们挣扎于行为管理工作，学生们在努力处好同伴关系，而管理者在学业达标的巨大压力下还要努力解决学生的行为问题。

在学生这一层次，Robert 缺乏冲动控制，并且对 Jamil 采取身体反击而不是用语言来解决问题。社交孤立是很尖锐的，因此 Robert 和 Reanna 都感觉到被同伴疏远。他们跟大多数同学的交往不友好，当然他们也感觉到了在社交中的痛苦。而他们为此作出的反应就是，Robert 打架，Reanna 退缩到书本里。虽然 Reanna 的退缩行为可能会帮助她学业上更成功，然而将来她可能会因为缺乏适当的社交技能而难以发展出良好的人际关系。不管是 Robert 还是 Reanna，表面上他们都知道如何跟同龄孩子交往，但他们却很难达到老师们的行为标准和期待。

在教师这一层次，吉尔墨学校没有一个老师很确切地知道该如何管理这些小孩。Ms. Li 很亲切但却无能。她感觉到自己无力阻止 Reanna 在社会交往中受欺负，所以她选择每天放学就回家而不是继续用那些无效的方式阻止教室里的躁动。她清楚地记得自己当学生时也存在的“关系攻击”，即使现在已经长大成人，她承认自己仍然没有好的方法去阻止这样的行为。相对之下，Ms. McCarthy 选择用惩罚——两周内禁止课间休息——而不是通过传授给学生冲突解决的方法以及建立孩子之间联系的方式来应对孩子们的身体攻击问题。她依赖于同伴压力来改变学生的行为，然而这些学生之间并不是用积极的方式建立彼此的关系。结果他们最终互相学到的东西都是消极的，比如 Robert 会责怪 Jamil 造成同学们失去了课间休息。有趣的是，我们发现 Ms. Li 的回应跟 Reanna 的退缩策略非常相似，而 McCarthy 又跟 Jamil 和 Robert 的“反击”方式很像。

389

学校适应咨询师 Ms. Curtis，认识到如果学校想解决学生问题的话，必须让家长参与进来。然而学校附近的家庭都处于压力超负荷状态：他们缺乏足够的经济和社会支持。结果，他们就没有足够的时间和力量支撑自己来到学校，并且有时候完全不能理解为什么他们的参与会这么重要。Ms. Curtis 在学校的角色就是对学生进行一次又一次的个案咨询。然而由于没有得到更多的行政支持和资金支持，她在组织学校范围内的社交能力培训方案或者开发行为管理方面的教师教育方案时就感觉有点孤立无援。而且，她的临床培训方向主要是学生个案辅导；她不是很有信心能够组织好一个学校范围的培训方案，虽然这是学校的要求。她应该聚焦于哪些话题呢？她应该如何帮助老师和学生呢？

从校长的角度来看，学生的社交问题和学业问题是彼此独立的。尽管嘴上说当学生的社会生活和人际关系很糟糕时，学业成绩很难提高，然而 Mr. Martinez 还是选择把重心放在他所面临的最紧急问题：让学校有更良好的学业表现水平。他认为 Ms. McCarthy 的抱怨只是唠叨而已。最后，Mr. Martinez 和 Ms. McCarthy 联合起来开始谴责现在这些学生：“今年比以往任何一年都差。”

无论结果好坏，我们还是从社区和个体两个水平诊断了学校的问题。我们相信学校的老师和学生面临的问题并不是独一无二的。在诊断这些问题的过程中，我们不想将学生的问题病理化；所有的老师和工作人员都面临一个艰巨的任务，而且都在努力寻找对于学生个体和学校整体而言都最好的解决办法。Mr. Martinez 尽自己最大的努力在扭转学校面临失败的局面。Ms. Li 和 Ms. McCarthy 只是希望自己的学生相处融洽并且能够尊重权威。类似的情况，学校等级结构、父母参与的缺乏，以及强调个体而非系统问题解决的临床培训都阻碍了 Ms. Curtis 的工作进展。最后，Jamil、Robert 和 Reanna 都在用他们所知道最好的方式在融入他们的社交世界。

这些个体在生活中可能会有哪些不同的行为呢？他们怎么知道在特定的社交情境中最好的行为方式是什么呢？为了让吉尔墨学校摆脱困境，需要哪些个体、家庭、学校和系统层面的干预呢？对我们来讲，尽管学校已经开始学会解决文化课技能缺乏的问题——而且他们有充足的时间去尝试做这件事——然而他们在处理社交问题方面几乎还是一个空缺。尽管他们得到资金支持，可以开发大型的方案，但学校应该怎么通过洽谈从大量适合自己的相关方案中作出选择呢？他们又应该选择什么标准呢？

医学模型(IOM)怎样才能帮助吉尔墨学校呢？

IOM 的模型的第二步和第三步建议研究应该指导开发干预方案的方向。首先，通过评估现有关于学校氛围、社交能力和青少年发展的文献，预防方案应该选择一个可以指导干预的理论模型。第二，基于模型和研究，方案设计应该包含必要的活动、工作人员的雇用、场地的安排等内容,并且要选择用于指导格式化、评价性的研究的方法论。第四步和第五步,方案应该朝着设计大规模方案试验的方向发展,最终还要提供一个手册来对方案进行概述并描绘其核心要素和特征(Mrazek & Haggerty, 1994)。

应用该模型的优势就在于它聚焦在可广泛实施同时兼顾个体和整体水平的干预。例如,在吉尔墨学校的案例中,我们的首要出发点就是希望通过细致的服务提高学校学生的心理健康和社会性发展水平。然而时间过去了,在社交气氛薄弱的学校里跟那些努力挣扎的学生和老师一起工作的过程中,我们的担忧也渐渐多起来。我们认识到我们的思考必须超越吉尔墨的学生个体;一对一的干预并未阻止学校走廊里弥漫的行为和社交问题的发展趋势。

390

我们的策略就是使用 IOM 框架,从拥有不同理论框架和证据基础的广大备选方案中寻找"成熟的"外界预防干预。在我们的案例中,我们综述了预防方案相关的文献(Weissberg et al., 2003),并考察了强调积极青少年发展方案的研究。这些方案不会只关注儿童面临的危机,还会注重发展可以给孩子们的生活带来积极结果的正面影响(Catalano et al., 2002)。对于吉尔墨学校,我们需要一个这样的方案,它不仅有助于减少学校将来的学生出现心理和社交问题,还要能够促进学校现有学生的积极发展。换句话说,我们需要聚焦于既能帮助现有学生又能帮助将来的学生——将干预("治疗")和预防联合起来。

一些可能的选择

对于吉尔墨学校有哪些可能的选择呢?我们作为学校的"医生",所谓的专家,我们应该怎样推进工作才能给他们提供解决社会和行为问题的建议呢?重要的是心里要清楚,很多学校都是不得不自己作这些干预决策。有些城市已经开始了学校改革计划,聚焦于社会—情绪能力的提高以及消极态度和消极行为的减少[例如,阅读、写作、尊重和解决(4R)计划目前正在几所纽约城市公立学校进行评估]。但很多学校,就像吉尔墨学校一样,必须尽力在众多选择中找到最适合自己的路。但是他们怎么知道哪个方案是有效的呢?他们从哪里获得资金支持呢?从实际的角度出发,这些都是很关键的问题。

研究者们都理解,尽管两个方案可能出发点都一样,但他们采用的方法和解决问题的途径就依赖于各自的理论定位,也就是说,可能一个方案基于社会情绪学习而另一个方案则把学校看成一个社会。虽然方法没有谁对谁错,方法之间也会有一些共性,但对于实践者来说就会存在困惑,不知道该选哪一个好。甚至研究者之间对于社交能力发展都会有很多不同的观点,这是让人有些泄气的,可能会导致实践者对研究的价值产生怀疑。

学校的选择之一就是求助于 CASEL。在 Weissberg 的现场指导下,并以芝加哥伊利诺伊大学心理系为基地,CASEL 跟社会和情绪学习、预防、积极青少年发展、服务学习、性格教育,以及教育改革领域的研究者及实践者进行合作。这并不是在开发或销售方案,而是将跨学科领域的不同研究者的工作成果整合起来共同推进社会和情绪学习。2003 年,CASEL 已经在全国范围内推举了 22 个可有效推进社会和情绪学习并促进员工发展的方案(CASEL, 2003)。

即使有一批方案可供选择,而且基本可以保证这些方案都是有效的,学校还是需要决定哪一个最适合自己学校的具体情况。干预是只能在教室里进行，还是在整个学校或社区都可以实施？只能用于学校职工和学生，还是可以把家长包括进来？大概花费是多少？需要多长时间来实施？方案将聚焦于冲突解决、暴力和药物预防、促进社会学习，还是几种方法的融合？这些都是 Mr. Martinez 需要回答的问题。即使 CASEL 推荐的所有方案都已经通过了结果评估而且都建立在研究基础之上，但每个方案都有自己特殊的规划。

虽然有很多备选方案，但本章主要深入介绍四个方案。我们的目标不仅仅是评估方案，还要阐释如何将发展心理学、应用发展心理学和临床心理学研究跟其他学科整合起来并转化到实践中去。

辅助阶梯

辅助阶梯(Second Step; Committee for Children, 2005)是一个小学暴力预防课程，聚焦于发展儿童的三方面能力：共情、冲动控制/问题解决和愤怒管理。辅助阶梯的研究表明从幼儿园到小学六年级的不同年龄组孩子，可以看到积极互动和共情的增强、焦虑和抑郁行为减少，以及破坏行为、不友好行为和攻击行为减少的趋势(Frey, Nolen, Van Schoiack-Edstrom, & Hirschstein, 2001; Grossman et al., 1997; Orpinas, Parcel, McAlister, & Frankowski, 1995)。

391

辅助阶梯的目标是儿童能识别并理解自己的情绪感受，不要让愤怒升级为暴力，选择积极行为而不是消极行为。此外，辅助阶梯还试图帮助老师识别并处理班上的破坏和行为问题。因为辅助阶梯是预先包装好的，老师们几乎不需要花时间准备，所以用起来很容易，我们推荐每周进行几次，每次 30 分钟。可供小学购买的产品包括角色扮演所需的玩具[例如，怠工的蜗牛(Slow-Down Snail)来帮助孩子三思而后行]、录像和照片版课程卡。老师们使用故事作为课程(例如，愤怒管理主题)的基础，而视觉材料用于描绘儿童在社交情境中的表情，来代表不同的感受，并帮助年龄小的学生在面部表情、感受和故事之间建立联结(Committee for Children, 2005)。

从理论上讲，辅助阶梯既可用于解决学校范围的问题，也可用于解决个体问题。比如，将吉尔墨学校的氛围从惩罚模式转向问题解决的模式，老师可能就会在行为管理方面达成一致了。不再施行“休息禁令”，老师可以采用“反思书签”(reflection sheets)来促使有行为问题的学生重新回顾事件并想出更好的解决方案。这可以培养学生在事发之前处理社交问题并改变未来行为的能力，而不是简单地在事故发生之后惩罚学生。作为一种奖励，学生会得到一个“我是辅助阶梯之星”的徽章。列举问题、解决步骤的标记会张贴在休息区，这样，辅导员、学生甚至午餐保姆都会了解这一形式。这些标记还可以将辅助阶梯的价值传递给来学校参观的社区成员和家长们。

像 Robert 这样的学生就可以通过行为管理语言的改变(强调学生的反思而不是惩罚)从而得到帮助。老师和同学们搭伴对将来的行为和计划进行共同的思考、坦诚的沟通。“反思”帮助学生理解为什么自己被挑选出来改变行为，而且还可以防止他们因为在结果的发展过程中自己没有发言权而感到受挫。

在班级这一层面，尽管方案包括一些标准化课程(例如，愤怒管理)，但也有一些课程是老师根据具体冲突情境设计的。例如，Ms. Li 可以给班级创设一个课堂卡片，用角色扮演的方式了解社会排斥(social exclusion)相关问题从而揭露相关的情绪并鼓励共情。这个课程是专门针对有效处理冲突所需的问题解决步骤。

Mr. Martinez 和 Ms. McCarthy 则很喜欢那种可以在整个学校都通用的社交问题解决方案。在教室里的进步还可以延续到休息区、走廊，甚至家里，因为其他学校员工和家长也会被告知孩子正在学习的价值和策略。不同年级的学生学习的策略是相似的，而且在休息时以及放学后都可应用。

辅助阶梯的价格也是比较合理的。尽管可以给每个年级都买成套的工具，但那没有必要，而从学前一直到五年级的一整套工具也只需要花费 900 美元左右(Committee for Children, 2005)。

社会性发展研究小组

社会性发展研究小组(Social Development Research Group, SDRG)附属于西雅图的华盛顿大学的社会工作学院。有好几个干预方案都跟 SDRG 有联系：其中一个跟吉尔墨学校相关的是养育健康儿童(RHC)计划(SDRG, 2004a)。一个由美国国立药物滥用研究院(NIDA)资助的 8 年干预方案——RHC，主要用于促进学校成为推进儿童青少年健康发展并预防问题行为的保护性因素(Catalano 等, 2003)。在 2002/2003 学年，这一干预方案只在华盛顿的埃德蒙学校地区实施了，然而据此推测的话，全国的其他地区也会应用这一干预方案的原则和出版物。RHC，跟辅助阶梯不一样，它是一个行政区定位的方案，可以在该行政区的所有小学、初中和高中都适用。它既关注家长也关注学校，共同推进积极发展。家长可以参加工作坊，比如“如何帮助你的孩子在学校更成功”，“抚养健康儿童”，“迈入中学”等。在高中阶段，甚至还给家长提供家访以巩固他们早期参加的培训课程(SDRG, 2004a)。

另一方面，老师和学校管理者也会接受培训，以帮助他们将学校氛围聚焦在学习上，而不仅仅是鉴别问题行为。鼓励积极社交互动，同时还鼓励学生形成小的团队，在团队中彼此联系一起工作，互助学习。RHC 研究揭示，这些方法可以提供一种氛围，孩子们的自我感觉良好而且也认可自己学习的能力(Catalano et al. , 2003)。

392

然而，跟辅助阶梯不一样的是，RHC 不是一个成套的课程，学校应用起来没有那么方便。这一方案也已经在波士顿公立学校地区得到了很好的应用，所以应用范围已经超越了现在的华盛顿学区。将 RHC 应用到行政区(包括方案的许可和监督)的花费是难以计量的，尽管有很多可能获得资助的机会，比如美国国立药物研究所(NIDA)，其他联邦机构，或者慈善组织。基金申请书的撰写过程和应用都应该包含在花销里面，并且还需要更多的研究。

然而吉尔墨学校的受益也是非常实在的。RHC 的哲学理念似乎正好符合吉尔墨学校的需要。譬如，吉尔墨学校的部分问题在于缺乏良好的师生关系(如，Robert、Jamil 和 McCarthy 女士；Reanna 和 Li 女士)。学校还缺乏清晰的学校行为标准以及关于教室管理的共同决策。经过 RHC 培训，老师们就能够开始分享创造适应性教室氛围的策略，这种氛围可以促进而不是减损学校中必不可少的学业学习。而且，根据 Ms. Curtis 的观点，RHC 是很有用的，因为它没有把干预简单地限制在学校里，而是让家长也参与进来，因为他们认识到在设计和实施基于学校的干预方案时家长的参与是很有必要的。不过家长是否会参加还很难说，因为 Ms. Curtis 在组织家长们参加家—校交流会时就遇到了阻碍。

尽管书籍和其他教学材料都可以购买，老师和管理者们仍需要花大量的时间来计划方案如何在行政区内应用。虽然 SDRG 方案和研究基础看起来符合吉尔墨学校的需要，然而该方案的实际应用还处在行政决策阶段，需要波士顿的管理者和他的领导班子决定下来。

推进换位思考策略

推进换位思考策略(Promoting Alternative Thinking Strategies, PATHS; Greenberg, Kusché, Mihalic, 1998)计划是一个附属于宾夕法尼亚州立大学的幼儿园—六年级暴力预防计划，并在一个商业出版社(Channing-Bete)销售。作为美国治安部和暴力研究与预防中心的 10 个暴力预防蓝图之一，PATHS 在全世界至少 500 所学校都适用。就像辅助阶梯一样，PATHS 也是教导学生非暴力的冲突解决策略，希望达到三思而后行的效果，并管理和表达他们的情绪。PATHS 可以很容易整合到班级中去，时间安排和频率都可以根据老师的需要来定。课程材料由课程大纲和教师手册组成，大纲内容包括如何做好课堂呈现、重要概念须知，以及必备的材料清单等信息。此外，PATHS 的花费也是比较实在的：整套方案大约花 700 美元(Greenberg et al. , 1998)。

对于学生来说，PATHS 可以让他们知道如何评估自己面对冲突时的反应，这样他们就可以学会预防将来再发生类似的情况。对于老师来说，PATHS 则建议他们停止从前那些不当的行为，在采取大叫或惩罚或其他消极策略来应对之前，好好思考一下自己内心的感受。临床试验结果显示，老师报告学生的攻击行为有所减少，而且学生的自我控制和情绪表达，以及认知技能的分数都有所提高(Greenberg et al. , 1998；Greenberg, Kusché, Cook, & Quamma, 1995; Greenberg et al. , 2003)。这对于 Ms. McCarthy 和 Ms. Li 来讲，无疑是一个大好消息，因为这一课程是全校性的，Mr. Martinez 对于学校所有的老师都能跟随同一行为管理策略也会很有信心。

发展研究中心：儿童发展计划

我们接下来讨论的第四个也是最后一个方案是发展研究中心的儿童发展计划(Child Development Project, CDP, 2003)。CDP 不仅关注问题行为，还尝试改善学校氛围以创造一个“学习型社区”。发展研究中心除提供全校性的学业发展培训之外，还包括社会与道德发展培训。CDP 的焦点在于改进学校的整体设计，既要加强学生的文化技能，也要加强学生、老师和行政管理人员之间的关系连接。它创设了一个文化方案，该方案通过指导阅读、集体阅读、个别辅导等文化活动将译码(decoding)和阅读理解结合起来(CDP, 2003)。另外，CDP 的工作还包括培训老师和管理者如何创造一个积极的学校氛围。就像我们介绍的其他方案一样，CDP 也经过评估证明具有积极结果(Battistich, Schaps, Watson, & Solomon, 1996; Solomon, Battistich, Watson, Schaps, & Lewis, 2000)。

393

CDP 对于文化课和社会性发展的同时关注可能会吸引 Mr. Martinez，因为他主要关心的就是提高学生的学业测验分数。另外，CDP 的员工还提供发展咨询服务以辅助方案的实施，并减轻吉尔墨学校员工在应用这一成套课程时的焦虑。然而，要成功实施 CDP，学校必须花费至少好几年的时间完全实施这个方案，并且要重视后续的专业发展。此外，学校的具体花费也是需要单独跟学校和行政区洽谈的，要根据所采用的方案成分以及需要的支持、服务和材料而定。Mr. Martinez 需要考察一下 CDP 跟其他方案相比，是不是更物有所值。而 CDP 也需要协助学校和行政区确定可能获得的基金支持，甚至还需要提供撰写基金申请书的服务以帮助学校申请到基金(CDP, 2003)。

实施

以上四个方案都是建立在研究基础之上的。也就是说，它们不仅已经通过实证评估被证明是有积极结果的，而且它们的理念、模型和实施都牢牢地建立在社会心理学、发展心理学，甚至文化人类学等学科的坚固理论和实践根据之上。然而，尽管这四个方案都被认定是美国的顶级方案，然而每个干预方案所牵涉的开发者、实践者和研究者对于在学校系统实施干预的过程中投入的程度是不等的。

在开发过程中，每个干预(和它们的开发者、实践者和研究者)必须决定要把精力和时间重点放在哪些方面。研究和实践并不总是齐头并进的；在设计并实施研究方案、开办培训课程、销售产品的同时，还要发起新的从实践出发的研究、写基金申请提案，并完成数据收集与分析，这是相当困难的。一旦方案的有效性得到证实以后，它的传播就依赖于一个负责任的核心调查员。他一方面要在更大样本中重复该研究，另一方面要跟政策制定者保持工作联系以确保稳定的基金来源并推进实施的进程。在学术界，即使是受到广泛好评的研究，要实施其方案也并不总是被人赞许的；人们对研究者会有一个期望，他们必须不断开辟新的领域来进行研究并将研究结果发表出来(Rotheram-Borus & Duan, 2003)。

因此，我们呈现的每一个方案都已经定位了自己的方案属于“社会性发展”干预的哪种类型。比如，它会变成市场取向，只为迎合学校系统的需要吗？或者它已经跟外面的商家签订合同，自己只是集中精力设计和研究将来的干预内容，并做一些基础研究吗？我们所讨论的四个方案，可以分成两类。辅助阶梯和发展研究中心都是商业导向、市场驱动的方案，它们都不附属于任何一所大学。发展研究中心跟学校系统签订合同为之提供课程材料和专业发展的同时，进行自己实践导向的研究。在随机结果评价方法(Solomon et al., 2000)的指导下，发展研究中心开始将注意力转向更有结构性的研究，聚焦于如何确定能在学校创造社区感的最优实践(Schaps, 2003)。而辅助阶梯则雇佣外面的研究者来进行独立的评估。跟发展研究中心一样，辅助阶梯的研究也是受实践需要所驱动的。从发展的角度来讲，这两个方案都是直接面向实施的，因为它们都是销售社交技能“产品”，或促进学校氛围和教师专业发展。

PATHS 和 SDRG 的结构则跟前面两个大不一样。它们附属于大学，实践性也不如辅助阶梯和 CDP 强。举例来说，PATHS 的研究基础只被认为是宾夕法尼亚州立大学预防研究中心(PRC)的数个中级儿童计划之一。现在，PRC 好像对尝试销售方案或跟学校系统合作以实施方案的兴趣越来越小，而对继续从事应用和基础研究的兴趣越来越浓(PRC, 2003)。

394

如果你去浏览 SDRG 组织的网页的话，就会发现它的实施途径和方式并不明显。就像

PRC一样,社会性发展研究小组位于一所大学里,而且是一些享有共同研究目标的研究者之间的合作。对于这样的方案,成功并不在于卖出方案与否,而是像大多数大学里的研究方案一样,它们靠基金生存,从事实践导向的研究以探讨系统性的改变并撰写出版物。例如,SDRG最近的干预方案,就是一个五年计划,研究目的在于考察关爱社区系统的有效性,而干预的目的在于通过社区层面的工作促进健康发展,同时减少暴力、药物滥用和退学的情况(Hawkins & Catalano, 2003)。结果研究还得到了几个联邦机构的基金资助(如NIDA, NIMH),而且有七个州的居民参与到治疗组和控制组(SDGR, 2005a)。

那么,吉尔墨学校最终选择了哪个方案呢?马萨诸塞州的公共卫生部奖励了波士顿公立学校500万美元以实施该行政区的暴力预防方案。高级管理者们选定辅助阶梯最适合该行政区的目标学校。基金用于引进辅助阶梯的专业发展以及雇佣类似于教导主任的"社交技巧教练",并挑选一些学校参与到该活动中,当然也包括了吉尔墨学校。辅助阶梯一直在该行政区实施,直到几年后基金被花光才停止。目前,吉尔墨学校没有使用辅助阶梯或者其他任何预防方案。辅助阶梯的理念似乎已经消失了,就像其他改革尝试最后也没能在城区学校得以兴盛一样。尽管辅助阶梯可能仍在波士顿地区的其他学校使用,但我们近年来都没有看到吉尔墨学校有相关的行动,也没有听老师们谈及过。

故事的结尾告诉我们,改革方案在吉尔墨学校的实施并不理想。不幸的是,这种情况在违纪问题普遍、高休学率、低出勤率并且员工士气低下的"无组织性"学校里太普遍了(Gottfredson, Jones, & Gore, 2002)。心理健康干预方案在最需要的环境中并未得到成功实施,这让人非常沮丧而不仅是吃惊。基于学校的方案其具体实施过程可能会因学校甚至因班级而异。比如,在纽约实施"如何创造性地解决冲突"方案时,有的老师就会频繁地教授这一方案,并且很忠于方案的目标。然而另外一些学校和老师却并不是很热衷于这个方案。从班级层面来看,教师投入方案的时间和用心程度则会影响到方案在学生层面的成功与否(Aber, Brown, Chaudry, Jones, & Samples, 1996; Aber et al., 2003;Brown, Roderick, Lantieri & Aber, 2004)。

最近Wandersman和他的同事(Wandersman & Florin, 2003; Wandersman, Imm, Chinman, & Kaftarian, 2000)想出了一个方案实施的办法——关注结果(getting to outcomes, GTO),认为积极的结果依赖于很多因素。它们还策划了一个比较复杂的关于实施前、实施中、实施后的责任问题清单,并制定了从需求评估到方案效果与可持续性评价的步骤。

例如,考虑到谁是方案实施的决策者就很重要。吉尔墨学校的问题之一就是学校投入方案的范围和程度。辅助阶梯是否能够符合该学校的需要(学校教师和行政人员会有所描述),或者是不是其他人(行政区)告诉他们必须这样做,这是目前还不清楚的。因此,必须问的一个问题就是,在决策过程中跟学校与社区一起工作最好的程序是怎样的?

例如,尽管吉尔墨学校的老师和管理者都明确表示需要帮助,但他们还是倾向于对个人危机作出直接的行为反应而不是从学校层面去开发方案以预测并解决将来的行为问题。当行政区把辅助阶梯送到学校时,教师们是否会把方案当做他们需要去配合实施的东西目前

395 还是一个疑问。太多的时候,对于外来的方案他们或者持怀疑态度(又是一个学校必须遵从但最终还是将烟消云散的方案),或者把它当成可以快速解决所有问题的魔术棒。吉尔墨学校可能已经意识到并非波士顿的所有学校都获得了辅助阶梯,而且感觉到自己像是学校家族中表现最差的同胞。评估一个学校是否准备好要参加到预防方案中,这个方案实施过程中的重要准备步骤,常常被忽略了(Brown, Roderick, Lantieri, & Aber, 2004;Wandersman et al., 2000)。

Wandersman 等(2000)指出的第二大重要议题就是,所有的预防方案都需要拥有不同的资金来源。如果完全依靠马萨诸塞州公共卫生部提供的资助,那么波士顿学校地区就把自己放在了失望的境地:基金花完了,方案就不得不结束。持续性也是我们在心理健康领域经常听到的一个术语,尤其是用在干预和预防中,而持续性方面遇到的挑战在保持方案适用于吉尔墨的失败中显而易见。

然而,持续性不仅跟基金有关,还与在方案中成功培训教师和其他教职员工的能力有关。理想状态下,如果学校完全接纳辅助阶梯,而且如果成功的话,可能就不需要额外的资金和教练来继续学校的方案了。方案的教育学理念将会深入到每日教学实践中,而且应该在整个学校环境中得到强化。随后学校就可以"拥有"该方案了,而且可能迟早会忘记他们最初是从辅助阶梯那里学到了这些理念。因此要达到预期的结果,预防方案在老师和学校层面的广泛培训和熟练就很有必要了(Brown et al., 2004; Gottfredson et al., 2002)。然而,这在老师们近乎枯竭而且对新观念持怀疑态度,同时学生出勤率低的环境中可能会特别具有挑战性(Gottfredson et al., 2002)。

城区学校面临尖锐的问题,不管是从个体层面、行政区层面还是国家层面,我们希望通过吉尔墨学校的事例可以点出在研究与实践之间至今仍持续存在的鸿沟,以及我们在试图填补这一鸿沟时面临的挑战。因此,应用性研究者跟他们的研究基地建立起紧密、持续的关系就成为强烈的需要。

研究、实践、服务和培训之间的张力

当我们第一次开始跟吉尔墨学校一起工作时,我们也有自己的日程安排。一方面,我们希望能为想要获得与学校和孩子一起工作的经验的实践取向研究生提供一个培训场所,另一方面,我们也希望自己能在学校里获得立脚之处以推进我们自己的研究。临床和发展心理学的基础研究,不仅需要参与,同时也需要新鲜理念。吉尔墨,跟其他波士顿系统的学校一起,也为我们完成自己的研究提供了积极生动的环境。

与很多类似的研究/实践合作一样,我们的计划可能也带有一些殖民主义色彩。我们想要从吉尔墨那里有所"收获"——在学校里做研究——同时我们也"给予"督导实习作为回报。双方都同意这一观点,事实上吉尔墨的管理者也很乐于这种交换方式。提供基金的组织不管从字面意义上还是象征意义上都已经投入了我们的计划,因此我们的计划必须有所进展才能交差。

尽管我们的计划是在吉尔墨学校做研究,但坦率地讲,给研究生提供一个实践场所是我们的主要目标。从Mr. Martinez的角度来看,吉尔墨学校既能获得免费(或者至少没有直接的花费)实习的实际经历,同时还能得到大学合作方的专家建议。Mr. Martinez手下老师们则对我们的出现持怀疑态度。他们质疑的是我们会在1年内提供什么“服务”实习——会有帮助吗?会不会给老师们带来额外的负担?大学合作者的身份并没有在老师心目中加分。就算没有实习或研究者给的更多建议,他们感到提高学生学业成绩的要求已经足以让他们窒息了。

我们并不肯定吉尔墨学校是否可以为我们的理论思考带来什么贡献,而不仅仅是作为我们服务和研究的场所。然而从我们第一次进入吉尔墨开始,这些年来,我们开始质问自己在这一合作关系中的立场。我们也开始想知道在更广泛的学科领域对于研究和实践的关系有什么样的假设。在儿童青少年心理学和精神病学领域,把儿童青少年的健康发展和教育作为主要使命的实践者的经验和知识,与将帮助儿童青少年获得发展相关基础知识作为主要使命的研究者的专家意见,如何才能更好地整合到一起呢?我们可以同时扮演两种角色吗?那么应用型研究者扮演的又是哪一部分呢?

396

我们认识到,某些根本主题,比如来自不同社会背景的个体其发展历程相关的知识,或者思维、语言和行为在社交关系中的关联,是研究者和实践者都感兴趣的。然而,尽管两个群体都关心如何改善儿童发展的结果,但两个群体彼此之间的互相学习却是有待加强的。作为一个学科,我们需要将研究者关于儿童青少年的科学知识与实践者对于儿童青少年的日常实践和临床知识结合起来。我们需要实践者的“消费者”角色和研究者的“知识生产者”角色共同努力来实现真正的“合作者”,彼此互相学习。

为了填补这一鸿沟,我们在第二个案例中仍然以吉尔墨学校的工作为背景来继续检验研究者如何建立实践者和政策制定者之间的联系。不过,我们已把焦点转移,不再把自己放在实践者的位置:研究中干预的诊断者和处方医生。现在,我们是基于实践的研究者,既关心基础也关心应用。作为应用发展心理学家,我们感兴趣的是,儿童的自我和社会意识(self and social awareness),以及个体能力的提高在多大程度上可以作为不良生活结果(如心理疾病和偏见态度)的保护性因素,以及优化发展和潜能的方法。作为基础研究者,我们感兴趣的是研究整个心理和社会性发展。通常,基础研究从实践以及社交过程和问题中获得灵感,而应用研究则重视设计和评估解决问题的途径。同时在两种情况中,我们都对最能适应儿童成长需要的跨学科和跨专业合作感兴趣。

> *并不是任何真实或美好的东西在历史的当下都有绝对的意义,因此,我们需要信仰。*
>
> ——Reinhold Niebuhr(1952)

案例2:实践中的研究——从研究到实践再到政策,然后回到研究

本章的第二个案例讲述从研究到实践,再到政策,最后回到研究这一智力旅程的故事。

以我们自己的工作为例,我们并非想夸大自己的开创性,而是想证明为什么我们在预防领域对于研究与实践合作的定义有别于很多其他研究者和实践者的思维模式。通常看来,我们的探险——从研究到实践到政策——就像是在潮汐的河边一系列抽象的旅行。

在过去的30年里,有一个结构松散的合作,我们称其为人际发展研究小组(Group for the Study of Interpersonal Development, GSID),研究了儿童社会和道德意识发展及其与社交行动和品行的关系,并尝试促进这几个方面的发展。我们最初的努力方向主要聚焦于对已患严重精神障碍和心理问题的青年进行心理治疗(Selman, 1980; Selman & Schultz, 1990)。相应地,我们采取这些方法运用在那些面临心理困境的高危人群身上(Selman et al., 1997)。在10年之前,我们已经开始着重基本或普及性预防,而且通常是针对学校的学生(Selman, 2003; Selman & Adalbjarnardottir, 2000; Selman et al., 1992, 1997)。就像本章第一部分提到的四个方案一样,我们是扎根于实践的研究者,尽管我们更少受实践者的需要所驱使。

397 我们最新的预防策略是直接将儿童社交能力的提高整合到主流教育的核心——学业文化课实践中——作为一种预防社交孤立和沟通不利的方法(Selman, 2003)。到这一点为止,我们的模型已经用于理解两个人之间一对一的社会交互作用(social interaction),比如,人际关系发展。将我们的理念融入课程中,我希望扩大干预内容,并看看干预能否以及如何应用到群体间的发展,即儿童对于种族内以及来自不同文化和身份的群体间关系的理解。

我们采取的方法是选取高质量的儿童图书资料,尤其是带有强烈社会主题的故事,同时为这些课文设计基于研究的教师指南。* 选择这些书籍是为了吸引来自不同背景的学生,而强调练习的教师指南是为了提高学生的社会理解力和社交技巧。书籍和附带的指南都是专门针对幼儿园到六年级设计的(Selman, 2003)。

在20世纪90年代晚期,我们开始跟吉尔墨学校五年级的老师Angela Burgos一起工作,因为她既教语文课,包含阅读理解、词汇和写作技巧,同时也开展一些社交技巧培训和社会意识提升课程。我们希望通过合作知道我们的框架是否有效,是否能够得到实证支持,以及它在实践中是否有明显的效果。我们主要关心IOM模型中的第一到第三步,我们对问题的范围(影响范围和流行率)有一些想法和观念,希望对之进行深度探讨,而且我们已经设计的几个预研究也启动了研究进程。作为我们跟吉尔墨学校合作的一部分,该班级已经变成我们探索自己相关想法和观念的对象。

当我们开始了合作关系,并将发展框架——理解儿童社会性发展的指南——应用到基于实践的语文课指导方法中时,这对于我们来说就实现了从理论到证据然后到实践,再回到理论的流动。我们曾经进行了两次这种类型的旅行;事实上,同伴关系和人际关系发展的理论就是产生于多年来实践和研究之间来回的流动(Selman, 2003)。

这次,我们始于发展、文化和社会心理学汇合的知识源,接下来就应开展实践工作了。

---

* 我们的合作方是一个波士顿的读写能力特征教育计划——爱和自由的声音(VLF),由Patrick Walker指导。更多关于VLF的信息请见Selman(2003)。

具体来说，我们感兴趣的是探讨我们的儿童社会性发展框架能否帮助提高儿童在语文课上阅读故事时的理解能力。比如，学生在阅读关于社会公平性的文献时学到的知识会影响到他们自己的真实生活吗？这也是在吉尔墨学校指导我们研究的一些问题。就像我们在第一个案例中描述的那样，当我们进入到吉尔墨学校，期望应用我们的模型，提供服务，收集一些数据，并逆流而上回到我们的实验室分析，我们实际上并没有准备好如何去应对今天的教育氛围下进行学校应用研究可能遇到的现实问题。例如，我们陷入了政治和政策问题，比如对文化标准关注的增多、"不让一个孩子掉队法案"，还有马萨诸塞州的经济及其对学校预算带来的影响。大多数政策和研究的日程安排都是在等着基金和注意力从我们的兴趣中转移开。吉尔墨学校面临的每日决议，跟美国的很多学校一样，不仅会影响学校里的个别学生和老师，而且也代表了对教育领域更广泛的担忧以及发展和文化心理学在这个领域中贡献的角色。

然而，我们并不确信我们就是专家。我们不会天真地相信我们的研究在政治、经济和社会的影响力作用下还保持"无污染"。尽管从知性上我们理解家庭、邻居和环境等背景因素对社交能力的发展有一定的作用，但是我们也清楚我们不能完全理解学校氛围、学校老师的关注，以及学校系统的复杂性对儿童造成影响的程度。我们把发展心理学视为针对个体范围而不是学校系统的，但是我们希望通过我们的应用过程可以学习到更多两者之间的关联。

然而，我们在吉尔墨学校的工作中，感受到了自身以及整个儿童心理学领域的认同危机。我们是偶尔到学校工作的基础研究者呢，还是具有强大理论和研究知识基础的应用研究者呢？这些都是简单的问题，但却不容易回答。尽管很多我们这样的发展心理学领域人士可能都不情愿承认在两种身份之间存在鸿沟，但是我们通常会遇到挑战这一假设的情况。例如在社会性发展领域，就有很多有名的应用研究者，他们的研究兴趣只是设计，应用和评价预防和干预方案。这群研究者的工作得到了很多实践者的赞赏，因为实践者们很容易将他们的研究转化到实践中去，并快速直接地改善儿童的生活。另一方面，还有另外一群研究者可能会做一些认知科学方面具有突破性的基础研究，可能这些研究在将来的某一天可以给实践带来一些启示，但很难提供给老师如何提高学生的社交能力的专业意见，也很难提供社会政策相关的知识，他们也几乎没有跟小孩一起工作的经验。那么在今天的环境中，哪种研究更有价值呢？我们希望做哪种类型的研究者呢？可以两者兼而有之吗？ 398

本案例就是为了对这种分裂进行再组织。我们不是要在辩论中选择任何一个立场，而是要努力维持两种身份。这样做也是有挑战的，我们迟些会谈到，但我们现在已经发现建立两者之间的联系所带来的好处远远超过可能存在的问题。脚踏两条船，我们已经学会欣赏应用和基础研究者各自的贡献。

从研究到实践：人际间和群体间的发展理论跟文化课程的整合

我们在 20 世纪 90 年代跟 Angela Burgo 的班级一起工作了几个月，她实施了文化/社交技巧课程。跟随 IOM 模型，我们收集了班级讨论录像、教师访谈和家庭作业的数据。接下来的段落就摘自我们选择用在课堂上的书籍，主要摘录自给五年级学生选择的一本

Nicholasa Mohr (1979, pp. 36—37)的小说中的人物,《费利塔》(*Felita*),小说讲述了 20 世纪 50 年代晚期一个小学三年级的波多黎各女孩和她的家人住在纽约市的经历:

> 我弯着腰站在那里,注视着那群我曾经在我的窗前看到过的女孩。她们停止玩跳绳了,开始玩起"跳房子"游戏……她们玩得很开心,用瓶盖和钥匙环在粉笔画好的方格里投掷。"跳房子"游戏是我最擅长的游戏之一。
>
> "嗨! 你好!"一个褐色短发戴眼镜还穿着蓝色牛仔服的女孩大声叫道:"你想跟我们一起玩吗?"

小说的第一章介绍了年轻的叙述者 Felita,和她的朋友,以及一个住在西班牙黑人住宅区附近的家庭。尽管 Felita 并不情愿离开这些邻居,但她的父母很想搬到一个学校教育更好而且居住环境更安全的地方去。在第二章中,Felita 和她的家庭搬到了新的地方,附近几乎没有波多黎各人居住。一到那里, Felita 就面临着交新朋友和适应新学校的尴尬。她很紧张,这合乎情理。她开始跟临街的其他女孩一起玩"跳房子"游戏,但是这些女孩的家长并不欢迎这个奇怪的(西班牙口音)家庭来到他们的社区。一旦这些孩子受到父母的影响,他们就从最初的友好变得敌意和攻击,从而痛苦的对抗就发生了。

> 其他女孩都跟成年人抱成一团。他们都窃窃私语。我等待着。她们还会回来玩吗? 她们都静静地盯着我……突然我感到恐惧和孤独。我想要回家,上楼,那里我可以安全地跟妈妈在一起……现在,那些成年人和女孩们都在拱形的楼梯旁边站成一团。当我快到我家所在那栋楼时,便低下头并加快了步伐。我想象我会从她们身边经过然后尽快上楼。Thelma 则快速跨步挡在我前面,并说:"你们为什么搬到这里来?"
>
> "为什么你们不跟自己的同类待在一起?"Mary Beth 站在 Thelma 旁边接着说。
>
> 当我试图绕过她们时,另外三个女孩又跑到拱形台阶处,横跨大楼入口排成一行。我又转向这些成人。他们有的微笑,有的看起来很生气。
>
> "她应该待在她自己的地盘,对吧,妈妈?"
>
> "你不能回答吗? 不说英语了?"这些大人们开始大笑。
>
> "你们家这么多颜色。你是什么呢?"
>
> "她妈妈是黑色,她爸爸是白色。"
>
> "他们都不是白色……只是想蒙混过关!"
>
> "黑鬼!"
>
> "嘘,不要那样说。"
>
> "好吧,说西班牙语的人。只有上帝知道他们是什么!"
>
> "让我过去!"我尖叫道。
>
> "没有人阻拦你啊。"Mary Beth 和 Thelma 站到一边。
>
> 我深吸了一口气,努力不哭出来,走近拱形台阶,开始推开挡住入口的其他三个

399

女孩。

“看着!”他们又往回推,把我向下推了两步台阶。

“妈妈!”我抬头看着窗户。没有人在那里。“让我过去!”我大喊道。

我又向前闯了一次。我感觉到我的后背被强烈冲撞了一下,而且一个拳头从我的脸庞打过来。然后一堵人墙向我迎面倒来。我开始大哭起来。

“妈妈……妈咪塔……”

“今天就到此为止吧。足够了!”一个男人说道。

“放了她吧。”一个女人喊道。“她现在已经知道自己在这里不受欢迎了。女孩们,让她过去!”

当我从他们中间跑过去时,有人还扯着我的衬衫,我听到它撕裂的声音。我跑上了三层楼,一直哭着直到安全到家。我确保身后的大门已经锁住了,马上就扑到了妈妈的怀抱。

这本书被介绍的第一天, Ms. Burgos 鼓励她的学生思考:“什么是邻居?”于是班级就如何成为邻居的一部分以及搬到一个全新的陌生地方时有何感受的话题展开了对话。他们画出了自己邻居的图画,钉到墙上,并从 Ms. Burgos 讲述波多黎各人移民到美国的某个社区的历史中有所学习。孩子们了解书本内容,并将其联系到自己的个人经验中。

几天之后,Ms. Burgos 问她的学生“你们认为 Felita 搬到没有波多黎各家庭居住的地方时,她心里会有什么感受呢?”这一问题,以及引发的讨论,对于这个西班牙双语班学生来说尤其有意义,他们中大多数都是最近才移民过来的。接下来的两周,学生都参与到聚焦于类似第二章中描述的事件以及第三章中描述 Felita 和她的家人因为不能再忍受歧视而痛苦地决定搬回原处的事件等学习活动中。

从最开始, Angela Burgos 的班级就被 Felita 的故事吸引住了。我们发现对于这个班的五年级学生来讲, Felita 并不完全是虚构的。这些孩子的学校就处在移民率最高的城市,他们就是被学校的其他五年级学生当做是“西班牙班”, Felita 的故事对他们来说是有关系的,也是有个人意义的。

我作为波士顿这个班级的观察者,看到了这些孩子对于这个故事的卷入程度很深,老师也是将小说跟自己学生的个人生活紧密联系到了一起。我们也认识到孩子们对于故事中人物动机的理解是不一样的,而且对于解决冲突他们也有不同的建议。有的孩子支持家庭搬回以前住的地方。有的孩子又感觉他们应该就待在现在的地方跟歧视作斗争。这些观察结果引出了一些问题:我们观察到的学生的差异来源于哪里?是不是有的学生在理解 Felita 家庭所面对的问题时更成熟老练?如果这样的话,我们怎么才能将最初观察到班上同学的发展差异系统化并对之进行验证。

当我们第一次发展出在语文课中提高社交能力的策略并用在 Angela Burgos 班上时,我们是依赖于在发展心理学理论和基本经验性研究基础上建立起来的心理社会理解理论模型(theoretical model of psychosocial understanding)。该模型描绘了儿童在所面临的挑战或危险(如,Felita 挑战迫害她的人时面临的危险)与生命中重要人际关系(如,Felita 的家庭和新居住区的居民)之间建立联结的意识发展(Adalbjarnardottir, 2002; Levitt & Selman, 1996; Levitt, Selman, & Richmond, 1991; Selman & Adalbjarnardottir, 2000)。该模型还分析了社会意识的三大心理要素的发展及其内部联系:

1. 个体对于社交危险和社交关系之间的相互影响的整体理解水平(社交知识)。
2. 个体能够用于应对挑战的人际关系策略库(社交技巧)。
3. 个体对挑战和人际关系赋予个人意义的意识:当他们的行为关系到自己努力建立和维持的个人关系质量时,他们如何理解自己的行为(社交关系和价值观)。

400 该理论模型认为,个体在应对生活中的社交挑战情境时,整合自己和他人社交观点的能力越强,则成功驾驭社交关系的可能性就越大(Selman & Schultz, 1990; Selman et al., 1997)。图 10.2 形象地展示了三大要素之间的关系。从图中可知,随着年龄的增长,图也在逐渐变宽,这表明由于发展的变化,三大要素内的意识也变得越来越分化。同时,三个要素彼此之间的整合性也越来越强,但进步的同时也会出现回归现象。

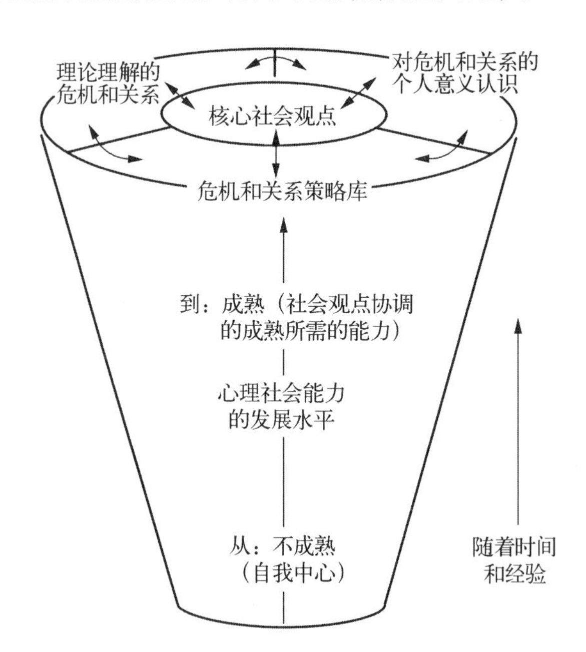

图 10.2 危机和社会关系的发展观:对三大心理社会能力的分析

这一发展模型中的三大要素——社交理解、社交策略,以及对人际关系的个人意义及其风险的意识——指导我们如何定义教师指南中的问题,以及随后需要分析那些孩子的反应。例如,我们针对模型中的三大理论要素在阅读理解中设立了相应的问题。针对 Felita 的两次邻居生活经历,首先我们设定了第一类问题来详细考查学生如何理解社交关系与生存条件之间的关系:"Felita 的新邻居和旧邻居之间有何相似之处?不同的地方又在哪里?"第二类阅读理解/社交技巧的问题聚焦于对孩子的家庭拥有哪些冲突应对策略的意识,例如:"Felita 遇到了什么问题?Felita 和她的家人应该怎样做才能改变新邻居对待她们的方式?"

最后,第三组阅读理解/社会意识问题涉及孩子们如何理解在故事中所发生的事情对于故事主人公——以及对孩子们自己存在的个人意义。当 Felita 跟祖母聊天时,谈到自己坚决要逃离跟邻居的对抗,孩子们怎样理解 Felita 所处的两难困境? "Felita 跟她的祖母说: '我从来没有跟那些女孩说过话。从来没有。似乎她们全是对的,因为我只是从旁边经过,你知道吗?' Felita 说的话是什么意思呢?"

一旦我们收集到了学生的反应,我们就可以探索学生对小说中社会经验的理解能力能否作为观察他们在自己生活中思考、协商并了解社交风险和人际关系的窗户。我们假设他们表现出越复杂的社会观点协调——将很多不同的观点联系起来并对书中主人公的行为和动机进行深度思考的能力——就会对所读课文的理解越深刻(Dray, 2005; Selman & Dray, 2003)。例如,我们观察到孩子们对于两个地方邻居之间差异的理解方式就有所不同(社交理解问题)。

Frederico,一个英语还不太熟练的男孩,这样写道:

厨房几乎都是一样的。房屋建筑的设计也很像。新社区的街道更干净。

Amalia,一个害羞的女孩,写道:

两个社区很像,因为它们都有学校和商店。它们不同的地方在于,她在旧的社区有很多朋友,而在新社区则没有。

Claudia,一个说话很温柔但很坚定的学生,写道:

401

新、旧社区相同的地方在于商店、学校和建筑物。不同的地方在于人们的态度以及他们如何对待其他人,只是因为那些人说西班牙语。

因为我们要尝试去弄清这些答案的意思,所以它们都是我们的宝贵数据。我们坚信能够鉴别出孩子们对于该问题的不同回答,因此我们就必须解决如何从发展和文化的角度对之进行编码。例如,如果是发展导向的编码,每个孩子的回答多多少少都是正确的。就像 Frederico 指出的, Felita 的新社区更干净,而且 Felita 的家人最初决定搬到这个社区的确是因为这个新社区的自然环境更好。但是我们也注意到 Frederico 在比较新、旧社区的差异时关注的是物的特征: 房屋和街道。他没有提及故事中的社会关系: 尽管的确是因为更好的生存环境而搬到新社区,但她们搬回旧社区则是因为糟糕的社会环境(她们感受到的偏见和歧视)。Frederico 的看法没有(根据我们的编码方案)抓住邻居的重要定义。

现在,我们来比较 Amalia 和 Claudia 这两个女孩的答案。Amalia 写道:"在旧的社区她有很多朋友,而在新社区则没有。"她的答案承认故事中人与人之间的关系是社区里最重要的因素。不像 Frederico，Amalia 能够更明确地表达自己对于人际关系的理解，虽然还不够清楚。然而，我们发现一个有趣的现象，Amalia 是从自我参考的角度来看两个社区的人：他们要么是 Felita 的朋友，要么不是她的朋友。而 Claudia 则认为新社区里居民的观念和行为都在阻止 Felita 交朋友："差别在于人们的态度以及对待他人的方式。"尽管 Amalia 认为一个人要么是朋友要么就不是(仿佛魔术一样)，而 Claudia 的回答告诉我们她理解到人物的内在观念(他们的态度)推动了他们的行为(他们对待别人的方式)。她的回答还进一步启示我们可能这些态度和行为还受到对 Felita 所属群体感知的影响，而这一群体在新社区里有别于其他人，同时也不受欢迎。根据我们的理论观点，Claudia 的回答表明她对人与人之间如何成为朋友，以及信任和行为举止在建立人际关系中的重要作用有更丰富的理解。通过把她的观点扩大到群体间关系，她表现出更成熟的社会意识。

从实践回到研究：社会意识的理论和提升

我们怎样定义"社会意识"呢？到现在为止，我们的理论在研究社会关系(通常是一对一的人际关系，比如友谊)方面一直很成功(Selman & Schultz, 1990; Selman et al., 1992, 1997)。但是我们发现有的孩子对于课文的理解已经超越了微观社交层面到达宏观社会层面，我们就需要重新检查我们最初的理念。如何将用于解释儿童理解友谊以及在友谊中使用策略的社会性发展理论扩展到用于解释他们对于解决社会公平性问题的理解和策略呢？这对于我们来说不仅是用研究去支持有效的实践，也是在实践中寻求理论和研究的灵感。

例如，我们发现另外两个学生对于两个社区差异的理解就更深入了一步。她们指出 Felita 新社区的女孩缺乏的品质。她们用以描述这些品质的词语让我们震惊：

> 它们很相似，因为都是平静的社区。它们的不同在于新社区的居民有一颗铁石心肠，让西班牙人很痛苦。(Juan)
>
> 在旧社区，他们可以玩跳房子游戏。所有的房子都是一个朝向的。在新社区小孩并不尊重大人。他们彼此之间没有尊重。他们都是自私的人。(Rosario)

Rosario 和 Juan，跟 Amalia 和 Claudia 不一样，她们俩看问题的角度已经超越了具体的行为和态度，而是抓住了更重要的内在稳定持久的感受：尊重，自私，"铁石心肠"。比如 Juan 跟我们描述女孩们不喜欢 Felita 是源于她们不喜欢西班牙人。她对于冲突的理解就不仅仅是把那些女孩看成是"朋友"或"非朋友"。她能够达到从文化的角度看待邻居品质的意识水平。类似地，Rosario 抓住了偏见的核心意义：人们不尊重彼此之间的差异。

402

当我们检查大家对这本书阅读理解问题的回答时，我们主要集中在这样几个发展性问题：学生能不能描述不同社区的居民对于讲西班牙语的人的态度存在什么差异？他们只是简单地把它看成一个"有朋友"或"没朋友"的问题，还是真正理解了故事中偏见的复杂性？我们把同学们的答案记录下来，同时开始设计社会意识的编码系统(Selman & Dray, 2003)。

停下来思考这些数据代表的更深层次含义，是相当重要的。在我们前面讨论过的IOM模型中，研究和理论是渗透到实践中去的：从研究的理论知识向实践的应用转变的过程中，实践是受益于良好的理论研究的。但是这里我们的主要预防方案(语文课中灌输社会意识的内容)可以说是在以小搏大。我们关于人际关系发展的原始理论难以解释孩子们跨文化、跨种族的答案。因此我们也没有强迫用哪个理论来解释，而是跟着我们的数据并试着去搞清楚学生所描述内容的意义。

从意识到实践：孩子们怎么学会应对歧视的策略

迄今为止，我们已经用发展分析探讨了孩子们怎样理解两个社区之间的差异。下一步，我们该问这些孩子怎样解决那个家庭在新社区面临的歧视问题。至今我们还不知道他们的理解将如何转化成行动：这些学生将如何解决Felita和她的家庭实际面临的问题呢?

我们在课程中安排了活动，让学生练习他们的社交问题解决和人际洽谈技巧。我们制定了一个口号，"ABC：提问(ask)、头脑风暴(brainstorm)和选择(choose)"。我们会指导学生"提问"问题，用"头脑风暴"想出不同的解决方法，然后"选择"最适合某个特殊情境的解决方案。这种类型的活动在冲突解决课程中相当普遍，而且跟辅助阶梯中的"三思而后行"练习很像(Committee for Children, 2005)。

作为这类活动基础的基本社会意识研究将社交想法和行动之间的联系概念化为信息加工过程的一系列步骤，从定义问题一直到结果评估(Coie & Dodge, 1998; Dodge, Pettit, McClaskey, & Brown, 1986)。这一方法试图在任何特定时刻都可以了解或预测到行为；这是近轴的(proximal)。* 我们发展的方法则倾向于调查行为以及儿童对行为的理解方式随着时间变化的特点，这是更远轴的(distal)。这两种方法并不互相排斥，而是在方法上互补的，既解释孩子当时的行为，也看到这种行为随时间的变化以及不同孩子间的差异(Selman, Beardslee, Schultz, Krupa, & Podorefsky, 1986)。

作为数据收集的一部分，我们在学生角色扮演和完成练习的过程中都进行了录像。正如我们预料的那样，学生对于Felita所处两难困境的反应是启发性的(illuminating)。在Ms. Burgos的班上工作了大约三个月后，学生们才足够信任老师，并讲出了自己内心的真实想法——他们真正的想法跟老师想听到的答案是相反的。老师已经给班上的学生布置了家庭作业就是回家进行ABC练习，第二天来学校他们就会形成一个团体进行讨论。那天上午，Ms. Burgos叫班里的一个男孩Luis，在全班呈现他昨天完成的家庭作业。我们随时都准备好录像机以记录下这些反应及后续的讨论。

Luis阅读了家庭作业的第一个问题："Felita面临的问题是什么?"停顿了片刻后宣读道："Felita面临着在新的社区生存以及被其他居民侮辱的问题。"然后Luis继续读第二个问题："你会给Felita提出什么建议去处理和应对她所面临的艰难处境?"Luis短暂地看了一下作业本然后回答道："我会建议Felita不要理睬其他人，继续过自己的生活。"

403

---

* K. A. Dodge于2004年在与第一作者的个人对话中有所描述。

在录像带上，清晰可见这一建议像灌铅的气球从其他学生头上飘过一样，尴尬的寂静顿时降临到教室里，Luis 的其他同学互相交换着会心的傻笑和眨眼。在接下来的讨论中，经过 Ms. Burgos 的精心指导，我们发现大多数学生都不同意 Luis 忽视他人挑衅的建议。反而大多数学生都强烈感到 Felita 的家庭应该做点什么——不管什么事情——来回应她们受到的歧视。

那么这些学生选择什么策略来处理冲突呢？基于录像和他们的家庭作业，我们确定了四种主要答案：

1. 还击(fight back)：如果有人推你，你就推回去(比如，"叫警察"，"打倒欺负弱小的人"，"找以前社区的朋友来帮忙打倒这些欺凌弱小者")。大多数男孩的答案都归到这类。
2. 撤退(retreat)：远离这些场景(比如，"搬回以前的社区"，"跟以前社区的朋友一起玩"，"搬回波多黎各")。很多女孩的答案都归到这一类。
3. 忽视(ignore)："Felita 应该忽视这个问题。"只有 Luis 选择了这一策略。
4. 组织(organize)：集结反抗不公平的支持力量。"制定一个庆祝差异日。"一个叫 Juanita 的女孩建议采取这种方式。

社会心理学领域的任何一个研究者都可以根据自己的理论框架来解释儿童的反应。例如，临床的观点认为可以用 Luis 的生活成长经历来解释他的行动。比如，我们知道事实上 Luis 是个无家可归的孤儿，他的生活都是在大街上度过的。运用这样的分析，因为 Luis 学习到解决冲突最好的策略就是回避，那么他的行为可能就是适应性的。从文化或性别的角度来看，为什么女孩倾向于选择"回到旧社区"而男孩倾向于"打倒欺负弱小者"的策略，这是值得我们关注的一个现象。文化心理学也会注意到这些孩子都是拉丁美洲人，而且其中没有一个是近期移民的孩子。这种类型的分析可能就会用根植于儿童自己生活中的文化价值观和偏好，以及他们的家族历史，来揭示他们的行为策略。而且还会将 Angela 的班级跟其他班级进行比较。

运用我们的框架，我们就会把学生的反应归为两大主题："忘记"(forget about it)和"反击"(push them back)。"忘记"类型(图 10.3 的左列)包括很多选择：搬回旧社区、忽视那些女孩并且可能她们以后都会不理睬你、远离冲突并进行反省以使将来可以作出更好的决定。我们把这些反应称作"自我转化"(self-transforming)，因为他们都建议 Felita 和她的家人通过回避、搬回旧社区，或者给这种境遇一些时间和思考等方式绕开这种情境(至少开始是这样)。

相比之下，"反击"类型(图 10.3 的右列)则是建议 Felita 和她的家人直接对社区的女孩和家庭采取外显的行动。这些行动包括从"立即把她们打倒"到"邀请旧社区的朋友来把她们打倒"再到"警告他们没有权力这么对待我们"。不管使用什么词语或行为，这一组反应都是选择采取行动而不是花时间来反思或回避冲突。

404

然而，在两个群体内部也有差异。从我们发展的角度，有的反应相对另外一些反应更成熟。比如，"忘记"类型中的，我们认为反思问题比忽略更合适。类似地，在社区层面谈这个问题("反击"选择)就比直接把对方痛打一顿更可取。因此图 10.3 中随着两边的箭头从下至上,锥体随之变宽,这表明了越接近锥体上端,考虑的角度越全面并且对问题的社会理解和策略越成熟。

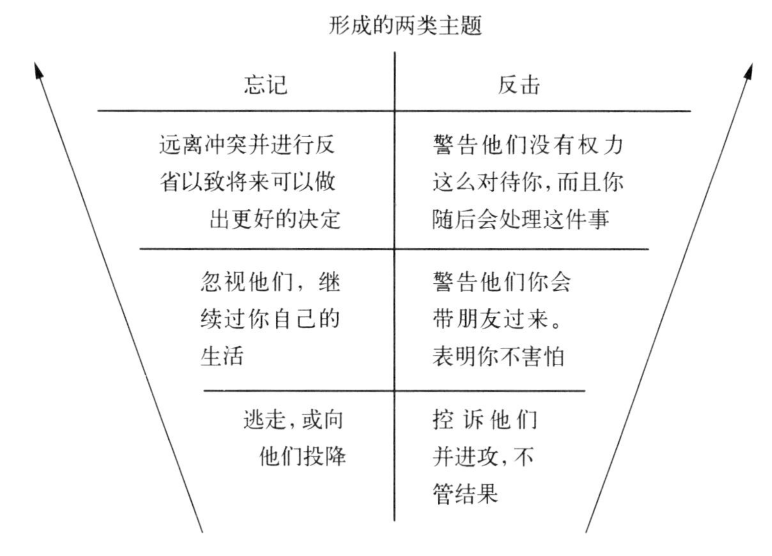

图 10.3 发展和主题框架

为什么这种分析类型很重要

我们之所以着力于解释学生对阅读理解问题的回答,有几个原因。首先,它给我们先前存在的理论带来了新的思考:儿童对人际关系理解的发展如何才能扩展到包含对文化和社会力量的意识。我们可以鉴别出儿童在理解 Felita 的故事时存在的差异,而且我们关于理解社会人际关系发展的模型可以将这些差异进行分类。

第二,我们评估社会意识的方式——通过文学作品中的阅读理解问题——提供了一种新的方式来研究儿童如何理解社交情境。除了观察和访谈之外,我们还可以通过儿童对关于小说中虚构人物的问题回答来调查儿童怎样解释(make meaning)和应对(negotiate) 社交情境。如果能结合更传统的评估方法,这无疑将成为社交能力发展研究中另一大工具,而且是能跟实践契合得很好的工具。

最后,将社会意识发展理论(以及支持该理论的研究)应用到文化课领域是很重要的,因为这就暗示了儿童的文化能力和社会意识发展相互支持的可能性。当然,跨文化文学作品可用于指导学生自己生活的观点并不是新的。* 大量通过文化课来培养社会技巧的方案最近都已汇总到学校[Development Studies Center, 2004; Educators for Social Responsibility

---

* 举例来说,发展研究中心的方案,如个性发展和学术能力;由 James Comer 开发的耶鲁大学学校发展计划;在芝加哥大学伊利诺伊分校的学业,社会和情绪学习合作;以及,基于纽约市的社会责任教育家之外的阅读、书写、尊重和决议方案。

(ESR Metro), 1999; Leming, 2000; Narvaez, 2001;Walker, 2000]。对于很多学校来说,这个方案也许能够解决必须提高文化课成绩又想附带培养学生社交技巧时所遇到的两难问题。如果我们能够想出一种方法来稳定地评估学生的社会意识水平,那么我们就可以作为一个学科把社会意识的促进工作继续做下去。文化作品不应该简单地作为介绍社会人际关系的工具(vehicle),而是可以成为一个深化理解人际关系的机制(mechanism)。

然而,这些想法也会遇到挑战。比如,我们现在仍不清楚我们所捕获的是更成熟的人际间或者群体间人际关系,还是更高级的文化课(literacy)技能。比如,文化课研究者就会指出这些学生的双语性可能是影响他们理解小说的一个因素;可能 Rosario 的语言技巧比 Frederico 强,因此可以更流畅地用英语进行阅读并沟通自己的想法。在我们的分析中,我们主要解释了我们认为儿童想说的话。我们假设尽管很多学生,包括那些双语学生,他们的文化课能力还达不到用“偏见”这个词,但是他们知道自己经历了什么。不过,并不是每个人都同意这一解释。儿童的社会意识能否从语言能力中分离出来还有待探讨。

最后,即使我们可以进行足以将语言能力效应从阅读理解评估中分离出来的研究,并且找到方法来证实我们的确在研究孩子们的社交技巧和理解,但我们还是想知道这类分析蕴含的意义。实践者会采用它作为指导社交技巧的方法吗?这种评估方法怎样融合到更传统的行为观察、测量和访谈等心理学方法中去呢?需要什么水平的专业发展和教师发展才能指导我们认为很重要的意识呢?我们认为这些都是需要探讨的重要问题。

405

从政策到实践:社会意识的提高与文化课领域教育政策的拟合点

我们决定首先解决语言和文化课问题。关于阅读理解的既存研究能够解释我们在学生反应中鉴别出来的社会意识吗?我们应该如何验证我们的编码呢?为了回答这些问题,我们需要做一些语言和文化课领域的研究——这不是社会发展心理学家常干的事情。

我们发现这个领域是教育界关注和研究最多的范围。面临着当前美国历史上又一次巨大的移民潮,劳动力市场需要为受教育劳动者提供相应的工作,贫富差距的加剧,政策制定者(和政治家)已经通过关注学业成就的方式来回应社会人口特征的变迁(Bronfenbrenner, McClelland, Wethington, Moen, & Ceci, 1996)。建设有文化修养的国家则变成重要的教育目标之一(Hill & Larsen, 2000;MacGinitie & MacGinitie, 1986; Sarroub & Pearson, 1998; Snow, Burns, & Griffin, 1998)。

我们还发现阅读理解是研究和实践的重要范围。尽管译码被认为是阅读发展的关键步骤,但研究者和实践者已经认识到甚至是最流畅的阅读者也并不一定会理解得很好(Snow & Sweet, 2003)。杰出的理解者不仅是熟练的译码者,还应该可以驾驭不同类型的课文(Walpole, 1999)。当学生们读小说时,他们需要学习如何推测主人公的动机和感受。他们还需要理解由主人公的行为所导致的情节发展(Oakhill & Yuill, 1996)。理解能力强的学生会主动在他们阅读的内容和自己的背景知识之间建立联系。他们监控自己的理解并努力领会作者的想法(Spires & Donley, 1998; Vacca & Newton, 1995)。

然而,尽管我们知道在实际行动中好的阅读理解应该是怎样的,但要把它教好或者对之进行有效评估仍然是一个挑战(Snow & Sweet, 2003)。试图在评估中将儿童的内容知识(他们实际阅读的内容)同他们的阅读能力分离开并不是件容易的工作。事实上,我们尝试勾画出我们捕捉到的内容有多少属于社会意识而有多少属于语言能力,这就类似于文化课评估时背景知识和当前理解各占多少比例。

马萨诸塞州全面测评系统(Massachusetts Comprehensive Assessment System, MCAS)就可以作为阅读理解如何变成获得文化课技能的一个指标的例子。在马萨诸塞州联邦,就像很多其他州一样,近期的教育改革运动将大量的精力和资金都放在通过提高文化课标准从而改进学业表现。MCAS考试的主要用途在于鉴定学生、老师、学校和行政区的进步。横跨整个州,老师、校长和管理者都在努力工作准备学生一年一度的MCAS考试。"应试教学"已经成为一个日常词汇,而且老师们不仅承认是根据MCAS标准来使课程和教学结构化,而且事实上也希望这样做。考试已成为马萨诸塞州生活的一个写照,并且是所有学生(包括Angela Burgos的学生)升级和毕业必须跨过的一道坎。对于学生、父母和学校专家来讲,单项测试也变成高水准的测量。

在马萨诸塞州之外,斯坦福成就测验(Stanford Achievement Test; Harcourt Educational Measurement, 1997)也是一个广泛使用的全国性测验,用于评估不同年级的书写和阅读理解。它试图去评价学生在多大程度上能够从总体上理解故事,建立起不同概念之间的联系,考虑到作者写故事的原因和目的,理解主人公的动机,以及故事的背景和情节。像MCAS和斯坦福系列这样的测评都是有广泛目标的。但是通常,测评的内容基本上还是简短地回答阅读理解的问题,而问题基本不会超出总结段落大意的范畴(Sarroub & Pearson, 1998)。

例如,在图10.4中斯坦福—9(Harcourt Educational Measurement, 1997)就试图测定五年级学生能否理解"比喻性词组",例如"跑得比风快"。阅读理解要求能够理解一些文字修饰,比如"比喻性词组"。如果儿童不能运用这些表达,他们将不能学会深度沟通。我们很赞成以发展儿童的阅读能力为指导方针,但有时我们不得不承认有的内容可以添加到以斯坦福—9为代表的测评中来。 406

我们所采用方法的不同点就在于我们的理论和实践观点。社会意识的评估方法聚焦于对虚构和传记故事里的社会关系中所隐含挑战的了解、应对和个人意义的理解。因此,我们的评估方法需要建立在这些挑战是社交关系中重要主题的陈述上。阅读理解的传统测量方式包括我们认为极其重要的因素,比如了解人物的动机、特质和想法(Vacca & Newton, 1995)。然而,我们的编码和分析仍然试图去探讨学生能看到多少超过字面意义的内容,以及学生能够从文中人物经历的社会情境中学会多少对个人有意义的知识。

阅读选集：
比风更快，罗伊斯·格兰姆柏林

在你家附近住着一个男孩叫彼特。彼特上四年级。他每天都要花很多时间在学校做作业，而且经常还需要别人的帮助……但是彼特总能做到最好。他的家庭就是这样教他的。

每天下午放学，彼特都跑回家……彼特喜欢跑步。他跑步的时候感觉很好，因为他的腿很好，能体现其功能。他的胳膊和脚也是。风迎面吹过来拍到他的脸上，吹起了头发。每当跑步的时候，彼特感觉就像飞一样……

有一天，彼特的大哥告诉他说他应该尝试参加学校的远足队。他哥哥说，这个团队需要快速而稳健的奔跑者……彼特想了这件事情一整天……第二天，彼特跑去远足队尝试去了。

彼特发生了一些变化……彼特现在回家很晚，但是他的家人并不介意。他们为彼特而自豪，虽然他平时做事很慢，但跑步时却比风还要快。

理解问题：

彼特的家人说他跑得比风还快。这是什么意思？你怎么知道的？

将答案从低水平(底)到高水平(顶)编码：

"那句话用比喻表达了他可以跑得很快。我知道因为人不可能跑得比风快。"

"比风还快的意思是，他跑得很快。因为他跑步，而且如果他跑得快的话，父母就会用这一表达方式表示他是一个很快的奔跑者。"

"彼特可以跑得很快。这是一个比喻。"

"意思是他跑得很快，因为他在哪里都跑步，而且还在远足队跑步，彼特喜欢跑步。因为我阅读了这个故事，而且那句话是在说彼特跑得很快，还因为他喜欢跑步而且很擅长跑步。"

图 10.4 根据斯坦福成就测验 9/e 计分指导进行的阅读理解简短回答分析

资料来源：*Stanford Achievement Test Series*, ninth edition, [Technical data repord], by Harcourt Educational Measurement, 1997, San Antonio, TX: Author。

从发展的角度看，我们认为五年级是通过比如 Felita 这样的课文来学习相关社交问题的重要时期。每天，Angela Burgos 班的学生都会经历相互的冲突，要么是跟家人之间，要么是跟其他班的同学之间。不可避免地，这样的经历会耗费学生的能量和注意力。我们不能忽视这一能量；他们关于人际关系的观念会影响到他们的社交行为。我们不会像传统评价体系那样回避社交相关主题，相反我们会很欢迎它们。

当然，我们提倡的方法也存在风险。比如，儿童必须阅读不同学科领域的内容，而且既要理解科学文章，也要理解社会关系的课文(Snow & Sweet, 2003)。我们不想过度强调我们的方法而忽视在阅读理解方面平衡研究安排的需要。我们的方法不是唯一的途径，也不是所有的学生在培养文化课技能时都需要的。

我们的第二个担心是，我们用这种评估方法时可能会存在误诊。例如，我们可能会低估他们能够理解的内容，或者我们可能会把关于社交问题中文化观念的差异错当成社会和认知发展的变异。因此我们去了解和研究来自不同文化和背景、带着不同信念和价值观的人群的方法就很重要，这就会为 Felita 的故事注入不一样的意义和解释。

这些风险和前景暗示了研究和理论的挑战。潜在的缺陷和机会提示我们需要再进行一轮研究才能完成不同年龄和来自不同背景的学生了解故事中社交话题的图画。我们需要回到技术研究领域再来考虑我们在实践世界遇到的问题。

407

回顾图画：前面两个案例的医学原则

我们前面提供的两个案例，吉尔墨学校和 Angela 的班级，就是我们旅程的前两个阶段——从研究到实践、从实践到政策——的缩影。我们现在回到最初的话题：医学预防干预环的角色，以及实践和研究(基础和应用)之间的关系。

在第一个案例中，根据这个处于困境中的学校，我们阐述了心理学的(临床的、发展的、社会的和文化的)基础研究如何整合到帮助学校改变其社交行为和学校氛围的方案中。我们还介绍了四个将研究与实践成功结合的方案。这几个方案都是建立在理论和研究基础上的，而且都已经经过了结果评估。通过给你们描述吉尔墨学校里的人，我们希望能够阐明实践者在学校里是怎么经历每天的社交关系世界，以及他们在尝试通过研究来为他们遇到的根本问题找答案时面临的挑战。

第二个案例，Felita 的故事以及我们对于儿童阅读理解问题的解释，阐释了基础研究如何受到比如班级氛围等情境因素和教育政策等系统问题的影响。由于现在学业标准是焦点，因此社会性发展和性格教育的方案可能常常就会被边缘化或者整合到类似历史或语文之类的内容范畴。在我们的案例中，阅读和社会性发展似乎真是天作之合。但是如果没有针对如何评估儿童在方案中的反应和参与的结构性研究计划，我们也不可能知道跨文化主义、偏见或人际冲突之类的书籍对儿童发展的影响力。我们也不会知道如何评价老师的角色。我们必须有这样一个信念：基础研究，不管它跟实践之间的关系有多微弱，一定会有价值的。因而，我们自己的研究计划也改变了方向，变得更基础而不是应用，而且我们现在正着手设计一个预研究，以帮助我们更清晰地将儿童的文化课技能从理解社会公平性故事时扮演的角色中分离出来。

IOM 在其预防研究报告中，介绍了本领域的全面启动(comprehensive initiatives)是受五个原则指导的(Mrazek & Haggerty, 1994)。我们可以根据这些特征来分析前面描述的两个案例。第一个原则就是要有详细说明的理论假设来指导干预过程和评价方法。两个案例都达到了这个要求。在吉尔墨学校的案例中，我们描述的每个干预方案都在危机和恢复领域有自己潜在的理论基础。几个方案都关注一个共同点：提高儿童的社会和情绪能力，并降低品行障碍、暴力和其他社会行为问题的危险。在第二个案例，Angela Burgos 的班级，我们的假设就是，聚焦于阅读、写作和讨论带有强烈社会话题和主题的文化课方案，可以提高阅读理解和书写等基本学业技能方面的能力。我们还相信这些方案可能会改进儿童应对生活中的困境、危险和不公平待遇的能力，比如协商解决冲突，发展自我和社会意识，并表达自己的观点。在两个案例中，这些理论驱动的假设都经过了不止一次验证，但仍需要连续性的设计和广泛实践的实施，以及不断的基础研究。

IOM 的第二个原则就是，干预应该尽力将被试随机分配到定义明确的条件中，并且每个条件中都有清晰定义的可指导干预的手册，以及坚持不懈地监控干预路线逼真度(fidelity)的方法(Mrazek & Haggerty, 1994)。本方针可能在目标被试伴随着明显障碍或危险因素的模型中更适用，尽管我们已经拥有了足够的资源可以在班级或学校水平进行评价研究(Solomon et al., 2000)。

第三个原则是，应该先对干预(或临床)试验中的潜在被试进行一个全面的评定之后，再将他们(随机)分配到某个研究条件中。另外,研究一旦开始进行了,就应该准备好可以对预期结果进行客观评价的具体测量标准。这里我们看到案例中一个有趣的差异。第一个案例中每个方案的调查员设定了两种条件:参与和非参与,然后探究了很多评价类文献以寻找可以客观(效度/信度)测量每种方案效果的测量方式。本领域最有效的测量就是研究的应用和获得的结果。

408

在第二个案例中,预研究既没有比较不同条件(第三步和第四步)的结果,也没有浏览文献以寻求有效的测量。反而,我们根据第三步的证据朝着不同的方向前进了。我们没有向第四步前进,而是回到了经验领域探讨我们的想法,建构新的假设,并开发一些可用于从未使用过客观有效测量的领域的测量标准。然后我们开始继续另一个预研究来检验我们的测量标准以及我们的研究方法。换句话说,到第一步的反馈环比 IOM 模型中的反馈环提前出现了。在迈向第四步和第五步之前,我们需要花更多的时间在确定问题、回顾文献和进行预研究之间循环。

IOM 的最后一个原则就是,评估应该一直持续到干预试验的最后结束(Mrazek & Haggerty, 1994)。这一原则不仅在本模型中很重要,在所有同时考虑个体和总体的基于研究的实践中都很重要。例如,在吉尔墨学校,我们需要知道参加学校的干预方案——辅助阶梯——的学生中品行障碍的发生是不是随时间减少?另外,我们还需要更好地了解影响方案实施的经济和背景因素。另一方面,在文化课上,我们还必须调查那些在阅读方案中获得社会意识的学生。在两个案例中,我们都想知道这些学生三年、五年或者七年后,是否在学业和社交上都有更好的表现。

最有可能的是,IOM 模型认为最后一个原则就是证明一个具有即时积极效果的方案是否具有某种持续作用力或者这种效果会随着时间增强还是减弱。这些强烈实践驱动的问题必须回答,如果希望它们变成政策的话。然而,这一建议并不是假设干预/预防一定有某种可定义的结果。例如,两个案例中建议的方法都是真实地进行长期干预。在基于学校的预防方案这个案例中,有证据表明学校和个体问题不可能在短期之内解决而且预防也需要是持续性的。在社会意识促进这一案例中,选择的理想方法就是在每个年级水平都采取这个方案。这不是一个在相对较短的时期内实施的限制性干预。事实上,这个干预很可能会至少被采用六年,从幼儿园一直到五年级,同时考虑到方案实施的精确性和真实性,也要让老师的专业水平得到相应的发展。

在两个案例中,纵向追踪研究都是很重要的。我们在两个案例中呈现的所有方案的目标群体都是学龄儿童,从 6 岁到 17 岁。很明显,在这个年龄范围的儿童如何理解学校里社会交往的本质及意义是存在发展差异的。我们需要研究在不同的年龄,以及不同环境(学校、社会阶层和文化背景等)下这一过程的特征。我们还需要知道教师培训和家庭以及环境干预的作用。只有用更深入、长期、纵向的研究,才能彻底解决这些问题。

并不是我们从事的所有善事都能独自实现;因此,我们需要爱。

——Reinhold Niebuhr

放大地图：将医学原则与公共政策联系起来

本章中的案例都指出必须将公共政策整合到IOM研究环中来。最初，我们的出发点是希望通过周到的服务提高青少年的心理健康水平和社会性发展。在吉尔墨学校，我们的这一关注点来源于跟挣扎在脆弱的社交氛围中的学生和老师一起工作的经历。我们提出的策略就是从大量外界的预防干预方案中选择，而这些方案都必须有自己的理论框架和实证基础。我们见证了吉尔墨学校如何努力适应新教育政策改革时代，这些改革已经放大影响到他们选择并实施预防方案的决定。在第二个案例中，我们的目标是预检验一个关于提高社会意识水平的理论和基于研究的方法。即使这样，我们还是发现自己必须协调文化评估和与儿童社会性发展教学相关的国家政策。这些案例不是简单地为了强调知识和实践之间的关系，我们还必须考虑到政策问题。 409

在思考研究、实践和政策之间的交互作用时，我们已经找到了由美国的一个普外科医生Julius Richmond最先提出的框架，可用于指导我们的整合工作的类型定位、我们的活动安排，以及我们下一步的计划。这一地图不仅给我们案例中的工作描绘了更广泛的前景，而且还需要把它当成更明确观察这些工作随时间发展的方法。

在Richmond的60年职业生涯中，他作为一个儿科医生，一直游走于儿童发展和儿童健康的研究、实践和政策世界。他已经分析了儿童发展专业的成员（研究者、实践者、政策制定者、政治家或宣传者）是如何更有效地对公共政策产生影响的。Richmond在几篇文章中，都提到指导儿童健康公共政策的三因素模型（Richmond & Kotelchuck, 1983; Richmond & Leaf, 1985; Richmond & Lustman, 1954），详见图10.5。

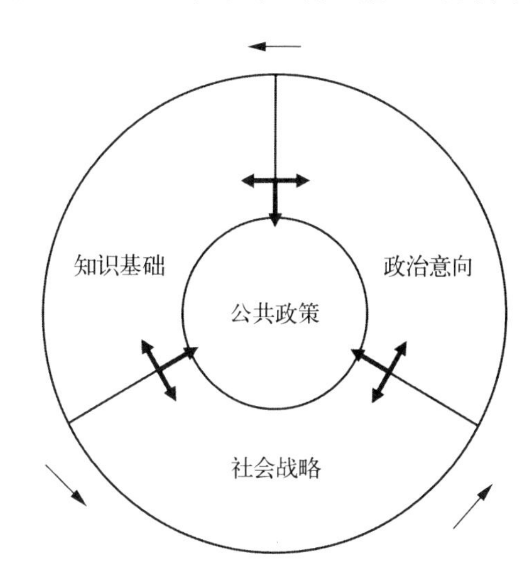

图10.5 接近政策的三因素：Richmond模型

Richmond提出了在儿童发展方面影响公共政策的三大板块(territory)：(1) 科学知识基础(science knowledge base)的分析和发展；(2) 社会战略(social strategy)的分析和发展；(3) 政治意向(political will)的分析和发展。这三者必须是一起工作才能发展并实施公共政策。

例如，知识基础为健康维护政策的相关决定提供了科学根基。健康维护政策要求我们在根除疾病方面有所进展之前先做基础研究。然而，Richmond和他的同事提出，知识基础还必须包括对围绕着健康危险的社会和经济因素、问题相关的文化特点以及用以减少危险的系统（比如预防方案）的了解。换句话说，两种知识都是必需的：一个是由基础研究者提供的知识，比如研究跟儿童心理健康（如他们面临的危险）相关的问题；另一个是应用研究者提供的专家建议，他们评估了环境和传输系统（即可能会缓解那些危险的预防方案）。如果不了解健康危险以及我们努力改变它的过程，政策就会向很多不同的方向发展。

然而，基础和应用知识只是影响公共政策的必要非充分条件。知识必须跟社会战略齐头并进。Richmond对社会战略的定义，就是如何实现我们目标的国家或国际蓝图。儿童心理学作为一个领域，必须进行跨学科范围的工作并填补基础和应用研究之间的鸿沟，才能在我们实现政策目标时需要跟随的步骤上达成一致。社会战略本身并不是政策，它只是儿童健康或教育政策的大纲和计划(Richmond & Kotelchuck, 1983)。

410

最后，甚至当我们在一个领域已经具备了雄厚的知识基础和改革蓝图时，公共政策的转变还要依赖于政治意向。我们作为一个社会团体在开发新的方案或者改革旧的方案时作出了什么贡献？我们需要创造一个过程，在这个过程中会出现很多支持者，而且会产生很多资源来共同实现我们的儿童关爱目标。

发展心理学作为一个对预防科学和实践有所贡献的学科应该为三个板块的活动都投入一些贡献，就如图10.5中知识、战略和政治意向之间的双向箭头显示的一样。我们需要重视每个板块的内容并承认彼此之间的贡献。另外，当一个板块的活动水平较低时，就需要投入一些资源来加强它。不管我们从图10.5的哪个部分开始，都不应该放弃接近其他不同领域的体验。个体在能够真正影响到公共政策的发展和实施之前必须综合三个板块的工作。

在我们的应用社会性发展这个案例中，我们现在知道单凭学业能力是不足以保证儿童拥有成功人生的。我们认识到支持性的学校可以带来更好的学业表现(Goodenow, 1993; Larson & Richards, 1991; Wentzel, 1996; Zins, Weissberg, Wang, & Walberg, 2004)，但是如何让公众或决策者更加意识到教育的高标准应该包括社会理解和道德品行方面的要求呢？我们如何才能影响到吉尔墨学校所面临的政策呢？我们这个领域下一步需要采取什么措施来深化我们的知识、制定我们的社会战略，并鼓动社会意向呢？

以上都是我们领域需要强调的关键问题。然而，当我们在工作中尝试解决这些关键问题时，却发现了另一个需要首先解决的问题：在Richmond的模型中，实践扮演了什么样的角色？在模型中的三个板块中"实践"在哪里呢？实践者只是简单地把理论知识贯彻到工作中吗，还是在我们的研究学习中扮演促进者的角色？实践者会帮忙勾勒社会战略或者对政治意向有所贡献吗？

让我们现在回到第二个案例中，看看吉尔墨学校Angela Burgos班上的学生以及他们对阅读理解中问题的答案，再来描述当我们的知识基础与政治和实践相遇时面临的挑战。

从实践到政策再回到研究的旅程：逆转反馈环的方向

当分析Angela Burgos班上的学生提供的数据时，我们发现知识基础的缺陷要求我们回到基础研究领域，更深入地探讨社会意识。但是要做基础研究，我们也必须驻足于实践，比如在Angela Burgos的班上。我们通过继续做应用基础研究(也就是我们所说的"基于实践"的研究)来抓住儿童所理解的基本概念。

例如，我们发现学生面临最有挑战性的问题最初出现在该书的第3章。在搬回旧社区几周后，Felita对她的祖母谈到了跟邻居女孩的冲突：

"Abuelita,我不想妈妈或其他任何人知道我……我有这种感受。"

"什么感受, Felita?"

"很糟糕……而且感觉不能支撑住自己了。"

"好的,那我向你保证,没有人会知道,除了我们俩,好吗?"她微笑着,并且紧紧地拥抱着我。

"这就是我在那个新社区的生活,以及发生在我身上的事情。"我告诉了 Abuelita 整件事情的始末。"很可能妈妈已经告诉过你这些事情,但是我真的不想让她知道我的真实感受。"

"那现在你怎么想要告诉我这些呢?"

"Abuelita,我跟那些女孩什么话都没说。完全没有。但似乎她们就是对的,因为我只是从旁边走开,你知道吗?"(Mohr, 1979, p. 59)

我们被故事的这一部分吸引了,因为 Felita 在跟祖母聊天的时候抓住了自己的行为和反应。我们想知道,发生的这些事情对于 Felita 来说有什么个人意义呢? 学生们能够理解 Felita 为什么会难过吗? 为了检验这些想法,我们的阅读理解/社会意识问题是这样的:"Felita 说:'Abuelita,我跟那些女孩什么话都没说。完全没有。但似乎她们就是对的,因为我只是从旁边走开,你知道吗?'Felita 说这句话是什么意思呢?"

这个问题不仅需要学生再回顾故事中的某个段落,而且还涉及儿童对所处社会世界的认知水平。在发展框架中,可以根据学生的回答洞察他们对于整体社交关系的想法,具体来讲就是 Felita 的处境。那么,我们应该怎样解释学生的反应——他们的"思想"呢?

411

大多数学生都可以归到两类群体之一。有的学生相信 Felita 的意思是因为逃避跟女孩的身体冲突而感到遗憾,她们现在肯定都认为她是个胆小鬼。而另外一些学生则认为 Felita 之所以难过是因为这些女孩毫无理由地拒绝她——她并没有做错。然而,还有一小部分学生认为最令 Felita 难过的是她自己对待邻居小孩的方式,以及邻居小孩又反过来怪罪到她是因为 Felita 的行为导致了她们最终对待她的方式。一个学生, Juanita 写道:"Felita 说'似乎他们就是对的,因为我只是从旁边走开'的意思是,她们打自己是有原因的,因为她只是从旁边绕过去,而且离开的时候什么话都没有说。"尽管 Juanita 的句子在语法上有些混淆,但她却捕捉到了大多数其他孩子漏掉的信息: Juanita 了解 Felita 认为因为她自己绕道走开了,所以她已经含蓄地认可了攻击者歧视自己的观点。那些女孩也相信"她们有这个权利"那样做。

从发展的角度来看, Juanita 的解释对我们来说代表了更高的社会意识水平和更高的阅读理解水平,而且我们相信这也是我们应该努力在整个小学阶段所有学生中发扬的一个理解水平。当我们跟教育家们分析学生如何解释 Felita 的行为时,很多人一开始都同意我们的观点。然而一旦我们推荐使用类似的发现来制定社会意识的基准(效仿文化课基准)时,这些教育家的决心就很快消失了,他们说:"啊,你们不能那样做。"为什么不能呢?

教育家们之所以持反对意见往往源于这样两种原因。其中一群人倾向于认为这种评估可能会低估学生的社会意识水平,或者更糟的话,它不会检测到替代性的、相对更复杂的表达高级社会意识水平的方式。他们担心发展研究方法会错误地将学生所表达出来的意识水平当做是儿童的某种固定能力。换句话说,他们错误地困惑,进而恐惧,这样会将社会意识的出现归类为一种固定能力的绝对诊断。

另一方面,其他教育家则辩论道,即使是对学生社会意识的准确评估也不会告诉我们当孩子面临类似问题时会怎样作出反应。这些教育家想要让学生知道一个正确的选择。他们尤其担心孩子们即使发展出理解社会情境的能力,但最终可能不会"做正确的事"。换句话说,我们的方法可能不强调品德和价值观。这一类教育家将反思能力和领会正确行动路线的无能混淆了。

坦率地说,我们并没有说某种单一的方法或测量手段可以完全评估一个学生的社会能力。我们也不应该期望通过学生认为故事中的人物应该怎么做的看法来预测他们自己的行为。我们同意在 Felita 的例子中,用词语表达想法以及后来用想法预测行动的方法局限,而且我们也需要承认对我们所观察结果的分析,只捕捉到了某个特定学生(或某群学生)在特定时间的单一测量中表达出来的意识深度。这不能概化到所有学生的整体社会性发展。尽管有这些局限,我们还是相信可以用这种方法来开发一个社会和道德测量的手段。Felita 的例子证明了,为什么假如我们要继续将增强社会和道德意识的内容整合到小学语文课方案中的话,这样一种评估方式是必需的。

例如,我们重新考虑 Juanita 以及其他学生对于 Felita 那段话的解释。很有可能 Felita 实际上并不想被当做胆小鬼,也不想跟新社区的小孩做朋友。然而,其他同学关于为什么 Felita 后来挣扎于是否绕道走的决定,以及为什么她会跟祖母说"似乎她们是对的",所表达出来的意识深度更浅。跟班上其他同学不一样的是,Juanita 认识到 Felita 更关注的不是看起来像胆小鬼或失去朋友,而是她的对手如何看待她没有挑战其他女孩对西班牙人的态度。

412

测量与评估

我们相信测量学生社会意识水平之研究标准的发展将会使每个年级的老师都能更好地了解学生对社会和道德话题理解的程度。但是测量方面的研究还需要加快进度以追上政策。例如,作为伊利诺伊州网络的一部分,最近一个关注儿童危险和预防的社团定义了一套从幼儿园到十二年级学生的社会和情绪学习标准(Illinois State Board of Education, 2004)。标准聚焦于三个目标,每个目标都有 5 个"基准"级别: 小学早期(幼儿园到三年级)、小学晚期(四—五年级)、初中期(六—八年级)、高中早期(九—十年级)、高中晚期(十一—十二年级)。三个目标分别是: (1) 发展自我意识和自我管理技巧以促进学校和生活的成功; (2) 运用社会意识和人际关系技巧来建立并维持积极的人际关系; (3) 展示决策能力和个人、学校及社区层面的负责任行为。

然而,除非我们能想出一些方法来有效测量学生是否达到这些标准,否则标准就没意义。我们认为这就是基于实践的研究其贡献所在。如果老师或学校都能仔细挑选一些反复强调从个人认同到社会责任感方面主题的文学作品来用的话,他们就能够分析学生对于关键问题的回答，从而研究每个学生的社会意识随时间的发展。

此外，如果老师有一个基于经验证明有效的图式，可以在一个发展连续体上定位学生对于社会意识相关问题的回答，他们就能确定整个班级通过某本书理解复杂社会问题的程度，还能够帮助那些在发展和了解自己的社会意识方面有额外需求的学生。跟我们一起工作的老师被超越简单文字分析来解释学生作品这一景象深深吸引住了。他们很清楚要提高社会意识，需要学生理解文学作品中的人物对社会事件赋予的意义。他们知道学生不能——或者不会——总是说出主人公的意思，但是通过写作和讨论来练习分享对不同社交问题的思考，这是建立起那种连接的必要步骤。将学生所作回答加以组织的框架对于实践会很有帮助。

老师们还知道培养学生成熟的社会行为，不管是在关键事件发生的时刻，还是在将来的人际关系中，都不会是简单地通过提升社会意识能力就能达到的效果。社会意识和社会行为都具有波动性，而且会根据社会大氛围下的情形而发生不断的改变。但是系统分析儿童对这些问题的回答，可以为评估这些变化和波动提供一个必要的标准，即使它不能作为唯一的指标。

当学生写下 Felita 的意思时，这一材料就具备了多个用途：作为老师评价他们文字和社会意识能力的工作表，老师可用它来评估种族冲突和问题解决方面的班级文化；研究者可用作研究社会意识和社会行为或语言和思维之间是连接或分离等基本问题的数据；老师和实践者还可以根据这些材料达成彼此在社会性发展相关议题上的一致意见。实践者可以并且应该把我们的研究(或者至少是我们的研究方法)作为基础来提出自己关于社会发展方面的知识和标准。

所有这些主动权放在一起就构成了我们所谓的基于实践的研究。我们不必逆流而上回到基础研究的实验室模式来创造知识。但是我们也会朝着严格的科学理论建设和研究的方向努力，这对于了解儿童社交能力的同时又关注老师和吉尔墨学校的需要非常重要。当然，这一过程并不容易。我们很难放弃对吉尔墨学校发展成熟标准的控制和权威，而让实践者来告诉我们什么对班级、学校和老师是适当的。但是如果我们不愿意仔细聆听孩子们在自然情境中告诉我们的话，而是只跟 Angela Burgos 和其他吉尔墨的实践者一起工作的话，我们就不可能获得这么多灵感可以让我们的工作顺利进行到下一阶段。

413

发展我们自己的理论基础：建立研究和实践的三角关系

儿童心理学领域一直都在反复强调要将研究和实践联系起来。当然我们经常会服从这一真理，然后又回到我们从前做的无论哪一个研究(或实践)。可能是“理论联系实践”这个词组太普遍和用滥了，以至于我们在这一点上难以改良。我们提出至少有三种途径可以探讨理论与实践的交叉，理论与实践之间可以并且应该有三种联系，详见图 10.6 的研究—实践三角。*

---

* 我们要感谢我们的同事 Catherine Snow 参与三角化模型的建立并帮助我们阐释在本章中提及的实践—研究相关话题。

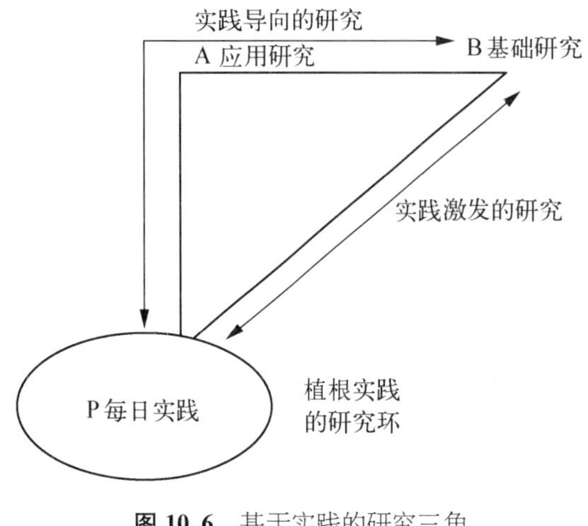

图 10.6 基于实践的研究三角

在这个三角中，研究者在A(应用)和B(基础)，而实践者在P(实践)。然而，很明显地，沿着三角的每条边都有从一个顶点向另一个顶点的运动。B和A之间的路径很容易理解——做某个学科的基础研究者(比如，评估和检验关于儿童社会性发展假设的方法)和应用研究者之间。沿着这条路旅行的研究者将理论和研究用于实际问题(如，有抑郁危险孩子的人际关系能力)中或者跟应用研究者一起工作来设计和评价干预方案。我们把这种类型的工作叫做实践导向的研究(practice-oriented research)。

容易理解的第二条路径是A和P之间——应用研究者将工作成果用于每日生活实践中(比如学校、老师和医院)的路径。这种类型的研究者经常会有两个栖息地，主要的栖息地是应用研究世界，第二个是实践世界。我们称之为实践驱动的研究(practice-driven research)；这有点像我们的第一个案例，吉尔墨学校陷入了困境，需要建立在研究基础上的预防方案。当强调P到A的方向时，这种类型的工作还可以称作基于证据的实践(evidence-based practice)，例如辅助阶梯对评估的需要。它在我们的第二个案例中也得到了部分证实，就是当我们带着干预方案进入Angela Burgos的班上并在那里做应用研究的时候。

最后一个连接，P和B之间，常常是最难以掌握而且最难以穿越的路径。我们认为这一连接是实践激发的研究(practice-inspired research)。当基础研究者有意识地将实践中的想法和关注点整合起来并基于这些新知识重构自己的研究(或理论)时，这种合作就可能实现。比如，在Angela的班上，当我们认识到我们先前的理论不能解释儿童关于社会问题复杂的想法，并且照顾不到他们的认知语言和文化课技能时，我们就回到制图板上。我们现在是在从事新的将实践者、语言、文字研究者，以及我们自己在社会发展领域的知识整合起来的预研究，来试图更好地了解儿童对社会公平类故事的理解。

我们已经冒险介绍这些术语——实践导向、实践驱动、实践激发的研究——以替代老套的用词“理论联系实践”。图10.6中顶点之间的连接非常重要。三条研究—实践路径让我们能从不同的角度来思考存在于应用研究、基础研究和实践之间的鸿沟。应用研究者的任务不是简单地把基础研究和实践相连接——我们必须找到方法可以把每个方面带入某个研究点(在我们的案例中，就是社会性发展)的知识整合起来并进一步发展我们自己的理论基础。最后，我们需要决定希望给公共政策带来怎样的影响，并绘制一张社会改变的地图，还要发展可以让这些改变发生的社会意向。

414

图10.6中环绕P(实践)的圆圈指出了这最后一个术语以及用案例来解释其重要性的价值。我们称这个圆圈为植根实践的研究(practice-embedded research)地带。植根实践的研

究可以是应用的,也可以是基础的,但它的基本特征就在于它是研究,就像 Angela Burgos 的班级那个案例所证明的一样,研究位于实践的中心。记住在我们的案例中儿童的社会性发展是嵌套于实际情境中的,也就是班级和学校的氛围中,图 10.6 中实践、应用研究和基础研究之间的三角关系帮助我们看清植根实践的研究地带是除我们之外很少有其他研究者会触及的领域。如果研究者已经说服政策制定者认可其重要性,并且儿童发展的实践者(教育家、临床医生、青少年工作者)也接受了这一点,那么它将成为需要研究者有最多整合的区域。

图 10.6 还阐明了两个在 IOM 模型中不明显并且在 Richmond 的模型中也没有详细说明的问题。第一,尽管很少穿越,但在这个三角中的基础研究和实践之间有一条直接的通路,尽管 P 周围的条件对于寻求控制性的基础研究者来说并不理想。第二,如果沿着这条路径有一个双向沟通的话,可能会减少花在 B 到 P 和 A 之间转化的时间。

在应用研究中,实践常常是对试验的功效(efficacy)和效度(effectiveness)进行良好的结构性评价的场所。我们提出实践还是一个适合于描述性基础研究工作的区域,比如在社会性发展领域,有哪些理论认为不同年龄和不同背景的儿童具有种族歧视和偏见,或者他们认为这些社会现象的原因和结果是什么,就像在教室的自然和真实情境中所表达的一样。尽管植根实践的基础研究可能进程更缓慢,而且在常规的研究性杂志上发表的周期更长,但是我们相信基础研究者花更多时间在实践中是值得的。

结论

本章运用案例研究的方法来讨论了研究和实践、危机和预防,以及社会性和学业(尤其是文化课能力)发展之间的联系。我们采用了两个互补的案例。其中一个案例中重点在讲述一个处于困境中的学校如何得到由一群擅长创新应用发展研究的方案开发者提供的预防干预帮助。而另一个案例则聚焦于学术团队,以及我们如何发现吉尔墨学校不仅是一个做应用研究的好地方,还为我们自己的基础研究和理论建构提供了灵感。

我们还介绍了两个未来心理学科的干预/预防方法,明确来讲是针对跟危机和预防领域相关的社会性发展方向。第一个模型, IOM 范式,是一个线性模型,学科知识从山上的水库出发顺流而下,然后或者介入实践中,或者带着实践中固有的问题和想法,再回到上游做应用研究(比如方案设计或实施)或更基础的研究。

相比之下, Richmond 的模型则是一个合作模型或者整合模型。它描述了一种鼓励在三个板块之间交换和对话的方法: 在 Richmond 的模型中,社会战略成分跟实践的含义不同;它既不代表实践也不代表期待达到预期结果的应用研究。它代表的是为了让知识基础与社会意向联合起来对政策构成影响时必然发生的广义社会过程:“按比例增加”是实现社会和系统改变所必需的。同样,政治意向不是实现改变的具体政策,而是需要收集某个问题(贫穷、健康维护、暴力)背后的基础知识和研究以带来社会的持久改变。

我们认为后一个模型比前一个模型能更有效地影响到政策,而且我们还需要运用我们 415

自己的知识基础对应用研究、基础研究和实践之间的三角关系加以探讨。首先,在知识基础内部对微观社交和宏观社会问题进行研究的动力(power)和影响(effect)远小于研究者在最激烈的研究时刻的猜想。在任何一个领域,某篇杂志文章中的经验性研究都不可能带来很大影响。结果,基础研究者必须有一个信念,要真正地渴望不断积累某个特定学科的知识基础,尽管已经意识到任何个人的贡献都是很微弱的,即使吸引了暂时的注意力。然而我们还是要继续保持这个信念,随着时间的积累,证据总会慢慢堆积起来的。

作为研究者,不管是应用的还是基础的,我们还需要坚持自己的希望:坚持于某个学科,在这个学科里,不用平均增量(even increments)来衡量进步,而是一阵一阵地(fits and starts)测量。持续进步的专业社会政策在一代中几乎不可能实现;取而代之的是,可能需要一代代的研究者,每个人都满怀希望和信心,自己的贡献是有价值的。即使就像 Niebuhr 所说,"并不是每件值得做的事情都可以在我们的生命中实现",但跟其他人一起努力为了共同的目标奋斗的过程,是具有改革性的、固有发展性的,而且是值得去做的。

最后,研究者和实践者都需要热爱继续形成和发展正在进行的合作,以促进应用和基础研究以及效果改变。如果没有其他资源,在从事应用研究的年代,我们认识到没有一个小组能独立完成。研究者需要实践,就像实践者也需要研究一样。终于,应用和基础研究者以及实践者在 Richmond 的模型中归属到同一阵营,我们都为各自领地的知识基础作出了贡献,不管是在实验室做实验研究,还是在学校跟老师们一起工作,或者给孩子们提供直接的服务。

我们可以想象我们在本章所呈现两个案例的故事某天汇合到一起的那一刻——当我们在吉尔墨学校所作的社会意识基础研究真正地帮助学校解决日常问题时。但是此刻,我们想用这两个案例作为背景投射出来的图像来结束我们在本章的案例分析过程中提出的一些尖锐问题。有三个主题可以证明今后的专业角色。第一个阐明了实践和应用研究之间的鸿沟,第二个论证了应用和基础研究的脱节,第三个论证了基础研究和实践之间的鸿沟(最需要填补的一个鸿沟)。

尽管应用研究和实践之间的联系可能在理论上最容易建立,但它也有自己的一系列问题。当我们考虑吉尔墨学校的两难困境以及缓解学校问题的预防和干预方案时,我们质疑要如何才能填补发展心理学中实践和应用研究之间的鸿沟。例如,你必须首先是一个实践者,然后才能开发有效的干预方案吗?* 那些在两个领域都有工作经验的人更容易建立两者之间的联系吗?我们相信这个问题的答案是"不",但是更多的应用发展心理学家需要在同样的实践背景中找到应用研究和实践工作的互补与结合。

在理论医学中有一个该模型的先例。教学医院是研究和实践共同的环境。临床调查者对个体面临的问题进行研究而且可以指导提供直接服务的实践。但是医院(和联邦机构,比

---

* 有一个预防领域(儿童和青少年抑郁)的心理学研究者,他最开始是一个儿童精神科专家,从事相关实践,后来学习危机研究是为了探究一些流行病学方面的危险因素,设计了一个试验性的干预,做了一个随机的工作效能研究,并朝着效能研究的挑战努力,详见 Beardslee(2002)。

如 National Institutes Health)必须给实践者提供强大的奖励才能让他们离开实践去做临床研究。在第一个吉尔墨学校的案例中,如果有某个教育学院的加盟,那么校长 Martinez 先生,可能就既有实践者的责任又有研究目标了。尽管这种情况并不是在所有小学都能成为现实,但是拥有一些这样的校长和学校却不难实现。(应用)发展心理学领域的高级培训对于一个临床调查者(或学校实践者)来说会是一个很好的培训经历。实践经历会帮助应用研究者预见到实施中的问题;研究经历也会帮助实践者更能理解测量和评估方面的问题。 416

在基础和应用研究之间建立连接时当然也会附带着两者之间的张力。在 Richmond 的模型中,知识基础既包括健康问题的基础研究,也包括对背景因素的影响和不同预防测量的有效了解。然而,太多的时候当我们想起某个领域的知识基础时,倾向于只考虑在我们开始考虑周围的环境和/或有助于减缓问题的预防系统之前需要全面解释的科学、认知或生物问题。就像 IOM 模型中描述的那样,知识的流动似乎说明了应用研究者应该首先向基础研究者学习,再将研究应用到实践中,然后立即评估它,而不必马上返回到基础研究领域。

应用研究者们通常会怀疑基础研究者的理论,因为他们认为它脱离了真实生活的需要与关注;相应地,基础研究者也并不关心他们研究成果的应用,或者是说,他们不愿意通过进行繁复的实践和应用试验来检验他们的基础假设。要想解决理论与实践脱节这个问题,首先要考虑一个人如何在同一时间甚至同一地点进行基础和应用研究;在基础研究领域,应用研究的价值应该如何评定,哪种形式的基础研究成果——尽管复杂并且有时可能并不来自试验,而仅仅是因为在应用中被发现——应该被发表。我们应该以何种形式构建研究机构和应用领域之间的沟通桥梁(例如,从教育学院到心理学系或者其他人类发展的跨学科领域),以创建一个可以鼓励进行类似沟通的平台。

最终,我们必须面对实践与基础研究之间的鸿沟。实践者通常没有能够意识到或者说他们没有重视理论研究的贡献,因为那些理论研究看起来离他们每天面对的现实生活相去甚远。例如他们可能会过高评价自己同伴的观点而低估理论研究者的知识。或许他们是如此关注于当前的事情,关注他们的学生、孩子或者来访者的日常需求,以至于不想或者说没有能力去跨越研究领域寻找他们应该去往何处或者说下一步应该做什么。同样地,基础研究者也有可能过多地关注于他们研究进展实施的细微问题,而使他们没有足够的距离可以去认识到实践者也能对他们的工作带来有价值的贡献。如果非要作出选择,他们可能会选择跟随自己研究的进程,而不是跟这个领域里真正需要的东西再度连接。

当然,有时候实践者和基础研究的近视也恰好就是这个领域所要求的。我们需要基础研究去研究那些表面上看起来不很复杂的一系列想法,因为很多时候这些创造(或者说是简单的坚持)就可以带来更大的突破。我们也需要实践者对我们这个社会的日常需求负起责任,而不是迷失在他们自己的某些抽象世界里。但是如果彼此之间没有对话,或者说对彼此的价值没有最低程度的认可的话,我们的领域(在一个宏观的水平上)则永远无法完全横穿实践和研究的三角。就如 Richmond 模式里所述一样,学科需要经常在这三点之中跨越以促进我们的知识基础扩大的进程。而随着这类知识的发展,我们将能够有信心地朝着社会政策和政治意向的领域前进，去影响能够推动危机、预防和社会性发展领域的进步，并创造可以承受的、深思熟虑的政策改革的改变。

（方晓义、邓林园译）

参考文献

Aber, J. L., Brown, J. L., Chaudry, N., Jones, S. M., & Samples, F. (1996). The evaluation of the Resolving Conflict Creatively program: An overview. *American Journal of Preventive Medicine*, *12*(Suppl. 5), 82-90.

Aber, J. L., Brown, J. L., & Jones, S. M. (2003). Developmental trajectories toward violence in middle childhood: Course, demographic differences, and response to school-based intervention. *Developmental Psychology*, *39*(2), 324-348.

Adalbjarnardottir, S. (1993). Promoting children's social growth in the schools: An intervention study. *Journal of Applied Developmental Psychology*, *14*(4), 461-484.

Adalbjarnardottir, S. (2002). Adolescent psychosocial maturity and alcohol use: Quantitative and qualitative analyses of longitudinal data. *Adolescence*, *37*(145), 19-53.

Auerbach, J. (Ed.). (2001). *Report to the mayor: Health of Boston 2001*. Boston: Boston Public Health Commission.

Battistich, V., Schaps, E., Watson, M., & Solomon, D. (1996). Prevention effects of the Child Development Project: Early findings from an ongoing multisite demonstration trial. *Journal of Adolescent Research*, *11*, 12-35.

Beardslee, W. R. (2002). *Out of the darkened room*. Boston: Little, Brown.

Beardslee, W. R., & Gladstone, T. R. G. (2001). Prevention of childhood depression: Recent findings and future prospects. *Biological Psychiatry*, *49*(12), 1101-1110.

Benson, P. L., Scales, P. C., Leffert, N., & Roehlkepartain, E. (1999). *A fragile foundation: The state of developmental assets among American youth*. Minneapolis, MN: Search Institute.

Boston Plan for Excellence. (2004, November 10). *Effective practice characteristics*. Retrieved November 18, 2004, from http://www.bpe.org.

Boston Public Schools. (2003, February). *No Child Left Behind federal law implementation: No Child Left Behind and school choice*. Retrieved October 18, 2005, from http://boston.k12.ma.us/nclb.

Bronfenbrenner, U., McClelland, P., Wethington, E., & Moen, P. (1996). *The state of Americans: This generation and the next*. New York: Free Press.

Brown, J. L., Roderick, T., Lantieri, L., & Aber, J. L. (2004). The Resolving Conflict Creatively program: A school-based social and emotional learning program. In J. E. Zins, R. P. Weissberg, M. C. Wang, & H. J. Walberg (Eds.), *Building academic success on social and emotional learning: What does the research say?* (pp. 151-169). New York: Teachers College Press.

Catalano, R. F., Berglund, M. L., Ryan, J. A. M., Lonczak, H. S., & Hawkins, J. D. (2002). Positive youth development in the United States: Research findings on evaluations of positive youth development programs. *Prevention and Treatment*, *5*(15). Retrieved October 19, 2005, from http://journals.apa.org/prevention/volume5/pre0050015a.html.

Catalano, R. F., Mazza, J. J., Harachi, T. W., Abbott, R. D., Haggerty, K. P., & Fleming, C. B. (2003). Raising healthy children through enhancing social development in elementary school: Results after 1.5 years. *Journal of School Psychology*, *41*(2), 143-164.

Child Development Project. (2003, November 21). *Child Development Project*. Retrieved February 17, 2004, from http://www.devstu.org/cdp/index.html.

Cicchetti, D., & Toth, S. (1998). Perspectives on research and practice in developmental psychopathology. In W. Damon (Editor-in-Chief) & I. Sigel, & K. A. Renninger (Vol. Eds.), *Handbook of child psychology: Vol. 4. Child psychology in practice* (5th ed., pp. 479-583). New York: Wiley.

Clay, M. M. (1993). *Reading Recovery: A guidebook for teachers in training*. Portsmouth, NH: Heinemann.

Coie, J. D., & Dodge, K. A. (1998). Aggression and antisocial behavior. In W. Damon (Editor-in-Chief) & N. Eisenberg (Vol. Ed.), *Handbook of child psychology: Vol. 3. Social, emotional, and personality development* (5th ed., pp. 779-862). New York: Wiley.

Coie, J. D., Lochman, J. E., Terry, R., & Hyman, C. (1992). Predicting early adolescent disorder from childhood aggression and peer rejection. *Journal of Consulting and Clinical Psychology*, *60*, 783-792.

Collaborative for Academic, Social, and Emotional Learning. (2004, September 29). *Safe and sound: An education leader's guide to evidence-based social and emotional learning programs*. Retrieved October 19, 2005, from http://www.casel.org/projects_products/safeandsound.php.

Committee for Children. (2005). *Second Step: A violence prevention curriculum*. Retrieved October 19, 2005, from http://www.cfchildren.org.

Developmental Studies Center. (2003, February 21). *Child Development Project: A comprehensive school program*. Retrieved October 19, 2005, from http://www.devstu.org/cdp/index.html.

Dodge, K. A., Pettit, G. S., McClaskey, M. L., & Brown, M. M. (1986). Social competence in children. *Monographs of the Society for Research in Child Development*, *51*(2, Serial No. 213). Boston: Blackwell.

Dray, A. J. (2005, April). *The meaning children make of multicultural literature: A study of social awareness and reading comprehension*. Paper presented at the Society for Research in Child Development, Atlanta, GA.

Dryfoos, J. G. (1990). *Adolescents at risk: Prevalence and prevention*. London: Oxford University Press.

Dryfoos, J. G. (1997). The prevalence of problem behaviors: Implications for programs. In R. P. Weissberg, T. P. Gullotta, R. L. Hampton, B. A. Ryan, & G. R. Adams (Eds.), *Healthy children 2010: Enhancing children's wellness* (pp. 17-46). San Francisco: Jossey-Bass.

Educators for Social Responsibility. (1999). *The 4Rs Program (Reading, Writing, Respect and Resolution)*. Retrieved October 19, 2005, from http://www.esrmetro.org/programs_conflict.html#4Rs.

Frey, K. S., Nolen, S. B., Van Schoiack-Edstrom, L., & Hirschstein, M. (2001, June). *Second Step: Effects on social goals and behavior*. Paper presented at the Society for Prevention Research, Washington, DC.

Goodenow, C. (1993). Classroom belonging among early adolescent students: Relationships to motivation and achievement. *Journal of Early Adolescence*, *13*(1), 21-43.

Gottfredson, G., Jones, E. M., & Gore, T. W. (2002). Implementation and evaluation of a cognitive-behavioral intervention to prevent problem behavior in a disorganized school. *Prevention Science*, *3*(1), 43-56.

Greenberg, M. T., Domitrovich, C., & Bumbarger, B. (2001). The prevention of mental disorders in school-age children: Current state of the field. *Prevention and Treatment*, *4*(1). Retrieved October 19, 2005, from http://journals.apa.org/prevention/volume4/pre0040001a.html.

Greenberg, M. T., Kusché, C. A., Cook, E. T., & Quamma, J. P. (1995). Promoting emotional competence in school-aged deaf children: The effect of the PATHS curriculum. *Development and Psychopathology*, *7*, 117-136.

Greenberg, M. T., Kusché, C. A., & Mihalic, S. F. (1998). Blueprints for violence prevention. *Book Ten: Promoting Alternative Thinking Strategies (PATHS)*. Boulder, CO: Center for the Study and Prevention of Violence.

Greenberg, M. T., Weissberg, R. P., O'Brien, M. U., Zins, J. E., Fredericks, L., Resnick, H., et al. (2003). Enhancing schoolbased prevention and youth development through coordinated social, emotional, and academic learning. *American Psychologist*, *58*(6/7), 466-474.

Grossman, D. C., Neckerman, H. J., Koepsell, T. D., Liu, P. Y., Asher, K., Beland, K., et al. (1997). The effectiveness of a violence prevention curriculum among children in elementary school: A randomized controlled trial. *Journal of the American Medical Association*, *277*, 1605-1611.

Harcourt Educational Measurement. (1997). *Stanford Achievement Test Series* [Technical data report] (9th ed.). San Antonio, TX: Author.

Hawkins, J. D., & Catalano, R. F. (2003). *Community Youth Development Study*. Retrieved October 19, 2005, from http://depts.washington.edu/sdrg/page3.html.

Hill, C., & Larsen, E. (2000). *Children and reading tests*. Stamford, CT: Ablex Press.

Illinois State Board of Education. (2004). Illinois learning standards. Springfield, IL: Author. Retrieved January 16, 2005, from http: //www.isbe. state. il. us/ils.

Klein, D. C., & Goldstein, S. E. (1977). *Primary prevention: An idea whose time has come* (DHEW Publication No. ADM 77 - 447). Washington, DC: U.S. Government Printing Office.

Larson, R., & Richards, M. (1991). Daily companionship in late childhood and early adolescence. *Child Development*, *62*, 284 - 300.

Leming, J. (2000). Tell me a story: An evaluation of a literaturebased character education programme. *Journal of Moral Education*, *29*(4), 411 - 427.

Levitt, M. Z., & Selman, R. L. (1996). The personal meaning of risky behavior: A developmental perspective on friendship and fighting. In K. Fischer & G. Noam (Eds.), *Development and vulnerability* (pp. 201 - 233). Hillsdale, NJ: Erlbaum.

Levitt, M. Z., Selman, R. L., & Richmond, J. B. (1991). The psychological foundations of early adolescents' high risk behavior: Implications for research and practice. *Journal of Research on Adolescence*, *1*(4), 349 - 378.

Luthar, S., Cicchetti, D., & Becker, B. (2000). The construct of resilience: A critical evaluation and guidelines for future work. *Child Development*, *71*(3), 543 - 562.

Luthar, S., & Zigler, E. (1992). Intelligence and social competence among high-risk adolescents. *Development and Psychopathology*, *4*, 287 - 299.

MacGinitie, W. H., & MacGinitie, R. K. (1986). Teaching students not to read. In S. de Castell, A. Luke, & K. Egan (Eds.), *Literacy, society, and schooling: A reader* (pp. 256 - 269). Cambridge, UK: Cambridge University Press.

Mohr, N. (1979). *Felita*. New York: Bantam Doubleday Dell.

Mrazek, P., & Haggerty, R. J. (Eds.). (1994). *Reducing risk for mental disorders: Frontiers for prevention intervention research*. Washington, DC: National Academy Press.

Narvaez, D. (2001). Moral text comprehension: Implications for education and research. *Journal of Moral Education*, *30*(1), 43 - 54.

Nation, M., Crusto, C., Wandersman, A., Kumpfer, K. L., Seybolt, D., Morrissey-Kane, E., et al. (2003). What works in prevention. *American Psychologist*, *58*(6/7), 449 - 456.

Niebuhr, R. (1952). *The irony of American history*. New York: Charles Scribner's Sons.

No Child Left Behind. (2002). *No Child Left Behind Act*. Washington, DC: U.S. Department of Education.

Oakhill, J., & Yuill, N. (1996). Higher order factors in comprehension disability: Processes and remediation. In C. Cornoldi & J. Oakhill (Eds.), *Reading comprehension difficulties: Processes and intervention* (pp. 69 - 92). Hillsdale, NJ: Erlbaum.

Orpinas, P., Parcel, G. S., McAlister, A., & Frankowski, R. (1995). Violence prevention in middle schools: A pilot evaluation. *Journal of Adolescent Health*, *17*, 360 - 371.

Prevention Research Center. (2003). *Prevention Research Center: Five Year Anniversary Report*. University Park, PA: The Pennsylvania State University. Retrieved October 19, 2005, from http: //www. prevention. psu. edu/pubs/documents/Five-YearReport. pdf.

Price, R. H., Cowen, E. L., Lorion, R. P., & Ramos-McKay, J. (Eds.). (1988). *14 ounces of prevention: A casebook for practitioners*. Washington, DC: American Psychological Association.

Richmond, J. B., & Kotelchuck, M. (1983). Political influences: Rethinking national health policy. In C. McGuire, R. Foley, A. Gorr, & R. Richards (Eds.), *Handbook of health professions and education* (pp. 386 - 404). San Francisco, CA: Jossey-Bass.

Richmond, J. B., & Leaf, A. (1985). Public policy and heart disease prevention. *Cardiology Clinics*, *3*(2), 315 - 321.

Richmond, J. B., & Lustman, S. L. (1954). Total health: A conceptual visual aid. *The Journal of Medical Education*, *29*(5), 23 - 30.

Roberts, M. C., Brown, K. J., Johnson, R. J., & Reinke, J. (2002). Positive psychology for children: Development, prevention and promotion. In C. R. Snyder & S. J. Lopez (Eds.), *Handbook of positive psychology* (pp. 663- 675). New York: Oxford University Press.

Rotheram-Borus, M. J., & Duan, N. (2003). Next generation of prevention interventions. *Journal of the American Academy of Child and Adolescent Psychiatry*, *42*(5), 518 - 526.

Sarroub, L., & Pearson, P. D. (1998). Two steps forward, three steps back: The stormy history of reading comprehension assessment. *Clearing House*, *72*, 97 - 105.

Scales, P. C., Benson, P. L., Roehlkepartain, E., Hintz, N., Sullivan, T., & Mannes, M. (2001). The role of neighborhood and community in building developmental assets for children and youth: A national study of social norms among American adults. *Journal of Community Psychology*, *29*(6), 365 - 389.

Schaps, E. (2003). Creating a school community. *Educational Leadership*, *60*(6), 31 - 33.

Selman, R. L. (1980). *The growth of interpersonal understanding: Developmental and clinical analyses*. Orlando, FL: Academic Press.

Selman, R. L. (2003). *The promotion of social awareness*. New York: Russell Sage Foundation.

Selman, R. L., & Adalbjarnardottir, S. (2000). A developmental method to analyze the personal meaning adolescents make of risk and relationship: The case of "drinking." *Applied Developmental Science*, *4*(1), 47 - 65.

Selman, R. L., Beardslee, W. R., Schultz, L. H., Krupa, M., & Podorefsky, D. (1986). Assessing adolescent interpersonal negotiation strategies: Toward the integration of structural and functional models. *Developmental Psychology*, *22*(4), 450 - 459.

Selman, R. L., & Dray, A. J. (2003). Bridging the gap: Connecting social awareness with literacy practice. In R. L. Selman (Ed.), *The promotion of social awareness* (pp. 231 - 250). New York: Russell Sage Foundation.

Selman, R. L., & Schultz, L. H. (1990). *Making a friend in youth: Developmental theory and pair therapy*. Chicago: University of Chicago Press.

Selman, R. L., Schultz, L. H., Nakkula, M., Barr, D., Watts, C. L., & Richmond, J. B. (1992). Friendship and fighting: A developmental approach to the study of risk and prevention of violence. *Development and Psychopathology*, *4*(4), 529 - 558.

Selman, R. L., Watts, C. L., & Schultz, L. H. (Eds.). (1997). *Fostering friendship*. New York: Aldine de Gruyter.

Snow, C., Burns, M. S., & Griffin, P. (Eds.). (1998). *Preventing reading difficulties in young children*. Washington, DC: National Academy Press.

Snow, C., & Sweet, A. P. (2003). *Rethinking reading comprehension*. New York: Guilford Press.

Social Development Research Group. (2004a). *Raising Healthy Children*. Retrieved February 17, 2004, from http: //depts. washington. edu/sdrg/index. html.

Social Development Research Group. (2004b). *Community Youth Development Study*. Retrieved October 14, 2005, from http: //depts. washington. edu/sdrg/page3. html#CYDS.

Solomon, D., Battistich, V., Watson, M., Schaps, E., & Lewis, C. (2000). A 6 - district study of educational change: Direct and mediated effects of the Child Development Project. *Social Psychology of Education*, *4*, 3 - 51.

Spires, H. A., & Donley, J. (1998). Prior knowledge activation: Inducing engagement with informational texts. *Journal of Educational Psychology*, *90*, 249 - 260.

Vacca, R., & Newton, E. (1995). Responding to literary texts. In C. Hadley, P. Antonacci, & M. Rabinowitz (Eds.), *Thinking and literacy: The mind at work* (pp. 283 - 302). Hillsdale, NJ: Erlbaum.

Walker, P. (2000). *Voices of Love and Freedom: A multicultural ethics, literacy, and prevention program*. Brookline, MA: Voices of Love and Freedom.

Walpole, S. (1999). Changing text, changing thinking: Comprehension demands of new science textbooks. *Reading Teacher*, *52*(4), 358 - 369.

Wandersman, A., & Florin, P. (2003). Community interventions and effective prevention. *American Psychologist*, *58*(6/7), 441 - 448.

Wandersman, A., Imm, P., Chinman, M., & Kaftarian, S. (2000). Getting to outcomes: A results-based approach to accountability. *Evaluation and Program Planning*, *23*, 389 - 395.

Weissberg, R. P., Kumpfer, K. L., & Seligman, M. (Eds.). (2003). Prevention that works for children and youth [Special issue]. *American Psychologist*, *58*(6/7), 425 - 440.

Wentzel, K. (1996). Motivation and achievement in adolescence: A multiple goals perspective. In D. Schunk & J. Meece (Eds.), *Student perceptions in the classroom* (pp. 287 - 306). Hillsdale, NJ: Erlbaum.

Zins, J. E., Weissberg, R. P., Wang, M. C., & Walberg, H. J. (Eds.). (2004). *Building academic success on social and emotional learning: What does the research say?* New York: Teachers College Press.

第 11 章

学习困难的发展观*

VIRGINIA W. BERNINGER

* 本章的准备及其中所提及的许多研究都得到了全国儿童健康与人类发展研究中心(NICHD)的资助，基金编号：R01 HD25858 和 P50 33812。

本章回顾了不同学科在学习困难概念形成、诊断与治疗方面的贡献，重点关注了发展心理学领域及其包括毕生发展观在内的代表性贡献。运用案例对学习困难表达的发展变化进行解析。同时还强调了语言学与心理语言学的贡献；突出了对学习困难的界定在实践目的与研究目的两个层面上尚未解决的问题；讨论了有关特定学习困难不同诊断标准的近期观点，并对研究中学习困难的有效干预与治疗进行回顾。本章最后指出了当前学习困难领域在研究与实践两方面存在的挑战。学校中有关学习困难的界定与有效服务等存在争议的问题仍待解决。

421

当我对诵读困难现象的研究进行梳理时，我变得心情沉重，因为学校不相信它的存在而专家又无法对之界定。纵使面临这些挑战，这方面的研究仍在不断取得进步，但将这些科学知识转换成教育实践仍然存在许多困难，因此在本章举出了一些案例以起到提醒之作用。

毕生发展观

对于有着生物学基础的学习问题，干预治疗可以起到一定的作用，但其行为表达方式会随着发展而不断变化。最初，在语音意识、语音工作记忆和/或语音解码准确性（如，Liberman, Shankweiler, & Liberman, 1989; Snowling, 1980; Stanovich, 1986; Vellutino & Scanlon, 1987; Wagner, Torgesen, & Rashotte, 1994）方面的问题可以解决或持续，但却可能变成自动词语再认和/或阅读流畅性（Biemiller, 1977—1978; Blachman, 1997; Breznitz, 1987; Kuhn & Stahl, 2003; Levy, Abello, & Lysynchuk, 1997; Perfetti, 1985; Wolf, 2001; Young, Bowers, & Mackinnon, 1996）及拼写和书面表达问题（Berninger, Abbott, Thomson, & Raskind, 2001）等方面。除非早期干预，否则一些阅读和写作问题（Bruck, 1992, 1993; McCray, Vaughn, & Neal, 2001; Pennington, Van Orden, Smith, Green, & Haith, 1990; Shaywitz, Shaywitz, Fletcher, & Escobar, 1990; Singleton, 1999）会贯穿整个发展过程。

童年初期行为表达的案例解析

Susan的诵读困难是在二年级末被她的老师们发现的。这个有着超级口语词汇和知识背景的聪明女孩曾告诉她的二年级老师，她认为其他同学在阅读和谈论故事时忽视了一些细微差别。直到研究小组让她对所列的无故事情境的真实单词，或对仅靠字母发音知识进行解码的人造词进行发音时,她阅读问题的真实面目才显露出来:她的阅读过度依靠对一定情境中的单词进行猜测及对单词的死记硬背,她并没有理解如何对不熟悉的词进行解码。这些正是诵读困难在入学早期所具有的特点。由于她的学校在她一年级时未能识别这些特点,也未加适宜的干预,Susan对书面语言的学习在三年级时出现了停滞。

童年中期行为表达的案例解析

Sean在低年级时与Susan有着相同的问题,但他接受了看字读音教学法与朗读的特殊教育。他学会了阅读,但他朗读并不流利,默读也很慢。另外,在读音冗长、读音增加、读音转换和表面正确的拼写(但不是特殊单词用法)的单词中,他常出现书写错误。他经常不能令人满意地完成书面作业。然而,由于他能在推理理解的帮助下进行默读,校方结束了对他的特殊教育干预。校方不知道,对于童年中期已经充分学过解码技巧及充分理解了默读技能的学生而言,诵读困难的特点就在于持续的阅读速度、拼写和书面表达问题。没有在这些技能方面进行额外的详细的干预,Sean按照常规方案进行学习就面临着重重困难。

青春初期行为表达的案例解析

Sam是一名八年级的学生,他具有青春期诵读困难的特点:在阅读、书写、听讲及完成长期作业方面自我调控能力较弱。许多学校为低年级的诵读困难学生提供外部干预,但在初中和高中却没有,而中学时期正是他们从系统的清楚的语言艺术的干预中获益的时候,这些阅读和书写方面的干预是为他们各门功课、学习技能、记笔记和应对考试的要求做准备的。Sam像其他有诵读困难的青少年一样,没有接受任何针对其学习困难的详细的干预,而是接受了帮助他在常规方案中进行学习的抽出式教育服务(pullout service)。然而学校希望将这些特殊帮助的抽出式教育服务也予以取消,因为他已经通过了正式的高级书写测试。Sam和其家长都希望他能继续接受特殊教育,因为他在多数常规方案的书写任务中都难以通过。然而学校认为他的学习困难不会对其正常学习产生不利影响,因为他的成绩达到了D,这已经是令人满意的进步了。而且,鉴于他问问题太多,并经常不举手就回答问题,学校建议他接受行为问题的特殊干预。尽管Sam的言语智商处于超常范围,他有注意缺陷/多动障碍(ADHD)的病史,或者使用基于研究的方式与诊断程序的测验结果显示他有诵读困难和书写困难,但校方并不认为因为这些原因就要对Sam离开特殊教育予以重新考虑。特殊教育官员建议Sam的父母,如果他们不同意,他们应雇用律师并举行听证。

有关Sam自己在不同阶段存在学习问题的经历已在图11.1中列出。建议读者在阅读本章其他内容前先看看Sam的故事,以从学龄期受影响的个体的视角理解什么样的学生像是诵读困难。

青年初期行为表达的案例解析

Sharon是家中第一个接受大学教育的，为支付学费她兼职做了许多工作。她在推理方面表现很好，但在外语学习方面却相当吃力，而这正是研究者(如Ganschow & Sparks, 2000)认定的大学生诵读困难的特征。由于她无法达到相应的外语要求，她的毕业问题受到了阻碍。她为外语付出了三份努力，其中两份都用于一种语言，一份用于另外一种语言(她甚至花了一年的时间居住在所学语言的所在国)。她所在的系告知她学校困难学生服务会的测评未发现她有什么问题，因为学习困难会影响到走路、动手等身体运动技能。她曾存在阅读速度和拼写的问题，但她所在的公立学校却拒绝帮助她，因为她看上去是那么聪明。我们的研究小组在她青年初期对其进行测评(距她毕业还有三年时间)发现她符合严重诵读困难的研究支持标准。根据这一测验结果，我们获得批准：她可以选择其他课程来替代对外语的要求。到本卷手册出版时，她将获得其本科文凭。在本章末尾我们将从下列观点出发再次对这些案例加以探讨：倘若对这些个案施以适宜的教育方案，那么他们读写能力的发展将会有所不同。适宜的教育方案包括诊断性评估和注重个别差异的教育。

学习困难对于儿童心理学的重要性

现已证明发展的五大领域对于理解和评估儿童发展是可信和有效的：认知与记忆、听觉接受力与口语表达力、大动作和精细动作、注意与自我调控的执行功能、社会性情感(Berninger, 2001)。心理发展迟滞的儿童(整体发展障碍)在发展的每一领域都落后于正常范围。弥漫性发展障碍的儿童(包括自闭症在内)都在两个或更多的发展领域落后于正常范围。有些儿童主要在某一发展领域有损伤(如，主要是语言障碍)。心理发育迟滞、弥漫性发展障碍或以语言障碍为主的儿童，都将在学习理论性科目时遇到某些困难，并且不太可能达到常人的平均水平。然而也有一些儿童，他们大多数发展领域处于正常范围，但却具有某种特定的学习问题、学习困难。如果学习困难未被确认和治疗，它将明显损伤儿童的深度认知和社会性发展。

五个儿童中就有一个存在某种学习困难，童年期最常出现的发展障碍是儿童表现出特定的学习困难，而其他方面发展正常。有时儿童的问题可能具体到某一个领域(阅读、写作或数学)。有时儿童的学习问题存在于听力/口头语言、非言语推理，或社会认知，这将对学校机能产生影响，即使它们并不是学校课程中的专门科目。有时儿童的学习困难存在于多个领域。本章主要讨论的是影响书面语言的学习困难。具体的阅读和/或书写方面的困难是学龄儿童与青少年中最常见的学习困难，也是最受研究者关注的学习困难领域。诵读困难则是唯一一种用于解释求学期间学习困难表现形式发展变化的学习困难。

423

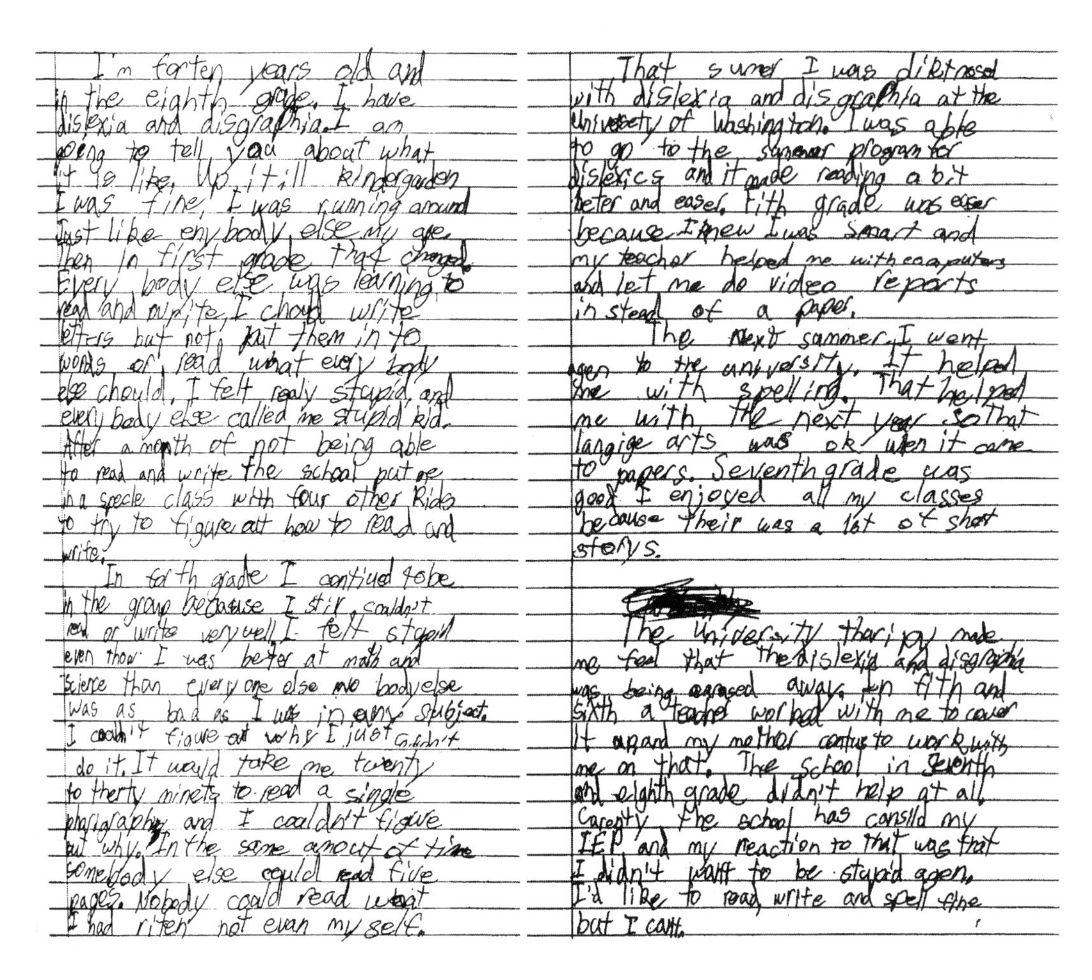

I'm forten years old and
in the eighth grade. I have
dislexia and disgraphia. I am
going to tell you about what
it is like. Up, it ill kindergarden
I was fine, I was running around
Just like enybody else my age.
Then in first grade that changed.
Every body else was learning to
read and write, I chould write
letters but not put them in to
words or read what every body
else chould, I felt realy stupid and
every body else called me stupid kid.
After a month of not being able
to read and write the school put me
in a specle class with four other kids
to try to figure out how to read and
write.

In forth grade I contiued to be
in the group because I stil couldn't
read or write very well. I felt stupid
even thow I was beter at math and
science than every one else no body else
was as bad as I was in any subject.
I couldn't figure out why I just couldn't
do it. It would take me twenty
to therty minets to read a single
pharagraph and I couldn't figure
out why. In the same amout of time
somebody else could read five
pages. Nobody could read what
I had riten not evan my self.

That sumer I was diknosed
with dislexia and disgraphia at the
University of Washington. I was able
to go to the summer program for
dislexics and it made reading a bit
beter and easer. Fith grade was easer
because I knew I was smart and
my teacher helped me with computers
and let me do video reports
instead of a paper.

The next summer I went
agen to the university. It helped
me with spelling. That helped
me with the next year. So that
langige arts was ok when it came
to papers. Seventh grade was
good I enjoyed all my classes
because their was a lot of short
storys.

The university thairipy made
me feel that the dislexia and disgraphia
was being erased away. In fith and
sixth a teacher worked with me to cover
it up and my mother contue to work with
me on that. The school in seventh
and eighth grade didn't help at all.
Carently the school has consild my
IEP and my reaction to that was that
I didn't want to be stupid agen.
I'd like to read, write and spell fine
but I can't.

图 11.1 "我的故事"一名患有诵读困难、书写困难及 ADHD 的八年级学生的自述(注意力不集中的亚类型)

不同学科分支有关学习困难的知识

在美国,联邦特殊教育法案规定多种学科必须参与对学习困难学生实施的评估和教育计划。其他一些国家(如,加拿大、英国)也有鉴别和教育学习困难儿童的相似法案。多学科参与有助于学习困难领域的研究和临床实践。这些学科包括神经病学、实验认知心理学、特殊教育学、语言学、心理语言学、语音和儿童语言学、临床与学校心理学、发展心理学。

424

神经病学

神经病学家是最先对阅读方面存在严重困难而其他方面发展正常的儿童进行鉴别的。19 世纪末 20 世纪初,神经病学家们最具教育信息价值的先驱性贡献之一是"诵读困难的历史根源"(Shaywitz, 2003, 第二章)。在 20 世纪里,神经病学主要通过临床研究不断地作着贡献(如,Orton, 1937)。在现今的21世纪,该领域正在通过对脑损伤的研究继续作着贡献(在儿童和成人完成认知与语言任务时对其大脑进行扫描;相关综述请见 Berninger & Richards, 2002)。

实验认知心理学

20世纪初,心理学由于发展出了经得起科学检验的范式,以此来探讨包括阅读在内的心理发展(如,Huey, 1908/1968),对现有研究文献贡献良多。到20世纪中期,阅读心理学总结了大量的有关如何教儿童阅读的知识(如,Bond & Tinker, 1967; Gates, 1947; Gray, 1956; Harris, 1961),这一知识被转换成许多(但非全部)老师的教学训练方案。许多学校有专职的阅读训练老师,他们自身在阅读方面接受过很好的训练(常要60到90学分才能毕业),并可开展评估、咨询和在学校教学情境内进行小组训练等工作。对于谁来做测验和教学、如何与教师们一起工作的决策则留给负责特殊训练的专业人员,他们被允许使用一种无需繁杂规则和文书工作的固定方式来发挥作用。不幸的是,并非所有学校都有权使用这样的专职人员。如果儿童在阅读或书写方面有特定的学习困难,家长们常常不得不转而求助于校外的服务机构。

特殊教育学

至20世纪60年代早期,一个由家长发起的全国性政治运动逐渐活跃起来。家长们希望理解为什么学校不能教会这些智力正常的儿童读和写。这一运动导致1963年在芝加哥召开了一次由家长组织的、具有里程碑意义的大会,会上 Samuel Kirk(Kirk & Kirk, 1971)首次提出了"学习困难"的概念。这次会议之后,学习困难儿童的家长与心理迟滞儿童的家长一起努力在美国推动这项运动的发展,并于1975年因联邦对之进行立法而达到高潮:公法(Public Law)第94—142条规定,应保证所有存在受教育困难的学生接受免费、适宜的教育。由于专家们对如何界定学习困难(包括标准)尚无一致意见,联邦法律采用排异标准进行界定[排异标准:学习困难不是由于心理迟滞、感觉敏度或运动障碍(sensory acuity or motor impairment)、缺乏学习机会,或文化差异所致]。

为支持这一新的特殊教育领域,美国的教育部为特殊教育者的训练方案、现代示范工程及学习困难儿童的教学研究提供基金。(见 Torgesen, 2004, 特殊教育领域的历史;Johnson & Myklebust, 1967和 Kirk & Kirk, 1971, 特殊教育的早期概念描述与实践。)然而,由于"适宜的"并未在发展与教育的科学基础上进行界定,这一法令常导致昂贵的法律诉讼和家长与学校间的敌对关系,而没有导致学习困难儿童更好的学业成绩。事实上,元分析表明,对于学习困难学生的特殊教育并不是有效的(如,Bradley, Danielson, & Hallahan, 2002; Steubing et al., 2002),尤其在阅读方面(Vaughn, Moody, & Schumm, 1998)。

特殊教育相对无效的原因之一是从事特殊教育的老师未在从业前接受有关阅读的教学心理学训练;在从幼儿园到12年级的普通课程中,他们也不具有用适宜相应年级的方式进行读写技能教学的实践经验。现在,许多岗前教师培训方案提倡哲学的观点(如,建构主义,它反对显性教学),这与发展科学和教育科学的研究不相一致:发展与教育科学过去30年的

425

研究显示，显性教学对特定学习困难学生的教育是有效的，即，显性教学进入自觉意识而带来语言的进步(见 Berninger & Winn, in press；Mayer, 2004, 建构主义在当代教育实践中的缺点)。这种观点认为显性教学是一种技能和操练的说法只是一种神话，但事实不是这样的(见 Berninger, Nagy, et al., 2003，以智力参与的反思方式来发展语言意识的显性教学实例)。

而且，专职人员的辅助者，他们中大多数没有经过阅读教学的专门训练，或者不像一般的教育者那样接受那么多的专业准备，他们却越来越多地为学习困难学生提供教学。许多学校雇佣阅读专家在职前准备方案之外进行培训，且主要使用单一的方法。要满足所有学生的需要似乎不能只用单一的方案。如果由掌握不同教学方法的专业人员来教，有特定阅读和书写困难的儿童或许更能学会读和写，因为专业人员能够在特定的读写发展阶段制定涉及所有必要的读写技能的方案，并且能在必要时为小组学习情境中的特定学生制定个性化方案(Berninger, 1998)。

简言之，在学习困难的界定与为特定学习困难学生提供服务方面还存在着许多尚未解决的问题。仅通过简单地制定法令或许还不足以达到所要求的目标，这些目标可能在要求教学习困难学生的同时还应要求教育者也需接受教育(Berninger, Dunn, Lin, & Shimada, 2004; Berninger & Richards, 2002)。

发展心理学

相对于特殊教育这门应用学科来说，发展心理学是一门科学的学科，它为理解学习困难提供相关基础知识。对这些贡献将在本章中随后进行讨论，包括理解规则学习的缺陷，语言的多种水平，自动化、流畅性、有效性和适时性方面的缺陷，共病(comorbidities)，常态变化，性别差异，遗传与环境的相互作用，毕生发展观，干预与治疗的效度和随机的控制性的纵向实验。这些贡献当中有许多都来源于语言学和心理语言学的早期和现在的成果。

语言学和心理语言学

语言学详细说明了英语拼写中是如何使用给定的规则(而非随意的方式)来呈现语音，及英语语音是如何证明语素的实质的(如，Venezky, 1970, 1999)。虽然拼写单元(比较典型的是一或两个字母)通常以可预测的方式(可替代的或者说是一系列给定规则的方式，如与字母 c 相联系的音/ k /和/ s /)呈现了其发音，称为音素(phoneme)，但并非所有的拼写都是完全可预测的。对美语拼写的读音预测多数是依靠语言的词形和音韵，如，“signal”就保持了词干“sign”的拼写。对于字母的规则已经建立起来(呈现音位的一到两个字母的拼写)，这一规则可以解释起源于盎格鲁—萨克逊的单音节和双音节词的获得，这些词也是在小学低年级出现频率最高的(相关文献请见 Balmuth, 1992; Ehri, Nunes, Stahl, & Willows, 2001; Rayner, Foorman, Perfetti, Pesetsky, & Seidenberg, 2001)。

然而，词形知识对于较长的、书写更为复杂的单词的获得是很关键的，这些也是从小学中高年级到高中乃至大学的阅读材料中出现的高频词(Carlisle, 2004; Carlisle & Stone, 2004; Carlisle, Stone, & Katz, 2001; Nagy, Anderson, Schommer, Scott, & Stallman,

1989; Nagy, Osborn, Winsor, & O'Flahavan, 1994)。从四年级开始,学生们在学习材料中遇到越来越多的复杂单词,这些词需要根据字母发音关系和内部结构进行读音(即,音节或词形结构;Carlisle, 2000; Carlisle & Fleming, 2003; Nagy & Anderson, 1984)。早期为掌握字母规则而奋斗的学生们,因其在掌握音韵学过程中的困难,而在自动化地学会再认特定单词方面面临着额外的挑战:(a) 创造并连接精确的语音和正字法的表征(Ehri, 1992; Perfetti, 1992);(b) 常遇到较难的低频词(White, Power, & White, 1989)。早期学过声学的学生和可能已学会在字母拼写规则中相应字母发音规则的学生,词系模式(word family patterns)(如,-at 在 pat、bat 中)和音节方式(如,开音节和闭音节、元音组、e 不发音、对 r 的限定以及以 le 结尾)都需要额外的策略来应对英语正确拼写的复杂性(Schagal, 1992),尤其在具有特定内容的课文中,可能其拼写有着独特的词源(盎格鲁—萨克逊语、拉丁语,或者希腊语)、复杂的单词结构及不熟悉的低频词。

语言学的另一贡献是证明了多数语言知识是内隐的(无意识的),但学会阅读则需要显性教学,它将内隐的知识带入到意识层面(Mattingly, 1972)。依靠字母规则和词形结构的单词解码的显性教学程序已由 Henry (1988, 1989, 1990, 1993, 2003)、Lovett 及其同事(如,Lovett et al., 1994, 2000)发展起来。这两个程序都要求儿童能熟练掌握音韵学单元、正字法(orthography)和语形学(morphology)(见图 11.2)。这两个程序都将显性教学、策略指导与实践结合在一起,元分析显示这是提高阅读技能最有效的方法(Swanson, 1999)。

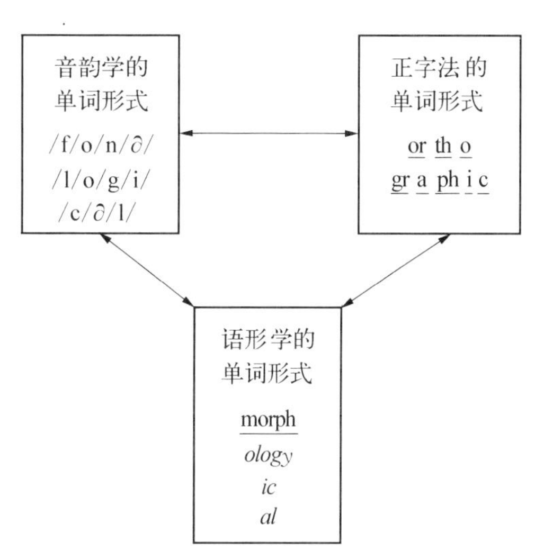

图 11.2 三种单词形式的图示及其在工作记忆解码过程中与在长时记忆中创造精确拼写的单词形式中相互关联的各部分

资料来源:"Processes Underlying Timing and Fluency of Reading: Efficiency, Automaticity, Coordination, and Morphological Awareness" (Extraordinary Brain Series, pp. 383 - 414) by V. Berninger, R. Abbott, F. Billingsley, and W. Nagy, 2001, in *Dyslexia, Fluency, and the Brain*, M. Wolf (Ed.), Baltimore: York Press; and *Brain Literacy for Educators and Psychologists*, by V. Berninger and T. Richards, 2002, San Diego: Academic Press.

Henry(1990, 2003)的程序关注阅读和不同语源学背景的单词拼写:源于盎格鲁—萨克逊语、罗马语和希腊语的单词。对于每一词源,要在单词书写中教给学生们语言学的单元(即,相应的字母读音、音节类型、词形)。在接受这样的教学之前,三、四、五年级的学生已经有了字母读音的知识,但有关音节或词形模式的知识还较缺乏;接受语形学训练的三、五年级学生能在阅读与拼写中与词源相联系,其这两方面的成绩就比仅仅接受基本的看字读音教学法的学生有更大的提高(Henry, 1988, 1989, 1993)。Lovett(Lovett et al., 1994, 2000)确证了这些方法能够有效提高阅读困难学生的单词阅读技能:PHAB/DI(语音分析中的直接教学法,合成技能和相应字母读音)，WIST(四个单词确认策略：使用类推、寻找你所知道的单词部分、尝试不同的元音发音、剥离词缀)，PHAB/DI 与 WIST 复合法[音位与策略训练程序(PHAST)]。临床研究显示这些方法对阅读中无论碰到训练过的还是未训练过的单词均有积极作用(Lovett, 2000)。

然而，有关低频词语形学结构的知识如何帮助四年级以上的学生阅读具有一定情境内容的课文，目前对此还知之甚少。对印出的具有学校英语特征的独特单词的数量分析表明，学生在九年级课文中要遇到 88 000 多个"独特的、不同的"单词(Nagy & Anderson, 1984)。在九年级课文中有一半以上的单词仅在组成课文的十亿单词中出现过一次(如，"inflate", "extinguish", "nettle")，所以掌握单词形成过程的知识非常必要(Nagy & Anderson, 1984)。对于所学的每一个单词，都有一到三个相关的词因其单词语义的透明度(semantic transparency)而可帮助学生理解，无论其基本词义在一个包含了基础单词的较长单词中是否明显[如，红的(red)和红色(redness)有着相关联的词义联系，而申请(apply)和器具(appliance)却没有]，这就减少了需要学习的独立单词的数量(Nagy & Anderson, 1984)。中学时期学生所遇到的不熟悉的单词中约有 60%甚至更多是有着充分的语义关联的，这就使读者可以从语境中来推断单词的意义(Nagy et al., 1989)。因而，读、写困难的学生也需要有关单词构建过程及如何从语境中推断单词意义的显性教学。

427

三种单词形式理论

综合治疗与脑损伤的研究，为图 11.2 所描述的理论提供了证据支持。对三种单词形式的独特的神经信号(Richards et al., 2005, 2006)及其交叉影响(cross-over effects)(Richards, Aylward, Raskind, et al., in press)的观察发现：对被试的大脑扫描显示，接受了语形学训练的个体在音素匹配方面变化显著，而接受了音韵学训练的个体则在词形匹配方面表现出显著变化。Richards 等(2002)的研究表明，词形意识训练提高了音素解码的效率，增加了音位判断(phonological judgment)方面扫描大脑时神经过程的代谢率，这一效果要比单纯的音韵意识训练好。此外，亚表型的结构方程模型(structural equation modeling of subphenotypes)在家族基因研究中显示了一个二级因素模型，这些二级因素可作为每一单词形式因素的信号，在预测阅读和拼写困难方面的作用要好于每一单词形式的一级因素(Berninger, Abbott, Thomson, Wijsman, & Raskind, in press)。Wolf 等人(2003)提出了 RAVO，一种可训练快速自动提取口语名称(音素)、词汇、正字法的干预方法，这种方法对于阅读困难的益处可能与整合了音韵学、正字法和语形学的单词形式有关。

言语与语言病理学和儿童语言学

语言学是一门基础学科。言语与语言病理学是一门运用儿童语言基础知识的专门的特殊学科。21 世纪初所有的公立学校，很大程度上由于联邦特殊教育法案的规定，现已有权使用在言语与语言病理学方面接受过专业训练的从业者。虽然他们主要是对各类沟通障碍的儿童提供帮助，但他们是学校中在语言方面受过最多训练的典型的专业人员。与那些存在特定学习困难的学生相比，沟通障碍的儿童中许多都在听觉语言的接收、言语或口头表达方面存在严重问题。因而，这些受过言语与语言病理学训练的从业者是其他教育从业者十分有价值的资源，因为读、写困难的儿童常伴有听力或口头表达的缺陷。言语与语言专家们的发展研究业已显示，学前期的言语与语言问题与学龄期的多种发展结果有关，包括：(a) 心理迟滞；(b) 特定的听觉/口头语言损伤；(c) 特定的阅读困难；(d) 特定的书写困难；(e) 正常的阅读功能障碍(如，Aram, Ekelman, & Nation, 1984; Bishop & Adams, 1990; Catts, Fey, Zhang, & Tomblin, 1999, 2001)。

临床心理学和学校心理学

临床心理学和学校心理学是应用学科，能够提供有关学习困难的科学研究知识，并训练公立与私立学校学习困难的专门帮辅人员。他们主要在认知、理论、社会性及情感评估方面接受训练，从而产生对学习困难进行诊断与矫治的相关信息。在历史上，他们依靠教育将评估结果转化为干预实践。然而近来，对于将心理评估结果与研究支持的干预实践相关联的矫治效果的兴趣越来越浓(见 Berninger, Dunn, & Alper, 2004)。因为联邦特殊教育法案规定，所有在受教育方面有困难的学生都有权利发展，无论他们是否就读公立学校，所以在学校情境中工作的心理学家，就要评估进入公立学校、私立学校和家庭学校的学生。然而对于临床心理学家尤其是接受过神经心理学训练的临床心理学家来说，存在着一个很大的并且不断发展的市场，因为许多家长都在公立学校之外为孩子寻找独立的评估。这一趋势似乎仍在上升，因为义务教育领域内学生的学业成绩标准在不断提高，并牵连到某些州的高中毕业标准。

发展儿科学

儿科医师或家庭医师通常是最了解儿童发展过程的专业人员。Levine 是一名发展儿科学领域的领导者，他(a) 提高了对学龄期儿童正常发展变化的认识(Levine, 1993, 1998, 2002)；(b) 使学习障碍对于学习困难者来说不再神秘(Levine, 1990)；(c) 证明许多学习困难者存在发展结果失败的情况(书写问题；Levine, Overklaid, & Meltzer, 1981)；(d) 强调不能令人满意地完成书面任务的学生更可能存在未能诊断出的加工过程问题，而不是因为懒惰(Levine, 2003)。大多数学生都希望成功，只要老师有同情心和能力就能够用一种他们能学会的方式来教(Berninger & Hidi, in press)。由于我早期在波士顿儿童医院流动儿科系(Ambulatory Pediatrics Department) Levine 的领导下所获得的临床与研究经验，我开始了对儿童正常发展变化的研究，将之作为理解学习困难的参照点，并在关注阅读的同时还关注书写。

428

发展心理学的贡献

在这一部分，我们将突出发展心理学对学习困难领域有代表性的贡献。

规则学习缺陷与计算的机制

Manis 和 Morrison(1985)与 Manis 等(1987)提出质疑：在字母顺序规则(在字母与音素间建立联系)学习中的阅读困难问题是否反映了在规则诱发(inducing)与运用方面更为普遍的潜在困难。为检验这一假设，Manis 等将单词与视觉符号配对(箭头、矩形、三角形加上点或星号)，使之在一些情况下与规则相一致，而在另一些情况下则否(正如语言中的例子，它倾向于有可预测的但又不固定的规律)。他们的发现支持了上述假设，并与近来的显示了正常读者(如，Booth et al.，2003；Booth，Perfetti，& MacWhinney，1999)与诵读困难者(如，Richards et al.，2005)大脑梭状回(fusiform gyrus)活动的脑损伤研究相一致。如果阅读困难者在诱发规则遵守模式和/或在因地制宜地进行调整方面存在困难，那么他们可能会在帮助他们概括规律并有策略地运用规律的显性教学中获益。

联结主义的模型，模拟了书面词语的学习激起的大脑中的计算过程(如，Seidenberg & McClelland，1989)，证明了明显的、与言语相关的规则对学习书面词语并非必要的，而计算机式的规则可能是阅读规则与不规则词语的基础。Manis 和 Seidenberg(如，Manis，Seidenberg，Doi，McBride-Chang，& Petersen，1996)，他们合作进行的一项纵向研究对儿童如何学会有规则的音韵解码和不规则词的阅读进行了考察，鉴别了存在解码缺陷或不规则词阅读缺陷儿童的亚类，但这些亚类型在阅读的发展中并非完全稳定。随着时间的推移，规则与不规则词语阅读可能会交汇在一起，因为音韵解码(常通过规则词的阅读来评估)有助于单词的自动化再认(Ehri，1992；Uhry & Shephard，1997)，这一过程可能会采用规则与不规则的真实词语进行评估，因为例外词(exception word)至少可被部分地进行解码(Berninger，1998；Berninger，Vaughan，et al.，2002)。联结主义模型的贡献是显示了程序性知识(没有明显关于音韵规则陈述性知识的言语过程的无意识计算)可以引导阅读发展。我们有关指导的研究运用这一原则教学生将字母与外显读音相联结(包括在单词情境之外和之内)，但没有明显地出声去念任何规则(如，Berninger et al.，1999；Berninger，Abbott，et al.，2000)。

在规则缺陷和计算模型方面的研究提示，存在着一个阅读的规则学习的连续统一体，其范围从(a) 高度内隐的，到(b) 适度内隐的，到(c) 适度外显的，再到(d) 高度外显的：

1. 意识层面之外的计算程序引发了口头与书面词语的联结，从而对熟悉与不熟悉单词的阅读提供支持。
2. 通过对单词阅读的重复练习(运用基于口头语与书面语之间联结的程序性知识)，一种可用于评估特定单词自动化的自助词典(autonomous lexicon)被创造出来。
3. 显性教学使儿童参与了对口头语、书面语及其部分进行积极操纵的过程，在这一过程中创造了有意识的音素、拼写与词形的语言意识(见图 11.2)。
4. 显性教学在可用言语表达的音韵、词形和拼写规则的推理运用中(在书面语和口头语内部及二者之间的模式)创造了有意识地在未知单词上运用这一知识的、有策略的读者。

429

对于未受学习困难基因影响的个体(随后将在本章中进行讨论)，仅实施 1 和 2 可能就足够了。对于许多儿童，无论是否学习困难，实施 3 和 4 对他们学习阅读可能还是必要的。

在需要多少及何种显性教学方面，同一年龄和同一年级的学生可能存在个体差异。教阅读的过程中最大的挑战之一是在童年早期和中期的通识教育方案中提供不同的指导，以让儿童接受适度的显性教学，满足他们将已知的口头语与正在学习的书面语进行匹配及对不在他们口语词汇中的新书面语进行再认的要求。提供指导前，教师应做好准备以评估该儿童需要多少显性教学，并在外显规则学习的连续体中提供适度的指导。

音韵缺陷是唯一的语言缺陷吗？

阅读困难的发展过程中显示出音韵技能受到损伤(如，Berninger, Abbott, Thomson, et al., 2001, in press; Bruck, 1992, 1993; Pennington & Lefly, 2001; Scarborough, 1984)。同时，有证据表明语言的其他方面(如词汇或语法)可能有助于阅读的发展，也可能导致阅读困难，这是发展过程中最为重要的变化(Scarborough, 1984, 1989, 1990, 1991, 2001; Scarborough, Ehri, Olson, & Fowler, 1998)。然而，音韵加工十分复杂，可以包括至少三种相对独立的技能：对口头语中声音片断的音韵意识，音韵工作记忆(在短暂的工作记忆中储存并操纵声音单元)和音韵解码(将书面语中的拼写单元转换为口头语；Wagner & Torgesen, 1987)。

每一音韵加工过程都可能与多水平的听觉/口头或书面语言有关联。例如，听觉的、非文字的复述(见 Bishop & Snowling, 2004)可能与词汇(Gathercole & Baddeley, 1989)、句子加工(Willis & Gathercole, 2001)、理解(Montgomery, 2003; Nation, Clarke, Marshall, & Durand, 2004)和执行功能有关(Baddele & Della Sala, 1996)。因而，在支持阅读(Berninger, 2004a)和书写(Berninger & Winn, in press)的复杂大脑系统中存在着系统中的系统，它可能被误导地将任何复杂技能归结于单一的基础过程。不过，对于特定的阅读和书写技能，在阅读和书写发展的特定阶段，有些可确认的语言技能是能够被外在地评估和教授的。如果专业人员没有意识到语言是一种多层级的复杂系统(Berninger & Richards, 2002)并在其评估和矫治实践中应用这一知识，一些儿童将成为“评估死亡”(assessment casualties)，他们的问题未被发觉；或者“课程死亡”(curriculum casualties)，儿童可以学会阅读但却不能用发展的、适当的方式进行教授。教给即将上岗的教师关于语言的复杂性可以阻止学习困难的发生。

快速自动命名、流畅性、有效性和适时性

对于阅读前儿童将来可能出现阅读困难的最可信的预测指标之一，是不能对物体或颜色进行命名(假设儿童不是色盲；Manis, Seidenberg, & Doi, 1999; Wagner et al., 1994; Wolf, Morris, & Bally, 1986)。一年级及之后仍需要一定时间才能命名多排连续字母，是阅读障碍(如，Wolf & Bowers, 1999)和书写障碍(如，Berninger, Abbott, Thomson, et al., 2001, in press)个体最常见的并发缺陷之一。有着字母快速命名和音韵意识双重缺陷的学生，比仅有一种技能缺陷的学生受到的损伤更大(Wolf & Bowers, 1999)。一些音韵、拼写和快速命名技能上的缺陷预示了阅读困难的严重性(Berninger, Abbott, Thomson, et al., 2001)。

快速自动命名(RAN)是一种简单而带有迷惑性的任务,它反映了复杂的加工过程(见 Wolf & Bowers, 1999):对视觉刺激的注意(颜色、图片或文字与数字刺激),对长时记忆中熟悉的音韵编码进行快速自动评估,并在固定时间内不同的时间量度上调整编码(一个视觉/拼写编码和一个口头语言编码,用于词汇或单词水平的表征)(Breznitz, 2002)。

430

并非所有阅读困难的适时性(tining)问题都涉及对单独词汇条目的快速提取。一些看似涉及流畅性(系列条目的快速、流畅、调整加工)的问题,其实是受到了所涉及的每一语言加工过程效率的影响(如,Perfetti, 1985)。一个用于调整阅读过程的准确的适时性机制可能在阅读困难中受损(Wolf, 1999)。所谓提高加工速率的治疗,看起来就是提高所涉及的多级过程的效率,从而使加工过程流畅(Breznitz, 1987, 1997a, 1997b)。

诵读困难(一种特定类型的阅读困难)可能在需要随着时间的推移而不断付出心理努力方面存在不适当的困难。在 Wolf 等(1986)第一排 RAN 任务上(10 个条目),并不能将儿童诵读困难从年级常模中明显地区分出来,但是后面的四排任务,每排的十个条目都可以对之进行区分(Berninger & Hidi, in press)。诵读困难者似乎在需要在工作记忆中执行的、保持对时间的敏感(sustaining time-sensitive)、目标明确的任务上存在着别人难以察觉的困难。许多教师对无法及时完成书面作业的学生都不会同情,因为他们不能直接观察到这些在持续努力的单词提取中隐藏的困难,这在临床使用的 RAN 任务上非常明显。相反,口语阅读不流畅则是一种有目共睹的困难。

共病

阅读困难的发生可能伴随或不伴随其他的学习或行为问题。一些天才儿童在低水平的书写技能上存在困难,从而妨碍了他们高水平的写作技能(Yates, Berninger, & Abbott, 1994),或者在低水平的阅读技能上的困难妨碍了他们高水平的理解技能(如,在我们的家庭基因研究中未经治疗的儿童诵读困难患者)。许多有行为障碍的儿童都存在着学业内容领域和听觉/口头语言方面未经诊断和治疗的学习困难(Berninger & Stage, 1996)。阅读或书写困难也可能伴随发展性精神病,包括儿童 ADHD(尤其是注意不集中的亚类型)和/或行为障碍(见 Pennington, 2002, 对使研究和治疗复杂化的共病的进一步探讨及其相关研究的综述)。

阅读与写作中的常态变化

与基于标准变量的共病相比,基于数量特性的常态变化成为连续变量的范例。常态变化(个体间与个体内差异)发生在与大范围的阅读和书写有关的加工技能中,是低年级学生典型发展的代表性范例(Berninger & Hart, 1992)。在中年级学生另一种大多数的、代表性范例中,展示了其单词阅读和课文阅读特点的内部变化(Berninger, 1994)和其写作中单词选择、句子建构与组织论述的特点(Whitaker, Berninger, Johnston, & Swanson, 1994)。我们曾观察到由相同指导而引发的常态变化。Berninger 和 Abbott(1992)证明了个体儿童间的由一年级相同的阅读指导而引起的常态变化。Traweek 和 Berninger(1997)与 Abbott、

Reed、Abbott和Berninger(1997)证明了二年级中由相同指导所引起的常态变化。在没有ADHD的儿童中,其对集中注意自我调控与目标指向的注意这两方面能力的常态变化,独特地预示了他们对拼字法的单词形式的加工能力(见图11.2, Thomson et al., 2005)。

总之,这些不同的学生显示了学习者中的变化是正常的,典型的教学情境将允许学生在与读写能力有关的技能学习及加工过程中展示其多种多样的个体差异。因而,在一个对高水平学业成绩的期望愈益增加的时代,一个紧迫的需要是准备能够有效应对学生在教室中所表现出的多种正常差异的教师。这种多样性需要创造语言加工意识的持续的显性教学。另一迫切需要是,在读、写技能获得(Berninger, 1994)、典型阅读(如,Chall, 1983, 1996)和书写(如,Templeton & Baer, 1992; Treiman, 1993)的常态变化基础上理解学习困难。

性别差异

阅读困难的性别差异似乎与提名偏见有关(Shaywitz et al., 1990)。然而,在书写方面的确存在性别差异。典型发展的男孩在书写的自动化及其相关的正确拼写(非动作)技能方面相对较弱(Berninger & Fuller, 1992; Berninger, Fuller, & Whitaker, 1996)。诵读困难的男孩在很多种书写技能上都表现出受损(书法、拼写、写作文,及在显性的家族基因序列中相关的神经心理过程;Berninger, Nielsen, Abbott, Wijsman, & Raskind, 2005; Nielsen, Berninger, & Raskind, 2005)。

431

遗传与环境

虽然有观点认为影响学习与学习困难的生物与实验因素是相互排斥、相互独立的,但实际上二者似乎更像相互作用的变量。在这一部分,我们主要关注环境影响与基因影响的研究,并结合脑成像与教育干预的研究,来探讨遗传与环境对学习困难个体的相互作用。

教育与经验的作用

虽然有关发展的研究历来强调生物成熟在发展中的作用,但在过去15年里出现了接受经验作用的平衡观点。Morrison、Smith和DowEhrensberger(1995)在一所地面断裂(groundbreaking)的学校所做的抄近路研究显示,那些抄近道进入幼儿园的儿童,在现在和今后的几年中,优于那些不抄近道的同龄儿童。Vellutino和Scanlon(如,Vellutino et al., 1996)的纵向干预研究显示,显性教学可以消除很多(但非所有的)阅读问题;以这些基于直接操作经验的发现作为教育和阅读经验的案例(Morrison et al., 1995),对那些基于间接操作经验(书面自我报告)的发现是一种补充(Cunningham & Stanovich, 1998)。一些纵向治疗研究得到了相同的结论:即使是来自低教育背景家庭的儿童,通过适当的早期干预,阅读问题也可以得到矫治,或者其表现的严重程度会大为减轻(Foorman, Francis, Fletcher, Schatschneider, & Mehta, 1998; Foorman et al., 1996; Torgesen, Wagner, & Rashotte, 1997; Torgesen et al., 1999)。然而,近期对数据的仔细审查显示,并非所有的儿童都能在早期干预(Torgesen, 2000)或者在学期间的干预(Shaywitz et al., 2003)中取得效果。也就是说,在阅读困难的基础上,即使大多数阅读问题通过适当的教育干预可得到矫治,也还是由于遗传(Olson, 2004)和神经(Hynd, Semrud-Clikeman, Lorys, Novey, & Eliopulos, 1990; Shaywitz et al. , 2003)的缘故而存在一些完全没有疗效的问题,这些情况在某些个体身上可能会持续于整个在学期间。

基因对阅读与书写的影响

对双生子进行的遗传可能性研究(如,Byrne et al. , 2002;Olson, Datta, Gayan, & DeFries, 1999; Olson, Forsberg, Wise & Rack, 1994)与家族基因研究(如,Chapman et al. , 2003, 2004;Raskind, 2001; Raskind et al. , 2005)都已证明基因对阅读困难的影响。基因对音韵过程与口语工作记忆的影响出现在学前期(Byrne et al. , 2002)。我们观察到的是两个相同的功能领域,显示出学龄期与成年期中最大的基因影响(Berninger, Abbott, Thomson, et al. , 2005;Berninger & O'Donnell, 2004)。考虑到这些影响了学习书面语言难易程度的基因作用,学生们可能会从专门为其受基因影响的、与阅读有关的加工过程特点,包括音韵加工和工作记忆(Swanson & Siegel, 2001),而设计的最佳的学习环境中受益(Plomin, 1994)。

婴儿期大脑的限制与儿童期及成年期大脑的可塑性

新生儿的电生理记录鉴别出对元音一致模式(consonant-vowel pattern)中不协调音(stop consonants)的言语识别的事件相关电位(ERP)成分,元音一致模式可预测 3—5 岁儿童语言的发展及 8 岁儿童的阅读(包括对诵读困难的诊断)(D. Molfese et al. , 2002)。新生儿 ERP 记录在大脑区域中更为孤立,而对成人的记录则显示了两个大脑区域间更多的相互作用(D. Molfese et al. , 2002)。不仅大脑的可变性,社会与其他环境的可变性都影响了大脑与行为水平上的阅读发展(V. Molfese & Molfese, 2002)。事件相关电位有力的波形(potent-waveform)变化是婴儿期与成人期训练的结果(D. Molfese et al. , 2002)。

432

儿童中期与成年期大脑的可塑性

在使用了一系列成像方法的至少九项研究中,包括功能性核磁共振成像(fMRI)、功能性磁分光成像(functional magnetic spectroscopic imaging)、磁源成像(magnetic source imaging)及 ERP 的电生理记录,显示了三个不同时期:最初(Shaywitz et al. , 2004;Simos et al. , 2002)、发展过程中(Aylward et al. , 2003;Richards et al. , 2000, 2002;Temple et al. , 2000, 2003)及成年期(Eden et al. , 2004;D. Molfese et al. , 2002),正常与阅读困难者的大脑在与阅读有关的加工中的变化。

华盛顿大学的脑成像研究显示,大脑会对阅读与拼写指导做出回应。这种由国家阅读小组推荐的(Berninger, Nagy, et al. , 2003)包含了所有指导成分的治疗,导致了在音韵判断过程中左额叶区乳酸分泌的显著减少(提高了神经的新陈代谢率)(Richards et al. , 2002),增加了 fMRI 血氧依赖水平(Blood Oxygen-Dependent Level, BOLD)在额叶(frontal regions)和顶叶(parietal regions)的激活程度(Aylward et al. , 2003)。在两个样本中,诵读困难组与控制组治疗前的差异经治疗后而消失。来自特定治疗大脑回应(treatment-specific brain responding)的证据(如,Richards et al. , 2005)也观察到,例如,对四、五、六年级诵读困难者在完成拼写任务时的大脑进行扫描,发现伴随着拼字法治疗出现了很大的变化,但这一变化未在语形学治疗中出现。Richards 等(2005)设计了一种结合大脑成像与治疗研究的结果分析模式,这一模式考虑了(a) 控制组从时间 1 到时间 2 反应的信度;(b) 诵读困难组与控制组治疗前在控制条件下确实被激活的脑区中的显著差异;(c) 规范化条件下这些脑区伴随治疗过程的显著变化(控制组已激活的活跃脑区或控制组未激活的不活跃脑区)。

干预和治疗的效度

在这部分中我们以华盛顿大学的"纲领线"(programmatic line)研究为例,就发展心理学对于学习困难的贡献加以总结,这一研究以阅读和书写发展的理论及对阅读和书写困难的教育干预为基础。Berninger、Stage、Smith 和 Hilderbrand(2001)设计了一个三级模型,以将心理学家的注意从阅读和书写困难诊断的慢性失败,转向对之进行早期干预和预防。第一层级关注对早期干预对象的筛选,与防止发展精神病理学和社会情感问题的方法相似(见本手册本卷, Cicchetti & Toth, 第 13 章和 Selman & Dray, 第 10 章)。第二层级关注在学期间监控与补救性干预的进展。第三层级关注对那些持续性的、有着生物学基础的特定学习困难的特异性诊断与专门治疗。在每一层级都实施了随机的、控制的指导性实验,并运用个体训练与个别差异研究中显示为有效的评估措施作为对干预的反应和/或结果的预测方式。与许多指导性研究相反,那些研究所用的被试是方便寻找的或由学校鉴定出的,而我们的被试则是用针对特定阅读或书写技能上存在高危或困难的个体的、定义良好的标准来确定的。

随机化控制纵向实验研究

在这部分我们将对以学校中大范围研究为基础的、针对层级 1 和 2 的研究发现及华盛顿大学学习困难多学科研究中心(University of Washington Multidisciplinary Center for Learning Disabilities, UWLDC)的小范围的、针对层级 3 的研究发现进行简单回顾。之后,还将对在三个层级中执行的指导设计原则进行总结。

有效的、层级 1 和层级 2 的阅读指导

濒临阅读困难危险的一年级学生,当他们的注意被明确地吸引到单词中与读音有关的字母上而不是整个单词(所有的字母和单词的名称)时,他们在读单词方面有了很大提高(Berninger et al. , 1999)。这些学生单独地在单词情境及故事情境中学习了字母顺序规则后,比在仅仅教给他们口头语的音韵意识之后,能够更好地学会并迁移单词(Berninger, Abbott, et al. , 2000)。实施每周两次、每次 20 分钟、共 4 个月 24 课时的显性教学,其结果是有一半处于阅读困难边缘的学生在学年末达到了本年级所要求的水平,并且这一有益影响还会在第二学年继续保持;另一半学生则在第二学年初附加了 24 课时的显性教学后达到了平均水平,并将这一有益影响保持到第二学年末(Berninger, Abbott, et al. , 2002)。

433

将阅读理解中的显性教学与解码相结合,比单纯为处于阅读困难边缘的二年级学生进行解码辅导,更能有助于他们单词解码的进步(Berninger, Vermeulen, et al. , 2003)。将以

语言意识、单词解码、自动化单词阅读、朗读流畅性和阅读理解为目的的阅读指导进行整合，对处于阅读困难边缘的二年级学生而言，这种整合的指导要比规则平衡的阅读方案更有助于其在单词解码和流畅性方面取得进步(Berniger, Abbott, Vermeulen, & Fulton, in press)。

有效的、层级1和层级2的书写指导

给予一种综合了(a)在模型字母中计算箭头提示，(b)越来越持久地在记忆中保持字母形式的指导，比那些在接触控制组或接受四种可选择的书写治疗方案，更能使濒临书写困难危险的一年级学生在书写的易辨认性与自动化方面取得较大提高。所有儿童在老师的提示下练习写作，但只有整合了计算箭头提示与从记忆库中提取单词书写形式的治疗，才能帮助儿童在书法与较好的作文流畅性两方面都取得进步(Berninger et al., 1997)。对濒临书写困难的二年级学生，给予书面单词与口头单词间建立多级联系的指导，比给予控制组的仅仅进行语音意识训练的指导，更能在听写和作文拼写中取得进步(Berninger, Vaughan, et al., 1998)。对英语中六个音节类型的语音意识进行训练，是对多音节单词的字母顺序规则训练的一种有益补充(Berninger, Vaughan, et al., 2000)。对字母顺序规则的显性教学简化了对拼写结构单词(spell structure words)的学习，这些单词不像内容单词(content words)那样有音韵上的可预测性，在计划、翻译、修正/回顾方面的显性教学有助于写作的进步(Berninger, Vaughan, et al., 2002)。

学习困难多学科研究中心进行的有效的、层级3的治疗

教给正在努力的阅读者在书面单词与口头单词之间建立多级联系，比仅教给他们建立单一的联系更有助于学生在阅读中取得大的进步(Hart, Berninger, & Abbott, 1997)。濒临拼写困难的学生学会用铅笔与用键盘一样好地进行拼写(Berninger, Abbott, et al., 1998)。相比邮寄测验与跟踪了六个月的控制组，教给书法、拼写与写作综合技能的濒临写作困难的学生在每种技能中都有更大的提高(Berninger, Abbott, Whitaker, Sylvester, & Nolen, 1995)。教给内容阅读技能的儿童比控制组儿童会有更大的进步(Berninger, Abbott, Graham, & Richards, 2001)。词形意识的训练比音韵意识的训练更能提高音韵解码的速率(Berninger, Nagy, et al., 2003)，建议小学高年级的诵读困难学生需要学习音韵学的、语形学的和正字法的知识来发展有效的音韵解码(见图11.2)。词形意识训练有益于人造假词的拼写，正字法意识的训练则有益于真正的单词拼写(Berninger & Hidi, in press)。

进行补救永远都不会晚：小学高年级学生与中学生对强调语言意识与执行功能的教育干预做出了积极回应(Abbott & Berninger, 1999)。对于执行功能在书写中的重要性，请见Hooper、Swartz、Wakely、deKruif和Montgomery, 2002。

学校中有效的、层级3的治疗

符合诵读困难研究标准的二年级学生：使用音韵解码训练和过程调控标准检测出的学生，比那些使用精确标准检测出的学生在真实单词的阅读中取得更大的进步(Berninger, Abbott, Billingsley, & Nagy, 2001)。对于四、五、六年级的诵读困难者，先前的注意训练并不直接迁移于写作的提高，但与控制组相比（在两组中进行了同样的写作指导），确实会导致写作的较大提高（Chenault, Thomson, Abbott, & Berninger, in press）。先前的注意训练还会在接受阅读流畅性训练的小组中促进口头言语流畅性的显著提高。

对生物学问题教育矫治的指导设计原则

所有 UWLDC 治疗研究都是基于遗传与环境的视角。家族基因研究的主要调查人 Raskind 博士强调基因研究的价值在于鉴别有遗传基础的亚类型，以设计独特的教育指导方案来帮助诵读困难者战胜这些基因的影响。例如，对于复述所听到的非真实单词的问题，我们以种族融合（Raskind, Hsu, Thomson, Berninger, & Wijsman, 2000）、种族隔离（Wijsman et al., 2000）、联结及脑成像研究结果（Richards, Berninger, et al., submitted）为基础，所有的音韵训练都以口语为起点，之后才引入相应的书面语。在给学生们呈现单词的书面形式之前，学生们练习用拍手代表每一单词的音节数量，并数出颜色所代表的音素数量，从而发展其精确的音韵学的单词形式。

434

对于音韵解码速率的问题，在有关独特遗传路径的研究发现基础上（Chapman, Raskind, Thomson, Berninger, & Wijsman, 2003），我们使用了“Jibberwacky”单词（经我们修订的 Lewis Caroll’s Jabberwocky）中训练字母顺序规则的速度标准；在其进度调控方面我们使用了速度—准确性标准（Berninger, Nagy, et al., 2003）。有持续阅读问题的儿童，典型的评估方法是对他们使用人造假词，这些儿童常对这些假词有厌恶反应。我们在指导中以十分有趣的方式来使用这些，以减少与它们有关的消极影响。另一指导设计原则是在较集中的时间内教所有水平的语言，在较相近的时间内教低水平与高水平的技能，以使工作记忆能有效地构建（Berninger & Abbott, 2003）。

最终的指导设计原则是使以克服工作记忆限制为目标的认知客观化、外显化（externalizing），并学习不要求明显言语规则的自我调控策略。认知外显化的指导方法可使学生把自己的想法变得让自己、让别人都看得到，从而使他们能够对之进行客观观察和操纵。一旦认知外显化了，学生们就可以用难以内化的方式（可能是由于超负荷的工作记忆）来对他们的想法做实验。我们通过提示卡片来外化认知，设计这些提示卡片是用来在教师的直接指导活动中提示字母顺序规则单元的正字法与音韵意识和在独立的阅读与书写活动中进行自我调控（进一步的信息请见 Berninger & Abbott, 2003 指导设计原则一章）。

治疗的效度

一种新的评估方法是测定评估—干预的联合效度。UWLDC 方案研究结果关乎治疗的有效性，这可由治疗者的实践看出来，治疗者往往运用富有时效的分支诊断，验证了基于教学的评估及多水平侧面评估的效度（Berninger, Dunn, & Alper, 2004）。Berninger 和 Abbott（2003）已在其层级 1、层级 2 和层级 3 的干预基础上发展了课程计划。

社会性与认知发展

虽然涉及书面语言的学习困难是学业问题，但它们对于个体的社会性和认知发展都具有重要的意义。使用黄金标准的治疗研究范式（评价这种新的治疗是否超越了通常的治疗)，Weiss、Catron、Harris 和 Phung(1999)的研究显示,在改变心理健康程度上传统心理疗法并不比学业指导更有效。这一发现提示,学业学习的促进可以对社会性与情感发展具有积极影响。而且,慢性的认知学习问题会导致社会性问题,甚至社会性或情感问题并不是学习问题的最初起因。有效的治疗可能要求认知与社会性/情感两种成分。许多研究支持了在通识教育方案中促进社会性/情感发展这种方法的有效性(如,Frey et al., in press; Frey, Nolen, Van Schoiack-Edstrom, & Hirschstein, 2005; Van Schoiack-Edstrom, Frey, & Beland, 2002)。在整个在校期间对所有学生进行情感训练,可能会通过改善教室中的社会性关系而使学习得以提高(Lovitt, 2005)。同样,所设计的用于改善师生关系的干预对于促进学习也被证实是富有成效的(Pianta, 1999; 见 Vaughn, Sinaguh, & Kim, 2004, 对学习困难学生社会能力与社会技能的回顾)。

学习困难界定的不同观点

435 本部分主要讨论学校中有关如何对用于研究目的和用于帮辅目的的学习困难进行界定的争论,同时还将考察在学习困难学生鉴别中,对早期干预反应的新近进展。

用于研究目的的学习困难界定

在整个世界范围内都缺乏对诵读困难(一种特定的阅读困难;Chapman et al., 2003, 2004;Igo et al., 2005;Raskind et al., 2005)如何界定的一致意见,这会引起不同研究小组间对结果解释的混乱。我们在 UWLDC 家族基因研究中采取的是国际诵读困难委员会推荐的定义(Lyon, Shaywitz, & Shaywitz, 2003):神经生物学领域无法预测的、较低水平的单词阅读、解码、拼写和朗读流畅性。

用言语理解因素(基于没有学业或数字广度分测验而测得的言语 IQ)而不用全量表 IQ 来决定相关标准是基于下列两点原因。其一,由美国健康研究所(NIH)基金资助的研究证据和这次家族基因研究开始时的有效证据显示,在所涉及(Greenblatt, Mattis, & Trad, 1990)和未涉及的(Vellutino, Scanlon, & Tanzman, 1991)样本中,言语 IQ(VIQ)对于阅读困难的鉴定是比操作 IQ 更好的预测指标。其二,韦克斯勒量表的出版者此后一直推荐在学习困难学生的鉴别中使用因素分而非全量表 IQ(如,Prifitera, Weiss, & Saklofske, 1998)。而且,定点巡访的研究者在 1995 年也建议在第 25 个百分点处设置一个 IQ 的临界点(平均分为 100、标准差为 15 的量表的标准分 90),因为已充分证明,IQ 落在总体后四分之一区间的儿童,其遗传领域发展性障碍的流行率显著偏高,且这种遗传性障碍可以导致某一特定领域的发展超出正常范围,包括认知、语言、动作、注意/执行和/或社会—情感功能,并会混淆寻找特定学习障碍遗传机制的研究,这种特定的学习障碍仅影响儿童的书面语言,在其他方面发展正常。另外,Olson 等(1999)的 NIH 基金研究表明,在相关标准基础上鉴别的阅读困难(与 IQ 相关的较低阅读水平)似乎比仅以低学业水平为标准鉴别出的阅读困难更具有遗传基础。

我们所要求的 VIQ 与学业成绩的差异量(至少 1 个标准差)比进行本研究所在州的特殊教育法案所要求的要小得多,这一特殊教育法案所制定的要求也被其他研究小组尤其是英国的研究小组所采用。由于我们要求其学业成绩应低于总体平均分,且不同于测量阅读和拼写所得的 IQ,所以这一差异不能被归结为正常的个体内变化。这一使用相对于 VIQ 的简单差异与学业成绩低于总体平均分的方法,已在基因相关研究(Chapman et al., 2004)中结出硕果,这些研究重复了其他人的工作,鉴别出了诵读困难中与流畅性有关的亚类型的新染色体部位(novel chromosome sites)(Igo et al., in press; Raskind et al., 2005)。

与学校提供帮助有关的界定

Berninger、Hart、Abbott 和 Karovsky(1992)采用了一种系统方法(阅读与书写系统中的多成分过程),并运用 Mahalanobis 统计法来决定可能处于特定学习困难危机中的学生数量。测量一系列分数之距离的 Mahalanobis D^2,乃由分数的联合分布之均数形成的距心(centroid),该指标考虑了测量间的相关。对于两个分数, Mahalanobis 在考虑 XY 的相关的情况下,测量 X 值与均数 X 的距离和 Y 值与均数 Y 的距离。在衰减中仅需考虑 Y 的预测值与 Y 的实际值的距离。结果显示,参照标准是仅考虑了较低的学业成绩,还是将较低的学业成绩及其与 VIQ 的差异都加以考虑了,所鉴别出的儿童是不同的。因而,在绝对(较低的学业成绩)与相对(IQ—学业成绩差异)这两个标准的基础上,我们认为有必要采取灵活的定义来满足所有在校学生的需求。在我们的早期干预中,我们研究的任何一个儿童其 VIQ 似乎至少低于平均水平[韦克斯勒儿童智力量表第三版(WISC-Ⅲ)言语分测验的标准分为 6],其单词阅读和/或解码准确性至少低于平均分 1 个标准差。然而,在我们的家族基因研究中,基于当时研究文献与各研究点巡视员的反馈,我们采取了如前所述的、不同的界定方法。 436

我们认识到,用于确定特殊教育帮辅对象时,很多研究者对 IQ—学业成绩差异的硬性规定方法不满意(如,Bradley et al., 2002;Lyon et al., 2001;Siegel, 1989;Steubing et al., 2002;Vellutino, Scanlon, & Lyon, 2000)。其他研究(如,Fletcher et al., 1994)使用了其他的数据分析方法,以支持这一声明:无论是否使用 IQ 都能够鉴别出相同的儿童作为特殊教育对象。然而,由于使用不同标准来鉴别需要特殊教育的学习困难学生和通识教育中的诵读困难学生,因而那些分析报告常被做得一团糟。在我们州所做的 Mahalanobis 分析的结果和适当程序得出了不同的结论,并且我们希望所有存在学习差异的学生,包括那些低 IQ 的、高 IQ 的和所有处于中间水平的学生,都能得到适宜的帮助(Berninger, 1998)。

因而,最近修订的联邦特殊教育法案(IQ—学业成绩差异不应成为鉴别学习困难的唯一标准)具有了一定的弹性,这表现在,允许许多州的学校专业人员为那些很难用单一的诊断法则来确定的学习困难学生服务,而且也比过去更关注早期干预。即将讨论的对干预回应的概念,与鉴别在读写方面需要特殊帮助的儿童的新方法有关。

对指导的反应

这一正在形成中的鉴别学习困难的方法——对干预的回应失败——与童年早期有关。Rice(1913)第一次大范围应用了在学生对教育回应的基础上评定教育有效性的科学方法。她在全美范围内研究了教室中的拼写指导,发现一周接受15分钟拼写指导的儿童,比那些一周接受一小时以上拼写指导的儿童,拼写测验分数有更显著的提高。这一结果提示,指导的清晰性可能比指导的强度更重要。Chall(1967/1996)的研究显示,低年级儿童对清晰的声音指导的回应要好于那时所用的基本指导方法。Brown和Felton(1990)报告,清晰的声音指导与较好的学业结果相关联。除了这些关于清晰声音指导重要性的研究知识,许多教师在20世纪最后30年喜欢整体语言方法(whole-language methods)胜过外部阅读指导。剩下未矫治的早期阅读问题还在持续(Juel, 1988)。因而,阅读困难并非总能清除的,无论是生物学基础导致的还是缺乏显性教学而导致的。

1993年,NIH为研究者们举办了一次学习困难领域的工作大会,会上对这些话题进行了讨论,并导致了《测评新框架》(*New Frames of Miasurement*; Lyon, 1994)的出台。通过在新的测评框架下模拟个体成长来分析变化(Francis, Fletcher, Stuebing, Davidson, & Thompson, 1991)是NIH大会的主题。Berninger和Abbott(1994)建议将对干预的回应作为研究工具来控制由于缺乏学习机会而导致学习困难的结果。我们随后展开了我们所计划的对阅读和书写早期干预的研究,在专门写此次会议的一章中我们将对此研究进行概述。结果是,分析了个体成长曲线、治疗效应、回应等级(对指导的较快和较慢的回应)和预测个体对治疗回应的过程测量(先前讨论的层级1和层级2的干预)。

这次会议之后,Slavin、Madden、Dolan和Wasik(1996)研究表明在系统水平中,贫穷与较低文化素养的作用要胜过变化的教育实践的作用。Vellutino和其同事(1996)的研究显示在阅读方面纵向追踪的早期干预能减轻大多数的(但并非所有)阅读困难。Compton (2000a, 2000b, 2002, 2003a, 2003b)证实:(a)在指导开始之前存在个体差异;(b)儿童对指导的回应普遍存在着动态变化;(c)诸如音韵意识、字母—读音协调一致的知识、快速自动化命名等过程预示了个体成长曲线的坡度。

从一开始(Deno, Marston, & Mirkin, 1982; Fuchs, 1986; Fuchs, Deno, & Mirkin, 1984),基于课程的测量(CBM)已成为一种响应干预模型的进展调控。不幸的是,与在整体语言运动中广泛使用的基于文化的课文一起,CBM常常不可能与真实指导的评估相联系,而且CBM被越来越多地用于与那些课堂指导无关的标准化评估。不过,在流行练习的时代,对儿童的评估仅关注正确性而不管速度,即使儿童在阅读的准确性和速度上都存在困难或者仅仅是速度障碍(Lovett, 1987),但CBM提供了有用的流畅性的度量。CBM的另一贡献是鼓励教师对学生在更有规律的基本原则方面的进步加以评估,而不是通识教育教室中进行的典型评估,也不是联邦特殊教育法案的要求(每3年一次)。CBM的一种新形式,基于指导的评估,这种与教师的指导目标和指导过程中的认知进步关联更为紧密的评估,已被介绍(Peverley & Kitzen, 1998; Wong, 2000)并在UWLDC读写课程中采用(Berninger & Abbott, 2003)。一种观点是常模参照测验对回应指导的变化不敏感,但这一情况尚未在我

437

们随机评定、控制条件的显性教学矫治研究中发现。

书面语言学习的中介过程

一些人相信，为预防阅读和书写困难所有要做的就是教。另一些人重视对调节过程和设计指导进行评估的重要性，因为它在理解阅读和书写指导的背景下促进了这些过程。大量研究直指书面语言获得即时和长期预测因子的过程，这些因子包括：音韵(如，Bishop & Snowling, 2004; Catts et al., 2001; Catts, Fey, Tomblin, & Zhang, 2002; Manis et al., 1999; Mattingly, 1972; Scarborough, 1998; Snowling, 1980; Stanovich, 1986; Torgesen et al., 1997; Vellutino & Scanlon, 1987; Wanger et al., 1994)、字母命名(Catts et al., 2001)、快速字母命名(Compton, 2003a, 2003b; Manis et al., 1999; Meyer, Wood, Hart, & Felton, 1998; Wolf et al., 1986)、字母与数字命名间的快速匹配(Wolf, 1986)或速度(Wolf, 1999)、正确拼写(如，Berninger, Abbott, Thomson et al., 2001, in press; Olson, Forsberg, & Wise, 1994; Schlagal, 1992)、语态(Carlisle, 2000; Carlisle & Stone, 2004; Carlisle et al., 2001; Nagy & Anderson, 1984; Nagy, Anderson, Shommer, Scott, & Stallman, 1989; Nagy, Berninger, Abbott, Vaughan, & Vermeulen, 2003; Singson, Mahony, & Mann, 2000; White et al., 1989)、造句(如，Scarborough, 1990)和注意(Berninger et al., 1999; Thomson et al., 2005; Torgesen et al., 1999)。在词汇与音韵技能两方面的个体差异预示了儿童是否要求教师直接的显性教学并对之做出最佳回应(Connor, Morrison, & Katch, 2004)。医疗工作者现今已通过扫描新生儿大脑来为能够预防的医疗障碍作标记(如，心理迟滞或由于苯丙酮酸尿症、甲状腺缺乏、RH 因素不相融造成的其他障碍)，所以教育工作者现在是否也应该对童年早期或中期的儿童进行扫描，以标记与特定读写困难有关的进展，并且伴随经常的进展调控(对学生指导回应的评估)和必要的指导性适应，在必要时提供补救性或特别化的指导。

诵读困难亚表型的发展性表达

在童年早期或中期损害书面语言学习的哪一个过程其损害作用贯穿整个发展过程？在以家族为基础的诵读困难显型研究中，这一研究被纳入修订后的测验包，我们找到了稳定发展的损害过程。根据相对标准(相对 VIQ)和绝对标准(相对总体平均数)，平均来说，儿童先证者(probands)($n=122$；受影响的本家庭的儿童)在九个用于包含的阅读测验中平均缺陷得分为 6.0($SD=2.8$)，在六个用于包含的书写测验中平均缺陷得分为 4.1。他们心中不适的家长们在相同的阅读测量中缺陷平均分为 1.9($SD=1.7$)，在相同的书写测量中缺陷平均分为 1.8($SD=1.6$)。

表 11.1 总结了在各发展水平上符合绝对(学业成绩低于平均分 1*SD*)和相对(与 VIQ 的差异至少在 15 个标准分，并且是基于能够在必要时进行转换以方便比较的测量)两种标准的各显型亚类。六个亚类在两个发展水平上符合两种标准，并在发展中具有稳定的特征。许多亚类型测量结果显示在儿童期符合两种标准，但在成年期却不是，因而似乎更像是发展

438

过程中的补偿(正常化)。没有损伤仅在成年期符合两种标准,但是符合绝对和相对两种标准的成年人其真实单词阅读的效率受到损害,但其真实单词阅读的准确性未受损(Berninger & O'Donnell, 2004);真实单词阅读的准确性和速度似乎有不同的以染色体连接为基础的遗传机制(Igo et al. , in press)。

表 11.1　仅在儿童期有阅读困难与儿童期成年期均有阅读困难的基于绝对和相对两种标准的受损显型

儿童期与成年期	CTOPP 非单词复述, TOWRE 假词阅读效率,沃尔夫(Wolf)RAN 字母命名,UW 按字母表书写字母,沃尔夫 RAS 字母和数字,与沃尔夫 RAS 颜色、字母和数字。 注意: D-KEF 色词抑制与言语流畅复述仅在儿童与成年诵读困难者中符合相对标准。
仅儿童期	WRMT-R 单词辨别与单词击中(word attack), TOWRE 观察单词的有效性(sight word efficiency), GORT3 准确性与速度, UW 词形解码与准确性, WRAT3 和 WIAT Ⅱ 书面表达,PAL 接受性与表达性正确拼字编码, CTOPP 音素反转,沃尔夫 RAN 颜色,沃尔夫 RAN 数字, D-KEF 色词抑制。 注意: 仅儿童期有诵读困难者在 Stroop 测验上表现出抑制,符合绝对和相对两种标准。
仅成年期	无

注: CTOPP=音韵加工的理解测验(Comprehensive Test of Phonological Processing);D-KEF=Delis Kaplan 执行性功能(Delis Kaplan Executive Functions);PAL=对学习者的过程评估(Process Assessment of the Learner);RAN=快速自动命名(Rapid Automatic Naming);RAS=快速自动匹配(Rapid Automatic Switching);TOWRE=单词阅读效率测验(Test of Word Reading Efficiency);WIAT Ⅱ =韦克斯勒个体成就测验(Wechsler Individual Achievement Test)第二版;WRAT3=广泛成就测验(Wide Range Achievement Test)第三版;WRMT-R=伍德沃克阅读掌握测验修订版(Woodcock Reading Mastery Test Revised)。

来源:"Modeling Developmental Phonological Core Deficits within a Working-Memory Architecture in Children and Adults with Developmental Dyslexia,"by V. Berninger, R. Abbott, J. Thomson, et. al. , in *Scientific Studies in Reading*, in press; and "Research-Supported Differential Diagnosis of Specific Learning Disabilities"(pp. 189-233), by V. Berninger and L. O'Donnell, in *WISC-Ⅳ Clinical Use and Interpretation: Scientist-Practitioner Perspectives*, A. Prifitera, D. Saklofske, L. Weiss, & E. Rolfhus (Eds.), 2004, San Diego: Academic Press.

稳定的受损技能表现在工作记忆的三个成分上: 音韵贮存(听觉的非单词复述)、语音环路(快速字母命名和书写)、执行性功能(注意转换和抑制控制;如, Baddeley, 2002; Baddeley & Della Sala, 1996)。稳定的音韵缺陷(参见 Morris et al. , 1998)可以解释单词解码问题,这一系列的三种缺陷可以解释由于工作记忆低效而引起的诵读困难的持续流畅性问题(Berninger, Abbott, Thomson, et al. , in press; Berninger & O'Donnell, 2004)。

这些发现提出了一些我们至今仍在探讨的新问题。语音环路通过与语言编码协调一致在学习新的书面单词中发挥作用(如,Baddeley, Gathercole, & Papagano, 1998),并作用于长时记忆中对熟悉单词的快速、有效评估。RAN 缺陷反映了语音环路在时间敏感性(time-sensitive)上的缺损吗? Roald Dahl 介绍给我们的 Nibbleswicke 的教区牧师,当他成年期面临将书面的经文用声音向人们布道的工作时,他童年期的诵读困难又重新出现了吗(如,God and dog 的故事; Dahl, 1990)? 如果执行功能的无效对于工作记忆的音韵编码是一个根本问题,它可能会使童年时代学习阅读(与口头和书面单词一致)变得更困难,而且当工作记忆在新工作的学习中背负重荷，就会使之后的自我表达方面也出现困难，还会像影响阅读和书面表达一样影响口头表达。除音韵解码外，诵读困难可能还在其他方面也存在缺损。

研究支持的包容标准

如果评估和指导都是在科学研究的基础上，那么解决用于研究目的的定义问题对于教育实践也非常重要。毫无疑问，如果联邦法律和专业人员都不能在包容标准(inclusionary criteria)的基础上来界定它，教育者对诵读困难是什么、它是否存在仍感迷惑。朝着发展的包容标准的目标，我们谨慎地检测这些案例中的儿童，他们有的在阅读、拼写成绩上与 VIQ 存在差异，有的则无。在 Snow(1994)以及 Snow、Cancino、Gonzales 和 Shriberg(1989)的研究基础上，UWLDC 研究小组的成员 Nagy，假设不同于会话中语言关联化使用的、去关联化行为中，界定单词的确是儿童使用单词能力的元语言意识的指标(见 Berninger, Abbott, Vermeulen, et al., in press)。由这一假设延伸，与表达性词汇存在着高相关的 VIQ 可能是元语言意识的常规指标。

439

进一步的小组分析显示，诵读困难者似乎主要是在音韵和正确拼写加工、快速自动化命名和执行功能(如对注意转换和抑制控制的监督)方面存在缺损，但在有关词法(morphology)和音节的口头语言技能方面却完好无损，即，具有在那些语言水平上完好的元语言意识。然而，语言学习困难(Butler & Silliman, 2002; Wallach & Butler, 1994)的儿童，他们的那些口头语言技能似乎像音韵技能一样也存在缺损，并且在阅读理解方面的缺损比诵读困难者更严重。他们在词法和音节上受损的元语言意识可以解释他们较低的 VIQ。

相比语言学习困难，对诵读困难的不同诊断对于研究和治疗都具有一定的启示。诵读困难和语言学习困难个体可能是许多阅读困难研究的对象，其结果可不可以在各研究间进行横向的综合概括，有赖于这些个体在具体研究中的相对比例。对于诵读困难，所需要的可能就是在正确拼写、音韵意识与解码方面进行显性教学，但对于那些影响了元语言意识所有方面的语言学习困难个体，有效的治疗可能需要针对音韵、词法和音节意识的显性教学。

利用 Chall's(1983)对那些先学会读然后利用阅读去学习的学生的观察，我们也已观察到，语言学习困难者在利用语言进行学习方面存在显著困难。学校学习要求利用语言来理解教师的指导性语言，利用语言在各门功课的学习中对内部心理过程进行自我调控，并利用语言对情感和行为进行自我调控。因而，语言学习困难者在利用语言进行学习方面需要特殊指导。附录描述了对诵读困难、语言学习困难和书写困难不同诊断的评估程序(也可见 Berninger & O'Donnell, 2004)。另外，有些个体虽无任何语言困难但却有特定的理解困难(如，Oakhill & Yull, 1996)，或者有些个体存在诵读困难、书写困难和/或语言学习困难的综合征。

服务于教学的不同诊断标准与标定

许多家长和教师拒绝那种将学习困难当作贴标签或在教育中不作区分的条目。相对而言，我们使用诵读困难、书写困难和语言学习困难的名称，是因为他们在受影响的学业技能上对问题的实质和特殊教育需要这两方面进行了区分：

诵读困难：受损的单词阅读和拼写(见 Berninger, 2001)

书写困难：受损的书法和/或拼写(用手形成组成语言的字母；见 Berninger, 2004b)

语言学习困难：在听觉/口头和书面语言上都存在缺损(见 Berninger & O'Donnell, 2004)

这些条目像在特殊教育中一样没有法律和文本的束缚,可被用于通识教育方案。

对阅读困难与书写困难的有效指导

虽然有一本长期存在的有关诵读困难与特定阅读困难治疗的临床研究著作,但使用随机、控制设计的研究近年不断增多。对诵读困难儿童有效治疗的三种方案路线的研究包括：Wise 和 Olson 在科罗拉多大学学习困难中心使用谈话计算机(Talking Computers)进行的断裂地面研究(the groundbreaking studies)(如,Wise, Ring, & Olson, 1999), Lovett 和同事在多伦多儿童医院开展的研究(如,Lovett et al., 1994, 2000),及 Torgesen 和其同事的研究(如,Torgesen et al., 1999, 2001)。最近,一项跨过这三项研究的、大型随机控制研究由 Morris、Wolf 和 Lovett 负责开展(Wolf et al., 2003)。

近期在有证据支持的、有效的阅读指导中存在知识爆炸的现象(如,McCardle & Chhabra, 2004; National Reading Panel, 2000; Snow, Burns, & Griffin, 1998);虽然可用于书写指导的知识还不甚充足,但至少已经有一些了(如 Berninger & Richards, 2002, 第 9 章;Hooper et al., 1993;Swanson, Harris, & Graham, 2003,第 16、20、21 章)。许多州有关各领域评估的高级测验都要求书写技能,而不仅仅是阅读(Jenkins, Johnson, & Hileman, 2004)。许多研究在回顾研究所支持的指导时也都关注早期阅读,且在通识教育的教室中也是这样。指导性干预在整个发展过程中都是有效的,并对特定种类的学习和发展问题有效,包括但不限于诵读困难和书写困难,因而此方面的研究还需继续进行。

440

对语言学习困难的有效指导

在对阅读困难外加口头语言困难的学生进行有效阅读与书写矫治方面,人们还知之甚少,这种复合的困难类型越来越多地被当作语言学习困难(如,Bulter & Silliman, 2002; Wallach & Butler, 1994)。在我们的经验中,这些儿童在其学前期就显示出听觉/口头语言学习困难的轻微到中等程度的苗头;虽然这些口头语言问题在学龄期间会根据其程度(production)加以解决,但这些逗留在元语言意识中的顽固问题(lingering problems),可能会既影响口头语言也影响书面语言。他们可能也存在书面表达问题(Fey, Catts, Proctor-Williams, Tomblin, & Zhang, 2004)。他们需要有效的治疗来帮助其提高利用去关联化的语言进行学习的本领(来自我调控对阅读、书写及课程中交叉内容学科的内部学习过程)。他们对非言语内容可能学得轻松一些(21 世纪的课程是非常具有言语定向的),但对这一问题的研究还有待加强。

对界定问题的总结

我们相信，学校中关于有帮辅需要儿童的认定标准问题是朝着更为弹性的方向发展的，回应干预的附加成分是预防严重学习困难的正确措施。对干预的回应，是将建立作为标准化心理学实践的动态评估(见 Grigorenko & Sternberg, 1998; Lidz & Elliott, 2000)。同时，对那些早期干预无效和具有生物基础的学习困难，保留理解性评估和引介科学支持的、具有治疗效度的不同诊断模式是非常重要的。不同的诊断模式依赖于认知测验和特定学习困难的相关显型特征。

持续的挑战

特殊教育的理论效用与研究支持的实践

对有帮辅需要的儿童进行鉴定的特殊教育标准不同于研究支持的诊断标准(Berninger, 1998)。特殊教育鉴定标准的缺点超过了已经使用的 IQ—学业成就差异模式存在的问题。特殊教育鉴定中所用到的一连串分数常常是多个分测验分数的复合。这一做法是有问题的，因为当分测验被合并时，一个分测验中的相关力量可能会掩盖、削减另一分测验对这些分数的贡献。例如，开始处于阅读困难边缘的阅读者在其真词和假词的阅读发展曲线中显现了个体内差异(Berninger, Abbott, et al., 2002)。在这两种单个词的阅读技能上表现出显著发展的儿童阅读成绩最好，而那些仅在其中一种技能上发展显著的儿童其阅读成绩明显偏低。合并这两个分测验，可能会遗漏一个在假词阅读或真词阅读方面的明显不足，这对诊断与治疗都具有重要的启示(见 Berninger & O'Donnell, 2004)。

相似地，在对 IQ—书写成绩差异进行计算时，经常用到的只有书写成绩的准确性测量——Woodcock-Johnson 第三版(WJ-Ⅲ)或韦克斯勒个体成就测验第二版(WIAT-Ⅱ)中的一系列分数，这些分数将书写样品的质量与书写的流畅性混在一起。另外，有缺损的拼写、书法或作文的流畅性常常不被认为是学习困难，但美国儿童健康与人类发展研究中心(NICHD)15 年的支持性研究表明，这些情况就是学习困难。例如，在 WJ-Ⅲ书写分测验(一种不需要持续书写的不计时测验，计分是依据书写的内容和想法，而不是学习困难学生症结所在的书面表达技巧)上获得的高分，可能就掩盖了其在书写流畅性方面的问题(构成的速度)。然而，当 WJ-Ⅲ书写分测验被比喻为书写流畅性，或者书写流畅性被比喻为 VIQ 时，它们的不同质就显而易见了(明显偏低的书写流畅性)，这可以通过对日常书写工作进行测试来确认。

441

因而，有持续阅读或拼写问题的儿童如果在以下方面有严重缺损，那就可能任何特别辅导都对他不起作用：(a) 单词解码准确性(阅读假词)但不是单词阅读(真词)的准确性；(b) 单个真词或假词的阅读速度，或朗读段落的速度；(c) 拼写和/或(d) 书法。如果儿童明显表现出不能准确、流畅地阅读课堂中的材料，不能在日常书面作业中达到相应年级的水平和/或字迹难以辨认或书写吃力、缓慢，出现这样的情况倒不要紧。现在也还没有合适的程序来鉴别或帮助语言学习困难学生，这一情况或许可以解释为什么特定学习困难的案例要比典型的诵读困难或书写困难多。

问题在于知识的缺乏，而不是缺资金

假定我们开展研究的社会政治背景(11所当地学校向州教育负责人、特殊教育主管和政府官员提出请求，因为他们认为没有足够的资金来对那些应接受特殊教育的学生实施教育)，我们经常提醒教育者，仅仅规定了在通识教育方案中通过实施研究支持的评估和教学实践来帮助学习困难学生是合法或不合法或不专业的特殊教育法案，实际上并没有什么实质性内容。虽然使学生具有特殊教育的资格在有些时候是一个适宜的目标，但有些家长希望他们的孩子能在普通学校的教育中得到恰当的诊断和帮助。不幸的是，学校在接受有研究基础的学习困难(其中许多都已显示出具有遗传或神经生物学基础)的界定时态度勉强，因为他们害怕如果他们不使用现在的法定程序，甚至是在没有研究支持的情况下，以及在现存的合法定义体系中有明显阅读或书写问题的儿童却得不到界定的情况下，州听证会会通过减少资助来处罚他们。联邦的规章中现在甚至要求接受了"不让一个孩子掉队(No Child Left Behind)"基金资助的学校使用有科学基础的阅读指导，但却没有规章支持使用有科学基础的诊断标准来对阅读、书写或数学困难进行诊断或矫治。

虽然有层级3问题的学生能在特别指导中受益，但也没必要在本可以灵活制订的方案(pull-out program)中提供阅读、书写和数学这所有内容的指导。因而，对于在阅读、书写、数学和语言学习方面存在特定学习困难的学生，应给予他们选择针对自己特定方面进行指导的权力，这种指导是在通识教育中由有资格的教师为之提供的清晰的、以语言为基础的、智力参与的指导。虽然如果给予适当的显性教学，受到教育影响的个体能够学会解码和读真实的单词，但学习困难根本的基因基础似乎倾尽全力以不同的方式来阻止个体在学校中进步和课程所要求的变化。持续的拼写和书面表达问题，以及默读流畅性问题，都在年龄较大的学生中进行了有代表性的观察，除非对之改换了新型的指导方式。不幸的是，许多学校仅为年龄较大的学生提供适应性调节，而不是以流畅阅读、拼写、书面表达和执行功能为目的的持续显性教学。学校可能会从返回到灵活的模式中获益，这种灵活的模式是以学校场所为基础(building-based)、由在学业学习方面受过良好训练的专业人员提供直接服务，并且与教师合作计划，执行不同的指导方案。这种方式使拥有更多在显性教学策略中受过训练的(如，Cunningham, 1990)、具有与文化素养有关的专门领域知识的(如，Cunningham, Perry, Stanovich, & Stanovich, 2004; McCutchen & Berninger, 1999)、素质全面的教师成为必要。

高级测验

基于我们对学生的研究经验，我们想知道，在瞄准高水平思维技能的高级测验上学生通过与否，能否就意味着对危及学校日常作业表现的、低水平的解码、单词阅读、流畅性、书法与拼写技能进行了充分评估(见图11.1，这是一个通过了书写高级测验的八年级学生最近的书写样品)。

另一问题是，高级测验所测的内容常常横跨所有学业领域（阅读、数学和书写；Jenkins et al., 2004）。许多有书写问题而非阅读问题的学生可能在这些测验上表现较差，因为虽然他们有专门领域的知识，但他们缺乏足够的书写技能来表达他们所知道的。正如一个青少年自杀未遂者所告诉我的，“我擅长数学（个别施测的心理测验支持了他的这种自我觉知），并且我可以用谈话来解释我的数学思维，但却不能用书写的方式来解释。我想我的生命结束了，因为我能做数学却不能把它写出来。”虽然联邦政府主动强调有研究支持的阅读指导和现在每年一次的阅读与数学测评的重要性，但他们仍然没有将书写包括进所要求的科学支持的指导和一年一度的测评中去。许多在学年作业上失败或成绩与相应年级所要求的水平相去甚远的学生，都被错误地认为没有被激发出来。然而，当给他们实施研究中确证的与书写过程相关的测验时，他们都典型地表现出尚未被诊断和治疗的书写困难（Berninger & Hidi, in press）。引介研究支持的书写指导，以使他们能在书写方面获得成功，常常能将一个勉强的书写者转变成一个能够并愿意书写的人。

442

学习困难学生在逐渐引起我们的注意，因为他们没有通过高级测验或教师担心他们不能通过。我们遇到的最差的一个案例是学校拒绝听家长的担忧：他们的孩子低年级时不是在学阅读。后来，一位教师要求该家长同意对孩子的学习困难实施特殊教育，以使其在高级测验上的得分不会拖班级平均分的后腿。根据 UWLDC 的测评结果，这名儿童是一个无法阅读的人（nonreader）。如果这所学校适当地开展层级 1 研究支持的筛选和早期干预，这名儿童可能就不会有连续数年的失败，或许已经成为一名读者和作者了。还有许多这样的故事在不断提醒我们，在对教育者进行有关学习困难的教育及有效地教那些学习困难的学生方面，还有大量的工作尚未完成。

践行三 C 的专业人员：照料、联络与沟通

教育研究是必要的但并不充分

基本的实验室研究可能还难以推广到真实情境中。因而，当应用研究结果时，也应在证据的基础上对执行的有效性进行评估。要在实践中得到想要的结果，既需要艺术也需要科学。艺术包括用于直接服务的临床技能和与其他专业人员共同探讨（Rosenfield, 1987; Rosenfield & Gravois, 1996）。在过去的几年中，我们遇到了许多有献身精神的、有能力的专业人员，他们努力地工作并有效地帮助学习困难学生。同时，我们也遇到了许多案例，这些学生没有得到好的帮助，学校对校外专门帮助学习困难学生的专业人员持抵触态度。

职业观

在我们针对心理学家的专业预备方案中，为达到有效的临床实践我强调三个 C：照料（care）受学习困难影响的个体，与他们及其家庭联络（connect），并与其家长和教师就帮助学习困难儿童的方法进行有效沟通（communicate）。这种专业实践不能被立法，但反映了联邦法律保证有受教育障碍儿童的公民权益的精神。它涉及向别人敞开心扉（见“open Hearts”， the March 2 reflection in *Native Wisdom for White Minds*, Schaef, 1995)。训练有素的专业人员、有关科学支持的评估和教育的知识、能够敞开心扉去照顾由于生物学影响而学习困难的儿童(这使其学习非常艰难,但并非不可能学会),这些都非常必要,就像立法要求对特定学习困难的个体应在其童年最大限度地保证其学业成功、在成年期最大限度地保证其工作成功一样。践行三C的专业人员要发展与家长协作的能力,而不是对抗。因为家长知道教育者所关心的是分数,没有必要转向不是专业教育者的律师来解决纠纷。对照顾他人的强调是与发展中的教育学所倡导的精神相一致的:通过照料(Noddings, 1992)在分数要求之下满足学生的愿望和需要(Barth, 2002; Bruner, 1966; Dewey, 1963)。

对学习困难学生适当教育的愿景

本章最后来探讨一种愿景,假若诸如Susan、Sean、Sam和Sharon这样的学生不再停滞不前、苦苦挣扎或极度痛心于无人能教他们,或不再由于他们学习方式不同而浪费他们宝贵的生命,会是什么样子。这一愿景不需要更多的钱,但需要学校更有创造性地、更富智慧地使用有限的可用资源,这样他们就不必为昂贵的法律程序而耗尽精力和财力。随之而来的是,这一愿景在通识教育中被完全执行,并伴随着建构水平的适应性、没有特殊教育审计员、文书工作和法定程序。特殊教育依然在为有严重障碍的学生提供适宜的教育,但那些诵读困难、书写困难和语言学习困难能够得到适当的诊断,并能在普通学校教育中通过提供他们所需要的特殊指导来帮助他们。

443

首先,学校大量使用语言艺术板块,在此期间所有教师同时在同一年级水平或跨年级水平上教语言艺术。在本章前面所讨论的保持显性教学的连续统一体中,每所学校至少指派小学和中学水平的一个班或一部分名额来为需要帮助的学生提供外部的、智力参与的阅读和书写指导,这一指导是依学生的年级水平提供有关音韵知识、正确拼写和词法意识(见图11.2,p.426)、字母顺序规则、词族、结构单词、解码、自动单词再认、朗读和默读流畅性、阅读理解、书法自动化、拼写、作文流畅性,或特定类型写作(包括写报告、记笔记、研究技能和做测验)的高度清晰的指导。并非所有的儿童都需要高度清晰的指导,但那些有诵读困难、书写困难和语言学习困难的学生及其他在通识教育课程中需要这一选择的学生,他们需要高度清晰的指导(见Berninger, 1998和Berninger & Richards, 2002,有关一个特殊教育教师鼓舞人心的故事,这位教师认识到了通识教育方案中的这种语言艺术板块,并显示如果提供清晰的、智力活动参与的指导,起先处于落后的学习困难儿童也能够达到与其正常同伴相同的读写水平)。

学校心理学家的作用从单纯为鉴别学生是否需要特殊教育服务而施予一系列的测验,转变为对专业人员的评估(由通识教育投资),这些专业人员在满足学习困难学生的需要方面发挥着两种作用。其一是,学校心理学家组织全校范围的筛选并实施监控方案。层级1的筛选目的是鉴别那些处于诵读困难、书写困难和语言学习困难边缘的学生,或有其他发展或学习问题的学生。当儿童显示出濒临危机的迹象,学校心理学家将这一信息转告通识教育者(及其家长,以建立协作的而不是敌对的关系),并使用问题解决的咨询技术

(Rosenfield, 1987; Rosenfield & Gravois, 1996)来帮助通识教育者在小组情境中提供满足学生个体教育需要的有差别的指导。学校心理学家还辅助实施监控,以使教师、家长和儿童自己及时知道他们是否在特定的阅读和书写技能上取得了合理的进步。其二是,当儿童在初始的干预甚至可能层级 2 的附加干预中没有取得足够的进步时,学校心理学家就实施层级 3 的评估、给予标准化测验、从其家长那里获得儿童的发展历程、收集作业样品,并观察课堂中的儿童以决定是否运用附录中所示的不同的诊断或者其他方法。诊断的目标是(a) 理解为什么儿童已经努力了却没效果;(b) 鉴别限制儿童在显性教学与规则方案提供的适应性调节这两种措施中取得进步的教育障碍之所在;(c) 为学生在语言艺术部分计划不同的指导方案,这种指导应是清晰的、智力参与的和与诊断相适应的。

如果采用了这种方法, Susan 可能在幼儿园和一年级的筛选中就被鉴别出来了,并在普通学校教育方案中被施予层级 1 的补充性阅读和书写指导。到三年级,她可能就不会出现停滞,但可能到四年级时再次出现阅读与书写速度及拼写的问题,然后再给予针对这些技能的补充性指导。同样地,教师和心理学家可能已认识到,仅因为 Sean 已经学会准确解码和阅读并不意味着他的诵读困难不再需要指导。Sean 可能在小学高年级时已经持续接受了在默读流畅性、拼写和书面写作这些方面的显性教学,直到这些技能有了较好发展。Sam (见图 11.1,p. 423)不奢望什么人能把他的阅读和书写教得更好。他的案例中不幸之处在于学校虽提供了适当的干预(由大学助教提供),但一直到小学毕业时他的阅读和书写才达到了所在年级的水平。当中学里减少了所有的阅读与书写的显性教学时,他就失去了支撑其发展的相应土壤,因而应强调整个在校期间为阅读困难和书写困难(还有语言学习困难)学生提供持续显性教学的必要性。最后,如果 Sharon 的母亲对她在校期间进行评定的请求,没有因"她可能没有学习困难因为她很聪明"这种误导性的假设而被忽视,她的诵读困难可能已被诊断和治疗,甚至在特别指导下她第二语言的学习会相当好;她可能与她的同伴一起已从大学毕业,并找到了与其大学学历相称的工作。

444

要将这一研究的愿景转变为实践,需要与快速壮大的学习困难研究团体携手合作。它还要求对所有学生进行教育的常识、照料和许诺,甚至对那些由于不能像其智力水平所显示的那样进行轻松学习而经受更大挑战的学生来说也是如此。目前还没有打算实现这一愿景的教师证明的课程。获得这一愿景,要求在教育者和州立法者之间发展更多的被告知的和协作的关系,以通过法律来确认被委托实现这一愿景的教育者的专家地位,并委派他们为代表来这样做。

附录:不同诊断特征

诵读困难症候群所涵盖特征的标准

- 言语 IQ(或言语理解因素)至少 90
- 至少符合下列标准中的一条(多数可能会符合多条):
  - 解码或阅读真实单词的准确性或速度低于总体平均分,且低于 VIQ 至少 1*SD*

(15 标准分点)。

— 朗读准确性或速度低于总体平均分，且低于 VIQ 至少 1*SD*(15 标准分点)。

— 拼写低于总体平均分，且低于 VIQ 至少 1*SD*(15 标准分点)。

- 不符合任何有关其他神经发展障碍、大脑损伤或疾病，或精神病学障碍的排异标准，且不是英语语言学习者。

共病问题

除音韵体系外，学前期出现口头语言转折点(milestones)是正常的。很少有符合这一标准的儿童还符合心理障碍诊断与统计手册(DSM－Ⅳ)中给出的 ADHD 的标准，但他们的确在一系列的粗心上(在家长的责骂中)表现出了个体变化。

语言学习困难症候群所涵盖特征的标准

- 语言转折点发展滞后(slower)的某些指标的学前经历(第一批单词、第一批句子、言语或语言表达的早期干预)。
- 操作 IQ 或知觉组织因素至少 90(减少与源于神经组织的发展性障碍相混淆的可能性)；WISC－Ⅲ或 WISC－Ⅳ言语 IQ 可能低于 90(或者词汇分测验低于 8)。
- 至少符合下列标准中的一条(多数可能会符合多条)：

— 解码或阅读真实单词的准确性或速度低于平均分至少 1*SD*。

— 朗读准确性或速度低于平均分至少 1*SD*。

— 拼写低于平均分至少 1*SD*。

— 口头或阅读词汇低于平均分至少 1*SD*。

— 阅读理解低于平均分至少 1*SD*。

- 不符合任何有关其他神经发展障碍、大脑损伤或疾病，或精神病学障碍的排异标准，且不是英语语言学习者。

共病问题

下列指标是有代表性的：(a) 学前期语言转折点发展滞后；(b) 学前期动作发展的转折点也可能滞后；(c) 学龄期一些口头语言技能(词法和音节意识，及句子的简洁表达)不在正常范围内；(d) ADHD 的共病诊断(尤其是粗心)，虽然注意问题可能是语言加工问题的结果。

445 **书写困难症候群所涵盖特征的标准**

- 无学前期语言转折点发展滞后的经历(第一批单词、第一批句子、言语或语言表达的早期干预)，但可能存在学前期动作延迟或运动困难或注意困难的指标。
- VIQ 至少 90。
- 至少符合下列标准中的一条(多数可能会符合多条)：

— 不符合单词解码、真实单词阅读，或段落朗读的诵读困难的标准。

— 符合下列标准一条以上：

● 书写低于总体平均分，且低于 VIQ 至少 15 标准分点，或者低于总体平均分至少 1*SD*。

● 拼写低于总体平均分，且低于 VIQ 至少 15 标准分点。

● 不符合任何有关其他神经发展障碍、大脑损伤或疾病，或精神病学障碍的排异标准，且不是英语语言学习者。

共病问题

学前期语言转折点发展滞后或者学龄期口头语言技能不在正常范围内，这两种现象并不总是出现。一些书写困难的儿童符合 DSM-Ⅳ给出的 ADHD 的标准，并且似乎比其他亚类更具有多动的症状（尤其是冲动），而且也表现出粗心的问题。

注意：一些符合不止一种特定学习困难包含标准的儿童可能是诵读困难、书写困难和/或语言学习困难的复合型困难。

（左志宏译，邓赐平审校）

参考文献

Abbott, S., & Berninger, V. (1999). It's never too late to remediate: A developmental approach to teaching word recognition. *Annals of Dyslexia*, *49*, 223-250.

Abbott, S., Reed, L., Abbott, R., & Berninger, V. (1997). Year-long balanced reading/writing tutorial: A design experiment used for dynamic assessment. *Learning Disabilities Quarterly*, *20*, 249-263.

Aram, D., Ekelman, B., & Nation, J. (1984). Preschoolers with language disorders: Ten years later. *Journal of Speech and Hearing Research*, *27*, 232-244.

Aylward, E., Richards, T., Berninger, V., Nagy, W., Field, K., Grimme, A., et al. (2003). Instructional treatment associated with changes in brain activation in children with dyslexia. *Neurology*, *61*, 212-219.

Baddeley, A. (2002). Is working memory still working? *European Psychologist*, *7*, 85-97.

Baddeley, A., & Della Sala, S. (1996). Executive and cognitive functions of the prefrontal cortex. *Philosophical Transactions: Biological Sciences*, *351*(1346), 1397-1403.

Baddeley, A., Gathercole, S., & Papagno, C. (1998). The phonological loop as a language learning device. *Psychological Review*, *105*, 158-173.

Balmuth, M. (1992). *The roots of phonics: A historical introduction*. Baltimore: York Press.

Barth, R. S. (2002). *Learning by heart*. San Francisco: Jossey-Bass.

Berninger, V. (1994). Intraindividual differences in levels of language in comprehension of written sentences. *Learning and Individual Differences*, *6*, 433-457.

Berninger, V. (1998). *Guides for reading and writing intervention*. San Antonio, TX: Harcourt Brace.

Berninger, V. (2001). Understanding the lexia in dyslexia. *Annals of Dyslexia*, *51*, 23-48.

Berninger, V. (2004a). The reading brain in children and youth: A systems approach. In B. Wong (Ed.), *Learning about learning disabilities* (3rd ed., pp. 197-248). San Diego: Academic Press.

Berninger, V. (2004b). Understanding the graphia in dysgraphia. In D. Dewey & D. Tupper (Eds.), *Developmental motor disorders: A neuropsychological perspective* (pp. 328-350). New York: Guilford Press.

Berninger, V., & Abbott, R. (1992). Unit of analysis and constructive processes of the learner: Key concepts for educational neuropsychology. *Educational Psychologist*, *27*, 223-242.

Berninger, V., & Abbott, R. (1994). Redefining learning disabilities: Moving beyond aptitude-achievement discrepancies to failure to respond to validated treatment protocols. In G. R. Lyon (Ed.), *Frames of reference for the assessment of learning disabilities: New views on measurement issues* (pp. 163-202). Baltimore: Paul H. Brookes.

Berninger, V., Abbott, R., Abbott, S., Graham, S., & Richards, T. (2001). Writing and reading: Connections between language by hand and language by eye. *Journal of Learning Disabilities*, *35*, 39-56.

Berninger, V., Abbott, R., Billingsley, F., & Nagy, W. (2001). Processes underlying timing and fluency of reading: Efficiency, automaticity, coordination, and morphological awareness. In M. Wolf (Ed.), *Dyslexia, fluency, and the brain* (Extraordinary Brain Series, pp. 383-414). Baltimore: York Press.

Berninger, V., Abbott, R., Brooksher, R., Lemos, Z., Ogier, S., Zook, D., et al. (2000). A connectionist approach to making the predictability of English orthography explicit to at-risk beginning readers: Evidence for alternative, effective strategies. *Developmental Neuropsychology*, *17*, 241-271.

Berninger, V., Abbott, R., Rogan, L., Reed, L., Abbott, S., Brooks, A., et al. (1998). Teaching spelling to children with specific learning disabilities: The mind's ear and eye beat the computer or pencil. *Learning Disability Quarterly*, *21*, 106-122.

Berninger, V., Abbott, R., Thomson, J., & Raskind, W. (2001). Language phenotype for reading and writing disability: A family approach. *Scientific Studies in Reading*, *5*, 59-105.

Berninger, V., Abbott, R., Thomson, J., Wagner, R., Swanson, H. L., Wijsman, E., et al. (in press). Modeling developmental phonological core deficits within a working-memory architecture in children and adults with developmental dyslexia. *Scientific Studies in Reading*.

Berninger, V., Abbott, R., Vermeulen, K., & Fulton, C. (in press). Paths to reading comprehension in at-risk second grade readers. *Journal of Learning Disabilities*.

Berninger, V., Abbott, R., Vermeulen, K., Ogier, S., Brooksher, R., Zook, D., et al. (2002). Comparison of faster and slower responders: Implications for the nature and duration of early reading intervention. *Learning Disability Quarterly*, *25*, 59-76.

Berninger, V., Abbott, R., Whitaker, D., Sylvester, L., & Nolen, S. (1995). Integrating low-level skills and high-level skills in treatment protocols for writing disabilities. *Learning Disability Quarterly*, *18*, 293-309.

Berninger, V., Abbott, R., Zook, D., Ogier, S., Lemos, Z., & Brooksher, R. (1999). Early intervention for reading disabilities: Teaching the alphabet principle within a connectionist framework. *Journal of Learning Disabilities*, *32*(6), 491-503.

Berninger, V., & Abbott, S. (2003). *PAL Research-supported reading and writing lessons*. San Antonio, TX: Psychological Corporation.

Berninger, V., Dunn, A., & Alper, T. (2004). Integrated, multi-level model for branching assessment, instructional assessment, and profile assessment. In A. Prifitera, D. Sakolfske, & L. Weiss (Eds.), *WISC-IV clinical use and interpretation: Scientist-practitioner perspectives* (pp. 151-185). New York: Academic Press.

Berninger, V., Dunn, A., Lin, S., & Shimada, S. (2004). School evolution: Scientist-practitioner educators creating optimal learning environments for ALL students. *Journal of Learning Disabilities*, *37*, 500-508.

Berninger, V., & Fuller, F. (1992). Gender differences in orthographic, verbal, and compositional fluency: Implications for diagnosis of writing disabilities in primary grade children. *Journal of School Psychology*, *30*, 363-382.

Berninger, V., Fuller, F., & Whitaker, D. (1996). A process approach to writing development across the life span. *Educational Psychology Review*, *8*, 193-218.

Berninger, V., & Hart, T. (1992). A developmental neuropsychological perspective for reading and writing acquisition. *Educational Psychologist*, *27*, 415-434.

Berninger, V., Hart, T., Abbott, R., & Karovsky, P. (1992). Defining reading and writing disabilities with and without IQ: A flexible, developmental perspective. *Learning Disability Quarterly*, *15*, 103-118.

Berninger, V., & Hidi, S. (in press). Mark Twain's writers' workshop: A nature-nurture perspective in motivating students with learning disabilities to compose. In S. Hidi & P. Boscolo (Eds.), *Motivation in writing*. Dordrecht, The Netherlands: Kluwer Academic.

Berninger, V., Nagy, W., Carlisle, J., Thomson, J., Hoffer, D., Abbott, S., et al. (2003). Effective treatment for dyslexics in grades 4 to 6. In B. Foorman (Ed.), *Preventing and remediating reading difficulties: Bringing science to scale* (pp. 382-417). Timonium, MD: York Press.

Berninger, V., Nielsen, K., Abbott, R., Wijsman, E., & Raskind, W. (2005). *Dyslexia: More than a reading disorder*. Manuscript submitted for publication.

Berninger, V., & O'Donnell, L. (2004). Research-supported differential diagnosis of specific learning disabilities. In A. Prifitera, D. Saklofske, L. Weiss, & E. Rolfhus (Eds.), *WISC-IV clinical use and interpretation: Scientist-practitioner perspectives* (pp. 189-233). San Diego: Academic Press.

Berninger, V., & Richards, T. (2002). *Brain literacy for educators and psychologists*. San Diego: Academic Press.

Berninger, V., & Stage, S. (1996). Assessment and intervention for writing in students with writing disabilities and behavioral disabilities. *British Columbia Journal of Special Education*, *20*(2), 2-23.

Berninger, V., Stage, S., Smith, D., & Hildebrand, D. (2001). Assessment for reading and writing intervention: A 3-tier model for prevention and intervention. In J. Andrews, H. D. Saklofske, & H. Janzen (Eds.), *Ability, achievement, and behavior assessment: A practical handbook* (pp. 195-223). New York: Academic Press.

Berninger, V., Vaughan, K., Abbott, R., Abbott, S., Brooks, A., Rogan, L., et al. (1997). Treatment of handwriting fluency problems in beginning writing: Transfer from handwriting to composition. *Journal of Educational Psychology*, *89*, 652-666.

Berninger, V., Vaughan, K., Abbott, R., Begay, K., Byrd, K., Curtin, G., et al. (2002). Teaching spelling and composition alone and together: Implications for the simple view of writing. *Journal of Educational Psychology*, *94*, 291-304.

Berninger, V., Vaughan, K., Abbott, R., Brooks, A., Abbott, S., Reed, E., et al. (1998). Early intervention for spelling problems: Teaching spelling units of varying size within a multiple connections framework. *Journal of Educational Psychology*, *90*, 587-605.

Berninger, V., Vaughan, K., Abbott, R., Brooks, A., Begay, K., Curtin, G., et al. (2000). Language-based spelling instruction: Teaching children to make multiple connections between spoken and written words. *Learning Disability Quarterly*, *23*, 117-135.

Berninger, V., Vermeulen, K., Abbott, R., McCutchen, D., Cotton, S., Cude, J., et al. (2003). Comparison of three approaches to supplementary reading instruction for low achieving second grade readers. *Language, Speech, and Hearing Services in Schools*, *34*, 101-116.

Berninger, V., & Winn, W. (in press). Implications of advancements in brain research and technology for writing development, writing instruction, and educational evolution. In C. MacArthur, S. Graham, & J. Fitzgerald (Eds.), *The writing handbook*. New York: Guilford Press.

Biemiller, A. (1977-1978). Relationship between oral reading rates for letters, words, and simple text in the development of reading achievement. *Reading Research Quarterly*, *13*, 223-253.

Bishop, D., & Adams, C. (1990). A prospective study of the relationship between specific language impairment, phonological disorders, and reading retardation. *Journal of Child Psychology and Psychiatry and Allied Disciplines*, *31*, 1027-1050.

Bishop, D. V. M., & Snowling, M. J. (2004). Developmental dyslexia and specific language impairment: Same or different? *Psychological Bulletin*, *130*, 858-886.

Blachman, B. (1997). *Foundations of reading acquisition and dyslexia: Implications for early intervention* (pp. 163-190). Mahwah, NJ: Erlbaum.

Bond, G., & Tinker, T. (1967). *Reading difficulties: Their diagnosis and correction*. New York: Appleton-Century-Crofts.

Booth, J., Burman, D., Meyer, J., Gitelman, D., Parrish, T., & Mesulam, M. (2003). Relation between brain activation and lexical performance. *Human Brain Mapping*, *19*, 155-169.

Booth, J., Perfetti, C., & MacWhinney, B. (1999). Quick, automatic, and general activation of orthographic and phonological representations in young readers, *Developmental Psychology*, *35*, 3-19.

Bradley, R., Danielson, L., & Hallahan, D. (2002). *Identification of learning disabilities: Research to practice*. Mahwah, NJ: Erlbaum.

Breznitz, Z. (1987). Increasing first grader's reading accuracy and comprehension by accelerating their reading rates. *Journal of Educational Psychology*, *79*, 236-242.

Breznitz, Z. (1997a). The effect of accelerated reading rate on memory for text among dyslexic readers. *Journal of Educational Psychology*, *89*, 287-299.

Breznitz, Z. (1997b). Enhancing the reading of dyslexics by reading acceleration and auditory masking. *Journal of Educational Psychology*, *89*, 103-113.

Breznitz, Z. (2002). Asynchrony of visual-orthographic and auditory-phonological word recognition processes: An underlying factor in dyslexia. *Journal of Reading and Writing*, *15*, 15-42.

Brown, I., & Felton, R. (1990). Effects of instruction on beginning reading skills in children at risk for reading disability. *Reading and Writing: An Interdisciplinary Journal*, *2*, 223-241.

Bruck, M. (1992). Persistence of dyslexics' phonological awareness deficits. *Developmental Psychology*, *28*, 874-886.

Bruck, M. (1993). Word recognition and component phonological processing skills of adults with childhood histories of dyslexia. *Developmental Review*, *13*, 258-268.

Bruner, J. S. (1966). *Toward a theory of instruction*. Cambridge, MA: Harvard University Press.

Butler, K., & Silliman, E. (2002). *Speaking, reading, and writing in children with language learning disabilities*. Mahwah, NJ: Erlbaum.

Byrne, B., Delaland, C., Fielding-Barnsley, R., Quain, P., Samuelsson, S., Høien, T., et al. (2002). Longitudinal twin study of early reading development in three countries: Preliminary results. *Annals of Dyslexia*, *52*, 4-73.

Carlisle, J. F. (2000). Awareness of the structure and meaning of morphologically complex words: Impact on reading. *Reading and Writing: An Interdisciplinary Journal*, *12*, 169-190.

Carlisle, J. (2004). Morphological processes that influence learning to read. In A. Stone, E. Silliman, B. Ehren, & K. Apel (Eds.), *Handbook of language and literacy: Development and disorders* (pp. 318-339). New York: Guilford Press.

Carlisle, J. F., & Fleming, J. (2003). Lexical processing of morphologically complex words in the elementary years. *Scientific Studies of Reading*, *7*, 239-253.

Carlisle, J. F., & Stone, C. A. (2004). The effects of morphological structure on children's reading of derived words. In E. Assink & D. Santa (Eds.), *Reading complex words: Cross-language studies*. Amsterdam: Kluwer Press.

Carlisle, J. F., Stone, C. A., & Katz, L. A. (2001). The effects of phonological transparency in reading derived words. *Annals of Dyslexia*, *51*, 249-274.

Catts, H., Fey, M., Tomblin, B., & Zhang, X. (2002). A longitudinal investigation of reading outcomes in children with language impairments. *Journal of Speech, Language, and Hearing Research*, *45*, 1142-1157.

Catts, H., Fey, M., Zhang, X., & Tomblin, J. (1999). Language basis of reading and reading disabilities. *Scientific Studies of Reading*, *3*, 331-361.

Catts, H., Fey, M., Zhang, X., & Tomblin, J. (2001). Estimating the risk of future reading difficulties in kindergarten children: A research based model and its clinical implications. *Language, Speech, and Hearing Services in Schools*, *32*, 38-50.

Chall, J. (1983). *Stages of reading development*. New York: McGraw-Hill.

Chall, J. (1996). *Learning to read: The great debate* (3rd ed.). Fort Worth, TX: Harcourt Brace. (Original work published 1967)

Chapman, N., Igo, R., Thomson, J., Matsushita, M., Brkanac, Z., Hotzman, T., et al. (2004). Linkage analyses of four regions previously implicated in dyslexia: Confirmation of a locus on chromosome 15q. *American Journal of Medical Genetics (Neuropsychiatric Genetic)*, *131B*, 67-75 and *American Journal of Medical Genetics Supplement*, *03174 9999*, *1*.

Chapman, N., Raskind, W., Thomson, J., Berninger, V., & Wijsman, E. (2003). Segregation analysis of phenotypic components of learning disabilities: Pt. 2. Phonological decoding. *Neuropsychiatric Genetics*, *121B*, 60-70.

Chenault, B., Thomson, J., Abbott, R., & Berninger, V. (in press). Effects of prior attention training on child dyslexic's response to composition instruction. *Developmental Neuropsychology*.

Compton, D. (2000a). Modeling the growth of decoding skills in first-grade children. *Scientific Studies of Reading*, *4*, 219-259.

Compton, D. (2000b). Modeling the response of normally achieving and at-risk first grade children to word reading instruction. *Annals of Dyslexia*, *50*, 53-84.

Compton, D. (2002). The relationships among phonological processing, orthographic processing, and lexical development in children with reading disabilities. *Journal of Special Education*, *35*, 201-210.

Compton, D. (2003a). The influence of item composition on RAN letter performance in first-grade children. *Journal of Special Education*, *37*, 81-94.

Compton, D. (2003b). Modeling the relationship between growth in rapid naming speed and growth in decoding skill in first-grade children. *Journal of Educational Psychology*, *95*, 225-239.

Connor, C., Morrison, F., & Katch, L. (2004). Beyond the reading wars: Exploring the effect of child-instruction interactions on growth in early reading. *Scientific Studies of Reading*, *8*, 305-336.

Cunningham, A. (1990). Explicit versus implicit instruction in phonemic awareness. *Journal of Experimental Child Psychology*, *50*, 429-444.

Cunningham, A., Perry, K., Stanovich, K., & Stanovich, P. (2004). Disciplinary knowledge of K-3 teachers and their knowledge of calibration in the domain of early literacy. *Annals of Dyslexia*, *54*, 139-167.

Cunningham, A., & Stanovich, K. (1998). Assessing print exposure and orthographic processing skill in children: A quick measure of reading experience. *Journal of Educational Psychology*, *82*, 733-740.

Dahl, R. (1990). *The vicar of Nibbleswicke*. New York: Penguin Books.

Deno, S. L., Marston, D., & Mirkin, P. (1982). Valid measurement procedures for continuous evaluation of written expression. *Exceptional Children*, *48*(3), 68-71.

Dewey, J. (1963). *Experience and education*. New York: Collier Books.

Eden, G., Jones, K., Cappell, K., Gareau, L., Wood, F., Zeffiro, T., et al. (2004). Neurophysiological recovery and compensation after remediation in adult developmental dyslexia. *Neuron*, *44*(3), 411-422.

Ehri, L. (1992). Reconceptualizing the development of sight word reading and its relationship to recoding. In P. Gough, L. Ehri, & R. Treiman (Eds.), *Reading acquisition* (pp. 107-144). Hillsdale, NJ: Erlbaum.

Ehri, L., Nunes, S., Stahl, S., & Willows, D. (2001). Systematic phonics instruction helps students learn to read: Evidence from the National Reading Panel's meta-analysis. *Review of Educational Research*, *71*, 393-447.

Fey, M., Catts, H., Proctor-Williams, K., Tomblin, B., & Zhang, X. (2004). Oral and written story composition skills of children with language impairment. *Journal of Speech, Language, and Hearing Research*, *47*, 1301-1318.

Fletcher, J., Shaywitz, S., Shankweiler, D., Katz, L., Liberman, I., Stuebing, K., et al. (1994). Cognitive profiles of reading disability: Comparisons of discrepancy and low achievement definitions. *Journal of Educational Psychology*, *86*, 6-23.

Foorman, B., Francis, D., Fletcher, J., Schatschneider, C., & Mehta, P. (1998). The role of instruction in learning to read: Preventing reading failure in at-risk children. *Journal of Educational Psychology*, *90*, 37-55.

Foorman, B., Francis, D., Winikates, D., Mehta, P., Schatschneider, C., & Fletcher, J. (1996). Early interventions for children with reading disabilities. *Scientific Studies of Reading*, *1*, 255-276.

Francis, D., Fletcher, J., Steubing, K., Davidson, K., & Thompson, N. (1991). Analysis of change: Modeling individual growth. *Journal of Consulting and Clinical Psychology*, *59*, 27-37.

Frey, K. S., Hirschstein, M. K., Snell, J. L., Edstrom, L. V., MacKenzie, E. P., & Broderick, C. (in press). Reducing playground bullying and supporting beliefs: An experimental trial of the Steps to Respect program. *Developmental Psychology*.

Frey, K. S., Nolen, S. B., Van Schoiak-Edstrom, L., & Hirschstein, M. (2005). Evaluating a school-based social competence program: Linking behavior, goals and beliefs. *Journal of Applied Developmental Psychology*, *26*, 171-200.

Fuchs, L. (1986). Monitoring progress among mildly handicapped pupils: Review of current practice and research. *Remedial and Special Education*, *7*, 5-12.

Fuchs, L., Deno, S., & Mirkin, P. (1984). The effects of frequent curriculum-based measures and evaluation in pedagogy, student achievement, and student awareness of learning. *American Educational Research Journal*, *21*, 449-460.

Ganschow, L., & Sparks, R. L. (2000, April/June). Reflections on foreign language study for students with language learning problems: Research, issues, and challenges. *Dyslexia*, *6*, 87-100.

Gates, A. (1947). *The improvement of reading* (3rd ed.). New York: Macmillan.

Gathercole, S. E., & Baddeley, A. D. (1989). Evaluation of the role of phonological STM in the development of vocabulary in children: A longitudinal study. *Journal of Memory and Language*, *28*, 200-213.

Gray, W. (1956). *The teaching of reading and writing*. Chicago: Scott, Foresman.

Greenblatt, E., Mattis, S., & Trad, P. (1990). Nature and prevalence of learning disabilities in a child psychiatric population. *Developmental Neuropsychology*, *6*, 71-83.

Grigorenko, E., & Sternberg, R. J. (1998). Dynamic testing. *Psychological Bulletin*, *124*(1), 75-111.

Harris, A. (1961). *How to increase reading ability* (4th ed.). New York: Longsman.

Hart, T., Berninger, V., & Abbott, R. (1997). Comparison of teaching single or multiple orthographic-phonological connections for word recognition and spelling: Implications for instructional consultation. *School Psychology Review*, *26*, 279-297.

Henry, M. (1990). *Words: Integrated decoding and spelling instruction based on word origin and word structure*. Austin, TX: ProEd.

Henry, M. (2003). *Unlocking literacy: Effective decoding and spelling instruction*. Baltimore: Paul H. Brookes.

Henry, M. K. (1988). Beyond phonics: Integrated decoding and spelling instruction based on word origin and structure. *Annals of Dyslexia*, *38*, 259-275.

Henry, M. K. (1989). Children's word structure knowledge: Implications for decoding and spelling instruction. *Reading and Writing: An Interdisciplinary Journal*, *2*, 135-152.

Henry, M. K. (1993). Morphological structure: Latin and Greek roots and affixes as upper grade code strategies. *Reading and Writing: An Interdisciplinary Journal*, *5*, 227-241.

Hooper, S. R., Swartz, C., Montgomery, J., Reed, M., Brown, T., Wasileski, T., et al. (1993). Prevalence of writing problems across three middle school samples. *School Psychology Review*, *22*, 608-620.

Hooper, S. R., Swartz, C., Wakely, M., deKruif, R., & Montgomery, J. (2002). Executive functions in elementary school children with and without problems in written expression. *Journal of Learning Disabilities*, *35*, 57-68.

Huey, E. B. (1968). *The psychology and pedagogy of reading*. Cambridge, MA: MIT Press. (Original work published 1908)

Hynd, G., Semrud-Clikeman, M., Lorys, A., Novey, E., & Eliopulos, D. (1990). Brain morphology in developmental dyslexia and attention deficit disorder/hyperactivity. *Archives of Neurology*, *47*, 919-926.

Igo, R. P., Jr., Chapman, N. H., Berninger, V. W., Matsushita, M., Brkanac, Z., Rothstein, J., et al. (in press). Genomewide scan for real-word reading subphenotypes of dyslexia: Novel chromosome 13 locus and genetic complexity. *American Journal of Medical Genetics/Neuropsychiatric Genetics*.

Jenkins, J., Johnson, E., & Hileman, J. (2004). When reading is also writing: Sources of individual differences on the new reading performance assessments. *Scientific Studies in Reading*, *8*, 125-151.

Johnson, D., & Myklebust, H. (1967). *Learning disabilities*. New York: Grune & Stratton.

Juel, C. (1988). Learning to read and write: A longitudinal study of 54 children from first through fourth grades. *Journal of Educational Psychology*, *80*, 437-447.

Kirk, S., & Kirk, D. (1971). *Psycholinguistic learning disabilities: Diagnosis and remediation*. Chicago: University of Chicago Press.

Kuhn, M., & Stahl, S. (2003). Fluency: A review of developmental and remedial practices. *Journal of Educational Psychology*, *95*, 3-21.

Levine, M., Overklaid, F., & Meltzer, L. (1981). Developmental output failure: A study of low productivity in school-aged children.

Pediatrics, *67*, 18 - 25.

Levine, M. D. (1990). *Keeping a head in school*. Cambridge, MA: Educators' Publishing Service.

Levine, M. D. (1993). *All kinds of minds*. Cambridge, MA: Educators' Publishing Service.

Levine, M. D. (1998). *Developmental variation and learning disorders* (2nd ed.). Cambridge, MA: Educators' Publishing Service.

Levine, M. D. (2002). *A mind at a time*. New York: Simon & Schuster.

Levine, M. D. (2003). *The myth of laziness*. New York: Simon & Schuster.

Levy, B., Abello, B., & Lysynchuk, L. (1997). Transfer from word training to reading in context: Gains in reading fluency and comprehension. *Learning Disability Quarterly*, *20*, 173 - 188.

Liberman, I. Y., Shankweiler, D., & Liberman, A. M. (1989). The alphabetic principle and learning to read. In D. Shankweiler & I. Y. Liberman (Eds.), *Phonology and reading disability: Solving the reading puzzle* (IARLD Research Monograph Series). Ann Arbor: University of Michigan Press.

Lidz, C. S., & Elliott, J. G. (Eds.). (2000). *Dynamic assessment: Prevailing models and applications*. Amsterdam: JAI/Elsevier Science.

Lovett, M. (1987). A developmental perspective on reading dysfunction: Accuracy and speed criteria of normal and deficient reading skill. *Child Development*, *58*, 234 - 260.

Lovett, M., Borden, S., DeLuca, T., Lacerenza, L., Benson, N., & Brackstone, D. (1994). Training the core deficits of developmental dyslexia: Evidence of transfer of learning after phonologically-and strategy-based reading training programs. *Developmental Psychology*, *30*, 805 - 822.

Lovett, M., Lacerenza, L., Borden, S., Frijters, J., Steinbach, K., & De Palma, M. (2000). Components of effective remediation of developmental reading disabilities: Combining phonological and strategy-based instruction to improve outcomes. *Journal of Educational Psychology*, *92*, 263 -283.

Lovitt, D. (2005). *Emotional coaching in the classroom*. Unpublished manuscript. Available from dlovitt@u. washington. edu.

Lyon, G. R. (Ed.). (1994). *Frames of reference for the assessment of learning disabilities: New views on measurement issues*. Baltimore: Paul H. Brookes.

Lyon, G. R., Fletcher, J., Shaywitz, S., Shaywitz, B., Torgesen, J., Wood, F., et al. (2001). Rethinking learning disabilities. In C. Finn, J. Rotherham, & C. Hokanson (Eds.), *Rethinking special education for a new century* (pp. 259 - 287). Washington, DC: Thomas B. Fordham Foundation.

Lyon, G. R., Shaywitz, S., & Shaywitz, B. (2003). A definition of dyslexia. *Annals of Dyslexia*, *53*, 1 - 14.

Manis, F., & Morrison, F. (1985). Reading disability: A deficit in rule learning. In L. Siegel & F. Morrison (Eds.), *Cognitive development in atypical children: Progress in cognitive development research* (pp. 1 - 26). New York: Springer-Verlag.

Manis, F., Savage, P., Morrison, F., Horn, C., Howell, M., Szeszulski, P., et al. (1987). Paired associate learning in reading-disabled children: Evidence for a rule-learning deficiency. *Journal of Experimental and Child Psychology*, *43*, 25 - 43.

Manis, F., Seidenberg, M., & Doi, L. (1999). See Dick RAN: Rapid naming and the longitudinal prediction of reading subskills in first and second graders. *Scientific Studies of Reading*, *3*, 129 - 157.

Manis, F., Seidenberg, M., Doi, L., McBride-Chang, C., & Petersen, A. (1996). On the basis of two subtypes of developmental dyslexia. *Cognition*, *58*, 157 - 195.

Mattingly, I. G. (1972). Reading, the linguistic process, and linguistic awareness. In J. F. Kavanagh & I. G. Mattingly (Eds.), *Language by ear and by eye: The relationship between speech and reading* (pp. 133 - 147). Cambridge, MA: MIT Press.

Mayer, R. (2004). Should there be a three-strikes rule against pure discovery learning? *American Psychologist*, *59*, 14 - 19.

McCardle, P., & Chhabra, V. (2004). *The voice of evidence in reading research*. Baltimore: Paul H. Brookes.

McCray, A. D., Vaughn, S., & Neal, L. V. I. (2001). Not all students learn to read by third grade: Middle school students speak out about their reading disabilities. *Journal of Special Education*, *35*, 17 - 30.

McCutchen, D., & Berninger, V. (1999). Those who know, teach well. *Learning Disabilities: Research and Practice*, *14*(4), 215 - 226.

Meyer, M., Wood, F., Hart, L., & Felton, R. (1998). Selective predictive value of rapid automatized naming in poor readers. *Journal of Learning Disabilities*, *31*, 106 - 117.

Molfese, D., Molfese, V., Key, S., Modglin, A., Kelley, S., & Terrell, S. (2002). Reading and cognitive abilities: Longitudinal studies of brain and behavior changes in young children. *Annals of Dyslexia*, *52*, 99 - 120.

Molfese, V., & Molfese, D. (2002). Environmental and social influences on reading skills as indexed by brain and behavioral responses. *Annals of Dyslexia*, *52*, 121 - 137.

Montgomery, J. W. (2003). Working memory and comprehension in children with specific language impairment: What we know so far. *Journal of Communication Disorders*, *36*, 221 - 231.

Morris, R., Stuebing, K., Fletcher, J., Shaywitz, S., Lyon, G. R., Shakweiler, D., et al. (1998). Subtypes of reading disability: Variability around a phonological core. *Journal of Educational Psychology*, *90*, 347 - 373.

Morrison, F., Smith, L., & Dow-Ehrensberger, M. (1995). Education and cognitive development: A natural experiment. *Developmental Psychology*, *31*, 789 - 799.

Nagy, W. E., & Anderson, R. (1984). How many words in printed school English? *Reading Research Quarterly*, *19*, 304 - 330.

Nagy, W. E., Anderson, R. C., Schommer, M., Scott, J., & Stallman, A. (1989). Morphological families and word recognition. *Reading Research Quarterly*, *24*, 262 - 282.

Nagy, W., Berninger, V., Abbott, R., Vaughan, K., & Vermeulen, K. (2003). Relationship of morphology and other language skills to literacy skills in at-risk second graders and at-risk fourth grade writers. *Journal of Educational Psychology*, *95*, 730 - 742.

Nagy, W., Osborn, J., Winsor, P., & O'Flahavan, J. (1994). Structural analysis: Some guidelines for instruction. In F. Lehr & J. Osborn (Eds.), *Reading*, *language*, *and literacy* (pp. 45 - 58). Hillsdale, NJ: Erlbaum.

Nation, K., Clarke, P., Marshall, C. M., & Durand, M. (2004). Hidden language impairments in children: Parallels between poor reading comprehension and specific language impairment? *Journal of Speech*, *Language*, *and Hearing Research*, *47*, 199 - 211.

National Reading Panel. (2000, April). *Teaching children to read: An evidence-based assessment of the scientific research literature on reading and its implications for reading instruction* (NIH Publication No. 00 - 4754). Washington, DC: U. S. Government Printing Office.

Nielsen, K., Berninger, V., & Raskind, W. (2005, June). *Gender differences in writing of dyslexics*. Poster session presented at the International Neuroscience meeting, Dublin, Ireland.

Noddings, N. (1992). *The challenge to care in schools: An alternative approach to education*. New York: Teachers College Press.

Oakhill, J., & Yull, N. (1996). Higher order factors in comprehension disability: Processes and remediation. In C. Cornaldi & J. Oakland (Eds.), *Reading comprehension difficulties: Processes and intervention* (pp. 69 - 92). Mahwah, NJ: Erlbaum.

Olson, R. (2004). SSSR, environment, and genes. *Scientific Studies in Reading*, *8*, 111 - 124.

Olson, R., Datta, H., Gayan, J., & DeFries, J. (1999). A behavioral-genetic analysis of reading disabilities and component processes. In R. Klein & P. McMullen (Eds.), *Converging methods for understanding reading and dyslexia* (pp. 133 - 151). Cambridge, MA: MIT Press.

Olson, R., Forsberg, H., & Wise, B. (1994). Genes, environment, and the development of orthographic skills. In V. W. Berninger (Ed.), *The varieties of orthographic knowledge: Vol. 1. Theoretical and developmental issues* (pp. 27 - 71). Dordrecht, The Netherlands: Kluwer Academic Press.

Olson, R., Forsberg, H., Wise, B., & Rack, J. (1994). Measurement of word recognition, orthographic, and phonological skills. In G. R. Lyon (Ed.), *Frames of reference for the assessment of learning disabilities* (pp. 243 - 277). Baltimore: Paul H. Brookes.

Orton, S. (1937). *Reading*, *writing*, *and speech problems in children*. New York: Norton.

Pennington, B. (2002). *The development of psychopathology: Nature and nurture*. New York: Guilford Press.

Pennington, B., & Lefly, D. (2001). Early reading development in children at family risk for dyslexia. *Child Development*, *72*, 816 - 833.

Pennington, B., Van Orden, G., Smith, S., Green, P., & Haith, M. (1990). Phonological processing skills and deficits in adult dyslexics. *Child Development*, *61*, 1753 - 1778.

Perfetti, C. (1985). *Reading ability*. New York: Oxford University Press.

Perfetti, C. (1992). The representation problem in reading acquisition. In P. Gough, L. Ehri, & R. Treiman (Eds.), *Reading acquisition* (pp. 145 - 174). Hillsdale, NJ: Erlbaum.

Peverley, S. T., & Kitzen, K. R. (1998). Curriculum-based assessment of reading skills: Considerations and caveats for school psychologists. *Psychology in the Schools*, 35, 29 - 47.

Pianta, R. (1999). *Enhancing relationships between children and teachers*. Washington, DC: American Psychological Association.

Plomin, R. (1994). *Genetics and experience: The interplay between nature and nurture*. Thousand Oaks, CA: Sage.

Prifitera, A., Weiss, L., & Saklofske, D. (1998). The WISC - III in context. In A. Prifitera, L. Weiss, & D. Saklofske (Eds.), *WISC - III clinical use and interpretation: Scientist-practitioner perspectives* (pp. 1 - 38). San Diego: Academic Press.

Raskind, W. (2001). Current understanding of the genetic basis of reading and spelling disability. *Learning Disability Quarterly*, 24, 141 - 157.

Raskind, W., Hsu, L., Thomson, J., Berninger, V., & Wijsman, E. (2000). Family aggregation of dyslexic phenotypes. *Behavior Genetics*, 30, 385 - 396.

Raskind, W., Igo, R., Chapman, N., Berninger, V., Thomson, J., Matsushita, M., et al. (2005). A genome scan in multigenerational families with dyslexia: Identification of a novel locus on chromosome 2q that contributes to phonological decoding efficiency. *Molecular Psychiatry*, 10, 699 - 711.

Rayner, K., Foorman, B., Perfetti, C., Pesetsky, D., & Seidenberg, M. (2001). How psychological science informs the teaching of reading. *Psychological Science in the Public Interest*, 2, 31 - 74.

Rice, J. M. (1913). *Scientific management in education*. New York: Hinds, Noble, & Eldredge.

Richards, T., Aylward, E., Berninger, V., Field, K., Parsons, A., Richards, A., et al. (2006). Individual fMRI activation in orthographic mapping and morpheme mapping after orthographic or morphological spelling treatment in child dyslexics. *Journal of Neurolinguistics*, 19, 56 - 86.

Richards, T., Aylward, E., Raskind, W., Abbott, R., Field, K., Parsons, A., et al. (in press). Converging evidence for triple word form theory in child dyslexics [Special issue]. *Developmental Neuropsychology*.

Richards, T., Berninger, V., Aylward, E., Richards, A., Thomson, J., Nagy, W., et al. (2002). Reproducibility of proton MR spectroscopic imaging: Comparison of dyslexic and normal reading children and effects of treatment on brain lactate levels during language tasks. *American Journal of Neuroradiology*, 23, 1678 - 1685.

Richards, T., Berninger, V., Nagy, W., Parsons, A., Field, K., & Richards, A. (2005). Brain activation during language task contrasts in children with and without dyslexia: Inferring mapping processes and assessing response to spelling instruction. *Educational and Child Psychology*, 22, 62 - 80.

Richards, T., Berninger, V., Winn, W., Stock, S., Wagner, R., Muse, A., & Maravilla, K. (submitted). *fMRI activation in children with dyslexia during pseudoword aural repeat and visual decode*.

Richards, T., Corina, D., Serafini, S., Steury, K., Dager, S., Marro, K., et al. (2000). Effects of phonologically-driven treatment for dyslexia on lactate levels as measured by proton MRSI. *American Journal of Radiology*, 21, 916 - 922.

Rosenfield, S. (1987). *Instructional consultation*. Hillsdale, NJ: Erlbaum.

Rosenfield, S., & Gravois, T. (1996). *Instructional consultation teams: Collaborating for change*. New York: Guilford Press.

Scarborough, H. (1984). Continuity between childhood dyslexia and adult reading. *British Journal of Psychology*, 75, 329 - 348.

Scarborough, H. (1989). Prediction of reading disability from familial and individual differences. *Journal of Educational Psychology*, 81, 101 - 108.

Scarborough, H. (1990). Very early language deficits in dyslexic children. *Child Development*, 61, 1726 - 1743.

Scarborough, H. (1991). Early syntactic development of dyslexic children. *Annals of Dyslexia*, 41, 207 - 220.

Scarborough, H. (1998). Predicting the future achievement of second graders with reading disabilities: Contributions of phonemic awareness, verbal memory, rapid naming, and IQ. *Annals of Dyslexia*, 48, 115 - 136.

Scarborough, H. (2001). Connecting early language and literacy to later reading (dis) abilities: Evidence, theory, and practice. In S. Neuman & D. Dickson (Eds.), *Handbook for research in early literacy* (pp. 97 - 110). New York: Guilford Press.

Scarborough, H., Ehri, L., Olson, R., & Fowler, A. (1998). The fate of phonemic awareness beyond the elementary school years. *Scientific Studies in Reading*, 2, 115 - 142.

Schaef, A. (1995). *Native wisdom for White minds: Daily reflections inspired by native peoples of the world*. New York: Ballantine Books.

Schlagal, R. C. (1992). Patterns of orthographic development into the intermediate grades. In S. Templeton & D. Bear (Eds.), *Development of orthographic knowledge and the foundations of literacy: A memorial festschrift for Edmund H. Henderson* (pp. 31 - 52). Hillsdale, NJ: Erlbaum.

Seidenberg, M., & McClelland, J. (1989). A distributed developmental model of word recognition and naming. *Psychological Review*, 96, 523 - 568.

Shaywitz, S. (2003). *Overcoming dyslexia*. New York: Alfred A. Knopf.

Shaywitz, S., Fletcher, J., Holahan, J., Shneider, A., Marchione, K., Steubing, K., et al. (2004). Development of left occipitotemporal systems for skilled reading in children after a phonologicallybased intervention. *Biological Psychiatry*, 55(9), 926 - 933.

Shaywitz, S., Shaywitz, B., Fletcher, J., & Escobar, M. (1990). Prevalence of reading disabilities in boys and girls (Results of the Connecticut Longitudinal Study). *Journal of the American Medical Association*, 264, 998 - 1002.

Shaywitz, S., Shaywitz, B., Fulbright, R., Skudlarski, P., Mencl, W., Constable, R., et al. (2003). Neural systems for compensation and persistence: Young adult outcome of childhood reading disability. *Biological Psychiatry*, 54, 25 - 33.

Siegel, L. (1989). Why we do not need intelligence scores in the definition and analysis of learning disabilities. *Journal of Learning Disabilities*, 22, 514 - 518.

Simos, P. G., Fletcher, J. M., Bergman, E., Breier, J. I., Foorman, B. R., Castillo, E. M., et al. (2002). Dyslexia-specific brain activation profile becomes normal following successful remedial training. *Neurology*, 58(8), 1203 - 1213.

Singleton C. (1999). *Dyslexia in higher education: Policy, provision and practice* (Report of the Working Party on Dyslexia in Higher Education). Hull, England: University of Hull.

Singson, M., Mahony, D., & Mann, V. (2000). The relation between reading ability and morphological skills: Evidence from derivational suffixes. *Reading and Writing: An Interdisciplinary Journal*, 12, 219 - 252.

Slavin, R., Madden, N., Dolan, L., & Wasik, B. (1996). *Every child every school: Success for all*. Thousand Oaks, CA: Corwin Press.

Snow, C. (1994). What is so hard about learning to read? A pragmatic analysis. In J. Duchan, L. Hewitt, & R. Sonnenmeier (Eds.), *Pragmatics: From theory to practice* (pp. 164 - 184). Engelwood Cliffs, NJ: Prentice-Hall.

Snow, C., Burns, M., & Griffin, P. (1998). *Preventing reading difficulties in young children*. Washington, DC: National Academic Press.

Snow, C., Cancino, H., Gonzales, P., & Shriberg, E. (1989). Giving formal definitions: An oral language correlate of school literacy. In D. Bloome (Ed.), *Literacy in classrooms* (pp. 233 - 249). Norwood, NJ: Ablex.

Snowling, M. (1980). The development of grapheme-phoneme correspondence in normal and dyslexic readers. *Journal of Experimental Child Psychology*, 29, 294 - 305.

Stanovich, K. (1986). Matthew effects in reading: Some consequences of individual differences in the acquisition of literacy. *Reading Research Quarterly*, 21, 360 - 407.

Steubing, K., Fletcher, J., LaDoux, J., Lyon, G. R., Shaywitz, S., & Shaywitz, B., et al. (2002). Validity of IQ-achievement discrepancy classifications of reading disabilities: A meta-analysis. *American Educational Research Journal*, 39, 469 - 518.

Swanson, H. L. (1999). *Interventions for students with learning disabilities: A meta-analysis of treatment outcomes*. New York: Guilford Press.

Swanson, H. L., Harris, K., & Graham, S. (2003). *Handbook of learning disabilities*. New York: Guilford Press.

Swanson, H. L., & Siegel, L. (2001). Learning disabilities as a working memory deficit. *Issues in Education*, 7, 1 - 48.

Temple, E., Poldrack, R. A., Deutsch, G. K., Miller, S., Tallal, P., Merzenich, M. M., et al. (2003). Neural deficits in children with dyslexia ameliorated by behavioral remediation: Evidence from fMRI. *Proceedings of the National Academy of Sciences*, 100, 2860 - 2865.

Temple, E., Poldrack, R. A., Protopapas, A., Nagarajan, S., Saltz, T., Tallal, P., et al. (2000). Disruption of the neural response to rapid acoustic stimuli in dyslexia: Evidence from functional MRI. *Proceedings of the National Academy of Sciences, USA*, 97, 13907 - 13912.

Templeton, S., & Bear, D. (Eds.). (1992). *Development of orthographic knowledge and the foundations of literacy: A memorial festschrift for Edmund H. Henderson*. Hillsdale, NJ: Erlbaum.

Thomson, J., Chenault, B., Abbott, R., Raskind, W., Richards, T., Aylward, E., et al. (2005). Converging evidence for attentional influences on the orthographic word form in child dyslexics. *Journal of Neurolinguistics*, 18, 93 - 126.

Torgesen, J. K. (2000). Individual differences in response to early interventions in reading: The lingering problem of treatment resisters.

Learning Disabilities: Research and Practice, *15*, 55 - 64.

Torgesen, J. K. (2004). Learning disabilities: An historical and conceptual overview. In B. Wong (Ed.), *Learning about learning disabilities* (3rd ed., pp. 3 - 40). San Diego: Academic Press.

Torgesen, J. K., Alexander, A., Wagner, R., Rashotte, C., Voeller, K., Conway, T., et al. (2001). Intensive remedial instruction for children with severe reading disabilities: Immediate and long-term outcomes from two instructional approaches. *Journal of Learning Disabilities*, *34*, 33 - 58.

Torgesen, J. K., Wagner, R. K., & Rashotte, C. A. (1997). Prevention and remediation of severe reading disabilities: Keeping the end in mind. *Scientific Studies of Reading*, *1*, 217 - 234.

Torgesen, J. K., Wagner, R., Rashotte, C., Rose, E., Lindamood, P., Conway, T., et al. (1999). Preventing reading failure in young children with phonological processing disabilities: Group and individual responses to instruction. *Journal of Educational Psychology*, *91*, 579 - 593.

Traweek, D., & Berninger, V. (1997). Comparison of beginning literacy programs: Alternative paths to the same learning outcome. *Learning Disability Quarterly*, *20*, 160 - 168.

Treiman, R. (1993). *Beginning to spell: A study of first-grade children*. New York: Oxford University Press.

Uhry, J., & Shephard, M. (1997). Teaching phonological recoding to young children with phonological processing deficits: The effect on sight-vocabulary acquisition. *Learning Disability Quarterly*, *20*, 104 - 125.

Van Schoiack-Edstrom, L., Frey, K. S., & Beland, K. (2002). Changing adolescents' attitudes about relational and physical aggression: An early evaluation of a school-based intervention. *School Psychology Review*, *31*, 201 - 216.

Vaughn, S., Moody, S., & Schumm, J. (1998). Broken promises: Reading instruction in the resource room. *Exceptional Children*, *64*, 211 - 225.

Vaughn, S., Sinaguh, J., & Kim, A. (2004). Social competence/social skills of students with learning disabilities: Interventions and issues. In B. Wong (Ed.), *Learning about learning disabilities* (3rd ed., pp. 341 - 373). San Diego: Academic Press.

Vellutino, F., & Scanlon, D. (1987). Phonological coding, phonological awareness, and reading ability: Evidence from a longitudinal and experimental study. *Merrill-Palmer Quarterly*, *33*, 321 - 363.

Vellutino, F., Scanlon, D., & Lyon, G. R. (2000). Differentiating between difficult-to-remediate and readily remediated poor readers: More evidence against IQ-achievement discrepancy definitions of reading disability. *Journal of Learning Disabilities*, *33*, 223 - 238.

Vellutino, F., Scanlon, D., Sipay, E., Small, S., Pratt, A., Chen, R., et al. (1996). Cognitive profiles of difficult-to-remediate and readily remediated poor readers: Early intervention as a vehicle for distinguishing between cognitive and experiential deficits as basic causes of specific reading disability. *Journal of Educational Psychology*, *88*, 601 - 638.

Vellutino, F., Scanlon, D., & Tanzman, M. (1991). Bridging the gap between cognitive and neuropsychological conceptualizations of reading disabilities. *Learning and Individual Differences*, *3*, 181 - 203.

Venezky, R. (1970). *The structure of English orthography*. The Hague, The Netherlands: Mouton.

Venezky, R. (1999). *The American way of spelling*. New York: Guilford Press.

Wagner, R., & Torgesen, J. (1987). The nature of phonological processing and its causal role in the acquisition of reading skills. *Psychological Bulletin*, *101*, 192 - 212.

Wagner, R., Torgesen, J., & Rashotte, C. (1994). The development of reading-related phonological processing abilities: New evidence of bi-directional causality from a latent variable longitudinal study. *Developmental Psychology*, *30*, 73 - 87.

Wallach, G., & Butler, K. (1994). *Language learning disabilities in school-age children and adolescents: Some principles and applications*. Needham Heights, MA: Allyn & Bacon.

Weiss, B., Catron, T., Harris, V., & Phung, T. (1999). The effectiveness of traditional child psychotherapy. *Journal of Consulting and Clinical Psychology*, *67*, 82 - 94.

Whitaker, D., Berninger, V., Johnston, J., & Swanson, L. (1994). Intraindividual differences in levels of language in intermediate grade writers: Implications for the translating process. *Learning and Individual Differences*, *6*, 107 - 130.

White, T., Power, M., & White, S. (1989). Morphological analysis: Implications for teaching and understanding vocabulary growth in diverse elementary schools — Decoding and word meaning. *Journal of Educational Psychology*, *82*, 281 - 290.

Wijsman, E., Peterson, D., Leutennegger, A., Thomson, J., Goddard, K., Hsu, L., et al. (2000). Segregation analysis of phenotypic components of learning disabilities: Pt. 1. Nonword memory and digit span. *American Journal of Human Genetics*, *67*, 31 - 646.

Willis, C. S., & Gathercole, S. E. (2001). Phonological short-term memory contributions to sentence processing in young children. *Memory*, *9* (4/5/6), 349 - 363.

Wise, B., Ring, J., & Olson, R. (1999). Training phonological awareness with and without explicit attention to articulation. *Journal of Experimental Child Psychology*, *72*, 271 - 304.

Wolf, M. (1986). Rapid alternating stimulus naming in the developmental dyslexias. *Brain and Language*, *27*, 360 - 379.

Wolf, M. (1999). What time may tell: Towards a new conceptualization of developmental dyslexia. *Annals of Dyslexia*, *49*, 3 - 28.

Wolf, M. (Ed.). (2001). *Dyslexia, fluency, and the brain*. Timonium, MD: York Press.

Wolf, M., & Bowers, P. (1999). The double-deficit hypothesis for the developmental dyslexias. *Journal of Educational Psychology*, *91*, 415 - 438.

Wolf, M., Morris, R., & Bally, H. (1986). Automaticity, retrieval processes and reading: A longitudinal study of average and impaired readers. *Child Development*, *57*, 988 - 1000.

Wolf, M., O'Brien, B., Adams, K., Joffe, T., Jeffrey, J., Lovett, M., et al. (2003). Working for time: Reflections on naming speed, reading fluency, and intervention. In B. Foorman (Ed.), *Preventing and remediating reading difficulties: Bringing science to scale* (pp. 356 - 379). Baltimore: York Press.

Wong, B. Y. L. (2000). Writing strategies instruction for expository essays for adolescents with and without learning disabilities. *Topics in Language Disorders*, *20*(4), 29 - 44.

Yates, C., Berninger, V., & Abbott, R. (1994). Writing problems in intellectually gifted children. *Journal for the Education of the Gifted*, *18*, 131 -155.

Young, A., Bowers, P., & Mackinnon, G. (1996). Effects of prosodic modeling and repeated reading on poor readers' fluency and comprehension. *Applied Psycholinguistics*, *17*, 59 - 84.

第 12 章

智力落后

ROBERT M. HODAPP 和 ELISABETH M. DYKENS

对发展心理学家来说，智力落后是一个既古老而又崭新的主题。一方面，智力落后领域的发展性研究的出现先于其他大多数应用性主题研究。20世纪40年代，为了确定皮亚杰提出的发展顺序是否具有普遍性和固定不变，Inhelder和Piaget (Inhelder, 1943/1968; Piaget & Inhelder, 1947)就针对智力落后儿童开展了研究。几乎在同一时间，Werner (1938, 1941)对智力落后的儿童开展研究，以帮助考察检验其提出的定向发育原理(orthogenetic principle)("发展从一种相对笼统的状态，……逐步走向分化的、明细化及层级整合的状态"; 1957, p. 126)。甚至在更早的时候，20世纪20年代至30年代期间，Vygotsky的"缺损学(defectology)"研究就开始采用智力落后的儿童作为被试，来探查儿童与其周围的文化环境之间的发展互动(Rieber & Carton, 1993; van der Veer & Valsiner, 1991)。

实事求是地说，智力落后并非Piaget、Werner或Vygotsky研究的核心。各个理论家均会涉及许多发展现象，他们关于智力落后儿童的研究通常也只是出现于其事业的起步阶段，而没有长久保持下去(Hodapp, 1998)。但是，他们也都在不同程度上意识到，可以用智力落后的儿童来应用、扩展和检测自己的理论。

454

除了这些早期的探索，智力落后在其他方面对发展心理学也是一个全新的课题。坦率地说，不知道为什么，很多发展取向的研究者和实践者认为智力落后的儿童的研究相对缺少理论意义或没有兴趣从事这方面的研究，他们认为这些儿童不过是需要一点材料用较慢的节奏进行指导而已。几乎没有专门针对智力落后或者发展性残障者的发展心理学或应用发展心理学训练方案，这似乎也在一定程度上反映了这一观点。在诸如《儿童发展》(*Child Development*)、《发展心理学》(*Developmental Psychology*)，甚至《应用发展心理学杂志》(*Journal of Applied Developmental Psychology*)和《应用发展科学》(*Applied Developmental Science*)等杂志中，也仅有少数几篇文章涉及伴有智力落后的儿童及其家庭。因此，在儿童发展和应用儿童发展领域，智力落后的地位仍然较不突出。

平心而论，智力落后作为二级学科的地位并不只是局限于发展心理学领域。它也是其他许多学科的一部分，即使其地位并不那么突出。在《精神障碍诊断统计手册》(*Diagnostic and Statistical Manual of Mental Disorder*)第四版中，智力落后是第一层级的障碍(American Psychiatric Association, 1994, pp. 39—46)，但在精神病学、儿童精神病学或临床心理学中，智力落后却处于相对次要一些的地位(King, State, Shah, Davanzo, & Dykens, 1997; Routh, 2003)。这就好像特殊教育存在于教育之中，但却不处于其核心一样。在护理学、社会工作学、遗传学和临床遗传学、儿科学、言语—语言病理学以及大量的其他学科中，也可以看到类似的现象。在每个领域中，智力落后作为一个二级领域而存在，但其地位并不突出。

然而，出于两个方面的原因，这种情形可能正在发生改变。第一，有越来越多的研究从考察伴有智力落后的儿童，转向考察伴有不同类型的智力落后的儿童(Dykens & Hodapp, 2001)。不同于以往，现在有了多得多的研究，考察伴有唐氏综合征(Down syndrome)，脆性X综合征(fragile X syndrome), Williams综合征、Prader - Willi综合征，以及其他1 000多种遗传导致的智力落后障碍的儿童(Hodapp & Dykens, 2004)。

这些研究为我们了解相关障碍提供了许多新发现。例如，一些遗传综合征在认知或语言方面显示出特殊的、与病原学相关的优势和劣势。有些障碍则在不同领域显现出与病原学相关的发展轨迹(或速度)，也有的障碍在特定的适应不良行为或并发精神疾病条件方面有更高的发生率。尽管后面我们将对这些有趣的发现详加说明，但此处还是要提醒读者，不同遗传性智力落后会表现出与病因相关的不同行为。

发展取向的研究者深受这类发现的吸引。例如，如果伴有某种特定遗传障碍的个体在某一领域(如语言)表现出特定优势，而在另一领域(如视觉—空间技能)则显现相对劣势，从智力“模块性”(modularity)的角度上，这说明了什么？这样表现剖面又是如何发展的？哪些环境因素、哪些神经因素、何时、以何种方式、产生了什么样的影响？如同几十年前 Piaget、Werner 和 Vygotsky 被智力落后儿童的发展所吸引一样，现在的发展学家们也对不同类型智力落后儿童的发展深感兴趣。现代发展学家们试图在这些儿童身上检测我们所知晓的发展的发生机制，并将它们扩展并应用于这些儿童。

这些研究成果对于我们理解人类发展的理论极为重要，此外，其中所揭示的与病因相关的行为对特定儿童的干预也具有相当的指导意义。出于这样的原因，家长、特殊教育和普通教育工作者、言语语言病理学家、临床心理学家和精神病学家，都日渐关注如何将关于病原学相关行为剖片的认识用于干预活动。假定伴有特定遗传综合征的儿童会在某一领域表现出病原学相关的优势，而在另一领域则表现出劣势。那么，就有可能根据儿童行为表露的信息以及信息的表现方式，使其优势得以充分发挥。尽管迄今仍少有将研究结果应用于实践的尝试，但新近的一些研究成果仍让更有目的性的、病原学取向的特殊教育服务类型充满了希望(Hodapp & Fidler, 1999)。

促使智力落后领域研究兴趣提升的第二个方面的原因是，发展取向的专业人员对于“发展”内涵的认识发生了变化。像更大范围的儿童发展领域那样，智力落后领域中发展取向的研究者逐渐更多地注意到了智力落后儿童所处的发展环境。在对环境因素的考察中，研究者和实践工作者认识到，环境对伴有智力落后的儿童可能同时具有良好的和不好的影响。事实上，从某种较早的家长和家族病理学视角，研究者就已注意到，有一系列有关儿童、家长和家庭的特征均可能有助于或阻碍智力落后儿童及其家庭的功能。

455

类似地，发展取向的专业研究人员正逐渐认识到，对于智力落后儿童的这种较大尺度上的生态环境，我们所了解的东西可说是少之又少。跟任何其他儿童的发展一样，智力落后的儿童也要跟家庭系统外的许多系统，包括儿童的学校、同伴及其他环境系统，产生相互作用。过去几十年间，智力落后的这些外部系统发生了天翻地覆的变化；的确，与 1980 和 1970 年需要养育智力落后儿童的父母和家庭相比，2005 年需要养育智力落后孩子的父母和家庭所面临的，可以说，是一个完全不同的社会服务系统——具有完全不同的优势和挑战(Glidden, 2002)。

那么，无论是从这种儿童的视角还是生态环境的视角来看，智力落后均构成了应用发展心理学的一个重要领域。不过由于这是一个许多读者并不熟知的主题，因此本章一开始将首先对智力落后作简要界定，并简述关于该人群的分类问题。继而讨论从遗传病原学角度对智力落后儿童进行分类的研究发现。始于这种以儿童为中心的论述，进而论述与家长、家庭及更宽泛的生态环境相关的发展问题。在论述了几个重要研究问题之后,以论述一些初步干预案例以及这类干预中仍然存在的问题结束本章内容。

诊断与分类

在概述研究新发现之前,有必要先对智力落后这个术语进行界定,并介绍各种对这些儿童进行分类的不同方式。正如下面将述及的,无论是关于智力落后的界定,还是分类,均存在争议。对有关争议的阐述,主要是为后面有关发展研究的新发现及应用进行更深入的讨论提供背景知识。

诊断

从 20 世纪 60 年代早期开始,智力落后的定义就包含三个基本要素。第一,个体(儿童或成人)必须表现出智力功能缺损。第二,个体必须伴有适应行为功能缺损。第三,这种智力和适应功能缺损应始于儿童期,因此,由于成人期才开始患病或因事故造成的认知—适应缺损不应视为智力落后。通常,这三项基本原则被称为智力落后定义的三因素。

遗憾的是,除了第三项标准外,其他标准的具体内容则是长期以来经常引发激烈争论的主题。譬如第一项标准,智力功能缺损。20 世纪 60 年代的界定中(Heber, 1961), IQ 的临界值为 85,也就是说, IQ 分数低于 85 分的所有人均被视为智力落后。晚些时候,大多数界定将 IQ 临界点设定为低于均值两个标准差的位置(即 IQ 为 70 及以下的分数)。然而,尽管这样,一些有影响力的组织[如美国智力落后协会(American Association of Mental Retardation, AAMR), 1992]注意到,将 IQ 的临界点设定为 70 或 75 以下,这样的做法无形中仍可能会造成智力落后诊断中适宜人群的剧增(如,MacMillan, Gresham, & Siperstein, 1993)。此外,还有其他争议涉及智力测验的应用问题,包括 IQ 测验是否真能测量到智力,以及是否能够设计出“文化公平”的智力测验。

类似地,围绕第二项标准同样也存在争议。这种理念很简单:除认知—智力功能缺陷外,只有在日常适应功能也表现出缺损的儿童或成人,才能被视为智力落后。在 20 世纪 50 年代最早的适应行为测验(Doll, 1953)出现后,适应功能缺损就成为 20 世纪 70 年代早期以后出现的所有诊断分类手册中一个明确的诊断标准(如 Grossman, 1973)。

问题同样存在于具体内容上。适应行为“正确”的维度或因素是什么?没有人真正知晓。在一个主要的适应行为测验——Vineland 适应行为量表中,Sparrow、Balla 和 Cicchetti (1984)区分出三个适应领域:沟通、日常生活技能和社会化。AAMR 手册 1992 年版则提出了十个适应领域:沟通、自我照料、家庭生活、社会技能、社区利用(community use)、自我指导(self-direction)、健康与安全、功能性学业(functional academics)、休闲娱乐和职业(work)。该组织最近的手册中则提出了三个适应领域(概念认识技能、社会技能和实践适应技能;AAMR, 2002)。

456

因素分析研究为此提供了某些帮助,但这些发现也不是界定性的。通常,各种研究揭示存在二到七个适应行为因子,其中一个最主要的因子可解释大部分的变异(Harrison, 1987; McGrew & Bruininks, 1989)。因此,大多数研究者和实践工作者赞成,智力落后包括智力和适应行为功能的损伤。但当我们试图明确该构念的具体性质,明确如何对其加以测量及如何确定智力落后诊断的临界分数时,问题出现了。

就我们的目的而言,当某位儿童或成人的 IQ 低于 70,并伴有适应行为缺损(由 Vineland 或其他标准化工具测验所得),并且在童年期就出现这些方面的损伤时,则应该做出智力落后的诊断。感兴趣的读者可以参考更多细节性的解释和讨论(如,Switzky & Greenspan, 2003)。

分类:三种方法

大多数人均认同伴有智力落后的儿童和成人各不相同。如前所述,问题的关键在于何种分类对于研究、干预或政策制定最有意义。一般而言,对伴有智力落后个体进行分类的方法主要有三种。

按缺损程度分类的方法

很长时间以来,大多数研究者和临床医生采用了这样一个体系,按照智力缺损程度对伴有智力落后的个体进行分类。这一分类体系将伴有智力落后的人分为轻度、中度、重度或极重度的智力落后。

表 12.1 对各个缺损水平进行了描述,不过这里仍需作出几点说明。第一,多年来,这种缺损程度体系在研究和实践领域均占据了主导地位。必须承认的是,随着时间演变,名称有了变化,而且不同领域使用的术语也稍有不同。但是,大多数专业人员对这种按儿童缺损程度进行的分类方法相当熟悉。

第二,尽管适应行为是智力落后界定三因素之一,但大多数专业人员是按照智力缺损水平而非适应行为缺损水平来对个体进行分类。如同表 12.1 所示,同一 IQ 水平上的个体在适应功能各有不同。伴有轻度智力落后(IQ 在 55 到 69 之间)和中度智力落后(IQ 在 40 到 54 之间)的个体,适应行为的变化尤为常见;重度和极重度智力落后个体通常表现出更为一致的适应和智力缺损。

第三,这一缺损程度体系不涉及个体智力落后的原因。伴有中度智力落后的个体可能是唐氏综合征、Williams 综合征、其他遗传障碍、胎儿酒精综合征(fetal alcohol syndrome, FAS)、新生儿窒息,或不明原因的智力落后。但在这里,重要的是个体智力缺损的程度,而非智力落后的原因或病因。

457

表 12.1 缺损程度分类体系

轻度智力落后(IQ 在 55 到 70 之间):智力落后人群中多达 90%的人属于这个群体(American Psychiatric Association, 1994)。这些个体似乎类似于常人,在入学前后他们经常融入于非智力落后人群中。其中部分人成年后拥有自己的工作,结婚并供养家庭,与非智力落后者无异。与一般人群相比较,伴有轻度智力落后的个体更多来自少数族群和低社会经济背景的人群(Hodapp, 1994; Stromme & Magnus, 2000)。

中度智力落后(IQ在40到54之间)：这个第二多数群体在智力和适应功能上有较多缺损。其中有比较多的个体在学前阶段就被诊断为伴有智力落后。许多伴有中度智力落后的个体具有一个或多个明显的器质性原因(如唐氏综合征、脆性X综合征)。尽管有些伴有中度智力落后的个体甚少需要支持性服务，但大多数人终生持续需要一些帮助。一项研究揭示，在IQ为40到49之间的个体中，有20%的人独立生活，60%的人在相当程度上是依赖性的，20%则完全依赖他人生活(Ross, Begab, Dondis, Giampiccolo, & Meyers, 1985)。类似地，有些伴有中度智力落后的个体从事不需要特殊技能的户外劳动，有些则在有督导的工场方案(supervised workshop programs)中工作。
重度智力落后(IQ在25到39之间)：这个智力落后类别指的是伴有更加严重缺损的个体。其智力落后大多具有一种或多种器质性原因。许多伴有重度智力落后的个体同时并存有生理的或活动方面的问题；另一些人则伴有呼吸、心脏或其他并发状况。大多数伴有重度智力落后的人终生需要某种特殊的帮助。许多人生活在有督导的养护院(group home)或小型的宗教机构中，多数人在工场或"准工场"中从事一定的劳动。
极重度智力落后(IQ低于25或20)：这个群体的个体具有最为严重的智力和适应功能缺损。这些人通常只学会初步的沟通技能。要教会他们基本的进食、清洁、便溺和着装行为则需要大量训练才行。伴有极重度智力落后的个体需要终生的照料和扶助。他们中大多数人的智力落后具有器质性的原因，并且，许多人还同时并发其他一些问题，在儿童期或成年早期这些问题有时会导致个体死亡。有些伴有极重度智力落后的个体可能做些准工场的任务，多数生活在有督导的养护院或小型的特殊机构中。

最后，争议还存在于AAMR诊断分类手册1992年提议要废除这种缺损程度分类体系。AAMR认为，该缺损程度体系没能对个体与其所需环境支持之间的相互作用给予足够重视。因此，在诊断分类手册1992版本(及后来的2002版)中，AAMR用个体所需支持性服务的数量与时间长度取代了缺损程度分类体系。与轻—中—重度—深重度智力落后的划分不同，AAMR手册1992版中按照个体对环境支持间歇的(intermittent)、有限的(limited)、广泛的(extensive)或普遍的(pervasive)的需要来进行分类。因为这些支持水平在某种程度上与个体缺损程度相关(尽管并非完全相关)，我们与几乎所有研究者保持一致，忽略这样改变；近来在各种主要的智力落后杂志上发表的行为研究论文中，仅有不到2%使用了该分类体系。

二群体法

第二种方法是根据智力落后的原因进行分类。该过程的某种早期形式，被称为智力落后的"二群体法"(two-group approach)。该方法形成于20世纪60年代后期，由Edward Zigler(1967, 1969)正式提出，不过早在20世纪初就已有了该方法的各种变式(Burack, 1990)。到20世纪60年代中期，研究者关于两个智力落后群体的讨论已经不少。

二群体法的支持者主张，第一个群体是由那些无法了解其原因的智力落后个体组成。这些个体的缺损程度通常较轻，往往混同于其他非智力落后的个体。其智力落后可能源自从群体多基因遗传到环境剥夺(或过度刺激)范围之间的各种不同起因；不同的人可能具有不同的多基因遗传或环境起因，或者也源于二者间的相互作用(Hodapp, 1994)。这类智力落后曾被称为家族的、文化—家族的或社会文化—家族型智力落后；非器质性、非特异性或无差别智力落后；以及由于环境剥夺导致的智力落后。这些说法其实也反映了研究者对于这些个体的智力落后成因持有不同的看法。

与伴有文化-家族型智力落后的个体相反,另一类个体的智力落后则表现出一种或多种器质性原因。这类原因包括数百种可能发生在出生前、出生时或者出生后的器质性损伤。出生前原因包括所有 1 000 多种遗传性智力落后障碍、FAS、胎儿酒精接触(fetal alcohol exposure, FAE)、风疹,以及孕期的各种意外感染。出生时的原因包括早产、新生儿窒息以及其他与分娩相关的并发症。出生后原因包含从疾病[脑积水(meningitis)]到脑外伤等一系列的问题。此外,这些伴有器质性原因的智力落后,往往表现出更高程度的智力缺损;大多数调查显示,随着 IQ 水平的降低,表现出可辨识器质性原因的个体比例也越高(Stromme & Hagberg, 2000)。

病原学的方法

依照儿童智力落后的特定病因进行分类,这种方法在很多方面修正了早先的二群体分类法。该方法不再只考察单一的某种器质性群体,而是致力于考察许多不同组群的行为发展(Burack, Hodapp, & Zigler, 1988)。

这种更为复杂的病原学方法也反映了生物医学的新进展。与以前关于智力落后原因无甚了解的情形不同,如今已发现有 1 000 多种不同的遗传异常与智力落后有联系(King, Hodapp, & Dykens, 2005)。对大多数这类障碍,我们可以在遗传异常本身这一起点和似乎受特定遗传异常(及众多不同医学和生理后遗症)影响的行为终点之间来回审视。过去几十年里,我们已经逐步认识到,伴有不同遗传障碍的人往往表现出不同的行为特征。接下来我们就来看看遗传障碍对行为的影响。

行为表现型:案例、概念问题及发展影响

为了说明遗传障碍如何影响行为,即"行为表现型"这个二级领域,我们将首先简单介绍唐氏综合征、Prader - Willi 综合征和 Williams 综合征。通过这些描述,我们再稍回头解释术语"行为表现型"的含义,并突出强调该概念最重要的特征。

458

唐氏综合征、Prader - Willi 综合征和 Williams 综合征

尽管我们可在 1 000 多种遗传性智力落后综合征中任选例子,但在这里仅择其三:唐氏综合征、Prader - Willi 综合征和 Williams 综合征。这三种障碍知名度相当高,并且能反映出新近研究所得到的一些有趣的行为发现。

唐氏综合征

多数情况下是由于出现三条(而不是正常的两条)第 21 对染色体而导致的唐氏综合征,是最为人所熟知的且最常见的遗传(即染色体)异常,其发生率为每 800 到 1 000 个新生婴儿中出现一例。其最早可见于 1866 年 J. Langdon Down 的描述(见 Dunn, 1991),唐氏综合征也因此而得名。多年来,该综合征成为遗传与行为研究的焦点。

有唐氏综合征的儿童通常具有生理上的特征,包括眼睛上方内眦皮的皱褶[因此而有该综合征最初的名称"先天愚型"(mongolism)]、舌头外伸、身材矮小,并且在婴儿期就表现出

的张力减退(肌肉协调性不佳)。唐氏综合征往往同时伴发有其他疾病,如心脏病、白血病和肠道闭锁(Leshin, 2002)。过去,有唐氏综合征的个体常常被送到专门的养护机构生活,其生命历程也很短暂。而现在,他们中的大多数却生活在家里,适宜于所有年龄阶段的医疗措施也大大提高了他们的寿命(Cohen, 2002)。在孕期,可通过羊膜穿刺术抽取染色体样本检测出唐氏综合征。35 岁以上高龄产妇孕育唐氏综合征患儿的风险相对较高,因此通常要对他们进行该项检测(Pueschel, 1990)。

大多数有唐氏综合征的个体表现出三项行为特征。第一项特征是他们在认知—语言方面表现出特异性的优势和劣势。各种研究揭示,有唐氏综合征的个体在语言上表现出特定的缺损,表现语法水平(Chapman & Hesketh, 2000)、表达性语言(与接受性语言相对而言)(Miller, 1999)和语言清晰度(Kumin, 1994)上,与其心智年龄整体水平相比较而言更为明显。但是,有唐氏综合征的个体在视觉短时记忆任务上的表现往往相对较好,开始于十几岁接近二十岁时,这种在短时记忆上"视觉优于听觉"的模式似乎更明显(Hodapp & Ricci, 2002)。

第二项行为问题跟发展速度有关,年龄越大,有唐氏综合征的儿童的发展速度也越慢。大多数研究显示,有唐氏综合征的儿童在生命早期拥有最高的 IQ 分数,随着年龄增长,其 IQ 分也逐渐降低。这些儿童依然持续发展,但其发展速度却随着年龄增大而变得越来越慢(Hodapp, Evans, & Gray, 1999)。其发展速度的变缓可能与年龄相关的变化或这些儿童在完成某些认知任务(如语言;Hodapp & Zigler, 1995)时存在的困难有关。

第三项可能有关的变化涉及阿尔茨海默(Alzheimer)症。目前已经知道的是,阿尔茨海默症的神经病理学征兆在有唐氏综合征的 35 岁人群中似乎相当普遍(Wisniewski, Wisniewski, & Wen, 1985)。遗传学家们仍在继续探索着唐氏综合征与阿尔茨海默症间的联系,更多地了解第 21 对染色体的病理片断如何涉入存在重叠之处的多重疾患。

一名伴有唐氏综合征的女青年案例

Julie, 21 岁,有唐氏综合征,与母亲一起坐在诊室内。"就是我们,"她母亲陈述道,"我们有自己的生活规律,但我担心她外出太少了,我喜欢她过去在学校时的情形。"Julie 在学校里表现很好,她的阅读和数学技能在四到六年级水平,她的日常生活技能也发展得相当好,尤其是在个人清洁和家务活方面。Julie 插话道:"我毕业于 Overland 高中。"因为逐渐活跃起来,她开始历数自己同班同学的名字。她母亲微笑着点头,并且补充说明 Julie 如何受到自己高中朋友们的喜爱,见面时如何得到同学和老师们热情的问候,而 Julie 总是活泼地回报以微笑,或者热情地招手,她最高兴的是,毕业时得到了同学们的热烈欢呼。

但自此以后,她的生活就不那么好了。毕业后 Julie 要参加的假期培训计划还需要很长时间的排队等候。在这期间,她参加了一个社会计划,每周有三个上午的活动安排。Julie 的母亲认为这对她还不够,而且,该计划未能鼓励 Julie 积极参与实践或学习新的学业技能,也没有鼓励她跟新朋友交往。因为母亲从事的是全职工作,Julie 大多数的时间都耗费在独自看电视和帮助照看邻居家的猫上了。Julie 已经部分丧失了她光彩照人的活力,她母亲抱怨,她已变得有点不太与人交往、被动,并且不太注意体重控制了。

459

最后，临床工作人员、Julie和她母亲共同协商了一项行动计划。社会工作者将对职业方案的状况进行审查，如果等待时间确实过长，他们将找到一种替代性的方案，安排每天至少5小时的活动。其间提出了是否需要安排一个支持者的主张，不过Julie的母亲谢绝了。Julie提出自己希望能够照看更多的猫，母女二人都同意尝试是否可能到当地一家动物避难所当志愿者，还一致同意尝试饭后散步，而Julie曾热心于成为游泳运动员，因此她被鼓励参加到特殊奥林匹克游泳项目中。

Julie的故事阐明了对伴有唐氏综合征的个体及其他青年人而言几点值得关注的地方：

- 当学校不再提供服务措施时家庭所面临的困难
- 需要家庭支持高质量的面向成人的服务措施
- 有唐氏综合征的成人倾向于变得更加久坐不动和退缩
- 需要能推动伴有智力落后的成人进行终身学习的创新性项目（adapted from Hodapp & Dykens, 2003）

Prader－Willi综合征

Prader－Willi综合征是由于缺失来自父亲的第15对染色体上的遗传物质所造成的，可能是第15对染色体上来自父亲的染色体丢失，或者是第15对染色体上两条染色体均来自母亲[母亲的单亲二体性(maternal uniparental disomy)]。大多数伴有Prader－Willi综合征的个体身材矮小(成年时大约为5英尺高)，并表现出极其惊人的食量(食欲过剩)。这种食欲过剩(以及随之而来的肥胖)很长时间以来一直被视为是Prader－Willi综合征的特色标记，大多数过早夭亡的案例往往与肥胖及与其相关的心血管问题有关(Butler et al., 2002; Whittington et al., 2001)。

除了食欲过剩，许多个体还表现出多种高水平的适应不良行为。伴随着过量进食，许多Prader－Willi综合征个体也表现出脾气暴躁和其他发泄行为(acting-out behavior)。Dykens、Leckman和Cassidy(1996)也发现该群体有很高的强迫和冲动发生率。无论是伴有Prader－Willi综合征的儿童还是成人，其与食物无关的强迫和冲动行为的发生率水平，类似于临床上被诊断为强迫—冲动障碍(obsessive-compulsive disorder)的非智力落后儿童和成人的发生水平。

智力方面，在涉及连续的、逐步的问题解决任务或者说序列加工任务上，大多数伴有Prader－Willi综合征儿童的表现相对较弱。相反，在要求将刺激整合为一个整体的任务，或者说同时加工任务上，这些儿童表现得不错(Dykens, Hodapp, Walsh, & Nash, 1992)。Dykens(2002)最近发现，许多伴有Prader－Willi综合征的个体在拼图游戏中表现出极高的水平。平均而言，他们在拼图游戏中的水平甚至高于自然年龄相同的正常儿童。迄今为止，我们仍不清楚为什么会出现这样的功能领域，我们也不知道这些儿童在拼图游戏中的技能只是在这种单一任务上的特异性表现，还是反映了某种更为一般的视觉—空间能力。

一名伴有Prader－Willi综合征的男孩案例

"我们已讨论到哪里应该上锁。"Jake, 11岁，在桌边忙碌着摆弄拼图玩具，而她母亲则跟临床治疗团队商讨他的节食方案。出生后不久，Jake 就被诊断出患有 Prader - Willi 综合征，他具有 Prader - Willi 综合征的各种典型特征：婴儿期的张力减退、重要发展滞后以及大约 5 岁后开始对食物极度感兴趣。从学前期开始，Jake 的某种"固执"倾向逐渐演化为某种更宽泛的坚持，认定某些东西"就该这样"，好像他收集各种飞机书籍和书包的表现一样。现在，Jake 在学校里也碰到了麻烦，因为他坚持要在纸张上已被他磨破的位置上重复擦掉、重写字母，从而无法进入到下一活动。

她母亲进一步补充说，他对食物的欲求更加糟糕。尽管临床治疗团队先前与其家庭讨论过给所有橱柜和冰箱上锁的可能性，而他的家庭尚未觉得需要这么做；他们认为通过父母或姐姐的监控能够处理好这个问题。但是到现在，随着在家里和学校里偷食行为的增加，Jake 的体重直线上升。

460

"现在我们上锁了。"Jake 的母亲说道，"他要求的食物越来越少，这让他 15 岁的姐姐从'食物警察'的角色中解脱出来。如果他知道自己不能去取食，他会更容易关注其他事物，就像他的拼图游戏。"正好，Jake 以惊人的速度完成了五十块图板的拼接，他高兴地咧嘴笑着。"这个太简单了，"他自夸着，"你不是说你有很难的拼图游戏嘛！"

正如这个简短的案例所揭示的，许多伴有 Prader - Willi 综合征的少年表现出许多需要引起关注的行为，尤其是饮食过度和冲动行为。对于像 Jake 这样的儿童，需要家庭与学校间，以及后来的工作与家庭(或者说养护院)间认真协调，以控制他们的饮食与行为。在努力维持低卡路里饮食的同时，控制其冲动行为和发脾气行为通常是家庭所面对的更加紧迫的任务。然而，正如 Jake 所证明的，许多伴有 Prader - Willi 综合征的人拥有发展得相对较好的表达性词汇能力和言语—空间能力，尤其是在解决拼图游戏问题时。在 Jake 的例子中，学校教师和工作人员在学校里使用特殊的"拼图游戏时间"作为激励措施，使其放弃擦除并重写字母的行为，从而使行为的转变更容易实现。

Williams 综合征

每 20 000 个新生儿中会有一个患上 Williams 综合征。该综合征是由于第七对染色体中一条包含弹性蛋白基因的染色体上的微小缺失造成的，弹性蛋白这种蛋白质可以为心脏、皮肤、血管和肺部组织提供力量和弹性(Ewart et al., 1993)。伴有这种综合征的儿童一般表现出某种特征性的、精灵般的面部表情，同时还伴随有心脏和其他健康问题(Dykens, Hodapp, & Finucane, 2000)。多达 95%的这类儿童还遭受听觉过敏和对声音过度敏感的困扰。

Williams 综合征因其认知—语言特征而闻名。伴有该综合征的儿童在许多语言任务上的表现出奇地好。实际上，一些早期研究甚至隐约提示，这类儿童在语言能力上接近同龄的非智力落后群体的水平(Bellugi, Marks, Bihrle, & Sabo, 1988)。新近一些研究驳斥了这种看法，发现只有大约 5%伴有 Williams 综合征儿童的语言能力似乎没有缺损(Bishop, 1999; Mervis, Morris, Bertrand, & Robinson, 1999)。尽管如此，伴有 Williams 综合征儿童的语言技能仍是相对较强的(与其整体的心智年龄相比)。

相反，许多伴有 Williams 综合征的儿童在诸如拼图游戏和绘画等 (Bellugi, Wang, & Jernigan, 1994; Dykens, Rosner, & Ly, 2001) 空间—视觉测量任务上，则表现不佳

(Udwin & Yule, 1991; Udwin, Yule, & Martin, 1987)。这些儿童似乎在“视觉—空间建构技能”(constructive visuo-spatial skills)上存在困难：视空间活动要求个体在头脑中将物件的不同部分组织在一起。此外，随着年龄的增长，这种高水平的语言技能与低水平的认知能力之间的差距也越来越突出(Jarrold, Baddeley, Hewes, & Phillips, 2001)。

与有关认知—语言特征的研究形成对比，研究尚未全面考察伴有 Williams 综合征个体的人格或精神病学特征。早期的描绘暗示着存在某种“典型的”Williams 综合征个性，这种个性被描绘为愉快的、异常友善的、富于感情的、好说话、可爱、有人际敏感性而又讨人喜欢(如 Dilts, Morris, & Leonard, 1990)。这类特性可能随着个体的发展历程而发生改变，成人时他们可能会变得比儿童时更加退缩和较少过度友善(Gosch & Pankau, 1997)。

新近的研究发现扩展了这些观察。Dykens 和 Rosner(1999)使用 Reiss 人格素描(Reiss Personality Profiles; Reiss & Havercamp, 1998)研究发现，与对照组相比，伴有 Williams 综合征的青少年和成人更可能发起与他人的互动(占样本的 87%)、喜爱社会活动(83%)、精神饱满(100%)、有同情心(94%)、对他人的积极感受(75%)或他人的痛苦(87%)产生移情。不过，与此同时，这些个体却在交友或保持友谊方面存在困难，经常对他们自己与他人的关系不加辨别。

近来，有研究者开始将注意力转向这个人群的焦虑和恐惧上。广泛性焦虑、担忧和固着观念常见于伴有 Williams 综合征的个体身上(如 Einfeld, Tonge, & Florio, 1997)。这些个体似乎常常表现出高水平的恐惧和恐怖。与匹配的对照组相比，伴有 Williams 综合征个体的恐惧感更加频繁、范围更广且更严重，且与社会—适应调适缺损相联系。在一项研究中，Dykens(2003)就 120 名有 Williams 综合征个体(6 到 48 岁)与混合了各种病原学特征伴有智力落后个体所害怕的对象进行比较。结果发现，混和智力落后原因组中超过 50%的人只提到了两项害怕对象——打针和看牙医。比较而言，伴有 Williams 综合征组中 60%以上的人提到了 50 种不同的害怕对象，有的涉及人际问题，如被欺负、受惩罚，或与人争吵等；有的涉及诸如注射、置身火场或者被烫伤，或是被蜜蜂蜇了等生理问题；也有的与这些儿童的听觉过敏或笨拙(噪音/警报汽笛、从高处坠落、雷暴等)有关。尽管并非每个伴有 Williams 综合征的人都会表现出一种或多种恐惧，但与大多数伴有智力障碍的其他人群相比，该人群中绝大多数人均显得过度恐惧。

461

一名伴有 Williams 综合征的十几岁少女案例

Susie，一名伴有 Williams 综合征的精力旺盛的 14 岁女孩。她高度热情地宣称，“噢，每个人都是我的朋友”。实际上，她的父母也是这么看的。对女儿寻求与每个相遇者交往，他们既高兴又担心。一方面，他们喜欢她好交际，另一方面，随着她进入青春期，他们担心她的社会调适不良和脆弱。

Susie 在十个月时被诊断出 Williams 综合征。此后她接受了心脏矫形手术，她还被认定为是挑食及进食困难的婴儿。大约 3 岁时，Susie“活了过来”，她的语言能力和对世界的兴趣开始发展。她专心致志地盯着老师或治疗师的脸，惹人怜爱。经历了一段时间的语言滞后之后,她的语言能力迅速飞跃,在一项一年级学生的正式测验中,她的词汇技能超出了其整体的认知能力。尽管她的教育水平测试也显示其言语—空间能力发展不佳,但她的父母显然更加担心她逐渐增强的焦虑感与社会去抑制(social disinhibition)。

逐渐地,Susie为诸如接下来会发生什么,或如果翻车了或自己的钢琴教师心脏病发作等问题,感到烦躁和焦虑。她父亲慈爱地称她为"自寻烦恼的人"。甚至是,有时她的焦虑可能会变得无法控制,但永远不会达到使她不愿上车或不愿上钢琴课的地步。随着焦虑感逐渐增强, Susie对音乐的兴趣也日益浓厚。她坚持练琴,但却不像其他一些伴有Williams综合征的人那样有音乐"天赋"。她仅仅是喜欢音乐,并且常常在敲打琴键时对自己哼哼一些曲子。她把这叫做"运动中的创造性的我"。她父亲观察到,这种活动似乎能让她镇静下来,并有助于她夜间的睡眠。近来, Susie要求尝试另一种乐器,好让她能够在学校乐队中演奏,或者也可以加入合唱队,这样,她就能跟别人一起唱歌了。

Susie表现出了Williams综合征患者的主要行为特征:

- 发展良好的表达性语言
- 伴随社会调适不良与社会去抑制出现某种强烈的社会倾向性
- 担忧、焦躁状态
- 对音乐的兴趣可能反映出,也可能并未反映出超凡的"才能",但这带有情绪强迫性和满足感

概念及相关问题

尽管这些描述为三种综合征的病原学相关行为特征提供了信息,但我们仍未提及涉及行为表现型的性质及研究的几个概念性问题。

第一个问题是行为表现型的基本界定问题。尽管过去二十年里,人们对行为表现型的兴趣剧增,但关于"行为表现型"这个术语本身却存在广泛争论。什么是行为表现型呢? 我们认为,某种行为表现型指的是"相对于那些未患特定综合征的人而言,伴有该综合征的人表现出特定行为和发展结果的高度可能性"(Dykens, 1995, p. 523)。与其他定义相比,这样一种界定关注于或然性问题,遗传性障碍使个体出现某种特定行为或一组特定行为的可能性更高。与一般的智力落后群体相比,某种特定遗传起因的群体将在更大程度上表现出某些行为,或有更高比例的个体将表现出某些行为。这样的行为可能是某种特定的认知—语言优劣模式,或发展出现迟缓的某一特定年龄,或某类特定适应不良行为。

462 这种更强调或然性的界定强调三个基本事实,接下来我们将逐一讨论。

许多,但并非所有个体,会表现出综合征的"特征性"行为

一个强调或然性的定义承认特定病原中也存在巨大变异。有特定综合征的人中,并不是每个人都表现出病原学相关的行为。以唐氏综合征为例,伴有唐氏综合征的儿童和成人通常会表现出比其整体心智年龄更低的语法缺陷(Fowler, 1990),并且,他们通常还表现出表达性语言能力水平优于接受性语言能力(Miller, 1999)。此外,近95%的唐氏综合征儿童的父母报告,其他人难以理解其孩子表达的单词和短语(Kumin, 1994)。

然而，尽管可以经常观察到这些缺陷，但并非所有有唐氏综合征的个体均会表现出特定的语法、语音清晰度或表达性语言上的困难。Rondal(1995)在报告 Francoise 的案例中提到，该女性 32 岁，IQ 为 64，虽然患有 21-三体综合征，但却从不说复杂的长句。Rondal 报告该妇女说的话(经翻译)，“那不会让我惊讶的，因为狗在户外总是过于热情(And that does not surprise me because dogs are always too warm when they go outside)”(“Et ça m'étonne pas parce que les chiens ont toujours trop chaud quand ils vont *à* la port”; p. 117)。尽管语法、语音清晰度和表达性语言问题常见于有唐氏综合征的个体，但却并非每个有唐氏综合征的人都会表现出这样的行为特征。

某些病原相关行为是某一综合征所特有，其他行为则可能是两种或多种综合征共有

一个更强调或然性的界定的第二个推论涉及唯一性问题(Pennington, O'Connor, & Sudhalter, 1991)：在何种程度上，某种病原学相关行为或行为模式为某种综合征所特有，而不是为几种遗传性障碍所共有？

从这一点上说，独有的行为表现型和部分共享的行为表现型均会出现，尽管部分共享的表现型或许更常见 (Hodapp, 1997)。先来看特有的或完全特异的行为结果，下述行为似乎为某种综合征所特有：

- Prader - Willi 综合征的极端食欲过盛(Dykens, 1999)
- 5p 综合征个体，先前称为猫样哭叫综合征(Cri-du-chat sydrome，或者 cry of the cat syndrome)，“猫样哭叫”行为(Gersh et al., 1995)
- Lesch-Nyhan 综合征的极端自伤行为(L. T. Anderson & Ernst, 1994)
- Rett 综合征的科班洗手或扭手行为(Van Acker, 1991)
- Smith-Magenis 综合征的自我搂抱行为(Finucane, Konar, Haas-Givler, Kurtz, & Scott, 1994)以及将东西塞进躯体孔洞内的行为(Greenberg et al., 1996)

与综合征所唯一特有的行为似乎仍是一个相当简短的列表形成鲜明对比，部分特异性行为的例子可说是比比皆是了。让我们略举几个例子，例如，同时的(即整体的、格式塔式的)加工能力特别优于继时(逐步地)加工的表现，可发现伴有 Prader - Willi 综合征儿童(Dykens et al., 1992)及伴有脆性 X 综合征男孩(Dykens, Hodapp, & Leckman, 1987; Kemper, Hagerman, & Altshul-Stark, 1988)。类似地，与各种伴有一般智力障碍的群体相比，多动更常见于 5p 综合征儿童(Dykens & Clarke, 1997)和伴有脆性 X 综合征的男孩(Baumgardner, Reiss, Freund, & Abrams, 1995)。在这两个例子中均发现，几种遗传性障碍都出现了某种优劣势模式或某种特定不良行为—心理病理模式，与其他常提到的智力落后个体相比，他们出现这些模式的程度要高得多(或者说有更高比率的个体出现这些行为模式)。

最后，部分特异性的行为影响，似乎更符合遗传学、儿童精神病学和精神病学许多领域中的作用机制。在这些不同的学科中，研究者目前正热衷于探讨许多遗传和环境方面的作用路径，个体正是通过这些途径罹患上这种或那种精神障碍。临床遗传学家 John Opitz (1985, p. 9)对此作了很好的阐述，“原因是多方面的，但这种共同的发展途径不多”。

病原学相关行为出现于许多行为领域

在考虑行为表现型时,大多数研究者很可能会想到那些显著的适应不良行为。也因此我们才会看到,对伴有 Prader - Willi 综合征个体的食欲过盛、强迫—冲动障碍和脾气暴躁;脆性 X 综合征的自闭行为或类似于自闭症的行为;Lesch-Nyhan 综合征极端自伤等行为,有着极大的研究兴趣。对很多专业人士而言,术语"行为表现型"意味着可见于几种综合征的这种不同的病原学相关的不良行为—心理病理。

463

除了病原学相关的适应不良行为和心理病理学研究所带来的这种令人兴奋的发现外,行为表现型还涉及其他许多功能领域。因此,与病原有关的优劣模式出现于语言、认知、社会和适应行为,以及具体的二级领域。与病原有关的优劣势剖面也存在于这些不同领域,并且表现出不同的发展模式。也可以通过考察比较不同发展领域的发展顺序,以确定早期的语言、社会、情绪或认知发展(或者每个领域的二级领域内的发展,如心理理论)是否表现出"通常的"或正常的发展顺序。发展速度也可以进行病原学相关分析。简言之,我们认为行为表现型的范围实际上是非常大的,下一部分将从中抽取部分内容加以说明。

发展影响

可以探讨的发展问题多种多样,这里我们将主要考察发展的顺序、领域之间的关系,以及这些跨领域关系如何随着自然年龄的增长而改变。

发展顺序

从皮亚杰起,发展学家们就对确定普遍性的固定发展顺序感兴趣。类似地,从 20 世纪 60 年代起,研究者就将通常的或者正常的发展顺序与伴有智力落后的儿童联系起来。在 Zigler (1967, 1969)最早的关于智力落后的发展研究中,他就对后来被称为"相似顺序假设"的观点有过描述。该假设认为伴有智力落后的儿童,像正常发展的儿童一样,以同样不变的次序经历皮亚杰理论式的、早期语言,或其他普遍的发展顺序。

但是,甚至是在 Zigler 最早的叙述中,这种关于相似顺序的假设也受儿童的智力落后类型的限制。比较文化—家族型的与器质性智力落后,Zigler(1969)认为,只有文化—家族型智力落后儿童的发展顺序必然与非智力落后儿童相似。相反,他不清楚正常的发展过程是否适用于伴有器质性智力落后的儿童。用他的话说:

> "如果两个群体的智力表现型(由 IQ 所测得)的病原不同,则在逻辑上不适合推断它们的发展过程是相同的,或者甚至不适合于推断它们相似的行为内容背后受相同认知过程的调节(p. 533, emphasis added)。"

然而,迄今为止,各种研究发现通常支持相似顺序假设适用于大多数伴有智力落后的儿童(无论是文化—家族性的还是器质性的智力落后)。几个研究综述指出,在多数发展任务上，多数儿童似乎确实是按照通常的固定顺序发展的（Hodapp, 1990; Weisz, Yeates, & Zigler, 1982）。那些伴有严重癫痫障碍的儿童则可能是个例外。这里碰到的困难是，什么才能构成关于这些儿童能力的有效测验？当任务涉及更多的社会性内容，或涉及出现于发展后期的任务内容时，则不同于正常儿童在较少社会性的任务上或较早期发展任务上所表现出来的固定发展顺序，智力落后儿童的发展顺序变得相对没那么系统，或者可能出现不同发展顺序（Hodapp, 1990）。

直到最近，这类研究结果一般仍反映出支持这种相似顺序假设的特征。但在过去的几年里，研究结果逐渐清楚地表明，并非每个遗传病理中的所有发展均以这种通常的固定顺序进行。具体而言，以下述研究结果为例，正常发展幼儿的早期交流发展中，通常总是先出现指示手势，再出现命名。大多数 10 到 12 个月的婴儿会为了吸引成人的注意，而用手势来指向或展示某个客体[Bates, Camaioni, & Volterra, 1975, 所谓的“最初始的陈述（proto-declaratives）”]，只有在出生第二年的某个时候，他们才获得恰当的言语标记（verbal label）。但 Mervis、Robinson、Rowe、Becerra 和 Klein-Tasman（2003）新近报告，在 10 名伴有 Williams 综合征的儿童中，有 9 名未表现出这种指示先于说话的顺序。这 9 名儿童产生指示客体名称（“球”）的时间，平均要比开始理解或产生指示性的指向手势的时间早 6 个月。正如我们稍后要提及的，鉴于大多数 Williams 综合征儿童表现出的相对强的语言技能和相对弱的视觉空间技能，这个发现相当有意义。而且，这种发现相当有趣，且具有诸多理论和实践意义。 464

跨领域的关系

智力落后儿童的跨领域关系的研究也由来已久。除了相似顺序假设，Zigler（1969）还提出后来被称为“相似结构假设”的观点。该假设的内在是以 20 世纪 60 年代的发展理论为基础的，这些理论主张儿童的发展是一个整体，儿童在一个领域（如语言）的发展水平与其在其他所有领域（如认知、社会）的发展水平大致相当。在这个问题上，Zigler 仍旧旗帜鲜明地认为相似结构假设仅仅适用于文化—家族型智力落后的儿童。

这一次，研究结果似乎更加清楚了。相似结构假设能够较好地适用于文化—家族型智力落后的儿童，尽管这些儿童在某些注意和信息加工任务上的表现低于其整体的心智年龄水平（Weiss, Weisz, & Bromfield, 1986）。尚不太清楚的地方在于，为什么会出现这样一种低于预期水平的功能。有研究者假定，文化—家族型智力落后的儿童确实在信息加工能力上存在缺陷（Mundy & Kasari, 1990）；不过，任何似乎存在的缺陷也可能更多地要归因于许多信息加工任务令人厌倦和反复操作的特征（Weisz, 1990）。

相比较而言，所有研究者均一致认同，伴有器质性智力落后儿童在几个认知—言语任务上的表现落后于其整体的心智年龄。如前所述，这种缺陷的特异性存在巨大不同。概述先前讨论的有关情况，有唐氏综合征、Prader - Willi 综合征和 Williams 综合征的个体分别具有下述认知—语言特征：

- 唐氏综合征：与听觉短时记忆相比，有唐氏综合征儿童在视觉短时记忆任务上表现出相对的优势（Hodapp et al., 1999; Pueschel, Gallagher, Zartler, & Pezzullo,

1986)，而在表达性言语和语法上则表现不佳(Chapman & Hesketh, 2000; Miller, 1999)。

- Prader - Willi 综合征：相对于序列的、逐步的加工而言，这类儿童在同时加工或整体性(格式塔式)任务上表现出相对强的能力(Dykens et al., 1992)。除此以外，他们解决拼图游戏问题的能力，高于智龄匹配的其他智力落后儿童和实际年龄匹配的正常发展儿童(Dykens, 2002)。
- Williams 综合征：有 Williams 综合征的儿童在许多视觉空间任务上的表现极为不好，虽然他们在几个语言领域上表现出了相对的优势(Bellugi, Mills, Jernigan, Hickok, & Galaburda, 1999; Mervis et al., 1999)。

这些发现显然带来了许多新问题。假定每种综合征都有不同的优劣模式，那么，研究者又该如何划分认知功能？单就唐氏综合征而言，研究者可以说，智力可分为视觉短时记忆和听觉短时记忆，或者划分为语言功能和非语言功能。可是如果研究另两种综合征，似乎最好还是将智力分为同时加工和序列加工(在研究 Prader - Willi 综合征时)或者语言功能和视觉空间功能(在研究 Williams 综合征时)。从这个问题上说，没有人能够作出一个确定无疑的说明，但是，在我们考虑人类不同的功能领域之间可能的联系时，应该考虑到来自许许多多遗传性综合征的研究发现。

第二个问题涉及不同领域间的联系。特别是在早期的研究中，Williams 综合征的语言功能被认为是模块性的。在 Fodor 看来，模块性指的是一个封闭的系统，其发展与儿童其他方面的发展没有或者说几乎没有联系(亦见于 Gardner, 1983，多元智力理论)。但是，与模块论可能作出的预测不同，Mervis 等人(1999)发现，短时记忆和语法水平的各种测量之间存在高度的相关(相关系数在 0.47 到 0.64 之间)。尽管伴有 Williams 综合征儿童的语言能力相对较强，而视觉空间技能较弱，但其语言也不是完全模块性的。与正常发展的儿童一致，这些儿童的语言发展与他们在其他认知领域的发展是相联系的。

跨领域关系的发展

尽管与病原有关的优势与劣势似乎并不完全形成于出生时，但是有关这类优势与劣势如何出现的研究才刚刚开始。过去几年里，数位研究者考察了几种不同病原智力落后儿童的认知—语言剖面如何随时间发生变化。尽管近来也有一些研究考察了剖面如何随儿童发展而变化，但多数的这类研究是横断面的探查。

465

随着自然年龄的增长，不同病原学群体的儿童在优势领域的发展均较其在劣势领域的发展快。唐氏综合征个体视觉短时记忆优于听觉短时记忆的模式在接近 20 岁时表现得更加明显(Hodapp & Ricci, 2002)。而伴有脆性 X 综合征男孩同时加工能力优于序列加工能力也随年龄增大而变得更加显著(Hodapp, Dykens, Ort, Zelinsky, & Leckman, 1991)。在唯一的纵向研究中，Jarrold 等人(2001)对有唐氏综合征的儿童进行考察，以确定其在词汇(该综合征的相对优势)和视觉空间技能(该综合征的相对弱项)上的发展状况。通过考察 15 名儿童/青少年 4 年时间里在六种情境中的表现，Jarrold 等人发现，唐氏综合征儿童/青少年的词汇水平较其视觉空间技能的发展要快得多。图 12.1 显示的是儿童在词汇和视觉空间能力上的发展轨迹,其中,以所有儿童在所有测验上的平均年龄参量(如心智年龄)表示儿童的词汇和视觉空间能力。这种渐行渐远的发展轨迹表明,随着年龄增长,本就存在的相对优势逐渐变得更具优势而原本相对的劣势也逐渐变得更弱。

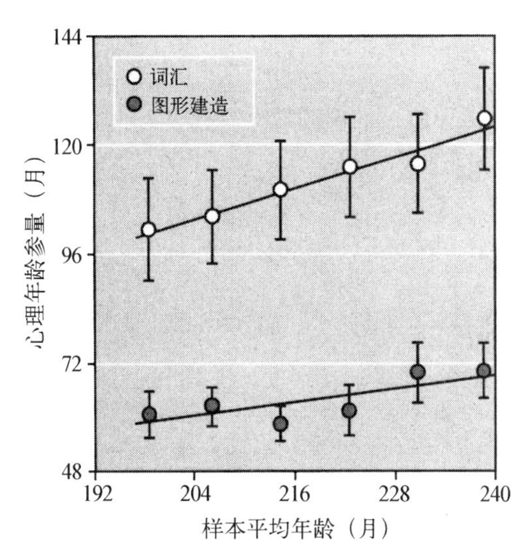

图 12.1 6 次测试的平均词汇量与图形建造年龄(平均最佳拟合线)

来源：来自 "A Longitudinal Assessment of Diverging Verbal and Non-Verbal Abilities in the Williams Syndrome Phenotype," by C. Jarrold, A. D. Baddeley, A. K. Hewes, and C. Phillips, 2001, *Cortex*, *37*, pp. 423 - 431.

对于为什么随时间变化会出现优势愈强而劣势愈弱,虽然还没有什么很好的解释,但是一种可能是,与病原有关的倾向与后来的经验之间存在相互作用。一种经验的测量涉及儿童日常的闲暇活动,也就是儿童(或他们的父母)每天会从事的活动。在一项研究中,Rosner、Hodapp、Fidler、Sagun和 Dykens(2004)考察了三组儿童的日常闲暇活动,三组儿童分别有 Williams 综合征、唐氏综合征和 Prader - Willi 综合征。研究采用了 Achenbach 儿童行为检查表(1991)中家长报告的日常闲暇行为,这些行为被归组为音乐、阅读、视觉—动作活动、运动、假装游戏和兴趣爱好。

研究结果在很大程度上反映了与病原学相关的优势和劣势行为。与在拼图游戏上的突出技能相一致,50%的有 Prader - Willi 综合征的儿童常常玩拼图游戏,而唐氏综合征组和 Williams 综合征组却分别只有 9%和 2%的儿童从事该项活动。相反,与其视觉空间劣势相一致,有 Williams 综合征的儿童并不从事视觉空间类活动。在所有视觉—动作类活动中,只有 31%的伴有 Williams 综合征的儿童参与到其中某项活动里,但 Prader - Willi 综合征的和唐氏综合征的儿童从事此类活动的比例却分别高达 76%和 60%。在诸如艺术和绘画等特异性行为上,唐氏综合征组的参与比例是 35%, Prader - Willi 综合征组的参与比例为 30%,而 Williams 综合征组则仅为 7%。伴有 Williams 综合征的人(或其父母)似乎刻意回避这些令儿童感到困难的活动。

我们猜测,遗传病原预先设定了儿童特殊的认知—语言特征,而这些特征随后又因为儿童所从事的活动而变得更加显著。对于大多数综合征来说,"优势"领域与"劣势"领域之间的水平差异程度很可能在低年龄时相对较小。随着儿童更多参与优势领域的活动而回避劣势领域的活动,二者间的差异就越来越大了。于是,儿童病原学相关倾向及其与所生活环境间的相互作用就形成了滚雪球效应。这种观点似乎也与 Williams 综合征儿童早期交流中手势语比口语出现晚的现象相一致(Mervis et al., 2003)。目前,对于与病原有关的表现特征如何发展,我们仍相对了解较少,尚需更多的研究。 466

概要

本部分从几个棘手的界定性和分类问题入手，探讨了许多与智力落后儿童有关的有趣话题和研究发现。其中最富于挑战性的发现，并非是关于智力落后儿童的发展本身方面的，甚至也不是文化一家族型智力落后与器质性智力落后方面的话题，而是与具有不同病原智力落后综合征的儿童有关。

当我们通过更多精心设计的研究来考察这些综合征时，那些原来为大家所熟悉的发展认识，开始为更加复杂精细的认识所替代。尽管大部分智力落后儿童在多数领域，表现出了那种常见的或正常的发展顺序，但并非总是如此。由于有 Williams 综合征的儿童在视觉空间能力上表现相对较弱，因此他们违反通常的发展顺序，在最早的交流发展中并不使用交流手势(即指向和展示)，对于正常发展的儿童来说这样的行为是很简单的，很早就出现。

同样，当考虑不同智力落后类型的儿童时，跨领域关系问题也变得复杂起来。许多儿童，无论是正常发展的还是智力落后的，均表现出较强和较弱的发展领域，但在这里，我们看到的是特异性的与病原学有关的特征剖面。作为一个群体，Williams 综合征儿童在许多语言任务上表现出相对优势，同时他们在许多视觉空间任务上表现出相对弱势。唐氏综合征儿童表现出语言上(特别是语法和表达性语言)的劣势，以及视觉短时记忆(相对听觉短时记忆而言)上与病原学相关的优势。在几种综合征中，已存在的优势和劣势还会逐渐变得更加突出，而环境因素、遗传因素或其他各种因素似乎均涉入其中。

简言之，有 Prader - Willi 综合征、唐氏综合征、Williams 综合征以及其他遗传性综合征的儿童使我们对他们的心理如何发展有了更多的认识。部分由于这个原因，关于这些障碍的行为研究数量在过去几年里急剧增长(Hodapp & Dykens, 2004)，并且大量发展心理语言学家、认知发展学家及其他研究者，均被吸引到相关综合征的研究中。就好像被收养的、双生子的、经历母爱剥夺或者其他“自然经验”的儿童，均告诉了我们许多关于正常发展过程的信息一样，我们也一样能从有各种遗传性智力落后的儿童的行为发展中收获很多认识。我们越来越具体地了解到异常发展的探究如何充实我们关于正常发展的认识(Cicchetti, 1984)，而这个认识渠道正是 Piaget、Werner 和 Vygotsky 最初所倡导的(以某种比较自然的方式)。

情境主义发展观点：相互作用、交互作用、生态环境

讨论至此，我们还只讨论了机体水平上、与儿童有关的意义上的发展问题。但是，如同发展学家们在过去 40 年里日益认识到的，发展也涉及儿童所生活的更宽泛环境和生态环境。从 20 世纪 60 年代后期至今，发展心理学的一个主要路线就是高度强调儿童与他人之间进行着的相互作用和交互作用。Bell (1968)、Sameroff 和 Chandler (1975)、Bronfenbrenner(1979)，以及其他研究者所强调的儿童与世界的相互作用(interaction)和交互作用(transaction)可能在侧重点上有些许差别，但都强调儿童—环境间相互作用方式的重要性，是值得研究的重要内容。

在认识上的这些变化也影响到关于智力落后儿童的发展研究。尽管 Zigler 最初关于智力落后的发展研究主要侧重于发展中与儿童相关的侧面，但从 20 世纪 80 年代开始，发展研究开始包含家长、家庭、兄弟姐妹及儿童以外的其他影响了。必须承认，与发展心理学或应用发展心理学中的同类研究相比，这些研究还比较新且也还不够深入。然而，母亲—孩子互动、家庭和生态环境，毫无疑问仍然是智力落后发展的重要领域(Hodapp & Zigler, 1995)。

讨论这些研究之前，我们先简要介绍理论背景。不同于更多以儿童中心的论述，这里我们需要根据智力落后儿童及其家庭的特异问题，对几种知名情境主义发展观点加以重新表述。 467

智力落后的特异性问题

在思考智力落后儿童在不同时期与各种不同环境之间的相互作用和交互作用时，我们需要考虑的问题涉及社会化和相互作用、家长的反应、智力落后领域自身的历史，以及智力落后生态环境的变化。

社会化—相互作用

从 20 世纪 60 年代后期至今，对亲子关系感兴趣的研究者通常持有下述两种观点之一。按照第一种观点，或社会化的观点，认为父母影响着儿童。父母以某些特定方式在特定时间，直接指导、示范、奖励、惩罚和鼓励或者阻碍自己的孩子，其结果就是儿童必然受到影响。社会化观点最有名的例子，或许是 Baumrind(1973, 1989)关于家长社会化模式影响儿童后来的社会调适的研究。也可以将父母设想为，通过使孩子生活在特定的邻居周围、选择特定的学校、与特定家庭的人交朋友，以及让孩子出席或不让出席某些特定场合，从而间接设计着孩子的生活环境。两种情形中，因果关系的方向都是从家长指向儿童的。

相反，有的研究者强调儿童影响父母的路径。最好的例证是 Bell(1968, 1979)相互作用论的概念。该观点认为儿童和父母间是相互影响的。因此，正如父母将儿童逐步社会化为成人那样，儿童的功能水平、脾气、人格、不良行为和兴趣爱好也能够改变父母的行为。其他的更加“状态性”的特征，如儿童是男孩还是女孩儿、是否吸引他人注意等，也可能影响父母的行为。

智力落后儿童，无论在行为特征还是状态性特征上均不同于大多数正常发展的儿童。从定义上看，智力落后儿童的发展速度更慢，而其发展速度的减缓又因特定综合征在优势与弱势领域有所不同。几种遗传综合征儿童，被认为具有特定的人格特征、特定的适应不良行为数量和类型和特定的心理病理表现。大多数有唐氏综合征的儿童似乎表现出相对社交性和乐观的人格特点(Hodapp, Ricci, Ly, & Fidler, 2003; Wishart & Johnston, 1980)；有 Prader-Willi 综合征的儿童则倾向于表现出食欲过盛、强迫—冲动、脾气暴躁及其他不良行为(Dykens & Cassidy, 1999)。与病原相关的健康问题和身体或面部特征也可能影响父母的行为。

近来，我们深受 Bell(1968)的相互作用论的这些特殊的螺旋状作用关系所吸引(Hodapp, 1997, 1999)。简单地说，如果有特定遗传综合征的儿童倾向于表现出一种或多种病原学相关的行为，其他人会不会更加倾向于以可预测的特定方式对他们做出反应？如果这样的话，那么遗传障碍就对他人有“间接影响”：遗传性障碍使儿童倾向于表现出特定行为(即直接效应)，这进而引起周围环境中的其他人表现出特定行为和反应(间接效应)。

父母的反应

与正常发展儿童的父母不同，智力落后儿童的父母通常会因智力落后孩子的诞生或确诊而经历强烈的消极反应。早期研究甚至提到父母如何因为生育了智力落后孩子，而自视为失败者。最起码，普通父母对孩子发展和需要的知觉，可能不同于智力落后儿童父母的反应和知觉(Hodapp, 2002)。

40 多年以前，Solnit 和 Stark(1961)为这种观点提供了一个例证，他们假设母亲会因生育了智力落后儿童而体验到悲伤反应。基于 Freud(1917/1957)关于“悲伤和精神忧郁症”的论文，这些精神分析取向的研究者假设，母亲对于智力落后新生儿的反应类似于对死亡体验，或者对更加普遍的任何令人感觉失望、受伤或被轻视的丧失的体验。部分是出于对这种母亲悲伤论点的反应，研究者提出了各种阶段论以论述母亲对这些儿童的情绪反应如何随时间发生变化。虽然在具体内容上各不相同，但这些模型大多数均预测，父母最初的反应是感到震惊或否认，继而是沮丧或愤怒，最后是情绪上的接受。尽管这种阶段理论饱受批评(Blacher, 1984)，但它们无疑进一步明确了智力落后儿童父母的情绪和知觉，在哪些方面不同于正常发展儿童父母的情绪和知觉。

468

智力落后领域研究史

除 Bell、Sameroff 和 Bronfenbrenner 外，智力落后行为研究这一小领域，也长期关注智力落后儿童的生活环境。Blacher 和 Baker(2002)近来总结了近百年来发表于《美国智力落后杂志》(及其较早的有不同名称的先驱杂志)上有关智力落后儿童家庭的论文。除发展心理学家或应用发展心理学家先前就这些问题开展的多数研究外，新近关于智力落后家庭和生态环境的研究，与类似的关于正常发展儿童的研究的联系并不密切。

一个例子可以说明智力落后领域这种孤立的研究史。20 世纪 80 年代早期以前，有关智力落后儿童家庭的研究大多带有消极的气息，强调不同家庭成员如何因养育智力落后儿童而受到消极影响。在概览 20 世纪 60 年代至 70 年代期间的许多研究的基础上，研究者得出结论(与同龄的正常发展儿童的父母和家庭相比)：

- 智力落后儿童的母亲更经常感到抑郁(W. L. Fredrich & Fredrich, 1981)，更经常为她们的孩子而忧心，且更难以应对孩子的怒气(Cummings, Bayley, & Rie, 1966)。
- 父亲感到“角色缩减”(role constriction) (Cummings, 1976)和体验更多的沮丧感和神经质(Erickson, 1969)。
- 夫妇表现出较低的婚姻满意度水平(W. L. Friedrch & Friedrich, 1981)。
- 这些家庭被视为处于“经济停滞”(economically immobile) (Farber, 1970)，且“固着”于家庭发展的早期阶段(Farber, 1959)。

始于20世纪80年代，这种只关注消极影响的做法开始发生变化。Crnic、Friedrich和Greenberg(1983)注意到，智力落后儿童被视为家庭系统的压力源，这比原来的看法好多了。就像疾病、搬迁、失业或自然灾害一样，智力落后儿童对父母和家庭整体的影响可能是消极的，也可能是积极的。他们对家庭的影响并不一定总是消极的。尽管一些研究对过去20年间这种观点究竟在多大程度上发生的变化持怀疑态度(Dunst, Humphries, & Trivette, 2002; Helff & Glidden, 1998)，但多数人均认同，关于智力落后儿童的父母、家庭和兄弟姐妹的研究已经变得不再那么消极。因此，我们看到了智力落后家庭研究所特异的研究取向的历史变化。

智力落后生态环境的变化

除了研究观点的变化，主要的变化出现于儿童的生态环境。想想看，甚至是智力落后儿童的生活状态也在发生变化。四十年前，多得多的人，包括儿童，是居住在大型的非常缺乏人情味的机构中。1967年，大约200 000名美国人居住在这样的机构中，其中包括91 000名儿童。到1997年，这个数字已经降低到56 161名，其中儿童不到3 000名(L. L. Anderson, Lakin, Mangan, & Prouty, 1998; Lakin, Prouty, Braddock, & Anderson, 1997)。如今，智力落后的儿童居住在自己家中，成人则居住在家里，或养护院、公寓或者其他基于社区的场所中。

因为这类儿童越来越多地生活在自己家里，基于社区的服务也因此增长了很多倍。与20世纪60年代和70年代早期有关情况的对比，可以了解到许多信息。到20世纪70年代中期，达到入学年龄的智力落后儿童进入公立学校接受教育的权利仍得不到保障。他们能否接受正规教育因家庭所居住的城镇或州的不同而有相当大的差异。1975年，随着联邦全体残障儿童教育法案(94—142公法)的颁布，美国所有的州和城镇才被要求为所有儿童，包括那些有残障的儿童提供"免费的、恰当的公立教育"(Hallahan & Kauffman, 2002)。

在随后的三十年里，覆盖学前和学龄教育的其他服务体系也得以形成。除了要为3至21岁的个体提供学校服务外，现在各州还为0—3岁儿童提供早期干预。依据99—457公法，教育和支持措施已扩展至0—3岁群体，从而得以将从出生到学龄期间的服务衔接起来。99—457公法中的一项主要内容是提供个别化家庭服务计划，因此必须认识到在儿童早期，需要服务的是家庭，而不只是儿童本身 (Krauss & Hauser-Cram, 1992)。再后面，学龄期以后，所谓的过渡期服务(transitional services)将会帮助有残障的人，从学校生活过渡到尽可能独立工作和学习年轻人生活(有关帮助方案、服务和机构，参见Morris, 2002)。因此，针对个体及其家庭的服务是终生的，必须从某种毕生的视角来考虑到儿童—父母—家庭和服务实施系统之间的相互作用。

469

最后，我们还必须了解人们对所有服务有何认识方面的变化。儿童、父母、兄弟姐妹以及家庭不再被视作需要治疗的对象，相反，他们被视作为需要长期或短期的支持的人或者某种服务的消费者，以使他们能够更有效地应对更多的困难。因此，服务的目标就是，提供个别化的支持，以满足各个家庭的需要。一个家庭可能需要更多关于州政府所支持的服务方面的信息，另一个家庭则可能需要暂停照料(respite care)(即短期的家庭外照料)，以便家庭能从全天候照料伴有残障子女的生活中解脱出来而获得一些休息。还有另一些父母可能需要与其他有着类似问题的孩子的父母、或涉及相同学区的父母、或能在特定场景中提供帮助的人取得联系。这样的“支持革命”极大地改变了服务的性质以及家庭和专业人员对这些服务的认识(Hallahan & Kauffman, 2002)。

那么,在论述智力落后儿童更大尺度的生态环境问题时,就必须考虑到儿童、家长、智力落后领域以及整个社会环境。下面我们就来讨论亲子间的相互作用,父母的知觉、父母—家庭的反应和更大尺度的环境。

亲子间的相互作用

受到相互作用论以及始于20世纪70年代有关母亲输入语言的研究(Snow, 1972)所影响,发展研究者开始考察智力落后儿童与父母的相互作用。这些研究所获结果并不一致。有时,智力落后儿童的父母的反应与正常发展儿童的父母相同,有时则显著不同。

但是,这些不一致的结果并非随机的。其中有两个维度似乎相当重要。第一个维度涉及研究者是否将智力落后儿童的父母与同龄或同功能水平(如儿童的心智年龄或语言年龄)的正常发展儿童的父母相比较。当采用自然年龄比较时,智力落后儿童的父母就会表现出不同的行为。Buium、Rynders 和 Turnure(1974)以及 Marshall、Hegrenes 和 Goldstein(1973)均发现,与同龄的正常发展儿童的母亲相比,唐氏综合征儿童的母亲会为儿童提供比较简单的口语输入,且对他们的互动方式有更多的控制。而这两项早期研究都是对相同实龄的智力落后儿童与正常发展儿童进行比较。受20世纪70年代 Rondal(1977)研究的影响,研究者开始认识到,对父母行为的比较,最好使用具有相同心智年龄或语言年龄的正常发展对照组,而不是采用相同自然年龄对照组。

但第二个维度也在起作用。具体而言,研究者需要对父母行为的结构与风格作出区分。在这里,结构包括语法复杂性(句子的平均长度,或称 MLU)或父母对孩子说的句子所提供的信息程度(相异词比例)。相反,风格指的是在相互作用父母教导、引导或跟随儿童的程度,并且通常是说教式和浸入式。

一旦作出这第二种结构—风格的区分,研究结果就相当一致了。Rondal(1977, p. 242)注意到,当基于 MLU 对唐氏综合征儿童和非智力落后儿童进行匹配,两组儿童的“母亲对正常或唐氏综合征儿童的言语之间不存在显著或接近显著的差异”。此外,随着儿童语言水平的提高,两组母亲均相应地向上调整自己语言(即 MLU 和相异词比例提高)。Ronal 得出结论“MLU 在1和3之间的母亲语言环境对唐氏综合征儿童是比较适当的”(p. 242)。

相反,当研究关注于亲子互动风格时,智力落后儿童的母亲的表现则存在差异。即使在智力落后和非智力落后儿童的总心智年龄和语言年龄相等的时候,智力落后儿童的母亲通常更多表现出说教式的、指示式的和浸入式的风格(Marfo, 1990)。Tannock(1988)发现,与非智力落后儿童的母亲相比,唐氏综合征儿童的母亲采取的是持续时间更长、交换轮次更多的互动式轮流;另外,她们也更常与孩子发生言语“碰撞”或同时说话(亦参见 Vietze, Abernathy, Ashe, & Faulstich, 1978)。唐氏综合征儿童的母亲也更常转换话题,更少对孩子的话语做出沉默反应。其结果就是导致更多不对称的对话,由母亲控制了话题、孩子的反

470

应和来回对话的性质。

在与正常发展儿童的比较中，为什么会出现这种亲子互动结构和风格之间的差异？最常见的解释是，智力落后儿童的母亲将自己的养育担忧投入到这种相互作用过程中。与正常发展儿童的母亲相比，智力落后儿童的母亲有更多人将互动视为"教育时机"，认为这是不间断的有效干预努力中不应浪费的时机。正如一位母亲对自己与唐氏综合征孩子的相互作用所描述的，"把他抱坐在你的膝盖上，对着他说话，这就是主要的目标。跟他一起游戏，对他说话，教给他一切事情"(引自 Jones, 1980, p. 221)。甚至是在非智力落后儿童的母亲觉得很适合与孩子玩耍或拉近与孩子的情绪联系情境中，许多父母也谈到他们存在旨在干预孩子的愿望(Cardoso-Martins & Mervis, 1984)。

更为复杂的是儿童自身的行为特征。这里我们再次提到与伴有特定类型的智力落后的儿童有关的各种差异。具体地说就是，与一般智力落后的婴幼儿相比，唐氏综合征的幼儿常常更加嗜睡，肌张力减退更为严重。因此，唐氏综合征幼儿提供的互动线索较少且比较不清晰，至少在有意沟通前的几个月里会有如此表现(Hyche, Bakeman, & Adamson, 1992)。对母亲而言，这些婴儿可能"可读性"更低(Goldberg, 1977; Walden, 1996)，哪怕母亲逐渐学会了解读孩子模糊或微小的沟通行为(Sorce & Emde, 1982; Yoder, 1986)。

类似地，有人可能会推测唐氏综合征儿童的面部特征会对他人有影响。一般而言，唐氏综合征儿童(成人)的面孔似乎更幼稚和"娃娃脸"，比较圆，及具有较小的面部特征。如同 Zebrowitz(1997)所指出的，成人更多时候会将有一张娃娃脸的个体知觉为更友善、更具社交性和更顺从。与正常发展儿童或其他遗传智力落后综合征的儿童(面部特征更像普通人)相比，在对唐氏综合征儿童的面部特征进行等级评定时，也出现这类特征(Fidler & Hodapp, 1999)。与其他类型智力落后儿童的母亲相比，唐氏综合征儿童的母亲所发出的声音音域比较高，音调变化更大(Fidler, 2003)。这样的发声法与 Fernald(1981)和其他人所普遍发现的妈妈语(motherese)声调相一致。

这里有两个问题值得注意。第一，目前已有几项研究考察了智力落后样组(通常是唐氏综合征)中母亲行为的变化。在第一项关于该问题的直接考察中，Crawley 和 Spiker(1983)对母亲在与其 2 岁的唐氏综合征孩子相互作用时的敏感性和指导性进行了评定。结果发现，存在广泛的个体差异。有的母亲是高度指导性的，有的则依照孩子的导向；类似地，母亲对孩子的敏感性程度也存在较大差异。因为敏感性和指导性这两个维度大致上是正交的，母亲在敏感性或指导性上或高或低的水平，彼此之间不相影响。该研究也确实发现了所有四种组合的存在。正如非智力落后儿童的母亲在指示性和敏感性上有较大差异，伴有唐氏综合征儿童的母亲也同样如此。

第二个问题涉及不同母亲行为对儿童发展的影响。在唯一一项关于该问题的研究中，Harris、Kasari 和 Sigman(1996)考察了母亲的互动行为对唐氏综合征儿童表达性语言和接受性语言行为的影响。在儿童 2 岁时考察一次，3 岁时再次进行考察，Harris 等人发现，母亲和孩子投入共同注意(即关注于同一物体)的平均时间长度，与一年间儿童的接受性语言提高程度相关。此外，儿童接受性语言的提高，也与母亲用以使儿童对自己所选玩具保持注

471 意的时间量相关,而与改变儿童注意焦点和同一时间却进行更多分离孤立的共同注意事件的情形呈负相关。这些发现与关于正常发展婴儿与母亲互动的研究结果相一致,这类研究发现,母亲敏感性的提高(Baumwell, Tamis-LeMonda, & Bornstein, 1997)和更多的共同注意事件(Tomasello & Farrar, 1986)也提高了幼儿早期的语言能力。那么,对于正常发展儿童和唐氏综合征的儿童,当母亲试图通过跟随儿童的引导并对儿童的兴趣和行为做出反应,从而延长母亲—孩子共同注意的时间时,母亲行为都能促进儿童对母亲输入语言的加工(Paparella & Kassari, 2004)。儿童的接受性语言能力也因此得以提高。

因此,当儿童有智力落后时,亲子互动在结构上不变,但风格发生了变化。尽管母亲的情绪和知觉能够解释其在风格上的差异,但差异也可能就出自儿童本身。当我们考察儿童的行为与母亲的情绪与知觉时,我们就会认识到发生了什么,为什么及如何干预最有效。

知觉

尽管大多数人都同意,在抚育智力落后的孩子和无智力落后的孩子时,父母的知觉很可能并不相同。但这种知觉差异究竟如何我们知之甚少,父母知觉差异与行为差异之间,或与儿童不同的发展结果之间可能有何联系,我们也不甚了解。从父母情绪到父母对孩子需要和能力的归因,父母知觉实际上极其广泛,认识到这一点也很重要。

从这样一些角度想想看,父母互动行为之不同很可能由于父母知觉上的差异。更多说教性和控制性的父母行为,事实上可能反映了父母知觉到他们需要教育、刺激和惩罚孩子。这种风格上的差异似乎常见于伴有智力落后儿童的父母,以及其他残障儿童(如伴有动作障碍、视力障碍或者自闭症的儿童)的父母。

也可以根据儿童智力落后的原因来考虑父母的知觉。而且,有某种明确的、可加以确定的病因这样一个事实,对父母可能大有帮助。在一项研究中,Goldberg、Marcovitch、MacGregor 和 Lojkasek(1986)发现,与唐氏综合征儿童的母亲或者由于特异性神经损伤而导致的智力落后儿童的母亲相比,智力落后原因不明的儿童的母亲会遭受更大压力。能够确认某种清晰的病因本身,对智力落后儿童的父母就是一大帮助。

近来,我们开始尝试使用归因理论,帮助解释父母对不同遗传智力落后症状的(具有特异性的、与病原学相关的优势和劣势)孩子做出的反应行为。在以前关于正常发展儿童的研究中,Graham(1991)曾发现,与归因理论一致(Weiner, 1985),当学生们被知觉为在特定活动上具有高的技能水平或低的技能水平时,教师们表现出了不同的归因模式。当儿童被判断为在特定任务上相当熟练时,教师和父母会将儿童的成功归因于高技能水平,而将失败则归因于孩子没有尝试完成任务(即缺少努力)。相反,当把儿童知觉为技能水平低时,其在相应任务上的成功只会被归因为努力(如果儿童失败了,则是因为他们能力不足)。然后,这样的知觉就与之后成人的行为联系起来,譬如说,当成功完成任务时,成人会给较低技能水平的儿童以更多的帮助和奖励(因为他们认为高技能水平的儿童不需要太多帮助或奖励来成功完成任务)。

基于归因理论所作出的这种明确的预测,以及不同的特异病原组学样组之间如此清楚的能力水平差异，Ly 和 Hodapp(2005)新近对两类遗传综合征儿童的母亲的帮助和强化行为进行了考察。回想一下，作为一个群体，Prader－Willi 综合征儿童在拼图游戏上尤其出色(Dykens，2002)；而 Williams 综合征儿童则在大多数视觉空间功能任务上表现不佳(与其整体心智年龄不相匹配)(Mervis et al.，1999)。利用这两种综合征个体各自不同的优势和劣势，Ly 和 Hodapp 要求两类儿童及其母亲一起完成一项新颖的拼图游戏，借此考察母亲—孩子间的相互作用。

472

如同归因理论所可能作出的预期(Graham，1991)，Williams 综合征儿童的母亲在游戏中给予孩子的强化(表扬、鼓掌)和帮助行为是 Prader－Willi 综合征儿童母亲的两倍以上。更进一步的分析发现，不同病原组间的这种差异似乎源于儿童在拼图游戏上的能力水平(在另一房间内独立于母亲对孩子进行测量)以及儿童智力落后的病原(Prader－Willi 综合征和 Williams 综合征)。父母不仅对儿童实际能力水平做出反应，还对通常作为这两种综合征的特征能力特点做出反应。

归因理论也被用来帮助解释父母对唐氏综合征儿童的知觉。Ly 和 Hodapp(2002)为唐氏综合征儿童的父母及其他非唐氏综合征的智力落后儿童的父母呈现了一些假设性的叙述。这些叙述均涉及儿童不服从父母的要求：一个是要求打扫自己的房间，另一个则要求在母亲接电话时关掉电视机。研究者要求母亲对孩子不服从要求的各种原因进行等级评定，此外，还要求母亲对自己孩子的人格特征和不良行为进行评定。

同样地，父母对孩子更具社交性、乐观的人格特征做出了反应，他们同时也对儿童特异性的病原学标记做出了反应。特别的是，唐氏综合征儿童的父母更经常将孩子的不服从行为归因为是正常的(“我孩子表现得跟其他同龄孩子一样”)。但是，研究也发现，儿童人格特征与正常行为之间的联系，仅仅存在于唐氏综合征群体内。在唐氏综合征儿童的父母中，那些认为孩子更具社交性的父母，也更可能将正常的标准视为儿童不服从行为的原因($r=0.43$，$p<0.01$)。但是，在其他类型的智力落后儿童的父母中，儿童人格与父母正常化归因的评定等级间却不存在这样的联系($r=0.05$，ns)。

这些研究虽然颇具吸引力，但却仅仅触及我们所理解的父母知觉的表面。关于这些父母的知觉，或这类知觉可能与儿童的病原、整体能力，或在各个任务上的特异能力可能有何联系，我们仍然知之甚少。关于在不同情境(学校、家中、社区)，当儿童面对不同任务(学术、休闲娱乐、反映了与病原有关的技能的特异任务)时，不同成人(母亲、父亲、教师)的归因、知觉和期望将会发生什么变化，我们也一无所知。最后，对于父母是如何形成这些知觉，父母知觉与其行为有何联系，以及父母知觉如何进一步与儿童自己的行为或知觉相联系，我们也毫无头绪。

父母和家庭的反应

正如前面提到的，就像关于服务提供的性质和理念的认识一样，关于父母和家庭的反应的认识多年来也已发生了显著变化。部分源于这种变化的结果，在如何开展研究方面也发生了变化。实际上，从病理学观点到压力—应对观的转化，突出强调那些促进父母和家庭更好地应对的风险因素和保护因素。较早的观点认为，智力落后儿童的父母和家庭都更倾向于感受到沮丧、冲突和其他消极结果，但现在我们可以更好地认识儿童、父母和家庭的这些特征，它们可能预示着更成功的反应。下面我们开始论述倾向于导致更好或更差结果的各种儿童、父母和家庭因素。

儿童因素

儿童的某些表现似乎与较好的父母和家庭功能相关联，而另一些表现则并非如此。多数研究中，儿童整体的损伤程度(如 IQ 的差别)、功能水平(心智年龄)和性别与父母和家庭反应的好坏并无关联。相反，儿童不良行为的程度和数量及心理病理则影响着父母和家庭的功能，而孩子的社交性和对人感兴趣似乎对父母颇有帮助。

不良行为的影响可见于混合型智力落后群体及特异病原儿童群体。Minnes(1988)和 Margalit、Shulman 和 Stuchiner(1989)发现，儿童不良行为越多，父母压力程度也越高。类似地，Prader - Willi 综合征儿童的不良行为水平越高，其父母的压力水平也越高(Hodapp, Dykens, & Masino, 1997)；并且 Prader - Willi 综合征、唐氏综合征和 Smith-Magenis 综合征三组儿童的父母均相似(Fidler, Hodapp, & Dykens, 2000)。

473 相反的观点认为，与其他残障儿童的父母相比，唐氏综合征儿童的父母和家庭可能较好地应对压力。一些研究对唐氏综合征儿童的父母与自闭症儿童的父母(Holroyd & MacArthur, 1976; Kasari & Sigman, 1997)、混合型智力落后儿童的父母(Hodapp et al., 2003)、其他残障儿童的父母(Hanson & Hanline, 1990)，及伴有情绪问题儿童(但没有智力落后；Thomas & Olsen, 1993)的父母进行了比较，它们发现了这种优势。当然，也有一些研究并未发现唐氏综合征儿童父母的这一优势(Cahill & Glidden, 1996)。但是，总体上说，大多数研究的确发现，与其他残障儿童的父母相比，唐氏综合征儿童的父母较少体验到父母压力。

这里有三个进一步的问题值得提起。第一，这种所谓唐氏综合征的优势可能仅仅出现在与其他残障儿童家长的比较中。在多数研究中，正常发展儿童的家长比唐氏综合征儿童的家长报告的压力更少(Roach, Orsmond, & Barratt, 1999; Scott, Atkinson, Minton, & Bowman, 1997; 亦参见 Sanders & Morgan, 1997; Wolf, Noh, Fisman, & Speechley, 1989)。

第二，父母反应的某些方面可能更多体现出唐氏综合征优势。在几个研究中，与其他残障儿童的父母相比，唐氏综合征儿童的父母对自己孩子的评定更多为有价值的和可接受的。Hoppes 和 Harris(1990)发现，与自闭症儿童的父母相比，唐氏综合征儿童的父母认为自己的孩子是更有价值的。Noh、Dumas、Wolf 和 Fisman(1989)在对唐氏综合征儿童和自闭症或行为障碍儿童的父母进行比较后，也发现了这一相同的模式。然而，Hodapp 等人(2003)发现，相对于不同类型的病原的智力落后儿童父母，唐氏综合征儿童的父母认为自己孩子是更可接受的和更有价值的。甚至有研究发现，唐氏综合征儿童的父母跟同龄正常发展儿童的父母相比，在孩子对父母的强化和可接受性方面不相上下(如，Roache et al., 1999)。在少数一些研究中，唐氏综合征儿童的父母在这两种具体的测量指标上甚至超过正常发展儿童的父母。因此，Noh 等人总结道，与正常儿童的父母相比，尽管唐氏综合征儿童的父母将自己的孩子评定为较少有吸引力、社交不适和比较不聪明，但他们却认为孩子更加快乐，并把孩子视作某种更大的积极强化源(p. 460)。

第三，我们还必须考虑到唐氏综合征的儿童的年龄。一项大型的横向研究中，Dykens、Shah、Sagun、Beck和King(2002)提到，除了较少固执和较少的其他外倾问题外，唐氏综合征的青少年可能在青春期变得更加“内向”(inward)(亦参见 Meyers & Pueschel, 1991; Tonge & Einfeld, 2003)。Hodapp等人(2003)使用某种人格问卷进行考察发现，某种相似的轻微退缩，并且，这些近二十岁的青少年和青年的父母认为他们孩子的价值和可接受性比较低(亦参见 Cunningham, 1996)。虽然唐氏综合征儿童的父母和家庭可能存在某种唐氏综合征优势，但这种优势可能受出现于许多唐氏综合征的青少年和青年的越来越内向的问题所影响。

最后，虽然我们认为唐氏综合征的儿童会诱发父母和家庭的反应，我们得承认，唐氏综合征儿童可能在其他方面有别于其他残障儿童。唐氏综合征是一种常见的、出生时可诊断的、为专业人员和普通公众所广泛知晓的障碍，并且该类型障碍还拥有多个活跃的家长和支持性团体。正因如此，唐氏综合征的某些优势，才可能是由于一些独立于儿童行为之外的特征所诱发。这个问题归结为，各个唐氏综合征优势是源自儿童自身的行为，还是那些与唐氏综合征有关的父母或社会特征。我们猜测，儿童和有关特征均可能起作用，当然，这仍需要进一步的研究验证。

父母和家庭因素

除了各种儿童因素，研究者也必须认识到父母和家庭因素对父母和家庭应对的重要影响。第一个重要的问题涉及父母(通常是母亲)自身的见识和一般的问题解决方式。按照 Folkman、Schaefer 和 Lazarus(1979)的看法，可将母亲确认为主要是使用“关注问题(problem-focused)”式或“关注情绪(emotional-focused)”式应付策略的人(综述参见 Turnbull et al., 1993)。第一类，母亲主要忙于将孩子的智力落后作为一个具体的实际问题来处理。这些母亲会为日常问题做计划，努力工作以减少这些问题，并且觉得他们已经从实际经验中学习到东西。相反，另一组的母亲或者完全否认自己关于孩子及其残障的感受，或者过度关注这个问题而几乎完全沉浸其中，感到沮丧和悲伤。

474

综观大量研究，这类差异似乎杂乱地出现在母亲的情绪反应及其行为后果中。那些持有积极的、问题核心应付方式的母亲会表现得更好。目前，几个研究已证实，与否认自己的情绪感受或采用基于情绪的应付方式的人相比，那些积极的，采用基于问题的应付方式的父母更少体验到沮丧感(如 Essex, Seltzer, & Krauss, 1999)。

最后是一组涉及家庭人口统计学的特征。各种研究已揭示了这些特征的存在，这里简略说明如下：

- 与贫穷家庭相比，富裕家庭在养育残障儿童时做得更好(Farber, 1970)。
- 与单亲家庭相比，父母健全家庭做得更好(Beckman, 1983)。
- 与问题婚姻家庭相比，婚姻状况良好的家庭做得更好(Beckman, 1983; W. N. Friedrich, 1979)。

虽然这些发现并无令人惊讶之处，但每项研究却都强调了家庭或夫妇的人口统计学的特征或动力关系影响父母和家庭的应对。

学校、邻里和更宽泛的生态环境

与有关亲子相互作用、父母的知觉及父母和家庭因素的研究相比,关于智力落后儿童生活于其中的更宽泛的生态环境所开展的研究要少得多。例如,不同于 Bryant(1985)与邻居的正常发展儿童一起散步以确定这些儿童的支持网络,几乎没有研究考察过智力落后儿童的邻里或更宽泛的生态环境。尽管学校系统深受特殊教育领域青睐,但大多数研究却并未从生态学角度看待学校的作用;相反,它们研究的主要问题包括的是家长对于孩子不同类型安置的满意度、或家—校联系、或特殊的学校安置(完全融合或只在某些天回归主流)对儿童学业和社会成就的影响(Freeman & Alkin, 2000)。

在残障儿童及其家庭的生活发生着诸多社会变革的时候,对生态环境如此无视实在令人惊异。如前所述,变化发生在很多方面,包括智力落后儿童居住在哪里,社区服务数量上的增加,以及从病理学理念到这些服务背后支持性理念的改变。这些变化使智力落后儿童及其家庭的生活更加复杂了。我们不妨从父母的角度来体会一下生育和抚养一个智力落后儿童的经历。除了仅有的一些例外(例如收养了唐氏综合征儿童的父母;Flaherty & Glidden, 2002),大多数家长并没有做好生育一名残障孩子的准备。如果孩子患有唐氏综合征,或者其他很容易就诊断出来的障碍,那么家长从孩子一出生就知道了诊断结果,医生和其他健康人员也会感到负疚和难过。这样的故事大量存在,很多家长被以一种不在乎的、非专业化的方式告知孩子的诊断结果,或得到极其悲观的关于孩子最后能力和生命结局的信息(Turnbull & Turnbull, 1997)。对于那些在孩子出生时不知道孩子诊断结果的父母,甚至在医生或者他人经常告诉他们孩子会渡过难关的情形下,他们也会持续絮絮叨叨地怀疑是不是把他们的孩子弄错了。

除了诊断结果外,这些家长通常也未做好准备来全面利用已有的服务。当父母生育了一名有残障的孩子时,他们必须跟相关的服务实施机构协商。在每个州,家长可以开始跟诸如发展残障儿童的部门(不同的州有不同称谓)、与该部门中实际管理资金和项目的各种机构或者中心等打交道。然后,在学龄阶段,家长要在最靠近孩子入学的学区、学校管理者和教师的地方工作。学校学习结束后,还需要跟进过渡期和成人服务。一般而言,大多数普通民众并不了解这些部门和服务机构。

随着这些互动的深入,家长开始面临着大量的权利和责任。例如学校,是为 3 到 21 岁个体提供教育的主要服务机构(Hallahan & Kauffman, 2002)。联邦法律,诸如残障个体教育法案(the Individuals with Disabilities Education Act)(1990 年通过;1997 年和 2004 年修订)目前明确提出来,将为所有残障儿童提供免费、恰当的公立学校教育作为一项基本权利。但父母需要了解有关听证、诉求和手续等全部内容(Council for Exceptional Children, 1998)。

475

然后,这些听证和手续最后导致将儿童实际安置于某个具体的特殊教育场景。理想状态下,所有儿童均应在"最少限制环境"(least restrictive environment, LRE)中接受教育,"最少限制"通常指的是最像一般教育课堂的典型环境。根据儿童的个体需要,最少限制环境允许残障儿童与非残障儿童一起学习和生活，在公立学校的资源教室或专业人员处接受教育的部分融合，在公立学校中特殊班级的部分融合，甚至是出于满足儿童教育需要而完全进入特殊班级或特殊学校接受教育。

无论教育发生于什么场景，儿童的教师、管理者和家长必须对各种目标、服务措施和将教育该残障儿童的实践活动，达成一致意见。同时，这些目标和实践活动均需整合入该儿童的个别教育计划(individualized educational plan, IEP; Bateman & Linden, 1998)中，而该计划是以先前举行的一系列法定听证与诉求为基础而制订的。

尽管我们常以为残障专属于儿童，但残障儿童最终也会长大成人。从这个角度出发，最广泛的调适措施之一就涉及过渡期服务(transition service)。简单地说，过渡期服务应关注独立生活和工作所需要的各种技能。其目标是使有残障的青年人能够在毕业后独立生活或在社区的养护院内生活，或者，在社区中有竞争力而得以受雇任职(Rusch & Chadsey, 1998)。为了独立生活，学生们要学习按照预算去商店购买衣物和食品、使用邮局、理解时间表和搭乘公交车或火车、看病或者看牙医等。为了能够有竞争力而受雇于社区商业机构，学生们还要接受大量职业技能培训。培训内容涉及更加普遍性的问题，如守时、谦恭、尽职尽责等，以及为他们在社区中从事不熟练的或半熟练的工作提供实践机会。

显然，这些信息的数量和复杂程度对大多数家长来说是难以置信的，因为他们通常根本没有关于儿童发展、特殊教育和社会服务系统、法律或其他相关领域方面的知识经验。此外，家长还必须同时处理所有那些在养育孩子时必然碰到的常规问题(Bornstein, 2002; Heinicke, 2002)。出于这些原因，养育智力落后的儿童常常被比作是进入语言、习俗和期望都完全不同于原有期望的另一个国度。

幸运的是，有一些指导部门可以帮助家长和家庭跨越这个新的陌生世界。在每个州，都有一个领导机构被指定负责管理早期干预服务，并且，所有州也都有以某种形式存在的智力落后部门或者发展障碍部门。联邦政府在每个州都已建立起一个(或几个)针对发展障碍的儿童的长处的大学中心(University Centers for Excellence in Developmental Disabilities)[UCEDD; 以前曾称为大学附属方案(University Affiliated Programs)]。这些中心可提供家庭资源中心、家长和兄弟姐妹支持团体、讨论会，以及解决学校和区域中心问题的支持性服务。本地和州立教育组织以及当地医院和社会服务机构也能为家长提供帮助。

在国家水平上，还有许多非正式机构可为残障儿童的家长提供帮助。一些组织，例如，美国ARC[最初称为发展迟缓公民协会(the Association for Retarded Citizens)]可以帮助家长找到自己居住区域内的资源，而异常儿童委员会(the Council for Exceptional Children)则能帮助家长找到有关的教育资源。此外也还有各种家长—专业人员团体[如全国罕有障碍组织(National Organization of Rare Disorders)或一些联邦赞助的网站，如全国健康学会(National institutes of Health)]。与几十年前相比，家庭能够获得的支持性服务、教育及医疗信息可说已经达到了几乎令人窒息的地步。潜在认识和支持呈指数级的增长是残障“文化”中的一个重大变化。更多的知识和支持措施每天都在出现，因此家长在获得了帮助的同时，也面临了巨大信息量和服务系统的挑战。表12.2列出了部分有益的资源。

表 12.2 支持和非正规组织

国家残障儿童和青年信息中心(National Information Center for Children and Youth with Disabilities) P. O. Box 1492 Washington, DC 20013 (800)695 - 0285 www. nichcy. org	国家残障儿童和青年信息中心(National Information Center for Children and Youth with Disabilities, NICHCY) P. O. Box 1492 Washington, DC 20013 (800)695 - 0285 www. nichcy. org
美国发展迟滞公民协会(Association of Retarded Citizens of the United States, The ARC) 100 Wayne Avenue, Suite 650 Silver Spring, MD 20910 (301)565 - 3842 www. thearc. org	特殊需要儿童资源有限公司(Resources for Children with Special Needs, Inc.) 116E. 16th Street, 5th floor New York, NY 10003 (212)677 - 4650 www. resourcesnyc. org
美国智力落后协会(Amercan Association on Mental Retardation, AAMR) 1710 Kalorama Road, NW Washington, DC 20009 - 2683 (800)424 - 3688 www. aamr. org	CAPP 国家家长资源中心(CAPP National Parent Resource Center) 特殊需要儿童联盟(Federation for Children with Special Needs) 95 Berkeley Street, Suite 104 Boston, MA 02116 (617)482 - 2915
异常儿童委员会(Council for Exceptional Children, CEC) 1110 North Glebe Road, Suite 300 Arlington, VA 22201 - 5704 (888)CEC - SPED www. cec. sped. org	全国残障家长网(National Parent Network on Disabilities, NPND) 1727 King Street, Suite 305 Alexandria, VA 22314 (703)684 - 6763 www. npnd. org
残疾人大学中心联合会(Association of University Centers on Disabilities, AUCD) 8630 Fenton Street, Suite 410 Silver Spring, MD 20910 (301)588 - 8252 www. aucd. org	同胞信息网(Sibling Information Network) 1775 Ellington Road South Windsor, CT 07074 (203)648 - 1205
重度障碍者协会(The Association for Persons with Severe Handicaps, TASH) 29 West Susquehanna Avenue, Suite 210 Baltimore, MD 21204 (410)828 - 8274 www. tash. org	全国罕有障碍组织(National Organization for Rare Disorders, NORD) 55 Kenosia Avenue P. O. Box 1968 Danbury, CT 06813 - 1968 (203)744 - 0100 (800)999 - 6673(voicemail only) www. rarediseases. org
残障信息交换所(Clearinghouse of Disability Information, CDI) 特殊教育与康复服务办公室(Office of Special Education and Rehabilitation Services) Switzer Building, Room 3132 330 C Street, SW Washington, DC 20202 - 2524 (202)334 - 8241	唐氏综合征儿童协会(Association for Children with Down Syndrome) 4 Fern Place Plainview, NY 11779 (516)933 - 4700 X100 www. acds. org

续 表

全国唐氏综合征协会(National Down Syndrome Society) 666 Broadway New York, NY 10012 (800)221-4602 www.ndss.org	Prader-Willi 综合征协会(Prader-Willi Syndrome Association) 5700 Midnight Pass Rd. Sarasota, FL 34242 (800)926-4797 www.pwsausa.org
全国唐氏综合征联合会(National Down Syndrome Congress, NDSC) 1370 Center Drive, Suite 102 Atlanta, GA 30338 http://ndscenter.org	Williams 综合征协会(The Williams Syndrome Association) P. O. Box 297 Clawson, MI 48017-0297 (800)806-1871 www.williams-syndrome.org
全国脆性 X 综合征基金会(National Fragile X Syndrome Foundation) P. O. Box 190488 San Francisco, CA 94119 (800)688-8765 www.fragilex.org	

概要

通过定义可以了解到,智力落后的儿童与正常发展儿童不同,有关亲子互动、父母知觉、家庭,甚至是邻里、学校等因素的研究均需考虑到这些差异。研究者必须认识到父母对于不得不抚育一个智力落后的儿童有许多反应,在智力落后领域这种类似的父母与家庭研究史,以及社会对待和界定伴有智力落后儿童及其家庭方面有着诸多的历史变迁。

477

基于这些重要的认识背景问题,我们要特别指出的是,智力落后的儿童与其父母之间的互动方式与正常儿童既相同又有差异。与母亲输入语言的结构上相同的正常发展儿童相比,这种互动似乎是相似的。相反,当按照自然年龄(而非心智年龄或语言年龄)使正常发展儿童与智力落后组儿童相互匹配,并对母亲的风格开展研究时,亲子互动就出现了差异。在风格上,智力落后儿童的母亲(与在心智年龄或语言年龄相匹配的正常发展儿童的母亲相比)似乎更具说教性和控制性。

这样一种风格上的差异引导我们思考智力落后儿童父母的知觉问题。虽然某种观点认为,智力落后儿童的父母在教育子女的强烈欲望上,有别于正常发展儿童的父母,但在父母知觉的其他方面却鲜有深入研究。此外,只有少量与智力落后儿童有关的研究,或与遗传病原导致其在特定任务上有相对强或弱表现的儿童的研究,运用了归因理论。

还有,与智力落后儿童的家庭有关的许多问题,也还需要更多的研究。过去 30 多年间,家庭研究在取向上也发生了翻天覆地的变化,比如现在的研究者采用的是将儿童作为家庭系统压力源的观点。作为家庭的压力源之一,智力落后的儿童可能改善、恶化或者并不触动家庭的功能。迄今为止,借助于这个压力—应对观点已经确定了一些风险因素和保护因素,但是,家庭功能的许多领域仍有待深入研究。

最后,关于智力落后儿童及其家庭,大众社会的反应也发生了巨变。正如专业人员和家长们所期待的那样,甚至是跟20到30年前相比,针对他们的服务的数量和类型有了巨幅增长。这样的变化具有极大的帮助作用,智力落后的儿童及其家庭现在能够通过系列终生服务获益。然而,这些服务也给家长带来了新的挑战,他们必须了解越来越多的信息,包括了解自己孩子所罹患的残疾障碍、已有的服务措施,以及家长何时以及如何能够接触到这些服务。对于家长们如何知道或者怎样使用这些服务、他们如何克服认识或接触途径上的屏障,或这些服务对儿童自身及其家庭成员又有怎样的影响,我们几乎一无所知。

研究问题

在概述关于儿童与环境发展的研究发现时,我们经常提及我们认识中的不足。但除了与内容认识方面的不足外,关于如何更好地执行行为发展研究方面我们也存在不足。这类研究问题包括存在于儿童发展或应用儿童发展中的相似问题,但又不局限于此。下面讨论四个这类问题。

研究组群的性质

智力落后研究中第一个没有解决的问题,涉及这个组群自身的性质。正如前面提及的,研究者在如何对伴有智力落后者进行区分方面存在不同,一些研究者选择基于缺损水平(轻度、中等、严重的或深度的智力落后)来考察不同群体,另一些研究则基于智力落后的两个组群(文化—家族的与器质性的),还有一些则基于个体的病原学成因。

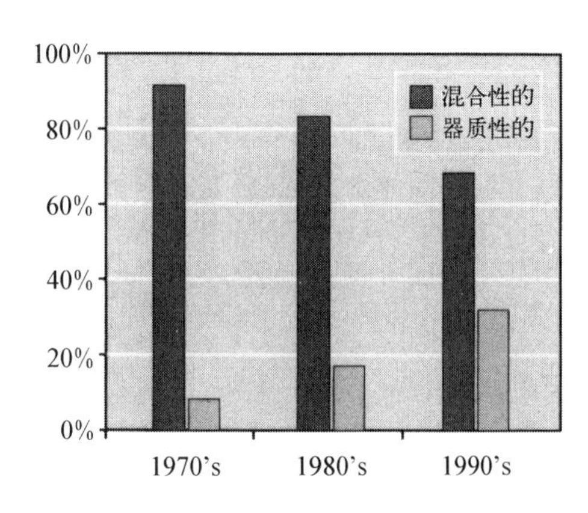

图12.2 《美国智力落后杂志》1975—1980年、1985—1990年和1995—2000年期间所发表的各类论文百分比。

来源: From "Behavioral Phenotypes: Going beyond the Two-Group Approach," by R. M. Hodapp, 2004a, *International Review of Research in Mental Retardation*, *29*, pp. 1 - 30. Reprinted with the permission from Elsevier.

尽管历史上缺损程度的分类方法曾居于支配地位,但较新的智力落后行为研究常常更多地考虑到病原学问题。不妨看看图12.2,这是发表于智力落后行为研究领域最具有影响的杂志《美国智力落后杂志》(*the American Journal on Mental Retardation*, *AJMR*)上的一张文章分布图(Hodapp, 2004a)。20世纪70年代到80年代发表于AJMR上的行为研究文章,大多以缺损水平来区分研究的被试;对其他智力落后杂志的分析(Hodapp & Dykens, 1994),以及对那些以同时伴有智力落后和情绪行为问题个体为研究对象的论文进行分析(Dykens, 1996),也得到了相似的结论。正如该图所示,这种状况却可能正在发生变化,如今,在AJMR发表的行为研究文章至少有三分之一是按病原学来区分被试群体的。

新近基于病原学的行为研究文章增长，也可以用其他方式加以阐明。看看关于唐氏综合征、Prader－Willi 综合征、Williams 综合征和脆性 X 综合征的行为研究论文的数量情况。比较 20 世纪 80 年代与 90 年代这些论文的数量，就可以发现，关于伴有 Williams 综合征个体行为的研究论文从 10 篇增加到 81 篇，关于脆性 X 综合征的文章从 60 篇增加到 149 篇。甚至是唐氏综合征，这种有着长久的确定的行为研究历史的单基因综合征，从 80 年代到 90 年代行为研究的数量也几乎翻倍(从 607 篇变为 1 140 篇；Hodapp & Dyken, 2004)。随着许多综合征研究中出现的有趣发现，未来几十年这类论文的数量仍将继续增加。 478

但研究数量的这种陡然增加只说明了故事的一部分。目前，至少有 1 000 种遗传综合征被认为与智力落后有关联。其中许多综合征相当少见，因而难以获得足够大的被试群体。此外，对其中大多数综合征而言，还没有一项研究专门致力于探究这些综合征个体的行为和行为发展。因此，尽管我们对不同病原智力落后个体的认识已有很大增长，但我们仍有很长的路要走。

用以考察儿童自身行为功能的控制—比较组

一旦解决了被试组群的性质问题，下一问题则涉及控制组或对照组。确切地说，应将智力落后组被试与谁相比较？我们从对该问题的历史认识开始，进而讨论控制—对照组问题在基于病原学的行为研究中的表现方式。

历史问题

长时间以来，一个长期存在的争议与跟正常发展儿童进行的两类比较有关(Hodapp & Zigler, 1995)。一组学者，可用术语“缺陷理论家”(defect theorists)来称谓，断言病原无关紧要，所有智力落后儿童的智力落后均源自器质性的缺陷。这些研究者通常将智力落后的儿童与相同自然年龄的正常发展儿童进行比较。整个研究传统表明，与正常发展儿童相比，智力落后儿童的众多认知和语言特征存在缺陷(如 Ellis & Cavalier, 1982)。

相反，发展取向研究者通常喜欢将智力落后的儿童与相同心理年龄的正常发展儿童作比较。智力落后的儿童在每个认知任务上的表现均较自然年龄匹配组儿童更差，这被这些研究者视为一个基本假设。与前述“缺陷理论家”相反，他们认为自己的工作在于确定这些儿童在特定区域是否表现出相对的优势或劣势。或者，正如 Cicchetti 和 Pogge-Hesse (1982, p. 279；最早强调)所主张的，智力落后的儿童在多数认知领域的表现要低于同等自然年龄的儿童，但“重要而具有挑战性的研究问题在于发展过程”。只有通过使用心理年龄匹配的正常发展控制组，从而表明什么区域受影响较大、什么区域受影响较小，才能确定这些发展过程。

基于病原学研究的对照组

随着基于病原学的研究的增加，要阐明什么才是恰当的控制—对照组变得越来越复杂。我们围绕三个研究问题，介绍六种基于病原学的行为研究中常用的研究途径(Hodapp &

Dyken, 2001; 参见表 12.3)。

表 12.3 一些常见的基于病原学的研究途径的优劣

控制组	特征	优缺点
用以确定某种特定障碍是否有优/劣势的策略		
1. 无	将表现"与自己相比"	表现出病原的优势。
2. 典型的	MA 等同 CA 等同	表现出相对优势(与 MA)或功能无损(与 CA);不清楚剖面是独特的、部分相同的,还是与所有 MR 个体一样。
确定行为特征是否不同于其他智力落后个体的策略		
3. 混合 MR	MR 的混合起因	表明病原优劣势不是因为 MR;控制组随不同研究而异;混合并不等于非特异性。
4. 唐氏综合征	唐氏综合征	表明行为非任何症状所特有,但 DS 有自己的行为特征(如果 DS="所有 MR",可能导致不准确的结论)。
进一步描绘病原特异行为的策略		
5. 相似但不同的 MR	组群行为的病原相似	如果两个或更多的病原有类似行为可供有意义的比较的话,强调行为上的精细差别。
6. 特殊的非 MR	具有特殊行为的组群	表明病原类似于或不同于伴有特殊问题或剖面的组群的方面。

来源: From "Strengthening Behavioral Research on Genetic Mental Retardation Disorders", By R. M. Hodapp and E. M. Dykens, 2001. *American Journal on Mental Retardation*, *106*, pp. 4 - 15. Reprinted with permission.

儿童表现出与病原学相关的某种特征了吗? 回忆一下前面所述, Williams 综合征儿童在语言领域表现出相对优势,在视觉空间技能领域表现出相对劣势;Prader - Willi 综合征儿童在同时加工(特别是在智力拼图游戏中)表现出优势;而唐氏综合征儿童则在语法方面表现出相对劣势。"相对"一词是指相对于儿童总的心理年龄而言;相对优势指的是某一特定病因的儿童表现显著高于心理年龄水平,相对劣势则指研究组儿童的表现低于总体的心理年龄水平。

479

基于这种对相对优势和相对劣势的兴趣,最初常用的一种策略是不设控制或对照组。为确定 Williams 综合征儿童在语言领域是否表现出相对于视觉空间加工领域的优势, Bellugi 等(1999)的做法是,比较每个儿童在语言领域上的功能及其在其他领域上的表现。类似地,通过比较每个儿童在 Kaufman 儿童评估成套量表(Kaufman & Kaufman, 1983)中同时加工和系列加工任务上的表现,我们发现脆性 X 综合征男童(Dykens, Hodapp, & Leckman, 1987)和 Prader - Willi 综合征的儿童(Dykens et al., 1992)在同时加工上存在优势。在包含视觉(而不是听觉)短时记忆的任务中,则发现唐氏综合征儿童有较高水平的表现(Hodapp et al., 1999; Pueschel et al., 1987)。当把儿童在一个领域上的功能与更一般的整体功能水平相比较时，儿童已成为他们自己的控制组。

尽管广为使用，但这种以自身为控制组的技术存在多方面的缺陷。技术上，我们只能比较一个人在同一测验上某一领域和另一领域的表现。不同测验是以不同样本进行标准化的，并且，智力测验分数每十年都会倾向于有一定的上扬（所谓的 Flynn 效应；Flynn, 1999）。因此，我们起码应该基于同一测验的不同领域来开展研究。

另一个问题涉及是否存在恰当的心理计量工具。在诸如 IQ、适应行为和语言功能等领域，存在着许多有很好常模标准的标准化测验。使用这些测验，很容易对单个分测验和整体的年龄当量得分进行比较。在其他领域却很少有好的测验。诸如情绪发展、自我意象、心理理论和移情等令人感兴趣的发展领域就是如此。在那些没有良好心理测量工具的领域中，研究者就无法将某种特异病原的儿童作为他们自己的控制组。

第二类技术也试图回答这一相对优劣势的问题。这里，研究者将智力落后的儿童与相同智龄（智龄匹配）的正常发展儿童加以比较。依据所感兴趣的问题，可以在更一般意义上将其视为是对智力落后儿童与处于相同功能水平的正常儿童的比较。为确定适应性方面的优势或劣势领域，研究者可比较唐氏综合征的儿童与正常发展儿童在 Vineland 适应量表上的表现；要确定在语言的特定方面是否具有优势（是当前关于 Williams 综合征研究的一个主要问题），研究者可以匹配儿童语句平均长度（MLU），以考察语用或语义方面的特征。在各种情形中，研究者均是将伴有某种特定遗传综合征的儿童与在表现水平上相当年龄的正常发展儿童作比较。

480

有时，为了认识不同病因的优势和劣势，有时使用自然年龄的匹配也很重要。具体而言，当某一病原组的表现高于心理年龄匹配组时，就有证据表明该组被试在这一行为领域表现出某种相对的优势。但只有与相同自然年龄正常发展儿童相比，才能确定一些病原组是否缺乏某一行为领域上的功能。最好的例子，比如 Williams 综合征，有该综合征的人群长期以来一直被认为有某些残余语言领域功能。为确定 Williams 综合征是否确实存在语言，就需要一组自然年龄匹配的正常发展的对照组。尽管现在看来 Williams 综合征组群的语言似乎不太可能完全无损（因为仅在少数个体上得到支持）（Karmiloff-Smith et al., 1996; Mervis et al., 1999），但这种关于功能无损的检测却包含着与年龄匹配正常发展组的比较，比较可以是明确的（使用自然年龄匹配的正常发展组）或潜在的（使用来自某一标准化样本的标准分数）。

最后，表明特定病原组具有特异性优势或劣势，并不能说明这样一种表现特征是为一种病原组所特有、几种病原组所共有，还是大多数智力落后的儿童均具有。相反，所有（或大多数）智力落后个体均可能表现出某种特定的认知、语言、适应或其他领域的优劣势模式。如果确实是这样，那么较低的智力水平才是问题所在，而这种表现剖面也并非与病原有关。要判别这一结论是否正确，需要第二组特异性的研究技术，即下面将论述的内容。

这类表现剖面更常见于智力落后的儿童中吗？如表 12.3 所示，这第二个一般研究问题也反映出了两种常用技术的特征。首先，研究者将特定智力落后的人，与在心理年龄和自然年龄均等同的一个混合或非特异组相比较。如果行为表现型的确包含这种“更大的概率或可能性,即相对于那些没有该征候的人而言,有特定征候的人将表现出特定的行为和发展结果"(Dykens, 1995, p. 523),则"这一混合或异质性组"最接近于"没有该征候的那些人"。

像前面一样,这里也出现了几个问题。第一个问题涉及混合组混合的恰当性,以及如何确保一个样本真正接近于更大的智力落后人群。遗憾的是,与我们关于许多不同的精神障碍的认识相反,智力落后领域很少进行这种流行病学研究。在所有智力落后的人当中,唐氏综合征占多少比率?Prader-Willi 综合征占多少?目前我们尚无确切的答案。

这里的第二种技术,是将某种病原组与唐氏综合征的儿童进行比较。尽管唐氏综合征组群经常被用作"智力落后控制组",但是我们认为这一策略是不恰当的。作为一个群体,唐氏综合征的人在语法(Fowler, 1990)和表达性语言(Miller, 1999)上表现出相对劣势;多数唐氏综合征个体也表现出说话发音方面的问题(Kumin, 1994)。与其他智力落后的组群相比,唐氏综合征儿童更经常表现出"好交际的"行为,例如对他人有更多的注视和微笑(Kasari & Freeman, 2001; Kasari, Freeman, Mundy, & Sigman, 1995)。因此,与其他智力落后儿童相比,这些儿童可能有较少和比较轻微的心理病理表现(Dykens & Kasari, 1997; Meyers & Pueschel, 1991)。尤其在涉及语言、社会技能,或不适应行为的心理病理学研究中,以唐氏综合征样本作为控制组似乎并非明智的选择。

将特定病原组儿童与类似条件或行为的非落后者相比较会如何? 这最后一种做法是将某种遗传综合征个体,与在某一具体感兴趣的领域中"特殊的"非落后的个体加以比较。在这里,同样可从两种特异研究技术法的使用中,看出这种一般方法的特点。首先是把有特定综合征的个体与被诊断为有某种精神障碍的非落后个体相比较。例如,Dykens 等(1996)对 Prader-Willi 综合征个体与没有智力落后的强迫症门诊病人进行了比较。几乎无一例外地,这两组病人在冲动的平均数量和严重程度上,以及两组病人所表现出大多数行为(如洁癖、顺序/条理、重复行为仪式)的比例上,均十分相似。

481

这种特殊群体策略也可见于第二项技术中,这种技术是与表现出特定认知—语言剖面的非落后表现者进行比较。例如,有 Prader-Willi 综合征的同时加工优于序列加工的儿童,与同样表现出这种同时加工优势的非智力落后儿童相比,有何表现?与"善于拼图"的正常发展儿童相比, Prader-Willi 综合征儿童有何特点?两组儿童是否以相同方式来解决问题?在许多方面,这最后一种研究策略,十分接近于 Cicchetti 和 Pogge-Hesse(1982)所做的旨在考察智力落后儿童发展过程的研究。

唯一的缺点在于,利用特殊化的非落后样组,研究者冒有设计出某种"无差异"(no-difference)研究的危险,即在研究中两组对象没有表现出显著差异。例如,在与同时加工或拼图能力高的正常儿童作比较时,有 Prader-Willi 综合征的儿童可能看起来完全没有差别。尽管在理论上很有趣,但无差异的结果在统计上却总是有更多问题的。

家庭和生态环境研究中的比较

在讨论涉及家庭和其他生态环境的控制—对照组时,出现了不同的问题。实际上,多数研究比较的是智力落后儿童的家庭和具有相同自然年龄(而不是相同心理年龄)的正常发展儿童的家庭。这一推理涉及家庭生活周期问题。Carter 和 McGoldrick(1988)认为家庭生活包括六个阶段,从年轻人离开家庭开始,然后是结婚成家,有了自己孩子,然后看着孩子经过青春期,孩子开始介入成人生活,最后在孩子开始照料他们的父母时接受代际角色的转换。这种阶段论也把家庭描述为多代人共同生活、每个家庭成员经历着角色和责任转换的场所。每个人依据家庭核心的不同而采纳不同的角色,父母亲在年纪比较小的时候就离开了大家庭,而在许多年后他们可能会变成又一个大家庭的祖父母。

像对待所有成人发展理论一样, 最好将 Carter 和 McGoldrick(1988)提出的各个阶段视为一般的指导思想。但是这些阶段的确凸现出,不同年龄儿童的父母所关注的焦点的确不同。对于仅 2 周大小的婴儿,其吃、睡和身体发展是其父母所关心的问题,这极大地不同于 16 岁孩子的父母所关注的孩子的新同伴和性发展。正是这种依儿童自然年龄而变化的父母—家庭差异,决定了有必要对智力落后儿童的家庭与同龄正常发展儿童的家庭进行比较(Seltzer & Ryff, 1994)。在考虑智力落后儿童时,心理年龄的比较似乎是最合适的;而在考虑他们的家庭时,依自然年龄进行比较则可能更为恰当。

那么研究者应该如何处理亲子互动问题呢? 如前所述,早期研究考察的是父母(主要是母亲)针对智力落后儿童的行为,并将其与相同自然年龄正常儿童的父母行为进行比较。在一些研究中甚至有着强烈的暗示,认为母亲在给孩子的输入方面存在不足,例如她们的话语水平要低于正常发展儿童的母亲。从 Rondal(1977)开始,被试组间的比较更多是基于年龄当量来匹配的,并且,使用心理年龄或语言年龄进行比较的做法在过去几十年的研究中占据了主导地位。

随着我们对不同类型智力落后的儿童认识的深入,这类问题变得越来越棘手。试想这样的发现,伴有 Williams 综合征的儿童在语言上表现出相对优势(与整体的心理年龄水平相比较而言),或者,伴有 Prader - Willi 综合征儿童在拼图游戏上有优异的表现——甚至优于相同自然年龄的正常儿童。相对这些任务而言,母亲对孩子应该有什么输入才是恰当的呢?

一种建议是,可将不同遗传性的智力落后综合征儿童,视为特定情绪—行为问题、个性或在具体任务上技能水平的代表(Hodapp, 2004b)。在这样的分析中,研究者可能将唐氏综合征儿童当作某种好交际的、个性乐观的代表。同样,可分别将 Prader - Willi 综合征与伴有 Williams 综合征的儿童视为良好与不良的拼图者。其他综合征也可作为与这个或那个病原相关行为的代表。于是,研究者进而可以探询,与具有相似问题、个性或技能水平的非落后儿童的反应相比,其父母或他人的反应是否相似。

研究者在进行这类分析时理所当然必须谨慎一些,因为某种单一病原常常诱发个体表现出多重行为特征。有 Prader - Willi 综合征的儿童善于拼图,但在其他情境,这类儿童同样可能被视为存在极端饮食问题和肥胖的儿童,或强迫障碍儿童的代表。其他遗传性综合征同样具有不止一种行为结果,并且,个体的行为反应或互动行为也可能依互动者或任务的不同而不同。

482

将遗传障碍视为行为问题的代表原因,进一步拓展了许多在所谓的自然实验上的应用发展研究。在所有这些研究中,研究者实际上必须解开几个因素上的纷争。比如 Rutter

(Rutter, Pickles, Murray, & Eaves, 2001)关于诸如母爱剥夺、早期孤儿院经历、孪生子或被收养等事件—情境是由具有诱发精神疾病的潜在危险的研究。在各种情形中,问题不仅仅在于诸如此类的情境是否增加了诱发精神问题的危险,而且还在于为什么增加了这种危险性。

影响的方向、中介因素—调节因素及关联变量

类似于许多年前 Bell(1968)最早提出的问题,在许多关于母亲—孩子互动和家庭与孩子的关系研究中,其影响方向如何仍不甚清楚。是母亲影响孩子,还是孩子影响母亲?

在不同环境下,两种方向似乎均在起作用。一项研究分别在 3、7 和 11 岁时对一名智力落后儿童及其家庭进行了考察。通过该研究, Keogh、Garnier、Bernheimer 和 Gallimore (2000)发现,更可能的影响方向是从孩子到父母。在路径分析中,孩子的较高的行为问题水平、较大的认知缺损程度以及较低的个人—社会能力水平都会影响着父母和家庭的调适。相反,父母的变化和家庭日常事务的调适通常并不影响儿童以后的行为。

另一个方向上,父母和家庭也可能影响儿童。Harris 等人(1996)发现,经常追随儿童的倾向并保持长时间共同注意的父母,其所养育的唐氏综合征的幼儿有着更快的语言发展速度。反之,如果母亲更经常改变孩子的注意焦点,并让孩子忙于在更多独立的共同注意事件之间转换,则孩子在接受性语言技能的发展上会获益较小。使用层级线性建模的方法考察儿童前 5 年的变化, Hauser-Cram 等人(1999)发现,更有凝聚力的家庭及更敏感于与孩子互动的母亲,其伴有唐氏综合征的孩子在交流、日常生活技能和社会化等适应行为领域表现出更好的发展。因此,这些研究结果发现,孩子可能影响父母而父母也可能影响孩子。

与这些研究相一致,人们开始意识到,关于智力落后的儿童及其父母、家庭、学校和其他周边环境,良好的纵向研究是多么稀缺。就发展变化的中介因素或调节因素加以考察的研究甚至还要更少,并且,我们所了解的纵向效应、中介因素或调节因素等内容,也几乎没有在有不同遗传综合征的儿童及其父母、家庭或更大的环境水平中得到过考察。

最后,一些方法问题只与有不同遗传综合征的儿童及其家庭有关。比如所谓的关联变量(associated variables),这些变量与不同综合征一起出现,但是独立于儿童的行为本身。最典型的例子有唐氏综合征。与其他综合征或一般的智力落后不同,唐氏综合征是一种被广为了解的障碍,更经常出现于高龄产妇的孩子,通常在出生时就得到诊断,并且相当常见。这类儿童的父母可通过和一些著名的、活跃的且强有力的家长群体接触,以及从书籍、文章、网址和其他途径获得信息支持。

研究者很可能受诱惑,将有无唐氏综合征儿童的父母或家庭的差异,归因于这类关联特征。尽管在唐氏综合征与其他障碍之间的确存在这类差异,但是它们或许不能完全解释唐氏综合征的相对优势。而且,关联特征不能解释父母或家庭对孩子的关注或知觉随年龄所发生的变化(Hodapp et al., 2003)或者与在儿童的个性和父母作用间的关系(Ly & Hodapp, 2002)。目前,针对不同遗传性智力落后综合征儿童的父母和家庭的正式和非正式支持，我们尚知之甚少。

概要

智力落后研究尚存有不少空白，这既包含也超越了儿童发展和应用儿童发展研究的那些不足。在某种意义上说，对智力落后儿童的研究，映射出了正常发展儿童研究中所发现的不足。我们需要更多纵向的研究，更多寻找中介因素和调节因素的研究，更多关注影响方向的研究，以及更多使用更高级统计技术的研究。 483

但在其他方面，智力落后的研究问题是该人群所特有的。似乎很少有关于其他人群的研究，在决定该如何更好地对研究群体进行划分时要面临这么多困难；很少有研究要考虑多达六或七种处理控制或对照组的策略。类似地，现今的研究中很少有像这类研究一样，在考察儿童的功能时需要与相同心理年龄的正常儿童作一般比较，在考察家庭功能时则需要与相同自然年龄的正常儿童相比较。很少有领域会像该领域一样强烈地探询，关于该人群的研究发现，可在什么层面帮助我们揭示儿童正常或规范发展过程，或父母和家庭正常或通常的反应和行为。

从认识到实践的飞跃

如同儿童发展领域本身(Sears, 1975)，智力落后行为研究者从来都强调应用研究，基础的和应用的研究兴趣并存于智力落后领域(Hodapp, 2003)。即使是在从事最基础研究的研究者，他们也努力通过自己的发现使智力落后的儿童得到更理想的发展，使他们在某个或其他功能领域发展更快，并避免可导致日常生活困难的不适应行为出现。类似地，那些感兴趣于亲子互动、家庭、学校和邻里的研究者，则希望能改善智力落后儿童发展的生态环境。

但是，尽管智力落后领域中的基础和应用兴趣共存，基础研究的发现却并不总是可轻易转化为高级的、恰当的干预。这种从基础到应用之间的距离，可能完全反映了这样的事实，即作为一个领域我们对此还了解得太少。而其他问题，则涉及社会的变迁、一般的和特殊的方法、非范畴哲学、跨水平和跨学科问题。在叙述干预之前，我们先谈谈这些问题。

变迁的社会和变迁的人群

不管是在哲学认识上，还是在人口统计学上，美国社会均处于变化之中。哲学认识上，过去几十年间，美国人逐渐接受了残障个体全员融入社会。这种社会进步体现在一系列法律和立法的变化中，这些变化被称为残障权益运动(disabilities movement)。这一运动追随人权运动和妇女运动，要求所有个体全员参与到就学、就业、社区和法律活动中。主要的成就包括 1975 年通过的全体残障儿童教育法案(Education for All Handicapped Children Act)或 94—142 公法，和 1990 年通过的残障美国人法案(the Americans with Disabilities Act)，后者旨在确保残障人员完全有机会就业。每个法案均编撰入法律中，表明它是残障个体的某种全额参与美国社会的权利，而不是特权。

除了这些社会变化,美国人口自身也发生了变化。不算太远的多年以前,多多少少还可以将美国视为这样一个国家,其"通常的"家庭是白人的、中等阶层的;家庭中有两位父母,其中之一在外工作(通常是父亲),另一位(通常是母亲)则在家里。但近年来,越来越大的人口比例是非白人,多数家庭(包括许多有幼儿的家庭)中的母亲在外工作,并且离婚、单身和未婚父母也越来越常见。显然,每个问题都影响着智力落后的儿童及其家庭,尽管服务、研究和政策实践也蒸蒸日上。

还要考虑另一个人口统计学变化的影响:美国人口的老龄化问题。统计学家注意到,过去几十年间美国人口变得越来越老;1930年,美国人的年龄中数为26.5岁,到2000年则变为35.3岁。再过几年时间,在生育高峰浪尖出生的人(即1946年至1964年之间出生的人)将开始退休。医疗保险支出将呈指数级增加,健康系统将面临更大的压力,而甚少有政客对这些问题有何预见或解决的勇气。

一个必然的结果涉及残障人口的老龄化问题。当前美国有526 000名有残障的成人在60岁以上,到2030年这个数字预期将会增加三倍——超过一百五十万(National Center of Family Support, 2000)。这些成人中至少有60%是生活于家中,并且现在是由年迈的父母加以照料,那么,在他们的父母去世或没有能力照料他们的时候,谁来照料这些残障成人?这些残障成人的兄弟姐妹是假想的将来的照料者,但是这些兄弟姐妹的需要——以及所有与毕生发展有关的问题,在智力落后领域迄今仍几乎没有什么探究。

484

一般性和特殊性的问题

在考虑对智力落后的儿童及其家庭进行干预时,必须从三个独立水平上加以思考。首先,某些方案和服务是每个人都需要的。所有儿童均需要照料、足够的食物和住所、安全的邻里、合适的学校和卫生保健。

第二个服务水平是所有智力落后的儿童及其家庭都需要的。这种服务和干预也在很大程度上是一般性的:早期干预方案、特殊教育服务、过渡期、家庭支持,以及与成人在社区中的工作和生活有关的服务。这种干预适用于所有智力落后的儿童,以及伴有任何失能条件(聋、盲、运动或情绪问题)的儿童。

最后一组服务和干预是专门针对有特殊需要的儿童的。一些智力落后的儿童有特殊的卫生保健需要,这种需要常常与心脏问题或运动有关。尽管可能有不同的估计,不过,大约1/4到1/3有智力落后的儿童,也表现出显著的精神病学方面的缺损(Bouras, 1999; Dykens, 2000; Tonge & Einfeld, 2003)。

这些健康和精神方面的担忧,有许多是与特定的病原群体有关的。许多唐氏综合征儿童,往往表现出心脏和呼吸道问题,以及较高的白血病和(在刚进入成年中期时)阿尔茨海默症发生率(Leshin, 2002; Pueschel, 1990), Prader - Willi综合征的儿童往往有强迫障碍(Dykens et al., 1996),那些Williams综合征的儿童往往伴有临床水平的焦虑和恐惧(Dykens, 2003)。基于病原学的干预可致力于解决这类健康、精神和认知—语言问题。

显然,各类干预均是需要的,但是这三类干预之间也是相互影响的。例如,特殊的健康或康复服务和旨在帮助家庭克服经济困难的服务之间的联系。Birenbaum 和 Cohen(1993)注意到,多数情况下,有严重缺损儿童的家庭经常有着必须自己支付的相关支出。与所有美国儿童每年平均健康保健支出不超过 1 000 美元相比, Birenbaum 和 Cohen 研究中的家庭每年平均要为严重或深度智力落后孩子的健康保健支出 4 000 美元。这种家庭中大约有 10%,每年为孩子进行家庭或汽车改造的支出超过 2 000 美元。这类支出,尽管不为正常发展儿童的父母所知晓,但对于智力落后的儿童(特别是达到严重或极重度水平)的父母则是平常事。尽管公共医疗补助制(Medcaid)和州立现金辅助方案(state-run cash assistance program)有时可以补偿这些支出(Agosta, 1989; Agosta & Melda, 1995),但是诸如住所、安全和健康问题,不一定要独立于智力落后领域内关于干预的讨论。

非范畴性哲学

非范畴性计划指的是将伴有许多不同残障的儿童一同考虑的干预实践(Reynolds, 1990)。在特殊教育领域最具影响的一个观念,认为某种范畴或标签在教育过程中没有什么帮助,不同类型的儿童可以在一起接受教育。即使几种残障可能得益于不同的教育方法,但 Forness 和 Kavale(1994)说,我们最终可能形成某种难以处理的情境——许多病原组均要求有他们自己特殊的教室。这样一种特殊教育服务的“割据”,将导致学校、教师和区域管理上的噩梦。

尽管对给予不同范畴的标签或特殊教育的“割据”所可能导致的不利影响深表同情,但是我们觉得某些标签或遗传的诊断可能是重要的。如果儿童在发展、人格和适应行为或心理病理方面表现出与病原相关的特征,则似乎有可能利用这类基于病原的信息来设计干预。在我们看来,非范畴性哲学忽视了过去 10 到 15 年来出现的许多与病原相关的行为发现。范畴分类是否有益是一个经验主义问题,而不是一个决定使用标签是否重要的问题。

跨水平和跨学科问题

最后一个问题与跨水平和跨学科问题有关。表 12.4 列出了部分对智力落后儿童感兴趣的学科。尽管表中我们呈现的是一些涉及伴有特异性遗传障碍儿童的专业领域,其实同样也可提出一个给人以深刻印象的关于一般智力落后儿童的专业和兴趣领域列表。

485

表 12.4　与不同智力落后综合征有关的专业领域

专 业 领 域	综 合 征	问　　题
儿科	所有	各种儿科问题,有些是针对特定综合征的特定问题。
遗传学	FX, PWS	复制次数和甲基化状态(FX),中间缺失—双躯干畸形(PWS)。
营养学	PWS, DS	PWS 和 DS 体重控制;对威胁到生命的个案进行减肥。

续 表

专业领域	综合征	问 题
牙科	WS, PWS, DS	牙齿挤压、龋齿、流口水及其他问题。
职业及物理治疗	DS, WS, PWS	关节稳定性和灵活性；帮助促进精细和粗大运动功能；活动性、平衡、运动。
言语—语言病理	DS	语法和说话。
社会工作	所有	父母、兄弟姐妹和家庭问题；帮助处理各州的社会服务机构问题，对将来的考虑和规划。
遗传咨询	DS, FX, 其他	父母年龄、家族史及其他原因导致的家庭危险评估。
儿童精神病学和临床心理学	WS, PWS, FX, Rett	焦虑(WS)，强迫障碍(PWS)，自闭症或类自闭症行为(FX, Rett)。
精神药物学	PWS, WS	对任何不适应行为或心理病理的药物治疗。
神经科学	所有	脑—行为联系，包括脑区域、结构、相互联系和发展。

尽管学科数量不少，但这一列表也明确突出了智力落后并非任何单一学科所独有。譬如，强迫障碍或抑郁症往往被认为主要属于心理健康专业范围，与此不同，智力落后儿童并非儿童精神病学家和临床心理学家所主要关心的对象。依赖于所涉及的特定问题，许多来自不同领域的专业人员一起帮助有智力落后的个体。一些人甚至可能将这个涵盖很广的学科列表视为某种根源，因此不同于其他障碍，智力落后没有哪个单独的专业人员群体主要或完全为其负责或对其感兴趣。

研究中出现了一个相关问题。要真正了解智力落后的儿童，研究者必须能够轻松自在地以某种跨学科的方式开展工作。但这种合作并非易事。试想一下，仅仅是术语的使用就是一个问题。对遗传学家来说，对下面各术语均习以为常：细胞遗传学和分子遗传学、印迹、等位基因、完全与部分成熟、中间缺失、双躯干畸形和放大作用、三性体、染色体易位和镶嵌性。许多发展心理学的分支也有着似乎同样奇怪的术语和兴趣，并且往往难以为来自不同领域的专业人士完全解释清楚本领域究竟在做什么以达成某种共识。但如果我们想对众多类型智力落后的行为发展有更深刻的了解，能够穿梭于这种跨文化的学科分界似乎就十分重要了。

一些干预的例子

下面，我们提供一些教育、临床和基于家庭的干预例子。

教育干预：唐氏综合征儿童的阅读教学

唐氏综合征儿童在语法、表达性语言和说话方面表现出相对劣势。但这些儿童在视觉(与听觉相反)短时记忆上则表现出相对优势。

利用这些发现，以及通过几十年的干预工作，Buckley及其同事(Buckley & Bird, 2002)长期致力于教导这些儿童学习阅读。迄今为止，所得结果是混杂的。一方面，许多儿童能够形成关于许多常用字的阅读词汇，甚至在学前期间(Buckley, 1995)。所有儿童和青少年中，有一半能够阅读的单词超过50个，其中一些个体则达到更高的水平(Buckley, Bird, & Byrne, 1996; Johansson, 1993)。

另外，阅读可以构成通往某种其他语言领域的渠道。Laws等人(Laws, Buckley, Bird, MacDonald & Broadley, 1995)比较了唐氏综合征儿童中的阅读者和非阅读者。经过4年时间后，阅读者在接受性词汇、接受性语法、痛觉记忆和视觉记忆测验上均优于非阅读者。从时间1到时间2，许多测验均发现接受阅读教学与发展变化之间存在某种交互作用。

486

另一方面，关于唐氏综合征儿童究竟在多大程度上具有或能够习得阅读的构成技能，一直存有疑问。实质上，阅读干预利用了多数唐氏综合征儿童在视觉短时记忆上的相对优势。但阅读不仅仅是某种视觉技能，只有一个人获得了语音意识的各个不同方面，才可能达到较高的阅读水平。利用切分、勾销和注意音素的能力，儿童逐渐能够确认和熟练利用音素(Gombert, 2002)。在正常发展的儿童中，语音解码(phonetic decoding)是一年级和三年级时阅读技能的一个很好的预测指标(McGuinness, 1997)；在唐氏综合征儿童中，语音意识水平和阅读之间也存在相关(Fowler, Doherty, & Boynton, 1995; Laws, 1998)。

唐氏综合征儿童的语音意识有多好？如果不是很好，他们是否可能以某种其他方式进行阅读？在三项研究中，Snowling等(Snowling, Hulme, & Mercer, 2002)在语音切分、初始的节律知识、节律觉察和音素觉察等方面，对正常儿童与唐氏综合征儿童进行了比较。他们也考察了两组儿童对出现于日常环境中的、单词中的和非词中的字母名称和语音的认识。两组儿童阅读能力的预测指标不同。尽管具有良好语音技能的唐氏综合征儿童在阅读上要优于那些语音技能不良者，但字母语音知识并非其阅读表现良好的预测指标。在节奏判断上，唐氏综合征儿童的表现差于控制组儿童。其他研究也证实唐氏综合征儿童在特定语音意识任务上存在缺陷(Cardoso-Martins, Michalick, & Polo, 2002; Gombert, 2002)。

那么，与正常儿童相比，唐氏综合征儿童的阅读和语音技能发展可能遵循一条具有质的差异的路径。唐氏综合征儿童能够确认起始音节和起首音素，但是比较难以确认节奏("节奏缺陷")。字母语音知识似乎与阅读和语音技能无关。因此唐氏综合征儿童是在没有完全认识到语音意识所有方面的情况下进行阅读。在某种程度上他们利用了字素(grapheme)—音素策略，但也使用诸如整词辨认等其他策略。

一个相关的问题涉及识字技能的发展是否可能构成一个通向语言的通道。尽管有几位研究者提出阅读是促进口头语言的视觉通道，但纵向研究并未支持这一关系。在一项关于30位唐氏综合征儿童语言、记忆和阅读发展的5年跟踪研究中，Laws和Gunn(2002)发现阅读者在两种评估手段上获得的语言和非言语能力测量表现都比较好。但是，在阅读能力(或进步)与表达性语言发展之间没有发现交互作用。与早些时候的看法相反，在唐氏综合征中，这种作用的方向似乎是从语言到阅读—语言能力影响阅读的习得，而不是阅读影响语言习得。

因此，关于唐氏综合征儿童的阅读教育仍充满吸引力，但还需要更进一步的研究。对于唐氏综合征的儿童如何阅读、其阅读过程是否与正常发展儿童相同，我们还需要有更多的认识。在这种认识的基础上，我们需要知道什么策略可能更好地服务于开始阅读的唐氏综合征儿童。

对不适应行为—心理病理的干预

如前面所述，大约 1/3 到 1/4 的智力落后儿童也表现出相关的不适应行为—心理病理方面的问题，且几种不同的遗传综合征似乎倾向于出现特定类型的心理病理问题。出于临床、药理和其他干预的需要，出现了几种基于病原的针对特异性智力落后儿童及其家庭的临床服务。

基于大学的行为遗传学诊所。例子之一是 UCLA 的神经精神病研究所的 UCLA-Lili Claire 行为遗传学诊所。这一每周聚会一个上午的诊所创建于 1996 年。其最初的宗旨是为 Prader - Willi 综合征的儿童和青年提供心理健康和饮食需要方面的服务。1996 年后，诊所的服务对象也包括患有唐氏综合征、Williams 综合征和其他遗传障碍的儿童，以及这些儿童的家庭成员、老师、养护院社工，以及这些儿童生活中涉及的其他人。

487

尽管立足于儿童精神病学并且主要关注不良行为的应对，但诊所的核心是跨学科的。儿童及家庭第一次在诊所的咨询时间为 1 至 2 个小时，咨询人员构成包含一位儿童精神病学家、儿童临床心理学家、社会工作者和特殊教育者。鉴于 Prader - Willi 综合征的饮食问题，往往也会有一位注册营养学家在场，且咨询内容涉及的学科通常涉及临床遗传学、儿科医学、心脏病学、言语—语言病理学以及其他学科。诊所的医学总监在对智力落后（以及这些综合征）儿童和成人的用药方面有着长久的经验。

在他们最初的访问以及接下来的每个月里，儿童、家长和其他人将得到大量相互联系的服务。社工帮助引领着去认识社会服务系统，并带来关于特定综合征和父母支持组群方面的信息。社工和特殊教育者为儿童及其家庭提供关于学校和社会服务机构方面的服务，而临床心理学家和儿童精神病学家评估儿童及其家庭的需要和优势。结合在一起，诊所的人员就可能为父母提供几种不同障碍的实用可行的应对建议，后继的关于综合征的认识和联系信息、行为和药物干预，以及所需要的其他帮助。

行为分析。第二种干预在取向上是比较严格意义上的行为分析，是对某种较早的时候被称为“行为矫正”方法的继承。这种方法在三个不同方面对智力落后儿童及其家庭极有帮助。

第一，行为分析在教导有智力落后的儿童青少年（有许多处于重度或极重度水平的）适应技能方面卓有成效。曾有处于重度或极重度智力落后水平的个体，被成功地教会了诸如梳头、个人卫生、吃饭和穿衣等行为（Carr et al. , 1999）。对年龄较大者，诸如任务分析和代币制等技术，曾使智力落后个体得以在支持性社会环境中顺利工作（Wehman, Sale, & Parent, 1992）。这种工作量巨大的直接干预，使这些个体得以获得此前所无法企及的技能，并完成以前所无法企及的工作。

第二，行为技术对父母有帮助。缺损严重或难以控制儿童的父母经常为如何开展干预而不知所措。行为分析者制定的特定行为干预及关于儿童行为的环境先兆(和不同父母行为的结果)的流程图表,可以帮助这类父母。父母从中学习如何作出期望行为的榜样、如何将复杂任务分解为较小的成分、如何将这些成分串连在一起(Baker & Brightman, 1997)。

第三,行为分析特别有助于减少不良行为。尽管不良行为的心理病理在伴有智力落后的儿童中尤其常见,但是这些儿童不能利用自己的语言描述他们自己的感受和需要,从而使"谈话治疗"(talk therapies)的效果减少。相反,行为分析技术对接受治疗的患者没有高水平的交流要求。

尽管有许多例子可引为行为取向治疗的成功范例,不过这里只用一例就已足够。Craig Kennedy最近开始在范德比尔特·肯尼迪中心行为分析诊所(the Vanderbilt Kennedy Center Behavior Analysis Clinic)对表现出严重攻击性行为的儿童和青年进行干预。在他们的模型中,攻击性被视为攻击性个体施与外界的某种交流形式。临床医生首先需要了解个体攻击性行为确切的交流功能,然后构筑可能减少这种攻击性行为的治疗。

不同于持有相似哲学思想的其他干预方案,范德比尔特·肯尼迪中心行为分析诊所有两个进步。首先,在某种临床的意义上,不仅为患者提供干预,而且还教导父母和养护院社工如何在社区继续开展这些干预。因此,这一新建立的诊所将干预与父母训练结合在一起。其次,范德比尔特·肯尼迪中心行为分析诊所也对所谓攻击性行为的场景条件感兴趣。在一系列研究中,Kennedy及其同事考察了诸如睡眠剥夺(Harvey & Kennedy, 2002)或遗传状况(是否有攻击性的遗传变异倾向)(May, Potts, Phillips, Blakely, & Kennedy, 2004) 488 等儿童特征是否使儿童更可能出现攻击性行为。大体上,行为分析方法从一开始时主要为环境取向,到现在,已转向开始同时结合考虑表现出攻击性行为儿童的环境特征和个体特征。

父母—家庭支持团体

尽管有许多人不会将父母支持团体本身视为某种干预,但对许多智力落后儿童的父母和家庭而言,这些团体已逐渐变成重要的、富于影响力的组织。另外,这种团体在其目标人群、取向及参与其中的许多父母所期望的结果上,有着广泛的差异(参见表12.2)。

尽管父母支持团体的研究才刚刚开始,但是初步得到的结果却是鼓舞人心的。在研究残障儿童父母支持团体中,Solomon等(Solomon, Pistrang, & Barker, 2001)考察了United Kingdom's Contact a Family的成员,这是一个旨在鼓励有各种残障儿童的家庭相互支持的团体。通过考察56位有各种不同残障儿童的父母, Solomon等发现,父母(平均加入小组已有4年)对团体十分满意,认为是有帮助的,对团体凝聚力和任务取向上的评价很高。

后继的考察提供了更多关于父母如何在三个广义领域上得益于这些团体的详细信息。第一,父母觉得他们从团体其他成员中得到的信息令他们获得了某种控制感。正如一位父母所记录的,"当你有一个有特殊需要的孩子,你不知道什么是最好的服务、什么是最好的照顾等,但你从这个团体中能得到这些信息"(Solomon et al., 2001, p. 121)。第二,父母感受到某种强烈的对某个社区的归属感。对此作者写道,"成为团体成员所带来的一个结果是,父母报告自己感到'较少孤单'、'较少孤立'、'不仅仅是自己一个人'、'不再觉得不同于他人'"(Solomon et al., 2001, p. 123)。

这种父母自助团体的第三个好处,似乎与父母自己的情绪成长和发展有关。Solomon等人(2001)写道:

> 父母最常说的是,与加入团体之前的武断、"粗暴"相比,他们觉得现在自己在应对其他人时"更有信心",较少觉得害怕、畏缩、困窘、尴尬和害羞。团体使他们感到"有目标"和"坚强"。(p. 124)

其他类似的一些研究也得到了有益的信息。在这些研究中,有心理疾病、阿尔茨海默症或酒精依赖个体的父母和照料者,均描述了这种父母支持团体的益处和不足。结果表明,父母及家庭的确得益于这些团体,主要是接收到了信息,并给予和获得支持。另外,消费导向与专业人员导向的团体更关注于倡导某些做法,而非情绪问题(Pickett, Heller, & Cook, 1998),当然,两类小组在凝聚力、领导活动、团体结构和任务导向,以及鼓励小组成员的独立性方面也存在巨大差别(Toro, Rappaport, & Seidman, 1987)。

尽管尚需要更多的研究,但父母支持团体似乎是残障儿童家庭的一个重要生态环境。像其他自助小组一样,最有效的小组或许包括高质量的关系、对个人成长的高预期,以及某种中等的结构水平(Moos, 2003)。尽管所有这类团体均有其优点和不足,但是毫无疑问,"相对内聚的、目标导向和组织良好的干预方案和生活情境,可以帮助痛苦的人重新恢复并过上正常的生活"(p. 6)。

结论

把关于儿童的分析与关于其家庭环境的分析结合起来,把基础研究与关于这类研究的应用融合起来,智力落后领域几乎就是应用发展科学的一个精选案例。从早期到现在的认知和语言发展研究,具体的问题可能已经改变了,但是基本的研究途径仍保持相当一致。这些途径可通过四个相关主题加以概括。

发展心理病理学的观点和方法

多数人考虑发展心理病理学时,他们将其起源追溯到20世纪70年代和80年代。1974年,Thomas Achenbach出版了他的标志性著作《发展心理病理学》。几年后,Cicchetti(1984)开始著述更宏大的发展心理病理学,1989年Cicchetti和Newcombe创建了杂志《发展与心理病理学》,20世纪90年代早期到中期这一新生领域开始出现各种不同的手册(Cicchetti & Cohen, 1995; Lewis & Miller, 1990)。

489

尽管这一离现今不远的日期可能是整体的发展心理病理学的确切创立时间,但从发展的途径探究智力落后的儿童则可以追溯到更远。Piaget、Werner和Vygotsky均考察过智力落后儿童,Zigler(1967)关于智力落后的发展研究方法可以追溯到20世纪60年代的中后期。更重要的是,发展取向的研究者将这些儿童的发展,视为了解正常发展过程的渠道。从最早的时候,到今天关于认知、语言、模块性和心理理论的研究,发展取向的研究者均采纳了Cicchetti(1984)的宣言,我们"通过研究某个机体的病理学,可对该机体的正常功能有更多了解;通过研究其正常条件下的功能,对其病理可有更多了解"。

发展认识的变化

特别是在过去几十年,不管是对研究正常儿童的人,还是对研究智力落后的人,单词"发展"的确切含义已经发生了变化。在更一般意义上的儿童发展领域,对相互作用(interaction)、交互作用(transaction)和生态环境的兴趣是由与各个术语有最密切联系的研究者所促动的,他们分别是Bell(1968), Sameroff和Chandler(1975),以及Bronfenbrenner(1979)。在智力落后这个比较小的领域,特别是那些对这些儿童的发展问题感兴趣者,发展心理学中的相互作用、交互作用和生态运动正好起着某种参照点的作用,成为某种拓展、应用和考验我们的发展理念的途径(Hodapp & Zigler, 1995)。

结果是,现在的智力落后儿童发展研究中,包含有关母亲—儿童互动、父母、家庭、朋友、学校和邻里的分析。正因为发展心理学自身关注所有与儿童和儿童发展有关的事物,因而某种关于儿童发展的更宽泛的视角,如今也成为智力落后领域的内在特征。尽管关于智力落后儿童的邻里、家庭、兄弟姐妹和系统间的联系的研究尚不充分,但智力落后的发展分析无疑包含着所有这些问题。

似而不同的关注点和复杂性

即使智力落后发展研究不过是正常发展儿童研究发现的应用和拓展,这个领域仍然存有自己独特的问题和关注点。譬如这样一个问题,如何界定智力落后,或如何对该人群进行研究群组的划分,或在什么程度上应该考察特异遗传综合征的儿童。上述每个问题都是智力落后领域所特有的。

类似地,在考虑更宽泛的生态环境时,智力落后也有其不同的关注点。在智力落后领域,人们必须关注到涵盖更宽的服务实施系统,以及这一系统如何随时间而发生的急剧变化。实际上,20世纪50年代和60年代的许多研究,曾考察了居住在公共机构的智力落后儿童;而如今,这类儿童几乎都居住在家庭里。甚至在今日,几乎所有发表在诸如《美国智力落后杂志》(*the American Journal of Mental Retardation*)、《智力落后》(*Mental Retardation*)和《智力残障研究杂志》(*the Journal of Intellectual Disability Research*)(智力落后领域的三个主要研究杂志)等杂志上的研究,都会提及其学龄被试前往的教室类型(特殊教室、主流教室、全整合教室);而在诸如《儿童发展》(*Child Development*)和《发展心理学》(*Development Psychology*)这类杂志发表的关于学龄被试的研究论文,极少提供这类信息。

这种领域特异性的问题也起因于各领域几乎是平行的发展史和对特定问题的研究兴趣。例如,关于智力落后儿童的父母和家庭的认识从消极观到压力—应对观的变化,在更大的儿童发展领域并没有相对应的内容。儿童发展的家庭研究几乎不需要关注由外在提供给他们家庭的正式支持，或儿童所接受到的学校之外的服务量、支出或实用性等。类似地，正常发展儿童的研究者在探究儿童的发展与他们父母的作用时，很少需要为是采用心理年龄匹配对照组还是自然年龄匹配对照组、怎样采用不同的比较组，或者为如何更好地对智力落后儿童进行分组等问题犯愁。所有这些问题均是智力落后领域所特有的。

同时关注基础的和应用的信息

如果说智力落后研究相对于更广泛的儿童发展领域而言，是"既相似又不同"，那么它仍然与儿童发展领域一样是某种"混合的"学科。像多数智力落后研究者一样，多数儿童发展研究者认为自己的研究是具有应用意义的，其最终的目标不仅仅是认识儿童发展过程。相反，多数儿童发展研究者认为他们的目标还包括利用这种认识更好地教育儿童或促进儿童发展。智力落后领域也同样是基础和应用并重，在探询关于这些儿童发展过程的信息的同时，研究者也考虑如何将这些基础信息用以促进这些儿童及其家庭的生活。

那么，智力落后是应用发展科学的领域之一。不管考虑的是基因—大脑—行为之间的关系、母亲—孩子的互动关系，还是如何将基础研究用于更好地教育儿童，各领域各自所关注内容中有很多重叠之处。这种同样对基础和应用并重，利用许多学科以考察许多功能领域的做法，是长期以来一直保持不变的。有人可能会认为，与 Piaget、Werner 或 Vygotsky 时代相比，在许多方面我们均没有太多进展。但是从发展的螺旋观来看，我们认为，尽管我们在一些方面有相同的论点，但是我们的问题和回答变得越来越具体、越来越有趣，且越来越有益于解决大量基础和应用性的问题。让我们继续——甚至更进一步——共同努力，进一步深入认识儿童的正常发展，以及智力落后儿童的发展——更大的儿童发展领域内的这个"古老而又崭新的"论题。

（刘明译，邓赐平审校）

参考文献

Achenbach, T. (1974). *Developmental psychopathology*. New York: Ronald Press.

Achenbach, T. M. (1991). *Manual for the Child Behavior Checklist/4-18 and 1991 profile*. Burlington: University of Vermont, Department of Psychiatry.

Agosta, J. (1989). Using cash assistance to support family efforts. In G. H. S. Singer & L. K. Irvin (Eds.), *Support for caregiving families: Enabling positive adaptation to disability* (pp. 189-204). Baltimore: Paul H. Brookes.

Agosta, J., & Melda, K. (1995). Supporting families who provide care at home for children with disabilities. *Exceptional Children*, *62*, 271-282.

American Association on Mental Retardation. (1992). *Mental retardation: Definition, classification, and systems of supports* (9th ed.). Washington, DC: Author.

American Association on Mental Retardation. (2002). *Mental retardation: Definition, classification, and systems of supports* (10th ed.). Washington, DC: Author.

American Psychiatric Association. (1994). *Diagnostic and statistical manual of mental disorders* (4th ed.). Washington, DC: Author.

Anderson, L. L., Lakin, K. C., Mangan, T. W., & Prouty, R. W. (1998). State institutions: Thirty years of depopulation and closure. *Mental Retardation*, *36*, 431-443.

Anderson, L. T., & Ernst, M. (1994). Self-injury in Lesch-Nyhan disease. *Journal of Autism and Developmental Disorders*, *24*, 67-81.

Baker, B. L., & Brightman, A. J. (1997). *Steps to independence: Teaching everyday skills to children with special needs* (3rd ed.). Baltimore: Paul H. Brookes.

Bateman, B. D., & Linden, M. A. (1998). *Better IEPs: How to develop legally correct and educationally useful programs* (3rd ed.). Longmont, CO: Sopris West.

Bates, E., Camaioni, L., & Volterra, V. (1975). The acquisition of performatives prior to speech. *Merrill-Palmer Quarterly*, *21*, 205-226.

Baumgardner, T. L., Reiss, A. L., Freund, L. S., & Abrams, M. T. (1995). Specification of the neurobehavioral phenotype in males with fragile X syndrome. *Pediatrics*, *95*, 744-752.

Baumrind, D. (1973). The development of instrumental competence through socialization. In A. D. Pick (Ed.), *Minnesota Symposia on Child Psychology* (Vol. 7, pp. 3-46). Minneapolis: University of Minnesota Press.

Baumrind, D. (1989). Rearing competent children. In W. Damon (Ed.), *Child development today and tomorrow* (pp. 349-378). San Francisco: Jossey-Bass.

Baumwell, L., Tamis-LeMonda, C. S., & Bornstein, M. H. (1997). Maternal verbal sensitivity and child language comprehension. *Infant Behavior and Development*, *20*, 247-258.

Beckman, P. (1983). Influence of selected child characteristics on stress in families of handicapped children. *American Journal of Mental Deficiency*, *88*, 150-156.

Bell, R. Q. (1968). A reinterpretation of direction of effects in studies of socialization. *Psychological Review*, *75*, 81 - 95.

Bell, R. Q. (1979). Parent, child, and reciprocal influences. *American Psychologist*, *34*, 821 - 826.

Bellugi, U., Marks, S., Bihrle, A., & Sabo, H. (1988). Dissociation between language and cognitive functions in Williams syndrome. In D. Bishop & K. Mogford (Eds.), *Language development in exceptional circumstances* (pp. 177 - 189). London: Churchill Livingson.

Bellugi, U., Mills, D., Jernigan, T., Hickok, G., & Galaburda, A. (1999). Linking cognition, brain structure, and brain function in Williams syndrome. In H. Tager-Flusberg (Ed.), *Neurodevelopmental disorders* (pp. 111 - 136). Cambridge, MA: MIT Press.

Bellugi, U., Wang, P., & Jernigan, T. (1994). Williams syndrome: An unusual neuropsychological profile. In S. H. Broman & J. Grafman (Eds.), *Atypical cognitive deficits in developmental disorders* (pp. 23 - 56). Hillsdale, NJ: Erlbaum.

Birenbaum, A., & Cohen, H. J. (1993). On the importance of helping families: Policy implications from a national study. *Mental Retardation*, *31*, 67 - 74.

Bishop, D. V. M. (1999). An innate basis for language? *Science*, *286*, 2283 - 2284.

Blacher, J. (1984). Sequential stages of parental adjustment to the birth of the child with handicaps: Fact or artifact? *Mental Retardation*, *22*, 55 - 68.

Blacher, J., & Baker, B. (Eds.). (2002). *Best of AAMR: Families and mental retardation — A collection of notable AAMR journal articles across the twentieth century*. Washington, DC: American Association on Mental Retardation.

Bornstein, M. (Ed.). (2002). *Handbook of parenting: Vol. 3. Being and becoming a parent* (2nd ed.). Mahwah, NJ: Erlbaum.

Bouras, N. (Ed.). (1999). *Psychiatric and behavioural disorders in developmental disabilities and mental retardation*. Cambridge, England: Cambridge University Press.

Bronfenbrenner, U. (1979). *The ecology of human development*. Cambridge, MA: Harvard University Press.

Bryant, B. K. (1985). The neighborhood walk: Sources of support in middle childhood. *Monographs of the Society for Research on Child Development*, *50*(3, Serial No. 122).

Buckley, S. (1995). Teaching children with Down syndrome to read and write. In L. Nadel & D. Rosenthal (Eds.), *Down syndrome: Living and learning in the community* (pp. 158 - 169). New York: Wiley-Liss.

Buckley, S., & Bird, G. (2002). Cognitive development and education: Perspectives on Down syndrome from a 20 - year research programme. In M. Cuskelly, A. Jobling, & S. Buckley (Eds.), *Down syndrome across the life-span* (pp. 66 - 80). London: Whurr.

Buckley, S., Bird, G., & Byrne, A. (1996). The practical and theoretical significance of teaching literacy skills to children with Down's syndrome. In J. A. Rondal, J. Perera, L. Nadel, & A. Comblain (Eds.), *Down's syndrome: Psychological, psychobiological, and socio-educational perspectives* (pp. 119 - 128). London: Whurr.

Buium, N., Rynders, J., & Turnure, J. (1974). Early maternal linguistic environment of normal and Down syndrome language learning children. *American Journal of Mental Deficiency*, *79*, 52 - 58.

Burack, J. A. (1990). Differentiating mental retardation: The two-group approach and beyond. In R. M. Hodapp, J. A. Burack, & E. Zigler (Eds.), *Issues in the developmental approach to mental retardation* (pp. 27 - 48). New York: Cambridge University Press.

Burack, J. A., Hodapp, R. M., & Zigler, E. (1988). Issues in the classification of mental retardation: Differentiating among organic etiologies. *Journal of Child Psychology and Psychiatry*, *29*, 765 - 779.

Butler, J. V., Whittington, J. E., Holland, A. J., Boer, H., Clarke, D., & Webb, T. (2002). Prevalence of, and risk factors for, physical ill health in people with Prader-Willi syndrome: A population-based study. *Developmental Medicine and Child Neurology*, *44*, 248 - 255.

Cahill, B. M., & Glidden, L. M. (1996). Influence of child diagnosis on family and parent functioning: Down syndrome versus other disabilities. *American Journal on Mental Retardation*, *101*, 149 - 160.

Cardoso-Martins, C., & Mervis, C. (1984). Maternal speech to prelinguistic children with Down syndrome. *American Journal of Mental Deficiency*, *89*, 451 - 458.

Cardoso-Martins, C., Michalick, M., & Pollo, T. C. (2002). Is sensitivity to rhyme a developmental precursor to sensitivity to phoneme? Evidence from individuals with Down syndrome. *Reading and Writing: An Interdisciplinary Journal*, *15*, 438 - 454.

Carr, E. G., Horner, R. H., Turnbull, A. P., Marquis, J. G., McLaughlin, D. M., McAtee, M. L., et al. (1999). *Positive behavior support for people with developmental disabilities: A research synthesis* [Monograph]. Washington, DC: American Association on Mental Retardation.

Carter, B., & McGoldrick, M. (1988). *The changing family life cycle: A framework for family therapy* (2nd ed.). New York: Gardner Press.

Chapman, R. S., & Hesketh, L. J. (2000). Behavioral phenotype of individuals with Down syndrome. *Mental Retardation and Developmental Disabilities Research Reviews*, *6*, 84 - 95.

Cicchetti, D. (1984). The emergence of developmental psychopathology. *Child Development*, *55*, 1 - 7.

Cicchetti, D., & Cohen, D. J. (Eds.). (1995). *Manual of developmental psychopathology*. New York: Wiley.

Cicchetti, D., & Pogge-Hesse, P. (1982). Possible contributions of the study of organically retarded persons to developmental theory. In E. Zigler & D. Balla (Eds.), *Mental retardation: The developmental-difference controversy* (pp. 277 - 318). Hillsdale, NJ: Erlbaum.

Cohen, W. I. (2002). Health care guidelines for individuals with Down syndrome: 1999 revision. In W. I. Cohen, L. Nadel, & M. Madnick (Eds.), *Down syndrome* (pp. 237 - 245). New York: Wiley-Liss.

Council for Exceptional Children. (1998). *What every special educator must know* (3rd ed.). Reston, VA: Author.

Crawley, S., & Spiker, D. (1983). Mother-child interactions involving 2-year-olds with Down syndrome: A look at individual differences. *Child Development*, *54*, 1312 - 1323.

Crnic, K., Friedrich, W., & Greenberg, M. (1983). Adaptation of families with mentally handicapped children: A model of stress, coping, and family ecology. *American Journal of Mental Deficiency*, *88*, 125 - 138.

Cummings, S. (1976). The impact of the child's deficiency on the father: A study of fathers of mentally retarded and chronically ill children. *American Journal of Orthopsychiatry*, *46*, 246 - 255.

Cummings, S., Bayley, H., & Rie, H. (1966). Effects of the child's deficiency on the mother: A study of mentally retarded, chronically ill, and neurotic children. *American Journal of Orthopsychiatry*, *36*, 595 - 608.

Cunningham, C. C. (1996). Families of children with Down syndrome. *Down Syndrome: Research and Practice*, *4*(3), 87 - 95.

Dilts, C. V., Morris, C. A., & Leonard, C. O. (1990). Hypothesis for development of a behavioral phenotype in Williams syndrome. *American Journal of Medical Genetics*, *6*(Suppl. 6), 126 - 131.

Doll, E. A. (1953). *Measurement of social competence: A manual for the Vineland Social Maturity Scale*. Circle Pines, MN: American Guidance Services.

Dunn, P. M. (1991). Down, Langdon (1828 - 1896) and mongolism. *Archives of Disease in Childhood*, *66*, 827 - 828.

Dunst, C. J., Humphries, T., & Trivette, C. M. (2002). Characterizations of the competence of parents of young children with disabilities. *International Review of Research in Mental Retardation*, *25*, 1 - 34.

Dykens, E. M. (1995). Measuring behavioral phenotypes: Provocations from the "new genetics." *American Journal on Mental Retardation*, *99*, 522 - 532.

Dykens, E. M. (1996). DNA meets DSM: The growing importance of genetic syndromes in dual diagnosis. *Mental Retardation*, *34*, 125 - 127.

Dykens, E. M. (1999). Prader-Willi syndrome. In H. Tager-Flusberg (Ed.), *Neurodevelopmental disorders* (pp. 137 - 154). Cambridge, MA: MIT Press.

Dykens, E. M. (2000). Psychopathology in children with intellectual disabilities. *Journal of Child Psychology and Psychiatry*, *41*, 407 - 417.

Dykens, E. M. (2002). Are jigsaw puzzles "spared" in persons with Prader-Willi syndrome? *Journal of Child Psychology and Psychiatry*, *43*, 343 - 352.

Dykens, E. M. (2003). Anxiety, fears, and phobias in Williams syndrome. *Developmental Neuropsychology*, *23*, 291 - 316.

Dykens, E. M., & Cassidy, S. B. (1999). Prader-Willi syndrome. In S. Goldstein & C. R. Reynolds (Eds.), *Handbook of neurodevelopmental and genetic disorders in children* (pp. 525 - 554). New York: Guilford Press.

Dykens, E. M., & Clarke, D. J. (1997). Correlates of maladaptive behavior in individuals with 5p- (cri du chat) syndrome. *Developmental Medicine and Child Neurology*, *39*, 752 - 756.

Dykens, E. M., & Hodapp, R. M. (2001). Research in mental retardation: Toward an etiologic approach. *Journal of Child Psychology and Psychiatry*, *42*, 49 - 71.

Dykens, E. M., Hodapp, R. M., & Finucane, B. M. (2000). *Genetics and mental retardation syndromes: A new look at behavior and interventions*. Baltimore: Paul H. Brookes.

Dykens, E. M., Hodapp, R. M., & Leckman, J. F. (1987). Strengths and weaknesses in intellectual functioning of males with fragile X syndrome. *American Journal of Mental Deficiency*, *92*, 234 - 236.

Dykens, E. M., Hodapp, R. M., Walsh, K. K., & Nash, L. (1992). Profiles, correlates, and trajectories of intelligence in Prader-Willi syndrome. *Journal of the American Academy of Child and Adolescent Psychiatry*, *31*, 1125 - 1130.

Dykens, E. M., & Kasari, C. (1997). Maladaptive behavior in children with Prader-Willi syndrome, Down syndrome, and nonspecific mental retardation. *American Journal on Mental Retardation*, *102*, 228 - 237.

Dykens, E. M., Leckman, J. F., & Cassidy, S. B. (1996). Obsessions and compulsions in Prader-Willi syndrome. *Journal of Child Psychology and Psychiatry*, *37*, 995 - 1002.

Dykens, E. M., & Rosner, B. A. (1999). Refining behavioral phenotypes: Personality-motivation in Williams and Prader-Willi syndromes. *American Journal on Mental Retardation*, *104*, 158 - 169.

Dykens, E. M., Rosner, B. A., & Ly, T. M. (2001). Drawings by individuals with Williams syndrome: Are people different from shapes? *American Journal on Mental Retardation*, *106*, 94 - 107.

Dykens, E. M., Shah, B., Sagun, J., Beck, T., & King, B. Y. (2002). Maladaptive behaviour in children and adolescents with Down's syndrome. *Journal of Intellectual Disability Research*, *46*, 484 - 492.

Einfeld, S. L., Tonge, B. J., & Florio, T. (1997). Behavioral and emotional disturbance in individuals with Williams syndrome. *American Journal on Mental Retardation*, *102*, 45 - 53.

Ellis, N. R., & Cavalier, A. R. (1982). Research perspectives in mental retardation. In E. Zigler & D. Balla (Eds.), *Mental retardation: The developmental-difference controversy*. Hillsdale, NJ: Erlbaum.

Erickson, M. (1969). MMPI profiles of parents of young retarded children. *American Journal of Mental Deficiency*, *73*, 727 - 732.

Essex, E. L., Seltzer, M. M., & Krauss, M. W. (1999). Differences in coping effectiveness and well-being among aging mothers and fathers of adults with mental retardation. *American Journal on Mental Retardation*, *104*, 454 - 563.

Ewart, A. K., Morris, C. A., Atkinson, D., Jin, W., Sternes, K., Spallone, P., et al. (1993). Hemizygosity at the elastin locus in a developmental disorder, Williams syndrome. *Nature Genetics*, *5*, 11 - 16.

Farber, B. (1959). The effects of the severely retarded child on the family system. *Monographs of the Society for Research in Child Development*, *24*(2).

Farber, B. (1970). Notes on sociological knowledge about families with mentally retarded children. In M. Schreiber (Ed.), *Social work and mental retardation* (pp. 118 - 124). New York: John Day.

Fernald, A. (1989). Intonation and communicative intent in mothers' speech to infants: Is the melody the message? *Child Development*, *60*, 1497 - 1510.

Fidler, D. J. (2003). Parental vocalizations and perceived immaturity in Down syndrome. *American Journal on Mental Retardation*, *108*, 425 - 434.

Fidler, D. J., & Hodapp, R. M. (1999). Craniofacial maturity and perceived personality in children with Down syndrome. *American Journal on Mental Retardation*, *104*, 410 - 421.

Fidler, D. J., Hodapp, R. M., & Dykens, E. M. (2000). Stress in families of young children with Down syndrome, Williams syndrome, and Smith-Magenis syndrome. *Early Education and Development*, *11*, 395 - 406.

Finucane, B. M., Konar, D., Haas-Givler, B., Kurtz, M. D., & Scott, C. I. (1994). The spasmodic upper-body squeeze: A characteristic behavior in Smith-Magenis syndrome. *Developmental Medicine and Child Neurology*, *36*, 78 - 83.

Flaherty, E. M., & Glidden, L. M. (2002). Positive adjustments in parents rearing children with Down syndrome. *Early Education and Development*, *11*, 407 - 422.

Flynn, J. R. (1999). IQ gains over time: Toward finding the causes. In U. Neisser (Ed.), *The rising curve: Long-term gains in IQ and related measures* (pp. 25 - 66). Washington, DC: American Psychological Association.

Fodor, J. (1983). *Modularity of mind: An essay on faculty psychology*. Cambridge, MA: MIT Press.

Folkman, S., Schaefer, C., & Lazarus, R. S. (1979). Cognitive processes as mediators of stress and coping. In V. Hamilton & D. S. Warburton (Eds.), *Human stress and cognition* (pp. 265 - 298). New York: Wiley.

Forness, S., & Kavale, K. (1994). The Balkanization of special education: Proliferation of categories for "new" behavioral disorders. *Education and Treatment of Children*, *17*, 215 - 227.

Fowler, A. (1990). The development of language structure in children with Down syndrome. In D. Cicchetti & M. Beeghly (Eds.), *Children with Down syndrome: A developmental approach* (pp. 302 - 328). Cambridge, England: Cambridge University Press.

Fowler, A. E., Doherty, B. J., & Boynton, L. (1995). The basis of reading skill in young adults with Down syndrome. In L. Nadel & D. Rosenthal (Eds.), *Down syndrome: Living and learning in the community* (pp. 182 - 196). New York: Wiley-Liss.

Freeman, S. F. N., & Alkin, M. C. (2000). Academic and social attainments of children with mental retardation in general education and special education settings. *Remedial and Special Education*, *21*, 3 - 18.

Freud, S. (1957). Mourning and melancholia. In J. Rickman (Ed.), *A general selection from the works of Sigmund Freud* (pp. 124 - 140). Garden City, NY: Doubleday. (Original work published 1917)

Friedrich, W. L., & Freidrich, W. N. (1981). Psychosocial assets of parents of handicapped and nonhandicapped children. *American Journal of Mental Deficiency*, *85*, 551 - 553.

Friedrich, W. N. (1979). Predictors of coping behavior of mothers of handicapped children. *Journal of Consulting and Clinical Psychology*, *47*, 1140 - 1141.

Gardner, H. (1983). *Frames of mind*. New York: Basic Books.

Gersh, M., Goodart, S. A., Pasztor, L. M., Harris, D. J., Weiss, L., & Overhauser, J. (1995). Evidence for a distinct region causing a cat-like cry in patients with 5p- deletions. *American Journal of Human Genetics*, *56*, 1404 - 1410.

Glidden, L. M. (2002). Parenting children with developmental disabilities: A ladder of influence. In J. L. Borkowski, S. L. Ramey, & M. Bristol-Powers (Eds.), *Monographs in parenting: Parenting and the child's world — Influences on academic, intellectual, and socioemotional development* (pp. 329 - 344). Mahwah, NJ: Erlbaum.

Goldberg, S. (1977). Social competence in infancy: A model of parent-infant interaction. *Merrill-Palmer Quarterly*, *23*, 163 - 177.

Goldberg, S., Marcovitch, S., MacGregor, D., & Lojkasek, M. (1986). Family responses to developmentally delayed preschoolers: Etiology and the father's role. *American Journal on Mental Retardation*, *90*, 610 - 617.

Gombert, J. (2002). Children with Down syndrome use phonological knowledge in reading. *Reading and Writing: An Interdisciplinary Journal*, *15*, 455 - 469.

Gosch, A., & Pankau, R. (1997). Personality characteristics and behavior problems in individuals of different ages with Williams syndrome. *Developmental Medicine and Child Neurology*, *39*, 527 - 533.

Graham, S. (1991). A review of attribution theory in achievement contexts. *Educational Psychology Review*, *3*, 5 - 39.

Greenberg, F., Lewis, R. A., Potocki, L., Glaze, D., Parke, J., Killian, J., et al. (1996). Multidisciplinary clinical study of SmithMagenis syndrome: Deletion 17p11.2. *American Journal of Medical Genetics*, *6*(2), 247 - 254.

Grossman, H. (1973). *Manual on terminology and classification in mental retardation* (Special Publications Series, No. 2). Washington, DC: American Association on Mental Deficiency.

Hallahan, D. P., & Kauffman, J. M. (2002). *Exceptional children: Introduction to special education* (9th ed.). Boston: Allyn & Bacon.

Hanson, M., & Hanline, M. F. (1990). Parenting a child with a disability: A longitudinal study of parental stress and adaptation. *Journal of Early Intervention*, *14*, 234 - 248.

Harris, S., Kasari, C., & Sigman, M. (1996). Joint attention and language gains in children with Down syndrome. *American Journal on Mental Retardation*, *100*, 608 - 619.

Harrison, P. (1987). Research with adaptive behavior scales. *Journal of Special Education*, *21*, 37 - 68.

Harvey, M. T., & Kennedy, C. H. (2002). Polysomnographic phenotypes in developmental disabilities. *International Journal of Developmental Neuorscience*, *20*, 443 - 448.

Hauser-Cram, P., Warfield, M. E., Shonkoff, J. P., Krauss, M. W., Upshur, C. C., & Sayer, A. (1999). Family influences on adaptive development in young children with Down syndrome. *Child Development*, *70*, 979 - 989.

Heber, R. (1961). Modifications in the manual on terminology and classification in mental retardation. *American Journal of Mental Deficiency*, *65*, 499 - 500.

Heinicke, C. M. (2002). The transition to parenting. In M. Bornstein (Ed.), *Handbook of parenting: Vol. 3. Being and becoming a parent* (2nd ed., pp. 363 - 388). Mahwah, NJ: Erlbaum.

Helff, C. M., & Glidden, L. M. (1998). More positive or less negative? Trends in research on adjustment of families rearing children with developmental disabilities. *Mental Retardation*, *36*, 457 - 464.

Hodapp, R. M. (1990). One road or many? Issues in the similar sequence hypothesis. In R. M. Hodapp, J. A. Burack, & E. Zigler (Eds.), *Issues in the developmental approach to mental retardation* (pp. 49 - 70). Cambridge, England: Cambridge University Press.

Hodapp, R. M. (1994). Cultural-familial mental retardation. In R. Sternberg (Ed.), *Encyclopedia of intelligence* (pp. 711 - 717). New York: Macmillan.

Hodapp, R. M. (1997). Direct and indirect behavioral effects of different genetic disorders of mental retardation. *American Journal on Mental Retardation*, *102*, 67 - 79.

Hodapp, R. M. (1998). *Development and disabilities: Intellectual, sensory, and motor impairments*. New York: Cambridge University Press.

Hodapp, R. M. (1999). Indirect effects of genetic mental retardation disorders: Theoretical and methodological issues. *International Review of Research in Mental Retardation*, *22*, 27 - 50.

Hodapp, R. M. (2002). Parenting children with mental retardation. In M. Bornstein (Ed.), *Handbook of parenting: Vol. 1. How children influence parents* (2nd ed., pp. 355 - 381). Hillsdale, NJ: Erlbaum.

Hodapp, R. M. (2003). A re-emergence of the field of mental retardation: Review of International Review of Research in Mental Retardation (Vols. 24 - 25). *Contemporary Psychology*, *48*, 722 - 724.

Hodapp, R. M. (2004a). Behavioral phenotypes: Going beyond the two-group approach. *International Review of Research in Mental Retardation*, *29*, 1 - 30.

Hodapp, R. M. (2004b). Studying interactions, reactions, and perceptions: Can genetic disorders serve as behavioral proxies? *Journal of Autism and Developmental Disorders*, *34*, 29 - 34.

Hodapp, R. M., & Dykens, E. M. (1994). The two cultures of behavioral research in mental retardation. *American Journal on Mental Retardation*, *97*, 675 - 687.

Hodapp, R. M., & Dykens, E. M. (2001). Strengthening behavioral research on genetic mental retardation disorders. *American Journal on Mental Retardation*, *106*, 4 - 15.

Hodapp, R. M., & Dykens, E. M. (2004). Studying behavioral phenotypes: Issues, benefits, challenges. In E. Emerson, C. Hatton, T. Parmenter, & T. Thompson (Eds.), *International handbook of applied research in intellectual disabilities* (pp. 203 - 220). New York: Wiley.

Hodapp, R. M., Dykens, E. M., & Masino, L. L. (1997). Families of children with Prader-Willi syndrome: Stress-support and relations to child characteristics. *Journal of Autism and Developmental Disorders*, *27*, 11 - 24.

Hodapp, R. M., Dykens, E. M., Ort, S. I., Zelinsky, D. G., & Leckman, J. F. (1991). Changing patterns of intellectual strengths and weaknesses in males with fragile X syndrome. *Journal of Autism and Developmental Disorders*, *21*, 503 - 516.

Hodapp, R. M., Evans, D., & Gray, F. L. (1999). What we know about intellectual development in children with Down syndrome. In J. A. Rondal, J. Perera, & L. Nadel (Eds.), *Down's syndrome: A review of current knowledge* (pp. 124 - 132). London: Whurr.

Hodapp, R. M., & Fidler, D. J. (1999). Special education and genetics: Connections for the twenty-first century. *Journal of Special Education*, *33*, 130 - 137.

Hodapp, R. M., & Ricci, L. A. (2002). Behavioural phenotypes and educational practice: The unrealized connection. In G. O'Brien (Ed.), *Behavioural phenotypes in clinical practice* (pp. 137 - 151). London: Mac Keith Press.

Hodapp, R. M., Ricci, L. A., Ly, T. M., & Fidler, D. J. (2003). The effects of the child with Down syndrome on maternal stress. *British Journal of Developmental Psychology*, *21*, 137 - 151.

Hodapp, R. M., & Zigler, E. (1995). Past, present, and future issues in the developmental approach to mental retardation and developmental disabilities. In D. Cicchetti & D. J. Cohen (Eds.), *Manual of developmental psychopathology* (pp. 299 - 331). New York: Wiley.

Holroyd, J., & MacArthur, D. (1976). Mental retardation and stress on parents: A contrast between Down syndrome and childhood autism. *American Journal on Mental Deficiency*, *80*, 431 - 436.

Hoppes, K., & Harris, S. (1990). Perceptions of child attachment and maternal gratification in mothers of children with autism and Down syndrome. *Journal of Child Clinical Psychology*, *19*, 365 - 370.

Hyche, J., Bakeman, R., & Adamson, L. (1992). Understanding communicative cues of infants with Down syndrome: Effects of mothers' experience and infants' age. *Journal of Applied Developmental Psychology*, *13*, 1 - 16.

Inhelder, B. (1968). *The diagnosis of reasoning in the mentally retarded* (W. B. Stephens, Trans.). New York: John Day. (Original work published 1943)

Jarrold, C., Baddeley, A. D., Hewes, A. K., & Phillips, C. (2001). A longitudinal assessment of diverging verbal and non-verbal abilities in the Williams syndrome phenotype. *Cortex*, *37*, 423 - 431.

Johansson, I. (1993). Teaching prereading skills to disabled children. *Journal of Intellectual Disability Research*, *37*, 413 - 417.

Jones, O. (1980). Prelinguistic communication skills in Down syndrome and normal infants. In T. Field, S. Goldberg, D. Stern, & A. Sostek (Eds.), *High-risk infants and children: Adult and peer interaction* (pp. 205 - 225). New York: Academic Press.

Karmiloff-Smith, A., Grant, J., Berthoud, I., Davies, M., Howlin, P., & Udwin, O. (1996). Language and Williams syndrome: How intact is "intact"? *Child Development*, *68*, 246 - 262.

Kasari, C., & Freeman, S. F. N. (2001). Task-related social behavior in children with Down syndrome. *American Journal on Mental Retardation*, *106*, 253 - 264.

Kasari, C., Freeman, S. F. N., Mundy, P., & Sigman, M. (1995). Attention regulation by children with Down syndrome: Coordinated joint attention and social referencing. *American Journal on Mental Retardation*, *100*, 128 - 136.

Kasari, C., & Sigman, M. (1997). Linking parental perceptions to interactions in young children with autism. *Journal of Autism and Developmental Disorders*, *27*, 39 - 57.

Kaufman, A. S., & Kaufman, N. L. (1983). *Kaufman Assessment Battery for Children*. Circle Pines, MN: American Guidance Service.

Kemper, M. B., Hagerman, R. J., & Altshul-Stark, D. (1988). Cognitive profiles of boys with fragile X syndrome. *American Journal of Medical Genetics*, *30*, 191 - 200.

Kennedy, C. H. (2003, Fall). Understanding and treating problem behaviors. *Discovery*, *2*, 1 - 2.

Keogh, B. K., Garnier, H. E., Bernheimer, L. P., & Gallimore, R. (2000). Models of child-family interactions for children with developmental delays: Child-driven or transactional? *American Journal on Mental Retardation*, *105*, 32 - 46.

King, B. H., Hodapp, R. M., & Dykens, E. M. (2005). Mental retardation. In H. I. Kaplan & B. J. Sadock (Eds.), *Comprehensive textbook of psychiatry* (8th ed., Vol. 2, pp. 3076 - 3106). Baltimore: Williams & Wilkins.

King, B. H., State, M. W., Shah, B., Davanzo, P., & Dykens, E. M. (1997). Mental retardation: Pt. 1. A review of the past 10 years. *Journal of the American Academy of Child and Adolescent Psychiatry*, *36*, 1656 - 1663.

Krauss, M. W., & Hauser-Cram, P. (1992). Policy and program development for infants and toddlers with disabilities. In L. Rowitz (Ed.), *Mental retardation in the year 2000* (pp. 184 - 196). New York: Springer-Verlag.

Kumin, L. (1994). Intelligibility of speech in children with Down syndrome in natural settings: Parents' perspectives. *Perceptual and Motor Skills*, *78*, 307 - 313.

Lakin, C., Prouty, B., Braddock, D., & Anderson, L. (1997). State institution populations: Smaller, older, more impaired. *Mental Retardation*, *35*, 231 - 232.

Laws, G. (1998). The use of non-word repetition as a test of phonological memory in children with Down syndrome. *Journal of Child Psychology and Psychiatry*, *39*, 1119 - 1130.

Laws, G., Buckley, S., Bird, G., MacDonald, J., & Broadley, I. (1995). The influence of reading instruction on language and memory development in children with Down syndrome. *Down Syndrome: Research and Practice*, *3*, 59 - 64.

Laws, G., & Gunn, D. (2002). Relationships between reading, phonological skills and language development in individuals with Down syndrome: A 5-year follow-up study. *Reading and Writing: An Interdisciplinary Journal*, *15*, 527 - 548.

Leshin, L. (2002). Pediatric health update on Down syndrome. In W. I. Cohen, L. Nadel, & M. Madnick (Eds.), *Down syndrome* (pp. 187 - 201). New York: Wiley-Liss.

Lewis, M., & Miller, S. (Eds.). (1990). *Handbook of developmental psychopathology*. New York: Plenum Press.

Ly, T. M., & Hodapp, R. M. (2002). Maternal attribution of child noncompliance in children with mental retardation: Down syndrome versus other etiologies. *Journal of Developmental and Behavioral Pediatrics*, *23*, 322 -329.

Ly, T. M., & Hodapp, R. M. (2005). Children with Prader-Willi syndrome versus Williams syndrome: Indirect effects on parents during a jigsaw puzzle task. *Journal of Intellectual Disability Research*, *49*, 929 - 939.

MacMillan, D. L., Gresham, F. M., & Siperstein, G. N. (1993).

Conceptual and psychometric concerns about the 1992 AAMR definition of mental retardation. *American Journal on Mental Retardation*, *98*, 325 - 335.

Marfo, K. (1990). Maternal directiveness in interactions with mentally handicapped children: An analytical commentary. *Journal of Child Psychology and Psychiatry*, *31*, 531 - 549.

Margalit, M., Shulman, S., & Stuchiner, N. (1989). Behavior disorders and mental retardation: The family system perspective. *Research in Developmental Disabilities*, *10*, 315 - 326.

Marshall, N., Hegrenes, J., & Goldstein, S. (1973). Verbal interactions: Mothers and their retarded children versus mothers and their nonretarded children. *American Journal of Mental Deficiency*, *77*, 415 - 419.

May, M. E., Potts, T., Phillips, J. A., Blakely, R. D., & Kennedy, C. H. (2004). *A functional polymorphism in the monoamine oxidase: A promoter gene predicts aggressive behavior in developmental disabilities*. Manuscript submitted for publication.

McGrew, K., & Bruininks, R. (1989). Factor structure of adaptive behavior. *School Psychology Review*, *18*, 64 - 81.

McGuinness, D. (1997). Decoding strategies as predictors of reading skill: A follow-up study. *Annals of Dyslexia*, *47*, 117 - 150.

Mervis, C. B., Morris, C. A., Bertrand, J., & Robinson, B. F. (1999). Williams syndrome: Findings from an integrated program of research. In H. Tager-Flusberg (Ed.), *Neurodevelopmental disorders* (pp. 65 - 110). Cambridge, MA: MIT Press.

Mervis, C. B., Robinson, B. F., Rowe, M. L., Becerra, A. M., & Klein-Tasman, B. P. (2003). Language abilities of individuals with Williams syndrome. *International Review of Research in Mental Retardation*, *27*, 35 - 81.

Meyers, B. A., & Pueschel, S. M. (1991). Psychiatric disorders in persons with Down syndrome. *Journal of Nervous and Mental Diseases*, *179*, 609 - 613.

Miller, J. (1999). Profiles of language development in children with Down syndrome. In J. F. Miller, M. Leddy, & L. A. Leavitt (Eds.), *Improving the communication of people with Down syndrome* (pp. 11 - 39). Baltimore: Paul H. Brookes.

Minnes, P. M. (1988). Family resources and stress associated with having a mentally retarded child. *American Journal on Mental Retardation*, *93*, 184 - 192.

Moos, R. H. (2003). Social contexts: Transcending their power and their fragility. *American Journal of Community Psychology*, *31*, 1 - 13.

Morris, M. (2002). Economic independence and inclusion. In W. I. Cohen, L. Nadel, & M. E. Madnick (Eds.), *Down syndrome: Visions for the twenty-first century* (pp. 17 - 81). New York: Wiley-Liss.

Mundy, P., & Kasari, C. (1990). The similar structure hypothesis and differential rate of development in mental retardation. In R. M. Hodapp, J. A. Burack, & E. Zigler (Eds.), *Issues in the developmental approach to mental retardation* (pp. 71 - 92). Cambridge, England: Cambridge University Press.

National Center for Family Support. (2000, Winter). Aging family caregivers: Needs and policy concerns. *Family support policy brief no*. 3. Available from National Center for Family Support@HSRI.

Noh S., Dumas, J. E., Wolf, L. C., & Fisman, S. N. (1989). Delineating sources of stress in parents of exceptional children. *Family Relations*, *38*, 456 - 461.

Opitz, J. M. (1985). Editorial comment: The developmental field concept. *American Journal of Medical Genetics*, *21*, 1 - 11.

Paparella, T., & Kasari, C. (2004). Joint attention research in special needs populations: Translating research to practice. *Infants and Young Children*, *17*, 269 - 280.

Pennington, B., O'Connor, R., & Sudhalter, V. (1991). Toward a neuropsychology of fragile X syndrome. In R. J. Hagerman & A. C. Silverman (Eds.), *Fragile X syndrome: Diagnosis, treatment, and research* (pp. 173 - 201). Baltimore: Johns Hopkins University Press.

Piaget, J., & Inhelder, B. (1947). Diagnosis of mental operations and theory of intelligence. *American Journal of Mental Deficiency*, *51*, 401 - 406.

Pickett, S. A., Heller, T., & Cook, J. A. (1998). Professional-led versus family-led support groups: Exploring the differences. *Journal of Behavioral and Health Services and Research*, *25*, 437 - 445.

Polloway, E. A., Smith, J. D., Chamberlain, J., Denning, C. B., & Smith, T. E. C. (1999). Levels of deficits or supports in the classification of mental retardation: Implementation practices. *Education and Training in Mental Retardation*, *34*, 200 - 206.

Pueschel, S. R. (1990). Clinical aspects of Down syndrome from infancy to adulthood. *American Journal of Medical Genetics* (Suppl. 7), 52 - 56.

Pueschel, S. R., Gallagher, P. L., Zartler, A. S., & Pezzullo, J. C. (1986). Cognitive and learning processes in children with Down syndrome. *Research in Developmental Disabilities*, *8*, 21 - 37.

Reiss, S., & Havercamp, S. H. (1998). Toward a comprehensive assessment of functional motivation: Factor structure of the Reiss profiles. *Psychological Assessment*, *10*, 97 - 106.

Reynolds, M. C. (1990). Noncategorical special education. In M. C. Wang, M. C. Reynolds, & H. J. Walberg (Eds.), *Special education: Research and practice* (pp. 57 - 80). Oxford: Pergamon Press.

Rieber, R. W., & Carton, A. S. (Eds.). (1993). *The fundamentals of defectology: Vol. 2. The collected works of L. S. Vygotsky* (J. Knox & C. B. Stephens, Trans.). New York: Plenum Press.

Roach, M. A., Orsmond, G. I., & Barratt, M. S. (1999). Mothers and fathers of children with Down syndrome: Parental stress and involvement in childcare. *American Journal on Mental Retardation*, *104*, 422 - 436.

Rondal, J. (1977). Maternal speech in normal and Down syndrome children. In P. Mittler (Ed.), *Research to practice in mental retardation: Vol. 3. Education and training* (pp. 239 - 243). Baltimore: University Park Press.

Rondal, J. (1995). *Exceptional language development in Down syndrome*. New York: Cambridge University Press.

Rosner, B. A., Hodapp, R. M., Fidler, D. J., Sagun, J. N., & Dykens, E. M. (2004). Social competence in persons with Prader-Willi, Williams, and Down syndromes. *Journal of Applied Research in Intellectual Disabilities*, *17*, 209 - 217.

Ross, R. T., Begab, M. J., Dondis, E. H., Giampiccolo, J., & Meyers, C. E. (1985). *Lives of the retarded: A 40-year follow-up study*. Stanford, CA: Stanford University Press.

Routh, D. K. (2003). A retrospective view of doctoral training in psychology and behavior analysis for research on intellectual disability and emotional problems. *Psychology in Mental Retardation and Developmental Disabilities*, *28*(1), 2 - 5.

Rusch, F. R., & Chadsey, J. G. (Eds.). (1998). *Beyond high school: Transition from school to work*. Belmont, CA: Wadsworth.

Rutter, M., Pickles, A., Murray, R., & Eaves, L. (2001). Testing hypotheses on specific environmental causal effects on behavior. *Psychological Bulletin*, *127*, 291 - 324.

Sameroff, A., & Chandler, M. (1975). Reproductive risk and the continuum of caretaker casualty. In F. D. Horowitz, M. Hetherington, S. Scarr-Salapatek, & G. Siegel (Eds.), *Review of child development research* (Vol. 4, pp. 187 - 244). Chicago: University of Chicago Press.

Sanders, J. L., & Morgan, S. B. (1997). Family stress and adjustment as perceived by parents of children with autism or Down syndrome: Implications for intervention. *Child and Family Behavior Therapy*, *19*, 15 - 32.

Scott, B. S., Atkinson, L., Minton, H. L., & Bowman, T. (1997). Psychological distress of parents of infants with Down syndrome. *American Journal on Mental Retardation*, *102*, 161 - 171.

Sears, R. R. (1975). Your ancients revisited: A history of child development. In E. M. Hetherington (Ed.), *Review of child development research* (Vol. 5, pp. 1 - 73). Chicago: University of Chicago Press.

Seltzer, M. M., & Ryff, C. (1994). Parenting across the lifespan: The normative and nonnormative cases. *Life-Span Development and Behavior*, *12*, 1 - 40.

Snow, C. E. (1972). Mothers' speech to children learning language. *Child Development*, *43*, 549 - 565.

Snowling, M. J., Hulme, C., & Mercer, R. C. (2002). A deficit in rime awareness in children with Down syndrome. *Reading and Writing: An Interdisciplinary Journal*, *15*, 471 - 495.

Solomon, M., Pistrang, N., & Barker, C. (2001). The benefits of mutual support groups for parents of children with disabilities. *American Journal of Community Psychology*, *29*, 113 - 132.

Solnit, A., & Stark, M. (1961). Mourning and the birth of a defective child. *Psychoanalytic Study of the Child*, *16*, 523 - 537.

Sorce, J. F., & Emde, R. (1982). The meaning of infant emotional expression: Regularities in caregiving responses in normal and Down syndrome infants. *Journal of Child Psychology and Psychiatry*, *23*, 145 - 158.

Sparrow, S. S., Balla, D. A., & Cicchetti, D. V. (1984). *Vineland Adaptive Behavior Scales*. Circle Pines, MN: American Guidance Service.

Stromme, P., & Hagberg, G. (2000). Aetiology in severe and mild mental retardation: A population-based study of Norwegian children. *Developmental Medicine and Child Neurology*, *42*, 76 - 86.

Stromme, P., & Magnus, P. (2000). Correlations between socioeconomic status, IQ and aetiology in mental retardation: A population-based study of Norwegian children. *Social Psychiatry and Psychiatric Epidemiology*, *35*, 12 - 18.

Switzky, H., & Greenspan, S. (Eds.). (2003). *What is mental retardation: Ideas for an evolving disability*. Washington, DC: American Association on Mental Retardation. (Available as an e-book at www.aamr.org)

Tannock, R. (1988). Mothers' directiveness in their interactions with children with and without Down syndrome. *American Journal on Mental Retardation*, *93*, 154 - 165.

Thomas, V., & Olsen, D. H. (1993). Problem families and the circumplex model: Observational assessment using the Clinical Rating Scale (CRS). *Journal of Marital and Family Therapy*, *19*, 159 - 175.

Tomasello, M., & Farrar, M. J. (1986). Joint attention and early language. *Child Development*, *57*, 1454 - 1463.

Tonge, B. J., & Einfeld, S. L. (2003). Psychopathology and intellectual disability: The Australian child to adult longitudinal study. *International Review of Research in Mental Retardation*, *26*, 61 - 91.

Toro, P. A., Rappaport, J., & Seidman, E. (1987). Social climate comparison of mutual help and psychotherapy groups. *Journal of Consulting and Clinical Psychology*, *55*, 430 - 431.

Turnbull, A. P., Patterson, J. M., Behr, S. K., Murphy, D. L., Marquis, J. G., & Blue-Banning, M. J. (Eds.). (1993). *Cognitive coping, families, and disability*. Baltimore: Paul H. Brookes.

Turnbull, A. P., & Turnbull, H. R. (1997). *Families, professionals, and exceptionality: A special partnership* (3rd ed.). Upper Saddle River, NJ: Merrill.

Udwin, O., & Yule, W. (1991). A cognitive and behavioural phenotype in Williams syndrome. *Journal of Clinical and Experimental Neuropsychology*, *13*, 232 - 244.

Udwin, O., Yule, W., & Martin, N. (1987). Cognitive abilities and behavioral characteristics of children with idiopathic infantile hypercalcaemia. *Journal of Child Psychology and Psychiatry*, *28*, 297 - 309.

Van Acker, R. (1991). Rett syndrome: A review of current knowledge. *Journal of Autism and Developmental Disorders*, *21*, 381 - 406.

van der Veer, R., & Valsiner, J. (1991). *Understanding Vygotsky: A quest for synthesis*. Oxford: Blackwell.

Vietze, P., Abernathy, S., Ashe, M., & Faulstich, G. (1978). Contingency interaction between mothers and their developmentally delayed infants. In G. P. Sackett (Ed.), *Observing behavior* (Vol. 1, pp. 115 - 132). Baltimore: University Park Press.

Walden, T. A. (1996). Social responsivity: Judging signals of young children with and without developmental delays. *Child Development*, *67*, 2074 - 2085.

Wehman, P., Sale, P., & Parent, W. S. (Eds.). (1992). *Supported employment: Strategies for integration of workers with disabilities*. Boston: Andover Medical.

Weiner, B. (1985). An attributional theory of achievement and motivation. *Psychological Review*, *92*, 548 - 573.

Weiss, B., Weisz, J. R., & Bromfield, R. (1986). Performance of retarded and nonretarded persons on information-processing tasks: Further tests of the similar-structure hypothesis. *Psychological Bulletin*, *100*, 157 - 175.

Weisz, J. R. (1990). Cultural-familial mental retardation: A developmental perspective on cognitive performance and "helpless" behavior. In R. M. Hodapp, J. A. Burack, & E. Zigler (Eds.), *Issues in the developmental approach to mental retardation* (pp. 137 - 168). Cambridge, England: Cambridge University Press.

Weisz, J. R., Yeates, O. W., & Zigler, E. (1982). Piagetian evidence and the developmental-difference controversy. In E. Zigler & D. Balla (Eds.), *Mental retardation: The developmental-difference controversy* (pp. 213 - 276). Hillsdale, NJ: Erlbaum.

Werner, H. (1938). Approaches to a functional analysis of mentally handicapped problem children. *American Journal of Mental Deficiency*, *43*, 105 - 108.

Werner, H. (1941). Psychological processes investigating deficiencies in learning. *American Journal of Mental Deficiency*, *46*, 233 - 235.

Werner, H. (1957). The concept of development from a comparative and organismic point of view. In D. Harris (Ed.), *The concept of development* (pp. 125 - 148). Minneapolis: University of Minnesota Press.

Whittington, J. E., Holland, A. J., Webb, T., Butler, J., Clarke, D., & Boer, H. (2001). Population prevalence and estimated birth incidence and mortality rate for people with Prader-Willi syndrome in one U.K. health region. *Journal of Medical Genetics*, *38*, 792 - 798.

Wishart, J. G., & Johnston, F. H. (1990). The effects of experience on attribution of a stereotyped personality to children with Down syndrome. *Journal of Mental Deficiency Research*, *34*, 409 - 420.

Wisniewski, K. E., Wisniewski, H. M., & Wen, G. Y. (1985). Occurrence of Alzheimer's neuropathology and dementia in Down syndrome. *Annals of Neurology*, *17*, 278 - 282.

Wolf, L. C., Noh, S., Fisman, S. N., & Speechley, M. (1989). Psychological effects of parenting stress on parents of autistic children. *Journal of Autism and Developmental Disorders*, *19*, 157 - 166.

Yoder, P. (1986). Clarifying the relation between degree of infant handicap and maternal responsivity to infant communicative cues: Measurement issues. *Infant Mental Health Journal*, *7*, 281 - 293.

Zebrowitz, L. A. (1997). *Reading faces: Window to the soul?* Boulder, CO: Westview Press.

Zigler, E. (1967). Familial mental retardation: A continuing dilemma. *Science*, *155*, 292 - 298.

Zigler, E. (1969). Developmental versus difference theories of retardation and the problem of motivation. *American Journal of Mental Deficiency*, *73*, 536 - 556.

第 13 章

发展心理病理学及预防性干预

DANTE CICCHETTI 和 SHEREE L. TOTH

在本章中，我们将着重以受虐待儿童和母亲患有重性抑郁障碍的子女为例，阐述以发展心理病理学视角指导下的理论和研究，如何帮助我们去了解这些高危状态的病因、病程和后果，以及如何实施预防性干预。我们也会论及，在设计和实施干预评价以及把研究结果用于临床工作时所持的决策观点和面临的挑战。我们对这些主题的讨论，是与某种组织的观点相一致的，因为我们坚信一种合适的理论对在该领域把研究和干预有机地结合起来是至关重要的。在开始讨论之前，我们对发展心理病理学及其临床实践进行简单的描述。有关该理论更全面的描述以及与相关探究领域的异同点，请参阅《发展心理病理学》(Cicchetti & Cohen, 1995a, 1995b, in press-a, in press-b, in press-c)。

发展心理病理学的原则及其临床实践的意义

发展心理病理学是一门基于毕生发展的理论框架，试图集合多个探究领域的贡献，以理解心理病理学和正常适应的相互作用为目的的整合性学科(Cicchetti, 1984, 1989, 1993;

Cicchetti & Toth, 1998b; Rutter, 1986; Rutter & Garmezy, 1983; Rutter & Sroufe, 2000; Sroufe & Rutter, 1984)。在持有整合观点的发展心理病理学被提出之前,这些领域里的研究工作是相互分离相互独立的。这种整合的缺乏在某种程度上来源于长期存在的潜在于临床实践和学术研究、实验研究和应用研究之后的哲学传统间的紧张状态(Cahan & White, 1992; Cicchetti, 1984; Cicchetti & Toth, 1991; Santostefano, 1978; Santostefano & Baker, 1972)。

498

发展心理病理学家的兴趣在于那些处于心理病理发展高危阶段但没有立刻显现的个体,也在于那些最终发展成为真正障碍的个体(Cicchetti & Garmezy, 1993; Luthar, 2003; Luthar, Cicchetti, & Becker, 2000; Masten, 2001)。相应地,发展心理病理学家旨在发现尽管处于不良环境下却仍导向良好适应的途径(Bonnano, 2004; Cicchetti & Toth, 1991; Luthar, 2003)。例如,一项从儿童期到少年后期关于导向适应不良和弹性的发展途径的纵向研究中,Masten及其同事(1999)发现即使长期生活在逆境中,少年期较好的父母资源和智力功能,与许多不同能力领域的良好发展结果有关联。弹性少年与他们低逆境的能干的同伴有许多共同点,包括IQ在平均水平以上或更佳、良好的父母教育和较高的心理健康水平。充分了解那些尽管存在明显的逆境仍能带来正性结果的因素,可以帮助拓宽关于发展过程的认识,这些发展过程在“足够良好的”正常环境中不一定见得到(Cicchetti & Rogosch, 1997; Maten, Best, & Garmezy, 1990)。随着研究人员越来越多地在其研究项目进行概念化和设计(参见Cicchetti & Rogosch, 1996; Richters, 1997),我们将不断接近发展心理病理学特有的目标:阐述各种适应和适应不良模式的发展(Cairns, Cairns, Xie, Leung, & Heane, 1998; Sroufe & Rutter, 1984)。

发展心理病理学的中心法则是:个体会在心理病理与非心理病理的功能模式间摆动(Zigler & Glick, 1986)。此外,发展心理病理学家强调,即使是处在心理病理情形中,病人依然可能表现出适应性的应对机制。只有同时研究适应和适应不良的过程才有可能厘清心理病理的存在、本质和界限。

此外,发展心理病理学的观点特别适用于研究毕生发展过程中的过渡性转折点(Rutter, 1990; Schulenberg, Sameroff, & Cicchetti, 2004)。Rutter推测,关键的转折点存在于保护性机制出现时,这种保护性机制可能有助于使个体从危险中重新回到适应良好的发展轨道上(Elder, 1974; Quinton & Rutter, 1988)。关于心理病理的出现,所有的生命阶段都可能产生,因此发展进程中的任何阶段都有可能向着精神障碍方向转变(Cicchetti & Cannon, 1999; Cicchetti & Walker, 2003; Moffitt, 1993; Post, Weiss, & Leverich, 1994; Rutter, 1996; Zigler & Glick, 1986)。精神病学的描述通常作精神障碍和无精神障碍两类区分,而发展心理病理学的观点则认为正常状态常会变为非正常,适应良好和适应不良的定义也可因定位于当时的环境或远期发展而不同,而个体内的过程则可以被认为受到心理病理的影响或具有一定程度的心理病理。

此外,与适应不良和心理病理的发展(Boyce et al., 1998; Cicchetti & Aber, 1998; Sameroff, 2000)有关的生物和遗传因素(Cicchetti & Cannon, 1999; Cicchetti & Walker,

2001, 2003; Marenco & Weinberger, 2000; Plomin & Rutter, 1998)和社会因素也受到强烈关注。他们之间的互相作用对发展的影响越来越受到重视。最为生动的例子或许是经验依赖的脑发展的研究(Greenough, Black, & Wallace, 1987)。神经生物发展与环境经历互相影响,这个观点已广为认同(Cicchetti & Tuker, 1994; Eisenberg, 1995; E. R. Kandel, 1998; C. A. Nelson & Bloom, 1997)。脑发育当然对行为有强烈影响,然而,脑发育本身也受到环境经历的影响(Black, Jones, Nelson, Greenough, 1998; Cicchetti, 2002a; Francis, Diorio, Liu, & Meaney, 1999; Meaney, 2001; Ray, 2004)。具体而言,研究已经表明社会进程和心理经历可以调节基因表达和脑部结构、功能和组织(Black et al., 1998; E. R. Kandel, 1998)。由社会进程和心理经历所诱导的基因表达的改变造成了神经元和突触联结模式的改变(E. R. Kandel, 1998, 1999; Sanchez, Ladd, & Plotsky, 2001)。这些改变不仅形成影响了个性的生物学基础,而且在形成和保持由社会心理经历所导致的行为异常上起着重要的作用。

499

我们在发展神经生物学上的知识已经有了激增,神经科学的这个领域关注对神经元、神经回路以及复杂的神经系统(包括大脑)发育中起着调节作用的因子。此外,分子遗传学领域的进展增进了对神经系统疾病的认识(见 Lander & Weinberg, 2000; Lewin, 2004),第一次使科学家得以认识某些疾病的遗传基础,而无需预知其生化异常(Ciaranello et al., 1995)。这些成果促使人们再度对该领域的潜在贡献产生期望:分子遗传学的研究可导致对发展心理病理的充分认识(Caspi et al., 2002, 2003; Cowan, Kopnisky, & Hyman, 2002; Plomin & Rutter, 1998)。

同样,当我们对引发因素与使个体保持或偏离发展轨道因素进行鉴别后,我们对发展中的个体作为环境经历的加工者所扮演的角色越来越关注(Cicchetti, 2002b; Cicchetti & Tucker, 1994)。不只是环境作用于儿童,儿童也以某种动态的方式对环境进行选择、解释及施加影响(Bergman & Magnusson, 1997; Rutter et al., 1997; Wachs & Plomin, 1997)。

此外,发展心理病理学家意识到个体发展的环境会深刻影响发展进程(Gacia Coll, Akerman, & Cicchetti, 2000; Gacia Coll et al., 1996; Hoagwood & Jensen, 1997; Richters & Cicchetti, 1993)。危险性进程和保护性进程之间相互影响的效果因文化规范、习惯、价值和信念的差异而不同。文化可刻画为一个连续体,其范围从以社会为中心(强调社区、家庭和相互联系)到以个人为中心(强调个性、自主和个人成就;Garcia Coll et al., 2000; Shweder & Bourne, 1991)。理想的自我相应地随着自我的界定中对与他人关系及自主与个人成就上的侧重程度的不同而各有不同。同样,不同文化群体因其成员社会化目标的不同而不同。行为规范的标准各不相同,约束手段也因其对行为的判定而不同。此外,危险和安全过程及其执行方式,因文化优先级的不同而各有差别。因此,个体及其他成员对某一事件的反应,将会影响到事件的重要性以及处理方式。文化也影响症状的表达形式。文化价值、文化信仰、文化实践可能在某方面对痛苦进行压制(如社会情感),而在其他方面允许其表达(如躯体表达)。例如,Serafica(1997)注意到美国的亚裔家庭中允许对痛苦的肢体表达,而相应的情感表达却较难接受。

架起研究和实践的桥梁

作为一个不断成熟的学科，发展心理病理学当前的目标是要成为一门科学，它不仅帮助我们将研究成果用于发现潜伏于跨越终身的适应和适应不良之下的发生机制，而且提供最佳方法以防止及改善适应不良及心理病理结果(Cicchetti, 1990, 1993; Cicchetti & Hinshaw, 2002; Cicchetti & Toth, 1992, 1998b, 1999)。此外，关于儿童及成人高危状态和疾病这个问题，发展心理病理学家还致力于寻求方法以减少存在于行为科学和生物科学之间、基础和应用研究之间，以及经验研究和临床研究及治疗之间的双重性。

在这个问题上，发展心理病理学家认为，针对防止心理病理的出现或改善其不良结果所做的工作，同样也可以为认识心理病理发展所涉及的进程提供有用信息(Cicchetti & Hinshaw, 2002; Cicchettti & Toth, 1992; Kellam & Rebok, 1992)。例如，如果发展的进程因采取预防性干预措施而改变，并且出现负性结果的危险性被降低，那么预防性研究就能够帮助明确心理病理及其他负性发展结局出现所涉及的过程。如此，预防性研究就可以被定义为改变发展进程中的真正的实验，从而为了解病理结局的病因及发病机理提供认识(Cicchetti & Hinshaw, 2002; Howe, Reiss, & Yuh, 2002)。 500

预防性研究是建立在关于危险条件如何与不良结局相关联的理论模型上，模型对把危险条件与负性结局相联系的过程提出了相应的假设(Institute of Medicine, 1994; Munoz, Mrazek, & Haggerty, 1996; Reiss & Price, 1996)。例如，贫困、单亲和青少年父母构成了引起家庭功能不良的危险因素，可能引发诸如儿童虐待与忽视、负性发展结果的增加和对社会福利的依赖(Coley & Chase-Lansdale, 1998; McLoyd, 1998)。Olds 和他的同事假定母亲的隔离、缺乏养育技巧、对儿童发展知识的缺乏都在危险条件和负性结果之间起着中介或联系的作用。为了减少这些牵涉过程，他们实施了一项出生前和出生后的家庭随访计划，并研究此项干预措施的远期效果。该干预研究的效能在于，有助于确立这些待定的中介过程在解释危险因素导致负性结果中的重要性(Hinshaw, 2002; Kraemer, Wilson, Fairburn, & Agras, 2002)。Kellam 和他的同事(Kellam, Rebok, Ialongo, & Mayer, 1994; Kellam, Rebok, Mayer, Ialongo, & Kalonder, 1994)在研究主要是贫困城市儿童中导致负性结果的危险因素时确认，早期破坏性的课堂行为将促成学习失败及品行障碍，而学习成绩差(特别是在阅读方面)是促成抑郁症状的一个因素。为了减少品行障碍和抑郁症状，他们分别采取干预措施以减少课堂破坏行为，提高阅读技巧。总的来说，预防性研究不仅可以检验同解释心理病理发展的理论阐述是否得到支持，也有利于提高关于可用以减少心理病理发生和促进积极适应的策略的认识(参见 Conduct Problems Prevention Research Group, 2002a, 2002b, 2002c)。

将接受治疗者与标准组在不同的功能方面进行对比，这为症状缓解之外的治疗功效提供了某种严格的检测，而关于在各类适应指标上的正常变化的认识则对了解这种评价十分重要(Cicchetti & Rogosch, 1999)。对发展常模的认识、了解同一年龄组中发展水平可能如何变化、知道在不同发展水平上出现问题的意义不同、关注发展过渡和重组的影响、对于整合到预防性干预措施设计和施行中的必要因素的理解，这些都可能有助于促进干预效果的最大化(Cicchetti & Hinshaw, 2002; Cicchetti & Toth, 1992, 1999; Coie et al., 1993; Institute of Medicine, 1994; Noam, 1992; Shirk, Talmi, & Olds, 2000; Toth & Cicchetti, 1999)。

遗憾的是,关于有关基础发展过程的发展理论和发现的探究常远离临床实践和临床研究(Cicchetti & Toth, 1998b; Kazdin, 1999; Shirk, 1999; Shirk et al., 2000)。尽管不乏原则性的说法,即发展理论应为积极的临床干预提供信息,反过来,治疗理论也应为相关理论提供信息,但在这两者之间依然界限明显。事实上,在许多方面,那些从事基础发展研究和完善发展理论的工作者构筑的工作文化,似乎不同于那些致力于干预和预防探究的工作者的文化。最极端的是,临床方向的探究者和实践工作者认为"基础"的发展科学研究过度关注集中趋势和一般的发展常模,而把他们日常所见的丰富多变性和非标准的行为模式排除在外。相反,理论学家和学术科学家则倾向于将许多临床工作视为与理论无关的、经验性的,且不是以核心科学原则和理论为基础的(Cicchetti & Toth, 1998b)。

考虑到在基础行为科学和生物医学上所取得的许多进步,以及大量受到精神疾病折磨的个人和家庭迫切的临床需求,这种状况尤其令人沮丧[U. S Department of Health and Human Services(DHHS), 1999]。由于这个领域关于大部分心理病理的内在机制的认识仍然十分简单,所以只能说十分有必要直接将基础研究的进展应用到临床工作以提高成效。虽然有越来越多的呼声要求开展"转化"研究,将基础研究与实践应用连接起来,但将基础研究的进展应用于相关临床工作的障碍却是现实存在的(Institute of Medicine, 2000)。让所谓的基础研究者接受更多的临床实际训练,而让临床工作者知晓关于与临床疾病相关的基础过程的最新的信息,两者都很必要。正如 Rees 所指出的,基础学科(如遗传、生物化学)和临床科学(如对病人的研究),两者相互依赖。Rees 强调,两种学科都是必需及互补的;临床探究不能被基础研究所代替,同样,服务措施的提供也不能缺少经验的支持。

501

除了开展基础科学研究以及越来越认识到发展导向的预防性干预的重要性外,从该领域的出现伊始,发展心理病理学家就已经意识到把经验性研究付诸行动的必要性。从一开始,这个领域的旗舰期刊《发展和病理心理》(*Development and Psychopathology*)就催促其作者要考虑和探讨其研究的社会政策方面。

发展心理病理学借此变化的机缘,推动研究对社会和政策决策者的影响。这个领域中的主要问题,包括精神疾病的危险和及其心理病理成因、对于精神疾病突发的解释、对心理病理出现及保持起促进或缓解作用的中介和调节过程、预防和干预、将正常发展原则整合于经验研究的实施中等,均需要仔细考虑研究的影响并设计策略以解决所研究的问题。Zigler (1998, p. 530)主张,"我们在研究儿童时不能只把他们作为研究对象,而应把他们作为研究的合作者,我们亏欠他们。"在此观点之上,我们还要强调,所有发展心理病理学研究的参与者,不管是患有严重精神疾病(如精神分裂症、双向情感障碍)的婴儿、儿童、少年、成人,还是老年人,都应是新的科学发现的受益者,也是促进社会改良的主动的贡献者。我们认为,这个领域应该不再局限于对研究的政策相关性进行事实解释,而是针对远期的政策问题设计相应的研究。本世纪我们有一个大好机会将纸上谈兵转化为实际行动,并真正制定出一个以科学研究为后盾的能使所有人得利的政策议程。

某种组织的视角：在考察常态与心理病理关系实质中的意义

在我们将注意力转移到本章所提到的具体的危险情况前，很有必要提供一个框架，使我们可以理解在其中进行的研究工作。许多发展心理病理的研究工作都利用了某种组织的发展观。这种观点是一个有力的理论框架，它可对毕生发展视角下的危险与心理病理、正常发展中所涉及的复杂关系加以概念化(Cicchetti & Schneider-Rosen, 1986; Cicchetti & Sroufe, 1978; Sroufe & Rutter, 1984)。

这一组织观关注于个体的生物系统和心理系统之内及之间的整合质量。此外，组织的观点旨在探讨发展如何出现，具体阐明了生物、心理和社会系统内部及彼此之间通过分化和之后的层级整合而实现的质的重构进展(Werner & Kaplan, 1963)。与该观点一致，发展并不意味着一系列等待解决，且重要性逐渐减退的任务。相反，发展被认为是由大量与年龄和阶段相关的任务构成。虽然这些任务的突出性可能随着新问题的出现而降低，但这些任务对于适应功能的重要性不随时间而减退(Cicchetti, 1993)。一个层级的适应图景是，早期阶段性突出问题的成功解决增加了今后成功适应的可能性(Sroufe & Rutter, 1984)。随着每个阶段性突出新问题的出现，成长和巩固的机遇与新弱点的挑战同时出现。因此，其提供了一个不断变化的发展模型，在其中新形成的能力或适应不良可能出现于生命进程的任何时候，并与先前的发展组织交互作用(Cicchetti & Tucker, 1994)。虽然早期的适应情况在一定程度上预示着以后的功能状况，但在这个动力模型中也承认存在发展分歧和间断的可能性(即或然渐成说)。

502

对发展心理病理学家来说有一条重要的法则：个体在决定发展进程的方向上起着积极主动的作用。虽然既往因素和当前的影响对发展的进程都很重要，但个体的选择和自组织对发展的重要影响日益受到研究者的重视(Cicchetti & Rogosch, 1997; Cicchetti & Tucker, 1994)。在整个发展进程中，个体不断完善的能力与主动选择使经验中新的方面，包括内在的(如遗传的/生物的)及外在的，以越来越复杂的方式协调起来。此外，发展的可塑性可以经由生物和心理的自组织所引起(Cicchetti, 2002a; Cicchetti & Tucker, 1994)，原因不仅在于生物因素可以影响心理进程，也由于社会和心理经验可通过反馈来调节基因表达和脑部的结构、功能与组织，从而对大脑产生影响(Cicchetti & Tucker, 1994; Eisenberg, 1995; E. R. Kandel, 1998; C. A. Nelson & Bloom, 1997)。因此，诸如多数受虐儿童在面临极端逆境时至少表现出某些自动复原的倾向，这一事实为实际上所有人类和生命机体均拥有的强烈的生物和心理复原抗争提供了佐证(Cicchetti & Rogosch, 1997; Curtis & Cicchetti, 2003; Waddington, 1957)。相反，一些受虐儿童身上缺乏这种弹性自我抗争，证实创伤经历可能对核心的生物和心理发展过程产生有害的且可能是致命的影响。

既然我们已经对发展心理病理领域的特征进行了描绘，对组织的发展观进行了描述，并就这些概念与临床研究和实践的相关性进行了论述，下面我们将注意力集中于影响发展的高危情况，以及我们在 Mt. Hope 家庭中心实验室开展的关于预防性干预的评估。我们的发现之旅始于儿童虐待，然后转至严重抑郁症母亲的子女。

儿童虐待

关于儿童虐待的研究提供了一个机会，使我们能够考察远超出正常范围的环境经验的影响。儿童虐待是病原相关环境的一个例证，它使生物和心理发展多个领域均陷入实质性的适应不良危险之中(Cicchetti, 2002b; Cicchetti & Lynch, 1995; DeBellis, 2001)。家庭这一近端环境及与文化和社区相联系的较远端的因素，以及发生于这些生态学情境之间的相互作用，共同对受虐儿童的生物和心理发展进程起着破坏作用(Cicchetti & Lynch, 1993; Cicchetti & Toth, 2000)。

儿童虐待的生物和心理后遗症的研究，对于促进与受虐儿童有关的临床、法律及政策制定的决策质量有着极其重要的意义(Cicchetti & Toth, 1993; Toth & Cicchetti, 1993, 1998)。判定儿童是否受到虐待，是否应将儿童从家中强制性带走，如何根据被虐儿童具体的心理及医疗需求来提供服务及干预，以及如何评价这些服务及干预的有效性，关于诸如此类问题的种种决定，均得益于一个关于儿童虐待的生物及心理后果的复杂可靠的数据库(Cicchetti & Toth, 1993; Toth & Cicchetti, 1993, 1998)。因此，开展研究以揭示虐待对儿童产生有害影响的发展过程，以及为受虐儿童及其家庭设计有发展理论指导和经验支持的干预方案，这应当是国家应优先考虑的一项工作(Cicchetti & Toth, 1993; National Research Council, 1993)。

此外，在财政紧张时期，一般的人道主义服务，包括针对受虐儿童及其家庭的社会及心理服务，往往受到有预算意识的政府官员和立法委员的严格审查。此类服务的提供者，则越来越多地被要求提供其服务有效性的证明。不能通过科学研究以提供有效性证明，将致使这类服务更易受预算缩减的伤害。因此，关于受虐儿童心理及生理发展的基础研究很可能促进这种评价研究方法的发展，在向政府官员和立法委员证明服务拨款的正当性时，以及欲图修正效果欠佳的方案以为被虐儿童及家庭提供更好的服务时，均需要这种评价研究方法。很明显，这需要研究者和决策者的更为紧密的协作，也是为了对被虐儿童进行更好的研究及服务。

503

同样，对于受虐儿童发展过程的研究可以证实、发展或挑战现有的关于正常儿童生物和心理发展的理论。儿童虐待可能代表了环境对正常发展提供机会方面的最大失败。通过探究诸如儿童虐待这类严重的环境干扰对个体发展的影响，就有可能检测到那些通常情况下因微妙渐进而不易观察到的过程(参见 Cicchetti & Pogge-Hesse, 1982; Cicchetti & Sroufe, 1976)。虽然儿童虐待是一类异质现象(Cicchetti & Barnett, 1991b; Cicchetti & Rizley, 1981)，但其都是一种没能使正常发展优化的养育经历。通过考察受虐儿童发展过程的非典型性，可以促进我们关于正常发展的理论认识。

根据最近发表的美国政府数据报告(DHHS, 2001)，在 1999 年美国共有超过 290 万的儿童受到虐待或忽视，估计 826 000 名儿童被证实曾受虐待。毫无疑问，儿童虐待是一个严重的问题，不仅造成对当事人的伤害，并且对社会造成了更广泛的影响(Cicchetti & Rogosch, 1994)。在一篇美国国家司法研究所的报告中(Miller, Cohen, & Wiersema, 1996)，因儿童虐待及忽视造成的直接损失(如医药费用、收入损失、针对受害人的公立计划)及间接损失(痛苦、生活质量的下降)每年估计有560亿。此外，2001年一项由Edna McConnell Clark基金会提供资助，由美国防止虐待儿童协会执行的研究估计，全美因儿童虐待而造成的经济损失(包括直接及间接损失)每年超过940亿。每年直接经济损失估计为24 384 347 302美元，包括住院费用、慢性生理健康问题、精神健康护理、社会福利支出、法律支持和法庭费用。年度间接损失(即长远的费用)估计为69 692 535 227美元，包括特殊教育、精神及躯体健康护理、过失、青少年犯罪、犯罪行为和工作能力受损。这个美国防止虐待儿童协会的研究小组在研究中使用的是严格的儿童虐待纳入标准。具体地说，必须是受虐和忽视后表现出明确的伤害的儿童才能纳入受虐儿童的样本，再以此进行儿童虐待的直接及间接费用的估算。

儿童虐待的含义

要充分了解被虐儿童的需要，必须要有一个关于虐待构成要素的准确且得到公认的界定。依照发展心理病理学的视角，要理解虐待的成因及后果首先必须要认识到虐待的发展性及情境性。养育者必须能够根据儿童需求的变化而作相应调整。如果做不到这点，依据儿童的发展水平就可能构成虐待行为。因此，对于新生儿的密切监护及肢体的亲密接触是恰当的，而相似的养育方式对青少年则是不恰当的，极端一点就是情感虐待。儿童虐待的实际后果因一系列的因素而表现各异，其中包括虐待者和儿童的发展水平。相应地，用以明确心理伤害的方法也必须因年龄不同而各异，以便对可能的后果作精确的评估。要对虐待下定义，除了儿童相关的问题需要考虑，家长的更替、家庭，以及家庭之外更广的外界环境也都需要考虑(见Barnett, Manly, & Ciccheti, 1993)。

政策的制定需要大量研究信息的帮助，研究者必须能够就他们的发现进行交流，对不同实验室和不同样本得来的研究结果进行比较。儿童虐待界定的标准化及统一化是迈向推进研究进而促进关于虐待和忽视的知识基础的基本步伐。系统化的界定也是确保给有需求的儿童提供连续而适当的服务中必不可少的方面。在构建有效的操作化定义时所出现的问题包括，在判定什么教养方式是不受欢迎的或危险的标准上缺乏统一的社会认识；不确定是要基于成人的行为、儿童的发展结果，还是两者的综合，来界定虐待；是否将伤害或危险的标准纳入虐待的定义尚有争论；在用于科学研究、法律和临床目的时是否采用类似的界定方式上面有不同看法。 504

尤其是这最后一个问题已经成了一个持续不断的争端来源，因为科学家、立法者、临床医师都使用不同的定义以切合各自的需求。例如，在立法上，相关界定多集中于对儿童造成可加以展现的伤害上面，这种界定可能有利于案件诉讼(Juvenile Justice Standards Project, 1977)。然而，许多研究者认为出于研究的目的，关注于使儿童陷入危险的行为的界定可能是更为恰当的(Barnett et al., 1993; Cicchetti & Barnett, 1991b)。这使得研究者可集中关注那些可加以确认的构成儿童养育环境的具体行为，而不是那些养育行为的不确定的后果，比如一些不能加以确认的伤害形式。尽管对研究者而言，挑战来自于在尽量不依赖于专业意见的影响下，形成精确的操作化定义。由于在虐待的构成上缺乏一致意见，这使得在各个领域之间的交流与合作变得十分困难。

总的来说，人们通常对四类儿童虐待进行区分：

1. 躯体虐待——非偶然情形下，对儿童造成躯体损伤的体罚；
2. 性虐待——看护者出于得到满足或得到经济利益的目的，养育者或其他负责照料的成人与儿童之间发生性接触或性接触的企图；
3. 忽视——不能提供最低需要程度的照顾和缺乏适当的监护；
4. 情感虐待——持续且极端阻挠儿童基本情感需求的满足。

每种虐待亚型都是对一般预期环境的明显偏离。然而，即使是想确认虐待亚型这样一件显得直截了当的事情，也可能变得不明确。认为虐待常以明确的亚型出现的想法是错误的。在虐待亚型之间有着高度的混合，这表明有许多受虐儿童经受过不止一种虐待(Cicchetti & Barnett, 1991b)。许多情况下，在理论或临床实践上可能有必要将注意集中于某一特定案例中的主要虐待亚型；然而，许多儿童的实际经历要复杂得多，而此类情况对研究者和临床医师无疑构成了巨大挑战。建议读者参阅 Barnett 等(1993)的著作，以便更详细地了解虐待亚型的操作化定义。

对于虐待的构成形成统一的认识，并制定标准方法以记录确认虐待所需的相关信息，这是未来研究必不可少的步骤。尽管在这方面已经有了一些突破性的工作，但是许多研究仍有待以后进行。目前面临的挑战是采用某种具有内在一致性方法对虐待进行系统化探究，这种方法既要切实可行，又要能满足在探究各种不同问题时所涉及个体的需求。

儿童虐待分类的需要

儿童虐待研究中固有的一个根本困难在于该术语所涵盖的现象太过于广泛。我们认为有四种主要的异质性值得重点关注：(1) 症状模式或虐待种类；(2) 病因学；(3) 发展后果；(4) 对治疗的反应。第一种异质性承认在儿童虐待这个术语之下包含着一系列不同问题(Giovannoni & Becerra, 1979)。第二种异质性认识到存在着病原路径或致病网络，导致一系列不同的虐待形式。第三种异质性则体现于已有关于虐待对儿童发展所造成的后果的数据资料中(Cicchetti & Lynch, 1995)。毫不奇怪，并没有特定的哪一个受虐儿童所表现出来的症状模式，可描述为虐待或忽视的症状剖面。处于不同年龄、不同发展阶段、来自于不同的环境及拥有不同经历的儿童，暴露于不同形式的虐待之下，会表现出与年龄相关的形式各异的易感性及功能损害。第四种异质性强调具有虐待行为的家庭对于治疗干预的反应各异(Daro, 2000; Toth & Cicchetti, 1993; Wolfe, 1987)。我们认为，没能注意到这四类彼此也相互关联的异质性，将无法对这一重要问题有全面的认识。

505

作为一种缓和界定上的忧虑的解决办法，在我们的实验室里，我们设计并实施了一个操作系统，用以区分虐待亚型、严重程度、频率/长期性、虐待者和虐待发生时所处的发展阶段

(Barnett et al., 1993; Cicchetti & Barnett, 1991b)。这种被称为虐待分类系统(MCS)的分类方法,其使用者是对那些上报至儿童保护服务(CPS)单位并长期存档的正式虐待事件进行评估处理的评定者。有虐待行为的和无虐待行为的家长均同意我们检查他们的儿童保护服务(CPS)文件。

只采用经合法认定的已采取保护服务的虐待及忽视案例有几点优势。首先,与心理学及医学相比,社会工作领域对儿童虐待发生方面有着更长久且更广泛的记录史(B. Nelson, 1984)。其次,所有政府登记在案的虐待案例都已被合法证实。通过一个外界组织而非研究者个人来核实虐待和忽视报告,研究者可以避免漏掉一些本可参加研究计划的家庭。此外,对经过合法认定的儿童虐待的研究更能代表那些接受保护服务的案例,因此能够更加直接地应用于此类人群。

MCS当前在全美超过40个实验室中得到应用。由于50个州的49个州,包括哥伦比亚特区,均设有州登记处以受理儿童虐待及忽视报告,因此MCS已能够用于各州记录的保存程序中,这些程序改编自纽约州采用的程序,MCS正是在纽约州发展起来的。所有使用MCS的实验室均已表明MCS具有极佳的信度与效度(Manly, 2005; Manly, Cicchetti, & Barnett, 1994; Kim, Rogosh, & Cicchetti, 2001)。

使用保护服务的家庭进行研究并非无可挑剔。Gelles(1982)认为依赖官方的虐待报告进行研究,会导致研究关于案例"被注意到的"因素与研究关于虐待本身一样多。我们认同这种批评,但我们也认为使用儿童保护记录是当前可用的最好方法,并且它有助于增进我们对那些社会服务机构、临床医师及法庭最经常涉及的家庭的认识。另外,那些引起CPS注意的儿童虐待报告有可能是最严重的案例。而尤其真实的事实是,有限的社区资源造成只有最严重的虐待案例才能接受关注与治疗。更广泛地说,这里的问题在于保护服务记录低于真正的儿童虐待发生率(Giovannoni & Becerra, 1979; DHHS, 1998)。除了无法确定具体数量的未被报道的受虐儿童外,还有许多虐待事件很难确证,因而一直没有得到证实。

为了减少此类问题,我们还对参加研究的家庭中的母亲用母亲虐待分类访谈量表进行评估(MMCI; Cicchetti, Toth, & Manly, 2003)。对有虐待行为的母亲及与之对照的无虐待行为的母亲均采用MMCI进行访谈。无虐待行为的对照家庭与有虐待行为的家庭必须在一系列不同的社会人口统计学指标上加以匹配,以便对虐待的影响和贫穷及其相关危险因素的效应加以区分(Elmer, 1977; Trickett, Aber, Carlson, & Cicchetti, 1991)。相应地,很可能出现的一种情况是,一定比率的非虐待对照家庭实际上可能是未被觉察到的虐待者,或者经过一段时间后一些家庭可能会收到CPS报告。为了解决这些问题,作为我们进行横向和纵向研究方案的一部分,我们每半年检查一次儿童虐待记录。这个方法使我们能够确认在对照组中是否有参与者成为了虐待者。

同样,在所有的研究中,我们也重复检查受虐儿童的CPS记录。特别是在纵向研究中,可能会出现额外的虐待亚型,且这类长期的严重的而多样的不良照料经历,可能对生理和心理发展过程产生不良影响(Cicchetti & Manly, 2001; Cicchetti & Rogosch, 2001; English, 2003; Manly et al., 2001)。

虐待对发展过程的影响

接下来将提供例证以证明在偏离正常条件的环境下成长,如何影响被虐儿童个体的发展和其心理功能。在儿童个体的发展中,我们可以看到虐待以及虐待所代表的环境失败造成的影响。我们所进行的关于儿童虐待的生物和心理发展结果的研究,是在前面提到的组织观指导下进行的。

在关于儿童虐待的发展后果的介绍中,我们只介绍有助于指导对受虐婴儿、儿童、学龄前儿童进行预防干预的研究。这需要将注意集中于婴儿期到儿童早期这一阶段,及那些在我们关于受虐儿童干预的评价中已经探讨过的发展区域。若想更详尽地了解关于儿童虐待后遗症的毕生发展研究,以及在其他生物、心理和人际情绪方面的发展研究,读者可参阅Cicchetti(2002b)、Cicchetti & Toth(2000)、Cicchetti & Valentino(in press)、DeBellis(2001)和 Trickett & McBride-Chang(1995)等文献。

情感调节

情感调节被界定为一种机体内在和外在的机制,通过这种机制可使情绪唤起重新定向、控制、调节和整饰,从而使个体在功能上能够适应情绪挑战情境(Cicchetti, Ganiban, & Barnett, 1991)。情感调节的适度发展帮助个体在可操控范围内保持唤起状态,从而有较理想的表现。因为婴儿依赖于养育者的外界的支撑和支持,所以养育质量及与养育者的互动造成了在情感分化、表达和调节模式方面的经历依赖的个别差异(Schore, 2003a, 2003b; Sroufe, 1996)。因为早期情感调节过程是在养育者与儿童关系的情境中出现的,所以毫不奇怪,情感调节发展的破坏更多见于受虐儿童中。因此与发展心理病理学观点相一致,恰当的情感调节是安全依恋关系、自主连贯的自我体系、得力的同伴关系等的发展基础,而早期情感调节失败将导致儿童出现不安全的依恋关系,自我体系的缺损和同伴关系困难等结果(Cicchetti & Lynch, 1995; Cicchetti, Lynch, Shank, & Manly, 1992)。

已有研究在受虐婴儿中注意到这种情感调节缺乏的根源。Gaensbauer、Mrazek 及 Harmon(1981)在受虐婴儿中观察到四种不同的情感分化模式:发展和情感迟滞、压抑、矛盾和情感不稳定、愤怒。这些研究者认为这些模式依赖于养育经历与婴儿的先天生物倾向性之间的相互作用。在一项案例研究中,研究者发现不同的虐待类型与各类情感模式的发展有关(Gaensbauer & Hiatt, 1984)。受躯体虐待的婴儿表现出高水平的消极情感,诸如害怕、生气和悲伤,并且缺乏积极情感,而受到情感忽视的婴儿则表现出情感迟钝,很少表现出积极的或消极的情感。

与因受躯体虐待而早期出现负性情感的婴儿不同,正常组婴儿大约要到 7 至 9 个月才出现害怕、生气和悲伤情绪(Sroufe, 1996)。很可能是早期的恶性养育加速了受虐儿童脑内消极情感通路的发展。我们认为,造成这种情况的原因可能是由于受虐婴儿的早期积极体验缺乏或不足,导致积极情感的神经生物学通路中的神经元过量删除。

在一项相关的探究中,Pollak、Ciccetti、Hornung 和 Reed(2000)进行了两项实验,对受躯体虐待、忽视和未受虐待的学前儿童的情绪识别进行研究,以考察非典型经历对情绪发展的影响。在第一项研究中,要求儿童将一个面部表情与一系列情感识别图案相匹配。被忽视儿童在区分面部表情上比受躯体虐待儿童和未受虐待的儿童明显困难。信号检测分析表明,被忽视儿童对悲伤的面孔表现出某种泛化的敏感,而躯体虐待儿童对生气的面部表情表现出某种泛化的敏感(见 Pollak & Kistler, 2002; Pollak & Sinha, 2002)。对受躯体虐待儿童来说,生气的表情可能是最强烈的威胁预测指标,而对生气的敏感性增加可能导致他们对其他表情线索的注意减退(Pollak & Tolley-Schell, 2003)。与之相比,受忽视的儿童可能经历了情感学习环境的极度缺乏。

507

第二项实验发现虐待似乎影响儿童对特定情绪表达的理解。与其他儿童相比,受忽视儿童经常将快乐与悲伤的表情看作是相似的。这个结果特别令人惊讶,因为对快乐的识别通常在发展早期就已出现(Sroufe, 1996),这表明相对简单的情绪识别方面也受忽视性养育方式的影响。躯体虐待的环境似乎削弱了儿童识别和区分某些情绪的能力,同时提高了他们对一些情绪的认识。例如,受躯体虐待儿童与正常学前儿童一样,能够知觉到生气与其他消极表情之间的不同。相比之下,受忽视儿童比正常儿童和受躯体虐待儿童,较少能知觉到生气与其他消极表情的区别。另一个引人注目的发现是,不同于正常儿童,受躯体虐待与受忽视儿童将生气和悲伤表情评定为与中性表情十分相似。Pollak 等人(2000)推测,受虐儿童可能将中性面孔视为生气或悲伤表情,也可能是受虐儿童将快乐或中性的面孔解释为用以掩盖恶意表情的面具。

除了在受虐婴儿中发现的这些早期情感表达、调节和调节异常外,受躯体虐待儿童在以后面对成人生气的时候也出现情感调节障碍。比如说,与正常儿童相比,受躯体虐待学前儿童在观察到某位成人女性对其母亲的假意愤怒时,也表现出更明显的进攻性(如,通过肢体与语言对女性同伴表达生气情绪),以及更多旨在降低其母亲的不安的应对策略(如帮助母亲、安慰母亲等)(Cummings, Hennessy, Rabideau, & Cicchetti, 1994)。受躯体虐待儿童似乎并没有因为暴露于敌视的家庭环境而对生气习惯化,相反他们更容易被其所唤起和激怒,更可能试图去停止它。总的来说,受虐儿童对敌意的高度警觉与唤起,可能促进他们攻击性行为的发展,特别是在家庭长期存在冲突的情况下。

同样,Maughan 和 Cicchetti(2002)考察了儿童虐待与成人暴力对于学龄前儿童情绪调节策略和社会情绪适应的发展的独立及交互影响,以及情感调节不良在儿童的致病性关系经历和行为结果之间的联系中的中介作用。基于儿童对成人假意愤怒的情感、行为和主诉反应,可以确定儿童人物定向的情绪调节模式(EMRPs)。研究发现受虐史可预测儿童的 EMRPs,大概有 80%被虐学前儿童表现出情绪失调模式(如抑制不足/矛盾情绪和过度抑制/无反应),与之相比大约 37%未受虐儿童有此表现。研究发现,抑制不足/矛盾情绪的 EMRPs 与母亲报告的儿童行为问题相关联,而此种 EMRP 亦是虐待与儿童的焦虑/抑郁症状之间联系的中介变量。

在一项相关的研究中,给受躯体虐待及未受虐的学龄男童观看成人之间生气和友好互动的录像(Hennessy, Rabideau, Cicchetti, & Cummings, 1994)。与未受虐待儿童相比,在看完录像后受虐儿童报告,在面对成人间的敌对时,尤其是当这种敌对中包含有无法解决的生气时,感受到更多的苦恼。而且,受躯体虐待的儿童更多地把对生气成人各种行为形式的反应描述为害怕。这个结果支持了一个敏感化模型，反复暴露于生气和家庭暴力将导致更多的情绪活动，而非减少。相似地，受虐儿童面对成人的生气所表现出来的这种苦恼反应，提供了一个早期迹象，表明暴露于高度家庭暴力的儿童出现内向问题的可能性会增加(参见Kaufman, 1991; Toth, Manly & Cicchetti, 1992)。

在认知控制功能的研究中，也可发现受虐儿童的情感应对策略的证据。Rieder 和Cicchetti(1989)发现，受虐儿童对攻击性刺激更为警惕，并且能够回忆起更多分散的攻击性刺激。受虐儿童也更容易同化攻击性刺激，尽管这损害了他们完成任务的效能。虽然对攻击性刺激的过度警惕及快速同化，可能是在虐待环境中的适应性应对反应，但是当儿童面临没有威胁的情境时，这些策略就不再适用了。最终，这样一种反应模式可能对儿童在正常环境下的适应能力产生负面影响，并损害他们以后成功处理发展任务的能力。

508

Shields、Cicchetti 和 Ryan(1994)在一项观察研究中的发现支持了这一论断。他们发现受虐儿童在情感和行为调节中存在缺陷，而这种自我调节的削弱会在虐待对儿童同伴社交能力的不良影响起着中介作用。正如组织的观点所预测的一样，尽管情感和行为的自我调节进程相互关联，但是每个过程似乎代表着某种不同的发展系统，它们分别以独特方式影响了儿童能力。

在大量的横向研究中所得到的结果，证实了源自组织观点的这个预见，受虐儿童处于更高的危险中，显示出某种从情感调解问题到行为调节不良的发展进程。研究已经发现受虐的学步期儿童对同伴的苦恼做出的反应，是调解不良且与当前情境不协调的情感和行为，包括生气、害怕和攻击性，而不是正常儿童应有的同情和担心反应(Main & George, 1985; Troy & Sroufe, 1987)。同样，研究发现受虐学前儿童和学龄儿童表现出各种调节不良行为，这些行为的特征通常是破坏性和攻击性(Cicchetti & Manly, 2001; Cicchetti & Toth, 1995)。

在一项研究夏令营情境的探究中，Shields 和 Cicchetti(1998)在一个学龄期的受虐及非受虐儿童样本上考察情绪、注意和攻击性之间的相互关系。这项研究的核心之一在于考察虐待影响行为和情绪失调的作用机制。

Shields 和 Cicchetti(1998)发现受虐儿童在语言上和肢体上更具攻击性，躯体虐待使儿童有更高的出现攻击性的可能。与正常儿童相比，受虐儿童也更可能表现出容易分心、过度活跃和注意力不集中，这些正是经受注意调节障碍的儿童的特征。受到躯体和性虐待的儿童也表现出可能存在亚临床或非病理性游离的注意失调，包括白日梦、茫然的凝视和困惑。情感调节的缺陷也同样明显，受虐儿童可能比正常儿童较少表现出适应性调节，并更可能表现出情绪不稳/消极以及不适应情境的表情。由于这种调节行为、注意和情绪的能力，构成了儿童在许多关键领域的适应功能的基础，这些领域包括自我发展、学业成就和人际关系等，因此受虐儿童在调节能力上普遍存在的缺陷引起人们的特别关注(Cicchetti, 1989, 1991; Shonk & Cicchetti, 2001)。

Shields 和 Cicchetti(1998)同样证实，注意调节能力缺损促成了受虐儿童的情绪调节不良。具体地说，注意缺损是虐待对情感不稳/消极、不适切的情感及情感调节不足的影响的中介变量。而亚临床和非病理性的游离的注意过程,也促进受虐儿童的情绪调节缺陷。因此,虐待似乎加强了对注意过程的破坏,导致儿童相对脱离周围环境和对环境的失察,以及对社会环境的过度调整和过度反应(Pollak & Tolley-Schell, 2003; Rieder & Cicchetti, 1989)。总之,这些缺陷似乎削弱了受虐儿童在社会场景中对情感和行为进行调节的能力。

在另一项研究中,Shields 和 Cicchetti(2001)考察了受其养育者虐待的儿童,以明确这些儿童与正常儿童相比是否更倾向于欺负他人和受同伴欺负。另一个焦点是探查情感在受虐儿童欺负行为和受欺负中的作用。研究发现,与正常儿童相比,受虐儿童更倾向于欺负其他儿童。欺负他人在经历过虐待行为(躯体或性虐待)的儿童中特别多见。虐待也使儿童处于易受同伴欺负的危险中。正如他们所预料的,欺负和受欺负两种行为均可见到情绪调节问题。进一步的 Logistic 回归分析表明,情绪失调对区分欺负/受欺负儿童与没有表现出欺负或受欺负问题的儿童,具有独立贡献。此外,虐待对儿童欺负他人及受同伴欺负产生的影响,是通过情绪失调起作用的。

509

总的来说,关于学前期和学龄期受虐儿童的研究表明,情绪调节能力在受虐经历和发展结果之间的联系中起着中介作用。研究表明情绪调节困难对受虐儿童同伴关系具有负面影响,并促成行为障碍和心理病理的出现。而且,组织的发展观认为,在缺乏适应性自组织、与其他成人的积极体验和/或成功的干预时,这些困难很可能终身存在,并导致将来在人际关系和整体功能方面的障碍。

依恋关系的发展

优先依恋能力源于早期的情感调节和与养育者之间的互动。这些早期的亲子经验为儿童生物行为组织的出现提供了某种情境(Hofer, 1987; Pipp & Harmon, 1987)。具体地说,依恋前的亲子环境有助于塑造儿童生理调节和生物行为反应模式(Gunnar & Nelson, 1994; Schore, 1994, 2003a; Sroufe, 1996)。

更多明显的依恋表现将在一岁末变得显著起来,此时婴儿从养育者那里获得了安全感,并以此为基础探索外界环境(Sroufe, 1996)。以同步性和关系性以及适当的情感交流为特点的亲子互动,与该发展阶段的成功适应相联系。认识到养育者是可靠的和敏感的也十分关键,因为,养育者方面缺乏依随性的敏感性,可能妨碍婴儿在最初的依恋关系中形成安全感的能力(Cummings & Davies, 1996; Sroufe & Waters, 1977)。最后,儿童的任务是进入到一个目标修正的伙伴关系,在这种关系中养育者和儿童分享内在状态与目标(Bowlby, 1969/1982)。基于与最初的养育者形成的关系经历,儿童形成了关于依恋形象、他们自己以及涉及他们自己与他人的关系的表征模型(Bowlby, 1969/1982; Bretherton, 1985; Crittenden, 1990)。通过这些心理表征模型,儿童的情感、认知和关于未来的预期被组织起来,并被带到以后的交往关系中去(Sroufe & Fleeson, 1988)。

虽然受虐儿童的确形成依恋,但主要的问题在于依恋的质量以及他们关于依恋对象、自我及自我与他人的关系的内在表征模型。迄今已有的研究倾向于表明,受虐儿童与其养育者建立的依恋与正常儿童相比明显不安全(参见 Egeland & Sroufe, 1981; Schneider-Rosen, Braunwald, Carlson, & Cicchetti, 1985)。利用传统的 Ainsworth、Blehar、Waters

和 Wall(1978)的三部式分类系统进行考察，大概有 70%的受虐儿童可以归为不安全的焦虑/回避型(A 型)依恋或不安全的焦虑/拒绝型(C 型)依恋，剩下的 30%可归为安全依恋(B 型)。

通过对几个实验室提供的受虐婴儿和幼儿样本的录像进行仔细观察，发现这些儿童在陌生环境(Ainsworth & Witting, 1969)中的行为并不完全符合 Ainsworth 等人(1978)的分类系统标准(见 Egeland & Sroufe, 1981; Main & Solomon, 1990)。不同于形成典型的 A 型、B 型或 C 型依恋模式的婴儿，受虐婴儿通常缺乏有组织的策略来应对与养育者的分离和重聚。Main 和 Solomon(1986, 1990)把这种依恋模式称为紊乱/无方向型(D 型)。此外，这些婴儿在养育者出现时表现出怪异的行为，诸如活动和表情中断、茫然、呆立不动、平静无反应，以及忧惧。

在相应的工作方向上，Crittenden(1988)在对那些经历过各种形式的虐待的儿童进行的观察中，发现了另一种非典型的依恋模式。Crittenden 发现许多受虐儿童表现出异常的模式，对母亲存在中等到高水平的回避反应，同时混合有中等到高水平的拒绝反应。她将这种模式命名为回避—拒绝模式(A - C 型)。尽管在 Main & Solomon(1986, 1990)和 Crittenden 在关于紊乱的认识上存在理论上的区别，但是大部分研究者选择将这种 A - C 型依恋模式视为紊乱/无方向的 D 型的一个亚型(Cicchetti, Toth, & Lynch, 1995)。所有的研究者都认为 A - C 型和 D 型依恋代表了非典型的依恋模式。

510

在某种修订过的包含这些非典型模式的依恋分类图式中，受虐婴儿和幼儿表现出在不安全和非典型依恋方面更占优势(Barnett, Ganiban, & Cicchetti, 1999; Carlson, Cicchetti, Barnett, & Braunwald, 1989; Crittenden, 1988; Lyons-Ruth, Connell, Zoll, & Stahl, 1987)。把非典型依恋纳入分类图式的研究通常表明，受虐幼儿不安全依恋的比率高达 90%。而且，大约 80%的受虐婴儿及幼儿表现出紊乱依恋，这个比率远高于相似的低社会经济地位(SES)背景的正常婴儿和幼儿(Barnett et al., 1999; Carlson et al., 1989; Lyons-Ruth, Repacholi, Mcleod, & Silva, 1991)。

此外，受虐婴儿及幼儿在不安全依恋上表现出高度稳定性，而安全依恋的受虐儿童表现出依恋的不稳定(Cicchetti & Barnett, 1991a; Schneider-Rosen et al., 1985)。相反，未受虐儿童的安全依恋高度稳定，而不安全依恋更可能发生变化(Thompson, 1998)。而且研究表明，紊乱依恋在 12、18 和 24 个月时一直高度稳定(Barnett et al., 1999)。

某种自主的自我系统的发展

在一岁半到两岁期间，儿童对他们自己的自主性的知觉逐渐提高。在此年龄前，情绪调节实质上主要是感知运动。当自我感觉出现时，表征能力得到了提高(Sroufe, 1996)。因而，儿童能够运用诸如游戏和语言等符号能力来表达他们的需求和感受。这种发展转变也标志着自我调节的负担已从养育者转移到儿童。不过，这种发展任务的促进仍然需要养育者的存在及其积极响应。在这整个阶段中，儿童能够依赖于关于养育者的表征来减轻分离期间的苦恼。因此，这种源自于早期养育关系的关于自我和他人的表征模型，对于自我系统的持续发展有着重要的影响。

当自我组织面临新的发展任务时，受虐儿童自我发展的许多方面都可能受到影响，并且很可能影响到随后的人际关系。受虐儿童自我认识发展的研究，提供了一些关于他们正在形成的自我概念的认识。虽然受虐婴儿对镜中沾有胭脂标记的自己的辨认能力没有缺损，但他们比正常儿童更可能对视觉自我再认上表现出中性或消极的影响(Schneider-Rosen & Cicchetti, 1991)。

受虐儿童自我系统的其他缺陷也已被研究者注意到了。例如，受虐儿童较少谈及自己以及内心状态(Beeghly & Cicchetti, 1994)。不安全依恋的受虐儿童表现出最明显的内心状态语言缺乏(Beeghly & Cicchetti, 1994)。这种谈论内心状态和感受的能力是在学步后期发展起来的，其被认为反映了儿童关于自我—他人认知的出现，也是社会互动调节的基础(Beeghly & Cicchetti, 1994)。受虐儿童对于自己的消极感受以及谈论自身活动和状态能力的缺乏，可能阻碍他们形成成功的社会关系的能力发展。

特别是，受虐儿童似乎极不情愿谈论他们的负性内心状态(Beeghly & Cicchetti, 1994)。这一发现得到其他一些研究报告的证实，这些报告发现受虐儿童实际上可能压抑了负性情感，尤其是在与他们养育者有联系的情境的时候(Crittenden & DiLalla, 1988; Lynch & Cicchetti, 1991)。这可能是由于一些受虐儿童采取了某种旨在压抑他们自己的消极感受的表露的策略，以避免引起养育者的敌对反应(Cicchetti, 1991)。虽然这个策略在虐待关系的情境中可能是具有适应性的，但在其他人际关系情境中它可能会变得不适应并缺乏处理能力。此外，受虐儿童不能觉察和谈论苦恼，这可能在这些儿童对同伴产生移情时出现的困难中起着某种重要作用(Main & George, 1985; Troy & Sroufe, 1987)。

在另一项自我发展的研究中，Alessandri 和 Lewis(1996)检查了受虐儿童对羞耻和自豪这些自我意识的情绪表达。这些自我意识的情绪，部分源自 2 到 3 岁间儿童开始出现的认知能力。此类情感包括窘困、自豪、羞耻和内疚。特别是，这种在心理上表征对照标准的能力、客观的自我觉知和自我评价，以及对结果进行思考并作个人能力归因的能力，似乎是羞耻和自豪发展的认知能力前提(Kagan, 1981; Lewis & Brooks-Gunn, 1979; Sroufe, 1996)。

511

Alessandri 和 Lewis(1996)发现受虐女童比正常女童较多表现出羞耻感及较少的自豪感。另一方面，受虐男童比正常男童较少表现出羞耻感和自豪感。特别是，受虐女童在诸如学业情境方面较少表现出自豪感与较多的羞耻感，这个发现表明，这些女童有出现自我发展功能失调或障碍及学校适应不良的高度风险(参见 Cicchetti, 1989)。相反，受虐男童较少表现出羞耻和自豪，他们形成了策略，将他们的困难归因于他人的特征，并采用表现出来的行为来应对人际困难。

Koenig、Cicchetti 和 Rogosch(2000)研究了受虐和非受虐学龄前儿童的依从行为及不依从行为。在半结构化的自由活动之后，紧接着对没有玩具的环境中与母亲在一起的儿童进行观察。儿童依从/非依从的特点包括某种从依赖于外界控制到依赖于内在机制的转换，因此反映儿童对母亲日常议程的内化(Kochanska, Aksan & Koenig, 1995)。研究者对学前儿童的两种受虐亚型进行了研究，即受躯体虐待与忽视。与未受虐儿童相比，受虐儿童较少表现出内化，而被忽视儿童则明显表现出更多的消极情感。具体而言，受虐儿童更倾向于表现出情境性依从而非承诺性依从。情境性依从策略包括压抑消极行为并即刻依从于母亲的指示。由于受虐儿童似乎歪曲了他们自己的知觉和情绪反应，因此这些幼童可能会形成某种"虚假的自我"，其中外显的表达并没有反映内心状态。这可能妨碍受躯体虐待儿童向他人表达他们真实需求的能力发展，从而促成需求满足的缺乏和情感调节困难。

此外，受忽视儿童消极情绪增加被证实对儿童的道德发展高度有害，因为将生气或消极感受向内投射而非向他人投射，对于内疚感的发展至关重要。内疚感的内化对于激发儿童抑制反社会行为和进行亲社会行为必不可少。另一种解释是，在受忽视儿童身上见到的这种消极情绪并不表示生气，而可能是表示羞耻或窘迫的感受，从而将这些儿童置于发生抑郁的危险之中。而且，受虐与非受虐儿童在可用以预测儿童内化发展的母亲变量方面存在差异。较低水平的母亲负性情感与受虐儿童的内化有联系，而较低水平的母亲快乐体验可预测未受虐儿童的内化。

旨在帮助受虐儿童对他们的认知和情绪进行确认和表达的干预，特别是关于他们的依恋对象的认知和情绪进行确认和表达方面的干预，可以降低自我系统的紊乱。专注于提高母亲对儿童感受和需要的敏感性和反应能力的干预也是十分重要的。

在一项深入的与自我有关的发展研究中，Cicchetti、Rogosch、Maughan、Toth 和 Bruce (2003)分别对低社会经济地位(SES)的受虐、低 SES 未受虐、中等 SES 受虐和中等 SES 未受虐的 3—8 岁儿童的错误信念理解(心理理论的一个方面)进行考察。错误信念理解，这种推测他人在某一特定情境下相信事实如何的能力的发展，被认为是社交技能和社会思维的一个关键成分(Perner, 1991; Wellman, 1990)。知道不同个体对于相同情境可能有不同想法，这是一个重要的成就，它使得对他人在各种不同场合下将会做什么进行预测变得可能。因此，错误信念理解被认为是心理表征理论的某种标志(Perner, 1991)。虽然幼儿早在 2 岁时就有了心理状态的认识，但在 4 岁前他们仍然不能理解作为推断他人想法所必不可少的表征状态。这个概念认识上的进步被形容为是对行为理解从以情境为基础到以表征为基础的转变(Perner, 1991)。而且，4 岁时获得这种错误信念理解，这一发现已经得到诸多强有力的实验研究的支持(Wellman, Cross, & Watson, 2001)。

512

在语言心理年龄为 49 个月或以上的儿童中，研究发现虐待与心理理论发展迟滞有关，而且这种关系独立于实足年龄和 SES 的影响(Cicchetti, Rogosch, et al., 2003)。学步期偶发虐待、学步期开始出现虐待及躯体虐待，是与心理理论发展迟滞有关的虐待特征。学步期的虐待与心理理论缺损之间的关系的核心，源自于自我发展对错误信念理解的重要性。内部状态语言、个性化和自我—他人分化的增强、语言的进步、概念发展和符号功能的成熟，以及自我意识情绪的发展，这些都发生于儿童早期。受虐儿童在自我发展的这些方面表现出困难，而这些发展的每一方面都是心理理论发展的前兆(Cicchetti, 1991)。因此，粗暴的养育，特别是当它发生于儿童生命早期时，将损害心理理论能力的发展。

总的来说，儿童虐待对自主的连贯的自我系统发展有不利影响。在最极端的案例中，受虐的经历可能导致自我界定和自我调节出现根本性的严重紊乱(Fischer & Ayoub, 1994; Westen, 1994),包括分裂性障碍(dissociative disorders)的产生。

表征模型

表征模型(Bowlby, 1969/1982; Bretherton, 1985; Crittenden, 1990)被认为在不同功能领域的发展连续性中起着重要作用。例如,在正常人群中,儿童与其主要照料者的依恋关系质量与他们对自我及他人的认识的复杂程度有关(Beeghly & Cicchetti, 1994; Sroufe, 1996)。在受虐儿童中,他们的依恋经历促使他们在与同伴的关系中会受到伤害(Main & George, 1985; Shields & Cicchetti, 2001; Troy & Sroufe, 1987)。此外,受虐儿童对其与母亲的关系质量的感知,对这些儿童关于与他人关系(如同龄人、密友、老师)的感受具有显著影响(Lynch & Cicchetti, 1991, 1992; Toth & Cicchetti, 1996)。

最初,幼儿通过与养育者的反复互动来形成对于未来人际接触的性质的预期。这些预期构成了关于自身、他人及自身与他人关系的表征模型的基础(Bowlby, 1969/1982)。儿童的模型反映了他们关于他人出现的可能性及可能有何行动的预期,与之互补的模型则是关于自己的价值和自我的能力的模型。

有理论推断,对不同的关系对象儿童能够形成独立的表征模型,这些模型与其自我模型相互补(见 Lynch & Cicchetti, 1991; Toth & Cicchetti, 1996)。各个关系的表征模型包含有这些关系所特有的信息。关于某个他人出现的可能性、自己有多大可能引发自己所希望的这个人的反应、对该关系的态度和义务、一级这种关系的情感基调等方面的预期,均是可能融入到特定关系的模型中的信息。

在发展进程中,来自这些特定模型的信息可能整合在一起,构成更为一般的关系模型的一部分(Crittenden, 1990)。这些关于自我和他人的一般模型,允许个人预测他人将会有何行为和反应,及预测自己在更广泛的社会情境中可能取得什么程度的成功。

由于他们的养育经历,受虐儿童极有可能对他人将有何行动以及自己与他人的交往能否成功产生消极预期。在产生这些预期时,受虐儿童可能会同时对来自特定关系模型的信息以及来自一般关系模型的信息进行评估。

起初,特殊和一般的表征模型或多或少对新输入及之后的重新调整是保持开放的(Crittenden & Ainsworth, 1989)。这一开放模型类似于 Bowlby(1969/1982)所谓的"工作模型"。然而,随着言语和认知能力的提高,儿童的表征模型可能变得更为封闭,不受新经历的影响(Crittenden & Ainsworth, 1989)。概念过程及符号功能,取代了在表征模型形成和整合中的实际经历情节。在缺乏有效的干预时,可能要等到青春期,当儿童获得形式运算时,他们才能回想以往的经历。

513

对新的人际信息封闭的表征模型,对那些曾经历不安全依赖和虐待的儿童可能极其有害。家长们解释他们的粗暴行为是为了孩子好,这成为了儿童关于他们自己和他人的模型的组织原则。而且,一些儿童可能开始采用某种认知加工筛选与关系有关的信息,以回避某种生气的关系所带来的情感不适(Bowlby, 1980)。例如,有研究表明,受虐儿童倾向于将他们感知中比较消极的方面从意识中分离(Beeghly & Cicchetti, 1994; Stovall & Craig,

1990)。结果,这些儿童关于他们自己及他人的表征,可能不再对其他可能是积极的经历开放。相反,他们带着比较消极的一般预期参与到与他人的互动中,导致他们比较难以处理与他人的关系。反复失败的人际交往经历会强化他们消极的表征模型,使得他们对未来可能是积极的人际交往经历开放的可能性更小。

研究已经开始证实受虐及非受虐儿童的表征模型之间的不同。受虐儿童区别于非受虐儿童,表现在他们在各类不同的投射评估中关于自我和他人的感知,以及他们对关系世界所持的消极看法,诚如在投射故事中所呈现的(McCrone, Egeland, Kalkoske, & Carlson, 1994; Stovall & Craig, 1990)。此外,受虐儿童述说的故事中较少涉及成人及同伴与儿童相互报以温和的态度的内容,较多涉及基于他们自己的不良行为来为父母不友善行为进行辩护的内容(Dean, Malik, Richards, & Stringer, 1986)。

在我们的实验室中,我们进行了数项研究,考察学前和学龄期受虐儿童关于养育者、他们自己和他们自己与他人的关系的表征模型。这些研究通常均使用 MacArthur 故事主干成套测验(MSSB; Bretherton, Ridgeway, & Cassidy, 1990)。MSSB 包含有许多故事的开头,这些开头描述的是一系列家庭成员之间充满情绪的互动。每个故事主干涉及一组家庭玩偶,其中包括一个父亲、一个母亲及两个同性别的儿童玩偶。玩偶的性别和人种与儿童的情况相匹配。每次叙述中,先由研究人员向儿童叙述故事的开头,再由儿童利用人物和简单道具完成故事。叙述过程进行录像,然后依照 MacAthur 叙事编码手册(Robinson, Mantz-Simmons, & Macfie, 1991)进行编码,这个系统以某种有或无的方法对内容、表征和儿童表现进行评定。例如,内容领域的编码方面包括攻击性、儿童伤害、对抗和移情(Robinson et al., 1991)。系统也对儿童关于父母和自我的表征以及儿童的行为进行评定。在许多以正常和高危儿童为对象的研究中均得到可靠编码的变量包括积极和消极的母亲表征、积极和消极的自我表征、控制性、与测验者之间的关系(例如参见 Emde, Wolf, & Oppenheim, 2003; Oppenheim, Emde & Warren, 1997)。

Toth, Cicchetti, Macfie 和 Emde(1997)利用 MSSB 对受忽视、躯体虐待、性虐待和未受虐学前儿童的母亲表征和自我表征进行考察。与正常儿童相比,受虐儿童的叙述中包含了更多消极的母亲表征和自我表征。受虐学前儿童与检查者的关系中有较多的控制性,较少的响应性。我们研究了不同虐待亚型对母亲表征和自我表征的不同影响,发现受躯体虐待儿童的母亲表征最消极,而且他们也比正常儿童持有更消极的自我表征。遭受性虐待的儿童比受忽视儿童表现出比较积极的自我表征。虽然他们的母亲表征和自我表征的性质有区别,但与受忽视儿童及正常儿童相比,受躯体虐待和受性虐待的学前儿童都对考察者表现出较多的控制与较少的响应。

514

考察受躯体虐待、受性虐待和受忽视儿童在自我表征变量上所表现出来的不同模式,对各个儿童群体的表征模型提出了有趣的解释。受性虐待儿童有高水平的积极自我表征,这一结果提出了一个可能性,即这些表征并非真实的自我,而是与文献中所描绘的"虚假自我"更为一致(Calverly, Fischer, & Ayoub, 1994; Crittenden & DiLalla, 1988)。

尽管受躯体虐待儿童有高水平的消极自我表征,但是有低水平的积极自我表征的是受忽视儿童。因此，这两组受虐儿童的区别在于他们自我看法中的积极方面与消极方面的效价上。受忽视儿童的积极自我表征受限定这一事实，与这些儿童的生活现实相符合，在实际生活中他们的基本需求可能极少受到关注。相反，受躯体虐待儿童尽管也面对养育功能不良，但可能经历在躯体上虐待他们的父母对其作出反应的时期，这种反应甚至很可能是积极的。因此，受躯体虐待儿童更可能形成某种积极的自我感受，而受忽视儿童在这方面的机会就少得多。此外，受忽视的倾向是某种更趋于持续性的长期的涉及父母失职行为的条件，而躯体虐待则可能是间断发生的行为，这些情况也影响在两组儿童身上发现的这些差异。受躯体虐待儿童也似乎能准确感知到他们的养育环境的消极性质，诚如他们的高水平的消极母亲表征所示，该事实证实他们可能拥有某种力量。如果受虐儿童直面虐待的消极面而非倾向于否认该现实，那么帮助他们克服受虐经历史的影响则可能更为现实。

基于不同受虐儿童之间所表现出来的这些差异，这类研究对干预实践也具有一些有趣的启示。具体地说，对于受性虐待的儿童，干预时可能需要解决他们的父母和自我的表征模型的真实性问题，特别是在儿童表现出行为困难的时候，诚如他们的控制性和对检查者缺乏响应所示。对于受躯体虐待儿童，他们高水平的消极自我表征以及这类表征可能泛化到其他对象最好利用某种治疗关系加以解决，以培养某种比较积极的自我表征，这进而可能提高他们与其他人建立积极关系的接受能力。最后，受忽视儿童表现出低水平的积极自我表征，而在其他变量上处于相对平均的水平(例如既与未受虐儿童无区别，也和其他受虐儿童无区别)，这提示着他们很可能容易为能够促进自我感知的干预系统所忽视。正是这类儿童最可能受忽视，进而将这种渗透到他们生活中的被忽视经历长期保留下去。

在一项相关的研究中，Macfie 等(1999)检测了受虐与未受虐学前儿童的这些叙述性表征。使用 MSSB 的故事叙述方法，Macfie 及其同事发现，与未受虐儿童相比，受虐儿童将父母和儿童均描述为较少做出响应以缓解儿童角色的苦恼。而且，研究发现，受虐儿童更频繁地打破叙述框架，并投入到故事中以缓解所叙述的儿童角色的苦恼。此外，不同的受虐亚型表现出不同的模式。与未受虐儿童相比，受虐儿童(性虐待或躯体虐待，或两者皆有；大部分同时遭受忽视)与受忽视儿童(未受到性虐待及躯体虐待)将父母描述为较少对儿童的苦恼做出响应。而且，与受虐待及正常儿童相比，受忽视儿童将儿童角色描述为较少对自己的苦恼做出响应。研究也发现，与正常儿童相比，受虐儿童更经常投入到故事中，试图缓解故事中儿童角色的苦恼。而且与正常儿童相比，受虐儿童的叙述中更多出现角色颠倒。

如果未受躯体和性虐待的受忽视儿童将父母或其他儿童表述为没有对痛苦的儿童作出反应，那么这些受忽视儿童可能会在面对他人的痛苦中相对被动地成长。然而，如果受虐儿童(特别是受躯体虐待儿童)将父母形容为不对孩子的痛苦做出响应，却将孩子视为采择了某种与父母相颠倒的角色，那么这些受虐儿童可能形成把关系与给予照顾联系起来的表征模型，而非与接受照顾联系起来的表征(Cicchetti, 1989)。正常发展似乎依赖于将敏感的父母内化，而不是要求儿童对父母的需求过度响应。角色颠倒可能在表面上类似于成熟，然而，当觉得自己是被迫去理解和照顾他人时，受虐儿童可能无法学会如何满足自己的需求。

515

在这种虐待环境中是适应的反应模式，在更宽泛的外界中可能是适应不良的(Cicchetti, 1991)。

在另一项关于受虐儿童的表征模型的研究中，Shields 等人(2001)发现，适应不良的表征与家庭和同伴关系紊乱持续存在有关。具体地说，研究发现，与未受虐的儿童相比，受虐学龄儿童的表征(用我们实验室里发展起来的 Rochester Parenting Story Narratives 进行编码)更为消极/限制，且比较不够积极与连贯性。而且，儿童关于其父母的表征在虐待对同伴排斥的影响中起着中介作用。

Shields 和同事(2001)也确定了一个表征产生作用的机制，即通过削弱儿童在进入新的社会群体时的情感调节而发生作用。当依恋关系受到干扰时，焦虑、唤起和生气反应就发挥重要作用，帮助儿童调节与养育者的亲近程度及动员资源以应对危险与威胁(Cassidy, 1994; Kobak, 1999; Thompson & Calkins, 1996)。然而，适应不良的表征即使在中性或友好的同伴情境中也可能引发类似的情绪反应，因为表征提供了某种过滤作用，可对有关新的社会际遇的信息进行过滤。适应不良的防御方式，其被认为是儿童表征缺乏一致性的基础，也将削弱儿童在社会情境中处理他们的情绪唤起的能力。反过来，同伴可能以回避、拒斥甚至欺骗的方式，对受虐儿童的情绪和行为失调作出反应(Rogosch & Cicchetti, 1994; Shields & Cicchetti, 2001)。因此，适应不良的表征可能会促成已经在受虐儿童身上见到的这种情绪调节不良(Shields & Cicchetti, 1998)，从而形成一个复杂的交互作用链，强化并维持着不良的同伴关系和消极的社会关系表征。

那么，预防和干预如何打断这些不良关系的代际循环？一种可能有效的方法是增强受虐儿童社会信息加工的准确性和有效性，尤其是要特别关注加工模式如何影响儿童对家庭之外的关系的情绪反应(Dodge, Bates, & Pettit, 1990; Dodge, Pettit, & Bates, 1997; Rogosch, Cicchetti, & Aber, 1995)。增强受虐儿童面对同伴时的应对和问题解决能力的干预，也可能增加受虐和受忽视儿童形成并经历比较积极的同伴关系的可能性。

在一项关于受虐儿童表征模型的纵向研究中，Macfie、Cicchetti 和 Toth(2001)发现，受虐学前儿童在 MSSB 故事主干补缺任务中表现出更明显的分离。而且，虐待亚型分析显示，受性虐待和躯体虐待的儿童比无虐待组表现出更明显的分离，然而，受忽视儿童则没有表现出分离。因此，与缺乏关心的虐待相比，表现出虐待行为的虐待方式似乎更倾向于与分离有关。

此外，受虐与非受虐儿童在学前期间的分离轨迹上存在差异。受虐儿童，特别是经历性虐待和躯体虐待的儿童，在这一年的纵向研究过程中表现出越来越明显的分离，而未受虐儿童则表现出某种分离的下降。因此，受虐儿童在学前期并没有出现自我一致性增强的迹象(参见 Cicchetti, 1991)。然而，未受虐儿童的自我则比受虐待儿童保持更高的一致性。

Toth、Cicchetti、Macfie、Maughan 和 Van Meenan(2000)对受虐和非受虐儿童在 MSSB 评估中关于父母、自我以及儿童行为的叙述表征，进行了额外的一年期的纵向研究。有趣的是，在第一次测量阶段，这时儿童大约 4 岁，唯一存在显著差异的是受虐学前儿童较少表现出关于父母和自我的积极表征。然而，一年后，发现两类儿童表现出更多的关于家长和自我的消极表征,以及更多指向测验者的消极行为。因此,在学前期这一人们所关注的自我发展转化时期,受虐儿童的表征模型似乎变得越来越消极。

这些发现表明,在学前早期对受虐儿童进行干预可能是十分关键的,此时他们的表征模型更容易被对其与养育者的消极经历构成挑战的其他关系的经历所修正。正如我们之前所述,数项研究发现,受虐儿童与主要养育者的关系安全和与非养育者之间的关系安全性之间有着显著的一致性。受虐儿童倾向于将这种关于依恋对象的消极表征模型泛化到以后的关系对象,这一事实突出了在关系模型尚容易发生改变时采取干预的必要性。因此,在关于自我和他人的消极表征模型定型之前采取干预,可能比这些消极表征模型定型之后开始干预更为有效。

将儿童虐待研究应用于实践:预防性干预的设计和实施

经验研究已经证明,生命早期的受虐经历对幼儿的发展与适应能力构成了严重的威胁。因此,阻止进一步的虐待及其不良后果是相当重要的。运用组织发展观,以及受虐儿童在依恋组织、自我发展和表征模型等方面表现出缺损的经验研究指导下,在实验室中我们在受虐儿童的生命早期实施了两类随机化控制的干预试验,两类干预试验分别实施于婴儿期和学前期,以阻止伴随虐待而出现并且是日后适应不良前兆的发展缺损。由于篇幅所限,我们选择的研究综述集中于关注因儿童虐待而受到损害的个体发展方面。然而,必须指出的是,虐待及其效应涉及个体社会生态环境多个水平之间的相互影响。我们更为广泛的研究方案中考虑到了这类生态学影响,并且在有关情境中,它们也引导着我们的预防性干预的设计。以下将讨论这些干预试验。

对受虐儿童的预防性干预

研究者基于依恋理论设计了许多干预方案,用于多重问题的高危人群(Egeland & Erickson, 1990; Erickson, Korfmacher, & Egeland, 1992; Lieberman, Weston, & Paul, 1991; Lyons-Ruth, Connell, Grunebaum, & Botein, 1990)。关于依恋,理论家们仍然争议不断的是,改变父母的依恋组织(包括他们有关孩子的表征)是否可以提高养育水平,或者反过来,提高养育水平可以独立于父母的依恋表征,促进亲子之间更为安全的依恋关系。在一项目关于12个旨在考察预防或治疗性干预对于提高父母敏感性或儿童依恋安全感中的效应的研究进行的元分析中,Van IJzendoorn、Juffer和Duyvesteyn(1995)总结发现,干预在提高母亲敏感性方面比促进儿童依恋安全感方面更为有效。特别重要的是,Van IJzendoorn等人同时发现,父母表征模型和婴儿依恋之间的联系强于母亲敏感性和依恋之间的联系,并且把敏感性作为中介变量进行控制后,前一关系仍然保持显著。在一项更新的关于预防干预对于提高父母敏感性和儿童依恋安全感的作用的元分析中,Bakermans-Kranenburg、Van IJzendoorn和Juffer(2003)总结发现,最有效的干预均使用了数量适中的疗程并专注于行为。然而,在该元分析中,只有三项随机化研究(均实施于多重问题人群),

被描述为是集中进行的且有着许多疗程的。这些干预也十分宽泛，是对行为干预、表征干预和支持干预的综合使用。因此，我们认为，特定类型的行为干预与非行为干预的有效性如何仍然需要进一步的研究，并且我们提供了两类竞争性的干预模型，一种是解决取向的，另一种则更专注于母亲的表征。

517

虽然同样是通过改善依恋的不安全感以防止受虐婴儿适应不良的发展这一目标，但我们采取了两种不同的干预模型。第一种模型，是心理教育方面的养育干预(PPI)，其与社会生态学视角相一致，基础是虐待的病原学模型，强调父母角色的压力及养育技能缺乏在虐待中的作用，因此倡导为父母提供社会支持和养育训练以减轻他们的压力，增进更为积极的养育方式，减少儿童虐待。第一种模型是婴儿—父母心理治疗(IPP)，其基础是研究发现，亲子依恋对于促进儿童的积极发展、改善亲子互动和减少儿童虐待有着重要作用。这个模型包含了母亲—婴儿双重治疗的疗程，旨在通过改变消极的母亲表征模型对亲子互动的影响，以改善亲子依恋关系。我们对两种干预模型中母亲与受虐婴儿在干预前和干预后的功能，与接受一般社区服务[社区标准(CS)组]的母亲与婴儿进行比较。对第四组，即在人口学上具有可比性的母亲及其未受虐婴儿所组成的未受虐对照组(NC)，也同样进行评估。所有受虐婴儿及其母亲被随机分配到 PPI、IPP 或 CS 组。

在婴儿近 12 个月时开始干预工作，并持续 1 年时间。在基线水平(12 个月时)和干预结束(24 个月时)采用陌生情境范式对依恋品质进行评估，以评价干预的效果。

参与该研究的母亲与婴儿组在人口学上具有可比性，包括性别、社会经济地位、种族和家庭结构等。所有婴儿均与他们的生母共同居住。此外，所有受虐婴儿的母亲均已被确认为虐待行为实施者。研究并不因种族或人种因素方面平衡的考虑而将有关家庭排除在研究之外，参与者的种族背景反映了儿童虐待受害者的人口统计学特点。参与预防性干预的母亲和婴儿不能有明显的认知或躯体缺陷，以免妨碍他们理解或参与研究或临床干预。

我们基于 DHHS 收到的所有报告对虐待情况作独立的判断，而不是完全依靠由 DHHS 所做出的确认的虐待报告(即那些的确是经合法确认的虐待报告)。虽然这个策略与某种更为法定的虐待分类法相对背离，但基于许多方面的原因，我们认为这是最好的做法。最重要的原因或许是，伴随着用于解决这一社会问题的经济来源的逐渐缩减，过去十年确认的虐待报告也逐渐减少。而且，这种确认的虐待报告的减少甚至出现在需要确认的报告的数量增加的时候。这种倾向暗示，权威机构只确认最严重的虐待案例，而使许多儿童仍处于危险和孤立无援之中。从 Manly 等人(1994)的研究发现来看，更严重的虐待并不一定意味着更为严重的预后，这个问题特别值得关注。我们并没按照当前 DHHS 的办法，将实际受虐待的儿童却归类为未受虐儿童，即把因错误消极的养育方式而受虐待的儿童排除在外，而是对报告给权威机构的案例或认为有高度的虐待危险的案例进行独立评估。为了这个目的，我们用 Barnett 等人(1993)发展起来的疾病分类系统对 DHHS 案例进行编码。

为了推动受虐婴儿和他们的母亲参加我们的研究计划，DHHS 同意其儿童保护小组的一位主管驻留在我处，作为我们的工作组和家庭的联络员。我们为此支付他一定的薪酬以确保他能全力为我们的研究工作服务，而不仅是作为 DHHS 工作人员的身份。而且，由于保密原因的限制，只有 DHHS 的工作人员才掌握那些因虐待而被评估的家庭的情况。所以最初联系那些家庭的人必须是 DHHS 的工作人员。我们要求 DHHS 的联络员联系所有符合我们入组标准的家庭，询问是否愿意与我们签约。因此，DHHS 联络员在联系家庭时不会出现任何选择性偏倚。我们也要求联络员记录下不愿与我们签约的所有家庭的信息。最后，是我们项目工作人员，而非 DHHS，独立负责将参加研究的家庭随机分到各个治疗条件。所有符合加入标准的受虐儿童母亲被预先告知我们的研究计划，并被征询是否愿意参加。

518

为了防止参与者可能出现的被迫感，研究强调参与的自愿原则，并且向母亲保证不参加研究计划并不影响其在 DHHS 中的地位。而我们也强调，通过参加研究计划母亲及其婴儿将可能得到额外的服务。通过与 DHHS 联络员紧密协作，以确保能在维护家庭隐私的情况下及时完成参与者家庭的招募工作。只有在签署了知情同意书之后，我们的项目成员才得以知晓家庭的名字。由于我们也考察 CS 组，重要的是要澄清，参加研究的家庭并不一定就会被分到干预模型组中。不过，同意参与意味着愿意参加我们的研究计划，并有可能接受促进性的服务。

所有家庭，不管是否有虐待现象，均一样被告知：作为 DHHS 的委托报告者，我们项目组有责任将任何可疑的虐待现象报告给 DHHS。基于我们关于来自低社会经济地位背景的虐待及非虐待家庭的研究经验，我们发现如果以某种开放、敏感的方式进行，并且目的是为了给这些家庭提供其所需要的支持，那么他们是能够接受此类报告的。

非虐待家庭是从贫困家庭临时援助(TANF)的接受者名单中随机选择的。以往的经验已经发现大部分 DHHS 记录的虐待家庭在社会经济上都处于不利地位，所以利用 TANF 名单可以为我们提供在人口统计学上相类似的人群。虽然所有家庭都被问及是否接受过保护性服务，但我们发现并非每个家庭都乐意提供这一信息。所以在初次接触中，我们必须获准通过检索 DHHS 登记的数据以确认其真的是不存在虐待的情形。此外，我们对 NC 组的母亲实施 MMCI，作为某种独立的非虐待情形的确认方法。任何不同意此方案的家庭，都不会纳入到研究计划。只有那些通过 DHHS 检索发现从未接受过保护性或预防性服务的家庭，才会纳入对照组样本中。在整个干预试验中，我们每年都会对 DHHS 记录进行一次评估，以确定是否有涉及虐待组和对照组参与者的虐待新记录，MMCI 也每年实施一次。

实施过程中的挑战

在开始干预前，极其重要的是要认识到，由于这种干预评估包含有某种随机控制的临床效能试验，所以需要严格的纳入和排除标准以确保参与者具有充分的同质性。治疗要具有可操作性，并且所有的治疗师都接受了广泛的培训和进程督导。在全部的干预评估中，我们实行了每周个人督导、每周集体交流和录像案例讨论。此外，我们利用列表清单评估干预参数的一致性。此种方法与实施于实际临床场景的临床有效性试验有很大区别，后者关于案例构成人员有着更多的限制。遗憾的是，现有的许多关于儿童干预有效性的证据都是来源于功效试验；旨在确证这种临床治疗有效性的研究发现试验的成功率很低，与未受治疗的儿童的发展结果没有实质性的差异(Weisz, Donenberg, Han, & Weiss, 1995; Weisz, Rudolph, Granger, & Sweeney, 1992)。这个事实不仅突出了确立干预有效性的重要性，而且突出了确立如何更好地将从功效试验中获得的知识迁移到实际临床场景的重要性。

在实施诸如此类的功效试验时，最初的参与者招募工作可能很有挑战性。首先，很难向社区工作伙伴解释为何有些人不适合干预条件。坚持严格的纳入和排除标准有时可能使社区服务提供者感到气恼。此外，对研究工作不熟悉的个人解释随机化过程也很困难。我们发现重要的是，要从一开始就尝试传达这种干预是以最可能实现功效最大化的方式加以设计的。一旦功效得以确立，则这种干预就可应用于更多存在多重问题的同质性人群。除非干预评估符合科学标准，否则这种确证功效的努力尝试是不可靠的，其最终在临床场景中的应用也会受到损害。

519

类似地，潜在的患者也可能难以理解为何他们不能接受所选的治疗。从某种伦理实践的角度来看，适合他们的治疗将由"抛硬币来决定"，这一点需要告知参与研究的家庭而我们则需要寻求他们去认同接受这种随机结果。如果某位潜在的参与者不愿接受随机分配治疗条件的方法，则他们就不适合继续参加研究计划，将会被推介到其他的社区服务机构。

一旦他们参与研究，则使参与者持续接受干预评估显得尤其重要。我们为所有的研究探访提供了交通工具，尽管如此，中断和失访率仍然近于50%。鉴于所服务的这个人群，其特征属性是一个需要考虑的主要问题。频繁的迁移、卷入非法活动和入狱、将儿童置于看护机构等，所有这些均可能使参与纵向实验研究的人数逐渐减少。一个实例有助于阐明这一点。

在一次基于家庭的研究访视期间，我们的研究助手到了一位单亲母亲的住处。到访视时，纳入研究计划的这位儿童年龄为24个月，而这个家庭参加研究也有1年。研究者在敲门时听到小孩的哭声，但不断的敲门和呼叫仍无回应，孩子也哭个不停。出于关心，我们找来了一位附近的警察并向他解释了情况。警察进入房子，发现一个8个月大的婴儿单独在屋内。母亲不久和她2岁的孩子回来，发现警察对其无人看管的婴儿进行监护。她说她是因为去商店而短暂离开孩子。这个家庭以往有儿童忽视的记录，因此这个婴儿随后被带到看护机构，而母亲被控以疏于监护而入狱。这个2岁儿童也被带到看护机构。我们的研究人员为此十分沮丧。在母亲入狱期间我们与她取得联系，她说自己知道发生了什么。她承认自己需要帮助来给孩子提供适当的照顾。虽然我们与她保持联系，但她没有及时重新获得监护权以继续参与该评估。

这个案例描述揭示了，在对虐待人群实施干预评定的现实中，在许多水平上存在缺憾。所有工作人员均受过伦理学训练，应该报告可疑的虐待现象。如果可能，我们会先与监护人交谈，让他们知道对于任何可疑的虐待现象，我们在伦理和法律上都有责任加以报告。

参加我们的预防干预的家庭主要是少数民族和人种的成员，这一事实也要求研究人员应了解各种文化传统和习俗。虽然我们努力去招募多样化的工作人员，但大多数工作人员仍然不是少数民族。此外，作为新近毕业的大学生，他们的社会背景决定了他们对市中心的各种环境了解有限。我们认识到了这种危险性，即工作人员可能会对这些家庭的居住情境持有缺乏判断力的态度和敏感性。然而，认知与训练有时却让位于恐惧。一位参加我们的研究计划达几年的母亲曾记起一件特别深刻的事件。她笑着讲述了一个关于在她家里接受访谈的故事,这时街上一辆车的后部起火;由于害怕是发生枪击事件,其中一位年轻的研究者吓得跳到地上。我们将这个故事加入培训内容以帮助年轻的工作人员认识到,他们的行为并非没人注意,他们微妙的表情或行为,哪怕是无意的,都有可能传递出其嘲笑感。

我们也作了大量的努力以与参加者保持联系。我们定期寄出带有社区事件和儿童活动的通讯。我们也寄出生日卡片和节日贺卡,及定期抽奖赠送自我照顾的产品。中奖号码列在定期寄出的通讯中,我们也确保所有参加研究的家庭至少中一次奖。很明显,这些行为对于那些贫困孤立的人群而言是多么有意义。我们发现即使是未经干预的家庭也受益于我们所给予的关注,以及得益于觉得自己是一项重要努力工作的部分这种感受。

干预的描绘

我们已经举例说明了对低收入虐待人群的预防干预进行评估时所遇到的挑战,下面我们将注意力转向干预本身。如前所述,在干预研究中对两种有关干预的理论模型进行了评估。针对两种干预均设计了操作手册并加以实施。由于在接收到儿童虐待报告时,DHHS积极主动进行案例督导、管理或推介,因此这成为贯穿所有条件保持不变的变量。所以,所有被确定有虐待行为的家庭都接受某种服务,即使是他们并没有被随机分配到我们理论指导下设计的干预条件中。

520

对诸如此类存在多重问题的人群进行干预,需要对这些家庭经常面临的危机和挑战灵活处理和保持敏感。由于 DHHS 主动联系所有的家庭,对诸如充足食物和居住环境等问题提供持续的监测功能。虽然我们努力评估两种在理论上不同的治疗模型的潜在功效,但从伦理实践的角度讲,诸如家庭暴力、居住环境狭窄和物质滥用等问题出现时,也需要加以解决。我们的治疗模型关注于改善父母养育和减少虐待及其不良后果,但我们也必须对临床上与该人群接触中所遇到的大量相关问题做出响应。在这个问题上,两种治疗模型中的治疗师不仅接受大量与其所提供的治疗模型有关的训练,而且也在文化敏感性的重要性及如何对这些家庭所经历的大量需求进行处理方面进行训练。在我们看来,如果对虐待家庭需求缺乏敏感度,两类治疗模型都不可能有效。对这类需求做出响应的能力,也增加了将模型应用于临床场景的容易度。由于干预以家庭为基础,慰问和在暴力和吸毒均普遍的中心城区邻里间的应对技能,均是必不可少的。

社区标准。在 CS 条件中,DHHS 依照其标准方法处理案例。虽然在服务提供上存在不同,从不提供服务到推荐给现有的社区诊所,但该条件所代表的正式 PPI 和 IPP 模型用以进行比较的社区标准。利用 CS 对照组,我们可以确定标准方法对儿童和家庭功能的影响,如何不同于理论指导的服务。这种方法与其他的治疗性研究的方法相一致,例如美国健康研究院(National Institudes of Health)关于儿童注意缺陷/多动障碍的 MTA 研究(Arnold et al., 1997)。DHHS 用于有虐待报告并参与研究的家庭的这些方法,则通过某种标准化的服务问卷得以系统地记录下来。

心理教育养育干预模型。除了为有虐待行为的父母提供通常的服务(CS)外,PPI 模型还提供每周的家庭访视。作为一种防止脆弱儿童受伤害的有效模型,这种方法近年来再次出现(National Commission to Prevent Infant Mortality, 1989; Shirk et al., 2000; U. S.

Congress, 1988)。事实上,美国儿童虐待与忽视顾问委员会(U. S. Advisory Board on Child Abuse and Neglect, 1990)将家庭访视服务视为儿童虐待预防的最佳策略。关于家庭访视有效性的数据业已出现(Olds et al., 1997, 1998),而关于家庭访视服务对于发生儿童虐待行为的家庭的功效,以及家庭访视服务是否可能改变受虐婴儿未来的发展进程的评估,仍有待进一步的研究。

本研究中使用的 PPI 模型,其基础为治疗师每周进行 1 小时的家庭访视,旨在达到两个主要目标:为家长提供关于婴儿发展和与发展相适宜的养育技能方面的教育,发展母亲恰当的自我照顾技能,包括帮助母亲满足个人需求、增进适应功能以及提高社会支持。

与 Olds 及其同事的家庭访视模型(Olds & Kitzman, 1990)一致,治疗师接受训练,培训为其提供一个关于对母亲及儿童起影响作用的因素的生态学模型。这个模型试图阐明处于与母亲及儿童不同距离水平上的因素,如何互相作用形成一个影响功能的系统。在实践中,这导致同时对母亲的个人资源、社会支持以及可能影响母亲养育的家庭、家族和社区压力进行研究。我们聘请硕士水平的治疗师作为干预者,他们擅长于关注具有多重问题家庭的需求,知道如何使用社区资源,并且在解决家庭暴力方面有丰富经验。每周一次 60 分钟的家访持续了 12 个月。

521

PPI 模型是以心理教育为基础的模型,试图教育、增进养育,减少母亲压力,并提高生活满意度。这种方法的本质是说教式的,将具体的信息、事实、程序和做法提供给母亲。在促进父母养育和有关社会技能方面的核心议题内,我们强调在不同主题的时间安排上需要有弹性和自由度,以此适应不同母亲的需求。其他劣势群体家庭干预中也需要这种弹性机制。我们在一开始就在养育问题和母亲自我照顾方面对患者的需求进行评估,以明晰最需要干预的具体领域。因此,虽然每个母亲都总有一定范围的问题需要解决,但这个模型允许对某些与个别母亲关系特别密切领域予以特殊关注。

儿童—家长心理治疗模型。除了为有虐待行为的父母提供通常的服务(CS)外,该干预组中母婴双方都接受每周一次的 IPP 治疗。这种干预方法来源于 Selma Fraiberg 的经典文章"托儿所里的幽灵"(Fraiberg, Adelson, & Shapiro, 1975)。在 Fraiberg 的工作基础上,Albert Solnit 和 Sally Provence 等该领域的一些先驱者,以及 Alicia Lieberman(1991)对母婴心理治疗进行了最早的循证研究。

IPP 的支持者认为,单独的父母技能训练并不足以改变导致母婴依恋关系适应不良及未来适应不良的复杂影响模式。尽管在我们的 IPP 干预中提供了必要的发展指导,但有必要强调的是,这种指导反映了对母亲所提出问题的反应,并不包括说教、父母技能训练或示范。相反,IPP 关注于母婴关系及母亲的过去对当前养育的影响。

依照 IPP 的方法,我们力图解决如下目标:

1. 治疗师帮助母亲把移情反应、敏感度与协调性扩展到婴儿身上。

2. 治疗师推动母亲对婴儿自主性的培养,以及对母亲与婴儿目标进行积极的协调。

3. 改变源自母亲表征模型的关于婴儿的歪曲感知和反应,发展更为积极的婴儿表征。

每对母子每周都接受硕士水平的治疗师的访问，而这些治疗师则接受博士水平的临床心理学家的督导。治疗疗程以家庭为基础，以便于体验在现实生活情境中的母子互动及其挑战。在其家庭中接触母亲也是为了表示尊重，并表达对其处境的关注。会面持续时间为60分钟。同时对母子进行观察对于该方法极为关键。通过这种自然观察对婴儿行为以及母亲关于婴儿的体验进行解读，治疗师逐渐能够对母亲作出移情反应，增加父母对各个阶段所出现的突出问题的理解，以及探究母亲对婴儿的错误感知。

与PPI模型不同，PPI关注的是当前的行为，IPP模型的核心则在于母亲的互动史及其对母亲的关系表征的影响，特别是对最重要的关于与婴儿关系的表征的影响。因此，这个治疗模型不仅仅关注当前，而且将母亲的过去和母亲当前对婴儿的感知和反应联系起来。不同于PPI模型中，母亲与治疗师在一起探讨养育问题及养育者的自我照顾问题，IPP模型则依靠母婴双边关系作为治疗工作的"切入点"(Stern, 1995)。当母婴互动情境中体现出母亲的表征和歪曲时，就可能获得关于母亲表征影响养育的治疗启示。

IPP的许多方面均突出说明它是一种独特的干预方法。首先，IPP中的"病人"并不是一个人，而是母婴之间的关系。由于在更为传统的治疗中许多母亲不愿接受个别会见，关注关系的治疗则降低了这种可能阻扰他们寻求治疗的羞耻感和自责感(Stern, 1995)。因为早期亲子关系的许多行为发生于前言语的互动中，能够对互动进行观察对于认识并能够处理关系紊乱问题就显得十分关键。 522

用依恋理论的语言来讲，这种干预旨在为母亲提供某种在与治疗师的关系情境中校正性的情绪体验。对于那些在儿童期经历不良亲子关系及经常接触社会服务援助的消极体验的儿童，具有虐待行为的母亲通常预料他们的反应是拒绝、抛弃、批评和嘲笑。因此，克服这些消极预期，对于与治疗师建立某种积极治疗联系必不可少。开始时对母亲的具体支持和提供服务，通常为母亲创造了机会以开始信任治疗师。通过移情、尊重、关心、调节和持续的积极关注，治疗师为母亲和婴儿创造了一个支持性的环境，在其中可以内化在与他人的关系中及与婴儿的关系中关于自我的新体验。逐渐形成的关于治疗师的积极表征，可以用来与母亲在与父母的关系中的自我表征进行比较。通过这种治疗关系，母亲能够重建与他人关系中的自我表征，也能够重建与婴儿关系中的自我表征。

干预结果

我们最主要的干预结果测量之一是依恋。我们是用陌生情境任务进行测量，之后由那些对虐待状况及干预条件并不知情的个人进行编码。不同的编码人员对基线水平和干预后录像带进行评定，并确定评定者之间的一致性信度。在基线水平上，陌生情境程序(Ainsworth et al., 1978)中对母亲有安全依恋的婴儿比例，在三个虐待组(IPP、PPI、CS)之间没有差异。这一发现证明我们的随机化程序是成功的。很明显，在基线水平上，安全依恋的婴儿在IPP组为3.6%，PPI和CS组为0%。因此，与之前包含D型依恋编码的虐待研究文献相一致，(Barnett et al., 1999; Carlson et al., 1989)，很少有受虐婴儿形成对母亲的安全依恋。

虽然非虐待组婴儿的安全依恋比例显著高于虐待组，但非虐待组中只有39%安全依恋比例仍表明这是一个高度危险的对照组。事实上,他们的比例低于安全依恋的平均比例(大部分非危险样本的安全依恋比例在 50%到 60%之间)并不奇怪。我们前面已经提到,这些对照组儿童在许多社会人口统计指标上与受虐婴儿是非常接近的。

此外,在基线水平上,这三组受虐婴儿均表现出极高的依恋紊乱的比例。特别是,D 型依恋在 IPP 组占 86%,在 PPI 中占 82%,在 CS 组中占 91%。这一极高的紊乱依恋比例与受虐婴儿研究文献中的发现相一致(Bakermans-Kranenburg et al., 2003; Barnett et al., 1999; Carlson et al., 1999; Lyons-Ruth et al., 1991)。而 NC 组的紊乱依恋比例则只在 20%。

干预后的发现极富于说服力。CS 组受虐婴儿的安全依恋比例为 1.9%,相比基线水平的 0%并无明显提高。与之相比,两个干预组婴儿在安全依恋比例上,从基线水平到干预后的测量有了大幅度的提高(IPP: 3.6%—60.7%; PPI: 0%—54.5%)。最后,NC 组的安全依恋比例在基线水平和干预后评估中都为 39%。

统计分析表明,IPP 和 PPI 干预在校正依恋安全性上同样成功。鉴于 Bakermans-Kanenburg 等人的元分析(2003)预测 PPI 模型更为有效,这一发现无疑十分令人感兴趣。PPI 和 IPP 干预中的安全依恋比例显著大于 CS 组中的比例。而且,尽管干预组比 NC 组获得更高的依恋安全比例,但在统计学上 IPP、PPI 和 NC 组三者并无显著差异。

而且,在干预结束时的评估显示,在 IPP 组中 D 型依恋从 86%降至 32%,而 IPP 组从 82%降至 46%。相反,CS 组婴儿仍保持高的依恋紊乱比例(91%到 78%);NC 组中 D 型依恋在基线水平和干预后实质上是一样的(20%和 19%)。

523

对四组婴儿依恋组织稳定性的考察,进一步证实了两种干预的功效。具体地说,IPP 干预中有 57.1%的婴儿,PPI 干预中有 54.5%的婴儿改变了依恋组织,从不安全依恋到安全依恋。与之相比,CS 组中只有 1.9%的婴儿表现出某种类似的转变。

同样地,接受 IPP 干预的婴儿中有 57.1%,接受 PPI 干预的婴儿中有 45.5%,表现出从 D 型紊乱/无方向转变为某种有组织的依恋类型。与 CS 和 NC 组相比,两个干预组的 D 型依恋表现出更大程度的减少。

这一随机化预防性干预试验的结果表明,一种由依恋理论指导的干预(IPP)和一种专注于改善养育技能、提高母亲的儿童发展知识和促进虐待母亲的应对及社会支持技能的干预(PPI),两者均成功转变了受虐儿童的不安全依恋组织。因此,就像 Bowlby(1969/1982)所认为的那样,干预中的受虐婴儿关于依恋对象和自我与他人关系的表征模型,随着预防性干预发挥作用,变得积极起来。

鉴于这种干预的成功,开始变得重要的是要思考为何这些治疗模型能有效转变依恋的安全性,而以往的研究却做不到。这些干预的许多方面都可能与成功有关。首先,所有的治疗师在实施干预前都接受过广泛的训练,他们不仅熟悉这种干预的形式,并且熟悉指导干预设计的理论。所有的治疗师之前在涉及低收入虐待家庭方面有着相当丰富的工作经验。两种模型都操作模式化,每周提供个人和团体督导,治疗师在整个干预过程对处理各个个案时遵循各自的模型的情况进行监控。与心理健康门诊的通常情况相比,干预中待处理案件的数量保持在低得多的水平上,因此治疗师可以把相当多的时间用于母亲身上以及将治疗计划概念化。这种干预的积极结果,支持在更多的高花费干预项目上进行投资的重要性,这种干预包括允许治疗师有足够的时间接受训练和督导。

很明显,正如这种组织的观点所预测的,受虐儿童所表现出来的这种早期的不安全的、通常是紊乱的依恋,并不决定儿童在整个发展过程中就一定有低质量的关系预期和消极的自我表征。基于儿童虐待病因和发展结果的基础研究认识而设计的干预取得成功,意味着依恋组织是可以校正的,即使最初在样本中 D 型依恋占有很高的百分比。依照这种组织的观点,可以预测这些受虐儿童既然已经迈入一条更为积极的发展轨道,他们应当更可能持续走在一条适应性的道路上,并成功解决未来的重要发展任务(参见 Sroufe, Carlson, Levy, & Egeland, 1999)。这种预防性干预证明了行为可塑性是可能的,至少在生命早期是可能的。

对受虐学前儿童的预防性干预

学前期是对于符号和表征发展特别重要的一个时期;在此期间,源于依恋关系的自我表征模型及自我与他人关系的表征模型越来越趋于结构化和组织化。尽管发展中的儿童倾向于保持各种具体的个人关系模型,但这些模型会随着时间不断地整合成更为一般的关系模型(Crittenden, 1990),从而影响儿童未来的关系预期。由于受虐儿童将其养育经历的关系特征内化,他们很可能将消极的自我表征及自我与他人的关系表征推广至新的情境和关系模式中(Howes & Segal, 1993; Lynch & Cicchetti, 1996; Toth & Cicchetti, 1996)。

正如本章前面的文献综述中所提到的,大量研究已经证实虐待对受虐和受忽视儿童的表征发展的损害。横断和纵向研究提供了坚实的基础,可以得出结论:虐待的确对表征发展产生消极影响,这种影响随着发展进程变得越来越深入,并且体现于儿童叙述中的表征主题反映了他们的虐待经历并与儿童的行为问题有关(见 Toth et al., 2000)。基于我们的经验研究,我们认为发展和实施旨在修正受虐学前儿童适应不良的表征发展的干预是有积极意义的。 524

参与者的招募

我们用与招募受虐婴儿和对照组的做法相一致的程序,来招募学前儿童及其母亲。

干预结果

在基线水平和干预后的评估中,我们从之前描述过的 MSSB(Bretherton et al., 1990)中挑选出 11 个叙述故事主干测试题,个别施测于儿童被试。该故事叙述测试描绘的是亲子和家庭关系情境中的道德两难和情绪事件。叙述性故事主干中包含了一些情节,旨在诱发儿童关于亲子关系、自我、母亲对儿童违规的行为反应、家庭内冲突和儿童意外事件的感知。

研究者从儿童的故事叙述中对母亲表征进行编码。这些编码包括积极的母亲(母亲形象被形容为保护的、亲切的、关爱的、温暖或有帮助的)、消极母亲(母亲的形象被形容为爱惩罚的、粗暴的、不成功的或拒斥的)、控制性母亲(母亲的形象被形容为控制儿童的行为、没有任何约束的管教行为)、不协调的母亲(母亲的形象被形容为对儿童相关的情境采取对立或不一致的处理方式)、管制的母亲(母亲被形容为一个管制儿童的专制形象;不恰当和粗暴的惩罚方式不纳入此类,而是评定为坏母亲)。这里采用了某种有或无的编码方法,来评定儿童的母亲表征。

研究者从儿童的叙述中也对自我表征进行编码,编码的内容是与叙述中的任何儿童角色有关的任何行为或说法,或者在对叙述内容作出的反应中儿童被试似乎体验到的相关感受。自我表征的编码包括:积极自我(儿童形象在叙述中形容为移情的或有用的、自豪的、或在任何领域出现的自我感觉良好)、消极自我(儿童形象在叙述中被描述为对自我或他人的攻击性、体验羞愧感或自责感,或者在任何领域出现的自我感觉不佳)、假象自我(儿童形象在叙述中被描述为过于顺从或报告出不恰当的积极感受,比如在产生愤怒或恐惧的情境中)。与母亲表征编码程序相一致,儿童的自我表征评估也采用了有或无的计分方法。

除了母亲表征和自我表征编码外,研究还使用 Bickham 和 Fiese(1999)整体关系预期量表的修订版,以了解儿童对母子关系的预期。为满足当前研究的需要,我们将该量表进行修订以评估儿童对 11 项故事叙述中所描绘的母子关系的总体预期。与 Bickham 和 Fiese 编码程序一致,儿童关于母子关系的预期,是由全部 11 个故事中所描述的母子角色之间总体的可预测程度和可信任程度加以确定的。具体而言,使用了以下 5 个关系维度来帮助对儿童的母子关系总体预期进行编码:可预测对不可预测、失望对满足、支持或保护对威胁,温暖或亲近对冷淡或疏远,真诚或可信对虚假或欺骗。母子关系总体预期的等级评定为 5 点量表,从很低(参与者在叙述中将母子关系描述为不满意、不可预测和/或危险的)到很高(参与者在叙述中将母子关系描述成满意的、安全的、有益的和可信赖的)。

结果与临床的关联

由于所出现的大量预防和干预研究是以依恋理论为基础的(参见 Lieberman, 1991; Lieberman et al., 1991; Liberan & Zeanah, 1999),旨在考察预防和干预研究对发展理论的影响的工作无疑是很及时的。与 Bowlby(1969/1982)的理论和组织的发展观(Cicchetti & Schneider-Rosen, 1986; Sroufe & Rutter, 1984)相一致,与养育者形成不安全依恋关系的受虐儿童,自我系统功能及关于依恋对象、自我和自我与他人关系的表征模型上也表现出缺损(Cicchetti, 1991)。因此,旨在改变受虐儿童表征模型的干预极其重要。然而,需要确定的是哪种干预措施最有可能提高受虐儿童依恋的安全性。

525

学前儿童—家长心理治疗(preschooler-parent psychotherapy, PPP)干预组的儿童在适应不良的母亲表征上比 PPI 和 CS 组有更明显的下降。而且,参加 PPP 干预的儿童在消极自我表征上比 PPI、CS 和 NC 组也更明显降低。此外,与 PPI 组和 NC 组相比,在干预过程中 PPP 组儿童的母子关系预期变得更为积极。这些结果表明,由依恋理论指导的干预模型(PPP),在改善自我表征和关于养育者的表征上,比以说教方式改善养育技能的干预模型(PPI)更为有效。这些结果,再一次与关于母亲敏感性和儿童依恋为目标的干预研究的元分析所得出的预测(Bakermans-Kranenberg et al., 2003)相反。由于这种干预专注于改变表征模型(使用某种叙述故事任务进行测量),在 PPI 模型中预测会有更为明显的改善(如养育技能、儿童发展知识),但这一结果不可能在此类干预加以探究。与我们关于母亲—婴儿干预的影响因子的讨论中所描述的情形相一致,我们认为使用训练有素的治疗师、对治疗模型操作模式的坚持,以及对干预实施是否如实履行的监控,这些都与这些干预有效性的结果相关。而且,鉴于以往的研究发现母亲不安全依恋的类型会影响到母亲对不同的治疗策略的反应(Bakermans-Kranenburg, Juffer, & Van IJzendoorn, 1998),因此有必要评估母亲的基线水平依恋组织与干预结果的关系。

这些干预结果指出了自我表征和自我与他人关系的表征所具有的潜在可塑性,这在实施以依恋理论为指导的干预(PPP)时最为显著。我们并不认为婴儿存在敏感期,这时依恋关系变得逐渐不易于变化,相反我们的发现暗示着,至少在学前期间,内化的母子关系仍持续发展,并且仍然可以发生重组。

经 PPP 干预的受虐儿童积极自我表征增加而消极自我表征减少,这一事实与 Cicchetti 和 Rogosch(1997)关于受虐学龄儿童弹性路径研究的发现相一致。在受虐儿童与未受虐儿童中发现对弹性功能具有不同的预测指标,前者在积极人格和自我系统过程出现时更具弹性,而后者则与关系变量有更多联系。在 PPP 干预中儿童自我系统过程的改善是个积极的信号,表明弹性功能的激活。如果是这样的话,那么这些幼儿所表现出来的收益,在未来可能继续发挥着有益的保护功能。PPP 组儿童母亲表征上的积极变化,也预示着这些儿童将来对同伴和其他潜在关系伙伴的接受性,会将他们推向某种更具适应性的关系发展轨迹。

接下来,我们将注意转向另一组处于适应不良和心理病理危险的儿童:抑郁母亲的子女。

抑郁症的定义和流行病学上的特点

在使用结构化诊断访谈进行诊断的研究中,重型抑郁症(MDD)的流行率估计为儿童样本小于1%,青少年样本接近于6%,成人样本中为2%到4%(Kessler, 2002)。此外,利用诊断访谈进行的流行病学调查报告了 MDD 的毕生流行率,在青春期末低至6%到成年期高至25%之间变化(Kessler, Avenenoli, & Merikangas, 2001)。

美国国家疾病共患研究中心(National Comorbidity Study),即在美国基于结构化诊断访谈建立的唯一具有国家代表性的一般人口数据库,发现接近16%的受访者生涯中有一次符合 MDD 的诊断标准(Kessler, Davis, & Kender, 1997; Kessler, McGonagle, Zhao, & Nelson, 1994)。而且,抑郁的复发相当普遍,现有的估计是有抑郁症病史的个人超过80%经历过抑郁复发。如果算上高发生率的亚综合征抑郁(Kessler, 2002),则显然有很高比率的个体面临过抑郁及其变体所造成的痛苦、伤害和其他可怕的结果。

526

在过去的几十年间,我们见证了精神卫生领域管理医疗或控制医疗(managed care)的变革,经济学家和行为科学家均已开始证实疾病的社会消耗(Gold, Hughes, & Swingle, 1996)。因此,人们投向诸如 MDD 这类精神疾病后果的研究的注意,要远超过投向疾病流行率估计和发现可调节的危险因素的研究,后者正是传统的精神疾病流行病学研究的主要工作(Kessler, 2002)。

在这个新关注点上，抑郁症已被证实是个人和社会的主要负担之一。世界卫生组织的全球疾病负担(Global Burden of Disease, GBD)研究，将抑郁症列为全球负担最重的疾病(Murray & Lopez, 1996)。在所有疾病中，GBD研究发现，抑郁症是全球范围内个体伤残生活年限的首要起因，世界发达地区依照伤残调整寿命年(disability adjusted life years, DALYs)计算的疾病负担的第二位起因。此外，单相抑郁被确认是中年人DALYS疾病负担的首要因素。GBD研究者预测，到2020年，单相抑郁将成为女性和发展中国家疾病负担的首要原因(Murray & Lopez, 1996)。抑郁症的这种高疾病负担，是由相对高的发病率、对生活质量和共病的高度影响、起病年龄早、复发及慢性化的高度可能性等多因素综合作用造成的(Wells, Subkoviak, & Serlin, 2002)。

抑郁症的社会和经济的影响包括污名化和歧视(stigmatization and discrimination)、功能受损、较低的教育成就、失去工作生产力、婚姻更不稳定，以及对卫生服务占用的增加(Hinshaw & Cicchetti, 2000; Simon, 2003)。抑郁也经由对个人和家庭造成的痛苦和损害，导致个人的明显负担。

鉴于抑郁症经常伴有这些不良后果，抑郁母亲的子女更可能出现适应不良也就毫不奇怪了。在下一节，我们将考察已经被揭示的，母亲抑郁对儿童生命早期生物和心理发展进程的影响。随后，我们将阐明我们如何把(大部分在我们的实验室内进行的)这类研究加以转化，应用于对伴有MDD的母亲的子女进行预防性干预的设计和实施。

对母亲抑郁症的发展心理病理学视角

抑郁的情形可以看作是一个具有不同严重程度的谱系，从短暂和普遍的烦躁不安，到尚未达到障碍诊断标准的较高水平的抑郁症状，到长时间的精神抑郁障碍(即慢性的低水平的抑郁)，到重型抑郁症。考虑到抑郁障碍发生于宽泛的发展年龄期间，并有多种因素与其相关，因此对促成抑郁障碍的出现和持续的发展过程，形成某种牢固的认识十分重要。

因为心理成分(如情感、认知、社会情绪、社会认知)、社会成分(如文化、社区)和生物成分(如遗传、神经生物、神经生理、神经化学、神经内分泌)之间存在复杂的相互作用，发展学家已经开始将大量精力，用于考察心境障碍的产生和持续中所涉及的发病途径、机制与后遗症(Beardslee, Versage, & Gladstone, 1998; Cicchetti & Toth, 1995, 1998a; Goodman & Gotlib, 2002)。在本节，我们着重介绍在我们的实验室已经研究过的母亲抑郁对生命早期的两个主要发展过程的影响：依恋和自我系统。我们选择聚焦于这些论题，是因为研究已经表明，这些问题在对抑郁的养育者及其年幼孩子进行的干预的产生、发展和实施中起着重要作用。考虑到抑郁症的影响涉及多个系统，我们依照发展心理病理学的理论，将注意力指向可能与以后出现的抑郁障碍模式有关的早期发展。在适应功能良好的儿童中，各个发展系统之间是协调一致的。相反，抑郁母亲的子女则有更大的危险，或许在这些发展系统之间组织不一致，或许是某种病理结构的组织，也就是说，某种类抑郁的组织(depressotypic organization)(Cicchetti & Toth, 1998a)。

527

抑郁障碍的发展以及个体的发病年龄，不仅受所出现的个体必须面临且必须成功解决的突出问题的影响，而且还受定时出现的遗传事件所影响，在每个发展阶段当这些事件突显时它们既造成挑战也提供了新机遇。而且，在研究母亲抑郁对后代的影响时，有两个生物系统受到人们的关注：EEG大脑半球激活不对称和压力调节失能。在出生时，大脑半球之间的相互联系是不完整的，仍在继续发展中。Davidson和Fox(1982)证实，在为婴儿呈现某个愉快的录像时，观测到其左侧大脑半球有相对较大的激活，而在呈现悲伤内容的录像时在大脑右侧半球可观测到较大的激活。婴儿在趋近还是回避新鲜事物的倾向以及伴随的情绪变化上的早期个体差异，可能分别反映了左右大脑半球对刺激的相对优势和反应的差异(Fox & Davidson, 1984)。而且，经验可能影响大脑两半球联系的发展方式。伴有更多大脑右半球激活的婴儿可能倾向于过度刺激，对导致这种苦恼的环境变化更敏感且为其分心；相反，伴有更多大脑左半球激活的婴儿似乎比较不易为环境改变所困扰，并且可能在注意转移及重新聚焦方面存在困难。

有研究发现，抑郁症母亲1个月大的婴儿，比非抑郁母亲的1个月婴儿，表现出相对更大的右额叶EEG不对称(由于左额叶激活的减少)(Jones, Field, Fox, Lundy, & Davalos, 1997)。纵向追踪研究发现，这些不对称在这些婴儿3月时仍持续存在。另外，Field、Fox、Pickens和Nawrocki(1995)发现，抑郁症母亲及其3到6个月的婴儿都表现出右额叶EEG不对称。Dawson及其同事(Dawson, Grofer Klinger, Panagiotides, Hill, & Spieker, 1992; Dawson, Grofer Klinger, Panagiotides, Spieker, & Frey, 1992)在各类情绪诱发情境中，考察了母亲有明显抑郁症症候的14月大的婴儿与无抑郁症候母亲的同龄婴儿的EEG。他们发现，有抑郁症候的母亲的婴儿，在基线水平和游戏互动中表现出左额叶脑激活降低；有症候母亲的安全依恋婴儿表现出左额叶激活不足，而无症候母亲的安全依恋婴儿则无此现象。而且，在诱发苦恼的母子分离中，有症候母亲的婴儿右额叶的激活并没有明显增加，或者没有在无症候母亲的婴儿身上观察到同等程度的苦恼。这些群体的差异是在不管有症候母亲的婴儿的依恋状态下取得的。总的来说，抑郁母亲后代大脑半球激活不对称的研究结果表明，抑郁的遗传素质和婴儿经历的养育质量都对神经生物发展产生影响。

相应地，关于鼠类和非人类的灵长类动物的经验研究表明，早期养育的破坏对调节应激反应的下丘脑边缘—垂体—肾上腺轴有着长期的影响(Francis et al., 1996; Gunnar, Morison, Chisholm, & Shchuder, 2001; Plotsky & Meaney, 1993; Sanchez et al., 2001)。为确定这些结果是否也适用于人类，Ashman、Dawson、Panagiotides、Yamada和Wilknson(2002)收集了抑郁症和无抑郁症母亲的学龄子女的唾液皮质醇样本。在儿童刚到实验室时和接受某种轻度的实验性紧张刺激后分别收集样本；此外，在家中也收集醒后和睡前的样本。实验结果表明有明显内化症状及母亲有抑郁症病史的儿童，实验室基线皮质醇水平较高。具有临床意义上的内化症状的儿童，也更可能对这种轻度的实验性紧张刺激有较高的应激反应。有趣的是，儿童7岁时基线皮质醇水平增高的最好预测因子，是在儿童生命最初两年内出现母亲抑郁。这些发现说明，如同在动物研究文献中所证实的，早期的养育可能与以后神经生物应激系统的失调有关(见Gunnar et al., 2001，与罗马尼亚孤儿院的合作研究)。未来的纵向研究，将诸如EEG大脑两半球激活不对称和应激反应范式等生物学评估

528

与心理学测试整合起来，极有可能阐明预防性干预功效背后的作用机制。

依恋关系的发展

受 MDD 折磨的母亲很难对其婴儿提供充分的早期照顾。此类疾病的特点，包括快感缺乏、消极情感调节困难、无价值感、无助、无望、睡眠障碍及角色功能降低等，共同形成了一个早期的关系环境，此种环境可能损害养育质量及母子关系的发展，最终损害儿童适应能力(Cicchetti, Rogosch, & Toth, 1998; Goodman & Gotlib, 2002)。而且，抑郁症常源于母亲自身童年期依恋经历中的困难(Bowlby, 1980)。传统的精神分析与对象关系理论的理论家已经明确提出亲子关系的障碍与抑郁症之间存在联系(Arieti & Bemporad, 1978; Bowlby, 1980)。另外，许多内省研究发现，抑郁症成人报告的生活史中常涉及父母照顾不周和虐待的经历。

因此，抑郁母亲儿童期依恋关系不安全，不仅可能促成了她们自己的抑郁障碍，而且可能通过她们的依恋关系表征模型的作用，影响到她们能够与年幼孩子形成关系的方式。为了解母亲抑郁对儿童依恋关系的影响，就必须考虑心理缺失这个问题。从依恋理论的角度来看，儿童在心理上所经历的父母缺失可能比躯体缺失更为重要。而且，在父母抑郁期间，儿童更可能面对养育者的不一致、不可预测、淡漠、敌意和/或侵袭性(Cummings & Cicchetti, 1990; Egeland & Sroufe, 1981)。患抑郁症的养育者的此类行为，可能干扰了他们的这种通过促进某种安全依恋的发展来与孩子形成关系的能力。

虽然由于抑郁养育者与疾病障碍的抗争导致其子女更可能经历养育上的异常，这些儿童也可能在父母重型抑郁发病期间体验到某种缺失感，类似于真正失去父母的缺失感(Bowlby, 1980)。在养育者 MDD 发病期间，不安全的表征模型可能使儿童在应付心理上的养育者缺失体验上处于某种更为脆弱的态势。长期的焦虑、持续的痛苦以及难以解决这种缺失感，可能会进一步促成认知、情感、表征和生物系统组织异常。连续的缺失经历，不管是真实的还是象征性的，均可能导致抑郁的发生(Beck, 1967)。

已有大量的研究考察了伴有抑郁障碍母亲的婴儿和儿童的依恋质量。到目前为止，结果是各不相同的(Martins & Gaffan, 2000)。在看待抑郁母亲的孩子所表现出的这些不同结果时，发展研究者面临的挑战在于确认这种多样性背后的过程。

由于抑郁症父母的子女更可能面对这种心理上的父母缺失，因此抑郁对不安全依恋关系的作用的研究成为一个多产的探究领域。总的来说，关于抑郁父母的婴儿、学步幼儿、学前儿童依恋安全性的研究表明，与相似 SES 背景的非抑郁母亲的子女相比，抑郁母亲的子女可能表现出更高比率的不安全依恋(Martins & Gaffan, 2000)。关于不安全依恋类型，Martins 和 Gaffan 所进行的一项元分析发现，抑郁母亲的子女有更高比率的焦虑—回避型依恋(A 型)和紊乱依恋(D 型)。然而，关于依恋安全性的研究结果随着样本特性(如是贫困的抑郁母亲还是中等 SES 的抑郁症母亲；是住院治疗的抑郁母亲样本还是社区中的抑郁母亲样本)，以及是短暂接触还是长期接触母亲的抑郁状态等方面的不同而变化(Cicchetti et al., 1995)。具体而言，研究发现，在孩子的婴儿期和学步期发生的持续的母亲抑郁，与语言

529

能力延迟、入学准备技能的缺乏以及行为问题有关(National Institute of Child Health and Development, NICHD, 1999)。此外,诸如是否有其他的支持者(如健康的父亲)以及抑郁母亲所处的整个家庭情境等问题,都可能对儿童最终的功能发展产生重要影响(Cicchetti et al., 1998; Downey & Coyne, 1990)。

自我系统的发展

学步幼儿期可能是某种抑郁样组织形成的一个特别敏感的时期,因为这个时期,包含在日后抑郁障碍发展中的许多社会、情感和认知能力(如自主性的发展、羞愧感的产生、自我表征模型及自我他人关系表征模型的构建等)正处于发展的关键阶段。

依恋关系的质量影响着自我和他人表征模型的发展,这些将认知、情感和行为组织起来,引导着个体的感知和体验的发展。与组织观点的主张一致,抑郁母亲不安全依恋子女的表征模型,很可能对心理和生物系统的抑郁样组织的形成有促进作用(Cicchetti & Toth, 1998a)。情感的调节和表达不尽理想,重要的他人被感知为是难以获得的或拒斥的,而自我则被认为是不可爱的。抑郁样组织的这些与依恋有关的方面,可能促成与抑郁有联系的自我过程(如自尊、无助、无望、负性归因偏向等)的发展。

在 Rogosch、Cicchetti 和 Toth(2004)进行的一项研究中,考察自孩子出生开始母亲的出现 MDD 的学步幼儿的家庭情绪表达,并与人口统计特征相似的父母无精神疾病史的幼儿家庭情绪表达进行比较。母亲提供 5 分钟的关于她们的孩子、配偶及她们自己的言语素材,以及关于儿童行为问题的完整测量。从各个母亲的记录中,可以确定母亲的挑剔和情绪过度投入的情绪表达分数。抑郁母亲在关于自己、配偶和幼儿方面,比非抑郁母亲表现出明显更高的挑剔情绪,而在情绪过度投入方面二者则没有差异。因此,对关系更挑剔是抑郁群体的家庭情绪氛围。而且,伴有 MDD 的母亲报告其孩子有显著较高的行为问题。然而,母亲较高的挑剔情绪水平,并非抑郁群体状态与母亲更多地报告儿童存在行为问题之关系的中介因素。

抑郁母亲对其学步幼儿更挑剔与以往的研究结果相一致,以往的研究发现抑郁母亲对其学龄期和青春期的孩子表达出更多的批评(Brennan, Hammen, Katz, & Le Broque, 2003; Schwartz, Yerushalmy, & Wilson, 1993)。Rogosch(2004)等的发现表明,这种消极情绪和挑剔情绪表达的出现,可能早于以往研究所认为的时间。而且,幼儿也更可能接触到他们父母交流中的批评,导致家庭的情绪氛围充满了成员关系之间相互保持着的消极情绪。

即使儿童并非母亲批评的对象,MDD 母亲的幼儿仍可能受在其他关系中负责对批评做出反应的家庭系统过程的影响。家中有抑郁症母亲的幼儿更可能接触到父母之间的互相指责,这种冲突的婚姻关系对这些儿童的社会情绪发展构成了危险(Cumming & Davies, 1999; Rogosch et al., 2004)。抑郁母亲十分消极和挑剔的家庭关系环境,可能影响幼儿正在出现的自我表征,并可能促成某种消极的自我结构,从而可能形成抑郁样发展组织的基础(Cicchetti & Toth, 1998a)。

许多经验研究证实了抑郁母亲的幼儿在自我发展和相应的情感功能上存在的困难。母

530

亲归因模式已被证实可能影响幼儿的自我归因类型。例如,Radke-Yarrow、Belmont、Nottelmann和Bottomly(1990)发现,有心境障碍的母亲在他们的归因中,特别是在关于儿童情绪的消极归因中,传递了更多的消极情感。而且,在心境障碍母亲与其幼儿之间,在归因的情感基调和关于自我的表述上有更高的一致性。这一结果暗示着这些儿童更可能出现消极自我归因,从而意味着将来有更高的出现抑郁症的危险性。

关于幼儿早期自我认识的发展,人们通过使用视觉自我再认范式已有过大量的考察(M. Lewis & Brooks-Gunn, 1979)。这些研究依赖于标记指引行为的出现作为自我再认的标准,该行为包括在鼻子上被标记了一个胭脂红点后,在镜前观察自己时触摸鼻子。这种在视觉上辨认自我的能力出现于2岁之间,被认为是自我意识个体发展中的前兆之一。研究者对各种认知、社会和经验因素与视觉自我再认发展的个别差异之间的关系进行过考察。与Kagan(1981)基于跨文化研究基础上得出的结论一致,自我意识是某种自然成熟的结果,迄今为止的发现共同证实自我再认在根本上是一种认知的自然成熟现象。关于非正常人群的探究进一步证实了该主张(参见Mans, Cicchetti, & Sroufe, 1978; Schneider-Rosen & Cicchetti, 1991)。

对正常样本进行的研究表明,视觉自我再认明显伴有积极情感表露。尽管视觉自我再认的获得在高危人群中并无差异,但是经验研究表明,这些儿童自我再认更多时候伴有中性或消极情感(Schneider-Rosen & Cicchetti, 1991; Spiker & Ricks, 1984)。

由于MDD母亲的子女接触到的是某种非正常的、具有极端情感负荷的抚养环境,Cicchetti、Rogosch、Toth和Spagnola(1997)考察了抑郁及非抑郁母亲的幼儿的视觉自我再认。这些研究者发现,这种视觉再认的获得与认知发展水平、胭脂标记时间、情感表达或母亲抑郁症无关。然而,与非抑郁母亲的幼儿相比,显现出自我再认且其母伴有ADD的幼儿更可能表露出非积极的情感,在胭脂标记辨认情况下从积极情感转化为非积极情感。

在母亲患有MDD的幼儿组中,那些没有表现出自我再认及情感从积极转为非积极的幼儿在Q-分类(Q-sort)依恋安全性评定(Waters, 1995)上得分较低,且其母亲的积极情感特征较少。这些发现与组织的发展观的预测相一致(Cicchetti & Schneider-Rosen, 1986),该观点认为依恋安全性与自我发展之间存在关系。而且,自我再认和从无胭脂标记到胭脂标记条件的情感不稳定,两者与抑郁母亲的幼儿的认知发展水平上的差别有关。该研究在抑郁母亲的幼儿身上发现的这些不同的情感—认知联系模式是否会影响所出现的自我认知发展、质量或稳定性,这是一个重要的经验探究问题,我们正在实验室中对其进行研究。这个研究可以考察与抑郁障碍的发展有关的自我情感成分(如自尊),如何与自我的认知和表征成分(如自我理解、自我认知、自我图式;参见Cicchetti & Toth, 1995)的发展产生联系。

Cole、Barratt和Zahn-Waxler(1992)对幼儿在两种闯祸情境下的反应进行观察:摔坏玩具娃娃和弄翻果汁。总的来说,儿童对这些意外闯祸有两种反应:关心能否补救,以及紧张和挫败感。与Kagan(1981)的观点相一致,即儿童的自我意识、对标准的认识及道德感出现于这个年龄期间,大部分儿童试图对自己的闯祸进行补救。母亲所出现的抑郁和焦虑症状与其幼儿对紧张感和挫败感的压抑有关。可能是幼儿接触母亲的抑郁和焦虑症状,抑制了比较正常的情感表达的发展，从而导致某种应对环境方面的效能缺乏感。

Cicchetti、Maughan、Rogosch和Toth(in press)对幼儿的错误信念理解进行了探查，这是通常习得于学前期间的心理表征理论和自我—他人区分的一个重要方面(Wellman et al., 2001)。研究发现，早期母亲抑郁对儿童5岁时的错误信念理解有着显著影响，通过这种错误信念标准的抑郁母亲的子女数量少于非抑郁母亲的子女。有趣的是，母亲在孩子两岁前及错误信念评估前一年出现抑郁，其子女在这些心理理论任务上的表现最差。这些结果表明，早期和近期的母亲抑郁经历对学前期子女的心理理论发展具有更不利的影响。

531

我们关于母亲抑郁影响子女的研究回顾，强调了这种心理障碍对发展中的儿童可能产生的有害影响。研究也同样强调，不仅需要对抑郁母亲直接干预，还需要对接触母亲抑郁的子女进行干预。因此，我们接下来讨论的是一项干预方案，该方案整合了关于抑郁母亲子女的依恋和自我的研究成果。

对抑郁母亲的幼儿的预防性干预

基于我们关于母亲抑郁对其子女功能的影响的认识，我们寻求方法以考察某种预防性干预在提高母子依恋安全性和儿童积极适应方面的效能。母亲关于其童年依恋经历的表征模型、母亲关于其孩子的表征模型以及母亲与孩子之间的依恋关系质量，解决好这三者之间的交互作用是干预的工作基础。

尽管有研究者发展了大量的以依恋理论为指导的干预方案(Bakermans-Kranenburg et al., 2003; Van IJzendoorn et al., 1995)，但是它们通常包含为多重问题的人群提供治疗(如Egeland & Erickson, 1990; Erickson et al., 1992; Lieberman et al., 1991; Lyons-Ruth et al., 1990)。因此，干预提供了一系列的服务，以满足这些家庭宽泛的需要。这种服务效果的多样性，使得研究难以对可能促成表征模型变化的结果，与可能由于其他因素(诸如降低环境压力)所导致的结果，进行评估和区分。因此，依恋理论指导的干预在应用于伴有更为限定的问题的人群，如伴有MDD而没有其他并发危险因素的母亲，通过更为有效地分离这些影响结果的具体因素，可能提供更多的信息。

到目前为止，已有两种干预被用于矫正抑郁母亲子女的依恋安全性。Gelfand、Teti、Seiner和Jameson(1996)发现，某种旨在促进母亲自我效应的家庭干预，并不能有效改善子女的依恋安全性。与之类似，Cooper和Murray(1997)评估了四种针对产后抑郁母亲的干预方案。母亲被随机分派到常规护理组、非指导性咨询组、认知行为治疗组，或依恋理论指导的动态心理治疗组。除了常规护理组外，在干预后所有治疗组的母亲均较少与孩子存在关系困难。但是，并没有出现依恋安全性的改善。因此，预防性干预尚未证明依恋指导的治疗具有促进各高危人群组(包括抑郁母亲的子女)的安全依恋的能力。

一项用于抑郁母亲的幼儿的依恋理论指导的预防性干预

考虑到抑郁父母的孩子所面临的这些安全依恋关系发展的潜在挑战，为该人群提供持续的预防性干预并进行评估将变得十分重要。尽管抑郁妇女接受抑郁的治疗干预，包括药物治疗、个别治疗或双重治疗，并不少见，但此类干预很少将这类妇女作为母亲看待，因此很少处理母子之间形成的关系。不幸的是,漠视这种正在形成的关系将导致出现不安全依恋关系的危险性增加,也与儿童的发展困难有联系。不关注抑郁母亲的亲子关系,可能进而导致母亲抑郁的长期存在,因为母亲可能要面对当前及未来的儿童行为问题,以及因害怕自己的抑郁会影响养育质量而产生负罪感。

532 在我们的实验室里,我们开展了一项对 MDD 母亲及其幼儿进行控制性的随机对照预防性干预试验。该预防性干预的参与者是被招募来参与一个纵向研究的,该研究旨在评估某种预防性干预[幼儿—父母心理治疗(TPP)]对抑郁母亲的学步期幼儿的功效,以及考察母亲抑郁对儿童发展(包括儿童依恋)的影响。样本包括 168 位母亲及其幼儿。在征集时,幼儿的平均年龄为 20.4 个月。在这些幼儿中,有 102 名儿童的母亲有 MDD 史,在孩子出生后至少有过一次重型抑郁发作。其余的 66 名儿童的母亲当前及过去均没有重型精神障碍史。该母亲样本的平均年龄为 31.6 岁。

为了使经常伴随父母抑郁的并发危险因素最小化(Downey & Coyne, 1990),我们决定不从低社会经济状况的家庭中招募参与者。起初,我们想要对低社会经济状况的母亲及其孩子进行这项干预工作;然而,尚没有一项研究成功证实依恋理论指导的干预可改变抑郁母亲子女的依恋安全性和儿童功能,因此我们认为,必须首先确认此类干预对中等社会经济状况人群的抑郁母亲是否有效。相应地,我们要求家长至少有高中文化,且家庭不能依赖公共救助。通过专业精神卫生机构的推荐,以及通过报纸、社区信息、医学办公室及社区公告牌的告示,我们征集了一个有抑郁障碍史的社区母亲样本。除了有一名大约 20 个月的子女外,抑郁组的母亲必须满足 MDD 的诊断标准,在子女出生后某个阶段曾发作过。这些抑郁母亲也必须愿意在完成基础评估后被随机分派到干预组或非干预组。在抑郁母亲中,有 92.8%于产后期间发作过抑郁,只有 12.4%的发作不在孩子出生后的产后期。46 名母亲被随机分派到 TPP 干预组。干预时间平均 57 周,干预次数平均为 45 次。

没有精神病史的对照组母亲的征集工作,是通过联系抑郁母亲家庭邻居而获得的。带有一个学步幼儿的潜在家庭名字是通过查询出生记录获得的。除了与抑郁母亲家庭具有相同的人口统计学特征外,还使用诊断访谈列表 III-R(the Diagnostic Interview Schedule III-R)(Robins et al., 1985)对对照组母亲进行筛查,以排除具有重型精神病或精神病史的母亲。只有无重型精神病或病史的母亲才能留下来。因此,对照流行病学研究所知的精神障碍在一般人群中的患病率,该组母亲可以说是“超级正常”对照组。

我们决定在其子女大约 20 个月时招募抑郁母亲,这是基于研究和临床的考虑。因为数个研究发现,抑郁母亲的子女在 12 至 18 个月间从安全依恋转变为非安全依恋,该学步期似乎是母亲—孩子双方所面临的没能有效解决的挑战。母亲长期的抑郁阻碍了幼儿,使其不能将母亲作为某种安全基地。在学步期,儿童变得活跃、好奇、愈发独立,并开始表现出独立于母亲的个性化,抑郁母亲可能变得处处面临各种与养育有关的压力(Cicchetti & Toth, 1995)。当这些对自主性的追求占据主导时,抑郁母亲可能因儿童对与母子双边关系无关的外界环境的兴趣不断增加而有被拒绝感。这种倾向特别容易发生于自己曾有被拒绝经历的母亲身上,她们即使在通常的友好环境下也对拒绝感十分敏感。为了预防非安全依恋的出现,并帮助母亲正确解释与学步期有关的变化,我们感到在这个发展阶段提供某种预防性干预是相当重要的。

在抑郁干预组(DI)、抑郁对照组(DC)和非抑郁对照组(NC)的参与者,在一些人口统计学基本特征上均具有可比性。母亲绝大部分是白种人(92.4%),少数人种不存在组间差异。各组间母亲教育程度也相当。总体上,53.8%的母亲是大学毕业生或有高等学历。建立在Hollingshead四因子指标(1975)上的家庭社会经济状况在组间也具有一致性:73.4%的家庭被列为最高的两种社会经济状况(IV、V)。

533

当儿童大约20个月及抑郁母亲被随机分派到干预组(DI)或对照组(DC)中时,进行基线水平的评估。当儿童刚过3岁,即DI组结束干预过程时,进行干预后评估。我们对基线水平的测量进行了大量的分析,考察DI组和DC组的差异,并与非抑郁母亲的标准组(NC)进行比较。与此相一致,通过各类测量,包括压力、社会支持、养育争论、婚姻和谐和满意度,以及冲突水平,发现两组抑郁母亲组没有明显差异,证实了随机程序的有效性。在所有的个例中,两组抑郁母亲的适应功能均较差(Cicchetti et al., 1998);而且,抑郁母亲不同于对照组母亲的每一个特征,都对儿童的最佳发展及安全依恋关系有损害。虽然并非所有抑郁组母亲在干预开始时都处于抑郁发作期,但显然两组母亲的弱点是很明确的,并且这些弱点不局限于抑郁发作期间。这些发现突出了抑郁母亲的幼儿所处的不利的情绪氛围。

如前所述,TPP与IPP干预相一致,治疗依据儿童的发展水平进行相应的调整(Lieberman, 1992)。根据参与者的社会经济状况,也对治疗模式作了修改。例如,不同于对低收入的虐待母亲的干预,TPP干预不在家中进行,而是在办公室环境中进行。我们发现,中等收入的参与者对在家中接受干预感到不适,因为他们将其视为某种隐私的侵入。他们也对专业环境更为习惯。因此,虽然开始时我们考虑也像该干预模型的初始研究一样,将治疗安排在家中进行(参见Lieberman et al., 1991),但我们很快发现这种方法并不能达到预期目标。认识到这一点很重要,我们必须根据服务人群的需求调整干预措施,而不是生搬硬套其他人群中发展起来的干预模式。

实施中的挑战。虽然一开始,我们以为中等收入家庭较少有并发危险因素,所以在为他们实施预防性干预上,应该远比我们所经历的为存在多重问题的低收入家庭提供并评估服务简单,但是不久便发现我们遇到了一组不同的挑战。我们关于TPP服务的调整提供了一个例证,表明一个新人群如何需要不同的方法。大量其他问题也浮现出来,其中多数问题与抑郁的诊断直接相关。

首先,我们需要确定如何更好地与这些妇女谈论她们的抑郁。虽然一些妇女清楚地确认自身的抑郁状态,但其他妇女则从没有主动寻求抑郁症的治疗。因此,从社区中召集一个对诊断性用语并不一定感到舒服的母亲样本,其所构成的挑战需要加以解决。虽然我们决定不专注于临床诊断,但我们的确需要描述症状并讨论这些症状如何与抑郁的存在相一致。抑郁模式可能影响养育这一事实也进行讨论。告知参与者我们的目的在于"预防"某些事情,也证实是一个十分棘手的问题。我们发现,许多抑郁母亲害怕自己多少对子女造成伤害。因此，尽管仔细描绘了我们的随机化过程，但当我们与母亲讨论关于参与干预研究的问题时，许多母亲变得警觉起来。在完成基础访问，并被邀请参与基于随机分配的干预研究时，一位母亲焦虑地说道："我知道我的孩子有些问题，因为我在怀孕期间服用了抗抑郁药，我知道你们找我是因为他看起来真的很糟。"我们需要不断地强调，不是所有接触母亲抑郁的孩子都会有问题，参与预防性干预可能只是延续已有积极的发展轨道。

534 抑郁母亲人群的实际招募工作也遇到了挑战。起初，我们计划从治疗抑郁母亲的专业人士处获得参与者名单。由于我们关注的是母子关系而不是母亲抑郁本身，此种方法似乎对母亲正在接受的抑郁治疗没有影响，也能确保所有妇女都接受必要的抑郁治疗。奇怪的是，虽然我们竭尽努力，服务于抑郁母亲的社区服务提供者仍不愿意推介可能的参与者。事实上，我们从非精神卫生服务提供者处得到了积极得多的回应。反省之余，我们意识到尽管作出的是相反的声明，但是许多社区服务者担心如果将客户推荐给研究组，他们将失去客户。因此，我们调整了招募策略，直接与母亲联系。

作为一家服务于低收入人群的机构，Mt. Hope Family Center 的名声也起到了妨碍作用。我们需要依赖于我们大学的附属关系为该干预方案确定一个独立的名称，在这个新名称的机构中我们极少开展关于低收入参与者的工作，对低收入者而言该附属关系不太受其欢迎。我们也设置了一门独立的电话，采用了一个不同的入口，并进行了高雅的装潢，以免参与者觉得是进入了一个治疗儿童虐待与忽视的类似于诊所的场景。我们的机构设立在市区的一个社区，这也遭到了某种抵触，郊区的母亲在进入市区时会为自身安全担心。因此需要安排相应的程序以增加她们到我们机构时路上的舒适感。研究工作人员会到停车场去接母亲，如果她们对继续驾驶感到不适我们就用车去接她们。

由于母亲受抑郁症的折磨，我们必须协调好各项工作，确保工作人员有足够的精力来满足参加者的需要。我们与母亲保持单一联系，以便她们能够与工作组的一名成员建立固定联系。指定的"妈妈实验者"是固定不变的，其在整个纵向研究方案的所有方面对参与者进行指导。遗憾的是，在一个纵向项目的过程中工作人员的调整是不可避免的；当工作人员流失时，我们尽力让离任的工作人员将新的联系人介绍给母亲。

有趣的是，MDD 的缓解对纵向研究的进行也是个挑战。我们发现，痊愈的母亲有时想使自己与临床抑郁的那段时期保持距离。留在因为心理疾病而招募她们参与的研究方案中，会时时提醒她们生命中那段艰难的时期。而且，随着子女年龄渐长，我们发现，有些母亲不愿与其子女讨论她们的抑郁症病史，害怕对她们自身或子女形成不良印象。旨在帮助这些母亲的研究认识到，基础研究和临床个案研究(Beardslee, 2000; Hinshaw, 2002)均表明，坦诚并提供关于过去和当前的心理疾病的信息，对面临混合结果的儿童是有利的。尽管在获取这些信息后有些母亲表现出愿意继续留在研究项目中，但其他母亲则坚称，她们不愿自己和子女的生活与这一抑郁史有任何联系。这后一种情况在生活发生显著变化的家庭中最为常见，譬如离婚和再婚。这种对刻板印象的恐惧是很现实的，它的存在说明需要更多的努力和这种关于心理疾病的社会刻板印象抗争。

最后,我们项目工作人员在母亲要求提供有关信息时,就如何更好地分享研究结果方面而犯难。由于我们是在与一群聪明的女性一起工作,她们会利用图书馆和网络资源,她们对阅读与自身相关的出版物感兴趣。然而,我们关心的是,鉴于我们关于干预的积极发现,那些没有参与干预方案的母亲将会为她们的抑郁对孩子的这些影响所惊吓。因此,我们准备了关于我们的研究结果的概要,总是强调结论是建立在群体数据的基础上,并不适用于个人。

干预的有效性。考虑到依恋组织在早期人格发展和成功适应中的中心地位,一个关键的问题涉及,中间阶层的抑郁母亲的幼儿在基线水平上是否表现出非安全依恋度比率的提高。在基线水平以及 36 个月干预结束后,研究通过采用依恋 Q-set,一种已被证实能对依恋进行有效评估的方法(AQS; Waters, 1995),对依恋进行评估。在基线水平评估前,就如何完成 AQS 对母亲进行详细的指导和训练,并在要求其在完成 AQS 之前对子女进行两周的观察。与其他研究发现一致,抑郁母亲的幼儿比非抑郁母亲组表现出更高的不安全依恋比率。随后,对依恋理论指导的干预对于促进抑郁母亲的幼儿的依恋安全性方面的效果进行考察(Cicchetti, Toth, & Rogosch, 1999)。

虽然在基线水平上,DC 和 DI 组的幼儿表现出相同的非安全依恋比率,并且两组幼儿均高于 NC 组。在后续的测量中,DC 组的不安全依恋比率仍持续高于 NC 组。相反,DI 组在干预后的跟踪测量中,在非安全依恋比率上与 NC 组则没有显著差异。对于参加干预的幼儿来说,有更多人起初为安全依恋的仍然保持安全依恋组织,起初为不安全依恋的则有更多人转化为安全依恋。这些发现证明 TPP 在促进抑郁母亲年幼子女的安全依恋组织的有效性,这也是最早证实预防性干预在转变依恋组织的有效性方面的研究之一。

有研究表明 AQS 的母亲分类与陌生情境依恋相关,并如同理论预期那样与母亲的内部工作模型与儿童安全性有关(Eiden, Teti, & Corns, 1995; Vaughn & Waters, 1990)。母亲的报告不大可能产生偏倚,因为 Q-set 与表面效度好的自我报告测量不同,它需要反应者在各项目上作强制选择,因此减少了偏倚应答的可能性。而且,母亲并未被告知依恋由什么构成,她们也不知道我们的实验假设。此外,母亲既未受过依恋理论方面的训练,也不知道 AQS 的安全性的评定标准。因此,任务的要求特征不大可能影响母亲关于依恋安全性的评定。在这点上,这类干预并非说教式的性质变得很重要。不同于旨在对敏感反应进行指导或利用榜样的干预,TPP 干预从不提供诸如此类技术。

除了 AQS 评估之外,研究也使用陌生情境范式对依恋安全性进行检测;该范式被用于基线水平和干预后评估,以进一步阐明 TPP 对依恋组织的影响(Toth, Cicchetti, & Rogosch, in press)。在基线水平上,DI 和 DC 组比 NC 组显然有更多的幼儿对母亲形成非安全依恋。具体地说,DI 组有 13%幼儿、DC 组有 20%幼儿表现出非安全依恋。虽然它们两组的非安全依恋比率无显著差异,但 NC 组有 55%的安全依恋比率显著不同于两个抑郁组。与现有的研究文献相一致,DC 组比 NC 组有更多幼儿为紊乱型依恋(D 型)。DI 组也倾向于比 NC 组表现出更高的 D 型依恋比率。具体地说,DC、DI 和 NC 组的紊乱型依恋比率分别为45%,37%和20%。

在干预后评估中,DI组(67%)和DC组(17%)之间安全依恋比率在统计学上有显著差异。而且,DC组的安全依恋比率显著低于NC组(48%)。特别重要的是,尽管在基线水平上DI组和NC组在安全性上存在不小的差异,但在干预结束时,这两组间在依恋安全性上无显著差异。然而,在基线水平,DI组和NC组在依恋紊乱上无显著差异,但在干预后DI组在D型依恋上比DC组少,而DC组则高于NC组。干预后,DI、DC和NC组的D型依恋比率分别为11%、41%和21%。

对从基线水平到干预后依恋安全性的变化的考察显示出令人惊异的结果。从基线水平到干预后,DI组幼儿比两个非干预组有更多人在依恋上发生变化。具体地说,DI组的幼儿更可能从非安全依恋变为安全依恋。此外,DC组的幼儿比NC组更可能从安全依恋变为非安全依恋。

依恋研究结果的临床意义。TPP对MDD母亲的幼儿的影响结果,为依恋不安全性的可塑性提供了强有力的支持。TPP干预在矫正抑郁母亲子女的依恋不安全性和维持已有的安全依恋方面是有效的。相反,在干预后评估中,未接受TPP干预的抑郁母亲子女在维持安全依恋上差于接受干预者。这些发现强调了对抑郁母亲子女提供预防性干预的重要性,以减少将来出现非安全依恋的可能。也就是说,即使MDD母亲的子女在生命早期是安全依恋的,即使母亲抑郁的发作已经缓解,与母亲抑郁相伴随的养育环境和家庭情绪氛围可能仍会妨碍他们的安全依恋的延续。

依照这些关于TPP有效性的发现,重要的是试图去确定为何这是最早发现的可有效改善幼儿依恋安全性的干预之一。一种可能性在于样本的特性。即使这些母亲遭受抑郁的折磨,但她们比那些时常参与预防性干预的人群有较少的应激因素。例如,大部分的母亲已婚,拥有高中以上学历,以及并非低社会经济阶层成员。因此,与面对多重的日常生活挑战的妇女相比,她们可能能够更好地利用某种领悟导向的治疗模式。

此外,选择一个与伴有多重问题的人群相比有较少危险因素的样本,可以允许治疗师提供某种"纯粹"的治疗形式,而不需要偏离这种干预方法以解决危机情况。由于TPP治疗表明此研究中的许多母亲自身有消极养育经历以及相伴随的来自童年期的未解决问题,因此这种持续关注代际关系模式的动态根源的能力,以及探究过往史对当前养育的影响的能力,被认为对干预的成功具有极重要的作用。我们推测,当母亲从以往的阴影中解放出来,她们的表征模型就会变得更为积极,她们就越发能够关注当前状况,包括她们与子女的关系。而且,当发生这一变化时,我们认为母亲更能够从子女中享受到快乐,因而更可能致力于形成并保持积极互动。当母亲变得更多地根植于现在,我们认为其对子女更为敏感,也更能对子女的要求做出回应。仍然不清楚地一个关键问题在于,这一干预对更为高危的抑郁母亲人群(如,抑郁且贫困的母亲)是否同等有效。

干预后,研究对DI、DC、NC组的儿童继续跟踪1年,以确定与DC组相比,DI组的幼儿是否能够维持其积极的发展轨道,并表现出更为积极的母亲表征。在儿童4岁时,由不知道组别、干预状态和儿童的依恋组织的实验者,对儿童个别施测故事主干完成任务(Toth,

Maughan, Manly, Spgnola, & Cicchetti, 2002)。与组织观的预测一致,研究发现,与 DC 组相比,DI 组儿童对其与母亲的关系显著更可能表现出积极预期。

拥有积极的养育者表征模型的儿童比例在 DI 组和 NC 组是相同的;而且,DI 和 NC 组幼儿均比 DC 组幼儿表现出更积极的母亲表征。此外,依恋安全性与积极自我表征之间的这种正性关系,表明 TPP 结束后 1 年这种干预的积极效应仍然存在。

幼儿—父母心理治疗在促进抑郁母亲子女的认知发展上的功效。抑郁母亲的子女经常面对存在认知困难的父母,包括消极的自我认识、注意和记忆缺损,以及信息加工能力延迟(American Psychiatric Association, 1994)。并不奇怪,大量研究已经考察过母亲抑郁对儿童认知发展的影响。尽管一些证据强调产后母亲抑郁的重要影响,并发现认知缺损会随时间缓解,但其他研究则发现认知困难会一直持续到学前期(Cicchetti, Rogosch, & Toth, 2000)。

预防性干预在补救母亲抑郁对认知发展的不良影响中所起的作用,已有过研究进行考察。Cooper 和 Murray(1997)以及 Gelfand 等(1996)都未发现干预对抑郁母亲子女认知功能的影响。相反,Lyons-Ruth 等(1990)发现,某种家庭访视干预对抑郁母亲子女具有显著治疗效果。没有参与预防性干预的抑郁症母亲 18 个月大的学步期儿童,其在 Baley 婴儿发展量表中心理发展指标(MDI)上的得分,比母亲参与干预的幼儿低 10 分。

537

在我们针对 MDD 母亲的学步期儿童进行的干预中,我们也考察 TPP 对来自中等 SES 背景,其母亲在儿童 18 个月前经历过 MDD 的儿童认知发展进程的影响。在学步期,自我意识的出现和符号表征的发展是核心问题(Cicchetti & Schneider-Rosen, 1986)。通过推动母子间的交流与表达,优化母子情绪关系的质量,TPP 干预促进了儿童对婴幼儿期的能力发展任务的解决。学步期的能力发展导致了某种积极自我的出现,儿童变得更有自主性,自由地探索并活动于环境中,且更可能拥有表达内心体验的能力(Cicchetti & Toth, 1995)。

在基线水平评估上,DI、DC 和 NC 组在 Baley 量表的 MDI 上的得分无显著差异。在干预后的跟踪评估中,发现 DC 组的 IQ 下降;而 DI 和 NC 组持续相同,在 Wechsler 学前和学龄智力量表(修订版)(WPPSI-R, 1989)的全量表分和言语 IQ 上,均比 DC 组有更高的得分。最糟的结果出现在其母亲经历了连续的抑郁发作的 DC 组儿童。相反,母亲抑郁的 DI 组儿童中,在基线水平和 3 岁间不管其母亲有无连续的抑郁发作,儿童的认知发展没有差异。因此,即使在母亲与抑郁复发作抗争时,TPP 对于儿童正常的认知进展发展仍然有促进作用。相反,DC 组儿童在母亲经历抑郁复发时,有更明显的认知发展延迟。具体地说,母亲经历连续的抑郁复发的儿童中,在言语 IQ 上干预组儿童与 NC 组儿童接近于有 15 分的差距(Cicchetti et al. , 2000)。

概而言之,TPP 干预在促进安全依恋、积极表征模型和正常的认知发展上所具有的这种功效,即使是在母亲抑郁持续发作的时候仍然有效,突出了为抑郁母亲的孩子提供预防性干预的重要性。抑郁连续复发的母亲的子女会出现更多的困难,这一事实进一步突出对这些生活进行预防性干预的必要性。如果没有预防性干预,DI 组中 MDD 母亲的幼儿很可能与 DC 组儿童一样,形成某种抑郁样组织,预示着以后的适应不良及可能的抑郁疾病。重要的是要注意到,提供 TPP 干预并没有导致母亲抑郁的减少。尽管并非一个令人惊讶的结果,鉴于抑郁复发对儿童发展的影响,尚需把更多的注意投向有效治疗母亲的 MDD 上。

结论和展望

本章的主要目标之一在于,阐明发展心理病理学的观点在连接基础研究和临床实践中所起的重要作用。我们借用了大量发展心理病理学的原理,来指导我们的实验室中开展的关于受虐儿童和 MDD 母亲的子女的研究。我们选择聚焦于我们关于来自这些高危条件的婴儿、幼儿和学前儿童所开展的研究,以此为例来说明研究发现如何应用于预防性干预。以某种引导着我们的基本研究发现的发展组织观为指导,我们证实了几种以受虐婴幼儿和学前儿童及 MDD 母亲的幼儿进行的随机化临床试验的有效性。

随机化临床试验的实验性提供了某种前所未有的机会,使我们能够在该领域做出因果推断。在预防性试验中进行操纵的自变量,可能距离潜在的致病因素尚有数步之遥,因为此类试验主要关心的是缓解痛苦与促进能力。然而,仔细的研究设计以及对干预可能起作用的辅助过程变量的精确测量,可能有助于我们了解健康和病理结果的潜在的理论机制(Cicchetti & Hinshaw, 2002; Kraemer, Stice, Kazdin, Offord, & Kupfer, 2001)。

美国国家心理健康研究所(NIMH)新近的举措,即把基金决策倾向于研究发现的实际应用及能够减少心理疾病负担方面的研究,显然将进一步鼓励研究人员设计与实施研究计划,打破这种存在于基础研究和临床干预之间的二元对立。在国家心理健康顾问委员会(the National Advisory Mental Health Council, 2000, p. v) 的一份名为"将行为科学付诸行动"的报告中,工作组总结声称"很少有研究者尝试将基础、临床和服务研究联系起来,与相关的联合学科的同事协作还不够,不足以将实验室研究进展推向临床治疗、提供服务与政策制定"。该文章中还说到,"移植研究可定义为旨在解决如何以基础行为研究指导心理精神疾病的诊断、预防、治疗和提供服务,以及反过来,精神疾病的知识如何增进我们对基础行为过程的理解等问题的研究"(p. iii)。移植研究的这个定义非常吻合发展心理病理学的原理,也就是,基础与应用研究之间以及正常与非正常发展之间的互相作用(Cicchetti & Toth, 1998b)。

近年来,发展心理病理学家提倡用某种多水平分析方法探究适应不良和心理病理(Cicchetti & Blender, 2004; Cicchetti & Dawson, 2002)。因此,在同一个体身上进行多系统、多领域和多水平的生态学考察,可以对个体的适应和适应不良模式进行更为完整的描述。我们认为,这种多水平分析方法必将被科学家所采纳,以进行随机化控制性的临床预防性干预试验。例如,同时采用分子遗传学技术(例如 DNA 排序和利用功能多态性考察基因与环境的相互作用)、神经成像技术(例如在干预前后研究大脑结构与功能)和应激反应性范式(如确定神经生物应激系统是否可能随治疗而改变),与心理变化结果结合起来,将促进我们了解干预对大脑—行为关系的影响(例如参见 Caspi, 2002, 2003; Cicchetti & Posner, 2005; Fishbein, 2000; Goldapple et al., 2004)。与此相似,将生物学测量融入探究逆境中的能力发展路径的研究过程中,以及将此类整合研究移植到对生物、心理和生态学变量进行评估的弹性促进干预中,均将促进研究与实践之间割裂的减少(Cicchetti, 2003; Curtis & Cicchetti, 2003; Luthar & Cicchetti, 2000)。

鉴于与心理疾病认识和治疗有关的基础研究以及随机化预防和治疗试验,均有大量的资金支持,将此类工作中所获得的知识应用于现实情境就变得十分重要。研究者不仅应致力于普及科学知识,而且还应致力于使缺乏相应认识的决策者与临床医师获知这些干预提供所必需的已被证实是有效的认识和资源。如果说在非研究场景中实施证据支持的治疗不会有何障碍,那未免太过于天真。然而,尽管从大学实验室到临床实践的行进道路难免有忧虑、逃避和阻抗,但这个过程是无法逃避的。并且,作为一个需要包容多样性的领域,对于来自基础研究和第一线的专业人员可能作出的认识上的贡献应持同等欢迎的态度。诸如此类的协同努力,积极致力于开展和利用研究以及促进实践的科学认识基础,必将使研究人员、实践工作者、决策者,以及最重要的需要支持和治疗的儿童及家庭,从中受益。

(蒋良函、杜亚松译)

参考文献

Ainsworth, M. D. S., Blehar, M. C., Waters, E., & Wall, S. (1978). *Patterns of attachment: A psychological study of the Strange Situation*. Hillsdale, NJ: Erlbaum.

Ainsworth, M. D. S., & Wittig, B. A. (1969). Attachment and the exploratory behavior of 1-year-olds in a Strange Situation. In B. M. Foss (Ed.), *Determinants of infant behavior* (Vol. 4, pp. 113 - 136). London: Methuen.

Alessandri, S. M., & Lewis, M. (1996). Differences in pride and shame in maltreated and non-maltreated preschoolers. *Child Development*, *67*, 1857 - 1869.

American Psychiatric Association. (1994). *Diagnostic and statistical manual of mental disorders* (4th ed.). Washington, DC: Author.

Arieti, S., & Bemporad, J. (1978). *Severe and mild depression*. New York: Basic Books.

Arnold, L. E., Abikoff, H. B., Cantwell, D. P., Conners, C. K., Elliot, G. R., Greenhill, L. L., et al. (1997). NIMH collaborative multimodel treatment study of children with ADHD (MTA): Design, methodology, and protocol evolution. *Journal of Attention Disorders*, *2*, 141 - 158.

Ashman, S. B., Dawson, G., Panagiotides, H., Yamada, E., & Wilkinson, C. W. (2002). Stress hormone levels of children of depressed mothers. *Development and Psychopathology*, *14*, 333 - 350.

Bakermans-Kranenburg, M. J., Juffer, F., & van I Jzendoorn, M. H. (1998). Interventions with video feedback and attachment discussions: Does type of maternal insecurity make a difference? *Infant Mental Health Journal*, *19*, 202 - 219.

Bakermans-Kranenburg, M. J., van I Jzendoorn, M. H., & Juffer, F. (2003). Less is more: Meta-analysis of sensitivity and attachment interventions in early childhood. *Psychological Bulletin*, *129*, 195 - 215.

Barnett, D., Ganiban, J., & Cicchetti, D. (1999). Maltreatment, negative expressivity, and the development of Type D attachments from 12-to 24-months of age. *Society for Research in Child Development Monograph*, *64*, 97 - 118.

Barnett, D., Manly, J. T., & Cicchetti, D. (1993). Defining child maltreatment: The interface between policy and research. In D. Cicchetti & S. L. Toth (Eds.), *Child abuse, child development, and social policy* (pp. 7 - 73). Norwood, NJ: Ablex.

Beardslee, W. R. (2000). Prevention of mental disorders and the study of developmental psychopathology: A natural alliance. In J. L. Rapoport (Ed.), *Childhood onset of "adult" psychopathology: Clinical and research advances* (pp. 333 - 355). Washington, DC: American Psychological Association.

Beardslee, W. R., Versage, E. M., & Gladstone, T. R. G. (1998). Children of affectively ill parents: A review of the past 10 years. *Journal of the American Academy of Child and Adolescent Psychiatry*, *37*, 1134 - 1141.

Beck, A. T. (1967). *Depression: Clinical, experimental, and theoretical aspects*. New York: Harper & Row.

Beeghly, M., & Cicchetti, D. (1994). Child maltreatment, attachment, and the self system: Emergence of an internal state lexicon in toddlers at high social risk. *Development and Psychopathology*, *6*, 5 - 30.

Bemporad, J. R., & Romano, S. J. (1992). Childhood maltreatment and adult depression: A review of research. In D. Cicchetti & S. L. Toth (Eds.), *Rochester Symposium on Developmental Psychopathology: Vol. 4. Developmental perspectives on depression* (pp. 351 - 376). Rochester, NY: University of Rochester Press.

Bergman, L. R., & Magnusson, D. (1997). A person-oriented approach in research on developmental psychopathology. *Development and Psychopathology*, *9*, 291 - 319.

Bickham, N., & Fiese, B. (1999). *Child narrative coding system*. Syracuse, NY: Syracuse University Press.

Black, J., Jones, T. A., Nelson, C. A., & Greenough, W. T. (1998). Neuronal plasticity and the developing brain. In N. E. Alessi, J. T. Coyle, S. I. Harrison, & S. Eth (Eds.), *Handbook of child and adolescent psychiatry* (pp. 31 - 53). New York: Wiley.

Bonanno, G. A. (2004). Loss, trauma, and human resilience: Have we underestimated the human capacity to thrive after extremely aversive events? *American Psychologist*, *59*, 20 - 28.

Bowlby, J. (1982). *Attachment and loss* (Vol. 1). New York: Basic Books. (Original work published 1969)

Bowlby, J. (1980). *Attachment and loss: Vol. 3. Loss, sadness, and depression*. New York: Basic Books.

Boyce, W. T., Frank, E., Jensen, P. S., Kessler, R. C., Nelson, C. A., Steinberg, L., et al. (1998). Social context in developmental psychopathology: Recommendations for future research from the MacArthur Network on Psychopathology and Development. *Development and Psychopathology*, *10*, 143 - 164.

Brennan, P. A., Hammen, C., Katz, A. R., & Le Broque, R. M. (2003). Maternal depression, paternal psychopathology, and adolescent diagnostic outcomes. *Journal of Consulting and Clinical Psychology*, *70*, 1075 - 1085.

Bretherton, I. (1985). Attachment theory: Retrospect and prospect. *Monographs for the Society for Research in Child Development*, *50*, 3 - 35.

Bretherton, I., Ridgeway, D., & Cassidy, J. (1990). Assessing internal working models of the attachment relationship: An attachment story completion task for 3-year-olds. In M. Greenberg, D. Cicchetti, & E. M. Cummings (Eds.), *Attachment in the preschool years* (pp. 273 - 308).

Chicago: University of Chicago Press.

Cahan, E., & White, S. (1992). Proposals for a second psychology. *American Psychologist*, *47*, 224 - 235.

Cairns, R. B., Cairns, B., Xie, H., Leung, M. C., & Heane, S. (1998). Paths across generations: Academic competence and aggressive behaviors in young mothers and their children. ' *Developmental Psychology*, *34*, 1162 - 1174.

Calverley, R. M., Fischer, K. W., & Ayoub, C. (1994). Complex affective splitting in sexually abused adolescent girls. *Development and Psychopathology*, *6*, 195 - 213.

Carlson, V., Cicchetti, D., Barnett, D., & Braunwald, K. (1989). Disorganized/disoriented attachment relationships in maltreated infants. *Developmental Psychology*, *25*, 525 - 531.

Caspi, A., McClay, J., Moffitt, T., Mill, J., Martin, J., Craig, I. W., et al. (2002). Role of genotype in the cycle of violence in maltreated children. *Science*, *297*, 851 - 854.

Caspi, A., Sugden, K., Moffitt, T. E., Taylor, A., Craig, I. W., Harrington, H. L., et al. (2003). Influence of life stress on depression: Moderation by a polymorphism in the 5-HTT gene. *Science*, *301*, 386 - 389.

Cassidy, J. (1994). Emotion regulation: Influences of attachment relationships. *Monographs of the Society for Research in Child Development*, *59*, 228 - 283.

Ciaranello, R., Aimi, J., Dean, R. S., Morilak, D., Porteus, M. H., & Cicchetti, D. (1995). Fundamentals of molecular neurobiology. In D. Cicchetti & D. J. Cohen (Eds.), *Developmental psychopathology: Vol. 1. Theory and method* (pp. 109 - 160). New York: Wiley.

Cicchetti, D. (1984). The emergence of developmental psychopathology. *Child Development*, 55, 1 - 7.

Cicchetti, D. (1989). How research on child maltreatment has informed the study of child development: Perspectives from developmental psychopathology. In D. Cicchetti & V. Carlson (Eds.), *Child maltreatment: Theory and research on the causes and consequences of child abuse and neglect* (pp. 377 - 431). New York: Cambridge University Press.

Cicchetti, D. (1990). A historical perspective on the discipline of developmental psychopathology. In J. Rolf, A. Masten, D. Cicchetti, K. Nuechterlein, & S. Weintraub (Eds.), *Risk and protective factors in the development of psychopathology* (pp. 2 - 28). New York: Cambridge University Press.

Cicchetti, D. (1991). Fractures in the crystal: Developmental psychopathology and the emergence of the self. *Developmental Review*, *11*, 271 - 287.

Cicchetti, D. (1993). Developmental psychopathology: Reactions, reflections, projections. *Developmental Review*, *13*, 471 - 502.

Cicchetti, D. (2002a). How a child builds a brain: Insights from normality and psychopathology. In W. W. Hartup & R. A. Weinberg (Eds.), *Minnesota Symposia on Child Psychology: Vol. 32. Child psychology in retrospect and prospect* (pp. 23 - 71). Mawah, NJ: Erlbaum.

Cicchetti, D. (2002b). The impact of social experience on neurobiological systems: Illustration from a constructivist view of child maltreatment. *Cognitive Development*, *17*, 1407 - 1428.

Cicchetti, D. (2003). Neuroendocrine functioning in maltreated children. In D. Cicchetti & E. F. Walker (Eds.), *Neurodevelopmental mechanisms in psychopathology* (pp. 345 - 365). New York: Cambridge University Press.

Cicchetti, D., & Aber, J. L. (1998). Contextualism and developmental psychopathology. *Development and Psychopathology*, *10*, 137 - 141.

Cicchetti, D., & Barnett, D. (1991a). Attachment organization in pre-school-aged maltreated children. *Development and Psychopathology*, *3*, 397 - 411.

Cicchetti, D., & Barnett, D. (1991b). Toward the development of a scientific nosology of child maltreatment. In W. Grove & D. Cicchetti (Eds.), *Thinking clearly about psychology: Vol. 2. Essays in honor of Paul E. Meehl — Personality and psychopathology* (pp. 346 - 377). Minneapolis: University of Minnesota Press.

Cicchetti, D., Beeghly, M., Carlson, V., & Toth, S. L. (1990). The emergence of the self in atypical populations. In D. Cicchetti & M. Beeghly (Eds.), *The self in transition: Infancy to childhood* (pp. 309 - 344). Chicago: University of Chicago Press.

Cicchetti, D., & Blender, J. A. (2004). A multiple-levels-of-analysis approach to the study of developmental processes in maltreated children. *Proceedings of the National Academy of Sciences*, *101*, 17325 - 17326.

Cicchetti, D., & Cannon, T. D. (1999). Neurodevelopmental processes in the ontogenesis of psychopathology. *Development and Psychopathology*, *11*(3), 375 - 393.

Cicchetti, D., & Cohen, D. J. (Eds.). (1995a). *Developmental psychopathology: Vol. 1. Theory and method*. New York: Wiley.

Cicchetti, D., & Cohen, D. J. (Eds.). (1995b). *Developmental psychopathology: Vol. 2. Risk, disorder, and adaptation*. Hoboken, NJ: Wiley.

Cicchetti, D., & Cohen, D. J. (Eds.). (in press-a). *Developmental psychopathology: Vol. 1. Theory and method* (2nd ed.). Hoboken, NJ: Wiley.

Cicchetti, D., & Cohen, D. J. (Eds.). (in press-b). *Developmental psychopathology: Vol. 2. Developmental neuroscience* (2nd ed.). Hoboken, NJ: Wiley.

Cicchetti, D., & Cohen, D. J. (Eds.). (in press-c). *Developmental psychopathology: Vol. 3. Risk, disorder, and adaptation* (2nd ed.). Hoboken, NJ: Wiley.

Cicchetti, D., & Dawson, G. (Eds.). (2002). Multiple levels of analysis [Special issue]. *Development and Psychopathology*, *14*(3), 417 - 666.

Cicchetti, D., Ganiban, J., & Barnett, D. (1991). Contributions from the study of high risk populations to understanding the development of emotion regulation. In J. Garber & K. A. Dodge (Eds.), *The development of emotion regulation and dysregulation* (pp. 15 - 48). New York: Cambridge University Press.

Cicchetti, D., & Garmezy, N. (1993). Prospects and promises in the study of resilience. *Development and Psychopathology*, *5*, 497 - 502.

Cicchetti, D., & Hinshaw, S. P. (Eds.). (2002). Prevention and intervention science: Contributions to developmental theory [Special issue]. *Development and Psychopathology*, *14*(4), 667 - 981.

Cicchetti, D., & Lynch, M. (1993). Toward an ecological/transactional model of community violence and child maltreatment: Consequences for children's development. *Psychiatry*, *56*, 96 - 118.

Cicchetti, D., & Lynch, M. (1995). Failures in the expectable environment and their impact on individual development: The case of child maltreatment. In D. Cicchetti & D. J. Cohen (Eds.), *Developmental psychopathology: Vol. 2. Risk, disorder, and adaptation* (pp. 32 - 71). New York: Wiley.

Cicchetti, D., Lynch, M., Shonk, S. M., & Manly, J. T. (1992). An organizational perspective on peer relations in maltreated children. In R. D. Parke & G. W. Ladd (Eds.), *Family-peer relationships: Modes of linkage* (pp. 345 - 383). Hillsdale, NJ: Erlbaum.

Cicchetti, D., & Manly, J. T. (Eds.). (2001). Operationalizing child maltreatment: Developmental processes and outcomes [Special issue]. *Development and Psychopathology*, *13*(4), 755 - 1048.

Cicchetti, D., Maughan, A., Rogosch, F. A., & Toth, S. L. (in press). Predictors of false belief understanding in preschool offspring of mothers with Major Depressive Disorder. *Development and Psychopathology*.

Cicchetti, D., & Pogge-Hesse, P. (1982). Possible contributions of the study of organically retarded persons to developmental theory. In E. Zigler & D. Balla (Eds.), *Mental retardation: The developmental difference controversy* (pp. 277 - 318). Hillsdale, NJ: Erlbaum.

Cicchetti, D., & Posner, M. I. (Eds.) (2005). Integrating cognitive and affective neuroscience and developmental psychopathology [Special issue]. *Development and Psychopathology*, *17*(3), 569 - 891.

Cicchetti, D., & Rizley, R. (1981). Developmental perspectives on the etiology, intergenerational transmission, and sequelae of child maltreatment. *New Directions for Child Development*, *11*, 32 - 59.

Cicchetti, D., & Rogosch, F. A. (1994). The toll of child maltreatment on the developing child: Insights from developmental psychopathology. *Child and Adolescent Psychiatric Clinics of North America*, *3*, 759 - 776.

Cicchetti, D., & Rogosch, F. A. (1996). Equifinality and multifinality in developmental psychopathology. *Development and Psychopathology*, *8*, 597 - 600.

Cicchetti, D., & Rogosch, F. A. (1997). The role of self-organization in the promotion of resilience in maltreated children. *Development and Psychopathology*, *9*, 799 - 817.

Cicchetti, D., & Rogosch, F. A. (1999). Conceptual and methodological issues in developmental psychopathology research. In P. C. Kendall, J. N. Butcher, & G. N. Holmbeck (Eds.), *Handbook of research methods in clinical psychology* (pp. 433 - 465). New York: Wiley.

Cicchetti, D., & Rogosch, F. A. (2001). Diverse patterns of neuroendocrine activity in maltreated children. *Development and Psychopathology*, *13*, 677 - 694.

Cicchetti, D., Rogosch, F. A., Maughan, A., Toth, S. L., & Bruce, J. (2003). False belief understanding in maltreated children. *Development and Psychopathology*, *15*, 1067 - 1091.

Cicchetti, D., Rogosch, F. A., & Toth, S. L. (1998). Maternal depressive disorder and contextual risk: Contributions to the development of attachment insecurity and behavior problems in toddlerhood. *Development and Psychopathology*, *10*, 283 - 300.

Cicchetti, D., Rogosch, F. A., & Toth, S. L. (2000). The efficacy of toddler-parent psychotherapy for fostering cognitive development in offspring of depressed mothers. *Journal of Abnormal Child Psychology*, *28*, 135 - 148.

Cicchetti, D., Rogosch, F. A., Toth, S. L., & Spagnola, M. (1997). Affect, cognition, and the emergence of self-knowledge in the toddler offspring of depressed mothers. *Journal of Experimental Child Psychology*, *67*, 338 - 362.

Cicchetti, D., & Schneider-Rosen, K. (1986). An organizational approach to childhood depression. In M. Rutter, C. Izard, & P. Read (Eds.), *Depression in young people: Clinical and developmental perspectives* (pp. 71 - 134). New York: Guilford Press.

Cicchetti, D., & Sroufe, L. A. (1976). The relationship between affective and cognitive development in Down syndrome infants. *Child Development*, *47*, 920 - 929.

Cicchetti, D., & Sroufe, L. A. (1978). An organizational view of affect: Illustration from the study of Down syndrome infants. In M. Lewis & L. Rosenblum (Eds.), *The development of affect* (pp. 309 - 350). New York: Plenum Press.

Cicchetti, D., & Toth, S. L. (1991). The making of a developmental psychopathologist. In J. Cantor, C. Spiker, & L. Lipsitt (Eds.), *Child behavior and development: Training for diversity* (pp. 34 - 72). Norwood, NJ: Ablex.

Cicchetti, D., & Toth, S. L. (1992). The role of developmental theory in prevention and intervention. *Development and Psychopathology*, *4*, 489 - 493.

Cicchetti, D., & Toth, S. L. (1993). Child abuse research and social policy: The neglected nexus. In D. Cicchetti & S. L. Toth (Eds.), *Child abuse, child development, and social policy* (pp. 301 - 330). Norwood, NJ: Ablex.

Cicchetti, D., & Toth, S. L. (1995). A developmental psychopathology perspective on child abuse and neglect. *Journal of the American Academy of Child and Adolescent Psychiatry*, *34*, 541 - 565.

Cicchetti, D., & Toth, S. L. (1998a). The development of depression in children and adolescents. *American Psychologist*, *53*, 221 - 241.

Cicchetti, D., & Toth, S. L. (1998b). Perspectives on research and practice in developmental psychopathology. In W. Damon (Ed.), *Handbook of child psychology* (5th ed., Vol. 4, pp. 479 - 583). New York: Wiley.

Cicchetti, D., & Toth, S. L. (Eds.). (1999). *Rochester Symposium on Developmental Psychopathology: Vol. 9. Developmental approaches to prevention and intervention*. Rochester, NY: University of Rochester Press.

Cicchetti, D., & Toth, S. L. (2000). Developmental processes in maltreated children. In D. Hansen (Ed.), *Nebraska Symposium on Motivation* (Vol. 46, pp. 85 - 160). Lincoln: University of Nebraska Press.

Cicchetti, D., Toth, S. L., & Lynch, M. (1995). Bowlby's dream comes full circle: The application of attachment theory to risk and psychopathology. *Advances in Clinical Child Psychology*, *17*, 1 - 75.

Cicchetti, D., Toth, S. L., & Manly, J. T. (2003). *Maternal maltreatment interview*. Unpublished manuscript.

Cicchetti, D., Toth, S. L., & Rogosch, F. A. (1999). The efficacy of toddler-parent psychotherapy to increase attachment security in offspring of depressed mothers. *Attachment and Human Development*, *1*, 34 - 66.

Cicchetti, D., Toth, S. L., & Rogosch, F. A. (2005). *The efficacy of interventions for maltreated infants in fostering secure attachment*. Manuscript in preparation.

Cicchetti, D., & Tucker, D. (1994). Development and selfregulatory structures of the mind. *Development and Psychopathology*, *6*, 533 - 549.

Cicchetti, D., & Valentino, K. (in press). An ecological transactional perspective on child maltreatment: Failure of the average expectable environment and its influence upon child development. In D. Cicchetti & D. J. Cohen (Eds.), *Developmental psychopathology: Vol. 3. Risk, disorder, and adaptation* (2nd ed.). Hoboken, NJ: Wiley.

Cicchetti, D., & Walker, E. F. (Eds.). (2001). Stress and development: Biological and psychological consequences [Special issue]. *Development and Psychopathology*, *13*(3), 413 - 753.

Cicchetti, D., & Walker, E. F. (Eds.). (2003). *Neurodevelopmental mechanisms in psychopathology*. New York: Cambridge University Press.

Coie, J. D., Watt, N. F., West, S. G., Hawkins, D., Asarnow, J. R., Markman, H. J., et al. (1993). The science of prevention: A conceptual framework and some directions for a national research program. *American Psychologist*, *48*, 1013 - 1022.

Cole, P., Barratt, K., & Zahn-Waxler, C. (1992). Emotion displays in 2-year-olds during mishaps. *Child Development*, *63*, 314 - 324.

Coley, R. L., & Chase-Lansdale, P. L. (1998). Adolescent pregnancy and parenthood: Recent evidence and future directions. *American Psychologist*, *53*, 152 - 166.

Conduct Problems Prevention Research Group. (2002a). An end of third-grade evaluation of the impact of the Fast Track prevention trial with children at high risk for adolescent conduct problems. *Journal of Abnormal Child Psychology*, *30*, 19 - 35.

Conduct Problems Prevention Research Group. (2002b). The implementation of the Fast Track program: An example of a large-scale prevention science efficacy trial. *Journal of Abnormal Psychology*, *30*, 1 - 17.

Conduct Problems Prevention Research Group. (2002c). Using the Fast Track randomized prevention trial to test the early-starter model of the development of serious conduct problems. *Development and Psychopathology*, *14*, 925 - 943.

Cooper, P., & Murray, L. (1997). The impact of psychological treatment of postpartum depression on maternal mood and infant development. In L. Murray & P. Cooper (Eds.), *Postpartum depression and child development* (pp. 201 - 220). New York: Guilford Press.

Cowan, W. M., Kopnisky, K. L., & Hyman, S. E. (2002). The human genome project and its impact on psychiatry. *Annual Review of Neuroscience*, *25*, 1 - 50.

Crittenden, P. M. (1988). Relationships at risk. In J. Belsky & T. Nezworski (Eds.), *Clinical implications of attachment theory* (pp. 136 - 174). Hillsdale, NJ: Erlbaum.

Crittenden, P. M. (1990). Internal representational models of attachment relationships. *Infant Mental Health Journal*, *11*, 259 - 277.

Crittenden, P. M., & Ainsworth, M. D. S. (1989). Child maltreatment and attachment theory. In D. Cicchetti & V. Carlson (Eds.), Child maltreatment: *Theory and research on the causes and consequences of child abuse and neglect* (pp. 432 - 463). New York: Cambridge University Press.

Crittenden, P. M., & DiLalla, D. (1988). Compulsive compliance: The development of an inhibitory coping strategy in infancy. *Journal of Abnormal Child Psychology*, *16*, 585 - 599.

Cummings, E. M., & Cicchetti, D. (1990). Toward a transactional model of relations between attachment and depression. In M. T. Greenberg, D. Cicchetti, & E. M. Cummings (Eds.), *Attachment in the preschool years* (pp. 339 - 372). Chicago: University of Chicago Press.

Cummings, E. M., & Davies, P. T. (1996). Emotional security as a regulatory process in normal development and the development of psychopathology. *Development and Psychopathology*, *8*, 123 - 139.

Cummings, E. M., & Davies, P. T. (1999). Depressed parents and family functioning: Interpersonal effects and children's functioning and development. In T. Joiner & J. C. Coyne (Eds.), *The interactional nature of depression: Advances in interpersonal approaches* (pp. 299 - 327). Notre Dame, IN: University of Notre Dame Press.

Cummings, E. M., Hennessy, K., Rabideau, G., & Cicchetti, D. (1994). Responses of physically abused boys to interadult anger involving their mothers. *Development and Psychopathology*, *6*, 31 - 42.

Curtis, W. J., & Cicchetti, D. (2003). Moving research on resilience into the twenty-first century: Theoretical and methodological considerations in examining the biological contributors to resilience. *Development and Psychopathology*, *15*, 773 - 810.

Daro, D. A. (2000). Child abuse prevention: New directions and challenges. In D. J. Hansen (Ed.), *Nebraska Symposium on Motivation: Vol. 46. Motivation and child maltreatment* (pp. 161 - 219). Chicago: University of Chicago Press.

Davidson, R. J., & Fox, N. A. (1982). Asymmetrical brain activity discriminates between positive versus affective stimuli in human infants. *Science*, *218*, 1235 - 1237.

Dawson, G., Grofer Klinger, L., Panagiotides, H., Hill, D., & Spieker, S. (1992). Frontal lobe activity and affective behavior of infants of mothers with depressive symptoms. *Child Development*, *63*, 725 - 737.

Dawson, G., Grofer Klinger, L., Panagiotides, H., Spieker, S., & Frey, K. (1992). Infants of mothers with depressive symptoms: Electroencephalographic and behavioral findings related to attachment status. *Development and Psychopathology*, *4*, 67 - 80.

Dean, A., Malik, M., Richards, W., & Stringer, S. (1986). Effects of parental maltreatment on children's conceptions of interpersonal relationships. *Developmental Psychology*, *22*, 617 - 626.

DeBellis, M. D. (2001). Developmental traumatology: The psychobiological development of maltreated children and its implications for reserach, treatment, and policy. *Development and Psychopathology*, *13*, 539 - 564.

Dodge, K. A., Bates, J. E., & Pettit, G. S. (1990). Mechanisms in the cycle of violence. *Science*, *250*, 1678 - 1683.

Dodge, K. A., Pettit, G. S., & Bates, J. E. (1997). How the experience of early physical abuse leads children to become chronically aggressive. In D. Cicchetti & S. L. Toth (Eds.), *Rochester Symposium on Developmental Psychopathology: Vol. 8. Trauma — Perspectives on theory, research, and intervention* (pp. 263 - 288). Rochester, NY: University of Rochester Press.

Downey, G., & Coyne, J. C. (1990). Children of depressed parents: An integrative review. *Psychological Bulletin*, *108*, 50 - 76.

Egeland, B., & Erickson, M. F. (1990). Rising above the past: Strategies for helping new mothers break the cycle of abuse and neglect. *Zero to Three*, *11*, 29 - 35.

Egeland, B., & Sroufe, L. A. (1981). Developmental sequelae of maltreatment in infancy. *New Directions for Child Development*, *11*, 77 - 92.

Eiden, R. D., Teti, D., & Corns, K. (1995). Maternal working models of attachment, marital adjustment, and the parent-child relationship. *Child Development*, *66*, 1504 - 1518.

Eisenberg, L. (1995). The social construction of the human brain. *American Journal of Psychiatry*, *152*, 1563 - 1575.

Elder, G. H. (1974). *Children of the great depression*. Chicago: University of Chicago Press.

Elmer, E. (1977). *Fragile families, troubled children*. Pittsburgh, PA: University of Pittsburgh Press.

Emde, R. N., Wolf, D. P., & Oppenheim, D. (Eds.). (2003). *Revealing the inner worlds of young children*. Oxford: Oxford University Press.

English, D. J. (2003). The importance of understanding a child's maltreatment experience cross-sectionally and longitudinally. *Child Abuse and Neglect*, *27*, 877 - 882.

Erickson, M. F., Korfmacher, J., & Egeland, B. (1992). Attachments past and present: Implications for therapeutic intervention with mother-infant dyads. *Development and Psychopathology*, *4*, 495 - 507.

Field, T. M., Fox, N., Pickens, J., & Nawrocki, T. (1995). Relative right frontal EEG activation in 3-to 6-month old infants of "depressed" mothers. *Developmental Psychology*, *31*, 358 - 363.

Fischer, K. W., & Ayoub, C. (1994). Affective splitting and dissociation in normal and maltreated children: Developmental pathways for self in relationships. In D. Cicchetti & S. L. Toth (Eds.), *Rochester Symposium on Developmental Psychopathology: Vol. 5. Disorders and dysfunction of the self* (pp. 149 - 222). Rochester, NY: University of Rochester Press.

Fishbein, D. (2000). The importance of neurobiological research to the prevention of psychopathology. *Prevention Science*, *1*, 89 - 106.

Fox, N. A., & Davidson, R. J. (1984). Hemispheric substrates of affect. In N. A. Fox & R. J. Davidson (Eds.), *The psychobiology of affective development* (pp. 353 - 381). Hillsdale, NJ: Erlbaum.

Fraiberg, S., Adelson, E., & Shapiro, V. (1975). Ghosts in the nursery: A psychoanalytic approach to impaired infant-mother relationships. *Journal of the American Academy of Child Psychiatry*, *14*, 387 - 421.

Francis, D., Diorio, J., LaPlante, P., Weaver, S., Seckl, J. R., & Meaney, M. J. (1996). The role of early environmental events in regulating neuroendocrine development: Moms, pups, stress, and glucocorticoid receptors. In C. F. Ferris & T. Grisso (Eds.), *Annals of the New York Academy of Sciences: Vol. 794. Understanding aggressive behavior in children* (pp. 136 - 152). New York: New York Academy of Sciences.

Francis, D., Di Orio, J., Liu, D., & Meaney, M. J. (1999). Nongenomic transmission across generations of maternal behavior and stress responses in the rat. *Science*, *286*, 1155 - 1158.

Gaensbauer, T., & Hiatt, S. (1984). Facial communication of emotion in early infancy. In N. A. Fox & R. J. Davidson (Eds.), *The psychobiology of affective development* (pp. 207 - 230). Hillsdale, NJ: Erlbaum.

Gaensbauer, T., Mrazek, D., & Harmon, R. (1981). Emotional expression in abused and/or neglected infants. In N. Frude (Ed.), *Psychological approaches to child abuse* (pp. 120 - 135). Totowa, NJ: Rowman & Littlefield.

Garcia Coll, C., Akerman, A., & Cicchetti, D. (2000). Cultural influences on developmental processes and outcomes: Implications for the study of development and psychopathology. *Development and Psychopathology*, *12*, 333 - 356.

Garcia Coll, C., Crnic, K., Lamberty, G., Wasik, B., Jenkins, R., Garcia, H., et al. (1996). An integrative model for the study of developmental competencies in minority children. *Child Development*, *67*, 1891 - 1914.

Gelfand, D. M., Teti, D. M., Seiner, S. A., & Jameson, P. B. (1996). Helping mothers fight depression: Evaluation of a home-based intervention program for depressed mothers and their infants. *Journal of Clinical Child Psychology*, *25*, 406 - 422.

Gelles, R. J. (1982). Toward better research on child abuse and neglect: A response to Besharov. *Child Abuse and Neglect*, *6*, 495 - 496.

Giovannoni, J., & Becerra, R. M. (1979). *Defining child abuse*. New York: Free Press.

Gold, S. N., Hughes, D. M., & Swingle, J. M. (1996). Characteristics of childhood sexual abuse among female survivors in therapy. *Child Abuse and Neglect*, *20*, 323 - 335.

Goldapple, K., Segal, Z., Garson, C., Lau, M., Bieling, P., Kennedy, S., et al. (2004). Modulation of cortical-limbic pathways in major depression. *Archives of General Psychiatry*, *61*, 34 - 41.

Goodman, S., & Gotlib, I. H. (Eds.). (2002). *Children of depressed parents: Mechanisms of risk and implications for treatment*. Washington, DC: American Psychological Association.

Greenough, W., Black, J., & Wallace, C. (1987). Experience and brain development. *Child Development*, *58*, 539 - 559.

Gunnar, M., & Nelson, C. A. (1994). Event-related potentials in year-old infants: Relations with emotionality and cortisol. *Child Development*, *65*, 80 - 94.

Gunnar, M. R., Morison, S. J., Chisholm, K., & Shchuder, M. (2001). Salivary cortisol levels in children adopted from Romanian orphanages. *Development and Psychopathology*, *13*, 611 - 628.

Hennessy, K. D., Rabideau, G. J., Cicchetti, D., & Cummings, E. M. (1994). Responses of physically abused and nonabused children to different forms of interadult anger. *Child Development*, *65*, 815 - 828.

Hinshaw, S. P. (2002). Prevention/intervention trials and developmental theory: Commentary on the Fast Track Special Section. *Journal of Abnormal Child Psychology*, *30*, 53 - 59.

Hinshaw, S. P., & Cicchetti, D. (2000). Stigma and mental disorder: Conceptions of illness, public attitudes, personal disclosure, and social policy. *Development and Psychopathology*, *12*, 555 - 598.

Hoagwood, K., & Jensen, P. S. (1997). Developmental psychopathology and the notion of culture: Introduction to the special section on "The fusion of cultural horizons: Cultural influences on the assessment of psychopathology in children and adolescents." *Applied Developmental Science*, *1*, 108 - 112.

Hofer, M. A. (1987). Early social relationships: A psychobiologist's view. *Child Development*, *58*, 633 - 647.

Hollingshead, A. (1975). *Four-factor index of social status*. Unpublished manuscript, Yale University.

Howe, G. W., Reiss, D., & Yuh, J. (2002). Can prevention trials test theories of etiology? *Development and Psychopathology*, *14*, 673 - 694.

Howes, C., & Segal, J. (1993). Children's relationships with alternative caregivers: The special case of maltreated children removed from their homes. *Journal of Applied Developmental Psychology*, *14*, 71 - 81.

Institute of Medicine. (1994). *Research on children and adolescents with mental, behavioral, and developmental disorders*. Washington, DC: National Academy Press.

Institute of Medicine. (2000). *Bridging disciplines in the brain, behavioral, and clinical sciences*. Washington, DC: National Academy Press.

Jones, N. A., Field, T., Fox, N. A., Lundy, B., & Davalos, M. (1997). EEG activation in 1-month-old infants of depressed mothers. *Development and Psychopathology*, *9*, 491 - 505.

Juvenile Justice Standards Project. (1977). *Standards relating to child abuse and neglect*. Cambridge, MA: Ballinger.

Kagan, J. (1981). *The second year: The emergence of self-awareness*. Cambridge, MA: Harvard University Press.

Kandel, E. R. (1998). A new intellectual framework for psychiatry. *American Journal of Psychiatry*, *155*, 469 - 475.

Kandel, E. R. (1999). Biology and the future of psychoanalysis: A new intellectual framework for psychiatry revisited. *American Journal of Psychiatry*, *156*, 505 - 524.

Kaufman, J. (1991). Depressive disorders in maltreated children. *Journal of the American Academy of Child and Adolescent Psychiatry*, *30*, 257 - 265.

Kazdin, A. E. (1999). Current (lack of) theory in child and adolescent therapy research. *Journal of Clinical Child Psychology*, *28*, 533 - 543.

Kellam, S. G., & Rebok, G. W. (1992). Building developmental and etiological theory through epidemiologically based preventive intervention trials. In J. McCord & R. E. Tremblay (Eds.), *Preventing antisocial behavior: Interventions from birth through adolescence* (pp. 162 - 195). New York: Guilford Press.

Kellam, S. G., Rebok, G. W., Ialongo, N., & Mayer, L. S. (1994). The course and malleability of aggressive behavior from early first grade into middle school: Results of a developmental epidemiologically-based preventive

trial. *Journal of Child Psychology and Psychiatry*, *35*. 259 - 281.
Kellam, S. G., Rebok, G. W., Mayer, L. S., Ialongo, N., & Kalonder, C. R. (1994). Depressive symptoms over first grade and their responsiveness to a preventive trial aimed at improving achievement. *Development and Psychopathology*, *6*, 463 - 489.
Kessler, R. C. (2002). Epidemiology of depression. In I. H. Gotlib & C. L. Hammen (Eds.), *Handbook of depression* (pp. 23 - 42). New York: Guilford Press.
Kessler, R. C., Avenenoli, S., & Merikangas, K. R. (2001). Mood disorders in children and adolescents: An epidemiologic perspective. *Biological Psychiatry*, *49*, 1002 - 1014.
Kessler, R. C., Davis, C. G., & Kender, K. S. (1997). Childhood adversity and adult psychiatric disorder in the United States National Comorbidity Study. *Psychological Medicine*, *27*, 1079 - 1089.
Kessler, R. C., McGonagle, K. A., Zhao, S., & Nelson, C. B. (1994). Lifetime and 12-month prevalence of DSM-III-R psychiatric disorders in the United States: Results from the National Comorbidity Study. *Archives of General Psychiatry*, *51*, 8 - 19.
Kobak, R. (1999). The emotional dynamics of disruptions in attachment relationships: Implications for theory, research, and clinical intervention. In J. Cassidy & P. R. Shaver (Eds.), *Handbook of attachment: Theory, research, and clinical applications* (pp. 21 - 43). New York: Guilford Press.
Kochanska, G., Aksan, N., & Koenig, A. L. (1995). A longitudinal study of the roots of preschoolers' conscience: Committed compliance and emerging internalization. *Child Development*, *66*, 1752 - 1769.
Koenig, A. L., Cicchetti, D., & Rogosch, F. A. (2000). Child compliance/noncompliance and maternal contributors to internalization in maltreating and nonmaltreating dyads. *Child Development*, *71*, 1018 - 1032.
Kraemer, H. C., Stice, E., Kazdin, A., Offord, D., & Kupfer, D. (2001). How do risk factors work together? Mediators, moderators, and independent, overlapping, and proxy risk factors. *American Journal of Psychiatry*, *158*, 848 - 856.
Kraemer, H. C., Wilson, G. T., Fairburn, C. G., & Agras, W. S. (2002). Mediators and moderators of treatment effects in randomized clinical trials. *Archives of General Psychiatry*, *59*, 877 - 884.
Lander, E. S., & Weinberg, R. A. (2000). Genomics: Journey to the center of biology. *Science*, *287*, 1777 - 1782.
Lewin, B. (2004). *Genes Ⅷ*. Upper Saddle River, NJ: Pearson Education, Inc., Pearson Prentice-Hall.
Lewis, D. O. (1992). From abuse to violence: Psychological consequences of maltreatment. *Journal of the American Academy of Child and Adolescent Psychiatry*, *31*, 282 - 391.
Lewis, M., & Brooks-Gunn, J. (1979). *Social cognition and the acquisition of self*. New York: Plenum Press.
Lieberman, A. F. (1991). Attachment theory and infant-parent psychotherapy: Some conceptual, clinical, and research considerations. In D. Cicchetti & S. L. Toth (Eds.), *Rochester Symposium on Developmental Psychopathology: Vol. 3. Models and integrations* (pp. 261 - 287). Rochester, NY: University of Rochester Press.
Lieberman, A. F. (1992). Infant-parent psychotherapy with toddlers. *Development and Psychopathology*, *4*, 559 - 574.
Lieberman, A. F., Weston, D., & Pawl, J. H. (1991). Preventive intervention and outcome with anxiously attached dyads. *Child Development*, *62*, 199 - 209.
Lieberman, A. F., & Zeanah, C. H. (1999). Contributions of attachment theory to infant-parent psychotherapy and other interventions with infants and young children. In J. Cassidy & P. R. Shaver (Eds.), *Handbook of attachment* (pp. 555 - 574). New York: Guilford Press.
Luthar, S. S. (Ed.). (2003). *Resilience and vulnerability: Adaptation in the context of childhood adversities*. New York: Cambridge University Press.
Luthar, S. S., & Cicchetti, D. (2000). The construct of resilience: Implications for intervention and social policy. *Development and Psychopathology*, *12*, 857 - 885.
Luthar, S. S., Cicchetti, D., & Becker, B. (2000). The construct of resilience: A critical evaluation and guidelines for future work. *Child Development*, *71*, 543 - 562.
Lynch, M., & Cicchetti, D. (1991). Patterns of relatedness in maltreated and nonmaltreated children: Connections among multiple representational models. *Development and Psychopathology*, *3*, 207 - 226.
Lynch, M., & Cicchetti, D. (1992). Maltreated children's reports of relatedness to their teachers. *New Directions for Child Development*, *57*, 81 - 107.
Lyons-Ruth, K., Connell, D., Grunebaum, H., & Botein, S. (1990). Infants at social risk: Maternal depression and family support services as mediators of infant development and security of attachment. *Child Development*, *61*, 85 - 98.
Lyons-Ruth, K., Connell, D., Zoll, D., & Stahl, J. (1987). Infants at social risk: Relationships among infant maltreatment, maternal behavior, and infant attachment behavior. *Developmental Psychology*, *23*, 223 - 232.
Lyons-Ruth, K., Repacholi, B., McLeod, S., & Silva, E. (1991). Disorganized attachment behavior in infancy: Short-term stability, maternal and infant correlates, and risk-related subtypes. *Development and Psychopathology*, *3*, 377 - 396.
Macfie, J., Cicchetti, D., & Toth, S. L. (2001). Dissociation in maltreated versus nonmaltreated preschool-aged children. *Child Abuse and Neglect*, *25*, 1253 - 1267.
Macfie, J., Toth, S. L., Rogosch, F. A., Robinson, J., Emde, R. N., & Cicchetti, D. (1999). Effect of maltreatment on preschoolers' narrative representations of responses to relieve distress and of role reversal. *Developmental Psychology*, *35*, 460 - 465.
Main, M., & George, C. (1985). Response of abused and disadvantaged toddlers to distress in agemates: A study in the day care setting. *Developmental Psychology*, *21*, 407 - 412.
Main, M., & Solomon, J. (1986). Discovery of a disorganized/disoriented attachment pattern. In T. B. Brazelton & M. W. Yogman (Eds.), *Affective development in infancy* (pp. 95 - 124). Norwood, NJ: Ablex.
Main, M., & Solomon, J. (1990). Procedures for identifying infants as disorganized/disoriented during the Ainsworth Strange Situation. In M. Greenberg, D. Cicchetti, & E. M. Cummings (Eds.), *Attachment in the preschool years* (pp. 121 - 160). Chicago: University of Chicago Press.
Manly, J. T. (2005). Advances in research definitions of child maltreatment. *Child Abuse and Neglect*, *29*(5), 425 - 439.
Manly, J. T., Cicchetti, D., & Barnett, D. (1994). The impact of subtype, frequency, chronicity, and severity of child maltreatment on social competence and behavior problems. *Development and Psychopathology*, *6*, 121 - 143.
Manly, J. T., Kim, J. E., Rogosch, F. A., & Cicchetti, D. (2001). Dimensions of child maltreatment and children's adjustment: Contributions of developmental timing and subtype. *Development and Psychopathology*, *13*, 759 - 782.
Mans, L., Cicchetti, D., & Sroufe, L. A. (1978). Mirror reactions of Down syndrome infants and toddlers: Cognitive underpinnings of self-recognition. *Child Abuse and Neglect*, *49*, 1247 - 1250.
Marenco, S., & Weinberger, D. R. (2000). The neurodevelopmental hypothesis of schizophrenia: Following a trail of evidence from cradle to grave. *Development and Psychopathology*, *12*, 501 - 528.
Martins, C., & Gaffan, E. A. (2000). Effects of early maternal depression on patterns of infant-mother attachment: A metaanalytic investigation. *Journal of Child Psychology and Psychiatry*, *41*, 737 - 746.
Masten, A. S. (2001). Ordinary magic: Resilience processes in development. *American Psychologist*, *56*, 227 - 238.
Masten, A. S., Best, K., & Garmezy, N. (1990). Resilience and development: Contributions from the study of children who overcome adversity. *Development and Psychopathology*, *2*, 425 - 444.
Masten, A. S., Hubbard, J. J., Gest, S. D., Tellegen, A., Garmezy, N., & Ramirez, M. (1999). Competence in the context of adversity: Pathways to resilience and maladaptation from childhood to late adolescence. *Development and Psychopathology*, *11*, 143 - 169.
Maughan, A., & Cicchetti, D. (2002). The impact of child maltreatment and interadult violence on children's emotion regulation abilities. *Child Development*, *73*, 1525 - 1542.
McCrone, E., Egeland, B., Kalkoske, M., & Carlson, E. A. (1994). Relations between early maltreatment and mental representations of relationships assessed with projective storytelling in middle childhood. *Development and Psychopathology*, *6*, 99 - 120.
McLoyd, V. C. (1998). Socioeconomic disadvantage and child development. *American Psychologist*, *53*, 185 - 204.
Meaney, M. J. (2001). Maternal care, gene expression, and the transmission of individual differences in stress reactivity across generations. *Annual Review of Neuroscience*, *24*, 1161 - 1192.
Miller, T. R., Cohen, M. A., & Wiersema, B. (1996). *Victim costs and consequences: A new look*. Washington, DC: National Institute of Justice.
Moffitt, T. E. (1993). Adolescence-limited and life-course-persistent anti-social behavior: A developmental taxonomy. *Psychological Review*, *100*, 674 - 701.
Munoz, R. F., Mrazek, P. J., & Haggerty, R. J. (1996). Institute of Medicine report on prevention of mental disorders. *American Psychologist*, *51*, 1116 - 1122.

Murray, C. J. L., & Lopez, A. D. (Eds.). (1996). *The global burden of disease and injury* (Vol. 1). Cambridge, MA: Harvard School of Public Health.

National Advisory Mental Health Council. (2000). *Translating behavioral science into action: Report of the National Advisory Mental Health Counsel's behavioral science workgroup* (No. 00 - 4699). Bethesda, MD: National Institute of Mental Health.

National Commission to Prevent Infant Mortality. (1989). *Home visiting: Opening doors for America's pregnant women and children*. Washington, DC: National Commission to Prevent Infant Mortality.

National Institute of Child Health and Development, Early Child Care Research Network. (1999). Chronicity of maternal depressive symptoms, maternal sensitivity, and child functioning at 36 months. *Developmental Psychology*, *35*, 1297 - 1310.

National Research Council. (1993). *Understanding child abuse and neglect*. Washington, DC: National Academy of Sciences.

Nelson, B. (1984). *Making an issue of child abuse*. Chicago: University of Chicago Press.

Nelson, C. A., & Bloom, F. E. (1997). Child development and neuroscience. *Child Development*, *68*, 970 - 987.

Noam, G. (1992). Development as the aim of clinical intervention. *Development and Psychopathology*, *4*, 679 - 696.

Olds, D., Eckenrode, J., Henderson, C., Kitzman, H., Powers, J., Cole, R., et al. (1997). Long-term effects of home visitation on maternal life course and child abuse and neglect: Fifteen-year follow-up of a randomized trial. *Journal of the American Medical Association*, *278*, 637 - 643.

Olds, D., Henderson, C., Kitzman, H., Eckenrode, J., Cole, R., & Tatelbaum, R. (1998). The promise of home visitation: Results of two randomized trials. *Journal of Community Psychology*, *26*, 5 - 21.

Olds, D. L., & Kitzman, H. (1990). Can home visitation improve the health of women and children at environmental risk? *Pediatrics*, *86*, 108 - 116.

Oppenheim, D., Emde, R. N., & Warren, S. (1997). Children's narrative representations of mothers: Their development and associations with child and mother adaptation. *Child Development*, *68*, 127 - 138.

Perner, J. (1991). *Understanding the representational mind*. Cambridge, MA: MIT Press.

Pipp, S., & Harmon, R. J. (1987). Attachment as regulation: A commentary. *Child Development*, *58*, 648 - 652.

Plomin, R., & Rutter, M. (1998). Child development, molecular genetics, and what to do with genes once they are found. *Child Development*, *69*, 1223 - 1242.

Plotsky, P. M., & Meaney, M. J. (1993). Early, postnatal experience alters hypothalamic corticotropin-releasing factor (CRF) mRNA, median eminence CRF content and stress-induced release in adult rats. *Molecular Brain Research*, *18*, 195 - 200.

Pollak, S. D., Cicchetti, D., Hornung, K., & Reed, A. (2000). Recognizing emotion in faces: Developmental effects of child abuse and neglect. *Developmental Psychology*, *36*, 679 - 688.

Pollak, S. D., & Kistler, D. (2002). Early experience alters categorical representations for facial expressions of emotion. *Proceedings of the National Academy of Sciences, USA*, *99*, 9072 - 9076.

Pollak, S. D., & Sinha, P. (2002). Effects of early experience on children's recognition of facial displays of emotion. *Developmental Psychology*, *38*, 784 - 791.

Pollak, S. D., & Tolley-Schell, S. A. (2003). Selective attention to facial emotion in physically abused children. *Journal of Abnormal Psychology*, *112*, 323 - 338.

Post, R., Weiss, S. R. B., & Leverich, G. S. (1994). Recurrent affective disorder: Roots in developmental neurobiology and illness progression based on changes in gene expression. *Development and Psychopathology*, *6*, 781 - 814.

Prevent Child Abuse America. (2001). *Total estimated cost of child abuse and neglect in the United States*. Available from www.preventchildabuse.org/research_ctr/cost_analysis.pdf.

Quinton, D., & Rutter, M. (1988). *Parenting and breakdown: The making and breaking of intergenerational links*. Aldershot, England: Avebury.

Radke-Yarrow, M., Belmont, B., Nottelmann, E., & Bottomly, L. (1990). Young children's self-conceptions: Origins in the natural discourse of depressed and normal mothers and their children. In D. Cicchetti & M. Beeghly (Eds.), *The self in transition* (pp. 345 - 361). Chicago: University of Chicago Press.

Ray, O. (2004). How the mind hurts and heals the body. *American Psychologist*, *59*(1), 29 - 40.

Rees, S. (2002). Functional assay systems for drug discovery at Gprotein coupled receptors and ion channels. *Receptors Channels*, 8(5/6), 257 - 259.

Reiss, D., & Price, R. H. (1996). National research agenda for prevention research: National Institute of Mental Health report. *American Psychologist*, *51*, 1109 - 1115.

Richters, J. E. (1997). The Hubble hypothesis and the developmentalist's dilemma. *Development and Psychopathology*, *9*, 193 - 229.

Richters, J. E., & Cicchetti, D. (1993). Mark Twain meets DSM-IIIR: Conduct disorder, development, and the concept of harmful dysfunction. *Development and Psychopathology*, *5*, 5 - 29.

Rieder, C., & Cicchetti, D. (1989). Organizational perspective on cognitive control functioning and cognitive-affective balance in maltreated children. *Developmental Psychology*, *25*, 382 - 393.

Robins, L., Helzer, J., Orvaschel, H., Anthony, J., Blazer, D. G., Burnam, A., et al. (1985). Diagnostic Interview Schedule. In W. Eaton & L. Kessler (Eds.), *Epidemiologic field methods in psychiatry* (pp. 143 - 170). New York: Academic Press.

Robinson, J., Mantz-Simmons, L., & Macfie, J. (1991). *The narrative coding manual*. Unpublished manuscript.

Rogosch, F. A., & Cicchetti, D. (1994). Illustrating the interface of family and peer relations through the study of child maltreatment. *Social Development*, *3*, 291 - 308.

Rogosch, F. A., Cicchetti, D., & Aber, J. L. (1995). The role of child maltreatment in early deviations in cognitive and affective processing abilities and later peer relationship problems. *Development and Psychopathology*, *7*, 591 - 609.

Rogosch, F. A., Cicchetti, D., & Toth, S. L. (2004). Expressed emotion in multiple subsystems of the families of toddlers with depressed mothers. *Development and Psychopathology*, *16*, 689 - 710.

Rutter, M. (1986). Child psychiatry: The interface between clinical and developmental research. *Psychological Medicine*, *16*, 151 - 160.

Rutter, M. (1990). Psychosocial resilience and protective mechanisms. In J. Rolf, A. S. Masten, D. Cicchetti, K. Nuechterlein, & S. Weintraub (Eds.), *Risk and protective factors in the development of psychopathology* (pp. 181 - 214). New York: Cambridge University Press.

Rutter, M. (1996). Developmental psychopathology: Concepts and prospects. In M. F. Lenzenweger & J. J. Haugaard (Eds.), *Frontiers of developmental psychopathology* (pp. 209 - 237). New York: Oxford University Press.

Rutter, M., Dunn, J., Plomin, R., Simonoff, E., Pickles, A., Maughan, B., et al. (1997). Integrating nature and nurture: Implications of person-environment correlations and interactions for developmental psychopathology. *Development and Psychopathology*, *9*, 335 - 364.

Rutter, M., & Garmezy, N. (1983). Developmental psychopathology. In E. M. Hetherington (Ed.), *Handbook of child psychology* (4th ed., Vol. 4, pp. 774 - 911). New York: Wiley.

Rutter, M., & Sroufe, L. A. (2000). Developmental psychopathology: Concepts and challenges. *Development and Psychopathology*, *12*, 265 - 296.

Sameroff, A. J. (2000). Developmental systems and psychopathology. *Development and Psychopathology*, *12*, 297 - 312.

Sanchez, M. M., Ladd, C. O., & Plotsky, P. M. (2001). Early adverse experience as a developmental risk factor for later psychopathology: Evidence from rodent and primate models. *Development and Psychopathology*, *13*, 419 - 450.

Santostefano, S. (1978). *A bio-developmental approach to clinical child psychology*. New York: Wiley.

Santostefano, S., & Baker, H. (1972). The contribution of developmental psychology. In B. Wolman (Ed.), *Manual of child psychopathology* (pp. 1113 - 1153). New York: McGraw-Hill.

Schneider-Rosen, K., Braunwald, K., Carlson, V., & Cicchetti, D. (1985). Current perspectives in attachment theory: Illustrations from the study of maltreated infants. *Monographs of the Society for Research in Child Development*, *50*, 194 - 210.

Schneider-Rosen, K., & Cicchetti, D. (1991). Early self-knowledge and emotional development: Visual self-recognition and affective reactions to mirror self-image in maltreated and nonmaltreated toddlers. *Developmental Psychology*, *27*, 481 - 488.

Schore, A. N. (1994). *Affect regulation and the origin of the self: The neurobiology of emotional development*. Hillsdale, NJ: Erlbaum.

Schore, A. N. (2003a). *Affect regulation and disorders of the self*. New York: Norton.

Schore, A. N. (2003b). *Affect regulation and the repair of the self*. New York: Norton.

Schulenberg, J., Sameroff, A., & Cicchetti, D. (Eds.). (2004). The transition from adolescence to adulthood [Special issue]. *Development and Psychopathology*, *16*(4).

Schwartz, J. L., Yerushalmy, M., & Wilson, B. (Eds.). (1993). *The geometric supposer: Vol. 6. What is it a case of?* Hillsdale, NJ: Erlbaum.

Serafica, F. C. (1997). Psychopathology and resilience in Asian American children and adolescents. *Applied Developmental Science*, *1*, 145-155.

Shields, A., & Cicchetti, D. (1998). Reactive aggression among maltreated children: The contributions of attention and emotion dysregulation. *Journal of Clinical Child Psychology*, *27*, 381-395.

Shields, A., & Cicchetti, D. (2001). Parental maltreatment and emotion dysregulation as risk factors for bullying and victimization in middle childhood. *Journal of Clinical Child Psychology*, *30*, 349-363.

Shields, A., Cicchetti, D., & Ryan, R. M. (1994). The development of emotional and behavioral self regulation and social competence among maltreated school-age children. *Development and Psychopathology*, *6*, 57-75.

Shields, A., Ryan, R. M., & Cicchetti, D. (2001). Narrative representations of caregivers and emotion dysregulation as predictors of maltreated children's rejection by peers. *Developmental Psychology*, *37*, 321-337.

Shirk, S. R. (1999). Integrated child psychotherapy: Treatment ingredients in search of a recipe. In S. W. Russ & T. H. Ollendick (Eds.), *Handbook of psychotherapies with children and families: Issues in clinical child psychology* (pp. 369-384). Dordrecht, The Netherlands: Kluwer Academic.

Shirk, S. R., Talmi, A., & Olds, D. (2000). A developmental psychopathology perspective on child and adolescent treatment policy. *Development and Psychopathology*, *12*, 835-855.

Shonk, S. M., & Cicchetti, D. (2001). Maltreatment, competency deficits, and risk for academic and behavioral maladjustment. *Developmental Psychology*, *37*, 3-14.

Shweder, R. A., & Bourne, E. J. (1991). Does the concept of the person vary cross-culturally? In R. A. Shweder & R. A. LeVine (Eds.), *Culture theory: Essays on mind, self and emotion* (pp. 158-199). Cambridge: Cambridge University Press.

Simon, G. E. (2003). Social and economic burden of mood disorders. *Biological Psychiatry*, *54*(3), 208-215.

Spiker, D., & Ricks, M. (1984). Visual self-recognition in autistic children: Developmental relationships. *Child Development*, *55*(1), 214-225.

Sroufe, L. A. (1996). *Emotional development: The organization of emotional life in the early years*. New York: Cambridge University Press.

Sroufe, L. A., Carlson, E. A., Levy, A. K., & Egeland, B. (1999). Implications of attachment theory for developmental psychopathology. *Development and Psychopathology*, *11*, 1-13.

Sroufe, L. A., & Fleeson, J. (1988). The coherence of family relationships. In R. A. Hinde & J. Stevenson-Hinde (Eds.), *Relationships within families: Mutual influences* (pp. 27-47). Oxford: Oxford University Press.

Sroufe, L. A., & Rutter, M. (1984). The domain of developmental psychopathology. *Child Development*, *55*, 17-29.

Sroufe, L. A., & Waters, E. (1977). Attachment as an organizational construct. *Child Development*, *48*, 1184-1199.

Stern, D. N. (1995). *The motherhood constellation: A unified view of parent-infant psychotherapy*. New York: Basic Books.

Stovall, G., & Craig, R. J. (1990). Mental representations of physically and sexually abused latency-aged females. *Child Abuse and Neglect*, *14*, 233-242.

Thompson, R. (1998). Early sociopersonality development. In W. Damon & N. Eisenberg (Eds.), *Handbook of child psychology* (5th ed., Vol. 3, pp. 25-104). New York: Wiley.

Thompson, R. A., & Calkins, S. D. (1996). The double-edged sword: Emotional regulation for children at risk. *Development and Psychopathology*, *8*, 163-182.

Toth, S. L., & Cicchetti, D. (1993). Child maltreatment: Where do we go from here in our treatment of victims? In D. Cicchetti & S. L. Toth (Eds.), *Child abuse, child development, and social policy* (pp. 399-438). Norwood, NJ: Ablex.

Toth, S. L., & Cicchetti, D. (1996). Patterns of relatedness and depressive symptomatology in maltreated children. *Journal of Consulting and Clinical Psychology*, *64*, 32-41.

Toth, S. L., & Cicchetti, D. (1998). Remembering, forgetting, and the effects of trauma on memory: A developmental psychopathology perspective. *Development and Psychopathology*, *10*, 589-605.

Toth, S. L., & Cicchetti, D. (1999). Developmental psychopathology and child psychotherapy. In S. Russ & T. Ollendick (Eds.), *Handbook of psychotherapies with children and families* (pp. 15-44). New York: Plenum Press.

Toth, S. L., Cicchetti, D., Macfie, J., & Emde, R. N. (1997). Representations of self and other in the narratives of neglected, physically abused, and sexually abused preschoolers. *Development and Psychopathology*, *9*, 781-796.

Toth, S. L., Cicchetti, D., Macfie, J., Maughan, A., & VanMeenan, K. (2000). Narrative representations of caregivers and self in maltreated preschoolers. *Attachment and Human Development*, *2*, 271-305.

Toth, S. L., Manly, J. T., & Cicchetti, D. (1992). Child maltreatment and vulnerability to depression. *Development and Psychopathology*, *4*, 97-112.

Toth, S. L., Maughan, A., Manly, J. T., Spagnola, M., & Cicchetti, D. (2002). The relative efficacy of two interventions in altering maltreated preschool children's representational models: Implications for attachment theory. *Development and Psychopathology*, *14*, 777-808.

Trickett, P. K., Aber, J. L., Carlson, V., & Cicchetti, D. (1991). The relationship of socioeconomic status to the etiology and developmental sequelae of physical child abuse. *Developmental Psychology*, *27*, 148-158.

Trickett, P. K., & McBride-Chang, C. (1995). The developmental impact of different types of child abuse and neglect. *Developmental Review*, *15*, 311-337.

Troy, M., & Sroufe, L. A. (1987). Victimization among preschoolers: The role of attachment relationship history. *Journal of the American Academy of Child and Adolescent Psychiatry*, *26*, 166-172.

United States Advisory Board on Child Abuse and Neglect. (1990). *Child abuse and neglect: Critical first steps in response to a national emergency*. Washington, DC: U.S. Department of health and Human Services.

United States Congress. (1988). *Healthy children: Investing in the future*. Washington, DC: U.S. Government printing Office.

U.S. Department of Health and Human Services. (1988). *Executive summary: Study of national incidence and prevalence of child abuse and neglect*. Washington, DC: Author.

U.S. Department of Health and Human Services. (1999). *Mental health: A report of the surgeon general*. Rockville, MD: Author.

U.S. Department of Health and Human Services. (2001). *Child maltreatment*. Washington, DC: U.S. Government Printing Office.

van I Jzendoorn, M. H., Juffer, F., & Duyvesteyn, M. G. C. (1995). Breaking the intergenerational cycle of insecure attachment: A review of the effects of attachment-based interventions on maternal sensitivity and infant security. *Journal of Child Psychology and Psychiatry*, *36*, 225-248.

van I Jzendoorn, M. H., Tavecchio, L. W. C., Stams, G. J. J. M., Verhoeven, M. J. E., & Reiling, E. J. (1998). Attunement between parents and professional caregivers: A comparison of childrearing attitudes in different child-care settings. *Journal of Marriage and the Family*, *60*, 771-781.

Vaughn, B. E., & Waters, E. (1990). Attachment behavior at home and in the laboratory: Q-Sort observations and Strange Situation classifications of l-year-olds. *Child Development*, *61*, 1965-1973.

Wachs, T. D., & Plomin, R. (Eds.). (1991). *Conceptualization and measurement of organism-environment interaction*. W. Lafayette, IN: Purdue University Press.

Waddington, C. H. (1957). *The strategy of genes*. London: Alien & Unwin.

Waters, E. (1995). Appendix A: The Attachment Q-set (version 3.0). *Monographs of the Society for Research in Child Development*, *60*, 234-246.

Wechsler, D. (1989). *Manual for the Wechsler Preschool and Primary Scale of Intelligence-Revised (WPPSI-R)*. San Antonio, TX: Psychological Corporation.

Weisz, J. R., Donenberg, G. R., Han, S. S., & Weiss, B. (1995). Bridging the gap between laboratory and clinic in child and adolescent psychiatry. *Journal of Consulting and Clinical Psychology*, *63*, 688-701.

Weisz, J. R., Rudolph, K. D., Granger, D. A., & Sweeney, L. (1992). Cognition, competence, and coping in child and adolescent depression: Research findings, developmental concerns, therapeutic implications. *Development and Psychopathology*, *4*, 627-653.

Wellman, H. M. (1990). *The child's theory of mind*. Cambridge, MA: MIT Press.

Wellman, H. M., Cross, D., & Watson, J. (2001). Meta-analysis of theory-of-mind development: The truth about false beliefs. *Child Development*, *72*, 655-684.

Wells, C. S., Subkoviak, M. J., & Serlin, R. C. (2002). The effect of item parameter drift on examinee ability estimates. *Applied Psychological Measurement*, *26*(1), 77-87.

Werner, H., & Kaplan, B. (1963). *Symbol formation*. New York: Wiley.

Westen, D. (1994). The impact of sexual abuse on self structure. In D. Cicchetti & S. L. Toth (Eds.), *Rochester Symposium on Developmental*

Psychopathology (Vol. 5, pp. 223 - 250). Rochester, NY: University of Rochester Press.

Wolfe, D. A. (1987). *Child abuse: Implications for child development and psychopathology*. Newbury Park, CA: Sage.

Zigler, E. (1998). A place of value for applied and policy studies. *Child Development*, *69*, 532 - 542.

Zigler, E., & Glick, M. (1986). *A developmental approach to adult psychopathology*. New York: Wiley.

儿童心理学手册（第六版）　第四卷　（下）

第 14 章

家庭与儿童早期干预

DOUGLAS R. POWELL

家庭支持和援助对处境不利儿童是一个极好的主意,这可以确保他们的心理健康,同时还带动了大量早期干预研究及干预项目开发活动。20 世纪 60 年代早期以来,各种各样的干预项目已经开发制定,用以帮助家庭促进儿童的积极成长结果(child outcomes)。干预项目各有实质性家庭援助的重点,从父母教养方式到抚养子女的责任、家庭与社区服务的联系、职业技能。干预的手段包括家访/家庭探视、项目/计划中心的群组会议,以及/或个案管理,有时也提供基于早期儿童项目中心的某门或一系列课程的安排。工作人员直接与家庭接触,由专业人员或辅助专业人员构成。

让孩子们在生活中成功美满是不同项目对家庭干预的努力方向和期望,尽管这些想法尚未得到充分实现,但一些干预已经产生了短期或长期的积极效果,而多数干预产生的效果较弱,有时仅有少量或者没有效果。

导致效果完全混杂的原因在学术文献中较少受到关注。为了尝试确定最为有利的方法,对早期干预研究的评论已趋向于将直接对孩子和对家庭的工作同等看待,而非对立。这种分析策略的问题在于忽略了干预设计、补救和评估中的质量。在早期干预中,分清什么方法对家庭起作用,什么方法不起作用,这要求特别注意干预项目设计中的变量。对质量的考虑还须仔细探查干预研究中的常见问题,如过分简单幼稚的概念化项目模型、项目方案的实施途径与人口环境的错误匹配、方案模型的不适当的补救、错误的研究设计(包括不适当或不敏感的方法)。

549

通过对早期干预文献资料的分析,得出一种日渐普遍的结论,研究者需要更认真地考虑干预项目的"黑匣子"(black box),它将确定干预过程对于儿童的健康改善的成败是否由于干预或缺乏干预所导致(e. g. , Brooks-Gunn, Berlin, & Fuligni, 2000; Gomby, Culross, & Behrman, 1999; National Research Council and Institute of Medicine, 2000)。因此,关于家庭在早期干预中的作用,一项最新的研究认为,在干预项目设计决策以及未来的干预研究中确定因素和模型是很有希望的,这值得注意。

本章的目标和结构

本章的目的在于确定那些对家庭干预有效途径的潜在关键特征,旨在提高那些从出生到 5 岁期间的处境危险儿童的健康。为此,本章探讨干预项目设计的变量,涉及家庭援助的项目内容(如工作人员、力度)、项目内容的不同组合以及参与者的角色。同时,还对影响干预项目的设计的概念和经验进行介绍,并确定研究的必要方向,研究旨在识别是什么在儿童早期干预的家庭关系中起作用。

本章的前提是,在早期干预的设计和执行上要作出主要决定,决定为家庭提供多少以及什么类型的干预项目内容上的支持。早期干预是否应该针对家庭提供?在这个问题上并没有产生分歧。平等早期干预(even early interventions)通过为年幼儿童提供全年、全日教育方案的早期项目,设法补偿家庭功能不足,干预方案中包括适度地与家庭联系的自主选择。当前的社会政治气候特别重视父母的权利以及对家庭文化和传统的尊重,这种行为至少确保了干预将为家庭增色添彩,而不仅仅是给予了家庭名义上的关注。为了和整卷内容协调一致,本章的假设是,引起读者对紧迫的社会问题的应用研究感兴趣。本章大部分内容按照干预项目的变量来组织,主要关注理论研究转变为实践以及干预研究的做法。

确定了包括本章在内的关键术语和文献资料之后,我将概括地阐述家庭的概念体系是如何发展的,以及那些来源于发展与干预研究中的经验知识,这些研究已经促成家庭干预的发展。本节目标在于为家庭干预途径提供一个有实质基础的导向。与此同时,本节还指出了现有研究文献的局限,并提供一个家庭概念体系应用过程的案例描述,以及联邦赞助家庭干预计划的发展实践指导的研究知识。

接下来,将转到本章中主要的一节,即年幼儿童家庭的援助项目的构成。这一节由 7 个方面组成,主要针对家庭干预的设计和实施做出决策。这里所考察的变量包括家庭干预质量指标的主要备选因素。如果该领域最终在早期干预因素的研究中取得成功,家庭的有效干预的归因可能将包括这里所描述的部分因素。这一节部分地解释了本章第二个重要内容,即将研究转化为实践。这里按项目变量和所采用的发展和干预研究文献来组织的,其目的在于尝试着去论证运用两类不同来源的调查研究成果的优势。

关于家庭支持项目元素,本节接下来分析探讨童年早期的家庭干预的五个基本设计。设计由参与干预项目的父母的定位(如,是助手,还是补充或主要)以及侧重于家庭功能的项目计划目标和内容的范围来界定(如侧重于儿童还是更广泛的内容)。如何使处境不利儿童有更好的后果? 这一主要观点主要表现在两个维度上。在五个基本的项目设计里都有个案干预的分析,主要关注项目的内容和方法、效果以及父母和家庭因素是否影响儿童成长结果,是怎样影响的。

本章的最后一节,确定家庭干预项目开发和研究的必要方向。这一节主要强调对家庭环境的干预和严谨渐进的研究方法的运用,以此来确定有效干预的要素。 550

变量的界定和文献资料

早期干预指的是为提高年幼儿童发展而设计的一系列范围较广的活动(Ramey & Ramey, 1998, p. 110)。这些活动通常提供早期教育和卫生保健以及各种服务等,旨在促进积极的父母教养方式、家庭功能、个别性发展或治疗服务。每个项目在一个或一个以上地区通过中心或家庭服务系统开展活动。

关于早期干预人群的界定,主要来源于两类文献资料:一类通常指由于家庭经验或教育状况而引发的,被认为处于发展迟滞或学业困难危险中的儿童;另一类则是已被确诊为学业困难或发展迟滞的儿童。服务于处境不利群体的项目趋向于强调消极后果的预防,而为那些已被确诊为学业困难或发展迟滞的儿童的干预服务通常被视为补救或治疗方案(Ramey & Ramey, 1998)。

虽然关于早期干预两类文献资料结合较少,但这两者在实践、干预项目和人群边界上却是模糊不清的。举例来说,业已确诊为学业困难和发展迟滞的年幼儿童的早期干预受到美国个人残疾人教育法案(Individuals Disabilities Education Act)的支持,同时,政府也会酌情处理,为那些被判定处境不利儿童(如多问题家庭)提供支持。早期开端项目,专为因贫困而处境不利的儿童构思的一个干预方案,要求确诊的学习困难儿童至少达到10%,但不强行将低收入作为学业不良的选取必备资格。接受早期干预服务的儿童家庭并不能完全纯粹地分为两组。最近一项对已确诊为学业困难和发展迟滞儿童的政府早期干预服务研究发现,发展迟滞儿童的家庭年均收入处于中等,略高于贫困线(Diamond & Kontos, 2004)。

本章主要聚焦于那些被认定为处于发展迟滞或学业困难危机中的孩子的早期干预。这里危机指标一般包括家庭社会经济状况、青春期亲子关系、早产和低出生体重情况。本章同时也采用了对已确诊学业困难或发展迟滞儿童的早期干预的研究,尝试以一种合适的步调将两种早期干预文献资料联系起来。当然,贫困和学业困难存在着独特的问题,因此,对早期干预进行设计、理解以及概括总结时，需要特别小心谨慎。与此同时，考虑到共同点以及差异性，横跨两类文献资料的成果可以为干预设计和执行的预期进展提供更有力的实证基础。

由于亲子之间的双边关系在早期干预中的家庭功能有着特殊的意义。我采纳了Bornstein(2000)对父母教养方式的定义，父母教养方式指父母所提供的包括父母的观念/信仰和行为显著地直接影响儿童的经验，同时，透过父母人际关系，在家居环境中的日常事务和可利用的物件(如书)，以及他们与外围支持系统的联结也会对儿童的经验产生间接影响。

限于篇幅，本章主要基于美国开展的早期干预研究而展开。关于早期儿童干预，国际性的文献资料提供了丰富的可比较的视角(Boocock & Larner, 1998)，包括类似于在美国开展的研究方案的一些家庭干预的研究(Westheimer, 2003)，以及干预效果的随访研究，如最近由Bernard van Leer基金所资助的一系列纵向研究(www. bernardvanleer. org)。

儿童早期干预中家庭的影响作用

在美国，儿童家庭早期干预的途径已经形成规模，主要表现在对家庭概念体系、干预研究以及在不同的家庭背景下儿童的发展的研究成果上。我们将在此概述各方面的影响。为了解释影响家庭干预作用的原因，本节最后将通过过程描述一个案例的内容构架，这一案例是以联邦平等起点家庭读写计划(the federal Even Start Family Literacy Program)的父母教育来构建的。

551

家庭的概念体系

关于家庭干预的形式、主旨，以及方法过程，可以追溯到儿童发展的家庭贡献、家庭发挥功能的背景以及家庭资源等强有力的概念体系。这些概念体系的起源包括理论和研究，以及社会政治的发展，尤其是美国不断增加的人口种群的多样性、公民权利运动(the Civil Rights movement)以及关于贫困的战争(the War on Poverty)。正如下面讨论所提到的，有影响的构念是在客观的批评评论以及定期改进提炼的基础上建构的，目前，关于家庭的每种流行观点都处于转变为干预项目的过程中，并产生了将理论付诸实践的经验信息，学者们质疑这些流行观点的普遍假设和社会政策的实证基础，诸如福利改革形式下的家庭生活。

家庭作为发展背景

早期干预领域的核心在于，家庭是早期发展的有意义的背景。几十年来，“家庭问题”这一概念已经得到理论和实证科学的支持，通过儿童早年成长质量的研究证实了家庭对于儿童发展将产生持续的影响。

结合儿童成长后果与家庭变量的研究结果并不必然地导致旨在改变和支持家庭的干预理论基础的形成。有学者对家庭作用的文献资料加以总结，认为早期干预应该补偿和设法减少家庭功能的不足，在儿童的生命早期，尽可能早地将他们的大多数活动时间置于一个高质量的儿童早期项目中。例如,基于一项家庭语言交流和儿童智力成果的纵向研究的结果,Hart 和 Risley(1995) 作出如下推论,他们推测接受福利的家庭的儿童的语言发展要与中等工薪阶层家庭的儿童的语言经验相等的话,接受福利家庭的儿童从出生到与中等工薪阶层家庭儿童的语言经验相等,可能还需要每周 41 个小时的家庭之外额外的语言丰富活动。

相反,其他研究人员从家庭作用文献资料推断,认为一个更具潜力更有效力的提高儿童成长效果的方法是为提高儿童健康成长的家庭支持功能。儿童早期干预,包括家庭作为一种补充功能或专职功能,都假设通过在父母教养方式和其他家庭过程上的持久改变而产生更强的效果,而非对父母或家庭其他成员给予最小限度或者无实质关注。Bronfenbrenner (1974, p. 300)在一次关于早期干预的有影响力的报告中支持了这个论点并作出了总结:"没有家庭的参与,干预不可能成功,一旦中止干预,所取得的极少的成效也可能会消失。"这一结论主要基于几项干预研究的成果(如 Radin, 1972),这些研究表明,在干预中父母的参与有助于在干预项目结束后儿童 IQ 的维持。因此,报告强化了对持续支持的期望,即通过在家庭中的长期改变来提高儿童的成长后果。

干预方案以儿童取向还是以家庭取向? 长期以来,其两种取向的优势成为早期干预文献资料中(如 Zigler & Berman, 1983)争论的焦点,到今天仍然是一个活跃的实证调查研究领域(如 Barnett, Young, & Schwinhart, 1998; Reynolds, Ou, & Topitzes, 2004)。干预设计主要核心特征是理论上存在着分歧,对儿童的发展变化的规范调整力量集中于内部还是外部,或者是内部和外部势力之间的关系的结果上存在着分歧(P. A. Cowan, Powell, & Cowan, 1998)。尽管这一主题经常将聚焦于儿童的干预和聚焦于父母的干预一分为二来对待,但在现实干预方案中则仅表现为对父母关注的量和类型上有所不同。所有的儿童发展理论都假设外行在养育年幼儿童上需要专家作指导(Kessen, 1979),在美国,20 世纪初就开始建立起育婴学校,父母教育被视为儿童早期项目的一部分(D. R. Powell & Diamond, 1995)。因而,项目之间一个主要的差异被认为是家庭干预对儿童产生的持续的积极效果所达到的程度。在研究政策和早期干预的领域中,家庭对孩子的影响作用时而被夸大,20 世纪 90 年代中期以来,家庭对孩子影响的大小受到了强烈的挑战,尤其是在 Harris(1995,1998) 观点中,她认为父母对儿童的成长后果很少或根本没有影响。她的观点已经引起了相当多的学术关注(如 Collins, Maccoby, Steinberg, Hetherington, & Bornstein, 2000; Okagaki & Luster, 2005),"家长不管事"(parents don't matter)的观点是否会影响对家庭的早期干预方法还有待分晓。简而言之,对于家庭效用文献资料的批评提升了人们对家庭干预的研究兴趣,因为对父母的干预是社会科学家对测量家庭作用对孩子影响大小的最有效的方法(P. A. Cowan & Cowan, 2002),包括 Harris(2002)的主张,她认为通过在家庭环境中的干预所引起的儿童行为变化并不会导致儿童在学校或在其他父母不在场的情境中行为的迁移改变。

552

家庭处于情境之中

20 世纪 70 年代中期以来,早期干预领域受到了许多观念的影响,普遍认为家庭内嵌入于邻里和社区水平上的正式和非正式资源的一个相互联结的系统之中,这些邻里和社区的水平对于个体和家庭健康所提供的支持极不相同。干预者经常引用非洲的谚语"养育一个孩子,需要整个村庄"来表达关于情境主义发展文献资料的本质。这一杰出的理念在社会进一步发展中变得更加复杂,部分由于社会环境的瞬息万变所带来的社会特征所致,这些特征表现为单亲父母家庭、母亲在外工作,以及种族、信仰以及家庭语言差异的增加。

生态学观点对于早期干预领域的一个主要贡献在于增加了人们对于人群差异的意识。人们不能这样进行推理假设,即认为在一个或几个群体中所确认的特征会在另外一个群体中以同样的方式存在或发挥作用(Lerner, 1998),干预研究发现在一个群体或某个情境中有效或无效的状况可能在另一个群体或背景中则表现出不同结果模式。一个详细的项目方案模型或策略能够对任何家庭或父母起作用,这种观念已被取代,继而,人们对运用适当方法去实现项目对家庭环境有所响应的观点产生了质疑(D. R. Powell, 2005)。

关于人类生态发展的理论和研究还延伸到对家庭功能的干预影响的内容边界。"整个村庄"(whole village)说法的流行表明一个更宽泛,有时甚至是狂热的方案模型,该模型假定家庭的主要任务是为孩子的发展和父母教养方式提供信息。排除或取代亲子教育之外,越来越多的干预旨在加强家庭与其所处大环境的联系,并将之作为一种提高积极的儿童成长后果的家庭支持的方法途径。举例说明,联邦早期开端项目的四个目标之一就是发展社区,包括提高儿童保育质量、社区协作,以及对家庭全方位的支持性服务(Love et al., 2002)。干预项目还尝试着通过非正式渠道,如家人、朋友和邻居,以推动社会支持作用的发挥(Dunst, 2000)。

许多干预措施针对低收入家庭,而且对父母的经济自足的技能特别感兴趣,并将之作为改善家庭功能和促进儿童成长后果的一条途径。最后,项目针对增强父母就业相关的技能而提供服务,以及为儿童发展服务,其中可能包括儿童早期项目、亲子教育以及预防保健。遵循这种方法途径的干预被称为两代计划(Smith & Zaslow, 1995),它与工资福利改革政策相一致,要求劳动力参与,并随着社会中妇女角色的规范变化而变化。

家庭干预面临着挑战,即需要将关于家庭背景的更广泛的理论构建转化为项目方案的层次规划设计与实施。一个关键但悬而未决的问题是特殊变量的确定,这些变量可能会受到来自生活在贫困和其他高风险条件下的家庭日常功能的无数相关因素的强有力的影响。

我们得承认,项目设计者并没有魔术弹,他们信奉家庭综合服务的概念,同时仍在努力提高其实用性、综合性以及现有的生存服务质量,这些服务由不同的中介机构来提供,他们通过不同类型的基金,并在最好地支持家庭的理论假设下进行操作(如 St. Pierre, Layzer, & Barnes, 1998)。这样风险将降到最低,并在社会支持干预上普及到更多的儿童(Dunst, 2000),但如何将儿童取向的干预和家庭取向的干预服务实质性地结合起来还不够清楚(Mahoney et al., 1999)。该领域还不得不面对一些幼稚天真的期望,如试图通过对父母进行教育以及提供就业有关的服务,就可以轻松快速地提高儿童成长的后果(如教父母去阅读,以便他们能够读给孩子听)。

553

家庭作为资源

对早期干预日益增加了影响的第三个观念是,家庭实力可能会引导儿童和父母选择最佳的发展路径。以家庭实力为基础的概念得到了自助系统中社会支持潮流的学术性工作的支持(Cohen, Underwood, & Gottlieb, 2000),努力创建家庭实力的优势在于促进个体和家庭的健康(Trivette, Dunst, & Deal, 1997),使得人们对促进积极的发展感兴趣,而不是按照传统惯例将注意集中于对消极后果的治疗和预防(Lerner, Fisher, & Weinberg, 2000; Pollard & Rosenberg, 2003)。

“提高家庭实力”(build on family strengths)的观念部分与早期干预的假设和强调家庭功能不足的实践相冲突。20世纪60年代早期,对低收入家庭的儿童干预项目的启动建立在有限的对家庭育儿训练的看法上,尤其在儿童的语言运用领域,这是低收入儿童学业失败的首要原因。这个时代人类发展具有可塑性,这一个更乐观的看法将带来更多的期望,认为早期教育项目能够为儿童提供家庭里缺少的学校阅读经验,从而把儿童推向一个丰富多彩充满成就的人生发展轨迹。根据这种观点,对儿童进行入学准备教育,不适当的育儿方式(母爱的缺失)成为学业失败的间接原因。建立在这些前提条件下的早期干预注定成为种族主义体制上一种炫耀的形式(Baratz & Baratz, 1970),政治和实践,将中产阶级欧裔美国人的价值观和实践观强加于其他群体,这一做法受到强烈的批评(Laosa, 1983)。

这些批评,加上公民权利运动和贫困战争的压力,使得20世纪60年代后期开始的支持缺陷的观点受到了影响。这种范式变化的意义在于一些开创性研究,如Labov(1970)关于非裔美国人的方言的研究,Heath(1983)关于在低收入社区的语言运用的研究以及教师在儿童构建文化差异上的成功。因此,有研究者快速放弃了在学术文献资料中的“缺陷”这一术语,而强调家庭和社区语言系统所述的“差异”(Vernon-Feagans, 1996)以及记载中育儿实践的差异(Yando, Seitz, & Zigler, 1979)。

20世纪60年代和70年代,立法活动支持这样的原则,即家庭是支撑干预项目的资源。1964年的经济事务法案(the Economic Opportunity Act)所支持的项目中,呼吁家庭“最大的切实可行的分享”作为早期开端项目最终决策的一个推动力,将最终决定如何作用于家庭(如51%的当地政策理事会成员都是父母),联邦法律包括了父母有权决定儿童的教育安置和治疗计划的规定。在这个背景下,目前更多的关心是家庭功能以及家庭的传统决策上专业介入的快速增加(Lasch, 1977),伦理上关注于干预项目中父母的专业操作(Hess, 1980; Sigel, 1983),以及儿童发展的科学性根据是否足够严格和权威,以确保如何养育儿童的专业法令的实施,尤其在其他种族和少数民族后裔家庭。

当前早期干预的专业标准反映了这样一种观点,即将家庭视为支撑干预计划决定和活动的资源。这里强调提升家庭能力的伙伴关系,确保与项目工作人员共同做出决策而不是将父母作为实施确定方案项目日程的帮手(D. R. Powell, 2001)。对家庭的早期干预主要聚焦于促进提升(对应于治疗),个体训练现有的能力和发展新的能力(对应于为人们专业地解决问题),从一个更广泛的社区资源来界定实践(对应于大多数或高级的专业服务),作为家庭项目的中介机构,对家庭愿望和所关怀内容产生响应(对应于决定病人需要的专家一样的专业人士; Dunst & Trivette, 1997)。

有证据表明,在项目与家庭关系实施的标准里,规则与实践之间存在着差距。例如,研究极少关注家庭的后果和家庭服务计划中对个体的支持(如 McWilliam et al., 1998)。对于家庭资源的强调触及早期干预中专业人员作用的澄清(Buysse & Wesley, 1993),以及对与家庭工作有关的就业准备的再考虑(McBride & Brotherson, 1997; D. R. Powell, 2000),并作为项目所追求的优势互补的方法。在早期干预领域,这种状况反映了提高儿童健康的更广泛的活动条件,这里人们对推动后果的政策和项目的兴趣高涨,但仍需要做相当多的概念上、方法上以及实证的工作(Moore & Keyes, 2003)。

554

经验知识

关于家庭提供给干预设计师和工作人员的突出理念,对家庭工作提供一个共同的参照点,与决策者无障碍的沟通,有利于公众提出干预目标和付诸实践。然而,一般而言,由他们自己提出的高见不足以指导优化干预的设计和实施。基本构念的不完全表达(如"家庭问题")可能滋生简单的项目假设和活动(如家庭好,孩子就好)。为了补充必要的细节,项目设计者和工作人员将长期求助于专业知识或者是临床判断,这种临床判断源自一个群体干预形式的经验积累(Shonkoff, 2000)。在某种更小范围内,他们还致力于实证研究,并将之作为家庭干预设计和实施的信息源。与实践相通的教育和社会科学的运用是一个复杂而又难以理解的话题(Shonkoff, 2000; Sigel, 1998),童年早期家庭干预也不例外,其一般模式表现为研究、设计和实施之间的有限的或极少的联系。

早期干预的扩展沿着关于经验知识的几条途径进行。一条途径是经典的研究和项目发展策略,其干预模式表现为,在某个或多个地点进行测试,然后在结果数据提供了积极的效果保证之后,这种干预模式推广到其他地点;另一条途径则是在实施一个大规模的计划方案,在各种场所进行指导或者扩展方案模型,而不考虑来自小规模的严格研究的优劣(Yoshihawa, Rosman, & Hsueh, 2002)。

有少数例外令人吃惊,我们关于家庭在早期干预中的作用的因果关系的知识过于有限,以致不能支持大多数方案模型的更为广泛的扩展和复制。尽管随机安排的运用在干预研究中日见增长,而用以证实是什么在早期干预中起作用的调查研究设计,作为项目设计和决策实施的最具潜力的研究却通常不用实验设计。例如,组内比较通常被用来确定干预效果是否由于群体特征的不同引起,有时也用于一些干预的事后回溯性研究(D. R. Powell, 2005)。而且,通过在干预研究中的试验的随机安排,通常可以检验出某种处理变量的效力,实际上却是许多变量的组合(如课程内容、力度、工作人员),通常以一种复杂的方式组织。D. T. Campbell(1986)提出了重新用局部量质的因果效度命名内部效度,这里的质指干预的多变量质量。一个干预的实验研究结果,本质上是对干预的重要成分的证实的一组干预。因此,采纳部分干预而不是所有干预的干预者将可能面临遗漏项目组的关键特征的风险(Shadish, Cook, & Campbell, 2002)。

家庭对儿童发展有何贡献,对此我们的理解也是有限的。我们所知道的大多数仅是来自于孩子—家庭背景的相关关系。因为儿童不能被随机分配到不同的环境条件下,研究者有时只得灵活地依靠自然发生的变量去对孩子与环境之间进行检验。自我选择(self-selection)就成为了这种方法中的最严重的问题之一。

此外,儿童发展和早期干预中的背景作用也受到了越来越多的关注,研究者更加强调对发展和干预研究结果的概括。这个问题可以从以下三个方面来理解。其一,针对不同人群的浅显的实证科学的服务增加。背景和差异在理论上被认为比研究本身所起作用更大,现有群体差异研究通常由于没有注意到群体内的个体差异,以及种族、民族、文化以及社会经济之间的重叠而受到限制(Garcia Coll & Magnuson, 2000)。其二,正如前面所提到的,指向联结育儿模式与儿童成长后果之间的种群特异性的证据,增加了是否需要对群体—种族干预内容的疑问。一系列令人印象深刻的精巧的早期干预模式,通过对不同的群体和背景进行连续随机对照实验,有利于解释外部效度问题(Kitzman et al., 2000; Olds, Henderson, Chamberlin, & Tatelbaum, 1986; Olds et al., 2002)。或者在足够数量的同种族不同家庭中实施,以保证可以通过群体来进行分析(Reid, Webster-Stratton, & Beauchaine, 2001)。其三,关于可能存在着何种程度的常识性知识,在发展研究与干预研究的文献资料存在着不一致。所有发展过程都依赖于文化(如 Shweder, 1993)或者干预不能被客观地界定(如 Olson, 2003),这些相对的争议都意味着每种干预本质上都需要证实自身。

555

发展和干预研究的这种情形导致了一个突显的后果,实证科学并不能有效地帮助干预在一些主要观念上发挥作用,如家庭如何发挥作用。其中一个例子是对父亲角色兴趣的增加。关于不同背景下父子关系的研究在过去 20 年里已经成熟(Lamb, 2003),但是干预研究并没有随着项目范围的增加以及针对父亲的项目部分研究保持着同样的步调(Mincy & Pouncy, 2002)。另一个例子则是对家庭系统的强调。对于儿童发展背景下的早期干预的理解,有关家庭以及家庭系统的研究占主要地位,而家庭系统的研究更是一个发展科学中的突显的话题。家庭成效的实证性文献资料主要涉及到父母教养方式、亲子互动和亲子关系(Parke & Buriel, 1998)。毫不奇怪的是,大多数"家庭取向"的项目实践通常是针对母亲的不同教养方式。研究限制的一个不太明显的结果是,当干预者所填信息无效或给予家庭的建议无效时,种族问题便会出现,这些问题超越了实证科学的界限,或者夸大了对参与者和政策制定者的干预的有效性(P. A. Cowan et al., 1998)。

对于儿童与家庭互动和干预过程中的因果关系的揭示,干预计划的进一步发展可以提供更多更好的信息。目前,实验研究中更加强调内部效度。例如,有影响的报告推荐,提高儿童的成长后果要更多使用严格的干预(如 National Research Council, 2002; National Research Council and Institute of Medicine, 2000),联邦政府正在修订传播"最佳方法"框架内的重要干预的研究成果(如由教育科学研究所建立起的结算室所做的工作)。

关于背景和差异性的更多更好的研究资料最终可以提供一个实证基础,为特殊人群的干预确定所需类型的人群—差异性内容。同时,一个更严格的数据库还可以帮助转移现有关于效用的归纳概括的争论焦点。通常,儿童发展研究中,具有文化敏感性的方法的一个主要任务是,在文化相对论与绝对宇宙观之间把握平衡(Parke, 2004)。由于缺乏足够的科研知识,与家庭形成关系的策略,使他们在干预过程中形成独特优势的风险远远高于将有限的数据库转变为干预内容(Brinker, 1992)。

干预发展中对地方的某种水平的重新确定可能成为干预的一个必要的步骤,作为干预者应该真正懂得他们作为集体和个体的工作的边界和细节。普遍化的界定比较宽泛,通常需要在特定的背景应用范围稍作调整,因此地方数据在这里可以发挥补充作用。例如,Neuman和她的同事(Neuman, Hagedorn, Celano, & Daly, 1995)收集了关于非裔美国青少年的资料,并采用了他们发现的结果,在这些成果中强调群内差异,个性化地考虑了项目内容的表达。作为对局部地区产生的资料以及通常用于发展性研究的小样本的一个补充,对家庭和年幼儿童的民族调查资料可以为干预计划提出者和实施者提供一个潜在的有用的信息源。例如,最近一项全国性的调查发现,有近80%的家长报告,祖父母住在离他们家1个小时车程的地方,70%的家长报告有许多的可以依靠的朋友和亲人。这些数据似乎驳斥了对年轻家庭由于所处地理环境而脱离他们的家人和朋友的典型描述(Halfon & McLearn, 2002)。

案例分析

556 1998年,我曾受到联邦行政长官的邀请,负责为美国教育部的平等起点家庭读写项目(the Even Start Family Literacy Program)开发对本地项目的指导,涉及平等起点项目的内容和父母教育的内容和方法部分。该任务的执行是与Diane D' Angelo协作,即一个经验丰富的儿童早期实践者和一批在RMC研究有限公司(RMC Research Corporation)中的资深工作人员,结果引发了美国教育出版部门(U. S. Department of Education publication)(D. R. Powell & D'Angelo, 2000; see also D. R. Powell, 2004)将分布广泛的平等起点项目在国家和地区的平等起点项目会议上作了大量的介绍。本质上讲,该任务就是一种实验,将关于家庭的主要理念以及家庭教养环境的研究转化为具体的项目建议的实验,对如何提高父母的教养方式提出计划和建议,以促进早期读写能力发展。

平等起点计划作为一个示范计划创建于1988年,是在一次国会活动上通过的。此次会议呼吁整合儿童早期教育、成人教育以及父母教育,旨在提高所有家庭成员的读写技能。其目的是帮助父母成为教育其子女的完美伙伴,帮助作为初学者的孩子阅读他们可能阅读的内容,并为他们的父母提供扫盲培训和读写能力的培训。核心的服务,包括从出生到8岁的早期教育,成人教育服务,以发展基础教育和读写能力技能、父母教育,以及以儿童早期读写能力发展为中心的亲子共同活动。起点项目强调这些核心服务的计划方案的整合,期望家庭能够参与所有的核心服务。为了符合项目参与的条件,参与计划的每个家庭必须有一位成人具备合格成人基础教育,并且儿童不超过8岁(St. Pierre & Swartz, 1995)。1989年该项目在76个地点上开始实施,到1999年、2000年为止,已经成长为超过800个地方计划。

自从平等起点项目介入,由于多种原因,父母教育方面已经成为项目中具有挑战性的内容,主要有以下几个原因。其一,父母教育的界定是以一般性术语在平等起点项目立法通过的,项目运用了多种商业的和地方发展性课程,一般集中于儿童发展的年龄和阶段上,通常极少关注早期读写能力的发展。其二,多数平等起点项目中,似乎那些对角色仅有有限的准备的个体也成为父母教育方面的工作人员。在美国，大多数社区由于缺乏合格的人才，有效地提供父母教育的有资格的工作人员严重地受到限制，因为在父母教育中仅有少数学士学位项目和认证项目。一般来说，父母教育领域比起成人教育和早期儿童教育领域而言，发展不够好。对于父母教育，通常没有可以被普遍接受的标准，相反，在早期儿童教育和成人教育中则存在着较高的令人信服的适宜操作的基准。其三，通过广泛的项目实施，已有报告表明，在父母教养教育/亲职教育中一些父母阻抗参与(如被一些人视为是普通同等学历证书的扰乱，令人工作分心)。平等起点项目的一个早期全国性评估表明，父母教育方面并不是一个必须要求参与的项目。尽管平等起点项目(一家联合出版机构和一系列会议介绍)对关于如何提高与父母协作做了大量指导，这些指导的预期结果不指望显著地改变这种状况，但关于促进儿童读写能力中父母所扮角色的概念框架的发展，被视为提高平等起点项目中父母教育的最根本的基础。

家庭对年幼儿童早期读写能力发展的贡献、早期学业的成功以及亲职教育的方法等方面已积累大量的文献资料。通过对这些文献资料的评述，项目指导得以发展。这些发展还包括：与家庭读写项目的实践者进行了广泛的协作；为了观察父母教育的有为的做法，为了向其他的项目作出解释；参观了12所地方平等起点项目；对地方平等起点项目工作人员，平等起点项目的政府协作者，以及美国教育部的官员们所提出的指导文件的早期草案进行反馈。

我们首次直接接触到来自研究成果的共同的挑战，包括基于研究的指导，即关于早期读写能力的家庭训练指导以及父母教育的流行做法的多样性家庭实践。考虑到平等起点家庭读写项目的更大的目标，我们提出了聚焦于儿童读写能力效果的目标。这一目标已被部分参与者所接受，但对于将父母教育适当地解释为更广泛的内容，包括自尊、父母的“权力”，以及如何处理贫困的困境等，目标注定过于狭窄。折衷的做法是将目标完全集中于儿童读写能力成果上，其内容涵盖了一系列议题，如“父母教育从哪里开始?”由最早从事父母教育的父母围绕内容开展，似乎更适合他们的当前的状况(如新搬迁到一个更完全的地方)，并最终走向持续关注家庭实践，直接支持儿童读写能力发展。目标如下：平等起点家庭读写项目中父母教育的总体目标在于，加强父母对于其年幼子女的读写能力发展及早期学业成功的支持(D. R. Powell & D'Angelo, 2000, p. 5)。内容主要包括以下五个方面。 557

1. 参与语言丰富亲子互动活动。
2. 在家庭里为读写能力的发展提供支持。
3. 对儿童的学习和发展保持适宜的期望。
4. 积极体现父母教养的作用。
5. 形成和维持与社区和其他资源的联系。

这种折衷的立场最初关注的对象是那些想要一份报告的实践者，报告集中于少数特殊家庭训练实践。举例说明，某些平等起点项目提出了“对你的孩子阅读”的主题广告词，代表了他们非常关注这个信息，通过磋商探讨得出指导性文件。我们提及的研究报告表明，分享阅读占到了儿童早期阅读能力的8%，这常常难以让人信服(Scarborough & Dobrich, 1994)。此外，我们认为，研究显示入学准备不存在尚方宝剑(银弹)，而许多研究对家庭识字环境运用了综合的方法，使得人们无法确定特殊的训练或创造环境条件，而其他的训练，包括如何与年幼儿童一起阅读，通常应该强调指导性文件，以满足项目工作人员和父母的考虑，而他们可能困惑于太多的相关家庭早期阅读发展的信息。对于这些方案，在"形成与维持与社区和其他资源的联系"方面的内容，似乎更多地被视为社会工作，而不是父母教育。此外，通过缩略词或关键词，我们发现了一些针对父母训练的基于研究的建议，但指导文件没有对这些关键训练进行交流(如 Borkowski, Ramey, & Stile, 2002)。

文献资料的评述工作还面临着持续存在的因果关系问题的挑战，这在本章的前面也有概述。我们与实践者们多次磋商，向他们解释项目的指导工作的使用者期望对家庭环境效果以及在儿童读写能力成果的父母教育训练有更多认识，希望指导中有清楚的语言表达。例如，实践者提到，在广泛的普及图书文献中"10步使你的孩子更聪明"，并表明，为了确保指导文件的使用，我们需要提供特殊家庭条件以"产生"早期学业成功的担保，常见于大众流行的期刊和书籍中。我们最终的报告尝试与这种情形保持一致，通过文本来反映现有研究的相关本质，而不是一个单页的总结汇总表，通常这种总结都是有着主干词的句子填空，"父母增加了他们孩子的读写能力的发展，以及与学校相关的能力，当他们……"(D. R. Powell & D' Angelo, 2000, p. 6)。虽然仅有一页，但图表要包括的内容较多，句子填空(在上述五个方面有17个句子)，如更早所提到的而不仅仅是实践者首选的。

通过对这些问题的概括，我们在工作中最初所面临的问题来自对低收入和少数民族种群研究的量较为有限，平等起点所针对的群体涉及与儿童读写能力成果有关的家庭因素。关于家庭识字环境的研究大多数集中于中产阶层的欧裔美国种群的父母(通常是母亲)，而非家庭变量。虽然对父母教育方式的研究似乎符合父母教育的发展指导目标，但将之视为项目中对家庭因素的研究更为可取，这种研究旨在为整个家庭服务。

作为对家庭读写能力领域问题的答复，项目解释了在早期干预中对家庭工作的内容可能产生的影响。按照项目的设计，家庭读写项目通常服务于家庭中的成年成员，他们受教育水平有限并且通常是新迁入美国的英语学习者。

558

事实上，关于家庭对儿童读写能力发展的贡献的现存研究文献通常不代表家庭干预经常服务的人群，这一事实在家庭读写项目领域已产生了广泛的反响(D. R. Powell, Okagaki, & Bojczyk, 2004)。关于欧美中产阶层家庭如何成功地支持儿童早期阅读取得成功，来自研究连续体的另一端正是大家都知道的理论基础。在中间则是方案所试图了解和调和的不同文化背景下的兴趣和偏好，同时促进实践训练，以了解欧美中产阶层家庭对儿童读写能力的培养。项目的另一端则是要广泛地组织不同的社会文化背景的参与者。家庭支持领域已有了许多历史和当代项目范例，它们认定"养育孩子最有效最有用的知识来源于人民……而不是出自高校的教授，经过专业训练的人士，或者那些所谓专家所写的书本上"(Cochran & Woolever, 1983, p. 229)。显然，关于家庭资源说，是有着多种不同寻常的观点的领域。

对于平等起点项目的指导的发展，我们总结认为，实践者看到了现有研究中可以共享的价值，我们可以毫不困难地在现有的文献资料中提出一个项目的概念框架。然而，对于那些对家庭扫盲持社会文化观点的人而言，会更关注涉及中产阶层人群的研究的指导。上述Hart和Risley(1995)的研究的设计和结果受到批评，这表明我们的工作在教育部门受到了较高水平的接纳性关注。一些实践者在Hart和Risley的研究中寻找问题，在对就业、阶层以及家庭福利的比较上充满争议，他们认为低收入家庭的语言环境存在着与众不同的质量，只是不被主流社会所欣赏，而学校和其他的机构有必要协调不同的家庭文化而不是期望家庭改变他们的互动方式来适应学校。当然这是一种常见的争论，然而在这些指南的最后定稿认可时的一个观点是，学业需要所有方面的介入，包括学校、家庭，需要共同分担孩子学习的责任。此外，基于我们对项目实施点的探访，该指南文件重点强调对文化多样性的反响以及具体的方案操作的解释，这将有助于来自不同家庭的成人更充分地参与到项目的服务中。例如，我们发现在许多方案中，学龄前期的课程强调“跟随孩子领导”的教学实践方法，同时在方案的亲子互动时间段里也开展这种教育训练。然而，我们的观察表明，在这些严格遵循这种方法的项目中，一些父母(如拉丁裔美国人)表现出视这种概念为外来观念，显然在引领学习互动活动的指导过程中更喜欢成人，而不是孩子(如拉丁裔美国人)。相反，在项目的亲子阅读互动时间里更多赞同成人为主的方法，似乎对父母参与持有更高的水平。我们的报告建议项目应保持灵活，并保证在成人—儿童的互动时间里对他们的方法产生反响，因为不是所有的父母群体都明白“跟随孩子领导”理念的哲学价值，而以儿童为中心的课程与以成人指导的学习经验相反，从事实践人员对此也存在着争议。

在许多方面，指导性文献的发展有着一个良好拟合的发展路径，具体表现为通过谈判协商方案达成共识，对项目如何利用现有文献资料的优势和局限，以及在项目情境中家庭所产生的作用达成共识。磋商过程以及实地考察引导我们明白了许多项目的假设，这些假设在项目的服务中充分体现但却往往不为人所知。当我们理解了现有研究文献资料与流行的项目理念与实践操作的冲突后，我们面临着最大的挑战。由于在这个领域的研究还远不具有权威性，我们发现，通过关注一般性原则和例证性的操作而不是实践的严格规定时，这些研究成果是合适和有用的组织和交流。或许，指导文件最重要的贡献是对成果(儿童读写能力的发展)的澄清。

家庭支持规划方案要素

家庭干预的设计与实施需要确定以下七个方面：内容、参与人员、执行方式、力度、工作人员、家庭的锁定和筛查，以及方案实施主办机构的支持。上述各个领域可能被视为对促进儿童成长和发展的家庭支持的项目标准。 559

在本节中，将对家庭和儿童发展以及家庭儿童早期干预的研究进行评述，分别评述各个研究的七个项目设计和实施领域，以便在确定与家庭关联的方案的内容和形式时突出选项。20世纪80年代中期，许多儿童早期干预研究的集中焦点得到了扩展，除习惯关注项目后果之外，还包括“为什么起作用”以及“什么对谁起作用”等问题(Guralnick, 1997;

Korfmacher, 2001; D. R. Powell, 2005)。目前,对于什么在早期干预里起作用的研究很有前景,但不足以提出一系列干预对家庭所起作用的质量指标。因此,七个项目设计和实施领域的处理还不能提供一个最佳做法的总结。

正如上述简要而选择性的研究所提到的,家庭与儿童发展研究强调研究取向在干预设计策略中值得考虑。对家庭和儿童发展研究文献资料与特定的人群和发展领域有关,特别是对干预的解释的总结,远远超出了本章的范围。

基础研究与应用研究的区分越来越模糊,除非进行人为的区分,干预研究具有很大的潜力,它有助于理解儿童发展中的个人—情境关系(P. A. Cowan & Cowan, 2002; Lerner, 1998)。本节内容的组织意图是通过了解干预的主要特征和类型,在发展和干预研究中建立起一致的用法,形成关于项目设计和实施的决策,提高儿童的健康。

内容

应该与家庭分享什么信息的问题的一个共同答案是,利用早期儿童课堂课程是家庭发挥作用的内容基础。对于儿童在早期幼儿课堂中所参与的项目,这一策略假定的优势是课程具有连续性: 课堂活动和经验是对家庭生活的扩展和增强。这种安排有一个潜在的局限,即项目不能使一个家庭按照自己的方式行事。也即是说,对于儿童的发展,内容不是唯一的贡献,还包括父母对他们孩子的目标。关于教育成果的研究,早已有公认,家庭与学校对儿童教育程度有着各不相同的独特影响(如 Coleman et al., 1966),在父母教育和教师教育上性质上的差异已得到理论上的阐明(Katz, 1980)。在这方面,某些干预的前提是,在家学习通常伴随着进行其他活动(Neuman, 1999),从而提出了家长和儿童新的行为必须编排到日常生活中的建议。干预旨在围绕家庭研究文献资料而发展内容或为内容量体裁衣,下面所描述的四个方面的知识为项目内容的决策提供推断。

情境中的早期发展

在早期干预方案中确定家庭作用的内容的起点,在于研究与儿童发展相关的家庭进程。文献资料为早期家庭干预工作提供了范围较为广阔的内容,而历史上的干预则将他们的兴趣限制在对家庭的教育上。结果反映了项目的信息、父母反应、监督,以及指导建模的重要性(Borkowski et al., 2002)。父母教养方式仅仅只是家庭进程中的一个维度,虽然它是干预者思考和连接家庭的一种适当的方法,但关注于父母教养方式的干预可能更适合于认识处于动态网络中影响儿童发展的因素。

对家庭结构维度(如单亲家庭)以及儿童发展的研究,根据对家庭类型变量如何调节项目效果的理解(如 Cole, Kitzman, Olds, & Sidora, 1998),干预一直是令人感兴趣的内容,但一般来说,从伦理上讲,家庭结构被视为在早期干预中不适合转变的目标。目前,在联邦政策和诸如早期开端项目类的社会项目计划里,这一立场正面临着立法提案权以及对促进婚姻质量的呼吁(如 Waite & Gallagher, 2000)的挑战。

关于种族、民族以及家庭进程和儿童发展进程中的种族、民族以及文化背景的研究,关键在于对家庭早期干预工作的内容的确定,因为家庭中育儿的信仰和习俗在这些背景中根深

560

蒂固(McLoyd, 1998),同时还因为早期干预服务的家庭在不断增长,不仅仅在欧美地区,尽管干预的工作人员通常都来自欧美国家。关于育儿实践以及对不同群体关注的文献资料越来越多,包括非裔美国人,拉丁裔美国人,本土美国人以及亚裔美国人(如 Parke & Buriel, 1998),以及对不同群体的父母教养训练与儿童成长效果之间的证据。举例来说,根据母亲的报告,发现严厉的体罚与儿童在学校的外化行为问题出现的较高频率有关仅发生在欧美儿童,而不是发生在非裔美国儿童身上(Deater-Deckard, Dodge, Bates, & Pettit, 1996),关于对儿童学业成绩,父母的期望和信仰上存在着民族群体的差异(Okagaki & Frensch, 1998)。

经济资源和父母教育水平同样是具有影响的情境因素变量,通常与种族和民族相混淆。社会经济地位(SES)和儿童发展成果的研究尤其有助于干预设计的确定,当 SES 影响家庭进程和儿童成果时(Duncan, Brooks-Gunn, Yeung, & Smith, 1998; Lerner, 2003),当对组内差异如生活在贫困中压力的累积效应予以关注时,结果影响到因果机制(如 Evans, 2004; McLoyd, 1998)。

至少,在家庭进程和儿童发展的群体差异的研究,努力用一般的术语告知干预的工作人员,旨在为群体服务。这是跨文化干预能力发展的第一步和关键的一步(Hanson, 1992; Yutrzenka, 1995)。这里需要理解的基本内容包括传统上的育儿价值观和习俗,以及集体历史经验,如本土美国人(美国印第安寄宿学校运动)(Harjo, 1993)。对于文化适应与同化经验的研究,包括双语文化适应,尤其对干预有用,如对新到美国或新加入主流系统的种群开展家庭读写计划。在人口概貌的形成之外,研究结果表明,育儿训练与儿童成长后果之间的特殊种群联系意味着家庭干预对特殊种群的需要。对于非裔美国人和拉丁裔美国人已经在父母教育方面开展运动,但由于现有评价在方法上的局限,限制了我们对这些努力的有效性的理解(Cheng Gorman & Balter, 1997)。

家庭育儿过程还受到如产后抑郁症(如 Embry & Dawson, 2002)以及儿童气质(如 Kochanska, 1997)等个人变量的影响。对于家庭中儿童残疾后果的研究表明,离婚与经济压力以及间接的多兄弟姊妹带来的消极后果都将导致风险上升(如 Hogan & Msall, 2002)。对家庭进程中个人角色变量的研究,尤其是双向的影响,可以预示干预内容,目标和内容围绕父母变量制定,如抑郁症需要确定是否改变目标变量,提供一条直接通路来改变儿童结果或预期的变化,或者改变父母变量指标是提高儿童成果的几个步骤中第一步(如,首先改善人际关系技巧,然后增加育儿知识和技能;Booth, Mitchell, Barnard, & Spieker, 1989)。

关系作用发展背景

在儿童发展研究中一个明显的趋势是,聚焦于将人际关系看作是发展的背景。Bowlby (1969)的依恋理论提出这一方向的实质性的理论基础,目前,依恋的相关研究已超越了社会经济领域。例如,母子共同分享阅读的研究中,Bus 和 Van IJzendoorn(1988)发现,安全依恋的母子会更注意阅读指令,以及从事更多的原始阅读,而较少需要纪律约束,孩子们比焦虑依恋类型的母子较少分心。从关系角度出发,早期发展与学习意味着干预的内容与家庭关系的联结。例如,如何与年幼儿童一起阅读的指导应该解释阅读所处的人际关系背景。

对家庭起作用的早期干预通常要处理母子两人的关系,经常独立于家庭体系之外,可能 561

还包括许多其他的亚系统、同胞与父母的关系，以及扩展到朋友亲人系统。联结家庭亚系统的理论模型(如 Luster & Okagaki, 1993; Parke & Buriel, 1998)以及对父母养育方式干预的方法的家庭系统的理论模型(C. P. Cowan et al., 1985; P. A. Cowan et al., 1998)均已被提出。然而，除了婚姻/伴侣亚系统质量对于儿童成果的直接和间接的关系的研究之外(如 Cummings, Goeke-Morey, & Graham, 2002)，迄今为止的研究既没有表明途径，通过此途径不同的家庭亚系统可以发挥其影响，也没有澄清亲子关系与其他家庭关系与儿童成长后的关系比重(Parke & O'Neil, 1997)。因此，目前对于产生特定的内容的早期干预的实证基础较为有限，这些特定的内容承认儿童与亲子关系是嵌入家庭影响系统中的。

个人与家庭支持系统

根源于生态学观点的另一个项目内容认为，关于儿童和家庭发展的决策在于早期干预如何解释对家庭成员的社会支持，包括父母的人生目标，如对学业与职业的追求。一般而言，干预行动旨在改善家庭支持系统，这被认为是提高个体或家庭功能必不可少的做法，以便最终集中工作精力继续从事与追求儿童发展背景一致。

关注个体与家庭支持系统干预的工作人员付出大量的时间和精力(如在成人教育项目中吸收一位家长最有可能要求帮助安排交通和幼儿保育)，干预对于生活在高压力环境下的家庭是一项重大事业。家访者经常会报告说，对一个家庭的生活压力状况的考虑先于一个儿童发展方案内容的考虑，如，“如果一个母亲不能维持经济，而且她刚巧打了她的男朋友，男朋友离开了，但不是没有办法，我只能对她说，‘好吧，让你和我一起与小孩子玩游戏。’”(Mindick, 1986, p. 83)

如果迫切地对家庭施加方案以解决家庭问题，干预会处于对儿童成长后果没有任何效果的风险之中。关于这点有一个早期的例子，儿童与家庭资源项目(the Child and Family Resource Program)，家庭取向的早期干预只能部分地满足父母的期望，因为干预对父母教养与儿童发展内容的关注极少，家庭危机已被干预和家庭共同议程所占据。干预改善了成人功能的某些方面，但对于儿童成长后果并没有影响(Travers, Irwin, & Nauta, 1981; Travers, Nauta, & Irwin, 1982)。似乎没有干预研究证据可以支持这样的观点，即对一系列社会支持的改善是促进儿童成长后果的直接通路。一个包括了 88 个预防干预的元分析研究，关注的是增强父母敏感性和幼儿的依恋，研究发现，对于聚焦于父母敏感性的有着清晰行为的干预，比有着更广泛内容的干预更为有效，后者包括对社会支持的关注、父母的心理表征，以及父母的敏感性(Bakermans-Kranenburg, van I Jzendoorn, & Juffer, 2003)。

这个领域所确定的一项重要内容是，特别关注提高个人和家庭功能的支持的尝试。个人的选择是一个调节者的角色，如个案管理，旨在增强与正式和非正式资源的联系。这里干预者的工作需要推荐必要的服务，而且在某些情况下，积极参与以确保服务到家(如敦促一个家庭成员到预约的门诊)以及对家庭环境要求作出反应(如寻找一位能够说某个家庭语言的代理工作人员)。无论是一个并行或者替代的选择，都是对父母技能的培养，这些技能涉及有效的发展和支持资源的利用(如，问题解决技能；Wasik, Bryant, Lyons, Sparling, & Ramey, 1997)。

家庭成员对他们处境的看法

由于早期干预项目一般关注涉及儿童和家庭的近端过程,而非远端情境,这些研究特别有助于增加我们对家庭的理解,理解家庭的意义、定位以及他们生态环境的形成。结合家庭育儿习俗与当前流行观点的理解和不同类型家庭的信仰的研究,可能在帮助干预者预期如何完成对家庭的项目或对家庭的特定议题的指导方面特别有用。家长和其他照看者并非白板。他们筛选、编辑和处理与现有构建、目标、迫切的问题相关的项目的信息(Goodnow, 2000; D. R. Powell, 1988),或许那些可能不明显涉及干预的一个或更多影响他人的观点。 562

家庭成员在更大的环境下对自己的感知途径是通过情境影响育儿的途径。家庭成员与孩子所生活的世界的观念构成了独特内容,对此关注的干预可能是"师父领进门,修行在个人",这将改善孩子的成长结果(Goodnow, 2000, p. 441)。例如,处于高风险的非裔美国街道的家庭采用策略进行缓冲,使子女免受暴力,研究解释了母亲如何将危险性管理工作的努力(如监控、警示警告、家中学习、资源经纪人)作为干预过程,在家庭功能与成果上社区条件有着中等效应(Jarrett & Jefferson, 2003, 2004)。

参与者

尽管有限,但越来越多的研究会告知方案决策者,一个家庭或一个家族的什么成员应该参与家庭干预。关于这个主题的早期实验研究涉及到成年的家庭成员,通过对受过良好教育的欧美人对于新生儿干预有效性的确定的调查,采用了 Brazelton Neonatal 行为评估量表作为影响父母行为的测量工作。研究发现,在共同参与干预的母亲和父母们身上产生了短期的效果(对应于仅有母亲参与而没有孩子的父亲参与),并且他们是高度投入地参与干预(Belsky, 1986)。对于高风险人群,家庭组合(如要么新生儿母亲单独居住,要么与其伴侣一起居住,要么与孩子的祖母居住在一起;Cole et al., 1998),母亲对伴侣支持的感知质量(如畅快的交流、表达情感、低水平的敌意;Heinicke et al., 1998),已经呈现出适度干预的成果。旨在改善父母敏感性或幼儿依恋或者是两者兼顾的干预的元分析研究发现,涉及父亲的干预比起仅仅关注于母亲的干预更有效果,但分析只包括了针对父亲的干预(Bakermans-Kranenburg et al., 2003)。更为普遍的是,父母共同参与的计划变量的效应以及干预中重要他人在高风险人群中没有得到检验。

如前所述,社会关注的限制或在育儿过程和其他家庭功能的发挥中父亲的缺失,加快了干预对父亲的关注,越来越多的研究文献关注父亲和孩子的发展。家庭干预中涉及到的许多家庭形态各异,以致发展学家们开始检验亲子关系研究(Marsiglio, Amato, Day, & Lamb, 2000)。干预者在确定父亲加入到一个项目时面临着挑战,因为届时在儿童的生活中会出现多于 1 个男人扮演父亲的角色(如不居住在一起的生父,在一起居住的继父、祖父或其他的男性亲戚;Roggman, Fitzgerald, Bradley, & Raikes, 2002)。项目工作人员还需要确认所采用方法的优点和问题,调节与母亲在一起的工作方法,以接近与父亲在一起的工作(Roggman et al., 2002),产生了与结果相关的细微的差异,或许是成熟的项目更可能比新项目吸引父亲加入(Raikes, Summers, & Roggman, 2005)。面对与他们的孩子是非同居生父关系和继父关系的伴侣，妇女的门卫角色，也需要在项目和行动上加以关注。将关系看作发展背景的重要含义和挑战是，与家庭中重要的关系系统建立起丰富的联结。习惯的做法是，让干预工作人员单独与一个二元或三元的家庭的每个成员建立起关系。当然，干预者与父母或主要照看者的关系，通常在干预中是一种优先考虑的关系，重要的是有自己行使的权利和进入家庭的位置。但可能更为重要的是干预者如何管理与他或她的关系、亲子关系(Emde & Robinson, 2000)以及与伴侣的关系(C. P. Cowan, Cowan, & Heming, 2005)。

形式

对组群和家访者的讨论，在早期儿童干预的运用上有丰富的历史，也反映了不同假设，即关于如何最好地促进家庭的成长和改变，尤其是同伴学习和支持，假定这些学习和支持存在于讨论群组之中，以及家访中所提供的对家庭环境的决定者。早期的准实验研究发现，长期的同伴讨论组比家访组能够对产妇育儿态度产生更强烈的影响(Slaughter, 1983)，关于260个家庭支持项目的665个研究组成的元分析研究发现，98%提供了父母教育/亲职教育，发现父母讨论组对于儿童成长后果的影响比家访者更有效果(Layzer, Goodson, Bernstein, & Price, 2001)。当儿童处于生物性风险时，父母讨论组作为主要传递教育的方式的平均效应值为0.54，当由未预定群体使用时为0.27；当儿童处于生物性风险中时，家访组的平均效应值为0.36，当由未预定群体使用时为0.09。或许当基于家庭或基于组群的方法的独特优势处于同时或继时的最大化时，项目的有效性增加。一个包括17个点的幼儿早期开端项目的研究发现，基于中心和基于家庭的方法的结合，比起基于中心或基于家庭的单独的策略而言(Love et al., 2002)，会对儿童的语言和社会情感发展产生更强模式的效果，尤其对于在自给自足的活动中的家长的行为和参与(如就业培训)。

563

对家访的积极成果的高期望在1999年显著减少，当时由David和Lucile Packard基金出版物的广泛散发，在六个国家进行的可视化的家访模式的评估结果得到推荐出版，政策制定者和实践操作者对于家庭保持中等期望，并考虑将家访包括在内作为一系列服务之一，提供给有年幼儿童的家庭(Gomby et al., 1999)。

关于使用群组或是家访者的讨论需要对执行系统而不是项目进行确认，群组和家访的现有研究不能控制其他重要的项目特征(如内容、教学方法、频率、儿童到场次数)，项目设计者需要考虑与项目的执行方法相呼应。

力度

在早期干预领域一个大众流行的假设是，多即是好，早期干预对家庭的作用的成果暗淡通常被归因于项目力度的水平不足。力度包含有四个维度：与家庭接触的次数；一次干预的长度或持续时间；干预开始介入的时间，一般由儿童的年龄(时间)来界定；参与者积极参与到方案中的程度。

频率

关于干预与家庭接触次数对儿童成长结果的关系的研究极为有限(参见D. R. Powell,

2005 的综述)。在涉及父母的早期儿童干预中,剂量—反应的组内分析发现,更高水平的参与者通过与更强的方案效果相联系(如 Ramey et al., 1992)。剂量—反应相关分析的主要问题在于缺少人群特征的控制。由 C. Powell 和 Grantham-McGregor(1989)在牙买加完成的研究似乎是唯一公布出版的调查研究,它系统地表现出方案频率上的多水平。然而,这两项研究的贡献是有限的,因为在研究 1 中,家访的不同频率是按街道区域随机分配的(1 月 2 次组、1 月 1 次组、控制组)。在研究 2 中,不同样本的家庭被随机分配到 1 周 1 次的家访组或控制组。对研究 1 和研究 2 分别分析的结果表明,1 月 2 次的家访在儿童发展功能上仅有很小的影响,接受 1 周 1 次家访的家庭比起控制组来,该组儿童有着显著的发展。

持续时间

干预对家庭作用的持续时间的研究一般采用相同的群体,通常与接触频率的组内分析相混淆。在对干预持续性研究中,一个额外的方法问题是参与者出现的频率较高(高消耗的参与者)。在一个三个点的父母取向的家访项目研究中,家庭随机分配到干预组,如 22%从未开始任何访问,35%接受过一些家庭但在第二年评估时中断了。在这三个点上其中两个点的人员损耗(减员率)较高,计划在第三年方案的评估在第二年末就中断了(Wagner, Spiker, & Linn, 2002)。Bakermans-Kranenburg 等(2003)运用元分析研究发现,少于 5 次的干预(效应值=0.42)与有 5—16 次的干预(效应值=0.38)一样有效,但是多于 16 次的干预比起少量环节来说则效果较差(效应值=0.21)。在这个分析中追踪成果的数据/随访结果数据没有被考虑。 564

研究表明,学前干预的积极效果在过一段时间后 IQ 减弱(Barnett, 1995; Consortium for Longitudinal Studies, 1983),引起了研究者在小学的继续追踪干预的兴趣。家庭—学校干预的效果在初学者项目的随机化研究中得到检验,早期干预方案从幼儿阶段开始(Ramey, Dorval, & Baker-Ward, 1983;初学者方案的婴幼儿/学龄前阶段在家庭干预方案一节中有所叙述)。在幼儿/学前阶段干预中的参与者被随机分配到幼儿园入学的 K-2 教育支持项目中。其中有三个干预组:学前和 K-2 教育支持干预组;仅有早期干预组;仅有 K-2 教育支持干预组。另外还增加了一个控制组。K-2 教育支持干预由家庭—学校资源为每个孩子和孩子的家庭提供教师。教师准备了一套个性化的家庭活动,以辅助学校在阅读和数学上的基础课程;他们帮助家庭稳定,如就近购房或成人扫盲班的社区服务,他们提倡在学校和社区里为儿童和家庭服务。

K-2 教育支持干预通过本身并不像学前条件或学前加上 K-2 教育支持条件下增加学业成就一样有效,尽管它确实在孩子教育中增加了家长的干预。当孩子长到 15 岁时,随访研究发现,仅有早期干预组在年级保持上有积极的效果,仅有早期干预和学前加上 K-2 教育支持条件两组都在阅读和数学能力上有积极效果,而非仅有 K-2 教育支持条件组(Ramey, Ramey, Lanzi, & Cotton, 2002)。干预对阅读能力的影响尤其强烈。学前加 K-2 教育支持条件组和仅有早期干预组的效应值分别是 0.87 和 0.53,但仅有 K-2 教育支持条件和控制组的效应值低于 0.15。有趣的是,涉及到 K-2 教育支持的干预条件介于 36%到 48%的儿童还被置于特殊教育中,或许因为学校家庭—学校资源教师是寻求特殊教育服务的特殊型教育者，他们的坚信将有助于儿童的发展(Ramey et al., 2002)。

当研究参与者21岁时，一个随访的评估发现，学龄干预有助于学前阅读的优势保持，但学龄组项目的效果弱于学前干预项目的效果(Campbell, Ramey, Pungello, Sparling, & Johnson, 2002)。

对小学里初学儿童经验的研究发现，儿童很难满足"用中等水平字词的方法"的教师的期望，并且教师很难对初学者儿童对问题的错误回答中与众不同的本质作出反应(Vernon-Feagans, 1996, p. 210)。有传闻指出，公开嘲笑个人成绩和边缘化的地位可能会促成他在学业中失去兴趣(如在初学者团体中年龄较大的男孩告诉其中的一位初学者幼儿教师，"瞧，Melvin，你不去上学时，你到哪里?" Vernon-Feagans, 1996, p. 205)。初学者儿童被分配到低能力组，即使儿童有如IQ分数的能力数据(如130)，这表明一个更高的位置才是适合的。Vernon-Feagans确定初学者儿童的低收入非裔美国人地位成为了学校如何看待人才和招收非主流儿童的一个主要因素，并引起了使学校为所有儿童作好准备的改革的争论。

时间

在早期干预领域"多就是好"的假设在此则是"更早则更好"观点，很大程度上由生活的最早几年是发展的关键期的观点所引导。尽管这个前提在近年来一直有着争议(如Bruer, 1999)，但仍有少数干预研究为确定对家庭起作用的时间作指导。在Bakermans-Kranenburg等人(2003)对干预研究进行了元分析后发现，这些干预研究主要关注父母的敏感性，幼儿安全依恋。元分析研究发现在出生后6个月就开始干预或者更晚开始比较有效果(效应值=0.44)，而在出生的前6个月就开始类似于双亲的干预的效果稍差(效应值=0.28)。

投入的水平和类型

干预方法的不同表现在他们鼓励参与者参与投入的活跃水平的程度。例如，据推测，一个包括与项目参与者就他或她所观察到行为作指导性讨论的干预，干预更加强烈，而那些对内容毫无修改地接受的参与者或参与内容讨论的参与者则干预效果较弱，因为信息的呈现是说教式的。

565

研究表明，参与者的积极投入就是对结果的一种预测。Liaw、Meisels以及Brooks-Gunn(1995)发现，父母与子女在干预中(如在家访中父母对干预活动的兴趣以及在儿童发展中心孩子控制任务的兴趣)的积极经验可以作为儿童IQ和家庭环境在3岁时评价的质量的较强的预测指标，而项目呈现(如在家庭与儿童发展中心接触的次数)和参与(如在家对父母的每次访问时或者在中心对儿童每天呈现活动的数量)的比率次之。对孩子和父母两者来说，比起只对孩子或只对父母而言，更高层次的活动经验与儿童智力和家庭环境质量的联系更强。在另一项干预研究中，在课程里强调成人—儿童相互作用在家里或是在儿童发展中心里执行的比率显著地增加了对儿童3岁IQ评分的预测(Sparling et al., 1991)。这些结果的隐含意义是干预可能需要对工作成员给予关注(如内容的个别化)，这可能支持干预的积极投入。

干预的工作人员经常模仿所期望的父母教育行为，尽管对于这种教学策略的有效性知之甚少。一个家访项目的量化研究发现，父母并不总是意识到家访者正在模仿父母适当的行为(Hebbeler & Gerlach-Downie, 2002)。适当做法的录像实证示范发现,对有行为问题儿童的家庭进行父母培训时,它是有效的有前景的工具(Webster-Stratton, 1990; Webster-Stratton, Kolpacoff, & Hollinsworth, 1988)。研究者发现,采用推荐的共同阅读做法的录像教学,比推荐的现场示范做法更有效,或许因为在录像带里父母的特征与干预参与者人口统计学上的特征而不是在现场示范中作指导的工作人员更类似(Arnold, Lonigan, Whitehurst, & Epstein, 1994)。

在观察他们父母的基础上,个体的建设性反馈来源于另一种干预方法,干预的效力证据非常有限。在聚焦于扫盲的社会互动活动中,教会青少年的母亲和他们的学龄前孩子一起运用标签、脚手架以及偶然反应(contingent responsivity),就是这种干预方法的例证(Neuman & Gallagher, 1994)。亲子互动中的活动,运用一些干预录像带和父母一起作指导性讨论,讨论父母和孩子的行为。一项聚焦于父母敏感性和幼儿依恋安全性的干预的元分析发现,用录像带反馈的干预(效应值=0.44)比没有用这种方法的干预(效应值=0.31; Bakermans-Kranenburg et al., 2003)更有效。

有证据表明,干预者与家庭关系的质量是干预成果的预测指标。在一次干预中将护士作为家访者,从护士对他们的病人—母亲产生移情(如信任、理解和承诺)到母亲对他们的孩子产生移情两者之间是一种积极的关系,据研究发现这种关系对于父母有着较高水平的心理资源(如情绪健康;Korfmacher, Kitzman, & Olds, 1998)。在其他不同的干预中也将护士作为家访者,与父母的治疗关系包括处理家庭关系和问题的示范方法,据研究发现,这对社会技能有限的父母是有效的(Booth et al., 1989)。一项早期家庭干预成果的评论提出,积极的干预影响到母亲功能和家庭、社区支持质量(Heinicke & Ponce, 1999)。Heinecke 和 Ponce 的评论涉及到的许多干预也出现在 Bakermans-Kranenburg 等人(2003)的元分析中,元分析研究发现,随机化的干预在改变不敏感的父母教育方式上有效果(效应值=0.33),而且,在幼儿依恋不安全上稍低(效应值=0.20)。除少数例外(如 Arnold et al., 1994),实验设计未能应用于与父母或者家庭的不同工作方式的研究中。

工作人员

在早期儿童干预中,辅助专业人员通常更多受聘作为负责直接指导家庭工作的工作人员。对他们的选择一般基于他们与当地居民的联系以及他们的能力,即能够与方案参与者建立起强大的人际关系能力。辅助专业人员需要提供一个高水平的个人可信度,这种资质有助于招募和保留难以接触的家庭,有助于父母对项目方案的接受,以及可以提高他们作为父母行为榜样的有效性(D. R. Powell, 1993)。对某些基于家庭(Wagner & Clayton, 1999)和基于群组(Miller, 1988)的干预的评估发现,由辅助专业人员担任工作人员的干预产生的效果较弱或没有效果,但研究没有明确这些结果是否是项目模型的功能成熟性或者辅助工作人员的能力所致。

566

在丹佛尔,对一个初次生育、低收入母亲的家庭访问项目模型进行了一项随机化实验,实验解释了辅助专业人员在开发良好的项目中是否会产生积极的结果的疑问,结果发现,当项目内容由专业人员执行时效果更好(Olds et al., 2002)。结果说明,当对护士—家庭伙伴关系模型(如先前所知的护士家访项目)培训时,辅助专业人员所起作用较小,很难达到统计学或临床意义。护士对于广大的孕产妇和孩子产生了重大的影响。大部分研究成果中,要么是辅助专业人员要么护士产生了重要影响,通常辅助专业人员所产生的影响是护士所产生的影响的一半。

Olds 和他的同事们(2002)推测,从家庭角度出发,对于有关妊娠并发症、分娩,以及照顾新生儿方面的解释,护士可能比辅助专业人员中的准确性水平更高,因此,她们可能有更多的能力去从事养育工作并且支持适应行为改变。在他们的研究中,护士花更多的时间关注个体的健康和养育问题,而辅助专业人员则花更多的时间去谈论与环境健康和安全有关的话题。母亲对帮助关系的评定没有区分护士与辅助专业人员的不同(Korfmacher, O'Brien, Hiatt, & Olds, 1999)。Olds 等人所概括的结论限于有关服务于初次生育、低收入母亲的健康问题的项目模型。这类研究留下了一个开放性问题,如果在一个项目模型中对辅助专业人员进行培训和支持,且这些培训和支持非常适合他们的背景和能力时,是否还存在着不同的效果(Korfmacher, 2001)。

来自其他家访干预的报告表明,家访者可能有着系统解释养育行为的特殊困难,却发现提供具体的支持如送到门诊赴约更为容易,而且他们可能回避讨论家庭所面对的一些敏感问题(如少女怀孕),这些问题还可能是辅助专业人员的人生经历(Musick & Stott, 2000)。另外,成本效益分析表明,对辅助专业人员的大量培训和专业辅导有一种倾向,趋向于消除雇用辅助专业人员的经济津贴(Harkavy & Bond, 1992)。这间接引发了问题,干预工作人员的监督辅导的质量对提高整个方案的整体质量和效果有影响。

锁定和招募家庭

长期的关注认为,家庭最有可能的受益来自干预项目,而参与最不可能受益。招募难以接触的家庭的问题和策略是这个领域里固有的话题。多数报告确定,与潜在参与者个人接触,优于传单和其他非个人的接触。少有干预研究解释哪些人会接受和哪些人会拒绝对参与的邀请(McCurdy & Daro, 2001)。在 Hawaii 的健康起点项目(Hawaii Healthy Start Program)的多个场所的研究中,服务于家庭的家访干预确定通过筛查出生时处于高压力或处于儿童虐待高风险的儿童,发现所提供的 897 个家庭有加入方案的可能性,结果 82%的家庭同意注册加入。最初愿意参与干预与评估的方法有关(如亲自接受过评估的母亲接受方案的可能性是通过电话接受评估的母亲的 2 倍),与婴儿生物学风险(如,低出生体重、早产)、家庭压力测量中的总分,以及孕妇年龄和教育(如还未完成高中学业的少女母亲更可能加入,是高中毕业的成年母亲的 2.5 倍;Duggan et al., 2000)有关。

同意参与与实际参与是不容混淆的。例如,在一个父母作为教师的方案的多场所研究中,最初同意参与的五个家庭中的一个不会参加随后的家访(Wagner, Spiker, Linn, Gerlach-Downie, & Hernandez, 2003)。如前所述,在处境不利群体中的干预服务项目中,减员率很高。在 Packard 基金出版的家访项目模型中,加入到项目的家庭有 20%到 67%的成员在方案预期结束时间之前死亡(Gomby et al., 1999)。儿童干预研究的模式时间跨度

567

长达几十年，是否存在着不同的减员率大多未知。

人们发现人口学特征可以预测方案参与的水平。在 Hawaii 健康起点项目的家庭中，如果父母具有暴力倾向、物质滥用并处于极高的风险中；如果母亲单方面不使用暴力作为处理和她的伴侣的冲突的方式；如果母亲并没有处于极高风险状况下（Duggan et al., 2000; Duggan et al., 1999）；这样的家庭更可能在第一年接受至少 12 次家访。相反，Oregon 健康起点项目（Oregon Healthy start Program）研究发现，当生活在公共卫生健康状况很糟糕的县城（如高婴儿死亡率、低体重子出生率）时，或者当孤立于至亲好友网络时（McGuigan, Katzev, & Pratt, 2003），母亲们可能明显地较少主动加入家访。在幼儿早期开端项目中，将父母的心理特征作为参与模型的预测指标的研究发现，参与项目的母亲的主人翁意识较低，有着难以相处的人际关系的态度，有着更多的生活压力事件，她们加入项目后可能被肤浅地分类（如出现的频率较高，但在兴趣和注意方面的感知水平的投入较低；Robinson et al., 2002）。

关于项目的效果，大量的调查研究结果表明，更高风险中的母亲和她们的孩子会从早期干预中的受益高于低风险人群。在各种不同的研究中的风险指标包括教育水平（Brooks-Gunn, Gross, Kraemer, Spiker, & Shapiro, 1997）、父母对生活的控制意识（Olds et al., 1986）、心理资源（Olds, Henderson, et al., 1998）、社会技能（Booth et al., 1989）、抑郁（Lyons-Ruth, Connell, Grunebaum, & Botein, 1990），以及心理健康风险（Baydar, Reid, & Webster-Stratton, 2003）。

研究表明对家庭的早期干预对高风险人群比对低风险人群更有效，这种结论引起关于所针对特定人群的优势的疑问。这个主题的研究受到限制，尽管研究方案努力追求使用不同的策略。一种选择是用筛查数据为方案锁定更高风险样本（如 Duggan et al., 2000），或者，在一个普通使用的方案里，确定所需服务的水平（Daro & Harding, 1999）。筛选工具的信度和效度是各类训练操作的关键。有人推测认为，当用非歧视方式向所有的父母提供项目（如早期开端项目参与点）时，对于实际参与的高风险父母和包含了低风险父母的异质性群体，通过对他们提供积极的父母教养模式在高风险父母中提高了项目的效果（Baydar et al., 2003）。另一种选择则是用一种普遍常用的干预来提高研究方案对高风险家庭的支持。例如，Robinson 等人（2002）研究了父母的心理特征对参与幼儿早期开端项目的预测，该项目是作为研究者与项目工作人员的一次协作来实施的。结果导致工作人员更多地关注就业人员培训中的心理健康因素，并在注册点增补了信息收集内容，即母亲的心理特征的简要评估，这将为家访者提供先行指导（如用耐心和毅力对待一名有很多生活压力、低主人翁感的妇女，她可能极少表达出寻求建立一种关系的信号，但事实上需要得到支持）。

对项目实施的支持

早期干预的开发者很早就建议，方案的执行系统（包括主办机构和社区对项目的支持）影响项目实施的质量（如 Weikart, Bond, & McNeil, 1978）。目前项目实施的研究羽翼未丰，但它坚持提供指导的最终承诺关系到一次干预的成功实施。人们特别需要这一信息，以便对决定采用的项目模型进行测量。

有组织的文化和能力似乎可以形成这样一种方式，由主办机构来开展早期干预。一项幼儿早期开端项目的实施研究发现，主办机构在为家庭和婴幼儿提供服务方面的经验优于一个幼儿早期开端项目，这与早期起点各个方面轻易得以充分实施相关联。例如，在某些有着为父母和家庭提供支持经验的机构里的工作人员最初阻抗早期起点聚焦于儿童发展服务(Kisker, Paulsell, Love, & Raikes, 2002)。Duggan 和她的同事(1999, 2000)在 Hawaii 的三个场所的健康起点项目的研究中发现，在项目的实施中，各机构之间存在着显著的差异。家庭保留率较低的机构视整个家庭而不是目标儿童为其主要的顾客，而家访者可能以家庭对项目参与的愿望为荣而更多集中于那些接受参与的家庭。据有更高的家庭保留率的两个机构报道，许多处境不利家庭不愿参加家访，认为这超出了一个独立家庭的范围，这种独立是更重要的事，而不认为自己的家庭单独留下是一种荣耀。在这两个机构里的家访者坚持通过电话和亲自与家庭保持联系，而在低保留率的机构的工作人员则考虑给一个犹豫不决的家庭送一封信，以提供最后一次参与机会。

568

家庭早期干预的方法：五个基本项目设计

本章的前提是，在评定家庭干预的价值时，需要考虑一个对干预成分和过程的高质量的检测，这种检测常见于文献资料中。本节介绍了五个基本的项目设计，根据父母在项目中所扮演的角色(辅助角色、补充角色、主要角色)和针对成人家庭的干预目标和内容是否强调对孩子的抚养或是否提供了一系列较多的家庭功能作用，家庭的功能包含了孩子的抚养，以及其他各个领域，诸如经济上的自给自足、教育费用、日常开销、健康服务等。这五种干预设计的主要区别在表 14.1 中有所介绍。

表 14.1　家庭早期干预的方法：五个基本项目设计

项目设计	参与者		家庭供给	
	孩子	父母	孩子抚养	其他[a]
父母扮演辅助角色(如初学者项目)	×			
父母扮演补充角色(如 Perry 学前工程)	×	×	×	
父母是主要参与者：内容是以孩子为中心(如父母作为教师)		×	×	
父母是主要参与者：关注内容广泛(如看护—家庭伙伴关系)	×	×	×	
父母和孩子都是主要参与者(如平等起点家庭读写)	×	×	×	×

[a] 例如，教育、人性和健康服务的家庭供给；父母的工作技能；父母解决问题的技能。

干预设计中参与者角色、项目目标和内容，其实本质就是“谁”和“什么”两个维度，引起了项目中假设的概念差异，项目的假设是关于如何最好地获得处境不利孩子的较好表现。这种方法表述了干预过程中影响或因果关联路径变化的理论对比(Weiss, 1995)。

在早期干预中，直接为孩子制定的项目中，父亲或母亲扮演了辅助或补充的角色。在干预中，假设的机械装置，它可以反映出某种干预措施是如何典型地影响孩子的幸福，强调加强培养孩子的知识和技能，如认知能力。初步发展的能力可以进一步发展为更深层次的能力或类似的结果，这有时被称作 Matthew 效应(如 Stanovich, 1986)。对于接受安排的家庭，孩子可能会改变父母的行为或认知(如学前期在家时要求给他们读故事书)。在干预中，除了对孩子直接进行干预的活动外，还可以通过常规的家庭访问或小组座谈会来作为补充；这些做法被假设为能增加儿童参与项目的价值，即通过给家庭提供技巧和鼓励以增强孩子在参与项目期间及之后的收获。

在干预过程中，如果父母是唯一的主角，那么有影响力的假设就是与父母直接而有规律的活动将会引起父母行为的改变，包括父母与孩子之间产生的相互影响。这种相互影响会提高项目对孩子的影响效应，而且，不间断地提供家庭支持还会使项目效果持续很久。对父母的干预内容主要集中在对孩子的抚养和提供一系列的家庭所需上。

干预中的假设路径比较复杂，其中，孩子和父母都是参与主角。有父母参与的活动主旨在于能连接孩子和父母产生的效果。例如，旨在提高父亲或母亲解决问题的技巧的干预假设可能提高的解决问题技巧进而使父母更有效地处理日常问题，增强为人父母的幸福感，这可能会直接和间接地增加父母与孩子间一种积极的关系建立的可能性(Wasik, Bryant, Lyons, et al., 1997)。对影响路径的交叉点的时间控制是一个需要考虑的重要因素，因为有父母直接参与的活动的中心通常是对孩子产生积极影响的先决条件(例如，教会父母阅读，那么父母就可以在阅读方面轮流帮助孩子)。

569

虽然干预本身就包含了产生干预效果的多种方法，即把父母和孩子都看成是参与主角，但是与孩子合作和与父母合作的项目设计中包含了不止一个干预效果的假设。除了极少数例外(如 Reynolds et al., 2004)，大多数的干预研究检测了一个通常以研究孩子的能力为重点的因果关联模型。

这个争论延续了表 14.1 中所列的干预设计的顺序。以父母亲一个孩子项目中扮演辅助或补充的角色的干预开始，以最复杂的干预设计结束。在这复杂的干预设计中，父母亲和孩子都是主角，而且要准备好一系列的家庭所需。在本章节的结尾会提到关于这个项目设计的一些初级假设。

本节介绍的干预，选择它的目的是为了解释不同项目内容的不同整合，以及参与其中的父母亲的身份地位。本节没有提供关于家庭干预的全部或广泛的观察，因此，没有提供关于干预效果或设计的结果。大致上，这些干预措施在早期童年干预领域有所发展，以低收入家庭为研究对象，用实验或准实验的研究设计来进行评估，而且通常不止一个研究场所。

父母在儿童干预中扮演辅助者的角色

很少会有一种早期的儿童干预不包含某种对家庭的程序性注意,因为正如本章所介绍的,早期的儿童教育存在一种传统的观念,即把父母亲看成支持幼儿发展的伙伴。但是,项目怎样在这种伙伴关系中起作用方面,发生了可以想象的变化(D. R. Powell, 2001)。有趣的是,早期的干预把家庭看成儿童完成主要任务的辅助者。这些以儿童为中心的项目通常不时地为父母亲参与项目提供了机会,这些项目只是鼓励父母亲的参与,但父母亲并不是必须参加。为建立与家庭的互动关系,对父母亲参与的项目通常会采纳国家幼儿教育机构(NAEYC)的建议,包括:和孩子的父母亲进行频繁的交流;父母要参与对他们的孩子的照顾和教育方式作出决定;教师要重视父母对孩子教养方式的偏爱和担忧;家人要参与评价孩子和为孩子制定个人计划;项目要能帮助家庭与一系列的社会公众服务连接起来(Bredekamp & Copple, 1997)。

项目方法

初学者项目,于1972年开始于北卡罗来纳(North Carolina)大学的弗兰克·波特·格雷厄姆儿童发展中心(Frank Porter Graham Child Development Center),它在学前阶段说明了怎样向参与以儿童为中心的干预的家庭提供支持服务。之前曾经提到,初学者项目的家庭学校教育的支持模式是从幼儿园开始的。这个项目是这样设计的,从幼儿时期开始实施的有教育意义的全天性的儿童保健项目能否阻止来自高危家庭的孩子产生非机体性的轻微的大脑迟钝(Ramey et al., 1983)。根据在决定学校教育失败的冒险指数的因素索引的分数来选择参与的家庭,这些家庭大多数都是低收入和非裔美国人。他们在高危分数和母亲的智商上相匹配,然后将他们两人一组随机分到实验组和控制组。对每组大约28个儿童的四个大组进行了超过5年的追踪研究(Ramey et al., 1983),最终得到一个包含111名儿童的样本(57名实验组,54名控制组)。

以孩子为基础、中心的教育项目延续了1年(50周),1周5天,每天8小时。有的孩子在6周大就开始参加这个项目,98%的孩子在3个月大时参加。这个项目重视那些能使孩子在公立学校中成功的能力加强的技能。主要重视认知和语言发展,该项目向婴儿和初学走路的孩子提供了游戏型的学习课程,比较了语言、内隐、社会和认知领域超过300个的项目(Sparling & Lewis, 1979)。这些经历会被整理为每个孩子的发展历程,教师为每一个孩子制作一张成长卡,这样就能根据每个孩子的功能性发展情况制定合适的课程项目。3岁开始的课程强调了通过对科学、算术和音乐的循序渐进的系统学习来培养儿童积极的功能性和独立性(Ramey et al., 1983)。

570

为了与父母亲建立并维持关系,项目提供了许多现在NAEYC推荐的练习。包括定期的父母亲与教师之间的商议会,关于孩子的成长和发展,安排了分组讨论,讨论了一系列有关家庭和孩子的发展的话题。用车接送孩子往返于家庭和中心之间。虽然干预中没有正式规定父母参与或家庭访问的内容,但许多中心的工作人员与参加项目的非裔美国人社区和家庭都有强有力的联系(Vernon-Feagans, 1996, p. 80)。参与项目的社工也能提供直接或间接的帮助,比如帮助做家务、提供社会服务、为个人或家庭提供咨询(Ramey & Ramey,

1992; Ramey et al., 2002)这些社会服务也会提供给控制组的家庭(Ramey et al., 2002),而且有求必应。已有报告所提供的多数信息都显示,在父母身上产生的初学者效应程度,不能表明实验组和控制组父母利用这些帮助孩子的程度,或者表明实验组的父母是怎样频繁地与中心的教师开会和交流的(Ramey et al., 1983; Ramey & Ramey, 1992; Ramey et al., 2002)。

效果

结果数据显示,初学者干预阻止了学前期智力的下降(Ramey & Campbell, 1984)。对一个母亲是低能儿的13岁儿童的子群体的分析发现,干预对母亲智商低于70的儿童来说,产生的效果最大(Martin, Ramey, & Ramey, 1990)。

当婴儿在6到18个月大时,或当婴儿3个月大且在母亲的细心照看下,实验组和控制组的母亲在对孩子抚养的态度上没有差异(Ramey et al., 1983)。当儿童20个月大时,对在实验室中母亲和孩子的互动录像带的分析,显示了实验组的婴儿与母亲的交流水平比控制组的显著要高。实验组的婴儿在要求的行为上,与对照样本(没有随机化)中的中等水平的婴儿水平一致(O'Connell & Farran, 1980, 在 Ramey et al., 1983 曾引用)。36个月大时,实验组的婴儿在试图改变母亲的行为上(例如,让母亲看他们的动作,给他们读书)大概比控制组的婴儿高出四倍,实验组中母子配对的活动时间持续了两倍(Farran & Haskins, 1977, 在 Ramey et al., 1983 曾引用)。可见,初学者儿童发展中心的儿童在和他们的母亲相互作用时,表现出了不同的支配性格,因此他们有使最好的照看者出现的能力,这可能会影响母子互动的质量(Ramey et al., 2002)。在54个月大时,实验组和控制组在家庭环境的质量上没有差异(Ramey et al., 1983)。

当儿童大约在8岁或12岁时,可以找到一种对阅读和数学完成能力的干预的直接效果模式(F. A. Campbell & Ramey, 1994, 1995)。正如本章前面所提到的,对儿童15岁时的随访研究发现,学前干预对留级现象有直接的干预效果(Ramey et al., 2002)。在15年的随访研究中,在进入学校的10年中,学前组有12%的儿童,而控制组有48%的儿童接受了特殊教育(Ramey et al., 2002)。

21岁时,与当初的控制组的儿童相比,参与了学前干预的儿童在智力、学业成就方面都取得了显著高的分数,受教育的时间更长,接受4年大学教育的可能性更大,而且少女怀孕的现象更少(Campbell et al., 2002)。在从3岁到21岁的阅读和数学能力发展方面,学前认知的获得占了各种干预项目的相当重要的一部分(Campbell, Pungello, Miller-Johnson, Burchinal, & Ramey, 2001)。

随访研究的结果显示,早期童年干预能使母亲们继续接受教育。当她们的孩子54个月大时,实验组的母亲受教育的水平(11.9)显著比控制组(10.3)高,在她们的孩子出生时对她们的教育水平进行过比较(实验组10.30,控制组10.12)(Ramey, 1980)。而且,控制组中失业或受雇于无特殊技能的工作的母亲比实验组的多,更多实验组的母亲比控制组的拥有半熟练或需要技能的工作(Ramey et al., 1983)。青少年父母似乎受益最多。在进入幼儿园时,干预组46%的少女母亲高中毕业,且获得第二次培训,而相比之下,控制组中只占13%

571

(F. A. Campbell, Breitmayer, & Ramey, 1986)。这个模式被继续追踪研究。当孩子15岁时,接受学前干预的孩子的少女母亲有80%获得了二次教育,而控制组的比例仅为28%,实验组的少女母亲就业的比例最高达92%,而控制组的少女母亲的就业率最低为66%(Ramey et al., 2000)。

父母在儿童干预中扮演补充的角色

父母扮演补充角色的早期干预需要或期望为父母提供有规律的能参与进来的项目。扮演父母辅助角色所获项目的频率和水平与其偶然获得参与机会相比有所不同。一般来说,作为补充角色的父母希望能增加通过与孩子直接的活动获得干预效果。孩子抚养的辩论通常都是父母活动的焦点。虽然以NAEYC的标准为准,但通常情况下,当需要时,项目也会使健康、教育和社会救助变得举手可得,通常是通过工作分派来实现。在这种项目设计的类型中,各种干预的一个区别是,父母参与的活动内容是否主要追求孩子抚养的单一的领域(如认知发展),还是追求孩子抚养的多个领域。接下来将讨论这两种都可以接受的建议,讨论先从在父母参与的活动中追求孩子抚养的多领域的干预开始。

关于孩子抚养的多个领域

Perry学前干预工程于1962年开始于密西根的耶普斯兰缇,是关于低收入家庭的儿童的早期童年教育效果的最有名的研究,曾因其方法而引人注目。早期童年的研究者在跟踪研究中,通过代价利益分析,发现在干预对象27岁时(Schweinhart, Barnes, Weikart, Barnett, & Epstein, 1993)和40岁时(Schweinhart et al., 2005)关于真实世界的变量(如收入、犯罪行为、家庭财产)他们的受益价值观出现循环(如Barnett, 1996)。

鲜为人知的是Perry学前干预工程中对父母的目标性的关注:每周母亲接受她们的孩子的学前教师持续大约90分钟的家访,目的在于让母亲在家参与提供教育支持,在个人意愿的基础上参加学校的活动。每一个家访,教师都要提供材料(如洋娃娃、橡皮泥、美术材料),这有助于让母亲参与进来,且使活动的范围分开,因为有的孩子可能需要更多的活动。

与母亲的非正式会谈,关于孩子抚养策略和孩子为上学所作的准备的会谈,被看成每一次家庭访问的重要部分。还有定期的小组会谈,讨论与父母合作的项目内容(多数是母亲参加)和关注孩子的抚养策略(Weikart, Rogers, Adcock, & McClelland, 1971)。

芝加哥亲子中心项目提出了一个早期童年项目设计的附加说明,在设计中,父母扮演了很重要的补充的角色。这个大型的项目为经济上有困难的孩子和父母提供了教育资助:从学前教育到小学低年级;从3岁到9岁。1967年通过从1965年成立的联邦基本教育法案(the federal Elementary and Secondary Education Act)提供的资金建立起来的(标题1)。半日制的托儿所和半日制或全日制的幼儿园的教学强调语言的艺术和数学,能相对有条理地提供一系列的教学环境(如分成大组、小组、个人活动)。

芝加哥亲子中心提供的父母能参与的项目比Perry学前工程要多一些。通过加强父母—孩子的互动,父母和孩子一起参与学校的活动,以及对父母提供的社会援助,芝加哥项目中父母的参与希望能促进孩子对入学准备和对学校的适应。在托儿所和幼儿园的几年里，父母每周至少需要一天半的时间参与进来，虽然参与率比较低。项目希望低年级孩子的父母能尽量参与，但并不是必须要参与。父母的活动室紧挨着托儿所或幼儿园孩子们的教室，里面还有专职的教师负责收集父母的数据资料。父母在房间内的活动包括参与父母阅读组、手工艺设计和关于孩子发展的专题研讨会。其他有关父母参与的方法包括做教室义工、家庭访问、参加高中的系列活动和家长—教师商讨会或一些其他学校的聚会。

572

每个中心都会有一名全职的工作人员对给家庭提供的额外的社会援助负责，包括健康和社会援助机构。他们每年年初都要拜访每一个家庭，而且只要需要，随时家访(Reynolds, 2000)。和没有参与的人比较，Perry项目的参与者中，27岁时实验组的月收入、拥有家产的比例、接受的教育水平都显著要高，而且在前10年中的某些时候接受社会救济、被捕的比例明显要低(Schweinhart et al., 1993)。在40岁时，曾参与学前干预的成人比没有参与学前干预的成人有更高的收入，更大获得工作的可能，更少去犯罪，更有可能高中毕业(Schweinhart et al., in press)。

芝加哥亲子中心的长期效果在包含了1 539名儿童从1983年到1989年参与干预的准实验研究设计中得到验证：一个从3岁到9岁接受援助的干预实验组，正如前面所描述的，和一个参加可选择的全日制的幼儿园的对照组，结果显示，参与学前干预1到2年的儿童修完高中的比例较高，接受教育的时间更长，20岁时离开学校的比例较低，18岁时因少年犯罪、暴力而被捕的比例较低，留级、接受特殊教育的比例也较低。干预对男孩获得的教育成就影响最大(Reynolds, Temple, Robertson, & Mann, 2001)。

这些干预对父母有影响吗？父母对孩子传递的干预效果又到了什么程度了呢？Perry的项目中，孩子上四年级时的追踪研究数据表明，实验组的母亲比控制组的母亲拥有更有发展力、支持力的抚养态度，但不是行为(Weikart, et al., 1978)。15岁时，比起控制组，更多的实验组的母亲很满意她们的孩子在学校的表现，且对她们的孩子有更高的教育期望(Schweinhart & Weikart, 1980)。当研究对象在19、27、40岁时，追踪研究没能获取到他们的父母的数据资料。芝加哥亲子中心的项目收集了孩子10到12岁时父母的数据资料。与对照组相比，实验组的父母对他们的孩子有更高的教育期望，对他们的孩子的教育感到满意的比例也更高，在参与学校活动时表现出了更高的水平(Reynolds, 2000)。

在学前参与干预影响后来的结果的因果模型当中，Perry学前研究的研究人员一致强调了孩子的智力情况，还包含了成人起的作用(Barnett, et al., 1998; Schweinhart, et al., 1993, in press)。模型还设计解释学前干预在27岁时的效果(Barnett, et al., 1998; Schweinhart, et al., 1993)和40岁时的作用(Schweinhart, et al., in press)。学前干预的经历直接提高了儿童早期智力的发展，为所有后来的干预效果打开了大门。除了与从社会经济学角度对智力发展作的预测有关以外，家庭变量不包含在模型中。对孩子们上四年级时的行为分析显示，和实验组相比较，家庭环境对控制组的儿童取得的成就和学业成就能进行更有力的预测，这促使研究者认为干预能降低家庭环境对获得学业技能的影响(Weikart, et al., 1978)。

Perry学前干预的分析中，对父母的干预效果的有限的注意遗留了一些问题，即父母对孩子取得的成就的贡献(Zigler & Seitz, 1993)。在对有实验组和控制组的 Perry 学前干预工程的数据的二次分析中,发现家庭变量和孩子后来所取得的成就之间存在混合相关。例如,幼儿园时母亲的参与可以预测孩子在幼儿园的学习能力和适应能力。但是,对青春期的男孩来说,父母联系教师的频率和孩子所取得的教育水平之间存在负相关,这可能是因为与学校的联系是对孩子表现的关心引发的。被她们的孩子在 27 岁时认为是行为模范的母亲比没有被这样认为的母亲在孩子上幼儿园时明显更多地参与了孩子学校的活动。幼儿园时孩子的认知能力和学业动机能更好地预测他们后来的成就和接受的教育水平(Luster & McAdoo, 1996)。

573 Reynolds 等人(2004)分析了芝加哥亲子中心在对 20 岁时的教育和 18 岁时青少年犯罪产生长期的影响利用的不同的方法和路径,发现两种结果的效应的初期表现是:幼儿园时读写的能力和避免留级(认知优势)、上小学时父母的参与(当孩子 8 岁到 12 岁期间)和避免虐待(家庭负责)、上教学质量好的小学和学校较低的搬迁率(学校负责)。这个模型解释了 58%的学前干预与学校学业的完成有联系,79%的学前干预与青少年犯罪有联系。

关于孩子抚养的单一领域

着重于孩子功能性发展的不同领域的两种干预研究显示,通过父母参与教育活动,有益于一个对孩子发展的特殊的领域的关注,而且增强了教师现有的对托儿所教室的管理策略。这些研究也提供了间接的证据,认为在以中心为基础的早期儿童干预项目中父母有参与干预的价值,这是相对于父母参与与课程提高结合的干预来说。

第一个研究在儿童的行为问题上采用了预防性干预。一个包含智力开发项目的研究中,Webster-Stratton(1998)发现了一个可以提供给所有父母的短期训练项目(不管他们的孩子是否有行为问题),为大大提高父母和孩子的互动作出了贡献。父母参与训练的孩子比对照组的孩子减少了负面行为,增加了正面的社会行为。然而,学校对孩子的负面行为没有显著的干预效果。

Webster-Stratton 和她的同事(Webster-Stratton, Reid, & Hammond, 2001)假设了一个父母参与训练的干预项目,也为教师在教室中的管理技巧提供了详细平行的训练。这将会使问题行为减少,且在家和学校都表现出更好的社交能力。在一个包含了 14 个智力开发中心(36 个班级)的研究中,随机分配了一个实验情境或控制情境,给所有的父母提供一个为期 12 周的父母培训项目,通过每周一次的父母小组讨论检查效果。干预组的教师在课堂上每月进行为期一天的 6 次专题讨论会(36 个小时的训练)。父母培训的课题包括和自己的孩子玩耍,赞扬和鼓励自己的孩子表现最好,使有限的环境更有效,应付错误的行为。父母观看父母技能示范的录像带,看完每 2 分钟的简介后参加一个小组讨论。教师的培训专题的标题包括加强学生的社交技能,鼓励和激励有行为问题的学生,使有限的环境更有效,并运用忽略、暂停和其他策略来对待错误的行为。教师也要观看和讨论其他教室教师的录像带。

随后的包含 12 次会议的每周都有的父母参与的项目中,和控制组的母亲相比,实验组的母亲在为人母亲的消极感觉方面分数明显要低,而在积极感觉方面的得分明显要高。在学校,实验组的孩子表现出比控制组孩子明显少的行为问题。母亲参与了六次或更多次的干预会议的孩子在家里表现出的行为问题也比控制组的孩子明显要少。在培训的最后,实验组的教师比控制组的教师表现出显著良好的教室管理技能。对参加父母小组训练超过六次的父母来说,实验的效果能持续 1 年(Webster-Stratton et al. , 2001)。

对 Webster-Stratton(1998)和 Webster-Stratton 等人(2001)的研究的对比间接解释了行为是否会在某种特定的环境发生改变(如家、学校)。在感兴趣的环境中,需要关注目标行为的干预。对父母参与的干预有利于改变孩子在起点课堂上而不是在家的行为,父母和教师都参与的干预有利于改变孩子在家和学校的行为。

孩子的早期阅读能力是包含父母和教师同时参与的干预的第二例中的焦点。这种干预是由 Whitehurst 和同事发展起来的对话式的阅读项目(Whitehurst, Arnold, et al. , 1994; Whitehurst, Epstein, et al. , 1994; Whitehurst et al. , 1988)。这个项目促进了儿童积极地参与。阅读成人—儿童分享的书时,通过把成人从传统的读故事的角色转换为积极的听众,提出问题,增加故事信息,促进孩子增加对图画书中原材料的描述的复杂性。

574

在一个对低收入家庭的孩子的对话阅读效果研究中,Whitehurst、Arnold 等人(1994)随机把参加公众提供资金的儿童保健中心的孩子分配到两个干预情境之一或一个控制情境。在一种干预情境中,孩子的父母在家给他们朗读或他们的看护教师把他们分成不超过 5 人小组后给他们朗读。在第二种干预情境中,看护孩子的教师给固定安排好的小组朗读。一盘关于训练方法的录像带(Arnold, et al. , 1994)用来训练参与对话阅读培训的父母和教师。6 周的干预结束后,两个干预组的孩子在口语技能上比控制组的孩子取得了明显的进步。在 6 个月后的评估中,这些进步还能保持。父母和教师都进行朗读的孩子比只有教师朗读的孩子收获大(Whitehurst, Arnold, et al. , 1994)。

在一项后来的干预中,Lonigan、Whitehurst(1998)发展了 Whitehurst、Arnold 等人(1994)的研究设计,增加了第三个干预组,只让父母给孩子朗读,当然也运用对话阅读方法。Lonigan、Whitehurst 的实验目的是验证运用对话式阅读的方法,父母相对教师的效应。由四个孩子看护中心提供的接受资助的大体上合格的家庭参与这项研究。孩子被随机分配到四个研究情境中,教师和父母到各自的干预情境中接受对话式阅读方法的录像带培训,这点和 Whitehurst、Arnold 等人的研究一样。Lonigan、Whitehurst 的研究结果表明,在 6 周的干预快结束时,每个干预情境对口语技能的提高都有显著影响,其中,影响最大的是包含有家庭训练的两个干预组。研究者们推测父母提供的一对一的阅读情境可能比通常教室中最常用的固定安排的小组阅读更有利于一个孩子分享阅读内容的参与积极性。

父母作为主要参与者

正如本章导言所述,家庭的理念是儿童成果发生显著变化的核心,它引导早期干预项目的设计者把父母的工作看作是助手或补充角色,这种聚集于儿童的干预而言是不足以影响家庭的。有人主张,一个更好的项目是通过对父母加强干预以支持家庭。而聚集于父母的干预的两种类型被认为是接近的,其中一类在内容上强调家庭育儿环境,另一类则强调更宽泛的家庭功能。

以儿童为重要内容

20世纪60年代以来,通过父母教育和支持而开展的早期儿童干预已成为早期干预领域里活跃的一部分。在这个领域早期的努力包括 Florida 婴幼儿父母教育项目(Florida Parent Education Infant and Toddler Program; Gordon, Guinagh, & Jester, 1977),母—子家庭项目(Mother-Child Home Program)(Levenstein, 1977, 1988),以及早期培训方案(Early Training Project; Klaus & Gray, 1968)。后来,干预针对少女母亲(Field, Widmayer, Greenberg, & Stoller, 1982; Osofsky, Culp, & Ware, 1988)和有残疾孩子的家长(Brassell & Dunst, 1978)。此外,还有大量传统的家庭干预,旨在通过父母的行为培训来改变儿童的反社会行为(Serketich & Dumas, 1996)。

方案途径。父母作为教师(the Parents as Teachers, PAT)项目是这种传统中一个主要代表模式。新父母作为教师项目由 Mildred Winter(Vartuli & Winter, 1989)在1981年创建,项目内容最初源于 Burton White(White & Watts, 1973)对儿童早期发展的研究。PAT 是21世纪 Edward Zigler 的学校的核心成分。一项重大的项目构成是由家长(通常是母亲)引导的家访,分享与年龄相适应的活动和儿童发展的信息,旨在提高母—子互动和家庭学习环境的质量。此外,还有定期的父母会议、发展筛查,以及社区服务安排。入学准备是一个重要的项目目标。

效果。PAT 项目已通过对低收入人群的一系列随机化实验得到了检验。从市区地理分布上所作的一个三地的研究,共有665个孩子和他们的家庭的样本,研究发现在方案实施的第二年末(孩子2岁生日)在父母教养和孩子发展上并无统计学意义。对父母成果的28项测量中仅有3项在统计学上有显著差异:在较低收入干预组的父母比起低收入控制组父母而言,讲故事,说童谣,以及给孩子唱歌的频率较高;超过中等收入干预家庭与他们的控制匹配组相比,前者在照看孩子时父母的感受幸福感的频率更高,更能接受他们孩子的行为。在孩子成长效果上均无统计学上的显著效应(Wagner et al., 2002)。

575

在南加州主要以拉丁裔父母为主的 PAT 项目的单独的随机化实验中,在父母知识、态度和行为上仅有很少的不一致的积极效果,当对实验组和控制组作全面比较时发现,在孩子发展或健康上没有效果。在北加州的子群组分析表明,以说西班牙语拉丁裔为主的儿童受益多于非拉丁裔或英语拉丁裔家庭;儿童在认知、交流、社会,以及自助发展上受益较多,而不是一个一致的对母亲的积极干预效果模式。此外,在南加州点上的子群组分析表明,同时接受 PAT 服务和综合性个案管理服务(为帮助母亲提高她们的生活)获益最多(Wagner & Clayton, 1999)。每一个 PAT 研究的减员率较高,家访次数远远低于预定的每月1次联系。

关于为什么 PAT 项目对于两个加州的随机实验都不是很有效的一项质性研究发现,家访强调他们的社会支持作用,而一般不讨论父母教养行为,这似乎需要加以改善,使项目目标既强调信任的建立又关注父母教养行为。母亲将家访者花在与她们孩子身上的时间看作是一种直接的干预(一种“维生素”),这将促进儿童的发展,而家访者将同样的互动看作是对家长的建模(Hebbeler & Gerlach-Downie, 2002)。

在实施问题之外,思考是否存在一个不同的方法(群组)以及内容(社会发展)在这里是关键的变量,这种思考是十分有用的。记得从上一节开始,Webster-Stratton(1998)就儿童的品行问题,采取对父母的团体干预,对家长和孩子在家的行为产生了积极的影响。

广阔的重点内容

20 世纪 70 年代以来,早期干预研究文献资料的评述者认为,针对低收入家庭的亲职教育项目可能带来极少甚至没有积极的效果,因为他们不具备解释家长最关注的东西,即生活在贫困中的父母所面临的主要压力源(如 Chilman, 1973; St. Pierre & Layzer, 1998)。PAT 项目在南加州的结果表明,为家长在个人和家庭生活问题上提供具体的帮助,并与提高父母教养知识和技能的支持相结合的做法是有益的。在干预情况下,结合 PAT 项目与对少女母亲的个案管理,实验组参与者更能接受她们孩子的行为,孩子在 1 个月或 2 个月里在认知发展的经历上有重要收获,比起控制参与组来公开虐待或忽略儿童的个案极少。同时,在一系列其他结果变量中,干预不起作用(Wagner & Clayton, 1999)。接下来将讨论其他父母取向的干预的方法和结果,它们都是支持父母和家庭功能作为一条改变儿童成果的渠道。

方案途径。通过家访对家庭支持的个案管理方法在儿童全面发展项目(Comprehensive Child Development Project, CCDP)中得以检验,该计划开始于 1989 年,共有 21 个点的随机化实验(Goodson, Layzer, St. Pierre, Zigler, & Leiter, 2000)。该方案受联邦立法委托开展,以服务于来自低收入家庭的婴幼儿,他们"因为环境、健康或其他因素,需要加强和全面支持服务,以提高他们的发展"(Goodson et al., 2000, p. 10)。

CCDP 是一个雄心勃勃的项目设计方案,主要为家庭的两代或更多代工作,涉及所有家庭成员更广泛的问题(St. Pierre, Layzer, Goodson, & Bernstein, 1997)。CCDP 模型假定的效应证明了项目的复杂性。该模型包括短期的父母/家庭效应的五个方面(身体健康、心理健康、父母教养、逐步经济自足、就业与收入),加上长期在经济自足上的父母效应(St. Pierre et al., 1997)。提高父母教养知识和技能以及经济自足是两个被假定的主要的直接方法,有助于提高儿童的健康,参与早期教育高质量项目和卫生保健是改善儿童成果被假定为最主要的最直接的方法(Goodson et al., 2000)。 576

CCDP 提供个案管理、对母亲或主要照看者的父母教养教育、为所有儿童发展适合的儿童早期教育经验的安排以及发展性筛查。个案管理是 CCDP 的核心,因为如果没有个案管理者,CCDP 家庭将在他们的社区与其他低收入家庭无差异,这些家庭有权使用现有的服务(Goodson et al., 2000; St. Pierre et al., 1997)。家庭个案管理者提出服务于家庭的计划,该计划基于需要的评估(如购房、家庭暴力),以及对目标和必要行动的识别,帮助家庭执行他们的计划,包括安排健康和心理健康服务和推荐专家。此外,推荐与教育相关的服务如成人扫盲教育、就业培训以及安置。个案管理工作的重点是协调一个家庭的服务,个案管理者让家庭成员接受服务(如给母亲提供某种计划的联系信息),同时,从事中介服务(如代表 CCDP 家庭和非 CCDP 项目家庭一起工作,追踪以确保家庭接受必要的服务;St. Pierre et al., 1997)。个案管理者,通常是辅助专业人员,是家庭与项目联系的主要联系点,尽管其他

CCDP 专家(如健康和心理健康协调员,方案中负责男性参与的工作人员)在家人需要的基础上与家庭互动。当孩子从出生到 3 岁之间,更多早期教育通过儿童早期教育专家的家访来执行。主要集中在教育父母了解儿童的发展以及育儿技能,还通过群组会议和印刷资料来提供父母亲职教育。对于年长的儿童,项目工作人员将家庭联系到起点项目的或其他高质量的儿童保育所。家庭有望参与这个项目 5 年,从母亲怀孕或作为目标锁定的第一年开始。

护士—家庭伙伴关系(NFP;之前称这为护士家访项目)同样解释了聚焦于父母和他们背景的干预方法。该计划旨在改善(a) 怀孕的后果 (b) 照看的质量(与儿童健康和发展有关)以及(c) 产妇生命过程的发展。护士家访者提供关于儿童发展的信息,尤其是如何促进敏感灵活地照看(如婴儿非言语线索、哭闹行为、绞痛的理解和反应)。他们还试图去增强父母的非正式社会支持网络链接,并利用社区服务,包括健康和人类服务,这可以减少低收入家庭所面临的情境刺激。初次生育母亲在其怀孕期就被招募为干预对象,并且鼓励留在干预项目中直到她们的孩子 2 岁。项目锁定在怀孕期以及孩子生命的早些年,因为这段时间父母正学习如何扮演父母角色(Olds, Kitzman, Cole, & Robinson, 1997)。

项目将怀孕期护士家访者和母亲以及其他家庭成员之间的关系看作治疗联盟,为父母的治疗和支持提供一个模式。一种假设是,这种联盟挑战着消极的观点,即母亲可能自己不值得关注和照看。干预还追求提高自我效能感,即通过帮助参与者设置小步子、可达到的目标来改变行为,如果完成,将会加强在将来处理类似情境的信心。该项目特别关注妇女如何掌握她们自己作为父母和作为成人的角色,"为自己的健康和经济自足负责"(Olds, Kitzman, et al., 1997, p. 12)。

效果。CCDP 的 21 个点的评估,包括了 5 年来 4 410 个家庭样本,发现与控制组相对干预对儿童成果(父母教养、家庭经济自足、产妇人生发展)没有统计学上效应。因此,对于改善儿童健康的两条假定的直接通路(父母养育行为和家庭经济状况)没有实证支持。结果不支持假定的参与早期教育和育儿保健的高质量的项目,旨在改变孩子的成果的直接通路。更明显的是,更多的 CCDP 儿童比控制组儿童加入到了基于中心的项目中去,项目中儿童比控制组儿童花更多的时间在基于中心的方案中,但总体而言,活动量中等(平均每天 2 到 3 小时),并且基于中心项目加入 CCDP 儿童是否比加入控制组儿童质量要高并没有得到数据(Goodson et al., 2000; St. Pierre et al., 1997)。

577

NFP 在三个连续的随机化实验中得到了检验。最初的实验以欧美人为主,1978 年到 1980 年之间,在半农村的纽约市的 Elmira 进行,实验发现,干预减少了虐待和忽视儿童、产妇对福利的依赖、过于频繁地怀孕,与酒精和其他药物有关的产妇犯罪行为(Olds, Eckenrode, et al., 1997; Olds et al., 1986)。积极干预效果集中于穷人、未婚少女、处于不相适宜的照顾的最大风险的子群体。对处境不利子群体的母亲的干预明显地最不可能去惩罚和限制他们的孩子,而是为他们的孩子提供广泛的适宜的游戏材料,正如家庭观察环境测量(Home Observation for Measurement of the Environment, HOME; Caldwell & Bradley, 1984)量表中用于测量的材料,而不是在比较组中孩子 22 个月时的合作伙伴。发展的趋势是，当孩子 12 个月和 24 个月时，干预组儿童比比较组中儿童有着更高的发展智商(Olds et al., 1986)。对低收入妇女所生的少年进行为期 15 年的追踪研究发现，那些在怀孕期以及产后接受了护士家访的妇女，与对照组青年相比较，她们通常未婚，很少有离家出走的情况，较少遭受拘留逮捕，较少有信念和行为感化，只有较少的长期性伴侣，在前 6 个月较少饮酒。参与到干预中的父母报告他们的孩子少了与使用酒精和其他药物有关的行为问题，但项目在其他行为问题上不存在影响(Olds, Henderson, et al., 1998)。

20 世纪 90 年代早期，在 Memphis 和 Tennessee 进行的以非裔美国妇女为主的随机化实验中，与对照组母亲相比较，在他们孩子 24 个月的时候，护士家访过的母亲有了与虐待和忽视儿童有关的育儿理念，包括对体罚，对婴幼儿不现实的期望的理念，以及经 HOME 测量有着较高的家庭环境质量。通过对产妇教学行为、儿童心理发展或儿童行为问题的家长的报告，发现干预没有效果。据观察，心理资源有限的母亲所生的孩子与比较组低资源母亲的孩子相比，干预组孩子对他们的母亲有更多的反应以及能更清楚表达他们的需要。在 24 个月时，据护士访视过的母亲报告，与比较组母亲相比，她们更少有第二次怀孕，自我控制感更高(Kitzman, Cole, Yoos, & Olds, 1997)。在 Memphis，一项为期 3 年的追踪研究发现，干预组母亲很少相继怀孕，更少依赖福利和食物券，但结果在量上少于在 Elmira 实验中所达到的(Kitzman et al., 2000)。

20 世纪 90 年代中期，在科罗拉多的 Denver，最近一次实验发现，护士访视过的婴儿在 6 个月时对恐惧刺激更少表现出情绪脆弱。在 21 个月，护士访视过由低心理资源妇女所生的子女更少可能表现出语言迟滞，在 24 个月时，与对照组匹配儿童相比，他们表现出更高的心理发展。对妇女教育成就或使用福利或儿童行为问题则没有干预效果(Olds et al., 2002)。

孩子和家长同时作为主要参与者

对中等或没有效果的以父母为中心的干预的结果的一个典型的反应具有争议，当对父母双方进行直接、强烈的干预时，而不是仅对母亲或父母时，干预的效果更好。

基于研究的干预工作，直接为孩子与家庭提供广泛的家庭功能的支持，跨度近 40 年。初步的努力开始于 20 世纪 60 年代后期、70 年代初，包括起点亲子中心项目(Lazar et al., 1970)，亲子发展中心(Andrews et al., 1982)，Yale 儿童福利方案(Provence, Naylor, & Patterson, 1977)，以及 Syracuse 家庭发展研究计划(Lally, Mangione, & Honig, 1988)。 578
这些早期干预，与他们当时的社会环境对应，在理论上和程序层面上虽有差别(如不论对家长和孩子的直接服务是同时进行还是继时进行)，但他们分享改善一系列家庭成果的明确的目标，包括产后抑郁症、自我掌控意识、问题解决和生活管理技巧，以及与经济自足相关的能力。

干预研究的发起阶段在这个领域取得了积极的影响，这些为数不多的计划为家长和儿童提供了进一步发展的基础，同时对项目模式进行了验证。例如，一个三地的亲子发展中心(PCDC)计划的实验研究发现，儿童在计划方案结束(36 个月)时在 Stanford-Binet 量表中得分较高，而计划方案中的母亲则表现出积极的产妇行为。PCDC 计划中的儿童在离开项目

(Andrews et al., 1982)一年之后仍保持其 IQ,但没有超越。一项在 Yale 儿童福利方案的为期 10 年的追踪研究中,项目给家庭提供儿科保健、社会工作、小儿护理,以及以个性化方式的心理服务,主要由四人一组的专家提供,研究发现方案对干预组儿童的入学和男孩使用特殊学校服务有积极的效果,但对儿童的 IQ 分数没有影响。与没有加入到方案的母亲相比,项目中的母亲更可能自我支持,接受更多的正规教育,家庭的规模会较小(Seitz, Rosenbaum, & Apfel, 1985)。一项后续的随访研究发现,项目对干预组儿童的兄弟姐妹的入学和学业成绩有着积极的影响(Seitz & Apfel, 1994)。在一项为期 10 年的 Syracuse 家庭发展研究项目(Lally et al., 1988)中发现,干预对于初高中的女孩子而非男孩子的影响较大,干预组女孩会表现出青少年犯罪率的减少,更好的学业成就,更多的孩子和父母对自我、对环境都有着积极的态度(问题解决取向)。这些干预的积极效果提供了进一步发展和验证其他方案模型的基础。

旨在改善父母和家庭功能的干预在对父母职业技能上强调的程度有所不同。在这个领域的一套早期干预倾向于推荐根据所需或根据要求提供成人扫盲和就业培训的项目。部分地为了响应福利改革,最近更多的儿童和家庭干预,包括与经济自主相关的直接培训作为必备服务的一个主要部分。下面将说明对这些方法和效果的对比。

方案途径

婴儿健康与发展项目(the Infant Health and Development Program, IHDP)是一项在八个点进行的为期 3 年的对低体重儿、早产儿的随机干预,方案包括三个方面:进行三年的家访,在第一年里每周 1 次,第二年和第三年里每两周 1 次;儿童从 1 岁到 3 岁在儿童发展中心全天参加活动,一年 50 周;在第二年到第三年期间每月 1 次父母群组会议。IHDP 从 1985 年开始启动。

家访促进了儿童健康和发展的知识和技能的发展,利用同伴学习课程(Partner for Learning curriculum)提供与年龄相宜的游戏和活动,促进认知、语言和社会发展(Sparling & Lewis, 1995),在问题解决技能上,运用父母问题解决方案(Parent Problem Solving Program),此项目为帮助学习伙伴学习有效应对与父母教养和生活事件有关的压力。来自同伴学习课程的活动也可以用在儿童发展中心(Ramey, Sparling, Bryant, & Wasik, 1997)。家访选择和培训包括主要对基本临床技能的关注(如观察、听、问、探寻、激励、支持),这可以使访问者发展起与父母和其他家庭成员的同理、信任的关系。问题解决课程基于这样一种假设,父母所面临的日常情境经常是复杂而艰巨的,但问题解决技能可以提高家庭的整体福祉,可以增加积极的亲子关系。课程将问题解决视为一种认知行为加工,它既包括思考也包括行动成分。这里强调七个步骤:问题定义、目标选择、解决方案的生成、对结果的考虑、决策、执行实施和评估。家访者明确注意到每个步骤,并与父母作纲领性讨论,使用小册子以及三个视觉教具作为在问题解决过程中的关键词的提示:"停止"类卡片,包括单词"停止、思考、行动和检查";"思考"类卡片包括与问题解决步骤相对应的关键问题(问题是什么?我要做什么?我能做什么?如果……会怎样?我的决定是什么?Wasik, Bryant, Lyons, et al., 1997)。

579

平等起点家庭读写项目即是这种取向的一个例证，在两代人的干预中包括了与工作相关的培训。这在本章前面的个案分析中已做介绍。

效果

在 IHDP 的研究中，985 名婴儿被随机安排在干预组（家访、儿童发展中心、父母群组会议）或后续随访组，在 8 个研究中的每一个研究都采用计算机驱动加工，考虑如出生体重、性别、母亲教育、母亲种族，以及家庭中主要的语言等关键因素。无论是干预组还是后续随访组婴幼儿，都接受医学的、发展的以及社会的评估，推荐所需的儿科保健和其他服务。在 3 岁时，干预结束，比起后续随访组而言，干预组儿童明显地有着较高的智力测量分数和接受性语言测验分数，但在父母对行为问题的评价报告中得分较低。低体重儿中较重的婴儿比稍轻的婴儿受益更多。儿童成果与家庭参与干预的次数呈正相关（Ramey et al., 1992）。当儿童 5 岁时，两组孩子在 IQ 总分、接受性语言，或所报告的行为问题上均无显著差异，但干预中的低体重出生较重儿童的 IQ 分数，接受性语言分数比他们在随访组的同伴要高。在 8 岁的时候，这一方案对于低体重出生儿中稍重儿童的认知学业技能上显示了中等的干预效果（McCarton et al., 1997）。

在 12 个月时，通过 HOME 量表所测，干预对家居环境没有影响，但在 36 个月时，干预组家庭的家居环境在 HOME 总分上高于后续随访组，这表明干预的影响可能是累积的。在 36 个月时，干预对于学习刺激、建模、经验变化、可接受分量表分，以及在伙伴学习课程中所强调的家庭环境方面有着影响（Bradley et al., 1994）。在 3 岁时，干预对儿童 IQ 分数的影响比起经 HOME 量表测量判定的低质量家庭的儿童影响大得多。如前所述，干预对 5 岁和 8 岁儿童的 IQ 的影响均无影响（控制组儿童在 8 岁时赶上治疗组儿童），而来自更高和更低家庭质量（3 岁所测）的儿童之间的 IQ 上的差异，随着年龄的增长而减少（Bradley, Burchinal, & Casey, 2001）。

通过对 30 个月大儿童在门诊访问时母子互动的录像分析，发现干预对母亲互动行为的积极作用较小，而对母亲情感行为综合评定没有影响。母子互动的双重质量评定显示出干预组母亲与后续随访组母亲相比，前者和她们孩子更同步，呈现出更多的合作和和谐。当在孩子母亲面前进行一个挑战性问题解决任务时，干预组儿童被评定为更具耐心和目标取向，也更专注、投入和热情（Spiker, Ferguson, & Brooks-Gunn, 1993）。

在问题解决技能测量的自我报告中，干预组母亲比随访组母亲得分要高，但在 36 个月时干预组和随访组母亲关于健康和日常生活的方法上（Wasik, Bryant, Sparling, & Ramey, 1997），以及对在 12、24、36 个月时儿童发展的知识或概念的测量上均没有差异（Benasich, Brooks-Gunn, Spiker, & Black, 1997）。

当孩子 1 岁和 3 岁时，干预减少了产妇痛苦（抑郁和焦虑），尤其对那些低于高中教育水平的妇女，但母亲的痛苦并不能缓和或调节干预对儿童成果的影响。在第一年对产妇/母亲痛苦的影响可能是家访的结果，因为在第一年没有提供儿童发展中心和父母群组会议。生活事件缓和了干预对儿童测验分数的影响，如果这些儿童的母亲经历更少的生活事件，干预对儿童更加有效（Klebanov, Brooks-Gunn, & McCormick, 2001）。

580

平等起点项目(Even Start)自1989年开始三个全国性的评估,第三个也是最近一个评估从1997/1998年开始直到2000/2001年,包括一个在18个地方测量项目的有效性的实验设计研究,涉及460个家庭,这些家庭是被随机安排到平等起点项目或控制组中(St. Pierre et al., 2003)。结果表明,平等起点项目的儿童和家长并没有比控制组儿童和家长受益更多,约有三分之一的人通过非平等起点服务接受了早期教育或成人教育。平等起点家庭参加到与其表面需要和项目目标相关的少量项目服务。有评价证据表明,平等起点早期儿童课堂尽管总体质量很好,但对于语言获得和推理技能还是缺乏足够的关注。

方案设计的初步假说

尽管不可能得出结论,认为关于来自项目评论的家庭干预的设计仅是为了解释目的,纵览针对家庭的不同的方法的研究模式,均指出了某些关于项目设计核心特征的基础假设。

孩子充当早期儿童方案中有关家庭互动的调解人,这时在一个精密设计的早期儿童方案中父母常被指派作为助手,看来这不太可能。因为针对生活在高风险环境的父母的干预是项复杂而艰难的事业,理论上这很具有吸引力,可以直接作用于儿童,可以触发家庭里互动模式的改变,因此要减少对父母作用的需要以达到在亲子互动中积极的改变。多年前,Lazar(1983)提出一个"有刺激的鼓励"(stimulation stimulating)模式,当孩子带着技巧和兴趣从学前班回到家时,就要在那里提出新的家庭互动的要求(如孩子要求给自己读书),提示父母应及时表扬孩子的成就,提出他们可以达到的期望,并鼓励孩子在学校里做得很好。尽管"初学者"项目的结果表明,当实验组儿童与他们的母亲接触时便表现出不同的要求特征,但后来没有任何证据可以表明这些行为会在家庭互动中带来变化。理论上,这毫不奇怪。家庭系统理论指出,家庭的原始稳定性特征是维持他们互动模式的稳定性(Minuchin, 1985, 2002)。

更普遍的是,在一项紧密的早期儿童项目中将父母安置为助手角色似乎不太可能影响育儿能力。这是调查研究的一个重要假设,因为在"初学者"工程中项目与父母联结的规定反映了NAEYC指导对于早期儿童方案的适宜操作训练的广泛运用。

关注项目与父母的交流的次数的日益增加,在代表方案设计里,在早期儿童项目中父母假定是一个辅助的角色,如果内容集中于单一的育儿方面,其也是一门在儿童早期项目中的强化课程,关注计划方案与父母的交流的次数的增加也可能增加项目影响父母教养能力和儿童的成果。这种项目在项目设计中代表着在儿童早期项目中将父母假定为一个辅助的角色。对话阅读方案(Whitehurst, Arnold, et al., 1994)和儿童品行方案(Webster-Stratton et al., 2001)的结果证实了聚焦于良好设置内容的学校双边的承诺。

比起较为狭窄地关注方案应用于社会工作的原则"从客户那里开始"而言,包含广泛内容的计划方案有更多机会。人们希望,聚焦于一系列问题的丰富资源和弹性不是必然地确保方案工作人员最终参与与儿童有关的话题,这些话题在一直被关注。将儿童和父母编排到一个由关注其他紧迫的个体和家庭环境的家长立法所控制的对话的能力,需要有敏锐的临床技能,由专业人员操控时可能更容易阅读。和一个工作人员的关系也可能帮助父母关注亲子问题。例如,在CCDP,儿童发展和父母教养信息(在大多数场所下由一个学士水平的工作人员提供)与个案管理工作的分离,对父母来说可以看作是人为,可能会抑制深入其他家庭问题的背景下孩子和父母所关心的问题。CCDP和NFP一个显著的差异是,在NFP中聚焦于护士—母亲—家庭关系、父母发展,以及与非正式社会支持网络的关系,而在CCDP中指推荐和联结正式服务。考虑到NFP影响到儿童和家长成长,尤其对处于极度风险的父母,在基于关系的干预方法在家庭支持的正式和非正式系统下可能成为促进儿童和家长健康的核心。

与父母的职业相关的技能的方案援助不可能立即对父母教养和儿童成果产生积极的影响。父母工作经验可能增加父母关注儿童教育的价值,人们已发现父母职业的特征(如,自主性、问题解决)对于儿童的结果是一项有意义的预测指标,如儿童行为问题的减少(Cooksey, Menaghan, & Jekielek, 1997)以及早期阅读能力(Parcel & Menaghan, 1994)。然而,在教育和就业道路上的主要改变,对于生活在贫困中的教育弱势父母是缓慢而不确定的(Wilson, Ellwood, & Brooks-Gunn, 1995)。而对于试图不靠福利的母亲,其低薪、低复杂性工作可能对儿童造成消极的后果(Menaghan & Parcel, 1995)。据研究发现,在父母教养和儿童成就之间的联系实质更复杂,早期干预通常针对低收入年幼儿童。

581

在早期儿童干预中对家庭的方法的必要指导

研究中的必要指导和方案发展将在下面阐述。在两大领域上,人们强调聚焦于能力和对家庭干预过程。

研究

20世纪60年代,对方案模型的研究以及关于如何促进处境不利的儿童研究成果的泛化假设推动了早期干预领域。目前的资金流、政策以及做法已经受到方案模型的设计和评估结果的极大影响。与此同时,早期干预领域大多数由州和当地发展努力造成的,这很可能受到现有模型的启发,但很少是对现有模型的完全复制或采用(Ramey & Ramey, 1998)。此外,在为质量而延伸项目资源而将项目测量政策制定者贸易数量的过程中,一个历史性的干预模式正在被淡化(Schorr & Schorr, 1988)。有人提出对此问题解决的办法,对项目模型的提出者强调模型的基本元素(Olds, O'Brien, Racine, Glazer, & Kitzman, 1998)。正如本章早前所提到的,对于这种特殊的模型组成,当方案模型针对干预项目,而非个案成分时,一个劝说的案例难以作出研究。适应当地环境也可望在新项目的发展中实践或采用一个现有的项目模型(Yoshikawa et al., 2002)。然而,关于干预项目的潜在的关键元素的研究,保持了对于项目实施者提供指导的承诺,尤其当一系列研究被用来表示家庭工作的项目质量的指标。

严谨的研究方法,尤其是实验设计,对于研究有效干预的关键元素是最为基础的。组内比较分析是现在关于早期干预的潜在关键元素研究的主要设计。一个例子是剂量—反应关系。与这种方法相关的一个主要问题是,因果关系不能建立。例如,在项目参与指数和项目成果之间的较强正相关是难以解释的,因为群体差异的前干预可能与参与—成果关系有关。而实验研究是一个项目元素的系统变化。特殊的信息是两组之间的比较研究,表明一个特殊项目的改善和采用,发现在先前的研究中是有效的,确定是否是有效的项目设计。在这个方向上的运动要求资源,以及在基于研究发展的干预模型的成熟。当前对于相关的一小部分早期儿童干预效果是有限的。例子包括使用录像带或工作人员亲自使用有计划的变量,证明与学前儿童的共享阅读策略是有效的(Arnold et al., 1994),专职护士对于辅助专业人员执行家访项目(Olds et al., 2002)。这种方法的例证还是联邦基金平等起点研究,被称为扫盲课堂干预和成果研究,启动于2003年,该评估是为了促进儿童和他们的父母的语言的不同家庭的扫盲课程的有效性的相关性(St. Pierre, Ricciuti, & Tao, 2004)。

除了强大的研究设计外,家庭干预的调查研究还需要精密的测量方法和充足的资源,以便按群组来收集数据,这很难追踪和参与。按惯例,仅是减员率就对数据收集和分析(McCall & Green, 2004)以及结果的解释(Wagner et al., 2002)产生大量的挑战。观察方法有必要成为项目成果和项目过程测量的核心。现有研究表明,项目过程的概念化/界定和测量需要超越项目与参与者的次数(D. R. Powell et al., 2004)。此外,项目实施研究的状况需要得到提升,以便运用精确的方法来评估处理,由此来促进我们对项目变量和参与成果之间联系的理解。

582

为了探讨在早期干预过程中家庭因素的调节和缓和作用,尤其需要从理论上推动研究设计。大多数现有的研究都有着后续的探索性质量保证,即使调查者被认为是此研究领域的最佳人选,原本打算对过程变量仅关注的点来检验儿童成果,但结果通常也是难以捉摸。早期干预领域将受益于更多使用对项目发展的基于研究的方法的扩展领域。在项目模型的设计上部分基于重复实验研究的结果的项目模型的设计上的改善,已不再是早期干预的项目发展的标准(Yoshikawa et al., 2002),然而更有效的干预都遵循着这一模式。例如,如前所述,模型对城郊以及城市情境中的不同的群体的作用如何? 在三个连续性随机实验的每一个都产生重要的数据之后,NFP的内容和方法得到了修正。具体来说,干预的亲子课程得到了拓展,通过完善和吸纳来自其他干预的合为一体的活动,以促进照料的敏感性和反应能力(Olds, Kitzman, et al., 1997)。项目发展的渐进的方式,是与早期干预领域模型相对照,将项目进行测量,而没有一个良好研究的模式方案去提供一个坚实项目设计和实施决策的指导基础。起点项目就是一个典型的快速启动项目(Zigler & Muenchow, 1992)。例如,快速项目滚动模型已经连续和23个实验点的儿童全面发展项目连接,部分基于在芝加哥的贝多芬项目,此计划有着一些老的项目实施问题,与最初在76个实验点实施的平等起点家庭读写项目以及根据松散的一个项目模型(在Kentucky的亲子教育项目;Heberle, 1992),未获得可靠的实验研究证实。

项目发展的渐进方式的一个潜在的限制是,项目模型最初形成的社会背景可能转移,当项目处于发展之中,表现出项目模型与当时的背景不相符合。一个例子是,亲子发展中心项目。PCDC研究和方案发展项目是实验性、严谨的、长期重复的,但关于锁定群体(如经常呆在家庭的母亲,在项目中心的日常参与)的其中一些干预基础假设证实是有问题的,而项目正经历着一个随机的成果研究,这有助于对更大工程的早熟的阻断。在严重的国民经济困扰,包括通货膨胀和 20 世纪 70 年代的妇女运动的增加面前,研究者首先想到了该项目。PCDC 强调孕产和育儿技巧,但项目参与者对其他角色的兴趣日益增加,包括潜在的打工者,而不仅仅是感兴趣于作为促进他们孩子发展的中介角色。许多方案参与者为了个人以及经济原因加入或重新加入劳动力市场(Andrews et al. , 1982)。

项目发展

任何社会干预面临的挑战是为目标群体的日常现实生活负责。主要针对生活在贫困和高风险条件下的家庭的干预一直都以这项任务为准(如 Chilman, 1973)。今天,大多数生活在贫困中的父母进入了学校参加就业培训,或者就业。在更为广泛的群体中,有年幼儿童的家庭面临困难的决策增多,即关于对家庭和工作时间的使用,按照职业模式的建议,如在双薪家庭学龄前儿童的母亲的就业,一周工作多于 9 小时,这不是他们所愿意的,随着孩子数量的增加,父亲的工作时间也要增加(Jacobs & Gerson, 2004)。在早期开端项目中父母职业与家长参与者水平呈负相关,越来越多的父母无法参与设计更早时代的时间密集的干预方案(如 Castro, Bryant, Peisner-Feinberg, & Skinner, 2004)。

583

许多参与方案的父母的限制,这为解除与家长和看护一起共事的想法提供了一个务实的基础。然而,强硬地将儿童和他们的家庭分开的早期干预减少了增强儿童健康的潜力,由于忽略了早期发展的主要背景(如 National Institute of Child Health and Human Development Early Child Care Research Network, 1998),以及家庭因素一直是预测年幼儿童成果的指标,这些儿童应该是参与了强化课程早期干预的(Burchinal, Campbell, Bryant, Wasik, & Ramey, 1997)。

当代家庭条件提升了家庭项目设计的兴趣,使父母在早期儿童项目中一起努力。通常的一个结构是父母假定一个助手角色,在他们孩子的中心项目中出现。助手角色的一个潜在的重大限制是,如前一节所提及,这在家长育儿能力上似乎不能得到改善。

更大的承诺是,项目设计以对父母作为助手角色为特征的,尤其在一个集中时间里与家长分享界定良好的项目内容时,同时还强调在早期的儿童课程。在前一节中的例子即是现有学龄前项目的课程完善,在集中培训中涉及家长和教师两者,培训旨在提高儿童早期阅读技能(Whitehurst, Arnold, et al. , 1994)和行为品行(Webster-Stratton et al. , 2001)。这些方法的许多要求之一即是效率。与父母在一起的工作是频繁的,这使研究工作限于在一个相对短暂的时间框架里,并且聚焦于对父母感兴趣的内容上。由于早期儿童项目的一些研究发现干预对于父母的教育能力上的作用较弱或没有作用(如 Boyce, White, & Kerr, 1993),今后,一个重要方向是确定有效途径的特征。为了获得短期效果的可持续发展,随访研究是必要的,这种内容特殊的途径和在某种程度上父母(和教师)继续通过干预改善的训练一样。

旨在帮助父母改善他们的教育和职业愿望的家庭干预,提供一个早期儿童项目,"家长与孩子作为主要参与者”设计在前一节中得以描述，这似乎在表面上，对许多低收入家庭的需要是负责的，但大量的方案发展工作需要完善这种方法的潜力。目前尚不清楚的是，大多数两代方案的设计详细地解释了生活在贫困中的项目参与者所经历的大量问题。个别项目的构成可能不够深入(St. Pierre et al. , 1998)。第一位的任务就是要对家长和孩子双方在两代干预中达到平衡和高质量关注。来自于早期开端项目的信息认为，存在着这样一种趋势，某些聚焦于在其他人之外的一系列成果，如将学龄前部分视为一种传统的安排，通过对个体最少的培训而配备工作人员，要求父母参与到教养或就业中。这一发起力量的目标(如早期儿童或成人教育)以及项目被评估通过的成果(如儿童的学业准备或成人GED完成比率)可能归因于不平衡。一个相关的任务是在每个部分提高服务质量。如大多数成人教育方案是对穷人高中的设置的模仿，此中大多数最初的平等起点参与者失败了(St. Pierre et al. , 1998)。

重要的项目发展工作需要用方案项目来执行。有关干预设计的前一节表明，方案目标和内容与参与者成果相关。干预方案对发展文献资料中所提供的测验假设起着有意义的作用(参见“家庭支持规划方案要素”一节)。父亲对家庭功能的贡献是这个领域迫切需要进一步了解的细节。项目的目标和内容的系统完善和评估要求某些分界线。家庭功能，干预寻求支持或改变的家庭功能，即项目的目标和内容，呈现出许多不同的变量，这些变量在数量上和多样性不断扩展，使干预研究的扩展实现了他们的达成。干预实质上所提供的方案还需要仔细地对目标群体的特征和环境加以校准。例如，Farran(2000)曾推测，问题解决技能课程，运用于婴幼儿健康和发展项目中的父母，这可能更多使父母受到挫败而不是有助于父母，不能尝试去应对与贫穷有关的问题，这往往相当棘手(如住房不足、健康状况不佳、缺乏交通、缺少钱财)。

584

干预方法是还需要深思熟虑的发展项目。例如，Gomby 和同事(1999, p. 17)认为家访项目的减员率可能反映了家庭对于“服务传递最为不寻常的方法”。在美国有极少数的场合，非家庭成员定期探访家庭去劝告某人改变他或她的行为。正如本章前面几节所提到的，干预在应用家庭系统理论去对参与者进行训练时还有很长的路要走(如在干预时要对关系系统起作用，而不是针对每一个个体)，在检验不同教学方法的效果时，尤其要注意那些鼓励积极参与投入的策略。

在项目实施中被长期忽略的方面首先就是需要一个高级的优秀的方案设计师。现有的文献资料指出了解决问题计划中对一些严重问题的有效线索。因为工作人员的安排似乎成为干预项目的关键，早期干预领域将有益于未来的工作，这将完善和超越辅助专业人员的特殊技能和背景特征，与专业人员讨论，检验有效干预工作人员以及对工作人员监督的方法。

家庭干预在影响家庭的深刻的社会政治变革的思考中运行，增加了社会对儿童成长后果的关注，而通常项目的一些不现实的期望也能够完成，这个领域的研究和操作的确具有复杂性，同样，对于机会的强调确已有助于理解家庭的期望与行动是如何与儿童未来相联系的。

(傅丽萍译，李其维审校)

参考文献

Andrews, S. R., Blumenthal, J. B., Johnson, D. L., Kahn, A. J., Ferguson, C. J., Lasater, R. M., et al. (1982). The skills of mothering: A study of parent child development centers. *Monographs of the Society for Research in Child Development*, *47*(6, Serial No. 198).

Arnold, D. H., Lonigan, C. J., Whitehurst, G. J., & Epstein, J. N. (1994). Accelerating language development through picture book reading: Replication and extension to a videotape training format. *Journal of Educational Psychology*, *86*, 235 - 243.

Bakermans-Kranenburg, M. J., van I Jzendoorn, M. H., & Juffer, F. (2003). Less is more: Meta-analysis of sensitivity and attachment interventions in early childhood. *Psychological Bulletin*, *129*, 195 - 215.

Baratz, S. S., & Baratz, J. C. (1970). Early childhood intervention: The social science base of institutional racism. *Harvard Educational Review*, *40*, 29 - 50.

Barnett, W. S. (1995). Long-term effects of early childhood programs on cognitive and school outcomes. *Future of Children*, *5*, 25 - 50.

Barnett, W. S. (1996). Lives in the balance: Age - 27 benefit-cost analysis of the High/Scope Perry Preschool Program. *Monographs of the High/Scope Educational Research Foundation*, *11*.

Barnett, W. S., Young, J. W., & Schweinhart, L. J. (1998). How preschool education influences long-term cognitive development and school success: A causal model. In W. S. Barnett & S. S. Boocock (Eds.), *Early care and education for children in poverty: Promises, programs, and long-term results* (pp. 167 - 184). Albany: State University of New York Press.

Baydar, N., Reid, M. J., & Webster-Stratton, C. (2003). The role of mental health factors and program engagement in the effectiveness of a preventive parenting program for Head Start mothers. *Child Development*, *74*, 1433 - 1453.

Belsky, J. (1986). A tale of two variances: Between and within. *Child Development*, *57*, 1301 - 1305.

Benasich, A. A., Brooks-Gunn, J., Spiker, D., & Black, G. W. (1997). Maternal attitudes and knowledge about child development. In R. T. Gross, D. Spiker, & C. W. Haynes (Eds.), *Helping low birth weight, premature babies: Infant health and development program* (pp. 290 - 303). Stanford, CA: Stanford University Press.

Boocock, S. S., & Larner, M. (1998). Long-term outcomes in other nations. In W. S. Barnett & S. S. Boocock (Eds.), *Early care and education for children in poverty* (pp. 45 - 76). Albany: State University of New York Press.

Booth, C. L., Mitchell, S. K., Barnard, K. E., & Spieker, S. J. (1989). Development of maternal social skills in multiproblem families: Effects on the mother-child relationship. *Developmental Psychology*, *25*, 403 - 412.

Borkowski, J. G., Ramey, S. L., & Stile, C. (2002). Parenting research: Translations to parenting practices. In J. G. Borkowski, S. L. Ramey, & M. Bristol-Power (Eds.), *Parenting and the child's world: Influences on academic, intellectual, and social-emotional development* (pp. 365 - 386). Mahwah, NJ: Erlbaum.

Bornstein, M. H. (2000). *Handbook of parenting* (2nd ed.). Mahwah, NJ: Erlbaum.

Bowlby, J. (1969). *Attachment and loss: Vol. 1. Attachment*. New York: Basic Books.

Boyce, G. C., White, K. R., & Kerr, B. (1993). The effectiveness of adding a parent involvement component to an existing center-based program for children with disabilities and their families. *Early Education and Development*, *4*, 327 - 345.

Bradley, R. H., Burchinal, M. R., & Casey, P. H. (2001). Early intervention: The moderating role of the home environment. *Applied Developmental Science*, *5*, 2 - 8.

Bradley, R. H., Whiteside, L., Mundfrom, D. J., Casey, P. H., Caldwell, B. M., & Barrett, K. (1994). Impact of the Infant Health and Development Program (IHDP) on the home environment of infants born prematurely and with low birthweight. *Journal of Educational Psychology*, *86*, 531 - 544.

Brassell, W. R., & Dunst, C. J. (1978). Fostering the object construct: Large-scale intervention with handicapped infants. *American Journal Mental Deficiency*, *82*, 505 - 510.

Bredekamp, S., & Copple, C. (1997). *Developmentally appropriate practice in early childhood programs* (Rev. ed.). Washington, DC: National Association for the Education of Young Children.

Bridgeman, B., Blumenthal, J., & Andrews, S. (1981). *Parent-Child Development Center: Final evaluation report* (Submitted to the U. S. Department of Health and Human Services). Princeton, NJ: Educational Testing Service.

Brinker, R. P. (1992). Family involvement in early intervention: Accepting the unchangeable, changing the changeable, and knowing the difference. *Topics in Early Childhood Special Education*, *12*, 306 - 333.

Bronfenbrenner, U. (1974). *Is early intervention effective? Vol. 2. A report on longitudinal evaluations of preschool programs*. Washington, DC: Department of Health, Education and Welfare, Office of Child Development.

Brooks-Gunn, J., Berlin, L. J., & Fuligni, A. S. (2000). Early childhood intervention programs: What about the family? In J. P. Shonkoff & S. J. Meisels (Eds.), *Handbook of early childhood intervention* (2nd ed., pp. 549 - 588). New York: Cambridge University Press.

Brooks-Gunn, J., Gross, R. T., Kraemer, H. C., Spiker, D., & Shapiro, S. (1997). Enhancing the cognitive outcomes of LBW, premature infants: For whom is the intervention most effective? In R. T. Gross, D. Spiker, & C. W. Haynes (Eds.), *Helping low birth weight, premature babies: Infant Health and Development Program* (pp. 181 - 189). Stanford, CA: Stanford University Press.

Brooks-Gunn, J., McCarton, C. M., Casey, P. H., McCormick, M. C., Bauer, C. R., Bernbaum, J. C., et al. (1994). Early intervention in low-birth-weight premature infants: Results through age 5 years from the Infant Health and Development Program. *Journal of the American Medical Association*, *272*, 1257 - 1262.

Bruer, J. T. (1999). *The myth of the first 3 years*. New York: Free Press.

Bryant, D., & Wasik, B. H. (2004). Home visiting and family literacy programs. In B. H. Wasik (Ed.), *Handbook of family literacy* (pp. 329 - 346). Mahwah, NJ: Erlbaum.

Burchinal, M. R., Campbell, F. A., Bryant, D. M., Wasik, B. H., & Ramey, C. T. (1997). Early intervention and mediating processes in cognitive performance of children of low-income African American families. *Child Development*, *68*, 935 - 954.

Bus, A. C., & van I Jzendoorn, M. H. (1988). Mother-child interactions, attachment, and emergent literacy: A cross-cultural study. *Child Development*, *59*, 1262 - 1272.

Buysse, V., & Wesley, P. W. (1993). The identity crisis in early childhood special education: A call for professional role clarification. *Topics in Early Childhood Special Education*, *13*, 418 - 429.

Caldwell, B. M., & Bradley, R. H. (1984). *Home Observation for Measurement of the Environment*. Fayetteville: University of Arkansas Press.

Campbell, D. T. (1986). Relabeling internal and external validity for applied social scientists. In W. M. K. Trochim (Ed.), *Advances in quasi-experimental design and analysis* (pp. 67 - 77). San Francisco: Jossey-Bass.

Campbell, F. A., Breitmayer, B. J., & Ramey, C. T. (1986). Disadvantaged teenage mothers and their children: Consequences of educational day care. *Family Relations*, *35*, 63 - 68.

Campbell, F. A., Pungello, E. P., Miller-Johnson, S., Burchinal, M., & Ramey, C. T. (2001). The development of cognitive and academic abilities: Growth curves from an early childhood educational experiment. *Developmental Psychology*, *37*, 231 - 242.

Campbell, F. A., & Ramey, C. T. (1994). Effects of early intervention on intellectual and academic achievement: A follow-up study of children from low-income families. *Child Development*, *65*, 684 - 698.

Campbell, F. A., & Ramey, C. T. (1995). Cognitive and school outcomes for high risk African American students at middle adolescence: Positive effects of early intervention. *American Educational Research Journal*, *32*, 743 - 772.

Campbell, F. A., Ramey, C. T., Pungello, E., Sparling, J., & Miller-Johnson, S. (2002). Early childhood education: Young adult outcomes from the Abecedarian Project. *Applied Developmental Science*, *6*, 42 - 57.

Castro, D. C., Bryant, D. M., Peisner-Feinberg, E. S., & Skinner, M. L. (2004). Parent involvement in Head Start programs: The role of parent, teacher and classroom characteristics. *Early Childhood Research Quarterly*, *19*, 413 - 430.

Cheng Gorman, J., & Balter, L. (1997). Culturally sensitive parent education: A critical review of quantitative research. *Review of Educational Research*, *67*, 339 - 369.

Chilman, C. S. (1973). Programs for disadvantaged parents. In B. M. Caldwell & H. N. Ricciuti (Eds.), *Review of child development research* (Vol. 3, pp. 403 - 465). Chicago: University of Chicago Press.

Cochran, M., & Woolever, F. (1983). Beyond the deficit model: The empowerment of parents with information and informal supports. In I. E. Sigel & L. M. Laosa (Eds.), *Changing families* (pp. 225 - 245). New York: Plenum Press.

Cohen, S., Underwood, L. G., & Gottlieb, B. H. (2000). *Social support measurement and intervention: A guide for health and social scientists*. New York: Oxford University Press.

Cole, R., Kitzman, H., Olds, D., & Sidora, K. (1998). Family context as a moderator of program effects in prenatal and early childhood home visitation. *Journal of Community Psychology*, *26*, 37 - 48.

Coleman, J. S., Campbell, E. Q., Hobson, C. J., McPartland, J., Mood, A. M., Weinfeld, F. D., et al. (1966). *Equality of educational opportunity*. Washington, DC: U.S. Government Printing Office.

Collins, W. A., Maccoby, E. E., Steinberg, L., Hetherington, E. M., & Bornstein, M. H. (2000). Contemporary research on parenting: The case for nature *and* nurture. *American Psychologist*, *55*, 218 - 232.

Consortium for Longitudinal Studies. (1983). *As the twig is bent ... Lasting effects of preschool programs*. Hillsdale, NJ: Erlbaum.

Cooksey, E. C., Menaghan, E. G., & Jekielek, S. M. (1997). Life course effects of work and family circumstances on children. *Social Forces*, *76*, 637 - 667.

Cowan, C. P., Cowan, P. A., & Heming, G. (2005). Two variations of a preventive intervention for couples: Effects on parents and children during the transition to school. In P. A. Cowan, C. P. Cowan, J. C. Ablow, V. K. Johnson, & J. R. Measelle (Eds.), *The family context of parenting in children's adaptation to school* (pp. 277 - 312). Mahwah, NJ: Erlbaum.

Cowan, C. P., Cowan, P. A., Heming, G., Garrett, E., Coysh, W. S., Curtis-Boles, H., et al. (1985). Transitions to parenthood: His, hers, and theirs. *Journal of Family Issues*, *6*, 451 - 481.

Cowan, P. A., & Cowan, C. P. (2002). What an intervention design reveals about how parents affect their children's academic achievement and behavior problems. In J. G. Borkowski, S. L. Ramey, & M. Bristol-Power (Eds.), *Parenting and the child's world: Influences on academic, intellectual, and social-emotional development* (pp. 75 - 97). Mahwah, NJ: Erlbaum.

Cowan, P. A., Powell, D. R., & Cowan, C. P. (1998). Parenting interventions, family interventions: A family systems perspective. In W. Damon (Editor-in-Chief) & I. E. Sigel & K. A. Renninger (Voi. Eds.), *Handbook of child psychology: Vol. 4. Child psychology in practice* (5th ed., pp. 1113 - 1132). New York: Wiley.

Cummings, E. M., Goeke-Morey, M. C., & Graham, M. A. (2002). Interpersonal relations as a dimension of parenting. In J. G. Borkowski, S. L. Ramey, & M. Bristol-Power (Eds.), *Parenting and the child's world: Influences on academic, intellectual, and social-emotional development* (pp. 251 - 263). Mahwah, NJ: Erlbaum.

Daro, D. A., & Harding, K. A. (1999). Healthy Families America: Using research to enhance practice. *Future of Children*, *9*, 152 - 176.

Deater-Deckard, K., Dodge, K. A., Bates, J. E., & Pettit, G. S. (1996). Physical discipline among African American and European American mothers: Links to children's externalizing behaviors. *Developmental Psychology*, *32*, 1065 - 1072.

Diamond, K. E., & Kontos, S. (2004). Relationships between children's developmental needs, families' resources and families' accommodations: Infants and toddlers with Down syndrome, cerebral palsy, and developmental delay. *Journal of Early Intervention*, *26*, 253 - 265.

Duggan, A., McFarlane, E., Windham, A., Rohde, C. A., Salkever, D. S., Fuddy, L., et al. (1999). Evaluation of Hawaii's Healthy Start program. *Future of Children*, *9*, 66 - 90.

Duggan, A., Windham, A., McFarlane, E., Fuddy, L., Rohde, C., Buchbinder, S., et al. (2000). Hawaii's Healthy Start program of home visiting for at-risk families: Evaluation of family identification, family engagement, and service delivery. *Pediatrics*, *105*, 250 - 259.

Duncan, G., Brooks-Gunn, J., Yeung, J., & Smith, J. (1998). How much does childhood poverty affect the life changes of children? *American Sociological Review*, *63*, 406 - 423.

Dunst, C. J. (2000). Revisiting "rethinking early intervention." *Topics in Early Childhood Special Education*, *20*, 95 - 104.

Dunst, C. J., & Trivette, C. M. (1997). Early intervention with young at-risk children and their families. In R. Ammerman & M. Hersen (Eds.), *Handbook of prevention and treatment with children and adolescents: Intervention in the real world* (pp. 157 - 180). New York: Wiley.

Elder, G. H. (1974). *Children of the Great Depression*. Chicago: University of Chicago Press.

Embry, L., & Dawson, G. (2002). Disruptions in parenting behavior related to maternal depression: Influences on children's behavioral and psychobiological development. In J. G. Borkowski, S. L. Ramey, & M. Bristol-Power (Eds.), *Parenting and the child's world: Influences on academic, intellectual, and social-emotional development* (pp. 203 - 229). Mahwah, NJ: Erlbaum.

Emde, R. N., & Robinson, J. (2000). Guiding principles for a theory of early intervention: A developmental-psychoanalytic perspective. In J. P. Shonkoff & S. J. Meisels (Eds.), *Handbook of early childhood intervention* (2nd ed, pp. 160 - 178). New York: Cambridge University Press.

Evans, G. W. (2004). The environment of childhood poverty. *American Psychologist*, *59*, 77 - 92.

Farran, D. (2000). Another decade of intervention for children who are low income or disabled: What do we know now? In J. P. Shonkoff & S. J. Meisels (Eds.), *Handbook of early childhood intervention* (2nd ed., pp. 510 - 548). New York: Cambridge University Press.

Farran, D. C., & Haskin, R. (1977, March). *Reciprocal control in social interactions of mothers and 3-year-old children*. Paper presented at the biennial meeting of the Society for Research in Child Development, New Orleans, LA.

Field, T., Widmayer, S., Greenberg, R., & Stoller, S. (1982). Effects of parent training on teenage mothers and their infants. *Pediatrics*, *69*, 703 - 707.

García Coil, C., & Magnuson, K. (2000). Cultural differences as sources of developmental vulnerabilities and resources. In J. P. Shonkoff & S. J. Meisels (Eds.), *Handbook of early childhood intervention* (2nd ed., pp. 94 - 114). New York: Cambridge University Press.

Gilliam, W. S., Ripple, C. H., Zigler, E. F., & Leiter, V. (2000). Evaluating child and family demonstration initiatives: Lessons from the Comprehensive Child Development Program. *Early Childhood Research Quarterly*, *15*, 41 - 59.

Gomby, D. S., Culross, P. L., & Behrman, R. E. (1999). Home visiting: Recent program evaluations — Analysis and recommendations. *Future of Children*, *9*, 4 - 26.

Goodnow, J. J. (2000). Parents' knowledge and expectations: Using what we know. In M. H. Bornstein (Ed.), *Handbook of parenting: Vol. 3. Being and becoming a parent* (2nd ed., pp. 439 - 460). Mahwah, NJ: Erlbaum.

Goodson, B. D., Layzer, J. I., St. Pierre, R. G., Bernstein, L. S., & Lopez, M. (2000). Effectiveness of a comprehensive, 5-year family support program for low-income children and their families: Findings from the Comprehensive Child Development Program. *Early Childhood Research Quarterly*, *15*, 5 - 39.

Gordon, I. J., Guinagh, B., & Jester, R. E. (1977). Florida parent education infant and toddler programs. In M. C. Day & R. K. Parker (Eds.), *The preschool in action: Exploring early childhood programs* (2nd ed., pp. 95 - 127). Boston: Allyn & Bacon.

Guralnick, M. J. (1997). Second-generation research in the field of early intervention. In M. J. Gurlanick (Ed.), *The effectiveness of early intervention* (pp. 3 - 20). Baltimore: Paul H. Brookes.

Halfon, N., & McLearn, K. T. (2002). Families with children under 3: What we know and implications for results and policy. In N. Halfon, K. T. McLearn, & M. A. Schuster (Eds.), *Child rearing in America: Challenges facing parents with young children* (pp. 367 - 412). New York: Cambridge University Press.

Hanson, M. (1992). Ethnic, cultural, and language diversity in intervention settings. In E. W. Lynch & M. J. Hanson (Eds.), *Developing cross-cultural competence* (pp. 3 - 18). Baltimore: Paul H. Brookes.

Harjo, S. S. (1993). The American Indian experience. In H. P. McAdoo (Ed.), *Family ethnicity* (pp. 19 - 207). Newbury Park, CA: Sage.

Harkavy, O., & Bond, J. T. (1992). Program operations: Time allocation and cost analysis. In M. Larner, R. Halpern, & O. Harkavy (Eds.), *Fair start for children: Lessons learned from seven demonstration projects* (pp. 198 - 217). New Haven, CT: Yale University Press.

Harris, J. R. (1995). Where is the child's environment? A group socialization theory of development. *Psychological Review*, *102*, 458 - 489.

Harris, J. R. (1998). *The nurture assumption*. New York: Free Press.

Harris, J. R. (2002). Beyond the nurture assumption: Testing hypotheses about the child's environment. In J. G. Borkowski, S. L. Ramey, & M. Bristol-Power (Eds.), *Parenting and the child's world: Influences on academic, intellectual, and social-emotional development* (pp. 3 - 20). Mahwah, NJ: Erlbaum.

Hart, B., & Risley, T. R. (1995). *Meaningful differences in the everyday experiences of young American children*. Baltimore: Paul H. Brookes.

Heath, S. B. (1983). *Ways with words*. Cambridge, England: Cambridge University Press.

Hebbeler, K. M., & Gerlach-Downie, S. G. (2002). Inside the black box of home visiting: A qualitative analysis of why intended outcomes were not achieved. *Early Childhood Research Quarterly*, *17*, 28 - 51.

Heberle, J. (1992). PACE: Parent and Child Education in Kentucky. In T. B. Sticht, M. J. Beeler, & B. A. McDonald (Eds.), *The intergenerational transfer of cognitive skills: Vol. 1. Programs, policy and research issues* (pp. 1261 - 1348). Norwood, NJ: Ablex.

Heinicke, C. M., Goorsky, M., Moscov, S., Dudley, K., Gordon, J., & Guthrie, D. (1998). Partner support as a mediator of intervention outcome. *American Journal of Orthopsychiatry, 68*, 534 - 541.

Heinecke, C. M., & Ponce, V. A. (1999). Relationship-based early family intervention. In D. Cicchetti & S. L. Toth (Ed.), *Developmental approaches to prevention and intervention* (pp. 153 - 193). Rochester, NY: University of Rochester Press.

Hess, R. D. (1980). Experts and amateurs: Some unintended consequences of parent education. In M. D. Fantini & R. Cardenes (Eds.), *Parenting in a multicultural society* (pp. 141 - 159). New York: Longman.

Hogan, D. P., & Msall, M. E. (2002). Family structure and resources and the parenting of children with disabilities and functional limitations. In J. G. Borkowski, S. L. Ramey, & M. Bristol-Power (Eds.), *Parenting and the child's world: Influences on academic, intellectual, and social-emotional development* (pp. 311 - 327). Mahwah, NJ: Erlbaum.

Infant Health and Development Program. (1990). Enhancing the outcomes of low-birth-weight, premature infants: A multisite, randomized trial. *Journal of the American Medical Association, 263*, 3035 - 3042.

Jacobs, J. A., & Gerson, K. (2004). *The time divide: Work, family, and gender inequality*. Cambridge, MA: Harvard University Press.

Jarrett, R. L., & Jefferson, S. M. (2003). "A good mother got too tight for her kids": Maternal management strategies in a high-risk, African-American neighborhood. *Journal of Children and Poverty, 9*, 21 - 39.

Jarrett, R. L., & Jefferson, S. M. (2004). Women's danger management strategies in an inner-city housing project. *Family Relations, 53*, 138 - 147.

Katz, L. G. (1980). Mothering and teaching: Some significant distinctions. In L. G. Katz (Ed.), *Current topics in early childhood education* (Vol. 3, pp. 47 - 63). Norwood, NJ: Ablex.

Kessen, W. (1979). American children and other cultural inventions. *American Psychologist, 34*, 815 - 820.

Kisker, E. E., Paulsell, D., Love, J. M., & Raikes, H. (2002). *Pathways to quality and full implement in Early Head Start programs*. Princeton, NJ: Mathematica Policy Research.

Kitzman, H., Olds, D. L., Sidora, K., Henderson, C. R., Hanks, C., Cole, R., et al. (2000). Enduring effects of nurse home visitation on maternal life course: A 3-year follow-up of a randomized trial. *Journal of the American Medical Association, 283*, 1983 - 1989.

Kitzman, H. J., Cole, R., Yoos, H. L., & Olds, D. (1997). Challenges experienced by home visitors: A qualitative study of program implementation. *Journal of Community Psychology, 25*, 95 - 109.

Klaus, R. A., & Gray, S. W. (1968). Early training project for disadvantaged children: A report after 5 years. *Monographs of the Society for Research in Child Development, 33*(4, Serial No. 120).

Klebanov, P. K., Brooks-Gunn, J., & McCormick, M. C. (2001). Maternal coping strategies and emotional distress: Results of an early intervention program for low birth weight young children. *Developmental Psychology, 37*, 654 - 667.

Kochanska, G. (1997). Multiple pathways to conscience for children with different temperaments: From toddlerhood to age 5. *Developmental Psychology, 33*, 228 - 240.

Korfmacher, J. (2001). Early childhood intervention: Now what? In H. E. Fitzgerald, K. H. Karraker, & T. Luster (Eds.), *Infant development: Ecological perspectives* (pp. 275 - 294). New York: Routledge Falmer.

Korfmacher, J., Kitzman, H., & Olds, D. (1998). Intervention processes as predictors of outcomes in a preventive home-visitation program. *Journal of Community Psychology, 26*, 49 - 64.

Korfmacher, J., O'Brien, R., Hiatt, S., & Olds, D. (1999). Differences in program implementation between nurses and paraprofessionals providing home visits during pregnancy and infancy: A randomized trial. *American Journal of Public Health, 89*, 1847 - 1851.

Labov, W. (1970). The logic of nonstandard English. In F. Williams (Ed.), *Language and poverty: Perspectives on a theme* (pp. 153 - 189). Chicago: Markham.

Lally, J. R., Mangione, P. L., & Honig, A. S. (1988). Syracuse University Family Development Research Program: Long-range impact of an early intervention with low-income children and their families. In D. R. Powell (Ed.), *Parent education as early childhood intervention* (pp. 79 - 104). Norwood, NJ: Ablex.

Lamb, M. E. (2003). *Role of the father in child development* (4th ed.), New York: Wiley.

Laosa, L. (1983). Parent education, cultural pluralism and public policy: The uncertain connection. In R. Haskins & D. Adams (Eds.), *Parent education and public policy* (pp. 331 - 345). Norwood, NJ: Ablex.

Lasch, C. (1977). *Haven in a heartless world: The family besieged*. New York: Basic Books.

Layzer, J. I., Goodson, B. D., Bernstein, L., & Price, C. (2001). *National evaluation of family support programs: Vol. A. Final report — The meta-analysis*. Cambridge, MA: Abt Associates.

Lazar, I. (1983). Discussion and implications of the findings. In Consortium for Longitudinal Studies (Ed.), *As the twig is bent ... Lasting effects of preschool programs* (pp. 461 - 466). Hillsdale, NJ: Erlbaum.

Lazar, I., Anchel, G., Beckman, L., Gethard, E., Lazar, J., & Sale, J. (1970). *A national survey of the Parent-Child Center Program* (Prepared for Department of Health, Education, and Welfare, Office of Child Development, Project Head Start). Washington, DC: Kirchner Associates.

Lerner, R. M. (1998). Theories of human development: Contemporary perspectives. In W. Damon (Editor-in-Chief) & R. M. Lerner (Vol. Ed.), *Handbook of child psychology: Vol. 1. Theoretical models of human development* (5th ed., pp. 1 - 24). New York: Wiley.

Lerner, R. M. (2003). What are SES effects of? A developmental systems perspective. In M. H. Bornstein & R. H. Bradley (Eds.), *Socioeconomic status, parenting, and child development* (pp. 231 - 255). Mahwah, NJ: Erlbaum.

Lerner, R. M., Fisher, C. B., & Weinberg, R. A. (2000). Toward a science for and of the people: Promoting civil society through the application of developmental science. *Child Development, 71*, 11 - 20.

Levenstein, P. (1977). Mother-child home program. In M. C. Day & R. K. Parker (Eds.), *The preschool in action: Exploring early childhood programs* (2nd ed., pp. 27 - 49). Boston: Allyn & Bacon.

Levenstein, P. (1988). *Messages from the home: Mother-child home program and the prevention of school disadvantage*. Columbus: Ohio State University Press.

Liaw, F., Meisels, S. J., & Brooks-Gunn, J. (1995). Effects of experience of early intervention on low birth weight, premature children: Infant health and development program. *Early Childhood Research Quarterly, 10*, 405 - 431.

Lonigan, C. J., & Whitehurst, G. J. (1998). Relative efficacy of parent and teacher involvement in a shared-reading intervention for preschool children from low-income backgrounds. *Early Childhood Research Quarterly, 13*, 263 - 290.

Love, J. M., Kisker, E. E., Ross, C. M., Schochet, P. Z., Brooks-Gunn, J., Paulsell, D., et al. (2002). *Making a difference in the lives of infants and toddlers and their families: Impacts of early Head Start: Vol. 1. Final technical report*. Princeton, NJ: Mathematica Policy Research.

Luster, T., & McAdoo, H. (1996). Family and child influences on educational attainment: A secondary analysis of the High/Scope Perry Preschool data. *Developmental Psychology, 32*, 26 - 39.

Luster, T., & Okagaki, L. (1993). Multiple influences in parenting: Ecological and life-course perspectives. In T. Luster & L. Okagaki (Eds.), *Parenting: An ecological perspective* (pp. 227 - 250). Hillsdale, NJ: Erlbaum.

Lyons-Ruth, K., Connell, D. B., Grunebaum, H. U., & Botein, S. (1990). Infants at social risk: Maternal depression and family support services as mediators of infant development and security of attachment. *Child Development, 61*, 85 - 98.

Mahoney, G., Kaiser, A., Girolametto, L., MacDonald, J., Robinson, C., Safford, P., et al. (1999). Parent education in early intervention: A call for a renewed focus. *Topics in Early Childhood Special Education, 19*, 131 - 140.

Marsiglio, W., Amato, P., Day, R. D., & Lamb, M. E. (2000). Scholarship on fatherhood in the 1990s and beyond. *Journal of Marriage and the Family, 62*, 1173 - 1191.

Martin, S. L., Ramey, C. T., & Ramey, S. (1990). The prevention of intellectual impairment in children of impoverished families: Findings of a randomized trial of educational day care. *American Journal of Public Health, 80*, 844 - 847.

McBride, S. L., & Brotherson, M. J. (1997). Guiding practitioners toward valuing and implementing family-centered practices. In P. J. Winton, J. A. McCollum, & C. Catlett (Eds.), *Reforming personnel preparation in early intervention: Issues, models, and practical strategies* (pp. 253 - 276). Baltimore: Paul H. Brookes.

McCall, R. B., & Green, B. L. (2004). Beyond the methodological gold standards of behavioral research: Considerations for practice and policy. *Society for Research in Child Developmental Social Policy Report, 18*, 3 - 19.

McCarton, C. M., Brooks-Gunn, J., Wallace, I. F., Bauer, C. R., Bennett, F. C., Bernbaum, J. C., et al. (1997). Results at age 8 years of early intervention for low-birth-weight premature infants: Infant health and development program. *Journal of the American Medical Association*, *277*, 126 - 132.

McCurdy, K., & Daro, D. (2001). Parent involvement in family support programs: An integrated theory. *Family Relations*, *50*, 113 - 121.

McGuigan, W. M., Katzev, A. R., & Pratt, C. C. (2003). Multi-level determinants of mothers' engagement in home visitation services. *Family Relations*, *52*, 271 - 278.

McLoyd, V. C. (1998). Socioeconomic disadvantage and child development. *American Psychologist*, *53*, 185 - 204.

McWilliam, R. A., Ferguson, A., Harbin, G., Porter, P., Munn, D., & Vandiviere, P. (1998). The family-centeredness of individualized family service plans. *Topics in Early Childhood Special Education*, *18*, 69 - 82.

Menaghan, E. G., & Parcel, T. L. (1995). Social sources of change in children's home environment: Effects of parental occupational experiences and family conditions. *Journal of Marriage and the Family*, *57*, 69 - 84.

Miller, S. H. (1988). Child Welfare League of America's adolescent parents projects. In H. B. Weiss & F. H. Jacobs (Eds.), *Evaluating family programs* (pp. 371 - 388). New York: Aldine de Gruyter.

Mincy, R. B., & Pouncy, H. W. (2002). Responsible fatherhood field: Evolution and goals. In C. S. Tamis-LeMonda & N. Cabrera (Eds.), *Handbook of father involvement: Multidisciplinary perspectives* (pp. 555 - 597). Mahwah, NJ: Erlbaum.

Mindick, B. (1986). *Social engineering in family matters*. New York: Praeger.

Minuchin, P. (1985). Families and individual development: Provocations from the field of family therapy. *Child Development*, *56*, 289 - 302.

Minuchin, P. (2002). Looking toward the horizon: Present and future in the study of family systems. In J. P. McHale & W. S. Grolnick (Eds.), *Retrospect and prospect in the psychological study of families* (pp. 259 - 278). Mahwah, NJ: Erlbaum.

Moore, K. A., & Keyes, C. L. M. (2003). A brief history of the study of well-being in children and adults. In M. H. Bornstein, L. Davidson, C. L. M. Keyes, & K. A. Moore (Eds.), *Well-being: Positive development across the life course* (pp. 1 - 11). Mahwah, NJ: Erlbaum.

Musick, J., & Stott, F. (2000). Paraprofessionals revisited and reconsidered. In J. P. Shonkoff & S. J. Meisels (Eds.), *Handbook of early childhood intervention* (2nd ed., pp. 439 - 453). New York: Cambridge University Press.

National Institute of Child Health and Human Development Early Child Care Research Network. (1998). Relations between family predictors and child outcomes: Are they weaker for children in child care? *Developmental Psychology*, *34*, 1119 - 1128.

National Research Council. (2002). *Scientific research in education* (Committee on Scientific Principles for Education Research, R. J. Shavelson & L. Towne, Eds.), Washington, DC: National Academy Press.

National Research Council and Institute of Medicine. (2000). *From neurons to neighborhoods: Science of early childhood development* (Committee on Integrating the Science of Early Childhood Development, J. P. Shonkoff, & D. A. Phillips, Eds.). Washington, DC: National Academy Press, Board on Children, Youth, and Families, Commission on Behavioral and Social Sciences and Education.

Neuman, S. B. (1999). Creating continuity in early literacy: Linking home and school with a culturally responsive approach. In L. B. Gambrell, L. M. Morrow, S. B. Neuman, & M. Pressley (Eds.), *Best practices in literacy instruction* (pp. 258 - 270). New York: Guilford Press.

Neuman, S. B., & Gallagher, P. (1994). Joining together in literacy learning: Teenage mothers and children. *Reading Research Quarterly*, *29*, 383 - 401.

Neuman, S. B., Hagedorn, T., Celano, D., & Daly, P. (1995). Toward a collaborative approach to parent involvement in early education: A study of teenage mothers in an African-American community. *American Educational Research Journal*, *32*, 801 - 827.

O'Connell, J., & Farran, D. C. (1980, April). *The effects of daycare intervention on the use of intentional communicative behaviors in socioeconomically depressed infants*. Paper presented at the sixth biennial Southeastern Conference on Human Development, Alexandria, VA.

Okagaki, L., & Frensch, P. A. (1998). Parenting and children's school achievement: A multiethnic perspective. *American Educational Research Journal*, *35*, 123 - 144.

Okagaki, L., & Luster, T. (2005). Research on parental socialization of child outcomes: Current controversies and future directions. In T. Luster & L. Okagaki (Eds.), *Parenting: An ecological perspective* (2nd ed., pp. 377 - 401). Mahwah, NJ: Erlbaum.

Olds, D., Eckenrode, J., Henderson, C. R., Jr., Kitzman, H., Powers, J., Cole, R., et al. (1997). Long-term effects of home visitation on maternal life course and child abuse and neglect: 15-year follow-up of a randomized trial. *Journal of the American Medical Association*, *278*, 637 - 643.

Olds, D., Kitzman, H., Cole, R., & Robinson, J. (1997). Theoretical foundations of a program of home visitation for pregnant women and parents of young children. *Journal of Community Psychology*, *25*, 9 - 25.

Olds, D., O'Brien, R. A., Racine, D., Glazner, J., & Kitzman, H. (1998). Increasing the policy and program relevance of results from randomized trials of home visitation. *Journal of Community Psychology*, *26*, 85 - 100.

Olds, D. L., Henderson, C. C., Jr., Kitzman, H., Eckenrode, J., Cole, R., & Tatelbaum, R. (1998). The promise of home visitation: Results of two randomized trials. *Journal of Community Psychology*, *26*, 5 - 21.

Olds, D. L., Henderson, C. R., Chamberlin, R., & Tatelbaum, R. (1986). preventing child abuse and neglect: A randomized trial of nurse home visitation. *Pediatrics*, *78*, 65 - 78.

Olds, D. L., Robinson, J., O'Brien, R., Luckey, D. W., Pettitt, L. M., Henderson, C. T., et al. (2002). Home visiting by paraprofessionals and by nurses: A randomized, controlled trial. *Pediatrics*, *110*, 486 - 496.

Olson, D. R. (2003). *Psychological theory and educational reform: How school remakes mind and society*. Cambridge, England: Cambridge University Press.

Osofsky, J. D., Culp, A. M., & Ware, L. M. (1988). Intervention challenges with adolescent mothers and their infants. *Psychiatry*, *51*, 236 - 241.

Parcel, T. L., & Menaghan, E. G. (1994). Early parental work, family social capital, and early childhood outcomes. *American Journal of Sociology*, *99*, 972 - 1009.

Parke, R. D. (2004). Society for Research in Child Development at 70: Progress and promise. *Child Development*, *75*, 1 - 24.

Parke, R. D., & Buriel, R. (1998). Socialization in the family: Ethnic and ecological perspectives. In W. Damon (Editor-in-Chief) & N. Eisenberg (Vol. Ed.), *Handbook of child psychology: Vol. 3. Social, emotional, and personality development* (5th ed., pp. 463 - 452). New York: Wiley.

Parke, R. D., & O'Neil, R. (1997). The influence of significant others on learning about relationships. In S. Duck (Ed.), *Handbook of personal relationships* (2nd ed., pp. 29 - 59). New York: Wiley.

Pollard, E. L., & Rosenberg, M. L. (2003). A strength-based approach to child well-being: Let's begin with the end in mind. In M. H. Bornstein, L. Davidson, C. L. M. Keyes, & K. A. Moore (Eds.), *Well-being: Positive development across the life course* (pp. 13 - 21). Mahwah, NJ: Erlbaum.

Powell, C., & Grantham-McGregor, S. (1989). Home visiting of varying frequency and child development. *Pediatrics*, *84*, 157 - 164.

Powell, D. R. (1988). Support groups for low-income mothers: Design considerations and patterns of participation. In B. Gottlieb (Ed.), *Marshaling social support: Formats, processes, and effects* (pp. 111 - 134). Beverly Hills, CA: Sage.

Powell, D. R. (1993). Inside home visiting programs. *Future of Children*, *3*, 23 - 38.

Powell, D. R. (2000). Preparing early childhood professionals to work with families. In D. Horm-Wingerd, M. Hyson, & N. Karp (Eds.), *New teachers for a new century: The future of early childhood professional preparation* (pp. 59 - 87). Washington, DC: U. S. Department of Education.

Powell, D. R. (2001). Visions and realities of achieving partnership: Parent-school relationships at the turn of the century. In A. Goncu & E. L. Klein (Eds.), *Children in play, story, and school* (pp. 333 - 357). New York: Guilford Press.

Powell, D. R. (2004). Parenting education in family literacy programs. In B. H. Wasik (Ed.), *Handbook of family literacy* (pp. 157 - 173). Mahwah, NJ: Erlbaum.

Powell, D. R. (2005). Searches for what works in parenting interventions. In T. Luster & L. Okagaki (Eds.), *Parenting: An ecological perspective* (2nd ed., pp. 343 - 373). Mahwah, NJ: Erlbaum.

Powell, D. R., & D'Angelo, D. (2000). *Guide to improving parenting education in Even Start family literacy programs*. Washington, DC: U. S. Department of Education.

Powell, D. R., & Diamond, K. E. (1995). Approaches to parent-teacher relationships in U. S. early childhood programs during the twentieth century. *Journal of Education*, *177*, 71 - 94.

Powell, D. R., Okagaki, L., & Bojczyk, K. (2004). Evaluating parent participation and outcomes in family literacy programs: Cultural diversity considerations. In B. H. Wasik (Ed.), *Handbook of. family literacy* (pp. 551

- 566). Mahwah, NJ: Erlbaum.

Provence, S., Naylor, A., & Patterson, J. (1977). *The challenge of daycare*. New Haven, CT: Yale University Press.

Radin, N. (1972). Three degrees of maternal involvement in a preschool program: Impact on mothers and children. *Child Development*, *43*, 1355 - 1364.

Raikes, H. H., Summers, J. A., &Roggman, L. A. (2005). Father involvement in Early Head Start programs. *Fathering*, *3*, 29 - 58.

Ramey, C. T. (1980). Social consequences of ecological intervention that began in infancy. In S. Harel (Ed.), *The at-risk infant* (pp. 440 - 443). Amsterdam: Excerpta Medica.

Ramey, C. T., Bryant, D. M., Wasik, B. H., Sparling, J. J., Fendt, K. H., & LaVange, L. M. (1992). Infant Health and Development Program for low birth weight, premature infants: Program elements, family participation, and child intelligence. *Pediatrics*, *3*, 454 - 465.

Ramey, C. T., & Campbell, F. A. (1984). Preventive education for high-risk children: Cognitive consequences of the Carolina Abecedarian Project. *American Journal of Mental Deficiency*, *88*, 454 - 465.

Ramey, C. T., Campbell, F. A., Burchinal, M., Skimmer, M. L., Gardner, D. M., & Ramey, S. L. (2000). Persistent effects of early childhood education on high-risk children and their mothers. *Applied Developmental Science*, *4*, 2 - 14.

Ramey, C. T., Dorval, B., & Baker-Ward, L. (1983). Group day care and socially disadvantaged families: Effects on the child and the family. In S. Kilmer (Ed.), *Advances in early education and day care* (Vol. 3, pp. 69 - 106). Greenwich, CT: JAI Press.

Ramey, C. T., & Ramey, S. L. (1992). Effective early intervention. *Mental Retardation*, *30*, 337 - 345.

Ramey, C. T., & Ramey, S. L. (1998). Early intervention and early experience. *American Psychologist*, *53*, 109 - 120.

Ramey, C. T., Ramey, S. L., Lanzi, R. G., & Cotton, J. N. (2002). Early educational interventions for high-risk children: How center-based treatment can augment and improve parenting effectiveness. In J. G. Borkowski, S. L. Ramey, & M. Bristol-Power (Eds.), *Parenting and the child's world: Influences on academic, intellectual, and social-emotional development* (pp. 125 - 140). Mahwah, NJ: Erlbaum.

Ramey, C. T., Sparling, J. J., Bryant, D. M., & Wasik, B. H. (1997). The intervention model. In R. T. Gross, D. Spiker, & C. W. Haynes (Eds.), *Helping low birth weight, premature babies: Infant Health and Development Program* (pp. 17 - 26). Stanford, CA: Stanford University Press.

Reid, M. J., Webster-Stratton, C., & Beauchaine, T. P. (2001). Parent training in Head Start: A comparison of program response among African American, Asian American, Caucasian, and Hispanic mothers. *Prevention Science*, *2*, 209 - 227.

Reynolds, A. J. (2000). *Success in early intervention: Chicago Child-Parent Centers*. Lincoln: University of Nebraska Press.

Reynolds, A. J., Ou, S., & Topitzes, J. W. (2004). Paths of effects of early childhood intervention on educational attainment and delinquency: A confirmatory analysis of the Chicago Child-Parent Centers. *Child Development*, *75*, 1299 - 1328.

Reynolds, A. J., Temple, J. A., Robertson, D. L., & Mann, E. A. (2001). Long-term effects of an early childhood intervention on educational achievement and juvenile arrest: A 15-year follow-up of low-income children in public schools. *Journal of the American Medical Association*, *285*, 2339 - 2346.

Robinson, J. L., Korfmacher, J., Green, S., Song, N., Soden, R., & Emde, R. (2002). Predicting program use and acceptance by parents enrolled in Early Head Start. *NHSA Dialog*, *5*, 311 - 324.

Roggman, L. A., Fitzgerald, H. E., Bradley, R. H., & Raikes, H. (2002). Methodological, measurement, and design issues in studying fathers: An interdisciplinary perspective. In C. S. Tamis-LeMonda & N. Cabrera (Eds.), *Handbook of father involvement: Multidisciplinary perspectives* (pp. 1 - 30). Mahwah, NJ: Erlbaum.

Rowe, D. C. (1994). *Limits of family influence*. New York: Guilford Press.

Scarborough, H. S., & Dobrich, W. (1994). On the efficacy of reading to preschoolers. *Developmental Review*, *14*, 245 - 302.

Schorr, L., & Schorr, D. (1988). *Within our reach*. New York: Anchor Press/Doubleday.

Schweinhart, L. J., Barnes, H. V., Weikart, D. P., Barnett, W. S., & Epstein, A. S. (1993). Significant benefits — High/Scope Perry Preschool study through age 27. *Monographs of the High/Scope Educational Research Foundation*, *10*.

Schweinhart, L. J., Montie, J., Xiang, Z., Barnett, W. S., Belfield, C. R., & Nores, M. (2005). Lifetime effects — High/Scope Perry Preschool study through age 40. *Monographs of the High/Scope Educational Research Foundation*, *14*.

Schweinhart, L. J., & Weikart, D. P. (1980). Young children grow up: Effects of the Perry Preschool Program on youths through age 15. *Monographs of the High/Scope Educational Research Foundation*, *7*.

Seitz, V., & Apfel, N. H. (1994). Parent-focused intervention: Diffusion among siblings. *Child Development*, *65*, 677 - 683.

Seitz, V., Rosenbaum, L. K., & Apfel, N. H. (1985). Effects of family support intervention: A 10-year follow-up. *Child Development*, *56*, 376 - 391.

Serketich, W. J., & Dumas, J. E. (1996). Effectiveness of behavioral parent training to modify antisocial behavior in children: A meta-analysis. *Behavior Therapy*, *27*, 171 - 186.

Shadish, W. R., Cook, T. D., & Campbell, D. T. (2002). *Experimental and quasi-experimental designs for generalized causal inference*. New York: Houghton Mifflin.

Shonkoff, J. P. (2000). Science, policy, and practice: Three cultures in search of a shared mission. *Child Development*, *71*, 181 - 187.

Shweder, R. A. (1993). Cultural psychology: Who needs it? *Annual Review of Psychology*, *44*, 497 - 523.

Sigel, I. E. (1983). Ethics of intervention. In I. E. Sigel & L. M. Laosa (Eds.), *Changing families* (pp. 1 - 21). New York: Plenum Press.

Sigel, I. E. (1998). Practice and research: A problem developing communication and cooperation. In W. Damon (Editor-in-Chief) & I. E. Sigel & K. A. Renninger (Vol. Eds.), *Handbook of child psychology: Vol. 4. Child psychology in practice* (5th ed., pp. 1113 - 1132). New York: Wiley.

Slaughter, D. T. (1983). Early intervention and its effects on maternal and child development. *Monographs of the Society for Research in Child Development*, *48*(4, Serial No. 202).

Smith, S., & Zaslow, M. (1995). Rationale and policy context for two-generation interventions. In S. Smith (Ed.), *Two generation programs for families in poverty: A new intervention strategy* (pp. 1 - 35). Norwood, NJ: Ablex.

Sparling, J., & Lewis, I. (1979). *Learningames for the first 3 years: A guide to parent-child play*. New York: Walker & Co.

Sparling, J., & Lewis, I. (1995). *Partners for learning: Birth to 36 months*. Lewisville, NC: Kaplan Press.

Sparling, J., Lewis, I., Ramey, C. T., Wasik, B. H., Bryant, D. M., & LaVange, L. M. (1991). Partners: A curriculum to help premature, low birthweight infants get off to a good start. *Topics in Early Childhood Special Education*, *11*, 36 - 55.

Spiker, D., Ferguson, J., & Brooks-Gunn, J. (1993). Enhancing maternal interactive behavior and child social competence in low birth weight, premature infants. *Child Development*, *64*, 754 - 768.

Stanovich, K. E. (1986). Matthew effects in reading: Some consequences of individual differences in the acquisition of literacy. *Reading Research Quarterly*, *21*, 360 - 407.

St. Pierre, R. G., & Layzer, J. I. (1998). Improving the life chances of children in poverty: Assumptions and what we have learned. *Social Policy Report*, *12*(4), 1 - 25.

St. Pierre, R. G., Layzer, J. I., & Barnes, H. V. (1998). Regenerating two-generation programs. In W. S. Barnett & S. S. Boocock (Eds.), *Early care and education for children in poverty* (pp. 99 - 121). Albany: State University of New York Press.

St. Pierre, R. G., Layzer, J. I., Goodson, B. D., & Bernstein, L. S. (1997). *National impact evaluation of the Comprehensive Child Development Program: Final report*. Cambridge, MA: Abt Associates.

St. Pierre, R. G., Ricciuti, A. E., & Tao, F. (2004). Continuous improvement in family literacy programs. In B. H. Wasik (Ed.), *Handbook of family literacy* (pp. 587 - 599). Mahwah, NJ: Erlbaum.

St. Pierre, R. G., Ricciuti, A., Tao, F., Creps, C., Swartz, J., Lee, W., et al. (2003). *Third national Even Start evaluation: Program impacts and implications for improvement*. Washington, DC: U. S. Department of Education, Office of the Under Secretary, Planning and Evaluation Service.

St. Pierre, R. G., & Swartz, J. P. (1995). Even Start family literacy program. In I. Sigel (Series Ed.) & S. Smith (Vol. Ed.), *Two generation programs for families in poverty: A new intervention strategy: Vol. 9. Advances in applied developmental psychology* (pp. 37 - 66). Norwood, NJ: Ablex.

Travers, J., irwin, N., & Nauta, M. (1981). *Culture of a social program: An ethnographic study of the Child and Family Resource Program* (Report prepared for the Administration of Children, Youth and Families).

Cambridge, MA: Abt Associates.

Travers, J., Nauta, M., & Irwin, N. (1982). *Effects of a social program: Final report of the Child and Family Resource Program's infant-toddler component*. Cambridge, MA: Abt Associates.

Trivette, C. M., Dunst, C. J., & Deal, A. G. (1997). Resource-based approach to early intervention. In S. K. Thurman, J. R. Cornwell, & S. R. Gottwald (Eds.), *Contexts of early intervention: Systems and settings* (pp. 73 - 92). Baltimore: Paul H. Brookes.

Vartuli, S., & Winter, M. (1989). Parents as first teachers. In M. Fine (Ed.), *Second handbook on parent education* (pp. 99 - 117). New York: Academic Press.

Vernon-Feagans, L. (1996). *Children's talk in communities and classrooms*. Cambridge, MA: Blackwell.

Wagner, M., Spiker, D., & Linn, M. I. (2002). Effectiveness of the Parents as Teachers program with low-income parents and children. *Topics in Early Childhood Special Education*, *22*, 67 - 81.

Wagner, M., Spiker, D., Linn, M. I., Gerlach-Downie, S., & Hernandez, F. (2003). Dimensions of parental engagement in home visiting programs: Exploratory study. *Topics in Early Childhood Special Education*, *23*, 171 - 187.

Wagner, M. M., & Clayton, S. L. (1999). Parents as Teachers program: Results from two demonstrations. *Future of Children*, *9*, 91 - 115.

Waite, L. J., & Gallagher, M. (2000). *Case for marriage: Why married people are happier, healthier, and better off financially*. New York: Doubleday.

Wasik, B. H., Bryant, D. M., Lyons, C., Sparling, J. J., & Ramey, C. T. (1997). Home visiting. In R. T. Gross, D. Spiker, & C. W. Haynes (Eds.), *Helping low birth weight, premature babies: Infant Health and Development Program* (pp. 27 - 41). Stanford, CA: Stanford University Press.

Wasik, B. H., Bryant, D. M., Sparling, J. J., & Ramey, C. T. (1997). Maternal problem solving. In R. T. Gross, D. Spiker, & C. W. Haynes (Eds.), *Helping low birth weight, premature babies: Infant Health and Development Program* (pp. 276 - 289). Stanford, CA: Stanford University Press.

Webster-Stratton, C. (1990). Enhancing the effectiveness of self-administered videotape parent training for families with conduct-problem children. *Journal of Abnormal Child Psychology*, *18*, 479 - 492.

Webster-Stratton, C. (1998). Preventing conduct problems in Head Start children: Strengthening parent competencies. *Journal of Consulting and Clinical Psychology*, *66*, 715 - 730.

Webster-Stratton, C., Kolpacoff, M., & Hollinsworth, T. (1988). Self-administered videotape therapy for families with conduct-problem children: Comparison with two cost-effective treatments and a control group. *Journal of Consulting and Clinical Psychology*, *56*, 558 - 566.

Webster-Stratton, C., Reid, M. J., & Hammond, M. (2001). Preventing conduct problems, promoting social competence: A parent and teacher training partnership in Head Start. *Journal of Clinical Child Psychology*, *30*, 283 - 302.

Weikart, D. P., Bond, J. T., & McNeil, J. T. (1978). Ypsilanti Perry Preschool project: Preschool years and longitudinal results through fourth grade. *Monographs of the High/Scope Educational Research Foundation*, *3*.

Weikart, D. P., Rogers, L., Adcock, C., & McClelland, D. (1971). *Cognitively oriented curriculum: A framework for preschool teachers*. Urbana: Educational Resources Information Center Clearinghouse on Early Childhood Education, University of Illinois.

Weiss, C. H. (1995). Nothing as practical as a good theory: Exploring theory-based evaluation for comprehensive community initiatives for children and families. In J. P. Connell, A. C. Kubisch, L. B. Schorr, & C. H. Weiss (Eds.), *New approaches to evaluating community initiatives: Concepts, methods, and contexts* (pp. 65 - 92). Washington, DC: Aspen Institute.

Westheimer, M. (Ed.). (2003). *Parents making a difference: International research on the Home Instruction for Parents of Preschool Youngsters (HIPPY) program*. Jerusalem: Hebrew University Magnes Press.

White, B. L., & Watts, J. C. (1973). *Experience and environment: Major influences on the development of the young child* (Vols. 1 - 2). Englewood Cliffs, NJ: Prentice-Hall.

Whitehurst, G. J., Arnold, D. S., Epstein, J. N., Angell, A. L., Smith, M., & Fischel, J. E. (1994). A picture book reading intervention in day care and home for children from low-income families. *Developmental Psychology*, *30*, 679 - 689.

Whitehurst, G. J., Epstein, J. N., Angell, A. C., Payne, A. C., Crone, D. A., & Fischel, J. E. (1994). Outcomes of an emergent literacy intervention in Head Start. *Journal of Educational Psychology*, *86*, 542 - 555.

Whitehurst, G. J., Falco, F., Lonigan, C. J., Fischel, J. E., DeBaryshe, B. D., Valdez-Menchaca, M. C., et al. (1988). Accelerating language development through picture-book reading. *Developmental Psychology*, *24*, 552 - 558.

Wilson, J. B., Ellwood, D. T., & Brooks-Gunn, J. (1995). Welfare-to-work through the eyes of children. In P. L. Chase-Lansdale & J. Brooks-Gunn (Eds.), *Escape from poverty: What makes a difference for children?* (pp. 63 - 86). New York: Cambridge University Press.

Yando, R., Seitz, V., & Zigler, E. (1979). *Intellectual and personality characteristics of children: Social-class and ethnic group differences*. Hillsdale, NJ: Erlbaum.

Yoshikawa, H., Rosman, E. A., & Hsueh, J. (2002). Resolving paradoxical criteria for the expansion and replication of early childhood care and education programs. *Early Childhood Research Quarterly*, *17*, 3 - 27.

Yutrzenka, B. (1995). Making a case for training in ethnic and cultural diversity in increasing treatment efficacy. *Journal of Consulting and Clinical Psychology*, *63*, 197 - 206.

Zigler, E., & Berman, W. (1983). Discerning the future of early childhood intervention. *American Psychologist*, *8*, 894 - 906.

Zigler, E., & Muenchow, S. (1992). *Head Start: The inside story of America's most successful educational experiment*. New York: Basic Books.

Zigler, E., & Seitz, V. (1993). Invited comments on significant benefits. In L. J. Schweinhart, H. V. Barnes, & D. P. Weikart. *Significant benefits: The High/Scope Perry Preschool Study through age 27* (pp. 247 - 249). Ypsilanti, MI: High/Scope Press.

Zigler, E. F., Finn-Stevenson, M., & Hall, N. W. (2002). *The first 3 years and beyond*. New Haven, CT: Yale University Press.

第 15 章

基于学校的社会和情感学习计划

JEFFREY S. KRESS和MAURICE J. ELIAS

自20世纪90年代以来，学校里的各种立意良好的预防和促进计划俯拾皆是。这些计划的针对性也是形形色色，包括诸如以下这些问题：欺负、人体免疫缺损病毒/艾滋病、嗜酒、职业、品格、公民教育、冲突解决、不良行为、辍学、家庭生活、健康、道德、多元文化主义、怀孕、服务学习、旷课，以及暴力。

与此同时，2002年的一个标志是通过了不落下一个孩子（No Child Left Behind, NCLB;亦作不让一个孩子落伍、不让一个孩子掉队）的立法。这个立法非常强调教育成果的最重要、最有形的结果是测验分数。学校拨款与测验成绩挂钩，而教师们很快就发觉自己面临着一个难题。那些导致众多与预防相关的计划的需要并没有减少，但是，教师职责结构的改变看起来似乎与继续那些计划的职责不再相符了。

这个难题早在十多年前就显见了(Elias, 1995, pp. 12—13)：

> 长期潜在的对基本学业技能的强调或许是更多地受到了经济和工作场所的影响，而不是出自于对我国儿童和青少年健康和幸福的真实关心。因为，如果是源于后者的话，那么更应当强调的是有关个人、社会、情感，以及认知发展之间无法分开的联结关系。相关的论点已经指出："在目前教育氛围之上增加一重强调学业的要求可能对学习

并无促进，反而会加剧目前与紧张压力相关的问题并导致学生群体中进一步的疏远感。”(Elias, 1989, pp. 393—394)

以前这股思潮仅被当作一个潜流，但现在已经成为一股激流了；在学校里力图满足学生的学业以及心理要求所引起的与压力相关的结果正在淹没学生和老师。虽然在这个时间里并不缺乏通过重新聚焦于不同发展领域之间的联结来重新审视这些问题的努力，但是这些努力业已经受了概念上和实践上的重组。随之而来的是，实施这些努力需要什么，尤其是，对那些在学校实施干预的专业咨询顾问的要求是什么——我们对此的理解变得更为复杂了。

593 采用有效的教育方法来促进学业成功，增进健康，预防问题行为，这样的呼声日益增高，学校是怎样努力回应这些需要的呢？很遗憾，许多儿童权益代言人、教育政策制定者和研究人员，尽管出发点是好的，但在没有确切了解学校的使命、重点任务，以及学校文化的前提下，针对问题提出的措施只能是一些零敲碎打方案(Sarason, 1996)。

这些不经协调的努力往往不能生效的原因有几个。典型的是，它们是作为一系列短期的、分散的计划措施来介绍的。它们与学校的中心使命或者与教师和学校其他人员的职责相关的事情，主要是学业成绩，没有充分地衔接起来。而且对计划实施很少有适当的人员培训和支持。同时缺乏充分的协调、监督、评估，以及随时改进的计划，降低了对学生行为的影响作用。

实际上，在陷入由 NCLB 立法造成的困境之前，许多预防和促进健康的努力不尽如人意的结果已经引起了关注，由此促成了 1994 年由 Fetzer 研究所主办的一次会议。与会者包括了基于学校的预防研究人员、教师，以及儿童权益代言人，他们在教育的各个方面努力促进儿童的良性发展，包括促进社会能力、情绪智力、吸毒教育、暴力预防、性教育、增进健康、品格教育、服务学习、公民教育、学习改革、学校—家庭—社区合作。Fetzer 小组率先介绍了社会和情感学习(social and emotional learning, SEL)这个术语，把它作为一个概念框架来审视青少年儿童的需要以及学校在回应这些需要时形成的分散状态(Elias 等，1997)。他们认为，与很多针对特定问题的“分类型”预防计划不同，SEL 计划能够在针对问题行为原因的同时有助于学业成绩。另外，一个新的组织，学业、社会、情感学习协作组(the Collaborative for Academic, Social, and Emotional Learning, CASEL)也在这次会议上形成，其目标是建立高质量、实证性的 SEL，把它们作为从学前到中学教育一个重要的部分(参见 www.CASEL.org)。

有些研究者提出了可与社会和情感学习技能相匹配的其他理念，包括 Bar-On(Bar-On & Parker, 2000), Mayer 和 Salovey(1993), Goleman(1995), 以及 CASEL(Elias, 2003)。其中，CASEL 最关注儿童，实际上成了所有基于学校的 SEL 干预的范例。因此，我们将从 CASEL 的观点来讨论 SEL 技能(有关理论综述请参见 Ciarrochi, Forgas, & Mayer, 2001)。

表 15.1 列出了社会—情感学习所涉及的技能。CASEL(2003)提出了五个相互关联的技能领域：自我觉知、社会觉知、自我管理与组织、负责的决策和关系处理。每个领域都包

含了一些被研究和实践认定为有效的社会—情感功能必不可少的特定能力。这里所列出的并不意味着全部的技能,而只是基于研究和实践之上用来指导干预。此外,在概念上,这些技能在所有发展水平上都很重要;所不同的是应用它们的认知—情感复杂性程度的改变以及在什么情形下运用这些技能。因此,表 15.1 提供了从儿童期及儿童期之后的角度来审视这些技能的一个框架(与其他儿童发展阶段相应的描述请见 Elias 等,1997)。

表 15.1　社会—情感学习技能

自我觉知	慎重和详尽地计划
识别并说出自己的情绪	根据反馈改进行为
了解如此感受的原因和情形	调动积极的动机
识别并说出别人的情绪	激发希望和乐观主义
识别自己、学校、家庭和支持网络的长处,并调动	努力达到最佳工作状态
对它们的积极感受	**负责的决策**
知道自己的需要和价值	敏锐地分析情况并明确地找出问题
准确地感知自己	应用社会决策和问题解决的技能
相信个人效能	对人际困难以问题解决的方式作出建设性的反应
具有精神信仰感	开展自我评估和反省
社会觉知	对自己的行为举止负有个人、道德和伦理的责任心
欣赏多样性	**关系处理**
尊重别人	管理关系中的情绪,协调不同的感受和观点
仔细准确地聆听	显示对社会—情绪线索的敏感性
增进对别人情感的同理心和敏感性	有效地表达情绪
理解别人的看法、观点和感受	清晰地交流
自我管理与组织	吸引别人进行社交
言语表达及应对焦虑、愤怒和抑郁	建立关系
控制冲动、攻击、自毁、反社会行为	协力工作
管理个人和人际应激	展示自信心、领导能力,以及说服力
集中注意于手头的任务	处理冲突、协商、回绝
树立短期及长期目标	提供、寻求帮助

SEL 已经成了大众文献的一部分,这个事实意义重大。阅读了解 SEL 的人来自于各行各业,心理学家、教师、企业界人士,以及家长,他们能够共享这个术语(Goleman, 1995)。同样,SEL 和情绪智力已经呈现在超过 30 种语言的心理、教育、商业以及其他专业期刊上。由此而形成的一个兴趣以及介入的基础,使得先前增强社会能力的工作黯然失色,尽管 SEL 和情绪智力的兴起是基于以往在这个领域的长期研究及其概念之上的(Consortium on the School-Based Promotion of Social Competence, 1994)。

然而,作为一个概念,SEL 还带有"增值"性。首先,它十分注重诸如情感和精神的维度(Kessler, 2000)。其次,它是基于脑研究进展之上的(Brandt, 2003)。再次,SEL 与在教育和有关领域中作为学业成就中介因子来研究的一些因素联结起来了,即儿童的情感状态,他们学习的认知能力,以及他们的学习风格。如同教育界似乎在技能以及学习取向方面聚焦于"返回基础"一样,SEL 领域揭示了为什么真实的学习需要关注其他因素的原因(Zins, Weissberg, Wang, & Walberg, 2004)。

594

在20世纪90年代后期和21世纪初还有一个趋势，它与理解SEL，它因何出现，以及为什么在那个领域里的行动研究产生了如此独到的见解相关。在治疗和教育两个领域中，都力求循证性干预。那些拨款机构(治疗领域中的管理医疗保健公司和联邦及州相关机构；教育领域中的联邦、州以及地方相关机构)甚为关注责任性问题。儿童受到的那些服务是否在成本效益上划算？这些服务能否以规定的方式开展，以保证可靠性并取得最大的成效？这样就造成了治疗干预的手册化和学校改革计划及其相关干预的剧本化。随着这些有限的干预而来的是对负责制以及研究的黄金守则：随机化临床试验的需要。

随机化临床试验最适合于独立的、有时间限制的、复杂程度低的干预(Elias, 1997)。这导致了把短期的针对性“计划”作为干预和研究的元素的主导地位，并伴以这样的错觉/假象，即认为以有控制的、可重复的和一致的方式来施行这些计划是很简单的。结果研究注重于在“样板”点施行这些计划的成效。例如，美国心理学会的《预防14法》(*14 Ounces of Prevention*, Price, Cowen, Lorion, & Ramos-McKay, 1988)以及1997年出版的《一级预防文献》(*Primary Prevention Works*, Albee & Gullotta, 1997)包括了针对一些横跨人生不同阶段的SEL计划的描述和其结果的数据。在后者有关社会决策/社会问题解决计划的一章中(这也是本章的焦点)，对数据的评述显示了此计划的成效表现在两个方面：(1) 提高了教师促进学生的社会决策和问题解决的能力；(2) 提高了学生的社会决策和问题解决的技能。像这样一些有利的结果进一步增强了研究人员对此领域的兴趣。

随着这一领域的成熟，很明显，不仅是一个计划的结构，而且是一个计划在一个场景中实施的过程，都有一些重要的问题需要考虑。Gager和Elias(1997)清楚地表明那些所谓的样板计划在成功的程度上也不尽相同；而且它们的结果与实施本身有着密切的关系。也就是说，一个样板计划可被实施得很成功，也可以几乎同等地被实施得很不成功(应当注意到研究人员指出的本质上的不对称关系，即良好的计划设计是有利结果的必需但非充分条件；而不良的计划设计则极不可能导致有利的结果，无论计划的实施如何)。这不是对那些计划的诘难，而是表明了在研究、干预或形成一种观念时实施过程不易被忽视。计划所置环境中的社会—情感因素，包括其生态环境，对计划的成效和功用有着高度的影响。

595

基于学校的社会和情感学习干预的复杂性与长期性

> 在符合发展的前提下把正规的，基于课程的教育和一直存在的非正规的及到处都有的机会结合起来，将有助于从幼儿园到中学培养发展社会和情感技能。(Elias et al., 1997, p. 33)

在研究者和那些共事于SEL领域内的人员中间已经达成的一个共识是学习社会和情感技能同学习其他学业技能是相似的。也就是说，起初学习的效果随着时间而提高来应付儿童在学业、社交、做人和健康方面所面对的日益复杂的情境。要达成这样的结果最好的途径是通过有效的课堂教育；学生在课堂内外参加的积极的活动；以及在计划设计、实施和评估过程中广泛的学生、家长和社区参与(CASEL, 2003; Weissberg & Greenberg, 1998)。较为理想的是有计划的、长期的、系统的、有协调的 SEL 教育应当从幼儿园开始并持续到中学。

社会和情感学习计划也有许多不同的形式,但是它们有几个共同点。首先,CASEL (2003, p. 8)给出了一个 SEL 的定义:

> 社会和情感学习(SEL)是一个发展儿童基本社会和情感能力的过程。SEL 计划设计基于这样的认识:(1) 最好的学习源于支持性及挑战性的关系;(2) 许多不同的因素是由相同的危险因素造成的。

各个计划在怎样形成这些关系以及怎样去针对危险因素方面的具体措施不尽相同。近年来,SEL—增强计划及这方面的工作蓬勃兴起。为了帮助教育工作者了解这些计划并从中作出决定,把这些计划有效地结合到他们的实际中去,已经有了一些对效用研究的评述(如 CASEL, 2003)以及一些什么是有效的计划设计的指南(如 Elias et al., 1997)。例如,Elias 等在他们的 39 条“教师指南”的第一条中描述了 SEL 计划设计的范围:

> 所有层次的教育工作者都需要明确的方案来帮助学生成为有知识、有责任心、有爱心的人。要努力在 SEL 的四个主要方面培养并强化技能:
>
> (1) 生活技能和社会能力;
>
> (2) 健康促进和问题预防技能;
>
> (3) 应对技能和过渡及危机时的社会支持。
>
> (4) 积极的、促进性的服务。(pp. 21—22)

那些成功计划的方案包含社会和情感技能上的直接教学与在各种不同情境中练习这些技能的相互结合。直接教学包括向学生介绍复杂的社会和情绪技能的基本要素。学生练习这些技能并从老师那儿得到指导性的反馈。老师可以建立一些提示,学生用作线索去进行行为实践。一个基本的例子可见于社会决策/社会问题解决计划(SDM/SPS; Elias & Bruene-Butler, 2005a, 2005b, 2005c),本章后面会深入讨论。这个课程包括交流技能的教学。这一单元中学生学习“聆听姿势”的提示,包括下面的行为组成:(a) 坐直或站直;(b) 面对讲话者;(c) 看着讲话者。这三个组成部分由老师示范,学生练习。老师对学生的努力提供反馈。老师可以通过活动来练习。比如要求学生在一个涉及听觉注意游戏(例如,“当你们听到我说某个字时就拍手”)的过程中运用“聆听姿势”。同样,老师要提供反馈。

除了这类直接教学之外,SEL 技能最好的教学方法是将之融入学校的日常活动以及学生的所有经验之中去。继续上面的例子,老师可以为学生找一些机会,作为有关文学或历史讨论的一部分,让他们用角色扮演来练习聆听技能。自然科学老师可以把聆听技能作为一堂五种感官课的一部分加以强化。校长在要求集会秩序时可以使用学生在课堂中学过的相 596

同的"聆听姿势" 提示。最后,可以努力让家长们介入这个过程,引起他们对这些技能和提示的注意,并帮助他们了解怎样才能最有效地对孩子进行指导。

这些例子表明,全面施行 SEL 超越了单个教师在各自班级的工作。除了前面描述的基于课程的这一途径之外,J. Cohen(1999, p. 13)指出 SEL 可以用不那么正式的"非基于课程"的方式来进行;由此,教育工作者"发现进一步适应 SEL 的方法以及如何最佳地将 SEL 纳入他们在学校所做的一切工作",借此"把一组原则以及实践和在教室中进行的工作整合起来"。Cohen 还指出,有些 SEL 开始针对危机学生。Cohen 进一步讨论了 SEL 的一个专门着重于教育工作者自身的维度以及那些学校工作人员的 SEL 能力和经验。在 Cohen 所阐述的基础之上,我们提出 SEL 能够在学校中展现的另外两个领域。第一,我们可以考虑系统性 SEL,即要使 SEL 的开展超越教室,使之与学校的规章制度(比如纪律)和管理(如学生怎样对学校社区的运作提出有意义的建议)联系起来。第二,我们觉得行政性 SEL 很重要,即行政领导在其与教职员工和学生的交往中以及在把新计划或新措施引入学校时能够运用 SEL 原理的能力。

很多成功的、多年份、多成分的基于学校的干预促进了积极的学业、社会、情感和健康行为。下面是一些例子:

- 创造协调的、关怀的学习者社区并通过结合班会、同伴领导、家庭参与和全校社区创建活动来活跃学校和课堂的气氛(Battistich, Schaps, Watson, & Solomon, 1996; Solomon, Battistich, Watson, Schaps, & Lewis, 2000)。这是通过全校员工一起对可能的计划进行讨论而且同意他们支持计划包含的准则和步骤并且准备在一段时间内实施来进行的。
- 加强教师教学实践并提高家庭参与程度(Hawkins, Catalano, Kosterman, Abbott, & Hill, 1999)。对教师进行培训,该如何为孩子创造使他们彼此融合以及参与并且支持创立学校规范的机会;同样地,家长也要参与维护校规并且学习教养孩子中的非暴力冲突解决和愤怒管理的一些技能。
- 在校内设立一些较小的单位并且在学校员工、家庭,以及学生中间营建信任感,以此来增加从学校员工和其他学生那儿获取指导以及支持的便利(Felner et al., 1997)。具体来说,进入初高中的学生在他们自己教室和宿舍中这么做,并且大多数课时与自己的同年级学生共同上课来增加友情和相互支持;顾问(advisories)也要为所有学生提供时常的问题解决机会。
- 开发有效的基于课堂的 SEL 教学计划,这些计划要延伸到学校环境的所有方面以及家庭和社区,旨在增强学生的社会—情感能力和健康(Conduct Problems Prevention Research Group, 1999; Elias, Gara, Schuyler, Branden-Muller, & Sayette, 1991; Errecart et al., 1991; Greenberg & Kusché, 1998; Perry, 1999; Shure & Spivack, 1988)。这类计划所传授技能的强化来自它们被明确地用在体育课上,在走廊中,在校车上,作为服务学习经验的一部分,并应用于家庭问题解决。在课程大纲和教学内容之外启用这些技能是为了强化并推广那些技能的使用。

尽管有不同综合程度的循证性计划可用，许多学校仍然不使用这些计划（Ennett et al., 2003; Gottfredson & Gottfredson, 2001; Hallfors & Godette, 2002)。例如，Ennett 等对来自于一个全国性公立和私立学校样本的教育工作者进行了调查，发现只有 14%的人在物质滥用预防计划实施中使用交互式教学策略和实际内容。Hallfors 和 Godette 对分布于 11 个州的 81 位安全及无毒品学区协调员的调查结果显示，59%已经选择了一个循证性的课程来实施，但是只有 19%报告说他们的学校是如实地实施这些计划。这个问题与开发新颖的和更准确的课程同等重要，如果不是更重要的话，即便只是把目前的知识应用贯彻得更完整些，实践水平就可以得到极大的提高。 597

SEL 领域发展的历史和轨迹展示了我们所相信的什么是维持知识与实践之间间隙的深远的、结构上的问题之一。自从 SEL 领域出现后，对于成为一个有效的行动研究者与实践者需要什么的概念已经发生了重组。这一领域先是从重视短期的、独立的计划开始，继而意识到与干预对象之组织的目标和结构相联结的多成分、多层次、多年份的干预是取得成功的、持久的效果所必需的（Weissberg & Elias, 1993)。伴随着这一观点的是对有效地去开展这类计划所需技能的渐进的认识（Elias, 1997)。社会和情感学习、品格教育、服务学习、预防及相关的基于学校的计划和活动是与操作者高度相关的，即这些计划的成功并不与什么自动化的技术有关，而是与在一段时期内及各种情境中与许多其他人互动的操作者所开展的行动有关。即使这些互动是脚本化的，依然存在着很大的潜在性差异；干预操作人员在与周围其他人的生态关系中即时作出的决定对最终效果有着极大的影响。

学校要成功地以持久和有效的方式全面性开展 SEL，就需要能够拟订综合性的、互动的、生态—发展性程序的咨询顾问。本章余下的内容就着重于针对在不同情境中实施 SEL 的咨询顾问和研究人员的实际—理论性指导。

实施社会—情感学习计划中的发展性舞台

要使互动的生态—发展过程更可能被妥善落实，我们想要阐明有效的 SEL 必需的一些发展上的关系。占据我们生态考虑中心位置的是咨询顾问以及他能够驾驭，或至少着手处理、干预的变化发展的复杂性所显示的规律。分析的另一个层次是在主体环境中的一组发展过程必须最终协调一致，如果 SEL 要植根于学校并对孩子产生积极影响的话就必须这么做。

发展舞台 1：计划实施

在个人变更的轨迹中寻求趋势是桩难事，因为有许多变数可能会影响发展路径。一个组织的变化本身由许多在环境中经历着自身变化过程的个人所组成，对其变化的审视所展示的文献是“各不相同且往往难以综合”（Commins & Elias, 1991, p. 207)。要总结在一个组织内计划实施的过程，无可避免地是对组织内众多个人努力的累积性概述。在一个特定时间点上的暂时的情境横截面可能显示有些人的实施层次和组织内的总体实施层次并不一致。

新教师会不断加入进来,并需要加速赶上,而老教师在他们自己实施计划的动机上也各不相同。在创造性或创新动力上的个体差异会影响到个人遵循或改动所实施的计划的程度。

然而,即使存在着影响过程的大量变数(许多会在本章后面讨论到),随着一个新计划在一个情境中展开,就会呈现出趋势来。Novick、Kress 和 Elias(2002),在 Hord 等(1987)的基础上,通过查看在情境中个人使用干预的总体层次,对这些趋势做了个概述(表 15.2)。

表 15.2　运用和关注的层次

运用层次	在此层次的成员	关注层次	在此层次的成员	成年学习者在此层次上需要
未运用	极少或一无所知,没有介入,也没有帮助他们介入的行动。	觉知	可能担心 SEL 不足的后果,但并不担心 SEL 计划本身或其实施。	了解计划的原理、实施的原因,实施的情境支持/奖励支持,以及实施所需技能。
定向	正在获得有关 SEL 的信息和它的价值取向以及开展这种新方法的要求是什么。	信息	想更多地了解 SEL 以及怎样加以推广。	有关明确的计划目标、要求,及时间安排的介绍信息。
准备	正在准备运用新的 SEL 观念或程序。	自身	正在考虑运用(或不运用)SEL 并努力权衡这个决定对他们的工作和他们自己产生的影响。	关于这种新方法看起来像什么,他们要用什么材料,以及如何使自己准备好去踏出第一步的具体信息。
机械性运用	把重心集中在短期、日常运作上,掌握他们必须实行的具体任务和技术。	管理	担心他们处置计划实施的后勤事务的能力。	支持和为实施查错(例如,观察其他教师、另增的咨询/督导和专家联络,同行会议交流和学习)。
常规	新方法的运用已成实际;常规化实施占主导,在继续运用中很少作改动。	结果(1)	想知道他们的努力对学生产生什么影响。	对他们正在做的进行表扬和认可;对让实施变得更容易或更好一些以及评估结果提供协助。
精调	根据用户/当事人的反馈以及他们自己的经验,对 SEL 进行微调。	结果(2)	考虑如何尽量增强计划的效应并改进计划实施。	支持并强化在保持计划核心方面前提下的创新。
整合	开始退一步从大局来审视他们所从事的 SEL 工作;集中考虑该如何把他们自己和同事的努力联合起来。	合作	认识到可以通过协调自己和别人的努力及时间上的持续性来达到最大的影响。	对自然发生的交互作用和相互合作的支持;能使合作产生于内的设定好的情境。
更新	根据诸如人口变动、学生需要、职工配置情况、资料的新颖/相关性等因素重新评估操作实施。	重新聚焦	在他们自己经验的基础上开始对干预加以补充和增强。	让职工分享并讨论在学校 SEL 之努力中令人满意的、有协调的变化的机会。

来源: Based on *Taking Charge of Change*, by S. M. Hord, W. L. Rutherford, L. Huling-Austin, and G. E. Hall, 1987, Alexandria, VA: Association for Supervision and Curriculum Development; and *Building Learning Communities with Character: How to Integrate Academic, Social and Emotional Learning*, by B. Novick, J. S. Kress, and M. J. Elias, 2002, Alexandria, VA: Association for Supervision and Curriculum Development.

最早的阶段,虽然严格说来是未运用阶段,在形成将来实施的基础方面很重要。所有实施努力都有一个"史前的"(Sarason, 1972)在情境中带有创新的过去经验,以及在情境中个人拥有的信念感、价值观、经历,以及诸如同事间合作和士气这些方面的学校文化*。学校是否有着不断的革新史,以至于影响到职工对待这又一个新计划的认真程度?学校职工是倾向于对学校的一些问题一起作出防范性的努力,还是个人抱怨占优势?对这些问题的回答将会影响到在一个情境中实施任何计划的发展过程。

598

运用的起初阶段是把一个新计划引入或在一个情境中启动,对应于表 15.2 中的定向、准备和机械性运用层次。对一个计划的目标和原理作介绍,并向实施人员指明为什么这样的一个计划对学校的活力是重要的。接下来的进展包括打算采取,并接着实际上开始着手实施计划的第一步。对于 SEL 计划规程、介绍与启动阶段正是实施者考虑 SEL 技能的重要性,欠缺这些技能所带来的困难,以及为推广 SEL 技能的最佳做法的一些基本原则的时候。此外,他们正在学习实施被引进学校的特定计划的一些基本要素(比如,有没有课程要学习,要使用些什么材料),并打算该如何把新的活动纳入现有的课程结构中去(比如,什么时候开始实施课程)。

599

一旦通过反复地机械性使用而对实施过程有了一定程度的掌握后,启动阶段就由校内有规则的实施活动而替代。这种常规性层次的使用包括计划实施形式的相对一致性,很少会有变动。随着实施者对计划熟练程度的提高并开始注意到一些细节时,比如对各类学生的不同影响(如根据不同的性别、发展水平、特殊需要的类别)以及他们自己的实施风格(如对计划不同方面的轻松驾驭感或其缺乏感),他们可能会根据他们的经验和观察尝试着去完善他们的努力。

当教职员工成为常规的运用者后,计划就在实施情境中向体制化过渡。这样计划就成了在情境中正常运作规程的一部分。身处其中的当事人不容易把体制化后了的计划同任何其他早已存在的活动区别开来。许多曾经是外部咨询顾问行使的功能现在由学校组织完成(Kress, Cimring, & Elias, 1997)。新的职能可能被设置起来专门维持计划,而且计划的价值观以及目标可能会在学校的仪式和典礼中反映出来。

制度化阶段,如同在此前的常规运用阶段,并不是静止不变的。正如常规运用的特征是精调,体制化的特征是整合与更新。整合指的是实施者逐渐意识到如果他们相互支持并使他们的努力得以长期继续,那么他们的个人努力便会得到增强。计划实施努力的重心从孤立的课堂转向同年级和跨年级及学科教职员工之间的协调。随着实施总体质量和一致性继续提高,实施者将有兴趣根据环境的变化对他们的努力进行更新。学生人数会变动,员工变动也常有,新条例被采用了,新材料齐全了。计划本身对这些变化的反应可以用皮亚杰的观点来看:变化可能被"同化"进现有的计划结构,或计划本身"顺应"了新的现实。

---

* 史前也包括把创新应用于情境的过程。是谁启动了这种努力:是校长由上而下,是来自基层的教师,还是两者的某种结合?对计划的哪些选择性作了探讨?这些因素很重要,但是由于它们发生在计划开始之前,因此它们不是本章的重点。

基于课程及问题解决定向的计划,如人际认知和问题解决(Interpersonal Cognitive Problem Solving, ICPS)(Shure & Spivack, 1988),开放圈(Open Circle, Seigle, 2001),和社会决策/社会问题解决(SDM/SPS, Elias & Bruene-Butler, 2005a, 2005b, 2005c)典型的是以半天的知晓工作坊把计划的框架、关键技能,以及包含在课程之内的问题解决步骤介绍给教职员工。准备涉及到另一层次的培训,至少需要一整天,把具体的课程材料介绍给教职员工。接下来是机械性使用,教师通常是根据课程的要求去实施,但是如果偶尔错过了一节课他们并不太在意。没有什么很大的灵活性而且在课堂时间之外很少自发地应用课程内容。如果计划要对学生发生作用的话,经常性运用就很重要。一旦有了这种认识,运用就被看作是常规化了。精调是下一个逻辑层次。在这个层次上,问题解决步骤可能被修改以便让一些特殊学生更明确地记住并应用,或者是全班活动被改作小组活动(或反之)旨在力图对那些在标准呈现基础上并不能掌握技能的学生有更大的作用。整合的出现是当问题解决技能不仅被应用于社交情境,而且应用在学业上,比如文学与社会研究,以及纪律守则上的时候,比如以问题解决工作表的形式来帮助学生反省违反规则并订出更好的方法去应付今后出现的困难情境。最后,或许是两三年后,根据课程影响对修改步骤以及补充材料的需要进行评估时,这些计划就可以处于运用的更新层次了。比如,积极应答性课堂(the Responsive Classroom)计划(www. responsiveclassroom. org)中的晨会聚焦、订立规则,以及营造积极的社区感的步骤往往为开放圈和 SDM/SPS 提供了有价值的附加内容。第二步计划(Second Step, www. cfc. org)中的自我控制技术也被用来加强 ICPS 中问题解决的准备就绪技能。这些修改接着经历它们自己的运用过程的层次,虽然通常要比原先课程中讲的快得多。

600

这些趋势可被认为是发展性的,因为实施过程的早期阶段被看作促成了后期阶段的产生。就像个体发展理论中讲的,并非所有阶段都以同样的速度达到(也不是任何给定情境中所有实施者同时达到的),也不会在任何给定情境中(或在情境中的个体实施者)都能全程进入"最后"阶段。最后,这个过程具有循环的性质,因为在后期阶段中所做的修改之启动实施需要一个如同介绍一个新计划那样的过程。

发展舞台 2: 计划实施者

实施计划在系统水平上的变动的阶段性进展是与任何 SEL 计划的实施者在学习、行为变化以及改革适应上是平行的。这个进展可以用 Prochaska 和 DiClemente(1984)的行为变化的超理论模式(参见 Edwards, Jumper-Thuman, Plested, Oetting, & Swanson, 2000)来框定。在他们的模式中,个人的准备被描述为是一个阶段变化背后的基本原因,刚开始时对问题没有多少觉知且缺乏改变的动机,后来这两者都被增强了。关于 SEL 计划,随着实施者从最初接触到运用上的初步成功,到最终的常规运用的阶段性变化,会出现各种不同的成人学习需要。

在 Hord、Rutherford、Huling-Austin 和 Hall(1987)的基础上,Novick 等(2002)讨论了伴随着实施者在经历 SEL 计划实施过程中而出现的关注层次,或是说成人学习者—实施者的需要的进展。如表 15.2 所概括的那样，这些关注和需要与前面讨论的运用层次相对应。概言之，这些层次始于对 SEL 事情有限的觉知以及缺乏实施 SEL 计划的动机。随着教职员工对 SEL 重要性认识的提高，以及对在有关 SEL 技能中他们自己角色意识的增强，基本的"怎样做"问题就凸现了。一旦实施者对基本的实施达到了一定的熟练程度，就需要开始注重对实践的改善、支持及创新。

关注层次指出了计划实施进展与实施者对解决某些关注的需要之间的相互作用。咨询顾问必须知晓任何给定时间上特定的关注并随时准备帮助去处理这些关注。在某些层次上，比如，在信息层次，学习者的需要可以通过顾问的直接干预来得到解决（此例中，提供更多的信息）。其他层次，比如合作，可能需要一种更系统的做法来组建一些可以满足某些实施者关注的这类学习社区。

影响实施过程入门的因素

这个讨论植根于这样一个认识：成人学习者—实施者的发展需要随着社会与情感因素的影响而波动。例如，在关注的早期层次，看法和态度对步入实施过程的起始阶段很重要。具体来说，实施者对社会和情感技能的起源以及培养这些技能最佳方法的看法和态度将会影响实施任何 SEL 计划的积极性程度。咨询顾问与实施者对目标问题的表述不一致会导致后者拒绝前者所倡导的计划(Everhart & Wandersman, 2000)。那些相信社会和情感技能是学生不可变的基因组成的一部分的教师是不太可能会支持一个建立在社会和情感技能发展的社会学习模式基础之上的计划的。

对于 SEL 技能不足的重要性以及个人对弥补这些不足的责任性的看法也可能会对实施过程产生影响。例如，一个抵制欺负计划的研究发现教师对于他们学校中欺负行为程度的认识以及他们在遏制这个问题中的作用的评估可以预测计划的实施程度(Kallestad & Olweus, 2003)。Thorsen-Spano(1996)发现对冲突解决有积极态度的小学教师所报告的在他们班级里冲突解决计划实施的程度比那些态度不太积极的教师所报告的要更高。那些不把 SEL 技能看作问题的教师（"如果东西没坏，就不要去碰它"），或是把这些技能看作问题但和他们没有关系的教师（"SEL 是家长/学校心理学家/等人的事情，不是我的事"）不太可能会欢迎 SEL 的计划。咨询顾问必须设法测量实施者对于学校社会情感氛围以及随着计划开展而对于实施过程的态度和感觉(Novick et al., 2002)。

影响朝常规运用过渡的因素

601

实施者必须具有对他们自己能力的胜任感才能成功地施行 SEL 计划。也就是说，一个教师可能相信 SEL 计划的前提但是担心他不知道如何应对一些困难，比如，计划课程期间的班级管理或寻找时间来进行另一项外加的积极活动(e. g., Ghaith & Yaghi, 1997)。这种顾虑可以使实施者朝常规计划运用发展的努力付之东流。虽然教师在投入到实施过程时已具有一定的自我效能，但这个因素对反疗效效应(iatrogenic effects，亦作医源效应)也很敏感。实施初期努力的相对成功与失败将影响是否愿意将计划常规化。正因如此，Elias 等(1997)强调了以早期"小赢"来创造积极动力的重要性。

要提供机会让个人的努力和参与实施过程中其他人的努力相交从而创造一个学习者—

实施者的社区，这样，技能发展的成长将会得到促进。这样的努力“能够增进关系，促进与情境相关的改进，并有利于理解学校文化在计划实施过程中的作用”(Nastasi, 2002, p. 222)。

制度化过程中的重要因素

最后，就作为实施者本身的发展而言，重要的一点是要考虑到与之对应的发展过程。计划实施可能与教育者的经验水平有关。比如，经受一次有关合作学习的师资培训后，经验与所报告的对实施的态度呈负相关(Ghaith & Yaghi, 1997)。另外，如 Everhart 和 Wandersman(2000)所讨论的，处于 Eriksonian“整合”期的成人可能觉得对现有计划加以修改或尝试新东西要比照原样实施更带劲。由于教职人员的变动任何进行着的实施组人员中肯定既有干预经验丰富的教师也有新手。因此，咨询顾问必须注意不要对任何一组当事人的实施—发展水平加以概化。新手教师可能处于比较初级的关注层次(毕竟，他们进校时对正在被运用的 SEL 计划了解极少或根本不熟悉)。此外，不熟悉情境的新教师是在与经过改革介绍阶段的同组教师不同的社会和情感情境中表达出这些关注的(Elias, Zins, Greenberg, Graczyk, & Weissberg, 2003)。当计划刚被介绍时，实施者往往有一组共同学习的同事，他们面临相同的与计划相关的兴奋、忧虑等，并可以在过程中相互支持。一个新教师，本身需要努力适应一个新单位，可能是唯一的，或少数孤立者之一，还要经历这些最初不大利索的幼儿学步阶段。

发展舞台 3: 社会—情感学习干预

对发展性进步中与别人交互作用有影响的另一个因素是干预的性质。干预一开始就应该是有限度的、实际可行的和脚本化的。这样就可以使之既包括了复杂性但又不需要实施者完全理解计划才能执行。只要计划的原则和步骤在培训以及附加的材料中以可被模仿的形式加以阐明，实施者就能够体会到做起来该是什么样子。就像婴儿期的感知运动阶段，学习的出现并不伴随着完全的理解。此外，对干预的体验并不是一种连贯或系统化的序列，而是一组离散的事件。然而，足够以基本的方式来处世的操作性知识还是有的。

从离散的干预到建立一个连贯的序列

在运用最初阶段的反馈之后，是一整年或一个周期的干预(比如，有些干预设计为几周或几月为一期，其他的则为全学年)。干预的序列是在这个时候建立起来的；那些实施的教师能够为计划施行做好实际的充分准备。在这些方案中，不论是在准备还是跟踪干预，包括了怎样把干预和学校的其他程序和服务以及儿童的其他经验联结起来。例如，在 SDM/SPS 中，第一年教学生问题解决技能之后，决定提前一到两年为他们提供准备技能，然后给予应用的机会，使他们能把问题解决技能融合到今后的学业课程之中去。

602

在班级与学校文化和风气中的整合

如前所述，这些扩展也经历发展的过程，另外，在教室里，SEL 的干预和班级管理结合起来了——其他有关活动的安排都被包容在内。此时，整合本身可能不是那么清晰可见；它已成了班级文化和风气的一部分。用 Heinz Werner(1957)的术语来说，分化与整合的过程决定性地转向了后者。

但是,这个过程并没有结束,只是停留在班级水平上的干预对学生群体的作用还是有限的。干预发展的下一个部分涉及到将其原则提取出来并应用到全校范围的 SEL/SPS 的活动中去。这包括了像整体校风以及所采用的纪律和表彰制度等这些重要的方面。在各种组成部分中人们可能会看到表示这一过程的是对管理人员、校车司机和午餐助理人员进行与干预相关的技术培训。其他可见的指标包括 SDM/SPS 实验室、保持冷静纠察队(一个全校性、学生同伴领导的自我控制和问题解决计划),关于把干预原则应用于日常交往和情境以及学业内容的公告栏、表彰制度,以及校内和校外都要进行积极公民的强调。换句话说,干预趋于扩展而且变得更全面了。

一个 3 到 5 年的螺旋式过程

同时,由于人员变动,目标群体的变化,以及成人学习者发展的变化,要把新人纳入这个过程中变得更困难了。Sarason(1996)及其他人(如 Elias, 1997)指出,从最初的干预试点到有系统地在全校范围推广需要 3 到 5 年的时间。要更准确地了解这个过程,最好把它看作是一个不那么线性的,在本质上或许更像螺旋式的发展轨迹。

发展舞台 4: 咨询顾问

咨询顾问发展的两个方面有特别的关系。第一,顾问随时间而获得经验,由此发展他们的专业技能及熟练性。不过,还有发展的第二个方面。随着时间,顾问会被要求处理越来越多的干预过程的高级阶段的事务。学校在开展计划过程的不同阶段,邀请顾问进行咨询。这些阶段是:

1. 觉知
2. 对开始实施的培训
3. 持续性咨询/支持
4. 领导班子/管理人员培训
5. 计划评估(包括实施监控、用户反馈)
6. 干预发展与扩展
7. 情境整合

每一个阶段都带有它们自己细微的差别并需要顾问具有一定的知识、技能和看问题的视角。几乎不可避免要发生的,尤其是对有成效的顾问,是他们被要求在一所具体学校或学区里随着时间指导一个 SEL 计划通过各个不同的阶段的全过程。不论顾问是否有所准备,顾问必须发展应付实质上是一个质变的过程所需要的认识与技能。然而,这里充满着错综复杂性,因为顾问可能要同时在计划的不同阶段和不同的情境工作,而且,有时候他们在一次咨询中就被要求处理不同的阶段而不是遵循阶段的发展顺序。

1. 觉知

在这个阶段,顾问的任务是把一个 SEL 计划介绍给可能的采用对象。对此最容易的了解是把它看作营销干预。通常,顾问在有限的时间内,从 45 分钟到 3 小时,向一组人员介绍干预,而组别的性质可能是相同的(来自一个年级),不同的(小学各年级或甚至是从幼儿园到高三),或是混合的(同一所学校,但不同的年级)。听讲者也许对干预相当了解,但更可能的是,除了知道所讲的题目或主题、是摘要外,他们对整个干预并不了解。教职员工在培训之前先读一篇相关文章这种情况更是少见了。所以,顾问的思考倾向必须是减少复杂性,避免面面俱到,并尽量把娱乐性/参与性作为工作坊/演讲经验的一部分。

603

2. 对开始实施的培训

如果觉知介绍成功的话,顾问可能会被邀请对教职员工进行培训,让他们开始干预。有几个实际的因素影响到培训的具体性质,比如,在学年的什么时候开始(如秋季、年初、五六月份、夏季、学期马上开始之前),时间的长短(2 小时、一整天),参加的人数和人员种类,以及培训是自愿的还是行政性的程度(谈及参加的行政命令或自愿的程度没有什么不适宜)。因为顾问的工作是鼓励接受培训人员开始并持续下去,而受训者主要关心的是有个良好的、适宜的、有效的开端,所以,另一个问题是培训之后的方案和资源分配。在五六月份或者是初夏或仲夏来开展培训有着内在的困难,这并不需要一个资深顾问就能认识到。再者,顾问必须决定是对全年计划情境内容讲解,还是着重于一个部分细讲以使得受训者能够有信心开始去实施。即使是一整天的培训,除非各组培训人员十分相似而且有充分准备,顾问要做到让受训人员对干预在全学年中看起来、感觉起来究竟是个什么样子的有一个恰切的体验,并且仍然有时间传授必须的技能实践使得实施有个良好的开端,这是非常困难的。另一个要考虑的问题是"开始"的定义。顾问在最初的培训时该沿着计划的全程旅途走多远?在给来自一个学区的 10 所小学单一年级的教职员工作 2 小时的工作坊时,一个顾问决定把重点放在课程的一般结构上,然后是最初的两节课(全年一共准备了 22 节课)。考虑到老师从 10 所学校来到同一个地方的时间,实际教学时间更近于 75 分钟(注意,到底是按时间开始,接着大约有半数的接受培训的人员在培训开始后才进来,还是等待,这是个刚担任顾问的人往往并没有料到的头痛的问题)。即使总体氛围是积极热情的,在这种情况下要完成两节课的重点辅导也是一个挑战。

这里指出一些发展的因素会有所帮助。顾问被要求在受训人员和他们为之准备的任务之间进行认知、情感和行为的协调。顾问对此有效协调的能力是随着经验、反思和督导而增加的。有些问题,比如,怎么处理迟到者,是可以通过恰当的指导事先考虑的;如何处理缺席的问题也同样可以这样做。

Werner(1957)的分化与整合的原则在这里也是相关的。进行一次觉知的培训,顾问所要面对的分化是极少的。定下来要强调什么,顾问接下来就必须考虑如何把这些离散的部分整合起来,形成一个整合的做法,而受训者也能以一种整合的而不是分散的、不连贯的方式去感受他们的经验。在一个对开始实施的培训期间(这应当发生在实施的最初阶段),顾问要分化的就多起来了,但仍然不是整年计划的全过程。整合通常需要围绕"我星期一做什么,然后下周一又做什么"这样的观念而进行,同时要假设受训者的认知、情感及行为必须与这些首先关心的问题协调一致。

3. 持续性咨询/支持

如果有在起始培训之后顾问继续工作下去的协议,那么,顾问的注意力必须转向如何在实施计划中支持教职员工。不同的研究都得出类似的结果,指出这是整个过程的关键点,既有心理上也有实际上的原因(Diebolt, Miller, Gensheimer, Mondschein, & Ohmart, 2000; Gager & Elias, 1997; Greenberg & Kusché, 1988)。后者不言自明。人们希望成功与轻松地承担新的任务并喜欢他们的问题在起始课时之前和之后得到答复,而且在准备下节课的时候得到反馈或支持。前者是与学校行政管理部门对于要求教师执行的计划有关。教师要知道他们不是被要求把时间投入到一种追求时尚的运动中,或一年、短期的、表面文章性的干预中去。再多的口头保证也不能替代实际的支持。因此,顾问需要提供支持性咨询和反馈的技能(一组比开展正面团体培训更有互动性及鉴别性的技能)并且需要有为那种咨询开展成功地建立一种制度或框架的能力及见解。外来的顾问往往受时间和灵活性的限制而不能在整个学年中去观察并与教师会面。因此,必须制定一些培养本校专门人员的程序(注意,有经验的顾问往往会在最初商定协议时就包括了顾问在帮助建立和保持一个持续咨询,支持和培训系统中需要做的工作,而不仅仅是觉知和最初的培训)。这样,就把顾问引入了行政管理咨询的圈子并要求对学区的目标和政策、师资发展的程序与实践、教职员工的时间表,以及督导实践和报酬方式有一个了解。 604

4. 领导班子/管理人员培训

让学校行政管理部门同意允许一些教师担任督导/指导的角色是一回事,而要他们担负起计划的管理与运行的责任则是另一回事了。建立一个 SEL 或基于计划的领导班子是顾问的另一个关键任务。要有效地完成这个任务,顾问需要充分了解学校各类人员的职责,包括管理人员、社会工作者、指导顾问、学校心理学家、卫生教育员,以及品德教育、物质滥用和暴力/欺负预防协调员。如果有学生—家长支持人员或任何负有与家长及社会联络责任的人,那么这个人的意见也很重要,因为领导班子的职责权限之一就是筹资。顾问必须了解这些角色,因为可能被分配的角色必须与现有的职责范畴相一致。为这组人员设计及实施培训要求顾问拿出一种简洁的方案来讲述计划的关键内容,其教学原理,以及预计的实施时间安排和结构。此外,应当向参加培训者展示对教师给予支持性、建设性的督导反馈的基本原则。不过,还有另一层考虑:领导班子将负起对计划策划和评估的责任,因此,对这个过程及其所涉及的工作必须提供培训。同时,顾问必须处理后勤上的一些限制(比如,课时的数量和长短,以及关于出席与缺席的要求)和员工对计划及其实施的态度(Gager & Elias, 1997)。

这个阶段开始发生的是顾问被要求在一个日益相异的情境中,在认知、情感和行为之间转换。在相同或相邻的阶段之间,在多所学校或几个学区之中开展工作是一回事,这给顾问如实地开展工作提出了很大的变异性和挑战性。但要在不同的觉知层次——这不需要详细介绍——和持续性咨询和支持的层次——这又需要详情——之间不停地转换则完全是不同的事了。许多顾问由于任务的困难性而不知所措,这无意间增加了他们觉知或起始培训的复杂性,或者(这种可能性较少),以容易接受为名而使得持续性咨询以及有关的工作过于简单化了。Commins 和 Elias(1991)表明,这样的简化与计划在学校中的生存期缩短相关,而在恰当的和实际的(但不过分)的复杂水平上显示计划与计划的更长的持久性相关。

5. 和 6. 计划评估(包括实施监控、用户反馈)和干预发展与扩展

虽然在每个咨询阶段(包括顾问监控和评估自己工作的过程)某种程度的责任心总是要考虑的,但努力去作出系统的计划评估通常只是在建立了领导班子——社会发展委员会,或类似的机构之后才出现的(Elias et al., 1997)。计划评估看来似乎挺复杂的,没有受过这方面训练的顾问将会发觉他们需要发展自己的专长或是引入咨询助理。首要的挑战是寻求方法来监控计划实际开展的情况:是谁在上课、上课的频率,及其内容形式的保真程度。不知道计划是怎样实施的就不可能对任何观察到的结果与计划的关系作出任何推论。用户反馈同样重要,因为一个教师和学校其他专业人员不喜欢实施、学生不乐意接受的计划是不太可能被有效、持久地开展下去的。这并不是说用户反馈是首要的标准,但是对长期计划的成功是一个必需的,虽然不是充分的条件。

干预发展是一个在反馈基础上对一个计划精细化调节的过程。只要某些内容对学生中的一个亚群体不适用,必须进行修改。这不是一个简单的过程。教职员工需要涉足这一过程,以得到最大的参与和认同。那些对计划进行修改的人必须了解计划的要素从而使改动不会改变计划的特点(尤其是循证性计划)。然而,计划并不趋于静止不变;对计划有效性的最新的观点是计划在本质上必须是长期性的。儿童真正技能的获得是累积性的,因此,计划也必须在多年内施行(Weissberg & Greenberg, 1998)。如果一个给定的计划是为了在多个年级应用,那么顾问至少已经有了可用的材料。然而,有时候一个现有计划只是用于三年级或五年级,而学校想要把它扩展到更高一个年级水平。这就需要顾问有一组新的技能使其能够与教师和可能的计划开发者进行合作。这样,顾问必须发展与课程/计划内容相关的新技能,并准备好不仅是作为一个顾问而且还是一个计划发展及扩展工作的合作者来开展工作。

605

7. 情境整合

最近有关 SEL 计划的另一种观点是这些计划需要与课堂的结构、风气和组织整合起来(CASEL, 2003)。同样,如果计划要对学校产生影响,它们必须与学校总的结构和校风整合起来。必须让社会和情感学习在教室之外显而易见,并对在走廊、餐厅、校车中守纪方面发生的一切,以及对每个人学校里怎样相互交往方面都要产生影响。还有,如果 SEL 在各个学校之间有连贯性的话,学生会有最大的收益。

所有这些都不应有什么新奇,因为这些也同样适用于学业技能的获得。如果阅读只限于教室上课的范围之内,而不在所有年级继续,不在学校之间继续,尤其重要的是,在各种情境都没有连贯一致性,儿童的读写发展就会受到很大的损害。如果儿童在不同年级没有经历连贯的、高质量的 SEL 计划,那么,他们在发展以后最大程度地履行作为成人的职责所需要的技能上就可能很成问题。从集中于在一个班级施行一个特定计划到提供一系列必需的支持来保证儿童发展坚实的 SEL 技能,顾问也在这个过程中得到发展。在所附的描述短文中提供了一个这样发展的例子。

发展舞台 5: 儿童

对儿童社会及情感能力的发展已有了广泛的研究。这个题目的范围以及许多这些能力

所包含的亚成分都与已有研究的数量有关系。比如,情感技能可被分成亚单元,包括自己和他人情感的识别、情感调节和情感交流——言语以及非言语性。我们并不打算回顾整个文献,而是追溯一下对学生的社会和情感期望的趋势,这些期望是随学生发展而产生,并且可以成为本章描述的基于学校干预的课程重点。

606

一个顾问的发展历程

作者之一(MJE)在一个市学区工作了有7年多的一段时期,因此经历了咨询活动所有的七个阶段。这是个有教学意义的实例,因为它也包括了SDM/SPS。然而,这个学区处于新泽西中部的一个市区高危环境中而且考试成绩很差;对SDM/SPS必须进行修改以适应主要为美国黑人的人口特点以及学生强烈的读写需要。这样,在一个由来自10所小学的二到三年级老师参加的2小时的觉知工作坊上,准备介绍SEL,介绍一个具体的课程计划,与TJ交谈(Talking with TJ)(Dilworth, Mokrue, & Elias, 2002),指出其在文化和读写水平上的合适性,以及为老师提供练习的机会使他们能够上好第一节课。没有另外的机会来进行开始实施的培训。老师被要求开始实施,而我和研究生助手,一个非裔美国人,对所有10所学校的老师提供后续支持。我们在下午2:35和3:05这段时间内同他们会面。

在提供持续性咨询和支持过程中,我们开始发觉对计划真正有所了解的教师人数极少而且认识到必须不通过正式培训来改善这种情况。我们招募了一些罗格斯大学的本科生,对他们进行了课程培训,然后让他们到很多课堂上去,这样他们可以向教师提供直接的反馈与帮助并帮着把他们对计划的感觉表达出来。这有助于我们的持续性咨询,使之更有实效。但是,我们也认识到长期这样做的局限性。因此,我把注意力转向督导和一位专门为一个发展领导团队和支持结构的SEL计划提供行政支持的助理。这样,我的咨询工作就和对老师的工作有所不同,从而更好地支持他们;后者依然由研究生和本科生继续;他们熟悉计划但是并不熟悉和管理层打交道。关键的是要在老师和支持这个计划的罗格斯社会—情感学习实验室的小组以及当地学校领导之间提供交流的渠道,使SEL超越班级课程而进入各个年级并融入校风之中。在行政会议上发言的机会被充分利用起来,这能帮助校长们了解计划背后的理论和教学法并理解他们需要具体的行动来支持老师在这方面的工作(如要求老师把备课计划交上来,表明什么时候他们准备实施计划。如果他们有困难的话,帮助他们安排时间和场所,并且根据备课计划以及直接观摩,只要可能的话,提供反馈)。另外,管理人员在每个学校选出各自的"TJ队长";这些都是老师,他们的职责是与实施这个计划的其他老师交谈,并积极主动地把一些他们观察到的问题反映给罗格斯小组成员。这样一来,我的咨询任务从和所有的老师打交道转到了主要和TJ队长接触,偶尔也和那些需要特别帮助的老师接触。

另一项咨询工作是与学校的SEL协调员的联系。这包括帮助他们看到把SEL推广到全校范围去的方法,例如,积极表彰学生并建立学校公民服务活动、告示栏、反映SEL

主题的表演，以及像校长的每月荐书之类的读写活动。他们在学校里、学校间，以及家长间进行有关 SEL 的交流方面也需要帮助。

还有一些咨询方面的细微差别没有被提及。例如，另一个不同的领域是评估。在这方面，主要的咨询人员是督导。他要的是对计划实施的监控以及计划的结果。这个咨询需要正式和总结性评估程序的知识，以及如何以实际可行的方式表达出来并在一个早已充满了标准化测验的环境中处理开展这个评估的后勤问题。用户满意调查问卷顺利发出，老师和学生填写了问卷。老师还完成了关于运用层次的评估。老师在一个标准化的教师评定量表上对学生行为作了评估。这个量表被简化和修改了以适用于市区，低收入少数民族人口(根据老师的要求)。学生完成了这些方面的测量:SEL 技能、自我概念、社会支持，以及学校暴力和受害。显然，这需要一种与任何以前阶段都不一样的顾问活动。

由于计划数据表明了肯定的接受性和成功的结果(Dilworth et al.，2002)，学区就希望发展和扩展这个干预。发展包括了在基于技能的与 TJ 交谈课程中加进一个品格教育的内容和生命之法则的短文。扩展包括了先为四到五年级，接着再为幼儿园到一年级设计课程。这些改动要求顾问把生命的法则和与 TJ 交谈整合进读写课程。同时，学校的 SEL 协调员加大了他们改善将计划与日常学校其他各方面联结的力度，用以增强对校风的影响。要使得这种努力见成效，顾问需要更多地与校长协调并从整体上把握住 SEL 如何在每个学校的文化之内展开。管理这种横跨 10 所学校的多样性极具挑战，同样，随着每一个新成分被加进课程而必须继续咨询，管理这个周期也不是那么容易的。

在 7 年多的时期中对其他技能的要求包括围绕 SEL 来写学校董事会政策，处理高频人员变动率，以及跟踪计划至两个初中和一个高中。每一种情况都需要新的专业知识;顾问要有效地满足这些需要的话，必须充分利用各种支持和信息源。

Elias 等(1997)提供了对这个复杂的文献进行整理的一个有用的导引，他们通过不同的年级组(小学低年级、小学中/高年级、初中、高中)在不同发展情境中(个人、同伴/社交、家庭及学校和社区有关)对社会情感发展趋势作了追溯。对年龄组的这个聚类不仅简化了对发展趋势的了解，而且强调了一个儿童具体年龄的非决定性质。虽然存在着趋势，在任何同龄儿童组内可以预料到很大的差异。在读者看到这个回顾时，他们可能会发觉自己在想，“这个描述并不符合我所知道的 8、10 或 12 岁的孩子!”作者可以料到这样的反应，这是以上提到的年龄组内变异的结果。我们所采取的做法是回顾在这个年龄上学生一般能够做什么，尤其是在恰当的成人支持下，而不是在任何一个交往或社会情境中可能会见到的什么。我们这样做是因为本章的主旨在于发展问题是怎样贯穿在基于学校的计划设计中的。这种计划设计力求帮助学生获取我们这里描述为恰当的期望这类能力。

小学低年级

就个人发展方面来说，小学低年级学生通常正在发展表达并管理基本情感(比如，恐惧、愤怒、兴奋)的能力，能够区分校际和积极情感，也能使用日益复杂的语言来表达情感。他们逐渐能够耐受挫折、延迟满足，并能处置轮流问题，虽然这些技能发生的时间并不一致。“虽然学前儿童开始使用语言来促进自我控制并开始利用认知策划来增强受挫力，但是有效地和自动地使用这些过程的能力至少在小学阶段才得以显见”(Greenberg & Snell, 1997, p. 106)。然而，他们仍然常常使用行为的策略，而不是认知的策略，来对付应激源(Brenner & Salovey, 1997)。在这个水平上的学生开始能够从反射性角色替代的角度考虑到别人的情感和意向，甚至表现出区分不同人在不同情境中情感的早期迹象。他们正在逐渐能够想出在人际情境中交替行为的可能性。

607

这个年龄的学生正在学习一些基本技能；这些技能将在同伴关系中起着关键的作用。他们在听讲、分享、合作、协商，以及妥协等一些领域之中的能力也正在发展。这些学生认识到自我和他人之间的异同。他们能够对他们的同伴显示出同理心并为别人的痛苦而难过不安，并且往往会帮助需要的儿童。他们也在认识自己，能够通过艺术和戏剧表象的形式来表达他们自己，能够表达他们的喜爱与厌恶，并正在认识他们自身的长处。ICPS，第二步计划，和积极应答性课堂计划(Responsive Classroom Program)尤其适合这个年龄阶段。

小学中年级

这个阶段的学生在开端于低年级的技能上继续往前发展。他们的情感认知库在扩大，而且他们一般可以对自己的愤怒施加更多的控制。他们在烦恼时能够使自己冷静下来并讲出他们的感受及描述发生了什么。他们能够学习应对强烈的情感情境的策略。他们正在形成表达他们感受的更积极的方式。在他们确实发脾气或恼怒时，一般来说，他们能够使自己冷静下来，逐渐地趋于使用认知而不是行为策略来应对应激源，而且不归咎于情境。从这一年龄到下一个年龄组，学生正在营造扩展他们自身的应对技能库并学习用不同的策略来应付不同的情境(Brenner & Salovey, 1997)。

这个年级水平的学生也正在提高他们的社会认知技能。他们逐渐能够设立目标并在面临障碍时继续向这些目标努力。预期行动结果和后果的能力正在增强。他们的自我意识水平逐渐提高，尤其是关于他们自身的长处和短处以及别人的长短处。他们正在学会不受失败的干扰。观点采择技能继续发展着。

在这个水平上的社会交往更为复杂，合作计划和共同解决问题能力开始出现。他们正在努力掌握一组社交技能，如结交新朋友和加入新的及扩展了的同伴群。他们接纳多样性和差异性。运用增进了的技能他们能够维持交互式谈话并判断和预期别人的思维、感受和行动。他们能够矫正自己的互动交往——言语和非言语的——来适应不同的对象(如同伴、老师)。随着同伴互动交往的增多，他们对同伴规范的意识以及从众压力的敏感性也增强了。另外，这个年龄的学生还在发展坚定自信、界限设置和处理拒绝等技能。在学校，这个年龄的学生逐渐能够参与团队工作并使项目顺利完成从而体验到成功的自豪。像提供交替思维策略(providing alternative thinking strategies, PATHS)，SDM/SPS，以及开放圈这些计划所强调的技能尤其适合这个年级水平。

初中及以上

当我们把注意力转向初中时，我们遇到的是正进入青少年期的学生，以及伴随这个时期的社会与行为的改变。在社会和情感发展方面,存在着几个可溯的趋势。在这个阶段,学生的自我意识日益增强,而且往往自我苛刻。他们的社会认知技能在大幅度增长。他们能够认识到争论和异议的多个方面。他们对意识到的社会规范很敏感,往往以别人对他们的反应来判断自己的能力和自我价值。他们能够识别自己的自我对话并意识到其重要性。虽然他们逐渐能够阐明目标,不论长期还是短期,但要他们改变行动使其与达到这些目标相一致往往就困难了。就像这个技能之前的其他技能一样,在有序条件下一个人能做什么和在实际情境中一个人会做什么两者之间在这个年龄段往往存在着很大的差异。

同伴交往的进行伴随着对大众趋势极大的敏感性,但是同时也伴随着日益发展的内省思考性以及分辨好朋友与坏朋友的能力。归属成了这个年龄学生的重要问题,而且朋友们都在努力建立处理冲突和解决问题的同时保持友谊的方式。整个青少年期,学生不断获得同伴领导的技能。

当学生们向高中过渡时,或许最重要的主题是在发展一个稳定的同一感及一组长期目标的大前提下的各种发展着的社会和情感技能之间的逐渐增强的整合。

> 青少年时期的情感显著地成了同一性和理想的基础。青少年所关心的往往是他们深有感触的——不仅强烈而且易变……青少年开始意识到对一切事情的感受,而这就转变了他们的价值观和判断力。(Haviland-Jones, Gebelt, & Stapely, 1997, pp. 244—245)

青少年开始对有关个人意义、超越和个人成就目标的问题感兴趣。个人自己的决定和行为,包括那些有关友情和同伴关系、学校操行、在家里平衡独立性与互依型、在不断的自我定义的过程中都成了关键部分了。

在中学阶段有效的计划包括赖恩斯-奎斯特发展成长技能项目(Lions-Quest),尤其是他们的行动技能服务学习计划(Skills for Action service learning program, www. lions-quest. org),长颈鹿英雄计划(Giraffe Heroes Program, www. giraffe. org; Graham, 1999),面对历史和我们自己(Facing History and Ourselves, www. facing. org),以及创造性地解决冲突计划(Resolving Conflict Creatively Program, www. esrnational. org; DeJong, 1994)。

特殊群体

这一节首先指出要注意的一点是,变异性是社会和情感技能发展中的规范。然而,顾问必须意识到那些有临床诊断或特殊教育分类的学生往往会在这些技能的发展中表现出一些独特的缺陷形式。事实上,社会和情感技能缺乏在许多情况下进行临床诊断的确诊病症,这些病症也是进行教育分类的关键特征。比如,以敌意、欺负和冷酷为特征的人际交往是行为障碍诊断标准的一部分(American Psychiatric Association, 2000)。焦虑和抑郁障碍则很显然是把情感性症状作为主要特征。

此外,正如我们在其他地方讨论过的,"有轻度缺陷的儿童倾向于不被他们的同伴所接受,而且他们在与他们的家长和同伴交往方式上表现出缺点来"(Elias, Blum, Gager,

Hunter, & Kress, 1998, p. 220)。被分类为学习障碍的儿童面临着一连串的社会和情感挑战。比如,像LaGreca(1981)所评述的,这些学生比非学习障碍的同伴有更多的消极性同伴关系,受到同伴更多的消极反应,而且更不善于主动作出帮助行为。一个儿童学习障碍的具体困难性质影响社会和情感的表现形式:"比如,有更严重的认知障碍的学生可能缺乏与年龄相称的对复杂交往的社会认识。有语言障碍的学生可能具有对社会情境恰当的认识,但他们可能很难有效地向别人交流"(Elias & Tobias, 1996, p. 124)。正如Elias等评述的(1997, p. 65),不同分类的儿童,包括学习障碍、语言障碍,有轻度精神发育迟缓,神经性障碍的儿童,以及有听力损失的儿童,"往往在社会和交流能力领域有着相关的困难。他们更可能在有效地理解别人的社会线索,处理挫折及其他高强度情感方面显得困难重重。"

被分类为情绪困扰的学生可以根据人际问题解决方面的缺陷与未分类的同伴区分开来(Elias, Gara, Rothbaum, Reese, & Ubriaco, 1987)。对情绪困扰(ED)群体来说,技能缺乏(即掌握社交技能)和表现缺乏(即缺乏使用已经具备的技能的动力)的差别变得尤其明显。加之,许多ED学生把先前社交情境中的消极结果纳入了一组对困难继续性的预期和基于这种预期的消极的自我表象(Elias & Tobias, 1996)。各类有障碍的学生(包括LD和ED)在情感交往的非言语方面表现出缺陷(评述见Kress & Elias, 1993)。

在运用社会和情感技能上的趋势已经在不同的临床儿童群体中有了研究。比如,抑郁儿童和早期青少年和非抑郁同伴相比,在应对消极心境状态时应用认知策略的可能性较少,而更可能在这些情境中用消极行为来应对(Brenner & Salovey, 1997)。研究表明,有行为和攻击性问题的儿童可能会误解不明确的非言语线索,并对别人的行为作出敌对的归因(Dodge, 1980)。令人惊奇的是,很少有为特殊人群而设计的计划。OZ项目和SDM/SPS计划(Elias & Bruene-Butler, 2005a, 2005b, 2005c)是那些在这个情境中显示出效果的计划之中的两个。SDM/SPS计划设计者在有特殊需要群体中所做的工作在本章后面有重点介绍。

609

总的来说,一个顾问对儿童社会和情感能力发展领域的关注必须考虑到可能性和现实性。这一节已讨论过,在学生从低年级到高年级的过渡中,大多数学生可以预期的发展是有趋势的。但是,在任何组别中都有着相当大的变异性,而临床或被分类的亚群体学生则显示出一些更系统化的缺陷。由于计划是针对学生需要的,因此,必须把精力放在个体学生的强项上而且符合他们的需要,以使他们的社会和情感的技能功用往前发展。如果把这个过程看作是一种类似于Vygotskian(1978)的最近发展区观念的社会和情感技能,那么,给顾问留下的问题是,个人的环境(这里,主要是但不限于学校环境)怎样能够促进技能的发展和运用。

整合:发展相宜性梯度

上面的几小节描述了几个展现整个实施过程中的发展性变化的舞台。虽然对这些舞台的述评是单个的、分别的,但是根据我们作为顾问的经验,我们坚信,这些舞台可以被更确切地看作是相互交错的,共存于一种动态关系之中。在一个计划努力周期的任何时刻,对每个舞台都可以摄下一幅横切面的定格,但是,一旦场景被允许继续,一个舞台上的变化会带来其他舞台上的变化。这些交互作用的动态性往往使得很难阐述这些舞台的演变始于何处、何为因、何为果。

从实践上讲,咨询/干预计划的开始决定了所有维度的起点,虽然这个起点并不一定在这个维度的开端。比方说,在一个干预的第二年,原来的学生通常都升到了高一个年级去了。在第一年开展计划的教员此时获得了一年的经验并将面对新的一组学生。然而,新的教师却不会处在同一点上。这样,教员的经验,他们对咨询的需要,和学生的经验(以及计划的影响)都会不一样。如果我们往前看下一年,下一个年级的老师会发觉新学生经过一年的干预后比他们经历到的以前的学生有着更大的差异性。对这一点他们是需要有所准备的,而且必须进行咨询。如果干预要跟踪到下一个年级,那么情况就变得更复杂了。顾问需要准备到怎样一种程度来处理这些问题呢? 他们必须有相当的灵活性以及深厚的干预知识才能够作出改动使特定的教师所能做到的得到最大程度的发挥。这些新的需要以及对这些需要的新认识可能使得有必要对原先的计划重点作改动。要对此提供支持,顾问可能需要对一个以往较少督导的计划安排更多的培训和支持。

现在的画面超越了单一的交叉线,而更是一种相互依赖的影响力了。也就是说,虽然任何时间上的横切面会显示出在每一个发展轨迹上不同的点来,但是任何舞台上的路径将会影响所有其他舞台上的路径。情节本身取决于你从何处开始这个故事,但是在现实中,所有舞台都存在于动态的相互关系之中。随着计划的开展,教员的关注会改变,学生的需要会改变(基于自然因素以及计划的作用),教员对学生及他们的行动和需要的看法也可能会改变。要作出恰当的咨询决定,顾问必须能够根据每个舞台在其发展中所处的位置来对各种可选方案作出判断。我们使用"发展相宜性梯度"这个说法来表示交互作用着的不同舞台的发展性需要所造成的情形。对新的信息、决定、步骤/程序等都可以依照发展相宜性梯度加以评估来确定它们在这个始终演变着的系统之中适用于何处。

一个恰当的比喻是一个即兴演奏爵士乐队* 的指挥。每个发展舞台可以被看作是一个乐队成员,在演奏一段独特的即兴音乐。正像乐队指挥上台时可能在头脑中已经有了一定的设想——某一种特别的速度或调——顾问可能以有效实践的研究作为指导(如,Elias et al., 1997)。顾问(大多情况下把所有乐队成员包括在内,并起着指挥的作用)必须以动态的方式工作,没有脚本,往往凭感觉,使器乐曲和谐地进行着。指挥虽然有一个总体框架,但是没有音符到音符的脚本。同理,由顾问来承担的是使各方面都工作起来。一个了解每一个发展领域趋势的顾问有着像一个排演熟练(而不是新成立的)爵士乐团的指挥一样的优势。虽然每一个成员各自演奏着,指挥已经熟知每个人的风格和倾向并且能够预料接下来可能会是什么(虽然总归有吃惊的时候)。同样,了解发展趋势能使顾问应用外加的结构来决策,而同时仍然保持着足够的灵活性来处理一系列本质上在不停地转换的情境。

610

* 我们很荣幸地继续沿用 Jim Kelly 把爵士乐的比喻用在社区心理学概念上!

发展简介

我们的发展简介(development snapshots)取自于儿童学院(The Children's Institute, TCI)的工作。TCI是一种私立的、非营利的、学区之外的学校。学生年龄从3岁到16岁。这所学校建立于1963年,分为学前、小学和中学三个水平。学校接受学区之外的指标;学生来自新西泽州北部和中部的广阔区域,代表了40多个不同的学区。由此,学校人口组成在社会经济地位和种族两个方面也非常多样化,虽然男生占了注册人数的大多数(90%)。被转到TCI的学生有三类: 学前残疾、情绪困扰和自闭性。

TCI的学生接受所有学科的教育,另外,还接受治疗服务。这些服务有两个专门领域提供。危机工作者为表现出在课堂上不能再容忍的急性行为的学生提供一线干预。这种模式,起码在此计划年表的早期,是为了在紧急情况下可以及时请来危机工作者并把出问题的学生从课堂上领开直到危机减小。第二种治疗性干预由社会工作者提供。与危机工作者相反,社会工作者在持续的、预约的基础上与儿童会面。社会工作者是我们第一份简介的目标,下一节对他们有更多的描述。

虽然一所着重于情绪障碍学生的学校在持续性基础上可被看作是一直在满足学生的社会和情感需要,正式实施SEL计划的策划开始于1989年,以SDM/SPS计划的实施为开端。SDM/SPS是在1979年通过罗格斯大学(Rutgers University)、新泽西医科和牙科大学(the University of Medicine and Dentistry of New Jersey),以及新泽西州的各学区的心理学家和教育工作者的通力合作而创立的。这些年来,小学和中学各年级的课程指导都已被编制完毕(Elias & Bruene-Butler, 2005a, 2005b*, 2005c; Elias & Tobias, 1996)。专门为家长撰写的书籍手册帮助了基于学校的计划之延续(Elias, Tobias, & Friedlander, 2000, 2002)。这个计划由受过施行计划培训的教师(或其他教工)在课堂里实施。这个计划经受了大量的研究(Bruene-Butler, Hampson, Elias, Clabby, & Schuyler, 1997)并受到了各方面的好评,包括国家教育目标专题组(the National Education Goals Panel),美国教育部的安全和无毒品学校专家组(the U. S. Department of Education's Expert Panel on Safe and Drug Free Schools),品格教育联盟(the Character Education Partnership),和学业、社会及情感学习协作组(the Collaborative for Academic, Social, and Emotional Learning, CASEL, 2003)。

这个计划的总体结构见表15.3。SDM/SPS可被分成三个阶段: 准备、教学和应用。准备技能涵盖了自我控制和社会觉知/团体参与的基本成分。课程这部分的名称得自于这样的想法,即这些技能是恰当决策的关键性基本要素,或是说必需的工具。缺乏自我控制和社会觉知,我们不可能从事有成效的问题解决而易遭到"情感性劫持"(Goleman, 1995),这就会在高危情形中使理性思维出轨。表15.3列出了准备阶段包含的技能。这个阶段的一个主要聚焦点是为有效的冲突管理和培养自律和有社会责任的行为,即使在面临或许会使获

* 英文原书此处为"2205b",参考文献中是2005,疑错,故改为2005。——编者注

611 得这些积极的结果比较困难的情形中，创造条件。教师以介绍在冲突解决和愤怒管理中一个相互关联的技能组来开始讨论这些问题。在介绍这组技能中，老师可以组织一次关于在紧张情形中能够保持冷静的重要性的讨论(比如，要学生分享他们难以冷静下来及其后果的经验)。老师可以让学生讨论什么时候他们尤其难以保持冷静(“触发情形”)，以及显示紧张的体内“感觉特征”(feelings fingerprints)。“保持冷静”被分解为一些元素技能；这些技能被加以演示和练习并在学生练习时给予反馈。随着技能的介绍，老师往往让学生用角色扮演来运用这些技能。尤其重要的是，“保持冷静”这个词组被确定为一个合意行为的提示和线索词。如果需要这个技能时，老师和其他员工可以在全校范围内应用这个行为速记。在困难的时候，比如转换过渡期或考试前，可以提示学生“保持冷静”。老师可以在他们可能感到特别紧张的情形中作出保持冷静的表率。随着学生对应用保持冷静的熟练化，老师可以要求学生分享他们在教室或课间应用保持冷静的情形。教师助理和其他员工在需要时也可以提示学生应用这个技能。

表 15.3　社会决策方法的基本结构

准备技能	**决策与问题解决技能：**
A. 自我控制技能：	1. 了解对自己和别人的感情。
1. 仔细准确地听。	2. 鉴别问题或困难。
2. 听从指导。	3. 列出指导你决定的目标。
3. 生气或紧张时使自己冷静下来。	4. 思考备择方案。
4. 以恰当的社交礼仪与别人接近和交谈。	5. 想象可能的后果。
B. 社会觉知和团体参与技能：	6. 选择最佳方案。
1. 认可并引发别人的信任、帮助和赞扬。	7. 计划并对障碍作最后的检查。
2. 理解别人的观点。	8. 注意发生了什么并将此信息用于今后的决策和问题解决。
3. 明智地选择朋友。	
4. 得体地参与团体活动。	
5. 给予和接受帮助和批评。	

在课程的教学阶段，向学生介绍八种决策的技能，如表 15.3 所列。首字母缩略词 FIG TESPN 可以用来帮助学生记住这个过程。很明显，第一步注重于感情。情绪被看作是问题解决过程的重要向导。决策的八种技能是通过有指导的辅助性询问技术直接传授给学生以帮助他们经历整个过程。

综合性计划包括把 SEL 技能融入教育经验的所有方面。应用活动提供了在学业和社会情形中实践新技能的机会。一经介绍，SDM/SPS 技能就可以被应用到内容领域中去。老师可以利用问题解决的术语来分析一个故事中的一段情境(这个人物感觉到什么？问题是什么？)或对学生该怎样呈现一个研究课题的材料作出决定。可以提示学生在现实生活情形中，如课间休息和午餐时，应用 SDM/SPS 技能，然后，可以与他们一道来分析这个经验。

在 TCI 开始对一个试验小组实施 SDM/SPS 时，有六个教师和教师助理以及所有的社会工作者、危机工作者、言语教师和专业人员(如体育)。对计划的咨询是由在计划设计者之一(MJE)指导下的熟悉这个计划的研究生(包括 JSK)所提供。一开始时，学校领导就要求

SEL 的计划“整合于贯穿学校全天的特殊教育环境的所有方面”(M. Cohen, Ettinger, & O'Donnell, 2003, p. 127)。因此,随计划的进展,安排了对学校全体员工的培训并对任何新员工做好 SDM/SPS 的计划介绍。从头至尾,咨询是由罗格斯大学的研究生和他们的导师所提供。

这些描述性简介的来源有几方面。除了作者的思考之外——两人都在 TCI 做过各种咨询工作,数据来自于几个书面文件。主要文件是校长写的一篇博士论文(Ettinger, 1995),这篇论文记录了在大约 1993 到 1995 年之间所出现的系统性变化和一些创新措施。因为 SEL 在学校中有着这样一个中心位置,这个阶段的文件对此领域所做的工作提供了丰富的描述。另外,咨询小组也根据他们的经验发表了两篇期刊论文(Kress et al., 1997; Robinson & Elias, 1993),这些为在 TCI 的工作提供了另外角度的看法。最后,学校领导也发表了一个章节,描述了他们所做的工作(M. Cohen et al., 2003)。

612

发展简介 1:来自临床人员的阻力

我们的第一张简介上关于在取得全校性实施结果中所碰到的一个困难。如前面一节提到的(参见 Novick et al., 2002),任何 SDM/SPS 计划的成功实施依赖于那些实施人员对计划的目标、方法,及其责任的共识。审视 TCI 的发展轨迹,很明显,并不是所有的人员都做到了这一点,至少在相同的时间框架内。在大约三年的最初实施期间,课堂老师的运用可以被看作是逐步迈向计划施行的稳定性。建立了对新教师—实施者的支持机制,发起了让实施者可以分享成功并讨论障碍的会议,还设立了一个委员会来处理 SPS/SDM 计划的事务(Robinson & Elias, 1993)。但是,同时也注意到学校的社会工作者并没有积极地加入到实施的行动中去。

社会工作者的参与问题早在 1993 年就被注意到了,那时校长进行的面谈结果就让他把社会工作者的合作当作加强全面施行 SEL 的一个目标。此外,社会工作者的非参与已成了课堂老师不满意的一个因素;他们觉得他们自己的努力并没有在教室之外得到支持。

我们可对社会工作者(和课堂老师相比)对计划实施的不同的准备的根源略加推测。一个缘由可能是与社会工作者的教育背景和随后的理论观点有关。按照校长的说法,“临床员工受到全面的心理动力学的教育和训练,并懂得儿童的心理病理学。然而,他们在情绪困扰儿童的教育方面学的课程极少”(Ettinger, 1995, p. 15),尤其是,几乎没有关于作为 SDM/SPS 计划基础的这一类认知—行为取向方面的训练。

社会工作者对 SDM/SPS 的实施反应的最好写照是校长论文中的一段小结,回溯了在大约实施的第四年这段时间内计划实施的情况:

> 社会工作者的研究生课程为他们准备好在传统的精神卫生环境中工作,在单独拉出式精神卫生服务(pullout mental health services)中采用强调领悟治疗法的心理动力学取向。他们致力于在一个与学生在学校、在教室和在社区的日常活动不同的情境中以不公开的保密的方式对儿童进行治疗。他们认为自己与其他教职员工不同,他们认

为自己的角色是一种专业咨询员，提供建议与意见……由于社会工作者所忠实的这种临床范式，他们怀着抵触态度并受到这个职工培训方案所倡导的心理教育模式的威胁。社会工作者表示，他们担心实施行为管理计划，参加指导 SPS 课程，以及开展社会技能培训将会导致他们丢失他们作为治疗师的职责身份。(Ettinger, 1995, pp. 36—37)

这个简介可以通过前面描述的发展舞台的镜头来看。对社会工作者角色的强调，以及对他们进入这个角色抵触的关注，可以被看作是源于在这个情境中学生的发展需要。在 TCI 的学生，由他们向学校呈交他们的转学介绍的分类这一事实，就展露出在社会能力上的显著缺陷，尤其在自我控制方面。许多学生展现出学习困难，这就与技能发展混淆了；因此，使得对这些缺陷的矫正更复杂化了。TCI 的学生每天都与多位教育和心理治疗人员接触。

结合起来，这些因素指出要让 SEL 在这些学生中有所结果就需要深入细致的、协调的努力。有一组人员没有支持这样的努力，这就引出了这样的考虑，即努力本身不足以战胜学生所面临的挑战。为了对付这个问题，干预模式本身也开始发展。教师个人的实施努力一直扩展到全校范围的实施而得到强化。除了突出对于社会工作者的特定的期望之外，这个简介时期的另一个特点是参加培训的专业人员和学校其他人员在数量和类别上的增加。与此同时，沟通渠道的开通力度也增强了，从而使得所有实施者可以在特定学生中间把类似的一组技能作为目标。

613

这一简介展示了学校全体教职员工中不同群组人员在干预过程中的运用和关注两个方面都处于不同的发展阶段的可能性。课堂教师所表达的有关缺乏社会工作者的后续支持的忧虑总的说来可以被看作是那些已有了实施干预的经验并正在探索使其影响最大化的方法，特别是通过寻求别人来支持他们的努力的教师的代表性看法。从实施发展的立场上看，教师们正在实施和精调(表 15.2)。然而，他们要进入到实施的下一个层次的努力，即他们要把自己和别人的努力整合起来，由于社会工作者的抵触而受到了阻碍。就作为成人学习者的教师发展而言，存在着一个类似的情形。教师感兴趣的是他们工作的结果以及增进他们的努力。然而，向合作(下一层次的共同目标)的过渡却困难重重。

SEL 干预的性质是其本身处于发展波动之中，伴随着逐渐着意于把具体的行为技术应用到自我控制和社会觉知的准备技能的重点上去。在实施过程的这个时候，基于罗格斯的 SDM/SPS 顾问也正忙碌于几个发展的层次上。顾问重点的一部分是帮助提供基本和高级两方面的培训及咨询支持；而组织结构拥有权益的发展(Kress et al., 1997)也是一个重要的目标。SDM/SPS 实施及领导的主要功能取决于一个多学科的团队，其组成包括了学校领导和学校各部门的代表(教师、教师助理、临床人员、专业人员)。顾问也是成员之一，但不担任领导角色。

总而言之，这份有关来自于部分人员的阻力的简介发生在一个发展相宜性梯度之内，这种梯度可被理解为实施过程中的发展轨迹、干预本身、实施者的需要与关注、顾问的角色，以及计划接受者的需要的会聚。随着学生在着重于促进社会能力通力合作上的需要变得更清楚了，老师感到他们努力的成效受到了阻碍，因而觉得失望。顾问起着支持性而不是领导的作用。理解这个梯度不仅有助于问题的定义——认识到社会工作者产生抵触的更大的背景，而且有助于落实解决方法的概念化。

学校领导，这时正忙于增加 SDM/SPS 计划的拥有权益，着手重新定义社会工作者的职责来"更多地强调社会工作者作为协调校内和校外服务的案例管理者并在 SPS、社会技能培训和家长教育中纳入他们的作用"(Ettinger, 1995, pp. 135—136)。社会工作者被要求和课堂教师一起共同带领 SDM/SPS 社会技能小组并在他们的个别临床工作中继续技能培养。认识到社会工作者在实施过程和对干预的关注两个方面处在一个不同的发展点上，特别给他们提供了有关他们在技能培养活动中作用的培训。校领导努力把要求讲明白，甚至不惜把一个社会工作者从一个项目上撤下来，因为不愿意"支持(行为基础上的)计划由于(社会工作者的)心理分析定向"(p. 169)。其他组织机构上的一些机制也被恰当地利用起来为强化社会工作者的努力以及增强责任心提供机会。比如，社会工作者和教师被要求在教工会议上呈现他们共同准备并实施的社会技能课。

为了增强这样的培训与社会工作者的价值观和期望相一致的程度，需要向社会工作者提供有关社会技能干预效能的文献和数据。此外，由一位开业临床医师向他们提供进一步的培训和持续性的咨询；虽然这位医师的理论方向与社会工作者不同，但能够更具体地处理他们面对的一些临床问题。这位医师同社会工作者一起对临床案例问题以及他们在课堂里社会技能小组的活动进行分析，既提供了专业示范也提供了他们工作中间的联系。加进另一个顾问同时也有利于允许基于罗格斯的 SDM/SPS 顾问集中注意力于把拥有权益和领导权益转置到学校人事上去。对学校一大批人的密切督导和观察可能并非有意地传递了一个信息，即顾问的兴趣在于赋权于学校领导来指导实施。 614

这些工作看来是对学校社会工作者的作用起到了影响。在对社会工作者更为细致的工作的几年之后，M. Cohen 等(2003, p. 137)更新了学校临床员工的职责："临床人员结合认知—行为方法、经典的行为原则(TCI 的代币酬赏制)和心理动力技术，通过社会情感技能训练及社会问题解决来促进社会能力。"然而，这并不是说这是一个简单的线性过程。社会工作者并不总是对他们新的角色感到满意，而且有时候需要人事变动后恰当的措施才能进行。

发展简介 2：整合性干预

第二张简介所呈现的时期与前一张简介相同。来自各种渠道的反馈表明在 TCI 的人口中增进合意的 SEL 效果的努力可以通过"使用提供直接教学和实践、演练及应用机会的社会技能课程"得到增强(Ettinger, 1995, p. 7)。对情绪和行为障碍的儿童和青少年采取一种结构式行为性方法是很重要的；计划顾问对此作了强调，而且校领导所阅读的与这些群体中具体的社会技能缺陷有关的研究文献也支持这一点。于是决定把另一个社会技能课程，技能流(skillstreaming)(Goldstein, Sprafkin, Gershaw, & Klein, 1980)整合到学校的 SEL 工作之中。值得注意的是，这种对结构式行为课程方法的愿望出现于正在实施基于一组相似的认知—行为原则的计划之中的一个情境里。上面提到的"直接教学……实践、演练及应用"都是 SDM/SPS 计划所推荐的实践内容。如前面提到的，SDM/SPS 课程的一个主要部分是培养在自我控制和社会觉知方面的准备的技能。例如，一节关于聆听技能的课介绍一组与“聆听姿势”（坐或站直、看着声源，等等）有关的行为和练习活动。教师被要求在全天内都对学生的努力作反馈并提示和强化“聆听姿势”的正确运用。

这里值得简单地探索一下对SDM/SPS行为技能内容的一些具体的顾虑以及对引进技能流计划所感觉到的好处。在比较两种计划的方法时，校长强调了不同而不是相似之处：“与SPS相比，社会技能训练是针对特定行为的，重点在于教授亲社会技能而不是认知策略”（Ettinger, 1995, p. 57）。显然，这里有个知觉成分涉及在内。就像SDM/SPS课程中“聆听姿势”的例子那样，行为技能是SDM/SPS计划的重点。另外，技能流课程的确包括一节“计划技能”，与SDM/SPS中的问题解决技能相仿。

然而，尽管有这样的知觉，在两种方法之间还是有些重要的差别。SDM/SPS课程的基于行为技能的准备就绪部分包括了16个技能方面（如“学会仔细准确地聆听”、“提出批评”等）。技能流计划包括了42个不同的行为技能方面，加上8个更像是认知定向的“计划技能”部分。这些42个技能方面被分成更小的（一般是4—6个）操作步骤。很可能这种方法被看作是与TCI所采取的对学生教育的一般方法更为一致。此外，技能流本身单独的基于技能的方法一般来说使其教授技能的方法更为结构化。

重要的是要注意到TCI所采取的不是用一个课程取代另一个的做法，而是把两种课程整合为一种独特的SEL方法。整合两种课程的工作由学校的跨学科社会问题解决委员会指导，随课程整合的进展，这个委员会被重命名为社会发展委员会。这个新名称反映了委员会在指导SEL工作中的角色扩展到一个特定计划实施之外了，其作用日益增强。校长把对这个委员会的指导性目标概括为：“采用SPS课程；此课程为社会技能教学提供了结构、发展性的指导，以及策略。社会技能流课程提供了更详细的、具体的技能；它们要被整合到SPS课程和其他教学策略中去”（Ettinger, 1995, p. 98）。因此，这个委员会保持了SDM/SPS的顺序和发展结构；同时加进更为精细的技能分解和行为演练和实践，这些是技能流方法的特征。

615

课程整合得到了咨询心理学家的支持；咨询心理学家知道如何互补性地使用两种方法。建构主义的取向被采用在教师的培训上，让他们了解新结构该是怎样运作的。对此，进行了半天的教职员工培训工作坊。教师准备并呈现了一节课来讲解整合。这种实施模式需要课堂老师及社会工作者在SPS/技能流课程的备课和上课方面的合作。社会发展委员会将所有的课程整理成独特的基于特定场所的课程指南并在暑假里花了3天时间正式把这些材料编成一本“社会发展课程指南”。在下学年返校后对全体教职员工进行了关于这个指南及其使用的培训。分享交流新的社会发展课程成了教工会议的一个常规部分。

SPS和技能流最初的结合可被看作是一个课程整合及适应的循环的开端，这已被称作TCI模式（M. Cohen et al., 2003）。这个模式可小结如下：

> TCI对所有学生都采用了认知—行为的取向……这包括了一个逐渐去教会学生他们需要做什么来发展社交上得体的替代行为的过程。学生还定期参加针对个体儿童需

要的技能的“实践和演练”。就是通过这样的方法，学生学习在一个具体的情形中用恰当的行为来取代不恰当行为。这种方法是建立在 Maurice Elias 博士(Elias & Tobias, 1996)的大量研究，Arnold Goldstein 博士的技能流课程(McGinnis & Goldstein, 1984)，以及 Frank Gresham 博士的社会技能干预指南(Elliott & Gresham, 1992)的基础之上的。这些工作集中在所有儿童的社会和情感学习上，并使用了设计、实施、反馈周期十多年之久，TCI 的教职员工修改了——而且现在继续在修改——这些工作来反映学生独特的需要。我们接着加进了增强自尊和其他社会情感技能的一些课。这就逐步形成了 TCI 的社会发展课程。

TCI 模式纳入了 Elias 和 Clabby(1989)的方法中常用的词汇……使用这个共享的语言就提供了在照看学生中比以往所显示出来的大得多的连续性。(M. Cohen et al., 2003, pp. 128—129)

SDM/SPS 提供了结构和语言，并整合进了几个其他课程的内容。其结果就是一个独特的直接满足创造的场所需要的产品。就像任何对一个场景的简介一样，技能流和 SDM/SPS 的整合代表了对前述的发展舞台的会聚。或许，主要的动力出于对学生发展轨迹的关注以及一个逐渐增加的对如何去最佳地处理这些关注的理解。特定的行为技能缺陷，常见于像 TCI 这样的群体内，似乎指出了一种更注重于技能培养的方法的必要性。

如同前面简介中小结的那样，这个时候计划的实施在学校不同类别的员工中间是不一致的。课堂就是常规性地上着 SDM/SPS 的课，但是临床人员通常不愿重新调整他们主要的心理动力学取向。教师已准备好在他们经验以及最初实施结果的基础上对他们的工作进行细调，这就使他们渴望有一个以行为技能为基础的重点。顾问此刻工作的目标，如前所述，是将主要的 SEL 计划拥有权益转向情境，而不是外部的支持人员。最后，明显地，这个简介标志着干预自身的一个主要的发展变化：从使用具体计划到创建出一个整合的新方法来。

由发展舞台汇聚所形成的梯度有助于理解这些事件是怎样展现的。尤其是这张简介，值得注意的是什么没有发生。面临新近认识到的计划需要，校领导拒绝了通常踏足的旋转门式计划的路径。也就是说，SDM/SPS 计划没有被技能流取代，而且没有开始新一轮的实施过程。校长和社会发展委员会的决定，改编而不是采用，可以归因于早已存在的一线实施者对 SDM/SPS 计划的轻松和胜任的水平。另外，学校人员与 SDM/SPS 计划的顾问有着很长的积极关系。这种关系发展到了 SDM/SPS 顾问不是在督导或指导实施过程，而是作为社会发展委员会的成员之一参加会议并与其他成员相等地发表意见。这可能有助于顾问以及他所代表的计划随委员会一起运作，而不是在 SDM/SPS 和技能流之间设立一个不是这就是那的情形。最后，学校的 SEL 领导很重视他们学生群体的独特性并看到了以有助于这一领域的方式来创新的机会。例如，从 SEL 课程整合的早期阶段开始，社会发展委员会和校领导就提出一个建议，要把他们的做法在全州的一个会议上宣读。

616

结论

虽然我们在这里确认了所述评的五个发展舞台的中心位置，但是还可能有其他与发展相关的变化领域，例如，涉及学校领导的因素可能与此有关。校长是不是新来的，或是个老手？校长与学校各类员工共事(或不能共事)的历史如何？学校领导对正在谈论的干预知道多少或关心多少？第二个另外的领域是情境本身的生存周期。这个情境存在有多久了？目前正在实施，或过去曾经实施过其他什么干预，是在 SEL 计划或之外？一所仍处在困难重重或充满异议的，如一种新的集中速成法的实施过程中恢复阶段的学校，可能会对再次开始新的什么计划呈现出独特的挑战。

要使干预成功，许多本质上是发展性的影响力的汇聚必须发生。顾问以及学校领导，他们试图进行改革，要他们明确地考虑到所有可能的方方面面而同时协调这样做所需要的情感、认知及行为，这近乎不太可能。然而有些干预，像在 TCI 实施的 SDM/SPS 是成功的。我们假设要让其成功，介入实施过程的人员中必须有关键数量的实施者，有一种渗透于他们工作的全面的、发展的认识。其形式可以是一种普遍性的期望(Rotter, 1954)，一个上阶图式，或者是某种其他高级的交互性组织结构。这是今后研究的课题。然而，已经清楚的是，通过加进发展相宜性梯度这个视角并把它作为对学生接受者发展观以及他们与干预本身的发展内容匹配的一种补充应用于干预的情境，我们就可以提高对实施过程(以及咨询过程)的认识。

(王卫译，邓赐平审校)

参考文献

Albee, G., & Gullotta, T. G. (Eds.). (1997). *Primary prevention works: Vol. 6. Issues in children's and families' lives*. Thousand Oaks, CA: Sage.

American Psychiatric Association. (2000). *Diagnostic and statistical manual of mental disorders* (4th ed., text rev.). Washington, DC: Author.

Bar-On, R., & Parker, J. (Eds.). (2000). *Handbook of emotional intelligence*. San Francisco: Jossey-Bass.

Battistich, V., Schaps, E., Watson, M., & Solomon, D. (1996). Prevention effects of the child development project: Early findings from an ongoing multi-site demonstration trial. *Journal of Adolescent Research*, *11*, 12 - 25.

Brandt, R. S. (2003). How new knowledge about the brain applies to social and emotional learning. In M. J. Elias, H. Arnold, & C. S. Hussey (Eds.), *EQ + IQ = Best practices for caring and successful schools* (pp. 57 - 70). Thousand Oaks, CA: Corwin.

Brenner, E. M., & Salovey, P. (1997). Emotional regulation during childhood: Developmental, interpersonal, and individual considerations. In P. Salovey & D. J. Sluyter (Eds.), *Emotional development and emotional intelligence: Educational implications* (pp. 168 - 192). New York: Basic Books.

Bruene-Butler, L., Hampson, J., Elias, M. J., Clabby, J. F., & Schuyler, T. (1997). Improving social awareness-social problem. solving project. In G. Albee & T. G. Gullotta (Eds.), *Primary prevention works: Vol. 6. Issues in children's and families' lives* (pp. 239 - 267). Thousand Oaks, CA: Sage.

Ciarrochi, J., Forgas, J., & Mayer, J. (2001). *Emotional intelligence in everyday life*. Philadelphia: Taylor & Francis.

Cohen, J. (Ed.). (1999). *Educating minds and hearts: Social and emotional learning and the passage into adolescence*. New York: Teachers College Press.

Cohen, M., Ettinger, B., & O'Donnell, T. (2003). Children's Institute model for building the social-emotional skills of students in special education: A school-wide approach. In M. J. Elias, H. Arnold, & C. S. Hussey (Eds.), *EQ + IQ = Best practices for caring and successful schools* (pp. 124 - 141). Thousand Oaks, CA: Corwin.

Collaborative for Academic, Social, and Emotional Learning. (2003, March). *Safe and sound: An educational leader's guide to evidence-based social and emotional learning programs*. Retrieved October 1, 2002, from http://www.casel.org.

Commins, W. W., & Elias, M. J. (1991). Institutionalization of mental health programs in organizational contexts: Case of elementary schools. *Journal of Community Psychology*, *19*, 207 - 220.

Conduct Problems Prevention Research Group. (1999). Initial impact of the Fast Track prevention trial for conduct problems: Pt. 2. Classroom effects. *Journal of Consulting and Clinical Psychology*, *67*, 648 - 657.

Consortium on the School-Based Promotion of Social Competence. (1994). The school-based promotion of social competence: Theory, research, practice, and policy. In R. J. Haggerty, L. R. Sherrod, N. Garmezy, & M. Rutter (Eds.), *Stress, risk, and resilience in children and adolescents: Processes, mechanisms, and interventions* (pp. 268 - 316). New York: Cambridge University Press.

DeJong, W. (1994). *Building the peace: The Resolving Conflict Creatively Program*. Washington, DC: U.S. Department of Justice, National Institute of Justice.

Diebolt, C., Miller, G., Gensheimer, L., Mondschein, E., & Ohmart, H. (2000). Building an intervention: A theoretical and practical infrastructure for planning, implementing, and evaluating a metropolitan-wide school-to-career initiative. *Journal of Educational and Psychological*

Consultation, *11*(1), 147 - 172.

Dilworth, J. E., Mokrue, K., & Elias, M. J. (2002). Efficacy of a video-based teamwork-building series with urban elementary school students: A pilot investigation. *Journal of School Psychology*, *40*(4), 329 - 346.

Dodge, K. A. (1980). Social cognition and children's aggressive behavior. *Child Development*, *51*, 162 - 170.

Edwards, R. W., Jumper-Thuman, P., Plested, B. A., Oetting, E. R., & Swanson, L. (2000). Community readiness: Research to practice. *Journal of Community Psychology*, *28*, 291 - 307.

Elias, M. J. (1989). Schools as a source of stress to children: An analysis of causal and ameliorative factors. *Journal of School Psychology*, *27*, 393 - 407.

Elias, M. J. (1995). Prevention as health and social competence promotion. *Journal of Primary Prevention*, *16*, 5 - 24.

Elias, M. J. (1997). Reinterpreting dissemination of prevention programs as widespread implementation with effectiveness and fidelity. In R. P. Weissberg (Ed.), *Healthy children 2010: Strategies to enhance social, emotional, and physical wellness* (pp. 253 - 289). Newbury Park, CA: Sage.

Elias, M. J. (2003). *Academic and social-emotional learning* (Educational Practices Booklet No. 11). Geneva, Switzerland: International Academy of Education and the International Bureau of Education (UNESCO).

Elias, M. J., Blum, L., Gager, P., Hunter, L., & Kress, J. S. (1998). Group interventions for students with mild disorders: Evidence and procedures for classroom inclusion approaches. In K. C. Stoiber & T. R. Kratochwill (Eds.), *Handbook of group interventions for children and adolescents* (pp. 220 - 235). New York: Guilford Press.

Elias, M. J., & Bruene-Butler, L. (2005a). *Social Decision Making/Social Problem Solving: A curriculum for academic, social, and emotional learning, grades 2 - 3*. Champaign, IL: Research Press.

Elias, M. J., & Bruene-Butler, L. (2005b). *Social Decision Making/Social Problem Solving: A curriculum for academic, social, and emotional learning, grades 4 - 5*. Champaign, IL: Research Press.

Elias, M. J., & Bruene-Butler, L. (2005c). *Social Decision Making/Social Problem Solving for middle school students: Skills and activities for academic, social, and emotional success*. Champaign, IL: Research Press.

Elias, M. J., & Clabby, J. F. (1989). *Social decision making skills: A curriculum for the elementary grades*. Rockville, MD: Aspen.

Elias, M. J., Gara, M., Rothbaum, P. A., Reese, A. M., & Ubriaco, M. (1987). A multivariate analysis of factors differentiating behaviorally and emotionally dysfunctional children from other groups in school. *Journal of Clinical Child Psychology*, *16*, 409 - 417.

Elias, M. J., Gara, M. A., Schuyler, T. F., Branden-Muller, L. R., & Sayette, M. A. (1991). Promotion of social competence: Longitudinal study of a preventive school-based program. *American Journal of Orthopsychiatry*, *61*, 409 - 417.

Elias, M. J., & Tobias, S. E. (1996). *Socialproblem solving: Interventions in the schools*. New York: Guilford Press.

Elias, M. J., Tobias, S. E., & Friedlander, B. S. (2000). *Emotionally intelligent parenting: How to raise a self-disciplined, responsible, socially skilled child*. New York: Three Rivers Press.

Elias, M. J., Tobias, S. E., & Friedlander, B. S. (2002). *Raising emotionally intelligent teenagers: Guiding the way to compassionate, committed, courageous adults*. New York: Random House/Three Rivers Press.

Elias, M. J., Zins, J. E., Greenberg, M. T., Graczyk, P. A., & Weissberg, R. P. (2003). Implementation, sustainability, and scaling up of social-emotional and academic innovations in public schools. *School Psychology Review*, *32*, 303 - 319.

Elias, M. J., Zins, J. E., Weissberg, R. P., Frey, K. S., Greenberg, M. T., Haynes, N. M., et al. (1997). *Promoting social and emotional learning: Guidelines for educators*. Alexandria, VA: Association for Supervision and Curriculum Development.

Elliot, S., & Gresham, F. (1992). *Social skills intervention guide*. Circle Pines, MN: American Guidance Service.

Ennett, S. T., Ringwalt, C. L., Thorne, J., Rohrbach, L. A., Vincus, A., Simons-Rudolph, A., et al. (2003). A comparison of current practice in school-based substance use prevention programs with meta-analysis findings. *Prevention Science*, *4*, 1 - 14.

Errecart, M. T., Walberg, H. J., Ross, J. G., Gold, R. S., Fiedler, J. L., & Kolbe, L. J. (1991). Effectiveness of teenage health teaching modules. *Journal of School Health*, *61*, 26 - 30.

Ettinger, B. A. (i995). *A comprehensive staff development project in an elementary and middle school program for emotionally disturbed students*. Unpublished doctoral dissertation, Nova Southeastern University, FL.

Everhart, K., & Wandersman, A. (2000). Applying comprehensive quality programming and empowerment evaluation to reduce implementation barriers. *Journal of Educational and Psychological Consultation*, *11*, 177 - 191.

Felner, R. D., Jackson, A. W., Kasak, D., Mulhall, P., Brand, S., & Flowers, N. (1997). Impact of school reform for the middle years: Longitudinal study of a network engaged in turning points-based comprehensive school transformation. *Phi Delta Kappan*, *78*, 528 - 532, 541 - 550.

Gager, P. J., & Elias, M. J. (1997). Implementing prevention programs in high-risk environments: Application of the resiliency paradigm. *American Journal of Orthopsychiatry*, *67*, 363 - 373.

Ghaith, G., & Yaghi, H. (1997). Relationships among experience, teacher efficacy, and attitudes toward the implementation of instructional innovation. *Teaching and Teacher Education*, *13*, 451 - 458.

Goldstein, A. P., Sprafkin, R. P., Gershaw, N. J., & Klein, P. (1980). *Skillstreaming the adolescent: A structured learning approach to teaching prosocial skills*. Champaign, IL: Research Press.

Goleman, D. (1995). *Emotional intelligence*. New York: Bantam Books.

Gottfredson, G. D., & Gottfredson, D. C. (2001). What schools do to prevent problem behavior and promote safe environments. *Journal of Educational and Psychological Consultation*, *12*, 313 - 344.

Graham, J. (1999). *It's up to us: The Giraffe Heroes Program for teens*. Langley, WA: The Giraffe Project.

Greenberg, M. T., & Kusché, C. A. (1998). *Blueprints for violence prevention: Vol. 10. PATHS project* (D. S. Elliott, Series Ed.). Boulder: Institute of Behavioral Science, Regents of the University of Colorado.

Greenberg, M. T., & Snell, J. L. (1997). Brain development and emotional development: Role of teaching in organizing the frontal lobe. In P. Salovey & D. J. Sluyter (Eds.), *Emotional development and emotional intelligence: Educational implications* (pp. 93 - 119). New York: Basic Books.

Hallfors, D., & Godette, D. (2002). Will the "Principles of Effectiveness" improve prevention practice? Early findings from a diffusion study. *Health Education Review*, *17*, 461 - 470.

Haviland-Jones, J., Gebelt, J. L., & Stapely, J. C. (1997). Questions of development in emotion. In P. Salovey & D. J. Sluyter (Eds.), *Emotional development and emotional intelligence: Educational implications* (pp. 233 - 253). New York: Basic Books.

Hawkins, J. D., Catalano, R. F., Kosterman, R., Abbott, R., & Hill, K. G. (1999). Preventing adolescent health-risk behaviors by strengthening protection during childhood. *Archives of Pediatric Adolescent Medicine*, *153*, 226 - 234.

Hord, S. M., Rutherford, W. L., Huling-Austin, L., & Hall, G. E. (1987). *Taking charge of change*. Alexandria, VA: Association for Supervision and Curriculum Development.

Kallestad, J. H., & Olweus, D. (2003). Predicting teachers' and schools' implementation of the Olweus Bullying Prevention Program: A multilevel study. *Prevention and Treatment*, *6* (Article 21). Available from http://journals.apa.org/prevention/volume6/pre0060021a.html.

Kessler, R. (2000). *Soul of education: Helping students find connection, compassion, and character at school*. Alexandria, VA: Association for Supervision and Curriculum Development.

Kress, J. S., Cimring, B. R., & Elias, M. J. (1997). Community psychology consultation and the transition to institutional ownership and operation of intervention. *Journal of Educational and Psychological Consultation*, *8*, 231 - 253.

Kress, J. S., & Elias, M. J. (1993). Substance abuse prevention in special education: Review and recommendations. *Journal of Special Education*, *27*, 35 - 51.

LaGreca, A. M. (1981). Social behavior and social perception in learning-disabled children: A review with implications for social skills training. *Journal of Pediatric Psychology*, *6*, 395 - 416.

Mayer, J., & Salovey, P. (1993). Intelligence of emotional intelligence. *Intelligence*, *17*(4), 433 - 442.

McGinnis, E., & Goldstein, A. P. (1984). *Skillstreaming the elementary school child: A guide for teaching prosocial skills*. Champaign, IL: Research Press.

Nastasi, B. K. (2002). Realities of large-scale change efforts. *Journal of Educational and Psychological Consultation*, *13*, 219 - 226.

Novick, B., Kress, J. S., & Elias, M. J. (2002). *Building learning communities with character: How to integrate academic, social and emotional learning*. Alexandria, VA: Association for Supervision and Curriculum Development.

Perry, C. L. (1999). *Creating health behavior change: How to develop community-wide programs for youth*. Thousand Oaks, CA: Sage.

Price, R., Cowen, E. L., Lorion, R., & Ramos-McKay, J. (Eds.). (1988). *14 ounces of prevention: A casebook for practitioners*. Washington, DC: American Psychological Association.

Prochaska, J. O., & DiClemente, C. C. (1984). *Transtheoretical approach: Crossing traditional boundaries of therapy*. Homewood, IL: Dow Jones Irwin.

Robinson, B. A., & Elias, M. J. (1993). Stabilizing classroom-based interventions: Guidelines for special services providers and consultants. *Special Services in the Schools*, *8*, 159-178.

Rotter, J. B. (1954). *Social learning and clinical psychology*. Englewood Cliffs, NJ: Prentice-Hall.

Sarason, S. B. (1972). *Creation of settings and the future societies*. San Francisco: Jossey-Bass.

Sarason, S. B. (1996). *Revisiting "The culture of the school and the problem of change*." New York: Teachers College Press.

Seigle, P. (2001). Reach Out to Schools: A social competency program. In J. Cohen (Ed.), *Caring classrooms/intelligent schools: The social and emotional education of young children* (pp. 108-121). New York: Teachers College Press.

Shure, M. B., & Spivack, G. (1988). Interpersonal cognitive problem solving. In R. Price, E. L. Cowen, R. Lorion, & J. Ramos-McKay (Eds.), *14 ounces of prevention: A casebook for practitioners* (pp. 69-82). Washington, DC: American Psychological Association.

Solomon, D., Battistich, V., Watson, M., Schaps, E., & Lewis, C. (2000). A six-district study of educational change: Direct and mediated effects of the Child Development Project. *Social Psychology of Education*, *4*, 3-51.

Thorsen-Spano, L. (1996). A school conflict resolution program: Relationships among teacher attitude, program implementation, and job satisfaction. *School Counselor*, *44*, 19-27.

Vygotsky, L. S. (1978). *Mind in society: Development of higher mental processes*. Cambridge, MA: Harvard University Press.

Weissberg, R., & Greenberg, M. T. (1998). Community and school prevention. In W. Damon (Editor-in-Chief) & I. Sigel & A. Renninger (Vol. Eds.), *Handbook of child psychology: Vol. 4. Child psychology in practice* (5th ed., pp. 877-954). New York: Wiley.

Weissberg, R. P., & Elias, M. J. (1993). Enhancing young people's social competence and health behavior: An important challenge for educators, scientists, policy makers, and funders. *Applied and Preventive Psychology*, *3*, 179-190.

Werner, H. (1957). *Comparative psychology of mental development* (*Rev. ed.*). New York: International Universities Press.

Zins, J. E., Weissberg, R. P., Wang, M. C., & Walberg, H. J. (Eds.). (2004). *Building school success through social and emotional learning*. New York: Teachers College Press.

第 16 章

儿童和战争创伤

AVIGDOR KLINGMAN

本章试图探讨战争引起的儿童应激反应和相关的心理健康干预选择。跟大多数灾难不同，战争并不是由一个短时单一的暴力事件组成，而是由大范围的长时的复杂的变化莫测的异常紧急事件组成。它包含强烈的生命威胁，目标指向整个社会，产生大家共同担当的心理苦难。战争是一种特殊的社会暴力，破坏实物财产和基础设施，在个人水平、家庭水平和更广泛的社会水平上(如团体、种族、国际或民族)弄得全体人民不得安宁。其结果是，人民的生活感受十分混乱，有时甚至觉得荒诞不经；受害者的痛苦和苦难常常没有合理的解释，这种情况与人类需要可预测的环境和平静的心态产生矛盾(Kahana, Kahana, Harel, & Rosner, 1998; Williams-Gray, 1999)。战争可以采用多种形式的专门针对平民施加的蓄意的暴力活动。现代战争的此类形式是使用带生化弹头的远程精密武器来精准地清除平民目标，摧毁平民和他们的环境。1991 年海湾战争中伊拉克针对以色列人口密集城市的导弹袭击就是这样。另外一种情况是种族冲突，这在苏联和第三世界冲突以及南斯拉夫国内战争中表现得特别明显(其间伤害妇女和儿童常常成为一种战略手段)。种族战争常常导致强迫疏散或逃奔邻国的难民营。第三种例子是针对无辜平民的"新"式战争，以最近的 2001 年 9 月 11 日的大规模恐怖袭击和以色列境内巴勒斯坦人的第二次暴动和伊拉克暴乱中的大量自杀式炸弹袭击为代表。作为一种战争行为，政治恐怖主义近来已经成功颠覆了世界上最稳定、最和平、最富足的民主国家那种十分享受的国家安全的持久感觉。

许多儿童在战争中不可避免地体验到高水平的战争应激。在不断累积的情形下，暴露在战争和/或政治暴力/恐怖主义应激中的儿童表现出复杂的生物、心理、行为紊乱。这一切可能涉及认知、情绪、道德、行为和心理功能等的显著改变。这种状况包括文化动力学和对社会政治动乱的既存反应(Parson, 1996)。迄今为止,已经累积了大量战争对成人的心理影响的文献,但关于战争对儿童的长期影响我们还知之甚少(Cairns & Dawes, 1996; Dybdahl, 2001; Dyregrov, Gupta, Gjestad, & Mukanoheli, 2000)。关于战时对儿童的心理干预的文献几乎没有,而关于战后对儿童的干预的治疗效果的文献也相对稀缺。尽管关于儿童的战争反应和战争康复方面的经验研究资料极为需要和很有价值,但要实施设计良好的研究不无问题,因为存在着战争的偶然性、复杂性和独特性和相关的各种操作压力。在战时和在战后立即实施一项控制良好的具体研究,常常是既没有场所条件也没有资金(Klingman & Cohen, 2004; Klingman, Sagi, & Raviv, 1993)。由于方法多样性和证据收集缺陷(如缺乏合适的控制、非随机化筛选被试和使用不同工具等),现有的经验研究结果部分地互相矛盾。但在大多数情况下,所报告的现场体验和项目课题及其内部评价提供了战时或战乱地区的心理干预问题的最好信息。

620

因此本章借助理论研究,但也非常依靠根据理论研究结果观察到的现场体验。而且,大部分关于战争心理干预的经验研究都专注于创伤后应激障碍(PTSD)或创伤后应激障碍风险和创伤后应激障碍相关症状的治疗。然而,本章意在超越变态心理学分类方法来关注儿童适应过程中的需要的总体特征(American Academy of Child and Adolescent Psychiatry, 1998);关注对儿童的战争应激反应进行干预的需要,而不仅仅是对障碍进行干预的需要;关注在康复过程中积极应对、适应与创伤引起的成长等的作用。本章讨论的许多干预案例都旨在说明如何防止儿童各种各样战争相关的应激反应和提出在创伤后应激障碍相关综合征的临床干预中应该采用更具发展性的变态心理学观点。因为强烈的战争体验被儿童和他们生命中的重要他人所共同分享,多系统干预方法看来作为战争环境下的选择方法尤为适当。相应地,本章在直接个人的、以家庭为中介的和以更广泛的社会为中介的三种水平上考虑、查验和探讨战争对儿童的影响(Ager, 1996; Klingman & Cohen, 2004)。

本章有三重目的:第一重目的是介绍儿童面临的与战争相关的独特问题和它们对于干预的含义。第二重目的是鉴于一种强调积极心理学的一般的预防性的多系统的社会取向(如基于学校的、跟学校有关的、团体发起的)方法,介绍对儿童实施的与战争相关的多模式心理干预。第三重目的是回顾对个人和小团体的与战争相关的具体治疗干预,关注它们是因为创伤后应激障碍相关综合征被认为是一个有用的参考点,它们是对前面两重目的的补充,并且跟它们一致。

战争环境及其对儿童的影响

本章该部分介绍决定战争对儿童的心理影响的大小和范围的主要构成因素。干预者如能认识到这些因素的普遍性,特别是它们之间的组合,将有助于他们区分有着特殊需要和很有可能产生心理障碍的人群、团体和个人。

交战地带的儿童在一种经常担忧能否幸免于难的气氛中长大。联合国儿童基金会的1996年度的世界儿童报告说：前十年的战争估计杀死了200万儿童，更使400万到500万儿童致残。另外的生命威胁情况可能源于很难有机会得以逃亡和得到足够的食物、药物和免疫(有时还被故意拒绝)。失去生命中的重要他人构成另一种主要威胁，它的影响随着儿童的发展而有所不同。对婴儿影响最大的可能是或者失去主要的照顾者，或者和他们失散，或者照顾者被严重伤害而不能照顾婴儿；青少年则可能对失去家庭外部的熟人朋友体验更深(Wright, Masten, & Hubbard, 1997)。在某场战争中，儿童可能还目击到对其重要他人反复施加的暴力行为(如酷刑、性暴力和公开展示处决人)。战争也可能涉及大量的大范围的对儿童基本权利的侵害。儿童可能被强迫和父母分离，关押在集中营，无法得到教育和医疗服务；在一些战争中他们甚至被强奸或被迫卖淫。在各种冲突地带，儿童被用来传播思想意识或被征募入伍参加内乱活动。正是轻武器的轻捷便用使年纪更轻的儿童直接卷入战争；在一些情形下，他们被强迫征召或被诱骗去服兵役(童子军)；另外，其他人可能由于贫穷、疏远感、歧视和/或报复需要等的驱使参与到战争和与战争相关的活动中去(参见Silva, Hobbs, & Hanks, 2001)。持久的遭受战争暴力应激和未来希望的逐渐消失一起可以导致对危险脱敏，因此儿童开始冒更大的生命危险来努力建立控制感(Garbarino, Dubrow, & Kostelny, 1991)。一些儿童和青少年参加自我谋划的能够反复接触到创伤感觉重现的行为模式，寻求诸如童子军“状态”的那种深刻、兴奋和危险的情绪情境(Parson, 2000)。那些生活在被地雷和潜伏炸弹(集束炸弹)包围的环境中的儿童或者对它们不敏感，或者被它们的颜色所吸引，或者认为被他人看到对付炸药是勇敢的；这种情况会一直持续到战争结束后一段时间(Klingman, 2002c)。

621

在战时，基本的基础设施如经济、公共卫生、医疗、教育、社会福利和心理机构设施，可能变得超负荷运转、严重受限、严重受损、无法坚持很长时间，甚至完全崩溃。损失之严重导致基础设施的重建即使在战后也要很长时间。这种情况对儿童有直接和间接的影响，具体表现为学校关闭、社会/娱乐活动受限制、儿童无法得到心理健康服务。社会水平上的长期破坏会引起青少年(努力定义在改变了的世界中的自己)质疑在饱受战争蹂躏而经济上千疮百孔的国家里上学和工作的价值(Wright et al., 1997)。

在许多战争洗劫地区典型的另一个重要问题是强迫疏散及所导致的大量难民和难民儿童，他们有时被称为“被战争遗忘的受害者”。在1988年到1998年间的武装冲突中估计有1 200万儿童无家可归(Southall & Abbasi, 1998)。难民的发展过程分为三个阶段：逃亡前、逃亡和重新安置(Gonsalves, 1992)。在疏散前逃亡开始时，许多儿童可能会被战争暴行击溃，或者经历了长期的感受到心在滴血的创伤化过程。为了试图重新定居，儿童可能经历过难民营的苦难生活：营养不良，会增加儿童的发病率(Goldson, 1993)；仅仅因为他们的文化背景、肤色、种族血统或宗教信仰而遇到普遍的歧视和偏见；常常对主流文化根本不了解(Parson, 2000; Reichman, 1993; van der Veer, 1992)。他们可能不得不隐瞒逃亡中自己做的事，怀疑所有的权威人物(包括心理学家)，直到他们至少确定了他们未来的法律地位。另外，难民父母可能教导他们的孩子永远不要向外人透露任何事，而这会妨碍帮助孩子跟他们的经历达成妥协的过程(van der Veer, 1992; Yule, 2002)。

大规模恐怖袭击的影响构成了一种值得特别注意的战争环境,尤其是当这样的袭击已成为没完没了的惯常环境时。恐怖袭击的发生没有先兆,而且选择象征人物袭击,这不但会削弱权力的权威,而且会传达人人自危的观念(参见 Gidron, 2002; Klingman & Cohen, 2004)。平民不知道如何有效防备和应对这样的不熟悉事件,并且总是觉得不但他们自己而且官方(警察、军队和政府等)都不能预防这样的袭击。人们发现很难甚至不可能在这种蓄意的、随意的、恶毒的、暴力的非人道行为中找到意义。

对于国际上非常规生化武器和核武器的特定威胁,跟国内的恐怖主义一样,必须考虑它的具体的直接的健康影响及其导致的主要和次要的心理影响。孩子比成人更可能受到使用的生化武器更多极端的影响。例如,孩子每分钟呼吸次数更多,这会导致他们吸入相对更大剂量的烟雾状物质,如沙林毒气和炭疽菌。见证了这些武器的效果的孩子也有因这些经历造成心理伤害的风险。另外,生化武器的不可见性可造成虚惊反应,这会导致大量社会遗传疾病和相应焦虑症的事件发生(参见 discussion on such effects on children in Klingman & Cohen, 2004)。而且由于非常规弹道导弹袭击的威胁,孩子一天的大多时候都被限制在室内或封闭在(不透气的)屋里。他们可能体验到相对的分离、长此以往的厌烦、缺乏支持物的感受,就像 1991 年海湾战争中的以色列孩子一样(Solomon, 1995)。

622

前文的要点主要探讨了战争对儿童的影响的大小和持续时间。在以下两小节中,首先详细介绍有关的心理风险机制,然后再介绍适应性反应。这些东西构成了战前、战时和战后出现的各种各样的复杂因素。

与战争相关的心理反应和干预挑战

所有大灾难都提出了挑战受害者的应对资源和挑战社会服务的难题;然而战争的性质和影响却提出了大量独特的难题。战争的心理影响涉及情境、个人和康复环境等因素,包含了一系列情绪的、认知的和行为的结果。实践者意识到这些因素的普遍性和彼此组合,能有助于区分那些被逼入困境、调整困难、产生障碍的可能性相对高的人群、团体和个人。这种意识也有助于计划有关的干预。

由于战争生活和战前生活的行为准则不同,战争影响儿童的心智地图,或者说认知和情绪模式。战争中儿童遭受过一系列截然相反的经历,它们由于涉及儿童无法理解和同化到既存认知—情绪模式中去的景象、声音和气味等多通道的感觉体验,可能会造成心理创伤(Ager, 1996)。战争强迫儿童加工那些可能挑战他们核心的信念和设想的信息,这些信念和设想包括人们是值得信任的、世界是一个有意义的可预测的安全的环境和自我是有价值的等(Janoff-Bulman, 1992)。一般说来,以前指导全世界儿童的"地图"突然被证实为不准确的,生活因而变得不可预测和无法信任。由于害怕创伤经历再次回来,儿童可能会生成灾难性信念。当没有机会参与寻找意义的时候,儿童尤其是青少年只剩下感觉没法解决的矛盾,这可能导致更深的苦难。他们可能觉得没有能力预测规划自己有意义的未来。儿童可能失去对他人的信任,特别是当他们经历了人们或团体对之实施的暴力行为，而这些人或团体正好是他们战前所维持的朋友关系或起码是稳定的关系时(如 in Croatia; Williams-Gray, 1999)。他们也可能面临过去(战前)灌输的价值行为和那些表面上成功适应现在的暴力基础的价值行为之间的矛盾。那些坚持过去的价值行为的儿童可能更少准备好对付战争应激，而那些抛弃战前的鉴别力来对目前战争进行有效调整的儿童(尤其是那些同化了敌人的破坏价值观的童子军)，可能在未来和平降临时经历巨大的困难(Ager, 1996)。

战争中的复杂童年环境给儿童的发展任务强加了独特的要求，譬如带着经常的恐惧活下去、努力形成身份和道德推理、建立亲密关系、计划未来等。这些要求的结果可能干扰标准的儿童发展任务，也可能妨碍孩子顺利过渡到下一个发展阶段，例如学步年度的情绪调节、童年中期的控制侵略性行为和青少年时期形成亲密关系等。只要这些任务是与成功的同伴关系的形成和学校适应相关联，战争就可能对发展任务产生广泛的影响。另外，儿童有失去以前获得的发展技能和退行到更幼稚的行为模式的风险。儿童成长过快，过于早熟以致太早失去了童年，同样存在严重的风险，例如，在全面成熟前被迫解决严重的道德和情感冲突(Punamaeki, 2002)。在难以预测的战争环境中对儿童安全合情合理的关注可能导致照顾者的过分保护和设法阻止独立性增加；相反，试图应对战争苦难和压力的父母可能期待他们的孩子更快成熟，从而减轻他们照料的要求。

623

持久的战争会引起儿童社会关系体验紊乱。例如，紊乱可能源于宵禁，室外活动限制、导致和家人分离、和/或失去父母/同伴/成年重要他人的强迫疏散，学校关闭等。战争地带的儿童在人际距离判断、在太亲近或太疏远的依恋体验或在超然和卷入之间的游移不定上，都可能出问题(Parson, 2000)。

战争中的儿童发现，他们很少有社会发泄途径和支持资源来应对他们的不利体验。这种情况的发生是因为战争不可避免地(直接或间接地)冲击着儿童自然的支持系统(即同伴、家人和重要他人)和正式的支持系统(即社会心理机构和社会健康机构)。战争也会有间接影响，例如，当长期的经济损失影响父母照顾儿童的能力时就是这样。而且，父母面临着双重挑战，一方面要处理他们自己的主观创伤感受和控制他们自己的个人行为，另一方面要理解儿童和其他家庭成员(如年老的亲人)的需要。另外，日益加重的功能要求也出现在家庭中，比如要理解作为战争老兵的配偶回家省亲时由于调遣、住院治疗和调整困难等的原因而不能留在家中。各种各样的家庭压力可能导致养育方式的改变：更专制的养育方式、更少监督儿童或更少的正面情绪互动。还有当父母一方直接体验到一个创伤事件时，关于他自己的症状的成见可能会发展到不能正确监控和有效应对儿童需要的那种地步。此外，在战时，儿童和父母常常因为同样或不同的事件体验到心灵受创，但每个受害者症状的后果又夸大了其他人的症状(Scheeringa & Zeanah, 2001)。作为安全基础的依恋对象的心理无助可能导致长期的心理障碍(Cicchetti, Toth, & Lynch, 1997)。双亲支持是解释儿童的适应和越来越多的问题的重要因素(Dybdahl, 2001)。干预者应认真考虑对父母进行关于战时养育的心理干预(参见 Klingman & Cohen, 2004)。

战争使现有应对策略技巧的适应性变化和新应对模式的发展成为需要。有效应对长期的创伤环境要求人们具备以下能力：转移和操作心智体验的能力、寻求帮助的能力、依靠记忆抚慰的能力、建构新隐喻的能力和创造全面的叙述来替代破碎的恐怖情境的能力等(Punamaeki, 2002)。儿童的适应性策略技巧可能随着战争诱发情形的不同而不同，战争进程中不同时刻的情形特异的新需要对于策略选择来说是重要的。例如对某些特定情形和特定时间点的儿童来说，问题取向的应对风格可能是不实用的。使用问题取向的应对策略可能只起到提醒情形不可控的作用，而情绪取向的应对或甚至高级防御机制(如否认、逃避)都可能给儿童充分时间来准备好同化创伤。有资料表明，坚持参与问题解决和其他欲改变无法改变的情形的活动的儿童，比起那些依靠情绪取向的应对策略的儿童，可能应对起来会更无效(Klingman et al., 1993)。考虑全部应对模式和对它们因地制宜灵活充分的运用对于加强康复进程可能很有建设性。应对模式的效用必须根据人格差异和战争情境给儿童带来的挑战的拟合度来考虑。这样的话，专家和父母就不能剥夺儿童自己应对创伤的方法，而应该给儿童袒露和指导他们如何利用甚至创造新的更多的应对策略(Klingman & Cohen, 2004; Punamaeki, 2002; Rutter, 2000)。

战争环境可能涉及已有焦虑的强化。例如，Ronen(1996a, 1996b)详述了十个 9 到 11 岁以色列儿童在 1991 年海湾战争后被送来治疗的个案史。跟他们家庭成员中的其他人不同，其与战争相关的焦虑行为在战争结束后并没有减弱。他们都有战后焦虑反应、睡眠障碍和分离焦虑症状的迹象。对每个儿童的早年经历的研究发掘出他们的始于童年早期的已有焦虑。战争可能在以下几方面影响他们的战前焦虑(Ronen, 1996b)：恐惧表达合理化提高了儿童对他们自己的恐惧的成见；父母不再坚持要他们的孩子花费同样的心血来克服心中的恐惧，因而强化和维持了新的恐惧；和战前孩子被迫以这样那样的方式暴露在产生焦虑的情境(如留他们呆在自己床上)相比，逃避行为合理化；新的战时生活模式得到强化或正常化，这时儿童体验到的是在密封房间里同家人一起呆在家呼呼大睡的感受。这种归属感实际上是把儿童从必须应付的焦虑当中"放走"，并且使他们习惯和家人呆在一起的新情境。而且，战争可能激起早期创伤的负面影响，从而使个体对随后的应激敏感和容易发生创伤后应激障碍(Cicchetti et al., 1997)。

624

战争中常见到创伤和悲伤混杂在一起，从而导致创伤性伤悲或丧亲之痛，这涉及由于创伤成见固有的走出悲伤心境的困难所造成的复杂重叠症状。没有首先通过创伤体验和/或失去主要亲人的创伤情状的考验，这些困难就可能妨碍伤悲的正常作用和它的解决(Klingman & Cohen, 2004; Malkinson, Rubin, & Witztum, 2000)。

战争疏散可能引起儿童跟家人分离。有几个研究表明：战争中跟家人分离的儿童因为经历分离比起经历轰炸和见证破坏、伤害和死亡有着更多的悲痛(Klingman, 2002a, 2002b)。只要儿童仍能和他们的母亲或主要照看者在一起继续他们的日常家庭生活秩序，就是常常经历轰炸，他们也不会受到有害的影响。

由于战争会使他们心爱的人进入战斗位置，本不相干的战争影响也能在儿童身上出现(注意即使激烈的冲突发生在遥远的国家，也可能对儿童有影响)。儿童必须面对父母一方在行动中受伤或殒命的可能性。最新的信息和清晰的现场的战斗场景通过传统电视和卫星电视、商业电台、电脑调制解调器、传真机和互联网等方式传播，结果可能产生额外的应激物(Figley, 1993a, 1993b)。假情报和谣言就通过这些方式顺利传开并造成伤害。与父/母分离的儿童产生的反应从悲伤、妒忌那些父母没有分开的儿童以及不守规矩的行为和愤怒增多，直到恐惧、分离焦虑、对他人父母的敌意以及内疚感变动(Costello, Phelps, & Wilczenski, 1994)。一些儿童可能体验到抑郁症状或表现出严重的表演行为。父亲长期不在可能促成母亲的溺爱，间接地造成性别角色发展困难(如女子气和温柔)，并且影响以后的父子/父女关系。因为父母不在，儿童可能为额外的任务所累，这使得他们放弃和年龄相应的活动而接受和成人一样的责任。由于主要是父亲被分开，当儿童面对他们的父亲长期不在时，母亲在决定儿童能否应对良好中起关键的作用(Hunter, 1988)。

父/母的归来和重聚也值得注意。父/母长期不在身边会深深地影响儿童，后者对父/母长期缺席和重聚/重整都会以解脱和愤怒混杂的感情回应(Figley, 1993a; Hobfoll et al., 1991)。重聚可能引起相当矛盾的心态，既解脱又愉快。除了战斗的心理残余影响外，返回的父母还要面对社会的、家庭的变化，并且可能必须处理和他们长期不在有关的新家庭冲突以及旧的冲突，如果它们存在的话。家庭可能陷入由父母角色改变和父母—孩子间的忠诚转换引起的权力斗争。

接触到父母的创伤后应激也可能影响儿童。父母的战争体验和随后的应激障碍，被认为是对孩子的第二大创伤。儿童卷入这种父母情感生活过深会引起高度焦虑、负疚和有意无意地对造成父母创伤的特定事件的成见。应该帮助这些儿童把自己的体验和他们父母的再体验区分开来(Roseheck & Nathan, 1985)。

对以前的创伤经历保持缄默和否认对于在战争笼罩下的家庭来说很普遍；它的原则是父母孩子间的互相保护。在幸存者家庭中发现了一种跟“保持缄默的密约”无二的代际交流模式(Danieli, 1998)。幸存者和他们的孩子之间对自己的创伤经历保持缄默，此举不但源自自己忘却的需要(如“我们忘记过去向前看”)，而且源自他们的信念，那就是保留恐怖战争的信息对于儿童的正常发展是至关重要的(如“自揭疮疤只会使孩子受苦，给孩子造成伤害”)。他们的孩子反过来对他们的保持缄默的需要变得很敏感(Bar-On, 1995, 1996)。结果是，两代人常常互相支持缄默这面“夹壁”。大屠杀幸存者家庭研究(Auerhahn & Laub, 1998, Felsen, 1998)、日本的美国战俘拘留所研究(Nagata, 1998)、荷兰战争的水手、抵抗组织老兵研究(Op den Velde, 1998)和越南老兵研究(Ancharoff, Munroe, & Fisher, 1998)，都不约而同地指出父母关于创伤经历的交流质量对儿童的内心世界和人际关系有着重要的影响(Wiseman & Barber, 2004; Wiseman et al., 2002)。

儿童常常试图防止他们的父母知道自己的创伤对父母有多大影响。这种保护(甚至是拒绝)可以被认为是一种支持父母和孩子在危险的战时环境中应对和生存的适应策略，而且也成为保护儿童关于他们父母的内部表征的功能的安全基础。然而，如果结果是儿童后来(特别是战争结束时)没有足够的父母支持而必须单独应付战争创伤的影响，它也可能成为障碍；临床医师得考虑这些家庭动态(Almqvist & Broberg, 1997; Wiseman & Barber)。

与战争相关的应对机制可能妨碍战后调整。战时环境造成儿童使用跟战前机制完全不

625

同的机制,例如,为了适应危险、暴力场景和灾难,生存策略作为重要的有作用的防御策略,不但是正常的,而且是必须的。这种防御机制使儿童受害者免于绝望般被动、无助、无价值和易被伤害的自我体验。在长期的诱发创伤的战争事件中,儿童可能出现受冲动驱使的攻击性的自我防御反应,它们会妨碍问题解决,并导致对同伴和父母的过度攻击、控制冲动困难、出现社会依恋和关注的问题、很少参与准备未来以及失去对人的信任期望和富有意义的依恋等(Witty, 2002)。同样地,战争波及地带的儿童可能采用报复取向的思想作为一种过于简单化的应对机制;他们可能变得对那些或来自不同(种族、民族或宗教)背景或有不同思想意识或表现出不服从行为的同伴无法容忍和/或不再信任。从这个意义上讲,社会或团体在提供解决道德冲突的方法上的作用不容忽视。当战争结束时,这些冲突可能影响儿童的调整。例如一些儿童不愿意(起码是一时之间)和学校正常项目或和平对话扯在一起。另外,有研究证实战时/政治冲突和暴力的经历跟攻击性行为甚至违法行为有关联(如,Shoham, 1994),这是由于监管儿童的水平降低、战争理解、社会模仿和暴力正常化带来的兴奋引起的追求紧张刺激增多,以及战时和拖延的战争类似环境中的儿童的焦虑和无控制感体验(Cairns, 1996; Muldoon, 2000)。因此,战后的心理干预应该重新审视使这些偏激的应对机制缓和的必要性。

儿童由于接触到战争或战争类似事件而导致产生创伤后应激障碍综合征的观测发生率充满变数。例如发病率的范围从符合所有三种症状标准的 6%(如,Dawes, Tredoux, & Feinstein, 1989; Klingman, 2001)到柬埔寨儿童中那些目击亲人被处决后被障碍折磨十多年的 32%(Clarke, Sack, & Goff, 1993)变动着。流行发病率的变化可能跟所经历的战争创伤的数量、类型和强度有关。在对黎巴嫩儿童研究的基础上,Macksoud 和 Aber(1996)得出以下结论:在长期的武装冲突中,只要战争创伤没有缓冲,儿童就有生成"连续"的创伤后应激障碍的风险。但是,创伤后应激障碍不应成为发起干预的唯一标准;创伤经历的长期影响慢慢凸现,例如在学校远足中被扣押为人质的以色列青少年的情况就是这样。大多数被调查的幸存者报告,他们在面对面遭遇恐怖分子 17 年后仍有或多或少的创伤相关症状(Desivilya, Gal, & Ayalon, 1996a, 1996b)。专家们一致认为,群体中多达三分之一的年轻人可能患有创伤后应激障碍。然而,迄今为止,既没有设计良好的质的研究资料,也没有量的纵向研究资料刻画战后儿童和青少年创伤的持续时间和复发情况,以及他们的战争相关的心理健康风险。

626

适应和应对

战争对儿童的独特作用大都是各种负面影响。但是,一些儿童尽管在极其紧迫的环境下也能够应付自如,而其他人唯有在提供他们一种敏感的康复环境下,也就是当他们的身体安全得到保证和创建(或重建)社会基础设施来满足他们的基本生理情感需要时,才能更好地应对。

对战争的成功应对需要各种尝试,要么尝试使这种不利环境更能容忍,要么尝试通过儿童惯用的不介入、否定和习惯化策略来管理创伤经历产生的负面情感,从而使痛苦最小化

(Muldoon & Cairns, 1999)。习惯化可以给那些证实儿童对战争和战争类似环境高度适应的研究发现提供一种解释(Klingman et al., 1993; Muldoon & Cairns, 1999)。

必须承认儿童能够主动、有创造性地融进他们所处的环境,并且采取建设性方法管理风险,在某些情况下为家庭的维系保护和生存作出贡献,这一点很重要。例如,儿童常常背负起照顾丧失能力的成年家人或更年幼的弟妹的责任。

儿童的适应能力大部分都可以归功于特定的人格因素。众所周知,人格因素影响对危险的反应和处理。气质维度,比方说痛苦和快乐的阈限,恐惧、伤心和愤怒的效价和强度,情绪唤起和调节与追求标新立异行为等,似乎在创伤后的消除心理苦闷期间特别重要。

必须强调父母在加强他们儿童的适应能力上的作用。家庭成员的反应和行为可能影响儿童的应对行为。依恋相关的工作模型解释了儿童如何理解和评价危险以及如何针对压力情境进行调节(Punamaeki, 2002)。有证据表明:儿童的家庭内部经历,尤其是和主要照顾者在一起的经历,对于随后的应对和适应是最重要的(Muldoon & Cairns, 1999)。可以振振有词地说,父母充当儿童的模范;儿童模仿父母的行为(即他们的"平静"),并且被他们内心的平衡或"积极"的解释和外表(如乐观主义)所影响。父母在战时和/或战后的实际行动可能也把安全和乐观大大传递给孩子,它们有助于孩子的适应。另外,战争环境创造了良机,使孩子和家人(特别是青少年)有机会单独或共同参加某种主动的亲社会团体活动来参与照顾或帮助他人。他们通过这样的方式参加自我实现的活动,体验控制感和价值感。

再者,战争反应也可通过发起像应激免疫方案这样的预防免疫方案来调节。战前预警阶段出乎意料的长,通常表明应对策略的预先干预的需要(Caplan, 1964),对儿童的干预一般以学校为基础(Klingman & Cohen, 2004)。这种干预是预先计划好的努力——减少、最小化、控制或容忍——迫在眉睫的应激处理事务。尽管预警阶段压力重重,其本身可能就需要危机干预的帮助,但专家和教育者可以发起预先指导方案来帮助儿童、父母、教师、学校和相关团体和国家机关部分地事先准备好即将到来的战争紧急事件。1991 年海湾战争前,以色列实施的预先干预就是专注于防备化学原子尘的防毒面具的使用和其他保护措施以及相关的焦虑。据说这次干预很管用(Klingman, 2002a, 2002c; Klingman & Cohen, 2004)。

战时战乱地区儿童的研究使人明白,走出困难经历的成功信念可以使人变强并使他们对即将到来的新的困难经历有更好的准备。儿童可能不单单是学会更好地应对:对于其中一些儿童,他们克服战争煎熬的努力终究会更积极地改变自身。因而在干预计划中,专家们不应低估儿童适应性应对、恢复和成长的积极资源。

627

团体和团体观念是值得注意的战时康复因素。经受战争苦难的个体团结起来,各阶层联合起来可以体验到更深刻的团体意识。个体赋予社会环境中出现的苦难适当的意义,并理解进而消除困难(Summerfield, 1999)。像家人、密友、亲戚和熟悉的牧师这样的社会网络,都可以大大帮助这种环境下的人们建立安全感和意义。

与团体观念和战争联系在一起的还有爱国主义和意识形态信仰的强烈情感。有研究(Punamaeki, 1996)发现意识形态可以有助于青少年成功应对。只要儿童面对的苦难并不是压倒一切的,他们对政治斗争的强烈意识信仰和积极参与可以保护他们增强适应。另外,儿童尤其是青少年努力理解冲突(如战争的原因)的尝试会影响他们的心理健康。他们赋予他们的精神苦难以政治意义可能导致他们认为自己的症状没问题,这也是比较可信的。

在这点上,地方和国家处于领导地位的人,如牧师、地方团体领导和教师在儿童集体创伤康复过程中起着重要作用。按照定义,战争影响整个团体,因而团体和国家领导在很多方面,特别在加强社会士气方面大有可为(如人们/儿童常常视他们为意义的制造者)。尽管领导从根本上说是强大的,但他们也可能因为团体中其他人的迫切需要而不胜重负(要不就被压垮),所以心理学家需要伸出援助之手帮助这些个体,告诉他们领导也必须照顾他们自己的需要(Hobfoll et al., 1991)。

考虑到团体、意识信仰和领导在战争和康复时期的作用,可以认为如同1991年海湾战争中以色列的情况一样,和平时期传统的治疗模式虽然关注病理,强调个人的(与社会的截然相反)康复和健康,声称价值中立,但在战争时期却是不合适甚至有害的(Solomon, 1995)。干预者必须考虑到幸存人群哀悼、忍耐和恢复的集体能力与他们应对和参与自我康复行动,即应付苦难、适应、恢复,在一些情况下甚至包括成长的个体能力(Klingman & Cohen, 2004; Summerfield, 1999)。治疗者的作用不是首先关注或寻找病理反应的"证据",而是考虑人类生来的从逆境中自我康复、改变、发展和成长的能力。最好的即时干预会有一个社会焦点(Farwell & Cole, 2001—2002; Wessely, 2003),就是集中于康复环境(即社会康复)和个人资源(如适应、力量、优越发现和成长)的更好控制利用,它们应该有优先权。这种方法牵涉到受战争影响的儿童的自然康复过程和对他们的直接心理干预。

战争中的儿童遭受过各种经历,因而需要大量仔细计划好的干预方案(在多变的战争环境中)来满足他们不同的需要。大规模干预应该是首选方法,而且它必须是基于团体的、多方面的、本质上具有普遍性。为了实现这一点,临床心理学和团体心理学应该互相合作,互相补充,一起关注具有更好的心理效果、更专业和更节省成本的多系统方法带给医治创伤的好处。

作为康复背景的团体:从基于临床干预到基于团体干预的转变

目前关于战争相关创伤干预的大部分文献都强调创伤后应激障碍和减少创伤后应激障碍。然而,创伤后应激障碍并不是战争对青少年唯一的影响。同样在战时,乃至在战后最初的环境里,任何基于个体的干预都是无用的,因为治疗学家和患者的心里只有安全和生存问题。另外,尽管战争受害者确实体验到严重的症状从而感到痛苦,这些并不一定就是心理无能或表示有心理障碍。只要可以利用有效的个人因素、应对模式和康复环境因素,大多数经历过战争困难的儿童最终能调整过来。甚至对于那些运用基本能力有困难的,以至临床标签可能确实是合适的和有用的儿童,被诊断为创伤后应激障碍也可能实际上是过头了。在某些情况下,这种临床观念也许牵强附会超越了价值所在,它们混淆了心理障碍和虽然严重但在客观环境下仍为"正常"的苦恼(Wessely, 2003)。更重要的是,也许并不需要对个体进行临床治疗,这是因为苦恼反应与影响整个人群的社会环境有关。文化因素在个体或群体的应激反应表达、创伤后应激障碍易发性和治疗反应等方面扮演着主要的作用。关于后者,

628

某些文化证明父母和儿童一样强烈抵触心理健康专家，甚至抗拒心理健康干预的全部观念。相反，在特定文化中根深蒂固的文化惯例、传统和习惯可能通过阐明有用的植根于文化的社会康复途径，帮助属于那种文化的苦恼和伤心的人们。

因此，精神病理学和创伤干预的扩展观点(Klingman & Cohen, 2004)主张考虑儿童目前和潜在的适应新环境的能力、投入年龄相应活动的能力、自我康复的能力。这种更全面地强调战争含义的观点不但考虑到强烈的创伤体验方面，而且考虑到大量与创伤前、创伤时和创伤后生态有关的心理风险、社会环境风险和保护因素。

确实有多重因素影响儿童的战争反应。一些因素涉及环境方面，它们对于儿童来说可以是或远或近的，另一些则存在于儿童个人内部。Cicchetti 和同事(1997)提出生态交互作用理论来理解对受战乱影响儿童的干预。整个理论模型描述了影响儿童的战争环境的几个共生水平，它们有助于理解前面部分描述过的多重风险和适应因素是如何影响儿童的战争反应的。在谈到包括人/文化的信念和价值的宏观系统时，作者断言意识信仰会是一个重要的保护因素。比方说，有着强烈意识信仰的儿童，虽然遭受过战争相关的苦难，却不见焦虑、缺乏安全感和抑郁的症状增加，而那些意识信仰不强的儿童则表现为症状的非线性增加(Punamaeki, 1996)。在谈到家庭和个体生活的团体即外部系统时，Cicchetti 等人指出，团体资源的破碎会使战争中的儿童处于遭受心理困扰的风险增加的境地。混乱的同伴网络就是这样，它会导致儿童缺少一种重要的社会支持资源；中断的上学也是这样，它会导致儿童疏远一个重要的连续性基地。作者接着谈到微观系统，即儿童生存的直接环境：家庭适应的总体水平、父母适应的具体水平，以及他们应付战争应激的具体水平。父母适应的水平可成为决定儿童个人如何应对战争创伤的一个关键因素。至于个体发展水平，即个体内部及其自身发展和适应有关的因素，Cicchetti 等人指出了儿童的情绪调节、依恋模式、自我管理、同伴关系和其他家庭外部关系(如去上学)在儿童适应过程中所起的作用。这个生态模型提供了基于生态的多系统干预的理论基础。

多系统干预涉及儿童个人的自我系统(如自尊、自我认同、情绪调节和气质等)和它的支持环境间积极的互相依存。它的支持环境包括：直接的核心家庭、大家庭、团体(机构、组织和部门等)，以及包含城市、乡镇、州和联邦级别的政府政策，特别是那些成为国家和国际心理创伤干预方案基础的政策在内的总的社会(Klingman & Cohen, 2004; Parson, 1996; Summerfield, 1999)。因此，干预设计者可以把他们的努力指向三个层面。第一层面是儿童对暴力战争事件及其后果的直接体验。第二层面跟家庭功能和儿童适应之间的关系有关；包括家人职责履行的困难(如由于失去家园和/或经济来源)、他们的心理支持有效性和赋予暴力事件的意义。第三层面是社会层面，关注战争对基本生活秩序、团体资源和更宽泛的社会机制的调解能力的影响。对于儿童来说，如前所述，战争的社会层面可能涉及学校关闭、社会娱乐活动受限制和心理健康服务的暂时无法利用等。

629

由多个系统同时制定的、在青少年和他们一家人的自然生态(如家庭、学校和团体)下实施的协同干预发挥的康复效果比分别干预发挥的累积效果要强大得多。它们瞄准儿童所在的多重系统内部和多重系统之间的关键因素。其主要目标是恢复和调动儿童、他们的父母、其他照顾者(如教师)和团体(包括作为重要的环境之一的社会政治团体)的灵动关系。这种方式并不把战争的影响看作是对环境因素只能被动接受的儿童单方面的影响,而是认为儿童的反应随着其个人资源的功能、支持系统的可用性和质量以及他们处理战争相关影响的努力而变化,并且非常强调适合大规模使用的预防性策略和技术。

多系统干预可能要求心理健康专家担任几种角色:作为团体的顾问、作为专注心理健康的组织干预的协调者和经常作为保证病人分类和风险筛选符合一般方法的监督者。这些角色可能需要暂时背离往常实行的干预模式。考虑到战争的现实,作为顾问的心理学家必须通常采用前摄—指导方式,例如采取单方面的(而不是分享的)强制—指导方式(Gutkin, 1999),这常常依靠他/她自己的判断来建议采取什么步骤或选择什么干预策略。

因此心理干预必须是基于团体的,并且以政治、社会和文化为根据。这意味着一开始就应实施大规模的预防性措施,这些措施针对儿童的共同反应,并且首要和主要任务是促成战时和战后危机的适应性解决。换言之,干预必须采取一般的方式。

一般方式的基本信条是某些公认的反应和康复模式存在于危机中的所有人身上,例如悲伤与丧亲之痛的过程。具体的一般干预计划应该设计得对受影响人群的所有成员或某个团体都有效,而不是仅对个体的个人特质有效,而且应该力争创伤的适应性解决。另外,这种计划应该强调最低限度的临床治疗干预的积极心理学。一般方式认为个体取向的方式——强调儿童既独特又多变的内心和人际过程、需要及困难——无论如何还可以随后为那些无法响应一般措施的儿童发动,从而和最初的一般干预相辅相成。一般方式的显著的优势是它的可行性:这种干预模式可以被准专家和非心理健康专家习得和执行。在实践中,一般干预把重点放在支持儿童试图恢复控制之上,给他们提供公开讨论的机会和跟年龄相称的信息、训练他们掌握应激/症状减轻的简单技术(如放松训练),而这些干预最好在儿童的家庭、学校和团体的自然环境中进行。而且,照顾者应该得到帮助,要帮助他们设立和环境有关的有限康复目标,要在特定环境里尽可能多地提前为儿童专门创造有意义的跟年龄相符的针对解决方法的活动。

以下是最理想的一般干预原则:

即时原则——确保尽快采取措施预防会加深分裂感的纰漏;

邻近原则——使儿童维持在熟悉的环境里和他们的固定照顾者在一起,并且最好在自然环境下干预;

简单原则——提倡避免复杂的干预方法,制定有限的明确的目标,使用诸如公开讨论、放松和支持这样的因地制宜的容易实施的康复活动;

期待原则——树立对个人和团体有康复能力的信心;

团体观念原则——加强归属感;

有目的的行动原则——支持干预者主动担负起对无助感的强有力反击的作用。

最后,连续性原则是统摄全部的一般干预原则(Klingman & Cohen, 2004; Omer &

Alon, 1994)。为了消除战争(或任何大规模灾难)引起的个人和团体日常生活的极端混乱,这一原则认为最理想的干预措施是保护和恢复被中断的个体、家庭和组织/团体三种层次上的个人的(历史的)、功能的和人际的自然的连续性。通过解释发生的事情、给它指派意义、重构目前的处境和设立适度的因地制宜的个人最近的未来目标/任务,这些认知和情感的处理恢复了个人的连续性。通过开始即使是非常容易的行动,从而慢慢拓宽功能的范围和复杂性,这些与处境有关的外部行动恢复了功能的连续性。激活(重建)彼此间的支持和重新信任他人有助于恢复人际的连续性。一般来说,这些连续性中任何一方的进展通过脉动效应都有利于其他连续性的进展。在对战争和政治冲突的幸存者进行大规模干预的情况下,一般方式的用处最大。 630

组织连续性和关怀连续性都可以加入到连续原则中去。组织连续性需要修复儿童和他们平时所属团体的关系,这样团体就能恢复它们的战前作用。就儿童的需要而论,学校教育的恢复和整顿是最重要和最优先的(Klingman & Cohen, 2004)。认同、恢复和授权战前的社会机构,特别是为学校教育机构正名,会显著加强控制感和回归正常的期待感。这有利于引起康复过程乃至贯穿所有脆弱易伤循环过程的反响。

从观念上说,关怀连续性跟战前社会健康福利和心理健康社会服务的恢复有关。以心理健康的观点来看,关怀连续性也指各种可使用的多模式预防干预的前摄提供。具体来说,心理健康专家必须系统地连续地评估所有受战争影响儿童在不同时间点的症状反应的发展和衰减,从而能够尽可能识别延迟的创伤后应激障碍症状。专家们必须保证实施的干预要和需要它的时间一样长,而且基于定期评估提供新的必要干预。学校提供最理想的环境来实现关怀的连续性。在学校,所有儿童在不同时间点都可以被系统观察和评估,同时可以直接或间接地参与预防性的和其他非伤害性的康复计划活动。

我们下面会精选一些与战争相关的干预来说明如何实施组织程序措施、一般的多系统方法以及在战争和与战争相关的环境中使用的连续性原则。

战前一般预先干预

如前所述,在许多情况下,即使在战争发生前,心理教育干预都可以对付战争或战争的某些方面。预先干预阶段适合于一些预防干预瞄准组织(如学校)和媒体,因而影响到所有儿童、父母和教师。两次海湾战争(1991 年海湾战争和 2003 年海湾战争)前以色列准备好预防非常规武器袭击的例子就说明了这种儿童预防干预的一个方面。这一阶段的预防干预致力于确保儿童熟悉并能使用专门防备化学原子尘的防毒面具和其他保护措施。学校中实施的预防干预包括传播仔细创作的跟年龄相应的信息和随后的渐进接触和脱敏(个人内部脱敏和参与者示范结合),有助于学生获得控制感和想象万一战争爆发他们自己能够有效承受住(非常规)战争威胁的团体(不同的班级和整个学校)模拟(Klingman, 2002a, 2002c; Klingman & Cohen, 2004)。心理学家帮助儿童有计划地渐进接触到一些预防成分令人厌恶的方面(如戴着防毒面具长时间呆在密封的房间里、了解大型注射器和训练自我注射等)。

在预警阶段,大众媒体成为信息的主要来源,这些信息可以赋予事件意义和抚平恐惧。

以色列儿童心理学家频频在那些提供对各种各样心理问题的父母教养指导的电视和电台的心理教育节目中作为被访问者出现。指引这些节目的心理原则能够适应这种紧急情形。流行的儿童电视节目也适应得很好。例如，著名的以色列版《芝麻街》节目*使用经常在节目中出现的熟悉人物和木偶来向儿童观众传播那些用来帮助儿童对付恐惧和焦虑的心理健康信息(for an extensive discussion and recommendations, see Raviv, 1993)。这种节目在战时可以大力发展(只要条件允许)。尽管这些措施局限于以色列对1991年海湾战争的反应，但它们和其他媒体干预无疑也可以在世界其他地方的战前、战时和战后各阶段中使用。

631

战争爆发前预先干预阶段的另一种措施是告知儿童他们的父母一方将参加战事，对父母分离有所准备和预计因父母一方的不在引起家庭系统的显著变化。专注于最能影响儿童对父母不在所作调整的因素，此举有可能减少分离对儿童的影响。最关键的因素就是开诚布公的支持并鼓励交流，它给了儿童对父母战争调遣一事的透彻了解和根据(Figley, 1993a, 1993b)。此外，还应把注意力指向其他家庭成员的战争调遣(兄姐、叔伯等)。

另外，在预先干预阶段还要考虑向父母提供支持团体(如利用学校和团体中心)。这些支持团体能够使父母在情绪上更有效地影响儿童，能够改善他们给儿童提供恰当支持的潜在连续性(Cicchetti, Toth, & Lynch, 1993)。支持团体能解决关乎儿童的战争在即的恐惧的父母教养问题，可以降低儿童(特别是婴儿和幼儿)后来发生不安全依恋的可能性。儿童确实能从对父母的干预中受益(Klingman & Cohen, 2004)。但在战前预警阶段，干预可以直接面向学校中的儿童，让他们参加小团体形式的活动特别是可行的课后节目之一的艺术活动，使一些向前发展的合适的应激预防接种技术成为它们的一部分(Meichenbaum & Cameron, 1983)。

战时和战后基于团体的一般干预

不是所有的战争都如出一辙。有时候对战争中的儿童进行干预几乎不可能。而在其他战争条件下，却允许心理学家卷入(虽然有限)，他们大多成为父母、教师和那些处理整顿团体紧急情况的负责人的顾问。

基于一般原则的组织措施：以遇袭地区疏散为例

作为实施战时一般干预方式的例子，我们可以查验一下1991年海湾战争中为那些家园被伊拉克导弹袭击摧毁的以色列人提供应急临时住所的情况。随着战事的进行，特拉维夫市区的许多旅馆慢慢变成收留中心和临时住所。许多家庭由官方领着走出残垣断壁到市政指挥所现场登记，后者会指引他们前往指派好的旅馆。疏散家庭震惊地来到旅馆，他们中许多人表露出由导弹袭击引起的种种恐惧，有害怕孤独一人的，有害怕袭击来临的，有害怕导弹追击到当前位置的，等等。一些人害怕和家人哪怕是暂时的分离。这些受害者焦虑紧张万分，一些人至此仍然迷乱麻木。所有家庭都被安置在拥挤不堪的旅馆的狭小房间里，因此

---

* *Recho Sumsum*，由 T. Steklov 制作的以色列《芝麻街》节目，是一个有名的适合年轻观众的节目，它以美国的节目为基础，但它是由以色列的国内专家和美国的同事一起在以色列境内制作的。

他们都体验到没有隐私可言。全部家庭常常没完没了烦躁地或在大厅徘徊,或在走廊里踱来踱去。一些已经承担起父母角色的年纪大的孩子和一些试图保持家庭影响的母亲"崩溃"了。另外,被疏散者必须面对调来帮助他们的官僚。旅馆充斥着本地市政当局的协助人员和善意的志愿者。被疏散者的整个经历让他们只能感觉到无助感和失控感(for an extended discussion, see Solomon, 1995)。

那时候我作为教育部门的应急心理健康小组的领导人,被邀请担任各种主管(心理健康和非心理健康)官员的顾问。我采取预防性/有组织的一般干预原则,建议首要的是采取具体的救济援助和(后勤的实用的)组织措施,然后是一般的心理健康干预措施。后勤/实用措施包括满足基本需要(如避免脱水的饮料)和使家庭积极参与自家的定居过程。这要求首先要恢复被疏散者的个人连续性,即帮助他们重获个人身份(如重构目前处境、树立适度的个人目标和参加简单的情境特异的任务等)。一个基本的组织措施是通过两种方式尽可能恢复官员的秩序感:通过主管人员(即镇静效应)和建立情境特异相对结构化的后勤环境(即组织效应)来促进能安抚现状的有益的信息性交流。人员安抚的交流以仁慈而坚定(但不是专制的)的立场完成。谨记正是透明度、结构和当地领导人的信心的建立构成了对大规模创伤干预的一般措施。 632

提到实用的后勤时,我要求应该把印刷清晰的彩色的大指示牌贴在大厅。这些指示牌上面含有旅馆场地和设施的简明易懂的地图,指明登记处,用简短的文字说明要遵循的基本程序。其他跟这颜色不同的指示牌指引已经登记的家庭去指定的楼层和房间。进一步的后继指令列表应张贴在每一个楼层。这样做的理由是需要向父母和孩子传达环境的秩序感和可控感,使他们能够以开始遵循这些指示和控制准备好安心登记等恢复他们的个人功能。这些简单的后勤措施力求引发被疏散者的自我观念从受害者到幸存者转变的过程,并且以承认他们自己有在那种情况下尽管很有限的应对创伤的资源来取代无助感体验。

另一个必然具备心理健康目标的组织措施是在大厅张贴大张的书写清楚的时间表,它涉及儿童有组织的活动和游戏团体。时间表进一步向孩子和父母传达了对他们慢慢恢复至少一部分灾前活动和功能的期待。这些儿童参加时间发展上合适的、熟悉的、正常的(创伤前的)流行的社会和同伴活动的机会,也促进了功能连续性和个人连续性。团体活动既有趣又轻松,而且还是有意的和有用的(如奖励、帮助年幼儿童)。因而,活动本身和对它的控制感体验能帮助儿童恢复部分自我效能感。同时还会出现团体归属感和团结一致感。这些体验也可以成为克服将来可能困难的灵丹妙药。一些团体活动(如木偶戏演出)可以使儿童把他们的担忧表演出来,把他们的情感和恐惧表达出来。团体领导人一般从成人被疏散者的志愿者(特别是未婚的)中招募,这些志愿者都有领导儿童活动的经验;只要有可能,年纪大点的青少年志愿者都应该被选派去共同领导儿童的游戏团体。确认有音乐家潜质的儿童受邀参加演出。要求团体领导人专注于非常简单的活动,这正好和简单原则一致。

接着,我们召唤那些因为在疏散地的中小学和幼儿园任教、所以大多数儿童都熟悉的教师志愿者。这些教师之前都和心理健康主题有过接触,那是因为他们以前在战前预先干预阶段就把心理健康理论纳入正常的战前教学中,并且参加过预防干预。现在我们请求他们充当旅馆的家庭教师,以小团体教学或逐个辅导的形式非强制地每天1—2小时教孩子学习知识。因为他们的教学专长和对被疏散者背景的熟悉,这些教师还充当依恋对象、心理健康促进者和"临床调解人"。早先有过执行心理健康干预方案的经历后,教师只需花很少时间熟悉新的家庭教师角色,几乎不需要帮助就能向儿童表达接纳、移情、爱心关注和安慰。只要时机合适和可行,我们就鼓励父母参与其中,积极参加运动、绘画等活动。父母出席和参与的作用在于加快父母教养角色的恢复。

因为有组织的疏散计划有意避免儿童和父母的分离,父母成为预防干预的一个重点,这和家庭是儿童安全的"首要圈子"的观点一致。因此,我们指导父母建立父母志愿者委员会,委员们每天开会讨论父母和孩子的迫切关注和前摄参与计划、组织和遵循作为对这些需要的反应的措施和活动。父母们表示他们最迫切的需要是目前环境下的父母教养指导。作为回应,我们给父母们提供由心理健康专家领导的小团体指导会(而不是咨询会)。这种指导会采取问题解决取向的结构化方式(de Shazer, 1985),采取问题解决取向的指导形式(Klingman, 2002b参见本章后面的内容)。它只允许很短暂的个人公开讨论(和一些对父母的后勤顾虑的讨论),然后讨论直接转到父母教养上来。在早期,这些团体讨论常常涉及父母个人的无益倾向,如过度保护、否认和逃避;随后,引导父母们发现共同的关注,并且参与发现基于作为一个团体的共同资源的解决办法。会议主持人专注于使父母们分享他们的应对环境的成功方法,特别是如何开发自身的内部力量和家庭社会资源以促进父母教养行为的效果的方法(参见 Klingman & Cohen, 2004, for other forms of parents' small-group work relating to trauma designed to attend to different parental needs in other war-related circumstances)。

633

我们的干预也把重点放在集中支持那些在战争持续期间和被疏散者关系密切的心理健康专家身上。当时,来自不同心理健康学科的专家,有精神病学家、心理学家、社会工作者和学校咨询员等,都参与了以旅馆为基地的干预。我们建立了两天一次的向心理健康工作人员介绍和汇报团体会议情况的制度。早晨的会议非常简短,是持续大约20分钟的介绍会,介绍会报告当天的日程安排、具体的任务、政策解释等。傍晚的会议是短期干预,一方面是采取公开讨论的形式(即通过介绍和有限汇报分享告知和支持的聆听),另一方面是讨论问题解决取向的方法,它把注意力指向工作人员的职业和个人需要。这些心理健康专家发现很难把他们自己和战争的痛苦分开,那是因为他们和那些父母孩子一样接触到同样的情境,而且儿童尤其容易引起要保护照顾好孩子的情感。专家们在试图帮助别人特别是孩子前,需要对他们自己被战争重创的反应作出认知和调整。工作人员在广泛参与抚平创伤工作中也需要给心理加油鼓劲。考虑到这些情况,每日的傍晚会议能够提供短期的(1小时)、相对简单的支持、授权和"帮助帮助者"程序。本章后面还会讨论到各种(战争相关)情境下对学校咨询员的此类干预。关于干预制定发展的细节和有效性见于其他地方(Klingman, 2002c)。

恐怖袭击事件发生后基于学校的干预

符合统一的连续性原则的大规模干预应该尽可能通过学校系统发起。学校是儿童的天然社区系统,他们很多人(即使不算是绝大部分)醒着的时候都在那里度过,从而和同伴一起完成社会化,并且从成人(教师)的支持中受益。战争爆发后,学校可以通过重建新的秩序来提供一个相对安全的可预测的环境。儿童功能的大幅度改善和调整可以通过优先考虑在战后康复过程中尽快重新创造教育娱乐的机会来实现。不管学校的物质设备如何匮乏,也不管此时学校教师的经验如何不足,学校仍然是主要的社区机构,在那里心理健康专家能够通过讨论会影响即使不是全部也算大多数的儿童(Klingman & Cohen, 2004; Yule, 2002)。

以色列海滨地区发生严重恐怖枪击袭击后,对当地学童干预的有关情况就是利用学龄儿童团体认知行为治疗原则进行战争创伤学校干预的一个例子(Klingman & Ben Eli, 1981)。这次干预运用了表达和创作的方法,其意图是建立一些控制感和使儿童更能忍受可怕的信息。为了帮助儿童更客观地观察发生了的事情,心理学家要求他们用黏土、橡皮泥和废弃材料等创作枪击现场情境。然后心理学家引入各种跟年龄相称的放松训练,指导他们想象模拟这种情境再次发生时他们的表现,从中探索可行的预防措施。接着教师努力帮助儿童实现他们设想的准备措施,帮助儿童减少容易受伤和无助的感觉。这种把儿童观念转化成实用的情境特异的行动的办法旨在解决儿童对于不久后可能发生更多恐怖袭击(这确实是一种现实顾虑)的反复甚至强迫性恐惧。这样就能鼓励儿童详细计划好每个人如何行动,如何寻找可能躲得住的地方,如何设计逃离路线等。接下来的是个人内部去敏感化程序,它鼓励儿童(成群结队和教师一起)去参观那次事件发生的海滩地点。自从那晚恐怖分子乘小艇到达海边登陆发动恐怖袭击后,孩子们就再也不敢走近这个地方,这种情形对于这个小镇的儿童来说实在太普遍了。

634

大规模干预的表达活动

文献里报告过的即使不是全部也有很多对儿童战争相关的大规模干预都涉及游戏、绘画和其他象征性活动。例如,前南斯拉夫几乎所有的支持性干预都惊人一致地对受战争影响的儿童提供工艺美术活动(Kalmanowitz & Lloyd, 1999)。治疗专家们认为象征和想象方法是加强战争应对的有效方法。然而结构化治疗本身并不必然减少痛苦的症状,对波斯尼亚 600 名小学儿童的大型研究就是明证(Bunjevac & Kuterovac, 1994)。虽然如此,作为一种帮助儿童应对战争创伤的方法,美术、木偶戏和戏剧依然常常主导着干预,而且对于受战争危机影响的性潜伏期儿童特别管用。他们可以通过时间发展和他们的自我发展一致的方式,将他们的担忧表演出来,将他们的恐惧表达出来(Williams-Gray, 1999)。

游戏作为探讨儿童问题的一种特别有效的模式已经得到广泛认可(Chazan, 2002)。如果可以选择的话,年幼儿童更愿意以游戏的方式互动。学前期的游戏通常取代了言语表现的地位。尽管一些游戏素材被那些认为它们是"女孩的玩意"的性潜伏期男孩所摈弃,同样是这些男孩却可能愿意参与玩耍动物木偶这样的游戏。当焦虑与日俱增,以致儿童需要躲避联结他"自己的世界"的言语表达时,游戏也可充当儿童安全的避难所。在游戏中,儿童通过符号化创伤经历和修改它的结果来处理创伤体验;象征性活动允许儿童把他们极端痛苦的体验分成小额的量,解决它们,把它们同化到既有的图式中。

木偶戏也可充当攻击和紧张的释放器,它允许儿童掌控情境(Webb, 1999)。在对难民儿童同龄团体进行干预以使他们适应美国的新生活这一案例(St. Thomas & Johnson, 2001)中,木偶戏充当了重要的行动手段。所有这些儿童都经历了由失去亲人或朋友引起的一种或多种创伤,都被迫背井离乡,都得面对生存和适应异国他乡的新生活这些紧迫问题。当时,同龄团体选择了龙木偶作为全能的人物,它对所有其他动物都残忍无情。所有其他动物木偶都一个接一个地试图阻止龙的心灵虐待和言语攻击,但却徒劳无功。每个人物都或遭到身体上言语上严厉的训斥,或不予理睬,或被吓跑。接着团体主持人要求参与者创作一个自己的代表真实或想象世界中的力量的木偶。随着儿童画出装饰好他们心中的力量象征,超级英雄出现了,这样他们就能借助木偶表达个人的需要。通过向其他木偶求助,儿童表现出同情、友谊、支持和关切。总而言之,儿童互相谈论(通过他们的木偶)作为受害者的他们如何被虐待的事,进而分享他们目前的内心恐惧。一些儿童还谈论到他们作为难民适应新的陌生环境的艰难。

到了性潜伏期后期或童年中期时,儿童的言语交流技巧迅速增加;他们变得明显更多以现实为导向,因而有必要减少对象征性游戏的依赖。这时要使用更多的言语表现、更多的现实导向的游戏和更多的大块头游戏。例如,棋盘游戏可能变得很有效。有人发现在以色列的交战地带,棋盘游戏能够特别有效地帮助学龄儿童获得理智控制感,而且在边境小镇发生严重的恐怖袭击后能显著减少他们的焦虑(Klingman & Cohen, 2004; Ophir, 1980)。那些学生积极地参与创造和组织自定义的棋盘游戏,其中包括在棋盘上移动保安部队和恐怖势力。这样他们就能获悉在小镇布置保安部队的最佳位置,考虑采取各种不同安全措施,评估恐怖分子到达(这游戏中的)街道、学校、教室和家园的可能性,讨论预防下一次恐怖袭击的可能步骤。它使得学生能够明确地把他们的精力集中在计划、采取行动、制定解决方案和获得控制感上面。

635

尽管还没有控制良好的实证研究能证实艺术和游戏活动或其成分的具体治疗效果,但是战乱地区的大规模干预报告表明它们被广泛运用于儿童和青少年身上,这在康复过程中尤为多见。艺术和游戏活动包括唱歌、讲故事、跳舞、学习演奏乐器、博弈、使用面具和木偶的艺术创意表达活动、社会心理剧、创作摄影杂志、用废弃材料和容易得到的自然材料建造游戏设备等。在前南斯拉夫,用于儿童的游戏、绘画和戏剧使他们不但能够封装过去的经历,而且能够发展适应未来生活的世界意义(Ager, 1996; Kostarova-Unkovska, 1993)。

艺术和游戏干预的运用无疑提供了一种有效的方法,使得儿童在没有足够的心理健康专家对其伸出援助之手时(就如同在战时和战乱地区的情况下)积极果断地参加自我治疗。这种干预主要由当地教育和社区环境的工作人员处理,也可能包括当地的艺术家,只需要一个(或很少的)心理健康专家作为顾问。这种干预模式也广泛出现在战乱地区,那是因为传统治疗是不为儿童所熟悉的干预,而且大多数儿童通过熟悉的游戏和抒情的艺术干预心理问题会感到更舒适。任何涉及游戏和艺术的干预本质上也是一种治疗,因为它为想方设法地自我探索与处理情绪和想法提供了一个结构化的、管理有方的支持性环境。美术作为表达手段,很适合吸引儿童情感的、认知的和知觉的能力,并且允许儿童在感觉和认知之间、宣泄和控制之间以及自由活动和结构化活动之间的推敲上自定步调。除了能够为儿童和青少年提供一条间接的表达他们对战争经历的情感和想法的途径外，艺术和游戏活动明白无误地涉及一般康复过程，这一点正好和固定的相关创伤干预一致。渐进接触、脱敏、认知重构、重组和分散注意力就是这样。通过不断重复行为、想法和情绪，儿童体验到并从而获得了越来越多的忍耐力和控制感。这一有关过程给儿童提供了一个心理空间，使得儿童能够自我检查那些跟身份、关系和希望有关的问题，能够证明自我康复的力量和财富。当艺术和游戏活动用作行动—分享过程时，它也能促进休戚与共的感情，进而增加发觉同龄团体带来安全感的机会。觉得参加艺术活动很不容易的儿童可以以其他方式活跃在艺术项目中，诸如为其他人的艺术作品亲自安排和创造展览空间。

大规模的游戏和艺术活动在多文化环境里特别有利，这是因为它们克服了文化、语言和种族背景的差异，从而充当所有儿童基本的共同语言。除了对儿童直接实施的工作外，训练讨论会还应面向当地的心理健康专家、半专业人士、教育工作者和所选拔的志愿者，使他们有资格参与这些项目。这些训练讨论会的目的是激活当地人民，使他们能够充分参与这些项目，从而保证在心理健康专家离开后对儿童的直接工作能继续下去。

科索沃战争中针对遭受创伤经历的学龄儿童的项目就是一个具体的例证(Simo-Algado, Mehta, Kronenberg, Cockburn, & Kirsh, 2002)，其中学校教师经过训练成为能够独立实施复杂干预的"心理健康促进者"。这一项目基于以团体为中心的(即专注于团体拥有的内部潜力)、跨文化的(反映文化的多元价值和传统)和整体的(即包含身体的、社会的、心理的和精神的维度)方式。每次结构化会议都以科索沃的诗词和歌曲(融合了文化方面)开始，继之以一个室内游戏或户外游戏，然后进行像自由主题绘画这样的活动。游戏包括基于游戏理论的有趣活动(Morrison, Metzger, & Pratt, 1996)，也可视之为一种治疗。最初的讨论集中于帮助儿童如何区分不同的情感。儿童给了他们的艺术作品一个题目或主题，并且描述他们创作的是什么，为什么要创作它，在创作中有什么感受。木偶戏则帮助儿童认识到讨论情绪的重要性。游戏活动的目的是提供支持，促进领悟，推进对情绪、积极经验和活动中的成功心得的公开讨论。最重要的是，游戏充当了儿童"从战争王国向儿童王国回归"的强有力工具(Simo-Algado et al., 2002, p. 205)。儿童的绘画、表演和自由游戏不知不觉从更黑暗的主题演变成更积极的看法。据报道这些有趣的活动也是教师观察儿童的非言语行为，从而能够区分出需要个别照顾的儿童的最好时机。 636

在特定战争环境下，即使战争仍在进行，儿童参加艺术活动还是可能的，就如同1991年海湾战争中的以色列一样。那时候装饰防毒面具匣(那是他们必须一直随身携带的物品)竟成了所有年龄段儿童和青少年的一个最流行的活动。除了设备创造活动固有的好处(如前所述)外，装饰行为还可以帮助他们掩饰令人恐惧的内容，这些内容包括能预防神经毒气和粉末伤害的阿托品注射。于是，这一活动使面具匣子显得不再那么危险而变得更人性化。同时在战争中，以色列的学校一直关闭着，但她的博物馆却仍然开放和提供独特的艺术项目。博物馆的藏画早已从展览室墙上移走和收藏在地下掩体中以避免在大规模导弹袭击中受损。大幅的纸挂在空空如也的墙壁上，而儿童则被邀请来就此创作关于战争感想的壁画画作。这样一个牵涉许多逃离家园的儿童的项目主要起到治疗的作用。它包含四个阶段：

首先，房间布满了来自报纸的视觉图像，然后要求儿童用细黑色笔以连环画的样式描画出他们的个人故事；第二阶段画的是钢笔画；第三阶段画的是水彩画。最终的结果呈现在一张巨大的、白色粉刷过的胶合板上。许多创作描述了毁坏的房屋和纷飞的导弹。有趣的是，一些导弹被画成软绵绵的样子而不是笔直的样子，这可能表示儿童内心希望这些导弹无效。希望导弹威力减少也表现在房子的大小上，房子都高出导弹很多(Shilo-Cohen, 1993)。

自然辅助项目是另一种帮助儿童在战争中和战后康复时期积极应对的方法。在南斯拉夫，儿童被组织起来成立园艺社团，他们从事种植并想方设法保护植物在敌人攻击时免受伤害(Berk, 1998)。这种方案的治疗价值在于通过促进积极应对、创造性、同情心和未来导向的态度为战争中的儿童提供生命延续的能量。

当自然辅助支持方案用于加强儿童的康复过程时，它也是一种富有革新精神的干预。这样的干预可以是自然导向的活动本身，也可以是范围更广的活动。Pardess(2002)对以色列儿童实施过这种干预，此前持续的恐怖袭击使儿童遭受了令人心碎的损失。一些儿童甚至在一次袭击中就失去了好几位最亲的亲人。这种自然导向的干预整合了言语和非言语技术，诸如运动疗法、讲故事、艺术创作设计和宠物疗法等。它的核心在于由一位专业的植物学家带领并由一位心理健康专家监督的兼有团体讨论会的多感觉自然徒步旅行。徒步旅行以森林火灾或其他自然灾害后的再生恢复的过程为主题。这次活动激起了儿童的强烈响应，并且促进了对生存下去的讨论。接着是一个名为“讲述受伤树木的故事”的艺术讨论会。孩子们画出并讲述正在康复中的树木的故事，从而承认他们自己的损失并考虑可以和他人分享的个人故事(Klingman & Cohen, 2004)。

在另一个行为和艺术结合的方案(St. Thomas & Johnson, 2001)中，难民儿童参加了一次前往大瀑布的自然徒步旅行。他们获得鼓励去观察自然世界和收集任何能够提醒他们自己的力量或能力的自然物。作者还报告说短途旅行与绘画、记日记、钓鱼、有导引的想象、玩游戏和戏剧表演等一起给个人的经历和悲伤敞开了方便之门。

一般条件下适应和应对的强化

许多和战争有关的困难对于儿童来说都是庞大复杂的。根据一般原则，对付战争应激的一个最有效的应对策略是把大问题分解成更易于处理的子问题(Hobfoll et al., 1991)。它也许能够使儿童应对更有效并且体验到更积极的结果。即使是非常小的收获也能导致更多的环境控制感。这反过来帮助儿童个人不但觉得而且真的变得更有力(Bandura, 1982; Meichenbaum, 1985)从而远离受害者的角色。因此干预者应该帮助儿童理顺环境的紊乱方面。根据一般原则，那就是设立小的可完成的目标和任务，其中儿童获得任何细小的成功都要给予奖励。

637

而且儿童还应得到鼓励，要鼓励他们积极参与助人行为。通过想方设法帮助他们自己的家庭、他们的同伴和他们的团体克服困难，儿童和青少年会逐渐增强生活控制感，能更有效地应对战争应激事件(Hobfoll et al., 1991)。例如，在1991年海湾战争前的预先干预阶段，训练儿童使用防毒面具和其他装备预防非常规武器时，训练者向以色列儿童表达了对他们的期望，期望他们能帮忙训练家中的弟妹和老人并且帮助他们适时正确戴上防毒面具。这一预先指导干预以学校为基础，并囊括了全国的所有学生。有报告说在战时扮演这样角色对于学龄儿童来说是很有用的。确实，通过参与问题解决和成为解决他人问题的一部分，儿童走出了受害者角色而进入了控制者角色(Klingman & Cohen, 2004)。

对儿童、父母和教师与战争相关的一般干预的经验证明大范围团体干预所固有的好处，这在以色列和前南斯拉夫实施的多模式应对和适应干预方法上体现得尤其明显(Klingman & Cohen, 2004; Krkeljic & Pavlicic, 1998; Lahad, Shacham, & Niv, 2000)。这种方法借鉴了Lazarus(1997)的多模式心理治疗模型，它集中考虑了七种核心形态，可用首字母缩写词概括为BASIC ID[行为(behavior)、情感(affect)、知觉(sensation)、意象(imagery)、认知(cognition)、人际关系(interpersonal)和药物(drugs)]。根据一般的应对强化和适应理论对这一模型进行改进的一个变式提出了一个围绕BASIC Ph[信念(beliefs)、情感(affect)、社会性(social)、想象(imagination)、认知(cognition)和生理机能(physiology)]六种形态的组织系统(Lahad et al., 2000)。Klingman和Cohen(2004)提出对父母的干预应围绕十一种综合成分：BASIC PhD B-ORN[信念(beliefs)、情感(affects)、感觉(sensations)、想象力(imagination)、认知能力(cognitive abilities)、社会性或人际关系(social or interpersonal)、生理机能(physiology)、内驱力(drive)、行为组织(behavior-organization)、思考能力(reflective ability)和叙述系统(narrative systems)]。这些父母应对资源的前八种方式会从头开始就被激活，而后三种(行为组织、思考和叙述)方式可能需要一定时间才能激活。

Smith等(1999)为大规模干预发展了一个更加结构化的专注于创伤的行动方案，并包括一份“康复技术教学”手册。这一心理社会—教育行动方案的五大主要部分都致力于帮助儿童对付苦恼的侵扰、激越和逃避症状。团体的主持人带领儿童完成各种预热训练并且帮助他们对困难采取问题解决和团体分享的方式。对于侵扰，儿童要学会分散注意力技术和双重注意技术[类似于一些眼动脱敏和再加工技术(EMDR)]。为了减少激越，儿童要学会鉴别他们的反应然后能随意加以放松。至于逃避，儿童要练习想象性接触和之后的自我强化。最重要的是要鼓励儿童展望未来而不是关注过去。一个向父母讲解如何干预和提供如何帮助孩子的建议的单个会议也是这一揽子计划的必不可少的一部分(Yule, 2002)。和BASIC Ph一样，这一设计方案也允许让那些只有最低限度的心理健康干预经验的人们执行，但他们要接受那些有更多心理健康知识的人的训练和监督。一般来说，这些干预以及其他类似的干预都衍生于既定的理论定位和充分的临床经验；关于它们有效性的报告都指出它们是合适的、有用的，然而它们具体的有效性仍然有待系统评估。

给学校准备的一般危机干预的书面指南、手册和工具集看来也很有用。它们可以充当学校和教师在战时组织备战和战后康复过程的蓝图。Yule和Gold(1993)制定了一本小册子帮助英国的学校对危机反应做好准备。这本小册子提出了诸如年轻人对重大的应激有何反应、谁可能受到影响、学校根据中短期行动和较长期的计划可以做点什么等的主题。这份小册子寄给英国的每个学校后，在它的有用性上收到了非常积极的反馈(Yule, 2002)。同样，我也制定了一本指南(Klingman, 1991)和一份紧急事件工具集(Klingman, 1997)来致

638 力于解决以色列对大规模创伤的基于学校的危机干预，并提供了由教师主持的课堂活动和工具。它们的结构和内容在他处另有所述(Klingman & Cohen, 2004, pp. 105—106)。指南声明它里面出现的活动都只是例子而且要求教师提出自己的活动；学校也应检查在即将到来的特定危机情境下对于他们独特的环境来说什么是最好的。以色列教育部把指南和工具集分发给以色列的所有学校及其心理机构。工具集被广泛使用于交战地区的学校(特别是位于敌占区的学校)，这些学校也提供了对这些资料有用性的高度肯定反馈。在指南分发一年后的有用性调查中，我给战争波及地区的280个样本学校咨询员发放了问卷。在227份回收的问卷中，98%的咨询员报告他们的学校使用过指南，72%报告他们独立添加了工具和其他来源的内容，47%报告他们根据指南的建议和工具范例"创造"了(至少两种)新的工具，这些新工具要么和指南提供的工具一起使用，要么取代后者单独使用。这些以充分的临床经验和一般原则为依据的指南、手册和工具集无论是用来选择或创造特定的学校工具，还是用作促进选择或创造特定的学校工具的刺激物，似乎都确实有用。它们的一大好处就是这些工具的使用很简单，可以由只有最低限度的心理健康背景和经验的专业人员助手和成人来实施。另外还应注意它们对被战争所祸害的为数众多的全体儿童施加影响的成本效益。尽管这些指南被报告为有用，未来仍然需要系统评估来检查它们具体的有用性。

作为一般干预中心之学校

许多一般干预措施都可以由中小学教师成功执行(Klingman & Cohen, 2004)。在战争时期，中小学教师除了身为教学专家的传统角色外，还被赋予了许多重要的角色(参见Wolmer, Laor, & Yazgan, 2003)。在战时和战后幸存的教师可能实际上充当一个"不偏不倚的调解人"。尽管教师开始不愿意担当这样的角色，我们在战乱地区的各种经验证实教师经过合适而又相对简短的训练就能够成功运用积极倾听而且能够担当鼓舞、激励和促进儿童的建设性应对的行为榜样。教师对于帮助儿童把应对技巧应用到他们的日常生活和出现的新焦虑及冲突上很重要。教师也有很多机会在自然环境下密切观察和跟进学生。实际因素(如有限的资源、心理健康专家的短缺、成本和效益以及受害者不愿意寻求专业帮助等)和观念因素(如非伤害性方式、应激的正常化、授权以及积极心理学等)都要求干预尝试要涉及尽可能多的儿童，而且只有教师和学生在自然环境下一起努力才能做到这一点。当地教师对当地传统风俗最为熟悉从而能够把它们整合或添加到任何一项干预方案中。我的经验表明，当学校遵照一般干预方式和统一的连续性原则时，它们就不但成为一种治疗环境，而且成为重要的大规模(多系统)干预的中心。学校组织、班主任、父母和社团(特别是福利和心理健康的)机构的共同努力能够提前创造一个"保护掩体"，它强调在应对战争的不利事件当中的授权、适应、力量、成长和积极的态度。

帮助干预者

很自然地，大部分的努力都必须投入到直接受战争影响的儿童的困境中去。然而从新近的战争中汲取的教训揭示了当心理健康干预者帮助他人尤其是孩子时，帮助这些干预者的必要性。同情、疲劳(Figley, 1995)给战乱地区的干预者带来了可能造成间接创伤或继发创伤的巨大风险。在许多交战地区，心理健康提供者和被治疗人群一样有着共同的战争经历或同样的创伤环境(如都“幸免于难”)。一些专家可能经历了他们自己的病态体验;一些专家可能老是担心他们自己的孩子和其他家人的康复;还有对于一些专家来说,经常耳闻目睹到灾难(特别是那些儿童经受的灾难)会给他们造成心理伤害。干预者常常觉得他们被前面要进行的康复任务的广度所压倒。他们可能没法对他们的患者的需要作出即时的回应;专业人员的匮乏常常使他们工作过多;超负荷工作、高承诺和情感枯竭一起导致他们容易倦怠。尽管采取一般干预方式的原则和统一的连续性原则能够部分解决这一问题,然而对于许多专业人士(尤其是那些没有参加过大规模干预的人)来说,这种大规模干预方式需要他们专业定位和角色的转换。因此,“帮助干预者”干预必须成为任何大规模的儿童战争干预的不可缺少的一部分。 639

在这方面,团体心理情况查询能够提供一种合适的工具。情况查询原本是为了帮助紧急救援人员调整他们对救援工作中遇到的事件的情感反应而形成的(Mitchell & Everly, 1997)。心理情况查询一般强调在小团体内部进行的情绪的公开讨论、经验汇报和情感分担。在以色列许多战争相关特异的环境里通常使用的“帮助干预者”干预包括支持式聆听和方法查询会,其中尤为看重宣泄和通过反省的方法使参与者的注意力指向内部的情感和思想过程。Gal(1998)报告过在前南斯拉夫得到广泛使用的对心理健康专业人士进行干预的计划方案,它包括了各种解除创伤问题的训练和处理助人者的应激和倦怠的情况查询。

然而,经验表明在战时和战后最初的环境下所需往往远远超越了情感干预。专业人士也需要实际支持来处理手头上庞大的任务。为了使干预者能够更有效地对付与角色相关的问题和职业困境,干预者常常需要获得解决办法。实际支持为大规模干预解决了情境特异的有用的个人应对资源问题与有效的策略和技术问题。例如,有一个对学校咨询员实施的战争相关的“帮助帮助者”干预方案就运用了简化版的结构化查询程序和问题解决取向的方法(Klingman, 2002b)。这次干预以结构化团体干预方法和直接—积极的团体领导的作用为基础,它赋予团体领导重要的责任,那就是提前培养支持短期团体干预方式的气氛。干预的任务报告由一个介绍性说明组成;这种干预仅限于体外接触,用精确的感情和想法的标签来说明有限公开讨论感情和表明情感反应的认知加工的重要性;它使人分享个人过去和现在的应对策略和技巧;它讨论了与角色相关的问题,其中包括澄清角色定义;它的重点在于吸取积极的教训。

这次干预以问题解决为导向,它的目的是把焦点迅速转移到参加者的适应上并且把他们的注意力转向外部其他人和外部实际任务。有意提问和其他技术帮助专业人士获得了在某种逆境下什么是可行的这种更现实的感觉。处理情境特异的实际目标和参与者的期望,对于为他们自己和他们的受保护者设立更适度的更易处理的目标和期望来说,非常有用。这次干预还包含了对参与者提出的其他解决方法的讨论。它促进了咨询员的积极参与和对合意结果的期待心态,而且相当重要的是,它使参与者明白并不需要他们做出立竿见影的激动人心的行动,而是要求他们可以有效地采取一些小的步骤。总的来说,这次与其说是一种咨询或治疗的方式,不如说是问题解决取向的指导,强调了渐进但比较迅速的从“问题会谈”到“问题解决会谈”的转换,把工作的重点集中在力量和内部资源上。问题解决取向的方法是从社会个体心理学的若干模型中衍生而来,并且借用了其他治疗方法的许多技术,但仍然保持了它自身的理论完整。

另一个干预方案采用叙述的方式(并且和问题解决取向的方式部分相同),据报道它被广泛使用于对以色列频繁遭受大规模恐怖袭击地区的学校心理学家和咨询员的干预(如,shalif & Leibler, 2002)。这种干预致力于应对能力和意义赋予,而不是恐怖袭击的消极影响。它集中于"重写"关于创伤事件的谈论,探索创伤事件可能不同的意义,从而采纳最有效和最有力的一个。特别是(在这一点上和问题解决方法取向的方式一致),它包含了能够创造"沉思的距离"的具体化交谈,从而描绘出问题的影响(即发现问题/困难影响不是那么大和清除这些影响的机会比较大)和找出例外与独特的结果(也就是问题或困难没有接管的地方,冲破重重困难:因此反而体验到个人、团体和社会得以加强和"组织安排")。这一具体的干预向参与者示范了对语言与意识形态、宗教和团体支持力量的注意是如何起到解构"创伤"的消极意义和促进成长潜力的作用的。

640

创伤后应激障碍必需的专注于症状的个体和小团体干预

首先,战争影响儿童的广度和帮助那么多受战争影响的儿童所涉及的困难都使得采取团体取向的而且最好是基于学校的大规模一般干预成为必需。如前所述,从概念上看,受战争影响的儿童、父母和他们所在的正常团体和文化确实拥有自然康复的机制。所以在创伤治疗工作中强调团体取向的预防干预比强调创伤症状的减轻更可取。因此,本章此前一直要求选择一种灵活的连续的健康导向的一般方法,它致力于解决应对战争创伤体验过程中不同阶段的各种需要。但是也有例外。一些儿童的症状不但没有减轻,反而还变得更加严重,符合创伤后应急障碍或其他的诸如焦虑症和忧郁症的战争相关障碍的临床诊断标准。一些儿童体验到先前存在的问题加重,或出现了延迟的创伤反应。至于其他儿童,沉重的战争相关的恐惧可能使他们处于无时无刻的危险中,影响他们的安全。不管一般干预多努力,问题都没有改观的儿童准能从必需的干预中获益,必需的干预都是个体或小团体咨询治疗,它更少集中于一般方式而更多集中于个体的独特需要和问题。

儿童战争相关的症状可能围绕着特定的战争相关的恐惧发展起来;这些以现实为基础的恐惧可能会泛化或引出更多的恐惧。尽管儿童在战争当中几乎不可能得到治疗,也几乎没有关于战争冲突阶段儿童个体治疗的文献报告,但是这些患者真的可以从对特定恐惧的短期干预中得到成功的救治。

例如,在1991年海湾战争中的一次专注于恐惧的干预就是以一个拒绝在空袭时戴上防毒面具的5岁儿童为目标的(Klingman, 1992)。此时,以家庭为中介的短期认知行为干预成为可选的方法。在治疗开始时,和父母的面谈首先集中在公开讨论紧迫的形势带给他们的焦虑:导弹携带化学细菌弹头的极高可能性和对他们儿女安全的关切。紧接着分析儿童的行为(不服从、暴怒的脾气),讨论服从的相关行为原则和契约认可的发展。父母能够得到逐步的指示来记录孩子在基线时间阶段和控制时间阶段的行为,来运用家庭招待会式的读书疗法、游戏和对目标行为的认知行为暗示。他们都得到一份专门为孩子打造的彩色故事小册子。小册子讲述了准备好积极应对战争的严峻考验(如导弹袭击、化学战争、被禁闭在密封的斗室内、佩戴防毒面具的麻烦、焦虑等)的一家人的事故。故事把重点放在那家孩子的玩具熊身上,它非常“困惑”和“害怕”,而且人们还为它制作了防毒面具。故事中的男孩要对付他的玩具熊的不服从和焦虑。故事也着重提到要把目光放远,超越痛苦的经历,譬如目前情境的有趣和积极方面(如“我的父母戴起防毒面具来很有趣”、全家人归属感加强的体验等)和积极的未来/乐观主义(如战后又可以回到幼儿园和大家重聚)。父母还能学到如何对儿童的不服从作出正确反应的知识,那就是一致认为困难存在,但不意味着就可选择不服从,例如用“情况只允许这样做”来回应。他们被告知要更多用“你”的赞美(如“你一定为自己感到自豪”)而不是“我”的赞美(如“我为你感到自豪”)来表扬孩子,从而促进孩子的自尊心和自信心。讲故事、粉饰和玩游戏一起创造出一方心理空间和放松的气氛。

这次基于个案研究设计的干预结果(Klingman, 1992)支持多种复合程序的应用。它代表了在战争中运用比较简短的由父母实施、家庭负责的危机干预的一个成功的案例,它通过给予父母行为指导和对儿童使用基于读书疗法的心理教育游戏方法,从而运用了接触脱敏和认知行为暗示的组合,向儿童表达希望他们康复和行为改变的期待,强化了想要的行为改变。专业人员接触儿童的需要被替代成训练父母学会评估和干预。专业人员在三天时间的干预过程中提供心理支持、训练和一些正确反馈从而引起父母的改变。这一案例证实了在某些情形下,只要条件允许,就是在战争当中也可以运用问题取向的或者说问题解决取向的短期干预治疗与战争相关的恐惧反应。这种干预的一个重要作用是向儿童传达了清晰的信息,那就是他们可以克服具体困难和完成必须完成的任务(这可能需要给儿童提示具体的选择可能性)。在持续的战争紧急状态中让父母成为临床调解人的好处除了实用以外,更重要的是父母卷入了治疗。父母的卷入有助于防止他们把自己对困难的担忧和焦虑投射到儿童身上。例如在战争环境中父母尤其倾向于庇护孩子而不是激励和强化他们的独立和自我照顾行为。这样做可能有意无意地保持甚至加强了儿童的无助感,因此在一些情况下促进了能够在儿童的所有行为技能中占主导地位的二次获益。

641

干预者已经成功地把游戏疗法应用于心灵遭受创伤的儿童(Bevin, 1999; Gil, 1991; James, 1989; Pynoos & Eth, 1985; Terr, 1983)。Bevin 报告过,在对一个来到美国才几个月的 9 岁尼加拉瓜男孩的治疗中,大量使用了重建游戏,这个男孩的经历代表了许多从战乱国家投奔到美国的儿童的典型经历。经历了非法越境和目睹母亲被强暴的痛苦创伤的他被诊断为患有创伤后应激障碍。治疗的主要目标是一边增强他的言语表达和社会互动从而改善他的心境,一边减少他的惊恐反应、消极被动和杞人忧天的倾向。他在学校得到一周两次的持续 1 小时的个体治疗,而且心理咨询师在每周的下午家访一次,因而允许他的父母作为创伤的共同经历者参与家庭讨论会。经过几次包括谈话、讲故事、绘画和玩猜谜游戏的初期会议后,更直接的游戏治疗会议开始了。每次会议都以一段放松训练开头。通过操纵玩偶,儿童能无意识地认出他自己的不适应环境的应对技巧,从而有助于他对创伤后果一定程度的概念化和他对创伤后行为和情感的认识。在这一个案处理过程中(和其他案例一样),不大可能区分出一个关键因素。然而游戏重演明显有助于把消极被动转化为积极主动，并且提供了挫折和愤怒的发泄途径。总的来说，心理治疗师把积极的结果都归功于治疗的方式和方法。在这个案例中，共进行了九次直接有效治疗，它们一起构成了一次长期干预。此外，父母的治疗卷入、他们和孩子一起努力的愿望、他们和心理治疗师合作的水平以及他们应对自己的(和创伤有关的)困难和愤怒的能力，对于孩子的康复来说，都是无比重要的。这种治疗方式的推行能表现出创伤事件的各个方面的玩具模型与心理治疗师积极而富有感情地鼓励儿童处理意见和情感都能促进儿童解决创伤困难(Nader, 2002)。

与直接的游戏治疗相比，一些心理治疗师(如，Ryan & Needham, 2001)更支持对儿童使用间接的游戏治疗。他们认为间接的模式避免了直接面对创伤，因而使患创伤后应激障碍的儿童出现强烈消极反应的风险最小化。

治疗创伤后反应和创伤后应激障碍的许多方式都符合连续性原则。很明显，至少在战争环境下心理治疗师直觉地选择在此原则下工作，而不管他们正规首选或惯常的方式怎么样(Alon & Levine Bar-Yoseph, 1994)。Alon 和 Levine-Yoseph 报告过一次符合统一的连续性原则的儿童干预：这次整整十期的干预案例研究涉及一个以色列家庭。一家人的公寓成了一次恐怖袭击的目标，结果造成了数人死伤。所有幸存的家庭成员虽然勉强逃出来了，但在事发后都彼此失去联系。尽管最初他们都反应良好，但后来一次和创伤无关的经济危机导致他们所有人都出现了全面的创伤后应激障碍。其中的两个男孩，一个 6 岁，一个 9 岁，都在家接受治疗。而他们的父母则被要求在治疗期间充当儿童的联合治疗师和教练，这样就能促进替代学习和平常角色的恢复。

642

首先是一个公开讨论会，要求每个成员都要讲述他或她自己在袭击中和袭击后的行为。一张用图解描述并且由于治疗师的提问扩大到包括想法和情感的混合图就能够展现每个人的足智多谋，就能够使所有人——特别是自主的父母——高兴。接着恢复在家里的自由走动，连带估计各个公寓房间的恐惧等级，从最恐怖的，在下周会议前都没法解决恐惧，到最轻微的、可忍受的恐惧为止。治疗师训练儿童一边唱着"害怕之歌"，一边从"令人恐慌的房间"走到安全的父母房间。歌曲是治疗师所创作的富有黑色幽默的哭嚎歌。[1] 在接下来的几周里，所有家庭成员都学会了自我放松。紧接着，他们接受遭遇恐怖分子时所在地点的脱敏训练，也就是在那个地点附近以球掉下时儿童会自发地追逐它的方式发球。治疗师以自己来自远方的城市和需要一些吃的东西为托词在每次开头都和他们一起共进家庭—治疗师式午餐，从而实现家庭日常生活秩序的恢复和家庭团结的加强。治疗师和父母论及孩子、创伤以及创伤的影响与父母在孩子眼中的形象，所有这些讨论都起到对父母间接暗示的干预作用。两年的追踪研究表明那确实是一次令人满意的调整。

总而言之，以下几点值得注意：这次干预教会了儿童能够放松和睡得更甜的自我催眠并且提供了对曾经遇见恐怖分子时所在的房子的脱敏训练；连续性原则的运用贯穿于整个

① "Wailing song"在民俗学里指的是女子出嫁时吟唱的"哭嫁歌"，此处借译为"哭嚎歌"，按此理解，它应是以哭喊的歌唱形式把内心的恐惧情感表达出来。——译者注

干预过程中；对儿童、创伤以及创伤影响的讨论都起到了对父母的间接暗示治疗作用；通过要求父母在治疗期间充当孩子的联合治疗师和教练，治疗师不但促进了替代学习而且促进了平常角色的恢复。

迄今为止，很少有证据表明药物治疗在儿童创伤治疗中起到核心作用；因此，认知—行为治疗构成了主要的干预，它的目的就是帮助儿童幸存者理解他们的经历感受，促进情绪处理以及控制焦虑和无助感。治疗师要解决的难题在于要找到帮助儿童的最佳方法，要帮助他们以控制痛苦而不是夸大痛苦的方式重新体验创伤事件和它引发的情绪（Yule, 2002）。据报道，支持性环境下的暴露疗法能帮助儿童很好应对侵扰的想法和逃避的行为。

关于儿童的与战争相关的创伤后综合征，有个案研究报告过体外倾吐疗法的一般疗效。有人把这一方法运用于对经历创伤事件一段时间后的黎巴嫩儿童进行的个别治疗（Saigh, 1987a, 1987b, 2000）。在一个案例（Saigh, 1986）中，一个 14 岁大的小男孩被民兵组织绑架劫持了 48 个小时，学校的校长在绑架事件发生 6 个月后把他转诊过来进行心理评估。病情包括在创伤事件发生前不明显的症状：焦虑激起的创伤回忆、跟绑架有关的逃避行为、抑郁、勃然大怒、集中精神和回忆信息困难。Saigh 根据体外倾吐疗法比系统脱敏需要的次数更少，而且先前运用系统脱敏治疗创伤后应激障碍患者的尝试失败等信息，选择了体外倾吐疗法。这次治疗按照创伤的绑架事件发生的时间顺序确认了四个勾起焦虑的情境，然后在情境之间呈现刺激—反应形象化描述的线索。对它的个案设计分析显示这次治疗对儿童的情感、行为和认知的测量效果有着积极的影响。治疗程序还包括由治疗师指导的放松训练。Saigh（1987a, 1987b）报告过的其他案例中，他用体外倾吐疗法治疗过各种各样的儿童，他们当中有经历炸弹爆炸 25 个月后的 6 岁男孩、两个 11 岁大的女孩（其中一个目击到两个行人死于炮击事件，而另一个目击到狙击手打死一个男人的那一幕），和一个家园被炮火几乎摧毁的 12 岁男孩，结果显示治疗起到积极的改变作用。总的结果表明一揽子的体外倾吐治疗对儿童的情感、行为和认知因素起着缓解的作用，而这些好转发生在八到十五次治疗后。

尽管如此，用于儿童的体外倾吐疗法也有人批评，批评都集中在暴露成分引发的风险上。持续地谈论那些使儿童焦虑不安或高度抗拒的创伤事件实际上可能会使症状恶化。当过多的能引起强烈情绪的可怕细节使儿童处于越来越激越的状态，从而使他们对焦虑过敏而不是帮助他们习惯焦虑时，暴露就成了反作用。特别是年幼的儿童不能够想象某些创伤事实、容忍暴露和遵照放松程序。逃避型儿童可能会抗拒执行使他们正视逃避的想法和意象的指导方法。然而在这种情况下运用艺术手段（如戏剧、游戏活动）间接地处理创伤问题可能会很有帮助。要求儿童描画出他们的经历常常有助于回想起创伤事件和相应的情绪，因此绘画不但被用作一门投射技术而且被用作促进谈论创伤经历的方法。另外，对儿童的治疗通常不限于暴露本身——参与者通常得到一揽子的多方面的治疗，其中包括关于创伤后应激障碍的父母—子女教育，关于倾吐方法的教育、放松训练、长期的想象暴露和公开讨论等（American Academy of Child and Adolescent Psychiatry, 1998; Klingman & Cohen, 2004; Saigh, 2000; Saigh, Yule, & Inamdar, 1996）。

643

Ronen（1996b）报告过一起在 1991 年海湾战争结束后四到六个星期内对 8 到 11 岁的以

色列儿童实施的与战争相关的基于团体的短期干预，这次干预以自我指导、自我控制的暴露疗法为依据。所有儿童都表现出作为战争后遗症之一的焦虑反应和先前存在的分离焦虑障碍在战争期间持续甚至加剧的特征。儿童和他们的父母参加了一次个别的导入干预、两次父母一子女一起的团体干预和一次团体追踪干预。父母的积极参与使他们有机会和孩子一起作图，这能设法改善儿童的焦虑水平，强化儿童实现基于现实的预言的程序和完成暴露任务。和几天前相比，儿童在暴露治疗中出现焦虑水平降低而平静增加的倾向，而父母则学会了赞美儿童每天取得成功的细微进步。作为暴露任务的一部分，就是让儿童自己负责选择暴露任务的个别种类、暴露的程度和暴露的时间。暴露的自我控制方法就是运用想象、自我强化、给大脑指令和自我赞美。初步的研究结果表明自我指导、自我控制的暴露疗法能够节省治疗师的资源和促进战后恐惧和始于战前的分离焦虑两者的迅速改善。然而，它的成功很大程度上取决于父母的全面合作。

关于儿童的创伤后应激障碍，治疗战争中的这类儿童常常以《精神障碍与统计手册》第四版(DSM-IV, American Psychiatric Association, 1994)规定的创伤后应激障碍的诊断标准为依据。然而，DSM-IV 的指导方针倾向于"以成人为中心"(Yule, 2001)，因而它应该被看作是正在发展的一件关于儿童的作品。例如儿童往往没有那种突如其来的症状闪回的体验，而这正是成人的创伤后应激障碍的特征。一些研究人员(如，Scheeringa & Zeanah, 2001; Terr, 1985)根据他们的研究发现提出要调整和改变创伤后应激障碍的诊断标准以适用于儿童，尤其是那些 6 岁以下的儿童。他们提出的儿童特有的创伤相关症状不同于成人的症状，其中包括重复性的游戏(这种行为可能相当于成人更多为认知上的闯入性想法和意象)、退行(如幼稚的游戏、儿语、尿床等)、同成人的主要症状一样的未来缩短的感觉。儿童比成人更可能用躯体语言表达他们的痛苦和显出深深的自责。其他儿童特有的症状还有社会游戏受限、社会倒退、情感幅度受限、丧失获得的发展性技巧、新的攻击行为、新的分离焦虑和新的无厘头恐惧(Klingman & Cohen, 2004; L. Miller, 2003; Scheeringa & Zeanah, 2001)。

创伤后适应和心理病理学的一种扩展观点，更多专注于受战争创伤影响的儿童发展的意义和成功的过渡性进展。它考虑了跟创伤前后的生态有关的各种各样的心理和社会环境的风险与保护因素。这样的一种观点针对的是那些引起连续应激的因素和自然康复过程，而不是仅仅使用分类学的精神病理学方法来单单治疗个体的症状(Klingman & Cohen, 2004; Layne et al., 2001; Saltzman, Pynoos, Layne, Steinberg, & Aisenberg, 2001; Saltzman, Steinberg, Layne, Aisenberg, & Pynoos, 2002; Shalev, 2002)。

Ronen(2002)按照这些方式比较详细地论述了评估儿童的创伤反应的困难，接着根据认知建构主义原则提出了对创伤儿童进行评估和治疗的指导方针。她提出评估应该出自创伤后应激障碍诊断标准、正常儿童出现行为问题的环境和必须考虑的发展性因素。认知建构疗法集中于个人监控和意义获得的联合发展力量，以及儿童对它们的变化过程和功能的认识。儿童学会理解和接受创伤事件为生活的一部分并且给予这些事件新的意义，从而能够导致更好的应对和可能的成长(Ronen, 1996a, 2002)。

644

近年来,也有一些和这种方法相近的用于治疗青少年创伤的心理社会团体干预方案得到认可和研究。这些干预通常针对灾难后的应激症状(如,Chemtob, Nakashima, & Hamada, 2002; March, Amaya-Jackson, Murray, & Schulte, 1998; Saltzman et al., 2002)。尽管这些方案还没有在与战争相关事件发生的背景下得到特别发展,它们的结构和技术却很适合治疗战争创伤儿童。March 等人的方案由于能够安全、有效和持久地减轻 10 到 15 岁儿童的创伤后应激障碍症状而为人们所知。这些儿童都充分表现出主要的诊断症状,每个人都独自经历过唯一的创伤事件。干预包括一份在学校环境下对团体施行的为期八周的认知行为干预协议。方案的设计出自把创伤后应激障碍的社会生物基础与社会学习理论、条件说和认知信息加工理论整合到一起的一个理论模型。它包括用放松训练降低焦虑、处理烦恼的情感、生理感觉的技巧、愤怒控制和积极的自言自语。

另一个方案,加利福尼亚大学洛杉矶分校(UCLA)创伤精神医学干预方案,也在战后的波斯尼亚得以实现(Layne et al., 2001)。这种为期十六到二十周的干预包含了专注于创伤的团体心理治疗和专注于悲伤的团体心理治疗。它的重点在于创伤经历、创伤和损失的提醒暗示、继发性不幸、悲伤和发展冲突。这一方案的独特之处在于它致力于识别青少年错过的发展机会和他们当前功能正常运转的困难,并且因此取得尽可能的发展和调整亲社会适应性。March 等人(1998)的方案没有把父母包括在内,而加利福尼亚大学洛杉矶分校的方案却蕴含了家庭治疗。这两个方案看来都非常适合治疗青少年。

相比之下,Chemtob 和他的同事(2002)发展了一种专门针对小学儿童的灾难后创伤症状的为期四次的个体或团体的综合心理干预。这一方案包括游戏和艺术材料的标准工具集以及用来引出关于每次干预想法的整合实验活动。干预者报告过这一方案在减少飓风灾害发生两年后的儿童的灾难相关的症状时是有效的。有趣的是,尽管团体治疗和个体治疗在功效上没有差异,儿童却更少退出团体治疗。

考虑到政治暴力也可能通过影响儿童母亲的健康和幸福来间接影响儿童(K. Miller, 1996),在战时环境下最好的有时甚至是唯一的帮助创伤儿童的方法就是帮助父母团体克服他们的焦虑。这样,父母们就能在家庭环境里发展出有助于儿童康复的情境特异的更好的功能。与此同时,这一治疗模式解决了有大量的人群需要治疗而可用的心理健康专家却非常缺乏的现实限制。例如,有研究发现对失去士兵父亲的以色列学前儿童的最好帮助,就是支持他们的母亲克服她的悲伤,并帮助她给孩子们提供一个运转良好的家庭环境(Kalantari, Yule, & Gardner, 1993)。

Dybdahl(2001)发展了一个心理支持干预方案的手册。它由一系列的半结构化的团体讨论会组成。这些团体讨论会的目的是帮助遭受战争折磨的母亲们处理自己和孩子的心理问题,促进母亲与孩子之间互动的好转。所有参与者都是波黑战争的受害者,他们历经了战争活动和不得不逃离家园到另一个地方寻求庇护的苦难。这种心理教育方法包括提供创伤与成人和儿童的创伤反应方面的信息,以及如何满足共同的创伤后需要和如何解决创伤后问题的建议。它注重的是增强参与者自己的应对,但这个团体并没有受到传统的治疗。母亲团体加强了本来就已存在的基本交流和互动技巧。母亲们分享了关于讨论话题的经验、她们的感情和她们的应对策略,她们还讨论团体领导人提出的建议。尽管这个干预方案对儿童的症状减少和积极应对增加的治疗效果是中等的,它却与这种方案的治疗结果的设想一致。此外,相对于它的简单、成本低和持续时间短(每周一次的团体讨论会共持续 5 个月时间),这种干预的疗效就显得相当显著了。

645

正如前面回顾过的大部分案例所证明的那样,战时对战乱地区儿童的治疗就要特别关注父母的积极卷入程度。而且,在许多情况下,虽有了专业治疗师作为顾问,但仍需要父母作为联合治疗师积极参与其中,甚至要求他们承担起干预者的职责(临床调解人)。这些情况需要对父母进行多方面的专注于环境和儿童的短期训练。

一般来说,任何对现有治疗儿童的创伤后应激障碍疗法及其疗效对照研究的回顾报告,都不能证实一种治疗方法比另一种治疗方法肯定更优越。现有的资料只证实了治疗儿童的创伤后应激障碍和其他创伤相关的障碍需要全面的广泛的多模式多维度的治疗方法(American Academy of Child and Adolescent Psychiatry, 1998; Woodcock, 2000)。确实有一些可靠的经验研究发现,认知行为治疗成分治疗战争创伤的儿童最有效。然而,所有这些公布的案例的结果都是通过应用多成分治疗工具集(即包括教育、放松和自我监控等)获得的,因而排除了把成功归功于全部工具集中某个单独的成分(如体外倾吐疗法)的可能(Saigh, 2000)。而且,除了一个案例(Klingman, 1992)以外,在治疗的时候,儿童和父母并没有因为战争状态而处于直接的危险中,而且治疗中涉及的活动(如散步行为)也不危险。

未决问题和最后的评述

本章开头回顾的文献概括论述了战争对儿童的影响和儿童对战争影响的反应。很明显,回顾报告的主题中有许多都经过了仔细观察但缺少可靠的系统研究数据。这些不足的一个例证就是尽管有许多青少年在战争中受伤,而青少年的身体康复过程的心理方面既没有在文献里直接提起过,也没有可行的侧重控制的发展性研究。临床医师强调青少年尤其可能被他们的伤口造成心理创伤,因为对于他们来说,最微不足道的身体瑕疵都有着极大的意义(Bronfman, Campis, & Koocher, 1998; Green & Kocijan-Hercigonja, 1998)。因此有理由相信即使是小伤口也可能给儿童青少年带来罹患创伤后困难甚至心理障碍的风险。除了处理战争创伤经历和甚至可能失去重要他人这两者外,这些儿童很可能不得不应对个人控制感失去、自我形象受损、依赖、污名、孤立、愤怒、强烈的感情、死亡恐惧和未来恐惧等。再者,身体的受伤部位可能充当了经常暗示创伤的提醒物,进一步妨碍了对创伤体验的处理和解决。此外在创伤和丧亲之痛结合的情况下(参见 Klingman & Cohen, 2004, for details on this high-risk combination),任何试图处理造成心理创伤的身体创伤的不成功尝试都无疑会使身体受伤的心理康复过程恶化。尽管关于这些问题有一些临床证据和临床推断,但现在我们必须主要依靠对非战争案例的有限临床观察,例如 Bronfman 等人(1998)描述过严重受伤并且医学诊断为心理创伤的儿童详尽的临床问题。考虑到受伤儿童需要人们帮助他们克服心理上处理与战争相关的受伤事件的困难,这些方面急需大量研究。当然这一问题对于本章开头出现的许多乃至大部分其他的主题都适用。

很明显，关于创伤后症状表达的发展性困难特别是年幼儿童表达的困难，未来还需要深入地研究。《精神障碍与统计手册》第四版（DSM-IV）的一些创伤后应激障碍项目（American Psychiatric Association, 1994）要求对内心体验和内部状态的言语描述，而这超出了婴儿、学步幼儿和甚至于青少年的能力。事实上，现在已经有现成的对易受发展影响的症状进行基于行为的检查的可用清单（如，Scheeringa & Zeanah, 2001）；不过，对于促进年幼儿童的战争创伤的诊断，还有更多要做的事情。

创伤后应激障碍并不是唯一令干预者担忧的。儿童和青少年的创伤后应激反应比障碍症状更顽固，尽管它们的强度久而久之有所减少。然而，战时事件继续影响儿童，这可能影响他们的人格、道德价值观和人生观的发展。当战争停火时战争的心理影响却远远没有结束（Dyregrov, Gjestad, & Raundalen, 2000; Dyregrov, Gupta, et al., 2000）。总会有更多的研究在解决妨碍儿童过渡发展到下一阶段的进展障碍上做得很好。那些按照依恋理论模式工作的研究人员（如，Wright et al., 1997）应该着重关注战争对儿童的长期影响。儿童评估必须考虑儿童理解战争和战争事件而没有过多的逃避和痛苦的能力发展，以及儿童恢复“平常”生活与参加和享受跟年龄相应的活动的能力的好处（Klingman & Cohen, 2004）。

646

考虑到大众传播媒介（如因特网、电视、第三代移动电话等）在心理健康方面帮助战争中人民的能力越来越强大，心理学家在公众领域中的作用值得重新考虑。我（如 Klingman, 2002a, 2002c; Klingman & Cohen, 2004）强调过并在这里再次强调像媒体、因特网和电话这样的资源已经被证实了作为可供选择的大规模支持系统很有用，因为它们在战争当中有很多使用人群，特别是因为它们可以被那些足不出户的或由于战争环境限制了他们外出能力的儿童和家人轻易使用。在这一点上，在战争或战争相关的灾难发生之前和发生期间，恳请儿童心理学家通过电台、电视和因特网向公众提供特别是关于儿童的反应和应对方面的专业建议。一方面，这种干预满足了公众（尤其是父母）对信息的需要。另一方面，大量的心理建议，特别是反复集中于恐惧、应激、创伤、焦虑和创伤后应激障碍的相关症状，可能会传达出人们自己本身对付不了这些困难的信息。另外，心理学家可能会过度关注焦虑和障碍相关的症状，他们常常过分强调了焦虑表达作为应对苦难经历的一种主要方式的价值。当不能轻易得到专家指导帮助时，当然如果可能的话，那么这在战时是典型的，这种强调焦虑的公开讨论，特别是更多地建议父母要鼓励他们的孩子以哭喊把他们的恐惧和焦虑表达出来，在某些情况下可能是有问题的，或甚至起反作用。心理学家常常忽视人类对应激的各种不同的反应，忽视像部分否定、压抑、逃避和孤立这样的机制的好处，它们在临床环境下被认为是问题起到反作用的征兆，但在不同的环境下，对于不同的人们来说，它们很可能是起作用的。一般而言，在治疗环境不受干扰的独处情况下提供给病人的属于正确的建议信息，对于通过媒体得知的非病态人群来说却是不正确的甚至是有害的（Solomon, 1995）。这些批评对于那些没有大规模创伤干预的经历和背景的心理学家尤其中肯。

另一个也许更重要的批评意见是战时的心理学家还应有鼓励人们信任地方或国家领导、用尽办法克服恐惧以及使用积极的应对方式来对付他们的焦虑和外部威胁的任务。像要保持警惕、要得到最新的资讯以及要采取措施增加个人和家庭的安全这样的实用建议可以被看作是重要的战时信息,心理学家(同时还是顾问)应该把它们统统吸收到他们的传统的(临床取向的)心理健康目标中去。

心理健康专家也不应该忽视同战时苦难作斗争常常导致积极的收获这一点。一些儿童远远超越了适应。在建设性地正视创伤经历的过程中,儿童可能还体验到更多的自信、采用了新的应对技术和产生更多的生命感激。创伤引起成长(Calhoun & Tedeschi, 1999)的这种现象与积极心理学的方法(Seligman, 2002)一致。根据我的经验(for further discussion, see Klingman & Cohen, 2004),必须和那些跟媒体打交道的心理学家坐在一起讨论这些相关问题;要支持媒体把重点放在尽量加强和其他人的关系、增进亲近、开展利他活动和增进一个人有能力自力更生的体验上。

此外,我们还必须尽快把专门针对儿童的以间接的方式实施的方案与那些适合父母和教师的方案区分开来,父母和教师拥有比儿童更大的能力去利用心理学家提供的直接指导和建议,并用来帮助孩子们(Raviv, 1993)。只要时代环境允许,开设专门的课程,训练心理学家在一般的战争中和在特殊的战争条件下通过媒体来咨询和干预,不失为一个高明的办法。这些心理学家必须为他们在电子媒体前的出场亮相而接受训练。

647

心理健康专家可能过度卷入各种媒体同样值得注意。在1991年海湾战争中反对这种过度表现最激烈的一条意见就是那个时候更需要能够提供道义支持的人而不是心理学家。心理学家确实很棒,但是他们却由于在战争中削弱而不是加强了民族而受到了批评。问题不在于心理学家在战争中是否应该卷入各种媒体,而在于他们的卷入应该隔多长时间、卷入到什么程度、发布什么信息和他们是否接受过正确的大规模灾难干预的训练。应该常常检查复核心理健康专家出自善意的公众活动是否因为传授了可能不合时宜的战前专业知识,又或者因为带有像减轻自己的焦虑的需要和自我提升的愿望这样的个人动机,而违背了他们本来的助人意愿(for an extensive discussion of these and related issues as observed in Israel during the 1991 Gulf War, see Solomon, 1995)。我们缺少对战争中通过媒体传递给公众的心理信息量和信息类型的系统分析。谨慎对付和深入研究上述的这些问题很重要。技术在突飞猛进,因而在世界大一点的角落都有了各种各样的媒体,所以伴随战争很可能出现越来越多的心理健康专家通过媒体实施的干预。

干预在与战争相关灾难的康复过程中的作用并没有随着停战或签订了正式的和平协议而终止。在战争期间,集体叙述起到了主要的社会作用,它归类和决定态度、刻板印象、偏见和它们引发的行为(Bar-Tal, Raviv, & Freund, 1994)。当战争结束后,敌对团体间的和解("和解的艺术")需要调整他们相互之间的态度。Volkan(1990)描述过投射机制在群际冲突期间发生在个体和团体内部分裂过程中的核心作用。"好人"从"坏人"中分裂出来,心里抵制的要素(如自私、敌意)被否定是自我的一部分但却被归之于"其他"的个人、团体和民族。当我们开始采取步骤以达成调停和解时,这些心理机制需要通过那些以和平、和解和共处为目标的心理教育方案来得以解决。Salomon(2004)提出,这些心理教育方案应该集中于逆转集体叙述的去合法化过程,这会导致接受"他人的"集体叙述为合法的,从而解决对集体组织的看法和忍耐力问题。

在大多数棘手的冲突地区实行和平教育需要冲突解决、多元文化主义、反种族主义、跨文化训练和普遍的和平观教育等要素。这样的教育努力面临着许多严峻的挑战，诸如集体叙述、共有历史和信仰的冲突、严重的不平等、过度情绪化和社会风气的不支持等(Bar-Tal, 2004; Salomon, 2004b)，有助于同龄人调解(特别是在多元文化的学校背景下；例如Johnson & Johnson, 1996)的基于学校的冲突解决的深层心理原则策略和教育方法，表明了政治冲突活跃和紧张地区的和平教育实践的一些实际共同特性。然而，这些原则、策略和方法本身并不适合经历了活跃的政治冲突的地区或者说对于那些地区是不足够的，这些地区需要把重点放在对共处教育的基于叙述的解释上。在这个时候，尽管在全世界开展和平教育的需要紧迫并且有比较多的和平教育方案正在运用，但是却很少有研究或方案评估伴随着这些活动(Nevo & Brem, 2002)。关于它们最终的有效性几乎没有信息可用。虽然研究者目前正在这一领域作出令人注目的努力，但迄今为止，对于心理实践和和平教育工作者寻求有效的资料方法来确立和解，只有罕见难得的不能令人满意的指导方针出现。这给社会心理学家、临床心理学家和教育家提出了新的挑战。

尽管上述的许多讨论(特别是案例研究和结论)都可以被认为主要来自工业化国家或者发达国家(一些仅限于以色列)的研究经验结果，我对其他地方的战争观察也表明基于生态学的大规模支持系统的一般原则肯定能够运用于国际上大多数的紧急状况。和西方专注于个体的心理健康的方法相比，非西方的集体主义文化专注于家庭和传统团体，因而需要对文化敏感的基于团体的一般干预。诸如团体归属感、对某种帮助的需要和偏好、动机、气节和寻求帮助的自尊(特别是心理援助)、政治制度、领导模式以及政治领导人的卷入等变量只是一些受文化差异影响的变量。我认为当人们按照一般的方式和统一的连续性原则去做的时候，在世界其他地方的不同战争环境下的心理学家就能创造性地把本章里介绍和讨论过的知识库和经验转变成他们自己文化的战争创伤干预。现在这一点实际上是普遍适用的，因为我们生活在世界各地的文化都越来越多元化的社会里。

648

总而言之，从文献尤其是关于创伤后应激障碍的文献中，我们可以很明显看出战争大大考验了那些受其影响的人的应对系统，对于儿童来说它就是相当大的，有时候甚至是严重的心理健康风险。现在普遍承认，接触到战争的儿童发生心理健康问题的比例很高。尽管心理健康专家无法控制战争的背景特征，我们在创造一个积极的对文化敏感的康复环境上还是大有可为的。首先，专家们应该认识到许多受战争影响的需要心理帮助的儿童可以通过优先投资重建他们的团体机构(学校、教堂、娱乐中心、社区活动中心、课余福利院等)得到间接帮助。其次，关于儿童的心理健康需要这方面的心理咨询应该提供给像父母和教师(正常支持系统)这样的主要照顾者和管理监督这些团体机构的负责人。那些已经成为传统临床干预专家的心理学家可能会忽视可以应用于团体水平上的其他干预。

从本章收集到的另一个重要的信息是，比起现在的情况，要更注重授权、积极应对、营造士气、力量、适应和成长。专家观察、个人报告和一些研究综述表明，个体拥有在战时和战后创造性地利用内部和外部的资源战胜创伤经历恢复控制感的令人叹为观止的能力。关于战争和战乱地区的研究使人们了解到,跟我们平常认为的不一样,接触到越来越多的应激也能增强保护机制,还有在特别困难环境下的儿童能够并且确实学会更有效地应对(Aptekar & Stoecklin, 1997; Klingman & Cohen, 2004)。我们需要更多的转变,需要从专注于对那些被确认为由于战争导致患上心理障碍的儿童进行个体治疗的纯医学—临床模式,转变到强调跟所有儿童有关的康复环境、强调在儿童正常环境下的干预努力和强调一般干预原则的使用。

现在迫切需要人们投身到发展、证实和评估大规模的一般干预中去。由于全世界的战争和战争类似事件,包括全球恐怖主义、民族主义、政治暴力冲突和跟部落制度有关的内战在内,近来不断增加,大量的儿童受到战争影响。因此,我们最好投身到:(a)为实现一般原则建立文化特异的样本;(b)制定评估一般干预的各种成分跨越不同文化和不同战争环境的有效性标准。当然它们的实现不应该以失去继续扩充我们对不同文化间和不同文化内的儿童创伤后应激障碍的特定表现的知识和失去对儿童的创伤后应激障碍和其他战争相关障碍实施更有效的纵向对照研究为代价。

干预者必须承认,无论他们的意图多么美好、知识多么丰富、得到的拨款多么充足、干预的设计多么精致,都不能够彻底擦去战争的痛苦记忆和创伤。然而对于减轻战争和流亡对儿童的影响、帮助他们发展积极的社会情绪技巧,以及促进他们不管自己的痛苦记忆,过能够自我实现的生活的能力来说,把精力投入到多方面多模式多系统的一般干预看来是一种最有希望的途径。这样一种专注于发展过程顺利进展的努力最终会使儿童能够适应新的战后常态环境,使他们能够尽快恢复接近常态的生活。

(黄建贵、王沛译)

参考文献

Ager, A. (1996). Children, war, and psychological intervention. In S. C. Car & J. F. Schumaker (Eds.), *Psychology and the developing world* (pp. 162 - 172). Westport, CT: Praeger.

Almqvist, K., & Broberg, A. G. (1997). Silence and survival: Working with strategies of denial in families of traumatized pre-school children. *Journal of Child Psychotherapy*, *23*, 417 - 435.

Alon, N., & Levine Bar-Yoseph, T. (1994). An approach to the treatment of post-traumatic stress disorder (PTSD). In P. Clarkson & M. Pokorny (Eds.), *The handbook of psychotherapy* (pp. 451 - 469). New York: Routledge.

American Academy of Child and Adolescent Psychiatry. (1998). Practice parameters for the assessment and the treatment of children and adolescents with posttraumatic stress disorder. *Journal of the Academy of Child and Adolescent Psychiatry*, *37*(10), 4 - 26.

American Psychiatric Association. (1994). *Diagnostic and statistical manual of mental disorders* (4th ed.). Washington, DC: Author.

Ancharoff, M. R., Munroe, J. F., & Fisher, L. (1998). The legacy of combat trauma: Clinical implications of intergenerational transmission. In Y. Danieli (Ed.), *International handbook of multigenerational legacies of trauma* (pp. 257 - 279). New York: Plenum Press.

Aptekar, L., & Stoecklin, D. (1997). Children in particularly difficult circumstances. In J. W. Berry, P. R. Dasen, & T. S. Saraswathi (Eds.), *Handbook of cross-cultural psychology* (Vol. 2, 2nd ed., pp. 377 - 412). Boston: Allyn and Bacon.

Auerhahn, N. C., & Laub, D. (1998). Intergenerational memory of the Holocaust. In Y. Danieli (Ed.), *International handbook of multigenerational legacies of trauma* (pp. 21 - 41). New York: Plenum Press.

Bandura, A. (1982). Self-efficacy mechanism in human agency. *American Psychologist*, *37*, 122 - 147.

Bar-On, D. (1995). *Fear and hope: Three generations of five Israeli families of Holocaust survivors*. Cambridge, MA: Harvard University Press.

Bar-On, D. (1996). Attempting to overcome the intergenerational transmission of trauma: Dialogue between descendents of victims and of perpetrators. In R. Apfel & B. Simon (Eds.), *Minefields of their hearts: The mental health of children in war and communal violence* (pp: 165 - 188). New Haven, CT: Yale University Press.

Bar-Tal, D. (2004). Nature, rationale, and effectiveness of education for coexistence. *Journal of Social Issues*, *60*, 253 - 271.

Bar-Tal, D., Raviv, A., & Freund, T. (1994). An anatomy of political beliefs: A study of their centrality, confidence, contents, and epistemic authority. *Journal of Applied Social Psychology*, *24*, 849 - 872.

Berk, J. H. (1998). Trauma and resilience during war: A look at the children and humanitarian aid workers of Bosnia. *Psychoanalytic Review*, *85*, 639 - 658.

Bevin, T. (1999). Multiple traumas of refugees: Near drowning and witnessing of maternal rape — Case of Sergio, age 9, and follow-up at age 16. In N. B. Webb (Ed.), *Play therapy with children in crisis: Individual, group, and family treatment* (pp. 164 - 182). New York: Guilford Press.

Bronfman, E. T., Campis, L. B., & Koocher, G. P. (1998). Helping children to cope: Clinical issues for acutely injured and medically traumatized children. *Professional Psychology: Research and Practice*, *29*, 574 - 581.

Bunjevac, T., & Kuterovac, G. (1994). *Report on the results of psychological evaluation of the art therapy program in schools in Herzegovina*. Zagreb, Yugoslavia: UNICEF.

Cairns, E. (1996). *Children and political violence*. Malden, MA: Blackwell. Cairns, E., & Dawes, A. (1996). Children: Ethnic and political violence — A commentary. *Child Development*, *67*, 129 - 139.

Calhoun, L. G., & Tedeschi, R. G. (1999). *Facilitating posttraumatic growth*. Mahwah, NJ: Erlbaum.

Caplan, G. (1964). *Principles of preventive psychiatry*. Oxford: Basic Books.

Chazan, S. E. (2002). *Profiles of play: Assessing and observing structure and process in play therapy*. London: Jessica Kingsley.

Chemtob, C. M., Nakashima, J. P., & Hamada, R. S. (2002). Psychosocial intervention for postdisaster trauma symptoms in elementary school children: A controlled community field study. *Journal of the American Academy of Child and Adolescent Psychiatry*, *41*, 1341.

Cicchetti, D., Toth, S. L., & Lynch, M. (1993). The developmental sequelae of child maltreatment: Implications for war-related trauma. In L. A. Leavitt & N. A. Fox (Eds.), *The psychological effects of war and violence on children* (pp. 41 - 71). Hillsdale, NJ: Erlbaum.

Cicchetti, D., Toth, S. L., & Lynch, M. (1997). Child maltreatment as an illustration of the effects of war on development. In D. Cicchetti & S. L. Toth (Eds.), *Developmental perspectives on trauma: Theory, research, and intervention* (pp. 227 - 262). Rochester, NY: University of Rochester Press.

Clarke, G., Sack, W. H., & Goff, B. (1993). Three forms of stress in Cambodian adolescent refugees. *Journal of Abnormal Child Psychology*, *21*, 65 - 77.

Costello, M., Phelps, L., & Wilczenski, F. (1994). Children and military conflict: Current issues and treatment implications. *School Counselor*, *41*, 220 - 225.

Danieli, Y. (Ed.). (1998). *International handbook of multigenerational legacies of trauma*. New York: Plenum Press.

Dawes, A., Tredoux, C., & Feinstein, A. (1989). Political violence in South Africa: Some effects on children of the violent destruction of their community. *International Journal of Mental Health*, *18*, 16 - 43.

de Shazer, S. (1985). *Keys to solutions in brief therapy*. New York: Norton.

Desivilya, H. S., Gal, R., & Ayalon, O. (1996a). Extent of victimization, traumatic stress symptoms, and adjustment of terrorist assault survivors: A long-term follow-up. *Journal of Traumatic Stress*, *9*, 881 - 889.

Desivilya, H. S., Gal, R., & Ayalon, O. (1996b). Long-term effects of trauma in adolescence: Comparison between survivors of a terrorist attack and control counterparts. *Anxiety, Stress, and Coping: An International Journal*, *9*, 135 - 150.

Dybdahl, R. (2001). Children and mothers in war: An outcome study of a psychosocial intervention program. *Child Development*, *72*, 1214 - 1230.

Dyregrov, A., Gjestad, R., & Raundalen, M. (2000). Children exposed to warfare: A longitudinal study. *Journal of Traumatic Stress*, *15*, 59 - 68.

Dyregrov, A., Gupta, L., Gjestad, R., & Mukanoheli, E. (2000). Trauma exposure and psychological reactions to genocide among Rwandan children. *Journal of Traumatic Stress*, *13*, 3 - 21.

Farwell, N., & Cole, J. B. (2001 - 2002). Community as a context of healing: Psychological recovery of children affected by war and political violence. *International Journal of Mental Health*, *30*, 19 - 41.

Felsen, I. (1998). Transgenerational transmission of effects of the Holocaust. In Y. Danieli (Ed.), *International handbook of multigenerational legacies of trauma* (pp. 43 - 69). New York: Plenum Press.

Figley, C. R. (1993a). Coping with stressors on the home front. *Journal of Social Issues*, *49*, 51 - 71.

Figley, C. R. (1993b). War-related stress and family-centered intervention: American children and the Gulf War. In L. A. Leavitt & N. A. Fox (Eds.), *The psychological effects of war and violence on children* (pp. 339 - 356). Hillsdale, NJ: Erlbaum.

Figley, C. R. (Ed.). (1995). *Compassion fatigue: Coping with secondary traumatic stress disorder in those who treat the traumatized*. Philadelphia: Bunner.

Gal, R. (1998). Colleagues in distress: "Helping the helpers." *International Review of Psychiatry*, *10*, 234 - 238.

Garbarino, J., Kostelny, K., & Dubrow, N. (1991). What children can tell us about living in danger. *American Psychologist*, *46*, 376 - 383.

Gidron, Y. (2002). Posttraumatic stress disorder after terrorist attacks: A review. *Journal of Nervous and Mental Disease*, *190*, 118 - 121.

Gil, E. (1991). *The healing power of play: Working with abused children*. New York: Guilford Press.

Goldson, E. (1993). War is not good for children. In L. A. Leavitt & N. A. Fox (Eds.), *The psychological effects of war and violence on children* (pp. 3 - 22). Hillsdale, NJ: Erlbaum.

Gonsalves, C. J. (1992). Psychological stages of the refugee process: A model for therapeutic interventions. *Professional Psychology: Research and Practice*, *23*, 382 - 389.

Green, A. H., & Kocijan-Hercigonja, D. (1998). Stress and coping in children traumatized by war. *Journal of the American Academy of Psychoanalysis*, *26*, 585 - 597.

Gutkin, T. B. (1999). Collaborative versus directive/prescriptive/expert school-based consultation: Reviewing and resolving a false dichotomy. *Journal of School Psychology*, *37*, 161 - 190.

Hobfoll, S. E., Spielberger, C. D., Breznitz, S., Figley, C., Folkman, S., Leppen-Green, B., et al. (1991). War related stress: Addressing the stress of war and other traumatic events. *American Psychologist*, *46*, 848 - 855.

Hunter, E. J. (1988). Long-term effects of parental wartime captivity on children: Children of POW and MIA servicemen. *Journal of Contemporary Psychotherapy*, *18*, 312 - 328.

James, B. (1989). *Treating traumatized children: New insights and creative innovations*. Lexington, MA: Lexington Books.

Janoff-Bulman, R. (1992). *Shattered assumptions: Towards a new psychology of trauma*. New York: Free Press.

Johnson, D. W., & Johnson, R. T. (1996). Conflict resolution and peer mediation programs in elementary and secondary schools: A review of the research. *Review of Educational Research*, *66*, 459 - 506.

Kahana, E., Kahana, B., Harel, Z., & Rosner, T. (1998). Coping with extreme stress. In J. P. Wilson & B. Kahana (Eds,), *Human adaptation to extreme stress from the Holocaust to Vietnam* (pp. 55 - 70). New York: Plenum Press.

Kalantari, M., Yule, W., & Gardner, F. (1993). Protective factors and behavioral adjustment in preschool children of Iranian martyrs. *Journal of Child and Family Studies*, *2*, 97 - 108.

Kalmanowitz, D., & Lloyd, B. (1999). Fragments of art at work: Art therapy in the former Yugoslavia. *Arts in Psychotherapy*, *26*, 15 - 25.

Klingman, A. (1991). *Hitarvut psichologit-chinuchit be'et ason* [Psychological-educational intervention in disaster]. Jerusalem: Psychological and Counseling Services, Israel Ministry of Education.

Klingman, A. (1992). Stress reactions of Israeli youth during the Gulf War: A quantitative study. *Professional Psychology: Research and Practice*, *23*, 521 - 527.

Klingman, A. (1997). *Hitmodedut beit sifrit be'et ason* [School coping in disaster]. Jerusalem: Psychological and Counseling Services, Israel Ministry of Education.

Klingman, A. (2001). Stress responses and adaptation of Israeli school-age children evacuated from homes during massive missile attacks. *Anxiety, Stress, and Coping*, *14*, 149 - 172.

Klingman, A. (2002a). Children under stress of war. In A. La Greca, W. A. Silverman, E. M. Vernberg, & M. C. Roberts (Eds.), *Helping children cope with disaster and terrorism* (pp. 359 - 380). Washington, DC: American Psychological Association.

Klingman, A. (2002b). From supportive-listening to a solution-focused intervention for counsellors dealing with a political trauma. *British Journal of Guidance and Counselling*, *30*, 247 - 259.

Klingman, A. (2002c). School and war. In S. E. Brock, P. J. Lazarus, & S. R. Jimerson (Eds.), *Best practices in school crisis prevention and intervention* (pp. 577 - 598). Bethesda, MD: National Association of School Psychologists.

Klingman, A., & Ben Eli, Z. (1981). A school community in disaster: Primary and secondary prevention in situational crisis. *Professional Psychology*, *12*, 523 - 533.

Klingman, A., & Cohen, E. (2004). *School-based multisystemic intervention for mass trauma*. New York: Kluwer Academic/Plenum Press.

Klingman, A., Sagi, A., & Raviv, A. (1993). The effects of war on Israeli children. In L. A. Leavitt & N. A. Fox (Eds.), *Psychological effects of war and violence on children* (pp. 75 - 92). Hillsdale, NJ: Erlbaum.

Kostarova-Unkovska, L. (Ed.). (1993). *Children hurt by war*. Skopje: General Consulate of the Republic of Macedonia.

Krkeljic, L., & Pavlicic, N. (1998). School project in Montenegro. In O. Ayalon, M. Lahad, & A. Cohen (Eds.), *Community stress prevention* (Vol. 3, pp. 51 - 61). Jerusalem: Psychological and Counseling Services, Israel Ministry of Education.

Lahad, S., Shacham, Y., & Niv, S. (2000). Coping and community resources in children facing disaster. In A. Y. Shalev & R. Yehuda (Eds.), *International handbook of human response to trauma* (pp. 389 - 395). Dordrecht, Netherlands: Kluwer Academic.

Layne, C. M., Pynoos, R. S., Saltzman, W. R., Arslanagic, B., Black, M., Savjak, N., et al. (2001). Trauma/grief-focused group psychotherapy school-based postwar intervention with traumatized Bosnian adolescents. *Group Dynamics*, *5*, 277 - 290.

Lazarus, A. A. (1997). *Brief but comprehensive psychotherapy: The multimodal way*. New York: Springer.

Macksoud, M. S., & Abet, J. L. (1996). The war experiences and psychological development of children in Lebanon. *Child Development*, *67*, 70 - 88.

Malkinson, R., Rubin, S. S., & Witztum, E. (Eds.). (2000). *Traumatic and nontraumatic loss and bereavement: Clinical theory and practices*. Madison, CT: Psychological Press.

March, J. S., Amaya-Jackson, L., Murray, M. C., & Schulte, A. (1998). Cognitive-behavioral psychotherapy for children and adolescents with posttraumatic stress disorder after a single-incident stressor. *Journal of the American Academy of Child and Adolescent Psychiatry*, *37*, 585 - 593.

Meichenbaum, D. (1985). *Stress inoculation training*. New York: Pergamon.

Meichenbaum, D., & Cameron, R. (1983). Stress inoculation training: Toward a general paradigm for training coping skills. In D. Meichenbaum & M. E. Jaremko (Eds.), *Stress reduction and prevention* (pp. 115 - 154). New York: Plenum Press.

Miller, K. (1996). The effects of state terrorism and exile on the indigenous Guatemalan refugee children: A mental health assessment and an analysis of children's narratives. *Child Development*, *67*, 89 - 106.

Miller, L. (2003). Family therapy of terror trauma: Psychological syndromes and treatment strategies. *American Journal of Family Therapy*, *31*, 257 - 280.

Mitchell, J. T., & Everly, G. S. (1997). *Critical incident stress debriefing: An operational manual. for the prevention of traumatic stress among emergency services and disaster workers* (2nd ed.). Ellicott City, MD: Chevron.

Morrison, C. D., Metzger, P. A., & Pratt, P. N. (1996). Play, In J. Cash-Smith, A. S. Allen, & P. N. Pratt (Eds.), *Occupational therapy for children* (3rd ed., pp. 504 - 523). St Louis, MO: Mosby.

Muldoon, O., & Cairns, E. (1999). Children, young people, and war: Learning to cope. In E. Frydenberg (Ed.), *Learning to cope: Developing as a person in complex societies* (pp. 322 - 337). Oxford: Oxford University Press.

Muldoon, O. T. (2000). Children's experience and adjustment to political conflict in Northern Ireland. *Peace and Conflict*, *6*, 157 - 176.

Nader, K. O. (2002). Treating children after violence in schools and communities. In N. B. Webb (Ed.), *Helping bereaved children: A handbook for practitioners* (2nd ed., pp. 214 - 244). New York: Guilford Press.

Nagata, D. K. (1998). Intergenerational effects of the Japanese American internment. In Y. Danieli (Ed.), *International handbook of multigenerational legacies of trauma* (pp. 125 - 141). New York: Plenum Press.

Nevo, B., & Brem, I. (2002). Peace education programs and the evaluation of their effectiveness. In G. Salomon & B. Nevo (Eds.), *Peace education: The concept, principles, and practices around the world* (pp. 271 - 282). Mahwah, NJ: Erlbaum.

Omer, H., & Alon, N. (1994). The continuity principle: A unified approach to disaster and trauma. *American Journal of Community Psychology*, *22*, 273 - 287.

Op den Velde, W. (1998). Children of Dutch war sailors and civilian veterans. In Y. Danieli (Ed.), *International handbook of multigenerational legacies of trauma* (pp. 147 - 163). New York: Plenum Press.

Ophir, M. (1980). Mischak hadmaia keshitat tipul becharadah matzavit [Simulation game as an intervention to reduce state anxiety]. In A. Raviv, A. Klingman, & M. Horowitz (Eds.), *Yeladim bematzavey lachatz vemashber* [Children in stress and crisis situations] (pp. 274 - 279). Tel Aviv: Otzar Hamoreh.

Pardess, E. R. (2002). *Support program for bereaved families in the aftermath of tragedy*. Tel Aviv: Israel Crisis Management Center/SELAH.

Parson, E. R. (1996). "It takes a village to heal a child": Necessary spectrum of expertise and benevolence by therapists, nongovernmental organizations, and the United Nations in managing war-zone stress in children traumatized by political violence. *Journal of Contemporary Psychotherapy*, *26*, 251 - 286.

Parson, E. R. (2000). Understanding children with war-zone traumatic stress exposed to the world's violent environments. *Journal of Contemporary Psychotherapy*, *30*, 325 - 340.

Punamaeki, R. L. (1996). Can ideological commitment protect children's psychosocial well-being in situations of political violence? *Child Development*, *67*, 55 - 69.

Punamaeki, R. L. (2002). Developmental and personality aspects of war and military violence. *Traumatology*, *8*, 45 - 63.

Pynoos, R. S., & Eth, S. (1985). Witnessing acts of personal violence. In S. Eth & R. S. Pynoos (Eds.), *Post-traumatic stress disorder in children* (pp. 19 - 43). Washington, DC: American Psychiatric Press.

Raviv, A. (1993). The use of hotline and media interventions in Israel during the Gulf War. In L. A. Leavitt & N. A. Fox (Eds.), *The psychological effects of war and violence on children* (pp. 319 - 337). Hillsdale, NJ: Erlbaum.

Reichman, N. (1993). Annotation: Children in situations of political violence. *Journal of Child Psychology and Psychiatry*, *34*, 1286 - 1302.

Ronen, T. (1996a). Constructivist therapy with traumatized children. *Journal of Constructivist Psychology*, *9*, 139 - 156.

Ronen, T. (1996b). Self-control exposure therapy for children's anxieties: A preliminary report. *Child and Family Behavior Therapy*, *18*, 1 - 17.

Ronen, T. (2002). Difficulties in assessing traumatic reactions in children. *Journal of Loss and Trauma*, *7*, 87 - 106.

Rosenheck, R., & Nathan, P. (1985). Secondary traumatization in children of Vietnam veterans. *Hospital and Community Psychiatry*, *36*, 538 - 539.

Rutter, M. (2000). Resilience reconsidered: Conceptual considerations, empirical findings, and policy implications. In J. Shonkoff & S. Meisels (Eds.), *Handbook of early childhood intervention* (2nd ed., pp. 651 - 682). New York: Cambridge University Press.

Ryan, V., & Needham, C. (2001). Non-directive play with children experiencing psychic trauma. *Clinical Child Psychology and Psychiatry*, *6*, 437 - 453.

Saigh, P. A. (1986). In vitro flooding in the treatment of a 6-year-old boy's posttraumatic stress disorder. *Behavior Research and Therapy*, *24*, 685 - 688.

Saigh, P. A. (1987a). In vitro flooding of an adolescent's posttraumatic stress disorder. *School Psychology Review*, *16*, 203 - 211.

Saigh, P. A. (1987b). In vitro flooding of childhood posttraumatic stress disorder: A systematic replication. *Professional School Psychology*, *2*, 135 - 146.

Saigh, P. A. (2000). The cognitive-behavioral treatment of PTSD in children and adolescents. In S. E. Brock, P. J. Lazarus, & S. R. Jimerson (Eds.), *Best practices in school crisis prevention and intervention* (pp. 639 - 652). Bethesda, MD: National Association of School Psychologists.

Saigh, P. A., Yule, W., & Inamdar, S. C. (1996). Imaginal flooding of traumatized children and adolescents. *Journal of School Psychology*, *34*, 163 - 183.

Salomon, G. (2004a). A narrative-based view of coexistence education. *Journal of Social Issues*, *60*, 273 - 287.

Salomon, G. (2004b). Does peace education make a difference in the context of an intractable conflict? *Peace and Conflict: Journal of Peace Psychology*, *10*, 257 - 274.

Saltzman, W. R., Pynoos, R. S., Layne, C. M., Steinberg, A. M., & Aisenberg, E. (2001). School-based trauma/grief focused group psychotherapy program for youth exposed to community violence. *Group Dynamics*, *5*, 291 - 303.

Saltzman, W. R., Steinberg, A. M., Layne, R. S., Aisenberg, E., & Pynoos, R. S. (2002). A developmental approach to school-based treatment of adolescents exposed to trauma and traumatic loss. *Journal of Child and Adolescent Group Therapy*, *11*, 43 - 56.

Scheeringa, M. S., & Zeanah, C. H. (2001). A relational perspective on PTSD in early childhood. *Journal of Traumatic Stress*, *14*, 799 - 815.

Seligman, M. E. P. (2002). Positive psychology, positive prevention, and positive therapy. In C. R. Snyder & S. I. Lopez (Eds.), *Handbook of positive psychology* (pp. 3 - 9). London: Oxford University Press.

Shalev, A. Y. (2002). Acute stress reactions in adults. *Biological Psychiatry*, *51*, 532 - 543.

Shalif, Y., & Leibler, M. (2002). Working with people experiencing terrorist attacks in Israel: A narrative perspective. *Journal of Systemic Therapies*, *21*, 60 - 70.

Shilo-Cohen, N. (1993). Israeli children paint war. In L. A. Leavitt & N. A. Fox (Eds.), *The psychological effects of war and violence on children* (pp. 93 - 107). Hillsdale, NJ: Erlbaum.

Shoham, E. (1994). Family characteristics of delinquent youth in time of war. *International Journal of Offender Therapy and Comparative Criminology*, *38*, 247 - 258.

Silva, H., Hobbs, C., & Hanks, H. (2001). Conscription of children in armed conflict: A form of child abuse — A study of 19 former child soldiers. *Child Abuse Review*, *10*, 299.

Simo-Algado, S., Mehta, N., Kronenberg, F., Cockburn, L., & Kirsh, B. (2002). Occupational therapy intervention with children survivors of war. *Canadian Journal of Occupational Therapy*, *69*, 205 - 217.

Smith, P., Dyregrov, A., Yule, W., Gupta, L., Perrin, S., & Gjestad, R. (1999). *Children and disaster: Teaching recovery techniques*.

Bergen, Norway: Foundation for Children and War.

Solomon, Z. (1995). *Coping with war-induced stress: The Gulf War and the Israeli response*. New York: Plenum Press.

Southall, D., & Abbasi, K. (1998). Protecting children from armed conflict. *British Medical Journal*, *316*, 1549 - 1550.

St. Thomas, B., & Johnson, P. G. (2001). Child as healer. *Migration World Magazine*, *29*, 33 - 46.

Summerfield, D. (1999). A critique of seven assumptions behind psychological trauma programmes in war-affected areas. *Social Science and Medicine*, *48*, 1449 - 1462.

Terr, L. C. (1983). *Play therapy*. New York: Wiley Interscience.

Terr, L. C. (1985). Children traumatized in small groups. In S. Eth & R. S. Pynoos (Eds.), *Posttraumatic stress disorder in children* (pp. 47 - 70). Washington, DC: American Psychiatric Press.

UNICEF. (1996). *The state of the world's children*. Oxford: Oxford University Press.

van der Veer, G. (1992). *Counselling and therapy with refugees: Psychological problems of victims of war, torture and repression*. Chichester, England: Wiley.

Volkan, V. (1990). Psychoanalytic aspects of ethnic conflicts. In J. V. Moontville (Ed.), *Conflict and peacemaking in multiethnic societies* (pp. 81 - 92). Washington, DC: Lexington.

Webb, N. B. (1999). Play therapy crisis intervention with children. In N. B. Webb (Ed.), *Play therapy with children in crisis* (2nd ed., pp. 39 - 46). New York: Guilford Press.

Wessely, S. (2003). War and the mind: Psychopathology or suffering? *Palestine-Israel Journal*, *10*, 6 - 16.

Williams-Gray, B. (1999). International consultation and intervention on behalf of children affected by war. In N. B. Webb (Ed.), *Play therapy with children in crisis: Individual, group, and family treatment* (2nd ed., pp. 448 - 467). New York: Guilford Press.

Wiseman, H., & Barber, J. P. (2004). The core conflictual relationship theme approach to relational narratives: Interpersonal themes in the context of intergenerational communication of trauma. In A. Lieblich, D. P. McAdams, & R. Josseson (Eds.), *Healing plots: The narrative basis of psychotherapy* (pp. 151 - 170). Washington, DC: American Psychological Association.

Wiseman, H., Barber, J. P., Raz, A., Yam, I., Foltz, C., & Levine-Snir, S. (2002). Parental communication of Holocaust experiences and interpersonal patterns in offspring of Holocaust survivors. *International Journal of Behavioral Development*, *26*, 371 - 381.

Witty, C. J. (2002). The therapeutic potential of narrative therapy in conflict transformation. *Journal of Systemic Therapies*, *21*, 48 - 59.

Wolmer, L., Laor, N., & Yazgan, Y. (2003). School reactivation programs after disaster: Could teachers serve as clinical mediators? *Child and Adolescent Psychiatric Clinics of North America*, *12*(2), 363 - 381.

Woodcock, J. (2000). Refugee children and their families: Theoretical and clinical perspectives. In K. N. Dwivedi (Ed.), *Posttraumatic stress disorder in children and adolescents* (pp. 213 - 239). London: Whurr.

Wright, M. O., Masten, A. S., & Hubbard, J. J. (1997). Long-term effects of massive trauma: Developmental and psychobiological perspectives. In D. Cicchetti & S. L. Toth (Eds.), *Developmental perspectives on trauma: Theory, research, and intervention* (pp. 181 - 225). Rochester, NY: University of Rochester Press.

Yule, W. (2001). Post-traumatic stress disorder in children and adolescents. *International Review of Psychiatry*, *13*, 194 - 200.

Yule, W. (2002). Alleviating the effects of war and displacement on children. *Traumatology*, *8*(3), 25 - 43.

Yule, W., & Gold, A. (1993). *Wise before the event: Coping with crises in schools*. London: Calouste Gulbenkian Foundation.

第三部分　社会政策和社会行动的研究进展及其意义

SECTION THREE　Research Advances and Implications for Social Policy and Social Action

第 17 章

人类发展的文化路径*

PATRICIA M. GREENFIELD、LALITA K. SUZUKI 和 CARRIE ROTHSTEIN-FISCH

---

* 本章对手册第五版中的相关内容作了大量修订，原来这一章是由 Greenfield 和 Suzuki(1998)写的“文化和人类发展：对于抚养、教育、儿科和心理健康的意义”。本章中题名为“研究文化和人类发展的三种理论方法”和“对于人类发展研究的‘独立/个人主义和相互依赖/集体主义’文化范式的批评”的部分节选自 Greenfield、Keller 等(2003)写的“普遍发展的文化路径”。对于本章的第一版，作者想要表达对 Helen Davis 的特别谢意，感谢他对前期手稿富有洞察力的评论、修订以及对手稿准备过程的帮助。我们也要感谢 Ashley Maynard 对于第一稿的阅读和评论。我们将铭记已故的 Rodney R. Cocking 富有建设性的评论。对于修订后的本章，我们感谢 FPR - UCLA 文化、大脑和发展研究中心提供了一个能让我们讨论、学习文化和人类发展问题的富有激励性的氛围。我们也要感谢 Hopelab 对此次修订的赞助。这次修订是本章第一作者作为行为科学高级研究中心(加利福尼亚，斯坦福)的成员时完成的。

656

通向独立和相互依赖的文化路径

我们探讨的基本主题是：在美国(和其他接受移民的国家)，有很多儿童成长于一个更注重相互依赖，并把相互依赖作为发展目标的家庭文化中，而周围的主流文化则更看重独立。这种状况的产生源自社会的主导文化取向和家族传统的文化价值体系之间的差异，这些家族通常是拉丁美洲人、亚洲人、非洲人、美洲土著人或夏威夷土著人(Greenfield & Cocking, 1994)。强调独立的文化取向产生了一条通向普遍发展的路径；而强调相互依赖的文化取向则产生了另一条路径(Greenfield, Keller, Fuligni, & Maynard, 2003)。在美国、澳大利亚、加拿大和许多欧洲国家，这些分歧的路径可能使那些具有相互依赖性家族文化的儿童和家庭陷入一种相互冲突的社会化影响的漩涡中。由于在美国的移民家庭和土著家庭数量众多，这种冲突造成了严重的社会问题。

本章计划

我们首先回顾一下世界各地的研究，这些研究表明两种发展路径都有各自独特的社会化目标和实践。根据年龄阶段和社会化动因，我们把回顾分为四个部分：家庭中的早期社会化、家庭中的后期社会化、同伴社会化和学校里的社会化。回顾了各个部分的相关研究后，我们将讨论其实践意义。在每部分的最后，我们也要提出一种干预措施，用于减少家庭和它所在的社区之间相冲突的社会化压力以及由此产生的跨文化的误解。

研究文化和人类发展的三种理论方法

我们关于文化路径的构思利用了三类主要的理论：生态文化的观点、社会历史的观点和价值观思想。从哲学上来讲，生态文化的方法强调了环境中物质条件的决定性影响，相反，价值观方法更注重内心的观念和意义的决定性影响，而社会历史的方法则侧重于那些具有决定性影响的社会因素，如在文化学习中的人际交往过程和符号工具，这些过程和工具会随着历史时期的变迁而发展。我们首先从价值观方法开始，因为这是我们有关人类发展的文化路径模型的核心所在。

文化价值观方法

在社会性发展方面，有关独立和相互依赖的发展路径的区别可以追溯到有关利他主义和利己主义的跨文化比较研究中，这些研究把它们视作不同环境状况下的不同社会化实践的结果(J. W. M. Whiting & B. B. Whiting, 1973/1994)。在认知发展方面，有关集体主义和个体主义世界观的区别源自 Greenfield(1966)在塞内加尔的研究，在这项研究中，她发现：在沃洛夫人(Wolof)的本土文化中，存在一个有关社会的和生理的自我均与世界完全统一(甚至"同一")的假设。与之形成对照的是元认知意义上的自我意识——它是自我和世界在认知意义上的分离，这是西方正规教育体制的结果(Greenfield & Bruner, 1966)。

657

在上述历史起源中就已经生成了一种有关发展的其他可选路径的观念。在独立发展路径中，从个体的角度确定了社会义务，选择社会关系(个人选择)和在社会关系中自由行动(个体权利)的机会得以最大化(Raeff, Greenfield, & Quiroz, 2000)；相反，在相互依赖的发展路径中，社会义务和责任被赋予极大的优先性，个人选择显得不那么重要。独立的发展路径优先把个性化作为发展目标；相反，相互依赖的发展路径优先把遵从已制定的社会规范作为发展目标(Kitayama, Markus, & Lieberman, 1995; Nsamenang & Lamb; Weisner, 2000)。

文化上相关的发展目标是以有关发展的内隐的、民族习俗(ethnotheories)的形式表现出来的，这是与理想儿童的本质和达到这个理想所需要的社会化实践有关的一种信念和思想体系(Goodnow, 1988; Harkness & Super, 1996; McGillicuddy-Delisi & Sigel, 1995)。这些民族学说由文化共同体的成员所共享(和协商)。关于人们偏好的发展目标的价值观可以外显地表现在父母的民族习俗中，或者内隐地表现在文化实践中，特别是话语实践中(Keller, Voelker, & Yovsi, 2002; Ochs & Schieffelin, 1984; Sigel, McGillicuddy-Delisi, & Goodnow, 1992)。越来越多对养育目标加以本土定义的强调(Chao, 1994; Gutierrez & Sameroff, 1990; Yovsi & Keller, 2003)已经表明，独立和相互依赖作为核心维度可以应用于所有发展领域。

来自非西方文化社会的被试，像中国人(Chao, 1994)、日本人(Rothbaum, Weisz, Pott, Miyake, & Morelli, 2000)、印度人(Keller, Voelker et al., 2002; Saraswathi, 1999)、西非人(Ogunnaike & Houser, 2002，在尼日利亚的研究；Nsamenang, 1992, and Yovsi, 2001,

在喀麦隆的研究)和波多黎各人(Harwood, Schoelmerich, Ventura-Cook, Schulze, & Wilson, 1996),他们认同相互依赖的文化理想:在许多发展领域,他们的民族习俗强调亲密、礼节(社会责任、诚实)以及恰当的举止(礼貌、对长辈的尊重、对家庭的忠诚)(Harwood, 1992)。

来自西方工业化文化社会的被试,像德国人(Keller, Zach, & Abels, 2002)、欧裔美国人(Harwood et al., 1996)和荷兰人(Harkness, Super, & van Tijen, 2000),他们赞同独立的文化理想:他们的民族习俗强调自我最大化(self-maximization)和独立(创造力、好奇心、果断、自尊)。家长这些特定的养育目标和实践使儿童在如美国这样的个人主义社会中,能应对裕如。如同有人所说的,"个人主义观念对于美国社会如此基本,以至于我们这个民族所面对的每个重要问题都与此有关"(Gross & Osterman, 1971, p. xi)。在个体出生乃至更早时,能体现文化共同体民族习俗的社会化实践就已经开始了。

生态文化的方法

生态文化的方法是由人类学家 Beatrice Whiting 和 John Whiting (1975; 参见 D'Andrade, 1994)创立的,这种方法认为儿童的行为发展和文化习得是人类生物潜能和环境条件相互作用的结果。简单来说,生态文化的方法强调发展是对不同的环境条件和限制的一种适应(Berry, 1976; LeVine, 1977; Munroe & Munroe, 1994; Super & Harkness, 1986; Weisner, 1984; B. B. Whiting & Edwards, 1988; B. B. Whiting & J. W. M. Whiting, 1975)。

从生态文化的观点来看,独特的经济和环境条件产生了不同的社会结构,这些社会结构支持不同的发展路径(参看 Berry, 1994),这些路径的形成是对这些物质和经济条件的适应。因此,相互依赖的发展路径似乎是对小型的面对面社会和自然经济的适应性反应,这些社会重视传统,因此变化缓慢;相反,独立的发展路径似乎是对大型的匿名社会和商业经济的适应性反应(Greenfield, 2000, 2004; Greenfield, Maynard, & Childs, 2003; Keller, Zach, et al., 2002),这些社会重视创新,因此变化更加迅速。在变化缓慢和以自然经济为基础的社会,民族习俗从上一代纵向地传到下一代,使历史的一致性得以最大化;而另一方面,在复杂和迅速变化的社会,依靠公共话语(传媒)和专家(如儿科医生),家长的观点在同代间横向地讨论,这使得代际之间有实质的不同(Hewlett & Lamb, 2002; Keller, Miranda, & Gauda, 1984)。

658

相应地,较高的社会经济地位(SES)和正规教育与更多的个人主义取向相关(Keller, Zach, et al., 2002; Palacios & Moreno, 1996; Tapia Uribe, LeVine, & LeVine, 1994)。而且,这些文化趋向存在于各种社会经济和教育的背景中(Harwood et al., 1996; Keller, Zach, et al., 2002)。

社会历史的方法

社会历史的方法强调社会建构过程,特别是文化学徒制、文化实践及其产物,以及这些过程的历史维度(Cole, 1996; Lave & Wenger, 1991; Rogoff, 1990; Saxe, 1991; Scribner, 1985; Scribner & Cole, 1973, 1981; Vygotsky, 1962; Wertsch, 1985; Zukow, 1989)。这种社会建构被看作是特殊情境下的一组行为。

社会历史的观点对人类发展的文化路径模型是至关重要的。根据这个模型,每个路径源自一种价值取向,每种价值取向产生关于特殊情境下社会实践和行为的社会建构(通常被称为"共同建构"以反映儿童的积极参与)。这些社会建构过程不仅包括向成人一代的文化"专家"学习,还包括同伴间的交往。在文化学习中使用的相互交往的常规及产物在儿童的社会化发展道路中起到很重要的作用(Greenfield, 2000; Mistry & Rogoff, 1994; Rogoff, 1990; Saxe, 1991)。建构过程在二元文化人群中变得特别突出,因为这时在某一特殊情境下一种或另一种价值体系可能变得更突出(Garcia Coll, Meyer, & Brillon, 1995)。

对于人类发展研究的"独立/个人主义和相互依赖/集体主义"文化范式的批评

对于这种方法的一个常见批评是这种方法过于简单和还原,独立/个人主义和相互依赖/集体主义的二分法被认为是有问题的(Killen & Wainryb, 2000; Rogoff, 2003)。但是,我们不把这些概念视为二分的,它们不是全或无的关系,而是在不同的领域、不同的时期、不同的文化中,对不同的个体来说有不同程度的存在(Greenfield, Maynard, & Childs, 2003; Morelli; Rogoff, Oppenheim, & Goldsmith, 1992; Raeff et al., 2000),它们也随着地理位置、社会经济地位(SES)和正规教育的变化而变化(Hofstede, 2001; Tapia Uribe et al., 1994);另外,它们被认为在社会化的动态过程中发展,这本身是一个很重要的研究对象(Greenfield, Maynard, et al., 2003)。

对这种框架的另一种批评是:独立和相互依赖的概念共存于同一个文化中(Killen & Wainryb, 2000)。对于这个观点,我们表示同意,但要注意的是个人进取(独立)和社会关系(相互依赖)在两个文化框架中有各自独特的表达模式。举个例子,在独立的框架中很重视人际关系的自由选择,然而在相互依赖的框架中内隐的社会责任是更受重视的人际交往前提(Raeff et al., 2000)。

与这种批评非常有关的一个回答是,某一特定行为可能在两种类型的文化中都受到重视,但相对的优先地位可能是不同的。举例来说,在主流的美国文化中,和同胞分享的做法受到家长的重视,但分享被认为是个人的选择问题;相反,在洛杉矶的墨西哥移民中,分享受到更优先的考虑,只是因为它被人期待如此(Raeff et al., 2000)。使一种价值优先于另一种价值之上,这就对所选择价值的践行设定了边界条件(Wainryb, 1995)。边界条件或许也反映了团体间的接触和文化变化的过程。例如,Wainryb所研究的集体主义的德鲁士(Druze)社会处于更为个体主义的以色列主流文化之中,这种情况下,德鲁士儿童在发展过程中有关合理使用权利和遵守义务以及其他事情上的边界,就反映了德鲁士与该国周围文化的接触和联系。

同一文化中个体差异的存在也被认为是对独立/相互依赖框架的另一个批评。举例来说，Wainryb 和 Turiel(1994)发现在集体主义的德鲁士文化中，男性比女性表现出更多的自主取向。但是，这个批评把文化特征当成一些独立的人格特质(原文如此)，而未能考虑文化的系统特性。作为对他们例子的回应，我们认为女性对男性权威的尊重，是集体主义文化的一种人际关系特征，它是上述不同自主性的根源。

659

集体主义文化和个体主义文化之间的差异有时被看作是对这个范式的一种批评(Harkness et al., 2000)。这两个系统已经被发现在质和量上都存在差异(Harkness et al., 2000; Hofstede, 1991)，这两个价值体系仅仅是一种理想的范式，它们在大量具体的和不同历史时期的文化背景中方得以体现。

文化路径：冲突、不可见性和对实践者的意义

对于任何一个特定的家庭来说，当家庭文化和社会文化不同，就会出现有趣的，有时是令人烦恼的情况。儿童可能面临来自家庭和外部世界(特别是来自学校)的冲突信息——关于他们应该要遵守的恰当的价值观、态度和行为。在家长自己的价值观和整个社会有直接冲突的情况下，他们也必须重新评价他们自己的文化框架，关于应该在什么样的背景下采取什么样的价值观抚养儿童就需要作出抉择。

这种抉择的困难往往是因为文化是“不可见的”(Philips, 1972)。换句话说，对于戴眼镜的人来说，这些用来解释的眼镜被认为是理所当然的。如同我们呼吸到的空气，在通常情况下，这些价值框架还不能被意识到。在多元文化的环境中，这种意识的缺乏加剧了个人冲突和个体间误解的可能性。人们倾向于认为其他路径对一个特定情境的反应是“错误的”，而不认为这仅仅是反映了一个不同的文化取向。

要与家庭合作的咨询师、社会工作者、教育者和保健专业人士必须认识到文化间的动态变化，因为他们需要评价来自不同文化背景的家长和儿童的行为。在一个文化背景下看起来奇怪甚至是有问题的行为事实上在另一个文化背景中被认为是正常的。职业共同体接触不同背景的家庭，面临理解文化差异背后的价值观和儿童发展目标的挑战。否则，他们不能奢望正确诊断出任何问题的原因。

可能更为重要的是，对不同文化价值和相关的抚养实践的认识揭示了在不同文化集团中社会化和儿童护理实践的力量。同样重要的是，在向周围主流文化同化的过程中，放弃自己的传统文化所产生的失落感。

这就是考虑婴儿期的文化路径、儿童和家长的关系、同伴关系以及学校—家庭关系的背景。我们首先从婴儿期开始谈起。

婴儿护理、社会化和发展

文化给予我们大量什么是“正确的”婴儿抚养方式的信息。美国的中产阶级抚养婴儿的方法有很大的差异，当我们通过跨文化的角度来看，我们可以发现在儿童抚养实践和目标上

更大的差异。

家长对他们婴儿的目标是什么?

一般而言,家长对婴儿的目标包括以下几个方面的组合:婴儿生存和健康、经济能力的获得以及正确的文化价值的获得(LeVine, 1988)。从文化角度界定的家长目标在家长对婴儿的行为和儿童的最终社会化过程中是至关重要的,合乎规范的家长目标不仅反映了而且影响了整个社会的结构和功能。

在美国,家长对他们的孩子有很多不同的目标,但其中最基础和最普遍的是希望他们的孩子成长为一个独立和有个性的人。例如,引导儿童学会独立作决定并建立他们独立的个体存在感是波士顿婴儿妈妈提到的最重要的家长目标之一(Richman, Miller, & Johnson Solomon, 1988)。在婴儿期,他人对婴儿自发信号的偶然反应鼓励了他们独立行动的发展(Keller, 2002)。

660

与之不同的是,在家长目标上,日本家长显示了不同的倾向。在日本,母亲不是强调儿童的独立,而是更可能认为她们和儿童是一体的。例如,Kawakami(1985, p. 5,引自 Morelli et al., 1992)主张:"美国母亲—婴儿的关系中有两个个体……而日本母亲—婴儿关系中只有一个个体,就是说日本母亲和婴儿是不可分的。"此外,在日本,母亲对婴儿悲伤信号的及时甚至早有预料的反应最大程度上减少了这种自我—他人的区别(Rothbaum et al., 2000)。在喀麦隆(Yovsi & Keller, 2000)、印度(Saraswathi & Pai, 1997)和墨西哥(Brazelton, Robey, & Collier, 1969)也是如此。

母亲和婴儿极端亲密的价值观是传统日本父母以相互依赖为目标的另一个证据,这种价值观也体现在交往模式上,如儿童向母亲表现出来的 *amae*(译者注:日文)行为(通常翻译成"依赖"或者"相互依赖")(Kim & Choi, 1994;Lebra, 1994)。就像美国是个人主义被重视和体制化的一个例子,日本是一个集体主义受到重视和体制化的社会(强调团体内高度的内聚性)(Hofstede, 1991)。但是,像我们稍后在社会变迁那一部分所提到的那样,这种情况可能会发生改变。

睡觉和喂养安排如何受到家长目标的影响?

在生命的最初两年,一个容易观察到的文化差异现象是婴儿睡觉安排。在这一部分,我们论证家长目标的文化结构对决定婴儿睡觉安排起到的部分影响。

全世界的婴儿睡在哪里?

在美国和德国,大多数的婴儿睡在一张单独的婴儿床上,而且通常是在一个单独的房间里(Keller, Voelker, & Yovsi, 2002; Morelli et al., 1992),但是在全世界的很多文化中(特别是非洲、亚洲和拉丁美洲),母亲与婴儿同睡是主流的睡眠安排(Konner & Worthman, 1980)。事实上,对全世界睡眠行为的一项调查发现:在所调查的大约三分之二的文化中,母亲是和婴儿一起睡在一张床上,如果母亲和她们的孩子睡在同一个房间也算的话,这个比例更高(Barry & Paxson, 1971;Burton & Whiting, 1961)。

"同睡文化"的例子包括日本,在日本,儿童通常直到五六岁还和父母一起睡(Caudill & Plath, 1966)。这种"同睡"通常被认为像*kawa*(译者注:日文),或者"小河",对于睡在父母中间,躺在自己的褥垫上的儿童来说,父母就像河岸(Brazelton, 1990)。来自许多其他文化的人们和他们的孩子也有这种类似的睡眠安排。

虽然美国主流文化坚持分开睡觉的做法,许多少数民族和移民团体仍然坚持他们传统文化中的同睡做法。许多在美国的移民来自把婴儿—母亲同睡当作习俗的国家。例如,Schachter、Fuchs、Bijur和Stone(1989)发现在纽约黑人住宅区的20%的西班牙家庭一周至少三次和他们的孩子一同睡觉,相反,只有6%的欧裔美国家庭这样做。Lozoff、Wolf和Davis(1984)发现了类似的模式:与欧裔美国人相比,非裔美国人的婴儿和学步儿更为经常地和他们的父亲/母亲或者父母一起睡。虽然非裔美国人在美国已经有好几代了,但他们很少同化于美国的规范,这可能是因为他们最初进入美国社会是因为奴隶制,这导致他们和更广阔社会的分离。

睡觉安排反映了美国主流文化什么样的偏好和限制?

美国的主流文化有明显的压力促使家长让他们的婴儿单独睡觉(Brazelton, 1990)。事实上,那些采取同睡做法的中产阶级家庭认识到他们违背了文化规范(Hanks & Rebelsky, 1977)。根据Morelli等(1992)的研究,从20世纪90年代早期开始,美国民间的看法已经认为早期分开睡觉的模式对婴儿的健康发展至关重要。

在美国的中产阶级家长中强调独立性训练是一个和单独睡觉有关的重要因素(Munroe, Munroe, & Whiting, 1981)。在开始的几个月,在还没有形成难以改变的令人不满意的同睡习惯之前,家长就训练儿童独立和自立(Morelli et al., 1992)。

661

单独睡觉的另一个原因是家长对独立的需要。来自美国主流文化的成人就是独立训练下的发展结晶。一个依赖的儿童威胁到家长自己的自主性,因此在婴儿期采用分开睡觉安排的一个重要动机是家长需要维持他们自己的独立。研究家长对自己的目标和对儿童的目标的相关性是非常必要的。

反对同睡的另一个原因是家长亲密隐私的丧失(Shweder, Jensen, & Goldstein, 1995)。强调把自主或者独立作为发展目标的文化的典型特征是对婚姻关系给予特权,相反,强调相互依赖作为发展目标的文化的典型特征是对代际关系给予特权,如母亲和儿童的关系(Lebra, 1994;Shweder et al., 1995)。

单独睡觉安排的"生存"理由也是被美国家长引证的一个原因,这包括减少危险,如窒息或者感染传染性疾病(Ball, Hooker, & Kelly, 2000;Bundesen, 1944;Holt, 1957;Morelli et al., 1992)。另外的原因还包括恋母情结问题和对乱伦的恐惧(Brazelton, 1990;Shweder et al., 1995)。这些理念导致许多中产阶级的欧裔美国母亲(和其他美国主流文化的部分人们)坚持和他们的孩子分开睡觉。

儿科医生,甚至联邦政府都推行这种做法。Lozoff等(1984)在政府出版物上引用儿科建议书上的内容,建议家长不管出于什么原因都不要和儿童一起睡觉。然而,当家长读到这些建议的时候,他们把这些作者视为"值得尊重的专家"(Smaldino, 1995),而不是当作民间看法或文化特定的“民族习俗”的体现者。

同睡反映了什么样的偏好和限制?

在很多文化中,一起睡觉被认为是可取的行为,事实上,让婴儿分开睡觉的安排通常会令人感到震惊。举个例子,在印度的婆罗门人认为让儿童一个人在一个单独的房间睡觉是错误的,特别是儿童万一在半夜醒过来。他们认为家长有义务保护儿童在夜里免受恐惧和苦恼(Shweder, Mahapatra, & Miller, 1990)。玛雅印第安人和日本人在第一次知道美国人让婴儿和家长分开睡觉的行为时,也表达了震惊和同情(Brazelton, 1990;Morelli et al., 1992)。当知道美国婴儿和他们父母分开而且睡在一个单独房间的时候,一个玛雅母亲震惊地说:“还有其他人和他们一起睡,不是吗?”(Morelli et al., 1992,p. 608)。

资源限制像空间的缺乏可能也是同睡的一个因素(Brazelton, 1990;Shweder et al., 1995)。例如,在许多文化中,家里拥有用于睡觉的床位和房间都少于美国。但是,资源限制可能只起到较小的作用。举个例子,当玛雅母亲知道北美实行单独睡觉安排的时候表达的震惊和悲伤说明:同睡不仅仅是出于实际情况的考虑,而是要体现和婴儿的一种特殊关系(Morelli et al., 1992)。确实,在非洲、亚洲和南美洲的大部分地方,婴儿和母亲睡在一起是因为婴儿和母亲分开睡是不可想象的(Morelli et al., 1992;Shweder et al., 1998;Yovsi, 2001)。

实际上,在对美国文化差异的研究中,Lozoff 等(1984)发现在婴儿期和学步期,空间限制(可利用的睡觉房间、家庭规模,或者家庭规模和睡觉房间的比例)和睡觉安排之间并没有显著相关。似乎并非是资源限制,而是与文化价值和目标有关的原因影响了即便看起来极简单的行为,像婴儿睡觉安排。

但是,其他类型的生态因素可能在调节文化特定的发展目标(如独立上)起到了一定的作用。举个例子,在 Lozoff 等(1984)的研究中,有证据表明:在限制条件下,欧裔美国儿童到父母的床上是可以接受的,如当家庭压力(搬家或者婚姻关系紧张)或者婴儿生病,又或者儿童大了能自己走进父母的卧室或上床。

睡觉与喂养、怀抱、携带以及看护的关系

亚洲、非洲和土著美国父母通过看护和怀抱的方式哄孩子入睡(如 Brazelton et al., 1969;Hewlett, Lamb, Shannon, Leyendecker, & Schölmerich, 1998;LeVine et al., 1994;Miyake, Chen, & Campos, 1985;Morelli et al., 1992;Super & Harkness, 1982),这种做法是他们持续的怀抱、携带或看护孩子模式的一部分(Brazelton et al., 1969;Miyake et al., 1985;Super & Harkness, 1982)。 662

在重视相互依赖的文化共同体中,在有持续的母子亲密关系的民族习俗中可以发现早期人际关系的模式,这种模式重视白天(怀抱和护理)和晚上(同睡)亲密的身体接触。一位喀麦隆母亲在一次有关人种志研究的访谈中提到,婴儿必须和母亲的身体紧密联系(Keller, Voelker, & Yovsi,2002)。

从神经病学的角度,Restak(1979,p. 122)的研究显示“对婴儿身体上的怀抱和携带被证明是影响婴儿心理和社会正常发展最重要的因素”。因此，Konner(1982)建议，我们必须认真考虑这种对抗的可能性——在美国，睡觉之所以是一个在婴儿护理上的重要的文化问题，正是因为专家意见和主流文化实践正在对抗已经进化了数万年的人类婴儿的生物本能。

我们从婴儿抚养实践的跨文化观点中可以学到什么？对家长、儿科医生和其他实践者的意义

各种文化观点和目标可能使人们难以认识和接受不同的行为模式。确实，改变复杂的、相互关联的文化体系的一部分，可能产生难以预料的结果。但确实有这种例子，通过观察和理解其他文化的实践仍然可以得到很多东西。

睡眠问题

很多人认为在北美，睡眠失调是现在许多有婴儿的家长最关心的事(Brazelton, 1990; Dawes, 1989; Nugent, 1994)。事实上，在美国，单独睡觉的儿童比和父母同睡的儿童有更为复杂的睡觉程序并对睡觉辅助工具及安全保障设施有更长期、更强烈的依恋(Hayes, Roberts, & Stowe, 1996)。但是在许多其他文化中，睡觉的问题并不那么普遍甚至是不存在的。例如，Nugent 报告说“在日本，较少有临床上关心的睡觉问题或夜间惊醒这方面的问题报告”(p. 6)。Super 和 Harkness(1982)也类似地指出，睡觉问题在肯尼亚的吉普斯吉人(Kipsigis)中是不存在的。

跨文化交流

很清楚，从不同文化中运用的婴儿抚育技巧中可以学到很多。就婴儿存活这一重要目标而言，同睡可能在培养婴儿的最佳睡觉模式上起到一定的作用(Mckenna et al., 1993)，这可能因为同睡使婴儿能从家长那里得到触觉和节律线索，这些线索帮助儿童调节尚不成熟的呼吸系统，由此，这种相互作用过程可能减少了婴儿猝死综合征(sudden infant death syndrome, SIDS)的危险(Mckenna, 1986)。确实，在很多国家，同睡和 SIDS 的低发生率是相关的(Mckenna & Mosko, 1994)。

危险的文化相对性

传统上，日本父母通过看护和抱着孩子哄其入睡，他们可能会同意美国专家的观点，即这种做法鼓励了依赖。但是，日本人对依赖的解释是相当不同的，他们肯定完全不同意专家把依赖评价为是损害儿童发展的一种“危险”因素的消极的观点。这么来看，发展“危险”很显然只是文化上特定的概念(Nugent, 1994)。

儿科医生和家长需要考虑的问题

如此一来，围绕着婴儿抚育实践就有很多问题，比如睡觉安排。其中重要的是儿童的身体健康(如减少 SIDS 的危险)、情绪健康(如睡前安抚)、家长睡觉模式(如家长隐私权、夜间喂食问题)、实际限制(如住宅情况)、成人需要(如自主)和文化目标(如独立和相互依赖)。这些问题都需要家长和儿科医生等去考虑。

儿科医生传统的看法是，婴儿—父母同睡对健康发展是一个危险因素。但是，他们有没有从所有相关的角度，如生理的、心理的和文化的角度去考虑婴儿睡觉安排呢？也许事实是

663

像 Nugent(1994)指出的那样,跨文化研究证明了这种危险的概念是一种文化建构。儿科医生把自己的文化建构强加于各种各样的民族或者社会群体之前,对此必须慎重行事,因为他们并不拥有关于婴儿发展的共同文化或者共同的生态文化环境。

是差异,而不是缺陷

很明显,在美国(和其他工业化国家),有很多的民族和移民团体,他们的婴儿抚养实践显然有其家族传统。意识到并接受这些文化差异,就其本身而言也是重要和有益的。因为像在美国这样的多元文化社会中存在着大量拥有不同睡眠安排的民族团体和家庭背景,偏离主流规范的家长不需要感到自己做了对儿童有害的事。

举个例子,单独睡觉和同睡只是不同的文化模式,有各自的风险和好处,这种理解将会导致为不同的文化遗产感到骄傲而不是羞愧。对主流文化的大部分成员来说,这种理解导致对“非标准”行为如同睡的尊重而不是贬低。同样,理解主流文化下的做法背后的原因也可以帮助移民理解新的文化背景下的文化规范。这种有关抚养实践的信息在儿科医生和家长中的传播可以帮助增进彼此的尊重。

依恋行为如何受到家长目标的影响?

婴儿睡觉实践中已经体现出文化目标的作用,同样依恋行为中也体现出家长目标的跨文化差异。Harwood、Miller 和 Lucca Irizarry(1995)在《文化和依恋》(*culture and Attachment*)一书中一开始就提到 Bowlby 的经典定义,“依恋是联系儿童和他/她的主要看护者的纽带”(p. 4),依恋行为是“允许婴儿寻找和维持与主要依恋对象亲近的那些行为”(p. 4)。但是,由 Ainsworth 和 Witting 在 1969 年提出的“陌生情境”这种经典的依恋评价程序,采用了对短暂分离的反应而不是维持接近的机会作为测量婴儿依恋行为的根据。

婴儿对陌生情境的反应

在陌生情境范式中,在一个实验室测试时,把婴儿单独留在只有母亲、只有陌生人、既有母亲又有陌生人、既没有母亲也没有陌生人这四种情境下,安全依恋型的儿童和非安全依恋型的儿童的表现有很大差异。从婴儿在这些情境下的行为来看,可以将其分为回避型(A组)、安全型(B组)和反抗型(C组)。B组在陌生情境中的行为模式长久以来都被认为是健康的母婴交往和情绪发展的体现(Ainsworth, Blehar, Waters, & Wall, 1978)。

母亲的角色,特别是母亲的敏感度在婴儿依恋中也是很重要的。例如,研究者曾经假定,将来属于 A 组儿童的母亲常对她们的孩子表达生气和拒绝,C 组儿童的母亲是不敏感和不称职的,B 组儿童的母亲在安抚她们的孩子上更为慈爱和有效(Ainsworth, 1979; Campos, Barrett, Lamb, Goldsmith, & Sternberg, 1983;Main & Weston, 1982)。

但是,这些概括并没有考虑婴儿特殊行为的文化因素以及母亲如何解释这种行为。因为母亲是对下一代的文化传承者,特别是在孩子的婴儿期,考虑母亲行为的文化因素是很重要的。一些人坚持认为,不同国家的依恋行为如此不同以至于本土依恋理论需要充分描述在各种文化中的依恋(Rothbaum, Weisz, Pott, Miyake, & Morelli,2000,2001);其他人则认为，依恋是研究发展中的育儿方式、生物和文化因素等普遍问题的一个有价值的框架(Chao, 2001b; Posada & Jacobs, 2001)。不论情况是怎样的，很清楚的是，母婴依恋是研究文化和发展时需要考虑的一个重要的现象。

和美国相比，在日本，从陌生情境评估中确定的C组或者反抗型儿童更多一些。相反，A组或回避型儿童在美国则更为普遍，在日本则很少或者没有(Miyake et al., 1985; Takahashi, 1990; van IJzendoorn & Kroonenberg, 1988)。为什么这种差异表现为文化对"规范"的偏离上呢？家长目标的文化差异可能是原因。拥有像家长和儿童"成为一体"的家长目标的传统日本母亲(Kawakami, 1987)，很少把儿童留给像保姆这样的陌生人照顾，因此，在陌生情境范式下发生的各种各样的分离会对婴儿产生极端或者不寻常的压力(Miyake et al., 1985; Takahashi, 1990)。

可以支持上述假设的是，一项有关日本工薪阶层母亲的研究发现了和美国相同的依恋模式(Durrett, Otaki, & Richards, 1984)，即依恋有回避型的，还有反抗型和安全型的，很清楚，这些儿童已经经历过和母亲的短暂分离。在美国，由Lamb和同事所做的研究(Lamb & Sternberg, 1990; Roopnarine & Lamb, 1978, 1980)证实了这个观点，这个研究表明在开始进入日托的时候，尚未习惯与母亲的分离可能导致分离焦虑，这在陌生情境行为中也表现出来了，但是习惯了短暂分离后就消除了焦虑行为。

像Takahashi(1990)提出的，儿童分离的历史影响了儿童对陌生情境的反应；这种分离历史取决于价值取向的跨文化差异和文化中的生态因素，比如日托。日本反抗型儿童的比例高，可能是由于日本和美国在母婴双方日常交往中的分离模式是不同的。

在另一项研究中，和日本和美国的儿童相比，德国儿童更多地被归为A组或者回避型，更少被归为C组或者反抗型(Grossmann, Grossmann, Spangler, Suess, & Unzner, 1985; Van IJzendoorn & Kroonenberg, 1988)。与日本和美国模式一样，这种模式也可以归因于特定文化的家长对他们孩子的目标。例如，在德国，家长希望他们的儿童是不黏人和独立的(Grossmann et al., 1985)。因此，德国高比例的A型婴儿是德国家长目标和策略的文化产物(Campos et al., 1983)。

美国儿童属于回避、独立的(A组)和依赖、反抗的(C组)两类的概率均介于日本和德国之间(van IJzendoorn & Kroonenberg, 1988)。如果我们考虑到源于德国和其他北欧国家的独立价值取向，就可以理解这种模式了。这种价值观在传到美国的途中已经减弱，在这里它和来自世界各地的人接触，包括土著美洲人，他们中的很多人在他们的传统文化中重视相互依赖(Greenfield & Cocking, 1994)。

Grossman等(1985)在德国所做的观察和这个解释一致：

> 一旦婴儿能够走动，大多数的母亲认为他们需要脱离亲密的身体接触。抱着能自己走路的孩子或者对孩子的每一声啼哭都作出反应被认为是对孩子的溺爱(p. 253)。

LeVine(1994)指出德国儿童不仅单独睡觉，而且在早上醒来以后还要单独呆一个小时。

另外,母亲让孩子单独去购物,在1岁以后,德国孩子夜里一个人留在家里。这些培养独立的抚养方式看起来比美国母亲使用的方式还要极端。因此,美国回避的、独立的A组儿童和反抗的、依赖的C组儿童介于德国和日本之间是合理的。

但是,有人指出,在美国,日托也和更多的回避型依恋有关(Belsky, 1989),是这种生态因素推动了独立的价值,而非相反。Clarke-Stewart(1989)认为,"虽然通过重复的日托经历,习惯了短暂分离的儿童可能表现出'回避',他们的行为实际上反映的可能是关于独立和自信的早熟模式的发展过程,而不是不安全感"(转引自 Lamb & Sternberg, 1990, p. 360)。

依恋行为的跨文化差异对实践的意义

少数民族有不同于多数人的对依恋的解释,这在多元文化社会中有何适应性意义?这是重要的实践问题,然而目前还没有被研究和探讨。少数民族母亲对依恋关系不一样的解释,这是否会使少数民族婴儿以后有对主流文化适应不良的危险?关心依恋问题的心理学家和实践者需要谨记这一点,因为是为了临床的目的理解依恋,所以在依恋行为之外还有必要理解这些行为对母婴双方的特殊文化意义。

665

在跨文化和跨亚文化中测量依恋的意义

在日本,由陌生情境造成的压力水平引发了这样的问题:在跨文化研究中,测量工具本身是否显得过于有文化特殊性。确实,这一开始是作为美国主流文化的特殊文化测量工具(Clarke-Stewart, Goossens, & Allhusen, 2001)。因为它是以和母亲分离的反应和对陌生人的反应为基础的,那在以持续的母婴接触和与陌生人接触的缺乏为特征的文化中,这种依恋的测量是否仍然有效呢?

另一方面,陌生情境方法是以和母亲短暂的分离将会引发轻度到中度的压力为假设的。Clarke-Stewart、Goossens 和 Allhusen(2001)由此指出,陌生情境对于像日托这样的文化背景可能是无效的,在这样的文化背景下,婴儿开始习惯和母亲的频繁的短暂分离,因此根本没有压力。Clarke-Stewart 和她的同事,针对陌生情境在跨文化(跨亚文化)应用中出现的问题,提出了新的依恋测量方法——加利福尼亚依恋程序,这个程序不涉及和母亲的分离,因此不会受到是否有和母亲短暂分离经历的影响。与 Bowlby 以进化为基础的依恋概念相一致,她们的测量对依恋的操作化定义是:当感觉到危险时,依恋可以作为亲密关系的避风港来使用。当母亲不在时,向婴儿呈现中度的压力源(如很大的噪音),然后,婴儿借助母亲(避风港)来处理压力源所导致的恐惧的行为会被记录下来。因为它不受与母亲分离的特殊经验的影响,所以以这种普遍的依恋定义为基础的测量方法比陌生情境更具有跨文化的有效性。

沟通行为如何受到家长目标的影响?

在这一部分,我们将提供证据证明,家长对儿童发展的目标将通过家长和其婴儿的沟通策略得以实现。在一些文化中,这些策略被调整以适应于培养技术智力;而在另一些文化中,这些策略被调整以适应于培养社交智力。

沟通的内容

Fernald和Morikawa(1993)观察了美国和日本母婴双方一起玩耍玩具的过程。在对话话题上的差异是惊人的。美国母亲倾向于唤起儿童对玩具名称的注意力。一个典型的美国式交流的例子是:"这是一辆车。看到这辆车了吗? 你喜欢它吗? 它有轮子。"(p. 653)相反,日本母亲集中注意力在描述有礼貌的社会交换,而不是物体命名。有这样一个相互交流的例子:"这里! 这是呜呜,我给你,现在你给我。给我。对! 谢谢你。"(p. 653)

日本母亲也更可能习惯于唤起对物体的同情,通过说像"这里! 这是狗狗。给它爱。在拍玩具的时候,爱、爱、爱"来鼓励儿童对玩具的积极情感(Fernald & Morikawa, 1993, p. 653)。与之成鲜明对比的是,许多美国母亲解释说她们在相互交流中的目的是吸引儿童的注意力和教他/她新的词语。在这里不同的是,重视认知发展的价值。相反,日本母亲解释说她们的目标是说话温柔和使用婴儿易于模仿的声音。日本人对关于说话礼貌的文化规范的清楚传授的关注也得到了表达(Clancy, 1986; Fernald & Morikawa, 1993)。

这种差异是不同家长目标在具体操作上的体现。Mundy-Castle(1994)把欧洲背景(西方)对儿童的社会化方式定义为适应于技术智力(和处理物理世界有关的智力),非洲的社会化方式定义为适应于社交智力(和理解其他人有关的智力)。很清楚,日本母亲也更强调社交智力的发展。

666

成人一婴儿沟通在实现家长有关社交智力目标上的作用也可以在Bakeman、Adamson、Konner和Barr以下的研究解释中体现出来,这项研究在博茨瓦纳的坤族(! Kung)这个原始狩猎民族中进行。在这个充满亲密社会关系而财产较少的文化中,物体是被分享的,而不是属于个人的所有物(Berk, 1993, p. 30)。

在坤族社会中,婴儿不拥有专门为他们而做的玩具,相反,自然物体,像树枝、小草、石头和坚果壳,还有烹饪用具是通常可获得的,但是大人并不鼓励孩子玩这些物品。实际上,在婴儿独立探索物体的时候,成人不大可能和婴儿交流。但是当儿童把一个物体递给另外一个人的时候,大人开始作出反应,他们比在任何时候都更为鼓励儿童的行为并说得更多。因此,坤族文化重视的是人际相互依赖而不是物理的存在,这还反映在与社群中的年轻成员交流过程中,成人如何使用物品上(Berk, 1993, p. 30)。

与坤族对社交智力而不是技术智力的强调相似,非洲的西非人和巴黎的西非人的沟通集中在使婴儿融入社会团体中(Rabain, 1979; Rabain-Jamin, 1994; Zempleni-Rabain, 1973)。非洲母亲表现出对这一点的强调的做法是,描述她们的孩子与第三方的联系,第三方或者是真实的(如告诉儿童和兄弟姐妹分享食物)或者是想象的(如一家人已经移民到法国,而奶奶留在非洲,母亲则说"奶奶告诉过你")。他们也比法国母亲对儿童主动的社会行为有更频繁的反应。

相反,欧洲母亲(如法国、德国、希腊)关注于以儿童为中心的母子联系(如面对面沟通)和婴儿的技术能力(如物体操作; Keller et al., 2003; Rabain, 1979; Rabain-Jamin, 1994; Zempleni-Rabain, 1973)。例如,与非洲母亲相比,法国母亲通过更频繁地提及儿童说话的内容来表明这种关注(如"你和你妈妈说什么?""这是你想要说的话吗?"),而更少使儿童联系第三方，她们还更多对儿童主动的物体操作有更频繁的反应。(Rabain, 1979; Rabain-Jamin, 1994; Zempleni-Rabain, 1973)。

这些研究得出的一个结论是独立取向可能和技术智力有关。对非社会世界的事情和物体的早期取向强调了对社会关系的独立，德国(Keller, Zach, & Abels, 2002)和法国(Rabain-Jamin & Sabeau-Jouannet, 1997)就是如此。对社会关系强调的缺乏看起来是和对物质世界的强调有关。虽然，我们前文对睡觉安排的讨论集中在婴儿是单独睡觉还是和家长睡在一起，现在存在这种差异的另一方面：当儿童单独呆在婴儿床或者婴儿用围栏里时，他们通常有玩具(如汽车、摇铃)来娱乐自己。因为玩具提供了早期的技术智力的认知社会化，所以独立的社会化和技术智力的社会化有联系。儿童单独和玩具呆在一起，这使他不仅学会了独处，还学会了和客体的物理世界交流。相反，在相互依赖取向或者社交智力的发展上，人比物体世界更为重要。

沟通的过程

两方沟通是个人主义价值体系的规范，而多方沟通是集体主义框架的规范(Quiroz, Greenfield, & Altchech, 1999)。这种差异导致护理者和他们的学步儿在沟通过程中存在注意力安排的差异。在危地马拉的玛雅社会中，相互依赖是一个重要的发展目标，母亲和她们的学步儿通常保持两个同时且持续的注意，当这两个注意需要发生冲突的时候，沟通仍然进行(如哥哥和这个学步儿打牌，而这个孩子已经在和他的母亲交流)。在犹他州盐湖城的个人主义背景下，当发生注意力的竞争时，母亲和学步儿通常每次进行一个两方沟通(如学步儿和哥哥都想得到母亲的注意；Chavajay & Rogoff, 2002)。换句话说，家长和学步儿的沟通过程本身就是一种关于发展的社会化力量，它反映了人类发展的两种不同模式。

文化一致和个体差异

不同的婴儿抚育习俗和实践不是随机的，它们取决于潜在的文化模式，这种文化模式具有从一个发展领域到另一个发展领域的连续性的、整体的社会化目标。婴儿如何被看待、家长对儿童的发展目标和家长对儿童的行为都与家长和儿童的文化背景有关。在文化水平上说，发展目标、社会化实践、儿童成果和成人解释的一致性可见于表 17.1，以此可作为对这部分的总结。

表 17.1　婴儿发展和社会化的文化模式对比

667

发展目标	独　立	相互依赖
受重视的智力	技术的	社会的
社会化实践	婴儿单独睡觉；使用更多的设备(婴儿椅、婴儿车、婴儿床、婴儿用围栏)，这可允许醒着的孩子和母亲分开；物体多用于探索和娱乐	亲子同睡；更多的怀抱和携带；物体是社会关系的媒介
依恋行为	在陌生情境中表现出更多的回避行为	在陌生情境中表现出更多的反抗行为

个人主义和集体主义文化中儿童抚养方式的哲学差异

表17.1中呈现的两种模式可以被看作两种文化规范的理想化体系。在每个理想类型中,不同的社会和文化使个人主义和集体主义有不同种类的具体化表现(Kim & Choi, 1994)。

因为个体差异对美国文化和心理学学科都是很核心的,所以指出在每个文化中每个文化规范总有个体差异是非常重要的。换句话说,文化类型学并不消除或者使个体差异最小化,它们只是指出个体差异都是围绕着规范而有所变化。虽然如此,我们仍然必须指出,科学和大众对个体差异的关注反映了在文化取向上个性化是首先要强调的(Greenfield, 2004)。

文化接触和文化变迁

此外,在文化接触和文化变迁的情境下,表17.1中呈现的两种理想模型会出现冲突和妥协。文化接触在多元文化社会中特别重要(如 Raeff et al., 2000),而文化变迁对经历科技或者商业发展过程的社会特别重要(Greenfield, 2004;Greenfield, Maynare, & Childs, 2003)。

举个例子,日本和中国在过去几代中发生了快速的文化变迁。如一项在中国台湾和美国的最新研究表明:在中国台湾并没有发现更多的集体主义儿童抚养价值观(Wang & Tamis-LeMonda, 2003)。

我们先前曾提到,一项关于日本工薪阶层母亲的研究表明这个亚团体的依恋模式的分布和美国是相同的(Durrett et al., 1984),我们已经解释过这个发现反映了时常经历和母亲短暂分离的儿童有更大的独立性。但是这个研究发表于1984年,这以后有更大比例的日本母亲出去工作,我们因此预期日本总的依恋模式将会更接近于美国。确实,我们找到的最近在日本的研究表明:在交流的偏好、身体的接近和与婴儿接触这些方面,日本母亲和美国母亲并没有显著差异(Posada & Jacobs, 2001)。

我们也知道富裕的环境(如 Georgas, van de Vijver, & Berry, 2004)、正规教育(如 Tapia Uribe et al., 1994)和城市环境(如 Fuligni & Zhang, 2004)有利于个人主义的适应方式。与过去几代相比,德国现在是更富裕,城市化和教育程度更高的国家。Keller 和 Lamm (in press)对这些问题的历史性研究中已经发现:德国的婴儿抚养实践也已经走向更独立的社会化方向。在自由游戏中的交往,现在的3岁婴儿家长和25年前同样生活条件的家长相比,显著表现出更多的面对面接触和客体游戏,相应也显著表现出更少的身体接触和身体模仿。

668

文化框架和民族中心主义

在不了解外显行为背后的与自己不同的文化模式的情况下,批评由这个模式产生的态度和实践是很自然的。LeVine 等(1994)在以比较的观点审视肯尼亚的古思人(Gussi)和美国的中产阶级时,提供了一个很好的对民族中心主义进行批评的例子:

> 古思人在看到美国母亲对婴儿的哭声漠不关心的时候会感到震惊。在他们看来这

是没有能力的抚养者。他们同样对让儿童单独睡在一张床上或者一个房间的行为感到惊骇，与和母亲一起睡相比，单独睡觉得不到密切的监护(pp. 255—256)。

根据 LeVine 等的研究，古思人认为美国的学步儿表现得难驾驭和不服从，很大原因是他们受到过度的表扬和母亲对他们偏爱的放纵。

同样，LeVine 等相信，美国人也会对古思人选择的抚养儿童的方式提出质疑。例如，让一个婴儿在一个 5 岁或者 6 岁儿童的看管下，这种在古思人那里很普遍的行为在美国可能被认为是对儿童的"忽视"。

但是，一个 5 岁或者 6 岁的古思抚养者很可能比同样年龄的美国儿童对如何照顾婴儿知道得更多。在世界的很多地方，同辈抚养者在母亲的关注下观察并练习抚养(Ochs & Schieffelin, 1984)，他们逐渐获得了帮助他们担当这个责任的复杂技能 (Rabain-Jamin, Maynard, & Greenfield, 2003)。

LeVine 等(1994)也相信：

(美国人)对古思母亲通常在喂奶的时候不看儿童的行为感到惊骇……对孩子的表扬在古思母亲的抚养反应模式中或多或少是受禁止的……他们会认为，古思母亲的这种行为是令人难以接受的对儿童的独裁和惩罚(pp. 255—256)。

这么看来，在一个文化背景下被认为是道德和有效的婴儿抚养实践，在另外的文化背景下可能被认为是"误导的、无效的，甚至是不道德的"(p. 256)。

在一个多元文化社会，民族中心的批评会产生极坏的应用和社会后果；相反，理解每个模式在它的历史背景下有何意义是很有必要的。这意味着父母、儿科医生、教师和临床医生对反常或者异常的评估需要以对文化意义的理解为基础，特殊的行为对一个社会系统的成员或许是有文化意义的。

举个例子，Schroen(1995)发现对文化缺乏理解会导致社会工作者的错误解释。她证明，由于对文化行为不理解，而采用自己的文化标准进行判断的社会工作者所做的消极判断会导致悲剧。例如，社会工作者把这些文化中的同辈抚养(在很多文化中的一项实际方式)错误当作对儿童的忽视，从而导致这些儿童被迫离开深爱的家长，而没有考虑到这些家长可能只是遵循了关于有效抚养和儿童发展的不同文化模式。

可以想象在另外情境下，文化实践被错误解释为一种忽视或者虐待。例如，一起睡觉或者一起洗澡的实践(在很多文化中是可以接受的，比如日本)可能被错误解释成性本能。像其他临床医生一样，社会工作者必须得到训练以能分辨文化差异和真正的虐待情境的差别。

教师和日托工作者也必须意识到婴儿抚养实践上的差异。举个例子，当早上儿童由父母送到学校的时候，儿童的哭泣(或不哭泣)可能部分归因于分离后陌生程度的文化差异。通过对这些差异的把握，婴儿抚养专家可以在儿童从家里到日托的过渡时期更好地理解和帮助儿童。

不同文化模式的代价和益处

每个文化模式都有自己的益处和代价(LeVine et al., 1994),这点也可以从整个人生过程中看出来。例如,在日本,母亲—儿童的联系始终很强,但是与美国相比,夫妻关系缺少浪漫和亲密(Lebra, 1994)。

每个文化模式的益处和代价可以为被试和对文化敏锐的局外观察者感觉到。举个例子,虽然欧裔美国母亲通常赞同把自主作为发展目标的好处,但其代价通常是"空巢综合征"。在这种文化中,长大后的儿童通常不仅身体上离家而去,情感上也如此。

669 不同模式的代价和益处为跨文化间有用的交流提供了机会。不管是从局内人还是局外人的观点来看,每个文化模式都有其长处和短处、代价和收益以及病理的极端化。因为这个原因,价值观和实践的跨文化交流有时可以作为一种矫正力量,用来削弱任何一个文化系统的短处、代价和病态方面。举个例子,Mckenna 和 Mosko(1994)的实验研究证明,在一个有相对高的婴儿猝死综合征的社会(美国),同睡有潜在的生理益处,这与这项研究有许多被试从墨西哥和中美洲带来的实践和儿科医生在睡眠安排上的建议有直接关系。

但是,Weisner、Bausano 和 Kornfein(1983)的发现却可以平抑婴儿抚养实践的跨文化交流建议,这个发现表明:这个领域的跨文化交流受到很强的生态和文化限制。这种限制的一个例子是:家长—婴儿同眠在减少婴儿猝死综合征的同时,也减少了夫妻的亲密度,而后者在美国是很受重视的。因此,开展针对具有适应性的婴儿抚养实践的益处和成本的有生态学效度的研究是很有必要的。文化不是孤立的实践,而是一致的整体,因此跨文化的借鉴要小心:一个要素的变化可能在其他领域或者稍后的发展中产生令人讨厌的结果。不过,家长、儿科医生、临床医生和日托工作者通常没有充分意识到在婴儿抚养实践这方面他们的可选择范围。

文化冲突

当集体主义家庭文化中的婴儿和学步儿第一次进入主流的教育机构如日托中心时,他们通常发现在这里个人主义价值被认为是理所当然的。Janet Gonzalez-Mena 报告了以下的冲突场面:

"我就不能按你想的那样做,"保育员说,"我没有时间照顾所有其他的小孩。另外,"她犹豫着说,"我不相信能在厕所训练1岁的小孩。"

"但是她已经受到训练了!"母亲强调说,"你要做的就是把她放到便壶上。"

"她没有受到训练——是你受到训练。"保育员的声音仍然镇定而平静,但是她开始从脖子红到脸。

"你真是不明白!"母亲抱起女儿和尿布包就离开了。

"不,你才是那个不明白的人。"保育员嘀咕着,忙着收拾一大堆堆积在柜台上的摇摇晃晃的脏盘子(pp. 34—35)。

Gonzalez-Mena(2001)的分析认为,这种冲突是独立和相互依赖两个文化模式间的冲突：

> 如果保育员把上厕所训练确定为教育和鼓励儿童独立照顾自己上厕所的需要，她的目标是尽可能快而没有麻烦地完成这个任务，她将会认为对12个月大的儿童开始训练太早了，这些12个月大的儿童需要成人的帮助。但是，如果上厕所训练被认为是要减少尿布，而且这个方法是为了和儿童形成伙伴关系，只要你能读懂儿童的意思，就可以开始训练，并且及时让他们掌握。在第一种情况下，焦点在独立；在第二种情况下，焦点在相互依赖或者相互依存(p. 34)。

减少跨文化价值冲突和误解的干预措施

像其他章节一样，我们在这里所提出的干预措施来自一系列的沟通文化计划(如Trumbull, Rothstein-Fisch, & Greenfield, 1999)。这些干预措施用来减少困惑和冲突，这种困惑和冲突来自一个多元文化社会中集体主义和个人主义内部和外部发展规范的不相容。我们在这里所描述的干预措施是用来解决像刚才所提到的厕所训练冲突那样的冲突。Janet Gonzalez-Mena是这个干预队伍的成员之一，她的人类学观察，像刚才所提到的，是干预措施本身的研究基础。

根据美国幼儿教育协会(National Association for the Education of Young Children, 2005)的看法，对文化差异的考虑是形成恰当抚养的一个重要部分。但是，像我们所看到的，恰当是由文化信仰和价值观所共同决定的。"恰当行为发展指南"(The Guidelines for Developmentally Appropriate Practice, Bredekamp & Copple, 1997, p. 12)虽然承认"每一种文化都建构和解释儿童的行为和发展"，但是它还得出了"儿童有能力学会同时在一个以上的文化背景下活动"的结论。由此，这个有缺陷的假设是：虽然文化可能不同，但婴儿可以被期望采用不同于家里经历的吃饭和睡觉安排。保育员可能是误解了这一点，以为儿童可以适应新环境，家庭惯例(内隐的价值观和信仰)可能对他们来说不是真正的问题。这是一个可选择的观点，我们的沟通文化干预措施恰是以此为基础的。 670

以下的情节是基于经验和观察。它提供了另一个例子：基于文化的独立和相互依赖的发展目标如何导致了关于早期抚养标准的跨文化间的误解和冲突。对现在的目的最重要的是，我们描述这种人类学的知识如何可以为干预措施所用，以产生更多对文化敏感的抚养态度和实践。这个特殊的事件引自《早期抚养和教育模式的沟通文化》(*Bridging Cultures in Early Care and Education Module*)(Zepeda, Gonzalez-mena, Rothstein-Fisch, & Trumbull, in press)。沟通文化计划是为了使护理者更能意识到其专业实践的个人主义假设基础和来自非主流文化的移民和其他家庭的更多的集体主义假设基础。

> 家访者和抱着婴儿的母亲坐在一个小客厅里。家访者知道这个婴儿有一些生理问题，有发展迟缓的危险。当母亲和家访者谈自己生活中发生的一些问题时，家访者在婴

儿面前摆弄一个玩具。母亲把婴儿转了个方向，抱得更紧，这样他就不能看到或者碰到这个玩具了。当她听到来自另一个房间的噪声时，她就起来去看看她的大孩子。家访者伸出手要抱婴儿。母亲就把孩子交给她。

家访者抱着婴儿坐到地上，这样孩子就可以轻易地接触到家访者放在地毯上的任何玩具。当母亲回来后，发现家访者把婴儿放在地毯上，就弯下腰，对抓着一个软球、在空中挥舞的婴儿说话。"你喜欢这个球！这是软的。"她说。母亲把婴儿从地毯上抱起来，球就从他的手上滑落。她忽略了球，直接抱起婴儿回到了座位。在她坐下的时候，婴儿要去拿放在椅子旁边桌子上的空塑料瓶。母亲就把瓶子放到婴儿够不到的地方。然后回来抱着婴儿。这个家访者很沮丧，母亲对她的表情感到很困惑。(Zepeda et al., in press)

在这个情节中，母亲始终和她的孩子有亲密的身体接触，抱着他进行无声的沟通。她也让儿童和家访者有身体亲密关系，她在传达社会关系的重要性。相反，家访者让婴儿躺下，和他玩玩具话题的口头分类；她也鼓励他玩玩具。在鼓励婴儿和外界联系的动机上，这个家访者创造出与婴儿身体分离和关于一个物体进行沟通的情形。当母亲再次回到房间时，她对看到婴儿在地上感到很惊讶，可能感觉到了距离感，于是立刻抱起了他，并没有对球的明显关注。但是对家访者来说，儿童和物体的接触是最重要的。

这个事件进一步为主流文化和移民文化中可以接受的婴儿抚养标准的跨文化价值冲突提供了例子。这个冲突是潜在而基本的，因为家访者可能认为为了让婴儿达到身体和认知的目标，他需要和物体接触，然而母亲可能更关心社会交流。

这个事件是沟通文化课程的一个部分。训练参与者讨论他们所认识到的母亲和家访者的目标。这个讨论是为了让他们理解社会关系(发展社交智力)和物体知识(发展技术智力)的重要性以及母亲和家访者关于她们目标的潜在讨论。但是，如果不同发展目标的潜在理念不是很明显的话，每个成人可能只是简单地不同意其他人的行为，因此削弱了家长和护理人员之间的重要合作关系。通过跨文化交流，两种沟通方式都可以用于儿童技术智力和社交智力的社会化。

儿童早期沟通文化的研讨会是建立在广泛的人类学研究基础上的(如 Gonzalez-Mena, 2001)。但是，这个研讨会本身是很新的，几乎没有关于它们影响的研究。一个有前景的暗示是：在 90 分钟的研讨会后，90%的参加者($N=51$)表示基于新的理解，他们将改变和儿童交流的方式(Rothstein-Fisch, 2004)。当实践者开放地去了解不同文化价值和行为选择时，有可能达成更成功的大范围实践。

671

亲子关系

亲子关系是儿童发展和社会化的一个重要的方面，家长体现并代表了非常广泛的文化背景，这是儿童要成为他们所属文化的成员需要学习的。家长和儿童组成一种有具体规范、习俗和价值观的家庭微型文化,它反映了各种文化和民族规范。在这个部分,我们考察家长对儿童的行为和态度以及儿童对家长的行为和态度的跨文化差异,后者是一个正在研究着的视角。

儿童对家长的行为

考虑以下的情节:

> 一个星期以前,你和你妈妈购物,在交费的时候,她意识到她缺少10美元。你借给她钱,一个星期以后,她不记得要还钱了。你将怎么办?为什么?

对这一类情节的反应,Suzuki和Greenfield(2002)发现了一个有趣的影响。亚裔美国学生,特别是那些文化适应水平和行为偏好上更接近于亚洲文化的,与欧裔美国学生相比,显然更有可能为父母而牺牲某些个人目标。这个发现似乎反映了东亚儒家文化中孝顺和对家长尊重的集体主义倾向。

孝顺的儒家价值观深深影响了儿童对他们父母的期望行为。根据Tseng(1973, p. 199)的观点:"(儒家)认为亲子关系是相互关爱和信任的基础,因此把孝顺解释为每个人需要遵循的美德。"孝顺的一些原则是:服从和尊重家长,为老人提供物质支持和精神抚慰,执行祖先崇拜的仪式,小心地避免伤害别人,传宗接代,总的来说就是使自己的行为为家族带来荣誉而不是耻辱(Ho, 1994, p. 287)。

孝顺的多维概念被认为是每个人必须实践的美德,如"儿童对他们家长的爱和感情,特别是对母亲,这是人际关系中善良的原型"(Tseng, 1973, p. 195)。从很小开始,儿童就被灌输这些概念和理想,从他们成为青少年以来,亚洲人的孝顺感如此强烈以致中国青少年把自己全部的薪水交给父母留作家用是很普遍的(B. L. Sung, 1985)。最近,研究者区分出不同形式的孝顺。举个例子,孝顺特质可以分为专制型(压制个人的愿望并服从父母的愿望)或者互惠型(出于感激而从情感上照顾家长),在中国社会,前一种类型在减少,相应的后一种类型在增加(Yeh & Bedford, 2003)。

在美国,亚裔美国青少年也比欧裔美国青少年在价值观和情感上对帮助、尊重和赡养家庭有更强的期待(Fuligni, Tseng, & Lam, 1999),拉丁美洲青少年也有强烈的家庭义务感(Fuligni et al., 1999),这些感觉在成年早期更加强烈(Fuligni & Pedersen, 2002)。Suzuki(2000)发现,与同类的欧裔美国团体相比,从五年级到大学的亚裔美国学生以及五年级和六年级的家长都更赞成孝顺的各种成分(尊重、顺从和对家长的临终照顾)。

这个模式与以下的事实相一致:传统欧裔美国人的价值观受到不同文化的影响,并反映出美国主流观点的个人主义目标的重要性和个人所有权的突出。这个观点还隐含了家长和儿童有一定的个人距离,这与在青春期晚期强调自主地获得的人类发展观点相一致,这也和美国突出的新教背景相一致,新教教义强调个体和上帝的关系而不是家庭纽带和义务。 672

总之,对这个情节的相反的反应,表明和凸显了不同的儿童和家长关系的模式,这些模式有很深的文化根源。在 Suzuki 和 Greenfield 的研究中(2002),与美国文化的同化减少了亚裔美国人的自我牺牲,虽然我们可能预期在亚洲的亚洲人和在美国的欧裔美国人相比有更强的模式差异。

许多亚洲国家(如日本、中国和韩国)同样强调儿童对家长有终身义务(J. S. Choi, 1970;Osako & Liu, 1986;K.-T. Sung, 1990)。印度和美国的被试对以下话题表现出一些类似的差异,当 Miller 和 Bersoff(1995,p. 274)给他们这个情节:"因为他的工作,结婚的儿子需要住在离父母家有四个小时车程的城市。这个儿子可以通过经常看望、打电话,或者写信来保持和父母的联系。"作者指出,一个典型的美国被试的评价是"儿子的行为令人满意是因为它能使他增强和父母联系的同时仍然能保持个体的自主"(p. 275);相反,一个典型的印度被试"关注于实现对父母的照顾义务和知道父母的健康需要得到满足时所带来的满足感"(p. 275)。

在同样的情节下,重视儿童对家长义务的反应和强调儿童自主与父母关系上的个人选择的反应是相反的。在同样的情形下,美国主流文化的反应是自主和选择,和这种反应相关,更少适应美国文化的亚裔美国人强调对家长的自我牺牲,同时在印度的印度人把儿童对家长的义务当做正面价值。

家长对儿童的行为

在这一部分,我们讨论问题的另一方面——家长对儿童的行为。我们的观点是:两条文化途径在指导儿童对家长行为的同时,也指导着家长对儿童的行为。我们将从养育方式(教养)、沟通、教育和强化模式等方面来讨论这一点。我们将在毕生范围内论及教养方式的文化结构,这又一次指向文化一致性。自始至终,我们探索文化动态变化(人口的历史变迁或者跨文化价值冲突)对教养行为文化结构的影响。

教养方式

Baumrind(1967,1971)提供了一个目前可视为经典的三种方式的划分:专制型、权威型和放任型。每一种类型定义了一种家长和儿童间的核心关系,从学前阶段(Baumrind, 1967)到中学阶段(Dornbusch, Ritter, Leiderman, Roberts, & Fraleigh, 1987)的儿童都曾被研究过。权威型家长是控制性的、苛求的、温暖的、理性的且能接受儿童与他们的交流;专制型家长是专断的、控制性的但没有表现出温暖;放任型家长是非控制性的、不作要求的且相对温暖的(Baumrind, 1983)。

教养方式与欧裔美国家长对儿童的目标有何关联呢? Baumrind 的类型说和北美儿童发展的典型目标有很紧密的关系,虽然这在发展文献中并没有得到广泛承认。权威型教养方式被认为是最适合的类型,因为它和儿童的"自立、自控、探索性和满意度"有关(Baumrind, 1983,p. 121),这些都是在像美国这样的个人主义文化模式中受重视的独立个体的品质。在美国,欧裔美国人的权威型教养方式和关系亲密性也和在学校的良好表现有关(Leung, Lau, & Lam, 1998),而有趣的是,第一代华裔美国人不是这样的(Chao, 2001a)。由此看出,权威型教养方式可能不是适合所有文化背景的最佳模型。

教养方式的跨文化差异。权威型教养方式并不是每个群体的常模。美国的不同民族和许多东方的或发展中国家比美国的欧裔中产阶级美国人更大程度地使用权威型教养方式。例如,东亚(Ho, 1994;Kim & Choi,1994)、非洲(Nsamenang & Lamb, 1994;LeVine et al., 1994)和墨西哥(Delgado-Gaitan, 1994),以及起源于这些传统文化的少数民族,如亚裔美国人(Chao, 1994,2000,2001a;Leung et al., 1998)、非裔美国人(Baumrind, 1972)、墨西哥裔美国人(Cardona, Nicholson, & Fox, 2000; Delgado-Gaitan, 1994; Reese, Balzano, Gallimore & Goldenberg, 1995)和埃及裔加拿大人(Rudy & Grusec, 2001),他们的权威型教养是更为普遍的(而 Baumrind 的第三种类型,即放任型教养还没有在任何可以确认的文化群体中发现它是典型做法)。

673

教养方式的跨文化差异与儿童行为和家长目标有何关联? 关于教养方式的跨文化差异首先要考虑的是:不同的家长目标对同样的行为可以赋予不同的意义和不同的情绪背景。显而易见的是,典型的专制型教养方式的社会和情感伴随物,如强制的运用在拥有相互依赖取向发展目标的文化中可能相当不同(Greenfield, 1994)。例如,Chao(1994)指出专制型教养方式的概念对描述儿童社会化的中国民族习俗是不恰当的,她曾援引中国本土的儿童抚养理念以作说明,这些理念反映在"教训"("训练"儿童恰当的或令人期望的行为)和"管"(管理)的概念中。

对研究中的欧裔美国母亲来说,"训练"这个词通常引起像"军国主义"、"管制"或者"严厉"这样的联想,这通常被当做专制型教养方式的消极方面。虽然在美国专制型教养方式和消极的影响及形象相联系,但中国式的专制主义("教训"和"管")在强调和谐关系和家长关心的文化中有更多正面的理解(Chao, 1994)。中国式的"教训"和"管"不是被看作惩罚性的或者是情感上的不支持,而是与严格和负责任的教导、高度卷入和身体亲密有关(Chao, 1994)。实际上,在中国(和在印度),专制型教养方式与母亲对孝顺的重视以及儿童的学业成就有关(Leung et al., 1998;Rao, McHale, & Pearson, 2003)。

不同文化模式的定性研究的另一个有趣发现是:虽然华裔美国家长在专制型教养方式上的比例高于欧裔美国家长,但两者在权威型教养方式的测量结果上没有差异。换句话说,中国家长更经常同意专制型题目(专制型样题:"我不允许儿童质疑我的决定"),但是,这两个群体在同意权威型题目上没有差异(权威型样题:"当儿童表现不当时,我讨论它并和儿童讲道理")。在华裔美国家长这个群体中,专制主义和权威主义的某些方面如慈爱和合理指导(如例子中所说明的)是相互补充的,而不是相互矛盾的。

该结果在另一项对华裔美国家长的研究中得到了验证,这个研究发现他们在儿童抚养行为上比欧裔美国父母更有命令性,但同样温暖(Jose, Huntsinger, Huntsinger, & Liaw, 2000)。对埃及裔和英裔加拿大人的研究也有同样的发现。和英裔加拿大家长相比,埃及裔加拿大家长在专制型教养方式上得分更高,但在总的温暖水平上没有差异(Rudy & Grusec, 2001)。

除了华裔美国人,还有其他在美国的群体,对于他们来说,专制型教养方式并不总是和消极的儿童发展结果相联系(如不满意、退缩、不信任和缺乏工具性能力),而这些是在欧裔美国儿童中发现的。举个例子，Baumrind(1972)发现与欧裔美国家庭相比，较低层的非裔美国中产阶级家庭中专制型教养方式更为频繁，而且这似乎对儿童发展产生了不同影响。非裔美国人的专制型教养方式与儿童的独断专行、学前女孩的独立行为有联系，而不是和消极的结果有联系(Baumrind 没有足够的信息对非裔美国学前男孩作同样的分析)。

专制型教养的发生率和影响的差异可能与非裔美国人环境的不同生态要求有关。非裔美国人通常处于社会权利和经济等级的底层，这可能导致他们通过专制型命令培养儿童的服从。当儿童生活在有潜在危险的环境下，只有立刻执行家长的命令才能保证他们的安全，在这样的情况下，专制型教养是必需的。

第二个可能原因是非裔美国人和社会的相对隔离，因为与其他自愿移民相比，奴隶制、隔离和歧视导致非洲文化长期的保持(见 Ogbu, 1994 的观点)。确实，根据 Sudarkasa (1998, 引自 Harrison, Wilson, Pine, Chan, & Buriel, 1990, p. 354)，“研究证明在当代非裔美国家庭中保留了一些非洲文化模式”，一个相关的模式是强调顺从和尊重是非洲儿童发展中最重要的(LeVine et al., 1994; Nsamenang & Lamb, 1994)。在社会化的另一方面，这种模式是通过严格(Nsamenang & Lamb, 1994)和把家长命令作为沟通策略(LeVine et al., 1994)而实现的，这种社会化模式符合 Baumrind 的专制型教养的特点。

674

同样，贫穷的拉丁美洲移民家庭从墨西哥和中美洲带来了尊重的发展目标，以及尊重家长的专制型教养方式这一社会化模式(Reese et al., 1995; Valdes, 1997)。

亲子沟通

亲子关系的另一个重要方面是家长和儿童沟通时所使用的沟通类型。虽然各地的家长使用大量的类型，但文化和文化之间的重点是不同的。在这里，我们从文化差异的几个方面开始谈起，并将每一种类型都跟家长目标(Sigel, 1985; Sigel et al., 1992)和人类发展的文化模式联系起来。

非言语沟通或者言语表达？移情、观察和参与的文化作用？ Azuma(1994)注意到日本母亲(和幼儿园老师)更多是依靠移情和非言语沟通，然而美国的母亲更多是依靠和他们孩子的言语沟通。他认为日本母婴双方的身体亲密度(在这一章的婴儿部分讨论过)和作为沟通模式的移情发展有关。

Azuma 指出，当家长和儿童存在更大的身体和心理距离时，言语表达是必要的。移情的发展为渗透学习铺平了道路，在渗透学习中母亲不需要直接教，她只是准备了一个学习环境并提供建议；反过来说，儿童对母亲的移情激发了儿童的学习。这种传统存在于日本裔美国移民家庭的第三代(Schneider, Hieshima, Lee, & Plank, 1994)。

与移情和渗透学习紧密相关的是：观察和参与作为亲子沟通和社会化形式而被使用。然而，言语指导在学校学习中特别重要，学习者和教师的观察和共同参与对于许多文化中普遍存在的学徒制学习来说是很关键的(Rogoff, 1990, 2003; Rogoff, Paradise, Arauz, Correa-Chavez, & Angelillo, 2003)。通常，师傅和学徒就是家长和儿童，在 Childs 和 Greenfield(1980; Greenfield, 2004; Greenfield, Maynard, et al., 2003)的研究中就是如此，这项研究探讨了墨西哥恰帕斯(Chipas)高原的玛雅社会对纺织的非正式学习。

父母中的任何一方通过观察和共同参与来学习,都表明了父母和儿童的一种亲密和移情。举个例子,在墨西哥恰帕斯的津纳坎塔克(Zinacantec)的纺织学徒制中,教师有时坐在学习者的背后,这个位置适合学习者和老师协调一致,共同操作织机(Maynard, Greenfield, & Childs, 1999;Greenfield, 2004)。相反,言语沟通和指令意味着通过语言清晰地弥合差距,因此减少了移情沟通的必要性。

一项由 S. H. Choi(1992)做的话语研究,揭示出韩国和加拿大母亲与她们的孩子沟通时有同样的差异模式。比较韩国和加拿大的中产阶级母亲,Choi 发现,韩国母亲和她们的孩子体现了这样一种沟通模式:和另一个人相对协调达到"融合"的状态,"在这种状态下母亲自由进入儿童的世界并充当孩子的代言人,她们自己和孩子融为一体"(Kagitcibasi,1996,p. 69)。相反,加拿大母亲"让自己从儿童的世界中退出来,因此儿童的世界可以保持自主性"(S. H. Choi,1992,pp. 119—120)。

社会变迁的影响。从农业和自然社会到金钱和商业社会的生态过渡中,学徒制学习越来越独立,更少受到家长的控制。Greenfield 和同事在研究玛雅社会代际间的纺织学徒制时(Greenfield, 2004;Greenfield, Maynard, et al., 2003)证明了这一点。在商业活动的参与上,他们发现了一个历史性的变化:在 20 世纪 70 年代研究的那一代人,依赖对成人模式的观察和成人专家(通常是母亲)的悉心指导,到了 20 世纪 90 年代早期研究的那一代人,在学徒制过程中更多依靠同伴的参与,更少依赖对他人编织的观察和教师指导,有更强的学习独立性和首创精神。

675

理解及自我表达的发展。与专制型教养方式有关的亲子沟通类型是:指令和强制的频繁使用,以及对顺从和尊重的鼓励(Greenfield, Brazelton, & Childs, 1989; Harkness, 1988; Kagitcibasi,1996)。在这种类型中儿童沟通发展的首要目标是理解而不是交谈(如 Harkness & Super, 1982),这种强制类型的一个重要方面是它引起的是儿童的行动而不是言语表达。这种类型在非洲文化(Harkness & Super, 1982)、墨西哥文化(Tapia Uribe et al., 1994)和美国的拉丁美洲文化(Delgado-Gaitan, 1994)中都存在。

由强制类型发展而来的理解能力在农耕社会中特别有用,在这个社会中对家务杂事的顺从学习是一个非常重要的社会化经验(如 Childs & Greenfield, 1980),这个社会以培养顺从、恭敬和有社会责任的儿童为最终目标(Harkness & Super, 1982; Kagitcibasi,1996; LeVine et al., 1994)。这种沟通类型对手工技能的学徒制学习也有用,但不适合学校学习,在学校,言语表达比非言语动作重要得多。

另一方面,在更民主的教养方式带来的沟通类型中,儿童的自我表达和自主得到鼓励。这种教养方式的特点是父母提出大量问题,特别是父母已经知道答案的"测验题"(Duranti & Ochs, 1986),以及亲子协商(参见 Delgado-Gaitan, 1994)。儿童主动提出问题的行为也受到鼓励和接纳。这种方式对于正规教育过程而言是核心的,例如,教师问一些他已经知道答案的问题,用来测试儿童的言语表达能力。这种提问的一个重要方面是它引发了儿童的言语表达,这种言语表达是一个接受过正规教育的人的重要能力之一,它在商业和科技社会中特别有用和普遍,这里的学业成就、自主性和创造性是儿童的重要发展目标。这种类型是北美和北欧的文化常模。

教学和学习：强化的作用。在亲子沟通中，强调命令的社会的父母沟通倾向于很少使用赞扬(如 Chen et al., 2000;Childs & Greenfield, 1980)。当开始接受学校教育时，表扬和正强化是很重要的。Duranti 和 Ochs(1986, p. 229)对进入学校的萨摩亚(Samoan)儿童进行了如下的观察：

> 在他们首次社会化(家庭)中，他们学会了完成指定的任务而不期待表扬和赞美。儿童被期望为他们的长辈和家庭完成这种任务。在他们的二次社会化(学校)中，在任务成功完成后，他们期待认可和正面评价。在他们的首次社会化中，萨摩亚儿童学会把任务当做合作完成的社会产物。在他们二次社会化中，他们学会考虑任务是个人的工作和成绩。

因此，更多的个人主义儿童发展目标是与表扬和其他积极强化刺激有关的。

紧密的基本群体往往与缺少表扬和赞美有关联。在这种群体里，正确角色的行为是被期望而不是被选择的，积极强化并不起作用。Miller(1995)曾经描述在印度的人为何不使用"谢谢"；一旦你成为群体的一分子，你就会被完全接受并期望你去履行你的社会角色和社会责任。B. B. Whiting 和 Whiting(1975)发现积极强化并不很需要，像家庭任务和家务这样工作的内在价值是很明显的。

教学和学习：合作解决问题的本质。Chavajay 和 Rogoff(2002)确定了在危地马拉的玛雅社会中一个母亲和三个与她有亲缘关系的 6 到 12 岁的孩子(至少有两个孩子是她自己的)的两种问题解决的合作模型。其中一种模式是多方参与，所有四个人同时集中在任务的一个简单方面(这种情况是一个建筑任务)；另一个模式是劳动分工，被试参与这个任务的不同方面。研究者发现：随着母亲教育程度的提高，问题解决的合作模式从分享参与任务的单个方面转变到劳动分工。换句话说，这种本土模式和社会传统的相互依赖取向是一致的(Morelli et al., 1992)，这里涉及更多相互依赖的交流，然而由正规教育所培养的劳动分工，是对玛雅文化的外来影响和个体化过程(Tapia Uribe et al., 1994;Trumbull et al., 1999)，它涉及合作家庭团体中各个成员更强的独立性。

676

亲子关系的文化模式：毕生的发展目标

基本上有两个不同的文化模式在描述整个人生过程中的亲子关系。如果不考虑这两个模式，我们不能正确包含儿童发展、家长行为和亲子关系的跨文化差异。

在一个模式中，儿童被认为在人生的开始是依靠他们父母的，随着慢慢长大，儿童获得越来越多的独立性(Greenfield, 1994)。在另一个模式中，儿童被认为在人生的开始是社会生物，随着慢慢长大，儿童获得社会责任和相互依赖的概念以及实践(如，Ochs & Schieffelin, 1984)。在这种模式下，婴儿通常被纵容，然而长大后的孩子能理解、遵守和内化长辈特别是家长的命令。第一种模式的发展结果是独立和个性化的自我；第二种模式的发展目标是相互依赖和具有社会责任的自我(Markus & Kitayama, 1991;Raeff et al., 2000)。

在日本发现的相互依赖模式里,母子关系持续一生,而且被认为是所有人际关系的样板(Lebra, 1994)。对长辈尊重的重要性也可以在赞同这种模式的其他文化中看到,像在墨西哥人、墨西哥裔美国人(Delgado-Gaitan, 1994)和韩国人那里(Kim, 1996)。

相反,家庭关系独立模式的特点是"代际之间分开以及对孩子而不是对老一代情感和物质的投资"(Kagitcibasi,1996,p. 84)。像 Lebra(1994)指出,在这个模式中,亲子关系的典型表现是反叛的青少年要和家庭出身"划清界限",这是美国的典型特征。

文化一致性

我们再一次发现文化一致性的证据,这种一致性也有发展的连续性。婴儿发展和社会化的两种文化模式(表 17.1)继续表现在儿童的亲子关系上(表 17.2)。

表 17.2 有关亲子关系的文化模式比较

发展目标	独立	相互依赖
发展轨迹	从依赖到独立的自我	从不合群到有社会责任的自我
沟通	对言语的强调、儿童自主的自我表达、父母对儿童频繁的提问、频繁的表扬、儿童协商	对非言语的强调(移情、观察、参与)、儿童理解、母亲为儿童讲话、不频繁的表扬、频繁的家长命令
合作解决问题	分工合作	共享的多方参与
父母帮助孩子	除非是在极端需要的情况下,否则就是个人选择的问题	在所有情况下都是道德义务

生态因素和社会变迁

相互依赖模式在贫穷的农村/农耕社会中特别适应,在那里它充分利用"功能上扩大的家庭"去完成生存任务,包括婴儿护理(Kagitcibasi,1996)。确实,在当代中国,农村青少年比城市青少年有更强烈的家庭责任感(Fuligni & Zhang, 2004)。

代际之间的相互依赖,包括年轻人对老人保障的最终责任,特别适应于缺乏养老保险金和社会保障体系的社会(Kagitcibasi,1996)。相反,家庭关系的独立模式特别适应工业化的科技社会,在这个社会中,经济单位是个人而不是家庭。此外,在代际间物质依赖最小化和孩子对他们老年父母的忠诚不需要体现在父母老的时候赡养他们的社会文化经济背景中,独立和自我依赖是很受重视的(Kagitcibasi,1996)。随着富裕和教育程度的提高,相互依赖模式倾向于减少,而独立模式倾向于增大(Kagitcibasi,1996)。

677

但是整个世界变得越来越富裕和正规教育水平越来越高,这是全球化趋势。在 1975 年进行的儿童跨文化价值观调查和对他们下一代的重新调查显示:从全世界来说,家长把孩子当做自己老年保障的价值观减少了,而另一种观念却增加了,即家长从孩子自身的角度关注孩子的发展和成就(Kagitcibasi,& Ataca, 2005;Trommsdorff & Nauck, 2005)。

实践意义:我们可以从教养方式的跨文化视角中学到什么

在这一部分,我们将从前一部分抽取出对多元文化社会中的发展研究者、家长、教育者、社会工作者和临床医生的实践意义。

对于研究者:你不能带着它

这里有一个重要的方法学教训:在做一个直接的跨文化比较时,从一个文化到另一文化使用同一个测量工具是无效的。同一行为可能有不同的意义,因此在不同文化中有不同的产物(Greenfield, 1997)。在考察不同文化群体使用的家长交流的不同类型和原则时这一点是完全正确的。例如,在美国形成的专制型教养风格的测量方法用于研究中国的教养风格的话,将会提供在养育实践上不准确和不完善的视角。因此,在研究中尝试不同的研究方法以运用社会成员的本土思想和观点是很重要的。

这样做的一个方法是在研究文化时鼓励本土心理学方法。Kim 和 Berry(1993, p. 2)把这种方法定义为"本土的而非移植自其他地区的,为本国人所设计的对人的行为(或心理)的科学研究"。换句话说,从文化中形成的特别为这个环境所设计的概念、方法和测量工具可能更为正确和有效,而不是将一个文化的概念、方法和测量工具搬来并把它们强行用于研究另一个文化的框架。如果这样做,本土化的概念(如"教训"和"管")可以在一个更突出文化的视角下得到发现和研究。

对于家长、教育者、社会工作者和其他临床医生

关于多元文化的理解对与家庭有关的临床工作有直接意义。考虑以下的情形(Carolyn McCarty, personal communication, June, 1996):在非裔美国家庭,如果一个小孩的弟弟或妹妹在其看护下,从床上掉下来的话,这个年长的孩子将会受到惩罚。年长的孩子可能认为这种惩罚是不公平的,抱怨在家里有太多的责任。于是这个家庭寻求家庭治疗来解决这些问题。在这种情况下,由于治疗专家持有对发展目标和独立价值的无意识文化假设,他的第一反应是责怪父母对那个年长孩子的"家长化",而在这个框架中,家长化被认为是病态的。对孩子的家长化危及了心理治疗中内隐的发展目标——自主和自我实现的机会,而它本身就是个人主义框架的产物。

但是,在进行一些关于前面所提到的两种文化模式的培训以后,临床医生明白了另一种可能性:父母可以通过较年长的孩子照顾较年幼的孩子来培养较年长孩子的家庭责任感。和这个价值体系一致的是,对较年长孩子的惩罚是有意义的;它帮助孩子进行社会化以实现和儿童照看有关的家庭责任。认识到这个观点,临床医生就处于探索文化冲突问题的立场上。实际上,这种情况只是内化了个人主义公平概念和自我责任的较年长孩子和持有家庭责任价值观的父母的冲突吗?如果是这样,临床医生现在可以调解家庭中两代人所代表的

两种文化。

前述的另一个意义是,向家长建议教养和其他养育做法的专家们(如社会工作者、咨询师、临床心理学家、儿科医生和教育者)需要记住:任何建议必须和一组独特的发展目标有关。他们通常可能没有认识到一个独特的儿童发展目标是内隐于像教养这类对问题的独特建议中的。就多元文化社会中的许多民族的成员而言,他们将不会和临床医生或者教师拥有同样的主流社会化发展模式,实践者需要再次考虑:忽略父母对孩子的发展目标抑或是改变父母对孩子的发展目标是否正确。 678

父母和孩子不同的文化适应问题

因为父母对主流文化的适应通常慢于儿童(Kim & Choi, 1994),当家庭从一个集体主义社会移民到一个个人主义社会,亲子冲突的可能性很大。父母可能希望受到尊重,但是他们的孩子可能学会了争论和协商(Delgado-Gaitan, 1994)。父母可能认为严格表示关心,而青少年可能认为这是剥夺他们的自主和自我指导(Rohner & Pettengill, 1985)。父母和青少年文化适应的不同可能和家庭冲突有关。一项对印度裔美国人的研究指出,如果青少年和父母没有文化适应的差异,青少年则报告更少的和更不强烈的家庭冲突(Farver, Narang, & Bhadha, 2002)。

有时移民家长为了像叛逆这样在美国主流社会中认为很正常的问题行为,带他们的孩子,特别是青少年,去心理健康诊所(V. Chavira, personal communication, June, 1996)。当这种情况发生时,临床医生可能很容易采用主流文化的观点,只是站在孩子这一边。但是,这种方法轻视了家长,因为它没有理解产生家长态度和行为的价值观。如果临床医生可以正确诊断出亲子问题是跨文化价值冲突和不同的文化适应问题,可能会更有帮助。通过这种方法,家长和孩子的观点都被证明是有效而可以理解的,由此打开了一条妥协和相互理解的道路。

在父母研讨会中沟通不同文化

不同的文化适应,特别是学校成功的个人主义社会化,可能导致父母感觉到被孩子所疏远(Raeff et al., 2000)。作为沟通文化的父母研讨会可用来解决这个问题。在一个随机分配的真实验里,沟通文化小组比较了两种六期家长教育研讨会对大型城市小学的拉丁美洲移民家长产生的效果(Esau, Greenfield, Daley, & Tynes, 2004)。把一年级到四年级的儿童家长随机分配到以区域划分的“标准”研讨小组,这个研讨小组集中讨论改善学生成绩和学校政策的技巧,或者分配到第二类所谓“沟通文化”的研讨小组,该小组的设计目的是使个人主义文化(学校文化)和集体主义文化(许多拉丁美洲移民的文化,如表 17.2)的差异清晰化。我们希望这个研讨过程能帮助拉丁美洲移民对他们的孩子以及孩子在学校所接受的社会化过程有更好的了解。

在分析所录制的研讨会期间的团体过程中,我们发现我们这个研讨会已经有影响了,父母发现了改善和孩子关系的方法。他们指出：对于文化差异如何影响儿童发展，包括美国文化将会在孩子的生活中起到多大作用，他们有了更多的认识。父母保留分享和帮助的集体主义价值观的同时，也开始认识到独立、在学校中自我表达的重要性，尊重孩子的决定和选择以及表扬和情感的价值。一个母亲说道(从西班牙语翻译过来)："当他们在学校获得成绩，然后(我也应该)告诉他们，'我好高兴，我为你感到骄傲！'"(Chang, 2003, p. 24)。

当他们反思自己是如何被抚养长大和他们如何帮助促进他们孩子的发展和学习时，家长自己的儿童抚养方法在研讨会中是有效的。他们也被鼓励和孩子谈家庭和学校的不同期望。有关这种跨文化理解是否可以阻止家长和孩子之间疏远的纵向研究是必要的，这种疏远通常发生在代表主流文化的学校成为比家庭更强大的社会化力量，特别是当孩子进入中等教育阶段时(Trumbull, Rothstein-Fisch, & Hernandez, 2003)。

679

同伴关系

同伴关系是孩子第一次采用家庭中所学到的文化价值观和做法，进入可能拥有或者可能不拥有同样价值观和做法的更广泛人群的机会。这一部分从一个总的观点开始：不同的文化元素可以在同伴交往的不同时期起作用。我们将从文化同质群体的同伴行为的跨文化差异，推论到不同文化群体的同伴交往时潜在的群体间冲突。我们在大量不同的行为领域中分析文化差异和群体间同伴冲突：自我呈现、帮助行为、竞争/合作和冲突解决。

在一些研究中，我们用成人社会心理文献来证实在不同文化和发展文献(可以得到的)中同伴关系的发展终点，用来考察同伴关系如何朝着这些文化终点发展。换句话说，成人行为的跨文化视角是很重要的，因为成人提供了儿童社会化的目标。结果是，儿童行为朝着成人行为中表现的发展终点发展。

自我呈现

在许多工业化社会中已得到证实的是，人们喜欢把自己视作好影响而不是坏影响的源头(Greenwald, 1980)，而且，把成功自信地归因于个人能力的做法也很普遍(如，Mullen & Riordan, 1988)。因此，自尊在这些社会里是受到很高评价的特质。例如，在美国发现，在自尊测验(说自己好话)上得分很高的人在解释自己的成功和失败时也倾向于说自己好话(R. Levine & Uleman, 1979)，看起来自尊和积极的自我呈现有关。

在集体主义社会，表现自己积极方面的倾向并不能得到很高评价(Markus & Kitayama, 1991)。研究表明，美国人倾向于自我吹嘘，然而日本人倾向于自我贬低(Heine, Kitayama, & Lehman, 2001；Heine & Lehman, 1997；Kitayama, Markus, Matsumoto, & Norasakkunkit, 1995, 1997)。自我贬低对日本被试的影响是很强的，甚至影响到对大学和家庭成员的评价(Heine & Lehman, 1997)。文化对自我呈现的形成以及同伴关系的影响确实是意义深远的。

同伴关系的文化差异始于童年。在一项对日本二年级、三年级和五年级学生观念的研究里，学生被要求对一个假想同伴的运动表现加以评价，这个同伴在自我评价时或者是谦虚的，或者是自我克制的，或者是自我吹嘘的(Markus & Kitayama, 1991；Yoshida, Kojo, & Kaku, 1982)。Yoshida 等发现：在所有年龄中，给予谦虚评价的人格被认为比给予自我吹嘘的人格更为积极。而且还发现了一个发展倾向：二年级学生相信假想同伴的自我吹嘘评价是真实的，然而五年级学生不相信。换句话说，二年级学生相信自我吹嘘的同伴在运动上是真正极好的，但是五年级学生相信谦虚的同伴是更加有能力的。因此，虽然克制和谦虚的文化价值早在二年级就被认识到，这种价值观随着年龄的增长包含了更多对能力的积极归因(Markus & Kitayama, 1991)。确实，像对自己甚至自己家庭进行口头贬低的行为是许多东亚文化的常模(Toupin, 1980)。毫不令人惊讶的是，亚裔美国青年也比欧裔美国青年有更强的自我谦让的价值观(Akimoto & Sanbon matsu, 1999)。

对群体间同伴关系的意义

自我呈现的两种模式和他们各自的文化目标很好地达成一致，但是我们可以看到一个文化中的人可以如何误解甚至贬低其他文化所选择的自我呈现类型。倾向于以自我谦让的方式来表现自己的亚裔美国人，可能得不到其他人的赞同(Akimoto & Sanbonmatsu, 1999)。举个例子，在大学面试的情境下，亚裔美国人由于谦虚并且希望与别人保持一致而不是突出自己，可能被认为是不感兴趣的申请者。另一方面，欧裔美国青少年自我吹嘘的倾向被看作是不受欢迎的自我夸大(Suzuki, Davis, & Greenfield, in press)。

680

帮助行为

帮助别人的愿望看起来是很普遍的。但是，人们对帮助行为及其时间适宜性的认识，可能随着文化的不同有显著的变化。一些社会认为帮助是个人选择；另一些社会认为这是道德责任。举个例子，美国儿童认为帮助是个人选择的问题，在朋友只有中等或者较小需要的时候，没有帮助的道德责任，然而在朋友极端需要或者支持公正的时候，有帮助的道德责任(Miller, Bersoff, & Harwood, 1990)。关心和人际敏感被认为是一个基于许多因素的个人选择问题，像一个人对需要帮助者的喜欢程度(Higgins, Power, & Kohlberg, 1984；Miller & Bersoff, 1992, 1998；Nunner-Winkler, 1984)。这种个人选择的价值在像美国这样的个人主义社会中很突出，Miller 和同事在那里发现从二年级到大学都有这个模式。

但是，在重视群体和谐与合作的社会，帮助行为是以不同程度的紧迫感和义务感被该社会中的成员知觉到的。这在帮助不是个人选择而是道德需要的印度确实如此(Miller, 1994；Miller & Bersoff, 1992；Miller et al., 1990)。实质上，所有从二年级到大学的印度人认为惩罚一个不帮助朋友的人是合法的，即使朋友只有很小需要。帮助者是否喜欢需要帮助的人对印度被试帮助别人的道德责任感是没有影响的(Miller & Bersoff, 1998)。

在另一项研究中，Miller 发现，如果自己最好的朋友在过去没有帮助过他们或者别人，那么大多数美国大学生不会麻烦自己去帮助他或她。印度大学生同意美国大学生的看法：在过去没有帮助过别人是不受欢迎的行为，但是这种历史不会阻止他们帮助自己最好的朋友。

选择不去帮助别人在重视保护团体利益的文化中会受到强烈的反对。举个例子，如果有的喀麦隆人坚持将个人权利和兴趣凌驾于社会之上，这导致这些人"以他或她的内心平静为代价以及冒着失去有归属时的心理安全感的危险"去行动(Nsamenang, 1987, p. 279)，这样的人在传统非洲思维中被认为是不正常的(Nsamenang, 1987)。与欧裔美国人相比，在美国的拉丁美洲人认为帮助别人更多是责任感和个人喜好(Janoff-Bulman & Leggatt, 2002; Raeff et al., 2000)。考虑到这些差异，可以想象印度、尼日利亚或拉丁美洲儿童在看到另一个文化的儿童选择不去帮助一个需要帮助的同一团体成员时可能会感到困惑甚至震惊。

生态因素

J. W. M. Whiting 和 Whiting(1973/1994, p. 279)提出这样的假设：复杂社会必须压制利他主义或者对朋友的帮助行为(也包括家庭)以便维持经济秩序——"一个开放的和可努力而得的职业地位系统"。复杂的技术社会要求自我发展的自我中心行为，获得一个在经济系统中的地位的基础是个人美德，而不是社会或家庭关系。部分基于他们在小规模的非技术文化中对儿童的跨文化观察资料，Whiting 和 Whiting 认为美国作为一个复杂的科技社会，占据了利己主义/利他主义维度的利己主义这一极端。

玩耍：合作和竞争

同伴游戏可能在强调合作或竞争的倾向上以及分配奖赏的方式上出现重要的跨文化差异，这些差异然后可能引起文化上不同的社会中同伴关系的困难。

在西方社会，不管是合作还是竞争都受到重视，因此儿童通常学会运用这两种观念和他人交往。然而，像美国儿童通常更可能运用竞争，甚至竞争也是受到鼓励的。在美国，这种和他人竞争的倾向随着年龄的增大而增多(Kagan & Madsen, 1972)。这种发展倾向在Madsen(1971)的研究中得到了清晰的描述，这个研究利用一个人际游戏，在这个游戏中，孩子要么和另一个人合作(更可能获得奖品)，要么和另一个人竞争(更不可能获得奖品)。这个结果显示了一个惊人的效应。在美国，幼小的儿童(4 到 5 岁)比大一点的儿童(7 到 8 岁、10 到 11 岁)更成功地限制自己通过竞争赢得奖品的动机。对于较年长的孩子，竞争的动机如此强烈以致它压制了出于双方利益而行动的趋势，甚至在他们有智力这么做的时候也是这样(Madsen, 1971)。相反，来自小规模农业社群的墨西哥儿童在年龄大一点的时候表现得合作。人口少可能很重要，因为它导致了群体内聚力。

681

但是，很重要的一点是，群体内合作通常和群体间竞争相联系。来自以色列集体农场高度合作的儿童就是这种情况(Shapira & Madsen, 1969)。以色列农场是规模小、集体主义的、群体内联系紧密的农业社区。Shapira 和 Madsen 利用一个游戏来考察同伴关系的合作性和竞争性，结果发现：不管在哪种奖励情况下，以色列集体农场儿童在游戏中合作的倾向都遮盖了竞争的倾向。相反，当授予一个群体奖品，以色列城市儿童会选择合作，一旦根据个人的表现来分配奖品，竞争就占据优势。

在以色列集体农场，孩子在很小的时候就开始合作并像一个团体一样工作，竞争被认为不符合社会期望的规范(Shapira & Madsen, 1969)。在这项研究进行的时候,以色列集体农场的老师报告说,反竞争的态度如此强烈以致儿童有时为一直处于班级前列而感到羞愧(Shapira & Madsen, 1969)。在这样的文化规范下,以色列集体农场社区的儿童在游戏环境中更可能合作而不是竞争就一点也不奇怪了。高水平的群体内合作与要比其他玩过这个游戏的群体做得更好的期望有联系。

强调合作是集体主义价值取向的一个方面,与个人主义文化相比,集体主义文化中的群体内关系和群体外关系的差异可能更大(Triandis, Bontempo, Villareal, Asai, & Lucca, 1988)。在一项比较日本学生和美国学生在冲突情境下如何应对不同对手的研究中,研究者发现日本被试与群体内成员和群体外成员交往时有很大的行为差异。

因此,认为来自集体主义文化的儿童通常比来自个人主义文化的儿童更具有合作性显得过于简单。相反,来自集体主义文化的儿童在群体内表现得更为合作,在群体外表现得更为竞争。跨文化也意味着差异往往不是绝对的。例如,如果竞争失去作用和有很强烈的合作暗示如团体奖品,那么来自于更注重个人主义环境的儿童将会有合作(Shapira & Madsen, 1969)。

生态因素和社会变迁

就帮助行为而言,合作行为似乎在小型的、简单的和低水平正规教育的非技术团体中更为有用并受鼓励,而在大型的、复杂的和高水平正规教育的技术团体中更没用(Graves & Graves, 1978)。因此,Madsen和Lancy(1981)在新几内亚的研究发现:来自小型的、简单的非技术团体的成员和来自大型的、复杂的技术团体的成员开始接触后,同伴关系的竞争性增加。

比较一个国家两种生态的研究确证了城市化的效果。在一项研究中Madsen(1967)发现:墨西哥的城市儿童比来自墨西哥小型的、农业社区的农村儿童竞争性更强,合作性更差。从所发现的这个模式中可推出这样的结论:在美国的墨西哥移民有很强的合作性可能很大程度上是因为他们的农村、农业背景。

但是,城市化可能通过降低不同民族环境中群体内联系的强度来减少合作性而增强竞争性。这是Madsen和Lancy(1981)的结论,在新几内亚10个地方的研究发现:初级群体认同可以脱离农村的时间,是目前为止影响儿童在同伴游戏情境下选择合作策略还是竞争策略的最重要的因素。来自仍然保留部落一致性的民族群体的儿童比农村儿童更有合作性,即使他们处于城市中心;农村儿童的群体稳定性小,而且传统的生活方式在很大程度上已经消失了。

对团体间同伴关系的意义

682

记住一点,很明显的是,有不同文化背景的儿童(也包括家长)关于合作和竞争可能很容易有不同看法。如果没有正确意识到这些看法差异的话,可以想象,当一个儿童对合作、竞争和奖品分配的假设与玩伴根本不同时,他们可能会产生困惑和误解。这些差异可能确实是跨文化冲突的另一种来源,特别是当儿童从一个集体主义环境进入一个个人主义环境。

冲突解决

在任何文化中儿童间的冲突都是不可避免的，从上面的描述可以清楚地看到，有不同背景的儿童的冲突(特别是基于文化的冲突)可能性更大。但有讽刺性的是，可以接受和选择的冲突解决方法在文化间也是不同的。

冲突解决的文化基础

在美国，成功、自由和公平是文化的“中心要义”(Bellah, Madsen, Sullivan, Swindler, & Tipton, 1985)。这些价值观被认为是个人权利和受到珍视的观念，它们是被写进宪法的，是值得人们为此斗争的。在这些权利观念和受此影响的资本主义经济系统的影响下，竞争被认为是很健康的、必要的甚至是令人满意的。因此，是个人而不是集体拥有积极追求的权利，基于这样的观念，冲突解决可能是竞争性的和对抗的。

但是，在其他社会，行为理想导致了不同类型的可取行为。举个例子，中国人比西方人更愿意选择非对抗性的方法解决冲突(Leung, 1988)，事实上，中国人的价值观似乎和解决冲突的竞争性程度有负相关(Chiu & Kosinski,1994)，这暗示了文化价值观和冲突行为有很强的联系。总的来说，Toupin(1980)指出，东亚文化共享某些规范，这包括对他人的尊重，没有口头攻击和避免对抗。

西非的冲突解决也强调团体和谐的重要性。根据 Nsamenang(1984, p. 279)的研究，西非人强调调解是一种为了“增强公共精神”的处理争论和家庭冲突的方法，在冲突解决中维持团体和谐在这样的文化背景下再一次显得重要。同样，墨西哥大学生比美国大学生更可能选择强调包容、合作和关心他人后果的冲突解决方式(Gabrielidis, Stephan, Ybarra, Pearson, & Villareal, 1997)。

确实，冲突解决的方法和目标随着每个文化所期望的价值观和理想的变化而变化。我们希望这些成人冲突解决的文化模式为儿童冲突解决的社会化提供发展目标。

儿童的冲突解决方法反映了他们的文化基础

在每个社会，文化理想都反映在成人所鼓励的问题解决策略中。根据 B. B. Whiting 和 Edwards(1988, p. 189)的研究，“社会化者处理儿童争端的方式是他们传递其价值观的方法之一，这种价值观涉及不同年龄和性别的孩子应有的合法权利”。也就是说，通过成人干预，文化的社会理想和价值观传递给了他们的孩子。

以美国为例，在美国的幼儿园儿童通常被鼓励使用言语“为自己辩护以免于指责和在做错事的时候寻找补救的方法”(Tobin, Wu, & Davidson, 1989, p. 167)。当孩子和同伴发生冲突的时候，美国家长也鼓励他们使用言语去“协商争论或者表明自己的情绪”(B. B. Whiting & Edwards, 1988)。在一个高度重视平等、个人权利和公正的文化中，表达自己的个人观点是很重要的，这样做是希望通过了解每个孩子的个人观点以实现公正。强调言语解决争论反映了欧裔美国家长对言语表达的强调。

对举止不当儿童的个别化关注预示着，在特定文化背景下正确和有效的儿童管理方式，在其他文化背景下可能会令人感到奇怪。在美国，教师、家长和孩子使用协商、游说、投票、辩护、诉讼、鼓励、仲裁等方法以一种“公正”或者“公平”的方式解决冲突，这是很普遍的甚至

683

是人们期望的(Tobin et al. , 1989)。但是,这种对举止不当儿童的个别化关注,在集体主义文化中可能是不受赞成的。

在同一个实地调查的观察研究中,Tobin 等(1989)观察了日本的幼儿园活动。在那里,教师被描述成非常慎重的,"不会通过从群体中选出一个捣乱的孩子进行惩罚,或者通过指责、排斥来孤立这个孩子"(p. 43)。在一个重视团体交往和集体主义的社会,这样对不当举止的惩罚被认为是极端的。鉴于这个文化框架,日本教师选择非侵入的方法来解决冲突。当 Hiroki,一个举止不当的孩子导致同学骚乱的时候,日本教师的反应不是把他单独挑出来而是引导孩子自己解决问题。这种策略和美国的即时成人干预和仲裁的策略完全相反。

这种冲突解决模式背后的哲学与文化信仰有很强的相关。在日本,团体交往是高度突出的,因此教师认为"儿童学会控制自己行为的最好方式是在与同伴交往时产生改变的冲动而不是以上那些方法"(Lewis, 1984,引自 Tobin et al. , 1989, p. 28)。在一个访谈中,日本教师说他们认为同伴的反对对举止不当儿童的影响可能比任何形式的成人干预更有作用。在这里,我们可以看到同伴压力是控制冲突的一种有效方法。

相反,在美国,同伴压力通常不是被看作控制行为的一种积极方式,而是从众和缺乏个体自由的消极方式。在这样的背景下,让孩子在没有他人干预和评估的情况下自己解决问题的做法确实是很少见的。

儿童冲突解决的文化差异在其他国家中也可以看到。例如,在西班牙的安达卢西亚(Andalusia),学龄前儿童更可能通过达成一致或者妥协来解决冲突,然而荷兰儿童更可能优先关注自己个人的目标,即使冒着破坏活动的危险(Sanchez, Medina, Lozano, & Goudena, 2001)。安达卢西亚人倾向于在冲突中保持和睦,这可能与西班牙/拉丁美洲的和谐观念或者"被激发的社会情绪取向和对他人社会健康的关注"(R. V. Levine, Norenzayan, & Philbrick, 2001, p. 546)有关。

对团体间同伴关系的意义

在任何一个文化背景下冲突都是无法避免的,但是,解决冲突的模式可能有很大的差异。在儿童属于同样文化结构和规范的同质社会中,冲突解决已经足够困难了。当来自不同背景的儿童尝试去调解他们的差异时,冲突解决类型的不协调更是加剧了困难。因此,像游戏场里这样小小的争论事件可能导致儿童对来自其他背景和信仰者的感知有更大的混乱。

实践的意义

在这一部分,我们讨论异质文化的同伴群体对教育者、咨询师和其他临床实践者的意义。

教育

教师处于和大量不同背景的儿童的互动中,互动方式的文化差异不断地暴露出来。当民族间误解发生时,Quiroz(personal communication, January 1996)观察到受伤的一方往往把其他团体的行为归因于偏见和歧视。当受伤的一方是个少数民族时,情况更是如此。对同伴行为的文化层面的认识能够避免将原因归于偏见和歧视,因此这有助于改善团体间的同伴关系。

教师如何解决冲突通常取决于主流文化。举个例子,在 Girard 和 Koch 的(1996, p. 138)《学校冲突的解决》一书中,他们强调教师需要发展学生的协商能力,使得学生可以"彼此知晓对方的需要和兴趣"。另一个为教师推荐的策略是教会学生使用"我"的信息,如"当________我感到________因为________,因而我需要________"(p. 138)。这种冲突解决的策略对来自个人主义文化的学生是适合的,在个人主义文化中强调使自己的需要得到满足。另一种冲突解决的方式是建立共识,这要以"一种综合的解决方案……将解决方案进行合成和混合"(p. 137)为基础。建立共识,关键是需要团体一直讨论直到达成一个共同的决定,这更多地反映了集体主义的文化取向(Suina & Smolkin, 1994)。

咨询师和其他临床医生

儿童咨询师和临床医生同样应该了解和就文化对儿童行为和同伴交往的影响接受培训。这样,他们在咨询和诊断来自多元文化社会的儿童所面临的同伴关系困难时,能更好地认识文化并使他们的咨询能适应文化。

学校咨询师在帮助学生、老师和家长理解文化时处于一个关键地位。在一项研究中,中学的咨询师接受三期与先前所描写的相似的沟通文化培训。这些咨询师能够在他们绝大多数的拉丁美洲学生中发现许多集体主义家庭文化的例子。一个咨询师提到:

> 就在今天,一个女学生和我分享了她家庭存在的很多问题。这些问题包括贫穷、缺乏大人的监督和抚养。她怀疑她的母亲可能是个妓女。由于她的集体主义信仰,为了她自己和她的兄弟,她花一整天的时间去思考可能解决或者改善她的家庭环境的方法。这使得她没有时间、精力或者动力去学习(引自 Geary, 2001, p. 66)。

小结

同伴关系的差异体现在自我呈现、帮助行为、游戏和冲突解决上,这些围绕着一个常见维度——一个理想化的独立或相互依赖的文化模式——所组成。与这个维度有关的是,当交往的同伴来自具有不同模式的家庭文化时,同伴关系就有出现问题的可能。

造成偏见和歧视感觉的一个重要原因是没有理解导致其他人行为的文化价值观。我们可以看到,文化价值体系的不同是如何具有引发不同文化背景儿童之间深层误解和冲突的可能性。儿童交往不会完全没有冲突,但当儿童和共享同一文化价值的儿童玩耍时,同伴关系通常是缓和的,这是因为他们对什么是公平游戏、冲突解决的正确方法和理想的交往行为都基于同样的假设。

像美国这样的多元文化社会,不同文化背景的儿童都有机会和其他人交往,但是单单交往不会让他们意识到其他价值体系。有这样一种倾向,每个交往的人都是通过自己内隐的价值体系去看别人的行为。因此,对于教育者和临床医生来讲,认识到儿童的潜在差异是很重要的,这样就能帮助孩子更好地理解其他孩子对于正确的同伴交往可能持有不同的观点,这些不同的观点应该得到承认、尊重甚至是赞赏。

跨文化同伴关系的研究和干预：以多民族高中运动队为例

在一项关于洛杉矶女子排球队员的跨文化冲突的研究中，从队员的日志，并结合练习和比赛时的人类学观察，发现了很多同伴冲突的例子，冲突的一方持个人主义观点，而另一方持集体主义的观点(Greenfield, Davis, Suzuki, & Boutakidis, 2002)。举个例子，在"水瓶事件"中，一个拉丁美洲女孩喝了一个欧裔美国女孩水瓶里的水，后者表现得相当生气(Kernan & Greenfield, 2005)。与这种冲突类型相关的日志表明：喝其他人水瓶里的水的女孩持一种共享的相互依赖的价值观，而水瓶的主人则持个人所有权的价值观，她不想被感染细菌(一种对物质世界的诉求)。在稍后对另一个队的观察中，这个队完全由在美国新墨西哥州圣达菲(Santa Fe)的西班牙人和本土美国人所组成，Greenfield(unpublished field note, 2000)观察到：在团队集中时，一个水瓶传遍了整个队伍。这里，在一个每个人都来自集体主义文化[要么是新墨西哥州西班牙人或者是普韦布洛(Pueblo)印第安人]的同质团体中，一个接下来的访谈显示，整个队伍分享一瓶水被认为是理所当然的。于是，根据洛杉矶高中运动队的异质特性设计了一个干预研究计划。

685

干预的目的是促进跨文化更大的和谐。如果青少年了解个人主义和集体主义的文化价值观，是否会增加他们的容忍度和对他人的理解呢？这个干预措施是为了改善两个多民族高中的女子篮球队的团队关系。这两个队是经过选择的，因为每个队代表一类民族的组合：欧裔美国人、亚裔美国人、拉丁美洲人、非裔美国人、本土美国人和混合的民族。第一次分析是调查队伍，这个过程持续了两个赛季。在第一个赛季里，获得了关于冲突来源的基本数据(Engle & Greenfield, 2005)。

在第二个赛季里，在独立(个人主义)和相互依赖(集体主义)框架下，为每个队伍举办三次研讨会以推动对文化价值观差异的容忍度和理解。这个研讨会包括关于个人主义和集体主义的大组和小组讨论。女孩们从两个价值体系的观点出发来讽刺运动中的冲突，以使其内隐价值观外显化，理解每个文化取向都有各自的长处和弱点(Engle & Greenfield, 2005)。研讨会前后的每份调查问卷包括八个假设情境，四个是运动队情境，另四个是家庭和学校情境。每个情境设置了一个社会两难困境，要么采用集体主义方式解决，要么采用个人主义方式解决。除了选择解决困境的方法外(集体主义或者个人主义)，回答者还要回答她是否能够想象到其他人作另一个选择以及作那个选择的原因，这被当做对另一个文化观点理解程度的测量方法。我们本假设这种干预能够增加这种类型的跨文化理解，但是，我们没有发现想要的结果。

相反，我们发现个人主义价值和集体主义价值是情境化的。运动队情境比家庭和学校情境更显著地推动了集体主义价值选择。在基于运动情境的背景下，女孩们对问题的回答显示出她们为了团队利益而团结在一起，从而表明对团队更高的认同的发展对于青少年是很重要的。

同样重要的一点是，团队文化随着时间的发展而发展。调查问卷的结果显示赛季末比赛季初有更多的集体主义，作为一个团队参加比赛的经历增加了集体主义(Engle & Greenfield, 2005)。

总的来说，有效的干预措施不是研讨会，而是团队比赛的经历。这种结果甚至不是我们所期望的(对另一个文化价值体系更大的理解)，而是更接近于集体主义观点。由此，作者推论，文化价值体系是作为一个动态模型存在的，它的存在随着时间和背景的变化而变化。

第二个分析考查了年轻女性如何开始把她们自己当做一个团队来看待的：协商问题和创造共享的团队价值(Kernan & Greenfield, 2005)。除了调查问卷以外，在整个赛季中，队员都坚持记日记。日记支持了问卷调查的结果：不管她们一开始在日记中表达的价值取向是什么类型，几乎所有的队员在篮球赛季中表现得越来越倾向于集体主义。但是，这与基于价值观起点的理念不同。在整个赛季中，开始持有两种不同文化取向的队员都越来越重视在练习和比赛的"露脸"，但原因是不同的。"露脸"更多受个人主义队员的重视，因为协议或者合同要求她们这么做。在某种意义上，这个观点强调一种任务取向和清楚的合同，这是个人主义取向的特点。这个观点与把社会责任当做"露脸"原因的集体主义观点是相反的。个人日记支持了调查问卷关于文化价值不是静态的结论：家庭文化和生态环境共同创造了特殊背景下的特殊文化实践。但是，它们也证明价值起点、早期社会化的结果同样也有影响。

简而言之，随着时间的流逝，一起比赛的经历让这个群体更像一个团队。对同伴团体——球队的更高认同，极有可能把来自不同民族和不同文化的同伴团结在一个共同的目标周围(Allport, 1958;Gaertner, Dovidio, Nier, Wsard, & Banker, 1999)。

686

这是一个干预失败的例子。但是，定性和定量方法的融合使研究者能了解其他重要的人际间的动态变化；同时，在理论水平上了解到更多关于情境塑造价值取向的内容。通过特殊经历塑造价值的这一过程显示了适应的特性，推广而言，这是文化价值体系的适应性源头。

家庭—学校关系

人类发展和社会化的文化模式体现在婴儿照顾习俗和家长—孩子关系中(前面都已讨论过)，然后，这些实践和关系影响了孩子带到同伴关系中的文化模式和行为(前一部分)。形成同伴关系的一个重要机构是学校，虽然，教学涉及的不止是同伴关系，它也涉及儿童和教师以及家长和教师的关系。这些关系是现在这一部分所讨论的重点。

到四五岁时，多数儿童从家庭闯进一个新环境——学校。在一个同质文化的环境里，家庭文化和学校文化都基于同样的目标和假设，两者间的转变是相对平缓的过渡(Raeff et al., 2000)。在一个多元文化环境里，这个问题则大不相同。文化多样性在丰富多彩和令人兴奋的同时，也可能导致学校职员和家长之间的潜在误解和价值冲突。一些误解发生在学校同伴关系的背景下，这一点在前面章节的分析中已经提及。还有一些发生在家长和教师或者孩子和教师之间，这些文化背景造成的误解是这部分的中心议题。

在我们前一部分分析的跨文化同伴冲突中，两种不同的文化价值被放在同一位置来看待。但是，在学校，情况实际上不是这样的。在美国或者其他国家，权利属于主流文化，而这种文化是正规教育的一部分。

把发展的集体主义模式带到学校：家庭—学校冲突的可能性

Raeff 等(2000)研究了欧裔和拉美裔美国儿童、他们的家长以及教师的人际关系观念和跨文化价值冲突的范围。这个研究在洛杉矶的两所不同的小学进行：学校 1 主要是欧裔美国人，学校 2 主要是拉丁美洲移民。八个开放性的假设情境都是根据移民家庭报告的经历设计的，其中四个情境描述关于家庭的两难困境，另四个描述关于学校的两难困境(这个情境在前面论述的运动研究中有所使用)。这些情境提供给所有持个人主义倾向的被试。举个例子："快放学了，要清扫教室。Denise 感到不舒服，请求 Jasmine 替她值日擦黑板。Jasmine 不能肯定她是否有时间完成两个工作。你认为老师应该怎么做?"(p. 66)

结果显示，绝大多数人的回答分属两类：

1. 找一个自愿的第三者，而且不会影响到帮助者自己任务的完成。这被认为是一种个人主义模式的回答。

2. 直接帮助这个生病的儿童完成她的工作。这被认为是一个集体主义模式的回答。

绝大多数老师(两个学校都是多民族的)都作出个人主义的选择。欧裔美国家长及孩子都与教师的个人主义模式的回答一致，但是，绝大多数拉丁美洲移民家长作出集体主义的选择——Jasmine 不管怎样都要提供帮助。这种回答说明这是更为普遍的发展模式的一部分：在四个不同的情境中，绝大多数拉丁美洲移民家长的回答反映了一个潜在的集体主义发展模式。从这个选择中可以看出：拉丁美洲移民家长比他们孩子的老师更倾向于集体主义；这个模式显示出孩子受到两种不同的社会化影响，在家庭里更倾向于集体主义，在学校里倾向于个人主义。

从家庭—学校关系的观点来看，拉丁美洲家长和学校的价值体系是不一致的，教师同样和拉丁美洲家长的价值体系不一致。这与存在于欧裔美国家庭的和谐的家庭—学校价值形成鲜明的对比(Raeff, Greenfield, & Quiroz, 2000)。 687

儿童陷入家庭文化和学校文化的困境中

家长和教师的价值和谐的一个结果是，欧裔美国儿童在家庭和学校接受一致的社会化信息，拉丁美洲移民儿童则不是这样。这个结果反映了下列情况：欧裔美国儿童和父母的反应没有显著差异，然而拉美裔儿童和他们的移民父母的反应有显著差异(Raeff et al., 2000)。

确实，从总体来说，拉美裔儿童比他们的父母更为个人主义，比他们的老师更为集体主义(Raeff et al., 2000)。也就是说，他们主要的社会化动因是不一样的。我们很少知道这些儿童是已经成功融合了两种文化还是陷入两难的境地。虽然这个研究是在特殊人群中做的，但是它对美国其他集体主义倾向的少数民族的儿童可能也是适用的。学校通常强调把独立作为发展目标来表现个人主义倾向。举个例子，课堂互动和活动强调个人成就、儿童的自主选择和主动性以及逻辑理性，而不是社会技能的发展(Delgado-Gaitan, 1993, 1994; Reese et al., 1995)。

学校活动的本质也是个人主义，因为到目前为止，通常以个体学生独立完成的任务来评估(J. W. M. Whiting & B. B. Whiting, 1975/1994)，而不是基于团体的努力来评估。对个体成就和评估的关注是学校情境中的突出主题。确实，个人成就和评估是多数学校得以建立的基础(Farr & Trumbull, 1997; Trumbull, 2000)。

学校文化的这些方面通常和教育中的集体主义取向有直接冲突，这种集体主义取向不仅受到拉丁美洲人还有许多少数民族和移民文化的赞同，这种取向强调珍视个体间关系，尊重老人和传统，对他人负责和合作等方面的价值观(Blake, 1993, 1994; Delgado-Gaitan, 1993, 1994; Ho, 1994; Kim & Choi, 1994; Suina & Smolkin, 1994)。这个观点和学校对个人成就的强调是正好相反的。

从集体主义观点看个人成就

鼓励儿童个人成就的行为在许多文化中(如尼日利亚)可能被视为对合作(Oloko, 1993, 1994)或者群体和睦的贬低。对拉美移民家长和他们孩子的小学教师之间的协商会的研究表明：教师表扬个体儿童的突出成就让家长感到很不舒服(Greenfield, Quiroz, & Raeff, 2000)。

这些家长似乎对儿童在学校学会一个能用于帮助其他家庭成员的技能感到最满意。例如，在一个家长—教师讨论会中，一位拉丁美洲裔母亲(拥有一流的教育背景)回答老师关于女儿家庭阅读问题时，告诉老师她的女儿已经能给家里的弟弟妹妹读书了，她和老师在这一点上达成了共识。

从集体主义观点看书面知识

许多学校对教科书的依赖可能也会导致冲突。在一些文化中，知识不是来自人之外的课本，而是来自与他人有关的智慧和知识。在普韦布洛印第安人的世界观中，家长和祖父母被认为是知识的贮藏库，而且这个事实为年老一代和年轻一代提供了一种社会联系。在这种文化中，当物而不是人变成知识的权威时，百科全书、参考书等资料的引入被认为是破坏了人际间"联系的特殊结构"(Suina, 1991, p. 153)。鉴于这个观点，学校强调通过书面材料来学习可能是一种非人化，甚至是不受欢迎的知识获取方式。

Valdés(1996)在一项涉及来自墨西哥的10个移民家庭的民族志研究中发现：一位母亲和她儿子的小学老师的沟通"确证了学校缺乏关心和关爱"。在这种情况下，这位母亲担心她的儿子Saul在学校吃鱼，因为他对鱼过敏，吃了以后就会生病，从而导致缺课。她让Saul的哥哥，8岁的Juan告诉Saul的老师这个问题。要么是哥哥没有传达这个口信，要么那位老师"不认为告诉适当的学校职员这个信息是她的职责"(p. 156)。结果，Saul继续吃鱼和缺课。Valdés总结说，如果这个母亲"使用便条而不是口信来传递信息，她可能已经从这位老师或其他人那里得到一些反馈"(p. 156)。但是，在这个例子里，这个母亲没有考虑到书面沟通所具有的更大价值，反而认为学校不关心她孩子的健康。

688

像这个例子所证明的，家庭—学校沟通问题的严重性超越了翻译问题。哥哥作为一个有知识、值得信任和负责任的弟弟的看护者，这一体系与集体主义家庭价值相一致。相反，教师可能认为哥哥的话没有正式便条的证实，因此是不完全可信的。如果真的是哥哥没有把妈妈的话传达给老师，那么他很可能已经从家庭文化价值转变到学校文化价值。

从集体主义观点看客体知识

来自强调社会关系和社会知识的文化背景的儿童可能难以理解去背景化的客体知识在学校文化中的特权地位。以下是发生在老师和孩子之间的文化冲突的例子：

> 在一个多数由西班牙儿童组成的洛杉矶幼儿园学龄前班级，老师向班级同学展示一个真的将要孵蛋的鸡蛋。她解释了这个鸡蛋的物理特性并要求孩子通过回忆他们煮鸡蛋和吃鸡蛋的情形来描述鸡蛋。其中一个儿童讲了三次她和奶奶如何煮鸡蛋，但是这个老师漠视了这些谈话；当一个儿童描述鸡蛋裂开后，鸡蛋是如何从白色变成黄色，老师对此表示赞扬(Greenfield, Raeff, & Quiroz, 1996, p. 44)。

从拉丁美洲人的观点来看，第一个儿童的回答是典型地受到内隐的家庭文化的相互依赖价值观的鼓励，也就是说，物体作为社会交往中介时最有意义。这个儿童因此以这种人际间关系的价值观来回答老师的问题。但是，这位老师没有意识到这种努力，并且认为这个儿童吃鸡蛋时的社会描述是无关的，只有对这些场景的物理描述才是有价值的(Greenfield et al., 1996)。这位老师甚至没有看到不可见文化对和奶奶煮鸡蛋这一描述的影响，这个老师贬低了这个儿童的贡献以及其中蕴含的价值取向。因为她没有理解集体主义价值取向，她也没有意识到她的问题在以下方面是模糊的：和她共享同样文化取向的儿童会认为老师对鸡蛋的物理特性感兴趣，甚至老师自己都没有意识到这一点；那些没有和这个老师共享价值取向的儿童则会有不同的理解。

从集体主义观点看自信

在许多集体主义文化中，尊重权威的价值观可能破坏更多个人主义类型的学习，这种学习要求儿童是善于表达的，甚至和老师及其他长辈在一个相对平等的基础上争论自己的观点(Delgado-Gaitan, 1993, 1994; Valdez, 1997)。以墨西哥背景的儿童的沟通行为背后的文化观点为例。根据 Delgado-Gaitan(1994, p. 64)的研究："儿童被希望礼貌地向长辈问候，不能和他们争执。在有大人在场的时候，儿童要成为一个好的倾听者，只有在被要求的时候才能参加谈话。此外，提出问题被认为是反叛的。"

Valdés 在她命名为 *Con Respeto*(法文)的民族志研究中发现尊重对这些家庭来说是至关重要的。"对母亲的尊重是很明显的……当一个命令发出，立刻得到执行。如果年幼的孩子没有这么做的话，年长的孩子立刻确保让他做被要求做的。"(p. 120)

在日本也发现一个类似的关于"提问"的观点(Muto, Kubo, & Oshima-Takane, 1980)。鉴于儿童沟通中的文化观念，我们可以想象在美国学校的情形：老师可能错误地将墨西哥裔美国儿童从自身文化角度定义的礼貌理解为顺从，或者将日本裔儿童的不提问题 689

理解为缺乏动机或缺乏对知识的好奇心。

正如我们在前一部分的家长—儿童关系中所看到的那样,许多来自不同民族的儿童是在尊重和毫无质疑地接受长辈观点的观念下长大的,这种价值观可能被儿童带到学校环境。学校对合理争论的强调被认为是对长辈的不尊重,然而,当对权威尊重的儿童不发言和不熟练于合乎逻辑的争论时,他们就会受到注重培养个体自信和个人观点的老师的批评。

例如,在对拉丁美洲移民家长和他们孩子的小学老师的秋季讨论会的研究中,我们发现这个老师批评每个没有在课堂上充分表达自己观点的孩子(Greenfield, Quiroz, & Raeff, 2000)。这个老师没有意识到这种行为和拉丁美洲家长对他们孩子发展的目标是相反的。

对教育实践的意义

在许多集体主义社会,学校已经发现了把本土文化价值融合到学校体系的方法。例如,在日本和中国课堂上,把注意力集中在作为班级整体的教学而不是针对个别学生的课堂实践是很普遍的并受到广泛的认可(Stigler & Perry, 1988)。在美国,这种技术可能在仅仅由集体主义文化背景的儿童构成的课堂上也是适用的,移民者的课堂就是这样一个例子。

对咨询和临床实践的意义

儿童在家庭和学校的经验冲突可能导致他们一定程度的苦恼,因为这些儿童太小,还不能认识到他们的感觉"不同"可能是由于文化造成的。文化差异表现在大量的领域(宗教限制、社会交往的差异、不同的习俗、食物和信仰、不同寻常的抚育方式,等等),于是到了儿童愿意和学校同伴相处的年龄时,如果家庭—学校发生冲突,那么他们就有可能产生焦虑。接触学龄儿童的咨询师和临床医学家需要认识到这种文化冲突以及它们影响儿童情绪和心理健康的可能性。更进一步说,他们需要适当训练以处理这些问题。

小结

大体上说,跨文化研究的教育意义围绕着一个核心主题,即认识到以前认为全球通用的发展和教育模式和常模通常是欧裔美国文化和这些学校文化所特有的。更明确地说,移民和土著美国家庭通常来自集体主义文化,但是却必须把他们的孩子放在高度个人主义的学校;另一方面,主流文化的成员则发现他们的个人主义价值框架和学校的个人主义价值框架处于相对和谐的状态。

跨文化价值冲突对教师的主要教育意义是首先认识和理解了个人主义和集体主义框架,然后鼓励儿童和家长在这两种价值框架下相互理解和适应。这是我们接下来要谈到的沟通文化教师培训干预措施的基础。

一个家庭—学校干预案例:为教师打通不同文化

所谓的"沟通文化"是纵向行为研究计划的一部分,旨在向七个为同质的拉丁美洲移民工作的双语小学老师介绍个人主义和集体主义概念(Rothstein-Fisch, Greenfield, &

Trumbull, 1999; Trumbull, Diaz-Meza, Hasan, & Rothstein-Fisch, 2000; Trumbull et al., 1999; Trumbull, Rothstein-fisch, Greenfield, & Quiroz, 2001)。这些老师之所以被选择,是因为他们都对多元文化教育感兴趣,而且他们代表了洛杉矶更大范围的幼儿园到小学五年级的所有年级。四个老师是拉丁美洲人,其余三个是欧裔美国人。老师参加用来熟悉个人主义和集体主义文化价值体系的研讨会。这些老师接受前测和后测以便确定他们对基于家庭和学校背景的两难困境问题解决策略的改变是培训的结果(见 Raeff et al., 2000)。这些老师从一种明显强烈的个人主义取向(独立的民族性)转变到一种包含了个人主义和集体主义反应的文化上开放的观点(Rothstein-Fisch, Trumbull, Quiroz, & Greenfield, 1997)。 690

在初次培训以后,这些教师和研究者两个月见一次面来讨论他们对课堂做了哪种形式的改变。他们学会民族志研究方法,并被鼓励既做观察者又改变他们课堂的氛围。应该明白的是,这些变化通常是由老师发起的,而研究者没有说明要做什么样的改变,这一点是很重要的。除了这些会面以外,在该计划超过五年的实施过程中,每个老师还做了一些课堂观察和几次深入访谈。

课堂管理和评估的变化

作为培训的结果,老师开始使用新的课堂管理策略(Rothstein-Fisch, Trumbull, & Greenfield, in press)。由于学生感觉到对群体的共同责任(类似于前面讨论的兄弟姐妹),他们开始控制彼此的行为,破坏纪律的事件很少发生在课堂上。老师允许学生去共享资源而不是坚持个人的资源(Rothstein-Fisch, Trumbull, Daley, Mercado, & Perez, 2003)。

但是测验时共享可能是个问题,测验时的帮助就是作弊(J. W. M. Whiting & B. B. Whiting, 1994/1973)。因此,沟通文化中的老师在测验准备阶段包容了来自移民家庭的拉丁美洲儿童想要帮助和分享的文化倾向,而不是在考试阶段对个人测验方式有所妥协。在一个课堂,当知道他们将要做单独测试时,儿童合作来回答练习测验问题;在另一个课堂,他们单独进行测验但是作为一个团体来进行算分。在一个需要快速展现学生所掌握数学事实的三年级课堂上,老师提出一个流行的激励机制:以"五星榜"显示每个学生掌握的程度。但是,这些学生不是由个人奖品所激励的,他们把这个五星榜当作整个团队的代表,他们的目标是填满整排的五角星,他们的这种想法让伙伴互相帮助以达到成功。当要进行个人测验时,如果一个孩子成功地进入更高水平的数学事实阶段,他或她会响铃,这告诉全班同学停下来为这个通过个人努力来增加集体"五星榜"的学生鼓掌(Rothstein-Fisch, Trumbull, Isaac, Daley, & Perez, 2003)。

跨文化交流:家长和教师

沟通文化计划的数据得出:巨大的教师变化的另一个方面集中在教师和家长关系上(Trumbull, Rothstein-Fisch, & Hernandez, 2003)。这些变化围绕着三个相关主题。第一,由于教师能够理解家长的观点,因此拉近了教师和家庭的心理距离。他们通过个人和非正式形式增多了他们之间的接触，然而仍然维持着适当的角色。第二，教师设计的新的课堂实践证明了他们对家长文化价值的理解，他们首倡的家长集体会议成功地增加了家长自愿者的人数并改变他们满足家庭需要的时间表。最后，他们探索新的角色。像前面所提到的，他们在自己的课堂上变成了民族学者，允许他们以一种开放的态度来理解家庭，开始有效地支持学生和家庭，向家长清晰地解释学校文化，支持家长在学校扮演新的角色。

如同在家长—孩子关系中的最后一部分描述的，家长在沟通文化的家长培训中也学会增进和学校的和谐共处。他们开始更好地理解教师的行为并增加和教师的接触，而参加标准研讨会的家长没有增加和自己孩子老师的接触。

这个标准研讨会也有益处，但主要是围绕着家庭作业和学校政策展开的。在学校政策的框架里，家长了解了和学校职员沟通的重要性。关于这两种方法的一个例子可以从第三个研讨会中看到，这次一位家长感觉到不被老师尊重。在这个沟通文化计划中的家长通过文化差异来审视这个情况，因此减少了沮丧。另一方面，这个标准研讨会的一些参与者变成了坦率直言的支持者，他们和管理者交流、写信，甚至威胁要让孩子离开这个学校。

691

> 这个文化方法引进了在冲突情境下文化价值的融合和相互理解，而不是强迫一方和另一方对立。这个"标准"方法认为：每个人对儿童发展有同样的价值观，家长应该接受学校的方法。在解决一个冲突时，文化方法完全重构了一条允许真正调解而不只是填补缝隙的理解之路(Chang, 2003, p. 40)。

总结

每一种概括在表明某些含义的同时也都模糊了一些事情的本来面目。文化差异是没有例外的。我们应该注意到，标准化文化模式可能以牺牲个体差异为代价，但是，个体差异通常围绕着从文化角度界定的常模发生，这也是历史变化的起点。没有关于常模的知识，个体差异是无法解释的。另外，个性化以及由此而引起的个体差异的扩大是个人主义文化的特征(Greenfield, 2004)。不管怎样，这章的首要目标是深入理解随文化变化的常模，个体差异围绕着它变化；第二个目标是理解影响发展和社会化的文化冲突的动态变化；第三个目标是提出和评估减轻这些冲突的实践和干预措施。与第二个、第三个目标有关的研究还"很年轻"，是社会的重要性提供了进一步研究的动力。

对文化差异的分析引起了对某一时刻文化的注意，由此模糊了历史的变迁。我们因此也尝试指出：文化不是静态的，而是通过多元文化社会中新的民族团体的加入、教育实践的变化和大众传媒的扩大影响以及经济和科技的改革，不断地重新改造自己。这些社会历史变迁产生了社会化和人类发展的不同演化产生的文化模式(Greenfield, 2004; Greenfield, Maynard, et al., 2003; Keller & Lamm, 2005)。文化变迁的动力学和对社会化和发展的影响是到目前为止一直在认真研究的一个领域。随着文化变迁速度的加快，现在是开始研究大规模应用的时候了。

文化历史和多元文化主义

在美国这样的多元社会中,跨文化冲突是不可避免的,这表现在人际间的误解和争论。每个文化中的个体必须在作为个人还是一个团体成员发挥作用,是独立还是相互依赖等方面找到自己的平衡点。一些文化重视这个,另一些文化重视那个。人际间在这些倾向上的差异在每个文化都存在,每一个文化也有关于哪一个更为重要的理想模型。这些模式的差异和不同重点产生了儿童发展许多领域上的跨文化差异。在这一章,我们定位的领域主要是社会化影响和社会性发展这些方面。别人也可以定位在发展问题上,包括认知发展(Greenfield, 2005; Greenfield, Keller, et al., 2003)。

通过这一章,文化模式使其他那些看上去没有联系的跨文化差异联系到了一起,更为重要的是,它提供了对这些差异的一种解释。这些组成美国和其他多元文化社会的不同民族都有其文化传统,这些文化传统在个人主义和集体主义的文化模式中有不同的位置。先前的研究(Greenfield & Cocking, 1994)显示:这些概念体系也引起了人们对在像美国这样的多元社会中儿童发展和社会化的文化多样性本质的历史性理解。

虽然跨文化冲突确实存在这一点是很清楚的,但是仅仅承认它们存在是不够的。通过教育家长、儿童、教师、临床医生和健康护理专家承认和处理跨文化差异和冲突,并利用目标干预,可以使儿童的社会、心理和教育需要更好地得到满足。希望在越来越多元化的文化社会中,儿童将会学会应对和欣赏文化差异,这些文化差异无可避免会发生在他们和其他人之间。未来的研究会告诉我们这些是否和如何得到实现。 692

我们关于文化视角在人类发展中的应用的一个主要观点是社会化策略的跨文化交流的可能性。文化差异是可以为家长和儿童工作的儿科医生、教育者和心理健康专家所用的一个资源。同时,这样的跨文化交流的一个重要的次级影响是,没有一个民族团体感觉自己的抚养方式是"错的";来自所有民族文化背景的家长都可以得到这样的信息——他们对多元文化社会的儿童抚养方式是有所贡献的。同时,这个信息可以传递给主流文化的成员——在一个时刻变化的世界,关于社会化模式和人类发展,他们有很多要向其他文化模式学习。这个文化间的学习过程也是未来研究的一个领域。

(辛自强、苏谦译)

参考文献

Ainsworth, M. D. S. (1979). Infant-mother attachment. *Clinical Psychologist*, *38*(2), 27 - 29.

Ainsworth, M. D. S., Blehar, M. C., Waters, E., & Wall, S. (1978). *Patterns of attachment*. Hillsdale, NJ: Erlbaum.

Ainsworth, M. D. S., & Wittig, B. A. (1969). Attachment and the exploratory behavior of 1-year-olds in a strange situation. In B. M. Foss (Ed.), *Determinants of infant behavior* (Vol. 4, pp. 113 - 136). London: Methuen.

Akimoto, S. A., & Sanbonmatsu, D. M. (1999). Differences in selfeffacing behavior between European and Japanese Americans: Effect on competence evaluations. *Journal of Cross-Cultural Psychology*, *30*(2), 159 - 177.

Allport, G. (1958). *The nature of prejudice* (Abridged version). New York: Doubleday Anchor.

Azuma, H. (1994). Two modes of cognitive socialization in Japan and the United States. In P. M. Greenfield & R. R. Cocking (Eds.), *Cross-cultural roots of minority child development* (pp. 275 - 284). Hillsdale, NJ: Erlbaum.

Bakeman, R., Adamson, L. B., Konner, M., & Barr, R. G. (1990). !Kung infancy: The social context of object exploration. *Child Development*, *61*, 794 - 809.

Ball, H. L., Hooker, E., & Kelly, P. J. (2000). Parent-infant cosleeping: Fathers' roles and perspectives. *Infant and Child Development*, *9*, 67 - 74.

Barry, H., III, & Paxson, L. M. (1971). Infancy and early childhood: Cross-cultural codes. *Ethology*, *10*, 466 - 508.

Baumrind, D. (1967). Child care practices antedating three patterns of preschool behavior. *Genetic Psychology Monographs*, *75*, 43 - 88.

Baumrind, D. (1971). Current patterns of parental authority. *Developmental Psychology Monographs*, *4*(1, Pt. 2).

Baumrind, D. (1972). An exploratory study of socialization effects on Black children: Some Black-White comparisons. *Child Development*, *43*,

261 - 267.

Baumrind, D. (1983). Socialization and instrumental competence in young children. In W. Damon (Ed.), *Social and personality development: Essays on the growth of the child* (pp. 121 - 138). New York: Norton.

Bellah, R. N., Madsen, R., Sullivan, W. M., Swindler, A., & Tipton, S. M. (1985). *Habits of the heart*. Berkeley: University of California Press.

Belsky, J. (1989). Infant-parent attachment and daycare. In defense of the Strange Situation. In J. Lande, S. Scarr, & N. Gunzenhauser (Eds.), *Caring for children: Challenge to America* (pp. 23 - 48). Hillsdale, NJ: Erlbaum.

Berk, L. (1993). *Infants, children, and adolescents*. Needham Heights, MA: Allyn & Bacon.

Berry, J. W. (1976). *Human ecology and cognitive style: Comparative studies in cultural and psychological adaptation*. New York: Sage.

Berry, J. W. (1994). Ecology of individualism and collectivism. In U. Kim, H. C. Triandis, Ç. Kagitçibasi, S.-C. Choi, & G. Yoon (Eds.), *Individualism and collectivism: Theory, method, and applications* (pp. 77 - 84). Thousand Oaks, CA: Sage.

Blake, I. K. (1993). Learning language in context: The social-emotional orientation of African-American mother-child communication. *International Journal of Behavioral Development*, *16*, 443 - 464.

Blake, I. K. (1994). Language development and socialization in young African-American children. In P. M. G. Greenfield & R. R. Cocking (Eds.), *Cross-cultural roots of minority child development* (pp. 167 - 196). Hillsdale, NJ: Erlbaum.

Bowlby, J. (1969). *Attachment and loss: Vol. 1. Attachment*. New York: Basic Books.

Brazelton, T., Robey, J., & Collier, G. (1969). Infant development in the Zinacanteco Indians of southern Mexico. *Pediatrics*, *44*, 274 - 283.

Brazelton, T. B. (1990). Commentary: Parent-infant co-sleeping revisited. *Ab Initio*, *2*(1), 1 - 7.

Bredekamp, S., & Copple, C. (Eds.). (1997). *Developmentally appropriate practice in early childhood programs* (Rev. ed.). Washington, DC: National Association for the Education of Young Children.

Bundesen, H. (1944). *The baby manual*. New York: Simon & Schuster.

Burton, R. V., & Whiting, J. W. M. (1961). The absent father and cross-sex identity. *Merrill-Palmer Quarterly*, *7*, 85 - 95.

Campos, J. J., Barrett, K. C., Lamb, M. E., Goldsmith, H. H., & Stenberg, C. (1983). Socioemotional development. In P. H. Mussen (Series Ed.) & M. M. Haith & J. J. Campos (Vol. Eds.), *Handbook of child psychology: Vol. 2. Infancy and developmental psychobiology* (pp. 783 - 915). New York: Wiley.

Cardona, P. G., Nicholson, B. C., & Fox, R. A. (2000). Parenting among Hispanic and Anglo-American mothers with young children. *Journal of Social Psychology*, *140*(3), 357 - 365.

Caudill, W., & Plath, D. (1966). Who sleeps by whom? Parent-child involvement in urban Japanese families. *Psychiatry*, *29*, 344 - 366.

Chang, P. (2003). *Bridging cultures parent workshop: Developing cross-cultural harmony in minority school communities*. Unpublished honors thesis, UCLA Department of Psychology.

Chao, R. (1994). Beyond parental control and authoritarian parenting style: Understanding Chinese parenting through the cultural notion of training. *Child Development*, *65*, 1111 - 1119.

Chao, R. (2000). The parenting of immigrant Chinese and European American mothers: Relations between parenting styles, socialization goals, and parental practices. *Journal of Applied Developmental Psychology*, *21*, 233 - 248.

Chao, R. (2001a). Extending research on the consequences of parenting style for Chinese Americans and European Americans. *Child Development*, *72*(6), 1832 - 1843.

Chao, R. (2001b). Integrating culture and attachment. *American Psychologist*, *56*(10), 822 - 823.

Chavajay, P., & Rogoff, B. (2002). Schooling and traditional collaborative social organization of problem solving by Mayan mothers and children. *Developmental Psychology*, *38*, 55 - 66.

Chen, X., Liu, M., Li, B., Cen, G., Chen, H., & Wang, L. (2000), Maternal authoritative and authoritarian attitudes and mother-child interactions and relationships in urban China. *International Journal of Behavioral Development*, *24*(1), 119 - 126.

Childs, C. P., & Greenfield, P. M. (1980). Informal modes of learning and teaching: The case of Zinacanteco weaving. In N. Warren (Ed.), *Studies in cross-cultural psychology* (Vol. 2, pp. 269 - 316). London: Academic Press.

Chiu, R. K., & Kosinski, F. A. (1994). Is Chinese conflict-handling behavior influenced by Chinese values? *Social Behavior and Personality*, *22* (1), 81 - 90.

Choi, J. S. (1970). Comparative study on the traditional families in Korea, Japan, and China. In R. H. Hill & R. Koenig (Eds.), *Families in East and West* (pp. 202 - 210). Paris: Mouton.

Choi, S. H. (1992). Communicative socialization processes: Korea and Canada. In S. Iwawaki, Y. Kashima, & K. Leung (Eds.), *Innovations in cross-cultural psychology* (pp. 103 - 121). Lisse, The Netherlands: Swets & Zeitlinger.

Clancy, P. M. (1986). The acquisition of communicative style in Japanese. In B. B. Schieffelin & E. Ochs (Eds.), *Language socialization across cultures* (pp. 213 - 250). Cambridge, England: Cambridge University Press.

Clarke-Stewart, K. A. (1989). Infant day care: Maligned or malignant? *American Psychologist*, *44*, 266 - 273.

Clarke-Stewart, K. A., Goossens, F. A., & Allhusen, V. D. (2001). Measuring infant attachment: Is the Strange Situation enough? *Social Development*, *10*, 143 - 169.

Cole, M. (1996). *Cultural psychology: A once and future discipline*. Cambridge, MA: Harvard University Press.

D'Andrade, R. (1994). Introduction: John Whiting and anthropology. In E. H. Chasdi (Ed.), *Culture and human development: The selected papers of John Whiting* (pp. 1 - 13). Cambridge, England: Cambridge University Press.

Dawes, D. (1989). *Through the night: Helping parents and sleepless infants*. London: Free Association Books.

Delgado-Gaitan, C. (1993). Socializing young children in Mexican American families: An intergenerational perspective. *International Journal of Behavioral Development*, *16*, 409 - 427.

Delgado-Gaitan, C. (1994). Socializing young children in MexicanAmerican families: An intergenerational perspective. In P. M. Greenfield & R. R. Cocking (Eds.), *Cross-cultural roots of minority child development* (pp. 55 - 86). Hillsdale, NJ: Erlbaum.

Dornbusch, S. M., Ritter, P. L., Leiderman, P. H., Roberts, D. F., & Fraleigh, M. J. (1987). The relation of parenting style to adolescent school performance. *Child Development*, *58*, 1244 - 1257.

Duranti, A., & Ochs, E. (1986). Literacy instruction in a Samoan village. In B. B. Schieffelin & P. Gilmore (Eds.), *Acquisition of literacy: Ethnographic perspectives* (pp. 213 - 232). Norwood, NJ: Ablex.

Durett, M. E., Otaki, M., & Richards, P. (1984). Attachment and mothers' perception of support from the father. *Journal of the International Society for the Study of Behavioral Development*, *7*, 167 - 176.

Engle, L., & Greenfield, P. M. (2005). *Culture and intergroup relations: Effects of team experience and targeted intervention on cultural values and intercultural understanding*. Manuscript in preparation.

Esau, P. C., Greenfield, P. M., & Daley, C. (2004, May). *Bridging cultures parent workshops: Developing cross-cultural harmony in minority school communities*. University of California Linguistic Minority Research Institute Conference, University of California, Santa Barbara.

Farr, B. P., & Trumbull, E. (1997). *Assessment alternatives for diverse classrooms*. Norwood, MA: Christopher-Gordon.

Farver, J. M., Narang, S., & Bhadha, B. R. (2002). East meets West: Ethnic identity, acculturation, and conflict in East Indian families. *Journal of Family Psychology*, *16*(3), 338 - 350.

Fernald, A., & Morikawa, H. (1993). Common themes and cultural variation in Japanese and American mothers' speech to infants. *Child Development*, *64*, 637 - 656.

Fuligni, A. J., & Pedersen, S. (2002). Family obligation and the transition to young adulthood. *Developmental Psychology*, *38*(5), 856 - 868.

Fuligni, A. J., Tseng, V., & Lam, M. (1999). Attitudes toward family obligations among American adolescents with Asian, Latin American, and European backgrounds. *Child Development*, *70*(4), 1030 - 1044.

Fuligni, A. J., & Zhang, W. (2004). Attitudes toward family obligation among adolescents in contemporary urban and rural China. *Child Development*, *75*, 180 - 192.

Gabrielidis, C., Stephan, W. G., Ybarra, O., Pearson, V. M,, & Lucila, V. (1997). Preferred styles of conflict resolution: Mexico and the United States. *Journal of Cross-Cultural Psychology*, *28*(6), 661 - 677.

Gaertner, S. L., Dovidio, J. L., Nier, J. A., Ward, C. M., & Banker, B. S. (1999). Across cultural divides: The value of a superordinate identity. In D. A. Prentice & D. T. Miller (Eds.), *Cultural divides: Understanding and overcoming group conflict* (pp. 173 - 212). New York: Russell Sage Foundation.

Garcia Coll, C. T., Meyer, E., & Brillon, L. (1995). Ethnic and minority parenting. In M. H. Bornstein (Ed.), *Handbook of parenting: Vol.*

2. *Biology and ecology of parenting* (pp. 189 - 209). Hillsdale, NJ: Erlbaum.

Geary, J. P. (2001). *The Bridging Cultures project: A case study with middle school counselors*. Unpublished master's thesis, California State University, Northridge.

Georgas, J., van de Vijver, F. J. R., & Berry, J. W. (2004). The ecocultural framework, ecosocial indices, and psychological variables in cross-cultural research. *Journal of Cross-Cultural Psychology*, *35*, 74 - 96.

Girard, K., & Koch, S. J. (1996). *Conflict resolution in the schools: A manual for educators*. San Francisco: Jossey-Bass.

Gonzalez-Mena, J. (2001). *Multicultural issues in child care* (3rd ed.). Mountain View, CA: Mayfield.

Goodnow, J. J. (1988). Parents' ideas, actions, and feelings: Models and methods from developmental and social psychology. *Child Development*, *59*(2), 286 - 320.

Graves, N. B., & Graves, T. D. (1978, August). *Learning cooperation in a cooperative society: Implications for the classroom*. Paper presented at the annual meeting of the American Psychological Association, Toronto, Ontario, Canada.

Greenfield, P. M. (1966). On culture and conservation. In J. S. Bruner, R. R. Olver, & P. M. Greenfield (Eds.), *Studies in cognitive growth* (pp. 225 - 256). New York: Wiley.

Greenfield, P. M. (1994). Independence and interdependence as developmental scripts: Implications for theory, research, and practice. In P. M. Greenfield & R. R. Cocking (Eds.), *Cross cultural roots of minority child development* (pp. 1 - 37). Hillsdale, NJ: Erlbaum.

Greenfield, P. M. (1997). You can't take it with you: Why ability assessments don't cross cultures. *American Psychologist*, *52*, 1115 - 1124.

Greenfield, P. M. (2000). Culture and universals: Integrating social and cognitive development. In L. P. Nucci, G. B. Saxe, & E. Turiel (Eds.), *Culture, thought, and development* (pp. 231 - 277). Mahwah, NJ: Erlbaum.

Greenfield, P. M. (2004). *Weaving generations together: Evolving creativity in the Zinacantec Maya*. Santa Fe, NM: SAR Press.

Greenfield, P. M. (2005). Paradigms of cultural thought. In K. J. Holyoak & R. G. Morrison (Eds.), *Cambridge handbook of thinking and reasoning* (pp. 663 - 682). Cambridge, England: Cambridge University Press.

Greenfield, P. M., Brazelton, T. B., & Childs, C. (1989). From birth to maturity in Zinacantan: Ontogenesis in cultural context. In V. Bricker & G. Gossen (Eds.), *Ethnographic encounters in southern Mesoamerica: Celebratory essays in honor of Evon Z. Vogt* (pp. 177 - 216). Albany: Institute of Mesoamerica, State University of New York.

Greenfield, P. M., & Bruner, J. S. (1966). Culture and cognitive growth. *International Journal of Psychology*, *1*, 89 - 107.

Greenfield, P. M., & Cocking, R. R. (Eds.). (1994). *Cross-cultural roots of minority child development*. Hillsdale, NJ: Erlbaum.

Greenfield, P. M., Davis, H., Suzuki, L., & Boutakidis, I. (2002). Understanding intercultural relations on multiethnic high school sports teams. In M. Gatz, M. A. Messner, & S. Ball-Rokeach (Eds.), *Paradoxes of youth and sport* (pp. 141 - 157). Albany: State University of New York Press.

Greenfield, P. M., Keller, H., Fuligni, A., & Maynard, A. (2003). Cultural pathways through universal development. *Annual Review of Psychology*, *54*, 461 - 490.

Greenfield, P. M., & Lave, J. (1982). Cognitive aspects of informal education. In D. Wagner & H. Stevenson (Eds.), *Cultural perspectives on child development* (pp. 181 - 207). San Francisco: Freeman.

Greenfield, P. M., Maynard, A. E., & Childs, C. P. (2003). Historical change, cultural learning, and cognitive representation in Zinacantec Maya children. *Cognitive Development*, *18*, 455 - 487.

Greenfield, P. M., Quiroz, B., & Raeff, C. (2000). Cross-cultural conflict and harmony in the social construction of the child. In S. Harkness, C. Raeff, & C. M. Super (Eds.), *New directions in child development: Vol. 87. Variability in the social construction of the child* (pp. 93 - 108). San Francisco: Jossey-Bass.

Greenfield, P. M., Raeff, C., & Quiroz, B. (1996). Cultural values in learning and education. In B. Williams (Ed.), *Closing the achievement gap* (pp. 37 - 55). Alexandria, VA: Association for Curriculum Supervision.

Greenfield, P. M., & Suzuki, L. K. (1998). Culture and human development: Implications for parenting, education, pediatrics, and mental health. In W. Damon (Editor-in-Chief) & I. E. Sigel & K. A. Renninger (Vol. Eds.), *Handbook of child psychology: Vol. 4. Child psychology in practice* (5th ed., pp. 1059 - 1109). New York: Wiley.

Greenwald, A. G. (1980). The totalitarian ego: Fabrication and revision of personal history. *American Psychologist*, *37*(7), 603 - 618.

Gross, R., & Osterman, P. (Eds.). (1971). *Individualism: Man in modern society*. New York: Dell.

Grossmann, K., Grossmann, K. E., Spangler, G., Suess, G., & Unzner, L. (1985). Maternal sensitivity and newborns' orientation responses as related to quality of attachment in northern Germany. In I. Bretherton & E. Waters (Eds.), *Growing points of attachment theory and research: Monographs of the Society for Research in Child Development*, *50*(1/2, Serial No. 209).

Gutierrez J., & Sameroff, A. J. (1990). Determinants of complexity in Mexican-American and Anglo-American mothers' conceptions of child development. *Child Development*, *61*(2), 384 - 394.

Hanks, C., & Rebelsky, F. (1977). Mommy and the midnight visitor: A study of occasional co-sleeping. *Psychiatry*, *40*, 277 - 280.

Harkness, S. (1988). The cultural construction of semantic contingency in mother-child speech. *Language Sciences*, *10*(1), 53 - 67.

Harkness, S., & Super, C. M. (1982). Why African children are so hard to test. In L. L. Adler (Ed.), *Cross-cultural research at issue* (pp. 145 - 152). New York: Academic Press.

Harkness, S., & Super, C. (1996). *Parents' cultural belief systems: Their origins, expressions and consequences*. New York: Guilford Press.

Harkness, S., Super, C., & van Tijen, N. (2000). Individualism and the "Western mind" reconsidered: Parents' ethnotheories of the child. In S. Harkness, C. Raeff, & C. M. Super (Eds.), *New directions in child development: Vol. 87. Variability in the social construction of the child* (pp. 23 - 39). San Francisco: Jossey-Bass.

Harrison, A. O., Wilson, M. N., Pine, C. J., Chan, S. Q., & Buriel, R. (1990). Family ecologies of ethnic minority children. *Child Development*, *61*(2), 347 - 362.

Harwood, R., Miller, J., & Lucca Irizarry, N. (1995). *Culture and attachment: Perceptions of the child in context*. New York: Guilford Press.

Harwood, R. L. (1992). The influence of culturally derived values on Anglo and Puerto Rican mothers' perceptions of attachment behavior. *Child Development*, *63*(4), 822 - 839.

Harwood, R. L., Schoelmerich, A., Ventura-Cook, E., Schulze, P. A., & Wilson, S. P. (1996). Culture and class influences on Anglo and Puerto Rican mothers' beliefs regarding long-term socialization goals and child behavior. *Child Development*, *67*(5), 2446 - 2461.

Hayes, M. J., Roberts, S. M., & Stowe, R. (1996). Early childhood cosleeping: Parent-child and parent-infant nighttime interactions. *Infant Mental Health Journal*, *17*(4), 348 - 357.

Heine, S. J., Kitayama, S., & Lehman, D. R. (2001). Cultural differences in self-evaluation: Japanese readily accept negative self-relevant information. *Journal of Cross-Cultural Psychology*, *32*, 434 - 443.

Heine, S. J., & Lehman, D. R. (1997). The cultural construction of self-enhancement: An examination of group-serving bias. *Journal of Personality and Social Psychology*, *72*(6), 1268 - 1283.

Hewlett, B. S., & Lamb, M. E. (2002). Integrating evolution, culture and developmental psychology: Explaining caregiver-infant proximity and responsiveness in central Africa and the USA. In H. Keller, Y. Portinga, & A. Scholmerich (Eds.), *Between culture and biology: Perspectives on ontogenetic development* (pp. 241 - 269). New York: Cambridge University Press.

Hewlett, B. S., Lamb, M. E., Shannon, D., Leyendecker, B., & Schölmerich, A. (1998). Culture and early infancy among central African foragers and farmers. *Developmental Psychology*, *34*(4), 653 - 661.

Higgins, A., Power, C., & Kohlberg, L. (1984). The relationship of moral atmosphere to judgments of responsibility. In W. M. Kurtiness & J. L. Gewirtz (Eds.), *Morality, moral behavior, and moral development* (pp. 74 - 106). New York: Wiley.

Ho, D. Y. F. (1994). Cognitive socialization in Confucian heritage cultures. In P. M. Greenfield & R. R. Cocking (Eds.), *Cross-cultural roots of minority child development* (pp. 285 - 313). Hillsdale, NJ: Erlbaum.

Hofstede, G. (1991). *Software of the mind*. New York: McGraw-Hill.

Hofstede, G. (2001). *Culture's consequences: Comparing values, behaviors, institutions, and organizations across nations* (2nd ed.). Thousand Oaks, CA: Sage.

Holt, E. (1957). *How children fail*. New York: Dell.

Janoff-Bulman, R., & Leggatt, H. K. (2002). Culture and social obligation: When "shoulds" are perceived as "wants." *Journal of Research in Personality*, *36*(3), 260 - 270.

Jose, P. E., Huntsinger, C. S., Huntsinger, P. R., & Liaw, F.-R. (2000). Parental values and practices relevant to young children's social development in Taiwan and the United States. *Journal of Cross-Cultural Psychology*, *31*(6), 677 - 702.

Kagan, S., & Madsen, M. C. (1972). Rivalry in Anglo-American and Mexican children of two ages. *Journal of Personality and Social Psychology*, *24*(2), 214 - 220.

Kagitçibasi, Ç. (1996). *Family and human development across cultures: A view from the other side*. Mahwah, NJ: Erlbaum.

Kagitçibasi, Ç., & Ataca, B. (2005). Value of children, family, and self: A 3-decade portrait from Turkey. *Applied Psychology: An International Review*, *543*, 317 - 337.

Kawakami, K. (1987, July). *Comparison of mother-infant relationships in Japanese and American families*. Paper presented at the meeting of the International Society for the Study of Behavioral Development, Tokyo, Japan.

Keller, H. (2002). The role of development for understanding the biological basis of cultural learning. In H. Keller, Y. H. Poortinga, & A. Schoelmerich (Eds.), *Between culture and biology* (pp. 213 - 240). Cambridge: Cambridge University Press.

Keller, H., & Lamm, B. (in press). Parenting as the expression of sociohistorical time: The case of German individualism. *International Journal of Behavioral Development*.

Keller, H., Miranda, D., & Gauda, G. (1984). The naive theory of the infant and some maternal attitudes: A two-country study. *Journal of Cross-Cultural Psychology*, *15*, 165 - 179.

Keller, H., Papaligoura, Z., Kuensemueller, P., Voelker, S., Papaeliou, C., Lohaus, A., et al. (2003). Concepts of mother-infant interaction in Greece and Germany. *Journal of Cross-Cultural Psychology*, *34* (6), 677 - 689.

Keller, H., Voelker, S., & Yovsi, R. D. (in press). Conceptions of good parenting in Cameroonian Nso and northern Germans. *Social Development*.

Keller, H., Zach, U., & Abels, M. (2002). The German family: Families in Germany. In J. Roopnarine (Ed.), *Families across cultures* (pp. 24 - 258). Boston: Ally & Bacon.

Kernan, C. L., & Greenfield, P. M. (2005). *Becoming a team: Individualism, collectivism, and group socialization in Los Angeles girls' basketball*. Unpublished manuscript.

Killen, M., & Wainryb, C. (2000). Independence and interdependence in diverse cultural contexts. In S. Harkness, C. Raeff, & C. M. Super (Eds.), *New directions in child development: Vol. 87. Variability in the social construction of the child* (pp. 5 - 21). San Francisco: Jossey-Bass.

Kim, U. (1996). Seminar presented to the Deptartment of Psychology, University of California, Los Angeles.

Kim, U., & Berry, J. W. (1993). Indigenous psychologies: Research and experience in cultural context. *Cross-Cultural Research and Methodologies Series*, *17*. Newbury Park, CA: Sage.

Kim, U., & Choi, S. H. (1994). Individualism, collectivism, and child development. In P. M. Greenfield & R. R. Cocking (Eds.), *Cross-cultural roots of minority child development* (pp. 227 - 258). Hillsdale, NJ: Erlbaum.

Kitayama, S., Markus, H. R., & Lieberman, C. (1995). The collective construction of self esteem: Implications for culture, self, and emotion. In J. Russell, J. Wellenkamp, T. Manstead, & J. M. F. Dols (Eds.), *Everyday conceptions of emotions* (pp. 523 - 550). Dordrecht, The Netherlands: Kluwer Academic.

Kitayama, S., Markus, H. R., Matsumoto, H., & Norasakkunkit, V. (1997). Individual and collective processes in the construction of the self: Self-enhancement in the United States and selfcriticism in Japan. *Journal of Personality and Social Psychology*, *72*(6), 1245 - 1267.

Konner, M. (1982). *The tangled wing: Biological constraints on the human spirit*. New York: Holt, Rinehart and Winston.

Konner, M. J., & Worthman, C. (1980). Nursing frequency, gonadal function and birth-spacing among !Kung hunters and gatherers. *Science*, *207*, 788 - 791.

Lamb, M., & Sternberg, K. J. (1990). Do we really know how daycare affects children? *Journal of Applied Developmental Psychology*, *11*, 351 - 379.

Lave, J., & Wenger, E. (1991). *Situated learning: Legitimate peripheral participation*. New York: Cambridge University Press.

Lebra, T. (1994). Mother and child in Japanese socialization: A Japan-U.S. comparison. In P. M. Greenfield & R. R. Cocking (Eds.), *Cross-cultural roots of minority child development* (pp. 259 - 274). Hillsdale, NJ: Erlbaum.

Leung, K. (1988). Some determinants of conflict avoidance. *Journal of Cross-Cultural Psychology*, *19*, 125 - 136.

Leung, K., Lau, S., & Lam, W. L. (1998). Parenting styles and academic achievement: A cross-cultural study. *Merrill-Palmer Quarterly*, *44*, 157 - 172.

Levine, R., & Uleman, J. S. (1979). Perceived locus of control, chronic self-esteem, and attributions to success and failure. *Journal of Personality and Social Psychology*, *5*, 69 - 72.

LeVine, R. A. (1977). Child rearing as cultural adaptation. In P. H. Leiderman, S. R. Tulkin, & A. Rosenfeld (Eds.), *Culture and infancy: Variations in the human experience* (pp. 15 - 27). New York: Academic Press.

LeVine, R. A. (1988). Human and parental care: Universal goals, cultural strategies, individual behavior. In R. A. Levine, P. M. Miller, & M. M. West (Eds.), *Parental behavior in diverse societies: New directions for child development*, *40* (pp. 3 - 12). San Francisco: Jossey-Bass.

LeVine, R. A. (1994, July). *Culture and infant-mother attachment*. Paper presented at the International Society for the Study of Behavioral Development, Amsterdam.

LeVine, R. A., Dixon, S., LeVine, S., Richman, A., Leiderman, P., Keefer, C., et al. (1994). *Child care and culture: Lessons from Africa*. Cambridge, England: Cambridge University Press.

Levine, R. V., Norenzayan, A., & Philbrick, K. (2001). Cross-cultural differences in helping strangers. *Journal of Cross-Cultural Psychology*, *32*(5), 543 - 560.

Lewis, C. (1984). Cooperation and control in Japanese nursery schools. *Comparative Education Review*, *28*, 69 - 84.

Lozoff, B., Wolf, A., & Davis, N. (1984). Cosleeping in urban families with young children in the United States. *Pediatrics*, *74*(2), 171 - 182.

Madsen, M. C. (1967). Cooperative and competitive motivation of children in three Mexican subcultures. *Psychological Reports*, *20*, 1307 - 1320.

Madsen, M. C. (1971). Developmental and cross-cultural differences in the cooperative and competitive behavior of young children. *Journal of Cross-Cultural Psychology*, *2*(4), 365 - 371.

Madsen, M. C., & Lancy, D. F. (1981). Cooperative and competitive behavior: Experiments related to ethnic identity and urbanization in Papua New Guinea. *Journal of Cross-Cultural Psychology*, *12*(4), 389 - 408.

Main, M., & Weston, D. (1982). Avoidance of the attachment figure in infancy: Descriptions and interpretations. In J. Stevenson-Hinde & C. Murray Parkes (Eds.), *The place of attachment in human infancy* (pp. 31 - 59). New York: Basic Books.

Markus, H., & Kitayama, S. (1991). Culture and the self: Implications for cognition, emotion, and motivation. *Psychological Review*, *98*(2), 224 - 253.

Maynard, A., Greenfield, P. M., & Childs, C. P. (1999). Culture, history, biology, and body: How Zinacantec Maya learn to weave. *Ethos*, *27*, 379 - 402.

Maynard, A. E. (2002). Cultural teaching: The development of teaching skills in Zinacantec Maya sibling interactions. *Child Development*, *73*(3), 969 - 982.

McGillicuddy-DeLisi, A. V., & Sigel, I. E. (1995). Parental beliefs. In M. H. Bornstein (Ed.), *Handbook of parenting: Vol. 3. Status and social conditions of parenting* (pp. 333 - 358). Hillsdale, NJ: Erlbaum.

McKenna, J. J. (1986). An anthropological perspective on the sudden infant death syndrome (SIDS): The role of parental breathing cues and speech breathing adaptations. *Medical Anthropology*, *10*(1), 9 - 92.

McKenna, J. J., & Mosko, S. S. (1994). Sleep and arousal, synchrony and independence, among mothers and infants sleeping apart and together (same bed): An experiment in evolutionary medicine. *Acta Paediatric Supplement*, *397*, 94 - 102.

McKenna, J. J., Thoman, E. B., Anders, T. F., Sadeh, A., Schectman, V. L., & Glotzbach, S. F. (1993). Infant-parent co-sleeping in an evolutionary perspective: Implication for understanding infant sleep development in the sudden infant death syndrome. *Sleep*, *16*(3), 263 - 282.

Miller, J. G. (1994). Cultural diversity in the morality of caring: Individually oriented versus duty-based interpersonal moral codes. *Cross-Cultural Research*, *28*(1), 3 - 39.

Miller, J. G. (1995, April). Discussion. In C. Raeff (Chair), *Individualism and collectivism as cultural contexts for developing different modes of independence and interdependence*. Symposium conducted at the meeting of the Society for Research in Child Development, Indianapolis, IN.

Miller, J. G., & Bersoff, D. M. (1992). Culture and moral judgment: How are conflicts between justice and interpersonal responsibilities resolved? *Journal of Personality and Social Psychology*, *62*(4), 541 - 554.

Miller, J. G., & Bersoff, D. M. (1998). The role of liking in perceptions of the moral responsibility to help: A cultural perspective. *Journal of Experimental Social Psychology*, *34*(5), 443 - 469.

Miller, J. G., Bersoff, D. M., & Harwood, R. L. (1990). Perceptions of social responsibilities in India and in the United States: Moral imperatives or personal decisions? *Journal of Personality and Social Psychology*, *58*(1), 33 - 47.

Mistry, J., & Rogoff, B. (1994). Remembering in cultural context. In

W. J. Lonner & R. S. Malpass (Eds.), *Psychology and culture* (pp. 139 - 144). Boston: Allyn & Bacon.

Miyake, K., Chen, S., & Campos, J. J. (1985). Infant temperament, mother's mode of interaction, and attachment in Japan: An interim report. In I. Bretherton & E. Waters (Eds.), *Growing points in attachment theory and research: Monographs of Cross-Cultural Human Development*, *50* (1/2, Serial No. 209).

Morelli, G. A., Rogoff, B., Oppenheim, D., & Goldsmith, D. (1992). Cultural variation in infants' sleeping arrangements: Questions of independence. *Developmental Psychology*, *28* (4), 604 - 613.

Mullen, B., & Riordan, C. A. (1988). Self-serving attribution in naturalistic settings: A meta-analytic review. *Journal of Applied Social Psychology*, *18*, 3 - 22.

Mundy-Castle, A. C. (1974). Social and technological intelligence in Western and non-Western cultures. *Universitas*, *4*, 46 - 52.

Munroe, R. L., & Munroe, R. H. (1994). *Cross-cultural human development*. Prospect Heights, IL: Waveland Press.

Munroe, R. L., Munroe, R. H., & Whiting, J. W. M. (1981). Male sex-role resolutions. In R. H. Munroe, R. L. Munroe, & B. B. Whiting (Eds.), *Handbook of cross-cultural human development* (pp. 611 - 632). New York: Garland.

Muto, T., Kubo, Y., & Oshima-Takane, Y. (1980). Why don't Japanese ask questions? *Japanese Psychological Review* (*Shinrigaku Hyouron*), *23*, 71 - 88.

National Association for the Education of Young Children. (2005). *Where we stand: Many languages, many cultures — Respecting and responding to diversity*. Retrieved October 31, 2005, from http://www. naeyc. org/about/positions/pdf/diversity .pdf # xml = http://naeychq. naeyc. org/texis/search/pdfhi. txt? quer y = multicultural & pr = naeyc & prox = sentence & rorder = 750 & rprox = 500 & rdfreq = 1000 & rwfreq = 1000 & rlead = 1000 & sufs = 2 & order = r & cq = & id = 42ea28367.

Nsamenang, A. B. (1987). A West African perspective. In M. E. Lamb (Ed.), *The father's role: Cross-cultural perspectives* (pp. 273 - 293). Hillsdale, NJ: Erlbaum.

Nsamenang, A. B. (1992). *Human development in cultural context: A Third World perspective*. Newbury Park, CA: Sage.

Nsamenang, A. B., & Lamb, M. E. (1994). Socialization of Nso children in the Bamenda grassfields of northwest Cameroon. In P. M. Greenfield & R. R. Cocking (Eds.), *Cross-cultural roots of minority child development* (pp. 133 - 146). Hillsdale, NJ: Erlbaum.

Nugent, J. K. (1994). Cross-cultural studies of child development: Implications for clinicians. *Zero to Three*, *15* (2), 1, 3 - 8.

Nunner-Winkler, G. (1984). Two moralities? A critical discussion of an ethic of care and responsibility versus an ethic of rights and justice. In W. M. Kurtiness & J. L. Gewirtz (Eds.), *Morality, moral behavior, and moral development* (pp. 348 - 361). New York: Wiley.

Ochs, E., & Schieffelin, B. B. (1984). Language acquisition and socialization: Three developmental stories and their implications. In R. Shweder & R. LeVine (Eds.), *Culture theory: Essays on mind, self, and emotion* (pp. 276 - 320). Cambridge, England: Cambridge University Press.

Ogbu, J. U. (1994). From cultural differences to differences in cultural frame of reference. In P. M. Greenfield & R. R. Cocking (Eds.), *Cross-cultural roots of minority child development* (pp. 365 - 391). Hillsdale, NJ: Erlbaum.

Ogunnaike, O. A., & Houser, R. F. (2002). Yoruba toddlers' engagement in errands and cognitive performance on the Yoruba Mental Subscales. *International Journal of Behavioral Development*, *26* (2), 145 - 153.

Oloko, B. A. (1993). Children's street work in urban Nigeria: Dilemma of modernizing tradition. *Journal of Behavioral Development*, *16*, 465 - 482.

Oloko, B. A. (1994). Children's street work in urban Nigeria: Dilemma of modernizing tradition. In P. M. Greenfield & R. R. Cocking (Eds.), *Cross-cultural roots of minority and child development* (pp. 197 - 224). Hillsdale, NJ: Erlbaum.

Osako, M. M., & Liu, W. T. (1986). Intergenerational relations and the aged among Japanese Americans. *Research on Aging*, *8* (1), 128 - 155.

Palacios, J., & Moreno, M. C. (1996). Parents' and adolescents' ideas on children: Origins and transmission of intracultural diversity. In S. Harkness & C. M. Super (Eds.), *Parents' cultural belief systems: Their origins, expressions and consequences* (pp. 215 - 253). New York: Guilford Press.

Philips, S. U. (1972). Participant structures and communicative competence: Warm Springs children in community and classroom. In C. B. Cazden, V. P. John, & D. Hymes (Eds.), *Functions of language in the classroom* (pp. 370 - 394). New York: Teachers College Press.

Posada, G., & Jacobs, A. (2001). Child-mother attachment relationships and culture. *American Psychologist*, *56* (10), 821 - 822.

Quiroz, B., Greenfield, P. M., & Altchech, M. (1999). Bridging cultures with a parent-teacher conference. *Educational Leadership*, *56* (7), 68 - 70.

Rabain, J. (1979). *L'enfant du lignage*. Paris: Payot.

Rabain-Jamin, J. (1994). Language and socialization of the child in African families living in France. In P. M. Greenfield & R. R. Cocking (Eds.), *Cross-cultural roots of minority child development* (pp. 147 - 166). Hillsdale, NJ: Erlbaum.

Rabain-Jamin, J., Maynard, A. E., & Greenfield, P. M. (2003). Implications of sibling caregiving for sibling relations and teaching interactions in two cultures. *Ethos*, *31*, 204 - 231.

Rabain-Jamin, J., & Sabeau-Jouannet, E. (1997). Maternal speech to 4-month-old infants in two cultures: Wolof and French. *International Journal of Behavioral Development*, *20*, 425 - 451.

Raeff, C., Greenfield, P. M., & Quiroz, B. (2000). Conceptualizing interpersonal relationships in the cultural contexts of individualism and collectivism. In S. Harkness, C. Raeff, & C. M. Super (Eds.), *New directions in child development: Vol. 87. Variability in the social construction of the child* (pp. 59 - 74). San Francisco: Jossey-Bass.

Rao, N., McHale, J. P., & Pearson, E. (2003). Links between socialization goals and child-rearing practices in Chinese and Indian mothers. *Infant and Child Development*, *12*, 475 - 492.

Reese, L., Balzano, S., Gallimore, R., & Goldenberg, C. (1995). The concept of educación: Latino family values and American schooling. *International Journal of Educational Research*, *23* (1), 57 - 81.

Restak, R. (1979). *The brain*. New York: Doubleday.

Richman, A. L., Miller, P. M., & Johnson Solomon, M. (1988). The socialization of infants in suburban Boston. In R. A. LeVine, P. M. Miller, & M. West (Eds.), *Parental behavior in diverse societies* (pp. 65 - 74). San Francisco: Jossey-Bass.

Rogoff, B. (1990). *Apprenticeship in thinking: Cognitive development in social context*. Oxford, England: Oxford University Press.

Rogoff, B. (2003). *The cultural nature of human development*. New York: Oxford University Press.

Rogoff, B., Paradise, R., Arauz, R., Correa-Chavez, M., & Angelillo, C. (2003). Firsthand learning through intent participation. *Annual Review of Psychology*, *54*, 175.

Rohner, R. P., & Pettengill, S. M. (1985). Perceived parental acceptance-rejection and parental control among Korean adolescents [Special issue]. *Child Development*, *56*, 524 - 528.

Roopnarine, J. L., & Lamb, M. E. (1978). The effects of daycare on attachment and exploratory behavior in a Strange Situation. *Merrill-Palmer Quarterly*, *24*, 85 - 95.

Roopnarine, J. L., & Lamb, M. E. (1980). Peer and parent-child interaction before and after enrollment in nursery school. *Journal of Applied Developmental Psychology*, *1*, 77 - 81.

Rothbaum, F., Weisz, J., Pott, M., Miyake, K., & Morelli, G. (2000). Attachment and culture: Security in the United States and Japan. *American Psychologist*, *55* (10), 1093 - 1104.

Rothbaum, F., Weisz, J., Pott, M., Miyake, K., & Morelli, G. (2001). Deeper into attachment and culture. *American Psychologist*, *56* (10), 827 - 829.

Rothstein-Fisch, C. (2004, February). *Bridging cultures in early care and education*. Workshop presented at the annual Birth to Three Institute, Baltimore.

Rothstein-Fisch, C., Greenfield, P. M., & Trumbull, E. (1999). Bridging Cultures with classroom strategies. *Educational Leadership*, *56* (7), 64 - 67.

Rothstein-Fisch, C., Trumbull, E., Daley, C., Mercado, G., & Perez, A. I. (2003, April). *Classroom management reconsidered: Building on students' cultural strengths*. Paper presented at the American Educational Research Association, Chicago.

Rothstein-Fisch, C., Trumbull, E., & Greenfield, P. M. (in press). *Reconceptualizing classroom management: Building on students' cultural strengths*. Washington, DC: Association for Supervision and Curriculum Development.

Rothstein-Fisch, C., Trumbull, E., Isaac, A., Daley, C., & Perez, A. I. (2003). When "helping someone else" is the right answer: Bridging cultures in assessment. *Journal of Latinos and Education*, *2*, 123 - 140.

Rothstein-Fisch, C., Trumbull, E., Quiroz, B., & Greenfield, P. M. (1997, June). *Bridging cultures in the schools*. Poster session presented at the Jean Piaget Society Conference, Santa Monica, CA.

Rudy, D., & Grusec, J. E. (2001). Correlates of authoritarian parenting in individualist and collectivist cultures and implications for understanding the transmission of values. *Journal of Cross-Cultural Psychology*, *32*(2), 202 - 212.

Sanchez Medina, J. A., Lozano, V. M., & Goudena, P. P. (2001). Conflict management in pre-schoolers: A cross-cultural perspective. *International Journal of Early Years Education*, *9*(2), 153 - 160.

Saraswathi, T. S. (1999). *Culture, socialization, and human development: Theory, research, and applications in the Indian setting*. Thousand Oaks, CA: Sage.

Saraswathi, T. S., & Pai, S. (1997). Socialization in the Indian context. In H. S. R. Kao (Ed.), *Asian perspectives on psychology* (pp. 74 - 92). Thousand Oaks, CA: Sage.

Saxe, G. B. (1991). *Culture and cognitive development*. Hillsdale, NJ: Erlbaum.

Schachter, F. F., Fuchs, M. L., Bijur, P. E., & Stone, R. (1989). Cosleeping and sleep problems in Hispanic-American urban young children. *Pediatrics*, *84*, 522 - 530.

Schneider, B., Hieshima, J. A., Lee, S., & Plank, S. (1994). Continuities and discontinuities in the cognitive socialization of Asian-oriented children: The case of Japanese Americans. In P. M. Greenfield & R. R. Cocking (Eds.), *Cross-cultural roots of minority child development* (pp. 323 - 350). Hillsdale, NJ: Erlbaum.

Schroen, C. (1995, May). *Is it child abuse? Toward a multi-cultural field guide for social workers*. Paper presented at the UCLA Undergraduate Psychology Conference, Los Angeles.

Scribner, S. (1985). Vygotsky's uses of history. In J. Wertsch (Ed.), *Culture, communication, and cognition: Vygotskian perspectives* (pp. 119 - 145). New York: Cambridge University Press.

Scribner, S., & Cole, M. (1973). Cognitive consequences of formal and informal education. *Science*, *182*, 553 - 559.

Scribner, S., & Cole, M. (1981). *The psychology of literacy*. Cambridge, MA: Harvard University Press.

Shapira, A., & Madsen, M. C. (1969). Cooperative and competitive behavior of kibbutz and urban children in Israel. *Child Development*, *40*(2), 609 - 617.

Shweder, R., Jensen, L., & Goldstein, W. (1995). Who sleeps by whom revisited: A method for extracting the moral goods implicit in practice. In J. Goodnow, P. Miller, & F. Kessel (Eds.), *New directions for child development: Vol. 67. Cultural practices as contexts for development* (pp. 21 - 39). San Francisco: Jossey-Bass.

Shweder, R. A., Goodnow, J., Hatano, G., LeVine, R. A., Markus, H., & Miller, P. (1998). The cultural psychology of development: One mind, many mentalities. In W. Damom (Editor-in-Chief) & R. M. Lerner (Vol. Ed.), *Handbook of childpsychology: Vol. 1. Theoretical models of human development* (5th ed., pp. 865 - 937). New York: Wiley.

Shweder, R. A., Mahapatra, M., & Miller, J. G. (1990). Culture and moral development. In J. W. Stigler, R. A. Shweder, & G. Herdt (Eds.), *Cultural psychology: Essays of comparative human development* (pp. 130 - 203). Cambridge, England: Cambridge University Press.

Sigel, I. E. (Ed.). (1985). *Parental belief systems: The psychological consequences for children*. Hillsdale, NJ: Erlbaum.

Sigel, I. E., McGillicuddy-DeLisi, A. V., & Goodnow, J. J. (Eds.). (1992). *Parental belief systems: The psychological consequences for children* (2nd ed.). Hillsdale, NJ: Erlbaum.

Smaldino, C. (1995). Tossing and turning over "crying it out." *Mothering*, *74*, 32 - 37.

Spock, B. (1976). *Baby and child care*. New York: Pocket Books.

Stigler, J. W., & Perry, M. (1988). Mathematics learning in Japanese, Chinese, and American classrooms. In G. B. Saxe & M. Gearhart (Eds.), *Children's mathematics: Vol. 41. New directions of child development* (pp. 27 - 54). San Francisco: Jossey-Bass.

Suina, J. H. (1991, June/July). Discussion. In P. M. Greenfield & R. R. Cocking (Eds.), *Continuities and discontinuities in the cognitive socialization of minority children*. Proceedings of a workshop, Department of Health and Human Services, Public Health Service, Alcohol, Drug Abuse, and Mental Health Administration, Washington, DC.

Suina, J. H., & Smolkin, L. B. (1994). From natal culture to school culture to dominant society culture: Supporting transitions for Pueblo Indian students. In P. M. Greenfield & R. R. Cocking (Eds.), *Cross-cultural roots of minority child development* (pp. 115 - 130). Hillsdale, NJ: Erlbaum.

Sung, B. L. (1985). Bicultural conflicts in Chinese immigrant children. *Journal of Comparative Family Studies*, *16*, 255 - 269.

Sung, K.-T. (1990). A new look at filial piety: Ideals and practices of family-centered parent care in Korea. *Gerontologist*, *30*(5), 610 - 617.

Super, C., & Harkness, S. (1982). The infant's niche in rural Kenya and metropolitan America. In L. L. Adler (Ed.), *Cross-cultural research at issue* (pp. 47 - 55). New York: Academic Press.

Super, C., & Harkness, S. (1986). The developmental niche: A conceptualization at the interface of child and culture. *International Journal of Behavioral Development*, *9*(4), 545 - 569.

Suzuki, L. K. (2000). *The development and socialization of filial piety: A comparison of Asian Americans and Euro-Americans*. Unpublished doctoral dissertation, University of California, Los Angeles.

Suzuki, L. K., Davis, H. M., & Greenfield, P. M. (in press). Selfenhancement and self-effacement in reaction to praise and criticism: The case of multi-ethnic youth. In C. Mattingly & N. Lutkehaus (Eds.), *Psychology meets anthropology: Jerome Bruner and his inspiration*. New York: Palgrave Macmillan.

Suzuki, L. K., & Greenfield, P. M. (2002). The construction of everyday sacrifice in Asian Americans and European Americans: The roles of ethnicity and acculturation. *Cross Cultural Research*, *36*(3), 200 - 228.

Takahashi, K. (1990). Are the key assumptions of the "Strange Situation" procedure universal? A view from Japanese research. *Human Development*, *33*, 23 - 30.

Tapia Uribe, F., LeVine, R. A., & LeVine, S. E. (1994). Maternal behavior in a Mexican community: The changing environments of children. In P. M. Greenfield & R. R. Cocking (Eds.), *Cross-cultural roots of minority child development* (pp. 41 - 54). Hillsdale, NJ: Erlbaum.

Tobin, J., Wu, D., & Davidson, D. (1989). *Preschool in three cultures: Japan, China, and the United States*. New Haven, CT: Yale University Press.

Toupin, E. A. (1980). Counseling Asians: Psychotherapy in context of racism and Asian American history. *American Journal of Orthopsychiatry*, *50*, 76 - 86.

Triandis, H. C., Bontempo, R., Villareal, M., Asai, M., & Lucca, M. (1988). Individualism and collectivism: Cross-cultural perspectives on self in-group relationships. *Journal of Personality and Social Psychology*, *54*, 323 - 338.

Trommsdorff, G., & Nauck, B. (Eds.). (2005). Factors influencing value of children and intergenerational relations in times of social change: Analyses from psychological and socio-cultural perspectives. *Applied Psychology: An International Review*, *543*(3), 317 - 337.

Trumbull, E. (2000). Avoiding bias in grading systems. In E. Trumbull & B. Farr (Eds.), *Grading and reporting student progress in an age of standards* (pp. 105 - 127). Norwood, MA: Christopher-Gordon.

Trumbull, E., Diaz-Meza, R., Hasan, A., & Rothstein-Fisch, C. (2000). *The Bridging Cultures 5 year report (1996 - 2000)*. San Francisco: WestEd.

Trumbull, E., Rothstein-Fisch, C., & Greenfield, P. M. (1999). *Bridging Cultures in our schools: New approaches that work* (Knowledge Brief). San Francisco: WestEd.

Trumbull, E., Rothstein-Fisch, C., Greenfield, P. M., & Quiroz, B. (2001), *Bridging Cultures between home and school: A guide for teachers*. Mahwah, NJ: Erlbaum.

Trumbull, E., Rothstein-Fisch, C., & Hernandez, E. (2003). Parent in-volvement in schooling: According to whose values? *School Community Journal*, *13*, 45 - 72.

Tseng, W. S. (1973). The concept of personality in Confucian thought. *Psychiatry*, *36*, 191 - 202.

Valdés, G. (1997). *Con respeto: Bridging the distances between culturally diverse families and schools — An ethnographic portrait*. New York: Teachers College Press.

van IJzendoorn, M. H., & Kroonenberg, P. (1988). Cross-cultural patterns of attachment: A meta-analysis of the Strange Situation. *Child Development*, *59*, 147 - 156.

Vygotsky, L. S. (1962). *Thought and language*. Cambridge, MA: MIT Press.

Wainryb, C. (1995). Reasoning about social conflicts in different cultures: Druze and Jewish children in Israel. *Child Development*, *66*(2), 390 - 401.

Wainryb, C., & Turiel, E. (1994). Dominance, subordination, and concepts of personal entitlements in cultural contexts. *Child Development*, *65*(6), 1701 - 1722.

Wang, S., & Tamis-LeMonda, C. S. (2003). Do child-rearing values in Taiwan and the United States reflect cultural values of collectivism and individualism? *Journal of Cross-Cultural Psychology*, *34*, 661 - 677.

Weisner, T. S. (1984). Ecocultural niches of middle childhood: A cross-cultural perspective. In W. A. Collins (Ed.) *Development during middle childhood: The years from 6 to 12* (pp. 335 - 369). Washington, DC: National Academy of Science Press.

Weisner, T. S. (2000). Culture, childhood, and progress in sub-Saharan

Africa. In L. E. Harrison & S. P. Huntington (Eds.), *Culture matters* (pp. 141 - 157). New York: Basic Books.

Weisner, T., Bausano, M., & Kornfein, M. (1983). Putting family ideals into practice: Pronaturalism in conventional and nonconventional California families. *Ethos*, *11*(4), 278 - 304.

Wertsch, J. V. (1985). *Vygotsky and the social formation of mind*. Cambridge, MA: Harvard University Press.

Whiting, B., & Edwards, C. (1988). *Children of different worlds: The formation of social behavior*. Cambridge, MA: Harvard University Press.

Whiting, B. B., & Whiting, J. W. M. (1975). *Children of six cultures*. Cambridge, MA: Harvard University Press.

Whiting, J. W. M., & Whiting, B. B. (1994). Altruistic and egoistic behavior in six cultures. In E. H. Chasdi (Ed.), *Culture and human development: The selected papers of John Whiting* (pp. 267 - 281). New York: Cambridge University Press. (Original work published 1973)

Yeh, K.-H., & Bedford, O. (2003). A test of the dual filial piety model. *Asian Journal of Social Psychology*, *6*, 215 - 228.

Yoshida, T., Kojo, K., & Kaku, H. (1982). A study on the development of self-presentation in children. *Japanese Journal of Educational Psychology*, *30*, 30 - 37.

Yovsi, R. D. (2001). *Ethnotheories about breastfeeding and motherinfant interaction: The case of sedentary Nso farmers and nomadic Fulani pastorals with their infants 3 to 6 months of age in Mbvein subdivision of the northwest province of Cameroon, Africa*. Unpublished doctoral dissertation, University of Oanabrueck, Germany.

Yovsi, R. D., & Keller, H. (2003). Breastfeeding: An adaptive process. *Ethos*, *31*, 147 - 171.

Zempleni-Rabain, J. (1973). Food and the strategy involved in learning fraternal exchange among Wolof children. In P. Alexandre (Ed.), *French perspectives in African studies* (pp. 221 - 233). London: Oxford University Press.

Zepeda, M., Gonzalez-Mena, J., Rothstein-Fisch, C., & Trumbull, E. (in press). *Bridging cultures in early care and education module*. Mahwah, NJ: Erlbaum.

Zukow, P. G. (1989). *Sibling interactions across cultures: Theoretical and methodological issues*. New York: Springer-Verlag.

第18章

儿童期贫困,反贫困政策及其实行

VONNIE C. MCLOYD、NIKKIL. AIKENS和LINDA M. BURTON

虽然贫富分化是资本主义的必然结果,但美国还是很重视贫困及其带来的问题。从殖民时期开始,美国社会就一直热衷于采取一些革新政策或干预措施试图缩小贫困带来的影响,减轻人们的损失(Demos, 1986; Schlossman, 1976)。这些干预措施大多是直接干预儿童本身或间接干预儿童的父母,因为美国人认为贫困是代际传递的,打破这种传递最好的办法就是改变那些处于贫困状态的儿童(de Lone, 1979)。在美国,公众普遍认可影响贫困的核心因素是个体缺乏动机、不能作出正确选择和自身各种能力的不足(Bobo, 2001; Haller, Hollinger, & Raubal, 1990),所以早期改变贫困个体的努力主要是尝试改变那些可能导致贫困的个体行为和个性特征,而很少关注导致贫困的环境因素和社会弊端。

这种模式持续了很长时间,直到过去的15年美国政府才作了一些政策上的调整,虽然这种调整并没有从源头上解决就业不公的社会问题,但却提高了人们从事低收入工作的回报(Greenberg et al., 2002)。其中最引人注目的是工作所得税收扣除条例的推广(Earned

Income Tax Credit, EITC),该条例旨在减免低收入者的社会保障税,为低收入者提供补助,并在提供福利的同时提供就业机会(Bos et al., 1999)。与其他政府条例相比,EITC帮助更多家庭摆脱了贫困。2002年,包括2.7万儿童在内的480万贫困人口在联邦EITC条例的扶持下成功摆脱了贫困。在帮助单身母亲就业上,EITC也取得了一定成效(Llobrera & Zahradnik, 2004)。尽管如此,仍有大量在职工人,包括许多全职工人处于贫困中(U. S. Census Bureau, 2003)。2002年的调查结果显示,在490万父母非退休、非伤残且有子女的贫困家庭中,66%的家庭至少有一方父母在工作(Llobrera & Zahradnik, 2004)。与白人相比,非洲裔和西班牙裔的美国人,包括儿童,更容易陷入贫困,即使他们的家庭中有人做全职的工作(Iceland, 1998)。

701

20世纪80年代初,贫困儿童数量激增,90年代末贫困儿童比例居高不下,这引起了学者对贫困儿童和贫困家庭问题的重视,大量的报告和期刊中针对贫困的专题反映出这种趋势。这些学术研究包括:不同反贫困项目的效果(Barnett, 1995; Olds & Kitzman, 1993; St. Pierre, Layzer, & Barnes, 1995)、对贫困和经济压力给儿童发展带来的不利影响起到中介或缓和作用的过程(Duncan & Brooks-Gunn, 1997; Huston, Garcia Coll, & Mcloyd, 1994; Korbin, 1992)、贫困作为环境变量和动态过程对儿童发展的影响(Duncan & Brooks-Gunn, 1997),以及贫困儿童与家庭研究成果在具体政策实施中的应用(Danziger & Danziger, 1995)。目前,贫困问题仍受到学者关注(Arnold & Doctoroff, 2003; Bradley & Corwyn, 2002)。但近年来研究者开始关注一个新领域,即评估福利制度改革和不同福利、就业政策对贫困儿童生活质量产生的影响(Chase-Lansdale et al., 2003; Morris, Bloom, Kemple, & Hendra, 2003; Morris, Huston, Duncan, Crosby, & Bos, 2001)。这些研究受到了1996年"个人责任和工作机会协调法案"(Personal Responsibility and Work Opportunity Reconciliation Act, PRWORA)的启发,即强调在造成贫困的因素中,个体责任与就业机会共同的影响。出台该法案意在探索如何把实行和验收福利改革措施的权力由联邦向各州下放。

本章主要阐释以下两方面的主要内容及两者之间的动态关系,一方面是针对贫困儿童及其家庭的政策、计划,另一方面是儿童发展领域的理论和实证研究。主要讨论美国的情况,但也会提供其他国家的数据来了解它们所实施的不同于美国的反贫困政策及其给儿童经济状况带来的改变。虽然在这里主要讨论儿童发展的理论和实证研究对贫困儿童政策和项目的影响,但仍要指出,把两者之间的关系看作双向的更为合适。

首先,我们认为发展理论和研究在制定反贫困政策中所起的更多是支持而非引领的作用。对贫困家庭和儿童的社会政策起主要推动作用的是政治和社会因素,而不是发展理论和研究。对于政策和项目的制定、实施来说,研究既不是先决条件,也不是充分条件。那些被研究者证明效果不明显(如Learnfare; Quinn & Magill, 1994)却仍在执行的反贫困政策比比皆是。相反,很多被研究证明有益于改善贫困儿童生活的试行措施(如20世纪60年代和70年代初试行的负向所得税制度)却没能得到广泛的采纳(Neubeck & Roach, 1981; Salkind & Haskins, 1982)。这种政策制定和研究之间的分歧常常反映了社会意识形态,尤其反映了公众关于应该如何对待贫困人口的主流观点。

另外,那些有可能对大批贫困儿童产生影响的联邦法案的施行很少参考儿童发展研究的结果和相关理论。《个人责任和工作机会协调法案》(PRWORA)和1988年的《家庭支持法案》(FSA)就是很好的例子。《家庭支持法案》旨在通过强制增加父母教育和职业训练的机会、加大已有儿童扶助政策的实施力度,从而为受到"儿童发展家庭补助"(AFDC)资助的家庭提供经济上自救的机会。这两个法案正是在对已有福利政策的争议中出台的,却也同已有政策一样,没有明确地定位于儿童发展需求(Chase-Lansdale & Vinovskis, 1995; Greenberg et al., 2002)。很多理论都用结构性原因来解释在政策制定过程中没能充分利用社会科学研究的问题(例如,政策制定的政治本质、缺乏学术研究和政府机构的中介组织)。一种更积极的理论认为,社会科学家和决策者之间缺少沟通和理解是因为两者行使职责的共同体不同,目标不同,信息需求不同,价值、奖励机制和所使用的语言都不相同。值得高兴的是,近年来人们对于如何有效地消除这种鸿沟有了更深的认识(Bogenschneider, Olson, Linney, & Mills, 2000)。

702

对待如何使理论和实践工作在反贫困政策实施中得到体现这个问题,还要考虑社会和政治因素对学术研究本身产生的微妙却又决定性的影响,即社会历史背景对研究选题,进而对儿童发展学科知识生成的影响(Riegel, 1972; Wertsch & Youniss, 1987)。儿童发展领域的学者,同其他学科一样,有一种倾向,即从法律、习俗、经济因素、政治信仰和时代思潮的角度为研究定性和下结论(Youniss, 1990)。研究者给出对儿童的教育方式和家庭干预的建议时不只依据数据,也受到他们本身研究兴趣的影响。基于上述原因,我们在对学术研究如何支持反贫困政策进行梳理的同时,也会对社会政治因素如何影响学术研究的问题进行探讨。我们试图严肃对待Youniss所提出的问题:"高伦理标准的发展心理学研究不能回避社会和文化的影响,更要为了研究本身和研究为之服务的群体而更好地了解它们。"(p. 287)

本章主要包括四部分内容。首先我们对收入贫乏的官方指标及其他经济状况指标,如社会经济地位之间的关系进行了简要探讨。第二部分进入讨论的核心,即理论、研究与反贫困政策的关系。主要讨论三类反贫困项目:一是对贫困婴幼儿、学前儿童及其父母的教育扶持和社会服务,如早期开端项目(Premarily Head Start and Early Start);二是针对家长的父母教育;三是针对包括儿童、父母和家庭生态系统的项目(如代际项目,two-generation program)。之所以按这样的结构来讨论,基于三个基本假设:(1)早期经验对发展过程至关重要;(2)家长和家庭环境对儿童发展有重要的影响;(3)家庭生态系统的外环境对父母的行为产生影响,从而影响孩子的发展。在介绍评估反贫困政策实效的研究结果的同时,我们会对那些支持或丰富了上述假设,为反贫困政策提供理性参考的研究进行综述。我们也会依据最新的贫困研究来审视反贫困政策及其潜在的基本假设。由于相关研究很多,所以我们的综述也不会面面俱到。

在第三部分,我们介绍了一些非实验研究,考察母亲领取公共福利或由享受福利到就业的过渡(AFDC和PRWORA)与儿童发展的关系;也介绍了一些随机设计的实验研究,这些研究检验了不同福利政策对父母就业、收入、家庭发展过程和儿童发展的作用。本章最后的部分对现有关于政策实施的研究结果进行了讨论。该部分从社会结构和宏观经济学的角度探讨了现行反贫困政策的意识形态基础和局限,同时给出指导贫困儿童和家庭相关工作的建议。

经济剥夺的分类与界定

本章内容涵盖了多种不同类型经济剥夺的研究,包括收入贫乏、社会经济地位低和经济损失。接下来的这一部分,我们讨论这些不同类型经济剥夺的区别及其对儿童发展和政策出台的可能影响。

收入贫乏

出于"科学的"和政治的原因,对贫困给出合理的界定和相应的测量是非常重要的。有了明确的界定和评估指标,我们才能对不同群体或同一群体不同时间的经济状况作出比较,鉴别出那些基本需要仍未满足的个人、家庭和社会群体,评估针对这些人或群体的反贫困政策实施的效果(Ruggles, 1990)。本章涉及的大部分发展研究、社会化研究、干预和政策研究都是关注绝对贫困,而不是相对贫困或主观感受的贫困(关于不同类型贫困的界定参见Hagenaars & de Vos, 1988)。 703

这些研究中对绝对贫困的测量最常用的就是经济收入,通常以官方公布的贫困线作为划分标准。该标准是社会保险协会的一位经济学家 Mollie Orshansky 于 1965 年提出的,在 1969 年政府的"向贫困开战"(War on Poverty)计划中被联邦政府采纳(Haveman, 1987)。经济收入指一个家庭每年税前的现金收入,不包括非现金收益和损失。将经济收入同某一个贫困线相比较,该贫困线的计算方法为估算的饮食成本乘以 3,如果家庭规模比较大,或家中有食物消耗比较小的 18 岁以下未成年人或 65 岁以上老人,该指标还要作出相应的调整。饮食成本的估算基于美国农业部(USDA)对低收入家庭的经济食品预算。将饮食成本乘以 3 是根据 1955 年的一项家庭预算研究,该研究指出饮食成本一般占一个家庭税后各项收入的 1/3。

目前,已有 100 多个不同的贫困线,每年会根据消费者物价指数调整,因此它们所代表的购买力没有随时间改变,仍然保持在经济食品预算上下(Citro & Michael, 1995; Haveman, 1987)。由于该指标是一个绝对的美元数值,而不是中等收入的百分比或百分位数,因此理论上每一个人都有可能达到贫困线以上。

官方贫困指标有一些不足和局限,很多人已经认识到了这一点并且在公共政策领域尝试进行弥补(详见 Mcloyd & Ceballo, 1998)。尽管如此,官方指标及其衍生的一些指标在儿童研究和政策制定中仍得到广泛应用。例如,作为衡量家庭贫困或富裕的权威性指标,收入需求比(家庭经济收入/官方贫困线)已经被发展研究者采纳(Brooks-Gunn, Klebanov, & Liaw, 1995; Gutman, Mcloyd, & Toyokawa, 2005; Mistry, Biesanz, Taylor, Burchinal, & Cox, 2004)。该比值能告诉我们个人或家庭低于或高于贫困线多少。收入需求比为 1,意味着家庭收入正好在贫困线上,更大或更小的比值分别代表家庭富裕或贫困的程度。在这种计算方法中,贫困线作为一个测量的单元而不是一个绝对的数值(Hauser & Carr, 1995)。相对于简单地将儿童分为贫困或非贫困的二分法,收入需求比对于儿童发展来讲无疑是更敏感的指标(Duncan & Brooks-Gunn, 1997)。另外一些贫困线的界定用于确定个人或家庭是否够条件领取联邦或地方的福利(如经济午餐或免费午餐),或是否有条件免于领取福利。

社会经济地位低

本章要讨论的另一类相关研究以社会经济地位(SES)作为经济剥夺的指标。社会经济地位主要是指个人、家庭或群体所处的社会层次,反映了人们对健康、权力和社会地位等需求的综合占有度(Mueller & Parcel, 1981)。尽管社会科学家对 SES 如何界定和测量还存在一些争议,但目前一些社会经济地位的重要成分已经被广泛接受,包括父母职业、家庭经济收入、父母受教育程度、社会威望、权力和特定的生活方式。

不能将社会经济地位低等同于贫困。贫困不同于社会经济地位,贫困是基于绝对标准或贫困线而不是相对位置来界定的。经济收入是贫困的指标,但只是 SES 的一个部分或一个维度,与职业、受教育水平、地位、权力等相关却又不同。另外,贫困比 SES 更不稳定。对于成人而言,收入需求比每年都可能发生变化,而 SES 的指标如教育水平和职业则相对稳定。Duncan(1984)对 1969 年到 1978 年间全国范围内收入变化的分组追踪数据进行分析发现: 1/3—1/2 的贫困人口在一年之内摆脱了贫困。因此,该研究很重要的一点贡献是对长期贫困还是暂时贫困作出了区分(Duncan & Brooks-Gunn, 1997)。

704

对贫困和社会经济地位低进行概念上的区分很重要,这种区分在公共政策论证中也非常关键(Duncan, Yeung, Brooks-Gunn, & Smith, 1998)。一些研究表明,贫困、收入水平与父母教育水平对儿童发展具有独立的影响(Duncan & Brooks-Gunn, 1997),但目前关于收入水平的变化与 SES 中更加稳定的指标如何协同影响儿童发展还不清楚(Huston, Mcloyd, & Garcia Coll, 1994)。政策分析者对 SES 与收入的区分部分是出于这样的考虑,即通过扶助项目的实施来改变收入水平(如增加福利金、减少税额和提高最低收入等),比改变家庭的社会层次要容易得多(Duncan et al., 1998)。

另外一点需要提醒的是官方界定的贫困和社会经济地位低都不等同于,甚至不能很好地反映物质匮乏。Mayer & Jencks(1988)发现,收入需求比对家庭报告的物质匮乏(如食物支出低于美国农业部公布的经济食品预算;医疗保健需求无法满足;住房问题等)的解释率不足 1/4。这是因为,贫困和低 SES 通常不是单独出现的,它们代表了一系列事件或多种环境的集合,而这种集合引发的是普遍的而非特定的压力。物质资源和设施的匮乏常常伴随着许多消极事件(如被房东驱赶、生理疾病、遭遇恶性侵犯等)和不利境况(住房不足、医疗条件不好、危险的邻居、营养不良、环境中粉尘超标等)。这些不利境况通常又会相伴发生并引发其他危机(Belle, 1984; Evans, 2004)。总之,在经济资源有限的情况下,压力都是会蔓延的(Makosky, 1982)。因此,对贫困或 SES 的传统测量方法可能低估了其对物质匮乏直接和间接的作用,也可能低估了危险环境对儿童发展的影响(Ackerman, Brown, & Izard,

2004; Mayer & Jencks, 1988)。

经济损失

尽管贫穷与社会经济地位低总是不可避免地与就业相关,例如失业、就业不足、低薪水、不稳定的工作,但在这里,我们要讨论的是另一类关于经济剥夺的研究。这类研究关心失业、降职、收入损失和经济压力对父母和孩子的影响,因为这些是在职的和中产阶级的个体可能会经历的(Conger, Ge, Elder, Lorenz, & Simons, 1994;Flanagan & Eccles, 1993; Mcloyd, 1989,1990)。尽管这些事件在贫困家庭中非常有代表性,但是这种经济损失或收入下降并不一定会导致家庭陷入贫困。我们之所以讨论这类研究,一定程度上是因为它丰富了贫困研究领域,另外会加深我们对经济剥夺如何影响儿童发展的理解。

在本章节中,我们试图区分各种类型的经济剥夺,尤其是把贫困、社会经济地位低与经济损失相区别。在本章的讨论中,我们认为经济损失与经济剥夺的指标最为接近。在20世纪80年代中期以前,发表的多数心理学研究中"社会经济地位低"与"贫困"两个概念常常混用。近年来,研究者对贫困进行了更为精确的界定(如收入需求比),关注贫困的不同维度(如贫困的长期性和情境性,包括社区和学校等),并且对社会经济地位低和贫困进行了区分。这种概念和实证研究上的发展可追溯到Duncan(1984)和W. J. Wilson(1987)的研究。Duncan在研究中强调了贫困的暂时性和动态性,Wilson对贫困空间分布集中的发展变化作了基本分析,主要指经济结构调整引起城市中社区内贫困状况的变化。

虽然早期对"客观"经济剥夺的研究和政策都是基于官方的贫困指标,如社会经济地位低和经济损失,但不应该忽略这样一个事实,即经济剥夺和反贫困政策对个体的影响有一些是在主观层面发生的。父母和儿童对经济状况的知觉和感受是通过与其他相关群体的比较获得的。在美国这样一个注重商业和财富的社会里,这种比较会增强贫困人口的"知觉到的贫困",也会使那些原本不贫困的人产生一种"知觉到的贫困"(Garbarino, 1992)。知觉到的贫困可以直接作用于心理功能,也可以通过"客观"贫困或其他形式的经济剥夺对心理功能的影响起到中介或调节作用(Conger et al., 1994; Garbarino, 1992; Mcloyd, Jayaratne, Ceballo, & Borquez, 1994)。

705

反贫困政策和项目的基本假设及其与儿童发展理论和研究的关系

旨在缩小贫困蔓延或减少贫困对儿童造成的负面影响的反贫困项目激发了许多发展研究,同时也受到发展研究结果的影响,而两者又同时受制于政治和社会因素。尽管研究主要针对婴幼儿和学前儿童,但还是为反贫困项目提供了支持,另外这些反贫困项目本身也日趋复杂和完善。综观以往的项目可以发现,由于目前概念框架的改变、儿童发展研究的结果以及已有简单模式的局限,这些项目有日趋复杂化的趋势。

在本章的这一部分,我们将介绍一些主要的反贫困政策和项目的三个基本假设:(1)早期经验对儿童发展是至关重要的,它影响儿童能否成功地适应以后的环境;(2)父母和家庭环境对儿童发展起着首要的作用;(3) 生态环境影响父母行为,进而影响儿童发展。我们一个基本的目标就是要阐明这些假设是如何从研究中得出,又如何影响反贫困政策的实施。另外也介绍了一些评估反贫困项目实效的干预研究。反贫困政策和项目的核心内容的历史延续性和转折性,尤其是转折的前提条件也是我们要重点探讨的。

在贫困儿童研究部分,主要介绍两类不同的研究。一类是基础和干预研究,主要针对贫困儿童及其家庭,两者在概念上经常有交叉;另一类涉及民族、种族、文化等因素。尤其种族问题在贫困儿童的研究历史中是最主要也最复杂的因素,因为美国的种族体系决定了种族和贫困有不可分割的联系。但也不能完全用这种联系来解释为什么绝大多数对贫困儿童的基础和干预研究都选择非裔美国人。近年来,在考察儿童贫困的心理效应、中介或调节作用的研究中也有关注非西班牙裔美国白人儿童(Costello, Compton, Keeler, & Angold, 2003; Evans & English, 2002)。但总的来看,这些占据了美国贫困儿童大多数的白人儿童却很少被纳入到发展研究中。我们对这种偏见的原因进行了探讨,并指出这种偏见所带来的反贫困政策实施上的局限。更多关于儿童发展的研究,以及这些研究同实践、同直接针对贫困儿童及家庭的社会政策的关系参见其他发表的报告(Condry, 1983; G. Fein, 1980; Laosa, 1984; Schlossman, 1976; Washington & Bailey, 1995; Weissbourd, 1987; Zigler & Muenchow, 1992)。

早期经验在儿童发展过程中的关键作用

早期经验对于贫困儿童融入主流社会、获得成人后必需的技能都会产生影响,这种观念潜在地显现于许多针对贫困群体的政策和实践中。来自大西洋彼岸的英国殖民主义者为了阻止波士顿地区贫民阶层的扩展,将其在本国实施的一系列干预贫困的法律政策迁移过来,强制要求父母给儿童提供基本的教育和就业技能。不能承担这些责任的父母大多都很贫穷,他们的孩子成为雇佣工人。在殖民主义时期,各州的教会努力通过其宗教教义迫使父母养育他们的孩子,并对贫困儿童提供宗教教育,以此作为抵制"贫穷的诱惑物"的灵丹妙药(Schlossman, 1976)。

706

19 世纪中后期,受工业化和城市化的影响,大批移民组成了贫穷的、文化差异显著的少数民族聚居区。这个时期大多数的新移民来自欧洲的南部和东部,他们的风俗习惯、语言、儿童的养育方式都和早期来自英国和欧洲西部的移民大相径庭。疾病、违法犯罪等社会问题随着经济发展到处蔓延,而少数民族聚居区被看作是美国文化和社会稳定的威胁。在第一次世界大战的新移民浪潮中,大量贫穷的移民妇女进入工厂,而他们的孩子必须接受家庭之外的照料,于是,主流的、丰富的社会服务行业产生了。在这些少数民族聚居区形成了三种不同的干预机构: 安置屋(settlement houses)、宗教传教所以及幼儿园。这几种机构都力图减少贫困,帮助下层阶级个体的价值观、态度和行为等融入主流的中产阶层(Braun & Edwards, 1972; Shonkoff & Meisels, 1990)。在整个 19 世纪后期,这几种机构都采用了有针对性的援助策略,称为"友好探访",即一些投身于专门的救济机构和慈善组织中的优秀妇女对贫困家庭进行探访,以便"提供各种支持、检查以及建议"(Halpern, 1988, p. 285)。

安置屋创建于19世纪后期的城市地区，它被最重要的倡导者Jane Addams看作是“实验性的努力”。在这些安置屋里配备了年轻的、受过高等教育的专业人员，“不是为了在精神上鼓舞劳动群众，而是为了与贫困人群比邻而居，重新恢复社会各个阶层人员之间的交流”(Addams, 引自Weissbourd, 1987, p. 44)。他们“建立和推动了邻里之间的各项家庭生活服务”(Weissbourd, 引自Halpern, 1988, p. 286)，通过增加穷人的权力，消除宗教、种族及文化的冲突以及增进不同背景下个体的相互了解来改善邻里和家庭的生活方式。除了与其他的家庭机构具有同样的服务以外，安置屋还能为家庭与其他机构建立联系，帮助家庭学会求助于其他机构。安置屋的员工们为移民家庭提供家长教育，并给予实际的帮助，包括照看孩子、提供住所、法律问题咨询等。在这种安置运动的影响下，保育员也开始进行家访，照料生病的孩子，并且提供家庭事务方面的指导，比如儿童养育、饮食和卫生保健(Halpern, 1988)。1909年，在第一届白宫儿童会议上，他们为满足贫困儿童的发展需要所付出的不懈努力以及所做的工作引起了全国的广泛关注(G. Fein, 1980)。当时安置屋的许多工作对今天的父母和家庭支持运动产生了深远的影响，在后面的章节中将继续介绍(Halpern, 1988)。

在很大程度上，新教的社会改革运动者们并没有成功地矫正城市中贫困成年人的行为，鉴于此，人们开始将注意力转移到年幼的儿童。一些宗教协会继而介入贫困地区，致力于“通过让儿童学习礼仪、道德规范、勤奋精神来改善家庭的生活状况”(Ross, 1979, p. 24)。在宗教团体和慈善组织的支持下，在城市的少数民族聚居区建立了一些年幼儿童的幼儿园(Braun & Edwards, 1972; Ross, 1979)。在福禄贝尔教育哲学的影响下(19世纪早期，Froebel在德国成立了第一所正规的幼儿园)，这些幼儿园立足于传统的宗教价值观和信念，他们强调通过有指导的游戏进行学习是很重要的。然而，在当时的社会和经济背景下，这些美国的城市幼儿园同时具有教育和社会福利的功能。因此，这些幼儿园的工作人员在上午是幼儿的教师，而下午又是社会福利工作者，他们帮助失业的家长寻找工作、照顾儿童和家庭的健康、帮助家庭获得其他需要的服务。正如Braun和Edwards所言，这些工作人员的社会福利作用，“是作为先前的幼儿园工作者最为重要的贡献，因为在那个贫困人群不断增长的时期，幼儿园常常不过是社会援助机构”(p. 75)。这种在生态学导向的指引下，一方面为学前儿童提供教育服务，另一方面为他们的父母提供支持性的服务的幼儿园在随后的几十年里慢慢地失去了地位，但在19世纪70年代后期，当许多行为干预家将注意力转向改变家庭和儿童发展的社会背景时，这种理念又重新盛行了起来(Bronfenbrenner, 1975)。 707

20世纪30年代，为中产阶级开办的托儿所逐渐取代了贫困儿童的幼儿园，这些托儿所成为20世纪60年代应对贫困的早期儿童教育项目的模式。在20世纪30年代，中产阶级的家庭也加入到了原本专为贫困儿童设立的儿童养育机构中，这是受到一些因素影响的结果，比如儿童发展“专家”不断增加，而中产阶级父母担心他们自身无力给儿童提供其发展的适宜环境。当时正处于经济大萧条的困难时期，中产阶级妇女迫于生计而外出就业，没有时间照管子女，因此WPA日托所便应运而生(G. Fein, 1980)。

环境决定论作为当时反贫困项目的奠基石：基础研究的作用

直到20世纪60年代，联邦政府才正式明确地制定了减少贫困及其影响的相关政策。Lyndon Johnson总统开始实施了"为贫困而战"政策。这项为了建立一个"伟大的社会"而制定的政策以及相应的服务项目，在当时来源于复杂的社会和政治力量，包括经济迅猛发展、物产丰富、美国人民积极乐观的态度等。这项政策使美国人民高度意识到贫困的蔓延，掀起了要求种族平等、强调人权的运动浪潮。一些政治领导者也应运而出（比如，Johnson总统，Sargent Shriver），这些领导者具有从事贫困儿童工作的经验（Condry, 1983; Laosa, 1984）。在这个时期的反贫困项目中，早期儿童的教育干预是其中主要的方案之一。几个具有影响力的研究报告引起了人们对贫困儿童早期学业失败的广泛关注。同时也开始关注成年人贫困与落后的教育之间的关系，于是"补偿教育"如雨后春笋，蓬勃兴起（G. Fein, 1980）。

20世纪60年代初期，大量的证据表明，和中产阶层的白人儿童相比，低阶层的儿童和少数民族群体的儿童在学业成绩和认知能力方面表现较为落后（比如，Dreger & Miller, 1960; Shuey, 1958）。由于智商与学业成绩显著相关，因而智力测验备受推崇（Deutsch, 1973）。受到小规模实验的鼓舞，20世纪60年代初期的研究者开始设计精巧的实验，对贫困儿童学前期的干预效果进行研究，例如S. Gray、Ramsey，以及始于1962年的Klaus的早期培训项目（S. Gray, Ramsey, & Klaus, 1983）等。1965年，第一个国家级政府拨款的学前干预项目——早期开端项目（Head Start）成立（Zigler & Valentine, 1979）。早期的儿童干预深受环境决定论观点的影响，强调在儿童生活早期，教给他们与学业相关的认知技能，以此避免未来的学业失败，最终防止出现工作能力低下以及由此产生的经济贫困。实际上，认知技能不足被看作是最核心的原因，因此也是贫困干预的焦点。

对于不同的社会阶层、不同的种族在学业和认知上的表现，以及非智力因素差异的原因探讨，逐渐从强调遗传转向强调环境因素的影响（Laosa, 1984）。另外，学前期被看作是矫正认知缺陷的关键期。尽管由于儿童比成人的可塑性更强，历史上已经进行过许多针对儿童的社会改革，然而在20世纪60年代，这种观念才转化为作为巩固反贫困的政策和项目的科学依据。众所周知，早期开端项目主要是基于两本权威书籍的观点，一本是Hunt(1961)的《智力与经验》(*Intelligence and Experience*)，另一本是B. S. Bloom(1964)《人类特质的稳定性与可变性》(*Stability and Change in Human Characteristics*)(Zigler & Valentine, 1979)。

在以后的几年里，"儿童早期是与学业成功有关的技能获得与发展的关键期"的观念受到了冲击，因为早期的干预并未有效预防儿童持续的经济上处境不利的情况。持批评意见者认为发展是持续的，应该针对不同的发展阶段采取相应的项目，而不只是针对学前期，这也许对贫困儿童的发展更为有利（Zigler & Berman, 1983）。尽管如此，早期教育干预研究的积极效果依然令人振奋，早期经验对儿童发展具有重要的潜在影响，这种观念深入人心。1994年，针对1—3岁幼儿的早期开端项目开始实施，实际上当前的许多贫困儿童的早期干预项目绝大多数都是针对婴儿和学前期儿童以及他们的家长（Administration for Children and Families, ACF, 2004a）。最近的研究表明，儿童早期更容易受到贫困的不利因素的影

708

响(Duncan & Brooks-Gunn, 1997),很多证据也表明早期经验对大脑发育影响显著(Shore, 1997)。因此丰富儿童早期的学习经验就显得尤为重要(C. T. Ramey & Ramey, 1998)。

文化剥夺作为必然的前提。学前期干预的一个基本假设是:贫困儿童的早期经验是缺乏的,这使得其未来的学业成功和经济提升的基础不足。由于认识到环境对于儿童发展的重要意义,大量的研究关注儿童的社会经济地位,关注大量与未来的学业发展有关的认知和社会变量(比如,Coleman et al., 1966; Deutsch, 1973; Hess & Shipman, 1965)。很多进行学前干预的研究者都认为,贫困儿童的良好环境的缺失可以预测未来的学业失败,因此需要进行矫治(Laosa, 1984)。将文化环境和遗传因素对儿童的不良行为的影响进行内在比较,会发现环境的影响力更大(Condry, 1983)。贫困儿童被贴上了"文化剥夺"的标签,他们的行为和中产阶级的儿童存在着很大的差异,这些差异被认为是"文化缺失"的结果(比如,Bernstein, 1961; Hess & Shipman, 1965)。

Oscar Lewis(1966)对"贫穷的文化"这一术语进行了解释。他认为,拉丁美洲少数民族聚居区贫困人群的许多心理特征都可以被看作是未来学业失败的来源。20 世纪 60 年代,许多研究者和学者都深受 Lewis 著作的影响,认为环境的处境不利影响儿童心理发展。尽管绝大多数美洲的贫困人群都是白人,居住在农村地区,然而"贫穷的文化"这种观念适用的对象却是居住在市中心的拉丁美洲人(Condry, 1983)。J. Patterson(1981)对此特点进行了解释,他指出,城市里的拉丁美洲人,"比较而言,他们的特点更加突出,地理位置的集中化、肤色这些因素,使人们更容易从文化的角度来解释他们贫穷的状况"。

20 世纪 60 年代和 70 年代的学龄前的干预项目包括早期开端项目以及出生前的教育干预(比如,S. Gray & Klaus, 1965)。在"文化缺失"这种思想的影响下,许多研究者对"文化缺失"进行了深入的探讨和经典的研究(Laosa, 1984; Zigler & Berman, 1983)。这一时期的许多干预课题在自身的假设、课程和结构上相差甚大。但是,去除差异性后,这些项目的共同点在于它们的假设都是,贫困儿童正面临着文化缺失,在学前期他们需要专业人员的矫治。

文化差异作为一种可供选择的观点。到了 20 世纪 70 年代中期,文化剥夺这一概念以及相关的扩展研究和项目遭到了严厉的批评。批评者认为,文化剥夺这一说法从根本上来说是一种有害的民族中心主义论,他们把中产阶级的白人样本作为健康的标准,忽略了贫困儿童所具备的很多智力和社会方面的胜任力,他们只是责备个体的贫困,却忽略了社会结构对经济剥夺带来的影响(比如,Baratz & Baratz, 1970; Cole & Bruner, 1971; Ginsburg, 1972; Sroufe, 1970; Tulkin, 1972)。在某些观点里,非裔美国儿童用他们自身原有的语言表达会使他们的状况变得更糟,而当前不标准的本国语妨碍了他们复杂的抽象思维的发展,这些观点受到了最为激烈的批评。

这些学术观点与学前干预项目是一致的(比如,父母卷入),它有利于减轻对贫穷的歧视,使学前项目转向引导贫困儿童获得力量和文化经验(Zigler, 1985)。正如后面我们将会讨论的一样,对于缺失模式的批评最终削弱了对个体行为的关注,研究者开始采用更多的生 709

态学方法来对儿童早期进行干预，致力于改变儿童的养育环境，给予更多的社会支持来减轻他们的压力状况(D. Powell, 1988)。但是，早期开端项目和其他的学前干预项目在多大程度上会放弃他们根深蒂固的文化等级观念，仍然是值得争论的问题。

反贫困政策中早期干预的弹性：评估研究的重要性

尽管早期干预的实施措施各不相同(比如，是给父母提供直接的服务还是为儿童提供直接的服务；是家庭探访形式还是基于中心的教育形式)，然而，在有关反贫困的政策中，为贫困儿童提供早期发展所需要的丰富的经验被看作是刺激其智力发育的关键因素。"早期开端项目是反贫困策略中最大的也是最具典范的项目。它可以作为其他公共的、大规模的学前教育项目的典范，本卷第1章标题1中的中小学教育行动就是其中之一(Reynolds, 1994, 1995)。从1965年开始，这些异彩纷呈的项目已经为220万名儿童和他们的家庭提供了服务，早期开端项目提供的服务非常广泛，包括早期儿童教育、健康筛查、营养学教育、家庭支持服务以及为父母卷入提供机会(ACF, 2004b, 2005b)。早期开端项目必须遵守国家行为标准，但是也可以有所调整，比如在学前教育课程、当地的需要和资源等方面。结果，在早期开端项目之间存在着很多的变异(Zigler & Styfco, 2003)。

当前，早期开端项目的基本组成是一种基于活动中心的学前项目，主要为3到5岁幼儿提供服务。2003年，4岁的幼儿占了大多数(53%)，其次是3岁儿童(34%)(ACF, 2004b)。70%符合条件的4岁幼儿和40%的3岁幼儿都接受了早期开端项目的服务(Haskins & Sawhill, 2003)。早期开端项目的学前学校里，成人和儿童的比例一般为1∶8到1∶10，考虑到父母工作时间的要求，不再是半天的活动时间(U. S. General Accounting Office, 2003)。实际上，在2003年，54%早期开端项目的儿童都接受了每天至少6个小时的全天活动(Hart & Schumacher, 2004)。这些活动一般安排9个月，在周末不开放。不到三分之一(28%)的儿童接受了超过1年的服务，大部分只接受1年服务，一般没有离校后的服务(Schumacher & Rakpraja, 2003)。

2003年，全国共有1 670个早期开端项目救助点(19 200个中心和47 000多个教室)，为909 600多名儿童和他们的家庭提供服务。这些儿童中，31.5%是非裔美国人，28%是英裔美国人，31%是拉丁美洲人，3%是美国本土人，还有3%是亚洲和太平洋群岛人(ACF, 2004b)。国家政策规定，在早期开端项目机构中注册的儿童，90%应该来自于处于或低于国家贫困线的家庭，至少10%是存在障碍的儿童。2003年，将近四分之三的家庭收入低于完全意义上的国家贫困线，21%的家庭得到了必要家庭救助金的临时帮助。大多数参与的家庭是单亲家庭(56%)，13%的儿童存在各种障碍(Hart & Schumacher, 2004)。早期开端项目中80%的资金来源于联邦政府，20%的资金由其他渠道获得，通常是本地区的财政基金(Zigler & Styfco, 2003)。虽然联邦政府在评估方面的财政花费占了预算的很大部分，但是从1994年至今，早期开端项目得到的经济投入也已经增加了33%，目前达到了46.6亿美元。

对早期开端项目效果的评估。对早期开端项目的评估中，比较突出的研究包括存在争议的Westinghouse评估(Westinghouse Learning Corporation, 1969)、早期开端项目评估及综合利用项目(一般被称为“综合项目”)(McKey et al., 1985)、教育测评服务(ETS)早期开端项目追踪研究(Lee, Brooks-Gunn, Schnur, & Liaw, 1990; Schnur, Brooks-Gunn, & Shipman, 1992),以及最近的全国早期开端项目效果研究(ACF, 2005a),它是在国会重新批准实行早期开端项目时,授权对该项目进行监督的。

非实验性评估。追溯对早期开端项目的评估历史,发现它一直是件令人头疼并充满争议的过程,伴随这些评估结果的是大量的经济和政治投资,同时还存在一直困扰着评估者的方法学问题(见 McLoyd, 1998, 关于早期开端项目评估有更详细的讨论)。除了开始于2001 年的全国早期开端项目效果研究(ACF, 2005a),其他的早期开端项目评估受到的公开批评在于,仅仅关注早期开端项目对儿童认知的影响,而忽略了对儿童其他方面发展的影响,样本不具有代表性,在研究设计时对早期开端项目的类型和质量关注不够,缺乏对中介和调节过程系统的关注。 710

但是最令人吃惊的问题是这些评估结果源自于一些非实验研究设计,这就会带有潜在的选择偏差。早期开端项目效果的评估方法常常随机指定,这使得早期开端项目的效果来源于项目之间的差异,而不是先前就存在的不同组别之间的差异。在全国早期开端项目效果评估之前(ACF, 2005a),缺乏随机处理和控制组,这两点是所有的大规模学前项目(包括早期开端项目)评估方法学上存在的主要弱点(Barnett, 1995)。由于政策原因,加入早期开端项目工程的人群都没有设立相应的控制组,它一开始就在全国大规模实施,而不是一种预实验项目。因此,从理论上来讲,这些项目过去是,现在也还是对所有的贫困儿童敞开大门(Condry & Lazar, 1982)。

由于未做到随机分配而受到了指责,早期开端项目和其他学前项目的评估者们试图将实验处理组和控制组的儿童进行匹配,从儿童不同的家庭和人口统计学方面入手,包括挑选来自相同的社区和班级的儿童,将满足条件但并未参与项目的儿童与实验组儿童进行对比,采用统计技术控制被试先前的差异。虽然这种做法好于没有控制组的方法,然而不同组别的匹配也是有问题的,因为观察到的不同组别儿童之间的差异到底是实验前就已经存在的,还是干预的结果,该差异的原因是无法辨别的(Barnett, 1995)。实际上,ETS 早期开端项目追踪研究不得已而申明,在早期开端项目中,对注册儿童的选择存在偏差,表现在对于早期开端项目中的儿童组和对照组之间,没有进行干预前差异的控制,由此造成了对早期开端项目的几个评估缺乏效度(Schnur et al., 1992)。

在儿童可能进入早期开端项目之前的春天,ETS 研究人员就开始收集他们的数据,这样可以对加入早期开端项目的儿童和满足条件但未加入早期开端项目的儿童,或者加入其他学前项目的儿童之间先前存在的差异进行分析。干预之前的数据表明,和贫穷儿童组成的对照组相比,后来加入早期开端项目的儿童的处境更为不利。加入早期开端项目组的儿童,与参加非早期开端项目的学前教育的儿童,或者并未接受学前教育的儿童相比,他们的母亲受教育年限更短,更有可能生活在缺少父亲的家庭,住房更为拥挤。在控制了种族变量后,情况依然如此。和参加其他学前教育的项目相比,加入早期开端项目的母亲对他们孩子的成功期望更低。除此之外,可以预测,早期开端项目的参与者在认知能力的测验中表现更差，但在控制了种族、地区和家庭特点后，他们和没有参加早期开端项目的儿童没有差异。

这些发现与现实中长期存在的现象是一致的。当地早期开端项目的员工，由于资金有限，无法给所有满足条件的儿童提供早期开端项目服务，于是他们会挑选其中最为处境不利的儿童加入这个项目(Haskins, 1989)。鉴于以上发现，研究者应该立即对忽略贫困儿童的差异组合警觉起来，“在对诸如早期开端项目干预后的评估报告中缺少最初的社会地位状况的信息，或者在采用匹配方法后，很可能低估了学前干预过程的效果”(Schnur et al., 1992, p. 416)。

非实验评估研究(采用组间处理和实验前后的组内追踪设计)发现了早期开端项目对入学准备、阅读和数学成绩和社会行为上的积极影响(对人口学背景因素进行了控制)。尽管取得了这些成就，然而早期开端项目儿童的分数仍然低于全国常模，低于那些没有参加早期开端项目的儿童，更落后于经济状况良好的儿童。这些成就尽管在教育上是有意义的(效应值约 0.25 或更多，这个效应值完全可以说明儿童在课堂表现上的进步；Cohen & Cohen, 1983)，然而这种进步在入学后的最初几年会逐渐消失(Lee, Brooks-Gunn, & Schnur, 1988; McKey et al., 1985)。但是进一步的分析表明，许多样本并未出现消失现象(Barnett, 1995; Zigler & Styfco, 2003)。同时有证据表明，参加早期开端项目的非裔美国儿童和白人儿童相比，他们更有可能获得显著的成就。尽管他们无法达到非贫困儿童的水平，也无法和全国的常模相提并论，然而参加早期开端项目或非早期开端项目的学前教育，都会提高他们的认知和分析能力(Lee et al., 1988, 1990; McKey et al., 1985)。

711

1997 年，早期开端项目进行了全国范围内的家庭和儿童经验问卷(FACES)调查，目的是考察该项目的质量和对儿童的影响效果。这次调查没有选取未参加早期开端项目的对照组，而是采用了全国的相同年龄的常模样本的技能测评成绩作为对照(Zill, Resnick, Kim, O'Donnell, & Sorongon, 2003)。2000 年 FACES 调查的群体发现(2 800 名 3—4 岁的儿童和他们的家庭，来自美国 43 个不同的早期开端项目)，和招募到的非早期开端项目的儿童相比，早期开端项目中的儿童、文学和数学平均成绩更低。在参与早期开端项目的学年里，这种差距逐渐缩小，参加项目后，知识和能力水平越低的儿童进步越大。教师报告表明，儿童的社会技能得到提高，多动行为减少(Zill et al., 2003)。这个研究最重要的发现是，父母的特点(比如抑郁)和行为(参与家庭与阅读有关的活动、卷入孩子的学校生活)与儿童的认知和社会情感的正常发展有关，这为早期开端项目效果的中介和调节因素提供了线索。

一个对效果的实验检验：全国早期开端项目的效果研究。 1998 年，全美审计办公室(U. S. General Accounting Office)认为对早期开端项目的效果评估不够精确，于是国会授权健康与人类服务部(Departement of Health and Human Services, DHHS)将早期开端项目对儿童和家庭的影响进行全国范围内的分析。该评估主要解决两个问题：一是“早期开端项目对于低收入儿童的学习和发展带来的关键变化是什么?”；二是“在何种条件下，早期开端项目最利于何种儿童的发展?”(ACF, 2005a)。

DHHS专门组建了早期开端项目研究和评估的顾问委员会,直接指导这个研究的设计和构架(ACF, 2005a)。首先,该研究采用了随机比较分组的实验设计(随机分配儿童参加早期开端项目作为实验组或不参加的儿童作为控制组)。其次,早期开端项目遍布全国,被试生活的区域代表性强(比如,考虑乡村地区、种族/语言、贫困程度、项目持续时间、选择的项目)。这些不同的地区涉及早期开端项目实验区、未实施早期开端项目的地区以及被排除在这个计划之外的新的区域。在几个不同时期的样本选择过程中,确保选取早期开端项目的参与者、代表机构和儿童具有高度的相似性(见 ACF, 2005a, 里面有对这个过程的详细介绍)。这个研究试图对全国的项目进行总结,然而样本却过于集中于较大规模的项目以及说西班牙语的儿童(ACF, 2005a)。对儿童以及他们的父母进行了追踪研究,后续的追踪调查在第一学年的春季进行(例如,2006; ACF, 2005a)。

在进行预实验确定了整个研究的样本后,评估工作正式进行。从 2002 年秋天开始,被试包括第一次登记注册的2 559名 3 岁儿童和2 108名 4 岁儿童,这些 4 岁儿童来自全国 84 个代表机构和 383 个早期开端项目中心。结果发现,对于参加早期开端项目 1 年后的儿童,早期开端项目对其正常发展起到了微弱而积极的中介作用,对 3 岁儿童的积极影响更大。对于两个年龄组的儿童来说,早期开端项目对其学前阅读、学前书写技能(基于直接的评估)、文字知识水平(来自父母的报告)都起到了积极的促进作用,而对于儿童的口头理解力、语音意识和早期的数学技能没有产生任何影响。同时还发现对 3 岁儿童词语知识产生了积极的影响。在社会性发展方面,研究发现早期开端项目对儿童的社会技能、学习方式和社会胜任力没有任何影响,但是它减少了父母报告的问题行为的发生率以及 3 岁儿童的多动行为。最后,早期开端项目对儿童获得的健康方面的照料(父母报告的)有着积极的影响,但是对其自身健康状态的积极影响仅发生在 3 岁组儿童中。虽然这些影响并不突出,但在当前社会背景下,依然鼓舞人心。申请加入早期开端项目但未被接受的父母,和低收入的家庭相比,更倾向于为他们的孩子去寻求在活动中心的照看。这一现象表明,被试的分配可能并不是完全随机的。控制组儿童的主要抚养方式是安排到活动中心,这意味着早期开端项目组的儿童是在与活动中心中接受干预的儿童进行比较,并不是和没有接受服务的儿童进行对比(ACF, 2005a)。

712

经典项目的效果评估。在 20 世纪七八十年代后期,对于早期开端项目和其他大规模的由公共资金资助的学前教育项目的生存发展,相关研究在一定程度上发挥了一定的作用。所起作用的研究并不是当时对于早期开端项目的评估研究,而是对于小型经典项目的评估研究。这是由于当时的一些小型经典干预项目方法更先进,也更有说服力。他们能够随机选择被试进行追踪研究,而且样本的流失率低(Barnett, 1995; Consortium for Longitudinal Studies, 1983; Haskins, 1989; Zigler & Styfco, 1994b)。在政府资金投入的重点发生变化,人们也对先前的评估结果备感失望的情况下,早期开端项目逐渐缩小,面临着即将消失的威胁。由此在 1975 年,研究者们着手进行了一项大型追踪研究。这个研究由 11 个独立的研究者(还有他们的同事)组成,他们在 1962 年到 1972 年间,进行了一项学前干预项目研究,这项大型联合研究试图更加明确地回答如下问题:早期教育项目是否能够有效地防止贫困儿童的学业失败(Condry, 1983)。

作为一项合作研究,这项大型联合研究中的项目,与那些没有被该研究包括在内的项目一样,彼此之间的差异很大。这些差异包括它的课程设置、接受服务儿童的年龄和数量、参与时间的长短以及其他许多方面。比如,进入某些项目的儿童年龄为出生前、婴儿期到 4 岁不等,而大多数的项目中的儿童年龄是 3 岁和 4 岁;有些项目是以家庭为基础的,但是大多数是以干预中心为基础的,服务人员定期进行家访;参与学前期项目的时间从 2 年到 5 年不等。儿童的发展水平和教学模式不同,课程设置也相应不同(比如,Bank Street, Montessorian, Piagetian, Bereiter-Englemann)。但总的来说这些项目大多是认知取向的。它们大多是开始于 20 世纪 60 年代的经典项目,在 70 年代初期已经实施了他们的课程(Barnett, 1995; Consortium for Longitudinal Studies, 1983)。

在对经典项目的评估研究中,方法学的进步使早期干预的效果评估更为准确和合理。另外,这些经典项目中儿童与工作人员的配比更低,小组规模更小。相比于大规模的公共项目(比如早期开端项目),他们的员工接受了更好的培训,对于干预效果的文字报告更为谨慎(Haskins, 1989)。另外,社会对比较早期开端项目与其他项目优劣的需要越来越多,而早期开端项目的参与人群却在不断发生变化(比如,语言背景更加多样;移民儿童不断增加;年轻、单身、失业的父母越来越多;福利改革的新要求),那么,早期开端项目和经典项目的比较是否公平合理,还有待商榷。

713

但是,经典项目和大规模项目的研究其实是互为补充,缺一不可的。两者都对政策方针和服务分配起着导向作用。经典项目的研究通常缺乏概括性和推广性,但有着很好的内在效度,能够证明在理想的环境下早期教育项目的效果(Haskins, 1989; Schweinhart, Barnes, & Weikart, 1993)。而大规模项目的研究往往便于概括和推广,能够估计出一般意义上学前项目的干预效果,然而这些研究的内在效度往往较低(比如,取样偏差的控制问题、实施和测验方法的一致性问题、儿童在学前期以后所经历的其他项目的混淆作用)。

追踪研究机构(Consortium for Longitudinal Studies):**集中分析**。11 个研究小组组成了一个追踪研究机构,他们开发了一套共同的程序来收集项目组和控制组儿童(原始样本中 94%是非裔美国儿童)的追踪数据。机构抽取两组样本,收集同样的数据,最后将数据送到一个独立的项目组进行集中分析。实际上,该机构中的研究项目各自独立地验证了研究的假设:早期教育对于贫困儿童的发展具有积极的作用。这一结论的意义在于排除了各个子研究中一些偶然性的结果。各个项目的共同发现证明,早期教育具有积极的作用(Condry, 1983)。

首先,研究者对 11 个项目的结果进行了集中,然后根据一个详细的、严谨的分析方案来分析结果是否显著(Royce, Darlington, & Murray, 1983;关于这一分析方案的进一步细节见 Mcloyd, 1998)。集中分析的结果显示:(a) 在低年级的时候,项目组儿童数学和阅读成绩要高于控制组儿童,但是随着年级的升高,这一差距逐渐消失;(b) 相对于控制组儿童来说,项目组儿童的留级率和接受特殊教育的频率更低,顺利读完高中的可能性更大。来自各项目的数据显示:在早期教育对学业进步的积极影响方面,6 岁时的智力和几个非智力因素在其中起了中介作用。这些非认知变量包括：自尊、课堂行为、对教师的态度、母亲的教养技巧、对孩子的期望、自信，以及教师和专家有效合作的能力等。然而，很少有项目对这些假设的中间变量进行测量，并检验其中介效应。分析显然剔除了一些非认知方面的解释，比如公立学校的教师也许更不愿意把那些参加过幼儿园项目的孩子放到特殊教育班。如果过程是这样的，他们认为，项目组与控制组的差异在1年级或2年级后达到最大，随后逐渐减小。结果却恰恰相反，两个组的差异随着儿童年级的增长而增大，事实上直到7年级才达到统计上的显著。

该机构之所以能激起政策制定者对于早期儿童干预的热情，并让他们提供持续性的、不断增加的基金用来从事早期开端项目，归功于以下三点：(1) 干预带来了积极的、明显的成效，其重要性和有效性是显而易见的(如参加特殊教育班、留级的减少、高毕业率，而不是IQ)。(2) 对其中一个研究——佩里学前项目(Perry Preschool Project)进行成本效益分析发现，公众资金的最初投资已经收到了显著的回报(Weber, Foster, & Weikart, 1978)；(3) 研究结果在政策制定者中快速并且广泛地传播。机构的研究结果早在1977年便在政治圈中得以传播，而直到20世纪80年代才在学术出版物中出现(Consortium for Longitudinal Studies, 1983; Darlington, Royce, Snipper, Murray, & Lazar, 1980)。在早期开端项目研究报告后出现的一些经典的非机构项目(例如，Carolina Abecedarian Project)所取得的积极效果也突显了早期开端项目的重要地位。下面几部分，我们将重点介绍两个非常有名的经典项目，它们所取得的长期效果给人们留下了深刻的印象。

佩里学前项目。1962到1967年，在密歇根的Ypsilanti实施的佩里学前项目也许是经典项目中最著名的，它也是机构的一部分(Berrueta-Clement, Schweinhart, Barnett, Epstein, & Weikart, 1984; Schweinhart et al., 1993)。参加该项目的被试已经追踪到39—41岁，可以说这是早期儿童教育项目中追踪时间最长的。但整个项目被试的流失率却是非常低，每轮数据收集之间的流失率只有5%(Schweinhart, 2003)。 714

研究者通过学生家庭普查、邻居的介绍以及逐户访问的途径来寻找被试。整个样本由123个低社会经济地位(SES)的家庭组成(58个被随机分在项目组，65个随机分在控制组)，这些家庭的孩子的IQ在70—85之间，没有器质性障碍。所有的家庭均为非裔美国人，其中大约一半是母亲主导的家庭，并且接受社会福利。40%的父母是没有工作的，只有21%的母亲和11%的父亲完成了高中学业。

儿童参加项目时的年龄为3岁或4岁。项目组的儿童每周有五个上午需要参加一个2.5小时的课程，这样一直从十月到次年五月，占据了2年中的大部分时间(78%)。老师—儿童的数量比为1∶5—6。课程的设计基于皮亚杰的理论，强调儿童是积极的学习者。与儿童的互动是围绕一系列对关键活动的学习而设计的(如创造性的表达、言语、社会关系、运动)。教师每周会有一个下午进行90分钟的家访(母亲和孩子同时在场)，目的是使母亲也加入到教育的过程中来，促使母亲能够给孩子提供相应的教育支持。同时这也是计划实施的一个方面，即把基于活动中心的课程带入儿童家庭中。但是该项目并不提供像住宿、营养服务等支持性的社会服务资助。

14岁、19岁和27岁年龄段的追踪数据表明，对儿童的教育已经开始出现成效。相比控制组儿童，项目组儿童14岁时学业成绩更高，19岁时读写能力更强，27岁时教育成就更高(71%完成了高中学业，而控制组只有51%)。最明显的效果是在经济幸福感和预防犯罪率上。相比控制组，项目组被试在27岁的时候，(a) 项目组成人具有更高的收入(7% VS 29%，每个月多赚2 000美元)；(b) 项目组的男性获得的工作待遇更好(6% VS 42%每个月多赚2 000美元，甚至更多)；(c) 项目组的女性就业率更高(55% VS 80%)；(d) 公共福利记录和自我报告数据显示，项目组的成年人相比一般成年人接受更少的公共福利，但减少的幅度取决于性别和参与时间；(e) 项目组从事犯罪活动被逮捕的平均人数少于2.3人；(f) 项目组中的男性平均结婚2次；(g) 项目组的女性结婚的机会更大，出现未婚生育的更少。在被试39—41岁段的数据收集方面，经济幸福感上的成果不是那么明显。也就是说，并不能确定这些成效是否会持续到中年。然而，在暴力犯罪的减少和入狱时间方面的成效维持到了中年(Schweinhart, 2003, 2004)。项目的成本效益分析表明，每个被试都取得了显著而普遍的成效(例如，在被试追踪至27岁时，每投资1美元，能够收到7.16美元的回报)。总之，这项干预是一项极为合理的经济投资(Barnett & Escobar, 1987; Schweinhart, 2003)。

卡罗来纳州启蒙项目(Carolina Abecedarian Project)。这一项目是最近早期教育的经典项目，但不像佩里学前项目，它并不是追踪研究机构项目的组成部分。这一基于中心的项目于1972—1985年在北加利福尼亚的Chapel Hill实施(Campbell & Ramey, 1994,1995; Campbell, Ramey, Pungello, Sparling, & Miller-Johnson, 2002)。该项目从社会福利部门和产前医院的推荐中征募贫困家庭，其中绝大多数是非裔美国人(98%)，并且为未婚母亲家庭(未婚母亲平均年龄为20岁，年龄范围13—44岁，平均IQ为85)，孩子出生的时候她们高中还没有毕业。55个家庭被随机分配到实验组，另外54个家庭被分配到控制组。

儿童在参加项目时平均年龄为4个月，有些儿童一直持续到他们5岁进入公立幼儿园。中心一天工作8个小时，一周5天，一年50周。照料者与婴儿的比率是1∶3。随着儿童从保育室到蹒跚行走，再到入学前，照料者/婴儿的比率逐渐增加至1∶6。针对婴儿的课程注重认知、语言、知觉运动发展以及社会和自我帮助的技能。在学龄前的晚期，课程重点放在言语发展(注重实效的，而非语法的)和前读写能力(pre-literacy)技能上。中心给父母设立一些建议板，并且提供一系列自愿参加的课程，比如家庭营养学、法律、行为管理、玩具制作等。同时也给家庭提供一些支持性的社会服务来帮助他们解决像住宿、食物和交通等方面的各种问题。

715

启蒙项目在认知和学业上的成效比其他早期儿童项目要更大，这归功于该项目的高密集性(开始于婴儿早期的、全天的、全年的)和它的持续性(5年; Campbell et al., 2002)。最近一次追踪效果(包括来自最初111人中的104名被试)的评估是在21岁(Campbell et al., 2002)。它的结果证实了认知上的长期效果。项目组儿童从蹒跚学步到21岁时，他们的认知测验成绩都显著高于控制组。同时，他们的阅读和数学成绩从低年级到成人初期都要比控制组要高。相对于控制组，项目组儿童受教育的时间更长(14% VS 35%，21岁时在四年制大学读书或毕业的人数)，在成年早期具有更高的就业率(50% VS 65%)，维持了更长时间的亲子关系(17.7年 VS 19.1年,第一个孩子出生的年龄)。项目组中26%的人在青少年时期生育,而控制组的比例为45%(Campbell et al., 2002)。尽管强有力的证据表明学前期的干预增加了青少年母亲完成高中的可能性,其中留级和接受特殊教育在其中起了部分中介作用,但却没有经典项目发现青少年亲子关系上的效应(Schweinhart et al., 1993)。与佩里学前项目结果所不同的是,该项目中并没有发现在成年早期预防犯罪率上的显著成效,但是在药物滥用和抽烟行为减少上其成效是显著的(Campbell et al., 2002; Schweinhart, 2003)。近来,国家早期教育研究所(National Institute of Early Education Research)对启蒙项目的成本效益分析表明:纳税人的投资取得了显著的回报(每投入1美元,收益4美元;Masse & Barnett, 2002)。

尽管已经强调了经典项目的发现,但值得注意的是,在"芝加哥儿童—父母中心"(CPC)项目中也同样发现了这一长期效应。CPC项目主要是针对芝加哥低收入儿童进行的干预,这一干预是大范围的、公开的、学前阶段是基于中心的和基于学校的干预。但是此项目评价没有采用随机分配的设计。长达15年的追踪表明:相对于参加另一个早期儿童项目(全天制幼儿园)的被试,参加学龄前干预的被试高中完成率更高,青少年逮捕率、暴力逮捕率以及退学率更低。此外,学龄前和学龄期被试留级和接受特殊教育的频率更低。这一项目是迄今为止最有力的证据,它证明了采用了类似于早期开端项目的大范围教育干预,以及通过公立学校来促进儿童的成功(Reynolds, Temple, Robertson, & Mann, 2001)。

早期开端项目。那些具有巨大且持久积极效应的经典项目一般在儿童发展的早期开始进行教育干预(例如在出生的头2年开始),并且至少延续到儿童进入幼儿园(Campbell & Ramey, 1994; Consortium for Longitudinal Studies, 1983; C. T. Ramey & Ramey, 1998)。这些研究的结果为1994年早期开端项目的建立奠定了基础。早期开端项目是针对低收入家庭婴儿、蹒跚学步儿童以及他们的家庭所进行的干预,一直干预到他们3岁时。作为最近大范围公共资助的早期儿童教育项目,早期开端项目试图通过一系列的协同服务,来促进儿童的发展和健康。这些协同服务包括:儿童照料、通过家访带来的儿童发展服务、养育培训、健康照料和家庭支持。根据社区的需求,项目通过三种途径提供服务:基于中心、基于家庭和混合途径。目前,该项目已经在700个社区中实施,服务于6万个低收入儿童。同时它也得到早期开端项目越来越多的经费预算,其中2003年的预算是6.54亿美元(ACF, 2004a)。

早期开端项目成立于1994年,作为早期开端项目重新授权的一部分,国会倡导在各个地方对新的项目进行一个早期评估。这一全国性的评估,即全国早期开端项目研究和评估项目(National Early Head Start Research and Evaluation Project),有两个目标:了解早期开端项目对低收入儿童和家庭干预的有效程度;了解具体项目或服务实施于家庭和儿童的有效性。这些家庭和儿童具有不同的人口统计学特征,而且不同的研究其特征也不同。总之,这一评估不仅仅要回答"什么有效"这样简单的问题,更关注"在什么情况下,什么措施对谁有效"。 716

评估项目开始于1995年,选取了早期开端项目头两轮中具有代表性的17个地方进行。

这些地方包括城市和乡村，遍布整个国家，并且最初研究项目被等分为基于中心、基于家庭和混合式三种情况。然而，随着评估的进行，这三种情况的比例也发生了改变。17个地方的3 001个家庭被随机分配在早期开端项目实验组(n=1 513)或者控制组(n=1 488)，这两个组在人口统计学特征上是匹配的。从参加项目开始就对儿童及其家庭进行追踪，直到他们长到3岁，其中在被试14个月、24个月和36个月时分别进行一次评定。

尽管有许多家庭并没有参加完整的各阶段或者每天达到推荐的水平，但是研究结果仍显示项目产生了一系列积极的效应。在被试36个月时，相比控制组儿童，实验组儿童在认知和语言发展标准化测验中得分更高、与他们的父母互动更多、表现出更少的攻击性、对他们父母的消极反应更少、在玩耍过程中对目标的注意更加集中(ACF, 2002)。这一积极效应同样出现在父母的行为中。相比控制组的父母，早期开端项目的父母为孩子提供了更有刺激性的家庭环境、更具支持的语言和学习环境。他们除了给孩子更多的情感支持(观察)，还尽可能多地每天为孩子讲故事，并且更少地使用体罚(自我报告)。该项目对于父母的自信、父亲与孩子的互动也具有积极的效应。该项目对于非裔美国家庭的影响要大于白人家庭，对招募时正怀孕的家庭和具有中度程度危险因素的家庭效果更好。同时，混合式的项目、更早完成的项目效果也更大(ACF, 2002)。对于这些孩子(和家庭)进幼儿园后的追踪数据收集工作近期已经完成，但在撰写这本书的时候，结果尚未分析出来。

根据评估结果来评定早期开端项目的政策和模式

很显然，早期开端项目并未有效地提高参加者的学校准备(school readiness)和学业竞争力，并使其达到非贫困儿童或者全国常模的水平。然而，全国早期开端项目影响研究(National Head Start Impact Study)(ACF, 2005a)的结果证实，早期开端项目促进了儿童早期读写技能和社会情绪功能某些方面的发展，同时也证实由于非实验研究的取样偏差，早期开端项目的影响范围被低估了。这一论证得到联邦政府对早期开端项目的继续支持，但需要寻找改善早期开端项目效果的方法的讨论仍相当激烈。经过长期观察，正如儿童一成人比率、教师儿童互动、课堂活动和材料等所证明的(Zill et al., 2003)，早期开端项目的质量是相当好的。然而，FACES 2000(Zill et al., 2003)的结果显示，对退出项目的儿童进行功能评估发现，一些政府官员是让人失望的，他们搁浅了早期开端项目中重大改革的实施(U.S. Department of Health and Human Services, 2003)。

直到近期，早期开端项目基础模型的完整性才得以证明。这种证明来自于大量的研究者，他们曾经试图寻找但却并未发现强而有力的、一致性的证据，他们想用这些证据来说明项目、儿童、家庭的特征对经典的或大范围学龄前的干预所带来的显著而长期的影响具有调节作用(McKey et al., 1985; Royce et al., 1983)。然而，FACES 2000的研究结果(Zill et al., 2003)对上述结论进行了重新考虑。通过对经典项目小范围的评估发现，应该对早期开端项目进行修改从而对儿童的竞争力产生更大的影响。这一研究发现，早期开端项目中的几个项目和课堂特征与儿童的认知和社会情绪功能的提高密不可分，它们包括综合课程的采用(使用High/Scope课程的项目与使用其他课程的项目的对比)、全日制课程的提供、教师的高等教育背景(如学士或大学肄业)和教师的高工资。这些结果能否在全国早期开端项目影响研究(National Head Start Impact Study)中得以验证是个耐人寻味的问题。

717

联邦政府发起了两个大范围的倡议,用来评估不同的早期儿童课程、早期儿童干预与项目对儿童入学准备的有效性(美国学前教育课程评估研究项目组;跨机构儿童研究倡议)。秉承早期开端项目寻找更多有效的途径来服务于贫困儿童和家庭的传统,早期开端项目质量研究机构(Head Start Quality Research Consortium)还围绕部分课程问题进行了一些实验研究(U.S. Department of Health and Human Services, 2003; Zigler & Styfco, 1994a)。所有这些共同的努力,以及全国范围的实验都是为了巩固早期开端项目,在美国建立更强、更严密的早期儿童体制。这些全国范围内进行的实验,采用了一些新的策略来协调早期儿童项目以及促进儿童的入学准备(U.S. Department of Health and Human Services, 2003)。

早期开端项目中幼儿园从半日制变为全日制(U.S. General Accounting Office, 2003)既是要与前面提到的 FACES 研究的结果保持一致(Zill et al., 2003),也是与经典项目中所发现的结果保持一致(Campbell et al., 2002; C.T. Ramey & Ramey, 1998)。经典项目结果发现,当项目强度更大时儿童认知和学业上的效果会更大、更持久。这一变化带来的一个好处就是对于那些有工作或有活干的贫困母亲来说非常实用。越来越多的这类妇女开始响应福利改革(Greenberg et al., 2002)。毋庸置疑,由于早期开端项目幼儿园只提供半天教学或者没有名额,许多这类母亲不得不把他们的孩子送到那些非正式的、无管制的、质量更差的儿童照料中心。截止到 2003 年,54%的早期开端项目儿童参加了一天至少 6 个小时的全日制课程,但是绝大多数中心一年只开 9 个月,每周最多开放 5 天(Hart & Schumacher, 2004)。

研究也支持了早期开端项目比较普遍的情况:绝大多数儿童只能参加早期开端项目 1 年而非 2 年。总的来看,经典项目和芝加哥儿童—父母中心这样大范围公共项目等的追踪研究,并没有表明第二年的学龄前干预所带来的持续性而有意义的学业效益会超过 1 年的情况(Consortium for Longitudinal Studies, 1983; Reynolds, 1995; Sprigle & Schaefer, 1985)。第二年也许会强化儿童在第一年所学习到的入学准备技能,但它对获得学业技能的单独贡献是有限的,显然也不如第一年(Reynolds, 1995)。研究结果提供了强力的证据:为所有贫困儿童提供 1 年的、公共资助的学前干预(符合条件的 4 岁儿童有 30%并没有享受早期开端项目服务,符合条件的 3 岁儿童有 70%没有享受该服务),应该取代为更少的贫困儿童提供 2 年的干预。来自全国早期开端项目影响研究的结果(ACF, 2005a)针对此问题进行了更加严谨的论证。

服务延续到小学的有效性:政策研究的结果。尽管在提高贫困儿童认知功能和学业成绩上 2 年学前干预并不比 1 年干预更具有优势,通过比较各个研究之间以及研究内的干预效果发现,持续更长的项目效果是最好的(Fuerst & Fuerst, 1993; Madden, Slavin, Karweit, Dolan, & Wasik, 1993; Reynolds, 1995)。因此一些研究者提倡,为了避免效果消退,早期开端项目干预服务应该持续到小学(Reynolds, 2003)。正是这一说法导致了 1967 年早期开端项目/追踪(Follow Through)项目的产生。但追踪并没有成为全国性的项目,最初强调的全面服务也被替代为只是关注创新课程。在 20 世纪 90 年代初,它只在 40

个学校得以实施,对它的有效性也很少进行评估(Zigler & Muenchow, 1992)。然而,1991年全国早期开端项目/公立学校儿童早期示范过渡项目(Public School Early Childhood Demonstration Transition Project)对追踪的内容进行了修改。这一项目追踪了早期开端项目中 31 个项目组的儿童,追踪从幼儿园到 3 年级。他们介绍儿童和父母到新的学校环境,并且提供广泛的服务和支持,尤其强调了父母的卷入。

718 尽管对过渡项目(Transition Project)的评估是不全面的,但初步的结果还是证实该项目有利于儿童的学校过渡(S. L. Ramey, Ramey, & Lanzi, 2004; Reynolds, 2003)。令人振奋的是尽管儿童最初的表现低于全国常模水平,但到了 2 年级和 3 年级后期,他们在阅读和数学方面已经达到了全国平均水平。此外,其他类似的过渡项目的结果,比如最有名的像芝加哥儿童—父母中心,也支持了这一干预效果(Reynolds, 2003; Zigler & Styfco, 2003)。

目前尚没有具体的计划将"追踪服务"扩展到早期开端项目更广泛的群体中去。教育服务直接提供给儿童,儿童学习环境尤其是学校环境的变化是追踪干预有效性的先决条件(Barnett, 1995)。父母对儿童的追踪服务具有调节作用(比如通过针对父母的家庭课程活动来提高父母对孩子学校教育的参与程度),但主要基于家庭背景的服务并没有发现明显的效果(C. T. Ramey & Ramey, 1998; McLoyd, 1998 对这一问题有更为详细的讨论)。

项目效果的个体差异。接下来,研究者更为关注儿童和家庭的某一特征是否在一定程度上对项目效果起了调节作用,因为解决这一问题可以为早期干预提供更好的基础。根据 Ramey 和其同事们(C. T. Ramey, Ramey, & Lanzi, 1998)的研究,参加各种早期干预的儿童其受益的多少与儿童最初的危险条件有关。从这个结论来看,贫困儿童处境不利或发展不良的个体差异,与儿童参加早期教育干预的效果有关。Ramey 等采用之前早期开端项目儿童在幼儿园时的数据,通过聚类分析来划分贫困家庭的种类。根据 13 种常用的家庭特征指标(比如,母亲为主的教育、母亲的工作和 AFDC 状态、家庭中双亲同时教育儿童、当儿童进幼儿园时母亲是否成年等)的相关系数,将贫困家庭划分为 6 个主要类型。这一聚类结果或家庭类型与孩子容易接纳的语言、特殊教育参与情况和社会竞争力有关。采用这里所用到的程序或其他程序,在贫困儿童进入早期开端项目前,识别他们的危险水平或者类型,为研究何种干预对何种儿童最有效奠定了基础。

到目前为止,全国早期开端项目影响研究(National Head Start Impact Study)并没有发现什么样的儿童和家庭特征对项目效果起调节作用(ACF, 2005a),但研究表明早期开端项目对于母语是英语的儿童认知能力的影响效果更明显(相比西班牙语),在非裔美国人、西班牙裔儿童(相比非西班牙裔白人)和那些其主要看护者具有低于基线水平的抑郁症状的儿童中更明显。对学前干预效果的其他评估认为,儿童性别、种族起到调节作用。下面将讨论这些发现。

非裔美国男孩获益较少? 尽管性别交互作用不显著,但许多高质量的研究(经典项目和大范围、共同项目)发现:在学业竞争力、学业进步和社会情绪功能方面,对女孩的干预和追踪效果要好于男孩。尽管教养是一样的,甚至在某些情况下男孩的智力水平更高,但男孩从这些项目上的获益却远少于女孩。这些研究也说明,性别可能对长时效应的调节要好于直

接效应，而且在某些情况下，性别差异随时间而变大(Consortium for Longitudinal Studies, 1983; Fuerst & Fuerst, 1993; Schweinhart et al. , 1993)。

研究者为这种差异提供了多种解释，但很难确定哪一个是最可信的解释。因为纵向研究并没有对学校、家庭以及男、女孩学龄前广泛的社会经历进行全面的追踪。由于并没有发现典型直接效应的性别差异，关注学龄后因素的解释似乎比关注项目本身的解释要可信。性别和种族刻板印象也许会导致老师和学校教员更容易忽略非裔美国男孩，而且对他们学业竞争力上的进步给予更少的积极反馈。他们只是对那些学业竞争力存在问题的男孩给予直接的关注(Jackson, 1999; Schweinhart et al. , 1993)。

719

相对于他们的女同学来说，贫困非裔美国男孩在学业成绩上面对更多的障碍，更难受到学龄前干预的影响。性别上的障碍包括：冷漠而非敌意的学校环境、同伴学业成绩的压力、对学业能力失去信心、父母和老师的低学业期待、早期的学业失败(Graham, Taylor, & Hudley, 1998; Jackson, 1999; Kunjufu, 1986; Osborne, 1997)。上述分析说明，贫困非裔美国男孩也许需要针对他们在小学中遇到的困难而设置专门的追踪服务。

探讨男、女孩学龄前教育长期反应差异的条件和潜在过程是个有意思的问题。相比系统研究中的其他问题，应该更多地考虑非裔男性群体更为不利的处境问题(Gibbs, 1988)。

*种族是调节变量？*对早期开端项目有效性的ETS研究(Lee et al. , 1988)，以及最近来自早期开端项目评估(ACF, 2002)和全国早期开端项目影响研究(ACF, 2005a)的结果，都说明项目对非裔美国儿童比白人儿童具有更大的积极效果。这个结果明显地反映在干预前他们在风险因素和认知成绩上是有差异的。在ETS研究中，起点最低的儿童其收获最多。在干预前，非裔美国儿童在人口统计学上相比白人儿童更为不利，非裔美国儿童在所有的四个认知功能测验上都表现得更低(Lee et al. , 1988)。

在对比性危险方面，非裔美国儿童比白人儿童更容易经受持久而严重的贫困(收入低于贫困线的1/2)，而这些因素能预测更低水平的认知功能(Duncan & Brooks-Gunn, 1997)。此外，如Duncan及其同事所报告的，儿童期贫困造成的影响(如5岁前的贫困比儿童中期和青少年期的贫困对教育成就的影响更具有伤害性)在非裔美国儿童上更显著(Duncan et al. , 1998)。因此，非裔美国儿童比白人儿童从早期开端项目中获益更多，因为相对于整个发展阶段，他们更容易受到儿童早期贫困的影响。尽管Halpern(2000)对低收入儿童和家庭早期干预项目的综述中已指出，到底是高危险群体还是低危险群体在早期儿童干预中受益更多似乎是不明确的、难以下定论的，但是其他针对贫困儿童和家庭的干预研究发现那些危险因素最高的儿童获得的效益最多(C. T. Ramey & Ramey, 1998)。

与ETS的研究发现相反，Currie和Thomas(1995)对全国青少年追踪研究(National Longitudinal Study of Youth, NLSY)中儿童样本的数据分析发现，早期开端项目的最初效果并没有种族差异。然而，在效果消失的速度上存在种族差异，在皮博迪词汇测验(Peabody Picture Vocabulary Test, PPVT)上白人儿童要比非裔美国儿童效果的持续时间更长。非裔美国儿童从早期开端项目中所学习的皮博迪词汇测验到10岁时完全忘记，而白人儿童在10岁时还有5%的保持率。Currie和Thomas发现早期开端项目的影响在留级率上也存在种族差异。尽管相对于未参加计划的儿童来说，早期开端项目把白人儿童的留级率降低了47%，但对于非裔美国儿童却没有什么作用。一旦非裔美国儿童和白人儿童离开早期开端项目，至少干预效果在不同种族上消逝的比率可以反映学校的质量差异。难以理解的是，对于那些没有参加早期开端项目干预的儿童来说，没有发现这种不同种族的消逝速度的差异。Currie和Thomas的发现不但与早期开端项目和早期开端项目发现的种族差异相矛盾(ACF, 2002, 2005a; Lee et al., 1988)，也与其他大范围学前干预项目在非裔美国儿童认知功能和学业进步上的长期积极效果相矛盾(如Reynolds, 1994)。

还未找到这一矛盾结果的合理解释。但值得注意的是，与其他学龄前研究不同的是，720 Currie和Thomas(1995)使用的是参加早期开端项目孩子的同胞(而不是非同胞)作为控制组(目的是为了控制家庭背景的影响)。另外，他们所用的早期开端项目儿童的"白人"比较组还有待考虑。他们将非拉丁美洲裔白人儿童和拉丁美洲裔白人儿童组合成一个单独的白人组，并用整个组来考察模型的混合效应(Barnett, 2004)。Barnett和Camilli(2000)对混合效应模型进行了再分析发现，考虑到他们在测验分数和项目参加频率上的差异，没有理由把白人非拉丁美洲和拉丁美洲儿童作为独立的样本群。而且，非拉丁美洲裔白人儿童与非裔美国儿童有相同的短期、长期效果，其消退也是一致的。

对于白人和其他种族干预的效果如何？ 围绕种族对学前干预效果调节作用的讨论指出了研究文献的不足之处，也就是说，对白人儿童和其他种族儿童的学龄前教育效果并没有进行充分的研究。学龄前效应的研究只是针对非裔美国儿童的(Barnett, 1995)。非裔美国儿童占据了贫困儿童样本的绝大多数，但事实是贫困的白人儿童在绝对数量上是远多于贫困的非裔美国儿童。早期开端项目中，非裔儿童占了1/3到2/5，拉丁美洲裔儿童占了1/5到1/3(Hart & Schumacher, 2004; National Center for Education Statistics, 1995)。从时间进程来看，早期开端项目前期增加的大量儿童是在贫困的非裔美国社区。然而，考虑到他们所占据的比例，早期开端项目效果研究中非裔美国儿童代表性过多，而白人和拉丁美洲裔儿童代表性不够。

由于现有的一些学龄前项目很少是关于拉丁美洲裔儿童的(Andrews et al., 1982; Johnson & Breckenbrige, 1982)，经典项目并没有考虑到其他种族群体，而只是关注非裔美国儿童(有关经典项目种族组成的讨论见McLoyd, 1998)。不管其潜在的原因是什么，这一取样偏差至少导致两方面令人遗憾的结果：第一，我们不知道早期开端项目和学龄前干预对于贫困白人儿童的普遍适用性。对早期开端项目最严格的评估(ACF, 2002, 2005a; Lee et al., 1998)开始质疑基于非裔美国儿童的发现应用到白人儿童上所存在的问题。第二，早期开端项目认为非裔美国人的贫困是持续性的，经济上是需要依靠的，而对儿童发展研究领域中贫困的白人儿童和家庭视而不见。该项目最关键的是要考虑改变目前早期开端项目群体人口统计变量的结构，了解所有儿童和家庭的情况。

父母及家庭环境作为发展的决定性因素

第二个支持反贫困项目的假设是，父母和他们给孩子所营造的家庭环境能够对儿童的发展产生很重要的影响。20世纪60年代，许多研究得出的结论都不约而同地支持了这一假说。在这些研究证据和其他外力的共同推动之下，父母教育逐渐成为早期童年干预的重要组成部分(Clarke-Stewart & Apfel, 1978; D. Powell, 1988)。因为父母教育项目以及父母参与孩子早期教育的机会，都可以通过增长父母关于儿童发展规律的知识而根本上改善父母的行为，从而间接地改善贫困儿童的发展结果。

作为间接影响儿童发展的一种策略，父母教育在美国已经有了相当长的历史，其最早可以追溯到19世纪的早期(历史性回顾，请见 G. Fein, 1980; Halpern, 1988; Schlossman, 1976)。整个20世纪50年代，父母教育项目被广泛推行，但其所针对的人群却几乎只有中产阶级人士(Brim, 1959)。20世纪60年代至70年代，父母教育再次受到重视，但在以下几方面却有别于前者。首先，在这一时期该项目主要在贫困家庭中开展。因为提高父母抚养孩子的技巧，可以改善儿童的能力使其较好地完成从家庭到学校的过渡，从学校教育中获益，并使其在学前教育中所获得的认知增益最大化(Chilman, 1973; Clarke-Stewart & Apfel, 1978; D. Powell, 1988)。父母教育项目的开展使早期童年干预从最初几乎仅针对婴幼儿本身转变为主要针对他们的母亲。该项目主要考虑了父母、家庭环境，以及亲子互动在贫困儿童发展中的作用。随着越来越多的儿童虐待和忽视事件暴露在公众面前，以及单亲家庭、未婚母亲、离婚、失业和经济不稳定性的比率不断上升，这种从纯粹对儿童进行干预转变为对父母进行干预的趋势得到了加强，并且，这些现象的出现也使人们越来越认识到，美国家庭儿童护理的能力正在下降(D. Powell, 1988)。

721

以研究为基础的前提

父母教育在20世纪60年代末期再度兴起。与其第一次被广泛推行不同，这一次的复兴拥有更为深入的关于儿童发展的经验性研究作为背景(Clarke-Stewart & Apfel, 1978)。父母教育的支持者列举了很多被大众所熟知的观点，诸如"父母是孩子的第一任也是最重要的老师"(Clarke-Stewart & Apfel, 1978, p. 48)，"每个孩子都需要——而且也有权拥有——称职的父母"(Bell, 1975, p. 272)，但更有说服力的是，一系列不同的关于儿童发展的研究结果也同样支持了他们的观点。首先，父母教育项目的支持者用早期开端项目的失败作为证据，指出认知缺陷所造成的阻碍甚至在上幼儿园之前就应该得到干预，而这种缺陷往往正是由于家庭中的某些因素造成的(Clarke-Stewart & Apfel, 1978)。其次，Bronfenbrenner(1975)综合了众多关于早期教育干预的研究结果，认为对于那些父母卷入更多的儿童来说，早期教育干预能够产生更大且更为持久的效益。这对于推动父母培训项目起到了重要的作用。虽然 Bronfenbrenner 得出的结论直接说明了以家庭为中心(包括父母和孩子)的干预比单纯的儿童干预更为有效，但对于父母教育来说，以家庭为中心的干预仍然是一个比较狭义的概念。更重要的是，有证据表明，这种有父母参与的干预还能对干预儿童的弟弟妹妹产生积极的影响(例如，S. Gray & Klaus, 1970)。因此，这就使这一项目具有了很高的效益。

第三，父母教育项目的支持者们指出，访谈和实验室研究均证明了母亲所掌握的关于儿童发展、育儿态度，以及育儿实践(例如，在玩耍、谈话时母亲给予孩子的刺激水平；提供适当的玩具；母亲言语的抽象性；当婴儿发出感觉不舒适的信号时，母亲对其反应的灵敏性；严格一致的纪律并配合时常的赞扬）等方面的知识与儿童认知功能之间的关系。并且，有证据表明父母的行为能够在短期干预后得到改善（见 Clarke-Stewart & Apfel, 1978 关于这些研究的综述），这也为父母培训项目增加了可信性。

父母培训的拥护者们所倚仗的第四个也是最关键的一系列研究着眼于家庭环境以及社会阶层之间的差异（Clarke-Stewart & Apfel, 1978）。一系列的专著列举了在抚养孩子的方法上，社会经济地位所带来的差异（例如，教育策略、母亲的言语方式）。以成对的父母和子女的数据以及发展性理论为基础，这项研究指出，儿童在认知和学习机能方面的差异是其所属社会阶层的差异造成的（如，Bee, Egeren, Streissguth, Nyman, & Leckie, 1969; Bernstein, 1961; Deutsch, 1973; Hess & Shipman, 1965; Kamii & Radin, 1967）。在一系列相关专著中，贫穷、母亲的低教育水平，以及其他社会地位低的指标，可以预测儿童较低的认知和学习机能以及与此相关的各种母亲行为（例如，家庭环境中口头上和认知上的刺激、儿童的情绪支持、积极的强化）的水平。对于那些认知和学习能力较好的儿童，他们的母亲倾向于具有以下一些特点，较多的接受、爱，以及平等，较少的要求、威吓，以及惩罚，并且他们也有更为融洽和有益的互动。而在抚养子女的过程中，这些方面才是区分低社会阶层和中产阶级母亲的恰当的维度（Bradley & Caldwell, 1976; Clarke-Stewart & Apfel, 1978; Deutsch, 1973）。

总的来说，在 20 世纪 60 年代对于低社会阶层父母育儿方式的研究尚存在很多漏洞（例如，Bee et al., 1969; Hess & Shipman, 1965; Kamii & Radin, 1967）。在 20 世纪 60 至 70 年代，贫困文化一直占据支配地位，这也导致对于 SES 差异的解释贬低了低阶层人士抚养儿童的方式（Bernstein, 1961; Lewis, 1966）。这些解释将 SES 上的差异视为贫困家庭儿童认知、言语和社会情绪发展延迟的原因，并认为，由于贫穷会一代一代地延续下去，这种发展的延迟也会随之一代代地延续下去。而将这一观点延展开来，便得到了以下的论断，即在抚养孩子方面，贫困家庭的父母需要获得比富裕家庭父母更多的培训（Baratz & Baratz, 1970; Laosa, 1984）。

722

然而，20 世纪 70 年代的父母教育项目所依靠的研究基础并不像其支持者所说的那样可靠。首先，很多关于父母对儿童发展影响的研究均是基于白人和中产阶级家庭进行的，因此，其结果在贫困家庭中的普适性还有待考察。其次，对贫困家庭父母严重的方法学偏见（例如，在大学实验室中所做的评价，应用以中产阶级为常模的测验）以及种族和社会经济地位的混淆，使很多研究结果的解释及其对政策的适用性都产生了很大局限。第三，作为一种主要以低 SES 人士为被试的干预手段，父母教育忽视了低阶层家庭父母中巨大的异质性。这种情况在父母教育兴起之初尤为突出。实际上，父母的典型行为与儿童相似，其在不同的 SES 阶层中往往是一样的，并且在同一社会阶层内部的异质性要远远大于在不同阶层之间的差异。因此，对于父母教育的支持者们所推测的贫富家庭在亲职行为和家庭环境上的差异来说，SES 充其量只是一个非常粗糙的指标（Clarke-Stewart & Apfel, 1978）。

在父母教育运动的带动下，很多针对那些特定的在育儿方面有困难的高危群体的项目得以开展,例如少女怀孕、少女妈妈,以及那些吸毒和有虐待儿童倾向的妇女(Field, Widmayer, Stringer, & Ignatoff, 1980)。可是,大多数父母教育项目大体上仍然以低SES作为标准。在随后的几年,贫困人群组内的异质性问题得到了更多的关注,这也推动了很多关于父母培训、家庭环境和家庭外因素等的研究。在贫穷儿童中,这些家庭外因素更多地对心理弹性和学业能力产生影响(如Baldwin, Baldwin, & Cole, 1990; Gutman & McLoyd, 2000)。

作为贫困儿童认知功能发展的决定性因素,近期关于教养和家庭环境的研究已经与20世纪60年代的研究有所区别。之前的研究倾向于:(a)强调贫困是由社会结构上的而不是文化上的匮乏所导致的;(b)聚焦于经济收入的贫困而不是社会阶层上的贫困,并且(c)直接评估在家中刺激经验的缺乏,而这也是儿童发展和家庭经济收入之间的中介变量。另外的一个不同点在于,这一代的研究者不倾向于用文化短缺模型解释家庭经济收入和家庭环境之间的关系(例如,经济收入与儿童发展有关是因为它可以使家庭通过购买一些材料、经验和服务投资于孩子的人力资本的观念),而更倾向于用投资模型解释其关系(Linver, Brooks-Gunn, & Kohen, 2002)。简单来说,他们推测,在经济收入和以家庭为基础的刺激之间存在着直接的关系,而不仅仅是以教养知识和态度为中介的间接的关系。

最近的研究证明,家庭所给予的认知刺激(例如,给予一些具有认知刺激性的玩具、读书给孩子听、帮助孩子们学习数字和字母表等)在家庭经济收入和幼儿认知功能的关系间起到了很重要的中介作用(Duncan, Brooks-Gunn, & Klebanov, 1994; Klebanov, Brooks-Gunn, McCarton, & McCormik, 1998; Linver et al., 2002)。当时间和家庭内部收入发生变化时,认知刺激所起的中介作用远小于在以平均经济收入为预测变量的静态模型中的作用(Dearing, McCartney, & Taylor, 2001),而诸如母亲的敏感性等其他变量在其间所起的中介作用则更加微乎其微(Mistry et al., 2004)。更重要的是,一些有力的证据表明家庭经济收入和家庭环境之间的关系是非线性的。在低收入家庭中,家庭环境对于经济收入和收入的变化都特别的敏感。与IQ分数类似,数据表明,当家庭的收支比下降或当贫困的持续时间增加时,儿童家庭环境的质量均会有所下降。此外,如果儿童出身贫困或者贫困时间更长,其家庭收入的增加便会对儿童家庭环境产生最大的影响(相对于非贫困儿童)(Dubow, & Ippolito, 1994; Garrett, Ng'andu & Ferron, 1994)。

为了回应那些关于收入与家庭环境之间的关系以及家庭环境与儿童机能之间的关系不合逻辑的言论(例如,这种关系只反映了那些不可测的个体差异或者那些与经济收入、收入变化、家庭环境和儿童发展结果等有关的被忽略掉的变量),研究者们采用了纵向的固定效用模式来控制被忽略的稳定的个体差异(例如,母亲和孩子的认知能力)。应用该方法可以在个体内部进行跨时间的比较,从而使那些个体差异的变量恒定。而在经过了这样严格的测验之后,研究仍然发现了其间的非线性关系。这一结果表明,家庭经济收入与儿童的认知功能以及儿童在家中所获得的认知刺激水平之间存在正相关。更重要的是,家庭经济收入长期的增加和减少(a)对贫困儿童家庭环境的影响要大于那些中产阶级家庭的儿童(Votruba-Drzal, 2003),并且(b)在贫困家庭儿童中,家庭经济收入也和儿童认知功能有很

723

高的正相关，但在非贫困家庭儿童中则没有这样的结果(Dearing et al., 2001)。

综上所述，近期的研究结果表明，增加贫困儿童的家庭经济收入，比进行父母教育更能促进贫困儿童认知功能的发展。这是因为，首先这些调查都是以投资模型为理论框架的。其次，这些研究已经表明，在运用了各种各样的统计方法严格控制了母亲、家庭和儿童自身的特征后，家庭收入和家庭学习环境之间的关系仍然存在(Votruba-Drzal, 2003)。第三，研究者既没有发现父母的教养知识和态度对经济收入和家庭环境之间的关系起到了中介作用，也没有发现其对那些对经济收入较敏感的认知功能产生预测作用。然而，仍有来自贫困家庭的数据表明，母亲关于儿童发展的知识可以通过母亲支持间接地影响贫困儿童的认知测验分数(Wacharasin, Barnard, & Spieker, 2003)。

对父母教育项目效果的评估

"父母教育"和"父母培训"这两个术语在意义上有所不同，但在这一章中这两个术语可以交换使用。父母教育被认为是一个更一般的术语，而父母培训则被认为是父母教育的某一类，与父母教育的区别在于它包含传授特定技巧这层含义(Dembo, Sweitzer, & Lauritzen, 1985)。虽然父母教育项目根据其目标的不同也有多种分类，但其中很大一部分通常都是增加父母关于儿童发展的知识，改善儿童的家庭学习环境，并最终提高儿童的认知功能和学业成就。而父母教育项目的另外一大类别即是致力于提高亲子之间的沟通，帮助父母们运用有效的方法，培养儿童的社会能力。

在过去的二十年中，大量研究成果为父母教育项目及其效果的评估都奠定了良好的基础(C. Smith, Perou, & Lesesne, 2002)。但父母教育项目之间巨大的多样性也使研究者的评估具有极大的风险。在父母教育项目不断增加的同时，将父母教育纳入到范围更广的家庭帮助项目或针对低收入家庭的综合干预中的趋势也在不断加强(Brooks-Gunn, Berlin, & Fuligni, 2000; C. Smith et al., 2002)。由于那些包含多重部分的父母教育项目，往往不会仅为了区分父母教育单独的效应而进行设计，因此，出于评估的需要，把单纯由父母教育所产生的效应从项目的其他部分(如父母支持和公共服务)中分离出来便成了一个棘手的问题。例如亲子发展中心 (Parent and Child Development Centers)项目以及综合儿童发展项目(Comprehensive Child Development Program)等评价最好、规模最大的干预项目，即属于此类(Morley, Dornbusch, & Seer, 1993; D. Powell, 1982; St. Pierre & Layzer, 1999)。换言之，一些学者们认为，那些试图把这些项目细分为不同成分的努力是没有用的，因为其本身就是项目内各部分的总和，是各部分间协同运作的过程，而正是因为它们的共同作用才能使项目获得最终的成功(Olds & Kitzman, 1990)。

对于那些关注父母教育在低收入家庭和儿童中作用的人来说，另一个挑战便是，贫困和低收入其实包含了大量人口统计学的和家庭的特征，这些特征使父母教育项目中混杂了更多的变量。例如，针对少女妈妈、语言不通的父母和低教育水平的父母的项目便逐渐增加。这些项目可能服务于社会经济地位相异的父母，并且，在评估其效果时，SES/贫困的水平可能作为控制变量，而不是作为潜在的体现项目效果的调节变量被测量(例如，Baker, Piotrkowski, & Brooks-Gunn, 1999)。与基于可能导致儿童低认知、低学业、低行为表现的贫困的项目相比，基于人口统计学指标的父母教育项目拥有更精确的目标定位，从长远来看，这种精确定位可能会使项目有更高的性价比。然而，与那些针对贫困或低收入父母的项目相比，以人口统计学指标为基础的项目可能会有较高的损耗率，因为在这样的项目中，缺乏能够有效控制中途退出及低参加率的诱因，或者其执行的方式与低收入家庭父母的生存环境互不相容(Gomby, Culross, & Behrman, 1999)。与比他们拥有更多资源的家庭相比，贫困家庭的父母更可能放弃父母培训项目或在项目中参与水平较低(例如，Baker et al., 1999; F. Frankel & Simmons, 1992)。这个发现表明诱发刺激能够更敏感地反映贫困或低收入家庭的资源需求(例如，迁移、儿童护理，R. B. Wolfe & Hirsch, 2003)。 724

大多数父母教育项目都是在20世纪70年代发起的，并且主要以低收入家庭的父母为对象，而它们的重点则在于提高儿童认知上的成绩(Clarke-Stewart & Apfel, 1978; Morley et al., 1993; Olds & Kitzman, 1993)。近年来，社会能力在早期学业成就中的作用已经得到了越来越多的证实(Webster-Stratton, 1998)，父母教育项目也部分地回应了这样的趋势，并拓宽了其所涉及的领域，将培养贫困儿童的社会能力以及避免品行问题等内容也包含在内。作为对很多与父母教育和培训项目不同的维度的反映，有多种不同的策略已被用来实现这些目标。这些维度包括所针对的对象(父母与孩子一起或只有父母)、指导的方法(一对一或小组讨论；用玩具演示或模仿)、环境背景(家庭或培训机构)、接触的频率、项目的持续时间、预定的课程，以及参与成员的职称(例如，教授或副教授)等。内容可能包含一些关于儿童发展、身体和情绪发展以及育儿技巧等各种重要事件的信息。该项目旨在增强儿童的认知功能，一般来说，儿童的年龄大致在从出生起至5岁之间，但更多的是关注3岁以前的儿童。而对于那些关注儿童社会能力发展的项目来说，其所针对的儿童的年龄范围会更广一些。并且，许多包含评估过程的父母教育项目已经在非裔人士中展开(例如，Morley et al., 1993; Olds & Kitzman, 1993; D. Powell, 1982)。

绝大部分的父母教育和培训项目没有包含评估的部分。在那些包括了评估过程的项目中，各种方法学上的问题使得人们很难评估项目的效果，也很难判断项目的哪些部分或者哪种项目最有效。在20世纪70年代和80年代，以严格的随机试验进行评估的父母教育项目(或者包含父母教育内容的项目)是非常少见的，一直到现在也仍然不多(Clarke-Stewart & Apfel, 1978; Dembo et al., 1985; Gomby et al., 1999)。此外，在一些研究中，真正的随机控制组实验的优势可能无法体现出来，因为控制组和实验组成员可能住得很近，实验组的母亲和孩子可能会把课程内容告知控制组的母亲和孩子。另外，用相同的方法对儿童进行重复测量，应用未经标准化和带有文化偏见的或者缺乏信效度参数的测量工具，以及被试的减员都会使这些项目评估的效度大打折扣。只有个别项目的评估，不但包括了长期跟踪调查，还系统调查了变化发生的过程和调节总体有效性的因素，而不是仅仅笼统地说明其总体有效性(Clarke-Stewart & Apfel, 1978; Gomby et al., 1999)。

对儿童的效果。尽管有无数方法学上的限制，但现有的研究均得出了一致结论，即较规范的父母教育项目可以对贫困儿童的认知功能产生立竿见影的效果(对这些研究详细的回顾，见 Clarke-Stewart & Apfel, 1978; Halpern, 1990b; Morley et al., 1993)。与那些控制组的儿童相比，这些参与项目的儿童通常都在认知功能上有一定程度的提高，并且这种优势会维持1—2年后才逐渐消退。Morley等人对13个项目的效果进行了元分析。这些项目针对的人群是那些孩子小于3岁的母亲或父母双亲，其中有些项目是单独进行的，有些则与其他干预手段相结合。结果发现这些项目对儿童的智力机能均会产生积极的影响，其效应大致会持续一年左右的时间。不掺杂其他的干预手段，仅分析父母教育单独的影响，也发现了相似的结果。但是，总的来说，与那些给儿童提供直接的学习经验的干预措施相比，单纯的父母教育项目在增加儿童的认知能力上无法产生更积极和持久的效果(C. Ramey, Ramey, Gaines, & Blair, 1995; Wasik, Ramey, Bryant, & Sparling, 1990)。

725 研究发现，父母教育也可以使贫困儿童的社会能力得到加强，但是这些结果均依赖于父母报告，这是这类研究一个很大的限制(例如Myers et al., 1992)。在一个经过严格评价(应用完全随机分配的实验设计)的项目中，研究者选择了一些参与早期开端项目的母亲接受了8—9周父母教育项目的培训(每周一次由8—16名父母共同参与的小组会议，每次2小时)，结果发现，与那些早期开端项目控制组(母亲未参加父母教育项目)的孩子相比，这些父母接受过培训的孩子均明显地表现出较少的问题行为，更少的不顺从，更少的消极影响以及更多的积极影响(由家庭观察和教师报告获得)，其效果大多可以持续一年(Webster-Stratton, 1998)。

父母教育项目对儿童发展的有效性受到了项目本身诸多特征的调节，例如项目持续的时间、强度、地点、设计、儿童的初始年龄以及课程内容等。对其有效性的程度研究也很少得出一致的意见。由于在一个项目或多个项目中这些特征很容易混淆，因此研究者也很难区分出各种特征独自所作出的贡献。一些研究已经发现，持续1年或2年的项目之间，效果并无差异，而持续2年或3年的项目效果也无明显差异，但当差异存在时，研究结果更支持持续时间较长的项目。因为，虽然它不能产生更好的效果但效果维持的时间却更长(Clarke-Stewart & Apfel, 1978; Morley et al., 1993)。这似乎暗示了这样一个事实，进度安排越紧密的项目可能获得的收益也更大，但是可惜的是，大多数研究已经将其与其他潜在的关键变量混淆了。在一个更高质量的研究中，C. Powell和Grantham-McGregor(1989)在两年的时间内，通过控制社区健康援助项目为婴儿和刚学会走路的孩子提供心理社会刺激及向母亲们示范这些技术的频率来进行试验。在第一年和第二年年末，那些每半个月被探访一次的孩子比那些一个月才被探访一次或者根本没被探访的孩子表现出更高的智力。智力分数变化的模式表明，在第一年中，半个月一次的探访提高了孩子智力机能，而在第二年，这样的探访巩固或强化了儿童在第一年中学习到的技能(如，Reynolds, 1995)。

到目前为止，并没有研究数据给出在儿童5岁之前父母教育项目开展的最佳年龄。一些研究对于父母教育项目中所涉及的儿童的初始年龄进行系统性地改变(大约1岁)，而结果大多发现，在即时效应上并不存在与年龄相关的显著差异。从长远来看，在孩子越小的时候进行父母培训效果越好(Clarke-Stewart & Apfel, 1978)，而在孩子1岁前便开展父母培训可能并不会表现出明显的优势(Morley et al., 1993)。父母的个体差异，项目本身对少数族裔的文化不敏感性，以往研究得出的不同开展形式(例如，以家庭为基础或以小组或中心为基础)会导致不同效果的结论,以及因父母教育需适应当地情况而不能完全照搬项目范本的证据,这些均使父母教育的开展发生了一个转变,即项目的内容和方法要与父母的特征和需求相匹配(D. Powell, 1988)。

对母亲行为和态度的效果。很多父母培训项目对贫困母亲的教养行为和态度产生了积极的影响。这些影响包括能够使用更复杂的语言、在家庭环境中给予孩子更多的刺激、在教养态度上较少使用权威、管教能力的提高、较多的表扬而较少严厉的批评惩罚、在孩子教育中更多的卷入,以及对做父母更加自信并感知到更多的效能感(Clarke-Stewart & Apfel, 1978; Duggan et al., 1999; Morley et al., 1993; Webster-Stratton, 1998; R. B. Wolfe & Hirsch, 2003)。由于持续时间较长的研究太少,以至于我们很难知道这些有益的效果在项目结束后是否还能继续保持。然而,总的来说,相对于儿童的认知功能来说,父母教育项目对母亲的态度和行为以及家庭环境的质量能够产生更强的即时效应(Clarke-Stewart & Apfel, 1978; Morley et al., 1993)。但相较于改善家庭环境或母亲与孩子的互动,父母教育在改变教养态度和行为方面更为有效(Duggan et al., 1999),因此这种差别仍需要更细致的划分。由于评价性的研究尚未对母亲行为改变与儿童行为改变之间的关系进行过评估,因此,尚不能确定儿童认知功能和社会功能的提高是否确实是由于教养行为和态度上的改变及父母知识的增加而造成的(Clarke-Stewart & Apfel, 1978; Shonkoff & Phillips, 2000)。

726

早期童年干预中父母的参与/卷入

在20世纪70年代的中期到后期,人们对狭义的父母教育的强调已经逐步转向一个更为宽泛的父母参与和卷入的概念(D. Powell, 1988, p. 11)。而这种父母和专业人员之间关系的重新定位,受到了以下几方面的影响。首先,贫困家庭的父母可以参与关于贫困的联邦立法项目,例如于1964年颁布的经济机会法,该项法案号召社区行动方案(CAP)(早期开端项目便是其中一项服务)所服务的个体"最大限度地参与";其次是公民权利运动的开展。该运动强烈要求贫困人群参与制定那些会对他们产生影响的决策,从而部分地寻求制度上的改变和贫困人群的认可;第三,人们对于缺陷模型提出了批评;最后,人们开始越来越多地关注专业人员对于私人的家庭事务的干预。

一些人认为参与早期开端项目的父母在教育儿童的技巧方面不够完善,并且其本身就是造成子女有"文化缺陷"最主要的原因。然而,虽然遭到一些人的强烈反对,父母卷入(以及亲子教育)最终仍被纳入到早期开端项目模型的核心内容之中(Zigler & Muenchow, 1992)。早在20世纪70年代早期,早期开端项目就已克服重重困难提供了父母参与课堂和决策制定的机会(例如,以雇员、志愿者或观察者的身份参与课堂,开展一些父母可以协助的教育性活动,领导并供职于负责决定预算、课程开发、公共卫生医疗服务、制定项目目标及执行项目的专业委员会;G. Fein, 1980; Parker, Piotrkowski, Horn, & Greene, 1995)。长期以来,父母卷入都是早期开端项目的一个显著特征。虽然父母们都会在家中为孩子积极地营造学习环境,但是,与那些子女在普通幼儿园的父母相比,参与早期开端项目的父母们会更多地参与学校活动(例如,志愿加入到孩子的课堂中,和孩子参加班级旅行),参加家长会的频率也更高(Fantuzzo, Tighe, & Childs, 2000)。

父母参与/卷入可以增强学前期的效果

在Bronfenbrenner(1975)指出父母较多的卷入可以增强儿童早期干预的有效性之后，父母应该参与学前干预的理念得到了空前的认可。该理念的倡导者们指出，这种效果的产生可以通过以下两种潜在的途径得以进行。首先，可以肯定的是，帮助父母们认识并控制子女的发展性需要可以使早期教育的效果得以巩固和维持。其次，父母参与项目的计划、执行和评估，可以增强项目对于儿童需求的敏感性，并由此收到更为积极的效果(White, Taylor, & Moss, 1992)。

在随后关于父母参与(对儿童早期干预的效果起调节作用)的综述中，研究者们指出了Bronfenbrenner(1975)所作分析的局限性(例如，项目的样本小、家访的年限和频率相混淆)，并认为，现有的研究都未能提出有说服力的证据证明父母的参与/卷入确实可以提高干预的效果(Clarke-Stewart & Apfel, 1978; White et al., 1992)。Clarke-Stewart和Apfel列举出很多研究，证明母子共同参与的项目比只针对孩子的项目效果更好。然而，他们也发现，同样也有很多研究表明儿童认知功能的提高与母亲在项目中的卷入水平并无因果关系。此外，他们所列举的一些研究还表明，在儿童的测验能力和学业技能上，那些聚焦于儿童的项目比母子共同参与的项目更为有效。Clarke-Stewart和Apfel应用传统的文献综述的方法进行分析，得出的结论认为，总体来说父母的参与无法产生确定的效果。这与几年后一项元分析研究得出的结果不谋而合(White et al., 1992)。

727

总的来说，现有的调查并未得出令人满意的证据来证明父母参与一定能够增强早期干预的即时效应或长期效应，但是，这很可能是由于对父母参与/卷入缺乏一个统一的定义造成的。目前，父母参与/卷入已经演变成一个相当宽泛的概念，它由一些完全不相同的活动组成，包括教给父母一些能使孩子们更加社会化的具体的技巧，父母与专业人士之间信息的交换，父母在项目的计划和执行阶段的参与，帮助父母获取社区的一些资源，以及为家庭成员提供一些情绪和社会的支持等(White et al., 1992)。众多研究之所以没有发现父母参与/卷入的增强效应，可能是由于以下一些原因造成的：(1) 对不同背景和群体中教养行为间的差异缺乏足够的关注；(2) 在干预项目中父母的参与/卷入在执行上不够准确；(3) 项目本身的设计存在缺陷(Reynolds, 1992; White et al., 1992)。

然而，之所以无法得出有说服力的结论，主要还是由于专门针对这一议题所开展的研究数量太少造成的。在针对儿童的教育中，一直存在着这样一个假设：无论父母参与这一概念被如何定义或测量，它都是不可或缺的部分(G. Fein, 1980; Reynolds, 1992)。正因为这一假设太过流行且为大多数人所深信，所以人们可能就忽略了对这一假设进行经验性测量。但是，即使父母参与/卷入并未在早期教育中对儿童起到什么作用，也不能抵消它在其他方面潜在的重要性(例如，加强贫困父母政治权力和有效性的感知)。

虽然父母卷入显然没有在学前干预的效果中起到很强的调节作用，但有研究发现它在其中起到了中介的作用。Reynolds于1991年开展了一项大规模的类似早期开端项目的纵向研究，他发现，在学前干预对一、二年级学童阅读和数学成绩所产生的效应中，父母卷入起到了中介作用,而在学前期成就动机对一年级学童学业成就所产生的效应中,父母卷入仍然起到了中介作用。

对教养和儿童发展的生态学影响

为了避免和改变贫困给儿童带来的消极影响,很多传统的干预手段通常都会给孩子们提供直接的教育经验并试图改变父母的教养行为和其家庭环境,而不会着重关注一些背景的、会对父母和孩子产生重要影响的家庭外因素。对于该观点及其所隐含的无需改变背景因素和社会系统的论调,从来都不乏反对者,但这却一直是少数派的声音(Chilman, 1973)。在 20 世纪 60 年代末期至 70 年代早期,一小部分干预项目即在某种程度上表现出了对传统方式的背离(Andrews et al. , 1982)。除了开展父母教育并提供幼儿的教育经验,他们也会向参与的家庭提供一些公共服务并尝试去弥补那些会阻碍父母改变和儿童功能发展的家庭外因素(Halpern, 1988)。

然而,直到 20 世纪 80 年代,一种生态学的观点才得以在儿童早期干预领域中流行起来。这一观点转变的核心是加强了对压力、社会支持以及更宽泛的背景因素的认识。这种背景因素一方面是教养行为的决定因素,另一方面也调节了父母和儿童从干预项目中获取的能力(Bronfenbrenner, 1975; Chilman, 1973; Halpern, 1984)。在众多干预项目中,一个逐渐凸现的目标是,使影响教养行为和儿童发展的社会及经济因素有所提高。虽然,具有高度生态敏感性的干预是内部相异性极高的一个种类,但仍有个别特征是该类项目所共有的:这类项目聚焦的对象往往不是单个个体(例如,聚焦于家庭而非仅仅是儿童或父母),并且会提供更广泛的配套服务;作为一个提供公共服务的有效途径,它更多地强调预防而不是治疗;另外,这些项目的定位是非缺陷性的,即看重家庭本身的力量而非简单地改正他们的缺点,不过关于这种定位是本质上的改变抑或仅仅是一种公关策略一直存在着争议(D. Powell, 1988)。

为了在多接近水平(例如,心理学的、社会学的、经济的、家庭、邻居、工作单位)上为父母、儿童和整个家庭增加支持并减少应激源,该项目应用了一种复合的策略。这种策略包括直接提供对父母和其他家庭成员的情绪支持,帮助父母们建立更丰富的社会网络并更易获得同伴支持,协助父母们学会利用社区提供的教育、卫生和公共服务,强化家庭与那些正式或非正式的支持源之间的联结,在家庭和那些基层的政府机构之间进行调节以帮助家庭获得所需的服务等。虽然在这些项目中均存在许多变量,但不同变量在不同项目中的侧重是有所不同的(Halpern, 1990b; Kagan, Powell, Weissbourd, & Zigler, 1987)。 728

作为儿童早期干预的一种形式和组成部分,父母教育也将焦点拓展到一些生态学的因素上。在 20 世纪 80 年代早期,许多父母教育项目也会通过为父母提供社会支持的方式来提高父母教养孩子的能力,而非仅仅告诉父母那些关于儿童发展和抚养孩子的原理和信息。D. Powell 于 1988 年区分出家庭/父母支持方法的两种变式。首先,他们假设父母对于他们抚养儿童的理念和实践均缺乏信心。因此,与其尝试改正教养行为和态度使之与一些理想化的观点相符,不如依据上述假设对父母所持有的教养观念和行为给予支持和肯定,这本身就足以使教养行为和态度得到增强。这类项目试图将一些可以在家庭内部和朋友圈中获得的来自非正式支持系统的要素加以利用。在第二个变式中,项目为父母提供社会支持,并将其作为提高父母对专业建议感知的一种方法,因为高水平的压力源和低水平的社会支持会使父母对父母教育课程内容的注意力降低。

在20世纪80年代,"家庭帮助"运动风靡一时,而贫困儿童早期干预在方法上的生态化趋势正是这一运动的一部分。家庭帮助项目与儿童早期干预项目在性质、强调的重点以及具有生态敏感性等特征上都是相似的,但其主要的关注点却并不相同。而随着经济和社会的不断变化,大量超越社会阶层和经济界限的支持需求应运而生(例如,生活开销的增加使家庭不得不需要两份工资才能维持中产阶级的生活标准;居住地的迁移使其他家庭成员很难提供各种帮助;离婚和单亲家庭增加),这也使儿童早期干预与家庭帮助项目越来越相似。早期开端项目即是遵照家庭帮助运动的原则开展起来的(Kagan et al., 1987)。

20世纪70年代和80年代末期,在基础研究和干预研究中被考虑的发展性结果得到了一定程度的扩展。随着20世纪60年代末期干预项目的逐渐兴起,一些学者对于过分强调认知功能的重要性提出了质疑。他们强调,社会情绪因素(例如,冲动、不顺从)和缺少学习技能对学业失败所产生的作用相差无几,因此研究的关注点应该扩展到社会情绪功能和贫困儿童及其父母的整体发展上(Chilman, 1973; Zigler & Berman, 1983)。在20世纪80年代,人们对于早期干预对儿童社会情绪功能的影响产生了极大的兴趣。在此期间,青少年犯罪、暴力和反社会行为的比例不断增加,关于社会情绪功能的测量有所改进,青少年晚期和成年早期的反社会行为最为严重,而关于学前干预对其所起作用的纵向研究的效度也在不断地提高(例如,Berrueta-Clement et al., 1984; Johnson, 1988)。正是由于以上这些因素,人们对于早期干预对儿童社会情绪功能的影响也更加关注了。虽然,对于早期干预的有效性来说,认知功能的获得仍然被认为是一个关键的预测源,但其重要性与社会情绪的结果已并无太大差异。

一些概念上的和经验上的研究结果促使贫困儿童和家庭的早期干预朝着更加生态化的方向发展。在随后的部分中,我们就将对这样一些研究进行讨论。而后我们将会对在某种程度上反映了此种取向的干预类型作一个评价。

运用生态学方法对早期贫困儿童进行干预的先驱

逐渐运用生态学方法对早期儿童进行干预的转变可以归因于多种因素(Bronfenbrenner, 1987; Halpern, 1990a; D. Powell, 1988),这包括:(1) 20世纪60年代后期出现的一些著名的经典项目,这些项目体现了生态取向的干预对儿童的积极效应(Andrews et al., 1982; Seitz, Rosenbaum, & Apfel, 1985);(2) Bronfenbrenner(1975)认为,生态取向的干预和父母支持对于贫困儿童的积极发展是非常关键的。之后,他详尽阐述了人类发展的生态学模型(Bronfenbrenner, 1979);(3) 实证研究表明,压力性的生活事件或生活状况,包括那些发生在家庭外的压力性事件,能够破坏包含父母教养行为在内的家庭过程,并阻碍儿童的发展;(4) 研究表明,在一般或压力性的条件下,来自直接家庭成员的支持以及亲戚、朋友和邻居等家庭外成员的支持,能够改善儿童的心理机能和父母的教养行为;(5) 对于缺陷模型长

729

期以来的批判及其不良效应的证据。下面,我们将对上述每个因素进行讨论。当然,这并不表明我们能够通过这些因素的作用来认识每一种干预方针。实际上,在生态学取向干预的引导下,我们在这里所评述的工作为政策的制定和实践提供了强有力的支持,但是这种生态取向对这些项目本身以及隐含于这些项目中的基本理论的贡献却远远没有被认识到(Bronfenbrenner, 1987)。

早期著名的实证模型。如前所述,不同经济地位儿童的父母教养行为存在差异,并且父母教养行为与儿童发展之间存在关联。20 世纪 60 年代中期,这些研究发现在以儿科医师、发展心理学家和其他社会学家为核心的政策制定者中被广泛传播。在这些人的努力下,再加上 Westinghouse 评估中的令人失望的结论,促使"经济机遇办事处"(Office of Economic Opportunity)和随后的"儿童发展办事处"(Office of Child Development)乃至它的继承者——"儿童、青少年和家庭管理部"(Administration for Children, Youth, and Families),启动了许多关注贫困家庭早期教养的实验计划(Halpern, 1988)。它们包括:亲子中心(PCCs),紧随其后的亲子发展中心(PCDCs),以及近期的儿童和家庭资源项目(CFRPs)。如果这些项目被证明是有效的(均采用随机设计),那么就会对它们进行细致的构思、执行和评价,以提高其可重复性。现在,这些项目已经被人们评价为当前家庭/父母支持运动的先驱者,也是父母教育和父母支持状况有效性的一些最好的证据(Halpern, 1988; Zigler & Freedman, 1987)。

建立于 1967 年的亲子中心(PCCs),作为第一个启动的实验项目,专为幼儿(出生至 3 岁)和他们的家庭提供服务。这是一个多重用途的家庭中心(大约建立了 33 处),可以提供父母教育、健康咨询和社会服务。虽然该中心的先行项目还有一些有待改进的地方,但是 PCCs 在贫困儿童刚刚出生就开始干预,因此可以被看作是具有预防作用的。这一尝试曾经被认为一个全国范围的项目,但是它的进一步推广却被变幻不定的政治力量和行政重组所阻止(Halpern, 1988)。

1970 年,有三个 PCCs(分别坐落于伯明翰、休斯顿和新奥尔良)被选为父母和儿童发展中心的实验基地。它们的主要目的在于确定亲子干预的目标,并为实现这些目标而发展不同的方法,形成适宜的评估策略。这些中心采用了不同方法(例如,在伯明翰,建立了一个能够提高母亲对项目工作责任性的渐进系统,最高水平达到可以充当职员的岗位;在新奥尔良,会从社区里招募专职辅助人员;在休斯顿,一年的家访后是对母亲和儿童实施的为期一年的中心项目),都服务于那些刚出生到 3 岁儿童的家庭,并且这些项目都是在一个强调父母在儿童发展中的作用的一般框架内发展和执行。这些中心的核心要素是:(1) 为母亲提供一个综合性课程,包括儿童发展和儿童教养实践、家庭管理、营养和健康、母亲的个人发展,以及政府和社会资源(例如,社区大学)和如何使用这些资源的信息;(2) 针对这些家庭的子女实施的一个同步性项目(儿童在进入这一项目时的年龄在 2 到 12 个月左右);(3) 对参与的家庭提供广泛的支持性服务,包括运送、膳食、家庭健康和社会服务、同伴支持群体以及少量的日常津贴。这一项目会根据每周所预期的参与者数量的变化而变化,在儿童 36 个月时结束(Andrews et al., 1982)。

730

对上述项目的短期效应评估发现,参与项目的儿童在斯坦福—比奈智力量表上的得分高于控制组儿童,但是这一差异仅在项目的两个所在地达到了统计上的显著性。一般来说,PCDC干预对于母亲的即时效应要比孩子更强。在项目结束时,通过观察亲子互动的录像发现,所有三个中心中参与项目的母亲要比控制组的母亲给予儿童更多的母性行为(例如,给予儿童表扬和情感支持,对儿童表示喜爱和接受,鼓励儿童的言语交流,参与儿童的活动,更多地使用语言来教育而非限制和控制儿童;Andrews et al., 1982)。对参与休斯顿PCDC项目的儿童在二年级到五年级期间进行追踪研究表明:在项目结束的5到8年以后,发现了项目对儿童学业和社会性情感功能的积极效应。与控制组儿童相比,参与项目的儿童在标准学业测验上的成绩更好,更能为他人考虑,敌意性较小,更为安静,冲动性小,不倔强,很少打架斗殴(Johnson, 1988)。然而,对三个PCDC样本的儿童进行全面追踪发现,该项目对于大量的儿童和家庭变量都没有显著效应(Halpern, 1990b)。尽管项目的短期有效性得到了证明,但是由于经济预算上的压力和基于项目的高代价、普遍性的考虑,在更大范围内重复这些项目的计划却被放弃了(G. Fein, 1980; Halpern, 1988)。

儿童与家庭资源项目,始于1973年,止于1983年,其核心规划是在两年的时间内,每隔1个月到2个月对那些3岁前儿童的家庭进行家访。这一项目的突出特征如下:(1)关注对父母的支持和教育(例如,确认儿童的被虐待情况并实施干预,让家长学会家庭内部管理和使用社区资源),包括帮助家庭解决一些严重的家庭问题(例如,不良的健康状况、拥挤的住房和酗酒);(2)在儿童出生之前提供一些服务,关注儿童发展的连续性,并一直延续到儿童上小学;(3)直接或通过推荐的方式与一些综合性的社会服务机构进行合作;(4)通过需要评估和设定目标,尝试对每个家庭进行个性化服务。在必要时,该项目会由调查管理人员为成人推荐教育、读写能力和所需的工作训练,但这并不是该项目的核心。该项目的11个本土项目都与早期开端项目活动中心相关联,参与过项目的3—5岁儿童都在早期开端项目的活动中心上学前班。一旦儿童开始上小学,该项目中的职员仍然与父母保持联系,以增强父母对儿童学业进程的卷入程度(St. Pierre et al., 1995; Zigler & Freedman, 1987)。

儿童与家庭资源项目对儿童发展的效应远低于PCDCs,这可能是因为儿童接受到的直接服务较少,大部分的注意力都给予了亲子互动。对于儿童的贝利成绩或其他几项儿童发展的测量以及儿童的健康和行为,CERP都不存在显著效应。然而,该项目对于儿童父母的教养行为、自我效能感,以及控制感存在显著的积极效应。参与该项目的母亲在就业和训练方面(但不是家庭收入方面)也有所受益,尽管这只是中等程度上的受益(St. Pierre et al., 1995)。

Bronfenbrenner的分析。在对儿童早期干预效应的分析中,Bronfenbrenner(1975)尤其关注了著名的Skeel(1966)实验以及极具争议的Milwaukee项目(Garber, 1988),显示了生态学干预在提高儿童认知功能上的潜在效应。他认为:

> 在两个项目中都采用了"授权法"的形式,这其中的一个主要转变就是从关注儿童及其养育者转到了关注环境……这种策略(即生态学干预)的本质是既不关注儿童,也不关注父母,甚至不关注亲子之间的互动,也不把家庭作为一个系统。相反,其目的是

去影响家庭所生存的背景的变化；这种变化反过来能够使母亲、父亲以及家庭整体的功能适合于儿童的发展……当儿童和他的家庭所生活的环境没有满足这个前提（家庭要执行养育儿童的功能）时，进行生态学干预就是必需的了。这可能就是我们能够使许多（并不是全部）处境不利的家庭参与项目的前提条件。在这种环境中，那些旨在直接提高儿童的发展或父母的养育技能水平的非直接干预形式，可能会具有较大的效应。相反，一旦环境的前提达到了，这种直接的干预形式也就不再是必须的了（pp. 584—585）。

Bronfenbrenner 还进一步指出，生态学干预很少能够执行，因为"它几乎是毫无例外地要求机构的变化"（p. 586）。

在随后的关注基础研究的分析中，Bronfenbrenner 延续了家庭生态环境对儿童发展的重要性的主题。基于一系列的理论研究，Bronfenbrenner（1979）认为，儿童的发展不仅受家庭系统的影响，而且还受到脱离家庭控制以外的系统的影响，其中包括：父母的工作场所、社区、学校、可以获得的健康和日托服务，以及可以导致压力源产生的诸如父母失业、丧失经济收入的宏观经济力量。他建议研究者要认真对待家庭生态环境的力量，这就需要对家庭关系和儿童发展进行多层次的、背景性的和更多过程取向的分析。在维持人们对生态环境作用的兴趣方面，有两个非常关键的学术贡献：一个是 Ogbu（1981）的文化生态模型，这一模型强调了家庭外力量对于美国的非裔贫困儿童的社会化和发展的重要性；另一个是 W. J. Wilson（1987）对于城市内部社区的经济变化的分析，以及他对于这种变化对社会形式和儿童发展的隐含意义的思考（Brooks-Gunn, Duncan, Klebanov, & Sealand, 1993）。

731

关于压力源、父母教养和成年人心理机能关系的研究。在 20 世纪 70 年代到 80 年代，大量研究支持下述观点：消极事件和不利条件能够危及成年人的心理健康，并因此会影响父母的教养行为，但是社会支持能够减轻这些危险因素的效应。在下面的部分中，我们将着重阐述其中一些最为经典的研究。

消极事件和不利条件决定父母的教养行为。消极生活事件和长期的不良条件对成年人心理功能和父母教养行为的作用得到了大量研究的证实。在 20 世纪 70 年代到 80 年代经济低迷的一定影响下，许多研究关注了经济压力的效应（McLoyd, 1989）。最有影响力的是关于 20 世纪 30 年代经济大萧条时期所经历的经济困境的研究结果。Elder 及其同事（Elder, 1974; Elder, Liker, & Cross, 1984）发现，那些没有工作和具有持续性沉重经济损失的父亲开始变得敏感、精神紧张、易怒，这进一步提高了他们惩罚孩子和有意限制孩子的倾向。这些父亲的教养行为能够有效地预测幼儿的易怒情绪、敏感性和消极性，对于男孩尤其有效；同时，还能够预测女孩在青少年时期的喜怒无常和过高的敏感性，以及情感不充分和较低的激情等。

Elder 等人（1984）所发现的经济损失和经济困境通过父母教养行为来影响儿童发展的这一基本因果关系路径，在当前涉及不同种族家庭的多个研究中得到了验证（Conger et al., 1993; Gutman et al., in press; Lempers, Clark-Lempers, & Simon, 1989）。例如，在 Lemper 等人关于白人工薪和中层阶级家庭的研究中发现，经济损失会增加父母对儿童的不一致性和惩罚性规定，进而会导致青少年轻微犯罪行为和使用违禁药物率的增加。

关于儿童虐待以及经济地位(如失业率、通货膨胀率)与儿童虐待率之间关系的研究，为经济损失与父母教养之间关系的研究提供了进一步的证明。这些研究较为一致地发现，与那些具有稳定资源的家庭相比，虐待儿童更可能发生在不良的经济变化时期和经济水平下降的家庭(如没有了工作和收入)(Parke & Collmer, 1975)。同时，研究还发现，消极生活事件和日常烦恼能够预测低质量的父母教养行为(例如，不负责任、更多的限制和惩罚性的教养，Gersten, Langner, Eisenberg, & Simcha-Fagan, 1977; G. Patterson, 1988)。消极事件和不利条件也与家庭的学习环境存在关联。考虑到儿童的 IQ 与危险因素的数量之间存在负相关(Sameroff, Seifer, Barocas, Zax, & Greenspan, 1987)，Brooks-Gunn 等人(1995)发现，父母所经历的危险因素的数量越多(例如，压力性事件的发生率、父母失业等)，学前儿童的家庭环境刺激就越少。

*心理忧虑(psychological distress)是不利条件与父母教养之间关系的中介变量。*心理忧虑在消极生活事件或不利条件与苛刻、不一致的父母教养行为之间起中介作用，这在 20 世纪 70 年代和 80 年代实施的几个研究中可以找到直接以及间接的证据。这一中介过程在有关经济困难(由父母的工作和收入降低导致)的研究中得到了较好的证明(Conger et al., 1993; Elder, 1974; Lempers et al., 1989)，并且被认为能够适用于一系列的压力之中。对于这一结论还有两种相关证据：关于消极事件或不利条件与成年人心理机能之间关系的研究，以及父母的心理机能与父母行为之间关系的研究。

大量研究证明，消极生活事件或不利条件与成年人的心理忧虑(如抑郁、焦虑、敌意、对身体的抱怨、吃饭和睡眠问题，以及低自我价值)之间存在正相关(例如，Kessler & Neighbors, 1986; Liem & Liem, 1978)。在这里需要额外说明的是，这一时期实施的几个研究还发现消极生活事件或不利条件与儿童的心理忧虑(包括学校适应问题)之间存在较强关联(例如，Sandler & Block, 1979; Sterling, Cowen, Weissberg, Lotyczewski, & Boike, 1985)。这些关于成年人的研究还发现，失业率的波动与心理忧虑的综合指标(例如，心理医院的入院标准；Horwitz, 1984)之间存在关联。有研究较为中肯地指出，这些都是真实的效应，而不是一些简单地能够导致失业的选择性因素(例如，Kessler, House, & Turner, 1987)。

732

我们再来看第二种研究。20 世纪 80 年代，出现了大量的有关父母的情绪状态如何影响亲子互动质量的数据。这些数据多数来自婴儿和学前儿童的母亲，直接证实了父母的消极心理状态(如抑郁症状以及临床抑郁)与较高水平的父母惩罚、行为的不一致、无反应性、不讲理、训练儿童的优先权、对儿童更为消极的感知，以及大量使用不需要努力的冲突解决策略(如，在儿童抵抗时放弃最先的要求，或者单方面地强制儿童服从而不是与儿童沟通)之间存在的关联(Downey & Coyne, 1990; McLoyd, 1990)。心理忧虑与父母教养行为之间的关系是比较稳健的，因为这一关联被发现存在于更为普遍的贫困个体之中(Crockenberg, 1987; Zelkowita, 1982)。

*贫困的相关因素以及消极事件或不利条件的相关因素的相似性。*到了 20 世纪 80 年代

中期,SES(和贫困)与个体多种形式的心理忧虑之间的负向关联已经得到了充分的证实。并且,有足够的数据表明,贫困个体更容易经历消极生活事件和长期的不利条件,这是上述关联存在的主要原因(Liem & Liem, 1978)。许多研究者发现,在长期的超出个人控制的压力性生活条件下(诸如不良的住宿条件和危险的社区),贫困和低社会经济地位的个体比非贫困个体更可能面临接连不断的消极生活事件(例如,被驱逐、疾病、罪犯的袭击,以及由不良的住宿条件所引发的灾难)。从这些研究中也可以显而易见地认识到,在不利条件和消极事件超出个体控制的时候(这是贫困群体中较为普遍的一个条件),个体的心理损伤会更为严重(Liem & Liem, 1978)。研究还发现,已经存在的与贫困和低社会经济地位相联系的压力性条件(如住房拥挤和资金短缺)的效应,要低于突然而至的危机和消极事件的效应(Makosky, 1982)。一些研究在控制了长期的压力源之后发现,生活事件对于心理忧虑的效应降低到了边缘显著水平(例如,Gerstan et al., 1977; Pearlin, Lieberman, Menaghan, & Mullan, 1981)。

如果贫困和低SES是消极生活事件和长期压力源聚集的标记,并且也是较高水平的心理忧虑的预测因素,那么它们也能够预测父母的儿童教养行为和态度,这与前面所讨论的特定的消极生活事件或不利条件与心理忧虑之间的关联相似。三十多年以来积累大量的研究证据也验证了这一预期。这些研究发现,与非贫困家庭的母亲相比,来自贫困或低社会经济地位家庭的母亲在训练孩子的时候更为专断,对于孩子的支持性也较低。她们把顺从看得更为重要,很少对孩子讲道理;为了训练和控制孩子,更可能使用身体惩罚的方式。并且,低社会经济地位的父母更倾向于在毫无解释的情况下命令孩子,很少询问孩子的愿望;当孩子表现出了适当的行为时,也很少对孩子进行口头表扬。此外,贫困还与较低水平的情感表达,以及对儿童表现出的社会性情绪需要进行较低的反应性相关联(Gecas, 1979; Hess, 1970)。

在关于虐待儿童的研究中,也发现了贫困或低SES、特定的消极生活事件、不利条件与心理忧虑之间关联的相似性。贫困,如失业和收入降低,是儿童被虐待的一个显著预测变量(Garbarino, 1976)。尽管只有小部分贫困的父母虐待儿童,这毋庸置疑,但事实上,贫困是那些虐待儿童的父母的一个最为普遍的特征(Pelton, 1989)。有一种观点认为,公众对贫困人口进行的较多调查导致了检测和报告上的偏差,因此,贫困与虐待儿童之间的关系是不真实的。然而,20世纪70到80年代期间的许多研究都对该观点提出质疑:首先,近些年来,虽然由于公众关注和新报告法出台的原因,导致了政府对贫困人口报告的显著增加,但是这些报告的社会经济模式并没有发生改变(Pelton, 1989)。第二,即使在低层阶级中,虐待儿童还是与贫困的程度存在关联;虐待儿童的父母往往是贫困人口中最为贫困的(Wolock & Horowitz, 1979)。第三,在被曝光的虐待儿童的案例中,伤害最为严重的往往发生在最贫困的家庭(Pelton, 1989)。

733

总之,在20世纪70年代到80年代期间进行的研究为下面的结论提供了非常有价值的证据:与非贫困个体相比,贫困和低社会经济地位的个体会经历更多的消极生活事件、长期的不利条件和更多的心理忧虑,这些因素会进一步导致父母良好养育行为的降低和实施更多的惩罚性教养行为。并且，几个研究的发现也支持了这样的假设：父母的教养实践与贫困和低社会经济地位之间的关联，部分是由父母较高水平的心理忧虑所导致的，而这种心理忧虑则是由消极生活事件和长期不利条件的增多所致(McLoyd, 1990)。由于这些数据对于实践具有显而易见的指导意义，因此引起了儿童早期干预领域的关注。这些数据告诉我们，在某种情况下，压力源以及与之相伴随的心理忧虑，作为父母教养行为的决定因素，可以颠覆儿童发展的一些原则性知识。这样，排除或减缓急性和慢性的压力源就可能成为改善父母教养行为从而改善儿童心理功能的有效策略。贫困的多维性，以及贫困人口所经历的急性和慢性压力源的聚集，加重了贫困人口对于大范围的具体服务的需要。这些也告诉我们，一些服务措施在具体执行上应该具有整合性(例如，提供个别服务的人员与发展干预和评估计划代表的合作；服务站的彼此邻近等)，这样才不会成为贫困人口的另一种压力源。

社会支持对于积极心理机能和母亲教养行为的作用。关于社会支持对成年人的幸福感、家庭机能与父母教养行为的作用的实证研究，以及父母教养行为的生态学模型(Belsky, 1984)和家庭应对模式(Barbarin, 1983)的实证研究，有力地刺激了干预者对于父母教养行为的社会性背景的兴趣。基于以上领域的大量文献，他们选择了几种人际间水平的策略，通过父母的间接作用(例如，同伴支持、加强自我帮助的网络、强化家庭成员与支持源之间的联系)来提高儿童的发展水平。质性研究也为干预者提供了一些必要的信息：要发展一些方法，使得专业人员能够确认和招募社会关系网络中的自然帮助者；协调需要和社区资源之间的关系；与正式的政府机构相联系，制定应急预案(Watson & Collins, 1982)。

第一批实证研究关注了社会支持在缓冲压力的消极效应中的作用，这些研究结果对于儿童的早期干预非常重要。Caplan(1974)的学位论文发现，社会支持会保护个体，使之避免心理病理症状的出现。在这一论文的启发下，20 世纪 70 年代末期发表了几个研究，表明社会支持可以缓冲压力环境下个体的心理忧虑，包括失业的成年人(Kessler et al., 1987)、接受社会资助的母亲(Zur-Szpiro & Longfellow, 1982)。第二批研究记录了寻求帮助的自然发生模式(Cowen, 1982)，以及美国的贫困非裔人口对血亲关系和提供主要支持及相互帮助的社会关系网络的倚重(Barbarin, 1983; Stack, 1974)。

基于低收入家庭和家境良好家庭的第三批研究显示了不同形式的社会支持对于父母教养行为的有益作用(主效应而不是缓冲效应)。举例来说，情感支持(例如，陪伴、情感表达和拥有朋友)和对父母教养的支持(例如，帮助父母教养儿童)，能够改善母亲的心理健康状况，提高母亲的敏感性和养育水平，降低强制性规则的使用(Crnic & Greenberg, 1987; Zur-Szpiro & Longfellow, 1982)。对父母教养行为的支持，也能够提高母亲有效指导儿童和有效地使儿童遵守规则的能力(Weinraub & Wolf, 1983)。

关于虐待儿童的研究也为社会支持的有益效应提供了间接证据。研究表明，与不虐待儿童的父母相比，虐待儿童的父母更容易孤立于正式和非正式的支持网络之外，更少拥有与自己邻近的亲戚，在社区生活的时间较短(Gelles, 1980)。这些研究告诉我们，在通过提高父母的心理机能来间接干预虐待儿童之外，还可以通过有目的地干预，使父母社会关系网络中的成员去直接阻止儿童受虐待的状况。社会支持网络能够更好地检测出被虐待的儿童，

734

强烈的责任感也会促使支持网络中的成员对儿童进行直接的干预(E. P. Martin & Martin, 1978)。接下来的一些研究记录了自然形成的社会支持系统使儿童受益的程度(Cowen, Wyman, Work, & Parker, 1990)。例如,研究者发现,主要养育者在照料儿童中获得的支持水平能够有效区分压力—韧性儿童和压力—易感儿童(Cowen et al., 1990)。对于父母教养的支持或情感支持的增加,可以引发更好的父母教养行为,这就能够解释下列现象:为什么在情绪适应水平上,那些与母亲/祖父母生活在一起的贫困美国非裔儿童与那些和母亲/父亲生活在一起的儿童相似,但好于那些与母亲单独生活在一起的儿童(Kellam, Ensminger, & Turner, 1977)。然而,大量的证据表明,父母的社会关系网络一般会更多地通过影响母亲而对儿童产生直接和间接的效应(M. Wilson, 1989)。

虽然已有的研究一致表明,社会支持能够提高父母的心理机能和母亲的教养水平,但是从那些为处于压力中的家庭创造和增强社会支持系统的项目规划和执行情况来看,这一举措还是要非常谨慎的。第一,社会支持的保护效应会随着背景和环境的变化而变化。在心理忧虑水平相对较低、发生重要生活转折,以及压力源是一个事件而不是长期压力(如长期的贫困或经济困难)的情况下,社会支持关系对个体的情绪和教养水平会产生更高的积极影响(Crockenberg, 1987; Crnic & Greenberg, 1987; Dressler, 1985)。第二,那些自身也经历重大压力的个体所提供的支持会降低支持的有效性(Belle, 1982; Crockenberg, 1987)。同样,虽然一个广泛的家庭网络在一般情况下能够使个体在经济和心理上受益,但是也可能会使个体付出心理和物质上的代价。这些代价包括:对大家庭的义务感所引发的超负荷感、大家庭成员的需要超过个体的需要或承受能力时所产生的被剥削感、自己的需要或求助遭到拒绝、大家庭成员对母亲抚养和儿童养育救助计划的反对(Stack, 1974)。因此,在解决贫困人口问题上,研究者虽然把对父母/家庭的支持放在了重要地位,并且把它看作是解决问题的"良药",但是上述研究却提醒我们要冷静地看待,至少要保持一种审慎的乐观。

缺陷模型(deficit model)的消极效应和一直持续的批判。20世纪70年代到80年代,对于儿童早期干预的缺陷模型的批判一直持续不断。当然,这些批判的实质和对实践的意义也存在着不同之处(Bronfenbrenner, 1987; Halpern, 1988; Laosa, 1989; Washington, 1985)。从某种程度上来看,儿童早期的干预往往偏离了缺陷模型的基点(当然,这是在不断争论中逐渐认识到的)。争论所带来的最为有效的改变就是使人们认识到社会环境的"失败",而不是个人的不足,是造成贫困的原因。这一转变的作用在于:把贫困家庭的社会生态环境看作是改造的主要目标,而不是关注个体(D. Powell, 1988)。

上述观点,加上强调贫困家庭中父母责任的观点,就是 Brickman 及其同事(1982)所提出的帮助贫困家庭的补偿模型的根本。这一模型的核心观点是:去指责贫困人口不如去解决问题,帮助他们与不利社会环境抗争,获得所需资源。人们可以通过自己的努力、创造以及与他人的合作来战胜困难。持这一观点的救助实施者也认为贫困人口是因为某种原因而丧失了一些支持和机会,而救助行动应该通过提供这些支持和机会来帮助贫困人口克服困难。然而,这种救助的实施过程以及是否能成功还是取决于接受救助的人。Jesse Jackson 在针对美国城市中的非裔贫困人口的研究中也反复提到了上述观点,如:"贫困不是你的错,但是你却有责任'东山再起'";"眼泪和汗水都是湿润而带有咸味的,但是他们会带来不同的结果:眼泪只会让人同情你,汗水将会让你改变"(引自 Brickman et al., 1982, p. 372)。

人们对缺陷模型或个人负责模型的不良效应给予了越来越多的关注,这使得干预的重心逐渐由个人转向环境。一些研究者发现,与家庭成员和朋友提供的情感支持的增益效应相反,使用社区服务对于个体的幸福感、青少年母亲的教养行为没有任何提高(Colletta & Lee, 1983; Crockenberg, 1987)。一项研究发现,青少年的母亲对社区工作人员的不满要高于对其他任何一组救助者。她们往往认为提供健康服务的工作人员没有同情心、不耐烦、谴责人、不提供足够信息、对于教养儿童所提供的建议往往与家庭成员或其他专业人员相反。从根本上说,他们为这些母亲提供的(如果有的话)情感支持、信息支持或工具性支持都非常少,因此,对于她们的心理健康或教养行为没有任何帮助(Crockenberg, 1987)。

735

有证据表明,个体的归因偏差调节着经济困难对成年人心理机能的影响。这表明归因偏差也可能具有消极作用。举例来说,研究者发现,与那些不会将经济困难归因于自身的个体相比,将低收入归因于自身的男性(Buss & Redburn, 1983; Cohn, 1978)和将贫困归因于自身的受救助非裔女性(Goodban, 1985)会产生更多的心理和生理健康问题。从这些研究发现来推断,如果专业的救助者公开和非公开认为贫困的父母应该为他们困难的处境负责,那么这就会从根本上危及他们助人任务的完成,因为这种归因会反映在助人者的行为和态度之中,进而降低他们帮助受助者解决心理问题和教养行为问题的有效性。

对于生态学取向干预的评价

上面讨论的研究向我们展现了贫困家庭的生态状况和家庭贫困的多维度性。同样,也加深了我们对贫困影响儿童发展的路径的了解,并把改变贫困的焦点扩展到了具体情境、社会环境和个体生态环境的其他特征。同时,它们也促使人们将贫困人口看成一个异质的群体,对其中不同的亚群体进行细分。Schorr(1989)对一个有关贫困儿童和贫困家庭的大型横断项目进行了质性评价,这一项目服务的范围覆盖了健康、社会服务、家庭支持到教育。这一评价发现,能够有效提高贫困儿童的积极发展的项目都是基于生态学模型的。具体来说,这些项目的特色在于提供了一个连续性的、易于使用的广泛的服务范围(认识到社会支持、情感支持以及对于食物、住房等具体问题的帮助,是使一个家庭有能力利用其他干预措施的前提条件,如教养行为的教育);为父母提供帮助,使他们更好地利用为儿童提供的服务;允许专业人员锻炼自己的判断力,重新定义自身角色,交叉使用传统的专业人员和政府官员的角色来对客户的需求做出反应。基于上述原因,Schorr 认为:许多成功的干预都是"非标准化和具有特殊性的",这一现象不足为奇(p. 268)。

在下面几个部分中,我们将关注在 20 世纪 80 年代到 90 年代出现的两种类型的生态学取向干预项目的效果:家庭访问项目和两代人项目。他们只是众多针对贫困儿童和贫困家庭开展的生态取向项目的一个小样本,但是却有着特别的影响。这是因为:他们具有相当有效的研究设计,并且已经获得了相当多的评价。

家庭访问项目。如前所述,家庭访问项目至少可以追溯到 19 世纪中叶,那时候,富裕家庭的女性与一些私人的救助部门和慈善机构相联系,通过家访为贫困家庭"提供支持、详细审查和建议”(Halpern, 1988, p. 285)。这种助人策略在20世纪70年代末期到80年代得到了复兴。那一时期开展了多个家庭访问项目,用来提高贫困家庭母亲和儿童的积极功能,并防止出现与贫困相联系的一些问题。到了1989年,联邦政府授权家庭访问项目为孕期妇女和婴儿提供资金支持。同时,许多州的政府也开始动用公共医疗补助的资金来支持母亲和儿童的家庭访问项目(Olds & Kitzman, 1990)。家庭访问项目具有特别的影响力,这在于它们允许对那些或多或少地运用了生态学方法的项目进行项目内和项目间的比较,来了解不同项目的效果。

对母亲教育和儿童认知发展的影响。在对贫困家庭的研究中,一些研究旨在通过促进母亲与孩子间的互动,来增加儿童所受到的认知刺激,另外一些研究则旨在探讨孩子的认知是取决于对父母的教育(e. g. Scarr & McCartney, 1988),还是取决于父母教育与社会支持的共同作用(Barnard, Magyary, Sumner, & Booth, 1988; Olds, Henderson, Chamberlin, & Tatelbaum, 1986a)。这两种干预都对母亲的教养行为和孩子的认知功能产生了积极的影响。尽管这样,总的来说,与仅提供父母教育或者结合了很少的社会支持的父母教育项目相比(如仅推荐但并没有建立医疗联系,Olds & Kitzman, 1993; Schorr, 1989),那些同时提供父母教育和社会支持的家庭生态学项目(例如,提供所需的社区资源,在母亲和家庭访问的护士间建立起医疗联系)可以对母亲的教育教养行为和儿童的认知功能产生更强、更持久的影响。在这里需要强调的是,与社会支持相比,父母教育具有生态学方法上的特征。另外,项目间的比较也表明,与项目中的贫困儿童和家庭是异质的情况相比,家庭访问项目对于那些具有高危险养育问题的贫困家庭(例如独自和孩子生活在一起的未婚青少年母亲、药物成瘾的母亲)更为有效(对这些项目影响效果的研究综述详见 Olds & Kitzman, 1990, 1993)。

736

Sweet 和 Applebaum(2004)选取了近来60个针对儿童的家庭访问项目,对其效果进行了元分析。文章指出,儿童能够从那些针对特定人群的项目中获得更多的收益。尽管他们的分析不仅局限于贫困人口,但其中有55%的项目是指向低收入家庭的。Sweet 和 Applebaum 发现,那些针对特定人群的项目(例如低出生体重孩子的家庭、低收入家庭、未成年母亲)比那些普遍涉及了各种家庭的项目对儿童的认知功能影响更大。与非专业人员相比,当访问家庭的是专业人员,访问越频繁,访问时间越长时,对儿童认知的影响效果越明显。然而,这些项目对儿童认知能力的影响不一定与对养育行为的影响相一致。例如,那些针对特定人群的项目比那些涉及各种家庭的项目对儿童的认知功能影响更大,但是对于养育的行为影响,效果是相反的。当项目普遍涉及各种家庭时,对父母养育行为所起的效果显著大于那些针对特定目标人群的项目。与那些指向低收入家庭的项目相比,未指向低收入家庭的项目在改善养育行为方面更有成效。

此外,Sweet 和 Applebaum(2004)的元分析再次证实了母亲养育和孩子心理功能的关系。以母亲生活改善作为主要目标的项目与没有将此作为主要目标的项目相比,对养育行为产生了更大的影响(以母亲社会支持和母亲自助作为主要目标的项目),但是对儿童认知功能的影响相对较小(以母亲自我充实和母亲自我扶助为主要目标的项目)。这一发现支持了先前研究的结果,在对儿童认知能力影响的积极性和持久性方面,为儿童提供直接的学习干预的效果,要好于对父母进行干预的效果(C. Ramey et al., 1995; Wasik et al., 1990)。

对虐待儿童的影响。公共儿童福利系统是负责保护被忽视和被虐待儿童权益的公共机构。为了监督儿童福利机构在儿童安置和流浪儿童收容过程中的工作质量,政府在1980年颁布了《收养救助和儿童福利法案》(Adoption Assistance and Child Welfare Act)。法案要求儿童福利部门必须分配一部分资金来提供特定的服务,从而减少安置中心和重组家庭中的儿童数量,为那些流浪儿童找到收养家庭。以家庭为中心的服务项目是一个可行的途径。这类项目关注家庭系统,除了母亲,还把相关的社会和自然背景作为改善目标。他们以提供咨询和具体的服务为特色,例如家务和日常照料。遗憾的是,与传统的儿童安置方法相比,几乎没有研究对这一方法的有效性进行细致的考察,而现有的评价则存在很多缺陷(例如,缺乏比较或对照群体,对服务活动的描述不够; H. Frankel, 1988)。

737

一些研究评估了各种预防虐待儿童和儿童安置方法的有效性。其中,Olds 等人(1986a)曾采用一种事件回忆法,来评估对早产和低体重儿童的干预效果。D. A. Wolfe、Edwards、Manion 和 Koverola(1988) 比较了只提供支持服务与结合父母教育的支持服务对母亲养育行为的影响。这些母亲是由一个儿童保护机构监管的,因为公共健康机构的护士怀疑她们可能虐待儿童。干预组的母亲们除了接受常规机构服务以外(例如,健康和家庭相关话题的非正式讨论、社会活动、社会工作者的定期家访),还接受了父母教育来提高管理儿童的技能,例如奖励儿童的服从行为,使用较多的奖励,更少地使用批评,给予具体的要求。结果表明,尽管两组家庭在培养儿童的方法上没有差异,但是与那些仅接受常规机构服务的母亲相比,接受父母教育干预的母亲对养育具有更积极的态度和感受,报告的抑郁症状也较少。经过一年的追踪治疗,社会工作者给干预组的母亲打分,结果分数显示她们能够比对照组的母亲更好地管理孩子,虐待孩子的可能性也更小。

这些发现大体上与对护士家访未成年、未婚或低社会经济地位母亲的随机化实验结果相一致(Olds, Henderson, Chamberlin, & Tatelbaum, 1986b)。一组母亲只在怀孕期间每两周接受一次家访,另一组的家访一直持续到孩子2岁,只是频率逐渐减少。在访问期间,护士们为母亲们提供了婴儿的发展、社会情绪和认知需求方面的信息(例如,婴儿哭泣的意义;婴儿对越来越复杂的动作、社会和智力经验的需求),鼓励她们的亲戚朋友们参与到孩子的照料中,并为母亲提供支持,还在家庭、社区健康部门和相应的服务部门之间建立起联系。在贫困、未婚的未成年母亲中,与那些没有接受服务或只是被免费送到医疗场所接受产前照料的母亲相比,接受护士家访的母亲们在孩子6个月大的时候,很少有虐待儿童和忽视的情况,发生冲突的频率和斥责婴儿的频率较低;同时,在孩子10到22个月期间,限制和惩罚孩子的频率较低,而且能够提供给孩子更恰当的玩具。此外,在孩子出生后第二年里,控制了家庭的危险情况后,被家访妇女的孩子接受急诊的频率较低,因事故或中毒而就医的情况也较少。然而,在项目结束后的两年里,这些良好的效果并没有持续下去。

美国儿童保护服务机构的备案数据表明(Olds & Kitzman, 1990, 1993),这两个以预防虐待儿童为目标的随机设计干预项目,并未在总体上使虐待儿童水平有所下降,只是取得了一些短期的良好效果。然而，另外一些项目却发现了虐待降低的趋势，例如，出现严重尿疹的比例相对降低(Hardy & Streett, 1989)，儿童接受有关虐待和忽视的相关医疗服务逐渐减少(J. Gray, Cutler, Dean, & Kempe, 1979; Hardy & Streett, 1989)。在对这些随机化试验的详细评论中，Olds 和 Kitzman(1993)指出，现在还无法用一些明确的特征来评价项目的功能(例如，广泛性、强度)，但是在其中的两个项目中，他们对参加实验的女性又进行了抽样调查，发现它们至少在一些与虐待儿童和忽视相关的变量上产生了积极作用。特别地，这些项目雇佣了训练良好的家访人员，她们都是在学习课程的过程中被选拔出来的。Sweet 和 Applebaum(2004)的元分析在对这一基本问题的争论上，表达了另外的见解。他们发现，如果预防虐待儿童是项目的主要目标之一，如果家访人员是辅助专职人员而不是专职人员，如果以低收入家庭和具有儿童虐待与忽视危险的家庭作为对象，那么项目会在预防或减少儿童虐待事件方面更有效。令人惊奇的是，与将对母亲的社会支持列为主要目标的项目相比，那些并未将此列为主要目标的项目在降低儿童虐待的可能性上更有效。

对早产和低体重儿童的影响。在 20 世纪 80 年代期间，家庭访问项目急剧增长，以预防早产和低体重现象，并促进早产和低体重儿童及其父母的健康发展。这些项目中的大多数关注贫困、未婚青少年和年轻母亲，而且还结合了健康教育、父母教育和各种形式的工具支持和情绪支持(例如 Olds et al., 1986a)。 738

为了配合研究的进行，这些项目实施较为仓促。研究表明，贫困会在一定程度上通过破坏儿童出生时的生理健康状况，限制其克服围产期并发症，消极地影响儿童的认知发展。大量研究发现贫困儿童在早产儿中的比例过大，这部分是由于其在产前缺乏照料和营养不良所导致。也有证据表明，贫困儿童更可能在产前受到非法药物和烟碱、酒精等的影响，这些影响增加了围产期并发症发生的几率，例如早产、低体重、头围小和严重的呼吸问题。研究发现这些并发症是认知发展延迟的危险因素，尤其对于贫困儿童。特别是，研究表明与富裕儿童相比，贫困儿童显然是因为成长环境的社会、教育和物质资源相对较少，从而较难克服由围产期并发症所造成的问题(Escalona, 1984; Werner & Smith, 1977)。

Olds 和 Kitzman(1990)比较了四个产前家庭访问项目对出生体重和妊娠期长度的影响(都是随机实验)，其中的三个采用了"社会支持"模型，第四个使用了"生态学"的模型。采用社会支持模型的三个项目假设，贫困女性中的早产和低体重儿的比率高，是由于在缺乏社会支持的情况下出现心理社会压力的比率高。为了检验这个假设，三个项目中的家庭访问人员提供了各种社会支持(例如，像知心朋友一样服务；提供如帮忙接送和照料孩子等具体的帮助；促进妇女对社区服务的使用；帮助妇女同其家庭成员和朋友搞好关系；使家庭成员和朋友参与到孩子照料和帮助母亲中)，但是避免传授与健康有关的行为或者提供这些信息，除非对方要求他们这么做。相反，第四个项目采用一个较为宽泛的生态学模型，将社会支持与有关健康行为的教育(烟酒消费、非处方药物的使用和应对怀孕期间的并发症)进行整合。需要强调的是，在该交叉研究比较中，虽然通过提供社会支持来改善妇女孕期的环境因素是这些项目的共同特征，但是对于生态学取向的研究来说，其明显的特征主要是健康教育而非社会支持。

四个项目中，仅有生态学的项目对出生体重和妊娠时间产生了积极的影响作用，而且在项目开始时，其影响作用集中于吸烟妇女和年龄较小的妇女身上(低于 17 岁)(Olds et al., 1986a)。这一发现表明，如果项目在方法上涉及范围更广，并且以存在早产和低体重的特定危险因素的妇女为对象(例如，吸烟、饮酒、非法药物使用)，那么，该项目可能更有效。当然，对此还需要更确凿的证据，因为在 Olds 等的研究中，二次取样的样本量非常小，而且在随后一个同样结合了社会支持和教育的产前家庭访问项目中，研究者并没有发现相同的效应(Villar et al., 1992)。此外，尽管护士们试图与家庭建立起亲密的工作关系，她们在改进妇女的健康行为、怀孕的心理社会条件等方面也取得了成功。需要说明的是，Olds et al. 的产前家庭访问项目对母亲和孩子心理功能(例如，认知能力)并没有持久的影响。

总而言之，覆盖范围较为全面的产前家庭访问项目基本上没有在预防早产和低体重儿方面产生显著的作用，在常规的产前服务方面也没有可信赖的改进。即使在改善怀孕结果方面取得了成功，产前家庭访问并未充分表现出长期效应(Olds & Kitzman, 1993)。这一消极发现可能是由于项目强度不够或者执行力度不够造成的，但更可能是由于这些项目主要集中于消除已知的会导致不良怀孕结果的行为诱因，例如吸烟等(对这些问题的更充分的讨论和对产前家庭访问项目的影响作用的综述详见 Olds & Kitzman, 1990, 1993)。

739

两代人项目。“两代人项目”是最近执行的一种反贫困项目，该项目不仅包括提供父母教育与社会支持，还包括儿童服务，并且该项目比之前的项目更强调成人教育、读写训练和其他工作技能训练，以帮助父母在经济上变得更富足。此外，该项目还提供辅助的服务，如接送、提供饮食和照料孩子，以便使父母能参与到这些活动中来。在这些项目中，对儿童提供的服务通常包括日托教育或学前教育，这些服务的强度变化很大(S. Smith, 1995)。

大多数两代人项目开始于 20 世纪 90 年代，它们的出现部分是由于对发展的重新认识，即早期儿童教育项目和只针对一代人的项目不能帮助家庭应对各种贫困问题(St. Pierre et al., 1995)。此外，建立更加综合的项目的理论依据还包括：(a) 养育项目可以提高养育的技能，但是不能使儿童被动地接受这些项目的益处，因为儿童心理功能的发展存在着关键期；(b) 早期儿童教育项目能够促进其认知和社会情绪技能，但是高质量的养育能够增加将这些技能转化为未来学业成就的可能性；(c) 仅关注儿童或仅关注父母的项目，都无法充分涉及贫困家庭面临的多种多样的问题及需求(例如，失业、文化水平和工作技能有限)，也不能显著地改善贫困家庭的经济状况(Larner, Halpern, & Harkavy, 1992; St. Pierre et al., 1995)。这些论据汇集到一起，已足以让人相信这一新的干预类型的复杂性和有效性。

一些两代人项目是早期开端项目的一部分，其中包括儿童全面发展项目(CCDP)和先行家庭服务中心(FSCs; S. Smith & Zaslow, 1995)。作为最早期的项目之一，儿童和家庭资源项目曾作为一项早期开端项目的示范项目在 1973 到 1983 年间实施。这些项目保持了长久以来早期开端项目示范项目的传统，同时在其核心内容上确保以更有效的方式服务于贫困儿童和家庭(Zigler & Styfco, 1994a)。然而，著名的两代人项目并不是早期开端项目的一部分，并且，家庭扫盲项目(Even Start Family Literacy Program; St. Pierre & Swartz, 1995)、艾文思亲子教育项目(Avance Parent-Child Education Program; Walker, Rodriguez,

Johnson, & Cortez, 1995)和新机遇项目(New Chance; Bos, Polit, & Quint, 1997)也不是早期开端项目的一部分。

这里以对 CCDP 的描述为例,来呈现大多数涉及两代人项目特有的干预方法。CCDP 是一项国家示范项目,起始于 1993 年,旨在通过增加范围、持续时间和服务强度,以促使父母在经济上达到自给自足,同时还保留了早期开端项目中为儿童提供服务的部分。该项目为农村和城市地区的 4 440 多个低收入新生儿家庭提供了五年综合的、全面的和持续的支持服务。各个家庭参与 CCDP 的平均时间为 3.3 年。父母和家庭中的其他成年成员接受了产前照料、父母教育、健康照料、成人教育、工作培训和其他所需的支持,例如对心理健康问题和物质滥用的治疗。通过联系与推荐社区大学和其他当地教育机构,该项目提供了成人文化教育、就业咨询以及工作培训与安置等特色服务。同时还在雇主与机构间建立起了联系。CCDP 的设想并不是家庭访问项目,但是该项目使用家庭访问作为进行早期儿童教育和案例管理的主要方法(St. Pierre et al., 1999)。从儿童出生到 3 岁,CCDP 为其提供了强度相对较低的服务,每两周家庭访问一次,每次持续 30 分钟左右。这些家庭访问主要是向父母提供婴儿与儿童发展的知识和相关的养育技能,而不是直接服务于儿童。一个父母如果每次都参加会议,那么他一年里将最多获得 13 个小时的父母教育。到孩子四五岁的时候,CCDP 中至少一半的孩子参与了基于社区中心的早期儿童教育(早期开端项目),其他人则继续通过父母教育的方式接受早期儿童教育(St. Pierre et al., 1999)。

740

除了对成人服务给予较高的关注之外,CCDP 的服务特征还在于提高早期开端项目服务两代人的能力。这些包括:(a) 更宽泛的接纳范围(例如,在项目的五年周期中,即使家庭的收入上升到贫困线以上,家庭仍然可以留在项目中);(b) 为参与家庭的所有成员提供服务,广泛涉及主要照料者家中所有未满 18 岁的孩子,以及家中主要负责照料儿童的任何家庭成员;(c) 为不呆在家里照料儿童的父母提供服务;(d) 为了确保家庭能够获得所需的服务,增加了服务的范围和强度。该影响评估是在 CCDP 项目实施的 24 个地区中的 21 处进行的(Parker et al., 1995; St. Pierre et al., 1999)。

这里所引用的六个两代人项目均经过随机实验方法的评估(St. Pierre et al., 1995; St. Pierre, Layzer, & Barnes, 1996)。总体而言,这些评价的发现是令人失望的。

对儿童的影响。对干预效果的研究表明,两代人项目对儿童的认知发展、言语技能和入学准备仅有较小的影响或者没有影响。例如,项目开始的五年后,CCDP 对儿童的认知、社会情感功能、身体健康等,都没有产生有意义的影响。将各种参与者分组,也没有发现显著的差异,例如,未成年母亲的孩子与年龄较大的母亲的孩子相比没有显著差异;进入 CCDP 时具有高中文凭的母亲的孩子与没有高中文凭的母亲的孩子相比没有显著差异(St. Pierre et al., 1999)。艾文思(Avance)和 CFRP 对儿童的贝利婴儿发展量表得分都没有影响。家庭扫盲项目在儿童进入项目 9 个月之后,在儿童的入学准备技能方面产生了显著的收获,然而一旦儿童开始上学,再和对照组比较,这一差异就消失了(St. Pierre et al., 1996)。接下来,也没有发现该项目对儿童的认知功能、社会技能、学校表现(例如,儿童接受特殊教育的百分比)和父母报告的儿童识字状况的影响(Ricciuti, St. Pierre, Lee, Parsad, &

Rimdzius, 2004)。相似地,在接下来的三年半里,新机遇项目对儿童的认知技能和学校准备也没有影响,事实上,正如母亲们所报告的,反而增加了儿童的行为问题,减少了其积极行为。对儿童社会情感功能的消极影响反映在具有抑郁症的高危妇女的子女身上(Bos et al., 1997)。

对母亲的影响。两代人项目对父母的影响比对儿童的影响大,尽管有时发现其影响作用很有限。有一些项目对养育态度和行为产生了短期的积极影响。例如,在参加艾文思(Avance)项目的第一年末,项目中的母亲比对照组的母亲对自身教育孩子的能力有了更大的信心,为孩子提供了含有更多教育激励的家庭环境,并且在录像表演环节里,能以一种更积极更激励的方式和自己的孩子互动(例如,情感、声音语调、持续的奖励、与孩子进行最初的社会互动等;Walker et al., 1995)。参与这些项目的父母在态度和行为方面的其他显著变化包括:对儿童的专制行为减少、更多地提供情感支持和培养(CCDP, CFRP, New Chance)、对孩子的成功给予更高的期待、增加花在孩子身上的时间(CCDP)以及增加在家里给孩子读故事的次数(Even Start; St. Pierre et al., 1995, 1996)。然而,这些影响中的大部分都不能持久。例如,在CCDP开始后的五年,该项目在母亲的养育态度和信念、亲子互动的质量和儿童的家庭学习环境方面,都没有产生统计上的显著影响(St. Pierre et al., 1999)。家庭扫盲项目在父母报告的亲子阅读、家庭文化资源和儿童学校生活的父母参与方面,都没有发生显著的影响(Ricciuti, et al., 2004)。同样地,在三年半后,新机遇项目对儿童的家庭学习环境以及母亲的粗暴惩罚都没有影响,不过在那些没有临床抑郁症状的母亲中,该项目对儿童的家庭学习环境有积极的影响(Bos et al., 1997)。无论是在项目组还是在对照组的母亲中,已有的研究评价普遍发现了相对高水平的抑郁综合征,但是没有证据表明该项目对于减少抑郁症状、增加母亲的自尊和提高社会支持水平方面是有效的(Bos et al., 1997; St. Pierre et al., 1995, 1999; Walker et al., 1995)。

741

对两代人项目的考察中,具有特别意义的是该项目是否影响父母的教育成就、就业状况、家庭收入和福利待遇的利用情况。其影响最多可以达到中等水平,而且仅限于教育成就。对家庭扫盲项目、新机遇项目和艾文思项目的评估表明,与对照组的母亲相比,项目组的母亲更容易获得普通教育水平的证书,但是对成人文化水平的标准化测验成绩并没有表现出同样的进步(Bos et al., 1997; Ricciuti, et al., 2004; St. Pierre et al., 1995, 1996)。新机遇项目对妇女的超生、与超生有关的行为、避孕的使用和身体健康状况都没有影响(Bos et al., 1997)。测量家庭年收入(或者平均每小时的工资)的研究也没有发现积极的影响(Even Star, New Chance, CCDP, CFRP, FSC),只有CFRP增加了就业比率。总而言之,两代人项目并没有影响到联邦福利的使用(如对有子女家庭的补助项目和粮食券等),也没有通过强调这些福利的便利性和通过增加对教育课程的参与等来提高参与者对这些福利的使用(例如,CCDP, CFRP, New Chance; Bos et al., 1997; St. Pierre et al., 1995, 1999; Swartz et al., 1995)。

两代人研究为什么会得到令人失望的发现呢?一个主要原因可能是对母亲和孩子的服务强度不够,或者是对最有效的干预策略的假设出现了偏差,而不是项目实施不力造成的

(Bos et al., 1997; St. Pierre et al., 1999)。同时,也可能是由于这些研究不能对母亲进行更长时间的追踪,以捕捉该项目对母亲工作所产生的长期影响。这可以解释为什么人们对于20世纪90年代之前的干预会有更乐观的评价,尽管当时的干预也是为父母和子女提供综合服务的(Benasich, Brooks-Gunn, & Clewell, 1992)。

从领取福利到就业的转变、福利改革与儿童幸福感

Evelia是一个有四个孩子的单身母亲,她是波多黎各人,生活在威斯康星州东南部密尔沃基的一个低收入社区里。她的收入低于贫困线150%。1998年的春天,Evelia是美国邮政服务的一名合同工,她每天上晚班,从下午3点工作到晚上11点。在这期间,她还在家中抚养着一个3岁的女儿和三个年龄更大的孩子(最大的孩子13岁),当她晚上上班的时候,会把孩子放在附近的亲戚家,通过电话及时看管他们。把最小的孩子留给其他的孩子照顾,她确实有些顾虑,她也确实曾经考虑为她的女儿找一个儿童看护中心或者家庭看护提供者,以确保她获得成人的照料,但是她从来没有去找过。Evelia认为在一个正规的看护中心,她的孩子并不一定是安全的,并且她认为找到一个适合她,营业到很晚的看护中心并不容易。

1999年1月,当Evelia开始上白班的时候(从上午7点到下午4点),事情发生了转变。在白天,Evelia附近的家庭中找不到能够信任的人。由于无法获得家庭的支持,她只好选择把女儿放在一家日托中心。她打电话给当地负责分配威斯康星州福利的机构,想知道自己如何才能得到看护补助,她被告知只需到办公室填一个表即可。然而,当Evelia到办公室的时候,她发现在签约参加项目之前,还需要大量关于她的工作、收入等附加的信息。Evelia花费了一整天的时间才办完这件事,损失了一天的工资,跑来跑去,从而为女儿注册到了一个补助项目。Evelia为女儿注册了一家日托中心,但仍忧心忡忡。她担心女儿会生病,会从其他的孩子那里传染到虱子。有时,她觉得女儿交给可信任的亲戚来照顾可能会更健康。然而,这样的安排过了几个月,Evelia开始为女儿在日托中心的经历而感到激动。Evelia感到女儿在这短短的时间里,在日托中心学到了很多课程,这些都是她在家里不可能提供的。Evelia甚至说她的女儿将因为被放到正规的看护中心,而成为她所有孩子中最聪明的一个。

742

如何能更好地减少贫困儿童和提高贫困儿童的幸福感,一直都不是议会争论的中心,直到1996年联邦福利改革法(PRWORA)的出现才使其有所改变。这些争论集中在促使权力从联邦政府下放到州,减少政府开支,提升父母的责任感,为父母介绍工作和对领取福利的时间限制,以及探讨减少未婚生子的策略等(Greenberg et al., 2002)。由这些争论产生的法律废除了长期存在的联邦政府帮助贫困儿童和成年人的法令(例如,AFDC)。更明确地说,PRWORA (a) 以"临时帮助需要帮助的家庭"(TANF)而闻名的州立补助取代了AFDC及其相关的一些项目;(b) 要求公共救助的受益者在开始接受帮助的两年内,参加工作;

(c) 将免除父母工作要求的标准降低到儿童的年龄为12个月(以前的规定是,3岁以下儿童的母亲都可以免除工作相关活动的要求);(d) 强制规定提供生活补助的时间为五年,这些补助的形式包括现金帮助、提供工作时间间隔,以及给贫困儿童和家庭优惠购货券等非现金帮助;(e) 要求各州保证一定比例的福利发放数量,以满足需求(Greenberg et al., 2002)。该法律给予各州许多选择权和具体的权利,例如,要求12个月以下小孩的父母参加工作,为福利的支付设置上限,以及要求接受补助的受益人从开始接受补助起两年内必须参加工作(Morris et al., 2001; Zaslow, McGroder, & Moore, 2000)。

PRWORA的核心目标是减少长期福利依赖,增加基于就业的自救行为,鼓励结婚,限制未婚生子的现象,而并不是直接增加贫困儿童的幸福感。虽然如此,福利改革的主张者预测了PRWORA对儿童的益处。它们间接地通过增加父母的就业(例如,能为儿童提供榜样的工作行为、更加结构化的日常安排、增加父母的自尊和控制感),提高其家庭的收入来实现。然而,反对者预言了许多对儿童幸福感有害的结果,其中包括:因为失去福利待遇但没有增加收入,会增大儿童贫困的几率和严重程度;低质量的儿童看护;对儿童放任的时间增加;由过度需求和附带的抑郁情绪带来的应答性抚养行为的减少(Chase-Lansdale et al., 2003; Morris et al., 2001)。Evelia的案例体现了福利改革是如何影响儿童生活的,包括母亲的工作环境,儿童看护的质量和类型等因素的变化和不稳定性,以及工作环境、儿童看护安排与母亲的价值观和偏好之间的相容性。

PRWORA是一个渐进的过程,从20世纪60年代开始,逐渐将福利受益人从领取福利转化为通过就业来实现自我扶助的状态(Morris et al., 2001)。1967年议会通过了一项法律,要求没有学前子女的AFDC受益人来注册,以获得工作。但是各州直到20世纪80年代早期,才下大力气加强对此项工作的要求。1988年的家庭支持法案(Family Support Act),力求通过使父母参与教育和就业培训项目,并为已有儿童提供更大的支持,来促使AFDC受益人经济上获得更大的独立。在20世纪80年代中后期和90年代早期,各州下大力气提高就业和降低福利,好多州都申请取消AFDC的规定,开始进行伴随福利改革的实验(Morris et al., 2001)。联邦政府批准了各州的申请,当然,这是有条件的,主要是在随机分配设计和评价的使用方面(Gennetian & Morris, 2003)。各州混合分配了各种福利和就业政策,这些项目结果的多样性为测量不同项目特征对儿童幸福感的影响提供了可能。因为这些实验项目反映了联邦法律的关键成分,在PRWORA立法之后,它们提供了儿童福利改革政策潜在的影响模式(Morris et al., 2003)。接下来,我们将讨论一些在评估中所获得的发现,这些评估来自人力示范研究公司(MDRC)。但鉴于时间有限,这些发现是否以及怎样影响福利政策,暂时还没有明确的答案。

743

福利和就业政策的实验检验:两项总结

评价福利和就业项目的核心指标是父母的收入。不过,对于可能会对儿童产生间接影响的项目,一些州还加入了儿童的幸福感,以此作为这些项目影响儿童的结果变量。在某种意义上,这一做法体现了实施福利项目的初衷,它有助于提高贫困儿童(尤其是单亲家庭儿童)的幸福感(Zaslow et al., 2000)。在设计这些项目的时候(20世纪90年代早期到中期),研究者只能依据已有研究提供的有限信息来作出假设。因此,这些项目大多不去检验具体的假设,而是从总体上探讨项目对儿童的影响情况：是积极影响、消极影响还是没有影响,或是仅影响到儿童中某一特定的人群(Zaslow et al., 2000)。不过,仍有少量研究有清晰的理论框架作为指导(例如那些检验收入补贴效果的研究),对项目的效果和作用的中介机制进行了假设(如,Bos et al., 1999)。

最近发表的两个总结综述了上面谈到的一些发现。这两个总结能够使我们更清晰地了解各种福利项目对儿童的潜在影响。总结所涉及的研究是"两代人项目"的产物,是由来自人力示范研究公司和一些大学的研究者们实施的。其目的是为了考察福利、反贫困和就业政策对儿童和家庭的影响。在这一部分,我们讨论了两个总结中所包含的研究和发现,以及针对这两个总结提及的项目的后续研究。为了说明福利和就业政策对儿童和家庭的影响途径,我们从人种学的研究结果中选择了一些参与反贫困项目(例如,"新希望"项目)的个案作为证据。

学前儿童和小学阶段儿童

在第一项总结中,Morris等(2001)考察了五个大型研究,这些大型研究评估了在11个不同的针对单亲家庭的福利和反贫困项目中,学前儿童和小学儿童受到的影响。他们把这些项目归为三类：发放收入补贴,给予就业指导和提供限时的福利。其中有四个反贫困项目是通过发放收入补贴来抵消劳动力市场变动所带来的负面效应,从而使他们的劳动回报率更高。这些项目是：明尼苏达家庭支持项目(MFIP)、自我扶助项目(SSP)、新希望项目(New Hope Program)和佛罗里达家庭转变项目(FTP)。这些项目能够为困难家庭提供现金补助,或者提高他们工资的忽略部分。工资的忽略部分指在计算家庭应得的福利收益时,工资中不被算成是收入的部分(Bos et al., 1999; Genntian & Morris, 2003; Huston et al., 2001, in press; Morris et al., 2003; Morris & Michalopoulos, 2003)。工资忽略允许福利的受益者在当他们的工资提高时,获得更多的福利,而不像在AFDC项目中,受益者在工资提高时获得的福利急剧减少。例如,在MFIP中,工薪家庭在他们的收入达到贫困线的140%之前都会一直享受补助。

然而,这些项目在细节上有所差异。一些项目对全天工作的家庭偶尔发放工资补贴(每周至少工作30个小时的家庭,例如SSP、New Hope、Full MFIP),而另一些项目对所有形式的工作都发放工资补贴(例如MFIP Incentives Only)。MFIP Incentives Only与Full MFIP不同。MFIP的创建目的是为家庭提供经济上的援助、就业指导和培训,而MFIP Incentives Only是为了考察提供补助与提供就业训练和指导这两种方式哪一种更有效,是作为MFIP的补充而设立的。在MFIP Incentives Only中的单亲家庭,无论是兼职还是全职工作,都能获得MFIP的福利和兼职的工资忽略部分,但不能获得就业指导培训。一些项目通过在福利系统之内增加工资忽略来提供帮助,而另一些则在福利系统之外做这些事情。还有一些项目还包含了附加的成分,但是提供补助是以上四个项目所共有的、独特的特征。 744
例如,全职工作的父母很适合参加New Hope,它能够为家庭提供补助使家庭收入达到贫困线以上，并且能为儿童的照看和医疗保险提供补贴。并且，项目的代理人能够为参加者提供服务和建议，这些建议对没有找到工作的人是很有用的(Bos et al., 1999)。

六个项目(Atlanta Job Search First, Atlanta Education First, Grand Rapids Job Search First, Grand Rapids Education First, Riverside Job Search First, Riverside Education First, 以上项目都是"全国福利职业计划"的组成部分)为想要获得福利收益的家长提供就业指导服务(例如，教育、培训或者工作介绍)。这些项目普遍地在提高就业率方面取得了成效，但是不提供补贴，也不给家庭提供限时的福利。三个部门(Atlanta, Grand Rapids, Riverside)都认同的观念是，认为寻找工作是最重要的(劳动力供求取向)，同时，接受基础教育也是最重要的(人力资源提高取向)。在早期的介绍工作的项目中，参与者通常会参加为期一至三个星期的"职业俱乐部"。之后，那些没有成功找到工作的人会参加短期的成人基础教育、职业培训或者实习工作。Education First 项目首先会让参加者接受教育和培训项目来增长知识和技能，然后再过渡到工作岗位。它们是建立在这样的理念基础上的：福利的受益者要首先提高他们的技能水平，然后再去寻找工作。这样他们就能够获得较高收入的工作和其他方面的收益(D. Bloom & Michalopoulos, 2001; Zaslow et al., 2000)。

一个项目(FTP)为家庭提供限时的福利。在为期 60 个月的时间段内，福利的提供被限制在 24 到 36 个月之间(取决于父母的贫困程度)。限时福利与就业指导服务和少量能够提高工资忽略的工资补贴是相结合的。

在这些研究中，实验组父母被随机地分配给任何一个项目，他们获得新的服务和收益并服从新的规定；而控制组的父母接受传统的福利救济并服从当地的福利规定。在多数研究中，控制组是获得 AFDC 补贴的家庭。在分组后，儿童大约是在 2 到 4 岁，他们在大约 5 到 12 岁时接受心理评估。在对儿童受到的影响进行总结时，Morris 等(2001)集中于比较不同研究间相同的发展变量。幸运的是，这些变量代表了福利政策可能对儿童产生影响的大部分结果。几乎没有研究是针对 3 岁以下儿童的，因此这个年龄段的儿童不在总结范围之内。

影响模式。Morris 等(2001)的总结提出了明确的影响模式。提供工资补助的项目提高了父母的就业和收入水平，并且对儿童的一些行为产生了积极的影响，效应大小大约在 0.15 左右。所有的项目对儿童的学习成绩有积极影响，一些项目减少了问题行为，增加了亲社会行为，并且提高了儿童整体心理健康水平。例如，在为期 24 个月的随机实验中，New Hope 对男孩的学业成就、班级行为技能、积极社会行为(例如顺从、社会能力、敏感性)的增加，以及问题行为的减少有较强的积极影响。该结果来自于教师的报告，这些教师并不知道儿童参加了 New Hope 或其他干预项目。并且，该项目对男孩自身对学业的期望和职业抱负都有积极影响，虽然这些影响在女孩身上并未发现(Huston et al., 2001)。

在 Morris 等人(2001)的总结之后，相关研究发现了 New Hope 的长期影响。一个在随机分配 60 个月后的后续调查发现，当儿童在 6 到 16 岁之间时，New Hope 对男孩的学业成就、动机和社会行为的影响仍然存在。项目开始两年后的一项比较发现，该项目对学业成就的积极效果仍然较强，但对社会行为的影响有所下降(Huston et al., in press)。New Hope 对儿童的效果是令人振奋的，因为这些效果是通过考察各种人群而获得的。由于父母更容易受到 New Hope 计划的理念和知识的影响，父母的数据所表现出来的组间差异小于老师和学生所表现出的组间差异。

一个包含在 Morris 等(2001)的总结中的项目结合了就业指导服务和工资补助(Full MFIP)两种形式，它提高了父母的全职就业率，但是对儿童的影响效果(例如较高的学业成就、高学业卷入、积极同伴交往和较少的问题行为)并没有超出当该项目只提供工资补助时对儿童的影响(例如，MFIP Incentives Only)。然而，值得注意的是，在 MFIP 中加入就业指导服务(区别于 MFIP Incentives Only)显著地降低了儿童的积极行为，尤其降低了他们的社会能力和自理能力(Gennetian & Miller, 2002; Gennetian & Morris, 2003)。一般来说，提供就业指导服务的项目能够成功地提高父母就业水平和降低福利的索取，但是却不能增加家庭收入，因为当参与者的工资增加时，所获得的福利相应地减少了。这些项目的影响模式较多地取决于项目实施的地区而不是项目本身(Morris et al. , 2001; Zaslow et al. , 2000)。

限时的福利项目提高了父母的就业率，在一定程度上增加了收入，但是对儿童的影响模式并不一致。由于该项目与就业指导服务和少量的工资补助相结合，研究不可能分离出限时福利的影响(Morris et al. , 2001)。最近对康涅狄格州职业项目的研究发现，普通的工资忽略制度可以提高家庭收入，改善儿童表现，即使在工资忽略有时间限制(如一定要接受了累积 21 个月的现金补助)的情况下也是如此。与对照组相比，参加该项目的父母报告他们的子女表现出更少的内部和外部问题行为，更多的同伴积极行为，虽然父母报告儿童学业的表现和学业卷入，以及教师报告儿童的成就和行为并没有改变(Gennetian & Morris, 2003)。

效果的中介变量。所有的工资补助项目都会有一个普遍的效果，即提高就业和收入，但是没有表现出对儿童有效的影响机制。相关研究中，没有一个变量被看作是对儿童影响的中介变量(例如家庭关系、父母对儿童的照顾、父母的幸福感、父母的行为)(Morris et al. , 2001)。Full MFIP 和 MFIP Incentives Only 提高了长期福利接受者的结婚率，但是 SSP 和 New Hope 对结婚率没有影响(Bos et al. , 1999; Gennetian & Miller, 2002; Morris & Michalopoulos, 2000)。

一些项目提高了父母对儿童正常和固定的照顾行为，以及儿童参加课后辅导的行为(New Hope, SSP, Full MFIP)，而另一些项目没有起到这个作用(MFIP Incentives Only; Gennetian & Miller, 2002; Huston et al. , 2001; Morris et al. , 2002; Morris & Michalopoulos, 2003)。例如，在一项 24 个月的随机设计中，New Hope 中 3 到 12 岁的儿童接受照看机构看护的时间几乎达到控制组儿童的 2 倍，接受学校延长的日间看护的时间多于控制组儿童的 2 倍。并且，在 9 到 12 岁的儿童中，与控制组儿童相比，项目组的儿童会花更多的时间参加成人领导并组织的课后活动(如课程、运动、俱乐部或者少年小组等；Huston et al. , 2001)。虽然对就业和福利项目的评价并未提供儿童受到的照看质量的信息，但有证据表明，机构照看确实比家庭照看更能提高儿童的认知、学业和社会能力(Lamb, 1997)。同样，小学每天的课后辅导也能提高学习成绩；这个现象部分是由于教师在学校能够辅导这些学生的功课(Pierce, Hamm, & Vandell, 1999; Posner & Vandell, 1999)造成的。这部分开头显示的 Evelia 的个案为机构照看能够提高儿童的学业成就提供了一个例证，即使这样的照顾被母亲看作是最后的选择，并且与母亲的最初想法相违背。下面显示 Lynnette 的例子，阐述了成人领导的课外活动能够提高儿童的在校表现，并且帮助父母维持他们的全职工作。虽然 Lynnette 是 New Hope 研究中控制组的一位母亲，但她的情况能够代表该项目中的大多数家庭。

Lynnette，一名非裔美国女子，与她的未婚夫 Mark 和他的弟弟居住在一起。Lynnette 担心，当她工作时，没有人来照顾她 6 岁的儿子 Mark。她主要寄希望于学校的课后辅导，能够帮助她维持全职工作。Lynnette 学习过一年的大学课程，但是后来放弃了。她以往的职业生涯是间断而多样的——她在 Kinko's 和 Burger King 做过婴儿看护，现在经过一段试用期后她在一家卡车公司的财务部门做全职工作。作为一名在儿子出生后工作的单身母亲，她的唯一选择就是把儿子留给他人照看。在 Mark 入学之前，她主要请亲密的朋友或者亲戚来照看。她说，她从来没有想过把儿子放在照看机构，用她的观点说，"无论你怎么称呼它，它总是一个由陌生人照看孩子的机构"。同样，当她的儿子上一年级时，她也不认为课后的照看机构对儿童是安全的。"男孩和女孩，到处都是，但是——没有人监管。"然而，去年当 Mark 在幼儿园时，他的学校启动了课后辅导的项目，该项目在图书馆进行，由 Lynnette 认识的一位老师负责。因此，Lynnette 放心地把儿子放在了这个在她看来是熟悉和管理良好的环境中。该项目以儿童的学校技能培训和游戏活动为主。她对这个项目的唯一抱怨是那儿不提供点心。这个项目由于缺乏资金在几个月后终止了，Lynnette 感到很失望。Lynnette 说当 Mark 参加课后辅导项目时学会了字母表，并且开始学习阅读，这使他在班上名列前茅。甚至在一年后，Mark 仍然说自己在学校表现很好，用他的话，"我比班里任何人都好"。他的母亲解释，他在学校的阅读测验成绩比他们班上的所有人都高(Bos et al., 1999, p. 201)。

在工资补助项目影响儿童的途径中，父母的心理功能、抚养孩子的技能和儿童的家庭环境被认为是关键的中介变量，但是这些项目对上述变量影响很小(Gennetian & Miller, 2002; Huston et al., 2001; Morris et al., 2001)。一些项目提高了父母的心理功能(例如，较少的抑郁症状，较少的父母压力，较多的责任感等; Gennetian & Miller, 2002; Huston et al., 2001)，但是其他项目没有提高。事实上，SSP 增加了父母的抑郁症状(Morris & Michalopoulos, 2003)。

这些研究也显示出了一些共同模式，暗示当母亲能够自由选择工作时间时，经济补助能够通过提高儿童的心理功能和父母行为，来改善儿童的行为表现(Chase-Lansdale & Pittman, 2002)。很多在 MFIP Incentives Only 的母亲选择做兼职而不是全职工作(D. Bloom & Michalopoulos, 2001)。MFIP Incentives Only 减少了母亲的抑郁症状和严厉的教养行为(虽然只有前者统计上差异显著)，而这样的效果并未在 Full MFIP(该计划要求参与者每周工作时间不低于 30 个小时)中发现。此外，与 Full MFIP 相比，MFIP Incentives

Only 对儿童有系统的积极影响(Full MFIP 对儿童的积极行为有负向影响,而 MFIP Incentives Only 没有)。MFIP 的支持是以帮助儿童为首要责任的(Gennetian & Morris, 2002, 2003)。

相似地,New Hope 减少了家长的工作时间,这似乎能够增强母亲的心理功能,虽然不能增强孩子幸福感。New Hope 要求参与者每周至少工作 30 个小时,这意味着在随机分配中已经全职工作的参与者能够减少工作时间。事实上,很多参与者都是这么做的。New Hope 主要通过减少加班时间和兼职工作时间,来减少随机分配到项目中的参与者的工作时间(Bos et al. , 1999)。在随机分配的两年后,New Hope 显著提高了儿童自我报告的家庭温暖程度和父母报告对儿童的监控行为。这一效果只在随机分配的全职工作的家长身上表现出来。在多数情况,New Hope 对儿童的影响并不取决于随机分配的父母的职业现状。这两个研究结果仍然表明,父母行为作为工资补贴对儿童的积极影响的中介机制,还有待更多的研究证实。

效果的调节变量。一些研究暗示,相比于低危险的家庭,在高危家庭的儿童可能从一些项目中获得更多的收益;相反,低危险的家庭的儿童可能会接受更多的消极影响。Morris 等(2001)的总结表明,就工资补助带给父母就业和家庭收入的积极影响来说,长期福利接受者要好于短期福利接受者。此外,相比于接受短期福利的父母,工资补贴项目对接受长期福利家庭的孩子有更好的影响,能够使这些孩子提高到与控制组中接受 2 年以下福利家庭儿童相近的水平。实际上,具有工资补贴的项目提高了儿童的幸福感,降低了他们的适应不良,使他们的适应功能达到低收入家庭的最好水平。

747

相反,随后完成的一项针对两个特定项目(FTP 和 MFIP)的分析表明,这两个项目对经济和人力资本的需求较多(例如,参加项目时经历的经济危机较少;父母受教育程度较高)的家庭的儿童的消极影响(例如,在校的不良表现,退学的可能性增大;Gennetian & Miller, 2002; Morris et al. ,1991)大于经济资本贫乏的家庭的儿童。例如,在 MFIP 中,长期接受福利救济的儿童获得了收益,而那些刚加入该项目的家庭的儿童受到了消极影响(与控制组比较,Gennetian & Miller, 2002)。Morris 等推测,这种调节效应可能是因为低收入家庭对儿童的关注有所增加,而经济和人力资本较高的家庭对儿童的关注在参加福利项目的过程中有所减少。

Morris 等(2001)发现,并非所有含工资补贴项目对儿童的影响都存在性别差异。一些工资补助项目(例如,New Hope)主要对男孩有积极影响(例如,积极行为的增加,问题行为的减少),而另一些项目主要对女孩有积极影响(例如,MFIP)。然而,一些后续研究暗示,在一些增加父母人力资本的福利政策中,非裔和拉丁裔的儿童比白人儿童获益更多——该结果符合先前对早期开端项目和幼儿早期开端项目(ACF, 2002; ACF, 2005a; Lee et al. , 1988)的评价。Yoshikawa 等(2003)通过对全国工作福利评估计划中两个地区四个项目的数据分析,发现注重就业前父母的基础教育(增加人力资本取向)的项目,能够提高 8 到 10 岁非裔和拉丁裔儿童的数学成绩,但是对白人儿童的数学成绩有消极影响。在注重直接就业的项目(提高就业率取向)中,儿童阅读成绩方面也存在着相似但证明力度稍弱的结果。

与白人母亲相比，非裔母亲认为工作的价值远远大于呆在家里，而拉丁裔母亲很注重接受教育，在受教育上投入较多。该现象暗示，不同种族的家庭由于受到不同价值观的影响，受到福利政策影响的效果也不同。

值得注意的是，New Hope 显著提高了非裔和西班牙裔参与者的收入，但是对白人参与者的收入有消极影响（虽然不显著）。收入的种族差异与随机分配时是否全职工作无关，随后的研究也并不能提供清晰的解释。这种种族差异并没有体现在 New Hope 对儿童的适应功能的影响上，这可能是由于样本较小的缘故。与对儿童所受影响的评估相比，对父母工资影响的评估是基于更大的样本（样本中只有成人，而没有儿童）进行的。New Hope 的儿童样本只包括 93 名白人儿童（占总数的 12.5%），而非裔儿童有 409 名（55%），217 名西班牙裔儿童（29%）（Huston et al., 2001）。

青少年

与 Morris 等（2001）对福利政策影响学前和小学儿童情况的总结不同，Gennetian 等（2002, 2004）的总结主要针对青少年。通过元分析技术，他们考察了八项研究中参与 16 个不同项目的青少年的父母的数据。这些研究都采用了随机分组设计。该总结涉及的研究中，在随机分组时，青少年儿童大约在 10 到 16 岁之间；在后续的数据收集时他们大约在 12 到 18 岁之间。随机分组与后续研究的时间间隔差异较大，从 24 个月到 60 个月不等。Gennetian 等的总结主要以 Morris 等总结的 5 个实验研究（前者主要集中在 12 到 18 岁的青少年，而后者主要集中在 10 到 12 岁的儿童）为基础，并且加入了三个实验研究（Los Angeles Jobs First Greater Avenues for Independence, Welfare Restructuring Project, Jobs First Evaluation）。正如 Morris 的分析，Gennetian 的分析中也包括了大量提供工资补贴、就业指导和限时的福利等项目。在上述八个研究的 16 个项目中，12 个项目要求父母参加工作或参加相关活动来获得福利；8 个项目为工作的父母提供工资补贴（其中 6 个项目允许父母在获得福利的同时获得工资补贴）；2 个项目在家庭能够享受福利期间提供限时的福利。

748

影响模式。Gennetian 等（2004）的总结发现的影响模式与 Morris 等（2001）的发现大相径庭。尤其是，与控制组相比，接受福利的父母普遍报告了青少年表现了更差的学校行为，更高的留级率，需要更多的特殊教育。该影响在有弟弟或妹妹的青少年中更为突出。七个研究中的 9 个项目中，有 6 个项目降低了青少年的学校表现；15 个项目中有 9 个项目对留级现象有促进作用；12 个项目中，有 8 个项目使青少年需要更多的情感、身体的特殊教育。影响最严重的是母亲对青少年学校表现的报告（差异水平达到了 0.10）。总体来说，消极影响的平均范围较小，并且很多项目的影响均未达到统计上显著水平。在三类项目中，这种消极影响并不是由任何一种单一福利或就业政策造成的。例如，研究发现要求父母工作或参与相关活动，或者要求父母志愿参与工作的项目都会产生消极影响。平均来说，这些项目并没有对辍学、中途退学的比率，或者对青少年完成学业或未婚生育的比率有所影响。

效果的中介变量。Gennetian 等（2002, 2004）采用了一系列分析手段，来考察不同的基于就业的项目或反贫困的项目影响学校表现的解释机制。他们的研究仅提出了一些建议，因为一些研究对于中介途径的评估缺乏数据支持。Gennetian 等（2002）发现，消极的影响是由于青少年家庭内部和外部的环境变化造成的,例如在外工作时间延长所带来的工作压力,更多的家务劳动(例如照看弟妹)或者成人监管的缺乏等。例如,唯一为青少年提供就业信息的机构 SSP,增大了青少年每周在外工作多于 20 个小时的可能。从先前对青少年就业和犯罪的研究来看,青少年就业的增加可能是 SSP 项目中青少年犯罪行为上升的原因。

Gennetian 等(2002)也发现,一些能够增加母亲的就业率,并对青少年学校功能有消极影响的项目,也能够增加青少年的家务责任。当单亲母亲参加工作时,青少年儿童可能会承担更多的家务,在某种意义上,这会阻碍正在为学业努力的青少年的学业成就和学校进步。Gennetian 等认为,如果附加的家务责任是福利项目对青少年学业成就和学习进步的消极影响的中介,那么这种消极效应在有弟弟或妹妹的青少年中会更为明显,因为家务责任大多都包含着照顾弟妹。事实也正是如此。在起初参加研究时,随机分配到控制组的有弟弟或妹妹的青少年,与控制组没有弟弟或妹妹的青少年的表现是接近的;相比于参加研究时没有弟弟或妹妹的青少年,福利项目的损害效应对有弟弟或妹妹的青少年更加强大和持久。 749

Tina 的案例阐释了一位母亲参加工作的历程,由于她的工作安排使她的孩子承担了家务劳动(例如照看小孩),而不能兼顾学习,因此福利项目对孩子的学业表现有了消极的影响。该案例来自一项城市变迁研究,该研究的主要目的是揭示出,在 1996 年,当母亲参加并适应介绍的工作、受到激励和得到限时的福利资助后,青少年是怎样受到消极影响的(Gennetian et al., 2002)。

35 岁的 Tina 是一名有六个孩子的非裔母亲,已经从接受福利转变为工作状态。因为 Tina 的工作安排,三个最大的孩子不得不留在家里照看两个年龄小的孩子。这个附加的责任占用了孩子们的空闲时间,并且影响了她最大的女儿 Tamara 的学校表现。Tamara 需要照顾孩子们,直到孩子们被照看机构的班车接走。由于班车经常迟到,Tamara 常常要迟到 20 到 30 分钟到校。正如她母亲所说,“她天天上学迟到,每天都是。学校对我说……因为她早上都不按时赶到,他们会根据校规采取措施,让她放学后待在学校作检查……否则就扣除她的学分。因此她感到很沮丧,我也感觉很不好,因为我要在 7 点钟上班,而她就不能在 7 点钟按时到校——她不能。我们都分身乏术。”对于强制要女儿承担这些本来属于她自己的家庭责任,Tina 感到十分内疚(Gennetian et al., 2002, p. 14)。

年龄在研究中所起的中介作用

虽然 Morris 等(2001)发现工资补助项目对学前和小学儿童有积极影响,但是 Gennetian 等(2002)的分析表明,这些项目不仅不会对青少年的心理功能起促进作用,相反地,带有就业指导和限时福利的项目还会对青少年的学业成就和学业进展有消极影响。在两个对不同年龄段儿童的总结中,两个研究(SSP 和 FTP)发现了影响模式的年龄差异,它们的取样包括学前儿童、处于儿童中期的儿童和青少年。

SSP 为脱离福利救助而开始全职工作(每周最少 30 个小时)的单亲家庭提供最多三年

的工资补助，它对儿童的影响随着年龄的变化而不同。对很小的儿童(随机分配36个月后的3到5岁的儿童)，SSP对儿童的表现没有影响。对处于儿童中期的儿童(随机分配36个月后年龄在6到11岁之间的儿童)，SSP提高了儿童的认知能力(以测验的表现和父母报告为指标)和健康水平，但对其他情绪能力没有影响。然而，对随机分配36个月后年龄在12到18岁之间的青少年，SSP增加了烟草、酒精和药物的使用，并且增加了少数反社会行为(例如晚归或者彻夜不归)，降低了学校表现(以母亲报告为指标)。该项目没有对主要的犯罪行为(例如偷窃、持有武器、被监管)、学业测验成绩、青少年自我报告的学校成就产生影响(Morris & Michalopoulos, 2003)。在第二个研究中，父母长期依靠FTP的救助会对儿童产生消极影响，这些影响在儿童成为青少年时表现得最为突出(例如被逮捕、判罪、被监管、涉案等)。在基线测试时这些儿童在11到13岁之间；4年后的后续研究中这些儿童在15到17岁之间。

用来解释一些青少年在新的福利和就业政策下的表现比其他青少年较差的理由，也能够解释青少年比学前和小学儿童表现较差的原因。这些项目改变了青少年的生存环境，但这些改变却与他们的发展需要不相符合；而对于学前和小学儿童的影响却正好相反。如前所述，在青少年中，这些政策倾向于提高青少年就业，减少成人监管并且增加青少年的家务责任——所有因素都会增加他们的时间压力，干涉青少年的学校卷入和作业的完成。相反，在学前和小学儿童中，很多项目倾向于促使儿童待在课后照看机构和组织中，这样能够提高他们的认知、学业和社会功能(Lamb, 1997; Pierce et al., 1999; Posner & Vandell, 1999)。

卷入模式的不同

750

参加提供工作的反贫困项目和福利政策的个体，由于他们的环境、资源和偏好的不同，对所获收益的利用程度是不同的。了解这些影响因素能够为改进这些项目，使之更好地满足服务对象的需求提供帮助。通过人种学方法，Gibson和Weisner(2002)发现，有四种个人和家庭因素会影响参与者选择New Hope提供的服务：(1) 缺少信息，或获得有关该项目的错误信息；(2) 大量的个人问题和干扰因素妨碍了系统或持续地获得该项目的救助；(3) 当个体处于一种认为参与项目后的收益要大于成本的环境氛围中，才会选择该项服务；(4) 只有当该项目能够有助于家庭的现有日常水平的提高，才会选择该项服务。

Yoshikawa、Altman和Hsueh(2001)采用了量化的方法来考察影响参加反贫困项目的因素。虽然他们的研究采用的项目并不包含在前面提到的两个总结中，这个研究还是值得重视的，因为它有助于我们对这个问题理解，并且对福利改革的推行有着重要的意义。这些研究者按照工作的形式、看管孩子的方法、职业培训和教育划分了参加改革后的New Hope福利项目的不同群体，并考察这些群体对孩子认知能力和心理健康的影响。New Hope是分布在16个地区的志愿项目，它针对在AFDC中16到22岁从高中辍学的单身母亲。该项目包括6个月的GED培训班和其他教育活动、抚养和生存技能、提供免费的看护机构和职业培训、实习、附加的高校学习等。通过随机分配，儿童在父母参加该项目时为0到3岁，在42个月后接受评估。

当看护机构与大量的教育和职业培训活动和自我发展的课程相结合时，其效果比其他形式的儿童看护(隔代看护、非亲属的看护)效果要好。也就是说，现场提供看护(大多数的

New Hope 机构的做法)能够促进母亲在课程班上的投入,并且能够提高就业和摆脱对福利的依赖。有 50%的参加者在所有的活动中投入很低,并且没有利用亲戚看护、无亲属关系的看护和机构看护。42 个月的跟踪调查显示,和预期结果相比,这些调查者将更有可能选择依赖福利生活而不是选择就业。种族能够预测对项目的投入程度,相对于非裔或拉丁裔的参加者,白人的投入较低——该发现与社会的普遍观念冲突。奇特的是,儿童的人口学变量、抑郁水平和社会经济地位,例如先前父母的职业和受教育水平并不能预测投入水平。

低投入水平父母的子女在一项学前认知测验中低于其他组子女,这可能是受到了分组效应的影响。Yoshikawa 等(2001)推测,低水平的机构照看投入可能剥夺了提高这些儿童认知能力的机会。机构照看本可以提高儿童自信,促进其自我发展,但是父母在这些活动中的低投入使孩子没有办法获得这种间接的积极影响。在高人力资本组(高于平均的教育、职业培训、自身发展和机构看护投入)的儿童,在认知流畅性水平上高于父母仅利用照看机构和高职业投入,或父母仅利用照看机构和高教育投入组的儿童。教育和职业培训的结合能够增加父母的人力资本,人力资本的增加反过来又能增加儿童获得的教育资源。这些有利因素能够扩大机构照看影响儿童认知能力的积极、直接的效果。

总结

当面对任何一个从单纯的收入补助(income supplement)项目中得出的结果时,我们都需要对收入的效果进行谨慎的解释,因为每个项目都是以整体的形式提供津贴和服务,这便无法确定项目中不同成分各自产生的作用。但是,当综合考虑许多除收入补助外还提供其他服务的项目所得出的结果时,我们便可以看出,收入补助的作用是必然的,因为这是多个项目中所共有的特征。Morris 等人(2001)在对已有项目进行总结的基础上指出,强制性的就业服务改善了就业状况,但是并没有提高收入,对学龄前以及小学儿童的生活状况基本上没有影响。相反,当在改善就业状况的同时提高收入水平的话,对这个阶段儿童的发展就大有益处。这些结果共同揭示了一点:收入——而不是就业——对儿童发展起到了积极的作用,这一结论也得到 Full MFIP 和 MFIP Incentives Olny 计划结果的支持(D. Bloom & Michalopoulos, 2001)。父母的心理功能、亲人对儿童的照料状况以及孩子的家庭环境都不是最关键的因素。而收入的提高可能为孩子的发展提供了更多的认知和社会资源(如书本和其他学习材料;课余时间参加更多有组织的活动;稳定且高质量的照料)。这些都在一定程度上解释了以下的一些现象:在为提高父母人力资本(human capital)而设计的项目中,非裔和拉丁美洲裔的儿童比白人儿童获益更多;在收入补助项目中,高危险家庭中的孩子比低危险家庭的孩子获益更多。

751

显然,对于青少年来说,收入的增加会给他们的成长带来好处,但这些好处远远不能抵消由于母亲参加工作或接受职业培训所带来的不利影响。这些不利影响包括父母监控时间的减少、家务负担的增大以及青少年参加工作等。上述不利影响告诉我们应该更好地权衡所实施项目的利弊。比如,是否应该要求享受福利待遇的单身父母,特别是那些孩子处于青少年期的单身父母,把每周 30 小时工作时间提高为 40 小时。我们将在本章后面部分再对这个问题进行探讨。

对于子女正处于婴儿期或学前期的母亲来说,提供现场的儿童照看可以鼓励更多母亲参加工作和摆脱救济。增加母亲的人力资本(如,教育、职业培训、个体发展等)的投入,同时对儿童进行集中照料,可以为儿童入学做好更充分的认知准备。

对影响收入项目的评价

在基于提供工作的反贫困项目中,增加父母收入与不增加收入两类项目在儿童发展中所起的作用有所区别,这种区别促使我们对收入在儿童发展中的关键作用进行思考。

与父母的低能力、低受教育水平、遗传因素、接受救助、单身母亲以及家庭规模过大等因素相比,父母的低收入是否是贫困儿童发展中的关键变量,这个问题已成为目前讨论的热点(Corcoran, 2001; Duncan & Brooks-Gunn, 1997; Huston, McLoyd & Garcia Coll, 1997; Mayer, 1997; Rowe & Rodgers, 1997)。尽管在有血缘关系的家庭中无法分离遗传—环境的联合作用,但研究者用不同方法都发现:贫困及相关的经历对儿童的认知、学业和社会情绪功能等方面都会产生影响,这种影响是通过环境和遗传两个途径共同产生的(Huston et al., 1997)。与这个问题相关的研究包括:(a) 通过统计控制了受遗传影响的变量后的纵向研究(如,控制母亲智商、母亲受教育水平,或同时控制两者后分析儿童的智商情况;Duncan & Brooks-Grunn, 1997);(b) 通过将儿童自己作为控制组,或与兄弟姐妹进行比较,从而控制共享的家庭环境(同时也控制了稳定遗传的家庭特征)后的研究(如,Currie & Thomas, 1995);(c) 有关收入的自然变化所产生作用的研究(如,Garrett et al., 1994);(d) 对收入变化的实验研究(Salkind & Haskins, 1982)。

Costello 和她的合作者(2003)发表的研究成果进一步肯定,收入对儿童的健康起必然作用。她们得到了一个自然实验的机会:当一个长达 8 年涉及 1 420 名 9 到 13 岁儿童的研究进行到中途的时候,一家赌场在东部切罗基族印第安人保护区内开张了,这一赌场的开张提高了整个社区的收入水平。同意赌场开张的条件是每六个月给保护区内的每一位男性、女性和孩子都支付一笔赔偿金。儿童的赔偿金在 18 岁后转为现金。赔偿金逐年增加,到 2001 年大概是6 000美元。这些收入使得 14%的家庭脱离了贫困,53%的家庭仍然处在贫困线以下,而有 32%的家庭一直处于贫困线以上(非印第安人家庭的收入不受影响)。在赌场开张以前,已脱离贫困和仍未脱离贫困的家庭的孩子在心理行为问题上是相近的,且这两组孩子的心理行为问题显著多于非贫困家庭的孩子,这一结果与其他研究的结果相一致。然而,赌场开张后,脱离贫困家庭儿童的心理行为问题下降到了非贫困家庭儿童的水平,而且显著少于仍未脱离贫困家庭儿童。行为问题测量是依据儿童和父母对《儿童青少年精神评估问卷》(Child and Adolescent Psychiatric Assessment)的回答,该评估问卷是根据《心理障碍诊断与统计手册(第四版)》(DSM-Ⅳ)编制的。对该结果的分析表明,收入的增加能够减少家庭的时间限制,从而提高父母对儿童的监管时间,监管时间的增加又能对儿童产生积极影响。

752

母亲逐步脱离救济和加大工作投入与儿童幸福感之间关系的非实验研究

随机分配的设计比非实验设计可以更明确地说明不同政策对家庭生活和儿童幸福感的作用。然而,随着模式化的学前教育计划实验研究的进行,我们开始思考救助和就业政策实验研究的外部效度问题(Haskins, 1989)。绝大部分实验在1996年福利改革立法前就已经开始了,且其中大部分都没有时间限制,项目中的收入补助和儿童照料津贴高于许多现存的州立福利制度标准(Chase-Lansdale et al., 2003)。在接下来的部分,我们将讨论母亲从接受救济到就业的过渡与儿童幸福感关系的非实验研究。本讨论涉及的研究在PRWORA之前和之后都在进行。总的来说,这些研究可以为福利制度改革提供更为接近现实的证据,但却未能测量母亲本身的特质,因而不能提供确定的因果性结果。与此同时,可能还有一些因素会影响儿童对母亲脱离免除救济并参加工作的反应,在对相应的研究进行介绍之后,我们将对其中一些因素进行讨论。

接受和转移"受抚养子女家庭救济金"对儿童功能的影响

一些数据表明,接受救济的时间越长,非裔青少年中的女孩学业成绩就越好,而非裔年轻人的受教育水平也越高 (Coley & Chase-Lansdale, 2000; Peters & Mullis, 1997)。但大量的研究普遍发现,在控制了贫困状况与收入水平后,接受AFDC与儿童的幸福感状况之间基本不存在相关(如,Kalil & Eccles, 1998; Zasolw, McGroder, Cave & Mariner, 1999; Zill, Moore, Smith, Stief & Coiro, 1995)。在费城家庭管理研究(Philadelphia Family Management Study)中,青少年对主流社会价值观的认同、学业成绩水平、过失行为活动的参与、危险行为以及药物滥用等行为都与家庭在12个月内是否从AFDC得到收入无关。虽然在接受救济时间更长一些的家庭中的青少年学业成绩相对差一些(接受救助时间以青少年出生后接受救济的年数计算)。但其他研究也发现,虽然长时间接受救济的儿童入学准备更差,不过这与儿童的积极社会行为、内在行为问题、生理健康、学校违纪行为以及青少年的就业取向等无关(Coley & Chase-Lansdale, 2000; Zaslow et al., 1999)。由于低收入家庭接受救济和贫困状况确实会发生变化,而这些研究又缺乏处于贫困状态时间以及每个月接受救助情况的确切数据,因此,我们对救助效果的估计也受到了一定的影响(Bane & Ellwood, 1986; Kalil & Eccles, 1998)。

Hofferth和她的合作者(Hofferth, Smith, McLoyd, & Finkelstein, 2000)假设,在逐步脱离救济并转为"自给自足"的过程中,母亲需要在没有AFDC的支持下独力维持家庭,此时可能产生焦虑和压力,并可能由此导致儿童内在和外在行为问题的增加。他们进一步预测,问题行为的增加只是一个短期现象,长期来看,此类问题行为会自行消失。Panel收入动力儿童发展补助研究(Panel Study of Income Dynamics Child Development Supplement)关注的是13岁以下儿童,其样本具有全国代表性,该研究的数据恰好支持了前面所提到的假设。在母亲脱离救助的1年或更短时间内,儿童的攻击性和退缩性都比从未接受AFDC救助的儿童更严重,在控制了儿童的背景特征(年龄、性别、种族)和母亲的背景特征(受教育水平、收入一支出比率)后,这种差异仍然存在。母亲的抑郁、家庭冲突、与有酗酒问题的家庭成员同住等变量对这种影响有中介作用。母亲正在接受救助及已经脱离救助1到3年的儿童,与母亲在过去3年内未接受救助的儿童行为问题水平没有差异。儿童的认知功能与是否逐步脱离救助并无一致性关系。

753

在关于脱离救济的过渡期的纵向研究中,关注幼儿的研究相当少,其中一项是由J. R.

Smith 及其合作者主持进行的(J. R. Smith, Brooks-Gunn, Kohen, & McCarton, 2001)。他们发现在出生的前3年里,家庭接受救助的儿童在3岁时的认知测试成绩低于家庭未接受救济的儿童,不过绝大部分的差异都可以由早已存在的母亲和家庭的特点加以解释,而不是由是否接受 AFDC 救助来解释。其中一个最肯定的结果是贫困状态与脱离救济的交互作用。儿童在3岁时的认知测试成绩与脱离 AFDC 呈负相关,与同时脱离 AFDC 及贫困的孩子相比,这种负相关在那些脱离了 AFDC 救济但依然贫困的孩子身上更为明显。即使在控制了先前存在的儿童特点、家庭特点、家庭学习环境以及父母教养行为之后,这种差异仍然存在。

1996 年福利制度改革后母亲脱离救助对儿童功能的影响

研究 PRWORA 对儿童幸福感的作用,需要在总览 PRWORA(post-PRWORA)实施后的宏观经济趋势,以及就 PRWORA 对低收入家庭物质福利影响进行整体分析的基础上才能进行。评估福利制度改革对家庭和儿童的作用,不仅仅是计算加入和脱离 TANF、是否参加工作与儿童和家庭幸福的相关情况。我们还需要评估 TANF 与 AFDC 之间的区别如何影响贫困家庭可利用资源,而不管他们的福利和工作情况是否变动。我们将在总结福利制度改革对儿童幸福感的影响之前,对这个问题进行讨论。

宏观经济趋势。随着1996年8月 PRWORA 的开始实施以及 TANF 对 AFDC 的补充作用,接受救助者已经减少了一半,到2000年9月已从440万个家庭缩减为220万(Greenberg et al., 2002)。在此期间,儿童贫困率也在下降,从1994年的22%降到2000年的16.2%,这是20年来最低的比率(Proctor & Dalaker, 2003)。TANF 是在繁荣的经济背景下进行的,这种状况使低收入的单身母亲参加市场需求较大的工作,主要参加零售业和服务业,这成为了促进经济发展的一部分。TANF 的执行还与有利于低薪工作者的政策调整并行,包括提高最低工资标准、增大工作所得税的扣除部分(earned income tax credit),以及加大儿童照料投入和公共医疗覆盖面(Chapman & Bernstein, 2003; Greenberg et al., 2002)。

美国的经济状况在2001年有所下降,由 PRWORA 带来的相当一部分积极影响都被削平甚至逆转了。雇佣低收入单身母亲的部门明显减少,导致低收入单身母亲的失业率上升。在2000年低收入单身母亲的失业率为9.8%,到2002年这一数字升高到12.3%(Chapman & Bernstein, 2003)。美国家庭普查的数据与此是一致的,调查发现2002年获得工作并不再接受 TANF 救助的人数比率与1999年相比明显下降,2002年为42.2%,而1999年为49.9%(Loprest, 2003a)。同时,脱离救助的家庭领取食物购买券的比率由1999年的28%上升到2000年的35%(Loprest, 2003b)。从1995到2000年,与失业父母同住的儿童数量从430万下降到300万,而到2000年,又上升至400万(S. K. Martin & Lindsey, 2003)。而儿童贫困率也从2000年开始上升,极度贫困儿童(低于贫困线的50%)的比率上升至1996年以前的水平(S. K. Martin & Lindsey, 2003; Proctor & Dalaker, 2003)。

754

家庭物质资源的变化。有关福利制度改革对低收入家庭物质资源的影响研究给我们呈现出一幅复杂的画面。仅以现金收入作为指标的研究发现福利制度改革改善了贫困情况;

而以家庭整体收入,包括非现金收入作为指标的研究则认为福利制度改革导致了更为严重的贫困。综合数据揭示,对于收入处于最低水平的家庭,TANF的实行使他们的收入确实减少了,主要是因为与各种救助有关的收入急剧减少(Greenberg et al., 2002; Zedlewski, 2002)。多项研究一致发现,大约有40%脱离救助家庭中的成员脱离了救济却并没有工作,他们脱离救济的原因是被制裁或不服从福利项目的要求。这些家庭中的成年人大部分受教育水平比较低,很少甚至几乎没有工作经历,并且存在一些其他的就业障碍。在福利制度改革后收入下降的家庭中,这类家庭占了很大比例(Greenberg et al., 2002)。

另外60%脱离救助的家庭中都有成人参加工作,但是这些工作收入都比较低,并且雇主都不提供保险。此外,在这些家庭中,没有食物购买券、医疗保障、儿童照料津贴的家庭所占比率高得惊人(在一些研究中高达50%),甚至在有这些救济项目可供选择时,情况依然如此。这是因为他们面对多种物质困难,包括健康的需要不能满足,缺乏食物和住房不足等(Greenberg et al., 2002; S. K. Martin & Lindsey, 2003; Zedlewski, 2002)。救助项目的低参与率意味着对贫困家庭的支持力度不够,这可归咎于多种原因,包括:州和当地福利局行政系统效率过低、受益者对复杂的规章要求不了解,以及这些项目给个体带来的羞辱感等(Zedlewski, 2002)。这些研究低估了福利制度改革对家庭和儿童的整体影响效果。评估福利制度改革对家庭和儿童的作用,不仅仅是计算加入或脱离TANF,以及工作或不工作,与儿童和家庭幸福的关系。我们还需要做的是在控制福利和工作变动的情况下,评估TANF与AFDC两个不同方案对贫困家庭的可利用资源产生了怎样的影响。

满足救助条件却未得到医疗福利保障的家庭比率如此之高,其中一个原因是福利制度改革使接受TANF与医疗福利保障脱钩了。在执行TANF之前,接受AFDC的个体能够直接获得医疗福利保障。而现在,个体必须分别获取享受TANF和医疗保障的资格。这项政策同其他许多政策一样,希望提高低薪工作的回报,使接受救济者转为能够依靠工作而自给自足,它使一些相对高收入的家庭可以选择医疗保障,而不必受到TANF或TANF时间的限制。费解的是,研究表明,一旦不再享受TANF,家庭获得医疗福利保障的情况也明显下降,虽然目前尚不清楚这是由于他们不再具有选择医疗保障的资格还是由于他们不清楚自己的资格。不能再接受TANF救助或者脱离TANF的家庭可能没有意识到,或者没人告知他们仍有选择医疗福利保障的资格。在1997年,实行PRWORA之后不久,国会通过了全国儿童健康保险方案(States Children's Health Insurance Program),花费几十亿美元使各州帮助那些家庭收入高于获得医疗福利保障,但又没有能力支付个人医疗商业保险的儿童获得必要的医疗保障(Burton et al.)。

Burton等人的报告有助于我们了解家庭医疗保险的复杂情况。根据医疗保险状况,可以将家庭分为三类:(1)完全保险;(2)部分保险(有一些成员有医疗保险,有些成员没有);(3)无保险。40%的家庭拥有完全保险,即所有成员(主要照料者和儿童)享有医疗福利保障或私人商业医疗保险,或者同时享有这两类保险。影响家庭成员是否获得医疗保障的因素有很多,包括有:(a)主要照料者不清楚自己及孩子享受TANF和医疗福利保障的权利(他们不知道他们自己或孩子在接受了TANF之后是否直接获得了医疗保障);(b)主要照料者(如祖父母)对所照料的儿童不具有监护权,他们也没有权利为孩子申请医疗福利保障;(c)一旦被制裁或脱离TANF后,主要照料者在为自己和孩子申请医疗福利保障过程中遇到的制度和信息障碍。正如一个母亲所说:"当被告知我已经被从救助名单中删除时,我就在想这意味着我不能再获得购食券和医疗福利保障。对吗?"(p. 28)工作的时间安排和交通困难,也是在职父母在向相应部门为孩子申请合适的医疗福利保障或其他类型健康保险时遇到的另外一个主要障碍。

755

Lowe和Weisner(2004)曾进行过一项人种志研究,数据来自于随机安排到New Hope控制组中的个体,研究中提供了一些例子来说明申请儿童照料津贴过程中的复杂性,以及他们的家庭需要为此所做出的努力。为了使用和持续获得州立威斯康星分享项目(Wisconsin Shares)提供的儿童照料津贴,家庭成员需要做以下事情:填表;会见机构的人事管理部门以确定是否可以提供儿童照料;在家、工作单位和管理机构间来回奔走,来提供职业或收入证明。当家庭收入或儿童照料需要发生变化时,这个过程往往需要再一次的重复。正如本部分开头所描述的那样,Evelia遭遇到了管理上的失误,带来了极大不便。但对于其他人来说,申请的过程中的障碍以及所造成的物质和精力上的损耗是非常大的。看一下Keisha的例子(Burton et al., 2002, p. 29)。

> 每天Keisha在上下班路上需要花5小时,然后上8小时班。因此她永远都无法在管理办公室下班之前去为自己和三个孩子申请医疗补助。她怕失去工作,所以不可能在正常工作时间请假去管理办公室。她只能每天祈祷自己和孩子都不要生病。

Danziger、Corcoran、Danziger和Heflin(2000)研究了一些接受后PRWORA救助的社区妇女工作后的情况,结果指出脱离救助到参加工作的转变是利弊共存的。曾经接受或目前正在接受现金救助的妇女参加工作,可以减少(当然不能完全消除)经济和物质上的困难。曾经或正在接受现金救助的妇女,在享受后PRWORA救助同时参加工作累积时间超过20到23个月后,经济状况和主观幸福感都变好了。在除去与工作有关的交通费用、孩子照料支出后,她们的月储蓄和收入都有所增加,遇到的物质困难(如缺乏食物、没有电话、停水停电、被房东驱逐等)也有所减少。此外,她们也更少为了生计而去参与以下一些活动:典当;从慈善机构获得食物、衣物以及住所;参与非法行为等。然而,不管参加工作的程度如何,相当大部分的妇女仍然表示有经济困难,并感觉到经济压力。例如,在2年内每个月都有工作的妇女中,有三分之一接受现金救助、三分之二接受食物购物券、五分之一报告有两项或更多的物质困难。

儿童发展结果。在1996年福利制度改革后,母亲脱离救助并参加工作对儿童健康的影响是怎样的,对此我们了解得很少。数据太少,而且很少的救济接受者能够符合法律允许的苛刻条件(如时间限制),以至于我们无法得出肯定的结论。现存的研究表明,起码在短时间内,脱离救助并参加工作对儿童的健康成长没有消极影响,在一些情况下还有助于提高儿童的功能(Chase-Lansdale et al., 2003; Dunifon, Kalil, & Danziger, 2003)。其中最有名的一项研究是福利、儿童与家庭三城研究(Three-City Study of Welfare, Children and Families),这是在波士顿、芝加哥和圣安东尼奥三个城市进行的追踪研究,研究关注学龄前儿童(2—4岁)和青少年早期(10—14岁)儿童的情况,共涉及2 402个低收入社区中的家庭(Chase-Lansdal et al., 2003)。1999年和2001年,家庭成员在家里接受两次访谈,访谈的平均间隔时间为16个月。收集了有关儿童发展的多方面数据,包括直接测量儿童的数学和阅读技能、青少年的心理压力和违纪行为,以及母亲报告的儿童情绪和行为问题。

研究者发现,接受救助、脱离救助与参加工作(无论是每周1小时还是每周40小时)与学龄前儿童的消极表现无显著相关。对于青少年来说,相关也很小。然而,目前发现的为数不多的相关情况,都倾向于表现为参加工作对儿童发展的积极效果。尤其是当青少年的母亲参加工作时,不管工作时间长短,青少年都表现出更好的心理健康状态(如焦虑和抑郁水平降低)。结果指出,收入增加和母亲与孩子共处时间的增加是一个中介变量。在访谈前,研究者用日记法来记录了参加工作与不参加工作时母亲与孩子分离的时间。对于学龄前儿童来说,母亲参与工作直接导致孩子与母亲共处的时间减少,共处时间的减少抵消了收入增加所带来的积极效应。因此整体看来,由接受福利到参与工作的过渡并没有特别的作用。在青少年身上不存在收入增加和共处时间减少之间的相互抵消。当青少年的母亲工作时,家庭的收入增长了,同时这些母亲会通过准时下班来尽可能补偿与孩子共处的时间。

756

整体来说,Chase-Lansdale等人发现,对于学龄前儿童,结果与本章前面部分总结的随机设计研究结果是一致的,即就业指导和限时福利对学龄前儿童和小学儿童没有特别的作用,而收入补助项目却有积极作用。对青少年来讲结果则有所不同。Chase-Lansdale等人为自己结果与前人实验研究结果之间的不一致作出了多种解释。三城研究样本包括被动接受就业指导的母亲,也包括自愿就业而非接受强制性就业要求的母亲;而在前述的实验研究中,实验组只包括接受就业指导的母亲。还有可能是因为三城研究是直接测查儿童的阅读和数学能力,这可能比教师或学校的报告更为准确。此外,三城研究中的青少年的平均年龄(11.5至15.5岁)比其他实验研究中的平均年龄(12到18岁)要小。在前述的研究中,有可能是由于被试进入了青少年后期而产生了消极作用。

上述研究从儿童的视角对福利制度改革作出了相关的探讨,但这项研究本身和结果都值得推敲。首先,有人质疑这项研究在多大程度上直接探讨了福利制度改革对儿童生活状况的影响,因为这个研究未对母亲脱离救助并参加工作的原因进行区分,是因为福利制度改革还是其他原因(如由经济发展带来的就业机会增多,Kaestner, 2003)。Kaestner指出,有研究表明,脱离救助并参加工作的母亲中只有三分之一是由于福利制度改革造成的。而当引起这一变化的原因不同时,产生的效果也是不一样的。其次,三城研究的研究者曾经指出,不能把目前的结果看作福利制度改革的最终结论,这是因为:(a)研究结果是基于2001年经济衰退之前的数据得出的;(b)在数据收集时,很多福利制度改革尚未完成;(c)母亲从接受救助到参加工作的过渡对儿童生活状况的短期效果不一定具有长期效应(Cherlin, 2004)。

Dunifon等人(2003)也有相同的观点,他们的纵向研究关注的是1997年初到1999年末父母脱离救助并参加工作对教养行为和儿童行为问题的影响(基于母亲报告),被试包括575名单身母亲(第一次测试时都接受救助),她们孩子的年龄在第一次测试时是2—10岁。一共进行了三次测试,每次测试都收集与母亲工作状况有关的生活事件和TANF现金救助的政府记录。根据过去的7—12个月间的工作/救济情况,研究把被试分为五类:依靠工资型、依靠救助型、工资与救助并存型(参加工作的同时接受救助)、无工作/无救助型、过渡型(不属于以上四类中的任一类,研究期间在不同类型中发生过转变)。其中只有一个工作/救助类型与儿童行为问题有关,即家庭由依靠救助型转变为并存型的过程,与儿童内在、外在行为问题的减少有关。研究未发现教养行为(粗暴教养、积极教养)、家庭收入或知觉到的经济压力对这种相关的中介作用。

757

潜在的慢性影响。如前所述,经济上贫困的儿童在福利制度改革大背景下如何生活,他们如何面对母亲就业,这与母亲的引导、家庭水平、家庭外因素(包括母亲本人的人力和社会资本、对就业的态度、对完全教养的承诺、抑郁倾向和应对方式)、儿童照料与学校质量、家庭环境、贫困的持续时间(对小年龄儿童来说尤为重要)等因素有关,这些因素又是由福利制度改革的时间,以及当地的经济条件决定的(Chase-Lansdale et al., 2003; Coley & Chase-Lansdale, 2000; Duncan & Brooks-Gunn, 2000; D. J. Fein & Lee, 2003; Kalil, Schweingruber & Seefeldt, 2001)。基于已有研究,我们可以预期母亲工作的性质和质量、强度以及儿童照料的经验会产生显著的调节作用。综合起来,这些因素使人们质疑母亲脱离救济是否直接对儿童发展产生影响。

工作性质与在贫困条件下的工作。正如前面提到的,脱离救济的父母中大概有60%参加了工作,但是这些工作的收入一般比较低,雇主也不提供医疗保险和养老金(也就是一般所谓的"坏"工作;Greenberg et al., 2002; Kalleberg, Reskin, & Hudson, 2000)。很多雇员,特别是受教育水平较低的,难以获得工作保障、固定的工资和工作时间,也很难得到一般全职工所享有的待遇(Kalleberg et al., 2000)。没有固定工作时间的短期工作越来越多,使这部分人更无法得到稳定可靠的有酬工作(Lambert, Waxman, & Haley-Lock, 2002)。很多工作的工作时间和工作内容经常发生变化(Ehrenreich, 2001; Newman, 2001)。工作安排每天或每周都会发生变化,使得父母们难以提前安排自己的工作时间、儿童照料和其他一些事情(Henly & Lyons, 2000)。

近年来对劳动力需求最大的工作大多是非标准时间的工作(nonstandard schedules, 深夜、晚上和倒班),这些工作主要都是女性从事的工作,包括一些主要由低文化水平的妇女参与的一般工作(如收款员、管理员、女仆、服务员、护工、街道清洁工;Silvestri, 1995)。很多贫困母亲必须从事这样一些工作,以满足福利制度改革的要求。未婚母亲可能比已婚或离婚母亲更多地从事非标准时间的工作,因为他们的受教育水平更低,工作的机会也更少。另外,她们的工作时间安排与已婚母亲不同,为她们安排工作时间时不必考虑到照料儿童的需要 (如孩子小于5岁和孩子小于14岁的未婚母亲,工作时间没有不同;Beers, 2000; Presser & Cox, 1997)。

在PRWORA执行前也有一些研究探讨工作特点如何影响儿童的家庭环境,以及他们如何适应母亲从接受救济到参加工作的变化。对长时间接受救助的低收入家庭的研究发现,母亲参加工作的女孩行为问题较少,数学成绩更好,但这仅仅发生在母亲收入相对较高的女孩身上。母亲收入非常低的女孩,情况与母亲没有工作的女孩很相近(Moore & Driscoll, 1997)。对于低社会经济地位的孩子来说,母亲时薪越高,孩子的行为问题越少(Roger, Parcel, & Menaghan, 1991)。低收入还会导致父母无法给孩子提供足够的营养、健康保障和其他的物质资源(Duncan et al., 1994)。这些因素还可能加重父母的抑郁情绪,从而降低亲子沟通的质量和减少父母对儿童健康的照看(Mcloyd, 1990)。

其他一些研究表明,当单身母亲从事单调的低收入工作(例行公事、重复、受严格监控的工作)后,儿童家庭环境的质量会变得糟糕,但如果收入高一些且工作比较丰富时,情况就不一样了。单调的工作对从业者的认知要求很低。这样的工作特点限制了父母的认知功能,并且降低了儿童对发展自身认知能力的重视,这些都对儿童从这样的家庭环境中接受学习、科学和语言刺激(如,书籍、教授科学知识和语言技能的玩具、对儿童进行语言解释的质量)间接地产生了消极影响(Parcel & Menaghan, 1997)。

758

除了在工作时间安排上不考虑单身母亲照料儿童的需要以外,与标准时间的工作相比,非标准时间的工作可能影响工作者的健康、家庭生活质量和儿童的发展。虽然目前的数据并不关注在贫困条件下工作的情况,但由于低文化水平的个体更多地从事非标准时间的工作,因此这方面的研究结果仍有借鉴意义。非标准时间的工作导致睡眠质量不佳、睡眠不足、食欲不振,还会增加心血管疾病以及其他有害于健康的行为的风险(如吸烟、酗酒、服用安眠药等;Barak et al., 1995, 1996; Simon, 1990)。下午工作或者不断的倒班会减少工人规律用餐的机会,在正餐时间他们可能只用一些零食来解决问题,长此以往,将导致肥胖、消瘦和营养不良。健康问题和与健康有关的不良行为都是由于不断的轮班打断了个体的生物钟,而生物钟控制着睡眠和觉醒、体温、心血管系统、肾上腺激素和生长素的分泌、新陈代谢以及消化排泄过程(Simon, 1990)。工作时间的特殊性,导致他们的社会孤立感增加、接受社区服务减少、无法有规律地参加邻里和社区举行的休闲和社交活动,遭受更多的睡眠障碍等,这些都造成倒班的工人更容易产生心理健康问题(如,Muhammad & Vishwanath, 1997)。

考虑到非标准时间工作对个体生理和心理的影响,我们不会惊讶于这类性质的工作带来的家庭问题(如离婚、婚姻冲突;Presser, 2000; White & Keith, 1990)以及对儿童发展的消极影响。非标准时间工作与儿童的学业成绩不佳以及缺乏积极心理功能有关(Barton, Aldridge, & Smith, 1998; Heymann, 2000)。全国青少年追踪研究的数据表明,父母在晚上或深夜工作时间越长,孩子的数学和阅读成绩越差,孩子留级和辍学的可能性也更大,即使在控制了家庭收入、父母受教育水平、父母婚姻状态、孩子性别以及父母的总体工作时间后,父母在夜间工作的时间长短仍然有影响 (Heymann, 2000)。与父亲在白天工作相比,父亲不在白天工作的女孩(男孩并非如此)更容易出现发声困难问题、自尊较低,并感到自己的能力比较差(Barton et al., 1998)。标准的白天工作时间与儿童日常在校生活的时间一致,使得亲子有更多的交流机会。因此,在白天工作的父母感觉到更容易监控孩子的行为,可以对孩子进行指导，并且可以更多地与孩子互动(Heymann, 2000)。基于这些区别，我们可以发现非标准时间的工作对儿童发展的消极影响，在一定程度上可能是由于减少了亲子交流、降低了父母对孩子学业的参与程度以及削弱了父母对儿童时间管理和活动的监控造成的。

工作强度。母亲的工作时间与儿童的健康之间也存在密切关系，尽管这些工作并非专门针对低收入家庭中的女性。此外，母亲的背景因素和其他工作特征(如单位小时的工资)也会影响儿童的身心健康。比起那些母亲全天工作的孩子来说，母亲兼职上班(每周工作20—34小时)的孩子具有更好的口语技能，而母亲全天上班又比那些母亲经常加班加点的儿童具有较好的口语技能。这主要是因为，如果父母每周的工作时间经常超过40个小时，就会降低父母的心理健康及其在孩子生活中的作用和参与程度，减少孩子的社会资源，从而阻碍其认知能力、社会技能以及生理健康的正常发展。研究还发现，超额的工作时间和简单的工作内容会加剧儿童的问题行为(Parcel & Menaghan, 1994)。

从目前的研究可以推断，在贫困家庭中成长的儿童，如果其父母不经常加班加点，并且父母的工作具有较高的薪水和工作复杂程度，以及标准的时间安排，那么这些儿童可能会发展得更好。在美国，布什政府关于重新调整福利改革的提案，号召单亲福利接受者每周参加工作或者与工作相关的活动达到40小时，而不是当前的每周30小时(Thompson, 2003)。这个提案如果颁布，将会降低母亲满足儿童健康和发展需要的能力。因为如果要满足儿童的这些需要，就需要父母经常在正规的工作日带孩子去儿童保育中心或者其他医疗指定点，需要照顾生病的孩子，防止一些长期疾病的恶化，例如儿童哮喘病(贫困儿童比非贫困儿童更容易得一些长期的疾病，并且容易恶化；Fernandez, Foss, Mouton, & South-Paul, 1998; Halfon & Newachek, 1993)，此外，还需要这些母亲定期对儿童的认知和行为问题进行评价。研究发现，当单亲父母从事弹性很小的全天性工作时，对儿童的照料会变得非常困难(Heymann & Earle, 1999)。较高的工作强度以及不正规的工作日程安排会降低父母对儿童行为的监控和指导能力，从而进一步对他们的健康发展带来威胁(Gennetian et al., 2002)。

759

儿童照看。对于那些与福利改革相关的育儿观念，一些研究者已经进行了详细的讨论(Fuller, Kagan, Caspary, & Gauthier, 2002; Lowe & Weisner, 2004; Lowe, Weisner, Geis, & Huston, 2005)。这里不再阐述，主要简略提及几点。Fuller等人的研究表明，父母在照看孩子的过程中，需要重点考虑孩子的年龄、信任与适应性、花费、可接近性等因素。当父母刚开始参与提供福利工作的项目时，他们主要依赖正式的儿童照看机构，但是，当父母不再接受福利而进入稳定工作的时候，他们更可能会选择日托型的托儿中心或者家庭育儿场所(Fuller et al., 2002)。与Evelia的护理倾向一致(该个案前面已经提到)，低收入的母亲往往选择自己信任的亲戚和朋友作为孩子的看护者，这可能是因为他们在育儿观念和行为上具有很大的相似性，而且选择亲戚和朋友作为孩子的看护者可能更为灵活(Fuller et al., 2002)。不过，当条件允许的时候，很多低收入家庭的父母更倾向于选择育儿中心(Quint, Polit, Bos, & Cave, 1994)。

母亲变换工作会影响儿童所接受的看护质量，并进一步影响儿童的社会和认知能力的发展。这些照看质量主要表现为照看的结构特征(如儿童与看护者的比例、看护者的受训练程度等)和过程特征(如看护者的责任感等;Lamb, 1997)。研究表明,在质量等同的情况下,育儿中心比家庭育儿场所更能促进孩子认知能力和语言能力的发展,这可能部分因为育儿中心可以提供更丰富的教育材料和活动形式(Lamb, 1997; NICHD Early Child Care Research Net work, 2000)。不过,如果这些贫困孩子可以加入到更高质量的育儿中心,他们会比那些家庭条件较好的孩子获益更多(Loeb, Fuller, Kagan, & Carrol, 2004)。

近来,Loeb 等人(2004)阐述了护理的类型(社区中心护理、家庭育儿中心护理、个别亲戚和朋友护理)、质量和稳定性对那些母亲从事较差工作的贫困孩子的影响。与 Evelia 女儿的体验一致,Loeb 等人发现社区中心的护理具有非常明显的积极效应。对于 12—42 个月的儿童,当控制家庭收入及母亲和孩子的背景因素后,那些被社区中心养育的儿童比那些由亲戚朋友养育的儿童在认知方面具有更好的表现。并且,护理的质量和稳定性与入学准备及认知功能之间均存在密切关系,不过,即使考虑护理质量等因素,社区护理仍然对认知结果具有更多的积极预测作用。研究还发现,在家庭育儿场所中的儿童表现出了更多的问题行为,但这些问题行为的差异仅表现在攻击行为方面。与那些由亲戚朋友看护的孩子相比,在家庭育儿场所中的孩子具有更多的攻击行为。

贫困儿童和贫困家庭项目: 政策与实践思考

本章的最后一部分,将从思想、社会结构和宏观经济学背景入手,阐述儿童期教育作为反贫困策略的思想基础和局限性,并针对贫困儿童和贫困家庭的工作实践提出一些具有指导性的建议。

各种背景下的早期教育

760

儿童早期的贫困程度及其预防策略并非是预先注定的,而是更多反映了一种社会选择,或者是价值观念。当然,理解支撑这些选择的思想意识是非常重要的,因为在某种程度上,能否形成这些丰富的选择取决于思想意识的改变。另外,早期教育作为一种干预策略,其对贫困儿童的帮助到底有多大? 这还值得进一步思考。实际上,对于早期教育的干预效应,人们还存在一些不合理的预期。因此,在介绍思想意识背景的基础上,我们也会对早期教育的社会结构、宏观经济和历史背景进行介绍,以进一步认识其局限性。

思想意识背景

与其他社会福利相比,美国人在教育机会上可以得到更多的政府支持和帮助,并且,与其他西方工业化国家的公民相比,这种现象在美国社会中非常明显(Haller et al. , 1990)。因此,早期教育计划(无论是单独执行还是与其他服务措施相结合)很久以来便成为美国政府重点资助的项目,被用来试图战胜贫困及其消极影响。作为一个大规模的政府资助项目,早期教育可以追溯到 150 多年前针对美国白人儿童建立的免费和普及公共教育计划,以及该计划的支持者 Horace Mann 等人的提倡——这次改革将会从本质上消除贫困。美国人倾向于把儿童作为改革的对象,这是一个自然的发展结果(de Lone, 1979)。

早期开端项目的广泛支持来自几个方面，包括来自该计划所涉及的儿童家长和员工、计划拥护者所采取的公共活动、积极的媒体的关注以及一些关于早期教育会促进儿童的入学准备和学业成就的研究证据(Zigler & Styfco, 1994a)。此外，美国人倾向于采用间接的而非直接的途径来降低贫困，早期开端项目在这一点上与美国人的喜好相一致，这也是其得到广泛拥护的一个不可低估的原因(Haskins, 1989; Zigler, 1985)。最后，早期开端项目宣称促进机会均等，而不是促进条件均等，这使其在政治上也受到欢迎。

尽管早期开端项目从表面上维持了社会和谐，支持了新教徒关于“机会均等及经济、社会自由流动”的信念(de Lone, 1979)，但实际上，这一被吹捧为反贫困项目的计划影响了在下一代人中消除贫困这一承诺的实现。在美国，由于机会均等的观念与美国社会中存在的宏观经济不均等的现实形成鲜明的对比，因此，儿童期教育的使命在很大程度上是通过均等机会这一个承诺进行定义的(p. 34)。这个承诺对美国人的心理形成束缚，使得贫困的父母在抚养后代方面不敢抱有过高的期望，因为现实毕竟是理智的。如果对两代之间收入的变化水平进行研究的话，就会发现社会给贫困儿童和贫困家庭提供的发展空间变得越来越小(Solon, 1992)，这可以通过长期贫困的变化情况看出来。Solon 通过对收入变化的调查数据进行分析，结果发现：父子和母子在长期收入、每小时工资和家庭收入方面的相关指数达到 0.40 左右，甚至更高。基于这一估计，对一个儿子来说，如果其父亲的收入水平处于美国社会的后 5%，那么他仅有 1/20 的机会跻身于前 20%的家庭，有 1/4 的机会达到美国家庭的中等收入水平，2/5 的可能性则继续处于或者接近贫困范围。与过去的研究相比(大部分报告相关在 0.20 左右或以下，而且大部分数据是关于父亲的，不包括母亲)，Solon 发现父母和儿子在家庭收入等方面的相关变得更高。另外，由于种族差异，这种相关在少数民族裔家庭中可能比在一般家庭中更高。Solon 认为，以往的研究低估了父亲和儿子收入地位之间的相关程度，高估了两代之间收入的变化，这主要是因为先前研究的数据较为有限(如只测量了 1 年的收入)，并且调查的样本缺乏代表性和一致性。

美国人的自由主义意识使他们提倡减小阶级差异，主张机会均等，但是，其代际流动率却已经接近阶级差异扩大化了的欧洲国家(de Lone, 1979)。这种矛盾的存在主要是因为美国人很少从家庭背景的角度来解释代际流动，而更多把代际流动作为自己国家开放程度的证据(相对于英国、德国、奥地利和意大利)(T. Smith, 1990)。在美国，除了自由主义的思想，其他如种族意识、宗教意识等也在一定程度上缓和了阶级意识，尤其是作为认同来源的种族意识，作用非常显著。美国人强调种族意识的传统，与其少数族裔的系统性隶属关系的持续影响是密不可分的，包括其对非洲裔美国人执行的强制性种族隔离制度，对美洲印第安人和西班牙人的征服和强制性驱逐，以及对于亚洲移民的经济剥削(Ogbu, 1978)。

761

社会结构和宏观经济背景

在美国，大部分人贫困的原因及其现状并不受一些干涉因素的影响(例如，在劳工市场、信用机构和住房供给中长期存在的种族主义；低水平的学校；传统“女性”职业的低工资；不可靠的儿童看护)。Smeeding 和他的同事(Smeeding, Rainwater, & Burtless, 2001)通过研究发现，与其他西方工业化国家相比，美国社会中存在的异常高比例的儿童贫困现象，在一定程度上是由于相对较高比例的低薪就业现象所导致的。低薪就业是指在一个国家中,全天工作的工人所得的收入低于全国平均日收入的65%。Smeeding等人的研究中,低薪就业的变化可以在很大程度上解释跨国性贫困比率的变化,说明低薪就业对于儿童贫困现象具有重要的影响。在20世纪90年代,美国在14个工业化国家中低薪就业工人的比例最高。正是由于这些社会结构因素的存在,使得那些旨在帮助贫困儿童和青少年的政策没有获得真正成功,如早期开端项目等。正如Halpern(1988, 1990a)声称的,这不过是一个采用次要策略来解决主要问题的例子。

美国的政策制定者并没有通过有效的结构改变来应对贫困及其社会弊病,而是过度依靠一系列的社会服务和项目来号召改善贫困,试图通过改变个体而非结构来战胜贫困。在幼儿期计划中,主要强调通过促进家庭生活和儿童自身的发展来实现社会背景的改变,这种生态学的思想趋向与那种单向性的、以个人为中心的趋向相比是一种进步。但尽管如此,仅靠这种策略也无法引发美国社会结构或者制度的变革。今天,尽管那些生态化的家庭和社区项目越来越多,而且国家为贫困儿童和家庭创设的早期教育项目也在不断扩大,但那些导致发展性危险的社会和经济条件与以往一样普遍。可以这么说,目前对这些服务和项目依赖过度了,而当初它们中的大多数被设计出来是作为发展儿童的最后手段,而不是常规手段(Garbarino, 1992)。这种做法要么是因为这些服务项目的局限性还没有被透明化,要么就是因为政府"不愿意承认我们的很多严重问题都是由于当前的社会和经济结构导致的,并且不愿意采用政治措施来改变这种有害的结构"(Halpern, 1991, p. 344)。此外,由于这些改革和项目总是很难完全兑现,政府不愿承认这样的事实,即这些改革和项目能够实现的革新和可预见的复兴是基于这样的前提:那些革新者们试图帮助的人们天生处于劣势地位(de Lone, 1979;也可参见Herrnstein & Murray, 1994)。

早期教育作为一种手段,不会比普及公共教育更能显著降低美国社会的贫困程度,因为它不能直接提高物质资源,也无法从根本上改变导致问题产生的大多数环境条件。它最多是减弱了贫困的影响力量,使儿童的环境氛围和发展结果发生了一定改善。如本章中前面提到的,虽然早期开端项目和其他早期教育项目显著地提高了贫困儿童的入学准备,但也使贫困儿童的学校成就与那些家境富裕的儿童产生了更大差距(Royce et al., 1983)。此外,由于一些环境危险因素及其带来的多重不利影响,使得这些服务项目(尤其是大规模的教育项目)的积极影响比较短暂,并不具有持续性(Rutter, 1979)。 762

Lee和Loeb(1995)在其研究中对这一问题进行了很好的阐述。Lee和Loeb试图通过研究解释:儿童在早期开端项目中取得的进步为什么会在干预实施后的2—3年中逐渐减弱或消失?该研究选取来自975个中学的15 000名八年级学生作为样本,这些被试主要选取自1988年国家教育追踪研究的样本群体。研究结果指出,在儿童期干预以后,后续低质量的学校教育是导致干预效果无法持续的潜在原因。研究中,通过来自学生、家长以及老师的报告发现,与其他幼儿园的孩子相比,早期开端项目中的孩子进入中学后的学业表现相对较差,包括总体学业质量,在数学、阅读等方面的平均成绩等。并且与对照组儿童相比,早期开端项目中的儿童觉得学校更加缺乏安全感。在控制家庭收支比例、父母教育情况和儿童的种族状况后，这些差异变得更加明显。除了考察两组儿童的差异之外，通过追踪儿童从幼儿园到小学、中学期间的学业成绩与学校教育质量的关系，也表明了这种状况。

总之，寻求积极效应的结果对于各种服务项目来说是非常令人气馁的，虽然这些项目不是作为反贫困的工具，而主要是作为缓解贫困消极影响的一种策略。如我们提到的，家庭访问方案的随机化实验在防止儿童虐待、孕妇早产和低体重儿等方面并没有取得全面的胜利。不过，这些方案在促进积极的养育活动、促进儿童认知功能发展等方面表现出了很多作用，尽管现在还无法预知这些积极作用能否转化为长期效应(Olds, Kitzman, 1990, 1993)。

认识到对这些项目的结果过分乐观后，一些原先对这些项目的热心支持者开始让步，甚至开始强调幼儿期干预项目和两代人项目的局限性(Washington, 1985; Zigler, Styfco, 1994a)。例如，Zigler 和 Styfco 曾经遗憾地提到，无论是早期开端项目还是其他幼儿期项目，都没有使儿童避免贫困的危害。早期干预项目不可能简单地抵消那些来自贫困的生活条件、营养缺乏、健康照料等方面的消极影响(p. 129)。当然，在 Zigler 和 Styfco 的思想中，提出早期教育等项目不能把贫困的影响降低到一个明显较低的水平，并非是建议取消这些项目或者服务措施，而是号召人们去承认，儿童和家庭水平的干预和服务项目虽然能够平衡或抵消一些不公平现象，但却不能根除不公平本身(de Lone, 1979, p. 68)。同时，也希望使这些项目的责任更加明确，解除一些他们无法承担的任务——带来更多的公平。当然，这些项目对职业地位和工资的影响可能在很大程度上受到环境因素的影响，比如地区经济等，而这些环境因素已经超越了项目本身的控制范围(Swartz et al., 1995)。最后，就美国社会中儿童贫困的高发性而言，如果想在解决这个问题上迈出新的一步，可能需要建立一些政府支持的工作项目，这些项目需要结合工作和福利(如 New Hope 项目，Bos et al., 1999)，并且需要在工作所得税的支持下提供更为慷慨的收入补助(Smeeding et al., 2001; W. J. Wilson, 1996)，需要提供一些更适合美国价值观的策略方法，而不是仅仅提供那些在欧洲国家盛行的社会保险政策(Smeeding & Torrey, 1988)。

历史背景

最近，关于儿童贫困的研究提出了一些新问题。研究者开始反思，建立在 20 世纪 60 年代和 70 年代基础上的幼儿期干预和服务方案，它们在当前社会中的效用是否比早先的时候降低了呢？从 20 世纪 70 年代中期，贫困现象变得越来越具有地域集中性，其带来的环境压力也越来越普遍，甚至威胁到生命(如流浪儿、街头暴力、吸毒等；Shinn, Gillespie, 1994; W. J. Wilson, 1996)。虽然目前还缺乏这方面数据的结论性支持，但不可否认，这种现象开始变得越来越具有持续性(Duncan & Rodgers, 1991; Rodgers & Rodgers, 1993)。相反，工作、公共和私人服务(如公园、社区中心、儿童看护中心)、非正式社会支持等逐渐离穷人越来越远(W. J. Wilson, 1996; Zigler, 1994)。

763

这些关于贫困的持续性等方面的变化，反映了穷人群体中呈现出的更加急迫的需要。尽管早期开端项目一直明显地服务于最穷的人(Schnur et al., 1992)，但经过这么多年后，随着对福利改革严峻性的认识加深，穷人体验到的被剥夺感慢慢增加。而且，随着贫困带来的不利性的增多，贫困的有害影响也在逐渐加强，这开始迫使现存的方案进行调整。这一推论得到了相关研究的支持，即与短时间的贫困相比，持续的贫困对儿童的发展和家庭环境具有更为有害的影响。研究还表明，贫民窟一类的社区对于儿童的发展具有消极的影响，而且这种影响不受儿童家庭贫困状况的影响(Brooks-Gunn et al., 1995; Duncan et al., 1994)。所有这些现实状况的变化，使得早期的干预方案在当前社会中的有效性相对降低(Zigler, 1994)。如果要达到先前的效果，就需要干预过程更加精细化、全面化和综合化。早期开端项目在某种程度上是有弹性的，它的某些部分可以适应当地的需要和资源。这一事实能够减少它近年来受到的关注。然而，这种弹性并不能使该项目在需要时获得更多的支持。

无论如何，应该加强早期开端项目中的家庭支持服务部分，并进一步把其增加到早期教育项目中。此外，对于这些服务项目进行更好地整合也是必要的(Illback, 1994; Ramey, 1999)。当然，这些建议都是基于贫困的变化本质以及强有力的实验证据而提出的。这些实验证据表明，较低的社会支持、压力生活事件等危险因素对于儿童的认知发展和家庭学习环境具有消极的积累性影响(Brooks-Gunn et al., 1995; Sameroff et al., 1987)。与那些家境比较富裕的儿童相比，贫困儿童认知功能与危险性因素的关系更为密切，这表明，对于贫困家庭中的儿童来说，他们对于这些支持性服务的需求更为迫切，这些服务可能会对他们的发展具有独特的贡献作用(Bee et al., 1982)。

最后，把早期开端项目从联邦负责转移到各州负责的潜在可能性，导致了另一个需要考虑的历史性因素。也就是说，如果支持转移的建议获胜的话，那么，我们不得不将进一步考虑转移是如何影响早期开端项目的执行、实施等方面(Ripple, Gilliam, Chanana, & Zigler, 1999; Zigler & Styfco, 2004b)。

对贫困儿童和贫困家庭的工作

前面提到的一些项目主要是试图提高贫困儿童的智力和教育成就。关于这些项目的效果，主要涉及两个方面：一是项目提供的服务在满足家庭需要方面是否具有充分的精确性、广泛性、内容适当性和灵活性；二是不容忽视的方面，就是这些教育计划或项目的情感方面的影响力量。

Schorr(1989)发现，一个成功的项目员工不仅需要具有熟练的技术，还需要对其所服务的家庭具有责任心和尊重态度，这种责任心和尊重态度可以使他们与被服务者之间建立一种人性化的信任关系。根据来自家庭的开放式调查，在父母考虑为孩子采用什么样的服务时，来自服务者的尊重和信任是影响家长进行选择的两个重要方面。

关于归因偏差和心理健康之间的关系提示我们，谴责穷人的境况会加剧他们的心理问题，增强不信任感和忧虑情绪，并且损害助人者的职业角色(Belle, 1984; Crockenberg, 1987)。因此，从本质上来说，服务项目试图缓解或者预防消极结果的努力应该是支持性的，而非惩罚性的。尽管家庭支持运动和干预的生态化趋向从本质上采纳了这一立场，但是，有效地执行这一原则还需要认识到其对个体的主流情感所造成的强大的认知冲击。

美国人对于穷人持有很深的矛盾情感和怀疑情绪，这一部分是因为关于独立和自负的价值观念及神话已深深地扎根于美国社会，并被认为不可违反。道德感、民族感和宽容感使 764

得我们去帮助他们,但是,作为贫困的主要解释,对于个体过错的坚定思想信念又迫使我们不得不去批评他们(Halpern, 1991; Pelton, 1989)。当这些穷人是少数族裔时,种族主义、文化的种族优越感以及对于非主流文化传统的忽略,则会进一步强化这些消极态度。典型的中产阶级服务提供者或者教师,他们从来没有经历过孩子和家庭天天生活在贫民窟的压力状况。这种生活经验的缺乏,加上在美国社会中盛行的对于穷人的消极观点,意味着那些在预防和干预项目中与贫困儿童和贫困家庭打交道的人必然会面临一种比较艰难的工作,即需要他们有意识地去减少自己对于穷人的矛盾观点,弥补他们自身与穷人之间存在的阶级和文化冲突。为了增加真实的教育体验,助人者或者干预者可以去参观穷人的社区和家庭,这可以帮助他们更好地理解穷人们为了生存和抚养孩子是如何在艰苦的现实环境中进行奋斗的(Belle, 1984)。另外,在对贫困儿童及其父母的干预项目中也会出现一些种族化的观点,对此,教育者和服务提供者也需要有意识的抵制,来尽量避免这些观点(McAdoo, 1990)。

当然,我们不能过于强调那些对于文化及阶级特征较为敏感的认识(Slaughter, 1988),尽管这对于认识穷人和少数族裔家庭中存在的个体差异现象非常重要。因为过于强调这些证据,会增大身份线索在陌生人际情境中的重要性,对低阶级个体带来伤害作用,不利于相互信任和尊重的人际关系的建立。例如,早在幼儿园时期,身份线索就会导致教师对贫困儿童的智力产生一种消极认知偏差,并进一步通过各种各样的课堂动态活动,影响这些孩子在教育和经济方面的流动性(Rist, 1970)。在一项设计完好的研究中,Alexander、Entwisle和Thomson(1987)从一个城市公立学校系统中选取一年级教师和学生作为研究对象,结果发现,教师自身的社会出身影响着他们对学生的地位属性(如种族、社会经济地位等)的反应行为。与低社会经济地位的教师相比(如生长于低阶层家庭的那些教师),高社会经济地位的教师(如生长于中产阶级家庭的教师)对于贫困的非洲裔美国儿童的能力持有更多消极态度,并且,对他们的成就期望也低于美国白人儿童。在高社会经济地位的教师执教的班级中,非洲裔美国儿童在一年级刚开学时的成绩与白人儿童不存在明显差异,但到了学期末的时候,他们却显著地落后于白人儿童,分数之间的种族差异非常明显。然而,在低社会经济地位的教师执教的班级中,学生的种族与教师的情感偏向和判断之间不存在显著性相关关系,测验成绩之间不存在显著的种族差异。Alexander等人指出,高社会经济地位的教师对于非洲裔美国学生的责任心相对较低,并且较少考虑他们的能力状况,这在一定程度上是因为这些教师对于少数族裔贫困儿童不甚了解,对他们的生活环境和文化也不熟悉。这种状况造成教师错误地把一些线索(如穿着类型、行为举止、语言使用情况等)当成了儿童失败的根本原因。

与前面的案例一样,刻板印象对于被歧视个体的行为也存在不利影响。比如,一个比较典型的刻板印象就是:一些人认为美国黑人的智力能力低于白人。在一系列的实验研究中,Steele和Aronson(1995)以美国某知名大学中的黑人和白人大学生为被试,结果发现控制学业能力测验中的口语和定量分数后,当测验(测验项目选自研究生入学考试)是作为智力能力诊断的而呈现给被试时,黑人大学生的表现不如白人大学生;当测验被描述为实验性的问题解决任务时,黑人学生与白人学生之间不存在差异。甚至是,如果要求学生在答题之前在答题纸上表明自己的种族身份,都会导致黑人大学生的成绩表现不如白人大学生;如果不要求被试表明自己的种族身份,则在成绩表现上不存在显著的种族差异。由此可以设想,如果这些影响推广到平时的课堂环境中去,那么,在那些被描述为考察智力能力的测验上,黑人学生的表现可能会明显落后于具有同等能力的白人学生。

765

对于被歧视的群体成员来说,他们经常通过一系列的社会和心理机制缓解来自他人歧视的消极影响,保持自己的自尊水平。Crocker 和 Major(1989)通过对以往研究进行系统回顾,总结了研究者们发现的三种自我保护机制:(1) 把消极反馈归因于别人对于弱势群体成员的歧视;(2) 把自己的表现与自己群体内的其他成员进行有选择性的比较;(3) 重视自己所在群体的优秀方面,相对忽略其不好的方面。尽管这些自我保护机制对于个体的自尊具有积极的作用,但从长久来看,这些机制也会降低个体进行自我完善的动机水平。因为,如果一直对自己群体的不利方面进行忽略或者自欺欺人,长此以往,将会使被歧视群体的成就水平真正落后于别的群体(不论其原先是否存在差异),从而不利于群体地位的最终改善。在社会成就领域,这些信息加工机制可能会导致处境不利儿童在学业上的习得性无助现象,降低他们的动机水平。这是比较具有讽刺意味的,也就是说,老师的歧视态度和行为,以及来自大环境的消极体验等导致了儿童自我保护机制的出现,而这些自我保护策略又进一步推动了学习不良环境的形成。可见,从本质上来看,这些自我保护机制虽然可以缓解一时的痛苦,却不能从根本上解决问题。对于这种动态的循环关系,大量的研究者已经在美国黑人和贫困学生群体中进行了证实(Brantlinger, 1991)。对于处于弱势地位的儿童来说,对他们采用有同情心的、尊重的对待方式,会降低他们对自我保护策略的使用。

在美国,由于少数民族裔群体中存在较高的移民比率,这促使少数族裔在美国人群中的比例逐渐增加。近来,由于移民的社会经济地位和人口学特征的改变(Portes & Zhou, 1993),贫困人口的种族差异日益增强,这进一步增强了制定和执行反贫困项目的难度,因为这些反贫困项目都是具有文化敏感性的,例如,在制定一些项目时,需要了解并尊重一些文化的价值观及活动等(Williams, 1987)。在这一方面,服务于非洲裔和拉丁美洲裔美国人的教育干预和家庭支持项目提供了一些有价值的经验和教训(Larner et al., 1992; Slaughter, 1988; Walker et al., 1995)。不过,由于新加入者经常体验到一些不同于那些长期居民的压力情况,如语言障碍、与社会支持网络的断层和分离、原有认同的保持与新文化融合的双重斗争、社会经济地位的改变等(Rogler, 1994),因此,对于那些服务于移民家庭的项目来说,其项目的内容和服务的提供需要达到最佳的文化敏感性和最大的有效性。

(王兴华、张彩云、邹君、武岳、赵景欣、张娜、胡心怡、唐丹、刘霞译,申继亮审校)

参考文献

Ackerman, B. P., Brown, E. D., & Izard, C. E. (2004). The relations between contextual risk, earned income, and the school adjustment of children from economically disadvantaged families. *Developmental Psychology*, *40*(2), 204-216.

Administration for Children and Families. (2002). *Making a difference in the lives of infants and toddlers and their families: Vol. 1. Impacts of Early Head Start: Final technical report*. Washington, DC: U. S. Department of Health and Human Services. Retrieved from http://www. acf. hhs. gov/programs/opre/ehs/ehs_resrch/reports/im pacts_voll/impacts_voll. pdf.

Administration for Children and Families. (2004a). *Early Head Start information folder*. Washington, DC: U. S. Department of Health and Human Services. Retrieved from http://www. headstartinfo . org/infocenter/ehs_tkit3. htm.

Administration for Children and Families. (2004b). *Head Start program fact sheet*. Washington, DC: U. S. Department of Health and Human Services. Retrieved from http://www2. acf. dhhs. gov /programs/hsb/research/2004. htm.

Administration for Children and Families. (2005a, May). *Head Start impact study: First year findings*. Washington, DC: U. S. Department of Health and Human Services. Retrieved from http://www. acf. hhs. gov/programs/opre/hs/impact_study/reports /first_yr_execsum/first_yr_execsum. pdf.

Administration for Children and Families. (2005b). *Head Start programs and services*. Washington, DC: U. S. Department of Health and Human Services. Retrieved from http://www2. acf. dhhs. gov /programs/hsb/programs/index. htm.

Alexander, K., Entwisle, D., & Thompson, M. (1987). School performance, status relations, and the structure of sentiment: Bringing the teacher back in. *American Sociological Review*, *52*, 665 - 682.

American Psychiatric Association. (1994). *Diagnostic and statistical manual of mental disorders* (4th ed.). Washington, DC: Author.

Andrews, S. R., Blumenthal, J. B., Johnson, D. L., Kahn, A. J., Ferguson, C. J., Lasater, T. M., et al. (1982). The skills of mothering: A study of a parent child development center. *Monographs of the Society for Research in Child Development*, *47*(6, Serial No. 198).

Arnold, D. H., & Doctoroff, G. (2003). The early education of socioeconomically disadvantaged children. *Annual Review of Psychology*, *54*, 517 - 545.

Baker, A., Piotrkowski, C. S., & Brooks-Gunn, J. (1999). The Home Instruction Program for Preschool Youngsters (HIPPY). *Future of Children*, *9*(1), 116 - 133.

Baldwin, A. L., Baldwin, C., & Cole, E. (1990). Stress-resistant families and stress-resistant children. In J. Rolf, A. S. Masten, D. Cicchetti, K. H. Nuechterlein, & S. Weintraub (Eds.), *Risk and protective factors in the development of psychopathology* (pp. 257 - 280). Cambridge, England: Cambridge University Press.

Bane, M. J., & Ellwood, D. (1986). Slipping into and out of poverty: The dynamics of spells. *Journal of Human Resources*, *21*, 1 - 23.

Barak, Y., Achiron, A., Kimhi, R., Lampi, Y., Ring, A., Elizur, A., et al. (1996, November/December). Health risks among shift workers: A survey of female nurses. *Health Care for Women International*, *17*, 527 - 534.

Barak, Y., Achiron, A., Lampi, Y., Gilad, R., Ring, A., Elizur, A., et al. (1995). Sleep disturbances among female nurses: Comparing shift to day work. *Chronobiology International*, *12*, 345 - 350.

Baratz, S., & Baratz, J. (1970). Early childhood intervention: The social science base of institutional racism. *Harvard Educational Review*, *40*, 29 - 50.

Barbarin, O. (1983). Coping with ecological transitions by Black families: A psychosocial model. *Journal of Community Psychology*, *11*, 308 - 322.

Barnard, K. E., Magyary, D., Sumner, G., & Booth, C. (1988). Prevention of parenting alterations for women with low social support. *Psychiatry*, *51*, 248 - 253.

Barnett, W. S. (1995). Long-term effects of early childhood programs on cognitive and school outcomes. *Future of Children*, *5*(3), 25 - 50.

Barnett, W. S. (2004). Does Head Start have lasting cognitive effects? In E. Zigler & S. J. Styfco (Eds.), *Head Start debates* (pp. 221 - 249). Baltimore: Paul H. Brookes.

Barnett, W. S., & Camilli, G. (2000). Compensatory preschool education, cognitive development, and "race." In J. Fish (Ed.), *Race and intelligence: Separating science from myth* (pp. 369 - 406). Mahwah, NJ: Erlbaum.

Barnett, W. S., & Escobar, C. M. (1987). The economics of early intervention: A review. *Review of Educational Research*, *57*, 387 - 414.

Barton, J., Aldridge, J., & Smith, P. (1998). The emotional impact of shift work on the children of shift workers. *Scandinavian Journal of Work, Environment and Health*, *24*, 146 - 150.

Bee, H., Barnard, K., Eyres, S., Gray, C., Hammond, M., Spietz, A., et al. (1982). Prediction of IQ and language skill from perinatal status, child performance, family characteristics, and motherinfant interaction. *Child Development*, *53*, 1134 - 1156.

Bee, H., Egeren, L., Streissguth, P., Nyman, B., & Leckie, M. (1969). Social class differences in maternal teaching strategies and speech patterns. *Developmental Psychology*, *1*, 726 - 734.

Beers, T. (2000). Flexible schedules and shift work: Replacing the '9to-5' workday? *Monthly Labor Review*, *123*, 33 - 40.

Bell, T. H. (1975). The child's right to have a trained parent. *Elementary School Guidance and Counseling*, *9*, 271 - 276.

Belle, D. (1982). Social ties and social support. In D. Belle (Ed.), *Lives in stress: Women and depression* (pp. 133 - 144). Beverly Hills, CA: Sage.

Belle, D. (1984). Inequality and mental health: Low income and minority women. In L. Walker (Ed.), *Women and mental health policy* (pp. 135 - 150). Beverly Hills, CA: Sage.

Belsky, J. (1984). The determinants of parenting: A process model. *Child Development*, *55*, 83 - 96.

Benasich, A., Brooks-Gunn, J., & Clewell, B. (1992). How do mothers benefit from early intervention programs? *Journal of Applied Developmental Psychology*, *13*, 311 - 362.

Bernstein, B. (1961). Social class and linguistic development: A theory of social learning. In A. Halsey, J. Floud, & C. Anderson (Eds.), *Education, economy, and society* (pp. 288 - 314). New York: Free Press.

Berrueta-Clement, J., Schweinhart, L., Barnett, W. S., Epstein, A., & Weikart, D. (1984). Changed lives: The effects of the Perry Preschool Program on youths through age 19. *Monographs of the High/Scope Educational Research Foundation*, *8*. Ypsilanti, MI: High/ScopePress.

Bloom, B. S. (1964). *Stability and change in human characteristics*. New York: Wiley.

Bloom, D., & Michalopoulos, C. (2001). *How welfare and work policies affect employment and income: A synthesis of research*. New York: Manpower Demonstration Research Corporation.

Bobo, L. (2001). Racial attitudes and relations at the close of the twentieth century. In N. Smelser, W. J. Wilson, & F. Mitchell (Eds.), *America becoming: Vol. 1. Racial trends and their consequences* (pp. 264 - 301). Washington, DC: National Academy Press.

Bogenschneider, K., Olson, J., Linney, K., & Mills, J. (2000). Connecting research and policymaking: Implications for theory and practice from the Family Impact Seminars. *Family Relations*, *49*, 327 - 339.

Bos, J. M., Huston, A. C., Granger, R. C., Duncan, G. J., Brock, T. W., & McLoyd, V. C. (1999). *New hope for people with low incomes: Two-year results of a program to reduce poverty and reform welfare*. New York: Manpower Demonstration Research Corporation.

Bos, J. M., Polit, D., & Quint, J. (1997). *New chance: Final report on a comprehensive program for young mothers in poverty and their children*. New York: Manpower Demonstration Research Corporation.

Bradley, R., & Corwyn, R. (2002). Socioeconomic status and child development. *Annual Review of Psychology*, *53*, 371 - 399.

Bradley, R. H., & Caldwell, B. M. (1976). The relations of infants' home environments to mental test performance at 54 months: A follow-up study. *Child Development*, *47*, 1172 - 1174.

Brantlinger, E. (1991). Social class distinctions in adolescents' reports of problems and punishment in school. *Behavioral Disorders*, *17*, 36 - 46.

Braun, S., & Edwards, E. (1972). *History and theory of early childhood education*. Belmont, CA: Wadsworth.

Brickman, P., Rabinowitz, V., Karuza, J., Coates, D., Cohn, E., & Kidder, L. (1982). Models of helping and coping. *American Psychologist*, *37*, 368 - 384.

Brim, O. (1959). *Education for child rearing*. New York: Russell Sage Foundation.

Bronfenbrenner, U. (1975). Is early intervention effective? In M. Guttentag & E. Struening (Eds.), *Handbook of evaluation research* (Vol. 2, pp. 519 - 603). Beverly Hills, CA: Sage.

Bronfenbrenner, U. (1979). *The ecology of human development*. Cambridge, MA: Harvard University Press.

Bronfenbrenner, U. (1987). Foreword. Family support: The quiet revolution. In S. Kagan, D. Powell, B. Weissbourd, & E. Zigler (Eds.), *America's family support programs* (pp. xi - xvii). New Haven, CT: Yale University Press.

Brooks-Gunn, J., Berlin, L. J., & Fuligni, A. (2000). Early childhood intervention programs: What about the family? In J. Shonkoff & S. Meisels (Eds.), *Handbook of early childhood intervention* (2nd ed., pp. 549 - 588). New York: Cambridge University Press.

Brooks-Gunn, J., Duncan, G., Kelbanov, P., & Sealand, N. (1993). Do neighborhoods influence child and adolescent development? *American Journal of Sociology*, *99*, 353 - 395.

Brooks-Gunn, J., Klebanov, P., & Liaw, F. (1995). The learning, physical, and emotional environment of the home in the context of poverty: The infant health and development program. *Children and Youth Services Review*, *17*, 231 - 250.

Burton, L. M., Tubbs, C., Odoms, A., Oh, H., Mello, Z., & Cherlin, A. (2002). *Welfare reform, poverty, and health: Low income families' health status and health insurance experiences* (Report to Kaiser Commission on Medicaid and the Uninsured). Menlo Park, CA: Henry J. Kaiser Family Foundation.

Buss, T., & Redburn, F. S. (1983). *Mass unemployment: Plant closings and community mental health*. Beverly Hills, CA: Sage.

Campbell, F. A., & Ramey, C. T. (1994). Effects of early intervention on intellectual and academic achievement: A follow-up study of children from low-income families. *Child Development*, *65*, 684 - 698.

Campbell, F. A., & Ramey, C. T. (1995). Cognitive and school outcomes for high-risk African-American students at middle adolescence: Positive effects of early intervention. *American Educational Research Journal*, *32*, 743 - 772.

Campbell, F. A., Ramey, C. T., Pungello, E., Sparling, J., & Miller-Johnson, S. (2002). Early childhood education: Young adult outcomes from the Abecedarian Project. *Applied Developmental Science*, *6*(1), 42 - 57.

Caplan, G. (1974). *Support systems and community mental health*. New York: Behavioral Publications.

Chapman, J., & Bernstein, J. (2003, April 11). *Falling through the safety net: Low-income single mothers in the jobless recovery* (Issue Brief # 191). Washington, DC: Economic Policy Institute. Retrieved from http://www. epinet. org/Issuebriefs/ib191/ib191 . pdf.

Chase-Lansdale, P. L., Moffitt, R. A., Lohman, B. J., Cherlin, A. J., Coley, R. L., Pittman, L. D., et al. (2003). Mothers' transitions from welfare to work and the well being of preschoolers and adolescents. *Science*, *299*, 1548 - 1552.

Chase-Lansdale, P. L., & Pittman, L. D. (2002). Welfare reform and parenting: Reasonable expectations. *Future of Children*, *12*(1), 167 - 185.

Chase-Lansdale, P. L., & Vinovskis, M. (1995). Whose responsibility? An historical analysis of the changing roles of mothers, fathers, and society. In P. L. Chase-Lansdale & J. Brooks-Gunn (Eds.), *Escape from poverty: What makes a difference for children?* (pp. 11 - 37). New York: Cambridge University Press.

Cherlin, A. (2004). *Welfare reform and children's well-being* (Poverty Research Insights, Newsletter of the National Policy Center, pp. 7 - 9). Ann Arbor: University of Michigan, Gerald R. Ford School of Public Policy.

Chilman, C. S. (1973). Programs for disadvantaged parents: Some major trends and related research. In B. M. Caldwell & H. N. Ricciuti (Eds.), *Review of child development research* (Vol. 3, pp. 403 - 465). Chicago: University of Chicago Press.

Citro, C. F., & Michael, R. T. (Eds.). (1995). *Measuring poverty: A new approach*. Washington, DC: National Academy Press.

Clarke-Stewart, K. A., & Apfel, N. (1978). Evaluating parental effects on child development. In L. S. Shulman (Ed.), *Review of research in education* (Vol. 6, pp. 47 - 119). Itasca, IL: Peacock.

Cohen, J., & Cohen, P. (1983). *Applied multiple regression/correlation analysis for the behavioral sciences*. Hillsdale, NJ: Erlbaum.

Cohn, R. (1978). The effect of employment status change on selfattitudes. *Social Psychology*, *41*, 81 - 93.

Cole, M., & Bruner, J. (1971). Cultural differences and inferences about psychological processes. *American Psychologist*, *26*, 867 - 876.

Coleman, J. S., Campbell, E., Hobson, C., McPartland, J., Mood, A., Weinfeld, F., et al. (1966). *Equality of educational opportunity*. Washington, DC: U.S. Government Printing Office.

Coley, R. L., & Chase-Lansdale, P. L. (2000). Welfare receipt, financial strain, and African-American adolescent functioning. *Social Service Review*, 381 - 404.

Colletta, N., & Lee, D. (1983). The impact of support for Black adolescent mothers. *Journal of Family Issues*, *4*, 127 - 143.

Condry, S. (1983). History and background of preschool intervention programs and the Consortium for Longitudinal Studies. In Consortium for Longitudinal Studies (Ed.), *As the twig is bent: Lasting effects of preschool programs* (pp. 1 - 31). Hillsdale, NJ: Erlbaum.

Condry, S., & Lazar, I. (1982). American values and social policy for children. *Annals of the American Academy of Political and Social Science*, *461*, 21 - 31.

Conger, R., Ge, X., Elder, G., Lorenz, F., & Simons, R. (1994). Economic stress, coercive family process and developmental problems of adolescents. *Child Development*, *65*, 541 - 561.

Conger, R. D., Conger, K., Elder, G., Lorenz, F., Simons, R., & Whitbeck, L. (1993). Family economic stress and adjustment of early adolescent girls. *Developmental Psychology*, *29*, 206 - 219.

Consortium for Longitudinal Studies (Ed.). (1983). *As the twig is bent: Lasting effects of preschool programs*. Hillsdale, NJ: Erlbaum.

Corcoran, M. (2001). Mobility, persistence, and the consequences of poverty for children: Child and adult outcomes. In S. Danziger & R. Haveman (Eds.), *Understanding poverty* (pp. 127 - 161). New York: Russell Sage Foundation.

Costello, E. J., Compton, S., Keeler, G., & Angold, A. (2003). Relationships between poverty and psychopathology: A natural experiment. *Journal of the American Medical Association*, *290*(15), 2023 - 2029.

Cowen, E. L. (1982). Help is where you find it: Four informal helping groups. *American Psychologist*, *37*, 385 - 395.

Cowen, E. L., Wyman, P. A., Work, W. C., & Parker, G. R. (1990). The Rochester Child Resilience Project: Overview and summary of first year findings. *Development and Psychopathology*, *2*, 193 - 212.

Crnic, K., & Greenberg, M. (1987). Maternal stress, social support, and coping: Influences on early mother-child relationship. In C. Boukydis (Ed.), *Research on support for parents and infants in the postnatal period* (pp. 25 - 40). Norwood, NJ: Ablex.

Crockenberg, S. (1987). Support for adolescent mothers during the postnatal period: Theory and research. In C. Boukydis (Ed.), *Research on support for parents and infants in the postnatal period* (pp. 3 - 24). Norwood, NJ: Ablex.

Crocker, J., & Major, B. (1989). Social stigma and self-esteem: The self-protective properties of stigma. *Psychological Review*, *96*, 608 - 630.

Currie, J., & Thomas, D. (1995). Does Head Start make a difference? *American Economic Review*, *85*, 341 - 364.

Danziger, S., Corcoran, M., Danziger, S., & Heflin, C. M. (2000). Work, income, and material hardship after welfare reform. *Journal of Consumer Affairs*, *34*, 6 - 30.

Danziger, S., & Danziger, S. (Eds.). (1995). Child poverty, public policies and welfare reform [Special issue]. *Children and Youth Services Review*, *17*(1/2).

Darlington, R., Royce, J., Snipper, A., Murray, H., & Lazar, I. (1980). Preschool programs and later school competence of children from low-income families. *Science*, *208*, 202 - 204.

Dearing, E., McCartney, K., & Taylor, B. A. (2001). Change in family income to needs matters more for children with less. *Child Development*, *72*(6), 1779 - 1793.

de Lone, R. (1979). *Small futures: Children, inequality, and the limits of liberal reform*. New York: Harcourt, Brace, Jovanovich.

Dembo, M., Sweitzer, M., & Lauritzen, P. (1985). An evaluation of group parent education: Behavioral, PET, and Adlerian programs. *Review of Educational Research*, *55*, 155 - 200.

Demos, J. (1986). *Past, present, and personal*. New York: Oxford University Press.

Deutsch, C. (1973). Social class and child development. In B. Caldwell & H. Ricciuti (Eds.), *Review of child development research* (Vol. 3, pp. 233 - 282). Chicago: University of Chicago Press.

Downey, G., & Coyne, J. (1990). Children of depressed parents: An integrative review. *Psychological Bulletin*, *108*, 50 - 76.

Dreger, R., & Miller, K. (1960). Comparative psychological studies of Negroes and Whites in the United States. *Psychological Bulletin*, *57*, 361 - 402.

Dressier, W. (1985). Extended family relationships, social support, and mental health in a southern Black community. *Journal of Health and Social Behavior*, *26*, 39 - 48.

Dubow, E., & Ippolito, M. F. (1994). Effects of poverty and quality of the home environment on changes in the academic and behavioral adjustment of elementary school-age children. *Journal of Clinical Child Psychology*, *23*, 401 - 412.

Duggan, A. K., McFarlane, E. C., Windham, A. M., Rohde, C. A., Salkever, D. S., Fuddy, L., et al. (1999). Evaluation of Hawaii's Healthy Start Program. *Future of Children*, *9*(1), 66 - 90.

Duncan, G. (1984). *Years of poverty, years of plenty*. Ann Arbor: University of Michigan Institute for Social Research.

Duncan, G., & Brooks-Gunn, J. (Eds.). (1997). *Consequences of growing up poor*. New York: Russell Sage Foundation.

Duncan, G., & Brooks-Gunn, J. (2000). Family poverty, welfare reform, and child development. *Child Development*, *71*, 188 - 196.

Duncan, G., Brooks-Gunn, J., & Klebanov, P. (1994). Economic deprivation and early childhood development. *Child Development*, *65*, 296 - 318.

Duncan, G., & Rodgers, W. (1991). Has children's poverty become more persistent? *American Sociological Review*, *56*, 538 - 550.

Duncan, G., Yeung, W. J., Brooks-Gunn, J., & Smith, J. R. (1998). How much does childhood poverty affect the life chances of children? *American Sociological Review*, *63*, 406 - 423.

Dunifon, R., Kalil, A., & Danziger, S. K. (2003). Maternal work behavior under welfare reform: How does the transition from welfare to work affect child development? *Children and Youth Services Review*, *25*, 55 - 82.

Ehrenreich, B. (2001). *Nickel and dimed: On (not) getting by in America*. New York: Metropolitan Books.

Elder, G. (1974). *Children of the Great Depression*. Chicago: University of Chicago Press.

Elder, G., Liker, J., & Cross, C. (1984). Parent-child behavior in the Great Depression: Life course and intergenerational influences. In P. Baltes & O. Brim (Eds.), *Life-span development and behavior* (Vol. 6, pp. 109 - 158). Orlando, FL: Academic Press.

Escalona, S. K. (1984). Social and other environmental influences on the cognitive and personality development of low birthweight infants. *American Journal of Mental Deficiency*, *88*, 508 - 512.

Evans, G. (2004). The environment of childhood poverty. *American Psychologist*, *59*(2), 77 - 92.

Evans, G., & English, K. (2002). The environment of poverty: Multiple stressor exposure, psychophysiological stress, and socioemotional adjustment. *Child Development*, *73*(4), 1238 - 1248.

Fantuzzo, J., Tighe, E., & Childs, S. (2000). Family involvement questionnaire: A multivariate assessment of family participation in early childhood education. *Journal of Educational Psychology*, *92*(2), 367 - 376.

Fein, D. J., & Lee, W. S. (2003). The impacts of welfare reform on child maltreatment in Delaware. *Children and Youth Services Review*, *25*, 83 - 111.

Fein, G. (1980). The informed parent. In S. Kilmer (Ed.), *Advances in early education and day care* (Vol. 1, pp. 155 - 185). Greenwich, CT: JAI Press.

Fernandez, E., Foss, F., Mouton, C., & South-Paul, J. (1998). Introduction to the dedicated issue on minority health. *Family Medicine*, *30*, 158 - 159.

Field, T., Widmayer, S., Stringer, S., & Ignatoff, E. (1980). Teenage, lower-class, Black mothers and their preterm infants: An intervention and developmental follow-up. *Child Development*, *51*, 426 - 436.

Flanagan, C., & Eccles, J. (1993). Changes in parents' work status and adolescents' adjustment at school. *Child Development*, *64*, 246 - 257.

Frankel, F., & Simmons, J. (1992). Parent behavioral training: Why and when some parents drop out. *Journal of Clinical Child Psychology*, *21*, 322 - 330.

Frankel, H. (1988). Family centered, home-based services in child protection: A review of the research. *SocialService Review*, *62*, 137 - 157.

Fuerst, J., & Fuerst, D. (1993). Chicago experience within an early childhood program: The special case of the Child Parent Center Program. *Urban Education*, *28*, 69 - 96.

Fuller, B., Kagan, S., Caspary, G., & Gauthier, C. (2002). Welfare reform and child care options for low-income families. *Future of Children*, *12* (1), 97 - 121.

Garbarino, J. (1976). A preliminary study of some ecological correlates of child abuse: The impact of socioeconomic stress on mothers. *Child Development*, *47*, 178 - 185.

Garbarino, J. (1992). The meaning of poverty in the world of children. *American Behavioral Scientist*, *35*, 220 - 237.

Garber, H. L. (1988). *The Milwaukee Project: Prevention of mental retardation in children at risk*. Washington, DC: American Association of Mental Retardation.

Garrett, P., Ng'andu, N., & Ferron, J. (1994). Poverty experiences of young children and the quality of their home environments. *Child Development*, *65*, 331 - 345.

Gecas, V. (1979). The influence of social class on socialization. In W. Burr, R. Hill, F. Nye, & I. Reiss (Eds.), *Contemporary theories about the family: Vol. 1. Research-based theories* (pp. 365 - 404). New York: Free Press.

Gelles, R. (1980). Violence in the family: A review of research in the seventies. *Journal of Marriage and the Family*, *42*, 143 - 155.

Gennetian, L. A., Duncan, G. J., Knox, V. W., Vargas, W. G., Clark-Kauffman, E., & London, A. S. (2002). *How welfare and work policies for parents affect adolescents: A synthesis of research*. New York: Manpower Demonstration Research Corporation.

Gennetian, L. A., Duncan, G. J., Knox, V. W., Vargas, W. G., Clark-Kauffman, E., & London, A. S. (2004). How welfare policies affect adolescents' school outcomes: A synthesis of evidence from experimental studies. *Journal of Research on Adolescence*, *14*(4), 399 - 423.

Gennetian, L. A., & Miller, C. (2002). Children and welfare reform: A view from an experimental welfare program in Minnesota. *Child Development*, *73*(2), 601 - 620.

Gennetian, L. A., & Morris, P. A. (2003). The effects of time limits and make work pay strategies on the well being of children: Experimental evidence from two welfare reform programs. *Children and Youth Services Review*, *25*, 17 - 54.

Gersten, J., Langner, T., Eisenberg, J., & Simcha-Fagan, O. (1977). An evaluation of the etiological role of stressful life-change events in psychological disorders. *Journal of Health and Social Behavior*, *18*, 228 - 244.

Gibbs, J. (1988). Young Black males in America: Endangered, embittered, and embattled. In J. Gibbs (Eds.), *Young, Black, and male in America: An endangered species* (pp. 1 - 36). New York: Auburn House.

Gibson, C. M., & Weisner, T. S. (2002). Rational and ecocultural circumstances of program take up among low income working parents. *Human Organization*, *61*(2), 154 - 166.

Ginsburg, H. (1972). *The myth of the deprived child: Poor children's intellect and education*. Englewood Cliffs, NJ: Prentice-Hall.

Gomby, D. S., Culross, P. L., & Behrman, R. E. (1999). Home visiting: Recent program evaluations. Analysis and recommendations. *Future of Children*, *9*(1), 4 - 26.

Goodban, N. (1985). The psychological impact of being on welfare. *Social Service Review*, *59*, 403 - 422.

Graham, S., Taylor, A., & Hudley, C. (1998). Exploring achievement values among ethnic minority early adolescents. *Journal of Educational Psychology*, *90*, 606 - 620.

Gray, J., Cutler, C., Dean, J., & Kempe, C. (1979). Prediction and prevention of child abuse and neglect. *Journal of Social Issues*, *35*, 127 - 139.

Gray, S., & Klaus, R. (1965). An experimental preschool program for culturally deprived children. *Child Development*, *36*, 887 - 898.

Gray, S., & Klaus, R. (1970). The Early Training Project: A seventhyear report. *Child Development*, *41*, 909 - 924.

Gray, S., Ramsey, B., & Klaus, R. (1983). The Early Training Project: 1962 - 1980. In Consortium for Longitudinal Studies (Ed.), *As the twig is bent: Lasting effects of preschool programs* (pp. 33 - 69). Hillsdale, NJ: Erlbaum.

Greenberg, M. H., Levin-Epstein, J., Hutson, R. Q., Ooms, T. J., Schumacher, R., Turetsky, V., et al. (2002). The 1996 welfare law: Key elements and reauthorization issues affecting children. *Future of Children*, *12* (1), 27 - 57.

Gutman, L., McLoyd, V. C., & Toyokawa, T. (2005). Financial strain, neighborhood stress, parenting behaviors, and adolescent functioning of urban African American boys and girls. *Journal of Research on Adolescence*, *15*, 425 - 449.

Gutman, L. M., & McLoyd, V. C. (2000). Parents' management of their children's education within the home, at school, and in the community: An examination of high-risk African American families. *Urban Review*, *32*, 1 - 24.

Hagenaars, A., & de Vos, K. (1988). The definition and measurement of poverty. *Journal of Human Resources*, *23*, 211 - 221.

Halfon, N., & Newachek, P. W. (1993). Childhood asthma and poverty: Differential impacts and utilization of health services. *Pediatrics*, *91*, 56 - 61.

Haller, M., Hollinger, F., & Raubal, O. (1990). Leviathan or welfare state? Attitudes toward the role of government in six advanced Western nations. In J. Becker, J. Davis, P. Ester, & P. Mohler (Eds.), *Attitudes to inequality and the role of government* (pp. 33 - 62). Rijswijk, the Netherlands: Social and Cultural Planning Office.

Halpern, R. (1984). Lack of effects for home-based early intervention? Some possible explanations. *American Journal of Orthopsychiatry*, *54*, 33 - 42.

Halpern, R. (1988). Parent support and education for low-income families: Historical and current perspectives. *Children and Youth Services Review*, *10*, 283 - 303.

Halpern, R. (1990a). Community-based early intervention. In S. Meisels & J. Shonkoff (Eds.), *Handbook of early childhood intervention* (pp. 469 - 498). New York: Cambridge University Press.

Halpern, R. (1990b). Parent support and education programs. *Children and Youth Services Review*, *12*, 285 - 308.

Halpern, R. (1991). Supportive services for families in poverty: Dilemmas of reform. *Social Service Review*, *65*, 343 - 364.

Halpern, R. (2000). Early intervention for low-income children and families. In J. Shonkoff & S. Meisels (Eds.), *Handbook of early childhood intervention* (2nd ed., pp. 361 - 386). New York: Cambridge University Press.

Hardy, J. B., & Streett, R. (1989). Family support and parenting education in the home: An effective extension of clinic-based preventive health care services for poor children. *Journal of Pediatrics*, *115/116*, 927 - 931.

Hart, K., & Schumacher, R. (2004). *Moving forward: Head Start children, families, and programs in 2003* (Center for Law and Social Policy Brief No. 5). Washington, DC: Center for Law and Social Policy.

Haskins, R. (1989). Beyond metaphor: The efficacy of early childhood education. *American Psychologist*, *44*, 274 - 282.

Haskins, R., & Sawhill, I. (2003). *The Future of Head Start* (Welfare Reform and Beyond, Brookings Institution Policy Brief No. 27). Washington, DC: Brookings Institution.

Hauser, R., & Carr, D. (1995). *Measuring poverty and socioeconomic status in studies of health and well-being* (Center for Demographic and Ecology Working Paper No. 94 - 24). Madison: University of Wisconsin.

Haveman, R. H. (1987). *Poverty policy and poverty research*. Madison: University of Wisconsin Press.

Henly, J., & Lyons, S. (2000). The negotiations of child care and employment demands among low-income parents. *Journal of Social Issues*, *56*, 683 - 705.

Herrnstein, R., & Murray, C. (1994). *The bell curve: Intelligence and class structure in American life*. New York: Free Press.

Hess, R. (1970). Social class and ethnic influences upon socialization. In P. Mussen (Ed.), *Carmichael's manual of child psychology* (pp. 457 - 557). New York: Wiley.

Hess, R., & Shipman, V. (1965). Early experience and the socialization of cognitive modes in children. *Child Development*, *36*, 869 - 886.

Heymann, J. S. (2000). *The widening gap: Why America's working families are in jeopardy and what can be done about it*. New York: Basic Books.

Heymann, J. S., & Earle, A. (1999). The impact of welfare reform on parents' ability to care for their children's health. *American Journal of Public Health*, *89*(4), 502 - 505.

Hofferth, S. L., Smith, J., McLoyd, V. C., & Finkelstein, J. (2000). Achievement and behavior among children of welfare recipients, welfare leavers, and low-income single mothers. *Journal of Social Issues*, *56*(4), 747 - 774.

Horwitz, A. (1984). The economy and social pathology. *Annual Review of Sociology*, *10*, 95 - 119.

Hunt, J. M. (1961). *Intelligence and experience*. New York: Ronald Press.

Huston, A., Garcia Coll, C., & McLoyd, V. C. (Eds.). (1994). Children and poverty [Special issue]. *Child Development*, *65*(2).

Huston, A., McLoyd, V. C., & Garcia Coll, C. (1994). Children and poverty: Issues in contemporary research. *Child Development*, *65*, 275 - 282.

Huston, A. McLoyd, V. C., & Garcia Coll, C. (1997). Poverty and behavior: The case for multiple methods and levels of analysis. *Developmental Review*, *17*, 376 - 393.

Huston, A. C., Duncan, G. J., Granger, R., Bos, J., McLoyd, V. C., Mistry, R., et al. (2001). Work-based antipoverty programs for parents can enhance the school performance and social behavior of children. *Child Development*, *72*(1), 318 - 336.

Huston, A. C., Duncan, G. J., McLoyd, V. C., Crosby, D. A., Ripke, M., Weisher, T. S., et al. (in press). Impacts on children of a policy to promote employment and reduce poverty for low-income parents: New Hope after 5 years. *Developmental Psychology*.

Iceland, J. (1998). *Poverty among working families: Findings from experimental poverty measures* (Current Population Reports). Washington, DC: U. S. Census Bureau.

Illback, R. (1994). Poverty and the crisis in children's services: The need for services integration. *Journal of Clinical Child Psychology*, *23*, 413 - 424.

Jackson, J. F. (1999). Underachievement of African American males in the elementary school years: Neglected factors and action imperatives. In R. Jones (Ed.), *African American children, youth, and parenting* (pp. 83 - 113). Hampton, VA: Cobb & Henry.

Johnson, D. L. (1988). Primary prevention of behavior problems in young children: The Houston Parent-Child Development Center. In R. Price, E. Cowen, R. Lorion, & J. Ramos-McKay (Eds.), *14 ounces of prevention: A casebook for practitioners* (pp. 44 - 52). Washington, DC: American Psychological Association.

Johnson, D. L., & Breckenridge, J. N. (1982). The Houston ParentChild Development Center and the primary prevention of behavior problems in young children. *American Journal of Community Psychology*, *10*, 305 - 316.

Kaestner, R. (2003). Welfare reform and child well-being [Letter to the editor]. *Science*, *301*, 1325.

Kagan, S., Powell, D., Weissbourd, B., & Zigler, E. (Eds.). (1987). *America's family support programs*. New Haven, CT: Yale University Press.

Kalil, A., & Eccles, J. S. (1998). Does welfare affect family processes and adolescent adjustment? *Child Development*, *69*(6), 1597 - 1613.

Kalil, A., Schweingruber, H., & Seefeldt, K. (2001). Correlates of employment among welfare recipients: Do psychological characteristics matter? *American Journal of Community Psychology*, *29*, 701 - 723.

Kalleberg, A., Reskin, B., & Hudson, K. (2000). Bad jobs in America: Standard and nonstandard employment relations and job quality in the United States. *American Sociological Review*, *65*(2), 256 - 278.

Kamii, C., & Radin, N. (1967). Class differences in the socialization practices of Negro mothers. *Journal of Marriage and the Family*, *29*, 302 - 310.

Kellam, S., Ensminger, M. E., & Turner, R. (1977). Family structure and the mental health of children. *Archives of General Psychiatry*, *34*, 1012 - 1022.

Kessler, R., House, J., & Turner, J. (1987). Unemployment and health in a community sample. *Journal of Health and Social Behavior*, *28*, 51 - 59.

Kessler, R., & Neighbors, H. (1986). A new perspective on the relationships among race, social class, and psychological distress. *Journal of Health and Social Behavior*, *27*, 107 - 115.

Klebanov, P. K., Brooks-Gunn, J., McCarton, C., & McCormick, M. C. (1998). The contribution of neighborhood and family income to developmental test scores over the first 3 years of life. *Child Development*, *69*(5), 1420 - 1436.

Korbin, J. (Ed.). (1992). Child poverty in the United States [Special issue]. *American Behavioral Scientist*, *35*(3).

Kunjufu, J. (1986). *Countering the conspiracy to destroy Black boys* (Vol. 2). Chicago: African American Images.

Labov, W. (1970). The logic of non-standard English. In F. Williams (Ed.), *Language and poverty* (pp. 164 - 174). Chicago: Markham.

Lamb, M. E. (1997). Nonparental child care: Context, quality, correlates, and consequences, In W. Damon (Editor-in-Chief) & I. Sigel & K. A. Renninger (Vol. Eds.), *Handbook of child psychology: Vol. 4. Child psychology in practice* (5th ed., pp. 73 - 134). New York: Wiley.

Lambert, S., Waxman, E., & Haley-Lock, A. (2002). *Against the odds: A study of instability in lower-skilled jobs* (Working paper, Project on the Public Economy of Work). Chicago: University of Chicago Press.

Laosa, L. M. (1984). Social policies toward children of diverse ethnic, racial, and language groups in the United States. In H. W. Stevenson & A. Siegel (Eds.), *Child development research and social policy* (pp. 1 - 109). Chicago: University of Chicago Press.

Laosa, L. M. (1989). Social competence in childhood: Toward a developmental, socioculturally relativistic paradigm. *Journal of Applied Developmental Psychology*, *10*, 447 - 468.

Larner, M., Halpern, R., & Harkavy, O. (Eds.). (1992). *Fair start for children: Lessons learned from seven demonstration projects*. New Haven, CT: Yale University Press.

Lee, V., Brooks-Gunn, J., & Schnur, E. (1988). Does Head Start work? A 1-year follow-up comparison of disadvantaged children attending Head Start, no preschool, and other preschool programs. *Developmental Psychology*, *24*, 210 - 222.

Lee, V., Brooks-Gunn, J., Schnur, E., & Liaw, F. (1990). Are Head Start effects sustained? A longitudinal follow-up comparison of disadvantaged children attending Head Start, no preschool, and other preschool programs. *Child Development*, *61*, 495 - 507.

Lee, V., & Loeb, S. (1995). Where do Head Start attendees end up? One reason why preschool effects fade out. *Educational Evaluation and Policy Analysis*, *17*, 62 - 82.

Lempers, J., Clark-Lempers, D., & Simons, R. (1989). Economic hardship, parenting, and distress in adolescence. *Child Development*, *60*, 25 - 49.

Lewis, O. (1966). The culture of poverty. *Scientific American*, *215*, 19 - 25.

Liem, R., & Liem, J. (1978). Social class and mental illness reconsidered: The role of economic stress and social support. *Journal of Health and Social Behavior*, *19*, 139 - 156.

Linver, M. R., Brooks-Gunn, J., & Kohen, D. E. (2002). Family process as pathways from income to young children's development. *Developmental Psychology*, *38*(5), 719 - 734.

Llobrera, J., & Zahradnik, B. (2004). *A hand up: How state earned income tax credits help working families escape poverty in 2004*. Washington, DC: Center for Budget and Policy Priorities.

Loeb, S., Fuller, B., Kagan, S., & Carrol, B. (2004). Child care in poor communities: Early learning effects of type, quality, and stability. *Child Development*, *75*, 47 - 65.

Loprest, P. (2003a). Fewer welfare leavers employed in weak economy. In K. Finegold (Ed.), *Snapshots of America's families*, *5*. Washington, DC: Urban Institute. Retrieved from http://www . urban. org/UploadedPDF/310837_snapshots3_no5. pdf.

Loprest, P. (2003b). Use of government benefits increases among families leaving welfare. In K. Finegold (Ed.), *Snapshots of America's families*, *6*, Washington, DC: Urban Institute. Retrieved from http://www. urban. org/UploadedPDF/310838_snapshots3_no6. pdf.

Lowe, E., & Weisner, T. S. (2004). "You have to push it — Who's gonna raise your kids?" Situating child care and child care subsidy use in the daily routines of lower income families. *Children and Youth Services Review*, *26*, 143 - 171.

Lowe, E. D., Weisner, T., Geis, S., & Huston, A. (2005). Child care instability and the effort to sustain a working daily routine: Evidence from the New Hope ethnographic study of lowincome families. In C. R. Cooper, C. Garcia-Coll, W. T. Bartko, H. M. Davis, & C. M. Chatman (Eds.), *Developmental pathways through middle childhood: Rethinking diversity and contexts as resources* (pp. 121 - 144). Mahwah, NJ: Erlbaum.

Madden, N., Slavin, R., Karweit, N., Dolan, L., & Wasik, B. (1993). Success for all: Longitudinal effects of a restructuring program for inner-city elementary schools. *American Educational Research Journal*, *30*, 123 - 148.

Makosky, V. P. (1982). Sources of stress: Events or conditions. In D. Belle (Ed.), *Lives in stress: Women and depression* (pp. 35 - 53). Beverly Hills, CA: Sage.

Martin, E. P., & Martin, J. M. (1978). *The Black extended family*. Chicago: University of Chicago Press.

Martin, S. K., & Lindsey, D. (2003). The impact of welfare reform on children: An introduction. *Children and Youth Services Review*, *25*, 1 - 15.

Masse, L. N., & Barnett, W. S. (2002). *A benefit cost analysis of the Abecedarian early childhood intervention*. Retrieved November 15, 2004, from http://nieer. org/resources/research/ AbecedarianStudy. pdf.

Mayer, S., & Jencks, C. (1988). Poverty and the distribution of material hardship. *Journal of Human Resources*, *24*, 88 - 113.

Mayer, S. E. (1997). *What money can't buy: Family income and children's life chances*. Cambridge, MA: Harvard University Press.

McAdoo, H. P. (1990). The ethics of research and intervention with ethnic minority parents and their children. In I. Sigel (Series Ed.) & C. Fisher & W. Tryon (Vol. Eds.), *Advances in applied developmental psychology: Vol. 4. Ethics in applied developmental psychology — Emerging issues in an emerging field* (pp. 273 - 283). Norwood, NJ: Ablex.

McKey, R., Condelli, L., Ganson, H., Barrett, B., McConkey, C., & Plantz, M. (1985). *The impact of Head Start on children, families, and communities*. Final Report of the Head Start Evaluation, Synthesis and Utilization Project (DHHS Publication No. OHDS 90 - 31193). Washington, DC: U.S. Department of Health and Human Services.

McLoyd, V. C. (1989). Socialization and development in a changing economy: The effects of paternal job and income loss on children. *American Psychologist*, *44*, 293 - 302.

McLoyd, V. C. (1990). The impact of economic hardship on Black families and children: Psychological distress, parenting, and socioemotional development. *Child Development*, *61*, 311 - 346.

McLoyd, V. C. (1998). Children in poverty: Development, public policy, and practice. In W. Damon (Editor-in-Chief) & I. Sigel & K. A. Renninger (Vol. Eds.), *Handbook of child psychology: Vol. 4. Child psychology in practice* (5th ed., pp. 135 - 208). New York: Wiley.

McLoyd, V. C., & Ceballo, R. (1998). Conceptualizing and assessing economic context: Issues in the study of race and child development. In V. C. McLoyd & L. Steinberg (Eds.), *Studying minority adolescents: Conceptual, methodological, and theoretical issues* (pp. 251 - 278). Mahwah, NJ: Erlbaum.

McLoyd, V. C., Jayaratne, T., Ceballo, R., & Borquez, J. (1994). Unemployment and work interruption among African American single mothers: Effects on parenting and adolescent socioemotional functioning. *Child Development*, *65*, 562 - 589.

Mistry, R. S., Biesanz, J, C., Taylor, L. C., Burchinal, M., & Cox, M. J. (2004). Family income and its relation to preschool children's adjustment for families in the NICHD study of early child care. *Developmental Psychology*, *40*(5), 727 - 745.

Moore, K. A., & Driscoll, A. K. (1997). Low-wage maternal employment and outcomes for children: A study. *Future of Children*, *7* (*1*), 122 - 127.

Morley, J., Dornbusch, S., & Seer, N. (1993). *A meta-analysis of education for parenting of children under 3 years of age*. Unpublished manuscript, Stanford University, CA.

Morris, P., Bloom, D., Kemple, J., & Hendra, R. (2003). The effects of a time-limited welfare program on children: The moderating role of parents' risk of welfare dependency. *Child Development*, *74*(3), 851 - 874.

Morris, P., & Michalopoulos, C. (2000). *The Self-Sufficiency Project at 36 months: Effects on children of a program that increased employment and income*. Ottawa, Canada: Social Research and Demonstration Corporation.

Morris, P., & Michalopoulos, C. (2003). Findings from the SelfSufficiency Project: Effects on children and adolescents of a program that increased employment and income. *Applied Developmental Psychology*, *24*, 201 - 239.

Morris, P. A., Huston, A. C., Duncan, G. J., Crosby, D. A., & Bos, J. M. (2001). *How welfare and work policies affect children: A synthesis of research*. New York: Manpower Demonstration Research Corporation.

Mueller, C., & Parcel, T. (1981). Measures of socioeconomic status: Alternatives and recommendations. *Child Development*, *52*, 13 - 30.

Muhammad, J., & Vishwanath, V. (1997). Shiftwork, burnout, and well-being: A study of Canadian nurses. *International Journal of Stress Management*, *4*, 197 - 204.

Myers, H. F., Alvy, K. T., Arrington, A., Richardson, M. A., Marigna, M., Huff, R., et al. (1992). The impact of a parent training program on inner-city African-American families. *Journal of Community Psychology*, *20*, 132 - 147.

National Center for Education Statistics. (1995). *Digest of education statistics: 1995*. Washington, DC: U.S. Department of Education.

Neubeck, K., & Roach, J. (1981). Income maintenance experiments, politics, and the perpetuation of poverty. *Social Problems*, *28*, 308 - 319.

Newman, K. S. (2001). Hard times on 125th street: Harlem's poor confront welfare reform. *American Anthropologist*, *103*, 762 - 778.

NICHD Early Child Care Research Network. (2000). The relation of child care to cognitive and language development. *Child Development*, *71*, 960 - 980.

Ogbu, J. (1978). *Minority education and caste: The American system in cross-cultural perspective*. New York: Academic Press.

Ogbu, J. (1981). Origins of human competence: A cultural-ecological perspective. *Child Development*, *52*, 413 - 429.

Olds, D., & Kitzman, H. (1990). Can home visitation improve the health of women and children at environmental risk? *Pediatrics*, *86*, 108 - 116.

Olds, D., & Kitzman, H. (1993). Review of research on home visiting for pregnant women and parents of young children. *Future of Children*, *3* (*3*), 53 - 92.

Olds, D. L., Henderson, C., Chamberlin, R., & Tatelbaum, R. (1986a). Improving the delivery of prenatal care and outcomes of pregnancy: A randomized trial of nurse home visitation. *Pediatrics*, *77*, 16 - 28.

Olds, D. L., Henderson, C., Chamberlin, R., & Tatelbaum, R. (1986b). Preventing child abuse and neglect: A randomized trial of nurse home visitation. *Pediatrics*, *78*, 65 - 78.

Osborne, J. W. (1997). Race and academic disidentification. *Journal of Educational Psychology*, *89*, 728 - 735.

Parcel, T. L., & Menaghan, E. G. (1994). Early parental work, family social capital, and early childhood outcomes. *American Journal of Sociology*, *99*, 972 - 1009.

Parcel, T. L., & Menaghan, E. G. (1997). Effects of low-wage employment on family well-being. *Future of Children: Welfare to Work*, *7* (*1*), 116 - 121.

Parke, R., & Collmer, C. (1975). Child abuse: An interdisciplinary review. In E. M. Hetherington (Ed.), *Review of child development research* (Vol. 5, pp. 509 - 590). Chicago: University of Chicago Press.

Parker, F., Piotrkowski, C., Horn, W., & Greene, S. (1995). The challenge for Head Start: Realizing its vision as a two-generation program. In I. Sigel (Series Ed.) & S. Smith (Vol. Ed.), *Advances in applied developmental psychology: Vol. 9. Two generation programs for families in poverty — A new intervention strategy* (pp. 135 - 159). Norwood, NJ: Ablex.

Patterson, G. (1988). Stress: A change agent for family process. In N. Garmezy & M. Rutter (Eds.), *Stress, coping and development in children* (pp. 235 - 264). Baltimore: Johns Hopkins University Press.

Patterson, J. (1981). *America's struggle against poverty 1900 - 1980*. Cambridge, MA: Harvard University Press.

Pearlin, L., Lieberman, M., Menaghan, E., & Mullan, S. (1981).

The stress process. *Journal of Health and Social Behavior*, *22*, 337 - 356.

Pelton, L. H. (1989). *For reasons of poverty: A critical analysis of the public child welfare system in the United System*. New York: Praeger.

Pierce, K. M., Hamm, J. V., & Vandell, D. L. (1999). Experiences in after-school programs and children's adjustment in first-grade classrooms. *Child Development*, *70*, 756 - 767.

Portes, A., & Zhou, M. (1993). The new second generation: Segmented assimilation and its variants. *Annals of the American Academy of Political and Social Science*, *530*, 74 - 96.

Posner, J. K., & Vandell, D. L. (1999). After-school activities and the development of low-income urban children: A longitudinal study. *Developmental Psychology*, *35*, 868 - 879.

Powell, C., & Grantham-McGregor, S. (1989). Home visiting of varying frequency and child development. *Pediatrics*, *84*, 157 - 164.

Powell, D. (1982). From child to parent: Changing conceptions of early childhood intervention. *Annals of the American Academy of Political and Social Science*, *461*, 135 - 144.

Powell, D. (1988). Emerging directions in parent-child early intervention. In I. Sigel (Series Ed.) & D. Powell (Vol. Ed.), *Advances in applied developmental psychology: Vol. 3. Parent education as early childhood intervention — Emerging directions in theory, research, and practice* (pp. 1 - 22). Norwood, NJ: Ablex.

Presser, H. (2000). Nonstandard work schedules and marital instability. *Journal of Marriage and the Family*, *62*, 93 - 110.

Presser, H., & Cox, A. G. (1997, April). The work schedules of loweducated American women and welfare reform. *Monthly Labor Review*, *120*, 25 - 34.

Proctor, B., & Dalaker, J. (2003). *Poverty in the United States: 2002* (U.S. Census Bureau Current Population Reports, P60 - 222). Washington, DC: U.S. Government Printing Office.

Quinn, L., & Magill, R. (1994). Politics versus research in social policy. *Social Service Review*, *68*, 503 - 520.

Quint, J. C., Polit, D. F., Bos, J. M., & Cave, G. (1994). *New chance: Interim findings on a comprehensive program for disadvantaged young mothers and their children*. New York: Manpower Demonstration Research Corporation.

Ramey, C., Ramey, S., Gaines, K., & Blair, C. (1995). Two-generation early intervention programs: A child development perspective. In I. Sigel (Series Ed.) & S. Smith (Vol. Ed.), *Advances in applied developmental psychology: Vol. 9. Two generation programs for families in poverty — A new intervention strategy* (pp. 199 - 228). Norwood, NJ: Ablex

Ramey, C. T., & Ramey, S. L. (1998). Early intervention and early experience. *American Psychologist*, *53*(2), 109 - 120.

Ramey, C. T., Ramey, S. L., & Lanzi, R. (1998). Differentiating development risk levels for families in poverty: Creating a family typology. In M. Lewis & C. Feiring (Eds.), *Families, risk, and competence* (pp. 187 - 205). Mahwah, NJ: Erlbaum.

Ramey, S. L. (1999). Head Start and preschool education: Toward continued improvement. *American Psychologist*, *54*, 344 - 346.

Ramey, S. L., Ramey, C. T., & Lanzi, R. G. (2004). The transition to school: Building on preschool foundations and preparing for lifelong learning. In E. Zigler & S. J. Styfco (Eds.), *Head Start debates* (pp. 379 - 413). Baltimore: Paul H. Brookes.

Reynolds, A. (1991). Early schooling of children at risk. *American Educational Research Journal*, *28*, 392 - 422.

Reynolds, A. (1992). Comparing measures of parental involvement and their effects on academic achievement. *Early Childhood Research Quarterly*, *7*, 441 - 462.

Reynolds, A. (1994). Effects of a preschool plus follow-on intervention for children at risk. *Developmental Psychology*, *30*, 787 - 804.

Reynolds, A. (1995). One year of preschool intervention or two: Does it matter? *Early Childhood Research Quarterly*, *10*, 1 - 31.

Reynolds, A., Temple, J., Robertson, D., & Mann, E. (2001). Longterm effects of an early childhood intervention on educational achievement and juvenile arrest: A 15 - year follow-up of lowincome children in public schools. *Journal of the American Medical Association*, *285* (18), 2339 - 2346.

Reynolds, A. J. (2003). The added value of continuing early intervention. In A. J. Reynolds, M. C. Wang, & H. J. Walberg (Eds.), *Early childhood programs for a new century* (pp. 163 - 196). Washington, DC: Child Welfare League of America Press.

Reynolds, A. J., Wang, M. C., & Walberg, H. J. (Eds.). (2003). *Early childhood programs for a new century*. Washington, DC: Child Welfare League of America Press.

Ricciuti, A. E., St. Pierre, R., Lee, W., Parsad, A., & Rimdzius, T. (2004). *Third national Even Start evaluation: Follow-up findings from the experimental design study*. Washington, DC: U.S. Department of Education, National Center for Education Evaluation and Regional Assistance.

Riegel, K. (1972). Influence of economic and political ideologies on the development of developmental psychology. *Psychological Bulletin*, *78*, 129 - 141.

Ripple, C. H., Gilliam, W., Chanana, N., & Zigler, E. (1999). Will 50 cooks spoil the broth? The debate over entrusting Head Start to the states. *American Psychologist*, *54*, 327 - 343.

Rist, R. (1970). Student social class and teacher expectations: The self-fulfilling prophecy in ghetto education. *Harvard Education Review*, *40*, 411 - 451.

Rodgers, J., & Rodgers, J. L. (1993). Chronic poverty in the United States. *Journal of Human Resources*, *28*, 25 - 54.

Rogers, S. J., Parcel, T. L., & Menaghan, E. G. (1991). The effects of maternal working conditions and mastery on child behavior problems: Studying the intergenerational transmission of social control. *Journal of Health and Social Behavior*, *32*, 145 - 164.

Rogler, L. H. (1994). International migrations: A framework for directing research. *American Psychologist*, *49*, 701 - 708.

Ross, C. J. (1979). Early skirmishes with poverty: The historical roots of Head Start. In E. Zigler & J. Valentine (Eds.), *Project Head Start: A legacy of the war on poverty* (pp. 21 - 42). New York: Free Press.

Rowe, D. C., & Rodgers, J. L. (1997). Poverty and behavior: Are environmental measures nature and nurture? *Developmental Review*, *17*, 358 - 375.

Royce, J., Darlington, R., & Murray, H. (1983). Pooled analyses: Findings across studies. In Consortium for Longitudinal Studies (Ed.), *As the twig is bent: Lasting effects of preschool programs* (pp. 411 - 459). Hillsdale, NJ: Erlbaum.

Ruggles, P. (1990). *Drawing the line: Alternative poverty measures and their implications for public policy*. Washington, DC: Urban Institute Press.

Rutter, M. (1979). Protective factors in children's responses to stress and disadvantage. In M. Kent & J. Rolf (Eds.), *Primary prevention of psychopathology* (pp. 49 - 74). Hanover, NH: University Press of New England.

Salkind, N., & Haskins, R. (1982). Negative income tax: The impact on children from low-income families. *Journal of Family Issues*, *3*, 165 - 180.

Sameroff, A., Seifer, R., Barocas, R., Zax, M., & Greenspan, S. (1987). Intelligence quotient scores of 4-year-old children: Social-environmental risk factors. *Pediatrics*, *79*, 343 - 350.

Sandier, I. N., & Block, M. (1979). Life stress and maladaptation of children. *American Journal of Community Psychology*, *7*, 425 - 440.

Scarr, S., & McCartney, K. (1988). Far from home: An experimental evaluation of the Mother-Child Home Program in Bermuda. *Child Development*, *59*, 636 - 647.

Schlossman, S. L. (1976). Before Home Start: Notes toward a history of parent education in America, 1897 - 1929. *Harvard Educational Review*, *46*, 436 - 467.

Schnur, E., Brooks-Gunn, J., & Shipman, V. (1992). Who attends programs serving poor children? The case of Head Start attendees and nonattendees. *Journal of Applied Developmental Psychology*, *13*, 405 - 421.

Schorr, L. (1989). *Within our reach: Breaking the cycle of disadvantage*. New York: Doubleday.

Schumacher, R., & Rakpraja, T. (2003). *A snapshot of Head Start children, families, teachers, and programs: 1997 and 2001* (Center for Law and Social Policy Brief No. 1). Washington, DC: Center for Law and Social Policy.

Schweinhart, L. J. (2003, April). *Benefits, costs, and explanation of the High/Scope Perry Preschool Program*. Paper presented at the biennial meeting of the Society for Research in Child Development, Tampa, FL.

Schweinhart, L. J. (2004). *The High/Scope Perry Preschool Study through age 40*. Ypsilanti, MI: High Scope Educational Research Foundation. Retrieved November 8, 2004, from http://www.highscope.org/Research/PerryProject/PerryAge40SumWeb.pdf.

Schweinhart, L. J., Barnes, H., & Weikart, D. (1993). Significant benefits: The High/Scope Perry Preschool study through age 27. *Monographs of the High/Scope Educational Research Foundation*, *10*. Ypsilanti, MI: High/Scope Press.

Seitz, V., Rosenbaum, L., & Apfel, N. (1985). Effects of family support intervention: A 10 - year follow-up. *Child Development*, *56*, 376 - 391.

Shinn, M., & Gillespie, C. (1994). The roles of housing and poverty in the origins of homelessness. *American Behavioral Scientist*, *37*, 505 - 521.

Shonkoff, J., & Meisels, S. (1990). Early childhood intervention: The evolution of a concept. In S. Meisels & J. Shonkoff (Eds.), *Handbook of early childhood intervention* (pp. 3 - 31). New York: Cambridge University Press.

Shonkoff, J., & Phillips, D. (Eds.). (2000). *From neurons to neighborhoods: The science of early childhood development*. Washington, DC: National Academy Press.

Shore, R. (1997). *Rethinking the brain: New insights into early development*. New York: Families and Work Institute.

Shuey, A. (1958). *The testing of Negro intelligence*. Lynchberg, VA: J. P. Bell.

Silvestri, G. (1995). Occupational employment to 2005. *Monthly Labor Review*, *118*, 60 - 87.

Simon, B. L. (1990). Impact of shift work on individuals and families [Special issue: Work and family]. *Families in Society*, *71*, 342 - 348.

Skeels, H. (1966). Adult status of children from contrasting early life experiences. *Monographs of the Society for Research in Child Development*, *31* (Serial No. 105).

Slaughter, D. (1988). Programs for racially and ethnically diverse American families: Some critical issues. In H. Weiss & F. Jacobs (Eds.), *Evaluating family programs* (pp. 461 - 476). New York: Aldine de Gruyter.

Smeeding, T. M., Rainwater, L., & Burtless, G. (2001). U. S. poverty in a cross-national context. In S. Danziger & R. Haveman (Eds.), *Understanding poverty* (pp. 162 - 189). New York: Russell Sage Foundation.

Smeeding, T. M., & Torrey, B. B. (1988, November 11). Poor children in rich countries. *Science*, *242*, 873.

Smith, C., Perou, R., & Lesesne, C. (2002). Parent education. In M. Bornstein (Ed.), *Handbook on parenting: Vol. 4. Social conditions and applied parenting* (pp. 389 - 410). Mahwah, NJ: Erlbaum.

Smith, J. R., Brooks-Gunn, J., Kohen, D., & McCarton, C. (2001). Transitions on and off AFDC: Implications for parenting and children's cognitive development. *Child Development*, *72*(5), 1512 - 1533.

Smith, S. (Ed.). (1995). *Two generation programs for families in poverty: A new intervention strategy*. Norwood, NJ: Ablex.

Smith, S., & Zaslow, M. (1995). Rationale and policy context for twogeneration interventions. In I. Sigel (Series Ed.) & S. Smith (Vol. Ed.), *Advances in applied developmental psychology: Vol. 9. Two generation programs for families in poverty — A new intervention strategy* (pp. 1 - 35). Norwood, NJ: Ablex.

Smith, T. (1990). Social inequality in cross-national perspective. In D. Alwin, J. Becker, J. Davis, P. Ester, & P. Mohler (Eds.), *Attitudes to inequality and the role of government* (pp. 21 - 31). Rijswijk, The Netherlands: Social and Cultural Planning Office.

Solon, G. (1992). Intergenerational income mobility in the United States. *American Economic Review*, *82*, 393 - 408.

Sprigle, J., & Schaefer, L. (1985). Longitudinal evaluation of the effects of two compensatory preschool programs on fourth-through sixth-grade students. *Developmental Psychology*, *21*, 702 - 708.

Sroufe, L. A. (1970). A methodological and philosophical critique of intervention-oriented research. *Developmental Psychology*, *2*, 140 - 145.

Stack, C. (1974). *All our kin: Strategies for survival in a Black community*. New York: Harper & Row.

Steele, C., & Aronson, J. (1995). Stereotype threat and the intellectual test performance of African Americans. *Journal of Personality and Social Psychology*, *69*, 797 - 811.

Steinberg, L., & Dornbusch, S. (1991). Negative correlates of parttime employment during adolescence: Replication and elaboration. *Developmental Psychology*, *27*, 304 - 313.

Sterling, S., Cowen, E. L., Weissberg, R. P., Lotyczewski, B. S., & Boike, M. (1985). Recent stressful life events and young children's school adjustment. *American Journal of Community Psychology*, *13*, 87 - 98.

St. Pierre, R., Layzer, J., & Barnes, H. (1995). Two-generation programs: Design, cost, and short-term effectiveness. *Future of Children*, *5* (*3*), 76 - 93.

St. Pierre, R., Layzer, J., & Barnes, H. (1996). *Regenerating twogeneration programs*. Cambridge, MA: Abt Associates.

St. Pierre, R., & Swartz, J. (1995). The Even Start Family Literacy Program. In I. Sigel (Series Ed.) & S. Smith (Vol. Ed.), *Advances in applied developmental psychology: Vol. 9. Two generation programs for families in poverty — A new intervention strategy* (pp. 37 - 66). Norwood, NJ: Ablex.

St. Pierre, R. G., & Layzer, J. I. (1999). Using home visits for multiple purposes: The Comprehensive Child Development Program. *Future of Children*, *9*(1), 134 - 151.

Swartz, J., Smith, C., Bernstein, L., Gardine, J., Levin, M., & Stewart, G. (1995). *Evaluation of the Head Start Family Service Center Demonstration Projects* (Second Interim Report: Wave III Projects). Cambridge, MA: Abt Associates.

Sweet, M. A., & Appelbaum, M. L. (2004). Is home visiting an effective strategy? A meta-analytic review of home visiting programs for families with young children. *Child Development*, *75*, 1435 - 1456.

Thompson, T. G. (2003). *Welfare reform: Building on success* (Testimony before the United States Senate Committee on Finance). Retrieved from http://www.os.hhs.gov/asl/testify/t030312.html.

Tulkin, S. R. (1972). An analysis of the concept of cultural deprivation. *Developmental Psychology*, *6*, 326 - 339.

U.S. Census Bureau. (2003). *Statistical abstract of the United States: 2003*. Washington, DC: Author.

U.S. Department of Health and Human Services. (2003). *Strengthening Head Start: What the evidence shows*. Washington, DC: Author.

U.S. General Accounting Office. (2003). *Head Start: Better data and processes needed to monitor underenrollment* (GAO - 04 - 17). Washington, DC: Author.

Villar, J., Farnot, U., Barros, F., Victoria, C., Langer, A., & Belizan, J. (1992). A randomized trial of psychosocial support during high-risk pregnancies. *New England Journal of Medicine*, *327*, 1266 - 1271.

Votruba-Drzal, E. (2003). Income changes and cognitive stimulation in young children's home learning environments. *Journal of Marriage and Family*, *65*, 341 - 355.

Wacharasin, C., Barnard, K., & Spieker, S. (2003). Factors affecting toddler cognitive development in low-income families. *Infants and Young Children*, *16*(2), 175 - 181.

Walker, T., Rodriguez, G., Johnson, D., & Cortez, C. (1995). Advance Parent-Child Education Program. In I. Sigel (Series Ed.) & S. Smith (Vol. Ed.), *Advances in applied developmental psychology: Vol. 9. Two generation programs for families in poverty — A new intervention strategy* (pp. 67 - 90). Norwood, NJ: Ablex.

Washington, V. (1985). Head Start: How appropriate for minority families in the 1980s? *American Journal of Orthopsychiatry*, *55*, 577 - 590.

Washington, V., & Bailey, U. J. (1995). *Project Head Start: Models and strategies for the twenty-first century*. New York: Garland.

Wasik, B., Ramey, C., Bryant, D., & Sparling, J. (1990). A longitudinal study of two early intervention strategies: Project CARE. *Child Development*, *61*, 1682 - 1696.

Watson, E., & Collins, A. (1982). Natural helping networks in alleviating family stress. *Annals of the American Academy of Political and Social Science*, *461*, 102 - 112.

Weber, C. U., Foster, P., & Weikart, D. (1978). An economic analysis of the Ypsilanti Perry Preschool Project. *Monographs of the High/Scope Educational Research Foundation*, *5*. Ypsilanti, MI: High/Scope Press.

Webster-Stratton, C. (1998). Preventing conduct problems in Head Start children: Strengthening parenting competencies. *Journal of Consulting and Clinical Psychology*, *66*(5), 715 - 730.

Weinraub, M., & Wolf, B. (1983). Effects of stress and social supports on mother-child interactions in single-and two-parent families. *Child Development*, *54*, 1297 - 1311.

Weissbourd, B. (1987). A brief history of family support programs. In S. Kagan, D. Powell, B. Weissbourd, & E. Zigler (Eds.), *America's family support programs* (pp. 38 - 56). New Haven, CT: Yale University Press.

Werner, E., & Smith, R. (1977). *Kauai's children come of age*. Honolulu: University Press of Hawaii.

Wertsch, J., & Youniss, J. (1987). Contextualizing the investigator: The case of developmental psychology. *Human Development*, *30*, 18 - 31.

Westinghouse Learning Corporation. (1969, June). *The impact of Head Start: An evaluation of the effects of Head Start on children's cognitive and affective development* (Ohio University report to the Office of Economic Opportunity). Washington, DC: Clearinghouse for Federal Scientific and Technical Information.

White, K. R., Taylor, M., & Moss, V. (1992). Does research support claims about the benefits of involving parents in early intervention programs? *Review of Educational Research*, *62*, 91 - 125.

White, L., & Keith, B. (1990). The effect of shift work on the quality and stability of marital relations. *Journal of Marriage and the Family*, *52*, 453 - 462.

Williams, K. (1987). Cultural diversity in family support: Black families. In S. Kagan, D. Powell, B. Weissbourd, & E. Zigler (Eds.), *America's family support programs* (pp. 295 - 307). New Haven, CT: Yale University Press.

Wilson, M. (1989). Child development in the context of the Black extended family. *American Psychologist*, 44, 380 - 383.

Wilson, W. J. (1987). *The truly disadvantaged: The inner city, the underclass, and public policy*. Chicago: University of Chicago Press.

Wilson, W. J. (1996). *When work disappears: The world of the new urban poor*. New York: Knopf.

Wolfe, D. A., Edwards, B., Manion, I., & Koverola, C. (1988). Early intervention for parents at risk of child abuse and neglect: A preliminary investigation. *Journal of Consulting and Clinical Psychology*, 56, 40 - 47.

Wolfe, R. B., & Hirsch, B. J. (2003). Outcomes of parent education programs based on reevaluation counseling. *Journal of Child and Family Studies*, 12(1), 61 - 76.

Wolock, I., & Horowitz, B. (1979). Child maltreatment and material deprivation among AFDC recipient families. *Social Service Review*, 53, 175 - 162.

Yoshikawa, H., Altman, E. A., & Hsueh, J. (2001). Variation in teenage mothers' experiences of child care and other components of welfare reform: Selection processes and developmental consequences. *Child Development*, 72(1), 299 - 317.

Yoshikawa, H., Gassman-Pines, A., Morris, P., Gennetian, L., Godfrey, E. B., & Roy, A. L. (2003, June). *Racial/ethnic differences in 5 year impacts of welfare policies on middle-childhood standardized achievement*. Paper presented at a Conference on Building Pathways to Success: Research, Policy and practice on Development in Middle Childhood, MacArthur Foundation Research Network on Successful Pathways through Middle Childhood, Washington, DC.

Youniss, J. (1990). Cultural forces leading to scientific developmental psychology. In I. Sigel (Series Ed.) & C. Fisher & W. Tryon (Vol. Eds.), *Advances in applied developmental psychology: Vol. 4. Ethics in applied developmental psychology — Emerging issues in an emerging field* (pp. 285 - 300). Norwood, NJ: Ablex.

Zaslow, M. J., McGroder, S. M., Cave, G., & Mariner, C. (1999). Maternal employment and measures of children's health and development among families with some history of welfare receipt. *Research in the Sociology of Work*, 7, 233 - 259.

Zaslow, M. J., McGroder, S. M., & Moore, K. A. (2000). *The national evaluation of welfare to work strategies: Impacts on young children and their families 2 years after enrollment* (Findings from the child outcomes study summary report). Retrieved from http://www.aspe.hhs.gov/hsp/NEWWS/child-outcomes/summary.htm.

Zedlewski, S. (2002). Family economic resources in the post-reform era. *Future of Children*, 12(1), 121 - 145.

Zelkowitz, P. (1982). Parenting philosophies and practices. In D. Belle (Ed.), *Lives in stress: Women and depression* (pp. 154 - 162). Beverly Hills, CA: Sage.

Zigler, E. (1985). Assessing Head Start at 20: An invited commentary. *American Journal of Orthopsychiatry*, 55, 603 - 609.

Zigler, E. (1994). Reshaping early childhood intervention to be a more effective weapon against poverty. *American Journal of Community Psychology*, 22, 37 - 47.

Zigler, E., & Berman, W. (1983). Discerning the future of early childhood intervention. *American Psychologist*, 33, 894 - 906.

Zigler, E., & Freedman, J. (1987). Head Start: A pioneer of family support. In S. Kagan, D. Powell, B. Weissbourd, & E. Zigler (Eds.), *America's family support programs* (pp. 57 - 76). New Haven, CT: Yale University Press.

Zigler, E., & Muenchow, S. (1992). *Head Start: The inside story of America's most successful educational experiment*. New York: Basic Books.

Zigler, E., & Styfco, S. (1994a). Head Start: Criticisms in a constructive context. *American Psychologist*, 49, 127 - 132.

Zigler, E., & Styfco, S. (1994b). Is the Perry Preschool better than Head Start? Yes and no. *Early Childhood Research Quarterly*, 9, 269 - 287.

Zigler, E., & Styfco, S. J. (2003). The federal commitment to preschool education: Lessons from and for Head Start. In A. J. Reynolds, M. C. Wang, & H. J. Walberg (Eds.), *Early childhood programs for a new century* (pp. 3 - 33). Washington, DC: Child Welfare League of America Press.

Zigler, E., & Styfco, S. J. (Eds.). (2004a). *The Head Start debates*. Baltimore: Paul H. Brookes.

Zigler, E., & Styfco, S. J. (2004b). Moving Head Start to the States: One experiment too many. *Applied Developmental Science*, 8, 51 - 55.

Zigler, E., & Valentine, J. (Eds.). (1979). *Project Head Start: A legacy of the war on poverty*. New York: Free Press.

Zill, N., Moore, K., Smith, E. W., Stief, T., & Coiro, M. (1995). The life circumstances and development of children in welfare families: A profile based on national survey data. In L. Chase-Lansdale & J. Brooks-Gunn (Eds.), *Escape from poverty: What makes a difference for children?* (pp. 38 - 59). New York: Cambridge University Press.

Zill, N., Resnick, G., Kim, K., O'Donnell, K., & Sorongon, A. (2003). *Head Start FACES 2000: A whole-child perspective on program performance* (Report prepared for the Administration for Children and Families). Washington, DC: U. S. Department of Health and Human Services. Retrieved from http://www.acf.hhs.gov/programs/opre/hs/faces/reports/executive_summary/exec_summary.pdf.

Zur-Szpiro, S., & Longfellow, C. (1982). Fathers' support to mothers and children. In D. Belle (Ed.), *Lives in stress: Women and depression* (pp. 145 - 153). Beverly Hills, CA: Sage.

第 19 章

儿童与法律

MAGGIE BRUCK、STEPHEN J. CECI 和 GABRIELLE F. PRINCIPE

从 20 世纪 80 年代开始,关于儿童与法律的研究成为整个发展心理学中成长最快的领域之一,这主要是因为它吸引了众多领域的专家学者的参与。然而,尽管研究主题各异,但是他们有一个共同的目标,即研究那些在法庭内外影响儿童法律地位的行为和程序。虽然研究以实用的目的为导向,但是扎根于发展理论,并且在一些案例中产生了创新的发展范例、理论和框架。

儿童与法律的研究中所涵盖的广泛课题对当前一些社会问题发挥了重要影响,例如,关于出生顺序和养育方式对儿童的影响的研究有所增长,比如男女同性恋的家庭养育(Golmbok et al., 2003; Patterson, 1997)、离婚和监护安排(Amato, 2000; Bauserman, 2002; Emery, Laumann-Billings, Waldron, Sbarra, & Dillon, 2001; Gindes, 1998; Kelly & Lamb, 2003)以及收养和寄养(Goodman, Emery, & Haugaard, 1998; Haugaard & Hazan, 2002)等对儿童成长的影响。另外一项新近的研究途径主要涉及少年司法审判系统中那些犯了罪的儿童。这些研究兴趣一方面是由这一群体的犯罪率上升引起,另一方面是因为司法领域存在的一个事实,即人们对处理这一群体儿童的很多权限变得更为保守谨慎。其中一些研究主要关注年龄稍大的儿童,调查他们对法律程序及其自身法律权益的了解程度(Grisso & Schwartz, 2000; Grisso et al., 2003; Salekin, 2002; Steinberg & Cauffman,

1996; Steinberg & Scott, 2003)。

在儿童与法律这一领域内,大量的工作主要关注和儿童虐待相关的问题。在2002年,估计有896 000位美国儿童成为儿童虐待案的受害者。虽然美国儿童受害率从1990年的每1 000人中的13.4下跌到2002年的12.3,但是,这些数据仅仅是以报告给机构的情况为依据,从而可能大大低估了问题的严重性。这一研究领域通常以虐待的普遍性、相关和结果以及其处理方式为研究主题(Kendall-Tacket, Williams, & Finkelhor, 1993)。

虐待问题还对儿童与法律研究领域中的一个可能最有意义的问题有所帮助,即与儿童对所经历的事件能够提供准确证词的能力有关的因素。因为一些原因,这些研究主要以低龄儿童(3至7岁)为研究对象并主要强调与儿童性虐待有关的问题。首先,社会对儿童性虐待案件的了解和关注有所增长。在美国,每种类型的虐待在国家档案中都有所记载,数据显示:美国国立儿童虐待和忽视中心(National Center on Child Abuse and Neglect, NCCAN)1998年国家数据系统里49个州上报的数据中,有103 600件已经证实的性虐待案件(每1 000名儿童中就有1.5名),其中涉及的7岁及7岁以下的儿童接近38%。2002年,这一比率下降到1.2‰(Child Maltreatment, 2004)。

777

其次,在20世纪80年代以前,儿童在司法领域的目击者地位基本不被认同(见Ceci & Bruck, 1995)。这种转变一方面是社会对儿童虐待显著增长的一种应对,另一方面也是该类案件诉讼的低效导致的。在20世纪80年代,几乎所有的权限都降低了虐待儿童案件中的儿童对事实进行确证的要求,这类案件在举证上存在先天缺陷。很多州开始不顾这种缺陷,允许儿童作证,并允许陪审团自由决定儿童证词的重要程度。在加拿大,随着Bill C-15法案被采用,法庭现在可以依据儿童未宣誓的证词作出判决。在英格兰,超过3岁的孩子即可以在法庭上作证并可为性虐待案件提供未宣誓确证的证词。

第三,除了这些因虐待儿童案进入法院的儿童外,每年还有很多儿童因为其他原因(家庭暴力证人、受监管人的听讼、忽视听讼和监管人的争执等)和青少年犯罪司法系统打交道。卷入司法系统不同领域的儿童变得数量惊人。在这些情况下,儿童可能被要求提供宣誓过或未经宣誓的声明和证词,有时还被要求在法庭审判中作证。因此,年幼儿童代表着一个庞大而不断发展的法律选民,受到很多特别的约束,包括基本的发展能力、认知、社会,以及情绪因素,这也许会制约他们的有效参与。

第四,从20世纪80年代开始,司法界有一些经典案件出现,在这些案件中,儿童声称他们的看护者虐待他们。这些声明常常是一些似是而非的断言的混合物,这些充满想象的报告掺杂着仪式性的虐待、色情、人和动物的牺牲、多样的作恶者和多重犯罪(如*California v. Raymond Buckey et al.*, 1990; *Commonwealth of Massachusetts v. Cheryl Amirault LeFave*, 1998; *Lillie and Reed v. Newcastle City Council & Ors*, 2002; *New Jersey v. Michaels*, 1994; *North Carolina v Robert Fulton Kelly Jr.*, 1995; *State v. Fijnje*,

1995)。这类案件的很多被告被定罪。*

当这类案件首次进入审判,陪审团面临的首要问题就是要不要相信儿童。检举人认为儿童在虐待问题上不会撒谎,儿童证人的证词是可信的,以及他们对于案件的奇异而急剧变化的解释(这些远超越了大多数学前儿童的知识和经验领域)都证明了儿童的确曾参与其中的事实。他们还进一步辩称:儿童对于性虐待的延时揭发、否认和改变论调即使不是可以下定论的,但至少也具典型性。

反对者则认为孩子的陈述是父母、执法官员、社会工作者和临床医学家等不断重复的、暗示性的交流的产物。尽管辩护者能够指出一些潜在的、暗示性的访谈技巧引导儿童作出辩解,但因为缺乏任何直接的科学证据来证明这些技巧会真的导致儿童不能正确地揭露虐待事实,且按照那时的普遍认识,儿童对于性虐待事件是不会撒谎的,因此,很多该类案件最终定罪(对于早先案件的详情,参见 Ceci & Bruck, 1995; Nathan & Snedeker, 1995)。

由这些案件引发的问题得到社会科学家的关注,成为儿童与法律研究领域的重要话题。目前存在几个主要的研究领域。第一涉及儿童自传体记忆的精确性:他们对过去的记忆和对创伤事件的记忆有多准确,他们又是如何对性虐待创伤事件进行揭露的。第二个领域是关注儿童在多大程度上会因为暗示性的交谈而对未经历的事件进行错误虚假的陈述。第三个领域主要关注使用陪审团决策范例和下文将要描述的对证词可信性更为客观的测量这两种方法获得的儿童证词的可信性(如 McCauley & Parker, 2001; Nightingale, 1993; Quas, Bottoms, Haegerich, & NysseCarris, 2002)。第四类主要涉及法庭内外的修正,这些修正主要是为了提高儿童作证的准确性并维护儿童证词的安全。这一领域引发了科学、有效的访谈的发展,各种法庭修正的积极影响的考察,以及正反双方与儿童会面的电子信息记录。

778

案例以及相应的科学证据的呈现

本章的这一部分,我们将回顾由日托案件引发的上述四个领域的相关文献。主要关注自我记忆的精确性和受暗示性。为此,我们选用一件真实的案例(*Lillie and Reed v. Newcastle City Council & Ors*, ** 2002)来阐明发展心理学为法庭所提供的一些有关儿童与法律领域研究的关键问题。因为这一案例或任何其他案例都无法覆盖这一领域的所有重要问题,我们将在本章的第二部分讨论其他问题。

案件实情

Chris Lillie 和 Dawn Reed 是英国东北部纽卡斯尔城的一家日托中心的两名员工,被指

---

* 可以对比一下 35 年前我们感知到的乱伦少有发生:"在讲英语的国家中,纵容乱伦的性关系的人少于百万分之一。"(Verville, 1968, p. 372)

** 对这一案件的更详细解释,请参见 http://www.richardwebster.net/cleared.html。

控对 27 名儿童实施性虐待。被告在 1994 年的最初审判中被宣告罪名不成立。但是,在 1998 年,小镇成立了一个特别的监察委员会再次控告他们涉嫌侵犯。2002 年,两人控告检察委员会、市议会和地方媒体犯有诽谤罪。那个案件的法官发现所有指控都是无效的并支付给他们赔偿金。

警方接到的最早指控是由罗伯特夫人在 1993 年 4 月提出的。她声称其 2 岁的儿子 Tim 表示 Chris Lillie 曾摸过他的生殖器。然而,当警察和社会服务部门几天后对 Tim 进行访谈时,小家伙否认 Chris Lillie 曾经伤害他;身体检查也找不到任何明显的侵犯证据。尽管如此,调查仍然继续进行,Chris Lillie 也被其供职单位停职。罗伯特夫人继续给警方提供了另外的证据,那就是 Tim 是在一间有着黑色房门的房间被侵犯的,Lillie 的同事 Dawn Reed 被牵扯进来。

事件发生几周后,社会服务部门与那间日托中心的儿童的父母见面并宣称其中一位工作人员因为一项性虐待指控被停职。这次会面后,Dawn Reed 很快被该中心正式停职。

社会服务部门联系各个家庭以确定儿童是否有过任何关于性虐待的言论和父母是否与此有关。他们不止一次地为父母们提供建议,教他们怎样询问那些沉默的孩子。大约 25 位儿童至少一次被警察和社会服务部门约见。很多孩子被约见了两次甚至三次,被引导声称受过侵犯。1993 年 6 月,当 4 岁的 Mandy Brown 声称其“小仙女”(指阴道)至少 9 个月前被蜡笔插入后,Lillie 和 Reed 被正式逮捕。他们成功获得保释,但是,就在他们要离开牢房时,又因为一位离开日托已经一年多的 5 岁孩子的陈述而再次被捕入狱。在与这个孩子的第三次会见中,她也声称被侵犯了。这个案件中的所有访谈都被录像。

1994 年 2 月,在社会公益工作者按规定程序举行完听证会的基础上,Lillie 和 Reed 被其工作的日托中心解聘。同年 7 月,他们的审判开始。有 11 位孩子牵扯其中(最早的 Tim 没有作为证人)。审讯过程非常短,法官因为证据不足撤销了案件。Lillie 和 Reed 获得法律自由。但是,因为孩子父母的仇恨及市议会坚信这两人有罪,一个独立的检察组很快成立,开始检查这次审判到底哪里(如果存在一些)出了问题。这个检查组接受委托,调查虐待的指控是如何出现的以及更细致地了解孩子父母的抱怨。他们无需判断 Lillie 和 Reed 是否有罪。经过 4 年的调查,1998 年,这一复审小组发表了题为“年幼儿童的虐待”的报告,在报告中,总结道:“就我们掌握的证据来看,Lillie 和 Reed 合谋侵犯儿童,而且很明显托儿所外面的人也牵扯其中。” Lillie 和 Reed 成为众人憎恨的目标,部分源自地方报纸头版头条的煽动。两人开始离群寡居。在两位新闻记者的帮助下,他们对市议会、当地晚报(这家报纸庭外和解)以及独立检察组提出诉讼。

779

他们的案件中有两个分歧点。一个是如原始原告所示,Lillie 和 Reed 的确犯下虐待罪。另外一个却显示原告在邪恶的信念下行事,对 Lillie 和 Reed 犯下了恶意和蓄谋诽谤罪。经过 6 个月的审判,判决如原告所愿,支付给他们每人最高赔偿金 200 000 美元。检察组被判诽谤罪;市议会根据“有限特许权”而被判无罪。

本章的一位作者(MB)曾作为专家证人为原告服务。包括撰写审判开始前提交法庭的案情摘要,而且这个摘要作为审判过程中她交叉讯问的基础。本章接下来的主要部分引用了这个文件,这一文件根据 2002 年提出的科学基金会要求作过更新。

我们之所以选取这一案件是因为它包含了大量的儿童与法律的研究中已经验证过的思想观点。另外,它与其他包括机构情境中(通常是日托)的性虐待的指控带有下面所提到的这一系列共同的特征,这激发了最初的研究对此领域的兴趣。

首先,这些案件中涉及的孩子都是参加日托的学前儿童;大部分都是 3 岁或 4 岁。其次,第一个声称受虐的儿童(指标儿童)最初并不是自发陈述的,而是怀疑儿童发生了什么事情的成人询问出来的。当被第一次问及时,孩子否认受到伤害或做错事。但是,随着询问的重复,指控开始出现。第三,以这个指标儿童未经证实的指控为基础,日托所孩子的家长得知有个孩子受到虐待或者怀疑受到虐待。家长被指导去寻找孩子受虐的症状(尿床、哭、做噩梦等)并询问孩子事件的细节。第四,如指标儿童的遭遇一样,孩子们刚开始时候告诉他们的会谈者没有什么事情发生。但是,随着父母、警察、社会工作者及/或临床医生的不断重复问话,这些儿童也开始说受到虐待。有时为了获得一份可接受的报告要花费几个月的时间询问。第五,有很多被污染的因素可以对儿童的一般指控负责:在每一个案件中,同样的专家小组约见所有的儿童,为他们提供治疗,并就他们受虐情况进行评估。另外,孩子和父母互相影响着说出新的主张或者谣言。第六,虽然在很大程度上,并没有可靠的医学证据表明性虐待发生,大多数家长还是提出他们的孩子在受侵犯期间出现了一些行为变化,比如做噩梦、尿床、儿语、拒绝单独去浴室、排斥去托儿所等。最后,儿童的陈述随着时间变得更细致。例如,指认了一个明确的罪犯后,孩子开始揭发托儿所里的其他员工,有时甚至揭发镇上的其他人。过了一段时间后,儿童的指控开始变得混乱而奇异。他们宣称,他们被带到船上或扔到鲨鱼嘴巴里或被带到不知名的地方,在那里他们被绑到椅子上或被倒吊在树上或天花板上。

所有这些案件的最为一致的特征就是访谈者在启发儿童声称受到侵犯时使用的方法和策略。这些方法策略包括(但不限于)以下因素:

- 儿童很少有机会用自己的话来说明发生了什么。
- 访谈者很快就使用那些需要做出单一反应的问题。
- 访谈者的陈述和问题含有与案件有关的性的内容和细节,而这些有可能不是儿童最初的知识。
- 问题被反复提问,贯穿整个访谈过程。
- 访谈持续或不断被重复,直到儿童提供和性虐待相关的内容。
- 访谈者使用小贿赂或惩罚威胁("如果你告诉我我就请客"或者"只有你告诉我们发生了什么事情,我们才回家")。
- 访谈者使用选择性强化对儿童的陈述做出反应(对儿童陈述含有虐待内容的给予奖励,对否认虐待或相关活动的陈述却忽略或者给予消极评论)。
- 访谈者做出"带有气氛"的论述并把某些坏事情要发生的主题传递给儿童(例如,告诉儿童不用害怕,他们很勇敢,他们将受到保护,或者他们对调查有帮助)。
- 访谈者摆出其他人的陈述("你的妈妈告诉我们……"或者"你的所有朋友都谈过了,

780

现在该你说了")。

- 访谈者诱导出对嫌疑犯的消极的传统刻板印象(比如,告诉儿童嫌疑犯做了坏事,现在在监狱里)。
- 使用一些道具,比如洋娃娃、玩具、沙箱制定、画图等,引发儿童关于触摸的陈述。

把发展心理学引入法庭

将关于记忆和记忆歪曲的研究结果提供给法院最终是为了对证人证词可靠性的评估提供科学依据。在这里,可靠性指的是证据的可信性,而不是指证人的诚实可靠。证词或者陈述可能会由于遗忘、记忆歪曲、重构等正常的加工过程而变得不再可靠。如果陈述是在某种暗示情境中引发出来的,那么也会不可靠。这样,专家证词开始集中注意那些会加重或减轻儿童和成年人证词质量的因素。这是在 Lillie-Reed 案中提供给法庭的专家证词首要的关注点。虽然对儿童证词可靠性的评估和决定儿童是否被被告侵犯是陪审团而非专家证人的事情,但是这对于向陪审员或法官提供证据的可靠性信息,以让他们对儿童证词的可靠性,以及在本案中对 Lillie 和 Reed 作出有罪的结论是至关重要的。

科学文献很少说到证人的能力,原因有几个:首先,儿童回忆其经历过事件的真实性和他们在能力型访谈中的表现(常常在法庭上被使用)之间几乎没有关系(如 London & Nunez, 2002; Talwar, Kang, Bala, & Lindsay, 2004)。其次,是因为对于有能力的评价标准是要求非常不高的(证人只要足够聪明地去观察、收集、叙述事件并有说出真相的道德感就会被认为是有能力胜任的)。法官相信大部分证人的作证能力。因此,专家分析认为并不是儿童能力不足,而是从他们那里收集信息的方法让他们的陈述添油加醋了,也使得证据的内在质量变得不可靠。

儿童揭发性虐待的本质和时段

在这一部分,我们首先概述一下 Lillie-Reed 案中儿童对性虐待描述的演变和标志性事件,然后,我们总结了该案中儿童如何揭发虐待以及对儿童揭发模式的解释有关的科学研究。

案件实情

在这一案件中,没有儿童* 主动提及性虐待的事情(可能除了 Rosie 对她妈妈说的 Lillie 摸过她的私处,这一陈述发生在 1992 年 9 月,调查开始的几个月前,她妈妈没明白女儿说了什么)。根据家长的说法,当他们第一次问到孩子有否遭到虐待时,有 5 个孩子否认有不道德行为发生。第一次正式法庭访谈的录音带表明,没有任何一个儿童对于 Lillie 和 Reed 的性虐待提供一致的控告。这一次访谈发生在父母第一次向他们提问的几天甚至几个月以后。因此,对五位儿童进行了第二次访谈,其中的三位给出了某种与性虐待相符的陈述。有一位儿童参加了第三次访谈,在三位访谈者面前,经过相当长时间的会谈后,她最终提供了

781

---

* 本章提供的范例关注指标儿童以及在 1994 年法庭审判中出庭的 6 位儿童受害者。

一些与虐待相符的证词。

科学证据

检查儿童对性虐待的陈述演变过程是第一重要的。这一案件中发生的陈述模式引起重点关注：儿童首先沉默；她没有主动地自发地提供任何侵犯行为的陈述。而且，一旦一个成人怀疑有事情发生并开始提问儿童时，儿童的陈述就出现了。首先，儿童否认事件的发生，但是在重复的提问、访谈或者治疗后，儿童可能最终作了揭发。有时，在进一步的提问中，儿童可能在揭发后再取消前言，只有在稍后提问中重申原来的陈述。对这一想法的最通俗的体现是最高法庭 1983 年关于“儿童性虐待顺应症候群”(child sexual abuse accommodation syndrome, CSAAS)的描述。

由于 CSAAS 模型是基于临床的直觉而不是基于实证数据，我们最近回顾了对其提供实证支持的文献(London, Bruck, Ceci, & Shuman, 2005)。我们确定了 10 个研究，其间要求童年期有受侵犯史的成人回忆他们儿童期的揭发。在研究中，只有平均 33%的成人记起了揭发性虐待的时间顺序。在部分研究中，大概 30%的成人报告说除了这一次之外，他们从来没有告诉任何人儿童时期受到的侵犯(Finkelhor, Hotaling, Lewis, & Smith, 1990; Smith et al., 2000)。这些数据支持了 CSAAS 模式：受到性虐待的儿童回避他们受害的事实，在很长时间之后才揭发。

即使在推迟揭发的问题上有信息支持，这些数据对否认和抵赖现象却没有涉及，因为从来没有人问过被试：“作为一个孩子，有没有人曾经就侵犯问题向你提问?”我们仅仅是无法知道这些个体是否否认曾经被侵犯过，然后可能抵赖他们不情愿的揭发。另一系列的研究提供了一些关于这一点的数据。我们确定了 17 个研究，这些研究考察了遭受性虐待的儿童在医院接受评定和治疗时被直接问及侵犯问题时否认和抵赖的比例。在评估访谈中否认的比率波动很大(4%—76%)，抵赖的比率也是如此(4%—27%)。我们发现每个研究中方法的适当性(取样程序的代表性和确信性虐待发生的程度)与被试否认和抵赖的比率直接相关：最低劣的研究造成了最高的否认和抵赖比率。其中在 6 个方法先进的研究中，平均否认比率为 14%，平均抵赖比率为 7%。因此，虽然对成人的回顾性研究表明，儿童通常不揭发他们受到的性虐待，但是在正式访谈中，对遭受性虐待儿童的反应进行的研究表明，如果直接提问，儿童不是否认，而是宁愿承认他们受到了性虐待。

关于儿童揭发模式的神话部分被保留下来，因为 CSAAS 模型第一阶段(儿童保持沉默和延后揭发)的资料已经被解释为是整个模型的证据，据此否认和抵赖是正常的。我们最近的回顾和分析也表明，文献中那些支持了 CSAAS 模型的研究得到最普遍的认可，但遗憾的是，这些研究的方法却最低劣。

对可能遭受性虐待的儿童进行访谈的工作者不了解科学证据，而宁愿遵从“遭到性虐待的儿童不敢说话、否认侵犯、抵赖侵犯”的临床传统。他可能不接受儿童最初的没有发生任何事情的声明，而继续访谈直到儿童承认侵犯为止。例如，在现在的案件中，一位 3 岁儿童 Ned 的母亲曾问他关于 1993 年春天性虐待的事，他回答说没有发生任何事。因此，直到 8 月 16 日母亲都不担心，一位社工解释说有些案件中儿童需要很长时间揭发虐待事实。8 月

18 日,在另外的提问后,就有了足够的担心: Ned 需要跟调查者谈谈。

综上所述,科学研究中最一致的发现是: 即使遭受性虐待的儿童中相当一部分从不(自发地)报告侵犯事实,但是当权威人士问及此事时,绝大部分会揭发侵犯,而只有极少数抵赖。如果 Lillie-Reed 案中的儿童遭受了性虐待,那么根据科学研究结果,我们可以(保守地)预言: 至少其中的一些儿童在被直接问及此事时,应该会愿意承认发生了性虐待。而且儿童一旦承认,只有一小部分会事后抵赖。 782

由于 Lillie-Reed 案中儿童的陈述模式与方法优异的科学研究中的陈述模式差异如此之大,人们猜想儿童的最终揭发可能是暗示影响的产物。这种暗示影响有时能导致对性虐待的错误论断。为了验证这一假设,人们需要分析记录以证明访谈者如何提问,还需要分析科学文献以确定这种提问技巧对儿童陈述准确性的影响。

考察暗示对儿童陈述影响的研究

直到 20 世纪 80 年代末期,绝大多数对受暗示性发展的研究关注儿童对引导性问题的回答和儿童是否把错误的引导暗示融入自己的报告。但是这种对引导性问题和错误信息的关注没有抓住存在疑问的访谈的本质特征,本章开始时提到的很多法律案件都存在有疑问的访谈。由于科学研究中访谈的结构和内容与法律案件中访谈的结构和内容有差异,在 20 世纪 90 年代初,受暗示性的科学模型大大延伸成一种访谈者偏见模型。

访谈者偏见

根据我们的暗示性访谈的体系架构模型(Ceci & Bruck, 1995),访谈者偏见是很多暗示性访谈的定义特征。访谈者偏见是指访谈者对特定事件的发生已有成见,因此塑造访谈以从被访者那里引发出与成见相符的陈述。访谈者偏见的特点之一是专心致志地企图只收集确定证据并回避所有可能导致负面或矛盾证据的途径。有偏差的访谈者不会提问可能提供与他/她的最初或唯一假设矛盾的另一种解释的问题。当矛盾或古怪证据出现时,有偏差的访谈者或者忽略它,或者在他们原有假设的框架内解释它。这种成见通过一系列与引导错误报告相关的暗示性访谈技巧传递给儿童。因此,儿童可能会错误地报告访谈者的信念而不是自己的经历。最后,重要的一点是注意警官、临床医学家或者是儿童的父母都有可能成为有偏差的访谈者。

访谈者偏见已经成为发展法庭心理学家众多研究的焦点。下面的两个研究提供了这些研究的部分方法和结果。

看门人 Chester。Thompson、Clarke-Stewart 和 Lepore(1997)进行了一项研究: 儿童观看一出可以解释为性虐待或者是清白的舞台剧。有一个叫 Chester 的实验助手,一部分儿童当 Chester 在游戏室里清理一些洋娃娃和玩具时与他互动;另一些儿童在 Chester 以一种温和的性虐待的方式粗暴对待洋娃娃时与他互动。然后向儿童提问关于这一事件的问题。访谈者进行三种访谈: a) 指责式——暗示看门人没有认真工作而是用不恰当的方式玩弄玩具;b) 无罪式——暗示看门人只是在清洁而没有玩弄玩具;c) 中性式——没有任何暗示。在前两种访谈中,访谈者随着进程逐渐把问题由温和暗示变为强烈暗示。在第一次访谈之后,访谈者要求所有儿童用自己的语言说出他们经历了什么然后提问关于事件的问题。访谈刚刚结束时和访谈结束两周后,儿童的父母要求他们复述看门人做了什么。

当访谈者用中性式提问,或者访谈者的解释与儿童看到的活动一致的情况下,儿童的认知与现实一致,并且与看门人的脚本一致。然而,当访谈者持有与儿童看到的活动抵触的偏见时,那些儿童的回答很快就顺从了访谈者的暗示或信念。另外,儿童对解释性问题(如看门人是在工作还是在做坏事?)的回答也与访谈者的观点一致,而与实际发生的相反。当父母以中性式提问时,儿童的回答与访谈者的偏见保持一致。

783

惊喜聚会。Bruck、Ceci、Melnyk 和 Finkelberg(1999)展现了在自然访谈情境中访谈者偏见如何快速发展,如何不仅感染了被访谈儿童的反应,而且感染了成人访谈者的报告。这一研究为 90 位学前儿童设计了一个在学校中的特定事件。孩子们被分成 3 个组,在研究助手 A 的指导下,为研究助手 B 举行了一个惊喜生日聚会:玩游戏、吃东西,并观看魔术表演。另外 30 个儿童没有参加生日聚会。他们被分成两组,跟研究助手 A 和 B 一起画了一幅画。这些孩子被告知当天是研究助手 A 的生日。

要求访谈者(这些访谈者是从大学社会工作或咨询专业招募的本科学生,接受过访谈儿童的训练并有实践经验)提问 4 个儿童特殊访客来学校时发生了什么。访谈者事先不知道发生了什么,只是被要求从每个孩子的回答中发现到底发生了什么。每个访谈者访问的前 3 个儿童参加了生日聚会,第 4 个儿童参加了画画。

Bruck、Ceci、Melnyk 等人(1999)发现,在访谈中最后出场的参加画画的儿童犯错的概率是参加生日聚会的孩子的两倍;60%参加画画的儿童作出参与生日聚会的虚假陈述。这一结果表明,访谈者建立了一个所有儿童都参加过生日聚会的偏见。在他们访谈第四个儿童的时候,他们构造了自己的访谈以引出与他们假设相一致的陈述。因此,如果访谈者有了他们访谈的所有儿童都经历了某一特定事件的信念,那么很多没有经历该事件的儿童(非受害者)有可能最终作出参加过的陈述。另一个重要发现是即使第四个儿童否认参加过一个生日聚会,84%的访谈者在稍后都会报告所有他们访谈的儿童都参加了一个生日聚会。这些数据表明,不管儿童实际说了什么,有偏见的访谈者错误地报告儿童的陈述,使之与自己的假设一致。

这两个研究以及其他类似研究证明访谈者对一个事件的信念能够影响他们的判断以及他们的提问方式。随后,还能影响儿童证词的准确度。数据强调了对正被讨论的事件只持有一种假设的危险,尤其是当这个唯一假设不正确时。

Lillie-Reed 案中的访谈偏见

虽然一些儿童在此案中的某些表述的确与当初的假设相符,即 Chris Lillie 或 Dawn Reed 曾经触摸过他们,但是这些儿童也曾指控过其他教师和成人,而这一点却一直被人们忽视。

其中一个儿童告诉调查者,Chris Lillie 曾经在 Lillie 的家中用蜡笔伤害过她的屁股。当进一步问及时,她在访谈过程中三处表示当时他的父亲是在场。

访谈者: 有其他人在旁边吗?

孩子: 没有。我爸爸在……

访谈者: 你说谁当时在 Lillie 家?

孩子: 没有人。

访谈者: 我记得你说"爸爸"是在的。

孩子: (听不到)

访谈者: 是你爸爸在家吗?

孩子: 对。

访谈者: 他看起来怎么样?

孩子: 他看着我,他说再见。他就是那么说的……

访谈者: 你记得你什么时候说过曾经去过 Chris 家?

孩子: 我知道爸爸当时在那里。

访谈者: 你爸爸在那里?

孩子: 我爸爸(听不到)在,我妈妈不在*。

和其他儿童一样,这名儿童也指明了当时有其他人在场或者其他人也参与了所谓的虐待,例如 Helen、Tommy、Lynn 以及图书馆里拿包的男人。一位同学称 Diane 和其他教师把孩子们赶到了 Lillie 和 Reed 的家中,而且 Diane 还给她洗了澡。警察盘问了每个日间托儿所的工作人员,他们和 Lillie 和 Reed 一样,否认了报告中所述行为。但是,其他人的否认得到了认可,Lillie 和 Reed 却不被人相信。受访儿童提供了大量的人名,导致有些人认为存在一个有组织的恋童癖团体对所有儿童施虐。然而,这些恋童癖者中也包括了儿童们明确提及的诸如他们的父母、医生、父母的朋友以及他们的老师等成年人。访谈者似乎忽略了这种矛盾的证据。 784

在访谈录像带中,至少有四个儿童作出了对 Dawn Reed(有些则是对 Chris Lillie)的无罪申明,但均被忽略。例如:

访谈者: Dawn 怎么样,你说过要告诉我一些关于他的情况。对吧?

孩子: 没有。

访谈者: 你说 Dawn 做过一些愚蠢的事情,呃?

孩子: 不,那是很久以前,我来这里的时候……

孩子: 但是不要对 Dawn 讲任何事情,因为她不是个傻瓜……她没做错什么就进了

---

* 此章中对儿童的调查访谈均已呈报法庭并录入正式档案。在此论文中引用的部分访谈内容以星号标记,且 Bruck 在法庭的证词中报告过。

监狱。今天 Dawn 就会出来的。但不要让 Chris 出来!*

当这个访谈者向纪律委员会呈递虐待证据时,她删除了自己认为无关的内容,她没有告诉委员会这个受访儿童在两个不同的访谈中否认了这些证据。最终委员会开除了 Lillie 和 Reed。

访谈者们认为,儿童对虐待一事保持沉默或否认,是因为他们过于害怕讲出被虐待的事实。没有证据显示他们考虑过这样一个可能性,即儿童是因为没什么可说才保持沉默的。相反,儿童不断被询问直至不能忍受(例如,Rachel 最后在妈妈大腿前唉声叹气起来;Mary 抽泣起来;Nora 乞求妈妈停止问话,当她妈妈没有停下时,Nora 干脆离开了房间)。访谈者把这些行为解释为儿童对他们不断提问的抵触情绪。例如,访谈 Rachel 时在场的两名社会工作者这样解释他们的行为:

社工 1: 访谈快结束的时候,她变得躁动不安。我之前曾经到她家访问过,从未见他出现类似的行为。虽然访谈时间非常长,我不认为她是疲倦了,而是为了躲避我们的问题而故意表现出厌倦的样子。我记得当我们走出房间时,她又在到处奔跑玩耍了。

社工 2: 我记得录像访谈结束后,她十分解脱地走出录像室,紧握社工的手走在大街上。我的印象是她之前非常害怕。

这些访谈者没有考虑这样一种可能:儿童厌恶访谈的内容和结构,而并非隐瞒过去虐待造成的创伤。

事件揭露前后的行为症状被视为性虐待的主要证据或附加证据。似乎没有人认为,当父母越来越相信自己的孩子受到了性虐待之后,他们会自己改变关于症状的频率、严重程度以及初始发作期的陈述。没有人考虑过这些儿童的症状可能反映了正常的发展模式,反映了诸如离异、伙伴离去、新家庭的合并、暴力等家庭问题。也没有人意识到这些症状是因为儿童接受访谈或治疗的方式所导致或者加重的。

此案中对行为症状的关注基于一种假设,即认为根据一个共同的症状群,可以诊断出性虐待行为。但是,没有什么行为症状可以被诊断为性虐待。父母所引述的大部分问题(焦虑、遗尿、恐惧、夜间害怕,甚至性行为)要么在同龄儿童中常见,要么可以和其他类型的儿童期紊乱行为存在关联(参考 Kendall-Tackett et al., 1993)。而且,大多数遭遇性虐待的孩子并无症状。因此,如此多孩子出现了问题,可能说明是由于其他原因导致的,但他们并未对此进行考察。

785

有偏见的访谈者使用的暗示性访谈方法

访谈者的偏见会影响访谈的整个构架,且会通过很多不同的构成特征表现出来。其中有些在本章第一节中都已列出(如重复提问、选择性强化、同伴压力等)。在下一节中我们将指出,科学文献结果显示,使用这些暗示性方法,特别是被有偏见的访谈者使用时且被组合使用时,能够导致儿童说出他们从未经历过的事件。

开放性问题与特定性问题

为了确认他们的怀疑,有偏见的访谈者不会问儿童开放性的问题,例如"发生了什么",而是迅速使用一系列特定性问题,要求儿童只需一字回答(是或者否)。有时这些问题具有很强的诱导性(例如,问孩子"你老师摸你哪里了?"对于从未提及被老师触摸的孩子具有相当的诱导性),而且这种问题会被重复询问直至孩子给出一个访谈者想要的答案。

虽然使用特定性问题、诱导性问题以及重复提问的策略可以确保儿童提供信息,但是这种方法存在很大问题,因为孩子们对这些问题的回答经常不准确。例如,Peterson 与 Bell (1996)在一间急救房间对一些经过创伤治疗的儿童进行过访谈。他们首先被问了几个自由回忆的问题("告诉我发生了什么")。然后,为了得到额外信息,他们询问儿童更为明确的问题(如"你在哪里伤到自己了?"或者"你伤着膝盖了吗?")。Peterson 与 Bell 发现,儿童更有可能在自由回忆中精确地提供重要的细节。在所有年龄组中,回答特定性问题产生的错误都会上升。自由记忆和特定性提问产生的错误比例分别是 9%和 45%。

特定性问题包括是/否问题("那位女士有狗吗")以及强迫性选择题("那人是男人还是女人?")。使用这些问题具有风险的一个原因是:儿童很少回答"我不知道",即便明白告诉儿童这是可以作出的回答选项(Peterson & Grant, 2001),而且即便问题毫无意义和不可理解(Hughes & Grieve, 1980; Waterman, Blades, & Spencer, 2000)。儿童即使不知道答案或者不理解,却仍然愿意回答这些特定的是/否问题或者强迫性选择问题,原因之一是年幼的儿童是合作型交谈者,他们视访谈的成人是真诚无欺的。为了迎合他尊重的成人,儿童有时会极力使自己的回答贴近提问者的意图,而不是符合对事件的认知(Ceci & Bruck, 1993)。由于这种迎合型、合作性特点,也由于儿童回答特定性问题方面表现并不好,在访谈中避免使用此类问题就显得格外重要,除非儿童先对开放性问题提供了证据之后,才可以使用。

在本章中,Lillie 和 Reed 案件中的访谈调查者很少提问开放性问题,而更多是提问特定性问题,回答这些问题无需费力,一两个字就可以了。在下面的例子中,公诉人的最佳目击者被警察和社会服务机构在三周内第三次访谈。访谈之前她在汽车里面告诉母亲,这完全是个愚蠢的玩笑。在访谈的前半部分,当两位访谈者(Helen 和 Vanessa)对她轰炸式地提出特定性问题时,她大部分回答的是不知道或记不清了。当她回答这些问题的时候,答案非常不连贯,看起来这个孩子已经放弃了,她决定对每个问题都不再考虑其内容或者前面的问题及答案的后果。

访谈者: 他裤子下面还穿有什么东西吗?

孩子: 是的,内裤。

访谈者: 他脱下来了吗?

孩子: 是的。

访谈者: 你看到他的身体的某个部分了吗?

孩子: 是的。

访谈者：那看起来什么样子？

孩子：很大。

访谈者：你能记得它指向何方？向上还是向下？

孩子：向上。我是说向下，向上又向下，向上又向下。

访谈者：那它就是不断地上上下下。

786

访谈者：它自己那样的吗？

孩子：是的。

访谈者：它是什么颜色？

孩子：粉红。

访谈者：它是粉红色的；他一直不停地向上。然后呢？

孩子：就是这些。这是我不得不告诉你们的两件事。*

当查看记录范本时，例如上述记录，按照要求，只能集中于儿童所说的以估计儿童实际说了多少或者访谈者说了多少。在这段摘录中，在这个儿童表示她已经履行了说出两件事情的诺言之前，她几乎没有什么其他内容，除了"是"、"它很大"，以及"粉红色"之外。

低频率使用开放性问题、高频率使用特定性问题，并非只发生在这一个案中，而是成为对儿童的法律访谈中的普遍特点。例如，对某个州 42 家儿童保护服务机构的 2—13 岁儿童访谈结果显示，大约 89% 的怀疑虐待的问题是特定性的（Warren, Woodall, Hunt, & Perry, 1996）。

访谈者经常辩称，他们不使用开放性问题是因为认知、情绪以及动因等方面的障碍会抑制儿童对受虐的自然表露，而且儿童必须通过在一段时间内用特定性问题提问才可以鼓励他们表达。即使使用引导性或特定性问题存在风险，但由于受性虐待的孩子会感到恐惧、羞耻或者负罪，要从他们那里得到报告或者细节，使用这些方法仍然非常必要。

这种观点最近受到 Lamb 和同事们（2003）的质疑。他们建立了一种结构性访谈草案，然后训练访谈者使用。此草案要求访谈者通过开放性问题鼓励那些怀疑被虐待的儿童提供详细的生活事件描述（例如，"告诉我发生了什么"；"你说过有个男人，说说他的情况"）。特定性问题只有在详尽的自由回忆之后才被允许使用。特别不鼓励使用暗示性问题。在一项最新的研究中，Lamb 等考察了按照草案培训的警察对 4—8 岁声称遭受过性虐待的儿童进行的访谈，发现 83% 的指控和披露是从自由回忆式问题得到的（学龄前儿童的比例是 78%），66% 的儿童通过开放性问题确定嫌疑犯（学龄前儿童的比例是 60%）。这些数据反驳了访谈者认为的必须集中使用暗示性提问技巧引导儿童说出所历创伤的观点。相反，儿童可以通过开放性问题提供详细的信息，而且如果儿童被直接问及但否认了虐待，没有科学上信服的证据说明儿童必须要"否认"。

重复访谈和重复提问

正式调查中儿童经常会在很多不同场合接受访谈。对于重复访谈对儿童报告的影响得到了大量关注，尤其是访谈者有偏见时。下文将会描述的几个研究的结果表明，暗示性访谈中的重复提问和访谈导致虚假陈述比例提高。

例如,在五个不同场景中针对两个真实事件和两个虚假事件访谈学前儿童(Bruck, Ceci, & Hembrooke, 2002)。真实事件是:(1) 在学校里儿童帮助一个摔倒扭伤脚踝的访客;(2) 最近发生的一次儿童被老师或者父母惩罚的事件。两个虚假事件是:(1) 帮助一个女人找到她的猴子;(2) 看到一个男人在日托偷吃的。在第一次访谈中,儿童们仅仅被问到每一个事件是否发生过。如果他们说是,那就要求他们描述事件。在接下来的三次访谈中,对儿童进行暗示性访谈(例如,重复地问他们引导性问题,对他们的反应表示赞赏,要求他们试着回想可能发生过什么,告诉儿童他们的朋友已经说了,现在轮到他们说了)。在第五次访谈中,一个新的访谈者针对每个事件对每个儿童进行非暗示性访谈。在五个访谈中,所有的儿童一致准确地承认关于帮助一个在日托摔倒的女人的真实事件;很多儿童否认了发生过惩罚。在重复的暗示性访谈下,越来越多的儿童承认发生过惩罚。对两个虚假事件揭露的方式类似,那就是,儿童最初正确地否认了虚假事件,但是随着重复的暗示性访谈,他们开始承认这些事件。到第三次访谈时,大多数儿童承认了所有真实和虚假事件。这一模式持续到研究结束。

787

重复访谈儿童的基本原理之一是为了给他们提供一个再次报告在以前访谈中忘记说的或者仅仅是没说的重要信息的机会。这样就有一个假设:当儿童在后面访谈中提供新细节的时候,这些新报告就是在前面访谈中没有记起的准确记忆。另一个基本原理是允许儿童复述,使他们的记忆不会随着时间消逝。然而,最近的研究推翻了这一论点。有一套研究一致证明在儿童经历的第一次、中性式访谈中的陈述是最准确的。当针对同一事件的再次访谈时,儿童报告了上次访谈中没有提到的新细节时,新细节的准确度比首次访谈中已经报告的重复细节的准确度低(Peterson, Moores, & White, 2001; Pipe, Gee, Wilson, & Egerton, 1999; Salmon & Pipe, 2000)。在某些研究中,中性式访谈中新插入细节的虚假率高达50%(Peterson et al., 2001; Salmon & Pipe, 2000)。当儿童接受对真实事件的暗示性提问时,也得到了相似的结果(Bruck et al., 2002; Scullin, Kanaya, & Ceci, 2002)。因此,插入新的不准确的细节可能是一个自然的记忆现象:可能是由于先前的暗示融入了后面的报告,也可能是由于访谈的需求特性。当访谈者要求儿童告诉他(与自己的偏见一致)他的信息的时候,这些对额外信息的要求有时会导致儿童为了与他们认为的访谈者感知相一致而提供虚假报告。

虽然这些研究指出了重复访谈的确定影响,但是这一结论还有一个限制条件:大量研究表明,在多次访谈中接受了错误信息的儿童,比起仅接受过一次暗示性访谈的儿童,把这些信息融入以后的报告中的可能性并没有增加。其中的关键因素是暗示性访谈发生的时间:如果初次暗示性访谈发生在事件刚刚结束时,而且第二次访谈时间接近最终访谈,那么错误信息效应最高(Melnyk & Bruck, 2004)。然而,正如本章中某些研究所指出的,我们必须牢记:一次暗示性访谈就能够破坏一个儿童报告的可信性;而且,几次暗示性访谈可以把儿童从仅仅作出赞同转变到为虚假陈述提供详细信息(参见 Bruck et al., 2002 中"重复暗示性访谈导致对虚假事件的详细描述")。

就像重复暗示性访谈会导致风险一样，一次访谈中重复提问也会导致风险。有偏见的访谈者有时会重复提问同一个问题直到儿童提供与他们的假设一致的反应为止。Poole 和 White(1991)发现，在一次访谈中重复提问同一问题，尤其是是/否问题，通常会导致年幼儿童改变他们原来的回答(参见 Cassel, Roebers, & Bjorklund, 1996, 当重复提问儿童引导性问题时导致相似的影响)。而且，当儿童在不同场合中被问及同一问题时，他们听起来对自己的答案(哪怕是假的)更加确信。

当访谈者有一个优势的引导性(误导性)问题时，儿童们最初会抵制这个暗示反应，但随着误导性问题的重复(内容不同)，他们的抵制消散了。Garven、Wood、Shaw 和 Malpass (1998)发现，随着暗示性访谈的深入，学前儿童对误导言论和问题做出越来越多的虚假反应。在这一研究中，针对一个给他们班读故事的陌生人，对儿童进行 5—10 分钟的暗示性访谈。Garven 和她的同事们使用了暗示性技巧，结果儿童们作出了虚假陈述：那访客说了一个脏字，他扔蜡笔，他弄坏了一个玩具，他偷了一支钢笔，他撕坏了一本书，他打了老师等等。最重要的是，随着访谈的深入，儿童们作的虚假陈述越来越多；也就是说在 5—10 分钟的短时间访谈中，儿童们在后半段(第 6—10 分钟)作的虚假陈述比前半段(第 1—5 分钟)多。看来不止是重复问题，而且是对一个特定观点(例如访客做了坏事)的重复问题可能使儿童报告的可信度降低。

788

强制虚构效应

从 Lillie-Reed 案中的某些实例可以看出，幼童受害者不仅在一次访谈和多次访谈中接受重复提问，而且这些提问一直持续到儿童在自己不知道答案的抗议声中提供"答案"为止(例如，他们被强迫给出一个答案)。这一事实提出以下问题：如果强迫儿童对一个问题作出心照不宣的错误回答，那么再给他们一次机会的话，他们会不会纠正自己的错误呢(例如，在下次访谈中，或在同一次访谈中)？换言之，如果一个儿童最初否认性虐待，后来被暗示提供与性虐待有关的信息，然后作出与性虐待一致的揭发，难道这不意味着儿童第二次陈述是不可信的吗？

Zaragoza 和其同事们做了两个研究(Ackil & Zaragoza, 1998; Zaragoza, Payment, Kichler, Stines, & Drivdahl, 2001)，结果表明，当儿童被强迫提供虚假答案(虚构)时，他们不但继续提供同一虚假答案，而且会确实相信虚假答案的现实性。例如，在最后一个研究中(Zaragoza et al., 2001)，儿童们到一个实验室玩电脑游戏，此时，一个杂务工到实验室里修理一些坏东西。随即，研究者向儿童询问很多关于这一事件的问题并要求他们不管是什么都要提供一个回答。访谈者先是问孩子们实际发生的事情，然后问没有发生的事情。例如，问孩子们杂工是如何弄坏录像带的(杂务工甚至没有碰过录像带)。虽然大多数儿童声称杂务工没有弄坏录像带，访谈者还是要求他们无论如何都要提供一个答案。有时要经过几个回合的指导才能使儿童提供一个答案。例如：

访谈者：录像机上有一盒录像带坏了，是怎么坏的？

儿童：不知道。

访谈者： 你能告诉我你觉得它可能是怎么坏的吗？

儿童： 不知道。

访谈者： 那就猜一下。

儿童： 我想不出来。

访谈者： 那么，怎么样，一个人要怎么样才能弄坏录像带呢？

儿童： 弄到地上。

访谈者： 对了！他把录像带弄到地上了。*

两周以后，孩子们被带回实验室并被告知上一次的实验者犯了一些错误，就从未发生的事情提问他们，并要求儿童们只报告那些他们实际看到的事情。在第二次访谈中，所有年龄段的儿童(6—10 岁)都把虚构的虚假事件报告为真实事件(他们看到了)。例如，60%的 6 岁儿童在第二次访谈中报告他们看到杂务工弄坏了录像带。

这一研究非常重要，因为它说明不管儿童在早先访谈中多么抵制误导性问题，在足够的压力下，他/她不但会在后来的访谈中报告这一虚构信息，而且会说这是真实发生的事件。使用温和版的强制虚构访谈可以得到相似的戏剧性的受暗示性效应(Bruck, London, Landa, & Goodman, in press; Finnila, Mahlberga, Santtilaa, Sandnabbaa, & Niemib, 2003)。

综上所述，如果再一次访谈或多次访谈中重复提问特定的引导性问题并引导儿童做出陈述，那么这些陈述不可靠的可能性极高。反之，在任何暗示性访谈之前询问儿童开放性问题，此时得到的回答的可信性较高。

以下是 Lillie-Reed 案中重复提问和重复访谈的实例：

访谈者： 关于托儿所你有什么想跟我说的吗？

儿童： 实际上没什么。

访谈者：“实际上没什么”还是“我觉得有些不对”？你能告诉我有什么不对吗？

儿童： 不能。我不知道。

访谈者： 你不知道？好。在托儿所发生的任何事情中你有什么想跟我说的吗？

儿童： 不知道。

访谈者： 有没有什么人在托儿所做了什么他们不该做的事情？

儿童： 这是什么？(指她手里拿着的东西)

访谈者： 有没有什么人在托儿所做了什么他们不该做的事情？

儿童： 没有。

789

(孩子的妈妈走进房间)

访谈者： Chris 对你做了什么？你能告诉我吗？因为我听不清。你能告诉我吗？

妈妈： 你能告诉我吗？

儿童： 我不能。

访谈者：为什么你不能说呢？你知道这里很安全。告诉妈妈和我吧，嗯？你不必再告诉其他人了，不是吗？你只是现在告诉我们，嗯？

妈妈：有什么你不喜欢的事发生吗？

儿童：没有！……有！

访谈者：是什么？

儿童：Chris，他打了我和Jill。*

1993年12月，在第二次访谈中，在被重复提问特定问题之后，也可能是在重复访问之后，儿童对性虐待的否认变成了承认：

访谈者：那么Dawn呢？关于他，你也有些事情想告诉我，不是吗？嗯？

儿童：没有。

访谈者：你说过Dawn做了一些愚蠢的事，嗯？

儿童：没有，那是很久以前我来这里的时候。

访谈者：但是你说过Dawn触摸过你——我只是想知道他摸你哪里了？没关系的。

儿童：我的小仙女。（儿童用"小仙女"代指阴道）

下面的例子说明某一访谈中使用的暗示性策略是如何仅仅在后来的一个访谈中施加影响的。

妈妈：对，你还记得你什么时候坐在房间里吗？你还记得你什么时候感到小仙女疼啊？你告诉Helen（访谈者）啊，对了，当你说小仙女疼时你想跟我说什么啊。在托儿所有人碰过你的小仙女吗？（儿童摇头）那不是你告诉我的。

妈妈：记得你什么时候小仙女疼了啊？

儿童：不是/什么啊？

访谈者：你在托儿所的时候，你感到小仙女疼痛了吗？

妈妈：你没有吗？你过去小仙女疼过，对吗？

儿童：没有。

妈妈：你疼过。你告诉我你疼过，是吗？好了，你知道，我们不会骂你或做任何事……你是一个好女孩。因为你知道，当你告诉我们你的小仙女疼，而且我问你在托儿所有人曾碰过你的小仙女，你回答是，你是不是啊？是不是啊？

儿童：不是。

妈妈：（大笑）你是。不要撒谎……

妈妈：听着，你能记得当你在房间里说话时，你说过你的小仙女疼吗？过来这儿一会儿，就两分钟，我问你这些。你记得当你在房间你说话时，你说过你的小仙女疼吗？你能记得吗？嗨？（儿童耸肩表示不记得）你能记得。告诉我实情。作为一个像你这么大的女孩，你没做错什么，你知道事实上你没有。而且我问你在托儿所有没有人曾碰过你的小仙女啊？

儿童：没有……

妈妈：告诉阿姨谁碰你的小仙女了。

儿童：我不这样认为。

妈妈：你不这样认为？

妈妈：好，你能记得吗？你能记得谁，谁动你的小仙女了吗？你能记起吗？

阿姨：你要告诉我们你的秘密吗？如果你告诉我你的秘密，我也告诉你我的秘密。*

在访谈2中，当第一次问儿童有关碰小仙女的事情，这个儿童现在给出了如下回答：

访谈者：因此，你想告诉我们这个叫Chris的人什么事情呢？

儿童：碰我。

访谈者：你能指给我们看是哪里吗？如果是你，他碰你哪里了？

儿童：我的小仙女。*

虽然这些分析主要集中于录像拍摄的访谈中儿童的陈述，但是重要的是要注意到在这些正式的录像访谈之前儿童已经接受过提问了。录像显示，儿童受到父母、亲戚和专家们几次甚至多次访谈。例如Mandy，虽然她在1993年5月第一次告诉父母性虐待的事，但是她父母在此之前已问过她几次了。然而直到6月28日，她的父母才允许官方对Mandy进行访谈；主要是因为当他们提问时，Mandy会作出更多揭发。 790

另一位母亲1993年5月开始怀疑自己的孩子遭到性虐待。1993年6月她的孩子在警察局接受了访谈，但是没有作出与性虐待相一致的陈述。后来在6月份到12月份期间她接受了多次询问。1993年12月1日，当她在警察局接受第二次访谈时，她的陈述有一些与性虐待一致了。考虑到儿童在6月份的访谈中否认性虐待，之后的几个月中又接受大量重复访谈，12月1日访谈中出现的几个性虐待陈述应该不是新的供词，而可能是多次重复讲述和提问的污染导致的。

访谈的气氛和情绪基调

访谈者能够用语言和非语言提示传达偏见。这些提示设定了访谈的情绪基调。研究表明，儿童能很快地注意到访谈的情绪基调并据此做出行动。例如，在某些研究中访谈者设定了质问的基调(例如“在浴缸里让别人亲吻你是不对的！”或者“不要不敢说”)，即使儿童对发生的事件没有记忆，他们也可能会虚构对过去事件的报告。有的情况下，这些虚构是与性有关的。

某个研究中的儿童跟一个不熟悉的研究助手作了5分钟游戏，儿童隔着桌子坐在研究助手的对面。4年以后，访谈者要求这些孩子回忆当时的经历(Goodman, Battermna-

Faunce, Schaaf, & Kenney, 2002)。访谈者创造了"质问气氛",告诉孩子要就一件重要事件向他们提问,并用了"你不敢说吗","你一旦说了就会感觉好一些"之类的话。虽然几乎没有孩子对4年以前发生的事件有记忆,但是在被访谈的15个儿童中仍然有5个虚假地承认了访谈者的暗示性问题——研究助手拥抱、亲吻了他们。其中两个承认助手在淋浴间给他们拍照片;有一个孩子承认助手给他们洗澡。换言之,当访谈者创造一种质问基调时,儿童对关于无法记起的事件的误导性问题会作出虚假的回答。

奖赏和惩罚能够塑造访谈的情绪基调,并成为访谈者表达偏见的另一手段。在儿童访谈中运用奖励和惩罚的好处是可以鼓励儿童说出事实。另一方面,奖惩也可能造成负面结果:儿童可能认识到如果他们按照访谈者的信念编故事,访谈者将会奖励他们。

Garvan、Wood和Malpass(2000)的研究证明了在访谈中运用奖惩如何塑造儿童的行为并造成持续影响。一群5—7岁的儿童参加了由一个叫Paco的人主持的特别故事时间。在这20分钟的互动中,Paco给孩子们读了一个故事,分发糖果,并在每个小孩的背上贴了一个贴纸。互动一周后,向儿童询问一些平淡的问题(Paco弄坏了一个玩具吗?)和新奇的问题(Paco带你到直升机里去了吗?)。研究者设定了两种访谈情境。在中性无强化的情境下,访谈者问儿童问题表上的16个问题,在儿童回答后不给予任何反馈。在强化情境下,也问儿童同样的16个问题,但是每个问题后都给予反馈,举例如下:

访谈者: Paco带你到直升机里去了吗?
儿童: 没有。(请注意:这是一个准确的否认。)
访谈者: 你表现不好。Paco带你去农场了吗?
儿童: 是的。(请注意,这是一个虚假承认。)
访谈者: 很好!你现在表现得非常出色。
(问下一个问题。)*

强化对儿童回答的准确性有很大的负面影响。在强化情境下,儿童虚假地承认了35%的误导性平淡问题和52%的误导性新奇问题;非强化情境下的比率是13%和15%。在一周后进行的第二次访谈中,所有儿童在没有任何强化的情境下回答了同样的问题。得到强化的儿童仍保持了高虚假回答率。在第二次访谈中当儿童受到怀疑或被提问"你是看到了还是仅仅听说的"时,强化小组的儿童说他们亲眼看到了25%的误导性平淡事件和30%的误导性新奇事件。而非强化小组的儿童此时做出的这些回答只有4%。

791

这些发现表明,不管问题多么离奇,强化论述塑造儿童提供虚假反应的速度都是非常快。而且,虚假反应持续到第二次提问,大量儿童声称,他们确实看到了暗示性的虚假事件。当然,如同某些摘录所表明的,奖惩可以有更清楚的形式,例如承诺只要儿童回答正确就对他们好,或者只要他们回答不想要的答案就威胁他们。

Lillie-Reed案中的实例

以下摘录的是一个小孩的妈妈和阿姨的陈述,她们被允许帮助调查者访谈孩子。这些论述是用来诱导幼童作出与性虐待一致的揭发。

阿姨：你答应过我，如果我把所有的芭比娃娃给你拿来你就告诉我你的秘密。可你没有告诉我们，是不是？

阿姨：是的。好的，我去拿，但是，那你就会告诉我你的秘密了吧？你已经说了你会的。

妈妈：如果你能够记起来是谁，或者曾经有谁，我就给你的芭比娃娃拿些衣服来。

阿姨：你想不想我们带你去 Fenwicks 给你的芭比娃娃买些衣服呢？

阿姨：你是说你上周告诉妈妈了，是吗？你在听吗？我会让你到我家睡一夜。

妈妈：你告诉阿姨发生了什么之后，我们就去市里给你的芭比娃娃买新衣服，嗯？你是不是一个好女孩？你告不告诉 Joan 阿姨？

阿姨：你想告诉我托儿所里发生了什么，嗯？然后我们就去 Fenwicks 给你买一个麦当劳汉堡吃。*

除了正强化、负强化、奖励、贿赂之外，访谈者还重复告诉儿童不要害怕、不要担心、他们很勇敢。例如，"害怕"这个词在以下摘录中使用了九次，这也表明了访谈者、妈妈和妈妈的朋友的这一策略存在的潜在破坏效应。

访谈者：我想可能 Grace 也害怕了。

访谈者：你觉得她是不是害怕得不敢告诉我？

朋友：我想是的。我想我知道她害怕什么。

访谈者：Grace，我们有一点正确了吗？Grace？

妈妈：听着，Grace，你害怕吗？

访谈者：怕什么呢？

Grace：怕 Chris。

访谈者：为什么怕他？你很安全……

访谈者：我们都在那里保护你。你不用怕什么的。

朋友：这样没人能伤害她了，他们不能。

Grace：……

朋友：他讨厌的时候做了什么，Grace？

访谈者：我想 Grace 还有一点点害怕。但是她没必要怕。

妈妈：Chris 告诉你什么让你害怕？Grace？你为什么害怕？

Grace：魔鬼。*

刻板诱导

暗示并不一直以清晰的误导性问题(例如，"你爸爸疯了，是吗？")形式存在。一个暗示性访谈技巧通过告诉一个儿童说嫌疑犯“做了坏事”而进行负面的刻板诱导。

Lepore 和 Sesco(1994)的研究表明,有的孩子会把这些负面信息融合到他们的报告中。

在研究中,孩子们和一个叫 Dale 的男子玩游戏。Dale 在一个研究者的实验室里玩几个玩具,并要求一个孩子帮他脱掉毛衫。后来,一个访谈者要求这个孩子告诉她跟 Dale 发生的所有事。对其中的一半孩子,不管他们回忆起什么动作,访谈者保持中立态度。对余下的一半孩子,访谈者用控诉的口气复述孩子们的每一个回答,说“他不应该说/做这些。那很坏。他还做了什么?”这样,访谈者在这一情境下诱发了 Dale 做了错事的偏见。这些控诉过程结束之后,孩子们听到了关于从未发生的事件的三个误导性陈述:“他也脱下你的衣服了吗?”“其他小孩告诉我他亲吻了他们,他也对你那么做了吗?”“他抚摸了你,他不应该那么做,不是吗?”然后就“儿童和 Dale 发生了什么” 向所有的儿童提出一系列直接问题,要求他们回答是或不是。

792

控诉情境下儿童在回答直接的是/不是问题时比中性情境下的儿童作出更多错误回答。有趣的是,三分之一控诉情境下的儿童修饰了他们对这些问题的回答,而对回答的修饰总是倾向于控诉中的暗示。“Dale 在学校抚摸过其他小朋友吗?”这一问题导致最多的修饰。对这一问题的修饰包括 Dale 抚摸了谁(例如“他抚摸了 Jason, 他抚摸了 Tory, 他抚摸了 Molly”),他抚摸了他们哪个部位(例如“他摸了他们的腿”),他怎么摸的(例如“他还亲吻了……某些小朋友的嘴唇”),他怎么脱下了小朋友们的衣服(“是的,我的鞋、袜子、裤子,但是没脱裙子”)。在一周后对他们进行重复访谈时,控告情境下的儿童继续错误回答是/不是问题,并继续修饰他们的答案。

在 Lillie-Reed 案中,孩子们被重复告知 Chirs Lillie 和其他人做了“傻”事,并被不断地要求谈论这些傻事。

> **访谈者:**为什么?因为我听说一些托儿所的傻人做傻事的故事。于是我对你妈妈说,Mary 有没有跟你提到托儿所发生的傻事?你妈妈说:“啊,是的,我是不是把她带来你跟她谈谈?”我说:“好的,来吧。我不知道这些傻事是什么。”你知道吗?那么你有没有告诉妈妈这些傻事?

访谈者告诉孩子 Lillie 已经被关进监狱了,问他们 Lillie 有没有打他们、伤害他们?

> **妈妈:**记不记得妈妈早上和你谈话时问你 Chris 有没有伤害你(孩子躺在她妈妈的大腿上哼哼),我说警察已经把他抓起来了,他不能再伤害你了,再也不会有坏事发生在你身上了,你现在可以说了吗?你还记得当我问你 Chris 有没有伤害你时,你怎么说的吗?

儿童还被问到有没有发生“讨厌”的事,要求他们说出 Chris Lillie 和 Dawn Reed 对他们做的讨厌的事。在对某个孩子的初次访谈中,访谈者大概用了 53 次“讨厌”。以下是访谈者使用 15 次"讨厌"后孩子的反应：

访谈者：嗯，我不想他讨厌。你已经告诉过我他令人讨厌，我不想他讨厌。

儿童：为什么？

访谈者：因为我想他不该那样。但是我需要——

儿童：他以前很好的，现在他讨厌了。

在下一次沟通中，又提到了 9 次"讨厌"：

访谈者：那么跟 Charlie 有关了。那是不是有些事情与 Charlie 身体的某个部位有关呢？

儿童：没有。

访谈者：是不是有些讨厌的事情？还是很好的事情？

儿童：嗯—哈！

访谈者：我还是有点糊涂，因为这很难猜。

儿童：我知道一些讨厌的事。

访谈者：是讨厌的事，对。我就是想不清这些。那是一些讨厌的事，妈妈忘记了，你现在是唯一知道的人了。

儿童：我不知道。

最终，在"讨厌"这个词又出现了差不多 29 次以后，妈妈的朋友问孩子的时候，孩子制造了此次访谈的主要陈述：

访谈者：那么他很讨厌了，不是吗？我们为什么说他讨厌呢？是因为他又做了什么吗？

儿童：因为他讨厌。

访谈者：那么是因为他做了什么，才使得他令人讨厌吗？

儿童：他打我的屁屁。*

很多孩子初次陈述都提到拍打。主要访谈者之一，Vanessa Lyon，也注意到这一趋势并声称儿童通常从最轻微的侵犯事件开始揭露性虐待，这样他们可以测量谈话对象的反应。但是在上一实例中，孩子根本不必要测量成人的反应，因为成人愿意接受关于 Chris Lillie 或 Dawn Reed 做错事的任何陈述。因此，对这一模式的另一解释是像"讨厌"这样重复的单词和概念伴随有关 Chris Lillie 的问题，鼓动 Grace 得出她能想到的最讨厌的回答：Chris 打了她的屁屁。在这一案件中，跟其他案件中一样，访谈者在访谈之前提供给儿童性虐待信息，之后出现的性虐待陈述对儿童来说并不熟悉。 793

同伴压力

告诉儿童他们的朋友"已经说了",关于这对儿童所产生的影响,法庭发展心理学领域的研究不多。当然,人们通常认为一个孩子会加入一个同伴群体。但是仅仅为了使自己成为群体的一部分,他/她会提供虚假报告吗？现有文献中对这一问题最新和最相关的研究表明答案是：是的(Principe & Ceci, 2002; Principe, Kanaya, Ceci, & Singh, in press)。

6—8岁的学前儿童被分成小组参加一个假装的考古学教授Diggs博士的人为的挖掘活动(Principe & Ceci, 2002)。Diggs博士领导儿童们进行用塑料锤挖假设的文物(例如恐龙骨化石、金币等)的游戏。Diggs博士还给孩子们看了两件特殊的文物：一张藏宝图和一块含有秘密信息的石头。他警告孩子们不能碰这两样东西,以免它们被毁坏。研究中所有的儿童参与或者观察了核心事件。但是,有三分之一的儿童还看到Diggs博士毁掉了那两件特殊文物(因此被作为目标活动)并为他们的损失表示伤心。第二个由三分之一儿童组成的小组是第一组的同学,但是没有看到额外的目标活动。余下的小组儿童既不是第一小组的同学,也没有亲眼看到目标活动;他们成了评估同伴联系影响的基线。在挖掘游戏之后,儿童们在三种情境下接受了中立访谈或者是暗示性访谈。在对没有看到Diggs博士毁掉了那两件特殊文物的儿童进行的暗示性访谈中,访谈者告诉儿童这一信息。参加中性访谈的儿童没有被告知两个目标事件的信息。在随后的访谈中,孩子们被问到挖掘的问题。不了解两件特殊文物已消失的儿童,在访谈者告诉他们"他们的朋友已经说了"这一激发后作出更多的揭发。

同学组的儿童声称,他们看到目标活动(例如,他们把从上次访谈中得到的错误信息融入自己的回答中)的可能性比第三组儿童高。这些数据表明班级内互动会造成信息污染;没有经历过目标事件的儿童从他们的同学那里了解到目标事件信息,因此承认虚假事件的可能性更大。最后,告诉儿童"他们的朋友已经说了"会增加他们虚假报告的比率。

Principe等(in press)做了另一个研究：他们发现偷听到一个小朋友说某事(一只兔子从魔术师那里逃出来)的儿童在提问中可能作出虚假报告,说自己就像真正看到兔子逃跑的伙伴一样看到了这一事件。而且在这一研究中,暗示性提问不会显著地增加他们的虚假报告。只要他们偷听到同伴说兔子的事,不管访谈者是否使用暗示性问题,他们都可能作出虚假报告。

在Lillie-Reed案中,访谈者告诉儿童他们的伙伴已经来了,还谈到了"傻事"：

访谈者：你知道你在托儿所里一起玩的朋友吧？我已经跟他们谈了……他们告诉我在托儿所里发生的一些傻事。你知道这些事吗？

儿童：不知道。

访谈者：要我帮帮你吗？他们跟我讲了当他们在你班里时他们的老师的事。

在对性虐待进行指控之后,托儿所监护老师用"揭发日志"记录儿童对性虐待的陈述。

有些例子展现了儿童之间如何在一种看起来十分好玩的气氛中谈论侵犯话题。

794

儿童 1: 他们有真蛇,蛇走起来像 SSS,那是外面笼子里的玩具。

儿童 2: 我看到笼子和蛇了,但是我跑到楼梯上来了,那些蛇叫 Mandy,跟我的名字一样(请注意这是 Mandy 第一次提到蛇)……

儿童 2: 你知道吗? Chris 和 Dawn 踢我了。

儿童 3: 他们为什么踢你?

儿童 2: 因为他们以为我是一个女强盗。

儿童 1: 他们也打我了,因为他们以为我是一只狗狗。(儿童 1 和儿童 2 都笑了,开始在一个垫子上跳起来。)*

看起来儿童 2 和儿童 3 的初次陈述可能是从这些谈话中引申出来的。

非言语道具

由于幼童的语言能力有限,很多访谈者使用非言语道具帮助儿童提供关于他们过去的细节。作为一种向儿童提问他们被触摸了哪里以及如何被触摸的一种途径,这些道具特别用于对遭受性虐待的儿童所进行的访谈中。虽然使用道具看起来很生动,但是科学研究表明有时这些道具将会增加儿童报告的不准确性。其原因之一是因为道具是作为象征符号来使用的,而年幼儿童还没有象征思维。Deloache(DeLoache & Smith, 1999)在这一领域内作了探索性工作。他指出,儿童开始具有象征性思维,他们必须理解象征物有两个属性:本物属性(例如一个娃娃)和具体参照属性(例如娃娃代表儿童)。4 岁以前的儿童不具备这一判断力。一个结果是他们不再与象征物玩耍。从这个角度讲,象征就是暗示性影响。目前出现了一些有关道具对儿童影响的研究例证。

专业人员在访谈怀疑受到性虐待的年幼儿童时,经常使用有解剖学特征和没有解剖学特征的玩偶。使用有解剖学特征玩偶的基本原理是它们可以让儿童操作对关键事件的实物回想,从而提示记忆,克服语言问题、记忆问题,以及尴尬和害羞等动机性问题。然而,过去十年中所作的研究增加了对于玩偶的暗示性和它们对儿童报告准确性的影响这些问题的关注。这一研究有几个重要发现。首先,没有一致证据表明,遭受性虐待的儿童玩玩偶有特定的模式。众多研究表明,玩耍玩偶的模式是被虐待儿童的特点,如以暗示性或直接的性行为方式玩玩偶或在别人给他玩偶时表现出避免及沉默寡言等,在没有遭受性虐待的儿童样本中同样出现。其次,更新的研究表明,使用玩偶不但没有提高儿童报告的准确度,而且有时会降低准确度。例如,我们发现,当询问刚刚在儿科医生诊室接受过医学检查的 3 岁(Bruck, Ceci, Francoeur, & Renick, 1995)和 4 岁儿童(Bruck, Ceci, & Francoeur, 2000)医生触摸过他们哪个部位这类直接问题时,儿童作出大量错误回答。当给儿童一个玩偶再问同样问题时,错误回答更多了。特别是儿童错误地展示医生触摸过他们的生殖器和屁股,实际上根本没有。这些虚假回答反映了儿童对玩偶的新奇感觉,它鼓励儿童以创造性方式探寻生殖器。不准确的回答也反映了访谈中显示并谈论触摸的隐含要求。

还有一个独特研究表明,重复玩玩偶可能导致年幼儿童构造对性虐待的精细解释。一个没有遭受性虐待的 3 岁幼童一周之内 3 次玩有解剖学特征玩偶之后,告诉她爸爸儿科医生用绳子勒她,把一根棍插到她的"小仙女"(指阴道)里,把一个耳朵检查仪锤进她的肛门(参见 Bruck, Ceci, Francoeur, & Renick, 1995)。

研究者考察了给儿童真实物品(如听诊器)或玩具物品(如一个玩具熊代表儿童,一个玩具车代表真车)让他们报告过去经历对他们造成的影响。最近对使用道具进行访谈的实验性研究的回顾中,Salmon(2001)总结得出,虽然真实物品增加了儿童对某一事件的报告的信息量,但是也增加了错误报告量。而且,她得出结论: 对大量真实道具的随意接触会导致儿童,尤其是年幼儿童,对抚摸的相对大量的错误报告。例如,Pipe 等(1999,实验二)指出,有道具帮助的重复访谈在一年后导致儿童报告中出现不成比例的大量新的错误信息。Steward 和 Steward(1996)发现,如果儿童有机会操纵真实道具,情况就从报告实际发生的事件变成了报告游戏事件。对玩具或小型道具(比如,给儿童一件玩具家具并要他展示他是怎么做的)的研究也发现了类似结果。

795

要求儿童画画

Salmon(2001)在她的研究中指出,要求 4 岁以上儿童针对某一具体事件绘画,同时使用非引导性语言进行鼓励,就可以增强儿童的语言报告。但是这对更为年幼的儿童不太有效。然而,她还指出,如果是在较长时间以后,那么画画不但比不画画(如,仅仅提问)得到的信息更少,而且会在儿童记忆中引入更多错误。最近的研究发现,如果画图法和误导问题同时使用,那么就会使儿童后面的报告错误率提高(Bruck, Melnyk, & Ceci, 2000)。

针对 Lillie-Reed 案进行的访谈中使用玩具的数量大得惊人。一方面这看起来可以让儿童放松并使他们喜欢这些经历。然而,玩具的出现基本上是转移了儿童的注意力,导致儿童花更多时间在玩而不是集中于访谈。结果是,有时我们弄不清楚儿童是在玩还是在直接回答访谈者的问题。

他们给孩子玩具,有时要求孩子画出或指出身体部位以得出有关侵犯的指控。这一策略带来了问题: 它使儿童认为关注的焦点是对身体的特定部位的触摸。儿童可能提供与侵犯一致的回答,因为他们认为这是成人想听到的回答。而且,使用道具使成人更容易提问关于触摸的引导性问题("指给我看他抚摸了你哪里? 我们怎么称呼这个部位? 他触摸你这里了吗?")。

7 月 12 日,Kristen 在一个调查访谈中揭发说,Chris Lillie 用一支蜡笔弄疼了她的屁屁,用蜡笔挠她痒痒,他还把蜡笔放到她的"小仙女"(指阴道)里。这一最终揭发的情形是这样的。首先,Kristen 要求玩玩偶,访谈者鼓励她脱下玩偶的衣服并说出玩偶身体部位的名字。当直接提问时,儿童两次否认在托儿所发生了什么不好的事。然后访谈者指着玩偶问她:

访谈者: 有人弄疼你身体的哪些部位吗?

儿童: 没有。Chris。

访谈者: Chris 是怎么弄疼你那个地方的?

儿童：他弄疼了我的屁屁，现在还疼。

访谈者：那么你知道你指着你两腿间的部位，还说 Chris 弄疼了你。他是怎么弄的？

儿童：他很粗暴地这么做。（Kristen 坐在儿童小木椅上，一边说一边掀起裙子用一根手指或几根手指指着或压着两腿间的位置——看来是阴道部位。）

访谈者：那他用什么东西这么做的？

儿童：他用……（Kristen 停顿了一下，看了看她面前桌子上的一堆玩具，然后将手伸向她刚刚用来画画的一塑料盒蜡笔）一支蜡笔。*

因此，Kristen 对 Chris Lillie 把一只蜡笔插入她的阴道的指控实际上是用她面前桌子上的一堆道具示范的。可能她说出道具的名字是为了对一个她不知道答案的问题作出回答。在研究设置中，当被问及一个不知道答案的问题时，孩子们通常会说出周围道具的名字。例如，在猴子与小偷的研究中（Bruck et al., 2002），当问孩子们小偷偷了什么东西时，许多儿童说出的东西都是访谈室里的东西（例如录像机、钟、书等）。当要求实验中的儿童描述小偷的外表时，他们通常看着实验者，并说出与她穿着一样的衣服（有趣的是，Lillie-Reed 案中也有儿童在被问及受到侵犯时穿什么衣服时，回答是"就是我现在穿的衣服"）。

796

Kristen 作出的有人把一支蜡笔插入她的阴道的指控是 Bruck、Ceci、Francoeur 和 Renick（1995）以及 Bruck 等（2000）研究中儿童反应的再现。当这些实验儿童被问及医生怎么触摸他们时，他们使用现有道具做出诸如把这些东西插入到他们的屁股或阴道里等虚假示范或陈述。因此，可能 Kristen 的最初反应表明她在使用现有物体回答一个她不知道答案的问题。那个回答一旦被引出，她就不断重复并完善它。7 月 20 日，医院检查者注意到"Kristen 告诉她"Chris Lillie 把一支蜡笔插入她的阴道使她出血并流到短裤上。基于她的指控，7 月 24 日 Lillie 被逮捕并入狱。

暗示性技巧的结合使用

为了便于展示，我们试图把很多暗示性访谈技巧分门别类。从大量摘录中可以看出，这些元素极少单独出现：每次访谈都充斥着大量暗示性访谈技巧。科学研究表明，随着访谈暗示性的增加，虚假陈述的数量也在增加（例如 Bruck et al., 2002; Leichtman & Ceci, 1995; Scullin et al., 2002）。原因之一是随着访谈技巧数量的增加，访谈者的偏见变得越来越清晰。

一般来说，Lillie-Reed 案中的访谈所使用的暗示性访谈技巧如此之多，以至于说它多得一塌糊涂都不过分。访谈者给儿童玩具，要求他们画画，或者自己画画。然而从没有任何人试图确定儿童是在玩还是在实际描述他们所控诉的侵犯。除了道具、玩具和画画之外，当一个访谈者不能控制局面的时候，另一个访谈者就被叫进来，有时候孩子的父母或者父母的朋友也被请来参加访谈。有时某个访谈者会离开（如果儿童承诺那个访谈者离开后他/她就会说出来），只是过一会儿又回到访谈中来。访谈者承诺儿童只要他们说出来就带他们去餐厅吃好东西。他们告诉儿童要勇敢，告诉他们很安全，因为坏人已经被关在监狱里了。他们提问儿童引导性问题或给儿童关于触摸、侵犯、Lillie、Reed，以及去 Lillie 的住所的直接信息。而且，访谈中所有这些信息贯穿始终，为了一个目标：使孩子们最终作出与他们被 Lillie 和 Reed 侵犯这一优势信念相一致的陈述。

暗示对儿童报告可信度的影响

研究者证明儿童可能被引诱犯错误，包括在报告中添加虚假感知细节是一回事，证明那些虚假报告能够说服一位通常接受过高级训练的观察者却是另一回事。Ceci 和她的同事做了一系列研究（Ceci, Loftus, Leichtman, & Bruck, 1994; Ceci, Huffman, Smith, & Loftus, 1994; Leichtman & Ceci, 1995），把儿童在重复的暗示性访谈后最终作出陈述的录像带给专家看，有时也给专家看儿童拒绝暗示并否认有任何事情发生的录像带，然后要求这些专家判断儿童报告的事件中哪一件真的发生过，并对每一个儿童的总体可信度评分。那些专家，有的是研究儿童报告可信度的，有的是对怀疑遭受侵犯的儿童进行治疗的，有的是对儿童进行法律强制访谈的，除了对自己判断的盲目自信外，总体上都无法弄清儿童报告的真假。

有些专业人士声称，他们能够发现暗示，因为儿童仅仅是复述访谈者的话。然而，过去十年的研究中没有发现支持这一论点的证据。首先，儿童的虚假报告不仅仅是复述或者对引导性问题的单向性反应。在某些情况下，他们的回答融入额外细节和情绪，大大超越了暗示的范围。例如在 Bruck 等人（2002）的研究中，儿童的虚假报告不但包含了他们看到一个小偷从托儿所偷食物的预先暗示，而且加入了追逐、殴打、向小偷开枪等没有预先暗示的细节（参见 Bruck, Ceci, Francoeur, & Barr, 1995; Ceci, Huffman et al., 1994）。

最后，语言学标记无法始终如一地区分真实报告和由重复暗示性访谈导致的虚假报告。在 Bruck 等人（2002）的研究中，儿童重复接受关于真实和虚假事件的暗示性访谈，实际上儿童对虚假事件的陈述比对真实事件的陈述包含了更多的修饰（包括描述性的和情绪性的术语）和细节。同时，虚假陈述比真实陈述包含了更多的自发性语言。虽然绝大多数情况下，虚假故事中的细节是现实的，但是随着暗示性访谈的深入，儿童在他们的故事中插入了奇异的细节，这正是我们要考虑的一点。

797

在 Lillie-Reed 案中，有些接受重复访谈的儿童的揭发变得奇异或荒谬。例如，在一次暗示性调查访谈之后，一个叫 Ned 的孩子报告说，他被人用刀伤害了（没有发现身体证据）；Dawn Reed 把一根针放到他屁屁里；Chris Lillie 冲着他的脸撒尿；Lillie 和 Reed 交换身体，把对方的头放到自己脖子上，衣服和头发都不同。Ned 还提到一个电梯恶魔。他说 Reed 把他提起来放到一个没有把手没有窗户的碗橱里，但是他变成了一个角斗士把所有人都杀死了。

对这些奇异细节的出现原因有三种假设。其一，它们是虚假的，是暗示性访谈导致的结果（Bruck et al., 2002）。其二，虽然报告奇异荒谬细节本身可能是虚假的，但是它们的出现可能是一些创伤的症状导致的，因此可能是另一些真实描述的标志。根据第二个假设，作为遭受侵犯的后果，儿童可能误解动作和事件，或使用幻想对付自己的焦虑，或者通过幻想赋予自己重新控制牺牲的力量（参见 Everson, 1997 对解释的全面阐述）。第三，儿童之所以可能作出奇异陈述是因为施暴者恶意地向儿童暗示虚假事件,因此他们根本不会相信。由于这些原因,不能把包含奇异荒谬细节的关于侵犯的报告作为虚假报告处理,因为在确实遭受侵犯的儿童的报告中荒谬细节也以一定频率出现(Dalenberg, Hyland, & Cuevas, 2002)。

参与 Lillie-Reed 案的部分专业人士相信儿童的奇异报告,就像首席医师所作的如下陈述所反映的一样。

> 在儿童认知能力如此不成熟的情况下,侵犯的奇异特性几乎的确包含仪器使用、药品和色情描写,这意味着我们不容易确认导火索。例如,一个房间的家用汽水机的响声会导致另一个房间里的儿童歇斯底里的痛苦。

调查小组辩称:"虽然儿童所作的每一个陈述的内容可能不准确,但是揭露的主旨是准确的。"从而,诸如儿童受到剪刀伤害,他们被 Lillie 和 Reed 带到某个具体地点,Lillie 和 Reed 吞下漂白剂等陈述被认为包含真实内核。调查小组争辩说:"可能是由于儿童缺乏词语来描述事件,或者是由于他们被告知错误的细节信息,才导致他们论述中出现的错误。"

虽然这些论点有些似是而非,但是已经发现了支持第一个假设的有力的科学证据:出现奇异细节的揭发反映了暗示性访谈技巧的使用。这一观点不是说访谈者对儿童暗示了这些奇异细节,而是说儿童越来越清楚地认识到他们创造出的细节越多,访谈者越高兴,即使他们创造出奇异荒谬的细节。

综上所述,当儿童经受暗示性访谈或者接触到某些暗示性访谈成分时,即使在受过培训的专业人士面前,他们也能使自己的虚假报告非常可信。因此,一旦儿童接触到我们现在讨论的暗示性影响,我们就无法支持关于他们的报告是可信赖的观点了。行为举止、假装、自发性和其他传统的判断可信度的标准对判断暗示之后报告的准确性就不再适用了。

成人关于与儿童谈话的记忆

我们已经证明,访谈中问儿童的每个问题的确切选词、提问的语气和问题重复次数是判断访谈者是否使用人们所认为的能够影响儿童报告的可信度和准确性的策略的必要信息。在 Lillie-Reed 案中,由于缺乏父母、医师以及其他专业人员是否使用策略的信息,所以我们不可能作出判断。因此,人们必须依靠访谈录像考察儿童承认或者否认性虐待时的场景。

心理语言研究中广为证明的事实是:当成人回忆某次谈话时,绝大多数人能记起谈话要旨(主要思路和核心内容),却无法记起确切用词以及谈话者之间的互动顺序。后面这些语言信息在谈话结束后几分钟就很快从记忆中消失了(参见 Rayner & Pollatsek, 1989)。Bruck、Ceci 和 Francoeur(1999)对母亲与她们 4 岁大的孩子谈论发生在实验室里的游戏活动的内容进行了录像。3 天后,要求母亲回忆这一谈话。这些母亲无法记起谈话的全部实际内容,遗漏了很多谈论过的细节,但是她们记住的大部分都是准确的。但重要的是,母亲对谈话的某几类场景的记忆非常不准确:她们无法记起谁说了什么(例如,无法记起是她们暗示发生了某项活动还是儿童自发提到这项活动);她们也无法记起她们问孩子哪类的问题

798

(如,使用了发散性问题还是一系列引导性问题以得到一些信息)。例如,虽然这一活动中的部分母亲记起儿童玩游戏的时候她们觉察到一个陌生人走进房间,但是她们无法记起是儿童自发地告诉她们这一信息,还是经过一系列不断重复的引导性问题的影响,儿童才同意了这个一边倒的言论。综上所述,虽然母亲能够准确地记住谈话的大概内容,但是她们无法记住她们是否提问以及是如何提问孩子的。

有人对心理健康培训生进行了一个类似研究。我们在这一章的前半部分访谈者偏见中提到了这一研究(生日聚会研究;Bruck, Ceci, Melnyk, et al., 1999)。心理健康培训生访谈了4个儿童对一个事件的记忆。研究者要求他们在每次访谈后做笔记。几周以后,测试他们对其中两个访谈的记忆。心理健康培训生的记忆模式与母亲一样。即使允许他们参考笔记,他们也无法记起谁首先提到了某些特定信息;而且,他们无法确定儿童的回答是自发的或是引导问题产生的结果。另外,这些学员把四个孩子所说的话都混淆了。也就是说他们经常把儿童A的实际报告归于儿童B。

Warren和Woodall(1999)得到了与母亲和心理健康培训生相似的研究结果。他们研究了那些在访谈后立刻作出总结报告的有经验的调查者。当被问及用哪种类型的问题提问儿童并得到信息时,绝大部分有经验的访谈者的回答是首先用开放性问题,极少数人称自己用特定性问题,只有一个人说自己使用引导性问题。他们的估计极不准确,因为绝大多数(80%以上)访谈者问的都是特定性问题和引导性问题*。回到Bruck、Ceci、Melnyk等人(1999)的生日聚会研究,如同早先的报告一样,访谈者对儿童的发言内容报告有实际误差。也就是说,访谈者说第四个孩子参加了生日聚会,也很清楚大多数情况下这个孩子从未说过这样的话。Lamb和他的同事最近的一项研究(Lamb, Orbach, Sternberg, Hershkowitz, & Horowitz, 2000)结果表明,实验室中的母亲、心理健康培训生和有经验的访谈者所获得的结果可以推广到对怀疑遭受性虐待的儿童进行访谈的调查者。有人把调查20个4—14岁宣称受到性虐待的受害者的20个访谈者的实时速记笔录与访谈录像进行比较。50%以上的访谈者的语言和25%的儿童提供的事件相关细节在实时速记笔录中没有出现。这些笔录中呈现的访谈结构也是错误的。儿童提供的细节中只有不到一半(44%)归因于正确的引导谈话形式。调查者系统地把细节错误地归因于更加开放的而不是更加集中的提示启发上。考虑到Lamb等人的研究(访谈同时做记录)中出现错误的数量,你就可以开始评价成人试图回忆几天或几个月以前的谈话时可能发生的大量错误。

799 这些数据提供了获得儿童访谈电子版重要性的实证依据。他们证明,基于访谈者笔记和记忆而作出的访谈总结由于多种原因可能并不准确。通常,笔记上记录的仅仅是访谈者当时认为重要的一部分信息。如果访谈者有儿童遭受过性虐待的偏见,这就会歪曲他/她对儿童言行的解释,而出现在访谈总结中的正是这部分偏见的解释,而不是揭发的实际说明。如果访谈者访谈了很多儿童而又不是立即写报告,那么访谈者可能混淆哪个儿童说了什么。

---

* 许多父母说她们没有问引导性问题或要求他们的孩子说什么话。科学研究表明,仅仅去评估我们如何进行谈话都是多么难的。我们的记忆可能被塑造成我们倾向于如何看我们自己,而不是我们实际如何。

最终,基于访谈者笔记的访谈总结只能是"那种"总结。其中没有包含"多少次重复提问同一问题"或"儿童在最终承认之前做过多少次否认"等详细记录。没有经过速记培训的人没有一个有可能记录下每一次没有得到回答的提问。因此,当关于成人无法准确回忆儿童告诉她们的信息的文献与关于遗忘、记忆歪曲以及偏差的研究综合在一起时,这向我们提出:依靠家长和访谈者报告的发生在过去却没有在当时记录下来的儿童言行进行判断的确存在问题。

来自 Lillie-Reed 案的例证

Lillie-Reed 案中所有的儿童对父母作出了他们的第一次揭露。父母也是第一个问他们性虐待问题的人。父母们在几天、几周、几个月之后依其所述的发生情况回忆这些谈话。一部分描述包含前后关联的谈话,例如"我问他/她……"和"他/她回答……",但是,研究清楚地表明,这些回忆出错的可能性极高,结果是,这一案件的访谈者无法决定以下问题:(a) 儿童的陈述是自发的还是由于别的问题引发的(正如访谈录像中显示的那样);(b) 父母问了多少问题,为了得到回应父母问了多少遍;(c) 父母报告的是他/她说的还是孩子说的;(d) 父母是否准确地回忆起儿童陈述的内容;(e) 父母忽略了多少原始互动,不管是由于忘记了还是由于在回忆时认为这不是核心材料。由于无法重新找回这些信息,儿童陈述最可靠的证据(也可能是唯一可靠的证据),通过多少次鼓动才得到这样的陈述的最可靠的证据就是从录像带中获得的证据。

第一个实例展现了母亲对儿童 1993 年 4 月虚拟电话通话的记忆的改变。*

> 1993 年 5 月 13 日社工的报告:在 1993 年复活节前后,Rachel 的妈妈在逛街的时候把她交给一个朋友看护。妈妈回来的时候,她的朋友说 Rachel 曾经说:"我爸爸用他的小鸡鸡做了一些事情。"她的朋友回答说:"没有没有。"再问 Rachel 时她就什么也不说了。
>
> 1993 年 8 月 17 日(妈妈对警察的谈话)。有一次 Rachel 在我的一个邻居家里时,她拿着一个玩具电话玩并假装跟她爸爸通话。她好像说某人的小鸡鸡在她的手上。当我进一步追问时,她拒不开口,跑到另一个邻居那里去说:"我不讨厌,我不讨厌,是不是?"我回答说她不讨厌以使她安心。
>
> 1994 年 3 月(签字的谈话记录)。有一次,我把 Rachel 交给两个朋友看护。我去逛街了。当我回来的时候,Jeanie 告诉我说 Rachel 拿着一个玩具电话玩并假装跟她爸爸通话。她说某人的小鸡鸡在她的手上。当她意识到 Jeanie 在听时就放下电话说:"我不讨厌,是不是?"第二天我试图问问 Rachel,但她不能向我解释她说过什么了。

这一实例展现了 Rachel 的谈话内容从"我爸爸用他的小鸡鸡做了一些事情",到"她告诉爸爸某人的小鸡鸡在她的手上"。一段时间以后的谈话中,她爸爸身边的某个人做了一些

---

* 这个改变是 Rachel 妈妈发言中的核心观点。可能是因为她把这个理解为 Rachel 试图告诉大人性虐待的事。

不合适的事的想法就越来越固定了。这一实例还说明,虽然"不"和"讨厌"每次都会提到,但是说话人的规格变了。最初是妈妈的朋友,后来是 Rachel 回答她妈妈的提问,最后是 Rachel 回应一个成人偷听她和她爸爸的假装的通话。

另一个实例是根据一个参与警察对儿童访谈的社工的笔记整理的:儿童说 Chris Lillie 和 Dawn Reed 是夫妻。然而,儿童访谈中没有说这句话。

在《年幼时的侵犯》(Barker et al., 1998, pp. 210 - 214)这一报告中,纵观全文,调研组提供了儿童如下言论作为例证:

800

> 男孩和女孩描述他们遭到 Chris Lillie 的性虐待或看到其他小朋友遭到 Chris Lillie 的性虐待。Dawn Reed 性虐待的程度轻一些。这些性虐待发生在洗手间、碗橱里,以及托儿所的游戏室里。例如,一个男孩说 Chris Lillie 拿着他的小鸡鸡并摩擦到他都疼了……另一个小孩说 Chris Lillie 在他的头发上撒尿……几个小孩谈到某一条路上一间黑色大门的房间。孩子们还说被抬高放低地玩……一个小孩说 Chris Lillie 的生殖器指向天花板……一个说她坐在 Chris Lillie 房间的一条长椅边上时,Chris Lillie 是如何把他的生殖器放到她的"小仙女"(指阴道)里的……几个小孩提到有人给他们打针(我们是从孩子们一些关于止痛剂内容的谈话中推演出来的)……儿童说他们遭受了各种各样的叫喊、咒骂、拍打、脚踢……孩子们还描述他们受到威胁,他们说一个男孩和一个女孩被刺伤了,因为他们告诉了妈妈……另一些儿童提到比如魔鬼、一条伤害她们抓她们"小仙女"(指阴道)的大狗等方面的威胁。

如果这些陈述的确是自发产生的,不是被任何形式的暗示引发的,而且是儿童的直接言论(而不是父母对谈话的总结或者访谈者对访谈互动的总结),那么儿童的供词将为性虐待假设提供重要证据。但是,对这些案件事实的回顾表明,这些所谓的儿童陈述通常是父母对他们孩子的陈述的报告;在另外一些案例中,这些代表了对一系列引导性问题或非常具有暗示性的访谈之后做出的单向反应的集合。

为了写出报告,审查小组访谈了 40 对孩子的父母/看护人和超过 112 位其他证人。如果访谈在 1995 年 10 月开始,那么这些成人就是在回忆三四年以前的事件、想法和感受。对最后一次访谈中父母言论的研究表明,父母的证言已经比他们第一次报告孩子的陈述时改变了太多。很明显,研究小组依靠的是深信自己的孩子遭受性虐待的证人的不可靠的证词。

研究小组的结论是在访谈儿童时没有证据说明存在暗示。他们写道:"研究小组观看了儿童的作证录像。这些录像不支持任何使用了引导性问题的观点。"(Barker et al., 1998, p. 221)他们对其中一名儿童证人进行的三次访谈的印象是:

> 在三次录像访谈中,她细述了 Chris Lillie 对她和其他孩子的性虐待。Dawn Reed 性虐待的程度轻一些。她还提到其他托儿所工作人员的名字。我们观看的录像中她的关于在托儿所和其他地方受到性虐待的证言是极其有力和具有说服力的。(p. 148)

根据原告专家(包括本章的第一作者)对录像带的分析,很难理解调查小组为何会得出如此结论:这些访谈有非常高的暗示性。法官支持了这一评判。

Lillie-Reed 案中所引证的科学研究的影响和批判

由发展心理学者领导的儿童与法律的研究对法律舞台的许多方面产生了重大影响。首先,作为这一科学证据的结果,20 世纪 80 年代和 90 年代早期的很多有罪判决已经或者正在被推翻。根据请求,辩护人展示了证明受暗示性和记忆歪曲可能造成年幼儿童对性虐待的不准确陈述的相关和确切的科学证据(例如,*New Jersey v. Michaels*, 1994; *People v. Scott Kniffen, Brenda Kniffen, Alvin McCuan, and Deborah McCuan*, 1996; *Snowden v. Singletary*, 1998; *State of Washington v. Carol M. D. & Mark A. D.*, 1999; *State of Washington v. Manuel Hidalgo Rodriguez*, 1999)。现在在法庭上已经很少见到类似案件了,至少在北美法庭是这样。第二,作为这一科学文献的结果,现在人们知道在访谈儿童时遵循制订科学有效的草案是多么重要了(例如,Davies & Westcott, 1999; Lamb et al., 2003)。第三,人们越来越认识到对儿童第一次访谈以及后续的每次访谈进行录像的重要性:这能够评估儿童最初陈述中多少是自发的,多少是被暗示访谈技巧引发的。

801

虽然这一研究工作是有科学基础的,但是也有批评的声音(例如 Lyon, 1999; Meyers, 1995)。这些批评声称这一科学领域低估了儿童的可信度,关注的是儿童记忆的弱点而不是优点,否认了儿童性虐待的现实,造成了历史的倒退。他们还辩称:"由于科学家的研究是基于一些对年幼儿童进行访谈中表现出最坏情形的案件(多位学前受害人、多位侵犯嫌疑人的案件),所以科学分析结果过度推广到了对性虐待儿童的没有问题的访谈中。"

然而,这一研究不应看作是对儿童的可信度或能力的攻击,而是对成人错误处理年幼儿童和他们的报告的指责。虽然受暗示性研究关注成人扭曲儿童记忆的方式,但是并不否认在不受外力影响时儿童记忆力的强大。例如,如果儿童自发地向父母揭露过去受到的性虐待,然后亲自向警察告发同一事件,那么由受暗示性研究证明的"儿童的报告可能被访谈技巧影响"的结论就牵强附会了。很明显,这是对暗示感受性研究结果不恰当的引申。同样,如果正在处理的案子显示出应用多种暗示技巧的迹象,我们还要去千方百计证明儿童在面对中性问题时可以如何好地回忆起过去的资料,就不合逻辑了。与其争论儿童的记忆力有多强,还不如强调儿童在接受暗示性访谈之前所作的最初陈述很可能是正确的。

宣称受暗示性研究否认了性虐待事实,这仅仅是一块挡箭牌。在这一领域内的研究人员一致同意儿童对于性虐待所作的起诉大部分都是准确的。科学发现仅仅表明在某些清楚定义的情形下,有些儿童的起诉需要认真检查。不能仅仅因为有一些错误主张,就认为所有的主张都是错误的。

最后,关于科学文献是建立在由最糟的案件情形所产生的问题之上的论断是在转移注意力。像 Lillie-Reed 这样的案件引起社会科学家的兴趣,不止是因为他们的戏剧性成分,还因为他们的复杂性提供了与在法庭环境下结束的很多类型的案件相关的大量的例证和细节。虽然 Lillie-Reed 可能是属于那些“表现出最坏情形的案件”，但是它也包含了法庭上常见的其他案件的重要的结构或成分。

此外，一个特定的案例不能得出儿童受暗示性和自传式记忆方面的文献是否有效的结论。文献与每一单个案例在多大程度上存在相关才能决定结论。对儿童受暗示性的研究可以适用于任何类型的案件，只要儿童受害者是在暗示性访谈后作出陈述的，不管是日托案件，还是遭受父母、男友或是陌生人的性虐待的案件。

小结

如果一个儿童的告发言论，是在没有任何预先暗示性访谈，以及缺乏来自成人或儿童的作出控告言论的任何动机的情况下做出的，那么这一告发的不准确风险很低。但是，如果儿童在首次被问到犯罪行动时否认了任何错误事实，却在后来由于暗示性访谈活动的影响确认犯罪，那么这一告发可能并不可信。

暗示性技巧导致的错误不止包含外围细节，而且还包含儿童自身的内部事件。在实验室研究中，儿童的错误报告能染上性内涵的色彩。幼童可能对有身体接触的“蠢事”作虚假控诉(例如“保姆舔你的膝盖了吗？她冲你耳朵吹气了吗?”)，而且这些虚假控诉在 3 个月以后的重复访谈中仍然出现(Ornstein, Gordon, & Larus, 1992)。年幼儿童作出的虚假控诉有：一个男人把一个“令人讨厌的”东西放到他们嘴里了(Poole & Lindsay, 1995, 2001)，他们的医生把一根手指或一根小棍儿插到他们的生殖器里了(Bruck, Ceci, Francoeur, & Renick, 1995)，有个男人碰了他们的小朋友，亲吻他们小朋友的嘴唇，脱掉一些小孩的衣服(Lepore & Sesco, 1994)等。相当数量的学前儿童虚假控诉有人碰他们的私处，亲吻他们，拥抱他们(Brcuk et al., 2000; Goodman, Bottoms, Schwartz-Kenney, & Rudy, 1991; Goodman, Rudy, Bottoms, & Aman, 1990)。另外，当遇到暗示性访谈时，有的儿童会错误报告一些与性无关的事件，但是这些事件一旦发生就会带来严重法律后果。例如，学前儿童报告在他们日托时间看到一个贼(Brcuk, Ceci, & Hembrooke, 1997)。

802

暗示性访谈技巧连同与访谈者偏见的混合可以解释不同研究中受暗示性预测的变异。如果一个(有偏见的)访谈者使用了一种以上的暗示技巧，那么出现虚假报告的可能性比他/她只使用一种暗示技巧的可能性要大。

有时，暗示性访谈技巧导致错误信念。受到访谈者暗示影响的儿童最终会真的确信自己是受害者。

暗示性访谈还影响到对于儿童陈述的感知。对真实或者虚假报告缺乏准确辨别的主要原因可能是由于暗示性技巧对它所产生的虚假报告注入一些准确的信息。当虚假报告作为暗示性访谈的结果出现时，这些就不是对引导性问题的简单复制或单向反应了。在某些条件下，这些暗示性报告变得自我完善并补充细节，超越了访谈者提供的暗示。现在没有有效的科学测验能确定报告的哪一个方面或哪一个报告是对过去的准确描述。现实中没有“皮诺曹测验”，一旦儿童作了虚假陈述，他/她的鼻子也不会变得越来越长。

Lillie-Reed 案的最终判决

Eady 法官长达 446 页的判决书回顾了案件各个方面的所有细节。法官认为调查小组有故意基于个人判断而不是科学的发现进行有偏见的、不准确的调查之罪。对 Lillie 和 Reed，法官写道：

> 对他们不利的断言极具吸引力并受到了持续的广泛的鼓励。因此，我决定，每位原告应该给予被告诽谤诉讼中普遍接受的最高金额的赔偿。我判决每人 20 万英镑……最重要的是，两位被告应受到维护并被认为是清白的市民。我认为他们应当自由度过他们的有生之年而不会受到"对儿童进行性虐待"这一诬蔑的影响。(Approved Judgement *Lillie and Reed v. Newcastle City Council & Ors*, 2002, 443 页)

自传体记忆、发展差异和受暗示性机制

本章我们探讨那些虽然与 Lille-Reed 案件的讨论没有密切关系，但是对儿童和法律领域非常重要的课题。

儿童对创伤事件的记忆

对 Lillie-Reed 案件的讨论关注的是那些削弱可信赖陈述的暗示性影响，因为如前所述，在遇到这种暗示性质问之前，儿童不会说出任何与虐待有关的语言。虽然有人可能反驳说没有这种支持，儿童就不能陈述出创伤事件，但是文献显然不支持这一观点。反而，正如在这一章中详细论述的那样，大量的研究表明，儿童有能力提供关于现实事件(其中一部分是创伤事件)的准确、详细、有用的信息。请注意本章的研究具有以下特征：访谈者持有中性语调、有限制地使用误导性问题(大部分情况下，如果使用暗示，则必须局限于一种单一情境)，以及缺少儿童作出虚假陈述的任何动机。当以上条件具备时，儿童陈述的大部分(不是全部)都是相当准确的。不幸的是在 Lillie-Reed 案中对儿童的访谈中没有呈现这些条件。

对创伤的记忆与对普通事件的记忆有何不同?

人们普遍认为，对创伤事件的记忆与对日常经历的记忆是不同的。这一理念的源头可以追溯到 19 世纪末期的精神病疗法。Pierre Janet(1889)在与其病人的访谈中总结出创伤经历破坏了正常记忆而变得与意识察觉分离，如同为了阻止对痛苦事件的回忆而作出的心理防卫的结果一样。与 Janet 一样，Sigmund Freud (1896/1953)声称，创伤记忆受抑制的支配，并可以经由心理障碍间接地渗透到意识中。弗洛伊德所提出的"人们对创伤事件的记忆与对非创伤事件的记忆不同"的观点一直充斥着临床研究。荒谬的是，现代临床思潮中出现了两种对立的观点。有的人与 Freud 观点相同，声称创伤记忆对儿童来说太过痛苦无法忍受，以致被压抑到内心深处难以接近(例如 van der Kolk & Fisler, 1995)。另一些人反驳说创伤经历如此震撼，以至于他们被放置在记忆中并以原始状态永远储存，无法磨灭(例如 Koss, Figueredo, Bell, Tharan, & Tromp, 1996)。

803

有两种创伤记忆吗?

Terr(1991,1994)提出了一种被广泛引用的对这些创伤全然不同的结果的解决方案。Terr 把创伤分为两类:类型Ⅰ包含独立、震撼的事件,例如蓄意谋杀或自然灾害;类型Ⅱ含有重复的延续性的创伤经历,例如多次遭遇到性虐待。据 Terr 的理论,Ⅰ型创伤造成详细、精确的记忆,而Ⅱ型会导致片段的甚至并不存在的记忆。当经历许多创伤事件以后,儿童学会把自身与正在发生的经历分离,由此造成编码枯竭以及有限的记忆甚至是丧失记忆,以此应付痛苦和恐惧。

临床案例报告为这一区分提供了证据。特别有名的是 Terr(1988, 1991)的研究,Terr 对以下两组儿童进行了比较:一组是一些 5—14 岁的儿童,他们乘坐校车时被绑架并被藏到卡车拖车里;另一组是由 20 位不断遭受虐待的 5 岁儿童组成。Terr 指出,所有遭到绑架的儿童在五年以后都能栩栩如生地回忆起绑架事件的细节;而那些多次遭受创伤的儿童却难以用语言描述甚至无法用语言回忆,因为他们已经学会压抑记忆。

虽然看起来很合理,但是有人对 Terr(1988,1991)的比较结果进行了仔细地考察并发现了很多问题。首先,Ⅰ型和Ⅱ型的儿童所处的年龄阶段不同:年龄较大的儿童(Ⅰ型)对任何经历的记忆应该比年龄较小的儿童(Ⅱ型)更好,而不只是对创伤事件的记忆。其次,Ⅱ型儿童中只有 4 人遭受过重复的性虐待,而且其中有 3 人在遭受性虐待时尚不到 2 岁。然而根据实证文献(详见下文),2 岁前经历的所有的事件(不只是创伤事件)都无法用语言描述回忆。第三,Terr 关于重复创伤导致记忆变化的结论暗示出对该事件的组织完好的记忆修复应该不再可能,因为在发生之初该事件就没有被完整地登录到记忆中。

压力事件记忆的实证研究

鉴于临床文献得出的创伤记忆本质特殊的结论,实证研究与这些结论的匹配程度如何呢?整体而言,对儿童压力事件回忆的实证文献与"儿童对创伤事件的记忆与儿童对普通事件的记忆不同"这一信念相冲突。相反,现有证据表明,儿童对创伤事件的记忆表现与对日常经历的记忆基本相同。

对创伤事件的回忆基本准确。首先,实证研究证明,儿童能够跟回忆日常经历一样准确回忆创伤事件,即使对年龄只有 3 岁的儿童来说也是如此。有关研究发现,儿童对 Andrew 台风(Bahrick, Parker, Fivush, & Levitt, 1998; Shaw, Applegate, & Schorr, 1996)、挑战者号航天飞机爆炸(Warren & Swartwood, 1992)等灾难性事件的记忆在经过较长时间后仍然详细并且基本准确。同样,研究者考察了儿童对非常痛苦的医院经历,如由于创伤而进入急救室(Howe, Courage, & Peterson, 1995; Peterson & Whalen, 2001)、骨髓移植(Stuber, Nader, Yasuda, Pynoos, & Cohen, 1991)、腰椎穿刺(Chen, Zeltzer, Craske, & Katz, 2000),以及化疗(Howard, Osborne, & Baker-Ward, 1997)等方面的回忆,结果表明,儿童能够对这些经历保持持久和非常可靠的记忆。

为了证明这一点,Ornstein 及其合作者对做过膀胱尿道 X 线照相术(VCUG,是一种痛苦的放射治疗,包括尿道导管插入的诊疗过程)的儿童记忆的研究表明,3—7 岁儿童在 6 周以后仍然能非常准确地解释这件事情(Merritt, Ornstein, & Spicker, 1994)。相关研究表明,在五年半以后,儿童仍保持着对这一手术过程的基本准确的记忆(Pipe et al., 1997)。

使用 VCUG 范例研究创伤对记忆的影响的研究者们认为: VCUG 在法学上讲是相关事件,因为从某种程度上讲它与性虐待相似。一些被限制活动的儿童,在生殖器暴露的情况下被成人操纵。这个事情是相当痛苦的,因为一根输尿管被插入尿道、膀胱并充入流体使膀胱达到充盈。研究者要求儿童在实验台上撒尿——一种可能让人尴尬的动作,尤其是对最近接受过如厕训练的年幼儿童来说更是如此。 804

但是,有些人对 VCUG 和性虐待相关性提出了质疑,因为虽然参与这一实验的大部分儿童体会到高度紧张,但是除此之外,VCUG 是一种经过社会认可的手术。不过,有虐待意向的成人如果提供给年幼的受害者一种误导性的思想,这种思想带有把他们之间的互动活动理解为符合习俗的特征,比如把虐待描述为一种秘密游戏或一种特殊关系,这时这一批判就不成立了。而且,如果考虑到儿童对 VCUG 在诊断学上的价值缺乏理解,有的儿童可能把这一过程设想为他们信任的照顾者对他们的一次背叛,而不是一项必要的医学检查。

对创伤事件的记忆遭遇遗忘。跟普通记忆一样,随着时间的延迟,创伤事件记忆的可提取性逐渐减少。通常,随着时间的流逝,外围的、不合逻辑的细节首先被遗忘,而要点和关键细节则保留下来(Goodman, Hirschman, Hepps, & Rudy, 1991; Peters, 1997; Peterson & Bell, 1996)。为了证明这一点,Peterson 和 Whalen (2001)指出,虽然在五年以后儿童对事故(如割伤、骨折、烧伤,或被狗咬等)和在医院急救室里接受医学治疗的记忆大体上准确,但是经历的某些方面,特别是治疗细节,却被遗忘了。而且,对伤害的主要部分的记忆比对小细节的记忆更清晰。

对创伤事件的记忆会受到来自外部事件的建构性歪曲。如同对通常事件的记忆,对创伤事件的记忆容易受到结构性歪曲或来自其他相似经历的混淆。也就是说,当干预经历带来的信息与原始记忆融合时,现存的对创伤事件的记忆在经历和陈述之间的时间差中会产生改变。例如,Principe、Ornstein、Baker-Ward 和 Gordon(2000)提供了证据证明,电视节目能够导致后来对医院治疗经历的编造。这些经历只是在电视上看到过而不是真正体验过。

Howe 等人(1995)指出,随着创伤经历和陈述之间时间间隔的增加,儿童错误地把干预经历信息融合的可能性就增加,就像创伤事件融入原始事件的解释中一样。例如,当我们要求一个儿童回忆 6 个月前到医院急诊室进行眼部治疗的经历时,他可能错误地描述医生为他看牙并把药放到他嘴里——这与在更早的一个月中发生在另一个诊疗室的情境相同。特别重要的是,虽然从干预经历中引入的从未经历过的细节基本不会阻碍儿童陈述的准确性,但是对原始事件细节不知情的访谈者可能会无法区分儿童陈述中哪些是实际经历的事件,哪些是干涉事件——关键一点是法庭访谈者几乎不知道实际发生了什么。

对创伤事件的记忆会受到来自内部因素的建构性歪曲。作为希望、感情、偏好和目标等内部想法的结果,对创伤事件的记忆可能会随时间的推移而改变。为了证明这一点,Pynoos、Steinberg 和 Aronson(1997)指出,一些目睹残暴的家庭暴力事件的儿童会错误地回忆自己曾干预并帮助受虐待的一方。同样,Ornstein 和他的同事(1998)做过一个调查,

4—6岁的儿童接受虚拟的医疗检查,其中包含一些高度意料之中的医学项目(例如测量体重),而省略了其他一些,同时又融入几种非典型的、意料之外的医学项目(例如采集唾液样本)。12周以后进行访谈(而不是立刻进行访谈)时,儿童对他们医学检查中没有包括的典型医学特征表现出相当高的自动植入频率,但是对同样没有包括的非典型医学特征没有表现出高频率的自动植入。实际上,在12周之后的访谈中,42%的4岁儿童和72%的6岁儿童至少做了一次典型医学特征自动植入,而重要的是所有的儿童对于医学检查中没有包括的非典型医学过程都没有任何自动植入。

综合而言,实证研究结果令人信服地证明对创伤事件的记忆与对通常事件的记忆没有区别。儿童的创伤事件记忆没有被意识压制或隐藏,反而随着时间的推移,事件的核心在记忆中越来越清晰。虽然创伤事件记忆会延续,但它们并不是以原始的形式永远不变地储存。

805

反而,它们的细节会随着时间而在记忆中减退。创伤事件对建构性歪曲也不是免疫的;干涉事件和内部沉思能够改变记忆。因此,创伤事件记忆看来没有独特性,也不需要特别的原则来解释他们的运作过程。

对于这些普遍结论有一个例外,这包括了非常年幼的通常不用语言的儿童的长时记忆,这些儿童在后来被要求叙述某一事件。换句话说,儿童或成人能否准确地回忆起他们2岁之前发生的事呢?这是一种非常复杂的问题,有很多与此有关的文章发表,但是我们可以把这件事归纳为几个主要论点。

首先,很明显整个幼年期,对某几种类型的连续事件的非语言记忆不断发展,以至于一些仅仅13个月大的婴儿在初次经历简单的事件后,能够在12个月以内用非语言方式重演三步序列(Bauer, Wenner, Dropik, & Wewerka, 2000)。虽然这些研究充分证明了婴儿能够记住过去的信息,但是却不清楚他们能记住哪些具体方面。在婴幼儿的研究中,人们以行为的改变为基础推断保持力,例如更有力的踢腿或重复做出一系列动作。然而,行为反应并不等于自传体记忆的示范。自传体记忆包括一个把储存的信息转变为有意识提取的信息,并像实际经历(也就是说,在特定时间、特定地点、特定环境下发生的实际经历)一样记住的过程。

不管怎样,关于婴儿保持力的这些发现可能与儿童证词的讨论相关:早期记忆是否首先通过行为表达,当儿童掌握了谈论过去经历的能力,就通过语言表达。然而,大量的研究提供了令人信服的证据:若非受益于语言,儿童不能获得用语言提取记忆的能力。在一项关于儿童如何回忆自己13—34个月所经历的创伤的研究中,Peterson和Rideout(1998)发现,2岁大的儿童在伤害发生后不能立刻提供关于伤害的语言表述,但是在后续的访谈中会提供碎片式的、相对准确的关于伤害的说明。与此相似,当我们要求3岁大的儿童回忆他们一年以前经历过的新奇事件时,他们只会使用他们经历这一事件时已经掌握的部分词汇(Simcock & Hayne, 2002)。这些令人振奋的发现说明,如果事件发生时儿童并不掌握某个词汇,那么儿童在回忆时就不能把记忆转变成这一词汇进行表达。那么,这些工作就证明,如果某事件发生在儿童开始掌握丰富的语言之前,儿童或成人就不能提供对该事件的语言表述。即使偶尔能做到,也是非常困难的。

创伤事件是否或多或少比日常事件更难忘?

虽然我们很清楚对创伤事件的记忆和对日常事件的记忆的机制是相同的,但是还有一个问题: 创伤事件是否或多或少比日常事件更难忘呢? 从某种程度上来说,这一问题很难回答,因为几乎没有研究就同一儿童对创伤事件和对非创伤事件的记忆作直接比较。不管怎样,现有的证据表明,创伤事件通常具有某种特征使他们或多或少比绝大多数其他事件更难忘。同样重要的一点是要理解悲痛可能在何时、通过何种方式转变成或多或少更详细的、更准确的,或者更持久的记忆。事件的特殊性、儿童对事件的理解、事件发生过程中他们的悲痛程度等因素都能够影响编码、储存和回忆的过程,并从而影响儿童对创伤情境的记忆。

事件的特殊性 相对于特定儿童的过往经历背景而言,事件特殊性或称唯一性是可能影响创伤事件值得记忆程度的因素之一(Howe, 1998)。对事件记忆的研究表明,唯一性事件,不管基调是正面的还是负面的,倾向于比常见的、日常的事件更加难忘(Fivush & Schwarzmueller, 1988; Hudson, Fivush, & Kuebli, 1992)。例如,3 岁的儿童就能在较长时间以后对新奇的事件保留大致准确和详细的记忆: 例如乘飞机、游览迪斯尼乐园或者专题博物馆等(参见 Fivush, 1993)。然而,儿童却很难回忆起常见的、重复的事件的一次场景: 例如某一次去麦当劳餐厅发生了什么,在学前班的某一天发生了什么等(Fivush, 1984; Hudson & Nelson, 1983; Myles-Worsley, Cromer, & Dodd, 1986)。这些模式表明,个别独特经历比常见事件中的个别片段更难忘。

806

把这一逻辑延伸到对创伤事件的记忆上,创伤事件可能比其他事件更难忘是因为创伤事件偏离了儿童的典型经历,而不仅仅是因为创伤事件能够带来痛苦的功能(Howe, 1998)。如果学前班发生火灾并导致消防队的紧急反应,这件事可能比周一的课间餐吃了什么、到公园去踏青等更加难忘,不一定是因为情境带来的痛苦,而是因为这件事与常态不同。就像火灾一样,动物保护协会(SPCA)来访,或者到天文馆参观可能更加难忘,因为这些事件与儿童预期的在学校里经常发生的事件不同。

Ornstein(1995)关于儿童 VCUG 的记忆的研究结果支持这一论点。他的研究表明,儿童对这一痛苦的医学经历的记忆比对一项日常的儿科检查的记忆更加完整、准确。对他的研究结果的一种解释是: VCUG 之所以难忘,是因为它是由新奇的活动(如导管插入、荧光检查拍片、在检查台上尿尿等)组成的单独的有特殊性的事件。相反,儿童健康检查只是一项重复的、常见的,由可辨识的活动(其中一些甚至就是儿童过家家玩时的活动)组成的事件。

Stein(1996)关于创伤事件的独特性增强了记忆的研究,进一步支持了这一观点。Stein 发现,儿童对情感经历(不管是积极的还是消极的)的记忆倾向于集中在与预期不同、异常的方面。他指出,是打破常规促进了记忆,而不是事件引起的情绪导向促进记忆,因为独特事件既可能引起积极情绪,也可能引起消极情绪。Fivush、Hazzard、Sales、Sarfati 和 Brown (2003)的调研与 Stein 的研究有异曲同工之妙。他们的研究揭示了生活在城里暴力社区的儿童对积极事件的回忆比对消极事件的回忆有更多的描述性细节。Fivush 和他的同事们把对积极事件较强的回忆归因于打破常规: 对于长期生活在暴力条件下的儿童来说,积极事件比起消极事件更加独特,从而更加难忘。相反,一个独立的创伤事件与他们的日常生活相比没有足够的特色,并不会如期望的那样持续存留在记忆中。

正如 Howe(1998)指出的,这一论点与"随着痛苦情境独特性的消失,对痛苦的记忆力也消失"的研究结论相符合。例如,考虑一下处在紧急反应部队的人,他已经适应了看起来极端反常的事件。这一例证表明,原来独特的事件,随着事件的重复发生,可能失去独特性,从而在记忆中变得模糊。下一部分,我们将回顾一下直接考察重复事件对记忆力影响的证据。

重复经历对事件记忆力的影响 尽管缺乏证据支持 Terr(1994)所提出的Ⅰ型创伤和Ⅱ型创伤之间的区分,实证文献表明,儿童对重复事件的记忆和对独立事件的记忆存在明显差别。但是,造成这一差别的原因并不是 Terr 所提出的那些原因。

某一事件的重复经历对儿童的记忆产生有益还是有害的影响,取决于儿童回忆起的事件细节的特性。当一件事多次发生后,每次都造成大致相同体验的细节在记忆中会得到加强。从而,随着重复体验,儿童对这类场景的陈述变得越来越综合化、程式化,并聚焦在通常发生的状态上(Pezdek & Roe, 1995; Powell & Thomson, 1996)。但是,对于儿童对重复经历中每次都不同的细节的回忆(例如,事件每次出现时某人穿的衣服不同,要求儿童回忆上次发生时某人穿什么样的衣服等)来说,重复发生的细节对儿童对重复事件中独特细节的记忆力产生破坏作用。更具体说就是,由于具体情境的细节在场景中被混淆或忽略,儿童对重复事件的独特场景细节回忆的准确程度低于对一次性事件回忆的准确程度(Hudson, 1990)。虽然儿童对重复事件的大概记忆很大程度上是准确的,从描述通常发生的要点的角度来讲,儿童的回忆缺乏细节,而且可能与这个事件任何一次场景都不相同。

儿童对重复事件的某一场景的变化细节的记忆遇到的问题在某些特定条件下会被加强。事件发生得越频繁,访谈和事件发生时间间隔越长,事件相似度越高,儿童就越难记住某一特定场景中包含了哪些细节(Lindsay, Johnson, & Kwon, 1991)。另外,儿童对重复事件的某一场景的记忆准确度受到人们测试儿童记忆的方式的影响。当测试者要求儿童自由陈述重复事件的某一场景发生了什么时,儿童在一系列场景之间几乎没有具体细节差异。相反,当测验者提出关注于事件的某些可能变化的具体方面的问题时,儿童对系列场景的陈述会发生明显的混淆(Powell & Thomson, 1997)。

807

与 Terr"重复经历导致记忆丧失"的推理不同,事实可能仅仅是因为个别情节如果只发生一次比大量场景中多次发生更加难忘。但如前所述,虽然重复事件的细节随着记忆不断的综合化和抽象化而丧失,但是其中的要点在记忆中却大致准确并被继续保留。

Howard 等人(1997)的研究是目前唯一一个有关儿童对重复创伤事件记忆的研究。实验要求一群做过平均 21 个月化疗并正在恢复的患癌症儿童,在化疗结束两年半以后回忆化疗过程。儿童对治疗的报告相当广泛、高度准确,而且,没有一个家长认为:"我的孩子不能记起治疗,因为他主动把记忆封闭了"。由此,Terr (1994)关于重复创伤(即Ⅱ型创伤)无法在记忆中找到的论点被实证研究推翻了。

现有知识 儿童选择注意什么并记住什么的一个重要的决定因素是现有知识。知识影响儿童如何观察世界、解释事件,并对引入信息进行编码(Bjorklund, 1985; Chi & Ceci,

1987; Ornstein & Naus, 1985)。该文献暗指在儿童不了解到底发生了什么的情况下,他将不太可能在以后记起经历了什么。例如,当儿童性虐待的受害者非常年幼以致没有性知识的时候,他很可能在记忆和解释发生事件时遇到困难。虽然 2 到 3 岁的儿童在经历异物进入肛门/阴道带来的身体痛苦时会意识到"有问题",但当他们经历较温和形式的性虐待(例如触摸生殖器)时,他们可能无法区分抚弄生殖器和日常卫生清洗的不同,从而无法对该经历建构一个非常不同的记忆。而已经理解这一不恰当行为的年长儿童就可以建立这种记忆。

这一论断与年幼的性虐待受害者最为相关,因为对这一年龄段儿童的大部分性虐待不包含肛门/阴道的插入,通常包含裸露、抚弄、拍摄生殖器官和口交。在儿童无法把这些事件描述为性虐待或不恰当事件的方面来说,儿童可能不会把这些事件认知为比通常形式的友爱、清洁,或者换尿布更加痛苦的事件,从而也不会期望这些事件更容易记住。重要的一点是成人的创伤事件标准可能不能直接作为年幼儿童的标准。

压力 大量的研究者提出,儿童对压力的行为反应的个体差异会影响他们对创伤经历的编码和保持(Howe, 2000; Ornstein, Manning, & Pelphrey, 1999)。如果一个儿童对焦虑做出闭上眼睛、堵住耳朵的反应,那么他可能正在阻止与事件相关的视觉、听觉刺激的编码过程。但是,如果另一个儿童就自己正在经历的事情发问,以处理害怕的情绪,那他可能会对这件事产生有组织的持久记忆。

尽管这一预言有直觉兴趣,但是人们却很难描述压力的测量如何预言儿童对创伤事件的记忆。有的作者认为,事件发生时儿童经历的压力增强了儿童的集中能力,并因此促进了其信息编码能力(Fivush, 1998; Goodman, Hirschman et al., 1991; Shrimpton, Oates, & Hayes, 1998),然而另一些人发现,压力水平的提高阻止了记忆(Howard et al., 1997; Merritt et al., 1994;Peters, 1997)。还有一些人指出,压力对记忆的影响是混乱的或无显著影响(Bruck, Ceci, Francoeur, & Barr, 1995; Goodman & Quas, 1997; Howe et al., 1995; Peterson & Bell, 1996)。

从某种程度上讲,这些差异可能是因为使用的压力指标不同造成的,有的使用自我或父母行为压力等级(压力等级由父母或主观观察者的举例来评估),有的使用生理学(心率、血压)和神经内分泌指标(唾液皮质醇)。这些指标不仅互相之间几乎没有关系,而且与记忆也几乎没有关系。例如,在就儿童对 VCUG 的记忆的调查中,Merritt 和她的同事(1994)使用行为压力等级指标(而不是唾液皮质醇)观察到压力和记忆等级成反比。 808

正如 Ornstein 和他的同事(1999)所论述的,要充分理解压力对记忆的影响,要随着事件的发生使用实时唤起指标,而不是使用那些在事件过程中主要所体验到的估计平均焦虑程度得来的概括指标(可能是行为、生理学或者精神内分泌指标)。这一点之所以重要是因为儿童体验到的压力程度可能随着事件的发展而发生相当大的变化,有时伴有高度激励,有时又产生冷淡。

在这一简略回顾的基础上,我们可以明显地看出,解释对创伤经历的记忆不需要特别的机制。不管创伤事件是单次出现的,还是在多种场景重复发生,儿童对它的记忆程度如果不是比平常事件更高的话,至少也跟平常事件一样。

受暗示性和自传体回忆的发展差异

在对与 Lillie-Reed 案例相关的著作的回顾中，我们关注的是对学前儿童的研究（因为这正是我们考虑的年龄段）而没有讨论发展差异。虽然研究发现证明，学前儿童很容易受到暗示性访谈技能的有害影响（Ceci & Bruck, 1993; Ceci & Friedman, 2000），但是学前儿童只是抵抗程度较低而已；即使是年长儿童甚至成人也会屈从于暗示和压力（Bruck & Ceci, 2004）。例如，Finnila 等人（2003）筹备了一次由 4—5 岁儿童和 7—8 岁儿童参加的活动（是前面谈到的"Paco 访谈"的另一版本）。一周以后，研究者对半数儿童进行了一次低压力的访谈，向儿童提问一些有关侵犯的错误引导问题（例如"他们是不是脱下了你的衣服?"）。对另一半儿童进行了一次高压力访谈，访谈者告诉他们，他们的伙伴已经肯定地回答了前面的错误引导问题。如果他们作出赞同这些引导性问题的回答就会得到表扬；如果他们作出否定回答，访谈者就重复这一问题。在这两种情形下，虽然作出肯定回答的儿童没有显著的年龄差异，但是在高压力访谈小组作出赞同回答的数量更为显著（68%）（参见 Bruck et al., in press; Zaragoza et al., 2001）。研究者还发现，在某些条件下，年长儿童比年幼儿童更加容易受到暗示的影响（例如 Finnila et al., 2003; Zaragoza et al., 2001）。

在儿童研究中使用的很多暗示技能应用于成人时也会造成污点陈述或错误记忆（参见 Loftus, 2003）。Kassin 和 Kiechel（1996）的著作提出了这一论断的启蒙性证据。他们指出，大学生在实验者告知他们弄坏了一台电脑时，常常会错误地认为自己真的弄坏了一台电脑。更有甚者，大学生会将这一信念内化，告诉他人自己不小心弄坏了电脑，并签署一份大意是同意为实验者免费工作 8 小时以补偿所谓的破坏的文件。

因此，虽然易受暗示性在学前儿童中存在的比例最高，但是这种记忆歪曲在所有年龄段都会发生。

就自传体记忆而言，学前儿童也是最不能提供实际经历事件细节的人群（例如 Baker-Ward, Gordon, Ornstein, Larus, & Clubb, 1993; Cassel et al., 1996; Ceci & Bruck, 1995; Lamb et al., 2003; Quas et al., 1999）。学龄前儿童被问及开放式问题时可以回忆起相关准确信息，但是他们通常比年长儿童和成人更少作出回应，更少提供自发性记忆陈述（Bahrick et al., 1998; Goodman, Hirschman et al., 1991; McCauley & Fisher, 1995; Ornstein et al., 1992; Peterson, 1999; Saywitz, 1987）。

儿童受暗示性的潜在机制

对儿童受暗示性机制的探究是一项事业：它试图把基本认知技能中的发展差异和伴随着受暗示性发展差异的社会行为整合在一起。大体思路是把降低受暗示性与社会认知技能的发展联系起来。就方法上来说，假设产生于相关性研究中对这个练习的测量，即为何儿童的受暗示性水平与他们在评估这个预测机制的一系列任务中的操作相关（参见 Bruck & Melnyk, 2004）。

809

有的实验强调儿童受暗示性的机制，这些实验考察在受暗示性影响下的社会因素和认知因素的相对重要性。另一方面，有人辩称，儿童或者成人接受暗示是屈从提问者计划并与其保持一致。换言之,因为社会原因,儿童接受他们明知是错误的暗示。在另一极端情况下,有一种观点认为,受暗示性的结果反映了认知缺陷。例如,儿童可能接受暗示,因为他忘记了原始事件或混淆了他看到的是原始事件还是暗示。当然,两个因素都会成为受暗示性结果的基础;例如,社会因素可能先影响对错误信息和错误引导问题的赞同。但随着时间的推移,赞同可能导致记忆改变的认知缺陷(参见 Ceci & Bruck, 1995)。或者是因为儿童不健全的认知技能,他们可能更加愿意顺从感知到的成年访谈者的预想计划。下面的几个段落我们试着考察现存的各种解释儿童受暗示性随年龄增大而改变的原因的假设。很明显,其中所提出的一些认知机制也能够解释儿童自传体记忆与年龄有关的变化。

对儿童记忆的关注之所以成为兴趣中心,是因为人们通常发现,记忆力差的儿童更容易受到事件的暗示(例如 Marche, 1999; Marche & Howe, 1995; Pezdek & Roe, 1995)。这导致了以下的研究和建议。随着儿童不断长大,儿童的记忆力更加有效,因为他们获得了更多策略、知识和对自己记忆的认识(亦称“元记忆”)。学龄前儿童应用编码、储存、提取策略的技能有限(Brainerd, 1985; Brainerd & Ornstein, 1991; Loftus & Davies, 1984)。由于他们只关注突出或核心特征(Bower & Sivers, 1998),缺乏对事件的知识(Ricci & Beal, 1998),试图更多依赖逐字逐句的记忆而不是要旨记忆(Brainerd & Reyna, 1990; Foley & Johnson, 1985)。年幼儿童的记忆痕迹薄弱,表现出陡峭的遗忘曲线(Baker-Ward et al., 1993; Brainerd, Reyna, Howe, & Kingman, 1990)。他们在存储表征能力方面也比学龄儿童差,因为学龄前儿童不常用诸如对刺激的复述与组织等存储策略。他们在需要应用提取策略查找并促进记忆(例如使用分类信息)时表现出成果不足(Cox, Ornstein, Naus, Maxfield, & Zimler, 1989; Schneider & Bjorklund, 1998)。所有这些不足结合起来导致他们依赖外部线索,例如访谈者的提示或提问,来提取自己长时记忆中的信息(Priestley, Robert, & Pipe, 1999)。

年幼儿童的知识有限,这也限制了他们综合和组织新信息的能力(Chi & Ceci, 1987; Johnson & Foley, 1984; Lindberg, 1980; Ornstein, 1990; Schneider & Bjorklund, 1998)。由于缺乏知识,年幼儿童不能内省自己记忆的内部工作,以监控何时需要从事更多智力工作以巩固记忆。由于年幼儿童不能使用策略和顿悟,他们的记忆有时较差,而且更易于受暗示和错误提示的交替影响。

另外,学前儿童缺乏区分两个或两个以上记忆输入来源的技能(Gopnik & Graf, 1988; Wimmer, Hogerfe, & Perner, 1988),因此会把自己听到的混淆到自己看到的事件中,反之亦然(Johnson & Foley, 1984; Lindsay et al., 1991)。比起学龄儿童来,学前儿童更可能出现现实和幻想混乱,这有时可以导致他们确信直接经历过某些事,而事实上那只是梦到的或想象出的场景(Foley & Johnson, 1985; Foley, Santini, & Sopasakis, 1989; Lindsay & Johnson, 1987),这被称作“来源混淆”,年幼儿童发生这一现象的可能性更大,例如年幼儿童错误地把访谈者的暗示和现实经历张冠李戴(Ackil & Zaragoza, 1995)。

学前儿童与受暗示性有关的另一局限被称为“脚本知识”。脚本是临时组织的典型的习惯性的事件程序的期望(Ceci & Bruck, 1993)。有报告称,年幼儿童比年长儿童更易受脚本 810

知识的负面影响(Farrar & Goodman, 1992; Hudson, 1990; Hudson & Nelson, 1986; Powell & Thomson, 1996)。例如,年幼儿童可能按照他们脚本知识的通常发生状态错误地陈述某一事件,即使这一事件实际不是这样发生的。换言之,如果这一新奇细节与他脑子里无显著差异的脚本不同的话,年幼儿童在回忆单一事件的新奇的细节时会遇到困难(Farrar & Goodman, 1992)。这种过于依赖脚本知识的倾向可能导致年幼儿童更易受到自身过于推广脚本的伤害。

对没有认知能力的儿童来说,专家的疑问是无可争辩的:专家可以使儿童说事件有罪,即使是假的。1999年夏天,芝加哥发生了一起针对11岁女孩 Ryan Harris 的令人恐怖的性虐待及谋杀案。发现 Ryan 的尸体后,结果有两个男孩承认谋杀了她,这两个男孩分别为7岁和8岁。两个男孩在没有辩护律师在场的情况下在长时间的审问中供认了他们的罪行。后来,在女孩的尸体上发现了男性的精液。该男性(27岁,有前科)现在成了谋杀案的被告。为什么那两个男孩虚假地承认了自己没做过的事呢?一种可能答案是他们期望通过遵从"警察想让他们说什么他们就应该说什么"的信念来取悦成人的权威形象。儿童在审讯中可能采取非常顺从的反应态度,尤其是他们受到高度赞扬或者得到他们日常生活中几乎无法得到的关注的时候。芝加哥谋杀案中的两个男孩跟两个穿便装的警官一起围坐在桌边。他们绕过桌子握手,并发誓他们同属一个团队。警官给孩子们买来食物,并解释说只要他们帮助团队的其他成员弄清楚 Ryan Harris 谋杀案的真相他们就可以回家了。在没有家人和律师在场的情况下,经过几个小时的审讯,每个男孩最终都承认了一系列几乎确定他们不可能完成的行为,包括奸尸。

在无法预见自己的供词会带来什么结果的情况下,儿童认识到不顺从会得到成人的负面反应,于是他们在法庭上避免挑战成人的暗示,就像在日常经历中一样(Saywitz & Moan-Hardie, 1994)。儿童期望取悦成人这一特性很容易被审讯官和被告利用,以达到他们的目的。

法庭访谈中,儿童洞察技能的欠缺可能导致产生遵从的社会情感压力(Flavell, 1992)。他们不了解访谈者动机,不了解问题的目的,不了解他们所做反应的法律联系。他们有时对暗示问题勉强同意以避免羞辱,因为他们欠缺知识的设想可能令他不快。

虽然存在一长串可能的机制,但是几乎没有数据支持任何一个假设(参见 Bruck & Melnyk, 2004)。这也暗示着我们目前不能准确地预测哪种类型的儿童最容易受暗示的影响。

未来方向

从20世纪80年代末以来,发展心理学在提供对法律中的儿童进行研究的科学基础方面取得了重大进步。在这一章中,我们已经展示了在儿童进入法庭之前以及一旦儿童进入法庭时,理解儿童证词的各个方面上取得的进步。虽然在现有基础研究和社会问题的激励下,人们可能在未来的20年发现新的研究方向,但是目前的研究要求在现有机制下进行重要调整和改变。

首先,关于成人与儿童访谈的记忆的研究清楚地提示我们:应该命令访谈者保留他们与儿童的所有访谈(特别是首次访谈)的电子档案。如果法官对历史细节有兴趣,除了一盘磁带之外,没有任何替代品可以验证访谈者记忆的准确度,以及访谈者与儿童访谈时发生的讨论细节。虽然有时可能录音不可行(尤其是父母在家里或车上问孩子时),但是知道如何解释现场证词并考虑到不同类型错误的可能性对陪审团和法官仍然非常重要,即使可能是恶意提供的虚假证词。

除了访谈者难以记起他们与儿童的访谈内容和结构这一引人注目的一致的科学发现之外,只有少数情况授权使用电子记录。情报局和司法部为不采取电子记录提出各种范围的辩护,包括声称录音会为辩护律师提供对儿童受害者不利的证据,或者情报局缺乏进行这一过程的设备,或者在第一次警方审讯之前儿童已经参加访谈了。这些辩护都是站不住脚的。首先,如果有暗示性访谈的证据,那么这一辩解证据就必须交给辩护律师。但是,如果访谈执行得很好,那么电子录音就对起诉有帮助。在电子时代,获得儿童证词的录音或录像花费的成本可以忽略不计。如何尽可能获得最高品质的录音应该是每个教授训练的必修课。最后,虽然儿童确实有可能在首次警方审讯之前被父母或其他照顾人(暗示性地)约谈,但是这并不能排除对首次以及后续审讯进行录音的必要性。例如在 Lillie-Reed 案件中,虽然在首次警方审讯之前,所有的父母已经报告了他们的孩子供认了侵犯(而且他们的报告也显示了暗示性审问技能);但是,认真检查由警察录下的第一次对儿童的审问过程的录像带就能发现,儿童没有供认父母所报告的信息。随着警察的暗示,儿童最终作了供认。如果没有录像带,就会掩盖儿童在警察暗示下供认这一真相。这样剩下的就只有父母和警察所报告的供认了。

811

案件发生后,警方在现场收集证据(武器、血样等),我们不允许调查人仅仅是检查一下这些证据,记录它们的样子,然后就把它们扔到一边。在法庭上也不允许类似情况,因为这样调查人报告的可信度就降低了。同样理由,儿童的欺骗陈述也应像案发现场发现的实物证据一样小心处理。达到这一目标的唯一方法就是电子录音。

其次,我们显然需要进一步研究有效地针对儿童访谈计划的实证发展。发展研究已经证明了这种模板的普遍结构和限制的基础。美国儿童健康和发展署的 Michael Lamb 和他的同事在这一领域是领先者。他们发展了一个模板(有关模板的细节请参照 Orbach et al., 2000; Sternberg, Lamb, Orbach, Esplin, & Mitchell, 2001)强调利用开放问题从儿童那里获得详细陈述;具体的启发性的问题应该只能在必要时使用,而且只能在访谈结尾时使用。这一访谈模板专为被怀疑受到性虐待的儿童设计,但是稍加改变之后,就可以应用到儿童访谈的各个课题上。

虽然这些研究者对这一领域作出了重大贡献,但是我们还需要作进一步的研究以检测对模板的修正(例如为不同年龄段的儿童设计不同的模板)。另外,重要的一点是不但要在实验室里,而且要在实践中检验模板(例如对可能受到性虐待的儿童进行访谈)。后者提供了关于是否可能培训访谈者使用模板、儿童是否可以跟随模板指示以及儿童提供的信息的数量和质量如何等资料和可行性。但是,这些研究无法提供儿童陈述的准确性和可信度的信息,这就是因为访谈者不知道儿童汇报的事件的细节。至于准确性和可信度的问题,我们必须审核儿童陈述的准确性,我们可以通过在实验室里要求儿童回忆访谈者非常熟悉的事件的研究达到这一目的。

第三,即使我们在构建标准访谈模板上取得了一些进步,但是我们还要发展培训项目以教会访谈者如何使用模板。这项任务可不简单：集中培训通常会持续几天有时是几周。部分原因是由于访谈者在培训中必须放弃以前自发使用的策略,很多人可能都不知道自己在使用一些策略。有趣的是即使在集中训练以后,访谈者也不会如实遵从模板,除非不时为他们安排重新培训。保留这个领域内的大量工作者需要的成本很大。但是,作为起步阶段,我们期望所有专业培训项目(专科、本科和资格培训)都能重新设计课程以保证所有结业者受到正确的儿童访谈培训。

(张坤译,张文新审校)

参考文献

Ackil, J. K., & Zaragoza, M. S. (1995). Developmental differences in eyewitness suggestibility and memory for source. *Journal of Experimental Child Psychology*, *60*, 57 - 83.

Ackil, J. K., & Zaragoza, M. (1998). The memorial consequences of forced confabulation: Age differences in susceptibility to false memories. *Developmental Psychology*, *34*, 1358 - 1372.

Amato, P. R. (2000). The consequences of divorce for adults and children, *Journal of Marriage and the Family*, *62*, 1269 - 1287.

Bahrick, L., Parker, J. F., Fivush, R., & Levitt, M. (1998). The effects of stress on young children's memory for a natural disaster. *Journal of Experimental Psychology: Applied*, *4*, 308 - 331.

Baker-Ward, L., Gordon, B. N., Ornstein, P. A., Larus, D. M., & Clubb, P. A. (1993). Young children's long-term retention of a pediatric examination. *Child Development*, *64*, 1519 - 1533.

Barker, R., Jones, J., Saradjian, J., & Wardell, R. (1998). *Abuse in the early years*. (Report of the independent complaints review team on Shieldfield Day Nursery and related matters). Newcaste upon Tyne, England.

Bauer, P. J., Wenner, J. A., Dropik, P. L., & Wewerka, S. S. (2000). Parameters of remembering and forgetting in the transition from infancy to early childhood. *Monographs of the Society for Research in Child Development*, *65*(4, Serial No. 263).

Bauserman, R. (2002). Child adjustment in joint-custody versus solecustody arrangements: A meta-analytic review. *Journal of Family Psychology*, *16*, 91 - 102.

Bjorklund, D. F. (1985). The role of conceptual knowledge in the development of organization in children's memory. In C. J. Brainerd & M. Pressley (Eds.), *Basic processes in memory development* (pp. 103 - 142). New York: Springer-Verlag.

Bower, G. H., & Sivers, H. (1998). Cognitive impact of traumatic events. *Development and Psychopathology*, *10*, 625 - 653.

Brainerd, C. J. (1985). Three-state models of memory development: A review of advances in statistical methodology. *Journal of Experimental Child Psychology*, *40*, 375 - 394.

Brainerd, C. J., & Ornstein, P. A. (1991). Children's memory for witnessed events: The developmental backdrop. In J. Doris (Ed.), *The suggestibility of children's recollections* (pp. 10 - 20). Washington, DC: American Psychological Association.

Brainerd, C. J., & Reyna, V. F. (1990). Gist is the grist: Fuzzy trace theory and the new intuitionism. *Developmental Review*. *10*, 3 - 47.

Brainerd, C. J., Reyna, V. F., Howe, M. L., & Kingman, J. (1990). The development of forgetting and reminiscence. *Monographs of the Society for Research in Child Development* (No. 55).

Bruck, M., & Ceci, S. J. (2004). Forensic developmental psychology: Unveiling four common misconceptions. *Current Directions in Psychological Science*, *13*(6), 229 - 232.

Bruck, M., Ceci, S. J., & Francoeur, E. (1999). The accuracy of mothers' memories of conversations with their preschool children. *Journal of Experimental Psychology: Applied*, *5*, 1 - 18.

Bruck, M., Ceci, S. J., & Francoeur, E. (2000). A comparison of 3- and 4-year-old children's use of anatomically detailed dolls to report genital touching in a medical examination. *Journal of Experimental Psychology: Applied*, *6*, 74 - 83.

Bruck, M., Ceci, S. J., Francoeur, E., & Barr, R. (1995). "I hardly cried when I got my shot!": Influencing children's reports about a visit to their pediatrician. *Child Development*, *66*, 193 - 208.

Bruck, M., Ceci, S. J., Francoeur, E., & Renick, A. (1995). Anatomically detailed dolls do not facilitate preschoolers' reports of a pediatric examination involving genital touch. *Journal of Experimental Psychology: Applied*, *1*, 95 - 109.

Bruck, M., Ceci, S. J., & Hembrooke, H. (1997). Children's false reports of pleasant and unpleasant events. In D. Read & D. S. Lindsay (Eds.), *Recollections of trauma: Scientific research and clinicalpractice* (pp. 199 - 219). New York: Plenum Press.

Bruck, M., Ceci, S. J., & Hembrooke, H. (2002). Nature of true and false narratives. *Developmental Review*, *22*, 520 - 554.

Bruck, M., Ceci, S. J., Melnyk, L., & Finkelberg, D. (1999, April). *The effect of interviewer bias on the accuracy of children's reports and interviewer's reports*. Paper presented at the biennial meeting of the Society for Child Development, Albuquerque, NM.

Bruck, M., London, K. Landos, R., Goodman, J. (in press). Autobiographical memory and suggestibility in children with autistic spectrum disorder. *Developmental Psychopathology*.

Bruck, M., & Melnyk, L. (2004). Individual differences in children's suggestibility: A review and synthesis. *Applied Cognitive Psychology*, *18*, 947 - 996.

Bruck, M., Melnyk, L., & Ceci, S. J. (2000). Draw it again Sam: The effect of drawing on children's suggestibility and source monitoring ability. *Journal of Experimental Child Psychology*, *77*, 169 - 196.

California v. Raymond Buckey et al., Los Angeles County Sup. Ct. A750900 (1990).

Cassel, W., Roebers, C., & Bjorklund, D. (1996). Developmental patterns of eyewitness responses to repeated and increasingly suggestive questions. *Journal of Experimental Child Psychology*, *61*, 116 - 133.

Ceci, S. J., & Bruck, M. (1993). The suggestibility of children's recollections: An historical review and synthesis. *Psychological Bulletin*, *113*, 403 - 439.

Ceci, S. J., & Bruck, M. (1995). *Jeopardy in the courtroom: A scientific analysis of children's testimony*. Washington, DC: APA Books.

Ceci, S. J., & Friedman, R. D. (2000). The suggestibility of children: Scientific research and legal implications. *Cornell Law Review*, *86*, 34 - 108.

Ceci, S. J., Huffman, M. L., Smith, E., & Loftus, E. F. (1994). Repeatedly thinking about a non-event. *Consciousness and Cognition*, *2*, 388-407.

Ceci, S. J., Loftus, E. F., Leichtman, M., & Bruck, M. (1994). The possible role of source misattributions in the creation of false beliefs among preschoolers. *International Journal of Clinical and Experimental Hypnosis*, *42*, 304-320.

Chen, E., Zeltzer, L. K., Craske, M. G., & Katz, E. R. (2000). Children's memories for painful cancer treatment procedures: Implications for distress. *Child Development*, *71*, 933-947.

Chi, M. T. H., & Ceci, S. J. (1987). Content knowledge: Its representation and restructuring in memory deyelopment [Special issue]. In H. W. Reese & L. Lipsett (Eds.), *Advances in Child Development and Behavior*, *20*, 91-146.

Child Maltreatment 2002. (2004). Reports from the States to the National Child Abuse and Neglect Data Systems — National statistics on child abuse and neglect.

Commonwealth v. Amirault, 424 Mass. 618 (1997) 3, 52n., 91, 92, 98.

Cox, B. C., Ornstein, P. A., Naus, M. J., Maxfield, D., & Zimler, J. (1989). Children's concurrent use of rehearsal and organizational strategies. *Developmental Psychology*, *25*, 619-627.

Dalenberg, C. J., Hyland, K. Z., & Cuevas, C. A. (2002). Sources for fantastic elements in allegations of abuse by adults and children. In M. L. Eisen (Ed.), *Memory and suggestibility in the forensic interview* (pp. 185-204). Mahwah, NJ: Erlbaum.

Davies, G. M., & Westcott, H. (1999). *The child witness and the memorandum of good practice: A research review*. London: The Home Office.

DeLoache, J. S., & Smith, C. M. (1999). Early symbolic representation. In I. Siegal (Ed.), *Theoretical perspectives in the concept of representation* (pp. 61-86). Hillsdale, NJ: Erlbaum.

Emery, R. E., Laumann-Billings, L., Waldron, M. C., Sbarra, D. A., & Dillon, P. (2001). Child custody mediation and litigation: Custody, contact, and coparenting 12 years after initial dispute resolution. *Journal of Consulting and Clinical Psychology*, *69*, 323-332.

Everson, M. (1997). Understanding bizarre, improbable, and fantastic elements in children's accounts of abuse. *Child Maltreatment*, *2*, 134-149.

Farrar, M. J., & Goodman, G. S. (1992). Developmental changes in event memory. *Child Development*, *63*, 173-187.

Finkelhor, D., Hotaling, G., Lewis, I. A., & Smith C. (1990). Sexual abuse in a national survey of adult men and women: Prevalence, characteristics and risk factors. *Child Abuse and Neglect*, *14*, 19-28.

Finnila, K., Mahlberga, N., Santtilaa, P., Sandnabbaa, K., & Niemib, P. (2003). Validity of a test of children's suggestibility for predicting responses to two interview situations differing in their degree of suggestiveness. *Journal of Experimental Child Psychology*, *85*, 32-49.

Fivush, R. (1984). Learning about school: The development of kindergartners' school scripts. *Child Development*, *55*, 1697-1709.

Fivush, R. (1993). Developmental perspectives on autobiographical recall. In G. S. Goodman & B. Bottoms (Eds.), *Child victims and child witnesses: Understanding and improving testimony* (pp. 1-24). New York: Guilford Press.

Fivush, R. (1998). Children's recollections of traumatic and nontraumatic events. *Development and Psychopathology*, *10*, 699-716.

Fivush, R., Hazzard, A., Sales, J. M., Sarfati, D., & Brown, T. (2003). Creating coherence out of chaos? Children's narratives of emotionally positive and negative events. *Applied Cognitive Psychology*, *17*, 1-19.

Fivush, R., & Schwarzmueller, A. (1998). Children remember childhood: Implications for childhood amnesia. *Applied Cognitive Psychology*, *12*, 455-473.

Flavell, J. H. (1992). Perspectives on perspective taking. In H. Beilin & P. Pufall (Eds.), *Piaget's theory: Prospects and possibilities* (pp. 107-139). Hillsdale, NJ: Erlbaum.

Foley, M. A., & Johnson, M. K. (1985). Confusions between memories for performed and imagined actions: A developmental comparison. *Child Development*, *56*, 1145-1155.

Foley, M. A., Santini, C., & Sopasakis, M. (1989). Discriminating between memories: Evidence for children's spontaneous elaborations. *Journal of Experimental Child Psychology*, *48*, 146-169.

Freud, S. (1953). Fragment of an analysis of a case of hysteria. In J. Strachey (Ed. & Trans.), *The standard edition of the complete psychological works of Sigmund Freud* (Vol. 7, pp. 3-122). London: Hogarth Press. (Original work published 1896)

Garven, S., Wood, J. M., & Malpass, R. S. (2000). Allegations of wrongdoing: The effects of reinforcement on children's mundane and fantastic claims. *Journal of Applied Psychology*, *85*, 38-49.

Garven, S., Wood, J. M., Shaw, J. S., & Malpass, R. (1998). More than suggestion: Consequences of the interviewing techniques from the McMartin Preschool case. *Journal of Applied Psychology*, *83*, 347-359.

Gindes, M. (1998). The psychological effects of relocation for children of divorce. *Journal of the American Academy of Matrimonial Lawyers*, *15*(1), 119-148.

Golombok, S., Perry, B., Burston, A., Golding, J., Murray, C., Mooney-Somers, J., et al. (2003). Children with lesbian parents: A community study. *Developmental Psychology*, *39*, 20-33.

Goodman, G., Batterman-Faunce, J., Schaaf, J., & Kenney, R. (2002). Nearly 4 years after an event: Children's eye witness memory and adult's perceptions of children's accuracy. *Child Abuse and Neglect*, *26*, 849-884.

Goodman, G. S., Bottoms, B. L., Schwartz-Kenney, B., & Rudy, L. (1991). Children's testimony about a stressful event: Improving children's reports. *Journal of Narrative and Life History*, *1*, 69-99.

Goodman, G. S., Emery, R., & Haugaard, J. J. (1998). Developmental psychology and law: Divorce, child maltreatment, foster care, and adoption. In W. Damon (Editor-in-Chief) & I. E. Sigel & A. Renninger (Vol. Eds.), *Handbook of child psychology: Vol. 4. Child psychology in practice* (5th ed., pp. 775-874). New York: Wiley.

Goodman, G. S., Hirschman, J. E., Hepps, D., & Rudy, L. (1991). Children's memory for stressful events. *Merrill-Palmer Quarterly*, *37*, 109-157.

Goodman, G. S., & Quas, J. A. (1997). Trauma and memory: Individual differences in children's recounting of a stressful experience. In N. Stein, P. A. Ornstein, C. J. B. Tversky, & C. J. Brainerd (Eds.), *Memory for everyday and emotional events* (pp. 267-294). Mahwah, NJ: Erlbaum.

Goodman, G. S., Rudy, L., Bottoms, B., & Aman, C. (1990). Children's concerns and memory: Issues of ecological validity in the study of children's eyewitness testimony. In R. Fivnsh & J. Hudson (Eds.), *Knowing and remembering in young children* (pp. 249-284). New York: Cambridge University Press.

Gopnik, A., & Graf, P. (1988). Knowing how you know: Young children's ability to identify and remember the sources of their beliefs. *Child Development*, *59*, 1366-1371.

Grisso, T., & Schwartz, R. (Eds.). (2000). *Youth on trial: A developmental perspective on juvenile justice*. Chicago: University of Chicago Press.

Grisso, T., Steinberg, L., Woolard, J., Cauffman, E., Scott, E., Graham, S., et al. (2003). Juveniles' competence to stand trial: A comparison of adolescents' and adults' capacities as trial defendants. *Law and Human Behavior*, *27*, 333-363.

Haugaard, J., & Hazan, C. (2002). Foster parenting. In M. H. Bornstein (Ed.), *Handbook of parenting: Vol. 1. Children and parenting* (2nd ed., pp. 313-327). Mahwah, NJ: Erlbaum.

Howard, A. N., Osborne, H. L., & Baker-Ward, L. (1997, April). *Childhood cancer survivors' memory for their treatment after long delays*. Paper presented at the meetings of the Society for Research in Child Development, Washington, DC.

Howe, M. L. (1998). Individual differences in factors that modulate storage and retrieval of traumatic memories. *Development and Psychopathology*, *10*, 681-698.

Howe, M. L. (2000). *The fate of early memories: Developmental science and the retention of childhood experiences*. Washington, DC: American Psychological Association.

Howe, M. L., Courage, M. L., & Peterson, C. (1995). Intrusions in preschoolers' recall of traumatic childhood events. *Psychonomic Bulletin and Review*, *2*, 130-134.

Hudson, J. (1990). Constructive processes in children's event memories. *Developmental Psychology*, *26*, 180-187.

Hudson, J., & Nelson, K. (1986). Repeated encounters of a similar kind: Effects of familiarity on children's autobiographic memory. *Cognitive Development*, *1*, 253-271.

Hudson, J. A., Fivush, R., & Kuebli, J. (1992). Scripts and episodes: The development of event memory. *Applied Cognitive Psychology*, *6*, 483-505.

Hudson, J. A., & Nelson, K. (1983). Effects of script structure on children's story recall. *Developmental Psychology*, *19*, 625-635.

Hughes, M., & Grieve, R. (1980). On asking children bizarre questions. *First Language*, *1*, 149-160.

Janet, P. (1889). *L'Automatisme psychologique*. Paris: Alcan.

Johnson, M. K., & Foley, M. A. (1984). Differentiating fact from fantasy: The reliability of children's memory. *Journal of Social Issues*, *40*,

33 - 50.

Kassin, S. M., & Kiechel, K. L. (1996). The social psychology of false confessions: Compliance, internalization, and confabulation. *Psychological Science*, *7*, 125 - 128.

Kelly, J. B., & Lamb, M. E. (2003). Developmental issues in relocation cases involving young children: When, whether, and how? *Journal of Family Psychology*, *17*, 193 - 205.

Kendall-Tackett, K. A., Williams, L. M., & Finkelhor, D. (1993). Impact of sexual abuse on children: A review and synthesis of recent empirical studies. *Psychological Bulletin*, *113*(1), 164 - 180.

Koss, M. P., Figueredo, A. J., Bell, I., Tharan, M., & Tromp, S. (1996). Traumatic memory characteristics: A cross-validated mediational model of response to rape among employed women. *Journal of Abnormal Psychology*, *105*, 421 - 432.

Lamb, M., Orbach, Y., Sternberg, K., Hershkowitz, I., & Horowitz, D. (2000). Accuracy of investigators' verbatim notes of their forensic interviews with alleged child abuse victims. *Law and Human Behavior*, *24*, 699 - 708.

Lamb, M. E., Sternberg, K. J., Orbach, Y., Esplin, P. W., Stewart, H., & Mitchell, S. (2003). Age differences in young children's responses to open-ended invitations in the course of forensic interviews. *Journal of Consulting and Clinical Psychology*, *71*(5), 926 - 934.

Leichtman, M. D., & Ceci, S. J. (1995). The effects of stereotypes and suggestions on preschoolers' reports. *Developmental Psychology*, *31*(4), 568 - 578.

Lepore, S. J., & Sesco, B. (1994). Distorting children's reports and interpretations of events through suggestion. *Applied Psychology*, *79*(1), 108 - 120.

Lillie and Reed v. Newcastle City Council & Ors EWHC 1600 (QB) (2002).

Lindberg, M. A. (1980). Is knowledge base development a necessary and sufficient condition for memory development? *Journal of Experimental Child Psychology*, *30*, 401 - 410.

Lindsay, S., & Johnson, M. K. (1987). Reality monitoring and suggestibility. In S. J. Ceci, M. P. Toglia, & D. F. Ross (Eds.), *Children's eyewitness memory* (pp. 92 - 121). New York: Springer Verlag.

Lindsay, S., Johnson, M. K., & Kwon, P. (1991). Developmental changes in memory source monitoring. *Journal of Experimental Child Psychology*, *52*, 297 - 318.

Loftus, E. F. (2003). Make believe memories. *American Psychologist*, *58*(11), 867 - 873.

Loftus, E. E, & Davies, G. (1984). Distortions in the memory of children. *Journal of Social Issues*, *40*, 51 - 67.

London, K, Bruck, M., Ceci, S. J., & Shuman, D. (2005). Children's disclosure of sexual abuse: What does the research tell us about the ways that children tell? *Psychology, Public Policy, and the Law*, *11*, 194 - 226.

London, K., & Nunez, N. (2002). Examining the efficacy of truth-lie discussions in predicting and increasing the veracity of children's reports. *Journal of Experimental Child Psychology*, *83*, 131 - 147.

Lyon, T. D. (1999). The new wave in children's suggestibility research: Critique. *Cornell Law Review*, *86*, 1 - 84.

Marche, T. (1999). Memory strength affects reporting of misinformation. *Journal of Experimental Child Psychology*, *73*, 45 - 71.

Marche, T. A., & Howe, M. L. (1995). Preschoolers report misinformation despite accurate memory. *Developmental Psychology*, *31*(4), 554 - 567.

McCauley, M. R., & Fisher, R. P. (1995). Facilitating children's eyewitness recall with the revised Cognitive Interview. *Journal of Applied Psychology*, *80*, 510 - 516.

McCauley, M. R., & Parker, J. F. (2001). When will a child be believed? The impact of the victim's age and jurors' gender on children's credibility and verdict in a sexual-abuse case. *Child Abuse and Neglect*, *25*, 523 - 539.

Melnyk, L., & Bruck, M. (2004). Timing moderates the effects of repeated suggestive interviewing on children's eyewitness memory. *Applied Cognitive Psychology*, *18*, 613 - 631.

Merritt, K. A., Ornstein, P. A., & Spicker, B. (1994). Children's memory for a salient medical procedure: Implications for testimony. *Pediatrics*, *94*, 17 - 23.

Meyers, J. E. (1995). Expert testimony regarding child sexual abuse. *Child Abuse and Neglect*, *17*, 175 - 185.

Myles-Worsley, M., Cromer, C. C., & Dodd, D. H. (1986). Children's preschool script reconstruction: Reliance on general knowledge as memory fades. *Developmental Psychology*, *22*, 22 - 30.

Nathan, D., & Snedeker, M. (1995). *Satan's silence: Ritual abuse and the making of a modern American witch hunt*. New York: Basic Books.

National Center on Child Abuse and Neglect. (1998). *Child Maltreatment 1996: Reports From the States for the National Child Abuse and Neglect Data System*. Washington, DC: U. S. Department of Health and Human Services.

New Jersey v. Michaels, 625 A. 2d 579 *aff'd* 642 A. 2d 1372 (1994).

Nightingale, N. N. (1993). Juror reactions to child victim witnesses: Factors affecting trial outcome. *Law and Human Behavior*, *17*, 679 - 694.

North Carolina v. Robert Fulton Kelly Jr., 456 S. E. 2d 861 (1995).

Orbach, Y., Hershkowitz, I., Lamb, M., Sternberg, K., Esplin, P., & Horowitz, D. (2000). Assessing the value of structured protocols for forensic interviews of alleged child abuse victims. *Child Abuse and Neglect*, *24*, 733 - 752.

Ornstein, P., Gordon, B. N., & Larus, D. (1992). Children's memory for a personally experienced event: Implications for testimony. *Applied Cognitive Psychology*, *6*, 49 - 60.

Ornstein, P. A. (1990). Knowledge and strategies: A discussion. In W. Schneider & F. Weinert (Eds.), *Interactions among aptitudes, strategies, and knowledge in cognitive performance* (pp. 147 - 156). New York: Springer-Verlag.

Ornstein, P. A. (1995). Children's long-term retention of salient personal experiences. *Journal of Traumatic Stress*, *8*, 581 - 606.

Ornstein, P. A., Manning, E. L., & Pelphrey, K. A. (1999). Children's memory for pain. *Developmental and Behavioral Pediatrics*, *20*, 262 - 277.

Ornstein, P. A., Merritt, K. A., Baker-Ward, L., Furtado, E., Gordon, B. N., & Principe, G. (1998). Children's knowledge, expectation, and long-term retention. *Applied Cognitive Psychology*, *12*, 387 - 405.

Ornstein, P. A., & Naus, M. J. (1985). Effects of the knowledge base on children's memory strategies. In H. W. Reese (Ed.), *Advances in child development and behavior* (Vol. 19, pp. 113 - 148). Orlando, FL: Academic Press.

Ornstein, P. A., Naus, M. J., Maxfield, D., & Zimler, J. (1989). Children's concurrent use of rehearsal and organizations strategies. *Developmental Psychology*, *25*, 619 - 627.

Patterson, C. J. (1997). Children of lesbian and gay parents. In T. Ollendick & R. Prinz (Eds.), *Advances in clinical child psychology* (Vol. 19, pp. 235 - 282). New York: Plenum Press.

People v. Scott Kniffen, Brenda Kniffen, Alvin McCuan and Deborah McCuan, Kern County (Calif.) Sup. Ct. 24208 (1996).

Peters, D. P. (1997). Stress, arousal, and children's eyewitness memory. In N. L. Stein, P. A. Ornstein, B. Tversky, & C. Brainerd (Eds.), *Memory for everyday and emotional events* (pp. 351 - 370). Mahwah, NJ: Erlbaum.

Peterson, C. (1999). Children's memory for medical emergencies: 2 years later. *Developmental Psychology*, *35*, 1493 - 1506.

Peterson, C., & Bell, M. (1996). Children's memory for traumatic injury. *Child Development*, *67*, 3045 - 3070.

Peterson, C., & Grant, M. (2001). Forced-choice: Are forensic interviewers asking the right questions? *Canadian Journal of Behavioural Science*, *33*(2), 118 - 127.

Peterson, C., Moores, L., & White, G. (2001). Recounting the same events again and again: Children's consistency across multiple interviews. *Applied Cognitive Psychology*, *15*(4), 353 - 371.

Peterson, C., & Rideout, R. (1998). Memory for medical emergencies experienced by 1-and 2-year-olds. *Developmental Psychology*, *34*, 1059 - 1072.

Peterson, C., & Whalen, N. (2001). Five years later: Children's memory for medical emergencies. *Applied Cognitive Psychology*, *15*, 7 - 24.

Pezdek, K., & Roe, C. (1995). The effect of memory trace strength on suggestibility. *Journal of Experimental Child Psychology*, *60*, 116 - 128.

Pipe, M. E., Gee, S., Wilson, J. G., & Egerton, J. M. (1999). Children's recall 1 or 2 years after an event. *Developmental Psychology*, *35*, 781 - 789.

Pipe, M. E., Goodman, G. S., Quas, J., Bidrose, S., Ablin, D., & Craw, S. (1997). Remembering early experiences during childhood: Are traumatic events special. In J. D. Read & D. S. Lindsay (Eds.), *Recollections of trauma: Scientific evidence and clinical practice* (pp. 417 - 423). New York: Plenum Press.

Poole, D., & White, L. (1991). Effects of question repetition on the eyewitness testimony of children and adults. *Developmental Psychology*, *27*(6), 975 - 986.

Poole, D. A., & Lindsay, D. S. (1995). Interviewing preschoolers: Effects of nonsuggestive techniques, parental coaching and leading questions on reports of nonexperienced events. *Journal of Experimental Child*

Psychology, *60*, 129 - 154.

Poole, D. A., & Lindsay, D. S. (2001). Children's eyewitness reports after exposure to misinformation from parents. *Journal of Experimental Psychology: Applied*, *7*, 27 - 50.

Powell, M., & Thomson, D. (1997). Contrasting memory for temporal-source and memory for content in children's discrimination of repeated events. *Applied Cognitive Psychology*, *11*, 339 - 360.

Powell, M. B., & Thomson, D. M. (1996). Children's recall of an occurrence of a repeated event: Effects of age, retention interval, and question type. *Child Development*, *67*, 1988 - 2004.

Priestley, G., Roberts, S., & Pipe, M. E. (1999). Returning to the scene: Reminders and context reinstatement enhance children's recall. *Developmental Psychology*, *35*, 1006 - 1041.

Principe, G. F., & Ceci, S. J. (2002). "I saw it with my own ears": The effects of peer conversations on preschoolers' reports of nonexperienced events. *Journal of Experimental Child Psychology*, *83*(1), 1 - 25.

Principe, G. F., Kanaya, T., Ceci, S. J., & Singh, M. (in press). Believing is seeing: How rumors can engender false memories in preschoolers. *Psychological Science*.

Principe, G. F., Ornstein, P. A., Baker-Ward, L., & Gordon, B. N. (2000). The effects of intervening experiences on children's memory for a physical examination. *Applied Cognitive Psychology*, *14*, 59 - 80.

Pynoos, R. S., Steinberg, A. M., & Aronson, L. (1997). Traumatic experiences: The early organization of memory in school-age children and adolescents. In P. S. Applebaum, L. A. Uyehara, & M. R. Elin (Eds.), *Trauma and memory: Clinical and legal controversies* (pp. 272 - 289). New York: Oxford University Press.

Qnas, J. A., Bottoms, B. L., Haegerich, T. M., & Nysse-Carris, K. L. (2002). Effects of victim, defendant, and juror gender on decisions in child sexual assault cases. *Journal of Applied Social Psychology*, *24*, 702 - 732.

Quas, J. A., Goodman, G. S., Bidrose, S., Pipe, M. E., Craw, S., & Ablin, D. S. (1999). Emotion and memory: Children's long-term remembering, forgetting, and suggestibility. *Journal of Experimental Child Psychology*, *72*, 235 - 270.

Rayner, K., & Pollatsek, A. (1989). *The psychology of reading*. Upper Saddle River, NJ: Prentice-Hall.

Ricci, C., & Beal, C. (1998). Effect of questioning techniques and interview setting on young children's eyewitness memory. *Expert Evidence*, *6*, 127 - 144.

Salekin, R. T. (2002). Juvenile transfer to adult court: How can developmental and child psychology inform policy decision making. In B. L. Bottoms, M. B. Kovera, & B. D. McAuliff (Eds.), *Children, social science, and the law* (pp. 203 - 232). New York: Cambridge University Press.

Salmon, K. (2001). Remembering and reporting by children: The influence of cues and props. *Clinical Psychology Review*, *21*(2), 267 - 300.

Salmon, K., & Pipe, M. E. (2000). Recalling an event one year later: The impact of props, drawing and a prior interview. *Applied Cognitive Psychology*, *14*, 99 - 120.

Saywitz, K. J. (1987). Children's testimony: Age-related patterns of memory errors. In S. J. Ceci, M. P. Toglia, & D. F. Ross (Eds.), *Children's eyewitness memory* (pp. 36 - 52). New York: Springer Verlag.

Saywitz, K. J., & Moan-Hardie, S. (1994). Reducing the potential for distortion of childhood memories. *Consciousness and Cognition*, *3*, 408 - 425.

Schneider, W., & Bjorklund, D. F. (1998). Memory. In W. Damon (Editor-in-Chief) & D. Kuhn & R. S. Siegler (Vol. Eds.), *Handbook of child psychology: Vol. 2. Cognition, perception, and language* (pp. 467 - 521). New York: Wiley.

Scullin, M., Kanaya, T., & Ceci, S. J. (2002). Measurement of individual differences in children's suggestibility across situations. *Journal of Experimental Psychology: Applied*, *8*, 233 - 241.

Shaw, J. A., Applegate, B., & Schorr, C. (1996). Twenty-one-month follow-up of school-age children exposed to Hurricane Andrew. *Journal of the American Academy of Child and Adolescent Psychiatry*, *35*, 359 - 364.

Shrimpton, S., Oates, K., & Hayes, S. (1998). Children's memory of events: Effects of stress, age, time delay and location of interview. *Applied Cognitive Psychology*, *12*, 133 - 143.

Simcock, G., & Hayne, H. (2002). Children fail to translate their preverbal memories into language. *Psychological Science*, *13*, 225 - 231.

Smith, D. W., Letourneau, E. J., Saunders, B. E., Kilpatrick, D. G., Resnick, H. S., & Best, C. L. (2000). Delay in disclosure of childhood rape: Results from a national survey. *Child Abuse and Neglect*, *24*(2), 273 - 287.

Snowden v. Singletary, 135 F. 3d 732 (11th Cir. 1998).

State v. Fijnje, 84 - 19728 (11th Cir. 1995).

State of Washington v. Carol, M. D., & Mark, A. D., 983 P. 2d 1165 (Wash. Ct. App. 1999).

State of Washington v. Manuel Hidalgo Rodriguez, 17600 - 2 - Ⅲ (Wa. Ct. App. 1999).

Stein, N. L. (1996). Children's memory for emotional events: Implications for testimony. In K. Pezdek & W. P. Banks (Eds.), *The recovered/false memory debate* (pp. 169 - 194). San Diego, CA: Academic Press.

Steinberg, L., & Cauffman, E. (1996). Maturity of judgment in adolescence: Psychosocial factors in adolescent decision-making. *Law and Human Behavior*, *20*(3), 249 - 272.

Steinberg, L., & Scott, E. (2003). Less guilty by reason of adolescence: Developmental immaturity, diminished responsibility, and the juvenile death penalty. *American Psychologist*, *58*, 1009 - 1018.

Sternberg, K. J., Lamb, M. E., Orbach, Y., Esplin, P., & Mitchell, S. (2001). Use of a structured investigative protocol enhances young children's responses to free-recall prompts in the course of forensic interviews. *Journal of Applied Psychology*, *86*, 997 - 1005.

Steward, M. S., & Steward, D. S. (with Farquahar, L., Myers, J. E. B., Reinart, M., Welker, J., Joye, N., Driskll, J., & Morgan, J.). (1996). Interviewing young children about body touch and handling. *Monographs of the Society for Research in Child Development*, *61*(4/5, Serial No. 248).

Stuber, M. L., Nader, K., Yasuda, P., Pynoos, R. S., & Cohen, S. (1991). Stress response after pediatric bone marrow transplantation: Preliminary results of a prospective longitudinal study. *Journal of the American Academy of Child and Adolescent Psychiatry*, *30*, 952 - 957.

Summit, R. C. (1983). The child sexual abuse accommodation syndrome. *Child Abuse and Neglect*, *7*, 177 - 193.

Talwar, V., Kang, L., Bala, N., & Lindsay, R. C. L. (2004). Children's lie-telling to conceal a parent's transgression: Legal implications. *Law and Human Behavior*, *28*, 411 - 435.

Terr, L. (1988). What happens to early memories of trauma? A study of 20 children under age 5 at the time of documented traumatic events. *Journal of the American Academy of Child and Adolescent Psychiatry*, *27*, 96 - 104.

Terr, L. (1991). Childhood traumas: An outline and overview. *American Journal of Psychiatry*, *148*, 10 - 20.

Terr, L. (1994). *Unchained memories: True stories of traumatic memories, lost and found*. New York: Basic Books.

Thompson, W. C., Clarke-Stewart, K. A., & Lepore, S. (1997). What did the janitor do? Suggestive interviewing and the accuracy of children's accounts. *Law and Human Behavior*, *21*(4), 405 - 426.

van der Kolk, B. A., & Fisler, R. E. (1995). Dissociation and the fragmentary nature of traumatic memories: Overview and exploratory study. *Journal of Traumatic Stress*, *8*, 505 - 525.

Verville, E. (1968). *Behaviorproblems of children*. Philadelphia: Saunders.

Warren, A. R., & Swartwood, J. N. (1992). Developmental issues in flashbulb memory research: Children recall the Challenger event. In E. Winograd & U. Neisser (Eds.), *Affect and accuracy in recall: Studies of "flashbulb" memories* (pp. 95 - 120). Cambridge, MA: Cambridge University Press.

Warren, A. R., & Woodall, C. E. (1999). The reliability of hearsay testimony: How well do interviewers recall their interviews with children? *Psychology, Public Policy and Law*, *5*, 355 - 371.

Warren, A. R., Woodall, C. E., Hunt, J. S., & Perry, N. W. (1996). "It sounds good in theory, but...": Do investigative interviewers follow guidelines based on memory research? *Child Maltreatment*, *1*, 231 - 245.

Waterman, A. H., Blades, M., & Spencer, C. (2000). Do children try to answer nonsensical questions? *British Journal of Developmental Psychology*, *18*(2), 211 - 225.

Wimmer, H., Hogerfe, G. J., & Perner, J. (1988). Children's understanding of informational access as a source of knowledge. *Child Development*, *59*, 386 - 396.

Zaragoza, M., Payment, K., Kichler, J., Stines, L., & Drivdahl, S. (2001, April). *Forced confabulation and false memory in child witnesses*. Paper presented at the 2001 biennial meeting of the Society for Research in Child Development, Minneapolis, MN.

第 20 章

媒体和大众文化

GEORGE COMSTOCK 和 ERICA SCHARRER

20 世纪后半叶,媒体给美国儿童和青少年的生活带来了"革命性的变化"(Roberts & Foehr, 2004)。这些变化是从 20 世纪 40 年代后期电视的出现开始的。电视是一种全新的媒体——可以在家中观看,比以往任何媒体更方便更具吸引力。到 20 世纪 50 年代末为止,几乎 90%的美国家庭拥有电视机。然而,只是最近的 20 年,媒体才在年轻人的生活中迅速普及。他们的成长环境因此改变。看电视节目时,象征性的榜样和替代性的间接体验起着更大的作用(Bandura, 1986)。娱乐节目是年轻人使用媒体时最主要的活动,而这些娱乐节目绝大多数是暴力性的。这种情况引发了许多问题,如媒体使用对青少年学业成绩的影响、娱乐节目对人际交往行为的影响等。媒体通常依靠广告收入的支持,谷物早餐、糖果、快餐、玩具和服饰等的各种广告直接以年轻人为目标,包括尚处于童年早期的孩子。这样就会出现欺骗和控制等问题,某些食品也可能引发健康问题。最终,20 世纪出现的这些媒体剥夺了家长对接触孩子的符号和信息进行控制的能力——20世纪40年代早期之前家长都可以对此进行控制,因为那时候孩子们只能接触报纸、杂志、收音机,以及星期六的日场演出。当然,有些家庭还有留声机。事实上,在这种新环境中,媒体使用大多是在儿童和青少年卧室的私密空间中进行的,父母看不到也听不到。

我们对媒体和大众文化对年轻人生活的影响的研究有三个重点。我们将探讨多种媒体形式,但将更多地关注电视媒体,因为电视是迄今为止年轻人花时间最多的媒体——这种情况至少持续到青少年后期,那时候音乐几乎占用他们同样多的时间。我们主要利用儿童发展过程、社会心理学、社会学以及沟通方面的学术研究成果对此进行讨论。电视行业和广告行业以及生产厂商也会定期对市场产品和电视节目进行研究,但是他们的研究成果大多不可以公开利用,除了用于研究成功的市场营销以外,也不会应用到其他理论或实践中去。最后,我们也会澄清研究在政策制定和家庭养育方面的恰当性和应用。 818

长期以来,学术研究为实践提供了丰富的信息。其中一个实证是由 Dorothy G. Singer 和 Jerome L. Singer(2001) 最新出版的《儿童与媒体手册》(*Handbook of Children and the Media*)一书中的39个章节。另一个是 G. Comstock (1991)《电视与美国儿童》(*Television and the American Child*)一书中的大约900个参考资料。但是,学术研究成果一般都是通过对理论或对大量的证据进行谨慎地解释的方法应用到实践中去。儿童电视工场(Children's Television Workshop)在节目制作过程中对每一个场景中儿童的注意特点进行监控,以确保《芝麻街》(*Sesame Street*)吸引儿童足够的注意,达到所需要的教育影响(Lesser, 1974),但是这种研究直接影响具体实践的情况极其少见。

我们将探讨以下五个论题: 对电视媒体的时间和注意的分配、学业成绩、电视广告、暴力性的娱乐节目,以及与我们现在的研究兴趣有关的两个问题——其一是电视法规的演变,这些法规对媒体中的暴力的内容、成人或性内容(有可能引诱青少年观众偷食禁果)向家长发出警示,其二是新的电子媒体在大众文化传播过程中的作用。我们将从媒体对儿童产生影响的两个必要条件(时间和注意)开始进行讨论,总结不断发展的技术对儿童的时间和注意的影响。

时间和注意的分配

我们第一个论题并不是儿童发展常用的参数,但它对我们讨论的主题——大众文化的影响——以及美国儿童和青少年现在的生活至关重要。这就是对媒体的时间和注意的分配。我们将利用自己以往的研究工作: 与电视和其他与电影相关的媒体使用有关的数据分析(Comstock & Scharrer, 2001)以及电视娱乐媒体的内容和主题相关的数据分析(Scharrer & Comstock, 2003)。

电视和其他与电影相关的媒体的使用

关于儿童青少年看电视和使用其他与电影相关的媒体有五个极为重要的问题。他们看电视的时间有多长? 看电视与其他媒体消费有何不同? 年轻观众对电视节目有什么喜好?

为什么儿童和青少年爱看电视？随着儿童不断成长，他们看电视的习惯会出现什么变化？

时间

研究发现个体在 6 个月的时候就可以对正在播放节目的电视屏幕产生注意(Hellenbeck & Slaby, 1979)。但是，儿童通常在 2.5 到 3 岁间才开始经常性地看电视，平均每天 1.5 个小时(Huston et al., 1983)。在 3 到 6 岁之间，儿童每天看电视的时间可以迅速增加到大约 2.75 个小时(Huston, Wright, Rice, Kerkman, & St. Peters, 1990)，在 5.5 到 7 岁之间他们看电视的时间减少了半个小时，因为这时候他们已经开始上学，不得不减少看电视的时间(见图 20.1)。到 12 岁时，他们看电视的时间又有所增加。

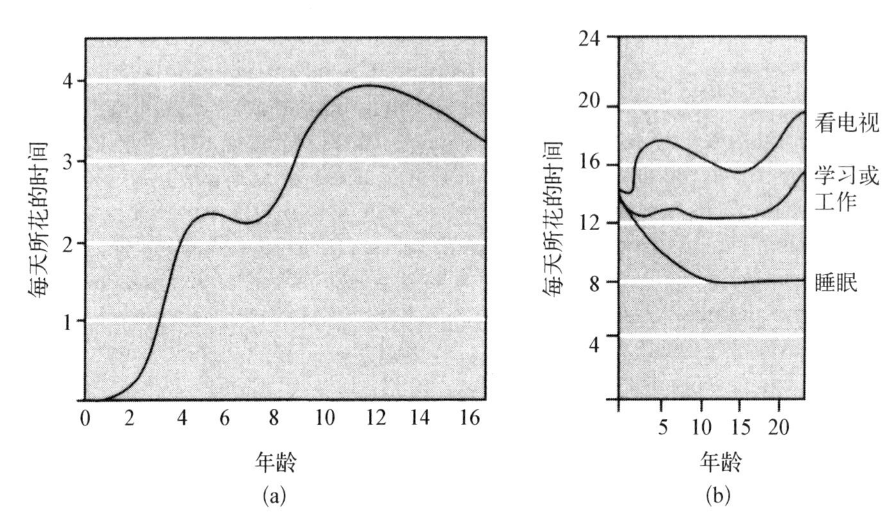

图 20.1 不同年龄的人看电视、学习或工作以及睡眠所花的时间

资料来源：(a) 摘自 *Television and Human Behavior*, by G. Comstock, S. Chaffee, N, Katzman, M. McCombs, D. Roberts, 1978, New York: Columbia University Press. 版权由 Columbia University 所有。经许可使用；(b) *The Psychology of Television*, by J. Condry, 1989, Hillsdale, NJ: Erlbaum. 版权由 Lawrence Erblaum 所有。经许可使用。

进入中学阶段，青少年离开家庭获得了更多的自由，运动、约会以及不可与看电视同时进行的爱好等其他活动带来了更大的冲击，因此他们看电视的时间大量减少。有些青少年继续上大学直至毕业，他们看电视的时间仍然很少。当接受教育的时期结束之后，他们看电视的时间又回到了与小学阶段同样的水平，到 50 多岁之后看电视的时间又大大增加。

我们对包括 Robert 和 Foehr (2004)以及 Robinson 和 Godbey(1997)的研究在内的大量资料进行了研究。在此基础上，我们估计 2 到 11 岁的孩子平均每天看电视 3 个小时 7 分钟，或者每周 21 小时 49 分钟；12 到 17 岁的孩子每天看电视的时间是 2 小时 28 分钟，或每周 17 小时 16 分钟。这些估计包括三个观看水平：第一种，认为看电视是唯一的或者首要的活动；第二种，认为看电视相对于其他活动是次要的；第三种，他们认为看电视不如其他活动重要，但同时他们会一直开着电视(Comstock & Scharrer, 2001)。

这些平均数并不能反映青少年看电视的各种差异。影响看电视的时间量的重要因素包括家庭特征，社会经济地位(与看电视呈负相关)、看电视的标准(可以促进或减少看电视的时间)、电视机的可得性、其他媒体以及其他休闲方式(这可能会影响他们自己对电视节目的选择能力以及电视的相对吸引力);儿童自身的特点,如年龄(如上文所述)、心理能力(与看电视的多少呈负相关)和理解力(这是欣赏电视节目的先决条件);环境影响,如其他人是否在场及其做法(他们可能一看到电视机就选择打开或直接注意电视屏幕)、时钟和日历效应,如一天中的某个时间、一周的某一天以及季节(当学校放假的时候孩子们每天看电视的时间增加,每周星期五晚上,当第二天不用上学时,他们看电视的时间最多);以及心理状态(通常是为了逃离愤怒的情绪和所面临的压力而看电视)。 819

电视的特殊之处

媒体在年轻人的生活环境中无处不在,使得现今时代不同于以往,别具风采。20 世纪 50 年代每个家庭一般只有一台电视机,有些也可能有一个录放机和一个或几个收音机。而如今,年轻人在一个被媒体及其所提供的各种不同选择如学习和游戏所包围的环境中成长。Roberts 和 Foehr (2004)提供了一套最新数据,来自全美的有代表性的样本,包括3 000多名 2 到 18 岁之间的儿童和青少年。他们发现一般家庭拥有至少三台电视机、三台卡式磁带录音机、三台收音机、两台录像机(VCRs)、两台唱片(CD)播放器、一台录像游戏机以及一台电脑。当他们调查孩子们直接使用的和个人所有的媒体时,他们发现结果同样令人震惊。2 到 7 岁的孩子当中,43%有收音机,38%有 CD 播放器,32%有电视机,16%有录像机,13%有录像游戏机,6%有电脑。年龄稍大一点(8 到 18 岁)的孩子中,数目更大:88%有 CD 播放器,86%有收音机,65%有电视机,45%有录像游戏机,36%有录像机,21%有电脑。毫无疑问,这些研究结果令人瞠目结舌,青少年看电视的时间并没有因为多种媒体的存在而减少,相反他们花在媒体上的总时间更多了。Roberts 和 Foehr 认为 2 到 7 岁的孩子看电视要花费 3 小时 38 分钟,8 到 18 岁的孩子花费 6 小时 17 分钟,由于他们可能同时使用多种媒体,因此使用媒体的总时间大约增加了 20%。儿童可用来看电视的时间越多,旁边有开着的电视机的机会越多,他们看电视的时间就会越多。根据他们看电视的时间可以划分出一个观众群(比如,夏天儿童看电视的时间会有所增加,青少年比小学生看电视的时间更少)。

关于媒体在儿童生活中的作用的研究极为少见,因此 Kaiser 家庭基金会(Kaiser Family Foundation)发起了一项叫做"0 到 6 岁:婴幼儿和学前儿童生活中的电子媒体"的最新研究(Rideout, Vandewater, & Wartella, 2003)。他们采用随机拨打电话号码的方法获得调查数据,得到了全美 6 个月到 6 岁孩子的1 000多个家长的有代表性的样本。这些孩子与比他们年龄大的对照组一样,也生活在媒体非常丰富的家庭中:50%的家庭有三台或三台以上的电视机,73%有电脑,49%有一台录像游戏机。这些媒体不仅出现在这些年龄很小的孩子的生活中,而且他们也经常使用。我们将集中讨论年龄在 2 岁及 2 岁以下的孩子,因为在以往的研究数据中从来没有涉及过。 820

在"有代表性的"一天,年龄很小的孩子的父母报告他们有 59%的时间看电视,42%的时间看录像或 DVD,5%的时间使用电脑,3%的时间玩电子游戏。1 岁以内的孩子中,电视在各种媒体中很显然地位最高。2 岁及 2 岁以下的儿童平均每天看电视的时间是 2 小时 5 分钟。他们当中大约有四分之一的孩子卧室里有电视机。

喜好

儿童在很小的时候就表现出对某些电视节目的喜好。30 多年前，在 Lyle 和 Hoffman (1972b)的一个开拓性的研究中，要求洛杉矶地区的 160 名 3 岁、4 岁、5 岁的儿童说出自己最喜爱的电视节目。3 岁儿童中有五分之四可以说出自己最喜爱的电视节目，到 5 岁时几乎所有的孩子都可以说出自己最喜爱的电视节目。

电视节目的喜好的主要预测变量是性别和年龄。学前儿童中男孩和女孩都喜欢诸如《芝麻街》中出现的动物角色。性别很早就会对儿童对电视节目的喜好产生影响，在 3 到 5 岁的孩子中，能够说出暴力情节动画片的名字的男孩是女孩的三倍(分别是 17%和 5%)，能够说出家庭动画片[如《Flintstone 一家人》(*The Flintstones*)]的名字的女孩是男孩的两倍(分别是 39% 和 19%)。年龄也会使儿童对电视节目的喜好产生很大差别。Lyle 和 Hoffman(1972a)又一次提出了相关数据，样本是来自洛杉矶地区的1 600名一年级、六年级、十年级的学生。一年级学生中，大约四分之一的学生认为自己最喜爱的电视节目是动画片，大约一半的孩子最喜爱情境喜剧。六年级学生中，每 20 人中只有 1 人认为自己喜爱的节目是动画片，情境喜剧仍然是最受欢迎的，但他们喜欢的其他节目形式也在不断增加。到十年级的时候，喜剧、动作历险片、肥皂剧、情境喜剧，以及谈话、杂耍和音乐节目也十分受欢迎。《芝麻街》就是儿童喜欢的电视节目受年龄影响的一个非常好的例子。大约有 33%的 3 岁儿童认为它是自己最喜爱的动画片；到 5 岁时，这个数据下降到 12%，6 到 7 岁的孩子几乎完全放弃这种幼儿爱看的节目(Huston et. al., 1990)。

为什么爱看电视?

儿童、青少年以及成年人看电视受三大满足感所驱使：(1) 转移和逃离压力；(2) 社会比较；以及(3) 了解世界上正在发生的事情(Comstock & Scharrer, 1999)。第一种满足感是从以下两个方面推论出来的：其一，处于压力、孤独、焦虑、消极情绪状态中，或者与他人发生冲突时他们观看或以其他形式注意电视的时间更多(D. R. Anderson, Collions, Schmitt, & Jacobvitz, 1996; Canary & Spitzberg, 1993; Kubey & Csikszentmihalyi, 1990; Maccoby, 1954; R. Potts & Sanchez, 1994)；其二，当他们被问到为什么喜欢看电视时所谈到的其他动机(Albarran & Umphrey, 1993; Bower, 1985)。第二个满足感是由 Harwood(1997)提出的，当荧屏角色与看电视者自己有相似之处，无论是种族(Comstock, 1991b)、年龄(Harwood, 1997)或者性别(Maccoby & Wilson, 1957; Maccoby, Wilson, & Burton, 1958; Sprafkin & Liebert, 1978)方面，个体一般会给予更多的关注。第三个满足感是基于人们常说的学习知识是看电视的理由之一，尽管并不具体指新闻或教育节目(Albarran & Umphrey, 1993; Bower, 1985)，我们分析看电视的动机是为了及时了解以娱乐、运动和新闻的形式出现在电视上的各种事情、电视节目所报道事件的方式，以及构成新闻内容的事件。

这些动机表现为两种不同的观看方式：仪式性的观看(ritualistic viewing)和工具性的观看(instrumental viewing)。这两种观看方式的区别在于节目的具体内容对观看的重要程度(Comstock & Scharrer, 1999; A. M. Rubin, 1983, 1984)。在仪式性的观看中，媒体占主导地位,人们决定看电视之后再不断搜索满意的节目。工具性的观看指的是更为仔细地使用媒体,关注特定的节目。人们看电视时大多数情况都是仪式性的,大多数电视观众在大多数时间对媒体的关注也都是仪式性的。儿童和青少年是如此,成年人也是如此。儿童对自己喜爱的节目的特别关注,这当然是工具性观看的一个例子(但是只占五分之一)。到 10 岁时,儿童也像成年人一样开始不再那么经常观看自己最喜欢的节目(因为学业和其他活动与之相冲突),但他们看电视时间更多(Comstock & Scharrer, 1999, 2001; Eron, Huesmann, Brice, & Mermelstein, 1983),同时对电视画面的关注开始减少(D. R. Anderson, Lorch, Field, Collins, & Nathan, 1986)。年轻人像成人一样,通常不是在看电视画面,他们很少关注整个电视屏幕内容,而是在监听电视,更多地注意听觉和视觉线索以便理解故事内容(无论是什么内容)。

821

发展变化

儿童在 3 岁前就开始看电视,大约 12 岁时达到顶峰。这 9 年时间内,一开始电视对幼儿只是意义有限的影像,发展到后来的以成年人的方式监听电视[尽管包括一些很隐晦和是非很复杂的电视节目,如《法律和秩序》(*Law and Order*)、《CSI: 犯罪场景调查》(*CSI: Crime Scene Investigation*)、《女高音》(*Sopranos*),这些通常要等到他们 15 到 19 岁的时候才能理解]。

早期对教育节目如《芝麻街》的工具性使用通常是父母引导的结果,这将使个体在青少年期看电视的时间较少,而对媒体的工具性使用增加(Rosengren & Windahl, 1989)。相反,在没有文字媒体并支持孩子经常看电视的家庭中,儿童会比一般情况下更常看电视,他们对其他媒体的使用很大程度上也局限于声音媒体和屏幕媒体,且将一直持续到青少年期和成年期(Comstock & Scharrer, 1999, 2001; Roberts & Foehr, 2004)。家庭特征对孩子看电视的多少和方式也起很大的作用。

儿童对电视屏幕的注意表现了他们对电视节目的兴趣。直到大约 6 岁之前,儿童的注意更多地限于动画片(Bechtel, Achelpohl, & Akers, 1972)。然后,大约 10 岁的时候,个体对电视节目的整体注意开始增加,开始对面向普通观众的节目感兴趣(D. R. Anderson et al., 1986; Wolf, 1987);然后当他们达到成年人对媒体的理解程度时,他们对电视屏幕的关注就减少了。注意的增加与 7 到 9 岁之间皮亚杰的前运算阶段到具体运算阶段的过渡是一致的。在后一阶段,儿童理解电视时对言语元素的使用多于外貌和动作,他们更能理解情节和人物的细微之处(Kelly & Spear, 1991; Van Evra, 2004)。这时,他们也不再需要像以前那样对屏幕全身心投入来理解故事内容,与电视屏幕的目光接触的减少就是很好的例子。

大多数学者认为儿童对屏幕的关注也受节目的可理解性的影响(D. R. Anderson, Pugzles Lorch, Field, & Sanders, 1981; Campbell, Wright, & Huston, 1987)。可理解性部分可以用儿童的年龄和认知发展水平来解释(Calvert, Huston, Watkins, & Wright, 1982; Huston et al., 1990)。这些原理最近得到了 Valkenburg 和 Vroone(2004)研究的证实,他们对 50 个 6 到 58 个月的孩子进行了家庭观察,考查了儿童观看不同复杂程度的电视节目片断时的注意的变化情况。他们发现年龄最小的孩子(6 到 18 个月)更多地注意最简单的节目[如《天线宝宝》(*Teletubbies*)],而年龄最大孩子更多地注意内容最复杂的节目[如《狮子王Ⅱ》(*Lion King Ⅱ*)]。尤为重要的是,这两个节目在声音和图像效果方面都很相似。因此,儿童只注意他们的认知理解范围内的节目。

电视媒体的内容和主题

我们首先用三个基本参数来探讨儿童和青少年观看的电视节目的内容和主题,这三个参数可以确定其他所有的情境。然后我们再讨论两种行为:暴力和性亲近,电视节目中对这两种行为的描述对儿童的指导很有问题,因而成为人们争议和关注的主题。电视对暴力和性亲近的描述对儿童非常重要,因为儿童和青少年有可能把电视作为外在世界的代表或模仿的向导(Bandura, 1986; Comstock & Scharrer, 1999; DeFleur & DeFleur, 1967)。

娱乐节目占主导地位

8到13岁的孩子所观看的绝大多数电视节目以及2到7岁孩子观看的相当比例的电视节目都是娱乐类节目(Roberts & Foehr, 2004)。年龄小的孩子尤其喜欢动画片,几十年来动画片在周末上午和放学后的儿童节目的时间一直占主导地位(Comstock, 1991a; Comstock & Scharrer, 2001),因为动画片的声音和影像信息表明其内容是为年龄小的观众设计的。但是,也有很多儿童观看面向普通观众的节目,并慢慢喜欢上这些节目。电视大部分收入来自广告,有线电视只有小部分收入来自用户,因此电视节目的受欢迎程度是电视台非常重要的目标(他们用来吸引广告客户的是观众的人口统计学数据,如一般来说星期六上午的观众是儿童和青少年)。要使电视节目受欢迎的最有效的方式就是播放简单的娱乐节目(Barwise & Ehrenberg, 1988)。因此,在每周的任何时间这种类型的节目多于其他节目,只有周末下午除外,因为周末下午运动类节目(另一种简单的节目形式)占主导地位。因此,娱乐节目成为儿童和青少年最常看的节目。

822

儿童节目:很受欢迎,但是作用有限

在来自全美国范围内有代表性的样本中,20世纪90年代后期的3 000名年轻人中,大约85%的2到7岁的孩子、50%的8到13岁的孩子和16%的14到18岁的孩子报告他们前一天都观看了面向年轻观众的娱乐类节目(Roberts & Foehr, 2004)。近年来,美国三大最早的电视台(ABC,CBS以及NBC)的儿童节目收视率是50个点,比1979到1980年的67个点有所回落(Pecora, 1998)。有线电视台方面,Disney Channel(主要通过有线收费获得资金)和Nickelodeon(通过有线收费和广告收入获得资金)两个频道,采用了同样的做法(Pecora, 1998):上午的节目面向学龄前儿童(在每日收视周期中这个时间达到超过20%的收视高峰),放学后的时间段面向年龄稍大的孩子(在每日收视周期中这个阶段到下午5点时达到了40%的收视高峰),然后主要是面向家庭的娱乐节目(在每日收视周期中这时候所有观众群都达到了顶峰状态)。Disney Channel大多数时候播放他们自己的人物角色的节目,如《美人鱼》(*Little Mermaid*)、《小熊维尼》(*Pooh Corner*)以及《米老鼠俱乐部》(*Mickey Mouse Club*);而Nickelodeon以年龄稍大的孩子们喜爱的娱乐节目为特色,如《鲁格莱茨》(*Rugrats*),以及学前教育节目,如《布鲁斯的线索》(*Blue's Clues*),《建筑工鲍勃》(*Bob the*

Builder)，以及《富兰克林》(*Franklin*)。然而，尽管这些节目受到年轻观众的喜爱，但是儿童也会观看面向一般观众的节目，年轻观众的喜好也在随着年龄不断变化，专门面向年轻观众的节目数量有限，这些节目在节目单中的时间位置等，各种因素相结合使得儿童娱乐节目的作用仍然十分有限。

教育节目：作用很小

教育节目对年轻人收看电视只起很小的作用，一部分原因是电视节目单中这一类节目的数量极少。公共电视广播系统(The Public Broadcasting System, PBS)制作了尽人皆知的电视节目如《芝麻街》和《罗杰斯先生的邻居》。《芝麻街》吸引了很多观众，这是因为儿童经常观看该节目可以带来许多有利的结果，如学习字母和数字、语言，为上学做准备以及可以帮助孩子几年以后取得更好的学业成绩，尽管其中许多情况也可能反映了父母对孩子权威式的养育方式，他们鼓励孩子观看这个节目但并不关心该节目对孩子的影响(Comstock & Scharrer, 1999; Cook et al., 1975; Fisch & Truglio, 2001; Huston et al., 1990; Rice, Huston, Truglio, & Wright, 1990; Wright & Huston, 1995; Zill, Davies, & Daly, 1994)。当然，广播电视充满着大量的商业广告，但是其他电视频道也越来越具商业化特征。Nickelodeon 一开始并没有商业内容，但是 4 年后他们也开始播放广告。联邦政府的资金投入减少致使 PBS 做商业广告，如《巴尼和朋友们》(*Barney and Friends*)，以及《小羊乔普的等待》(*Lamb Chop's Play-along*)这些节目；背包、书籍、衣服、午餐盒以及录像带上面的各种广告使 PBS 具有商业味道，节目之间的合作赞助声明也类似于商业性的电视广告。因此，即使是收看教育节目也会存在相当的商业和市场营销背景。

1990 年的儿童电视法案(Children's Television Act)中，美国议会把商业性的电视台也要播放教育类节目作为继续申请经营许可的条件。新的标准最终规定电视台每周播放 3 个小时(或六次半个小时)的教育类节目，联邦通信委员会(Federal Communications Commission, FCC)要求这些节目把必须有文化或教育作用作为电视节目的"重要目标"。或许这一要求结束了广播公司最初对 1990 年的立法的反应，那时他们只是简单地把一个已经在播的节目称作教育节目，有时候他们还认为这是绝妙的做法(Kunkel, 1998; Kunkel & Canepa, 1994; Kunkel & Goette, 1997)，制造了名义上的教育家，如 Yogi Bear 和 G. I. Joe。该定义是否会扩大教育节目的范围还有待进一步证实。此外，一些广告商不顾一切地追求利润，把教育节目安排在儿童不可能看电视的时间段，因为他们把孩子可能观看到广告的时间段以更高的价格卖给了广告客户(Hamilton, 1998)。

暴力

自从 20 世纪 40 年代后期电视进入人们的生活开始，电视节目中就充斥着大量的暴力内容(Head, 1954; Smythe, 1954)。这些暴力通常是由有魅力的角色实施的，主要是白种男性，而且他们在打斗之后通常不会有明显的伤或痛苦(Comstock & Scharrer, 2001)。他们经常使用一些令人眼花缭乱的武器。这些元素使之对儿童的模仿颇具吸引力。最暴力的电视节目是儿童类节目(这种情况至少持续了 30 年)，因为这些节目通常是动作冒险动画片，有奖电影频道、专门播放像 TNT 这样的暴力节目的有线频道，以及经常在广播电视上播

823

放的剧场电影(Hamilton, 1998; National Television Violence Study, 1998a, 1998b)。暴力被认为是广播电视节目的主要内容,可能会有些变化,有时候也会转移(从广播到有线频道),但是其播放频率不会有大的变化,也根本不可能消失,尽管这一点遭到了美国国会首脑和成员的反对。

性亲近

在白天和晚间的节目中,年轻人看到的电视节目中有大量的性内容,它们以交谈、间接暗示和情人约会的方式出现,但是相对而言,身体上的性接触的方式出现得较少,除了亲吻和经常出现的适度的暗示和对性交的描述。很明显,儿童喜欢的学前教育类节目和动画片并不包含性内容。但是,年龄稍大的儿童和青少年喜爱的情境喜剧、肥皂剧和主要时间段播放的节目却含有性内容。例如,Kunkel、Cope 和 Colvin(1996)调查了 128 个电视节目,这些节目都是在被称作"家庭时间"期间播放的(收视黄金时间的第一个小时,美国东部时区晚 8 点开始)。他发现 61%的节目包含各种各样的性行为(从接吻到对性交的描述),12%的节目对性交作了暗示和描述,59%包含了涉及性的谈话。Cope(1998)考查了 12 到 17 岁孩子喜欢的 95 个节目:67%的节目包含了涉及性的谈话,62%的节目出现了各种性行为,13%的节目暗示或描述了性交活动。在 Kunkel、Cope-Farrar、Biely、Farinola 和 Donnerstein (2001)进行的综合性研究中也发现了同样的模式,他们对 11 个频道(4 个主要的广播电台、世界银行下属的一个频道、4 个有线频道、PBS 和 HBO)早 7 点到晚 11 点播放的 900 个节目进行了调查,发现:性信息平均每小时出现 4.1 次,66%的节目包含性信息。不幸的是,这些节目中大多数有关性的描述都没有强调或提及性亲近会带来的冒险和责任。对此稍有提及的节目只占 6%(Kunkel et al., 1996)到 9%(Cope, 1998)。

应用

Roberts 和 Foehr(2004)把年轻人媒体使用的多样性进行了巧妙的统计处理。他们对全美国有代表性的 2 000 多个 8 到 18 岁的孩子样本数据进行了聚类分析,发现可以在两个维度上把样本分成 6 个群组,这两个维度就是媒体的可得性(由低到高)以及媒体的使用度(也是由低到高)。该研究结果是一种非常优秀的分类方法,因为每一组都代表了六分之一的人(见图 20.2):

1. 狂热型(enthusiast)。总的来看他们对媒体的使用最多。在家庭和卧室电视的可得性上的得分都很高。他们对各种媒体的使用比其他人多,如印刷品、电视、电脑、电影、录像游戏。家庭环境支持他们对各种媒体的使用。
2. 经常使用型(vidkid)。对媒体的使用程度第二高,但他们主要关注屏幕媒体,尤其是电视。卧室中媒体的可得性中等,家庭中媒体的可得性低,家庭环境支持媒体使用。
3. 中度使用型(inter actor)。媒体使用中等。卧室中电视的可得性低,家庭中媒体的可得性高。比一般人更喜欢使用电脑和印刷品。家庭环境一般既不支持也不严格限制媒体使用。
4. 有限使用型(restricted)。媒体使用低于中度使用者。家庭中媒体的可得性高,卧室

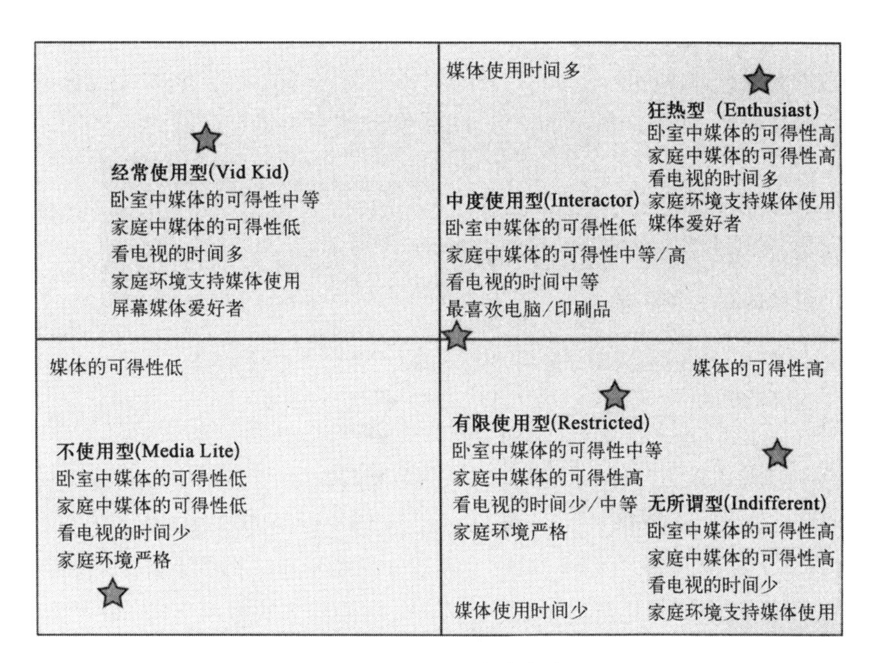

图 20.2 8—18 岁儿童的媒体使用类型。

资料来源：*Kids and Media in America*, by D. F. Roberts and U. G. Foehr, 2004, New York: Cambridge University Press. 经许可使用。

中媒体的可得性中等，但是对媒体使用非常严格。

5. 无所谓型(indifferent)。相对来说他们对媒体的使用较少。卧室和家庭中媒体的可得性都较高。家庭环境支持媒体使用。

6. 不使用型(media lite)。总体来说，他们对媒体的使用最少。卧室和家庭中媒体可得性都最低。环境对媒体使用的要求很严格。

这几种类型的形成过程中有几个因素在起作用。电视和电脑的可得性，尤其是儿童的卧室中的媒体可得性，使他们的媒体使用会产生很大的差别。家庭环境的不同(电视的使用是否有严格的规定)也会产生很大差异。我们通过与电视有关的三个问题(电视打开的频率，是否在吃饭时间看电视，是否有关于看电视的规定)进行调查，研究结果表明这些问题与孩子对各种媒体的使用和看电视的时间有密切关系。然后再考虑个人兴趣，只有一组(中度使用组)比一般水平和另一组(无所谓组)更喜欢使用电脑和文字媒体，尽管媒体的可得性高，但他们却最大程度地忽视媒体，可能是因为他们更喜欢参与户外的其他活动。 824

从 Roberts 和 Foehr(2004)的研究可以得出以下四个重要结论：

1. 年轻人对媒体的使用中，电视仍占突出地位，而且没有因为互联网或电脑的使用而减少。互联网或电脑主要用于学业工作之外与朋友互通电子邮件。

2. 这六组中电视是所有媒体中每组使用得最多的，这一点表明稍低于平均水平的电视使用或高于平均水平的其他媒体的使用正是那些不属于媒体使用多的两组与不使用媒体的组之间的区别之处。

3. 年轻人对某种媒体的使用与他对其他媒体的使用有密切相关，因此现在各种媒体并没有相互排挤，而是共享一个舞台，或多或少地由个体和家庭对媒体使用的支持态度决定。
4. 媒体是否在年轻人的生活中占主导地位主要有三个标准：家庭中可用的媒体的种类和数量，青少年在卧室直接可用的归个人所有的媒体的种类和数量，以及可以用来使用媒体的时间和注意。

在校表现

大量证据表明，自从 20 世纪 40 年代电视进入人们的生活以来，电视对儿童和青少年的学业成绩有很大影响。研究者(Schramm, Lyle, & Parker, 1961)对电视的出现对美国年轻人的影响进行了大规模调查，并得出结论，电视对知识和学业的影响有好有坏。看电视较多的心理能力高于平均水平的儿童会受到一些阻碍，看同样多的电视节目的心理能力低于平均水平的儿童可以从中获得帮助，大多数儿童的心理能力处于平均水平，看电视的多少对他们没有很大影响。重要的是他们被电视所取代的经历的质量，这一点在后面的研究中得到支持。同样，聪明的儿童如果有选择地看电视就可能获得更多的帮助，这一点也将在后面的研究中得到支持。但是，在词汇考试中，有电视的社区里的一年级儿童的得分比没有电视的社区里的儿童提前了一年的水平，尽管到六年级时这一优势逐渐消失。未来研究也不能确定看电视是否一定有利于儿童词汇能力的提高。

825

与电视和儿童在校表现有关的各种问题的数据非常丰富，有些问题已经有了确定的答案。尽管如此，电视对儿童早期的影响模式的某些方面仍不清楚。看电视的多少被认为是一个非常关键的变量，但是也有证据表明儿童观看的电视节目的内容对儿童的影响更为重要，这一点适用于有着不同含义的几种电视节目内容。电视在某些具体领域可能有积极作用，这个问题引起了研究者们极大的兴趣，早期关于词汇的研究结果就是例证。

我们把相关文献分成两大部分。第一部分包括与看电视和在校表现之间的关系有关的许多非常具体的理论假设。第二部分包括看电视与标准化测试成绩之间关系的研究证据以及对这些研究结果的解释。

具体的理论假设

我们首先对提出电视会产生积极影响的两个理论假设进行讨论，然后再探讨认为电视有多种不同的影响的四个理论假设。

有利影响

看电视可以增加儿童词汇量。看电视可以提升儿童的视觉技能。有两个研究假设提出看电视对学业成绩有积极影响，并已经得到验证。

词汇。Williams(1986)及其同事在 Schramm 等(1961)研究结果的基础上，在三社区准实验设计中(Cook & Campbell, 1979)假设Notel社区(刚开始有电视的社区)的年轻人的词汇与他们小时候的伙伴或那些在Unitel社区(只有一个加拿大电视频道的社区)或Multitel社区(有美国和加拿大的电视频道的社区)的年轻人相比较会有所增加。斯坦福—比奈词汇分测验(Stanford-Binet vocabulary subtest)、韦克斯勒智力测验(Wechsler intelligence scale)儿童分量表以及皮波迪图画词汇测验(Peabody picture vocabulary test)这三个标准测验在各年级水平上都没有发现词汇方面的任何变化。

这个问题可以从两方面来解释。首先,当电视进入人们的生活时,看电视可以增加儿童的词汇量,但是看电视本身并没有关系,因为这时源于媒体的任何影响通过年轻人与同伴、老师以及父母的交往已经散布开了。其次,年轻人从电视中接触的词汇大多属于娱乐、体育、新闻以及商业广告范畴,标准化的词汇测验检查不到。不过,教育节目例外,因为已有研究证实教育节目可以帮助儿童获得更多的词汇(Naigles & Mayeux, 2001)。

视觉技能。Gavriel Salomon(1979)提出视觉想象和电视画面的表现形式(如全景拍摄、特写镜头、切出镜头、画面剪辑合成)可以增加回忆、解释和理解视觉刺激的技能。任何推理都要经过检验,使之更具说服力。

他们的研究非常清楚。除了教儿童如何按高度和大小进行连续排序的录像指导之外(Henderson & Rankin, 1986),在学前儿童中没有发现电视节目对儿童视觉技能的显著影响(Hofman & Flook, 1980; Salomon, 1979)。在看完录像示范片后,年龄大一点的儿童把一幅复杂画面的某些部分连接到整个画面的能力以及理解画面全景的能力都有所提高(Rovet, 1983; Salomon, 1979)。按逻辑顺序排列图片以及识别嵌入性图形之类的视觉任务,在观看娱乐性的教育节目《芝麻街》之后有所提高(Salomon, 1979)。但是所有已被证明的电视对视觉技能的影响都只限于教育类录像节目,当节目集中在训练指导时电视对视觉技能的影响最大。我们的结论是,一般性的看电视对儿童生活的最早期只产生很小的影响,因为娱乐节目(或新闻和体育节目)中电视屏幕上运用的形式和技术有限,不是集中的录像指导。

各种不同的影响

幻想游戏、白日梦、创造性以及心理能力,这四大与电视观看有关的课题得到了研究。

幻想游戏和白日梦。当年幼儿童假装成不同于真实自己的角色时,幻想游戏就出现了,这种情况一般只限于3到7岁期间(Fein, 1981; D. G. Singer & Singer, 1990)。相反,白日梦存在于人的一生,没有身体活动,也并不总是像游戏那样是自发的。但幻想游戏和白日梦两者都十分重要,都可以让年轻人实践不同的角色,鼓励发明创造(Valkenberg & van der Voort, 1994)。

826

研究者们提出的几个理论假设:

- 看电视取代了游戏和白日梦,从而减少游戏和白日梦的时间。
- 看电视提供刺激性的想法,从而增加游戏和白日梦的时间。
- 看电视可以提供范例和主题事件来塑造游戏和白日梦。
- 看电视可以通过某些心理状态而不是时间取代的方式来减少游戏时间(如心理枯竭、觉醒或焦虑与恐惧)。

● 令人不愉快的想法和白日梦可以增加看电视的时间，因为看电视是一种逃避的办法。

有关幻想游戏的研究证据极其广泛，包括对儿童日常经历的调查（Lyle & Hoffman, 1972a, 1972b; J. L. Singer & Singer, 1976, 1981; J. L. Singer, Singer, & Rapaczynski, 1984）、准实验设计（Gadberry, 1980; Macoby, 1951; Murray & Kippax, 1978; Schramm et al., 1961），以及实验室实验（D. R. Anderson, Levin, & Lorch, 1977; Friedrich-Cofer, Huston-Stein, McBride Kipnis, Susman, & Clewett, 1979; Noble, 1970, 1973; W. J. Potts, Huston, & Wright, 1986; Silvern & Williamson, 1987; Tower, Singer, Singer, & Biggs, 1979）。我们发现为增加想象力活动而设计的教育节目可以增加儿童游戏时间，此外，没有发现很有说服力的证据可以证明看电视使游戏时间减少或增加。大量证据表明电视节目内容可以体现在游戏中。例如，French 和 Penna（1991）发现在有电视的社区长大的成年人比那些在没有电视的社区里长大的成年人可以回忆起更多的超级英雄游戏。观看暴力电视节目会明显减少幻想游戏，但其因果机制还不清楚（Huston-Stein, Fox, Greer, Watkins, & Whitaker, 1981; Noble, 1970, 1973; J. L. Singer & Singer, 1976）。

白日梦的相关文献就远没有这么多了。研究方法很多，被试范围很广，被试大多是 7 岁及 7 岁以上的孩子，因为白日梦不同于游戏，不能进行观察，必须通过访谈法或问卷法获取信息，这些研究方法不适合年龄更小的孩子（Feshbach & Singer, 1971; Fraczek, 1986; Hart, 1972; Huesmann & Eron, 1986; Mcllwraith, Jacobvitz, Kubey, & Alexander, 1991; Mcllwraith & Josephson, 1985; Mcllwraith & Schallow, 1982 - 1983; Schallow & Mcllwraith, 1986 - 1987; Sheehan, 1987; Valkenburg & van der Voort, 1995; Valkenberg, Voojis, van der Voort, & Wiegman, 1992; Viemero & Paajanen, 1992）。我们没有发现可以证明一般性的看电视会减少或增加白日梦的证据（包括书籍、电影和音乐光盘在内的任何大众媒体同样如此）。但是，电视节目内容可以体现在白日梦中的假设得到一些支持。也就是说，观看的电视节目的内容和白日梦的内容之间有相似之处。令人愉快的幻想与一般的叙事节目和喜剧有关，与音乐录像和娱乐节目也有一定程度的相关。事物如何运转的想法与科幻小说有关。“积极而深情的”（positive-intense）（Valkenburg 和 van der Voort 的说法）白日梦与非暴力的儿童节目有关。“攻击性的英雄气的”（aggressive-heroic）白日梦与暴力节目呈正相关，与非暴力节目呈负相关。虽然这些相关可以部分地解释为儿童在不同心理状态下对电视节目的选择，但是也有可能，至少有部分原因，白日梦表现了所观看的电视节目的影响。这是因为在统计上考虑其他变量如性别和年龄（这些就减少了人为因素的可能性）时，所观看的电视节目的内容仍然是重要的相关变量，还因为 Valkenburg 和 van der Voor 已经对 780 名三年级和五年级的儿童在更早期的时候观看的电视节目的差异进行了调查。

英雄气攻击性的白日梦和暴力节目之间的相似之处最为明显。例如，Viemero 与 Paajanen（1992）在一个 8 到 10 岁的芬兰儿童大样本研究中发现，对暴力场景的心理重现和对攻击行为的幻想可以通过观看大量的暴力节目进行预测。

最后，幻想失败和内疚可以预测，有目的地看电视会产生相反的消极情绪，导致儿童更频繁地更换电视频道(但不会使看电视的时间增加,因为看电视的时间是由可用的时间来控制的)。因此电视可以起逃避作用的说法得到了一些支持。

创造力。通常假设看电视减少儿童的创造力,因为媒体是固化的有事先设定的步调(同前,与阅读比较而言),这些因素可能压制儿童的思考和发明创造能力,而且媒体的描写手段也是一成不变的(Comstock & Scharrer, 1999; Valkenburg, 1991)。相关证据有三个来源:检验看电视对故事的复述和诠释的影响的实验(Greenfield & Beagle-Roos, 1988; Greenfield, Farrar, & Beagle-Roos, 1986; Kerns, 1981; Meline, 1976; Runco & Pedzek, 1984; Stern, 1973; Valkenburg & Beentjies, 1997; Vibbert & Meringoff, 1981; Watkins, 1988)、对看电视较多的和较少的儿童的创造力进行比较的相关研究(Childs, 1979; Peterson, Peterson, & Carroll, 1987; J. L. Singer et al., 1984; Williams, 1986; D. M. Zuckerman, Singer, & Singer, 1980),以及英属哥伦比亚三社区准实验设计(Williams, 1986)。

827

这些实验有力地证明,从短期看,与听成年人朗读故事相比,看电视减少了复述故事和新构思故事的创造发明能力。但是,有证据表明儿童的创造力在瞬间得到了或多或少的提高,但不是个人特质的改变(如果把得分较高或较低的儿童安排到另一种实验处理情境,他们的表现可能正好相反)。我们没有发现有说服力的证据可以证明每天看电视的多少与产生新想法的能力[以"轮流使用测验"(Alternate Uses test)的结果为例]、用不同的方式思考问题[以"图案含义测验"(Pattern Meaning test)的结果为例]或就某个主题详细讲述(通过讲故事进行测量)之间存在正相关或负相关。但是,有证据(Watkins, 1988)表明看电视多的年轻人在讲故事时倾向于利用电视节目中的情节和人物,故事更为复杂,但总是用电视节目的老套进行修饰。

心理能力。Schramm 等(1961, p. 79) 认为心理能力是"儿童看电视的模式结构中最大的模块之一(个人关系和社会标准以外,当然还有年龄和性别)"。他们提出的这个模型现在仍然十分有效。

聪明的儿童很小的时候就观看了大量的电视节目,就如他们满怀热情地参与了其他各种活动一样。10 到 13 岁之间,大多数青少年看电视的时间减少了;这就是我们现在熟知的青少年向下的斜率。他们使用文字媒体的时间不断增加。现在,青少年文字媒体和电脑的使用都在增加。这种变化在更聪明的儿童中出现得更早表现也更为明显。作者总结为:

> 心理能力高分组和低分组的青少年都不断接近成年人的模式。心理能力高分组看电视更少,更有选择性,并转向其他媒体来满足其对严肃信息的需要。心理能力低分组看电视更多,较少使用文字媒体 (Schramm et al., 1961, pp. 46—47)。

最新数据再一次证实童年早期看电视的多少与心理能力呈负相关(Gortmaker, Salter, Walker, & Dietz, 1990; Morgan & Gross, 1982; Williams, 1986)。这种情况与看电视和家庭社会经济地位之间的负相关无关(尽管社会经济地位是心理能力的一个很强的正向预测变量)。Schramm 等(1961) 也正确地指出这种早期模式持续至个体生命全程。童年早期看电视过多会导致他们长大以后看电视过多,有证据表明早期对特定类型节目内容的喜好多年以后可能仍然保持不变(Huston et al., 1990; Kotler, Wright, & Huston, 2001; Tangney & Feshbach, 1988; Wright & Huston, 1995)。

看电视与学业成绩

毫无疑问,看电视的多少与标准化测验的成绩也呈负相关。我们利用 1980 年加利福尼亚评估项目(California Assessment Program, CAP)的数据得出儿童电视节目的喜好,这是一次巨大的人口统计调查而不是一个样本(收集数据的那天有 282 000 名六年级的儿童和 227 000 名十二年级的儿童)。六年级和十二年级出现了同样的模式,尽管十二年级中曲线的负斜率更为明显(很可能是因为任何影响学业成绩的东西在成绩要求更高的地方影响更大,而高年级对成绩的要求更高)。在六年级的数据(图 20.3)中,这 4 个社会阶层的阅读、书

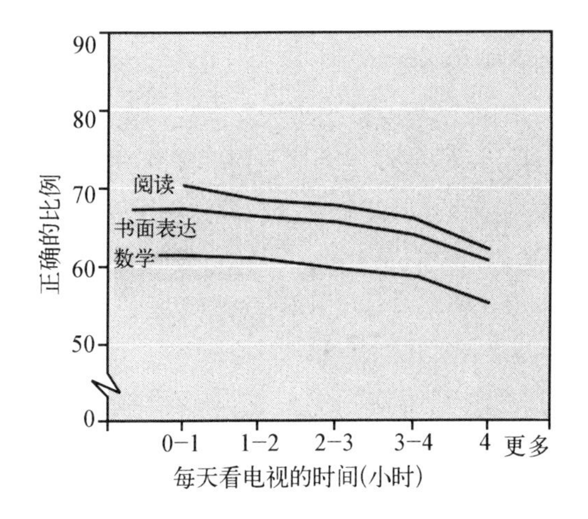

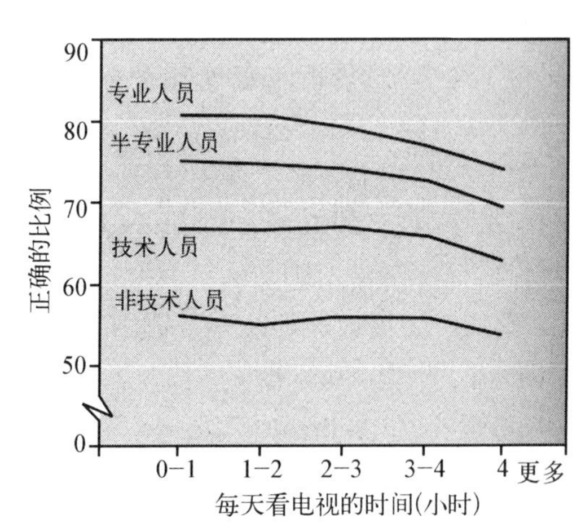

不同社会经济地位的学生不同看电视时间的人数

家庭领导人物的职业	0—1小时	1—2小时	2—3小时	3—4小时	4小时以上	没有回答	总　计	百分比
专业人员	15 731	11 176	7 022	3 787	4 976	337	43 029	15
半专业人员	15 634	12 927	9 449	5 812	9 631	495	53 948	19
技术人员	23 713	21 283	16 966	11 301	21 795	1 189	96 247	34
非技术人员	10 408	9 391	7 591	5 211	11 451	769	44 821	16
没有回答	11 505	9 866	7 266	4 627	9 481	1 173	43 918	16
总　计	76 991	64 643	48 294	30 738	57 339	3 963	281 968	100
百分比	27	23	17	11	20	2		

图 20.3　电视观看、学业成绩以及社会经济地位:六年级

资料来源:摘自 *Survey of Sixth Grade School Achievement and Television Viewing Habits*, by California Assessment Program, 1982, Sacramento: California State Department of Education. 经许可使用。

面表达和数学曲线的斜率都为负。但是,当社会经济地位提高时曲线的斜率就变得更陡,Gaddy(1986)的数据对此进行了解释。他把家庭按教育资源分成高、中、低三种,教育资源包括报纸、书籍和杂志,现在还包括电脑和互联网接入。看电视与学业成绩之间的负相关系数在高资源家庭更大。这再次表明,就如在 Schramm 等(1961)的结论中那样,看电视的作用由它所取代的经历的质量决定。这样,当家庭拥有对在校成绩有用的资源时,曲线的斜率更陡。 828

1980 年的 CAP 数据并不是孤立的。在 CAP 的两个跟踪研究中,美国教育统计中心(National Center for Educational Statistics)数据的 28 000 个样本中(Keith, Reimers, Fehrmann, Pottebaum, & Aubey, 1986),在美国教育发展评价(National Assessment of Educational Progress)收集的三个年级的 70 000 个样本(B. Anderson, Mead, & Sullivan, 1986),Neuman(1988)来自美国八个州(加利福尼亚州、康涅狄格州、缅因州、伊利诺斯州、密歇根州、宾夕法尼亚州、罗得岛州以及得克萨斯州)的评价所共有的数据中,也发现了同样的模式(1982, 1986)。我们可以坚定而自信地得出结论,电视观看和学业成绩之间呈负相关。在低年级,到处都有轻微的曲线(Fetler, 1984; Neuman, 1988, 1991),但在后来的各年级中均未发现,并且任何地方都没有形成一小段斜率全为负的曲线。在移民者或少数种族人群中情况有所不同,高水平地接触电视与亲子交流被认为是可以正向预测儿童接受教育的愿望(Tan, Fujioka, Bautista, Maldonado, Tan, & Wright, 2000)。Tan 及其同事们解释,在这种情况下,看电视有助于儿童熟悉美国主流文化,了解美国学校内有帮助的东西。 829

我们的解释是,电视观看与学业成绩之间的负相关表示有选择性地使用媒体的年轻人学业成绩不可能很好,电视观看对学业成绩有所影响。我们把变异大致对等分开,分配给前者的变异稍多于后者。我们把许多研究结果进行综合,建构了一个模拟的路径分析(图 20.4)。

当其他变量被控制时,看电视的多少与学业成绩之间没有出现明确的负相关,有两个数据分析(Gaddy, 1986; Gortmaker et al., 1990)使人对该结论产生怀疑。然而,在这两个案例中,因变量被截平了,以至于没有发现它与看电视之间可能存在的相关性。Gaddy 的调查采用高中阶段最后两个年级学业成绩的变化以及更早的时候测量的他们看电视的多少。Gortmaker 和同事们的调查,采用智商和学业成绩的测量,重测信度非常之高,因此他们代表的是儿童的性格特质,而不是学业成绩的可改变的状态。

有选择的媒体使用

社会经济地位和心理能力与电视观看呈负相关,与学业成绩呈正相关(注意图 20.3 中不同社会经济地位的等级排列)。这一说法会导致人们认为看电视较多的儿童学校成绩更差。环境压力大以及缺少心理的和身体的幸福感,可以预测儿童看电视更多,同样是这些因素可以预测他们的学业成绩更差。这些模式 50 多年来都没有改变,现在的效度得到了 Roberts 和 Foehr 最近的大规模的全美国调查(2004)的证实。在他们的调查中,年轻人的电视观看与学业成绩呈负相关,与心理的和社会的不满呈正相关。

电视的影响 830

我们总结电视观看对学业成绩的影响有三个过程:干扰、取代,以及不利于自己目标实现的口味和喜好的培养。

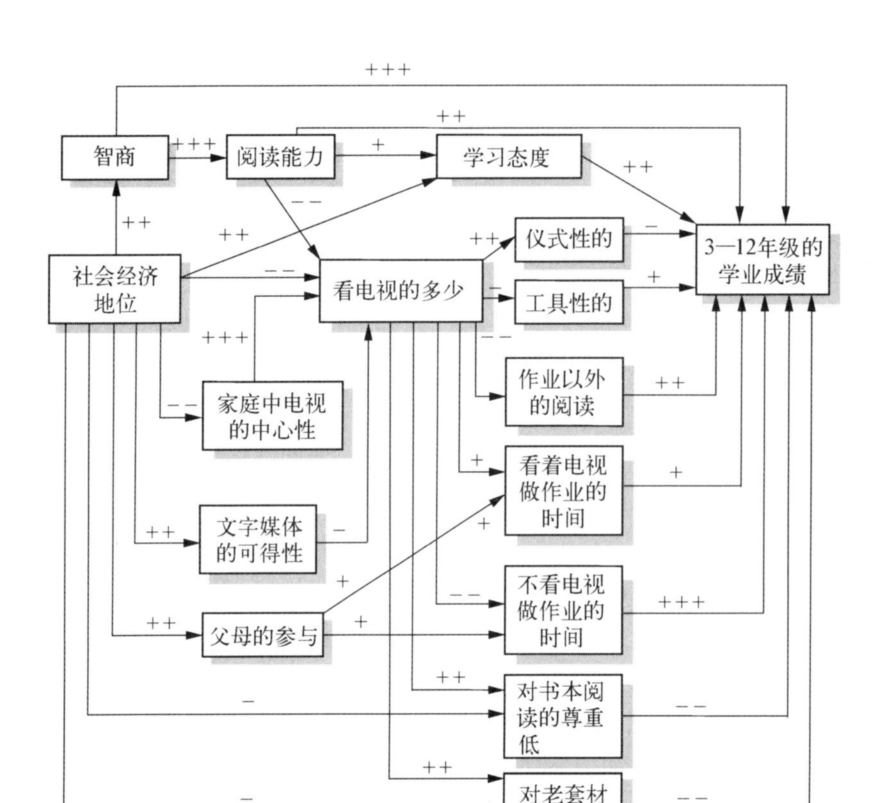

图 20.4 路径模型：看电视、家庭和个体变量，以及学业成绩

资料来源：摘自 *Television*: *What's On*, *Who's Watching*, *and What It Means*, by G. Comstock & E. Scharrer, 1999. San Diego, CA: Academic Press. 经许可使用。

干扰。在看电视的同时做家庭作业、老师安排的阅读作业或为快乐而进行的阅读，有可能会降低这些作业的质量。有几个实验证明当背景中有一台开着的电视机时，家庭作业之类的认知加工任务完成的质量更低，或完成作业所需要的时间更长，尤其当电视正在播出有趣的故事时情况更是如此(Armstrong, 1993; Armstrong, Bojarsky, & Mares, 1991; Armstrong & Greenburg, 1990; Pool, van der Voort, Beentjes, & Koolstra, 2000)。Fetler (1984)在大规模的 CAP 追踪调查中发现，经常在开着的电视机前做作业与学业成绩之间呈小的负相关：看电视的时间大约占四分之一(负)，家庭作业的数量占七分之一(正)。在荷兰 1 000 多个二年级和四年级样本中，Koolstra 和 van der Voort(1996)发现，在统计上对心理能力进行控制之后，看太多电视节目会导致阅读时的心理努力更低(这可以为看电视更多和阅读时的努力更低提供另一种解释)。随着儿童不断长大，电视观看与阅读之间呈正相关，实际上这种趋势是不好的，因为这意味着他们不能集中注意力，不能阅读太难的材料。从 Keith 等(1986)对 28 000 多个高中生样本进行研究中发现，看电视为平均时间的高中生，用来做家庭作业和看电视的时间之间没有严重冲突。这是因为老师们一般只安排了适量的家庭作业。然而，用来做家庭作业的时间是学业成绩的预测变量，父母的兴趣和参与可以预测他们用来做家庭作业的时间(这可能仅仅表明守纪律和有学习动机的学生学业成绩更好,他们用来做家庭作业的时间是结果,而不是原因)。

给电视定罪更为普遍的说法是,看电视不只是在做作业的时候干扰儿童,而且会降低他们集中注意的能力,以更隐秘更长期的方式给儿童造成危害,但这一看法并没有得到更多研究的支持。最近在《儿科学》(*Pediatrics*)杂志中发表的一项研究,采用了全美国青年纵向调查(National Longitudinal Survey of Youth)来考查多动症和看电视的关系(Christakis, Zimmerman, DiGiuseppe, & McCarty, 2004),但是像这样用研究数据来消除人们对电视的抱怨的研究极少。该数据中,多动症是用行为问题量表(Behavioral Problems Index)中的一个分量表(包括不能集中注意力、冲动、强迫症、心理混乱和好动不能安静等指标)对7岁儿童进行测量的,以及由母亲报告的他们在初学走路时(1到3岁时)看电视时间的估计。采用多个共变量(包括人口统计学特征、家庭中父母和兄弟姐妹的数量、对认知刺激如阅读和玩耍的测量,以及父母的情感支持如与父母的交流,但并不局限于这些变量),儿童在1到3岁时看电视的时间量可以预测他们在7岁时的注意问题。但是,由于没有其他的研究加入,该研究的两位作者(Christakis et al., 2004)和写信给《儿科学》杂志编辑的其他研究者们(Bertholf & Goodison, 2004; Obel et al., 2004)所指出的现有研究的局限性,都表明非常确信地提出这些观点尚为时过早。这些局限性包括把平均数以上1.2个标准差及更高的分数定为有注意困难的这种分类方法、没有解释所观看的电视节目内容,以及可能存在相反的因果关系。

取代。尽管儿童在二、三年级之间大多数注意本应用于获得儿童尚未发展的技能时间,但是在大多数研究中,取代假设提出电视可能耗费了本可以更好地用来获得阅读、写作和数学三种基本技能的时间和注意(Chall, 1983; Comstock & Scharrer, 1999; Williams, 1986)。阅读成绩与看电视的时间呈负相关(有CAP数据中向下的斜率为例)。阅读和看电视都需要久坐不起,因此他们都在争夺同一时间段(Heyns, 1976; Medrich, Roizen, Rubin, & Buckley, 1982)。此外,在二、三年级这两年中阅读不是为了玩乐(四年级时阅读逐渐变得好玩有趣),而是一项很累的技能学习,要付出很多努力,因此看电视就是一项诱人的选择。20%的年轻人每天花4小时甚至更多的时间看电视(我们采用CAP的数据作的估计),因此他们所冒的风险更高。同样,这些论证也适用于写作和数学。在我们看来,替代假设应该扩展到更为全面的表述(Comstock & Scharrer, 1999, p.259)。

831

当电视取代了在智力和经验上更丰富的刺激时,电视观看与学业成绩呈负相关。当电视提供的刺激比可利用的其他选择在智力和经验上更丰富时,电视观看与学业成绩呈正相关。

我们认为这种取代有两个不同的方面。一方面是时间的侵占,这些时间应该用来获得三种基本技能,且大多将产生毕生的影响。第二方面是在任何年龄消耗的时间,可以用于对学业从阅读到参观博物馆等更有成效的活动(或,就此而言,用超过每天收看电视的费用去看一场有审美要求的电影)。

口味和喜好。电视通常被描述成老师,但可惜的是,主要是娱乐、新闻、体育和商业广告方面的老师。现在,相关研究已经远远超越了这些内容。Koolstra和van der voort(1996)收集了来自荷兰的1 000多个儿童在二到四年级的两年时间内的数据。他们发现,儿童在低年级时看电视越多，可以预测他们在后来的年级中会阅读更多的漫画书，根据个人态度断然认为书本阅读枯燥乏味，对书本阅读充满敌意。Morgan(1980, p. 164)在美国进行了一个类似的为期3年的一直到中学阶段结束的研究。他发现，儿童小时候看电视越多可以预测他们更喜欢像电视节目那样的内容，"关于爱情和家庭的故事、青少年的故事，以及关于星球的真实故事"。这两套数据强有力地证明，电视代表了对文字媒体使用的因果性的破坏(我们认为研究结果可以延伸到其他媒体如电脑和互联网)，因为对包括心理能力在内的其他许多变量进行控制之后研究结果仍然如此(在这个案例中，心理能力变量非常重要，因为它能够预测看电视更多和阅读能力更低，并且可以用来对研究结果做其他解释)。我们的结论就是，电视以不利于青少年学业成绩目标的实现的方式，使年轻人看电视的口味和喜好社会化。

我们的模型(图20.4)中，社会经济地位、心理能力以及家庭关于看电视的标准起了很重要的作用。我们发现看电视对学业成绩会产生消极影响，因为看电视会减少家庭作业以外的阅读，降低在开着的电视机前做的家庭作业的质量(虽然我们承认一边开着电视机一边做作业比根本不做作业好)，使儿童看电视的口味和喜好社会化，鄙视被认为是有挑战性的书本，喜欢老套的电视节目。我们看到有选择性地看电视——也就是说工具性地观看——对学业成绩有积极的影响。

电视广告

指向儿童和青少年的电视广告是用实证研究来帮助解决政策问题的一个很优秀的例子。它具备把科学转化为行动的许多方面有代表性的、必不可少的特征。这些特征包括一系列问题，如有完全不同的观点、有争议的辩论以及缺少证据(或者在许多情况下甚至缺少评价证据的标准)；负责管理行动的政府机构；面对一个要保护现状的行业而要求进行改革的拥护团体；通过儿童和青少年对商业广告的反应进行社会研究使公众的了解明显增加；这个机构基于研究制定政策的兴趣和在现有的政治环境中这样做的能力之间脱节；以及最后出现了一些真正的改革，尽管没有新的调整的立法提案。这个顺序——辩论和竞争、收集数据、对研究进行应用的政治困惑以及一些有利的变化——在实践的舞台上是曲折前进的，但在社会科学和行为科学中起重要作用。

背景

电视于20世纪40年代后期进入美国，在最初的20年中(在这期间拥有电视的家庭从基本为零增加到96%)几乎没有引起家长、公众或直接指向儿童的电视广告的管理机构的注意。当然，在销售电视的各种策略中，儿童一直是一个重要元素。为儿童设计的节目最初被认为是鼓励家长购买电视机的有效手段；同样的策略在今天仍然有效，有线系统和有奖电视频道提供对家长和儿童有特别吸引力的节目。儿童也被认为对睡觉前家庭观看的电视节目有特别影响力(到1960年，只有12%的家庭有一台以上的电视机；到60年代末为止，这个数字几乎是很艰难地增加到大约33%)，在20世纪60年代，ABC利用为吸引青少年而设计的

832

人物角色的情境喜剧在与CBS和NBC的竞争中大获成功。Les Brown在他1977年的《纽约时报电视百科全书》(*New York Times Encyclopedia of Television*)(在记录媒体最初30年的节目、辩论和特征方面仍然十分有用)中讲述了这样一个故事:

虽然儿童有助于提高电视台的收视率,并对新的电视媒体有着美好的愿望,但是儿童最初并没有被认为是产品销售的重要群体。在50年代和60年代初期,当时电视节目大多是单个或两个赞助商,对以儿童为定向的产品来说电视的价格过于昂贵。但是,到1965年左右,由于各种因素的影响,使得儿童节目成为广播公司重要的赢利中心:首先,家庭拥有多台电视机的情况越来越多,打破了家庭观看模式,放松了父母对其儿童观看的电视节目的控制;其二,参与广告而反对独家赞助的潮流,鼓励了更多的广告商利用电视媒体;其三,发现相对"单纯的"儿童观众能够集中在星期六早上(星期天的范围稍小),这时的广播时间段更便宜,广告配额被大范围放开,多年前漫画书为吸引儿童而使用的诡计又一次被采用。

到60年代后期,以儿童为目标的电视节目被限制在星期六上午以动画片的形式播放,只有少数几个例外。此外,动画工作室为年龄很小的儿童开发了一种有限动画片,每秒钟电视画面的动作很少,比标准动画片更便宜。广播公司认为儿童喜欢熟悉的事物,因此在两年时间内六次播放同一部连续剧,这样就大大地降低了成本。根据电视法(the Television Code),主要时间段的节目允许每小时播放9.5分钟的商业广告,星期六上午的儿童节目每小时的广告多达16分钟。但是直到广播公司开始过分地——出于竞争的热情——用怪物、怪诞的超级英雄和不必要的暴力来赢得年轻人的注意时,市民们才幡然醒悟。那时候,广告商正在推销裹上糖衣的谷物早餐、包上糖果的维生素和昂贵的玩具,骗取儿童的信任。(pp. 82—83)

特别指向儿童的商业广告……成为电视最具争议的方面,提出了狡诈的广告技巧使儿童受控制的道德问题。70年代,消费者开始提出以儿童为目标的商业广告应该与以成年人为目标的商业广告有不同标准,以及其他对电视广告的批评,其中包括促销营养不足食品,用节目主持人做推销人员,提供赠品诱惑儿童购买,以及用欺骗的方式做广告推销昂贵的玩具。(pp. 81—82)

最广为人知的拥护团体是儿童电视行动(Action for Children's Television, ACT),由勤勉的Peggy Charren领导,总部设在波士顿的郊区。尽管ACT现已解散(但几乎仍然无法让人忘记),他们认为指向儿童的广告扭曲和降低了电视节目的质量,使节目对广告客户更有吸引力,而不是儿童的发展,但儿童的发展才是电视节目设计的根本;这些商业上的颇具吸引力的表演不可否认地将追求大量的各年龄段的观众,而不是适合特定年龄段的兴趣和需要有限的小范围观众。ACT也提出年幼儿童不能理解商业广告背后广告商要追求的自身利益,因此这些广告更具欺骗性。新闻的报道,对广告公司的抱怨以及FCC和联邦贸易委员会(Federal Trade Commission, FTC)创造的这种气氛,促使广告公司和广告客户由于害怕政府管制和公众敌意而做出一些缓和的反应。

这个活动的效果之一就是推动了相当多的对于直接指向儿童和青少年的电视广告的研究。此外,FTC 举办了一系列听证会,FCC 也制定了一些法规。

三大研究课题

大量研究文章标明的日期几乎全都是在公众争论出现之后,这一点并非偶然。这就是关于儿童发展问题的相关研究试图回答公共政策和行业实践的问题的一个例子。尽管人们要探讨的问题很多,但是大多数研究都着重讨论三大研究课题(Comstock, 1991a):

833

1. 对商业广告的识别和理解
2. 商业广告所达到的诱导程度
3. 家长与子女之间的交流

实际上,这些问题就是电视广告存在的欺骗、影响以及对父母权威的破坏,或者至少是使之有所降低。

儿童对商业广告的识别和理解方面的研究非常清楚。有几项研究发现,年幼儿童早在 3 岁的时候,通常就能够识别出商业广告不同于它所附随的节目,或者至少不是其中完全连续的一部分(Butter, Popovich, Stackhouse, & Garner, 1981; Levin, Petros, & Petrella, 1982; P. Zuckerman & Gianinno, 1981),尽管大多数儿童可能到大约 5 岁时才能够毫无混淆地加以区分,比如他们可以正确地使用术语“商业广告”,但认为商业广告是节目的一部分(Kunkel, 2001)。同样也是在这些研究中,另一种测量方法发现儿童的识别表现也是如此:把商业广告中的人物与他们做广告的产品进行匹配。例如:P. Zuckerman 和 Gianinno 给 64 名 4 岁、7 岁、10 岁的儿童展示商业广告中和节目中动画人物的图片,各年龄段的儿童大多能识别与产品有关的动画人物,把这些人物与他们代表的产品进行匹配。但是,他们对此的理解却是另一回事。

8 岁以下的儿童大多没有完全理解商业广告的市场行为意图是追求自身利益,旨在最终获得顾客的依从使广告商受益。Blosser 和 Roberts(1985)提出了权威证据。他们向 90 个学前到四年级的不同年龄的儿童呈现了五种不同的电视上播出的消息:以儿童为目标的商业广告、以成年人为目标的商业广告、新闻、教育节目以及公众服务通告。然后这些研究者采用了三种方法测量他们的理解力:对内容的理解、正确将其归类、正确地说出其意图和人物。当商业广告的判断标准是识别出他们呈现了可能被购买的物品时,7 岁以下的儿童半数以上“理解”了商业广告是什么。当判断标准是清楚地说出商业广告追求自身利益的诱导意图时,大多数儿童到 8 岁时才可以被认为理解了这些商业广告。各种测量方法都发现儿童正确描述新闻的时间最早;特别要注意的是,最重要的不是接触电视,接触商业广告的影响较之更大,但儿童对电视广告为了自身利益而进行诱导的认知概念才是问题所在。

Gentner(1975)进行的一个出色的实验对此提供了解释。她创造性地要求 3.5 岁到 8.5 岁之间不同年龄的儿童用《芝麻街》中的两个木偶把一系列动词编成故事:有、给、拿走、卖、买,以及花费。即使是最小的孩子也大都能够理解“给”和“拿走”,但是年龄最小的儿童不能理解“买”和“卖”。对“买”和“卖”的理解当然随着年龄而增加，7.5到8.5之间的儿童对“买”的理解达到95％，对“卖”的理解达到了65％。Gentner解释，“卖”对于儿童早期的理解非常复杂，在商品交换的过程中包含有很多个步骤，而“买”是儿童经常看到父母做的很典型的事情（也经常从中受益），儿童很小的时候，在玩具和食物两种情况下就对给和拿走有了很多体验，我们非常赞同这种解释。

有关商业广告的诱导力的有关证据同样也非常清楚。商业广告在指导儿童在同一品种内对产品的选择方面非常有效，但把儿童对产品的喜好从一种类型转到另一种就不那么有效了。儿童对产品的选择除了受商业广告的影响以外，也受到他们所喜欢的或尊敬的人物对产品的认可程度的影响(Ross et al., 1984)。研究发现，在290名一年级、三年级和五年级儿童中，一直持续到圣诞节购物季结束为止的大量的玩具和游戏广告，改变了儿童对广告产品的选择，实际上削弱了儿童对广告诱惑的防御力以及对其他物品的喜好 (Rossitere & Robertson, 1974)。一篇博士论文(R. S. Rubin, 1972) 要求72个一年级、三年级和六年级儿童对产品和赠品进行回忆，发现所有年龄段的儿童对赠品的回忆好于对产品名字的回忆，赠品被认为是电视观众感兴趣的产品中最有竞争力的。后来，Shimp、Dyer和Divita(1976)报告品牌选择和对赠品的喜爱之间存在一个中度但正向的相关，Atkin(1975a, 1975b, 1978)报告学前儿童到五年级儿童的母亲样本中，绝大多数（大约四分之三）说孩子们在要求买谷物早餐时特别提到赠品。在超市过道中隐蔽拍摄记录的儿童对产品的要求中，有十分之一的儿童特别提到了赠品。

834

研究多次证实儿童对食品的选择受所接触的商业广告的影响(Galst & White, 1976; Goldberg, Gorn, & Gibson, 1978; Gorn & Goldberg, 1982; Meringoff, 1980; Stoneman & Brody, 1981; Story & French, 2004)。直接指向儿童的商业广告中，一半到三分之二的产品都与食品有关 (Kotz & Story, 1994; Taras & Gage, 1995)。对儿童的食品选择的影响主要是在同一品种内的选择，儿童选择某一品牌而不是另一品牌就是很好的例子。例如，Gorn和Goldberg发现288名5到8岁的儿童在两个星期内不断接触到橙汁或糖果的广告，会使他们不再选择消暑饮料或水果而选择橙汁或糖果，但是Galst(1980)发现3到6岁的儿童中营养食品的商业广告不能改变他们的选择，除非在购买现场有成年人的提议。因此，儿童可以被说服改变他们满足喜好的方式，但不能改变他们的喜好。

亲子交往方面的数据还不十分清楚，有两个原因。这些数据都集中在三个主题：儿童对产品的要求、父母的让步、当父母没有做出让步时儿童做出的激烈反应。这些都不能像儿童对商业广告的识别和理解以及儿童对产品的选择转向广告产品那样可以直接进行测量，我们大都采用儿童或者父母说出请求和让步的比例，或是经常、有时候，或很少发脾气，因此无法进行精确估计。这三种测量方法中都没有识别的标准或临界值来表示儿童出现了麻烦或反常，只提到了大多数人都同意同一个孩子多次发脾气是值得注意。然而，我们所关注的正是与电视广告有关的亲子交往的研究问题的核心——他们破坏了父母养育的正常过程，并使父母的养育不那么有效（扩展了儿童的选择而限制了父母的选择）或不那么平静（造成孩子的不满以及父母与孩子的争吵）。

但是,研究数据的确可以得出一些结论。儿童当然会经常在看电视广告之后要求买一些产品。Atkin(1975b)报告 440 名学前儿童到五年级儿童中,看电视多的儿童说他们经常要买产品,而看电视少的儿童提出请求的频率只有大约一半。Isler、Popper 和 Ward(1987)在 260 名母亲样本中发现 3 到 11 岁的儿童六分之一的购物请求都归因于电视广告,尽管随着儿童年龄的增长,他们的购物请求大幅下降。另一方面,父母也经常做出让步。在不同的样本中父母对孩子购买谷物早餐的请求的让步在 87%到 62%之间(Atkin, 1975b; Ward & Wackman, 1972; W. D. Wells & LoScuito, 1966),而且随着对某种类型的产品的购买对儿童不是必须的,或者儿童的直接兴趣降低了,父母的让步也在降低。例如,Ward 和 Wackman 发现当这两个变量起作用时父母的让步不断减少:从谷物早餐(87%)、零食(63%)、游戏和玩具(54%)、糖果(42%)、牙刷(39%)、洗发水(16%),到狗粮仅仅只占 7%。父母让步逐渐减少的顺序代表了儿童对产品兴趣的减少以及父母对儿童提出要求的合理性的认可。两者都可以随着向儿童推销产品的力度的加大而增加,我们可以预期现在随着牙刷和洗发水的包装用儿童所喜爱的电视人物醒目装饰,他们在这个顺序中的位置应该会更高。我们认为有关父母让步最好的数据是 Atkin(1978)对 516 对父母和 3 到 12 岁的孩子们超市过道上的研究,因为他们追踪了从孩子和父母发起的购物开始的全过程(图 20.5)。由孩子发起的购物交往占三分之二的时间,其中三分之二以上可以归类为要求父母购买。大约三分之二的时间父母对孩子的购物要求或请求做出让步,父母拒绝的数字不到一半。

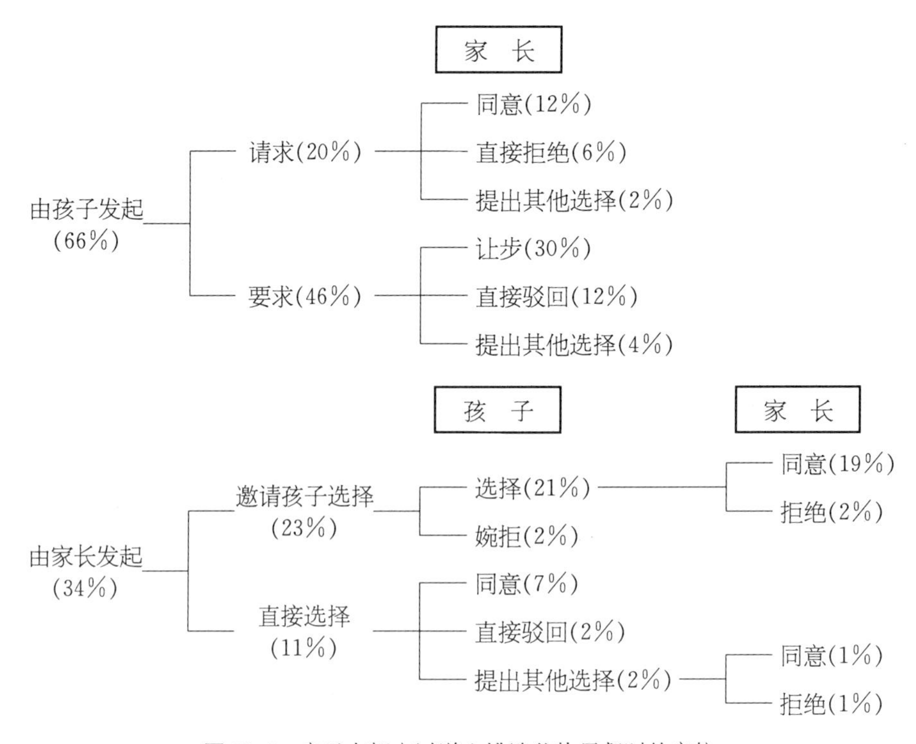

图 20.5 亲子在超市过道上挑选谷物早餐时的交往

资料来源:摘自"Observations of Parent-Child Interaction in Supermarket Decision-making", by C. K. Atkin, 1978, *Journal of Marketing*, 42, pp. 41 - 45. 经许可使用。

父母与孩子之间的争吵以及孩子在购物请求遭到拒绝时的生气可以通过同样的问题测量并进行同样的解释。然而,我们可以说这些现象并不少见。例如,Atkin(1975a, 1975b)在一个儿童样本中发现,五分之一的儿童说当购买玩具的请求遭到拒绝时他们"经常"生气,六分之一的儿童说对这样的拒绝他们"经常"与父母争论。Atkin 在对超市过道的父母和儿童的观察研究中,记录到三分之二的拒绝(拒绝出现的比率为 18%)会使儿童生气,一半的儿童表示失望。

进入国家科学基金会和联邦贸易委员会

20 世纪 70 年代后期,国家科学基金会(National Science Foundation, NSF)采取了非凡举措,授权对这些正在迅猛发展的文献重新进行仔细研究,作为 FCC 和 FTC 制定法规的证据基础。这是一次勇敢的尝试,把新问题与新科学之间联结起来。在 Richard P. Adler 指导下的这项艰巨的工作,成为有关电视广告与儿童的文献的里程碑,并最终在 1980 年发表商业论文,标题为《电视广告对儿童的影响》(*The Effect of Television Advertising on Children*, Adler et al., 1980)。尽管更早的版本最先出自 1977 年美国政府出版办公室,但该论文中的主要结论与我们所报告的一致: 835

- 儿童在很小的时候就能够识别商业广告不同于其附随的电视节目,但是到后来才能够清楚地说出——我们认为可以称之为理解——商业广告的本质。
- 商业广告所采用的技巧成功地诱导儿童渴望得到广告宣传的产品,尤其是食品。 836
- 儿童经常提出购物请求,父母一般会做出让步,但儿童不满意、父母和孩子发生争吵也并不少见。

1978 年 FTC 对该报告做出回应,提出禁止或限制指向儿童的广告。这一做法引发了许多有趣的问题。如果没有广告商的支持,儿童的娱乐节目会消失吗? FCC 是否愿意要求电视节目不能有广告的支持,实际上是把"儿童的税收"转移到广播公司(正如 ACT 所提倡的那样)? 如果对电视广告加以限制而不是禁止的话,判断参数是什么呢(什么才有资格成为消费产品或者才能进入广播节目的时间表)? 然后举办了广泛的听证会,但是经济影响和政治影响消除了处理这些问题的需要。Kunkel(2001, pp. 387—388)简要地讲述了这件事情:

> FTC 整理其支持性证据时艰苦地追求细节,但对该提议遭到政治阻挠的程度作出了严重错误估计,两者形成强烈对比(Kunkel & Watkins, 1987)。在反对该禁令时广播电视行业和广告行业通过美国许多大公司集团结成同盟。这些企业拥有生产玩具、含糖谷物早餐,以及其他各种各样以儿童为定向的商品的许多子公司。这些行业害怕该禁令影响其利润,发起了各种活动来促使公众反对该禁令。他们的策略中关键内容

就是第一修正案(First Amendment)保护他们向美国未成熟的消费者提供产品"信息"的权利的声明。

FTC为实施该禁令而进行的正式的法规制定过程开始启动,举行了公开听证会。各方面提交评价与儿童对广告的理解有关的研究证据的详细概要。在这场政治战争的阵线上,寻求规章制度的各方力量合作非常顺利。尽管包括了一些不可避免的附带的限制条件,但研究者们还是达成了共识,年幼儿童确实很容易受到电视商业广告的主张和诱导的影响。

但同时,在政治战争的另一阵线却出现了完全不同的结果。FTC的反对者对选举出的官员施加影响,采用了创新的方法成功地突然中止了该机构的提议。为了回应各方压力,议会废除了该机构的权威,并制定法律来限制不公平的广告,该法案被讽刺地称为《1980 FTC改进法案》(the FTC Improvement Act of 1980)。除了撤回FTC的司法权,该法案还特别禁止任何进一步采用它所提议的儿童广告法规的行动。该机构很快发布了这方面的最终法规,正式实施议会的授权(FTC,1981),自此再也没有重新启用最初的这个立法。

改革及随后的研究

这些事情的结果——公众的不满、拥护团体的发起、儿童发展方面的新研究、NSF的评论、FTC法规制定听证会——是一系列意义重大的改革(Comstock, 1991a)。儿童节目时间段和主要时间段的非节目内容的数量之间的矛盾被消除了(最近又被1990年的儿童电视法案规定周末每小时不能超过10.5分钟,工作日不超过12分钟)。为吸引儿童而把名字和包装成谷物早餐的维生素广告被叫停了。在广告中使用电视故事情节中的人物也被限制(尽管没有全盘否定;所谓的主持人销售不能伴随主持人出现的节目出现,但允许伴随其他节目出现;主持人只需要回避一下)。行业代码被加强。要求商业广告之前或之后增加"缓冲器"和隔离物用来帮助儿童识别广告,尽管研究表明这些方法在很大程度上根本无效(Comstock, 1991a;Kunkel, 2001)。

随后的研究从这些可能有害的问题转向早期探讨的课题:商业广告的认知过程,尤其是赢得儿童赞同反应的商业广告的特征(Greer, Potts, Wright, & Huston, 1982; John, 1999; Macklin, 1988; Wartella & Ettema, 1974; Wartella & Hunter, 1983)。John采用皮亚杰图式理论巧妙地总结了年轻人在成熟的过程中发生的认知阶段(表20.1)(我们已用相邻的时间代替了原理论中重叠的时间,但是把更早的过渡时间保留到更高阶段,因为我们同意广告信息中当然包含许多精明微妙之处,但同时我们也认为广告并没有像其他许多课题那样严格要求形式推理,在那些课题中认知阶段可以预测——并控制——在任务中取得成功)。例子包括从赞成转向怀疑,有效防御广告的引诱的方式不多(顶端),采用老练的消费姿态(如果被吸引购买的话)(中等),以及最终知道了产品和品牌形象代言角色(底部)。

838

表 20.1　不同认知阶段对广告的反应

主　　题	知觉阶段(Perceptual Stage),3—7 岁	分析阶段(Analytical Stage),8—11 岁	沉思阶段(Reflective Stage),12—16 岁
对广告的了解	能够在知觉特征的基础上区分广告和节目 相信广告是诚实的,好玩有趣的 对广告持积极态度	能够基于有诱导力意图区分广告和节目 相信广告撒谎并包含偏差和欺骗——但并不使用这些“认知防御” 对广告持消极态度	理解广告的诱导意图以及具体的广告策略和吸引力 相信广告撒谎,也知道如何发现广告中的偏差和欺骗的情况 对广告持怀疑态度
交易方面的知识: 对产品和品牌的了解	能够认识品牌的名字,并开始与产品的种类关联 利用知觉线索来识别产品种类 开始基于知觉特征来理解消费品的标志性特征 以自我为中心,把零售商店看作是渴望得到的东西的来源	品牌意识有所提高,尤其是对与儿童有关的产品种类 用来描述产品特征的最基本的或功能性的线索 提高对消费品的标志性特征的理解 理解零售商店是要卖产品要赢利的	对面向成年人以及与儿童相关的产品的真正的品牌意识 用来描述产品特征的最基本的或功能性的线索 对产品种类和品牌名字的消费特征有着非常老练的理解 理解并热衷于零售店
购物的知识和技巧	理解基本购物过程的顺序 基于知觉特征判断产品的价值和价格	购物过程更为复杂、抽象,并带有偶然性 基于价值理论判断价格	复杂的偶然的购物过程 基于抽象推理判断价格,如个体接收信息的各种变化和购买者的喜好
做决定的技巧和能力: 信息搜索	对信息资源的意识十分有限 集中关注知觉特征 逐渐能够适应花钱—受益的交易方式	对个人和大众媒体资源的意识提高 收集功能性特征和知觉特征方面的信息 能够适应花钱—受益的交易方式	根据产品和情境而偶然使用不同的信息资源 收集功能性的、知觉的和社会特征方面的信息 能够适应花钱—受益的交易方式
产品评价	利用知觉上突出的特征信息 利用单个特征	集中关注重要的特征信息——功能性的和知觉的特征 利用两个或两个以上的特征	集中关注重要的特征信息——功能性的、知觉的、社会的特征 利用多种特征
做决定的策略	做决定的策略本领有限 开始能够适应完成任务的策略——通常需要线索来适应	做决定的策略的本领增加,尤其是非补偿性的策略 能够使策略适应任务	完整地掌握全部的策略,能够用成年人那样的方式使策略适用于任务
购买影响和谈判技巧	采用直接请求和深情的恳求 使策略适应不同的人和情境的能力有限	策略的本领增多,出现讨价还价和说服 使策略适应不同的人和情境的能力开始发展	策略的本领很完整,特别喜欢讨价还价和说服他人购买 能够基于知觉到的效果使策略适应不同的人和情境
消费动机和价值: 物质中心主义	基于表面特征判断拥有的价值,如“有更多的”东西	开始基于社会意义和重要性来理解物品的价值	基于社会意义、重要性和不足对物品的价值的理解已经完全发展起来

资料来源:摘自“Consumer Socialization of Children: A Retrospective Look at Twenty-Five Years of Research”, by D. R. John, 1999, *Journal of Consumer Research*, 26, pp. 183 - 213. 经许可使用。

儿童当然会接触到大量的商业广告(Comstock & Scharrer, 1999)。2 到 11 岁的普通儿童每年看到将近 40 000 个商业广告。我们估计如果减去儿童不感兴趣的产品种类,儿童将看到至少 12 500 个他们可能感兴趣的产品广告,其中大约 90%出现在儿童节目以外。谷物早餐和糖果在儿童节目单上高居榜首,其次是玩具和快餐;在一般观众节目中,还有软饮料、鞋和服装的广告。玩具是圣诞节前广告中的主角,占儿童节目中商业广告的一半以上。12 到 17 岁的青少年看电视的时间更少,但是他们会找到更多感兴趣的产品(类似的数字是 27 000 个商业广告,其中估计有 16 000 个广告可能会使他们感兴趣)。因此,广告可能会成为卓有成效的研究领域,尽管比 20 世纪 70 年代的步调要慢一些。

暴力性的娱乐节目

娱乐节目是最经常受到儿童和青少年关注的电视内容形式。很明显,儿童发展的研究中与娱乐节目有关的最受关注的课题,就是暴力娱乐节目及其对攻击性和反社会行为的影响——当然,对观众的人口统计学的连续反复的测量除外,它是为了满足对商业广告时间段进行购买和销售的信息需要,必然会产生与儿童发展有关的有意思的数据,但其动机是为市场需要服务。

尽管视听娱乐媒体对反社会行为的影响的调查可以回溯到 20 世纪 30 年代早期 Payne Fund 对电影的研究(Charters, 1933),但是当代对这个问题的调查始于 20 世纪 60 年代早期。我们建构了一条时间线,展示了暴力电视节目和电影娱乐节目对攻击性和反社会行为的可能影响的实证研究中的重大事件(图 20.6)。1963 年,《变态心理学和社会心理学杂志》(*Journal of Abnormal and Social Psychology*)上发表了两个开拓性的实验研究。其中一个研究,Bandura、Ross 和 Ross(1963a)证实幼儿园的儿童可能模仿在电视画面上看到的攻击性动作,包括一个穿着猫的装束的年轻女性假扮一个角色出现在儿童娱乐节目中。在另一个研究中,Berkowitz 和 Rawlings(1963)证明大学生受电视画面上看到的一个有充足正当理由的攻击的例子的影响之后,他们的攻击性也有所增加。这两个研究引发了大量的实证研究,探讨与暴力电视和电影的描述对儿童行为产生的不确定影响的有关因素,现已达到了 100 多个。例如,Bandura、Ross 和 Ross(1963b) 在他们对幼儿园的研究中很快扩大了暴力的范围,包括对所描述的行为进行积极强化或惩罚,而积极强化增加了模仿的可能性。Berkowitz 和同事们后来在他们对大学生的研究中发现,与真实生活情境匹配的描述(Berkowitz & Geen, 1966,1967)以及对男性暴力攻击性动机的描述(Berkowitz & Alioto, 1973; Geen & Stonner, 1972)中的暗示增强了攻击行为的可能性。

进入卫生局

到 19 世纪 30 年代末为止,实验和其他研究方法已经提供了足够的证据,使得美国暴力起因和预防委员会(National Commission on the Causes and Prevention of Violence, 1969)不得不做出结论,电视娱乐节目中暴力描述与攻击行为以及反社会行为之间存在因果关系。

重要事件：许多白宫听证会；著名的参议院听证会；1952年第一场有关电视中性和暴力的议会听证会——白宫 Kefauver；精神发泄理论被放弃，三大理论出现 Dodd；生态学的正确性得到提高，调查法与实验法相结合，元分析法开始使用，心理学方法，犯罪行为 Pastore；新的研究，心理加工与暴力形象，媒体暴力的经济 Simon

*在每个年代之初
TVv就是指电视暴力

TVHH(%)　多台电视机(%)

1930s

—1933:"Payne 基金会"研究考查了儿童与电影的关系

1940s

—1946：第一个电视网络成立

1950s

对暴力性的漫画书进行了一场大的辩论，但是随着电视的出现，儿童和青少年把精力从漫画书(发行量骤降)转向电视

1960s（TVHH 10*）

—1963：Bandura 等发表了他们的实验研究报告——电视暴力增加了幼儿和大学生的攻击性(Bandura，Ross，& Ross，and Berkowita & Rawlings，1963)；精神发泄理论被推翻

—1969：暴力的起因和预防委员会得出结论，电视暴力增加社会上的反社会行为（87　12）

1970s

—1970：淫秽和色情管理委员会总结色情描写不会产生有害影响

—1972：卫生局的电视和社会行为科学咨询委员会得出结论，电视暴力增加了儿童和青少年的攻击性，通过调查法得到新的证据；Gerbner 暴力概览图开始（96　35）

—1977：Andison 发表了第一份研究数据的聚合分析，共有 67 个研究，发现采用各种方法在各个年龄段电视暴力和暴力之间都存在正相关

—1978：Belson 发表一项有重大意义的调查，被试是 1 600 个来自伦敦的青少年男性，他得出了结论，严重的青少年犯罪随着电视暴力而增加；在他的数据中没有发现态度与此有关

1980s

—1982:"卫生局的更新"这一报告中对原来的结论进行补充，得到 NIMH 任务组负责（98　50）

—1986：司法部的色情管理委员会得出结论，对女性的刻意描写增加了男性对女性的暴力

—1986：Hearold 对 186 个研究进行了元分析发现——电视暴力和攻击性之间呈正相关，对反社会和亲社会的描述基本对称，都与同样的行为呈正相关，而与相反的行为呈负相关

1990s

—1991：Wood，Wong，& Chachere 对 23 个实验作了元分析，其中"自由游戏"是因变量，电视暴力增加攻击性（98　65）

—1994：Paik & Comstock 对 214 个研究进行元分析，进一步证实了电视暴力对攻击性的影响

—1995：Allen，D'Alessio，& Brezgel 对色情内容和攻击性作了元分析；暴力色情节目的影响最大；该结果与 Paik & Comstock 的研究一致

—1996：联邦电信法案——V 形芯片立法；在好莱坞电影做描述性警告和按年龄分级的争论中，改革者获胜

2000（98　75）

—2001：青年暴力：卫生局关于 6—11 岁儿童观看暴力电视是 15—18 岁之间重罪暴力的早期冒险因素的报告；但效应较小

—2003(12 月)：《公共利益中的心理科学》杂志研究并得出证据，电视暴力会促进儿童暴力

图 20.6　不同年代的电视暴力

由于 John Kennedy、Robert Kennedy 和 Martin Luther King 遭遇暗杀，以及在黑人居住区城市暴乱不断蔓延，因此 Lyndon Johnson 会长成立了该委员会。他们对媒体的看法并没有被认为是特别可信或重要，但他们委托学术界撰写的有关媒体影响的论文(Baker & Ball, 1969)在很多年以后都被认为是有几分类似里程碑(也是一份很有价值的资料)。罗得岛州的参议员 John Pastore 把对媒体的关注专门集中在对电视的调查。其研究结果就是 1972 年由卫生局的电视和社会行为科学咨询委员会(Surgeon General's Scientific Advisory Committee on Television and Social Behavior)作的联邦报告《电视与成长：电视暴力的影响》(*Television and Growing Up: The Impact of Televised Violence*)，并在新研究中耗资 100 万美元，完成五卷研究报告(Comstock, Rubinstein, & Murray, 1972a, 1972b, 1972c, 1972d, 1972e)。该机构充分地扩展了研究文献。更为重要的是，卫生部的委员会在报告中作出结论，至少对某些儿童来说，看电视暴力与攻击行为之间存在因果联系。

840

十年后，美国心理健康学会在最初的卫生局报告十周年纪念日召集了一个电视研究的社会和行为科学专家的特别委员会。这一举措被称作是“卫生局的更新”，提出了一个委员会报告，以及涉及最新研究的一卷委托论文(Pearl, Bouthilet, & Lazar, 1982a, 1982b)。讨论的焦点主要是儿童和青少年，与电视有关的课题范围非常广泛：认知和影响、社会信仰和社会行为、家庭和社会关系，以及暴力描述和攻击。该委员会得出结论，认为过去十年的研究加强了原先卫生局委员会所得出的结论，包括电视暴力与攻击行为之间存在因果联系。

2001 年，卫生局关于青少年暴力的报告(U. S. Department of Health and Human Services, 2001)以更明确的方式再一次提出电视对攻击性和反社会行为的影响的问题。该报告还对暴力电视和电影对行为的影响的证据作出了很有见地的评价(结论是研究证据支持暴力电视和电影对行为有影响，并推断新媒体由于有交互性、描述更细致生动、可得性更高，其影响可能更大)，把电视暴力列入实证研究记录的、有严重危害的反社会行为的因果预测因素。尤其是，该报告表明看暴力电视节目是犯重罪暴力的 20 个早期危险因素之一。观看暴力电视的阶段是 6 到 11 岁，出现严重犯罪暴力是在 15 到 18 岁(p. 58, Box 4. 1)。效应大小 $r=0.13$，这属于很小的效应值(采用广泛使用的 Cohen 的标准，1988)。然而，被认为是早期的危险因素中四分之三的因素其效应都很小(图 20. 7)，从表面上看没有哪一个因素对儿童或青少年的健康或有帮助作用的社会功能不重要。

在电视和电影暴力的影响的争辩中这是一个非常重要的结论，因为该结论既提高了电视和电影暴力的社会危害程度，也提高了相关研究证据的标准。现在电视和电影暴力带来的影响是重罪暴力，而不是很含糊的和包罗万象的攻击性或反社会行为。因为研究者们坚持从数量上聚集一组研究结果通过元分析获取数据，或者至少从两个独立研究中获取数据，所以该结论也具有很高的可信度。比起 George W. Bush 总统在就职演说周开始的报告中提出的问题来说，新闻界和公众对这个指控的忽视当然与其实质内容或证据的质量关系不大(见图 20. 8)。

841

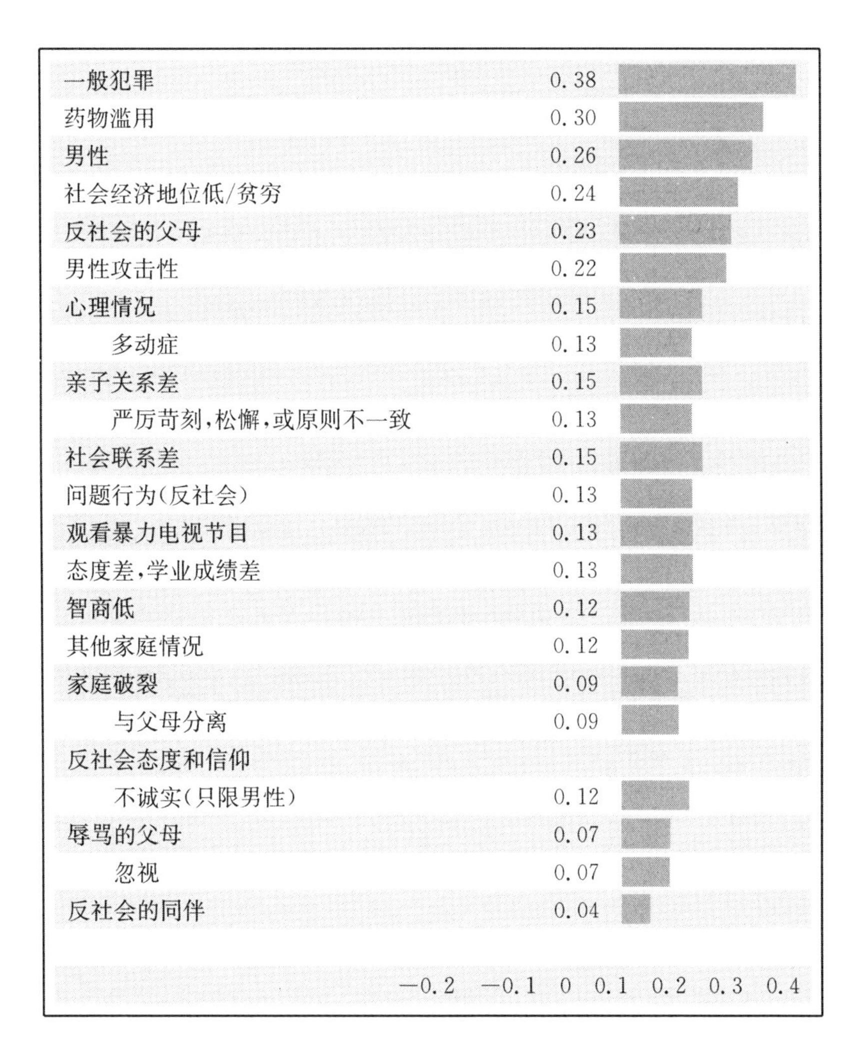

图 20.7 早期危险因素(6 到 11 岁)对 15 到 18 岁时严重暴力的效应大小

资料来源:摘自"A Review of Predictors of Youth Violence"(pp. 106 - 146), by J. D. Hawkins, T. L. Herrenkohl, D. P. Farrington, D. Brewer, R. F. Catalano, and T. W. Harachi, in *Serious and Violent Juvenile Offenders: Risk Factors and Successful Interventions*, R. Loeber and D. P. Farrington (Eds.), 1998, Thousand Oaks, CA: Sage, 经许可使用;"Predictors of Violent and Serious Delinquency in Adolescence and Early Adulthood: A Synthesis of Longitudinal Research" (pp. 86 - 105), by M. W. Lipsey and J. H. Derzon, in *Serious and Violent Juvenile Offenders: Risk Factors and Successful Interventions*, R. Loeber and D. P. Farrington (Eds.), 1998, Thousand Oaks, CA: Sage, 经许可使用;"The Effects of Television Violence on Antisocial Behavior: A Meta-Analysis," by H. Paik and G. Comstock, 1994, *Communication Research*, 21(4), pp. 516 - 546. 经许可使用; pooling of outcomes from two or more Rongitudinal studies of general population samples. Specific factors listed when data permits; Youth Violence: A Report of the Surgeon General(p. 60, 表 4.1), by U. S. Department of Health and Human Services, 2001, Rockville, MD: Author. 经许可使用。

聚合分析相关研究证据

在最初的卫生部调查时,大约发表了 50 个实验研究,用幼儿园的孩子或大学生作为被试,大多记录他们在观看暴力电视描述之后攻击性是否增加。但是,这些结果推广到日常

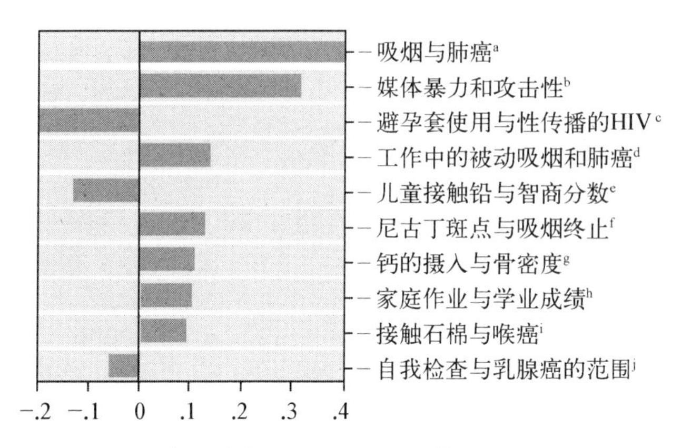

图 20.8 媒体暴力与攻击性的效应大小与其他领域效应大小的比较

注意：相关系数在－1(完全负向线性相关)到1(完全正向线性相关)之间，0表示没有线性相关。吸烟对肺癌的效应是通过集合 Wynder 和 Graham(1950)的经典论文中的图1和图3的数据进行估计的。其他效应是通过元分析进行估计的。

资料来源：(a) Adapted from "Tobacco Smoking as a Possible Etiological Factor in Bronchiogenic Carcinoma," by E. L. Wynder and E. A. Graham, 1950, *Journal of the American Medical Association*, *143*, pp. 329 - 336. Reprinted with permission; (b) "The Effects of Television Violence on Antisocial Behavior: A Meta-Analysis," by H. Paik and G. Comstock, 1994, *Communication Research*, *21* (4), pp. 516 - 546. Reprinted with permission; (c) "A Meta-Analysis of Condom Effectiveness in Reducing Sexually Transmitted HIV," by S. C. Weller, 1993, *Social Science and Medicine*, *36*, pp. 1635 - 1644. Reprinted with permission; (d) "Lung Cancer from Passive Smoking at Work," by A. J. Wells, 1998, *American Journal of Public Health*, *88*, pp. 1025 - 1029. Reprinted with permission; (e) "Low-Level Lead Exposure and the IQ of Children," by H. L. Needleman and C. A. Gatsonis, 1990, *Journal of the American Medical Association*, *263*, pp. 673 - 678. Reprinted with permission; (f) "The Effectiveness of the Nicotine Patch for Smoking Cessation," by M. C. Fiore, S. S. Smith, D. E. Jorenby, and T. B. Baker, 1994, *Journal of the American Medical Association*, *271*, pp. 1940 - 1947. Reprinted with permission; (g) "A Meta-Analysis of the Effect of Calcium Intake on Bone Mass in Young and Middle Aged Females and Males," by D. C. Welten, H. C. G. Kemper, G. B. Post, and W. A. van Staveren, 1995, *Journal of Nutrition*, *125*, pp. 2802 - 2813. Reprinted with permission; (h) *Homework*, by H. Cooper, 1989, New York: Longman. Reprinted with permission; (i) "Epidemiological Evidence Indicates Asbestos Causes Laryngeal Cancer," by A. H. Smith, M. A. Handley, and R. Wood, 1990, *Journal of Occupational Medicine*, *32*, pp. 49 - 507. Reprinted with permission; (j) "Self Examination of the Breast: Is It Beneficial? Meta-Analysis of Studies Investigating Breast Self Examination and Extent of Disease in Patients with Breast Cancer," by D. Hill, V. White, D. Jolley, and K. Mapperson, 1988, *British Medical Journal*, *297*, pp. 271 - 275. Reprinted with permission; (k) "Media Violence and the American Public: Scientific Facts versus Media Misinformation," by B. J. Bushman and C. A. Anderson, 2001, *American Psychologist*, *56* (6/7), pp. 477 - 489. Reprinted with permission.

电视观看上还是有问题的；用社会科学方法学的行话来说，其外在效度很低(Cook & Campbell, 1979)，因为看电视这种经历存在人为情况，一般情况下，看电视时间短，电视节目的暴力内容并非连续的，集中程度低，而且受害者进行报复的可能性为零。由于卫生部1972年的调查所开展的研究，以及随后各种广泛的研究的影响，现在实验数量达到了两倍(因此增加了研究主要部分的可信度，Cook 和 Campbell 称之为内部效度)，许多实验研究还加入了日常观看的元素(增加了研究的外在效度)，还有通过各种研究方法如调查法得出的证据(该方法不受外在效度低的影响)。因此，现在我们可以比过去更自信地回答观看暴力电视描述是否会增加攻击性和反社会行为这样的问题(实际上，我们可以通过提问最新的、研究方法更多的、有时候采用不同方法的研究是增强还是削弱了证据来检验早期干扰的效度)。

令人高兴的是,通过对研究结果进行七次定量聚合,我们可以对这些研究证据进行有效的描述,大多数都采用元分析技术(用标准差作为标准,形成效应大小或统计系数,代表各研究中经历过暴力刺激的人与没有经历过的人之间的差异,或者在实验中成为与控制条件相反的实验处理;Hunt, 1997)。这些聚合比单个研究更可信更有效,因为研究结果是基于数量更大的被试,且不受特定研究中某个不足的影响。

Andison(1977)在一个开拓性的研究结果的聚合中(其中有一个步骤没有采用元分析技术),对 67 个实验和调查结果的方向和大小进行计分。Hearold(1986)调查了 168 个研究,来估计观看反社会或亲社会节目与既观看反社会又观看亲社会节目的结果之间的效应大小。Wood、Wong 和 Chachere(1991)集中关注 23 个以儿童和青少年为被试的实验,其中因变量是"不受拘束的人际攻击性",如在日常游戏中那样。相反,M. Allen、D'Alessio 和 Brezgel(1995)集中关注了 33 个实验,其中的实验处理是观看直截了当的性行为描述,包括一些结合暴力和色情的内容。Hogben(1998)完全回避了实验,只采用了研究中的 56 个系数,其中的自变量是日常观看。Bushman 和 Anderson(2001)计算了实验设计和非实验设计中在 25 年内每隔 5 年的效应大小。Paik 和 Comstock(1994)更新了 Hearold 的电视暴力与攻击性之间的联系的调查,包括 82 个新研究,总共 217 个研究。

842

因为元分析尽管提高了研究的信效度,但并没有把分析者从令人极度焦虑的解释任务中解脱出来,所以这一大堆数据仍然需要解释。弄清楚这些数据的意义仍然是很必要的:如何解释因果推理含糊不清的时候调查设计中的正相关,实验结果是否可以推广到其他情境中,以及相关达到多大才具有社会价值。

在我们看来,这些聚合由于没有包括个别研究的信息而被减小和放大,可以得出几个重要结论:

1. 该聚合发现在严格监督下观看暴力描述和以攻击性或反社会行为作为因变量之间全都是正相关,且(当采用该标准时)都达到统计显著的效应大小,因此毋庸置疑观看暴力电视与儿童的行为之间呈正相关。

2. 在实验设计和非实验设计(其中大多数都是调查)中结果都呈正相关。假如满足一个条件,类似的研究结果将形成一个很强的因果案例:非实验设计中的正相关系数不能完全用某个所谓的第三变量的影响来解释,除了观看暴力描述以外。实际上,这正是现在的情况。当对元分析中的研究单独考察时,把其他各测量变量考虑进来,结果仍然呈正相关(Comstock, 2004; Comstock & Scharrer, 2003)。因此,因果案例是指对实验中可以很明确做这种推论的因果关系的说明,以及在日常情境中不能完全解释的正相关的证据。实际上,这些调查利用代表实验室以外的观看暴力内容和攻击行为之间关系的数据来得出结论,确保了实验结果的普遍适用性。由于"反面假设"没能提供解释,因此这个解释得到了大大的加强。这个理论假设就是,观看电视暴力与攻击性之间的正相关要归因于攻击性青年对暴力娱乐节目的喜好。有证据证明了这种现象(Huesmann, 1986, 1998; Slater, Henry, Swaim, & Anderson, 2003),但在"电视暴力—攻击性"的因果关系中并不能排除电视的影响。例如,在考察早期攻击性和后来的电视观看以及后来电视观看和早期攻击性的一系列相关时，Kang(1990)发现，“观看—行为”的统计显著性系数是“行为—观看”的系数的两倍，Belson(1978)在对1 600个来自伦敦的男青少年的调查中，报告先前的攻击性和观看暴力节目只存在极小的联系，但是先前的观看暴力节目和攻击性之间有重要联系。因此，数据支持电视电影娱乐节目中的暴力描述对攻击性和反社会行为有影响——他们没有提到的是：另一种解释就是排除观看暴力节目起因果作用的可能性。

3. 男性和女性的效应大小惊人地相似。Bandura(1965; Bandura et al., 1963a, 1963b)早期对幼儿园儿童的实验非常清楚地记录了男性比女性更具攻击性，儿童发展文献也几乎认为这就是公理。但是Paik和Comstock(1994)通过元分析同样非常清楚地表明这一看法是站不住脚的。随着研究结果不断增多，男性和女性的结果越来越接近，在非实验设计中几乎完全一样，非实验设计很好地代表了日常电视观看和攻击行为。

843

4. 有确凿的证据可以证实早期观看暴力节目对后来的攻击性和反社会行为产生纵向影响。当然，最突出的例子是2001年卫生局关于青年暴力的报告中所做的结论，6到11岁期间观看暴力节目会增加15到18岁期间严重暴力的危险(U. S. Department of Health and Human Services, 2001)。然而，在早期观看的节目影响后来的行为的文献中这样的例子比比皆是。其中包括Eron等(Eron & Huesmann, 1987; Huesmann, Eron, Lefkowitz, & Walder, 1984)报告观看暴力节目不仅与10年后的攻击性之间呈正相关，也与20年和30年后的攻击性呈正相关；Cook及其同事(Cook, Kendzierski, & Thomas, 1983)以及Kang(1990)在Milavsky及其同事3年半的镶嵌研究中报告观看暴力节目的影响效应随着时间间隔的延长不断增加(Milavsky, Kessler, Stipp, & Rubens, 1982)，并随着镶嵌人群的组成不同也不断增加；此外还有Johnson及其同事最近的研究(Johnson, Cohen, Smailes, Kasen, & Brook, 2002)以及Huesmann等的研究(Huesmann, Moise-Titus, Podolski, & Eron, 2003)，前者发现青年攻击性可以通过青少年观看的电视节目进行预测，后者发现6到11岁期间观看的暴力节目可以预测15岁以后的攻击性，两者都有几百个样本，在统计上对各种可能被污染的变量进行了控制。

5. 当单独进行非实验设计研究时，可以清楚地看到，所记录的效应并没有出现为大多数人所接受的结果。最常见的因变量是人际攻击性，尽管这不在法律关注的范围内，但是袭击、打架、盗窃以及骂人几乎令所有人都感到不愉快。在其他情况下，因变量测量的是针对财产、老师或在冲突中使用身体暴力而发生的不良行为(Cook et al., 1983; Thornton & Voigt, 1984)。实际上，研究者发现观看暴力节目和犯罪之间存在令人信服的直接因果联系：在打斗中使用刀枪、强奸，或用烟头折磨受害者(Belson, 1978)。

6. 影响效应的大小从社会标准来看是微不足道的。Bushman和Anderson(2001)以及Bushman和Huesmann(2001)汇编了其他变量和结果的效应大小的目录，其中Paik和Comstock(1994)记录的总效应($r=0.31$)是最大的(见图20.2)。当然，Paik和Comstock的研究以及其他元分析中的效应大小因每一组自变量和结果具体配对不同而有所不同，由小到大分布(根据Cohen的标准)。然而，如果是非常重要的行为，即使是很小的效应也会产生社会影响，因为Rosenthal及其同事(Rosenthal, 1986; Rosenthal, Rosnow, & Rubin, 2000)令人信服地证明了很小的影响效应可能通过实验处理遮掩了平均值以上或以下数量相当多的人。

7. 看电视或电影中的行为描绘与各种实际环境中行为之间的联系是：亲社会行为[可以解释为包括无私、接受他人以及进行社会交往，这三种行为出现最为频繁，可以在《罗杰斯先生的邻居》(*Mister Rogers' Neighborhood*)、《巨大的蓝色大理石》(*Big Blue Marble*)以及最新的《布鲁斯的线索》(*Blue's Clues*)中看到]在观看暴力描述之后减少，而在观看亲社会描述的节目之后增加(Hearold, 1986)。这种联系包括以下情况：在操场或类似情境中，当实验测量的行为是自然发生的攻击时(Wood et al., 1991)；当测量的是日常情境中的观看而不是实验中人为的环境时(Andison, 1977; Bushman & Anderson, 2001; Hearold, 1986; Hogben, 1998; Paik & Comstock, 1994)。这种情况证实"观看—行为"的联系在各种情境中都很紧密。

8. 暴力描述和亲社会描述的结果惊人地对称(Hearold, 1986)。暴力描述对攻击行为的效应是正向的，暴力描述对亲社会行为的效应是负向的，亲社会描述对亲社会行为的效应是正向的，亲社会描述对攻击行为的效应是负向的。

暴力媒体相关的推论得到了《公共利益中的心理科学》(*Psychological Science in the Public Interest*)杂志最新评论的强烈支持。该杂志属于美国心理学会，主要是研究并解决与公众关心的重大问题有关的实验证据。作者得出的结论包括：(a) 观看暴力电视节目或电影娱乐节目会助长攻击行为和反社会行为；(b) 这种助长也可能扩展到有严重危害的行为；(c) 早期观看可以通过一种发展模式培养一个或多个特质，并在后来的攻击行为和反社会行为中表现出来。 844

其他与暴力有关的假设

关于电视和电影暴力的另外三个假设得到了很多关注。这些假设包括：媒体描述可能导致的期待，以及当时产生的期待、焦虑和恐惧(Cantor, 2001)，媒体描述可能使观众变得麻木而表现出更多的暴力(Drabman & Thomas, 1974)，电视会培养与节目强调的内容相一致的看法和印象 (Gerbner, Gross, Morgan, Signorielli, & Shanahan, 2002)。

恐惧

Cantor (1998a, 2001)及其同事(Cantor, 1994a, 1994b; Cantor & Hoffner, 1990; Cantor & Nathanson, 1996; Cantor & Reilly, 1982)调查了儿童和青少年与电视和电影有关的焦虑和恐惧之间的关系。其中几乎有一半人曾经受到电视电影节目的惊吓，而且很多年以后还能记起来。年幼儿童对危险的视觉表现尤其感到不安，包括诸如《难以置信的废船》(*The Incredible Hulk*)中使用的怪物和变形。年龄稍大的儿童对不可能发生的事情没有像对可能发生的事情如绑架、辱骂、威胁宠物那么害怕。大动乱事件(如战争)和自然灾害(如飓风和地震)对年幼的儿童并没有多大意义(直到他们经历之后)，但对年龄稍大的儿童来说更可怕，他们更可能想象这种事件可能带来的危害、破坏和对生命的威胁。越生动的描述可能影响越大；电影《鬼门关》(*Jaws*)对许多年轻人尤其是青少年产生影响，他们更可能去深水中冒险，但是当媒体对鲨鱼的攻击的报告非常突出时，他们可能害怕去海滩(不过由于没有画面影像，其影响当然会有所减弱)。

脱敏作用

媒体的暴力描述可能减少儿童和青少年对暴力刺激随后的反应，其证据非常有说服力。Drabman 和 Thomas(1974)以及 Thamas、Horton、Lippencott 和 Drabman(1977)发现三年级和四年级的儿童看过暴力影片后对安排观看的武力格斗中的信号反应更慢。Cline、Croft 和 Courrier (1973)发现有过观看暴力电视节目历史的 5 到 12 岁的儿童更少受暴力电视节目场景的情绪唤醒。Donnerstein、Linz 和 Penrod(1987)以及 Linz、Donnerstein 和 Adams (1989)报告持续地接受暴力色情会减少大学生把类似的新刺激归类为暴力或色情的敏感性，并且增加了他们认为强奸中的女性受害者应该负一定责任的可能性。现在还不能得出这样的结论：这种脱敏反应可以扩展到现实生活中可以看到的血腥暴力，因为我们所描述的所有研究都采用电视和电影来呈现新的刺激，引起的反应少(Drabman 等的实验中，儿童对玩耍区域安装的监控录像会做出反应)。然而，媒体的描述不可避免地主要塑造儿童和青少年以及成年人对整个环境的反应。媒体是儿童和青少年以及成年人获悉远方发生的事件的重要方式。媒体所描绘的内容影响观看者对事情的理解，并影响人们对现实的构想。这些事件经常包括遭受痛苦、危难和死亡。长期以来媒体要证明让敌人得到惩罚是正确的，这就是失去人性 (Bandura, 1986)，在这个过程中，其他人的痛苦也因此变得更可以容忍。这就是说对媒体描述的脱敏反应可能导致对他人的痛苦表现出无情的冷漠，以及移情能力的降低(当然，这是推断，因为与新闻有关的这样的结果还没有在年轻人或成年人中进行调查)。

教养

Gerbner 及其同事(Gerbner, Gross, Morgan, & Signorielli, 1980; Gerbner et al., 2002; R. P. Hawkins & Pingree, 1990)提出"教养理论"。这种表述方式是从电视节目可以培养信仰和感知而得名的，强调其影响的微妙，影响规模一般较小，而其同义词"影响"(effect)所隐含的程度更大。最初的两个假设在表达上是同样的——就如电视中长期反复描述的，无处不在的暴力，白人男性在新闻、运动和娱乐节目中的，以中产阶级和中高产阶级作为关注的焦点，这些情况就是例证——观看的时间量是接触媒体所强调的内容的合理指数，教养效果是观看时间量的函数。

845

教养理论所提出的第一个观点是，看电视越多的人更可能认为世界与电视节目中所描述的情况相似。Morgan(1989)把许多相关资料编制了一个目录，例如，看电视多的人认为世界在人种上和职业上更像电视中所使用的人口统计特点。他们提出的与暴力娱乐节目有关的两个观点是，看电视多的人认为世界是卑鄙的危险的地方，他们更可能害怕成为受害人遭到攻击。第一个观点得到了大量的支持；对其他许多变量，包括与观看量和悲观看法有关的变量，进行控制之后可能会人为地产生观看和感知之间相关(低社会经济地位、年长的公民身份、女性)，观看—悲观间的相关仍然显著(Hughes, 1980)。第二个观点没有被很好地证明(Hughes, 1980; Tyler, 1980, 1984)；总的来说，当在统计上对其他变量的影响加以控制时，与观看可怕的恐怖的描述相反，电视观看与恐惧不相关。Hughes 的分析提出了关键的证据，说明了电视节目中呈现的卑鄙的世界和电视观看者产生的恐惧的反应之间的匹配在本质上是什么。在全美国代表性的 2000 个样本中(因此非常可信)，他发现对关键变量如年龄、性别和种族加以控制之后(因为他们与观看量和节目呈现的卑鄙的世界以及观看者的恐惧反应之间呈正相关),卑鄙的世界中四分之三的项目与观看量呈正相关,并达到了统计显著水平;对同样的项目进行控制之后,代表恐惧的项目相关方向相反,当观看量减少时分数增加——与教养理论所预测的恰好相反。

因此,在该课题下收集的数据中最初的两个假设保持得很好,足以支持该理论,但是更仔细地考查后发现他们并没有完全正确地传达整个理论。电视节目的构成较为丰富,对那些大量观看特定类型的节目的人而言,足以表现出特定节目的强大影响,而且,对接触特定类型节目的测量会导致节目重点与信念之间更大的相关,超过一般性的观看与节目总体重点之间存在相关(R. P. Hawkins & Pingree, 1980,1982)。具有讽刺性的是,这两者逻辑上都是源自最初的假设,因为随着对节目重点的测量越具体,对节目所强调的重点的接触的测量越准确,效应一旦出现,肯定就应该呈现为增长。

支持教养观点的数据主要是反映成年人的,很少有考察儿童和青少年的研究显示了相同的模式(R. P. Hawkins & Pingree, 1982; R. P. Hawkins, Pingree, & Adler, 1987; Pingree & Hawkins, 1981)。此外,当缺少第一手知识时,儿童和青少年更可能依赖媒体(DeFleur & DeFleur, 1967),因此可以合理地推测,他们特别会受到脱离他们自己的世界的描述的影响,这种描述占他们观看的电视节目的很大一部分——尽管不是全部。

理论、V 芯片、卫生局

儿童发展领域得益于有关暴力描述对攻击性和反社会行为的影响的研究。数据表明,在小学阶段观看暴力节目可以培养能够持续到整个成年期的攻击性特质,青少年期观看大量暴力节目将促进攻击性增强(但并不一定是持续的特质),而不管之前的观看历史怎样(Anderson et al. , 2003; Comstock & Scharrer, 1999; Huesmann, 1986)。引领众多理论的两个理论——Bandura 的社会认知理论(1986)和 Berkowitz 的新联想主义理论(neo-associationism)(1984, 1990)——当然得益于无数研究发现的支持,我们都得益于此,能够更加有信心地应用这些对行为的解释。当然,社会认知理论认为儿童和青少年所看到的——媒体中以及现实世界中——是获得行为(以及随后的表现)的来源;新联想主义理论强调思想对行为的影响,它在大脑中有语义上的联系,受所观察到的情况引发。两者都预测,在某些情况下,媒体的描述将对行为产生影响。尽管社会认知理论强调行为的习得,新联想主义理论强调习得行为的实施,两者在给定的情况下他们所提供的假设从本质上是一致的。两者都同样认为暴力节目所描述的情境会产生很重要的区别。有些元素被 Comstock 和 Scharrer(1999)称作效能感、标准化或引起一种行为的相关性因素,当这些因素特别容易影响观看者时,或如果暴力节目的描述包括这样的元素时,其影响行为的可能性就会增加。这指的是各种行为的表达,如可能会获得奖赏、成功的或有助于获得某个目标的行为;公认的或社会所支持的行为;通过带有观看者的特征或情况相同的描述(如年龄、性别、种族、潜在的受害者,或者某些方面的背景)而特别与观看者联系在一起的行为;以及(与易感性有关的)在攻击性和反社会行为、愤怒、挫折或挑衅的情况下出现的行为。态度、规范和

846

价值观的变化并非必要条件，态度、规范和价值观的变化由媒体引起，也有些人认为媒体是其主要因素(Eron & Huesmann, 1987)。Belson(1978)在其研究中对此解释得非常清楚，他在对伦敦的大约1 600名男性青少年的调查中发现，观看暴力节目和攻击性之间的正相关并不受态度、规范和价值观的中介调节影响。该研究结果很有说服力，因为态度、规范和价值观是通过四个优秀的信度很高的量表测量的，在任何情况下观看暴力节目都不能预测攻击性倾向增强。通过在年轻观众看的节目中给行为方式更多的突出性和喜好，使他们更容易受到影响，那些源自社会认知理论和新联想理论，并在实验中已经被验证的效能感、标准化和相关性就可能起作用，也可能改变他们的攻击性倾向。这个数据反过来使媒体成为年轻人行为的重要影响因素。

这种作用从攻击行为和反社会行为扩展到亲社会行为，就像元分析中的对称那样描述得非常清楚(Hearold, 1986)。个别研究以及元分析的部分，澄清了四个非常关键的因素，这四个因素在各种情况下可以发生很大变化，其中有三个因素代表电视节目描述的特征，一个因素代表观看者的特征(Comstock & Scharrer, 1999)：效能感(efficacy)(成功的目标获得的描述)、标准化(normativeness)(社会所支持的行为的描述)、相关性(pertinence)(与观看者有联系的描述，如年龄、背景或对手)，以及易感性(susceptibility)(使观看者变得更易受攻击的环境，如攻击行为情况下的挫折或愤怒)。

现在有关媒体和攻击性的文献中经常采用元分析，因此建立了一个有关证据的信效度较高的框架以及解释(Anderson et al., 2003; Comstock, 2004)。他们把现有的学术交流联系起来，也看到了更具体的应用。Bushman 和 Anderson(2001)采用 Paik 和 Comstock(1994)的元分析来评价在有重要社会影响的效应下(大约与现实情境下的一样大)，效应大小处于何种地位，并采用他们自己的元分析，每 5 年分成一个阶段，发现研究结果随着时间反而增强，媒体的暴力与行为之间的联系在新闻节目中却在减弱。后者可能是新闻媒体以结构松散的片断吸引人的注意而引起的结果，因为在具体的生动的实例中，新闻渠道会很快谴责媒体的责任，就如黛安娜王妃的死、Jenny Jones 脱口秀谋杀案以及 Columbine 中学的枪击案一样(Scharrer, Weidman, & Bissell, 2003)。

尽管有关电视描述与攻击性和反社会行为的研究很明显在最重要的位置，但是还有许多有关暴力描述的整体影响的研究。从儿童或青少年健康的立场来看，所有研究的要点都是暴力描述，尽管很好玩或者在某些特定情况下很真实，甚至很令人振奋，但是对年轻观众可能有问题，有时候会产生令人不快的结果。很难相信，没有这种研究确立的情境，没有公正的科学权威，现在许多节目尤其是有线电影的警示标签会出现在电视屏幕上。该行业有各种理由来厌恶和避免贴警示标签，因为这样会使观众减少，引起家长的关注，并使广告商害怕，有害的结果就是有警示标签的节目的商业广告销售更少(Hamilton, 1998)。不足为奇的是，考虑到标签的经济效益，该行业也可能降低标签警示级别(J. C. Allen, 2001; Kunkel et al., 1998)，留出一些节目不贴警示标签或比节目内容要求的限制分级更低。然而，整个行业可以被认为是对家长的潜在服务(Gentile, Humphrey, & Walsh, 2004)，明显标有警告标志的节目也确实吸引了年龄更小的儿童观众(Hamilton, 1998)。

847

新出现的问题

儿童和青少年仍然花很多时间——在学校外面以及不参加其他应该参加的活动时——看电视、听音乐、上网、玩电子游戏。社会科学家把电视作为最新吸引我们注意的一种媒体进行讨论已经几十年了，但现在，与以电脑和录像游戏控制器为基础的新媒体形式相比，电视通常与收音机、报纸、杂志一起被划分到"传统媒体"。然而，尽管年轻人生活中的新媒体已经发生了语义上的变化，新媒体的普及程度不断增加，但是电视仍然在所有媒体使用中占主导地位，很大程度上控制着人们度过休闲时间的方式(Comstock & Scharrer, 1999)。

随着新交互式媒体的成长以及传统媒体持久的影响，年轻人花在屏幕前的时间以及他们观看的内容成为新的关注焦点。这两个问题从实质上看都不是新的。新的内容是年轻人花在各种媒体上累积的时间，以及标记媒体内容的分级和代码的执行——实际上是为了起警示作用——都是通过传统媒体形式(电视)以及新的媒体形式(电子和电脑游戏)来发布的。我们从代码和分级开始讨论，这两个问题现在很大程度上已经完成。然后我们再讨论年轻人在媒体和大众文化的时间和注意分配中越来越重要的新的传播系统。

分级和代码

暴力是引起最多的研究和公众注意的话题，并引发了激烈而持久的关于媒体的讨论。然而，在过去议会开始负责该问题的情况下，也几乎没有实现实质性的改革，尽管可以更加确定媒体暴力和攻击性、脱敏反应以及恐惧之间的因果联系(C. A. Cooper, 1996)。由1996年的电信法 (Telecommunications Act)执行的V芯片和同时实行的节目标签，与长期以来的高度关注媒体暴力问题而对娱乐节目行业的迅速反应变化水平低的历史形成鲜明的对比。

20世纪90年代早期到中期，美国议员 Edward Markey 开始坚持提议制定新政策，以解决媒体暴力的问题，主要是把加拿大推行的V芯片引入美国(Price, 1998)。这种电脑芯片，安装在电视机里，可以被设定程序读取电视节目的分级和代码，标记可能存在的讨厌的内容出现，并允许用户阻止节目在电视屏幕上出现。家长使用代码或个人身份号码就可以通过远程控制设定V芯片的程序，来阻止那些被家长确定为令人担忧的内容的所有带有标签的节目。节目的标签信息采用与为限定的字幕说明类似的技术在电视信号中进行编码(Eastin, 2001; Price, 1998)。

Dale Kunkel 和 Brain Wilcox(2001, p. 592)是这样描述V芯片立法出现的政治过程:

> 关于暴力描述的危害的强大科学舆论所形成的政治环境，以及更为强烈的反对媒体暴力的公众观，促使美国议员 Edward Markey 开始为他的V芯片立法提案寻找证据支持……克林顿总统在他1996年的演讲中公开支持了V芯片，仅仅几个星期后议会就采纳 Markey 的立法建议，把它添加到1996年综合性的电信法修正案。根据该法案，电视行业有1年时间设计自己的系统，把节目分类为暴力和其他敏感性材料(包括性和粗

俗的语言)，并把这个系统提交到FCC正式批准。如果电视行业没有采取行动，或者它的系统没有被认定为“可以接受”，FCC将需要指派一个顾问委员会来设计一个V芯片分级系统。非常奇怪的是，该行业没有限制必须采用FCC设计的系统，或者由于这个原因，没有采用其设计的任何系统。法律中唯一的一个严格的要求就是在美国销售的所有的电视机必须安装能够阻止节目的V芯片装置。

848

因此，这两个系统——节目分级和代码以及能够读取这些数据的V芯片——以该行业技术上自主，而实际上被迫的方式开始执行。电视行业成员自己可以自由设计代码，以及父母可以选择是否使用这种芯片，因此他们对于第一修正案的反对就取消了(Eastin, 2001; McDowell & Maitland, 1998)。行业领导也基于经济原因表示反对，他们关心警示标签是否会减少观众而挡住广告商(Price, 1998)。

研究结果证明当节目带有警示标签时儿童观众减少，但成年人或青少年观众并没有减少。Hamilton(1998)分析了“观看者自行决定警示”对1987到1993年广播网络上的电影观众组成的影响。他发现这样的警示“其结果是儿童分级的节目观众大约减少了14%”，也就是观众中减少了大约“220 000个儿童”(pp. 76—77)。

由于面临FCC直接参与的可能性，包括美国广播协会(National Association of Broadcasters)、美国有线电视协会(National Cable Television Association)以及美国电影协会(Motion Picture Association of America, MPAA)成员在内的行业集团立即联合起来，制定编码，用它来标记电视节目中可能存在的敏感内容。

对全国家长调查表明，家长更喜欢代码传达节目中所涉及的内容信息(而不喜欢标明节目适合的年龄段)，以及许多社会科学家支持这种基于节目内容(而不是年龄)的编码(Cantor, 1998b; Gruenwald, 1997)，尽管如此，该行业集团公布的新构想出的编码，只采用按年龄分级的MPAA模式。分级包括TV-Y(适合年轻人)、TV-Y7(适合7岁以上的儿童)、TV-G(适合所有观众)、TV-PG(MPAA使用的“建议在父母指导下观看”)、TV-14(适合14岁以上，“父母要特别谨慎”)、TV-MA(只适合成熟观众; Eastin, 2001)。并规定除新闻和体育节目不用标明警示级别外，电视连续剧的每一个章节都要进行标记，这也是节目制作者或向电台出售节目的制作人的任务(Eastin, 2001)。

最初由行业集团制定的代码缺乏对节目内容的描述，因而引发了新一轮的争议。除了反映公众利益集团要求节目标签提供更多信息之外，随后发生的辩论也受到了美国电视暴力研究(National Television Violence Study)的影响，这是由电视行业资助的一个多方面的几百万美元的研究项目(Kunkel & Wilcox, 2001; S. Smith et al., 1998; Wilson et al., 1997, 1998)。美国电视暴力研究其中的一部分发现，节目标签实际上增加了节目对年轻观众的吸引力，而不是引导他们远离这类节目(Cantor & Harrison, 1997; Cantor, Harrison, & Nathanson, 1997)，这种现象被称为“飞去来器”效应和“禁果”效应(Bushman & Stack, 1996; Christenson, 1992)。实验数据表明，按年龄分级的标签增加了儿童对电视节目的兴趣，主要是男孩，而基于节目内容的标签却没有。这个证据对按年龄分级的标签的有效性提出了异议,对行业原来的节目代码计划中的批判起非常重要的作用。在注意新的争议话题和另一个议会听证会之后,该行业很快同意增加节目代码来表示特定种类的内容(Kunkel & Wilcox, 2001)。此外,设计标签的委员会的组成扩大到非行业组织的代表,如美国医学协会(American Medical Association)、媒体教育中心(The Center for Media Education)以及家长教师协会(the Parent Teacher Association)(Greenberg, 2001)。

其结果是现在使用的系统,从1997年10月就准备就绪了,采用年龄标签和内容代码:V指暴力、S指性、L指成人语言、D指暗示性的对话、FV指虚幻的暴力(通常用于儿童卡通片,只与等级TV-Y7结合使用;Eastin, 2001)。年龄和内容标签的结合提出了基于年龄相关的情境其内容代码有可能包含多种含义。例如,TV-PG节目中的V表示"中度暴力",而同样的V与TV-14节目一起指的是"极端暴力",而TV-MA节目中指的是"生动描述的暴力"(Eastin, 2001)。

标签在电视节目开始的15秒钟内以黑白盒子的形式出现在屏幕的一角。父母和看护人可以通过标签信息本身来决定家庭观看,或如果他们有装有V芯片的电视机,就可以设定程序阻止父母选择的标签内容特征的节目。换句话说,年幼儿童的父母可以阻止任何标记为暴力节目V的节目,例如任何标记为TV-Y7以上级别的所有节目。家长可以设定可接受的节目的参数,也可以在任何时间重新设定。

849

有效性

V芯片和电视节目标签都是积极的发展,因为他们为家长和看护人提供了可能有用的关于现在节目内容的信息以及年龄的适合性,也提供了用芯片限制儿童接触这些内容的方式。政策是唯一切实的和可能持久的改革,它源自30多年持续不断的社会科学的支持,即媒体暴力有负面影响(Kunkel & Wilcox, 2001)。但是,实际上现在V芯片和节目标签的有效性受到许多障碍的限制。

V芯片和节目标签的评价者们一直强调当行业专家对其节目进行分级时可能包含的利益冲突,父母对芯片设定程序时实际面临的困难,以及标签出现的时间很短很容易错过。除了这些关注的问题之外,研究也提出了严重限制了V芯片和节目标签的有效性的两个重要的方面:(1) 电视制作者是否需要以及如何精确地始终如一地采用年龄和内容的分级对节目进行标记,(2) 父母缺少对该系统的注意、意识以及理解。

为了调查电视制作者是否把节目按年龄和内容进行如实的和精确的分级,Greenberg、Eastin和Mastro(2001)调查了节目预告单中四个重要的广播网络和四个有线频道两个月内在每天的三个不同时间段的节目。节目预告单和其他的节目名单来源应该有父母可以看到的分级信息,允许父母在节目播出之前做出是否让孩子观看的决定。该研究中调查的节目预告单是1998年的,在设计按内容分级之后5个月。Greenberg及其同事发现有4 001个节目需要进行分级,但只有2 911个节目真正带有分级标记(NBC节目不在此分析之列,因为该网络决定不提交内容代码,对我们的研究没有可以辨别的结果)。因此,27%的节目根本没有分级(既没有按年龄也没有按内容进行分级)。在有分级的节目中,只有25%带有内容的分级标记。当然,数据显示分级系统很大程度上没有得到执行,但是研究者们看到普遍缺少内容分级信息是由于样本中 TV - G 和 TV - Y 的节目引起的，很显然该样本并不想包括令人讨厌的内容。Greenberg 及其同事注意到公共利益集团和社会科学家在这场在标签中增加内容信息的战斗中只获得了表面上的胜利，"结果是只有四分之一的节目中的分级信息中含有内容信息"(p. 35)。该研究发现在节目预告单中 TV - G(32%)、TV - PG(24%)是最为常见的年龄分级，D(表示成人话题，38%)、V(表示暴力，33%)是最为常见的内容分级。然而，当研究者们比较节目预告单所列出的分级与实际播放的电视节目的分级时，他们发现"播出的信息与节目预告单之间的分级匹配程度非常低"(p. 50)。

Kunkel 及其同事(Kunkel, Farinola, et al., 2001)把节目附带的标签与标识为暴力和性内容的分析数据进行了比较。他们从完整的一周中(10 个频道从清早到晚上播放的分级合格的节目包括 1 147 个)，只选择那些包含造成严重伤害的暴力动作的节目。然后编码者给暴力动作的数量、伤害和痛苦的抚慰以及生动细致的描述进行计分。在采用该方法得分最高的节目中的样本中(他们被研究者们认为是"高风险的")，65%的节目没有标记为暴力节目 V，27%标记为 TV - Y7/FV(表示虚幻暴力，儿童节目中最严格的分级标签)。在性内容方面也发现了同样的模式，80%没有用 S 来标记"高风险的性描述"。研究者得出的结论很明确："家长不能依赖 V 芯片分级来有效地鉴别和阻止可能危害孩子的最有问题的材料"(p. 68)。

最后，还有很有说服力的证据表明年轻人和家长一样很难确定用来鉴别电视节目的标签的意思，儿童和青少年很少注意节目分级。1997 年 Greenberg、Rampoldi-Hnilo 和 Hofschire (2001)调查了密执安州 462 个四年级、八年级和十年级的孩子，发现他们对电视节目分级的关注非常低，尤其是年龄较大的孩子。只有 52%的孩子知道分级标记的节目含性内容，分别有 70%和 72%的孩子知道分级标记的节目含语言或暴力内容。不到一半的孩子知道卡通片有分级标签(47%)。过半的孩子(52%)可以正确地辨别 TV - Y 标签的意思，而其他按年龄分级的标签有至少三分之二的孩子能够理解。大多数年轻人报告他们"不太"或"根本不"使用节目分级标签。年龄较小的孩子以及父母对观看的节目干预更多的孩子承认，采用分级确实可以找出有敏感内容的节目，这也是显示"禁果"效应的证据。

Greenberg 和 Rampoldi-Hnilo(2001)一年后进行跟踪研究另一个 510 名四年级、八年级和十年级孩子样本，以确定孩子们关于新的按内容分级的标签方面的知识、态度以及采用情况。儿童对标签的注意和使用仍然不多，所有年龄组对以内容分级的理解比按年龄分级的了解更少。只有 25%的被试能够分清楚 D 是用来标记"成年人谈论的话题，不能被小孩子们听到"的内容，FV 标记的内容是"卡通片中带有暴力内容的电视节目"(p. 126)。半数以上(56%)的被试能够把字母 L 与语言的标签匹配，近四分之三(73%)的人能够把 S 与性内容匹配，而这些结果作为对他们的理解力的测量结果可能被夸大了，因为其首字母是对应的。

Foehr、Rideout 和 Miller(2001)1998 年对 1 358 名 2 到 17 岁孩子的家长的调查中发现，18%的家长不知道电视分级系统，只有 55%的家长报告曾经使用过。家长对于编码意义的理解是中低水平。只有 34%能够正确地识别 TV - Y，41%能够正确地识别 TV - Y7 或 TV - MA，或者 55%能够正确地识别 V，44%能够正确地识别 S，40%能够正确地识别 L，7%能够正确地识别 FV,2%能够正确地识别 D。与可识别的 MPAA 分级类似的年龄编码的理解则好得多(TV-G, TV-PG, TV-14)。一年后,一项跟踪研究(Kaiser Family Foundation, 1999)发现几乎没有什么变化,大多数数据表明儿童的理解降低而不是增加。然而,这两个调查也很清楚地表明,父母支持对节目进行分级(约 9∶1),尽管只有约一半家长在使用分级。正如更早期的研究所表明的那样,他们更喜欢按内容进行分级,而不是按年龄分级。因此,即使是在对标签系统可能最感兴趣的人群中——儿童和青少年的父母,他们对标签系统的意识、理解以及使用都非常差。

新的传播系统

两个新的媒体传播系统越来越多地出现在年轻人的生活中,很难被忽视,这就是互联网和交互式游戏(带有控制装置的电脑或电子游戏)。有关美国儿童和青少年对两者的使用,最好的数据就是 1999 年由 Roberts 和 Foehr(2004)报告的 Kaiser 基金会(Kaiser Foundation)的调查。他们采用了两个不同的样本,2 到 17 岁的样本和 8 到 18 岁的样本,要求年龄较小组的儿童的父母回答问题,但是允许年龄较大组的儿童和青少年报告他们自己的行为。为了使效度最大化并减少对"典型"使用的回忆和解释的偏差(因为这些经常限制了测量方法),时间使用问题是围绕前一天的媒体使用设计的,并通过具体的时间段进行测量。年龄较小的组,在家使用,包括 1 090 名儿童,年龄较大的组在学校使用,包括2 014名年龄较大的儿童和青少年。

Roberts 和 Foehr(2004)数据所得出的模式指出,媒体在美国儿童和青少年的生活中起的作用令人震惊(表 20.2)。新的交互式媒体——因其技术而与众不同,使儿童身体行为发生了变化(点击鼠标、按按钮)来选择他们所感兴趣的内容——可得性更大且使用增加。但是,花在电视上的时间在全部媒体使用中仍占主导地位。

表 20.2 年轻人家中的媒体可得性

媒体	2—7 岁的孩子				8—18 岁的孩子			
	平均	1+	2+	3+	平均	1+	2+	3+
电视	2.5	100%	81%	45%	3.1	100%	93%	70%
VCR	1.6	96	47	12	2.0	99	64	26
收音机	2.6	99	78	48	3.4	98	91	73
CD 播放器	1.4	83	36	14	2.6	95	74	48
磁带播放器	1.8	91	53	26	2.9	98	85	62
电脑	0.8	63	16	3	1.1	74	25	8
电子游戏控制器	0.8	53	18	5	1.7	82	49	24
有线电视		73				74		
有奖频道		40				45		
互联网连接		40				47		

资料来源:摘自 *Kids and Media in America*, by D. F. Roberts and U. G. Foehr, 2004, Cambridge, England: Cambridge University Press. 经许可使用。

几乎70%的有18岁以下孩子的家庭拥有电脑,其中45%的家庭有互联网接入。很明显,互联网接入在Roberts和Foehr(2004)数据收集之后不断增加。2000年人口普查报告53%有学龄儿童的家庭有互联网接入(Newburger, 2001)。全国教育统计中心(The National Center for Education Statistics)发现2001年65%的5到17岁儿童能够在家中使用互联网,而81%的能够在学校使用互联网(DeBell & Chapman, 2003)。

在Roberts和Foehr(2004)样本中的所有年轻人中,花在电脑上的时间,2到7岁儿童平均每天6分钟,11到14岁每天31分钟,15到18岁每天26分钟。那些只能在家玩电脑的孩子中,这个数字还要大得多,8到10岁50分钟,11到14岁58分钟,15到18岁47分钟。总的来说,男孩比女孩在家用电脑的时间多(平均58分钟比46分钟),年龄较大的组这种性别差异更为明显。在年龄较小的组,8到10岁和11到14岁的组中,较多的时间分配来玩电脑游戏,而15到18岁的组其时间分配是玩电脑游戏和访问网站。电子邮件和即时消息,都是通过使用电脑与他人接触,也是受欢迎的活动,占年轻人电脑使用时间的很大一部分(Lenhart, Rainie, & Lewis, 2001; Roberts & Foehr, 2004; Roper Starch Worldwide Inc., 1999)。

851

Roberts和Foehr(2004)的研究也指出电子游戏在年轻人生活中的重要作用。用于有控制器装置的游戏时间与用于电脑的时间一样。样本中刚好超过一半(53%)的2到7岁儿童和四分之三以上(82%)的8到18岁孩子家中拥有电子游戏控制器(如Nintendo, Sega Genesis, Xbox)。2到7岁的孩子每天平均玩8分钟(比他们使用电脑多2分钟),8到18岁的孩子平均每天玩26分钟(比他们使用电脑多1分钟)。Roberts和Foehr(2004)收集的数据表明,在电脑使用中几乎没有明显的性别差异,而在电子游戏使用中性别差异则较为显著。玩电子游戏的男孩比女孩多,但并没有比11到14岁组更多,这个年龄段61%的男孩和24%的女孩玩电子游戏。男孩比女孩花更多的时间玩电子游戏,更喜爱动作格斗、运动竞争以及模拟的策略游戏(表20.3)。

表20.3 不同性别和年龄(8—18岁)的人接触媒体的时间

	8—18岁		8—10岁		11—14岁		15—18岁	
	女性	男性	女性	男性	女性	男性	女性	男性
平均观看时间(小时:分钟)								
电视	2:55[a]	3:15[b]	3:24	3:15	3:13[a]	3:47[b]	2:12[a]	2:34[b]
电视的录像	0:13	0:15	0:19	0:22	0:13	0:15	0:09	0:11
商业广告录像	0:27	0:28	0:23	0:28	0:28	0:30	0:28	0:27
(剧场里的)电影	0:16	0:19	0:25	0:27	0:17	0:22	0:09	0:09
电子游戏	0:11[a]	0:39[b]	0:20[a]	0:40[b]	0:09[a]	0:43[b]	0:07[a]	0:34[b]
文字媒体	0:46[a]	0:41[b]	1:00	0:49	0:44	0:39	0:38	0:36
收音机	0:55[a]	0:38[b]	0:30[a]	0:19[b]	0:55[a]	0:38[b]	1:13[a]	0:55[b]
CD和磁带	1:14[a]	0:51[b]	0:42[a]	0:22[b]	1:16[a]	0:40[b]	1:36	1:32
电脑	0:24[a]	0:30[b]	0:23	0:23	0:26[a]	0:36[b]	0:22[a]	0:30[b]
媒体使用的全部时间	7:21	7:37	7:25	7:03	7:41	8:09	6:53	7:29

续 表

	8—18 岁		8—10 岁		11—14 岁		15—18 岁	
	女性	男性	女性	男性	女性	男性	女性	男性
全部媒体所占用的时间的比例								
电视	38[a]	41[b]	46	45	40[a]	46[b]	30	32
其他屏幕媒体	11	12	14	16	10	11	10	10
电子游戏	2[a]	9[b]	4[a]	9[b]	2[a]	9[b]	2[a]	8[b]
阅读	12[a]	11[b]	16	14	12[a]	9[b]	10	9
声音媒体	31[a]	21[b]	15[a]	10[b]	30[a]	18[b]	43[a]	36[b]
电脑	6[a]	7[b]	5	6	5[a]	7[b]	6	6

资料来源：摘自 *Kids and Media in America*, by D. F. Roberts and U. G. Foehr, 2004, Cambridge, England: Cambridge University Press. 经许可使用。
注意：在同一行内共用一个上标数字在 $p=0.05$ 的水平上没有显著差异。

电视的接入已经达到了饱和的水平，各种社会经济地位、种族的人大致相同。而电脑和互联网接入在各种群体中并不相同。Roberts 和 Foehr(2004)1999 年的数据表明，2 到 7 岁的儿童中 71%的白人儿童家中有电脑、45%的黑人儿童或非裔美国儿童、40%的拉丁裔儿童家中有电脑。白人儿童中有一半在家可以使用互联网，19%的黑人或非裔美国人和拉丁裔儿童在家可以使用互联网。接入水平的这种差异在年龄较大的组也存在，尽管没有这么明显。两年后 DeBell 和 Chapman(2003)收集的数据显示家庭电脑接入在白人和亚州家庭中非常高(分别为 77%和 76%)，其次是美国印第安人(54%)、黑人或非裔美国人和拉丁裔儿童(各 41%)。家中拥有电脑的水平也随着家庭收入的增加线性上升，家庭年收入低于 20 000 美元的家庭中的电脑接入水平低至 31%，家庭年收入在 75 000 美元以上的家庭电脑接入高至 89%(DeBell & Chapman, 2003)。因此，这些新技术在美国年轻人中传播不是普遍性的，在许多因素上是偶然发生的，而电视接入和使用是普遍的。

Livingstone(2002)报告中对英国 1287 个家庭的普通家庭调查(General Household Survey)收集的数据以及 Livingstone 和 Bovill(1999)在西欧和以色列等多国调查中收集的数据表明，高水平的媒体使用途径和媒体使用并不局限于美国，在发达国家都非常普遍。在英国，60%的 15—17 岁的孩子和 72%的 12—14 岁的孩子可以在家使用控制器电子游戏，根据性别不同而有所不同(女孩 56%，男孩 78%)。英国的数据也发现 6—16 岁的孩子中 44%的男孩和 40%的女孩拥有一种叫做 Gameboy 的掌上电子游戏系统。电子游戏在其他欧洲地区没有这么普遍，德国、西班牙、瑞典和丹麦比英国低 15 到 20 个百分点(Livingstone & Bovill, 1999)。

852

Livingstone(2002)也报告了电脑和互联网进入英国家庭的情况，1997 年的数据发现有年轻人的家庭中 53%拥有私人电脑，但只有 7%有互联网接入。这些数据与欧洲其他国家(如德国和西班牙)相似，而其他地区的互联网分布率更高(如瑞典 31%，芬兰 26%；

Livingstone & Bovill, 1999)。然而,Livingstone 也引用了一个最近的英国调查(Wigley & Clarke, 2000),估计70%的有孩子的英国家庭拥有私人电脑,36%有互联网接入。英国最新的电脑和互联网的分布率与美国更为接近,我们猜想随着时间的推移,在大多数西方国家电脑相关的分布率将几乎一样。

英国的儿童和青少年的卧室,像美国一样,通常满是私人媒体。Livingstone(2002)报告样本中 66%的年轻人自己的房间中有电视、书、收音机或音响,33%有电子游戏控制器,12%有电脑。英国儿童和青少年的卧室中媒体的分布状况与他们的年龄(年龄大的孩子有更多的使用途径)和性别(男孩有更多的使用途径)有关。其他欧洲国家(除丹麦以外,丹麦在这一点上与英国和美国极为相似)在卧室中有媒体使用途径的年轻人少得多(Livingstone & Bovill, 1999)。例如,在法国 28%的儿童在卧室中有电脑,25%有电子游戏控制器,3%有带 CD-ROM 的电脑(Livingstone & Bovill, 1999)。

影响

关于高水平的媒体使用的结果最受关注的内容是,媒体使用可能占用了年轻人可以用来开展需要更多体力活动的、更有教育作用的或社交上有帮助的活动时间(Comstock & Scharrer, 1999)。根据成年人(Hu, Li, Colditz, Willett, & Manson, 2003; Jakes et al., 2003)和儿童(R. E. Anderson, Crespo, Bartlett, Cheskin, & Pratt, 1998; Berkey, Rockett, Gillman, & Colditz, 2003; Crespo et al., 2001; W. Dietz & Gortmaker, 1985; Gortmaker et al., 1996; Lowry, Wechsler, Galuska, Fulton, & Kann, 2002; Proctor, et al., 2003)看电视的时间和肥胖症之间的联系,儿童在屏幕媒体上花很多时间,对媒体使用的这种惯于久坐的特点的关注已经到达一个新的强度。Rideout 等(2003)从年龄很小的孩子的数据中发现,看电视多的人(每天看两个小时以上)比看电视少的人在户外活动上花的时间更少。Rideout 等也报告全国样本中 4 到 6 岁的孩子中,看电视多的儿童比其他儿童阅读的时间要少得多。该结果与过去的研究一致,电视减少了儿童花在阅读上的时间(Comstock & Scharrer, 1999; Heyns, 1976; Medrich et al., 1982)。就如我们所提到的那样,看电视可能取代了他们花在更有教育作用的活动上的时间,对他们的学业成绩造成影响。电子游戏使这个问题更为严重,因为年轻人喜欢的游戏可能起不到教育作用(Roberts & Foehr, 2004)。相反,除了更普遍深入的娱乐功能(通过游戏)和通信功能(通过电子邮件、聊天和即时消息)以外,儿童和青少年用于电脑和互联网的绝大部分时间属于做学校作业或者获得信息的时间(Roberts & Foehr, 2004)。

儿童和青少年使用媒体的其他后果源于所观看特殊类型的节目内容。新的交互式的媒体也不能减轻或取代这些问题。互联网可以让年轻的电脑使用者很容易接触色情材料,甚至有可能是毫不知情的情况下,因此一直遭到批判(Mitchell, Finkelhor, & Wolak, 2003)。对电子游戏内容的研究发现,游戏中的描述与电视节目中详细的性别特征描述和性诱惑的女性角色(Beasley & Collins Standley, 2002; T. Dietz, 1998; Scharrer, 2004; Ward Gailey, 1993)和普遍存在的暴力角色(T. Dietz, 1998; Scharrer, 2004; S. L. Smith,

Lachlanm, & Tamborini, 2003; Thompson & Haninger, 2001) 相似——有些甚至更为严重。

Montgomery(2001)和 Tarpley(2001)的报告集中关注了这些危险因素。Montgomery 指出互联网提供了儿童和青少年市场的新的获利方式。其意图除了显而易见的家庭购物模式以外,互联网使其网站的建设有可能围绕吸引儿童和青少年的人物和活动,其目的不是要现在销售产品,而是为将来的购买树立有利的品牌形象:汽车、手表、服装、化妆品。因此,互联网打开了一条通向操纵的道路,远远超过直接向儿童做广告所达到的效果,因为儿童太小不能理解广告既定的自身利益。另一方面,Tarpley 认为用户的互联网使用不受管制以及互联网信息范围广泛的特点也会给使用者带来威胁和机会。聊天室提供了包含性、暴力和种族政治仇恨的信息和交流的途径,以及不能认为是表示或隐含了令人愉快的或有帮助的结果的信息——如在地下室安装炸弹。同时,互联网还提供了获取教育资源的机会,如专门的辅导和不常用的学科。此外,互联网匿名的特点,可能给害羞的或无法接受学校教育的孩子暂时解除痛苦,提供社会化和参与群组活动的可能性,而过分的是,同时也使年龄小的用户可以掩饰其年龄、性别、种族和观点。

交互式媒体的这一特点导致了人们新的忧虑,担心媒体的影响加剧。电子和电脑游戏比电视更具"危险性"的差异中,电子和电脑游戏会激发高度的行动卷入、引发对角色的更强烈的认同,形成了为玩得好的人提供新的游戏水平和内容的回报结构(Gentile & Anderson, 2003)。就像 Calvert(1999, p. 36)解释的那样:

> 儿童是新技术中的攻击者,即电子游戏或虚拟游戏的玩家。由于儿童更多地融入获胜或失败的角色,因此这些游戏当然会使个人的卷入增加。儿童玩游戏时他们的行为导致了某些结果,他们直接体验到成功或失败。

尽管还没有对电视暴力和录像游戏暴力的影响进行比较,但最新研究表明对后者的关注可能有充分根据。越来越多的研究(C. A. Anderson & Dill, 2000; Calvert & Tan, 1994; Gentile, Lynch, Linder, & Walsh, 2004; Kirsch, 1998; Silvern & Williamson, 1987)和两个元分析(C. A. Anderson & Bushman, 2001; Sherry, 2001)指出,玩电子游戏与攻击性有关。

854

总的来说,当今美国以及世界上大部分地方的儿童和青少年在他们每天的安排中都有大量的媒体,并经常使用屏幕媒体——进行娱乐、获取信息和交流。媒体在年轻人生活中的作用引起家长的普遍关注,是起源于他们花费了大量时间以及对他们观看的内容感到惊愕,暴力一直是最为令人担心的。尽管 V 芯片和电视节目标签代表了媒体和公共政策的具有历史意义的时刻,并使家长可以采取一些手段控制孩子们观看的节目内容,但是现在存在相当多的障碍,严重地影响了 V 芯片和节目标签的有效使用。媒体渗透在年轻人的世界里,父母与他们的协商仍然是一个极其艰巨的任务。

结论

与媒体和大众文化在儿童和青少年生活中的作用有关的社会和行为科学研究，提供了大量信息，增进了我们的了解，有助于理论的建构，对政策制定和父母养育有着重要意义——虽然这些并没有全部实现。首先，媒体和大众文化偶尔会吸引关心年轻人健康的人们的注意，如20世纪30年代13卷Payne基金电影研究(Charters, 1933)以及20世纪50年代纽约精神病专家Frederic Wertham发起的反对漫画书成为暴力和犯罪学校的运动，如一本叫做《无知者的诱惑》(*Seduction of the Innocent*)的书(1954)。但是，正是电视的出现才开始了现代用科学方法对年轻人使用媒体和大众文化进行详细的审查。两个里程碑是美国Schramm等(1961)和英国的Himmelweit、Oppenheim和Vince(1958)对媒体介入的影响进行的大规模调查，涉及成千上万的年轻人以及他们的父母和老师。很快，儿童发展、社会心理学、社会学以及通讯方面的报纸、期刊以及后来的书籍开始出现。尽管任何研究都可能成为争论的主题，如数据收集的合理性、作者解释的适当性以及研究结果在其他人口和其他环境的推广等，但是我们相信正确的反应应该是像我们这样从全部的研究中去寻找模式。以这种观点对文献进行处理，我们同意Roberts和Foehr最新得出的结论(2004, p. 6)，过去的半个世纪代表了一个研究“传统，它已经清楚地证明媒体信息可以影响儿童和青少年各个方面的信仰、态度以及行为”。

我们把结论的重点放在电视和其他屏幕媒体上，是因为它们在大多数年轻人的媒体使用中占很重要的地位，首先是认识到大多数年轻人经常使用各种媒体，许多年幼的儿童和大多数年龄稍大的儿童在卧室的私密空间可以使用这些媒体，而且大多是单独使用，没有同伴的陪同没有父母在场。那些最喜爱看电视节目的儿童分配到媒体的时间量超出一般水平，但是即使是那些使用媒体相对少的人，其媒体的可得性和使用都是很多的。提供的节目以及所消费的节目中大多数都是娱乐节目，因此观看节目的体验是很愉快的，也很有收获，但是文化和教育价值的内容受到了娱乐节目的阻碍(这在电视节目时间表中可以明显看到)。

我们的结论是，尽管观看时间量和学业成绩之间呈负相关，但是对少数每天花很多时间看电视的孩子来说，电视取代了他们获取技能的时间，家庭作业质量、智力作业、阅读受到干扰，降低了其学业成绩。然而，对于电视会促进与在电视和漫画书中看到的情节、话题、主题类似的口味和喜好，鄙视书籍、认为书籍枯燥乏味的观点，在这方面我们并没有如此保守的态度。至于口味和喜好，当然会因观看时间而加强(因为研究结果证明两者是相关的)，在我们看来可能会影响一大部分人，因为在我们所关心的这种倾向方面，许多人看电视的时间很长，足以产生这样的效应。

855

我们的结论是，8岁以下的儿童会受到电视广告欺骗，因为在认知发展的早期阶段，他们通常不能理解广告商意在自身利益的动机(“销售产品”是广告必需的元素，超出大多数孩子的理解力)。这一点，以及说服和培养及被操控的气氛的相关研究证据，被FTC认为是足够采用管理行动，但是一些基于政治的反对声音取消了这一做法。

我们的结论是，基于七个元分析以及我们对几个重要的个别研究的解释，暴力娱乐节目可以促进攻击性和反社会行为，这种影响超出了粗鲁行为，扩展到了有严重伤害的行为。实验记录在观看暴力描述之后各个年龄阶段的年轻人都出现了更具攻击性的行为。调查证明年轻人观看更多的暴力娱乐节目会更频繁地出现攻击性和反社会行为，没有数据表明这完全是由电视以外的其他变量所引起的，包括暴力娱乐节目的那些特别具有攻击性的人的任何喜好。在我们的解释中，实验的推广得到了调查的确认；两者联合起来比其中单独一个要有说服力得多。

我们的结论是，标明节目内容为成人、性、暴力内容的编码并没有被人们广泛理解。我们看到电视行业有避免这样的标签的动机，因为这些标签会引起争议，减少广告时间的收费，因此不足为奇的是，应该对节目进行标记的临时节目并没有进行标记，或其标记有时候没有完全反映节目的内容。

最后，我们的结论是，尽管技术发展十分重要，但是现在传统媒体尤其是电视仍然占儿童和青少年媒体使用的绝大部分。甚至在那些很少使用媒体的人中，电视仍然是年轻人主要使用的媒体。然而，年轻人在没有父母监督的卧室中可使用的 VCR 和 DVD 不断增加，使得他们观看剧场电影的机会增加，这些电影分级要求的观众年龄，有时候比有可能观看这些电影的观众的年龄应该更大。这两种设备及交互性使得可观看的内容通常比大多数电视节目在情感和认知上更加投入。这也使得集中注意于范围较小的内容成为可能。技术发展促进了私密的消费、享用、卷入以及与内容有关的排他性。因此，卫生局最新关于年轻人暴力的报告(U. S. Department of Health and Human Service, 2001)推测，技术将增强媒体对年轻人的影响(而且其影响可能超出攻击性和反社会行为)。最新数据(Roberts & Foehr, 2004)表明年轻人在校外并没有经常使用电脑，但是确实使用电脑的人是个人平均使用时间的两倍以上。我们预期个人平均使用量随着使用途径的增加而增加。技术领域将持续注意它可能给媒体使用所带来的变化。但是，我们预期，屏幕媒体如电视、VCR、DVD 的使用，以及剧场电影仍然极为重要，因为其他电子媒体将不会代替它们提供既简单又很好玩有时候甚至很吸引人的娱乐、体育和新闻节目。

（雷雳、伍亚娜译）

参考文献

Adler, R. P., Lesser, G. S., Meringoff, L. K., Robertson, T. S., Rossiter, J. R., & Ward, S. (1980). *The effect of television advertising on children: Review and recommendations*. Lexington, MA: Lexington Books.

Albarran, A. B., & Umphrey, D. (1993). An examination of television motivations and program preferences by Hispanics, Blacks, and Whites. *Journal of Broadcasting and Electronic Media*, *37*(1), 95 - 103.

Allen, J. C. (2001). The economic structure of the commercial electronic children's media industries. In D. G. Singer & J. L. Singer (Eds.), *Handbook of children and the media* (pp. 477 - 493). Thousand Oaks, CA: Sage.

Allen, M., D'Alessio, D., & Brezgel, K. (1995). A meta-analysis summarizing the effects of pornography: Pt. 2. Aggression after exposure. *Human Communication Research*, *22*(2), 258 - 283.

Anderson, B., Mead, N., & Sullivan, S. (1986). *Television: What do national assessment tests tell us?* Princeton. NJ: Educational Testing Service.

Anderson, C. A., Berkowitz, L., Donnerstein, E., Huesmann, L. R., Johnson, J. D., Linz, D., et al. (2003). The influence of media violence on youth. *Psychological Science in the Public Interest*, *4* (3), 81 - 110.

Anderson, C. A., & Bushman, B. J. (2001). Effects of violent video games on aggressive behavior, aggressive cognition, aggressive affect, physiological arousal, and prosocial behavior: A meta-analytic review of the scientific literature. *Psychological Science*, *12*, 353 - 359.

Anderson, C. A., & Dill, K. E. (2000). Video games and aggressive thoughts, feelings, and behavior in the laboratory and in life. *Journal of Personality and Social Psychology*, *78*, 772 - 290.

Anderson, D. R., Collins, P. A., Schmitt, K. L., & Jacobvitz, R. S. (1996). Stressful life events and television viewing. *Communication Research*, *23*(3), 243 - 260.

Anderson, D. R,, Levin, S., & Lorch, E. (1977). The effects of TV program pacing on the behavior of preschool children. *AV Communication Review*, *25*(2), 159 - 166.

Anderson, D. R., Lorch, E. P., Field, D. E., Collins, P. A., & Nathan, J. G. (1986). Television viewing at home: Age trends in visual attention and time with TV. *Child Development*, *57*, 1024 - 1033.

Anderson, D. R., Pugzles Lorch, E. P., Field, D. E., & Sanders, J. (1981). The effects of TV program comprehensibility on preschool children's visual attention to television. *Child Development*, *52*, 151 - 157.

Anderson, R. E., Crespo, C. J., Bartlett, S. J., Cheskin, L. J., & Pratt, M. (1998). Relationship of physical activity and television watch-dog with body weight and level of fatness among children. *Journal of the American Medical Association*, *279*(12), 938 - 942.

Andison, F. S. (1977). TV violence and viewer aggression: A cumulation of study results. *Public Opinion Quarterly*, *41*(3), 314 - 331.

Armstrong, G. B. (1993). Cognitive interference from background television: Structural effects on verbal and spatial processing. *Communication Studies*, *44*, 56 - 70.

Armstrong, G. B., Bojarsky, G. A., & Mares, M. (1991). Background television and reading performance. *Communication Monographs*, *58*, 235 - 253.

Armstrong, G. B., & Greenberg, B. S. (1990). Background television as an inhibitor of cognitive processing. *Human Communication Research*, *16*(3), 355 - 386.

Atkin, C. K. (1975a). *Effects of television advertising on children: Parent-child communication in supermarket breakfast selection* (Report No. 7). East Lansing: Department of Communication, Michigan State University.

Atkin, C. K. (1975b). *Effects of television advertising on children: Survey of children's and mothers' responses to television commercials* (Report No. 8). East Lansing: Department of Communication, Michigan State University.

Atkin, C. K. (1978). Observations of parent-child interaction in supermarket decisionmaking. *Journal of Marketing*, *42*, 41 - 45.

Baker, R, K., & Ball, S. J. (Eds.). (1969). *Violence and the media: A staff report to the National Commission on the Causes and Prevention of Violence*. Washington, DC: U.S. Government Printing Office.

Bandura, A. (1965). Influence of model's reinforcement contingencies on the acquisition of imitative responses. *Journal of Personality and Social Psychology*, *1*(6), 589 - 595.

Bandura, A, (1986). *Social foundations of thought and action: A social cognitive theory*. Englewood Cliffs, NJ: Prentice-Hall.

Bandura, A., Ross, D., & Ross, S. A. (1963a). Imitation of film-mediated aggressive models. *Journal of Abnormal and Social Psychology*, *66*(1), 3 - 11.

Bandura, A., Ross, D., & Ross, S. A. (1963b). Vicarious reinforcement and imitative learning. *Journal of Abnormal and Social Psychology*, *67*(6), 601 - 607.

Barwise, T. P., & Ehrenberg, A. S. C, (1988). *Television and its audience*. Newbury Park, CA: Sage.

Beasley, B., & Collins Standley, T. (2002). Shirts versus skins: Clothing as indicator of gender role stereotyping in video games. *Mass Communication and Society*, *5*(3), 279 - 293.

Bechtel, R. B., Achelpohl, C., & Akers, R. (1972). Correlates between observed behavior and questionnaire responses on television viewing. In E. A. Rubinstein, G. A. Comstock, & J. P. Murray (Eds.), *Television and social behavior: Vol. 4. Television in day-to-day life — Patterns of use* (pp.274 - 344). Washington, DC: U.S. Government Printing Office.

Belson, W. A. (1978). *Television violence and the adolescent boy*. Westmead, England: Saxon House, Teakfield.

Berkey, C. S., Rockett, H. R. H., Gillman, M. W., & Colditz, G. A. (2003). One-year changes in activity and in inactivity among 10- to 15-year-old boys and girls: Relationship to change in body mass index. *Pediatrics*, *111*(4), 836 - 844.

Berkowitz, L. (1984). Some effects of thoughts on anti- and prosocial influences of media events: A cognitive-neoassociationistic analysis. *Psychological Bulletin*, *95*(3), 410 - 427.

Berkowitz, L. (1990). On the formation and regulation of anger and aggression: *American Psychologist*, *45*(4), 494 - 503.

Berkowitz, L., & Alioto, J. T. (1973). The meaning of an observed event as a determinant of aggressive consequences. *Journal of Personality and Social Psychology*, *28*(2), 206 - 217.

Berkowitz, L., & Geen, R. G. (1966). Film violence and the cue properties of available targets. *Journal of Personality and Social Psychology*, *3*(5), 525 - 530.

Berkowitz, L., & Geen, R. G. (1967). Stimulus qualities of the target of aggression: A further study. *Journal of Personality and Social Psychology*, *5*(3), 364 - 368.

Berkowitz, L., & Rawlings, E. (1963). Effects of film violence on inhibitions against subsequent aggression. *Journal of Abnormal and Social Psychology*, *66*(3), 405 - 412.

Bertholf, R. L., & Goodison, S. (2004), Television viewing and attention deficits in children [Letter to the editor], *Pediatrics*, *114*(2), 511 - 513.

Blosser, B. J., & Roberts, D. F. (1985). Age differences in children's perceptions of message intent: Responses to TV news, commercials, educational spots, and public service announcements. *Communication Research*, *12*(4), 455 - 484.

Bower, R. (1985). *The changing television audience in America*. New York: Columbia University Press.

Brown, L. (1977). *New York Times encyclopedia of television*. New York: Times Books.

Bushman, B. J, & Anderson, C. A. (2001). Media violence and the American public: Scientific facts versus media misinformation. *American Psychologist*, *56*(6/7), 477 - 489.

Bushman, B. J., & Huesmann, L. R. (2001). Effects of televised violence on aggression. In D. G. Singer & J. L. Singer (Eds.), *Handbook of children and the media* (pp.223 - 254). Thousand Oaks, CA: Sage.

Bushman, B. J., & Stack, A. D. (1996). Forbidden fruit versus tainted fruit: Effects of warning labels on attraction to television violence. *Journal of Experimental Psychology: Applied*, *2*, 207 - 226.

Butter, E. J., Popovich, P. M., Stackhouse, R. H., & Garner, R. K. (1981). Discrimination of television programs and commercials by preschool children. *Journal of Advertising Research*, *21*(2), 53 - 56.

California Assessment Program. (1980). *Student achievement in California schools: 1979 - 1980 annual report*. Sacramento: California State Department of Education.

California Assessment Program. (1982). *Survey of sixth grade school achievement and television viewing habits*. Sacramento: California State Department of Education.

California Assessment Program. (1986). *Annual report, 1985 - 1986*. Sacramento: California State Department of Education.

Calvert, S. (1999). *Children's journeys through the information age*. Boston: McGraw-Hill.

Calvert, S., Huston, A. C., Watkins, B. A., & Wright, J. C. (1982). The relationship between selective attention to television forms and children's comprehension of content. *Child Development*, *53*, 601 - 610.

Calvert, S., & Tan, S. L. (1994). Impact of virtual reality on young adults' physiological arousal and aggressive thoughts: Interaction versus observation. *Journal of Applied Developmental Psychology*, *15*, 125 - 139.

Campbell, T. A., Wright, J. C., & Huston, A. C. (1987). Form cues and content difficulty as determinants of children's cognitive processing of televised educational messages. *Journal of Experimental Child Psychology*, *43*, 311 - 327.

Canary, D. J., & Spitzberg, B. H. (1993). Loneliness and media gratification. *Communication Research*, *20*(6), 800 - 821.

Cantor, J. (1994a). Confronting children's fright responses to mass media, In D. Zillmann, J. Bryant, & A. C. Huston (Eds.), *Media, children, and the family: Social scientific, psychodynamic, and clinical perspectives* (pp.139 - 150). Hillsdale, NJ: Erlbaum.

Cantor, J. (1994b). Fright reactions to mass media. In J. Bryant & D. Zillmann (Eds.), *Media effects: Advances in theory and research* (pp. 213 - 246). Hillsdale, NJ: Erlbaum.

Cantor, J. (1998a). "*Mommy, I'm scared*": *How TV and movies frighten children and what we can do to protect them*. San Diego: Harcourt Brace.

Cantor, J. (1998b). Ratings for program content: The role of research findings [Special issue]. *Annals of the American Academy of Political and Social Science*, *557*, 54 - 69.

Cantor, J. (2001). The media and children's fears, anxieties, and Perceptions of danger. In D. G. Singer & J. L. Singer (Eds.), *Handbook of children and the media* (pp.207 - 221). Thousand Oaks, CA: Sage.

Cantor, J., & Harrison, K. (1997). Ratings and advisories for television programming. In Center for Communication and Social Policy, University of California, Santa Barbara (Ed.), *National Television Violence Study* (Vol. 1, pp.361 - 388). Thousand Oaks, CA: Sage.

Cantor, J., Harrison, K., & Nathanson, A. (1997). Ratings and advisories for television programming. In Center for Communication and Social Policy, University of California, Santa Barbara (Ed.), *National Television Violence Study* (Vol. 2, pp. 267 - 322). Thousand Oaks, CA: Sage.

Cantor, J., & Hoffner, C. (1990). Children's fear reactions to a televised film as a function of perceived immediacy of depicted threat. *Journal of Broadcasting and Electronic Media*, *34*, 421 - 442.

Cantor, J., & Nathanson, A. (1996). Children's fright reactions to television news. *Journal of Communication*, *46*(4), 139 - 152.

Cantor, J., & Reilly, S. (1982). Adolescents' fright reactions to television and films. *Journal of Communication*, *32*(1), 87 - 99.

Chall, J. S. (1983). *Stages of reading development*. New York: McGraw-Hill.

Charters, W. W. (1933). *Motion pictures and youth: A summary*. New York: Macmillan.

Childs, J. H. (1979). *Television viewing, achievement, IQ, and creativity*. Unpublished doctoral dissertation, Brigham Young University, Provo, UT.

Christakis, D. A., Zimmerman, F. J., DiGiuseppe, D. L., & McCarty, C. A. (2004). Early television exposure and subsequent attention problems in children. *Pediatrics*, *113*(4), 708 - 714.

Christenson, P. (1992). The effect of parental advisory labels on adolescent music preferences. *Journal of Communication*, *42*(1), 106 - 113.

Cline, V. B., Croft, R. G., & Courtier, S. (1973). Desensitization of children to television violence. *Journal of Personality and Social Psychology*, *27*(3), 360 - 365.

Cohen, J. (1988). *Statistical power analysis for the behavioral sciences* (2nd ed.). Hillsdale, NJ: Erlbaum.

Comstock, G. (1991a). *Television and the American child*. San Diego: Academic Press.

Comstock, G. (1991b). *Television in America* (2nd ed.). Newbury Park, CA: Sage.

Comstock, G. (2004). Paths from television violence to aggression: Reinterpreting the evidence. In L. J. Shrum (Ed.), *Blurring the lines: The psychology of entertainment media* (pp. 193 - 211). Mahwah, NJ: Erlbaum.

Comstock, G., Chaffee, S., Katzman, N., McCombs, M., & Roberts, D. (1978). *Television and human behavior*. New York: Columbia University Press.

Comstock, G., & Scharrer, E. (1999). *Television: What's on, who's watching, and what it means*. San Diego: Academic Press.

Comstock, G., & Scharrer, E. (2001). The use of television and other film-related media. In D. G. Singer & J. L. Singer (Eds.), *Handbook of children and the media* (pp. 47 - 72). Thousand Oaks, CA: Sage.

Comstock, G., & Scharrer, E. (2003). Meta-analyzing the controversy over television violence and aggression. In D. A. Gentile (Ed.), *Media violence and children* (pp. 205 - 226). Westport, CT: Praeger.

Comstock, G. A., Rubinstein, E. A., & Murray, J. P. (Eds.). (1972a). *Television and adolescent aggressiveness* (Vol. 3). Washington, DC: U.S. Government Printing Office.

Comstock, G. A., Rubinstein, E. A, & Murray, J. P. (Eds.). (1972b). *Television and social behavior: Vol. 1. Media content and control*. Washington, DC: U.S. Government Printing Office.

Comstock, G. A., Rubinstein, E. A., & Murray, J. P. (Eds.). (1972c). *Television and social learning* (Vol. 2). Washington, DC: U.S. Government Printing Office.

Comstock, G. A., Rubinstein, E. A., & Murray, J. P. (Eds.). (1972d). *Television in day-to-day life: Vol. 4. Patterns of use*. Washington, DC: U.S. Government Printing Office.

Comstock, G. A., Rubinstein, E. A., & Murray, J. P. (Eds.). (1972e). *Television's effects: Vol. 5. Further explorations*. Washington, DC: U.S. Government Printing Office.

Condry, J. (1989). *The psychology of television*. Hillsdale, NJ: Erlbaum.

Cook, T. D., Appleton, H., Conner, R. F., Shaffer, A., Tamkin, G., & Weber, S. J. (1975). *"Sesame Street" revisited*. New York: Russell Sage.

Cook, T. D., & Campbell, D. T. (1979). *Quasi-experimentation: Design and analysis issues for field settings*. Chicago: Houghton Mifflin.

Cook, T. D., Kendzierski, D. A., & Thomas, S. A. (1983). The implicit assumptions of television research: An analysis of the 1982 NIMH report on television and behavior. *Public Opinion Quarterly*, *47* (2), 161 - 201.

Cooper, C. A. (1996). *Violence on television: Congressional inquiry, public criticism, and industry response*. Lanham, MD: University Press of America.

Cooper, H. (1989). *Homework*. New York: Longman.

Cope, K. M. (1998). *Sexually-related talk and behavior in the shows most frequently viewed by adolescents*. Unpublished master's thesis, University of California, Santa Barbara.

Crespo, C., Smit, E., Troiano, R., Bartlett, S., Macera, C., & Anderson, R. (2001). Television watching, energy intake, and obesity in U.S. children. *Archives of Pediatrics and Adolescent Medicine*, *155*, 360 - 365.

DeBell, M., & Chapman, C. (2003). *Computer and Internet use by children and adolescents in 2001* (National Center for Education Statistics). Washington, DC: U.S. Department of Education.

DeFleur, M. L., & DeFleur, L. B. (1967). The relative contribution of television as a learning source for children's occupational knowledge. *American Sociological Review*, *32*, 777 - 789.

Dietz, T. (1998). An examination of violence and gender role depictions in video games: Implications for gender socialization and aggressive behavior. *Sex Roles*, *38*, 425 - 441.

Dietz, W., & Gortmaker, S. (1985). Do we fatten our children at the TV set? Obesity and television viewing in children and adolescents. *Pediatrics*, *75*, 807 - 812.

Donnerstein, E., Linz, D., & Penrod, S. (1987). *The question of pornography: Research findings and policy implications*. New York: Free Press.

Drabman, R. S., & Thomas, M. H. (1974). Does media violence increase children's tolerance of real-life aggression? *Developmental Psychology*, *10*(3), 418 - 421.

Eastin, M. S. (2001). The onset of the age-based and content-based ratings system: History, pressure groups, Congress, and the FCC. In B. S. Greenberg (Ed.), *The alphabet soup of television program ratings* (pp. 1 - 18). Cresskill, NJ: Hampton Press.

Eron, L. D., & Huesmann, L. R. (1987). Television as a source of maltreatment of children. *School Psychology Review*, *16*(2), 195 - 202.

Eron, L. D., Huesmann, L. R., Brice, P., & Mermelstein, R. (1983). Age trends in the development of aggression, sex typing, and related television habits. *Developmental Psychology*, *19*(1), 71 - 77.

Federal Trade Commission. (1978). *FTC staff report on television advertising to children*. Washington, DC: Author.

Federal Trade Commission. (1981). *In the matter of children's advertising: FTC final staff report and recommendation*. Washington, DC: Author.

Fein, G. G. (1981). Pretend play in childhood: An integrative review. *Child Development*, *52*, 1095 - 1118.

Feshbach, S., & Singer, R. D. (1971). *Television and aggression: An experimental field study*. San Francisco: Jossey-Bass.

Fetler, M. (1984). Television viewing and school achievement. *Journal of Communication*, *34*(2), 104 - 118.

Fiore, M. C., Smith, S. S., Jorenby, D. E., & Baker, T. B. (1994). The effectiveness of the nicotine patch for smoking cessation. *Journal of the American Medical Association*, *271*, 1940 - 1947.

Fisch, S. M., & Truglio, R. T. (2001). *"G" is for growing: Thirty years of research on children and Sesame Street*. Mahwah, NJ: Erlbaum.

Foehr, U. G., Rideout, V., & Miller, C. (2001). Parents and the TV ratings system: A national study. In B. S. Greenberg (Ed.), *The alphabet soup of television program ratings* (pp. 195 - 216). Cresskill, NJ: Hampton Press.

Fraczek, A. (1986). Socio-cultural environment, television viewing, and the development of aggression among children in Poland. In L. R. Huesmann & L. D. Eron (Eds.), *Television and the aggressive child: A cross-national comparison* (pp. 119 - 159). Hillsdale, NJ: Erlbaum.

French, J., & Penna, S. (1991). Children's hero play of the twentieth century: Changes resulting from television's influence. *Child Study Journal*, *21*(2), 79 - 94.

Friedrich-Cofer, L. K., Huston-Stein, A., McBride Kipnis, D., Susman, E. J., & Clewett, A. S. (1979). Environmental enhancement of prosocial television content: Effects on interpersonal behavior, imaginative play, and self-regulation in a natural setting. *Developmental Psychology*, *15* (4), 637 - 646.

Gadberry, S. (1980). Effects of restricting first graders' TV viewing on leisure time use, IQ change, and cognitive style. *Journal of Applied Developmental Psychology*, *1*(1), 161 - 176.

Gaddy, G. D. (1986). Television's impact on high school achievement. *Public Opinion Quarterly*, *50*(3), 340 - 359.

Galst, J. P. (1980). Television food commercials and pronutritional public service announcements as determinants of young children's snack choices. *Child Development*, *51*, 935 - 938.

Galst, J. P., & White, M. A. (1976). The unhealthy persuader: The reinforcing value of television and children's purchase attempts at the supermarket. *Child Development*, *47*(4), 1089 - 1096.

Geen, R. G., & Stonner, D. (1972). Context effects in observed violence. *Journal of Personality and Social Psychology*, *25*(2), 145 - 150.

Gentile, D. A., & Anderson, C. A, (2003). Violent video games: The newest media violence hazard. In D. A. Gentile (Ed.), *Media violence and children: A complete guide for parents and professionals* (pp. 131 - 152).

Westport, CT: Praeger.

Gentile, D. A., Humphrey, J., & Walsh, D. A. (2004). *Media ratings for movies, music, video games, and television: A review of the research and recommendations for improvements*. Manuscript under review.

Gentile, D. A., Lynch, P. J., Linder, J. R., & Walsh, D. A. (2004). The effects of violent video game habits on adolescent hostility, aggressive behaviors, and school performance. *Journal of Adolescence*, *27*, 5 - 22.

Gentner, D. (1975). Evidence for the psychological reality of semantic components: The verbs of possession. In D. Norman & D. Rumelhart (Eds.), *Explorations in cognition* (pp. 211 - 246). San Francisco: Freeman.

Gerbner, G., Gross, L., Morgan, M., & Signorielli, N. (1980). The "main-streaming" of America. *Journal of Communication*, *30*(3), 10 - 29.

Gerbner, G., Gross, L., Morgan, M., Signorielli, N., & Shanahan, J. (2002). Growing up with television: Cultivation process. In J. Bryant & D. Zillmann (Eds.), *Media effects: Advances in theory and research* (2nd ed., pp. 43 - 67). Mahwah, NJ: Erlbaum.

Goldberg, M. E., Gorn, G. J., & Gibson, W. (1978). TV messages for snacks and breakfast foods: Do they influence children's preferences? *Journal of Consumer Research*, *5*(2), 73 - 81.

Gorn, G. J., & Goldberg, M. E. (1982). Behavioral evidence of the effects of televised food messages on children. *Journal of Consumer Research*, *9*, 200 - 205.

Gortmaker, S., Must, A., Sobol, A., Peterson, K., Colditz, S., & Dietz, W. (1996). Television viewing as a cause of increasing obesity among children in the United States. *Archives of Pediatric and Adolescent Medicine*, *150*, 356 - 362.

Gortmaker, S. L., Salter, C. A., Walker, D. K., & Dietz, W. H. (1990). The impact of television viewing on mental aptitude and achievement: A longitudinal study. *Public Opinion Quarterly*, *54* (4), 594 - 604.

Greenberg, B. S. (2001). Preface. In B. S. Greenberg (Ed.), *The alphabet soup of television program ratings* (pp. ix-xiii). Cresskill, NJ: Hampton Press.

Greenberg, B. S., Eastin, M. S., & Mastro, D. (2001). Comparing the on-air ratings with the published ratings: Who to believe. In B. S. Greenberg (Ed.), *The alphabet soup of television program ratings* (pp. 39 - 50). Cresskill, NJ: Hampton Press.

Greenberg, B. S., & Rampoldi-Hnilo, L. (2001). Young people's responses to the content-based ratings. In B. S. Greenberg (Ed.), *The alphabet soup of television program ratings* (pp. 117 - 138). Cresskill, NJ: Hampton Press.

Greenberg, B. S., Rampoldi-Hnilo, L., & Hofschire, L. (2001). Young people's responses to the age-based ratings. In B. S. Greenberg (Ed.), *The alphabet soup of television program ratings* (pp. 83 - 116). Cresskill, NJ: Hampton Press.

Greenfield, P., & Beagles-Roos, J. (1988). Television versus radio: The cognitive impact on different socio-economic and ethnic groups. *Journal of Communication*, *38*(2), 71 - 92.

Greenfield, P., Farrar, D., & Beagles-Roos, J. (1986). Is the medium the message? An experimental comparison of the effects of radio and television on imagination. *Journal of Applied Developmental Psychology*, *7* (3), 201 - 218.

Greer, D., Potts, R., Wright, J., & Huston, A. (1982). The effects of television commercial form and commercial placement on children's social behavior and attention. *Child Development*, *53*, 611 - 619.

Gruenwald, J. (1997). Critics say TV rating system doesn't tell the whole story. *Congressional Quarterly*, *55*, 424 - 425.

Hamilton, J. T. (1998). *Channeling violence: The economic market for violent television programming*. Princeton, NJ: Princeton University Press.

Hart, L. R. (1972). *Immediate effects of exposure to filmed cartoon aggression on boys*. Unpublished doctoral dissertation, Emory University, Atlanta, GA.

Harwood, J. (1997). Viewing age: Lifespan identity and television viewing choices. *Journal of Broadcasting and Electronic Media*, *41* (2), 203 - 213.

Hawkins, J. D., Herrenkohl, T. L., Farrington, D. P., Brewer, D., Catalano, R. F., & Harachi, T. W. (1998). A review of predictors of youth violence. In R. Loeber & D. P. Farrington (Eds.), *Serious and violent juvenile offenders: Risk factors and successful interventions* (pp. 106 - 146). Thousand Oaks, CA: Sage.

Hawkins, R. P., & Pingree, S. (1980). Some processes in the cultivation effect. *Communication Research*, *7*, 193 - 226.

Hawkins, R. P., & Pingree, S. (1982). Television's influence on social reality. In D. Pearl, L. Bouthilet, & J. Lazar (Eds.), *Television and behavior — Ten years of scientific progress and implications for the 1980s: Vol. 2. Technical reviews* (pp. 224 - 247). Rockville, MD: National Institute of Mental Health.

Hawkins, R. P., & Pingree, S. (1990). Divergent psychological processes in constructing social reality from mass media content. In N. Signorielli & M. Morgan (Eds.), *Cultivation analysis: New directions in media effects research* (pp. 35 - 50). Newbury Park, CA: Sage.

Hawkins, R. P., Pingree, S., & Adler, I. (1987). Searching for cognitive processes in the cultivation effect: Adult and adolescent samples in the United States and Australia. *Human Communication Research*, *13* (4), 553 - 577.

Head, S. W. (1954). Content analysis of television drama programs. *Quarterly Journal of Film, Radio and Television*, *9*(2), 175 - 194.

Hearold, S. (1986). A synthesis of 1,043 effects of television on social behavior. In G. Comstock (Ed.), *Public communication and behavior* (Vol. 1, pp. 65 - 133). New York: Academic Press.

Henderson, R. W., & Rankin, R. J. (1986). Preschoolers' viewing of instructional television. *Journal of Educational Psychology*, *78*(1), 44 - 51.

Heyns, B. (1976). *Television: Exposure and the effects on schooling*. Washington, DC: National Institute of Education.

Hill, D., White, V., Jolley, D., & Mapperson, K. (1988). Self examination of the breast: Is it beneficial? Meta-analysis of studies investigating breast self examination and extent of disease in patients with breast cancer. *British Medical Journal*, *297*, 271 - 275.

Himmelweit, H. T., Oppenheim, A. N., & Vince, P. (1958). *Television and the child*. London: Oxford University Press.

Hofman, R. J., & Flook, M. A. (1980). An experimental investigation of the role of television in facilitating shape recognition. *Journal of Genetic Psychology*, *136*, 305 - 306.

Hogben, M. (1998). Factors moderating the effect of television aggression on viewer behavior. *Communication Research*, *25*, 220 - 247.

Hollenbeck, A., & Slaby, R. (1979). Infant visual and vocal responses to television. *Child Development*, *50*, 41 - 45.

Hu, F. B., Li, T. Y., Colditz, G. A., Willett, W. C., & Manson, J. E. (2003). Television watching and other sedentary behaviors in relation to risk of obesity and Type 2 diabetes mellitus in women. *Journal of the American Medical Association*, *289*(14), 1785 - 1792.

Huesmann, L. R. (1986). Psychological processes promoting the relation between exposure to media violence and aggressive behavior by the viewer. *Journal of Social Issues*, *42*(3), 125 - 140.

Huesmann, L. R. (1998). The role of social information processing and cognitive schemas in the acquisition and maintenance of habitual aggressive behavior. In R. G. Geen & E. Donnerstein (Eds.), *Human aggression: Theories, research, and implications for policy* (pp. 73 - 109). New York: Academic Press.

Huesmann, L. R., & Eron, L. D. (Eds.). (1986). *Television and the aggressive child: A cross-national comparison*. Hillsdale, NJ: Erlbaum.

Huesmann, L. R., Eron, L. D., Lefkowitz, M. M., & Walder, L. O. (1984). The stability of aggression over time and generations. *Developmental Psychology*, *20*(6), 1120 - 1134.

Huesmann, L. R., Moise-Titus, J., Podolski, C. L., & Eron, L. D. (2003). Longitudinal relations between children's exposure to TV violence and their aggressive and violent behavior in young adulthood: 1977 - 1992. *Developmental Psychology*, *39*(2), 201 - 222.

Hughes, M. (1980). The fruits of cultivation analysis: A reexamination of the effects of television watching on fear of victimization, alienation, and the approval of violence. *Public Opinion Quarterly*, *44*(3), 287 - 302.

Hunt, M. (1997). *How science takes stock*. New York: Russell Sage.

Huston, A., Wright, J. C., Rice, M. L., Kerkman, D., Siegle, J., & Bremer, M. (1983, April). *Family environment and television use by preschool children*. Paper presented at the biennial meeting of the Society for Research in Child Development, Detroit, MI.

Huston, A., Wright, J. C., Rice, M. L., Kerkman, D., & St. Peters, M. (1990). Development of television viewing patterns in early childhood: A longitudinal investigation. *Developmental Psychology*, *26*(3), 409 - 420.

Huston-Stein, A., Fox, S., Greer, D., Watkins, B. A., & Whitaker, J. (1981). The effects of action and violence on children's social behavior. *Journal of Genetic Psychology*, *138*, 183 - 191.

Isler, L., Popper, E. T., & Ward, S. (1987). Children's purchase requests and parental responses: Results from a diary study. *Journal of Advertising Research*, *27*(5), 28 - 39.

Jakes, R. W., Day, N., Khaw, K. T., Luben, R., Oakes, S., Welch, A., et al. (2003). Television viewing and low participation in vigorous recreation are independently associated with obesity and markers of cardiovascular disease risk: EPIC-Norfolk population-based study. *European*

Journal of Clinical Nutrition, *57*(9), 1089 - 1097.

John, D. R. (1999). Consumer socialization of children: A retrospective look at 25 years of research. *Journal of Consumer Research*, *26*, 183 - 213.

Johnson, J. G., Cohen, P., Smailes, E. M., Kasen, S., & Brook J. S. (2002). Television viewing and aggressive behavior during adolescence and adulthood. *Science*, *295*, 2468 - 2471.

Kaiser Family Foundation. (1999, May 10). *Parents and the V-chip: A Kaiser Family Foundation survey*. Retrieved 10/25/2005 from http://www.kff.org/entmedia/1477 - index.cfm.

Kang, N. (1990). *A critique and secondary analysis of the NBC study on television and aggression*. Unpublished doctoral dissertation, Syracuse University, Syracuse, NY.

Keith, T. Z., Reimers, T. M., Fehrmann, P. G., Pottebaum, S. M., & Aubey, L. W. (1986). Parental involvement, homework, and TV time: Direct and indirect effects on high school achievement. *Journal of Educational Psychology*, *78*(5), 373 - 380.

Kelly, A. E., & Spear, P. S. (1991). Intraprogram synopses for children's comprehension of television content. *Journal of Experimental Child Psychology*, *52*, 87 - 98.

Kerns, T. Y. (1981). Television: A bisensory bombardment that stifles children's creativity. *Phi Delta Kappan*, *62*, 456 - 457.

Kirsch, S. J. (1998). Seeing the world through *Mortal Kombat*-colored glasses: Violent video games and the development of a short-term hostile attribution bias. *Childhood*, *5*, 177 - 184.

Koolstra, C. M., & van der Voort, T. H. A. (1996). Longitudinal effects of television on children's leisure-time reading: A test of three explanatory models. *Human Communication Research*, *23*(1), 4 - 35.

Kotler, J. A., Wright, J..C., & Huston, A. C. (2001). Television use in families with children. In J. Bryant & J. A. Bryant (Eds.), *Television and the American family* (2nd ed., pp.33 - 48). Mahwah, NJ: Erlbaum.

Kotz, K., & Story, M. (1994). Food advertisements during children's Saturday morning television programming: Are they consistent with dietary recommendations? *Journal of the American Dietary Association*, *94*, 1296 - 1300.

Kubey, R. W., & Csikszentmihalyi, M. (1990). *Television and the quality of life: How viewing shapes everyday experience*. Hillsdale, NJ: Erlbaum.

Kunkel, D. (1998). Policy battles over defining children's educational television. *Annals of the American Academy of Political and Social Science*, *557*, 39 - 54.

Kunkel, D. (2001). Children and television advertising. In D. Singer & J. Singer (Eds.), *Handbook of children and the media* (pp. 375 - 393). Thousand Oaks, CA: Sage.

Kunkel, D., & Canepa, J. (1994). Broadcasters' license renewal claims regarding children's educational programming. *Journal of Broadcasting and Electronic Media*, *38*, 397 - 416.

Kunkel, D., Cope, K. M., & Colvin, C. (1996). *Sexual messages on family hour television: Content and context*. Menlo Park, CA: Kaiser Family Foundation.

Kunkel, D., Cope-Farrar, K. M., Biely, E., Farinola, W. J. M., & Donnerstein, E. (2001, May). *Sex on TV: Comparing content trends from 1997 - 1998 to 1999 - 2000*. Paper presented at the annual meeting of the International Communication Association, Washington, DC.

Kunkel, D., Farinola, W. J. M., Cope, K. M., Donnerstein, E., Biely, E., & Zwarun, L. (1998). *Rating the TV ratings: One year out*. Menlo Park, CA: Kaiser Family Foundation.

Kunkel, D., Farinola, W. J. M., Cope, K. M., Donnerstein, E., Biely, E., Zwarun, L., et al. (2001). Assessing the validity of V-chip rating judgments: The labeling of high-risk programs. In B. S. Greenberg (Ed.), *The alphabet soup of television program ratings* (pp. 51 - 68). Cresskill, NJ: Hampton Press.

Kunkel, D., & Goette, U. (1997). Broadcasters' response to the Children's Television Act. *Communication Law and Policy*, *2*, 289 - 308.

Kunkel, D., & Watkins, B. (1987). Evolution of children's television regulatory policy. *Journal of Broadcasting and Electronic Media*, *31*, 367 - 389.

Kunkel, D., & Wilcox, B. (2001). Children and media policy. In D. G. Singer & J. L. Singer (Eds.), *Handbook of children and the media* (pp. 589 - 604). Thousand Oaks, CA: Sage.

Lenhart, A., Rainie, L., & Lewis, O. (2001, June). *Teenage life online: The rise of the instant message generation and the Internet's impact on friendships and family relationships*. Washington, DC: Pew Foundation.

Lesser, G. S. (1974). *Children and television: Lessons from "Sesame Street."* New York: Random House.

Levin, S. R., Petros, T. V., & Petrella, F. W. (1982). Preschoolers' awareness of television advertising. *Child Development*, *53*(4), 933 - 937.

Linz, D., Donnerstein, E., & Adams, S. M. (1989). Physiological desensitization and judgments about female victims of violence. *Human Communication Research*, *15*(4), 509 - 522.

Lipsey, M. W., & Derzon, J. H. (1998). Predictors of violent and serious delinquency in adolescence and early adulthood: A synthesis of longitudinal research. In R. Loeber & D. P. Farrington (Eds.), *Serious and violent juvenile offenders: Risk factors and successful interventions* (pp. 86 - 105). Thousand Oaks, CA: Sage.

Livingstone, S. (2002). *Young people and new media: Childhood and the changing media environment*. London: Sage.

Livingstone, S., & Bovill, M. (1999). *Young people, new media: Final report of the project "Children, young people and the changing media environment"* (An LSE report). London: London School of Economics and Political Science.

Lowry, R., Wechsler, H., Galuska, D., Fulton, J., & Kann, L. (2002). Television viewing and its association with overweight, sedentary lifestyle, and insufficient consumption of fruits and vegetables among U.S. high school students: Differences in race, ethnicity, and gender. *Journal of School Health*, *72*(10), 413 - 421.

Lyle, J., & Hoffman, H. R. (1972a). Children's use of television and other media. In E. A. Rubinstein, G. A. Comstock, & J. P. Murray (Eds.), *Television and social behavior: Vol. 4. Television in day-to-day life — Patterns of use* (pp. 129 - 256). Washington, DC: U.S. Government Printing Office.

Lyle, J., & Hoffman, H. R. (1972b). Explorations in patterns of television viewing by preschool-age children. In E. A. Rubinstein, G. A. Comstock, & J. P. Murray (Eds.), *Television and social behavior: Vol. 4. Television in day-to-day life — Patterns of use* (pp.257 - 273). Washington, DC: U.S. Government Printing Office.

Maccoby, E. E. (1951). Television: Its impact on school children. *Public Opinion Quarterly*, *15*(3), 421 - 444.

Maccoby, E. E. (1954). Why do children watch television? *Public Opinion Quarterly*, *18*(3), 239 - 244.

Maccoby, E. E., & Wilson, W. C. (1957). Identification and observational learning from films. *Journal of Abnormal and Social Psychology*, *55*, 76 - 87.

Maccoby, E. E., Wilson, W. C., & Burton, R. V. (1958). Differential movie-viewing behavior of male and female viewers. *Journal of Personality*, *26*, 259 - 267.

Macklin, M. C. (1988). The relationship between music in advertising and children's responses: An experimental investigation. In S. Hecker & D. Stewart (Eds.), *Nonverbal communication in advertising* (pp. 225 - 243). Lexington, MA: Lexington Books/D. C. Heath.

McDowell, S. D., & Maitland, C. (1998). The V-chip in Canada and the United States: Themes and variations in design and employment. *Journal of Broadcasting and Electronic Media*, *42*(4), 401 - 422.

McIlwraith, R. D., Jacobvitz, R. S., Kubey, R., & Alexander, A. (1991). Television addiction: Theories and data behind the ubiquitous metaphor. *American Behavioral Scientist*, *35*(2), 104 - 121.

McIlwraith, R. D., & Josephson, W. L. (1985). Movies, books, music, and adult fantasy life. *Journal of Communication*, *35*(2), 167 - 179.

McIlwraith, R. D., & Schallow, J. (1982 - 1983). Television viewing and styles of children's fantasy. *Imagination, Cognition and Personality*, *2*(4), 323 - 331.

Medrich, E. A., Roizen, J., Rubin, V., & Buckley, S. (1982). *The serious business of growing up: A study of children's lives outside of school*. Los Angeles: University of California Press.

Meline, C. W. (1976). Does the medium matter? *Journal of Communication*, *26*(3), 81 - 89.

Meringoff, L. K. (1980). The effects of children's television food advertising. In R. P. Adler, G. S. Lesser, L. K. Meringoff, T. S. Robertson, J. R. Rossiter, & S. Ward (Eds.), *The effects of television advertising on children: Review and recommendations* (pp. 123 - 152). Lexington, MA: Lexington Books.

Milavsky, J. R., Kessler, R., Stipp, H. H., & Rubens, W. S. (1982). *Television and aggression: A panel study*. New York: Academic Press.

Mitchell, K. J., Finkelhor, D., & Wolak, J. (2003). The exposure of youth to unwanted sexual material on the Internet: A national survey of risk, impact, and prevention. *Youth and Society*, *34*(3), 330 - 359.

Montgomery, K. C. (2001). Digital kids: The new on-line children's consumer culture. In D. G. Singer & J. L. Singer (Eds.), *Handbook of children and the media* (pp.635 - 650). Thousand Oaks, CA: Sage.

Morgan, M. (1980). Television viewing and reading: Does more equal better? *Journal of Communication*, *30*(1), 159 - 165.

Morgan, M. (1989). Cultivation analysis. In E. Barnouw (Ed.), *International encyclopedia of communication* (Vol. 3, pp. 430 - 433). New York: Oxford University Press.

Morgan, M., & Gross, L. (1982). Television and educational achievement and aspiration. In D. Pearl, L. Bouthilet, & J. Lazar (Eds.), *Television and behavior: Vol. 2. Ten years of scientific progress and implications for the eighties — Technical reviews* (pp. 78 - 90). Washington, DC: U.S. Government Printing Office.

Murray, J. P., & Kippax, S. (1978). Children's social behavior in three towns with differing television experience. *Journal of Communication*, *28* (4), 19 - 29.

Naigles, L. R., & Mayeux, L. (2001). Television as incidental language teacher. In D. G. Singer & J. L. Singer (Eds.), *Handbook of children and the media* (pp. 135 - 152). Thousand Oaks, CA: Sage.

National Commission on the Causes and Prevention of Violence. (1969). *Final report*. Washington, DC: U.S. Government Printing Office.

National Television Violence Study (Vol. 1). (1997). Thousand Oaks, CA: Sage.

National Television Violence Study (Vol. 2). (1998a). Thousand Oaks, CA: Sage.

National Television Violence Study (Vol. 3). (1998b). Thousand Oaks, CA: Sage.

Needleman, H. L., & Gatsonis, C. A. (1990). Low-level lead exposure and the IQ of children. *Journal of the American Medical Association*, *263*, 673 - 678.

Neuman, S. B. (1988). The displacement effect: Assessing the relation between television viewing and reading performance. *Reading Research Quarterly*, *23*(4), 414 - 440.

Neuman, S. B. (1991). *Literacy in the television age*. Norwood, NJ: Ablex.

Newburger, E. C. (2001, September). *Home computers and Internet use in the United States: August 2000* (P23 - 207). Washington, DC: U.S. Census Bureau.

Noble, G. (1970). Film-mediated aggressive and creative play. *British Journal of Social and Clinical Psychology*, *9*(1), 1 - 7.

Noble, G. (1973). Effects of different forms of filmed aggression on children's constructive and destructive play. *Journal of Personality and Social Psychology*, *26*(1), 54 - 59.

Obel, C., Henriksen, T. B., Dalsgaard, S., Linnet, K. M., Skajaa, E., Thomsen, P. H., et al. (2004). Does children's watching of television cause attention problems? Retesting the hypothesis in a Danish cohort [Letter to the editor]. *Pediatrics*, *114*(5), 1372 - 1375.

Paik, H., & Comstock, G. (1994). The effects of television violence on antisocial behavior: A meta-analysis. *Communication Research*, *21*(4), 516 - 546.

Pearl, D., Bouthilet, L., & Lazar, J. (Eds.). (1982a). *Television and behavior: Vol. 1. Ten years of scientific progress and implications for the eighties — Summary report*. Washington, DC: U.S. Government Printing Office.

Pearl, D., Bouthilet, L., & Lazar, J. (Eds.). (1982b). *Television and behavior: Vol. 2. Ten years of scientific progress and implications for the eighties — Technical reviews*. Washington, DC: U.S. Government Printing Office.

Pecora, N. O. (1998). *The business of children's entertainment*. New York: Guilford Press.

Peterson, C. C., Peterson, J. L., & Carroll, J. (1987). Television viewing and imaginative problem solving during preadolescence. *Journal of Genetic Psychology*, *147*(1), 61 - 67.

Pingree, S., & Hawkins, R. P. (1981). United States programs on Australian television: The cultivation effect. *Journal of Communication*, *31* (1), 24 - 35.

Pool, M. M., van der Voort, T. H. A., Beentjes, J. W. J., & Koolstra, C. M. (2000). Background television as an inhibitor of performance on easy and difficult homework assignments. *Communication Research*, *27*(3), 293 - 326.

Potts, R., & Sanchez, D. (1994). Television viewing and depression: No news is good news. *Journal of Broadcasting and Electronic Media*, *38*(1), 79 - 90.

Potts, W. J., Huston, A. C., & Wright, J. C. (1986). The effects of television form and violent content on boys' attention and social behavior. *Journal of Experimental Child Psychology*, *41*(1), 1 - 17.

Price, M. E. (Ed.). (1998). *The V-chip debate: Content filtering from television to the Internet*. Mahwah, NJ: Erlbaum.

Proctor, M., Moore, L., Gao, D., Cupples, L., Bradlee, M., Hood, M., et al. (2003). Television viewing and change in body fat from preschool to early adolescence: Framingham Children's Study. *International Journal of Obesity*, *27*, 827 - 833.

Rice, M. L., Huston, A. C., Truglio, R., & Wright, J. C. (1990). Words from "Sesame Street": Learning vocabulary while viewing. *Developmental Psychology*, *26*(3), 421 - 428.

Rideout, V. J., Vandewater, E. A., & Wartella, E. A. (2003, October 28). *Zero to six: Electronic media in the lives of infants, toddlers and preschoolers* (A Kaiser Family Foundation Report). Menlo Park, CA: The Henry J. Kaiser Family Foundation. Retrieved October 30, 2003, from http://www.kff, org/entmedia/3378.cfm.

Roberts, D. F., & Foehr, U. G. (2004). *Kids and media in America*. New York: Cambridge University Press.

Robinson, J. P., & Godbey, G. (1997). *Time for life: The surprising ways Americans use their time*. University Park: Pennsylvania State University Press.

Roper Starch Worldwide Inc. (1999). *America Online/Roper Starch Youth Cyberstudy 1999*. New York: Author.

Rosengren, K. E., & Windahl, S. (1989). *Media matter: TV use in childhood and adolescence*. Norwood, NJ: Ablex.

Rosenthal, R. (1986). Media violence, antisocial behavior, and the social consequences of small effects. *Journal of Social Issues*, *42* (3), 141 - 154.

Rosenthal, R., Rosnow, R. L., & Rubin, D. B. (2000). *Contrasts and effect sizes in behavioral research: A correlational approach*. New York: Cambridge University Press.

Ross, R. P., Campbell, T., Wright, J. C., Huston, A. C., Rice, M. L., & Turk, P. (1984). When celebrities talk, children listen: An experimental analysis of children's responses to TV ads with celebrity endorsement. *Journal of Applied Developmental Psychology*, *5*(4), 185 - 202.

Rossiter, J. R., & Robertson, T. S. (1974). Children's TV commercials: Testing the defenses. *Journal of Communication*, *24* (4), 137 - 144.

Rovet, J. (1983). The education of spatial transformations. In D. R. Olson & E. Bialystok (Eds.), *Spatial cognition: The structures and development of mental representations of spatial relations* (pp. 164 - 181). Hillsdale, NJ: Erlbaum.

Rubin, A. M. (1983). Television uses and gratifications: The interaction of viewing patterns and motivations. *Journal of Broadcasting*, *27* (1), 37 - 51.

Rubin, A. M. (1984). Ritualized and instrumental television viewing. *Journal of Communication*, *34*(3), 67 - 77.

Rubin, R. S. (1972). *An exploratory investigation of children's responses to commercial content of television advertising in relation to their stages of cognitive development*. Unpublished doctoral dissertation, University of Massachusetts, Amherst.

Runco, M., & Pezdek, K. (1984). The effect of television and radio on children's creativity. *Human Communication Research*, *11*(1), 109 - 120.

Salomon, G. (1979). *Interaction of media, cognition and learning*. San Francisco: Jossey-Bass.

Schallow, J. R., & McIlwraith, R. D. (1986 - 1987). Is television viewing really bad for your imagination? Content and process of TV viewing and imaginal styles. *Imagination, Cognition and Personality*, *6*(1), 25 - 42.

Scharrer, E. (2004). Virtual violence: Gender and aggression in video game advertisements. *Mass Communication and Society*, *7*(4), 393 - 412.

Scharrer, E., & Comstock, G. (2003). Entertainment televisual media: Content patterns and themes. In E. Palmer & B. Young (Eds.), *Faces of televisual media* (pp. 161 - 194). Mahwah, NJ: Erlbaum.

Scharrer, E., Weidman, L. M., & Bissell, K. L. (2003). Pointing the finger of blame: News media coverage of popular-culture culpability. *Journalism and Communication Monographs*, *5*(2), 49 - 98.

Schramm, W., Lyle, J., & Parker, E. B. (1961). *Television in the lives of our children*. Stanford, CA: Stanford University Press.

Sheehan, P. W. (1987). Coping with exposure to aggression: The path from research to practice. *Australian Psychologist*, *22*(3), 291 - 311.

Sherry, J. L. (2001). The effects of violent video games on aggression: A meta-analysis. *Human Communication Research*, *27*(3), 409 - 431.

Shimp, T., Dyer, R., & Divita, S. (1976). An experimental test of the harmful effects of premium-oriented commercials on children. *Journal of Consumer Research*, *3*, 1 - 11.

Silvern, S. B., & Williamson, P. A. (1987). The effects of video game play on young children's aggression, fantasy, and prosocial behavior. *Journal of Applied Developmental Psychology*, *8*(4), 453 - 462.

Singer, D. G., & Singer, J. L. (1990). *The house of make-believe*. Cambridge, MA: Harvard University Press.

Singer, D. G., & Singer, J. L. (Eds.). (2001). *Handbook of children and the media*. Thousand Oaks, CA: Sage.

Singer, J. L., & Singer, D. G. (1976). Can TV stimulate imaginative play? *Journal of Communication*, *26*, 74 - 80.

Singer, J. L., & Singer, D. G. (1981). *Television, imagination, and aggression: A study of preschoolers*. Hillsdale, NJ: Erlbaum.

Singer, J. L., Singer, D. G., & Rapaczynski, W. S. (1984). Family patterns and television viewing as predictors of children's beliefs and aggression. *Journal of Communication*, *34*(2), 73 - 89.

Slater, M. D., Henry, K. L., Swaim, R., & Anderson, L. (2003). Violent media content and aggression: A downward-spiral model. *Communication Research*, *30*(6), 713 - 736.

Smith, A. H., Handley, M. A., & Wood, R. (1990). Epidemiological evidence indicates asbestos causes laryngeal cancer. *Journal of Occupational Medicine*, *32*, 449 - 507.

Smith, S., Wilson, B., Kunkel, D., Linz, D., Potter, W. J., Colvin, C., et al. (1998). *National Television Violence Study: Vol. 3. Violence in television programming overall*. Thousand Oaks, CA: Sage.

Smith, S. L., Lachlan, K., & Tamborini, R. (2003). Popular video games: Quantifying the presentation of violence and its context. *Journal of Broadcasting and Electronic Media*, *47*(1), 58 - 76.

Smythe, D. W. (1954). Reality as presented by television. *Public Opinion Quarterly*, *18*(2), 143 - 156.

Sprafkin, J. N., & Liebert, R. M. (1978). Sex-typing and children's preferences. In G. Tuchman, A. K. Daniels, & J. Benet (Eds.), *Hearth and home: Images of women in the mass media* (pp. 288 - 339). New York: Oxford University Press.

Stern, S. L. (1973). *Television and creativity: The effect of viewing certain categories of commercial television broadcasting on the divergent thinking abilities of intellectually gifted elementary students*. Unpublished doctoral dissertation, University of Southern California, Los Angeles.

Stoneman, Z., & Brody, G. H. (1981). Peers as mediators of television food advertisements aimed at children. *Developmental Psychology*, *17*(6), 853 - 858.

Story, M., & French, S. (2004). Food advertising and marketing directed at children and adolescents in the U. S. *International Journal of Behavioral Nutrition and Physical Activity*, *1*, 3. Retrieved January 13, 2005, from http://www.ijbnpa.org/content/1/1/3.

Surgeon General's Scientific Advisory Committee on Television and Social Behavior. (1972). *Television and growing up: The impact of televised violence* (Report to the surgeon general, U. S. Public Health Service). Washington, DC: U. S. Government Printing Office.

Tan, A., Fujioka, Y., Bautista, D., Maldonado, R., Tan, G., & Wright, L. (2000). Influence of television use and parental communication on educational aspirations of Hispanic children. *Howard Journal of Communications*, *11*, 107 - 125.

Tangney, J. P., & Feshbach, S. (1988). Children's television viewing frequency: Individual differences and demographic correlates. *Personality and Social Psychology Bulletin*, *14*, 145 - 158.

Taras, H. L., & Gage, M. (1995). Advertised foods on children's television. *Archives of Pediatric Adolescent Medicine*, *149*, 649 - 652.

Tarpley, T. (2001). Children, the Internet, and other new technologies. In D. G. Singer & J. L. Singer (Eds.), *Handbook of children and the media* (pp. 547 - 556). Thousand Oaks, CA: Sage.

Thomas, M. H., Horton, R. W., Lippencott, E. C., & Drabman, R. S. (1977). Desensitization to portrayals of real-life aggression as a function of exposure to television violence. *Journal of Personality and Social Psychology*, *35*, 450 - 458.

Thompson, K. M., & Haninger, K. (2001). Violence in E-rated video games. *Journal of the American Medical Association*, *286*(5), 591 - 598.

Thornton, W., & Voigt, L. (1984). Television and delinquency. *Youth and Society*, *15*(4), 445 - 468.

Tower, R., Singer, D., Singer, J., & Biggs, A. (1979). Differential effects of television programming on preschoolers' cognition, imagination and social play. *American Journal of Orthopsychiatry*, *49*(2), 265 - 281.

Tyler, T. R. (1980). The impact of directly and indirectly experienced events: The origin of crime-related judgments and behaviors. *Journal of Personality and Social Psychology*, *39*(1), 13 - 28.

Tyler, T. R. (1984). Assessing the risk of crime victimization: The integration of personal victimization experience and socially-transmitted information. *Journal of Social Issues*, *40*(1), 27 - 38.

U. S. Department of Health and Human Services. (2001). *Youth violence: A report of the surgeon general*. Rockville, MD: U. S. Department of Health and Human Services; Centers for Disease Control and Prevention, National Center for Injury Prevention and Control; Substance Abuse and Mental Health Services Administration, Center for Mental Health Services; and National Institutes of Health, National Institute of Mental Health.

Valkenburg, P. M. (2001). Television and the child's developing imagination. In D. G. Singer, & J. L. Singer (Eds.), *Handbook of children and the media* (pp. 121 - 134). Thousand Oaks, CA: Sage.

Valkenburg, P. M., & Beentjies, J. W. J. (1997). Children's creative imagination in response to radio and television stories. *Journal of Communication*, *47*(2), 21 - 38.

Valkenburg, P. M., & van der Voort, T. H. A. (1994). Influence of TV on daydreaming and creative imagination: A review of research. *Psychological Bulletin*, *116*(2), 316 - 339.

Valkenburg, P. M., & van der Voort, T. H. A. (1995). The influence of television on children's daydreaming styles: A one-year panel study. *Communication Research*, *22*(3), 267 - 287.

Valkenburg, P. M., Voojis, M. W., van der Voort, T. H. A., & Wiegman, O. (1992). The influence of television on children's fantasy styles: A secondary analysis. *Imagination, Cognition and Personality*, *12*, 55 - 67.

Valkenburg, P. M., & Vroone, M. (2004). Developmental changes in infants' and toddlers' attention to television entertainment. *Communication Research*, *31*(1), 288 - 311.

Van Evra, J. (2004). *Television and child development* (3rd ed.). Mahwah, NJ: Erlbaum.

Vibbert, M. M., & Meringoff, L. K. (1981). *Children's production and application of story imagery: A cross-medium investigation*. Cambridge, MA: Harvard University Press.

Viemero, V., & Paajanen, S. (1992). The role of fantasies and dreams in the TV viewing: Aggression relationship. *Aggressive Behavior*, *18*(2), 109 - 116.

Ward, S., & Wackman, D. B. (1972). Children's purchase influence attempts and parental yielding. *Journal of Marketing Research*, *9*, 316 - 319.

Ward Gailey, C. (1993). Mediated messages: Gender, class, and cosmos in in-home video games. *Journal of Popular Culture*, *27*(1), 81 - 97.

Wartella, E., & Ettema, J. (1974). A cognitive developmental study of children's attention to television commercials. *Communication Research*, *1*, 69 - 88.

Wartella, E., & Hunter, L. (1983). Children and the formats of television advertising. In M. Meyer (Ed.), *Children and the formal features of television* (pp. 144 - 165). Munich, Germany: K. G. Saur.

Watkins, B. (1988). Children's representations of television and reallife stories. *Communication Research*, *15*(2), 159 - 184.

Weller, S. C. (1993). A meta-analysis of condom effectiveness in reducing sexually transmitted HIV. *Social Science and Medicine*, *36*, 1635 - 1644.

Wells, A. J. (1998). Lung cancer from passive smoking at work. *American Journal of Public Health*, *88*, 1025 - 1029.

Wells, W. D., & LoScuito, L. A. (1966). Direct observation of purchasing behavior. *Journal of Marketing Research*, *3*, 227 - 233.

Welten, D. C., Kemper, H. C. G., Post, G. B., & van Staveren, W. A. (1995). A meta-analysis of the effect of calcium intake on bone mass in young and middle aged females and males. *Journal of Nutrition*, *125*, 2802 - 2813.

Wertham, F. (1954). *Seduction of the innocent*. New York: Rinehart.

Wigley, K., & Clarke, B, (2000). *Kids. net Wave 4*. London: National Opinion Poll Family.

Williams, T. M. (Ed.). (1986). *The impact of television: A natural experiment in three communities*. New York: Praeger.

Wilson, B., Kunkel, D., Linz, D., Potter, W. J., Donnerstein, E., Smith, S., et al. (1997). Violence in television programming overall. In Center for Communication and Social Policy, University of California, Santa Barbara (Ed.), *National Television Violence Study* (Vol. 1, pp. 3 - 268). Thousand Oaks, CA: Sage.

Wilson, B., Kunkel, D., Linz, D., Potter, W. J., Donnerstein, E., Smith, S., et al. (1998). Violence in television programming overall. In Center for Communication and Social Policy, University of California, Santa Barbara (Ed.), *National Television Violence Study* (Vol. 2, pp. 3 - 204). Thousand Oaks, CA: Sage.

Wolf, M. A. (1987). How children negotiate television. In T. R. Lindlof (Ed.), *Natural audiences: Qualitative research of media uses and effects* (pp. 58 - 94). Norwood, NJ: Ablex.

Wood, W., Wong, F., & Chachere, J. (1991). Effects of media violence on viewers' aggression in unconstrained social interaction. *Psychological Bulletin*, *109*(3), 371 - 383.

Wright, J. D., & Huston, A. C. (1995). *Effects of educational TV viewing of lower income preschoolers on academic skills, school readiness, and school adjustment 1 to 3 years later* [Technical report]. Lawrence: University of Kansas.

Wynder, E. L., & Graham, E. A. (1950). Tobacco smoking as a possible etiological factor in bronchiogenic carcinoma. *Journal of the American Medical Association*, *143*, 329 - 336.

Zill, N., Davies, E., & Daly, M. (1994). *Viewing of Sesame Street by preschool children in the United States and its relationship to school readiness* (Report prepared for Children's Television Workshop). Rockville, MD: Westat, Inc.

Zuckerman, D. M., Singer, D. G., & Singer, J. L. (1980). Television viewing, children's reading, and related classroom behavior. *Journal of Communication*, *30*(1), 166 - 174.

Zuckerman, P., & Gianinno, L. (1981). Measuring children's responses to television advertising. In J. Esserman (Ed.), *Television advertising and children: Issues, research and findings* (pp. 83 - 93). New York: Child Research Service.

第 21 章

儿童的健康与教育

CRAIG T. RAMEY、SHARON LANDESMAN RAMEY 和 ROBIN G. LANZI

系统的支持可以促进儿童的健康和教育，这些支持包括传统的及创新的卫生保健、健康促进、疾病预防措施，还包括在提高儿童学习和促进其发展时遵循科学的原则。相反，儿童的发展可以被一些因素阻碍，如疾病和伤害、不健康的生活方式、多种危险因素的存在，以及无法获得有效经验来促进认知、社会情绪、身体健康发展。

在过去的半个世纪，出现了一个新的领域，即预防性发展科学(prevention developmental science；如 Bryant, Windle, & West, 1997; Coie et al., 1993)，它系统地整合了公共健康、心理学、药物学、社会学、教育学等主要领域的理论和方法，并以此来促进那些在健康和教育方面存在各种问题的儿童的发展。发展性神经系统科学获得了可喜的整体提高，并和预防科学联合起来，共同推动此领域(关于将儿童健康和教育相互结合起来)研究的设计及执行

(e.g., C. T. Ramey & Ramey, 2004a; Teti, 2004)。实际上,儿童健康的差距性和接受教育的不平衡现象可能是健康和教育之间相互影响的结果(如 Livingston, 2004)。

David Satcher,即美国16世纪外科医生,也就相当于当今国家卫生保健中心主任,他使用健康差异透视(health disparities lens)的方法,来关注个体为其福利付出的巨大代价,这些个体往往来自历史上处于社会边缘和少数民族群体,特别是有色儿童和发展不良儿童。Satcher(2004,p. xxxi)作了如下总结:

865

> 虽然在降低发病率和死亡率上取得了很大进步,正如提高了易感人群和高危人群(如非裔美国人)的预期寿限,但是种族分化还是继续变大了。事实上,有时情况变得更坏了!因为我们只在微观或个体水平上处理了人类行为的天生复杂性,可人类的行为与宏观或社会水平的因素和条件有着内在的联系,所以,许多年来缺乏足够改善的原因是非常复杂的……然而有足够的理由认为,不断增长的不利于目标群体健康发展的易感染性方面,各种环境因素和条件在其中起到了中介作用。所有这些因素和条件影响了个体对下列方面的选择:健康生活方式的选择;服务的有效性、可到达性、可接受性;消极地影响他们的生理功能,最终导致出现健康差距。如果要把复杂情境简单化的话,在宏观水平上最需要卫生保健改革,以此指导国家的政策和研究议程。

我们同意这样的卫生保健改革是必要的,同时深入讨论教育改革的需要也是同样必要的。Satcher(2004)关于易感染性的研究结果很好地应用在了教育和健康发展的不平衡方面。

30多年来,我们和其他许多从事发展性研究的科学家构建了主要的概念框架,这些概念框架以生物学系统理论(e.g., Bertalanffy, 1975; Miller, 1978)、社会生态学和格式塔理论(e.g., Binder, 1972; Bronfenbrenner, 1977, 1979; Lewin, 1936, 1951; Stokols, 1992, 1996)为基础,同时还进一步描绘了塑造个体发展过程的社会相互作用(参见 Lewis, 1984; C. T. Ramey & Ramey, 1998a; Sameroff, 1983)。这些概念框架包括一些基本的假设,即关于个体与环境、生理基础与行为的内在联系,随时间推移而变化的动态特征。同样地,发展性科学已经认识到,把儿童发展分解成单独的功能组(诸如知觉、运动、认知、社会、情绪、身体发展)是非常武断的。今天,有令人信服的证据表明,发展的多个领域(结果)之间有着很强的相互依赖性;也就是说,一个儿童的发展描述成下列样子会更加合理,即儿童的发展会受到其内部或外部诸多影响因素的相互纠缠、相互交叠、共同决定。

历史上,无论是在学术还是在临床及儿童教育实践上都存在学科之间的孤立(例如,教育、儿科、精神病学、社会工作、心理学、康复、营养学、体育),这导致了缺乏公共的术语,很难寻找出合适的词来描述这个更加综合的跨学科和生物社会学的观点。许多从事发展研究和生物学研究的科学家已经证明,单纯的自然—培养的发展模式是不充分的(e.g., Borkowski, Ramey, & Bristol-Powers, 2002; Moser, Ramey, & Leonard, 1990; Shonkoff & Phillips, 2000);同等地,许多人也强调了试图测量环境对个体的独立影响做法的缺陷性,反之亦然(e. g. , Landesman-Dwyer & Butterfield, 1983; Lewis, 1984; S. L. Ramey, 2002)。我们也正在斗争,试图克服传统思维方式的优势地位。这反映在下面做法中: 我们仍然强调健康包括心理健康,认知包括社会和情绪认知,社会能力并不仅仅是指行为的交互作用,还包括社会领域的心理表现和问题解决能力。不容置疑,大脑和行为相互依赖,或许从根本上说是不可分的;但是当前的测量策略和分析方法限制了我们对儿童经验在其生理和社会心理行为发展中的地位,以及健康如何作用于教育的认识,反之亦然。

在本章中,将阐述我们正在进行的主要概念框架,即实用生物社会情境发展(applied biosocial contextual development, ABCD)。在此概念框架中,把健康和教育看作主要结果,其受到个体、家庭、环境的背景和过程的影响。然后,我们举出一个例子,即跨学科的、纵向随机试验,此试验利用这个概念框架,来操作研究的概念、设计、测量和分析策略。我们有选择地介绍了这些研究的健康和教育方面的结果。接着,我们会提出五个有效的早期儿童教育干预的原则,这些原则受到大量早期儿童健康和教育干预的随机控制试验的支持。我们推断,创造性地应用理论、技术、实践方面的进展,以此改善儿童的福利,减少健康差距,保证所有儿童接受充足的教育,这具有巨大的潜力(S. L. Ramey & Ramey, 2000)。我们还略述了社区合作与参与式研究的主要特征,并推荐大学、科学组织、拥护组织、慈善机构、政府机构、专业实践寻求新的联合,这种联合超越了历史和政治的界限。对于传递教育和健康支持以及严格的科学调查来说,这些历史和政治的界限导致了不适当的、复杂的、低效率的、经常还无效的体系。 866

健康与教育的关系

成人高水平的教育成就与其良好的健康状况密切联系,儿童健康状况不良阻碍了其充分参与正规教育(参见 Waldfogel & Danziger, 2001)。不可否认,个体的教育成就和健康状况都与其社会经济地位、居住条件、是否存在残疾紧密相连。研究者还没有深入探究(特别是通过预测性的、纵向的科学调查方法研究不同种族、不同经济状况的人群)健康与教育相互的、动态的影响儿童生命进程的方式,以及教育和健康因素如何反过来影响下一代的。

基本概念: 健康、教育及发展

为了促进儿童健康与教育领域的术语的统一,我们对基本术语进行了详细定义。引用世界卫生组织(World Health Organization, 2005)的"健康"定义,即健康是"生理、心理、社会适应三个方面全部良好的一种状况,而不仅仅是指没有生病或者体质健壮"。世界卫生组织的定义曾被认为是一场革命,因为它强调健康是多方面的,认可了心理健康和社会适应的必要性,提出健康从根本来说与完整、最佳的个体机能是同义的。

令人遗憾的是,"教育"这个词往往被限定于十分狭窄的方面,仅仅是指正规系统对儿童学业的指导,经常把教育简化成各种测量如"教育年限"、"最高学位"等。我们则提倡用更广的范围来定义教育，试图反映个体的实际成就和对知识、技能的应用。《兰登书屋英语词典》(第二版)中，Webster对教育的完整定义(1987, p. 621)为：传授、学习一般知识的活动过程，发展推理和判断能力，为个体成年的生活进行智力方面的准备。如此定义的教育，包含了许多正规学校教育之外的生活经历和指导。不可否认，儿童的主要任务之一是学好学校课程，参加正规系统的教育。然而教育家和家长们愈来愈认识到学习社会和生活技能也是至关重要的。在本章中，我们使用教育这个术语来描绘儿童自身获得的智力能力，包括实践的、创造性的、逻辑推理思维。如此，教育如同健康一样，就是一个可测量的、多面的儿童发展的结果。

我们使用"发展"一词来代表个体生理、心理、社会适应的过程，这个过程导致个体发展水平的变化，这种变化是可测量的，反映了个体机能的日益变化和不同层级的整合。日常生活中的发展经常用来描述诸如能力增长、更加成熟、更加精确的和适应的技能，这些反过来帮助儿童学会应付大量的意想不到的突发事件和生活挑战。发展以改变个体内部机能和外部行为的方式进行。内部机能包括感觉和运动知觉、情感、思维、记忆、元认知策略(帮助儿童监控自身的计划、推理和行为)；外部行为包括日常生活以及正规的技能、知识、问题解决评价或考试中的基本活动和复杂行为。发展可以包含不断增加的、稳定的变化，就像在不同时间和不同生活阶段出现的不同新行为一样。总而言之，发展是有目的的，它促进个体不断提高适应能力以及思维、行为(包括社会事务)的有效性，反过来又促进个体提高理解世界的能力，帮助个体成功地利用伦理原则和建设性的方式构建个体的社会和未来。

867

总之，这些术语表现了儿童发展的重要目标，即儿童以促进其健康和教育的方式发展，儿童的健康和教育直接促成了其发展，是其发展的一个组成部分。

实用生物社会情境发展(ABCD)：概念框架及对促进儿童健康和教育的干预措施的检验

图 21.1 表明了实用生物社会情境发展的概念框架(C. T. Ramey, MacPhee, & Yeates, 1982; C. T. Ramey & Ramey, 1998a; S. L. Ramey & Ramey, 1992)。ABCD认为健康和教育均是显式结果，通过代表不同水平和来源的路径影响儿童的发展。ABCD提出儿童总是处于其多元自然情境和环境中，因此，它非常适合设计、执行、评价帮助儿童改进健康和教育结果的早期干预和预防计划的成效。

图 21.1 左边一栏，儿童这一项处于家庭的中心，因为幼儿依赖于他人的照顾，不管是不是与儿童住在一起，家意味着对儿童的照料，并且这个角色和法定关系会随时间的推移而改变。家庭确认了对儿童承担伦理、实践、法律责任的人。另外，儿童和家庭被八个因素包围，以此表明机能的主要领域和影响因素，并假设儿童和家庭在每一领域的地位是相互联系的。儿童和家庭构成了 ABCD 的中心部分，例如通过研究儿童和其家庭生活中发生了什么，则儿童发展的某一方面(如健康状况或阅读成绩)很可能得到提高。虽然这对于提高儿童发展结果的研究和干预是非常麻烦的，但是意识不到这些往往会变成一系列实现预期结果的障碍。

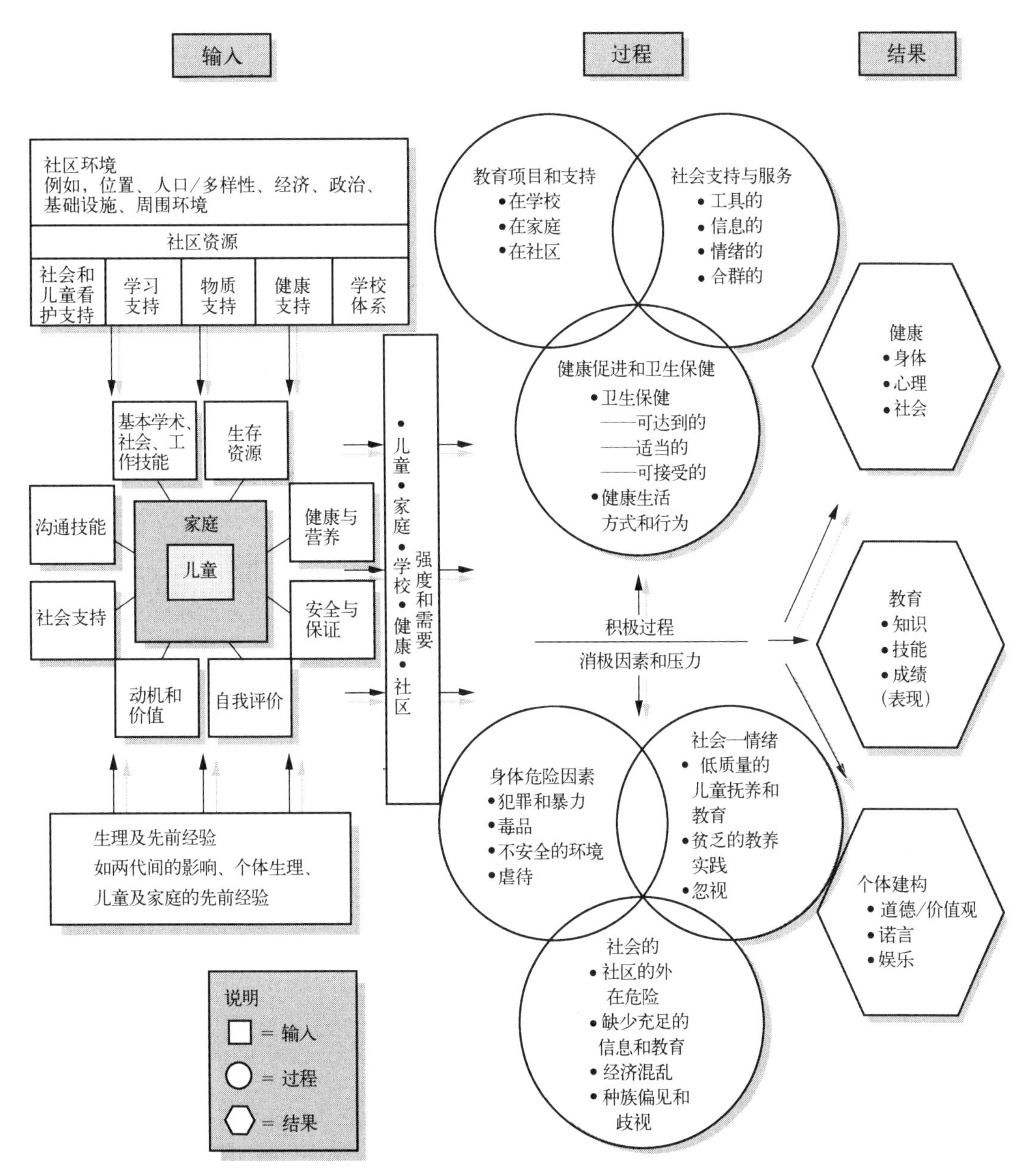

图 21.1 实用生物社会情境发展：教育和健康干预的概念框架

健康和营养、安全、自我认同、(与儿童和家庭功能相关的)动机和评价、社会支持、沟通技能、基本的学业技能、社会和工作技能这八个领域是满足儿童和其家庭基本需要的生存资源(survival resources)。

图 21.1 显示了一些因素对八个功能领域的多种影响，它们来源于：(1) 社区环境及其具体资源；(2) 生理及先前经验。社区环境的测量，可采用与儿童生活的关系从近到远的原则，社区环境包括社区资源，如社会和儿童抚养支持、学习支持、物质支持、公共医疗卫生服务和教育系统。对于幼儿来说，这些社区资源往往直接影响其健康和教育状况。因为这些

资源直接影响家庭对儿童的支持(如工作培训、父母项目、药物滥用、为家庭成员提供的心理健康训练),有时直接影响了儿童(如暴露于有毒物质中、儿童抚养中的危险因素、学校项目提供的支持)。生理及先前经验的影响理论上同等重要,生理及先前经验包括两代间的影响、个体生物学、儿童与家庭成员的累积经验等。我们承认,只用文字的形式,努力呈现一个动态的、不断变动的系统理论几乎是不可能的。我们估计这个示意图在充分反映复杂路径和反馈回路方面有很大缺陷。这个反馈回路早已被 David Satcher(2004; see earlier quote)所认同。用视频呈现(描述了与众不同的、有时间分配的输入和过程)将是一个更合理的形式,足以反映 ABCD 的概念框架。现在,上世纪开展的大量有关句子理解和读者理解的发展性科学研究即将完成。

868

作为一个系统理论,ABCD 的一个基本前提是儿童及其家庭的变化要能够改变其生理发展和经验,就像改变社区环境和社区资源一样,特别是当儿童及其家庭以影响先前社区资源的有效性、适当性和可接受性的方式发生改变时。

总之,儿童在这些关键领域的机能要巩固图中所示的“结果”,“结果”也就是在特定时间内对儿童状况的正式测量或者多个时间点内对儿童状况的连续描绘(如发展轨迹)。我们知道,如果把结果从儿童的机能中分离出来会存在很多模糊和循环性的地方。实际上,很多时候过程和结果是相同的,因为与儿童发展无法分开的特定过程是其测量结果的一个部分。例如,一个儿童在言语领域的经历,其在日常交流中的言语活动和在学术方面的言语活动是一致的,既是儿童发展的过程,也是发展的结果。在健康领域,如儿童身体如何处理碳水化合物的新陈代谢也是我们所定义的与高血糖症相关的结果的一部分(如面临糖尿病)。“结果”这个术语只是临床、管理、研究目的的一种方便说法,就像在特定时间检验儿童的状况一样。有时候,一个结果往往根据更广泛的、对个体有意义和价值的结果来表现。例如,“在学校表现很好”是一个综合的或者多方面的结果,包括许多指标而不是一个指标。几乎没有“结果”是在单个领域测量得出的,即使这个结果是一个生物医学标记。例如,在过去的几十年中,诊断糖尿病、儿童肥胖、儿童孤独症的临床定义已经发生了很大改变(他们是相对概念,而不是绝对概念)。同样,智力和教育结果主要依赖于国家的规范标准考试,这就意味着,即使所有儿童在某一绝对水平上都达到了大部分教育目标,仍有接近一半的儿童总被评价为“低于国家平均水平”。因此,在选择结果的时候,如果科学家和从业者征求大多数人的意见,并与之探讨什么是积极、有价值、适应的儿童健康及教育结果,他们将会受益匪浅。虽然测试方法能变得越来越具体、标准,能够记分,允许不同时间、不同群体、不同情境的有效比较,但是这些结果不会永远有价值。

869

这种相对观点是我们的模型名称中为何包括“情境”二字的部分原因。ABCD 是一个归纳性框架,目的是促进其组成部分的更多特异性和方向性,使之包含新的研究成果,并最终实施最有效的干预措施,来获得预期的儿童健康和教育结果。

在结果领域,如图 21.1 所示,我们展示了大家都公认的健康与教育领域,以及第三个“结果”——儿童的生活维度。我们回顾一下 George Kelly(1955)的开创性工作,他提出了“个体建构”的概念,Kelly 最富创造性的贡献是引入现象学(个体、经验)的观点来解释心理学的主要问题。个体如何认识、理解自身的世界，以及与个体经验相关的个体价值观是不可否认的过滤器，长期以来发展科学中一直忽视了它的存在。Vygotsky(1978)推进了此理论，认为知觉是社会化的最终产物，详细定义了认知—文化成分，指出其在创建儿童个体现实世界中的中心地位，而在以往关于儿童健康和教育的研究中很少涉及这些维度。即使大多数儿童认为环境是“好的”或“坏的”，面对相同的环境儿童的反应也会不同，发生这种现象的原因已经超越了诸如年龄、性别、种族、技能水平、存在/缺乏主要的健康条件等因素，通过明确添加了“个体建构”维度，ABCD完善了这一观点。我们也提出了生活中一些有意义的维度，如道德/价值观、诺言、娱乐、感知到的社会支持，这些维度不包含在传统的健康和教育测量结果中。

研究者假设过程影响了结果，如图21.1所示。过程主要以两种形式出现，即积极过程、消极因素和压力。一般而言，研究者假设儿童的结果受到教育项目和学校、家庭、社区的支持；受到社会的支持和服务，它们提供工具的、信息的、情绪的、合群的支持(如Reid, Ramey, & Burchinal, 1990)；受到卫生保健的支持，包括健康生活方式和行为。即使儿童获得了积极的支持，他们的发展也将面临消极因素和压力的威胁。这些是儿童直接经历的危险因素，不仅仅是指能够提高或降低危险发生的可能性的社区或家庭环境。伤害可以发生在很多领域，包括儿童的生理、社会、情绪、个体建构的发展。总之，虽然在克服危险因素中表现出有弹性的、不会受伤害的、成功的儿童受到极大关注，但是消极因素和压力对儿童的结果仍然产生了很大影响(Garmezy, 1983; Grotberg, 2003; Rutter, 2000; Werner, Bierman, & French, 1971)。

870

ABCD模型在早期干预研究中的运用回顾

ABCD模型已经运用在幼儿预防和干预项目的随机控制实验(RCTs)中，包括初学者项目(Abecedarian Project)和CARE项目(e.g., Campbell, Pungello, Burchinal, & Ramey, 2001; Campbell, Ramey, Pungello, Sparling & Miller-Johnson, 2002; C. T. Ramey, Bryant, Campbell, Sparling, & Wasik, 1988; C. T. Ramey & Ramey, 1998b; Wasik, Ramey, Bryant, & Sparling, 1990)，这些项目试图防止极低收入家庭儿童的智力障碍，并提高其学业成绩；一个跨八个地区的随机控制实验名叫婴儿健康和发展项目(Infant Health and Development Program, IHDP)，此项目采用了初学者项目和CARE项目的早期干预计划，应用于早产儿、低体重儿在1—3岁的生活中(e.g., IHDP, 1990; C. T. Ramey et al., 1992)；在31个地区开展了美国早期开端项目和公立学校转型示范项目(National Head Start-Public School Transition Demonstration Project)，目的是检验连续4年提供的多方面健康和教育支持是否有效(参见S. L. Ramey, Ramey, & Phillips, 1997; S. L. Ramey et al., 2001；后一个研究将在后面章节中详细介绍)。这些研究都是根据已有理论和先前的研究成果进行的，并采用了ABCD中清晰而综合的、跨学科的概念框架，主要是为了：(1) 构建干预和预防策略的设计；(2) 选择关于“输入”、“过程”、“结果”的测量方法；(3) 指导数据分析,即对健康和教育主要结果的多种交叉影响的数据的分析;(4) 提炼并进一步说明对儿童特定发展领域的发展轨迹产生影响的特征和严重性。

在本章中,我们承认还没有“标准科学”可供采用,以便在某一纵向研究中对幼儿健康和教育开展非常严格的研究。虽然发展心理学中的几乎所有关于健康和教育的纵向研究中都包括了一些标示水平(marker-lever)的变量,但是以往研究更多关注儿童的学习、儿童的心理健康、儿童的认知和学业成绩发展、儿童的社会技能和行为问题、儿童病理或伤害。这些研究在分散的、几乎毫不相干的领域内已经构成了丰富的科学体系。这些科学方面的杂志种类多样,内容变得越来越狭窄且主题具体,只有一点点综合的、跨学科的内容。这反映出大学的传统组织是以系和学院体现的,就像喜欢提建议的科学评论过程关注的领域更窄一些。关于支持儿童和教育进行多学科或跨学科调查和实践的主要大学改革的讨论,见 S. L. Ramey and Ramey(1997b)和 C. T. Ramey and Ramey(1997b)的文献。

足够的证据表明,美国卫生研究所在其发展过程中,就像下列组织一样:如重组的国家科学基金会、美国教育部下属的国家科学研究院(见 Shonkoff & Phillips 对早期儿童研究的著名总结,2000)、教育科学研究所(由美国国会创建),已经欣然接受了新的、创造性的、综合性的方法——这也对大学的组织和操作有相应的暗示作用。

我们认为 ABCD 衍生的最大挑战,即如何支持科学家、从业者、政策制定者的相互合作,及理解“儿童如何发展”的综合观点。现在一个迫在眉睫的事情是,用生产性的、开放的方式来排列研究、实践、评价,和政策的干预、预防和促进活动,使儿童及其家庭、社区、社会获得最大收益(S. L. Ramey & Ramey, 2000)。科学调查直接阐述了儿童教育与其健康的动态关系,以及健康儿童更可能从改善其教育的机会中获得收益。反过来,不断增长的健康和教育的代际影响可能给下一代带来特殊的效果,这种效果要以生物和社会机制的相互影响为媒介。

871

美国早期开端项目——公立学校早期儿童过渡示范项目:一个 31 个试验点的随机试验,旨在为幼儿园到三年级的儿童及其家庭提供综合的类似早期开端项目的支持

本部分回顾了一个纵向试验研究,此研究采用预防学方法设计,测试了系统的、多方面的健康和教育干预措施,以此降低幼儿面临的危险和提高其教育竞争力及其健康、幸福。我们之所以选择这个研究,是因为本研究代表了多年的努力成果,本研究主要通过如下途径改变了幼儿调查领域:按照多种规则选取被试;项目实施者、科学家、政策制定者在本项目中自始至终紧密合作;建立了内在和外在的监管机制来促进科学的严格性和完整性;创建了公共使用的数据库,服从生产性二次数据分析,推进了本领域的研究。根据本章要求,我们没有提供本项目的所有研究成果,而是介绍了项目的目的、干预计划的关键因素及其相应的数据收集策略,报告了一些对实践、政策制定、未来大规模的健康和教育研究有启示作用的成果。

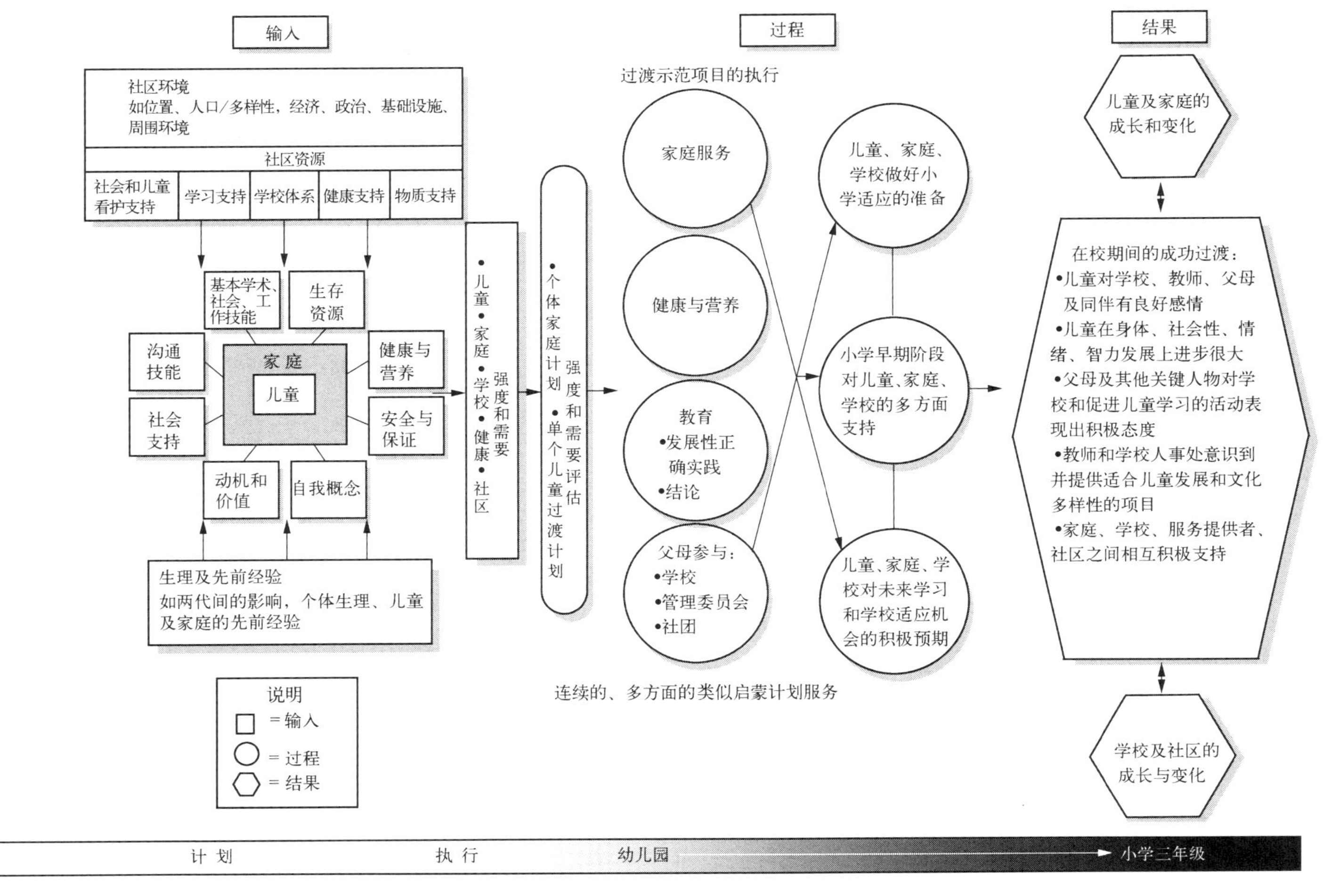

图 21.2 国家过渡示范项目的概念框架

资料来源：Evaluatin Educational Programs：Strategies to Understand and Enhance Educational Effectiveness，by S. L. Ramey，C. T. Ramey，in Continuing Issues in Early Childhood Education，2nd ed.，C. Seefeldt and A. Galper（Eds.），1997b，Englewood Cliffs，NJ：Prentice-Hall，Reprinted with permission.

研究目的和背景

1991年，美国国会通过了"早期开端项目过渡法案"（Head Start Transition Project Act），批准经费来检验对小学一至四年级儿童开展启蒙服务和支持的延伸的、综合的、持续的价值。地方为了争取资金需做如下工作：(1) 早期开端项目、父母、地方教育局、其他社区机构共同参与，共同开发有前途的策略，为低收入儿童（从幼儿园到小学三年级）及其家庭实施协作的、持续性的全方位服务；(2) 开发多种途径，支持父母积极参与到其子女的教育中来；(3) 开展地方和国家级水平的严格调查，采用随机设计来分配满足条件的儿童、学校以及对照组。31个试验点分散在30个州和一个印第安人地区，被试包括8 700多名参加早期开端项目的儿童（former Head Start children），以及新加入的近3 000名同学。这个干预研究的一个鲜明特征是为整个班提供服务，而不是像以前那样只是为启蒙儿童服务。

应用概念框架来设计和评估干预

图21.2向我们展示了如何利用ABCD来创建干预的概念框架，呈现干预的健康和教育成分是如何改进儿童健康和教育的结果的。如图所示，"过渡示范项目"的计划阶段（1年时间）包括国家项目模型在地方的应用，以期获得类似早期开端项目的特征。这个模型设立了管理委员会（起码51%的成员来自接受服务孩子的父母）、本地决策部门（主要是指要雇佣哪些人、地方伙伴关系如何建立和操作、设计详细计划、改变社区资源、改善结果等）、项目成本部门（一个非常关键的领域，保证干预项目能充分实施，并可用在其他地区）。

计划阶段还包括建立一个包含31个试验点的国家级协会，每个试验点都有三个途径进行参与，即参与启蒙项目、公立学校、大学或调查公司的评价小组。在国家水平上，协会主要关注八个功能领域（即图中围绕儿童和家庭的八个方面），认可了他们在干预和研究中的重要性，并深入地详细说明了这些领域在研究之初（基线）和研究过程中是如何被评价的（计划用4年的时间）。

873

如图21.2所示，在执行阶段（见图下部X轴）中，每个试验点可以对其所有参与项目的儿童和家庭进行个别化的实力及需要性评价（strengths and needs assessment）。此评价是针对儿童及其家庭实力和需要的个体过渡计划（Individualized Transition Plan），是为了对顺利过渡到小学而进行的特殊支持和服务的早期认同达到最大化。如图所示，"评价栏"右边椭圆里的内容所示，过渡示范项目主要包括四个方面：家庭服务、健康与营养、教育、父母参与。这四个方面也共同构成了综合性的类似早期开端项目服务。执行阶段从幼儿园入园开始（即从儿童接受传统的早期开端项目开始）到小学四年级，在此期间采用系统措施来保证计划和支持的持续性。

为了进行评价，此项目使用了ABCD的概念框架，以此来确定需要测量的方面，如首先根据社区环境和社区支持对每个试验点进行描述；对儿童及其家庭的教育和健康进行综合性评价，其中包括进行综合测量以挑选出八个功能领域中每一领域的构成成分；还包括正在进行的、每年的项目执行情况的文件，以及从本地试验点获得的项目参与数据，这些数据在额外数据收集过程中和检验地方项目文件中，经过外在的、多地区的调查而获得。如图21.2

所示，过渡示范项目的服务可归纳为三个方面，也就是说，预先假设干预项目主要通过三条途径来改变儿童的健康和教育结果。第一是“儿童、家庭、学校为儿童适应学校生活做好充分准备”。个体过渡计划和围绕积极学校过渡主题而创建地方伙伴关系的过程是改变社区、家庭特殊环境(为入小学做准备)的主要特点。第二是“在小学低年级多方面支持儿童、家庭和学校”。假定主要包括下列因素，即在校支持、以社区为基础的为儿童和父母开展的活动、不断增长的教育者专业发展活动、为方便儿童学业进步而开展的多种父母参与项目。第三是“儿童、家庭、学校对未来有关学习和学校适应机会的积极期望”。可以通过对家庭、教师、校长、儿童自身进行深度的开放式或结构式访谈进行测量。

这个项目认识到，在许多团体中，低收入家庭儿童过去的成绩不良使人们对其产生了低期望以及相应的消极预期。本干预一个明显的部分就是要改变人们对学业和生活成功的预期，也就是说，要创建一种新的预期，即能够显著地减少或消除过去的健康差距和教育的不公平现象。总之，提高学业成功的准备性、对小学低年级提供健康和教育支持、儿童周围的亲人提高对积极结果的预期是最基本的途径，在研究中每一途径都有多种指标显示。

最后，图 21.2 最右边一栏展示了过渡示范项目的结果。这些结果超越了只用考试分数作为学术指标的方式，反映了一个大规模的、大幅度的干预或社区改革的结果应当符合一些方法，即儿童的亲人要确实考虑儿童及其心理健康。尤其是，我们注意到一些主观测量被认为是合理的结果。如“儿童对学校、教师、家长和同伴感情良好”(大多数人称之为“喜欢学校”或“积极学校态度”)，就像他们的父母和老师对儿童的学习抱有积极的态度，并积极参与儿童的学习一样。虽然一些结果很难被研究者测量，如“在家庭、学校、服务提供者和团体之间拥有相互的支持性人际关系”，但是这些却是重要的、有效的结果。当然，儿童的健康和教育状况也需要测量，但是它们并不是显示国家过渡示范项目有效性的唯一指标。 874

利用 ABCD 的概念框架，项目的进程和目标实现的程度可以通过一个预期的方式来研究，在儿童、家庭、学校、健康和社会服务体系、社区水平上评估每年的变化。更重要的是从计划阶段到执行阶段是可以追踪的，因此，如果预期结果没有出现，则可以仔细回顾支持性的过程，来寻求可能的解释。

输入、过程和结果的测量

ABCD 框架使确认需要测量的成分变得很方便。表 21.1 呈现了一些选择的测量结果，并与 ABCD 模型相联系(更多内容见 S. L. Ramey et al., 2001)。

关于儿童健康和教育的研究成果——来自国家过渡示范项目

在本节中，我们选择了三个方面的测量成果，这三个方面在传统的儿童健康与教育的研究中经常被忽视，它们是儿童对其学校经历的理解；先前参加早期开端项目的学业良好儿童的发展轨迹；家庭保护儿童免受伤害的方式。

儿童对学校的感情

儿童对学校的感情(就像在维果茨基式的对话中发现的)可以让 5 岁儿童告诉评估者他

们对学校发生事情的感受。让儿童评价的领域包括：他们与老师和同伴相处得如何；他们及其父母认为在学校表现良好的重要性如何；他们有多喜欢学校；他们认为他们在学业方面做得有多好；教师在教给他们新事物时有多好。对话“我对学校的看法”(Reid et al., 1990)具有良好的心理测量学特征，而且对个体差异非常敏感。例如，S. L. Ramey、Lanzi、Phillips和Ramey(1998)报告，从幼儿园开始，大约7%的参加过早期开端项目的儿童对学校有多种消极感知。令人印象特别深刻的是，通过标准测验和教师评价发现，儿童消极的早期感知对其随后的阅读、数学方面的进步有很高的预测性；而儿童对学校的感情也具有重要的预测性，远远超过了其幼儿园水平的语言、阅读、数学、社会技能的预测性。儿童对学校的印象与ABCD模型中的个体建构(personal constructs)一项相匹配(见图21.1)。我们解释这个成果来支持我们的观点，即在几乎所有关于儿童学校适应和心理健康的调查中，儿童的经验都存在其中。同时，这个成果举例说明了一个有用的实践性结果适合与教育者和项目成员分享。也就是说，在一个合作式研究和评价中，像这样的信息能够帮助实现干预所要求的改变，或许还可以鼓励项目、教师、父母把儿童的情感看作重要的早期警示信号，这些警示信号可让成人优先意识到事情不顺利。

875

表21.1 国家过渡示范项目的数据收集进度表

进程	讨论的功能领域	数据收集时间				
		F^K	S^K	S^1	S^2	S^3
皮博迪图画词汇测验	沟通技能	X	X	X	X	X
Woodcock-Johnson：						
阅读测验		X	X	X	X	X
数学测验	学术技能	X	X	X	X	X
我对学校的看法	与学校和自我概念相关的动机和评价		X	X	X	X
写作案例	学术技能和沟通技能				X	X
来自家庭的信息						
了解你的家庭	动机、预期、评价、社会支持	X				
家庭背景(每年更新)	生存资源、健康、安全、基本技能、交流的环境/资源	X	X	X	X	X
家庭资源量表	生存资源、安全、社会支持	X				X
家庭常规调查	家庭环境	X				X
照料者基本健康：抑郁	健康和安全	X			X	X
社会技能评比系统：						

续 表

进　　程	讨论的功能领域	数据收集时间				
		F^K	S^K	S^1	S^2	S^3
社会技能		X	X	X	X	X
问题行为	基本技能				X	X
幼儿的健康和安全	社区、生存资源的社会及健康服务	X				X
教养维度	亲子相互作用和调节的进程		X	X		X
学校环境调查	校园环境		X	X	X	X
周围环境调查	校园环境		X	X		X
幼儿学校适应	自我概念、动机/预期/评价(与学校相关)、社会支持、基础技能		X	X	X	X
儿童学习的家庭“卷入”	示范项目情境和学校项目情境				X	X
来自教师的信息						
儿童健康问卷(教师版)	健康		X	X	X	X
学校环境调查	学校情境		X	X	X	X
社会技能评比系统:						
社会技能			X	X	X	X
问题行为			X	X	X	X
学术能力	基础技能		X	X	X	X
早期儿童项目的学校调查(C部分: 1—9)	学校情境		X	X	X	X
来自负责人的信息						
学校环境调查	学校情境		X	X	X	X
早期儿童项目的学校调查(A部分: 1—6;B部分: 1—5)	学校情境		X	X	X	X
来自已有记录的信息						
学校档案记录调查	基本技能和学校项目情境		X	X	X	X
来自课堂观察的信息						
对早期儿童项目的评估简介	学校情境		X	X	X	X
ADAPT(测量教室中的发展性实践)	学校情境		X	X	X	X

高学业成就的低收入家庭儿童

从这个多地区、多方面的纵向研究中发现了另一个有趣的成果，这个成果关心确立一个获得了预期积极发展的儿童亚类型。对他们的分析将致力于理解其生活中的支持性和保护性因素。通常，承诺要消除健康和教育差距的研究会过多地关注消极结果，或者减少消极结果。在这个过程中，那些表现良好的儿童及其家庭往往被忽视了，而消极的类型（儿童）得到了加强。这样的分析对于实践和理论都非常重要。例如，在过渡示范项目中，参加过早期开端项目的儿童中，词汇、阅读、数学个别施测的标准测验得分在前3%的儿童来自多个种族、多个实验区；这些儿童不仅在项目标准上表现好，在国家标准上表现也很好。根据教师和家长（虽然，有趣的是父母并不认为儿童更加合作）的评价，这些儿童不仅学习成绩好，而且社会性和情感发展也很顺利，对这些儿童的积极结果作出贡献的社会生态学因素中，既包括预期的又包括非预期的因素。例如，父母报告他们的生活中很少有压力，但是他们没有报告显著多的家庭力量。居住稳定性、父亲的高参与、很少单亲家庭、父母高学历与儿童的高学业成绩相联系。然而，意想不到的是，高学业成就儿童和其他儿童相比，其母亲抑郁的比例没有差异（25%vs23%），父母教养方式和一致性（通过对父母维度调查所作的因素分析；Slater & Power, 1987）也进行了比较，重要的是父母的反应性和非严厉维度，例如，父母采用宽松的教养方式，对儿童个体的需要积极回应，就可让儿童获得高学业成绩。另外，教师评价了参加过早期开端项目的高分儿童的父母，认为他们非常鼓励儿童在学校中成功，尽管这些父母并没有这样描述自己。与其他儿童的父母相比，高学业成就儿童的父母并未报告会与儿童讨论学校事情，与教师保持联系、参与学校的家长活动，但是他们报告了到儿童学校的自愿性。

876

这些研究成果使人们开始关注区分不同儿童和家庭的亚类型的重要性。实际上，在本研究中，我们根据生活贫困、实力和需要的评估（如C. T. Ramey, Ramey, & Lanzi, 1998）确认了六种主要家庭类型。这种类型的区分可以让我们研究不同发展课程的相似性，可研究支持儿童获得或多或少积极结果的不同过程的重要性。

无意识的儿童伤害

Schwebel、Brezausek、Ramey和Ramey（2004）探索了儿童无意识的伤害，这是1—18岁儿童死亡的首要原因（National Safety Council, 2001）。在我们进行分析的时候，有数据支持了这个观点，即对同一组儿童来说，儿童冲动、多动的行为方式将增加伤害的危险性，缺少父母教养同样可以独立地增加伤害危险。值得注意的是，还没有研究考虑积极、有活力的教养（支持过程）是否可以减少对儿童（因为行为方式困难使其面临困境）的危害。他们利用逻辑回归方法考察了儿童、父母教养、环境因素和他们可能的反应，这个数据集确定儿童多动是其受到很深伤害的预示指标（odds ratio＝28.4）。然而，ABCD模型归纳了重要的其他成果，即父母报告的充足的时间资源（也就是说，父母有时间做想做的事情，包括花时间和孩子在一起），对高危组儿童来说是一个重要的保护性因素。因此，家庭环境和父母行为成为关键的推动过程（更多研究成果，见S. L. Ramey, Ramey, & Lanzi, 2004）。

877

总之，这些成果提供了考察发展路径以改变健康和教育结果的方式，并考虑了儿童环境的各个方面、儿童和家庭的起始状态、支持或消极过程如何可以改变发展的进程和儿童的结果。

有效干预的原则——受到关于儿童健康和教育的纵向研究的支持

几十年来,儿童早期教育关注最多的问题是:“早期健康和教育干预有效吗?”贫穷和其他危险环境对幼儿的发展造成了累积的消极代价,早期教育干预是否能够改变这种消极影响,对此仍然存在着很多的怀疑论。但是在 20 世纪 80 年代中期,在专业领域却形成了一致的舆论(参见 Guralnick & Bennett, 1987),即在一定条件下,早期教育干预能够产生有意义的效果,反映在幼儿的学业成绩和社会进步上。当早期干预没有达到预期的效果时,寻找理论和实践的可能原因是很重要的。根据多个研究结果的一致性,我们提出五个原则,总结了早期教育干预的研究成果(C. T. Ramey & Ramey, 1998a; S. L. Ramey & Ramey, 1992)。虽然很少有随机控制试验来提高处于危险状况儿童的身体健康或者预防童年的疾病,如哮喘、肥胖、抑郁、慢性牙病,我们仍假定这些原则适用于有关健康干预。五个主要原则如下:(1)“剂量”原则;(2)时间原则;(3)直接获得服务原则;(4)不同收益原则;(5)持续性支持原则。

“剂量”原则

提供大量的干预将会对健康和教育结果产生更大的好处。这个“剂量”或干预强度原则拥有大量的科学支持,很多研究在多分支的教育干预中不断改变干预的“剂量”,并比较哪种“剂量”效果最好,就像有些试验研究,直接探索同一研究内的不同“剂量”水平;还有一些通过事后分析来获取,即通过复杂的分析技术来得到参与率。不同类型的干预,采用不同的方式来显示“剂量”。我们要小心,在医疗干预中,“剂量”原则是指执行全剂量,剂量过多则是很危险的。

在生命的头 8 年中进行教育干预,可以通过诸如儿童接受教育干预的每天的小时数、每星期的天数、每年的星期数等指标来显示。理想的措施是检查儿童参与指导、学习的时间,当然至今还没有在教育干预中真正测量过。从理论角度来看,与强度较小的项目相比,项目的强度越大将产生更大的积极影响,这其中的原因是非常清楚的:儿童学习得越多,这将支持其在学习领域的成长和发展。从健康角度来说,在增强健康的活动中花越多的时间,以及更多参与推荐的卫生保健活动(它们代表了恰当服务的有效性、易理解性、可接受性之间的错综复杂的相互影响),儿童应该更加健康。

许多早期干预并没有显著提高儿童的智力或学术表现(见 S. L. Ramey & Ramey, 2000,讨论了失败的可能原因)。这些失败干预的一个关键特征是其强度不够。例如,为有缺陷儿童(Utah State Early Intervention Research Institute, White, 1991)进行早期干预的 16 个随机实验中,没有一个提供了一周 5 天的全天候课程,而且没有一个项目产生了根据儿童的能力可测量的效果。同样,Scarr 和 McCartney(1988)在百慕大为贫困家庭提供了一周一次的干预活动,目的是重复 Levenstein(1970)的词汇互动项目的结果,他们也没有发现任

878

何积极的认知影响。

与之鲜明的对比，在 North Carolina 进行的两个随机控制实验中，即初学者项目和 CARE 项目，采用了相同的教育课程，但在此过程中实施"高剂量"的教育干预，结果对参与者产生了多种显著的效果。初学者项目和 CARE 项目都对儿童提供一周 5 天的全天候教育支持，每年 50 周，连续进行 5 年，使用结构性和个别化的课程，由高质量的、以大学为基础的儿童发展中心负责实施，该中心坚持监控和支持课程实施的质量(C. T. Ramey & Ramey, 2004a, 2004b, 2004c)。我们认识到，这两个项目是最有力度的(高剂量)，它们属于严格的实验研究，通过对 8、12、15、21 岁的测量，"剂量"原则可很大比例地解释不断增长的收益。其他教育性的重要结果包括儿童接受特殊教育的比率显著下降，如对照组占 48%，干预组为 12%(接近国家的平均水平 11%)；减少了辍学率，控制组辍学率为 56%，教育干预组为 30%。

密尔沃基项目也是一个随机控制实验，对智力和语言能产生很大的即时效果(Garber, 1988)，它提供从出生到小学的高强度的早期日常教育干预(见 S. L. Ramey & Ramey, 2000 的评论)。但是本项目并未维持和 North Carolina 项目同样程度的长期效果，这或许是由于支持的连续性原则的影响，以及不同项目间被试入选标准的差异造成的(如 North Carolina 项目中包括了家庭危险变量；而密尔沃基项目只包括了出生时智力迟滞的儿童)。

两个研究提供了实验性证据，其一是一个早期干预的家访项目(Grantham-McGregor, Powell, & Fletcher, 1989)，该项目系统地测量了不同水平的强度，结果发现一周三次家访的水平，能够获得最大的认知效果，少于这个数则不能产生显著效果。其二是 Brookline 早期教育项目(Hauser-Cram, Pierson, Walker, & Tivnan, 1991)，该项目发现，只有最有强度的服务能够充分对教育不良家庭儿童有利，但是低强度和中等强度的干预服务没有获得可测量的结果。

横跨八个地区的婴儿健康和发展项目(Infant Health and Development Program)根据单个儿童的参与水平，系统地调查了项目强度的效应。C. T. Ramey 等(1992)报告，每个儿童及其家庭接受教育干预的强度与其 3 岁时的认知结果显著相关。"剂量"概括起来就是三个方面：一是儿童在 12 个月到 36 个月间，参加儿童发展中心活动的总天数；二是从出生到 3 岁的家访数量；三是父母参与每月的教育会议的数量。这些"参与指标"证明与 3 岁时儿童的智力和行为发展有着很强的线性关系，即使控制了可能影响个体参与率的变量，如母亲的教育程度、母亲口头表达能力、家庭收入、儿童健康状况、种族等。当考虑这三年实施多方面教育干预防止智力迟滞(IQ 低于 70)的效果时，结果显示，与只接受高质量的儿科追踪服务的控制组儿童(约 18%)相比，高参与组儿童智力迟滞的比例下降了 9 倍(低于 2%)。后来，

879

Later、Blair、Ramey 和 Hardin(1995)证明，每年的参与率对儿童 12 个月、24 个月、36 个月的认知能力产生了显著且独立的影响。

Hill、Brooks-Gunn 和 Waldfogel(2003)延伸了这些关于"强度"的分析，试图回答如下问题："长时效应与参与率有关系吗？" 当儿童在 3、5、8 岁时，进行了多种语言和认知的评估测量，包括韦氏智力量表、Woodcock Johnson 的阅读与数学测验、皮博迪图画词汇测验(修订

版)。在三个年龄段进行的12个主要结果的测评中,所有的测量都显示,与随机安排的追踪组相比,两个高参与组儿童(参加儿童发展中心活动的时间超过350天和400天)的成绩更高,因为追踪组只接受了小儿科的社会服务,没有接受多方面的早期教育干预。第一部分分析确认,高参与率儿童与对照组存在显著差异,虽然有些变量和参与数量有关(如母亲的种族、母亲的教育、母亲是否使用毒品、出生前的照料等存在地区差异)。因此,这个研究小组使用了复杂的数据分析技术(在医学随机控制实验中非常有名),包括采用与程序相匹配的性格倾向分数和逻辑回归,以此来减少在评估干预效果时的自然选择偏差的影响。这个结果对"剂量"原则提供了强有力的支持,证明了匹配的高剂量组与控制组之间的差异,以及低剂量组与高剂量组的差异。这种差异的巨大性在三个年龄的分析中都很引人注目,并且差异还扩展到了8岁时的阅读和数学,也证明了早期教育干预的持续性效果。在5岁和8岁的两次测量中,儿童在Woodcock Johnson阅读与数学测验中得到6.1和11.1的高分,在皮博迪图画词汇测验中的得分为4.1和6.6分,在韦氏智力测验中的得分为6.5和8.4分。

时间原则

一般而言,如果教育干预开始得早,且持续时间长,则对参与者会产生更大、更持久的效果。儿童参与早期干预的年龄从出生到8岁都有。典型的是,经济条件不好家庭的儿童也能参加在其家庭所在社区开展的早期教育干预了(往往从4岁开始,有时从3岁开始)。然而,许多早期干预开始于婴儿期,如初学者计划(C. T. Ramey, Bryant, Campbell, Sparling, & Wasik, 1988; C. T. Ramey, Yeates, & Short, 1984)、Brookline早期教育项目(Hauser-Kram et al., 1991)、密尔沃基项目(Garber, 1988)、CARE项目(Wasik et al., 1990)、婴儿健康和开发项目(1990)。然而有两个例外,即在密歇根州Ypsilanti进行的Perry学前计划(Schweinhart & Weikart, 1983)和早期培训项目(Gray, Ramsey, & Klaus, 1982),这两个项目在儿童3岁时开始进行,虽然其开始晚,但收益巨大。

时间原则引起了激烈的争论。对于神经生物学和教育结果来说,证明大脑成长和发育的令人吃惊的技术进步、关于早期大脑开发的研究(动物试验研究),以及经验如何塑造了大脑活动的研究,它们共同支持了时间原则,即更早的、持续的教育干预能让儿童获得最大的收益。另一方面,即使是关于动物早期经验的严格控制试验,虽然它们支持了一般时间原则,但是也不能否认这样的可能性,即在较大年龄开始教育干预同样能获得可测量的收益(S. L. Ramey & Sackett, 2000)。其中最常引用的、支持时间原则的领域来自Kuhl、Tsao和Liuh(2003)的观察研究,主要是关于语音和言语感知的获得方面,研究证明婴儿暴露于(自然的)他或她最开始的语言环境将导致其早期存在的一般判断能力的缺失。这反映出了发展(更早的定义),这种发展是不断增加的差异和等级性整合,被假设为会推动(或反映)更高效更高级的功能的出现。如果婴儿在生命之初没有暴露于特定的感官知觉经验中,那么他们将失去一些原始能力,如婴儿辨别各种语言音素的一般能力,随后就只能辨别母语的基本因素。

880

就像前面我们警告的,"过量"将导致消极效果一样,我们认识到某些形式的干预如果进行得太早的话，将可能是行不通的、无效的，甚至会产生不可预想的消极结果。历史上曾有一些这样的例子经常出现在教科书中，如通过练习日常的走路反射行为，训练幼儿更早学会走路的研究，以及努力教给托儿所幼儿一些复杂的肌肉运动技能的研究。这两个研究都发现了短期变化，但是当控制组儿童（未接受训练）出现了该年龄阶段特色的肌肉运动技能时，这些表面上的效果就消失了。

初学者计划包括两阶段的教育干预，50%的儿童接受连续 5 年的早期教育干预，而另外 50%的控制组儿童只接受营养的、小儿科的社会服务，他们从一所小学中随机选取，并连续 3 年参加家校资源项目（Home-School Resource Program）。本研究特别考察了时间问题，在校期间（通过作业和家校沟通对儿童和家庭进行个别辅导）为儿童提供额外的教育支持和夏令营活动，以增加幼儿园入园到小学三年级儿童的学习机会。结果发现，第一，小学支持项目（即干预的后半部分）使参与者的确获得了可测量的效果，如在 8 岁的阅读、数学方面标准考试评估中得分较高。然而，与获得了学前早期教育干预的儿童相比，在智力和语言的一般测试中没有获得可比较的结果。第二，收益的数量（甚至是阅读、数学成绩）要小于参加了第一阶段教育干预的儿童（C. T. Ramey et al., 2000）的收益。然而，本研究在帮助解决学前期间不同时间不同收益的重大问题上关系不大；另外，这个研究检验了一个设计良好的、可重复的公立学校提高项目，但是它没有直接控制所有的班级课程和指导，因而，此研究不是一个简单、单纯的时间效应测验。

总之，时间原则从研究中得到了一定的支持，但是仍需要深入研究来说明其在语言、文学、其他学术能力等不同方面的重要性。例如，如果聋哑儿童的健康干预过程中人工耳蜗植入的时间和教给婴儿手语的时间恰当，就能肯定其大脑的修复性和可塑性更强。一般而言，人们广泛认为早期发现和干预对医疗保健很有用，但是还缺乏系统的研究。现在，还没有非常有说服力的数据来支持这些观点，比如在一定年龄之后提供的教育干预和健康支持活动没有任何效果，进一步来说这是一个相对时间效应原则。

直接接受服务原则

这个原则认为，与间接方式改变儿童能力的方式相比，直接改变儿童日常健康和教育过程的早期教育和健康干预更加有效，且效果持续时间更长。

早期教育和健康干预有多种实施方式，包括以儿童发展中心为基础，拥有经过训练的教学和保健人员的形式；以家庭为基础，试图改变父母的健康行为和提供丰富的环境（书籍、学习游戏、教育光碟）的形式；还有把家庭和发展中心联合起来的形式。这些不同的方式大概可以分成两种主要类别，即直接方式和间接方式。

关于这两种方式的不同试验效果表明，试图改变中介因素的间接干预方式，在改变儿童语言、阅读、智力或健康表现方面并不有效（Lewis, 1984; Madden, Levenstein, & Levenstein, 1976; C. T. Ramey, Ramey, Gaines, & Blair, 1995; Scarr & McCartney, 1988; Wasik et al., 1990）。这个结果对于下列儿童是适用的：经济不利儿童、严重的生理不良儿童、环境条件和个体条件不良的高危儿童。

881

C. T. Ramey、Bryant、Sparling 和 Wasik(1985)首次系统地进行了关于早期教育干预的间接方式和直接方式的对比实验研究。在随机控制实验中,高危组儿童在出生后随机安排接受下列三种干预之一:(1) 日常的、高强度儿童发展中心项目(在初学者项目中同样使用)以及家访项目;(2) 家访项目,持续了 5 年,使用和儿童发展中心项目相同的教育课程,试图让家长来传递干预;(3) 对照组接受促进营养的、小儿科的社会服务(其他两个干预组也都接受这些健康和社会支持服务)。此研究的一个重要成绩是,三组儿童都积极参与了持续时间最长的家访项目和评估。家访项目在儿童生命最初 2 年每周进行,随后 3 年要隔周进行,而且访谈者在 5 年中将接受持续监督和支持,使用结构性的、适应性的课程。访谈者和家庭都报告家访项目十分有效。研究结果表明,除了试图要改变家长,为其子女传递更多的学习机会外,参加家访项目的儿童与控制组相比没有显著差异,但是这两组的表现显著低于接受了日常的、几年连续教育课程和家访项目的儿童。事后分析表明,直接接受了语言、学业指导和连续 5 年家访的儿童的受益情况与参加初学者项目被试的报告结果一样,而初学者项目的被试没有参加高强度的家访教育。另一个家访项目,即 Powell 和 Grantham-McGregor(1989)表明,如果一周至少家访 3 次,通过间接干预或直接干预的途径都会使儿童进步非常大。

最近,Olds 等(2004)根据护士家访项目报告,在本项目结束 2 年后发现了积极的但不太大的教育、健康效果,但是在项目进行过程中没有发现这种效果。这个结果在其语言和智力领域尤其值得注意,因为这些高危儿童同样可能参加了家庭之外的正式的干预活动,因此,导致这个结果的原因是直接方式、间接方式还是联合方式的影响就很难说清楚。

很明显,提高幼儿的第一任老师——他们的父母的技能和知识是非常有益的,这种观点非常流行,因为父母是儿童天然的支持系统,并且非常关心孩子的健康。同时,多数项目希望通过改变父母,改善家庭环境会对此家庭下一个要出生的孩子产生额外效应(spillover effects),还可以帮助改善当地社区环境达到下列目的:在正确的时间,对广大幼儿提供正确的教育和健康经验模式。渐渐地,许多以父母为焦点的教育和健康干预考虑到,一些家长在其成长过程中本身就缺乏良好的教育和健康机会,还有一些家长在其自己的生活中缺乏积极的教养方式,所以针对父母的项目和家访项目中使用的课程往往关注父母自身的发展需要、文化和地方社区的重要方面以及如何教养儿童的话题。

以中心为基础的项目,由于拥有更多传统类型的丰富语言、卫生保健和教师提供的有关学业成绩的指导,儿童在学业成绩和认知方面获得了积极的结果,但是间接或中介性质的项目却没有达到如此结果,可能的原因是什么呢?我们认为起码有四个原因:其一,大多数家访项目在强度或“剂量”方面与中心基础项目并不等同。其二,即使鼓励高危家庭父母给其学前子女提供更多的语言和学业学习经验,但其天生的语言和学业技能与中心基础项目中的老师或看护人也不等同。因此,两组儿童不可能在日常生活中接触到水平相近的语言环境(参见 Hart & Risley, 1995; Huttenlocher, 1990)。其三,对家访反应积极的父母仍然可能没有花费足够的时间与其子女在一起。因为许多子女可能长期由父母之外的其他人照顾,并且这些照料者或许不能满足高危儿童的需要[National Institute of Child Health and

882

Human Development (NICHD), Consortium for the Study of Early Child Care, 2005]。其四,参与项目的父母接受并执行先进教养和指导技能的速度可能不够,不足以让其子女获得预想的收益。这又涉及了"剂量"原则和时间原则。我们注意到,家访项目可能服务于其他有价值的目标,例如预防家庭对儿童的忽视和滥用教养方式,并提高儿童的健康和安全,正如 Olds 及其同事进行的研究中所证明的(2004)。

由于我们不能完全理解的原因,围绕直接教给幼儿特定技能的话题,早期儿童团体变得两极分化了。人们似乎普遍认为,婴儿出生时并不知道任何特定的词汇或思想,以及与阅读、写作、数学相关的技能;也就是说,如果没有传入、"脚手架"、模型或示范、联系和反馈,则他们不会进步。我们相信,一些从事早期儿童项目研究者的下列做法是错误的: 试图对婴儿实施幼儿园或小学一年级水平的课程;采用反复练习等无效方法;限制幼儿自发的游戏和探索;试图强制年龄特别小的幼儿用反效果(counter productive)的方式参与和表现。因此反对指导(anti-instruction)运动可以看作是对上述不恰当早期教育干预实施的激烈反对。另一种解释是,在美国,能胜任的幼儿(特别是低收入家庭和少数民族儿童)照看者本身接受正规教育的水平低,缺乏正式的教学证书。虽然已有很多研究证明,成人的受教育水平、语言技能、智力与其推进儿童认知和语言发展的技能存在普遍关系(NICHD, 2005),但是仍有许多例外。有一种情况仍让人担忧: 因为所有这些个体不能准确清晰地说明其如何指导儿童并帮助他们为上学做准备,他们将来会失去照看儿童和进行早期教育的机会,并被简单地判断为不能胜任,我们从自己的专业经验出发,调查了许多高能力的幼儿教师,他们来自各种不同的教育背景以及语言和文化背景。在早期幼儿教育中,高学历并不能保证高质量的教学,没有大学文凭并不能阻止成人提供高质量的语言和学习的机会。

当前,教育科学研究所(Institute of Educational Sciences)作出努力,试图评价随机控制实验,检验已出版的不同学前课程(绝大部分针对 4 岁儿童)的效果。这个过程试图获得一些关于幼儿园开始阶段中"什么在工作"的急需的信息。然而,这项新研究早已存在着明显的局限性,如干预的强度(每天几个小时、一年几周)存在地区差异;参加干预的儿童的风险程度存在地区差异;对课程执行的质量和控制存在地区差异;儿童及其家庭参与的水平存在地区差异。这个研究最引人注目的是教育科学发展及课程开发都得到了提高,并在全国创建了此项目的网络,以关心儿童的语言和识字能力,通过此途径这个科学调查的实践方面的重要性是变得极其重要了。因此,对现存的已经产生巨大和持续性效益的早期教育干预的内容分析是非常值得的,就像测量实际的不同水平的课堂教学一样(e. g., C. T. Ramey & Ramey, 1999; S. L. Ramey & Ramey, 1998)。

不同收益原则

本原则的含义是,一些儿童参与了早期教育和健康干预获得了较大的收益,而另一些儿童则没有。这种个体差异似乎与儿童初始的风险条件有关,还与项目满足儿童需要的程度以及是否拥有预防那些风险条件有害后果的服务有关(如为一些儿童提供充足的、直接的、

883

积极的学习经验,而另一些儿童则不给提供)。

教育和社会生态学领域的一个基本假设是,个体和环境或者个体和干预训练之间存在交互作用。这个假设是说不同个体对同一项目的反应是不同的,因此不同的项目可能针对不同的个体会产生相同的结果。长期以来,这些观点在临床与教育文化领域都很流行,但是直到最近才开始在早期干预领域进行系统探索。

对早产儿、低体重儿进行早期干预的婴儿健康和发展项目(Infant Health and Development Program)报告(1990),预先被假定有生理缺陷(风险)的儿童,如体重过低(低于2 000克),在其3岁时对项目结果的测量,发现其获得的收益要小于生理缺陷(风险)状况稍好的儿童(出生体重在2 000—2 499克之间),即使两组儿童都表现出获得了显著收益。对这些儿童进行长期追踪,在5岁和8岁时再进行测量,Hill等人(2003)报告了风险程度与干预的显著交互作用,例如,与各组体重相匹配的控制组相比(没有接受教育干预),严重低体重儿童组的IQ分数提高了14分,较轻低体重组儿童的IQ分数提高了8分。

另一个研究进行了有缺陷儿童的教育干预,并同时考虑了两个影响因素,即儿童损伤的程度和教育干预的形式。通过与Feuerstein的"间接学习"技术和传统的直接指导相比,Cole、Dale、Mills和Jenkins(1991)发现了天资和干预训练的交互作用。与传统知识相反,成绩表现好(在认知、语言、操作测验的预试中得来)的儿童相对地将从直接指导中获得更多收益,而表现不好的儿童将从间接学习训练中获得更多收益。

Martin、Ramey和Ramey(1990)从初学者项目中发现,获得相关收益最多的儿童,其母亲的智力最差(如IQ低于70;事实上,所有参加实验的儿童,如果其母亲智力迟滞,他们的测验得分起码比其母亲要高20分,平均要高32分; Landesman & Ramey, 1989),这些富有戏剧性的发现,可与Milwaukee项目报告的巨大收益相比较,因为在此项目中,只有经济条件差且IQ低于75分的母亲参加(Garber, 1988)。

在一些项目中,没有发现任何显著的整体效果,或许是因为参加项目的儿童中包含了很大部分的异源群体,其中一些儿童的教育得分很低,但是没有达到危险程度。如果只有高危儿童表现出收益很大,这将削弱教育干预的效果。例如,对参加婴儿健康和发展项目的儿童进行分析发现,其母亲的教育程度不同,则其收益的水平有显著差异。如图21.3所示,如果按3岁儿童的斯坦福—比奈量表的智力分数表示,收益的不同程度与母亲的教育程度有着顺序关系。收益最大的是母亲低于高中学历的儿童,其次是母亲为高中学历的儿童,第三是母亲为大学学历的儿童。有趣的是,如果参与教育干预儿童的母亲有4年制的或更高的学历,则这个干预对这些儿童既不会有利也不会产生坏处(S. L. Ramey & Ramey, 2000)。这些发现(不同收益)与对教育干预的解释相一致,即这些教育干预采用关键的方式补充了儿童一般智力发展所需的家庭经验;因此对那些认知和语言发展得到家庭和其他环境强有力支持的儿童来说,不需要额外的教育干预。在此研究中,我们还注意到,就像在所有RCTs中的一样,控制组儿童从来没有被阻止参加其他项目,因此在婴儿健康和发展项目中,许多大学学历父母自己寻找了额外的帮助和信息,来支持其早产儿和低体重儿的早期发展。

884

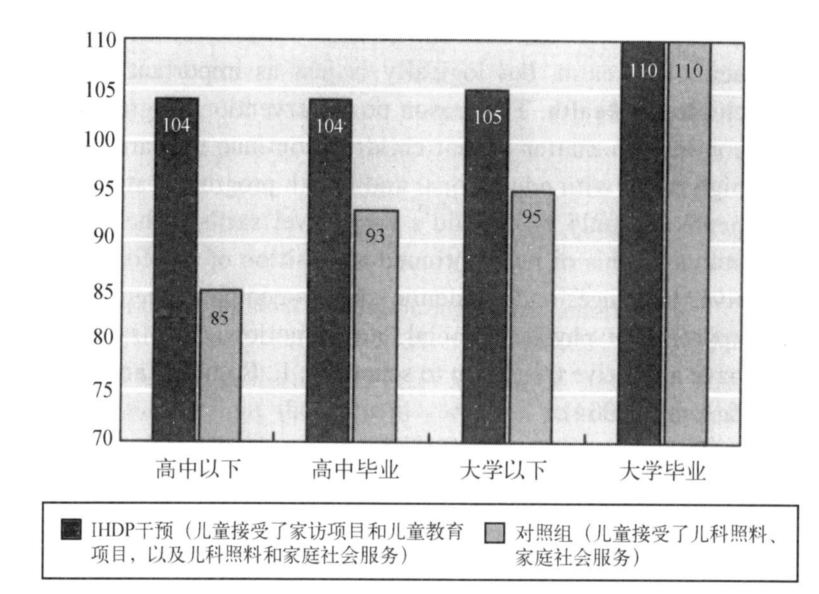

图 21.3 婴儿健康发展项目(IHDP)的不同效果;母亲不同教育状况的3岁儿童的IQ结果(斯坦福—比奈智力测验)

持续支持原则

本原则认为,随着时间推移,如果缺乏后续的充足支持,早期教育干预最初的积极效果将会消失。这些通常在教育领域得到了证实,但在逻辑上持续性支持对儿童的健康一样重要。为什么要进行干预后项目,其原因是儿童在干预之后仍需要继续快速学习,促进教育和健康的发展,这不仅仅依赖于儿童的初始水平技能或健康状况,还依赖于其后来获得的认知、语言和学术技能,这些技能往往通过适当的身体、社会、情绪技能来补充,以便能更好地过渡到小学期(S. L. Ramey, Ramey, & Lanzi, 2004)。

针对高危儿童开展的许多早期干预项目发现了其对学校成绩、年级保持力(grade retention)、是否参加特殊教育产生了长期的、充足的效果,但是在一些研究(e. g. , Garber, 1988)中并非如此,早期教育的长期干预后,被试的IQ分数却下降了。这主要有两个相关因素:第一,对于处境不利的儿童来说,仅仅维持有效的早期教育干预的优势是不够的。而且如果儿童想在学校阶段获得成功,其必须以标准的速度发展多种领域。第二,当前,还没有一种有影响力的发展理论提出,积极的早期学习经验足以保证儿童一生都表现良好。贫穷的学校环境、不乐观的健康状况、严重破坏的家庭环境以及许多其他条件都会影响任何年龄段儿童的行为。因此,关于早期干预的长期效果的纵向调查必须考虑儿童随后的环境和经验(在早期干预停止后)。

如前所述,只有初学者项目把早期教育干预延伸到了小学阶段,才能评价出过渡期间额外的系统支持的重要性。如图21.4所示,在儿童8岁时,接受了8年持续教育干预的儿童在数学、阅读方面表现最好;然后是接受5年教育干预的儿童,第三是只接受了小学阶段干预的儿童(Horacek, Ramey, Campbell, Hoffman, & Fletcher, 1987)。对 IQ 分数进行纵向分析发现,影响只存在于早期干预组,也就是说,只参加幼儿园到 8 岁的补充项目并未导致更高的 IQ 分数(C. T. Ramey & Campbell, 1994)。到儿童 12 岁时,接受了早期干预的儿童仍在学业成绩和 IQ 分数上表现良好,总起来说,在所有测量中都表现良好的儿童,他们都既参与了学前教育干预,也参与了学校阶段的教育干预。

Currie & Thomas(1995)深入分析了那些参加过早期开端项目儿童的长期教育进步情况,证明那些进入平均水平或高于平均水平学校的儿童会继续跟上同龄同伴,但是进入教学质量极低学校的儿童在不断退步(与其进入学校的水平相比)。不幸的是,在布朗诉教育委员会案(Brown v. Board of Education)50 年后,以下情况依然真实:即使其他种族家庭收入低于贫困线,非裔美国人中的低收入儿童大多进入了质量非常差的学校,而且这种概率也远远高于其他种族。

最近,Barnett(2004)写了一篇非常好的综合评论来对抗"消失的神话"。虽然随时间推移,IQ 分数的组间差异消失了,但是阅读、语言、数学成绩以及整体学校适应性表现出了长

885

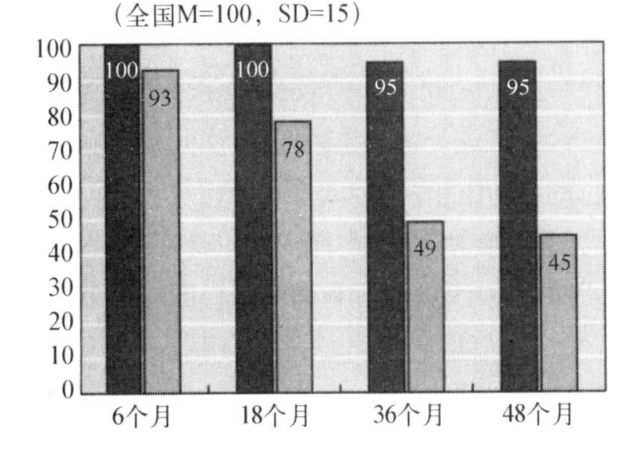

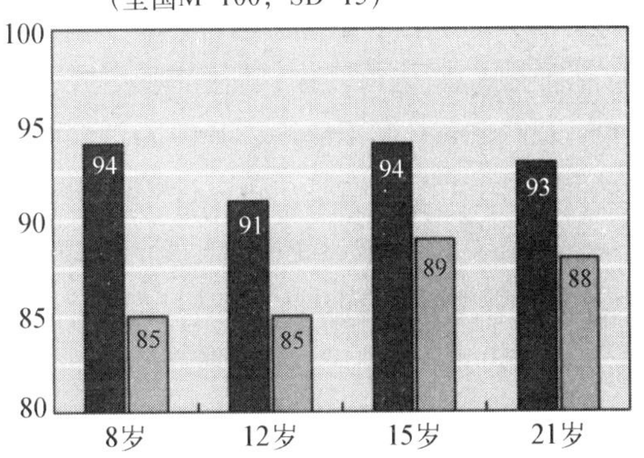

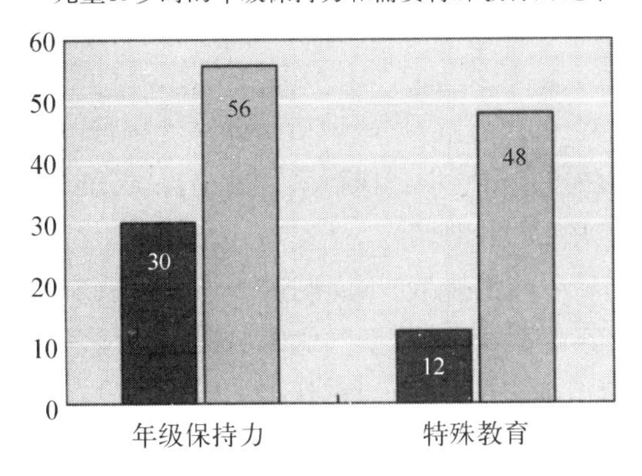

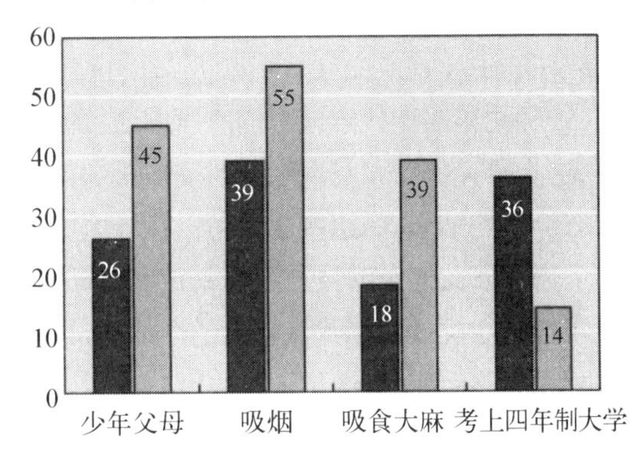

初学者项目训练(儿童接受了5年学前教育以及营养供给、正规的儿科照料、家庭社会服务)

对照组(儿童接受了营养供给、正规的儿科照料、家庭社会服务)

图 21.4 初学者项目:婴儿到成年初期的部分教育和健康结果

期的正面效果。如果这些持续的效果不再出现，其中的一个影响因素或许是紧跟早期教育干预之后的教育项目的质量和强度不够。如果有机会对参加随机控制实验（有追踪数据）的学校进行严格的事后分析将是很有价值的，就像更多地描述针对从早期教育干预过渡到公立学校项目的儿童的教育支持的自然变化（Kagan, 1994）。

合作与社区参与式研究的主要特征

传统上，关于儿童发展的科学调查主要由科学家指导，这些科学家往往对提高科学理论以及实际理解哪些因素影响了人类发展的进程感兴趣。一些拥护者已经加强了这方面的研究，例如更多的研究开始关注孤独症、智力落后、艾滋病、学习不良和阅读困难等。然而，很少有研究采用下列方式，即在研究过程中充分包括临床医生、教育者、社区成员等各方面的专家观点，他们通常掌握与儿童及其家庭的追踪调查密切相关的、广泛的、深入的信息，但是这些个体在设计和进行纵向研究中很少作为全职人员参与。渐渐地，科学家们认识到，在研究过程中吸纳和尊重更多领域的专家意见（包括多种规则、实践、社区经验等），会有巨大的潜在价值。当然，这也面临着挑战，即如何有效地创建一种新的伙伴关系，在这种新的关系中，多个领域"专家"能够联合起来，以期对影响儿童健康和教育的因素达成更加完整的认识和理解。

886

我们已经就进行合作式研究制定并使用了一些方针，以此来评估教育和健康干预的效果（S. L. Ramey & Ramey, 1997b）。如图 21.5 所示，在进行教育和健康这些活动干预效果的研究中，本图总结了在研究计划和实施中相应的、有用的关键活动。简单而言，就是包括关键个体和群体作为成员早期参与研究，以便创建一个共享的愿景（shared vision）和框架，指导决策制定和确认收集、分析数据所需的主要问题和计划。影响合作与社区参与式研究成功的重要因素是形成研究期间的定时报告制度，提供项目执行情况的实用信息以及关于项目效果、儿童发展的早期证据。让这些伙伴积极地坚持下来与保证长期干预研究的持续性，了解随时间推移社区和家庭生活的其他变化（这些变化或许可影响健康和教育的测量结果）同等重要。这些研究伙伴可以让我们准确地知道社区以及家庭环境的变化，而这些变化往往能独立地或交互地影响儿童的健康和教育。这些研究伙伴不仅能根据相关影响因素，正确测量培养科学诚实的态度，而且为正确的解释、推广、应用研究结果提供了舞台。另外，这些研究伙伴本身可以及时交换相关信息，包括科学家给项目执行者和家庭提供先前研究有价值的结果，而这些成果可以在社区中实际应用（见图 21.5）。

进行如此复杂、有雄心、行动定向的研究面临着严峻的挑战，不说明这一点就是我们的失职。这些挑战包括确认合适的个体组成伙伴关系的重要性；认识到伙伴关系中的成员会随时间推移而变化（由于各种原因）；寻找各种方式以便为伙伴群体提供切实利益，正确认识所有的伙伴成员；预期和提出如何解决可能发生的问题和不同意见；为这种研究方式在大多数大学中寻求更强大的支持。理想状况是，主要成员、社区及大学领导、关注伙伴关系的广大公共媒体、为交换信息召开的会议等共同签署书面同意书，这是维持项目完整性、可接受性、生产性的重要机制。

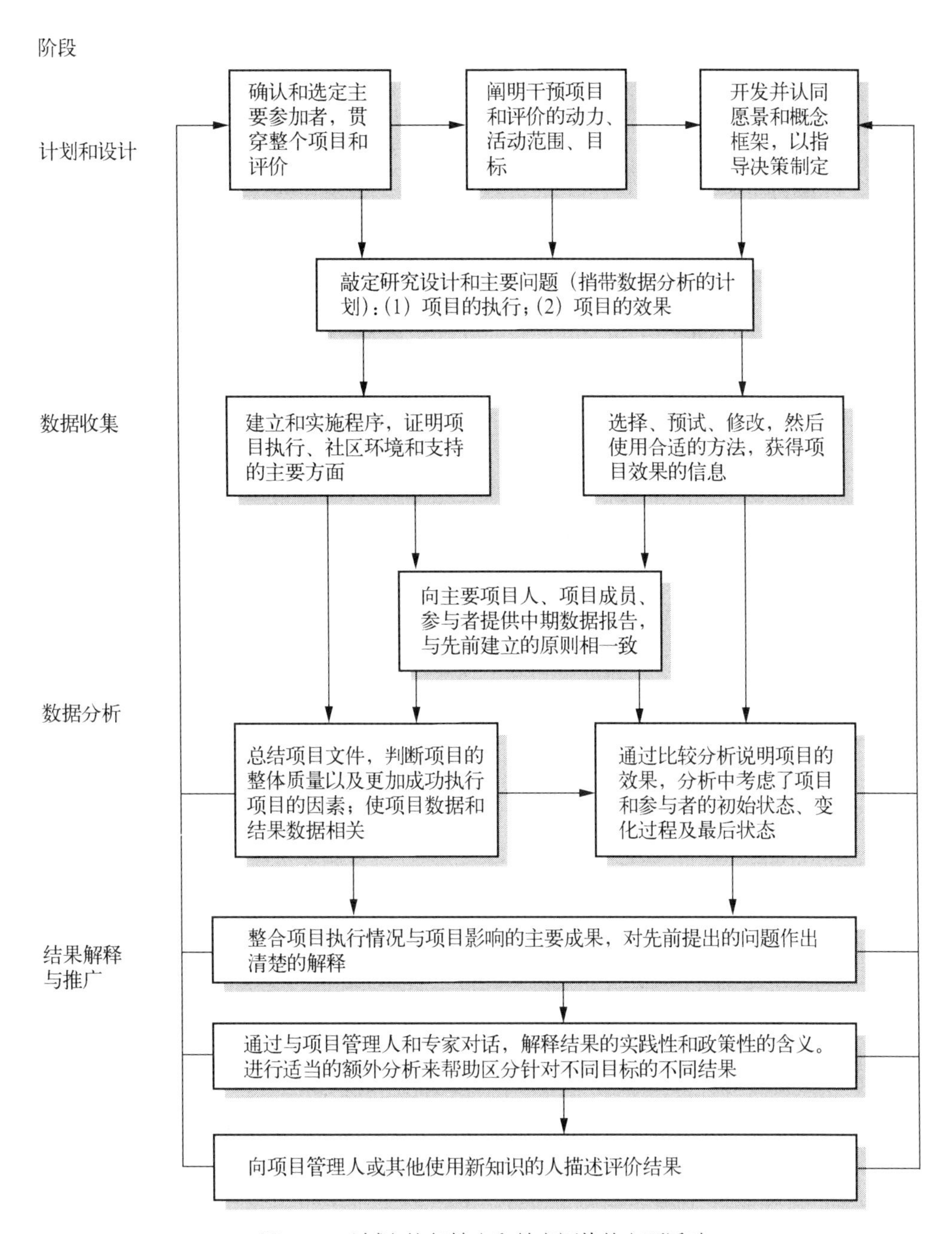

图 21.5 计划、执行健康和教育评价的主要活动

摘自"The Role of Universities in Child Development"(pp. 13 - 44), by S. L. Ramey, in Children and Youth: Interdisciplinary Perspectives, H. J. Walberg, O. Reyes, and R. P. Weissberg (Eds.), Thousand Oaks, CA: Sage, Reprinted with permission。

举个例子，当我们与一个社区和一个研究型大学确立了长期的研究伙伴关系，并开发和签署了一系列的指导操作的原则(详见 C. T. Ramey & Ramey, 1997a, 1997b)。这些原则是：(1) 保证所有项目都必须结合社区和大学的发展；(2) 承诺研究对社区和大学都有利；

(3) 承诺研究将改变人们的日常生活;(4) 保证成员在一段时期内保持伙伴关系(如十年);(5) 确立一种信念,即随时间推移,作为伙伴关系质量的直接结果,社区和大学将变得更好;(6) 承诺以作为他人榜样的方式开展伙伴关系(例如扩大利益,并使大学—社区伙伴关系变得更加方便)。

大学和公共政策

大学是"模型研究项目"(model research program)的最大孵化器,这些"模型研究"目的是提高幼儿的教育,检验健康干预的效果。然而不幸的是,许多获得积极效果的模型项目却没有在社区环境中采用和执行,并在大量的被试中获得可相比较的效果。我们认为,这表明了旧式研究的天生局限性,在这些研究中主要采用了一两个原则,由大学的科学家领导,获得联邦机构资助,没有要求社区关键人物的早期以及后来的参与,在设计时没有考虑公共政策和实用性话题(实用性决定了新项目是否能顺利地在社区执行)。

在很大程度上,大学的历史结构领导了研究基金的结构以及社区为儿童和家庭提供支持的方式(C. T. Ramey & Ramey, 1997b)。特别是,以往的纪律训练保证了下列领域的程度,即社会工作、心理学、小儿科、小儿牙科、小儿康复、早期儿童教育、特殊教育、教育心理、儿童及家庭看护、儿童精神病学、公共健康、城市规划及其他,但是这些训练也导致了服务机构和社区为基础的实践活动建立了相同模式,它们阻碍了为儿童和家庭提供合作良好的、有效的、广泛的支持。在资源有限和高要求的时代,这种方式的传播已经使服务产生了引人注目的破碎和重复。类似地,在大学里,关于儿童和家庭的高度划分的知识体系逐渐形成,但是没有明显的途径对儿童的发展创建统一的理论,也没有找到有效的方式来提高高危儿童的发展。

大学和社区重新改组的潜在收益是巨大的,这与关于儿童如何学习以及如何促进其健康的科学依据相一致。就像大学领导的研究和示范项目具有天生的局限性一样,许多意图明显的社区基础项目即使是全面的和协同的,也具有这些局限性。社区项目的创始者们通常没有进行严格的调查,就像许多大学项目没有参与社区活动,与其建立伙伴关系一样。我们认为,这些更加支持了大学和社区的主要政策和组织变化,虽然这些变化是不容易的,也不会受到所有人的欢迎。真正的重组可能意味着一些原则和实践的结束,同时创建新的联合或合作领域和实践,以便通过更加整体的、见多识广的方式,更好地满足儿童和家庭的需要。

这种新型的研究同样也把大学放在了一个新的位置上,第一,大学积极支持改善与社区关系,促进社区健康和谐,同时生成新知识。因此,大学需要考虑如何战略地为这种研究方式提供基础性支持(如对新技术和试验支持的一般性计划),如何认识和奖赏全体教员和职工以维持这些研究服务伙伴关系,如何用更加灵活、适应的方式运作,以便改进这种伙伴关系(如建立容易处理的转包合同,联合雇佣或监督员工,减少一定活动的间接成本率,灵活支付社区咨询费用,对社区参与者提供权利享用大学课程和服务)。最后,大学需要预先料到长期研究中出现的结果有时或许是有争议的或者引起政治上的激烈反应。理想的状态是,伙伴关系协议已经预期了所有的结果，积极的伙伴关系将有责任用大家都同意的方式来分享和表现研究成果。科学和学术自由不能被妥协；对于研究成果如何解释和发布，社区与研究参与者的需要永远不能被忽视。这些复杂的、棘手的问题需要公开的讨论，并用当前方式来考虑，同时要与提高儿童的健康和教育的总目标保持一致。

小结

早期儿童教育项目以及社区为基础的健康预防和促进干预活动，都需要使用一种跨学科的方法，这种方法建立在最近科学发现成果的基础上，反映了健康和教育领域整合方面(历史上一直是割裂的)的进步。这种相对新颖和创新的方法，可以看作是一种系统的努力(活动)来整合这些训练和教育“所有儿童”的支持活动，并使其富有个性。在这里，健康的定义与 WHO 的定义相一致，包括个体的心理健康，而不仅仅是没有疾病。教育也不仅仅是指智力能力和学术测验标准测验的得分；也就是说，儿童在教育方面的进步包括社会情绪技能、适应变化的能力、认知和问题解决技能(支持终身学习和能力)。

889

已经存在许多目的明确的联邦、州、地方“多成分”的创新之举，包括众所周知的早期开端项目、幼儿早期开端项目，针对发展不良和处于高危条件下的儿童开展的早期干预项目，获得资助的、提高照顾儿童质量的活动，学校准备性和“幼小”过渡项目。本章以早期开端项目—公立学校早期儿童过渡示范项目为例，此项目跨多个地区，受国会委托，目的是帮助先前早期开端项目儿童及其同学提高教育成绩和健康状况。

人们普遍认为，儿童的健康和教育对其成功非常重要，然而，很少有研究试图理解健康和教育如何相互影响，以及共同决定儿童发展的过程。“实用生物社会情境发展”是一般的概念框架，并得到研究成果的积极支持，并被证明在提高儿童教育和发展的效果中是非常有用的。ABCD 从系统理论的观点出发，确认了影响健康的多种因素的、共同发生(存在)的方式。儿童的发展是根据生物和社会进程来衡量的，它或多或少地受到环境条件的支持或阻碍，由此导致了内部相互关联的三个主要结果：儿童的健康状况和促进健康行为(健康)；儿童的行为、智力、社会性发展以及教育进步(教育)；儿童对其自身的内部表达、他们的环境及其经历(个体构成)。

许多计划良好的干预已经获得了科学成果，主要是关于哪些因素构成了有效的儿童干预。我们回顾并总结了这些成果，提出了早期干预有效性的五个主要原则。具体如下：

1. “剂量”原则。该原则认为更大强度或大“剂量”的干预将获得更多、更持久的效果，相反，强度不够的干预往往获得有限的或者没有效果。

2. 时间原则。该原则认为在合适的时间利用儿童的神经可塑性的特点，如果开始很早，并且一直在儿童迅速发展和学习阶段持续，将获得积极的结果。

3. 直接接受服务/支持原则。该原则认为对于改变儿童发展来说，如果只通过改变儿童的父母及社区教育提供者，则在改变儿童方面不会取得显著的效果。然而，如果直接对儿童提供服务(经常伴随着家庭和社区支持)则可以改变儿童个体的发展轨迹。

4. 不同收益原则。该原则认为教育干预可能会对儿童产生或多或少的影响，但这取决于多种因素的共同作用，比如儿童最初危险和需要的形式和程度，以及在干预中这些因素被关注的程度。例如，如果儿童的父母只能提供有限的资源来满足其幼儿的认知和语言学习需要，则这些儿童参加早期教育干预获得的收益显著多于母亲有更多教育、经济和健康资源的儿童。

5. 持续支持原则。该原则肯定了儿童在其发展过程中，接受正确类型和数量的健康和教育支持的重要性。也就是说，如果在教育干预之后儿童没有接受学校、家庭和社区的合理支持，而仅仅是早期教育干预，则不能产生巨大的、持续的效果或收益。

在不同年龄、不同发展阶段、不同文化背景、不同地区中，五个主要原则相互作用的途径仍然需要进行大力探究。未来对儿童健康和教育的科学调查，将采用可以在一个实用性的知识框架下进行比较和联合的方式，将很大部分依赖于研究设计、执行、被证明、被总结的程度。

890

为了进行如此复杂的研究，特别是大规模、持续的预防和干预项目，急需一种新的研究方式，即合作式研究，就是在研究过程中，吸取来自社区和专家、科学家及市民的广泛的专家意见。让个体和小组参与项目计划和执行的早期阶段，很可能产生对家庭、项目执行者、社区更加有效、更加敏感、更加可接受的、有用的结果。进行这样的研究必须深入地理解教育和健康领域的政策、经济、政治，实际执行中的复杂、变化的方式。这些研究目标既是基础的又是应用性的，而且这些研究还可能获得一种洞察力，以便进入另一个“时代”。在那里，历史上少量的低收入家庭儿童的健康和教育的不平等状况将会戏剧性地减少并最终消失。

（王永丽译）

参考文献

Barnett, W. S. (2004). Does Head Start have lasting cognitive effects? The myth of fade out. In E. Zigler & S. J. Styfco (Eds.), *Head Start debates* (pp. 221 - 249). Baltimore: Paul H. Brookes.

Bertalanffy, L. V. (1975). *Perspectives on general system theory*. New York: George Braziller.

Binder, A. (1972). A new context for psychology: Social ecology. *American Psychologist*, *27*, 903 - 908.

Blair, C., Ramey, C. T., & Hardin, M. (1995). Early intervention for low birth weight premature infants: Participation and intellectual development. *American Journal on Mental Retardation*, *99*, 542 - 554.

Borkowski, J. G., Ramey, S. L., & Bristol-Powers, M. (Eds.). (2002). *Parenting and the child's world: Influences on academic, intellectual, and social-emotional development*. Hillsdale, NJ: Erlbaum.

Bronfenbrenner, U. (1977). Toward an experimental ecology of human development. *American Psychologist*, *32*, 513 - 530.

Bronfenbrenner, U. (1979). *The ecology of human development*. Cambridge, MA: Harvard University Press.

Bryant, K., Windle, M., & West, S. G. (1997). *The science of prevention: Methodological advances from alcohol and substance abuse research*. Washington, DC: American Psychological Association.

Campbell, F. A., Pungello, E., Burchinal, M., & Ramey, C. T. (2001). The development of cognitive and academic abilities: Growth curves from an early childhood educational experiment. *Developmental Psychology*, *37*, 231 - 242.

Campbell, F. A., Ramey, C. T., Pungello, E., Sparling, J., & Miller-Johnson, S. (2002). Early childhood education: Young adult outcomes from the Abecedarian Project. *Applied Developmental Science*, *6*, 42 - 57.

Coie, J., Watt, N., West, S., Haskins, D., Asarnow, J., Markman, H., et al. (1993). The science of prevention: A conceptual framework and some directions for a national research program. *American Psychologist*, *48*, 1013 - 1022.

Cole, K. N., Dale, P. S., Mills, P. E., & Jenkins, J. R. (1991). Effects of preschool integration for children with disabilities. *Exceptional Children*, *58*, 36 - 45.

Currie, J., & Thomas, D. (1995). Does Head Start make a difference? *American Economic Review*, *83*, 241 - 364.

Garber, H. L. (1988). *Milwaukee Project: Preventing mental retardation in children at risk*. Washington, DC: American Association on Mental Retardation.

Garmezy, N. (1983). Stressors of childhood. In N. Garmezy & M. Rutter (Eds.), *Stress, coping and development in children* (pp. 43 - 84). New York: McGraw-Hill.

Grantham-McGregor, S., Powell, C., & Fletcher, P. (1989). Stunting, severe malnutrition and mental development in young children. *European Journal of Clinical Nutrition*, *43*, 403 - 409.

Gray, S. W., Ramsey, B. K., & Klaus, R. A. (1982). *From 3 to 20: The early training project*. Baltimore: University Park Press.

Grotberg, E. H. (2003). *Resilience for today*. Westport, CT: Praeger.

Guralnick, M. J., & Bennett, F. C. (Eds.). (1987). *The effectiveness of early intervention for at-risk and handicapped children*. San Diego: Academic Press.

Hart, B., & Risley, T. R. (1995). *Meaningful differences in the everyday experience of young American children*. Baltimore: Paul H. Brookes.

Hauser-Cram, P., Pierson, D. E., Walker, D. K., & Tivnan, T. (1991). *Early education in the public schools*. San Francisco: Jossey-Bass.

Hill, J. L., Brooks-Gunn, J., & Waldfogel, J. (2003). Sustained effects of high participation in an early intervention for low-birth-weight premature infants. *Developmental Psychology*, *39*, 730 - 744.

Horacek, H. J., Ramey, C. T., Campbell, F. A., Hoffman, K. P., & Fletcher, R. H. (1987). Predicting school failure and assessing early interventions with high-risk children. *Journal of the American Academy of Child Psychiatry*, *26*, 758 - 763.

Huttenlocher, P. R. (1990). Morphometric study of human cerebral cortex development. *Neuropsychologia*, *28*(6), 517 - 527.

Infant Health and Development Program. (1990). Enhancing the outcomes of low birth weight, premature infants: A multisite randomized trial. *Journal of the American Medical Association*, *263*, 3035 - 3042.

Kagan, S. L. (1994). Defining and achieving quality in family support. In B. Weissbourd & S. L. Kagan (Eds.), *Putting families first: America's family support movement and the challenge of change* (pp. 375 - 400). San Francisco: Jossey-Bass.

Kelly, G. A. (1955). *The psychology of personal constructs*. Oxford: Norton.

Kuhl, P. K., Tsao, F. M., & Liu, H. M. (2003). Foreign-language experience in infancy: Effects of short-term exposure and social interaction on phonetic learning. *Proceedings of the National Academy of Science*, *100*(15), 9096 - 9101.

Landesman, S., & Ramey, C. T. (1989). Developmental psychology and mental retardation: Integrating scientific principles with treatment practices. *American Psychologist*, *44*, 409 - 415.

Landesman-Dwyer, S., & Butterfield, E. C. (1983). Mental retardation: Developmental issues in cognitive and social adaptation. In M. Lewis (Ed.), Origins of intelligence: Infancy and early childhood (2nd ed., pp. 479 - 519). New York: Plenum Press.

Levenstein, P. (1970). Cognitive growth in preschoolers through verbal interaction with mothers. American Journal of Diseases of Children, 136, 303 - 309.

Lewin, K. (1936). Principles of topological psychology. New York: McGraw-Hill.

Lewin, K. (1951). Field theory in social science: Selected theoretical papers. New York: Harper & Row.

Lewis, M. (1984). Beyond the dyad. New York: Plenum Press.

Livingston, I. L. (Ed.). (2004). Praeger handbook of Black American health: Policies and issues behind disparities in health (Vols. 1 - 2). Westport, CT: Praeger.

Madden, J. Levenstein, P., & Levenstein, S. (1976). Longitudinal IQ outcomes of the mother-child home program. Child Development, 76, 1015 - 1025.

Martin, S. L., Ramey, C. T., & Ramey, S. L. (1990). The prevention of intellectual impairment in children of impoverished families: Findings of a randomized trial of educational day care. American Journal of Public Health, 80, 844 - 847.

Miller, J. G. (1978). Living systems. New York: McGraw-Hill.

Moser, H. W., Ramey, C. T., & Leonard, C. O. (1990). Mental retardation. In A. E. H. Emery & D. L. Rimoin (Eds.), The principles and practices of medical genetics (Vol. 2, pp. 495 - 511). New York: Churchill Livingstone.

National Institute of Child Health and Human Development Early Child Care Research Network. (2005). Child care and child development: Results from the NICHD Study of Early Child Care and Youth Development. New York: Plenum Press.

National Safety Council. (2001). Injury facts: 2001 edition. Chicago: Author.

Olds, D. L., Kitzman, H., Cole, R., Robinson, J., Sidora, K., Luckey, D. W., et al. (2004). Effects of nurse home-visiting on maternal life course and child development: Age 6 follow-up results of a randomized trial. Pediatrics, 114, 1550 - 1559.

Ramey, C. T., Bryant, D. M., Campbell, F. A., Sparling, J. J., & Wasik, B. H. (1988). Early intervention for high-risk children: The Carolina Early Intervention Program. In H. R. Price, E. L. Cowen, R. P. Lorion, & J. Ramos-McKay (Eds.), Fourteen ounces of prevention (pp. 32 - 43). Washington, DC: American Psychological Association.

Ramey, C. T., Bryant, D. M., Sparling, J. J., & Wasik, B. H. (1985). Project CARE: A comparison of two early intervention strategies to prevent retarded development. Topics in Early Childhood Special Education, 5, 12 - 25.

Ramey, C. T., Bryant, D. M., Wasik, B. H., Sparling, J. J., Fendt, K. H., & LaVange, L. M. (1992). Infant Health and Development Program for low birth weight, premature infants: Program elements, family participation, and child intelligence. Pediatrics, 89, 454 - 465.

Ramey, C. T., Campbell, F. A., Burchinal, M., Skinner, M. L., Gardner, D. M., & Ramey, S. L. (2000). Persistent effects of early childhood education on high-risk children and their mothers. Applied Developmental Science, 4, 2 - 14.

Ramey, C. T., MacPhee, D., & Yeates, K. O. (1982). Preventing developmental retardation: A general systems model. In J. M. Joffee & L. A. Bond (Eds.), Facilitating infant and early childhood development (pp. 343 - 401). Hanover, NH: University Press of New England.

Ramey, C. T., & Ramey, S. L. (1997a). Evaluating educational programs: Strategies to understand and enhance educational effectiveness. In C. Seefeldt & A. Galper (Eds.), Continuing issues in early childhood education (2nd ed., pp. 274 - 292). Englewood Cliffs, NJ: Prentice-Hall.

Ramey, C. T., & Ramey, S. L. (1997b). The development of universities and children: Commissioned paper for the Harvard University Project on Schooling and Children. Cambridge, MA: Harvard University Press.

Ramey, C. T., & Ramey, S. L. (1998a). Early intervention and early experience. American Psychologist, 53, 109 - 120.

Ramey, C. T., & Ramey, S. L. (1998b). Prevention of intellectual disabilities: Early interventions to improve cognitive development. Preventive Medicine, 27, 224 - 232.

Ramey, C. T., & Ramey, S. L. (1999). Beginning school for children at risk. In R. C. Pianta & M. J. Cox (Eds.), The transition to kindergarten (pp. 217 - 251). Baltimore: Paul H. Brookes.

Ramey, C. T., & Ramey, S. L. (2004a). Early childhood education: The journey from efficacy research to effective practice. In D. Teti (Ed.), Handbook of research methods in developmental science (pp. 233 - 248). Malden, MA: Blackwell.

Ramey, C. T., & Ramey, S. L. (2004b). Early educational interventions and intelligence: Implications for Head Start. In E. Zigler & S. Styfco (Eds.), Head Start debates (pp. 3 - 17). Baltimore: Paul H. Brookes.

Ramey, C. T., & Ramey, S. L. (2004c). Early learning and school readiness: Can early intervention make a difference? Merrill-Palmer Quarterly, 50, 471 - 491.

Ramey, C. T., Ramey, S. L., Gaines, R., & Blair, C. (1995). Twogeneration early intervention programs: A child development perspective. In I. Sigel (Series Ed.) & S. Smith (Vol. Ed.), Two-generation programs for families in poverty — A new intervention strategy: Vol. 9. Advances in applied developmental psychology (pp. 199 - 228). Norwood, NJ: Ablex.

Ramey, C. T., Ramey, S. L., & Lanzi, R. G. (1998). Differentiating developmental risk levels for families in poverty: Creating a family typology. In M. Lewis & C. Feiring (Eds.), Families, risk, and competence (pp. 187 - 205). Hillsdale, NJ: Erlbaum.

Ramey, C. T., Yeates, K. O., & Short, E. J. (1984). The plasticity of intellectual development: Insights from preventive intervention. Child Development, 55, 1913 - 1925.

Ramey, S, L. (2002). The science and art of parenting. In J. G. Borkowski, S. L. Ramey, & M. Bristol-Power (Eds.), Parenting and the child's world: Influences on academic, intellectual, and social-emotional development (pp. 47 - 71). Hillsdale, NJ: Erlbaum.

Ramey, S. L., Lanzi, R., Phillips, M., & Ramey, C. T. (1998). Perspectives of former Head Start children and their parents on school and the transition to school. Elementary School Journal, 98, 311 - 328.

Ramey, S. L., & Ramey, C. T. (1992). Early educational intervention with disadvantaged children: To what effect? Applied and Preventive Psychology, 1, 131 - 140.

Ramey, S. L., & Ramey, C. T. (1997a). Evaluating educational programs: Strategies to understand and enhance educational effectiveness. In C. Seefeldt & A. Galper (Eds.), Continuing issues in early childhood education (2nd ed., pp. 274 - 292). Englewood Cliffs, NJ: Prentice-Hall.

Ramey, S. L., & Ramey, C. T. (1997b). The role of universities in child development. In H. J. Walberg, O. Reyes, & R. P. Weissberg (Eds.), *Children and youth: Interdisciplinary perspectives* (pp. 13 - 44). Thousand Oaks, CA: Sage.

Ramey, S. L., & Ramey, C. T. (1998). The transition to school: Opportunities and challenges for children, families, educators, and communities. *Elementary School Journal*, *98*, 293 - 296.

Ramey, S. L., & Ramey, C. T. (2000). Early childhood experiences and developmental competence. In J. Waldfogel & S. Danziger (Eds.), *Securing the future: Investing in children from birth to college* (pp. 122 - 150). New York: Russell Sage Foundation.

Ramey, S. L., Ramey, C. T., & Lanzi, R. G. (2004). The transition to school: Building on preschool foundations and preparing for lifelong learning. In E. Zigler & S. J. Styfco (Eds.), *Head Start debates* (pp. 397 - 413). Baltimore: Paul H. Brookes.

Ramey, S. L., Ramey, C. T., & Phillips, M. M. (1997). *Head Start children's entry into public school* (Research Report 1997 - 2002). Washington, DC: U. S. Department of Health and Human Services,

Administration for Children and Families.

Ramey, S. L., Ramey, C. T., Phillips, M. M., Lanzi, R. G., Brezausek, C., Katholi, C. R., et al. (2001). *Head Start children's entry into public schools: A report on the National Head Start/Public School Early Childhood Transition Demonstration Study* (Contract No. 105 - 95 - 1935). Washington, DC: U. S. Department of Health and Human Services, Administration on Children, Youth, and Families.

Ramey, S. L., & Sackett, G. P. (2000). The early caregiving environment: Expanding views on non-parental care and cumulative life experiences. In A. Sameroff, M. Lewis, & S. Miller (Eds.), *Handbook of developmental psychopathology* (2nd ed., pp. 365 - 380). New York: Plenum Press.

Random House Webster's unabridged dictionary (2nd ed.) (1997). Random House.

Reid, M., Ramey, S. L., & Burchinal, M. (1990). Dialogues with children about their families. In I. Bretherton & M. Watson (Eds.), *Children's perspectives on their families: New directions for child development* (pp. 5 - 28). San Francisco: Jossey-Bass.

Robinson, N. M., Lanzi, R. G., Weinberg, R. A., Ramey, S. L., & Ramey, C. T. (2002). Family factors associated with high academic competence in former Head Start children at third grade. *Gifted Child Quarterly*, *46*, 281 - 294.

Robinson, N. M., Weinberg, R. A., Redden, D., Ramey, S. L., & Ramey, C. T. (1998). Family factors associated with high academic competence among former Head Start children. *Gifted Child Quarterly*, *42*, 148 - 156.

Rutter, M. (2000). Resilience reconsidered: Conceptual considerations, empirical findings, and policy implications. In S. J. Meisels & J. P. Shonkoff (Eds.), *Handbook of early childhood intervention* (2nd ed., pp. 651 - 682). New York: Cambridge University Press.

Sameroff, A. J. (1983). Developmental systems: Contexts and evolution. In P. H. Mussen (Ed.), *Handbook of child psychology* (Vol. 1, pp. 237 - 394). New York: Wiley.

Satcher, D. (2004). Foreword to Praeger handbook of Black American health. In I. L. Livingston (Ed.), *Praeger handbook of Black American health: Policies and issues behind disparities in health* (pp. xxxi-xxxiv). Westport, CT: Praeger.

Scarr, S., & McCartney, K. (1988). Far from home: An experimental evaluation of the mother-child home program in Bermuda. *Child Development*, *59*, 531 - 543.

Schwebel, D. C., Brezausek, C. M., Ramey, S. L., & Ramey, C (2004). Interactions between child behavior patterns and parenting: Implications for children's unintentional injury risk. *Journal of Pediatric Psychology*, *29*, 93 - 104.

Schweinhart, L. J., & Weikart, D. P. (1983). The effects of the Perry Preschool Program on youths through age 15. In Consortium for Longitudinal Studies (Ed.), *As the twig is bent: Lasting effects of preschool programs* (pp. 71 - 101). Hillsdale, NJ: Erlbaum.

Shonkoff, J. P., & Phillips, D. A. (2000). *From neurons to neighborhoods: The science of early childhood development*. Washington, DC: National Academy Press.

Slater, M. A., & Power, T. G. (1987). Multidimensional assessment of parenting in single-parent families. In J. P. Vincent (Ed.), *Advances in family intervention, assessment and theory* (pp. 197 - 228). Greenwich, CT: JAI Press.

Stokols, D. (1992). Establishing and maintaining healthy environments: Toward a social ecology of health promotion. *American Psychologist*, *47*, 6 - 22.

Stokols, D. (1996). Translating social ecological theory into guidelines for community health promotion. *American Journal of Health Promotion*, *10*, 282 - 298.

Teti, D. (Ed.). (2004). *Handbook of research methods in developmental science*. Malden, MA: Blackwell.

Vygotsky, L. S. (1978). *Mind in society: The development of higher psychological processes* (M. Cole, V. John-Steiner, S. Scribner, & E. Souberman, Eds. & Trans.). Cambridge, MA: Harvard University Press.

Waldfogel, J., & Danziger, S. (Eds.). (2001). *Securing the future: Investing in children from birth to college*. New York: Sage.

Wasik, B. H., Ramey, C. T., Bryant, D. M., & Sparling, J. J. (1990). A longitudinal study of two early intervention strategies: Project CARE. *Child Development*, *61*, 1682 - 1696.

Werner, E. E., Bierman, J. M., & French, F. E. (1971). *The children of Kauai: A longitudinal study from the prenatal to age ten*. Honolulu: University Press of Hawaii.

White, K. R. (1991). *Longitudinal studies of the effects of alternartive types of early intervention for children with disabilities* (Annual report for project period October 1, 1990 - September 30, 1991). Logan: Utah State University, Early Intervention Research Institute.

World Health Organization. (2005). Retrieved September 15, 2005, from http://www.who.int/en.

第 22 章

养育的科学与实践*

MARC H. BORNSTEIN

缔约国一致认为教育儿童的目的应是:

* 本章概括选择了本人以前的研究和公开发表过的文章中的资料。在本章的材料准备上得到了 NICHD 的 NIH 校本研究项目的支持。我要感谢 H. Bornstein、K. Crnic、M. Heslington、S. Latif、J. Sawyer、C. S. Tamis-LeMonda 和 C. Varron 的建议和帮助;儿童福利中心的 L. Davidson、M. A. Fenley、L. Gulish、E. L. Pollard、M. F. Rogers、M. Rosenberg、D. C. Smith 和 S. Toal,以及养育网络的 R. Bradley、K. Crnic、E. Galinsky、M. Juzang、W. Juzang、J. Kagan、S. Lee、R. M. Lerner、V. Murry、L. Steinberg 和 R. Wooden。

a）最充分地发展儿童的个性、天分、智能和体能；

c）培养儿童对其父母的尊重。

选自联合国儿童权利公约(联合国儿童基金会，1990)

每一天，全世界大约有75万成年人开始成为新的父母，体验着喜悦与收获同时也有挑战与伤痛(Population Reference Bureau, 2000)。作为一个个体，每个人都有被父母养育的经验，而且许多人在有了自己的孩子时，还会再重新经历一次。然而，养育仍然是个令人有点困惑的学科。尽管很多人并不这样认为，但几乎每人都有自己的观点。最近，令人惊奇的是，关于养育的确凿的科学知识在增加。图22.1就显示出了今日在有关父母养育研究方面的普遍的增加。这是在儿童心理学手册中收录的第一个正式的从根本上关于养育的章节，既为养育信息的需求的增加提供一种佐证，也是对已有的信息进行一番梳理。

894

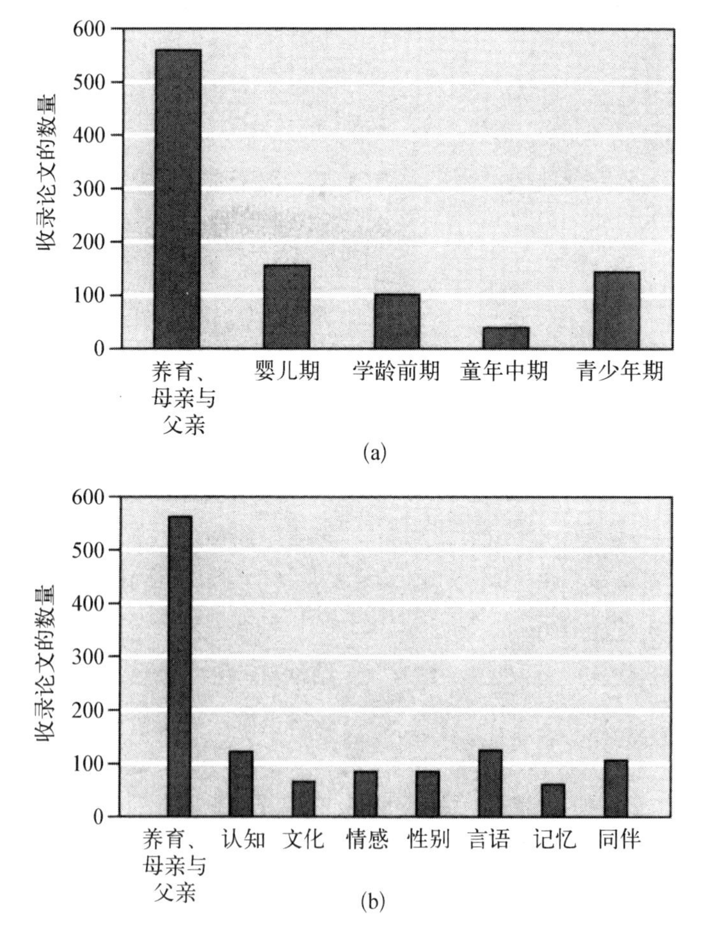

图22.1 (a) 儿童发展研究会2005年会议上收录的关于养育、母亲、父亲与儿童发展的四个阶段的论文数量。
(b) 儿童发展研究会2005年会议上收录的关于养育、母亲、父亲与儿童发展的七个专题领域的论文数量。

养育是一份工作,其所关注与行动的主要目的就是孩子——人类的孩子不会也不可能作为一个完全孤立的个体长大——而养育对于父母本身而言也是生命中很重要的一课,并且对他们自身也有至关重要的影响。父母既关心孩子每日的生活也关心其长期的发展,还关心身为父母的自己,想知道如何能在处理儿童持续不断的需要时能够做到最好。养育是一项24/7(每天24小时,每周7天不间断)的工作。

父母们的投资是在他们的孩子身上的基本方面:他们的生存、他们的社会化和他们的教育。进化心理学对将一个新的个体带到世界上与养育一个已经存在的个体进行了区分,即分娩与养育(Bjorklund, Yunger, & Pellegrini, 2002)。但是在种系等级上的功能减少的主要是分娩者,在哺乳动物中,如人类,倾向于做孩子的养护者,可能是因为人类的幼儿完全依赖于父母。也是在童年这个时期,我们第一次形成一种社会联结,第一次学习如何表达和看懂人类的基本情感,第一次感知了这个物质世界。在童年时期,个体人格与社会风格也初步发展。引导孩子经过所有这些令人激动的第一次的人正是他们的父母。

对父母与孩子的关系的思考的结果,重点强调父母作为孩子社会化的动因;然而,从相当大的程度上讲,养育是个双向的道路。没有什么比孩子的出生更能激发成人的情感和吸引他的注意。而且,从出生之日起,孩子们就改变了他们父母的睡眠、饮食和工作习惯;他们改变了养育和父母对自己的定义。事实上,亲子活动的显著特征是同步互动与敏感的相互理解的复杂模式(Bornstein, 1989a, 2002b; Kaye, 1982; Stern, 1985; Trevarthen & Aitken, 2001)。婴儿哭闹是要求喂和改变,他们醒来,是在告诉父母他们要去玩耍和学习。有时候,父母们是主动发起这些互动的,然而,也经常只是对孩子的需求做出反应。父母与孩子互相作用于彼此,共同建构父母时期和童年时期。

历史上,各种类型的理论家都视父母对孩子的影响为最大,但在现代社会,多数人认为童年时期的社会化涉及大量的相关个体而且发生在不同的背景之下:家庭、同伴群体、日托中心、学校教室。Bronfenbrenner(Bronfenbrenner & Morris, 1998)描述了一种关于亲子关系和儿童发展的生态学观点,这刺激了发展学家们从一种系统的角度来考虑父母、儿童和家庭。这一章里有关于养育的部分也是坚持了以上生态发展观。

父母承担着使孩子适应社会的比以往更大的和持续不断的任务,那就是,为他们在其必须的典型的环境中的生存做好生理上、经济上以及心理和社会适应等各方面的准备,并且还希望他们茁壮成长(Benedict, 1938; Bornstein, 1991; LeVine, 2003)。父母时时刻刻都需要帮助孩子将头脑中那些新奇的、费解的、快速变化以及不确定的信息解释清楚。然而,尽管会不断变动,他们仍然期望有一致的、恰当的和有效的养育方法。父母们到处都会表现出很强的动机来完成这些任务。大人们在他们初次成为父母的时候已经知道了(或者认为他们知道)一些关于养育的事情(Zero-to-Three, 1997)。的确,人类对于养育的事似乎拥有一些直觉的知识(Papoušek & Papoušek, 2002),而且一些养育的特性也可能就存在于我们遗传而来的生理结构之中(Fleming & Liu, 2002)。比如父母即使知道小宝宝无法理解语言,也几乎随时都跟他们的婴儿说话。他们甚至会使用一种特殊的语调。然而,人们也通过所处的文化,如代际相传、社会交往以及养育方面的媒体形象等渠道获得一些养育知识。无论

895

是传承的或现成的儿童家庭生活，都在帮助人们认识养育并指导他们养育的实践上起了很重要的作用(Holden & Buck, 2002; Sigel & McGillicuddy De Lisi, 2002)。由于这些原因，来自不同文化的父母在观念上也有所不同，比如关于孩子成功适应自己的这种特定能力的重要性的看法，关于期望孩子所达到不同里程碑或获得各种各样的能力的年龄方面等，都有所差别(Goodnow, 2002; Harkness & Super, 1996)。养育儿童的直接经验，以及在养育过程中的自我建构是形成养育的态度和行为的另外一个重要的因素。

从儿童角度来说，他们无疑很容易从父母的养护中受益。长期以来人们都将童年早期看作生命周期中一个特别具有可塑性、易于接受外界影响的时期，此时期接受的影响一直到离开他们最初的家庭很久后还可能持续地产生作用。在儿童最初一年内最容易受影响的特征十分广泛，从所说的语言和喜欢的食物一直到他们所服从的政治和宣称的宗教信仰都有早期影响的痕迹。

大多数人并不认为养育活动是特别富有科学性的。大多数人似乎只是在从事养育，没有考虑太多。然而正如很多事情一样，想要更好地养育是需要知识的。令人高兴的是，的确存在一种关于养育的科学，以及非常具有系统性的研究。当代的养育文献记载了数以千计的基于经验的研究。本章是以正在兴起的养育科学为基础的。关于养育的起源和实践的大量的日益成熟的研究使得我们得出了一个结论，即养育是能够被教育和文化所影响和改变的，那么我们所了解的关于养育的知识就能影响实践，从而产生深远的意义。

关于养育的科学分析也有助于阐明父母的实践是如何影响到孩子的成长的结果以及产生这样的结果的原因。为了能够检查出父母的变化作为一个潜在的机制原因如何产生对孩子明确的成果，研究经常采用相关的设计，也会使用实验操作和其他技巧。是什么力量影响了儿童在何时改变和如何改变？什么样的条件决定了儿童在发展速度上的差异和他们最终取得的成就？这些问题构成了养育这门科学的核心。当然，儿童的基因构成影响了他们的个性也影响了父母对待他们的方式。然而，儿童所遗传的性格倾向和他们父母在儿童养育上的选择是紧密交织在一起并且相互作用的。有确凿的证据证明父母不仅能够而且确实影响了孩子。

父母在儿童发展中扮演很多角色：培养和保护孩子，指导孩子理解和表达合适的情绪情感，教育孩子在他们拥有的童年时期哪些是可接受的行为，为孩子做好准备去适应一个更广泛领域的生活角色和他们在成长中要遭遇的这些事情(Bornstein, 1989a, 2002a; Badley & Caldwell, 1955)。所有的文化都给他们的成员以及其他人规定了一定的信仰和行为。而身处文化中的儿童必须两者都要学习(Maccby, 2000)。对于父母，一些规定和禁止基本上很普遍，比如父母需要培养和保护他们的后代。其他的，比如什么样的情感可以在公共场合表达，在不同文化之间是有所差异的。在所有的文化中，所谓的使儿童社会化，就是使新的一代获得已有定规的信仰和行为。在文化/父母/儿童这三者构成中，父母作为桥梁联系着文化实践和儿童每日生活与学习的理想。有时据说只有两种信息在代与代之间传递——基因与文化。父母是两者“最终共同的途径”。考虑以上所有这些理由，我们更坚信一个基本的事实，那就是养育对于人类种族的生存和成功是必需的。

养育对于父母的意义

养育当然是一种最实用的活动,但养育既有愉悦、特权和收益也有挫折、害怕与失败。人类进化的社会生物学理论认为所有的个体都是无选择地看到了在保证基因的延续上取得了成功的那种生育与养育的方式(Dawkins, 1976)。然而,比之生物性的延续,养育的延续在其中起到了更大的作用。养育有它本身的收获。根据由儿童、幼儿和家庭全国中心(National Center for Children, Toddlers, and Families)实施的一个全国范围的测试,超过90%的父母说,当他们有了第一个孩子时,他们不仅感到在爱着他们的宝宝,而且自己也获得了生命中不曾有过的快乐(Zero-to-Three, 1997)。父母们在与他们的孩子的关系与互动中可以找到乐趣,并获得相当多的持续的快乐。

为人父母也可以增强一个人的心理发展,自信和幸福的感觉。养育转变成一个新的充满信任的安排,并为生命"更大的画面"展开了远景。当然,父母时期也给予了成人充分的面对新的挑战的机会,以检验和展现他们的能力(Crittenden, 2004)。Markus、Cross 和 Wurf(1990)报告了作为父母的胜任感构成了他们共同的作为成年人的自我愿望。而且,从婴儿期,孩子就能辨认并表现出他们更喜欢喂养者的视线、声音和气味,而且在生命第一年中,孩子们与敏感且负责的父母就形成了深刻的长达一生的依恋。那么在本质上,父母们就签署了一分长期努力工作和承诺的信任合同。他们经常接受无条件的爱,并且他们甚至装作终生不变的样子。

成人被强烈的养育孩子的自我兴趣所激发。成为或者作为父母意味着对一个人也对其他人承担新的和至关重要的责任。不过对父母来说,自己的需要也必须要得到满足。比方说女性营养不充足时,会造成身体和社会发展方面大打折扣,而他们生养一个健康孩子的能力就会受到威胁。营养不良的女性更容易生病,而且生下的孩子会更小。在儿童出生率高,死亡率也高的地方,女性的身体饱受压力并且她们的孩子陷入一个缺乏健康与缺乏营养的恶性循环中。

不过,人们也通常认为养育在人类生命循环中有实用的作用。实用主义的关于养育的主张认为理想的方法是促进孩子的自有特征,引导他成长为在其所生存的社会群体中适应良好的成人。关于作为功能的养育的概念,其讨论的焦点不仅限于亲生的父母;其他相关和不相关的养育者也可能集中地参与了养育(Leon, 2002)。从这个实用的角度说,养育也不能与儿童发展相分离。本章集中在养育和可能作为父母的人身上,但不排除儿童生活和儿童发展中的重要他人。

成为父母是一种转变的经验(C. P. Cowan & Cowan, 1992; Heinicke, 2002)。新的父母经验改变他们的个性方面(比如,自我效能期望、个人控制、焦虑和抑郁等)。总的来说,在向父母时期转变中,性别角色变得更传统,女性变成更主要的养护者,而婚姻满意度也通常会有所下降。

据说 Freud 把抚养孩子看作三项"不可能的专业"中的其中一项,另外两个是管理国家和心理分析。有的父母比其他父母更尽力忠于养育的角色(Greenberger & Goldberg, 1989; Pulkkinen, 1982)。最后,承诺度在重要性上以及在决定父母承诺的表达风格方面具有势均力敌的影响。

养育的历史和理论概观

养育的研究是如何开始的，又是如何达到我们今天所发现的阶段？一个回顾和对养育理论的简短的浏览有助于辨明我们今后的道路。

对于养育的研究进展的回顾

经过历史的积累，养育儿童的责任已经被视为社会幸福的基础，所以每个社会都对养育给予了相当的重视(French, 2002)。关于养育的书面阐述和介绍至少要追溯到古埃及汉谟拉比法典。在这部法典中，柏拉图(ca. 355 B. C.)创立了关于养育的重要性的理论。多个世纪以来，教士和哲学家的著作——也有大众的智慧——充满着关于培养什么样的儿童能够更好地保证社会秩序的理论、信念和格言。历史学家、人类学家和家庭社会学家已经提出了主要的儿童养护的发展模式(Colón 和 Colón, 1999)。然而，最初尝试正式的研究养育的是身为哲学家、教育学家和科学家的父母们，系统地做一些全世界的父母每天通常做的事：观察他们的孩子。这种反映儿童养育的研究，第一次的形式是通过父母写日记来描述自己的孩子的自然环境，比如"婴儿传记"(Darwin, 1877; Hall, 1891; Preyer, 1882; Rousseau, 1762; Taine, 1877; Tiedemann, 1787; see Jaeger, 1985; Prochner & Doyon, 1977; Wallace, Franklin, & Keegan, 1994)，而且这类文献仍然定期地出现(Brazelton, 1969; Church, 1966; Greene, 1984; Mendelson, 1933; Stern, 1990)。这些在养育上的系统观察者得到很多有益的结果，加深了父母的意识，激发了对如何指导孩子发展的正式的研究。但只有到了 20 世纪，养育才成为科学研究的焦点。

897

顾及到儿童的高死亡率，早期的父母也许会照料但最初会抵制情感的投入(Dye & Smith, 1986)，尤其在可怕的统治环境时期(dire circumstance reign)，似乎会持续这种导向(Scheper - Hughes, 1989)。一个历史学家提出的理论是父母改善了儿童的对待方式与导向，因为父母经过连续的几代，他们的童年早期认识与移情能力有所提升(deMause, 1975)。今天，可以在专业的文献中找到关于父母如何对待孩子的忠告，它提供了全面的关于儿童出生前和出生后的发展的医学知识，如《在孕期和分娩期的有效的照料》(*Effective Care in Pregnancy and Childbirth*)(Chalmers, Enkin, & Keirse, 1989)；在经典著作中，如《Spock 博士的婴儿与养育》(*Dr. Spock's Baby and Child Care*)(Spock & Needlman, 2004)以及《您的宝宝》(*Your Baby & Child*)(Leach, 1997)；在以研究为基础的学术刊物中，如《养育手册》(*Handbook of Parenting*)(Bornstein, 2002a)和《有效养育的 10 个基本原则》(*The 10 Basic Principles of Good Parenting*)(Steinberg, 2004)；在大量的、充斥在超市、机场和药店的杂志架上的大众杂志中也有这方面的内容。

对养育理论的展望

历史上，有许多哲学和心理学方面的理论家都将研究集中在如何养育上。这些研究大量地跟从 Maccoby(1922)的观点,他观察到在早先的两种具有支配性的理论被认为包含了多数关于儿童社会化、精神分析和行为理论的领域,但是它们都含有多年来形成的关于养育的、集中与发展领域或年龄的观点。早年的研究大都关注那些养育实践与儿童成果的直接联系,而现在大量的研究则是集中于探明养育实践影响儿童的中间过程和机制。父母过去被当作训练者或是文化传承者而儿童则被当作是可以逐步装入必要社会规范的空的瓶子,而今天则了解到社会化的复杂过程包含着大量的双向的、相互影响的过程。

精神分析理论的创始人 Sigmund Freud(1949)认为在儿童发展中,父母的行为起了重要的作用。Freud 假设父母的个性决定了养育的特性,父母与孩子的关系以及儿童的发展,因为孩子内化了他们父母的模式,投射了他们的价值。另外一个在心理分析理论中一贯的主题就是,如果在他们自己发展的过程中父母的情感需要没有被满足,那么他们自己的精神症状将会反映在养育方面(Holden & Buck, 2002)。Anna Freud(1955/1970)描述了丢弃孩子的那些母亲,有时是因为精神病但更多是因为她们自己的神经性的冲突。同样地,Winnicott(1948/1975)和 Spitz(1965/1970)看到了有虐待性的父母的攻击性、冲动、不成熟、自我中心和自我苛求的根源在于他们本身的被抚养经历。心理分析理论应用于在家庭生活中个性角色的研究,但是心理分析潮流无法培养支持很多系统的、基于经验的研究(Cohler & Paul, 2002)。新近的进展纠正了这种不平衡。

行为主义理论的早期经验性的研究中直截了当地指出婴儿特定的行为(微笑或发声)可以通过条件反射来产生或消去(Rheingold, Gewirtz, & Ross, 1959)。从 Watson(1924/1970)到 Skinner(1976),都努力尝试将学习理论和社会化相联系。儿童的攻击性、依赖性、性别类型和对父母的认同往往是行为主义研究的焦点。N. E. Miller 和 Dollard(1941)形成的假设源自心理分析理论到行为主义理论所论述的简单可测验的主张。他们在关于预测更多复杂结果上所做的努力,如将儿童的个性归因于父母的社会化方法等,被证明是不成功的。例如 Sears、Maccoby 和 Levin(1957)发现了父母的养育实践(如对父母的访问中得到的报告)与儿童个性特征的独立评估之间几乎是没有关联的。

898

儿童心理学的许多理论都着重强调父母的作用。比如,根据支架理论,认知和社会发展主要发生在与信任的、更有能力的伙伴互动的过程中(Rogoff, 1990)。他们不奖励、惩罚,或者纠正儿童太多,而是为他的学习提供一个结构以便儿童自己尝试学习从而提高成功的可能性。促进孩子进步的父母设置环境,使得该情境对儿童提出的要求高于其现在的发展水平区域而又低于他的最近发展区域。根据 Vygotsky(1978)的理论,成人作为比儿童更有能力的人,通过相互作用提高了儿童的能力水平。

另一个重要的理论强调了在亲子互动中儿童的积极作用。一种观点是,儿童即便并不曾明显地做出某种行为,也不需要被奖励,而仅仅是通过观察养育他们的能干的父母做出这些行为就能获得新的行为(Bandura, 1962, 1965)。这个社会学习理论的中心信念就是主张儿童学习世界的主要方式是通过观察养育者的行为。这样,儿童逐渐内化行为和他们生活中关键人物的价值观(Maccoby, 1959)。儿童所模仿的、所记忆的,以及如何处理所记忆的方法都依赖于他们的发展水平。比如 Piaget(1952)的“交互作用者的理论化过程”理论,强调说决定儿童学习内容和方式的不是父母直接给予的东西,而是儿童从父母那里学习到的东西。

Bowlby(1969)用生态学理论来诠释社会化。他声称父母和儿童主要是通过依恋来形成相互作用的行为的(Ainsworth & Bell, 1969)。依恋理论假定,一种内部工作模式的形成,或者依恋关系的表征的形成,一个影响新关系特性的图式,都是在日后的生活中养成的(Main, Kaplan, & Cassidy, 1985)。儿童的依恋经验所内化的是与父母的关系的特质而不是父母的人格特征(Sroufe & Fleeson, 1986)。一个敏感和有责任感的教养方式提供一种安全的基础,在此基础上,儿童发展了合作、自我规范和社会主动(Putallaz & Heflin, 1990; van Ijzendoorn, 1995),内化社会价值观念(Grusec & Goodnow, 1994),和探索世界以及与他人进行社会交往(Ainsworth, Blehar, Waters, & Wall, 1978; Sroufe, 1988)。

最后,从家庭系统理论来看,左右亲子之间交往的因素不仅是每个个体的特性还有他们和其他人之间相处的模式(Bornstein & Sawyer, 2005; Broderick, 1993; Cox & Paley, 2003)。父母和孩子在家庭系统中发展,作为有机的整体发挥作用,由独立因素或包括个体以及个体之间关系的子系统构成。每个因素或家庭中的子系统,两者都互相影响;系统中任何一个方面的变化都可以导致其他方面的变化。父亲或母亲在某个瞬间反应性如何,不仅取决于父母性格的热情与否或孩子性格的反应性高低,还取决于他们共同创造出的那一种关系模式以及由此产生的对关系的期待。另外,完整的家庭系统理论检验了家庭中以及家庭间所有关系,以及家庭的许多更大的社会背景(例如文化)。比如,Deal、Hagan、Bass、Hetherington 和 Clingempeel(1999)观察到当整个家庭在一起时父母是一种行为方式,当与他们的小孩一对一地互相作用时又是另一种方式。就像其他的生活系统,家庭一方面在成长和成熟的经验中,不断地努力达到一种动态平衡,在另一方面还要保持一致性。从家庭系统观点来看,重点强调的是关系、相互作用,以及由更广大的社会背景形成的社会背景的影响。"将对互动模式的检验限制在父子和母子之间以及一对一的个人之间的直接效果的研究方式不足以理解家庭内社会性互动的模式。"(Parke, 2002, p. 41)家庭系统理论将各自孤立的子系统组织成一个层级的结构。亲子关系不对称的性质对于儿童发展是必要的。

这个多领域的家庭系统模式建立在一组中心的假设上。一是整体大于部分之和。这就意味着家庭关系的结构和组织影响了任何两个家庭成员的关系质量。比如,每个父母与他或她的父母的关系影响了他们联合养育他们的孩子的能力。一个家庭成员的一个主要的生活转变有可能会影响到其他的家庭成员。在家庭系统以内的以及家庭与其他文化社会系统之间的作用是相互的。另外,家庭成员总是处于发展的过程中,那么家庭系统也总是在变化的过程中。

在养育理论中必须提出的关键问题是有关父母认知和实践引发孩子变化的机制的详述(Patterson & Fisher, 2002)。那么相同的,理论家们也必须解释儿童如何对父母发生影响。成功的养育理论也会有两个共同的特征:他们将会以易操作的构造为基础,并详述评估的有效方法。

有许多理论提出了关于社会化如何发生的解释。大多数的理论认为,主要是通过父母亲的控制教导以及成人的文化被传送给新生代的儿童。父母是主要的代理人，为孩子学习的事情设定议程，并执行奖惩以强化孩子身上符合他们期待的特征和削弱不需要的。近来形成的更多理论认可了在与父母互动中孩子的作用。所有社会化理论中心的假设就是即使社会化和再社会化会在生活周期中的任何一点发生，但童年时期却是相当具有可塑性的时期，孩子们会形成社会技能、个性品质、对价值观的导向。强有力的亲子互动也会在其他环境和以后的时间里对孩子产生影响。

养育理论和研究的发展展望

我们知道一些养育方面的知识，但并不足够。对于学科未来的挑战就是承认一直到现在，我们都把焦点主要局限于起到支配地位的盎格鲁撒克逊人背景的家庭之上(Tomlinson & Swartz, 2003)，但这样的家庭在世界范围内只是少数了。当代的研究无法足够地表现文化多样性和同时代的父母养育的复杂性。对于发展学的一个普遍的批评就是领域内的研究倾向于描述构造、结构、功能和儿童养育的过程以及儿童发展，与中产阶级、工业化和发达的西方社会的主要理想相一致，或单单适合于他们(Bornstein, 2002c)。这种不乐观的形势迫切地需要改变。同时，接下来必须要看到和了解现存文献中已有的东西。

父母

全世界大多数儿童在家庭系统中成长，绝不是仅有一个重要的养育主体在同时指导着多个儿童的社会化(McHale et al., 2002)。血缘的与收养的母亲和父亲是公认的儿童的主要养育者。然而，父母并不是对于儿童的抚养和社会化作出贡献的仅有的代表。兄弟姐妹(Zukow - Goldring, 2002)以及大家族的成员(P. K. Smith & Drew, 2002)都扮演着他们的角色。在家庭以外，如同伴(J. R. Harris, 1995, 1998; Hartup, 1992)，也同样具有不可否认的影响。此外，在不同的文化中(现代和历史上)，儿童是由非父母、非家庭人员提供照顾的——日托人员和保姆、护士和奴隶——不管是在家中，或是在日托机构或者田间地头进行养护(Clarke - Stewart & Allhusen, 2002)。简言之，除了母亲和父亲的许多个体，也在进行“社会性”的养育(Leon, 2002)。这一章主要限于描述父母的养育行为，尽管也会简短地提及父母做出的分担照看的选择。

900

母亲

几乎所有的哺乳动物都是由母方带大的(Wilson, 1975)。Trivers(1972, 1974)确认了这个现实，即陆生的哺乳动物在交配以后，雌性就因拥有子宫而被赋予了任务。即使她立即产出受精卵，雄性仍然来得及逃离，因此，是任幼小的家伙自生自灭还是养育它，就由雌性来做决定。由于这个原因，在哺乳动物中，母亲相对于父亲来说，更通常地成为养育者(Bjorklund et al., 2002)。即使在那些雄性表现出了相当大的父性的利他主义的种类中，他们通常也比雌性做得少而且更快地消失(Wilson, 1975)。在人类中，当婚姻遭遇不愉快时，父亲会从他们的孩子身边退出；而母亲通常不会这么做(Kerig, Cowan, & Cowan, 1993)。母亲和父亲不必分担潜在的双亲的“投资策略”。

人类文化以不同的方式分配了照顾小孩的任务。即使社会和法律从历史上就明确规定了父亲对孩子的责任(French, 2002)，但多数人还是同意母亲在儿童发展中起到更为中心的作用(Barnard & Solchany, 2002; Zero-to-Three, 1997)。跨文化调查和分析也同样证实了在儿童养育中母亲(血缘或收养的)居首位(Holden & Miller, 1999; Leiderman, Tulkin, & Rosenfeld, 1977)。母亲的作用比父亲的作用更好地得到了阐述和定义，而且母亲总的来说比父亲有更多的机会获得和练习养育儿童的重要技能。通常，做母亲有助于要求和规范父亲达到标准，而且母亲经常扮演孩子的父亲和其他照看者的把关人的角色(Allen & Hawkins, 1999)。DeLuccie(1944)报告说当母亲评定父亲更能胜任或者更满意于他们对孩子的照看时，父亲就更能融入到他们的孩子中。Parke(2002)观察到许多双亲对孩子发展的影响通常通过母亲起到作用，而父亲只是间接媒介。

出于这些原因，历史上理论家、研究者和临床医生都更关心占优势的母亲而不是双亲。对母亲和母性较之父亲和父性的调查研究也更为经常和全面。所以，关于母亲和孩子，较之父亲、兄弟姐妹、其他的亲戚，或者非家庭的养育者与孩子，有着更为广泛的数据。西方工业化国家见证了父亲花在孩子身上的时间数量上有所增加，但事实上，典型的父亲们仍然对孩子的养育照看负很少的责任，而且父亲主要是母亲的帮助者(Cabrera, Tamis - LeMonda, Bradley, Hofferth, & Lamb, 2000)。平均起来，母亲在他们的小孩一对一的互动中比父亲所花的时间要多出65%到80%(Parke, 2002)，而且这个比率在许多不同的国家都得到证实(Belsky, Gilstrap, & Rovine, 1984; Collins & Russell, 1991; Greenbaum & Landau, 1982; Jackson, 1987; Kotelchuck, 1976; Montemayor, 1982; Pedersen & Robson, 1969; A. Russell, 1983; G. Russell & Russell, 1987; Szalai, 1972)。在两个传统的美国家庭(Belsky, Garduque, & Hrncir, 1984)和传统的以父亲为主要照看者的瑞典家庭(Lamb, Frodi, Frodi, & Hwang, 1982)之间相比较，双亲的性别比其在家庭中的角色或者就业率与亲子互动的质量更有关联。

父亲

如果将母亲的责任比作苹果派，父亲的地位就更严重地受到争议。当其他人赞扬了父亲更多地参与照料孩子时(Lamb, 2000; Parke, 2002; Yeung, Sandberg, Davis - Kern, & Hofferth, 2001)，一些当代的观察者指出了父亲的责任正在持续和越来越普遍地削弱(Blankenhorn, 1995; Popenoe, 1996)。有人发现妈妈比爸爸不住在家的情况更少(King, 1994; Seltzer, 1991)。但父亲当然不是不称职的，也不是对他们的孩子不感兴趣。父亲能参加孩子所有的养育实践，做母亲所做的所有的事情并表现出同等的多样性的认知。比如，当喂养孩子时，父亲就像母亲一样通过两人的交流或者通过调节喂养的速度对孩子表现出的迹象做出反应(Parke, 2002)。父亲和母亲都会在孩子发出声音后抚摸和更近地看着孩子，而且同样都会提高讲话的速度。尽管父亲有能力表现得更敏感，他们仍然倾向于把对孩子的主要责任让给妻子(Coltrane, 1996)。A. Russell(1983)发现大多数的澳大利亚父亲在关于孩子照料方面相信“母性本能”,而且认可这个理念的父亲就更少地参与到照料孩子中。但也有人认为父亲忙于许多内在的家庭事务,如计划、监控和为财务而担忧(Palkovitz, 2002)。父亲也为他们孩子的发展作出了独特的贡献;Isley、O'Neil 和 Parke(1996)认为,即使考虑到母亲的作用,也可以下结论说父亲的影响和控制对孩子的社会适应能力更有预测性。确实,父亲在孩子身边是至关重要的:在欧美和拉丁美洲,在孩子生命的前 3 年里,父亲住在家里的孩子和父亲不住在家的相比,意味着更少的行为问题并且在 4 到 6 岁期间有一个更好的发展过程。

养育中的合作和分工

实际上,母亲和父亲似乎以互相补充的方式与孩子互动并加以照料;也就是说,他们倾向于将养育的工作进行分工并且着重使孩子参加不同类型的互动。当我们从儿童发展的角度将母—子与父—子游戏相对照时(Power, 1985),发现母亲和父亲双方都遵循了将注意集中于玩具的交往规则;然而,母亲倾向于遵从孩子的兴趣点,但父亲倾向于建立他们自己的注意点。对男孩的交往能力有预测性的是母亲(而非父亲)的语言,和父亲(而非母亲)的动作(MacDonald & Parke, 1984; Parke et al., 1989)。母亲和父亲对于他们养育效能的感知也随之改变。Perozynski 和 Kramer(1999)报告了幼儿的母亲在使用包括推理或与孩子交谈的策略的能力方面比父亲更加自信。相反,在使用指示和力量的威胁上父亲比母亲更有信心。

婚姻关系影响了母子和父子关系的质量以及孩子的成果(Gable, Crnic, & Belsky, 1994; Tamis - LeMonda & Cabrera, 2002),正像父母如何作为一个合作养育的团队一起工作才能够达到对于孩子来说深远的结果(Fincham, 1998)。合作养育包括多重相关的成分:在养育孩子方面是否一致;对父、母亲的角色是支持还是破坏;对家庭交往的联合管理(Feinberg, 2003)。这个文献很清晰地说明了家庭系统观,就像婚姻关系和亲子关系每个因素都影响孩子的发展一样(Cox, Paley, & Harter, 2001; Cummings & Davies, 1994),它们之间也是互相依赖的(Grych, 2002)。相互的情感支持和相互肯定、示范和分享养育的技巧、缓解婚姻冲突或因顾及孩子关系而做出让步等等,都构成了在培养孩子发展中一些发挥合作养育功能的方法。合作养育的直接效果模式认为一些诸如在孩子面前暴露父母间冲突的做法会影响到孩子的行为。Erel 和 Burman(1995)记录到了婚姻冲突造成的孩子生理、认知和情感上的变化。婚姻的不合不仅影响了孩子的心理健康和机能(Cummings, Iannotti, & Zahn - Waxler, 1985; Grych & Fincham, 1990),比如孩子的正在内化和日益外显的行为以及失调状态(P. A. Cowan, Cowan, Schultz, & Heming, 1994; Fincham, Grych, & Osborne, 1994),还有他们的同伴关系(Kerig, 1995; Ladd & Pettit, 2002)。间接效果模式假定婚姻关系对孩子的影响是通过父母之间关系的性质和结构为媒介而产生的(Cummings & Watson - O'Reilly, 1997; Grych & Fincham, 2001),比如,父母中的一方控制另一方与孩子的互动(看门人)。婚姻的状况影响到父母为孩子提供社会支持的程度,并决定了成人对孩子在生理和情感上的投入是打开的还是关闭的。

更多具体的假说也提到了情感安全性(Davies & Cummings, 1994)和情感(困难)控制模式(Crockenberg & Langrock, 2001)的效果。解释了父母夫妻之间的互动与孩子和同伴的关系之间的联系。比如,Cummings(Cummings & Davies, 1995; Cummings & Wilson, 1999)发现破坏性的婚姻冲突威胁到孩子在家庭里的人身安全感和情感安全感。

其他的养护者

902

在许多不发达的社会里,兄弟姐妹或其他的家庭成员也通常承担照料儿童的责任(Zukow - Goldring, 2002),而且在当今的发达社会里,大量的儿童也是由非双亲养护的,从很小的年纪开始就由非双亲照料,每天很长时间呆在这样的场所里,并且经常改变养护的类型(Clarke - Stewart & Allhusen, 2002; Lamb, 1998)。基于国家对青少年的纵向研究的数据,Fuller Thompson、Minkler 和 Driver(1997)报告说,有 11%的祖父母是他们的孙子女的主要养护者(Chase - Lansdale, Brooks - Gunn, & Zamsky, 1994)。Baydar 和 Brooks - Gunn(1988)利用家庭和家族的国家研究的数据报告说,大约 12%的祖母与孙辈同住,且约有 43%为儿童提供长期的照看。估计约有 1 290 万 6 岁以下的美国儿童长期处于非双亲养护的状态(U. S. Bureau of the Census, 1997)。此外,联邦举办的儿童健康和人类发展早期儿童养护研究网站(1997)发现,在美国,在国家层面进行的研究中绝大多数儿童(81%)在他们生命的头 12 个月经历了非母亲养护,大多数在前 4 个月就加入,每周将近 30 个小时。只有不到 20%的儿童能够在第一年里全部呆在家里而没有其他替代的照料。作为当代社会和文化变迁的后果,最显著的双重父母就业情况使得对于高质量的社区托儿服务的需求大幅攀升,非双亲的养护者承担越来越多的责任,满足儿童发展的需要,根本上是为儿童未来进入社会做好准备(A. E. Gottfried, Gottfried, & Bathurst, 2002)。随着更多的父母在儿童生活的早期就开始工作,儿童由非双亲的养护者照看,对父母(以及幼儿教育家、研究人员和决策者)就带来一个迫在眉睫的问题,即非双亲儿童养护对于父母和孩子都会产生长期的累积影响。

小结

尽管兄弟姐妹、祖父母和各种非双亲人员也在儿童养护的中心环节中起到填补的作用,但主要的育儿责任还是由母亲和父亲共同分担的。通常,儿童养育者互相配合,互为补充,把育儿的全部劳动加以分工,强调相辅相成的责任和活动。然而我们仍未清楚地了解不同的养育模式经过长期积累所产生的影响。

养育的决定因素

在力图了解养育的过程中关键一步是对能够影响养育的各种力量进行评估。在母亲和父亲养护方面的个体差异的起源,不论是在认知还是实践方面都非常的复杂。进化学和历史、生物学和行为学、家庭结构、正式和非正式的支持网络、社会、教育、法律、医疗和政府机构、社会经济阶层等，无论是人为的还是自然的生态环境，还有文化——以及儿童本身——每一方面都对形成父母的特征有所影响。尽管如此，某些因素群似乎是至关重要的：(a) 父母的人格和精神特征；(b) 实际或可感知到的儿童的特征；(c) 情境特征。这篇文章采用了一个生态的定位，从近端到远端，描述和评价了养育的多样的起因(Belsky, 1984; Bronfenbrenner & Morris, 1998)。其中每一个领域都被认为直接影响了养育，并且间接地通过养育影响了儿童的发展。

影响养育的父母特征

父母所持的力量塑造了养育。面临艰巨的挑战时即使多数父母存有某种程度的天真心理，遇到考验时也不会完全束手无策。无论是生物学和文化，都教会了父母们理解养育的任务以及童年成长中的变化并做出反应。

塑造养育的生物学力量

由于确保子孙后代的生存是潜在的进化选择的一个重要的因素，很可能存在特定的脑机制在促进这种活动。动物研究表明，哺乳动物的前脑在生育行为的表现中扮演着重要的角色，其是雌性和雄性动物的差异之一，在神经脑电路上的功能和形态学上也显现性别差异(Simerly, 2002)。关于哺乳动物在照料幼子和进行哺乳养育期间能够进行行为的调控这一事实进一步支持了前脑在其养育中起关键作用的假设(Champagne, Diorio, Sharma, & Meaney, 2001; Corter & Fleming, 2002; Sheehan & Numan, 2002)。成像研究显示母亲在听到婴儿的哭声时，前脑边缘结构的神经表现出听到中性的声音时看不到的激活状态(Lorberbaum et al., 1999)；当看到她自己的孩子的图片时，眶额皮质双边会表现出在看到陌生的婴儿时看不到的激活状态(Nitschke et al., 2004)。人类大脑的这种由经验可以带来的神经可塑性效果常常又促进了对儿童照料的要求。这可以作为一个关键因素确保子孙后代的生存和福祉，从而促进了后代健康地繁衍。

903

父母亲的行为表现也依赖于荷尔蒙因素，至少女性和男性是同质的(Corter & Fleming, 2002; Reburn & Wynne-Edwards, 1999)。比如，催乳素水平的增加，在雌性和雄性哺乳动物中已经暗示了养育行为的表现(Dixson & George, 1982)，而且，尽管雌二醇对雌性动物的母性行为起着调节作用，睾丸激素向雌二醇的转化被认为是雄性动物的父本行为(Trainor & Marler, 2001, 2002)。身为人父的比起没有孩子的父亲则表现出不同的周边激素水平(Storey, Walsh, Quinton, & Wynne-Edwards, 2000)。

H. Papoušek 和 Papoušek(2002)得出的结论是，一些养育做法已经在人与人之间进行生物性的传导。养育的直觉反应包括在发展上适应孩子的年龄和能力，持有增强孩子适应和发展的目标。父母们以一种无意识的方式定期产生着直觉的养育计划，这类计划不需要付出时间和自觉的努力，但却更为迅速和有效，只需花费较少的精力。这类直觉养育的一个例子就是利用儿童引导的对话(M. Papoušek, Papoušek, & Bornstein, 1985)。儿童主导对话的特色包括语音韵律特征(音调较高、频率范围更大、语调更加多样和夸张)；简单特征

(短杂音、慢节奏、较长的在短语之间停顿、更少的嵌入子句、更少的辅助词语);冗余特征(在更短的时间里更多的重复、更多即时重复);词汇特征(特殊形式比如"妈妈");还有内容特征(话题局限在儿童的世界)。跨文化研究证明儿童主导对话具有普遍性(Jacobson, Boersma, Fields, & Olson, 1983; Snow, 1977; 也可参见 Ratner & Pye, 1984)。的确,父母们很难抗拒或修改自己的直觉行为,甚至有人要求它改变时都难以做到(Trevarthen, 1979)。更多支持与儿童的互动是直觉的证据来自对缺乏与儿童相处经验的非双亲(男性和女性)的观察,当一个幼儿在场或者想象跟一个孩子对话的时候要求他们像父母那样修改自己的讲话,结果支持了以上的结论(Jacobson et al., 1983)。当与孩子沟通时,聋哑母亲甚至像正常母亲进行儿童主导对话那样改变自己的手语(Erting, Prezioso, & Hynes, 1994)。许多养育的认识和实践,也同样是无意识的、习惯的,而且可能是未经过思考的(see Goodnow, 1997; Kuczynski, 1984)。

人格与养育

关于人格在养育中扮演很重要的角色的观点是基本常识:"谁也不能将做人与做父母分离"(Vondra, Sysko, & Belsky, 2005, p. 2)。这个观点被正式地肯定至少是从 Sigmund Freud 开始(1949; 参见 Cohler & Paul, 2002),当代由人格心理学衍生的一个观点是,养育的一些特征可以反映个体的稳定的人格特征(Kochanska, Clark, & Goldman, 1997)。Bronfenbrenner 和 Morris(1998)主张人格因素构成人的"强势特征"最可能影响儿童的发展,因为人格不仅直接影响了养育而且形成了其他的社会情境因素和力量,影响了养育,包括择偶、婚姻关系、职业经验,还有友谊和社会支持(Belsky, 1984)。

实证调查早已将各种精神病理形式与养育缺陷相联系(Downey & Coyne, 1990; Rutter & Quinton, 1984)。比如,Belsky、Crinic 和 Woodworth(1995)报告说神经质可以强劲地预测出儿童的消极/排斥,而且 Kochanska et al. (1997)发现人格特征里有很高的消极情绪与不满的母亲被观察者评价为更多地拒绝孩子。不管是短暂的、对经济情况甚至婴儿的出生(Zahn-Waxler, Duggal, & Gruber, 2002)的反应,或者是持久的抑郁对养育的影响都是不利的。抑郁的母亲无法经历并且传给他们的孩子生命中许多的快乐。这种情绪会削弱反应性或者导致亲子间非协调性的互动(Tronick & Gianino, 1986),所以认为抑郁性的养育会对孩子造成短暂的也会是长期的后果(Lyons-Ruth, Zoll, Connell, & Grunebaum, 1986)。Field、Healy、Goldstein 和 Guthertz(1990)观察到在面对面的互动中,母亲抑郁的孩子相比于母亲不抑郁的孩子的表现,面部表情中消极的多于积极的,出声发言都更少,抗拒更多些,似乎在改变或改善自己的处境方面付出的努力更少些。

904

在研究方面,人们较多地致力于研究在心理障碍和养育之间的联系,而"正常"的人格与养育间的关系则被忽视了(Belsky & Barends, 2002; Vondra et al., 2005)。养育反映了短暂的情绪以及持久的人格特质(Belsky & Barends, 2002)。有利于养育的人格特征可能包括移情意识、预见性、不干涉和情绪的可及性(Martin, 1989)。自我效能感也可能会正向地影响养育,因为有胜任感的父母得到了强化所以推动和促进了与孩子进一步的互动,反过来,这又为他们提供了更多的机会来充分阅读孩子的信号,正确地理解他们,给予合适的回应。对互动越感到满意,就越能推动父母再次寻求优质的互动(Teti & Candelaria, 2002)。

在正常范围之内,人格特征如自我中心和适应性可能与养育的关系特别大。比如,在最初的几个月里,儿童的活动不易预测,他们的暗示没有差别,孩子本身的表现总的来说有较少的可读性,因此成人的适应性就变得至关重要。自我中心的父母可能很少把孩子的需要置于自己之前(Dix, 1991)。更专注于自己的身体和性吸引力的女性,则在产后第一年显现出较为低效的养育方式(Grossman, Eichler, & Winikoff, 1980)。这些母亲可能由于过分关注自我而对孩子的需要的敏感性较低(C. P. Cowan & Cowan, 1992),这种状况似乎在少女母亲中比较普遍(Osofsky, Hann, & Peebles, 1993)。

家庭起源和养育

上一代的养育理念和行为通过代际间的传递,途经连锁遗传与经验之路,刻意或无意地影响到下一代(Van IJzendoorn, 1992)。Fraiberg 和他的同事(Fraiberg, Adelson, & Shapiro, 2003)提到这些影响,将其称为"养护中的魔鬼"。所以一个为人父母的人的养育行为会不可避免地受到自己父母的经验带来的持续的影响(Caspi & Elder, 1988; P. K. Smith & Drew, 2002)。比如那些报告说与自己的母亲有安全和现实的依恋感觉的母亲,自己也可能会有安全依恋的孩子(Cummings & Cummings, 2002; Main & Goldwyn, 1984)。Ruoppila(1991)发现了在一个芬兰的样本中,祖父母和父母的儿童养育之间有重要的相关。Vermulst、de Brock 和 van Zutphen(1991)通过一个荷兰的样本,在祖母与母亲两代之间检测了养育的机能。在母亲的养育变量中约有三分之一能够从祖母早年的养育机制方面得到解释。在祖父母—父母一代使用身体侵犯和惩罚技术的可以预测到在父母—孙辈一代的类似行为以及孙子女的反社会行为(Farrington, 1993; Murphy-Cowan & Stringer, 1999)。源自家庭的婚姻暴力常常在相继的一代重复出现(Stith et al., 2000)。如果父母虐待子女,子女在成人时对自己的孩子就处于重复模式的危险之中(Cicchetti, Toth, & Maughan, 2000; Newcomb & Locke, 2001; Pears & Capaldi, 2001)。社会学研究报告和分析发现,父母离异的成年子女更加可能会以离婚的方式结束他们自己的婚姻(Amato, 1996; Chase-Lansdale, Cherlin, & Kiernan, 1995)。对婚姻不满的夫妻更加有可能有婚姻不愉快的父母(Amato & Booth, 2001; Schneewind & Ruppert, 1998)。

成人依恋访谈(Adult Attachment Interview, AAI; George, Kaplan, & Main, 1985)评价了一个成人与其父母的关系模式。一个强大的预测链出现在孩子对母亲的依恋以及母亲自己的 AAI 分类之间(P. K. Smith & Drew, 2002)。Van IJzendoorn(1995)回顾了 AAI 研究,包括了 854 对亲子并发现了父母在 AAI 的自主/非自主分类与孩子在陌生情境中的安全/不安全分类之间存在 75%的一致性。然而,人的不同的成分并非以相同的程度表现出来。Barends 和 Belsky(2000)比较了三种人格特质的预测力量(神经质、外向型、随和型)与相应的母亲的依恋的运行模式,用 AAI 测量可发现:人格特质对在家庭自然条件下的母爱有更好的预测作用,比无论是自主的、轻视的还是全神贯注的母亲依恋的内部运行模式更有预测性。

905

养育的年龄和人生阶段

当代人口统计学有关临产的数据显示，少女母亲的比率，与20年前相比，整个趋势(2003年美国421 626个婴儿；Hamilton, Martin, & Sutton, 2004)，已略有下降。与此同时，越来越多的中年妇女延缓了受孕时间，扩大了怀孕与生育的年龄范围(Hamilton et al., 2004)。人口统计学的这些变化可归结于几个因素：十几岁时，对AIDS的恐惧和AIDS预防教育的作用；引进和增加使用新形式的节育；社会福利制度改革；义务教育；崛起的一代更加宗教化与保守；女性拥有更多机会的经济环境；强调禁欲或者避孕的一系列青少年性教育项目(McKay & Carrns, 2004)。同样，多重因素在年龄连续体的另一端也在起作用。婴儿潮的时代导致目前三四十岁的女性数量较以往几十年增加了许多(Ventura, Martin, Curtin, & Mathews, 1997)。此外，延缓的婚姻、对先进教育的追求、对名利的追求以及高离婚率，所有这些都有助于做出推迟生育的决定。另外，节育上的进展有可能延迟怀孕，以及辅助生育技术的进展(试管婴儿)有可能使老年妇女受孕(Golombok, 2002)。

这些人口发展趋势，进而提出了关于在年龄或人生阶段与养育之间引发的效果的问题。过早生育的社会心理影响已经有很充分的研究。少女母亲经历了更多的怀孕和分娩问题，而且她们的婴儿不如成人母亲的孩子那么健康(Coley & Chase-Lansdale, 1998)。很年轻的母亲的育儿态度也不甚理想，并持有与大龄的母亲相比关于儿童发展的不太现实的期望(J. Hardy, Astone, Brooks-Gunn, Shapiro, & Miller, 1998; Moore & Brooks-Gunn, 2002)。总的来说，与很年轻的父母相关联的是更多对儿童不利的产妇行为(Barratt & Roach, 1995; Coley & Chase-Lansdale, 1998; Moore & Brooks-Gunn, 2002; Pomerleau, Scuccimarri, & Malcuit, 2003)。

养育的年龄影响不是那么清晰。一个35岁的妇女有400的可能性孕育一个患有唐氏综合征的孩子，而这种可能性到40岁时会上升到1/110，到45岁时大概是1/35(National Down Syndrome Society, 2002)。然而，大龄产妇在孕期和怀孕的前三个月开始做产前保健时，更有可能会保持良好的饮食和适当地增加体重，而且可能在怀孕期间减少抽烟。年龄常常被设想为成熟、前瞻性和耐心的标志；大龄妇女往往掌握更多的经验和信息，而且可能会感到在心理已经准备好了去承担养育孩子的责任。Garrett、Ferron、Ng'andu、Bryant和Harbin(1994)发明了一种决定孩子的运动和社会发展的结构模式，比如，发现母亲对成为父母的准备程度是由能力和以生育时的年龄所标志的成熟度决定的。

年龄是否以及如何与养育的认识和实践相关，看来取决于评价的具体细节。一方面，所有年龄的母亲都有其固有的信念(Holden & Buck, 2002)并进行儿童主导的对话(H. Papoušek & Bornstein, 1992)。另一方面，越是成熟的、有经验的、生活状态良好的母亲，其养育的认识和实践就可能会越合适和理想。然而，另一方面，一度认为最佳的生育年龄介于20岁到30岁之间(Rindfuss & Bumpass, 1978)。Rossi(1980)提出了一个"事件—时间"模式，意味着非社会赞成的生育时间会导致一些后果，如较少得到社会强化，并导致年龄与养育之间的预期呈曲线的关系。所以，当很年轻或很老的时候有了孩子，可能是代表了这一关键生命阶段"生不逢时"与"恰逢其时"的不同的时段(Helson, Mitchell, & Moane, 1984;

Lowenthal, Thurner, & Chiriboga, 1976; Neugarten, 1968)。

当然,年龄是一个"社会信息"(Wohlwill, 1973),而在养育中更为内部的因素可能发挥更重要的作用。然而目前,在成年妇女的发展方面没有完整的理论(Roberts & Newton, 1987)。基于这个原因,年龄通常作为一个合理的模糊接近的因素。我们仍然可以指出一些关键的发展现象,这将有助于标志成人的养护。例如,执行功能,通过监督和控制知识和策略的运用来对认知能力和认知过程进行协调(Butterfield, Albertson, & Johnston, 1995)。一般情况下,执行功能包括自律、顺序性、灵活性、反应和抑制、计划以及行为的组织(Denckla & Reiss, 1997; Eslinger, 1996),即有序地解决问题的办法、维持解决未来问题的趋势、随着时间的推移控制组织行为的程序、灵活性和口头自律的有效性、善于运用策略和改变后来事件的可能性的行为,并且这些行为都是有执行作用的并能更好地描述出养育的必要条件。

906

Grattan 和 Eslinger(1992)提出认知灵活性和观点采择能力是移情理解的认知前提;冲动控制、时间整合、多重信息的合成等是形成一致的认知的前提;象征性思维,权衡替代的可能性,并考虑多种选择的后果是道德成熟的认知前提。

所以,在社会行为上执行功能发挥了很大的作用,而且执行功能的不成熟或损害会导致苛求和自我中心行为、缺乏社会机智和克制、冲动的言论和行动、失控、漠不关心、缺乏同理心等,这一切都是不合规格的养育的特点。

Pennington、Bennetto、McAleer 和 Roberts(1996)进一步详细阐述了执行功能的神经心理学基础。前额叶皮层和扩展的网络,被认为可以调节执行功能,而且它们显示出在人脑的任何区域中,其产后发展过程的延续时间为最长,在可观测的突触密度方面的改变甚至持续到十几岁(Huttenlocher, 1990)。Giedd 等(1999)还表明,脑白质的增加从青春期持续到成年早期,尤其是在额叶脑区。值得注意的是,有额叶局部损伤的个体,显示了较差的养育水平(Eslinger, Grattan, Damasio, & Damasio, 1992)。考虑病人的 DT,那些人

> 不能预料也难以满足孩子的需要,比如准备饭菜、换衣服、亲昵与安慰等等。她行为古怪、冲动、难以完整地做完一件事情,不会从错误中吸取教训,而且对批评反应消极……(她)共情理解的能力有限,未形成充分的尊严发展,职业调整困难,在道德推理上处于具体层次。(Grattan & Eslinger, 1992, p. 185)

那些 DT 显示出了严重破坏的执行功能的缺乏是如何影响到了养育的水平,尽管个体拥有正常的运动和感觉功能,及大致正常范围内的智力表现、感知能力,以及语言和记忆功能。

影响养育的儿童特征

儿童的敏感以及不太敏感的特征也影响了养育(Hodapp & Ly, 2002; Karraker & Coleman, 2005)。有一些"儿童效应"在所有孩子身上是普遍和共通的;其他的则是适用于

某个独特的孩子或特别的情境。儿童积极地选择、修改和创造着他们自己的环境,包括养育(Bell, 1968, 1970; Scarr & Kidd, 1983)。Anderson、Lytton和Romney(1986)的一个实验研究将行为紊乱的男孩配对,每一对分别包含其母亲行为失常的男孩与其母亲行为正常的男孩。行为失常的男孩从两组母亲中都学到了负面的养育做法。明显地,在这个实验设置中(由遗传效果控制),儿童的特征有助于呈现出养育的类型。交互效应或交互模式揭示出了养育不仅影响儿童行为,而且儿童行为也影响养育,这在同时期的养育理论和研究中很是盛行。

儿童的一些生理特征可能会在很多方面影响父母,也许以类似的方式。通过前三个阶段的孕育,胎儿迁入子宫内("加速"),此后不久(支持)胎儿可以在子宫以外存活("生存能力")。这些在孩子生命中以及孩子父母的生活与心理上都是重要的标志。同样,出生后,孩子的共同特点可能影响父母。新生儿有一个很大的头部,大得不成比例的前额,很宽间隔的眼睛,小仰鼻,夸张的圆脸和小下巴。生态学者Lorenz(1935/1970)声称"婴儿"的外貌特征挑动着成人表达其呵护反应,甚至跨越不同的物种(Alley, 1981, 1983)。而且从出生的那一刻起,婴儿会练习许多影响养育的有效信号:例如,哭泣激发成人接近和抚慰,微笑鼓励成人贴近与逗留(Ainsworth et al., 1978)。

907

儿童的其他结构特征影响养育和亲子互动的质量;儿童健康状况、性别和发展年龄是三大重要因素。比如,早产儿常常在吸引父母的关注方面存在困难,明显表现在淡漠凝视的增强,游戏的减少和联合注意的低水平,而相对地,他们的母亲更加的积极和加以引导(Goldberg & Divitto, 2002)。尽管有证据显示,在养育女孩和男孩上许多方式惊人的相似(Leaper, 2002; Lytton & Romney, 1991),儿童性别从生命的开始起,便组织了父母的描述、印象和对孩子的期望(Condry & Condry, 1976; J. Z. Rubin, Provenzano, & Luria, 1974):新生儿托儿所提供彩色毛毯、配件,等等;婴儿浴室按照性别仔细地加以装饰;而孩子则非常讲究地穿着与其性别类型相对应的服装(Shakin, Shakin, & Sternglanz, 1985)。Mondschein、Adolph和Tamis-LeMonda(2000)发现11个月大的男孩的母亲高估了自己的婴儿在爬坡路的情况,而11个月大的女孩的母亲则低估了自己的婴儿所能达到的程度,但是随后的爬坡能力测试显示了在婴儿爬行方面并不存在性别差异。最后,儿童发展的阶段本身普遍、深入地控制着育儿行为。跨文化研究表明,幼儿的母亲使用更多的儿童主导对话,但是当孩子的运动探索和认知理解达到更先进水平,母亲会不断增加引导和进行评论,通过增加他们讲话中的信息量为孩子进入外面的二元世界做准备(Bornstein et al., 1992)。同样地,儿童获得了直立行走的能力改变了养育的性质和质量(Biringen, Emde, Campos, & Appelbaum, 1995)。随着孩子的进步,养育也相应地改变了一些方法。

个别儿童的独特的特征也会对父母造成不小的刺激。Goldberg(1977)分出了三个突出的影响父母的儿童特征:敏感度、可读性和预见性。敏感度指的是儿童对刺激反应的程度和质量。可读性指的是儿童行为信号的确定性。预见性指的是儿童行为可以被预见的可靠性程度。每一个儿童都拥有他或她在这些特征中的独特的侧面,并将会影响父母。比方说,一个"容易阅读"的孩子会产生明确的暗示,使父母快速觉醒并认识到孩子的状态,敏捷地解读信号，从而及时回应。有一个容易气质的孩子或对孩子容易型的气质的感知（相对愉快、可预见的、可平静的和友善的）会提高一个母亲的胜任感（Deutch, Ruble, Fleming, Brooks - Gunn, & Stangor, 1988）。

童年也是变化的，每一个孩子以他或她自己的速度变化着。在个体差异的背景下，对动态变化的理解、预期和回应对父母提出了挑战。父母需要了解和警惕儿童发展的各种复杂和微妙之处。儿童发展包括在生理、心理和社会领域的并行而快速的增长，而且正常的发展实际上是非线性的，有时停止，甚至暂时倒退（Bever, 1982; C. C. Harris, 1983; Strauss & Stavey, 1982）。

每一个儿童都是新奇的。因此，这就好比试图判断一个移动的目标，瞬息万变发展着的儿童，以他或她自己的步伐开始。兴趣的开端和儿童对儿童差异的理解在父母考虑儿童发展上占有中心地位。每个个体儿童可能会达到某个特定的发展阶段的年龄差异非常典型（一些儿童在第 9 个月说出第一个词，其他的在第 29 个月），就像特定年龄的儿童之间几乎每个指数的发展都会产生很戏剧性的变化（1 岁，一些初学走路的孩子理解 10 个词，而另一些则可能是 75 个）。当然，他们的孩子何时及如何谈话或者到达青春期等会对父母产生强大的心理和行为的影响。

父母面对的一个主要问题就是，基本上，他们不断尝试勘查自己孩子脑中的东西——孩子想要的、知道的、感受如何、他们下一步是如何应对身边的人和事。因此，父母似乎在不断地搜索，并往往以单个瞬时的事件来推断他们。

影响养育的背景特征

除了生物学、人格、子女外，社会和社会因素也形成和分化着父母的信念和行为。比如，家庭结构、社会支持网络、社会经济阶层，以及文化等鼓励或形成了养育原则与实践的不同模式。此外还必须认识到，养育子女的认知和做法在演进和变化（Bronfenbrenner, 1958; French, 2002），而且在不同代之间，父母的态度和行动在任何时候都可能有所不同。 908

家庭结构和养育

家庭结构与其他社会环境因素一样也在影响着养育。在家庭动力中更具戏剧性的变化之一就是第二个孩子的诞生（Mendelson, 1993; Stewart, 1991）；因此，第一个和后面降生的孩子在社会和物理生态上都是不同的（Dunn & Plomin, 1990）。父母对待第二个孩子的方式与对待第一个是不同的（Sulloway, 1996）。相比以后的孩子，母亲对他们的第一个孩子在忙碌、响应、刺激、谈话和表达等方面积极的影响更多，甚至当第一个和以后的孩子在行为上没有表现出区别时，这些母性行为也没有显现出受到儿童效应的影响（Belsky, Gilstrap, & Rovine, 1984）。然而，母亲也常常评价他们的第一个孩子更加困难（J. E. Bates, 1987），这可能源于一个事实即第一胎就是更加难带的孩子，或者因为第一次不太放心孩子，所以往往感到他们的要求很苛刻。同时，报告说多产妇比初产妇有更高的自我效能感（Fish & Stifter, 1993）。

出于很多原因，同一对父母可能会以不同的方式对待自己的孩子。Dunn（1955）、

Plomin(1944)和他们的同事(Hetherington, Reiss, & Plomin, 1994)注意到家庭中在亲子关系质量上的理解的差异的重要性。父母对待家里的孩子,会因其不同的年龄、认知水平、人格特征、性别或不同经历而区别对待。结合遗传结构的变异,在家庭内部父母对待方式的差别可以用来对为什么同一个家庭的孩子却存在千差万别作出强有力的解释(Dunn & Plomin, 1990; Hetherington et al., 1994)。

社会网络与养育

在一个人的生命中,生育孩子是一个主要的过渡时期,在搜寻信息、自我定义和角色责任上的巨大变化是这个时期的标志(Belsky, 1984; C. P. Cowan & Cowan, 1992)。是融合还是隔离潜在的支持网络决定着是减轻还是加重养育的任务(Cochran & Niego, 2002)。社会支持指的是个体与家庭、朋友、邻居、工作伙伴及其他人的关系而带来的心理的和切实的可用资源(Cutrona & Suhr, 1990; Cutrona & Troutman, 1986; Jennings, Stagg, & Connors, 1991)。Crockenberg(1988)把社会支持分类为情感的、工具性的或信息的。非正式的社会支持(家庭的延伸)和正式的(学校、儿童养护、父母教育项目和专业人员),两者都影响了养育(Cochran & Niego, 2002; Cotterell, 1986; Crockenberg, 1988; Jennings et al., 1991)。Lee和Colletta(1983)以青少年父母与幼儿为对象研究了支持—养育的关系。对支持满意的母亲更加挚爱孩子,而对支持不满意的母亲则对孩子更加不友善、冷漠和排斥。更多的育儿支持是与母子之间高质量的面对面的互动相关联的(Levine, Garcia Coll, & Oh, 1985)。Levitt、Weber和Clark(1986)证实了母亲幸福完整的家庭,来自配偶的支持的重要性,以及扩大这种支持的作用到母婴关系的差异。来自配偶的而非来自其他的家庭成员的情感和育儿支持,与更高的生活满意度以及更加积极的母爱作用相关联。事实上,来自丈夫的亲密支持对于产妇的能力而言,似乎是最具有积极意义的正向结果(Crnic, Greenberg, Ragozin, Robinson, & Basham, 1983)。对母亲的社会情感的支持缓和了养育的日常困扰的影响(Crnic & Greenberg, 1990):社会支持的母亲来自不同需求的对时间要求冲突更少,于是会有更宽松的时间与孩子相处。

社会支持的益处可能会更加广泛,因为巨大的社会网络定期地为母亲在社区内提供了积极的经验和一套稳定的回报社会的角色。这种支持与整体的幸福相关,因为它为一个人的生活状况提供了积极的影响、可预见感和稳定感,以及对自我价值的认识。支持网络的成员教给和鼓励父母采用更多的与发展相适应的养育方法(Bronfenbrenner & Crouter, 1983; Tolson & Wilson, 1990)。文献中的一个关键问题是,到底是对于父母的客观的可利用的支持最重要,还是父母对于那种支持的感知最具有决定作用。Hashima和Amato(1994)在一个全国的代表性样本中发现,母亲对社会支持的感知与对孩子的惩罚等消极教养行为之间呈现负相关。文献中的另一个问题是关于支持的性质和来源。为了建立在儿童养育信息方面的社会支持网络,美国中产阶级父母通常参考专家、书报杂志以及亲友的意见(Clarke-Stewart, 1998; Young, 1991)。然而其他社会阶层和文化的母亲收集信息的模式与此不同。

909

社会经济地位和养育

社会经济地位(SES)对养育产生影响(Bornstein & Bradley, 2003)。在不同的SES群体中，母亲表现方式很相似；然而，SES也决定了家庭环境和父母对孩子的其他做法(Bornstein, Hahn, Suwalsky, & Haynes, 2003; Hoff, Laursen, & Tardif, 2002)。与SES相关的养育方面的差异有不同的效果，比如父母供给孩子菠菜和阅读育儿书籍的概率有所不同(Hoff et al., 2002)。在美国，大批刚刚成为母亲的妇女高中未毕业，尚未结婚，还有的当婴儿出生时，自己仅是十几岁的青少年。

父母教育程度是SES的一个关键因素(Bornstein et al., 2003)。低SES的母亲很少把查阅书籍或其他书面材料作为儿童养育和发展的信息来源，而中等SES的母亲报告说阅读材料是信息的主要来源(Furstenberg, Brooks - Gunn, & Chase - Lansdale, 1989; Hofferth, 1987; Young, 1991)，而且她们想获得和吸收关于儿童发展的专家意见(Lightfoot & Valsiner, 1992)。受教育更高的父母在儿童发展标准和理论以及儿童养育实践方面拥有更多正规的知识(Conrad, Gross, Fogg, & Ruchala, 1992; MacPhee, 1981; Palacios & Moreno, 1996; Parks & Smeriglio, 1986)。不足为奇的是，这些父母还会把父母教育与儿童健康和社会心理成果连接起来(E. Chen, Matthews, & Boyce, 2002; J. R. Smith, Brooks - Gunn, & Klebanov, 1997)。当Duncan和Brooks - Gunn(1997)在统计上控制了家庭收入和其他人口特征，他们仍然发现更高的产妇受教育水平和孩子更好的认知和教育成绩之间存在相关。

相反，低SES和差的教育是养育和儿童发展的危险因素，它影响多个方面。低SES对母亲的心理功能有不利的影响，并经常造成苛刻或不一致的行为管理(McLoyd, 1998; Simons, Whitbeck, Conger, & Wu, 1991)。与中等SES相比，低SES的家庭每天提供给孩子多样的刺激的机会更少，更缺少合适的玩具材料，总的刺激量更少(A. W. Gottfried, 1984)。值得注目的是，中产阶级母亲比工人阶级母亲与孩子的交流更多，在各个方面更为成熟老练(Hart & Risley, 1995; Hoff, 2003)。这些社会阶层的差别在产妇对孩子的讲话中是普遍深入的——比如在以色列，上层社会的母亲比中下阶层社会的母亲更能够经常与孩子说话，对事物命名和问“为什么”的问题(Ninio, 1980)。更高SES的母亲在语言上的鼓励无疑促进了孩子的自我表达；更高SES的儿童与更低的相比能够发出更多的声音，并在以后说出更多的字词(Hart & Risley, 1995; M. Papoušek et al., 1985)。更高社会经济阶层的父母与更低的相比，更能随着儿童发展理论的变化在实践中作出更灵活和迅速的调整(Bronfenbrenner, 1958)。低SES的父母认为，他们与更高的SES的父母相比对于儿童发展结果的控制力更低(Elder, Eccles, Ardelt, & Lord, 1995; Luster, Rhoades, & Hass, 1989)。Kohn(1963, 1969, 1979)假设，在父亲对孩子的目标和预期上存在社会阶层差别，比如，这种差别与父亲在工作上取得成功的预期的差异是有关联的。

总体上说，经济和社会压力对父母总的幸福和健康产生不利影响并且要求注意和情感能量的付出(Magnuson & Duncan, 2002)。McLoyd(1998)分析，对贫困的父母的巨大压力滋生于为寻求资源以支付食物和租金的一天又一天的奋斗中，还因为要努力应对那些诸如住房拥挤、恶化和危险的街道的问题，这些因素会抑制养育技巧，不利于有序的家庭生活。这些情况会减少父母对孩子的专心、耐心和宽容(Crnic & Low, 2002)。McLoyd发现，是养

910 育环境的恶化造成了成长于贫困家庭的孩子的许多适应困难(见 Conger, Ge, Elder, Lorenz, & Simons, 1994)。

然而,父母贫穷的影响结果似乎也因孩子的年龄和性别有所不同(Elder, 1974),上层社会的父母也不能避免某些不利状况(Luthar, 2003)。

文化和养育

正如社会阶层一样,文化的影响也是普遍深入的,影响到父母如何看待养育以及他们如何养育(Bornstein, 1991, 2002c; Harkness & Super, 1996, 2002; LeVine, 2003)。在信仰和行为上的文化差异总是深刻的,无论在同一社会的不同族群还是在世界不同地方的群体里都存在。在一些文化中,儿童由大家庭抚养,许多亲戚提供养护;在其他的文化中,母亲和婴儿几乎与整个社会背景隔离。在一些群体中,父母被作为不相关的社会对象对待;而在另一些群体中,父亲要为孩子承担复杂的责任。Baumrind(1967,1978,1989)的研究为欧美中产阶级养育孩子的方式作了划分,以控制与反应性作为划分依据,并把这种养育风格与儿童的发展结果联系起来。在美国,其他的社会经济、种族或文化群体有不同的教养方式,并且侧重不同的成果(Steinberg, Dornbusch, & Brown, 1992; Steinberg, Mounts, Lamborn, & Dornbusch, 1991)。大多数的养育研究是基于西方心理学的传统的,但没有充分考虑特定的族群或特定的文化传统中带来的影响。养育显然存在种族和文化上的特异性,具有深刻的含义。

养育和儿童发展从生命早期就受到文化的影响,涉及父母照料孩子的时间和方法,在多大程度上给予孩子探索的自由、如何培养和限制、注重哪些行为等(Benedict, 1938; Whiting, 1981)。比如,日本和美国有大致相似的现代化程度和生活水平,并且两者都是以儿童为本的社会,但两者从历史、信仰和儿童养育目标上存在巨大的差异(Azuma, 1986; Bornstein, 1989b; Caudill, 1973)。日本的母亲期待着他们的后代早日情感成熟,形成自我控制,学会社会礼节;而美国的母亲则期待其早日掌握言语能力和自我实现。美国的母亲推动自主性并组织与孩子之间的社会性互动,以促使身体和言语上的自信和独立,也促进孩子对外部环境的兴趣。日本的母亲组织社会性互动以巩固和加强母子二人的贴近性和依赖性,而且他们倾向于放纵孩子(Befu, 1986; Doi, 1973; Kojima, 1986)。

由文化形成的信条如此强大,以至于父母很多行为是出于文化的要求,与基于对孩子的感受而采取的行动一样多,或者更多。例如萨摩亚的父母,认为幼儿具有愤怒和任性的性格,于是,父母一致报告说,他们的孩子所说的第一个字是 tae,萨摩亚为"屁话"(Ochs, 1988)。同样,对来自澳大利亚和黎巴嫩的新的母亲进行预期的发展时间表的调查,显示文化对母亲对孩子的预期的影响远高于其他的因素,比如观察孩子的经验,与其他孩子作比较,以及听取朋友及专家的意见等(Goodnow, Cashmore, Cotton, & Knight, 1984)。

尽管社会科学有时候屈从于这种将种族和文化混在一起的错误倾向,研究表明它们是不同根源的、跨越文化和跨越同一社会的子群,有不同的养育认知,不同的养育实践,以及(并不出人意料)不同的孩子养育结果为准的模式(Ogbu, 1993; Stevenson & Lee, 1990)。

尽管存在种族和文化差异,父母也显示出了惊人的共性。如果想让孩子生存下去所有的父母都必须呵护和促进孩子的身体成长(Bornsteim, 2002b; LeVine, 2003)。一些相似之处反映出养护的生物基础,养育模式的代代相传,或通过移民或大众媒体传播而日益流行的独生子女养育模式等。最后,不同的民族大概是想在初期,推动一些相似的一般性的能力,以及一些特定文化的东西。然而即使这些文化的最终目标是相似的,在达到目标的最接近的方式上也有所不同(Bornstein, 1995)。

方法说明

关于影响养育的内生和外生的来源的文献是很丰富的(R. M. Lerner, Rothbaum, Boulos, & Castellino, 2002)。然而典型的是,对养育起因的研究是相互隔离的,而且同时评估多重的影响的研究也很少见。所以,各种不同的影响养育的因素互相交叉或是哪一个具有独特影响的因素也是有待进一步研究的。例如,父母的年龄对于自身的养育行为和孩子都会产生重要的影响,因为很早就有孩子的人更容易有自身已经存在的问题而影响他们的养育行为,然后由此又影响到孩子。过于年轻的父母有可能受到的教育更少(Baldwin & Cain, 1981; Elster, McAnarney, & Lamb, 1983; Luster & Dubow, 1990)并来自更贫穷的家庭(Haveman, Wolfe, & Wilson, 1997)。有鉴于此,家庭系统理论强调了一个重要性,即考虑可能独立和相互依存的机体、环境和养育的经验决定性(见 Belsky, 1984; Bornstein, 2002b; Bornstein & Sawyer, 2005; Bronfenbrenner & Morris, 1998; R. M. Lerner et al., 2002; Minuchin, 1985)。

小结

为了理解养育的差异,需要有多方面的信息(P. A. Cowan, Powell, & Cowan, 1998),包括家庭中每个个体的生物和心理特征,父母的原来家庭的关系质量,父母之间的关系质量,他们角色的划分、交流模式,以及合作养育,父母与每个孩子之间关系质量,还有核心家庭成员与关键的个体或公共机构(朋友、伙伴、工作、儿童养护、学校、种族划分、文化)之间的关系。养育受到多种因素的综合影响,一些因素来自个体内部,而其他的则来自儿童、社会,以及文化等外部原因。

养育效果与多重背景

"上梁不正下梁歪。""有其父必有其子。"这些谚语反映的理念(有人则称为假设)是父母的想法和行动,以及父母创造的环境,引起了儿童的差异。(用农业比喻养育尤其普遍,其喻意可以从"幼儿园"延伸到"文化"。)许多关于"养育效果"的早期文献自然是以这种思维方式来推论的,而且许多推论是采用亲子之间的相关作为依据的。无论父母影响孩子是多么地正确,我们都公认,相关并不证明因果关系,即影响的效果可能是朝向相反的方向(即儿童影响父母),而儿童的特性可能是由家庭的或非家庭的第三个因素影响的产物。接下来简单评论的是养育的效果构造相关设计,并在其后对关于达到养育效果的更强大和稳健的方法进行扩展的讨论。最后以行为遗传学和群体社会化理论的相关补充信息作为本章的结束。

相关设计

我们估计,养育在儿童的差异中起到 20%到 50%的作用(Conger & Elder, 1994; Kochanska & Thompson, 1997; Reiss, Neiderhiser, Hetherington, & Plomin, 1999)。比如,Patterson 和 Forgatch(1995)发现,无论在家或不在家,父母的纪律与监督做法和儿童的消极、强迫行为之间都存在巨大的相关。Chilcoat 和 Anthony(1996)表明了在年龄、性别和种族身份之后,父母监管的减少使得每一单元的使用毒品抽样显著地增加。

父母与孩子的大多数研究在设计上是相关的,结果的联系通常是不大的,而早期的倡导者有时夸大其关联。实际上,在父母认知或实践与儿童特点之间的相关大小为零阶,相当大的差异取决于考虑了什么样的父母和儿童变量、测量的方式、在前测和结果测试之间的时间长度、调查问题所采用的分析、研究居住在哪种环境中的哪类儿童或家庭,还有是否在统计上控制了背景变量等。比如,关于环境与社会发展之间的关联,直接的行为观察产生了很大规模的效果,而父母报告产生了很小规模的效果。期望将特定的亲子互动的性质和其效果进行普遍化以跨越所有年龄/阶段和儿童发展的领域是不合理的。父母培养了儿童特殊才能的发展(如,通过提供运动练习机会)并能够影响一些活动(如,宗教信仰),但对其他方面可能影响不大。包含更广泛内容的养育研究最后往往还是集中于对养育过程的关注,过程研究确实产生了较多强有力的发现。

912

基因与环境的相互作用

当代育儿研究已经超越了对养育的主要效果的集中研究,开始关注更为复杂的个体与环境的互动。互动形成时,一个特定的环境对机体产生不同的效果,这取决于机体的特征。Tienari、Wynne、Moring、Lahti 和 Naarala(1994)将亲生父母抚养的带有精神分裂症基因的孩子,与没有携带这种风险因素的养父母带大的孩子进行对比,以探明易患病的体质要表现出来,是否取决于某种引发的环境条件。父母患有精神分裂症的被收养儿童与不处于危险中的被收养者相比,较有可能发展出一系列精神病(包括精神分裂症),但只有他们被收养到有机能障碍的家庭时才会发生。Bohman(1996)曾对两组后来被收养的儿童进行了研究,其中一组儿童的父母至少一方有犯罪史。在从亲生父母那里携带风险因素的被收养儿童的一组中,那些生活在有机能障碍的家庭的儿童比起生长在养父母提供了稳定和支持性的环境的家庭的儿童成为罪犯的风险更高。

养育研究中一个隐含的假设就是同等的养育的效果对所有的儿童是相似的。然而,跨越不同气质的儿童的养育效应的研究,会使双亲的作用效果不明显。没有理由期望一个特定的养育认识或实践能在每个孩子身上发挥相同的效果。一个特定的双亲的认识或实践在具有不同气质的儿童身上会产生不同的效果。例如,Kochanska(1995, 1997)发现母亲的反应方式以及与孩子形成的紧密的情感联结可以培养出在道德发展方面的特点即勇敢、有主见的儿童;而母亲比较温和,不强调权力的育儿技巧则对害羞的、恐惧气质的儿童更有效果。

实验

实验操作有助于推进跨越亲子的相互关系和互相作用来揭示因果关系。关于养育效果所做出的强烈声明将会以实验处理或干预为基础，其中，父母被随机分配到实验/干预组与控制组，由此，无论是实验组的父母还是未受到干预的孩子的行为都会产生相应的变化。这样的实验表明：(a) 干预改变了实验组的养育；(b) 对照组没有变化；(c) 父母育儿作为中间变量引起儿童本身的变化。

动物学研究

当具有不同反应方式的恒河猴被一个非亲生的反应性过强或过弱的母亲养育，他们的成年的行为就与亲生母猴的反应相似(Suomi, 1997)。得到高反应性遗传的年幼动物在出生后头 6 个月被反应性差的母亲养育，然后被放到同伴和大的伙伴群体以及无关的成年动物的环境中，它们能够正常地发展，而且上升到最权威的地位。这些被交换养育的动物还学会了避免高压力的环境并且找到支持的来源。与此相反，反应性较强的小猴如果也由强反应性的母猴养育，那么当它在 6 个月大的时候被放在数量较大的猴子群里就会显得特别不适应压力。

人类的自然实验

关于有不同遗传背景与不同养育家庭的儿童的研究提供了评估遗传的作用和儿童发展的经验的方法(H. Z. Ho, 1987; Plomin, 1990; Plomin & DeFries, 1985)。在理想的收养的自然实验中，一个儿童与亲生父母有相同的基因而环境不同，而另一个儿童与养父母共有同一个环境而基因不同。在法国，曾经有针对这样儿童的研究，他们在婴儿时被低 SES 父母抛弃后，被中高 SES 父母收养。这些儿童都有血缘上的兄弟姊妹或半兄弟姊妹，他们目前仍由亲生母亲在贫穷的境况中抚养。在区分这两个组时没有特意考虑其他选择性的因素。在童年中期测试时，被收养儿童的 IQ 平均分显著高于他们的血缘同胞，而由亲生母亲抚养的儿童更容易在学校的表现中显出劣势(Duyme, Dumaret, & Stanislaw, 1999; Schiff, Duyme, Dumaret, & Tomkiewicz, 1982)。与之相似的，科罗拉多州收养项目进行了交流能力发展的评估，将评估对象分为亲生养育的或收养的完整的家庭的孩子。儿童的语言能力与他们的亲生母亲的口语智能相关，即使从出生后他们就没见过他们的母亲也是如此。然而，养母的养育活动，尤其是模仿他们的孩子的发声等做法，也能够预测儿童的语言能力(Hardy - Brown, 1983; Hardy - Brown & Plomin, 1985; Hardy - Brown, Plomin, & DeFries, 1981)。这些结果表明了遗传和养育在儿童发展中的作用。

913

养育干预

Forgatch(1991)提出通过对干预实验操作的解释来对养育的理论模式进行检验。在改善固执孩子的父母的行为—训练技巧的干预中，Forehand 和同事(Forehand & King, 1977; Forehand, Well, & Griest, 1980)证明了这种方法对双亲行为的改善和孩子的行为改变的效果，并且它的确增强了双亲对孩子行为改善的感知，降低了双亲的抑郁。与之相似的是，Belsky、Goode 和 Most(1980)发现增强母亲与幼儿在游戏中说理的互动的干预会促使实验组的孩子比控制组出现更多意义深远的、水平更高的探寻式游戏。Van den Boom(1989,

1994)证明了通过培训低水平的母亲增强对孩子的回应的敏感度的做法,既减弱了她们对孩子不理想行为的消极反应,也减轻了有抑郁倾向儿童的回避型依恋的程度。Dishion、Patterson 和 Kavanagh(1992)表明,对随机分配实验组进行的父母培训干预促进了父母减轻对孩子的强迫行为,降低了攻击性儿童的反社会行为的程度。P. A. Cowan、Cowan、Ablow、Johnson 和 Measelle(2005)观察,在孩子进入幼儿园之前,孩子的父母参与到有效的养育课程中,与参加一般的养育培训组相比,前者的孩子在幼儿园和一年级能够更好地适应学校,取得更高的学习成绩。而且这种相关的优势会一直持续到 10 岁,为期 6 年。

将一组家庭随机分配到实验组或控制组,只对父母干预但不同时对儿童实施干预,这样的研究是很少的。但这样的研究显示,当这类实验能够以特定的方式改变双亲对孩子的行为时,孩子的行为也相应地改变了。这样的实验研究证明了养育的改变对孩子在学校的适应(Forgatch & DeGarmo, 1999)、攻击性行为(Patterson, Dishion, & Chamberlain, 1993)、行为管理(Webster - Stratton, 1990)和依恋(P. A. Cowan et al., 1998; Heinicke, Rineman, Ponce, & Guthrie, 2001)都有预测性。

令人惊奇的是,尽管拥有这些数据,一些评论家仍然认为,没有令人信服的证据证明父母对孩子或者青少年的心理机能的影响可以大过遗传和同伴。一个人用他自己的方式达成结论,声称某一方面的作用超出了其他方面是不合逻辑的和不科学的。重要的是要着力理解这些力量如何共同作用塑造一个发展着的个体。接下来的讨论收集了一些来之不易的并且切中要害的批评(见 Collins, Maccoby, Steinberg, Hetherington, & Bornstein, 2000; R. M. Lerner et al., 2002; Maccoby, 2000; Vandell, 2000)。

关于遗传和社会性对儿童发展的影响的争论补充了我们对养育和养育的效果的理解。

行为遗传学

行为遗传学试图了解人类特性差异的生物来源。通过研究不同遗传关系的个体(同卵和异卵双生子,共同或分开生活的有血缘的和收养的同胞兄妹),行为遗传学家尝试评估由遗传因素带来的特性的差异量(遗传可能性;h^2)。他们假定一个特性的差异的来源可以分解成独立的遗传(G)成分和环境(E)成分(加上误差变量)加在一起是 100%的变量(注意,E常常不被直接测量,通常作为不计入 G 的剩余变量进行估计;Caspi, Taylor, Moffitt, & Plomin, 2000)。然而,G 和 E 通常并非导致零合(zero-sum)的结果(Block, 1995; Feldman & Lewontin, 1975; Gottlieb, 1995; Rose, 1995; Turkheimer, 1998)。

914

有些关于遗传学的研究进一步指出:(a) 遗传禀赋对儿童个性的作用要大于社会化的作用;(b) 不同遗传特质的儿童对父母产生的反应是不同的;(c) 非共享的环境(理解为在导致个体差异的家庭之内或之外)与共享的环境(如父母养育的方式)相比对儿童发展的影响更大。但是,对整个文献的全面思考揭示了其中的局限。

1. 当环境力量起作用时遗传继承性是高的。有些环境因素对一组人有影响,但其作用并非按照该组人原有的顺序等级来产生的。人类发展的生态学观点“强调了互动性和共生性,而非外加性或竞争性,强调了家庭与其他因素相关联的实质”(Collins et

al., 2000, p. 227)。人类所有的性质或过程都是基因和生活环境共同作用的结果(Elman et al., 1996)。

2. 父母养育方法与儿童特点的相关性反映了父母与儿童特性在遗传上的联系,并且这种遗传也是双向的相互作用的结果。在G+E=100%这个公式中,行为的遗传由亲子关系的共变中父母和儿童的遗传成分共同起作用。也许在亲子关系共变中的儿童部分(如唤起效应)是遗传的,而如何衡量父母在遗传上的作用也许就是值得商榷的(Maccoby, 2000)。行为遗传观点忽视了父母与儿童的相互影响。在发展着的并且是诸如父母与儿童之间这样单纯的关系中,儿童影响父母,父母也影响儿童。父母的养育方式是受到儿童特征的影响的,但父母同时也对儿童的特征产生影响。

3. 行为遗传学研究实验设计显示了父母养育的作用。Horn(1983)报告说被收养儿童的平均智商与养父母的平均智商相同,显著高于亲生父母的平均智商。这个效果也与养父母的养育方法的研究相一致。O'Connor、Deater-Deckard、Fulker、Rutter和Plomin(1998)找到了两组被收养的孩子:一组有反社会行为的危险的遗传因素(例如母亲具有反社会行为历史),而另一组则没有。研究者在被收养儿童的童年生活的许多方面,评估了儿童的特征和收养父母的养育方法。具有反社会遗传倾向的儿童更多地接受养父母给予的社会化中消极的方面,但父母养育的消极行为对儿童的外向化的影响是独立的,会超过并高于儿童的遗传的先天影响。Neiss和Ross(2000)发现,父母受教育程度与收养的青少年的词语智商存在显著的相关。

4. 行为遗传学假设,父母养育是兄弟姐妹共同分享的经验,并且因为已经证明的共享的环境是较小的,父母养育的影响也就是轻微的。然而,父母对所有孩子的行为并不是一致的,儿童对父母养育的感受也就有所不同。而且父母养育对所有儿童的影响并不相同。关于双胞胎的研究证实了家庭环境对儿童的发展有实质性的影响这一假设(Plomin, 1994; Reiss, 1997)。非共享的环境的影响是指个人生活中具有特殊意义的事件的影响,诸如生病或特别的朋友。这些影响并不为其他家庭成员所共有。行为遗传学者提供了两种关于兄弟姊妹之间的差异的证据。首先是家庭内环境的差异(Dunn & Plomin, 1990; Hoffman, 1991);其次是家庭外的经验差异(J. R. Harris, 1995, 1998; Rowe, 1994)。依照兄弟姊妹对父母养育方式的感受,他们在经历着不同的环境,这就增加了他们在智力和性格、遗传基础上向差异化发展的机会。基因是使得兄弟姊妹相像的因素,但是(正如我们都认识到的一样)兄弟姊妹通常是各不相同的,而且许多人认为兄弟姊妹在成长中的不同的经验(非共享的环境)使得他们成为各自不同的人(Dunn & Plomin, 1990; Plomin & Daniels, 1987)。即使在同一个家庭,父母(以及其他因素)也在促使他们为不同的孩子创造各自有效的环境(Stoolmiller, 1999; Turkheimer & Waldron, 2000)。

5. 遗传因素本身也经常相互作用,而且千差万别:

■ 遗传对人类的一部分特性(智力)比其他方面(宗教)要有更大的影响。

915

◆ 遗传影响的大小因测量某种特质时的信息来源不同而不同。Cadoret、Leve和

Devor(1997)报告了对攻击性行为的遗传的相关系数差异的范围,从观察研究的0.00到父母—报告测量的0.70。在对24个双胞胎和收养研究的元分析后,Miles和Carey(1997)报告了以父母—报告法测量的结果比青少年自我报告的方法有更高的h^2值。

- 基因在不同的环境当中的作用也不同。
- 元分析显示,遗传的作用很少超过特定人口中个人变量的50%(McCartney, Harris, & Bernieri, 1990)。
- 双生子研究得出的结果也许会因为同一家庭的双生子往往比同性的双生子拥有更加相似的环境而高估了遗传的作用。

6. 很多关于遗传的研究对儿童发展结果的关注往往局限于智力和性格,但是当代关于父母养育的研究关注了更多的问题,例如在儿童学习行为的许多方面父母的影响也许是巨大的。儿童对水果和蔬菜的吸收不仅是受儿童的味觉偏好决定,同时也与妈妈的营养知识、她对于进食对健康的益处的态度以及她自己对水果和蔬菜的吸收有关(Galloway, Fiorito, Lee, & Birch, 2005)。
7. 父母的顾虑不仅仅是他们养育孩子的"最终结果"。他们与孩子共同生活,日复一日地养育着孩子,并且要迎接日益变化的关于养育的挑战。儿童成长的过程对父母和儿童双方来讲,都是高度情感化的(Pomerantz, Wang, & Ng, 2005)。这些养育的顾虑并非能由行为、遗传学或只注重儿童结果的其他方法解释的。
8. 在对于双生子和收养儿童的行为研究中,通常最为关注的是两个个体之间的生物的联系而非遗传性的特征联系形成的那些特别迹象,而环境变量并未得到经常的评估。

群体社会化理论

许多学者观察到同伴对个体的心理功能所产生的影响是巨大的。

Lewin(1994)在其所提出的理论中指出我们在参与同伴互动的活动中改变着自己。J. R. Harris(1995,1998)在Lewin的理论基础上再次指出儿童在家庭以外的经历,特别是在与同伴的互动中对他们的发展所产生的影响是巨大的。J. R. Harris(1995,p. 463)在他的著作中指出:群体社会化影响着儿童的行为、语言、认知、情感和自尊。然而,儿童与其父母、老师以及他们的辅导员间的关系对他们的心理行为、语言、认知、情感等所产生的影响却是微不足道的。不过,一些学者对此持有不同意见。他们认为:

1. 父母与同伴对儿童的成长共同产生影响(Brown, Mounts, Lamborn, & Steinberg, 1993; Cairns & Cairns, 1994; Dishion, Patterson, Stoolmiller, & Skinner, 1991; Fuligni & Eccles, 1993; Mounts & Steinberg, 1995)。
2. 个体在选择同伴时倾向于选择与己相似的同伴(Berndt, 1999; Berndt, Hawkins, & Jiao, 1999),这也许基于他们对朋友共有的特点的观察。这些观察包括学校的成绩(Epstein, 1983)、好斗的特点(Cairns, Cairns, Neckerman, Gest, & Gariepy,

1988)、内心的忧伤(Hogue & Steinberg, 1995),以及吸毒(Kandel, 1978)。儿童并不轻易加入某一个同伴群体。相反,父母以及父母与孩子的关系确实影响着儿童对同伴的选择。

3. 群体社会化也许会反映在日常生活中的行为和态度上,但不会影响深层的人格特质和价值观(Brown, 1990)。
4. 儿童对同伴影响的敏感性是不同的。父母也许是影响他们发展的主要因素。当然,同伴的影响对婴儿或年龄很小的孩子几乎不会产生太大的影响。

社会关系理论假设多元的关系对儿童的成长是非常重要的,因为他们满足着不同的成长需求(Howes, Hamilton, & Philipsen, 1998; Ladd, Kochenderfer, & Coleman, 1997; MacKinnon - Lewis, Starnes, Volling, & Johson, 1997; Vandell & Wilson, 1987; Vondra, Shaw, Swearingen, Cohen, & Owens, 1999; Wentzel, 1998)。父母也许为儿童提供爱、提供情感、提供安全、提供保护、提供建议以及一些安排。亲属们也许会为儿童了解社会、解决矛盾、处理不同角色提供相应的机会。同伴间的友谊为彼此提供相互的承诺、相互的支持和信任。对年龄小的儿童来说,老师和其他关爱他们的人也经常扮演父母的角色。不过,老师对大龄儿童学会把握机会和知识习得是有一定影响的。最后,J. R. Harris (1995)说: 916

> 群体社会化的理论并不是抛开父母来强调儿童关系的建立,这一点十分重要。儿童对父母有着情感的依赖(反之,父母对孩子也存在着依赖)。同时还要依靠父母的保护和关爱。他们在家庭中学习能够用于社会上的技能;这些都是不争的事实。(p. 461)

简而言之,儿童的成长过程受许多人的影响,其中父母的影响是最突出的。

小结

即使对儿童养育研究最严厉的批评者也不得不承认父母在儿童的生活中起着重要的作用。

"父母是儿童生长的重要环境,在很大程度上决定着儿童成长为什么样的人"(J. R. Harris, 1998, p. 15)。当然,亲生父母可以直接通过遗传来影响他们的孩子(Plomin, 1999)。但与此同时,所有权威的发展理论都认为,儿童对世界的经验或是个体成长的主要因素,或是其中一个重要组成部分(R. M. Lerner, Theokas, & Bobek, 2005; Wachs, 2000)。因此,遗传的因素是存在的,同伴的影响同父母的影响一样既不应被否定也不能削弱。

今天关于养育方面的研究是受到发展背景的观念指导的。在这一方面的大量研究显示养育是一个复杂的系统,它包含着儿童自身的能力和敏感性,儿童与父母所涉及的多元关系(与亲属、朋友、同伴、老师以及邻居的关系),多元的生长环境(家庭、学校、邻居、经济地位,以及文化)。在这个复杂的发展环境中如父母与儿童的关系,在众多的变量中,没有哪一个因素是具有决定性的。父母养育的作用是基础性的,但不是绝对的(如,对任何情况下的儿童都适用)。最后,考虑到大量相互影响的变量以及它们之间的复杂关系,许多基于大量变量的复杂的理论比简单理论更能对最好的成长结果作出说明。多种环境影响,独立地或是通过影响其他因素,在影响着儿童的生活。

养育的认知与实践

养育到底意味着什么?养育对儿童有哪些影响?养育源自一个人的认识与做法。同时养育行为又是多维的、模式化的和有特异性的(见 Bornstein, 1989a, 2002b),与多重而又特别的认知和实践的经验型总结相呼应(De Wolff & Van IJzendoorn, 1997; MacDonald, 1992; Tamis-LeMonda, Chen, & Bornstein, 1998)。进一步说,一部分人自认为他们养育儿童的认知和做法是非常自然合理的,但实际上与其他人群相比时就会发现,他们的养育认知和做法是非常不同的。

养育的认知

当孩子们只有一个月大时,99%的妈妈都会认为他们的宝贝能够表现出他们的兴趣所在,95%的高兴,84%的生气,75%的惊讶,58%的恐惧,以及34%的悲哀(Johnson, Emde, Pannabecker, Stenberg, & Davis, 1982)。这些判断可能反映了儿童的表达能力,或者情境背景的线索,或妈妈的主观感觉。在妈妈们对特定问题做出回答的过程中,描述了儿童的言语和面部表情,以及同时发生的姿势和手臂动作,并以此作为妈妈们判断的基础(H. Papoušek & Papoušek, 2002)。由于妈妈们对于自己感觉到的儿童不同的情绪信息会做出不同的反应,她们就有大量的机会,根据孩子的反应回馈对自己的判断作出修正。因此,在母亲的认知方面投资是很值得的。

育儿的认知包括他们的目标、态度、期望、知觉、归因以及对于育儿及儿童发展的实际的

917

知识(Goodnow, 2002; Holden & Buck, 2002; Sigel & McGillicuddy-De Lisi, 2002)。养育的认知被认为具有多种作用。它影响父母的自我感知,影响育儿的效果,对养育本身有组织作用(Darling & Steinberg, 1993; Dix & Grusec, 1985; Goodnow & Collins, 1990; Harkness & Super, 1996; S. G. Miller, 1988; Murphey, 1992; K. H. Rubin & Mills, 1992; Sigel & McGillicuddy-De Lisi, 2002)。父母通过自己的感知以及对他们孩子行为的解释,并结合育儿认知形成自己的认知结构框架。另外,许多理论家推论说,由于父母的认知形成并改造着他们的行为,也就由此而塑造了儿童的发展(Conrad et al., 1992; Darling & Steinberg, 1993; Goodnow, 2002; Holden & Buck, 2002; Hunt & Paraskevopoulos, 1980; Wachs & Camli, 1991)。不幸的是,几乎没有任何真正的研究曾经考察过三者之间,即养育认知、养育做法与儿童发展的关系,尽管看起来联系的路径是通畅的(McGillicuddy-De Lisi, 1982; Seefeldt, Denton, Galper, & Younoszai, 1999)。例如,Benasich 和 Brooks-Gunn(1996)使用了一个对出生前低体重儿的婴儿健康与发展项目的前瞻性的纵向研究的

数据资料,发现母亲关于儿童养育和儿童发展的知识决定了母亲提供的家庭的环境的质量和结构,反过来它又影响到儿童的认知与行为的发展结果。

父母对自己和孩子的看法会导致他们在养育活动中表达这样或那样的情感、思想或行为。例如,根据 Zero-to-Three(1997)的调查结果,美国 90%的新父母对自己的育儿能力有信心并认为他们总的说来是好的父母。那些感觉自己有效胜任的妈妈往往更具有反应性,更多的共情,较少惩罚并往往有更加适合的对儿童的期望(East & Felice, 1996; Parks & Smeriglio, 1986; Schellenbach, Whitman, & Borkowski, 1992)。父母们对童年的看法以同一种方式起作用,那就是说父母相信或不相信他能够塑造婴儿的个性,而这种态度同样在决定着父母的行为。Zero-to-Three 还发现美国有四分之一的父母认为宝宝生来就具有一定水平的智商,并不会因父母与之相处的方式而增加或减少。那些认为自己对待孩子的方式会起作用的母亲就会更加愿意深入地与孩子进行互动,这同时就提供了使她进一步理解孩子和进行恰当的互动的机会(Teti, O'Connel, & Reiner, 1996)。最后,父母对儿童的看法会产生一系列后果。例如,一位母亲认为自己的孩子不容易调教,她对孩子的注意就较少,或者对孩子的建议就较少作出反应。这种缺乏注意和较低的反应性本身就会导致困难的气质以及认知的缺陷(Putnam, Sanson, & Rothbart, 2002)。由于父母对养育的认知往往导致他们对儿童的更加消极的应对,因此就以这种方式进一步造成了困难的气质。

也可能有人并不同意所有的父母都在一致地追求儿童的成就、及时的社会适应、教育的成就以及经济方面的安全性,但他们的方法确实是各异的。关于父母育儿的相当数量的研究文献集中于不同社会经济地位、民族和文化背景下的父母的认知(见 Bornstein & Bradley, 2003; Harwood, Handwerker, Schoelmerich, & Leyendecker, 2001; Kohn, 1963, 1969, 1979; Schulze, Harwood, Schoelmerich, & Leyendecker, 2002)。"信念就是你的所有"(Abelson, 1986, p. 223),父母们对自己育儿观念的执著与对儿童的热爱一样强烈。

父母育儿认知的分类学

父母对自身育儿的目标以及对儿童的发展期望发源于社会对所有成年人的期望(LeVine, 2003)。例如,许多西方社会鼓励儿童独立自主、自信,以及有个人成就,但同时亚洲和拉丁美洲则鼓励儿童相互依靠、合作及有集体意识(Triandis, 1995)。这些社会价值观决定了父母关于社会化的不同的观点(Harwood, 1992; Ogbu, 1981)。例如,按照 D. Y. F. Ho(1994)的观点,儒学伦理观即是强调每个人对他人的义务而非个人的权利,并且这种观点通过对孝道的灌输形成了亲子关系的基础。对孝道的服从和宣扬,对父母提供物质的和精神的福祉,举行敬祖仪式,避免某人的身体受到伤害,保证家族的后代香火旺盛,总的说来是使得个人为家族带来荣誉而非损毁家族名声。这些隐含的价值观会影响到父母养育的目标,包括什么是好父母或什么是一个好的或有美德的孩子。 918

态度也是社会认知的一个成分,它是一种倾向、内部状态以及对客体的价值感受(Eagly, 1992)。有些儿童在面对陌生情境时比较放松,而且较少显现出有压力的迹象。而另一些儿童则对新异的客体或情境表现出焦虑并试图紧挨着妈妈。他们不愿去探索新异的客体或是与不熟悉的人交流。这些行为都表明行为的抑制。中国的母亲们处于传统而重视相互依靠的关系,将学步儿这类行为抑制看成是积极的特质。与之相反的是,欧裔加拿大妈妈们由于持有更多的个体主义趋向,将行为抑制更多地看成是母亲缺乏接受性和对儿童成就的鼓励不够的结果。在中国家庭里,那些表现出较高行为抑制的孩子的母亲往往是不太认同身体惩罚是约束孩子的最好方法,并且较少对孩子生气。然而,在加拿大家庭中母亲惩罚的趋向与行为抑制有着正向的相关。那些表现出较高行为抑制的孩子的母亲更多地相信体罚是约束孩子的最好的方法。简言之,行为抑制与中国妈妈的积极态度相关,却与加拿大妈妈的消极行为相联系。

对儿童发展的标准和里程碑的期望——当期望孩子获得一种发展的技能时——影响到父母对孩子发展的估价。成人看护者——父母、教师或其他人——通常都抱有儿童何时能够达到什么成就的想法(Becker & Hall, 1989),这种想法本身就能够影响儿童的发展。比如 Hopkins 和 Westra(1989,1990)调查了居住在同一个城市的英格兰裔、牙买加裔和印度裔的妈妈们,发现牙买加裔的妈妈更期望孩子早早能够独坐和讲话,而印度裔妈妈却希望孩子晚点会爬。在每个个案中,孩子所达到的技能都迎合了妈妈的期待。母亲是高 SES 的比低 SES 的,其孩子能在较早的年龄达到发展的里程碑(Mansbach & Greenbaum, 1999; vonder Lippe, 1999)。当孩子在学前期时,菲律宾的妈妈在研究中被要求估计自己孩子获得认知、心理社会和知觉—动作技能的年龄时(Williams, Williams, Lopez, & Tayko, 2000),受教育程度较高的妈妈对儿童认知和心理社会发展(例如情感的成熟和独立性等)的预期年龄就相对较早。

尤其显著的是,对养育的自我认知与父母对养护者角色的效能感,从养护者关系中获得的满意感,对养育的投资以及平衡养育者与其他社会角色的能力等,都有着紧密的联系。自我认知以独特的方式在养育儿童和儿童发展中发挥作用。我们了解最多的是在养育能力方面(Bornstein, Hendricks, et al., 2003; Teti & Cadelaria, 2002)。实际上,对自我能力的知觉影响到育儿策略的运用(Johnston & Mash, 1989; Teti & Gelfand, 1991)。自我效能理论认为,感觉自己有胜任力的成人,知道该做什么的人以及了解他的行为后果的人,作为父母时就会在儿童的发展中扮演建设性的伙伴角色(Bandura, 1896, 1989; Coleman & Karraker, 1998; Conrad et al., 1992; King & Elder, 1998)。胜任感决定了对行为的选择并且有助于决定投入多少时间努力和精力。Eccles 和 Harold 报告说对自身对孩子的学业和学校成就的影响力有信心的父母影响了对学业的投入而且预测了父母对儿童的学业兴趣的帮助程度(也见 Hoover - Dempsey & Sandler, 1997)。

对儿童的投资、投入和承诺都对育儿有完整的影响。确实,Baumrind 和 Thompson (2002, p. 3)将符合伦理的养育定义为"无论怎样都需要父母在儿童长时间的依赖时期给予投入和承诺"。高投入的父母相信自己能够比其他的成人更好地满足儿童的需要;他们的期望更加成熟,更加有责任心,并更加积极地看待孩子(Greenberger & Goldberg, 1989)。反过来,父母的投入与儿童发展的成果也是相关的(Bogenschneider, 1997; E. V. Clark, 1983; Eccles & Harold, 1996)。父母对儿童生命的投资以及父母对儿童的照料责任保证了儿童及时接受预防性的医疗、生理活动以及所需的适当营养(Cox & Harter, 2003)。

919

父母如何平衡其社会角色，如做父母、配偶和雇员，反映出他们在这些角色方面的有效性(Perry-Jenkins, Repetti, & Crouter, 2000)，能够保持高度平衡的人在角色限制方面和忧郁程度测量上得分较低，但却在自尊和其他幸福指标的测量上得分较高(Marks & MacDermid, 1996)。J. V. Lerner 和 Galambos(1985, 1986)发现母亲的角色平衡对儿童发展比对母亲的工作影响更大。对自己的角色不满意的母亲对孩子有更多拒绝行为(Stuckey, McGhee, & Bell, 1982; Yarrow, Scott, DeLeeuw, & Heinig, 1962)，因此，研究证明了就业的母亲的职业角色和为人母的角色平衡的积极作用(Harrell & Ridley, 1975; Stuckey et al., 1982)。

在特定的情境下，当孩子做出实际上是由于发展带来的行为时，父母往往认为孩子的行为大多是有意的(K. H. Rubin & Mills, 1992)。因此，父母对儿童行为的归因(尽管实际上是正常发展的迹象)往往影响了父母的照料行为，反过来就影响到儿童的生活。大量的研究记录到亚裔美国母亲认为学业成绩主要得益于孩子对学校作业的努力程度(Hess, Chang, & McDevitt, 1987; Okagaki & Sternberg, 1993; Stevenson & Lee, 1990)。文化变量也影响了父母对养育成功的归因。例如，询问阿根廷、比利时、意大利、以色列、日本和美国的母亲他们在孩子哭闹时稳定孩子的情绪主要的原因是能力(比如“我在这方面很行”)、努力(“我非常努力”)、状态(“我状态不好”)、任务难度(“这个好做”)，或者儿童的特点(“我的孩子非常容易对付”)？结果发现，日本的妈妈与其他各国的母亲相比有所不同，其他的母亲更多将成功归结为自身的能力，但日本的妈妈们却认为她们那些成功是由于孩子的行为(Bornstein et al., 1992)。

育儿的知识包含了对儿童照料的知识、儿童发展的知识，以及关于父母在儿童生活中扮演的不同角色的知识。关于父母抚养儿童和儿童发展的知识的研究调查了父母拥有的知识以及知识的准确性，不同的社会地位、民族和文化造成何种不同，父母们获得知识的来源以及影响父母知识的相关因素。父母拥有的知识为其对儿童的行为进行解释提供了一个参考框架。儿童发展的知识决定了父母照料和抚养儿童的日常决策(Conrad, Gross, Fogg, & Ruchala, 1992; Holden & Buck, 2002; S. G. Miller, 1988; Murphy, 1992)。知识丰富的父母对儿童的期望更加现实而且他们的养育行为对儿童的发展也是较为适当的(Grusec & Goodnow, 1994)，而另一些父母对儿童的知识的缺乏造成他们给予孩子不现实的期望，因此会经历由于个人期望和儿童实际行为的差距而造成的巨大的压力(Teti & Gelfand, 1991)。

父母关于儿童健康的知识和安全的知识包括对保健的意识、疾病的发现和治疗、事故的预防等。这些认知指导着父母关于保持健康和发现症状立即就医的决策(Hickson & Clayton, 2002; Melamed, 2002)。例如，据报告，婴儿猝死症(SIDS)是美国婴儿的第一死因(C. A. Miller, 1993)，俯卧的睡姿或者在太软的床上睡觉，导致嘴巴和鼻子堵上会增加窒息的几率(Scheers, Rutherford, & Kemp, 2003)。但仍然有20%的1至3岁的婴儿被父母放置到这种睡姿(Gibson, Dembofsky, Rubin, & Greespan, 2000)。

育儿的知识还包括了解各种满足儿童在其成长过程中的生理的、生物的、社会情感的和认识的需求(Goodnow & Collins, 1990)。适当的养育做法是符合有关早期经验、社会影响的双重性、普适性的发展规律和个别差异、实用的信条、基于知觉或模仿对孩子的管理,以及为人父母的责任感等理论原理的。

920

大量的研究指出养育知识有绝对的个体差异(Young, 1991; Zero-to-Three, 1997)。研究者们同时还确定了父母养育知识的起源(Belsky, Youngblade, & Pensky, 1989; Cochran, 1993; Goodnow & Collins, 1990; MacPhee, 1981)。例如 Clarke – Stewart (1998)报告说书籍和杂志上的文章是父母关于儿童发展的知识的主要来源,这些文章的大多数读者是第一次做母亲或者是中产阶级的母亲(Deutsch et al., 1988)。朋友和亲戚是缺乏知识的年轻母亲们信息的来源(Belsky et al., 1989)。儿科医生是所有社会阶层和年龄的父母们共同的信息来源,但是通常是在对特定问题时才会来寻求帮助(Hickson & Clayton, 2002)。母亲们自己的知识往往来自正规的客观的经验,如通过书籍和手册、儿科医生和育儿课程,同时也发现一些主观的经验(如做儿童照管或单单在专业机构获得的经验等),对于育儿知识往往并不相关或者说有消极的影响(Frankel & Roer – Bornstein, 1982; MacPhee, 1981)。

当然,父母认知的不同往往也反映到儿童的首要行为上(Entwisle & Hayduk, 1988; Seginer, 1983)。用过去几年里的年级与父母对儿童能力的感知来分离实际的和感知的学生成绩差距而得出的分层回归,仍然看出了父母对儿童的学业期望的组间差异。这个发现支持了养育认知的差异不仅仅是对儿童关键行为的反应,而且反映了更广泛的文化价值观的不同。

养育的实践

在 1983 年出版的手册中,Maccoby 和 Martin 推论说养育风格应该由两个广泛的维度来分别评价——反应性(儿童为本和热情温暖)和要求(控制),它们合起来形成了 4 种养育风格:权威的、独裁的、被动的和淡漠的。Baumrind's(1967, 1978, 1991)对养育风格的分类只是包含对风格和内容的强调。她的理论认为这些做法对儿童自主性的形成、认知和道德的发展起着不同的影响。她的发现表明有些养育行为促进成长(如社会能力),但其他的则并非如此。权威型的风格结合了高度关爱和从中到高水平的控制。在中产阶层的欧裔美国儿童中它往往与较高的社会能力和良好的适应性相关联。独裁型的育儿风格,则相反地含有高度的控制和较少的温情或对儿童的需求缺乏反应性,通常发展的结果是较差的。但是,不同的社会阶层和民族也都显现出不同的风格。比如成长于欧裔和拉丁裔美国权威型家庭的青少年在学业上的表现要好于来自非权威性的家庭的孩子。然而,权威性和非权威性的亚裔美国家庭和非洲裔美国家庭的孩子在学业上就有非常相似的表现(Dornbusch, Ritter, Leiderman, Roberts, & Fraleigh, 1987)。

少量的育儿的实践的维度已经确定出来(Bornstein, 1989a, 2002b; LeVine, 1988;其他成分的系统,见 Bradley & Caldwell, 1995)。他们也对其变种、稳定性、连续性和规律以及对儿童发展的影响进行了研究。

养育实践的分类学

在人类灵长类种系里，母性的养育行为包括满足生理需求的喂养、喂食、保护和喜欢(Bard, 2002; Rheingold, 1963)。一些相关的行为集中在检查后代的出生以及评估和监测其行为和生理状态。这些妈妈们也许鼓励通过身体练习来加强运动能力的发展。其他高级灵长类动物剩余的活动就包括与下一代的游戏。

人类亲代和子代互动的内容更加活跃而多姿多彩。更多的是，养育行为与认知一样也是多维度的、模式化的和特异的。人类养育关爱的分类也是可以划分的：营养的、生理的、社会的、说教的、可口头表述的，以及物质的。加起来看，即使不同的群组着重于不同方面(如频度或者实践长度等)，这些模式对于不同的社会的人们来说也许是普适性的。这些类别涵盖了最重要的人类父母养育儿童的活动。从他们来说，儿童在其中被抚养长大，受到其影响并且要去适应的那个社会的、物质的生态环境是由养育的分类及其成分来划分的。

921

当父母在养育孩子时，需要满足其后代的生物的、生理的和健康的要求。从生物进化的角度看来，生存和繁衍本身就是适应的表现。在繁衍之后，生存就是通过保护和提供养育的条件来实现的，但同时也必须经过分享信息和维持社会秩序的过程(Wilson, 1975)。儿童的道德也是父辈养育的忧虑，父母们从受孕甚至更早时候就承担起保护儿童的良好状态和防治疾病的责任。父母作为高级生命，生来就有抚育、提供条件保护、监管、爱抚和喜欢孩子的责任。父母保护儿童免受危险和压力。培育是儿童生存和幸福的前提。看着一个孩子长到成熟的年龄就增加了父母传递自己基因的可能性(Bjorklund et al., 2002)。

父母促进孩子身体的成长，也就是大肌肉运动和精细运动技能。父母以各种直接和非直接的方法促进孩子的生长。父母用身体的动作操纵小宝宝抓到东西和试着走路。反过来孩子的成长和成熟又影响着父母对待孩子的方式。父母对不同身体能力的儿童在安排环境、交流和说话的方式等方面也有很大的区别(Campos et al., 2000; Campos, Kermoian, Witherington, & Chen, 1997)。父母们对能走路的孩子和对只会爬的孩子说话的方式大不相同，这种差别与对青春期的孩子和对未到达青春期的孩子采取不同的方式一样。

在社会性方面的养育行为包括在与孩子进行爱意的情感交流互动时使用的各式各样的视觉的、言语的和情感的和身体的表现。父母通过积极的反馈、开放和谈判技巧、倾听和情感的亲密性，使儿童感到自己被珍视、接纳和重视。社会性的关爱包括父母总是帮助儿童控制自己的情感，影响其交流的风格以及帮助他学会在形成有意义的关系的人际交往中的礼节常规等。在儿童的早年，两人之间的关系是三者以上系统交流和人际互动的基础。在后来的阶段，父母对儿童与他人的社会关系进行调节和监督(Ladd & Pettit, 2002; K. H. Rubin, Bukowski, & Parker, 1998; Stattin & Kerr, 2000)。

养育也是由各式各样的能够刺激儿童感知并帮助他理解更加广阔的自然的和人为的世界的策略组成的。教授法能够组织儿童的注意力朝向周围的物体、对象或发生的事件，如使用各种方法介绍、思索和解释周围的世界，并描述和说明它，同时激发儿童观察、模仿和学习等。教育是关键和基础的人类的养育功能。

父母养育中的语言对儿童发展有基础的作用，并对亲子关系至关重要。习得语言的动机是社会性的，产生于交往之中而且通常是在与父母的交流之中(Bloom, 1998)。语言同时也是横跨各个发展领域，因为与儿童对话支持和丰富了儿童发展的各个方面(Hoff, 2003)。

最后，养育还包括父母如何提供和安排儿童的物质的环境，尤其是孩子的家和当地的环境(Wachs, 2000)。养育不仅影响孩子的行为还影响他们组织周围物质的和社会环境的方法。父母决定了孩子周围“无生命”的物品(玩具、书籍和工具)的数量种类和组合、周围刺激的水平，儿童们发现自己置身其中的情境、自身自由程度的限定，以及儿童物质经验的总和等。儿童花在“无生命”物体上的时间与实际花在社会交往上的时间相比是少还是多，这些都是具有影响的因素。

这些因素加起来组成了父母与孩子的重要的活动。虽然这些养育的模式从概念上和实践上都存在许多差别，而且在操作上亲子互动是灵活的、充满动力的、多向的和多功能的，但父母总能将这些元素结合起来。从总体上看，养育实践是由各自不同的养育任务组成的，成人在认知、自尊和养育常规等方面存在相当的差别。传统上存在着一种机制，代际传递育儿理念和行为包括社会化、教学，并提供支架、条件反射的形成或强化和榜样作用等。养育分类学元素及方法形成了养育对儿童发展的直接的影响。

922

下面是养育分类的某些特征的简短评论：

1. 从进化适应的角度来看，呵护和生理性的养育似乎是必须的；相比之下，社会、言论、语言和物质要素显得更加随意。
2. 呵护、身体的、社会的、言论和口头语言等养育活动是主动的互动形式；身体和物质养育则可以是主动的或是被动的。
3. 任何养育的分类都不会一直是最突出的，尽管任何一项都能在特定的时间对特定的亲子互动作出最好的描述。
4. 在父母和孩子对养育的贡献方面，有初步的不对称。随着童年时期的长久，儿童在他们的成长过程中发挥了更为积极和超前的作用，而最初的培育、促进身体的成长、社会化、教育、语言和物质的提供等的成就，似乎应毫不含糊地归功于父母。

养育认知与实践的几条重要原则

儿童发展过程中，父母提供的经验会扮演一种具有重要意义的角色，因此，父母提供的经验必须要经过一些心理测量学的标准来检验，而且父母的行为机制也应该予以解释。

养育知识与实践的心理测量学特点

心理测量学的四种重要特点有助于深入界定养育知识与实践，并凸显其特色。第一点与不同父母的差异性有关。成年人所坚信的养育知识各不相同，每个人在养育实践的参与程度与参与时间方面也不相同，哪怕是来自同样的文化背景，社会经济条件也非常相似的情况下也是如此。譬如说，不同的父母教给孩子语言的多少是极不相同的。在自然的家庭观察中，有些母亲只有3%的时间会对幼儿谈话，而有些母亲的谈话时间达到了97%，这些母亲的采样甚至是来自相对一致的教育背景与社会经济SES(Bornstein & Ruddy, 1984)条件下的人群。这种差异的结果，就是不同的幼儿接受的语言量的差异要多大有多大。这并不是说并不存在由SES或文化决定的系统性的群体差异，这种差异是存在的。

第二点心理测量学的特点与发展的稳定性相关；第三点与发展的持续性相关。稳定性是指一段时间内一个群体中各个级别的个体成员的一致性；持续性则是指一段时间内群体表现的平均水平的一致性。两者是相对独立的发展学的概念(Bornstein, Brown, & Slater, 1996; McCall, 1981)。总结一系列时间、类型、样本都不相同的家庭评判结果，A. W. Gottfried(1984)得出的结论是父母提供的经验是倾向于稳定的。Holden和Miller(1999)分析了态度问卷，以及在11项研究中对父母(母亲)的行为观察的短期信度，得出一种中等的相关性0.59。父母的养育是稳定的(在某种程度上)，这一事实意味着可以假定对于某一点上的养育知识与实践的评判能够反映出养育过程过去与将来的状况。这一事实还意味着，养育方面的文献索引可供同时期的或将来的父母、儿童的行为或表现作系统性参考。母亲在第一个和第二个孩子一两岁时对他们的行为表现出同样的稳定性(Dunn, Plomin, & Daniels, 1986; Dunn, Plomin, & Nettles, 1985)。

每一对父母的表现在短期内不会出现较大的变化，但较长时期内当然也会改变，而且是一定会随着孩子的发展而改变的。父母主导对话和儿童主导对话之间的比例在婴儿出生第一年内就会上升(Bornstein & Tamis-LeMonda, 1990)；随着孩子的成长与发展，养育行为的时间，尤其是养护的时间(Holden & Miller, 1999)，会普遍地、相应地减少(Fleming, Ruble, Flett, & Van Wagner, 1990)。父母还会随着孩子的年龄、能力或表现相应地调整自己的行为(Bellinger, 1980)；敏感的父母会特别调整自己的养育表现去配合孩子的发展进步(Adamson & Bakeman, 1984; Carew, 1980)，譬如说，根据孩子的年龄，给予相关的教导(Bornstein & Tamis-LeMonda, 1990; Bornstein et al., 1992; Klein, 1988)。随着孩子能力的改变，他们又会作出相应的调整。12至32个月大的孩子，母亲对他们讲话的话语长度是和他们年龄相称的(McLaughlin, White, McDevitt, & Raskin, 1983)。

923

养育的第四个心理测量学特点是评估在各个养育领域中的共变性。尽管父母与孩子之间自发、自然的活动内容广泛，一些经典权威——比如著名的心理分析学家、人格理论家、行为学家、情感理论家等——历来已经从理论上把亲子行为概念化为特有的，而且或多或少是单一的行为，称之为“良好的”、“较好的”、“敏感的”、“温暖的”，或是“适当的”(Ainsworth et al., 1978; Brody, 1956; Brody & Axelrad, 1978; Hunt, 1979; MacPhee, Ramey, & Yeates, 1984; Mahler, Pine, & Bergman, 1975; Rothbaum, 1986; Schaefer, 1959; Symonds, 1939; Wachs & Gruen, 1982; Winnicott, 1957)。这种观点认为，父母将各种各样的信念和行为合并成一种庞大的体系，并在交流、时间、环境等不同的范畴中表现出雷同的信念和行为。从操作上看，这种父母让孩子忙于更多的情感与人际交流，同时也让孩子忙于更多的教与学的经验，在各种情形下都是如此。这种特点的概念化将养育设定为一种多少有点固定化的行为，以周期性的模式出现，以至于一位父母的特定模式就体现出了父母养育行为的基本特点。

然而，这种“特质方法”在养育行为的本质这一问题上，已经导致错误的结论。譬如说，

Thomas 和 Chess(1977)观察到,特质公式假定了一种非此即彼的性格,并在断定儿童的发展方面具有独特的意义;他们认为(pp. 78—79),这是在用一种笼统而散漫的方式来概括父母的特点,比如"拒绝的"、"保护过度的"、"不安全的"等。相反,父母的行为很可能是随着不同情况而变化多端的。而且,养育的"特质方法"并没有考虑到发展方面更为细分的问题,也没考虑到双向性的事实——不同孩子的不同特点也可能影响到养育中的某些特别因素,或是与这些因素形成互动。诚然,从孩子影响的立场来看,就会承认父母会随着孩子的年龄、性别、行为和表现、脾气、活动等来明显地调整自己的行为。儿童养育的实践反映出儿童、父母与环境之间的互动。因此养育知识或实践是父母与儿童性格特点的一个共同产物,在共享的互动历史和随着时间而转换变迁的基础上共同塑造这一点。

父母出于天性,会让孩子参与到一系列各种各样的活动中,而且所有的父母不仅仅也不必要采取雷同的方式。研究已经表明,父母们并没有共享一种宽泛的风格,而是不断改进的(Smetana, 1994)。他们会随着孩子年龄的不同或脾气的差别而调整办法,也会看情况办事,比如时间是否充足、是在公众场合还是私人场合等。用一种相似的方法,Mischel 和 Shoda(1995)描述了对于个性的一种统一的观点:在不同情形下,养育都是有持续性的,哪怕是在特殊情形下,也是如此(见 Fleeson, 2004)。

养育的不同领域在概念上和操作上都是有明显区别的,但在实践中,父母们常常会把不同领域合并起来。在特点概念化中,不同的立场、常进行的活动不一定,也不是固定地有心理学上的联系,而且不同的人活动的招集形式和模式中的表现也是不同的,因此对于养育的任何单一归纳都是值得质疑的。儿童养育的不同领域包括互相关联但各有差别的概念(Bornstein, 1989a, 2002b)。简单来说,养育是多方面的、分单元的、独特的行为,个体的父母有可能具备特别的知识,并强调对孩子的特别的实践。

养育知识与实践的直接与间接效果

基于经验的研究表明,父母的知识与实践对孩子的发展具有短期或长期的影响。从母亲在孩子出生后头几个月里哺乳时的关注程度与情绪,就可以预测出孩子 3 岁时的语言能力(Bee et al., 1982)。孩子 6 个月大时,母亲充满爱意的碰触、摇动、拥抱和微笑已经能够预报出这个孩子 2 岁时的认知能力了(Olson, Bates, & Bayles, 1984)。在孩子出生后第一年里跟孩子说得更多、对孩子鼓励更多、给孩子的回应更多的母亲,她们的孩子在 6 个月到 4 岁之间,按照标准的语言与认知评估来看,得分都更高(Bornstein, 1985; Bornstein, Tamis-LeMonda, & Bornstein, 1999)。甚至连父母提供的身体环境也似乎对儿童发展有着直接影响(Wachs & Chan, 1986):新的玩具和变换的房间装饰会影响孩子的语言习得,独立于最接近的养育之外。

924

间接的影响更微妙,而且也许比直接的影响更难注意到,但是,其意义并不比直接影响小。间接影响的一个首要代表就是夫妻之间的支持与沟通。有效的共同养育预示着孩子的良好发展(McHale et al., 2002),而且那些报告说与"次级父母"(祖父母等人)有着互相支持的关系的母亲,比缺乏这种关系的母亲更有能力、对孩子的反应也更敏感(Grych, 2002)。极端的情况下,夫妻之间的冲突可能会削减儿童养育中的一个重要支持,比如说,一方的参与。缺少了这个，夫妻冲突情况下的养育行为有时候就可能错过一些孩子用来表达自己需求的微妙的信号。这种家庭中的孩子可能会明白，他们的养护人在紧张的情形之下，在信息或援助方面可能都是靠不住的。举例来说，哪怕是只有1岁大，家庭不和的孩子也不如家庭和谐的孩子看父母的表情多。他们不会去父母脸上寻找信息，或是认清那里的压力或尴尬。

养育知识与实践中的特定性、相互作用与互相依赖性

父母养育知识与实践的每一点都能通过不同的途径影响到孩子。有一种对养育的常见假设，即父母的参与性或给予刺激的总体程度会影响孩子的整体发展水平(参照 Maccoby & Martin, 1983)。这种简单模式的一个例证表明，儿童语言的发展(至少在一定程度上)是由他们听到的语言量决定的(Hart & Risley, 1995)。确实，儿童最初的呢喃都是母亲常说的单音节词(Chapman, 1981)，而且母亲话语中的特点也会在孩子的讲话风格中体现出来(E. Bates, Bretherton, & Snyder, 1988)。

尽管如此，越来越多的证据表明，要解释养育对孩子的影响，还需要引进更复杂、更为细分的机制(Collins et al., 2000)。首先，特定的(而非一般的)养育知识和时间似乎反复地、有预示性地和儿童能力或表现的特定方面相关(Bornstein, 1989b, 2002b; Bradley, Caldwell, & Rock, 1988; Hunt, 1979; Wachs, 2000)。父母刺激的整体水平并不会直接影响到孩子表现的整体水平，只有补充选择性的不足才是真正的有效：简单地提供充裕的经济基础，一栋大房子等，并不能保证孩子培养出良好的饮食习惯、健康的人格或是语言能力，两者甚至根本没有关系。特定性原则是说，特定情形下，特定父母的特定的知识与实践，会对特定孩子的发展以特定的方式产生特定的影响(Bornstein, 1989a, 2002b)。

特定性原则能帮助我们解释养育文献中的许多观察结果与差异之处。例如，“在孩子的某个阶段很有影响的父母不一定在其他阶段也很有影响……在孩子不断发展的各阶段中，相似的实践不一定能造成同样的影响(Baumrind, p. 189)”。母亲对孩子沟通性表示所作的反应，在孩子早期的语言习得过程中占有中心地位，但在运动能力的发展中，影响力就没那么大了(Tamis-LeMonda & Bornstein, 1994)。

特定性原则显然是反直觉的，因为，Zero-to-Three(1997)对美国的调查显示，87%的父母都认为，孩子接受的刺激越多，就发展得越好。事实上，父母需要特别小心地给予特定发展阶段的特定的孩子相应的刺激量和刺激种类，同时要考虑到孩子当时特定的兴趣、气质、情绪。特定性原则与一种养育要具体条件具体对待的观点比较一致。并不是说不存在持续性的养育类型，但最好还是把养育定义为多方位的、组合式的、特定的、反映出互动式情形的。养育要经过不断的调整，代表着多重相互作用过程的结果。这是人—情境的互动带给养育行为的(Dix, 1992; Grusec & Goodnow, 1994; Luster & Okagaki, 2005)。

对养育行为的这种定位有一种暗示，即对养育效果的估量应该是特定的，针对特别的养育知识或实践，在特定的环境和时间里，视特定的孩子而定。要探查到养育的既往情况、经验和环境之间的关系，以及这些在孩子的性格特点和价值观中显示出的影响，我们需要找到独立和非独立的各种变量之间最确切的结合。

925

考虑一下,用时间作为特定性原则的一个关键词。养育的行为学及相关理论把养育当作儿童发展早期经验的一个特殊角色。早期的养育会在一个特定的时间点上,以一种特定的方式来影响儿童,而且由此产生的后果会延续下去,不论后来的养育情况如何,或是孩子接受的其他影响如何。这种早期经验模型与一种养育效果的敏感阶段阐释是一致的(Bornstein, 1989c),而且从伦理学、情感、心理分析、行为学、神经心理学等方面得来的儿童发展数据也支持这一模型。例如,Wakschlag 和 Hans(1999)对照了周期性的养育行为后,发现了婴儿期的亲子反应与儿童在童年中期行为问题的减少有关。

童年早期可能是对于瞬间条件的适应性与可改造性较强的一个阶段,但早期的影响可能不会持续,或是会被后来的、随之发生的条件改变或替代。就此而言,有些理论家已经对早期经验的重要性提出了质疑(Kagan, 1998; Lewis, 1997)。他们认为,父母在儿童发展的各个时间点上都会给予他们独特的影响,这些影响会覆盖掉早期的经验,并且不论不同儿童的差异如何,他们都会继续向前发展。经验主义对当代经验模型的支持尤其包括了早期互动中剥夺与失败伤害的康复,不受这些伤害的持续影响(Clarke & Clarke, 1976; Lewis, 1997; Rutter and English and Romanian Adoptees Study Team, 1998)。

第三,一种积聚的/添加的/稳定的环境模型,它把前面两种观点合为一体,带着不断重复的成功的经验,主张儿童从一种学习经验中积累信息,并把它应用到下次积累的信息中去,这是儿童发展中的重要联系(Rovee - Collier, 1995)。这就是说,父母提供的经验在任何时候都不一定能影响到孩子,但有意义的纵向关系会由相似的亲子互动的不断重复和提醒而建立起来(Bornstein & Tamis - LeMonda, 1990; Coates & Lewis, 1984; Landry, Smith, Swank, Assel, & Vellet, 2001; Olson et al. , 1984)。尽管纵向的数据为独特的早期、独特的当前以及父母与孩子之间不断积累的经验性的影响提供了证据——因为大多数孩子还是在稳定的环境中抚育的(Holden & Miller, 1999),这种不断积累的经验因而是极为相像的。

而且,周期性的、预示性的联系开始定义父母与孩子之间的不断互相施加的影响。儿童发展中的相互作用性原则承认个体的性格特点会塑造他的经验,而且,反过来,随着时间的流逝,个体的经验也会塑造他的性格(Sameroff, 1983)。Bell(1968; Bell & Harper, 1977)是最早强调双向影响在社会化过程中的关键角色的人之一。生物学方面的天资与经验从儿童出生开始就共同影响着他,而且随着生命的发展,一种生命力也会影响另一种(R. M. Lerner et al. , 2002; Overton, 1998)。由于独特的性格特点和倾向性——激励、感知意识、认知状态、情感表达、性情与人格的独特性等——儿童会通过与父母的互动而自我发展。儿童会接受经验的影响,还会加以阐释,赞扬那些经验,而且由此(在一定程度上)决定哪些经验可以影响到他们(Scarr & McCartney, 1983)。儿童与父母给每一次互动带来明显的特点,并且双方都必然因此而改变;父母与儿童双方会作为已经改变了的个体,进入下一轮的互动。例如,儿童的性情与亲子敏感度会先后影响到对方,最终会影响到孩子的情感状况(Cassidy, 1994; Seifer, Schiller, Sameroff, Resnick, & Riordan, 1996)。

此外,父母与儿童都处于复杂的社会体系中,这一体系的标志就是各种形式的强有力的互相依赖,相伴的还有长期的各种责任与家庭成员的功能。互相依赖性意味着要理解:任何一位家庭成员的责任与功能都必须承认与其他成员的责任与功能是互补的(Bornstein & Sawyer, 2005)。一旦一位家庭成员发生了某种改变,所有其他成员都将受到影响。除了核心家庭体系之外,一切家庭也都处于更大的社会体系中,并且与这个体系互相影响。这些包括正式的与非正式的支持体系、大家庭、社区,和与朋友、邻居、工作单位的联系,社会的、教育的、医疗的机构,以及整个社会文化。

因此,要探究家庭中的育儿阶段及亲子关系,就需要一种多变量的、动态的立场。只有同时把多重环境因素考虑在内,我们才能欣赏到家庭里的个体的、夫妻双方的、家庭层面的各方面,以及家庭与各种外围体系之间的关系。养育的多途径、动态性和儿童的发展体现出生活复杂混乱的真实景象,而且这使每一个人的工作都更艰辛:研究者要迎接挑战,去制定出新的图表与方法,以适应这些冗事;同时,还要在儿童发展和养育干预的执行中运用这一立场,相关政策也要调整。然而,只有从这种复杂与繁冗中出发,我们才有可能更多地理解家庭、儿童与养育的现实。 926

养育中的认知—实践关系

父母们对自己养育实践的认知是准确可靠的吗?凭直觉我们也认为父母们的养育信念可能会与育儿行为相关。的确,许多人假定父母们的认知会指导他们的实践(Darling & Steinberg, 1993; Sigel & McGillicuddy-De Lisi, 2002)。然而,信念与行为之间的关系历来就是社会心理学中一个没有定论的范畴(Festinger, 1964; Green, 1954; LaPiere, 1934),而且育儿的信念与行为尤其是同样不能确定的(Okagaki & Bingham, 2005; Goodnow & Collins, 1990; Holden, 2002; S. G. Miller, 1988; Sigel & McGillicuddy-De Lisi, 2002)。父母的信念与实践之间的协调关系常常被证实为难以捉摸的(S. G. Miller, 1988),因为许多研究者都报告说母亲们专业的育儿态度和她们对孩子的行为之间并无关系(Cote & Bornstein, 2000; McGillicuddy-De Lisi, 2002)。在许多案例中,这种养育方面的信念与行为很普遍,但他们之间并不从理念上相关,因而几乎毫无理由去期待双方的互动。还有一些研究报告说,父母的信念与行为之间的相互关系相对较弱,或是虽然活跃但毫不重要(Coleman & Karraker, 2003; Mantzicopoulos, 1997; Sigel & McGillicuddy-De Lisi, 2002)。

人们研究过界定更明确、更有相关性的领域之后,认为有些亲子信念与一些自我报告的或他人观察所得的育儿行为相关(Kinlaw, Kurtz-Costes, & Goldman-Fraser, 2001; Stevens, 1984)。由此,养育信念与实践之间的联系的强度似乎是——至少部分情况下是——视信念的内容与这些信念衡量的行为类型之间匹配的密切程度而定(DeBaryshe, 1995),例如,母亲的权威态度和纪律策略之间(Kochanska, Kuczynski, & Radke-Yarrow, 1989),对育儿实践的信念与实际的育儿行为之间(Wachs & Camli, 1991),还有对养育影响的信念与育儿能力之间(Teti & Gelfand, 1991)。母亲是否相信儿童发展可以得益于他们的社会环境,相信到什么程度,是和她们在育儿过程中跟孩子互动时运用哪种类型的语言、运用多少语言非常相关的(Donahue, Pearl, & Herzog, 1997)。Harwood、Miller 和

Irizarry(1995)发现,要求欧裔美国母亲描述孩子的理想情形时,会强调独立性、积极性和创造性等价值观的重要性;而拉美裔母亲强调的则是服从与尊重父母的重要性。考虑到这些明确表述过的价值观,美国母亲们培育出孩子的独立性;比如在哺乳时自然的亲子互动过程中,美国母亲们会在孩子8个月大时就鼓励他们自己吃奶。相反地,拉美的母亲们到了喂奶时间就会把孩子抱起来,自始至终由自己来掌握喂养的过程。

当然,父母的信念与实践之间的联系可以——也是在一定程度上——是由多种共享资源而来的方法学意义上的人工制品。许多报告过父母的信念与实践之间重要的相互关系的研究,也充分利用了父母们自己的报告来衡量这两个方面,充分肯定了各种变量之间的关系(S. G. Miller, 1988)。

小结

父母赋予了孩子一种意义重大而又极具说服力的基因构造,对孩子的气质与能力造成了或好或坏的影响。除了父母的基因,有关人类发展的一些重大理论也将经验定为个体发展的首要资源,或是一种主要影响成分。父母(和其他养育者)在最大意义上——如果不是全部意义上——塑造了幼儿的经验,而且父母直接影响到孩子的发展,通过他们持有的信念,也通过他们的行为。例如,养育知识包括对养育与童年的一切方面的观念、态度与知识。在养育这种复杂而动态的个体行为之外,亲子互动的主要领域都已经被识别出了。这些领域在概念上是分开的,但实质上是不可分的,而且每个领域都在儿童发展中有着重要意义。

927

育儿行为与方式构成了养育的直接经验效果。间接的效果相比更为微妙,更不为人注意,但意义也许和直接效果同样重大。父母通过自身相互间的影响,会间接地影响到孩子,例如通过夫妻之间的相互支持与沟通、多方面的生活情形等。不论是直接的还是间接的,父母对孩子的影响在几种值得注意的原则下起作用。特定性原则讲的是特定父母的特定经验在特定的时间里对特定的孩子起作用,而且是在孩子成长过程中通过特定的方式在特定的方面起作用。互相作用原则强调,父母给孩子的经验会随着时间的流逝而塑造孩子的性格特点,反过来,孩子的性格特点也会塑造父亲或母亲的经验。因此,孩子会对所接受的经验有所影响,他们对经验的理解也会对这些经验有所影响,而且,会影响到这些经验会如何作用于他们。

养育中的预防与干预

历史上一直就有杀害婴儿的事情,尽管这种事当今已不多见,但也不是完全不为人知(Hrdy, 1999)。除此之外,儿童也是虐待、忽视最常见的受害者,有些孩子出生前就带上了毒瘾,还有许多孩子从来没接受过免疫措施。这是日常生活中一个悲哀的事实——儿童的养育并不总像计划中的那样。几乎2/5(在Zero-to-Three于1997年的调查中,是37%)的父母说,他们作为父母不太够格的最主要的原因在于,他们不能如愿地在孩子身上花费足够的有效时间。当代父母尤其抱怨已经有太多的事务缠身:工作、琐事、各种各样的承诺等。这并不能把父母们面对的令人气馁的任务变得平凡：在20世纪40、50年代，教师们列出的最大的课堂问题是学生嚼口香糖、随便说话；当今则是吸毒和暴力——在Pearl、Peducah、Edinbiro、Jonesboro和Columbine这些中学发生的枪击案是暴力的极端形式——高居榜首。父母需要协助的一个重要方面是要找到更有效的策略，去创造更令人满意的亲子关系，但只有一部分有这种需求的父母得到了满足(Saxe, Cross, & Silverman, 1988)。当父母们受个人的、婚姻的、育儿的等问题困扰时，他们的孩子更容易出现学习、行为上的问题，而且和同伴的关系也更难相处。

现代社会中强大的社会与历史潮流——工业化、城市化、贫困、日益增多的人口数量与密度，尤其是父母双方都工作的普及——构成了养育实践中的各种离心力。整个社会也见证了养育行为与家庭结构的显著变化，单亲家庭、离异家庭、混合家庭、未成年父母与50岁以上初育父母的增多。简而言之，从大方面来说是家庭，从小方面来说是养育实践，当今都处于一种躁动不安的状态下，不断产生新的变化，也出现了新问题，需要重新定义。因为这些社会变化对养育实践起的都是削弱性的作用，在父母与孩子之间的互动，以及儿童自身的发展方面都是如此。鉴于此，社会各个层面上的组织都日渐觉出需要对儿童养育加以干预，通过对养育的预防与干预，纠正社会的一些不良实践。出于这些原因，当前的养育行为已经经历了信息上、支持项目上的蓬勃发展。这一趋势也使人们不再把父母当作儿童最接近的保护者、资源提供者、支持者。实际上，父母是儿童最初的拥护者和最基本的保护人。父母是为儿童去宣传、去努力的群体中最大的一个团队。于情于理，父母都不愿放弃养育孩子的责任。应该尽量让父母为儿童提供帮助他们全面发展的经验与环境，也赋予他们这样做的权利，这样就不必由社会来做产生问题之后的补救矫治工作了。

预防与干预

美国过去的一位教育官员认为每个儿童都有权利拥有受过培训的父母，这是可以理解的。关于确认风险及保护性因素的预防最终会导向基于经验的干预(Coie, Watt, West, & Hawkins, 1993; Mrazek & Haggerty, 1994)。当前的养育预防与干预项目通常都受几种设想的指导。父母一般是儿童生活中最长久、最关切的人士。如果给父母提供了知识、技能与支持，他们对儿童的反应就会更积极，更有效。如果按照最理想的情况，由父母来抚育孩子，那么父母自身的情绪与机体需求也必须得到满足。

928

有些方法有助于成功地强调这些养育要求。首先，父母会受益于儿童发展方面的知识。由此，养育实践中的知识基础就应该包括儿童在体能、语言、认知、情感、社会等方面发展的正常模式与阶段，以及他们的营养与保健需求等内容。其次，父母需要懂得如何去观察儿童。具备一定知识的儿童观察有助于明辨儿童的发展水平，这与父母期望儿童学习什么、达到什么程度相关。观察还可以让父母及早发现问题，防患于未然，有技巧地应对儿童的日常挫折。第三，父母需要各种各样的儿童行为教育的技能。各种管教孩子、避免出现问题的方法都是最基本的。父母需要明白，他们自己的一言一行都会对孩子的生活产生莫大的影响：他们的关注、快乐、聆听、兴趣都是如此。第四，对发展的支持。了解了如何利用环境、日常事务、各种活动等来创造学习与解决问题的机会，对父母的养育实践与儿童的生活都很有帮助。最后，父母需要耐心、变通、专注——集中个人资源来帮忙——而且他们必须要拥有一种从与孩子相处的经验中获得快乐的本领。

为父母提供的积极的干预与预防项目，其指导理念在于确信家庭是儿童养育中的首要角色，确信家庭的参与在定义优先问题、确认适宜的预防与干预措施中的重要性。决定儿童最大利益的责任首先落在父母身上。因此，在养育教育中，父母的权利依然是一个基本前提。

当今的父母依然来自各种各样的家庭，有些风险较低，有些境况却很差，不过他们都可以寻求帮助，也的确寻求着帮助，以成为更合格的父母。预防与干预项目设计的是针对不同途径（心理治疗、课程、印刷媒体或广播）、不同背景（家庭、学校、健康诊所、宗教地点）的父母们，规格也不同（个人的、家庭的、群体的）。针对儿童的项目基于强调儿童生理与心理的变化机制的理论；针对父母的项目则首先与改变父母的认知及实践相关；跨部门的项目将针对儿童与针对父母的角度结合了起来，以改进亲子关系（P. A. Cowan et al., 1998）。

哪些因素在预防或干预中产生作用呢？实验设计产生出了最佳的非正式证据。养育项目早期的检验者得到了一个不乐观的结论：研究结果常常令人迷惑，不能证明项目的效果（Dembo, Switzer, & Lauritzen, 1985; Levant, 1988; Powell, 1998）。为了克服现有研究中设计与评估中的缺陷，预防与干预研究要求大量的样本，要求既包括母亲，也包括父亲，要求无治疗与替代性治疗的控制与比较，还要求随机的条件、多角度评估、多方法评估，包括父母的自我报告及其对孩子情况的报告，以及对父母、儿童行为的独立观察。研究者还需要注意特定性原则及其意义。研究者极少能找到毫无问题的组织环境来开展项目，持续地统一项目的执行，或是在项目理论出现变化时让工作人员取得一致意见（Cook & Payne, 2002）。有了足够多的采样，执行过程中的这些多样性就可以作为结果性研究的一部分，被系统地检验了。许多养育预防与干预项目针对危险人群，结果在父母或儿童身上都不能得出预期的效果（St. Pierre & Layzer, 1999），只有对执行过程进行更紧密的检查。例如，对六个重点家庭进行访谈的随机实验产生出一组分析，要求研究者“首先要有能力帮助项目提高质量、改善执行状况：譬如说，探究哪些家庭最投入、哪些从项目提供的服务中受益最多……并断定项目强度的基本水平以及服务的持续性”（Gomby, Culross, & Behrman, 1999, p. 22）。

人们对于哪些因素在养育中起作用的兴趣反映出普遍的愿望：要确保资源合理利用，尤其是与政府的努力相符，运用科学调查的种种发现（Powell, 2005）。譬如说，美国教育部的教育科学处建立了一家“有效因素交流所”（WWC），向教育者、政策制定者、大众等就可推广的教育干预——包括各种项目、实践、产品、政策——的效果的科学证据提供高水平的观点。

929

对于有效因素的项目研究一般集中在三个类别上：项目特点、人群特征、项目参与（Powell, 2005）。项目特点已经被人认为与项目结果相关，并被作为项目参与的一个背景来加以研究。其中有些结构性的特点，比如传递模式（群体的，以家庭为基础的）；项目服务的开始、持续与频率；以及养育项目是否作为其他更大的，包括其他服务的项目（儿童早期教育)的一部分。例如,在对十五个家庭访谈项目的随机实验——该项目目的在于促进低 SES 家庭中的幼儿的认知与语言发展——作出的探讨中,Olds 和 Kitzman(1993)发现,只有六个显著的全面项目让儿童受益了。这六个成功的项目中,有五个聘用了专业的或接受过良好培训的人员:护士、教师、心理学专业的大学毕业生。总之,与随机性控制相比,71%的聘用了专业人士的干预项目对儿童产生了积极的结果,相比之下,只有 29%的聘用非专业人员的干预项目有这种结果。然而,聘用专业人员也并不能保证项目的成功,干预项目的失败也同样不能单单归咎于缺乏专业培训。项目的目标和内容显示出项目特色中的其他方面。最后,养育项目不同于它们用来帮助父母改变的教学法的或临床的策略。

当今的研究在长期的后续干预中,对于家庭进展、儿童的结果也用到了随机性实验与重复方法(Forgatch & DeGarmo, 1999; Kellam, Rebok, Ialongo, & Mayer, 1994; Reid, Eddy, Fetrow, & Stoolmiller, 1999)。带着改善了的设计特色,积极的项目效果往往会随着时间的推移而不断证实,有时在项目结束后的一两年后还会出现(C. P. Cowan et al., 1985; Markman, Renick, Floyd, & Stanley, 1993; Olds, Henderson, Kitzman, & Cole, 1995)。一个项目可能会激发出组织系统最初的不平衡,从而使得项目在一个新的结构水平上以重新组织成型来代替组织不当,只是要迟一点。而且,受众群体可能在控制群体拒绝的时候,依然停留在原来的水平上,或是可能会展现出积极的收获。养育项目中哪怕是一点微小的效果也是有潜力的,随着时间的推移,也会变成很大的效果(Abelson, 1985)。因为养育项目已经被证实是稳定(Holden & Miller, 1999)而特定的养育影响,不断地经过检验,其经验可以积累起来,产生出对儿童更有意义的效果。

养育干预的范例

儿童健康中心(The Center for Child Well-being, CCW; 2004)是佐治亚、亚特兰大儿童生存任务组(The Task Force for Child Survival in Atlanta, Georgia)的一个分支机构。该机构确认,儿童的健康发展不仅仅是消除儿童时期出现的健康问题的结果,而且还需要对力量的主动培养、积极的行为、技能、性格、价值认知等来促进儿童的生理成长与健康、认知发展、社会性与情感健康的因素的发展。CCW 发起了针对不同群体的父母、政策制定者、科学家、实践者的计划,并倡导他们综合各自在儿童保健与发展方面的知识与经验。为了实现这些目标,CCW 已经创建了五个网络:养育网络、早期儿童养护与教育网络、保健与安全网络、早期儿童发展网络、社区支持网络。每个网络都包括差不多十几个来自不同地域的核心成员,他们体现出学科、职业、社会层次、立场、种族与文化观点等各方面的多样性。

养育网络及其工作

养育网络(Parenting Network, PN)由 CCW 建立,运用科学与经验,通过创造并制作对父母们有益的实际产品来提高他们的养育技能。PN 感兴趣的主题包括父母的压力(时间的安排、事务优先程度的安排、工作或家庭事务、社会支持网络、养育技能的发展);与抚养人、儿科医生、教师、老板/领导等人的有效关系;调控会对儿童产生影响的环境(媒体、同伴);养育教育(认识到儿童的能力并加以鼓励,帮助儿童克服困难);非传统的养育(单亲、离异父母、

930 寄养父母、祖父母)。PN 已经制作出了一些产品：书籍、宣传册、书目、网络、宣传页等(如 Bornstein, Davidson, Keyes, Moore, & Center for Child Well-Being, 2003)。

作为一个项目,PN 检阅了与养育支持相关的科学文献,进行了一项对于父母和儿童养育专业人士的在线调查,评估了千余件养育产品(根据消费者的花费、宣传、是否容易买到、官方组织的支持、产品由哪些组织负责制造、目标受众等)。PN 观察到,极少有什么产品是为社会经济地位较低的或其他弱势父母制作的。大约 75%的产品都是针对一般受众的;其中大多数都是以文献为基础的材料,但已有百余件音像产品制作出来,供父母或养育课程使用。当然,只有一部分是为社会经济地位较低的父母制作的,为弱势父母制作的也只有十余件,音像产品的平均价格在每件 100 美元左右。PN 初步检查得出的证据是他们的这种意识贯彻始终：要制作出一种可以作为媒体使用的产品,由此传播知识;他们的困难在于要创造出一种途径,有效地把他们的工作传达到父母们中间,让他们从中受益。

PN 决心追踪与压力相关的养育实践,包括与以下内容相关的压力：正常的儿童发展、儿童养护的选择与监督、调节家庭与工作平衡、儿童的脾气、纪律与日常困难、疾病或残疾、家庭冲突、应对压力、培养社会支持网络、培植养育力量以缓解或解除压力。养育实践本质上就是充满压力的。要缓解压力,才能改善亲子关系,增进父母与孩子双方的身心健康。例如,经济压力对父母会产生负面作用,磨损他们的养育技能,影响孩子的发展(Conger et al., 1994)。父母的压力与儿童虐待(Holden, Willis, & Foltz, 1989)、严厉苛刻的养育风格(Emery & Tuer, 1993)、对儿童各种暗示的敏感度降低以及对儿童更多的负面感受都有关系(Crnic et al., 1983)。

父母的压力存在于每天与儿童的互动中,对儿童的正常发展也有影响。缺乏儿童发展方面的知识,常常导致对孩子不恰当的期待,以至于造成父母与孩子之间的负面关系。这种逻辑关系成为一个有计划的干预项目的一个中心主题。如果父母能更好地理解儿童的基本发展事宜,对孩子行为的期待就会更为实际。例如,由于缺乏对正常儿童发展的了解,产生一些不切实际的期望,会造成父母与孩子之间互动中的挫折,增加日常压力。增进父母对儿童发展知识的了解,则可以减轻压力,进而直接使父母与儿童双方都能受益。Zero-to-Three (1997)就父母对儿童发展的知识进行过一次对 3 000 位成年人的调查。信息不足的特殊领域包括对幼儿在不同年龄段、不同发展阶段的期待、溺爱、体罚等状况。国民基金会的一个报告"儿童发展与医疗援助：医疗援助中幼儿母亲的态度"指出,母亲们希望得到简单而便于获得的关于儿童发展,以及如何缓解儿童压力的材料(Kannel & Perry, 2001)。

PN 在早期开端项目中确定了两个重点群体。PN 采用一种分析性的模式,努力去了解目标受众：哪些话题会让受众感兴趣;他们愿意通过何种渠道来接收信息;哪些产品规格最吸引他们;哪些障碍会影响到他们获取和利用现有的关于儿童发展的信息。

PN 多次听到的一个信息是父母们希望能参与集体活动,这样可以与其他父母交流,学习更多的养育技巧。PN 决定在此基础上为社会经济地位较低的年轻的非洲裔美国父母制定一种养育干预项目。PN 相信,从地方层面开始的话,成功的可能性更高。

随着养育计划的增多,PN 提议 CCW 制作一个"社区工具包",来帮助那些父母减轻养育压力，提高养育技巧。该工具包将用于集体活动，形成一个对父母的支持网络，包括音像及其他为组织者和参与者准备的多媒体材料。工具包中包括的信息包括以下几类：特定年龄/阶段中的儿童发展、特定阶段的养育实践、针对这些阶段的压力应对措施。

最终的议案是父母与养育专家之间多方交流的一个结果。PN已经从目标受众的父母代表中征询到相关信息，发现了父母们感觉最需要什么、这些信息如何从最佳途径获得、在社区工具包中获得信息将如何反映出成员们自己的孩子的发展、经验与养育知识。

931

合作伙伴关系

CCW也与一些赞同实地检验、稳定调整、执行社区工具包的组织建立了合作关系。他们采用专家访谈与重点群体的方法，从非洲裔美国文化权威、行为转变理论学家、服务提供者和父母中获取信息。特别是寻求并获得了以下四点关于信息的内容与传达的关键：

1. 信息的风格：儿童发展和儿童抚养、压力与压力应对等信息如何才能最佳地归纳成型，便于受众尽可能多地接受和理解？
2. 信息的传递者：应该由谁来传达这些信息？
3. 障碍：在接受、理解这些信息与儿童发展、儿童抚养、压力与压力应对中的行为转变之间，存在什么障碍？
4. 成功：消除妨碍人们接受、理解目标信息的障碍的最佳方法是什么？

发现结果显示，社会经济地位较低的非洲裔美国父母最关心的压力问题与这些内容相关：缺乏自我时间、经济压力、平衡工作与家庭、确保儿童养护的质量。父母们报告说，他们需要学习更多的关于儿童发展的知识，讨论诸如纪律、亲子关系、建立日常规范等重要问题。比起向著名或高级专家学习，父母们更喜欢在集体环境下参加养育课程，或是观看他们认识的其他父母实际经验的音像材料。父母们强调了可信赖、避免判断性口吻的重要性。许多养育教育项目都受到批评，因为它们试图将中等社会经济地位的父母们的价值观推广到一切家庭中去，却没有认识到弱势群体的长处与价值观。另外，许多养育教育材料低估了父母们的自我效能感(C. Smith, Perou, & Lesesne, 2002)。

这些父母们的重点群体提供了设计CCW养育干预项目的框架。该干预项目的一些基于父母们评论形成的特色，被认为是对成功与否有着决定性影响的：

1. 支持：群体模式应该用于增加对网络工作的支持，那些网络也是项目产品的一部分。
2. 适应性：此干预项目应该首先针对教育水平和收入都偏低的非洲裔美国父母亲，不过也可以加以修订，以适应不同语言、种族、民族、年龄段的父母。
3. 动机：此工作高度强调项目中存在的障碍与参与的动机。
4. 巩固措施：在集体讨论、加强各种信息之外，参与者还将领到各种材料，带回家中，以便在需要这些信息以改变行为时得以巩固。

现实生活中的养育实践(PRW)

在背景调查和重点群体各种发现的基础上,PN制作出一种目标明确的干预项目,针对0到3岁儿童的父母,称为"现实生活中的养育实践:孩子不听话"(Parenting in the Real World: Kids Don't Come with Instructions, PRW;这是一个重点群体中的参与者们想出来的名字)。现实生活中的养育实践(PRW)是一套针对低收入非洲裔美国人的系统课程,侧重于幼儿养育的几个关键方面,这些方面都是由PN根据重点群体中父母们的实践而确认的。PRW的主要目的在于帮助父母们减轻养育压力,增加养育知识与技能。PRW由七节课程组成,每节90分钟,包括一节开篇课、五节主题课、一节毕业课。主题包括儿童发展、纪律、父母与子女的关系、玩耍、学校、家庭、照顾自己等内容。PRW的工具包是为集体培训者,比如Early Head Start家庭支持的协调员准备的,其中包括一套音像资料、培训者指南、一套父母手册、宣传材料、信息巩固材料(比如笔和印有关键概念的信息卡等)。

932 每节PRW课程都从一小段为激发参与者的讨论而设计的录像开始。养育压力与压力应对技巧在课程中都提了出来,并加以讨论。课程还包括一些练习,都是专为培养父母们的技能、增进他们对儿童发展的理解而设计的。这些练习包括一整套精心设计的角色扮演、猜谜语、同伴教育等活动。每节课结束的时候,父母们会领到带回家的材料,老师还会要求他们确定下一周要努力的一部分内容。课程要求父母报告下一节课的活动。每一节课的一个重要目的都是要培养父母们的能力,以提高他们的养育技能、提高他们的成就感。该干预项目的设计也考虑到了培养参与者之间的联系。

评估

三个小组的父母参与了对PRW的一个初步评估,他们的孩子分别属于以下状况:(1)参与了Early Head Start项目,并作为受众参加了PRW的干预项目;(2)参与了Early Head Start项目,但没有作为受众参加PRW的干预项目,只是作为第一控制群体;(3)没有参与Early Head Start项目,作为第二控制群体(样本规模不大,因为项目评估阶段的资金有限)。所有的父母都是非洲裔美国人,大多是母亲。平均来看,父母的年龄在30岁左右,有两个孩子,其中一半的人从未结婚。1/4以上的父母是高中毕业或教育程度更低,半数的人接受过非正式大学教育或特殊培训,另外1/4的人完成了四年的大学教育。他们报告的年收入从1万美元以下至4万5万不等。三组父母比较,在年龄、教育程度、收入水平上的差距不大。

为了检验工具包的可行性,PRW项目中的父母和培训者对七节课程中的每一节都进行了连续的评估。几乎所有的父母都报告说,课程的总量和每节课的长度(90分钟)是合适的。父母们对于项目的内容与结构的评估结果是非常肯定的。毕业之前,父母们要回答一组各种各样的问题,包括项目是否有助于提高他们的养育技能,增强他们对自己养育能力的信心,以及是否会向别人推荐此项目。

父母们对于此项目效果的反应是全面肯定的。他们一致认为,七节课程呈现出的内容有趣而易于理解,录像的片段内容丰富,寓教于乐。项目中涵盖的主题与养育实践切实相关。他们报告说,讲座、讨论、活动之间的平衡安排得很好,培训者的教学工作也完成得很出色。他们说，学完全部课程之后，学到了新的技能和策略。同样，这些课程也帮他们减轻了养育实践的压力。总体来讲，父母们认为 PRW 项目帮助他们改善了养育实践，让他们对此更为自信，减轻了压力。受众群体也报告说，在课程后的测验结果里，压力比控制群体的更小。所有的父母都说他们会向朋友推荐这个项目。

培训者也回答了相似的问题：课程是否容易理解；讲座、讨论、活动之间的平衡掌握得如何；录像效果如何。他们还被问到，培训者指南是否便于使用，是否实用，是否明确细致；父母们对课程中的主题是否感兴趣；是否易于发动父母们参与课程。与父母们一样，培训者们也报告说，课程的内容简明易懂，有助于维持父母们的兴趣，发动他们参与也并不困难。他们都认为录像片段内容丰富，寓教于乐，讲座、讨论、活动之间的平衡掌握得很好。培训者也认为教学指南便于使用、细致明确。

评估的最后阶段包括重点群体：参与了课程并在课程结束后的两周内，在一位独立顾问的指导下，实践了两周的父母。这些重点群体给了参与者讨论的机会，讨论他们在课程中的经验、课程如何影响了他们的养育理念和养育行为。父母们也有机会提供对课程的建议、提供反馈意见，以供 PRW 工具包修订内容时参考使用。培训者也参与了一个重点群体。他们也被问到关于课程的问题，以及他们认为课程的内容与结构是否有助于改善养育实践、利于儿童发展。关于出勤率、课程的时间、动机、培训者的特点等问题也讨论到了。

这些重点群体的文字资料被按照主题来分析。对这些群体来说：

933

1. 小组讨论与支持性的小组背景极有帮助。与其他父母的交流，以及能够参与课程与讨论，都有助于减轻养育压力。
2. 父母们都认为课程的信息量合适，信息易于理解，与实际相关。
3. 参与者报告说，学习新的信息、运用新的技能，有助于减少压力。建立一套日常规范，少向孩子叫喊，重新调整对于孩子发展的理念，对孩子更为耐心，理解到每个孩子都有自己的特点。
4. 父母们非常喜欢带回家的材料，并发觉这些材料是主要课程内容的有效复习工具。
5. 父母们互相形成了支持网络。有些人交换了电话号码，也互相帮助照料孩子。
6. 所有的父母都说他们会向朋友推荐这个项目。

对培训者重点群体来说：

1. 每个培训者都发觉 PRW 工具包易于使用。他们喜欢各个主题的组织以及每节课的内容。
2. 培训者们感觉到，参与者能够将录像中的内容与养育实践结合起来。
3. 培训者们发觉课堂内容易于理解，切中现实(不过他们希望能在纪律主题上再多花点时间)。
4. 培训者建议，布置的家庭作业更简单一点，更便于参与者操作。
5. 培训者们都愿意在养育教育课程中继续使用 PRW 工具包。

持续效果

在父母和培训者双方反馈的基础上，PRW 工具包作出了修订。通过每个阶段的发展和改善来获得现实生活中的反馈，使 CCW 养育实践的干预项目既便于目标人群接受又切中实际，是至关重要的。PRW 工具包的进一步的传播与继续评估目的在于增加父母们的参与，同时为 Early Head Start 中心配备一个养育教育的有力工具。PRW 中涵盖的各个主题都是父母们要面对的，而且参加了 PRW 课程的父母们报告说，支持性的小组气氛极有帮助，课程的主题尤其与现实相关，而且课程中的信息帮助他们有效地缓解了压力，为他们提供了新的技能和策略，帮助他们能跟孩子进行更多、更稳定的接触。此外，参与 PRW 课程也使父母们减轻了养育过程中的抑郁，许多父母都说他们改变了养育行为，由此增加了满足感，改善了与孩子之间的关系。

结论

父母们在与孩子的交往中目的很多：他们通过自己创造的结构和其中的意义来促进孩子的智力发展，通过他们描述的模式与展示的价值观来培育孩子的情感调节、自我发展、社会意识、对家庭之外的人际关系与参与的经历等。复杂的养育认知与实践可以分为不同的领域，而且父母们倾向于表现出在某些特定领域中行为的连续性。养育实践的某些方面是自始至终就常见的或显著的；另一些则在儿童成长的过程中时隐时现。养育，与其他力量一样，在儿童的心理发展中起着重要的影响。尽管并非所有的养育实践都对他们今后的发展至关重要，而且一般不会有某一个单独的事件会起到塑造性的作用，但养育实践确实对儿童的发展有着长期的影响。大大小小连贯性的养育实践集合起来，在整个童年期塑造着儿童的人格。父母与儿童之间的互动性的、主体之间的方面对于儿童发展有着显而易见的作用。今天的研究者和理论家们并不质疑养育是否影响儿童发展，而是思考哪些养育认知或实践会影响到儿童发展，影响到发展的哪些方面，何时影响，如何影响，他们的兴趣还在于探究个体的儿童通过哪些途径受到影响，以及儿童通过哪些方式影响到自我的发展。

儿童在与成年人的交往中会带来独特的风格和活跃的、生理的、社会的、智力的生活，这些交流又塑造着成年人的养护经验。儿童与环境互动，改变着环境，用特殊的方式表达着自己的经历，描述着环境。另外，生物学、人格、背景等在决定养育的本质和功能方面都扮演着重要角色。要充分理解养育儿童的意义就必须依靠养育实践所在的多重生态关系。家庭结构、社会地位、文化变迁都对父母抚育儿童的方式与对儿童的期望有着突出的影响。

934

当然，人的发展是那样微妙、变化多端、错综复杂，养育实践这一种因素不能决定个体发育的整个过程与结果；一个生命成熟的程度取决于他一生的行为与兴衰沉浮。童年的养育并不能决定儿童发展的路线与终点。父母与儿童在每一次互动中都传达着独特的特点，并且引起双方的改变。简而言之，父母与儿童随着时间的流逝而积极地互相塑造着。

在儿童生理的存在、社会性的成长、情感的成熟、认知的发展等方面，父母都扮演着中心角色。通过对父母的认知、实践及其后果——对父母独特的具体影响——的检视，可以更好地理解一个人的本性。孩子能够独立自主的时候，养育行为最终意味着已经帮助孩子建立了自信心、与人交流的能力、培养了发展的动机、工作和玩耍的乐趣、与同伴的友谊，以及继续学习、取得成功的能力。家庭内部的养育实践在这些发展领域中的每一个里面都起着主要作用。在养育过程中，我们有时不知道该做什么，但我们可以找到答案；有时知道该做什么，但却怎么也做不到。

因此，养育是一种特殊的人生工作，具有挑战性的要求、挑战性而模糊不清的各种标准、时时出现的评估。像特定性、独立性、互相关联性、直接与间接的影响等原则并不能使之简单化。卓有成效的养育需要感性的成分——例如对儿童的道义、体谅、积极的关怀；也需要理性的成分——例如如何关怀儿童、关怀哪些内容、为什么这样关怀等。而且，养育的成功与满足之路并不是直线发展、逐步前进的，而是迂回曲折的。各种各样的任务在儿童养育的过程中不时出现，充满挑战。显然，童年的养育对于童年、儿童发展、社会在儿童身上的长期投资都是关键的。父母对于儿童的生存、社会发展和教育担负着基本的责任。另外，童年的养育也是成年期一个关键的组成部分。因此，我们积极地去了解童年的养育的意义与价值，既是为了养育本身，也是出于提高儿童与全社会状况的渴望。养育是一个从怀孕正式开始，延续到整个人生的过程。实事求是地讲，为人父母这件事，一日为之，终生为是。

（姜佳音、李晶、陈学锋译，陈学锋审校）

参考文献

Abelson, R. P. (1985). A variance explanation paradox: When a little is a lot. *Psychological Bulletin*, *97*, 129 - 133.

Abelson, R. P. (1986). Beliefs are like possessions. *Journal for the Theory of Social Behaviour*, *16*, 223 - 250.

Adamson, L. B., & Bakeman, R. (1984). Mothers' communicative acts: Changes during infancy. *Infant Behavior and Development*, *7*, 467 - 478.

Ainsworth, M. D. S., & Bell, S. M. (1969). Some contemporary patterns of mother-infant interaction in the feeding situation. In A. Ambrose (Ed.), *Stimulation in early infancy* (pp. 133 - 170). New York: Academic Press.

Ainsworth, M. D. S., Blehar, M. C., Waters, E., & Wall, S. (1978). *Patterns of attachment: A psychological study of the Strange Situation*. Hillsdale, NJ: Erlbaum.

Allen, J. M., & Hawkins, A. J. (1999). Maternal gatekeeping: Mothers' beliefs and behaviors that inhibit greater father involvement in family work. *Journal of Marriage and the Family*, *61*, 199 - 212.

Alley, T. R. (1981). Head shape and the perception of cuteness. *Developmental Psychology*, *17*, 650 - 654.

Alley, T. R. (1983). Infantile head shape as an elicitor of adult protection. *Merrill-Palmer Quarterly*, *29*, 411 - 427.

Amato, P. R. (1996). Explaining the intergenerational transmission of divorce. *Journal of Marriage and the Family*, *58*, 628 - 640.

Amato, P. R., & Booth, A. (2001). The legacy of parents' marital discord: Consequences for children's marital quality. *Journal of Personality and Social Psychology*, *81*, 627 - 638.

Anderson, K. E., Lytton, H., & Romney, D. M. (1986). Mothers' interactions with normal and conduct-disordered boys: Who affects whom? *Developmental Psychology*, *22*, 604 - 609.

Azuma, H. (1986). Why study child development in Japan? In H. W. Stevenson, H. Azuma, & K. Hakuta (Eds.), *Child development and education in Japan* (pp. 3 - 12). New York: Freeman.

Baldwin, W., & Cain, V. S. (1981). The children of teenage parents. In F. F. Furstenberg Jr., R. Lincoln, & J. Menken (Eds.), *Teenage sexuality, pregnancy, and childbearing* (pp. 265 - 279). Philadelphia: University of Pennsylvania Press.

Bandura, A. (1962). Social learning through imitation. In M. R. Jones (Ed.), *Nebraska Symposium on Motivation* (pp. 211 - 274). Lincoln: University of Nebraska Press.

Bandura, A. (1965). Influence of models' reinforcement contingencies on the acquisition of imitative responses. *Journal of Personality and Social Psychology*, *1*, 589 - 595.

Bandura, A. (1986). *Social foundations of thought and action: A social cognitive theory*. Englewood Cliffs, NJ: Prentice-Hall.

Bandura, A. (1989). Human agency in social cognitive theory. *American Psychologist*, *44*, 1175 - 1184.

Bard, K. A. (2002). Primate parenting. In M. H. Bornstein (Ed.), *Handbook of parenting: Vol. 2. Biology and ecology of parenting* (2nd ed., pp. 99 - 140). Mahwah, NJ: Erlbaum.

Barends, N., & Belsky, J. (2000). *Adult attachment and parent personality as determinants of mothering in the second and third years*. Unpublished manuscript, Penn State University, University Park, PA.

Barnard, K. E., & Solchany, J. E. (2002). Mothering. In M. H. Bornstein (Ed.), *Handbook of parenting: Vol. 3. Status and social conditions of parenting* (2nd ed., pp. 3 - 25). Mahwah, NJ: Erlbaum.

Barratt, M. S., & Roach, M. A. (1995). Early interactive processes: Parenting by adolescent and adult single mothers. *Infant Behavior and Development*, *18*, 97 - 109.

Bates, E., Bretherton, I., & Snyder, L. (1988). *From first words to grammar*. New York: Cambridge University Press.

Bates, J. E. (1987). Temperament in infancy. In J. D. Osofsky (Ed.), *Handbook of infant development* (2nd ed., pp. 1101 - 1149). New York: Wiley.

Baumrind, D. (1967). Child-care practices anteceding three patterns of preschool behavior. *Genetic Psychology Monographs*, *75*, 43 - 88.

Baumrind, D. (1978). Reciprocal rights and responsibilities in parent-child relations. *Journal of Social Issues*, *34*, 179 - 196.

Baumrind, D. (1989). Rearing competent children. In W. Damon (Ed.), *Child development today and tomorrow* (pp. 349 - 378). San Francisco: Jossey-Bass.

Baumrind, D. (1991). Effective parenting during the early adolescent transition. In P. A. Cowan & E. M. Hetherington (Eds.), *Family transitions: Advances in family research series* (pp. 111 - 163). Hillsdale, NJ: Erlbaum.

Baumrind, D., & Thompson, R. A. (2002). The ethics of parenting. In M. H. Bornstein (Ed.), *Handbook of parenting: Vol. 5. Practical parenting* (2nd ed., pp. 3 - 34). Mahwah, NJ: Erlbaum.

Baydar, N., & Brooks-Gunn, J. (1998). Profiles of grandmothers who help care for their grandchildren in the United States. *Family Relations*, *47*, 385 - 393.

Becker, J. A., & Hall, M. S. (1989). Adult beliefs about pragmatic development. *Journal of Applied Developmental Psychology*, *10*, 1 - 17.

Bee, H. L., Barnard, K, E., Eyres, S. J., Gray, C. A., Hammond, M. A., Spietz, A. L., et al. (1982). Prediction of IQ and language skill from perinatal status, child performance, family characteristics, and mother-infant interaction. *Child Development*, *53*, 1134 - 1156.

Befu, H. (1986). The social and cultural background of child development in Japan and the United States. In H. W. Stevenson, H. Azuma, & K. Hakuta (Eds.), *Child development and education in Japan* (pp. 13 - 27). New York: Freeman.

Bell, R. Q. (1968). A reinterpretation of the direction of effects in studies of socialization. *Psychological Review*, *75*, 81 - 95.

Bell, R. Q. (1970). Sleep cycles and skin potential in newborns studied with a simplified observation and recording system. *Psychophysiology*, *6*, 778 - 786.

Bell, R. Q., & Harper, L. (1977). *Child effects on adults*. Hillsdale, NJ: Erlbaum.

Bellinger, D. (1980). Consistency in the pattern of change in mothers' speech: Some discriminant analyses. *Journal of Child Language*, *7*, 469 - 487.

Belsky, J. (1984). The determinants of parenting: A process model. *Child Development*, *55*, 83 - 96.

Belsky, J., & Barends, N. (2002). Personality and parenting. In M. H. Bornstein (Ed.), *Handbook of parenting: Vol. 3. Status and social ecology of parenting* (2nd ed., pp. 415 - 438). Mahwah, NJ: Erlbaum.

Belsky, J., Crnic, K., & Woodworth, S. (1995). Personality and parenting: Exploring the mediating role of transient mood and daily hassles. *Journal of Personality*, *63*, 905 - 929.

Belsky, J., Garduque, L., & Hrncir, E. (1984). Assessing performance, competence, and executive capacity in infant play: Relations to home environment and security of attachment. *Developmental Psychology*, *20*, 406 - 417.

Belsky, J., Gilstrap, B., & Rovine, M. (1984). The Pennsylvania Infant and Family Development Project: Pt. 1. Stability and change in mother-infant and father-infant interaction in a family, setting at one, three, and nine months. *Child Development*, *55*, 692 - 705.

Belsky, J., Goode, M. K., & Most, R. K. (1980). Maternal stimulation and infant exploratory competence: Cross-sectional, correlational, and experimental analyses. *Child Development*, *51*, 1168 - 1178.

Belsky, J., Youngblade, L., & Pensky, E. (1989). Childrearing history, marital quality, and maternal affect: Intergenerational transmission in a low-risk sample. *Development and Psychopathology*, *1*, 291 - 304.

Benasich, A. A., & Brooks-Gunn, J. (1996). Maternal attitudes and knowledge of child-rearing: Associations with family and child outcomes. *Child Development*, *67*, 1186 - 1205.

Benedict, R. (1938). Continuities and discontinuities in cultural conditioning. *Psychiatry: Journal for the Study of Interpersonal Processes*, *2*, 161 - 167.

Berndt, T. J. (1999). Friends' influence on children's adjustment to school. In W. A. Collins & B. Laursen (Eds.), *Minnesota Symposia on Child Psychology: Vol. 30. Relationships as developmental contexts* (pp. 85 - 107). Mahwah, NJ: Erlbaum.

Berndt, T. J., Hawkins, J. A., & Jiao, Z. (1999). Influences of friends and friendship on adjustment to junior high school. *Merrill-Palmer Quarterly*, *45*, 13 - 41.

Bever, T. G. (Ed.). (1982). *Regressions in mental development*. Hillsdale, NJ: Erlbaum.

Biringen, Z., Emde, R. N., Campos, J. J., & Appelbaum, M. I. (1995). Affective reorganization in the infant, the mother, and the dyad: The role of upright locomotion and its timing. *Child Development*, *66*, 499 - 514.

Bjorklund, D. F., Yunger, J. L., & Pellegrini, A. D. (2002). The evolution of parenting and evolutionary approaches to childrearing. In M. H. Bornstein (Ed.), *Handbook of parenting: Vol. 2. Biology and ecology of parenting* (2nd ed., pp. 3 - 30). Mahwah, NJ: Erlbanm.

Blankenhorn, D. (1995). *Fatherless America: Confronting our most urgent social problem*. New York: Basic Books.

Block, N. (1995). How heritability misleads about race. *Cognition*, *56*, 99 - 128.

Bloom, L. (1998). Language acquisition in its developmental context. In W. Damon (Editor-in-Chief) & D. Kuhn & R. S. Siegler (Vol. Eds.), *Handbook of child psychology: Vol. 2. Cognition, perception, and language* (5th ed., pp. 309 - 370). New York: Wiley.

Bogenschneider, K. (1997). Parental involvement in adolescent schooling: A proximal process with transcontextual validity. *Journal of Marriage and the Family*, *59*, 718 - 733.

Bohman, M. (1996). Predispositions to criminality: Swedish adoption studies in retrospect. In G. R. Bock & J. A. Goode (Eds.), *Ciba Foundation Symposium: Vol. 194. Genetics of criminal and anti-social behavior* (pp. 99 - 114). New York: Wiley.

Bornstein, M. H. (1985). How infant and mother jointly contribute to developing cognitive competence in the child. *Proceedings of the National Academy of Sciences, USA*, *82*, 7470 - 7473.

Bornstein, M. H. (1989a). Between caretakers and their young: Two modes of interaction and their consequences for cognitive growth. In M. H. Bornstein & J. S. Bruner (Eds.), *Interaction in human development* (pp. 197 - 214). Hillsdale, NJ: Erlbaum.

Bornstein, M. H. (1989b). Cross-cultural developmental comparisons: The case of Japanese-American infant and mother activities and interactions — What we know, what we need to know, and why we need to know. *Developmental Review*, *9*, 171 - 204.

Bornstein, M. H. (1989c). Sensitive periods in development: Structural characteristics and causal interpretations. *Psychological Bulletin*, *105*, 179 - 197.

Bornstein, M. H. (Ed.). (1991). *Cultural approaches to parenting*. Hillsdale, NJ: Erlbaum.

Bornstein, M. H. (1995). Form and function: Implications for studies of culture and human development. *Culture and Psychology*, *1*, 123 - 137.

Bornstein, M. H. (Ed.). (2002a). *Handbook of parenting* (2nd ed., Vols. 1 - 5). Mahwah, NJ: Erlbaum.

Bornstein, M. H. (2002b). Parenting infants. In M. H. Bornstein (Ed.), *Handbook of parenting: Vol. 1. Children and parenting* (2nd ed., pp. 3 - 43). Mahwah, NJ: Erlbaum.

Bornstein, M. H. (2002c). Toward a multiculture, multiage, multimethod science. *Human Development*, *45*, 257 - 263.

Bornstein, M. H., & Bradley, R. H. (Eds.). (2003). *Socioeconomic status, parenting, and child development*. Mahwah, NJ: Erlbaum.

Bornstein, M. H., Brown, E. M., & Slater, A. M. (1996). Patterns of stability and continuity in attention across early infancy. *Journal of Reproductive and Infant Psychology*, *14*, 195 - 206.

Bornstein, M. H., Davidson, L., Keyes, C. M., Moore, K., & Center for Child Well-Being (Eds.). (2003). *Well-being: Positive development across the life course*. Mahwah, NJ: Erlbaum.

Bornstein, M. H., Hahn, C.-S., Suwalsky, J. T. D., & Haynes, O. M. (2003). Socioeconomic status, parenting, and child development: The Hollingshead Four-Factor Index of Social Status and the Socioeconomic Index of Occupations. In M. H. Bornstein & R. H. Bradley (Eds.), *Socioeconomic status, parenting, and child development* (pp. 29 - 82). Mahwah, NJ: Erlbaum.

Bornstein, M. H., Hendricks, C., Hahn, C.-S., Haynes, O. M., Painter, K. M., & Tamis-LeMonda, C. S. (2003). Contributors to selfperceived competence, satisfaction, investment, and role balance in maternal parenting: A multivariate ecological analysis. *Parenting: Science and Practice*, *3*, 285 - 326.

Bornstein, M. H., & Ruddy, M. G. (1984). Infant attention and maternal stimulation: Prediction of cognitive and linguistic development in singletons and twins. In H. Bouma & D. G. Bouwhuis (Eds.), *Attention and performance X: Control of language processes* (pp. 433 - 445). London: Erlbaum.

Bornstein, M. H., & Sawyer, J. (2005). Family systems. In K. McCartney & D. Phillips (Eds.), *Blackwell handbook of early childhood development* (pp. 381 - 398). Malden, MA: Blackwell.

Bornstein, M. H., Tal, J., Rahn, C., Galperin, C. Z., Pecheux, M. G., Lamour, M., et al. (1992). Functional analysis of the contents of maternal speech to infants of 5 and 13 months in four cultures: Argentina, France, Japan, and the United States. *Developmental Psychology*, *28*, 593 - 603.

Bornstein, M. H., & Tamis-LeMonda, C. S. (1990). Activities and interactions of mothers and their firstborn infants in the first six months of life: Covariation, stability, continuity, correspondence, and prediction. *Child Development*, *61*, 1206 - 1217.

Bornstein, M. H., Tamis-LeMonda, C. S, & Haynes, O. M. (1999). First words in the second year: Continuity, stability, and models of concurrent and predictive correspondence in vocabulary and verbal responsiveness across age and context. *Infant Behavior and Development*, *22*, 65 - 85.

Bowlby, J. (1969). *Attachment and loss: Vol. 1. Attachment* (2nd ed.). New York: Basic Books.

Bradley, R. H., & Caldwell, B. M. (1995). The acts and conditions of the caregiving environment. *Developmental Review*, *15*, 92 - 96.

Bradley, R. H., Caldwell, B. M., & Rock, S. L. (1988). Home environment and school performance: A 10 - year follow-up and examination of three models of environmental action. *Child Development*, *59*, 852 - 867.

Brazelton, T. B. (1969). *Infants and mothers: Differences in development*. New York: Delacorte Press.

Broderick, C. B. (1993). *Understanding family process: Basics of family systems theory*. Thousand Oaks, CA: Sage.

Brody, S. (1956). *Patterns of mothering: Maternal influence during infancy*. Oxford: International Universities Press.

Brody, S., & Axelrad, S. (1978). *Mothers, fathers, and children*. New York: International Universities Press.

Bronfenbrenner, U. (1958). *Socialization and social class through time and space*. New York: Holt.

Bronfenbrenner, U., & Crouter, A. C. (1983). The evolution of environmental models in developmental research. In P. H. Mussen (Series Ed.) & W. Kessen (Vol. Ed.), *Handbook of child psychology: Vol. 1. History, theory, and methods* (4th ed., pp. 357 - 414). New York: Wiley.

Bronfenbrenner, U., & Morris, P. A. (1998). The ecology of developmental processes. In W. Damon (Editor-in-Chief) & R. M. Lerner (Vol. Ed.), *Handbook of child psychology: Vol. 1. Theoretical models of human development* (5th ed., pp. 993 - 1028). New York: Wiley.

Brown, B. (1990). Peer groups and peer cultures. In S. Feldman & G. Elliott (Eds.), *At the threshold: The developing adolescent* (pp. 171 - 196). Cambridge, MA: Harvard University Press.

Brown, B., Mounts, N., Lamborn, S. D., & Steinberg, L. (1993). Parenting practices and peer group affiliation in adolescence. *Child Development*, *64*, 467 - 482.

Butterfield, E. C., Albertson, L. R., & Johnston, J. C. (1995). On making cognitive theory more general and developmentally pertinent. In F. E. Weinert & W. Schneider (Eds.), *Memory performance and competencies: Issues in growth and development* (pp. 181 - 205). Hillsdale, NJ: Erlbaum.

Cabrera, N. J., Tamis-LeMonda, C. S., Bradley, R. H., Hofferth, S., & Lamb, M. E. (2000). Fatherhood in the twenty-first century. *Child Development*, *71*, 127 - 136.

Cadoret, R. J., Leve, L. D., & Devor, E. (1997). Genetics of aggressive and violent behavior. *Psychiatric Clinics of North America*, *20*, 301 - 322.

Cairns, R. B., & Cairns, B. D. (1994). *Lifelines and risks: Pathways of youth in our time*. New York: Cambridge University Press.

Cairns, R. B., Cairns, B. D., Neckerman, H., Gest, S., & Gariepy, J. L. (1988). Social networks and aggressive behavior: Peer support or peer rejection? *Developmental Psychology*, *24*, 815 - 823.

Campos, J. J., Anderson, D. I., Barbu-Roth, M. A., Hubbard, E. M., Hertenstein, M. J., & Witherington, D. (2000). Travel broadens the mind. *Infancy*, *1*, 149 - 219.

Campos, J. J., Kermoian, R., Witherington, D., Chen, H., & Dong, Q. (1997). Activity, attention, and developmental transitions in infancy. In P. J. Lang & R. F. Simons (Eds.), *Attention and orienting: Sensory and motivational processes* (pp. 393 - 415). Mahwah, NJ: Erlbaum.

Carew, J. V. (1980). Experience and the development of intelligence in young children at home and in day care. *Monographs of the Society for Research in Child Development*, *45*(6 - 7, Serial No. 187).

Caspi, A., & Elder, G. H., Jr. (1988). Emergent family patterns: The intergenerational construction of problem behaviour and relationships. In R. A. Hinde & J. Stevenson-Hinde (Eds.), *Relationships within families: Mutual influences* (pp. 218 - 240). Oxford: Clarendon Press.

Caspi, A., Taylor, A., Moffitt, T. E., & Plomin, R. (2000). Neighborhood deprivation affects children's mental health. *Psychological Science*, *11*, 338 - 342.

Cassidy, J. (1994). Emotion regulation: Influences of attachment relationships. *Monographs of the Society for Research in Child Development*, *59*, 228 - 283.

Caudill, W. A. (1973). The influence of social structure and culture on human behavior in modern Japan. *Journal of Nervous and Mental Disease*, *157*, 240 - 257.

Center for Child Well-Being. (2004). *An interim report on the parenting program: Parenting in the real world*. Unpublished manuscript, Center for Child Well-Being, Atlanta, GA.

Chalmers, I., Enkin, M., & Keirse, M. J. N. C. (Eds.). (1989). *Effective care in pregnancy and childbirth*. New York: Oxford University Press.

Champagne, F., Diorio, J., Sharma, S., & Meaney, M. J. (2001). Naturally occurring variations in maternal behavior in the rat are associated with differences in estrogen-inducible central oxytocin receptors. *Proceedings of the National Academy of Sciences of the USA*, *98*, 12736 - 12741.

Chapman, R. S. (1981). Mother-child interaction in the second year of life: Its role in language development. In R. Schiefelbusch & D. Bricker (Eds.), *Early language: Acquisition and intervention* (pp. 201 - 250). Baltimore: University Park Press.

Chase-Lansdale, P. L., Brooks-Gunn, J., & Zamsky, E. S. (1994). Young African-American multigenerational families in poverty: Quality of mothering and grandmothering. *Child Development*, *65*, 373 - 393.

Chase-Lansdale, P. L., Cherlin, A. J., & Kiernan, K. E. (1995). The long-term effects of parental divorce on the mental health of young adults: A developmental perspective. *Child Development*, *66*, 1614 - 1634.

Chen, E., Matthews, K. A., & Boyce, W. T. (2002). Socioeconomic differences in children's health: How and why do these relationships change with age? *Psychological Bulletin*, *128*, 295 - 329.

Chen, X., Hastings, P. D., Rubin, K. H., Chen, H., Cen, G., & Stewart, S. L. (1998). Child-rearing attitudes and behavioral inhibition in Chinese and Canadian toddlers: A cross-cultural study. *Developmental Psychology*, *34*, 677 - 686.

Chilcoat, H. D., & Anthony, J. C. (1996). Impact of parent monitoring on initiation of drug use through late childhood. *Journal of the American Academy of Child and Adolescent Psychiatry*, *35*, 91 - 100.

Church, J. (1966). *Three babies: Biographies of cognitive development*. New York: Random House.

Cicchetti, D., Toth, S. L., & Maughan, A. (2000). An ecologicaltransactional model of child maltreatment. In A. J. Sameroff, M. Lewis, & S. M. Miller (Eds.), *Handbook of developmental psychopathology* (2nd ed., pp. 689 - 722). New York: Kluwer Academic/Plenum Press.

Clark, E. V. (1983). Meanings and concepts. In P. H. Mussen (Series Ed.) & J. H. Flavell & E. M. Markman (Vol. Eds.), *Handbook of child psychology: Vol. 3. Cognitive development* (4th ed., pp. 787 - 840). New York: Wiley.

Clark, L. A., Kochanska, G., & Ready, R. (2000). Mothers' personality and its interaction with child temperament as predictors of parenting behavior. *Journal of Personality and Social Psychology*, *79*, 274 - 285.

Clarke, A. M., & Clarke, A. D. B. (Eds.). (1976). *Early experience: Myth and evidence*. New York: Free Press.

Clarke-Stewart, K. A. (1998). Historical shifts and underlying themes in ideas about rearing young children in the United States: Where have we been? Where are we going? *Early Development and Parenting*, *7*, 101 - 117.

Clarke-Stewart, K. A., & Allhusen, V. D. (2002). Nonparental caregiving. In M. H. Bornstein (Ed.), *Handbook of parenting: Vol. 3. Status and social conditions of parenting* (2nd ed., pp. 215 - 252). Mahwah, NJ: Erlbaum.

Coates, D. L., & Lewis, M. (1984). Early mother-infant interaction and infant cognitive status as predictors of school performance and cognitive behavior in 6 - year-olds. *Child Development*, *55*, 1219 - 1230.

Cochran, M. (1993). Parenting and personal social networks. In T. Luster & L. Okagaki (Eds.), *Parenting: An ecological perspective* (pp. 149 - 178). Hillsdale, NJ: Erlbaum.

Cochran, M., & Niego, S. (2002). Parenting and social networks. In M. H. Bornstein (Ed.), *Handbook of parenting: Vol. 4. Applied parenting* (2nd ed., pp. 123 - 148). Mahwah, NJ: Erlbaum.

Cohler, B. J., & Paul, S. (2002). Psychoanalysis and parenthood. In M. H. Bornstein (Ed.), *Handbook of parenting: Vol. 3. Status and social conditions of parenting* (2nd ed., pp. 563 - 599). Mahwah, NJ: Erlbaum.

Coie, J. D., Watt, N. F., West, S. G., & Hawkins, J. D., Asarnaw, J. R., Markman, H. J., Ramey, S. L., Shure, M. B., & Long, B. (1993). The science of prevention: A conceptual framework and some directions for a national research program. *American Psychologist*, *48*, 1013 - 1022.

Coleman, P. K., & Karraker, K. H. (1998). Self-efficacy and parenting quality: Findings and future applications. *Developmental Review*, *18*, 47 - 85.

Coleman, P. K., & Karraker, K. H. (2003). Maternal self-efficacy beliefs, competence in parenting, and toddlers' behavior and developmental status. *Infant Mental Health Journal*, *24*, 126 - 148.

Coley, R. L., & Chase-Lansdale, P. L. (1998). Adolescent pregnancy and parenthood: Recent evidence and future directions. *American Psychologist*, *53*, 152 - 166.

Collins, W. A., Maccoby, E. E., Steinberg, L., Hetherington, E.

M., & Bornstein, M. H. (2000). Contemporary research on parenting: The case for nature and nurture. *American Psychologist*, *55*, 218 - 232.

Collins, W. A., & Russell, G. (1991). Mother-child and father-child relationships in middle childhood and adolescence: A developmental analysis. *Developmental Review*, *11*, 99 - 136.

Colón, A. J. (with Colón, P. A.). (1999). *Nurturing children: A history of pediatrics*. Westport, CT: Greenwood Press.

Coltrane, S. (1996). *Family man: Fatherhood, housework, and gender equity*. New York: Oxford University Press.

Condry, J., & Condry, S. (1976). Sex differences: A study of the eye of the beholder. *Child Development*, *47*, 812 - 819.

Conger, R. D., & Elder, G. H., Jr. (Eds.). (1994). *Families in troubled times: Adapting to change in rural America*. HaWthorne, NY: Aldine.

Conger, R. D., Ge, X., Eider, G. H., Jr., Lorenz, F. O., & Simons, R. L. (1994). Economic stress, coercive family process, and developmental problems of adolescents. *Child Development*, *65*, 541 - 561.

Conrad, B., Gross, D., Fogg, L., & Ruchala, P. (1992). Maternal confidence, knowledge, and quality of mother-toddler interactions: A preliminary study. *Infant Mental Health Journal*, *13*, 353 - 362.

Cook, T. D., & Payne, M. R. (2002). Objecting to the objections to using random assignment in educational research. In F. Mosteller & R. F. Boruch (Eds.), *Evidence matters: Randomized trials in education research* (pp. 150 - 178). Washington, DC: Brookings Institution.

Corter, C. M., & Fleming, A. S. (2002). Psychobiology of maternal behavior in human beings. In M. H. Bornstein (Ed.), *Handbook of parenting: Vol. 2. Biology and ecology of parenting* (2nd ed., pp. 141 - 181). Mahwah, NJ: Erlbaum.

Cote, L. R., & Bornstein, M. H. (2000). Social and didactic parenting behaviors and beliefs among Japanese American and South American mothers of infants. *Infancy*, *1*, 363 - 374.

Cotterell, J. L. (1986). Work and community influences on the quality of child rearing. *Child Development*, *57*, 362 - 374.

Cowan, C. P., & Cowan, P. A. (1992). *When partners become parents*. New York: Basic Books.

Cowan, C. P., Cowan, P. A., Heming, G., Garrett, E., Coysh, W. S., Curtis-Boles, H., et al. (1985). Transitions to parenthood: His, hers, and theirs. *Journal of Family Issues*, *6*, 451 - 481.

Cowan, P. A., Cowan, C. P., Ablow, J., Johnson, V. K., & Measelle, J. (2005). *The family context of parenting in children's adaptation to elementary school*. Mahwah, NJ: Erlbaum.

Cowan, P. A., Cowan, C. P., Schulz, M. S., & Heming, G. (1994). Prebirth to preschool family factors in children's adaptation to kindergarten. In R. D. Parke & S. G. Kellam (Eds.), *Exploring family relationships with other social contexts* (pp. 75 - 114). Hillsdale, NJ: Erlbaum.

Cowan, P. A., Powell, D., & Cowan, C. P. (1998). Parenting interventions: A family systems perspective. In W. Damon (Editor-in-Chief) & I. E. Sigel & K. A. Renninger (Vol. Eds.), *Handbook of child psychology: Vol. 4. Child psychology in practice* (5th ed., pp. 3 - 72). New York: Wiley.

Cox, M. J., & Harter, K. S. M. (2003). Parent-child relationships. In M. H. Bornstein, L. Davidson, C. L. M. Keyes, & K. A, Moore (Eds.), *Well-being: Positive development across the life course* (pp. 191 - 204). Mahwah, NJ: Erlbaum.

Cox, M. J., & Paley, B. (2003). Understanding families as systems. *Current Directions in Psychological Science*, *12*, 193 - 196.

Cox, M. J., Paley, B., & Harter, K. (2001). Interparental conflict and parent-child relationships. In J. H. Grych & F. D. Fincham (Eds.), *Interparental conflict and child development: Theory, research, and applications* (pp. 249 - 272). New York: Cambridge University Press.

Crittenden, A. (Ed.). (2004). *If you've raised kids, you can manage anything: Leadership begins at home*. New York: Gotham Books.

Crnic, K., & Low, C. (2002). Everyday stresses and parenting. In M. H. Bornstein (Ed.), *Handbook of parenting: Vol. 5. Practical parenting* (2nd ed., pp. 243 - 267). Mahwah, NJ: Erlbaum.

Crnic, K. A., & Greenberg, M. T. (1990). Minor parenting stresses with young children. *Child Development*, *61*, 1628 - 1637.

Crnic, K. A., Greenberg, M. T., Ragozin, A. S., Robinson, N. M., & Basham, R. (1983). Effects of stress and social support on mothers and premature and full-term infants. *Child Development*, *54*, 209 - 217.

Crockenberg, S. B. (1988). Social support and parenting. In W. Fitzgerald, B. Lester, & M. Yogman (Eds.), *Research on support for parents and infants in the postnatal period* (pp. 67 - 92). New York: Ablex.

Crockenberg, S. B., & Langrock, A. (2001). The role of specific emotions in children's responses to interparental conflict: A test of the model. *Journal of Family Psychology*, *15*, 163 - 182.

Crockett, L. J., Eggebeen, D. J., & Hawkins, A. J. (1993). Father's presence and young children's behavioral and cognitive adjustment. *Journal of Family Issues*, *14*, 355 - 377.

Cummings, E. M., & Cummings, J. S. (2002). Parenting and attachment. In M. H. Bornstein (Ed.), *Handbook of parenting: Vol. 5. Practicalparenting* (2nd ed., pp. 35 - 58). Mahwah, NJ: Erlbaum.

Cummings, E. M., & Davies, P. T. (1994). *Children and marital conflict: The impact of family dispute and resolution*. New York: Guilford Press.

Cummings, E. M., & Davies, P. T. (1995). The impact of parents on their children: An emotional security perspective. In R. Vasta (Ed.), *Annals of child development: Vol. 10. A research annual* (pp. 167 - 208). Philadelphia: Jessica Kingsley.

Cummings, E. M., Iannotti, R. J., & Zahn-Waxler, C. (1985). Influence of conflict between adults on the emotions and aggression of young children. *Developmental Psychology*, *21*, 495 - 507.

Cummings, E. M., & Watson-O'Reilly, A. (1997). Fathers in family context: Effects of marital quality on child adjustment. In M. E. Lamb (Ed.), *The role of the father in child development* (3rd ed., pp. 49 - 65). New York: Wiley.

Cummings, E. M., & Wilson, A. (1999). Contexts of marital conflict and children's emotional security: Exploring the distinction between constructive and destructive conflicts from the children's perspective. In M. J. Cox & J. Brooks-Gunn (Eds.), *Conflict and cohesion in families: Causes and consequences — Advances in family research series* (pp. 105 - 129). Mahwah, NJ: Erlbaum.

Cutrona, C. E., & Suhr, J. A. (1990). The transition to parenthood and the importance of social support. In S. Fisher & C. L. Cooper (Eds.), *On the move: Psychology of change and transition* (pp. 111 - 125). New York: Wiley.

Cutrona, C. E., & Troutman, B. R. (1986). Social support, infant temperament, and parenting self-efficacy: A mediating model of postpartum depression. *Child Development*, *57*, 1507 - 1518.

Darling, N., & Steinberg, L. (1993). Parenting style as context: An integrative model. *Psychological Bulletin*, *113*, 487 - 496.

Darwin, C. R. (1877). A biographical sketch of an infant. *Mind*, *2*, 286 - 294.

Davies, P. T., & Cummings, M. E. (1994). Marital conflict and child adjustment: An emotional security hypothesis. *Psychological Bulletin*, *116*, 387 - 411.

Dawkins, R. (1976). Hierarchical organization: A candidate principle for ethology. In P. P. Bates & R. A. Hinde (Eds.), *Growing points in ethology*. Oxford: Cambridge University Press.

Deal, J. E., Hagan, M. S., Bass, B., Hetherington, E. M., & Clingempeel, G. (1999). Marital interaction in dyadic and triadic contexts: Continuities and discontinuities. *Family Process*, *38*, 105 - 115.

DeBaryshe, B. D. (1995). Maternal belief systems: Linchpin in the home reading process. *Journal of Applied Developmental Psychology*, *16*, 1 - 20.

DeLuccie, M. F. (1994). Mothers as gatekeepers: A model of maternal mediators of father involvement. *Journal of Genetic Psychology*, *156*, 115 - 131.

DeMause, L. (Ed.). (1975). *The new psychohistory*. New York: Psychohistory Press.

Dembo, M. H., Switzer, M., & Lauritzen, P. (1985). An evaluation of group parent education: Behavioral, PET, & Adlerian programs. *Review of Educational Research*, *55*, 155 - 200.

Denckla, M. B., & Reiss, A. L. (1997). Prefrontal-subcortical circuits in developmental disorders. In N. A. Krasnegor, G. R. Lyon, & P. S. Goldman-Rakic (Eds.), *Development of the prefrontal cortex: Evolution, neurobiology, and behavior* (pp. 283 - 294). Baltimore: Paul H. Brookes.

Deutsch, F. M., Ruble, D. N., Fleming, A., Brooks-Gunn, J., & Stangor, C. (1988). Information-seeking and maternal self-definition during the transition to motherhood. *Journal of Personality and Social Psychology*, *55*, 420 - 431.

De Wolff, M., & van IJzendoorn, M. H. (1997). Sensitivity and attachment: A meta-analysis on parental antecedents of infant attachment. *Child Development*, *68*, 571 - 591.

Dishion, T., Patterson, G., Stoolmiller, M., & Skinner, M. (1991). Family, school, and behavioral antecedents to early adolescent involvement with antisocial peers. *Developmental Psychology*, *27*, 172 - 180.

Dishion, T. J., Patterson, G. R., & Kavanagh, K. A. (1992). An experimental test of the coercion model: Linking theory, measurement, and intervention. In J. McCord & R. E. Tremblay (Eds.), *Preventing antisocial behavior: Interventions from birth through adolescence* (pp. 253 - 282). New York: Guilford Press.

Dix, T. (1991). The affective organization of parenting: Adaptive and maladaptive processes. *Psychological Bulletin*, *110*, 3 - 25.

Dix, T. (1992). Parenting on behalf of the child: Empathic goals in the regulation of responsive parenting. In I. E. Sigel & A. V. McGillicuddy-De Lisi (Eds.), *Parental belief systems: The psychological consequences for children* (2nd ed., pp. 319 - 346). Hillsdale, NJ: Erlbaum.

Dix, T., & Grusec, J. E. (1985). Parent attribution processes in the socialization of children. In I. Sigel (Ed.), *Parental belief systems: The psychological consequence for children* (pp. 201 - 233). Hillsdale, NJ: Erlbaum.

Dixson, A. E, & George, L. (1982). Prolactin and parental behaviour in a male New World primate. *Nature*, *299*, 551 - 553.

Doi, T. (1973). *The anatomy of dependence* (J. Bester, Trans.). Tokyo: Kodansha International.

Donahue, M. L., Pearl, R., & Herzog, A. (1997). Mothers' referential communication with preschoolers: Effects of children's syntax and mothers' beliefs. *Journal of Applied Developmental Psychology*, *18*, 133 - 147.

Dornbusch, S. M., Ritter, P. L., Leiderman, P. H., Roberts, D. F., & Fraleigh, M. J. (1987). The relation of parenting style to adolescent school performance. *Child Development*, *58*, 1244 - 1257.

Downey, G., & Coyne, J. C. (1990). Children of depressed parents: An integrative review. *Psychological Bulletin*, *10*, 50 - 76.

Duncan, G. J., & Brooks-Gunn, J. (1997). *Consequences of growing up poor*. New York: Russell Sage Foundation.

Dunn, J. (1995). Stepfamilies and children's adjustment. *Archives of Disease in Childhood*, *73*, 487 - 489.

Dunn, J., & Plomin, R. (1990). *Separate lives: Why siblings are so different*. New York: Basic Books.

Dunn, J. F., Plomin, R., & Daniels D. (1986). Consistency and change in mothers' behavior toward young siblings. *Child Development*, *57*, 348 - 356.

Dunn, J. F., Plomin, R., & Nettles, M. (1985). Consistency of mothers' behavior toward infant siblings. *Developmental Psychology*, *21*, 1188 - 1195.

Duyme, M., Dumaret, A. C., & Stanislaw, T. (1999). How can we boost IQs of "dull" children? A late adoption study. *Proceedings of the National Academy of Sciences*, *96*, 8790 - 8794.

Dye, N. S., & Smith, D. B. (1986). Mother love and infant death, 1750 - 1920. *Journal of American History*, *73*, 329 - 353.

Eagly, A. H. (1992). Uneven progress: Social psychology and the study of attitudes. *Journal of Personality and Social Psychology*, *63*, 693 - 710.

East, P. L., & Felice, M. E. (1996). *Adolescent pregnancy and parenting: Findings from a racially diverse sample*. Mahwah, NJ: Erlbaum.

Eccles, J. S., & Harold, R. D. (1996). Family involvement in children's and adolescents' schooling. In A. Booth & J. F. Dunn (Eds.), *Family-school links: How do they affect educational outcomes?* (pp. 3 - 34). Hillsdale, NJ: Erlbaum.

Elder, G. H. (1974). *Children of the Great Depression*. Chicago: University of Chicago Press.

Elder, G. H., Eccles, J. S., Ardelt, M., & Lord, S. (1995). Inner-city parents under economic pressure: Perspective on the strategies of parenting. *Journal of Marriage and the Family*, *57*, 771 - 784.

Elman, J. L., Bates, E. A., Johnson, M. H., Karmiloff-Smith, A., Parisi, D., & Plunkett, K. (1996). *Rethinking innateness: A connectionist perspective on development*. Cambridge, MA: MIT Press.

Elster, A. B., McAnarney, E. R., & Lamb, M. E. (1983). Parental behavior of adolescent mothers. *Pediatrics*, *71*, 494 - 503.

Emery, R. E., & Tuer, M. (1993). Parenting and the marital relationship. In T. Luster & L. Okagaki (Eds.), *Parenting: An ecological perspective* (pp. 121 - 148). Hillsdale, NJ: Erlbaum.

Entwisle, D. R., & Hayduk, L. A. (1988). Lasting effects of elementary school. *Sociology of Education*, *61*, 147 - 159.

Epstein, J. L. (1983). The influence of friends on achievement and affective outcomes. In J. L. Epstein & N. Karweit (Eds.), *Friends in school* (pp. 177 - 200). New York: Academic Press.

Erel, O., & Burman, B. (1995). Interrelatedness of marital relations and parent-child relations: A meta-analytic review. *Psychological Bulletin*, *118*, 108 - 132.

Erting, C. J., Prezioso, C., & Hynes, M. O. (1994). The interfactional context of deaf mother-infant communication. In V. Volterra & C. J. Erting (Eds.), *From gesture to language in hearing and deaf children* (pp. 97 - 106). Washington, DC: Gallaudet University Press.

Eslinger, P. J. (1996). Conceptualizing, describing, and measuring components of executive function: A summary. In G. R. Lyon & N. A. Krasnegor (Eds.), *Attention, memory, and executive function* (pp. 367 - 395). Baltimore: Paul H. Brookes.

Eslinger, P. J., Grattan, L. M., Damasio, H., & Damasio, A. R. (1992). Developmental consequences of childhood frontal lobe damage. *Archives of Neurology*, *49*, 764 - 769.

Feinberg, M. E. (2003). The internal structure and ecological context of coparenting: A framework for research and intervention. *Parenting: Science & Practice*, *3*, 95 - 131.

Feldman, M. W., & Lewontin, R. C. (1975). The heritability hangup. *Science*, *190*, 1163 - 1168.

Festinger, L. (1964). *Conflict, decision, and dissonance*. Oxford: Stanford University Press.

Field, T., Healy, B., Goldstein, S., & Guthertz, M. (1990). Behavior state matching and synchrony in mother-infant interactions of nondepressed versus depressed dyads. *Developmental Psychology*, *31*, 358 - 363.

Fincham, F. D. (1998). Child development and marital relations. *Child Development*, *69*, 543 - 574.

Fincham, F. D., Grych, J. H., & Osborne, L. N. (1994). Does marital conflict cause child maladjustment? Directions and challenges for longitudinal research. *Journal of Family Psychology*, *8*, 128 - 140.

Fish, M., & Stifter, C. A. (1993). Mother parity as a main and moderating influence on early mother-infant interaction. *Journal of Applied Developmental Psychology*, *14*, 557 - 572.

Fleeson, W. (2004). Moving personality beyond the person-situation debate: The challenge and the opportunity of within-person variability. *Current Directions in Psychological Science*, *13*, 83 - 87.

Fleming, A. S., & Liu, M. (2002). Psychobiology of maternal behavior in its early determinants in nonhuman mammals. In M. H. Bornstein (Ed.), *Handbook of parenting: Vol. 2. Biology and ecology of parenting* (2nd ed., pp. 61 - 97). Mahwah, NJ: Erlbaum.

Fleming, A. S., Ruble, D. N., Flett, G. L., & Van Wagner, V. (1990). Adjustment in first-time mothers: Changes in mood and mood content during the early postpartum months. *Developmental Psychology*, *26*, 137 - 143.

Forehand, R., & King, H. E. (1977). Noncompliant children: Effects of parent training on behavior and attitude change. *Behavior Modification*, *1*, 93 - 108.

Forehand, R., Wells, K. C., & Griest, D. L. (1980). An examination of the social validity of a parent training program. *Behavior Therapy*, *11*, 488 - 502.

Forgatch, M. S. (1991). The clinical science vortex: A developing theory of antisocial behavior. In D. J. Pepler & K. H. Rubin (Eds.), *The development and treatment of childhood aggression* (pp. 291 - 315). Hillsdale, NJ: Erlbaum.

Forgatch, M. S., & DeGarmo, D. S. (1999). Parenting through change: An effective prevention program for single mothers. *Journal of Consulting and Clinical Psychology*, *67*, 711 - 724.

Fraiberg, S., Adelson, E., & Shapiro, V. (2003). Ghosts in the nursery: A psychoanalytic approach to the problems of impaired infant-mother relationships. In J. Raphael-Leff (Ed.), *Parentinfant psychodynamics: Wild things, mirrors and ghosts* (pp. 87 - 117). London: Whurr.

Frankel, D. G., & Roer-Bornstein, D. (1982). Traditional and modern contributions to changing infant-rearing ideologies of two ethnic communities. *Monographs of the Society for Research in Child Development*, *4*, 1 - 51.

French, V. (2002). History of parenting: The ancient Mediterranean world. In M. H. Bornstein (Ed.), *Handbook of parenting: Vol. 2. Biology and ecology of parenting* (2nd ed., pp. 345 - 376). Mahwah, NJ: Erlbaum.

Freud, A. (1970). The concept of the rejecting mother. In E. J. Anthony & T. Benedek (Eds.), *Parenthood: Its psychology and psychopathology* (pp. 376 - 386). Boston: Little, Brown. (Original work published 1955)

Freud, S. (1949). *An outline of psycho-analysis*. New York: Norton.

Fuligni, A. J., & Eccles, J. S. (1993). Perceived parent-child relationships and early adolescents' orientation toward peers. *Developmental Psychology*, *29*, 622 - 632.

Fuller-Thomson, E., Minkler, M., & Driver, D. (1997). A profile of grandparents raising grandchildren in the United States. *Gerontologist*, *37*, 406 - 411.

Furstenberg, F. F., Jr., Brooks-Gunn, J., & Chase-Lansdale, P. L. (1989). Adolescent fertility and public policy. *American Psychologist*, *44*, 313 - 320.

Gable, S., Crnic, K., & Belsky, J. (1994). Coparenting within the family system: Influences on children's development. *Family Relations:*

Interdisciplinary Journal of Applied Family Studies, *43*, 380 - 386.

Galloway, A. T., Fiorito, L., Lee, Y., & Birch, L. L. (2005). Parental pressure, dietary patterns, and weight status among girls who are "picky eaters." *Journal of the American Dietetic Association*, *105*, 541 - 548.

Garrett, P., Ferron, J., Ng'andu, N., Bryant, D., & Harbin, G. (1994). A structural model for the developmental status of young children. *Journal of Marriage and the Family*, *56*, 147 - 163.

George, C., Kaplan, N., & Main, M. (1985). *Adult Attachment Interview*. Unpublished manuscript, University of California, Berkeley.

Gibson, E., Dembofsky, C. A., Rubin, S., & Greenspan, J. S. (2000). Infant sleep position practices 2 years into the "back to sleep" campaign. *Clinical Pediatrics*, *39*, 285 - 289.

Giedd, J. N., Blumenthal, J., Jeffries, N. O., Castellanos, F. X., Liu, H., Zijdenbos, A., et al. (1999). Brain development during childhood and adolescence: A longitudinal MRI study. *Nature Neuroscience*, *2*, 861 - 863.

Goldberg, S. (1977). Infant development and mother-infant interaction in urban Zambia. In P. H. Leiderman, S. R. Tulkin, & A. Rosenfeld (Eds.), *Culture and infancy: Variations in the human experience* (pp. 211 - 243). New York: Academic Press.

Goldberg, S., & DiVitto, B. (2002). Parenting children born preterm. In M. H. Bornstein (Ed.), *Handbook of parenting: Vol. 1. Children and parenting* (2nd ed., pp. 329 - 354). Mahwah, NJ: Erlbaum.

Golombok, S. (2002). Parenting and contemporary reproductive technologies. In M. H. Bornstein (Ed.), *Handbook of parenting: Vol. 3. Status and social conditions of parenting* (2nd ed., pp. 339 - 360). Mahwah, NJ: Erlbaum.

Gomby, D. S., Culross, P. L., & Behrman, R, E. (1999). Home visiting: Recent program evaluations — Analysis and recommendations. *Future of Children*, *9*, 4 - 26.

Goodnow, J. J. (1997). Parenting and the transmission and internalization of values: From social-cultural perspectives to withinfamily analyses. In J. E. Grusec & L. Kuczynski (Eds.), *Parenting and children's internalization of values: A handbook of contemporary theory* (pp. 333 - 361). New York: Wiley.

Goodnow, J. J. (2002). Parents' knowledge and expectations: Using what we know. In M. H. Bornstein (Ed.), *Handbook of parenting: Vol. 3. Status and social conditions of Parenting* (2nd ed., pp. 439 - 460). Mahwah, NJ: Erlbaum.

Goodnow, J. J., Cashmore, R., Cotton, S., & Knight, R. (1984). Mothers' developmental timetables in two cultural groups. *International Journal of Psychology*, *19*, 193 - 205.

Goodnow, J. J., & Collins, W. A. (1990). *Development according to parents: The nature, sources, and consequences of parents' ideas*. Hillsdale, NJ: Erlbaum.

Gottfried, A. E., Gottfried, A. W., & Bathurst, K. (2002). Maternal and dual-earner employment status and parenting. In M. H. Bornstein (Ed.), *Handbook of parenting: Vol. 2. Biology and ecology of parenting* (2nd ed., pp. 207 - 229). Mahwah, NJ: Erlbaum.

Gottfried, A. W. (1984). Home environment and early cognitive development: Implications for intervention. In A. W. Gottfried (Ed.), *Home environment and early cognitive development* (pp. 329 - 342). New York: Academic Press.

Gottlieb, G. (1995). Some conceptual deficiencies in "developmental" behavior genetics. *Human Development*, *38*, 131 - 141.

Grattan, L. M., & Eslinger, P. J. (1992). Long-term psychological consequences of childhood frontal lobe lesion in patient D. T. *Brain and Cognition*, *20*, 185 - 195.

Green, R. (1954). Employment counseling for the hard of hearing. *Volta Review*, *56*, 209 - 212.

Greenbaum, C. W., & Landau, R. (1982). The infant's exposure to talk by familiar people: Mothers, fathers and siblings in different environments. In M. Lewis & L. Rosenblum (Eds.), *The social network of the developing infant* (pp. 229 - 247). New York: Plenum Press.

Greenberger, E., & Goldberg, W. A. (1989). Work, parenting, and the socialization of children. *Developmental Psychology*, *25*, 22 - 35.

Greene, B. (1984). *Good morning, merry sunshine: A father's journal of his child's first year*. New York: Athenaeum.

Grossman, F. K., Eichler, L. W., & Winikoff, S. A. (1980). *Pregnancy, birth and parenthood*. San Francisco: Jossey-Bass.

Grusec, J. E., & Goodnow, J. J. (1994). Impact of parental discipline methods on the child's internalization of values: A reconceptualization of current points of view. *Developmental Psychology*, *30*, 4 - 19.

Grych, J. H. (2002). Marital relationships and parenting. In M. H. Bornstein (Ed.), *Handbook of parenting: Vol. 4. Applied parenting* (2nd ed., pp. 203 - 225). Mahwah, NJ: Erlbaum.

Grych, J. H., & Fincham, F. D. (1990). Marital conflict and children's adjustment: A cognitive-contextual framework. *Psychological Bulletin*, *108*, 267 - 290.

Grych, J. H., & Fincham, F. D. (Eds.). (2001). *Interparental conflict and child development: Theory, research, and applications*. New York: Cambridge University Press.

Hall, G. S. (1891). Notes on the study of infants. *Pedagogical Seminary*, *1*, 127 - 138.

Hamilton, B. E., Martin, J. A., & Sutton, P. D. (2004). *Births: Preliminary data for 2003* (National Statistics Reports, Vol. 53, No. 9). Hyattsville, MD: National Center for Health Statistics.

Hardy, J., Astone, N. M., Brooks-Gunn, J., Shapiro, S., & Miller, T. (1998). Like mother, like child: Intergenerational patterns of age at first birth and associations with childhood and adolescent characteristics and adult outcome in the second generation. *Developmental Psychology*, *34*, 1220 - 1232.

Hardy-Brown, K. (1983). Universals in individual differences: Disentangling two approaches to the study of language acquisition. *Developmental Psychology*, *19*, 610 - 624.

Hardy-Brown, K., & Plomin, R. (1985). Infant communicative development: Evidence from adoptive and biological families for genetic and environmental influences on rate differences. *Developmental Psychology*, *21*, 378 - 385.

Hardy-Brown, K., Plomin, R., & DeFries, J. C. (1981). Genetic and environmental influences on rate of communicative development in the first year of life. *Developmental Psychology*, *17*, 704 - 717.

Harkness, S., & Super, C. M. (1996). *Parents' cultural belief systems: Their origins, expressions, and consequences*. New York: Guilford Press.

Harkness, S., & Super, C. M. (2002). Culture and parenting. In M. H. Bornstein (Ed.), *Handbook of parenting: Vol. 2. Biology and ecology of parenting* (2nd ed., pp. 253 - 280). Mahwah, NJ: Erlbaum.

Harrell, J. E., & Ridley, C. A. (1975). Substitute child care, maternal employment and the quality of mother-child interaction. *Journal of Marriage and the Family*, *37*, 556 - 564.

Harris, C. C. (1983). *The family and industrial society*. London: Allen & Unwin.

Harris, J. R. (1995). Where is the child's environment? A group socialization theory of development. *Psychological Review*, *102*, 458 - 489.

Harris, J. R. (1998). *The nurture assumption*. New York: Free Press.

Harrison, A. O., Wilson, M. N., Pine, C. J., Chan, S. Q., & Buriel, R. (1990). Family ecologies of ethnic minority children. *Child Development*, *61*, 347 - 362.

Hart, B., & Risley, T. R. (1995). *Meaningful differences in the everyday experience of young American children*. Baltimore: Paul H. Brookes.

Hartup, W. W. (1992). Peer relations in early and middle childhood. In V. B. Van Hasselt & M. Hersen (Eds.), *Handbook of social development: A lifespan perspective — Perspectives in developmental psychology* (pp. 257 - 281). New York: Plenum Press.

Harwood, R. L. (1992). The influence of culturally derived values on Anglo and Puerto Rican mothers' perceptions of attachment behavior. *Child Development*, *63*, 822 - 839.

Harwood, R. L., Handwerker, W. P., Schoelmerich, A., & Leyendecker, B. (2001). Ethnic category labels, parental beliefs, and the contextualized individual: An exploration of the individualism/sociocentrism debate. *Parenting: Science and Practice*, *1*, 217 - 236.

Harwood, R. L., Miller, J. G., & Irizarry, N. L. (1995). *Culture and attachment: Perceptions of the child in context*. New York: Guilford Press.

Hashima, P. Y., & Amato, P. R. (1994). Poverty, social support, and parental behavior. *Child Development*, *65*, 394 - 403.

Haveman, R., Wolfe, B., & Wilson, K. (1997). Childhood poverty and adolescent schooling and fertility outcomes: Reduced-form structural estimates. In G. Duncan & J. Brooks-Gunn (Eds.), *Consequences of growing up poor* (pp. 419 - 460). New York: Sage.

Heinicke, C. M. (2002). The transition to parenting. In M. H. Bornstein (Ed.), *Handbook of parenting: Vol. 3. Status and social conditions of parenting* (2nd ed., pp. 363 - 388). Mahwah, NJ: Erlbaum.

Heinicke, C. M., Rineman, N. R., Ponce, V. A., & Guthrie, D. (2001). Relation-based intervention with at-risk mothers: Outcome in the second year of life. *Infant Mental Health Journal*, *22*, 431 - 462.

Helson, R., Mitchell, V., & Moane, G. (1984). Personality patterns of adherence and nonadherence to the social clock. *Journal of Personality and Social Psychology*, *46*, 1078 - 1096.

Hess, R. D., Chang, C. M., & McDevitt, T. M. (1987). Cultural variations in family beliefs about children's performance in mathematics: Comparisons among People's Republic of China, Chinese-American, and Caucasian-American families. *Journal of Educational Psychology*, *79*, 179 - 188.

Hetherington, E. M., Reiss, D., & Plomin, R. (Eds.). (1994). *Separate social worlds of siblings*. Hillsdale, NJ: Erlbaum.

Hickson, G. B., & Clayton, E. W. (2002). Parents and their children's doctors. In M. H. Bornstein (Ed.), *Handbook of parenting* (Vol. 5, pp. 439 - 462). Mahwah, NJ: Erlbaum.

Ho, D. Y. F. (1994). Cognitive socialization in Confucian heritage cultures. In P. M. Greenfield & R. R. Cocking (Eds.), *Crosscultural roots of minority child development* (pp. 285 - 313). Hillsdale, NJ: Erlbaum.

Ho, H. Z. (1987). Interaction of early caregiving environment and infant developmental status in predicting subsequent cognitive performance. *British Journal of Developmental Psychology*, *5*, 183 - 191.

Hodapp, R. M., & Ly, T. M. (2005). Parenting children with developmental disabilities. In T. Luster & L. Okagaki (Eds.), *Parenting: An ecological perspective* (2nd ed., pp. 177 - 201). Mahwah, NJ: Erlbaum.

Hoff, E. (2003). Causes and consequences of SES - related differences in parent-to-child speech. In M. H. Bornstein & R. H. Bradley (Eds.), *Socioeconomic status, parenting, and child development* (pp. 147 - 160). Mahwah, NJ: Erlbaum.

Hoff, E., Laursen, B., & Tardif, T. (2002). Socioeconomic status and parenting. In M. H. Bornstein (Ed.), *Handbook of parenting: Vol. 2. Biology and ecology of parenting* (2nd ed., pp. 231 - 252). Mahwah, NJ: Erlbaum.

Hofferth, S. L. (1987). The children of teen childbearers. In S. L. Hofferth & C. D. Hayes (Eds.), *Risking the future: Adolescent sexuality, pregnancy and childbearing* (pp. 174 - 206). Washington, DC: National Academy Press.

Hoffman, L. W. (1991). The influence of the family environment on personality: Accounting for sibling differences. *Psychological Bulletin*, *110*, 187 - 203.

Hogue, A., & Steinberg, L. (1995). Homophily of internalized distress in adolescent peer groups. *Developmental Psychology*, *31*, 897 - 906.

Holden, G. W. (2002). Perspectives on the effects of corporal punishment: Comment on Gershoff. *Psychological Bulletin*, *128*, 590 - 595.

Holden, G. W., & Buck, M. J. (2002). Parental attitudes toward childrearing. In M. H. Bornstein (Ed.), *Handbook of parenting: Vol. 3. Status and social conditions of parenting* (2nd ed., pp. 537 - 562). Mahwah, NJ: Erlbaum.

Holden, G. W., & Miller, P. C. (1999). Enduring and different: A meta-analysis of the similarity in parents' child rearing. *Psychological Bulletin*, *125*, 223 - 254.

Holden, G. W., Willis, D. J., & Foltz, L. (1989). Child abuse potential and parenting stress: Relationships in maltreating parents. *Psychological Assessment*, *1*, 64 - 67.

Hoover-Dempsey, K. V., & Sandler, H. M. (1997). Why do parents become involved in their children's education? *Review of Educational Research*, *67*, 3 - 42.

Hopkins, B., & Westra, T. (1989). Maternal expectations of their infants' development: Some cultural differences. *Developmental Medicine and Child Neurology*, *31*, 384 - 390.

Hopkins, B., & Westra, T. (1990). Motor development, maternal expectation, and the role of handling. *Infant Behavior and Development*, *13*, 117 - 122.

Horn, J. (1983). The Texas Adoption Project: Adopted children and their intellectual resemblance to biological and adoptive parents. *Child Development*, *54*, 268 - 275.

Howes, C., Hamilton, C. E., & Phillipsen, L. C. (1998). Stability and continuity of child-caregiver and child-peer relationships. *Child Development*, *69*, 418 - 426.

Hrdy, S. B. (1999). *Mother nature: A history of mothers, infants, and natural selection*. New York: Pantheon.

Hunt, J. M., & Paraskevopoulos, J. (1980). Children's psychological development as a function of the inaccuracy of their mothers' knowledge of their abilities. *Journal of Genetic Psychology*, *136*, 285 - 298.

Hunt, J., McV. (1979). Psychological development: Early experience. *Annual Review of Psychology*, *30*, 103 - 143.

Huttenlocher, P. R. (1990). Morphometric study of human cerebral cortex development. *Neuropsychologia*, *28*, 517 - 527.

Isley, S., O'Neil, R., & Parke, R. D. (1996). The relation of parental effect and control behavior to children's classroom acceptance: A concurrent and predictive analysis. *Early Education and Development*, *7*, 7 - 23.

Jackson, S. (1987). *Education of children in care* (Papers in Applied Social Studies No. 1). Bristol, England: University of Bristol.

Jacobson, J. L., Boersma, D. C., Fields, R. B., & Olson, K. L. (1983). Paralinguistic features of adult speech to infants and small children. *Child Development*, *54*, 436 - 442.

Jaeger, S. (1985). The origin of the diary method in developmental psychology. In G. Eckhardt, W. G. Bringmann, & L. Sprung (Eds.), *Contributions to a history of developmental psychology* (pp. 63 - 74). Berlin, Germany: Mouton.

Jennings, K., Stagg, V., & Connors, R. (1991). Social networks and mothers' interactions with their preschool children. *Child Development*, *62*, 966 - 978.

Johnson, W., Emde, R. N., Pannabecker, B., Stenberg, C., & Davis, M. (1982). Maternal perception of infant emotion from birth through 18 months. *Infant Behavior and Development*, *5*, 313 - 322.

Johnston, C., & Mash, E. (1989). A measure of parenting satisfaction and efficacy. *Journal of Clinical Child Psychology*, *18*, 167 - 175.

Kagan, J. (1998). *Three seductive ideas*. Cambridge, MA: Harvard University Press.

Kandel, D. (1978). Homophily, selection, and socialization in adolescent friendships. *American Journal of Sociology*, *84*, 427 - 436.

Kannel, S., & Perry, M. J. (2001). *Child development and Medicaid: Attitudes of mothers with young children enrolled in Medicaid*. New York: Commonwealth Fund.

Karraker, K. H., & Coleman, P. K. (2005). The effects of child characteristics on parenting. In T. Luster & L. Okagaki (Eds.), *Parenting: An ecological perspective* (2nd ed., pp. 147 - 176). Mahwah, NJ: Erlbaum.

Kaye, K. (1982). *The mental and social life of babies*. Brighton, England: Harvester Press.

Kellam, S. G., Rebok, G. W., Ialongo, N., & Mayer, L. S. (1994). The course and malleability of aggressive behavior from early first grade into middle school: Results of a developmental epidemiologically-based preventive trial. *Journal of Child Psychology and Psychiatry and Allied Disciplines*, *35*, 259 - 281.

Kerig, P. K. (1995). Triangles in the family circle: Effects of family structure on marriage, parenting, and child adjustment. *Journal of Family Psychology*, *9*, 28 - 43.

Kerig, P. K., Cowan, P. A., & Cowan, C. P. (1993). Marital quality and gender differences in parent-child interaction. *Developmental Psychology*, *29*, 931 - 939.

King, V. (1994). Nonresident father involvement and child wellbeing: Can dads make a difference? *Journal of Family Issues*, *15*, 78 - 96.

King, V., & Elder, G. H., Jr. (1998). Perceived self-efficacy and grandparenting. *Journals of Gerontology Series B: Psychological Sciences and Social Sciences*, *53B*, S249 - S257.

Kinlaw, R., Kurtz-Costes, B., & Goldman-Fraser, J. (2001). Mothers' achievement beliefs and behaviors and their children's school readiness: A cultural comparison. *Journal of Applied Developmental Psychology*, *22*, 493 - 506.

Klein, P. (1988). Stability and change in interaction of Israeli mothers and infants. *Infant Behavior and Development*, *11*, 55 - 70.

Kochanska, G. (1995). Children's temperament, mothers' discipline, and security of attachment: Multiple pathways to emerging internalization. *Child Development*, *66*, 597 - 615.

Kochanska, G. (1997). Multiple pathways to conscience for children with different temperaments: From toddlerhood to age five. *Developmental Psychology*, *33*, 228 - 240.

Kochanska, G., Clark, L., & Goldman, M. (1997). Implications of mothers' personality for parenting and their young children's developmental outcomes. *Journal of Personality*, *65*, 389 - 420.

Kochanska, G., Kuczynski, L., & Radke-Yarrow, M. (1989). Correspondence between mothers' self-reported and observed childrearing practices. *Child Development*, *60*, 56 - 63.

Kochanska, G., & Thompson, R. A. (1997). The emergence and development of conscience in toddlerhood and early childhood. In J. E. Grusec & L. Kuczunski (Eds.), *Parenting and children's internalization of values* (pp. 53 - 77). New York: Wiley.

Kohn, M. L. (1963). Social class and parent-child relationships: An interpretation. *American Journal of Sociology*, *68*, 471 - 480.

Kohn, M. L. (1969). *Class and conformity: A study in values*. Oxford: Dorsey.

Kohn, M. L. (1979). The effects of social class on parental values and practices. In D. Reiss & H. Hoffman (Eds.), *American family: Dying or developing?* (pp. 45 - 68). New York: Plenum Press.

Kojima, H. (1986). Child rearing concepts as a belief-value system of the society and the individual. In H. W. Stevenson, H. Azuma, & K. Hakuta

(Eds.), *Child development and education in Japan* (pp. 39 - 54). New York: Freeman.

Kotelchuck, M. (1976). The infants' relationship to the father: Experimental evidence. In M. E. Lamb (Ed.), *The role of the father in child development* (pp. 329 - 344). New York: Wiley.

Kuczynski, L. (1984). Socialization goals and mother-child interaction: Strategies for long-term and short-term compliance. *Developmental Psychology*, *20*, 1061 - 1073.

Ladd, G. W., Kochenderfer, B. J., & Coleman, C. C. (1997). Classroom peer acceptance, friendship, and victimization: Distinct relational systems that contribute uniquely to children's school adjustment? *Child Development*, *68*, 1181 - 1197.

Ladd, G. W., & Pettit, G. D. (2002). Parents and children's peer relationships. In M. H. Bornstein (Ed.), *Handbook of parenting: Vol. 5. Practicalparenting* (2nd ed., pp. 269 - 309). Mahwah, NJ: Erlbaum.

Lamb, M. E. (1998). Nonparental child care: Context, quality, correlates, and consequences. In W. Damon (Editor-in-Chief) & I. E. Sigel & K. A. Renninger (Vol. Eds.), *Handbook of child psychology: Vol. 4. Child psychology in practice* (5th ed., pp. 73 - 133). New York: Wiley.

Lamb, M. E. (2000). The history of research on father involvement: An overview. *Marriage and Family Review*, *29*, 23 - 42.

Lamb, M. E., Frodi, A. M., Frodi, M., & Hwang, C.-P. (1982). Characteristics of maternal and paternal behavior in traditional and nontraditional Swedish families. *International Journal of Behavioral Development*, *5*, 131 - 141.

Landry, S. H., Smith, K. E., Swank, P. R., Assel, M. A., & Vellet, S. (2001). Does early responsive parenting have a special importance for children's development or is consistency across early childhood necessary? *Developmental Psychology*, *37*, 387 - 403.

LaPiere, R. T. (1934). Attitudes versus actions. *Social Forces*, *13*, 230 - 237.

Leach, P. (1997). *Your baby and child: From birth to age five*. New York: Knopf.

Leaper, C. (2002). Parenting girls and boys. In M. H. Bornstein (Ed.), *Handbook of parenting: Vol. 1. Children and parenting* (2nd ed., pp. 189 - 225). Mahwah, NJ: Erlbaum.

Lee, D., & Colletta, N. (1983, April). *Family support for adolescent mothers: The positive and negative impact*. Paper presented at the biennial meetings of the Society for Research in Child Development, Detroit, MI.

Leiderman, P. H., Tulkin, S. R., & Rosenfeld, A. (Eds.). (1977). *Culture and infancy: Variations in the human experience*. New York: Academic Press.

Leon, I. G. (2002). Adoption losses: Naturally occurring or socially constructed? *Child Development*, *73*, 652 - 663.

Lerner, J. V., & Galambos, N. L. (1985). Maternal role satisfaction, mother-child interaction, and child temperament: A process model, *Developmental Psychology*, *21*, 1157 - 1164.

Lerner, J. V., & Galambos, N. L. (1986). Temperament and maternal employment. *New Directions for Child Development*, *31*, 75 - 88.

Lerner, R. M., Rothbaum, F., Boulos, S., & Castellino, D. R. (2002). Developmental systems perspective on parenting. In M. H. Bornstein (Ed.), *Handbook of parenting: Vol. 2. Biology and ecology of parenting* (2nd ed., pp. 285 - 309). Mahwah, NJ: Erlbaum.

Lerner, R. M., Theokas, C., & Bobek, D. L. (2005). Concepts and theories of human development: Contemporary dimensions. In M. H. Bornstein & M. E. Lamb (Eds.), *Developmental science: An advanced textbook* (pp. 3 - 44). Mahwah, NJ: Erlbaum.

Levant, R. F. (1988). Education for fatherhood. In P. Bronstein & C. P. Cowan (Eds.), *Fatherhood today: Men's changing role in the family* (pp. 253 - 275). Oxford: Wiley.

Levine, L., Garcia Coil, C. T., & Oh, W. (1985). Determinants of motherinfant interaction in adolescent mothers. *Pediatrics*, *75*, 23 - 29.

LeVine, R. A. (1988). Human parental care: Universal goals, cultural strategies, individual behavior. In R. A. LeVine & P. M. Miller (Eds.), *Parental behavior in diverse societies: New directions for child development* (Jossey-Bass Social and Behavioral Sciences Series No. 40, pp. 3 - 12). San Francisco: Jossey-Bass.

LeVine, R. A. (2003). *Childhood socialization*. Hong Kong: University of Hong Kong Press.

Levitt, M. J., Weber, R. A., & Clark, M. C. (1986). Social network relationships as sources of maternal support and well-being. *Developmental Psychology*, *22*, 310 - 316.

Lewin, K. (1947). Group decision and social change. In T. Newcomb & E. Hartley (Eds.), *Readings in social psychology* (pp. 330 - 344). New York: Holt, Rinehart and Winston.

Lewis M. (1997). *Altering fate: Why the past does not predict the future*. New York: Guilford Press.

Lightfoot, C., & Valsiner, J. (1992). Parental beliefs about developmental processes. *Human Development*, *25*, 192 - 200.

Lorberbaum, J. P., Newman, J. D., Dubno, J. R., Horwitz, A. R., Nahas, Z., Teneback, C. C., et al. (1999). Feasibility of using fMRI to study mothers responding to infant cries. *Depression and Anxiety*, *10*, 99 - 104.

Lorenz, K. (1970). *Studies in animal and human behavior* (R. Martin, Trans.). London: Methuen. (Original work published 1935)

Lowenthal, M. F., Thurner, M., & Chiriboga, D. (1976). *Four stages of life*. San Francisco: Jossey-Bass.

Luster, T., & Dubow, E. (1990). Home environment and maternal intelligence as predictors of verbal intelligence: A comparison of preschool and school-age children. *Merrill-Palmer Quarterly*, *38*, 151 - 175.

Luster, T., & Okagaki, L. (Eds.). (2005). *Parenting: An ecological perspective* (2nd ed.). Hillsdale, NJ: Erlbaum.

Luster, T., Rhoades, K., & Haas, B. (1989). The relation between parental values and parenting behavior: A test of the Kohn hypothesis. *Journal of Marriage and the Family*, *51*, 139 - 147.

Luthar, S. S. (2003). The culture of affluence: Psychological costs of material wealth. *Child Development*, *74*, 1581 - 1593.

Lyons-Ruth, K., Zoll, D., Connell, D., & Grunebaum, H. U. (1986). The depressed mother and her 1 - year-old infant: Environment, interaction, attachment, and infant development. *New Directions for Child Development*, *34*, 61 - 82.

Lytton, H., & Romney, D. M. (1991). Parents' differential socialization of boys and girls: A meta-analysis. *Psychological Bulletin*, *109*, 267 - 296.

Maccoby, E. E. (1959). Role-taking in childhood and its consequences for social learning. *Child Development*, *30*, 239 - 252.

Maccoby, E. E. (1992). The role of parents in the socialization of children: An historical overview. *Developmental Psychology*, *28*, 1006 - 1017.

Maccoby, E. E. (2000). Parenting and its effects on children: On reading and misreading behavior genetics. *Annual Review of Psychology*, *51*, 1 - 27.

Maccoby, E. E., & Martin, J. A. (1983). Socialization in the context of the family: Parent-child interaction. In P. H. Mussen (Series Ed.) & E. M. Hetherington (Vol. Ed.), *Handbook of child psychology: Vol. 4. Socialization, personality, and social development* (4th ed., pp. 1 - 101). New York: Wiley.

MacDonald, K. (1992). Warmth as a developmental construct: An evolutionary analysis. *Child Development*, *63*, 753 - 773.

MacDonald, K., & Parke, R. D. (1984). Bridging the gap: Parent-child play interaction and peer interactive competence. *Child Development*, *55*, 1265 - 1277.

MacKinnon-Lewis, C., Starnes, R., Volling, B., & Johnson, S. (1997). Perceptions of parenting as predictors of boys' sibling and peer relations. *Developmental Psychology*, *33*, 1024 - 1031.

MacPhee, D. (1981). *Manual for the knowledge of infant development inventory*. Unpublished manuscript, University of North Carolina, Chapel Hill.

MacPhee, D., Ramey, C. T., & Yeates, K. O. (1984). Home environment and early cognitive development: Implications for intervention. In A. W. Gottfried (Ed.), *Home environment and early cognitive development* (pp. 343 - 369). New York: Academic Press.

Magnuson, K. A., & Duncan, G. J. (2002). Parents in poverty. In M. H. Bornstein (Ed.), *Handbook of parenting: Vol. 4. Applied parenting* (2nd ed., pp. 95 - 121). Mahwah, NJ: Erlbaum.

Mahler, M., Pine, A., & Bergman, F. (1975). *The psychological birth of the human infant*. New York: Basic Books.

Main, M., & Goldwyn, R. (1984). Predicting rejection of her infant from mother's representation of her own experiences: Implications for the abused-abusing intergenerational cycle. *Child Abuse and Neglect*, *8*, 203 - 217.

Main, M., Kaplan, N., & Cassidy, J. (1985). Security in infancy, childhood, and adulthood: A move to the level of representation. *Monographs of the Society for Research in Child Development*, *50*, 66 - 104.

Mansbach, I. K., & Greenbaum, C. W. (1999). Developmental maturity expectations of Israeli fathers and mothers: Effects of education, ethnic origin, and religiosity. *International Journal of Behavioral Development*, *23*, 771 - 797.

Mantzicopoulos, P. Y. (1997). The relationship of family variables to Head Start children's preacademic competence. *Early Education and*

Development, *8*, 357 – 375.

Markman, H. J., Renick, M. J., Floyd, F. J., & Stanley, S. M. (1993). Preventing marital distress through communication and conflict management training: A 4 – and 5 – year follow-up. *Journal of Consulting and Clinical Psychology*, *61*, 70 – 77.

Marks, S. R., & MacDermid, S. M. (1996). Multiple roles and the self: A theory of role balance. *Journal of Marriage and the Family*, *58*, 417 – 432.

Markus, H., Cross, S., & Wurf, E. (1990). The role of the self-system in competence. In R. J. Sternberg & J. Kolligian Jr. (Eds.), *Competence considered* (pp. 205 – 225). New Haven, CT: Yale University Press.

Martin, J. A. (1989). Personal and interpersonal components of responsiveness. In M. H. Bornstein (Ed.), *Maternal responsiveness: Characteristics and consequences — New directions for child development* (pp. 5 – 14). San Francisco: Jossey-Bass.

McCall, R. B. (1981). Nature-nurture and the two realms of development: A proposed integration with respect to mental development. *Child Development*, *52*, 1 – 12.

McCartney, K., Harris, M. J., & Bernieri, F. (1990). Growing up and growing apart: A developmental meta-analysis of twin studies. *Psychological Bulletin*, *107*, 226 – 237.

McGillicuddy-DeLisi, A. V. (1982). Parental beliefs about developmental processes. *Human Development*, *25*, 192 – 200.

McGillicuddy-DeLisi, A. V. (1992). Parents' beliefs and children's personal-social development. In I. Sigel & A. V. McGillicuddyDeLisi (Eds.), *Parental belief systems: The psychological consequences for children* (2nd ed., pp. 115 – 142). Hillsdale, NJ: Erlbaum.

McHale, J., Khazan, I., Erera, P., Rotman, T., DeCourcey, W., & McConnell, M. (2002). Co-parenting in diverse family systems. In M. H. Bornstein (Ed.), *Handbook of parenting: Vol. 3. Status and social conditions of parenting* (2nd ed., pp. 75 – 107). Mahwah, NJ: Erlbaum.

McKay, B., & Carrns, A. (2004, November 17). As teen births drop, experts are asking why. *Wall Street Journal*. B1.

McLaughlin, B., White, D., McDevitt, T., & Raskin, R. (1983). Mothers' and fathers' speech to their young children: Similar or different? *Journal of Child Language*, *10*, 245 – 252.

McLoyd, V. C. (1998). Children in poverty: Development, public policy, and practice. In W. Damon (Editor-in-Chief) & I. E. Sigel & K. A. Renninger (Vol. Eds.), *Handbook of child psychology: Vol. 4. Child psychology in practice* (5th ed., pp. 135 – 208). New York: Wiley.

Melamed, B. G. (2002). Parenting the ill child. In M. H. Bornstein (Ed.), *Handbook of parenting* (Vol. 5, pp. 329 – 348). Mahwah, NJ: Erlbaum.

Mendelson, M. J. (1993). *Becoming a brother: A child learns about life, family, and self*. Cambridge, MA: MIT Press.

Miles, D., & Carey, G. (1997). Genetic and environmental architecture of human aggression. *Journal of Personality and Social Psychology*, *72*, 207 – 217.

Miller, C. A. (1993). Maternal and infant care: Comparisons between Western Europe and the United States. *International Journal of Health Services*, *23*, 655 – 664.

Miller, N. E., & Dollard, J. (1941). *Social learning and imitation*. New Haven, CT: Yale University Press.

Miller, S. G. (1988). Parents' beliefs about children's cognitive development. *Child Development*, *59*, 259 – 285.

Minuchin, P. (1985). Families and individual development: Provocations from the field of family therapy. *Child Development*, *56*, 289 – 302.

Mischel, W., & Shoda, Y. (1995). A cognitive-affective system theory of personality: Reconceptualizing situations, dispositions, dynamics, and invariance in personality structure. *Psychological Review*, *102*, 246 – 268.

Mondschein, E. R., Adolph, K. E., & Tamis-LeMonda, C. S. (2000). Gender bias in mothers' expectations about infant crawling. *Journal of Experimental Child Psychology*, *77*, 304 – 316.

Montemayor, R. (1982). The relationship between parent-adolescent conflict and the amount of time adolescents spend alone and with parents and peers. *Child Development*, *53*, 1512 – 1519.

Moore, M. R., & Brooks-Gunn, J. (2002). Adolescent parenthood. In M. H. Bornstein (Ed.), *Handbook of parenting: Vol. 3. Status and social conditions of parenting* (2nd ed., pp. 173 – 214). Mahwah, NJ: Erlbaum.

Mounts, N. S., & Steinberg, L. (1995). An ecological analysis of peer influence on adolescent grade point average and drug use. *Developmental Psychology*, *31*, 915 – 922.

Mrazek, P. J., & Haggerty, R. J. (1994). *Reducing risks for mental disorders: Frontiers for preventive intervention research*. Washington, DC: National Academy Press.

Murphy, D. A. (1992). Constructing the child: Relations between parents' beliefs and child outcomes. *Developmental Review*, *12*, 199 – 232.

Murphy-Cowan, T., & Stringer, M. (1999). Physical punishment and the parenting cycle: A survey of Northern Irish parents. *Journal of Community and Applied Social Psychology*, *9*, 61 – 71.

National Down Syndrome Society. (2000). *About Down syndrome*. Available from http: //www.ndss.org/aboutds.html.

National Institute of Child Health and Human Development Early Child Care Research Network. (1997). Child care in the first year of life. *Merrill-Palmer Quarterly*, *43*, 340 – 360.

Neiss, M., & Rowe, D. C. (2000). Parental education and child's verbal IQ in adoptive and biological families in the National Longitudinal Study of Adolescent Health. *Behavior Genetics*, *30*, 487 – 495.

Neugarten, B. L. (1968). Adult personality: Toward a psychology of the life cycle. In B. L. Neugarten (Ed.), *Middle age and aging: A reader in social psychology* (pp. 137 – 147). Chicago: University of Chicago Press.

Newcomb, M. D., & Locke, T. F. (2001). Intergenerational cycle of maltreatment: A popular concept obscured by methodological limitations. *Child Abuse and Neglect*, *25*, 1219 – 1240.

Nicely, P., Tamis-LeMonda, C. S., & Bornstein, M. H. (1999). Mothers' attuned responses to infant affect expressivity promote earlier achievement of language milestones, *Infant Behavior and Development*, *22*, 557 – 568.

Ninio, A. (1980). Picture-book reading in mother-infant dyads belonging to two subgroups in Israel. *Child Development*, *51*, 587 – 590.

Nitschke, J. B., Nelson, E. E., Rusch, B. D., Fox, A. S., Oakes, T. R., & Davidson, R. J. (2004). Orbitofrontal cortex tracks positive mood in mothers viewing pictures of their newborn infants. *Neuroimage*, *21*, 583 – 592.

Ochs, E. (1988). *Culture and language development: Language acquisition and language socialization in a Samoan village*. Cambridge, England: Cambridge University Press.

O'Connor, T. G., Deater-Deckard, K., Fulker, D., Rutter, M., & Plomin, R. (1998). Genotype-environment correlations in late childhood and early adolescence: Antisocial behavioral problems and coercive parenting. *Developmental Psychology*, *34*, 970 – 981.

Ogbu, J. U. (1981). Origins of human competence: A culturalecological perspective. *Child Development*, *52*, 413 – 429.

Ogbu, J. U. (1993). Differences in cultural frame of reference. *International Journal of Behavioral Development*, *16*, 483 – 506.

Okagaki, L., & Bingham, G. E. (2005). Parents' social cognitions and their parenting behaviors. In T. Luster & L. Okagaki (Eds.), *Parenting: An ecological perspective* (2nd ed., pp. 3 – 33). Mahwah, NJ: Erlbaum.

Okagaki, L., & Sternberg, R. J. (1993). Parental beliefs and children's school performance. *Child Development*, *64*, 36 – 56.

Olds, D. L., Henderson, C. R., Jr., Kitzman, H., & Cole, R. (1995). Effects of prenatal and infancy nurse home visitation on surveillance of child maltreatment. *Pediatrics*, *95*, 365 – 372.

Olds, D. L., & Kitzman, H. (1993). Review of research on home visiting for pregnant women and parents of young children. *Future of Children*, *3*, 53 – 92.

Olson, S. L., Bates, J. E., & Bayles, K. (1984). Mother-infant interaction and the development of individual differences in children's cognitive competence. *Developmental Psychology*, *20*, 166 – 179.

Osofsky, J. D., Hann, D. M., & Peebles, C. (1993). Adolescent parenthood: Risks and opportunities for mothers and infants. In C. H. Zeanah Jr. (Ed.), *Handbook of infant mental health* (pp. 106 – 119). New York: Guilford Press.

Overton, W. F. (1998). Developmental psychology: Philosophy, concepts, and methodology. In W. Damon (Editor-in-Chief) & R. M. Lerner (Vol. Ed.), *Handbook of child psychology: Vol. 1. Theoretical models of human development* (5th ed., pp. 107 – 188). New York: Wiley.

Palacios, J., & Moreno, M. C. (1996). Parents' and adolescents' ideas on children: Origins and transmission of intracultural diversity. In S. Harkness & C. M. Super (Eds.), *Parents' cultural belief systems: Their origins, expressions, and consequences* (pp. 215 – 253). New York: Guilford Press.

Palkovitz, R. (2002). *Involved fathering and men's adult development: Provisional balances*. Mahwah, NJ: Erlbaum.

Papoušek, H., & Bornstein, M. H. (1992). Didactic interactions: Intuitive parental support of vocal and verbal development in human infants. In H. Papousek, U. Jurgens, & M. Papousek (Eds.), *Nonverbal vocal communication: Comparative and developmental approaches — Studies in emotion and social interaction* (pp. 209 – 229). New York: Cambridge

University Press.
Papoušek, H., & Papoušek, M. (2002). Intuitive parenting. In M. H. Bornstein (Ed.), *Handbook of parenting: Vol. 2. Biology and ecology of parenting* (2nd ed., pp. 183 - 203). Mahwah, NJ: Erlbaum.
Papoušek, M., Papoušek, H., & Bornstein, M. H. (1985). The naturalistic vocal environment of young infants: On the significance of homogeneity and variability in parental speech. In T. M. Field & N. Fox (Eds.), *Social perception in infants* (pp. 269 - 297). Norwood, NJ: Ablex.
Parke, R. D. (2002). Fathers and families. In M. H. Bornstein (Ed.), *Handbook of parenting: Vol. 3. Status and social conditions of parenting* (2nd ed., pp. 27 - 73). Mahwah, NJ: Erlbaum.
Parke, R. D., MacDonald, K. B., Burks, V. M., Carson, J., Bhavnagri, N. P., & Barth, J. M. (1989). Family and peer systems: In search of the linkages. In K. Kreppner & R. M. Lerner (Eds.), *Family systems and life-span development* (pp. 65 - 92). Hillsdale, NJ: Erlbaum.
Parks. P. L., & Smeriglio. V. L. (1986). Relationships among parenting knowledge, quality of stimulation in the home and infant development. *Family Relations: Journal of Applied Family and Child Studies*, *35*, 411 - 416.
Patterson, G. R., Dishion. T. J., & Chamberlain, P. (1993). Outcomes and methodological issues relating to treatment of antisocial children. In T. R. Giles (Ed.), *Handbook of effective psychotherapy: Plenum behavior therapy series* (pp. 43 - 88). New York: Plenum Press.
Patterson, G. R., & Fisher. P. A. (2002). Recent developments in our understanding of parenting: Bi-directional effects, causal models. and the search for parsimony. In M. H. Bornstein (Ed.), *Handbook of parenting: Vol. 5. Practical parenting* (2nd ed., pp. 59 - 88). Mahwah, NJ: Erlbaum:
Patterson, G. R., & Forgatch, M. S. (1995). Predicting future clinical adjustment from treatment outcome and process variables. *Psychological Assessment*, *7*, 275 - 285.
Pears, K. C., & Capaldi, D. M. (2001). Intergenerational transmission of abuse: A two-generational prospective study of an at-risk sample. *Child Abuse and Neglect*, *25*, 1439 - 1461.
Pedersen, F. A., & Robson, K. S. (1969). Father participation in infancy. *American Journal of Orthopsychiatry*, *39*, 466 - 472.
Pennington, B. F., Bennetto. L., McAleer. O., & Roberts. R. J., Jr. (1996). Executive functions and working memory: Theoretical and measurement issues. In R. Lyon & N. A. Krasnegor (Eds.), *Attention, memory, and executive function* (pp. 327 - 348). Baltimore: Paul H. Brookes.
Perozynski, L., & Kramer, L. (1999). Parental beliefs about managing sibling conflict. *Developmental Psychology*, *35*, 489 - 499.
Perry-Jenkins, M., Repetti, R. L., & Crouter, A. C. (2000). Work and family in the 1990s. *Journal of Marriage and the Family*, *62*, 981 - 998.
Piaget, J. (1952). *The origins of intelligence in children* (2nd ed.). New York: International Universities Press. (Original work published 1936)
Plomin, R. (1990). The role of inheritance in behavior. *Science*, *248*, 183 - 188.
Plomin, R. (1994). *Genetics and experience: The interplay between nature and nurture*. Thousand Oaks, CA: Sage.
Plomin, R. (1999) Behavioral genetics. In M. Bennett (Ed.), *Developmental psychology: Achievements and prospects* (pp. 231 - 252). Philadelphia: Psychology Press.
Plomin, R., & Daniels, D. (1987). Why are children in the same family so different from each other? *Behavioral and Brain Sciences*, *10*, 1 - 16.
Plomin, R., & DeFries, J. C. (1985). A parent-offspring adoption study of cognitive abilities in early childhood. *Intelligence*, *9*, 341 - 356.
Pomerantz, E. M., Wang, Q., & Ng, F. F.-Y. (2005). Mothers' affect in the homework context: The importance of staying positive. *Developmental Psychology*, *41*, 414 - 427.
Pomerleau, A., Scuccimarri, C., & Malcuit, G. (2003). Mother-infant behavioral interactions in teenage and adult mothers during the first 6 months postpartum: Relations with infant development. *Infant Mental Health Journal*, *24*, 495 - 509.
Popenoe, D. (1996). *Life without father: Compelling new evidence that fatherhood and marriage are indispensable for the good of children and society*. New York: Martin Kessler Books.
Population reference bureau. (2000). Retrieved from http: //www. prb. org. Washington, DC: Author.
Powell, D, R. (Ed.). (1998). *Parent education as early childhood intervention: Emerging directions in theory, research and practice*. Westport. CT: Ablex.
Powell, D. R. (2005). Searches for what works in parent interventions. In T. Luster & L. Okagaki (Eds.), *Parenting: An ecological perspective* (2nd ed., pp. 343 - 373). Mahwah, NJ: Erlbaum.
Power, T. G. (1985). Mother- and father-infant play: A developmental analysis. *Child Development*, *56*, 1514 - 1524.
Preyer, W. (1882). *Die Seele des Kindes* [The mind of the child]. Leipzig, Germany: Grieben.
Prochner, L., & Doyon, P. (1997). Researchers and their subjects in the history of child study: William Blatz and the Dionne quintuplets, *Canadian Psychology*, *38*, 103 - 110.
Pulkkinen, M. O. (1982). Pregnancy maintenance after early luteectomy by 17 - hydroxyprogesterone-capronate. *Acta Obstetrica et Gynecologica Scandinavica*, *61*, 347 - 349.
Putnam, S. P., Sanson, A. V., & Rothbart. M. K. (2002). Child temperament and parenting. In M. H. Bornstein (Ed.), *Handbook of parenting: Vol. 1. Children and parenting* (2nd ed., pp. 255 - 277). Mahwah, NJ: Erlbaum.
Puttallaz, M., & Heflin, A. H. (1990). Parent-child interaction. In S. R. Asher & J. D. Coie (Eds.), *Peer rejection in childhood: Cambridge studies in social and emotional development* (pp. 189 - 216). New York: Cambridge University Press.
Ratner, N. B., & Pye, C. (1984). Higher pitch in BT is not universal: Acoustic evidence from Quiche Mayan. *Journal of Child Language*, *11*, 512 - 522.
Reburn, C. J., & Wynne-Edwards, K. E. (1999). Hormonal changes in males of a naturally biparental and a uniparental mammal. *Hormones and Behavior*, *35*, 163 - 176.
Reid, J. B., Eddy, J. M., Fetrow, R. A., & Stoolmiller, M. (1999). Description and immediate impacts of a preventive intervention for conduct problems. *American Journal of Community Psychology*, *27*, 483 - 517.
Reiss, D. (1997). Mechanisms linking genetic and-social influences in adolescent development: Beginning a collaborative search. *Current Directions in Psychological Science*, *6*, 100 - 106.
Reiss, D., Neiderhiser, J., Hetherington, E. M., & Plomin, R. (1999). *Relationship code: Deciphering genetic and social patterns in adolescent development*. Cambridge, MA: Harvard University Press.
Rheingold, H. L. (Ed.). (1963). *Maternal behavior in mammals*. Oxford: Wiley.
Rheingold, H. L., Gewirtz, J., & Ross, H. (1959). Social conditioning of vocalizations in the infant. *Journal of Comparative and Physiological Psychology*, *52*, 68 - 73.
Rindfuss, R. R., & Bumpass, L. L. (1978). Age and the sociology of fertility: How old is too old? In K. E. Taeuber, L. L. Bumpass, & J. A. Sweet (Eds.), *Social demography* (pp. 43 - 56). New York: Academic Press.
Roberts, P., & Newton, P. M. (1987). Levinsonian studies of women's adult development. *Psychology and Aging*, *2*, 154 - 163.
Rogoff, B. (1990). *Apprenticeship in thinking: Cognitive development in social context*. New York: Oxford University Press.
Rohner, R. P., & Pettengill, S. M. (1985). Perceived parental acceptances-rejection and parental control among Korean adolescents. *Child Development*, *56*, 524 - 528.
Rose, R. (1995). Genes and human behavior. *Annual Review of Psychology*, *46*, 625 - 654.
Rossi, A. S. (1980). Life-span theories and women's lives. *Signs: Journal of Women in Culture and Society*, *6*, 4 - 32.
Rothbaum, F. (1986). Patterns of maternal acceptance. *Genetic, Social, and General Psychology Monographs*, *112*, 435 - 458.
Rousseau, J. J. (1762). *Emile*. New York: Barron's Educational Series.
Rovee-Collier, C. (1995). Time windows in cognitive development. *Developmental Psychology*, *31*, 147 - 169.
Rowe, D. C. (1994). *The limits of family influence: Genes, experience, and behavior*. New York: Guilford Press.
Rubin, K. H., Bukowski, W., & Parker, J. G. (1998). Peer interactions, relationships, and groups. In W. Damon (Editor-in-Chief) & N. Eisenberg (Volume Ed.), *Handbook of child psychology: Vol. 3. Social, emotional, and personality development* (5th ed., pp. 619 - 700). New York: Wiley.
Rubin, K. H., & Mills, R. S. I. (1992). Parents' thoughts about children's socially adaptive and maladaptive behaviors: Stability, change, and individual differences. In I. Sigel, J. Goodnow, & A. McGillicuddy-De Lisi (Eds.), *Parental belief systems* (pp. 41 - 68). Hillsdale, NJ: Erlbaum.
Rubin, J. Z., Provenzano, F., & Luria, Z. (1974). The eye of the beholder: Parents' view on sex of newborns. *American Journal of Orthopsychiatry*, *44*, 512 - 519.
Ruoppila, I. (1991). The significance of grandparents for the formation of family relations. In P. K. Smith (Ed.), *The psychology of grandparenthood: An interactional perspective* (pp. 123 - 139). London:

Routledge.

Russell, A. (1983). Stability of mother-infant interaction from 6 to 12 months. *Infant Behavior and Development*, *6*, 27 - 37.

Russell, G., & Russell, A. (1987) Mother-child and father-child relationships in middle childhood. *Child Development*, *58*, 1573 - 1585.

Rutter, M., & English and Romanian Adoptees Study Team. (1998). Developmental catch-up, and deficit, following adoption after severe global early privation. *Journal of Child Psychology and Psychiatry and Allied Disciplines*, *39*, 465 - 476.

Rutter, M., & Quinton, D. (1984). Long-term follow-up of women institutionalized in childhood: Factors promoting good functioning in adult life. *British Journal of Developmental Psychology*. *2*, 191 - 204.

Sameroff, A. J. (1983). Developmental systems: Contexts and evolution. In P. H. Mussen (Series Ed.) & W. Kessen (Vol. Ed.), *Handbook of child psychology: Vol. 1. History, theory, and methods* (4th ed., pp. 237 - 294). New York: Wiley.

Saxe, L., Cross. T., & Silverman, N (1988). Children's mental health: The gap between what we know and what we do. *American Psychologist*, *43*, 800 - 807.

Scarr, S., & Kidd, K. K. (1983). Developmental behavior genetics. In P. H. Mussen (Series Ed.) & M M. Haith & J. J. Campos (Vol. Eds.), *Handbook of child psychology: Vol. 2. Infancy and developmental psychobiology* (4th ed., pp. 345 - 433). New York: Wiley.

Scarr, S., & McCartney, K. (1983). How people make their own environments: A theory of genotype-environment effects. *Child Development*, *54*, 424 - 435.

Schaefer, E. S. (1959). A circumplex model for maternal behavior. *Journal of Abnormal and Social Psychology*, *59*, 226 - 235.

Scheers, N. J., Rutherford, G. W., & Kemp, J. S. (2003). Where should infants sleep? A comparison of risk for suffocation of infants sleeping in cribs, adult beds, and other sleeping locations *Pediatrics*, *112*, 883 - 889.

Schellenbach, C. J., Whitman, T. L., & Borkowski, J. G. (1992). Toward an integrative model of adolescent parenting. *Human Development*, *35*, 81 - 99.

Scheper-Hughes, N. (1989, October). Human strategy: Death without weeping. *Natural History Magazine*. pp. 8 - 16.

Schiff, M., Duyme, M., Dumaret, A., & Tomkiewicz, S. (1982). How much could we boost scholastic achievement and IQ scores? A direct answer from a French adoption study. *Cognition*, *12*, 165 - 196.

Schneewind, K. A., & Ruppert, S. (1998). *Personality and family development: An intergenerational comparison*. Mahwah, NJ: Erlbaum.

Schulze, P. A., Harwood, R. L., & Schoelmerich, A. (2001). Feeding practices and expectations among middle-class Anglo and Puerto Rican mothers of 12 - month-old infants. *Journal of Cross-Cultural Psychology*, *32*, 397 - 406.

Schulze, P. A., Harwood, R. L., Schoelmerich, A., & Leyendecker, B. (2002). The cultural structuring of parenting and universal developmental tasks. *Parenting: Science and Practice*, *2*, 151 - 178.

Sears, R. R., Maccoby, E. E., & Levin, H. (1957). *Patterns of child rearing*. Oxford: Row, Peterson.

Seefeldt, C., Denton, K., Galper, A., & Younoszai, T. (1999). The relation between Head Start parents' participation in a transition demonstration, education, efficacy and their children's academic abilities. *Early Childhood Research Quarterly*, *14*, 99 - 109.

Seginer, R. (1983). Parents' educational expectations and children's academic achievements: A literature review. *Merrill-Palmer Quarterly*, *29*, 1 - 23.

Seifer, R., Schiller, M., Sameroff, A. J., Resnick, S., & Riordan, K. (1996). Attachment, maternal sensitivity, and infant temperament during the first year of life. *Developmental Psychology*, *32*, 12 - 25.

Seltzer, J. (1991). Relationships between fathers and children who live apart: The father's role after separation. *Journal of Marriage and the Family*, *53*, 79 - 101.

Shakin, M., Shakin, D., & Sternglanz, S. H. (1985). Infant clothing: Sex labeling for strangers. *Sex Roles*, *12*, 955 - 964.

Sheehan, T., & Numan, M. (2002). Estrogen, progesterone, and pregnancy termination alter neural activity in brain regions that control maternal behavior in rats. *Neuroendocrinology*, *75*, 12 - 23.

Sigel, I. E., & McGillicuddy-De Lisi, A. V. (2002). Parental beliefs and cognitions: The dynamic belief systems model. In M. H. Bornstein (Ed.), *Handbook of parenting: Vol. 3. Status and social conditions of parenting* (2nd ed., pp. 485 - 508). Mahwah, NJ: Erlbaum.

Simerly, R. B. (2002). Wired for reproduction: Organization and development of sexually dimorphic circuits in the mammalian forebrain. *Annual Review of Neuroscience*, *25*, 507 - 536.

Simons, R. L., Whitbeck, L. B., Conger, R. D., & Wu, C. (1991). Intergenerational transmission of harsh parenting. *Developmental Psychology*, *27*, 159 - 171.

Skinner, B. F. (1976). *Walden two*. Englewood Cliffs, NJ: Prentice-Hall.

Smetana, J. G. (Ed.). (1994). *Beliefs about parenting: Origins and developmental implications*. San Francisco: Jossey-Bass.

Smith, C., Perou, R., & Lesesne, C. (2002). Parent education. In M. H. Bornstein (Ed.), *Handbook of parenting: Vol. 4. Applied parenting* (2nd ed., pp. 389 - 410). Mahwah, NJ: Erlbaum.

Smith, J. R., Brooks-Gunn, J., & Klebanov, P. K. (1997). Consequences of living in poverty for young children's cognitive and verbal ability and early school achievement. In G. Duncan & J. Brooks-Gunn (Eds.), *The consequences of growing up poor* (pp. 133 - 189). New York: Russell Sage Foundation.

Smith, P. K., & Drew, L. M. (2002). Grandparenthood. In M. H. Bornstein (Ed.), *Handbook of parenting: Vol. 3. Status and social conditions of parenting* (2nd ed., pp. 141 - 172). Mahwah, NJ: Erlbaum.

Snow, C. E. (1977). Mothers' speech research: From input to interactions. In C. E. Snow & C. A. Ferguson (Eds.), *Talking to children: Language input and acquisition* (pp. 31-49). London, England: Cambridge University Press.

Spitz, R. A. (1970). *The first year of life*. New York: International Universities Press. (Original work published 1965)

Spock, B., & Needlman, R. (2004). *Dr. Spock's baby and child care* (8th ed.). New York: Simon & Schuster.

Sroufe, L. A. (1988). The role of infant-caregiver attachment in development. In J. Belsky & T. Nezworski (Eds.), *Clinical implications of attachment: Child psychology* (pp. 18 - 38). Hillsdale, NJ: Erlbaum.

Sroufe, L. A., & Fleeson, J. (1986). Attachment and the construction of relationships. In W. Hartup & Z. Rubin (Eds.), *Relationships and development* (pp. 51 - 71). Hillsdale, NJ: Erlbaum.

Stattin, H., & Kerr, M. (2000). Parental monitoring: A reinterpretation. *Child Development*, *71*, 1072 - 1085.

Steinberg, L. (2004). *The 10 basic principles of good parenting*. New York: Simon & Schuster.

Steinberg, L., Dornbusch, S. M., & Brown, B. (1992). Ethnic differences in adolescent achievement: An ecological perspective. *American Psychologist*, *47*, 723 - 729.

Steinberg, L., Mounts, N. S., Lamborn, S. D., & Dornbusch, S. M. (1991). Authoritative parenting and adolescent adjustment across varied ecological niches. *Journal of Research on Adolescence*, *1*, 19 - 36.

Stern, D. (1985). *The interpersonal world of the infant*. New York: Basic Books.

Stern, D. (1990). *Diary of a child*. New York: Basic Books.

Stevens, J. H. (1984). Child development knowledge and parenting skills. *Family Relations*, *33*, 237 - 244.

Stevenson, H. W., & Lee, S. Y. (1990). Contexts of achievement: A study of American, Chinese, and Japanese children. *Monographs of the Society for Research in Child Development*, *55*, 1 - 123.

Stewart, R. B., Jr. (1991). *The second child: Family transition and adjustment*. Newbury Park, CA: Sage.

Stith, S. M., Rosen, K. H., Middleton, K. A., Busch, A. L., Lundeberg, K., & Carlton, R. P. (2000). The intergenerational transmission of spouse abuse: A meta-analysis. *Journal of Marriage & the Family*, *62*, 640 - 654.

Stoolmiller, M. (1999). Implications of the restricted range of family environments for estimates of heritability and nonshared environment in behavior genetic adoption studies. *Psychological Bulletin*, *125*, 392 - 409.

Storey, A. E., Walsh, C. J., Quinton, R. L., & Wynne-Edwards, K. E. (2000). Hormonal correlates of paternal responsiveness in new and expectant fathers. *Evolution and Human Behavior*, *1*, 79 - 95.

St. Pierre, R. G., & Layzer, J. I. (1999). Using home visits for multiple purposes: The comprehensive child development program. *Future of Children*, *9*, 134 - 151.

Strauss, S., & Stavey, R. (1982). U-shaped behavioral growth: Implications for theories of development. In W. W. Hartup (Ed.), *Review of child development research* (Vol. 6, pp. 547 - 599). Chicago: University of Chicago Press.

Stuckey, F., McGhee, P. E., & Bell, N. J. (1982). Parent-child interaction: The influence of maternal employment. *Developmental Psychology*, *18*, 635 - 644.

Sulloway, F. J. (1996). *Born to rebel: Birth order, family dynamics, and creative lives*. New York: Vintage.

Suomi, S. J. (1997). Long-term effects of different early rearing experiences on social, emotional and physiological development in non-human primates. In M. S. Kesheven & R. M. Murra (Eds.), *Neurodevelopmental models of adult psychopathology* (pp. 104 - 116). Cambridge, England: Cambridge University Press.

Symonds, P. M. (1939). *The psychology of parent-child relationships*. Oxford: Appleton-Century.

Szalai, A. (1972). *The use of time*. The Hague, The Netherlands: Mouton.

Taine, H. (1877). On the acquisition of language by Children. *Mind*, *2*, 252 - 259.

Tamis-LeMonda, C. S., & Bornstein, M. H. (1994). Specificity in mother-toddler language-play relations across the second year. *Developmental Psychology*, *30*, 283 - 292.

Tamis-LeMonda, C. S., & Cabrera, N. (Eds.). (2002). *Handbook of father involvement: Multidisciplinaryperspectives*. Mahwah, NJ: Erlbaum.

Tamis-LeMonda, C. S., Chen, L. A., & Bornstein, M. H. (1998). Mothers' knowledge about children's play and language development: Short-term stability and interrelations. *Developmental Psychology*, *34*, 115 - 124.

Teti, D. M., & Candelaria, M. (2002). Parenting competence. In M. H. Bornstein (Ed.), *Handbook of parenting: Vol. 4. Applied parenting* (2nd ed., pp. 149 - 180). Mahwah, NJ: Erlbaum.

Teti, D. M., & Gelfand, D. M. (1991). Behavioral competence among mothers of infants in the first year: The mediational role of maternal self-efficacy. *Child Development*, *62*, 918 - 929.

Teti, D. M., O'Connell, M. A., & Reiner, C. D. (1996). Parenting sensitivity, parental depression and child health: The mediational role of parental self-efficacy. *Early Development and Parenting*, *5*, 237 - 250.

Thomas, A., & Chess, S. (1977). *Temperament and development*. New York: Brunner/Mazel.

Tiedemann, D. (1787). Beobachtungen aaber die entwicklung der seetenfaahrigkeiten bei kindern [Tiedemann's observations on the development of the mental faculties of children]. *Hessischen Beitraage zur Gelehrsamkeit und Kunst*, *2/3*, 313 - 315, 486 - 488.

Tienari, P., Wynne, L. C., Moring, J., Lahti, I., & Naarala, M. (1994). The Finnish adoptive family study of schizophrenia: Implications for family research. *British Journal of Psychiatry*, *23*, 2026.

Tolson, T. F., & Wilson, M. N. (1990). The impact of two- and three-generational Black family structure on perceived family climate. *Child Development*, *61*, 416 - 428.

Tomlinson, M., & Swartz, L. (2003). Imbalances in the knowledge about infancy: The divide between rich and poor countries. *Infant Mental Health Journal*, *24*, 547 - 556.

Trainor, B. C., & Marler, C. A. (2001). Testosterone, paternal behavior, and aggression in the monogamous California mouse (Peromyscus californicus). *Hormones and Behavior*, *40*, 32 - 42.

Trainor, B. C., & Marler, C. A. (2002). Testosterone promotes paternal behaviour in a monogamous mammal via conversion to oestrogen. *Proceedings of the Royal Society of London. Series B: Biological Sciences*, *269*, 823 - 829.

Trevarthen, C. (1979). Communication and cooperation in early infancy: A description of primary intersubjectivity. In M. Bullowa (Ed.), *Before speech: The beginning of interpersonal communication* (pp. 321 - 347). New York, NY: Cambridge University Press.

Trevarthen, C., & Aitken, K. J. (2001). Infant intersubjectivity: Research, theory, and clinical applications. *Journal of Child Psychology and Psychiatry and Allied Disciplines*, *42*, 3 - 48.

Triandis, H. C. (1995). *Individualism and collectivism*. Boulder, CO: Westview Press.

Trivers, R. L. (1972). Parental investment and sexual selection. In B. Campbell (Ed.), *Sexual selection and the descent of man 1871 - 1971* (pp. 136 - 179). Chicago: Aldine.

Trivers, R. L. (1974). Parent-offspring conflict. *American Zoologist*, *14*, 249 - 264.

Tronick, E. Z., & Gianino, A. F. (1986). The transmission of maternal disturbance to the infant. *New Directions for Child Development*, *34*, 5 - 11.

Turkheimer, E. (1998). Heritability and biological explanation. *Psychological Review*, *105*, 1 - 10.

Turkheimer, E., & Waldron, M. (2000). Nonshared environment: A theoretical, methodological, and quantitative review. *Psychological Bulletin*, *126*, 78 - 108.

United Nations Children's Fund. (1990). *Convention on the rights of the child*. New York: Author.

U.S. Bureau of the Census. (1997). *Who's minding our preschoolers? Current population reports*, *Series P - 70 - 62*. Washington, DC: U. S. Government Printing Office.

Vandell, D. L. (2000). Parents, peer groups, and other socializing influences. *Developmental Psychology*, *36*, 699 - 710.

Vandell, D. L., & Wilson, K. S. (1987). Infant's interactions with mother, sibling, and peer: Contrasts and relations between interaction systems. *Child Development*, *58*, 176 - 186.

Van den Boom, D. C. (1989). Neonatal irritability and the development of attachment. In G. A. Kohnstamm & J. E. Bates (Eds.), *Temperament in childhood* (pp. 299 - 318). Oxford: Wiley.

Van den Boom, D. C. (1994). The influence of temperament and mothering on attachment and exploration: An experimental manipulation of sensitive responsiveness among lower-class mothers with irritable infants. *Child Development*, *65*, 1457 - 1477.

Van IJzendoorn, M. H. (1992). Intergenerational transmission of parenting: A review of studies in nonclinical populations. *Developmental Review*, *12*, 76 - 99.

Van IJzendoorn, M. H. (1995). Adult attachment representations, parental responsiveness, and infant attachment: A meta-analysis on the predictive validity of the adult attachment interview. *Psychological Bulletin*, *117*, 387 - 403.

Ventura, S. J., Martin, J. A., Curtin, S. C., & Mathews, T. J. (1997). Report of final natality statistics, 1995. *Monthly Vital Statistics Report*, *45*(11, Suppl. 2/4), 73.

Vermulst, A. A., de Brock, A. J. L. L., & van Zutphen, R. A. H. (1991). Transmission of parenting across generations. In P. K. Smith (Ed.), *The psychology of grandparenthood: An interactional perspective* (pp. 100 - 122). London: Routledge.

Von der Lippe, A. L. (1999). The impact of maternal schooling and occupation on child-rearing attitudes and behaviours in low income neighbourhoods in Cairo, Egypt. *International Journal of Behavioral Development*, *23*, 703 - 729.

Vondra, J., Sysko, H. B., & Belsky, J. (2005). Developmental origins of parenting: Personality and relationship factors. In T. Luster & L. Okagaki (Eds.), *Parenting: An ecological perspective* (2nd ed., pp. 35 - 71). Mahwah, NJ: Erlbaum.

Vondra, J. I., Shaw, D. S., Swearingen, L., Cohen, M., & Owens, E. B. (1999). Early relationship quality from home to school: A longitudinal study. *Early Education and Development*, *10*, 163 - 190.

Vygotsky, L. (1978). *Mind in society*. Cambridge, MA: Harvard University Press.

Wachs, T. D. (2000). *Necessary but not sufficient: The respective roles of single and multiple influences on individual development*. Washington, DC: American Psychological Association.

Wachs, T. D., & Camli, O. (1991). Do ecological or individual characteristics mediate the influence of the physical environment upon maternal behavior? *Journal of Environmental Psychology*, *11*, 249 - 264.

Wachs, T. D., & Chan, A. (1986). Specificity of environmental action, as seen in environmental correlates of infants' communication performance. *Child Development*, *57*, 1464 - 1474.

Wachs, T. D., & Gruen, G. (1982). *Early experience and human development*. New York: Plenum Press.

Wakschlag, L. S., & Hans, S. L. (1999). Relation of maternal responsiveness during infancy to the development of behavior problems in high-risk youths. *Developmental Psychology*, *35*, 569 - 579.

Wallace, D. B., Franklin, M. B., & Keegan, R. T. (1994). The observing eye: A century of baby diaries. *Human Development*, *37*, 1 - 29.

Watson, J. B. (1970). *Behaviorism*. New York: Norton. (Original work published 1924)

Webster-Stratton, C. (1990). Enhancing the effectiveness of selfadministered videotape parent training for families with conduct-problem children. *Journal of Abnormal Child Psychology*, *18*, 479 - 492.

Wentzel, K. R. (1998). Parents' aspirations for children's educational attainments: Relations to parental beliefs and social address variables. *Merrill-Palmer Quarterly*, *44*, 20 - 37.

Whiting, J. W. (1981). Environmental constraints on infant care practices. In R. H. Munroe, R. L. Munroe, & B. B. Whiting (Eds.), *Handbook of cross-cultural human development* (pp. 155 - 179). New York: Garland STPM Press.

Williams, P. D., Williams, A. R., Lopez, M., & Tayko, N. P. (2000). Mothers' developmental expectations for young children in the Philippines. *International Journal of Nursing Studies*, *37*, 291 - 301.

Wilson, E. O. (1975). *Sociobiology: The new synthesis*. Cambridge, MA: Harvard University Press.

Winnicott, D. W. (1957). *The child and his family: First relationships*. Oxford: Petite Bibliotheque Payot.

Winnicott, D. W. (1975). *Through pediatrics to psycho-analysis:*

Collected papers. Philadelphia: Brunner/Mazel. (Original work published 1948)

Wohlwill, J. F. (1973). *The study of behavioral development*. Oxford: Academic Press.

Yarrow, M. R., Scott, P., Deleeuw, L., & Heinig, C. (1962). Childrearing in families of working and nonworking mothers. *Sociometry*, *25*, 122 - 140.

Yeung, W. J., Sandberg, J. F., Davis-Kean, P. E., & Hofferth, S. L. (2001). Children's time with fathers in intact families. *Journal of Marriage and the Family*, *63*, 136 - 154.

Young, K. T. (1991). What parents and experts think about infants. In F. S. Kessel, M. H. Bornstein, & A. J. Sameroff (Eds.), *Contemporary constructions of the child* (pp. 79 - 90). Hillsdale, NJ: Erlbaum.

Zahn-Waxler, C., Duggal, S., & Gruber, R. (2002). Parental psychopathology. In M. H. Bornstein (Ed.), *Handbook of parenting: Vol. 4. Applied parenting* (2nd ed., pp. 295 - 327). Mahwah, NJ: Erlbaum.

Zero-to-Three. (1997). *Key findings for a nationwide survey among parents of 0 - to 3 - year-olds*. Washington, DC: Peter D. Hart Research Associates.

Zukow-Goldring, P. (2002). Sibling caregiving. In M. H. Bornstein (Ed.), *Handbook of parenting: Vol. 3. Status and social conditions of parenting* (2nd ed., pp. 253 - 286). Mahwah, NJ: Erlbaum.

第23章

父母之外的儿童保育：情境、观念、相关方及其结果*

MICHAEL E. LAMB和LIESELOTTE AHNERT

导言

除父母以外，幼儿还会接受其他什么的成人保育，总量有多大？这样的保育安排对于儿

* 作者非常感谢Jay Belsky提出的很多有建设性的评价和建议。

童的发展有何影响？尽管后一个问题人们关注争论已有30多年了，但问题远比激烈争辩的复杂，要对众多文献加以说明解释常常比较困难。而且，近年来研究者们已经明白，在研究这类问题的过程中做跨文化和跨环境的推广时要非常地谨慎。如果简单地问非家长儿童保育对于儿童来讲是好是坏，或者集中保育是否比以家庭为基础的保育更为优越这样的问题未免太过幼稚。相反，研究者必须考察的是儿童接触的由各种人、经验和背景组成的情境之中的儿童发展，他们已认识到这种影响效果往往会因儿童、人生阶段以及背景的不同而有所差异。

大多数发表的有关儿童保育效果的研究都是在美国进行的，此处由意识形态所驱动的研究热情最为高涨，不过本章我们也试图对其他国家和地区进行的相关研究进行报告和评价。这些研究有助于把美国进行的研究置于更为广阔的背景与视野之下，以促使我们在看待研究文献的普遍性、推广性和解释性时更加小心。遗憾的是，社会科学领域中的学者们看待人类历史时目光尤为短浅，往往将流行的或分布广泛的做法看成是基本的人类特有的事实，而没有对它们的起源和历史进行分析。比如，因为正规学校教育在大多数发达国家中成为强制义务性质，也已经历经几代人，因此，学校教育对儿童与家长之间相互关系的潜在影响大多是被忽略的，所关心的往往是非家长保育对幼儿的潜在影响问题。相反，正规教育(或者离开家庭成员从事生产劳动)相比非家长儿童保育而言是最近出现，且更受文化限定的一种新发明，这一事实却很少为人所认识。进入学校被视为正常和合乎标准；而入托儿童保育中心却被广泛地质疑，这一观点不仅时髦而且往往出自专业人士。然而，Hrdy(1999，2002，2005)却令人信服地提出这样的观点，人类进化成为合作的照料者，因此，儿童抚育历来就是以大量亲戚和同族人的参与为特点的。

951

当然，有关儿童早期非家长保育具有潜在危害这一偏见的产生并不是偶然的，它所反映的观念部分可以归之为精神分析及其与北美大众信念系统的结合，即认为早期经验对儿童发展有着异乎寻常的重大影响。值得庆幸的是，现今对早期经验假设的信奉早已不如40年前了，当时的心理学家暗示主要的早期经验会有非常持久的效应，而且几乎不可能被克服。许多研究者和理论家们现在则开始相信所有的发展阶段都是关键的，最合理的是将发展看成一个连续的过程，连续不断的经验会更改、调整、增强或改进非常具有可塑性的个体早期经验(J. S. Kagan, 1980; Lerner, 1984; Lewis, 1998)。这种毕生发展观无可否认地使儿童发展的长期效应研究更加复杂了——尤其是那些不很明显和不很重要事件的影响效应——但这样显然能够更好地说明人类发展的决定因素和过程。

在过去十年间，研究者们也开始认识到儿童保育处置的多样性和复杂性，以及它们对儿童的影响。儿童成长于各种不同的文化和家庭背景之中，许多人也经历了多种不同类型的父母之外的保育。家庭背景的多样性，非父母保育安排形式的完全不同，以及儿童之间内源性差别造成的复杂效应，再加上其他一些需要考虑的重要因素，都使得非家长保育本质上不太会有清晰的、毫不含混的普遍效应，不管是正面的还是负面的(Lamb & Sternberg, 1990)。反之，研究者必须关注这种保育方式开始时的性质、范围、质量以及年龄，包括这些因素联合起来对各具不同特点、来自不同家庭背景以及带着不同教育、发展和个别需求的儿童施加影响的方式。基于这样的理由，当代的研究者们需要不断关注家庭和家庭以外的保育背景之间极为重要的交叉部分，以及它们对儿童的互为补充的影响。

在本章的第一部分，我们将介绍儿童保育在其广阔的社会文化和历史情境中所表现出的当代模式。从长期的历史来看，非家长保育都是一种普遍存在的实践做法，而并不代表一种与人类典型的和适合人类的儿童保育模式相左的有害发明(Hrdy, 2005; Lamb & Sternberg, 1992)。儿童保育的特有模式随文化的不同而有所差异，当然，不同的国家会强调其不同的目的和途径。这些差异对于我们来说是有启迪作用的，因为它们强调在评价任何有关对"儿童保育"的"效果"进行的研究时，都必须站在特定的时间和特定文化的目的、价值以及实践的情境之中。

接着我们概述美国以及其他工业化国家儿童保育的变化模式。在过去的30年中，工业化国家里非家长保育已经成为学前儿童的一种普遍经历，尽管在所接受保育的类型以及大多数儿童接受这类保育的年龄上存在着文化内部以及文化之间的差异。

因此，日托保育对儿童发展的影响效果就成为中心议题。在过去的15年中，大多数研究者们都强调在评价对儿童产生的效应时有必要对保育质量进行评估。这一争论的参数，以及有关质量的常用指标都将在第三部分中加以介绍。人们越来越多地认识到，保育质量对于确定儿童如何受到父母之外的保育影响起到了至关紧要的作用，这又促使研究者们去了解保育提供者应该如何表现并且应该如何接受训练才能提供可以促进儿童成长的照料(Bredekamp, 1987a, 1987b)。

952

遗憾的是，父母以外的"高质量"保育形式很难加以完全的定义、测量和推进，即使有些简单和具体的指标——成人—儿童的比率、保育提供者训练和经验的水平、员工的稳定性和待遇，以及身体锻炼设施的充足情况——可以用来评估保育质量结构性方面的面貌。这些不同层面的要求大多是美国各个州的标准所强调、制定的，也是一个州所能接受的最低标准，它们并不是由联邦政府规定的(Phillips & Zigler, 1987)。结构性的特征能够影响高质量保育存在的可能性，但却并不能保证它一定能够实现。那些师生比合理、教师员工都接受过良好培训的保育机构依然可能提供质量差的保育。拥有广泛的训练、教育和经验，师生比很高等诸方面的因素都必须转化成敏感的相互作用方式、恰当情绪情感的流露，以及直觉地对儿童有所了解，使得他们的经历都能很好地回报他们自身。这些结构性因素转化成质量的容易程度显然是因文化、情境，以及儿童、保育提供者和家长所能获得的各种机遇的不同而有所差异的。此外，即使高质量的保育能够带来诸多益处，有时因为家长工作需要的关系导致儿童经历过久的非家长保育，从而使前述的益处受到损害。因此，要想给高质量保育开一张普遍都能适用接受的处方是不可能的。高质量保育应该从儿童以及处于特定社会和亚文化之中的家庭特点与需求入手加以定义，而不是依据一个普遍的维度。

有关儿童保育对儿童发展所造成的影响的争论是本章第四部分所要讨论的内容，这些争论顺应大量社会、经济和科学的因素，随着时间的推移而有所变化。起初，研究的重点放在三四岁的儿童身上，期待能够回答的潜在问题是，"离开家庭接受保育对幼儿有害吗?"针对非母亲照料会对孩子与母亲的依恋关系带来负面影响的焦虑占据主导，专业的警告是，这种对依恋关系的损害会转而导致发展成其他方面的适应不良。只有在论及贫困儿童补偿性教育所带来的益处时,这种声音才会暂时停歇,也许是因为两害相权取其轻的缘故吧。然而到了上世纪80年代早期,一些在高质量的日托中心所进行的研究促成学界达成了广泛一致,即与依恋理论家们可怕的预言相反,3岁或更晚开始的非家长保育并不一定会给儿童心理社会方面的发展带来不利的后果(Belsky & Steinberg, 1978; Belsky, Steinberg, & Walker, 1982; Clark-Stewart & Fein, 1983)。不过这一结论仍有待证实,因为大多数此类研究都包含了一些不具典型意义的良好课程方案,忽略了立足于家庭的儿童保育以及家庭内部保姆安排等因素,也没有对家长的价值观或者在进入非家长保育以前的家长态度给予足够的关注。

尽管有着一些局限,公众对儿童保育的态度还是在上世纪80年代发生了改变。而在此时对于学前儿童来说,离开家庭接受保育已经成为一种标准的、显然是无害的经历。关注的焦点开始转向婴儿和学步儿,在他们有足够的时间建立和巩固与家长的依恋关系之前就开始接受非家长保育到底情况会如何呢? 密集且富有争议的研究业已证实,婴儿参加日托保育一般不会对母婴依恋关系造成危害,但涉及这些被证实效应的说明、普遍意义和含义时不确定是一直存在的。对母婴依恋的关注也促进了有关不同婴儿保育质量对发展的其他重要方面有何影响的研究,包括对成人的依从、同伴关系、行为问题以及认知/智力的发展。

遗憾的是,近来对保育质量如何作为中介将非家长儿童保育的影响传递出去的方式的偏好,导致了研究者们夸大了保育质量所表现出的重要性。正如保育质量显然会造成差异一样,质量的影响远比想象的要低也是非常显见的。虽然我们不很清楚这究竟是反映了对质量加以评估的困难,还是反映了人类发展受多种因素的影响,任何一种因素很少会具有一种巨大的或戏剧性的效果,但是政策制订者与研究者们都必须要比过去更直接地看到这一点。

公众以及专业人士关心非家长保育的影响主要集中在婴儿、学步儿以及学前等年龄段,但是个人一般到成人早期阶段依旧对成人有所依赖。有关教育系统和学校员工对儿童发展产生影响的讨论在本手册中随处可见,上学前以及放学后的照料对小学、初中和高中学生有何影响的问题近来也引起某些关注。但是对于幼儿来说,母亲工作的比率和程度的提高迫使家长安排他人来照料他们的孩子。自我照料以及各种不同形式的课后保育会带来什么样不同的效果,有关这方面的讨论将在第五部分得到体现。本章最后以综合性的概括和结论作为结束。

953

文化情境中的儿童保育

近来,媒体虽然夸张,但对于对非家长保育内容的编排倒没有体现出现实中家长所面临的一系列新问题。事实上,有关儿童保育和管教如何决策与安排的问题是人类社会所面对的最古老问题。之所以这一问题在过去没有经常加以讨论,一方面反映了拥有政治和智慧双重权力的男性在讨论一个"女人问题"时的失败,同时这也说明在家中由母亲照料孩子已经成为儿童早期保育的主导模式,对于当今社会科学和政治学界的学者而言是再熟悉不过了。

遗憾的是,试图对儿童保育加以合理安排的漫长历史并没有减少现今家长和政策制订者所面临问题的复杂程度,尽管可以确信许多不同的解决办法业已得到尝试。在本节中,我们对世界各地发展起来的儿童保育形式进行概述。目的在于提供一个可以分析这些个案的框架,并对它们加以谨慎和富于启发的比较。在第一部分,我们将儿童保育置于物种典型性行为模式以及需要的背景下来进行分析。接着我们讨论了在工业社会里非家长保育可以用来达成的不同目的。在第三部分,我们指出了意识形态的维度,并说明哪些国家可以采纳,以及从一个国家向另外一个国家作表面推广的话会造成什么样的危害。最后,我们总结了这些讨论和问题对于政策制订者、研究人员以及实践者来说有何启示意义,在本章考察过经验证明的有关文献之后我们会再度提及这些意义的。

人类的进化和生态学

对于人这一物种而言,儿童保育的安排以及对儿童保育、物资供应以及其他与生存相关活动时间分配的决定总是必须要加以考虑的(Lancaster, Rossi, Altmann, & Sherrod, 1987)。人类的婴儿在出生时所处的发展阶段要比其他种类哺乳动物的幼崽更早,与之对应的其他哺乳动绝大部分的发展都是在子宫外进行的(Altmann, 1987)。人的依赖期以及社会化的过程显得极为漫长,后代依靠同类一直要到成年,而大多数哺乳动物的幼崽在断奶时就可以独立生存了。因此,在儿童早期家长的投入是非常巨大的,而且近来在学术上业已证实,其他同族成员对此的贡献也是难以估量的(Hrdy, 2002, 2005)。人类长期以来不得不与他人建立复杂而广泛的同盟,以同时确保他们自身与后代的生存,对许多当代文化的研究也强调了这些做法的适应价值(Hewlett & Lamb, 2005; Hrdy, 2002, 2005)。许多理论家们相信,配偶关系的形成体现了人类父母合作应对物资供给、防御以及抚养后代等基本需要的一种适应形式(Lancaster & Lancaster, 1987)。在许多环境下,多个家庭组成单元以使个体能够在诸如狩猎或采集等需要合作策略的环境中得到最大的生存机会。

对现代狩猎—采集社会的研究为我们了解可能在这样的条件下发展建立起来的社会组织提供了方便(在 Hewlett 和 Lamb 文集中参与的作者描述了在几个这样的采集型社会中发现的儿童保育实践)。在许多这样的部落中,家庭内部男性与女性之间责任方面的分工,是与男性之间合作狩猎的策略以及女性之间合作采集的策略相对应的。根据工作、季节、儿童的年龄、有无其他的选择办法,以及女性的身体状况,儿童会跟随工作中的父母的一方,或者留下由非父母照管,常常是年长些的孩子或成人。

在大多数社会中,断奶之前一般由母亲承担最重的儿童照料责任,尽管在许多文化中,在断奶被推迟、哺乳与其他形式的喂养共存的情况下,非父母照管者在断奶之前就已相当活跃地投入照料儿童的行列(Fouts, Hewlett, & Lamb, 2005; Fouts, Lamb, & Hewlett, 2004)。虽然在工业化国家以及那些畜牧业或农业传统取代游牧式的狩猎采集形态的社会中,物资调配、保护以及儿童保育的情况有所不同,但是同样的选择也一直需要做出。在整个儿童依赖阶段,排外式的母亲抚育永远都不会是 Bowlby(1969)所称的“进化适应性环境”中的一种选择,即使对于儿童早期而言,在人类社会的任何阶段这也很少会成为一种备选方

954

式，只有在人类历史发展到现今的很少一段，在很少一部分社会精英中间才可能出现这种可能性。例如，Weisner 和 Gallimore(1977)所取样本中 40%的婴儿在超过一半的时间里都会由母亲以外的人负责照料，这个比例对于学步儿、学前儿童以及所考察的幼儿来说当然还要更高。难道这些就是近来神话威力的证据吗？事实上我们忽略了贯穿整个历史的一种主导性的人类条件，以至于把绝对排他式的母亲抚育标榜为"传统的"和"自然的"人类儿童保育形式，而其他任何与之不符的情况都被称作非自然和有潜在危害的。Braverman(1989)谴责这一"为母之道的神话"，而 Silverstein(1989)则哀叹近来历史性地把母亲照料加以"扼要表达"的方式，已经塑造并改变了公众和学界对各种非父母保育形式的看法和研究。非母亲参与的儿童保育就被视作不正常，即使这是普遍和一贯的。只有在工业化国家中，父母将其子女交给需要报酬的人，而不是邻居或亲戚进行照料，这样的需要才算是一种新生事物，而这一状况可能带来的启示却很少引起学者和理论家们的关注(见 Daly & Wilson, 1995)。

经济对儿童保育实践的影响

在当代工业社会中，非家长保育的可利用性是受经济背景、社会人口统计学、历史以及文化意识形态等诸多因素的影响而决定的。其间，经济因素常常起到举足轻重的作用，决定了非家长保育是否有效以及究竟采取哪一种类型的非家长保育安排。然而，事情并不如想象的这么简单，经济的、人口统计学的、意识形态的以及历史的因素彼此纠葛，往往施放出不一致乃至对立的力量。以北美的情况为例，有工作的家长们早在这一形式被广泛接受之前就开始寻求别人来照料他们的婴孩与幼儿了。经济背景迫使家庭进行非母亲直接参与的照料安排，而家庭中的许多成员和邻居们却对此并不赞同。

经济力量的核心显著地位可以从许多例子中得到证实。比如在农业社会里，婴儿一般是留给大一些的兄姐、亲戚或者邻居来照料的，而母亲则在田里干活(如，Fouts, 2002; Hewlett, Lamb, Shannon, Leyendecker, & Schölmerich, 1998; Leiderman & Leiderman, 1974; Nerlove, 1974; Weisner & Gallimore, 1977)。经济因素在更为发达的国家中同样重要。Mason 和 Duberstein(1992)研究表明，非父母儿童保育的可利用性以及提供的情况影响了美国母亲工作的状况。同样，瑞典家庭政策出台的背景正是因为快速工业化所导致的国家范围内的劳动力短缺。为了增加妇女就业的程度，也是为了增加年轻夫妇生养和抚育未来劳动者的愿望，有必要建立一套完整的系统，使女性就业者得到良好的报酬，使早期保育的问题得到圆满的解决而不必作出职业或经济上的牺牲，也确保家长不用参与且高质量的非家长保育能够存在，从而鼓励家长生养孩子(Broberg & Hwang, 1991; Gunnarsson, 1993; Haas, 1992; Hwang & Broberg, 1992; Lamb & Levine, 1983)。

东欧的共产主义国家同样广泛推进儿童保育设施建设，以促进女性越来越多地加入到有报酬的劳动力大军之中(Ahnert & Lamb, 2001; Kamerman & Kahn, 1978, 1981)。同样，美国和加拿大政府在二战期间也从对非母亲参与的儿童保育设施给予经济上的支持和监管，以鼓励妇女加入战时的工业生产，而男性工人则可以参战(Griswold, 1993; Tuttle, 1993)。

与此同时，在现在的以色列属地，随着东欧犹太社会主义者在上世纪早先的引入，建立了所谓的“基布兹式”(kibbutzim)的小型农业集体农场(Infield, 1944)。瘴气孳生的沼泽和岩石沙砾构成的土壤给这些背负理想而又缺乏经验的农民带来了严峻的挑战，对女性劳动力的需求很自然地会想到用一个人(通常是女性)来照料一些孩子，而不是让母亲各自照料自己的孩子。为了使生产力达到最高水平同时把家务需求减到最少，这些最早的基布兹人(生活在基布兹的居民)决定儿童必须居住在集体宿舍里，每天只有几小时的时间可以与父母见面(Neubauer, 1965)。在接下来的几十年中，公共儿童保育系统的出现已经被归之为与意识形态有关的承担义务(性别平等)，而经济上必要性所起的作用反而被淡化忽略了。

955

这种对公众行为模式采取事后的与意识形态有关的解释倾向，会使得原本在非家长保育安排的发展过程中起到核心作用的经济背景变得模糊。Lamb、Sternberg、Hwang 和 Broberg(1992)无一例外地发现，没有一个国家引入非母亲参与的儿童保育政策最初不是受到了经济力量的驱使，尽管有些亚群体(如，英格兰的上流阶层)偶尔会因为其他的原因寻找儿童保育的助手(如，保姆)。

非父母儿童保育的其他目标和目的

非父母儿童保育还有着其他的附加目的，其中最为主要的包括促进平等的就业机会、文化适应与意识形态的教化作用，对经济自足的鼓励以及使儿童生活更加丰富多彩等。

促进女性就业

如前所述，在一些国家中儿童保育政策至少有部分是为了促进女性就业和使男女在潜在就业机会方面保持平等而设计的(Cochran, 1993; Lamb, Sternberg, Hwang, et al., 1992)。以前亚洲及东欧的一些共产主义国家就是将之作为其家庭人口政策的一项核心特征(Ahnert & Lamb, 2001; Foteeva, 1993; Kamerman & Kahn, 1978, 1981; Korczak, 1993; Nemenyi, 1993; Zhengao, 1993)。遗憾的是，机会平等在任何地方从来就没有真正实现过，即便在儿童保育设施上进行了大量和昂贵的投入结果也是如此，女性得不到与男性平等的报酬，不管她们的职业是否完整。

影响人口统计学模式

高质量儿童保育资源的局限同样影响了德国这样一些欧洲国家的出生率，尤其是对教育背景良好的女性影响尤甚(Ahnert et al., 2005; Kreyenfeld, 2004)。考虑到这一人口统计学方面的趋势，统一后的德国政府不仅加强了东部原本打算废除的儿童保育系统，而且还致力于改进西部不发达的儿童保育基础设施的建设(Ahnert & Lanb, 2001)。

文化适应和教化

儿童保育机构常常被用来充当促进文化的适应与意识形态教化的作用。例如在意大利北部，在 20 世纪 60 年代进入学前学校的幼儿人数将近翻番，原因就在于教育哲学家 Ciari 认为学前学校可以为来自不同背景的儿童提供文化方面的基础(Corsaro & Emiliani, 1992)。与此同时，在以色列，接连不断的犹太移民浪潮使得国家的经济政治力量得到提升，这大部分可以归因为移民儿童参加了学前课程方案的学习，不仅学会希伯来语，而且也学到了以色列的文化规范(M. K. Rosenthal, 1992)。儿童随后又引导家长进行社会化和教育的工作。在中国，儿童保育在20世纪50年代得到推广，公开倡导艰苦劳动和牺牲个人利益的重要性(Lee, 1992)。日托的普遍推进也使得家长能够参加再教育，一切都是作为新中国建设的一部分由新政府发起的。最后，Shwalb及其同事(Shwalb, Shwalb, Sukemune, & Tatsumoto, 1992)指出，在1941年4到5岁的日本儿童普遍接受学前教育部分是因为政府期望利用幼儿园这个阵地来促使民族主义的推进。

鼓励经济上的自足

儿童保育机构有可以鼓励妇女寻求工作培训的机会或寻找这样的工作，从而使她们摆脱单靠福利生活的境地。在美国，正是基于这一目的导致政治家们在20世纪90年代中彻底修改了福利系统(National Academy of Science, 2003)。然而讽刺的是，竭力鼓吹提倡这一目标实现的政客都是一些保守分子，就是他们一边反对政府卷入儿童保育事务并强调母亲亲自照料和"传统家庭"的重要性，一边又设立政策要求家长能够达到经济上的自足，并通过补贴非家长参与的儿童保育来推进这一目标的实现(Knitzer, 2001)。

丰富儿童生活

对干预或课程丰富方案发展和投入的推进力增长，始于20世纪50年代末60年代初，其后专家便有定论，认为经历太少刺激、过多刺激或不适当刺激的儿童，会导致他们在学校和成就测验中表现糟糕(Clarke-Stewart, 1977; Fein & Clarke-Stewart, 1973; Hess, 1970)。1965年在美国开展的早期开端项目(Head Start program)很好地说明了这样一种旨在丰富最贫困条件和最糟糕家庭中孩子生活的动机(Zigler & Valentine, 1979)。同样，尽管对非母亲参与的照料持极其反对的态度，但意大利的天主教教堂也开始将学前学校视为一种途径，可以帮助那些来自贫困家庭、父母就没有接受过有效社会化的孩子更好地进行社会化(Corsaro & Emiliani, 1992; New, 1993)。到后来学前学校才被视为即使对社会经济环境比较优越的孩子而言也可接受的选择。同样，直到最近，在英国儿童保育还被视作只是针对那些因为父母也不懂得应对而身处危险的儿童的(Melhuish & Moss, 1992)，而且政府的资金投入也主要集中在帮助那些条件恶劣、有问题的和有残障的儿童身上。在加拿大，直到80年代中才接受了一个政府特别工作小组的建议，重新提出儿童日托保育是一种对所有加拿大家庭都有潜在帮助和价值的服务，而不仅仅只针对落后的或移民的儿童(Goelman, 1992; Pence, 1993)。

956

尽管有早期开端项目这样范例的方案存在，但期望丰富儿童生活的愿望并没有促使大多数国家保育机构最初的发展。家长及其政府代言人也许期望有质量保证的保育，但有充分的证据表明家长常常接受的是低质量的保育服务，原因仅仅是他们没有选择(National Academy of Science, 1999, 2003)。家长、组织和社会所关心的是儿童的需要和最佳的利益，而这些往往是国家第二位才考虑的问题。许多政治家和社会评论家进一步指出，很少有哪一个社会，不管是工业化的还是非工业化的，能够圆满地处理儿童需要的问题。

跨文化差异的方面

文化在非父母参与的儿童保育所期待的目标方面——而不是当父母去工作时儿童该如何管理——存在着明显的差异。此外,有四个哲学上的或意识形态的主要方面可供当代社会加以比较。首先第一个方面我们已经提到了:意识形态所关注的"男女之间的平等"问题,以及非母亲参与的保育方案如何能够增加女性就业的机会,并使女性达成自身经济和职业上的目标。

不妨考虑一下在下列问题上存在的国际间的差异状况,即提供对儿童的照料应该视为是"公众的责任"而非"一种私人的或个别的关注"。美国可能代表了工业社会的一种极端形式,认为有关儿童保育教养的决策应该留给个别家庭来做,保育的费用和质量应该由不加规范的供给与需求力量之间的竞争来设定,政府应该避免任何形式的介入,因为这么干只会降低效率(Blau, 2000; B. Cohen, 1993; Lamb, Sternberg, Hwang, et al., 1992; Spedding, 1993)。从1997年开始,英国已经改变了跟随美国的立场,政府乐于承担确保高质量儿童保育得以施行的角色,主要的投资都已经用在儿童保育基础设施的建设上。而在另外一个极端是民主的斯堪的纳维亚社会主义国家和东欧的前共产主义国家,整个社会都认为保育是共同的责任,福利是所有儿童都应该享受的(Ahnert & Lamb, 2001; Huwang & Broberg, 1992; Kamerman & Kahn, 1978, 1981; Stoltenberg, 1994)。每一个国家儿童保育系统的发展进步都必然反映出社会对于该项事业是公共还是私人责任的社会立场。Lamb、Sternberg、Hwang等学者提出,最高质量的非家长保育是由政府部门在完整的家庭政策背景之下提供或加以规范的。相反,那些没有能够建立完善家庭政策的国家或地区所提供的只会是差很多的平均质量水准的服务。

第三,在究竟把儿童保育视为"一种社会福利方案"还是"一种早期教育方案"上,不同的社会之间存在着差异。由于所有工业化国家以及绝大多数的发展中国家一般将年龄大于五六岁儿童的教养责任赋予了教育职权部门,许多国家已经将保育教养机构扩展至幼儿,以强化学前保育的教育价值。一旦社会赋予这些儿童保育机构更多的教育方面的职能而不再单纯看重监护目的时,非家长保育机构中接受学前教育人数的百分比就会提高(Olmsted, 1992)。由于公立教育是一个广泛接受的理念,因此现已证明当此类机构设施代表的是普及教育早期阶段的一种建设时,将公共财政引入用以支持学前学校非家长保育的发展就相对比较容易了。法国、比利时、意大利、冰岛、新西兰和西班牙等国家都是这样的情况(见下一节的介绍)。反之,如果只是把非家长保育视为一种监护式临时照顾幼儿的形式,用以满足社会福利的需要,已经证实这样的话将很难获得公众的支持,也很难使保育的质量维持在一个比较好的范围之内。因此,非家长保育所推定的特点对于非家长保育的质量、类型以及公众的支持来说都具有重要和深远的影响。例如,在意大利、英国、法国和荷兰,把日托中心和托儿所描绘成一种教育服务机构而不是福利服务机构,改变了中上层家庭对其价值的看法,从而使其应用和推广合法化(Clerkx & van IJzendoorn, 1992; Corsaro & Emiliani, 1992; Lamb, Sternberg, Hwang, et al., 1992; Melhuish & Moss, 1992)。与此形成对比的是,20世纪初日间托儿所与幼儿园在圣路易斯同时出现,但后者一经被视为教育历程的一部分便得到了繁荣和发展,而托儿所时至今日仍旧在为

957

获得支持而苦苦挣扎。Cahan(1989)也同样记录了19世纪和20世纪期间儿童保育与儿童早期教育的不同发展轨迹与境遇。

最后一方面并不常常被人提及的是有关“儿童期与发展过程基本概念”的因素。许多西方工业化国家的人们深受弗洛伊德以及后弗洛伊德思想的浸淫,相信早期经验的重要性。内源性的趋向会直接影响发展,当然也许更为重要的是,会与各种发展过程中不同的经验相互作用产生影响,并随之改变这些不同经验的影响和结果。对发展过程理念上的不同,对于儿童保育实践以及对保育质量的特别关注而言,具有非常重要的意义。

比较儿童保育实践与政策的研究者们在考察不同国家的政策时,应该考虑到上述四个方面的内容(意识形态方面对男女角色的考虑、对是私人的还是公共的责任的观察、是教育的还是监护式的目标,以及对发展过程的理念方面),因为在这些方面存在的国与国之间的差异,使得我们要想将一个国家的社会政策作为其他国家采纳的范本进行推广时备感困难,而且往往也不合时宜。只有当我们对一种社会结构以及导致一种特定儿童保育系统发展建立起来的意识形态加以彻底地了解,学者们才可能从其他国家的经验中学到东西。

此外,父母和国家的目标不同导致了实施保育方案以及对儿童保育的效果的不同,对这些结果的评估也是根据社会的差异而有所区别的。例如,在一些西方工业化国家里,自信果断被视为期望的目标,但另外一些国家却会将之视为不被期望的攻击性的一种表现。到处可见关于个人主义和集体主义相对价值的争论:顺从是否可以视作被动接受还是良好社会化的一个指标?正是由于这些分歧的一直存在,因此才不太可能客观地说明任何一种儿童保育形式对行为调整具有正面积极的或负面消极的作用。

很少有国家能够真正地建立起完整的儿童保育系统,把所有儿童保育有关的职责都处理得同样妥帖。即使是最优化最为仔细整合的系统,也必须处理好因期望达成不同目标而引起的各种对立势力之间的矛盾。而在大多数国家采取的是一种大杂烩的方式,各种不同的甚至常常是矛盾的政策设计在一起,以应对各种不同的需要。充其量,对最高质量儿童保育的追求会迫使意识形态领域开明的政府陷于一种两难境地。高质量的儿童保育几乎毫无例外地是由更多的成人照料数量较少的儿童,当然这样的代价会非常昂贵。事实上,对婴儿提供在家的照料远比提供离家而高质量的照料来得划算。因此,瑞典当局逐渐延长了家长带薪离职的期限,允许家长有更多的时间在家陪伴他们的孩子——这一慷慨的举措可以加强父母与儿童的相互关系,也不损害父母与孩子的其他方面的目标。高质量的非家长保育会给儿童带来一些独特的和有价值的经验,而这恰恰是完全由父母照料的儿童所不具备的吗?当家庭无可避免地作出结论,应该是母亲而不是父亲不再去工作照料孩子时,对性别平等和收入平等的目标又有何种影响呢?把儿童保育的工作分派给一个较低阶层的移民成员来执行,所传递的价值理念又是什么(Wrigley, 1995)?我们应该如何满足儿童保育政策必须应对的充满对抗的议事日程?

958

小结

很显然,个人和社会已经建立了大量的解决办法以应对儿童保育这一由来已久的要求。

这些解决方法的差异与多样性表明了历史、经济、意识形态以及人口统计学方面的现实塑造时代背景的方式，正是在这一背景下个体、家庭与社会对他们所能建立的各种解决方案或政策加以运作和限制。有工作的家长需要让孩子得到照料，本章主要关心的就是他们作出这些决定时的情况以及这些决定对儿童发展产生的影响效果。

在世界范围内看，儿童保育政策的发展对政府部门的重要性已日益增加。其结果是，新政策、计划和实践在世界范围内得到广为建立。但是，尽管家庭政策与儿童保育机构有所发展，儿童保育的需求在几乎各个国家都还是供给远远落后于需求。这又一直迫使政府、私人机构和家长对那些不尽如人意的地方作出调整。

有意思的是，对儿童保育需求的有关讨论少有例外地都被描述成一件女性的议题，尽管有关如何以及在哪里抚养孩子长大的决定同父母都有关系。瑞典的社会学家以及政策制订者们早在40年前就已经认识到(如，Dahlström, 1962)，除非对男性和女性所扮演的适当角色以及承担合适责任的根本性期待有预先的改变，而且给男性和女性在家中以及有报酬的工作领域提供的机会不发生改变，否则母亲去上班或父亲照料孩子这样的情况是不太可能发生的。改革者们期望集体保育设置能够逐渐深入人心，让男性至上的价值观得以逐渐消退，但是几乎毫无例外的都是由女性承担着保育提供者的角色，这很难确保儿童保育能够传递给儿童较少的关于大人责任方面的性别歧视的理念，不管他们的母亲工作与否。

几十年的研究表明，我们很难打包票说任何一种儿童保育的特定形式是优越的(Lamb, 1986; Lamb & Sternberg, 1990)。在每一种情况下，大多数儿童的发展都会同时受到家庭内部以及家庭以外的保育机构所提供的照料保育，能否根据儿童发展以及个体需要加以敏感地调整的影响。这一点给我们的启示在于，社会需要提供一系列的选择供家长挑选，以便可以根据儿童的年龄、个人风格、家庭的经济社会条件，以及所持的价值和态度来选择最适合他们孩子的儿童保育安排。

而且，非家长保育必须放在整个社会化的生态关系背景中来加以考虑，因为儿童保育模式是更为广阔的社会结构的体现。发展是一项复杂而多方面的过程，因而我们只有不仅就非家长保育模式本身进行观察，而且将之置于其他经验、意识形态和实践的背景之下加以全面的考察，才可能对它有很好的理解。非家长保育的处置不是在社会真空中进行的，因此，尽管它们可能是塑造儿童发展的各种影响和经验网络中的重要一环，但它们对于儿童发展的直接影响还是相对较少和分散性的。由于发展是如此多层面和复杂的一个进程，因此我们首要的是要了解这其中的各种经验对于改变塑造人类发展进程所起到的作用。有了这样的思想，我们接下来再考虑儿童在主要的工业化国家中，于人生的最初几年所经历的非家长保育的有关事实。

在美国和欧洲发生的模式改变：父母教养与非父母教养

在本节中我们将回顾在过去几十年中发达国家所经历的儿童早期保育模式改变的有关统计资料。正如我们所显示的那样，这几十年的特点是各种日渐细化的社会统计数据资料层出不穷，与此同时在婚姻、出生率，以及就业方面经历了戏剧性的世俗层面的改变，它们对儿童保育的模式有着巨大和实际的影响。广义上类似的改变和趋势在大多数发达国家中情况都差别不大，当然，国与国之间也还是存在着有意义的显著差异。对非父母儿童保育的利用显然关系到这样的问题，即这些国家的儿童会受到非父母保育经历的影响。 959

共享保育的形式

大多数已知的儿童保育形式都可见于北美和西欧。因此，我们从考察美国的有关儿童保育形式的统计数据开始我们的分析。

美国

在美国，儿童保育一度被视为一种仅仅单身母亲和条件不利黑人家庭所推崇的服务，而中产阶级家庭往往是以把孩子送入半托保育院和儿童发展中心作为母亲照料的补充(Phillips, 1989)。到 1995 年时，学前学校就读儿童中白人母亲和黑人母亲的就业比例是相同的，不过学龄儿童中白人母亲工作的比例要高于黑人母亲。同样，到 20 世纪 90 年代中，48%的最小孩子只有 3 岁或 3 岁以下的单身母亲，52%孩子年龄为 5 岁或 5 岁以下的这类母亲是有工作的，与之对应的是已婚母亲在这两项的数据分别为 57%和 59%(Casper & Bianchi, 2002; H. Hayghe, personal communication，1995 年 10 月 17 日)。然而到 2001 年时，这些组之间的分野依旧：64%孩子为 3 岁或 3 岁以下的单身母亲和 67%孩子为 5 岁或 5 岁以下的单身母亲有工作，与之对比的已婚母亲的情况分别为 56%和 58%(Casper & Bianchi, 2002)。总的来看，到 2000 年为止，有 2 200 万 5 岁以下美国儿童的父亲参加工作，1 220 万这样的儿童母亲有一份工作(U. S. Bureau of the Census, 2003)。2001 年时，有工作的母亲平均每周工作约 36 个小时，这意味着大多数上班的家长都是全职工作的(Casper & Bianchi, 2002)。也许最为重要的是，大多数新妈妈现在都会在孩子 1 岁生日之前重新回到工作岗位，而在以前她们脱离工作的时间要长很多(U. S. Bureau of Labor Statistics, 2000)。

由于大多数和孩子一起生活的父母现在都是工作的，几乎所有的儿童都会经历正规的非父母保育安置，尽管工业化国家中这样的安排什么时候开始仍存在差别。美国与其他国家的情况有所不同，在以家庭为基础的非父母保育、由亲戚照料、家中请人临时照看、托儿所和儿童保育中心等各种非家长保育形式中，任何地方每周这类照料的时间都在 5 至 55 个小时之间，而且开始的时间也最早。

人口普查局在题为《谁在照顾孩子》(*Who's Minding the Kids*)的年度报告中，运用“收入与课程参与调查”(survey of income and program participation, SIPP)数据，提供了代表美国人口的国家性样本中得到的、有关儿童保育形式的最为广泛也是最新的资料。有关儿童保育的资料信息从 1984 年开始就作为 SIPP 的附录而加以收集，有关儿童保育最近发表的人口普查数据收集于 1999 年 4 月到 1999 年 7 月之间，是 1996 SIPP 专门小组所做的第十次访问。起初 SIPP 只收集母亲外出工作的儿童保育信息，但是在 1999 年春天获得并发布于 2003 年 1 月的有关全体儿童保育安排情况的数据非常有价值。1999 年的“全美家庭调查”(National Survey of American Families)也提供了关于有工作的家长所作出的儿童保育安排方面相当有价值的信息(Sonenstein, Gates, Schmidt, & Bolshun, 2002)。

表 23.1 美国 0 到 5 岁儿童的儿童保育安排(1999 SIPP),用百分比表示

儿童年龄	父母	祖父母	其他亲戚[a]	儿童保育中心[b]	家庭日托保育	自己家里	没有惯例安排	多重安排
<1 岁	23.9	24.6	8.9	20.8	13.4	3.4	35.1	16.3
1—2 岁	21.9	23.8	11.1	30.1	13.9	5.9	32.9	18.5
3—4 岁	19.6	21.2	13.4	71.7	13.9	4.1	31.1	21.0

[a] 包含兄弟姐妹的照料。
[b] 包括早期开端项目、儿童保育中心、托儿所和学前学校。
注:每一行的百分数之和可能大于 100,这是因为儿童可以同时有多种保育安排。
来源:From *Who's Minding the Kids?* By U. S. Bureau of Census, 2003, Washington, DC: U. S. Government Printing Office. 经许可复制。

960

如前所述也见于表 23.1,在 1999 年时,大多数美国儿童都按惯例接受父母以外的保育照料。父母作为直接照料者的数量从儿童 1 岁以下时接近总数的四分之一,到超过 3 岁时下降为总数的五分之一。无论什么年龄,以家为基础的非家长保育处置大约占儿童人数的七分之一,而进入某种类型的保育中心的人数从 1 岁时的 20%多点,到 3—4 岁时很快提高到将近 72%。

表 23.2 概括的资料只包含了母亲外出工作的孩子的情况(因而也排除了单独与父亲生活以及母亲未工作或为全日制学生的儿童情况),但却很清楚地表明,许多儿童从各类育儿中心获得的是半日制式的保育,尽管对于 1 至 4 岁的儿童而言,以这类保育形式作为首选的儿童比例有了翻番。虽然有这样的增长,但是值得注意的是大多数婴儿和学步儿主要是由亲戚照料的,另外有 20%的儿童会接受亲戚以外的个人照料。事实上,正规的或机构的保育形式并未得到孩子为 4 岁及以下的家长们的广泛采用。寻找与儿童有关的保育提供机构的趋向在土著美国人(73%)、亚裔及太平洋岛国居民(64%)和黑人(61%)家庭中尤为突出,而在白人(54%)和讲西班牙语的(53%)家庭中则不太普遍[也可参见 National Institute of Child Health and Human Development (NICHD) Early Child Care Research Network, 2004]。不过在每一个人群中,大多数儿童照惯例会接受亲戚的照料。当然,许多儿童会接受一种以上的儿童保育安排,表 23.2 所列出的只是对于每一个儿童来说最为重要的形式。

表 23.2 美国 4 岁及以下儿童母亲工作情况下所接受的基本儿童保育安排(1999 年春 SIPP),用百分比表示

儿童年龄	父母	祖父母	其他亲戚[a]	儿童保育中心[b]或学校	家庭日托保育[c]	没有惯例安排
<1 岁	27.7	24.1	8.3	16.0	19.7	5.8
1—2 岁	24.0	22.9	7.7	20.7	24.0	4.4
3—4 岁	18.9	19.6	9.1	34.1	18.9	4.9

[a] 包含兄弟姐妹的照料。
[b] 包括早期开端项目、儿童保育中心、托儿所、学前学校和学校。
[c] 包括其他非亲属,有些也在家照料儿童。
注:每一行的百分数之和可能大于 100,这是因为儿童可以同时有多种保育安排。
来源:From *Who's Minding the Kids?* By U. S. Bureau of Census, 2003, Washington, DC: U. S. Government Printing Office. 经许可复制。

如我们所预料的那样，儿童保育的安排会根据母亲职业的状况以及工作日程而有所变化(U. S. Bureau of the Census, 2003)，母亲工作的改变是儿童保育处置发生改变的最好预期指标(Han, 2004)，这一变化是非常频繁的(NICHD Early Child Care Research Network, 2004)。在1999年时，全职母亲相比临时工性质的母亲更可能将孩子放入儿童保育中心或学校(86%对25%)或以家为基础的儿童保育(24%对15%)，虽然这两项差异相比1991年的情况已经有所减少(U. S. Bureau of the Census, 2003)。在1991年时，当母亲是部分时间上班时父亲作为常规的非母亲照料提供者的情况(38%)要高于母亲全职工作时的情况(25%; U. S. Bureau of the Census, 2003)，这两项数字都体现了从1991年开始的一种增长。父亲在母亲工作为非日班的情况下成为常规非母亲照料提供者的情况(39%)要超过母亲工作是日班的情况，如果样本局限为儿童与父母双方一起居住的情况，这些百分比毫无疑问地还会更高。如果父亲与母亲分开居住或根本就没有结婚的话，父亲会较少投入对孩子的照料之中，这一点也不会让人觉得奇怪。

当母亲未去工作时，家庭较少会去利用非家长保育的资源。尽管从表23.1中我们清楚地看到，大多数3至4岁的儿童会加入某种类型的中心形式的儿童保育，在母亲工作与母亲不工作的家庭之间存在很少的差异(U. S. Bureau of the Census, 1993, 2003)。然而，可以预期的是，母亲不工作的儿童相比母亲参加工作的同伴而言，在保育中心之类的机构中待的时间要少很多：根据1993年人口普查局的报告，大约80%母亲不工作的儿童在儿童保育机构中每周待的时间不超过20小时，而55%的母亲工作的儿童在儿童保育机构中每周待的时间达到35小时或更多。十年之后，3到5岁之间63%母亲工作的儿童参加中心形式的保育课程方案，母亲不工作的对照组数据为67%(NICHD Early Child Care Research Network, 2002)。整个2001年3至5岁儿童参加教育导向中心课程方案的比例在持续下降(Child Trends, 2003)。

961

检验表23.3中的内容我们不难发现，在1977年到1999年期间，美国的工作母亲所做出的基本保育安排在将近四分之一的世纪中绝少有所改变，尽管在此期间家有幼儿仍去工作的母亲数量有大幅度的提高，以及随之而来的、幼儿接受非家长保育相对完全家长保育的比例的也有大幅提高。有20%到25%的当代家庭选择父母保育，而女性能够边工作边照料孩子的比例是有所下降的(从11%到3%)，母亲工作而由父亲承担照料的儿童总数已经从15%上升到19%。由祖父母照料的比例上升到25%，而由其他亲属照料的比例则依旧稳定在8%左右。儿童保育中心和托儿所的受欢迎程度起初有所增加，但到了上世纪90年代中却有所下降，这可能与常常报道但失之偏颇的关于保育中心对尤其是婴儿和学步儿来说具有反面效果的宣传有关(见后面的讨论)。相反，对非正规和正规的以家为基础的儿童保育处置有所增加，虽然我们不清楚有多少这样的增长反映了自1995年以来信息引导方式的改变。

不管是什么原因造成了1995年的明显增长，但自从那时起，对以家庭为基础的儿童保育依赖的趋势已经持续下降到大约33%。在家中由保姆或临时照料者进行保育从来都不是一种普遍的做法，其重要性在过去的25年中也已经降低了许多。

表 23.3 美国 5 岁以下儿童母亲不工作的情况下基本儿童保育安排的历史变迁
(用百分比表示)

	1977	1985	1988	1990	1991	1993	1995	1997	1999
母　亲	11	8.1	7.6	6.4	8.7	6.2	5.4	3.3	3.1
父　亲	14	15.7	15.1	16.5	20.0	15.9	16.6	19.0	18.5
祖父母	N/A	15.9	13.9	14.3	15.8	17.0	15.9	18.4	20.8
其他亲属	N/A	8.2	7.2	8.8	7.7	9.0	5.5	7.4	8.0
日托中心/学校	13	23.1	25.8	27.5	23.1	29.9	25.1	21.6	22.1
在儿童家中	7	5.9	5.3	5.0	5.4	5.0	4.9	4.0	3.3
家庭日托	22	22.3	23.6	20.1	17.9	16.6	46.0[a]	36.3	33.8
其　他[b]	N/A	0.8	1.6	1.3	1.6	1.1	2.9	8.1	7.3

[a] 在 1995 年,人口普查局第一次对所有形式的照料提供者家中的保育、家庭日托和其他形式的非亲属保育进行区分。使用问题的变化也许可以对在各种形式的"家庭日托"中接受照料的儿童数量的剧增进行解释。

[b] 包含自我照料,没有固定的安排以及其他安置方式。

来源:From *Who's Minding the Kids?* By U. S. Bureau of Census, 2003, Washington, DC: U. S. Government Printing Office. 经许可复制。

其他工业化国家

我们在前面部分已经提到,非家长保育在大多数其他工业化国家中的状况与美国相比有着显著的不同(Tietze & Cryer, 1999)。最主要的是因为大多数美国以外的工业化国家都有各种鼓励措施,允许或鼓励新家长们,尤其是新妈妈在婴儿 1 岁之前留在家中不去工作。在美国家长的育儿假获得批准只是近来的事(1993),尽管一半的私营部门和全部公立机构的员工有 12 周的工作保护育婴假期,但很少有人能离开工作更久,因为这些假都是不带薪水的(Asher & Lenhoff, 2001)。相反,在其他工业化国家里,新妈妈们(有些国家还包括新爸爸)有延长的带薪假期。例如,加入经济合作与发展组织(Organization for Economic Cooperation and Development, OECD)的国家,平均带薪育儿假期为 10 个月(美国以外的经合组织国家最少的带薪假也在 6 个月),工资支付水平从基本的每日工资直到家长正常工资的 90%(Kamerman, 2000; Waldfogel, 2001)。而在先前的统计报告中显示,大多数美国婴儿在 1 岁以内就开始进入非母亲照料的保育机构,而在其他工业化国家则推迟到了 2 到 3 岁。因为在欧洲母亲或家长照料的情况非常普遍,所以即使 2 到 3 岁的儿童进入非家长保育机构的统计记录也不是很多。图 23.1 中的柱状图指的仅仅是在有公共补贴的机构中儿童的注册情况(Waldfogel, 2001),这些图基本没有显示在私立机构中儿童的数目,尤其是美国这样的国家,公立资助的机构其实少之又少。图中所列举的其他国家的情况就更具代表性,并且强调说明在这些国家中进入正规儿童保育机构的婴儿和学步儿数量是很少的。

962　963

图 23.1 中的 b 显示,3 岁儿童注册进入以教育为目的的课程计划的人数存在着巨大的国家差异(OECD, 2002)。在比利时、法国和意大利这些国家,3 岁的儿童几乎都进入了这样

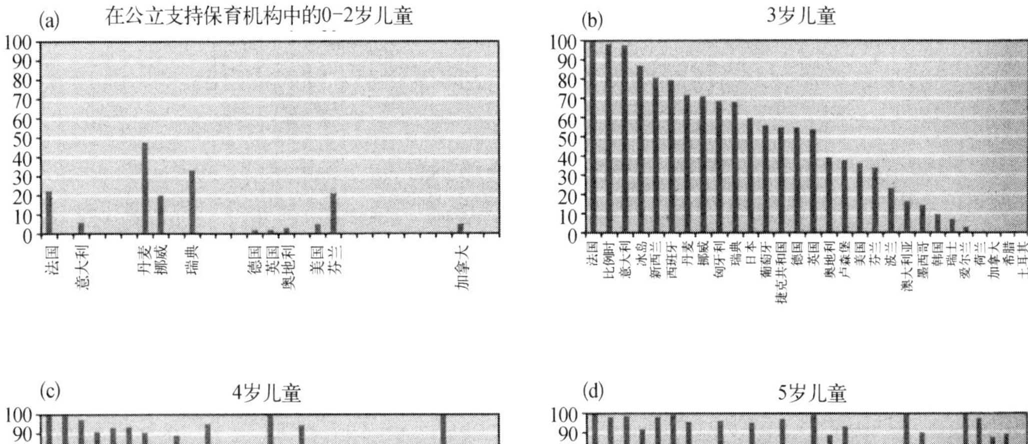

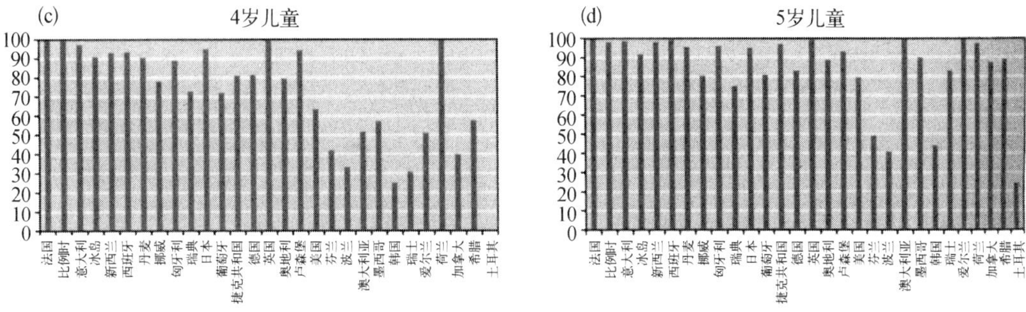

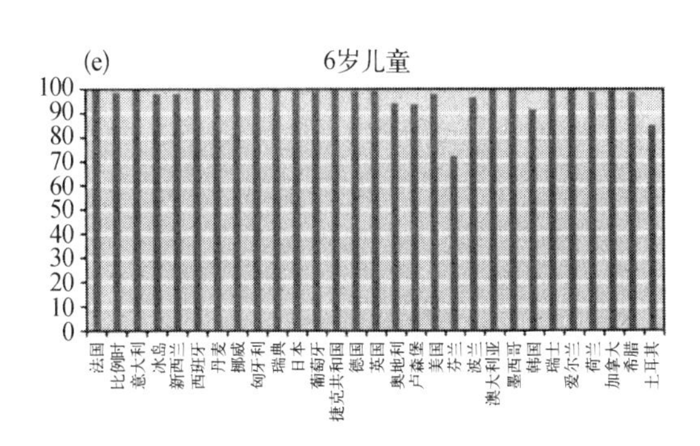

图 23.1 (a) 0—2 岁儿童在公立支持的保育机构中的情况;(b) 3 岁儿童的情况;(c) 4 岁儿童的情况;(d) 5 岁儿童的情况;(e) 6 岁儿童的情况。

的课程计划体系(一般是隶属于公立教育系统),而该比例在丹麦、匈牙利、冰岛、新西兰、挪威、西班牙和瑞典等国家只达到三分之二或更多(美国的情况是 37%)。到 4 岁时(图 23.1,c),三分之二或稍多的奥地利、捷克、德国、日本、卢森堡、荷兰、葡萄牙、斯洛伐克和英国的儿童注册入学,而在美国的比例是 65%。其余的国家会在 5 岁或 6 岁进入这些儿童教育机构(见 d 和 e)。因此,尽管 1 岁以内的非家长保育在美国比任何其他地方都要普遍,但是在一些西方国家中,教育课程计划却比美国更早地接纳了大多数的儿童。这些课程计划本身就被视为这些国家教育系统的一部分,并得到资助,这促使保育的质量更加均一,也便于控制、管理和接受公共财政的资助(Tietze & Cryer, 1999)。

家长关于非家长保育的决策

有诸多因素，比如角色冲突，对每天分离的焦虑，害怕儿童遇到环境中不熟悉和不期望的东西时适应有所困难，害怕儿童与保育提供者之间建立起亲密的关系超过与父母的关系等等，都会影响父母做出选择以确定什么样的保育形式（如，Fein, Gariboldi, & Boni, 1993; Hock, McBride, & Gnezda, 1989; Stifter, Coulehan, & Fish, 1993）。此外，也许是因为在美国许多家长在孩子出生后要早点回到有报酬工作中时，都倾向选择家中照料的形式（Sonenstein & Wolf, 1991），一半以上父母出去上班的儿童最初都还是由他们的母亲、父亲，或其他亲属，尤其是祖父母们照料（见表 23.1 和 23.2）。这些家庭的特点是，或者担心非家长保育对他们婴儿的影响，或者是资源条件有限，限制了他们选择进入那些价格昂贵的非家长保育机构（NICHD Early Child Care Research Network, 1997c）。不会使人感到奇怪的是，在 2003 年家庭年收入超过 54 000 美元的美国家庭，相比那些年收入低于 18 000 美元或在 18 000 到 36 000 美元之间的家庭，更倾向于将孩子送入保育中心这样的机构（比例分别为 28%、19%和 18%，U. S. Bureau of the Census, 2003）。

更多依靠父亲来进行照料的情况往往发生在传统育儿理念不强，婚姻关系亲密，以及父亲愿意承担保育任务的家庭（NICHD Early Child Care Research Network, 2000b），而对父母照料选择的回避则往往与情感方面的问题增多相联系（Vandell, Hyde, Plant, & Essex, 1997）。父亲照料孩子也会在母亲工作时间不确定的情况下发生，而父母双方工作时间都不固定时发生率最高（Han, 2004）。而有色人种家庭中祖父母照料孩子的情况更为常见，尤其是三代人住在一起，母亲非常年轻，工作没有规律而且工作时间很长的情况（NICHD Early Child Care Research Network, 2004; Vandell, McCartney, Owen, Booth, & Clarke-Stewart, 2003）。不幸的是，由祖父母进行的照料往往也不很稳定。

在美国，家庭环境的千差万别导致了许多家长在儿童出生的头一年里会选择一种以上的儿童保育安排措施（见表 23.1），也许这也可以解释为什么美国儿童会在儿童保育安置方面经历这么频繁的变换（NICHD Early Child Care Research Network, 2004）。有意思的是，母亲上班的广泛性并不能作为儿童保育安置类型或数量的预测，尽管非家长保育的可利用性同时促进了对儿童抚育以及职业目标的追求（NICHD Early Child Care Research Network, 1997c）。

一些专业人员尤其怀疑年轻的父母们同时追求这两项目标的能力，但是对母亲的年龄与利用儿童保育的类型或程度之间的联系却很少加以研究。不过研究表明，在德国，工作日程一样的条件下，年龄较大的母亲相比年轻的母亲能够更好地限制自己孩子在保育中心的时间（Ahnert, Rickert, & Lamb, 2000）。

964

从上世纪 80 年代以来，美国的父母开始逐渐愿意利用以保育中心为基础的保育教养形式，而不再青睐在家用非亲属关系的人来照料孩子（Haber & Kafka, 1992; Kisker & Silverberg, 1991）。这一趋势可能反映出越来越多的人逐渐了解到儿童有接受智力和社会性刺激的需要，以及非正规保育形式带来的种种弊端，同时保育中心所提供服务的质量也得到了很大的改善（如，Johansen, Leibowitz, & Waite, 1996; NICHD Early Child Care Research Network, 1997a）。然而，在过去的十年间，家长的教育水平与儿童保育形式的偏好之间的联系越来越多地受到儿童年龄因素的影响而减弱：不管他们的教育水平如何，婴儿和学步儿的家长(与学前学校的家长相对)强调的是儿童的健康和快乐，因而更会趋于寻找那些能够最大限度减少孩子压力的环境，而不是最大限度增加教育机会的环境(如，Britner & Phillips, 1995; Cryer & Burchinal, 1997)。

此外，尤其是在欧洲，因为许多家庭都只有两个或更少的孩子，因此家长会担心完全采取家庭保育的方式可能会剥夺儿童丰富多彩的社会经历，特别是与其他儿童相处的经验(Sturzbecher, 1998)。在这样的背景之下，家长选择什么样的保育形式的决策可能会折射出给他们的孩子提供机会与家庭以外的人员建立新的亲密人际关系的意愿，而一些母亲在她们的孩子与其他人建立亲密人际关系时则尤其感到威胁。

父母与其他照料者之间的关系

家庭内和家庭以外的保育环境显然会在许多方面存在重要差别。父母以及保育提供者在多大程度上了解他们的角色与这些环境之间存在的差异？家长与专业保育人员推崇同样的保育特点，但是，也许是因为很难对其加以监控的缘故，家长很难知道他们的孩子所接受的保育质量的好坏。然而，能为自己孩子提供细心和富于帮助的保育的家长，也倾向选择具有这些特点的儿童保育机构(Bolger & Scarr, 1995)。若家长发现儿童保育机构基本能满足需要，以及对与非家长保育相联系的可能风险的焦虑缓解，也许会阻碍他们对自己孩子所在保育机构作出准确的评价，并且否认明显存在的问题。这也许可以解释为什么所有教育和收入水平的家长都倾向于高估他们孩子所进入的课程方案，以及孩子与保育提供者之间的相互关系，甚至是在那些训练有素的观察者发现质量很差的情况下家长也报告满意(如，Brown Miller, 1990; Clarke-Stewart, Gruber, & Fitzgerald, 1994; Cryer & Burchinal, 1997)。毫不意外的是，家长也倾向于认为自己与保育提供者关系良好，即使关系并不像他们声称的那样。

从保育者的立场看，他们很少将家长视为伙伴，而将自己视作具有更多育儿专长的专业人员。另外，他们也许会形成对家长的某种判断，例如看到孩子的一些问题就归之为家长的某些不足(Kontos & Dunn, 1989; Shpancer, 1998)。保育者也认为家长需要有机会提高他们的保育技能(Elicker, Noppe, Noppe, & Fortner-Wood, 1997)。

即使家长和保育提供者彼此欣赏和尊敬，他们在对对方的信心与合作上还是常常有不同看法。例如，家长往往不会按照保育者期望的那样与他们建立起友谊的关系，不愿意与保育者分享有关他们家庭的信息，或不愿将保育者视为信息的来源和指导(Elicker et al., 1997; Kontos & Dunn, 1989)。因此，家长与保育者之间的交谈往往流于肤浅，不很经常，也不是实质性的。双方最希望交流的时段也是不同的：对保育者来说是早间人少的时候，而对家长而言却是在下午接孩子的时候(Endsley & Minish, 1991)。

家长与保育者之间伙伴关系的形成这一非常重要的理念直觉上很吸引人，但实际资料数据的收集却很缓慢。例如，Owen、Ware 和 Barfoot(2000)指出，母亲与保育者之间的交往越多(根据母亲们和保育者的报告)，就会很显著地导致保育者与儿童之间的相互交流更为敏感和富于支持性。Van IJzendoorn、Tavecchio、Stams、Verhoeven 和 Reiling(1998)报告，良好的沟通与儿童的幸福指标相联系。另外,Kontos 和 Dunn(1989)发现,那些倾向于认为家长最不具教养能力的保育者沟通也较少,这些儿童的家长也发展进步得较慢。这更进一步说明了当家长与保育者之间的相互关系沟通不畅时可能产生的问题,以及专业保育者改善与家长关系的必要性。Ghazvini 和 Readdick(1994)报告了在保育机构质量和家长与保育提供者沟通频率之间存在的正相关关系。

965

小结

在美国以及其他一些工业化国家中,在学前阶段接受非家长保育已经成为一种常态。美国以外国家的儿童往往在学步阶段才会开始接受非家长保育,这是因为这些国家更为宽松的父母育儿假政策允许他们的婴儿接受更多来自父母的照料,而大多数美国儿童在婴儿期就开始接受非家长保育了,一般都是在 1 岁生日之前。美国的母亲们在完全由母亲照料不可能实现时,往往选择由父亲、祖父母或其他亲属在家中照料孩子,尽管由亲属提供的照料不太容易保持稳定,保育安置的变换更是家常便饭。1 岁之前就接受非家长保育,而且经历 3 种或以上的不同保育形式安排的话风险会相当大,因为婴儿时期保育的不稳定性可以预测其行为方面的适应不良(见后面的讨论)。从政策的角度分析,很重要的是要确定为什么有这么多的年幼儿童接受如此不稳定的保育模式,以及在美国所提供的儿童保育为什么会如此质量不均。

家长们尽管近距离监控着孩子们的反应,但对孩子所接受的保育经历只有有限的认识。因此,认为市场的力量可以调节现有的儿童保育质量的说法完全是一种误导。反之,像欧洲的国家那样,当专业人士来进行评估和调整时,儿童保育的质量才会趋于最佳。

保育质量

正如研究者们已经认识到儿童经历各种保育安排的差异多样性以及在他们进入保育机构以前性格、背景差异所带来的可能的重要影响,学者们也开始意识到儿童于家庭内外所接受的保育质量上也是存在巨大差异的。这一认识导致学者们建立起相应的测定标准,并由此致力于了解保育质量究竟是如何影响儿童发展的。

质量的过程性测量

研究者们已经制订出有关保育质量的过程测量和结构测量。过程测量是一种对设置以及保育提供者与儿童之间相互作用的一种观察性测量,尽管有些这样的测量强调个别儿童的经验,但大多数评估的是儿童的团体经验。其中最为著名的是由 Thelma Harms 和 Richard Clifford 编制的标准化测量。最新版的"婴儿/学步儿环境评定量表"(Infant/Toddler Environment Rating Scale, ITERS; Harms, Cryer, & Clifford, 2003)以及"儿童早期环境评定量表"(Early Childhood Environment Rating Scale, ECERS; Harms, Clifford, & Cryer, 1998)分别各包含 39 和 43 个题项,让训练有素的观察者对保育质量进行评价。从这些评定中,有七类高度相关的量表分数可加以计算(见表 23.4)。这些分数也可以简约成两个因素，即“恰当的保育”与“恰当的发展性活动”，虽然这两个维度的原始测量值之间同样也是趋于高度相关的(Phillips, Voran, Kisker, Howes, & Whitebook, 1994)。“家庭日托保育评定量表”(The Family Day Care Rating Scale, FDCRS; Harms & Clifford, 1989)包含 32 个项目对以家庭为基础的保育质量提供 6 个因素方向的评估，对该量表的修订正在筹备之中。FDCRS 使用得远比 ITERS 和 ECERS 少，至少是因为对以家庭为基础的保育研究没有对以中心为基础的保育研究那么广泛造成的。Harms、Jacobs 和 White(1996)还建立了一种配对的测量，用以对放学后的保育方案进行评估。

主要的研究也会用到 ECERS、ITERS 和 FDCRS 之外的测量方法。Abbott-Shim 和 Sibley(1987, 1992)编制了超过 150 项的“儿童早期方案评估测验图”(Assessment Profile for Early Childhood Programs)，与 Harms 和 Clifford 编制的测量一样，对整个环境设置加以评估。一个更为简约的(含 26 项)由 Hyson、Hirsh-Pasek 和 Rescorla(1990)编制的“课堂实践量表”(Classroom Practices Inventory, CPI)与美国幼儿教育协会(National Association for the Education of Young Children)颁布的“发展性适当实践纲要”(Guidelines for Developmentally Appropriate Practices)所包含的质量方面相连接(Bredekamp, 1987b)。CPI 并没有得到广泛的使用，虽然 L. Dunn(1993)报告，ECERS 的高分与可以通过 CPI 进行评估的发展更为恰当的实践活动相联系。此外，Arnett(1989)编制了一种对教师敏感性的观察性测量，已经在几个大规模的研究中加以使用，也能用来对个别儿童的经验进行评估。这些过程测量最为普遍使用的题项已在表 23.4 中列出。

966

967

表 23.4　一些流行的质量过程测量的题项

ECERS[a]	总体评估量表[b]	APECP[c]
空间与家具设备	积极的相互关系	安全与健康
1. 室内空间	1. 和善地与儿童对话	1. 教室安全
2. 用以常规保育、游戏和学习的家具	2. 儿童说话时加以倾听	2. 补给与材料安全
3. 放松休闲的家具设备	3. 表现出喜欢儿童	3. 儿童对紧急事件的准备
4. 针对游戏的房间布置	4. 说明违反规定的后果	4. 倡导个人卫生
5. 私人空间	5. 鼓励新的经历	5. 教师对基本健康照料的责任
6. 与儿童相关的摆放布置	6. 表现得热情	学习环境
7. 纯粹用来进行汽车游戏的空间	7. 关注个体	6. 实际的安排鼓励独立性
8. 总体的玩具汽车装备	8. 在适当的水平谈话	7. 课堂尊重个性独立
个人保育常规	9. 鼓励亲社会行为	8. 室外的器械材料支持各项机会
9. 问候/离开	10. 采用儿童的水平	9. 教师在室外的表现
10. 膳食/点心	惩罚	日程进度
11. 午睡/休息	11. 表现出对儿童的挑剔	10. 有日程进度表
12. 如厕/换尿布	12. 崇尚服从	11. 在书面进度表上列出各种不同的活动
13. 健康练习	13. 带着怒气说话	12. 由教师组织的推理技能
14. 安全练习	14. 威胁	13. 不同的课堂活动
语言/推理	15. 不加解释地惩罚	课程
15. 书籍与图书	16. 找到缺点	14. 支持不同经验的材料
	17. 抑制许多活动	
	18. 不必要的严厉	

续 表

ECERS[a]	总体评估量表[b]	APECP[c]
16. 鼓励儿童交流	放任	15. 鼓励文化意识的材料
17. 利用语言促发展	19. 没有控制	16. 运用不同的技巧
18. 非正规使用语言	20. 对错误行为不加指责	17. 儿童主动学习
活动	21. 必要时强硬	18. 个性化
19. 精细肌肉运动	22. 期望儿童有自我控制	互动
20. 艺术	冷漠	19. 教师发动积极的相互作用
21. 音乐/活动	23. 看上去不可接近/冷漠	20. 教师有反应
22. 积木	24. 花时间在其他活动上	21. 教师积极地管理儿童
23. 沙/水	25. 对儿童的活动不感兴趣	22. 在积极的氛围中进食
24. 戏剧表演	26. 没有紧密的监管	23. 儿童高兴并参与
25. 自然/科学		个别化
26. 数学/数字		24. 系统的儿童评估
27. 利用电视、录像、计算机		25. 在计划的活动中进行评估
28. 提高对各种交往的接受		26. 教师确认特别的需要
29. 对总体运动活动的监管		27. 教师与成人的合作
30. 一般监督		28. 为了特别需要而准备的物资
31. 纪律		29. 会议计划井井有条
32. 师生互动		30. 有所鼓励的家长活动
33. 儿童之间的相互交往		
课程方案结构		
34. 进度表		
35. 自由游戏		
36. 集中时间		
37. 残障儿童的设施		
家长与教师		
38. 家长的设施		
39. 员工个人需要的设施		
40. 员工职业需要的设施		
41. 员工之间的相互作用与合作		
42. 对员工的监督与评价		
43. 职业发展的机会		

[a] “儿童早期环境评定量表—修订版”(Early Childhood Environment Rating Scale-Revised, Harms, Clifford & Cryer, 1998)。所有题项都由7点量表评定,其定义为“不充分”(1)、“较少”(3)、“较好”(5)和“非常好”(7)。同样的题项根据年龄和背景加以调整之后,也出现于“婴儿/学步儿环境评定量表—修订版”(Infant/Toddler Environment Rating Scale-Revised, Harms, Cryer & Clifford, 2003)。来源: From *The Early Childhood Environment Rating Scale*, revised edition, by T. Harms, R. M. Clifford, and D. Cryer, 1998, New York: Teacher College Press. Reprinted with permission; and *Infant/Toddler Environment Rating Scale*, revised edition, by T. Harms, D. Cryer, and R. M. Clifford, 2003, New York: Teacher College Press.

[b] 都按照4点量表评分,项目分数组合成4个因素分。来源: From “Caregivers in Day Care Centers: Does Training Matter?” by J. Arnett, 1989, *Journal of Applied Development Psychology*, *10*, pp. 541 - 552. Reprinted with permission.

[c] 儿童早期方案评估测验图(Assessment Profile for Childhood Programs; Abbott-Shim & Sibley, 1987)。这里所列的30项主题都各自包含了特定的题项(共150项),每一项都根据观察者的报告评定为“有”或“无”。来源: From *Assessment Profile for Childhood Programs*, by M. Abbott-Shim and A. Sibley, 1987, Atlanta, GA: Quality Assistance. Reprinted with permission.

许多近期关于非家长保育效应的报告已采用 NICHD 儿童早期保育研究(NICHD Study of Early Child Care, 1996)所获得的数据,因为其采用了一种新的测量儿童保育质量的程序,"保育环境的观察记录"(the Observational Record of the Caregiving Environment, ORCE),它的产生可以用来同时对家庭与基于中心的保育进行对比评估。ORCE 列出了 18 项目标儿童与照料者或与其他儿童之间的特定相互作用类型(见表 23.5),这与其他流行的质量测量有所区别,因为它强调的是个别儿童的经验,而不是把群体中的成员当作整体来对待。观察者对每一名儿童进行 3 次各 10 分钟的观察,在每一个时段观察者都会观察和记录不同的儿童经验。除了对这些特定的经验加以记录之外,观察者在每次 10 分钟时段结束之际还要进行定性的记录,在 3 次 10 分钟时段结束之后,更是有一个特定的 14 分钟的时间来进行分析。这些记录是依据表 23.6 所列的 8 个方面或尺度来对保育提供者进行定性的评分。而且,为了使得 NICHD 儿童早期保育研究所获得的测量信度达到最高,此处所说的观察(每次包括 44 分钟的观察,同时还要对所获得的资料进行特别的行为与性质上的评定)是在两周内重复进行的。为了方便分析,与概念相关的项目分数(如,那些与语言刺激有关的项)可以或组合或独立地评定质量的特定方面,分数也可以用来提供一种更为广泛的评估。

表 23.5 保育环境观察记录中所记录的行为(婴儿版)[a]

行　　为	定　　义
分享积极的影响	照料者与婴儿笑、微笑、发出嘟哝声
积极的身体接触	照料者抱婴儿,亲切地触摸
对出声的反应	照料者用言语回应婴儿发出的非烦恼性声音
问问题	照料者向婴儿发出问题
其他谈话	照料者对婴儿作陈述
刺激认知发展	照料者鼓励像翻身或将注意聚焦于环境中的某件东西上这样的技能
刺激社会发展[b]	照料者与婴儿玩社会性游戏,带婴儿移动以便他可以看见、接触其他婴儿
阅读	照料者向婴儿大声朗读
促进行为	照料者向婴儿提供帮助和娱乐
对负面影响的反应	当婴儿烦恼、哭泣时照料者的反应(婴儿烦恼哭泣时反应的比例)
限制婴儿的活动	照料者在身体和言语上限制婴儿的活动
限制于物理性容器中	将婴儿限制在高凳、婴儿围栏或婴儿床上
消极地对婴儿说话	照料者用消极的语气同婴儿说话
运用消极的身体动作[c]	照料者拍打、拉拽、推搡婴儿
身体照料	照料者对婴儿施以身体方面的照料:喂食、洗澡、换尿布
其他活动	照料者除身体照料之外的其他任何活动
婴儿独自一人	婴儿独自玩或探索
婴儿观望或无人理会	婴儿没参加任何活动

[a] 单独的版本,有相应的年龄限制,每一阶段都有相应的版本。
[b] 这一行为记录并不可靠。
[c] 这一行为发生很少以至于达不到有意义的记数频率。

在美国，各种不同的测量程序所得到的分数彼此存在高度的相关。这使得使用题项较少的合成版质量评估成为可能，而不需要用完整版来进行测量(Scarr, Eisenberg, & Deater-Deckard, 1994)。不过所有标准化的测量在西欧都被证明是没太大用处的保育质量指标，这也许是因为那里的保育质量较少存在差异，而且质量的平均水平较高的缘故(如，Beller, Stahnke, Butz, Stahl, & Wessels, 1996; Tietze, Cryer, Bairrao, Palacio, & Wetzel, 1996)。由于认识到只有更为系统和完整的测量才能在国际上使用，Pierrehumbert及其同事(Pieerehumbert, Ramstein, Krucher, et al., 1996)在瑞士编制的质量测量可以在瑞士、瑞典和其他一些保育质量比较高的国家使用。Pierrehumbert、Ramstein、Karmaniola、Miljkovitch和Halfon(2002)进行的后续研究确定了这一测量的信度，做法是将应该受到保育质量影响的结果进行相关计算。另外一个测量，"儿童保育便利时刻表"(the Child Care Facility Schedule)的编制是用来在美国之外保育质量充满变数的国家使用的(Dragonas, Tsiantis, & Lambidi, 1995)。不过其预测和结构信度还没有确定。不管是Pierrehumbert还是Dragonas的测量都已经被广泛地加以使用而足以确定它们是否具有广阔的使用价值。

968

表 23.6　保育观察记录定性部分有关的方面[a]

尺　度　方　面	定　　　义
敏感度/对婴儿非烦恼性沟通的响应	照料者对婴儿的社会性表情动作做出反应，并根据婴儿的需要和情绪做出调整
分离—脱离	照料者在情绪上没有顾及婴儿，与之脱离，没有意识到婴儿的需要
强迫接受	照料者高度控制，在与婴儿交往时以成人为中心
对认知发展的促进	照料者参与一些可以促进婴儿学习的活动，如，与婴儿谈话或向他们展示一件玩具
正面对待	照料者在与婴儿相互交往时表达正面的情感
负面对待	照料者在与婴儿相互交往时表达负面的情感
单调的影响	照料者不表达情绪或表现出活力
敏感度/对婴儿烦恼的反应	照料者对婴儿的烦恼表现有一贯的、即时的和恰当的反应

[a] 这里的定义是针对婴儿；单独的版本，有相应的年龄限制，NICHD Early Child Care Study 的每一阶段都有相应的准备。

质量的结构性测量

许多研究者不是通过过程变量，而是通过一些结构性指标来对保育质量进行评估的，这些指标包括：对教师所受训练和经验、团体规模大小、师生比、拥挤程度、员工流动率的测量(如，Barnas & Cummings, 1994; Howes & Olenick, 1986)。大多数这样的因素都可以，也常常是得到调控的，尽管作为稳定性和连续性的这类因素显然是不可控制的。从概念上看，结构与过程测量有所不同，结构测量所指示的因素能够加强高质量的相互作用与保育，但不能确保一定如此，而过程测量却是试图对儿童所接受的真实保育情况做量化的评价。

团体规模大小和师生比是常见的结构评价指标。美国国家研究委员会儿童保育政策专门小组(the Panel on Child Care Policy of the U. S. National Research Council, 1991)推荐的人数规模是,婴儿6至8人,1到2岁之间的儿童是6到12人,3岁儿童为14到20人,4到5岁的儿童为16至20人,生师比的建议是,婴儿和1岁大的儿童为4比1,2岁的儿童大致为4到6比1,3岁儿童为5到10比1,4到5岁的儿童则为7到10比1。这些标准并不非常苛求,尤其是在面对婴儿时,现在认为每2名、大多数是每3名婴儿配1位成人的比率是更为合适的(American Academy of Pediatrics, American Public Health Association, & National Resource Center for Health and Safety in Child Care, 2002; American Public Health Association & American Academy of Pediatrics, 1992a, 1992b)。这些标准在国际上以及在美国各州之间存在着巨大的差异,其实一点也不奇怪,仅有半数的州要求持证的保育提供者接受培训(Morgan et al., 1993; Phillips, Lande, & Goldberg, 1990)。持证的保育者相比没有执照的保育者更能创设富于刺激性的环境并提供有营养的膳食(Fosburg et al., 1980; Stallings, 1980)。

969

Howes(1983)认为,在20多年以前,成人儿童比和教师接受训练的程度可以作为保育中心质量的最佳结构性指标,而人数规模、安全性以及保育者行为的得体性可以作为以家庭为基础的保育质量的衡量指标。在一些美国开展的研究中,证明保育者的工资即使是间接的,但也是很有价值的衡量保育质量的指标(Phillips, Howes, & Whitebook, 1992; Phillips, Mekos, Scarr, McCartney, & Abbott-Shim, 2001; Phillipsen, Burchinal, Howes, & Cryer, 1997; Scarr et al., 1994)。Howes还介绍了在传统的质量结构性测量(人数规模、成人儿童比以及保育者的训练)与更为全面的由经验得出的测量指标之间的重要差别,现在采用的测量包括在任意时间段在场保育者的人数、员工的流动性、每位儿童所经历的活动场景的数目、保育者的敏感性和参与度,以及能否提供对发展而言最为恰当的活动。遗憾的是,针对现场或保育者的质量评价不能将儿童从一个场景到另外一个场景的移动考虑在内(NICHD Early Child Research Network, 1995a)。这些变化可能对儿童有不利的影响,哪怕所有的场景提供的都是高质量的保育。

质量的结构性测量与过程性测量之间的关系

因为有关质量的许多结构性测量都被认为是反映了那些有助于高质量相互作用和经验的条件,因而人们就会很自然地预期在这些测量指标之间至少存在着一定的联系,通常也确实如此,但也并不总是如此。Scarr等(1994)发现,有关质量的不同结构性测量分数之间只有很少的相关,而与质量的过程性测量分数之间没有相关。他们通过各地进行的大型研究发现,仅有教师的工资一项可以像过程性测量指标那样预测他们所提供的保育质量。Petrogiannis(1995)也报告称,在所观察到的保育者与儿童相互作用的质量、ITERS分数以及他所研究的希腊儿童保育中心的质量结构性指标之间没有显著的联系。

也有一些研究者,包括那些参加NICHD儿童早期保育项目各地研究的人员,报告称在质量的结构性分数与质量的过程性测量之间存在明显而强烈的联系:工资、福利以及保育者所接受的训练水平越高,这些保育者所提供的保育质量就越高,且他们也不太会辞掉自己的工作(Berk, 1985; Kontos & Stremmel, 1988; Phillips, Howes, & Whitebook, 1991; Ruopp, Travers, Glantz, & Coelan, 1979)。NICHD 儿童保育研究网络(NICHD Child Care Research Network, 1995b, 2000a, 2002a)的研究人员报告,当人数规模较小、儿童成人比较低,保育人员接受更好训练的情况下,所观察到的保育者与儿童相互作用的质量较高。Howes、Phillips 和 Whitebook(1992)报告称,相比那些师生比过高的情况,师生比恰当的课堂里往往能够提供更高质量的保育,促进形成安全的儿童—教师依恋关系。

在四项于不同地方进行的大型研究中(其中一项是在不同国家进行,一项在英国进行),儿童保育的质量——用质量的过程性测量加以评估——与对质量的结构性测量相关,这些结构性测量包括较高的员工儿童比,员工较好的受训和教育,以及较高的教师工资(*Cost, Quality, and Child Outcomes in Child Care Centers*, 1995; Cryer, Tietze, Burchinal, et al., 1999; Phillips et al., 2001; Sylva, Melhuish, Sammons, Siraj-Blatchford, & Taggert, 2004)。在美国开展的两项大型研究中,抽样所在州的平均保育质量与州标准的严格性有关:那些越是强调资质标准的州,提供较差保育质量的中心数量就越少,因此也突显出对标准的要求与强制执行的益处(Vandell & Wolfe, 2000)。在一项有趣的自然实验中,Howes、Smith 和 Galinsky(1995)报告,在州范围内引入更为严格的培训和师生比标准,会导致儿童与保育者之间相互作用质量的改善,并且 ECERS 的得分也更高。同样,NICHD 儿童早期保育研究网络(1999b)报告称,儿童所在的课堂如果更符合有关指南所推荐的师生比、人数规模、教师训练要求以及教师受教育水平要求的话,那么儿童就不太可能出现行为方面的问题,而且更会在学校准备程度以及语言理解得分方面表现出色。北卡罗莱纳州的情况例外,在那里教师资质的要求相当松,以营利为目的的保育中心所提供的保育质量尤其差,《花费、质量以及在儿童保育中心的儿童结果》(*Cost, Quality, and Child Outcomes in Child Care Centers*, 1995)研究显示,以营利为目的和非营利的保育中心所提供的保育质量没有区别,这部分是因为非营利的以教堂为基础的保育中心常常提供的是质量很差的保育。然而,非营利的保育中心里员工儿童比确实更高,拥有教育、训练水平更高也更富经验的员工,而且员工的流动率也较低。

970

针对家庭日托的研究也获得了同样的发现(Clarke-Stewart, Vandell, Burchinal, O'Brien, & McCartney, 2002)。Galinsky、Howes、Kontos 和 Shinn(1994),以及 Galinsky、Howes 和 Kontos(1995)报告称,那些接受过训练的从事以家庭为基础的儿童保育人员,表现得也更为热情、投入和负责。受过训练的保育者也会在 Harms 和 Clifford(1989)编制的 FDCRS 上得分更高,这也许是因为他们所受的训练提升了他们的自尊和职业精神(Fischer & Eheart, 1991)。Bollin(1993)报告,对从事以家庭为基础的保育人员来说,当他们先前接受过儿童保育工作,而且不准备将有报酬收入的儿童保育工作与照料自己孩子的事务组合在一起时,最可能继续从事保育工作。保育者与儿童相互作用的质量同样与以家庭为基础的保育的人数规模(Kontos, 1994; Stith & Davis, 1984),与保育中心和在家保育情况下保育者—儿童比(Howes, 1983; Howes & Rubenstein, 1985)有所联系。然而在以色列,M.

K. Rosenthal(1991a)发现,在保育者和儿童相互作用的质量与保育者能够提供的教育质量之间只有很少的联系。

总之,有实质性的证据表明,在各种有关质量的结构性测量分数与过程指标之间是存在着内在的相互联系的,而 Scarr 等(1994)的发现展现的只是例外而非规律。大多数研究者汇总的报告都证实了这样的观点,即结构影响功能,并且强调有关构成成分和高(或低)质量保育性质的实质性一致,尽管所考虑的作为质量指标的项目范围相当的广泛。这种一致同样增加了我们对这些报告的关注程度,美国儿童保育的平均质量很难有令人称道之处,至多也是平平而已(*Cost, Quality, and Child Outcomes in Child Care Centers*, 1995; Galinsky et al., 1994; Kontos, Howes, Shinn, & Galinsky, 1994; NICHD Early Child Care Research Network, 1995d, 2000a; Whitebook, Howes, & Phillips, 1989),必须致力于缩小家长与研究者对质量评价之间的差距(Clarke-Stewart et al., 1994; Galinsky, 1992; Mason & Duberstein, 1992; Phillips, 1992)。

在 20 世纪 80 年代,以保育者接受的训练和教育为指标的保育质量平均水平得到了提高,但是这一阶段的平均人数规模和流动率却也有所提高(Hofferth, 1992)。根据 NICHD 儿童早期保育研究网络(2000a, p. 116)的报告,"积极的保育是……非常不典型的",美国 1 到 3 岁年龄的儿童只有大约 8%的人接受这样的保育,而对于 53%的儿童来说"有些不典型",对 30%的儿童"有些典型",而对 9%的儿童"相当典型"。这一结论无疑让人感到触目惊心,因为在这样的研究中,较高质量的保育中心和保育者往往都会得到过度呈现,而保育质量较差的机构或个人都不太会出现,基于它们参加研究意愿方面的差别我们很好理解这点。Haskins(1992)和 Clarke-Stewart(1992)已经对"充分足够"的保育质量只是代表了一种情况这一假设提出了质疑,而 NICHD 儿童早期保育研究网络(1995d)提出,所研究的四分之三的婴儿都有相当敏感的保育者。

保育质量的相关因素

在 20 世纪 80 年代早期,一些研究者注意到,在保育质量与社会阶层的复杂局面中,加拿大和美国都存在一种分布上的趋势。那些来自经济和社会地位低下家庭的儿童所接受的非家长保育质量,往往要比各方面背景较好的儿童差。这引起了研究者们的担心,这些境遇不佳的儿童显然面临不利的局面,同时会受到家庭内部以及家庭以外的保育两种情况下低质量保育的负面效应的影响(Anderson, Nagle, Roberts, & Smith, 1981; Clarke-Stewart et al., 1994; Goelman, 1988; Goelman & Pence, 1987a, 1987b; Howes & Stewart, 1987; Kontos & Fiene, 1987)。尽管 NICHD 早期儿童研究网络(1995c)报告称,那些能够接受更好的家庭以外保育的儿童其家庭环境也更好,但大多数近期的研究显示,在社会阶层与家庭以外的保育之间只存在曲线的而非线性的相互关系(Phillips et al., 1994; Voran & Whitebook, 1991; Waite, Leibowitz, & Witsberger, 1991; Whitebook et al., 1989; Zaslow, 1991)。那些为背景较好的儿童提供服务的中心确实提供了最高水准的保育(也见 Holloway & Reichhart-Erickson, 1989; Kontos, 1991),但保育质量最差的中心主要是为来

971

自中等收入家庭孩子提供服务，而非为条件最低的家庭服务，虽然为较穷孩子提供服务的保育中心里教师不太敏感也较为苛刻，这也许是因为来自中等收入家庭的孩子表现更糟所造成的。除此之外，为低收入家庭儿童提供服务的保育中心与那些为条件较好的家庭提供服务的中心相比，在大多数质量指标上没有区别。根据Phillips和她同事的调查，为条件差的家庭提供服务的中心在保育质量方面存在非常大的差异。以社区为基础的中心班级规模较小，师生比较合理，尽管那些老师接受的教育较少，所受培训也较差。有意思的是，中等收入家庭的儿童往往特别偏爱进入那些赢利性的保育中心，而那里的保育质量往往非常糟糕(Coelen, Glantz, & Calore, 1979; S. L. Kagan, 1991; Phillips et al., 1992)。然而在NICHD早期儿童研究网络(1995b)的研究中，所观察到的保育者表现的质量却不是与家庭收入水平有关的，但家庭保育的质量却可以用此来进行预测(NICHD Early Child Care Research Network, 1995c)。

家庭的社会地位、家长收入以及家长的教育程度并不是唯一与儿童接受到的保育质量指标相关的因素。Bolger和Scarr(1995)报告称，对儿童采取独断专行式的教养态度，也与低质量的保育相关，而且至少在研究的中产阶级样本中，所在州的儿童保育质量标准的变化并不会削弱家庭背景与儿童保育质量之间的有力联系。Phillips、McCartney和Scarr(1987)报告，推崇社会技能的家长相比看重遵从的家长而言，更趋向于选择那些高质量的中心。如果家长过分看重一些其他的问题而无暇对其选择作充分的评价时，往往也会使孩子到质量较低的中心里(Howes & Olenick, 1986)。

接下来回顾的大量文献都证实保育的质量实际上是一个重要的考虑因素：接受较高质量保育的儿童会在诸多方面表现更为出色。这一发现又带来一个显而易见的问题：质量达到多高才算足够好呢？在保育质量与儿童的适应方面是否存在线性的相关？是否存在一个阈限，质量的改进超越它就不再会有可以证实的效果？哥德堡儿童保育研究(Goteborg Child Care Study)为这些问题的解答提供了一些初步的答案(Broberg, Hwang, Lamb, & Ketterlinus, 1989; Hwang, Broberg, & Lamb, 1991; Lamb, Hwang, Bookstein, et al., 1988; Lamb, Hwang, Broberg, & Bookstein, 1988)。在瑞典，非家长保育是由政府补贴的，并且得到严格的管理以保证保育的高质量(Broberg & Hwang, 1991; Hwang & Broberg, 1992)。尽管在不同的机构中保育质量的差异有限，然而作为"哥德堡儿童保育研究"早期评估的一部分，研究中还是发现家庭以外的保育质量最为重要也最为一致地与儿童人格的成熟、社会技能，以及对母亲要求的服从等存在相关。

更为大型也更为全面的NICHD早期儿童保育研究(2002a, 2003b)结果也在该研究所遇到的形形色色的情况下，揭示了这种保育质量效应的持续性。然而有意思的是，仔细分析发现不存在所谓"剂量—反应"的关系，这意味着高质量保育的正面效果与低质量保育的负面效果都与花在保育上的时间多少无关。Sylva等(2004)在学前教育的有效提供(Effective Provision of Preschool Education, EPPE)的研究中也报告了相似的发现。

Scarr及其同事(Scarr, 1992, 1998; Scarr, McCartney, Abbott-Shim, & Eisenberg, 1995)不仅报告保育质量的各种测量指标之间相关性较差，而且首次提出了一个更具怀疑性的观点，即家庭以外的保育质量其实远没有许多鼓吹者认为的那样重要。他们的研究认为，社会经济和家庭背景变量相比保育质量而言是更富影响的差异来源，这就解释了为什么这在统计上有显著意义但在行为适应的差异方面只占很小的一部分。保育质量的指标在NICHD研究中同样也只有较小(但是可靠的)的效应：NICHD早期儿童研究网络和Duncan(2003)估计，在36到54个月时保育质量上每增加一个标准差，只会在标准化认知测验的分数上增加0.5到1.5分。当然，要评价这一论点的价值还需要用各种不同的样本以及不同的指标进行进一步的研究，这对家长和行政部门而言都是具有实质意义的。似乎质量是要紧的，但并不像研究者和政策制订者以为的那么重要(Lamb, 2000)。此外，类型、质量以及家庭以外保育的范围这些问题必须要在一个更为广阔的背景之下来加以审视：儿童保育没有替代家庭保育，也并不会使家庭过程与家庭背景失去影响。

972

小结

在过去20年间小规模和大规模的研究结果已经表明，在高质量保育所包含的成分方面，专家之间已经达成了实质性的一致，尽管家长们对质量的评估以及他们对满意度的评价与专家们的评估存在相当的不同。研究者们区分了质量的过程性指标，即对那些保育者提供的促进发展行为的量化及结构性指标，它们规定了这样的行为更可能发生的条件。实验证据确定了许多关于高质量的客观性指标是高度内在相关的，而当结构性指标提示这样高质量保育的有利环境出现时，保育者恰当行为的可观察方面也就会成为事实。本章其后回顾的研究同样支持高质量保育促进儿童在诸多发展领域更有适应性发展的假设，尽管保育质量的效应远比大多数研究者和政策制订者们以为的要小很多。

遗憾的是，最为流行的质量指标在面对西欧和北欧国家时却没什么用处。之所以失败可归因为当保育质量很高时这些测量就不敏感了，不过对质量定义的文化上的差异也可能限制了这些指标的信度。对这些文化差异的探讨和刻画将非常具有价值，不仅对于非家长保育的研究者们如此，对那些研究文化活动与信念的学者来说同样有效。另外，正如前面所说的，有关保育质量与测量的不同结果之间存在相关的反复报告使得研究者们忽略了一些较小的联系，尤其是在预测分析方面。至少从部分来看，这些令人失望的发现可以归之为对质量进行典型意义测量的相当一般的方式。在接下来的10年中，如果研究者们将关注的力量放在更为精确地确定那些可以促进或阻碍特定领域发展的特定方面，对于儿童来说是那些特定的特性方面的话，我们将受益匪浅，从而使得我们超越整体的质量指标，并更准确地了解保育质量及其效应(见Kontos, Burchinal, Howes, Wisseh, & Galinsky, 2002，就是这样的一个研究的例子)。

相关方及其结果

Piaget(1965)和Harris(1998)这样的学者认为，与同伴的正常交往可以促进儿童道德与社会性的发展，一些早期儿童教育者们则赞成对那些来自贫困家庭背景的儿童采用丰富的课程方案,还有一些社会学家(如 Daly & Wilson, 1995)警告在生物学意义上与儿童不相干的照料者相比他们的亲戚来说,满足儿童需求的动机会比较少。除此之外,当代的社会化理论几乎毫无例外地都关注父母(尤其是母亲)对其子女发展的影响方式,大多忽略了非家长保育者和家庭之外的环境对儿童产生的效应。只有研究依恋的学者们从概念上深入分析了非家长保育对儿童发展造成的后果,提出应该由一名保育者提供保育,以促进健康的社会性和情绪的发展(Bowlby, 1951, 1958, 1969—1973)。儿童与家长的分离可能损害儿童与家长之间的相互关系,从而导致社会适应不良和病态的情绪发展特点,这样的警告反过来又促使研究者们去考察儿童应对非家长保育的方式以及受这些保育形式影响的情况。不过,从大多数情况分析,令人感到惊讶的是,对非家长保育的效应进行研究是受非理论的推动而不是理念上的推动。

本节我们将回顾一些设计用来显示非家长保育对儿童发展和适应产生影响的研究。我们先从一则有关儿童凭什么适应新的保育者和环境的过程分析开始,它强调的是情绪上的反应以及在众多儿童的反应中与个体差异相联系的因素。随后我们会考察这些儿童的交往质量转变所带来的后果,接着再转向最富有争议的问题:儿童保育对婴儿—家长(尤其是儿童与母亲之间)的依恋关系的安全性所带来的影响。

973

非家长保育刚开始当然会同时带来机会和压力。尤其是,在保育机构中儿童可以形成与其他成人(保育者)之间的有意义的相互关系,并受这一关系的影响,同时也会与其他儿童(同伴)建立联系。事实上,大多数儿童确实建立起这样的人际关系。当然,正如我们在对这些关系发展的分析中所显示的那样,质量上存在差异也因此对儿童的发展造成了潜在的影响,既可以是正面的效果,也可能是不期望的结果。我们接着会说明,在保育机构中的儿童存在着行为方面产生问题风险加大的情况,并指出这些影响的程度和可靠性看来是与入托的时间以及保育的质量,包括与保育者人际关系的质量有关的。在最后一部分中,我们将讨论社区和特殊的干预方案对儿童认知及语言发展的影响。

对非家长保育的适应过程

在本节中,我们对有关开始家庭以外保育时儿童最初的反应研究加以讨论,首先关注的是分离反应,然后是对新环境的熟悉化过程。

分离反应

Bowlby(1969,1973)首先描述儿童在长期与母亲分离时的反应会经历相继的几个阶段,分别是反抗、绝望和冷漠,这与成人丧失亲人时所观察到的阶段相类似。一般认为,经历这些阶段时会依据分离时间的长短而有不同进度。Bowlby 的理论是通过二战期间以及之后对孤儿院和寄宿家庭的观察结果形成的,但对照数据则是 20 世纪 70 年代期间在东欧儿童保育中心通过专业的研究工作取得的。这些教育者和儿科医生报告了儿童有睡眠和饮食障碍、传染病,而且在入学之后游戏和交往水平都有不同程度的下降(Schmidt-Kolmer, Tonkowa-Jampolskaja, & Atanassowa, 1979)。Bowlby 的同事 Robertson 和 Robertson (1972,1975)报告,许多因素可以改变儿童因长期分离而产生的情绪和生理反应,但很少有系统的研究关注那些影响儿童对重复分离做反应的因素，直到最近情况才有所改变(参见Field, 1991b)。

大多数对从家庭转移到儿童保育中心的研究都是在欧洲进行的，可能是因为那里的国家政策鼓励在婴儿第一年里长期由政府贴补的家长保育，这确保大多数儿童在进入非家长保育机构时已经建立起儿童—家长之间的良好关系(Lamb, Sternberg, Hwang, et al., 1992)。在意大利，Fein和她的同事(Fein, 1995; Fein et al., 1993)观察发现，进入全日制高质量保育中心的婴儿(年龄在4.5到19.5个月之间)会在入托6个月之后连续表现出类似绝望的行为(负面情感、少动和自我安慰等)。在德国，Rauh和她的同事(Rauh, Ziegenhain, Müller, & Wijnroks, 2000)发现，无论在家还是在儿童保育中心，12到18个月大时进入保育中心的婴儿(晚入托)相比12个月大之前入托的婴儿(早入托)更为易怒和消极。不过，当儿童长大之后，对入托的情绪反应不再那么强烈，所以以幼儿园的孩子为例，相比婴儿和学步儿而言，他们在最初充满应激的日子里调节自己情绪和应对的情况都更为出色(Field et al., 1984)。

儿童对于与母亲分离的反应也会因入托前与母亲之间关系质量的高低而有所不同。在研究依恋的学者们看来，为孩子提供情绪安全的母亲能够帮助儿童发展出自我调节的能力，以促进他们对分离的适应(Ainsworth, 1979)。与此观点一致，来自安全依恋关系的婴儿相比那些不安全依恋的婴儿而言，在一种包含母亲与儿童短暂分离的情境中(陌生人情境)，表现出较少的应激(即，他们在分离30分钟之后的皮质醇水平较低)(Spangler & Grossmann, 1993; Spangler & Schieche, 1998)。

然而，与实验室中进行的有关分离的实验相比，非家长保育经历的是更长和一再的分离，这会破坏儿童对母亲回归的预期。所包含的应激强度也许可以解释当进入儿童保育相联系的日常儿童—母亲分离时，无论是安全依恋还是不安全依恋的儿童，其皮质醇水平都会有相似的提高(Ahnert, Gunnar, Lamb, & Barthel, 2004)。这些发现表明，进入儿童保育中心会给儿童带来压力，因为他们年龄太小而不能有效应对家长在身边的预期被破坏，哪怕他们已经同父母建立起依恋的关系。M. K. Rosenthal(1994)发现，参加家庭日托的以色列学步儿，如果母亲年纪很轻且又相对较有压力，一同入托的孩子年龄比他们大，或者其保育者具有与年龄不相称的期望的话，会表现得最为苦恼。

974

熟悉化过程

通常的情况是，保育者对于儿童对应激的反应无能为力。例如，Fein等(1993)报告称，入托6个月之后的负面感情反应级别可以通过其入托伊始的少动，以及正面感情的降低来进行预测，但却不能从保育者的行为差异中得到预测，即使相比转换时期的其他儿童来说，保育者针对不开心的孩子往往会采取安慰、保持接近和主动进行交往的方式。

为了帮助儿童适应，许多欧洲的儿童保育中心已经执行了适应课程方案，允许在入托的转化期中母亲陪伴儿童。正如提倡者们所预期的那样，Rauh和她的同事们(2000)报告称，突然地进入保育中心会延长儿童的负面情绪持续的时间，使得适应更加困难，尤其当儿童入托时是在1至2岁之间而不是婴儿时期。相对而言，当母亲们以一种更为放松的方式使她们的孩子熟悉保育中心，并且陪伴在儿童身边时，适应就变得容易了。Ahnert、Gunnar 等(2004)也发现，如果母亲能够在较长一段时间里陪伴孩子在保育中心的话，儿童—母亲之间的依恋会保持在一种安全的状态，或者由不安全转向安全。此外，如果母亲陪伴在身边，安全依恋的学步儿相比不安全依恋者而言，皮质醇的水平显著较低，这提示我们安全的婴儿—母亲关系可以降低对新的保育中心环境可见的应激水平。

儿童—家长相互关系的影响

在本节中，我们转而从儿童与家长相互关系的角度来关注儿童保育对最初情绪反应的影响效果。

养育的变化

对非家长保育的风险性存在着普遍的关注，可能是出于对这些担心的反对，许多研究者都指出，其实工作和不工作的母亲在对她们孩子的行为方面是相类似的(Bornstein, Maital, & Tal, 1997; Easterbrooks & Goldberg, 1985; Rubenstein & Howes, 1979; Rubenstein, Pedersen, & Yarrow, 1977; Stith & Davis, 1984)，或者强调工作的母亲相比不工作的母亲在对待她们的孩子时，会倾注更多的关心，发出声音更多，也表达出更多的积极情绪(Caruso, 1996; Schubert, Bradley-Johnson, & Nuttal, 1980; Schwartz, 1983)。这些意见的不一致至少部分是因为情形的变化所致(Crockenberg & Litman, 1991; Zaslow, Pedersen, Suwalsky, & Rabinovich, 1989)，也强调在不同的社会情境下对儿童进行评估的重要性。另外，令人感到吃惊的是很少有学者去研究同一个儿童在家以及在儿童保育中心的表现。事实上许多学者都没有意识到对于在保育机构中的儿童来说，他们增加的不仅仅是白天呆在保育中心的额外经历，而且相比那些没有接受正规非家长保育的儿童，他们在家的经历也是有所不同的。

Ahnert、Rickert 等(2000)详细记录了进入保育机构和没有进入保育机构的德国学步儿在休息日以外的日子里的经验。儿童的社会经验因观察地点的不同而有所差异，而且这两组儿童在家与其父母在一起的经历也是有所不同的。上班的家长出于补偿他们离开家的时间，在入托的孩子回到家时与他们的互动的强度更高。在一天中可以比较的时段里，他们与那些孩子整天在家的家长相比，介入更多，交流更密切，而且刺激孩子的方面也更多。同样，Booth、Clarke-Stewart、Vandell、McCartney 和 Owen(2002)也报告称，保育中心入托儿童的母亲与那些孩子呆在家里的母亲相比，会花更多的时间与她们的孩子进行互动，而且周末也是如此。Burchinal、Bryant、Lee 和 Ramey(1992)也同样发现，相比那些未入托孩子的母亲，孩子进入保育中心的母亲们会更加投入到她们 6 到 12 个月大的婴儿的生活之中。

然而，如果在儿童保育机构里呆太多的时间，尤其对于婴儿和学步儿来说，他们母亲的敏感性以及积极投入儿童生活的情况就会有所下降(NICHD Early Child Care Research Network, 2003a)。这意味着在这样的情形下母亲与儿童的相互关系也会随之下降，特别是儿童保育质量差的时候更是如此(NICHD Early Child Care Research Network, 1999a; Sagi, Koren-Karie, Gini, Ziv, & Joels, 2002)。例如，Ahnert、Rickert 等(2000)发现，孩子去保育中心的母亲们对其子女晚间发出的不适信号表现得很忧郁,即使儿童以很强的尖叫水平发出信号以求母亲注意的情形下亦是如此。Nelson 和 Garduque(1991)描述了同样的互动模式,他们发现 2 到 4 岁大的儿童在与其父母进行交往的过程中,与对保育者的态度相比,更为负面。Rubenstein 和 Howes(1979)也指出儿童在家比在保育所时更多地表现出负面的情感。为了促进安全的儿童—家长关系并且提高儿童情绪方面的平衡性,家人有必要潜移默化地调整儿童在家的一些经历,尤其是那些糟糕的儿童保育经验加大对儿童处理关系的技能的负担时更应该如此(Ahnert & Lamb, 2003; Lamb, 2005)。特别是家长要尤其关注孩子和他们的需要,和孩子在一起时一旦他们哭闹应该予以敏感的反应,这样就可以为孩子提供在保育者和集体生活场景中一般不可能得到的情绪调节方面的支持。 975

对儿童—家长关系的测量

尽管随着孩子进入保育中心家长的行为一般会发生改变,但对于儿童—家长关系的负面影响也不是不可避免的,尤其是当家长与儿童已经建立起和谐的相互关系时。不过,对于过早或长期的非家长保育可能带来的不利影响长久以来一直存在着担心。

许多早期的研究都包含有"陌生情境"(strange situation)过程,即设计在一个儿童不熟悉的场景中,让儿童与他们的父母分开 2 次,每次各 3 分钟,然后观察儿童在团聚时作何反应,以此来测量儿童—家长的依恋的质量(Ainsworth, Blehar, Waters, & Wall, 1978),之所以该方法会广为采用,部分因为这是少数几个能够对儿童早期社会情绪发展提供有效参照的测量之一。在"陌生情境"中与父母短暂分开之后,大多数的婴儿对回归的家长表现出热情的欢迎,要么迎上前去,要么要求抱起,还有的报以微笑并发出声音。有这样表现的儿童即为安全依恋(Ainsworth et al., 1978)。而其他的一些孩子事实上是不安全的,因为他们或者表现出回避(对大人的问候不予理睬,不表现出欢迎甚至可能退缩),或者表现出抵抗(把对他们的请求与愤怒的拒绝混在一起,处在情绪的摇摆不定之中)。

在一个被广泛引用的早期研究中,Blehar(1974)对比了接受全天保育和仅接受家庭保育的 2 岁和 3 岁儿童。在"陌生情境"中进行观察的结果发现,许多接受全天保育的儿童表现出与母亲的非安全依恋。因为 Blehar 的研究发现似乎证实了广泛存在于人们心中的恐惧,即接受儿童保育会对儿童—家长关系产生负面影响,所以几个研究者试图验证她的发现,但都没有成功(如 Portnoy & Simmons, 1978; Ragozin, 1980)。

使用"陌生情境"这种方法来评估儿童合适吗?他们的日常分离经历可能已经影响了他们对类似的包含在"陌生情境"中短暂分离的忍受程度。Clarke-Stewart(1989)和 Thompson(1988)提出入托可能会使儿童感觉不安全,即使他们已经与父母形成了安全依恋。另外,Clarke-Stewart 和她的同事们报告称,当在"陌生情境"中观察那些与母亲在一起的儿童时,会发现接受非家长保育的儿童显得比那些只接受家长保育的儿童独立性更强。因为儿童对母亲不依赖与儿童和陌生成人交往的不同社会能力水平相关,所以 Clarke-Stewart 等人担心儿童的这种独立性会被误解为是不安全依恋的表现。但是后来对参与了纵向研究的1 153 名婴儿的评估(在 15 个月大时)表明,有大量非家长保育经历的儿童与没有此类经历的同龄儿童相比,在"陌生情境"中既没有显出痛苦较少,也没有显出更强的独立性(NICHD Early

Child Care Research Network, 1997b)。然而,当那些与 Blehar 研究中的被试同龄的儿童受到关注时,"陌生情境"测试的效度成为一个问题,因为这个测试研发和适用的最初对象是 20 个月以下的学步儿。

儿童—家长关系的变化

从 1986 年开始,一系列来自时尚媒体和专业研究的报道,又一次激起了大众的担心,认为早期开始的非家长保育可能会对儿童—家长依恋及儿童社会心理发展的相关方面造成不利影响(如 Belsky, 1986)。那些使用"陌生情境"评估儿童社会情绪适应的研究对此结论给予了充分的支持。回顾四个此类研究的结果,Belsky(1988)报告称在接受非家长保育的儿童中,形成非安全依恋的儿童(尤其是回避型)的比例(41%)要高于只接受家长保育的儿童(26%)。于是他得出结论:在出生后第一年接受非母亲保育更有可能使儿童与母亲形成非安全依恋。

976

需要注意的是 Belsky(1986;也见 Belsky 和 Rovine, 1988)的综述是失之偏颇的(他只关注了处于有利和稳定背景的儿童),Clarke-Stewart(1989)没有顾及儿童家庭的社会经济地位,而混合了所有使用"陌生情境"方法进行的研究数据。在这个相当混杂的样本中,比较起来,有 36%全天接受保育的儿童被划为非安全依恋类型,而母亲只工作部分时间或根本不工作的儿童中有 29%为非安全依恋。由于承认接受非家长保育的儿童形成非安全依恋的危险更大,Clarke-Stewart 强调了两种必要性:(1) 除了情感的不安全因素外,还需探索各种可以解释儿童行为差异的可能因素;(2) 在评估儿童的入园适应时,需使用范围更广的测量手段。此后不久,Lamb、Sternberg 和 Prodromidis(1992)从几个研究者那里得到了原始数据,并对其进行重新编码以再次检验非家长保育对婴儿—母亲依恋安全性的影响。原始数据的获得使得 Lamb 等人能够比以往的研究更充分地评估诸如儿童接受保育的程度和入托时间等因素带来的影响。他们的再次分析表明,在出生后 7 到 12 个月之间开始接受非母亲保育的儿童(37%),比起只接受母亲保育的儿童(29%),形成非安全依恋的可能性更高。然而,随后 Erel、Oberman 和 Yirmiya(2000)对 59 个研究的数据进行了元分析,显示非家长保育对儿童—母亲依恋的安全性并没有显著的影响,并提出其实较早入托是更为适宜的行为。有趣的是,早期研究更普遍的结论是有消极影响,而后来的研究更多认为是积极影响或没有差异。

在关于儿童早期保育的大型 NICHD 研究中,根据儿童是否接受过非家长保育,对 15 个月的儿童进行了"陌生情境"的观察,结果发现两类儿童安全型依恋的比例没有差异。在 NICHD 的进一步研究中,发现非家长保育对儿童 15 个月和 36 个月时依恋的影响会因母亲的介入和敏感的教养方式而减弱。母亲更加敏感与儿童与母亲形成安全依恋的可能性的增加有关,而且母亲的敏感还可以减弱由非家长保育的数量、质量和不稳定所造成的偏离。儿童与不太敏感的母亲形成非安全依恋的可能性更大,尤其是如果儿童在保育机构中呆的时间较长以及保育的质量较差(NICHD Early Child Care Research Network, 1997b, 2001b)。此类研究表明,即使儿童接受了非家长保育,父母的教养方式仍不断地塑造着亲子关系的质量,并且敏感的教养方式削弱了非家长保育对依恋安全性的影响。另外,NICHD 的研究结果还证明,大量的非家长保育确实是个危险因素,这会使儿童更易于受到不敏感教养方式的消极影响,原因可能是此类父母在晚上没有给儿童所需的各种抚慰和情感调控的关注,使得他们第二天不能心情平静地回到托儿所(Ahnert & Lamb, 2003; Lamb, 2005)。然而在以色列,当儿童进入了质量较差的保育中心时,母亲敏感性与儿童依恋安全性之间的联系却不明显(Aviezer, Sagi-Schwartz, & Koren-Karie, 2003)。当他们进入的保育中心质量较差时,会更普遍地形成不安全的婴儿—母亲依恋(Sagi et al., 2002)。

如前所述,对"陌生情境"中行为的观察只不过提供了非家长保育对亲子关系影响的非常狭隘的评估。儿童在"陌生情境"中的行为和儿童后来表现水平之间的联系,只有当儿童家庭环境和保育安排随时间变化呈现稳定时,才具有说服力(Ahnvert, 2004; Belsky & Fearon, 2002; Goldsmith & Alansky, 1987; Lamb, Thompson, Gardner, & Charnov, 1985)。因此,需要对非家长保育、儿童的非安全/回避型依恋和儿童后来的行为问题之间的假设性联系进行更为彻底的评估。迄今为止,还没有证据表明接受非家长保育的回避型依恋儿童,比起在"陌生情境"中表现安全的儿童,今后确实会在行为上有所差异(Grossmann, Grossmann, & Waters, in press; Lamb et al., 1985)。另外,显而易见,把家庭外保育放在一个存在着影响亲子关系的社会和家庭变量的情境中来考察是十分重要的。

因为当儿童进入保育机构后,敏感的家庭教养方式仍不断地塑造着亲子关系的质量,所以认识到敏感性本身取决于父母的动机和态度是十分重要的(见 Bell & Richard, 2000)。例如,Harrison 和 Ungerer(2002)报告称那些希望重返工作的澳大利亚母亲在如愿后描述此举给她们自己、家庭和孩子带来了诸多益处,并且她们表达出较少的分离焦虑,比起未出外工作的母亲,她们同孩子形成非安全依恋的可能性更小。同样,Stifter 等(1993)发现那些较早重返工作但报告了较多分离焦虑的母亲,更可能表现出对儿童进行过分的干扰,而且她们的孩子更有可能形成不安全依恋。Scher 和 Mayseless(2000)报告了母亲用于工作的小时数、分离焦虑和不安全依恋类型之间的联系。也有一些证据表明诸如出生顺序(Barglow, Vaughn, & Molitor, 1987)、气质(Belsky, 1988; Melhuish, 1987)、家庭压力水平、母亲个性差异(Belsky & Rovine, 1988)、母亲角色满意度(Hock, 1980)、养育价值观念的差异(Burchinal, Ramey, Reid, & Jaccard, 1995)及可利用的社会支持等变量都可以调整非家长保育对婴儿—母亲依恋关系的影响。结果是,当阐释非家长保育对亲子关系质量的影响时,对这些因素进行辨别、测量和考虑是十分重要的。此外还很重要的是要意识到家庭因素一直是儿童发展的最好预测指标,即使他们进入了保育机构(Lamb, 1998; NICHD Early Child Care Research Network, 1998b)。

977

与保育者的关系

当儿童开始进入家庭之外的保育机构时,不管这个举动会给亲子关系带来什么样的变化,但入托同时也提供了儿童与其他成人发展关系的机会。接下来,我们来讨论这种关系的发展情况。

概念和测量

入托使得儿童与保育者之间形成了一种重要的关系,但这并不会导致保育者代替母亲成为儿童的首要依恋对象。例如,在实验室里观察儿童与母亲和保育者之间的互动,早期的研究者报告称儿童很明显更愿意与母亲互动,呆在母亲的身边,如果单独被留下与保育者相处,他们通常显得烦躁不安。然而当有陌生人在场时,他们对保育者的积极反应则显得更为普遍(Cummings, 1980; Farran & Ramey, 1977; Fox, 1977)。

在儿童保育环境中,当父母不在时,儿童更愿意有固定的保育者。当固定的保育者或者为他们已提供了较长时间保育的人员在场时,儿童会表现出更为积极的情绪和更多的探索行为。比如,学步儿感到难受时,总会向稳定和熟悉的保育者寻求安慰,而在平时,他们也更喜欢与这样的保育者进行互动,而且比起不固定的保育者,他们也能更快地接受这样保育者的安抚(Anderson et al., 1981; Barnas & Cummings, 1994; Rubenstein & Howes, 1979)。这种差异可能部分地反映了这些保育者的一些特点和技能,因为固定的保育者通常是主管老师且与儿童交往十分密切。Barnas 和 Cummings 因此推断儿童能与那些可靠保育来源的保育者形成安全依恋。

在最近的研究中,许多研究者使用了 Ainsworth 等人的(1978)的陌生情境法(SS)和 Waters(1995)的儿童依恋行为 Q-分类卡(AQS)来评估儿童与保育者关系的质量或安全性。虽然用这两种测量得到的分数是高度相关的(Sagi et al., 1995),然而研究者获悉的是儿童—成人关系的不同方面。具体地说,SS 侧重于考察成人对儿童分离痛苦的反应是否适当,以及儿童对接受到的安慰和保护的感受如何,尤其当他们痛苦的时候(Ainsworth et al., 1978; Lamb et al., 1985)。而 AQS 是在日常情境中探索成人—儿童互动从而把握儿童寻求安全、抚慰和关注等行为(Booth, Kelly, Spieker, & Zuckerman, 2003; Waters, 1995)。在最近的一个元分析中,Ahnert、Pinquart 和 Lamb(in press)发现 SS 和 AQS 显示了相同的儿童—保育者安全依恋的比例(对照非安全依恋),虽然儿童与保育者之间的安全关系没有儿童—父母的安全关系普遍。儿童与父亲、母亲和保育者的安全关系之间存在最低程度但仍具显著意义的相关,这表明儿童建构了紧密相联的内部工作模式来发展与成人的重要关系。然而,在很大程度上,儿童与特定个体之间的互动特点决定了每一种具体关系的质量。儿童与保育者依恋的安全性,并非如依恋理论者所假设的那样,仅仅取决于亲子依恋的安全性。

相关因素和原因

978

与亲子依恋一样,儿童—保育者依恋的安全性与保育者的敏感性、参与程度,以及保育者所提供的保育质量有关,虽然有大量的不同意见认为,用保育质量来解释儿童—保育者安全依恋形成的这种路径应当加以概念化和评估。一些研究者辩称,同亲子之间的安全性依恋一样,儿童—保育者依恋的安全性也依赖于保育者同每个孩子相处时保育行为的敏感性。与此观点相一致,Galinsky 等(1995)报告称,当保育者参加了旨在提高其敏感性的培训课程之后,家庭日托环境里的孩子们好像与保育者的依恋关系变得更加安全了。

接受过良好培训的保育者,在一对一的自由游戏情境中甚至能够表现得比儿童母亲更敏感(Goossens & Van IJzendoorn, 1990),但在集体环境里这种敏感性必定会下降,这是因为保育者不得不把注意力分配到多个孩子身上(Goossens & Melhuish, 1996)。这也许是一些研究者在保育机构中没有发现儿童—保育者的依恋安全性与保育者的敏感性水平之间有显著性相关的原因(如 Howes & Smith, 1995)。同一小组中的儿童趋向于与共享的保育者发展出同样质量的关系(Sagi et al., 1985, 1995),而且即使保育者更换了,儿童—保育者依恋的安全性依然保持一致(Howes, Calinsky, & Kontos, 1998)。这些发现表明儿童—保育者依恋的安全性主要决定于保育者小组导向的行为而非关注个体的行为,这种保育者和儿童之间的情形反映了一种团体动态而非个体之间的动态关系(Ahnert & Lamb, 2000; Ahnert, Lamb, & Seltenheim, 2000)。

因为一些研究者评估的是保育者对个别儿童反应的及时性和适当性,而有些研究者评估的是保育者对整个小组的反应性水平,所以 Ahnert 等人(in press)能够考察这两种反应性模式对逐渐显露的儿童—保育者关系的不同影响。对其进行的元分析揭示:儿童—保育者的关系主要决定于保育者指向小组整体的行为,尤其在保育机构中。只有当小组人数很少时,可以通过保育者对单个儿童的反应性水平预测儿童—保育者关系的安全性,这类似于对亲子关系安全性的预测(De Wolff & van IJzendoorn, 1997)。

诸如小组人数多少和师生比例这样的因素似乎影响着保育者行为和儿童—保育者依恋的安全性之间的关系。在小组环境中,敏感的保育者很明显需要去掌握孩子们的情感需要,在人数少的组中(或高师生比的组别中),保育者几乎可以对儿童的每一次主动的社交活动予以回应。然而在人数多的组中,保育者根本无法做到这一点。而且除了人数之外,其他一些特点可能也会变得重要起来。例如,当许多儿童分在一组里,性别(它通常被看作个体特征)就成为一个很强的小组结构特点(Leaper, 1994, 2002; Maccoby, 1998)。在这样的情境中,性别不仅对小组进行了划分而且也改变了各小组的情境和动态。男孩如果在小组中处于高控制地位更可能被大家接受(如 Sebanc, Pierce, Cheatam, & Gunnar, 2003),而感情模式——比如快乐—积极和愤怒—消极模式——会影响女孩受欢迎的程度(Denham & Holt, 1993; Denham et al., 2001)。

如果保育者在保育机构中的活动主要是小组导向的,那么小组的动态会被诸如此类的小组特点所影响,另外还会受到保育者大都是女性这样一个事实影响,因为她们在职业态度上可能会表现出(女性)更多地把教育重点放在安全和轻松上,而不是(男性)放在兴奋和探索方面。由 Ahnert 等人(2005)作的元分析揭示了一个事实,相比男孩,女孩更多地倾向于发展与保育者的安全关系;类似的基于性别的差异在其他的儿童—保育者互动的质量水平上也很明显(如 Leaper, 2002)。这样的发现表明,保育者倾向于向儿童提供适合于自己性别刻板印象的保育,其结果是,男孩可能较难与(女)教师形成亲密的关系,以及与(女性)教育领域建立起联系,因而更难从后来的教育中受益。虽然 Hamre 和 Pianta(2004)发现保育者(尤其是家庭日托环境中)在情绪低落时不够敏感且更为孤僻,但是保育者间敏感性差异的原因没有得到研究者多少关注。

儿童的背景、特点和儿童保育经历也影响着他们同保育者安全依恋的形成。例如,来自文化层次较高和较为富裕家庭的儿童在社交上的回应性更强,因此比起处境不利的儿童,他们更容易建立起新的社会关系(见 Belsky, Woodworth, & Crnic, 1996; Crockenberg &

979

Litman, 1991),虽然看起来只有在家庭日托中才是如此(Elicker, Fortner-wood, & Noppe, 1999);而在儿童保育中心,儿童的社会经济背景则显得不那么具有影响力。这可能是因为保育中心的保育者被迫把注意力放在整个小组上而不是儿童的家庭背景上。Howes 和 Smith(1995)报告称,儿童年龄越小,与保育者的安全关系就越普遍,但是其他的研究者没有在儿童年龄和儿童—保育者依恋之间发现类似的相关(见 Cassibba, van IJzendoorn, & D'Odorico, 2000)。因为推测这可能是把儿童年龄和儿童的保育经历混为一谈的缘故,所以 Ahnvert 等人(in press)预测并且发现年龄大的儿童,只有当保育经历不连续时与保育者形成安全依恋的可能性才会变小。这就强调了稳定的保育经历的重要性,它可以使儿童和保育者的关系有时间去发展和加深。

预测价值

儿童与保育者的关系值得关注,因为它们极大地影响了儿童的发展。亲子依恋和儿童—保育者依恋的安全性与儿童和成人游戏时表现出的能力水平和儿童参与同伴游戏的程度相关(Howes & Hamilton, 1993; Howes, Matheson, & Hamilton, 1994)。令人印象更加深刻的是,在"陌生情境"中表现出与保育者形成安全依恋的婴儿,比起非安全—抗拒依恋类型的婴儿,四年后他们的自我控制较少,而移情能力、支配性、目的性较强,更多地以成就为导向,独立性也更强(Oppenheim, Sagi, & Lamb, 1988)。

与同伴的关系

正如入托为儿童提供了与成年保育者形成关系的机会,它也增加了儿童与同伴及其他儿童形成关系的机会。

同伴关系的发展功能

在保育机构中与同伴进行互动的机会可能对于没有兄弟姐妹的孩子来说特别宝贵,因为如果没有这些机会的话他们就无法与在发展上同步的同伴进行互动。同伴不同于成人,他们与儿童之间有相似的社会理解水平和行为水平。同伴互动使得儿童之间可以交流,藉此儿童可以了解同伴的日常生活,分享经历并相互学习。这些交流在装扮游戏中最经常发生(见 MaCune, 1995),儿童仅仅两岁时,就已经能够理解同伴装扮游戏的情节,能共同就游戏主题、角色和规则达成一致,并在游戏过程中根据需要进行调整。如果是和同伴或兄弟姐妹一起游戏,而不是成人(甚至母亲),儿童的装扮游戏会更加成功(Brown, Donelan-McCall, & Dunn, 1996)。同伴互动也提供了一个安全的环境让儿童来处理各种情绪和探索一些私密的主题。例如,当儿童向同伴述说怕黑的事情时,同伴是否在情感上进行支持,决定了同伴是否值得信赖以及互动是否继续下去(Hughes & Dunn, 1997)。

拥有共同的兴趣是儿童早期友谊的特点并区别于其他的同伴关系。比如,Werebe 和 Baudonniere(1991)观察实验游戏室里两个小朋友与另一个同伴互动的情况,发现两个朋友之间的互动比与其他同伴的要具体、复杂和深入,即使两个孩子与不熟悉的同伴是用一种友好的方式在进行互动。同伴的互动也为儿童提供机会以检验人际交往策略,探索社交发起和对话结构,发展规则意识以及学会妥协。同伴间冲突的作用尤其重要,因为它们增强了儿童对自己与同伴之间意图差异的认识。儿童与成人冲突的结果是儿童仅仅去接受成人更高明的解决方案,而同伴间的冲突则对儿童更具发展上的挑战性,因为冲突迫使那些想将互动继续下去的儿童进行妥协(Hartup & Moore, 1990)。同伴互动在儿童的社会认同,尤其是性别认同的形成中起到很重要的作用。同伴群体倾向于按性别组建,这可能会促进儿童对同性别行为的模仿以及性别认同的发展(Maccoby, 1998)。

980

同伴关系的发展过程

同伴不仅吸引着成长中的儿童,也成为儿童社会、情感和认知方面刺激和支持的来源,特别是稳定和长久的同伴关系。在保育机构中,互惠的互动模式即使是在学步儿当中也很明显(见 Brownell & Carriger, 1990; Fenkelstein, Dent, Gallacher, & Ramey, 1978; Rubenstein & Howes, 1976; Vandell & Wilson, 1987),虽然这些早期的互动一般来说都离不开一些简单的固定方式,这是因为婴儿和学步儿把自己和同伴的行为进行协调会面临困难。入托使得儿童与同伴每日见面成为可能,这可以促进儿童社会技能的习得。

儿童一旦获得参照的能力以及以其他儿童能够理解的方式对行为加以转换的能力,他们就开始彼此模仿。在此之后,想象游戏为学前儿童提供了彼此了解和相互学习的机会(见 Hartup & Moore, 1990; McCune, 1995; Mueller, 1989)。与固定同伴的经常性互动使得儿童能发展出具有特定互动模式特点的友谊(Kenny & La Voie, 1984)。在描述 2 岁幼儿十个多月的早期友谊的发展情况时,Whaley 和 Rubenstein(1994)注意到一些明显的因素:亲密性(两人想从其他同伴中脱离出来的趋势)、相似性(模仿对方行为并在共同基础上建立常规的趋势)、忠诚(为了保护对方而跟某些同伴对抗的趋势)和支持(感到难受时彼此安慰的趋势)。基于在保育机构中对儿童的这些观察,Howes(1996)报告称儿童最初的友谊出现在 2 岁以后,主要包括一个或两个相同性别的同伴,并在 1 到 2 年的时间里保持稳定。

看上去敏感的保育员可能会帮助幼儿来应对不成功的同伴互动,并帮助他们从中获得学习,但这方面的相关研究几乎没有。有趣的是,Lollis(1990)发现当成人或是通过提供小心翼翼的支持进行干预(最小干预组),或是通过积极主动的参与进行干预(互动干预组),早期儿童互动的质量并没有差异。然而当成人离开后,在互动干预组中的同伴们能更长时间地保持高水平的游戏。Rubin、Hastings、Chen、Stewart 和 McNichol(1998)发现控制性的和侵扰性的成人行为与同伴间的攻击性互动有关。

影响保育机构中同伴关系的先决条件

同伴关系的发展不仅受到儿童具体发展水平的影响,尤其是社会—认知和社会—情感领域,而且也受到家庭内人际交往习惯的影响(见 NICHD Early Child Care Research Network, 2001a)。一般认为亲子关系对同伴关系影响最大。例如,接受温暖教养方式和和睦家庭中的儿童显现出社会适应良好,较少攻击性和受大家欢迎的趋势(如 Ladd & Le Sieur, 1995)。此外,母亲的敏感性可以预测在各种环境,包括保育环境中,孩子的同伴交往能力(NICHD Early Child Care Research Network, 2001a)。研究依恋的学者进一步预测与父母形成安全关系的儿童应该喜好交际且社会交往能力更强(见 Elicker, Englund, & Sroufe, 1992; Sroufe, 2000),但对此实验得到的证据并不一致(见 NICHD Early Child Care

Research Network, 1998a),这表明亲子关系并不是影响同伴关系的唯一因素。比如,儿童也从与兄弟姐妹的关系中受益,儿童在他们那里(在其他事情中)学会了如何来延续中断的互动(J. Dunn, Creps, & Brown, 1996)。拥有兄弟姐妹的儿童对同伴可能也有更为适当的期望,因此在保育机构中,比起独生子女,他们对于同伴互动的准备性可能更强。

许多儿童与父母交往时所使用的技巧并不能直接迁移到与同伴的互动中(见 Mueller, 1989; Vandell & Wilson, 1987)。因此,弄清楚在保育环境中决定小组动态的同伴文化特点是十分重要的。显而易见,为了与同伴形成持久的关系,儿童必须不仅仅要理解同伴的意图和感受,而且还要相应地据此来引导自己的意图和感受(见 Brown et al., 1996)。Denham 和她的同事(Denham & Holt, 1993; Denham et al., 2001)在保育机构中对学前儿童进行了观察,描述出儿童情感交流的对照模式——快乐—积极和愤怒—消极——据此可以很可靠地区分出一组组的儿童。这两个模型适应面是如此广以致它们甚至能够细分出分小组,并影响儿童的受欢迎程度。儿童调控情绪的能力以及调整行为以适应不断变化的需求和环境的能力也同样影响着同伴关系的质量(Fabes et al., 1999; Raver, Blackburn, Bancroft, & Toro, 1999; Thompson, 1993; Walden, Lemerise, & Smith, 1999)。

981

保育环境中同伴间的亲社会性的和关系紧张的互动

同理心和亲社会行为最初出现于婴儿 12 到 18 个月时,那时他们有了个体意识,逐渐能够意识到他们自己的情感,而且开始意识到其他人也有情感(Eisenberg, Shea, Carlo, & Knight, 1991)。在集体保育环境中,两岁的幼儿已不再是受到传染似的回应同伴的情感——同伴哭泣,他们也跟着哭泣并希望被安慰。相反,学步儿仔细观察着同伴的消极情感并试图进行适当的反应(见 Bischof-Koehler, 1991)。他们的反应一般是亲社会性的(安慰、帮助、给予或分享)且有性别差异: 女孩儿比男孩儿更多地给予同伴亲社会性反应。

集体环境中儿童亲社会行为的发展已成为小型系统研究的焦点。Hay 和同事们(Hay, 1994; Hay, Castle, Davies, Demetriou, & Stimson, 1999)的研究表明,儿童会调整行为以适应特定的环境和个人,因而随着年龄增大,在儿童很熟悉的环境里,他们就逐渐能够进行移情反应。其他研究者描述了由于儿童社会化的成功而导致其亲社会行为的增长(Eisenberg & Fabes, 1998; Zahn-Waxler, Radke-Yallow, Wagner & Chapman, 1992),但有研究者报告称儿童的年龄和亲社会行为之间没有关联(见 Farver & Branstetter, 1994),即使儿童理解同理心的概念并把它作为友谊的基础。

冲突常常是同伴关系的特点。在儿童早期(1 至 4 岁),当多个儿童同时想要一件玩具时,冲突会经常发生(见 Caplan, Vespo, Pedersen, & Hay, 1991; Hay, Castle, & Davies, 2000; O'Brien, Roy, Jacobs, Macaluso, & Peyton, 1999)。Hay 和她的同事们进一步区分了两类冲突: 反应性的(儿童从同伴那儿抢夺想要的玩具)占有冲突,这种冲突因为涉及儿童保护自己的所有物而显得正常;相对照的是前摄性的(儿童预料同伴想要得到玩具因而对其进行攻击)占有冲突,这种冲突可能反映了儿童误解了同伴的意图,也可能反映了儿童的社会控制策略。不管是哪一种都预示了儿童后来的攻击性(Calkins, Gill, & Williford, 1999)。

在保育机构中研究同伴关系的研究者很少遇到像Coie和Dodge(1998)所描述的在学龄同伴组中存在的咄咄逼人或具伤害性质的攻击性行为。然而,在学前儿童中,研究者发现一些反映出消极的情绪表达和较低的抑制控制的气质(例如愤怒)能够导致"高接近—低回避"(Fox, 1994)的行为模式。这类儿童虽然社会技能不足,但看上去很积极地在与同伴进行着互动。但如果当他们需要去应对诸如冲突和挫折时,他们因为没有积极的互动策略可以依靠,时常会无法继续与同伴的建设性互动(Rubin et al., 1998; Shaw, Keenan, & Vondra, 1994)。虽然这类孩子在被同伴接受方面可能存在困难,但他们看起来确实在发展着友谊。

儿童保育对同伴关系的影响

因为许多父母为孩子选择了机构保育是秉承了这样的理念:同伴互动,特别是通过促同理心的发展和社会技能的习得,在儿童的社会性发展中起着重要的作用,所以当有一些早期的报告称婴儿保育与婴儿对同伴的攻击性的增长有联系时,是十分令人惊讶的(见Klarke-Stewart的综述,1988)。然而,大多数这样的研究包含的是不具代表性的高危儿童样本以及没有得到控制的家庭变量,或者研究是在低质量保育机构中进行的(如Haskins, 1985; Vandell & Corasaniti, 1990b)。有些报告则称接受过非家长保育的儿童的攻击性和固执己见并没有增加(如,Hegland & Rix, 1990)。

家庭经历和儿童的个性确实影响了保育机构中儿童与同伴互动关系的紧张程度。例如,Klimes-Dougan和Kistner(1990)报告,处于不利处境的儿童对同伴发出令人烦恼的信号会回应以焦虑、愤怒和身体攻击,即使这些同伴和他们以前进行的互动是亲社会性的。Watamura、Donzella、Alwin和Gunnar(2003)发现,害羞和恐惧的儿童与社会交往能力更强的儿童进行互动尤其困难。这便使得儿童保育环境令他们备感压力,如果保育员没有进行成功干预的话,可能会因此导致他们社会隔绝和出现内化的行为问题。 982

根据Farver和Branstetter(1994)的研究,儿童对同伴的亲社会行为的发生与其对同伴行为、和同伴建立友谊以及对同伴有易相处的性格的积极期望有关。这表明保育者可能特别需要关注那些有困难的行为意向和不利家庭背景的儿童。当保育员没有能够提供足够和适当的监管时,他们可能会形成不尽如人意的同伴关系。比如,Howes和Hamilton(1993)发现,在一个对1到4岁儿童所做的纵向研究中,儿童的攻击性与保育人员的变动有显著性相关,同时Kienbaum(2001)也指出关爱的保育者行为和儿童的亲社会行为之间有积极的关联。在一项纵向研究中,Howes、Hamilton和Matheson(1994)追踪了48个儿童,他们在头一年里(入托年龄平均为5个月)接受了全天保育(或基于机构的或基于家庭的)。第一次的数据收集是在幼儿入托后一年,随后的收集是每隔六个月一次。儿童—保育者关系越安全,儿童在4岁时被观察与同伴玩的游戏就越复杂,越具群体性特点,而且攻击性越低。然而儿童对保育员的依赖与社会退缩行为和敌意的攻击性行为有关。这些报告预测的类似于那些发现与老师及保育员形成安全关系的学前儿童有更强的同伴社会交往能力的报告(如Howes, 1997; Mitchell-Copeland, Denham, & DeMulder, 1997; Oppenheim et al., 1988; Pianta & Nimetz, 1991)。另外,学前性别文化的发展以不同的方式影响了儿童与(几乎全为女性)保育员之间的关系(见"与保育者的关系")。所以保育员应该认识到这些变化过程而努力在她们的保育中与男孩子和女孩子都建立安全的关系。

与同伴互动的质量也受到团体特点的影响。不稳定和人数多的小组可能会促使同伴们各自商谈解决冲突,而稳定和人数少的团体则清楚限定了冲突的范围,并使保育者可以进行迅速和有效的干预。J. J. Campbell、Lamb 和 Hwang(2000)表明这样的团体特征显著地影响了早期同伴互动的质量。有趣的活动安排也能使每一个年龄的同伴冲突降到最低。比如,M. K. Rosenthal(1994)报告称,当保育员在常规基础上组织小组活动时,接受家庭日托保育的儿童与同伴能发展出更积极的关系。在挑选出来的提供非常高质量的保育机构中,Rubenstein 和 Howes(1979)注意到儿童与同伴的冲突发生得并不频繁,而接受家庭日托保育的儿童和别的一些保育机构中的儿童则与同伴经历了更多的冲突。这些结果强调在稳定而人数少的团体中与同伴进行常规和积极接触的益处,并且可能解释为什么从婴儿期起就接受高质量常规保育的儿童显得更喜好交际,更受大家欢迎。

然而,许多儿童保育特点的影响还不清楚或并不为人所知。比如,虽然许多美国研究者提倡人数少的小组,然而规模大、师生比低的小组在一些国家却受到推崇,因为人数少的组会被认为阻碍积极的小组互动(Boocock, 1995)。一些研究者曾探寻是同龄组还是混龄组能更好地支持同伴互动(如,Goldman, 1981; Rothstein-Fisch & Howes, 1988)。Howes 和同事报告了混龄组的同伴互动质量更高,在组中大孩子可以为小孩子树立榜样(Howes & Farver, 1987),但同龄组儿童的互动更具互惠性(Howes & Rubenstein, 1981)。然而,当 Bailey、Burchinal 和 McWilliam(1993)纵向比较了来自同龄组和混龄组的 2 到 4 岁儿童的社会能力的发展时,他们没有发现差异。保育机构中的性别和文化促进了男孩和女孩不同的发展。比如,如果同伴接纳程度与混龄组中儿童的年龄相关(Lemerise, 1997),并且,如早先报告的那样,男孩的同伴接纳与支配地位有关,女孩则与此无关。因此,小年龄的男孩在同龄组中可能适应更好,而女孩在同龄组和混龄组中则应有同样良好的适应。

显而易见,我们对儿童保育的团体动力了解得还不透彻,还不能对保育者有效监管小组儿童能影响同伴关系的路径充分地予以说明。除了仍要继续对保育者的行为和儿童—保育者依恋进行研究,还需要对团体动力和保育环境中个体之间的联系进行研究(Maccoby & Lewis, 2003)。

983

行为问题,顺从和个人成熟

除了藉由保育而得以加强的社会关系,许多研究者还仔细观察了保育对于儿童行为倾向和适应的影响。

对父母和保育者的顺从

一些研究者例如 Belsky(1988,1989)把非安全的婴儿—母亲依恋描绘为始于早期的和大量非母亲保育的可能结果,并且认为幼儿的不顺从行为会随着入托而显现(Ainsworth et al., 1978; Arend, Gove, & Sroufe, 1979; Londerville & Main, 1981)。与这种假设相一致,几个早期研究的结果表明,不论是在家庭中还是在保育机构中,非母亲保育与儿童的不顺从有关(Belsky & Eggebeen, 1991; Belsky, Woodworth, & Crnic, 1996; Crockenberg

& Litman, 1991; Finkelstein, 1982; Rubenstein, Howes, & Boyle, 1981; Schwarz, Strickland, & Krolick, 1974; Thornburg, Pearl, Crompton, & Ispa, 1990; Vandell & Corasaniti, 1990a, 1990b)。

然而在一个研究中,对 18 个月、24 个月、30 个月和 36 个月大的幼儿分别在家中、所在保育机构和标准化的实验室情境中加以评估,Howes 和 Olenick(1986)报告称按照非家庭保育的质量,或者仅仅是按照儿童是否有过任何正规的非家庭保育经历来测量,儿童对于成人要求的顺从情况没有差异,无论在家中或在实验室,虽然相比较之下,那些没有机构保育经历的孩子在实验室中调节他们的情感和行为的可能性最小。在实验室情境中,来自高质量保育机构的儿童比来自低质量机构的儿童顺从更多,而抗拒更少。在探索性回归分析中,保育机构的质量是儿童顺从最强的预测因素。但不幸的是,跨情境下对顺从的测量结果不够稳定,使得它无法作为论及顺从不顺从时的一个适合的特质。哥德堡的儿童保育研究也得到了相似的结果,他们在这个研究中,在儿童 28 个月和 40 个月的时候,通过家庭观察来评估儿童对母亲要求的顺从情况(Ketterlinus, Bookstein, Sampson, & Lamb, 1989; Sternberg et al., 1991)。在 28 个月时,没有明显可信的关于顺从的维度,但在 40 个月时,个体不顺从情况的差异可由家庭保育和家庭外保育的质量及两岁前接受的非家长保育的数量来加以预测。儿童的顺从与家长—儿童关系的和谐程度高相关,表明顺从更应被视为一个与父母合作的方面而非个别儿童的特征。随后,Prodromidis、Lamb、Sternberg、Hwang 和 Broberg(1995)所做的关于儿童的 80 个月的纵向研究,增加了教师和父母对儿童的评定,从而完善了对母亲—儿童顺从的观察性测量。这再次的研究与幼儿 28 个月时的相比,没有发现很明显的一致或可信的关于顺从性的维度;对教师和母亲顺从的指标负载在同一个因素上,但随着时间的改变指标并不稳定且与儿童保育历史的任何方面无关。抛开接受机构保育的经历来看,不顺从的孩子接受的是质量更差的家长保育且父母更可能是控制型的。

像 Prodromidis 等(1995)、Sternberg 等(1991)和 Clarke-Stewart 等(1994)报告的那样,那些各不相同的顺从指标无法形成一个单独一致的维度。在这个研究中,在保育机构,特别是在基于中心的保育机构中 2 到 4 岁的中班儿童,比起只接受父母保育的儿童,对陌生的实验者更加顺从,尤其是那些接受中等数量高质量保育的一般儿童(每周 10 到 30 个小时),观察他们在家中对父母顺从的水平,发现接受机构保育的儿童也还是要高一些。然而经过测量,家庭的特点和父母的行为对儿童顺从的影响要大于机构保育的变量的影响。由 NICHD Early Child Care Research Network(1998a, p. 1164)开展的多个实验地点的大型研究也得出相似的结论:“虽然接受了更多非家长保育的 2 岁儿童分别被他们的母亲和保育者报告说合作较少和表现出更多的行为问题……而儿童到 3 岁时,找不出显著的由接受非家长保育的数量所造成的影响。”在这个研究中,非家长保育的质量水平对于儿童行为水平的影响非常小,而家长保育的水平和儿童—母亲的关系则与儿童行为水平有更强的联系。DeSchipper、Tavecchio、Van IJzendoorn 和 Linting(2003)报告称,荷兰的婴儿和学步儿每天的保育安排差异越大,他们对保育者就越不顺从,虽然这些结果没有达到统计上的显著性。

984

Feldman 和 Klein(2003)报告称,以色列的学步儿对母亲、父亲和保育者的顺从的情况相似,温暖的成人控制是与儿童顺从相关的最可靠的因素,而且母亲的敏感可以预测儿童对保育者的顺从情况。

总而言之,这些报告揭示了一种趋势: 早期入托与儿童的不顺从以及家庭中不太和谐的儿童—母亲互动有关。然而,几个矛盾的发现以及有证据表明不顺从构不成一个跨情境一致的特质,说明这种联系是具体情境的,并没有得到研究者很好的了解。这给出一个信号: 需要进一步的努力来理解这些可能是非常重要的联系的起因、信度和含义。

行为问题

儿童保育对于儿童行为问题的影响和对顺从的影响一样也产生了乍看之下似乎不一致的结果。一方面,Balleyguier(1998)报告称接受日托的法国儿童,比起仅接受家长保育的儿童在出生第二年里哭得更多,发脾气也更多,且在家中有更多的逆反行为。同样,在一个大型的回顾性分析研究中,Bates 等人(1994)评估了在儿童出生的第一年、第二至第四年和第五年接受非家长保育的程度与在控制家庭背景、性别和其他相关因素后,教师和母亲所报告的儿童多项适应指标得分之间的关系。在最近的时段里接受保育的程度的影响力最大,那些当前正在接受保育的儿童显得适应能力最差。另外,即使后来的保育经历产生的影响全被考虑进去,婴儿保育依然预示了儿童上幼儿园后不会十分适应。然而,有趣的是,较多的儿童保育与教师报告儿童较少的内部症状有关(例如身体不适、焦虑、压抑)。另外在 EPPE 多点研究项目(EPPE Project)中,英国儿童在 2 岁之前入托与他们在 3 岁和 5 岁时的行为问题的增多有关(Sylva et al., 2004)。此外,通过分析来自青少年全国纵向调查(NLSY)的数据,Baydar 和 Brooks-Gunn(1991)报告,在出生的第一年里就接受非家长保育的 4 岁白人儿童,比起晚些时候才接受保育或根本没有接受过保育的儿童,他们的母亲倾向于认为他们有更多的行为问题。相反,使用同样的数据集但不同的统计控制,Ketterlinus、Henderson 和 Lamb(1992)报告称,在出生的第一年或第二年里就开始接受并且至少接受了两年日托保育的儿童,比起没有日托保育经历的儿童,并没有发现有更多的行为问题。非家长保育对行为问题的短时影响也被 Borge 和 Melhuish(1995)加以研究,他们追踪研究了从 4 岁生日一直到上 3 年级,一个挪威乡村社区的全部儿童。那些在出生头三年里接受非家长保育的儿童,在他们 4 岁或 8 岁的时候,行为问题已不再普遍。那些在 4 岁和 7 岁之间接受更多机构保育的儿童,在他们的母亲和教师看来,7 岁和 10 岁时行为问题少很多,即使教师和母亲也报告了和行为问题的少许联系。教师而非父母报告在 4 岁之前接受更多日托保育的儿童在 10 岁时的行为表现要差一些。

在一个对中产阶级家庭中 6 到 12 岁儿童的回顾性分析研究中,Burchinal 等人(1995)报告称,婴儿日托对由母亲们报告的儿童存在内在和外在行为问题没有影响,虽然上过学前学校的儿童比起没上过的儿童有更高水平的外在行为问题。并且学前学校的经历可以预测非裔美国儿童而非白人儿童将会得到更为积极的行为问题评定。在一个深入干预的研究中,早产低体重婴儿在 12 个月时所开始接受的高质量保育,甚至与他们母亲所报告的儿童在 26 到 36 个月时的行为问题发生率的减少有关(Brooks-Gunn, Klebanov, Liaw, & Spiker,

1993; Infant Health and Development Program, 1990)。在每年举行的从幼儿园到六年级儿童的评估中,那些来自贫穷家庭在婴儿期便接受过保育的儿童,比起没有接受过保育的儿童,并不表现出更多的外在行为问题(Egeland & Hiester, 1995)。

985

Pierrehumbert(1994; Pierrehumbert & Milhaud, 1994)报告称,在 21 个月时与他们的母亲在"陌生情境"中表现安全的瑞士儿童在 5 岁时被他们的母亲评定为更富有攻击性,除非他们在出生后头 5 年里接受的非母亲保育超过平均数量,只有这样他们的攻击性水平才不会提高。然而,在一个晚些的对 89 个有 3 岁孩子的瑞士家庭的研究中,Pierrehumbert 等(2002)报告在儿童的行为问题和他们所经历的非家长保育的数量和类型之间没有关系,虽然保育者的价值观和态度在预期的方向上与儿童行为问题的水平有所关联。另外,Scarr 等人(1995)报告称,就像儿童的母亲和教师所报告的那样,儿童在保育机构呆的时间长短对于儿童行为的调节和管理能力没有影响,保育质量对于儿童行为的调节和管理能力影响也很小。然而,在这个对婴儿、学步儿和学前儿童进行的多地点大型研究中,儿童的家庭背景(社会阶层、父母的压力、种族)占据了变异的重要部分。此外,Jewsuwan、Luster 和 Kostelnik(1993)指出,那些被父母评价焦虑的 3 岁和 4 岁儿童适应学前学校更为困难,而那些被评定为好交际的儿童则有更为积极的反应,尤其是对他们的同伴。类似地,DeSchipper、Tavecchio、Van IJzendoorn 和 Van Zeijl(2004)发现,随意型儿童比起困难型儿童更加容易适应相似的保育安排且问题行为更少。这些结果强调了在研究儿童保育的影响时考虑儿童个体差异的重要性。

在这种混乱的研究背景中,一个最近来自 NICHD Early Child Care Research Network (2003a)的报告引起了相当多的关注,由于它清楚地指出儿童在出生的头 4.5 年里接受的非母亲保育的数量预测了儿童在家中或幼儿园中的外在行为问题(包括固执己见、不顺从和攻击性)。在母亲、保育者和教师所做的报告中,有较长保育历史的那一部分儿童问题行为增加的危险是明显的,而且即使当母亲的敏感性、家庭背景和儿童保育的类型、质量、稳定性的影响都被考虑进去后,这种保育历史的影响依然是显著的(见 NICHD Early Child Care Research Network 1998a, 2002a)。

有趣的是,发表于同样期刊的另一篇文章得到的关注却要少得多(Love et al., 2003),这篇文章说明了在另外三个多地点的大型研究中,这种相似的联系并不明显。Love 等人把这种研究结果的差异归结为这样一个事实:NICHD 的研究者所研究的多是保育质量非常一般的机构,而他和他的合作者的研究对象则是提供高质量保育的机构。在另外一个多实验地点的研究中,保育质量也被证明是非常重要的,这个研究包含了来自三个城市的低收入家庭的儿童。Votruba-Drzal、Coley 和 Chase-Lansdale(2004)报告称接受的家庭外保育质量越高,2 岁到 4 岁的儿童的外在和内在行为问题就越少,而且据 NICHD Early Child Care Research Network(2003a)报告,儿童呆在保育机构里时间量的增加能够为他们带来有益的,而非有害的影响。男孩们尤其能从高质量的儿童保育中受益。在一个类似的对 4 岁儿童的多实验地点研究中,Loeb、Fuller、Kagan 和 Carrol(2004)发现,在家庭日托环境中的儿童,比起接受其他类型保育,尤其是亲戚保育的儿童,有更多的行为问题。然而,在 NICHD

早期儿童保育研究中，高质量的保育看起来并没有削弱危险家庭因素产生的不利影响，除了来自少数民族和单亲家庭的3岁儿童，他们接受了低质量的非家长保育，被他们母亲评定不是那么亲社会。总体来看，NICHD早期儿童保育研究的结果证实了这样一个结论：比起非家长保育的程度或质量，家庭背景和关系因素对儿童的适应影响更大，虽然保育的程度对此也有显著的负面影响。

总而言之，非家长保育的质量，不管是否是通过儿童与保育者的依恋质量这个中介在起作用，看来调节着非家长保育对儿童行为和适应的许多方面的影响，虽然家庭经历似乎对儿童的行为有着最为重要的影响。因此，那些从婴儿期就接受非家长保育的儿童，比起没有这些经历的儿童，攻击性趋于更强，更固执己见，对成人也更少顺从。但当保育质量较好时，倘若这种联系确实存在，也是较弱的联系。但由此带来儿童对成人不顺从的影响却不那么明显，既因为对于顺从和不顺从的研究不是那么广泛，又因为不顺从不像一个显著特点，它总是关乎具体情境和具体关系。不幸的是，许多关注行为问题的研究并没有系统地评估保育质量，而且争论中的实际行为问题本身就是个混合物，包含了与同伴的不良关系，攻击性和不顺从。

986

个体的成熟

日托中儿童个体的成熟并不经常被加以研究，虽然有些证据表明，高质量的非家长保育促进了个体的发展。在哥德堡儿童保育研究中，母亲们使用Block和Block的加利福尼亚儿童Q分类量表(CCQ)形容自己孩子在28个月和40个月时的个性。她们的评定可以生成关于儿童自我适应力，自我控制和场独立性的分数(Broberg et al., 1989; Lamb, Hwang, Bookstein, et al., 1988; Lamb, Hwang, Broberg, & Bookstein, 1988)。儿童的个性成熟步伐随时间发展是相当稳定的，而且可以从对家长保育和非家长保育质量的观察测量中得到最好的预测。被母亲认为最成熟的是那些从非家长保育者和父母那里接受了更好保育的儿童。家庭日托保育组、家长保育组和机构保育组的儿童在任何年龄、任何个性水平上没有显示出这方面有差异。

这个研究中大多数的儿童(87%)在注册一年级的前夕(80个月大)和二年级即将结束时(101个月大时)接受了重测。研究者又一次使用了CCQ测量了儿童的个性成熟，但却很明显地呈现出一个不同的结果模式。那些从学步儿时期就接受家庭日托保育的儿童的成熟水平显得要低于其他组的儿童(Wessels, Lamb, Hwang, & Broberg, 1997)。另外，随着时间的变化，比起与父母呆在家里或加入了保育机构的儿童，接受家庭日托保育的儿童自我抑制不足减少较少，而自我适应力和场独立性增加得也较少。

没有其他研究者探索过不同类型保育产生的影响，大多数研究的是横断联系而不是纵向的联系。Hestenes、Kontos和Bryan(1993)表示，当3到5岁的儿童接受较高质量的保育安排时，保育经历会显示出更加积极的影响。适当的成人行为以及她们表现出的高水平保育程度尤其能带来显著的影响。在一个对保育机构中的婴儿、学步儿和学前儿童进行的大型研究中，儿童积极的自知能力也与高质量的保育相关，甚至在控制了社会阶层、种族和家庭背景的差异之后(*Cost, Quality, and Child Outcomes in Child Care Centers*, 1995)。

Reynolds(1994)报告称,学前和小学干预与在五年级时教师对儿童是否成熟适应学校的各种指标评定的提高有关。而且,如之前所讨论的(见"与保育者的关系"部分),那些与保育者形成安全关系的儿童,比起没有形成安全关系的儿童更有自我适应力,也具有更适当的自控(Howes, Matheson, et al., 1994)。

总而言之,尽管这类研究的数量不多,得到的结果却表明高质量的保育机构对于个体的成熟有着积极的影响,而接受了较低质量保育的儿童则往往不那么成熟。然而,这还需要在大样本中进行进一步的研究,尤其是考虑到 Wessels 等(1997)的保育影响存在随着时间而减少的现象。

认知和语言能力

许多研究者研究了儿童保育安排对儿童认知和语言能力的影响。随着时间的变化,这些结果逐渐揭示出一种清晰的模式。

早期发现

初看之下,在过去的 15 年里,非母亲保育对儿童认知和语言能力影响的研究似乎产生了矛盾和不一致的结果。这些表现出来的不一致强调了这样一个事实:儿童保育的影响必须在一种存在诸多复杂现象的情境中去考虑,包括家庭和父母的特点以及儿童保育安排的特点。当所有这些因素被考虑进去之后,才会产生一幅关于儿童保育和影响的更为清晰的画面。在第一部分,我们先回顾关于标准的保育安排或社区儿童保育处置影响的研究,接下来我们将转向一些关注儿童保育方案的研究,这些方案明确被设计用来提高那些可能会因环境而处于后来学业失败危险境地的儿童的发展。

987

一些早期的研究者报告称儿童保育对认知发展有负面的影响。例如,在一个对三年级儿童的回顾性分析研究中,Vandell 和 Corasaniti(1990a, 1990b)报告称,开始于婴儿期的大量保育与较差的儿童认知发展标准化测验得分相关,而且在一个规模较小的对瑞士儿童的研究中,非母亲婴儿保育与儿童 2 岁时较差的认知测试表现相关(Pierrehumbert, Ramstein, & Karmaniola, 1995)。运用来自 NLSY(N=1 181)的数据,Brooks-Gunn 和她的同事们(如 Baydar & Brooks-Gunn, 1991; Brooks-Gunn, Han, & Waldfogel, 2002)报告称,母亲在生育后第一年就参加工作与儿童在 3 岁和 4 岁时较差的认知能力有关,并且 Desai、Chase-Lansdale 和 Michael(1989)报告称,样本中男孩的语言能力较差。这些儿童在出生后第一年接受了各种不同类型的早期非家长保育(通常是由亲戚提供),几乎没有几个儿童加入保育机构。

一些其他的研究者报告称,既没有正面的也没有负面的影响。例如,Thornburg 等人(1990)发现早期儿童保育(全天或半天的,开始于婴儿期之前或之后的)并没有影响密苏里幼儿园儿童的认知成绩得分。同样,Ackerman-Ross 和 Khanna(1989)指出,在那些婴儿期或是呆在家里或是接受了机构保育的中班 3 岁儿童之间,在语言理解、语言表达和智商方面不存在差异。Burchinal 等(1995)发现在一个中班儿童的样本中,儿童上过学前学校或接受过基于中心的保育,与他们在 6 到 12 岁时之间在韦克斯勒儿童修订版智力量表和问题图画词汇测试中的认知或语言成绩得分(WISC-R 和 PPVT 得分)只有微弱的正相关。

对照来看,Clarke-Stewart(1987; Clarke-Stewart et al., 1994)指出,保育中心 2 到 4 岁的中班儿童在许多认知发展水平上的得分要优于只接受家长保育、家庭保姆照料或基于家庭保育的儿童,而且在质量更高的保育中心这种影响更大(见后面讨论)。另一个对在教育上有着优势背景的儿童的预期纵向研究揭示那些参加了一年学前学校项目的男孩,而非女孩,在二年级和三年级进行的能力测试中表现得更好(Larsen & Robinson, 1989)。在瑞典,Broberg、Hwang、Lamb 和 Bookstein(1990)在他们第二学年即将结束的时候(平均 101 个月),评估了参与哥德堡儿童保育研究的孩子们的言语智力。儿童在认知能力标准化测试上的表现,可由他们在 3.5 岁之前在基于中心的保育机构接受过多少个月的保育预测出来。相比之下,接受基于家庭保育的儿童组,比接受基于中心保育的儿童对照组和只接受家庭保育的儿童对照组表现要差。在一个回顾性分析研究中,Andersson(1989,1992)也同样发现婴儿期接受机构保育的儿童,在 8 岁和 13 岁时,即使在控制他们家庭背景的差异后,在认知能力标准化测验和教师的学业评定中得分仍然有显著优势。这些结果在很大程度上与来自挪威(Hartmann, 1991),新西兰(A. B. Smith, Inder, & Ratcliff, 1993)和英国(Wadsworth, 1986)的研究结果一致。

不同的得病几率或许可以解释这种研究的结果存在不一致的部分原因。例如,Feagans、Kipp 和 Blood(1994)表明,当接受机构保育的儿童得上慢性中耳炎时相比没有得病的儿童,在读书活动时间能够聚精会神的可能性要小很多。这些儿童也被他们的母亲评定为注意力不够集中。不幸的是,研究者并没有对疾病调节儿童保育影响的作用予以多少关注。团体保育环境中的儿童,比起那些暴露在较少可能感染源中的儿童,更易得病和感染,而这在儿童出生后两年内免疫系统还不成熟时可能对儿童尤为不利。

考虑到汇总在此的不相一致的研究结果,一个由 Erel 等(2000)进行的对 59 个研究的元研究显示,在有非家长保育史和家长保育史的儿童之间没有令人信服的认知能力上的差异。然而,如果一个研究者关注在欧洲进行的研究,那里的保育质量水平较高,便会发现较为一致的儿童保育对儿童言语和认知有积极影响的报告(Boocock, 1995; Scarr, 1998)。比如,Sylva 等人(2004)发现,学前学校的经历,尤其是在高质量的学前学校的经历,能够提高多实验地点 EPPE 研究中儿童的学业和认知表现,有儿童在学前学校中,以及他们 5 岁和 7 岁时存在积极影响的证据。就像我们在后面会提到的,保育的影响一般也根据儿童所处的环境略显不同,那些来自不利处境的儿童比那些处境有利的儿童更有可能从保育中受益,除非是高质量的保育,这样所有儿童才可能都受益。

988

来自低收入家庭的儿童

正如在课程丰富方案一节中所提到的,许多美国研究者已证明,来自低收入家庭的儿童都能从所参加的方案中获益,比如早期开端项目与幼儿早期开端项目,其目的在于提高处境不利家庭儿童的入学准备与学业表现水平(Spieker, Nelson, Petras, Jolley, & Barnard, 2003)。但是,这些成效往往因为没有后继的扩展教育而随着时间的推移逐渐削弱。

儿童保育安排能够减轻单调及混乱的家庭环境对儿童认知和语言发展的不利影响,即使是特殊干预方案也不具备这样的功能。比如,在一项关注低收入母亲与其二年级孩子的研究中,Vandell 和 Ramanan 报告母亲在婴儿出生后不到 3 年内就业与孩子的较好学业表现是相关的,在孩子学前阶段母亲一直工作的条件下这种情况尤为突出。同样,美国贫困社区中心保育质量通常能够得到保证,这对于来自低收入家庭的儿童前三四年的发展有着积极的影响(Loeb et al., 2004)。然而,有些学前课程,丰富的方案对来自家庭背景较好的儿童能力的提高却并没有起到应有的激励作用。例如,Caughy、DiPietro 和 Strobino(1994)报告,1 岁前进入儿童保育机构,对来自贫困家庭的五六岁的儿童来说是与他们当前较好的阅读识别得分相联系的,而对来自家庭条件较好的儿童来说则正相反。3 岁前开始进入基于中心的保育,对来自贫困家庭的儿童而言与较高的数学成绩相联系,对来自具有良性刺激家庭的儿童来说则同低分相联系。在英国进行的大规模托幼机构教育效果(EPPE)的研究表明,同家庭背景较好的儿童相比,家庭背景较差的儿童更能从学前学校的经历中获益。同样,Burchinal 等人(1995)在一项对中产阶级 6—12 岁儿童的研究中发现,是非洲裔美国儿童而非白人儿童能从学前学校中获益。

总之,似乎当来自低收入家庭的儿童参加富有刺激性的儿童保育中心时,他们会从中获益。相反,对最近英国的确保早期开端项目(Sure Start)和美国幼儿早期开端项目(Early Head Start)的评估发现,早期干预对来自最糟糕家庭的儿童有消极影响(Belsky et al., 2005; Early Head Start Research and Evaluation, 2002a)。家庭背景较好的儿童不能以这种方式从儿童保育中持久获益,可能是因为他们喜欢家庭中丰富刺激的环境。确实,早期广泛的儿童保育会有消极影响,特别是在语言发展方面,由于在良好家庭环境中成长而获得的优势会因为参加儿童保育而削弱(Burchinal, Peisner-Feinberg, Bryant, & Clifford, 2000)。然而,当儿童保育质量高时,来自所有家庭背景的孩子都能从中受益。积极的家庭因素(比如较高的家庭收入、母亲比较敏感、不太专制的儿童养育态度)与更为正面的儿童机能指标相联系,并能持续积极影响儿童,即使他们花大量时间在儿童保育机构上亦是如此(NICHD Early Child Care Research Network, 1998b, 2001c)。确实,同非家长儿童保育的质量或类型相比,家庭因素是儿童认知能力发展的更可靠的预测指标(NICHD Early Child Care Research Network, 2002a)。

儿童保育的质量与类型

高质量儿童保育同较好的认知和语言发展之间具有正面的联系,而低质量儿童保育同较差的结果相联系。这些结论在下列研究中都得到证实:百慕大研究(McCartney, 1984; Phillips, McCartney, & Scarr, 1987),芝加哥研究(Clarke-Stewart, 1987),儿童保育和家庭研究(Kontos et al., 1994),花费、质量与儿童的结果研究(Peisner-Feinberg & Burchinal, 1997),哥德堡儿童保育研究(Broberg et al., 1990; Broberg, Wessels, Lamb, & Hwang, 1997),NICHD 关于早期儿童保育的研究(NICHD Early Child Care Research Network, 1994, 1999b, 2003b, in press),托幼机构教育效果(EPPE)研究(Melhuish, Sylvia et al., 2001; Sammons et al., 2002, 2003; Sylva et al., 2004),和在北爱尔兰进行的一项大型多

地点研究(Melhuish, Quinn et al., 2001; Melhuish et al., 2002a, 2002b),以及其他几个小型研究(Field, 1991a; Hartmann, 1995)。不管质量是如何测量或者特殊类型的教育方案是如何实施的,各国都得出相类似的结论(Boocock, 1995; Tietze & Cryer, 1999)。然而这种影响随着时间的推移而减弱,原因可能是由于高质量保育的有益效应随着儿童越来越多的接触缺少刺激的环境而削弱,不管是在家庭还是在学校。

989

对于认知刺激环境的特征来说,当积极的成人—儿童关系(Meins, 1997; van IJzendoorn, Dijkstra, & Bus, 1995; Williams & Sternberg, 2002)与平等的同伴交往(见"与同伴的关系"一节)普遍存在时,高质量的认知和语言刺激就可能成为现实。因此,NICHD Early Child Care Research Network(2002a)所做的结构方程模型显示,保育提供者的训练和成人儿童比都通过其对保育质量的影响而对儿童的认知能力产生影响的结论毫不令人感到吃惊(比如,保育提供者对非烦恼、分离、认知发展的刺激和贸然闯入的敏感性,以及教室内的混乱、过度控制和情绪氛围的特征,还可参见 Burchinal 等人,2000; Peisner-Feinberg 等人,2001)。同样,近期受过高水平训练及较好教育,从事基于家庭的保育人员能够给孩子提供更丰富的学习环境和更贴切的照料。当环境中的人数规模与所推荐的相一致时,这种联系会进一步地放大(Clarke-Stewait et al., 2002)。

我们或许认为,任何类型保育的效果会因为基于中心或基于家庭的环境中儿童与保育提供者之间形成的关系不同而发生变化(见"保育提供者之间的关系"一节)。遗憾的是,儿童所接受保育质量的差异以及一些儿童先后或同时经历不同的保育环境的事实,使得关于这些主题的研究趋于复杂化。但是 NICHD Early Child Care Research Network(2002c)的研究为我们了解同等质量的家庭或保育中心照料各自的相对价值提供了很好的帮助。正如在其他研究(Broberg et al., 1997; Burchinal et al., 1995; Caughy et al., 1994; Clarke-Stewart et al., 1994; NICHD Early Child Care Research Network, 2002b, 2003b)中所发现的,在认知和语言发展方面,保育中心的照料似乎比基于家庭的照料更具优势,其原因可能是与在非正式的环境中相比,保育中心通常是更为丰富的语言环境,其间儿童有更多的机会接触发展性的刺激事件。在保育中心儿童还能比在家中拥有更多的同伴,以便进行更多的讨论与争辩,从而促进语言的有效使用。

研究者还期望了解对于处在特殊的发展阶段儿童,其在保育中心的经历是否具有特别的效用。在 NICHD 研究(NICHD Early Child Care Research Network, 2000c)以及母亲就业的研究(Baydar & Brooks-Gunn, 1991; Brooks-Gunn et al., 2002)中发现,同后来高质量的父母养育相比,前两年对儿童的精心照料和个人语言刺激对以后认知和语言机能的发展有更大的帮助(Siegel, 1999)。另外,在 3 岁时,母亲非全职工作以及接受基于家庭保育的儿童比那些经历其他形式的高质量保育的儿童具有更好的认知与语言技能。因此,基于家庭的非家长保育对儿童认知和语言发展的积极作用在 24 和 36 个月时表现明显,而不是在 54 个月,因为,此时同伴(同家长相比)刺激开始变得重要起来(NICHD Early Child Care Research Network, 2000c)。

课程丰富方案

通过对尤其是在美国开展的、精心设计的课程丰富方案的效果进行研究，儿童保育对发展不同方面的影响，特别是在认知技能和学业表现方面的影响效果得到了很好的阐明。

早期开端项目的历史

对来自贫困家庭儿童的补偿性课程丰富方案其长期和短期的效果加以评估的努力从来就没有停止过。对该主题的关注可以在约翰逊总统推进的两次改革运动——"伟大社会"(Great Society)和"向贫困开战"(War on Poverty)中得到体现，伴随着20世纪60年代中期这些方案在全美范围内的迅速扩展，人们很大程度上表现出一种异常乐观的情绪(Steiner, 1976; Zigler & Muenchow, 1992; Zigler & Valentine, 1979)。在这一背景下，1965年早期开端项目的实施成为美国努力提高儿童福利的集中体现。尽管针对早期开端项目的系统性研究令人吃惊地不足，但是由于该计划花费巨大且需要大量的赞助者，因此，争论也是旷日持久。

在20世纪50年代末，社会学家开始收罗证据以证明人类能力比以前所认为的更具可塑性(如，Bloom, 1964; Hunt, 1961)。作为对此种认识的回应，人们建立了少数具有榜样意义的学前学校方案并对其加以评估。所获得的结果表明了补偿性教育的价值所在，尽管绝大多数研究者最初的目的是寻求比较不同课程和教学方法的相关功效，而不是补偿性学前学校本身的效果(如，Bereiter & Engelmann, 1966; Caldwell & Richmond, 1968; Copple, Sigel, & Saunders, 1984; Gray & Klaus, 1965; Stanley, 1973)。在这一有计划的研究发展到能够允许对深入的模式干预进行评价和微调的程度之前，政治压力和资金利用等方面的问题导致未成熟的早期开端项目在全国范围内的推广实施。早期开端项目最初是为贫困家庭儿童量身订制的暑期先行方案，后来迅速变成学前儿童进入学校系统之前的一两年里参加的为期一年的课程方案。到1965年夏天，有大约50万儿童参加了早期开端项目。而到了1998年，有80万的儿童参加了该计划，其中大部分儿童每天参加几个小时。与此同时部分母亲也参加针对家长的教育与技能发展培训班，通常是在同一场所进行(Administration for Children & Families, 1999)。

990

早期开端项目总是变化很大，主要是因为联邦政府管理部门明确遵从基层客户的意见，正是因为他们的忠实帮助才使得该方案能够繁荣发展40年。绝大部分方案强调要为儿童提供直接的服务，这也是最实际的(S. L. Ramey & Ramey, 1992, Roberts, Casto, Wasik, & Ramey, 1991; Wasik, Ramey, Bryant, & Sparling, 1990)。同样，家长的参与被广泛地认为是成功早期干预方案的重要条件，然而父母的参与程度会随着方案的不同而有很大的差异(Comer, 1980; C. Powell & Grantham-McGregor, 1989; D. R. Powell, 1982; Seitz, 1990)，只有少数早期开端项目方案包含具有潜在价值的家访内容(Roberts & Wasik, 1990, 1994)。

早期开端项目最初是作为一种广泛关注补偿和丰富课程的方案，但是政客们很快把它描绘成(在很大程度上)是为了提高儿童的学业成绩而设计的。当然，注册后旋即加以评估既不能追踪儿童在学校的行为也不能记录他们的成就，因此就作出了致命的决定，转而对智商进行测量。智商是心理学家和教育家们广为涉及的一种结构,而且能够迅速而可靠地加以测量(J. S. Kagan et al., 1969)。遗憾的是,这个决定和最初的一些结果却促使人们对贫穷所带来的问题产生一些不切实际和过于简单的观点,以至于对干预产生了怀疑(Sigel, 1990)。

尽管有证据表明,智商的短期提高可归因于动机的提高而非智力的提高(Zigler & Butterfield, 1968),但是最初的结果却使那些政治和学术上的倡导者们欣喜不已:参加早期开端项目后儿童的智商分数比刚注册时高,参加早期开端项目的儿童其智商分数明显高于那些没有参加的对照组儿童。然而,这种喜悦很快就随着 1969 年"威斯汀豪斯报告"(Westinghouse Report, Cicirelli, 1969)的颁布而烟消云散。这一大型多地点的评估证实,参加早期开端项目方案的儿童确实拥有比较高的智商,但是这种优势在儿童离开方案进入正规学校系统后便迅速减弱。"威斯汀豪斯报告"在所采用的方法上太过复杂,在当时曾受到广泛的批评(D. T. Campbell & Erlebacher, 1970; Datta, 1976; Lazar, 1981; M. Smith & Bissell, 1970),但是其他研究者也报告了类似的结论(比如 McKey et al., 1985)。总之,这些报告引起了以下几方面的反响:(1) 相关的批评,即补偿性教育是被错误推进的失败措施而应予以摒弃(Jensen, 1969; Spitz, 1986);(2) 有关的努力,强调早期开端项目的主要(非智力方面的)目标(比如医疗改善、心理健康、口腔保健)没有得到评估(D. J. Cohen, Solnit, & Wohlford, 1979; Hale, Seitz, Zigler, 1990; National Head Start Association, 1990; North, 1979; Zigler, Piotrkowski, & Collins, 1994);(3) 有关争论,从业人员需要认识到早期开端项目的短期贡献,并且可以在进入公立学校后继续用丰富的课程来使之完善(Doernberger & Zigler, 1993; S. L. Ramey & Ramey, 1992);(4) 相关建议,儿童越早进入方案,干预就越有效(S. L. Ramey & Ramey, 1992);以及(5) 认识到贫穷具有多方面性和多影响性,因此,对该效应的改进将需要复杂的、多面的、多策略的、广泛的干预才行(Sigel, 1990)。20 世纪 90 年代出现的为 3 岁前儿童制定的幼儿早期开端项目正是代表了对这些观点迟来的反应,正如前面"家长儿童中心"部分所介绍的。

991

学前教育干预方案的后期评估

纵向研究协会(The Consortium for Longitudinal Studies, 1978, 1983; Darlington, Royce, Snipper, Murray, & Lazar, 1980; Lazar, Darlington, Murray, Royce, & Snipper, 1982)使用同一标准的测量工具跟踪了 11 项早期干预研究的被试。研究者的分析证实,尽管研究者能够在学业表现的其他方面辨别出存在的重大组间差异,包括留级和中途退学,儿童从所参与的方案结业后,该方案对其智商的影响会迅速减弱(也可见 Barnett, 1995; Karoly et al., 1998)。这些纵向研究几乎都没有涉及早期开端项目的结业者,一方面是因为早期开端项目组和对照组的分配不是随机的,另一方面是因为各早期开端项目方案间存在显著差异,因此不能期望存在持续的效应。尽管存在方法上的缺陷,但是其他报告显示从早期开端项目结业的儿童具有更好的学业表现。例如,Hebbeler(1985)、McKey 等(1985),以及 Copple、Cline、Smith(1987)报告,同没有参加早期开端项目的对照组儿童相比,从早期开端项目结业的儿童更容易得到提升,在学校表现更让人满意,具有充足的营养和健康保健。由于早期开端项目方案的质量有如此之大的差异,因此如果把重点放在好的方案和其结业儿童身上的话，其效果可能会更好更持久(Gamble & Zigler, 1989)。以下报告与上述假设是相一致的，Bryant、Burchinal、Lau和Sparling(1994)指出，早期开端项目班级的质量——运用Harms和Clifford(1980)的ECERS量表评估测得——同标准化成就测验、入学准备以及在早期开端项目最后一年的智力是相关的，而跟其家庭保育的质量无关。绝大部分班级在质量上为“勉强”，没有一个被认为是“适宜发展的”。当然，这些发现强调有必要提高早期开端项目的整体质量(同样见Gamble & Zigler, 1989)。

Currie及其同事(Currie, 2001; Currie & Thomas, 1995, 1999, 2000; Garces, Thomas, & Currie, 2002)探讨了早期开端项目的长期影响，并不采取对结业和非结业者加以追踪的办法，而主要从全国纵向调查(National Longitudinal Survey, NLS)和收入动态定组研究(Panel Study of Income Dynamics, PSID)等大型非实验的纵向研究中选择样本进行追踪。在第一个研究中，Currie和Thomas选择NLS中参加早期开端项目方案的儿童为被试，与他们没有参加方案的兄弟姐妹进行比较，因为以兄弟姐妹作为比较能够控制家庭背景的影响。他们的分析显示，预料的测验得分增加是与参加早期开端项目相关的。Currie和Thomas是率先对来自不同种族背景的被试成绩进行比较的研究者。他们发现，对白人儿童来说，参加早期开端项目的优势能够持续到青春期，他们一直都不会处于年级中落后的一族；然而对非裔美国儿童来说，他们在小学低年级开始后该效应便会减弱，可能是由于他们进入的小学质量较差——甚至比非裔美国儿童就读学校的平均水平还低(Currie & Thomas, 2000)。其他研究者也发现类似的结论，即早期干预对高危儿童有更大的益处(Brooks-Gunn, 2003)。

在随后的研究中，研究者在1995年的PSID浪潮中，访谈1965到1977年间出生的白人与黑人，当时他们的年龄在18到29岁之间。在控制背景变量后，Garces等人(2002)发现，参加过早期开端项目的白人同其没有参加的兄弟姐妹相比，有高出20%的可能性来完成高中学业，进入大学的可能性则高28%。但是对非裔美国人来说，参加“早期开端项目却没有收到类似的效果。此外，参加过早期开端项目的非裔美国人同其没有参加的兄弟姐妹相比，在被记录或控告有犯罪侵犯方面要低12%，白人在这方面则没有显著性差异。Kreisman(2003)使用一般成长混合模型(general growth mixture modeling)这一创新分析工具进行分析，也同样显示参加早期开端项目的不同组儿童具有不同的发展轨迹，但是她没有找到不同组别儿童的特征(比如，种族背景)。

至于超出课程方案时间段跟踪结业者的早期干预方案，我们可将关注集中在始于1962年的佩里学前学校方案(Perry Preschool Program)，该学校位于密西根的伊普西兰蒂(Barnett, 1985, 1993a, 1993b; Berrueta-Clement, Schweinhart, Barnett, Epstein, & Weikart, 1984)。128名来自低收入家庭的非裔美国儿童被随机分配到控制组和干预组。干预组的儿童在3到4岁大时每天接受2.5个小时的课堂指导，持续一学年30周，其中13名儿童为期1年，45名儿童为期2年。另外，每周大约花费90分钟对母亲与儿童进行访问。在随后的11年中每年都要对这些儿童和他们的正式记录进行重新评价，并且在14、15、19和28岁时，分别进行一组主要集中于成就、能力和学业表现方面的测验(Schweinhart,

992

Barnes, & Weikart, 1993)。数据表明,参加方案的儿童同对照组儿童相比,在9岁和14岁时成就得分更高,从高中毕业的可能性更大,就业的可能性更高,在19岁以前都没有进过监狱,收入更多,绝少拥有28岁前经常被捕的经历,较少依靠福利救济。

对这个方案的广泛关注更多集中于用金钱的方式来评估参加学前学校方案的花费与收益的决策(Barnett, 1993a, 1993b)。广为人知的数据表明,为每名参加方案的儿童平均投资为12 356美元,到其28岁时可获益70 876美元。收益表现为完成学业、较高的收入,而较少的花销则体现在监禁和福利方面。预计这种成效会比较持久,因为可能最初投资比学前学校方案或早期开端项目方案的平均成本要高得多。

佩里学前学校方案的结果突显出长期高质量学前教育干预的潜在价值,但并没有反映出早期开端项目这类大型方案具有类似的功效,后者在相对较短的时间内服务不同的对象而在质量方面却缺乏严格的把关(Zigler & Styfco, 1994)。对质量引起足够关注的话可能会提高像早期开端项目这样的早期干预方案的一般功效。同样,通过对方案的扩展,诸如招收年龄更小的儿童、提供全天服务,或在儿童进入下一级学校以外继续提供丰富的活动内容,也能够帮助来自贫困家庭儿童在学前学校提高智力方面表现的效果(见 Clark & Kirk, 2000; Cryan, Sheehan, Wiechel, & Bandy-Hedden, 1992; Elicker & Mathur, 1997; Fusaro, 1997; Gullo, 2000; Sheehan, Cryan, Wiechel, & Bandy, 1991; Vecchiotti, 2003),尽管英国的大型托幼机构教育效果(EPPE)研究表明全日制和半日制课程方案的影响并没有差异(Sylva et al., 2004)

欧洲的干预方案

在大多数欧洲国家,学前学校方案(通常类似于美国的幼儿园)在学校教育正式开始前一年或几年里是强制性的,因此,学前学校方案对入学准备的影响还没有被广泛的研究。然而,现在在整个欧洲却针对这些学前学校方案的结构、内容和目标产生了公开的争论。一些教育者期望将重点放在认知能力的发展上,而不是儿童的社会化和探索活动,只有在涉及39个工业化国家的8年级儿童基础阅读和数学能力的跨文化差异研究上这一争论才变得更为激烈(OECD, 2002)。这不仅引发了对不同学校系统教育质量问题的思考,还产生了关于学前学校方案如何为儿童入学做准备的问题。早期开端项目对英国大多数儿童和家长显然具有适度和积极的影响,尽管对最贫困家庭的儿童具有消极作用(Belsky et al., 2005)。

早期干预

20世纪60年代末,C. T. Ramey及其同事(C. T. Ramey, 1992; C. T. Ramey & Smith, 1997)持续对来自北卡罗来纳地区参与Abecedairan干预方案的儿童进行研究。该研究是对象的婴儿期,所有儿童都来自贫困的非裔美国家庭。在3个月大时,其中有一半儿童进入全日制、全年运作的基于中心的干预方案,为其之后的入学做准备。该方案持续到儿童入幼儿园为止。入幼儿园后,其中每组一半的儿童再开始参加一个干预方案,并一直持续到小学三年级。

在6到54个月之间的每次评定中,干预组大部分儿童的智商处于正常水平(Martin, Ramey, & Ramey, 1990),进入幼儿园时,实验组儿童的智商比对照组高8.5分,在二年级时，这种差异缩小到 5 分(C. T. Ramey & Campbell, 1984, 1987, 1991, 1992)。在刚进入幼儿园时，实验组幼儿在叙述技能的测量上比控制组表现要好，但到来年春季时这些差异就不再显著(Feagans & Farran, 1994)，班上其他儿童在造句测验上的表现比来自实验组或控制组儿童的表现要好。干预组儿童在 5—7 岁时，会话测验表现得更好；学校表现和学业成就表现更优；他们很少留级；当他们接受学前学校干预时也更少具有特殊教育的需要(F. A. Campbell et al., 1995; F. A. Campbell & Ramey, 1990; Hovacek, Ramey, Campbell, Hoffman, & Fletcher, 1987)。之后的评估表明，干预组儿童比没有接受干预的儿童完成更多年的学校教育(F. A. Campbell, Pungello, Miller-Jonhson, Burchinal, & Ramey, 2001; F. A. Campbell, Ramey, Pungello, Sparkling, & Miller-Johnson, 2002)。但奇怪的是，小学教育的课程丰富措施却几乎没有影响(F. A. Campbell & Ramey, 1994, 1995)。

Wasik 等(1990)后来指出，Abecedarian 干预如果是在基于家庭的教育方案层面来实施的话效果会更好，这就是后来的“保育方案”(Project CARE)。在 54 个月之中所进行的每次评估都表明，在“保育方案”中同时接受集中于中心和集中在家庭的干预的儿童，比只接受中心干预的儿童表现更好。然而，根据 C. T. Ramey、Ramey、Hardin 和 Blair(1995)的研究，尽管其他研究已经证明家访有效，但他们的集中家访却对儿童表现和他们的家庭影响甚微(Seitz, 1990)。

Burchinal、Lee 和 Ramey(1989)对比了来自贫困家庭黑人儿童的发展轨迹，这些黑人儿童(1) 在 2 到 3 个月大时参加了强化干预方案；(2) 平均 20 个月大时进入社区儿童保育中心；或(3) 没有或只有极少的儿童保育经历。在 6 到 54 个月间每半年进行一次评估，使用“贝利心理发展指数测验”(Bayley Mental Development Index, MDI)，斯坦福—比奈智力量表(Stanford-Binet)和 McCarthy 量表加以评估，结果表明干预组儿童一直表现最好，其次是那些处于社区保育条件下的儿童，再次是拥有少量儿童保育中心经历的儿童。这个结果说明，社区儿童保育对来自贫困且缺少刺激环境家庭的儿童的认知表现有积极影响，尽管缺少对两个非实验对照组的随机分配影响了评估的因果性质。“纽约市婴儿日托研究”(New York City Infant Day Care Study; Golden et al., 1978)也证明了这种情况。在该项研究中，对于那些条件差的儿童而言，父母选择在婴儿 18 和 36 个月时把他们送到日托中心，相比那些父母选择主要将其放在家中保育的儿童智商得分高。

后来 Sparling 等(1991)又依据 Abecedarian 方案发展出一个强化干预方案——婴儿健康发展方案(Infant Health and Development Program, 1990)，该方案主要针对低体重早产儿的大规模随机控制研究而制定。随机将母亲和婴儿分配到方案(干预)组或控制组。方案包括为期三年的医院治疗后的每周家访，12 到 36 个月大时高质量的教育导向日托照料，每两个月一次的家长小组会议。参加这个方案的婴儿在 36 个月大时智商都有显著提高(Brooks-Gunn et al., 1993; C. T. Ramey et al., 1995)。方案对体重较重婴儿的影响要比对体重较轻的婴儿影响更大，不过在接下来的 3 年里方案对这两组儿童的影响都具有显著的统计学意义(C. T. Ramey et al., 1995)，但在 5 岁时只对出生体重较重的婴儿影响显著(Brooks-Gunn et al., 1994)。干预对那些母亲教育水平最低的婴儿具有强大的效应，对那些母亲大学毕业的婴儿则没有影响(C. T. Ramey et al., 1995)。后继分析显示,干预对智商的重大影响随着家庭参与程度以及从为他们所提供的服务获益程度的不同而变化(Blair, Ramey, & Hardin, 1995; C. T. Ramey et al., 1992)。这和其他证据是一致的,即越是强化的方案对儿童发展的影响越大(S. L. Ramey & Ramey, 1992)。而且,儿童健康与发展方案、Abecedarian 方案和"保育方案"的结果都强调了为儿童在家庭外的环境提供直接保育和刺激的重要性。

有人呼吁应该尽早对存在心理社会危机的儿童实施干预,作为对这种呼吁的反应,美国儿童青少年与家庭管理部(Administration for Children, Youth and Family, ACYF)在 1994 年开展了幼儿早期开端项目,并在 1995 年资助了最初的 143 个方案。到 2002 年,在美国全国范围共计有 664 个这样的方案服务于 55 000 名儿童。与早期开端项目一样,方案主要随当地需要和资源的不同而有很大差异,其中有的方案从母亲怀孕持续到婴儿出生后 3 年,一直为婴儿、学步儿和他们的父母提供基于家庭、保育中心或者两者兼具的服务(Early Head Start Research and Evaluation Project, 2002b)。为了评价幼儿早期开端项目的实施与成效,美国儿童青少年与家庭管理部还针对那些从当地方案中获得或没获得服务的家庭实施了一项随机分配研究。幼儿早期开端项目研究与评估项目(Early Head Start Research and Evaluation Project 2001, 2001a)发现,幼儿早期开端项目服务对父母的行为具有显著的支持和肯定作用,同时对二三岁儿童的认知表现、语言发展和社会情感行为也有重要影响。当家庭参与那些能够提供广泛服务的方案时,特别是当这些方案提供基于家庭和中心的服务时,方案的成效就会得到加强。非裔美国儿童从方案中获益最多,而白人儿童获益最少,那些参加最差方案的儿童则受到不利影响。尽管接受幼儿早期开端项目服务的儿童比控制组的儿童表现更好,但值得注意的是,他们的得分仍然低于全国标准;而参加更为强化和广泛的 Abecedarian 方案的儿童表现在全国标准左右。

994

学前教育方案结业者的补充丰富服务

公立学校的课程丰富方案(比如 Program Follow Through)是为了减少儿童因离开课程丰富方案而导致的智商下降(Doernberger & Zigler, 1993; Kennedy, 1993)情况而设计的,然而遗憾的是,这些方案从来没有得到很好的资金支持,因此,尽管少数但具有说服力的证据表明该方案确实有益,但在具体实施上却受到限制。Abelson、Zigler 和 DeBlasi(1974)以及 Seitz、Apfel、Rosenbaum 和 Zigler(1983)发现,在康涅狄格州的纽黑文,一部分离开早期开端项目进入"随后计划"(Follow Through programs)的儿童 9 年级时在智商测量、学业成就和社会情感发展方面的得分,要比参加传统学校方案的儿童得分高。在芝加哥实施了一项涵盖学前和学龄干预的全面对比实证方案,以学前和小学低年级阶段父母的参与作为补充。尽管和纽黑文的方案一样,两组儿童都不是随机分配的。Fuerst 和 Fuerst(1993)以及 Reynolds(1992a, 1992b, 1994, 1998, 2000; Reynolds, Temple, Robertson, & Mann, 2001; Temple, Reynolds, & Miedel, 2000)报告,在控制家庭背景的条件下,参加方案并结业的儿童与那些只接受传统学校教育的儿童相比,他们的阅读和数学成就得分更高,降级的可能性更小,更少会求助于特殊教育,也较少表现出犯罪行为倾向,从高中毕业的可能性更高。Reynolds(1994)进一步发现,参与方案小学部分获得的有益影响独立于方案的学前部分。然而有意思的是,参加方案前一两年的成效却几乎没有差异,这种现象表明,也许扩大服务儿童的数量要比延长参与方案的时间更有效(Reynolds, 1995)。Taylor 和 Machida (1994)报告,父母能够参与早期开端项目几个月的话,儿童的学习技能,尤其是儿童在课堂上的表现会有相应的变化。芝加哥"儿童—父母中心"(CPC; Reynolds, 1992b)的经验表明,父母保持这种介入的话,也会在确保方案对儿童表现的长期持续影响方面起到重要作用,尽管诸如位置、课程、父母参与率、家庭稳定性以及在低收入家庭儿童的比例等因素与参与学前教育相比,对儿童的影响较小(Clements, Reynolds 和 Hickey, 2004)。

小结

父母之外儿童保育的开启给儿童带来压力,特别是那些与母亲建立依恋后再参加保育的儿童。正如依恋理论学者们最初认为的那样,安全型母婴关系似乎不能够帮助儿童处理这些压力,因此,需要通过熟悉方案和建立支持性儿童—保育者的关系,以帮助儿童适应保育生活的开始。

995

即使在儿童保育开始后,家长的敏感性仍旧是影响儿童适应的主要决定因素,伴随母亲开始工作以及儿童保育带来的生活变化常常会影响父母的行为质量。家庭需要寻找途径补偿分离时段的影响,对儿童的需要给以敏感的反馈,以尽量减少或避免对依恋的安全造成负面影响。富于支持性的和安全的儿童—保育提供者关系在促进儿童幸福感上也发挥着重要作用。当然保育提供者并不能替代母亲。正如双向互动对于父母—儿童关系而言是核心的因素,保育提供者与团体中儿童相关的行为质量也是至关重要的。儿童—保育提供者的交互作用和团体理论的变化界定了环境的氛围,或好或坏但强有力地影响着儿童的适应行为。

对于独生子女来说,儿童保育能够以一种常规的方式为他们提供独特的机会,与同伴一起或被同伴加以社会化。但是,同伴关系的发展与重要性不仅仅受是否参与儿童保育的影响,而且还受社会认知和社会情感特征的制约,后者主要是在家庭内进行的社会化过程中形成的。另外,儿童保育经历能够培养良好的社交技能,限制不良社交技能的产生,这些社交技能反过来又会影响后来的行为适应与人格成熟。大量平庸或低劣的保育却是与行为问题的增长相联系的。

尽管纵向研究的结果极少令人失望,但是一切都表明,高质量干预产生的积极认知效应会随着时间的推移而逐渐减弱,只有通过持续高质量的保育和教育才能加以维持。当然,在学校取得成功需要具备一定的认知和语言技能,这些技能都受家庭经历和儿童保育机构经历的影响。因此,高质量的儿童保育能够抵消与父母接触中的不良经历所带来的负面作用。然而,这种高质量的儿童保育对来自家庭条件较好的儿童并没有太大帮助。反之,较差保育质量的效果却会因为儿童在家中接受的保育质量以及刺激的不同而产生差异。所以,部分来自支持性和具有丰富刺激的家庭的儿童,其表现可能会受到家庭之外保育经历的不良影响。

遗憾的是,很少有人尝试对不同课程或教学方法的相关效率加以评价,因此,我们不能确定成功方案的何种特征针对哪些儿童具有特定价值。同样，文献只能提供我们关于高质量保育有益影响的最一般性的结论，而不能提供有关特定方案和方法是否有价值的经验性结论。在面对越来越多的证据表明质量的影响比预期的要小得多时，针对特定方案和方法的研究就显得尤其有用。同样令人惊奇的是，很少能有证据证明早期开端项目的效果，尤其相对方案累积的巨大花销和每年的公共支出而言。

课外保育

6 岁左右（入学年龄随文化地区的不同而有所变化）儿童进入基础教育系统后，对非家长保育的需求并没有中止，尤其是当父母就业率随儿童年龄的增长而不断提高时，这种需求对学龄儿童的父母来说就更加突出，学龄儿童父母的就业率总是高于学前儿童或婴儿的父母（见“在美国和欧洲发生的模式改变：父母教养与非父母教养”一节）。美国 1997 年的数据表明，大约 78%的学龄儿童母亲外出工作，与之对应这个比例在 1970 年为 40%，在 1995 年为 75%（H. Hayghe, personal communication, 1995 年 10 月 17 日；Hofferth & Phillips, 1987; U. S. Bureau of Labor Statistics, 1987, 1998）。典型的上学日在校时间仅有 6 个小时，许多欧洲国家的儿童在上学日中午或结束后回家吃饭。如果期望母亲能够在家或附近工作，以便儿童回家时母亲能够照顾他们，那么这样的操作便制度化了。显然，目前在大多数发达国家中这些情况已不复存在。儿童从学校回到家中不再由他们的母亲负责照料，他们会参加正规的课外课程方案，接受邻居、亲戚或临时保姆的非正规指导，或干脆就没人照管。到 1999 年时，美国有 49%的 6—11 岁儿童接受某种正规的课外保育，保育者是受雇佣的，包括亲戚照顾（25%）、上学前或放学后方案（15%），或者基于家庭的儿童保育（7%：Sonenstein et al., 2002）。如果是单身母亲或母亲工作时间过长，那么上学前和放学后的非母亲保育安排就更加普遍了（NICHD Early Child Care Research Network, 2004），随之两种没有联系的文献产生了，一种关于无人指导的儿童特性，一种关于正规课后方案的效果。在此我们分别回顾这些文献。

996

自我照顾

根据 1999 年全美家庭调查（NSAF），330 万学龄儿童（占美国 6—12 岁儿童的 15%）在家中没有成人照管（Vandivere, Tout, Zaslow, Calkins, & Capizzano, 2003）。对 NSAF 数据的进一步分析表明，随着年龄的增长，儿童的自我照料变得越来越普遍：在 1999 年，6—9 岁中有 7%，9—12 岁中 26%，14 岁中 47%的儿童通常留在家中都是自我照料的（K. Smith, 2002; Vandivere et al., 2003），而且随着儿童的成长，无人照管的平均时间也逐渐增加（Vandivere et al., 2003）。与普遍的认识相反，无人照管的儿童并不主要是来自那些贫困家庭或少数民族社区。事实上，Vandivere 等人报告，同高收入和受教育水平较高的家长相比，低收入、受教育水平较低的家长很少在儿童放学后把他们独自放在家中无人照料。同样，Vandell 和 Ramanan（1991）使用 NSAF 的数据，报告当家庭收入和社会支持水平较低时，儿童放学后更可能得到照管。当母亲全职工作或者父母离婚或分居时，儿童的自我照料情况更加普遍(K. Smith & Casper, 1999; Steinberg, 1986; Vandivere et al., 2003)。西班牙裔儿童与非西班牙裔儿童相比，前者或许反而更少被置于无人照料的境地(Vandivere et al., 2003)。

从20世纪70年代起，人们开始广泛关注无人照管幼儿的安全及福利方面的问题(Bronfenbrenner, 1976; Genser & Baden, 1980)，这些无人照管的情况在绝大多数州都符合"忽视儿童"的法定概念。或许正是由于这种法律特征，使得父母不愿意承认其子女的保育状况。与针对中学生状况的研究相比，很少有研究探讨年幼儿童的社会心理和行为调节问题，对这些儿童不同的发展需要的关注更是少得可怜。尽管可以找出这样的例子，称一个无人照管的八年级儿童能够从这种自我照料中，学习对自己负责和独立，但是这样的结论推及到生活在城市社区的一年级儿童时就不合适了。

人们对"挂钥匙"儿童越来越关注是受到了Woods(1972)的影响，他研究了城市中五年级非裔美国儿童，发现同有家长照料的同伴相比，"挂钥匙"儿童中的女孩在认知/学业、社会和人格适应方面的测量得分更低。特别是无人照管女孩的成就测验得分更低，在学校与同伴的关系也更差。此外，根据对自我照料儿童进行开放式访谈，Long和Long(1983,1994)，得出结论，"挂钥匙"儿童更多地面临众多社会性、学业和情绪方面问题的困扰。其后，Richardson等人(1989)报告，洛杉矶和圣地亚哥这两个大城市中的八年级学生，如果他们更多时间内是自我照料的话，就更有可能吸食毒品。同样，那些放学后经常无人照看的青少年更有可能吸烟、酗酒和吸毒(Mott, Crowe, Richardson, & Flay, 1999; Mulhall, Stone, & Stone, 1996)。Vandell和Posner(1999)报告，常常自我照料的三年级儿童在三年级和五年级时有更多行为方面的问题，而在五年级时儿童进行自我照料的话则与行为问题没有关系。Pettit、Laird、Bates和Dodge(1997)报告，如果儿童在一年级和三年级时很多时候是自我照料的话，那么六年级时他的社交能力较差，而且在学业上表现更糟。即使控制了儿童早期适应和家庭社会阶层的差异，这些联系依然存在。而在Vandell和Posner的研究中发现，五年级时儿童自我照料量的多寡与六年级时的问题行为没有联系。Colwell、Pettit、Meece、Bates和Dodge(2001)报告，起始于一年级的自我照料同六年级时的行为问题是相联系的。社会经济地位也会影响这些联系；来自条件较差家庭的儿童更可能在自我照料与行为问题或较差的学业表现之间找到显著的相关(Marshall et al., 1997; Vandell和Posner, 1999)。

与之相反，Galambos和Garbarino(1983)报告，在一个农村社区里，不管儿童放学后是由家长照管还是自我照料，五年级和七年级儿童在学业成就、班级中的适应、学校中的调适以及恐惧等方面都没有差异；Rodman、Pratto和Nelson(1985)以年龄、性别、家庭结构和社会经济等作为变量对四年级和七年级儿童进行的研究也得到了同样的结论，在控制地点、行为适应和自尊方面并不存在差异。同样，Vandell和Corasaniti(1988)指出，放学后自我照料的郊区中产阶级白人儿童与其他由母亲照料的儿童相比，两者之间并没有差异。事实上，与那些进入正规课后方案的儿童相比，"挂钥匙"儿童在学校的表现似乎更好。母亲的婚姻状

997

况并没有对这些异同之处起到控制的作用。

Vandell 和 Ramanan(1991)后来又对母亲是 NLSY 参与者的三到五年级儿童进行研究,在 390 人的样本中只有 28 名放学后没人照管的儿童出自未成年的、贫困的和少数民族的父母,显然这不成比例,从而限制了该研究结论的力度。尽管与放学后接受其他形式(非母亲)保育的儿童相比,那些放学后没人照管的儿童被认为是更加顽固和更为多动的,但是"挂钥匙"儿童和由母亲或其他人保育的儿童在行为问题的总数方面却没有差异。放学后接受其他形式保育的儿童比那些放学后由母亲保育的儿童更少会有行为方面的问题,PPVT 得分更高。然而在统计意义上对家庭收入和情感支持加以控制的话,所有这些差异都消失了,这可能是由于母亲照料是贫困且缺乏情感支持家庭中最主要的一种选择。同样,1999 年 NLSY 收集的全国范围的代表性数据分析表明,不管儿童是否主要是自我照料的,6—12 岁儿童在行为问题方面没有差异(Vandivere et al., 2003)。

正如 Steinberg(1986,1988)所指出的,研究者需要区分几种不同的情况,即使在放学之后这些儿童都得不到父母的照顾:有些是独自在家;有些是去朋友家,在那他们也许可能得到朋友家长的照料,但通常是得不到的;还有一些在商场或其他公共场所游荡。Steinberg 认为,这些区别可能同儿童的心理社会状况的差异有关,尤其当他们迫于反社会倾向同伴的压力更会导致这种差异。正如预测的那样,当来自郊区的五、六、八、九年级儿童在公共场所游荡时,好像更容易受到具有反社会倾向的同伴的压力影响(在 Berndt 发明的儿童对假想片段加以反应的一种测量中可以得到体现,1979),那些去朋友家的儿童比独自在家的儿童更易受影响(Steinberg, 1986)。事实上,独自在家的儿童与那些在成人照管下的儿童并没有差别。Steinberg 还指出儿童报告其父母的差异,那些自我照料的男孩的父母比那些由成人照料的男孩的父母更具纵容性,女孩的父母的纵容性与女孩得不到照管(成人照顾、在家自我照顾、在朋友家、游荡)的程度相关。父母纵容性本身同儿童对同伴压力的易感性相联系,而权威型父母教养(Baumrind, 1968)与对同伴压力具有较强承受力相联系。

Galambos 和 Maggs(1991)在一项纵向研究中得出了比较性结论,该研究的对象是位于郊区的加拿大社区中的六年级儿童,他们与父母一起居住。放学后不在家的儿童更多的是和同伴在一起,无人照管的女孩更可能有异常的同伴和较差的自我印象,行为发生问题的风险更大,尽管父母行为的纵容性有所收敛,可接受性有所提高的话可以减少这种危险。正如 Steinberg(1986)和 Rodman 等人(1985)早期所报告的,呆在家中无人照管的儿童和那些处于父母照管之下的儿童没有差异。

正规课后方案

正如由于儿童特征和环境的不同,导致自我照料可能会有不同的效果那样,课后照料对儿童的适应调节也会有不同的影响。但遗憾的是,这些问题还没有被很好地加以研究。学龄儿童保育(SACC)方案在美国不同地区实施,为数百万的儿童服务,保育的类型和质量也存在广泛的差异。在一项关于 30 个 SACC 方案的研究中,R. Rosenthal 和 Vandell(1996)报告,如果方案中人数较少、工作人员—儿童比率较低、工作人员能给以积极的情绪支持、可能进行的活动具有更多的多样性、消极的工作人员—儿童关系较少的话，那么儿童和其父母对方案评价就比较积极。Pierce、Hamm 和 Vandell(1999)也同样发现，较低的儿童—成人比与积极的工作人员—儿童关系以及较长时间的建构性活动相联系。这些质量上的变化显然非常重要：高质量的方案与积极的学业、社会性结果相关；反之，如果质量较差，则方案的效果就倾向于消极或不清晰(Vandell & Pierce, 1999, 2001; Vandell, Shuman, & Posner, 1999)。

998

针对诸多 6 岁儿童的方案，Pierce 等人(1999)发现，方案中与工作人员有积极接触的儿童，特别是男孩，与那些有消极的工作人员—儿童关系和同伴关系的儿童相比，问题行为出现较少，具有较高的学业成绩和较好的社交技能，对后一种情况中的家庭背景因素加以控制结果仍然如此。对这些儿童和方案的后继评价显示，大多数方案提供的服务质量平平或者刚好达到标准(Vandell & Pierce, 2001)，对四年级儿童而言，接受的课外保育方案质量越好，他们的学业表现就越好，也较少报告有孤独感。另外，当女孩而非男孩参加高质量方案时，她们会有更好的劳动习惯和社会技能。在 SACC 方案中，较好的同伴关系与较轻的抑郁相联系。

在一项针对美国密尔沃基市三年级儿童的早期研究中，对来自单亲、非裔、低收入家庭的儿童进行了过度抽样，Posner 和 Vandell(1994)试图藉此描述正规课后方案的成分和成效。母亲受过较好教育且家庭收入较低时，儿童往往会接受正规的保育；白人更倾向于不加照管地将孩子留在家中，而非裔家长则更倾向采纳非正规的课后方案。在控制这些统计因素后，Posner 和 Vandell 发现，参加正规校外方案的儿童比那些由母亲或其他人保育的儿童，在数学、阅读和行为表现上水平更高。而且前者相比那些由其他人员保育的儿童有更好的学习习惯和同伴关系。这些结论也许可以归结于这样一个事实：同其他儿童相比，在正规环境中的儿童花费更多时间与成人和同伴进行学业和丰富课程活动，而花在看电视和同兄弟姐妹玩耍的时间较少。与 Vandell 和 Ramanan(1991)的结论不同，Posner 和 Vandell 发现，在阅读水平、劳动习惯和行为问题方面，非母亲保育组的儿童表现要比母亲保育组的儿童差，可能是因为这些安排看起来前后不相一致而且日复一日充满了变数。这些儿童花费在非结构性户外活动的时间越多，他们的成绩、工作习惯和情绪调节方面就越差。当四年级和五年级时对这些儿童进行重测时发现，在三年级时表现和行为举止较好的儿童到五年级时会更多地参加富有帮助的课外活动(Posner & Vandell, 1999)。另外，在研究进行的几年中，更多进行非体育活动的非裔美国儿童在五年级时的适应较好。如果白人儿童花较多时间进行非结构性活动，他们的成绩就会更差，而且更易产生行为问题。最后，在不同地点进行的有关早期儿童保育的 NICHD 研究(2004)中发现，幼儿园的儿童和小学一年级儿童参加课后扩展课程活动，他们的标准化测验得分会更高，但是在控制背景因素之后，所有其他形式的上学前或放学后安排同儿童技能的测量皆无关。

小结

总的数据表明，放学之后儿童缺乏直接管教的话会对儿童产生影响，而且这种影响会随着儿童年龄、他们从事的活动，以及受父母监控程度的不同而产生变化。尽管研究者对儿童发展差异没有给以相当的关注，也没有对年龄最小儿童一旦没人照管时心理社会适应的情况进行研究，但成人的直接照管显然对儿童的适应起到了决定性的作用，而且至少持续到青少年中期。自我照料同八九岁(美国三年级儿童)期间较差的结果相联系，但是同年龄较大的前青春期儿童较差的发展结果没有联系。在青少年群体中，无论是儿童独自在家还是受父母(宽松地)监管其效应并没有一致的定论，但是那些不受监管，尤其是与无人照管的同伴一同游荡的儿童，则更容易惹上麻烦，行为产生问题，在学校表现糟糕。现在并不清楚是否由于单人房间和移动电话的日益普及会对照管的水平产生影响，抑或给父母一种安全的错觉，以为可以藉此了解和掌握孩子的行踪和活动。

根据调查统计的数据可以看出，一些幼儿园的孩子常常没人监管，但值得注意的是，研究文献却主要集中于三年级或更高年级的儿童，大部分研究是针对青少年早期的。从五年级开始，放学后通常在家的儿童不管成人是否在场，其行为和表现都没有什么差异，但与大人之间的距离可以解释放学后不回家的无人看管儿童间的差异。父母的管教行为显然以可预料的方式调整了这些差异。然而遗憾的是，所有这些发现都因缺乏纵向数据的比较而大打折扣，因为儿童间的差异(比如，按照他们自己的喜好与伙伴们相处)很有可能在研究进行之前就已存在，而不是由于不同的照管类型使然。

999

三四年级儿童参加正式的课后方案似乎能使他们在学业和行为方面表现更好，尽管这对于来自比较富裕家庭的儿童来说情况并不一定如此。参加正规方案的儿童似乎会随着成熟能更有建设性地利用时间，尽管大量的研究是针对10或11岁以上儿童的。然而有意思的是，针对家境不利和存在反社会行为倾向风险的十几岁儿童设计的娱乐方案，却对这些青少年并不具有预期的积极效果(McCord, 1990)。

结论

在对非家长保育进行了近三十年的广泛研究之后，我们已经取得了相当大的进展，尽管在家庭外的保育对儿童发展影响的机制方面仍然有很多东西值得学习和研究。之所以我们一直忽视儿童发展的过程，在很大程度上反映了研究者们在一些错误的问题上纠缠过多——首先关心“日托对儿童有害吗?”而不关注“儿童保育是如何影响儿童的发展?”——之后又一直拘泥于儿童保育和儿童保育质量的影响，而没有意识到儿童保育其实可以有各种形式，而且必须置于儿童的内在特征、发展轨迹和其他经历的背景下来看待。我们不应对儿童在家庭之外的经历具有成长的重要意义感到奇怪，尽管对这些经历的评估流于简单，而且由于缺乏开展真正实验研究的机会而限制了这方面的进展。此外，在涉及实际保育安排的研究、接受保育的数量与质量、保育开始的年龄、保育模式产生变化的数量与类型、评估结果的方式等方面，在研究内部以及各种研究之间存在大量的(而且通常是解释不清的)变异性。即使是对同样结果加以评估的话，在评估与注册年龄上、量化的均值，以及对照组的组成与选择方面，也往往得不出关于某种特定保育安排的假设性结论。

尽管研究的方法比较粗糙，但事实上我们还是能够确切地回答一些简单的问题。例如，我们现在知道，儿童保育经历不一定对儿童发展和他们的家庭关系产生有害影响，虽然这种影响的可能性是存在的。大部分儿童同其父母的关系不会因为他们是否接受非家长保育而产生系统性的差异。在家庭以外的机构接受保育的大多数儿童仍然更加依恋父母，而不会是老师和保育提供者。但是儿童通常会与同伴和保育提供者建立有意义的联系，这些联系能够影响到儿童以后的社会行为和人格成熟。此外，与同伴接触能为部分儿童（比如那些独生子女或天性害羞的儿童）提供家庭中得不到的机会，从而引导他们踏上不同的发展轨迹。

由于某些目前还未完全知晓的原因，早期处于质量较差的非家长保育环境中的儿童，可能会培养出刚愎自用、富于攻击性和一些行为方面的问题。正如人们曾经认为的，非安全型成人—儿童依恋不能调整此类影响，因为非家长保育的经历与非安全型母婴依恋之间并没有可靠的联系，但是儿童与保育提供者之间糟糕的相互关系，似乎确实能够造成对非家长保育儿童攻击性的影响。质量较高的机构中儿童与其稳定的保育提供者之间建有良好的关系，这些儿童比仅接受父母保育的儿童较少表现出攻击性。

婴儿和学步儿一旦开始接受非家长保育，无论是在家中还是在儿童保育中心，都会对其机能发展产生复杂的心理生物学和行为上的影响。在保育中心呆的时间较长的儿童，其适应不良行为，可能并不是对非家长保育效果的直接反映，而是折射出家长没有能力缓解因进入保育中心而产生的压力水平的提高。成功的适应要求对两种环境下相对的局限和益处加以小心的平衡，父母保育以减轻压力和调节情绪为特征，而保育提供者强调的是认知刺激和行为的调节。即使对儿童来说有大量时间是在保育中心度过的，但家仍旧是儿童生活的中心。因此，家长没有意识到儿童长时间呆在产生应激压力的保育场所之后与家人团圆之时是需要对其情绪进行调节的，并没能对这种需要及时做出反应，至少在一定程度上造成了儿童不会调节，以至于导致明显的错误行为的发生。

1000

非家长保育对儿童发展不能一贯或必然产生积极或消极的作用，任何这样的断言都需要在一些新的立场上得到进一步的澄清。其中最为重要的可以从这样一个事实来加以说明，即准实验研究毫无例外地不可能实现。因为儿童和家庭研究并不是随机分配到非家长保育组和完全家长保育组，先前存在的各组差异——特别是那些导致一些儿童而不是另外的儿童在一开始就进入非家长保育中——也许仍然能够解释所发现的一部分组间差异。对某些已知的各组差异和潜在影响因素（比如社会地位）加以统计上的控制，能够减少但不能完全消除这个问题，主要的局限是它们是对因素的不完善测量，这些因素是作为影响的线性的和独立的来源来加以操作化的。即使如此我们还是高兴地看到，研究者们仍在不懈地完善着他们对这些因素的了解。

另外，尽管近来研究者在对大多数儿童所经历的保育环境进行抽样的范围方面做了很好的工作，但是研究中还是不成比例地排除了质量最差保育的环境。最为深入的研究仍然倾向于过度反映北美中产阶级白人通常遇到的、保育质量较高的保育中心的情况，而较大型的在各地进行的研究和调查则应包括更为分散的、更具民族代表性的团体。然而由于各种各样的原因，大型多地研究（但不是NICHD研究）很少包括微观分析的部分，因此在讨论行为观察的问题时，抽样的局限性就成为尤其重要的一个考虑方面。

随着时间的推移，研究者的研究重点明显从组间策略转向组内（相关）策略。大部分采用此类策略的研究者已试图对保育质量的预期重要性进行评价，其中的一个明确共识是，被广泛定义和测量的保育质量影响了非家长保育对儿童发展的影响。有趣的是，质量的提高即使对于样本范围的最高端群体也具有显著的积极影响，这表明保育质量不再起作用的门槛已经不复存在。然而，影响程度要比预想中的小很多，尽管研究者必须在复杂相关模型的背景下评价质量的重要性，该模型还包括一系列其他的潜在影响，使得我们越发怀疑是否真的曾经绝对真实地知道质量有多么重要。近来对保育质量的广泛关注还使研究者们忽略了许多影响儿童发展的其他因素。发展心理学家现在已经知道，行为发展的各方面决定因素是复杂而多重的，因此，在同时考虑所有重要影响因素时，单个影响的绝对值就可能显得非常小了。因此作出某些结论就可能是错误的，比如，保育质量其实并不重要，因为相关系数甚小。基于这样的逻辑，几乎任何因素都可视为不重要。对于复杂的发展过程究竟是什么应该有一现实的理解，它可以促成这样一种转变，即从简单地寻求"一矢中的"，转而对复杂的发展模型作耐心仔细地评价。然而，出于同样的原因，研究者有责任正确呈现有关保育质量变化所造成的代价或效益，特别是在面对政治压力时更应该如此。同样，很重要的一点是，需要说明为什么通常具有积极效应的早期干预方案有时会对处境最为不利的儿童产生相反的作用。

高质量非家长保育对儿童来说显然是不无裨益的，对质量较差的保育来说更是值得借鉴。然而，家长和管理者需要评价质量改善的相关成本和效益。同时，研究者应把其关注点转向对质量的更为细致的思考，以便能够比当代可能实施的测量给其下个更为清晰的定义，保育提供者和家庭之外的保育环境具有什么样的特点才能对发展的特定方面产生最大的推动。非家长保育需要在服务儿童需求的基础上加以设计，尤其要认识到，年龄和背景各异的儿童的需要也有所不同，也因为不同的原因而产生压力应激。因此，曾经为第一代研究者和法规制定者所使用的完美质量整体指标，现在必须让位于新一代更加精确的测量和概念，以帮助实践者确定特别的实践措施能否以及如何对儿童的学习和发展产生独特的效应。

1001

根据儿童进入非家长保育机构年龄的不同，保育类型也会产生不一样的效果，因为随着儿童的长大儿童保育中心富于计划的课程优势会越来越多地得到体现。同样显示出的是，不同儿童由于保育经历的差异而受到的影响也会有所差异，尽管我们仍旧不清楚这些差异的大部分因素。儿童的气质、父母的态度和价值取向、进入保育方案前在社会性方面的差异、好奇心以及认知机能、性别和出生顺序都可能造成影响，但可靠的证据仍旧缺乏。

总而言之，我们已经了解了大量关于家庭之外保育有何效应的内容，通过这些探讨，我们认识到这些影响比我们设想的要复杂得多。未来十年的挑战是确定家庭内外的不同经历是如何与情境和文化所规定的特定的儿童发展结果相联系。

（吴国宏译，钱文审校）

参考文献

Abbott-Shim, M., & Sibley, A. (1987). *Assessment profile for childhood programs*. Atlanta, GA: Quality Assist, Inc.

Abbott-Shim, M., & Sibley, A. (1992). *Research version of the assessment profile for childhood programs*. Atlanta, GA: Quality Assist, Inc.

Abelson, W. D., Zigler, E. F., & DeBlasi, C. L. (1974). Effects of a 4-year follow through program on economically disadvantaged children. *Journal of Educational Psychology*, *66*, 756 - 771.

Ackermann-Ross, S., & Khanna, P. (1989). The relationship of high quality day care to middle-class 3-year-olds' language performance. *Early Childhood Research Quarterly*, *4*, 97 - 116.

Administration for Children and Families. (1999). *Head Start 1998 fact sheet*. Washington, DC: U.S. Department of Health and Human Services.

Ahnert, L. (2005). Parenting and alloparenting: The impact on attachment in humans. In S. Carter, L. Ahnert, K. E. Grossmann, S. B. Hardy, M. E. Lamb, & S. W. Porges (Eds.), *Attachment and bonding: A hew synthesis* (Dahlem Workshop Report 92). Cambridge, MA: MIT Press.

Ahnert, L., Gunnar, M., Lamb, M. E., & Barthel, M. (2004). Transition to child care: Associations of infant-mother attachment, infant negative emotion and cortisol elevations. *Child Development*, *75*, 639 - 650.

Ahnert, L., & Lamb, M. E. (2000). Infant-careprovider attachments in contrasting German child care settings: Pt. 2. Individualoriented care after German reunification. *Infant Behavior and Development*, *23*, 211 - 222.

Ahnert, L., & Lamb, M. E. (2001). The East German child care system: Associations with caretaking and caretaking beliefs, children's early attachment and adjustment. *American Behavioral Scientist*, *44*, 1843 - 1863.

Ahnert, L., & Lamb, M. E. (2003). Shared care: Establishing a balance between home and child care. *Child Development*, *74*, 1044 - 1049.

Ahnert, L., Lamb, M. E., & Seltenheim, K. (2000). Infantcareprovider attachments in contrasting German child care settings: Pt. 1. Group-oriented care before German reunification. *Infant Behavior and Development*, *23*, 197 - 209.

Ahnert, L., Pinquart, M., & Lamb, M. E. (in press). Security of children's relationships with non-parental care providers: A metaanalysis. *Child Development*.

Ahnert, L., Rickert, H., & Lamb, M. E. (2000). Shared caregiving: Comparisons between home and child care settings. *Developmental Psychology*, *36*, 339 - 351.

Ainsworth, M. D. S. (1979). Infant-mother attachment. *American Psychologist*, *34*, 932 - 937.

Ainsworth, M. D. S., Blehar, M. C., Waters, E., & Wall, S. (1978). *Patterns of attachment: A psychological study of the Strange Situation*. Hillsdale, NJ: Erlbaum.

Altmann, J. (1987). Life span aspects of reproduction and parental care in anthropoid primates. In J. B. Lancaster, J. Altmann, A. S. Rossi, & L. R. Sherrod (Eds.), *Parenting across the life span: Biosocial perspectives* (pp. 15 - 29). Hawthorne, NY: Aldine de Gruyter.

American Academy of Pediatrics, American Public Health Association, & National Resource Center for Health and Safety in Child Care. (2002). *Caring for our children: The national health and safety performance standards for out-of-home child care* (2nd ed.). Elk Grove Village, IL: American Academy of Pediatrics.

American Public Health Association & American Academy of Pediatrics. (1992a). *Caring for our children: National health and safety performance standards — Standards for out-of-home child care programs*. Ann-Arbor, MI: Authors.

American Public Health Association & American Academy of Pediatrics. (1992b). *National health and safety performance standards: Guidelines for out-of-home child care programs*. Arlington, VA: National Center for Education in Maternal and Child Health.

Anderson, C. W., Nagle, R. J., Roberts, W. A., & Smith, J. W. (1981). Attachment to substitute caregivers as a function of center quality and caregiver involvement. *Child Development*, *52*, 53 - 61.

Andersson, B. E. (1989). Effects of public day care: A longitudinal study. *Child Development*, *60*, 857 - 866.

Andersson, B. E. (1992). Effects of day care on cognitive and socioemotional competence of 13-year-old Swedish schoolchildren. *Child Development*, *63*, 20 - 36.

Arend, Z., Gove, F., & Sroufe, L. A. (1979). Continuity in early adaptation from attachment security in infancy to resiliency and curiosity at age five. *Child Development*, *50*, 950 - 959.

Arnett, J. (1989). Caregivers in day care centers: Does training matter? *Journal of Applied Developmental Psychology*, *10*, 541 - 552.

Asher, L. J., & Lenhofff, D. R. (2001). Family and medical leave: Making time for family is everyone's business. *Future of Children*, *11*, 112 - 121.

Aviezer, O., Sagi-Schwartz, A., & Koren-Karie, N. (2003). Ecological constraints on the formation of infant-mother attachment relations: When maternal sensitivity becomes ineffective. *Infant Behavior and Development*, *26*, 285 - 299.

Bailey, D. B., Burchinal, M. R., & McWilliam, R. A (1993). Relationship between age of peers and early child development: A longitudinal study. *Child Development*, *64*, 848 - 862.

Balleyguier, G. (1988). What is the best mode of day care for young children? A French study. *Early Child Development and Care*, *33*, 41 - 65.

Barglow, P., Vaughn, B. E., & Molitor, N. (1987). Effects of maternal absence due to employment on the quality of infant-mother attachment in a low-risk sample. *Child Development*, *58*, 945 - 954.

Barnas, M. V., & Cummings, E. M. (1994). Caregiver stability and toddlers' attachment-related behavior towards caregivers in day care. *Infant Behavior Development*, *17*, 141 - 147.

Barnett, W. S. (1985). Benefit-cost analysis of the Perry Preschool Programs and its policy implications. *Educational Evaluation and Policy Analysis*, *7*, 333 - 342.

Barnett, W. S. (1993a). Benefit-cost analysis. In L. J. Schweinhart, H. V. Barnes, & D. P. Weikart (Eds.), *Significant benefits: The High/Scope Perry Preschool Study through age 27* (pp. 142 - 173). Ypsilanti, MI: High/Scope Press.

Barnett, W. S. (1993b). Benefit-cost analysis of preschool education: Finding from a 25-year follow-up. *American Journal of Orthopsychiatry*, *63*, 500 - 508.

Barnett, W. S. (1995). Long-term effects of early childhood programs on cognitive and school outcomes. *Future of Children*, *5*, 25 - 50.

Bates, J. E., Marvinney, D., Kelly, T., Dodge, K. A., Bennett, D. S., & Pettit, G. S. (1994). Child-care history and kindergarten adjustment. *Developmental Psychology*, *30*, 690 - 700.

Baumrind, D. (1968). Authoritarian versus authoritative parental control. *Adolescence*, *3*, 255 - 272.

Baydar, N., & Brooks-Gunn, J. (1991). Effects of maternal employment and child-care arrangements on preschoolers' cognitive and behavioral outcomes: Evidence from the children of the National Longitudinal Survey of Youth. *Developmental Psychology*, *27*, 932 - 945.

Bell, D. C., & Richard, A. J. (2000). Caregiving: The forgotten element in attachment. *Psychological Inquiry*, *11*, 69 - 83.

Beller, E. K., Stahnke, M., Butz, P., Stahl, W., & Wessels, H. (1996). Two measures of quality of group care for infants and toddlers. *European Journal of Psychology of Education*, *11*, 151 - 167.

Belsky, J. (1986). Infant day care: A cause for concern? *Zero to Three*, *7*, 1 - 7.

Belsky, J. (1988). The "effects" of infant day care reconsidered. *Early Childhood Research Quarterly*, *3*, 235 - 272.

Belsky, J. (1989). Infant-parent attachment and day care: In defense of the Strange Situation. In J. Lande, S. Scarr, & N. Gunzenhauser (Eds.), *Caring for children: Challenge to America* (pp. 23 - 48). Hillsdale, NJ: Erlbaum.

Belsky, J., & Eggebeen, D. (1991). Early and extensive maternal employment and young children's socioemotional development: Children of the National Longitudinal Survey of Youth. *Journal of Marriage and the Family*, *53*, 1083 - 1098.

Belsky, J., & Fearon, R. M. P. (2002). Early attachment security, subsequent maternal sensitivity, and later child development: Does continuity in development depend upon continuity of caregiving? *Attachment and Human Development*, *3*, 361 - 387.

Belsky, J., Melhuish, E., Barnes, J., Leyland, A. H., Romaniuk, H., and the NESS Research Team (2005). Effects of Sure Start local programmes on children and families: Early findings. Unpublished report, Birkbeck College, London.

Belsky, J., & Rovine, M. J. (1988). Nonmaternal care in the first year of life and the security of infant-parent attachment. *Child Development*, *59*, 157 - 167.

Belsky, J., & Steinberg, L. D. (1978). The effects of daycare: A critical review. *Child Development*, *49*, 929 - 949.

Belsky, J., Steinberg, L. D., & Walker, A. (1982). The ecology of daycare. In M. E. Lamb (Ed.), *Nontraditional families: Parenting and child development* (pp. 71 - 116). Hillsdale, NJ: Erlbaum.

Belsky, J., Woodworth, S., & Crnic, K. (1996). Trouble in the second year: Three questions about family interaction. *Child Development*, *67*,

556 - 578.

Bereiter, C., & Engelmann, S. (1966). *Teaching disadvantaged children in the preschool*. Englewood Cliffs, NJ: Prentice-Hall.

Berk, L. E. (1985). Relationship of caregiver education to childoriented attitudes, job satisfaction, and behavior toward children. *Child Care Quarterly*, *14*, 103 - 129.

Berndt, T. (1979). Developmental changes in conformity to peers and parents. *Developmental Psychology*, *15*, 608 - 616.

Berrueta-Clement, J. R., Schweinhart, L. J., Barnett, W. S., Epstein, A. S., & Weikart, D. P. (1984). *Changed lives: The effects of the Perry Preschool Program on youths through age 19*. Ypsilanti, MI: High/Scope Press.

Bischof-Koehler, D. (1991). The development of empathy in infants. In M. E. Lamb & H. Keller (Eds.), *Infant development: Perspectives from German-speaking countries* (pp. 245 - 273). Hillsdale, NJ: Erlbaum.

Blair, C., Ramey, C. T., & Hardin, J. M. (1995). Early intervention for low birthweight, premature infants: Participation and intellectual development. *American Journal on Mental Retardation*, *99*, 542 - 554.

Blau, D. M. (2000). The production of quality in child-care centers: Another look. *Applied Developmental Science*, *4*, 136 - 148.

Blehar, M. C. (1974). Anxious attachment and defensive reactions associated with day care. *Child Development*, *45*, 683 - 692.

Block, J. H., & Block, J. (1980). The role of ego-control and egoresiliency in the organization of behavior. In W. A. Collins (Ed.), *Minnesota Symposia on Child Psychology* (Vol. 13, pp. 39 - 101). Hillsdale, NJ: Erlbaum.

Bloom, B. S. (1964). *Stability and change in human characteristics*. New York: Wiley.

Bolger, K. E., & Scarr, S. (1995). *Not so far from home: How family characteristics predict child care quality*. Unpublished manuscript, University of Virginia, Charlottesville.

Bollin, G. G. (1993). An investigation of job stability and job satisfaction among family day care providers. *Early Childhood Research Quarterly*, *8*, 207 - 220.

Boocock, S. S. (1995). Early childhood programs in other nations: Goals and outcomes. *Future of Children*, *5*, 94 - 114.

Booth, C. L., Clarke-Stewart, K. A., Vandell, D. L., McCartney, K., & Owen, M. T. (2002). Child-care usage and mother-infant "quality time." *Journal of Marriage and Family*, *64*, 16 - 26.

Booth, C. L., Kelly, J. F., Spieker, S. J., & Zuckerman, T. G. (2003). Toddler's attachment security to child-care providers: The Safe and Secure Scale. *Early Education and Development*, *14*, 83 - 100.

Borge, A. I. H., & Melhuish, E. C. (1995). A longitudinal study of childhood behavior problems, maternal employment and day care in a rural Norwegian community. *International Journal of Behavioral Development*, *18*, 23 - 42.

Bornstein, M. H., Maital, S. L., & Tal, J. (1997). Contexts of collaboration in caregiving: Infant interactions with Israeli kibbutz mothers and caregivers. *Early Child Development and Care*, *135*, 145 - 171.

Bowlby, J. (1951). Maternal care and mental health. *Bulletin of the World Health Organization*, *3*, 355 - 533.

Bowlby, J. (1958). The nature of the child's tie to his mother. *International Journal of Psychoanalysis*, *39*, 350 - 373.

Bowlby, J. (1969). *Attachment and loss: Vol. 1. Attachment*. New York: Basic Books.

Bowlby, J. (1973). *Attachment and loss: Vol. 2. Separation*. New York: Basic Books.

Braverman, L. B. (1989). Beyond the myth of motherhood. In M. McGoldrick, C. M. Anderson, & F. Walsh (Eds.), *Women and families* (pp. 227 - 243). New York: Free Press.

Bredekamp, S. (Ed.). (1987a). *Accreditation criteria and procedures of the National Academy of Early Childhood Programs*. Washington, DC: National Association for the Education of Young Children.

Bredekamp, S. (1987b). *Developmentally appropriate practice in early childhood programs serving children from birth through age 8*. Washington, DC: National Association for the Education of Young Children.

Britner, P. A., & Phillips, D. A. (1995). Predictors of parent and provider satisfaction with child day care dimensions: A comparison of center-based and family child day care. *Child Welfare*, *74*, 1135 - 1168.

Broberg, A. G., & Hwang, C. P. (1991). The Swedish childcare system. In E. C. Melhuish & P. Moss (Eds.), *Day care and the young child: International perspectives* (pp. 75 - 101). London: Routledge.

Broberg, A. G., Hwang, C. P., Lamb, M. E., & Bookstein, F. L. (1990). Factors related to verbal abilities in Swedish preschoolers. *British Journal of Developmental Psychology*, *8*, 335 - 349.

Broberg, A. G., Hwang, C. P., Lamb, M. E., & Ketterlinus, R. D. (1989). Child care effects on socioemotional and intellectual competence in Swedish preschoolers. In J. S. Lande, S. Scarr, & N. Gunzenhauser (Eds.), *Caring for children: Challenge to America* (pp. 49 - 75). Hillsdale, NJ: Erlbaum.

Broberg, A. G., Wessels, H., Lamb, M. E., & Hwang, C. P. (1997). Effects of day care on the development of cognitive abilities in 8-year-olds: A longitudinal study. *Developmental Psychology*, *33*, 62 - 69.

Bronfenbrenner, U. (1976). Who cares for America's children? In V. C. Vaughn & T. B. Brazelton (Eds.), *The family: Can it be saved?* (pp. 3 - 32). Cambridge, MA: Harvard University Press.

Brooks-Gunn, J. (2003). Do you believe in magic? What we can expect from early childhood intervention programs. *Social Policy Reports*, *17*(1), 3 - 14.

Brooks-Gunn, J., Han, W.-J., & Waldfogel, J. (2002). Maternal employment and child cognitive outcomes in the first 3 years of life: The NICHD study of early child care. *Child Development*, *73*, 1052 - 1072.

Brooks-Gunn, J., Klebanov, P. K., Liaw, F., & Spiker, D. (1993). Enhancing the development of low-birthweight, premature infants: Changes in cognition and behavior over the first 3 years. *Child Development*, *64*, 736 - 753.

Brooks-Gunn, J., McCarton, G. M., Casey, P. H., McCormick, M. C., Bauer, C. R., Bernbaum, J. G., et al. (1994). Early intervention in low-birthweight premature infants: Results through age 5 years from the Infant Health and Development Program. *Journal of the American Medical Association*, *272*, 1257 - 1262.

Brown, J. R., Donelan-McCall, N., & Dunn, J. (1996). Why talk about mental states? The significance of children's conversations with friends, siblings, and mothers. *Child Development*, *67*, 836 - 849.

Brownell, C. A., & Carriger, M. S. (1990). Changes in cooperation and self-other differentiation during the second year. *Child Development*, *61*, 1164 - 1174.

Brown Miller, A. (1990). *The day care dilemma: Critical concerns for American families*. New York: Plenum Press.

Bryant, D. M., Burchinal, M., Lau, L. B., & Sparling, J. J. (1994). Family and classroom correlates of Head Start children's developmental outcomes. *Early Childhood Research Quarterly*, *9*, 289 - 309.

Burchinal, M. R., Bryant, D. M., Lee, M. W., & Ramey, C. T. (1992). Early day care, infant-mother attachment, and maternal responsiveness in the infant's first year. *Early Childhood Research Quarterly*, *7*, 383 - 396.

Burchinal, M. R., Lee, M., & Ramey, C. T. (1989). Type of day care and preschool intellectual development in disadvantaged children. *Child Development*, *60*, 182 - 187.

Burchinal, M. R., Peisner-Feinberg, E., Bryant, D. M., & Clifford, R. (2000). Children's social and cognitive development and childcare quality: Testing for differential associations related to poverty, gender, or ethnicity. *Applied Developmental Science*, *4*, 149 - 165.

Burchinal, M. R., Ramey, S. L., Reid, M. K., & Jaccard, J. (1995). Early child care experiences and their association with family and child characteristics during middle childhood. *Early Childhood Research Quarterly*, *10*, 33 - 61.

Cahan, E. D. (1989). *Past caring: A history of United States preschool care and education for the poor, 1820 - 1965*. New York: National Center for Children in Poverty.

Caldwell, B. M., & Richmond, J. (1968). The Children's Center in Syracuse. In C. P. Chandler, R. S. Lourie, & A. P. Peters (Eds.), *Early child care* (pp. 326 - 358). New York: Atherton Press.

Calkins, S. D., Gill, K., & Williford, A. (1999). Externalizing problems in 2-year-olds: Implications for patterns of social behavior and peers' responses to aggression. *Early Education and Development*, *10*, 267 - 288.

Campbell, D. T., & Erlebacher, A. (1970). How regression artifacts in quasi-experimental evaluations can mistakenly make compensatory education look harmful. In J. Hellmuth (Ed.), *Compensatory education: Vol. 3. A national debate* (pp. 185 - 210). New York: Brunner/Mazel.

Campbell, F. A., Burchinal, M., Wasik, B. H., Bryant, D. M., Sparling, J. J., & Ramey, C. T. (1995). *Early intervention and long term predictors of school concerns in African American children from low-income families*. Unpublished manuscript, University of North Carolina, Chapel Hill.

Campbell, F. A., Pungello, E. P., Miller-Johnson, S., Burchinal, M., & Ramey, C. T. (2001). The development of cognitive and academic abilities: Growth curves from an early childhood educational experiment. *Developmental Psychology*, *37*, 231 - 242.

Campbell, F. A., & Ramey, C. T. (1990). The relationship between Piagetian cognitive development, mental test performance, and academic achievement in high-risk students with and without early educational experience. *Intelligence*, *14*, 293 - 308.

Campbell, F. A., & Ramey, C. T. (1994). Effects of early intervention on intellectual and academic achievement: A follow-up study of children from low-income families. *Child Development*, *65*, 684 - 698.

Campbell, F. A., & Ramey, C. T. (1995). Cognitive and school outcomes for high-risk African American students at middleadolescence: Positive effects of early intervention. *American Educational Research Journal*, *32*, 743 - 772.

Campbell, F. A., Ramey, C. T., Pungello, E. P., Sparling, J., & MillerJohnson, S. (2002). Early childhood education: Young adult outcomes from the Abecedarian Project. *Applied Developmental Science*, *6*, 42 - 57.

Campbell, J. J., Lamb, M. E., & Hwang, C. P. (2000). Early child-care experiences and children's social competence between 1.5 and 15 years of age. *Applied Developmental Science*, *4*, 166 - 175.

Caplan, M., Vespo, J., Pedersen, J., & Hay, D. F. (1991). Conflict and its resolution in small groups of 1 - and 2-year-olds. *Child Development*, *62*, 1513 - 1524.

Caruso, D. A. (1996). Maternal employment status, mother-infant interaction, and infant development in day care and non-day care groups. *Child and Youth Care Quarterly*, *25*, 125 - 134.

Casper, L. M., & Bianchi, S. M. (2002). *Continuity and change in the American family*. Thousand Oaks, CA: Russell Sage Foundation.

Cassibba, R., van IJzendoorn, M. H., & D'Odorico, L. (2000). Attachment and play in child care centers: Reliability and validity of the Attachment Q-sort for mothers and professional caregivers in Italy. *International Journal of Behavioral Development*, *24*, 241 - 255.

Caughy, M. O. B., DiPietro, J. A., & Strobino, D. M. (1994). Day care participation as a protective factor in the cognitive development of low-income children. *Child Development*, *65*, 457 - 471.

Child Trends. (2003). *Early childhood program enrollment*. Washington, DC: Author.

Cicirelli, V. G. (1969). *The impact of Head Start: An evaluation of the effects of Head Start on children's cognitive and effective development*. Washington, DC: Westinghouse Learning Corporation.

Clark, P., & Kirk, E. (2000). All-day kindergarten. *Childhood Education*, *76*, 228 - 231.

Clarke-Stewart, K. A. (1977). *Child care in the family: A review of research and some propositions for policy*. New York: Academic Press.

Clarke-Stewart, K. A. (1987). Predicting child development from child care forms and features: The Chicago Study. In D. Phillips (Ed.), *Quality in child care: What does research tell us?* (pp. 21 - 42). Washington, DC: National Association for the Education of Young Children.

Clarke-Stewart, K. A. (1988). The "effects" of infant day care reconsidered: Risks for parents, children, and researchers. *Early Childhood Research Quarterly*, *3*, 293 - 318.

Clarke-Stewart, K. A. (1989). Infant day care: Maligned or malignant? *American Psychologist*, *44*, 266 - 273.

Clarke-Stewarl, K. A. (1992). Consequences of child care for children's development. In A. Booth (Ed.), *Child care in the 1990s: Trends and consequences* (pp. 63 - 83). Hillsdale, NJ: Erlbaum.

Clarke-Stewart, K. A., & Fein, G. C. (1983). Early childhood programs. In P. H. Mussen (Series Ed.) & M. M. Haith & J. J. Campos (Vol. Eds.), *Handbook of child psychology: Vol. 2. Infancy and developmental psychobiology* (4th ed., pp. 917 - 999). New York: Wiley.

Clarke-Stewart, K. A., Gruber, C. P., & Fitzgerald, L. M. (1994). *Children at home and in day care*. Hillsdale, NJ: Erlbaum.

Clarke-Stewart, K. A., Vandell, D. L., Burchinal, M., O'Brien, M., & McCartney, K. (2002). Do regulable features of child-care homes affect children's development? *Early Childhood Research Quarterly*, *17*, 52 - 86.

Clements, M. A., Reynolds, A. J., & Hickey, E. (2004). Site-level predictors of children's school and social competence in the Chicago Child-Parent Centers. *Early Childhood Research Quarterly*, *19*, 273 - 296.

Clerkx, L. E., & van IJzendoorn, M. H. (1992). Child care in a Dutch context: On the history, current status, and evaluation of nonmaternal child care in the Netherlands. In M. E. Lamb, K. J. Sternberg, C.-P. Hwang, & A. G. Broberg (Eds.), *Child care in context: Cross-cultural perspectives* (pp. 55 - 79). Hillsdale, NJ: Erlbaum.

Cochran, M. (Ed.). (1993). *International handbook of child care policies and programs*. Westport, CT: Greenwood Press.

Coelen, C., Glantz, F., & Calore, D. (1979). *Day care centers in the United States: A national profile, 1976 - 1977*. Cambridge, MA: ABT Associates.

Cohen, B. (1993). The United Kingdom: In M. Cochbran (Ed.), *International handbook of child care policies and programs* (pp. 515 - 534). Westport, CT: Greenwood Press.

Cohen, D. J., Solnit, A. J., & Wohlford, P. (1979). Mental health services in Head Start. In E. Zigler & J. Valentine (Eds.), *Project Head Start: A legacy of the War on Poverty* (pp. 259 - 282). New York: Free Press.

Coie, J. D., & Dodge, K. A. (1998). Aggression and antisocial behavior. In W. Damon (Editor-in-Chief) & N. Eisenberg (Vol. Ed.), *Handbook of child psychology: Vol. 5. Social, emotional, and personality development* (5th ed., pp. 779 - 862). New York: Wiley.

Colwell, M. J., Pettit, G. S., Meece, D., Bates, J. E., & Dodge, K. A. (2001). Cumulative risk and continuity in nonparental care from infancy to early adolescence. *Merrill-Palmer Quarterly*, *47*, 207 - 234.

Comer, J. P. (1980). *School power*. New York: Free Press.

Consortium for Longitudinal Studies. (1978). *Lasting effects after preschool* (Final report to the Administration on Children, Youth, and Families). Washington, DC: U.S. Government Printing Office.

Consortium for Longitudinal Studies. (1983). *As the twig is bent: Lasting effects of preschool programs*. Hillsdale, NJ: Erlbaum.

Copple, G., Cline, M., & Smith, A. (1987). *Paths to the future: Longterm effects of Head Start in the Philadelphia school district*. Washington, DC: U.S. Department of Health and Human Services.

Copple, G., Sigel, I. E., & Saunders, R. (1984). *Educating the young thinker: Classroom strategies for cognitive growth*. Hillsdale, NJ: Erlbaum.

Corsaro, W. A., & Emiliani, F. (1992). Child care, early education, and children's peer culture in Italy. In M. E. Lamb, K. J. Sternberg, C. P. Hwang, & A. G. Broberg (Eds.), *Child care in context: Cross-cultural perspectives* (pp. 81 - 115). Hillsdale, NJ: Erlbaum.

Cost, Quality, and Child Outcome in Child Care Centers. (1995). Denver: University of Colorado at Denver, Economics Department.

Crockenberg, S., & Litman, C. (1991). Effects of maternal employment on maternal and 2-year-old child behavior. *Child Development*, *62*, 930 - 953.

Crockenberg, S. B. (1981). Infant irritability, mother responsiveness and social support influences on the security of infant-mother attachment. *Child Development*, *52*, 857 - 865.

Cryan, J., Sheehan, R., Wiechel, J., & Bandy-Hedden, I. (1992). Success outcomes of full-school-day kindergarten: More positive behavior and increased achievement in the years after. *Early Childhood Research Quality*, *7*, 187 - 203.

Cryer, D., & Burchinal, M. (1997). Parents as child care consumers. *Early Childhood Research Quarterly*, *12*, 35 - 58.

Cryer, D., Tietze, W., Burchinal, M., Leal, T., & Palacios, J. (1999). Predicting process quality from structural quality in preschool programs: A cross-country comparison. *Early Childhood Research Quarterly*, *14*, 339 - 361.

Cummings, E. (1980). Caregiver stability and daycare. *Developmental Psychology*, *16*, 31 - 37.

Currie, J. (2001). Early childhood education programs. *Journal of Economic Perspectives*, *15*, 213 - 238.

Currie, J., & Thomas, D. (1995). Does Head Start make a difference? *American Economic Review*, *85*, 341 - 384.

Currie, J., & Thomas, D. (1999). Does Head Start help Hispanic children? *Journal of Public Economics*, *74*, 235 - 262.

Currie, J., & Thomas, D. (2000). School quality and the long-term effects of Head Start. *Journal of Human Resources*, *35*, 755 - 774.

Dahlström, E. (Ed.). (1962). *Kvinnors liv och arbete* [Women's lives and work]. Stockholm: Studieförbundet Näringsliv och Samhälle.

Daly, M., & Wilson, M. I. (1995). Discriminative potential solicitude and the relevance of evolutionary models to the analysis of motivational systems. In M. Gazzaniga (Ed.), *The cognitive neurosciences* (pp. 1269 - 1286). Cambridge, MA: MIT Press.

Darlington, R. B., Royce, J. M., Snipper, A. S., Murray, H. W., & Lazar, I. (1980). Preschool programs and the later school competence of children from low-income families. *Science*, *208*, 202 - 204.

Datta, L. (1976). The impact of the Westinghouse/Ohio evaluation on the development of Project Head Start. In C. C. Abt (Ed.), *The evaluation of social programs* (pp. 129 - 181). Beverly Hills, CA: Sage.

Denham, S. A., & Holt, R. W. (1993). Preschoolers' likeability as cause or consequence of their social behavior. *Developmental Psychology*, *29*, 271 - 275.

Denham, S. A., Mason, T., Caverly, S., Schmidt, M., Hackney, R., Caswell, C., et al. (2001). Preschoolers at play: Co-socialisers of emotional and social competence. *International Journal of Behavioral Development*, *25*, 290 - 301.

Desai, S., Chase-Lansdale, P. L., & Michael, R. T. (1989). Mother or market? Effects of maternal employment on the intellectual ability of 4-

year-old children. *Demography*, *26*, 545 - 561.

DeSchipper, J. C., Tavecchio, L. W. C., van IJzendoorn, M. H., & Linting, M. (2003). The relation of flexible child care to quality of center day care and children's socio-emotional functioning: A survey and observational study. *Infant Behavior and Development*, *26*, 300 - 325.

DeSchipper, J. C., Tavecchio, L. W. C., van IJzendoorn, M. H., & van Zeijl, J. (2004). Goodness-of-fit in center day care: Relation of temperament, stability, and quality of care with the child's adjustment. *Early Childhood Research Quarterly*, *19*, 257 - 272.

De Wolff, M., & van IJzendoorn, M. H. (1997). Sensitivity and attachment: A meta-analysis on parental antecedents of infant attachment. *Child Development*, *68*, 571 - 591.

Doernberger, C., & Zigler, E. F. (1993). Project Follow Through: Intent and reality. In E. F. Zigler & S. J. Styfco (Eds.), *Head Start and beyond: A national plan for extended childhood intervention* (pp. 43 - 72). New Haven, CT: Yale University Press.

Dombro, A. L. (1995). *Child care aware: A guide to promoting professional development in family child care*. New York: Families and Work Institute.

Dombro, A. L., & Modigliani, K. (1995). *Family child care providers speak about training, trainees, accreditation, and professionalism: Findings from a survey of family-to-family graduates*. New York: Families and Work Institute.

Dragonas, T., Tsiantis, J., & Lambidi, A. (1995). Assessing quality day care: The child care facility schedule. *International Journal of Behavioral Development*, *18*, 557 - 568.

Dunn, J., Creps, C., & Brown, J. (1996). Children's family relationships between two and five: Developmental changes and individual differences. *Social Development*, *5*, 230 - 250.

Dunn, L. (1993). Proximal and distal features of day care quality and children's development. *Early Childhood Research Quarterly*, *8*, 167 - 192.

Early Head Start Research and Evaluation Project. (2001). *Building their futures*. Washington, DC: Administration on Children, Youth, and Families.

Early Head Start Research and Evaluation Project. (2002a). *Making a difference in the lives of infants and toddlers and their families: The impacts of Early Head Start*. Washington, DC: Administration on Children, Youth, and Families.

Early Head Start Research and Evaluation Project. (2002b). *Pathways to quality and full implementation in Early Head Start programs*. Washington, DC: Administration on Children, Youth, and Families.

Easterbrooks, M. A., & Goldberg, W. A. (1985). Effects of early maternal employment on toddlers, mothers, and fathers. *Developmental Psychology*, *21*, 774 - 783.

Egeland, B., & Hiester, M. (1995). The long-term consequences of infant daycare and mother-infant attachment. *Child Development*, *66*, 474 - 485.

Eisenberg, N., & Fabes, R. A. (1998). Prosocial development. In W. Damon (Editor-in-Chief) & N. Eisenberg (Vol. Ed.), *Handbook of child psychology: Vol. 5. Social, emotional, and personality development* (5th ed., pp. 701 - 778). New York: Wiley.

Eisenberg, N., Shea, C. L., Carlo, G., & Knight, G. (1991). Empathyrelated responding and cognition: A "chicken and the egg" dilemma. In W. Kurtines & G. Gerwitz (Eds.), *Handbook of moral behavior and development: Vol. 2. Research* (pp. 63 - 88). Hillsdale, NJ: Erlbaum.

Elicker, J., Englund, M., & Sroufe, L. A. (1992). Predicting peer competence and peer relationships in childhood from early parent-child relationships. In R. D. Parke & G. W. Ladd (Eds.), *Family-peer relationships: Modes of linkage* (pp. 77 - 106). Hillsdale, NJ: Erlbaum.

Elicker, J., Fortner-Wood, C., & Noppe, I. (1999). The context of infant attachment in family child care. *Journal of Applied Developmental Psychology*, *20*, 319 - 336.

Elicker, J., & Mathur, S. (1997). What do they do all day? Comprehensive evaluation of a full-school-day kindergarten. *Early Childhood Research Quarterly*, *12*, 459 - 480.

Elicker, J., Noppe, I. C., Noppe, L. D., & Fortner-Wood, C. (1997). The Parent-Caregiver Relationship Scale: Rounding out the relationship system in infant child care. *Early Education and Development*, *8*, 83 - 100.

Endsley, R. C., & Minish, P. A. (1991). Parent-staff communication in day care centers during morning and afternoon transitions. *Early Childhood Research Quarterly*, *6*, 119 - 135.

Erel, O., Oberman, Y., & Yirmiya, N. (2000). Maternal versus nonmaternal care and seven domains of children's development. *Psychological Bulletin*, *126*, 727 - 747.

Fabes, R. A., Eisenberg, N., Jones, S., Smith, M., Guthrie, I., Poulin, R., et al. (1999). Regulation, emotionality, and preschoolers' socially competent peer interactions. *Child Development*, *70*, 432 - 442.

Farran, D. C., & Ramey, C. T. (1977). Infant day care and attachment behaviors toward mothers and teachers. *Child Development*, *48*, 1112 - 1116.

Farver, J., & Branstetter, W. (1994). Preschoolers' prosocial responses to their peers' distress. *Developmental Psychology*, *30*, 334 - 341.

Feagans, L. V., & Farran, D. C. (1994). The effects of day care intervention in the preschool years on the narrative skills of poverty children in kindergarten. *International Journal of Behavioral Development*, *17*, 503 - 523.

Feagans, L. V., Kipp, E., & Blood, I. (1994). The effect of otitis media on the attention skills of day-care-setting toddlers. *Developmental Psychology*, *30*, 701 - 708.

Fein, G. G. (1995). Infants in group care: Patterns of despair and detachment. *Early Childhood Research Quarterly*, *10*, 261 - 275.

Fein, G. G., & Clarke-Stewart, K. A. (1973). *Day care in context*. New York: Wiley.

Fein, G. G., Gariboldi, A., & Boni, R. (1993). The adjustment of infants and toddlers to group care: The first 6 months. *Early Childhood Research Quarterly*, *8*, 1 - 14.

Feldman, R., & Klein, P. S. (2003). Toddlers' self-regulated compliance to mothers, caregivers, and fathers: Implications for theories of socialization. *Developmental Psychology*, *39*, 680 - 692.

Field, T. (1991a). Quality infant day-care and grade school behavior and performance. *Child Development*, *62*, 863 - 870.

Field, T. M. (1991b). Young children's adaptations to repeated separations from their mothers. *Child Development*, *62*, 539 - 547.

Field, T. M., Gerwitz, J. L., Cohen, D., Garcia, R., Greenberg, R., & Collins, K. (1984). Leavetakings and reunions of infants, toddlers, preschoolers and their parents. *Child Development*, *55*, 628 - 635.

Finkelstein, N. (1982). Aggression: Is it stimulated by day care? *Young Children*, *37*, 3 - 9.

Finkelstein, N. W., Dent, C., Gallacher, K., & Ramey, C. T. (1978). Social behavior of infants and toddlers in a day-care environment. *Developmental Psychology*, *14*, 257 - 262.

Fischer, J. L., & Eheart, B. K. (1991). Family day care: A theoretical basis for improving quality. *Early Childhood Research Quarterly*, *6*, 549 - 563.

Fosburg, S., Hawkins, P. D., Singer, J. D., Goodson, B. D., Smith, J. M., & Brush, L. R. (1980). *National day care home study*. Cambridge, MA: ABT Associates.

Foteeva, Y. V. (1993). The commonwealth of independent states. In M. Cochran (Ed.), *International handbook of child care policies and programs* (pp. 125 - 142). Westport, CT: Greenwood Press.

Fouts, H. H., Hewlett, B. S., & Lamb, M. E. (2005). Parent-offspring conflicts among the Bofi farmers and foragers of Central Africa. *Current Anthropology*, *46*, 29 - 50.

Fouts, H. N. (2002). *The social and emotional contexts of weaning among the Bofi farmers and foragers of Central Africa*. Unpublished doctoral dissertation, Washington State University, Pullman.

Fouts, H. N., Lamb, M. E., & Hewlett, B. S. (2004). Infant crying in huntergatherer cultures. *Behavioral and Brain Sciences*, *27*, 462 - 463.

Fox, N. (1977). Attachment of kibbutz infants to mother and metapelet. *Child Development*, *48*, 1228 - 1239.

Fox, N. A. (1994). Dynamic cerebral processes underlying emotion regulation. *Monographs of the Society for Research in Child Development*, *59* (2/3).

Fuerst, J. S., & Fuerst, D. (1993). Chicago experience with an early education program: The special case of the Child Parent Center program. *Urban Education*, *28*, 69 - 96.

Fusaro, J. (1997). The effects of full-school-day kindergarten on student achievement: A meta-analysis. *Child Study Journal*, *27*, 269 - 277.

Galambos, N. L., & Garbarino, J. (1983, July/August). Identifying the missing links in the study of latchkey children. *Children Today*, 2 - 4, 40 - 41.

Galambos, N. L., & Maggs, J. L. (1991). Out-of-school care of young adolescents and self-reported behavior. *Developmental Psychology*, *27*, 644 - 655.

Galinsky, E. (1992). The impact of child care on parents. In A. Booth (Ed.), *Child care in the 1990s: Trends and consequences* (pp. 159 - 172). Hillsdale, NJ: Erlbaum.

Galinsky, E., Howes, C., & Kontos, S. (1995). *The family child care training study*. New York: Families and Work Institute.

Galinsky, E., Howes, G., Kontos, S., & Shinn, M. (1994). *The study of children in family child care and relative care*. New York: Families and Work Institute.

Gamble, T., & Zigler, E. F. (1989). The Head Start Synthesis Project: A critique. *Journal of Applied Developmental Psychology*, *10*, 267 - 274.

Garces, E., Thomas, D., & Currie, J. (2002). Longer-term effects of Head Start. *American Economic Review*, *92*, 999 - 1012.

Genser, A., & Baden, C. (Eds.). (1980). *School-aged child care: Programs and issues*. Urbana: ERIC Clearinghouse, University of Illinois.

Ghazvini, A. S., & Readdick, C. A. (1994). Parent-caregiver communication and quality of care in diverse child care settings. *Early Childhood Research Quarterly*, *9*, 207 - 222.

Goelman, H. (1988). A study of the relationship between structure and process variables in home and day care settings on children's language development. In A. R. Pence (Ed.), *Ecological research with children and families: From concepts to methodology* (pp. 16 - 34). New York: Teachers College Press.

Goelman, H. (1992). Day care in Canada. In M. E. Lamb, K. J. Sternberg, C.-P. Hwang, & A. G. Broberg (Eds.), *Child care in context: Cross-cultural perspectives* (pp. 223 - 263). Hillsdale, NJ: Erlbaum.

Goelman, H., & Pence, A. R. (1987a). Effects of child care, family, and individual characteristics on children's language development: The Victorian day care research project. In D. A. Phillips (Ed.), *Quality in child care: What does research tell us?* (pp. 89 - 104). Washington, DC: National Association for the Education of Young Children.

Goelman, H., & Pence, A. R. (1987b). The relationships between family structure and child development in three types of day care. In S. Kontos & D. L. Peters (Eds.), *Advances in applied developmental psychology* (Vol. 2, pp. 129 - 146). Norwood, NJ: Ablex.

Golden, M., Rosenbluth, L., Grossi, M., Policare, H., Freeman, H., & Brownlee, E. (1978). *New York City infant day care study*. New York: Medical and Health Resource Association of New York City.

Goldman, J. A. (1981). Social participation of preschool children in same- versus mixed-age groups. *Child Development*, *52*, 644 - 650.

Goldsmith, H. H., & Alansky, J. A. (1987). Maternal and infant temperamental predictors of attachment: A meta-analytic review. *Journal of Consulting and Clinical Psychology*, *55*, 805 - 816.

Goossens, F. A., & Melhuish, E. C. (1996). On the ecological validity of measuring the sensitivity of professional caregivers: The laboratory versus the nursery. *European Journal of Psychology of Education*, *11*, 169 - 176.

Goossens, F. A., & van IJzendoorn, M. H. (1990). Quality of infants' attachments to professional caregivers: Relation to infant-parent attachment and day-care characteristics. *Child Development*, *61*, 832 - 837.

Gray, S. W., & Klaus, R. A. (1965). An experimental preschool program for culturally deprived children. *Child Development*, *36*, 889 - 898.

Griswold, R. (1993). *Fatherhood in America: A history*. New York: Basic Books.

Grossmann, K. E., Grossmann, K., & Waters, E. (Eds.). (in press). *The power and dynamics of longitudinal attachment research*. New York: Guilford Press.

Gullo, D. (2000). The long-term educational effects of half-day versus full-school day kindergarten. *Early Child Development and Care*, *160*, 17 - 24.

Gunnarsson, L. (1993). Sweden. In M. Cochran (Ed.), *International handbook of child care policies and programs* (pp. 491 - 514). Westport, CT: Greenwood Press.

Haas, L. (1992). *Equal parenthood and social policy: A study of parental leave in Sweden*. Albany: State University of New York Press.

Haber, S., & Kafka, H. (1992). The other mommy: Professional women's solutions and compromises. *Psychotherapy in Private Practice*, *11*, 27 - 39.

Hale, B. A., Seitz, V., & Zigler, E. F. (1990). Health services and Head Start: A forgotten formula. *Journal of Applied Developmental Psychology*, *11*, 447 - 458.

Hamre, B., & Pianta, R. (2004). Self-reported depression in nonfamilial caregivers: Relevance and association with caregiver behavior in child care settings. *Early Childhood Research Quarterly*, *19*, 297 - 318.

Han, W.-J. (2004). Nonstandard work schedules and child care decisions: Evidence from the NICHD Study of Early Child Care. *Early Childhood Research Quarterly*, *19*, 231 - 256.

Harms, T., & Clifford, R. M. (1980). *The Early Childhood Environment Rating Scale*. New York: Teachers College Press.

Harms, T., & Clifford, R. M. (1989). *The Family Day Care Rating Scale*. New York: Teachers College Press.

Harms, T., Clifford, R. M., & Cryer, D. (1998). *The Early Childhood Environment Rating Scale* (Rev. ed.). New York: Teachers College Press.

Harms, T., Clifford, R. M., & Cryer, D. (2002). *Escala De Calificacion Del Ambiente De La Infancia Temprana* (Edicion revisada) [Early Childhood Environment Rating Scale (Rev. ed.)]. New York: Teachers College Press.

Harms, T., Cryer, D., & Clifford, R. M. (2003). *Infant/Toddler Environment Rating Scale* (Rev. ed.). New York: Teachers College Press.

Harms, T., Jacobs, E., & White, D. (1996). *School-Age Care Environment Rating Scale*. New York: Teachers College Press.

Harris, J. R. (1998). *The nurture assumption*. New York: Simon & Schuster.

Harrison, L., & Ungerer, J. A. (2002). Maternal employment and infant-mother attachment security at 12 months postpartum. *Developmental Psychology*, *38*, 758 - 773.

Hartmann, E. (1991). Effects of day care and maternal teaching on child educability. *Scandinavian Journal of Psychology*, *32*, 325 - 335.

Hartmann, E. (1995). *Long-term effects of day care and maternal teaching on educational competence, independence and autonomy in young adulthood*. Unpublished manuscript, University of Oslo, Norway.

Hartup, W. W., & Moore, S. G. (1990). Early peer relations: Developmental significance and prognostic implications. *Early Childhood Research Quarterly*, *5*, 1 - 17.

Haskins, R. (1985). Public school aggression among children with varying day-care experience. *Child Development*, *56*, 689 - 703.

Haskins, R. (1989). Beyond metaphor: The efficacy of early childhood education. *American Psychologist*, *44*, 274 - 282.

Haskins, R. (1992). Is anything more important than day-care quality? In A. Booth (Ed.), *Child care in the 1990s: Trends and consequences* (pp. 101 - 116). Hillsdale, NJ: Erlbaum.

Hay, D. F. (1994). Prosocial development. *Journal of Child Psychology and Psychiatry*, *35*, 29 - 71.

Hay, D. F., Castle, J., & Davies, L. (2000). Toddlers' use of force against familiar peers: A precursor of serious aggression? *Child Development*, *71*, 457 - 467.

Hay, D. F., Castle, J., Davies, L., Demetriou, H., & Stimson, C. A. (1999). Prosocial action in very early childhood. *Journal of Child Psychology and Psychiatry*, *40*, 905 - 916.

Hebbeler, K. (1985). An old and a new question on the effects of early education for children from low income families. *Educational Evaluation and Policy Analysis*, *7*, 207 - 216.

Hegland, S. M., & Rix, M. K. (1990). Aggression and assertiveness in kindergarten children differing in day care experiences. *Early Childhood Research Quarterly*, *5*, 105 - 116.

Hess, R. D. (1970). Social class and ethnic influences upon socialization. In P. H. Mussen (Ed.), *Carmichael's manual of child psychology* (Vol. 2, 3rd ed., pp. 457 - 557). New York: Wiley.

Hestenes, L. L., Kontos, S., & Bryan, Y. (1993). Children's emotional expression in child care centers varying in quality. *Early Childhood Research Quarterly*, *8*, 295 - 307.

Hewlett, B. S., & Lamb, M. E. (Eds.). (2005). *Hunter-gatherer childhoods*. New Brunswick, NJ: Transaction/Aldine.

Hewlett, B. S., Lamb, M. E., Shannon, D., Leyendecker, B., & Schölmerich, A. (1998). Culture and early infancy among Central African foragers and farmers. *Developmental Psychology*, *34*, 653 - 661.

Hock, E. (1980). Working and nonworking mothers and their infants: A comparative study of maternal caregiving characteristics and infants' social behavior. *Merrill-Palmer Quarterly*, *46*, 79 - 101.

Hock, E., McBride, S., & Gnezda, M. T. (1989). Maternal separation anxiety: Mother-infant separation from the maternal perspective. *Child Development*, *60*, 793 - 802.

Hofferth, S. L. (1992). The demand for and supply of child care in the 1990s. In A. Booth (Ed.), *Child care in the 1990s: Trends and consequences* (pp. 3 - 26). Hillsdale, NJ: Erlbaum.

Hofferth, S. L., & Phillips, D. A. (1987). Child care in the United States, 1970 to 1995. *Journal of Marriage and the Family*, *49*, 559 - 571.

Hoff-Ginsberg, E., & Krueger, W. M. (1991). Older siblings as conversational partners. *Merrill-Palmer Quarterly*, *37*, 465 - 481.

Holloway, S. D., & Reichhart-Erickson, M. (1989). Child care quality, family structure, and maternal expectation: Relationship to preschool children's peer relations. *Journal of Applied Developmental Psychology*, *10*, 281 - 298.

Hovacek, H. J., Ramey, C. T., Campbell, F. A., Hoffman, K. P., & Fletcher, R. H. (1987). Predicting school failure and assessing early intervention with high risk children. *Journal of the American Academy of*

Child and Adolescent Psychiatry, *26*, 758 - 763.

Howes, C. (1983). Caregiver's behavior in center and family day care. *Journal of Applied Developmental Psychology*, *4*, 99 - 107.

Howes, C. (1990). Can the age of entry into child care and the quality of child care predict adjustment in kindergarten? *Developmental Psychology*, *26*, 292 - 303.

Howes, C. (1996). The earliest friendships. In W. M. Bukowski & A. F. Newcomb (Eds.), *The company they keep: Friendship in childhood and adolescence* (pp. 66 - 86). New York: Cambridge University Press.

Howes, C. (1997). Teacher-sensitivity, children's attachment and play with peers. *Early Education and Development*, *8*, 41 - 49.

Howes, C., & Farver, J. (1987). Social pretend play in 2-year-olds: Effects of age of partner. *Early Childhood Research Quarterly*, *2*, 305 - 314.

Howes, C., Galinsky, E., & Kontos, S. (1998). Child care caregiver sensitivity and attachment. *Social Development*, *7*, 25 - 36.

Howes, C., & Hamilton, C. E. (1993). The changing experience of child care: Changes in teachers and in teacher-child relationships and children's social competence with peers. *Early Childhood Research Quarterly*, *8*, 15 - 32.

Howes, C., Hamilton, C. E., & Matheson, C. C. (1994). Children's relationships with peers: Differential associations with aspects of the teacher-child relationship. *Child Development*, *65*, 253 - 263.

Howes, C., Hamilton, C. E., & Philipsen, L. C. (1998). Stability and continuity of child-caregiver and child-peer relationships. *Child Development*, *69*, 418 - 426.

Howes, C., Matheson, C. C., & Hamilton, C. (1994). Maternal, teacher, and child care history correlates of children's relationship with peers. *Child Development*, *65*, 264 - 273.

Howes, C., & Olenick, M. (1986). Family and child care influences on toddler compliance. *Child Development*, *57*, 202 - 216.

Howes, C., Phillips, D. A., & Whitebook, M. (1992). Thresholds of quality: Implications for the social development of children in center-based child care. *Child Development*, *63*, 447 - 460.

Howes, C., & Rubenstein, J. L. (1981). Toddler peer behavior in two types of day care. *Infant Behavior and Development*, *4*, 387 - 393.

Howes, C., & Rubenstein, J. L. (1985). Determinants of toddler's experience in day care: Age of entry and quality of setting. *Child Care Quarterly*, *14*, 140 - 151.

Howes, C., Smith, E., & Galinsky, E. (1995). *Florida Child Care Quality Improvement Study*. New York: Families and Work Institute.

Howes, C., & Smith, E. W. (1995). Children and their child care caregivers: Profiles of relationships. *Social Development*, *4*, 44 - 61.

Howes, C., & Stewart, P. (1987). Child's play with adults, toys, and peers: An examination of family and child care influences. *Developmental Psychology*, *23*, 423 - 430.

Hrdy, S. B. (1999). *Mother nature: A history of mothers, infants, and natural selection*. New York: Pantheon Books.

Hrdy, S. B. (2002). On why it takes a village: Cooperative breeders, infant needs and the future. In G. Peterson (Ed.), *The past, present, and future of the human family* (pp. 86 - 110). Salt Lake City: University of Utah Press.

Hrdy, S. B. (2005). Comes the child before man: How cooperative breeding and prolonged post-weaning dependence shaped human potentials. In B. S. Hewlett & M. E. Lamb (Eds.), *Hunter-gatherer childhoods* (pp. 65 - 91). New Brunswick, NJ: Tranaction/Aldine.

Hughes, C., & Dunn, J. (1997). "Pretend you didn't know": Preschoolers' talk about mental states in pretend play. *Cognitive Development*, *12*, 381 - 403.

Hunt, J., McV. (1961). *Intelligence and experience*. New York: Ronald Press.

Hwang, C. P., Broberg, A., & Lamb, M. E. (1991). Swedish childcare research. In E. C. Melhuish & P. Moss (Eds.), *Day care for young children* (pp. 75 - 101). London: Routledge.

Hwang, C. P., & Broberg, A. G. (1992). The historical and social context of child care in Sweden. In M. E. Lamb, K. J. Sternberg, C. P. Hwang, & A. G. Broberg (Eds.), *Child care in context: Cross-cultural perspectives* (pp. 27 - 54). Hillsdale, NJ: Erlbaum.

Hyson, M. C., Hirsh-Pasek, K., & Rescorla, L. (1990). Classroom Practices Inventory: An observation instrument based on NAEYC's guidelines for developmentally appropriate practices for 4 - and 5-year-old children. *Early Childhood Research Quarterly*, *5*, 475 - 494.

Infant Health and Development Program. (1990). Enhancing the outcomes of low-birthweight, premature infants: A multisite, randomized trial. *Journal of the American Medical Association*, *263*, 3035 - 3042.

Infield, H. F. (1944). *Cooperative living in Palestine*. New York: Dryden.

Jensen, A. R. (1969). How much can we boost IQ and scholastic achievement? *Harvard Educational Review*, *39*, 1 - 123.

Jewsuwan, R., Luster, T., & Kostelnik, M. (1993). The relation between parents' perceptions of temperament and children's adjustment to preschool. *Early Childhood Research Quarterly*, *8*, 33 - 51.

Johansen, A. S., Leibowitz, A., & Waite, L. J. (1996). The importance of child-care characteristics to choice of care. *Journal of Marriage and the Family*, *58*, 759 - 772.

Kagan, J. S. (1980). *Infancy*. Cambridge, MA: Harvard University Press.

Kagan, J. S., Hunt, J. M., Crow, J. F., Bereiter, G., Elkand, D., Cronbach, L. J., et al. (1969). How much can we boost IQ and scholastic achievement? A discussion. *Harvard Educational Review*, *39*, 273 - 356.

Kagan, S. L. (1991). Examining profit and non-profit child care in an odyssey of quality and auspices. *Journal of Social Issues*, *47*, 87 - 104.

Kamerman, S. B. (2000). From maternity to parental leave policies: Women's health, employment, and child and family well-being. *Journal of the American Women's Medical Association*, *55*, 96 - 99.

Kamerman, S. B., & Kahn, A. J. (Eds.). (1978). *Family policy: Government and families in fourteen countries*. New York: Columbia University Press.

Kamerman, S. B., & Kahn, A. J. (1981). *Child care, family benefits, and working parents*. New York: Columbia University Press.

Karoly, L. A., Greenwood, P. W., Everingham, S. S., Haube, J., Kilburn, M. R., Rydell, P. C., et al. (1998). *Investing in our children: What we know and don't know about the worths and benefits of early childhood interventions*. Santa Monica, CA: RAND Corporation.

Kennedy, E. M. (1993). Head Start transition project: Head Start goes to elementary school. In E. F. Zigler & S. J. Styfco (Eds.), *Head Start and beyond: A national plan for extended childhood intervention* (pp. 97 - 109). New Haven, CT: Yale University Press.

Kenny, D. A., & La Voie, L. (1984). Social relation model. In L. Berkowitz (Ed.), *Advances in experimental social psychology* (pp. 141 - 182). Orlando, FL: Academic Press.

Ketterlinus, R. D., Bookstein, F. L., Sampson, P. D., & Lamb, M. E. (1989). Partial least squares analysis in developmental psychopathology. *Development and Psychopathology*, *1*, 351 - 371.

Ketterlinus, R. D., Henderson, S. H., & Lamb, M. E. (1992). Les eflets du type de garde de l'emploi maternel et de l'estime de soi sur le comportement des enfants [The effect of type of child care and maternal employment on children's behavioral adjustment and self-esteem]. In B. Pierrehumbert (Ed.), *L'accueil du jeune enfant: Politiques et recherches dans les différents pays* [Child care in infancy: Policy and research issues in different countries] (pp. 150 - 163). Paris: ESF Editeur.

Kienbaum, J. (2001). The socialization of compassionate behavior by child care teachers. *Early Education and Development*, *12*, 139 - 153.

Kisker, E. E., & Silverberg, M. (1991). Child care utilization by disadvantaged teenage mothers. *Journal of Social Issues*, *47*, 159 - 178.

Klimes-Dougan, B., & Kistner, J. (1990). Physically abused preschoolers' responses to peers' distress. *Developmental Psychology*, *26*, 599 - 602.

Knitzer, J. (2001). Federal and state efforts to improve care for infants and toddlers. *Future of Children*, *11*, 79 - 97.

Kontos, S. (1991). Child care quality, family background, and children's development. *Early Childhood Research Quarterly*, *6*, 249 - 262.

Kontos, S. (1994). The ecology of family day care. *Early Childhood Research Quarterly*, *9*, 87 - 110.

Kontos, S., Burchinal, M., Howes, C., Wisseh, S., & Galinsky, E. (2002). An ecobehayioral approach to examining the contextual effects of early childhood classrooms. *Early Childhood Research Quarterly*, *17*, 239 - 258.

Koutos, S., & Dunn, L. (1989). Attitudes of caregivers, maternal experiences with daycare, and children's development. *Journal of Applied Developmental Psychology*, *10*, 37 - 51.

Kontos, S., & Fiene, R. (1987). Child care quality, compliance with regulations, and children's development: The Pennsylvania study. In D. A. Phillips (Ed.), *Quality in child care: What does research tell us?* (pp. 57 - 80). Washington, DC: National Association for the Education of Young Children.

Kontos, S., Howes, C., Shinn, M., & Galinsky, E. (1994). *Quality in family child care and relative care*. New York: Teachers College Press.

Kontos, S., & Stremmel, A. J. (1988). Caregivers' perceptions of working conditions in a child care environment. *Early Childhood Research Quarterly*, *3*, 77 - 90.

Korczak, E. (1993). Poland. In M. Cochran (Ed.), *International handbook of child care policies and programs* (pp. 453 - 467). Westport, CT: Greenwood Press.

Kreisman, M. B. (2003). Evaluating academic outcomes of Head Start: An application of general growth mixture modeling. *Early Childhood Research Quarterly*, *18*, 238 - 254.

Kreyenfeld, M. (2004). Fertility decisions in the FRG and GDR: An analysis with data from the German fertility and family survey. *Demographic Research*, *3*, 275 - 318.

Kreyenfeld, M., Spiess, C. K., & Wagner, G. G. (2001). *Finanzierrungs-und organisationsmodelle institutioneller kinderbetreuung* [Fiscal and organizational models for child care]. Berlin, Germany: Luchterhand.

Ladd, G. W., & Le Sieur, K. D. (1995). Parents and child's relationships. In M. H. Bornstein (Ed.), *Handbook of parenting* (Vol. 4, pp. 377 - 409). Mahwah, NJ: Erlbaum.

Lamb, M. E. (1986). The changing roles of fathers. In M. E. Lamb (Ed.), *The father's role: Applied perspectives* (pp. 3 - 27). New York: Wiley.

Lamb, M. E. (1998). Nonparental child care: Context, quality, correlates, and consequences. In W. Damon (Editor-in-Chief), & I. E. Sigel, & K. A. Renninger (Vol. Eds.), *Handbook of child psychology: Vol. 4. Child psychology in practice* (5th ed., pp. 73 - 133). New York: Wiley.

Lamb, M. E. (2000). The effects of quality of care on child development. *Applied Developmental Science*, *4*, 112 - 115.

Lamb, M. E. (2005). Développement socio-émotionnel et scolarisation précoce: Recherches expérimentale [Socioemotional development and early education: Experimental research]. In J.-J. Ducret (Ed.), *Constructivisme et education (II): Scolariser la petite enfance?* [Constructivism and education: Pt. 2. Infant education?]. Genève, Switzerland: Service de la recherche en éducation.

Lamb, M. E., Hwang, C. P., Bookstein, F. L., Broberg, A., Hult, G., & Frodi, M. (1988). Determinants of social competence in Swedish preschoolers. *Developmental Psychology*, *24*, 58 - 70.

Lamb, M. E., Hwang, C. P., Broberg, A., & Bookstein, F. L. (1988). The effects of out-of-home care on the development of social competence in Sweden: A longitudinal study. *Early Childhood Research Quarterly*, *3*, 379 - 402.

Lamb, M. E., & Levine, J. A. (1983). The Swedish parental insurance policy: An experiment in social engineering. In M. E. Lamb (Ed.), *Fatherhood and family policy* (pp. 39 - 51). Hillsdale, NJ: Erlbaum.

Lamb, M. E., & Sternberg, K. J. (1990). Do we really know how day care affects children? *Journal of Applied Developmental Psychology*, *11*, 351 - 379.

Lamb, M. E., & Sternberg, K. J. (1992). Sociocultural perspectives on nonparental child care. In M. E. Lamb, K. J. Sternberg, A. Broberg, & C. P. Hwang (Eds.), *Child care in context: Crosscultural perspectives* (pp. 1 - 23). Hillsdale, NJ: Erlbaum.

Lamb, M. E., Sternberg, K. J., Hwang, C. P., & Broberg, A. G. (Eds.). (1992). *Child care in context: Cross-cultural perspectives*. Hillsdale, NJ: Erlbaum.

Lamb, M. E., Sternberg, K. J., & Prodromidis, M. (1992). Nonmaternal care and the security of infant-mother attachment: A reanalysis of the data. *Infant Behavior and Development*, *15*, 71 - 83.

Lamb, M. E., Thompson, R. A., Gardner, W. P., & Charnov, E. L. (1985). *Infant-mother attachment: The origins and developmental significance of individual differences in Strange Situation behavior*. Hillsdale, NJ: Erlbaum.

Lancaster, J. B., & Lancaster, C. S. (1987). The watershed: Change in parental investment and family formation strategies in the course of human evolution. In J. S. Lancaster, J. Altmann, A. Rossi, & L. R. Sherrod (Eds.), *Parenting across the life span: Biosocial perspectives* (pp. 187 - 205). Hawthorne, NY: Aldine de Gruyter.

Lancaster, J. B., Rossi, A., Altmann, J., & Sherrod, L. R. (Eds.). (1987). *Parenting across the life span: Biosocial perspectives*. Hawthorne, NY: Aldine de Gruyter.

Larsen, J. M., & Robinson, C. C. (1989). Later effects of preschool on low-risk children. *Early Childhood Research Quarterly*, *4*, 133 - 144.

Lazar, I. (1981). Early intervention is effective. *Educational Leadership*, *38*, 303 - 305.

Lazar, I., Darlington, R., Murray, H., Royce, J., & Snipper, A. (1982). Lasting effects of early education: A report from the Consortium for Longitudinal Studies. *Monographs of the Society for Research in Child Development*, *47* (Serial No. 195).

Leaper, C. (1994). Exploring the correlates and consequences of gender segregation: Social relationships in childhood, adolescence and adulthood. In C. Leaper (Ed.), *New directions for child development: The development of gender relationships* (pp. 67 - 86). San Francisco: Jossey-Bass.

Leaper, C. (2002). Parenting girls and boys. In M. H. Bornstein (Ed.), *Handbook of parenting: Vol. 2. Children and parenting* (2nd ed., pp. 189 - 225). Mahwah, NJ: Erlbaum.

Lee, L. C. (1992). Day care in the People's Republic of China. In M. E. Lamb, K. J. Sternberg, C. P. Hwang, & A. G. Broberg (Eds.), *Child care in context: Cross-cultural perspectives* (pp. 355 - 392). Hillsdale, NJ: Erlbaum.

Leiderman, P. H., & Leiderman, G. F. (1974). Affective and cognitive consequences of polymatric infant care in the East African highlands. In *Minnesota Symposia on Child Psychology* (Vol. 8, pp. 81 - 110). Minneapolis: University of Minnesota Press.

Lemerise, E. A. (1997). Patterns of peer acceptance, social status, and social reputation in mixed-age preschool and primary classrooms. *Merill-Palmer Quarterly*, *43*, 199 - 218.

Lerner, R. M. (1984). *On the nature of human plasticity*. New York: Cambridge University Press.

Lewis, M. (1998). *Altering fate: Why the past does not predict the future*. New York: Guilford Press.

Loeb, S., Fuller, B., Kagan, S. L., & Carrol, B. (2004). Child care m poor communities: Early learning effects of type, quality, and stability. *Child Development*, *1*, 47 - 65.

Lollis, S. P. (1990). Effects of maternal behavior on toddler behavior during separation. *Child Development*, *61*, 99 - 103.

Londerville, S., & Main, M. (1981). Security of attachment, compliance, and maternal training methods in the second year. *Developmental Psychology*, *17*, 281 - 299.

Long, T. J., & Long, L. (1983). *The handbook of latchkey children and their parents*. New York: Arbor House.

Long, T. J., & Long, L. (1984). Latchkey children. In L. Katz (Ed.), *Current topics in early childhood education* (Vol. 5, pp. 141 - 164). Norwood, NJ: Ablex.

Love, J. M., Harrison, L., Sagi-Schwartz, A., van IJzendoorn, M. A., Ross, C., Ungerer, J., et al. (2003). Child-care quality matters: How conclusions may vary with context. *Child Development*, *74*, 1021 - 1033

Maccohy, E. E. (1998). *The two sexes: Growing up apart, coming together*. Cambridge, MA: Harvard University Press.

Maccoby, E. E., & Lewis, C. C. (2003). Less day care or different day care? *Child Development*, *74*, 1069 - 1075.

Marshall, N. L., Garcia Coll, C., Marx, F., McCartney, K., Keefe, N., & Ruh, J. (1997). After-school time and children's behavioral adjustment. *Merill-Palmer Quarterly*, *43*, 497 - 514.

Martin, S. L., Ramey, C. T., & Ramey, S. (1990). The prevention of intellectual impairment in children of impoverished families: Findings of a randomized trial of educational day care. *American Journal of Public Health*, *80*, 844 - 847.

Mason, K. O., & Duberstein, L. (1992). Consequences of child care for parents' well-being. In A. Booth (Ed.), *Childcare in the 1990s: Trends and consequences* (pp. 127 - 159). Hillsdale, NJ: Erlbaum.

McCartney, K. (1984). Effect of quality of day care environment on children's language development. *Developmental Psychology*, *20*, 244 - 260.

McCord, J. (1990). Problem behaviors. In S. S. Feldman & G. R. Elliott (Eds.), *At the threshold: The developing adolescent* (pp. 414 - 430). Cambridge, MA: Harvard University Press.

McCune, L. (1995). A normative study of representational play in the transition to language. *Developmental Psychology*, *31*, 198 - 206.

McKey, R. H., Condelli, L., Ganson, H., Barrett, B. J., McConkey, C., & Plantz, M. C. (1985). *The impact of Head Start on children, family, and communities: Final report of the Head Start Evaluation, Synthesis, and Utilization Project*. Washington, DC: U. S. Government Printing Office.

Meins, E. (1997). Security of attachment and maternal tutoring strategies: Interaction within the zone of proximal development. *British Journal of Developmental Psychology*, *15*, 129 - 144.

Melhuish, E. C. (1987). Socio-emotional behavior at 18 months as a function of daycare experience, gender, and temperament. *Infant Mental Health Journal*, *8*, 364 - 373.

Melhuish, E. C., & Moss, P. (1992). Day care in the United Kingdom in historical perspective. In M. E. Lamb, K. J. Sternberg, C. P. Hwang, & A. G. Broberg (Eds.), *Child care in context: Crosscultural perspectives* (pp. 157 - 183). Hillsdale, NJ: Erlbaum.

Melhuish, E. C., Quinn, L., Sylva, K., Sammons, P., Siraj-Blatchford, I., Taggart, B., et al. (2001). *Cognitive and social/behavioural development at 3 to 4 years in relation to family background*. Belfast, Northern Ireland: Stranmillis University Press.

Melhuish, E. C., Quinn, L., Sylva, K., Sammons, P., Siraj-Blatchford, I., Taggart, B., et al. (2002a). *Pre-school experience and cognitive development at the start of primary school*. Belfast, Northern Ireland: Stranmillis University Press.

Melhuish, E. C., Quinn, L., Sylva, K., Sammons, P., Siraj-Blatchford, I., Taggart, B., et al. (2002b). *Pre-school experience and social/behavioral development at the start of primary school*. Belfast, Northern Ireland: Stranmillis University Press.

Melhuish, E. C., Sylva, K., Sammons, P., Siraj-Blatchford, I., & Taggart, B. (2001). *Effective provision of pre-school education project: Technical paper 7. Social/behavioral and cognitive development at 3 to 4 years in relation to family background*. London: Institute of Education.

Mitchell-Copeland, J., Denham, S. A., & DeMulder, E. K. (1997). Qsort assessment of child-teacher attachment relationships and social competence in the preschool. *Early Education and Development*, *8*, 27-39.

Morgan, G., Azer, S. L., Costley, J. B., Genser, A., Goodman, I. F., Lombardi, J., et al. (1993). *Making a career of it: The state of the states report on career development in early care and education*. Boston: Wheelock College.

Mott, J. A., Crowe, P. A., Richardson, J., & Flay, B. (1999). Afterschool supervision and adolescent cigarette smoking: Contributions of the setting and intensity of after-school self-care. *Journal of Behavioral Medicine*, *22*, 35-58.

Mueller, E. (1989). Toddlers' peer relations: Shared meaning and semantics. In W. Damon (Ed.), *Child development today and tomorrow* (pp. 313-331). San Francisco: Jossey-Bass.

Mulhall, P. F., Stone, D., & Stone, B. (1996). Home alone: Is it a risk factor for middle school youth and drug use? *Journal of Drug Education*, *26*, 39-48.

National Academy of Science. (1990). *Who cares for America's children?* Washington, DC: Author.

National Academy of Science. (2003). *Working families and growing kids*. Washington, DC: Author.

National Center for Educational Statistics. (2002). *The condition of education 2002* (NCES 2002-025). Washington, DC: U. S. Government Printing Office.

National Head Start Association. (1990). *Head Start: The nation's pride, a nation's challenge* (Report of the Silver Ribbon Panel). Alexandria, VA: Author.

National Institute of Child Health and Human Development Early Child Care Research Network. (1994). Child care and child development: The NICHD study of early child care. In S. L. Friedman & H. C. Haywood (Eds.), *Developmental follow-up: Concepts, domains, and methods* (pp. 377-396). New York: Academic Press.

National Institute of Child Health and Human Development Early Child Care Research Network. (1995a, April). *The dynamics of child care experiences during the first year of life*. Poster presented to the biennial meeting of the Society for Research in Child Development, Indianapolis, IN.

National Institute of Child Health and Human Development Early Child Care Research Network. (1995b, April). *Family economic status, structure, and maternal employment as predictors of child care quantity and quality*. Poster presented to the biennial meeting of the Society for Research in Child Development, Indianapolis, IN.

National Institute of Child Health and Human Development Early Child Care Research Network. (1995c, April). *Future directions: Testing models of developmental outcome*. Poster presented to the biennial meeting of the Society for Research in Child Development, Indianapolis, IN.

National institute of Child Health and Human Development Early Child Care Research Network. (1995d, April). *Measuring child care quality in the first year*. Poster presented to the biennial meeting of the Society for Research in Child Development, Indianapolis, IN.

National Institute of Child Health and Human Development Early Child Care Research Network. (1996). Characteristics of infant child care: Factors contributing to positive caregiving. *Early Childhood Research Quarterly*, *11*, 269-306.

National Institute of Child Health and Human Development Early Child Care Research Network. (1997a). Child care in the first year of life. *Merrill-Palmer Quarterly*, *43*, 340-360.

National Institute of Child Health and Human Development Early Child Care Research Network. (1997b). The effects of infant child care on infant-mother attachment security: Results of the NICHD study of early child care. *Child Development*, *68*, 860-879.

National Institute of Child Health and Human Development Early Child Care Research Network. (1997c). Familial factors associated with the characteristics of nonmaternal care for infants. *Journal of Marriage and Family*, *59*, 389-408.

National Institute of Child Health and Human Development Early Child Care Research Network. (1998a). Early child care and selfcontrol, compliance, and problem behavior at 24 and 36 months. *Child Development*, *69*, 1145-1170.

National Institute of Child Health and Human Development Early Child Care Research Network. (1998b). Relations between family predictors and child outcomes: Are they weaker for children in child care? *Developmental Psychology*, *34*, 1119-1128.

National Institute of Child Health and Human Development Early Child Care Research Network. (1999a). Child care and motherchild interaction in the first 3 years of life. *Developmental Psychology*, *35*, 1399-1413.

National Institute of Child Health and Human Development Early Child Care Research Network. (1999b). Child outcomes when child care center classes meet recommended standards for quality. *American Journal of Public Health*, *89*, 1072-1077.

National Institute of Child Health and Human Development Early Child Care Research Network. (1999c). Chronicity of maternal depressive symptoms, maternal sensitivity and child functioning at 36 months: Results from the NICHD Study of Early Child Care. *Developmental Psychology*, *35*, 1297-1310.

National Institute of Child Health and Human Development Early Child Care Research Network. (2000a). Characteristics and quality of child care for toddlers and preschoolers. *Applied Developmental Science*, *4*, 116-125.

National Institute of Child Health and Human Development Early Child Care Research Network. (2000b). Factors associated with fathers' caregiving activities and sensitivity with young children. *Journal of Family Psychology*, *14*, 200-219.

National Institute of Child Health and Human Development Early Child Care Research Network. (2000c). The relation of child care to cognitive and language development. *Child Development*, *71*, 960-980.

National Institute of Child Health and Human Development Early Child Care Research Network. (2001a). Child care and children's peer interaction at 24 and 36 months: The NICHD study of early child care. *Child Development*, *72*, 1478-1500.

National Institute of Child Health and Human Development Early Child Care Research Network. (2001b). Child-care and family predictors of preschool attachment and stability from infancy. *Developmental Psychology*, *37*, 847-862.

National Institute of Child Health and Human Development Early Child Care Research Network. (2001c). Nonmaternal care and family factors in early development: An overview of the NICHD study of early child care. *Applied Developmental Psychology*, *22*, 457-492.

National Institute of Child Health and Human Development Early Child Care Research Network. (2002a). Child care structureprocess-outcomes: Direct and indirect effects of child care quality on young children's development. *Psychological Science*, *13*, 199-206.

National Institute of Child Health and Human Development Early Child Care Research Network. (2002b). Early child care and children's development prior to school entry: Results from the NICHD study of early child care. *American Educational Research Journal*, *39*, 133-164.

National Institute of Child Health and Human Development Early Child Care Research Network. (2003a). Does amount of time spent in child care predict socioemotional adjustment during the transition to kindergarten? *Child Development*, *74*, 976-1005.

National Institute of Child Health and Human Development Early Child Care Research Network. (2003b). Does quality of child care affect child outcomes at age 4½? *Developmental Psychology*, *39*, 451-469.

National Institute of Child Health and Human Development Early Child Care Research Network. (2003c). Early child care and mother-child interaction from 36 months through first grade. *Infant Behavior and Development*, *26*, 234-370.

National institute of Child Health and Human Development Early Child Care Research Network. (2004). Are child development outcomes related to before and after school care arrangements? Results from the NICHD Study of Early Child Care. *Child Development*, *75*, 280-295.

National Institute of Child Health and Human Development Early Child Care Research Network (in press). Type of care and children's development at 54 months. *Early Childhood Research Quarterly*.

National Institute of Child Health and Human Development Early Child Care Research Network, & Duncan, G. J. (2003). Modeling the impacts of child care quality on children's preschool cognitive development. *Child Development*, *74*, 1454-1475.

National Research Council. (1991). *Caring for America's children*. Washington, DC: National Academy Press.

Nelson, F., & Garduque, L. (1991). The experience and perception of continuity between home and day care from the perspectives of child, mother, and caregiver. *Early Child Development and Care*, *68*, 99-111.

Nemenyi, M. (1993). Hungary. In M. Cochran (Ed.), *International handbook of child care policies and programs* (pp. 231-245). Westport, CT: Greenwood Press.

Nerlove, S. B. (1974). Women's workload and infant feeding practices: A relationship with demographic implications. *Ethnology*, *13*, 207-214.

Neubauer, P. B. (Ed.). (1965). *Children in collectives: Childrearing aims and practices in the kibbutz*. Springfield, IL: Thomas.

New, R. (1993). Italy. In M. Cochran (Ed.), *International handbook of child care policies and programs* (pp. 291-311). Westport, CT: Greenwood Press.

North, A. F., Jr. (1979). Health services in Head Start. In E. Zigler & J. Valentine (Eds.), *Project Head Start* (pp. 231-258). New York: Free Press.

O'Brien, M., Roy, C., Jacobs, A., Macaluso, M., & Peyton, V. (1999). Conflict in the dyadic play of 3-year-old children. *Early Education and Development*, *10*, 289-313.

Olmsted, P. P. (1992). A cross-national perspective on the demand for and supply of early childhood services. In A. Booth (Ed.), *Child care in the 1990s: Trends and consequences* (pp. 26-33). Hillsdale, NJ: Erlbaum.

Oppenheim, D., Sagi, A., & Lamb, M. E. (1988). Infant-adult attachments on the kibbutz and their relation to socioemotional development 4 years later. *Developmental Psychology*, *24*, 427-433.

Organization for Economic Cooperation and Development. (2002). *Learning for tomorrow's world: First results from Pisa 2003* [OECD e-book]. Available from http://pisa.oecd.org.

Owen, M. T., Ware, A. M., & Barfoot, B. (2000). Caregiver-mother partnership behavior and the quality of caregiver-child and mother-child interactions. *Early Childhood Research Quarterly*, *15*, 413-428.

Peisner-Feinberg, E., & Burchinal, M. (1997). Relations between preschool children's child care experience and concurrent development: The Cost, Quality, and Outcomes Study. *Merrill-Palmer Quarterly*, *43*, 451-477.

Peisner-Feinberg, E. S., Burchinal, M. R., Clifford, R., Culkin, M. L., Howes, C., Kagan, S. L., et al. (2001). The relations of preschool child-care quality to children's cognitive and social developmental trajectories through second grade. *Child Development*, *72*, 1534-1553.

Pence, A. R. (1993). Canada. In M. Cochran (Ed.), *International handbook of child care policies and programs* (pp. 57-81). Westport, CT: Greenwood Press.

Perner, J., Ruffman, T., & Leekam, S. R. (1994). Theory of mind is contagious: You catch it from your sibs. *Child Development*, *65*, 1228-1238.

Petrogiannis, K. G. (1995). *Psychological development at 18 months of age as a function of child care experience in Greece*. Unpublished doctoral dissertation, University of Wales, Cardiff.

Pettit, G. S., Laird, R. D., Bates, J. E., & Dodge, K. A. (1997). Patterns of after-school care in middle childhood: Risk factors and developmental outcomes. *Merrill-Palmer Quarterly*, *43*, 515-538.

Phillips, D. (1989). Future directions and need for child care in the United States. In J. S. Lande, S. Scarr, & N. Gunzenhauser (Eds.), *Caring for children: Challenge to America* (pp. 257-274). Hillsdale, NJ: Erlbaum.

Phillips, D., Lande, J., & Goldberg, M. (1990). The state of child care regulations: A comparative analysis. *Early Childhood Research Quarterly*, *5*, 151-179.

Phillips, D., Mekos, D., Scarr, S., McCartney, R., & Abbott-Shim, M. (2001). Within and beyond the classroom door: Assessing quality in child care centers. *Early Childhood Research Quarterly*, *15*, 475-496.

Phillips, D. A. (1992). Child care and parental well-being: Bringing quality of care into the picture. In A. Booth (Ed.), *Child care in the 1990s: Trends and consequences* (pp. 172-180). Hillsdale, NJ: Erlbaum.

Phillips, D. A., Howes, C., & Whitebook, M. (1991). Child care as an adult work environment. *Journal of Social Issues*, *47*, 49-70.

Phillips, D. A., Howes, C., & Whitebook, M. (1992). The social policy context of child care: Effects on quality. *American Journal of Community Psychology*, *20*, 25-51.

Phillips, D. A., McCartney, K., & Scarr, S. (1987). Child care quality and children's social development. *Developmental Psychology*, *23*, 537-543.

Phillips, D. A., Voran, M., Kisker, E., Howes, C., & Whitebook, M. (1994). Child care for children in poverty: Opportunity or inequity? *Child Development*, *65*, 472-492.

Phillips, D. A., & Zigler, E. F. (1987). The checkered history of federal child care regulation. In E. Z. Rothkopf (Ed.), *Review of research in education* (Vol. 14, pp. 3-41). Washington, DC: American Educational Research Association.

Phillipsen, L. C., Burchinal, M. P., Howes, C., & Cryer, D. (1997). The prediction of process quality from structural features of child care. *Early Childhood Research Quarterly*, *12*, 281-303.

Piaget, J. (1965). *The moral judgment of the child*. New York: Free Press.

Pianta, R., & Nimetz, S. L. (1991). Relationships between children and teachers: Associations with classroom and home behavior. *Journal of Applied Developmental Psychology*, *12*, 379-393.

Pierce, K. M., Hamm, J. V., & Vandell, D. L. (1999). Experiences in after school programs and children's adjustment in first grade classrooms. *Child Development*, *70*, 756-767.

Pierrehumbert, B. (1994, September). *Socio-emotional continuity through the preschool years and child care experience*. Paper presented to the British Psychological Society, Developmental Section conference, Portsmouth, England.

Pierrehumbert, B., & Milhaud, K. (1994, June). *Socio-emotional continuity through the preschool years and child care experience*. Paper presented to the International Conference on Infant Studies, Paris, France.

Pierrehumbert, B., Ramstein, T., & Karmaniola, A. (1995). Bèbès á partager [Babies to share]. In M. Robin, I. Casati, & D. Candilis-Huisman (Eds.), *La construction des liens familiaux pendant la première enfance [The construction of family ties in infancy]* (pp. 107-128). Paris: Presses Universitaires de France.

Pierrehumbert, B., Ramstein, T., Karmaniola, A., & Halfon, O. (1996). Child care in the preschool years, behavior problems, and cognitive development. *European Journal of Educational Research*, *11*, 201-214.

Pierrehumbert, B., Ramstein, T., Karmaniola, A., Miljkovitch, R., & Halfon, O. (2002). Quality of child care in the preschool years: A comparison of the influence of home care and day care characteristics on child outcome. *International Journal of Behavioral Development*, *26*, 385-396.

Pierrehumbert, B., Ramstein, T., Krucher, R., El-Najjar, S., Lamb, M. E., & Halfon, O. (1996). L'evaluation du lieu de vie du jeune enfant. *Bulletin do Psychologie*, *49*, 565-584.

Portnoy, F. C., & Simmons, C. H. (1978). Day care and attachment. *Child Development*, *49*, 239-242.

Posner, J. K., & Vandell, D. L. (1994). Low-income children's afterschool care: Are there beneficial effects of after-school programs? *Child Development*, *63*, 440-456.

Posner, J. K., & Vandell, D. L. (1999). After-school activities and the development of low income urban children: A longitudinal study. *Developmental Psychology*, *35*, 868-879.

Powell, C., & Grantham-McGregor, S. (1989). Home visiting of varying frequency and child development. *Pediatrics*, *84*, 157-164.

Powell, D. R. (1982). From child to parent: Changing conceptions of early childhood intervention. *Annals of the American Academy of Political and Social Science*, *481*, 135-144.

Prodromidis, M., Lamb, M. E., Sternberg, K. J., Hwang, C. P., & Broberg, A. G. (1995). Aggression and noncompliance among Swedish children in center-based care, family day care, and home care. *International Journal of Behavioral Development*, *18*, 43-62.

Ragozin, A. (1980). Attachment behavior of day-care children: Naturalistic and laboratory observations. *Child Development*, *51*, 409-415.

Ramey, C. T. (1992). High-risk children and IQ: Altering intergenerational patterns. *Intelligence*, *16*, 239-256.

Ramey, C. T., Bryant, D. M., Wasik, B. H., Sparling, J. J., Fendt, K. H., & LaVange, L. M. (1992). Infant health and development program for low-birthweight, premature infants: Program elements, family participation, and child intelligence. *Pediatrics*, *89*, 454-465.

Ramey, C. T., & Campbell, F. A. (1984). Preventive education for highrisk children: Cognitive consequences of the Carolina Abecedarian Project. *American Journal of Mental Deficiency*, *88*, 515-523.

Ramey, C. T., & Campbell, F. A. (1987). The Carolina Abecedarian Project: An educational experiment concerning human malleability. In S. S. Gallagher & C. T. Ramey (Eds.), *The malleability of children* (pp. 127-139). Baltimore: Paul H. Brookes.

Ramey, C. T., & Campbell, F. A. (1992). Poverty, early childhood education, and academic competence: The Abecedarian experiment. In A. C. Huston (Ed.), *Children in poverty: Child development and public policy* (pp. 190-221). New York: Cambridge University Press.

Ramey, C. T., Ramey, S. L., Hardin, M., & Blair, C. (1995, May). *Family types and developmental risk: Functional differentiations among poverty families*. Paper presented to the fifth annual conference of the Center for Human Development and Developmental Disabilities, New Brunswick, NJ.

Ramey, C. T., & Smith, B. (1977). Assessing the intellectual consequences of early intervention with high risk infants. *American Journal of Mental Deficiency*, *81*, 318 - 324.

Ramey, S. L., & Ramey, C. T. (1992). Early educational intervention with disadvantaged children: To what effect? *Applied and Preventive Psychology*, *1*, 131 - 140.

Rauh, H., Ziegenhain, U., Müler, B., & Wijnroks, L. (2000). Stability and change in infant-mother attachment in the second year of life: Relations to parenting quality and varying degrees of day-care experience. In P. M. Crittenden & A. H. Claussen (Eds.), *The organization of attachment relationships: Maturation, culture, and context* (pp. 251 - 276). New York: Cambridge University Press.

Raver, C. C., Blackburn, E. K., Bancroft, M., & Torp, N. (1999). Relations between effective emotional self-regulation, attentional control, and low-income preschoolers' social competence with peers. *Early Education and Development*, *10*, 333 - 350.

Reynolds, A. J. (1992a). *Effects of a multi-year child-parent center intervention program on children at risk*. Unpublished manuscript.

Reynolds, A. J. (1992b). Mediated effects of preschool intervention. *Early Education and Development*, *3*, 139 - 164.

Reynolds, A. J. (1994). Effects of a preschool plus follow-on intervention for children at risk. *Developmental Psychology*, *30*, 787 - 804.

Reynolds, A. J. (1995). One year of preschool intervention or two: Does it matter? *Early Childhood Research Quarterly*, *10*, 1 - 31.

Reynolds, A. J. (1998). Extended early childhood intervention and school achievement: Age thirteen findings from the Chicago longitudinal study. *Child Development*, *69*, 231 - 246.

Reynolds, A. J. (2000). *Success in early intervention: The Chicago Child-Parent Centers*. Lincoln: University of Nebraska Press.

Reynolds, A. J., Temple, J. A., Robertson, D. L., & Mann, E. A. (2001). Long-term effects of an early childhood intervention or educational achievement and juvenile arrest: A 15-year follow-up of low-income children in public school. *Journal of the American Medical Association*, *285*, 2339 - 2346.

Richardson, J. L., Dwyer, K., McGuigan, K., Hansen, W. B., Dent, C., Johnson, C. A., et al. (1989). Substance use among 8th-grade students who take care of themselves after school. *Pediatrics*, *84*, 556 - 566.

Roberts, R. N., Casto, G., Wasik, B., & Ramey, C. T. (1991). Family support in the home: Programs, policy, and social change. *American Psychologist*, *46*, 131 - 137.

Roberts, R. N., & Wasik, B. H. (1990). Home visiting programs for families with children from birth to three: Results of a national survey. *Journal of Early Intervention*, *14*, 274 - 284.

Roberts, R. N., & Wasik, B. H. (1994). Home visiting options within Head Start: Current positive and future directions. *Early Childhood Research Quarterly*, *9*, 311 - 325.

Robertson, J., & Robertson, J. (1972). Quality of substitute care as an influence on separation responses. *Journal of Psychosomatic Research*, *16*, 261 - 265.

Robertson, J., & Robertson, J. (1975). Reaktionen kleiner Kinder auf kurzfristige Trennung von der Mutter im Lichte neuer Beobachtungen [Children's responses to maternal separation in light of recent research]. *Psyche*, *29*, 626 - 664.

Rodman, H., Pratto, D., & Nelson, R. (1985). Child care arrangements and children's functioning: A comparison of self-care and adult-care children. *Developmental Psychology*, *21*, 413 - 418.

Rosenthal, M. K. (1991). Behaviors and beliefs of caregivers in family day care: The effects of background and work environment. *Early Childhood Research Quarterly*, *6*, 263 - 283.

Rosenthal, M. K. (1992). Nonparental child care in Israel: A cultural and historical perspective. In M. E. Lamb, K. J. Sternberg, C. P. Hwang, & A. G. Broberg (Eds.), *Child care in context: Crosscultural perspectives* (pp. 305 - 330). Hillsdale, NJ: Erlbaum.

Rosenthal, M. K. (1994). *An ecological approach to the study of child care: Family care in Israel*. Hillsdale, NJ: Erlbaum.

Rosenthal, R., & Vandell, D. L. (1996). Quality of care at school-aged child-care programs: Regulatable features, observed experiences, child perspectives, and parent perspectives. *Child Development*, *67*, 2434 - 2445.

Rothstein-Fisch, C., & Howes, C. (1988). Toddler peer interaction in mixed-age groups. *Journal of Applied Developmental Psychology*, *9*, 211 - 218.

Rubenstein, J., & Howes, C. (1976). The effects of peers on toddlers interaction with mother and toys. *Child Development*, *47*, 597 - 605.

Rubenstein, J. L., & Howes, C. (1979). Caregiving and infant behavior in day care and in homes. *Developmental Psychology*, *15*, 1 - 24.

Rubenstein, J. L., Howes, C., & Boyle, P. (1981). A 2-year follow-up of infants in community-based day care. *Journal of Child Psychology and Psychiatry*, *8*, 1 - 11.

Rubenstein, J. L., Pedersen, F. A., & Yarrow, L. J. (1977). What happens when mother is away: A comparison of mothers and substitute caregivers. *Developmental Psychology*, *13*, 529 - 530.

Rubin, K. H., Hastings, P., Chen, X., Stewart, S., & McNichol, K. (1998). Intrapersonal and maternal correlates of aggression, conflict, and externalizing problems in toddlers. *Child Development*, *69*, 1614 - 1629.

Ruopp, R., Travers, J., Glantz, F., & Coelen, G. (1979). *Children at the center*. Cambridge, MA: ABT Associates.

Sagi, A., Koren-Karie, N., Gini, M., Ziv, Y., & Joels, T. (2002). Shedding further light on the effects of various types and quality of early child care on infant-mother attachment relationship: The Haifa study of early child care. *Child Development*, *73*, 1166 - 1186.

Sagi, A., Lamb, M. E., Lewkowicz, K. S., Shoham, R., Dvir, R., & Estes, D. (1985). Security of infant-mother, -father, and -metapelet attachments among kibbutz-reared Israeli children. *Monographs of the Society for Research in Child Development*, *50*, 257 - 275.

Sagi, A., van IJzendoorn, M. H., Aviezer, O., Donnell, F., Koren-Karie, N., Joels, T., et al. (1995). Attachments in a multiplecaregiver and multiple-infant environment: The case of the Israeli kibbutzim. *Monographs of the Society for Research in Child Development*, *60*, 71 - 91.

Sammons, P., Smeas, R., Taggat, B., Sylva, K., Melhuish, E. C., Siraj-Blatchford, I., et al. (2003). *Effective provision of pre-school education project: Technical paper 86. Measuring the impact on children's social behavioral development over the pre-schoot years*. London: Institute of Education.

Sammons, P., Sylva, K., Melhuish, E. C., Siraj-Blatchford, I., Taggat, B., & Elliot, K. (2002). *Effective provision of pre-school education project: Technical paper 8a. Measuring the impact on children's cognitive development over the preschool years*. London: Institute of Education.

Scarr, S. (1992). Keep our eyes on the prize: Family and child care policy in the United States, as it should be. In A. Booth (Ed.), *Child care in the 1990s: Trends and consequences* (pp. 215 - 223). Hillsdale, NJ: Erlbaum.

Scarr, S. (1998). American child care today. *American Psychologist*, *53*, 95 - 108.

Scarr, S., Eisenberg, M., & Deater-Deckard, R. (1994). Measurement of quality in child care centers. *Early Childhood Research Quarterly*, *9*, 131 - 151.

Scarr, S., McCartney, K., Abbott-Shim, M., & Eisenberg, M. (1995). *Small effects of large quality differences among child care centers on infants', toddlers', and preschool children's social adjustment*. Unpublished manuscript, Department of Psychology, University of Virginia, Charlottesville.

Scher, A., & Mayseless, O. (2000). Mothers of anxious/ambivalent infants: Maternal characteristics and child-care context. *Child Development*, *71*, 1629 - 1639.

Schmidt-Kolmer, E., Tonkowa-Jampolskaja, R., & Atanassowa, A. (1979). *Die soziale Adaptation der Kinder bei der Aufnahme in Einrichtungen der Vorschulerziehung* [Children's social adaptation at entry to child care centers]. Berlin, Germany: Volk und Gesundheit.

Schubert, J. B., Bradley-Johnson, S., & Nuttal, J. (1980). Motherinfant communication and maternal employment. *Child Development*, *51*, 246 - 249.

Schwartz, P. (1983). Length of day-care attendance and attachment behavior in 18-month-old infants. *Child Development*, *54*, 1073 - 1078.

Schwarz, J. C., Strickland, R., & Krolick, G. (1974). Infant day care: Behavioral effects at preschool age. *Developmental Psychology*, *10*, 502 - 506.

Schweinhart, L. J., Barnes, H. V., &, Weikart, D. P. (Eds.). (1993). *Significant benefits: The High/Scope Perry Preschool Study through age 27*. Ypsilanti, MI: High/Scope Press.

Sebanc, A. M., Pierce, S. L., Cheatam, C. L., & Gunnar, M. R. (2003). Gendered social worlds in preschool: Dominance, peer acceptance and assertive social skills in boys' and girls' peer groups. *Social Development*, *12*, 91 - 106.

Seitz, V. (1990). Intervention programs for impoverished children: A comparison of educational and family support models. *Annals of Child Development*, *7*, 78 - 103.

Seitz, V., Apfel, N. H., Rosenbanm, L., & Zigler, E. F. (1983). Longterm effects of project Head Start. In Consortium for Longitudinal

Studies (Eds.). *As the twig is bent: Lasting effects of preschool programs* (pp. 299 - 332). Hillsdale, NJ: Erlbaum.

Shaw, D. S., Keenan, K., & Vondra, J. I. (1994). Developmental precursors of externalizing behavior: Ages 1 to 3. *Developmental Psychology*, *30*, 355 - 364.

Sheehan, R., Cryan, J., Wiechel, J., & Bandy, I. (1991). Factors contributing to success in elementary schools: Research findings for early childhood educators. *Journal of Research in Childhood Education*, *6*, 66 - 75.

Shpancer, N. (1998). Caregiver-parent relationships in daycare: A review and re-examination of the data and their implications. *Early Education and Development*, *9*, 239 - 259.

Shwalb, D. W., Shwalb, B. J., Sukemune, S., & Tatsumoto, S. (1992). Japanese nonmaternal child care: Past, present, and future. In M. E. Lamb, K. J. Sternberg, C. P. Hwang, & A. G. Broberg (Eds.), *Child care in context: Cross-cultural perspectives* (pp. 331 - 353). Hillsdale, NJ: Erlbaum.

Siegel, D. J. (1999). *The developing mind: Toward a neurobiology of interpersonal experience*. New York: Guilford Press.

Sigel, I. E. (1990). Psychoeducational intervention: Future directions. *Merrill-Palmer Quarterly*, *36*, 159 - 172.

Silverstein, L. B. (1991). Transforming the debate about child care and maternal employment. *American Psychologist*, *46*, 1025 - 1032.

Smith, A. B., Inder, P. M., & Ratcliff, B. (1993). Relationships between early childhood center experience and social behavior at school. *New Zealand Journal of Educational Studies*, *28*, 13 - 28.

Smith, K. (2002). *Who's minding the kids? Child care arrangements: Fall 1995* (Current Population Reports, pp. 70 - 86). Washington, DC: U.S. Bureau of the Census.

Smith, K., & Casper, L. (1999, March). *Home alone: Reason parents leave their children unsupervised*. Paper presented to the Population Association of America Convention, New York.

Smith, M., & Bissell, J. S. (1970). Report analysis: The impact of Head Start. *Harvard Educational Review*, *40*, 51 - 104.

Sonenstein, F. L., Gates, G. J., Schmidt, S., & Bolshun, N. (2002). *Primary child care arrangements of employed parents: Findings from the 1999 National Survey of America's Families*. Washington, DC: Urban Institute.

Sonenstein, F. L., & Wolf, D. A. (1991). Satisfaction with child care: Perspectives of welfare mothers. *Journal of SocialIssues*, *47*, 15 - 31.

Spangler, G., & Grossmann, K. E. (1993). Biobehavioral organization in securely and insecurely attached infants. *Child Development*, *64*, 1439 - 1450.

Spangler, G., & Schieche, M. (1998). Emotional and adrenocortical responses of infants to the Strange Situation: The differential function of emotional expression. *International Journal of Behavioral Development*, *22*, 681 - 706.

Sparling, J., Lewis, I., Ramey, C. T., Wasik, B. H., Bryant, D. M., & La Vange, L. M. (1991). Partners: A curriculum to help premature, low birthweight infants get off to a good start. *Topics in Early Childhood Special Education*, *11*, 36 - 55.

Spedding, P. (1993). United States of America. In M. Cochran (Ed.), *International handbook of child care policies and programs* (pp. 535 - 557). Westport, CT: Greenwood Press.

Spieker, S. J., Nelson, D. C., Petras, A., Jolley, S. N., & Barnard, K. E. (2003). Joint influence of child care and infant attachment security for cognitive and language outcomes of low-income toddlers. *Infant Behavior and Development*, *26*, 326 - 344.

Spitz, H. H. (1986). *The raising of intelligence: A selected history of attempts to raise retarded intelligence*. Hillsdale, NJ: Erlbaum.

Sroufe, L. A. (2000). Early relationship and the development of children. *Infant Mental Health Journal*, *21*, 67 - 74.

Stallings, J. A. (1980). An observational study of family day care. In J. C. Colbert (Ed.), *Home day care: A perspective*. Chicago: Roosevelt University.

Stanley, J. C. (Ed.). (1973). *Compensatory education for children, ages 2 to 8: Recent studies of educational intervention*. Baltimore: Johns Hopkins University Press.

Steinberg, L. (1986). Latchkey children and susceptibility to peer pressure: An ecological analysis. *Developmental Psychology*, *22*, 433 - 439.

Steinberg, L. (1988). Simple solutions to a complex problem: A response to Rodman, Pratto, and Nelson. *Developmental Psychology*, *24*, 295 - 296.

Steiner, G. Y. (1976). *The children's cause*. Washington, DC: Brookings Institution.

Sternberg, K. J., Lamb, M. E., Hwang, C. P., Broberg, A., Ketterlinus, R. D., & Bookstein, F. L. (1991). Does out-of-home care affect compliance in preschoolers? *International Journal of Behavioral Development*, *14*, 45 - 65.

Stifter, C., Coulehan, C. M., & Fish, M. (1993). Linking employment to attachment: The mediating effects of maternal separation anxiety and interactive behavior. *Child Development*, *64*, 1451 - 1460.

Stith, S. M., & Davis, A. J. (1984). Employed mothers and family day-care substitute eregivers: A comparative analysis of infant care. *Child Development*, *55*, 1340 - 1348.

Stoltenberg, J. (1994). Day care centers: Quality and provision. In A. E. Borge, E. Hartmann, & S. Strom (Eds.), *Day care centers: Quality and provision* (pp. 7 - 11). Oslo, Norway: National Institute of Public Health.

Sturzbecher, D. (Ed.). (1998). *Kindertagesbetreuung in Deutschland: Bilanzen und Perspecktiven* [Child care in Germany: Results and perspective]. Freiberg, Germany: Lambertus.

Sylva, K., Melhuish, E., Sammons, P., Siraj-Blatchford, I., & Taggart, B. (2004). *Effective pre-school education*. London: Institute of Education, University of London.

Taylor, A. R., & Machida, S. (1994). The contribution of parent and peer support to Head Start children's early school adjustment. *Early Childhood Research Quarterly*, *9*, 387 - 405.

Temple, J. A., Reynolds, A. J., & Miedel, W. T. (2000). Can early intervention prevent high school dropout? Evidence from the Chicago Child-Parent Centers. *Urban Education*, *35*, 31 - 56.

Thompson, R. A. (1988). The effects of infant day care through the prism of attachment theory: A critical appraisal. *Early Childhood Research Quarterly*, *3*, 273 - 282.

Thompson, R. A. (1993). Socioemotional development: Enduring issues and new challenges. *Developmental Review*, *13*, 372 - 402.

Thornburg, K. R., Pearl, P., Crompton, D., & Ispa, J. M. (1990). Development of kindergarten children based on child care arrangements. *Early Childhood Research Quarterly*, *5*, 27 - 42.

Tietze, W., & Cryer, D. (1999). Current trends in European early child care and education. *Annals of the American Academy*, *563*, 175 - 193.

Tietze, W., Cryer, D., Bairrao, J., Palacios, J., & Wetzel, G. (1996). Comparisons of observed process quality in early child care and education in five countries. *Early Childhood Research Quarterly*, *11*, 447 - 475.

Turtle, W. M., Jr. (1993). *"Daddy's gone to war": The Second World War in the lives of America's children*. New York: Oxford University Press.

U.S. Bureau of Labor Statistics. (1987). *Statistical abstract of the United States* (107th ed.). Washington, DC: U. S. Department of Commerce.

U.S. Bureau of Labor Statistics. (1998). *Handbook of labor statistics*. Washington, DC: U.S. Government Printing Office.

U.S. Bureau of Labor Statistics. (2000). *Handbook of labor statistics*. Washington, DC: U.S. Government Printing Office.

U.S. Bureau of the Census. (1993). *Statistical abstract of the United States, 1993*. Washington, DC: U.S. Government Printing Office.

U.S. Bureau of the Census. (2003). *Who's minding the kids?* Washington, DC: U.S. Government Printing Office.

Vandell, D. L., & Corasaniti, M. A. (1988). The relation between third graders' after-school care and social, academic, and emotional functioning. *Child Development*, *59*, 868 - 875.

Vandell, D. L., & Corasaniti, M. A. (1990a). Child care and the family: Complex contributors to child development. *New Directions for Child Development*, *49*, 23 - 37.

Vandell, D. L., & Corasaniti, M. A. (1990b). Variations in early child care: Do they predict subsequent social, emotional, and cognitive differences? *Early Childhood Research Quarterly*, *5*, 555 - 572.

Vandell, D. L., Hyde, J. S., Plant, E. A., & Essex, M. J. (1997). Fathers and "others" as infant-care providers: Predictors of parents' emotional well-being and marital satisfaction. *Merrill-Palmer Quarterly*, *43*, 361 - 385.

Vandell, D. L., McCartney, K., Owen, M. T., Booth, C. L., & ClarkeStewart, K. A. (2003). Variations in child care by grandparents during the first 3 years. *Journal of Marriage and Family*, *65*, 375 - 381.

Vandell, D. L., & Pierce, K. M. (1999, April). *Can after-school programs benefit children who live in high crime neighborhoods?* Poster presented at the Society for Research in Child Development Convention, Albuquerque, NM.

Vandell, D. L., & Pierce, K. M. (2001, April). *Experiences in after school programs and children's well-being*. Paper presented at the Society for Research in Child Development Convention, Minneapolis, MN.

Vandell, D. L., & Posner, J. K. (1999). Conceptualization and measurement of children's after-school environments. In S. L. Friedman & T. D. Wachs (Eds.), *Assessment of the environment across the lifespan* (pp.

167 - 196). Washington, DC: American Psychological Association.

Vandell, D. L., & Ramanan, J. (1991). Children of the National Longitudinal Survey of Youth: Choices in after-school care and child development. *Developmental Psychology*, *27*, 637 - 643.

Vandell, D. L., & Ramanan, J. (1992). Effects of early and recent maternal employment on children from low-income families. *Child Development*, *63*, 938 - 949.

Vandell, D. L., Shuman, L., & Posner, J. K. (1999). Children's after school programs: Promoting resiliency or vulnerability. In H. McCubbin (Ed.), *Resiliency in families and children at risk: Interdisciplinary perspectives*. Thousand Oaks, CA: Sage.

Vandell, D. L., & Wilson, K. S. (1987). Infants' interactions with mother, sibling, and peer: Contrasts and relations between interaction systems. *Child Development*, *58*, 176 - 187.

Vandell, D. L., & Wolfe, B. (2000). *Child care quality: Does it matter and does it need to be improved?* (IRP Special Report No. 78). Madison: University of Wisconsin, Institute for Research on Poverty.

Vandivere, S., Tout, K., Zaslow, M., Calkins, J., & Capizzano, J. (2003). *Unsupervised time: Family and child factors associated with self care*. Washington, DC: Child Trends.

Van IJzendoorn, M. H., Dijkstra, J., & Bus, A. (1995). Attachment, intelligence, and language: A meta-analysis. *Social Development*, *4*, 115 - 128.

Van IJzendoorn, M. H., Tavecchio, L. W. C., Stams, G. J., Verhoeven, M., & Reiling, E. (1998). Attunement between parents and professional caregivers: A comparison of childrearing attitudes in different child-care settings. *Journal of Marriage and the Family*, *60*, 771 - 781.

Vecchiotti, S. (2003). Kindergarten: An overlooked educational policy priority. *Social Policy Report*, *17*(2), 3 - 19.

Voran, M. J., & Whitebook, M. (1991, April). *Inequity begins early: The relationship between day care quality and family social class*. Paper presented at the meeting of the Society for Research in Child Development, Seattle, WA.

Votruba-Drzal, E., Coley, R. L., & Chase-Lansdale, P. L. (2004). Child care and low-income children's development: Direct and moderated effects. *Child Development*, *75*, 296 - 312.

Wadsworth, M. E. J. (1986). Effects of parenting style and preschool experience on children's verbal attainment: Results of a British longitudinal study. *Early Childhood Research Quarterly*, *5*, 55 - 72.

Waite, L. J., Leibowitz, A., & Witsberger, C. (1991). What parents pay for: Child care characteristics, quality, and costs. *Journal of Social Issues*, *47*, 33 - 48.

Walden, T., Lemerise, E., & Smith, M. C. (1999). Friendship and popularity in preschool classrooms. *Early Education and Development*, *10*, 351 - 371.

Waldfogel, J. (2001). International policies toward parental leave and child care. *Future of Children*, *11*, 99 - 111.

Wasik, B. H., Ramey, C. T., Bryant, D. M., & Spading, J. J. (1990). A longitudinal study of two early intervention strategies: Project CARE. *Child Development*, *61*, 1682 - 1696.

Watamura, S., Donzella, B., Alwin, J., & Gunnar, M. (2003). Morning to afternoon increases in cortisol concentrations for infants and toddlers at child care: Age differences and behavioral correlates. *Child Development*, *74*, 1006 - 1020.

Waters, E. (1995). The Attachment Q - set (version 3.0). *Monographs of the Society for Research in Child Development*, *60*, 71 - 91.

Weisner, T. S., & Gallimore, R. (1977). My brother's keeper: Child and sibling caretaking. *Current Anthropology*, *18*, 971 - 975.

Werebe, M. G., & Baudonniere, P. M. (1991). Social pretend play among friends and familiar preschoolers. *International Journal of Behavioral Development*, *14*, 411 - 428.

Wessels, H., Lamb, M. E., Hwang, C. P., & Broberg, A. G. (1997). Personality development between 1 and 8 years of age in Swedish children with varying child care experiences. *International Journal of Behavioral Development*, *21*, 771 - 794.

Whaley, K. L., & Rubenstein, T. S. (1994). How toddlers "do" friendship: A descriptive analysis of naturally occurring friendships in a group child care setting. *Journal of Social and Personal Relationships*, *11*, 383 - 400.

Whitebook, M., Howes, C., & Phillips, D. A. (1989). *Who cares? Child care teachers and the quality of care in America*. Oakland, CA: Child Care Employee Project.

Willer, B., Hofferth, S., Kisker, E., Divine-Hawkins, P., Farquhar, E., & Glantz, F. (1991). *The demand and supply of child care in 1990: Joint findings from the National Child Care Survey 1990 and a Profile of Child Care Settings*. Washington, DC: National Association for the Education of Young Children.

Williams, W. M., & Sternberg, R. (2002). How parents can maximize children's cognitive abilities. In M. H. Bornstein (Ed.), *Handbook of parenting* (Vol. 5, pp. 169 - 194). Mahwah, NJ: Erlbaum.

Woods, M. B. (1972). The unsupervised child of the working mother. *Developmental Psychology*, *6*, 14 - 25.

Wrigley, J. (1995). *Other people's children*. New York: Basic Books.

Zahn-Waxler, C., Radke-Yarrow, M., Wagner, E., & Chapman, M. (1992). Development of concern for others. *Developmental Psychology*, *28*, 126 - 136.

Zaslow, M. J. (1991). Variation in child care quality and its implications for children. *Journal of Social Issues*, *47*, 125 - 138.

Zaslow, M. J., Pedersen, F. A., Suwalsky, J. T., & Rabinovich, B. A. (1989). Maternal employment and parent infant interaction at 1-year. *Early Childhood Research Quarterly*, *4*, 459 - 478.

Zhengao, W. (1993). China. In M. Cochran (Ed.), *International handbook of child care policies and programs* (pp. 83 - 106). Westport, CT: Greenwood Press.

Zigler, E. F., & Butterfield, E. C. (1968). Motivational aspects of changes in IQ test performance of culturally deprived nursery school children. *Child Development*, *39*, 1 - 14.

Zigler, E. F., & Muenchow, S. (1992). *Head Start: The inside story of America's most successful educational experiment*. New York: Basic Books.

Zigler, E. F., Piotrkowski, C., & Collins, R. (1994). Health services in Head Start. *Annual Review of Public Health*, *15*, 511 - 534.

Zigler, E. F., & Styfco, S. J. (1994). Is the Perry Preschool better than Head Start? Yes and no. *Early Childhood Research Quarterly*, *9*, 241 - 242.

Zigler, E. F., & Valentine, J. (1979). *Project Head Start*. New York: Free Press.

第 24 章

重新定义从研究到实践*

IRVING E. SIGEL

儿童发展领域的研究发现是否会影响到相关实践，而实践是否又会影响到计划中的研究呢？我认为，至少对儿童发展领域或儿童心理学来说，这个答案常常是“否定”的，虽然这种情况近些年来已有了显著改观。在儿童心理学中，研究一词是指基于科学探索而收集到的结果，而实践则是在相应的服务领域对研究发现的使用。尽管这种不相关的状态已有所改变，但研究发现在实践领域，如在学校课堂、儿童临床指导或政策制定中都没有得到充分利用。事实上，从课堂教师、临床心理指导医生和政策制定者的观点来看——研究成果不是“对使用者友好”的。研究成果不能在实践中充分利用，是缘于研究者与实践者在概念框架、要解决的问题，以及其世界观或根隐喻上的差异与不同(Pepper, 1942)。

人类发展的领域有多种不同的概念框架。在最近几十年中，这种多样性主要表现为：接受过皮亚杰、新皮亚杰、维果茨基、维纳、弗洛伊德和行为主义训练并从事研究的多种学派。当然，还有一些小型理论家，他们也发展了一批自己的追随者，来支持其哲学或“学派”。有些人甚至标榜自己是特定发展领域的专家，例如，认知心理学、神经发展领域、行为塑造，以及作为社会心理学分支的社会认知等。还有一些关注问题(如有关儿童的概念、语言发展或是自我发展问题)的调查研究者，他们将自己的研究建立在大量的理论观点之上。但在这些人内部，对问题的不同解释常常会造成彼此间的分歧。理论观点或所从事研究的问题关

---

* 感谢 K. Ann Renninger 提出的使得文章更有说服力的建设性意见。也感谢 Vanessa Gorman 和 Marsha Satterthwaite 在编辑上提出的宝贵建议。

注，为一群人或一个组织建立共同语言——一种对概念做出自己的工作定义的语言——打下了基础。在实践领域，我们也可以看到类似的多样化类型。一些实践者把理论运用到实践中，而另一些实践者则是创建自己的实践理论。

研究者与实践者的这种差异不仅仅存在于其研究假设和理论和/或概念关注点的不同，而且还存在于其专业功能上的分歧。儿童心理学研究者倾向把自己当作从事基础理论研究的人，而与此相反，应用研究者却更关注具体问题的研究。基础理论研究者，如科学家，所受的训练是：用实验研究来寻找科学的概括，因而他们可能很少对发展技术或提出实践建议感兴趣(Polanyi, 1958)。

1018

另一方面，人们对理论与实践相结合的兴趣也正在逐渐增加。有些研究者作为科学实践者，把自己的研究运用于他们认为的相关和恰当的真实生活情境。另一些研究者则是在真实生活背景下从事自己的研究，不断调整和权衡变量以作出比较和评估变化。当然，还有另外一群研究者，他们本身就是在儿童临床指导中心、医院、学校和青少年法庭中运用研究成果来指导其儿童工作的实践者。这些研究者作为临床医生有责任帮助儿童(以及他们的家庭)应对他们生活的世界。一旦研究成果易于理解且适合于他们所从事的工作，那么这些研究者还会成为研究成果的消费者。

因此，尽管儿童发展心理学的研究者是在"研究文献"的基础上开展研究工作，但是也没有理由相信所有的研究工作是在同一种儿童心理科学观下进行的，并且这种科学观会影响到研究成果影响实践的方式。关于这个问题已有很多争论，其中不仅涉及儿童心理科学的定义，也涉及目前所使用的科学模型的恰当性。这清楚地反映在1994年Bevan和Kessel的文章中：

> 心理学的方法和方法论应该是不僵化的，而我们关于科学上可接受原则的观点也应该是更注重实效的，而不是像几十年来所做的那样，只关注科学本身(Bevan-Kessel, 1994, p. 507)。

他们认为心理学需要敏感地觉察人类的经验。这种立场与金博(Kimble, 1994)的观点形成了鲜明的对比，他写道：

> 如果说心理学是一门科学的话，那么它就应该遵循科学准则，而其中最重要的是，它应该是可以观察的。它应该是一种关于刺激和反应的科学，因为唯一可获得的公认事实是，有机体所做出的事情(反应)以及他们做出这些事情的情境(刺激)(p. 510)。

这两种关于科学的观点之间的差异意义深远。这说明儿童发展心理学研究领域有断层，我们需要重新审视没有受过该领域训练的实践者可获得的信息。我们需要思考实践者如何看待研究？实践者需要些什么？

实践者如何看待研究?

儿童心理学领域有不同的兴趣和理论取向,这种多样性使人们形成了对该领域混杂和模糊的印象。已经进行了大量科学的实验室研究,发展心理学的方法也逐渐被用于解决实际问题——人们逐渐认识到,发展心理学的研究方法对减轻社会和个人的机能障碍有很大帮助,同时也对社会健康和福利作出了贡献。儿童心理学是一门基础科学还是应用科学已经不是一个有意义的问题。更重要的问题是,科学方法应用于解决真实生活中的问题是否真的有效,它们是否是现实的科学。

对复杂社会问题的科学研究是否会妨碍到学科的严密性呢?使用严格的科学程序是否会限制研究问题的范围并导致只研究琐碎的问题?尽力描述一些问题的来源,包括讨论科学研究发现对社会变革和社会转化的预期影响,可能会增加我们对研究应用于实践的可用性和效用的理解。尽管一些心理学家声称他们对于社会福利有过现实和潜在的贡献(Wiggins, 1994),但还是有一些心理学家为心理学未能解决重要的人类问题而沮丧(Bevan & Kessel, 1994)。也有一些儿童发展心理学家认为,建立一个专门的应用发展心理学领域也许能避开基础研究(Morrison, Lord, & Keating, 1984)。

科学应用于实践的努力是复杂的,它受到时间、背景和议程等问题的影响。而人们对研究的理解,如研究的目的与实践意义、研究的复杂性等,也会对此产生影响。实践者对于研究者的批评部分建立在假设和未满足的假设基础上。实践者假设研究应该有一定的社会价值,但研究的使用者们也需要认识到,项目从开始到其在这个领域被人们接受和使用有一个不可回避的时间滞后过程。在过去,对小儿麻痹症和白喉症的医学研究就是一个很好的例子。对于艾滋病、癌症和其他一些疾病的研究也揭示了同样的一个时间滞后问题——研究从开始到完成的这一段时间是非常难以预见的。此外,还有另一因素使应用过程变得更加复杂,也就是说,在儿童的生活中,有如此多的因素是合理的影响来源,我们很难去评价其中每一种因素的作用和影响大小。当然,当前知识基础的传播与发布也可能是缓慢和困难的,因为现实的情况是,服务提供者和政策制定者都有他们自己的议事日程。这些议事日程必须得到双方的认可、理解和调和。

1019

研究者可能会认为实践者是具体的、与理论无关的和实际的。而实践者则可能会认为研究者只会用死板和毫无意义的方法,在深奥的不被世人所知的理论驱动下,研究一些琐碎的问题,他们的研究报告也只是用一些对实践者的日常工作没有用处的概率术语来表述。实践者有时还会指责研究者只是带着一种狂热的不加批判的热情献身于科学。因而他们会说,如此忙碌的实践者何必要浪费时间来阅读这些毫无意义的材料呢?对于这些批评,研究者们并没有探讨如何去克服,反而却常表现为轻视实践者,认为他们缺乏对那些即便是来自严密的方法论的科学和数据显著性的理解。

有趣的是,由于概念性框架和功能的差异,至今我们仍无法给儿童心理学领域的儿童期下一个明确的定义。

（儿童期）形象（image）是有关儿童和影响儿童个体发育的因素的基本假设或概念。因此，形象包括有关天生的倾向或性情，对外在影响的感受性，人类改变的极限，早期经验的特殊重要性以及个体的作用等方面的信念（Hwang, Lamb, & Sigel, 1996, p. 3）。

多样化的对儿童期特点的描述对于研究者和实践者来说，都是同样的复杂——人们意识到，研究者和实践者都要按同样的程序来理解儿童期，但两者的角度差异会影响到研究的可用性。例如，对两种主流期刊的回顾发现，不同的儿童期形象植根于对研究的重要变量的不同感受（Sigel & Kim, 1996）。我们比较了近五年来的研究主题，使用的方法，所取样本等。讨论的重点是，我们发现在这些文章中很少有关于如何使用来自研究的信息的建议。

研究的相关近端和远端是什么，或者说实践者需要什么

儿童心理学包含了广泛的研究问题；它包含着很多声音和语言。它利用了不同的方法，而每一种方法都自称是科学的。我认为我们应该重新考虑以 Pepper 的《根隐喻》（*Root Metaphor*, 1942）作为理解这些差异的框架。按照 Pepper 的观点，一个人（有意识或无意识）选择的根隐喻就是他或她的世界观。

对于研究者和实践者，以及理论运用于实践的情况来说，双方持有的根隐喻越相同或相似，则其相互的理解和随后的沟通就越好。举例来说，如果研究者和实践者有同样的背景观，那么他们的沟通将比一个用机械孤立的根隐喻看世界的人与另一个背景主义者的沟通更有效。一个人持有哪种根隐喻并不要紧。只是研究者和实践者如果并非持有相同的根隐喻的话，他们的沟通就需要协调。例如，尽管有相反的证据，但人们的信念却并不一定会改变（Sigel & McGillicuddy-De Lisi, 2002）。了解双方的差异在达成共识中具有非常重要的意义。当人们认识到信念系统的操作是由根隐喻衍生而来的时候，对话就会变得更加丰富。个人的根隐喻只会受到他或她所知道的和所理解的东西的影响。

研究发现只有在实践者懂得如何在实践中使用它们时才能被使用。我称这为接近指数（proximity index），把它定义为将被使用的发现的可阅读性与对研究报告的意义和可理解性的理解之间的差距。例如，如果一位老师阅读了有关探究发现法的优点的文章后，却仍然采用讲授法教学，那他或她就要评估不掌握程序的改变教学方法的意义。如果没有掌握方法，或者研究方法，那么，方法中的潜在假设就没有被理解，则任何看起来与教育目标相一致的研究结果，都可能与教学的目标不一致。不过另一方面，如果研究发现与教学氛围协调的话，那么新的研究发现可能有助于教师把课堂教学方法精细化。若用接近指数这个术语来表示，这可以称之为水平 1 的应用。这种假设指数相应分数都需要额外的判断。在水平 2，实践者根据所使用的具体技术来判断研究发现是否接近，但他们可能并不确定其可比性水平。这就要求实践者假定自己是这个研究的评估者和解释者。如果某方法处于这一连续体的水平 5，那么该研究可能被认为越来越远离课堂实践。在评估一致性程度时，需要考虑到所研究的儿童与实际课堂里的儿童的相似性，研究所达到的目标是否是当前的课堂目标，以

1020

及研究所显示的效果是否适用于当前的课堂等因素。实际上,实践者在决定把某种研究成果应用于当前的实践之前,需要反思大量的推断(Morgan, Gliner, & Harmon, 2003)。

此外,适用性并不需要以行动为基础。实践者们可以用这些研究来重新思考自己的工作方法,反思其他需要探索的领域。例如,如果某教学工作者关注文化的影响,那么我们就有理由预期他将在自己的课堂或临床工作中改变对某些事件的理解。根据定义,即使采用不同的术语,这种关注点也涉及对可靠性和有效性的考虑。这已不再是一个基础与应用科学的区分问题了,而是变成了任何科学获得的知识的实践应用问题,它涉及以下几个方面:研究服务于什么功能,研究努力的成果是什么,研究能够怎样以及何时被使用。

几年前,我参加了一个在中产阶级小学系统开展的干预研究项目。这个项目采用的是皮亚杰理论。该项目对课程类型有一规定,要求教师提问,参与对话并让学生们彼此互动,并与教师互动。这个研究的目的是要观察教师的提问技巧与问题的贯彻性,教师参与小组活动的方式,以及是否允许学生自我发现和分享观念。观察者在经过教师的同意后进入课堂,基于一套严格的观察时间表,在30分钟的扩展游戏阶段,每隔六秒钟观察一次教师的言语表现。结果显示,教师的确问了很多问题,但是这些问题都是陈述性和指示性的,例如,这个东西叫什么名字?那个东西是什么颜色的?即使有提问,也很少有可持续讨论的提问。相反,教师们却把相当多的注意放在了学生们表述回答的准确方式上。在评价该项目后我们发现,同一个学校体系中参加该项目的儿童与参加传统教学项目的儿童在响应度和言语表现上都没有什么差异,教师们的提问从没有产生过一次对话或是讨论。当这样的结果报告给学校委员会时,立刻遭到了委员们反对,他们认为,事实上观察者是新的,教师们不了解他们,观察者采用的方法是断章取义的,等等。委员会并没有讨论这些结果的潜在意义,而是立刻拒绝这一结果,因为这不是他们想要的结果。

经过广泛深入的讨论和解释,最终才解决这一冲突。在观看了以前的有效课堂录像后,委员会终于接受了研究者们的观察结果。这种冲突的解决并不是靠科学的质量,而是靠发展起来的人与人之间的信任感,以及每个人重新检查研究过程的愿望。明确研究的目标,同时有机会用数据来思考这些目标,最终导致学校委员会和领导们开始随时间的变化来改变他们的干预努力。

为了提高研究成果对实践者的接近性,我们需要思考一系列的问题:(a)由谁提出研究问题?(b)数据如何收集和分析?(c)数据如何发布?我们需要探讨一般研究发现与具体应用之间的冲突,还要探讨研究发现应用于实践时所涉及的现实问题。

谁提出研究问题,研究如何进行?

研究问题的提出是最大的智力挑战。建构研究问题是科学工作者的工作方式之一。在合作研究中,每一个参与者都会从自己的参照框架来建构自己感兴趣的问题。科学工作者会把问题转化为一种科学的表述,并根据随后开展研究的要求对问题做出必要的提炼,然而,实践者则可能会基于行动的实践框架来表述问题,这与他们的背景是一致的。研究问题的识别过程是非常艰难的,它需要相当多的讨论。

最常见的情况是,研究者和实践者来自不同的背景,然而,研究者和实践者也可能是同一个人(例如,Blechman, 1990,治疗专家同时也是研究者),或是有相同根隐喻的人。

在这种情况下,实践者希望研究一个特定的问题(例如,评价一门课程或一种心理治疗模式),要这样做就需要和研究者建立一种工作关系,这种伙伴关系要求双方处于平等地位以便研究能够满足双方的需要。正如 Scholnick(Scholnick, 2002)所指出的那样,伙伴关系能够带来改变,其所产生的成果将不同于任何一个人单独工作所能取得的成果。伙伴关系的有效性将取决于这种关系是如何建立的、负责人的个性、理论观点的澄清以及共同的目标。

1021

一旦研究者因为自己的专长而负责某个研究,则绝大多数情况下,这种被称为伙伴关系的关系就不再真正平等。我希望这种不对称关系是合理的和可以接受的,但研究者可能会冷漠和傲慢地对待实践者,这种情况也是存在的。当实践者迫于行政和工作情境等因素的压力参与某一实验研究项目时,最常出现这种互动关系。研究要想影响实践,就必须建立在真实的问题基础上。

数据是如何收集和分析的?

很多研究往往关注于一些有限的变量。它们也常常受到取样规模和研究问题的限制。因此,很有可能实践者会认为严格限制的实验环境使儿童脱离了现实的背景。按照这种观点,儿童在本质上已变成研究的分离客体,他们被研究者定义为感兴趣的变量。比如,很多调查儿童数量和数字守恒的研究,很少询问儿童是否在学校里学习了这些科目。难道儿童的学校经验就不会与研究结果混淆吗?在实验中,儿童被当作一个和其他影响因素毫无关系的参与者,而对儿童的随机化安排被认为是减少可能的误差来源的最好方法。实际上,不仅儿童被当作分离的部分加以研究,研究问题也常常被割裂。这就好像是对认知或动机的研究完全脱离了其他的心理系统一样。但事实上,儿童是作为一个整体来对事物做出反应的。这正是实践者特别关注的问题,尤其是当他们想把研究应用于实践时。

另外,所获得的数据也常常是合计数,其中所报告的是组的变化程度,而不是特定个体的变化情况。然而,实践者却需要知道某个儿童在运用了某个研究发现后会有什么样的效果,或是某个策略会如何影响某个儿童。如果情况是这样的,那么教师、治疗专家或临床心理学家在某种背景下能够对这个儿童做的事情有哪些限制?研究者检验假设来寻求支持理论的证据,并探讨这一结果能否概括为某种现象的功能。另一方面,实践者通常对某一班级、某一个儿童或某一组儿童,或某一个时间段的个别差异更感兴趣。

研究者从发现普遍性规律的模式出发,回避具体或不带感情的分析。导致这种现象的原因可能是他对概括一般规律感兴趣。遗憾的是,普遍性规律模式限制了研究对于实践的贡献。在实践者看来,具体的研究报告更有意义,因为它们展示了对于个人的完整看法,它们更像轮廓分析和案例故事。如果与表意方法相结合,具体方法将获得更大的力量来影响理论和实践。

数据如何发布？

研究结果通常是以定量术语来表述的，这种做法背后的假设是认为，数字能够告诉人们客观的故事，而每个阅读报告的人都会对这些数字意义有相同的理解。然而，事实上，数字来自调查者的视角，是调查者选择了收集数据的方法和量化数据的手段。由于每一种定量方法都有其自身的局限和偏向，所以报告中的数字是要加以解释的。要评价这些数字，就要回到数据最初的组织与分类上，同时还要考虑数据本身。

何时以及如何发布研究信息取决于目标受众和信息发布者。接受研究报告的目标受众通常是科学团体(包括那些正在学习成为研究者和实践者的学生们)、实践者和非专业的公众。通常研究报告中会用到不同的陈述方式，但更多是采用传统的，因此也是常规的表述方式。

一般来说，研究发现会写在书里和在杂志上发表，对于研究者来说这是最容易获得的途径。报告是否被接受仅受制于它是否易于理解，而这要取决于人们对作者的特定表述方式的熟悉程度。科学家们对这种表述方式是很熟悉的，但对于实践者，尤其是那些对于科学术语和科学报告的写作风格不熟悉的人来说，研究发现及其解释是令人费解的，因此它们既不好理解也没什么用处。当然，研究者也应该非常熟悉其研究将要应用的情境，而实践者也应该有责任了解，为了形成评价研究发现的质量和恰当性的理性基础，该如何阅读和解释资料。如果研究的结构良好，且清楚地描述了概念，并举一些实践例子加以说明的话，研究回顾就会对实践者有用；而对于非专业的公众来说，他们可能还需要其他形式的说明。 1022

在一种更不正式的水平上，研究发现的发布也能够在研究者对服务提供者的咨询过程中进行。这究竟该如何做将取决于研究者与实践者之间的联系。通常，实践者更喜欢可以立刻使用的信息，但是，进行任何研究都是要花费时间的。研究发现与实施之间的时间间隔不仅是由研究所需要的时间长度造成的，而且也与科学家及实践者各自对其知识结构的承诺有关，这种知识结构涉及对以下问题的理解和解释：什么问题值得研究；期待的是什么样的发现；怎样的研究过程才算好；研究的局限性和可能性是什么等。

结论

儿童心理学领域处在剧烈的变化之中。在过去，我们之所以接受它是因为我们相信这一领域是一门年轻的科学——它仅仅需要成长和成熟起来。我们相信，科学知识的发展是不断积累的线性过程。但是，在过了一百年后，我们就再也不能说她是年轻的了。剧烈的变化反映出一种改变物质特征的激烈过程。按照这种类比，这个过程就不再是线性的了，相反，它目前正处在人们俗称的"混沌"状态，并将转化到另一个全新的状态。从某种意义上说，儿童心理学工作者正面临着与物理学工作者一样的危机——新科学革命，混沌科学的出现(Gleick, 1987)。难道听起来不觉得矛盾吗？我们一直强调要考虑稳定性、平衡和自我平衡。科学是建立在预测基础上的，预测就意味着能够控制、定义和精确化，并能识别总体的组成部分。然而，要在实践中开展工作，并将理论与实际相结合，就需要我们放弃线性模式，接受复杂性和变化。

设计什么机制才能使经验研究成为解释儿童如何以及为什么这样发展的先导？什么机制可以有助于儿童心理学处于最佳的发展轨迹？我们能为阻止机能障碍的发展做些什么事情？理想的发展需要些什么？难道心理发展研究不应该给发展过程提供有用的和有意义的解释吗？难道它不应该为防止和改善阻碍最佳发展轨道实现的情况提供方法吗？

研究应用于实践的努力要求我们承认在实践中验证研究和理论的实效性的内在动力。它要求我们扩展或/和改变那些我们的训练带给自己的根隐喻，以便使研究者和实践者之间的协作成为研究以及研究应用于实践的基础。

（蔡永红、段怡译）

参考文献

Bevan, W., & Kessel, F. (1994). Plain truths and home cooking: Thoughts on the making and remaking of psychology. *American Psychologist*, *49*, 505 - 509.

Blechman, E. (1990). A new look at emotions and the family: A model of effective family communication. In E. A. Blechman (Ed.), *Emotions and the family: For better or for worse* (pp. lnbl201 - 224). Hillsdale, NJ: Eribaum.

Gleick, J. (1987). *Chaos: Making a new science*. New York: Penguin Books.

Hoffman, M. L., & Hoffman, L. W. (Eds.). (1964). *Review of child development research* (Vol. 1). New York: Russell Sage Foundation.

Hwang, C. P., Lamb, M. E., & Sigel, I. E. (Eds.). (1996). *Images of childhood*. Mahwah, NJ: Erlbaum.

Kimble, G. A. (1994). A frame of reference for psychology. *American Psychologist*, *49*, 510 - 519.

Morgan, G. A., Gliner, J. A., & Harmon, R. J. (2003). Selection and use of inferential statistics. *Journal of the American Academy of Child and Adolescent Psychiatry*, *42*(10), 1253 - 1257.

Morrison, F. J., Lord, C., & Keating, D. P. (Eds.). (1984). *Applied developmental psychology* (Vol. 1). Orlando, FL: Academic Press.

Pepper, S. C. (1970). *World hypotheses: A study in evidence*. Berkeley: University of California Press. (Original work published 1942)

Polanyi, M. (1958). *Personal knowledge: Toward a post-critical philosophy*. Chicago: University of Chicago Press.

Scholnick, E. K. (2002). Forming a partnership. In E. Amsel & J. P. Byrnes (Eds.), *Language, literacy, and cognitive development* (pp. 3 - 23). Mahwah, NJ: Erlbaum.

Sigel, I. E., & Kim, M.-I. (1996). The images of children in developmental psychology. In C. P. Hwang, M. E. Lamb, & I. E. Sigel (Eds.), *Images of childhood* (pp. 47 - 62). Mahwah, NJ: Erlbaum.

Sigel, I. E., & McGillicuddy-De Lisi, A. V. (2002). Parent beliefs are cognitions. In M. H. Bornstein (Ed.), *Handbook of Parenting* (2nd ed., pp. 484 - 508). Mahwah, NJ: Erlbaum.

Wiggins, J. G. (1994). Would you want your child to be a psychologist? *American Psychologist*, *49*, 485 - 492.

主题索引

图书在版编目(CIP)数据

儿童心理学手册:第6版.第4卷,应用儿童心理学/(美)戴蒙,(美)勒纳主编;林崇德等译.—上海:华东师范大学出版社,2015.1
ISBN 978-7-5675-3005-8

Ⅰ.①儿… Ⅱ.①戴…②勒…③林… Ⅲ.①儿童心理学-手册 Ⅳ.①B844.1-62

中国版本图书馆CIP数据核字(2015)第018849号

本书由上海文化发展基金会图书出版专项基金资助出版。

儿童心理学手册(第六版)
第四卷 应用儿童心理学

英文版总主编 WILLIAM DAMON RICHARD M. LERNER
英文版本卷主编 K. ANN RENNINGER IRVING E. SIGEL
中文版总主持 林崇德 李其维 董 奇
责任编辑 彭呈军
文字编辑 徐先金 祁志强
责任校对 李京林
装帧设计 卢晓红

出版发行 华东师范大学出版社
社 址 上海市中山北路3663号 邮编 200062
电话总机 021-60821666 行政传真 021-62572105
客服电话 021-62865537(兼传真)
门市(邮购)电话 021-62869887
门市地址 上海市中山北路3663号华东师范大学校内先锋路口
网 址 www.ecnupress.com.cn

印刷者 苏州工业园区美柯乐制版印务有限责任公司
开 本 787×1092 16开
印 张 75.5
字 数 1901千字
版 次 2015年3月第二版
印 次 2022年9月第八次
书 号 ISBN 978-7-5675-3005-8/B·910
定 价 180.00元

出版人 王 焰

(如发现本版图书有印订质量问题,请寄回本社客服中心调换或电话021-62865537联系)

英文版总主编 WILLIAM DAMON RICHARD M. LERNER
中文版总主持 林崇德 李其维 董 奇

第四卷（下）应用儿童心理学
Child Psychology in Practice

英文版本卷主编
K. ANN RENNINGER IRVING E. SIGEL

儿童心理学手册
（第六版）

HANDBOOK OF CHILD PSYCHOLOGY
(SIXTH EDITION)

华东师范大学出版社
·上海·